SCHÜLER-DUDEN

Fremdwörterbuch

Duden für den Schüler

1. Rechtschreibung und Wortkunde
Vom 4. Schuljahr an

2. Bedeutungswörterbuch
Bedeutung und Gebrauch der Wörter

3. Grammatik
Eine Sprachlehre mit Übungen und Lösungen

4. Fremdwörterbuch
Herkunft und Bedeutung der Fremdwörter

5. Die richtige Wortwahl
Ein vergleichendes Wörterbuch sinnverwandter Ausdrücke

6. Die Literatur
Ein Sachlexikon für die Schule

7. Die Mathematik I
Bis 10. Schuljahr

8. Die Mathematik II
11. bis 13. Schuljahr

9. Die Physik
Ein Lexikon der gesamten Schulphysik

10. Die Chemie
Ein Lexikon der gesamten Schulchemie

11. Die Biologie
Ein Lexikon der gesamten Schulbiologie

12. Die Geographie
Ein Lexikon der gesamten Schul-Erdkunde

13. Die Geschichte
Ein Sachlexikon für die Schule

14. Die Musik
Ein Sachlexikon der Musik

15. Politik und Gesellschaft
Ein Lexikon zur politischen Bildung

16. Die Psychologie
Ein Sachlexikon für die Schule

17. Die Religionen
Ein Lexikon aller Religionen der Welt

18. Das Wissen von A–Z
Ein allgemeines Lexikon für die Schule

19. Das große Duden-Schülerlexikon

SCHÜLER-DUDEN

Fremdwörterbuch

Herkunft und Bedeutung der Fremdwörter

Herausgegeben und bearbeitet
von Günther Drosdowski

Mitbearbeiter: Dieter Berger und
Friedrich Wurms

Bibliographisches Institut Mannheim/Wien/Zürich
Dudenverlag

Satz: Bibliographisches Institut AG und
Zechnersche Buchdruckerei, Speyer (Mono-Photo-System 600)
Druck und Einband: Klambt-Druck GmbH, Speyer
Printed in Germany
ISBN 3-411-01121-1

VORWORT

Schule und berufliche Ausbildung verlangen in immer stärkerem Maße die sprachliche und geistige Aneignung von Fremdwörtern. Für das Eindringen vor allem in die Naturwissenschaften und in die Technik, aber auch in die Bereiche der Musik, Kunst, Religion, Sprache und Literatur und in gesellschaftliche und wirtschaftliche Zusammenhänge ist es unerläßlich, mit Fachausdrücken aus dem Fremdwortbereich vertraut zu sein. Zudem stellen die Massenmedien Presse, Rundfunk und Fernsehen heute hohe Anforderungen an die Kenntnis bildungssprachlicher Fremdwörter.

Das Schülerfremdwörterbuch ist ganz auf die Anforderungen im Unterricht und in der beruflichen Ausbildung und auf die Interessen junger Menschen abgestimmt. Es enthält sowohl das allgemein gebräuchliche Fremdwortgut als auch zahlreiche fremdsprachliche Fachausdrücke. Es unterrichtet über die Rechtschreibung, die Aussprache und den Gebrauch der Fremdwörter. Besonders ausführlich stellt es die Herkunft dar, um den Weg wichtiger Kulturwörter aufzuzeigen und die weitreichenden sprachlichen Zusammenhänge sichtbar zu machen.

Mannheim, 15. 10. 1975

Der Wissenschaftliche Rat der Dudenredaktion

Einleitung

Wie in allen Kultursprachen, so gibt es auch in der deutschen Sprache eine große Zahl von Wörtern aus anderen, d. h. aus fremden Sprachen. Sie werden üblicherweise Fremdwörter genannt, obgleich sie zu einem großen Teil gar keine fremden, sondern durchaus altbekannte, gebräuchliche und nötige Wörter innerhalb der deutschen Sprache sind.

Was ist überhaupt ein Fremdwort? Woran erkennt man es? Es gibt zwar keine eindeutigen und zuverlässigen Kriterien, doch kann man vier Merkmale nennen, die oft – wenn auch nicht immer – ein Wort als nichtmuttersprachlich erkennen lassen:

1. die Bestandteile des Wortes. So werden z. B. Wörter mit bestimmten Vor- und Nachsilben als fremd angesehen (*ex*pressi*v*, Kapital*ismus*, *Kon*fronta*tion*, *re*form*ieren*).
2. die Lautung, d. h. die vom Deutschen abweichende Aussprache (z. B. Team [*tim*] oder die nasale Aussprache von Engagement [*anggaschᵉmang*]) und die Betonung, d. h. der nicht auf der ersten oder Stammsilbe liegende Akzent (absolu̦t, divergi̲eren, Energi̲e, interessa̦nt, Parita̦t).
3. die Schreibung, d. h., das Schriftbild zeigt für das Deutsche unübliche Buchstabenfolgen, z. B. bibl*io*graphieren, Bodyb*ui*lder, C*ou*rage, S*ph*äre.
4. die Ungeläufigkeit oder der seltene Gebrauch eines Wortes in der Alltagssprache. So werden Wörter wie Diskont, exhaustiv, extrinsisch, internalisieren, Kondensator, luxurieren, Quisquilien, paginieren, Revenue, rigid auf Grund ihres nicht so häufigen Vorkommens als fremde Wörter empfunden.

Meistens haben die Fremdwörter mehr als eines der genannten Merkmale. Doch all diese Merkmale sind nur Identifizierungsmöglichkeiten, aber keine sicheren Maßstäbe, denn es gibt beispielsweise einerseits deutsche Wörter, die nicht auf der ersten oder Stammsilbe betont werden (z. B. Fore̦lle, Jahrhu̦ndert, lebe̦ndig), und andererseits Fremdwörter, die wie deutsche Wörter anfangsbetont sind (Fa̦zit, Ge̦nius, Ka̦mera). Außerdem werden die üblicherweise endungsbetonten fremdsprachlichen Wörter oftmals auch auf der ersten Silbe betont, wenn sie im Affekt gesprochen werden oder wenn sie wegen ihrer sachlichen Wichtigkeit besonders hervorgehoben oder auch in Gegensatz zu anderen gestellt werden sollen, z. B. de̦monstrativ, e̦xportieren, ge̦nerell, i̦mportieren.

Die in die Dialekte und Stadtmundarten einbezogenen Fremdwörter des Alltags zeigen diese eindeutschende Betonung oft besonders deutlich, so z. B. in Bu̦ro und De̦pot.

Auch sonst tragen die sogenannten Fremdwörter meist schon deutlich Spuren der Eindeutschung, so z. B. wenn eine nasale Aussprache teilweise aufgegeben (P*en*sio̦n, Balk*o̦n*) ist, ein fremdsprachliches sp und st als scht (Station) bzw. schp (Spurt), ein in der fremden Sprache kurzer Vokal in offener Silbe im Neuhochdeutschen lang (Fo̦rum, Lo̦kus, Lo̦gik) gesprochen, der Akzent den deutschen Betonungsgewohnheiten entsprechend verlagert (Discóunt statt engl. dísco̦unt, Comebáck statt engl. cómeback) wird oder wenn ein fremdes

Wort im Schriftbild der deutschen Sprache angeglichen (Telefon, Fotografie, Nummer, Frisör) worden ist.
Die im Deutschen nicht üblichen Laute oder Lautverbindungen in fremden Wörtern werden bei häufigerem Gebrauch durch klangähnliche deutsche ersetzt, oder die in der fremden Sprache anders gesprochenen Schriftzeichen werden der deutschen Aussprache angeglichen (Portrait/Porträt; trampen: gesprochen mit *a* neben der englischen Aussprache mit *ä*). Der Angleichungsprozeß vollzieht sich sowohl in der Aussprache als in der Schrift.
Manche fremden Wörter werden vielfach für deutsche gehalten, weil sie häufig in der Alltagssprache vorkommen (Möbel, Bus, Doktor) oder weil sie in Klang und Gestalt nicht oder nicht mehr fremd wirken (Alt = tiefe Frauenstimme, Film, Krem, Streik, boxen, parken). Es kann auch vorkommen, daß ein und dasselbe Wort auf Grund mehrerer Bedeutungen je nach Häufigkeit der Bedeutung als deutsches oder fremdes Wort eingruppiert wird, z. B. *Note* in der Bedeutung *Musikzeichen* als deutsches Wort, *Note* in der Bedeutung *förmliche schriftliche Mitteilung* als fremdes Wort. In manchen Fällen fallen auch fremdes und deutsches Wort in der Lautung zusammen, wie z. B. *Ball* (fr. bal) Tanzfest und *Ball* (althochdeutsch bal) (zum Spielen). Andererseits aber werden wieder deutsche Wörter für Fremdwörter gehalten, weil sie selten (Flechse, Riege) oder weil sie eine Mischung aus deutschen und fremdsprachlichen Wortelementen sind (buchstabieren, Bummelant, Glasur, Schwulität). Gerade bei diesen Mischbildungen sind die Sprachteilhaber unsicher in der Einschätzung, ob es sich um deutsche oder fremde Wörter handelt, wobei sich in der Regel zeigt, daß fremde Suffixe die Zuordnung zum Fremdwort begünstigen, während Wörter mit fremdem Stamm und deutschen Ableitungssilben wie *Direktheit, temperamentvoll, risikoreich* und *Naivling* eher als deutsche empfunden werden.
Wörter aus fremden Sprachen sind schon immer und nicht erst in der jüngsten Vergangenheit und in der Gegenwart in die deutsche Sprache aufgenommen worden. Im Laufe der Jahrhunderte sind sie ihr jedoch meist in solch einem Maße angeglichen worden, daß man ihnen die fremde Herkunft heute gar nicht mehr ansieht. Das sind beispielsweise Wörter wie Mauer (lat. mūrus), Fenster (lat. fenestra), Ziegel (lat. tēgula), Wein (lat. vīnum), die man als Lehnwörter bezeichnet. Der Grad der Eindeutschung fremder Wörter hängt aber nicht oder nur zum Teil davon ab, wie lange ein fremdes Wort schon in der Muttersprache gebraucht wird. Das bereits um 1500 ins Deutsche aufgenommene Wort *Bibliothek* beispielsweise hat seinen fremden Charakter bis heute beibehalten, während Wörter wie Streik (engl. strike) und Keks (engl. cakes), die erst im 19. bzw. 20. Jahrhundert aus dem Englischen ins Deutsche gekommen sind, schon völlig eingedeutscht sind.
Der Kontakt mit anderen Völkern und der damit verbundene Austausch von Kenntnissen und Erfahrungen hat im Mittelalter genauso wie heute in der Sprache seinen Niederschlag gefunden, ohne daß jedoch im Mittelalter aus der Aufnahme solcher Wörter eine irgendwie geartete Problematik erwuchs. Viele Bezeichnungen und Begriffe kamen damals – vor allem auch in Verbindung mit dem Rittertum – aus dem Französischen ins Deutsche, wie Turnier, Visier, Harnisch.
Erst mit der Entstehung der deutschen Nationalsprache in der Neuzeit entwik-

kelte sich eine Sprachbewußtheit, die den Ausgangspunkt für den Sprachpurismus bildete, woraus dann die kritische oder ablehnende Einstellung zum nichtdeutschen Wort, zum Fremdwort, resultierte.
In den Sprachgesellschaften des 17. Jahrhunderts begann man dem Fremdwort besondere Aufmerksamkeit zu widmen. Hand in Hand mit der Kritik am fremden oder ausländischen Wort – wie man es damals noch nannte – ging die Suche nach neuen deutschen Wörtern als Entsprechung. Bedeutende Männer wie Harsdörffer (1607–1658), Schottel (1612–1676), Zesen (1619–1689) und Campe (1746–1818) sowie deren geistige Mitstreiter und Nachfolger setzten an die Stelle vieler fremder Wörter und Begriffe deutsche Wörter, von denen sich manche durchsetzten, während andere wirkungslos blieben oder wegen ihrer Skurrilität der Lächerlichkeit preisgegeben waren. Nicht selten trat aber auch das deutsche Wort neben das fremde und bereicherte auf diese Weise das entsprechende Wortfeld inhaltlich oder stilistisch. Fest zum deutschen Wortschatz gehören solche Bildungen wie *Anschrift* (Adresse), *Ausflug* (Exkursion), *Bittsteller* (Supplikant), *Bücherei* (Bibliothek), *Emporkömmling* (Parvenu), *enteignen* (expropriieren), *Fernsprecher* (Telefon), *fortschrittlich* (progressiv), *Leidenschaft* (Passion), *postlagernd* (poste restante), *Rechtschreibung* (Orthographie), *Stelldichein* (Rendezvous), *Sterblichkeit* (Mortalität), *Weltall* (Universum), während andere wie *Meuchelpuffer* für *Pistole*, *Dörrleiche* für *Mumie*, *Lusthöhle* für *Grotte* oder *Lotterbett* für *Sofa* lediglich als sprachgeschichtliche Kuriositäten erhalten geblieben sind.
Der Anteil der Fremdwörter am deutschen Wortschatz ist gar nicht gering, was man in Fernsehen, Rundfunk und Presse, den Hauptkommunikationsmitteln, beobachten kann. Der Fremdwortanteil beläuft sich in fortlaufenden Zeitungstexten beispielsweise auf 8–9 %. Zählt man nur die Substantive, Adjektive und Verben, so steigt der prozentuale Anteil des Fremdworts sogar auf 16–17 %. In Fachtexten liegt der prozentuale Anteil des Fremdworts wesentlich höher. Man schätzt, daß auf das gesamte deutsche Vokabular von etwa 400 000 Wörtern rund 100 000 fremde Wörter kommen, d. h., daß auf drei deutsche Wörter ein aus einer fremden Sprache übernommenes kommt. Der mit 2 805 Wörtern aufgestellte deutsche Grundwortschatz enthält etwa 6 % fremde Wörter. Den größten Anteil am Fremdwort hat übrigens das Substantiv, an zweiter Stelle steht das Adjektiv, dann folgen die Verben und schließlich die übrigen Wortarten, wobei die Adjektive auf Grund ihrer stilistischen Funktion inhaltlich am meisten dem Wandel ausgesetzt zu sein scheinen.
Stärker als die heimischen Wörter sind Fremdwörter der Vergänglichkeit ausgesetzt. Es kommen nämlich fast ebensoviel Fremdwörter aus dem Gebrauch wie neue in Gebrauch. Die alten Fremdwörterbücher machen bei einem Vergleich mit dem gegenwärtigen Fremdwortgut das Kommen und Gehen der Wörter oder ihren Bedeutungswandel genauso deutlich wie die Lektüre unserer Klassiker oder gar die Durchsicht alter Verordnungen und Verfügungen aus dem vorigen Jahrhundert. In einem Anhang zu Raabes Werken werden beispielsweise folgende Wörter, die heute weitgehend veraltet oder aber in anderer Bedeutung üblich sind, aufgeführt und erklärt: Konstabuler (Geschützmeister), pragmatisch (geschäftskundig), peristaltisch (wurmförmig), Utilität (Nützlichkeit), prästieren (an den Tag legen), Idiotismus (mund-

artlicher Ausdruck), dyspeptisch (magenkrank), dysoptisch (schwachsichtig), Kollaborator (Hilfslehrer), subhastieren (zwangsversteigern), Subsellien (Schulbänke), felix culpa (heilsamer Fehler), Malefizbuch (Strafgesetzbuch), Profax (scherzh.: Rektor der Universität), Molestierung (Belästigung), Molesten (Plagen), Pennal (spött.: neuangekommener Student), quiesziert (in den Ruhestand versetzt), Onus (Verbindlichkeit), Cockpit (Kampfplatz, [Zirkus]-arena), Hôtel garni (Gasthaus mit Zimmervermietung oder eine Wohnung mit Hausgerät; heute: Hotel oder Pension, in der man Frühstück, aber kein warmes Essen bekommt).

Heute, in einer Zeit, in der Entfernungen keine Rolle mehr spielen, in der die Kontinente einander nähergerückt sind, ist die gegenseitige kulturelle und somit sprachliche Beeinflussung der Völker besonders stark. So findet grundsätzlich ein Geben und Nehmen zwischen allen Kultursprachen statt, wenn auch gegenwärtig der Einfluß des Englisch-Amerikanischen dominiert. Das bezieht sich nicht nur auf das Deutsche, sondern ganz allgemein auf die nichtenglischen europäischen Sprachen. Gelegentlich werden Wörter auch nur nach englischem Muster gebildet, ohne daß es sie im englischsprachigen Raum überhaupt gibt. Man spricht dann von Scheinentlehnungen (Twen, Dressman, Showmaster) und Halbentlehnungen mit neuen Bedeutungen (Slip statt engl. briefs). Es gibt jedoch auch den umgekehrten Prozeß, daß deutsche Wörter in fremde Sprachen übernommen und dort allmählich angeglichen werden, wie z. B. im Englischen bratwurst, ersatz, gemütlichkeit, gneiss, kaffeeklatsch, kindergarten, kitsch, leberwurst, leitmotiv, ostpolitik, sauerkraut, schwarmerei, schweinehund, weltanschauung, weltschmerz, wunderkind, zeitgeist, zinc. Aber auch Mischbildungen oder Eigenschöpfungen wie apple strudel, beer stube, sitz bath, kitschy, hamburger kommen vor. Die im Deutschen mit altsprachlichen Bestandteilen gebildeten Wörter *Ästhetik* und *Statistik* erscheinen im Französischen als *esthétique* bzw. *statistique*, das deutsche Wort *Rathaus* wird im Polnischen zu *ratusz*, *Busserl* im Ungarischen zu *puszi* usw.

Eine besondere Gattung der Fremdwörter bilden die sogenannten Bezeichnungsexotismen, Wörter, die auf Sachen, Personen und Begriffe der fremdsprachigen Umwelt beschränkt bleiben, wie Geisha, Bagno, Iglu, College.

Viele Fremdwörter sind international verbreitet. Man nennt sie Internationalismen. Das sind Wörter, die in gleicher Bedeutung und gleicher oder ähnlicher Form in mehreren europäischen Sprachen vorkommen, wie z. B. Medizin, Musik, Nation, Radio, System, Telefon, Theater. Hier allerdings liegen auch nicht selten die Gefahren für falschen Gebrauch und Mißverständnisse, nämlich dann, wenn Wörter in mehreren Sprachen in lautgestaltlich oder schriftbildlich zwar identischer oder nur leicht abgewandelter Form vorkommen, inhaltlich aber mehr oder weniger stark voneinander abweichen (dtsch. sensibel = engl. sensitive; engl. sensible = dtsch. vernünftig). Weil die fremdsprachlichen Wörter so gut wie beziehungslos innerhalb des deutschstämmigen Wortschatzes, weil sie nicht in einer Wortfamilie stehen, aus der heraus sie erklärt werden können, wie z. B. *Läufer* von *laufen*, aus diesem Grunde ist mit der Verwendung von Fremdwörtern auch ganz allgemein die Gefahr des falschen Gebrauchs verbunden. Nicht umsonst heißt es daher im Volksmund: „Fremdwörter sind Glücksache." So sind Fehlgriffe leicht möglich: *Restaurator* kann mit *Restaurateur*, *konkav* mit *konvex* oder – wie bei Frau Stöhr in Th. Manns „Zauberberg" – *insolvent* mit *insolent* verwechselt werden.

Daß falscher oder salopp-umgangssprachlicher Gebrauch zu Bedeutungswandel führen kann, der oft bis zur völligen Inhaltsumkehrung geht, macht beispielsweise die Geschichte der Wörter formidabel (von *furchtbar*, *grauenerregend* zu *großartig*), rasant (von *flach*, *gestreckt* zu *sehr schnell*, *schneidig*) deutlich.

In Anbetracht der Existenz zweier deutscher Staaten mit unterschiedlicher Gesellschaftsordnung gibt es aber auch innerhalb der deutschen Gegenwartssprache Fremdwörter, die sich inhaltlich je nach bewußt oder auch unbewußt ideologischem Gebrauch in der Bundesrepublik oder in der DDR unterscheiden (Demokratie, Pazifist, Reformismus), wie es darüber hinaus Fremdwörter gibt, die nur im einen oder nur im anderen Teil Deutschlands gebraucht werden. Darunter fallen ganz verschiedene Arten von Wörtern: Es können Bezeichnungen für gesellschaftsbezogene spezifische Einrichtungen, Erscheinungen o. ä. sein (Bundesrepublik Deutschland: Bruttosozialprodukt, Discountgeschäft, Marketing; DDR: Aktivist, Brigadier, Kombinat); es können aber auch Wörter sein, die die Einrichtungen oder die gesellschaftliche Wirklichkeit der anderen Gesellschaftsordnung abwertend benennen (Bundesrepublik Deutschland: Politruk; DDR: Diversant).

Eine wichtige Frage in bezug auf das Fremdwort ist auch die nach seiner inhaltlichen, stilistischen und syntaktischen Leistung. Ein Fremdwort kann besondere stilistische (Portier/Pförtner, transpirieren/schwitzen, ventilieren/überlegen) und inhaltliche (Exkursion/Ausflug, fair/anständig, simpel/einfach) Nuancen enthalten, die ein deutsches Wort nicht hat. Es kann unerwünschte Assoziationen oder nicht zutreffende Vorstellungen ausschließen (Passiv statt Leideform, Substantiv statt Hauptwort, Verb statt Tätigkeitswort); es kann verhüllend (Fäkalien, koitieren), aber auch abwertend (Visage/Gesicht, denunzieren/anzeigen) gebraucht werden, so daß das Fremdwort in der deutschen Sprache eine wichtige Funktion zu erfüllen hat. Das, was man an Fremdwörtern manchmal bemängelt, z. B. daß sie unklar, unpräzise, nicht eindeutig seien, das sind Nachteile – unter Umständen aber auch Vorteile –, die bei vielen deutschen Wörtern ebenfalls festgestellt werden können. Wichtig für die Wahl eines Wortes ist immer seine Leistung, nicht seine Herkunft.

Man kann über Fremdwörter nicht pauschal urteilen. Ein Fremdwort ist immer dann gut und nützlich, wenn man sich damit kürzer und deutlicher ausdrücken kann. Solche Fremdwörter gibt es in unserer Alltagssprache in großer Zahl, und diese werden im allgemeinen auch ohne weiteres verstanden. Gerade das ist auch ausschlaggebend, nämlich daß ein fremdes Wort verständlich ist, daß es nicht das Verständnis unnötig erschwert oder gar unmöglich macht.

Fragwürdig wird der Gebrauch von Fremdwörtern jedoch immer da, wo diese zur Überredung oder Manipulation, z. B. in der Sprache der Politik oder der Werbung, mehr oder weniger bewußt verwendet werden oder wo sie ohne besondere stilistische, syntaktische oder inhaltliche Funktion, lediglich als intellektueller Schmuck, zur Imagepflege, aus Bildungsdünkel oder Prahlerei benutzt werden, wo also außersprachliche Gründe den Gebrauch bestimmen. Daß ein Teil der Fremdwörter vielen Sprachteilhabern Verständnisschwierigkeiten bereitet, liegt – wie bereits oben erwähnt – daran, daß sie nicht in eine Wortfamilie eingegliedert sind und folglich durch verwandte Wörter inhaltlich nicht ohne weiteres erklärt oder erschlossen werden können. Fremde Wörter bereiten aber nicht nur Schwierigkeiten beim Verstehen, sie bereiten nicht selten auch Schwierigkeiten beim Gebrauch, in bezug auf die grammatische Einfügung in das deutsche Sprachsystem. Es gibt verschiedentlich Unsicherheiten vor allem hinsichtlich des Genus (der oder das Curry; das oder die Malaise) und des Plurals (die Poster oder die Posters, die Regime oder die Regimes). Neben vom Deutschen abweichende Flexionsformen (Atlas/Atlanten; Forum/Fora) treten im Laufe der Zeit nach deutschem Muster gebildete (Atlasse, Forums). Aus dieser Unsicherheit heraus ergeben sich in diesen Bereichen besonders häufig Doppelformen, bis das jeweilige fremde Wort endgültig seinen Platz im heimischen Sprachsystem gefunden hat. Das Genus der fremdsprachlichen Wörter richtet sich in der Regel entweder nach möglichen Synonymen oder nach formalen Kriterien. So sind z. B. die aus dem Französischen gekommenen Wörter *le garage, le cigare* im Deutschen Feminina, weil sich mit dem unbetonten Endungs-e – abgesehen von inhaltlichen Sondergruppen – das feminine Geschlecht verbindet, während das Wort Match zwischen Maskulinum (nach der Wettkampf) und Neutrum (nach das Wettspiel) schwankt.

Zusammenfassend läßt sich sagen:

Ein Fremdwort ist ein aus einer Fremdsprache übernommenes Wort, das sich in Aussprache und/oder Schreibweise und/oder Flexion der übernehmenden Sprache nicht angepaßt hat. Im Gegensatz zum Lehnwort, das ohne besondere Fachkenntnis nicht mehr als fremdes Wort erkannt wird, trägt das Fremdwort noch deutlich sichtbare Spuren seiner fremdsprachlichen Herkunft. Historisch betrachtet, unterscheidet man zwischen Erbwörtern (heimischen Wörtern) einerseits und Lehn- und Fremdwörtern andererseits. Die Grenze zwischen Fremdwort und Lehnwort ist dabei nicht eindeutig zu ziehen. Als Kriterium für ein Fremdwort gilt nur die Angleichung in der Aussprache, Schreibung und Flexion, die Zeit der Übernahme spielt keine Rolle. Haben sich Wörter, auch wenn sie erst in neuerer Zeit entlehnt worden sind, angepaßt, gelten sie als Lehnwörter (z. B. Film und Sport).

Die wichtigste Ursache für die Übernahme eines Fremdwortes ist die Übernahme der bezeichneten Sache. Daher spiegeln sich in den Fremdwörtern und Lehnwörtern die Kulturströmungen, die auf den deutschsprachigen Raum gewirkt haben; z. B. aus dem Italienischen Wörter des Geldwesens (Giro, Konto, Porto) und der Musik (adagio, Sonate, Violine), aus dem Französischen Ausdrücke des Gesellschaftslebens (Kavalier, Renommee, Cousin) oder des Kriegswesens (Offizier, Leutnant, Patrouille), aus dem Englischen Wörter des Sports (Favorit, Outsider, Derby) und aus der Wirtschaft (Manager, Floating).

Wichtiger als die Frage der Herkunft ist die Frage, wie sich Fremdwörter im Systemzusammenhang des Wortschatzes zu den sinnverwandten Wörtern (Feldnachbarn) verhalten und welcher Art ihre Beziehungen zu anderen Wörtern im Kontext sind. Das Fremdwortproblem ist, wenn man es nicht historisch betrachtet, ein sprachsoziologisches und stilistisches Problem. Fremdwörter gehören in der überwiegenden Zahl dem Wortschatz der Gruppensprachen (Fach- und Sondersprachen) an. Ein Fremdwort kann dann nötig sein, wenn es mit deutschen Wörtern nur langatmig oder unvollkommen umschrieben werden kann. Sein Gebrauch ist auch dann gerechtfertigt, wenn man einen graduellen inhaltlichen Unterschied ausdrücken, die Aussage stilistisch variieren oder den Satzbau straffen will. Es sollte aber überall da vermieden werden, wo Gefahr besteht, daß es der Hörer oder Leser, an den es gerichtet ist, nicht oder nur unvollkommen versteht, wo also Verständigung und Verstehen erschwert werden. Abzulehnen ist der Fremdwortgebrauch da, wo er nur zur Erhöhung des eigenen sozialen bzw. intellektuellen Ansehens oder zur Manipulation anderer angewendet wird.

Hinweise zur Benutzung dieses Buches

I. Zeichen von besonderer Bedeutung

. Untergesetzter Punkt bedeutet betonte Kürze, z. B. Abituriẹnt.

_ Untergesetzter Strich bedeutet betonte Länge, z. B. Abitur.

| Der senkrechte Strich dient zur Angabe schwieriger Silbentrennung, z. B. Ab|itur.

/ Der Schrägstrich besagt, daß sowohl das eine als auch das andere möglich ist, z. B. etwas/jmdn.; ...al/...ell.

= Das Gleichheitszeichen vor einem Wort besagt, daß das Lemma (Stichwort) mit diesem bedeutungsgleich ist und daß bei dem mit = versehenen Wort die Bedeutungsangaben zu finden sind, z. B. **Äthin** *das*; -s: = Acetylen.

Ⓦz Als Warenzeichen geschützte Wörter sind durch das Zeichen Ⓦz kenntlich gemacht. Etwaiges Fehlen dieses Zeichens bietet keine Gewähr dafür, daß es sich hier um ein Wort handelt, das von jedermann als Handelsname frei verwendet werden darf.

- Der waagrechte Strich vertritt das Stichwort, z. B. **Abitur** *das*; -s, -e; **ad oculos**: ... etwas - - demonstrieren.

... Drei Punkte stehen bei Auslassung von Teilen eines Wortes, z. B. **Reagens** *das*; -, ...genzien.

[] In den eckigen Klammern stehen Aussprachebezeichnungen, Herkunftsangaben und Buchstaben, Silben oder Wörter, die weggelassen werden können, z. B. **à deux mains** [*ạ dö̤ mäng*]; **Anaklasis** [aus *gr.* anáklasis „Zurückbiegung"]: **Akkord** *der*; -[e]s, -e: ... 3. Einigung zwischen Schuldner u. Gläubiger[n] ...; im -: im Stücklohn [und daher schnell].

() In den runden Klammern stehen erläuternde Zusätze, z. B. Stilschicht, Fachbereich: **Visage** ...: (ugs., abwertend); **adult** ...: erwachsen; geschlechtsreif (Med.).

→ Der Pfeil besagt, daß das mit einem Pfeil versehene Wort an entsprechender alphabetischer Stelle aufgeführt und erklärt ist, z. B. **Akazie** *die*; -, -n: a) tropischer Laubbaum, zur Familie der → Leguminosen gehörend ...; **akut** ... Ggs. → chronisch.

* Das hochgestellte Sternchen vor einem Wort gibt an, daß das betreffende Wort nicht belegt, sondern erschlossen ist.

II. Anordnung und Behandlung der Stichwörter

1. Die Stichwörter sind **halbfett** gedruckt.
2. Die Anordnung der Stichwörter ist im wesentlichen alphabetisch. Die abeceliche Anordnung ist gelegentlich durchbrochen worden, um Wörter, die enger zusammengehören, in einer Wortgruppe zusammenzufassen. Die Umlaute ä, ö, ü, äu werden wie die nichtumgelauteten Vokale a, o, u, au behandelt.

   Beispiel: Ara
   Ära
   Araber

   Die Umlaute ae, oe, ue hingegen werden entsprechend der Buchstabenfolge alphabetisch eingeordnet.
3. Stichwörter, die im ganzen oder in ihren Bestimmungswörtern etymologisch miteinander verwandt sind, sind häufig in einem Abschnitt zusammengefaßt.
4. Homonyme (gleichlautende Wörter, die in der Bedeutung und Herkunft verschieden sind) werden durch hochgestellte Indizes vor den Stichwörtern gekennzeichnet.

   Beispiel: ^{1}**Atlas**...: geographisches Kartenwerk
   ^{2}**Atlas**...: Gewebe mit hochglänzender Oberfläche in besonderer Bindung (Webart)
5. Angaben zum Genus und zur Deklination des Genitivs im Singular und – soweit gebräuchlich – des Nominativs im Plural sind bei den Substantiven aufgeführt.

   Beispiele: **Aquarell** *das*; -s, -e; **Ära** *die*; -, Ären

   Substantive, die nur im Plural vorkommen, sind durch die Angabe *die* (Plural) gekennzeichnet.

   Beispiel: **Alimente** *die* (Plural) ...

III. Bedeutungsangaben

Die Angaben zur Bedeutung eines Stichwortes stehen hinter dem Doppelpunkt, der dem Stichwort, der Etymologie oder den Flexionsangaben folgt. Hat ein Stichwort mehrere Bedeutungen, die sich voneinander unterscheiden, dann werden die einzelnen Bedeutungen durch Ziffern oder Buchstaben voneinander getrennt.

Beispiel: **dezẹnt** [*lat.*]: 1. a) vornehm-zurückhaltend, unaufdringlich; Ggs. → indezent; b) abgetönt; zart. 2. gedämpft (Mus.).

IV. Herkunftsangaben

Die Herkunft der Stichwörter wird in eckigen Klammern angegeben. Wem diese Angaben nicht genügen, der schlage im Herkunftswörterbuch der deutschen Sprache (Der Große Duden, Band 7) nach, wo die Geschichte der deutschen Wörter und der Fremdwörter ausführlich dargestellt wird.

Mit „Kunstw." wird angegeben, daß es sich bei dem betreffenden Wort um ein künstlich gebildetes Wort aus frei erfundenen Bestandteilen handelt.

Beispiele: **Barbiturat, Perlon.**

Mit „Kurzw." wird angegeben, daß es sich um ein künstlich gebildetes Wort aus Bestandteilen (Anfangsbuchstaben oder Silben) anderer Wörter handelt.

Beispiele: **Laser** (aus light amplification by stimulated emission of radiation), **Fleurop** (aus flores Europae).

Mit „Kurzform" wird angegeben, daß es sich um ein gekürztes Wort handelt.

Beispiele: **Akku** (aus Akkumulator), **Labor** (aus Laboratorium).

V. Aussprachebezeichnungen

Aussprachebezeichnungen stehen hinter allen Wörtern, bei denen die Aussprache Schwierigkeiten bereitet. Die in diesem Band verwendete volkstümliche Lautschrift (phonetische Schrift) bedient sich fast ausschließlich des lateinischen Alphabets.

ä ist offenes e, z. B. Aigrette [*ägrät*ᵉ] od. Malaise [*maläs*ᵉ]
ch ist der am Vordergaumen erzeugte Ich-Laut (Palatal), z. B. Chinin [*chinin*]
ch ist der am Hintergaumen erzeugte Ach-Laut (Velar), z. B. autochthon [...*chton*]
e ist geschlossenes e, z. B. Velar [*welar*] od. Steak [*ßtek*]
ᵉ ist das schwache *e*, z. B. Blamage [*blamasch*ᵉ]
ⁱ ist das nur angedeutete *i*, z. B. Lady [*leⁱdi*]
ng bedeutet, daß der Vokal davor durch die Nase (nasal) gesprochen wird, z. B. Arrondissement [*arongdißᵉmang*]
ʳ ist das nur angedeutete *r*, z. B. Girl [*göʳl*]
s ist das stimmhafte (weiche) *s*, z. B. Diseuse [...*ös*ᵉ]
ß ist das stimmlose (harte) *s*, z. B. Malice [*maliß*ᵉ]
sch ist das stimmhafte (weiche) *sch*, z. B. Genie [*sch*...]
th ist der mit der Zungenspitze hinter den oberen Vorderzähnen erzeugte stimmlose Reibelaut, z. B. Commonwealth [...ᵘ*älth*]
dh ist der mit der Zungenspitze hinter den oberen Vorderzähnen erzeugte stimmhafte Reibelaut, z. B. Fathom [*fädh*ᵉ*m*]
ᵘ ist das nur angedeutete *u*, z. B. Go-Kart [*go*ᵘ...], das bilabiale w, z. B. Commonwealth [...ᵘ*älth*], oder das unsilbische *u*, z. B. Lingua [*linggᵘa*]

Ein unter den Vokal gesetzter Punkt gibt betonte Kürze an, ein Strich betonte Länge (vgl. Zeichen von besonderer Bedeutung, S.13).

Beispiele: **Alkohol, Aigrette** [*ägrät*ᵉ]; **absolut, Abonnement** [*abon*ᵉ*mang*].

Gibt es bei einem Wort verschiedene Betonungen (z. B. häufige Kontrastbetonungen) oder Aussprachen, so sind diese vermerkt.

Beispiel: **asozial** [auch: ...*al*].

Sollen bei schwieriger auszusprechenden Fremdwörtern zusätzlich unbetonte Längen gekennzeichnet werden, dann wird die Betonung durch einen Akzent angegeben.

Beispiel: **Evergreen** [*äw*ᵉ*rgrin*]

VI. Schreibung

(Über Deklination und Genus der Fremdwörter vgl. Duden-Grammatik, 3. Aufl. 1973, Kennzahlen 351, 353, 437 ff., 440 ff., 446 ff., 451 f.)

Viele Fremdwörter werden in der fremden Schreibweise geschrieben.

Beispiele: Milieu [*miljö*]; Refrain [*r*ᵉ*fräng*].

Häufig gebrauchte Fremdwörter, vor allem solche, die keine dem Deutschen fremden Laute enthalten, gleichen sich nach und nach der deutschen Schreibweise an.

Übergangsstufe:

Beispiele: Friseur neben Frisör; Photograph neben Fotograf; Telephon neben Telefon.

Endstufe:

Beispiele: Sekretär für: Secrétaire; Fassade für: Façade.

Bei diesem stets in der Entwicklung begriffenen Vorgang der Eindeutschung ist folgende Wandlung in der Schreibung besonders zu beachten:

c wird k oder z

Ob das c des Fremdworts im Zuge der Eindeutschung k oder z wird, hängt von seiner ursprünglichen Aussprache ab. Es wird zu k vor a, o, u und vor Konsonanten. Es wird zu z vor e, i und y, ä und ö.

Beispiele: Café, Copie, Procura, Crematorium, Spectrum, Penicillin, Cyclamen, Cäsur; eingedeutscht: Kaffee, Kopie, Prokura, Krematorium, Spektrum, Penizillin, Zyklamen, Zäsur.

In einzelnen Fachsprachen, so besonders in der der Chemie, besteht die Neigung, zum Zwecke einer internationalen Sprachangleichung c in Fremdwörtern dann weitgehend zu erhalten, wenn diese im Rahmen eines festen Systems bestimmte terminologische Aufgaben haben. In solchen Fällen werden fachsprachlich nicht nur Eindeutschungen vermieden, sondern es kommen auch immer häufiger „Ausdeutschungen" vor, auch bei Fremdwörtern, die in der Gemeinsprache fest verankert sind.

Beispiele: zyklisch, fachspr.: cyclisch; Nikotin, fachspr.: Nicotin; Kampfer, fachspr.: Campher.

Beachte: **th** bleibt in Fremdwörtern aus dem Griechischen erhalten.

Beispiele: Asthma, Äther, Bibliothek, katholisch, Mathematik, Pathos, Theke.

VII. Im Wörterverzeichnis verwendete Abkürzungen

Die nachstehenden Abkürzungen sind nicht mit den sonst üblichen Abkürzungen (zum Beispiel a. m. = ante meridiem) zu verwechseln, die an den entsprechenden Stellen im Wörterverzeichnis stehen.

Abk.	Abkürzung	andalus.	andalusisch	Bergw.	Bergwesen
aengl.	altenglisch	annamit.	annamitisch	bes.	besonders
afries.	altfriesisch	Anthropol.	Anthropologie	Bibliotheksw.	Bibliothekswissenschaft
afrik.	afrikanisch	arab.	arabisch		
ags.	angelsächsisch	aram.	aramäisch	Biochem.	Biochemie
ägypt.	ägyptisch	Archit.	Architektur	Biol.	Biologie
ahd.	althochdeutsch	argent.	argentinisch	Börsenw.	Börsenwesen
aind.	altindisch	armen.	armenisch	Bot.	Botanik
aisl.	altisländisch	asiat.	asiatisch	bras.	brasilianisch
alban.	albanisch	assyr.	assyrisch	bret.	bretonisch
alemann.	alemannisch	Astrol.	Astrologie	brit.	britisch
allg.	allgemein	Astron.	Astronomie	Buchw.	Buchwesen
altd.	altdeutsch	Atomphys.	Atomphysik	bulgar.	bulgarisch
altfr.	altfranzösisch	Ausspr.	Aussprache	byzantin.	byzantinisch
altgriech.	altgriechisch	austr.	australisch	bzw.	beziehungsweise
altir.	altirisch	awest.	awestisch		
altital.	altitalienisch	aztek.	aztekisch		
altnord.	altnordisch			chald.	chaldäisch
altröm.	altrömisch	babylon.	babylonisch	chem.	chemisch
altschott.	altschottisch	Bantuspr.	Bantusprache	Chem.	Chemie
alttest.	alttestamentlich	Bauw.	Bauwesen	chilen.	chilenisch
amerik.	amerikanisch	bayr.	bayrisch	chin., chines.	chinesisch
amerik.-span.	amerikanisch-spanisch	Bed.	Bedeutung		
		bengal.	bengalisch	dän.	dänisch
Amtsspr.	Amtssprache	Berg-mannsspr.	Bergmanns-sprache	d. h.	das heißt
Anat.	Anatomie			d. i.	das ist

dichter.	dichterisch
Druckw.	Druckwesen
dt.	deutsch
EDV	elektronische Datenverarbeitung
Eigenn.	Eigenname
eigtl.	eigentlich
Eisenbahnw.	Eisenbahnwesen
elektr.	elektrisch
elektron.	elektronisch
Elektrot.	Elektrotechnik
engl.	englisch
eskim.	eskimoisch
etrusk.	etruskisch
europ.	europäisch
ev.	evangelisch
fachspr.	fachsprachlich
Fachspr.	Fachsprache
finn.	finnisch
fläm.	flämisch
Forstw.	Forstwirtschaft
Fotogr.	Fotografie
fr.	französisch
fränk.	fränkisch
franz.	französisch
fries.	friesisch
Funkw.	Funkwesen
gäl.	gälisch
gall.	gallisch
galloroman.	galloromanisch
gaskogn.	gaskognisch
Gastr.	Gastronomie
Gaunerspr.	Gaunersprache
Geldw.	Geldwesen
Gen.	Genitiv
Geneal.	Genealogie
Geogr.	Geographie
Geol.	Geologie
germ.	germanisch
Gesch.	Geschichte
Ggs.	Gegensatz
gleichbed.	gleichbedeutend
got.	gotisch
gr., griech.	griechisch
hait.	haitisch
hebr.	hebräisch
Heerw.	Heerwesen
hethit.	hethitisch
hist.	historisch
hochd.	hochdeutsch
hottentott.	hottentottisch
Hüttenw.	Hüttenwesen
iber.	iberisch
idg.	indogermanisch
illyr.	illyrisch

ind.	indisch
indian.	indianisch
indones.	indonesisch
ir.	irisch
iran.	iranisch
iron.	ironisch
islam.	islamisch
isländ.	isländisch
it., ital.	italienisch
Jägerspr.	Jägersprache
jakut.	jakutisch
jap., japan.	japanisch
jav.	javanisch
Jh.	Jahrhundert
jidd.	jiddisch
jmd.	jemand
jmdm.	jemandem
jmdn.	jemanden
jmds.	jemandes
jüd.	jüdisch
jugoslaw.	jugoslawisch
kanad.	kanadisch
karib.	karibisch
kaschub.	kaschubisch
katal.	katalanisch
kath.	katholisch
kaukas.	kaukasisch
kelt.	keltisch
Kinderspr.	Kindersprache
kirchenlat.	kirchenlateinisch
kirg.	kirgisisch
korean.	koreanisch
kreol.	kreolisch
kret.	kretisch
kroat.	kroatisch
kuban.	kubanisch
Kunstw.	Kunstwort, Kunstwissenschaft
Kurzw.	Kurzwort
Kybern.	Kybernetik
ladin.	ladinisch
landsch.	landschaftlich
Landw.	Landwirtschaft
lat.	lateinisch
lett.	lettisch
lit.	litauisch
Literaturw.	Literaturwissenschaft
malai.	malaiisch
masur.	masurisch
math.	mathematisch
Math.	Mathematik
Mech.	Mechanik
Med.	Medizin
melanes.	melanesisch
mengl.	mittelenglisch
Meteor.	Meteorologie
mex., mexik.	mexikanisch
mgr.	mittelgriechisch

mhd.	mittelhochdeutsch
Mil.	Militär
Mineral.	Mineralogie
mlat.	mittellateinisch
mniederl.	mittelniederländisch
mong.	mongolisch
Mus.	Musik
neapolitan.	neapolitanisch
neuseeländ.	neuseeländisch
neutest.	neutestamentlich
Neutr.	Neutrum
ngr.	neugriechisch
nhd.	neuhochdeutsch
niederd.	niederdeutsch
niederl.	niederländisch
nlat.	neulateinisch
nord.	nordisch
norw.	norwegisch
o. ä.	oder ähnliche[s]
od.	oder
ökum.	ökumenisch
ostasiat.	ostasiatisch
österr.	österreichisch
Päd.	Pädagogik
Parapsychol.	Parapsychologie
Part.	Partizip
Pass.	Passiv
Perf.	Perfekt
pers.	persisch
peruan.	peruanisch
Pharm.	Pharmazie
philos.	philosophisch
Philos.	Philosophie
Phon.	Phonetik
phöniz.	phönizisch
Phys.	Physik
physik.	physikalisch
Physiol.	Physiologie
Pol.	Politik
poln.	polnisch
pol. Ökon.	politische Ökonomie
polynes.	polynesisch
port.	portugiesisch
Postw.	Postwesen
Präs.	Präsens
provenzal.	provenzalisch
Psychol.	Psychologie
Rechtsw.	Rechtswissenschaft
Rel.	Religion, Religionswissenschaft
Rhet.	Rhetorik
röm.	römisch
roman.	romanisch

rumän.	rumänisch	Soziol.	Soziologie	türk.	türkisch
russ.	russisch	span.	spanisch	turkotat.	turkotatarisch
s.	siehe	Sprach-psychol.	Sprach-psychologie	u.	und
sanskr.	sanskritisch	Sprachw.	Sprachwissen-schaft	u. a.	unter anderem, und andere[s]
scherzh.	scherzhaft	Stilk.	Stilkunde	u. ä.	und ähn-liche[s]
schott.	schottisch	Studenten-spr.	Studenten-sprache	ugs.	umgangs-sprachlich
Schülerspr.	Schüler-sprache	subst.	substantiviert	ung.	ungarisch
schwed.	schwedisch	Subst.	Substantiv	urspr.	ursprünglich
schweiz.	schweizerisch	südamerik.	südameri-kanisch	usw.	und so weiter
Seemannsspr.	Seemanns-sprache	südd.	süddeutsch	venez.	venezianisch
Seew.	Seewesen	sumer.	sumerisch	Verlagsw.	Verlagswesen
semit.	semitisch	svw.	soviel wie	Vermes-sungsw.	Vermessungs-wesen
serb.	serbisch	syr.	syrisch	vgl.	vergleiche
serbokroat.	serbokroatisch	tahit.	tahitisch	viell.	vielleicht
sibir.	sibirisch	tamil.	tamilisch	Völkerk.	Völkerkunde
Sing.	Singular	tatar.	tatarisch	vulgärlat.	vulgär-lateinisch
singhal.	singhalesisch	Techn.	Technik	Wappenk.	Wappenkunde
sizilian.	sizilianisch	tessin.	tessinisch	Wirtsch.	Wirtschaft
skand.	skandinavisch	Theat.	Theater	Zahnmed.	Zahnmedizin
slaw.	slawisch	tib.	tibetisch	Zool.	Zoologie
slowak.	slowakisch	Tiermed.	Tiermedizin		
slowen.	slowenisch	tschech.	tschechisch		
sorb.	sorbisch	tungus.	tungusisch		
Sozial-psychol.	Sozial-psychologie				

A

a: 1. = [1]Ar. 2. (auch: [a]) = annus (Jahr in der Astron. u. Phys.)

à [aus *fr.* à „nach; zu; für"]: für, je, zu, zu je

a. = anno

[1]a..., A... [aus gleichbed. *gr.* a...] verneinendes, den Inhalt des zugrundeliegenden Wortes ausschließendes Präfix von Fremdwörtern, die auf das Lateinische oder Griechische zurückgehen, z. B. in asozial; vor Vokalen und h erweitert zu an..., An... (z. B. anorganisch), vor rh (= gr. ϱ) angeglichen zu ar..., Ar... (z. B. Arrhythmie); vgl. Alpha privativum

[2]a..., A... [*lat.*] = ab..., Ab...

A: 1. = Ampere. 2. = Avance. 3. röm. Zahlzeichen für 5000. 4. Atomgewicht

Å = Ångströmeinheit

A. = Anno

a. a. = ad acta

ab..., Ab... [aus gleichbed. *lat.* ab... usw.]: Präfix mit der Bedeutung „weg-, ab-, ent-, miß-", z. B. in abnorm, Abusus; vor t u. z (= lat. c): abs..., Abs..., z. B. in abstrakt, Abszeß; vor anderen Konsonanten außer h auch: a..., A..., z. B. in Aversion

Abaka [*indones.*] *der*; -[s]: Manilahanf

Abakus [aus gleichbed. *lat.* abacus, dies aus *gr.* ábax „Brett"] *der*; -, -: 1. antikes Rechen- od. Spielbrett. 2. Säulendeckplatte eines → Kapitells

a battuta vgl. Battuta

Abbé [*abe*; aus *fr.* abbé „Abt, Geistlicher"] *der*; -s, -s: in Frankreich Titel eines Geistlichen, der nicht dem Klosterstand angehört

Abbevillien [...*wiliäng*; nach dem Fundort Abbeville in Frankreich] das; -[s]: Kulturstufe der älteren Altsteinzeit

Abbreviation [...*wiazion*; aus gleichbed. *mlat.* abbreviātio] *die*; -, -en: = Abbreviatur. **Ab|breviatur** [aus gleichbed. *mlat.* abbreviatūra] *die*; -, -en: Abkürzung in Handschrift, Druck- u. Notenschrift (z. B. PKW, z. Z.). **abbreviieren** [aus gleichbed. *mlat.* abbreviāre „abkürzen" zu *lat.* brevis „kurz"]: abkürzen (von Wörtern usw.)

Abc-Code [*abezékot*; *dt.*; *lat.-fr.*] *der*; -s: bedeutendster englischer Telegrammschlüssel

abchecken [...*tschäkᵉn*; nach gleichbed. *engl.* to check off]: a) nach einem bestimmten Verfahren o. ä. prüfen, überprüfen, kontrollieren; b) die auf einer Liste aufgeführten Namen usw. kontrollierend abhaken

ABC-Waffen *die* (Plural): Sammelbezeichnung für *a*tomare, *b*iologische u. *c*hemische Waffen

Abderit [nach den Bewohnern der altgriechischen Stadt Abdera] *der*; -en, -en: (veraltet) einfältiger Mensch, Schildbürger. **abderitisch**: (veraltet) einfältig, schildbürgerhaft

Abdikation [...*zion*; aus *lat.* abdicātio „das Sich-Lossagen, Entsagen" zu abdicāre „entsagen, verzichten"] *die*; -, -en: (veraltet) Abdankung. **abdizieren**: (veraltet) abdanken, Verzicht leisten

Abdomen [aus gleichbed. *lat.* abdōmen] *das*; -s, - u. ...mina: Bauch, Unterleib (Med.). **abdominal** [*lat.-nlat.*]: zum Abdomen gehörend

...abel [aus gleichbed. *lat.* -(a)bilis, *fr.* -able]: häufige Endung von Adjektiven, die die Möglichkeit eines Verhaltens od. die Zugänglichkeit für ein Tun oder Geschehen ausdrückt, z. B. diskutabel, operabel

ab|errant [aus *lat.* aberrāns, Part. Präs. zu aberrāre]: [von der normalen Form o. ä.] abweichend (z. B. in bezug auf Lichtstrahlen, Pflanzen, Tiere). **Ab|erration** [...*zion*; aus *lat.* aberrātio zu aberrāre] *die*; -, -en: 1. bei Linsen, Spiegeln u. den Augen auftretender optischer Abbildungsfehler (Unschärfe). 2. scheinbare Ortsveränderung eines Gestirns in Richtung des Beobachters, verursacht durch Erdbewegung u. Lichtgeschwindigkeit. 3. starke Abweichung eines Individuums von der betreffenden Tier- od. Pflanzenart (Biol.). **ab|errieren** [aus *lat.* aberrāre „abirren, sich verirren"]: [von der normalen Form o. ä.] abweichen (z. B. in bezug auf Lichtstrahlen, Pflanzen, Tiere)

Abiogenese, (auch:) Abiogenesis [gelehrte Bildung aus *gr.* a... „un-, nicht-", bíos „Leben" und génesis „Erzeugung, Ursprung", eigtl. „Entstehung aus Unbelebtem"] *die*; -: Annahme, daß Lebewesen ursprüngl. aus unbelebter Materie entstanden seien (Urzeugung)

Abiose, (auch:) Abiosis [gelehrte Bildung zu *gr.* bíos „Leben"] *die*; -: Lebensunfähigkeit. **abiotisch** [auch: *a*...]: ohne Leben, leblos

Ab|itur [*nlat.* Bildung zu *mlat.* abiturīre „fortgehen werden", dies zu *lat.* abīre „fort-, weggehen"] *das*; -s, -e (Plural selten): Abschlußprüfung an der höheren Schule; Reifeprüfung, die zum Hochschulstudium berechtigt. **Ab|iturient** [aus *nlat.* abitūriens zu *mlat.* abiturīre „fortgehen werden", eigtl. „wer (von der Schule) fort-, abgehen wird", s. Abitur] *der*; -en, -en: jmd., der das Abitur macht od. gemacht hat. **Ab|iturium** *das*; -s, ...rien [...*riᵉn*]: (veraltet) Abitur

abkapiteln [zu *mlat.* capitulāre „in der Kapitelsversammlung (s. Kapitel 2, b) tadeln"] jmdn. schelten, abkanzeln, jmdm. einen [öffentlichen] Verweis erteilen

Abl. = Ablativ

Ab|lation [...*zion*; aus *lat.* ablātio „Wegnahme"] *die*; -, -en: a) Abschmelzung von Schnee u. Eis (Gletscher, Inlandeis) durch Sonnenstrahlung, Luftwärme u. Regen; b) Abtragung des Bodens durch Wasser u. Wind; vgl. Deflation (2) u. Denudation (Geol.)

Ablativ [*ab*..., auch: ...*tif*; aus gleichbed. *lat.* (casus) ablātīvus zu ablātus „fortgetragen, entfernt, getrennt"] *der*; -s, -e [...*wᵉ*]: Kasus [in indogerm. Sprachen], der einen Ausgangspunkt, eine Entfernung od. Trennung zum Ausdruck bringt (Woherfall; Abk.: Abl.). **Ab|lativus absolutus** [...*wuß* -; auch: *ab*... -] *der*; - -, ...vi ...ti: im Lateinischen eine selbständig im Satz stehende satzwertige Gruppe in Form einer Ablativkonstruktion (Sprachw.)

abnorm [aus *lat.* abnōrmis „von der Regel abweichend" zu nōrma „Regel, Richtschnur", vgl. normal]: 1. im krankhaften Sinn vom Normalen abweichend. 2. ungewöhnlich, außergewöhnlich; z. B. ein - kalter Winter. **abnormal**: vom Üblichen, von der Norm abweichend; [geistig] nicht normal. **Abnormität** *die*; -, -en: 1. das Abweichen von der Regel. 2. krankhaftes Verhalten. 3. a) stärkster Grad der Abweichung von der Norm ins Krankhafte, Mißbildung (Med.); b) abnorm entwickeltes od. mißgebildetes Wesen (Mensch od. Tier), das zur Schau gestellt wird

Ab|olitionismus [aus gleichbed. *engl.* abolitionism zu abolition „Abschaffung, Aufhebung", dies aus gleichbed. *lat.* abolitio zu abolēre „vernichten, abschaffen"] *der*; -: (hist.) Bewegung zur Abschaffung der → Sklaverei in England u. Nordamerika. **Ab|olitionist** *der*; -en, -en: Anhänger des Abolitionismus

ab|ominabel [aus gleichbed. *fr.* abominable, dies zu *lat.* abōminārī „wegwünschen, verabscheuen"]: abscheulich, scheußlich, widerlich

Abonnement [*abonᵉmang*, schweiz. auch: *...mänt*; aus gleichbed. *fr.* abonnement zu abonner] *das*; -s, -s (schweiz. auch: -e): a) fest vereinbarter Bezug von Zeitungen, Zeitschriften o. ä. auf längere, aber meist noch unbestimmte Zeit; b) für einen längeren Zeitraum geltende Abmachung, die den Besuch einer bestimmten Anzahl kultureller Veranstaltungen (Theater, Konzert) betrifft; Anrecht, Miete. **Abonnent** [zu abonnieren nach gleichbed. *fr.* abonné] *der*; -en, -en: a) jmd., der etwas (z. B. eine Zeitung) abonniert hat; b) Inhaber eines Abonnements (b). **abonnieren** [aus *fr.* abonner „ausbedingen, festsetzen; vorausbestellen"]: etwas [im Abonnement] beziehen. **abonniert sein**: a) ein Abonnement (b) auf etwas besitzen; b) (scherzh.) etwas mit einer gewissen Regelmäßigkeit immer wieder bekommen; auf etwas eingeschworen sein

Ab|ort *der*; -s, -e: 1. [aus *lat.* abortus „Früh-, Fehlgeburt" zu aborīrī „abgehen, verschwinden"] Fehlgeburt (Med.) 2. [aus gleichbed. *engl.* abort, identisch mit Abort 1] Abbruch eines Raumfluges. **ab|ortieren** [aus gleichbed. *lat.* abortāre]: fehlgebären (Med.). **ab|ortiv** [*...tif*; aus gleichbed. *lat.* abortīvus]: abtreibend, eine Fehlgeburt bewirkend (Med.). **Ab|ortus** *der*; -, - [*abọrtuß*]: = Abort (1)

ab ovo [- *owo*; *lat.*; „vom Ei (an)"]: vom Anfang einer Sache an; bis auf die Anfänge zurückgehend; - - usque ad mala [„vom Ei bis zu den Äpfeln", d. h. vom Vorgericht bis zum Nachtisch; nach Horaz, Satiren I,3,6]: vom Anfang bis zum Ende

abqualifizieren: a) jmdm. die Eignung für eine Sache absprechen; b) jmdn. / etwas abwertend beurteilen

Abrakada|bra [Herkunft unsicher] *das*; -s: 1. Zauberwort. 2. (abwertend) sinnloses Gerede

Ab|rasion [aus gleichbed. *lat.* abrāsio zu abradēre „abschaben"] *die*; -, -en: Abschabung, Abtragung der Küste durch die Brandung (Geol.)

Abraxas [aus *gr.* Abráxas, weitere Herkunft unsicher] *der*; -: Zauberwort auf Amuletten

Abri [aus *fr.* abri „Obdach, Schutz"] *der*; -s, -s: altsteinzeitliche Wohnstätte unter Felsvorsprüngen od. in Felsnischen

ab|rupt [aus *lat.* abruptus „jäh, steil abfallend" zu abrumpere „abreißen"]: a) plötzlich und unvermittelt, ohne daß man damit gerechnet hat, eintretend (in bezug auf Handlungen, Reaktionen o. ä.); b) zusammenhanglos

abs..., **Abs...** vgl. ab..., Ab...

absent [aus gleichbed. *lat.* absēns zu abesse „fort sein"]: abwesend. **absentieren**, sich [aus gleichbed. *fr.* absenter, dies aus *lat.* absentāre]: (veraltet, aber noch scherzh.): sich entfernen, sich zurückziehen. **Absenz** [aus gleichbed. *lat.* absentia] *die*; -, -en: Abwesenheit, Fortbleiben

Absinth [aus *lat.* absínthium „Wermut", dies aus gleichbed. *gr.* apsínthion (nichtindogerman. Ursprungs)] *der*; -[e]s, -e: 1. grünlicher Branntwein mit Wermutzusatz. 2. Wermutpflanze

absolut [auch: *ap...*; aus *lat.* absolūtus „losgelöst" zu absolvere „loslösen"; z. T. über *fr.* absolu „unabhängig, unbedingt"]: 1. von der Art oder so beschaffen, daß es durch nichts beeinträchtigt, gestört, eingeschränkt ist; uneingeschränkt, vollkommen, äußerst. 2. überhaupt, z. B. das sehe ich – nicht ein. 3. unbedingt, z. B. er will – recht behalten. 4. rein, beziehungslos, z. B. das -e Gehör (Gehör, das ohne Hilfsmittel die Tonhöhe erkennt). 5. auf eine bestimmte Grundeinheit bezogen, z. B. die -e Temperatur (die auf den absoluten Nullpunkt bezogene, die tiefste überhaupt mögliche Temperatur), die -e Mehrheit (die Mehrheit von über 50 % der Gesamtstimmenzahl); -e Atmosphäre: Maßeinheit des Druckes, vom Druck Null an gerechnet; Zeichen: ata; -e Geometrie: = nichteuklidische Geometrie; -e Musik: völlig autonome Instrumentalmusik, deren geistiger Gehalt weder als Tonmalerei außermusikalischer Stimmungs- od. Klangphänomene noch als Darstellung literarischer Inhalte bestimmt werden kann (seit dem 19. Jh.); Ggs. → Programmusik; -er Ablativ: vgl. Ablativus absolutus; -er Nominativ: ein außerhalb des Satzverbandes stehender Nominativ; -er Superlativ: = Elativ; -es Tempus: selbständige, von der Zeit eines anderen Verhaltens unabhängige Zeitform eines Verbs

Absolution [*...zion*; aus gleichbed. *lat.* absolūtio, s. absolut] *die*; -, -en: Los-, Freisprechung, bes. Sündenvergebung

Absolutismus [aus gleichbed. *fr.* absolutisme, s. absolut] *der*; -; a) Regierungsform, in der alle Gewalt unumschränkt in der Hand des Monarchen liegt; b) unumschränkte Herrschaft. **Absolutist** *der*; -en, -en: a) Anhänger, Vertreter des Absolutismus; b) Herrscher mit unumschränkter Macht. **absolutistisch**: a) den Absolutismus betreffend; b) Merkmale des Absolutismus zeigend

Absolvent [*...wänt*; aus *lat.* absolvēns, Gen. absolventis, Part. Präs. von absolvere, s. absolvieren] *der*; -en, -en: jmd., der die vorgeschriebene Ausbildungszeit an einer Schule programmgemäß abgeschlossen hat. **absolvieren** [aus *lat.* absolvere „loslösen, vollenden"; vgl. absolut]: 1. a) die vorgeschriebene Ausbildungszeit an einer Schule ableisten; b) etwas ausführen, durchführen. 2. jmdm. die Absolution erteilen (kath. Rel.)

Absorbens [aus *lat.* absorbēns, Part. Präs. von absorbēre, s. absorbieren] *das*; -, ...benzien [*...iᵉn*] u. ...bentia [*...zia*]: der bei der Absorption absorbierende (aufnehmende) Stoff; vgl. Absorptiv. **Absorber** [aus gleichbed. *engl.* absorber] *der*; -s, -: 1. = Absorbens. 2. Vorrichtung zur Absorption von Gasen (z. B. in einer Kältemaschine). 3. Kühlschrank mit Absorptionsverfahren. **absorbieren** [aus *lat.* absorbēre „hinunterschlürfen, verschlingen"]: 1. aufsaugen, in sich aufnehmen. 2. [gänzlich] beanspruchen. **Absorption** [*...zion*] *die*; -, -en: 1. das Aufsaugen, das In-sich-Aufnehmen von etwas. 2. Aufnahme von Gasen u. Dämpfen durch Flüssigkeiten od. feste Körper (Phys.). 3. Schwächung von Energiestrahlungen (Licht, Wärme u. a.) beim Durchgang durch Materie (Phys.). **absorptiv**: zur Absorption fähig. **Absorptiv** *das*; -s, -e [*...wᵉ*]: der bei der Absorption absorbierte Stoff; vgl. Absorbens

ab|stinent [aus *lat.* abstinēns, Gen. abstinentis, Part. Präs. von abstinēre „fern-, zurückhalten", z. T. über *engl.* abstinent „enthaltsam"]: enthaltsam (in bezug auf bestimmte Speisen, Alkohol, Geschlechtsverkehr). **Ab|stinenz** [aus gleichbed. *lat.* abstinentia] *die*; -: a) Enthaltsamkeit (in bezug auf bestimmte Speisen, Alkohol, Geschlechtsverkehr); b) Verzicht (z. B. auf ein politisches Ziel). **Ab|stinenzler** *der*; -s, -: jmd., der enthaltsam lebt, bes. in bezug auf Alkohol

Abstract [*äpßträkt*; aus gleichbed. *engl.* abstract zu to abstract „einen Auszug machen"; vgl. abstrakt] *der*; -s, -s: kurzer Abriß, kurze Inhaltsangabe eines Artikels od. Buches

ab|strahieren [aus *lat.* abstrahere „ab-, wegziehen"]: 1. etwas gedanklich verallgemeinern, zum Begriff erheben. 2. von etwas absehen, auf etwas verzichten. **Abstraktion** [*...zion*; aus gleichbed. *spätlat.* abstractio] *die*; -, -en: a) Begriffsbildung; b) Verallgemeinerung; c) Begriff

ab|strakt [aus *lat.* abstractus „abgezogen", Part. Perf. von abstrahere, s. abstrahieren]: a) vom Dinglichen gelöst, rein begrifflich; b) theoretisch, ohne unmittelbaren Bezug zur Realität. -e Kunst: Kunstrichtung, die vom Gegenständlichen absieht; -es Substantiv: = Abstraktum; -e Zahl: unbenannte Zahl

Abstraktum [aus gleichbed. *mlat.* abstractum zu abstractus „abgezogen", s. abstrakt] *das*; -s, ...ta: Substantiv, das Nichtdingliches bezeichnet (Begriffswort; z. B. Hilfe, Zuneigung; Sprachw.); Ggs. → Konkretum

ab|strus [aus *lat.* abstrūsus „versteckt, verborgen"]: a) (abwertend) absonderlich, töricht; b) schwer verständlich, verworren

absurd [aus *lat.* absurdus „mißtönend"]: widersinnig, dem gesunden Menschenverstand widersprechend, sinnwidrig, abwegig, sinnlos; vgl. ad absurdum führen; -es Drama: moderne, dem → Surrealismus verwandte Dramenform, in der das Sinnlose u. Widersinnige der Welt u. des menschlichen Daseins als tragendes Element in die Handlung verwoben ist. **Absurdist** *der*, -en, -en: Vertreter des Absurdismus. **absurdistisch**: den Absurdismus betreffend. **Absurdität** *die*; -, -en: 1. (ohne Plural) Widersinnigkeit, Sinnlosigkeit. 2. einzelne widersinnige Handlung, Erscheinung o. ä.

Ab|szeß [aus gleichbed. *lat.* abscessus zu abscēdere „weggehen, sich absondern"] *der* (österr., ugs. auch: *das*); ...szesses, ...szesse: Eiterherd, Eiteransammlung in einem anatomisch nicht vorgebildeten Gewebshohlraum (Med.)

Ab|szisse [aus *nlat.* (linea) abscissa „die Abgeschnittene (Linie)" zu *lat.* abscindere „abreißen"] *die*; -, -n: 1. horizontale Achse, Waagerechte im Koordinatensystem. 2. auf der gewöhnlich horizontal gelegenen Achse (Abszissenachse) eines → Koordinatensystems abgetragene erste Koordinate eines Punktes, (z. B. x im x,y,z-Koordinatensystem; vgl. Koordinaten; Math.)

Ab|undanz [aus *lat. abundantia „Überströmen; Überfluß" zu abundāre „überfließen"*] *die*; -: 1. Häufigkeit einer tierischen od. pflanzlichen Art auf einer bestimmten Fläche oder in einer Raumeinheit (Biol.). 2. Merkmals- od. Zeichenüberfluß bei einer Information (Math.). 3. Bevölkerungsdichte

ab urbe condita [- - *kon...*; *lat.*; „seit Gründung der Stadt (Rom)"]: altrömische Zeitrechnung, beginnend 753 v. Chr.; Abk.: a. u. c.

abyssal, abyssisch [zu → Abyssus]: aus der Tiefe der Erde stammend; zum Tiefseebereich gehörend, in der Tiefsee gebildet, in großer Tiefe; abgrundtief. **abyssische Region** *die*; -n -: Tiefseeregion (Tiefseetafel), Bereich des Meeres in 3 000–10 000 m Tiefe. **Abyssus** [über *lat.* abyssus aus *gr.* ábyssos „Abgrund", eigtl. „das Bodenlose"] *der*; -: 1. abgründige Tiefe, Abgrund. 2. Unterwelt

ac..., **Ac...** vgl. ad..., Ad...

a c. = a conto

a. c. = anni currentis, anno curente

à c. = à condition

Ac = chem. Zeichen für: Actinium

Academy-award [*ᵉkädᵉmiᵉwoʳd*; aus *engl.* Academy award „Preis der Akademie"] *der*; -, -s: der jährlich von der amerikan. Akademie für künstlerische u. wissenschaftl. Filme verliehene Preis für die beste künstlerische Leistung im amerikanischen Film; vgl. Oscar

Acajounuß [*akasehu...*; zu *fr.* acajou (ein Mahagonibaum) aus gleichbed. *port.* acaju, s. Cashewnuß] *die*; -, ...nüsse: = Cashewnuß

a cappella [- *ka...*; *it.*; „(wie) in der Kapelle od. Kirche"]: ohne Begleitung von Instrumenten (Mus.). **A-cappella-Chor** [*...kor*] *der*; -s, ...Chöre: Chor ohne Begleitung von Instrumenten

acc. c. inf. = accusativus cum infinitivo; vgl. Akkusativ

ac|cel. = accelerando. **ac|celerando** [*atschelerando*; aus gleichbed. *it.* accelerando zu *lat.-it.* accelerare „beschleunigen"]: allmählich schneller werdend, beschleunigend; Abk.: accel. (Mus.)

Accent aigu [*akßangtägü*; aus gleichbed. *fr.* accent aigu, eigtl. „scharfes Tonzeichen"] *der*; - -, -s -s [*akßangsägü*]: Betonungszeichen, → Akut (Sprachw.); Zeichen: ´, z. B. é. **Accent circonflexe** [*akßangßirkongfläkß*; aus gleichbed. *fr.* accent circonflexe, eigtl. „gebogenes Tonzeichen"] *der*; - -, -s -s [*akßangßirkongfläkß*]: Dehnungszeichen, → Zirkumflex (Sprachw.); Zeichen: ^, z. B. â. **Accent grave** [*akßanggraw*; aus gleichbed. *fr.* accent grave, eigtl. „schweres Tonzeichen"] *der*; - -, -s -s: [*akßanggraw*]: Betonungszeichen, → Gravis (Sprachw.); Zeichen: `, z. B. è

Accessoire [*akßäßoar*; aus *fr.* accessoire „Nebensache, Zubehör"] *das*; -s, -s (meist Plural): modisches Zubehör (z. B. Gürtel, Handschuhe, Schmuck)

Acciaccatura [*atschak...*; aus gleichbed. *it.* acciaccatura, eigtl. „Quetschung"] *die*; -, ...ren: besondere Art des Tonanschlags beim Klavierspiel (kurzer Vorschlag; Mus.)

Accompa|gnato [*akompanjato*; aus *it.* accompagnato „begleitet"] *das*; -s, -s u. ...ti: das von Instrumenten begleitete → Rezitativ

Ac|crochage [*akroschaseh*ᵉ; nach *fr.* accrochage „das Aufhängen (der Bilder)"] *die*; -, -n: Ausstellung aus den eigenen Beständen einer Galerie

Acella ⓦ [*az...*; Kunstw.] *das*; -: eine aus Vinylchlorid hergestellte Kunststoffolie

Acet|aldehyd [*az...*; Kunstw.] *der*; -s: farblose Flüssigkeit von betäubendem Geruch, wichtiger Ausgangsstoff od. Zwischenprodukt für chem. → Synthesen (2)

Acetat [zu → Acetum] *das*; -s, -e: Salz der Essigsäure. **Aceton** [zu → Acetum] *das*; -s: einfachstes → aliphatisches → Keton; Stoffwechselendprodukt u. wichtiges Lösungsmittel. **Acetum** [aus gleichbed. *lat.* acētum] *das*; -[s]: Essig

Acetyl [zu *lat.* acētum „Essig" u. → ...yl] *das*; -s: Säurerest der Essigsäure. **Acetylen** [aus → Acetyl u. → ...en] *das*; -s: gasförmiger, brennbarer Kohlenwasserstoff (Ausgangsprodukt für → Synthesen (2), in Verbindung mit Sauerstoff zum Schweißen verwendet)

Achat [aus gleichbed. *gr.-lat.* achātēs] *der*; -s, -e: ein mehrfarbig gebänderter Halbedelstein; vgl. Chalzedon. **achaten**: aus Achat bestehend

Acheuléen [*aschöleäng*; nach Saint-Acheul, einem Vorort von Amiens] *das*; -[s]: Kulturstufe der älteren Altsteinzeit

Achillesferse [*ach*...; nach dem Helden der griech. Sage Achilles] *die*; -: verwundbare, empfindliche, schwache Stelle bei einem Menschen. **Achillessehne** *die*; -, -n: am Fersenbein ansetzendes, sehniges Ende des Wadenmuskels

a. Chr. [n.] = ante Christum natum

Achromasie [zu *gr.* a... „un-, nicht-" u. chrōma „Farbe"] *die*; ...ien: durch achromatische Korrektur erreichte Brechung der Lichtstrahlen ohne Zerlegung in Farben (Phys.). **Achromat** *der* (auch: *das*); -[e]s, -e: Linsensystem, bei dem der Abbildungsfehler der chromatischen → Aberration korrigiert ist. **achromatisch**: die Eigenschaft eines Achromats habend. **Achromatismus** *der*; -, ...men: = Achromasie

a. c. i. = accusativus cum infinitivo; vgl. Akkusativ

Acidität [aus *lat.* aciditās „Säure"] *die*; -: Säuregrad od. Säuregehalt einer Flüssigkeit. **Acidose** *die*; -, -n: krankhafte Vermehrung des Säuregehaltes im Blut (Med.). **Acidum** [zu *lat.* acidus „sauer"] *das*; -s, ...da: Säure

Ackja [über *schwed.* ackja aus *finn.* ahkio „Rentierschlitten"] *der*; -[s], -s: 1. Rentierschlitten. 2. Rettungsschlitten der Bergwacht

à condition [*akongdißjong*; *fr.*; „auf Bedingung"]: bedingt, unter Vorbehalt, nicht fest (Rückgabevorbehalt für nichtverkaufte Ware); Abk.: à c.

a conto [- *ko*...; *it.*]: auf Rechnung von ...; Abk.: a c.; vgl. Akontozahlung

Acre [*ek^er*; aus *engl.* acre, eigtl. „Acker"] *der*; -s, -s (aber: 7 -): engl. u. nordamerik. Flächenmaß (etwa 4047 m²)

Acrylsäure [aus *lat.* acer „scharf" u. → ...yl] *die*; -: Äthylenkarbonsäure (Ausgangsstoff vieler Kunstharze)

Acta [Apostolorum] [*lat.*; „Taten der Apostel"; vgl. Akt] *die* (Plural): die Apostelgeschichte im Neuen Testament. **Acta Martyrum** [*lat.*; „Taten der Märtyrer"] *die* (Plural): Berichte über die Prozesse u. den Tod der frühchristlichen Märtyrer. **Acta Sanctorum** [*lat.*; „Taten der Heiligen"] *die* (Plural): Sammlung von Lebensbeschreibungen der Heiligen der katholischen Kirche

Actiniden [*ak*...; zu → Actinium] *die* (Plural): Gruppe von chem. Elementen, die vom Actinium bis zum → Lawrencium reicht. **Actinium** [*nlat.* Bildung zu *gr.* aktís „Strahl"] *das*; -s: chem. Grundstoff; Zeichen: Ac

Action [*äksch^en*; aus gleichbed. *engl.* action, eigtl. „Handlung, Tat", dies aus gleichbed. *lat.* actio] *die*; -: ereignis- od. handlungsreicher, dramatischer Vorgang. **Actionfilm** [*äksch^en*...] *der*; -s, -e: Spielfilm mit einer spannungs- u. abwechslungsreichen Handlung, in dem der Dialog auf das Nötigste beschränkt ist. **Action-painting** [*äksch^enpe^inting*; aus *engl.* action painting „Aktionsmalerei"] *das*; -: moderne Richtung innerhalb der amerik. abstrakten Malerei (abstrakter Expressionismus). **Actionstory** [...*ßtori*] *die*; -, -s: Wiedergabe eines dramatischen od. spannungsreichen Ereignisses, wobei die wichtigsten Geschehnisse zu Beginn gebracht werden

acyclisch vgl. azyklisch

ad..., Ad... [aus *lat.* ad „zu, bei, an"]: Präfix mit der Bedeutung „zu-, hinzu-, bei-, an-" u. a., z. B. in adsorbieren, Adlatus; vielfach oder stets angeglichen vor folgenden Buchstaben: vor c zu ac- (z. B. Accentus), vor f zu af- (z. B. affirmieren), vor g zu ag- (z. B. Agressor), vor k zu ak- (z. B. akklamieren), vor l zu al- (z. B. Allokution), vor n zu an- (z. B. Annexion), vor p zu ap- (z. B. appellieren), vor r zu ar- (z. B. Arroganz), vor s zu as- (z. B. assimilieren), vor t zu at- (z. B. attestieren), vor z zu ak- (z. B. akzeptieren)

a d. = a dato

ad absurdum [*lat.*; „zum Sinnlosen"] **führen** (jmdn. od. etwas): [jmdm.] die Unsinnigkeit oder Nichthaltbarkeit einer Behauptung o. ä. beweisen

ad acta [*lat.*; „zu den Akten"]; Abk. a. a.; etwas ad acta legen: a) (Schriftstücke) als erledigt ablegen; b) eine Angelegenheit als erledigt betrachten

ada|gietto [*adadsehäto*; zu → adagio, vgl. gleichbed. *it.* adagetto]: ziemlich ruhig, ziemlich langsam (Vortragsanweisung; Mus.). **Ada|gietto** *das*; -s, -s: kurzes Adagio. **ada|gio** [*adadseho*; aus gleichbed. *it.* adagio]: langsam, ruhig (Vortragsanweisung; Mus.). **Ada|gio** *das*; -s, -s: langsames Musikstück. **ada|gissimo** [*adadseh*...; zu → adagio]: äußerst langsam (Vortragsanweisung; Mus.)

Ad|apter [aus gleichbed. *engl.* adapter zu to adapt „anpassen", vgl. adaptieren] *der*; -s, -: 1. Vorrichtung, um elektrische Geräte miteinander zu verbinden u. einander anzupassen (z. B. Leitungen von verschiedenen Durchmessern). 2. Zusatzgerät zu einem Hauptgerät (z. B. zur Kamera). **ad|aptieren** [aus *lat.* adaptāre „anpassen"]: 1. anpassen (Biol. u. Physiol.). 2. bearbeiten, z. B. einen Roman für den Film -. 3. (österr.) eine Wohnung herrichten. **Ad|aption** [...*zion*] und **Ad|aptation** [...*zion*; aus *mlat.* adaptātio „Anpassung"] *die*; -: 1. Anpassung[svermögen] von Organen, bes. des Auges, gegenüber Lichtreizen (Physiol.). 2. Anpassung von Tieren u. Pflanzen in Gestalt u. Lebensäußerungen an die Verhältnisse ihrer Umwelt (Biol.). 3. Anpassung des Menschen an die soziale Umwelt (Sozialpsychologie). **ad|aptiv**: auf Adaptation beruhend

Ad|äquanz [zu → adäquat] *die*; -: Angemessenheit u. Üblichkeit [eines Verhaltens (nach den Maßstäben der geltenden [Sozial]ordnung)]

ad|äquat [auch: *at*...; aus *lat.* adaequātus, Part. Perf. von adaequāre „gleichmachen, angleichen"]: [einer Sache] angemessen, entsprechend, übereinstimmend; Ggs. → inadäquat. **Ad|äquatheit** [auch: *at*...] *die*; -: Angemessenheit; Ggs. → Inadäquatheit (a)

a dato [zu *lat.* (litteras) dare „einen Brief schreiben"]: vom Tag der Ausstellung an; Abk.: a d.

ad calendas graecas [- *ka... gräkaß; lat.*; „an den griechischen Kalenden (bezahlen)"; die Griechen kannten keine → Calendae, die bei den Römern Zahlungstermine waren]: niemals, am St.-Nimmerleins-Tag (in bezug auf die Bezahlung von etwas o. ä.)

Addend [aus *lat.* addendus „der Hinzuzufügende", Gerundiv von addere, s. addieren] *der*; -en, -en: Zahl, die beim Addieren hinzugefügt werden soll; → Summand. **Addendum** *das*; -s, ...da (meist Plural): Zusatz, Nachtrag, Ergänzung, Beilage. **addieren** [aus *lat.* addere „beitun, hinzufügen"]: zusammenzählen, hinzufügen. **Addition** [*...zion*; aus *lat.* additio „das Hinzufügen"] *die*; -, -en: 1. Zusammenzählung, Hinzufügung, -rechnung (Math.); Ggs. → Subtraktion. 2. Anlagerung von Atomen od. Atomgruppen an ungesättigte Moleküle (Chem.). **additional** [*lat.-nlat.*]: zusätzlich, nachträglich. **additiv** [aus *lat.* additīvus „hinzufügbar]: a) durch Addition hinzukommend; b) auf Addition beruhend; c) hinzufügend, aneinanderreihend. **Additiv** *das*; -s, -e [*...w*ᵉ] u. **Additive** [*äditif* aus gleichbed. *engl.* additive zu *lat.* additīvus] *das*; -s, -s: Zusatz, der in geringer Menge die Eigenschaften eines chem. Stoffes merklich verbessert (z. B. für Treibstoffe u. Öle)

addio [aus *it.* addio „Gott befohlen!"]: (ugs.) „auf Wiedersehen"

Adduktor [aus *lat.* adductor „Zuführer" zu adducere „heranziehen, -führen] *der*; -s, ...oren: Muskel, der die Bewegung eines Gliedes zur Mittellinie des Körpers hin bewirkt.

ade! [aus *altfr.* adé „zu Gott, Gott befohlen", dies aus gleichbed. *lat.* ad Deum]: = adieu (bes. in der Dichtung u. im Volkslied gebrauchte Form), z. B. - sagen. **Ade** *das*; -s, -s: Lebewohl (Abschiedsgruß)

...ade [*fr.*]: produktives Suffix weiblicher Substantive, die meist eine Handlung o. ä. bezeichnen; z. B.: Robinsonade, Maskerade; vgl. ...iade

Adenitis [zu *gr.* adḗn „Drüse"] *die*; -, ...itiden: Drüsenentzündung. **adenoid**: drüsenähnlich. **adenös**: die Drüsen betreffend

Adenosin [zu *gr.* adḗn „Drüse"] *das*; -s, -e: Baustein der Ribonukleinsäure

Ad|ept [aus *lat.* adeptus „wer etwas erreicht hat", Part. Perf. von adipisci „erreichen, erlangen] *der*; -en, -en: 1. Schüler, Anhänger einer Lehre. 2. in eine geheime Lehre od. in Geheimkünste Eingeweihter

Adermin [zu *gr.* a-, „un-, nicht-" u. derma „Haut"] *das*; -s: Vitamin B_6, das hauptsächlich in Hefe, Getreidekeimlingen, Leber u. Kartoffeln vorkommt, das am Stoffwechsel der → Aminosäuren beteiligt ist und dessen Mangel zu Störungen im Eiweißstoffwechsel u. zu zentralnervösen Störungen führt

à deux mains [*adömäng*; *fr.*]: für zwei Hände, zweihändig (Klavierspiel); Ggs. → à quatre mains

adhärent [aus *lat.* adhaerēns, Gen. adhaerentis, Part. Präs. von adhaerēre, s. adhärieren]: anhängend, anhaftend (von Körpern); vgl. Adhäsion. **adhärieren** [aus *lat.* adhaerēre „anhaften, an etwas hängen"]: 1. anhaften, anhängen (von Körpern od. Geweben. 2. (veraltet) beipflichten. **Adhäsion** [aus *lat.* adhaesio „das Anhaften" zu adhaerēre, s. adhärieren] *die*; -, -en: a) das Haften zweier Stoffe od. Körper aneinander; b) das Aneinanderhaften der Moleküle im Bereich der Grenzfläche zweier verschiedener Stoffe (Klebstoff; Phys.). **adhäsiv** auch: *at...*]: anhaftend, [an]klebend (von Körpern od. Geweben)

ad hoc [*lat.*; „für dieses"]: 1. [eigens] zu diesem Zweck [gebildet, gemacht]. 2. aus dem Augenblick heraus [entstanden]

ad hominem [*lat.*; „zum Menschen hin"]: auf die Bedürfnisse u. Möglichkeiten des Menschen abgestimmt

ad honorem [*lat.*]: zu Ehren, ehrenhalber

Adhortativ [*at...*, auch: *...tif* aus *lat.* adhortātīvus zu adhortāri „aufmuntern, ermahnen"] *der*; -s, -e [*...w*ᵉ]: Imperativ, der zu gemeinsamer Tat auffordert (hortativer Konjunktiv; z. B.: *Hoffen* wir es!)

adiabatisch [zu *gr.* a... „un-, nicht-" u. diabaínein „hindurchgehen", eigtl. „nicht hindurchtretend"]: ohne Wärmeaustausch verlaufend (von Gas od. Luft; Phys., Meteor.)

adieu! [*adiö*; aus gleichbed. *fr.* adieu, eigtl. à Dieu „Gott befohlen"; dies aus *lat.* ad Deūm „zu Gott"]: (veraltend, aber noch landsch.) lebe wohl!, lebt wohl! **Adieu** *das*; -s, -s: (veraltet) Lebewohl, Abschied

Ädikula [aus *lat.* aedicula „kleiner Bau" zu aedēs „Wohnung, Haus"] *die*; -, ...lä: a) kleiner antiker Tempel; b) altchristliche [Grab]kapelle; c) kleiner Aufbau zur Aufnahme eines Standbildes; d) Umrahmung von Fenstern, Nischen u. a. mit Säulen, Dach u. Giebel

Ädil [aus gleichbed. *lat.* aedīlis] *der*; -s od. -en, -en: (hist.) hoher altrömischer Beamter, der für Polizeiaufsicht, Lebensmittelversorgung u. Ausrichtung der öffentlichen Spiele verantwortlich war

ad infinitum, in infinitum [*lat.*; „bis ins Grenzenlose, Unendliche"]: beliebig, unendlich lange, unbegrenzt (sich fortsetzen lassend)

ad interim [*lat.*]: einstweilen, unterdessen; vorläufig (Abk.: a. i.)

à discrétion [*...kreßiong*; *fr.*]: nach Belieben, z. B. Wein - - (im Restaurant, wenn man für eine pauschal bezahlte Summe beliebig viel trinken kann)

Adjektiv [auch: *...tif*; aus *lat.* (nomen) adiectīvum „Hinzugefügtes (Wort)" zu adīcere „hinzutun"] *das*; -s, ...ve [*...w*ᵉ]: Eigenschaftswort, Artwort, Beiwort; Abk.: Adj. **Adjektivabstraktum** *das*; -s, ...ta: von einem Adjektiv abgeleitetes → Abstraktum (z. B. „Tiefe" von „tief"). **Adjektivierung** [*...w...*] *die*; -, -en: Verwendung eines Substantivs od. Adverbs als Adjektiv (z. B. ernst, selten). **adjektivisch** [*...iw...*, auch: *...tiw...*]: eigenschaftswörtlich, als Adjektiv gebraucht. **Adjektivum** [*...iw...*; *lat.*] *das*; -s, ...va: = Adjektiv

Adjoint [*adsehoäng*; aus gleichbed. *fr.* adjoint zu adjoindre „hinzufügen, zugesellen" aus *lat.* adiungere, s. Adjunkt] *der*; -[s], -s: (veraltet) Adjunkt

Adjunkt [aus *lat.* adiūnctus „(eng) verbunden" zu adiungere „anbinden; als Begleiter beigeben"] *der*; -en, -en: 1. (veraltet) einem Beamten beigeordneter Gehilfe 2. (*österr.*) Beamter im niederen Dienst

Adjunkte [aus *lat.* adiūncta, s. Adjunkt] *die*; -, -n: die einem Element einer → Determinante (1) zugeordnete Unterdeterminante (Math.)

adjustieren [aus → ad... u. → justieren]: 1. [Werkstükke] zurichten; eichen; fein einstellen. 2. (*österr.*) ausrüsten, in Uniform kleiden

Adjutant [*lat.-span.-fr.*; „Helfer, Gehilfe"] *der*; -en, -en: den Kommandeuren militärischer Einheiten

beigegebener Offizier. **Adjutantur** [*nlat.*] *die*; -, -en: a) Amt eines Adjutanten; b) Dienststelle eines Adjutanten
ad l. = ad libitum
Adlatus [zu *lat.* ad latus „zur Seite (stehend)"] *der*; -, ...ten u. ...ti: (veraltet, heute noch scherzh.) meist jüngerer, untergeordneter Helfer, Gehilfe, Beistand
ad lib. = ad libitum. **ad libitum** [*lat.*; „nach Belieben"]: 1. nach Belieben. 2. a) Vortragsbezeichnung, mit der das Tempo des damit bezeichneten Musikstücks dem Interpreten freigestellt wird (Mus.); b) nach Belieben zu benutzen od. wegzulassen (in bezug auf die zusätzliche Verwendung eines Musikinstruments in einer Komposition; Mus.); Ggs. → obligat (b). 3. Hinweis auf Rezepten für beliebige Verwendung bestimmter Arzneibestandteile. Abk.: ad lib., ad l., a. l.
ad maiorem Dei gloriam vgl. omnia ad...
Admini|stration [...*zion*; aus *lat.* administrātio „Leitung, Verwaltung" zu administrāre] *die*; -, -en: 1. a) Verwaltung; b) Verwaltungsbehörde. 2. bürokratisches Anordnen, Verfügen. **admini|strativ** [aus *lat.* administrātīvus]: a) zur Verwaltung gehörend; b) behördlich; c) (abwertend) bürokratisch. **Admini|strator** [aus gleichbed. *lat.* administrātor] *der*; -s, ...oren: Verwalter [von größeren landwirtschaftlichen Gütern]. **admini|strieren** [aus *lat.* administrāre „leiten, verwalten"; vgl. Minister]: a) verwalten; b) (abwertend) bürokratisch anordnen, verfügen
Admiral [aus gleichbed. *fr.* amiral, älter admiral, dies aus *arab.* amīr „Befehlshaber"] *der*; -s, -e (auch: ...äle): 1. Seeoffizier im Generalsrang. 2. schwarzbrauner Tagfalter mit weißen Flecken u. roten Streifen. **Admiralität** *die*; -, -en: 1. Gesamtheit der Admirale. 2. oberste Kommandostelle u. Verwaltungsbehörde einer Kriegsmarine
Admission [aus *lat.* admissio „Zulassung"] *die*; -, -en: 1. Aufnahme in eine → Kongregation (1). 2. Einlaß des Dampfes in den Zylinder einer Dampfmaschine
Admittanz [aus gleichbed. *engl.* admittance, dies zu *lat.* admittere „hinzulassen"] *die*; -: Leitwert des Wechselstroms, Kehrwert des Wechselstromwiderstandes (Phys.)
ad modum [*lat.*]: nach Art u. Weise
ad multos annos [- *múltoß ánoß*; *lat.*]: auf viele Jahre (als Glückwunsch)
adnominal [auch: *at*...; zu *lat.* ad „zu, hinzu" und nōmen „Name, Benennung"]: zum Substantiv (Nomen) hinzutretend, von ihm syntaktisch abhängend
ad notam [*lat.*]: zur Kenntnis; etwas - - nehmen: etwas zur Kenntnis nehmen, sich etwas gut merken
ad oculos [- *ok*...; *lat.*]: vor Augen; etwas - - demonstrieren: jmdm. etwas vor Augen führen, durch Anschauungsmaterial o. ä. beweisen
adoleszent [aus gleichbed. *lat.* adolēscēns]: heranwachsend, in jugendlichem Alter (ca. 17.–20. Lebensjahr) stehend. **Adoleszenz** [aus gleichbed. *lat.* adolēscentia] *die*; -: Jugendalter, bes. der Lebensabschnitt nach beendeter Pubertät
Adonis [schöner Jüngling der griech. Sage] *der*; -, -se: schöner [junger] Mann
adonisch: schön [wie Adonis]; -er Vers: antiker Kurzvers (Schema: –◡◡|–◡). **Adonius** [*lat.*, aus *gr.* Adṓnios] *der*; -: = adonischer Vers
ad|optieren [aus gleichbed. *lat.* adoptāre, eigtl. „hinzuerwählen" vgl. optieren]: 1. an Kindes Statt annehmen. 2. etwas annehmen, nachahmend sich aneignen, z. B. einen Namen, Führungsstil -; etwas schematisch-. **Ad|option** [...*zion*; aus gleichbed. *lat.* adoptio] *die*; -, -en: 1. Annahme an Kindes Statt. 2. Annahme, Genehmigung. **Ad|optiveltern** *die* (Plural): Eltern eines Adoptivkindes. **Ad|optivkind** *das*; -es, -er: adoptiertes Kind
ad|orabel [aus gleichbed. *lat.* adōrābilis zu adōrāre]: (veraltet) anbetungs-, verehrungswürdig. **Ad|oration** [...*zion* aus gleichbed. *lat.* adōrātio] *die*; -, -en: Anbetung, Verehrung. **ad|orieren** [aus gleichbed. *lat.* adōrāre]: anbeten, verehren
ad referendum [*lat.*]: zum Bericht[en], zur Berichterstattung
ad rem [*lat.*]: zur Sache [gehörend]
Adrema ⓌⓏ[Kurzw.] *die*; -, -s: eine Adressiermaschine. **adremieren**: mit der Adrema beschriften
Ad|renalin [*nlat.* Bildung zu *lat.* ad „zu, hinzu" und *lat.* rēn „Niere"] *das*; -s: Hormon des Nebennierenmarks
Adressant [zu → Adresse] *der*; -en, -en: Absender [einer Postsendung]. **Adressat** [zu → Adresse] *der*; -en, -en: 1. jmd., an den etwas gerichtet, für den etwas bestimmt ist; Empfänger einer Postsendung. 2. Schüler, Kursteilnehmer (im programmierten Unterricht)
[1]**Adresse** *die*; -, -n [aus gleichbed. *fr.* adresse zu adresser „an jmdn. richten"] 1. Anschrift. Aufschrift, Wohnungsangabe. 2. Angabe des Verlegers [auf Kupferstichen]. [2]**Adresse** [aus *engl.* address „Ansprache, Denkschrift", dies aus *fr.* ... adresse] schriftlich formulierte Meinungsäußerung, die von Einzelpersonen od. dem Parlament an das Staatsoberhaupt, die Regierung o. ä. gerichtet wird (Pol.)
...adresse [aus *engl.* address „Ansprache, Denkschrift", dies aus *fr.* adresse zu adresser]: in Zusammensetzungen auftretendes Grundwort mit der Bedeutung „Schreiben an eine Person des öffentlichen Lebens od. an eine Partei o. ä. anläßlich eines feierlichen od. offiziellen Anlasses", z. B. Dank-, Glückwunsch-, Grußadresse. **adressieren** [aus *fr.* adresser „an jmdn. richten, dies aus *lat.* ad „zu" und *vulgärlat.* *directiāre „richten"]: 1. a) mit der Adresse versehen; b) eine Postsendung an jmdn. richten. 2. jmdn. gezielt ansprechen
adrett [aus *fr.* adroit „geschickt, gewandt", einer Bildung aus *lat.* ad „zu" und *lat.* dīrēctus „gerichtet"]: a) durch ordentliche, sorgfältige, gepflegte Kleidung und entsprechende Haltung sowie Bewegung äußerlich ansprechend; b) sauber, ordentlich, proper (in bezug auf Kleidung o. ä.)
Adsorber [anglisierende Neubildung zu adsorbieren] *der*; -s, -: der bei der Adsorption adsorbierende Stoff. **adsorbieren** [aus *lat.* ad „hinzu" und sorbēre „schlucken, schlürfen"]: Gase od. gelöste Stoffe an der Oberfläche eines festen Stoffes anlagern. **Adsorption** [...*zion*] *die*; -, -en: Anlagerung von Gasen od. gelösten Stoffen an der Oberfläche eines festen Stoffes
ad spectatores [*lat.*; „an die Zuschauer"]: an das Publikum [gerichtet] (von Äußerungen eines Schauspielers auf der Bühne)
Ad|stringens [aus *lat.* adstringēns, Part. Präs. zu adstringere] *das*; -, ...genzien [...*i^e n*] oder ...gentia [...*zia*]: auf Schleimhäute od. Wunden zusammenziehend wirkendes, blutstillendes Mittel (Med.). **ad|stringieren** [aus *lat.* adstringere „straff anziehen"]: zusammenziehend wirken (Med.)

adult [aus gleichbed. *lat.* adultus]: erwachsen; geschlechtsreif (Med.)

ad usum [*lat.*]: zum Gebrauch (Angabe auf ärztlichen Rezepten); Abk.: ad us. **ad usum Delphini** [„zum Gebrauch des Dauphins"]: für Schüler bearbeitete Ausgaben der Klassiker, aus denen moralisch und politisch anstößige Stellen entfernt sind

Advektion [*...wäkzion*; aus *lat.* advectio „Heranführung, Transport"] *die*; -, -en: 1. in waagrechter Richtung erfolgende Zufuhr von Luftmassen (Meteor.); Ggs. → Konvektion (2). 2. in waagrechter Richtung erfolgende Verfrachtung (Bewegung) von Wassermassen in den Weltmeeren; Ggs. → Konvektion (3; Ozeanographie)

Adveniat [*...we...*; aus *lat.* adveniat „es komme (dein Reich)", s. Advent] *das*; -s, -s: Bezeichnung der seit 1961 in der Bundesrepublik Deutschland eingeführten Weihnachtsspende der Katholiken zur Unterstützung der Kirche in Lateinamerika

Advent [aus *lat.* adventus „Ankunft" (Christi) zu advenīre „hinzu-, ankommen"] *der*; -s, -e: a) der die letzten vier Sonntage vor Weihnachten umfassende Zeitraum, der das christliche Kirchenjahr einleitet; b) einer der vier Sonntage der Adventszeit

Adventismus [aus gleichbed. *engl.-amerik.* Adventism, dies zu *lat.* adventus „Ankunft" (des Herrn)] *der*; -: Glaubenslehre der Adventisten. **Adventist** [aus gleichbed. *engl.-amerik.* Adventist] *der*; -en, -en: Angehöriger einer Gruppe von Sekten, die an die baldige Wiederkehr Christi glauben. **adventistisch**: die Lehre des Adventismus betreffend.

Adventivbildung [*nlat.* Bildung zu *lat.* advenīre „hinzukommen"] *die*; -, -en: Bildung von Organen an ungewöhnlichen Stellen bei einer Pflanze (z. B. Wurzeln am Sproß oder Knospen am Stamm). **Adventivkrater** *der*; -s, -: Nebenkrater auf dem Hang eines Vulkankegels

Adverb [*...wärp*; aus gleichbed. *lat.* adverbium, eigtl. „das zum Verb gehörende Wort"] *das*; -s, -ien [*...i*ᵉ*n*]: Umstandswort; Abk.: Adv. **adverbial** [aus gleichbed. *lat.* adverbiālis]: als Umstandswort [gebraucht], Umstands... **Adverbialbestimmung** *die*; -, -en: Umstandsbestimmung, -angabe. **Adverbiale** [substantiviertes Neutrum von *lat.* adverbialis] *das*; -s, -n u. ...lia u. ...lien [*...li*ᵉ*n*], (*auch*:) **Adverbial** *das*; -s, -en: = Adverbialbestimmung. **Adverbialsatz** *der*; -es, ...sätze: Gliedsatz (Nebensatz), der einen Umstand angibt (z. B. Zeit, Ursache). **adverbiell**: = adverbial. **Adverbium** *das*; -s, ...ien [*...i*ᵉ*n*] (auch: ...bia): = Adverb

adversativ [auch: *at...*; aus gleichbed. *lat.* adversātīvus]: einen Gegensatz bildend, gegensätzlich, entgegensetzend; -e [*...w*ᵉ] Konjunktion: entgegensetzendes Bindewort (z. B. aber)

Advocatus Diaboli [„Anwalt des Teufels"] *der*; - -, ...ti -: 1. (scherzh.) Geistlicher, der in einem Heilig- od. Seligsprechungsprozeß der katholischen Kirche die Gründe gegen die Heilig- od. Seligsprechung darlegt. 2. jmd., der um der Sache willen mit seinen Argumenten die Gegenseite vertritt, ohne selbst zur Gegenseite zu gehören

ad vocem [- *wozäm*; zu *lat.* vōx „Stimme; (gesprochenes) Wort"]: zu dem Wort [ist zu bemerken]

Advokat [*...wo...*; aus gleichbed. *lat.* advocātus, eigtl. „der Herbeigerufene", zu advocāre „herbeirufen"] *der*; -en, -en: (veraltet od. abwertend) [Rechts]anwalt, Rechtsbeistand

Adynamie [gelehrte Bildung zu *gr.* a... „un-, nicht-" und dýnamis „Kraft"] *die*; -, ...ien: Kraftlosigkeit, Muskelschwäche. **adynamisch**: kraftlos, schwach, ohne → Dynamik (2)

Adyton [aus *gr.* ádyton „das Unbetretbare"] *das*; -s, ...ta: das Allerheiligste (von griech. u. röm. Tempeln)

AE: 1. Abk. für: astronomische Einheit. 2. (auch: ÅE) ältere Abk. für: Ångström[einheit]. 3. (auch A.E.) Antitoxin-Einheit (Einheit der → Immunität 1); vgl. Antitoxin

aero..., Aero... [*a-ero...*, auch: *äro...*; zu *gr.* aḗr „Luft"]: in Zusammensetzungen auftretendes Bestimmungswort mit der Bedeutung „Luft, Gas", z. B. aerodynamisch. **aerob** [*a-e...*; gelehrte Bildung zu *gr.* aḗr „Luft" und bíos „Leben"]: Sauerstoff zum Leben brauchend (von Organismen; Biol.). **Aerobier** [*...i*ᵉ*r*] *der*; -s, -: Organismus, der nur mit Sauerstoff leben kann. **Aerobiont** *der*; -en, -en: = Aerobier

Aerobus [aus → *Aero...* u. Omni*bus*] *der*; -ses, -se: 1. Hubschrauber im Taxidienst. 2. Nahverkehrsmittel, das aus einer Kabine besteht, die an Kabeln zwischen Masten schwebt. **Aeroclub** vgl. Aeroklub. **Aero|drom** [zu → Aero... und *gr.* drómos „Lauf, Rennbahn"] *das*; -s, -e: (veraltet) Flugplatz. **Aerodynamik** *die*; -: Lehre von der Bewegung gasförmiger Stoffe, bes. der Luft. **aerodynamisch**: a) zur Aerodynamik gehörend; b) den Gesetzen der Aerodynamik unterliegend. **Aero|klub** *der*; -s, -s: Luftsportverein. **Aerometer** [*gr.-nlat.*] *das*; -s, -: Gerät zum Bestimmen des Luftgewichts od. der Luftdichte. **Aeronaut** *der*; -en, -en: (veraltet) Luftfahrer, Luftschiffer. **Aeronautik** *die*; -: Luftfahrtkunde. **aeronautisch**: a) Methoden der Aeronautik anwendend; b) die Aeronautik betreffend. **Aero|plan** [aus gleichbed. *fr.* aéroplane, dies zu → Aero... u. *fr.* planer „schweben"] *der*; -s, -e: (veraltet) Flugzeug. **Aerosalon** [*a-ero-*, auch: *äro-*] *der*; -s, -s: Ausstellung von Fahrzeugen u. Maschinen aus der Luft- u. Raumfahrttechnik. **Aerosol** s. Extrastichwort. **Aerotaxe** *die*; -, -n: Mietflugzeug. **Aerotel** [Kurzw. aus → *Aero...* u. Ho*tel*] *das*; -s, -s: Flughafenhotel. **aerotherm**: mit bzw. aus heißer Luft; - gerösteter Kaffee (im Heißluftstrom gerösteter Kaffee). **Aerotrain** [*...träng*; aus gleichbed. *fr.* aérotrain, vgl. Train] *der*; -s, -s: Luftkissenzug

Aerosol [zu → Aero... u. *lat.* solūtus „aufgelöst", vgl. solvent] *das*; -s, -e: 1. ein Gas (bes. Luft), das feste od. flüssige Stoffe in feinst verteilter Form enthält. 2. zur Einatmung bestimmtes, flüssige Stoffe in feinst verteilter Form enthaltendes Arznei- od. Entkeimungsmittel (in Form von Sprühnebeln). **aerosolieren**: Aerosole, z. B. Pflanzenschutz- od. Arzneimittel, versprühen

af..., Af... vgl. ad..., Ad...

Affäre [aus gleichbed. *fr.* affaire, das durch Zusammenrückung aus (avoir) à faire „zu tun haben" entstanden ist] *die*; -, -n: 1. besondere, oft unangenehme Sache, Angelegenheit; peinlicher Vorfall. 2. Liebschaft, Liebesabenteuer; sich aus der A. ziehen: sich mit Geschick u. erfolgreich bemühen, aus einer unangenehmen Situation herauszukommen

Affekt [aus *lat.* affectus „Gemütsstimmung, Empfindung, Leidenschaft" zu afficere „hinzutun, einwirken, anregen"] *der*; -s, -e: a) heftige Erregung, Zustand einer außergewöhnlichen seelischen Angespanntheit; b) (nur Plural) Leidenschaften. **Affektation** [*...zion*; aus *lat.* affectātio „eifriges Streben; Sucht, originell zu sein"] *die*; -, -en: (veraltet)

Getue, Ziererei. **affektieren** [aus *lat.* affectāre „eifrig nach etwas streben; etwas durch Künstelei zu erreichen suchen"]: (veraltet) sich gekünstelt benehmen, sich zieren. **affektiert**: geziert, gekünstelt, eingebildet. **affektiv** [aus *lat.* affectīvus „ergreifend, rührend"]: gefühls-, affektbetont, durch heftige Gefühlsäußerungen gekennzeichnet. **Affektivität** [...*wi*...; *nlat.* Bildung zu affektiv] *die*; -: die Gefühlsansprechbarkeit eines Menschen. **affektuos, affektuös** [aus gleichbed. *lat.* affectuōsus, *fr.* affectueux]: seine Ergriffenheit von etwas mit Wärme und Gefühl zum Ausdruck bringend

affettuoso [*it.*, aus *lat.* affectuōsus]: bewegt, leidenschaftlich (Vortragsbezeichnung; Mus.)

Affiche [*afisch*ᵉ; aus gleichbed. *fr.* affiche zu afficher] *die*; -, -n: Anschlag[zettel], Aushang, Plakat. **affichieren** [*afischi*...; aus gleichbed. *fr.* afficher; vgl. affigieren]: anschlagen, aushängen, ankleben

affigieren [aus gleichbed. *lat.* affīgere; vgl. fixieren]: anheften; anfügen. **Affigierung** *die*; -, -en: das Anfügen eines → Affixes an den Wortstamm

Affiliation [...*zion*; aus gleichbed. *mlat.* affiliātio zu *lat.* ad „zu, hinzu" und fīlia „Tochter"] *die*; -, -en: a) Aufnahme; b) Angliederung; Beigesellung (z. B. einer Tochtergesellschaft). **affiliieren** [aus gleichbed. *mlat.* affiliāre]: 1. aufnehmen. 2. angliedern; beigesellen (z. B. eine Tochtergesellschaft)

affin [aus *lat.* affīnis „angrenzend, verwandt"]: 1. verwandt. 2. durch eine affine Abbildung auseinander hervorgehend (Math.); -e A b b i l d u n g: math. Abbildung von Bereichen od. Räumen aufeinander, bei der bestimmte geometrische Eigenschaften erhalten bleiben (Math.). 3. reaktionsfähig (Chem.)

Affinität [aus *lat.* affīnitās „Verwandtschaft"] *die*; -, -en: 1. Wesensverwandtschaft von Begriffen u. Vorstellungen (Philos.). 2. Triebkraft einer chemischen Reaktion, Bestreben von Atomen od. Atomgruppen (vgl. Atom), sich zu verbinden (Chem.). 3. a) = affine Abbildung; b) Bezeichnung für die bei einer affinen Abbildung gleichbleibende Eigenschaft geometrischer Figuren. 4. Anziehungskraft, die Menschen aufeinander ausüben (Sozialpsychol.)

Affirmation [...*zion*; aus gleichbed. *lat.* affirmātio zu affirmāre „bekräftigen"] *die*; -, -en: Bejahung, Zustimmung, Bekräftigung; Ggs. → Negation (1). **affirmativ** [aus gleichbed. *lat.* affirmatīvus]: bejahend, bestätigend. **affirmieren**: bejahen, bekräftigen

Affix [aus *lat.* affīxus „angeheftet", Part. Perf. zu affīgere, vgl. affigieren] *das*; -es, -e: an den Wortstamm tretendes → Morphem (→ Präfix od. → Suffix); vgl. Formans

affizieren [aus lat. afficere „hinzutun; einwirken; anregen"]: reizen, einwirken; krankhaft verändern (Med.). **affiziert**: 1. befallen (von einer Krankheit; Med.). 2. betroffen, erregt; -es O b j e k t: Objekt, das durch die im Verb ausgedrückte Handlung unmittelbar betroffen wird (z. B. den *Acker* pflügen; Sprachw.); Ggs. → effiziertes Objekt

Af|frikata, (auch:) Af|frikate [zu *lat.* affricāre „anreiben"] *die*; -, ...ten: enge Verbindung eines Verschlußlautes mit einem unmittelbar folgenden Reibelaut (z. B. pf; Sprachw.)

Af|front [*afrong*, schweiz.: *afront*; aus gleichbed. *fr.* affront zu affronter „vor den Kopf stoßen, beleidigen"; vgl. Front] *der*; -s, -s u. (schweiz.:) -e: herausfordernde Beleidigung

à fonds perdu [*afongpärdü*; *fr.*, vgl. Fonds u. perdu]: auf Verlustkonto; [Zahlung] ohne Aussicht auf Gegenleistung od. Rückerstattung

a fresco, al fresco [*it.*; „auf frischem (Kalk)"]: Malerei auf den noch feuchten Verputz einer Wand; Ggs. → a secco; vgl. [1]Fresko

Africanthropus vgl. Afrikanthropus

Afrikaander, Afrikander [aus gleichbed. *niederl.* Afrika(a)nder zu Afrika] *der*; -s, -: Weißer mit Afrikaans als Muttersprache. **afrikaans** [aus *niederl.* afrikaans „afrikanisch"]: kapholländisch. **Afrikaans** *das*; -: das Kapholländisch, Sprache der Buren in der Republik Südafrika. **Afrik|an|thropus**, fachspr. auch: Afric|anthropus [...*k*...; gelehrte Bildung aus *lat.* Africa und gr. ánthrōpos „Mensch"] *der*; -: Menschentyp der Altsteinzeit, benannt nach den Fundstätten in [Ost]afrika. **afro-asiatisch** [zu *lat.* Āfer, Gen. Āfri „afrikanisch"]: Afrika u. Asien betreffend. **Afro-Look** [zu gleichbed. *engl.* Afro und look „Aussehen"] *der*; -[s]: Frisur, bei der das Haar in stark gekrausten, dichten Locken nach allen Seiten hin absteht

After-shave [*aftᵉr schẹⁱw*] *das*; -[s], -s, u. **After-shave-Lotion** [...*loᵘschᵉn*; *engl.*, zu after „nach", shave „rasieren" und lotion „Hautwasser"] *die*; -, -s: hautpflegendes Gesichtswasser zum Gebrauch nach der Rasur; vgl. Pre-shave-Lotion

ag..., **Ag**... vgl. ad..., Ad...

Ag = chem. Zeichen für: Argentum

AG [*age*] *die*; -, -s: → Aktiengesellschaft

agam [aus *gr.* a... „un-, nicht-" und → ...gam, eigtl. „ehelos"]: ohne vorausgegangene Befruchtung zeugend (Zool.). **agamisch** [aus *gr.* ágamos „ehelos"]: geschlechtslos (Bot.)

Agape [...*pe*; aus gleichbed. *gr.-lat.* agápē] *die*; -, -n: [...*pᵉn*]: 1. (ohne Plural): die sich in Christus zeigende Liebe Gottes zu den Menschen, bes. zu den Armen, Schwachen u. Sündern; Nächstenliebe; Feindesliebe (Rel.). 2. abendliches Mahl der frühchristlichen Gemeinde [mit Speisung der Bedürftigen] (Rel.)

Agar-Agar [*malai.*] *der* od. *das*; -s: gallertartige Masse aus ostasiat. Rotalgen

Agave [...*wᵉ*; aus gleichbed. *fr.* agave, dies zu *gr.* agauós „edel", eigtl. „die Edle"] *die*; -, -n: Gattung aloeähnlicher Pflanzen (vgl. Aloe) der Tropen u. Subtropen

...age [...*asehᵉ*; aus gleichbed. *fr.* ...age]: Suffix weiblicher Substantive, die meist eine Handlung oder Sache (oft von verbaler Basis ausgehend) bezeichnen (Massage, Sabotage; Passage; Garage)

Agenda [aus *lat.* agenda „was zu tun ist", Neutr. Plural des Gerundivs agendum von agere, vgl. agieren] *die*; -, ...den: 1. a) Schreibtafel, Merk-, Notizbuch; b) Terminkalender. 2. Aufstellung der Gesprächspunkte bei politischen Verhandlungen. **Agende** [aus *mlat.* agenda (dies) „durch Meßfeier ausgezeichnet(er Tag)"] *die*; -, -n: 1. Buch für die Gottesdienstordnung. 2. Gottesdienstordnung

Agens [aus *mlat.* agens „treibende Kraft", substantiviertes Part. Präs. von agere, vgl. agieren] *das*; -, Agenzien [...*iᵉn*]: 1. treibende Kraft; wirkendes, handelndes, tätiges Wesen od. → Prinzip (Philos.). 2. (Plural:-) Täter, Träger eines durch das Verb ausgedrückten Verhaltens; Ggs. → Patiens (Sprachw.)

Agent [aus gleichbed. *it.* agente, dies aus *lat.* agēns, Part. Präs. von agere, vgl. agieren] *der*; -en, -en: 1. Abgesandter eines Staates, der neben dem offiziellen diplomatischen Vertreter einen besonderen Auftrag erfüllt u. meist keinen diplomatischen Schutz besitzt. 2. in staatlichem Geheimauftrag tätiger Spion. 3. a) (*österr.*, sonst veraltet) Handelsvertreter; b) jmd., der berufsmäßig Künstlern Engagements vermittelt. **Agentie** [...zi; aus *it.* agenzia zu agente, vgl. Agent] *die*; -, ...tien [...*ziᵉn*]: (österr.) Geschäftsstelle der Donau-Dampfschiffahrtsgesellschaft. **Agent provocateur** [*asehang prowokatör*; *fr.*, eigtl. „herausfordernder, provozierender Agent"] *der*; - -, -s -s [*asehang prowokatör*]: jmd., der einen anderen zur Begehung einer Straftat herausfordert, um ihn dadurch zu einem bestimmten Verhalten (z. B. zu Spionage) zu nötigen od. zum Zweck der Strafverfolgung überführen zu können; Lockspitzel. **Agentur** [zu → Agent] *die*; -, -en: 1. Stelle, Büro, in dem [politische] Nachrichten aus aller Welt gesammelt und an Presse, Rundfunk und Fernsehen weitergegeben werden. 2. Geschäftsnebenstelle, Vertretung. 3. Büro, das Künstlern Engagements vermittelt; Vermittlungsbüro, Geschäftsstelle eines Agenten (3b). **Agenzien**: *Plural* von → Agens (1)

Ag|glomeration [...*zion*; aus *mlat.* agglomerātio zu *lat.* agglomerāre „zu einem Knäuel zusammenballen"]: *die*; -, -en: Anhäufung, Zusammenballung (z. B. vieler Betriebe an einem Ort). **ag|glomerieren**: zusammenballen, anhäufen

Ag|glutination [...*zion*; aus *lat.* agglūtinātio „das Ankleben" zu agglūtināre] *die*; -, -en: Verklebung, Zusammenballung, Verklumpung von Zellen (z. B. Bakterien od. roten Blutkörperchen) als Wirkung von → Antikörpern (Med.). **ag|glutinieren** [aus *lat.* agglūtināre „ankleben"]: 1. zur Verklumpung bringen, eine Agglutination herbeiführen (Med.). 2. Beugungsformen durch Anhängen von Affixen bilden; -de Sprachen: Sprachen, die zur Ableitung u. Beugung von Wörtern → Affixe an das unverändert bleibende Wort anfügen, z. B. die finnisch-ugrischen Sprachen; Ggs. → flektierende u. → isolierende Sprachen. **Ag|glutinin** *das*; -s, -e (meist Plural): → Antikörper, der im Blutserum Blutkörperchen fremder Blutgruppen od. Bakterien zusammenballt u. damit unschädlich macht

Ag|gregat [aus *lat.* aggregātum „angehäuft", Part. Perf. zu aggregāre] *das*; -s, -e: 1. Maschinensatz aus zusammenwirkenden Einzelmaschinen, bes. in der Elektrotechnik. 2. mehrgliedriger math. Ausdruck, dessen einzelne Glieder durch + od. − miteinander verknüpft sind. 3. das Zusammenwachsen von → Mineralien der gleichen od. verschiedener Art. **Ag|gregation** [...*zion*; aus *lat.* aggregātio „das Zusammenhäufen"] *die*; -, -en: Vereinigung von Molekülen zu Molekülverbindungen (vgl. Molekül). **Ag|gregatzustand** *der*; -s, ...stände: Erscheinungsform eines Stoffes (fest, flüssig, gasförmig). **ag|gregieren** [aus *lat.* aggregāre, eigtl. „zur Herde scharen"]: anhäufen, beigesellen

Ag|gression [aus *lat.* aggressio „Angriff" zu aggredi „herangehen, angreifen"] *die*; -, -en: 1. (abwertend) rechtswidriger Angriff auf ein fremdes Staatsgebiet, Angriffskrieg. 2. [affektbedingtes] Angriffsverhalten, feindselige Haltung eines Menschen od. eines Tieres als Reaktion auf eine wirkliche oder vermeintliche Minderung der Macht mit dem Ziel, die eigene Macht zu steigern oder die Macht des Gegners zu mindern (Psychol.). **ag|gressiv** [nach gleichbed. *fr.* agressif]: 1. angriffslustig, herausfordernd. 2. rücksichtslos, z. B. -es Fahren (rücksichtsloses, andere Verkehrsteilnehmer gefährdendes Fahren im Straßenverkehr); Ggs. → defensives Fahren. 3. [Materialien] angreifend. **ag|gressivieren** [...*wi*...]: jmdn./etwas aggressiv machen. **Aggressivität** [...*wi*...] *die*; -, -en: 1. (ohne Plural) a) die mehr od. weniger unbewußte, sich nicht offen zeigende, habituell gewordene aggressive Haltung des Menschen [als → Kompensation (3) von Minderwertigkeitsgefühlen] (Psychol.); b) Angriffslust. 2. die einzelne aggressive Handlung. **Ag|gressor** [aus gleichbed. *lat.* aggressor] *der*; -s, ...oren: (abwertend) rechtswidrig handelnder Angreifer

Ägide [zu *lat.* aegis aus *gr.* aígis „Schild des Zeus u. der Athene"] *die*; -: Schutz, Obhut; unter jmds. -: unter jmds. Leitung und Verantwortung

agieren [aus *lat.* agere „tun, treiben, handeln"]: a) handeln, tun, wirken, tätig sein; b) [als Schauspieler] auftreten, eine Rolle spielen

agil [aus gleichbed. *fr.* agile, dies aus *lat.* agilis, eigtl. „leicht zu führen, beweglich"]: behend, flink, gewandt; regsam, geschäftig. **Agilität** *die*; -: temperamentbedingte Beweglichkeit, Lebendigkeit, Regsamkeit (im Verhalten des Menschen zu seiner Umwelt)

Agitation [...*zion*; aus gleichbed. *engl.* agitation, dies aus *lat.* agitātio zu agitāre „antreiben; heftig betreiben"] *die*; -, -en: a) (abwertend) aggressive Tätigkeit zur Beeinflussung anderer, vor allem in politischer Hinsicht; Hetze; b) politische Aufklärungstätigkeit; Werbung für bestimmte politische od. soziale Ziele. **Agitation und Propaganda** *die*; - - -: = Agitprop

agitato [*adseh*...; *it.*, zu *lat.* agitātus „angetrieben"]: aufgeregt, heftig (Vortragsanweisung; Mus.)

Agitator [aus gleichbed. *engl.* agitator, dies aus *lat.* agitātor „Treiber" zu agitāre] *der*; -s, ...oren: jmd., der Agitation betreibt. **agitatorisch**: a) (abwertend) aggressiv [für politische Ziele] tätig, hetzerisch; b) politisch aufklärend. **agitieren** [nach gleichbed. *engl.* to agitate, dies aus *lat.* agitāre „antreiben; heftig betreiben; aufhetzen"]: a) (abwertend) in aggressiver Weise [für politische Ziele] tätig sein, hetzen; b) politisch aufklären, werben. **Agitprop** [aus *Agit*ation und *Prop*aganda] *die*; -: Beeinflussung der Massen mit dem Ziel, in ihnen revolutionäres Bewußtsein zu entwickeln u. sie zur aktiven Teilnahme am Klassenkampf zu veranlassen (Marxismus). **Agitproptheater** *das*; -s: in den sozialistischen Ländern entstandene Form des Laientheaters, das durch Verbreitung der marxistisch-leninistischen Lehre die allgemeine politische Bildung fördern soll

Agnomen [aus gleichbed. *lat.* agnōmen] *das*; -s, ...mina: in der röm. Namengebung der Beiname (z. B. die Bezeichnung „Africanus" im Namen des P. Cornelius Scipio *Africanus*); vgl. Kognomen

Agnostiker [zu *gr.* ágnostos „unbekannt, nicht erkennbar"] *der*; -s, -: Verfechter der Lehre des Agnostizismus. **Agnostizismus** *der*; -: Sammelbezeichnung für alle philosophischen u. theologischen Lehren, die eine → rationale Erkenntnis des Göttlichen od. Übersinnlichen leugnen. **agnostizistisch**: die Lehre des Agnostizismus vertretend

agnoszieren [aus *lat.* agnōscere „anerkennen"]: a) anerkennen; b) (österr.) die Identität feststellen, z. B. einen Toten -

Agnus Dei [*lat.*; „Lamm Gottes"] *das*; - -, - -: 1. (ohne Plural) Bezeichnung u. Sinnbild für Christus. 2. a) Gebetshymnus im katholischen Gottesdienst vor der → Eucharistie (1a); b) Schlußsatz der musikalischen Messe. 3. vom Papst geweihtes Wachstäfelchen mit dem Bild des Osterlamms

Agogik [zu *gr.* agōgḗ „Tempo der Musik", eigtl. „Leitung, Führung"] *die;* -: Lehre von der individuellen Gestaltung des Tempos beim musikalischen Vortrag. **agogisch**: frei, individuell gestaltet (in bezug auf das Tempo eines musikalischen Vortrags)

à gogo [aus gleichbed. *fr.* à gogo (scherzh. Verdoppelung der 1. Silbe von gogue „Scherz")]: in Hülle u. Fülle, nach Belieben

Agon [über *lat.* agōn „Wettkampf" aus gleichbed. *gr.* agṓn, eigtl. „Versammlung"] *der;* -s, -e: 1. sportlicher od. geistiger Wettkampf im antiken Griechenland. 2. der Hauptteil der attischen Komödie. **Agonist** *der;* -en, -en: Wettkämpfer. **agonal**: den Agon betreffend; zum Wettkampf gehörend, wettkampfmäßig

Agone [zu *gr.* ágōnos „ohne Winkel", s. Gon] *die;* -, -n: Linie, die alle Orte, an denen keine Magnetnadelabweichung von der Nordrichtung auftritt, miteinander verbindet

Agonie [aus *gr.-lat.* agōnía „Kampf, Anstrengung, Angst"] *die;* -, ...ien: a) (ohne Plural) Gesamtheit der vor dem Eintritt des klinischen Todes auftretenden typischen Erscheinungen (Med.); b) Todeskampf

Agora [aus gleichbed. *gr.* agorá] *die;* -, Agoren: rechteckiger, von Säulen umschlossener Platz in altgriech. Städten

Agraffe [aus *fr.* agrafe „Haken, Spange"] *die;* -, -n: 1. als Schmuckstück dienende Spange od. Schnalle. 2. klammerförmige Verzierung an Rundbogen als Verbindung mit einem darüberliegenden Gesims (Architektur)

Agrar... [aus *lat.* agrārius „den Ackerbau betreffend"]: in Zusammensetzungen auftretendes Bestimmungswort mit der Bedeutung „Landwirtschaft[s]...", „Boden...", z. B. Agrarpolitik, Agrarprodukt, Agrarreform. **Agrarier** [...*rier*] *der;* -s, - (meist Plural): Großgrundbesitzer, Landwirt [der seine wirtschaftspolitischen Interessen vertritt]. **agrarisch**: die Landwirtschaft betreffend

Agreement [*ᵉgrimᵉnt;* aus *engl.* agreement „Vereinbarung, Übereinstimmung", dies aus *fr.* agrément „Einwilligung", s. agreieren] *das;* -s, -s: 1. = Agrément (1). 2. weniger bedeutsame, formlose Übereinkunft zwischen Staaten; vgl. Gentleman's Agreement

agreieren [aus gleichbed. *fr.* agréer, zu gré „Wille, Gefallen", dies aus *lat.* grātum „das Willkommene"]: genehmigen, für gut befinden. **Agrément** [*agremang; fr.*] *das;* -s, -s: 1. Zustimmung einer Regierung zur Ernennung eines diplomatischen Vertreters in ihrem Land. 2. (nur Plural) Ausschmückungen od. rhythmische Veränderungen einer Melodie (Mus.)

Agrikultur [aus gleichbed. *lat.* agrīcultūra; s. Kultur] *die;* -, -en: Ackerbau, Landwirtschaft

Agronom [aus *gr.* agronómos „Aufseher über die Stadtländereien"] *der;* -en, -en: akademisch ausgebildeter Landwirt. **Agronomie** [aus *gr.* agrós „Akker" u. → ...nomie] *die;* -: Ackerbaukunde, Landwirtschaftswissenschaft. **agronomisch**: ackerbaulich

Aguti [*indian.*] *der* od. *das;* -s, -s: hasenähnliches Nagetier (Goldhase) in Südamerika

Ah = Amperestunde

ahistorisch [auch: *a*...; aus *gr.* a... „un-, nicht-" u. → historisch]: geschichtliche Gesichtspunkte außer acht lassend

Ai [*a-i*, auch: *a-i*; über gleichbed. *port.* ai aus *indian.* (Tupi) ai] *das;* -s, -s: Dreizehenfaultier

a. i. = ad interim

Aide-mémoire [...*memoar;* aus gleichbed. *fr.* aide-mémoire, eigtl. „Gedächtnishilfe"] *das;* -, -[s]: im diplomatischen Verkehr eine in der Regel während einer Unterredung überreichte knappe schriftliche Zusammenfassung eines Sachverhalts zur Vermeidung von späteren Mißverständnissen

Aikido [aus *jap.* ai „Harmonie", ki „(lenkende) Kraft" u. do „Weg"; eigtl. etwa „Weg der Harmonie und der (lenkenden) Kraft"] *das;* -s: Form der Selbstverteidigung; vgl. Jiu-Jitsu, Judo

...aille [...*aj*, eingedeutscht: ...*alj*ᵉ; *fr.*]: Suffix weiblicher Fremdwörter aus dem Französischen, z. B. Kanaille, Emaille; noch produktiv bei gelegentlicher Bildung stark expressiver, abwertender Bezeichnungen von Personengruppen, z. B. Journaille, Diplomaille

[1]**Air** [*är;* aus *fr.* air „Luft", dies aus *lat.* aër „Luft(schicht), Dunstkreis"] *das;* -s: 1. Hauch, Fluidum. 2. Aussehen, Haltung

[2]**Air** [*är;* aus *fr.* air „Melodie, Lied", dies aus *it.* aria, s. Arie] *das;* -s, -s (auch: die; -, -s): liedartiges Instrumentalstück

Airbus [*är*...; aus gleichbed. *engl.* air bus] *der;* -ses, -se: Passagierflugzeug mit großer Sitzkapazität für Mittel- u. Kurzstrecken. **Air-condition** [*ärkondischᵉn*] vgl. Air-conditioning. **Airconditioner** [*ärkondischᵉnᵉr;* aus gleichbed. *engl.* air conditioner, zu to condition „in den richtigen Zustand bringen", s. Kondition] *der;* -s, - u. **Air-conditioning** [*ärkondischᵉning;* aus gleichbed. *engl.* air conditioning] *das;* -s, -s: Klimaanlage

Airedaleterrier [*ärdeⁱl*...; nach einem *Airdale* genannten Talabschnitt, durch den der engl. Fluß Aire fließt] *der;* -s, -: eine Hunderasse, ein → Terrier

Airport [*ärport; engl.*] *der;* -s, -s: Flughafen

...aise [...*äsᵉ; fr.*]: Suffix weiblicher Fremdwörter aus dem Französischen, z. B. Marseillaise, Française, eingedeutscht: Majonäse

à jour [*a schur; fr.*, „zutage"]: 1. bis zum [heutigen] Tag; - - sein: auf dem laufenden sein. 2. ohne Buchungsrückstand (Buchführung)

ak..., Ak... vgl. ad..., Ad...

Akademie [aus *fr.* académie „Gesellschaft von Gelehrten oder Künstlern", dies über *lat.* Academia aus *gr.* Akadémeia (Name der Lehrstätte des altgriech. Philosophen Platon in Athen)] *die;* -, ...ien: 1. a) Institution, Vereinigung von Gelehrten zur Förderung u. Vertiefung der Forschung; b) Gebäude für diese Institution. 2. [Fach]hochschule (z. B. Kunst-, Musikakademie, medizinische -). 3. (österr.) literarische od. musikalische Veranstaltung. **Akademiker** *der;* -s, -: 1. jmd., der eine abgeschlossene Universitäts- od. Hochschulausbildung hat. 2. Mitglied einer Akademie (1a). **akademisch**: 1. an einer Universität od. Hochschule [erworben, erfolgend, üblich]. 2. a) wissenschaftlich; b) (abwertend) trocken, theoretisch; c) müßig, überflüssig. **Akademismus** *der;* -: starre, dogmatische Kunstauffassung od. künstlerische Betätigung

Akanthit [zu *gr.* ákantha „Dorn"] *der;* -s: Silberglanz (ein Mineral). **Akanthus** [über *lat.* acanthus aus gleichbed. *gr.* ákanthos zu ákantha „Dorn"] *der;* -, -: 1. a) Bärenklau (stachliges Staudengewächs in den Mittelmeerländern); b) Ornament

nach dem Vorbild der Blätter des Akanthus (z. B. an antiken Tempelgiebeln; Kunstw.)
akatalektisch [zu *gr.* a... „un-, nicht-" u. → katalektisch]: mit einem vollständigen Versfuß (der kleinsten rhythmischen Einheit eines Verses) endend (antike Metrik); vgl. brachy-, hyperkatalektisch u. katalektisch
Akatholik [auch: ...*lik*; zu *gr.* a... „un-, nicht-" u. → Katholik] *der*; -en, -en: jmd., der nicht zur katholischen Kirche gehört. **akatholisch** [auch: ...olisch]: nicht zur katholischen Kirche gehörend
akausal [auch: *a*...; zu *gr.* a... „un-, nicht-" u. → kausal]: ohne ursächlichen Zusammenhang, ohne Grund und Ursache
Akazie [...*i*ᵉ; über *lat.* acacia aus gleichbed. *gr.* akakía] *die*; -, -n: a) tropischer Laubbaum, zur Familie der Hülsenfrüchtler gehörend, der Gummiarabikum liefert; b) (ugs.) → Robinie
Akelei [auch: *a*...; aus gleichbed. *mlat.* aquile(g)ia] *die*; -, -en: Zier- u. Arzneipflanze (ein Hahnenfußgewächs)
akephal (selten: akephalisch) [zu *gr.* a... „un-, nicht-" u. kephalḗ „Kopf"]: am Anfang um die erste Silbe verkürzt (von einem Vers; antike Metrik)
Akk. = Akkusativ
Ak|klamation [...*zion*; aus *lat.* acclāmātio „das Zurufen" zu acclāmāre, s. akklamieren] *die*; -, -en: 1. beistimmender Zuruf ohne Einzelabstimmung [bei Parlamentsbeschlüssen]. 2. Beifall, Applaus. 3. liturgischer Grußwechsel zwischen Pfarrer u. Gemeinde. **ak|klamieren** [aus *lat.* acclāmāre „zurufen"]: (österr.) a) jmdm. applaudieren; b) jmdm. laut zustimmen
Ak|klimatisation [...*zion*; gelehrte Bildung zu → ad... u. → Klima] *die*; -, -en: Anpassung eines Organismus an veränderte, umweltbedingte Lebensverhältnisse, bes. an ein fremdes Klima; vgl. ...ation/...ierung. **ak|klimatisieren**, sich: 1. sich an ein anderes Klima gewöhnen. 2. sich eingewöhnen, sich anderen Verhältnissen anpassen. **Ak|klimatisierung** *die*; -, -en: = Akklimatisation; vgl. ...ation/...ierung
Akkolade [aus *fr.* accolade „Umarmung", dies zu *lat.* ad collum „an den Hals"] *die*; -, -n: geschweifte Klammer, die mehrere Sätze, Wörter, Notenzeilen usw. zusammenfaßt (Zeichen: {...}; Buchw.)
akkommodabel [aus *fr.* accommodable, s. akkommodieren]: a) anpassungsfähig; b) zweckmäßig; anwendbar, einrichtbar; d) [gütlich] beilegbar (von Konflikten). **Akkommodation** [...*zion*] *die*; -, -en: 1. a) Fähigkeit eines Organs, sich der von ihm zu erfüllenden Aufgabe anzupassen; b) Einstellung des Auges auf die jeweilige Sehentfernung. 2. Angleichung einer Religion an die Prinzipien einer anderen, oft in missionarischer Absicht. 3. Anpassung der eigenen geistigen Struktur an diejenige der Umwelt (Päd., Psychol.). **akkommodieren** [aus *fr.* accommoder „anpassen", dies aus *lat.* accomodāre zu commodus „angemessen"]: 1. (veraltet) angleichen, anpassen; sich -: sich mit jmdm. über etwas einigen, sich vergleichen. 2. das Auge [unwillkürlich] sehscharf einstellen
Akkompa|gnement [*akompanjᵉmang*; aus gleichbed. *fr.* accompagnement zu accompagner „begleiten", s. Kompagnon] *das*; -s, -s: musikalische Begleitung (Mus.). **akkompa|gnieren** [...*jirᵉn*]: einen Gesangsvortrag auf einem Instrument begleiten. **Akkompagnist** [...*jist*] *der*; -en, -en: Begleiter (Mus.)
Akkord [aus *fr.* accord „Übereinstimmung" zu accorder, s. akkordieren] *der*; -[e]s, -e: 1. Zusammenklang von mindestens drei Tönen verschiedener Tonhöhe (Mus.). 2. Akkordlohn; im -: im Stücklohn [und daher schnell]: im A. arbeiten. **Akkordarbeit** *die*; -: [auf Schnelligkeit ausgerichtetes] Arbeiten im Stücklohn. **akkordant**: sich an vorhandene Strukturelemente anpassend (Geol.); vgl. konkordant. **Akkordlohn** *der*; -s, ...löhne: Stücklohn, Leistungslohn
Akkordeon [aus älterem Accordion (1829), zu Akkord (1)] *das*; -s, -s: Handharmonika. **Akkordeonist** *der*; -en, -en: jmd., der [berufsmäßig] Akkordeon spielt
akkordieren [aus *fr.* accorder „in Einklang bringen" zu → ad... u. *lat.* cor, Gen. cordis „Herz"]: a) zusammenstimmen; b) vereinbaren, übereinkommen
ak|kreditieren [aus gleichbed. *fr.* accréditer, s. Kredit]: beglaubigen (bes. einen diplomatischen Vertreter eines Landes). **Ak|kreditiv** *das*; -s, -e [...*wᵉ*]: Beglaubigungsschreiben eines diplomatischen Vertreters
Akku *der*; -s, -s: Kurzform von → Akkumulator (1)
Akkumulation [...*zion*; aus *lat.* accumulātio „Anhäufung"; s. akkumulieren] *die*; -, -en: Anhäufung, Ansammlung, Speicherung. **Akkumulator** *der*; -s, ...oren: 1. Gerät zur Speicherung von elektrischer Energie in Form von chemischer Energie; Kurzform: Akku. 2. Druckwasserbehälter einer hydraulischen Presse. **akkumulieren** [aus *lat.* accumulāre „an-, aufhäufen", s. Kumulus]: anhäufen; sammeln, speichern
akkurat [aus *lat.* accūrātē „sorgfältig" zu accūrāre „mit Sorgfalt tun"]: 1. sorgfältig, genau, ordentlich. 2. (ugs., südd. u. österr.) gerade, genau, z. B. - das habe ich gemeint. **Akkuratesse** [französierende Bildung zu akkurat] *die*; -: Sorgfalt, Genauigkeit, Ordnungsliebe
Akkusativ [auch: ...*tif* aus *lat.* (casus) accūsātīvus „die Anklage betreffend(er Fall)", einer falschen Übersetzung von *gr.* (ptōsis) aitiatikḗ „Ursache und Wirkung betreffend(er Fall)]" *der*; -s, -e [...*wᵉ*]: 4. Fall, Wenfall; Abk.: Akk.; - mit Infinitiv (*lat.* accusativus cum infinitivo [Abk.: acc. c. inf. od. a. c. i.]): Satzkonstruktion (bes. im Lat.), in der das Akkusativobjekt des ersten Verbs zugleich Subjekt des zweiten, im Infinitiv stehenden Verbs ist (z. B. ich höre den Hund bellen = ich höre den Hund. Er bellt.). **Akkusativobjekt** *das*; -s, -e: Ergänzung eines Verbs im 4. Fall (z. B. er pflügt *den Acker*)
Akline [gelehrte Bildung zu *gr.* a... „un-, nicht-" u. klī́nein „sich neigen"] *die*; -: [erd]magnetischer Äquator, Verbindungslinie der Orte ohne magnetische → Inklination (2)
Akme [aus *gr.* akmḗ „Spitze; Gipfel, Vollendung"] *die*; -: Gipfel, Höhepunkt einer Entwicklung, bes. einer Krankheit od. des Fiebers
Akne [wohl aus einer falschen Lesart von *gr.* akmḗ „Hautausschlag"] *die*; -, -n: zusammenfassende Bezeichnung für mit Knötchen- u. Pustelbildung verbundene Entzündungen der Talgdrüsen (Med.)
Akonto [aus *it.* → a conto] *das*; -s, ...ten u. -s: (bes. österr.) Anzahlung. **Akontozahlung** *die*; -, -en: Anzahlung, Abschlagszahlung; vgl. a conto
akquirieren [aus *lat.* acquīrere „dazuerwerben"]: 1. erwerben, anschaffen. 2. als Akquisiteur tätig sein.

Akquisiteur [...*tör*; französierende Neubildung] *der*; -s, -e: a) Kundenwerber, Werbevertreter (bes. im Buchhandel); b) Anzeigeneinholer (im Zeitungswesen). **Akquisition** [...*zion*] *die*; -, -en: 1. [vorteilhafte od. schlechte] Erwerbung. 2. Kundenwerbung durch Vertreter (bes. bei Zeitschriften-, Theater- u. anderen Abonnements). **akquisitorisch**: die Kundenwerbung betreffend

Akribie [aus gleichbed. *gr.* akríbeia] *die*; -: höchste Genauigkeit, Sorgfalt in bezug auf die Ausführung von etwas. **akribisch**: mit Akribie, sehr genau, sorgfältig und gewissenhaft [ausgeführt]

akro..., **Akro...** [aus gleichbed. *gr.* akro... zu ákros „äußerst, oberst; spitz"]: in Zusammensetzungen auftretendes Bestimmungswort mit den Bedeutungen „spitz", „hoch", z. B. Akropolis

Akrobat [aus *gr.* akróbatos „auf den Fußspitzen gehend"; vgl. Basis] *der*; -en, -en: jmd., der turnerische, gymnastische od. tänzerische Übungen beherrscht u. [im Zirkus od. Varieté] vorführt. **Akrobatik** *die*; -: a) Kunst, Leistung eines Akrobaten; b) überdurchschnittliche Geschicklichkeit u. Körperbeherrschung. ...**akrobatik** *die*; -: in Zusammensetzungen auftretendes Grundwort mit der Bedeutung „überdurchschnittliche Geschicklichkeit erfordernde Anstrengung in bezug auf das im Bestimmungswort Genannte", z. B. Gehirn-, Gehörakrobatik. **akrobatisch**: a) den Akrobaten und seine Leistung betreffend; b) körperlich besonders gewandt, geschickt. **Akronym** [zu → akro... u. *gr.* ónyma „Name"] *das*; -s, -e: → Initialwort

Akropolis [aus *gr.* akrópolis, eigtl. „Oberstadt"] *die*; -, ...polen: a) hochgelegener, geschützter Zufluchtsplatz vieler griech. Städte der Antike; b) (ohne Plural) antike Stadtburg Athens

Akrostichon [aus gleichbed. *gr.* akróstichon] *das*; -s, ...chen u. ...cha: a) hintereinander zu lesende Anfangsbuchstaben, -silben od. -wörter der Verszeilen, Strophen, Abschnitte od. Kapitel, die ein Wort, einen Namen od. einen Satz ergeben; b) Gedicht, das Akrostichen enthält

Akroter *das*; -s, ...ien [...*i^e n*], **Akroterie** [...*i^e*] *die*; -, -n u. **Akroterion**, **Akroterium** [aus gleichbed. *lat.* acrōtērium, dies aus *gr.* akrōtērion, eigtl. „Spitze, Äußerstes"] *das*; -s, ...ien [*i^e n*]: Giebelverzierung an griech. Tempeln

Akrylsäure vgl. Acrylsäure

Akt [aus *lat.* āctus „Handlung, Geschehen" zu agere „treiben, handeln, tätig sein", vgl. agieren] *der*; -[e]s, -e: 1. a) Vorgang, Vollzug, Handlung; b) feierliche Handlung, Zeremoniell (z. B. in Zusammensetzungen: Staatsakt, Festakt). 2. a) Abschnitt, Aufzug eines Theaterstücks; b) Phase, Teilstück eines Geschehens. 3. künstlerische Darstellung des nackten menschlichen Körpers. 4. = Koitus. 5. = Akte

Akte [zu *lat.* ācta (Plural) „das Verhandelte, die Ausführungen, der Vorgang"] *die*; -, -n, auch: Akt *der*; -[e]s, -e: 1. amtliches Schriftstück, Urkunde. 2. (nur Plural) [geordnete] Sammlung zusammengehöriger Schriftstücke. **Aktei** *die*; -, -en: Aktensammlung

Akteur [*aktör*; aus gleichbed. *fr.* acteur, dies aus *lat.* āctor; s. agieren] *der*; -s, -e: 1. handelnde Person. 2. Schauspieler

Aktie [*akzi^e*; aus gleichbed. *niederl.* actie, dies zu *lat.* āctio „Tätigkeit, Klage, klagbarer Anspruch"; vgl. Aktion] *die*; -, -n: Anteilschein am Grundkapital einer Aktiengesellschaft; die Aktien steigen: (ugs.) die Aussichten bessern sich. **Aktiengesellschaft** *die*; -, -en: Handelsgesellschaft, deren Grundkapital (Aktienkapital) von den in Höhe ihrer Einlagen haftenden Gesellschaftern (→ Aktionären) aufgebracht wird (Abk.: AG)

Aktiniden vgl. Actiniden

Aktinium vgl. Actinium

aktino..., **Aktino...** [zu *gr.* aktís, Gen. aktīnos „Strahl"]: in Zusammensetzungen auftretendes Bestimmungswort mit der Bedeutung „Strahl, Strahlung", z. B. Aktinometer. **Aktino|graph** *der*; -en, -en: Gerät zur Aufzeichnung der Sonnenstrahlung (Meteor.). **Aktinolith** [auch: ...*lit*] *der*; -s u. -en, -e[n]: Strahlstein (ein grünes Mineral). **Aktinometer** *das*; -s, -: Gerät zur Messung der Sonnenstrahlung (Meteor.)

Aktion [...*zion*; aus *lat.* āctio zu agere, vgl. agieren] *die*; -, -en: a) gemeinsames, gezieltes Vorgehen; b) planvolle Unternehmung, Maßnahme; in - [treten, sein]: in Tätigkeit [treten, sein]; vgl. konzertierte Aktion. **Aktionär** [aus gleichbed. *fr.* actionnaire] *der*; -s, -e: Inhaber von → Aktien einer → Aktiengesellschaft. **Aktionismus** *der*; -: Bestreben, das Bewußtsein der Menschen od. die bestehenden Zustände in Gesellschaft, Kunst od. Literatur durch gezielte [provozierende, revolutionäre] Aktionen zu verändern. **Aktionist** *der*; -en, -en: Vertreter des Aktionismus. **aktionistisch**: im Sinne des Aktionismus [handelnd]. **Aktionsart** *die*; -, -en: Geschehensart beim Verb (bezeichnet die Art u. Weise, wie das durch das Verb ausgedrückte Geschehen vor sich geht, z. B. iterativ: sticheln; faktitiv: fällen; Sprachw.); vgl. Aspekt (3). **Aktionsradius** *der*; -: a) Wirkungsbereich, Reichweite; b) Fahr-, Flugbereich

aktiv [bei Hervorhebung od. Gegenüberstellung zu passiv auch: *áktif*; aus *lat.* āctīvus „tätig, wirksam"]: 1. a) unternehmend, geschäftig, rührig; zielstrebig; Ggs. → inaktiv, → passiv (1a); b) tätig, wirksam, z. B. -e Unterstützung. 2. a) im Militärdienst stehend (im Unterschied zur Reserve); b) als Mitglied einer Sportgemeinschaft regelmäßig an sportlichen Wettkämpfen teilnehmend. 3. aktivisch, das Aktiv betreffend. 4. stark reaktionsfähig (Chem.); Ggs. → inaktiv (3). 5. einer studentischen Verbindung mit allen Pflichten angehörend; Ggs. → inaktiv (2b); -e Bestechung: Verleitung eines Beamten od. einer im Militär- od. Schutzdienst stehenden Person durch Geschenke, Geld o. ä. zu einer Handlung, die eine Amts- od. Dienstpflichtverletzung enthält (Rechtsw.); Ggs. → passive Bestechung; -e Handelsbilanz: Handelsbilanz eines Landes, bei der die Einfuhren hinter den Ausfuhren zurückbleiben (Wirtsch.); Ggs. → passive Handelsbilanz; -es Wahlrecht: das Recht zu wählen (Pol.); Ggs. → passives Wahlrecht; -er Wortschatz: Gesamtheit aller Wörter, die ein Sprecher in seiner Muttersprache beherrscht u. beim Sprechen verwendet (Sprachw.); Ggs. → passiver Wortschatz. [1]**Aktiv** [*áktif*, auch: *aktif*; aus gleichbed. *lat.* (genus) āctīvum] *das*; -s, -e [...*w^e*]: Tatform, Verhaltensrichtung des Verbs, die vom [meist in einer „Tätigkeit" befindlichen] Subjekt her gesehen ist, z. B. Er *streicht* sein Zimmer; die Rosen *blühen* (Sprachw.); Ggs. → Passiv. [2]**Aktiv** [...*tif*; aus gleichbed. *russ.* aktiv, dies aus *lat.* āctīvus, s. aktiv] *das*; -s, -e [...*w^e*] (auch: -s): (DDR) Arbeitsgruppe, deren Mitglieder zusammen an der Erfüllung bestimmter gesellschaftlicher, wirtschaftlicher u. politischer Aufgaben arbeiten. **Aktiva** [...*wa*; aus *lat.* āctīva, Neutr. Plur. von āctīvus „wirksam", s. aktiv], Aktiven [...*w^{e}n*] *die* (Plural): Vermögenswerte eines Unternehmens auf der linken Seite der → Bilanz; Ggs. → Passiva. **Aktive** [...*w^e*; aus *lat.* āctīvus, s. aktiv] *der*; -n, -n: a) Sportler, der regelmäßig an Wettkämpfen teilnimmt; b) Mitglied eines Karnevalvereins, das sich mit eigenen Beiträgen an Karnevalssitzungen beteiligt; c) Mitglied einer studentischen Verbindung, das voll am Verbindungsleben teilnimmt. **aktivieren** [...*wi*...; nach gleichbed. *fr.* activer; vgl. aktiv]: 1. a) zu größerer Aktivität (1) veranlassen; b) in Tätigkeit setzen, in Gang bringen, zu größerer Wirksamkeit verhelfen. 2. etwas als Aktivposten in die Bilanz aufnehmen; Ggs. → passivieren. **aktivisch** [*aktiwisch*, auch *ak*...; aus *lat.* āctīvus „die Tätigkeit bezeichnend"; s. aktiv]: das [1]Aktiv betreffend, zum [1]Aktiv gehörend (Sprachw.); Ggs. → passivisch. **Aktivismus** [...*wi*...; zu → aktiv] *der*; -: aktives, zielstrebiges Vorgehen, Tätigkeitsdrang. **Aktivist** *der*; -en, -en: 1. a) zielbewußt u. zielstrebig Handelnder; b) politisch vorbehalt- u. rücksichtslos Handelnder. 2. (DDR) Arbeiter, der sein Leistungssoll weit überbietet. **Aktivität** [nach *mlat.* actīvitas; vgl. aktiv] *die*; -, -en: 1. (ohne Plural) Tätigkeitsdrang, Betriebsamkeit, Unternehmungsgeist; Ggs. → Inaktivität (1), → Passivität (1) 2. (ohne Plural) a) Maß für den radioaktiven Zerfall, d. h. die Stärke einer radioaktiven Quelle od. radioaktiven Strahlung (Chem.); vgl. Radioaktivität. 3. (nur Plural) das Tätigwerden, Sich-Betätigen in einer bestimmten Weise, bestimmte Handlungen, z. B. -en zu den Filmfestspielen, die kulturellen -en. **Aktivkohle** *die*; -: staubfeiner, poröser Kohlenstoff, als → Adsorbens zur Entgiftung, Reinigung od. Entfärbung benutzt (z. B. in Gasmaskenfiltern); Kurzw.: A-Kohle. **Aktivum** [...*iwum*; *lat.*] *das*; -s, ...va: (veraltet) [1]Aktiv

Ak|trice [*aktriß^e*; aus gleichbed. *fr.* actrice; vgl. Akteur] *die*; -, -n: Schauspielerin

aktual [aus *lat.* āctuālis „tätig, wirksam", vgl. agieren]: 1. in der Rede od. im → Kontext verwirklicht, eindeutig determiniert (Sprachw.). 2. im Augenblick gegeben, sich vollziehend, vorliegend, tatsächlich vorhanden; Ggs. → potentiell. **aktualisieren**: etwas [wieder] aktuell machen, beleben, auf den neuesten Stand bringen. **Aktualität** *die*; -, -en: 1. (ohne Plural) Gegenwartsbezogenheit, -nähe, unmittelbare Wirklichkeit, Bedeutsamkeit für die unmittelbare Gegenwart. 2. (nur Plural) Tagesereignisse, jüngste Geschehnisse

Aktuar [aus *lat.* āctuārius „Schnellschreiber (bei Verhandlungen)"; vgl. Akten] *der*; -s, -e, (veraltet): 1. Gerichtsangestellter. 2. wissenschaftlicher Versicherungs- u. Wirtschaftsmathematiker. **Aktuarius** *der*; -, ...ien [...*i^{e}n*]: = Aktuar (1)

aktuell [aus gleichbed. *fr.* actuel, dies aus *lat.* āctuālis, s. aktual]: 1. im augenblicklichen Interesse liegend, zeitgemäß, zeitnah, gegenwartsbezogen. 2. = aktual (2), im Augenblick gegeben, vorliegend, tatsächlich vorhanden; Ggs. → potentiell.

Aktus [*lat.*] *der*; -, - [*áktuß*]: [Schul]feier, [Schul]aufführung

Akupunkteur [...*ör*] *der*; -s, -e: = Akupunkturist. **akupunktieren**: eine Akupunktur durchführen. **Akupunktur** [gelehrte Bildung aus *lat.* acus „Nadel" u. pūnctūra „das Stechen, der Stich"] *die*; -, -en: Heilbehandlung durch Einstiche mit feinen Nadeln in bestimmte Hautstellen. **Akupunkturist** *der*; -en, -en: jmd., der eine Akupunktur durchführt

Akustik [zu akustisch] *die*; -: 1. a) Lehre vom Schall, von den Tönen; b) Schalltechnik. 2. Klangwirkung. **Akustiker** *der*; -s, -: Fachmann für Fragen der Akustik. **akustisch** [aus *gr.* akoustikós „das Gehör betreffend"]: a) die Akustik (1, 2) betreffend; b) klanglich; vgl. auditiv; -er Typ: Menschentyp, der Gehörtes besser behält als Gesehenes; Ggs. → visueller Typ

akut [aus *lat.* acūtus „scharf, spitz"]: 1. brennend, dringend, vordringlich, unmittelbar [anrührend] (in bezug auf etwas, womit man sich sofort beschäftigen muß oder was gerade unübersehbar im Vordergrund des Interesses steht). 2. unvermittelt auftretend, schnell u. heftig verlaufend (von Krankheiten u. Schmerzen; Med.); Ggs. → chronisch. **Akut** *der*; -s, -e: Betonungszeichen für den steigenden (= scharfen) Ton, z. B. é; vgl. Accent aigu

Akzeleration [...*zion*; aus *lat.* accelerātio „Beschleunigung", s. akzelerieren] *die*; -, -en: Beschleunigung. **Akzelerator** *der*; -s, ...oren: Teilchenbeschleuniger (Kernphysik). **akzelerieren** [aus gleichbed. *lat.* accelerāre]: beschleunigen, vorantreiben; fördern

Akzent [aus *lat.* accentus, eigtl. „das Antönen, das Beitönen", zu accinere „dazu singen, dazu tönen"; vgl. Kantor] *der*; -[e]s, -e: 1. Betonung einer Silbe (Wortakzent). 2. Betonungszeichen. 3. Betonung eines Redeteils im Satz (Satzakzent). 4. (ohne Plural) a) Tonfall, Aussprache; b) typische Lautform bestimmter Personen (z. B. er spricht mit dänischem -). 5. Nachdruck. **Akzentuation** [...*zion*] *die*; -, -en: Betonung; vgl. ...ation/...ierung. **akzentuieren**: a) die betonten Silben beim Sprechen hervorheben; b) betonen, Nachdruck legen auf etwas. **Akzentuierung** *die*; -, -en: = Akzentuation; vgl. ...ation/...ierung

akzeptabel [aus *fr.* acceptable „annehmbar", s. akzeptieren]: 1. annehmbar. 2. richtig gebildet, nicht von der Norm abweichend (von einer sprachlichen Äußerung; Sprachw.). **Akzeptabilität** *die*; -: 1. Annehmbarkeit. 2. die von einem kompetenten Sprecher als sprachlich üblich und richtig beurteilte Beschaffenheit einer sprachlichen Äußerung (Sprachw.); vgl. Grammatikalität. **akzeptieren** [aus gleichbed. *lat.* acceptāre zu accipere „annehmen"]: a) etwas annehmen, billigen, hinnehmen; b) mit etwas/jmdm. einverstanden sein. **Akzeptor** [„Annehmer, Empfänger"] *der*; -s, ...oren: 1. Stoff, dessen Atome od. Moleküle → Ionen od. → Elektronen (1) von anderen Stoffen übernehmen können (Phys.). 2. Fremdatom, das ein bewegliches → Elektron (1) einfängt (Phys.). 3. Stoff, der nur unter bestimmten Voraussetzungen von Luftsauerstoff angegriffen wird

Akzidens [aus *lat.* accidēns „Zufall", Part. Präs. von accidere „an etwas fallen; vorfallen, geschehen", zu cadere „fallen"] *das*; -, ...denzien [...*i^{e}n*] (Plural fachspr. auch: Akzidentien [...*zi^{e}n*]): Versetzungszeichen (♯, ♭ oder deren Aufhebung: ♮), das innerhalb eines Taktes zu den Noten hinzutritt (Mus.). **akzidentell, akzidentiell** [...*ziäl* nach gleichbed. *fr.* accidentel zu *lat.* accidere]: zufällig, unwesentlich

Akzise [aus *fr.* accise „Verbrauchssteuer", dies zu *lat.* accīdere „anschneiden, vermindern", zu caedere „schlagen, hauen, stoßen"] *die*; -, -n: 1. indirekte Verbrauchs- u. Verkehrssteuer. 2. (hist.) Zoll (z. B. die Torabgabe im Mittelalter)

al..., Al... vgl. ad..., Ad...

[1]**...al** [aus *lat.* -ālis]: 1. Suffix von Adjektiven, das die Zugehörigkeit (wie in embryonal oder orchestral) ausdrückt oder auf die Ähnlichkeit (wie in oval, genial, pastoral = wie ein Pastor, in der Art eines Pastors) hinweist; vgl. ...al/...ell u. ...ial. 2. Suffix von Substantiven (z. B. General, Fanal)

[2]**...al** [zu → *Al*dehyd]: Suffix von Substantiven aus dem Gebiet der Chemie, das das Vorhandensein von → Aldehyden anzeigt (z. B. Chloral)

a. l. = ad libitum

Al = chem. Zeichen für: Aluminium

à la [*fr.*]: auf, nach Art von...

Alabaster [aus *lat.* alabaster „(Salbenflasche aus) Edelgips", dies zu gleichbed. *gr.* alábastros] *der*; -s, -: Gipsart. **alabastern**: 1. aus Alabaster. 2. wie Alabaster

à la bonne heure! [*a la bonör*; *fr.*, eigtl. „zur guten Stunde"]: vortrefflich!, ausgezeichnet, bravo!

à la carte [*a la kart*; *fr.*]: nach der Speisekarte, z. B. - - - essen

à la jardinière [- - *sehardiniär*; *fr.*: „nach Art der Gärtnerin"]: mit Beilage von verschiedenen Gemüsesorten (zu gebratenem od. gegrilltem Fleisch); Suppe - - -: Fleischbrühe mit Gemüsestückchen (Gastr.)

à la longue [*a la longg*(*e*); *fr.*]: auf die Dauer

à la mode [*a la mod*; *fr.*]: nach der neuesten Mode. **alamodisch**: das Alamodewesen betreffend

Alanin [Kunstw.] *das*; -s: eine der wichtigsten → Aminosäuren (Bestandteil fast aller Eiweißkörper)

Alarm [aus gleichbed. *it.* allarme, dies zusammengezogen aus dem Ruf 'all'arme!' „zu den Waffen!", zu *spätlat.* arma „Waffe", vgl. Armee] *der*; -s, -e: 1. a) Warnung bei Gefahr, Gefahrensignal; b) Zustand, Dauer der Gefahrenwarnung. 2. Aufregung, Beunruhigung; -schlagen: die Aufmerksamkeit anderer auf etwas Gefährliches, Bedrohliches lenken und sie damit zur Abwehr o. ä. aufrufen. **alarmieren**: 1. eine Person od. Institution zu Hilfe rufen. 2. beunruhigen, warnen, in Unruhe versetzen

Alaun [zu gleichbed. *lat.* alūmen; vgl. Aluminium] *der*; -s, -e: Kalium-Aluminium-Sulfat (ein Mineral). **alaunisieren**: mit Alaun behandeln

Alba *die*; -, ...ben: = Albe

Alba|tros [aus gleichbed. *niederl.* albatros, *engl.* albatross, dies unter Einfluß von *lat.* albus „weiß" aus *span.* alcatraz zu alcaduz „Brunnenrohr (aus *arab.* al kādūs „der Schöpfkrug"); der Vogel wurde nach der hornigen Nasenröhre auf dem Schnabel benannt] *der*; -, -se: großer Sturmvogel [der südlichen Erdhalbkugel]

Albe [aus gleichbed. *lat.* alba, zu albus „weiß"] *die*; -, -n: weißes → liturgisches Untergewand der katholischen u. anglikanischen Geistlichen

Albedo [aus *lat.* albēdo „weiße Farbe"] *die*; -: Rückstrahlungsvermögen von nicht selbstleuchtenden, → diffus reflektierenden Oberflächen (z. B. Schnee, Eis; Phys.)

Alberge [aus gleichbed. *fr.* alberge, dies aus *span.* albérchiga (mit *arab.* Artikel al- zu *lat.* persica, s. Pfirsich)] *die*; -, -n: Sorte kleiner, säuerlicher Aprikosen mit festem Fleisch

Albinismus [zu → Albino] *der*; -: erblich bedingtes Fehlen von → Pigment (1) bei Lebewesen. **albinitisch**, albinotisch: 1. ohne Körperpigment. 2. a) den Albinismus betreffend; b) die Albinos betreffend. **Albino** [aus gleichbed. *span.* albino zu albo „weiß" aus *lat.* albus] *der*; -s, -s: 1. Mensch od. Tier mit fehlender Farbstoffbildung. 2. bei Pflanzen anomal weißes Blütenblatt o. ä. mit fehlendem Farbstoff. **albinotisch** vgl. albinitisch

Albion [aus *lat.* Albiōn (*kelt.* Wort, wohl zu *voridg.* *alb- „Berg")] alter dichterischer Name für England

Album [aus *lat.* album „das Weiße, die weiße Tafel"] *das*; -s, ...ben: 1. Buch mit ursprünglich leeren Seiten od. Blättern für eigene Sammlungen (von Fotos, Briefmarken usw.). 2. Hülle od. Schachtel aus steifem Karton zur Aufbewahrung u. zum Schutz einer od. mehrerer Schallplatten. 3. eine od. mehrere Schallplatten mit einem vollständigen Musik-, Theaterstück o. ä. od. mit einer Zusammenstellung von einzelnen Stücken unter einem bestimmten Thema

Albumen [aus *lat.* albūmen (ovi) „das Weiße (des Eies)"] *das*; -s: Eiweiß (Med., Biol.) **Albumin** *das*; -s, -e (meist Plural): einfacher, wasserlöslicher Eiweißkörper, hauptsächlich in Eiern, in der Milch u. im Blutserum vorkommend. **albuminoid**: eiweißähnlich; eiweißartig. **albuminös**: eiweißhaltig. **Albumose** *die*; -, -n (meist Plural): Spaltprodukt der Eiweißkörper

Albus [aus gleichbed. *mlat.*: albus zu *lat.* albus „weiß"] *der*; -, -se: Weißpfennig (eine Groschenart aus Silber, die vom 14. bis 17. Jh. am Mittel- u. Niederrhein Hauptmünze war u. in Kurhessen bis 1841 galt)

alcäisch [*alzäisch*] vgl. alkäisch

Alcázar [*alkathar*] vgl. Alkazar

Alchimie [aus gleichbed. *fr.* alchimie, dies aus *span.* alquimia zu *arab.* al-kīmiyā „die Chemie"; vgl. Chemie] *die*; -: 1. Chemie des Mittelalters. 2. unwissenschaftliche Versuche, unedle Stoffe in edle, bes. in Gold, zu verwandeln. **Alchimist** [aus *mlat.* alchimista] *der*; -en, -en: 1. jmd., der sich mit Alchimie (1) befaßt. 2. Goldmacher. **alchimistisch**: die Alchimie betreffend

Aldehyd [Kurzw. aus: *Al*coholus *dehyd*rogenatus] *der*; -s, -e: chem. Verbindung, die durch teilweisen Wasserstoffentzug aus Alkoholen entsteht (Chem.); vgl. [2]...al

alea iacta est [*lat.*; „der Würfel ist geworfen"; angeblich von Caesar beim Überschreiten des Rubikon 49 v. Chr. gesprochen]: die Entscheidung ist gefallen, es ist entschieden

Aleatorik [zu → aleatorisch] *die*; -: in der jüngsten Musikgeschichte Bezeichnung für eine Kompositionsrichtung, die dem Zufall breiten Raum gewährt (einzelne Klangteile werden in einer dem Interpreten weitgehend überlassenen Abfolge aneinandergereiht, so daß sich bei jeder Aufführung eines Stückes neue Klangmöglichkeiten ergeben). **aleatorisch** [aus *lat.* āleātōrius „zum Würfel-, Glücksspiel gehörig"]: vom Zufall abhängig, gewagt

...al/...ell: Adjektivsuffixe, die oft konkurrierend nebeneinander am gleichen Wortstamm auftreten, sowohl ohne inhaltlichen Unterschied (funktional/funktionell, hormonal/hormonell) als auch mit inhaltlichem Unterschied (ideal/ideell, rational/rationell, real/reell). Die Adjektive auf ...al geben meist als → Relativadjektive die Zugehörigkeit (formal, rational), die auf ...ell meist eine Eigenschaft (formell, rationell) an. Doch gibt es auch gegenteilige Differenzierungen (ideal/ideell)

alert [aus *fr.* alerte „wachsam", dies zu *it.* all'erta „auf die Anhöhe!" (Zuruf an die Feldwache)]: munter, aufgeweckt, frisch

Aleuron [aus *gr.* áleuron „Weizenmehl"] *das*; -s: in Form von festen Körnern od. im Zellsaft gelöst vorkommendes Reserveeiweiß der Pflanzen (Biol.)

Alex|an|driner [Kürzung aus: alexandrinischer Vers; nach dem franz. Alexanderepos von 1180] *der*; -s, -: sechshebiger (6 betonte Silben aufweisender) [klassischer franz.] Reimvers mit 12 od. 13 Silben

Alexine [zu *gr.* aléxein „abwehren"] *die* (Plural): natürliche, im Blutserum gebildete Schutzstoffe gegen Bakterien

al fine [*it.*]: bis zum Schluß [eines Musikstückes]; vgl. da capo al fine

al fresco vgl. a fresco

Alge|bra [österr. ...*gebra*; durch *it.* u. *span.* Vermittlung aus *arab.* al-ǧabr, eigtl. „die Einrenkung (gebrochener Teile)"] *die*; -, ...ebren: 1. (ohne Plural) Lehre von den Beziehungen zwischen math. Größen u. den Regeln, denen sie unterliegen. 2. = algebraische Struktur. **alge|braisch**: die Algebra betreffend; -e Struktur: eine Menge von Elementen (Rechenobjekten) einschließlich der zwischen ihnen definierten Verknüpfungen

algonkisch: das Algonkium betreffend. **Algonkium** [nach dem Gebiet der Algonkinindianer in Kanada] *das*; -s: jüngerer Abschnitt der erdgeschichtlichen Frühzeit (Geol.)

Algorithmus [in Anlehnung an *gr.* árithmos „Zahl" aus *mlat.* algorismus, dies aus *arab.* al-chwārismī „der (Mann) aus Chwarism", dem Beinamen des persischen Mathematikers Muhammad Ibn Mūsā al-Chwārismī (9. Jh.) *der*; -, ...men: Rechenvorgang, der nach einem bestimmten Schema abläuft (Arithmetik). **algorithmisch**: einem methodischen Rechenverfahren folgend

alias [aus *lat.* aliās „ein anderes Mal, sonst" zu alius „ein anderer"]: auch ... genannt, mit anderem Namen auch ..., auch unter dem [Deck]namen ... bekannt (in Verbindung mit einem Namen), z. B. Batz alias Michaels

Alibi [aus *lat.* alibī „anderswo" zu alius „ein anderer"] *das*; -s, -s: a) Beweis, Nachweis der persönlichen Abwesenheit vom Tatort zur Tatzeit des Verbrechens (Rechtsw.); b) Entschuldigung, Ausrede, Rechtfertigung

Ali|gnement [*alinjemang*; aus gleichbed. *fr.* alignement zu aligner „Fluchtlinien abstecken"; zu ligne „Linie"] *das*; -s, -s: 1. das Abstecken einer Fluchtlinie. 2. Fluchtlinie [beim Straßen- od. Eisenbahnbau]. **ali|gnieren**: abmessen, Fluchtlinien [beim Straßen- od. Eisenbahnbau] abstecken

Alimentation [...*zion*; aus *mlat.* alimentātio „Lebensunterhalt" s. alimentieren] *die*; -, -en: die finanzielle Leistung für den Lebensunterhalt [von Berufsbeamten], Unterhaltsgewährung. **Alimente** [aus *lat.* alimenta (Neutr. Plural) zu alere „ernähren" „Nahrung; Unterhalt"] *die* (Plural): Unterhaltsbeiträge (bes. für nichteheliche Kinder). **alimentieren** [aus gleichbed. *mlat.* alimentāre]: Lebensunterhalt gewähren, unterstützen

a limine [*lat.*; „von der Schwelle"]: kurzerhand, von vornherein; ohne Prüfung in der Sache

aliphatische [zu *gr.* áleiphar „Fett"] **Verbindungen** *die* (Plural): organische Verbindungen mit offenen Kohlenstoffketten in der Strukturformel (Chem.)

Aliquot|ton [zu *lat.* aliquot „einige", hier: „ohne Rest teilend"]: mit dem Grundton mitklingender Oberton (Mus.)

alkäische [nach dem äolischen Lyriker Alkäus] **Strophe** *die*; -n -, -n -n: vierzeilige Odenstrophe der Antike (auch bei Hölderlin)

Alkalde [aus gleichbed. *span.* alcalde, dies aus *arab.* al-qādī „Richter", s. Kadi] *der*; -n, -n: [Straf]richter, Bürgermeister in Spanien

Alkali [auch: *al*...; aus gleichbed. *fr.* alcali, *span.* álcali, dies aus *arab.* al-qalīy „die Pottasche"] *das*; -s, ...alien [...*i^en*]: → Hydroxyde der Alkalimetalle. **Alkalimetall** *das*; -s, -e: chemisch sehr reaktionsfähiges Metall aus der ersten Hauptgruppe des periodischen Systems der Elemente (z. B. Lithium, Natrium, Kalium). **alkalin**: a) alkalisch reagierend; b) alkalihaltig. **Alkalinität** *die*; -: 1. alkalische Eigenschaft, Beschaffenheit eines Stoffes (Chem.). 2. alkalische Reaktion eines Stoffes (Chem.). **alkalisch**: basisch, laugenhaft. **alkalisieren**: etwas alkalisch machen. **Alkalität** *die*; -: Gehalt einer Lösung an alkalischen Stoffen. **Alkaloid** *das*; -s, -e: eine der vorwiegend giftigen stickstoffhaltigen Verbindungen basischen Charakters pflanzlicher Herkunft (Heil- u. Rauschmittel)

Alkazar [...*asar*, auch: ...*asar*; aus gleichbed. *span.* alcázar, dies aus *arab.* al-qasr „das Schloß, die Burg"] *der*; -s, ...are u. Alcázar [*alkathar*] *der*; -[s], -es: span. Bezeichnung für: Burg, Schloß, Palast

Alkohol [aus *span.* alcohol „Alkohol; Bleiglanz", dies aus *arab.* al-kuḥl „das Antimon(pulver)"; von Paracelsus auf den flüchtigen, feinen Bestandteil des Weines (Weingeist) bezogen] *der*; -s, -e: 1. organische Verbindung mit einer od. mehreren → Hydroxylgruppen. 2. (ohne Plural) → Äthylalkohol (Bestandteil aller alkoholischen Getränke). 3. (ohne Plural) alkoholisches Getränk; vgl. Alkoholika. **Alkoholat** *das*; -s, -e: Metallverbindung eines Alkohols (1). **Alkoholika** *die* (Plural): alkoholische Getränke; vgl. Alkohol (3). **Alkoholiker** *der*; -s, -: Gewohnheitstrinker. **alkoholisch**: 1. den → Äthylalkohol betreffend, mit diesem zusammenhängend. 2. Weingeist enthaltend, Weingeist enthaltende Getränke betreffend. **alkoholisieren**: 1. mit Alkohol versetzen. 2. jmdn. betrunken machen. **alkoholisiert**: unter der Wirkung alkoholischer Getränke stehend, [leicht] betrunken. **Alkoholismus** *der*; -: Trunksucht

Alkoven [...*w^en*, auch: *al*...; aus gleichbed. *fr.* alcôve, dies aus *span.* alcoba „Schlafgemach" zu *arab.* al-qubba „die Kuppel"] *der*; -s, -: Bettnische, Nebenraum

Alkyl [Kunstw. aus *Alk*ali u. → ...*yl*] *das*; -s, -e: einwertiger Kohlenwasserstoffrest, dessen Verbindung z. B. mit einer → Hydroxylgruppe einfache Alkohole liefert (Chem.). **alkylieren**: eine Alkylgruppe in eine organische Verbindung einführen

alkyonisch [zu *gr.* alkyóneiai [hēmérai] „die Wintertage, in denen der Eisvogel (alkýōn) sein Nest baut u. das Meer ruhig ist"]: (dichterisch) heiter, friedlich

all..., **All...** vgl. allo..., Allo...

alla breve [- *brew^e*; *it.*]: beschleunigt (Taktart, bei der nicht nach Vierteln, sondern nach Halben gezählt wird; Mus.)

Allah [*arab.*; „der Gott"]: Name Gottes im → Islam

alla marcia [- *martscha*; *it.*]: nach Art eines Marsches, marschmäßig (Vortragsanweisung; Mus.)

alla polacca [- ...*ka*; *it.*]: in der Art einer → Polonäse (Vortragsanweisung; Mus.)

alla prima [*it.*; „aufs erste"]: Malweise mit einmaligem Auftragen der Farbe, ohne Unter- od. Übermalung

allargando [*it.*]: langsamer, breiter werdend (Vortragsanweisung; Mus.)

alla tedesca [...*äßka*; *it.*]: nach Art eines deutschen Tanzes (Vortragsanweisung; Mus.)

alla turca [...*ka*; *it.*]: in der Art der türkischen Musik (in bezug auf Charakter u. Vortrag eines Musikstücks; Mus.)

alla zingarese [*it.*]: in der Art der Zigeunermusik (in bezug auf Charakter u. Vortrag eines Musikstücks; Mus.); vgl. all'ongharese

Allee [aus *fr.* allée „Gang (zwischen Bäumen)" zu aller „gehen"] *die*; -, Alleen: sich lang hinziehende, gerade Straße, die auf beiden Seiten gleichmäßig von hohen, recht dicht beieinander stehenden Bäumen begrenzt ist

Allegorie [aus gleichbed. *lat.* allegoria, *gr.* allēgoría, eigtl. „das Anderssagen"] *die*; -, ...ien: rational faßbare Darstellung eines abstrakten Begriffs in einem Bild, oft mit Hilfe der Personifikation (bildende Kunst, Literatur). **Allegorik** *die*; -: a) allegorische Darstellungsweise; b) das Gesamt der Allegorien [in einer Darstellung]. **allegorisch**: sinnbildlich, gleichnishaft. **allegorisieren**: etwas mit einer Allegorie darstellen, versinnbildlichen

alle|gretto [Verkleinerungsform zu → allegro]: weniger schnell als allegro, mäßig schnell, mäßig lebhaft (Vortragsanweisung; Mus.). **Alle|gretto** *das*; -s, -s u. ...tti: mäßig schnelles Musikstück

alle|gro [*it.*; eigtl. „lustig, heiter"]: lebhaft, schnell; -ma non tanto: nicht allzu schnell; -ma non troppo: nicht so sehr schnell (Vortragsanweisung; Mus.). **Alle|gro** *das*; -s, -s u. ...gri: schnelles Musikstück

allel [zu *gr.* allḗlōn, „einander, wechselseitig", zu állos „anderer"]: sich entsprechend (von den → Genen eines → diploiden Chromosomensatzes). **Allel** *das*; -s, -e (meist Plural): eine von mindestens zwei einander entsprechenden Erbanlagen → homologer → Chromosomen (Biol.)

alleluja usw. vgl. halleluja usw.

Allemande [*al^e mangd^e*; aus *fr.* (danse) allemande „deutscher (Tanz)"] *die*; -, -n: a) alte Tanzform in gemäßigtem Tempo; b) Satz einer → Suite (3)

All|ergie [gelehrte Bildung zu *gr.* állos „anderer" und érgon „Werk, Tätigkeit", also etwa „Fremdeinwirkung"] *die*; -, ...ien: a) vom normalen Verhalten abweichende (krankhafte) Reaktion des Organismus auf bestimmte (körperfremde) Stoffe; b) körperliche od. seelische Überempfindlichkeit, Abneigung gegen etwas od. jmdn. **All|ergiker** *der*; -s, -: jmd., der für Allergien anfällig ist. **all|ergisch**: 1. a) eine krankhafte Reaktion auf bestimmte Stoffe zeigend (vom Organismus); b) auf einer Überempfindlichkeit des Organismus gegenüber bestimmten Stoffen beruhend. 2. überempfindlich, eine Abneigung gegen etwas od. jmdn. entwickelnd bzw. verspürend

allez! [*ale*; aus gleichbed. *fr.* allez!, eigtl. „geht!"; vgl. Allee]: vorwärts!

Alliance [*aliangß*] vgl. Allianz. **Allianz** *die*; -, -en u. Alliance [*aliangß*; aus gleichbed. *fr.* alliance; s. alliieren] *die*; -, -n [*aliangß^e n*]: 1. Bündnis zwischen zwei od. mehreren Staaten. 2. Verbindung, Vereinigung

Alligator [unter Einfluß von gleichbed. *engl.*, *fr.* alligator aus *span.* el lagarto „die Eidechse", dies aus *lat.* lacerta „Eidechse"] *der*; -s, ...oren: zu den Krokodilen gehörendes Kriechtier im tropischen u. subtropischen Amerika u. in Südostasien

alliieren [aus gleichbed. *fr.* s'allier, dies aus *lat.* alligāre „anbinden, verbinden"]: verbünden. **Alliierte** *der* u. *die*; -n, -n: a) Verbündete[r]; b) (Plural) die im 1. u. 2. Weltkrieg gegen Deutschland verbündeten Staaten, heute bes. Frankreich, Großbritannien, USA [u. Rußland bzw. die Sowjetunion]

Alliteration [...*zion*; zu → ad... u. *lat.* littera, „Buchstabe"] *die*; -, -en: Stabreim, gleicher Anlaut der betonten Silben aufeinanderfolgender Wörter (z. B. bei *W*ind und *W*etter). **alliterieren**: die Erscheinung des Stabreims zeigen, staben; -de Dichtung: stabreimende, stabende Dichtung

allo..., **Allo...**, vor Vokalen: all..., All... [aus *gr.* allo... zu állos „anderer"]: in Zusammensetzungen auftretendes Bestimmungswort mit der Bedeutung „anders, verschieden, fremd, gegensätzlich", z. B. Allopathie

Allod *das*; -s, -e u. Allodium [aus gleichbed. *mlat.* allōdium, dies aus *fränk.* * alōd zu al „voll, ganz" u. * ōd „Gut, Besitz" (= *ahd.* ōt)] *das*; -s, ...ien [...*i^e n*]: im mittelalterlichen Recht der persönliche Besitz, das Familienerbgut, im Gegensatz zum Lehen od. grundherrlichen Land (Rechtsw.). **allodial**: zum Allod gehörend. **Allodium** vgl. Allod

all'ongarese vgl. all'ongharese

Allongeperücke [*alongseh^e*...; aus *fr.* allonge zu allonger „verlängern"] *die*; -, -n: Herrenperücke mit langen Locken (17. u. 18. Jh.)

all'ongharese [...*ongga*...; *it.*; „in der ungarischen Art"]: in der Art der Zigeunermusik (meist in Verbindung mit „Rondo", musikalische Satzbezeichnung [für den Schlußteil eines Musikstücks] in der klassisch-romantischen [Kammer]musik); → alla zingarese

allons! [*alons*; aus gleichbed. *fr.* allons!, eigtl. „laßt uns gehen"!, vgl. Allee]: vorwärts!, los!

Allopathie [zu → allo... u. → ...pathie] *die*; -: Heilverfahren, das Krankheiten mit entgegengesetzt wirkenden Mitteln zu behandeln sucht; Ggs. → Homöopathie. **allopathisch**: die Allopathie betreffend

Allophon [zu → allo... u. → ...phon] *das*; -s, -e: phonetische Variante des → Phonems in einer bestimmten Umgebung von Lauten (z. B. ch in: ich u. Dach; Sprachw.)

Allo|tria [aus *gr.* allótria „sachfremde, abwegige Dinge"] *die* (Plural), heute meist: Allotria *das*; -[s]: mit Lärm, Tumult o. ä. ausgeführter Unfug, Dummheiten

all'ottava [...*awa*; *it.*]: in der Oktave; a) eine Oktave höher (Zeichen: 8va...... über den betreffenden Noten); b) eine Oktave tiefer (Zeichen: 8va...... unter den betreffenden Noten)

all right! [*ol rait*; *engl.*]: richtig!, in Ordnung!, einverstanden!

Allround... [*olräund*...; aus *engl.* all-round „vielseitig"]: in Zusammensetzungen auftretendes Bestimmungswort mit der Bedeutung „allseitig, für alle Gelegenheiten". **Allroundman** [*olräundm^e n*; aus gleichbed. *engl.* all-round man] *der*; -, ...men: jmd., der Kenntnisse u. Fähigkeiten so gut wie auf allen od. jedenfalls auf zahlreichen Gebieten besitzt

All-Star-Band [*olßta^r bänd*; aus *engl.-amerik.* all-star

„ganz aus Spitzenkräften bestehend" (→ Star u. → Band)] *die*; -, -s: Jazzband, die nur aus berühmten Musikern besteht

all'un|gherese [...*ungge*...] vgl. all'ongharese

all'unisono [*it.*]: = unisono

Allüre [aus *fr.* allure „Gang(art)", Plural allures „Benehmen" zu aller „gehen", vgl. Allee] *die*; -, -n: 1. (nur Plural) a) (abwertend) arrogantes, eigenwilliges Auftreten; b) (veraltet) gute Umgangsformen, gutes Benehmen; c) kostspielige Gewohnheiten. 2. Gangart [des Pferdes]

alluvial [...*wi*...; zu → Alluvium]: das Alluvium betreffend; [durch Ströme] angeschwemmt, abgelagert (Geol.). **Alluvion** [aus *lat.* alluvio „das Anspülen, die Anschwemmung"] *die*; -, -en: neu angeschwemmtes Land an Fluß-, Seeufern u. Meeresküsten (Geol.). **Alluvium** [aus *lat.* alluvium „das Anspülen, die Anschwemmung"] *das*; -s: jüngste Zeitstufe des → Quartärs (geolog. Gegenwart; Geol.)

Allylalkohol [zu *lat.* allium „Knoblauch" u. → ...yl u. → Alkohol] *der*; -s: wichtigster ungesättigter Alkohol

Alma mater [aus *lat.* alma māter „nahrungsspendende Mutter"] *die*; - -: Universität, Hochschule

Almanach [aus *mniederl.* almanag „Kalender", dies aus *mlat.* almanachus] *der*; -s, -e: 1. [bebildertes] kalendarisch angelegtes Jahrbuch. 2. [jährlicher] Verlagskatalog mit Textproben

Almosen [aus *mlat.* eleēmosyna, dies aus *gr.* eleēmosýnē „Mitleid, Erbarmen"] *das*; -s, -: a) [milde] Gabe, kleine Spende für einen Bedürftigen; b) (abwertend) dürftiges Entgelt

Alnico [Kurzw.] *das*; -s: Legierung aus *Al*uminium, *Ni*ckel u. *Co*baltum (Kobalt)

Aloe [...*o-e*; aus *lat.* aloē, *gr.* alóē, dies wohl zu *hebr.* 'ahālīm „Aloeholz"] *die*; -, -n [...*oen*]: dickfleischiges Liliengewächs der Tropen u. Subtropen

alogisch [aus *gr.* álogos „unvernünftig"; vgl. Logik]: ohne → Logik, vernunftlos, -widrig

aloxieren [Kunstw.]: = eloxieren

Alpacca vgl. ²Alpaka

¹Alpaka *das*; -s, -s: 1. [aus gleichbed. *span.* alpaca, dies aus *indian.* (al)paco zu paco „rot(braun)"] als Haustier gehaltene Lamaart (vgl. Lama) Südamerikas. 2. (ohne Plural) die Wollhaare des Alpakas, Bestandteil des Alpakagarns

²Alpaka *das*; -s: (auch): Alpacca [Herkunft unsicher] Neusilber

al pari [*it.*; „zum gleichen (Wert)"]: zum Nennwert (einer → Aktie)

Alpha [aus *gr.* álpha, dies aus *hebr.-phöniz.* āleph, eigtl. „Ochse" (nach der Ähnlichkeit des althebr. Buchstabens mit einem Ochsenkopf)] *das*; -[s], -s: griech. Buchstabe: *A*, *α*. **Alpha privativum** [- ...*wati-wum*; *lat.*, zu privāre „berauben; verneinen"] *das*; - -: griech. Präfix, das das folgende Wort verneint; vgl. ¹a..., A.... **Alphastrahlen**, α-Strahlen *die* (Plural): radioaktive Strahlen, die als Folge von Kernreaktionen, bes. beim Zerfall von Atomkernen bestimmter radioaktiver Elemente, auftreten (Kernphysik). **Alphateilchen**, α-Teilchen *die* (Plural): Heliumkerne, die beim radioaktiven Zerfall bestimmter Elemente u. bei bestimmten Kernreaktionen entstehen (Bestandteil der Alphastrahlen; Kernphysik). **Alphatier** *das*; -s, -e: bei in Gruppen mit Rangordnung lebenden Tieren das Tier, das seinen Artgenossen überlegen ist u. die Gruppe beherrscht (Verhaltensforschung)

¹Alphabet [aus *lat.* alphabētum, *gr.* alphábētos, nach den ersten beiden Buchstaben des griech. Alphabets *alpha* u. *beta*] *das*; -[e]s, -e: festgelegte Reihenfolge der Schriftzeichen einer Sprache

²Alphabet [Rückbildung zu → Analphabet] *der*; -en, -en: (scherzh.) jmd., der lesen kann [u. gern liest]

alphabetisch [zu ¹Alphabet]: der Reihenfolge des Alphabets folgend. **alphabetisieren**: nach der Reihenfolge der Buchstaben (im Alphabet) ordnen. **alphanumerisch**: Dezimalziffern u. Buchstaben enthaltend (vom Zeichenvorrat eines Alphabets der Informationsverarbeitung; EDV); -e Tastatur: Tastatur für Alphabet- u. Ziffernlochung

alpin [aus *lat.* Alpīnus „zu den Alpen gehörig"]: 1. a) die Alpen od. das Hochgebirge betreffend; b) in den Alpen od. im Hochgebirge vorkommend; c) für die Alpen od. das Hochgebirge charakteristisch. 2. das Bergsteigen im Hochgebirge betreffend. 3. den Abfahrtslauf, den Slalom, den Riesenslalom betreffend; -e Kombination: Verbindung von Abfahrtslauf u. → Slalom (als skisportlicher Wettkampf). **Alpinarium** *das*; -s, Alpinarien [...*iᵉn*]: Naturwildpark im Hochgebirge. **Alpini** [aus gleichbed. *it.* alpino, Plural alpini] *die* (Plural): ital. Alpenjäger (Gebirgstruppe). **Alpiniade** *die*; -, -n: alpinistischer Wettbewerb für Bergsteiger in den osteuropäischen Ländern. **Alpinismus** *der*; -: das Bergsteigen im Hochgebirge. **Alpinist** *der*; -en, -en: Bergsteiger im Hochgebirge. **Alpinistik** *die*; -: = Alpinismus. **Alpinum** [s. alpin] *das*; -s, ...nen: Anlage mit Gebirgspflanzen [für wissenschaftliche Zwecke]

al riverso [- ...*wär*...; *it.*], **al rovescio** [- ...*wäscho*]: in der Umkehrung, von hinten nach vorn zu spielen (bes. vom Kanon; Vortragsanweisung; Mus.)

al s. = al segno

al secco [-*säko*] vgl. a secco

al segno [- *sänjo*; *it.*]: bis zum Zeichen (bei Wiederholung eines Tonstückes); Abk.: al s.

Altan *der*; -[e]s, -e u. **Altane** [aus gleichbed. *it.* altana, zu alto „hoch"] *die*; -, -n: Söller, vom Erdboden aus gestützter balkonartiger Anbau (Archit.)

Altar [aus *lat.* altāre „Aufsatz auf dem Opfertisch; Brandaltar"] *der*; -[e]s, ...täre: 1. erhöhter Aufbau für gottesdienstliche Handlungen in christlichen Kirchen. 2. heidnische [Brand]opferstätte. **Altarist** *der*; -en, -en: kath. Priester, der keine bestimmten Aufgaben in der Seelsorge hat, sondern nur die Messe liest. **Altar[s]sa|krament** *das*; -s, -e: = Eucharistie

altera pars vgl. audiatur et altera pars

Alteration [...*zion*; aus *mlat.* alterātio zu *lat.* alterāre, s. alterieren] *die*; -, -en: 1. Aufregung, Gemütsbewegung. 2. chromatische (1) Veränderung eines Tones innerhalb eines Akkords (Mus.)

Alter ego [auch: - *ägo*; *lat.*] *das*; - -: 1. das andere, das zweite Ich (der abgespaltene seelische Bereich). 2. sehr vertrauter Freund

alterieren [aus *lat.* alterāre „anders, schlimmer machen" (zu alter „der andere") z. T. unter Einfluß von *fr.* altérer „beängstigen, beunruhigen"]: 1. a) jmdn. aufregen, ärgern; sich -: sich aufregen, sich erregen, sich ärgern; b) etwas abändern. 2. einen Akkordton → chromatisch (1) verändern

Alternanz [zu *lat.* alternāre, s. alternieren] *die*; -, -en: = Alternation. **Alternation** [...*zion*;] *die*; -, -en: Wechsel

alternativ [aus gleichbed. *fr.* alternatif zu alterne „abwechselnd", dies aus *lat.* alternus, s. alternieren]: wahlweise; zwischen zwei Möglichkeiten die Wahl lassend. **Alternative** [...w^e] *die*; -, -n: a) freie, aber unabdingbare Entscheidung zwischen zwei Möglichkeiten (der Aspekt des Entweder-Oder); b) Möglichkeit des Wählens zwischen zwei oder mehreren Dingen, Zweitmöglichkeit

alternieren [aus gleichbed. *lat.* alternāre zu alternus „abwechselnd", dies zu alter „der andere"]: [dienstlich] abwechseln, einander ablösen; -de Reihe: Reihe mit wechselnden Vorzeichen der einzelnen Glieder (Math.); -der Strom: Wechselstrom; -es Versprinzip: regelmäßiger Wechsel zwischen unbetonten u. betonten bzw. kurzen u. langen Silben

Alti|graph [zu *lat.* altus „hoch"] *der*; -en, -en: automatischer Höhenschreiber (Meteor.). **Altimeter** *das*; -s, -: Höhenmesser (Meteor.). **Altokumulus** *der*; -, ...li: Haufenwolke (→ Kumulus) in mittlerer Höhe (Meteor.). **Alto|stratus** *der*; -, ...ti: Schichtwolke (→ Stratus) in mittlerer Höhe (Meteor.)

Altist *der*; -en, -en: Sänger (meist Knabe) mit Altstimme; vgl. Altus. **Altistin** *die*; -, -nen: Sängerin mit Altstimme

Al|truismus [aus gleichbed. *fr.* altruisme, dies zu *lat.* alter „der andere"] *der*; -: durch Rücksicht auf andere gekennzeichnete Denk- u. Handlungsweise, Selbstlosigkeit; Ggs. → Egoismus. **Al|truist** *der*; -en, -en: selbstloser, uneigennütziger Mensch; Ggs. → Egoist. **al|truistisch**: selbstlos, uneigennützig, aufopfernd; Ggs. → egoistisch

Altus [aus *lat.* altus „hoch, hell"] *der*; -, ...ti: 1. falsettierende Männerstimme in Altlage (bes. in der Musik des 16.–18. Jh.s); 2. Sänger mit Altstimme

Alu *das*; -s: (ugs.) *Alu*minium. **Alufolie** [Kurzform aus: *Alu*minium*folie*; ...i^e] vgl. Aluminiumfolie.

Alumen [aus gleichbed. *lat.* alūmen] *das*; -s: = Alaun. **Aluminat** [zu → Aluminium] *das*; -s, -e: Salz der Aluminiumsäure. **aluminieren**: Metallteile mit Aluminium überziehen. **Aluminium** [gelehrte Bildung zu *lat.* alūmen „Alaun"] *das*; -s: chem. Grundstoff, Leichtmetall (Zeichen: Al). **Aluminiumfolie** [...i^e] *die*; -, -n: dünne Folie aus Aluminium

Alumnat [zu → Alumnus] *das*; -s, -e: 1. mit einer Lehranstalt verbundenes [kostenfreies] Schülerheim. 2. (österr.) Einrichtung zur Ausbildung von Geistlichen. 3. kirchliche Erziehungsanstalt. **Alumne** *der*; -n, -n u. **Alumnus** [aus *lat.* alumnus „Pflegekind" zu alere „ernähren"; vgl. Alimente] *der*; -, ...nen: Zögling eines Alumnats

alveolar [...we...; zu → Alveole]: mit der Zunge[nspitze] an den Alveolen (a) gebildet. **Alveolar** *der*; -s, -e: mit der Zunge[nspitze] an den Alveolen (a) gebildeter Laut, Zahnlaut (→ Dental, z. B. d, s.). **Alveole** [zu *lat.* alveolus „kleine Vertiefung"] *die*; -, -n (meist Plural): Hohlraum in Zellen u. Geweben, zusammenfassende Bezeichnung für: a) Knochenmulde im Ober- od. Unterkiefer, in dem die Zahnwurzeln sitzen; b) Lungenbläschen

Alwegbahn [Kurzw.; nach dem schwed. Industriellen *A*xel *L*enhart *We*nner-*G*ren] *die*; -, -en: eine Einschienenhochbahn

a. m. = ante meridiem [- ...*diäm*; *lat.*] [engl.] Uhrzeitangabe: vor Mittag; Ggs. → p. m.

Am = chem. Zeichen für: Americium

AM = Amplitudenmodulation

amabile [*it.*; aus *lat.* amābilis „liebenswürdig"]: liebenswürdig, lieblich, zärtlich (als Vortragsanweisung; Mus.)

Amalgam [aus gleichbed. *mlat.* amalgama, dies aus *arab.* al-malgam „die erweichende Salbe" zu *gr.* málagma „das Erweichende"] *das*; -s, -e: eine Quecksilberlegierung. **Amalgamation** [...*zion*;] *die*; -, -en: Verfahren zur Gewinnung von Gold u. Silber aus Erzen durch Lösen in Quecksilber. **amalgamieren**: 1. eine Quecksilberlegierung herstellen. 2. Gold u. Silber mit Hilfe von Quecksilber aus Erzen gewinnen. 3. verbinden, vereinigen

amarant[en] [zu *lat.* amarantus „Fuchsschwanz" (mit dunkelroten Blüten), dies aus *gr.* amárantos „unverwelklich"]: dunkelrot

Amarelle [aus gleichbed. *mlat.* amarella zu *lat.* amārus „bitter, sauer"] *die*; -, -n: Sauerkirsche

Amaryl [Phantasiebez.] *der*; -s, -e: künstlicher, hellgrüner → Saphir. **Amaryllis** [nach *gr.* Amaryllís (Name einer Hirtin)] *die*; -, ...llen: eine Zierpflanze

Amateur [...*tör*; aus *fr.* amateur „Liebhaber, Freund", dies aus *lat.* amātor zu amāre „lieben"] *der*; -s, -e: a) jmd., der eine bestimmte Tätigkeit nur aus Liebhaberei, nicht berufsmäßig betreibt; b) aktives Mitglied eines Sportvereins, das eine bestimmte Sportart zwar regelmäßig, jedoch ohne Entgelt betreibt; Ggs. → Profi; c) Nichtfachmann. **Amateurismus** *der*; -: zusammenfassende Bezeichnung für alle mit dem Amateursport zusammenhängenden Vorgänge u. Bestrebungen

Amati *die*; -, -s: von einem Mitglied der ital. Geigenbauerfamilie Amati hergestellte Geige

Amazone [aus *lat.* Amāzōn, *gr.* Amazón, Plural Amazónes (Name eines kriegerischen, berittenen Frauenvolkes der griech. Sage)] *die*; -, -n: 1. a) Turnierreiterin; b) Fahrerin beim Motorsport. 2. sportliches, hübsches Mädchen von knabenhaft schlanker Erscheinung. 3. betont männlich auftretende Frau, Mannweib

Ambassade [auch: *ang*...; aus gleichbed. *fr.* ambassade, dies aus *it.* ambasciata, *provenzal.* ambaissada; verwandt mit *dt.* Amt aus *ahd.* ambaht zu kelt. *ambactos „Diener, Bote"] *die*; -, -n: Botschaft, Gesandtschaft. **Ambassadeur** [...*dör*, auch: *ang*...] *der*; -s, -e: Botschafter, Gesandter

Ambe [aus gleichbed. *fr.* ambe, dies aus *lat.* ambō „beide"] *die*; -, -n: Verbindung zweier Größen in der Kombinationsrechnung (Math.)

Amber *der*; -s, -[n] u. Am|bra [aus gleichbed. *fr.* ambre bzw. *it.* ambra, diese aus *arab.* ʿanbar] *die*; -, -s: fettige Darmausscheidung des Pottwals, die als Duftstoff verwendet wird

Ambiente [aus *it.* ambiente „Umwelt, Milieu" dies zu *lat.* ambīre „herumgehen, umgeben"] *das*; -: 1. in der Kunst alles, was eine Gestalt umgibt (Licht, Luft, Gegenstände). 2. die spezifische Umwelt u. das Milieu, in dem jmd. lebt, die besondere Atmosphäre

ambig, ambigu [*angbigü*], **ambigue** [...*u^e*; aus gleichbed. *fr.* ambigu, dies aus *lat.* ambiguus zu ambigere „etwas nach zwei Seiten hin betreiben; uneins sein"]: mehrdeutig, doppelsinnig. **Ambi|guität** [...*u-i*...; *die*; -, -en: Mehr-, Doppeldeutigkeit von Wörtern, Werten, Symbolen, Sachverhalten. **ambiguos**: zweideutig

Ambition [...*zion*; gleichbed. *fr.* ambition, dies aus *lat.* ambitio „Bewerbung, Ehrgeiz", eigtl. „das Herumgehen (bei den Wählern)"; vgl. Ambitus] *die*; -, -en (meist Plural): höher gestecktes Ziel, das man zu erreichen sucht, wonach man strebt; ehrgeiziges Streben. **ambitioniert**: ehrgeizig, strebsam. **ambitiös**: ehrgeizig

Ambitus [aus *lat.* ambitus zu ambīre „herumgehen, umgeben" „das Herumgehen; der Umlauf; der Umfang"] *der*; -, -[*ámbitụß*]: der vom höchsten bis zum tiefsten Ton gemessene Umfang, das Sich-Erstrecken einer Melodie (Mus.)

ambivalẹnt [...*wa*...; zu *lat.* ambi... „von zwei Seiten" u. → Valenz]: doppelwertig; vgl. Ambivalenz. **Ambivalẹnz** *die*; -, -en: Doppelwertigkeit bestimmter Phänomene od. Begriffe

Ambo [aus *it.* ambo, s. Ambe] *der*; -s, -s u. ...ben: (österr.) → Ambe

Ambra vgl. Amber

Am|brosia [über gleichbed. *lat.* ambrosia aus *gr.* ambrosía zu ambrósios „unsterblich"] *die*; -: 1. Speise der Götter in der griech. Sage. 2. eine Süßspeise

Am|brosiạnische [nach dem Bischof Ambrọsius von Mailand] **Liturgie** *die*; -n -: von der römischen → Liturgie abweichende Gottesdienstform der alten Kirchenprovinz Mailand. **Am|brosiạnische Lọbgesang** *der*; -n, -s: das (fälschlich auf Ambrosius zurückgeführte) → Tedeum

am|brọsisch [aus *lat.* ambrosius, s. Ambrosia]: 1. göttlich, himmlisch. 2. köstlich [duftend]

ambulạnt [aus *fr.* ambulant „umherziehend", dies zu *lat.* ambulāre „umhergehen, wandern"]: 1. nicht fest an einen bestimmten Ort gebunden, z. B. ambulantes Gewerbe. 2. ohne daß der Patient ins Krankenhaus aufgenommen werden muß (Med.); Ggs. → stationär; -e Behandlung: a) Durchgangsbehandlung in einer Klinik ohne stationäre Aufnahme des Patienten; b) ärztliche Behandlung, bei der der Patient den Arzt während der Sprechstunde aufsucht (u. nicht umgekehrt). **Ambulạnz** *die*; -, -en: 1. (veraltet) bewegliches Feldlazarett. 2. fahrbare ärztliche Untersuchungs- u. Behandlungsstelle. 3. Rettungswagen, Krankentransportwagen. 4. kleinere poliklinische Station für ambulante Behandlung, Ambulatorium. **ambulatọrisch**: auf das Ambulatorium bezogen; -e Behandlung = ambulante Behandlung. **Ambulatọrium** *das*; -s, ...ien [...*iᵉn*]: (DDR) Ambulanz (4). **ambuliẹren** [aus *lat.* ambulāre „umhergehen, wandern"]: (veraltet, aber noch scherzh.) spazierengehen, lustwandeln

A. M. D. G. = ad maiorem Dei gloriam

Amelioration [...*ziọn*; aus gleichbed. *fr.* amélioration zu améliorer, dies zu *lat.* melior „besser"] *die*; -, -en: Verbesserung (bes. des Ackerbodens). **amelioriẹren**: verbessern (besonders den Ackerboden)

amen [aus *lat.* āmēn, *gr.* amēn, dies aus *hebr.* amēn „wahrlich; es geschehe!"]: bekräftigendes Wort als Abschluß eines Gebets u. liturgische Akklamation im christlichen, jüdischen u. islamischen Gottesdienst. **Amen** *das*; -s, -: das bekräftigende Wort zum Abschluß eines Gebets; sein - zu etw. geben = einer Sache zustimmen; vgl. amen

Amendement [*amangdᵉmang*] u. Amendment [*ᵉmạndmᵉnt*; aus gleichbed. *fr.* amendement bzw. *engl.* amendment zu *fr.* amender, s. amendieren] *das*; -s, -s: a) Abänderungsantrag zu einem Gesetzentwurf; b) Gesetz zur Änderung od. Ergänzung eines bereits erlassenen Gesetzes (Rechtsw.). **amendiẹren** [aus *fr.* amender „verbessern", dies aus gleichbedeutend *lat.* emendāre]: ein Amendement einbringen. **Amendement** [*ᵉmạndmᵉnt*] vgl. Amendement

Amenor|rhọ̈ [gelehrte Bildung zu *gr.* a... „un-, nicht-" u. → Menorrhö] *die*; -, -en u. **Amenor|rhöe** [...*rọ̈*] *die*; -, -n [...*rọ̈ᵉn*]: Ausbleiben bzw. Fehlen der → Menstruation (Med.). **amenor|rhọisch**: die Amenorrhö betreffend

American way of life [*ᵉmạrikᵉn ᵘẹⁱ ew lạif*; engl.] *der*; - - - -: (oft ironisch) amerikanischer Lebensstil

Americium [...*zium*; nach dem Kontinent Amerika] *das*; -s: chem. Grundstoff, ein → Transuran (Zeichen: Am)

amerikanisieren: (oft abwertend) Sitten u. Gewohnheiten der USA bei jmdm. od. in einem Land einführen; nach amerikanischem Vorbild gestalten. **Amerikanịsmus** *der*; -, ...men: Übertragung einer für die englisch-amerikanische Sprache charakteristischen Erscheinung auf eine nicht englisch-amerikanische Sprache im lexikalischen od. syntaktischen Bereich, sowohl fälschlicherweise als auch bewußt als Entlehnung (z. B. Hippie, Playboy); vgl. Interferenz (2)

Amerikanịstik *die*; -: 1. wissenschaftliche Erforschung der Geschichte, Sprache u. Kultur der USA. 2. wissenschaftliche Erforschung der Geschichte, Sprache u. Kultur des alten Amerikas. **amerikanịstisch**: die Amerikanistik (1, 2) betreffend

Amethỵst [über gleichbed. *lat.* amethystus aus *gr.* améthystos, eigtl. „nicht trunken", da der Stein gegen Trunkenheit schützen sollte] *der*; -[e]s, -e: veilchenblauer Halbedelstein (Quarz)

Ame|triẹ [aus *gr.* ametría „Überschreitung des Maßes"] *die*; -, ...iẹn: Ungleichmäßigkeit, Mißverhältnis. **amẹ|trisch** [auch: *ạ*...]: nicht gleichmäßig, in keinem ausgewogenen Verhältnis stehend, vom Ebenmaß abweichend

Ameu|blement [*amöblᵉmạng*; aus gleichbed. *fr.* ameublement] *das*; -s, -s: (veraltet) Zimmer-, Wohnungseinrichtung

Amiạnt [über gleichbed. *lat.* amiantus aus *gr.* amíantos, eigtl. „unbefleckt, rein"] *der*; -s: Asbestart

Amịd [Kunstw. aus → *Am*moniak und → ...*id*] *das*; -s, -e: a) chem. Verbindung des Ammoniaks, bei der ein Wasserstoffatom des Ammoniaks durch ein Metall ersetzt ist; b) Ammoniak, dessen H-Atome durch Säurereste ersetzt sind. **Amịdo**... = Amino...

...ämie, nach Vokalen auch: ... hämie [zu *gr.* haîma „Blut"]: in Zusammensetzungen auftretendes Grundwort mit der Bed. „Blutkrankheit", z. B. Leukämie

Amịn [Kunstw. aus: → *Am*moniak u. → ...*in*] *das*; -s, -e: chem. Verbindung, die durch Ersatz von einem od. mehreren Wasserstoffatomen durch → Alkyle aus Ammoniak entsteht. **Aminiẹrung** *die*; -, -en: das Einführen einer Aminogruppe in eine organ. Verbindung. **Amịno**...: in Zusammensetzungen auftretendes Bestimmungswort mit der Bedeutung „die Aminogruppe enthaltend", z. B. Aminosäure. **Amịnosäure** *die*; -, -n (meist Plural): organische Säure, bei der ein Wasserstoffatom durch eine Aminogruppe ersetzt ist (wichtigster Baustein der Eiweißkörper)

Amitọse [zu *gr.* a... „un-, nicht-" u. → Mitose] *die*; -, -n: einfache (direkte) Zellkernteilung (Biol.); Ggs. → Mitose

Ammịnsalz *das*; -es, -e: = Ammoniakat. **Ammọn** *das*; -s, -e: Kurzform von *Ammon*ium. **Ammoniạk** [auch: *ạm*...; aus *lat.* (sal) Ammōniacum „ammonisches Salz", dies aus *gr.* ammōniakón (nach der Ammonsoase, heute Siwa, in Ägypten, wo dieses

Salz gefunden wurde)] *das*; -s: stechend riechende gasförmige Verbindung von Stickstoff u. Wasserstoff. **ammoniakalisch**: ammoniakhaltig. **Ammoniakat** *das*; -[e]s, -e, (auch:) Amminsalz *das*; -es, -e: chem. Verbindung, die durch Anlagerung von Ammoniak an Metallsalze entsteht. **Ammonit** [zu *lat.* cornu Ammōnis „Ammonshorn", nach dem ägypt. Gott Ammon, der mit Widderhörnern dargestellt wurde] *der*; -en, -en: 1. ausgestorbener Kopffüßer der Kreidezeit. 2. Ammonshorn, spiralförmige Versteinerung eines Ammoniten (1). **Ammonium** [zu → Ammoniak] *das*; -s: aus Stickstoff u. Wasserstoff bestehende Atomgruppe, die sich in vielen chem. Verbindungen wie ein Metall verhält

Amnesie [zu *gr.* a... „un-, nicht"- u. mnēsis „Erinnerung"] *die*; -, ...ien: Erinnerungslosigkeit, Gedächtnisschwund (Med.)

Amnestie [aus *gr.-lat.* amnēstía „das Vergessen; Vergebung"] *die*; -, ...ien: allgemeiner, für eine nicht bestimmte Zahl von Fällen geltender, aber auf bestimmte Gruppen von – häufig politischen – Vergehen beschränkter [gesetzlicher] Beschluß, der den Betroffenen die Strafe vollständig oder zu einem Teil erläßt. **amnestieren**: jmdm. [durch Gesetz] die weitere Verbüßung einer Freiheitsstrafe erlassen

Amöbe [zu *gr.* amoibḗ „Wechsel, Veränderung"] *die*; -, -n: Einzeller der Klasse der Wurzelfüßer; Krankheitserreger [der Amöbenruhr]. **amöboid**: amöbenartig

Amok... [aus *malayalam.* amuk „wütend, rasend"]: in einem anfallartig auftretenden Affekt- u. Verwirrtheitszustand mit Panikstimmung u. aggressiver Mord- u. Angriffslust blindwütig, rasend, zerstörend u. tötend; in bestimmten Fügungen oder als Bestimmungswort, z. B. Amok laufen, Amok fahren, Amok schießen; Amokfahrer, Amokschütze, Amokläufer

Amoral [aus *gr.* a... „un-, nicht-" u. → Moral] *die*; -: Unmoral, Mangel an Moral u. Gesittung. **amoralisch**: ohne sittliche Bindungen, moralisch verwerflich. **Amoralismus** *der*; -: gleichgültige oder ablehnende Einstellung gegenüber den geltenden Grundsätzen der Moral. **amoralistisch**: Grundsätzen des Amoralismus folgend. **Amoralität** *die*; -: Lebensführung ohne Rücksicht auf die geltenden Moralbegriffe

Amorces [*amorß*; aus *fr.* amorce „Zündpulver, -blättchen"] *die* (Plural): (veraltet) Zündblättchen für Kinderpistolen

Amorette [mit franz. Endung nach gleichbed. *it.* amoretto zum Namen des röm. Liebesgottes Amor] *die*; -, -n (meist Plural): Figur eines nackten, geflügelten, Pfeil u. Bogen tragenden kleinen Knaben (oft als Begleiter der Venus; Kunstw.)

Amor fati [*lat.*; „Liebe zum Schicksal"] *der*; - -: Liebe zum Notwendigen u. Unausweichlichen

amoroso [*it.*, vgl. amourös]: verliebt, zärtlich (Vortragsanweisung; Mus.)

amorph [aus *gr.* a... un-, nicht-" u. → ...morph]: 1. form-, gestaltlos. 2. nicht kristallin (Phys.). 3. keine Eigenschaft, kein Merkmal ausprägend (von Genen; Biol.). **Amorphie** *die*; -, ...ien: 1. Gestaltlosigkeit. 2. amorpher Zustand (eines Stoffes; Phys.). **amorphisch**: = amorph

amortisabel [zu amortisieren]: tilgbar. **Amortisation** [...*zion*] *die*; -, -en: 1. allmähliche Tilgung einer langfristigen Schuld nach vorgegebenem Plan. 2. Deckung der für ein Investitionsgut aufgewendeten Anschaffungskosten aus dem mit dem Investitionsgut erwirtschafteten Ertrag. **amortisieren** [zu *fr.* amortir „abtöten; abtragen, tilgen", dies zu *lat.* ad... „zu, hinzu" u. mortuus „tot"]: 1. eine Schuld nach einem vorgegebenen Plan allmählich tilgen. 2. a) die Anschaffungskosten für ein Investitionsgut durch den mit diesem erwirtschafteten Ertrag decken; b) sich -: die Anschaffungskosten durch Ertrag wieder einbringen

Amouren [*amu*...; aus gleichbed. *fr.* amours, Plural von amour „Liebe" aus *lat.* amor] *die* (Plural): (scherzhaft) Liebschaften, Liebesverhältnisse. **amourös** [aus gleichbed. *fr.* amoureux, dies aus *mlat.* amorōsus, vgl. amoroso]: eine Liebschaft betreffend, Liebes...; verliebt

Ampere [...*pär*; nach dem franz. Physiker Ampère (*ang*...)] *das*; -[s], -: Einheit der elektrischen Stromstärke (Zeichen: A). **Amperemeter** *das*; -s, -: Meßgerät für elektrische Stromstärke. **Amperesekunde** *die*; -, -n: Maßeinheit der Elektrizitätsmenge (1 Ampere × 1 Sekunde = 1 Coulomb; Abk.: As). **Amperestunde** *die*; -, -n: Maßeinheit der Elektrizitätsmenge (1 Ampere × 3 600 Sekunden = 3 600 Coulomb); Abk.: Ah

amphi..., Amphi... [aus gleichbed. *gr.* amphí]: Präfix mit der Bedeutung „um–herum, ringsum, beid..., doppel...", z. B. amphibolisch, Amphibie

Amphibie [...*bi*ᵉ] *die*; -, -n (meist Plural) u. Amphibium [aus gleichbed. *gr.-lat.* amphíbion, eigtl. doppellebiges (Tier); vgl. bio...] *das*; -s, ...ien [...*i*ᵉ*n*]: Kriechtier, das im Wasser u. auf dem Land leben kann. **Amphibienfahrzeug** *das*; -s, -e: Fahrzeug, das im Wasser u. auf dem Land verwendet werden kann. **amphibisch**: im Wasser u. auf dem Land lebend. **Amphibium** vgl. Amphibie

Amphi|brachys [...*ach*...; aus gleichbed. *gr.-lat.* amphíbrachys, eigtl. „beiderseits kurz"] *der*; -, -: dreisilbiger Versfuß, dreisilbige rhythmische Einheit eines Verses (◡–◡; antike Metrik)

Amphi|ktyone [aus *gr.* amphiktýones (Plural) „Umwohner"] *der*; -n, -n: Mitglied einer Amphiktyonie. **Amphi|ktyonie** *die*; -, ...ien: kultisch-polit. Verband von Nachbarstaaten od. -stämmen mit gemeinsamem Heiligtum im Griechenland der Antike (z. B. Delphi u. Delos). **amphi|ktyonisch**: a) nach Art einer Amphiktyonie gebildet; b) die Amphiktyonie betreffend

Amphimacer, (auch:) Amphimazer [aus gleichbed. *lat.* amphímacrus, *gr.* amphímakros, eigtl. „beiderseits lang"] *der*; -s, -: dreisilbiger Versfuß, dreisilbige rhythmische Einheit eines Verses; auch → Kretikus genannt (–◡–; antike Metrik)

Amphiole ® [Kurzw. aus: *Am*pulle u. *Phiole*] *die*; -, -n: Kombination aus Serum- od. Heilmittelampulle u. Injektionsspritze (Med.)

Amphitheater [über gleichbed. *lat.* amphitheatrum aus *gr.* amphithéatron] *das*; -s, -: meist dachloses Theatergebäude der Antike in Form einer Ellipse mit stufenweise aufsteigenden Sitzen. **amphitheatralisch**: zum Amphitheater gehörend

Amphora, Amphore [aus gleichbed. *lat.* amphora, dies zu *gr.* amphoreús, eigtl. „an beiden Seiten zu tragender (Krug)", zu → amphi... u. *gr.* phérein „tragen"] *die*; -, ...oren: zweihenkliges enghalsiges Gefäß der Antike zur Aufbewahrung von Wein, Öl, Honig usw.

amphoter [aus *gr.* amphóteros „jeder von beiden, der eine u. der andere; zwitterhaft"]: teils als Säure, teils als Base sich verhaltend (Chem.)

Amplifikation [...*zion*; aus *lat.* amplificātio „Erweiterung (der Vorstellung)"] *die*; -, -en: kunstvolle Ausweitung einer Aussage über das zum unmittelbaren Verstehen Nötige hinaus (Stilk., Rhet.). **amplifizieren** [aus gleichbed. *lat.* amplificāre]: a) erweitern; b) ausführen; c) etwas unter verschiedenen Gesichtspunkten betrachten; vgl. Amplifikation

Am|plitude [aus *lat.* amplitūdo „Größe, Weite, Umfang"] *die*; -, -n: größter Ausschlag einer Schwingung (z. B. beim Pendel) aus der Mittellage (Math., Phys.). **Am|plitudenmodulation** [...*zion*] *die*; -, -en: Verfahren der Überlagerung von niederfrequenter Schwingung mit hochfrequenter Trägerwelle

Ampulle [aus *lat.* ampŭlla „kleine Flasche; Ölgefäß", Verkleinerungsform zu amphora, s. Amphore] *die*; -, -n: 1. kleiner, keimfrei verschlossener Glasbehälter für Injektionslösungen (Med.). 2. kleine Kanne (mit Wein, Öl u. dgl.) für den liturgischen Gebrauch

Amputation [...*zion*; aus gleichbed. *lat.* amputātio, s. amputieren] *die*; -, -en: operative Abtrennung eines Körperteils. **amputieren** [aus *lat.* amputāre, eigtl. „ringsherum wegschneiden"]: einen Körperteil operativ entfernen (Med.)

Amulett [aus gleichbed. *lat.* amulētum, weitere Herkunft unsicher] *das*; -s, -e: kleinerer, als Anhänger (bes. um den Hals) getragener Gegenstand in Form eines Medaillons o. ä., dem besondere, gefahrenabwehrende od. glückbringende Kräfte zugeschrieben werden; vgl. Fetisch u. Talisman

amüsant [aus *fr.* amusant „unterhaltend", s. amüsieren]: unterhaltsam, belustigend, vergnüglich. **Amüsement** [*amüsᵉmang*] *das*; -s, -s: unterhaltsamer, belustigender Zeitvertreib, [oberflächliches] Vergnügen

Amusie [aus *gr.* amousía „Mangel an feiner Bildung"] *die*; -: 1. Unfähigkeit, Musisches (= Künstlerisches) zu verstehen. 2. Unfähigkeit zu musikalischem Verständnis od. zu musikalischer Hervorbringung

Amüsier...: in Zusammensetzungen auftretendes Bestimmungswort mit der Bedeutung „Vergnügungs..., Unterhaltungs...", z. B. Amüsierviertel (Stadtviertel, in dem sich Unterhaltungsgaststätten, Bars usw. befinden). **amüsieren** [aus gleichbed. *fr.* (s') amuser, eigtl. „das Maul aufreißen machen, foppen, belustigen", vgl. *fr.* museau „Schnauze" aus *vulgärlat.* *musus]: 1. jmdn. angenehm, mit allerlei Späßen unterhalten; jmdn. erheitern, belustigen. 2. sich -: a) sich vergnügen, sich angenehm die Zeit vertreiben, seinen Spaß haben; b) sich über jmdn. od. etwas lustig machen, belustigen

amusisch [zu gleichbed. *gr.* ámousos, vgl. musisch]: (abwertend) ohne Kunstverständnis, ohne Kunstsinn

Amygdalin [zu *gr.* amygdálē „Mandel"] *das*; -s: blausäurehaltiges → Glykosid in bitteren Mandeln u. Obstkernen

Amyl [Kunstw. aus → *Am*ylum und → ...*yl*] *das*; -s: die organ. Atomgruppe C_5H_{11}. **Amylase** *die*; -, -n: → Enzym, das Stärke u. → Glykogen spaltet. **amylo...**, **Amylo...** [zu → Amylum]: in Zusammensetzungen auftretendes Bestimmungswort mit der Bedeutung „stärke..., Stärke...", z. B. Amylolyse. **amyloid**: stärkeähnlich. **Amylolyse** *die*; -, -n: Stärkeabbau im Stoffwechselprozeß, Überführung der Stärke in → Dextrin (2), → Maltose od. → Glykose. **amylolytisch**: die Amylolyse betreffend. **Amylum** [aus *gr.* ámylon „Stärkemehl"] *das*; -s: pflanzliche Stärke

amythisch [zu *gr.* a... „un-, nicht-" u. → Mythos]: ohne Mythen (→ Mythos 1)

an..., **An...**: 1. [*gr.*] vgl. [1]a..., A... 2. [*lat.*] vgl. ad..., Ad...

...an: Suffix in chem. Bezeichnungen gesättigter Kohlenwasserstoffe, z. B. Methan, Äthan

ana..., **Ana...** [aus gleichbed. *gr.* aná]: Präfix mit den Bedeutungen „auf; hinauf; wieder; gemäß, entsprechend", z. B. analog, Anabiose

...ana, ...iana [aus *lat.* ...(i)āna (Adjektivsuffix, das die Zugehörigkeit bezeichnet)]: Endung pluralischer, mit Eigennamen gebildeter Substantive, die zusammenfassend Werke bezeichnen, die sich mit der betreffenden Person od. Sache beschäftigen, z. B. Goetheana, Afrikana; vgl. ...ika

Anabaptist *der*; -en, -en: Wiedertäufer

anabatisch [zu *gr.* anabaíssein „hinaufsteigen"]: aufsteigend (von Winden; Meteor.)

Anachoret [...*ko*..., auch: ...*ch*... u. ...*eh*...; aus gleichbed. *lat.* anachōrēta, *gr.* anachōrētḗs, eigtl. „zurückgezogen (Lebender)"] *der*; -en, -en: Klausner, Einsiedler. **anachoretisch**: einsiedlerisch

Ana|chronismus [...*kro*...; aus *gr.* anachronismós „Verwechslung der Zeiten"] *der*; -, ...men: 1. Verstoß gegen den Zeitablauf, falsche zeitliche Einordnung von Vorstellungen, Sachen od. Personen. 2. eine durch die allgemeinen Fortschritte, Errungenschaften usw. überholte od. nicht mehr übliche Erscheinung. **ana|chronistisch**: 1. zeitlich falsch eingeordnet (von Vorstellungen, Sachen, Personen). 2. in Anbetracht der allgemeinen Fortschritte, Errungenschaften usw. überholt, zeitwidrig; im Widerspruch zu den Fortschritten der Zeit stehend

Ana|gnorisis [aus gleichbed. *gr.* anagnṓrisis] *die*; -: das Wiedererkennen (zwischen Verwandten, Freunden usw.) als dramatisches Element in der antiken Tragödie

Ana|gramm [aus gleichbed. *gr.* anágramma] *das*; -s, -e: a) Umstellung der Buchstaben eines Wortes zu anderen Wörtern mit neuem Sinn (z. B. Ave-Eva); vgl. Palindrom; b) Buchstabenversetzrätsel. **ana|grammatisch**: nach Art eines Anagramms

Anakardie [...*iᵉ*; zu → ana... u. *gr.* kardía „Herz"] *die*; -, -n; ein trop. Holzgewächs

Ana|klasis [aus *gr.* anáklasis „Zurückbiegung"] *die*; -: die Vertauschung benachbarter, verschiedenen Versfüßen (den kleinsten rhythmischen Einheiten eines Verses) angehörender Längen u. Kürzen innerhalb eines metrischen Schemas (antike Metrik)

An|akoluth [aus gleichbed. *gr.* anakólouthon, eigtl. „ohne Zusammenhang, unpassend"] *das* (auch: *der*); -s, -e u. **An|akoluthie** [aus gleichbed. *gr.* anakolouthía] *die*; -, ...ien: die nicht folgerichtige Konstruktion eines Satzes, Satzbruch (Sprachw.). **anakoluthisch**: in Form eines Anakoluths, einen Anakoluth enthaltend

Anakonda [vermutl. aus einer Eingeborenensprache Guayanas] *die*; -, -s: südamerik. Riesenschlange

Ana|kreontik [nach dem altgriech. Lyriker Anakreon] *die*; -: Lyrik des Rokokos mit den Hauptmotiven Liebe, Freude an der Welt u. am Leben. **Ana|kreontiker** *der*; -s, -: Vertreter der Anakreontik, Nachahmer der Dichtweise Anakreons. **anakreontische Vers** *der*; -n -es, -n -e: in der attischen Tragödie verwendeter anaklastischer ionischer → Dimeter (vgl. Anaklasis u. ionisch)

Ana|krusis [auch: ...*kru*...; aus gleichbed. *gr.* anákrousis, eigtl. „das Zurückstoßen"] *die*; -, ...krusen: Auftakt, Vorschlagsilbe, unbetonte Silbe am Versanfang (Metrik)

anal [zu → Anus]: (Med.) zum After gehörend; b) den After betreffend; c) afterwärts gelegen

An|algesie [aus *gr.* analgēsía „Unempfindlichkeit", zu a(n) „un-, nicht-" u. álgos „Schmerz"], **An|algie** *die*; -, ...ien: Aufhebung der Schmerzempfindung, Schmerzlosigkeit. **An|algetikum** *das*; -s, ...ka: schmerzstillendes Mittel (Med.). **an|algetisch**: schmerzstillend

analog [aus gleichbed. *fr.* analogue, dies aus *gr.-lat.* análogos „verhältnismäßig, übereinstimmend", eigtl. „dem → Logos gemäß"]: [einem anderen, Vergleichbaren] entsprechend, ähnlich; gleichartig. **Analogie** *die*; -, ...ien: 1. Entsprechung, Ähnlichkeit, Gleichheit von Verhältnissen, Übereinstimmung. 2. gleiche Funktion von Organen verschiedener entwicklungsgeschichtlicher Herkunft (Biol.). 3. Ausgleich von Wörtern od. sprachlichen Formen nach assoziierten Wörtern od. Formen auf Grund von formaler Ähnlichkeit od. begrifflicher Verwandtschaft (Sprachw.). **Analogieschluß** *der*; ...schlusses, ...schlüsse: Folgerung von der Ähnlichkeit zweier Dinge auf die Ähnlichkeit zweier anderer od. aller übrigen. **analogisch**: nach Art einer Analogie (3). **Analogismus** *der*; -, ...men: = Analogieschluß. **Analogon** [aus gleichbed. *gr.* análogon] *das*; -s, ...ga: ähnlicher, gleichartiger (analoger) Fall. **Analogrechner** *der*; -s, -: Rechengerät, bei dem die Zahlen als geometrische (z. B. Strekken) od. physikalische (z. B. Stromstärken) Größen eingegeben werden; Ggs. → Digitalrechner

An|alphabet [auch: ...*bet*; aus gleichbed. *gr.* analphábētos, vgl. Alphabet] *der*; -en, -en: 1. jmd., der nicht lesen und schreiben gelernt hat; des Lesens u. Schreibens unkundiger Jugendlicher od. Erwachsener. 2. (abwertend) jmd., der in einer bestimmten Sache nichts weiß, nicht Bescheid weiß; Dummkopf, z. B. ein politischer -. **an-alphabetisch** [auch: ...*be*...]: des Lesens u. Schreibens unkundig. **An|alphabetismus** *der*; -: a) Schreib- u. Leseunkenntnis Jugendlicher od. Erwachsener; b) Erscheinung des Analphabetentums

Analysator [zu → Analyse] *der*; -s, ...oren: 1. Meßeinrichtung zum Nachweis linear polarisierten Lichtes (Phys.). 2. Vorrichtung zum Zerlegen einer Schwingung in harmonische Schwingungen (Sinusschwingungen; Phys.). **Analyse** [aus *mlat.* analysis „Auflösung", dies aus *gr.* análysis zu analýein „auflösen"] *die*; -, -n: 1. systematische Untersuchung eines Gegenstandes od. Sachverhalts hinsichtlich aller einzelnen Komponenten od. Faktoren, die ihn bestimmen; Ggs. → Synthese (1). 2. Ermittlung der Einzelbestandteile von zusammengesetzten Stoffen od. Stoffgemischen mit chem. oder physikal. Methoden (Chem.). **analysieren**: etwas [wissenschaftlich] zergliedern, zerlegen, untersuchen, auflösen, Einzelpunkte herausstellen. **Analysis** *die*; -: 1. mathem. Theorie der → reellen Zahlen u. → Funktionen (2). 2. Schulausdruck für das rechnerische Verfahren bei der Lösung einer geometrischen Aufgabe. **Analytik** [über gleichbed. *lat.* analyticē, aus *gr.* analytikḗ (téchnē)] *die*; -: a) Kunst der Analyse; b) Lehre von den Schlüssen u. Beweisen (Logik). **Analytiker** *der*; -s, -: a) jmd., der best. Erscheinungen analysiert; b) jmd., der die Analytik anwendet und beherrscht. **analytisch**: zergliedernd, zerlegend, durch logische Zergliederung entwickelnd; -e Geometrie: Geometrie, die Punkte der Linie, der Ebene und des Raumes durch Zahlen im → Koordinatensystem definiert und Gleichungen zwischen diesen aufstellt; Ggs. → synthetische Geometrie; -es Drama: Drama, das die Ereignisse, die eine tragische Situation herbeigeführt haben, im Verlauf der Handlung schrittweise enthüllt; -e Sprachen: Sprachen, die die syntaktischen Beziehungen mit Hilfe besonderer Wörter ausdrücken (z. B. dt. „ich habe geliebt" im Gegensatz zu lat. „amavi"; Sprachw.); Ggs. → synthetische Sprachen

An|ämie [zu *gr.* a... „un-, nicht-" und → ...ämie „Blutarmut"] *die*; -, ...ien: (Med.) Verminderung des → Hämoglobins u. der roten Blutkörperchen im Blut. **an|ämisch**: 1. die Anämie betreffend. 2. (abwertend) blaß, farblos, ohne blutvolle Lebendigkeit, z. B. eine -e Prosa

Ana|mnese [aus *gr.-lat.* anámnēsis „Erinnerung"] *die*; -, -n: Vorgeschichte einer Krankheit nach Angaben des Kranken (Med.)

Anamorphot [zu *gr.* anamorphóein „umgestalten, verwandeln"] *der*; -en, -en: Linse zur Entzerrung anamorphotischer Abbildungen. **anamorphotische Abbildungen** *die* (Plural): Abbildungen, die bewußt verzerrt hergestellt sind (Foto- u. Kinotechnik)

Ananas [aus *port.* ananás, dies zu gleichbed. *indian.* naná] *die*; -, - u. -se: 1. tropische Pflanze mit rosettenartig angeordneten Blättern u. wohlschmeckenden fleischigen Früchten. 2. Frucht der Ananaspflanze

Anankasmus [zu → Ananke] *der*; -, ...men: (Med., Psychol.) 1. (ohne Plural) Zwangsneurose (Denkzwang, Zwangsvorstellung); krankhafter Zwang, bestimmte [unsinnige] Handlungen auszuführen. 2. zwanghafte Handlung. **Ananke** [...*ke*; aus *gr.* anágkē „Zwang, schicksalhafte Notwendigkeit"] *die*; -: 1. Verkörperung der schicksalhaften Macht (bzw. Gottheit) der Natur u. ihrer Notwendigkeiten (griech. Philos.). 2. Zwang, Schicksal, Verhängnis

Anapäst [über gleichbed. *lat.* anapaestus aus *gr.* anápaistos, eigtl. „Zurückgeschlagener, Zurückprallender"] *der*; -[e]s, -e: aus zwei Kürzen u. einer Länge (◡◡–) bestehender Versfuß (d. i. die kleinste rhythmische Einheit eines Verses; antike Metrik). **anapästisch**: in der Form eines Anapästs

Anapher, (auch:) **Anaphora** [über gleichbed. *lat.* anaphora aus *gr.* (ep)anaphorá zu anaphérein „hinauftragen, zurückbeziehen"] *die*; -, -n: Wiederholung eines Wortes od. mehrerer Wörter zu Beginn aufeinanderfolgender Sätze od. Satzteile (Rhet., Stilk.). **anaphorisch**: 1. die Anapher betreffend, in der Art der Anapher. 2. rückweisend (z. B. Ein Mann... *Er*...)

An|archie [...*chi*; aus gleichbed. *gr.* anarchía zu ánarchos „führerlos"] *die*; -, ...ien: [Zustand der] Gesetzlosigkeit; politisches, wirtschaftliches, soziales Chaos. **an|archisch**: gesetzlos, ohne feste Ordnung, chaotisch. **An|archismus** *der*; -: [politische] Anschauung, die jede Art von Autorität (z. B. Staat, Kirche) ablehnt u. das menschliche Zusammenleben auf der Basis unbeschränkter Freiheit des Individuums [durch Gewalt u. Terror] verwirklichen will. **An|archist** *der*; -en, -en: jmd., der jede staatliche Organisation u. Ordnung ablehnt; Umstürzler. **an|archistisch**: die Theorie des Anarchismus vertretend

An|äs|thesie [aus *gr.* anaisthēsía „Unempfindlichkeit"] *die*; -, ...ien: Ausschaltung der Schmerzempfindung (z. B. durch Narkose; Med.). **an|äs|thesieren**: schmerzunempfindlich machen, betäuben. **An|äs|thesist** *der*; -en, -en: Narkosefacharzt. **An|äs|thetikum** *das*; -s, ...ka: schmerzstillendes, schmerzausschaltendes Mittel. **an|äs|thetisch**: Schmerz ausschaltend. **an|äs|thetisieren** = anästhesieren

An|astigmat [zu *gr.* a(n)... „un-, nicht-" und → astigmatisch] *der*; -en, -en od. *das*; -s, -e: [fotografisches] Objektiv, bei dem die Verzerrung durch schräg einfallende Strahlen u. die Bildfeldwölbung beseitigt ist

Anatom *der*; -en, -en: Lehrer u. Wissenschaftler der Anatomie. **Anatomie** [aus gleichbed. *lat.* anatomia, dies zu *gr.* anatomḗ „Zergliederung", (zu anatémnein „aufschneiden, zerschneiden")] *die*; -, ...ien: 1. (ohne Plural) Wissenschaftsgebiet, auf dem man sich mit Form u. Körperbau der Lebewesen befaßt. 2. das Gebäude, in dem die Anatomie gelehrt wird. **anatomisch**: a) die Anatomie betreffend; b) den Bau des [menschlichen] Körpers betreffend; c) zergliedernd

an|axial [aus *gr.* a(n)... „un-, nicht-" u. → axial]: nicht in der Achsenrichtung angeordnet, nichtachsig, nicht achsrecht

anazyklisch [auch: *anazyklisch*; aus gleichbed. *gr.* anakyklikós; vgl. zyklisch]: vorwärts u. rückwärts gelesen den gleichen Wortlaut ergebend (von Wörtern od. Sätzen, z. B. Otto); vgl. Palindrom

...**ance** [...*angß*, aus *fr.* ...ance, dies aus *lat.* ...antia]: Suffix weiblicher Fremdwörter, z. B. Renaissance, Résistance

anceps vgl. anzeps

Anchovis *die*; -, -: (Fachspr.) = Anschovis

Anciennität [*angßiänität*; aus gleichbed. *fr.* ancienneté zu ancien „alt"] *die*; -, -en: 1. Auswahl nach dem Alter der Bewerber (z. B. bei der Vergabe von Studienplätzen). 2. a) Dienstalter; b) Reihenfolge nach dem Dienstalter. **Ancien régime** [*angßiäng reschim*; *fr.*; „alte Regierungsform"] *das*; - -: a) Bezeichnung für Staat u. Gesellschaft in Europa von der Mitte des 17. bis zum Ende des 18. Jh.s; b) Bezeichnung für das Herrschafts- u. Gesellschaftssystem in Frankreich vor 1789

...**and** [aus der *lat.* Gerundivendung ...andus, die ausdrückt, daß etwas mit jmdm. geschehen soll]: Suffix männlicher Fremdwörter mit passivischer Bedeutung, z. B. Konfirmand = jmd., der konfirmiert wird

andante [aus *it.* andante, eigtl. „gehend", Part. Präs. zu andare „gehen", dies aus *vulgärlat.* ambitāre zu *lat.* ambīre; vgl. Ambitus]: ruhig, mäßig langsam, gemessen (Vortragsanweisung; Mus.). **Andante** *das*; -[s], -s: ruhiges, mäßig langsames, gemessenes Musikstück. **andantino**: etwas schneller als andante (Mus.). **Andantino** *das*; -s, -s u. ...ni: kleines, kurzes Musikstück im Andante- od. Andantinotempo

andocken [zu → docken]: [Raumschiffe aneinander] ankoppeln

an|dro..., **An|dro...**, vor Vokalen: andr..., Andr... [aus gleichbed. *gr.* andro... zu anḗr „Mann"]: in Zusammensetzungen auftretendes Bestimmungswort mit der Bedeutung „Mann..., männlich", z. B. androgen. **an|drogen**: a) von der Wirkung eines Androgens; b) die Wirkung eines Androgens betreffend; c) männliche Geschlechtsmerkmale hervorrufend. **An|drogen** *das*; -s, -e: männliches Geschlechtshormon

An|droide *der*; -n, -n, (auch:) **An|droid** [zu *gr.* anḗr „Mann, Mensch"] *der*; -en, -en: Maschine, die in ihrer äußeren Erscheinung u. in ihrem Bewegungsverhalten einem Menschen ähnelt (Kunstmensch)

...**äne** [aus *fr.* ...aine, dies aus *lat.* ...āna]: Suffix weiblicher Fremdwörter, z. B. Fontäne, Quarantäne

An|ekdote [aus gleichbed. *fr.* anecdote, dies zu *gr.* Anekdota (Plural), dem Titel eines Werkes des byzantin. Geschichtsschreibers Prokop, eigtl. „noch nicht Herausgegebenes, Unveröffentlichtes"] *die*; -, -n: kurze, oft witzige Geschichte (zur Charakterisierung einer Persönlichkeit, einer sozialen Schicht, einer Zeit usw.). **an|ekdotisch**: in Form einer Anekdote verfaßt

anemo..., **Anemo...** [zu *gr.* ánemos „Wind"]: in Zusammensetzungen auftretendes Bestimmungswort mit der Bedeutung „wind..., Wind...". **Anemogramm** *das*; -s, -e: Aufzeichnung eines Anemographen. **Anemo|graph** *der*; -en, -en: Windrichtung u. -geschwindigkeit messendes u. aufzeichnendes Gerät, Windschreiber (Meteor.). **Anemometer** *das*; -s, -: Windmeßgerät

Anemone [über *lat.* anemōnē aus *gr.* anemṓnē (wohl nichtgriechischer Herkunft, aber mit *gr.* ánemos „Wind" in Verbindung gebracht)] *die*; -, -n: kleine Frühlingsblume mit sternförmigen, weißen Blüten

Äneolithikum [zu *lat.* aēneus „ehern, aus Erz" u. *gr.* líthos „stein"] *das*; -s: = Chalkolithikum

Aneroid [zu *gr.* a... „un-, nicht-" u. nēros „fließend, naß", d. h. „ohne Flüssigkeit"] *das*; -[e]s, -e u. **Aneroidbarometer** *das*; -s, -: Gerät zum Anzeigen des Luftdrucks, bei dem eine luftleere Blechdose durch den Luftdruck verformt wird

Aneurin [gelehrte Bildung zu *gr.* a... „un-, nicht-" u. neũron „Sehne, Nerv"] *das*; -s: Vitamin B_1

Angelus [nach dem Anfangswort *lat.* Angelus Domini „Engel des Herrn", aus *gr.* ággelos „Bote, Engel"] *der*; -, -: a) katholisches Gebet, das morgens, mittags u. abends beim sogenannten Angelusläuten gebetet wird; b) Glockenzeichen für das Angelusgebet (Angelusläuten)

Angina [*anggi*...; aus gleichbed. *lat.* angina, dies zu *gr.* agchónē „das Erwürgen, das Erdrosseln" unter Anlehnung an *lat.* angere „beengen"] *die*; -, ...nen: Entzündung des Rachenraumes, bes. der Mandeln. **Angina pectoris** [zu *lat.* pectus „Brust"] *die*; - -: anfallartig auftretende Schmerzen hinter dem Brustbein infolge Erkrankung der Herzkranzgefäße. **anginös**: a) auf Angina beruhend; b) anginaartig

Angio... [*angg*...; zu *gr.* aggeĩon „(Blut)gefäß"]: in Zusammensetzungen auftretendes Bestimmungswort mit der Bedeutung „Gefäß...". **Angiologie** *die*; -: Wissenschaftsgebiet, auf dem man sich mit den Blutgefäßen u. ihren Erkrankungen beschäftigt (Med.)

An|glaise [*anggläs*ᵉ; aus *fr.* anglaise „englischer (Tanz)"] *die*; -, -n: alter Gesellschaftstanz

an|glikanisch [*angg*...; aus *mlat.* Anglicānus zu *lat.* Anglii „die Angeln" (germ. Völkername)]: die anglikan. Kirche betreffend; -e Kirche: die engl. Staatskirche. **An|glikanismus** *der*; -: Lehre u. Wesen[sform] der anglikanischen Kirche (engl. Staatskirche). **an|glisieren**: englisch machen. **An|glist** *der*; -en, -en: jmd., der sich wissenschaftlich mit der engl. Sprache u. Literatur befaßt [hat] (z. B. Hochschullehrer, Student). **An|glistik** *die*; -: engl.

Sprach- u. Literaturwissenschaft. **an|glistisch**: die Anglistik betreffend. **An|glizismus** *der*; -, ...men: Übertragung einer für das britische Englisch charakteristischen Erscheinung auf eine nichtenglische Sprache im lexikalischen od. syntaktischen Bereich, sowohl fälschlicherweise als auch bewußt (z. B. jmdn. feuern = jmdn. hinauswerfen; engl. to fire); vgl. Interferenz (2). **an|glophil**: für alles Englische eingenommen, dem englischen Wesen zugetan; englandfreundlich. **An|glophilie** *die*; -: Sympathie od. Vorliebe für alles Englische, Englandfreundlichkeit

Angora... [*angg...*; früherer Name der türk. Hauptstadt Ankara]: in Zusammensetzungen auftretendes Bestimmungswort mit der Bedeutung „mit feinen, langen Haaren", z. B. Angorakatze, Angorawolle

Angostura Ⓦ [*angg...*; *span.*; früherer Name der Stadt Ciudad Bolívar in Venezuela] *der*; -, -s: Bitterlikör mit Zusatz von Angosturarinde, der getrockneten Zweigrinde eines südamerikan. Baumes

Angry young men [*änggri jang män*; aus gleichbed. *engl.* angry young men, eigtl. „zornige junge Männer"] *die* (Plural): junge Vertreter einer literarischen Richtung in England in der zweiten Hälfte der 50er Jahre des 20. Jahrhunderts

Ång|ström [*ongßtröm*; auch: *angßtröm*; schwed. Physiker] *das*; -[s], -, **Ång|strömeinheit** *die*; -, -en: Einheit der Licht- u. Röntgenwellenlänge (1 Å = 10^{-10} m); Zeichen: Å, früher auch: A, ÅE, AE

angular [aus *lat.* angulāris „winklig, eckig"]: zu einem Winkel gehörend, Winkel...

Anhy|drid [zu *gr.* a(n)... „un-, nicht-" u. hýdōr „Wasser"] *das*; -s, -e: chem. Verbindung, die aus einer anderen durch Wasserentzug entstanden ist. **Anhydrit** *der*; -s, -e: wasserfreier Gips

Änigma [aus gleichbed. *lat.* aenigma, dies aus *gr.* aínigma] *das*; -s, -ta od. ...men: Rätsel. **änigmatisch**: rätselhaft. **änigmatisieren**: rätselhaft sprechen

Anilin [zu *fr.* anil „Indigopflanze", dies über *port.* anil, *arab.* an-nil aus gleichbed. *sanskr.* nili zu nīla „dunkelblau"] *das*; -s: einfachstes aromatisches (von Benzol abgeleitetes) → Amin, Ausgangsprodukt für zahlreiche Farbstoffe

animal [aus *lat.* animālis „lebend, lebendig"]: 1. a) die aktive Lebensäußerung betreffend, auf [Sinnes]reize reagierend; b) zu willkürlichen Bewegungen fähig. 2. = animalisch (1, 2). **animalisch** [zu *lat.* animal „Tier"]: 1. tierisch, den Tieren eigentümlich. 2. triebhaft. 3. urwüchsig-kreatürlich, z. B. ein -er Lärm; -er Magnetismus: Bezeichnung für die bestimmten Menschen angeblich innewohnenden magnetischen Heilkräfte. **Animalismus** *der*; -; religiöse Verehrung von Tieren. **Animalität** *die*; -: tierisches Wesen

Animation [*...zion*; aus gleichbed. *engl.* animation, dies aus *lat.* animātio „Belebung"] *die*; -, -en: filmtechnisches Verfahren, unbelebten Objekten (z. B. gezeichneten Figuren) im Trickfilm Bewegung zu verleihen

animato [*it.*]: lebhaft, belebt, beseelt (Vortragsanweisung; Mus.)

animieren [aus gleichbed. *fr.* animer, dies aus *lat.* animāre „beleben"]: 1. a) anregen, ermuntern, ermutigen; b) anreizen, in Stimmung versetzen, Lust zu etwas erwecken. 2. Gegenstände od. Zeichnungen in einzelnen Phasen von Bewegungsabläufen filmen, um den Eindruck der Bewegung eines unbelebten Objekts zu vermitteln; vgl. Animation. **Animierung** *die*; -, -en: Ermunterung zu etwas [Übermütigem o. ä.]

Animismus [gelehrte Bildung zu *lat.* anima „Seele"] *der*; -: 1. der Glaube an seelische Mächte (Geister) (Völkerk.). 2. Anschauung, die die Seele als Lebensprinzip betrachtet (Philos.). **animistisch**: a) die Lehre des Animismus vertretend; b) die Lehre des Animismus betreffend

Animo [aus *it.* animo „Seele, Mut, Wille", → Animus] *das*; -s: (österr.) 1. Schwung, Lust. 2. Vorliebe

animos [aus *lat.* animōsus „hitzig, leidenschaftlich"]: 1. feindselig. 2. (veraltet) aufgeregt, gereizt, aufgebracht, erbittert. **Animosität** *die*; -, -en: 1. a) (ohne Plural) feindselige Einstellung; b) feindselige Äußerung o. ä. 2. (ohne Plural; veraltet) a) Aufgeregtheit, Gereiztheit; b) Leidenschaftlichkeit

Animus [aus *lat.* animus „Seele, Gefühl" angelehnt an *dt.* Ahnung] *der*; -: (ugs.) Ahnung [die einer Aussage od. Entscheidung zugrunde gelegen hat und die durch die Tatsachen bestätigt und als eine Art innerer Eingebung angesehen wird]

An|ion [aus → ana... u. → Ion] *das*; -s, -en: negativ geladenes → Ion

Anis [*aniß*, auch, österr. nur: *aniß*; über gleichbed. *lat.* anīsum, aus *gr.* ánison] *der*; -[e]s, -e: a) am östlichen Mittelmeer beheimatete Gewürz- u. Heilpflanze; b) die getrockneten Früchte des Anis. **Anisette** [*...sät*] *der*; -s, -s: süßer, dickflüssiger Likör aus Anis (b), Koriander u. a.

Ankathete [aus *dt.* an... u. → Kathete] *die*; -, -n: im rechtwinkligen Dreieck die einem Winkel als dessen Schenkel anliegende → Kathete (Math.)

Annalen [aus gleichbed. *lat.* (libri) annālēs zu annus „Jahr"] *die* (Plural): Jahrbücher, chronologisch geordnete Aufzeichnungen von Ereignissen

Annalin [Herkunft unbekannt] *das*; -s: feinpulveriger Gips

Annaten [aus *mlat.* annāta (Plural) „Jahresertrag"] *die* (Plural): im Mittelalter übliche Abgabe an den Papst für die Verleihung eines kirchl. Amtes

annektieren [aus gleichbed. *fr.* annexer unter Einfluß von *lat.* annectere „an-, verknüpfen"]: etwas gewaltsam u. widerrechtlich in seinen Besitz bringen. **Annexion** [aus *fr.* annexion „Verbindung, Einverleibung", s. annektieren] *die*; -, -en: gewaltsame u. widerrechtliche Aneignung fremden Gebiets

Annex [aus *lat.* annexus, Part. Perf. von annectere, → annektieren] *der*; -es, -e: Anhängsel, Zubehör

anni currentis [- *ku...*; *lat.*]: (veraltet) laufenden Jahres (Abk.: a. c.)

Anniversar [*...wär...*; „jährlich wiederkehrend"] *das*; -s, -e u. **Anniversarium** [aus *lat.* anniversārius „jedes Jahr wiederkehrend"] *das*; -s, ...ien [*...iᵉn*] (meist Plural): jährlich wiederkehrender Tag, an dem das Gedächtnis eines bestimmten Ereignisses begangen wird (z. B. der Jahrestag des Todes in der katholischen Kirche)

anno, häufiger: **Anno** [*lat.*]: im Jahre (Abk.: a. od. A.). **anno currente** [- *ku...*]: (veraltet) im laufenden Jahr (Abk.: a. c.). **anno Domini** od. **Anno Domini**: im Jahre des Herrn, d. h. nach Christi Geburt (Abk.: a. D. od. A. D.)

Annonce [*anongßᵉ*; aus *fr.* annonce „öffentliche Ankündigung" zu annoncer „ankündigen" aus gleichbed. *lat.* annūntiāre, vgl. Nuntius] *die*; -, -n: Zeitungsanzeige, → Inserat. **Annoncenexpedition** *die*; -, -en: Anzeigenvermittlung. **annoncieren**

[...*ßi̲rᵉn*]: 1. eine Zeitungsanzeige aufgeben. 2. a) etwas durch eine Annonce anzeigen; b) jmdn. od. etwas [schriftlich] ankündigen

annuẹll [aus gleichbed. *fr.* annuel, dies aus *lat.* annuālis zu annus „Jahr"]: einjährig (von Pflanzen). **Annuẹlle** *die*; -, -n: Pflanze, die nach einer → Vegetationsperiode abstirbt

annulli̲eren [aus gleichbed. *lat.* annūllāre]: etwas [amtlich] für ungültig, für nichtig erklären. **Annulli̲erung** *die*; -, -en: [amtliche] Ungültigkeitserklärung

Anọa [*indones.*] *das*; -s, -s: indonesisches Wildrind

An|ọde [aus *gr.* ánodos „Aufweg; Eingang" zu → ana... u. hodós „Weg"] *die*; -, -n: mit dem → positiven (4) Pol der Stromquelle verbundene → Elektrode. **an|ọdisch**: a) die Anode betreffend; b) mit der Anode zusammenhängend

Anoly̲t [Kurzw. aus → *Ano*de u. → Elektro*lyt*] *der*; -s od. -en, -e[n]: Elektrolyt im Anodenraum (bei Verwendung von zwei getrennten Elektrolyten; physikal. Chemie)

ạn|omal [auch: ...*a̲l*; über gleichbed. *spätlat.* anōmalus aus *gr.* anṓmalos „uneben"]: unregelmäßig, regelwidrig, nicht normal [entwickelt] (in bezug auf etwas Negatives, einen Mangel od. eine Fehlerhaftigkeit). **An|omali̲e** *die*; -, ...i̲en: a) (ohne Plural) Abweichung vom Normalen, Regelwidrigkeit (in bezug auf etwas Negatives, einen Mangel od. eine Fehlerhaftigkeit); b) Mißbildung in bezug auf innere u. äußere Merkmale (Biol.)

Anomi̲e [aus → [1]a... u. → ...nomie] *die*; -, ...i̲en: 1. Gesetzlosigkeit, Gesetzwidrigkeit. 2. Zustand mangelnder sozialer Ordnung (Soziol.). **anọmisch**: gesetzlos, gesetzwidrig

an|ony̲m [zu → Anonymus]: a) ungenannt, ohne Namen, ohne Angabe des Verfassers; namenlos; b) (in bezug auf den Urheber von etwas) nicht [namentlich] bekannt; nicht näher, nicht im einzelnen bekannt; c) von unbekannter Hand. **Anonymitä̲t** *die*; -: Unbekanntheit des Namens, Namenlosigkeit, das Nichtbekanntsein oder Nichtgenanntsein (in bezug auf eine bestimmte Person). **An|ọnymus** [über *spätlat.* anṓnymus aus *gr.* anṓnymos „namenlos" zu a(n)... „un-, nicht-" u. ónyma „Name"] *der*; -, ...mi u. ...nymen: jmd., der etwas geschrieben o. ä. hat, dessen Name jedoch nicht bekannt oder bewußt verschwiegen worden ist

An|ọpheles [aus *gr.* anōphelḗs „nutzlos, schädlich"] *die*; -, -: tropische u. südeuropäische Stechmückengattung (Malariaüberträger)

Ạnorak [aus *eskim.* anorak] *der*; -s, -s: 1. Kajakjacke der Eskimos. 2. Jacke aus windundurchlässigem Material mit angearbeiteter Kapuze

ạn|organisch [aus *gr.* a(n)... „un-, nicht-" u. → organisch]: 1. a) zum unbelebten Bereich der Natur gehörend, ihn betreffend; b) ohne Mitwirkung von Lebewesen entstanden. 2. nicht nach bestimmten [natürlichen] Gesetzmäßigkeiten erfolgend; ungeordnet, ungegliedert; -e Chemie: Teilgebiet der Chemie, das sich mit Elementen und Verbindungen ohne Kohlenstoff beschäftigt

ạnormal [aus *mlat.* anormālis, einer Kreuzung der unter → anomal u. → normal behandelten *lat.* Wörter]: nicht normal; von der Norm, Regel abweichend und daher nicht üblich, ungewöhnlich

An|orthi̲t [zu *gr.* a(n)... „un-, nicht-" u. orthós „gerade"] *der*; -s: Kalkfeldspat (ein Mineral)

Anschovis, fachspr. Anchovis [*anschọwiß*; aus gleichbed. *niederl.* ansjovis, dies aus *span.* anchoa, *it.* *mundartl.* ancioa zu *gr.* aphýē „Sardelle"] *die*; -, -: in Salz od. Marinade eingelegte Sardelle od. Sprotte

ạnt..., **Ạnt**... vgl. anti..., Anti...

...**ạnt** [aus *lat.* ...āns, Genitiv ...antis (Endung des Part. Präs. der a-Konjugation)]: häufiges Suffix mit der aktivischen Bedeutung des 1. Partizips: 1. von männl. Substantiven, z. B. Fabrikant (= der Fabrizierende). 2. von Adjektiven, z. B. arrogant (= anmaßend)

Ant|agonịsmus [zu → Antagonist] *der*; -, ...men: a) (ohne Plural) [unversöhnlicher] Gegensatz, Gegnerschaft, Widerstreit, Widerstand; b) einzelne gegensätzliche Erscheinung o. ä. **Ant|agonịst** [über *lat.* antagōnista aus *gr.* antagōnistḗs „Gegner, Nebenbuhler", vgl. Agon] *der*; -en, -en: Gegner, Widersacher. **ant|agonịstisch**: gegensätzlich in einem nicht auszugleichenden Widerspruch stehend, widerstreitend

Ant|ạpex, Anti|apex [aus → anti... u. Apex] *der* -, ...apizes [...*ápizeß*]: Gegenpunkt des → Apex (1)

Ant|ạrktika [zu *lat.* antarcticus, *gr.* antarktikós, „südlich", vgl. Arktis] *die*; -: der Kontinent der Antarktis (Südpolarkontinent). **Ant|ạrktis** *die*; -: Land- u. Meeresgebiete um den Südpol; vgl. Arktis. **ant|ạrktisch**: a) die Antarktis betreffend; b) zur Antarktis gehörend

ạnte..., **Ạnte**... [aus gleichbed. *lat.* ante]: Präfix mit der Bedeutung „vor", z. B. antediluvianisch, Antepänultima

Ạnte [aus *lat.* antae (Plural) „(Eck)pfeiler"] *die*; -, -n: die meist pfeilerartige ausgebildete Stirn einer frei endenden Mauer (altgriech. u. röm. Baukunst)

ạnte Chrịstum [nạtum] [*lat.*]: vor Christi [Geburt], vor Christus; Abk.: a. Chr. [n]

Antẹnne [aus gleichbed. *it.* antenna, eigtl. „(Segel)stange", dies aus *lat.* antenna „Segelstange, Rahe"] *die*; -, -n: 1. Vorrichtung zum Senden od. Empfangen elektromagnetischer Wellen. 2. Fühler der Gliedertiere (z. B. Krebse, Insekten); eine A. haben für etwas: (ugs.) 1. mit gutem Gespür, instinktiv etwas ahnen und sich rechtzeitig darauf einstellen. 2. eine besondere Begabung für das Verstehen und Aufnehmen von etwas haben, was nicht ohne weiteres zu erkennen ist

Ạntentempel *der*; -s, -: ein mit → Anten ausgestatteter altgriech. Tempel

Antepän|ụltima [aus gleichbed. *lat.* antepaenultima] *die*; -, ...mä u. ...men: die vor der → Pänultima stehende, drittletzte Silbe eines Wortes

ạnte pọrtas [*lat.*; „vor den Toren"]: (scherzh.) im Anmarsch, im Kommen (in bezug auf eine Person, vor der man warnen will)

Antezẹdens [aus *lat.* antecēdēns, Part. Präs. von antecēdere „vorausgehen"] *das*; -, ...dẹnzien [...*iᵉn*]: Grund, Ursache

Anthẹmion [aus *gr.* anthémion „Blüte"] *das*; -s, ...ien [...*iᵉn*]: Schmuckfries mit stilisierten Palmblättern u. Lotosblüten (altgriech. Baukunst)

Anthe̲re [zu *gr.* anthērós „blühend"] *die*; -, -n: Staubbeutel der Blütenpflanzen

ạntho..., **Ạntho**... [zu *gr.* ánthos „Blüte"]: in Zusammensetzungen auftretendes Bestimmungswort mit der Bedeutung „Blüte[n]..., Blume[n]...". **Anthologi̲e** [aus gleichbed. *gr.* anthología, eigtl. „Blumenlese"] *die*; -, ...i̲en: ausgewählte Sammlung, Auswahl von Gedichten od. Prosastücken. **anthologisch**: ausgewählt

An|thracen, (auch:) An|thrazen [*...zen*; zu *gr.* ánthrax „Kohle"] *das*; -s, -e: aus Steinkohlenteer gewonnenes Ausgangsmaterial vieler Farbstoffe. **An|thrazit** *der*; -s, -e: harte, glänzende Steinkohle

an|thropo..., **An|thropo...** [zu *gr.* ánthrōpos „Mensch"]: in Zusammensetzungen auftretendes Bestimmungswort mit der Bedeutung „mensch[en]..., Mensch[en]...". **an|thropoid**: menschenähnlich. **An|thropoide** *der*; -n, -n, auch: Anthropoid *der*; -en, -en: Menschenaffe. **An|thropologe** *der*; -n, -n: Wissenschaftler auf dem Gebiet der Anthropologie. **An|thropologie** *die*; -: a) Wissenschaft vom Menschen u. seiner Entwicklung in natur- u. geisteswissenschaftlicher Hinsicht; b) Geschichte der Menschenrassen. **an|thropologisch**: die Anthropologie betreffend. **an|thropomorph**: menschlich, von menschlicher Gestalt, menschenähnlich. **anthropomorphisch**: die menschliche Gestalt betreffend, sich auf sie beziehend. **An|throposoph** *der*; -en, -en: Anhänger der Anthroposophie. **Anthroposophie** *die*; -: Lehre R. Steiners (seit 1913), die das „Wissen vom Menschen" u. seiner Verflechtung mit dem Übersinnlichen vertiefen will. **an|throposophisch**: die Grundsätze der Anthroposophie betreffend. **an|thropozen|trisch**: den Menschen in den Mittelpunkt stellend

Anthurie [*...ri^e*] *die*; -, -n od. **Anthurium** [zu *gr.* ánthos „Blut" und ourá „Schwanz"] *das*; -s, ...rien [*ri^{e}n*]: Flamingoblume (Aronstabgewächs)

anti..., **Anti...**, vor Vokalen u. vor h gelegentlich: ant..., Ant... [aus *gr.* anti... „gegenüber, entgegen"]: Präfix mit verschiedenen Bedeutungsfunktionen; a) bezeichnet einen ausschließenden Gegensatz (z. B. antibürgerlich); b) drückt aus, daß das im Grundwort Enthaltene verhindert wird (z. B. antikonzeptionell); c) bezeichnet einen komplementären Gegensatz (z. B. Antimaterie); d) drückt aus, daß das so Bezeichnete ganz anders ist, als das, was das Grundwort angibt, daß es dessen Eigenschaften nicht enthält (z. B. Antiheld)

Anti|alkoholiker [auch: *an...*] *der*; -s, -: Alkoholgegner

antiautoritär [auch: *...är*; aus → anti... u. → autoritär]: gegen autoritäre Normen gewendet, gegen Autorität eingestellt (z. B. von sozialen Verhaltensweisen, theoretischen Einstellungen); Ggs. → autoritär (1 b); -e Erziehung: Erziehung der Kinder unter weitgehender Vermeidung von Zwängen u. → Repressionen zu selbständig denkenden u. kritisch urteilenden Menschen

Antibabypille, (auch:) **Anti-Baby-Pille** [*...bebi...*] *die*; -, -n: (ugs.) → orales → hormonales Empfängnisverhütungsmittel

Antibiont [zu → anti... u. *gr.* bíos „Leben"] *der*; -en, -en: Kleinstlebewesen, von dem die Antibiose ausgeht. **Antibiose** *die*; -, -n: hemmende od. abtötende Wirkung der Stoffwechselprodukte bestimmter Mikroorganismen auf andere Mikroorganismen. **Antibiotikum** *das*; -s, ...ka: biologischer Wirkstoff aus Stoffwechselprodukten von Kleinstlebewesen, der andere Mikroorganismen im Wachstum hemmt od. abtötet (Med.). **antibiotisch**: von wachstumshemmender Wirkung (Med.)

Anticham|bre [*angtischangbr^e*; aus gleichbed. *fr.* antichambre, dies aus *it.* anticamera zu *lat.* anti... „vor" u. camera „Zimmer"] *das*; -s, -s: (veraltet) Vorzimmer. **anticham|brieren** [*antischambrir^{e}n*]: 1. im Vorzimmer warten; 2. a) ein Gesuch, ein Anliegen durch wiederholte Vorsprachen [bei einer Behörde] durchzubringen versuchen; b) (abwertend) katzbuckeln, dienern

Anti|christ [*...krißt*; über *lat.* Antichristus aus *gr.* Antíchristos „der Widerchrist, Teufel"] 1. *der*; -s, -e: der Gegner von Christus, der Teufel. 2. *der*; -en, -en: Gegner des Christentums. **anti|christlich** [auch: *...krißt...*]: gegen das Christentum eingestellt, gerichtet

antidemo|kratisch [auch: *...kra...*]: a) gegen die Demokratie gerichtet; b) die Demokratie ablehnend

Antifaschismus [auch: *...iß...*] *der*; -: 1. alle Bewegungen u. Ideologien, die sich gegen terroristische, reaktionär-nationalistische Machtausübung richten. 2. Gegnerschaft einzelner Personen od. geschlossener Gruppen gegen Faschismus u. Nationalsozialismus. **Antifaschist** [auch: *...ißt*] *der*; -en, -en: Gegner des Faschismus. **antifaschistisch** [auch: *...iß...*]: a) den Antifaschismus betreffend; b) die Grundsätze des Antifaschismus vertretend

Antigen [zu → anti... u. → ...gen] *das*; -s, -e: artfremder Eiweißstoff (z. B. Bakterien), der im Körper die Bildung von → Antikörpern bewirkt, die den Eiweißstoff selbst unschädlich machen

Antiheld *der*; -en, -en: inaktive, negative od. passive Hauptfigur in Drama u. Roman im Unterschied zum aktiv handelnden Helden

antik [aus *fr.* antique „altertümlich", dies aus *lat.* antiquus „alt"]: 1. auf das klassische Altertum, die Antike zurückgehend; dem klassischen Altertum zuzurechnen. 2. in altertümlichem Stil hergestellt, vergangene Stilepochen (jedoch nicht die Antike) nachahmend (von Sachen, bes. von Einrichtungsgegenständen)

Antikathode, **Antikatode** [auch: *anti...*] *die*; -, -n: der → Kat[h]ode gegenüberstehende → Elektrode (Anode) einer Röntgenröhre

Antike [zu → antik] *die*; -, -n: 1. (ohne Plural) das klassische Altertum u. seine Kultur. 2. (meist Plural) antikes Kunstwerk. **antikisch**: dem Vorbild der antiken Kunst nachstrebend. **antikisieren**: nach Art der Antike gestalten; antike Formen nachahmen (z. B. im Versmaß)

anti|klerikal [auch: *...kal*]: kirchenfeindlich. **Antiklerikalismus** [auch: *...iß...*] *der*; -: kirchenfeindliche Einstellung, Richtung

antiklinal [zu → anti... u. *gr.* klínē „Lager"]: sattelförmig (von geolog. Falten; Geol.). **Antiklinale** *die*; -, -n: Sattel (nach oben gebogene Falte; Tektonik)

Antikonzeption [*...zion*] *die*; -: Empfängnisverhütung. **antikonzeptionell**: die Empfängnis verhütend (Med.). **Antikonzeptivum** [*...wum*] *das*; -s, ...iva: empfängnisverhütendes Mittel

Antikörper *der*; -s, -: im Blutserum gebildeter Abwehrstoff gegen → Antigene (Med.)

Antilope [aus gleichbed. *niederl.*, *fr.* antilope, dies über *engl.* antelope aus *mlat.* ant(h)alōpus, *mgr.* anthólōps, dem Namen eines Fabeltiers, eigtl. „Blumenauge"] *die*; -, -n: gehörntes afrikan. u. asiat. Huftier

Antimaterie [auch: *an...*] *die*; -: hypothetische, auf der Erde nicht existierende Form der Materie, deren Atome aus → Antiprotonen, → Antineutronen u. → Positronen zusammengesetzt ist

Antimilitarismus [auch: *...riß...*] *der*; -: a) grundsätzliche Ablehnung jeder Form einer militärischen Rüstung; b) (DDR) Massenbewegung gegen die Kriegspolitik des → Imperialismus (1)

Antimon [aus gleichbed. *mlat.* antimōnium] *das*; -s: chem. Grundstoff, ein Halbmetall; Zeichen: Sb

Antineur|algikum [zu → anti... u. → Neuralgie] *das*; -s, ...ka: schmerzstillendes Mittel (Med.)

Antineu|tron *das*; -s, ...onen: Elementarteilchen, das entgegengesetzte Eigenschaften hat wie das → Neutron (Kernphysik)

Antinomie [aus *gr.-lat.* antinomía „Widerspruch innerhalb eines Gesetzes"] *die*; -, ...ien: Widerspruch eines Satzes in sich od. zweier Sätze, von denen jeder Gültigkeit beanspruchen kann (Philos., Rechtsw.). **antinomisch**: widersprüchlich

Antipartikel *die*; -, -n (auch: *das*; -s, -): = Antiteilchen

Antipassat *der*; -s, -e: Luftströmung über dem Passat in Gegenrichtung

Antipasto [aus gleichbed. *it.* antipasto, zu *it.* anti... „vor" u. pasto „Speise"] *der* od. *das*; -[s], -s od. ...ti: ital. Bezeichnung für: Vorspeise

Antipathie [auch: *...ti*; über *lat.* antipathīa aus gleichbed. *gr.* antipátheia] *die*; -, ...ien: Abneigung, Widerwille gegen jmdn. od. etwas; Ggs. → Sympathie (1). **antipathisch** [auch: *...pa...*]: mit Abneigung, Widerwillen erfüllt gegen jmdn. od. etwas

Antiphon *die*; -, -en, (auch:) Antiphōne [aus gleichbed. *lat.* antiphōna zu *gr.* antíphōnos „dagegen tönend"] *die*; -, -n: liturgischer Wechselgesang. **Antiphonie** *die*; -, ...ien: = Antiphon. **antiphonisch**: im Wechselgesang (zwischen erstem u. zweitem Chor oder zwischen Vorsänger und Chor)

Antipode [aus *gr.* antípodes (Plural) „Gegenfüßler", zu → anti... u. *gr.* poús „Fuß"] *der*; -n, -n: 1. auf der dem Betrachter gegenüberliegenden Seite der Erde wohnender Mensch. 2. Mensch, der auf einem entgegengesetzten [geistigen] Standpunkt steht

Anti|proton *das*; -s, ...onen: Elementarteilchen, das die entgegengesetzten Eigenschaften hat wie das → Proton

Antiqua [Fem. zu *lat.* antīquus „alt", eigtl. „die alte (Schrift)", vgl. antik] *die*; -: Bez. für die heute allgemein gebräuchliche Buchschrift

Antiquar [aus *lat.* antīquārius „Kenner u. Anhänger des Alten] *der*; -s, -e: [Buch]händler, der gebrauchte, oft wertvolle Bücher, Kunstblätter, Noten o. ä. kauft u. verkauft. **Antiquariat** *das*; -s, -e: a) Handel mit [wertvollen] gebrauchten Büchern od. mit verlagsneuen Büchern, für die der Ladenpreis aufgehoben ist; b) Buchhandlung, Laden, in dem antiquarische Bücher verkauft werden. **antiquarisch**: a) im Antiquariat gekauft; b) über ein Antiquariat erstanden; c) gebraucht (in bezug auf Bücher o. ä.)

antiquieren [zu *lat.* antīquus, s. antik]: 1. veralten. 2. für veraltet erklären. **antiquiert**: (abwertend) nicht mehr den gegenwärtigen Vorstellungen, dem Zeitgeschmack entsprechend, aber noch immer existierend [und Gültigkeit für sich beanspruchend]; veraltet, nicht mehr zeitgemäß; altmodisch, überholt. **Antiquiertheit** *die*; -, -en: a) (ohne Plural) das Festhalten an veralteten u. überholten Vorstellungen od. Dingen; b) altmodisches Gebaren

Antiquität [aus *lat.* antīquitātēs (Plural) „Altertümer", s. antik] *die*; -, -en: altertümlicher [Kunst]gegenstand (Möbel, Münzen u. a.)

Antisemit [auch: *...it*] *der*; -en, -en: Judengegner, -feind. **antisemitisch** [auch: *...mit...*]: judenfeindlich. **Antisemitismus** [auch: *...tiß...*] *der*; -: a) Abneigung od. Feindschaft gegenüber den Juden; b) [politische] Bewegung mit ausgeprägten judenfeindlichen Tendenzen. **antiseptisch**: [zu → anti... u. → septisch] Wundinfektionen verhindernd, keimtötend

Antiserum *das*; -s, ...seren u. ...sera: → Antikörper enthaltendes Heilserum

Antistatikmittel *das*; -s, -: Mittel, das die elektrostatische Aufladung von Kunststoffen (z. B. Schallplatten, Folien) u. damit die Staubanziehung verhindern soll. **antistatisch**: elektrostatische Aufladungen verhindernd od. aufhebend (Phys.)

Antistes [aus *lat.* antistes „Vorsteher"] *der*; -, ...stites: 1. Priestertitel in der Antike. 2. Ehrentitel für katholische Bischöfe u. Äbte

Anti|strophe [auch: *anti...*] *die*; -, -n: 1. in der altgriech. Tragödie die der → Strophe (1) folgende Gegenwendung des Chors beim Tanz in der → Orchestra. 2. das zu dieser Bewegung vorgetragene Chorlied

Antiteilchen *das*; -s, -: Elementarteilchen, dessen Eigenschaften zu denen eines anderen Elementarteilchens in bestimmter Weise → komplementär sind (Kernphysik)

Antithese [*...te...*; aus *gr.* antíthesis „das Entgegensetzen"] *die*; -, -n: 1. der → These entgegengesetzte Behauptung, Gegenbehauptung; Gegensatz; vgl. These (2), Synthese. 2. [→ asyndetische] Zusammenstellung entgegengesetzter Begriffe (z. B. der Wahn ist kurz, die Reu' ist lang; Rhet., Stilk.). **antithetisch**: gegensätzlich

Antitoxin [*...in*] *das*; -s, -e: im Blutserum enthaltene → Antikörper, die gegen (bakterielle) Giftstoffe gerichtet sind (Med.)

Antizipation [*...zion* aus *lat.* anticipātio „vorgefaßte Meinung" zu anticipāre „vorher nehmen"] *die*; -, -en: 1. a) gedankliche Vorwegnahme einer Erfindung, Entwicklung o. ä.; b) Vorwegnahme von Tönen eines folgenden → Akkords (1) (Mus.). 2. Verhalten, das eine auszuführende Handlung bereits in Gedanken vorwegnimmt (Psychol.). 3. Vorgriff auf chronologisch spätere Handlungsteile (erzähltechnisches Verfahren). **antizipatorisch**: etwas (eine Entwicklung o. ä.) [bewußt] vorwegnehmend; → ...iv/...orisch. **antizipieren**: etwas [gedanklich] vorwegnehmen

antizy|klisch [auch: *...zü...* od. *anti...*]: 1. in unregelmäßiger Folge wiederkehrend. 2. einem bestehenden Zustand der Konjunktur entgegenwirkend (Wirtsch.)

Anti|zyklone *die*; -, -n: Hoch[druckgebiet], barometrisches Maximum (Meteor.)

Ant|ode [aus *gr.* antṓdē „Gegengesang"] *die*; -, -n: Chorgesang in der griech. Tragödie, zweiter Teil der → Ode

ant|onym [zu → anti... u. *gr.* ónyma „Name"] (von Wörtern) eine entgegengesetzte Bedeutung habend (z. B. alt/jung, Sieg/Niederlage; Sprachw.); Ggs. → synonym. **Ant|onym** [„Gegenwort"] *das*; -s, -e: Wort, das einem anderen in bezug auf die Bedeutung entgegengesetzt ist (z. B. schwarz/weiß, starten/landen, Mann/Frau; Sprachw.); Ggs. → Synonym

An|uren [zu *gr.* a(n)... „un-, nicht-" u. ourá „Schwanz", eigtl. „Schwanzlose"] *die* (Plural): Froschlurche

Anus [aus gleichbed. *lat.* ānus; vgl. anal] *der*; -, Ani: After

anvisieren: etwas ins Auge fassen

...anz [aus *lat.* ...antia bzw. *fr.* ...ance]: Endung

weiblicher Substantive, z. B. Ambulanz, Distanz

anzeps [aus *lat.* anceps „doppelköpfig, -seitig, „schwankend"]: lang od. kurz (von der Schlußsilbe im antiken Vers)

äolisch [nach dem griech. Windgott Äolus]: durch Windeinwirkung entstanden (von Geländeformen u. Ablagerungen; Geol.)

Äolsharfe [nach dem *gr.* Windgott Äolus] *die*; -, -n: altes Instrument, dessen gleichgestimmte Saiten durch den Wind in Schwingungen versetzt werden u. mit ihren Obertönen in Dreiklängen erklingen; Windharfe, Geisterharfe

Äon [über *lat.* aeōn aus *gr.* aiṓn „Ewigkeit"] *der*; -s, -en (meist Plural): [unendlich langer] Zeitraum; Weltalter; Ewigkeit

Aorist [aus gleichbed. *gr.* aóristos, eigtl. „unbestimmt(e Zeitform)", zu *gr.* a(n)... „un-, nicht-" u. horízein „begrenzen"] *der*; -[e]s, -e: Zeitform, die eine momentane od. punktuelle Handlung ausdrückt (z. B. die erzählende Zeitform im Griech.; Sprachw.)

Aorta [aus gleichbed. *gr.* aortḗ] *die*; -, ...ten: Hauptschlagader des menschlichen Körpers

ap..., **Ap...** vgl. ad..., Ad...

Apache [auch: *apatsch^e*] *der*; -n, -n: [*indian.*]: [aus gleichbed. *fr.* apache, nach dem *indian.* Stamm der Apachen]: Großstadtganove (bes. in Paris)

Apanage [*apanasch^e* aus gleichbed. *fr.* apanage, zu *afr.* apaner „ausstatten", dies zu *lat.* ad „zu, hinzu" u. pānis „Brot"] *die*; -, -n: regelmäßige [jährliche] Zahlung an jmdn., um ihm eine angemessene Lebensführung zu ermöglichen

apart [aus *fr.* à part „beiseite"]: 1. von eigenartigem Reiz; geschmackvoll. 2. (veraltet) gesondert, getrennt

A part [*a par*; *fr.*; „beiseite (sprechen)"] *das*; -: Kunstgriff in der Dramentechnik, eine Art lautes Denken, durch das eine Bühnenfigur ihre [kritischen] Gedanken zum Bühnengeschehen dem Publikum mitteilt

Apartheid [aus gleichbed. *afrikaans* apartheid, eigtl. „Gesondertheit", zu → apart] *die*; -: (die von der Republik Südafrika praktizierte Politik der) Rassentrennung zwischen weißer u. schwarzer Bevölkerung

Apartment [*^epartm^ent*; aus *engl.-amerik.* apartment „Wohnung, Zimmer", dies aus *fr.* appartement, s. Appartement] *das*; -s, -s: Kleinwohnung (in einem [komfortablen] Mietshaus); vgl. Appartement. **Apartmenthaus** *das*; -es, ...häuser: Mietshaus, das ausschließlich aus Apartments besteht

Apathie [über *lat.* apathia aus *gr.* apátheia „Schmerzlosigkeit, Unempfindlichkeit"] *die*; -, ...ien: Teilnahmslosigkeit; Zustand der Gleichgültigkeit gegenüber den Menschen u. der Umwelt. **apathisch**: teilnahmslos, gleichgültig gegenüber den Menschen u. der Umwelt

Apatit [zu *gr.* apátē „Täuschung" (weil bei der wissenschaftl. Bestimmung mehrfach Irrtümer vorgekommen waren)] *der*; -s, -e: ein Mineral

Aperçu [*apärßü*; aus *fr.* aperçus (Plural) „Ansichten, Bemerkungen", substantiviertes Part. Perf. von apercevoir „wahrnehmen, bemerken"] *das*; -s, -s: geistreiche Bemerkung

Aperitif [aus gleichbed. *fr.* apéritif, dies zu *lat.* aperīre „öffnen" „(magen)öffnend"] *der*; -s, -s (auch: -e [...*w^e*]): appetitanregendes alkoholisches Getränk. **Aperitivum** [...*tiwum*] *das*; -s, ...va: 1. mildes Abführmittel. 2. appetitanregendes Arzneimittel

Apertur [aus *lat.* apertūra „Öffnung" zu aperīre „öffnen"] *die*; -, -en: Maß für die Leistung eines optischen Systems und für die Bildhelligkeit; Maß für die Fähigkeit eines optischen Gerätes od. fotografischen Aufnahmematerials, sehr feine, nahe beieinanderliegende Details eines Objekts getrennt, deutlich unterscheidbar abzubilden

Apex [aus *lat.* apex „Spitze"] *der*; -, Apizes; 1. unendlich ferner Zielpunkt eines Gestirns, z. B. der Erde oder des Sonnensystems, auf den dieses in seiner Bewegung gerade zusteuert (Astron.). 2. Zeichen (^ od. ´) zur Kennzeichnung langer Vokale (Sprachw.). 3. Hilfszeichen (´) zur Kennzeichnung betonter Silben (Metrik)

Apfelsine [aus älter *niederl.* appelsina, eigtl. „Apfel aus China"] *die*; -, -n: Frucht des Orangenbaumes

Aph|el [zu → apo... u. *gr.* hḗlios „Sonne"] *das*; -s, -e u. **Aph|elium** *das*; -s, ...ien [...*i^en*]: Punkt der größten Entfernung eines Planeten von der Sonne (Astron.); Ggs. → Perihel

Aphongetriebe [zu *gr.* a... „un-, nicht-" u. phōnḗ „Stimme"] *das*; -s, -: geräuscharmes Schaltgetriebe

Aphorismus [über *lat.* aphorismus aus *gr.* aphorismós „Abgrenzung, Bestimmung, kurzer (Lehr)-satz" zu aphorízein „abgrenzen"; vgl. Horizont] *der*; -, ...men: Gedankensplitter, kurz hingeworfener, geistreicher Gedanke; Sinnspruch. **Aphoristik** *die*; -: die Kunst, Aphorismen zu schreiben. **aphoristisch**: 1. a) die Aphorismen, die Aphoristik betreffend; b) im Stil des Aphorismus; geistreich u. treffend formuliert. 2. kurz, knapp, nur andeutungsweise erwähnt

aphrodisisch: auf Aphrodite (griech. Liebesgöttin) bezüglich

a piacere [- *piatschere*; *it.*; zu *lat.* placēre „gefallen, gut scheinen"]: nach Belieben, nach Gefallen (Vortragsbezeichnung, die Tempo u. Vortrag dem Interpreten freistellt; Mus.); vgl. ad libitum (2a)

apikal [zu → Apex]: 1. an der Spitze gelegen, nach oben gerichtet (z. B. vom Wachstum einer Pflanze). 2. mit der Zungenspitze artikuliert (von Lauten; Sprachw.)

Aplanat [zu → aplanatisch] *der*; -en, -en, (auch:) *das*; -s, -e: Linsenkombination, durch die die → Aberration (1) korrigiert wird. **aplanatisch** [aus gleichbed. *engl.* aplanatic, dies zu *gr.* aplánētos „nicht umherirrend", vgl. Planet]: den Aplanaten betreffend

Aplomb [*aplong*; aus gleichbed. *fr.* aplomb, eigtl. „senkrechte Stellung", zu à plomb „im (Blei) lot"] *der*; -s: 1. a) Sicherheit [im Auftreten], Nachdruck; b) Dreistigkeit. 2. Abfangen einer Bewegung in den unbewegten Stand (Ballettanz)

APN [*apeän*; russ. Kurzw. für: *A*gentstwo *P*etschati *N*owosti]: sowjet. Presseagentur

APO, auch: **Apo** [*apo*; Kurzw. aus: *a*ußer*p*arlamentarische *O*pposition] *die*; -: s. außerparlamentarisch

apo..., **Apo...** [aus *gr.* apó „von-weg, ab"], vor Vokalen ap..., Ap..., vor h: aph..., Aph... (gesprochen *af*...): Präfix mit der Bedeutung „von – weg, ausgehend von, entfernt von, abgesetzt, abgegliedert, ab, nach, ent", z. B.: Aphärese

Apo|chromat [...*kro*...; zu → apo... u. *gr.* chrōma „Farbe"] *der*; -en, -en, (auch:) *das*; -s, -e: fotografisches Linsensystem, das Farbfehler korrigiert

apodiktisch [über *lat.* apodicticus aus *gr.* apodeiktikós „beweiskräftig" zu apodeíknynai „vorzeigen, beweisen"]: 1. unumstößlich, unwiderleglich, von schlagender Beweiskraft (Philos.). 2. (abwertend) keinen Widerspruch duldend, endgültig, keine andere Meinung gelten lassend, im Urteil streng und intolerant

Apogäum [zu → apo... u. *gr.* gaîa „Erde"] *das*; -s, ...äen: erdfernster Punkt der Bahn eines Körpers um die Erde (Astron.); Ggs. → Perigäum

Apokalypse [aus *gr.* apokálypsis „Enthüllung, Offenbarung" zu apokalýptein „enthüllen, entblößen"]: 1. Schrift in der Form einer Abschiedsrede, eines Testaments o. ä., die sich mit dem kommenden [schrecklichen] Weltende befaßt (z. B. die Offenbarung des Johannes im Neuen Testament). 2. (ohne Plural): Untergang, Grauen, Unheil. **Apokalyptik** *die*; -: 1. Deutung von Ereignissen im Hinblick auf ein nahes Weltende. 2. Schrifttum über das Weltende. **apokalyptisch**: 1. in der Apokalypse [des Johannes] vorkommend, sie betreffend. 2. a) auf das Weltende hinweisend; unheilkündend; b) geheimnisvoll, dunkel; Apokalyptische Reiter: Sinnbilder für Pest, Tod, Hunger, Krieg

Apokoinu [...*keunu*; aus gleichbed. *gr.* apò koinoû, eigtl. „vom Gemeinsamen"] *das*; -[s], -s: grammatische Konstruktion, bei der sich ein Satzteil od. Wort zugleich auf den vorhergehenden u. den folgenden Satzteil bezieht, (z. B. Was sein Pfeil erreicht, *das ist seine Beute*, was da kreucht und fleucht; Schiller)

Apokope [...*pe*; auch: *apo*...; aus gleichbed. *gr.* apokopḗ, eigtl. „das Abschlagen, Abhauen"] *die*; -, ...kopen, auch Apokopen, Apokopen: Wegfall eines Auslautes od. einer auslautenden Silbe; (z. B. *hatt'* für *hatte*; Sprachw.). **apokopieren**: ein Wort am Ende durch Apokope verkürzen (Sprachw.)

apo|kryph [...*krüf*; über *lat.* apocryphus aus *gr.* apókryphos „untergeschoben, unecht", eigtl. „verborgen"]: 1. zu den Apokryphen gehörend, sie betreffend. 2. unecht, fälschlich jmdm. zugeschrieben. **Apo|kryph** *das*; -s, -en, (auch:) **Apo|kryphon** *das*; -s, ...ypha u. ...yphen (meist Plural): nicht in den → Kanon (4) aufgenommenes, jedoch den anerkannten biblischen Schriften formal u. inhaltlich sehr ähnliches Werk (Rel.)

apolitisch [auch: ...*li*...; aus *gr.* apolitikós „zu Staatsgeschäften ungeschickt"]: a) unpolitisch; b) ohne Interesse gegenüber der Politik, gegenüber politischen Ereignissen

Apoll *der*; -s, -s: = Apollo (1). **apollinisch** [aus *lat.* Apollīneus, zum Namen des Gottes → Apollo]: 1. den Gott Apollo betreffend, in der Art Apollos. 2. harmonisch, ausgeglichen, maßvoll; Ggs. → dionysisch. **Apollo** [griech.-röm. Gott der Weissagung und Dichtkunst] *der*; -s, -s: 1. schöner [junger] Mann. 2. ein Tagschmetterling

Apologet [Rückbildung zu → apologetisch] *der*; -en, -en: a) jmd., der eine bestimmte Anschauung mit Nachdruck vertritt u. verteidigt; b) Vertreter einer Gruppe griech. Schriftsteller des 2. Jh.s, die für das Christentum eintraten. **Apologetik** *die*; -, -en: das Gesamt aller apologetischen Äußerungen; wissenschaftliche Rechtfertigung von [christlichen] Lehrsätzen. **apologetisch** [aus gleichbed. *gr.* apologētikós zu apologeísthai „sich mit Worten verteidigen"; vgl. Logos]: eine Ansicht, Lehre o. ä. verteidigend, rechtfertigend

Apologie [aus *gr.-lat.* apología „Verteidigung"] *die*; -, -ien: a) Verteidigung, Rechtfertigung einer Lehre, Überzeugung o.ä.; b) Verteidigungsrede od. -schrift. **apologisieren**: verteidigen, rechtfertigen

apophantisch [aus gleichbed. *gr.* apophantikós zu apophēnai „bestimmt berichten"]: aussagend, behauptend; nachdrücklich

Apo|phthegma [aus gleichbed. *gr.* apóphthegma zu apophthéggesthai „seine Meinung sagen"] *das*; -s, ...men u. -ta: [witziger, prägnanter] Ausspruch, Sinnspruch, Zitat, Sentenz

apo|plektisch: a) zu Schlaganfällen neigend; b) zu einem Schlaganfall gehörend, damit zusammenhängend; durch einen Schlaganfall bedingt. **Apoplexie** [aus gleichbed. *gr.-lat.* apoplēxía] *die*; -, ...ien: Schlaganfall, Gehirnschlag

Aporie [aus *gr.-lat.* aporía „Ratlosigkeit, Verlegenheit" zu áporos „ohne Mittel u. Wege, ratlos"] *die*; -, ...ien: Unmöglichkeit, eine [philosophische] Frage zu lösen; Ausweglosigkeit

Apostasie [aus *gr.-lat.* apostasía „das Abfallen vom Herrscher"] *die*; -, ...ien: Abfall [eines Christen vom Glauben]. **Apostat** [über *lat.* apostata aus *gr.* apostátēs „der Abtrünnige"] *der*; -en, -en: 1. jmd., der vom Glauben abfällt. 2. Abtrünniger

Apostel [über gleichbed. *lat.* apostolus aus *gr.* apóstolos, eigtl. „abgesandt; Bote"] *der*; -s, -: 1. Jünger Jesu (Rel.). 2. (iron.) jmd., der für eine Welt- od. Lebensanschauung mit Nachdruck eintritt u. sie zu verwirklichen sucht

a posteriori [*lat.*; „vom Späteren her", d. h., man erkennt die Ursache aus der zuerst erfahrenen späteren Wirkung]: 1. aus der Wahrnehmung gewonnen, aus Erfahrung (Erkenntnistheorie); Ggs. → a priori. 2. nachträglich, später; Ggs. → a priori. **aposteriorisch**: erfahrungsgemäß; Ggs. → apriorisch

Apostilb [aus → apo... u. → Stilb] *das*; -s, -: photometrische Einheit der Leuchtdichte nicht selbst leuchtender Körper; Abk.: asb; vgl. Stilb

Apostolat [aus gleichbed. *lat.* apostolātus; vgl. Apostel] *das*, (fachspr. auch:) *der*; -s, -e: a) Auftrag, Amt der Apostel (Rel.); b) Sendung, Auftrag der Kirche. **Apostolikum** [gekürzt aus: Symbolum apostolicum] *das*; -s: das (angeblich auf die 12 Apostel zurückgehende) christliche Glaubensbekenntnis. **apostolisch**: a) nach Art der Apostel, von den Aposteln ausgehend; b) päpstlich; Apostolische Majestät: Titel der Könige von Ungarn u. der Kaiser von Österreich; Apostolischer Nuntius: ständiger Gesandter des Papstes bei einer Staatsregierung; Apostolischer Stuhl: Heiliger Stuhl (Bezeichnung für das Amt des Papstes u. die päpstlichen Behörden)

Apo|stroph [aus gleichbed. *gr.-lat.* apóstrophos, eigtl. „abgewandt; abfallend"] *der*; -s, -e: Auslassungszeichen; Häkchen, das den Ausfall eines Lautes od. einer Silbe kennzeichnet (z. B. hatt', 'naus). **Apo|strophe** [aus gleichbed. *gr.-lat.* apostrophḗ, eigtl. „das Sichabwenden (vom Publikum)"] *die*; -, ...ophen: feierliche Anrede an eine Person od. Sache außerhalb des Publikums; überraschende Hinwendung des Redners zum Publikum od. zu abwesenden Personen (Rhet., Stilk.). **apo|strophieren**: 1. mit einem Apostroph versehen. 2. a) jmdn. feierlich od. gezielt ansprechen, sich deutlich auf jmdn. beziehen; b) etwas besonders erwähnen, sich auf etwas beziehen. 3. jmdn. od. etwas in einer bestimmten Eigenschaft herausstellen, als etwas bezeichnen

Apotheke [über *lat.* apothēca aus *gr.* apothḗkē „Abstell-, Vorratsraum"] *die*; -, -n: 1. Geschäft, in dem Arzneimittel verkauft u. hergestellt werden.

2. Schränkchen, Tasche, Behälter für Arzneimittel (meist in Zusammensetzungen wie Hausapotheke, Autoapotheke). 3. (abwertend) teurer Laden; Geschäft, das hohe Preise fordert. **Apotheker** *der;* -s, -: jmd., der auf Grund eines Hochschulstudiums mit → Praktikum u. auf Grund seiner → Approbation (1) berechtigt ist, eine Apotheke zu leiten

Apotheose [aus gleichbed. *gr.-lat.* apothéōsis zu → apo... u. *gr.* theós „Gott"] *die;* -, -n: 1. Erhebung eines Menschen zum Gott, Vergöttlichung eines lebenden od. verstorbenen Herrschers. 2. bildliche Darstellung einer Apotheose (1) in der Kunst. 3. wirkungsvolles Schlußbild eines Bühnenstücks (Theat.)

a potiori [*lat.*; „vom Stärkeren her"]: von der Hauptsache her, nach der Mehrzahl; größtenteils

Apparat [aus *lat.* apparātus „Zubereitung, Einrichtung; Werkzeuge" zu apparāre „zubereiten"] *der;* -[e]s, -e: 1. zusammengesetztes mechanisches, elektrisches od. optisches Gerät. 2. (ugs.) a) Telefon; b) Radio-, Fernsehgerät; c) Elektrorasierer; d) Fotoapparat. 3. Gesamtheit der für eine [wissenschaftliche] Aufgabe nötigen Hilfsmittel. 4. Gesamtheit der zu einer Institution gehörenden Menschen u. der zu ihr gehörenden [technischen] Hilfsmittel. 5. (salopp) Gegenstand (seltener eine Person), der durch seine außergewöhnliche Größe od. durch sein ungewöhnliches Aussehen Aufsehen erregt. 6. Gesamtheit funktionell zusammengehörender Organe (z. B. Sehapparat; Med.). **apparativ**: a) einen Apparat betreffend; b) den Apparatebau betreffend; c) mit Apparaten arbeitend (z. B. von technischen Verfahren); d) mit Hilfe von Apparaten feststellbar; -e Lehr- u. Lernhilfen: technische Geräte zur Unterrichtsgestaltung u. Wissensvermittlung (z. B. Tonband im Sprachlabor). **Apparatur** [zu → Apparat] *die;* -, -en: Gesamtanlage zusammengehörender Apparate u. Instrumente

Apparatschik [aus gleichbed. *russ.* apparáttschik zu apparát „Verwaltungsbehörden"; vgl. Apparat] *der;* -s, -s: (abwertend) Funktionär in der Verwaltung u. im Parteiapparat (von Ostblockstaaten), der von höherer Stelle ergangene Weisungen u. Anordnungen durchzusetzen versucht

Appartement [...*mang*, schweiz.: ...*mänt*; aus gleichbed. *fr.* appartement, dies aus *it.* appartamento „abgeteilte Wohnung" zu appartare „abteilen"] *das;* -s, -s (schweiz.: -e): a) komfortable Kleinwohnung; b) Zimmerflucht, einige zusammenhängende Räume in einem größeren [luxuriösen] Hotel; vgl. Apartment

appassionato [*it.*; zu *it.* passione „Leidenschaft", vgl. Passion]: leidenschaftlich, entfesselt, stürmisch (Vortragsanweisung; Mus.)

Appeal [*ᵉpil*; aus *engl.* appeal „Anziehung(skraft), Wirkung"; vgl. Appell] *der;* -s: Aufforderungscharakter, Anreiz (Psychol.)

Appell [aus *fr.* appel „Anruf" zu appeler „(herbei)rufen" aus *lat.* appellāre; vgl. appellieren] *der;* -s, -e: 1. Aufruf, Mahnruf [zu einem bestimmten Verhalten]. 2. Antreten (zur Befehlsausgabe u. a.; Mil.). 3. Gehorsam des [Jagd]hundes; - haben: gehorchen (von einem Hund). 4. = Appeal

Appellation [...*zion*; zu → appellieren] *die;* -, -en: Berufung (Rechtsw.)

Appellativ [aus *lat.* (nōmen) appellātīvum „zur Benennung dienend"; vgl. appellieren] *das;* -s, -e, [...*iwᵉ*]: Substantiv, das eine ganze Gattung gleichgearteter Dinge od. Lebewesen u. zugleich jedes einzelne Wesen od. Ding dieser Gattung bezeichnet (z. B. Tisch, Mann). **appellativisch** [...*wisch*]: als Appellativ gebraucht. **Appellativname** *der;* -ns, -n: als Gattungsbezeichnung verwendeter Eigenname (z. B. Zeppelin für „Luftschiff"). **Appellativum** [...*iwum*] *das;* -s, ...va: Appellativ

appellieren [aus *lat.* appellāre „um Hilfe ansprechen, (auf)rufen"]: 1. etwas im Menschen wachzurufen versuchen. 2. Berufung einlegen (Rechtsw.)

Appendix [aus *lat.* appendix „Anhang, Anhängsel" zu appendere „aufhängen"] *der;* -, ...dizes od. *der;* -es, -e: 1. Anhängsel. 2. Anhang eines Buches, (der Tafeln, Tabellen, Karten o. ä. enthält). 3. (fachspr. nur: *die;* -, ...dizes, sonst auch: *der;* -, ...dizes): Wurmfortsatz des Blinddarms (Med.). **Appendizitis** *die;* -, ...zitiden: Entzündung des Wurmfortsatzes des Blinddarms, Blinddarmentzündung (Med.)

Apperzeption [...*zion*; gelehrte Bildung nach *fr.* aperception „Wahrnehmung" aus → ad... u. → Perzeption] *die;* -, -en: bewußtes Erfassen von Erlebnis-, Wahrnehmungs- und Denkinhalten (Psychol.). **apperzipieren**: Erlebnisse u. Wahrnehmungen bewußt erfassen im Unterschied zu → perzipieren (Psychol.)

Appetenz [aus *lat.* appetentia „Begehren"] *die;* -, -en: (Verhaltensforschung) [ungerichtete] suchende Aktivität, Trieb (z. B. bei einem Tier auf Nahrungssuche)

Appetit [aus *lat.* appetītus „Verlangen" zu appetere „nach etwas hinlangen"] *der;* -s, -e: a) (ohne Plural) Eßlust, Hunger; b) heftiges Verlangen, Begierde. **appetitlich**: a) appetitanregend; b) hygienisch einwandfrei, sauber; c) adrett u. frisch aussehend

Appetizer [*äpᵉtaisᵉr*; aus gleichbed. *engl.* appetizer] *der;* -s, -: appetitanregendes Mittel

ap|planieren [aus gleichbed. *fr.* aplanir, dies zu *lat.* plānus „eben, flach"]: a) [ein]ebnen; b) ausgleichen

ap|plaudieren [aus gleichbed. *lat.* applaudere]: a) Beifall klatschen; b) jmdm./einer Sache Beifall spenden. **Ap|plaus** *der;* -es, -e (Plural selten): Beifall[sruf], Händeklatschen, Zustimmung

ap|plikabel [zu *lat.* applicāre, s. applizieren]: anwendbar. **Ap|plikation** [...*zion*] *die;* -, -en: 1. Anwendung. 2. (veraltet) Bewerbung, Gesuch. 3. aufgenähte Verzierung aus Leder, Filz, dünnerem Metall o. ä. an Geweben (Textilk.). **Ap|plikatur** *die;* -, -en: Fingersatz, das zweckmäßige Verwenden der einzelnen Finger beim Spielen von Streichinstrumenten, Klavier u. a. (Mus.). **ap|plizieren** [aus *lat.* applicāre „anfügen, anwenden, hinwenden"]: 1. anwenden. 2. [Farben] auftragen. 3. [Stoffmuster] aufnähen

Appog|giatur u. **Appog|giatura** [*apodscha*...; aus gleichbed. *it.* appoggiatura, zu appoggiare „anlehnen, unterstützen"] *die;* -, ...ren: langer Vorschlag, der Hauptnote zur Verzierung vorausgeschickter Nebenton (Mus.)

apponieren [aus *lat.* appōnere „hinzusetzen"]: beifügen

apport! [aus *fr.* apporte!, Imperativ von apporter „herbeibringen" aus gleichbed. *lat.* apportāre]: bring [es] her! (Befehl an den Hund). **Apport** *der;* -s, -e: (Jägerspr.) Herbeischaffen des erlegten Wildes durch den Hund. **apportieren**: Gegenstände, erlegtes Wild herbeibringen (vom Hund)

Apposition [...*zion*; aus *lat.* appositio „das Hinzusetzen, der Zusatz" zu appōnere, s. apponieren] *die;* -, -en: substantivisches Attribut, das üblicherweise im gleichen Kasus steht wie das Substantiv od. Pronomen, zu dem es gehört (z. B. Paris, *die Hauptstadt Frankreichs*; Sprachw.). **appositionell**: die Apposition betreffend, in der Art einer Apposition gebraucht

ap|pretieren [aus *fr.* apprêter „zubereiten; steifen, pressen" zu prêt „bereit, fertig"]: Geweben, Textilien durch entsprechendes Bearbeiten ein besseres Aussehen, Glanz, höhere Festigkeit geben. **Appretur** *die*; -, -en: 1. das Appretieren. 2. das, was durch Appretieren an Glanz, Festigkeit usw. im Gewebe vorhanden ist, z. B. die - geht beim Tragen bald wieder heraus. 3. Stelle, an der Textilien appretiert werden

Ap|probation [...*zion*; aus *lat.* approbātio „Billigung, Genehmigung" zu approbāre „zustimmen"] *die*; -, -en: 1. staatliche Zulassung zur Berufsausübung als Arzt od. Apotheker. 2. Anerkennung, Bestätigung, Genehmigung durch die zuständige kirchliche Autorität (kath. Rel.). **ap|probieren**: bestätigen, genehmigen. **ap|probiert**: zur Ausübung des Berufes staatlich zugelassen (von Ärzten u. Apothekern)

Ap|proximation [...*zion*; zu *lat.* approximāre „herankommen"] *die*; -, -en: Näherung[swert], angenäherte Bestimmung od. Darstellung einer unbekannten Größe od. Funktion (Math.). **ap|proximativ**: angenähert, ungefähr. **Ap|proximativ** *das*; -s, -e [...*iwe*]: Formklasse des Adjektivs, die eine Annäherung ausdrückt (vergleichbar deutschen Adjektivbildungen wie rötlich zu rot; Sprachw.)

après nous le déluge! [*aprä nu le delüsch*; *fr.*; „nach uns die Sintflut!"; angeblicher Ausspruch der Marquise von Pompadour nach der verlorenen Schlacht bei Roßbach 1757]: nach mir die Sintflut!; für mich ist nur mein heutiges Wohlergehen wichtig, um spätere, daraus eventuell entstehende Folgen kümmere ich mich nicht, die müssen andere tragen!

Après-Ski [*apräschi*; aus gleichbed. *fr.* après-ski, eigtl. „nach dem Skilaufen"] *das*; -: a) jede Art von Zerstreuung od. Vergnügen [nach dem Skilaufen] im Winterurlaub; b) sportlich-salopppe, modisch-elegante Kleidung, die nach dem Skisport, aber auch allgemein von nicht Ski laufenden Winterurlaubern getragen wird

Aprikose [aus gleichbed. *niederl.* abrikoos, dies über *fr.* abricots (Plural), *span.* albaricoque aus *arab.* al-barqūq „die Pflaume", das auf *vulgärlat.* (persica) praecocia „frühreifer Pfirsich" (zu *lat.* praecoquus „vorzeitig Früchte tragend") zurückgeht] *die*; -, -n: a) gelbliche, pflaumengroße, fleischige Steinfrucht des Aprikosenbaumes; b) Aprikosenbaum; c) Gartenzierbaum aus Japan

April [aus *lat.* Aprīlis (mēnsis), weitere Herkunft unbekannt] *der*; -[s], -e: vierter Monat im Jahr, Ostermond, Wandelmonat

a prima vista [- - *wißta*; *it.*; „auf den ersten Blick"]: vom Blatt, d. h. ohne vorhergehende Probe bzw. Kenntnis der Noten singen od. spielen (Mus.); vgl. a vista

a priori [*lat.*; „vom Früheren her"]: 1. von der Erfahrung od. Wahrnehmung unabhängig, aus der Vernunft durch logisches Schließen gewonnen (Erkenntnistheorie); Ggs. → a posteriori. 2. grundsätzlich, von vornherein; Ggs. → a posteriori. **apriorisch**: aus Vernunftgründen [erschlossen], allein durch Denken gewonnen; Ggs. → aposteriorisch

apropos [*apropo*; aus *fr.* à propos „der Sache, dem Thema angemessen" zu propos „Gespräch"]: da wir gerade davon sprechen...; nebenbei bemerkt, übrigens

Apside [aus *spätlat.* absida zu *gr.-lat.* ápsis „Bogen"] *die*; -, -n: 1. Punkt der kleinsten od. größten Entfernung eines Planeten von dem Gestirn, das er umläuft (Astron.). 2. = Apsis (1). **Apsis** *die*; -, ...iden: 1. halbrunde, auch vieleckige Altarnische als Abschluß eines Kirchenraumes. 2. [halbrunde] Nische im Zelt zur Aufnahme von Gepäck u. a.

aq. dest. = Aqua destillata. **Aqua destillata** [aus *lat.* aqua „Wasser" u. destillāta, Part. Perf. von destillāre, s. destillieren] *das*; - -: destilliertes, chemisch reines Wasser; Abk.: aq. dest.

Aquädukt [aus gleichbed. *lat.* aquae ductus zu dūcere „führen"] *der* (auch: *das*); -[e]s, -e: über eine Brükke geführte Wasserleitung (in der Antike)

Aquakultur *die*; -, -en: 1. (ohne Plural) systematische Bewirtschaftung des Meeres (z. B. durch Anlegen von Muschelkulturen). 2. (ohne Plural) Verfahren zur Intensivierung der Fischzüchtung u. -produktion

äqual [aus gleichbed. *lat.* aequālis]: gleich [groß], nicht verschieden

Aquamarin [gelehrte Bildung zu *lat.* aqua marīna „Meerwasser"] *der*; -s, -e: meerblauer → Beryll, Edelstein

Aquanaut [aus *lat.* aqua „Wasser" u. → ...naut] *der*; -en, -en: Forscher, der in einer Unterwasserstation die besonderen Lebens- und Umweltbedingungen in größeren Meerestiefen erforscht

Aquaplaning [auch: ...*pleͥning*; aus gleichbed. *engl.* aquaplaning, eigtl. „Wassergleiten", vgl. *engl.-amerik.* aquaplane „Wellengleitbrett"] *das*; -[s]: Wasserglätte; das Rutschen, Gleiten der Reifen eines Kraftfahrzeugs bei aufgestautem Wasser einer regennassen Straße

Aquarell [aus gleichbed. *it.* acquerello zu acqua „Wasser" aus *lat.* aqua] *das*; -s, -e: mit Wasserfarben gemaltes Bild; in -: mit Wasserfarben [gemalt], in Aquarelltechnik. **aquarellieren**: mit Wasserfarben malen

Aquarianer [zu → Aquarium] *der*; -s, -: Aquarienliebhaber. **Aquarist** *der*; -en, -en: jmd., der sich mit Aquaristik beschäftigt. **aquaristisch**: die Aquaristik betreffend. **Aquaristik** *die*; -: sachgerechtes Halten u. Züchten von Wassertieren u. -pflanzen als Hobby od. aus wissenschaftlichem Interesse. **Aquarium** [gelehrte Bildung zu *lat.* aquārius „zum Wasser gehörend"] *das*; -s, ...ien [...*ien*]: 1. Behälter zur Pflege, Zucht u. Beobachtung von Wassertieren. 2. Gebäude [in zoologischen Gärten], in dem in verschiedenen Aquarien (1) Wassertiere u. -pflanzen ausgestellt werden

Aquatel [Kurzw. aus *lat. aqua* (Wasser) u. Ho*tel*] *das*; -s, -s: Hotel, das an Stelle von Zimmern od. Apartments Hausboote vermietet

Aquatinta [aus gleichbed. *it.* acquatinta dies aus *lat.* aqua tincta „gefärbtes Wasser", s. Tinktur] *die*; -, ...ten (auch: -s): 1. (ohne Plural) Kupferstichverfahren, das die Wirkung der Tuschzeichnung nachahmt. 2. einzelnes Blatt in Aquatintatechnik

aquatisch [aus gleichbed. *lat.* aquāticus]: 1. dem Wasser angehörend; im Wasser lebend. 2. wässerig

Äquator [gelehrte Entlehnung aus *lat.* aequātor „Gleichmacher" zu aequāre „gleichmachen"] *der*; -s, ...toren: 1. (ohne Plural) größter Breitenkreis, der die Erde in eine nördliche u. eine südliche

Hälfte teilt. 2. Kreis auf einer Kugel, dessen Ebene senkrecht auf einem vorgegebenen Kugeldurchmesser steht (Math.)

à quatre mains [*a katr*ᵉ *mäng*; *fr.*; „zu vier Händen"]: vierhändig (Mus.). **à quatre parties** [- - *parti*]: vierstimmig (Mus.)

Aquavit [*akwawit*; gelehrte Bildung aus *lat.* aqua vītae „Lebenswasser"] *der*; -s, -e: vorwiegend mit Kümmel gewürzter Branntwein

äquidistant: gleich weit voneinander entfernt, gleiche Abstände aufweisend (z. B. von Punkten od. Kurven; Math.)

Äquili|brist [nach gleichbed. *fr.* équilibriste zu *lat.* aequilībrium „Gleichgewicht"] Equili|brist *der*; -en, -en: → Artist (2), der die Kunst des Gleichgewichthaltens (mit u. von Gegenständen) beherrscht, bes. Seiltänzer. **Äquili|bristik**, Equili|bristik *die*; -: die Kunst des Gleichgewichthaltens. **äquili|bristisch**, equili|bristisch: die Äquilibristik betreffend

äquimolekular [zu *lat.* aequus „gleich" u. → molekular]: gleiche Anzahl von → Molekülen pro Volumeneinheit enthaltend (von Lösungen)

äquinoktial [...*zial*; aus gleichbed. *lat.* aequinoctiālis zu aequinoctium „Tagundnachtgleiche"]: a) das Äquinoktium betreffend; b) tropisch, Tropen... **Äquinoktium** [...*nokzium*] *das*; -s, ...ien [...*i*ᵉ*n*]: Tagundnachtgleiche

äquivalent [...*wa*...; aus gleichbed. *mlat.* aequivalēns, Gen. aequivalentis zu *lat.* aequus „gleich" u. valīre „Wert sein"]: gleichwertig, im Wert od. in der Geltung dem Verglichenen entsprechend. **Äquivalent** *das*; -s, -e: gleichwertiger Ersatz, Gegenwert. **Äquivalentgewicht** *das*; -s, -e: → Quotient aus Atomgewicht u. Wertigkeit eines chem. Elements. **Äquivalenz** *die*; -, -en: Gleichwertigkeit (z. B. einer Aussage; Logik; z. B. von Mengen gleicher Mächtigkeit; Math.)

ar..., **Ar**... 1. vgl. ¹a..., A... 2. vgl. ad..., Ad...

...ar [aus *lat.* ...ārius]: 1. Endung von Adjektiven mit verschiedenen Bedeutungen, z. B. axillar (räumliche Beziehung), vermikular (Ähnlichkeit). 2. Endung von Substantiven, z. B. Archivar, Referendar, Ärar

...är [aus *fr.* ...aire, dies aus *lat.* ...ārius]: Endung von Adjektiven u. meist männlichen Substantiven, die über das Französische ins Deutsche gekommen sind, z. B. konträr, vulgär; Aktionär, Parlamentär

¹**Ar** [aus gleichbed. *fr.* are, dies aus *lat.* ārea „freier Platz, Fläche", vgl. Areal] *das* (auch: *der*); -s, -e (aber: 3 Ar): Flächenmaß von 100 qm; Zeichen: a; vgl. Are

²**Ar** chem. Zeichen für: Argon

Ara, Arara [aus gleichbed. *fr.* ara bzw. *port.* arara, diese aus *indian.* (*Tupi*) arara] *der*; -s, -s: Langschwanzpapagei aus dem tropischen Südamerika

Ära [aus *spätlat.* aera „gegebene Zahl, Rechnungsposten; Zeitabschnitt", eigtl. Plur. von *lat.* aes „Geld"; vgl. Ärar] *die*; -, Ären: 1. a) Zeitalter, -abschnitt; b) Amtszeit. 2. Erdzeitalter (Gruppe von → Formationen (4) der Erdgeschichte; Geol.)

Araber [nach dem geographischen Begriff Arabien] *der*; -s, -: arabisches Vollblut, Pferd einer edlen Pferderasse

Arabeske [aus *fr.* arabesque „(arabische) Verzierung", dies aus *it.* arabesco zu arabo „arabisch"] *die*; -, -n: 1. rankenförmige Verzierung, Ornament. 2. Musikstück für Klavier. **Arabesque** [...*bäßk*] *die*; -, -s [...*bäßk*]: Tanzpose auf einem Standbein, bei der das andere Bein gestreckt nach hinten angehoben ist (Ballett)

Arachnoiden (auch:) Arachniden [zu *gr.* aráchnē „Spinne"] *die* (Plural): Spinnentiere

Aralie [...*i*ᵉ; Herkunft unbekannt] *die*; -, -n: Pflanze aus der Familie der Efeugewächse

Aräometer [zu *gr.* araiós „dünn" u. → ...meter] *das*; -s, -: Gerät zur Bestimmung der Dichte bzw. des spezifischen Gewichts von Flüssigkeiten u. festen Stoffen (Phys.)

Ärar [aus *lat.* aerārium „Schatzkammer" zu aes „Erz, Kupfer; Geld"] *das*; -s, -e: a) Staatsschatz, -vermögen; b) Staatsarchiv. **ärarisch**: zum → Ärar gehörend, staatlich

Araukarie [...*i*ᵉ; nach der chilen. Provinz Arauco] *die*; -, -n: ein Nadelbaum; Zimmertanne

Arbiter [aus gleichbed. *lat.* arbiter] *der*; -s, -: (veraltet) Schiedsrichter; - elegantiarium: Sachverständiger in Fragen des guten Geschmacks; - litterarum: Literatursachverständiger

arbi|trär: nach Ermessen, beliebig, willkürlich

Arboretum [aus *lat.* arborētum „Baumpflanzung" zu arbor „Baum"] *das*; -s, ...ten: Baumschule; zu Studienzwecken angelegte Sammelpflanzung verschiedener Bäume, die auf freiem Lande wachsen (Bot.)

Arbuse [aus gleichbed. *russ.* arbus, dies aus *pers.* charbūza, eigtl. „Eselsgurke"] *die*; -, -n: Wassermelone

arch..., **Arch**... vgl. archi..., Archi... **Archai|kum**, (auch:) **Archäi|kum** [gelehrte Bildung zu → archaisch] *das*; -s: ältester Abschnitt der erdgeschichtlichen Frühzeit (Geol.); vgl. Archäozoikum. **archäisch**: das älteste Zeitalter der Erdgeschichte betreffend. **archaisch** [aus *gr.* archaikós „altertümlich"]: a) altertümlich; b) frühzeitlich; c) aus der Frühstufe eines Stils, bes. aus der der Klassik vorangehenden Epoche der griechischen Kunst stammend. **archai|sieren** [...*a-i*...]: archaische Formen verwenden, nach alten Vorbildern gestalten. **Archaismus** *der*; -, ...men: 1. a) (ohne Plural) Rückgriff auf veraltete Wörter, Sprachformen od. Stilmittel (Sprachw.; Stilk.); b) erstarrte grammatische Form (Sprachw.); c) veraltetes Wort, altertümlicher Ausdruck (z. B. weiland). 2. Nachahmung archaischer Kunstformen (Kunstw.). **archaistisch**: veraltete Ausdrucksformen nachahmend

Arch|an|thropinen [gelehrte Bildung zu → archi... u. *gr.* ánthrōpos „Mensch"] *die* (Plural): ältester Zweig der Frühmenschen

Archäologe [aus *gr.* archaiológos „Erforscher der alten Geschichte"] *der*; -n, -n: Wissenschaftler auf dem Gebiet der Archäologie, Altertumsforscher. **Archäologie** [aus *gr.* archaiología „Erzählungen aus der alten Geschichte"] *die*; -: Altertumskunde, Wissenschaft von den sichtbaren Überresten alter Kulturen, die durch Ausgrabungen od. mit Hilfe literarischer Überlieferung erschlossen werden können. **archäologisch**: a) die Archäologie betreffend; b) mit Hilfe der Archäologie gewonnen

Archäozoikum [gelehrte Bildung zu *gr.* archaîos „uranfänglich, alt" u. zōḗ „Leben"] *das*; -s: die erdgeschichtliche Frühzeit mit den Abschnitten → Archaikum u. → Algonkium (Geol.)

Archetyp [auch: *ar*...; über *lat.* archetypum aus *gr.* archétypon „zuerst geprägt; Urbild"] *der*; -s, -en u. Archetypus *der*; -, ...pen: 1. Urbild, Urform des Seienden (Philos.). 2. Grundmodell einer Tiergruppe als Rekonstruktion des Bauprinzips einer stammesgeschichtlichen Ausgangsform. **archetypisch** [auch: *ar*...]: der Urform entsprechend. **Archetypus** vgl. Archetyp

archi..., **Archi...**, vor Vokalen arch..., Arch... [aus gleichbed. *gr.* archi... zu árchein „der erste sein, Führer sein" bzw. archós „Anführer"]: Präfix mit der Bedeutung „erster, oberster", „Ober...", „Haupt...", „Ur...", „Erz...". **Archidiakon** [südd. u. österr. auch: ...*di*...; über *lat.* archidiaconus aus *gr.* archidiákonos] *der*; -s u. -en, -e[n]: hoher geistlicher Würdenträger. **Archidiakonat** *das* (auch: *der*); -[e]s, -e: Amt od. Wohnung eines Archidiakons

Archilexem [...*em*; aus → archi... u. → Lexem] *das*; -s, -e: das → Lexem innerhalb eines Wort- oder Synonymenfeldes, das den allgemeinsten Inhalt hat (z. B. *Pferd* gegenüber *Klepper*; Sprachw.)

Archiman|drit [aus *gr.-lat.* archimandrítēs zu *gr.* mándra „Pferch, Stall; Kloster"] *der*; -en, -en: in den orthodoxen Kirchen Vorsteher mehrerer Klöster

archimedische [nach dem griech. Mathematiker Archimedes] **Schraube** *die*; -n -, -n: Gerät zur Be- od. Entwässerung (Wasserschnecke). **Archimedische Prinzip** *das*; -n -s: Gesetz vom Auftrieb eines Körpers in einer Flüssigkeit od. einem Gas

Archipel [aus gleichbed. *it.* arc(h)ipelago, eigtl. „Hauptmeer", dies wohl umgebildet aus *gr.* Aigaîon pélagos „Ägäisches Meer"] *der*; -s, -e: 1. die Inseln des Ägäischen Meeres. 2. Inselmeer, -gruppe

Architekt]über *lat.* architectus aus *gr.* architéktōn, „Baumeister", eigtl. „Oberzimmermann"] *der*; -en, -en: 1. auf einer Hochschule ausgebildeter Fachmann, der Bauwerke entwirft u. gestaltet, Baupläne ausarbeitet u. deren Ausführung überwacht. 2. jmd., der [auf politischer Ebene] ein bestimmtes Projekt entwirft u. dessen Verwirklichung durchsetzt. **Architektonik** *die*; -: 1. Wissenschaft von der Baukunst. 2. künstlerischer Aufbau einer Dichtung, eines Musikwerkes o. ä. **architektonisch**: 1. baulich, baukünstlerisch, den Gesetzen der Baukunst gemäß. 2. streng gesetzmäßig (z. B. vom Aufbau eines Gemäldes). **Architektur** *die*; -, -en: 1. a) Baukunst [als wissenschaftliche Disziplin]; b) Baustil. 2. (meist Plural): bautechnische Einzelheit, in sich geschlossenes Bauelement. 3. der nach den Regeln der Baukunst gestaltete Aufbau eines Gebäudes

Architrav [aus gleichbed. *it.* architrave, eigtl. „Hauptbalken", zu → archi... u. *lat.* trabs „Balken"] *der*; -s, -e [...*w*ᵉ]: die Säulen verbindender Querbalken (Tragbalken) in der antiken Baukunst

Archiv [aus gleichbed. *spätlat.* archīvum, dies aus *gr.* archeîon „Regierungs-, Amtsgebäude"] *das*; -s, -e [...*w*ᵉ]: a) Einrichtung zur systematischen Erfassung, Erhaltung u. Betreuung rechtlicher u. politischer Dokumente; b) Raum, Gebäude, in dem Schriftstücke, Urkunden u. Akten aufbewahrt werden. **Archivalien** [...*wali*ᵉ*n*] *die* (Plural): Aktenstücke u. Urkunden aus einem Archiv. **archivalisch**: urkundlich. **Archivar** *der*; -s, -e: wissenschaftlich ausgebildeter Fachmann, der in einem Archiv arbeitet. **archivieren**: Urkunden u. Dokumente in ein Archiv aufnehmen

Archivolte [...*wolt*ᵉ; aus gleichbed. *it.* archivolto, dies aus *mlat.* archivoltum zu *lat.* arcus „Bogen" u. volutus (Part. Perf. von volvere „drehen, winden")] *die*; -, -n: (Archit.) 1. bandartige Stirn- u. Innenseite eines Rundbogens. 2. plastisch gestalteter Bogenlauf im roman. u. got. Portal

Archon *der*; -s, Archonten u. **Archont** [aus gleichbed. *gr.-lat.* árchōn, eigtl. Part. Präs. von *gr.* árchein „herrschen"] *der*; -en, -en: höchster Beamter in Athen u. anderen Städten der Antike. **Archontat** *das*; -s, -e: 1. Amt eines Archonten. 2. Amtszeit eines Archonten

arco = coll'arco. **Arcus** vgl. Arkus

Are *die*; -, -n: (schweiz.) → ¹Ar

Area [aus *lat.* ārea „freier Platz, Fläche"] *die*; -, Areen od. -s: (veraltet): Fläche, Kampfplatz. **Areafunktion** [...*zion*] *die*; -, -en: Umkehrfunktion einer → Hyperbelfunktion (Math.)

areal [zu *lat.* ārea „Fläche"]: Verbreitungsgebiete betreffend. **Areal** *das*; -s, -e: 1. Bodenfläche. 2. Verbreitungsgebiet einer Tier- od. Pflanzenart

Arekanuß [zu gleichbed. *port.* areca aus *malai.* atecca] *die*; -, ...nüsse: Frucht der Areka- od. Betelnußpalme

areligiös [aus *gr.* a... „un-, nicht-" u. → religiös]: a) außerhalb des Religiösen [befindlich]; b) nicht religiös

Arena [aus *lat.* arena „Sand; Sandbahn; Kampfplatz im Amphitheater"] *die*; -, ...nen: 1. [sandbestreuter] Kampfplatz, Kampfbahn. 2. a) Sportplatz (mit Zuschauersitzen); b) Zirkusmanege; c) (österr.) Sommerbühne. 3. Schauplatz

Areopag [über *lat.* Arēopagus aus *gr.* Areiópagos, eigtl. „Hügel des Ares", nach dem Tagungsort] *der*; -s: höchster Gerichtshof im Athen der Antike

Argali [*mongol.*] *der*, (auch: *das*); -[s], -s: Wildschaf in Zentralasien

Argentum [aus *lat.* argentum] *das*; -[s]: lat. Bez. für: Silber (chem. Grundstoff); Zeichen: Ag

Arginin [zu *gr.* *arg*inoeis „hell schimmernd"] *das*; -s, -e: lebenswichtige → Aminosäure, die in allen Eiweißkörpern enthalten ist

Argon [auch: ...*on*; zu *gr.* argós „untätig, träge"] *das*; -s: chem. Grundstoff, Edelgas; Zeichen: Ar

Argot [*argo*; aus *fr.* argot „Rotwelsch" (Herkunft unbekannt)] *das* od. *der*; -s, -s: a) Bettler- u. Gaunersprache, Rotwelsch; b) Gruppensprache, → Slang, → Jargon

Argument [aus gleichbed. *lat.* argūmentum, eigtl. „was der Veranschaulichung dient", zu arguere „erhellen, beweisen"] *das*; -[e]s, -e: 1. a) Beweis[grund, -mittel]; b) Begründung, Rechtfertigung. 2. unabhängige Veränderliche einer mathem. Funktion. **Argumentation** [...*zion*] *die*; -, -en: Darlegung der Argumente, Beweisführung, Begründung. **argumentativ**: a) die vorgebrachten Argumente betreffend; b) mit Hilfe von Argumenten [geführt]; vgl. ...iv/...orisch. **argumentatorisch**: die vorgebrachten Argumente betreffend; vgl. ...iv/...orisch. **argumentieren**: Argumente vorbringen, seine Beweise darlegen, beweisen, begründen

Argus [hundertäugiger Riese der griech. Sage] *der*; -, -se: scharfer Wächter. **Argusaugen** *die* (Plural): scharfe, wachsame Augen; mit -: kritisch, wachsam, mißtrauisch [etwas beobachtend]

Ariadnefaden [nach der sagenhaften kretischen Königstochter, die Theseus mit einem Wollknäuel den Rückweg aus dem Labyrinth ermöglichte] *der*; -s: etwas, was aus einer verworrenen Lage heraushilft

Arianer [nach dem → Presbyter (1) Arius v. Alexandria] *der*; -s, -: Anhänger des Arianismus.

arianisch: a) den Arianismus betreffend; b) die Lehre des Arianismus vertretend. **Arianismus** *der*; -: Lehre des Arius (4. Jh.), wonach Christus mit Gott nicht wesenseins, sondern nur wesensähnlich sei

arid [aus gleichbed. *lat.* āridus]: trocken, dürr, wüstenhaft (vom Boden od. Klima). **Aridität** *die*; -: Trockenheit (in bezug auf das Klima)

Arie [*ari^e*; aus *it.* aria „Lied, Weise, Arie", eigtl. „Weise des Auftretens"] *die*; -, -n: Sologesangstück mit Instrumentalbegleitung (bes. in Oper u. Oratorium). **Ariette** [aus gleichbed. *fr.* ariette, dies aus *it.* arietta zu aria, s. Arie] *die*; -, -n: kleine → Arie

arios [aus gleichbed. *it.* arioso zu aria, s. Arie]: gesanglich, melodiös (Vortragsanweisung; Mus.). **arioso**: in der Art einer Arie gestaltet, liedmäßig (Vortragsanweisung; Mus.). **Arioso** *das*; -s, -s u. ...si: Gesangsstück, das in seinem liedmäßigen Charakter näher beim Rezitativ, in der taktlichen Behandlung näher bei der Arie steht

Aristie [aus gleichbed. *gr.* aristeía zu áristos „der Beste"] *die*; -, ...ien: überragende Heldentat und ihre literarische Verherrlichung (speziell von der Schilderung der Kämpfe vor Troja in der Ilias)

Aristo|krat [zu → Aristokratie] *der*; -en, -en: 1. Angehöriger des Adels. 2. Mensch von vornehm-zurückhaltender Lebensart. **Aristo|kratie** [über *lat.* aristocratia aus *gr.* aristokratía „Herrschaft der Vornehmsten" zu áristos „der Beste" u. → ...kratie] *die*; -, ...ien: 1. Staatsform, in der die Herrschaft im Besitz einer privilegierten sozialen Gruppe ist. 2. adlige Oberschicht mit besonderen Privilegien. 3. durch Geld, Besitz od. Bildung gekennzeichnete [Führungs]schicht innerhalb einer Gesellschaft (z. B. Geldaristokratie). 4. (ohne Plural) Würde, edles Wesen. **aristo|kratisch**: 1. die Aristokratie (2) betreffend, zu ihr gehörend. 2. vornehm, edel

Aristophaneus [nach dem altgriech. Komödiendichter Aristophanes] *der*; -, ...neen: antiker Vers (von der Normalform –◡◡– ◡–◡). **aristophanisch**: a) in der Art des Aristophanes; b) geistvoll, witzig, mit beißendem Spott

Arithmetik [auch: ...*metik*; über *lat.* arithmētica aus *gr.* arithmētikḗ (téchnē) „Rechenkunst"] *die*; -: Teilgebiet der Mathematik, auf dem man sich mit bestimmten u. allgemeinen Zahlen, Reihentheorie, Kombinatorik u. Wahrscheinlichkeitsrechnung befaßt. **Arithmetiker** *der*; -s, -: Fachmann auf dem Gebiet der Arithmetik. **arithmetisch**: a) die Arithmetik betreffend; b) rechnerisch; -es Mittel: → Quotient aus dem Zahlenwert einer Summe u. der Anzahl der Summanden: Durchschnittswert.

Arithmo|griph [gelehrte Bildung aus *gr.* árithmos „Zahl" u. grīphos „Rätsel"] *der*; -en, -en: Zahlenrätsel

Arkade [aus gleichbed. *fr.* arcade, dies aus *it.* arcata zu arco, *lat.* arcus „Bogen"] *die*; -, -n: a) von zwei Pfeilern od. Säulen getragener Bogen; b) (meist Plural) Bogenreihe, einseitig offener Bogengang [an Gebäuden]

arkadisch [nach der altgriech. Landschaft Arkadien]: Arkadien betreffend, zu Arkadien gehörend; -e Poesie: Hirten- und Schäferdichtung [des 16. bis 18. Jh.s]

Arkebuse [aus *fr.* arquebuse „Büchse", dies aus *niederl.* hakebusse „Hakenbüchse"] *die*; -, -n: Handfeuerwaffe des 15./16. Jh.s. **Arkebusier** *der*; -s, -e: Soldat mit Arkebuse

Arktiker [zu → arktisch] *der*; -s, -: Bewohner der Arktis. **Arktis** *die*; -: Gebiet um den Nordpol; vgl. → Antarktis. **arktisch** [über *lat.* arcticus aus *gr.* arktikós „nördlich" zu árktos „Bär", nach den Sternbildern des Großen u. Kleinen Bären am nördlichen Himmel]: zum Nordpolargebiet gehörend; -e Kälte: sehr strenge Kälte

Arkuballiste [aus *lat.* arcuballista zu arcus „Bogen" u. ballista „Wurfmaschine"] *die*; -, -n: Bogenschleuder (röm. u. mittelalterliches Belagerungsgeschütz)

Arkus, (auch:) Arcus [aus *lat.* arcus „Bogen"] *der*; -, [*arkuß*]: Bogenmaß eines Winkels; Zeichen: arc

Armada [aus *span.* armada, dies aus *lat.* armāta „bewaffnete (Streitmacht)"; nach der Flotte des span. Königs Philipp II.; vgl. armieren] *die*; -, ...den u. -s: mächtige Kriegsflotte

Armarium [aus *lat.* armārium „Schrank" zu arma (Plural) „Gerät, Waffen"] *das*; -s, ...ria u. ...rien [...*i^en*]: Wandnische neben dem Altar zur Aufbewahrung von → Hostien, → Reliquien u. → Sakramentalien (kath. Kirche)

Armatur [aus *lat.* armātūra „Ausrüstung"; vgl. armieren] *die*; -, -en: 1. a) Ausrüstung von technischen Anlagen, Maschinen u. Fahrzeugen mit Bedienungs- u. Meßgeräten; b) (meist Plural) Bedienungs- u. Meßgerät an technischen Anlagen. 2. (meist Plural) Drossel- od. Absperrvorrichtung, Wasserhahn u. ä. in Badezimmern, Duschen u. ä.

Armaturenbrett *das*; -s, -er: eine Art breiter Leiste aus Holz, Metall od. Plastik, auf der Meßinstrumente, Schalt- od. Bedienungsgeräte angebracht sind (z. B. in Kraftfahrzeugen od. im Flugzeugcockpit)

Armee [aus gleichbed. *fr.* armée zu armer „bewaffnen", s. armieren] *die*; -, ...meen: 1. a) Gesamtheit aller Streitkräfte eines Landes; Heer; b) großer Truppenverband, Heereseinheit, Heeresabteilung. 2. (oft iron.) eine recht große, beeindruckende Anzahl (von Personen), z. B. eine ganze - von Vertretern. **Armeekorps** [...*kor*] *das*; - [...*korß*], - [...*korß*]: Verband von mehreren → Divisionen (2)

armieren [aus *fr.* armer „bewaffnen, ausrüsten, verstärken", dies aus *lat.* armāre zu arma (Plural) „Waffen, Gerät"]: 1. bewaffnen, ausrüsten, bestücken. 2. mit Armaturen (1b, 2) versehen (Technik). 3. [Beton] mit Eisen- od. Stahleinlagen verstärken (Technik). **Armierung** *die*; -, -en: 1. Waffenausrüstung (Bestückung) einer militärischen Anlage od. eines Kriegsschiffs. 2. Stahleinlagen für Beton

Arni [*Hindi*] *der*; -s, -s: indischer Großbüffel, Stammform des asiat. Wasserbüffels

Arnika [Herkunft unsicher] *die*; -, -s: Bergwohlverleih; Zier- u. Heilpflanze aus der Familie der Korbblütler

Arom *das*; -s, -e: (dicht.) Aroma. **Aroma** [aus *gr.-lat.* árōma „Gewürz"] *das*; -s, ...men, -s u. (selten:) -ta: 1. deutlich ausgeprägter, [angenehmer] substanzspezifischer Geschmack. 2. deutlich ausgeprägter, [angenehmer] würziger Duft, Wohlgeruch von etwas (bes. eines pflanzlichen Genußmittels). 3. natürlicher od. künstlicher Geschmackstoff für Lebensmittel, Speisen od. Getränke; Würzmittel. **Aromat** *der*; -en, -en (meist Plural): = aromatische Verbindung. **aromatisch** [über *lat.* arōmaticus aus *gr.* arōmatikós „aus Gewürz bestehend"]: 1. einen deutlich ausgeprägten, angenehmen Geschmack habend, wohlschmeckend. 2. wohlriechend; -e Verbindungen: Benzolverbindungen (Chem.). **aromatisieren**: mit Aroma versehen

arp. = arpeggio. **Arpeg|giatur** [*arpädseha...*; zu → Arpeggio] *die*; -, -en: Reihe von Akkorden, deren Töne gebrochen werden, d. h. (nach Harfenart) nacheinander erklingen (Mus.). **arpeg|gieren** [*arpädsehir^e n*]: arpeggio spielen (Mus.). **arpeg|gio** [*arpädseho*]: in Form eines gebrochenen Akkords zu spielen (Vortragsanweisung; Mus.); Abk.: arp. **Arpeg|gio** [aus gleichbed. *it.* arpeggio zu arpeggiare „Harfe spielen" (zu arpa „Harfe")] *das*; -[s], -s u. ...ggien [*...i^e n*]: ein arpeggio gespieltes Musikstück

Arrak [aus gleichbed. *fr.* arak, dies aus *arab.* araq „starker Branntwein", eigtl. „Schweiß"] *der*; -s, -e u. -s: [ostindischer] Branntwein aus Reis od. → Melasse

Arrangement [*arangseh^e mang*; zu → arrangieren] *das*; -s, -s: 1. a) Anordnung, [künstlerische] Gestaltung, Zusammenstellung; b) [künstlerisch] Angeordnetes, aus einzelnen Komponenten geschmackvoll zusammengestelltes Ganzes. 2. Übereinkommen, Vereinbarung, Abmachung, Abrede. 3. a) Bearbeitung eines Musikstückes für andere Instrumente, als für die es geschrieben ist; b) Orchesterfassung eines Themas [im Jazz]. **Arrangeur** [*...sehör*] *der*; -s, -e: 1. jmd., der ein Musikstück einrichtet od. einen Schlager → instrumentiert (1). 2. jmd., der etwas arrangiert (1). **arrangieren** [*...sehir^e n*; aus *fr.* arranger „in Ordnung bringen, zurechtmachen" zu ranger „in Ordnung aufstellen", vgl. rangieren]: 1. a) sich um die Vorbereitung u. den planvollen Ablauf einer Sache kümmern; b) in die Wege leiten, zustande bringen. 2. a) ein Musikstück für andere Instrumente, als für die es geschrieben ist, od. für ein Orchester bearbeiten; b) einen Schlager für die einzelnen Instrumente eines Unterhaltungsorchesters bearbeiten. 3. sich mit jmdm. verständigen u. eine Lösung für etwas finden; eine Übereinkunft treffen trotz gegensätzlicher od. abweichender Standpunkte

Arrest [aus *mlat.* arrestum „Verhaftung" zu *lat.* restāre „stillstehen"; vgl. arretieren] *der*; -es, -e: 1. leichte Freiheitsstrafe, z. B. Jugendarrest. 2. Ort der Haft, z. B. im - sitzen. 3. (veraltend) Nachsitzen in der Schule. **Arrestant** *der*; -en, -en: Häftling

arretieren [aus gleichbed. *fr.* arrêter, dies aus *vulgärlat.* *arrestāre „dableiben machen" zu *lat.* restāre „stillstehen"]: 1. verhaften, festnehmen. 2. bewegliche Teile eines Geräts bei Nichtbenutzung sperren, feststellen. **Arretierung** *die*; -, -en: 1. Festnahme, Inhaftierung. 2. Sperrvorrichtung, durch die bewegliche Teile (z. B. an Meßgeräten) zur Entlastung u. Schonung der Lagerstellen festgesetzt werden können

Ar|rhythmie [aus *gr.-lat.* arhrhythmía „Mangel an Rhythmus"] *die*; -, ...ien: unregelmäßige Bewegung; Unregelmäßigkeit im Ablauf eines rhythmischen Vorgangs

arrivieren [*...wir^e n*; aus gleichbed. *fr.* arriver, eigtl. „das Ufer erreichen", zu *lat.* ad „zu, hinzu" u. ripa „Ufer"]: vorwärtskommen, Erfolg haben; beruflich od. gesellschaftlich emporkommen. **arriviert**: a) erfolgreich u. öffentlich anerkannt; b) (abwertend) emporgekommen. **Arrivierte** *der* u. *die*; -n, -n: 1. anerkannte[r] Künstler[in], Schriftsteller[in]. 2. (abwertend) Emporkömmling. **Arrivist** *der*; -en, -en: (abwertend) Emporkömmling

arrogant [unter Einfluß von gleichbed. *fr.* arrogant aus *lat.* arrogāns, Part. Präs. von arrogāre „sich etwas Fremdes aneignen"]: a) anmaßend, herausfordernd; b) dünkelhaft, eingebildet. **Arroganz** *die*; -: Dünkel[haftigkeit], Anmaßung, anmaßendes Benehmen, Überheblichkeit

arrondieren [*arongdir^e n*; aus *fr.* arrondir „abrunden" zu rond „rund" aus *lat.* rotūndus]: 1. abrunden, zusammenlegen (von einem Besitz od. Grundstück). 2. Kanten abrunden (z. B. von Leisten). **Arrondissement** [*arongdiß^e mang*] *das*; -s, -s: a) dem → Departement (1) untergeordneter Verwaltungsbezirk in Frankreich; b) Verwaltungseinheit, Stadtbezirk in franz. Großstädten, bes. in Paris

Ars antiqua [*lat.*; „alte Kunst"] *die*; - -: erste Blütezeit der → Mensuralmusik (bes. im Paris des 13. u. 14. Jh.s); Ggs. → Ars nova

Arsen [aus älterem arsenic, dies über *spätlat.* arsenicum aus *gr.* arsenikón (wohl *oriental.* Lehnwort)] *das*; -s: a) chem. Grundstoff; Zeichen: As; b) (ugs.) = Arsenik. **arsenig**: 1. arsenikhaltig. 2. arsenhaltig. **Arsenik** *das*; -s: wichtigste [giftige] Arsenverbindung (Arsentrioxyd)

Arsenal [aus gleichbed. *it.* arsenale, dies aus *arab.* dār aṣ-ṣinā'a, eigtl. „Haus des Handwerks"] *das*; -s, -e: 1. Zeughaus; Geräte- u. Waffenlager. 2. Vorratslager, Sammlung

Ars nova [- *nowa*; *lat.*; „neue Kunst"] *die*; - -: die neue Strömung in der franz. Musik des 14. Jh.s; Ggs. → Ars antiqua

Artefakt [aus *lat.* arte factum „mit Geschick gemacht" zu ars, Gen. artis „Kunst, Geschicklichkeit"] *das*; -[e]s, -e: 1. das durch menschliches Können Geschaffene, Kunsterzeugnis. 2. Werkzeug aus vorgeschichtlicher Zeit, das menschliche Bearbeitung erkennen läßt (Archäol.)

Artel [auch: *artjäl*; aus gleichbed. *russ.* artel, dies aus *it.* artieri, Plural von artiere „Handwerker"] *das*; -s, -s: Genossenschaft von Werktätigen; landwirtschaftliche Produktionsgenossenschaft in der UdSSR mit der Möglichkeit privaten Eigentums u. privater Bewirtschaftung

Arterie [*...i^e*; über *lat.* artēria aus gleichbed. *gr.* artēría] *die*; -, -n: Schlagader; Blutgefäß, das das Blut vom Herzen zu einem Organ od. Gewebe hinführt; Ggs. → Vene. **arteriell**: a) die Arterien betreffend, zu einer Arterie gehörend; b) sauerstoffhaltig (von Blut); Ggs. → venös (2). **Arterio|gramm** *das*; -s, -e: Röntgenbild einer Schlagader. **Arteriole** *die*; -, -n: sehr kleine, in Haargefäße (Kapillaren) übergehende Schlagader. **Arterio|sklerose** *die*; -, -n: krankhafte Veränderung der Arterien, „Arterienverkalkung"

artesische [nach der franz. Landschaft Artois (*artoa*)] **Brunnen** *der*; -n -s, -n -: natürlicher Brunnen, bei dem das Wasser durch einen Überdruck des Grundwassers selbsttätig aufsteigt

Artes liberales [*lat.*] *die* (Plural): die Sieben Freien Künste (Grammatik, Rhetorik, Dialektik [→ Trivium], Arithmetik, Geometrie, Astronomie, Musik [→ Quadrivium]), die zum Grundwissen der Antike u. des Mittelalters gehörten

Ar|thritis [aus *gr.-lat.* arthrītis „Gicht"] *die*; -, ...itiden: Gelenkentzündung. **ar|thritisch**: a) die Arthritis betreffend, zum Krankheitsbild einer Arthritis gehörend; b) mit Arthritis verbunden

Ar|throse [zu *gr.* árthron „Glied, Gelenk"] *die*; -, -n: 1. Gelenkerkrankung. 2. Kurzbezeichnung für: Arthrosis deformans (chron. Gelenkleiden)

artifiziell [aus gleichbed. *fr.* artificiel, dies aus *lat.* artificiālis „kunstmäßig"]: 1. künstlich. 2. gekünstelt

Artikel [auch: ...*ti*...; aus *lat.* articulus „kleines Gelenk; Glied; Abschnitt", z. T. unter Einfluß von *fr.* article „Ware"] *der*; -s, -: 1. Geschlechtswort; Abk.: Art. 2. Abschnitt eines Gesetzes, Vertrages usw.; Abk.: Art. 3. Handelsgegenstand, Ware; Abk.: Art. 4. [Zeitungs]aufsatz, Abhandlung. 5. Darstellung eines Wortes in einem Wörterbuch (Wortartikel) od. in einem Lexikon (Sachartikel). 6. Glaubenssatz einer Religion

Artikulaten [aus *lat.* articulātus „mit Gliedern versehen"] *die* (Plural): Gliedertiere

Artikulation [...*zion*; aus *lat.* articulātio „gehörig gegliederter Vortrag" zu articulāre „deutlich aussprechen", s. artikulieren] *die*; -, -en: 1. a) [deutliche] Gliederung des Gesprochenen; b) Lautbildung (Sprachw.). 2. das Artikulieren (2) von Gefühlen, Gedanken, die einen beschäftigen. 3. das Binden od. das Trennen der Töne (Mus.); vgl. legato u. staccato. **artikulatorisch**: die Artikulation betreffend. **artikulieren** [aus *lat.* articulāre „gliedern, deutlich aussprechen"]: 1. Laute [deutlich] aussprechen. 2. Gefühle, Gedanken, die einen beschäftigen, in Worte fassen, zum Ausdruck bringen, formulieren. **Artikulierung** *die*; -, -en: = Artikulation (1, 2)

Artillerie [auch: ...*ri*; aus gleichbed. *fr.* artillerie zu *afr.* artill(i)er „mit Kriegsgerät bestücken, ausrüsten"] *die*; -, ...ien: mit Geschützen ausgerüstete Truppengattung des Heeres. **Artillerist** [auch: ...*ißt*] *der*; -en, -en: Soldat der Artillerie. **artilleristisch**: die Artillerie betreffend

Artischocke [aus gleichbed. *nordit.* articiocco, weitere Herkunft unsicher] *die*; -, -n: distelartige Gemüsepflanze mit wohlschmeckenden Blütenknospen

Artist [unter Einfluß von *fr.* artiste „Künstler; Akrobat" aus *mlat.* artista „Künstler" zu *lat.* ars „Kunst"] *der*; -en, -en: 1. großer Künstler in bezug auf die Darstellungsform. 2. im Zirkus u. Varieté auftretender Künstler [der Geschicklichkeitsübungen ausführt] (z. B. Jongleur, Clown). **Artistik** *die*; -: 1. Varieté- u. Zirkuskunst. 2. außerordentlich große [körperliche] Geschicklichkeit. **artistisch**: a) die Artistik betreffend; b) nach Art eines → Artisten (2); c) hohes formalkünstlerisches Können zeigend

as..., **As...** vgl. ad..., Ad...

[1]**As** [*a-äß*: 1. = chem. Zeichen für: Arsen (a). 2. = Amperesekunde. [2]**As** [aus gleichbed. *lat.* as] *der*; Asses, Asse: altröm. Gewichts- u. Münzeinheit

asb = Apostilb

Asbest [aus *gr.-lat.* ásbestos (Name eines Steines), eigtl. „unauslöschlich, unzerstörbar", zu *gr.* a... „un-, nicht-" u. sbénnymi „ich lösche (aus)"] *der*; -[e]s, -e: mineralische Faser aus → Serpentin od. Hornblende, widerstandsfähig gegen Hitze u. schwache Säuren

Ascorbinsäure [...*kor*...; zu *gr.* a... „un-, nicht-" u. → Skorbut] *die*; -: chem. Bez. für: Vitamin C

...ase [aus *gr.* ...asis]: Endung zur Bezeichnung von chem. → Enzymen (im Stamm ist entweder der Stoff genannt, der gespalten wird, z. B. Potease, oder der Vorgang bzw. das Ergebnis, z. B. Oxydase)

...äse vgl. ...aise

a secco, al secco [- *säko*; *it.* „auf dem Trockenen"]: Wandmalerei auf trockenem Putz (mittelalterl. Maltechnik)

aseptisch: a) keimfrei (Med.); Ggs. → septisch (2); b) nicht auf → Infektion beruhend (bei Fieber)

asexual [auch: ...*ual*] u. **asexuell** [auch: ...*uäl*; zu *gr.* a... „un-, nicht-" u. → sexual, sexuell]: 1. gefühllos (in bezug auf das Sexuelle). 2. ungeschlechtig, geschlechtslos; vgl. ...al/...ell

Askari [aus *arab.* 'askarī „Soldat"] *der*; -[s], -s: afrikanischer Soldat im ehemaligen Deutsch-Ostafrika

Askese, (auch:) Aszese [aus *gr.* áskesis „(körperliche u. geistige) Übung" bzw. *nlat.* ascesis „Übung" zu *gr.* askeīn „sorgfältig tun, üben"] *die*; -: a) streng enthaltsame u. entsagende Lebensweise [zur Verwirklichung sittlicher u. religiöser Ideale]; b) Selbstüberwindung; c) Bußübung. **Asket** (auch:) Aszet [über *mlat.* ascēta aus *gr.* askētēs „wer sich in etwas übt"] *der*; -en, -en: enthaltsam [in Askese] lebender Mensch. **asketisch**: a) entsagend, enthaltsam; b) Bußübungen verrichtend; c) wie ein Asket, einem Asketen entsprechend

Askorbinsäure vgl. Ascorbinsäure

Äskulapstab [nach dem Schlangenstab des griech.-röm. Gottes der Heilkunde, Äskulap] *der*; -s: Sinnbild der Medizin, Berufssymbol der Ärzte

asozial [auch: ...*al* aus *gr.* a... „un-, nicht-" u. → sozial]: a) gesellschaftsschädigend; b) gemeinschaftsfremd, -unfähig. **Asozialität** *die*; -: gemeinschaftsfeindliches Verhalten

Asparagus [auch: ...*pa*... u. ...*ragus*; über *lat.* asparagus aus *gr.* aspáragos „Pflanzenkeim, Spargel"] *der*; -: a) Spargel (Gemüsepflanze); b) Sammelbezeichnung für bestimmte Spargelarten, die zu Zierzwecken verwendet werden (z. B. für Blumengebinde)

Aspekt [aus *lat.* aspectus, eigtl. „das Hinsehen"] *der*; -[e]s, -e: 1. a) Blickwinkel, Blickrichtung; b) Betrachtungsweise, Blick-, Gesichtspunkt. 2. bestimmte Stellung von Sonne, Mond u. Planeten zueinander und zur Erde (Astron.; Astrol.). 3. [den slawischen Sprachen eigentümliche] Geschehensform des Verbs, die mit Hilfe formaler Veränderungen die Vollendung od. Nichtvollendung eines Geschehens ausdrückt; Verlaufsweise eines verbalen Geschehens im Blick auf sein Verhältnis zum Zeitablauf (z. B. durativ: schlafen, perfektiv: verblühen; Sprachw.); vgl. Aktionsart

Asper [aus *lat.* asper „rauh"] *der*; -[s], -: = Spiritus asper

Aspergill [aus gleichbed. *lat.* aspergillum] *das*; -s, -e u. Aspersorium [aus gleichbed. *mlat.* aspersōrium] *das*; -s, ...ien [...*ien*...]: Weihwasserwedel. **Aspersion** [aus *lat.* aspersio „das Anspritzen"] *die*; -, -en: a) das Besprengen mit Weihwasser; b) Besprengung des Täuflings mit Wasser bei der Taufe

Asphalt [aus gleichbed. *fr.* asphalte, dies aus *lat.* asphaltus, *gr.* ásphaltos „Asphalt, Erdharz", eigtl. „unzerstörbar", zu a... „un-, nicht-" u. sphállesthai „beschädigt werden"] *der*; -s, -e: Gemisch von → Bitumen u. Mineralstoffen (bes. als Straßenbelag verwendet). **asphaltieren**: eine Straße mit einer Asphaltschicht versehen

Aspik [auch *aßpik* u. *aßpik*; aus gleichbed. *fr.* aspic, weitere Herkunft unsicher] *der* (auch: *das*); -s, -e; 1. gallertartige Masse. 2. in Formen u. a. eingefülltes Gallert aus Gelatine od. Kalbsknochen, das Eier, Fisch, Fleisch od. Gemüsestückchen enthält

Aspirant [aus *fr.* aspirant „Bewerber" zu aspirer, s. aspirieren] *der*; -en, -en: 1. Bewerber, [Beamten]anwärter. 2. (DDR) wissenschaftliche Nachwuchskraft an der Hochschule

Aspirata [aus gleichbed. *lat.* aspīrāta, Part. Perfekt von aspīrāre, s. aspirieren] *die;* -, ...ten u. ...tä: behauchter [Verschluß]laut (z. B. griech. ϑ = t^h; Sprachw.)

Aspiration [...*zion*; aus *lat.* aspīrātio „das Anwehen, Anhauchen"] *die;* -, -en: 1. (meist Plural) Bestrebung, Hoffnung, ehrgeiziger Plan. 2. [Aussprache eines Verschlußlautes mit] Behauchung (Sprachw.); vgl. Aspirata. 3. Ansaugung von Luft, Gasen, Flüssigkeiten u. a. beim Einatmen. **Aspirator** *der;* -s, ...oren: Luft-, Gasansauger. **aspiratorisch**: mit Behauchung gesprochen (Sprachw.). **aspirieren** [über gleichbed. *fr.* aspirer aus *lat.* aspīrāre „hinhauchen; sich einer Person oder Sache zu nähern suchen"]: 1. (veraltet) nach etwas streben; sich um etwas bewerben. 2. einen Verschlußlaut mit Behauchung aussprechen (Sprachw.). 3. ansaugen (von Luft, Gasen, Flüssigkeiten u. a.)

Ass. = Assessor

Assagai [über gleichbed. *engl.* assagai aus *port.* azagaya, dies aus *arab.-berberisch* az-zaghāya „der Speer"] *der;* -s, -e: Wurfspieß der Kaffern

assai [*it.*, aus *vulgärlat.* ad satis „genug"]: sehr, genug, recht, ziemlich (in Verbindung mit einer musikalischen Tempobezeichnung; Mus.)

assanieren [unter Einfluß von *fr.* assainir „gesund machen" zu *lat.* ad „zu, hinzu" u. sānus „gesund"; vgl. sanieren]: (österr.) gesund machen; verbessern (bes. im hygien. Sinne)

Assaut [*aßo*; aus *fr.* assaut „Angriff", dies aus *lat.* assultus zu assultāre „heranstürmen"] *der;* -s, -s: Gefecht, Wettkampf (beim Fechten)

Assekuranz [aus gleichbed. *it.* assicuranza, zu *lat.* ad „zu, hinzu" u. sēcūrus „sicher"] *die;* -, -en: (fachspr.) Versicherung

Assem|blage [*aßangblasch*; aus gleichbed. *fr.* assemblage, eigtl. „das Zusammenfügen", zu assembler „zusammenbringen, versammeln"] *die;* -, -n [...*blaschen*]: dreidimensionaler Gegenstand, der aus einer Kombination verschiedener Objekte entstanden ist (moderne Kunst); vgl. Collage (1). **Assem|blee** [*die;* -, ...bleen: (veraltet) Versammlung

assentieren [aus *lat.* assentīri „beistimmen"]: (österr.) auf Militärdiensttauglichkeit hin untersuchen

Asservat [...*wat*; aus *lat.* asservātum „Aufbewahrtes", Part. Perf. von asservāre „in Verwahrung nehmen"] *das;* -[e]s, -e: ein in amtliche Verwahrung genommener, für eine Gerichtsverhandlung als Beweismittel wichtiger Gegenstand. **asservieren**: aufbewahren

Assessor [aus *lat.* assessor „Beisitzer, Gehilfe"] *der;* -s, ...oren: Anwärter der höheren Beamtenlaufbahn nach der zweiten Staatsprüfung; Abk.: Ass.

Assiette [*aßiät^e*; aus gleichbed. *fr.* assiette] *die;* -, -n: 1. Teller, flache Schüssel. 2. (österr., veraltet) kleines Vor- od. Zwischengericht. 3. Stellung, Lage

Assimilat [aus *lat.* assimilātum, Part. Perf. von assimilāre „ähnlich machen", s. assimilieren] *das;* -[e]s, -e: ein in Lebewesen durch Umwandlung körperfremder in körpereigene Stoffe entstehendes Produkt (z. B. Stärke bei Pflanzen, → Glykogen bei Tieren). **Assimilation** [...*zion*; aus *lat.* assimilātio „Ähnlichmachung"] *die;* -, -en: 1. Angleichung. 2. Angleichung eines Konsonanten an einen anderen (z. B. das m in dt. Lamm aus mittelhochdt. lamb.). 3. Verschmelzung einer neuen Vorstellung mit einer bereits vorhandenen (Psychol.). 4. a) Überführung der von einem Lebewesen aufgenommenen Nährstoffe in → Assimilate; b) die Bildung von Kohlehydraten aus Kohlensäure der Luft und Wasser unter dem Einfluß des Lichtes, wobei Sauerstoff abgegeben wird. 5. die erbliche Fixierung eines ursprünglich unter Einfluß eines bestimmten Umweltfaktors auftretenden Merkmals durch Abänderung des → Genotypus (Genetik); vgl. ...ation/...ierung. **assimilatorisch**: 1. die Assimilation betreffend. 2. durch Assimilation gewonnen. **assimilieren** [aus *lat.* assimilāre „ähnlich machen"]: angleichen, anpassen. **Assimilierung** *die;* -, -en: = Assimilation; vgl. ...ation/...ierung

Assistent [aus *lat.* assistēns, Gen. assistentis „Beisteher, Helfer", Part. Präs. von assistere, s. assistieren] *der;* -en, -en: a) jmd., der einem anderen assistiert; b) [wissenschaftlich] entsprechend ausgebildete Fachkraft innerhalb einer bestimmten Laufbahnordnung, bes. in Forschung u. Lehre. **Assistenz** *die;* -, -en: Beistand, Mithilfe. **assistieren** [aus *lat.* assistere „sich hinstellen, jmdm. beistehen"]: jmdm. nach dessen Anweisungen zur Hand gehen

Assonanz [zu *lat.* assonāre „tönend beistimmen"] *die;* -, -en: Gleichklang zwischen zwei od. mehreren Wörtern [am Versende], der sich auf die Vokale beschränkt (Halbreim; z. B. l*a*ben: kl*a*gen; Metrik)

assortieren [aus *fr.* assortir „passend zusammenstellen"]: nach Warenarten auswählen, ordnen u. vervollständigen. **Assortiment** *das;* -s, -e: Warenlager, Auswahl, → Sortiment (1)

Assoziation [...*zion*; aus *fr.* association „Vereinigung", vgl. assoziieren] *die;* -, -en: 1. Vereinigung, Verbindung od. Zusammenschluß zu gegenseitiger Unterstützung (z. B. einer Genossenschaft). 2. Verknüpfung von Vorstellungen, von denen die eine die andere hervorgerufen hat (Psychol.). 3. Vereinigung mehrerer gleichartiger Moleküle zu einem Molekülkomplex (Chem.). **assoziativ**: a) durch Vorstellungsverknüpfung bewirkt (Psychol.); b) verbindend, vereinigend. **assoziieren** [über *fr.* associer aus *lat.* associāre „zugesellen, vereinigen"]: 1. eine gedankliche Vorstellung mit etwas verknüpfen (Psychol.). 2. sich a.: sich genossenschaftlich zusammenschließen, vereinigen; assoziierte Staaten: 1. Staaten, die ohne formelle Mitgliedschaft an einem Bündnis anderer Staaten teilnehmen. 2. Bezeichnung für bestimmte Staaten der Französischen Union (1946–1958). **Assoziierte** *der;* -n, -n: Staat als Mitglied eines internationalen wirtschaftlichen Interessenverbandes. **Assoziierung** *die;* -, -en: 1. vertraglicher Zusammenschluß mehrerer Personen, Unternehmen od. Staaten zur Verfolgung bestimmter gemeinsamer wirtschaftlicher Interessen. 2. = Assoziation (2); vgl. ...ation/...ierung

Assumtion, Assumptio [aus *lat.* assumptio „das An-, Auf-, Zusichnehmen" zu assumere „zu sich nehmen"] *die;* -, ...tionen. 1. (ohne Plural) leibliche Aufnahme [Marias] in den Himmel. 2. bildliche Darstellung der in den Himmel aufgenommenen Gottesmutter. **Assunta** [aus *it.* assunta „die Aufgenommene"] *die;* -, ...ten: = Assumtion (2)

...ast [aus *gr.* ...astēs]: Endung männlicher Fremdwörter, z. B. Gymnasiast, Phantast

Astat u. **Astatin** [zu *gr.* ástatos „unstet, unbeständig"] *das;* -s: chem. Grundstoff; Zeichen: At

astatisch [aus *gr.* a... „un-, nicht-" u. → statisch]: gegen Beeinflussung durch äußere elektrische od. magnetische Felder geschützt (bei Meßinstrumenten)

Asthenie [aus gleichbed. *gr.* asthénaia zu asthenēs „kraftlos, schwach"] *die*; -, ...ien: (ohne Plural) Schwäche, Entkräftung, [durch Krankheit bedingter] Kräfteverfall (Med.). **Astheniker** *der*; -s, -: jmd., der einen schmalen, schmächtigen, muskelarmen u. knochenschwachen Körperbau besitzt. **asthenisch**: schlankwüchsig, schmalwüchsig, schwach; dem Körperbau des Asthenikers entsprechend

Äs|thet [zu *gr.* aisthētés „der Wahrnehmende"] *der*; -en, -en: Mensch mit einem [übermäßig] stark ausgeprägten Schönheitssinn. **Äs|thetik** *die*; -, -en: 1. Wissenschaft vom Schönen, Lehre von der Gesetzmäßigkeit u. von der Harmonie in Natur u. Kunst. 2. (ohne Plural) das stilvoll Schöne. **äs|thetisch**: 1. nach den Gesetzen der Ästhetik (1), die Ästhetik betreffend. 2. stilvoll-schön, geschmackvoll, ansprechend. 3. überfeinert. **äs|thetisieren**: einseitig nach den Gesetzen des Schönen urteilen od. etwas danach gestalten. **Äs|thetizismus** *der*; -: Werthaltung, die dem Ästhetischen einen absoluten Vorrang vor anderen Werten einräumt. **Äs|thetizist** *der*; -en, -en: Vertreter des Ästhetizismus. **ästhetizistisch**: den Ästhetizismus betreffend

Asth|ma [aus *gr.* āsthma „schweres, kurzes Atemholen, Beklemmung"] *das*; -s: Atemnot, Kurzatmigkeit, die bei verschiedenen Krankheiten anfallsweise auftritt. **Asth|matiker** *der*; -s, -: jmd., der an Asthma leidet. **asth|matisch**: 1. a) durch Asthma bedingt; b) an Asthma leidend, kurzatmig. 2. ohne viel eigene Lebenskraft, nur schwache Leistungen bietend

astigmatisch [zu *gr.* a... „un-, nicht-" u. stigma, Gen. stigmatos „Punkt"]: Punkte strichförmig verzerrend (von Linsen bzw. vom Auge). **Astigmatismus** *der*; -: 1. Abbildungsfehler von Linsen (Phys.). 2. Sehstörung infolge krankhafter Veränderung der Hornhautkrümmung (Med.)

ästimieren [über *fr.* estimer aus *lat.* aestimāre „abschätzen, würdigen"]: hochhalten, schätzen, würdigen

Astragal [über gleichbed. *lat.* astragalus aus *gr.* astrágalos, eigtl. „Knöchel"] *der*; -s, -e: Rundprofil (meist Perlschnur), bes. zwischen Schaft u. Kapitell einer Säule

astral [aus gleichbed. *lat.* astrālis, zu astrum aus *gr.* ástron „Stern(bild)"]: die Gestirne betreffend; Stern... **Astralleib** *der*; -s, -er: 1. im → Okkultismus ein dem irdischen Leib innewohnender Ätherleib. 2. in der → Anthroposophie die höchste, geistige Stufe des Leibes

astro..., **Astro...** [aus gleichbed. *gr.* astro... zu ástron „Stern(bild)"]: in Zusammensetzungen auftretendes Bestimmungswort mit der Bedeutung „stern..., Stern..., Weltraum...", z. B. astronomisch, Astronom. **Astrolabium** [über gleichbed. *mlat.* astrolabium aus *gr.* astrolábos zu → astro... u. *gr.* lambánein „nehmen"] *das*; -s, ...ien [...*iᵉn*]: altes astronomisches Instrument zur lagemäßigen Bestimmung von Gestirnen

Astrologe [über *lat.* astrologus aus *gr.* astrológos „Sternkundiger"] *der*; -n, -n: jmd., der sich mit der Astrologie beschäftigt, der das Schicksal eines Menschen aus der Stellung der Gestirne bei seiner Geburt ableitet. **Astrologie** *die*; -: der Versuch, das Geschehen auf der Erde u. das Schicksal des Menschen aus bestimmten Gestirnstellungen zu deuten u. vorherzusagen. **astrologisch**: a) die Astrologie betreffend, zur Astrologie gehörend; b) mit den Mitteln der Astrologie erfolgend

Astrometer *das*; -s, -: Gerät zum Messen der Helligkeit von Sternen

Astronaut [aus → astro... u. → ...naut] *der*; -en, -en: [amerikanischer] Weltraumfahrer, Teilnehmer an einem Raumfahrtunternehmen; vgl. Kosmonaut. **Astronautik** *die*; -: [Wissenschaft von der] Raumfahrt. **astronautisch**: die Raumfahrt betreffend; vgl. kosmonautisch

Astronom [über *lat.* astronomus aus *gr.* astronómos „Sternkundiger, -beobachter"] *der*; -en, -en: jmd., der sich wissenschaftlich mit der Astronomie beschäftigt; Stern-, Himmelsforscher. **Astronomie** *die*; -: Stern-, Himmelskunde als exakte Naturwissenschaft. **astronomisch**: 1. die Astronomie betreffend, sternkundlich. 2. [unvorstellbar] groß, riesig (in bezug auf Zahlenangaben od. Preise)

astrophisch [aus *gr.* a... „un-, nicht-" u. → strophisch]: nicht strophisch, ohne Gliederung durch Strophen (von Versen)

Ästuar u. **Ästuarium** [aus gleichbed. *lat.* aestuārium zu aestus „Brandung, Flut" (eigtl. „Wallung")] *das*; -s, ...rien [...*iᵉn*]: trichterförmige Flußmündung

Asyl [über *lat.* asȳlum aus *gr.* ásylon „Freistätte", eigtl. „Unverletzliches"] *das*; -s, -e: 1. Freistätte, Zufluchtsort [für Verfolgte]. 2. Heim für Obdachlose. **Asylrecht** *das*; -s: 1. Recht → souveräner Staaten, politisch od. religiös Verfolgten aus anderen Staaten Schutz zu gewähren. 2. Recht auf Schutz vor Verfolgung

Asymme|trie [aus *gr.* asymmetría „Mangel an Ebenmaß"] *die*; -, ...ien: Mangel an → Symmetrie (1,2), Ungleichmäßigkeit. **asymme|trisch**: auf beiden Seiten einer Achse kein Spiegelbild ergebend (von Figuren, o. ä.), ungleichmäßig; Ggs. → symmetrisch

Asym|ptote [zu *gr.* asýmptōtos „nicht zusammenfallend"] *die*; -, -n: Gerade, der sich eine ins Unendliche verlaufende Kurve nähert, ohne sie zu erreichen. **asym|ptotisch**: sich wie eine Asymptote verhaltend (Math.)

asyn|chron [auch: ...*kron*; aus *gr.* a... „un-, nicht-" u. → synchron]: 1. nicht mit gleicher Geschwindigkeit laufend; Ggs. → synchron (1). 2. a) nicht gleichzeitig; b) entgegenlaufend; Ggs. → synchron (1)

asyndetisch [zu → Asyndeton]: a) das Asyndeton betreffend; b) nicht durch Konjunktion verbunden, unverbunden; Ggs. → syndetisch u. → polysyndetisch. **Asyndeton** [aus *gr.-lat.* asýndeton „das Unverbundene, nicht durch Konjunktionen verbundene"] *das*; -s, ...ta: Wort- od. Satzreihe, deren Glieder nicht durch Konjunktionen miteinander verbunden sind (z. B. „alles rennet, rettet, flüchtet", Schiller); vgl. Polysyndeton

Aszendent [aus *lat.* ascendēns, Plural ascendentes, Part. Präs. von ascendere „aufsteigen"; Ggs. → Deszendent] *der*; -en, -en: 1. Vorfahr; Verwandter in aufsteigender Linie. 2. (Astron.) a) Gestirn im Aufgang; b) Aufgangspunkt eines Gestirns. 3. der im Augenblick der Geburt am Osthorizont aufsteigende Punkt der → Ekliptik (Astrol.). **Aszendenz** *die*; -: 1. Verwandtschaft in aufsteigender Linie; Ggs. → Deszendenz (1). 2. Aufgang eines Gestirns;

Ggs. → Deszendenz (2). **aszendieren** [aus gleichbed. *lat.* ascendere]: aufsteigen (von Gestirnen)

Aszese usw. vgl. Askese usw.

at = Atmosphäre

at..., At... vgl. ad..., Ad...

...at [aus *lat.* ...ātus, Endung des Part. Perf. der a-Konjugation]: Suffix: 1. männlicher u. sächlicher Fremdwörter, z. B. der Legat, das Derivat. 2. chemischer Fachwörter zur Bezeichnung der normalen Oxydationsstufe der Säure, aus der das Salz entsteht, z. B. Kaliumnitrat

At = chem. Zeichen für: Astat

A. T. = Altes Testament; vgl. Testament (2)

ata = absolute Atmosphäre

Ataman [aus gleichbed. *russ.* ataman] *der*; -s, -e: freigewählter Stammes- u. militärischer Führer der Kosaken; vgl. Hetman

Atavismus [*...wiß...*; zu *lat.* atavus „Großvater des Urgroßvaters, Urahn"] *der*; -, ...men: 1. (ohne Plural) das Wiederauftreten von Merkmalen der Vorfahren, die den unmittelbar vorhergehenden Generationen fehlen (bei Pflanzen, Tieren u. Menschen). 2. entwicklungsgeschichtlich als überholt geltendes, unvermittelt wieder auftretendes körperliches od. geistig-seelisches Merkmal. **atavistisch**: 1. den Atavismus betreffend. 2. (abwertend) in Gefühlen, Gedanken usw. einem früheren, primitiven Menschheitsstadium entsprechend

Atelier [*at^elie*; aus *fr.* atelier „Werkstatt", urspr. „Haufen von Spänen, Zimmermannswerkstatt" zu *spätlat.* astella „Splitter, Span"] *das*; -s, -s: Arbeitsraum: a) eines Künstlers; b) eines Maßschneiders; c) für fotografische od. Filmaufnahmen

a tempo [*it.*; „zur Zeit; im Zeitmaß"; vgl. Tempo]: 1. (ugs.) sofort, schnell. 2. im Anfangstempo [weiterspielen] (Vortragsanweisung; Mus.)

Äthan [zu → Äther] *das*; -s: gasförmiger Kohlenwasserstoff. **Äthanal** *das*; -s: → Acetaldehyd (Chem.)

Athanasie [aus gleichbed. *gr.* athanasía] *die*; -: Unsterblichkeit (Rel.)

Äthanol [Kurzw. aus *Äthan* u. Alkoh*ol*] *das*; -s: chemische Verbindung aus der Gruppe der Alkohole (Äthylalkohol)

Atheismus [zu *gr.* átheos „ohne Gott, gottlos"] *der*; -: Gottesleugnung, Verneinung der Existenz Gottes oder seiner Erkennbarkeit. **Atheist** *der*; -en, -en: Anhänger des Atheismus, Gottesleugner. **atheistisch**: a) dem Atheismus anhängend; b) zum Atheismus gehörend, ihm entsprechend

athematisch [aus *gr.* a... „un-, nicht-" u. → thematisch]: 1. ohne Thema, ohne Themaverarbeitung (Mus.). 2. ohne → Themavokal gebildet (von Wortformen); Ggs. → thematisch

Athenäum [über *lat.* Athēnaeum aus gleichbed. *gr.* Athēnaion] *das*; -s, ...äen: Tempel der Göttin Athene

Äther [über *lat.* aethēr aus *gr.* aithḗr „obere, feine Luft"] *der*; -s: 1. Himmelsluft, wolkenlose Weite des Himmels. 2. Urstoff allen Lebens, Weltseele (griech. Philos.). 3. Äthyläther (Narkosemittel). 4. das Oxyd eines Kohlenwasserstoffs. **ätherisch**: 1. a) überaus zart, erdentrückt, vergeistigt; b) ätherartig, flüchtig; -e Öle: flüchtige pflanzliche Öle von charakteristischem, angenehmem Geruch (z. B. Lavendel-, Rosen-, Zimtöl). **ätherisieren**: Äther (3) anwenden; mit Äther (3) behandeln (Med.)

atherman [Kurzw. aus *gr.* a... „un-, nicht-" u. → dia*therman*]: für Wärmestrahlen undurchlässig

Äthin [zu → Äther] *das*; -s: = Acetylen

Ath|let [über *lat.* āthlēta aus gleichbed. *gr.* āthlētḗs] *der*; -en, -en: 1. Wettkämpfer. 2. muskulös gebauter Mann, Kraftmensch. **Ath|letik** *die*; -: die von berufsmäßig kämpfenden Athleten (1) ausgetragenen Wettkämpfe im antiken Griechenland. **...athletik**: in Zusammensetzungen auftretendes Grundwort als Bezeichnung für bestimmte Gruppen von Sportarten, z. B. Leichtathletik. **Ath|letiker** *der*; -s, -: Vertreter eines bestimmten Körperbautyps (kräftige Gestalt, derber Knochenbau); vgl. Leptosome, Pykniker. **ath|letisch**: a) muskulös, von kräftigem Körperbau; b) sportlich durchtrainiert, gestählt

Äthyl [zu → Äther] *das*; -s: einwertiges Kohlenwasserstoffradikal (vgl. Radikal), das in vielen organischen Verbindungen enthalten ist. **Äthylalkohol** *der*; -s: der vom → Äthan ableitbare Alkohol (Weingeist); vgl. Äthanol. **Äthylen** *das*; -s: einfachster ungesättigter Kohlenwasserstoff (im Leuchtgas enthalten)

...[at]ion/...ierung: oftmals konkurrierende Endungen von Substantiven, die von Verben auf ...ieren abgeleitet sind. Oft stehen beide Bildungen ohne Bedeutungsunterschied nebeneinander, z. B. Isolation/Isolierung, Konfrontation/Konfrontierung, doch zeichnen sich insofern Bedeutungsnuancen ab, als die Wörter auf ...[at]ion stärker das Ergebnis einer Handlung bezeichnen, während die Parallelbildung auf ...ierung mehr das Geschehen od. die Handlung betont, wofür allerdings auch nicht selten die Bildung auf ...[at]ion gebraucht wird

Atlant [nach dem Riesen Atlas in der griech. Sage, der das Himmelsgewölbe trägt] *der*; -en, -en: Gebälkträger in Gestalt einer kraftvollen Männerfigur an Stelle eines Pfeilers od. einer Säule (Archit.). **Atlantik** [über *lat.* Atlanticus (oceanus) aus *gr.* Atlantikón (pélagos), nach dem Gebirge Atlas] *der*; -s: Atlantischer Ozean. **Atlantikum** [nach dem Atlantischen Ozean] *das*; -s: Wärmeperiode der Nacheiszeit. **atlantisch**: 1. dem Atlantischen Ozean angehörend. 2. den Atlantikpakt betreffend

[1]**Atlas** [nach dem Riesen Atlas in der griech. Sage, der das Himmelsgewölbe trägt] *der*; - u. ...lasses, ...lasse u. ...lanten: 1. a) geographisches Kartenwerk; b) Bildtafelwerk. 2. (selten) = Atlant. 3. (ohne Plural) erster Halswirbel, der den Kopf trägt (Med.)

[2]**Atlas** [aus *arab.* atlas „kahl, glatt"] *der*; - u. -ses, -se: Gewebe mit hochglänzender Oberfläche in besonderer Bindung (Webart)

atm, Atm = Atmosphäre

Atmometer, (auch:) Atmidometer [zu *gr.* atmós, atmís „Dampf" u. → ...meter] *das*; -s, -: Verdunstungsmesser (Meteor.). **Atmo|sphäre** [zu *gr.* atmós „Dampf" u. → Sphäre] *die*; -, -n: 1. a) Gashülle eines Gestirns; b) Lufthülle der Erde. 2. Einheit des Druckes (Zeichen für die physikal. A.: atm, früher: Atm; für die techn. A.: at). 3. eigenes Gepräge, Ausstrahlung, Stimmung, Fluidum. **Atmo|sphärenüberdruck** *der*; -s: der über 1 Atmosphäre liegende Druck (Zeichen: atü). **atmosphärisch**: 1. a) die Atmosphäre (1) betreffend; b) in der Atmosphäre (1). 2. a) Atmosphäre (3), ein besonderes Fluidum betreffend; b) nur in sehr feiner Form vorhanden und daher kaum feststellbar; nur andeutungsweise vorhanden, anklingend, z. B. ein nur -er Bedeutungsunterschied

Atoll [über gleichbed. *fr.* atoll, *engl.* atoll aus *Ma-*

layalam adal „verbindend"] *das*; -s, -e: ringförmige Koralleninsel

Atom [über *lat.* atomus aus *gr.* átomos „unteilbar; unteilbarer Urstoff" zu *gr.* a... „un-, nicht-" u. témnein „schneiden"] *das*; -s, -e: kleinste, mit chemischen Mitteln nicht weiter zerlegbare Einheit eines chem. Elementes, die noch die für das Element charakteristischen Eigenschaften besitzt. **atomar**: a) ein Atom betreffend; b) die Kernenergie betreffend; c) mit Kernenergie [angetrieben]; d) Atomwaffen betreffend. **Atombombe** *die*; -, -n: Sprengkörper, bei dessen Explosion Atomkerne unter Freigabe größter Energiemengen zerfallen. **Atomenergie** *die*; -: bei einer Kernspaltung freiwerdende Energie. **Atomgewicht** *das*; -[e]s: Vergleichszahl, die angibt, wievielmal die Masse eines bestimmten Atoms größer ist als die eines Standardatoms. **atomisieren**: a) völlig zerkleinern, zerstören; b) die geistig-begriffliche Einheit von etwas durch Aufspaltung, Zergliederung auflösen, zerstören. **atomistisch**: in kleine Einzelbestandteile auflösend. **Atomphysik** *die*; -: Physik der Elektronenhülle u. der in ihr ablaufenden Vorgänge. **Atomreaktor** *der*; -s, ...oren: Anlage zur Gewinnung von Atomenergie durch Kernspaltung. **Atomwaffen** *die* (Plural): Waffen, deren Wirkung auf der Kernspaltung od. -verschmelzung beruht

atonal [auch: *atonal*; aus *gr.* a... „un-, nicht-" u. → tonal]: nicht tonal, nicht auf dem harmonisch-funktionalen Prinzip der → Tonalität beruhend; -e Musik: Musik, die nicht auf dem harmonisch-funktionalen Prinzip der → Tonalität beruht. **Atonalist** *der*; -en, -en: Vertreter der atonalen Musik. **Atonalität** *die*; -: Kompositionsweise der atonalen Musik

Atout [*atu*; aus gleichbed. *fr.* atout] *das*; -s, -s: Trumpf im Kartenspiel

à tout prix [*a tu pri*; *fr.*]: um jeden Preis

atoxisch [auch: *ato...*; aus *gr.* a... „un-, nicht-" u. → toxisch]: ungiftig

Atrium [aus *lat.* ātrium „Hauptraum des Hauses", weitere Herkunft unsicher] *das*; -s, ...ien [...*i^e n*]: 1. offener Hauptraum des altröm. Hauses. 2. Säulenvorhalle (vgl. Paradies 2) altchristlicher u. romanischer Kirchen. 3. Innenhof eines Hauses

Atropin [zu *nlat.* atropa belladonna „Tollkirsche", dies zum Namen der *gr.* → Moira Átropos „die Unerbittliche"] *das*; -s: giftiges → Alkaloid der Tollkirsche

attacca [*it.*, Imperativ von attaccare „anhängen"]: den folgenden Satz od. Satzteil ohne Unterbrechung anschließen (Vortragsanweisung; Mus.)

Attaché [*atasche*; aus gleichbed. *fr.* attaché, eigtl. „Zugeordneter", Part. Perf. von attacher „festmachen, anschließen, zuordnen"] *der*; -s, -s: 1. erste Dienststellung eines angehenden Diplomaten bei einer Vertretung seines Landes im Ausland. 2. Auslandsvertretungen eines Landes zugeteilter Berater (Militär-, Kultur-, Handelsattaché usw.). **Attachement** [*ataschmang*] *das*; -s, -s: (veraltet) Anhänglichkeit, Zuneigung. **attachieren** [*ataschir^e n*]: 1. (veraltet) zuteilen (Heerw.). 2. sich a.: (veraltet) sich anschließen. **Attack** [*^e täk*; aus *engl.* attack, eigtl. „Angriff, Ansatz", vgl. Attacke] *die*; -, -s: Zeitdauer des Ansteigens des Tons bis zum Maximum beim → Synthesizer

[1]**Attacke** [aus gleichbed. *fr.* attaque zu attaquer, s. attackieren] *die*; -, -n: 1. a) Reiterangriff; b) mit Schärfe geführter Angriff; eine A. gegen jmdn./etwas reiten: jmdn. od. jmds. Ansichten o. ä. attackieren, dagegen zu Felde ziehen. 2. Schmerz-, Krankheitsanfall (Med.). [2]**Attacke** [aus gleichbed. *engl.* attack, dies aus *fr.* attaque] *die*; -, -n: lautes, explosives Anspielen des Tones im Jazz

attackieren [aus *fr.* attaquer „angreifen"]: 1. [zu Pferde] angreifen. 2. jmdn./etwas scharf, gezielt mit Worten angreifen

Attentat [auch: *...at*; unter Einfluß von *fr.* attentat „(Mord)anschlag" aus *lat.* attentātum „versuchtes (Verbrechen)", Part. Perf. von attentāre „versuchen"] *das*; -s, -e: Anschlag auf einen politischen Gegner; Versuch, einen politischen Gegner umzubringen; ich habe ein - auf dich vor: (ugs., scherzh.) ich werde mich gleich mit einer für dich vielleicht unbequemen Bitte um Unterstützung o. ä. an dich wenden. **Attentäter** [auch: *...ät^e r*] *der*; -s, -: jmd., der ein Attentat verübt

Attest [Kurzf. für älteres Attestat aus *lat.* attēstātum, Part. Perf. von attēstāri „bezeugen, bestätigen"; vgl. Testament] *das*; -es, -e: 1. ärztliche Bescheinigung über einen Krankheitsfall. 2. (veraltet) Gutachten, Zeugnis. **attestieren**: bescheinigen, schriftlich bezeugen. **Attestierung** *die*; -, -en: das Bescheinigen; vgl. ...ation/...ierung

Attika [aus *lat.* Attica, Fem. von Atticus aus *gr.* Attikós „aus der gr. Landschaft Attika"] *die*; -, ...ken: halbgeschoßartiger Aufsatz über dem Hauptgesims eines Bauwerks, oft Träger von Skulpturen od. Inschriften (z. B. an römischen Triumphbogen; Archit.)

Attila [aus gleichbed. *ung.* atilla, nach dem Hunnenkönig Attila] *die*; -, -s: a) kurzer Rock der ungarischen Nationaltracht; b) mit Schnüren besetzte Husarenjacke

attisch [aus gleichbed. *lat.* Atticus, *gr.* Attikós]: 1. auf die altgriech. Landschaft Attika, bes. auf Athen bezogen. 2. fein, elegant, witzig; -es Salz: geistreicher Witz

Attitude [*...üd*; aus *fr.* attitude „Stellung, Haltung", dies über *it.* attitudine aus *lat.* aptitūdo „Brauchbarkeit"] *die*; -, -s [*...üd*]: Ballettfigur, bei der ein Bein rechtwinklig angehoben ist. **Attitüde** *die*; -, -n: Einstellung, [innere] Haltung, Pose

Attizismus [über *lat.* atticismus aus *gr.* attikismós „attische Mundart, attischer Ausdruck"] *der*; -, ...men: [feine] Sprechweise der Athener; Ggs. → Hellenismus (2)

At|traktion [*...zion*; aus gleichbed. *engl.* attraction, *fr.* attraction, dies aus *lat.* attractio „das Ansichziehen" zu attrahere „anziehen"] *die*; -, -en: 1. (ohne Plural) Anziehung, Anziehungskraft. 2. a) etwas, was auf Grund seiner Besonderheit große Anziehungskraft hat; Anziehungspunkt; b) Glanznummer, Zugstück. **at|traktiv** [aus gleichbed. *fr.* attractif]: a) anziehend-hübsch, elegant (von Personen); b) verlockend, interessant, begehrens-, erstrebenswert (von Sachen). **At|traktivität** [*...iw...*] *die*; -: Anziehungskraft, die jmd./etwas besitzt

At|trappe [aus gleichbed. *fr.* attrape, eigentl. „Falle, Schlinge", zu attraper „fangen, erwischen, täuschen" (dies zu *fr.* trappe „Falle", verwandt mit *dt.* trappen)] *die*; -, -n: a) [täuschend ähnliche] Nachbildung (z. B. von verderblichen Waren für Ausstellungszwecke); b) Schau-, Blindpackung für Schokolade, Pralinen u. a.; c) (abwertend) etwas, was ohne eigenständige Bedeutung, ohne Geltung u. Wirkung ist

at|tribuieren [aus *lat.* attribuere „zuteilen"]: 1. als Attribut (2) beigeben. 2. mit einem Attribut versehen. **At|tribut** [aus *lat.* attribūtum, „das Zugeteilte", Part. Perf. von attribuere] *das*; -[e]s, -e: 1. Eigenschaft, Merkmal einer Substanz (Philos.). 2. einem Substantiv, Adjektiv od. Adverb beigefügte nähere Bestimmung (Sprachw.). 3. Kennzeichen, charakteristische Beigabe einer Person (z. B. der Schlüssel bei der Darstellung des Apostels Petrus). **at|tributiv**: als Beifügung, beifügend (Sprachw.). **At|tributivum** [...*iwum*] *das*; -s, ...va u. ...ve: als → Attribut (2) verwendetes Wort (Sprachw.). **Attributsatz** *der*; -es, ...sätze: Nebensatz in der Rolle eines Gliedteilsatzes, der ein Attribut (2) wiedergibt (z. B. eine Frau, *die Musik studiert*, ... an Stelle von: eine Musik studierende Frau...)

atü = Atmosphärenüberdruck

atypisch [auch: *atü*...; aus *gr.* a... „un-, nicht-" u. → typisch]: unregelmäßig, von der Regel abweichend (bes. vom Krankheitsverlauf gesagt)

Au = chemisches Zeichen für: Aurum

aubergine [*obärsehin*ᵉ]: grauviolett. **Aubergine** [aus gleichbed. *fr.* aubergine, dies über *katal.* alberginia aus *arab.* al-bādinǧān] *die*; -, -n: Nachtschattengewächs mit gurkenähnlichen Früchten

a. u. c. = ab urbe condita

au con|traire [*o kongträr*; *fr.*]: im Gegenteil

au courant [*o kurang*; *fr.*]: auf dem laufenden

audiatur et altera pars [*lat.*; „auch der andere Teil möge gehört werden"]: man muß aber auch die Gegenseite hören

Audienz [aus *lat.* audientia „Gehör, Aufmerksamkeit" zu audīre „hören"] *die*; -, -en: 1. feierlicher Empfang bei einer hochgestellten politischen oder kirchlichen Persönlichkeit. 2. Unterredung mit einer hochgestellten Persönlichkeit

audiolingual [zu *lat.* audīre „hören" u. lingua „Zunge, Sprache"]: vom gesprochenen Wort ausgehend (in bezug auf eine Methode des Fremdsprachenunterrichts)

Audion [zu *lat.* audīre „hören"] *das*; -s, -s u. ...onen: Schaltung in Rundfunkgeräten mit Elektronenröhren zum Trennen u. Verstärken der hörbaren (niederfrequenten) Schwingungen von den hochfrequenten Trägerwellen (Elektrot.)

Audio-Video-Technik [zu *lat.* audīre „hören" u. vidēre „sehen"] *die*; -: Gesamtheit der technischen Verfahren u. Mittel, die es ermöglichen, Ton- u. Bildsignale aufzunehmen, zu übertragen u. zu empfangen sowie wiederzugeben bzw. zu speichern

[1]**Audiovision** [zu *lat.* audire „hören" u. visio „das Sehen"] *die*; -: Information durch Bild u. Ton

[2]**Audiovision** *das*; -s, -e: einem Fernseher ähnliches Gerät zum Vorführen von Kassettenfilmen; Heimseher, Filmseher. **audiovisuell**: zugleich hör- und sichtbar, Hören u. Sehen ansprechend

Audiphon [zu *lat.* audīre „hören" u. → ...phon] *das*; -s, -e: Hörapparat für Schwerhörige

auditiv [zu *lat.* audīre „hören"]: das Gehör betreffend, zum Gehörsinn od. -organ gehörend; vgl. akustisch. 2. vorwiegend mit Gehörsinn begabt (Psychol.). **Auditorium** [aus gleichbed. *lat.* audītōrium zu audīre „hören"] *das*; -s, ...ien [...*i*ᵉ*n*]: 1. Hörsaal einer Hochschule. 2. Zuhörerschaft. **Auditorium maximum** *das*; - -: größter Hörsaal einer Hochschule

au fait [*ofä*; *fr.*]: gut unterrichtet, im Bilde, j m d n. - - s e t z e n: jmdn. aufklären, belehren

Augiasstall [auch: *au*...; nach dem völlig verschmutzten, durch Herkules gereinigten Rinderstall des sagenhaften altgriech. Königs Augias] *der*; -s: a) durch Vernachlässigung entstandene große Unordnung; b) unhaltbarer Zustand (in bezug auf Lebensführung o. ä.), korrupte Verhältnisse

Augment [aus *lat.* augmentum „Vermehrung, Zuwachs", zu augēre „wachsen machen, erweitern"] *das*; -s, -e: Präfix, das dem Verbstamm zur Bezeichnung der Vergangenheit vorangesetzt wird, bes. im Sanskrit u. im Griechischen (Sprachw.)

augmentieren: vermehren

Augur [aus gleichbed. *lat.* augur] *der*; -s u. ...uren, Priester u. Vogelschauer im Rom der Antike, Wahrsager. **Augurenlächeln** *das*; -s: vielsagend-spöttisches Lächeln des Wissens u. Einverständnisses unter Eingeweihten

August [aus gleichbed. *lat.* (mēnsis) Augustus, nach dem röm. Kaiser Octaviānus Augustus] *der*; -[s], -e: achter Monat im Jahr, Ernting, Erntemonat (Abk.: Aug.)

augusteisch [aus gleichbed. *lat.* Augustēus]: a) auf den römischen Kaiser Augustus bezüglich; b) auf die Epoche des römischen Kaisers Augustus bezüglich; e i n - e s Z e i t a l t e r: eine Epoche, in der Kunst u. Literatur besonders gefördert werden

Augustiner [nach dem Kirchenlehrer Augustinus, 354–430] *der*; -s, -: Angehöriger des kath. Ordens der Augustiner-Chorherren (Italien, Österr., Schweiz)

Auktion [...*zion*; aus gleichbed. *lat.* auctio, eigtl. „Vermehrung" zu augēre „wachsen machen"] *die*; -, -en: Versteigerung. **Auktionator** *der*; -s, ...oren: Versteigerer. **auktionieren**: versteigern

auktorial [zu *lat.* auctor „Urheber", s. Autor]: aus der Sicht des Autors dargestellt (von einer Erzählweise in Romanen; Literaturw.)

Aul [aus gleichbed. *tatar.* u. *kirgis.* aul] *der*; -s, -e: Zeltlager, Dorfsiedlung der Turkvölker

Aula [aus *lat.* aula „gedeckter Hofraum", dies aus *gr.* aulḗ „Hof; Wohnung"] *die*; -, ...len u. -s: 1. größerer Raum für Veranstaltungen, Versammlungen in Schulen u. Universitäten. 2. freier, hofähnlicher Platz in großen griechischen u. römischen Häusern der Antike; vgl. Atrium. 3. Palast in der röm. Kaiserzeit. 4. Vorhof in einer christlichen → Basilika

au naturel [*onatüräl*; *fr.*; „nach der Natur"; vgl. Naturell]: ohne künstlichen Zusatz (von Speisen u. Getränken; Gastr.)

au pair [*opär*; *fr.*; „zum gleichen (Wert)"]: Leistung gegen Leistung, ohne Bezahlung. **Au-pair-Mädchen** *das*; -s, -: Mädchen (meist Studentin od. Schülerin), das gegen Unterkunft, Verpflegung u. Taschengeld als Haushaltshilfe im Ausland arbeitet, um die Sprache des betreffenden Landes zu lernen

Aura [aus *lat.* aura „Hauch"] *die*; -: Ausstrahlung, Hauch

aural [zu *lat.* auris „Ohr"]: = aurikular

Aurea medio|critas [*lat.*; geflügeltes Wort aus den Oden des Horaz] *die*; - -: der goldene Mittelweg

Aureole [aus *mlat.* aureola „Heiligenschein", zu *lat.* aureolus „schön golden, goldfarbig"] *die*; -, -n: 1. Heiligenschein, der die ganze Gestalt umgibt, bes. bei Christusbildern. 2. bläulicher Lichtschein am Brenner der Bergmannslampe, der Grubengas anzeigt. 3. durch Wolkendunst hervorgerufene Leuchterscheinung (Hof) um Sonne u. Mond

Auri|gnacien [*orinjaßiäng*; *fr.*; nach der franz. Stadt Aurignac] *das*; -[s]: Kulturstufe der jüngeren

Altsteinzeit. **Auri|gnac|rasse** [*orinjak*...] *die*; -: Menschenrasse des Aurignacien

Aurikel [aus *lat.* auricula „Öhrchen, Ohrläppchen" zu auris „Ohr" (nach der Form der Blätter)] *die*; -, -n: Primelgewächs mit in Dolden stehenden Blüten

aurikular, aurikulär [aus gleichbed. *lat.* auriculāris]: (Med.) zu den Ohren gehörend, die Ohren betreffend

Aurora [aus *lat.* aurōra „Morgenröte"] *die*; -, -s: 1. (ohne Plural) römische Göttin der Morgenröte. 2. Tagfalter aus der Familie der Weißlinge (Zool.)

Aurum [aus gleichbed. *lat.* aurum] *das*; -[s]: lat. Bezeichnung für: Gold; chem. Zeichen: Au

ausbaldowern [zu → baldowern]: (ugs.) mit List, Geschick auskundschaften

ausdifferenzieren [zu → differenzieren] = differenzieren (1)

ausdiskutieren [zu → diskutieren]: eine Frage, ein Problem so lange erörtern, bis alle strittigen Punkte geklärt sind

ausflippen [nach *engl.* ugs. to flip out „verrückt werden"]: (ugs.) 1. sich einer als bedrückend empfundenen gesellschaftlichen Lage [durch Genuß von Rauschgift] entziehen. 2. durch Drogen in einen Rauschzustand geraten; ausgeflippt: (ugs.) außerhalb der Gesellschaft stehend (bes. von Drogenabhängigen)

ausformulieren [zu → formulieren]: einem Antrag o. ä., den man inhaltlich erst einmal in Umrissen entworfen hat, eine endgültige Formulierung geben

ausknocken [...*nok^en*; nach gleichbed. *engl.* to knock out (of time)]: a) im Boxkampf durch einen entscheidenden Schlag besiegen, k. o. schlagen; b) jmdn. ausstechen, verdrängen

auskristallisieren [zu → kristallisieren]: aus Lösungen Kristalle bilden

auskultieren [*lat.*]: abhorchen, Körpergeräusche abhören (Med.)

auslogieren [*áußloschir^en*; zu → logieren]: = ausquartieren

ausmanö|vrieren [*dt.*; *lat.-vulgärlat.-fr.*]: jmdn. durch geschickte Manöver als Konkurrenten o. ä. ausschalten

Au|spizium [aus *lat.* auspicium (für: avispicium) „Vogelschau"] *das*; -s, ...ien [...*i^en*]: a) Vorbedeutung; b) (nur Plural) Aussichten [für ein Vorhaben]; unter jmds. Auspizien: unter jmds. Schutz, Leitung

auspowern [zu *fr.* pauvre „arm"]: 1. (abwertend) bis zur Verelendung ausbeuten. 2. (ugs.) jmdm. [beim Spiel] Geld abnehmen

ausquartieren [Gegenbildung zu → einquartieren]: jmdn. nicht länger bei sich, in seiner Wohnung beherbergen

ausrangieren [...*rangschir^en*; zu → rangieren, eigtl. „durch Rangieren wegschieben"]: etwas, was alt, abgenutzt ist od. nicht mehr gebraucht wird, aussondern, ausscheiden, wegwerfen

außerparlamentarisch [auch: ...*ta*...; zu → Parlament]: a) nicht in den Aufgabenbereich des Parlaments fallend; b) nicht vom Parlament ausgehend; -e Opposition: locker organisierte Aktionsgemeinschaft [von Studenten u. Intellektuellen], die in provokatorischen Protestaktionen die einzige Chance für die Durchsetzung politischer u. gesellschaftlicher Reformen sieht; Abk.: APO, Apo

ausstaffieren: jmdn./etwas mit [nützlichen, notwendigen] Gebrauchsgegenständen, mit Zubehör u. a. ausrüsten, ausstatten

aus|tarieren [zu → tarieren]: ins Gleichgewicht bringen

au|stralid [zum Namen des Erdteils Australien]: Rassenmerkmale der Australiden zeigend. **Au|stralide** *der* od. *die*; -n, -n: Angehörige[r] der australischen Rasse. **au|straloid** [*lat.*; *gr.*]: den Australiden ähnliche Rassenmerkmale zeigend. **Au|straloide** *der* od. *die*; -n, -n: Mensch von australoidem Typus

Au|striazismus [zu *mlat.* Austria „Österreich"] *der*; -, ...men: eine innerhalb der deutschen Sprache nur in Österreich übliche sprachliche Ausdrucksweise; vgl. Helvetismus

aut..., **Aut**... vgl. auto..., Auto...

aut|ark [aus *gr.* autarkēs „sich selbst genügend, unabhängig" zu autós „selbst" u. arkeīn „abwehren; ausreichen, genügen"]: a) [vom Ausland] wirtschaftlich unabhängig, sich selbst versorgend; b) sich selbst genügend, auf niemanden angewiesen. **Aut|arkie** *die*; -, ...ien: a) wirtschaftliche Unabhängigkeit [vom Ausland]; b) Unabhängigkeit. **aut|arkisch**: die Selbstgenügsamkeit, die Autarkie betreffend

auteln [zu → Auto]: (veraltet) Auto fahren

authentifizieren [zu → authentisch]: beglaubigen, die Echtheit bezeugen. **Authentik** *die*; -, -en: im Mittelalter eine durch ein authentisches (a) Siegel beglaubigte Urkundenabschrift. **authentisch** [aus *spätlat.* authenticus „zuverlässig verbürgt; eigenhändig", dies aus gleichbed. *gr.* authentikós]: a) echt, zuverlässig, verbürgt; b) glaubwürdig. **authentisieren**: glaubwürdig, rechtsgültig machen. **Authentizität** *die*; -: Echtheit, Zuverlässigkeit, Glaubwürdigkeit

auto..., **Auto**..., vor Vokalen meist: aut..., Aut... [aus gleichbed. *gr.* auto... zu autós „selbst"]: in Zusammensetzungen auftretendes Bestimmungswort mit den Bedeutungen „selbst, eigen, persönlich; unmittelbar", z. B. autochthon, Automobil, autark, Autopsie

Auto *das*; -s, -s: Kurzform von → Automobil

Autobio|graph [zu → auto..., Auto... und → Biograph] *der*; -en, -en: jmd., der eine Autobiographie schreibt. **Autobio|graphie** *die*; -, ...ien: literarische Darstellung des eigenen Lebens od. größerer Abschnitte daraus. **autobio|graphisch**: a) die Autobiographie betreffend; b) das eigene Leben beschreibend; c) in Form einer Autobiographie verfaßt

Autobus [Kurzw. aus: *Auto* u. Omni*bus*] *der*; -ses, -se: → Omnibus. **Autocar** [*autokar*; aus *fr.* autocar „(Reise)bus", dies aus *engl.* (selten) autocar „Kraftwagen"] *der*; -s, -s: (schweiz.) → Omnibus

auto|chthon [...*chton*; aus *gr.-lat.* autóchthōn „aus dem Lande selbst, eingeboren" zu *gr.* autós „selbst" u. chthōn „Erde, Boden"]: alteingesessen, eingeboren, bodenständig (von Völkern od. Stämmen). **Auto|chthone** *der* od. *die*; -n, -n: Ureinwohner[in], Alteingesessene[r], Eingeborene[r]

Autocoat [...*ko^ut*; aus → Auto u. *engl.* coat „Jacke, Mantel"] *der*; -s, -s: kurzer Mantel für Autofahrer. **Auto-Cross** [aus gleichbed. *engl.* auto-cross] *das*; -, -e: Gelände-, Vielseitigkeitsprüfung für Autofahrer; vgl. Moto-Cross

Autodafé [...*dafe*; aus gleichbed. *port.* auto da fé, dies aus *lat.* actus fideī „Glaubensakt"] *das*; -s, -s: 1. Ketzergericht u. -verbrennung. 2. öffentliche Verbrennung verbotener Bücher

Autodidakt [aus *gr.* autodídaktos „selbstgelehrt"; vgl. didaktisch] *der*; -en, -en: jmd., der sich ein bestimmtes Wissen ausschließlich durch Selbstunterricht aneignet od. angeeignet hat. **autodidaktisch**: durch Selbstunterricht erworben

Auto|drom [aus *fr.* autodrome „Automobilrennbahn" zu *gr.* drómos „Lauf, Rennbahn"] *das*; -s, -e: 1. = Motodrom. 2. (österr.) Fahrbahn für → Skooter

autodynamisch: selbstwirkend, selbsttätig

autogen [aus *gr.* autogenḗs „selbst erzeugt, selbst hervorgebracht"; vgl. ...gen]: 1. ursprünglich, selbsttätig; -e Schweißung: unmittelbare Verschweißung zweier Werkstücke mit heißer Stichflamme ohne Zuhilfenahme artfremden Bindematerials. 2. aus sich selbst od. von selbst entstehend (Med.); -es Training: von dem deutschen Psychiater J. H. Schultz entwickelte Methode der Selbstentspannung

Autogiro [span. Ausspr.: ...*ehiro*; aus gleichbed. *span.* autogiro zu → auto... u. *gr.* gȳros „Kreis"] *das*; -s, -s: Drehflügelflugzeug, Hub-, Tragschrauber

Auto|gramm [Neubildung zu → auto... u. *gr.* grámma „das Geschriebene"] *das*; -s, -e: 1. eigenhändig geschriebener Namenszug [einer bekannten Persönlichkeit]. 2. (veraltet) = Autograph

Auto|graph [über *lat.* autographum aus *gr.* autógraphon „eigenhändig Geschriebenes, Handschrift"] *das*; -s, -e[n]: von einer bekannten Persönlichkeit stammendes, eigenhändig geschriebene od. authentisch maschinenschriftliches → Manuskript [in seiner ersten Fassung], Urschrift

autokephal [aus gleichbed. *spätgr.* autoképhalos zu *gr.* autós „selbst" u. kephalḗ „Kopf"]: mit eigenem Oberhaupt, unabhängig (von den orthodoxen Nationalkirchen, die nur ihrem → Katholikos unterstehen). **Autokephalie** *die*; -: kirchliche Unabhängigkeit der orthodoxen Nationalkirchen

Autokino *das*; -s, -s: Freilichtkino, in dem man sich einen Film vom Auto aus ansieht

Auto|klav [aus *fr.* autoclave „Schnellkochtopf" zu → auto... u. *lat.* clavis „Schlüssel"] *der*; -s, -en: 1. Druckapparat in der chem. Technik. 2. Apparat zum Sterilisieren von Lebensmitteln. **autoklavieren** [...*wiren*]: mit dem Autoklav (2) erhitzen

Auto|krat [aus *gr.* autokratḗs „selbstherrschend" zu kratein „herrschen"] *der*; -en, -en: 1. diktatorischer Alleinherrscher. 2. selbstherrlicher Mensch. **Autokratie** *die*; -, ...ien: Regierungsform, bei der die Staatsgewalt unumschränkt in der Hand eines einzelnen Herrschers liegt. **auto|kratisch**: 1. unumschränkt. 2. selbstherrlich

Automat [aus gleichbed. *fr.* automate zu *gr.* autómatos „sich selbst bewegend, aus eigenem Antrieb"] *der*; -en, -en: 1. a) Apparat, der nach Münzeinwurf selbsttätig Waren abgibt od. eine Dienst- od. Bearbeitungsleistung erbringt; b) Werkzeugmaschine, die Arbeitsvorgänge nach Programm selbsttätig ausführt; c) automatische Sicherung zur Verhinderung von Überlastungsschäden in elektrischen Anlagen. 2. jedes → kybernetische System, das Informationen an einem Eingang aufnimmt, selbständig verarbeitet u. an einem Ausgang abgibt (Math., EDV). **Automatie** *die*; -: = Automatismus. **Automatik** *die*; -, -en: a) Vorrichtung, die einen eingeleiteten technischen Vorgang ohne weiteres menschliches Zutun steuert u. regelt; b) (ohne Plural) Vorgang der Selbststeuerung. **Automation** [...*zion*; aus *engl.* automation] *die*; -: der durch Automatisierung erreichte Zustand der modernen technischen Entwicklung, der durch den Einsatz weitgehend bedienungsfreier Arbeitssysteme gekennzeichnet ist. **Automatisation** *die*; -, -en: = Automatisierung. **automatisch** [aus gleichbed. *fr.* automatique]: 1. a) mit einer Automatik ausgestattet (von technischen Geräten); b) durch Selbststeuerung od. Selbstregelung erfolgend. 2. a) unwillkürlich, zwangsläufig, mechanisch; b) ohne weiteres Zutun (des Betroffenen) von selbst erfolgend. **automatisieren** [aus *fr.* automatiser]: auf vollautomatische Fabrikation umstellen. **Automatisierung** *die*; -, -en: Umstellung einer Fertigungsstätte auf vollautomatische Fabrikation; vgl. ...ation/...ierung. **Automatismus** *der*; -, ...men: (Med., Psychol., Biol.); a) (ohne Plural) selbsttätig ablaufende Organfunktion (z. B. Herztätigkeit); b) spontan ablaufender Vorgang od. Bewegungsablauf, der nicht vom Bewußtsein od. Willen beeinflußt wird, unkontrolliert abläuft

automobil [zu → auto... u. → mobil, eigtl. „selbstbeweglich"]: das Auto betreffend. **Automobil** *das*; -s, -e: Kraftfahrzeug, Kraftwagen. **Automobilismus** *der*; -: Kraftfahrzeugwesen. **Automobilist** *der*; -en, -en: (bes. schweiz.) Autofahrer. **automobilistisch**: den Automobilismus betreffend

autonom [aus *gr.* autónomos = „nach eigenen Gesetzen lebend"]: selbständig, unabhängig; Ggs. → heteronom. **Autonomie** *die*; -, ...ien: 1. Befugnis zur selbständigen Regelung der eigenen [Rechts-] verhältnisse (Rechtsw.). 2. Willensfreiheit, Unabhängigkeit (Ethik)

Autopilot [zu → auto... u. → Pilot] *der*; -en, -en: automatische Steuerungsanlage in Flugzeugen, Raketen o. ä.

Aut|opsie [aus *gr.* autopsía „das Sehen mit eigenen Augen"] *die*; -, ...ien: a) Inaugenscheinnahme einer Leiche durch einen Richter (Leichenschau); b) Leichenöffnung, Untersuchung des [menschlichen] Körpers nach dem Tod zur Feststellung der Todesursache (Med.)

Autor [aus *lat.* auctor „Urheber, Schöpfer, Verfasser" zu augēre „wachsen machen, mehren, fördern"] *der*; -s, ...oren: Verfasser eines Werkes der Literatur, Musik, Kunst, Fotografie od. Filmkunst

Autoreferat [aus → auto... u. → Referat] *das*; -s, -e: = Autorreferat

Autorisation [...*zion*; zu → autorisieren] *die*; -, -en: Ermächtigung, Vollmacht; vgl. ...ation/...ierung. **autorisieren** [aus *mlat.* auctorisāre „Vollmacht geben"]: 1. jmdn. bevollmächtigen, [als einzigen] zu etwas ermächtigen. 2. etwas genehmigen. **Autorisierung** *die*; -, -en: Bevollmächtigung

autoritär [aus *fr.* autoritaire „die Regierung betreffend; selbständig auftretend, herrisch"]: 1. (abwertend) a) totalitär, diktatorisch; b) unbedingten Gehorsam fordernd; Ggs. → antiautoritär. 2. (veraltend) a) auf Autorität beruhend; b) mit Autorität herrschend. **Autorität** [aus gleichbed. *lat.* auctōritās; vgl. Autor] *die*; -, -en: 1. (ohne Plural) auf Leistung od. Tradition beruhender maßgebender Einfluß einer Person od. Institution u. das daraus erwachsende Ansehen. 2. einflußreiche, maßgebende Persönlichkeit von hohem [fachlichem] Ansehen. **autoritativ**: auf Autorität, Ansehen beruhend; maßgebend, entscheidend. **Autorenplural** *der*; -s: = Pluralis modestiae. **Autorreferat** *das*; -s, -e: Referat des Autors über sein Werk

Autosom [Kurzw. aus: → *Auto-* u. → Chromo*som*] *das*; -s, -en: nicht geschlechtsgebundenes → Chromosom

Autostopp, (auch:) Autostop *der*; -s, -s: das Anhalten von Autos mit dem Ziel, mitgenommen zu werden

Autosuggestion [aus → auto... u. → Suggestion, eigtl. „Selbsteinredung"]: das Vermögen, ohne äußeren Anlaß Vorstellungen in sich zu erwecken, sich selbst zu beeinflussen, eine Form der → Suggestion. **autosuggestiv** [auch: ...*tif*]: sich selbst beeinflussend

Autotoxin *das*; -s, -e: ein im eigenen Körper entstandenes Gift

Autotypie [eigtl. „Selbstdruck"; vgl. auto...] *die*; -, ...ien: Rasterätzung für Buchdruck

autozephal usw. vgl. autokephal usw.

aut simile [*lat.*; „oder ähnliches"]: auf ärztlichen Rezepten

auxiliar [aus gleichbed. *lat.* auxiliāris]: helfend, zur Hilfe dienend. **Auxiliarverb** *das*; -s, -en: Hilfsverb (z. B. sie *hat* gearbeitet)

Auxin [zu *gr.* aúxō „ich mache wachsen"] *das*; -s, -e: organische Verbindung, die das Pflanzenwachstum fördert

a v. = a vista

Avance [*awangß*ᵉ; aus *fr.* avance „Vorsprung" zu avancer, s. avancieren] *die*; -, -n: Beschleunigung (an Uhrwerken; Zeichen: A); jmdm. -n machen: jmdm. Hoffnungen machen, um ihn zu gewinnen. **Avancement** [*awangßᵉmang*] *das*; -s, -s: Beförderung, Aufrücken in eine höhere Stellung. **avancieren** [...*ßirᵉn*; aus *fr.* avancer „vorwärtsbringen, -gehen", dies zu *lat.* abante „vorweg"; vgl. avanti]: befördert werden, in einen höheren Dienstrang aufrücken

Avantgarde [*awang*..., auch: ...*gardᵉ*; aus *fr.* avantgarde „Vorhut"] *die*; -, -n: 1. die Vorkämpfer einer Idee od. Richtung (z. B. in Literatur u. Kunst). 2. (veraltet) Vorhut einer Armee. **Avantgardismus** *der*; -: für neue Ideen eintretende kämpferische [Kunst]richtung. **Avantgardist** *der*; -en, -en: Vorkämpfer, Neuerer (bes. auf dem Gebiet der Kunst u. Literatur). **avantgardistisch**: vorkämpferisch

avanti! [*awanti*; *it.*, aus *lat.* abante „vorweg"]: vorwärts!

Ave [*awe*; *lat.*; „sei gegrüßt!"] *das*; -[s], -[s]: Kurzform für: Ave-Maria. **Ave-Maria** *das*; -[s], -[s]: 1. Bezeichnung eines katholischen Mariengebets nach den Anfangsworten (Englischer Gruß). 2. Ave-Maria-Läuten, Angelusläuten

Avenida [aus gleichbed. *span.*, *port.* avenida, eigtl. „Zufahrtstraße", zu *lat.* advenīre „ankommen"] *die*; -, ...den u. -s: breite Prachtstraße span., port. u. lateinamerik. Städte

Aventiure [*awäntürᵉ*; aus gleichbed. *mhd.* aventiure, dies über *fr.* aventure aus *vulgärlat.* *adventūra „Ereignis" zu *lat.* advenīre „herankommen, sich ereignen"; vgl. *dt.* Abenteuer] *die*; -, -n: 1. ritterliche Bewährungsprobe, die der Held in mittelhochdt. Dichtungen bestehen muß. 2. Abschnitt in einem mittelhochdeutschen Epos, das sich hauptsächlich aus Berichten über ritterliche Bewährungsproben zusammensetzt

Avenue [*awᵉnü*; aus gleichbed. *fr.* avenue, eigtl. „Ankunft" zu advenir aus *lat.* advenīre „ankommen"] *die*; -, ...uen [...*üᵉn*]: 1. städtische, mit Bäumen bepflanzte Prachtstraße. 2. (veraltet) Zugang, Anfahrt

Avers [*awärß*; aus gleichbed. *fr.* avers, dies aus *lat.* adversus „zugewandt"] *der*; -es, -e: Vorderseite einer Münze oder einer Medaille; Ggs. → ²Revers

Aversion [über gleichbed. *fr.* aversion aus *lat.* aversio „das Sichabwenden"] *die*; -, -en: Abneigung, Widerwille

Aviarium [*awi*...; aus gleichbed. *lat.* aviarium zu avis „Vogel"] *das*; -s, ...ien [*iᵉn*]: großes Vogelhaus (z. B. in zoologischen Gärten)

Avis [*awi*] *der* od. *das*; -, - od. [*awiß*] *der* od. *das*; -es, -e: [aus gleichbed. *fr.* avis, *it.* avviso, zu *vulgärlat.* mihi est visum „mir scheint"]: Nachricht, Anzeige, Ankündigung [einer Sendung an den Empfänger]. **avisieren** [*lat.-it.* u. *fr.*]: ankündigen

¹Aviso [über gleichbed. *fr.* aviso aus *span.* barca de aviso „schnelles Schiff, das Nachrichten übermittelt", s. Avis] *der*; -s, -s: leichtes, schnelles, wenig bewaffnetes Kriegsschiff. **²Aviso** [aus *it.* avviso „Nachricht"] *das*; -s, -s: (österr.) → Avis

a vista [*awißta*; *it.*; „bei Sicht"]: bei Vorlage zahlbar (Hinweis auf Sichtwechseln); Abk.: a v.

Avit|aminose [...*wi*...; zu *gr.* a... „un-, nicht-" u. → Vitamin] *die*; -, -n: Vitaminmangelkrankheit (z. B. → Beriberi; Med.)

Avocado u. Avokato [*awo*...; aus gleichbed. *älter span.* avocado für aguacate, dies aus *indian.* ahuacatl „Avocadobirne"] *die*; -, -s: birnenförmige, eßbare Frucht eines südamerik. Baumes

Axel [nach dem norweg. Eisläufer Axel Paulsen] *der*; -s, -: schwieriger Sprung im Eis- u. Rollkunstlauf

axial [zu *lat.* axis „Achse"]: in der Achsenrichtung, [längs]achsig, achsrecht. **Axia|lität** *die*; -, -en: das Verlaufen von Strahlen eines optischen Systems in unmittelbarer Nähe der optischen Achse; Achsigkeit

axillar [zu *lat.* axilla „Achselhöhle"]: zur Achselhöhle gehörend, in ihr gelegen (Med.)

Axiom [aus *gr.-lat.* axíōma „Grundwahrheit"] *das*; -s, -e: 1. als absolut richtig anerkannter Grundsatz, gültige Wahrheit, die keines Beweises bedarf. 2. nicht abgeleitete Aussage eines Wissenschaftsbereiches, aus der andere Aussagen → deduziert werden. **Axiomatik** *die*; -: Lehre vom Definieren u. Beweisen mit Hilfe von Axiomen. **axiomatisch**: 1. auf Axiomen beruhend. 2. unanzweifelbar, gewiß. **axiomatisieren**: 1. zum Axiom erklären. 2. axiomatisch festlegen

Axolotl [*aztekisch*] *der*; -s, -: mexikanischer Schwanzlurch

Axonome|trie [zu *gr.* áxōn „Achse" u. → ...metrie] *die*; -, ...ien: geometrisches Verfahren, räumliche Gebilde durch Parallelprojektion auf eine Ebene darzustellen (Math.)

Azalee [zu *gr.* azaléos „trocken, dürr"] auch: **Azalie** [...*iᵉ*] *die*; -, -n: Felsenstrauch, Zierpflanze aus der Familie der Heidekrautgewächse

Azetaldehyd vgl. Acetaldehyd. **Azetat** usw. vgl. Acetat usw. **Azeton** usw. vgl. Aceton usw. **Azetyl** usw. vgl. Acetyl usw.

Azid [zu *fr.* azote „Stickstoff", s. Azo...] *das*; -s, -e: Salz der Stickstoffwasserstoffsäure (Chem.)

Azid... [aus *lat.* acidus „scharf"]: chem. fachsprachl. nicht mehr übliche Schreibung für Acid... in Zusammensetzungen, die sich auf Säure beziehen

Azilien [*asiliäng*; *fr.*; nach dem Fundort Le Mas-d'Azil (*lᵉmaßdasil*) in Frankreich] *das*; -[s]: Stufe der Mittelsteinzeit

Azimut [aus *arab.* as-sumut „die Wege"] *das*, (auch:) *der*; -s, -e: Winkel zwischen der Vertikalebene eines Gestirns u. der Südhälfte der Meridianebene, gemessen von Süden über Westen, Norden u. Osten. **azimutal**: den Azimut betreffend

Azo... [zu *fr.* azote „Stickstoff", dies gelehrte Neubildung aus *gr.* a... „un-, nicht-" u. zōé „Leben"] auch: Azot... u. Azoto...: in zusammengesetzten Fachwörtern aus der Chemie, Medizin u. Biologie auftretendes Bestimmungswort mit der Bedeutung „Stickstoff". **Azobenzol** *das*; -s: orangerote organische Verbindung, Grundstoff der Azofarbstoffe (Chem.)

Azoikum [zu *gr.* ázōos „ohne Leben"] *das*; -s: Erdzeitalter ohne Spuren organischen Lebens; vgl. Archaikum (Geol.). **azoisch**: zum Azoikum gehörend (Geol.)

Azur [aus *fr.* azur „Lapislazuli, Himmelsblau", dies über *mlat.* azurrum aus *arab.* lāzaward, *pers.* lāğwärd „Lasurstein, Lasurfarbe"] *der*; -s: (dichter.) 1. das Blau des Himmels (intensiver Blauton). 2. der blaue Himmel. **Azureelinien** [aus *fr.* azurée, Part. Perf. von azurer „lasurblau färben"] *die* (Plural): waagerechtes, meist wellenförmiges Linienband auf Vordrucken (z. B. auf Wechseln od. Schecks) zur Erschwerung von Änderungen od. Fälschungen. **azuriert**: mit Azureelinien versehen. **azurn**: himmelblau

azy|klisch [aus *gr.* a... „un-, nicht-" u. → zyklisch]: 1. nicht kreisförmig. 2. zeitlich unregelmäßig. 3. spiralig angeordnet (von Blütenblättern; Bot.). 4. nicht normal, nicht → zyklisch (bes. von der → Menstruation; Med.). 5. (chem. fachspr.:) acyclisch: mit offener Kohlenstoffkette im Molekül (von organ. chem. Verbindungen)

Azyma [aus gleichbed. *gr.-lat.* ázȳma zu ázȳmos „ungesäuert"] *die* (Plural): 1. ungesäuertes Brot, → Matze. 2. umschreibende Bezeichnung für das Passahfest (vgl. Passah 1)

Azzurri, (meist:) **Azzurris** [aus *it.* azzurri „die Blauen"; vgl. Azur] *die* (Plural): Bezeichnung für Sportmannschaften in Italien

B

b = 1. Bel. 2. [1]Bar

B = 1. chem. Zeichen für: Bor. 2. Bel

B. = 1. Bachelor. 2. Basso

Ba = chem. Zeichen für: Barium

Baal [*bal*; aus *hebr.* ba'al „Herr"] *der*; -s, -e u. -im: altorientalische Gottesbezeichnung, biblisch meist für heidnische Götter

Babusche u. Pampusche [aus gleichbed. *fr.* babouche, dies über *arab.* bābūš aus *pers.* pāpūš „Pantoffel"] *die*; -, -n (meist Plural): (landsch.) Stoffpantoffel

Babuschka [nach gleichbed. *poln.* babusia] *die*; -, -s: (landsch.) alte Frau, Großmutter

Baby [*bebi*; aus gleichbed. *engl.* baby] *das*; -s, -s: 1. Säugling, Kleinkind. 2. Kosebezeichnung für ein Mädchen, im Sinne von Liebling (als Anrede). **Babydoll** [*be^i*..., auch: ...*ol*; nach der Titelfigur des gleichnamigen amerikan. Films] *das*; -[s], -s: Damenschlafanzug aus leichtem Stoff mit kurzem Höschen u. weitem Oberteil. **babysitten** [*be*...]: (ugs.) sich als Babysitter betätigen. **Babysitter** [aus gleichbed. *engl.* baby-sitter] *der*; -s, -: jmd., der kleine Kinder bei gelegentlicher Abwesenheit der Eltern [gegen Entgelt] beaufsichtigt. **babysittern** [*be*...]: = babysitten

Bac|chanal [*bachanal*; aus *lat.* Bacchānal „Fest des Bacchus" (*gr.* Bákchos)] *das*; -s, -e und -ien [...*i^en*]: 1. altröm. Fest zu Ehren des griech.-röm. Weingottes Bacchus. 2. *das*; -s, -e: ausschweifendes Trinkgelage

Bac|chant [*bach*...; aus *lat.* bacchāns, Gen. bacchantis, Part. Präs. von bacchāri „das Bacchusfest begehen"] *der*; -en, -en: (dicht.) Trinkbruder; trunkener Schwärmer. **Bac|chantin** *die*; -, -nen: = Mänade. **bac|chantisch**: ausgelassen, trunken, überschäumend

Bac|chius [*bachius* über *lat.* bacchius (pes) aus *gr.* bakcheĩos (poũs) „bacchischer Versfuß"] *der*; -, ...ien: dreisilbige antike rhythmische Einheit (Versfuß) von der Grundform ◡ – –

Bachelor [*bätsch^el^er*; aus gleichbed. *engl.* bachelor, eigtl. „junger Edelmann, Knappe", dies über *afr.* bacheler aus *mlat.* baccalārius; weitere Herkunft unsicher] *der*; -[s], -s: niedrigster akademischer Grad in England, den USA u. anderen englischsprachigen Ländern; Abk.: B.; vgl. Bakkalaureus

Back [*bäk*; aus gleichbed. *engl.* back, eigtl. „hinten (Spielender)"] *der*; -s, -s: (veraltet, aber noch österr. u. schweiz.) Verteidiger (Fußball)

Background [*bäkgraunt*; aus *engl.* background „Hintergrund"] *der*; -s, -s: 1. Filmprojektion od. stark vergrößertes Foto als Hintergrund einer Filmhandlung. 2. vom Ensemble gebildeter harmonischer Klanghintergrund, vor dem ein Solist improvisiert (Jazz). 3. geistige Herkunft, Milieu

Badinage [...*asche*] *die*; -, -n u. **Badinerie** [aus *fr.* badinage, badinerie „Scherz, Tändelei" zu badin „Narr, Spaßvogel"] *die*; -, ...ien: scherzhaft tändelndes Musikstück, Teil der Suite im 18. Jh.

Badminton [*bädmint^en*; nach einem Besitztum des Herzogs von Beaufort in England] *das*; -: Wettkampfform des Federballspiels

Bad Trip [*bäd*...; aus gleichbed. *engl.* ugs. bad trip, eigtl. „schlechte Reise"] *der*; -s, -s: = Horrortrip

Bafel u. Bofel u. Pafel [aus *talmud.* babel, bafel „minderwertige Ware"] *der*; -s, -: 1. (ohne Plural) Geschwätz. 2. Ausschußware

Bagage [*bagasch^e*; aus *fr.* bagage „(Reise-, Kriegs-)gepäck"] *die*; -, -n: 1. (veraltet) Gepäck, Troß. 2. (abwertend) Gesindel, Pack

Bagatelle [über gleichbed. *fr.* bagatelle aus *it.* bagattella, einer Verkleinerungsbildung zu *lat.* bāca „Beere"] *die*; -, -n: 1. unbedeutende Kleinigkeit. 2. kurzes Instrumentalstück ohne bestimmte Form (Mus.). **bagatellisieren**: als Bagatelle behandeln, als geringfügig u. unbedeutend hinstellen, verniedlichen

Ba|gno [*banjo*; aus gleichbed. *it.* bagno, eigtl. „Bad" (nach einem alten Badehaus in Konstantinopel, wo christliche Galeerensklaven gefangengehalten wurden)] *das*; -s, -s u. ...gni: (hist.) Strafanstalt, Strafverbüßungsort [für Schwerverbrecher] (in Italien u. Frankreich)

Bahai [*pers.*] *die* (Plural): Anhänger des Bahaismus. **Bahaismus**, Behaismus [zu *pers.* Baha'ullah „Glanz Gottes", dem Ehrennamen des Gründers Mirsa Husain Ali (1817–1892)] *der*; -: aus dem Islam hervorgegangene universale Religion

Bai [aus gleichbed. *niederl.* baai, dies über *fr.* baie aus *span.* bahia] *die*; -, -en: Meeresbucht

Baiser [*bäse*; aus *fr.* baiser „Kuß", subst. Infinitiv von baiser „küssen“ aus gleichbed. *lat.* bāsiāre] *das*; -s, -s: süßes, aus Eiweiß und Zucker bestehendes Schaumgebäck

Baisse [*bäß(e)*; aus gleichbed. *fr.* baisse zu baisser „sinken, niedriger werden“] *die*; -, -n: [starkes] Fallen der Börsenkurse od. Preise; Ggs. → Hausse

Bajadẹre [aus gleichbed. *fr.* bayadère, dies aus *port.* bailadeira zu bailar „tanzen“; vgl. Ball] *die*; -, -n: indische Tempeltänzerin

Bajạzzo [aus gleichbed. *it.* pagliaccio, eigtl. „Strohsack“ (nach seiner Kleidung)] *der*; -s, -s: Possenreißer (des italien. Theaters)

Bajonẹtt [aus gleichbed. *fr.* baïonnette, vom Namen der Stadt Bayonne in Südfrankr.] *das*; -[e]s, -e: auf das Gewehr aufsetzbare Hieb-, Stoß- u. Stichwaffe mit Stahlklinge für den Nahkampf; Seitengewehr

Bakkalaureạt [zu → Bakkalaureus] *das*; -[e]s, -e: unterster akademischer Grad (in Frankreich, England u. Nordamerika). **Bakkalaureus** [*...e-uß*; aus *mlat.* baccalaureus, dies unter Einfluß von bacca lauri „Lorbeerbeere“ umgedeutet aus baccalārius „junger Mann“] *der*; -, ...rei [*...re-i*]: Inhaber des Bakkalaureats

Bakkarat [*...rạ*; aus gleichbed. *fr.* baccara (Herkunft unbekannt)] *das*; -s: ein Kartenglücksspiel

Bạkken [aus *norw.* bakke „Hügel“] *der*; -[s], -: Sprunghügel, -schanze (Skisport)

Bạkschisch [aus *pers.* bakhschisch „Geschenk“] *das*; -es, -e: 1. Almosen; Trinkgeld. 2. Bestechungsgeld

Baktẹrie [*...ie*; über *lat.* bactērium „Stäbchen, Stöckchen“ aus *gr.* baktērion „Stöckchen“] *die*; -, -n: einzelliges Kleinstlebewesen (Spaltpilz), oft Krankheitserreger. **bakteriẹll**: a) Bakterien betreffend; b) durch Bakterien hervorgerufen. **Bakteriolọge** *der*; -n, -n: Wissenschaftler und Forscher auf dem Gebiet der Bakteriologie. **Bakteriologie** *die*; -: Wissenschaft von den Bakterien. **bakteriolọgisch**: die Erforschung der Bakterien betreffend. **Baktẹrium** *das*; -s, ...ien [*...ien*]: (veraltet) Bakterie

Balalạika [aus gleichbed. *russ.* balalaika (tatarisches Wort)] *die*; -, -s u. ...ken: mit der Hand oder einem → Plektron geschlagenes, dreisaitiges russ. Volksmusikinstrument

Balance [*balangße*; aus *fr.* balance „Waage, Gleichgewicht“ zu *lat.* bilanx, s. Bilanz] *die*; -, -n: Gleichgewicht. **Balanceakt** *der*; -[e]s, -e: Vorführung eines Balancierkünstlers, Seilkunststück. **Balancement** [*...mang*] *das*; -s: Bebung (leichtes Schwanken der Tonhöhe) bei Saiteninstrumenten (Mus.). **balancieren** [*...ßiren*; aus *fr.* balancer „ins Gleichgewicht bringen“]: 1. a) das Gleichgewicht halten, sich im Gleichgewicht fortbewegen; b) einen mittleren Standpunkt, einen Ausgleich zwischen entgegengesetzten Kräften zu gewinnen suchen. 2. etwas im Gleichgewicht halten

Bạldachin [aus gleichbed. *it.* baldacchino, eigtl. „Stoff aus Baldacco“ (frühere italien. Form des Namens der irakischen Stadt Bagdad)] *der*; -s, -e: 1. mit Stoff bespanntes Schutz- oder Prunkdach; Bett-, Thronhimmel. 2. Traghimmel, der bes. bei Prozessionen u. Umzügen über dem Sakrament, dem Papst od. dem Bischof getragen wird. 3. a) steinerner Überbau über einem Altar od. Grabmal; b) Schirmdach über Statuen u. Kanzeln

baldọwern [zu *gaunerspr.* Baldower „Auskundschafter, Anführer“, dies zu *jidd.* baal „Herr, Mann“ u. dovor „Sache“, eigtl. „Herr der Sache“]: (landsch.) nachforschen, ausbaldowern

Balẹster [aus *mlat.* balestrum „Armbrust“, dies aus *lat.* ballistārium „Wurfmaschine“] *der*; -s, -: (hist.) Kugelarmbrust

Balkanisierung *die*; -, -en: Zersplitterung; Schaffung verworrener staatlicher Verhältnisse (wie früher auf dem Balkan)

Balkon [*balkọng*, (fr.:) *...kong*, (auch, bes. südd., österr. u. schweiz.:) *...kọn*; aus gleichbed. *fr.* balcon, dies aus *it.* balcone, eigtl. „Balkengerüst“, zu *langobard.* *balko „Balken“] *der*; -s, -s u. (bei nichtnasalierter Ausspr.:) -e: 1. offener Vorbau an einem Haus, auf den man hinaustreten kann. 2. höher gelegener Zuschauerraum im Kino u. Theater

Bạll [aus gleichbed. *fr.* bal zu älter *fr.* baller „tanzen“ aus *lat.* ballāre] *der*; -[e]s, Bạ̈lle: Tanzfest

Ballạde [unter Einfluß von gleichbed. *engl.* ballad aus *fr.* ballade, *it.* ballata „Tanzlied“, dies zu *it.* ballare aus *lat.* ballāre „tanzen“; vgl. Ball] *die*; -, -n: episch-dramatisch-lyrisches Gedicht in Strophenform. **balladẹsk**: in der Art einer Ballade, balladenhaft

Ballerịna, Ballerịne [aus *it.* ballerina „Kunsttänzerin“ zu ballo „Tanz(fest)“; vgl. Ball] *die*; -, ...nen: [Solo]tänzerin im Ballett

Ballẹtt [aus gleichbed. *it.* balletto, Verkleinerungsform von ballo „Tanz“; vgl. Ball] *das*; -s, -e: 1. a) (ohne Plural) [klassischer] Bühnentanz; b) einzelnes Werk dieser Gattung. 2. Tanzgruppe für [klassischen] Bühnentanz. **Balletteuse** [*balätöse*; französierende Ableitung von *Ballett*] *die*; -, -n: Ballettänzerin

Ballịste [aus gleichbed. *lat.* ballista, dies zu *gr.* bállein „werfen, schleudern“] *die*; -, -n: antikes Wurfgeschütz. **Ballịstik** *die*; -: Lehre von der Bewegung geschleuderter od. geschossener Körper. **ballịstisch**: die Ballistik betreffend; -e K u r v e: Flugbahn eines Geschosses; -es P e n d e l: Vorrichtung zur Bestimmung von Geschoßgeschwindigkeiten

Ballon [*balọng*, (fr.:) *...long*, (auch, bes. südd., österr. u. schweiz.:) *...lọn*; aus gleichbed. *fr.* ballon, dies aus *it.* pallone „großer Ball“ zu palla „Kugel, Ball“] *der*; -s, -s u. (bei nichtnasalierter Ausspr.:) -e: 1. ballähnlicher, mit Luft od. Gas gefüllter Gegenstand. 2. von einer gasgefüllten Hülle getragenes Luftfahrzeug. 3. große Korbflasche. 4. Glaskolben (Chem.). 5. (salopp) Kopf

Ballotage [*...tasche*; aus gleichbed. *fr.* ballottage zu ballotte „Kugel zum Abstimmen“] *die*; -, -n: geheime Abstimmung mit weißen od. schwarzen Kugeln. **ballotieren**: mit Kugeln abstimmen

Ballyhoo [*bạlihu* u. *bälihu*; aus gleichbed. *engl.* ballyhoo (Herkunft unbekannt)] *das*; -: marktschreierische Propaganda

bạlneo..., Bạlneo... [zu *lat.* balneum, balineum „Bad“ dies aus gleichbed. *gr.* balaneĩon]: Bestimmungswort von Zusammensetzungen mit der Bedeutung „bad..., bäder..., Bad..., Bäder...“, z. B. Balneologie. **Balneologie** *die*; -: Bäderkunde, Heilquellenkunde. **balneolọgisch**: die Bäderkunde betreffend

[1]**Bạlsa** [aus *span.* balsa „Floß“] *das*; -s: sehr leichtes Nutzholz des mittel- u. südamerik. Balsabaumes (u. a. im Floßbau verwendet). [2]**Bạlsa** *die*; -, -s: floßartiges Fahrzeug aus Binsenbündeln (urspr. aus dem leichten Holz des Balsabaumes) bei den Indianern Südamerikas

Bạlsam [über *lat.* balsamum aus *gr.* bálsamon „Balsamstrauch“, dies aus gleichbed. *hebr.* bāsām] *der*;

-s, -e: dickflüssiges Gemisch aus Harzen u. ätherischen Ölen, bes. in der Parfümerie u. (als Linderungsmittel) in der Medizin verwendet

balsamisch [*hebr.-gr.-lat.*]: 1. wohlriechend. 2. wie Balsam, lindernd

Baluster [aus gleichbed. *fr.* balustre, dies aus *it.* balaustro zu *mlat.* balaustium, *gr.* balaústion „Blüte des wilden Granatbaums" (nach der Form der Säule)] *der*; -s, -: kleine Säule als Geländerstütze. **Balustrade** *die*; -, -n: Brüstung, Geländer mit Balustern

Bambina [aus gleichbed. *it.* bambina] *die*; -, -s: (ugs.) a) kleines Mädchen; b) junges Mädchen, Backfisch; c) Freundin. **Bambino** [aus gleichbed. *it.* bambino] *der*; -s, -s: 1. (ohne Plural) das Jesuskind in der ital. Bildhauerei u. Malerei. 2. (Plural auch: ...ni): (ugs.) kleines Kind, kleiner Junge

Bambule [aus *fr.* bamboula „Negertrommel; Negertanz"] *die*; -, -n: unwirsche Meinungsäußerung von Häftlingen (z. B. durch heftiges Klopfen)

Bambus [aus *niederl.* bamboes, dies aus gleichbed. *malai.* bambu] *der*; -ses u. -, -se: vor allem in tropischen u. subtropischen Gebieten vorkommende, bis 40 m hohe, verholzende Graspflanze

Ban [aus gleichbed. *rumän.* ban, eigtl. „Geld(stück)"] *der*; -[s], Bani: rumän. Münze (100 Bani = 1 Leu)

banal [aus *fr.* banal „gemeinnützig; allgemein; alltäglich"]: a) (abwertend) abgedroschen; flach, fade, schal, geistlos; b) einfach, simpel, alltäglich. **banalisieren**: ins Banale ziehen, verflachen. **Banalität** *die*; -, -en: a) (abwertend) Plattheit, leeres Gerede; b) Alltäglichkeit, Selbstverständlichkeit

Banane [aus gleichbed. *port.* banana (afrik. Wort)] *die*; -, -n: eine wohlschmeckende tropische Frucht von länglicher Form mit dicker, gelber Schale. **Bananenstecker** *der*; -s, -: einpoliger Stecker (Elektrot.)

Banause [aus *gr.* bánausos „Handwerker; gemein, niedrig"] *der*; -n, -n: (abwertend) jmd., der ohne Kunstverständnis ist. **banausisch**: (abwertend) ohne Verständnis für geistige u. künstlerische Dinge; ungeistig

Band [*bänt*; aus gleichbed. *engl.-amerik.* band, eigtl. „Verbindung, Vereinigung" zu *fr.* bande „Band, Binde"] *die*; -, -s: moderne Tanz- od. Unterhaltungskapelle, z. B. Jazzband; vgl. Bandleader

Bandage [*bandasch^{e}*; aus gleichbed. *fr.* bandage zu bande „Band, Binde"] *die*; -, -n: 1. Stützverband. 2. Schutzverband (z. B. der Hände beim Boxen). **bandagieren** [*...schir^{e}n*]: mit Bandagen versehen, umwickeln

Banderilla [*...rilja*; aus gleichbed. *span.* banderilla, eigtl. „Fähnchen", zu banda „Fahne"] *die*; -, -s: mit Fähnchen geschmückter kleiner Spieß, den der Banderillero dem Stier in den Nacken setzt. **Banderillero** [*...riljero*] *der*; -s, -s: Stierkämpfer, der den Stier mit den Banderillas reizt

Banderole [unter Einfluß von *dt.* Band aus *fr.* banderole „Fähnchen"] *die*; -, -n: mit einem Steuervermerk versehener Streifen, mit dem eine steuer- od. zollpflichtige Ware versehen und gleichzeitig verschlossen wird (z. B. Tabakwaren). **banderolieren**: mit einer Banderole versehen

Bandit [aus gleichbed. *it.* bandito, eigtl. „Geächteter", zu bandire „verbannen"] *der*; -en, -en: 1. [Straßen]räuber. 2. (abwertend) jmd., der sich anderen gegenüber unmenschlich, verbrecherisch verhält

Bandleader [*bäntlid^{e}r*; aus gleichbed. *engl.* bandleader; vgl. Band] *der*; -s, -: 1. im traditionellen Jazz der die Führungsstimme im Jazzensemble übernehmende Kornett- oder Trompetenbläser 2. [Jazz]kapellmeister

Bandoneon, Bandonion [nach dem dt. Erfinder des Instruments H. Band] *das*; -s, -s: Handharmonika mit Knöpfen zum Spielen an beiden Seiten

Banjo [auch: *bändseho*; aus *amerik.* banjo, wohl zu *afrik.* mbanza „ein Saiteninstrument"] *das*; -s, -s: fünf- bis neunsaitige, langhalsige Gitarre der nordamerikan. Neger, heute im Jazz gebräuchlich

Banker [*bängk^{e}r*; aus gleichbed. *engl.* banker] *der*; -s, -: [führender] Bankfachmann

bankerott usw. vgl. bankrott usw.

[1]**Bankett** *das*; -s, -e [aus gleichbed. *it.* banchetto, eigtl. „kleine Bank, Beisetztisch"]: Festmahl, -essen. [2]**Bankett** (auch:) **Bankette** [aus *fr.* banquette „Fußsteig", eigtl. „Erdaufwurf"] *die*; -, -n: erhöhter [befestigter] Randstreifen einer Kunststraße (auch als Fußgängerweg)

Bankier [*...kie*; aus gleichbed. *fr.* banquier, zu banque „Geldinstitut"] *der*; -s, -s: 1. Inhaber einer Bank. 2. Vorstandsmitglied einer Bank

bank|rott [aus *it.* banca rotta (bzw. banco rotto) „zerbrochener Tisch (des Geldwechslers)"]: 1. [als Gewerbetreibender] zahlungsunfähig. 2. (ugs.) vernichtet, völlig am Ende, erledigt. **Bank|rott** *der*; -s, -e: 1. Zahlungsunfähigkeit, -einstellung. 2. (ugs.) völliger Zusammenbruch. **Bankrotteur** [*...tör*; französierende Bildung] *der*; -s, -e: jmd., der Bankrott gemacht hat; Zahlungsunfähiger, finanziell Zusammengebrochener. **bankrottieren**: Bankrott machen

Bantamgewicht [nach gleichbed. *engl.* bantamweight; nach dem zum Hahnenkampf verwendeten Bantamhuhn, einem Zwerghuhn (aus der javan. Provinz Bantam)] *das*; -[e]s: leichtere Körpergewichtsklasse in der Schwerathletik

Baptismus [zu → Baptist; *gr.-lat.*] *der*; -: Lehre evangel. (kalvinischer) Freikirchen, nach der nur die Erwachsenentaufe zugelassen ist. **Baptist** [über *lat.* baptista aus *gr.* baptistēs „Täufer" zu baptízein „ein-, untertauchen, taufen"] *der*; -en, -en: Anhänger des Baptismus

Baptisterium [über gleichbed. *lat.* baptistērium aus *gr.* baptistērion „Badestube, Taufzelle"; vgl. Baptist] *das*; -s, ...ien [*...i^{e}n*]: 1. a) Taufbecken, -stein; b) Taufkapelle; c) [frühmittelalterl.] Taufkirche. 2. Tauch- u. Schwimmbecken eines Bades in der Antike

[1]**Bar** [zu *gr.* báros = „Schwere, Gewicht"] *das*; -s, -s (aber: 5 Bar): Maßeinheit des [Luft]drucks; Zeichen: bar (in der Meteorologie nur: b)

[2]**Bar** [aus *engl.* bar „Schanktisch", eigtl. „Schranke", dies aus *fr.* barre „Stange, Schranke"; vgl. Barriere] *die*; -, -s: 1. erhöhter Schanktisch. 2. Nachtlokal

Baracke [aus gleichbed. *fr.* baraque, dies aus *span.* barraca „(Bauern)hütte"] *die*; -, -n: behelfsmäßige Unterkunft, flacher, nicht unterkellerter leichter Bau, bes. aus Holz

Barbar [über *lat.* barbarus aus *gr.* bárbaros „Ausländer, Fremder"] *der*; -en, -en: roher, ungesitteter u. ungebildeter Mensch; Wüstling, Rohling. **Barbarei** *die*; -, -en: Roheit, Grausamkeit; Unzivilisiertheit. **barbarisch**: 1. ungebildet. 2. roh, grausam. 3. (ugs.) sehr [groß, stark]. **Barbarismus** *der*; -, ...men: 1. a) in das klassische Latein oder Griechisch übernommener fremder Ausdruck; b) grober sprachlicher Fehler. 2. Anwendung von Ausdrucksformen der Primitiven in der modernen Kunst u. Musik

Barbecue [*ba'bikju*; aus gleichbed. *engl.-amerik.* barbecue, eigtl. „Bratspieß, Grill", aus *mex.-span.* barbacoa „Feldofen"] *das*; -[s], -s: 1. in Amerika beliebtes Gartenfest, bei dem ganze Tiere (Rinder, Schweine) am Spieß gebraten werden. 2. a) Bratrost; b) auf dem Rost gebratenes Fleisch

Barbier [über gleichbed. *it.* barbiere, *fr.* barbier aus *mlat.* barbārius „Bartscherer" zu *lat.* barba „Bart"] *der*; -s, -e: (veraltet) Friseur

Barbiton *das*; -s, -s u. **Barbitos** [aus gleichbed. *gr.-lat.* bárbitos, bárbiton] *die*; -, -: altgriech., der Lyra (1) ähnliches Musikinstrument

Barbiturat [Kunstw.] *das*; -s, -e (meist Plural): Medikament auf der Basis von Barbitursäure, das als Schlaf- und Beruhigungsmittel verwendet wird

Barchent [über *mlat.* barchanus aus *arab.* barrakān „grober Stoff"] *der*; -s, -e: Baumwollflanell

Barde [aus *fr.* barde „kelt. Sänger", dies über *lat.* bardus aus *gall.* bardd „Sänger"] *der*; -n, -n: 1. keltischer Sänger u. Dichter des Mittelalters. 2. (oft ironisch) a) Dichter; b) Verfasser von zeit- u. gesellschaftskritischen Liedern u. Balladen, die er selbst vorträgt

Barditus u. Barritus [aus gleichbed. *lat.* barditus] *der*; -, - [*...ítuß*]: Schlachtgeschrei der Germanen vor dem Kampf

Barett [aus *mlat.* barretum, birretum zu *lat.* birrus „Umhang mit Kapuze"] *das*; -[e]s, -e: flache, schirmlose, kappenartige Kopfbedeckung, meist als Teil der Amtstracht von Geistlichen, Richtern u. a. und bei militär. Uniformen; vgl. Birett

Baribal [Herkunft unbekannt] *der*; -s, -s: nordamerik. Schwarzbär

barisch [zu *gr.* báros „Schwere, Gewicht"]: den Luftdruck betreffend, auf den Luftdruck bezüglich; vgl. [1]Bar

Bariton [aus gleichbed. *it.* baritono, zu *gr.* barýtonos = „stark tönend"] *der*; -s, -e u. -s: Männerstimme zwischen Baß u. Tenor. **Baritonist** *der*; -en, -en: Baritonsänger

Barium [zu *gr.* barýs „schwer"] *das*; -s: chem. Grundstoff, Metall; Zeichen: Ba

Bark [aus gleichbed. *engl.-niederl.* bark, dies über *fr.* barque aus *lat.* barca zu *gr.* bãris, *kopt.* barī „Nachen, Floß"] *die*; -, -en: Segelschiff mit zwei größeren und einem kleineren Mast

Barkarole, Barkerole [aus *it.* barcarola „Gondellied" zu barca „Boot", s. Bark] *die*; -, -n: a) Gondellied im 6/8- oder 12/8-Takt; b) gondelliedähnliches Instrumentalstück

Barkasse [aus *niederl.* barkas, dies aus *span.* barcaza „große Barke", s. Bark] *die*; -, -n: 1. größtes Beiboot auf Kriegsschiffen. 2. größeres Motorboot

Barke [aus *mniederl.* barke, *fr.* barque; vgl. Bark] *die*; -, -n: kleines Boot ohne Mast, Fischerboot

Barkeeper [*bárkip^er*; aus *engl.* barkeeper „Barbesitzer; vgl. [2]Bar] *der*; -s, -: 1. Inhaber einer Bar. 2. Schankkellner einer Bar

Barkerole vgl. Barkarole

Barkette [aus gleichbed. *fr.* barquette; vgl. Bark] *die*; -, -n: kleines Ruderboot

baro..., **Baro...** [zu *gr.* báros „Schwere, Gewicht"]: in Zusammensetzungen auftretendes Bestimmungswort mit der Bedeutung „schwere..., luftdruck..., Schwere..., Luftdruck...", z. B. Barometer

barock [aus gleichbed. *fr.* baroque, eigtl. „schief, unregelmäßig", dies unter Einfluß von *it.* barocco „die Barockkunst betreffend; schwülstig" aus *port.* barocco „unregelmäßig" (von Perlen)]: 1. im Stil des Barocks. 2. a) verschnörkelt, überladen; b) schwülstig; c) (selten) seltsam, eigenartig. **Barock** *das* od. *der*; -[s]: a) Kunststil von etwa 1600 bis 1750 in Europa, charakterisiert durch Formenreichtum u. üppige Verzierungen; b) Barockzeitalter; c) Barockliteratur. **barockisieren**: den Barockstil nachahmen; im Barockstil umbauen

Baro|gramm [aus → baro... u. → ...gramm] *das*; -s, -e: Aufzeichnung des Barographen. **Baro|graph** *der*; -en, -en: selbstaufzeichnender Luftdruckmesser, Luftdruckschreiber (Meteor.). **Baro|meter** *das*; -s, -: Luftdruckmesser (Meteor.). **Baro|metrie** *die*; -: Luftdruckmessung

Baron [aus gleichbed. *fr.* baron, dies aus *afränk.-mlat.* baro „Lehnsmann, streitbarer Mann"] *der*; -s, -e: Freiherr. **Baronat** *das*; -[e]s, -e: 1. Besitz eines Barons. 2. Freiherrenwürde. **Baronesse** [aus älter *fr.* baronnesse] *die*; -, -n: Freifräulein, Freiin. **Baronin** *die*; -, -nen: Freifrau

Barrakuda [aus gleichbed. *span.* barracuda] *der*; -s, -s: Pfeilhecht (ein Seefisch)

Barras [Herkunft unsicher] *der*; -: Militär, Militärdienst (Soldatenspr.)

Barriere [aus *fr.* barrière „Schranke" zu barre „Stange"; vgl. [2]Bar] *die*; -, -n: 1. Schranke, Schlagbaum, Sperre. 2. etwas, was wie eine Schranke in gesellschaftlicher, seelischer oder geistiger Hinsicht jmdn. von jmdm. oder etwas trennt

Barrikade [aus gleichbed. *fr.* barricade zu barrique „Faß" (Barrikaden wurden oft aus Fässern errichtet)] *die*; -, -n: Straßensperre zur Verteidigung, bes. bei Straßenkämpfen

Barsoi [*...seu*; aus gleichbed. *russ.* borsoi, eigtl. „der Schnelle, Rasche"] *der*; -s, -s: russischer Windhund

bary..., **Bary...** [aus gleichbed. *gr.* bary..., zu barýs „schwer"]: in Zusammensetzungen auftretendes Bestimmungswort mit der Bedeutung „schwer; tief", z. B.: Baryzentrum, Barysphäre

Baryon [zu *gr.* barýs „schwer"] *das*; -s, -en: Elementarteilchen, dessen Masse mindestens so groß ist wie die eines Protons (Phys.). **Barysphäre** *die*; -: innerster Teil der Erde, Erdkern

Baryt [zu *gr.* barýs „schwer"] *der*; -[e]s, -e: Schwerspat, Bariumsulfat

Baryton [zu *gr.* barýtonos „stark tönend"; vgl. Bariton] *das*; -s, -e: tiefgestimmtes Streichinstrument des 18. Jh.s in der Art der → Viola d'amore

Barytonese [aus *gr.* barytónēsis „das Setzen des → Gravis"] *die*; -, -n: Verschiebung des Akzents vom Wortende weg (z. B. lat. Themistocles gegenüber griech. Themistokles)

baryzen|trisch: auf das Baryzentrum bezüglich. **Baryzen|trum** [aus → bary... u. → Zentrum] *das*; -s, ...tren: Schwerpunkt (Phys.)

basal [zu → Basis]: die Basis bildend; auf, an der Basis befindlich; zur Basis gehörend

Basalt [aus *lat.* basaltēs, einer fehlerhaften Schreibung für *gr.-lat.* basanitēs „(harter) Probierstein"] *der*; -s, -e: dunkles Ergußgestein (bes. im Straßen- und Molenbau verwendet). **basalten**, **basaltig**, **basaltisch**: aus Basalt bestehend

Basar u. Bazar [*...sar*; über gleichbed. *fr.* bazar aus *pers.* bāzār „Markt"] *der*; -s, -e: 1. Händlerviertel in oriental. Städten. 2. Warenverkauf zu Wohltätigkeitszwecken. 3. (DDR) Verkaufsstätte, Ladenstraße

Base [*bęⁱß*; aus gleichbed. *engl.* base, dies aus *fr.* base, „Grundlage, -linie"; vgl. Basis] *das*; -, -s [*...ßis*, auch: *...ßiß*]: Eckpunkt des Malquadrats (einer markierten Stelle) im Spielfeld des Baseballspiels. **Baseball** [*bęⁱßbål*; aus gleichbed. *engl.-amerik.* baseball] *der*; -s, -s: 1. (ohne Plural) amerikanisches Schlagballspiel. 2. der beim Baseballspiel verwendete Ball. **Baseballer** [*bęⁱßbolᵉʳ*] *der*; -s, -: Baseballspieler

Basement [*bęⁱßmᵉnt*; aus gleichbed. *engl.* basement] *das*; -s, -s; Tiefparterre, Souterrain

Basen = *Plural* von → Basis

basieren [aus gleichbed. *fr.* baser zu base, vgl. Basis]: 1. auf etwas beruhen, fußen; sich auf etwas gründen, stützen. 2. etwas auf etwas aufbauen, z. B. Argumente auf bestimmten Tatsachen

Basilika [über *lat.* basilica „Gerichtshalle, Hauptkirche" aus *gr.* basilikḗ, eigtl. „Königshalle"] *die*; -, ...ken: 1. altröm. Markt- und Gerichtshalle. 2. [altchristl.] Kirchenbauform mit überhöhtem Mittelschiff. **basilikal**: zur Form der Basilika gehörend

Basilikum [zu *lat.* basilicus, *gr.* basilikós „königlich"] *das*; -s, -s u. ...ken: Gewürz- u. Heilpflanze aus Südasien

Basilisk [über gleichbed. *lat.* basiliscus aus *gr.* basilískos, eigtl. „kleiner König"] *der*; -en, -en: 1. Fabeltier mit todbringendem Blick. 2. tropische Eidechse, mittelamerik. Leguanart. **Basiliskenblick** [*gr.-lat.*; *dt.*] *der*; -s, -e: böser, stechender Blick

Basis [aus *gr.-lat.* básis „Sockel, Grundmauer; Grundlage", eigtl. „Gegenstand, worauf etwas stehen kann; Tritt" zu baínein „gehen, treten"] *die*; -, ...sen: 1. Grundlage, auf der man aufbauen, auf die man sich stützen kann; Ausgangspunkt. 2. militärischer Stützpunkt [in fremdem Hoheitsgebiet] (z. B. Flottenbasis, Raketenbasis). 3. a) die ökonomische Struktur der Gesellschaft als Grundlage menschlicher Existenz (Marxismus); b) die breiten Volksmassen als Ziel politischer Aktivität (Marxismus). 4. (Math.) a) Grundlinie einer geometrischen Figur; b) Grundfläche eines Körpers; c) Grundzahl einer Potenz oder eines Logarithmus. 5. [Säulen- od. Pfeiler]sockel; Unterbau (Bautechnik)

Basisgruppe *die*; -, -n: politisch aktiver Arbeitskreis, bes. von Studenten, der auf einem bestimmten [Fach]gebiet progressive Ideen durchzusetzen versucht

Basizität [zu → Basis] *die*; -: 1. Zahl der Wasserstoffatome im Molekül einer Säure, die bei Salzbildung durch Metall ersetzt werden können; danach ist eine Säure einbasisch, zweibasisch usw. 2. = Alkalität

Basketball [aus gleichbed. *engl.* basketball zu basket „Korb"] *der*; -s, ...bälle: 1. (auch: *das*; ohne Plural, meist ohne Artikel): Korbballspiel. 2. der beim Korbballspiel verwendete Ball

Basrelief [*bąreliäf*, auch: *...ą̈f*; aus gleichbed. *fr.* basrelief, zu bas „niedrig"] *das*; -s, -s u. -e: Flachrelief, flacherhabenes → Relief

Baßbariton *der*; -s, -e u. -s: Sänger mit Baritonstimme in Baßtönung

Basset [*franz.*: *baßę*, *engl.*: *bäßit*; aus *fr.* basset, *engl.* basset „Dachshund" zu *fr.* basset „kurzbeinig"] *der*; -s, -s: Hund einer kurzbeinigen Rasse mit kräftigem Körper u. Hängeohren

Bassetthorn [zu *it.* bassetto „kleiner Baß", s. Baß] *das*; -s, ...hörner: Altklarinette, Holzinstrument des 18. Jh.s

Bassin [*baßäng*; aus *fr.* bassin „Wasserbecken (im Garten)"] *das*; -s, -s: künstlich angelegtes Wasserbecken

Bassist [vgl. Basso] *der*; -en, -en: 1. Sänger mit Baßstimme. 2. Kontrabaßspieler. **Basso** [aus *it.* basso „tief"] *der*; -, Bassi: Baß (Abk.: B); -continuo = Generalbaß (Abk. b. c., B. c.); -ostinato: sich ständig, „hartnäckig" wiederholendes Baßmotiv; - seguente: Orgelbaß, der der tiefsten Gesangstimme folgt

Bastard [aus *afr.* bastard „anerkanntes uneheliches Kind eines Adligen" (*fr.* bâtard)] *der*; -s, -e: 1. Mischling, durch Rassen- od. Artkreuzung entstandenes Tier od. entstandene Pflanze (Biol.). 2. (hist.) uneheliches Kind eines hochgestellten Vaters und einer Mutter aus niedrigerem Stand. **bastardieren**: [verschiedene Rassen od. Arten] kreuzen. **Bastardierung** [*fr.*] *die*; -, -en: Züchtung von → Hybriden

Bastei [aus gleichbed. *it.* bastia zu *afr.* bastir (*fr.* bâtir) „herrichten, fertigstellen"] *die*; -, -en: vorspringender Teil an alten Festungsbauten, Bollwerk, → Bastion

Bastille [*baßtiјᵉ*; aus gleichbed. *fr.* bastille zu *afr.* bastir, s. Bastei] *die*; -, -n: feste Schloßanlage in Frankreich. **Bastion** [über gleichbed. *fr.* bastion aus *it.* bastione, Vergrößerungsbildung zu bastia, s. Bastei] *die*; -, -en: 1. vorspringender Teil an alten Festungsbauten. 2. Bollwerk

Bataillon [*bataljon*; über gleichbed. *fr.* bataillon aus *it.* battaglione, Vergrößerungsbildung zu battaglia „Schlacht, Schlachthaufen"] *das*; -s, -e: Truppenverband aus mehreren Kompanien od. Batterien

Bathometer, Bathymeter [zu *gr.* báthos „Tiefe" u. → ...meter] *das*; -s, -: Tiefseelot

Bathy|scaphe [*...ßkaf*; aus gleichbed. *fr.* bathyscaphe, zu *gr.* bathys „tief" u. skáphos „Schiffsbauch, Schiff"] *der* od. *das*; -[s], - [*...ßkafᵉ*] u. **Bathy|skaph** *der*; -en, -en: (von A. Piccard entwickeltes) Tiefseetauchgerät. **Bathy|sphäre** *die*; -: tiefste Schicht des Weltmeeres

Batik [*malai.*; „gesprenkelt"] *der*; -s, -en, (auch:) *die*; -, -en: 1. altes Verfahren zur Herstellung gemusterter Stoffe, bes. zum Färben von Seide und Baumwolle, mit Hilfe von Wachs. 2. unter Verwendung von Wachs hergestelltes gemustertes Gewebe. **batiken**: unter Verwendung von Wachs einen Stoff mit einem Muster versehen, färben

Batist [aus gleichbed. *fr.* batiste; angeblich nach einem Fabrikanten namens Baptiste aus Cambrai, der als erster diesen Stoff hergestellt haben soll] *der*; -s, -e: ein feines Gewebe. **batisten**: aus Batist

Batterie [aus gleichbed. *fr.* batterie, eigtl. „gemeinsames Schlagen", zu battre „schlagen"] *die*; -, ...ien: 1. der Kompanie entsprechende militärische Grundeinheit bei der Artillerie u. der Heeresflugabwehrtruppe. 2. a) Zusammenschaltung mehrerer Elemente od. Akkumulatorenzellen zu einer Stromquelle (Elektrot.); b) [zusammengeschaltete] Gruppe von gleichartigen techn. Vorrichtungen; c) regulierbares Gerät, das Warm- u. Kaltwasser in der gewünschten Temperatur für ein gemeinsames Zapfrohr mischt. 3. (ugs.) größere Anzahl gleichartiger Dinge, z. B. eine - Bierflaschen. 4. die Schlaginstrumente einer Band od. eines Orchesters

Battuta, (auch:) Battute [aus *it.* battuta „Schlag" zu battere „schlagen"] *die*; -, ...ten: beim Stoßfechten starker Schlag mit der ganzen Stärke der Klinge längs der Klinge des Gegners

Baumé|grad [*bomę*...; nach dem franz. Chemiker A. Baumé] *der*; -[e]s, -e (aber: 5 -): Maßeinheit für das spezifische Gewicht von Flüssigkeiten; Zeichen: ° Bé (fachspr.: °Bé)
Bautastein [aus gleichbed. *anord.* bautasteinn] *der*; -s, -e: Gedenkstein der Wikingerzeit in Skandinavien
Bauxit [nach dem ersten Fundort Les Baux (*le bo*) in Frankreich] *der*; -s, -e: wichtigstes Aluminiumerz
Bazar vgl. Basar
Bazillus [aus *lat.* bacillus, -um „Stäbchen" zu baculum „Stock, Stab"; vgl. Bakterie] *der*; -, ...llen: 1. Vertreter einer Gattung stäbchenförmiger sporenbildender → Bakterien; oft Krankheitserreger. 2. (ohne Plural) (abwertend) etwas, was weiter um sich greift, z. B. der - der Unzufriedenheit
BBC, (auch:) **B. B. C.** [*bibißi*; *engl.*] *die*; -: Abk. für: *B*ritish *B*roadcasting *C*orporation [*britisch brǫdkaßting ko'peręscheⁿn*]: staatliche britische Rundfunkgesellschaft
Be = chem. Zeichen für: Beryllium
Bé = Baumé; vgl. Baumégrad
Beamantenne [*bim*...; zu *engl.* beam „Strahl, Richtstrahl", eigtl. „Balken"] *die*; -, -n: Strahlantenne mit besonderer Richtwirkung
Beat [*bit*; aus *engl.* beat „Schlag, Taktschlag"] *der*; -[s]: 1. durchgehender gleichmäßiger Grundschlag der Rhythmusgruppe einer Jazzband; vgl. Off-Beat. 2. Kurzform für → Beatmusik. **beaten** [*bi*...]: a) → Beatmusik machen; b) nach Beatmusik tanzen. **Beat-Fan** [*bitfän*] *der*; -s, -s: jemand, der sich für Beatmusik begeistert
Beat generation [*bit dschänereschen*; *engl.-amerik.*] *die*; - -: eine Gruppe amerikan. Schriftsteller (1955–1960), die, von Walt Whitman u. der franz. Romantik beeinflußt, neue Ausdrucksformen suchte, die kommerzialisierte Gesellschaft u. alle bürgerl. Bindungen ablehnte
Beatle [*bitel*; *engl.*; nach den Beatles, den Mitgliedern eines Liverpooler Quartetts der Beatmusik, die lange Haare („Pilzköpfe") trugen] *der*; -s, -s: (veraltend) langhaariger Jugendlicher
Beatmusik [*bit*...] *die*; -: stark rhythmisch bestimmte, extrem laute Form der → Popmusik
Beatnik [*bit*...; aus gleichbed. *engl.-amerik.* beatnik] *der*; -s, -s: 1. Angehöriger der → Beat generation. 2. jemand, der sich in Kleidung und Verhalten extrem gegen die gesellschaftliche Konvention stellt
Beau [*bo*; aus gleichbed. *fr.* le beau, eigtl. „der Schöne", zu *lat.* bellus „hübsch, niedlich, fein"] *der*; -, -s (iron.) eleganter, schöner Mann; Stutzer
Beau geste [*bo schäßt*; aus gleichbed. *fr.* beau geste] *die*; - -, -x -s [*bo*...]: höfliche Geste, freundliches Entgegenkommen
Beaujolais [*boscholä*; *fr.*] *der*; -, -: Rotwein aus dem Gebiet der Monts du Beaujolais [*mong dü* -] in Mittelfrankreich
Beauté [*botę*; aus gleichbed. *fr.* beauté zu beau „schön"; vgl. Beau] *die*; -, -s: schöne Frau, Schönheit. **Beauty** [*bjuti*; aus gleichbed. *engl.* beauty, dies aus *fr.* beauté] *die*; -, -s: = Beauté
Bebop [*bibop*; aus gleichbed. *amerik.* bebop (lautnachahmend)] *der*; -[s], -s: 1. kunstvoll gesetzter nordamerik. Jazz um 1940. 2. Tanzmusik in diesem Stil
Béchamelkartoffeln [*beschamål*...] *die* (Plural): Kartoffelscheiben in → Béchamelsoße. **Béchamelsoße** [*beschamål*...; aus gleichbed. *fr.* sauce béchamelle] *die*; -, -n: weiße, nach dem franz. Marquis L. de Béchamel benannte Rahmsoße
becircen [*bezirzen*; nach der in der griech. Sage vorkommenden Zauberin Circe]: (ugs.) a) verführen, bezaubern, betören; b) auf verführerische Weise, durch charmante Überredung für seine Wünsche gewinnen
Beduine [über *fr.* bédouin aus *vulgärarab.* bedewīn, *arab.* badawīyūn (Plural) „Wüstenbewohner"] *der*; -n, -n: arabischer Nomade; vgl. Fellache
Beefeater [*bif-iter*; aus gleichbed. *engl.* beefeater, eigtl. „Rindfleischesser"] *der*; -s, -s (meist Plural): (scherzh.) Angehöriger der königl. Leibwache im Londoner Tower (eigtl. Yeoman of the Guard [*joumen ew dhe gaʳd*])
Beefsteak [*bifßtek*; aus gleichbed. *engl.* beefsteak; vgl. Steak] *das*; -s, -s: kurzgebratenes Rinds[lenden]stück; - à la tatare [- - - *tatar*] = Tatar[beefsteak]
Be|elzebub [auch: *bel*..., *bäl*...; über *lat.* Beelzebūb, *gr.* Beelzeboub aus *hebr.* Ba'al Zebhubh, eigtl. „Herr der Fliegen"] *der*; -: [oberster] Teufel
Beg *der*; -[s], -s u. Bei [aus *türk.* beg „Herr"] *der*; -[s], -e u. -s: höherer türkischer Titel, oft hinter Namen, z. B. Ali-Bei
Begonie [...*ie*; nach dem Franzosen M. Begon, Gouverneur von San Domingo († 1710)] *die*; -, -n: Zier- u. Gartenpflanze
Beguine [*begin*; aus gleichbed. *kolonialfr.* béguine, zu *fr.* béguin „Flirt", eigtl. „(Nonnen)haube"] *der*; -s, -s (fachspr.: *die*; -, -s): lebhafter volkstüml. Tanz aus Martinique u. Santa Lucia, ähnlich der Rumba
Behaismus vgl. Bahaismus
Behennuß, Bennuß [über gleichbed. *span.* ben aus *pers.-arab.* behmen] *die*; -, ...nüsse: ölhaltige Frucht eines ostind. Baumes
Bei vgl. Beg
beige [*bäsche*, auch: *besch*; aus *fr.* beige „ungefärbt; sandfarben" (von Wolle)]: sandfarben. **Beige** *das*; -, - u. (ugs.) -s: der beige Farbton
Bekassine [aus gleichbed. *fr.* bécassine zu bec „Schnabel" aus *gall.-lat.* beccus] *die*; -, -n: vor allem in Sümpfen lebender Schnepfenvogel
Bel [nach dem Amerikaner A. G. Bell, dem Erfinder des Telefons] *das*; -s, -: Kennwort bei Größen, die als Logarithmus des Verhältnisses zweier physikal. Größen gleicher Art angegeben werden; Zeichen: B (auch noch: b)
Belcanto (auch:) **Belkanto** [aus *it.* bel canto „schöner Gesang"] *der*; -s: italienischer virtuoser Gesangsstil
Bel|etage [...*tasche*; aus *fr.* bel „schön" u. → Etage] *die*; -, -n: (veraltend) erster Stock, Stockwerk über dem Erdgeschoß
Belladonna [aus *it.* bella donna „schöne Frau" (wegen der früheren Verwendung der Pflanze zu Schönheitsmitteln)] *die*; -, ...nnen: 1. Tollkirsche (giftiges Nachtschattengewächs). 2. aus der Tollkirsche gewonnenes Arzneimittel
Belle Époque [*bälepok*; *fr.*; „schöne Epoche"] *die*; -: Bezeichnung für die Zeit des gesteigerten Lebensgefühls in Frankreich zu Beginn des 20. Jh.s
Belle|trist [zu *fr.* belles-lettres „schöne Literatur"] *der*; -en, -en: Schriftsteller der schöngeistigen od. unterhaltenden Literatur. **Belle|tristik** *die*; -: erzählende, schöngeistige Literatur, Unterhaltungsliteratur (im Unterschied zu wissenschaftlicher Litera-

tur). **belle|tristisch**: a) die Belletristik betreffend; b) schöngeistig, literarisch

[1]**Beluga** [aus gleichbed. *russ.* beluga zu belyi „weiß"] *die*; -, -s: 1. russischer Name für den Hausen (einen Störfisch). 2. ältere Bezeichnung für den Weißwal. [2]**Beluga** *der*; -s: der aus dem Rogen des Hausens bereitete → Kaviar

bémol [*bemol*; *fr.*]: franz. Bezeichnung für das Erniedrigungszeichen in der Notenschrift

bene [auch: *bäne*; aus gleichbed. *lat.*, *it.* bene]: gut! **benedeien** [aus *mhd.* benedīen nach gleichbed. *it.* benedire aus *lat.* benedicere „segnen"]: segnen, lobpreisen. **Benedictus** [*lat.*; Part. Perf. von benedicere „Gutes wünschen, segnen"] *das*; -, -: Anfangswort u. Bezeichnung des Lobgesangs des Zacharias nach Lukas 1,67 ff.; liturgischer Hymnus. **Benediktiner** *der*; -s, -: Mönch des nach der Regel des hl. Benedikt (6. Jh.) lebenden Benediktinerordens. **Benediktus** vgl. Benedictus

Benefiz [aus *lat.* beneficium „Wohltat, Begünstigung" zu bene facere „wohltun"] *das*; -es, -e: Vorstellung zugunsten eines Künstlers oder für einen wohltätigen Zweck; Ehrenvorstellung. **Benefizium** *das*; -s, ...ien [...*iᵉn*]: 1. (veraltet) Wohltat, Begünstigung. 2. mittelalterl. Lehen (zu [erblicher] Nutzung verliehenes Land od. Amt). **Benefizvorstellung** *die*; -, -en: = Benefiz

bengalisch [nach der vorderind. Landschaft Bengalen]: gedämpft-bunt (in bezug auf Beleuchtung); -es Feuer: zu einem Feuerwerk verwandtes, ruhig und farbig brennendes Feuer

Benjamin [nach dem jüngsten Sohn Jakobs im A. T.] *der*; -s, -e: (scherzh.) Jüngster einer Gruppe oder Familie

Bennuß vgl. Behennuß

ben tenuto [*it.*]: gut gehalten (Mus.)

Benzin [gelehrte Bildung zu *mlat.* benzoë (Name eines südostasiat. Harzes, aus dem zuerst Benzin gewonnen wurde), dies über gleichbed. *it.* benigiuì aus *arab.* lubān gāwī „javanisches Harz"] *das*; -s, -e: Gemisch aus gesättigten Kohlenwasserstoffen, bes. verwendet als: a) Treibstoff für Vergasermotoren; b) Lösungs- u. Reinigungsmittel

Benzoe [*bänzo-e*; vgl. Benzin] *die*; - u. **Benzoeharz** *das*; -es: wohlriechendes Harz bestimmter ostindischer u. indochinesischer Benzoebaumarten (Verwendung als Räuchermittel, in der Parfümherstellung u. als Heilmittel)

Benzol [Kurzw. aus: *Benzoe*... u. Alkoh*ol*; vgl. Benzin] *das*; -s, -e: Teerdestillat [aus Steinkohlen], einfachster aromatischer Kohlenwasserstoff (Ausgangsmaterial vieler Verbindungen; Zusatz zu Treibstoffen; Lösungsmittel)

Benzpyren [zu Benzoe u. *gr.* pyróein „brennen"] *das*; -s: ein krebserzeugender Kohlenwasserstoff (in Tabakrauch, Auspuffgasen u. a.). **Benzyl** [zu Benzoe u. → ...yl] *das*; -s: einwertige Restgruppe des → Toluols (Bestandteil zahlreicher Verbindungen)

Berberitze [aus *mlat.* berberis „Sauerdorn"] *die*; -, -n: Zierstrauch der Gattung Sauerdorn

Bergamotte [aus gleichbed. *fr.* bergamote, dies über *it.* bergamotta aus *türk.* beg-armûdī „Herrenbirne"; vgl. Beg] *die*; -, -n: 1. eine Zitrusfrucht. 2. eine Birnensorte

Bergerette [*bärschᵉrätᵉ*; aus *fr.* bergerette „Hirtenlied" zu berger „Schäfer"] *die*; -, -n: Hirten-, Schäferstück (Mus.)

Beriberi [*beriberi*; aus *singhales.* beri „Schwäche"] *die*; -: Vitamin-B_1-Mangel-Krankheit (bes. in ostasiat. Ländern) mit Lähmungen u. allgemeinem Kräfteverfall

Berkelium [nach der nordamerik. Universitätsstadt Berkeley] *das*; -s: chem. Grundstoff (ein Transuran); Zeichen: Bk

Bermudas, (auch:) **Bermudashorts** [...*schorz*; nach der Inselgruppe im Atlantik] *die* (Plural): a) eng anliegende, fast knielange → Shorts; b) eng anliegende knielange Badehose

Berserker [auch: *bär*...; aus *altnord.* berserkr „Bärenfell, Krieger im Bärenfell"] *der*; -s, -: 1. wilder Krieger der altnord. Sage. 2. a) kampfwütiger, tobend sich gebärdender Mann; b) kraftstrotzender Mann

Beryll [über *lat.* bēryllus aus *gr.* bḗryllos, dies aus *mittelind.* vēruliya, zum alten Namen Vēlūr der ind. Stadt Bēlūr] *der*; -s, -e: ein Edelstein. **Beryllium** *das*; -s: chem. Grundstoff, Metall; Zeichen: Be

Besan [aus gleichbed. *niederl.* bezaan, dies aus *span.* mesana, *it.* mezzana „Besansegel, -mast" zu *lat.* mediānus „in der Mitte befindlich"] *der*; -s, -e: Segel am hintersten Mast

bestialisch [aus *lat.* bestiālis „tierisch"]: 1. (abwertend) unmenschlich, viehisch, teuflisch. 2. (ugs.) fürchterlich, unerträglich. **Bestialität** *die*; -, -en: a) (ohne Plural) Unmenschlichkeit, grausames Verhalten; b) grausame Handlung, Tat. **Bestie** [...*iᵉ*; aus *lat.* bestia „(wildes) Tier"] *die*; -, -n: (abwertend) 1. reißendes, angriffswütiges Tier. 2. grausamer, mitleidloser Mensch; Unmensch. **Bestienkapitell** *das*; -s, -e: romanisches → Kapitell mit symbolischen Tiergestalten. **Bestiensäule** *die*; -, -n: Säule mit reliefartigen Darstellungen von Bestien (rom. Kunst)

Bestseller [aus gleichbed. *engl.* bestseller zu to sell „verkaufen"] *der*; -s, -: Buch, Schallplatte usw., die [einige Zeit] sehr gut verkauft wird; vgl. Longseller

Beta [aus *gr.* bēta] *das*; -[s], -s: griech. Buchstabe: *Β, β*

Betastrahlen [zu → Beta], **β-Strahlen** *die* (Plural): radioaktive Strahlen, die aus Elektronen bestehen. **Betateilchen**, **β-Teilchen** *die* (Plural): beim radioaktiven Zerfall → emittierte Elektronen. **Betatron** [Kurzwort aus: *Beta*strahlen u. Elek*tron*] *das*; -s, ...one (auch: -s): Gerät zur Beschleunigung von Elektronen, Elektronenschleuder

Betel [aus gleichbed. *port.* betel, dies aus *Malayalam* bĕtul „echt, wahr; einfaches, bloßes Blatt"] *der*; -s: indisch-malaiisches Kau- u. Genußmittel aus der Frucht der Betelnußpalme

Beton [*betong*, (fr.:) *betong*, (auch, österr. nur:) *beton*; aus gleichbed. *fr.* béton, dies aus *lat.* bitūmen „Erdharz, Erdpech"] *der*; -s, -s u. (bei nichtnasalierter Ausspr.:) -e: Baustoff aus einer Mischung von Zement, Wasser und Zuschlagstoffen (Sand, Kies u. a.). **betonieren**: 1. mit Beton bauen, ausbauen; mit einem Betonbelag versehen. 2. (eine Sache, einen Zustand, eine Haltung u. dgl.) starr u. unverrückbar festlegen

bezirzen vgl. becircen

bfn. = brutto für netto

bfr[s] vgl. Franc

bi (ugs.) = bisexuell

bi..., **Bi...** [aus gleichbed. *lat.* bi... zu bis „zweimal"]: in Zusammensetzungen auftretendes Bestimmungswort mit der Bedeutung „zwei, doppel[t]", z. B. Bigamie

Bi = chem. Zeichen für: Wismut (*nlat.*: Bismutum)

Bias [*baiᵉß*; aus *engl.-amerik.* bias „Vorurteil" zu *fr.* biais „schief, schräg"] *das*; -, -: durch falsche Untersuchungsmethoden (z. B. durch Suggestivfragen) verzerrte Repräsentativerhebung (Meinungsforschung)

Bi|athlon [aus → bi... u. *gr.* āthlon „Kampf"] *das*; -s, -s: Kombination aus Skilanglauf u. Scheibenschießen als neue wintersportl. Disziplin

biaural vgl. binaural

Bibel [über *mhd.* biblie (Sing.) aus *mlat.* biblia „die Bücher (der Hl. Schrift)", dem Plural von *gr.* biblíon „Schriftrolle, Buch"] *die*; -, -n: 1. die Heilige Schrift des Alten u. Neuen Testaments. 2. (ugs. scherzh.) a) maßgebendes Buch, maßgebende Schrift; Buch, das Gedanken o. ä. enthält, die jmdm. oder einer Gruppe als Richtschnur dienen; b) dickes, großes Buch

Bibelot [*bibᵉlo*; aus gleichbed. *fr.* bibelot] *der*; -s, -s: Nippsache, Kleinkunstwerk

Bibernelle *die*; -, -n: = Pimpernell

Bi|blio|graph [zu *gr.* bibliográphos „Bücher schreibend"; vgl. ...graph] *der*; -en, -en: Bearbeiter einer Bibliographie; jmd., der eine Bibliographie schreibt. **Bi|blio|graphie** *die*; -, ...ien: 1. Bücherverzeichnis; Zusammenstellung von Büchern u. Schriften, die zu einem bestimmten Fachgebiet od. Thema erschienen sind. 2. Wissenschaft von den Büchern. **bi|blio|graphieren**: a) den Titel einer Schrift bibliographisch verzeichnen; b) den Titel eines bestellten Buches genau feststellen (Buchhandel). **bi|blio|graphisch**: die Bibliographie (1, 2) betreffend

Bi|bliomane [zu *gr.* biblíon „Buch" u. → Manie] *der*; -n, -n: jmd., der aus krankhafter Leidenschaft Bücher sammelt; Büchernarr. **Bi|bliomanie** *die*; -: krankhafte Bücherliebe. **bi|bliomanisch**: a) sich wie ein Bibliomane verhaltend; b) die Bibliomanie betreffend. **bi|bliophil** [zu *gr.* biblíon „Buch" u. → ...phil]: 1. [schöne u. kostbare] Bücher liebend. 2. für Bücherliebhaber wertvoll, kostbar ausgestattet (von Büchern). **Bi|bliophile** *der* u. *die*; -n, -n (zwei -[n]): jmd., der in besonderer Weise [schöne u. kostbare] Bücher schätzt, erwirbt. **Bi|bliophilie** *die*; -: Bücherliebhaberei

Bi|bliothek [über *lat.* bibliothēca „Bücherschrank, -saal" aus *gr.* bibliothḗkē, eigtl. „Büchergestell"] *die*; -, -en: 1. Aufbewahrungsort für eine systematisch geordnete Sammlung von Büchern, [wissenschaftliche] Bücherei. 2. [große] Sammlung von Büchern, größerer Besitz an Büchern. **Bi|bliothekar** *der*; -s, -e: [wissenschaftlicher] Verwalter einer Bibliothek. **bi|bliothekarisch**: den Beruf, das Amt eines Bibliothekars betreffend

bi|blisch [zu → Bibel]: a) die Bibel betreffend; b) aus der Bibel stammend; -es Alter: sehr hohes Alter

Bicarbonat vgl. Bikarbonat

bi|chrom [*bikrom*; zu → bi... u. *gr.* chrōma „Farbe"; vgl. Chrom]: zweifarbig. **Bi|chromat** *das*; -[e]s, -e: = Dichromat. **Bi|chromie** *die*; -: Zweifarbigkeit

Bidet [*bide*; aus gleichbed. *fr.* bidet] *das*; -s, -s: längliches Becken für Scheidenspülungen, für die Reinigung im körperlichen Intimbereich

Bidonville [*bidongwil*; aus gleichbed. *fr.* bidonville, eigtl. „Kanisterstadt"] *das*; -s, -s: a) aus Kanistern, Wellblech u. ä. aufgebautes Elendsviertel in den Randzonen der nordafrikan. Großstädte; b) Elendsviertel

bi|enn [aus *lat.* biennis „zwei Jahre dauernd", zu → bi... u. annum „Jahr"]: zweijährig (von Pflanzen mit zweijähriger Lebensdauer, die erst im zweiten Jahr blühen u. Frucht tragen; Bot.). **bi|ennal**: a) von zweijähriger Dauer; b) alle zwei Jahre [stattfindend]. **Bi|ennale** [*lat.-it.*] *die*; -, -n: alle zwei Jahre stattfindende Ausstellung od. Schau, bes. in der bildenden Kunst u. im Film. **Bi|enne** *die*; -, -n: zweijährige (erst im zweiten Jahr blühende) Pflanze. **Bi|ennium** [*lat.*] *das*; -s, -ien [...*iᵉn*]: Zeitraum von zwei Jahren

Bifokalglas [aus → bi... u. → fokal] *das*; -es, ...gläser (meist Plural): Zweistärkenglas, Brillenglas mit zwei Brennpunkten (oberer Abschnitt zum Weitsehen, unterer Abschnitt zum Nahsehen); vgl. Trifokalglas

Biga [aus gleichbed. *lat.* bīga zu biiugus „zweispännig"] *die*; -, Bigen: von zwei Pferden gezogener Renn- oder Prunkwagen im alten Rom

Bigamie [zu → bi... u. → ...gamie] *die*; -, ...ien: Doppelehe. **bigamistisch**: a) die Doppelehe betreffend; b) in Bigamie lebend

Bigarade [aus gleichbed. *fr.* bigarade] *die*; -, -n: bittere Pomeranze (Zitrusfrucht)

Big Band [*bik bänt*; aus gleichbed. *engl.-amerik.* big band, eigtl. „große Kapelle"] *die*; - -, - -s: in Instrumentalgruppen gegliedertes großes Jazz- od. Tanzorchester mit [vielfach] verschiedener Besetzung

bigott [aus gleichbed. *fr.* bigot]: (abwertend) a) äußerlich Frömmigkeit zur Schau tragend, scheinheilig; b) engherzig fromm, übertrieben glaubenseifrig. **Bigotterie** *die*; -, ...ien: (abwertend) 1. (ohne Plural) a) engherzige Frömmigkeit; b) Scheinheiligkeit. 2. bigotte Handlungsweise, Äußerung

Bijou [*bisehu*; aus gleichbed. *fr.* bijou, dies aus *breton.* bizou „Fingerring"] *der* od. *das*; -s, -s: Kleinod, Schmuckstück. **Bijouterie** *die*; -, ...ien: 1. Schmuckstück, -gegenstand. 2. (ohne Plural) Handel mit Schmuckwaren, Edelsteinhandel. **Bijoutier** [...*tie*] *der*; -s, -s: (schweiz.) Schmuckwarenhändler, Juwelier

Bikarbonat, (chem. fachspr.:) Bicarbonat [...*ka*...; aus → bi... u. → Karbonat] *das*; -s, -e: doppeltkohlensaures Salz

Bike [*baik*; aus *engl.* ugs. bike für bicycle „Fahrrad"] *das*; -s, -s: kleines motorisiertes Fahrrad für den Stadtverkehr

Bikini [Phantasiebez.; nach dem → Atoll in der Ralikgruppe der Marshallinseln] *der*; -s, -s: zweiteiliger Damenbadeanzug

bikonkav: beiderseits hohl[geschliffen]; Ggs. → bikonvex

bikonvex [...*wäkß*]: beiderseits gewölbt [geschliffen]; Ggs. → bikonkav

bilabial [auch: *bi*...]: mit beiden Lippen gebildet (vom Laut). **Bilabial** [auch: *bi*...] *der*; -s, -e: mit beiden Lippen gebildeter Laut (z. B. b; Sprachw.)

Bilanz [aus gleichbed. *it.* bilancio, eigtl. „Gleichgewicht (der Waage)", zu bilancia „Waage", dies zu *lat.* bilanx „zwei Waagschalen habend"; vgl. Balance] *die*; -, -en: 1. Gegenüberstellung von Vermögen (→ Aktiva) u. Kapital u. Schulden (→ Passiva) für ein Geschäftsjahr. 2. Ergebnis, → Fazit, abschließender Überblick (über Ereignisse). **bilanzieren**: 1. sich ausgleichen, sich aufheben. 2. eine Bilanz (1) abschließen. **Bilanzierung** *die*; -, -en: Kontoausgleich, Bilanzaufstellung

bilateral [auch: ...*al*; zu → bi... u. *lat.* latus, Gen. lateris „Seite"]: zweiseitig

bilineare [aus → bi... u. → linear] **Form** *die*; -n -, -n -en: eine algebraische Form, in der zwei Gruppen von Veränderlichen nur im 1. Grad (also nicht quadratisch und nicht kubisch) auftreten

bilingual [auch: *bi...*; zu → bi... u. *lat.* lingua „Zunge, Sprache"]: 1. zwei Sprachen sprechend, verwendend; zweisprachig. 2. zwei Sprachen betreffend, auf zwei Sprachen bezogen. **Bilingualismus** [auch: *bi...*] *der*; -: Zweisprachigkeit. **bilingue** [*bilinggu^e*]: = bilinguisch. **bilinguisch**, bilingue: in zwei Sprachen [geschrieben], zweisprachig. **Bilinguismus** [auch: *bi...*] *der*; - u. **Bilinguität** [auch: *bi...*] *die*; -: = Bilingualismus

Billard [*biljart*; österr.: *bijar*; aus gleichbed. *fr.* „(jeu de) billard", dies unter Einfluß von *fr.* bille „Kugel" zu älter *fr.* billard „krummer Stab"] *das*; -s, -e (auch, österr. nur -s): 1. Spiel, bei dem Kugeln mit einem längeren Stock auf einem mit Tuch bezogenen Tisch gestoßen werden. 2. Billardtisch. **billardieren**: in unzulässiger Weise stoßen (beim Billard)

Billetdoux [*bijedu*; aus gleichbed. *fr.* billet doux, eigtl. „süßes, liebreiches Briefchen"] *das*; -, - [*...duß*]: (veraltet, noch scherzh.) kleiner Liebesbrief

Billeteur [zu *fr.* billet, s. Billett] *der*; -s, -e: 1. [*bijätör*] (österr.) Platzanweiser. 2. [*biljätör*] (schweiz.) Schaffner

Billett [*biljät*; aus gleichbed. *fr.* billet, dies aus *afr.* billette, bullette „Beglaubigungsschein" zu *lat.* bulla, s. Bulle] *das*; -, -e u. -s: 1. (veraltet) Zettel, Briefchen. 2. a) Einlaßkarte, Eintrittskarte; b) Fahrkarte

Billiarde [aus → bi... u. → Milliarde] *die*; -, -n: 10^{15}, tausend Billionen. **Billion** [aus gleichbed. *fr.* billion, dies zusammengezogen aus → bi... und *fr.* million; vgl. Million] *die*; -, -en: 10^{12}, eine Million Millionen

Bimester [aus *lat.* bimēstris „zweimonatig", zu bis „zweimal" u. mēnsis „Monat"] *das*; -s, -: Zeitraum von 2 Monaten als Teil eines größeren Zeitraums

Bimetall *das*; -s, -e: Streifen aus zwei miteinander verbundenen, verschiedenen Metallen, der sich bei Erwärmung auf Grund der unterschiedlichen Ausdehnung krümmt (bei Auslösevorrichtungen u. Meßinstrumenten in der Elektrotechnik). **bimetallisch**: a) auf zwei Metalle bezüglich; b) aus zwei Metallen bestehend

binar, binär, binarisch [aus *lat.* binārius „zwei enthaltend"]: aus 2 Einheiten oder Teilen bestehend, Zweistoff... (Fachspr.)

bin|aural (auch:) biaural [zu *lat.* bīnī „je zwei" u. auris „Ohr"]: 1. beide Ohren betreffend, für beide Ohren (z. B. von einem Stethoskop od. einem Kopfhörer; Med. u. Techn.). 2. zweikanalig (von elektroakustischer Schallübertragung); Ggs. → monaural; vgl. stereophon

Bingo [*binggo*; aus gleichbed. *engl.-amerik.* bingo] *das*; -[s]: englisches Glücksspiel (eine Art Lotto)

Bin|ode [zu *lat.* bīnī „je zwei" u. *gr.* hodós „Weg"; vgl. Anode] *die*; -, -n: Elektronenröhre mit zwei Röhrensystemen in einem Glaskolben

Bin|okel [aus *fr.* binocle zu *lat.* bīnī „je zwei" u. oculus „Auge"] *das*; -s, -: Mikroskop für beide Augen. **bin|okular**: 1. beidäugig. 2. für beide Augen bestimmt, zum Durchblicken für beide Augen zugleich. **Bin|okular** *das*; -s, -e: Lupe, die für das Sehen mit beiden Augen eingerichtet ist

Binom [aus → bi... u. → [1]...nom] *das*; -s, -e: jede Summe aus zwei Gliedern (Math.). **Binomialkoeffizienten** *die* (Plural): → Koeffizienten der einzelnen Glieder einer binomischen Reihe. **binomisch**: zweigliedrig; -er Lehrsatz: math. Formel zur Berechnung von Potenzen eines Binoms

bio..., Bio... [aus *gr.* bio... zu bíos „Leben"]: in Zusammensetzungen auftretendes Bestimmungswort mit der Bedeutung „leben..., Leben...; Lebensvorgänge; Lebewesen; Lebensraum". **bioaktiv** [auch: *bi...*]: biologisch aktiv, → biologisch (2). **Bio|chemie** [auch: *bi...*] *die*; -: Wissenschaft von den chem. Vorgängen in Lebewesen. **Biochemiker** [auch: *bi...*] *der*; -s, -: Wissenschaftler auf dem Gebiet der Biochemie. **bio|chemisch**: die Biochemie betreffend. **Bio|chor** [*...kor*; aus → bio... u. *gr.* chōrion bzw. chōra „Raum, Platz, Stelle"] *das*; -s, -en: = Biochore. **Bio|chore** *die*; -, -n u. **Bio|chorion** *das*; -s, ...ien [*...i^en*]: engerer Lebensbereich innerhalb eines → Biotops (Biol.). **bio|gen** [aus → bio... u. → ...gen]: durch Tätigkeit von Lebewesen entstanden, aus abgestorbenen Lebewesen gebildet. **Bio|genese** *die*; -, -n: Entwicklung[sgeschichte] der Lebewesen. **bio|genetisch**: zur Biogenese gehörend; -es Grundgesetz: Gesetz, wonach die Entwicklung des Einzelwesens (→ Ontogenese) eine Wiederholung der stammesgeschichtl. Entwicklung (→ Phylogenese) ist (nach E. Haeckel; z. B. das Auftreten der Kiemenspalten beim menschlichen Embryo). **Bio|genie** *die*; -: Entwicklungsgeschichte der Lebewesen. **Bio|geographie** *die*; -: Wissenschaft von der geographischen Verbreitung der Tiere u. Pflanzen. **bio|geographisch**: die Biogeographie betreffend. **Bio|graph** [zu → Biographie] *der*; -en, -en: Verfasser einer Lebensbeschreibung. **Bio|graphie** [aus gleichbed. *gr.* biographía] *die*; -, ...ien: 1. Lebensbeschreibung. 2. Lebens[ab]lauf, Lebensgeschichte eines Menschen. **bio|graphisch**: 1. die Biographie (1) betreffend. 2. den Lebenslauf [eines Menschen] betreffend. **Bio|loge** [zu → Biologie] *der*; -n, -n: Wissenschaftler auf dem Gebiet der Biologie, Erforscher der Lebensvorgänge in der Natur. **Bio|logie** [aus → bio... u. → ...logie] *die*; -: Wissenschaft von der belebten Natur u. den Gesetzmäßigkeiten im Ablauf des Lebens von Pflanze, Tier u. Mensch. **bio|logisch**: 1. die Biologie betreffend, auf ihr beruhend. 2. auf natürlicher Grundlage, naturbedingt. **Biom** [gelehrte Bildung zu *gr.* bíos „Leben"] *das*; -s, -e: Lebensgemeinschaft von Tieren u. Pflanzen in einem größeren geographischen Raum (tropischer Regenwald, Savanne, Nadelwaldstufe, Tundra). **bio|negativ** [auch: *tif*]: lebensschädlich, lebensfeindlich. **Bio|physik** [auch: *bi...*] *die*; -: 1. Wissenschaft von den → physikalischen Vorgängen in u. an Lebewesen. 2. heilkundlich angewendete Physik (z. B. Strahlenbehandlung u. -schutz). **biophysikalisch** [auch: *bi...*]: die Biophysik betreffend. **Bios** [aus *gr.* bíos „Leben"] *der*; -: das Leben; die belebte Welt als Teil des → Kosmos. **Bio|sphäre** [auch: *bi...*] *die*; -: Gesamtheit des von Lebewesen besiedelten Teils der Erde. **bio|sphärisch** [auch: *bi...*]: zur Biosphäre gehörend. **bio|tisch**: auf Lebewesen, auf Leben bezüglich. **Bio|top** [aus → bio... u. *gr.* tópos „Ort, Raum"] *der* od. *das*; -s, -e: 1. durch bestimmte Pflanzen- u. Tiergesellschaften gekennzeichneter Lebensraum. 2. Lebensraum einer einzelnen Art. **Bio|zönose** [zu → bio... u. *gr.* koinós „gemeinsam"] *die*; -, -n: Lebensgemeinschaft, Gesellschaft von Pflanzen u. Tieren in einem → Biotop (1). **bio|zönotisch**: die Lebensgemeinschaft in Biotopen betreffend

bipolar [auch: *bi*...; zu → bi... u. → Pol]: zweipolig. **Bipolarität** [auch: *bi*...] *die*; -, -en: Zweipoligkeit, Vorhandensein zweier entgegengesetzter Pole

Bi|qua|drat *das*; -[e]s, -e: Quadrat des Quadrats, vierte Potenz (Math.). **bi|qua|dratisch**: in die vierte Potenz erhoben; -e Gleichung: Gleichung 4. Grades

Bireme [aus gleichbed. *lat.* birēmis, zu rēmus „Ruder"] *die*; -, -n: Zweiruderer (antikes Kriegsschiff mit zwei übereinanderliegenden Ruderbänken)

Birett [aus *mlat.* birretum, s. Barett] *das*; -s, -e: aus dem Barett entwickelte viereckige Kopfbedekkung kathol. Geistlicher

bis [*lat.*; „zweimal"]: a) wiederholen, noch einmal (Anweisung in der Notenschrift); b) in einer musikalischen Aufführung als Zuruf die Aufforderung zur Wiederholung

Bisam [aus *mlat.* bisamum „Bisamsaft", dies aus *hebr.* bāsám; vgl. Balsam] *der*; -s, -e u. -s: 1. (ohne Plural) = Moschus. 2. Handelsbezeichnung für Bisamrattenpelz

Bisexualität [auch: *bi*...] *die*; -: 1. Doppelgeschlechtigkeit (Biol.). 2. das Nebeneinander von → homo- und → heterosexuellen Trieben in einem Menschen. **bisexuell** [auch: *bi*...]: 1. doppelgeschlechtig. 2. mit beiden Geschlechtern sexuell verkehrend; in seinem Geschlechtstrieb auf beide Geschlechter gerichtet

Bismutit *der*; -s: Mineral. **Bismutum** [Latinisierung von *dt.* Wismut, weitere Herkunft unsicher] *das*; -s: lat. Bezeichnung für: Wismut (ein Metall); chem. Zeichen: Bi

Bison [aus *lat.* bisōn (germ. Wort, zu *dt.* Wisent)] *der*; -s, -s: nordamerikan. Büffel

bistabil: zwei stabile Zustände aufweisend (vor allem bei elektronischen Bauelementen)

Bi|stro [aus *fr.* bistro „Kneipwirt, Kneipe"] *das*; -s, -s: kleine französische Gastwirtschaft

bisyllabisch: (veraltet) zweisilbig

bitonal: auf zwei verschiedene Tonarten zugleich bezogen (Mus.). **Bitonalität** *die*; -: gleichzeitige Anwendung zweier verschiedener Tonarten in einem Musikstück

Bitumen [aus *lat.* bitūmen „Erdharz, Erdpech" (kelt. Wort)] *das*; -s, - (auch: ...mina): aus organischen Stoffen natürlich entstandene teerartige Masse (Kohlenwasserstoffgemisch), auch bei der Aufarbeitung von Erdöl als Destillationsrückstand gewonnen (verwendet u. a. als Abdichtungs- u. Isoliermasse). **bitumig**: Bitumen enthaltend, dem Bitumen ähnlich. **bituminieren**: mit Bitumen behandeln od. versetzen. **bituminös**: Bitumen enthaltend

bivalent [...*wa*...; zu → bi... u. → Valenz]: zweiwertig (Chem.). **Bivalenz** *die*; -, -en: Zweiwertigkeit (Chem.)

Biwak [aus gleichbed. *fr.* bivouac, dies aus *niederdt.* biwake „Beiwacht" (zusätzlicher Wachtposten im Freien)] *das*; -s, -s: behelfsmäßiges Nachtlager im Freien (Mil., Bergsteigen). **biwakieren**: im Freien übernachten (Mil., Bergsteigen)

bizarr [aus *fr.* bizarre „seltsam, wunderlich", dies aus gleichbed. *it.* bizzarro]: 1. absonderlich [in Form u. Gestalt]; ungewöhnlich, seltsam geformt, aussehend. 2. wunderlich, verschroben. **Bizarrerie** *die*; -, ...ien: 1. Absonderlichkeit [in Form u. Gestalt]. 2. Launenhaftigkeit

Bizeps [aus *lat.* biceps „zweiköpfig" zu bis „doppelt" u. caput „Kopf"] *der*; -[e]s, -e: zweiköpfiger Oberarmmuskel (Beugemuskel)

bizy|klisch, (chem. fachspr.:) bicyclisch [auch: ...*zü*...; aus → bi... u. → zyklisch]: einen Kohlenstoffdoppelring enthaltend (von Molekülen)

Bk = chem. Zeichen für: Berkelium

Blackout [*bläkaut*; auch: ...*aut*; aus *engl.* blackout, eigtl. „Verdunklung"] *das* (auch: *der*); -[s], -s: 1. a) plötzliches Abdunkeln der Szene bei Bildschluß im Theater; b) kleinerer → Sketch, bei dem ein solcher Effekt die unvermittelte Schlußpointe setzt. 2. Unterbrechung des Funkkontakts zwischen Raumschiff u. Bodenstation

Black Power [*bläk pauᵉr*; *engl.*; „schwarze Gewalt"] *die*; - -: Bewegung nordamerikanischer Neger gegen die Rassendiskriminierung

blamabel [aus *fr.* blâmable „tadelnswert" zu blâmer „tadeln" aus *vulgärlat.* blastemāre für *lat.* blasphemāre „lästern, schmähen", s. Blasphemie]: beschämend. **Blamage** [*blamaseh*ᵉ] *die*; -, -n: a) Beschämung, Bloßstellung; b) Schmach, Schande. **blamieren**: bloßstellen, beschämen

blanko [unter Anlehnung an *dt.* blank aus *it.* bianco „weiß"]: leer od. nicht vollständig ausgefüllt (von unterschriebenen Schriftstücken, Urkunden, Schecks u. dgl.). **Blankoscheck** *der*; -s, -s: Scheck, der nur teilweise ausgefüllt, aber unterschrieben ist. **Blankovollmacht** *die*; -, -en: unbeschränkte Vollmacht

blasiert [aus *fr.* blasé „abgestumpft, übersättigt" zu blaser „abstumpfen", weitere Herkunft unbekannt]: überheblich, eingebildet, hochnäsig, hochmütig

Blasphemie [über *lat.* blasphēmia aus *gr.* blasphēmía „Schmähung" zu blasphēmein „schmähen, lästern"; vgl. blamabel] *die*; -, ...ien: Gotteslästerung, verletzende Äußerung über etwas Heiliges. **blasphemisch**, blasphemistisch: Heiliges verletzend, verhöhnend; Gott lästernd, von Heiligem unehrerbietig sprechend. **Blasphemist** *der*; -en, -en: Gotteslästerer. **blasphemistisch** vgl. blasphemisch

Blastem [aus *gr.* blástēma „Keim, Sproß" zu blastánein „keimen"] *das*; -s: aus undifferenzierten Zellen bestehendes Gewebe, aus dem sich schrittweise die Körpergestalt entwickelt (Biol.). **Blastogenese** *die*; -: ungeschlechtliche Entstehung eines Lebewesens (z. B. eines → Polypen 2) durch Sprossung od. Knospung

Blazer [*bleˈsᵉr*; aus gleichbed. *engl.* blazer] *der*; -s, -: 1. blaue Klubjacke [mit auffälligem Klubabzeichen]. 2. aus (1) entwickelte [einfarbige] sportliche Jacke für Herren od. Damen

Blessur *die*; -, -en: Verwundung, Verletzung

bleu [*blö*; aus *fr.* bleu „blau" (germ. Wort)]: blaßblau, bläulich

Bliz|zard [*blisᵉrt*; aus gleichbed. *engl.-amerik.* blizzard] *der*; -s, -s: Schneesturm (in Nordamerika)

Blockade [mit roman. Endung zu → blockieren gebildet] *die*; -, -n: Seesperre, militärische Absperrung von Häfen od. Küstenstrichen durch eine fremde Seemacht. **blockieren** [aus *fr.* bloquer „einschließen, sperren" zu bloc „Klumpen, Klotz"]: 1. a) einschließen, militärisch absperren; b) eine Durchfahrt, Straße o. ä. versperren; c) die Durchführung eines Planes verhindern od. aufhalten. 2. die Funktion hemmen (bei Rädern, Bremsen o. ä.). 3. zu Blöcken verarbeiten

blondieren [zu blond aus *fr.* blond „goldgelb"]: aufhellen (von Haaren). **Blondine** *die*; -, -n: blonde Frau

Blouson [*blusong*; aus *fr.* blouson „Joppe, Wollbluse" Vergrößerungsform zu blouse „Bluse"] *das* (auch: *der*); -[s], -s: über dem Rock getragene, an den Hüften enganliegende Bluse

Blue jeans [*bludsehinß*; aus gleichbed. *engl.-amerik.* blue jeans, s. Jeans] *die* (Plural): blaue [Arbeits]hose aus Baumwollgewebe in Köperbindung. **Blue notes** [*blu nouz*; aus *engl.-amerikan.* blue notes, eigtl. „blaue Noten"] *die* (Plural): der erniedrigte 3. u. 7. Ton der Durtonleiter im Blues. **Blues** [*bluß*; aus gleichbed. *engl.-amerik.* blues] *der*; -, -: a) zur Kunstform entwickeltes schwermütiges Volkslied der nordamerikanischen Neger, entstanden in der 2. Hälfte des 19. Jh.s; b) daraus entstandene älteste Form des → Jazz, gekennzeichnet durch den erniedrigten 3. u. 7. Ton der Tonleiter (vgl. Blue notes); c) um 1920 aufgekommener, zur Gruppe der nordamerikan. Tänze gehörender Gesellschaftstanz im langsamen 4/4-Takt

Bluff [auch: *blaf, blöf*; aus gleichbed. *engl.* bluff, zu to bluff „prahlen, großtun"] *der*; -s, -s: dreistes, täuschendes Verhalten, das darauf abzielt, daß jmd. zugunsten des Täuschenden etwas od. jmdn. falsch einschätzt. **bluffen** [auch: *blafen, blöfen*]: durch dreistes o. ä. Verhalten od. durch geschickte Täuschung eine falsche Einschätzung von jmdm./etwas zugunsten des Täuschenden hervorrufen od. hervorzurufen versuchen

Boa [aus *lat.* boa „Wasserschlange"] *die*; -, -s: Riesenschlange einer bes. südamerikanischen Gattung

Boarding School [*bo'ding ßkul*; aus gleichbed. *engl.* boarding school zu boarding „Kost, Verpflegung"] *die*; - -, - -s: engl. Bez. für: Internatsschule mit familienartigen Hausgemeinschaften

Bob [aus *engl.-amerik.* bob, Kurzform von Bobsleigh] *der*; -s, -s: verkleideter Stahlsportschlitten (für zwei od. vier Fahrer) mit Sägebremse u. zwei Kufenpaaren, von denen das vordere durch Seil- od. Radsteuerung lenkbar ist

Bobby [*bobi*; aus gleichbed. *engl.* bobby, eigtl. Koseform des Namens Robert] *der*; -s, -s u. Bobbies: (ugs.) engl. Polizist

Bobtail [*bóbteil*; aus *engl.* bobtail „(Hund mit) Stummelschwanz"] *der*; -s, -s: altenglischer Schäferhund (mittelgroßer, langzottiger grauer Hütehund)

Boc|cia [*botscha*; aus *it.* boccia „(Kegel)kugel"] *das*; -[s] u. *die*; -: ein ital. Kugelspiel

Boche [*bosch*; aus gleichbed. *fr.* boche] *der*; -, -s: abwertende Bezeichnung der Franzosen für: Deutscher

Bodega [aus gleichbed. *span.* bodega, dies aus *lat.* apotheca „(Wein)lager"; vgl. Apotheke] *die*; -, -s: a) span. Weinkeller; b) span. Weinschenke

Bodybuilding [*bodibil...*; zu *engl.* body „Körper" u. to build „(auf)bauen"] *das*; -[s]: moderne Methode der Körperbildung u. Vervollkommnung der Körperformen durch gezieltes Muskeltraining mit besonderen Geräten. **Bodycheck** [*...tschäk*; aus gleichbed. *engl.* bodycheck] *der*; -s, -s: hartes, aber nach den Regeln in bestimmten Fällen erlaubtes Rempeln des Gegners beim Eishockey

Bofel vgl. Bafel

Boheme [*...äm*; aus gleichbed. *fr.* bohème zu *mlat.* bohemus „Böhme, Zigeuner"] *die*; -: Künstlerkreise außerhalb der bürgerlichen Gesellschaft; ungebundenes Künstlertum, unkonventionelles Künstlermilieu. **Bohemien** [*...emiäng*] *der*; -[s], -s: Angehöriger der Boheme; unbekümmerte, leichtlebige u. unkonventionelle Künstlernatur

Boiler [*beuler*; aus gleichbed. *engl.* boiler zu to boil „kochen, sieden", dies zu *lat.* bulla „Wasserblase"] *der*; -s, -: Gerät zur Bereitung u. Speicherung von heißem Wasser

Bolero [aus *span.* bolero „Bolerotanz, Bolerotänzer" zu bola „Kugel" aus *lat.* bulla „Wasserblase"] *der*; -s, -s: 1. scharf rhythmischer span. Tanz mit Kastagnettenbegleitung. 2. a) kurzes, offen getragenes Herrenjäckchen der spanischen Nationaltracht; b) kurzes modisches Damenjäckchen. 3. der zu dem spanischen Jäckchen getragene rundaufgeschlagene Hut

Bolid [aus *lat.* bolis, Gen. bolidis „Meteor", dies aus *gr.* bolís „Pfeil"] *der*; -s u. -en, -e[n]: 1. großer, sehr heller Meteor, Feuerkugel. 2. schwerer Rennwageneinsitzer mit verkleideten Rädern

Bolo|gneser [*bolonjeser*; nach der ital. Stadt Bologna]: dem → Malteser (2) ähnlicher Zwerghund

Bolschewik [aus *russ.* bolschewík, eigtl. „Mehrheitler" zu bolschinstwó „Mehrheit"] *der*; -en, -i (abwertend: -en): 1. Mitglied der von Lenin geführten revolutionären Fraktion in der Sozialdemokratischen Arbeiterpartei Rußlands vor 1917. 2. (bis 1952) Mitglied der Kommunistischen Partei Rußlands bzw. der Sowjetunion. 3. (abwertend) Kommunist. **bolschewikisch**: bolschewistisch (1). **bolschewisieren**: 1. nach der Doktrin des Bolschewismus gestalten, einrichten. 2. (abwertend) gewaltsam kommunistisch machen. **Bolschewismus** *der*; -: 1. Theorie u. Taktik des revolutionären marxistischen Flügels von der russischen Arbeiterbewegung mit dem Ziel, die Diktatur des Proletariats zu verwirklichen. 2. (abwertend) Sozialismus, Kommunismus. **Bolschewist** *der*; -en, -en: 1. = Bolschewik (1, 2). 2. (abwertend) jmd., der Kultur, geltende Ordnung usw. zerstören will; Sozialist, Kommunist. **bolschewistisch**: 1. a) den Bolschewismus betreffend; b) die Bolschewisten betreffend. 2. (abwertend) die Kultur, geltende Ordnung usw. zerstörend; sozialistisch, kommunistisch

Bombarde [über *fr.* bombarde aus gleichbed. *it.* bombarda zu bomba, s. Bombe] *die*; -, -n: Belagerungsgeschütz (Steinschleudergeschütz) des 15.–17. Jh.s. **Bombardement** [*bombardemang*, österr.: *...dmang*] *das*; -s, -s: 1. anhaltende Beschießung durch schwere Artillerie. 2. massierter Abwurf von Fliegerbomben. **bombardieren**: 1. mit Artillerie beschießen. 2. Fliegerbomben auf etwas abwerfen. 3. (ugs.) a) mit [harten] Gegenständen bewerfen; b) mit etwas überschütten, z. B. jmdn. mit Vorwürfen -

Bombardon [*...dong*; aus gleichbed. *fr.* bombardon zu *it.* bombarda „Baßtrompete"] *das*; -s, -s: Baßtuba mit 3 oder 4 Ventilen

Bombast [aus gleichbed. *engl.* bombast, eigtl. „Baumwolle zum Auswattieren von Kleidern", zu *lat.* bombax, *gr.* pambax aus *pers.* pänbäk „Baumwolle"] *der*; -es: (abwertend) [Rede-]schwulst, Wortschwall. **bombastisch**: (abwertend) hochtrabend, schwülstig

Bombe [über *fr.* bombe aus *it.* bomba „Bombe", dies aus *lat.* bombus, *gr.* bómbos „dumpfes Geräusch"] *die*; -, -n: 1. a) mit Sprengstoff od. Brandsätzen gefüllter Hohlkörper; b) (ugs.) Atombombe; c) Gegenstand von bombenähnlicher Form, z. B. Geldbombe (geschlossene Kassette). 2. (ugs.) wuchtiger, knallharter Schuß od. Wurf (Fußball u. a. Sportarten)

Bon [*bong* od. *bong*; aus gleichbed. *fr.* bon zu bon „gut, gültig" aus *lat.* bonus „gut"] *der*; -s, -s: 1. Gutschein für Speisen od. Getränke. 2. Kassenzettel

bona fide [*lat.*]: guten Glaubens, auf Treu u. Glauben

Bonbon [*bongbong*, meist: *bongbong*; aus gleichbed. *fr.* bonbon] *der* od. *das*; -s, -s: geformtes Stück Zuckerware mit aromatischen Zusätzen. 2. etwas Besonderes

Bonbonniere [*bongboniär*] *die*; -, -n: 1. Behälter aus Kristall, Porzellan o. ä. für Bonbons, Pralinen o. ä. 2. hübsch aufgemachte Packung mit Pralinen od. Fondants

bongen [zu → Bon]: (ugs.) [an der Registrierkasse] einen → Bon tippen, bonieren

[1]**Bongo** [*bonggo*] [*afrik.*] *der*; -s, -s: leuchtend rotbraune Antilope mit weißen Streifen (Äquatorialafrika). [2]**Bongo** [*bonggo*; aus gleichbed. *amerik.-span.* bongo] *das*; -[s], -s od. *die*; -, -s (meist Plural): einfellige, paarweise verwendete Trommel kubanischen Ursprungs (Jazzinstrument)

Bonhomie [*bonomi*; aus gleichbed. *fr.* bonhomie zu bonhomme „gutmütiger Mensch"] *die*; -, ...ien: Gutmütigkeit, Einfalt, Biederkeit

bonieren: = bongen

Bonmot [*bongmo*; aus gleichbed. *fr.* bon mot] *das*; -s, -s: treffender geistreich-witziger Ausspruch

Bonne [aus *fr.* bonne „Dienstmädchen", eigtl. „die Gute"] *die*; -, -n: Kindermädchen, Erzieherin

Bonnet [*bone*; aus *fr.* bonnet „Mütze"; dies aus gleichbed. *mlat.* boneta] *das*; -s, -s: Damenhaube des 18. Jh.s

Bonus [unter *engl.* Vermittlung aus *lat.* bonus „gut"] *der*; - u. -ses, - u. -se (auch: ...ni): 1. Schadensfreiheitsrabatt in der Kfz-Haftpflichtversicherung; Ggs.: → Malus. 2. zum Ausgleich für eine schlechtere Ausgangsposition erteilter Punktvorteil (z. B. beim Vergleich der Abiturnoten aus verschiedenen Bildungsgängen); Ggs. → Malus (2)

Bonvivant [*bongwiwang*; aus gleichbed. *fr.* bon vivant, eigtl. „jmd., der gut lebt"] *der*; -s, -s: Lebemann

Bonze [über *fr.* bonze „ostasiat. Priester" u. *port.* bonzo aus *jap.* bōzū „Priester"] *der*; -n, -n: 1. (abwertend) jmd., der die Vorteile seiner Stellung genießt [u. sich nicht um die Belange anderer kümmert]; höherer, dem Volk entfremdeter Funktionär. 2. buddhistischer Mönch, Priester

Boogie-Woogie [*bugiugi*; aus gleichbed. *amerik.* boogie woogie, Reimbildung zu boogie (abschätzig) „Neger"] *der*; -[s], -s: 1. auf dem Klavier gespielter → Blues mit → ostinaten Baßfiguren u. starkem → Off-Beat. 2. zu (1) entwickelte Form des Gesellschaftstanzes (z. B. → Jitterbug, → Rock and Roll)

Boom [*bum*; aus gleichbed. *engl.* boom] *der*; -s, -s: [plötzlicher] wirtschaftlicher Aufschwung, Hochkonjunktur, → Hausse an der Börse

Booster [*bußter*; aus *engl.* booster „Förderer, Unterstützer" zu to boost „nachhelfen, fördern"] *der*; -s, -: a) Hilfstriebwerk; Startrakete (Luftfahrt); b) Zusatztriebwerk; erste Stufe einer Trägerrakete (Raumfahrt). **Boosterdiode** *die*; -, -n: Gleichrichter zur Rückgewinnung der Spannung bei der Zeilenablenkung (Fernsehtechnik)

Boots [*buz*; aus *engl.* boot „Stiefel"] *die* (Plural): bis über den Knöchel reichende Wildlederschuhe

Bop [*amerik.*] *der*; -[s], -s: = Bebop

Bor [über *frühnhd.* borros, *spätmhd.* buras aus *mlat.* bōrax, s. Borax] *das*; -s: chem. Grundstoff, Nichtmetall; Zeichen: B

Bora [aus gleichbed. *it.* bora, dies aus *gr.-lat.* boréās, s. Boreas] *die*; -, -s: trockenkalter Fallwind an der dalmatinischen Küste

Boran [zu → Bor] *das*; -s, -e (meist Plural): Borwasserstoff. **Borat** *das*; -s, -e: Salz der Borsäure. **Borax** [aus *mlat.* bōrax, dies über *arab.* bauraq aus *pers.* burāh „borhaltiges Natron"] *der*; -[es]: in großen Kristallen vorkommendes Natriumsalz der Tetraborsäure

Bordcase [*...keiß*; zu *engl.* case „Kasten, Behälter"] *das* od. *der*; -, - u. -s [*...ßis*]: kleines, kofferähnliches Gepäckstück, das man bei Flugreisen unter den Sitz legen kann

bordeaux [*bordo*; zu → Bordeaux]: weinrot, bordeauxrot. **Bordeaux** *der*; -, (Sorten:) - [*bordoß*]: Wein aus der weiteren Umgebung der franz. Stadt Bordeaux (Departement Gironde)

Bordell [durch Vermittlung von *mniederl.* bordeel aus gleichbed. *fr.* bordel, *it.* bordello, eigtl. „Bretterhüttchen"] *das*; -s, -e: Dirnenhaus, Freudenhaus

Bordüre [aus gleichbed. *fr.* bordure zu bord „Rand, Borte"] *die*; -, -n: Einfassung, Besatz, farbiger Geweberand

boreal [aus *lat.* boreālis „nördlich", zu → Boreas]: nördlich; dem nördlichen Klima Europas, Asiens u. Amerikas zugehörend. **Boreal** *das*; -s: Wärmeperiode der Nacheiszeit. **Boreas** [über *lat.* boreās „Nordwind, Norden" aus gleichbed. *gr.* boréas] *der*; -: 1. Nordwind im Gebiet des Ägäischen Meeres (in der Antike als Gott verehrt). 2. (dicht., veraltet) kalter Nordwind

borniert [aus gleichbed. *fr.* borné, eigtl. „abgegrenzt", zu borne „Grenze, Grenzstein"]: a) geistig beschränkt, eingebildet-dumm; b) engstirnig

Borschtsch [aus gleichbed. *russ.* borschtsch] *der*; -: russ. Kohlsuppe mit Fleisch, verschiedenen Kohlsorten, roten Rüben u. etwas → Kwaß

Boskop [nach dem niederl. Ort Boskoop] *der*; -s, -: eine Apfelsorte

Boß [aus *engl.-amerik.* boss „Chef", dies aus *niederl.* baas „Meister"] *der*; Bosses, Bosse: (ugs.) 1. (abwertend, veraltend) jmd., der auf Grund seiner Stellung über andere bestimmt. 2. jmd., der die Leitung von etwas hat; Chef

Bossa Nova [- *...wa*; aus *port.* bossa nova „neue Welle"] *der*; - -, - -s: ein südamerikanischer Modetanz

[1]**Boston** [*boßten*; nach der Stadt in den USA] *das*; -s: amerikan. Kartenspiel. [2]**Boston** [*boßten*] *der*; -s, -s: langsamer amerikan. Walzer mit sentimentalem Ausdruck

Botanik [gelehrte Entlehnung aus *gr.* botanikḗ (epistḗmē) „Pflanzenkunde" zu botánē „Futter-, Weidekraut"] *die*; -: Teilgebiet der Biologie, auf dem man die Pflanzen erforscht. **Botaniker** *der*; -s, -: Wissenschaftler u. Forscher auf dem Gebiet der Botanik. **botanisch**: pflanzenkundlich, pflanzlich; -er Garten: Park- od. Gartenanlage, in der Bäume u. andere Pflanzen nach einer bestimmten Systematik zu Schau- u. Lehrzwecken kultiviert werden. **botanisieren**: Pflanzen zu Studienzwecken sammeln

Botel [Kurzwort aus *B*oot u. H*otel*] *das*; -s, -s: schwimmendes Hotel, als Hotel ausgebautes verankertes Schiff

Bottega *die*; -, -s: ital. Form von → Bodega

Bottle-Party [*boteľparti*; aus gleichbed. *engl.* bottle-party, eigtl. „Flaschenparty"] *die*; -, ...ties [*tis*]: Party, zu der die geladenen Gäste die alkoholischen Getränke mitbringen

[1]**Bou|clé** [*buklẹ*; aus *fr.* bouclé „gekräuseltes Garn" zu boucle „Ring, Schleife"] *das*; -s, -s: Garn mit Knoten u. Schlingen. [2]**Bou|clé** [*buklẹ*] *der*; -s, -s: 1. Gewebe aus Bouclegarn, Noppengewebe. 2. Haargarnteppich mit nicht aufgeschnittenen Schlingen

Boudoir [*budoạr*; aus gleichbed. *fr.* boudoir, eigtl. „Schmollkämmerchen" zu bouder „schmollen"] *das*; -s, -s: elegantes, privates Zimmer einer Dame

Bouillabaisse [*bujabạ̈ß*; über *fr.* bouillabaisse aus *provenz.* bouiabaisso, eigtl. „Siede und senk dich!" (der Topf muß schnell vom Feuer genommen werden); vgl. Baisse] *die*; -, -s [*bujabạ̈ß*]: würzige provenzal. Fischsuppe

Bouillon [*buljọng, buljọng, bujọng*; aus gleichbed. *fr.* bouillon zu bouillir „sieden, kochen", aus *lat.* bullīre, dies zu bulla „Wasserblase"] *die*; -, -s: 1. Kraft-, Fleischbrühe. 2. bakteriologisches Nährsubstrat

Boule [*bụl*; aus *fr.* boule, dies aus *lat.* bulla „Blase"] *das*; -[s], -s, (auch: *die*; -, -s): französisches Kugelspiel

Boulevard [*bulᵉwạr*; aus gleichbed. *fr.* boulevard, dies aus *mniederl.* bolwerc „Bollwerk" (die Ringstraßen entstanden aus alten Stadtbefestigungen)] *der*; -s, -s: breite [Ring-]straße

Bouquet [*bukẹ*] *das*; -s, -s: = Bukett

bourgeois [*burschoạ*, in attributiver Verwendung: *burschoạs...*; zu → Bourgeois]: a) den Bourgeois betreffend, bürgerlich; b) die Bourgeoisie betreffend, zur Bourgeoisie gehörend. **Bourgeois** [aus *fr.* bourgeois „Bürger" zu bourg „befestigter Ort, Marktflecken" aus *afränk.* *burg] *der*; -, -: (abwertend) wohlhabender, satter, selbstzufriedener Bürger. **Bourgeoisie** [*burschoasị*] *die*; -, ...ien: 1. a) wohlhabender Bürgerstand, Bürgertum; b) (abwertend) durch Wohlleben entartetes Bürgertum. 2. herrschende Grundklasse der kapitalistischen Gesellschaft, die im Besitz der Produktionsmittel ist (Marxismus)

Bourrée [*burẹ*; aus gleichbed. *fr.* bourrée] *die*; -, -s: a) heiterer bäuerlicher Tanz aus der Auvergne; b) von 1650 an Satz der → Suite (3)

Bouteille [*butạ̈jᵉ*; aus gleichbed. *fr.* bouteille] *die*; -, -n: (veraltend) Flasche

Boutique [*butịk*; aus gleichbed. *fr.* boutique, dies aus *gr.* apothḗkē „Vorratsraum"; vgl. Apotheke] *die*; -, -s [*...tikß*] u. -n [*...kᵉn*]: kleiner Laden für [exklusive] modische Neuheiten

Bowdenzug [*bauᵈᵉn...*; nach dem engl. Erfinder Bowden, 1880–1960] *der*; -s, ...züge: Drahtkabel zur Übertragung von Zugkräften, bes. an Kraftfahrzeugen

Bowiemesser [*bọwi...*; nach dem Amerikaner James Bowie, 1796–1836] *das*; -s, -: nordamerikan. Jagdmesser

Bowle [*bọlᵉ*; aus *engl.* bowl „(Punsch)napf"] *die*; -, -n: 1. [kaltes] Getränk aus Wein, Schaumwein, Zucker u. Früchten. 2. Gefäß zum Bereiten und Auftragen dieses Getränks

bowlen [*bọᵘlᵉn*; aus gleichbed. *engl.* to bowl zu bowl „Kugel" aus *fr.* boule, s. Boule]: Bowling spielen. **Bowling** [*bọᵘling*] *das*; -s, -s: 1. engl. Kugelspiel auf glattem Rasen. 2. amerik. Art des Kegelspiels mit 10 Kegeln

Bọx [aus gleichbed. *engl.* box, eigtl. „Büchse, Behälter", dies über *vulgärlat.* buxis aus *gr.-lat.* pyxis „Dose aus Buchsbaumholz"] *die*; -, -en, (auch:) Bọxe *die*; -, -n: 1. Pferdestand, in dem das Pferd sich frei bewegen kann. 2. a) durch Zwischenwände abgeteilter Einstellplatz für Wagen in einer Großgarage; b) abgegrenzter Montageplatz für Rennwagen an einer Rennstrecke. 3. (nur Box) einfache Rollfilmkamera in Kastenform. 4. kastenförmiger Behälter od. Gegenstand; oft in Zusammensetzungen, z. B. Kühlbox, Musikbox. 5. Unterstellraum

Bọxkalf [*...kalf*; in engl. Aussprache auch: *bọ́xkạf*; aus gleichbed. *engl.* box calf] *das*; -s: Kalbleder

Boy [*bẹu*; aus *engl.* boy „Junge"] *der*; -s, -s: 1. Laufjunge, Diener, Bote. 2. (ugs.) junger Mann. **Boyfriend** [*bẹufränt*] *der*; -[s], -s: (ugs.) der Freund eines jungen Mädchens

Boykọtt [*beu...*; aus gleichbed. *engl.* boycott, nach dem in Irland geächteten englischen Hauptmann und Gutsverwalter Boycott, 1832–1897] *der*; -s, -s (auch: -e): Verrufserklärung, Ächtung; Abbruch bestehender [wirtschaftlicher] Beziehungen; Weigerung, Waren zu kaufen od. zu verkaufen. **boykottieren**: a) mit Boykott belegen; b) die Ausführung eines Plans o. ä. erschweren oder zu verhindern suchen

Boy-Scout [*bẹußkaut*; aus gleichbed. *engl.* boy scout, zu → Boy u. *engl.* scout „Späher"] *der*; -[s], -s: engl. Bezeichnung für: Pfadfinder

Br = chem. Zeichen für: Brom

brachiạl [*brach...*; aus gleichbed. *lat.* brachialis zu brachium aus *gr.* brachíōn „Arm"]: zum Oberarm gehörend (Med.). **Brachiạlgewalt** *die*; -: rohe körperliche Gewalt als Mittel zur Durchsetzung von Zielen. **Brachiosaurus** [zu *lat.* brachium „Arm" u. *gr.* saûros „Eidechse"] *der*; -, ...rier [*...iᵉr*]: pflanzenfressender, sehr großer → Dinosaurier mit langen Vorderbeinen (aus der Kreidezeit, bes. in Nordamerika)

brạchy..., **Brạchy...** [aus *gr.* brachy... zu brachys „kurz"]: in Zusammensetzungen auftretendes Bestimmungswort mit der Bedeutung „kurz". **brachykatalẹktisch** [über gleichbed. *lat.* brachy catalēctus aus *gr.* brachykatálēktos „mit einer kurzen Silbe endigend"]: am Versende um einen Versfuß (eine rhythmische Einheit) bzw. um zwei Silben verkürzt (von antiken Versen); vgl. katalektisch, akatalektisch u. hyperkatalektisch. **Brachykatalẹxe** *die*; -, -n: Verkürzung eines Verses um den letzten Versfuß (die letzte rhythmische Einheit) oder die letzten zwei Silben. **Brachysyllabus** [über *lat.* brachysyllabus aus *gr.* brachysýllabos „kurzsilbig"] *der*; -, ...syllạben u. ...sỵllabi: antiker Versfuß (rhythmische Einheit), der nur aus kurzen Silben besteht (z. B. → Tribrachys)

Brạhma [zu → Brahman] *der*; -s: höchster Gott des → Hinduismus, Personifizierung des Brahmans. **Brahmaịsmus** *der*; -: = Brahmanismus. **Brạhman** [aus *sanskr.* bráhman- „Gebet, geheimnisvolle Macht"] *das*; -s: Weltseele, magische Kraft der indischen Religion, die der Brahmane im Opferspruch wirken läßt. **Brahmạne** *der*; -n, -n: Angehöriger der indischen Priesterkaste. **brahmạnisch**: die Lehre od. die Priester des Brahmanentums betreffend. **Brahmanịsmus** [*sanskr.-nlat.*] *der*; -: 1. eine der Hauptreligionen Indiens, aus dem → Wedismus hervorgegangen. 2. (selten) Hinduismus

Brailleschrift [*brạj...*; nach dem franz. Erfinder Braille, † 1852] *die*; -: Blindenschrift

Brainstorming [...*ßt*...; aus gleichbed. *engl.-amerik.* brainstorming zu brainstorm „Geistesblitz"] *das*; -s: Verfahren, um durch Sammeln von spontanen Einfällen [der Mitarbeiter] die beste Lösung eines Problems zu finden. **Brain-Trust** [...*traßt*; aus *engl.-amerik.* brain trust „Gehirntrust"] *der*; -[s], -s: 1. die Gruppe der politischen u. wirtschaftlichen Berater, die den amerikan. Präsidenten Franklin D. Roosevelt bei der Durchführung seines Reformprogramms unterstützte (1932). 2. [wirtschaftlicher] Beratungsausschuß; Expertengruppe

Brakteat [aus *lat.* bracteātus „mit Goldblättchen überzogen" zu bractea „dünnes Blech, Goldblättchen"] *der*; -en, -en: 1. Goldblechabdruck einer griechischen Münze (4.–2. Jh. v. Chr.). 2. einseitig geprägte Schmuckscheibe der Völkerwanderungszeit. 3. einseitig geprägte mittelalterl. Münze

Bramarbas [nach einer literar. Figur des 18. Jh.s] *der*; -, -se: Prahlhans, Aufschneider. **bramarbasieren**: aufschneiden, prahlen

Branche [*brangsche*; aus gleichbed. *fr.* branche, eigtl. „Ast, Zweig"] *die*; -, -n: a) Wirtschafts-, Geschäftszweig; b) Fachgebiet

Branchiat [zu *lat.* branchiae aus *gr.* ta brágchia (Plural) „Kiemen"] *der*; -en, -en: durch Kiemen atmendes Wirbel- od. Gliedertier. **Branchie** [...*ie*] *die*; -, -n (meist Plural): Kieme. **Branchiosaurier** *der*; -s, - u. **Branchiosaurus** *der*; -, ...saurier [...*rier*]: Panzerlurch des → Karbons u. → ¹Perms

Brandy [*brändi*; aus *engl.* brandy, Kurzwort für älteres brandwine] *der*; -s, -s: engl. Bezeichnung für: Branntwein, bes. Weinbrand

Branle [*brangle*; aus gleichbed. *fr.* branle] *der*; -: a) ältester franz. Rundtanz (im 16. u. 17. Jh. Gesellschaftstanz); b) Satz der → Suite (3)

¹Brasil [vom Namen des südamerikan. Staates Brasilien] *der*; -s, -e u. -s: a) dunkelbrauner, würziger südamerikan. Tabak; b) eine Kaffeesorte. **²Brasil** *die*; -, -[s]: Zigarre aus Brasiltabak

Bratsche [gekürzt aus älterem Bratschgeige nach *it.* viola da braccio „Armgeige"] *die*; -, -n: Streichinstrument, das eine Quint tiefer als die Violine gestimmt ist. **Bratschenschlüssel** *der*; -s, -: Altschlüssel (c^1 auf der Mittellinie; Mus.). **Bratscher** *der*; -s, - u. **Bratschist** *der*; -en, -en: Musiker, der Bratsche spielt

bravissimo! [...*wiß*...; *it.*; Superlativ von → bravo]: sehr gut! (Ausruf od. Zuruf des Beifalls u. der Anerkennung). **bravo!** [...*wo*; aus gleichbed. *it.* bravo, zu bravo „wacker; unbändig, wild" aus *lat.* barbarus „fremd, ungesittet"]: gut!, trefflich! (Ausruf od. Zuruf des Beifalls u. der Anerkennung). **¹Bravo** *das*; -s, -s: Beifallsruf. **²Bravo** *der*; -s, -s u. ...vi [...*wi*; aus gleichbed. *it.* bravo, eigtl. „der Meisterhafte"]: italien. Bezeichnung für: Meuchelmörder, Räuber

Bravour [...*wur*; aus gleichbed. *fr.* bravoure zu brave „tapfer" aus *it.* bravo] *die*; -: 1. Tapferkeit, Schneid. 2. vollendete Meisterschaft, meisterhafte Technik. **bravourös**: a) tapfer, schneidig; b) meisterhaft. **Bravourstück** *das*; -s, -e: Glanznummer

break! [*breik*; aus gleichbed. *engl.* break!, eigtl. „brechen!"]: „geht auseinander, trennt euch!" (Trennkommando des Ringrichters beim Boxkampf). **Break** [aus *engl.* break „Durchbruch"] *der* od. *das*; -s, -s: 1. plötzlicher u. unerwarteter Durchbruch aus der Verteidigung heraus; Überrumpelung aus der Defensive, Konterschlag (Sportspr.). 2. kurzes Zwischensolo im Jazz

Bredouille [*bredulje*; aus *fr.* bredouille „Matsch" (im Spiel), urspr. „Dreck"; weitere Herkunft unbekannt] *die*; -: Verlegenheit, Bedrängnis

Bretesche [aus *fr.* bretèche „Zinne"] *die*; -, -n: Erker an Burgmauern u. Wehrgängen zum senkrechten Beschuß des Mauerfußes

Breve [*brewe*; aus *lat.* breve, Neutr. von brevis „kurz"] *das*; -s, -n u. -s: päpstlicher Erlaß in einfacherer Form. **Brevier** [aus *lat.* breviārium „kurzes Verzeichnis, Auszug" zu brevis „kurz"] *das*; -s, -e: 1. a) Gebetbuch des kath. Klerikers mit den Stundengebeten; b) tägliches kirchliches Stundengebet. 2. kurze Sammlung wichtiger Stellen aus den Werken eines Dichters od. Schriftstellers, z. B. Schillerbrevier. **brevi manu** [*lat.*]: kurzerhand (Abk.: b. m., br. m.). **Brevis** [*brew*...] *die*; -, ...ves: Doppelganze, Note im Notenwert von zwei ganzen Noten (Notierung: querliegendes Rechteck; Mus.); vgl. alla breve

Briard [*briar*; aus gleichbed. *fr.* briard, nach der franz. Landschaft Brie] *der*; -[s], -s: Schäferhund einer franz. Rasse

Bridge [*britsch*; aus gleichbed. *engl.* bridge, eigtl. „Brücke"] *das*; -: ein Kartenspiel

Brigade [aus gleichbed. *fr.* brigade, dies aus *it.* brigata zu briga „Streit"] *die*; -, -n: 1. größere Truppenabteilung. 2. (DDR) kleinste Arbeitsgruppe in einem Produktionsbetrieb. **Brigadier** [...*die*] *der*; -s, -s: 1. Befehlshaber einer Brigade (1). 2. [auch: ...*dir*, Plural: -e]: (DDR) Leiter einer Brigade (2). **Brigadierin** *die*; -, -nen: (DDR) Leiterin einer Brigade (2)

Brigant [aus gleichbed. *it.* brigante zu briga „Streit"] *der*; -en, -en: (hist.) a) Freiheitskämpfer; b) Straßenräuber in Italien

Brigantine [aus *it.* brigantina „Panzerhund" bzw. brigantino „Kampfschiff", zu briga „Streit"] *die*; -, -n: 1. (hist.) leichte Rüstung aus Leder od. starkem Stoff. 2. = Brigg

Brigg [aus gleichbed. *engl.* brig, dies Kurzform zu *fr.* brigantine, s. Brigantine] *die*; -, -s: (hist.) zweimastiges Segelschiff

Brikett [aus gleichbed. *fr.* briquette, Verkleinerungsform zu brique „Ziegelstein"] *das*; -s, -s (auch noch: -e): aus kleinstückigem oder staubförmigem Gut (z. B. Steinkohlenstaub) durch Pressen gewonnenes festes Formstück (bes. Preßkohle). **brikettieren**: zu Briketts formen

brillant [*briljant*; aus gleichbed. *fr.* brillant, Part. Präs. zu briller „glänzen", s. brillieren]: glänzend, hervorragend

Brillant [*briljant*; aus gleichbed. *fr.* brillant, eigtl. „der Glänzende"] *der*; -en, -en: geschliffener Diamant. **brillante** [*brilante*; *it.*; Part. Präs. zu brillare „glänzen"]: perlend, virtuos, bravourös (Mus.). **Brillantine** [aus gleichbed. *fr.* brillantine] *die*; -, -n: Haarpomade. **Brillanz** *die*; -: Glanz, Feinheit. **brillieren** [*briljiren*; aus *fr.* briller „glänzen", dies aus *it.* brillare, eigtl. wohl „glänzen wie ein → Beryll"]: glänzen [in einer Fertigkeit]

Brimborium [nach gleichbed. *fr.* brimborion] *das*; -s: (abwertend) a) Geschwätz; überflüssiges, leeres Gerede; b) unnützer Aufwand

Brio [aus gleichbed. *it.* brio (kelt. Wort)] *das*; -s: Feuer, Lebhaftigkeit, Schwung; Ekstatik, Leidenschaft (Mus.); vgl. brioso. **brioso**: mit Feuer, mit Schwung; zügig (Vortragsanweisung; Mus.)

brisant [aus *fr.* brisant, Part. Präs. zu briser „zerbrechen, zertrümmern"]: 1. hochexplosiv; sprengend, zermalmend (Waffentechnik). 2. hochaktuell; viel Zündstoff enthaltend (z. B. von einer [politischen] Rede). **Brisanz** *die*; -, -en: 1. Sprengkraft. 2. (ohne Plural) brennende, erregende Aktualität

Britanniametall [nach „Britannia", dem *lat.* Namen der britischen Inseln] *das*; -s, -e: wie Silber glänzende Legierung aus Zinn u. Antimon, bisweilen auch Kupfer

br. m. = brevi manu

Broiler [*breul^er*; aus gleichbed. *engl.-amerik.* broiler (eigtl. broiler chicken „Brathühnchen") zu to broil „grillen"] *der*; -s, -: zum Grillen gemästetes Hähnchen

Brokat [aus *it.* broccato „durchwirktes Gewebe" zu broccare „durchwirken", eigtl. „hervorstechen machen"] *der*; -[e]s, -e: kostbares, meist mit Gold- od. Silberfäden durchwirktes, gemustertes [Seiden]gewebe

Brokkoli [aus gleichbed. *it.* broccoli, Plural von broccolo „Blumenkohl"] *die* (Plural): Spargelkohl (Abart des Blumenkohls)

Brom [über *lat.* brōmus aus *gr.* brōmos „Gestank"] *das*; -s: chem. Element, Nichtmetall (Zeichen: Br). **Bromat** *das*; -[e]s, -e: Salz der Bromsäure. **Bromid** *das*; -[e]s, -e: Salz des Bromwasserstoffs, Verbindung eines Metalls od. Nichtmetalls mit Brom. **bromieren**: Brom in eine organische Verbindung einführen. **Bromit** *der*; -s: ein Mineral. **Bromsilber**, Silberbromid *das*; -s: äußerst lichtempfindliche Schicht auf Filmen u. fotogr. Platten

bronchial: a) zu den Bronchien gehörend; b) die Bronchien betreffend. **Bronchie** [...*i^e*; über gleichbed. *lat.* bronchia (Plural) aus *gr.* brógchia (Plural) zu brógchos „Luftröhre, Kehle"] *die*; -, -n (meist Plural): Luftröhrenast. **Bronchitis** *die*; -, ...itiden: Entzündung der Bronchialschleimhäute, Luftröhrenkatarrh

Brontosaurus [zu *gr.* brontḗ „Donner" u. saũros „Eidechse"] *der*; -, ...rier [...*i^er*]: pflanzenfressender, riesiger → Dinosaurier der Kreidezeit Nordamerikas

Bronze [*brongß^e*; aus gleichbed. *fr.* bronze bzw. *it.* bronzo] *die*; -, -n: 1. gelblich-braune Kupfer-Zinn-Legierung [mit ganz geringem Zinkanteil]. 2. Kunstgegenstand aus einer solchen Legierung. 3. (ohne Plural) gelblich-braune, metallische Farbe, gelblich-brauner Farbton. **bronzen**: 1. aus Bronze. 2. wie Bronze [aussehend]. **bronzieren**: mit Bronze überziehen. **Bronzit** [*bron*...] *der*; -s: faseriges, oft bronzeartig schillerndes Mineral

brosch. = broschiert. **broschieren** [aus gleichbed. *fr.* brocher, eigtl. „aufspießen; durchstechen"]: [Druck]bogen in einen Papier- od. Kartonumschlag heften od. leimen (Buchw.). **broschiert**: geheftet, nicht gebunden (Abk.: brosch.). **Broschur** *die*; -, -en: 1. (ohne Plural) das Einheften von Druckbogen in einen Papier- od. Kartonumschlag. 2. in einen Papier- od. Kartonumschlag geheftete Druckschrift. **Broschüre** *die*; -, -n: leicht geheftete Druckschrift geringeren Umfangs, Druckheft, Flugschrift

Browning [*braun*...; nach dem amerik. Erfinder J. M. Browning, † 1926] *der*; -s, -s: Pistole mit Selbstladevorrichtung

BRT = Bruttoregistertonne

Bruitismus [*brüi*...; zu *fr.* bruit „Lärm, Geräusch"] *der*; -: Richtung der neuen Musik, die in der Komposition auch außermusikalische Geräusche verwendet

Brunelle [wohl latinisierende Bildung zu *dt.* braun] *die*; -, -n: 1. Braunelle (ein Wiesenkraut, Lippenblütler). 2. Kohlröschen (Orchideengewächs der Alpen)

Brünelle vgl. Prünelle

brünett [aus gleichbed. *fr.* brunet zu brun „braun"]: a) braunhaarig; b) braunhäutig. **Brünette** *die*; -, -n (aber: zwei -[n]): braunhaarige Frau

brüsk [aus gleichbed. *fr.* brusque, dies aus *it.* brusco „stachlig, rauh"]: a) barsch, schroff, rücksichtslos; b) unvermittelt u. zugleich abweisend. **brüskieren**: a) schroff, rücksichtslos behandeln, vor den Kopf stoßen; b) auf verletzende Weise herausfordern

brutal [aus *spätlat.* brūtālis „tierisch, unvernünftig"]: a) roh, gefühllos; b) gewalttätig; c) schonungslos, rücksichtslos. **brutalisieren**: brutal, gewalttätig machen; verrohen. **Brutalität** *die*; -, -en: a) (ohne Plural) rohes Verhalten, Gefühllosigkeit, Roheit; b) brutale Tat, Gewalttätigkeit

brutto [aus *it.* brutto „roh", dies aus *lat.* brūtus „schwerfällig"]: a) mit Verpackung; b) ohne Abzug [der Steuern]; roh, insgesamt gerechnet; Abk.: btto.; - für netto: der Preis versteht sich für das Gewicht der Ware einschließlich Verpackung (Handelsklausel; Abk.: bfn.). **Brutto**...: in Zusammensetzungen aus dem Gebiet der Wirtschaft u. des Handels auftretendes Bestimmungswort mit der Bedeutung „roh, ohne Abzug; mit Verpackung", z. B. Bruttoertrag, Bruttogewicht. **Bruttoregistertonne** *die*; -, -n: Einheit zur Berechnung des Rauminhalts eines Schiffes; Abk.: BRT. **Bruttosozialprodukt** *das*; -s, -e: das gesamte Ergebnis des Wirtschaftsprozesses in einem Staat während eines Jahres; Abk.: BSP

Bruyèreholz [*brüjär*...; zu *fr.* bruyère „Heidekraut"] *das*; -es, ...hölzer: Wurzelholz der mittelmeerischen Baumheide (wird hauptsächl. für Tabakspfeifen verwendet)

btto. = brutto

Buccina [*bukzina*] vgl. Bucina

Buchara, Bochara *der*; -[s], -s: handgeknüpfter turkmenischer Teppich (aus dem Gebiet um die sowjetruss. Stadt Buchara in Usbekistan)

Bucina [*buzi*...] (auch:) Buccina [*bukzi*...; aus gleichbed. *lat.* buccina, būcina] *die*; -, ...nae [...*nä*]: altröm. Blasinstrument (Metall- od. Tierhorn)

Bud|dha [*sanskr.*; „der Erleuchtete"; Beiname des ind. Prinzen Siddharta (um 500 v. Chr.)] *der*; -[s], -s: Name für frühere od. spätere Verkörperungen des histor. Buddha, die göttlich verehrt werden. **Bud|dhismus** *der*; -: die von Buddha begründete indisch-ostasiatische Heilslehre. **Bud|dhist** *der*; -en, -en: Anhänger des Buddhismus. **bud|dhistisch**: den Buddhismus betreffend, zum Buddhismus gehörend

Budget [*büdsche*, auch engl. *badschit*; unter Einfluß von *fr.* budget aus *engl.* budget „Haushalt", dies aus *afr.* bougette „Lederbeutel" zu *gall.-lat.* bulga „lederner (Geld)sack"] *das*; -s, -s: Haushaltsplan, Voranschlag von öffentl. Einnahmen u. Ausgaben. **budgetieren**: ein Budget aufstellen

Budike vgl. Butike. **Budiker** vgl. Butiker

Budo [aus *jap.* budo] *das*; -s: Sammelbez. für Judo, Karate u. ä. Sportarten

Büfett *das*; -s, -s u. -e u. Buffet [*büfe*, schweiz.: *büfä*] *das*; -s, -s, (österr. auch:) Büffet [*büfe*; alle Formen aus gleichbed. *fr.* buffet] *das*; -s, -s: 1. Geschirrschrank, Anrichte. 2. a) Schanktisch in einer Gaststätte; b) Verkaufstisch in einem Restaurant od. Café; kaltes Buffet, (auch:) Büfett: auf einem Tisch zur Selbstbedienung zusammengestellte, meist kunstvoll arrangierte kalte Speisen (Salate, Fleisch, Pasteten u. ä.)

Buffet, Büffet [*büfe*] vgl. Büfett

Buffo [aus gleichbed. *it.* buffo zu buffone „Hanswurst", dies über *mlat.* būfo „Possenreißer" aus *lat.* būfo „Kröte"] *der*; -s, -s u. ...ffi: Sänger komischer Rollen

Buggy [*bagi*; aus *engl.* buggy „leichter Wagen"] *der*; -s, -s: 1. sehr leichter, ungedeckter, einspänniger Wagen mit zwei oder vier hohen Rädern (früher bei Trabrennen benutzt). 2. geländegängiges Freizeitauto mit offener Kunststoffkarosserie

bugsieren [aus gleichbed. *niederl.* boegsieren, dies mit Anlehnung an boeg „Schiffsbug" aus *port.* puxar „ziehen, schleppen"]: 1. (Seemannsspr.) [ein Schiff] ins Schlepptau nehmen u. zu einem bestimmten Ziel befördern. 2. (ugs.) jmdn./etwas mühevoll irgendwohin bringen, lotsen

Bukanier [...*ier*; aus gleichbed. *fr.* boucanier, eigtl. „Büffeljäger" zu boucan „Rauchfleisch, Räucherhütte" (karib. Wort)] *der*; -s, -: westindischer Seeräuber im 17. Jh.

Bukett [*germ.-fr.*] *das*; -s, -s (auch: -e): 1. Blumenstrauß. 2. Duft u. Geschmacksstoffe (sog. Blume) des Weines od. Weinbrands

Bukolik [zu *lat.* bucolica (Plural) aus *gr.* boukoliká „Hirtengedichte", dies zu *gr.* boukólos „Rinderhirt"] *die*; -: Hirten- od. Schäferdichtung (Dichtung mit Motiven aus der einfachen, naturnahen, friedlichen Welt der Hirten). **bukolisch**: a) die Bukolik betreffend; b) in der Art der Bukolik

Bu|kranion [über *lat.* būcrānium aus *gr.* boukránion „Ochsenschädel"] *das*; -s, ...ien [...*ien*]: [Fries mit] Nachbildung der Schädel von Opfertieren an griech. Altären, Grabmälern u. → Metopen

Bule [über *lat.* bulē aus gleichbed. *gr.* boulē, eigtl. „Wille, Ratschluß"] *die*; -: Ratsversammlung (wichtiges Organ des griech. Staates, besonders im alten Athen)

Bulette [aus gleichbed. *fr.* boulette, eigtl. „Kügelchen"] *die*; -, -n: (landsch.) flacher, gebratener Kloß aus gehacktem Fleisch, deutsches Beefsteak

Bulkcarrier [*balkkärier*; aus *engl.* bulk „unverpackte Schiffsladung" u. carrier „Träger"] *der*; -s, -: Massengutfrachter (Frachtschiff zur Beförderung loser Massengüter)

Bulldog Ⓦ [aus *engl.* bulldog „Bulldogge", dies aus bull „Bulle" u. dog „Hund" (früher zur Bullenhetze verwendet)] *der*; -s, -s: eine Zugmaschine. **Bulldogge** *die*; -, -n: Hunderasse

Bulldozer [*búldoser*; aus gleichbed. *engl.* bulldozer] *der*; -s, -: schweres Raupenfahrzeug für Erdbewegungen

Bulle [aus *lat.* bulla „Wasserblase; Siegelkapsel"] *die*; -, -n: 1. Siegel[kapsel] aus Metall (Gold, Silber, Blei) in kreisrunder Form (als Urkundensiegel, bes. im Mittelalter gebräuchlich). 2. a) mittelalterl. Urkunde mit Metallsiegel (z. B. die Goldene Bulle Kaiser Karls IV.); b) feierlicher päpstlicher Erlaß

Bulletin [*bültäng*; aus gleichbed. *fr.* bulletin zu *afr.* bulle „Siegelkapsel", s. Bulle] *das*; -s, -s: 1. amtl. Bekanntmachung, Tagesbericht. 2. Krankenbericht. 3. Titel von Sitzungsberichten u. wissenschaftl. Zeitschriften

Bullfinch [...*fintsch*; aus gleichbed. *engl.* bullfinch, älter bullfinch fence „Gimpelzaun"] *der*; -s, -s: hohe Hecke als Hindernis bei Pferderennen

Bullterrier [...*ier*; aus gleichbed. *engl.* bullterrier, gebildet aus bulldog u. terrier] *der*; -s, -: engl. Hunderasse

Bully [...*li*; aus gleichbed. *engl.* bully] *das*; -s, -s: das von zwei Spielern ausgeführte Anspiel im [Eis]hockey

Bumerang [auch: *bu*...; aus gleichbed. *engl.* boomerang, aus einer Eingeborenensprache Australiens] *der*; -s, -s oder -e: gekrümmtes Wurfholz, das beim Verfehlen des Zieles zum Werfer zurückkehrt

Buna Ⓦ [Kurzw. aus: *Bu*tadien u. *Na*trium] *der* od. *das*; -[s]: synthetischer Kautschuk

Bungalow [*bunggalo*; aus *angloind.* bungalow, dies aus *hindustan.* banglā, eigtl. „(Haus) aus Bengalen"] *der*; -s, -s: a) frei stehendes, geräumiges eingeschossiges Wohn- od. Sommerhaus mit flachem od. flach geneigtem Dach; b) leichtes, einstöckiges Wohnhaus in tropischen Gebieten

Bureau [*büro*] *das*; -s, -s u. -x: franz. Schreibung von → Büro

Bürette [aus *fr.* burette „Krug, Kännchen"] *die*; -, -n: Glasrohr mit Verschlußhahn u. Volumenskala (Arbeitsgerät bei der Maßanalyse; Physik)

burlesk [aus gleichbed. *fr.* burlesque dies aus *it.* burlesco zu burla „Posse"]: possenhaft. **Burleske** *die*; -, -n: 1. Schwank, Posse. 2. derb-spaßhaftes Musikstück. **Burletta** [aus gleichbed. *it.* burletta] *die*; -, ...tten u. -s: kleines Lustspiel

Burn|out [*börnaut*; aus gleichbed. *engl.* burnout, eigtl. „Ausbrennen"] *das*; -s: Brennschluß; Zeitpunkt, in dem das Triebwerk einer Rakete abgeschaltet wird u. der antriebslose Flug beginnt

Burnus [über *fr.* burnous aus gleichbed. *arab.* burnus] *der*; - u. -ses, -se: Kapuzenmantel der Beduinen

Büro [aus gleichbed. *fr.* bureau, eigtl. „grober Wollstoff (zum Beziehen von Tischen)", zu *vulgärlat.* būra, *lat.* burra „zottiges Gewand"] *das*; -s, -s: 1. Arbeitsraum; Dienststelle, wo die verschiedenen schriftlichen od. verwaltungstechnischen Arbeiten eines Betriebes od. bestimmter Einrichtungen des öffentlichen Lebens erledigt werden. 2. die zu der Dienststelle gehörenden Angestellten od. Beamten; z. B. das ganze - gratulierte. **Büro|krat** [aus gleichbed. *fr.* bureaucrate, zu *gr.* kratein „herrschen"] *der*; -en, -en: (abwertend) a) pedantischer Beamter od. Angestellter; b) jmd., der in allen Dingen pedantisch nach Vorschrift handelt. **Bürokratie** *die*; -, ...ien: 1. (abwertend; ohne Plural) bürokratisches Handeln. 2. (veraltend) Beamtenapparat. **büro|kratisch**: 1. (abwertend) sich übergenau an die Vorschriften haltend [ohne den augenblicklichen Gegebenheiten Rechnung zu tragen]; peinlich genau u. schwerfällig. 2. die Bürokratie (2) betreffend

Burse [aus gleichbed. *mlat.* bursa, eigtl. „Ledersack, Beutel, (gemeinsame) Kasse", dies aus *gr.* byrsa „Fell, Tierhaut"] *die*; -, -n: Studentenwohnheim

Bus *der*; -ses, -se: Kurzform für: Autobus, Omnibus

Busineß [*bis*[(i)]*niß*; aus *engl.* business „Geschäft, Gewerbe"] *das*; -: vom Profitstreben bestimmtes Geschäft, profitbringender Geschäftsabschluß. **Businessman** [...*män*] *der*; -[s], ...men: auf Profit bedachter Geschäftsmann; jmd., der nur an seinen Profit denkt

Bussard [aus gleichbed. *fr.* busard] *der*; -s, -e: ein Tagraubvogel

Bussole [aus gleichbed. *it.* bussola] *die*; -, -n: ein Winkelmeßinstrument

Bu|strophedon [über gleichbed. *lat.* bustrophēdon aus *gr.* boustrophēdón, eigtl. „sich wendend wie der Ochse beim Pflügen"] *das*; -s: Schreibrichtung, bei der die Schrift abwechselnd nach rechts u. nach links („furchenwendig") läuft (bes. in frühgriech. Sprachdenkmälern)

Butan [zu *lat.* butyrum aus *gr.* boútyron „Butter"] *das*; -s, -e: gesättigter gasförmiger Kohlenwasserstoff, in Erdgas u. Erdöl enthalten

Butike, Budike [aus *fr.* boutique, s. Boutique] *die*; -, -n: 1. kleiner Laden. 2. kleine Kneipe. **Butiker**, Budiker *der*; -s, -: Besitzer einer Butike

Butler [*batl^er*; aus gleichbed. *engl.* butler, dies aus *afr.* bouteillier „Kellermeister" zu *spätlat.* but(t)icula „Fäßchen, Krug"] *der*; -s, -: ranghöchster Diener in vornehmen engl. Häusern

Butterflystil [*bat^erflai*...; zu *engl.* butterfly „Schmetterling"] *der*; -s: Schmetterlingsstil (im Schwimmsport)

Button [*bat^en*; aus *engl.* button „Knopf"] *der*; -s, -s: runde Plastikplakette mit Inschrift, die die Meinung des Trägers zu bestimmten Fragen kennzeichnen soll

Butyl [zu → Butan u. → ...yl] *das*; -s: Kohlenwasserstoffrest mit 4 Kohlenstoffatomen (meist als Bestimmungswort von Zusammensetzungen)

bye-bye! [*baibai*; *engl.*]: (ugs.) auf Wiedersehen!

C

Vgl. auch **K**, **Sch** und **Z**

c = 1. Zenti... 2. Kubik...

^c (hochgestellt): Neuminute (= 1/100 → Gon)

C = 1. Carboneum; chem. Zeichen für: Kohlenstoff. 2. Celsius. 3. Coulomb. 4. Zentrum (2)

ca. = circa (vgl. zirka)

Ca = chem. Zeichen für → Calcium

Cabaletta [*ka*...; aus gleichbed. *it.* cabaletta] *die*; -, -s u. ...tten: kleine Arie; vgl. Kavatine

Caballero [*kabaljero*, auch: *kaw*...; aus gleichbed. *span.* caballero, dies aus *lat.* caballārius „Pferdeknecht"] *der*; -s, -s: 1. (hist.) spanischer Edelmann, Ritter. 2. Herr (span. Titel)

Cabriolet [*kabriole*] vgl. Kabriolett

Cachenez [*kasch^ene*; aus gleichbed. *fr.* cache-nez, eigtl. „versteck die Nase!"] *das*; - [...*ne(ß)*], - [...*neß*]: [seidenes] Halstuch

Cachetage [*kaschtasch^e*; aus *fr.* cachetage, eigtl. „Versiegelung" zu cachet „Siegel", vgl. kaschieren] *die*; -, -n: (Kunstw.) 1. (ohne Plural) Verfahren der Oberflächengestaltung in der modernen Kunst, bei dem Münzen, Schrauben u. ä. in reliefartig erhöhte Farbschichten wie Siegel eingedrückt werden. 2. ein nach diesem Verfahren gefertigtes Bild

Cachetero [*katsch*...; aus gleichbed. *span.* cachetero, eigtl. „Dolch"] *der*; -s, -s: Stierkämpfer, der dem vom → Matador (1) verwundeten Stier den Gnadenstoß gibt

Caddie [*kädi*; aus gleichbed. *engl.* caddie zu cadet, s. Kadett] *der*; -s, -s: 1. Junge, der dem Golfspieler die Schläger trägt. 2. zweirädriger Wagen zum Transportieren der Golfschläger. 3. Einkaufswagen [in einem → Supermarkt]

Cadmium [*ka*...] vgl. Kadmium

Café [*kafe*; aus gleichbed. *fr.* café, s. Kaffee] *das*; -s, -s: Gaststätte, die vorwiegend Kaffee u. Kuchen anbietet, Kaffeehaus; vgl. Kaffee

Cafeteria [aus *span.*, *amerik.* cafeteria „Kaffeegeschäft"] *die*; -, -s: Imbißstube, Restaurant mit Selbstbedienung

Caisson [*käßong*; aus gleichbed. *fr.* caisson, dies aus *it.* cassone zu cassa „Kasten"] *der*; -s, -s: Senkkasten für Bauarbeiten, die unter Wasser ausgeführt werden

cal [*kal*] = Kalorie

Calamus [*ka*...; über *lat.* calamus aus *gr.* kálamos „(Schreib)rohr"] *der*; -, ...mi: antikes Schreibgerät aus Schilfrohr

Calcit vgl. Kalzit. **Calcium** vgl. Kalzium

Calembour, Calembourg [*kalangbur*; aus gleichbed. *fr.* calembour, weitere Herkunft unsicher] *der*; -s, -s: (veraltet) Wortspiel

Calendae [*kaländä*; *lat.*] vgl. Kalenden u. ad calendas graecas

Californium [*ka*...; nach dem USA-Staat Kalifornien] *das*; -s: stark radioaktives, künstlich hergestelltes Metall aus der Gruppe der → Transurane; Zeichen: Cf

Callgirl [*kolgö^rl*; aus gleichbed. *engl.* call girl] *das*; -s, -s: Prostituierte, die auf telefonischen Anruf hin Besucher empfängt od. kommt

Calvados [*kalw*...; nach dem franz. Departement] *der*; -, -: franz. Apfelbranntwein

calvinisch [*kalwi*...] usw. vgl. kalvinisch usw.

Calx [*kalx*; aus *lat.* calx „(Kalk)stein"] *die*; -, ...lces [*kalzeß*]: Kalk

Calypso [*kali*...; Herkunft unsicher] *der*; -[s], -s: 1. volkstümliche Gesangsform der afroamerikanischen Musik Westindiens. 2. figurenreicher Modetanz im Rumbarhythmus

Cambium vgl. Kambium

Camembert [*kamangbär*, auch: *kam^embär*; aus gleichbed. *fr.* camembert, nach der Stadt in der Normandie] *der*; -s, -s: vollfetter Weichkäse

Camera ob|scura [*ka*... *opßkura*; aus *lat.* camera obscūra „dunkle Kammer"] *die*; - -, ...rae [...*rä*] ...rae [...*rä*]: innen geschwärzter Kasten mit transparenter Rückwand, auf der eine an der Vorderseite befindliche Sammellinse ein kopfstehendes, seitenverkehrtes Bild erzeugt (Urform der fotografischen Kamera)

Camou|flage [*kamuflasch^e*; aus gleichbed. *fr.* camouflage] *die*; -, -n: (abwertend) Tarnung von [politischen] Absichten

Camp [*kämp*; aus gleichbed. *engl.* camp, dies über *fr.* camp, *it.* campo aus *lat.* campus „Feld"] *das*; -s, -s: 1. [Zelt]lager, Ferienlager (aus Zelten od. einfachen Häuschen). 2. Gefangenenlager

Campanile [*kam*...] vgl. Kampanile

campen [*kämp^en*; aus gleichbed. *engl.* to camp, vgl. kampieren]: am Wochenende od. während der Ferien im Zelt od. Wohnwagen leben. **Camper** [*kämp^er*] *der*; -s, -: jmd., der am Wochenende od. während der Ferien im Zelt od. Wohnwagen lebt. **Camping** [*kämping*] *das*; -s: das Leben im Freien [auf Campingplätzen], im Zelt od. Wohnwagen, während der Ferien od. am Wochenende

Campher [*kampf^er*]: = Kampfer

Campi|gnien [*kangpiniäng*; nach der Fundstelle Campigny in Frankreich] *das*; -[s]: Kulturstufe der Mittelsteinzeit

Campus [*ka*...; in engl. Aussprache: *kämp^eß*; aus gleichbed. *engl.-amerik.* campus, dies aus *lat.* campus „Feld"] *der*; -: Gesamtanlage einer Hochschule, Universitätsgelände (bes. in den USA u. in Großbritannien)

Canadienne [*kanadiän*; zu *fr.* canadien „kanadisch"] *die*; -, -s: lange, warme, sportliche Jacke mit Gürtel

Canasta [*ka*...; aus gleichbed. *span.* canasta, eigtl. „Korb", dies aus *lat.* canistellum „Körbchen"; vgl. Kanister] *das*; -s: aus Uruguay stammendes Kartenspiel

Cancan [*kangkang*; aus gleichbed. *fr.* cancan, wohl kindersprachl. Bez. für canard „Ente", nach den Bewegungen der Tanzenden] *der*; -s, -s: galoppartiger Tanz im $^2/_4$-Takt, heute vor allem Schautanz in Varietés u. Nachtlokalen

cand. vgl. Kandidat (2)

Candela [*kan*...; aus *lat.* candēla „Wachslicht, Kerze"] *die*; -, -: Einheit der Lichtstärke; Zeichen: cd

Cannabis [*ka*...; über *lat.* cannabis aus *gr.* kánnabis „Hanf"] *der*; -: a) Hanf; b) (bes. amerik.) → Haschisch

Cannae [*ka*...] vgl. Kannä

Canoe [*kanu*, auch: *ka*...] vgl. Kanu

Cañon [*kanjon* od. *kanjon*; aus gleichbed. *mexikan.-span.* cañón, dies wohl aus älter *span.* callon, Vergrößerungsbildung zu calle „Straße" aus *lat.* callis „Fußpfad"] *der*; -s, -s: enges, tief eingeschnittenes, steilwandiges Tal, bes. im westlichen Nordamerika

Canossa [*kano*...] vgl. Kanossa

cantabile [*kan*...; *it.*, zu cantare aus *lat.* cantāre „singen"]: gesangartig, ausdrucksvoll (Vortragsanweisung; Mus.). **cantando**: singend (Vortragsanweisung; Mus.)

Canter [*ka*...] usw. vgl. Kanter usw.

Canto [aus *it.* canto, dies aus *lat.* cantus „Gesang"] *der*; -s, -s: Gesang. **Cantus** [aus *lat.* cantus „Gesang" zu canere „singen"] *der*; -, -: Gesang, Melodie, melodietragende Oberstimme bei mehrstimmigen Gesängen; - firmus: [choralartige] Hauptmelodie eines polyphonen Chor- od. Instrumentalsatzes; Abk.: c. f.; vgl. Kantus. **Canzone** [*ka*...] *die*; -, -n: italienische Form von → Kanzone

Capa [*ka*...; aus gleichbed. *span.* capa, dies aus *spätlat.* cappa „Mantel mit Kapuze"] *die*; -, -s: farbiger Mantel der Stierkämpfer. **Capeador** [*ka*...; aus gleichbed. *span.* capeador] *der*; -s, -es, (eindeutschend auch:) Kapeador der; -s, -e: Stierkämpfer, der den Stier mit der Capa reizt

Cape [*kep*; aus *engl.* cape „Mantelkragen, Umhang", dies über *afr.* capa aus *spätlat.* cappa] *das*; -s, -s: ärmelloser Umhang [mit Kapuze]

Cappuc|cino [*kaputschino*; aus gleichbed. *it.* cappuccino zu cappuccio „Kapuze" (s. d.)] *der*; -[s], -s: heißes Kaffeegetränk, das mit geschlagener Sahne u. ein wenig Kakaopulver serviert wird

Ca|pric|cio, (auch:) Kapriccio [*kapritscho*; aus gleichbed. *it.* capriccio, eigtl. „Laune"] *das*; -s, -s: scherzhaftes, launiges Musikstück (Mus.). **ca|pric|cioso** [*kapritschoso*]: eigenwillig, launenhaft, kapriziös, scherzhaft (Vortragsanweisung; Mus.). **Ca|price** [*kapriß*ᵉ] *die*; -, -n: 1. franz. Form von → Capriccio. 2. = Kaprice

Capsien [*kapßiäng*; *fr.*; nach dem Fundort Gafsa in Tunesien] *das*; -[s]: Kulturstufe der Alt- u. Mittelsteinzeit

Captatio benevolentiae [*kaptazio benewolänziä*; aus *lat.* captātio benevolentiae „Haschen nach Wohlwollen"] *die*; - -: das Werben um die Gunst des Publikums mit bestimmten Redewendungen; vgl. Kaptation

Carabiniere [*karabiniär*ᵉ] vgl. Karabiniere

Caracalla [*karakala*; aus gleichbed. *lat.* caracalla (gall. Wort)] *die*; -, -s: langer Kapuzenmantel (Kleidungsstück in der Antike)

Caracho [*karacho*] vgl. Karacho

Caravan [*karawan*, auch: *karawan*, seltener: *kärᵉwän* od. *kärᵉwän*; aus gleichbed. *engl.* caravan, dies aus *it.* caravana „Karawane" (s. d.)] *der*; -s, -s: 1. a) kombinierter Personen- u. Lastwagen; b) Reisewohnwagen. 2. Verkaufswagen. **Caravaning** [*kärᵉwäning*] *das*; -s: das Leben im Wohnwagen

Carb[o]... usw. vgl. karbo..., Karbo...

Carboneum [zu *lat.* carbo „Kohle"] *das*; -s: in Deutschland veraltete Bezeichnung für Kohlenstoff; Zeichen: C

Cardigan [*kardigan*, engl. *kaʳdigᵉn*; aus gleichbed. *engl.* cardigan, nach dem 7. Earl of Cardigan, 1797–1868] *der*; -s, -s: lange, wollene Strickweste für Damen

care of [*kär* -; *engl.*]: wohnhaft bei... (Zusatz bei der Adressenangabe auf Briefumschlägen); Abk.: c/o

carezzando [*ka*...] u. **carezzevole** [...*zewole*; *it.*]: zärtlich, schmeichelnd, liebkosend (Vortragsanweisung; Mus.)

Carioca [*karioka*; aus gleichbed. *port.* carioca (indian. Wort)] *die*; -, -s: um 1930 nach Europa eingeführter lateinamerikan. Modetanz im $^4/_4$-Takt, eine Abart der → Rumba

Caritas ka...] *die*; -: Kurzbezeichnung für den Deutschen Caritasverband der katholischen Kirche; vgl. Karitas. **caritativ** vgl. karitativ

Carnallit [*kar*...] vgl. Karnallit

Carnet [de passages] [*karnä* (*dᵉ paßaschᵉ*); aus gleichbed. *fr.* carnet de passages] *das*; - - -, -s [*karnä*] - -: Sammelheft von → Triptiks, Zollpassierscheinheft für Kraftfahrzeuge

carpe diem! [*ka*... -; *lat.*; „pflücke, genieße den Tag!"; Spruch aus Horaz, Oden I, 11, 8]: nutze den Tag!, genieße den Augenblick!

Carrara [*ka*...; nach dem Ort in Oberitalien] *der*; -s: Marmor aus Carrara. **carrarisch**: Carrara betreffend, aus Carrara stammend; -er Marmor: = Carrara

Carte blanche [*kart blangsch*; aus gleichbed. *fr.* carte blanche, eigtl. „weiße Karte"] *die*; - -, -s -s [*kart blangsch*]: unbeschränkte Vollmacht

Cartoon [*kaʳtun*; aus gleichbed. *engl.* cartoon, dies aus *it.* cartono „Pappe, Karton", s. Karton] *der* od. *das*; -[s], -s: 1. parodistische Zeichnung, Karikatur; gezeichnete od. gemalte [satirische] Geschichte in Bildern. 2. (Plural) = Comic strips. **Cartoonist** *der*; -en, -en: Künstler, der Cartoons zeichnet

Casanova [*kasanowa*; nach dem ital. Abenteurer G. Casanova, 1725–1798] *der*; -[s], -s: Verführer, Frauenheld

Cäsar [*zä*...; nach dem röm. Feldherrn u. Staatsmann G. Julius Caesar, 100 od. 102–44 v. Chr.] *der*; -en, -en: 1. ehrender Beiname der röm. Kaiser. 2. (selten) auf einem bestimmten Gebiet führende Persönlichkeit. **cäsarisch**: 1. kaiserlich. 2. selbstherrlich. **Cäsarismus** *der*; -: unbeschränkte, meist despotische Staatsgewalt

Casco [*kaßko*; aus gleichbed. *span.* casco] *der*; -[s], -[s]: Mischling in Südamerika

Cash [*käsch*; aus gleichbed. *engl.* cash, dies über *mfr.* casse aus *it.* cassa, s. Kassa]: Bargeld, Barzahlung

Cashewnuß [*käschu*..., auch: *kᵉschu*...; nach gleichbed. *engl.* cashew nut, dies zu *port.* (a)caju aus *Tupi* acaju „Nierenbaum"] *die;* -, ...nüsse: wohlschmeckende Frucht des Nierenbaums aus dem trop. Amerika

Cäsium [*zä...*; zu *lat.* caesius „blaugrau" (wegen der blauen Doppellinie im Spektrum)] *das;* -s: chem. Grundstoff, Metall; Zeichen: Cs

Cassa [*kaßa*; aus gleichbed. *it.* cassa] *die;* -: Trommel; g r a n -: große Trommel (Mus.)

Cassiopeium [*ka...*], (eindeutschend auch:) Kassiopeium [nach dem Sternbild Kassiopeia] *das;* -s: (veraltet) Bezeichnung für das chem. Element → Lutetium; Zeichen: Cp

Castle [*kaßᵉl*; aus gleichbed. *engl.* castle, dies über *afr.* castel aus *lat.* castellum, s. Kastell] *das;* -, -s: engl. Bezeichnung für: Schloß, Burg

Ca|stroismus (auch: Castrismus) [*ka...*] *der;* -: Bezeichnung für die politischen Ideen u. das politische System des kubanischen Ministerpräsidenten F. Castro innerhalb des Weltkommunismus; vgl. Fidelismo

Casus [*ka...*; aus *lat.* cāsus „Fall; Ereignis; Beugungsfall"] vgl. Kasus; - b e l l i: Kriegsfall, kriegsauslösendes Ereignis; - o b l i q u u s (Plural: -[*kásuß*] ...qui): abhängiger Fall (z. B. Genitiv, Dativ, Akkusativ); - r e c t u s (Plural: - [*kásuß*] recti): unabhängiger Fall (Nominativ)

Catboot [*kät...*; nach gleichbed. *engl.* catboat] *das;* -s, -e: kleines einmastiges Segelboot

Catch-as-catch-can [*kätschᵉskätschkän*; aus gleichbed. *engl.-amerik.* catch as catch can, eigtl. „greifen, wie man nur greifen kann"] *das;* -: 1. von Berufsringern ausgeübte Art des Freistilringens, bei der fast alle Griffe erlaubt sind, in der Regel mit zahlreichen Einlagen, die der Belustigung der Zuschauer dienen. 2. (ugs.; abwertend) Anwendung u. Ausnutzung aller nur möglichen Methoden u. Mittel zur Erreichung eines bestimmten Ziels. **catchen** [*kätschᵉn*]: im Stil des Catch-as-catch-can ringen. **Catcher** [*kätschᵉr*] *der;* -s, -: Berufsringer, der im Catch-as-catch-can-Stil ringt

Catchup [*kätschap*] vgl. Ketchup

Catenac|cio [*katenatscho*; aus gleichbed. *it.* catenaccio „Sperrkette, Riegel" zu *lat.* catēna „Kette"] *der;* -[s]: besondere Verteidigungstechnik im Fußballspiel, bei der sich bei einem gegnerischen Angriff die gesamte Mannschaft kettenartig vor dem eigenen Strafraum zusammenzieht

Caterpillar [*kätᵉrpilᵉr*; aus gleichbed. *engl.* caterpillar, eigtl. „Raupe"] *der;* -s, -[s]: Raupenschlepper, der hauptsächlich beim Straßenbau eingesetzt wird

Ca|the|dra [*ka...*; über *lat.* cathedra aus *gr.* kathédra „Stuhl, Sessel"] *die;* -, ...rae [*...ä*]: 1. [Lehr]stuhl (vgl. Katheder). 2. Ehrensitz, bes. eines Bischofs od. des Papstes; - P e t r i: der Päpstliche Stuhl; vgl. ex cathedra

Caudillo [*kaudiljo*; aus *span.* caudillo „Anführer, Heerführer", dies aus *lat.* capitellum, Verkleinerungsbildung zu caput „Haupt"] *der;* -[s], -s: 1. Häuptling, Heerführer. 2. a) politischer Machthaber, Diktator; b) Titel des spanischen Staatschefs Franco

cave canem! [*kawᵉ kanäm*; *lat.*; „hüte dich vor dem Hund!"]: Inschrift auf Tür od. Schwelle altröm. Häuser

cb = Kubik...

cbkm, km³ = Kubikkilometer

cbm, m³ = Kubikmeter

ccm, cm³ = Kubikzentimeter

c. d. = colla destra

cd = Candela

Cd = chem. Zeichen für: Cadmium

CD = Corps diplomatique

cdm, dm³ = Kubikdezimeter

Ce = chem. Zeichen für: Cer

Cedille [*ßedijᵉ*; aus gleichbed. *fr.* cedille, dies aus *span.* zedilla = kleines Z] *die;* -, -n: kommaartiges, → diakritisches Zeichen [unterhalb eines Buchstabens] mit verschiedenen Funktionen (z. B. franz. ç [*ß*] vor a, o, u od. rumän. ş [*sch*])

Celesta [*tsche...*; aus gleichbed. *it.* celesta, eigtl. „die Himmlische", dies aus *lat.* caelestis „himmlisch"] *die;* -, -s: ein zartklingendes Tasteninstrument, das zur Tonerzeugung Stahlplatten u. röhrenförmige → Resonatoren verwendet

Cella, (eindeutschend auch:) Zella [*zäla*; aus gleichbed. *lat.* cella, eigtl. „Kammer"] *die;* -, Cellae [*...ä*]: 1. der Hauptraum im antiken Tempel, in dem das Götterbild stand. 2. (veraltet) Mönchszelle

Cellist [(*t*)*schä...*; zu → Cello] *der;* -en, -en: Musiker, der Cello spielt. **cellistisch**: 1. das Cello betreffend. 2. celloartig. **Cello** [aus *it.* cello] *das;* -s, -s u. ...lli: Kurzform für → Violoncello

Cellophan ⓦ [*...fan*] *das;* -s u. **Cellophane** [aus *fr.* cellophane, zu → Zellulose u. *gr.* diaphanḗs „durchsichtig"] *die;* -: glasklare Folie (Zellulosehydrat). **cellophanieren**: eine Ware in Cellophan verpacken. **Cellulose** vgl. Zellulose

Celsius [*zäl...*; nach dem schwed. Astronomen A. Celsius, 1701–1744]: Gradeinheit auf der Celsiusskala; Zeichen: C

Cembalist [*tschäm...*; aus gleichbed. *it.* cembalista] *der;* -en, -en: Musiker, der Cembalo spielt. **cembalistisch**: 1. das Cembalo betreffend. 2. cembaloartig. **Cembalo** [aus *it.* cembalo]: Kurzform von → Clavicembalo

Cenoman [*zeno...*; nach dem Siedlungsgebiet der Cenomanen, eines keltischen Volksstamms] *das;* -s: Stufe der Kreideformation (Geol.)

Cent [*ßänt, zänt*; aus *engl.* cent, dies über *mfr.* cent „hundert" aus *lat.* centum „hundert"] *der;* -[s], -[s] (aber: 5 -): Untereinheit der Währungseinheiten verschiedener Länder (z. B. USA, Niederlande); Abk.: c. u. Ct., Plural: cts. **Centesimo** [*tschän...*; aus *it.* centesimo, dies aus *lat.* centēsimus „der hundertste"] *der;* -[s], ...mi: Untereinheit der Währungseinheiten verschiedener Länder (z. B. Italien). **Centime** [*ßangtim*; aus *fr.* centime zu *lat.* centum „hundert"] *der;* -[s], -s [*...tim(ß)*] (aber: 5 -): Untereinheit der Währungseinheiten verschiedener Länder (z. B. Frankreich, Schweiz); Abk.: ct., Plural: ct. od. cts.

Center [*ßäntᵉr*; aus *engl.* center „Mittelpunkt"; vgl. Zentrum] *das;* -s, -: a) Großeinkaufsanlage mit Selbstbedienung; b) Geschäftszentrum. **...center**: in Zusammensetzungen auftretendes Grundwort mit der Bedeutung „...geschäft, ...mittelpunkt"

Cen|tral Intelligence Agency [*ßäntrᵉl intälidschᵉnß eⁱdschᵉnßi*; *engl.*] *die;* - - -: US-amerikanischer Geheimdienst; Abk. CIA

Cer, (eindeutschend auch:) Zer [*zer*; nach dem 1801 entdeckten Asteroiden Ceres] *das;* -s: chem. Grundstoff, Metall; Zeichen: Ce

Cerealien [*zerealiᵉn*; aus gleichbed. *lat.* Cereālia] *die* (Plural): altrömisches Fest zu Ehren der Ceres, der Göttin des Ackerbaus; vgl. aber: Zerealie

cerise [*ßeris*; aus gleichbed. *fr.* cerise zu cerise „Kirsche", dies zu *lat.* cerasus aus *gr.* kérasos „Kirschbaum"]: kirschrot

Cerit vgl. Zerit. **Cerium** [*ze...*] *das*; -s: in Deutschland chem. fachspr. nicht mehr übliche latinisierte Form für → Cer

ceteris paribus [*ze...* -; *lat.*]: unter [sonst] gleichen Umständen (methodologischer Fachausdruck der Wirtschaftstheorie)

Ceterum censeo [*zeterum zänseo*; *lat.* „übrigens meine ich" (daß Karthago zerstört werden muß); Schlußsatz jeder Rede Catos im röm. Senat] *das*; - -: hartnäckig wiederholte Forderung

Ćevapčići [*tschewaptschitschi*; aus gleichbed. *serbokroat.* ćevapčići] *das*; -[s], -[s]: gegrilltes Röllchen aus Hackfleisch

cf. = confer!

Cf = chem. Zeichen für → Californium

c. f. = cantus firmus

cfr. = confer!

cg = Zentigramm

CGS-System *das*; -s: internationales Maßsystem, das auf den Grundeinheiten Zentimeter (C), Gramm (G) u. Sekunde (S) aufgebaut ist; vgl. MKS-System

Cha-Cha-Cha [*tschatschatscha*; aus gleichbed. *span.* cha-cha-cha] *der*; -[s], -s: dem → Mambo ähnlicher Modetanz aus Kuba

Chaconne [*schakon*; aus *fr.* chaconne, dies aus *span.* chacona] *die*; -, -s u. -n [*...nᵉn*] u. Ciacona [*tschakona*; aus *it.* ciaccona, dies aus *span.* chacona] *die*; -, -s: 1. span. Tanz im ¾-Takt. 2. Instrumentalstück im ¾-Takt mit zugrunde liegendem achttaktigem → ostinatem Baßthema (Mus.)

Chaise [*schäsᵉ*; aus *fr.* chaise „Stuhl", dies aus *lat.* cathedra, s. Cathedra] *die*; -, -n: 1. (veraltet) Stuhl, Sessel. 2. a) (veraltet) halbverdeckter Wagen; b) (abwertend) altes, ausgedientes Fahrzeug. 3. (veraltet) = Chaiselongue

Chaiselongue [*schäsᵉlongk*; aus *fr.* chaiselongue, eigtl. „Langstuhl"] *die*; -, -n [*schäsᵉlonggᵉn*] u. -s (ugs. auch: [*...long*] *das*; -s, -s): gepolsterte Liege mit Kopflehne

Chalet [*schalä*; aus *fr.* chalet (Schweizer Wort, aus einer vorlat. Mittelmeersprache)] *das*; -s, -s: 1. Sennhütte, Schweizerhäuschen. 2. Landhaus

chalko..., **Chalko...** [*chal...*; aus *gr.* chalko... zu chalkós „Erz, Metall, Kupfer"]: in Zusammensetzungen auftretendes Bestimmungswort mit der Bedeutung „Kupfer..., Erz...". **Chalkogene** *die* (Plural): Sammelbezeichnung für die Elemente der sechsten Hauptgruppe des periodischen Systems (Chem.). **Chalkolithikum** *das*; -s: jungsteinzeitliche Stufe, in der neben Steingeräten bereits Kupfergegenstände auftreten

Chalzedon, (auch:) Chalcedon [*kalz...*; wahrsch. nach der altgriech. Stadt Kalchedon (*lat.* Chalcedon) am Bosporus] *der*; -s, -e: ein Mineral (Quarzabart)

Chamäleon [*ka...*; über *lat.* chamaeleōn aus gleichbed. *gr.* chamailéōn, eigtl. „Erdlöwe"] *das*; -s, -s: 1. [auf Bäumen lebende] kleine Echse, die ihre Hautfarbe bei Gefahr rasch ändert. 2. (abwertend) jmd., der seine Überzeugung rasch ändert; vgl. Konformist

Cham|bre séparée [*schangbrᵉ ßepare*; aus *fr.* chambre séparée „abgesondertes Zimmer"] *das*; - -, -s -s [*schangbrᵉ ßepare*] (veraltet) kleiner Nebenraum in Restaurants für ungestörte Zusammenkünfte

chamois [*schamoa*; aus gleichbed. *fr.* chamois zu chamois „Gemse" aus *spätlat.* camox]: gemsfarben, gelbbräunlich. **Chamois** *das*; -: bes. weiches Gemsen-, Ziegen-, Schafleder. **Chamoispapier** *das*; -s, -e: gelbbräunliches Kopierpapier (Fot.)

champa|gner [*schampanjᵉr*]: zart gelblich. **Champagner** [nach der nordfr. Landschaft Champagne] *der*; -s, -: in Frankreich hergestellter weißer od. roter Schaumwein [aus Weinen der Champagne]

Champi|gnon [*schangpinjong*, meist: *schampinjong*; aus *fr.* champignon „eßbarer Pilz", dies aus *afr.* champegnuel, eigtl. „der auf dem Feld (*lat.* campus) Wachsende"] *der*; -s, -s: ein eßbarer Pilz (auch gärtnerisch angebaut)

Champion [*tschämpjᵉn*, auch: *schangpiong*; aus *engl.* champion „Kämpfer, Sieger", dies über *afr.* champion aus *galloroman.* campio „Kämpfer" zu *lat.* campus „(Schlacht)feld"] *der*; -s, -s: der jeweilige Meister (bzw. die jeweilige Meistermannschaft) in einer Sportart, Spitzensportler. **Championat** [*scham...*] *das*; -s, -e: Meisterschaft in einer Sportart

Chan [*kan*], Han = Khan

Chance [*schangßᵉ*, österr. auch: *schangß*; aus *fr.* chance „Glücksfall", eigtl. „(glücklicher) Wurf im Würfelspiel"] *die*; -, -n: 1. a) Glückswurf, Glücksfall; b) günstige Gelegenheit. 2. [gute] Aussicht; bei jmdm. -n haben: bei jmdm. Erfolg haben, bei jmdm. auf Grund von Sympathie mit Entgegenkommen rechnen können

Chancellor [*tschanßᵉlᵉr*; aus *engl.* chancellor, dies über *fr.* chancelier aus *spätlat.* cancellārius „Leiter einer → Kanzlei"] *der*; -s, -s: Bezeichnung für den Kanzler in England

Change [franz. Ausspr.: *schangsch*, engl. Ausspr.: *tscheindsch*; aus *fr.* change bzw. *engl.* change, zu *fr.* changer, s. changieren] *die*; - (bei franz. Ausspr.) u. *der*; - (bei engl. Ausspr.): Tausch, Wechsel [von Geld]

changeant [*schangschang*; aus *fr.* changeant „veränderlich, schillernd"]: in mehreren Farben schillernd (von Stoffen). **changieren** [*...irᵉn*; aus *fr.* changer „tauschen, wechseln", dies aus *spätlat.* cambiāre „wechseln" (gall. Wort)]: 1. (veraltet) wechseln, tauschen, verändern. 2. [verschieden]farbig schillern (von Stoffen). 3. vom Rechts- zum Linksgalopp übergehen (Reiten). 4. die Fährte wechseln (vom Jagdhund)

Chanson [*schangßong*; aus *fr.* chanson „Lied", dies aus *lat.* cantio, Gen. cantionis „Gesang" zu canere „singen"] *das*; -s, -s: 1. Liebes- od. Trinklied des 15.–17. Jh.s. 2. witzig-freches, geistreiches rezitativisches Lied mit oft zeit- od. sozialkritischem Inhalt. **Chanson de geste** [- *dᵉ schäßt*] *die*; - - -, -s [*schangßong*] - -: altfranz. episches Heldenlied.

Chansonette, (nach franz. Schreibung auch:) **Chansonnette** *die*; -, -n: 1. kleines Lied komischen od. frivolen Inhalts. 2. Chansonsängerin. **Chansonnier** [*schangßonie*] *der*; -s, -s: Chansonsänger od. -dichter. **Chansonniere** [*...iärᵉ*] *die*; -, -n: = Chansonette (2)

Chaos [*kaoß*; über *lat.* chaos aus *gr.* cháos „der unendliche leere Raum; die gestaltlose Urmasse (des Weltalls)"] *das*; -: Durcheinander, totale Verwirrung, Auflösung aller Ordnungen. **Chaote** *der*; -n, -n (meist *Plural*): politisch Radikaler, der seine Forderung nach einer Veränderung der bestehenden Gesellschaftsordnung in Gewaltaktionen u. gezielten Zerstörungsmaßnahmen demonstriert. **chaotisch**: wirr, ungeordnet

Chapeau [*schapo*; aus gleichbed. *fr.* chapeau, dies zu *spätlat.* cappa „eine Art Kopfbedeckung"] *der*; -s, -s: (veraltet, aber noch scherzhaft) Hut. **Chapeau claque** [- *klak*; aus *fr.* chapeau claque, zu claque „Schlag mit der flachen Hand"] *der*; - -, -x -s [*schapoklak*]: zusammenklappbarer Zylinderhut

Charakter [*ka*...; über gleichbed. *lat.* charactēr aus *gr.* charaktḗr, eigtl. „eingebranntes, eingeprägtes Schriftzeichen" zu charássein „spitzen, schärfen, einritzen"] *der*; -s, ...ere: 1. a) Gesamtheit der geistig-seelischen Eigenschaften eines Menschen, seine Wesensart; b) der Mensch als Träger bestimmter Wesenszüge. 2. (ohne Plural) a) charakteristische Eigenart, Gesamtheit der einer Personengruppe od. einer Sache eigentümlichen Merkmale u. Wesenszüge; b) die einer künstlerischen Äußerung od. Gestaltung eigentümliche Geschlossenheit der Aussage. 3. (nur Plural) Schriftzeichen, Buchstaben. **charakterisieren** [aus gleichbed. *fr.* caractériser]: 1. jmdn./etwas in seiner Eigenheit darstellen, kennzeichnen, treffend schildern. 2. für jmdn./etwas kennzeichnend sein. **Charakteristik** *die*; -, -en: 1. Kennzeichnung, treffende Schilderung einer Person oder Sache. 2. graphische Darstellung einer physikalischen Gesetzmäßigkeit in einem Koordinatensystem (Kennlinie). 3. Kennziffer eines → Logarithmus (Math.). **Charakteristikum** *das*; -s, ...ka: bezeichnende, hervorstechende Eigenschaft. **charakteristisch**: bezeichnend, kennzeichnend für jmdn./etwas. **charakterlich**: den Charakter (1a) eines Menschen betreffend. **Charakterologe** *der*; -n, -n: Erforscher der menschlichen Persönlichkeit. **Charakterologie** *die*; -: Persönlichkeitsforschung, Charakterkunde. **charakterologisch**: die Charakterologie betreffend, charakterkundlich

Charge [*scharsehe*; aus gleichbed. *fr.* charge, eigtl. „Last, Ladung", zu charger „beladen, belasten" (zu *lat.* carrus „Wagen")] *die*; -, -n: 1. Amt, Würde, Rang. 2. (Mil.) a) Dienstgrad; b) Vorgesetzter. 3. Ladung, Beschickung von metallurgischen Öfen (Techn.). 4. Nebenrolle mit meist einseitig gezeichnetem Charakter (Theat.). **Chargé d'affaires** [*scharsehe dafär*; aus gleichbed. *fr.* chargé d'affaires] *der*; - -, -s - [*scharsehe* -]: Geschäftsträger, Chef einer diplomatischen Mission od. dessen Vertreter. **chargieren**: eine Nebenrolle spielen (Theat.)

Charisma [auch: *cha*...; aus *gr.-lat.* chárisma „Gnadengabe" zu *gr.* charízesthai „gefällig sein, gern geben"] *das*; -s, ...rismen u. ...rismata: 1. die durch den Geist Gottes bewirkten Gaben und Befähigungen des Christen in der Gemeinde (Theol.). 2. besondere Ausstrahlungskraft eines Menschen. **charismatisch**: a) das Charisma betreffend; b) Charisma besitzend

Charles|ton [*tschaʳlßtᵉn*; nach der Stadt in South Carolina, USA] *der*; -, -s: Modetanz der 20er Jahre im schnellen, stark synkopierten Foxtrottrhythmus

charmant, (eindeutschend auch:) scharmant [aus gleichbed. *fr.* charmant, Part. Präs. von charmer „bezaubern" aus *spätlat.* carmināre]: [in der Art, wie sich jmd. gibt] liebenswürdig, bezaubernd, für sich einnehmend. **Charme** [*scharm*], (eindeutschend auch:) Scharm [aus gleichbed. *fr.* charme, dies aus *lat.* carmen „Lied, Zauberspruch"] *der*; -s: bezauberndes Wesen, für sich einnehmende, liebenswürdige Art. **Charmeur** [...*ör*; *lat.-fr.*] *der*; -s, -s od. -e: ein Mann, der Frauen gegenüber besonders liebenswürdig ist u. diese darum leicht für sich einzunehmen vermag.

Charmeuse [...*öß*] *die*; -: maschenfeste Wirkware aus synthetischen Fasern

Chart [*tschart*; aus gleichbed. *engl.* chart] *die*; -, -s: Zusammenstellung der zum gegenwärtigen Zeitpunkt beliebtesten Schlager, Liste mit den [10] Spitzenschlagern

Charta [*karta*; aus *lat.* charta „Papier, Brief, Urkunde" zu *gr.* chartēs „Papyrusblatt, dünnes Blatt" (ägypt. Wort)] *die*; -, -s: Verfassungsurkunde, Staatsgrundgesetz; vgl. Magna Charta

Charter [(*t*)*schar*...; aus gleichbed. *engl.* charter, dies aus *afr.* chartre zu *lat.* chartula „Briefchen"] *der*; -s, -s: 1. Urkunde, Freibrief. 2. Frachtvertrag im Seerecht. **Charterer** *der*; -s, -: Mieter eines Schiffes od. Flugzeugs. **chartern**: ein Schiff od. Flugzeug mieten

Charybdis [*cha*...; aus *gr.-lat.* chárybdis] *die*; -: gefährlicher Meeresstrudel der griech. Sage; vgl. Szylla

Chassis [*schaßi*; aus *fr.* chassis „Einfassung, Rahmen" zu *lat.* capsa „Behälter"] *das*; - [...*ßi*(*ß*)], - [...*ßiß*]: 1. Fahrgestell von Kraftfahrzeugen. 2. Montagerahmen elektronischer Apparate (z. B. eines Rundfunkgerätes)

Chasuble [*schasübᵉl*, auch in engl. Aussprache: *tschäsjubl*; aus *fr.* chasuble bzw. *engl.* chasuble „Meßgewand", dies aus *spätlat.* casu[b]la „Mantel mit Kapuze"] *das*; -s, -s: ärmelloses Überkleid für Damen nach Art einer Weste

Chauffeur [*schoför*; aus gleichbed. *fr.* chauffeur, eigtl. „Heizer", zu chauffer „warm machen, heizen", aus *lat.* cal(e)facere] *der*; -s, -e: jmd., der berufsmäßig andere Personen im Auto fährt, befördert. **chauffieren**: ein Kraftfahrzeug lenken

Chaussee [*schoße*; aus gleichbed. *fr.* chaussée, dies aus *galloroman.* *(via) calciāta „mit (Kalk)stein gepflasterte Straße", vgl. Calx] *die*; -, ...sseen: mit Asphalt, Beton od. Steinpflaster befestigte u. ausgebaute Landstraße. **chaussieren**: eine feste Fahrbahndecke herstellen

Chauvinismus [*schowi*...; aus gleichbed. *fr.* chauvinisme, nach der Gestalt des Rekruten Nicolas Chauvin aus einem Lustspiel der Brüder Cogniard (1831)] *der*; -: (abwertend) exzessiver Nationalismus militaristischer Prägung; extrem patriotische, nationalistische Haltung. **Chauvinist** *der*; -en, -en: (abwertend) Vertreter des Chauvinismus. **chauvinistisch**: (abwertend) 1. von Chauvinismus erfüllt. 2. dem Chauvinismus entsprechend

[1]**Check** [*schäk*]: (schweiz.) Scheck

[2]**Check** [*tschäk*; aus gleichbed. *engl.* check, eigtl. „Hindernis", dies aus *afr.* eschec „Schach"] *der*; -s, -s: jede Behinderung des Spielverlaufs im Eishockey. **checken** [*tschäkᵉn*]: 1. behindern, [an]rempeln (Eishockey). 2. nachprüfen, kontrollieren. **Checker** *der*; -s, -: Kontrolleur (Techn.). **Check-in** *das*; -[s], -s: Abfertigung des Fluggastes vor Beginn des Fluges. **Checking** *das*; -s, -s: das Checken. **Checkpoint** [*tschäkpeunt*] *der*; -s, -s: Kontrollpunkt an Grenzübergangsstellen (z. B. die Übergänge von West-Berlin nach Ost-Berlin)

cheerio! [*tschirioᵘ*, auch: *tschirio*; aus *engl.* cheerio zu cheer „Heiterkeit"]: (ugs.) prost!, zum Wohl!

Cheeseburger [*tschisbörgᵉr*; aus *amerik.-engl.* cheeseburger, zu cheese „Käse" u. Hamburger] *der*; -s, -: mit Käse überbackener Hamburger

Chef [*schäf*, (österr.) auch: *schef*; aus *fr.* chef „(Ober)haupt", dies über *galloroman.* *capum aus *lat.* caput „Kopf"] *der*; -s, -s: 1. Leiter, Vorgesetzter, Geschäftsinhaber. 2. (ugs.) saloppe Anrede (als Aufforderung o. ä.) an einen Unbekannten. **Chef...** in Zusammensetzungen auftretendes Bestimmungswort mit der Bedeutung „Haupt..., Ober...", z. B. Chefpilot, Chefarzt, Chefidiologe. **Chef de mission** [- *d^e mißjong*; aus *fr.* chef de mission] *der*; -[s], - -, -s - -: Leiter einer sportlichen Delegation (z. B. bei den Olympischen Spielen). **Chef d'œuvre** [*schädöw^er*; aus *fr.* chef-d'œuvre] *das*; - -, -s - [*schädöw^er*]: Hauptwerk, Meisterwerk

Chelléen [*schäleäng*; nach dem franz. Ort Chelles (*schäl*)] *das*; -[s]: Kulturstufe der älteren Altsteinzeit

Chemie [älter *nhd.* Chymie, wohl Rückbildung aus → Alchimie] *die*; -: Naturwissenschaft, die die Eigenschaften, die Zusammensetzung u. die Umwandlung der Stoffe u. ihrer Verbindungen erforscht. **Chemikal** *das*; -s, -ien [...*i^en*] od. -e u. **Chemikalie** *die*; -, -n [...*i^en*] (meist Plural): industriell hergestellter chemischer Stoff. **Chemiker** *der*; -s, -: Wissenschaftler auf dem Gebiet der Chemie. **chemisch**: a) die Chemie betreffend, mit der Chemie zusammenhängend; auf den Erkenntnissen der Chemie basierend; in der Chemie verwendet; b) den Gesetzen der Chemie folgend, nach ihnen erfolgend, ablaufend; durch Stoffumwandlung entstehend; c) mit Hilfe von [giftigen, schädlichen] Chemikalien erfolgend, [giftige, schädliche] Chemikalien verwendend; -e Verbindung: Stoff, der durch chemische Vereinigung mehrerer Elemente entstanden ist. **Chemismus** [*che*...] *der*; -: Gesamtheit der chemischen Vorgänge bei Stoffumwandlungen (bes. im Tier- od. Pflanzenkörper)

Chemisett *das*; -[e]s, -s u. -e u. **Chemisette** [aus *fr.* chemisette „Vorhemdchen"] *die*; -, -n: a) gestärkte Hemdbrust an Frack- u. Smokinghemden; b) heller Einsatz an Damenkleidern

Chemismus: → Chemie

Chemotechniker *der*; -s, -: Fachkraft der chem. Industrie

Chenille [*sch^enilj^e*; auch: *sch^enij^e*; aus gleichbed. *fr.* chenille, eigtl. „Raupe"] *die*; -, -n: raupenähnliches, gekräuseltes Garn

Cherry Brandy [(*t*)*schäri brändi*; aus gleichbed. *engl.* cherry brandy (cherry „Kirsche" und brandy „Branntwein")] *der*; - -s, - -s: feiner Kirschlikör

Cherub [*che*...; aus *hebr.* cherub] (ökum.: Kerub) *der*; -s, -im u. -inen (auch: -e): [biblischer] Engel (mit Flügeln u. Tierfüßen), himmlischer Wächter (z. B. des Paradieses). **cherubinisch**: von der Art eines Cherubs, engelgleich

Chesterkäse [nach der engl. Stadt Chester] *der*; -s: ein fetter Hartkäse

chevaleresk [*sch^ewal^(e)*...; aus gleichbed. *fr.* chevaleresque zu → Chevalier]: ritterlich. **Chevalerie** [*sch^ewalri*] *die*; -: 1. Ritterschaft, Rittertum. 2. Ritterlichkeit. **Chevalier** [...*lie*; aus *fr.* chevalier „Ritter" zu cheval „Pferd" aus *lat.* caballus, vgl. Kavalier] *der*; -s, -s: franz. Adelstitel

Cheviot [(*t*)*schäwiot* od. *sche*..., österr. nur: *schä*...; aus gleichbed. *engl.* cheviot, nach den Cheviot Hills an der engl.-schott. Grenze] *der*; -s, -s: aus der Wolle der Cheviotschafe hergestelltes, dauerhaftes Kammgarngewebe [in Köperbindung (eine Webart)]

Chevy-Chase-Strophe [*tschäwitsche^iß*...; *engl.*; nach der Ballade von der Jagd (chase) auf den Cheviot Hills] *die*; -, -n: Strophenform englischer Volksballaden

Chewing-gum [*tschuinggam*; aus gleichbed. *engl.* chewing gum] *der*; -[s], -s: Kaugummi

Chi [*chi*; aus *gr.* chī] *das*; -[s], -s: griech. Buchstabe (X, χ)

Chianti [*ki*...; nach der gleichnamigen ital. Landschaft] *der*; -[s]: ein ital. Rotwein, der in bauchigen Korbflaschen in den Handel kommt

Chiasmus [nach der Gestalt des griech. Buchstabens Chi = X (= kreuzweise)] *der*; -: kreuzweise syntaktische Stellung von aufeinander bezogenen Wörtern od. Redeteilen (z. B. groß war der Einsatz, der Gewinn war klein; Rhet.; Stilk.); Ggs. → Parallelismus (2). **chiastisch**: in der Form des Chiasmus

chic [*schik*] usw. = schick usw.

Chicago-Jazz [*schikago*...; nach der Stadt in den USA] *der*; -: von Chicago ausgehende Stilform des Jazz in den Jahren nach dem Ersten Weltkrieg; vgl. New-Orleans-Jazz

Chicorée [*schikore*; aus gleichbed. *fr.* chicorée, dies aus *mlat.* cichōrea, s. Zichorie] *die*; - u. *der*; -s: die gelblichweißen Blätter der Salatzichorie, die als Gemüse od. Salat gegessen werden

Chiffon [*schifong*, *schifong*, österr.: ...*fon*; aus *fr.* chiffon „Lumpen, Fetzen, durchsichtiges Gewebe"] *der*; -s, -s (österr.: -e): feines, schleierartiges Seidengewebe in Taftbindung (eine Webart)

Chif|fre [*schifr^e*, auch: *schif^er*; aus gleichbed. *fr.* chiffre, dies über *afr.* cifre „Null" aus *arab.* ṣifr „Null"] *die*; -, -n: 1. Ziffer. 2. geheimes Schriftzeichen, Geheimzeichen, Geheimschrift. 3. Kennziffer einer Zeitungsanzeige. **Chif|freur** [*schifrör*] *der*; -s, -e: Entzifferer von Chiffren (2). **chif|frieren**: verschlüsseln, in einer Geheimschrift abfassen; Ggs. → dechiffrieren

Chihuahua [*tschi-ua-ua*; aus gleichbed. *span.* chihuahua, nach dem gleichnamigen mexikan. Staat] *der*; -s, -s: kleinster, dem Zwergpinscher ähnlicher Hund mit übergroßen, fledermausartigen Ohren

Chili [*tschili*; aus gleichbed. *span.* chile, dies aus *indian.* chilli] *der*; -s: 1. mittelamerik. Paprikaart, die den Cayennepfeffer liefert. 2. mit Cayennepfeffer scharf gewürzte Tunke

Chiller [*tschil^er*; aus gleichbed. *engl.* chiller, zu to chill „frösteln lassen"] *der*; -s, -: Erzählung od. Theaterstück mit einer gruselig-schauerlichen Handlung

Chimära [*chi*...; über *lat.* Chimaera aus *gr.* Chímaira, eigtl. „Ziege"] *die*; -: Ungeheuer der griech. Sage (Löwe, Ziege u. Schlange in einem). **Chimäre** *die*; -, -n: 1. = Schimäre. 2. Organismus od. einzelner Trieb, der aus genetisch verschiedenen Zellen aufgebaut ist (Biol.)

Chinakrepp *der*; -s: ein → Crêpe de Chine aus Kunstseide od. Chemiefasergarnen

Chinarinde [*chi*...; zu gleichbed. *span.* quina(quina) aus *peruan.* quina(quina)] *die*; -: chininhaltige Rinde bestimmter südamerik. Bäume

Chinchilla [*tschintschila*, seltener in span. Ausspr.: ...*ilja*; aus gleichbed. *span.* chinchilla (wohl peruan. Wort)] *die*; -, -s od. *das* (österr. nur so); -s, -s: südamerik. Nagetier mit wertvollem Pelz

Chinin [*chi*...; aus gleichbed. *it.* chinina zu china aus *peruan.-span.* quina(quina) „Chinarindenbaum"] *das*; -s: → Alkaloid der → Chinarinde, als Fieber-, bes. Malariamittel verwendet

Chinoiserie [*schinoas^eri*; aus gleichbed. *fr.* chinoiserie zu chinois „chinesisch"] *die*; -, ...ien: kunstgewerblicher Gegenstand in chinesischem Stil (z. B. Porzellan, Lackmöbel)

Chintz [*tschinz*; aus gleichbed. *engl.* chintz, dies aus *Hindi* chīnṭ] *der*; -[es], -e: buntbedrucktes Gewebe aus Baumwolle od. Chemiefasergarnen in Leinenbindung mit spiegelglatter, glänzender Oberfläche

Chip [*tschip*; aus gleichbed. *engl.* chip, eigtl. „Schnitzel"] *der*; -s, -s: 1. Spielmarke (bei Glücksspielen). 2. (meist Plural) in Fett gebackenes Scheibchen roher Kartoffeln

Chippendale [(*t*)*schip^endе^il*; aus *engl.* chippendale, nach dem engl. Tischler Th. Chippendale, 1718–1779] *das*; -[s]: engl. Möbelstil des 18. Jh.s

chir[o]..., **Chir[o]...** [*chir*(*o*)..., österr.: *ki*...; aus *gr.* cheiro... zu cheír „Hand"]: in Zusammensetzungen auftretendes Bestimmungswort mit der Bedeutung „hand..., Hand...", z. B. chirurgisch, Chiropraktik (vor Vokalen: Chir..., vor Konsonanten: Chiro...). **Chi|rologie** u. Cheirologie *die*; -: 1. Handlesekunst, Charakter- u. Schicksalsdeutung aus Formen u. Linien der Hände. 2. die Hand- u. Fingersprache der Taubstummen. **Chi|romantie** *die*; -: Handlesekunst. **Chiro|praktik** *die*; -: manuelles Einrenken verschobener Wirbelkörper u. Bandscheiben

Chir|urg [über *lat.* chīrūrgus „Wundarzt" aus *gr.* cheirourgós, eigtl. „Handwerker" zu cheír „Hand" u. érgon „Werk, Tätigkeit"] *der*; -en, -en: Facharzt [u. Wissenschaftler] auf dem Gebiet der Chirurgie (1). **Chir|urgie** *die*; -, ...ien: 1. Teilgebiet der Medizin, Lehre von der operativen Behandlung krankhafter Störungen u. Veränderungen im Organismus. 2. chirurgische Abteilung eines Krankenhauses. **chir|urgisch**: a) die Chirurgie betreffend; b) operativ; c) für eine operative Behandlung geeignet bzw. vorgesehen

Chitarrone [*ki*...; aus gleichbed. *it.* chitarrone, zu *lat.* cithara aus *gr.* kithára „Zither"] *der*; -[s], -s u. ...ni (auch: *die*; -, -n): ital. Baßlaute, Generalbaßinstrument im 17. Jh. (Mus.)

Chitin [*chi*...; gelehrte Bildung zu → Chiton] *das*; -s: stickstoffhaltiges → Polysaccharid, Hauptbestandteil der Körperhülle von Krebsen, Tausendfüßern, Spinnen, Insekten, bei Pflanzen in den Zellwänden von Flechten u. Pilzen. **chitinig**: chitinähnlich. **chitinös**: aus Chitin bestehend

Chiton [aus *gr.* chitṓn „(Unter)kleid, Brustpanzer] *der*; -s, -e: Leibrock, Kleidungsstück im Griechenland der Antike

Chlamys [auch: *chla*...; aus *gr.* chlamýs „Oberkleid"] *die*; -, -: knielanger, mantelartiger Überwurf für Reiter u. Krieger im Griechenland der Antike

Chlor [*klor*; zu *gr.* chlōrós „gelblichgrün"] *das*; -s: chem. Grundstoff, Nichtmetall; Zeichen: Cl. **Chlorat** *das*; -s, -e: Salz der Chlorsäure. **chloren**: = chlorieren (2). **Chlorid** *das*; -s, -e: chem. Verbindung des Chlors mit Metallen od. Nichtmetallen. **chlorieren**: 1. in den Molekülen einer chemischen Verbindung bestimmte Atome od. Atomgruppen durch Chloratome ersetzen. 2. mit Chlor keimfrei machen (z. B. Wasser). **chlorig**: chlorhaltig, chlorartig. **¹Chlorit** *das*; -s, -e: Salz der chlorigen Säure. **²Chlorit** *der*; -s: ein grünes, glimmerähnliches Mineral

Chloroform [Kunstw. aus: *Chlor*kalk u. acidum *formī*cicum „Ameisensäure" (nach den früher benutzten Ausgangsstoffen)] *das*; -s: süßlich riechende, farblose Flüssigkeit (früher ein Betäubungsmittel, heute nur noch als Lösungsmittel verwendet). **chloroformieren**: 1. durch Chloroform betäuben. 2. (ugs.) auf jmdn. derart einreden, daß sich der Betroffene ganz benommen u. nicht handlungs- od. entscheidungsfähig fühlt (meist im 2. Partizip)

Chlorophyll [gelehrte Bildung aus *gr.* chlōrós „gelblich-grün" u. phýllon „Blatt", eigtl. „Blattgrün"] *das*; -s: magnesiumhaltiger, grüner Farbstoff in Pflanzenzellen, der die → Assimilation (4) ermöglicht

Choc [*schok*] *der*; -s, -s: Schock

Choke [*tscho^uk*] u. **Choker** [*tscho^uk^er*; aus gleichbed. *engl.* choke zu to choke „drosseln, würgen"] *der*; -s, -s: Luftklappe im Vergaser (Kaltstarthilfe; Kfz-Technik)

chokieren [*schoki*...] vgl. schockieren

Cholera [*ko*...; über *lat.* cholera aus *gr.* choléra „Gallenbrechdurchfall" zu cholḗ „Galle"] *die*; -: schwere (epidemische) Infektionskrankheit (mit heftigen Brechdurchfälllen; Med.)

Choleriker [*ko*...; zu → cholerisch] *der*; -s, -: a) leidenschaftlicher, reizbarer, jähzorniger Mensch; b) (ohne Plural) Temperamentstyp des reizbaren, jähzornigen Menschen; c) Vertreter dieses Temperamentstyps; vgl. Melancholiker, Phlegmatiker, Sanguiniker. **cholerisch** [zu *mlat.* cholera „galliges Temperament, Zornausbruch", s. Cholera]: a) jähzornig, aufbrausend; b) von jähzorniger, reizbarer Temperamentsart; vgl. melancholisch, phlegmatisch, sanguinisch

Cholesterin [auch: *ko*...; zu *gr.* cholḗ „Galle" u. stereós „hart, fest"] *das*; -s: wichtigstes, in allen tierischen Geweben vorkommendes → Sterin, Hauptbestandteil der Gallensteine

Chol|iambus [*chol*...; über *lat.* choliambus aus *gr.* chōlíambos „Hinkjambus" zu chōlós „lahm, hinkend"] *der*; -, ...ben: ein aus Jamben bestehender antiker Vers, in dem statt des letzten → Jambus ein → Trochäus auftritt

Chon|dren [*chon*...; aus *gr.* chóndros „Korn, Graupe"] *die* (Plural): kleine Körner (Kristallaggregate), aus denen die Chondrite aufgebaut sind. **Chondrit** *der*; -s, -e: 1. aus Chondren aufgebauter Meteorstein (Min.). 2. pflanzlichen Verzweigungen ähnelnder Abdruck in Gesteinen (Geol.). **chon|dritisch**: die Struktur des Chondrits betreffend. **Chondrulen** [aus gleichbed. *engl.* chondrule, Verkleinerungsbildung zu *gr.* chondros „Korn"] *die* (Plural): erbsengroße Steinchen in Meteoriten (Min.)

Chopper [*tschop^er*; aus *engl.* chopper „Hacker"] *der*; -s, -[s]: 1. vorgeschichtliches Hauwerkzeug, aus einem Steinbrocken o. ä. geschlagen. 2. = Easy-rider (2)

¹Chor [*kor*; über *lat.* chorus aus *gr.* chorós „Tanz, Reigen; tanzende und singende Schar"]: *der* (seltener: *das*); -[e]s, -e u. Chöre: 1. erhöhter Kirchenraum mit [Haupt]altar (urspr. für das gemeinsame Chorgebet der → Kleriker). 2. Platz der Sänger auf der Orgelempore. **²Chor** *der*; -[e]s, Chöre: (Mus.) 1. Gruppe von Sängern, die sich zu regelmäßigem, gemeinsamem Gesang zusammenschließen. 2. gemeinsamer [mehrstimmiger] Gesang von Sängern. 3. Musikstück für gemeinsamen [mehrstimmigen] Gesang. 4. Verbindung der verschiedenen Stimmlagen einer Instrumentenfamilie. 5. gleichgestimmte Saiten (z. B. beim Klavier, bei der Laute o. ä.). 6. die zu einer Taste gehörenden Pfeifen der gemischten Stimmen bei der Orgel; im -: gemeinsam (sprechend o. ä.)

Choral [aus *mlat.* (cantus) chorālis „Chorgesang" zu *lat.* chorus, s. Chor] *der*; -s, ...rale: a) kirchlicher Gemeindegesang; b) Lied mit religiösem Inhalt

Chorda, (auch:) Chorde [*kor...*; über *lat.* chorda aus *gr.* chordḗ „Darm(saite)] *die*; -, ...den: knorpelähnlicher Achsenstab als Vorstufe der Wirbelsäule (bei Schädellosen, Mantel- u. Wirbeltieren; Biol.). **Chordaten** *die* (Plural): zusammenfassende Bezeichnung für diejenigen Tiergruppen, die eine Chorda besitzen (Biol.)

Chorege [*cho...*, auch: *ko...*; aus gleichbed. *gr.* chorēgós zu agein „führen, leiten"] *der*; -n, -n: Chorleiter im altgriech. Theater. **Choreo|graph** [zu *gr.* choreía „Tanz" u. gráphein „schreiben"] *der*; -en, -en: jmd., der [als Leiter eines Balletts] eine Tanzschöpfung kreiert u. inszeniert. **Choreo|graphie** *die*; -, ...ien: künstlerische Gestaltung u. Festlegung der Schritte u. Bewegungen eines Balletts. **choreo|graphieren**: eine Tanzschöpfung inszenieren. **choreo|graphisch**: die Choreographie betreffend. **Choreus** [*cho...*, auch: *ko...*; über gleichbed. *lat.* chorēus aus *gr.* choreîos (poús) eigtl. „zum Tanz gehörender Versfuß"] *der*; -, ...een: = Trochäus. **Choreut** [*ko...*; aus *gr.* choreutḗs „Reigentänzer"] *der*; -en, -en: Chorsänger, -tänzer. **Choreutik** *die*; -: altgriech. Lehre vom Chorreigentanz. **choreutisch**: a) die Choreutik betreffend; b) im Stil eines altgriech. Chorreigentanzes ausgeführt. **Choriambus** [*koriambuß*; über *lat.* choriambus aus gleichbed. *gr.* choríambos] *der*; -, ...ben: aus einem → Choreus (→ Trochäus) u. einem → Jambus bestehender Versfuß (–◡◡–). **chorisch** [*ko...*; über *lat.* choricus aus gleichbed. *gr.* chorikós]: den ²Chor betreffend, durch den Chor auszuführen. **Chorist** [aus *mlat.* chorista „Chorsänger"] *der*; -en, -en: Mitglied eines [Opern]chors

Chorus [aus *lat.* chorus, s. Chor] *der*; -, -se: 1. das einer Komposition zugrundeliegende Form- u. Akkordschema, das die Basis für Improvisationen bildet (Jazz). 2. Hauptteil od. Refrain eines Stückes aus der Tanz- od. Unterhaltungsmusik

Chose [*schos*ᵉ, bei franz. Aussprache: *schos*; aus *fr.* chose „Ding, Sache", dies aus gleichbed. *lat.* causa] *die*; -, -n: (ugs.) a) Sache, Angelegenheit; b) unangenehmes, peinliches Vorkommnis

Chow-Chow [*tschautschau*; aus gleichbed. *engl.* chow chow (chines. Wort)] *der*; -s, -s: Vertreter einer in China gezüchteten Hunderasse

Chrestomathie [*kräß...*; aus gleichbed. *gr.* chrēstomátheia, eigtl. „das Erlernen von Nützlichem" zu chrēstós „brauchbar"] *die*; -, ...ien: für den Unterricht bestimmte Sammlung ausgewählter Texte od. Textauszüge aus den Werken bekannter Autoren

Christ [*kr...*; *frühnhd.* krist, *mhd.* kristen aus *lat.* christiānus, s. christlich] *der*; -en, -en: Anhänger [u. Bekenner] des Christentums; Getaufter. **Christdemo|krat** *der*; -en, -en: Anhänger einer christlich-demokratischen Partei. **Christentum** *das*; -s: die auf Jesus Christus, sein Leben u. seine Lehre gegründete Religion. **christianisieren**: 1. die Bevölkerung eines Landes zum Christentum bekehren. 2. einer Sache einen christlichen Anstrich geben. **Christianitas** *die*; -: Christlichkeit als Geistes- u. Lebenshaltung. **Christian Science** [*krißtsch*ᵉ*nßai*ᵉ*nß*; *engl.*; „christl. Wissenschaft"] *die*; - -: von Mary Baker-Eddy um 1870 in den USA begründete christliche Gemeinschaft, die durch enge [Gebets]verbindung mit Gott menschliche Unzulänglichkeit überwinden will. **christlich** [aus *mhd.* kristenlīch zu kristen *ahd.* kristāni „christlich, Christ", dies aus *lat.* Christiānus]: a) auf Christus und seine Lehre zurückgehend; der Lehre Christi entsprechend; b) im Christentum verwurzelt, begründet; c) vom Christentum geprägt; d) kirchlich; Christliches Hospiz: Hotel der evangelischen Inneren Mission in Großstädten. **Christmas-Carol** [*krißm*ᵉ*ßkär*ᵉ*l*; aus *engl.* Christmas carol] *das*; -s, -s: volkstümliches englisches Weihnachtslied. **Christmette** *die*; -, -n: Mitternachtsgottesdienst in der Christnacht

Chrom [*krom*; aus gleichbed. *fr.* chrome, dies aus *gr.-lat.* chrōma „Farbe"] *das*; -s: chem. Grundstoff, Metall (Zeichen: Cr). **Chromat** *das*; -s, -e: Salz der Chromsäure

Chromatik [über *lat.* chrōmaticē aus *gr.* chrōmatikḗ (mousikḗ) „chromat. Tongeschlecht" zu chrōma „Farbe; chromat. Tonleiter"] *die*; -: 1. Veränderung („Färbung") der sieben Grundtöne durch Versetzungszeichen um einen Halbton nach oben od. unten; Ggs. → Diatonik (Mus.). 2. Farbenlehre (Phys.). **chromatisch**: 1. in Halbtönen fortschreitend (Mus.). 2. die Chromatik (2) betreffend

chromatisieren [zu Chromat, s. Chrom]: die Oberfläche von Metallen mit einer Chromatschicht zum Schutz gegen → Korrosion überziehen

Chromato|graphie [zu *gr.* chrōma „Farbe" (zuerst für Farbstoffe verwendetes Verfahren)] *die*; -: Verfahren zur Trennung chemisch nahe verwandter Stoffe. **chromato|graphieren**: eine Chromatographie durchführen. **chromato|graphisch**: a) die Chromatographie betreffend; b) das Verfahren der Chromatographie anwendend

Chromatophor [zu *gr.* chrōma „Farbe" u. phorós „tragend"] *das*; -s, -en (meist Plural): 1. farbstofftragende → Organelle der Pflanzenzelle (Bot.). 2. Farbstoffzelle bei Tieren, die den Farbwechsel der Haut ermöglicht (z. B. Chamäleon; Zool.)

Chroma|tron [aus *gr.* chrōma „Farbe" u. → ...tron] *das*; -s, ...one (auch: -s) spezielle Bildröhre für das Farbfernsehen

Chromonika [Kunstwort aus → chromatisch und → Harmonika] *die*; -, -s u. ...ken: eine → diatonische u. chromatische Mundharmonika

Chromosom [zu *gr.* chrōma „Farbe" u. sōma „Körper" (da es durch Färbung sichtbar gemacht werden kann)] *das*; -s, -en (meist Plural): in jedem Zellkern in artspezifischer Anzahl u. Gestalt vorhandenes, das Erbgut eines Lebewesens tragendes, fadenförmiges Gebilde, Kernschleife (Biol.). **chromosomal**: das Chromosom betreffend

Chromo|sphäre [zu *gr.* chrōma „Farbe" u. → Sphäre] *die*; -: glühende Gasschicht um die Sonne

Chronik [*kro...*; über *lat.* chronica (Plural) aus *gr.* chronikà (biblía) „Geschichtsbücher" zu chrónos „Zeit"] *die*; -, -en: 1. Aufzeichnung geschichtlicher Ereignisse in zeitlich genauer Reihenfolge. 2. (ohne Plural) Bezeichnung für zwei geschichtliche Bücher des Alten Testaments

chronisch [über *lat.* chronicus aus *gr.* chronikós „zeitlich (lang)"]: 1. sich langsam entwickelnd, langsam verlaufend (von Krankheiten; Med.); Ggs. → akut. 2. (ugs.) dauernd, ständig, anhaltend

Chronist [aus gleichbed. *mlat.* chronista zu *gr.* chrónos „Zeit"] *der*; -en, -en: Verfasser einer Chronik

chrono..., **Chrono...** [aus gleichbed. *gr.* chrono... zu chrónos „Zeit"]: in Zusammensetzungen auftretendes Bestimmungswort mit der Bedeutung „zeit..., Zeit...", z. B. chronologisch, Chronometer. **Chronogramm** *das*; -s, -e: ein Satz od. eine Inschrift (in lat. Sprache), in der hervorgehobene Großbuchstaben als Zahlzeichen die Jahreszahl eines geschichtlichen Ereignisses ergeben, auf das sich der Satz bezieht. **Chronologie** *die*; -: 1. Wissenschaft u. Lehre von der Zeitmessung u. -rechnung. 2. Zeitrechnung. 3. zeitliche Abfolge (von Ereignissen). **chronologisch**: zeitlich geordnet. **Chronometer** [„Zeitmesser"] *das*; -s, -: transportable Uhr mit höchster Ganggenauigkeit, die bes. in der Astronomie u. Schiffahrt eingesetzt wird. **Chronome|trie** *die*; -, ...ien: Zeitmessung. **chronome|trisch**: auf genauer Zeitmessung beruhend. **Chrono|skop** *das*; -s, -e: genaugehende Uhr mit einem Stoppuhrmechanismus, mit dem Zeitabschnitte gemessen werden können, ohne daß der normale Gang der Uhr dadurch beeinflußt wird

Chrys|antheme [*krü...*] *die*; -, -n u. **Chrys|anthemum** [aus *gr.-lat.* chrysánthemon „Goldblume"] *das*; -s, -[s]: Zierpflanze mit großen strahlenförmigen Blüten. **Chrysopras** [aus gleichbed. *gr.-lat.* chrysóprasos] *der*; -es, -e: ein Halbedelstein

chthonisch [*chto...*; aus gleichbed. *gr.* chtónios zu chthōn „Erde, Erdboden"]: der Erde angehörend, unterirdisch; -e G ö t t e r: Erdgottheiten; in der Erde wohnende u. wirkende Götter (z. B. Pluto, die Titanen)

Chutney [*tschatni*; aus gleichbed. *engl.* chutney, dies aus *Hindi* chatnī] *das*; -[s], -s: Paste aus zerkleinerten Früchten mit Gewürzzusätzen

Chuzpe [*chuz...*; aus gleichbed. *jidd.* chuzpo, dies aus dem Hebr.] *die*; -: Unverfrorenheit, Dreistigkeit, Unverschämtheit

Ci = Curie

CIA [*ßi-ai-ẹ̄*] = Central Intelligence Agency

ciao! [*tschau*]: ital. Form von → tschau!

CIC: [*ßi-ai-ßi*] = Counter Intelligence Corps

Cicerone [*tschitscherone*; aus gleichbed. *it.* cicerone (scherzhafter Vergleich mit dem röm. Redner Cicero)] *der*; -[s], -s u. ...ni: [sehr viel redender] Fremdenführer

Cie.: (veraltet) Co.

Cimbal [*z...*] vgl. Zimbal

Cineast [*ßi...*; aus gleichbed. *fr.* cinéaste zu cinéma-(tographe), s. Kino] *der*; -en, -en: a) Filmschaffender; b) Filmkenner, begeisterter Kinogänger

Cinemascope Ⓦ [*ßinᵉmaßkop*; aus gleichbed. *engl.* Cinemascope zu *gr.* kīnēma „Bewegung" u. skopein „betrachten, schauen"] *das*; -: besonderes Projektionsverfahren (Filmw.). **Cinemagic** [*ßinᵉmädschik*; engl. Kunstw. aus: *Cine*ma u. *magic*] *das*; -: Verfahren der Trickfilmtechnik, bei dem Real- u. Trickaufnahmen gemischt werden (Filmw.). **Cinemathek** [*ßi...*] vgl. Kinemathek. **Cinerama** Ⓦ [*ßi...*; aus *engl.* Cinerama zu *gr.* kineīn „bewegen" u. → Panorama] *das*; -: besonderes Projektionsverfahren (Filmw.)

Cinquecentist [*tschinkwetschän...*; aus gleichbed. *it.* cinquecentista] *der*; -en, -en: Künstler des Cinquecento. **Cinquecento** [aus gleichbed. *it.* (mil) cinquecento, eigtl. „(tausend)fünfhundert" (nach den Jahreszahlen)] *das*; -[s]: Kultur u. Kunst des 16. Jh.s in Italien (Hochrenaissance, → Manierismus 1)

circa [*lat.*; zu circus „Kreis(linie)"], (eingedeutscht auch:) zirka: ungefähr, etwa; Abk.: ca.

Circarama [*ßirka...*; aus *engl.* circarama zu circa „um – herum" u. → Panorama] *das*; -: Filmwiedergabetechnik, bei der der Film so projiziert wird, daß sich für den Zuschauer von der Mitte des Saales aus ein Rundbild ergibt

Circe [*zirzᵉ*; Zauberin der griech. Sage] *die*; -, -n: verführerische Frau, die es darauf anlegt, Männer zu betören

Circuittraining [*ßö'kit...*; aus *engl.* circuit „Umlauf" (*lat.* circuitus) u. → Training] *das*; -s: moderne, zur Verbesserung der allgemeinen → Kondition (2b) geschaffene Trainingsmethode, die in einer pausenlosen Aufeinanderfolge von Kraftübungen an verschiedenen, im Kreis aufgestellten Geräten besteht

Circulus vitiosus [- *wiz...*; aus *lat.* circulus „Kreis(linie" u. vitiōsus „fehlerhaft"] *der*; - -, ...li ...si: 1. Zirkelschluß, bei dem das zu Beweisende in der Voraussetzung enthalten ist. 2. Versuch aus einer unangenehmen o. ä. Lage herauszukommen, der aber nur in eine andere unangenehme Sache führt u. der daraus sich ergebende Kreis von gleichbleibend unangenehmen o. ä. Situationen; Teufelskreis, Irrkreis

citissime [*zi...*; *lat.*]: sehr eilig. **cito**: eilig

Citrusfrüchte vgl. Zitruspflanzen

City [*ßiti*; aus *engl.* city „(Haupt)stadt", dies über *afr.* cité aus *lat.* civitas „Bürgerschaft, Gemeinde, Staat"; vgl. zivil] *die*; -, -s, (auch:) Cities [*...tis*]: Geschäftsviertel einer Großstadt, Innenstadt. **City-Bike** [*...baik*; aus gleichbed. *engl.* city-bike] *das*; -s, -s: kleines Motorrad für den Stadtverkehr; vgl. Bike

Civitas Dei [*ziw...*; *lat.*] *die*; - -: der Staat Gottes, der dem Staat des Teufels gegenübergestellt wird (geschichtsphilosophischer Begriff aus dem Hauptwerk des Augustinus)

cl = Zentiliter

Cl = chem. Zeichen für: Chlor

Clactonien [*kläktoniäng*; nach dem Fundort Clacton on Sea in England] *das*; -[s]: Kulturstufe der älteren Altsteinzeit

Clairobscur [*kläropßkür*; aus gleichbed. *fr.* clair-obscur] *das*; -[s]: Helldunkelmalerei (Stil in Malerei u. Graphik)

Clairon [*...rong*; aus gleichbed. *fr.* clairon zu clair „hell(klingend)" aus gleichbed. *lat.* clarus] *das*; -s, -s: 1. Bügelhorn, Signalhorn. 2. = Clarino (1). 3. = Clarino (2)

Clan [*klan*; bei engl. Aussprache: *klän*; aus gleichbed. *engl.* clan, dies aus *gäl.* clann „Abkömmling"] *der*; -s, -e u. (bei engl. Aussprache:) -s: 1. schottischer Lehns- u. Stammesverband. 2. durch gemeinsame Interessen od. verwandtschaftliche Beziehungen verbundene Gruppe; vgl. Klan

Claque [*klak*; aus gleichbed. *fr.* claque, eigtl. „Schlag mit der flachen Hand" zu claquer „klatschen"] *die*; -: eine bestellte, mit Geld od. Freikarten bezahlte Gruppe von Beifallklatschenden. **Claqueur** [*...kör*] *der*; -s, -e: bestellter Beifallklatschender

Clarino [aus gleichbed. *it.* clarino zu claro „hell(klingend)" aus gleichbed. *lat.* clarus] *das*; -s, -s u. ...ni: 1. hohe Trompete (Bachtrompete). 2. Zungenstimme der Orgel

Claves [aus gleichbed. *span.* clave, eigtl. „Schlüssel", „hell(klingend)" aus gleichbed. *lat.* clarus] *das*; -s, dies aus *lat.* clavis „Schlüssel, Riegel"] *die* (Plural): Hartholzstäbchen als Rhythmusinstrument

Clavicembalo [*klawitschäm...*; aus gleichbed. *it.* clavicembalo, *mlat.* clavicymbalum, s. Clavis u. Zim-

bal] *das*; -s, -s u. ...li: Tasteninstrument des 14. bis 18. Jh.s (Kielflügel, Klavizimbel)
Clavis [aus *mlat.* clavis „Schlüssel, Taste", dies aus *lat.* clavis „Schlüssel, Riegel"] *die*; -, - u. ...ves: (Mus.) a) Orgeltaste; b) Notenschlüssel
clean [*klin*; aus gleichbed. *engl.* clean, eigtl. „rein, sauber"]: nach einer Behandlung von Drogen nicht mehr abhängig, drogenunabhängig
Clerihew [*klȧri(h)ju*; aus gleichbed. *engl.* clerihew, nach dem ersten Verfasser E. Clerihew Bentley (*bäntli*)] *das*; -[s], -s: vierzeilige humoristische Gedichtform
clever [*kläwᵉr*; aus gleichbed. *engl.* clever]: 1. taktisch geschickt vorgehend, seine technischen Mittel überlegt einsetzend (Sport). 2. überlegen taktierend; listig, gerissen. **Cleverness**, (eindeutschend auch:) Cleverneß *die*; -: a) Wendigkeit, Tüchtigkeit; b) Klugheit, Erfahrung; c) Gerissenheit
Clinch [*klin(t)sch*; aus gleichbed. *engl.* clinch zu to clinch „umklammern"] *der*; -[e]s: das Umklammern u. Festhalten des Gegners im Boxkampf
Clip vgl. Klipp, Klips. **Clipper** ® [aus gleichbed. *engl.* clipper, eigtl. „Schnellsegler"] *der*; -s, -: auf Überseestrecken eingesetztes amerikanisches Langstreckenflugzeug
Clique [*klikᵉ*, auch: *klik[e]*; aus gleichbed. *fr.* clique zu *afr.* cliquer „klatschen", also eigtl. „beifällig klatschende Menge"] *die*; -, -n: a) (abwertend) Personengruppe, die vornehmlich ihre eigenen Gruppeninteressen verfolgt; b) Freundes-, Bekanntenkreis
Clivia [*kliwia*] u. (eindeutschend:) Klivie [*...wiᵉ*; nach einer engl. Herzogin, Lady Clive (klaiw)] *die*; -, ...vien [*...iᵉn*]: Zimmerpflanze mit orangefarbenen Blüten
Clochard [*kloschar*; aus gleichbed. *fr.* clochard zu clocher „hinken"] *der*; -[s], -s: Landstreicher, Stadtstreicher, Herumtreiber (bes. in Großstädten)
Clog [*klok*; aus gleichbed. *engl.* clog] *der*; -s, -s (meist Plural): modischer Holzpantoffel
Cloqué [*kloke*; aus *fr.* cloqué „zusammengeschrumpft, blasig" zu cloque „Wasserblase"] *der*; -[s], -s: modisches Kreppgewebe mit welliger, blasiger Oberfläche; Blasenkrepp
Clou [*klu*; aus gleichbed. *fr.* clou, eigtl. „Nagel", dies aus *lat.* clavus „Nagel, Pflock"] *der*; -s, -s: a) Glanz-, Höhepunkt; b) Zugnummer
Clown [*klaun*; aus gleichbed. *engl.* clown, eigtl. „Bauerntölpel", dies über *fr.* colon aus *lat.* colonus „Bauer, Siedler"] *der*; -s, -s: Spaßmacher [im Zirkus od. Varieté]; den - spielen: (abwertend) sich albern aufführen. **Clownerie** *die*; -, ...ien: närrisches Benehmen, Kinderei. **clownesk**: nach Art eines Clowns
Club [*klup*] vgl. Klub
cm = Zentimeter
Cm = chem. Zeichen für: Curium
cm² u. qcm = Quadratzentimeter. **cm³** u. ccm = Kubikzentimeter. **cmm** u. mm³ = Kubikmillimeter. **cm/s** u. **cm/sec** = Zentimeter in der Sekunde
c/o = care of
Co = chem. Zeichen für: Kobalt
Co. = Kompanie (1)
Coach [*koᵘtsch*; aus gleichbed. *engl.* coach, eigtl. „Kutsche"] *der*; -[s], -s: Sportlehrer, Trainer u. Betreuer eines Sportlers od. einer Sportmannschaft. **coachen** [*koᵘtschᵉn*]: einen Sportler od. eine Sportmannschaft betreuen und trainieren
Cobbler [*k...*; aus gleichbed. *engl.-amerik.* cobbler] *der*; -s, -s: → Cocktail aus Likör, Weinbrand od. Weißwein, Fruchtsaft, Früchten u. Zucker
Coca-Cola ® [*kokakola*; *amerik.*, Herkunft ungeklärt] *das*; -[s] od. *die*; - (5 [Flaschen] -): ein koffeinhaltiges Erfrischungsgetränk
Cockerspaniel [*kokᵉrschpaniäl*, auch in engl. Ausspr.: *kokᵉrßpänjᵉl*; aus *engl.* cocker spaniel zu to cock „Waldschnepfen jagen (zu woodcock „Waldschnepfe") u. → Spaniel] *der*; -s, -s: englische Jagdhundrasse
Cockpit [*kok...*; aus gleichbed. *engl.* cockpit, eigtl. „Hahnengrube"] *das*; -s, -s: 1. Pilotenkabine in [Düsen]flugzeugen. 2. Fahrersitz in einem Rennwagen. 3. vertiefter, ungedeckter Sitzraum für die Besatzung in Segel- u. Motorbooten
Cocktail [*kokteⁱl*; aus gleichbed. *engl.-amerik.* cocktail, eigtl. „Hahnenschwanz"] *der*; -s, -s: 1. alkoholisches Mischgetränk aus verschiedenen Spirituosen, Früchten, Fruchtsaft u. anderen Zutaten. 2. = Cocktailparty. 3. Mischung (z. B. von Speisen). **Cocktailkleid** *das*; -s, -er: elegantes, modisches, kurzes Gesellschaftskleid. **Cocktailparty** [*kókteⁱlpaʳti*] *die*; -, -s u. ...parties [*kókteⁱlpaʳtis*]: zwanglose Geselligkeit in den frühen Abendstunden, bei der Cocktails (1) serviert werden
Code [*kot*; aus gleichbed. *engl.* code, dies über *fr.* code aus *lat.* codex, s. Kodex] *der*; -s, -s: 1. Zeichensystem als Grundlage für Kommunikation, Nachrichtenübermittlung u. Informationsverarbeitung (Techn.); vgl. elaborierter u. restringierter Code. 2. = Kode (1). **codieren**: eine Information nach einem Code, durch Zuordnung von Zeichenketten verschlüsseln; Ggs. → decodieren; vgl. kodieren. **Code civil** [*kod ßiwil*; aus *fr.* code civil] *der*; - -: franz. Zivilgesetzbuch. **Code Napoléon** [*kod napoleong*; aus *fr.* code Napoléon] *der*; - -: Bezeichnung des Code civil zwischen 1807 u. 1814
Codex [*ko...*] vgl. Kodex. **Codex argenteus** [*...e-uß*; *lat.*; „Silberkodex"] *der*; - -: ältestes → Evangeliar in gotischer Sprache, in Silberschrift auf Purpurpergament geschrieben. **Codex aureus** [- *...e-uß*] *der*; - -, Codices aurei [*kódizeß ...e-i*]: kostbare, mittelalterliche Handschrift mit Goldschrift od. goldenem Einband
Cœur [*kör*; aus *fr.* cœur „Herz", dies aus *lat.* cor „Herz"] *das*; -[s], -[s]: durch ein rotes Herz gekennzeichnete Spielkarte
Coffein [*kofein*] vgl. Koffein
cogito, ergo sum [*k...* - -; *lat.*; „Ich denke, also bin ich"]: Grundsatz des französischen Philosophen Descartes
Coiffeur [*koaför*; schweiz.: *koaför*; aus gleichbed. *fr.* coiffeur zu coiffe „Frauenhaube"] *der*; -s, -e: (schweiz., sonst gehoben) Friseur. **Coiffeuse** [*...öſᵉ*] *die*; -, -n: (schweiz.) Friseuse. **Coiffure** [*...für*] *die*; -, -n [*...rᵉn*]: 1. (gehoben) Frisierkunst. 2. (schweiz.) Frisiersalon
Coitus [*ko-i...*] vgl. Koitus
col basso [*k...*; *it.*]: mit dem Baß od. der Baßstimme [zu spielen] (Spielanweisung); Abk.: c. b. (Mus.)
Coleo|pter [*ko...*; nach *gr.* koleópteros „Käfer"] *der*; -s, -: senkrecht startendes u. landendes Flugzeug mit einem Ringflügel
colla de|stra [*ko...* -; *it.*]: mit der rechten Hand [zu spielen] (Spielanweisung); Abk.: c. d. (Mus.); vgl. colla sinistra
Collage [*kolaschᵉ*; aus gleichbed. *fr.* collage, eigtl. „Leimen, Ankleben" zu colle „Leim"] *die*; -, -n: 1. aus buntem Papier od. anderem Material gekleb-

tes Bild (Kunstw.); vgl. Assemblage. 2. [literarisches Produkt aus der] Kombination von verschiedenartigem sprachlichem Material (Literaturw.). 3. Komposition, die aus einer Verbindung vorgegebener musikalischer Materialien besteht (Mus.). **collagieren**: etwas aus verschiedenen Materialien od. Komponenten zusammensetzen

colla parte [*ko... -; it.*]: mit der Hauptstimme [gehend] (Spielanweisung; Mus.). **coll' arco** [*kolárko*]: [wieder] mit dem Bogen [zu spielen] (Spielanweisung für Streicher nach vorausgegangenem → Pizzikato; Mus.); Abk.: c. a. **colla sinistra** [*it.*]: mit der linken Hand [zu spielen] (Mus.); Abk.: c. s.; vgl. colla destra

College [*kolidsch*; aus gleichbed. *engl.* college, s. Collège] *das*; -[s], -s [*...sehis*]: a) private höhere Schule mit Internat in England; b) einer Universität angegliederte Lehranstalt mit Wohngemeinschaft von Dozenten u. Studenten; c) Eingangsstufe der Universität; die ersten Jahre in der Universität in den USA. **Collège** [*koläsch*; aus gleichbed. *fr.* collège, dies aus *lat.* collegium, s. Kollegium] *das*; -[s], -s: höhere Schule in Frankreich, Belgien u. der französischsprachigen Schweiz. **Collegemappe** [*kolidsch...*] *die*; -, -n: kleine, schmale Aktentasche [mit Reißverschluß]

Collegium musicum [- *...kum*; *lat.*, s. Kollegium] *das*; - -, ...gia ...ca: freie Vereinigung von Musikliebhabern [an Universitäten]

col legno [*kol länjo*; *it.*]: mit dem Holz des Bogens [zu spielen] (Spielanweisung für Streicher; Mus.)

Collie [*koli*; aus gleichbed. *engl.* collie, Herkunft ungeklärt] *der*; -s, -s: schottischer Schäferhund

Colonia [*ko...*; aus *lat.* colōnia „Ansiedlung" zu colere „bebauen, bewohnen"] *die*; -, ...iae [*...i-ä*]: in der Antike eine Siedlung außerhalb Roms u. des römischen Bürgergebiets (z. B. Colonia Raurica, heute: Augst)

Colt ® [*kolt*; nach dem amerik. Industriellen u. Erfinder S. Colt, 1814–1862] *der*; -s, -s: Revolver

Columbarium [*ko...*] vgl. Kolumbarium

com..., Com... vgl. kon..., Kon...

Combo [*kom...*; Kurzw. aus *engl.-amerik.* combination = Zusammenstellung] *die*; -, -s: kleines Jazz- od. Tanzmusikensemble, in dem die einzelnen Instrumente solistisch besetzt sind

Comeback [*kambäk*; aus *amerik.* comeback zu *engl.* to come back „zurückkommen"] *das*; -[s], -s: [erfolgreiches] Wiederauftreten [eines bekannten Sportlers, Künstlers od. Politikers] nach längerer Pause

COMECON, Comecon [*komekon*; Kurzwort aus: *Co*uncil for *M*utual *Econ*omic Assistance/Aid [*kaunßil fo^r mjutju^el ik^enómik ^eßist^enß/e^id* (engl. Bez. für: Sowet ekonomitscheskoi wsaimopomoschtschi)] *der* od. *das*; -: Wirtschaftsorganisation der Ostblockstaaten, Rat für gegenseitige Wirtschaftshilfe; Abk. RGW

Comédie larmoyante [*komedi larmoajangt*; aus *fr.* comédie larmoyante zu larmoyer „weinen"] *die*; - -: Rührstück der franz. Literatur des 18. Jh.s (Literaturw.)

Comes [*komäß*; aus *lat.* comes „Begleiter"] *der*; -, - u. Comites: 1. a) im antiken Rom hoher Beamter im kaiserlichen Dienst; b) im Mittelalter ein Gefolgsmann od. Vertreter des Königs in Verwaltungs- u. Gerichtsangelegenheiten; Graf. 2. Wiederholung des Fugenthemas in der zweiten Stimme (Mus.)

come sopra [*ko... -; it.*]: wie oben, wie zuvor (Spielanweisung; Mus.)

Comestibles [*komäßtibl*; aus *fr.* comestibles „Eßwaren" zu comestible „eßbar", dies zu *lat.* comedere „verzehren"] *die* (Plural): (schweiz.) Feinkost, Delikatessen

Comics [*komikß*; Kurzw. für: *Comic* strips] u. **Comic strips** [*komik ßtripß*; aus *amerik.* comic strips „drollige Streifen"] *die* (Plural): mit Texten gekoppelte Bilderfortsetzungsgeschichten abenteuerlichen, grotesken od. utopischen Inhalts (z. B. Donald Duck, Asterix)

comme ci, comme ça [*komßi komßa*; *fr.*]: (ugs.) nicht besonders

Commedia dell'arte [*ko... -*; aus *it.* commedia dell'arte, eigtl. „Berufskomödie" (da von Berufsschauspielern ausgeführt)] *die*; - -: volkstümliche ital. Stegreifkomödie des 16. bis 18. Jh.s

comme il faut [*kom il fo*; *fr.*]: wie sich's gehört, mustergültig

Common sense [- *ßänß*; aus gleichbed. *engl.* common sense, Lehnübersetzung von lat. sēnsus communis „die allgemein herrschende Anschauung"] *der*; - -: gesunder Menschenverstand

Commonwealth [*...^uälth*; aus gleichbed. *engl.* commonwealth, eigtl. „gemeinsames Wohlergehen"] *das*; -: Staatenbund, [britische] Völkergemeinschaft; -of Nations [*ne^isch^ens*]: Staatengemeinschaft des ehemaligen britischen Weltreichs

Communiqué [*komünike*] vgl. Kommuniqué

Communis opinio [aus gleichbed. *lat.* commūnis opīnio] *die*; - -: allgemeine Meinung, herrschende Auffassung [der Gelehrten]

comodo [*it.*; aus *lat.* commodus „angemessen, bequem"]: gemächlich, behaglich, ruhig (Vortragsanweisung; Mus.)

Compagnie [*kongpanji*] vgl. Kompanie. **Compagnon** [*kongpanjong*] vgl. Kompagnon

Composer [*kompo^us^er*; aus gleichbed. *engl.* composer zu to compose „zusammensetzen, (Schriften) setzen", dies über *fr.* composer aus *lat.* compōnere; vgl. Komposition] *der*; -s, -: elektrische Schreibmaschine mit automatischem Randausgleich u. auswechselbarem Kugelkopf, die druckfertige Vorlagen liefert (Druckw.)

Compoundkern [*kompaunt...*; nach gleichbed. *engl.* compound nucleus, eigtl. „Verbundkern", zu to compound „zusammensetzen, verbinden"] *der*; -s, -e: der bei Beschuß eines Atomkerns mit energiereichen Teilchen entstehende neue Kern (Kernphysik). **Compoundmaschine** *die*; -, -n: a) Kolbenmaschine, bei der das Antriebsmittel nacheinander verschiedene Zylinder durchströmt; b) Gleichstrommaschine (Elektrot.)

Comptoneffekt [*komt^en...*; nach dem amerik. Physiker Compton] *der*; -[e]s: mit einer Änderung der Wellenlänge verbundene Streuung elektromagnetischer Wellen (Physik)

Computer [*kompjut^er*; aus gleichbed. *engl.* computer zu to compute „(be)rechnen" aus *lat.* computāre] *der*; -s, -: programmgesteuerte, elektronische Rechenanlage. **computerisieren**: a) Informationen u. Daten für einen Computer lesbar machen; b) Informationen in einem Computer speichern

Comte [*kongt*; aus *fr.* comte „Graf", dies aus *lat.* comes (Gen. comitis) „Begleiter" (im Kaisergefolge)] *der*; -, -s [*kongt*]: Graf [in Frankreich]. **Comtesse** [*kongtäß*] vgl. Komteß

con..., Con... vgl. kon..., Kon...

con affetto [*kon* -; *it.*]: = affetuoso. **con amore** = amoroso. **con anima**: mit Seele, mit Empfindung (Vortragsanweisung; Mus.). **con brio** [*kon* -]: = brioso. **con calore** [- *ka*...]: mit Wärme (Vortragsanweisung; Mus.)

Concept-art [*könßäpt-a'rt*; aus gleichbed. *engl.* concept art] *die*; -: moderne Kunstrichtung, in der das Konzept das fertige Kunstwerk ersetzt

Concertante [bei franz. Ausspr.: *kongßärtangt*; bei ital. Ausspr.: *kontschärtant*ᵉ; aus gleichbed. *fr.* musique concertante bzw. *it.* composizione concertante; vgl. konzertant] *die*; -, -n [...*t*ᵉ*n*]: Konzert für mehrere Soloinstrumente od. Instrumentengruppen. **Concertino** [*kontschär*...; aus gleichbed. *it.* concertino, Verkleinerungsbildung zu concerto „Konzert"] *das*; -s, -s: 1. kleines Konzert. 2. Gruppe von Instrumentalsolisten im Concerto grosso. **Concerto grosso** [„großes Konzert"] *das*; - -, ...ti ...ssi: 1. das Gesamtorchester im Gegensatz zum solistisch besetzten Concertino (2). 2. Hauptgattung des barocken Instrumentalkonzerts (für Orchester u. Soloinstrumente)

Concierge [*kongßjärsch*; aus *fr.* concierge zu *lat.* conservus „Mitsklave"] *der* (od. *die*); -, -s [...*iärsch*]: franz. Bez. für: Hausmeister[in], Portier[sfrau]

concitato [*kontschi*...; *it.*, Part. Perf. zu concitare „erregen, aufregen"]: erregt, aufgeregt (Vortragsanweisung; Mus.)

con dis|crezione [*kon* -: *it.*; vgl. Diskretion]: mit Takt, mit Zurückhaltung, in gemäßigtem Vortrag (Vortragsanweisung; Mus.)

Conditionalis [*kondizio*...]: lat. Form von → Konditional

Conditio sine qua non [aus *lat.* condicio sine quā nōn „Bedingung, ohne die nicht"] *die*; - - - -: notwendige Bedingung, ohne die etwas anderes nicht eintreten kann, unerläßliche Voraussetzung (Philos.)

con dolore [*kon* -]: = doloroso

Conductus [*k*...] u. Konduktus [aus *lat.* conductus „das Zusammenführen" zu condūcere „zusammenführen, vereinigen"] *der*; -, -: (Mus.) a) einstimmiges lat. Lied des Mittelalters; b) eine Hauptform der mehrstimmigen Musik des Mittelalters neben → Organum (1) u. → Motette

con effetto [*kon* -]: = effettuoso. **con espressione** = espressivo

conf. vgl. confer

confer! [*kon*...; *lat.*]: vergleiche!; Abk.: cf., cfr., conf.

Conférence [*kongferangß*; aus *fr.* conférence „Vortrag"; vgl. Konferenz] *die*; -: Ansage eines Conférenciers. **Conférencier** [...*ßie*] *der*; -s, -s: [witzig unterhaltender] Ansager im Kabarett od. Varieté, bei öffentlichen u. privaten Veranstaltungen

Confessio [*ko*...; aus *lat.* cōnfessio „Geständnis, Bekenntnis", zu cōnfitēri „eingestehen"] *die*; -, ...ones: 1. Sünden-, Glaubensbekenntnis; 2. Vorraum eines Märtyrergrabes unter dem Altar in altchristlichen Kirchen

Confessor [aus *lat.* cōnfessor „Bekenner"] *der*; -s, ...ores: Ehrenname für die verfolgten Christen [der römischen Kaiserzeit]

Confiteor [*lat.*; „ich bekenne"; vgl. Confessio] *das*; -: allgemeines Sündenbekenntnis im christlichen Gottesdienst

con forza [*kon* -; *it.*]: mit Kraft, mächtig, wuchtig (Vortragsanweisung; Mus.)

con fuoco [*kon* ...*ko*; *lat.-it.*; „mit Feuer"]: heftig, schnell (Vortragsanweisung; Mus.)

Conga [*kongga*; aus gleichbed. *amerik.-span.* conga, zum afrik. Landesnamen Kongo] *die*; -, -s: 1. kubanischer Volkstanz im 4/4-Takt. 2. große Handtrommel in der kubanischen Negermusik, auch im modernen Jazz verwendet

con grazia [*kon* -] = grazioso

Coniferae [*koniferä*] vgl. Konifere

con impeto [*kon* -]: = impetuoso

con leggierezza [*kon lädseher*...; *it.*]: mit Leichtigkeit, ohne Schwere (Vortragsanweisung; Mus.)

con moto [*kon* -; *it.*]: mit Bewegung, etwas beschleunigt (Vortragsanweisung; Mus.)

con passione [*kon* -]: = passionato, appassionato

con pietà [*kon pi-eta*]: = pietoso

Consecutio temporum [*konsekuzio* -; aus *lat.* cōnsecūtio temporum „Aufeinanderfolge der Zeiten"] *die*; - -: Zeitenfolge in Haupt- u. Gliedsätzen (Sprachw.)

Consensus [*kon*...; aus *lat.* cōnsēnsus „Übereinstimmung", s. Konsens] *der*; -, -: Zustimmung

con sentimento [*kon* -; *it.*]: mit Gefühl (Vortragsanweisung; Mus.)

Consilium ab|eundi [*k*... -; aus *lat.* cōnsilium abeundi „Rat zum Abgehen", zu abire „ab-, weggehen"] *das*; - -: der [einem Schüler od. einem Studenten förmlich erteilte] Rat, die Lehranstalt zu verlassen, um ihm den Verweis von der Anstalt zu ersparen

con sordino [*kon* -; *it.*]: mit dem Dämpfer (Spielanweisung für Streichinstrumente)

con spirito [*kon* -]: = spirituoso

Constructio ad sensum [*kon*... - -; aus *lat.* cōnstrūctio ad sēnsum „Verbindung nach dem Sinn"] *die*; - - -: Satzkonstruktion, bei der sich das Prädikat od. Attribut nicht nach der grammatischen Form des Subjekts, sondern nach dessen Sinn richtet (z. B. eine Menge *Äpfel fielen vom Baum*; Sprachw.); vgl. Synesis. **Constructio apo koinu** [- - *keu*...] *die*; - - -: = Apokoinu. **Constructio kata synesin** *die*; - - -: = Synesis

Container [*k*ᵉ*nte*ⁱ*n*ᵉ*r*; aus gleichbed. *engl.* container zu to contain „enthalten", dies über *fr.* contenir aus *lat.* cōntinēre „zusammenhalten"] *der*; -s, -: Großbehälter zur Beförderung von Gütern durch mehrere Verkehrsmittel ohne Umpacken der Ladung. **containerisieren**: in Containern verschicken (von Waren od. Fluggepäck). **Containerterminal** [...*törmin*ᵉ*l*] *der* (auch: *das*); -s, -s: Hafen, in dem Container verladen werden

Conte [*kont*ᵉ; aus *it.* conte, dies aus *lat.* comes, s. Comte] *der*; -, -s u. ...ti: hoher ital. Adelstitel (ungefähr dem Grafen entsprechend). **Contessa** [*k*...; aus *it.* contessa, dies aus *mlat.* comitissa zu comes, s. Comte] *die*; -, ...ssen: hoher ital. Adelstitel (ungefähr der Gräfin entsprechend)

con tenerezza [*kon* -]: = teneramente

Continuo, Kontinuo [aus *it.* continuo „fortgesetzt"] *der*; -s, -s: Kurzform von → Basso continuo

con|tra [*kon*...; *lat.*]: lat. Schreibung von → kontra.

Con|tradictio in adiecto [aus *lat.* contrādictio in adiecto „Widerspruch im Hinzugefügten"] *die*; - - -: Widerspruch zwischen der Bedeutung eines Substantivs u. dem hinzugefügten Adjektiv (z. B. rundes Viereck, kleinere Hälfte, armer Krösus; Rhet., Stilk.)

Contredanse [...*dangß*] vgl. Kontertanz

Control-Tower [*k*ᵉ*ntro*ᵘ*ltau*ᵉ*r*] vgl. Tower

Con|urbation [*kono*ʳ*bé*ⁱ*sch*ᵉ*n*] *die*; -, -s u. Konurbation [...*zion*; aus gleichbed. *engl.* conurbation, zu *lat.* cōn- „zusammen" u. urbs „Stadt"] *die*; -, -en:

besondere Form städtischer → Agglomeration, die sich durch geschlossene Bebauung u. hohe Bevölkerungsdichte auszeichnet; Stadtregion

Cool Jazz [*kul dsehäs*; aus *amerik.* cool jazz zu cool „kühl, gelassen"] *der*; - -: Jazzstil der 50er Jahre, entstanden als Reaktion auf den → Bebop

Cop [*kop*; *engl.* Kurzform von *engl.* copper „Polizist", dies wohl zu to cop „erwischen, fangen"] *der*; -s, -s: (ugs.) amerik. Verkehrspolizist

Copilot [*ko...*] vgl. Kopilot

Copyright [*kopirait*; aus gleichbed. *engl.* copyright, eigtl. „Vervielfältigungsrecht"] *das*; -s, -s: das Urheberrecht des britischen u. amerik. Rechts

coram pu|blico [*ko... ...ko*; *lat.*]: vor aller Welt, öffentlich

Cordon bleu [*kordong blö*; aus *fr.* cordon bleu „blaues (Ordens)band" (Ausdruck der Wertschätzung)] *das*; - -, -s -s [*...dong blö*]: mit einer Käsescheibe u. gekochtem Schinken gefülltes Kalbsschnitzel (Gastr.)

Core [*kor*; aus *engl.* core „Kern, Innerstes"] *das*; -[s], -s: der wichtigste Teil eines Kernreaktors, in dem die Kernreaktion abläuft (Kernphysik)

Corned beef [*ko'n^(e)d bif*; aus gleichbed. *engl.* corned beef zu to corn „(mit Salzkörnern) einpökeln" u. beef „Rindfleisch"] *das*; - -: zerkleinertes u. gepökeltes Rindfleisch in Dosen. **Corned pork** [*- po'k*] *das*; - -: zerkleinertes u. gepökeltes Schweinefleisch in Dosen

Corner [*ko'n^er*; aus gleichbed. *engl.* corner, eigtl. „Straßenecke", zu *lat.* cornu „Horn, äußerste Ecke"] *der*; -s, -: 1. Ringecke (beim Boxen). 2. (österr., sonst veraltet) Ecke, Eckball beim Fußballspiel

Cornet à pistons [*kornä a pißtong*; aus *fr.* cornet à pistons „Klapphorn"] *das*; - - -, -s - - [*kornäa...*]: = ²Kornett (1). **Cornetto** [aus gleichbed. *it.* cornetto, eigtl. „kleines Horn"] *das*; -s, -s u. ...ti: kleines Grifflochhorn, Zink (ein altes Holzblasinstrument; Mus.)

Corn-flakes ® [*ko'nfle'kß*; aus gleichbed. *engl.* corn flakes] *die* (Plural): geröstete Maisflocken

Cornichon [*kornischong*] *das*; -s, -s: kleine, in Gewürzessig eingelegte Gurke, Pfeffergürkchen

Corno [aus gleichbed. *it.* corno, dies aus *lat.* cornu „Horn"] *das*; -, ...ni: Horn; - da caccia [*- - katscha*]: Waldhorn, Jagdhorn; - di bassetto: Bassetthorn (Mus.)

Corps [*kor*] vgl. Korps. **Corps de ballet** [*kor d^e balä*; aus gleichbed. *fr.* corps de ballet] *das*; - - -, - - -: Ballettgruppe, -korps. **Corps diplomatique** [*- diplomatik*; aus gleichbed. *fr.* corps diplomatique] *das*; - -, - -s [*- ...tik*]: diplomatisches Korps; Abk.: CD. **Corpus** vgl. Korpus. **Corpus Christi** [aus *lat.* corpus Christi „der Leib Christi"] *das*; - -: das → Altarsakrament in der kath. Kirche; - - mysticum [*- - ...kum*]: [die Kirche als] der mystische Leib Christi. **Corpus delicti**, (eingedeutscht auch:) Korpus delikti [aus gleichbed. *lat.* corpus delicti] *das*; - -, ...pora -: a) Gegenstand od. Werkzeug eines Verbrechens; b) Beweisstück [für eine Straftat]. **Corpus juris**, (eingedeutscht auch:) Korpus juris [*lat.*, zu corpus „Gesamtwerk"] *das*; - -: Gesetzbuch, -sammlung

Corrida [de toros] [*kor... - -*; aus *span.* corrida (de toros) zu correr „laufen, hetzen"] *die*; - - -, -s - -: span. Bezeichnung für: Stierkampf

Corrigenda [*kor...*] vgl. Korrigenda

corriger la fortune [*korische la fortün*; *fr.*]: [durch Betrug] dem Glück nachhelfen, falschspielen

Cortes [*kortäß*; aus *span.*, *port.* cortes, eigtl. „Reichsstände", zu corte „[königl.] Hof, Hofstaat"] *die* (Plural): Volksvertretung in Spanien u. früher auch in Portugal

cos = Kosinus

Cosa Nostra [*ko...*; *it.*, wörtl. „unsere Sache"] *die*; - -: kriminelle Organisation in den USA, deren Mitglieder vor allem Italiener od. Italoamerikaner sind

cosec = Kosekans

Cosmea [*koß...*; zu *gr.* kósmos „Schmuck, Zierde"] *die*; -, ...een: Schmuckkörbchen (eine Gartenpflanze)

cot = Kotangens

Côtelé [*kot^ele*; aus *fr.* côtelé „gerippt" zu côte aus *lat.* costa „Rippe"] *der*; -[s], -s: Kleider- od. Mantelstoff mit feinen Rippen

cotg, ctg = Kotangens

Cotton [*kot^en*; aus *engl.* cotton, dies über *fr.* coton aus *arab.* quṭun „Baumwolle"; vgl. Kattun] *der* od. *das*; -s: engl. Bez. für: [Gewebe aus] Baumwolle, Kattun; vgl.: Koton. **cottonisieren** [*ko...*] vgl. kotonisieren

Couch [*kautsch*; aus gleichbed. *engl.* couch, dies aus *fr.* couche „Lager" zu coucher „hinlegen"] *die* (schweiz. auch: *der*); -, -[e]s [*...(i)s*] (auch: -en): Liegesofa mit niedriger Rückenlehne

Couleur [*kulör*; aus *fr.* couleur „Farbe", dies aus *lat.* color] *die*; -, -en u. -s: 1. (ohne Plural) Anschauung, [Eigen]art, [Fach]richtung. 2. Trumpf (im Kartenspiel). 3. Band u. Mütze einer studentischen Verbindung

Couloir [*kuloar*; aus *fr.* couloir „Verbindungsgang"] *der*; -s, -s: 1. Verbindungsgang. 2. Schlucht, schluchtartige Rinne (Alpinistik). 3. eingezäunter, ovaler Sprunggarten zum Einspringen junger Pferde ohne Reiter

Coulomb [*kulong*; nach dem franz. Physiker Ch. A. de Coulomb 1736–1806] *das*; -s, -: Maßeinheit für die Elektrizitätsmenge (1 C = 1 Amperesekunde); Zeichen: C

Countdown [*kauntdaun*; aus *engl.* countdown „Herunterzählen"] *der* od. *das*; -[s], -s: 1. a) bis zum Zeitpunkt Null (Startzeitpunkt) zurückschreitende Ansage der Zeiteinheiten als Einleitung eines Startkommandos [beim Abschuß einer Rakete]; b) die Gesamtheit der vor einem [Raketen]start auszuführenden letzten Kontrollen. 2. letzte technische Vorbereitungen vor einem Unternehmen

Counter [*kaunt^er*; aus *engl.* counter „Ladentisch, Theke" zu to count „zählen, rechnen"] *der*; -s, -: (Jargon) a) Schalter, an dem die Flugreisenden abgefertigt werden (Luftf.); b) Theke (in Reisebüros u. ä.; Touristik)

Counter Intelligence Corps [*kaunt^er intälidsch^enß ko'*; *engl.*] *das*; - - -: militärischer Abwehrdienst der Amerikaner; Abk.: CIC

Counterpart [*kaunt^erpa'rt*; aus *engl.* counterpart „Gegenstück, Pendant"] *der*; -s, -s: Ausländer, der im Austausch gegen einen Entwicklungshelfer für eine bestimmte Zeit in die Bundesrepublik Deutschland kommt

Country-Music [*kántrimjusik*; aus *amerik.* country music „landschaftliche Musik"] *die*; -: Volksmusik [der Südstaaten der USA]. **Country of the Commonwealth** [*kantri - dh^e kom^en^uälth*; *engl.*]: ein der Verwaltung nach selbständiges Land des Brit. Reiches, früher: → Dominion

County [*kaunti*; aus gleichbed. *engl.* county, eigtl.

„Grafschaft", zu count „Graf" aus *fr.* comte; vgl. Comte] *die*; -, -s (auch: Counties): Gerichts- u. Verwaltungsbezirk in England u. in den USA

Coup [*ku*; aus gleichbed. *fr.* coup, dies über *vulgärlat.* colpus, colap(h)us aus *gr.* kólaphos „Faustschlag; Ohrfeige"] *der*; -s, -s: 1. Schlag, Streich, Kunstgriff. 2. kühn angelegtes, erfolgreich durchgeführtes Unternehmen

Coup d'Etat [*ku deta*; aus gleichbed. *fr.* coup d'État] *der*; - -, -s - [*ku* -]: Staatsstreich. **Coup de main** [*ku d^e mäng*; aus gleichbed. *fr.* coup de main] *der*; - - -, -s - - [*ku* - -]: Handstreich, rascher gelungener Angriff

Coupé, (eindeutschend auch:) Kupee [*kupe*; aus gleichbed. *fr.* coupé zu couper „(ab)schneiden", s. kupieren] *das*; -s, -s: 1. (veraltet) Abteil in einem Eisenbahnwagen. 2. geschlossene zweisitzige Kutsche. 3. geschlossener [zweisitziger] Personenwagen mit versenkbaren Seitenfenstern

Cou|plet [*kuple*; aus gleichbed. *fr.* couplet, Verkleinerungsbildung zu couple „Paar"] *das*; -s, -s: kleines Lied mit witzigem, satirischem od. pikantem Inhalt, der häufig auf aktuelle [politische] Ereignisse Bezug nimmt

Coupon, (eindeutschend auch:) Kupon [*kupong*; aus gleichbed. *fr.* coupon zu couper „(ab)schneiden", s. kupieren] *der*; -s, -s: 1. Gutschein, Abschnitt. 2. abgeschnittenes Stück Stoff für ein Kleidungsstück. 3. Zinsschein bei festverzinslichen Wertpapieren

Courage [*kurasch^e*; aus gleichbed. *fr.* courage zu cœur „Herz" aus *lat.* cor] *die*; -: Beherztheit, Schneid, Mut (in bezug auf eine nur ungern vorgenommene Handlung). **couragiert** [...*schirt*]: beherzt

courant [*ku*...] vgl. kurant

Courante [*kurangt^e*; aus gleichbed. *fr.* courante zu courir „laufen" aus *lat.* currere] *die*; -, -n: 1. alter französischer Tanz in raschem, ungeradem Takt. 2. zweiter Satz der Suite in der Musik des 18. Jh.s (Mus.)

Cousin [*kusäng*; aus gleichbed. *fr.* cousin, dies aus *lat.* cōnsobrīnus „Geschwisterkind"] *der*; -s, -s: Vetter. **Cousine** [*kusin^e*], (eindeutschend auch:) Kusine *die*; -, -n: Base

Couture [*kutür*; aus *fr.* couture „das Nähen, Schneiderei" zu coudre „(zusammen)nähen"] *die*; -: = Haute Couture. **Couturier** [...*rie*] *der*; -s, -s: häufig gebrauchte Kurzform für → Haute Couturier

Couvert [*kuwär*; aus *fr.* couvert „Umschlag" zu couvrir „bedecken" aus *lat.* cōoperīre] *das*; -s, -s: 1. Bettbezug. 2. vgl. Kuvert

Cover [*kaw^er*; aus *engl.* cover „Decke, Umschlag" zu to cover „bedecken" aus *fr.* couvrir] *das*; -s, -s: 1. Titel[bild]. 2. Plattenhülle. **Covergirl** [...*gö^rl*] *das*; -s, -s: auf der Titelseite einer Illustrierten abgebildetes Mädchen. **Cover-up** [...*ap*] *das*; -: volle Körperdeckung beim Boxen

Cowboy [*kaubeu*; aus gleichbed. *engl.-amerikan.* cowboy, wörtl. „Kuhjunge"] *der*; -s, -s: berittener amerik. Rinderhirt

Cox' Orange [*kokß orangsch^e*; nach dem engl. Züchter R. Cox] *die*; -, -n: ein Tafelapfel

Coyote [*kojot^e*] vgl. Kojote

Cp = chem. Zeichen für → Cassiopeium

Cr = chem. Zeichen für → Chrom

Crack [*kräk*; aus gleichbed. *engl.* crack, eigtl. „Knall, Krach"] *der*; -s, -s: 1. hervorragender Sportler [in einem sportlichen Wettkampf]. 2. bestes Pferd eines Rennstalls

Cracker, (eindeutschend auch:) Kräcker [aus gleichbed. *engl.* cracker, zu to crack „knacken"] *der*; -s, -[s] (meist Plural): 1. ungesüßtes, keksartiges Kleingebäck. 2. Knallkörper, Knallbonbon

Cracovienne [*krakowiän*; aus gleichbed. *fr.* cracovienne zu Cracovie = Krakau] *die*; -, -s = Krakowiak

Craquelé, (eindeutschend auch:) Krakelee [*krak^ele*; aus *fr.* craquelé „Rissigmachen des Porzellans" zu craquer „krachen"] *das*; -s, -s: 1. (auch: *der*) Kreppgewebe mit rissiger, narbiger Oberfläche. 2. feine Haarrisse in der Glasur von Keramiken od. auf Glas

Crawl [*krol*] *das*; -[s]: Kraul (Schwimmstil)

Création [*kreaßjong*; aus gleichbed. *fr.* crēation] *die*; -, -s [...*jong*] = Kreation (1)

Credo [*kre*...] vgl. Kredo

Creek [*krik*; aus gleichbed. *engl.(-amerik.)* creek] *der*; -s, -s: 1. kleiner Flußlauf [in den USA]. 2. zeitweise ausgetrockneter Wasserlauf [in Australien]

creme [*kräm*, auch: *krem*] zu → Creme: mattgelb. **Creme** [aus *fr.* crème, *afr.* craime, cresme „Sahne" (Vermischung von *gall.-lat.* crāma „Sahne" u. *gr.-lat.* chrīsma „Salbe"] *die*; -, -s (schweiz.: -n): 1. a) schaumige Süßspeise; b) dickflüssiger Likör; c) sämige Suppe. 2. Hautsalbe. 3. (ohne Plural) gesellschaftliche Oberschicht; vgl. Krem. **Crème de la crème** [*kräm d^e la kräm*] *die*; - - - -: die höchsten Vertreter der gesellschaftlichen Oberschicht

¹Crêpe [*kräp*; aus gleichbed. *fr.* la crêpe zu *afr.* crespe „kraus" aus *lat.* crispus] *die*; -, -s: dünner Pfannkuchen. **²Crêpe** [aus *fr.* le crêpe „krauser Stoff", s. Krepp] *der*; -, -s: vgl. Krepp. **Crêpe de Chine** [- *d^e schin*] *der*; - - -, -s - - [*kräp* - -]: Gewebe aus Natur- od. Kunstseide mit feinnarbiger Oberfläche. **Crêpe Georgette** [- *schorschät*] *der*; - -, -s - [*kräp* -]: zartes, durchsichtiges Gewebe aus Kreppgarn. **Crepeline** [...*lin*] vgl. Krepeline. **Crêpe Suzette** [- *ßüsät*] *die*; - -, -s - [*kräp* -] (meist Plural): dünner Eierkuchen, mit Weinbrand od. Likör flambiert

cresc. = crescendo. **cre|scendo** [*kräschändo*; *it.*; eigtl. „wachsend", Part. Präs. von crescere „wachsen" aus *lat.* crescere]: allmählich lauter werdend, im Ton anschwellend; Abk.: cresc.; (Vortragsanweisung; Mus.); Ggs. → decrescendo. **Cre|scendo**, (eindeutschend auch:) Krescendo *das*; -s, -s u. ...di: allmähliches Anwachsen der Tonstärke (Mus.); Ggs. → Decrescendo

Cretonne, (eindeutschend auch:) Kretonne [*kreton*; aus gleichbed. *fr.* cretonne nach dem Weberdorf Creton in der Normandie] *die* od. *der*; -, -s: Baumwollgewebe in Leinenbindung (eine Webart); vgl. Kreton

Crew [*kru*; aus gleichbed. *engl.* crew, dies aus *afr.* creue „Zunahme" zu croistre aus *lat.* crescere „wachsen"] *die* (älter: *der*); -, -s: 1. a) Schiffsmannschaft; b) Flugzeugbesatzung; c) die Mannschaft eines Ruderbootes (Sport). 2. Gruppe von Personen [die zusammen eine bestimmte Aufgabe erfüllen]

Cricket [*kri*...] vgl. Kricket

Croma|gnonrasse [*kromanjong*...; nach dem Fundort Cro-Magnon in Frankreich] *die*; -: Menschenrasse in der jüngeren Altsteinzeit

Crom|argan Ⓦ [Kunstw.] *das*; -s: hochwertiger rostfreier Chrom-Nickel-Stahl für Tafelbestecke u. Küchengeräte

Crooner [*krunᵉr*; aus gleichbed. *engl.* crooner, eigtl. „Wimmerer", zu to croon „schmachtend singen"] *der*; -s, -: engl. Bez. für: Schlagersänger

Croquette [*krokät*] vgl. Krokette

Cross-Country, (auch:) **Croß-Country** [*kroßkantri*; aus gleichbed. *engl.* cross-country] *das*; -[s], -s: (Sport) a) Querfeldeinrennen für Pferde; b) Querfeldeinrennen im Rad- od. Motorradsport; c) Wald-, Geländelauf

Croupier [*krupie*; aus gleichbed. *fr.* croupier, eigtl. „Hintermann", zu croupe „Hinterteil"] *der*; -s, -s: Angestellter einer Spielbank, der den äußeren Ablauf des Spiels überwacht

Crux [aus *lat.* crux „Kreuz"] *die*; -: a) Leid, Kummer, Last; b) Not, Schwierigkeit; - [interpretum]: unerklärte Textstelle; unlösbare Frage

c. s. = colla sinistra

Cs = chem. Zeichen für: Cäsium

Csárdás [*tschardas*, auch: *tschárdasch*; aus *ung.* csárdás] *der*; -, -, (eindeutschend:) Tschardasch *der*; -[es], -e: ungarischer Nationaltanz

Csikós [*tschíkosch*, auch *tschíkosch*; aus *ung.* csikós] *der*; -, -, (eindeutschend:) Tschikosch *der*; -[es], -e: ungarischer Pferdehirt

Ct. = Cent, Centime, Centimes

c. t. = cum tempore

Ct = chem. Zeichen für: Zenturium

ctg., cot = Kotangens

cts. = Cents, Centimes

Cu = 1. chem. Zeichen für: Cuprum (Kupfer). 2. Kumulus

Cubiculum [*kubik...*; aus gleichbed. *lat.* cubiculum zu cubāre „liegen, ruhen"] *das*; -s, ...la: 1. Schlafraum in altrömischen Häusern. 2. Grabkammer in den → Katakomben

cui bono? [*kui* -; *lat.*; Zitat aus einer Rede von Cicero]: wem nützt es?, wer hat einen Vorteil davon? (Kernfrage der Kriminalistik nach dem Tatmotiv bei der Aufklärung eines Verbrechens)

cuius regio, eius religio [*kujuß...*; *lat.*]: wessen das Land, dessen [ist] die Religion (Grundsatz des Augsburger Religionsfriedens von 1555, nach dem der Landesfürst die Konfession der Untertanen bestimmte)

Culotte [*külot*; aus gleichbed. *fr.* culotte zu cul „Gesäß"] *die*; -, -n [...*tᵉn*]: Kniehose (höfisches Kleidungsstück in der [franz.] Aristokratie des 17. u. 18. Jh.s)

cum grano salis [*kum* - -; *lat.*; „mit einem Körnchen Salz"]: mit entsprechender Einschränkung, nicht ganz wörtlich zu nehmen

cum laude [*kum* -; *lat.*; „mit Lob"]: drittbeste Note [in der Doktorprüfung] (= gut)

cum tempore [*kum* -; *lat.*; „mit Zeit"]: eine Viertelstunde nach der angegebenen Zeit (mit akademischem Viertel); Abk.: c. t.

Cunnilingus, (eindeutschend auch:) Kunnilingus [*ku...*; aus *lat.* cunnilingus „jmd., der an der weibl. Scham leckt"] *der*; -, ...gi: Form des oral-genitalen Kontaktes, bei der die äußeren Geschlechtsorgane der Frau mit Lippen, Zähnen u. Zunge stimuliert werden; vgl. Fellatio

Cup [*kap*; aus gleichbed. *engl.* cup, eigtl. „Schale, Becher", dies aus *mlat.* cuppa, einer Nebenform von cūpa „Kufe, Tonne"] *der*; -s, -s: Pokal, Ehrenpreis

Cupal [*ku...*; Kurzw. aus: *Cu*prum u. *Al*uminium] *das*; -s: kupferplattiertes Aluminium, Werkstoff der Elektrotechnik

Cu|prum [aus gleichbed. *spätlat.* cuprum für *lat.* aes cyprium „Erz aus Zypern" (*lat.* Cyprus, *gr.* Kýpros)] *das*; -s: Kupfer; chem. Grundstoff; Zeichen: Cu

Cura posterior [*kura* -; aus *lat.* cūra posterior „spätere Sorge"] *die*; - -: Angelegenheit, Überlegung, die im Augenblick noch nicht akut ist, mit der man sich erst später zu beschäftigen hat

Curare [*ku...*] vgl. Kurare

Curie [*küri*; nach dem franz. Physikerehepaar Jean (1859–1906) u. Marie (1867–1934) Curie] *das*; -, -: Maßeinheit der Radioaktivität; Zeichen: Ci (älter: c). **Curium** [*ku...*] *das*; -s: radioaktiver, künstlicher chemischer Grundstoff; Zeichen: Cm

Curling [*kö'ling*; aus gleichbed. *engl.* curling zu to curl „sich winden, sich drehen"] *das*; -s: ein aus Schottland stammendes Eisspiel, das dem Eisschießen sehr ähnlich ist

curricular [zu → Curriculum]: a) die Theorie des Lehr- u. Lernablaufs betreffend; b) den Lehrplan betreffend. **Curriculum** [...*ku*...; über gleichbed. *engl.* curriculum aus *mlat.* curriculum „Ablauf des Jahres, Weg", *lat.*; „Lauf(bahn)"] *das*; -s, ...cula: 1. Theorie des Lehr- u. Lernablaufs. 2. Lehrplan, Lehrprogramm. **Curriculum vitae** [- *witä*; aus *lat.* curriculum vitae „Laufbahn des Lebens"] *das*; - -: Lebenslauf

Curry [*köri*, selten: *kari*; aus gleichbed. *angloind.* curry, dies aus *tamil.* kari „Tunke"] *das*; -s, -s: (ohne Plural; auch: *der*) scharf-pikante, dunkelgelbe Gewürzmischung indischer Herkunft

Cut [*kat* oder *köt*] u. **Cutaway** [*katᵉᵘeⁱ* oder *kötᵉᵘeⁱ*; aus gleichbed. *engl.* cutaway (coat) zu to cut away „wegschneiden"] *der*; -s, -s: vorn abgerundet geschnittener Sakko des offiziellen Vormittagsanzuges mit steigenden Revers

cutten [*katᵉn*; aus *engl.* to cut „schneiden"]: Filmszenen od. Tonbandaufnahmen für die endgültige Fassung schneiden u. zusammenkleben. **Cutter** [*katᵉr*] *der*; -s, -: Schnittmeister; Mitarbeiter bei Film, Funk u. Fernsehen, der Filme od. Tonbandaufnahmen in Zusammenarbeit mit dem Regisseur für die endgültige Fassung zusammenschneidet u. montiert. **Cutterin** *die*; -, -nen: Schnittmeisterin bei Film, Funk u. Fernsehen. **cuttern**: = cutten

Cyan [*zü...*; über *lat.* cȳanus aus *gr.* kýanos „Lasurstein, blaue Farbe"] *das*; -s: giftige Kohlenstoff-Stickstoff-Verbindung mit Bittermandelgeruch. **Cyanat** *das*; -[e]s, -e: Salz der Cyansäure. **Cyanid** *das*; -s, -e: Salz der Blausäure

cyclisch [*zük...*, auch: *zük...*] vgl. zyklisch

Cy|clonium [*zü...*; zu *lat.* cyclus aus *gr.* kýklos „Kreis"] *das*; -s: erstmals im → Zyklotron erzeugtes → Isotop des chem. Grundstoffes Promethium

Cymbal vgl. Zimbal

D

d = 1. Denar. 2. Pence. 3. Penny. 4. Dezi... 5. totales Differential (Math.). 6. dextrogyr (Phys.). 7. Zeichen für → Deuteron (Phys.). 8. Zeichen für die Zeiteinheit Tag (Phys. u. Astron.)

D = 1. Deuterium. 2. röm. Zahlzeichen (500)

D. = [Ehren]doktor der evangelischen Theologie

da = Deziar

da capo [- *kapo*; *it.*; eigtl. „vom Kopf an"]: wiederholen, noch einmal vom Anfang an (Mus.); Abk.:

d. c.; - - al fine: vom Anfang bis zum Schlußzeichen (wiederholen). **Dacapo** vgl. Dakapo

d'accord [*dakor*; aus gleichbed. *fr.* d'accord; vgl. Akkord]: übereinstimmend, einer Meinung, einverstanden

Dadaismus [nach *fr.* kindersprachl. dada „Pferdchen"] *der*; -: eine Kunstrichtung nach 1916, die die absolute Sinnlosigkeit u. einen konsequenten Irrationalismus in der Kunst proklamierte. **Dadaist** *der*; -en, -en: Vertreter des Dadaismus. **dadaistisch**: in der Art des Dadaismus

Daddy [*dädi*; aus *engl.* kindersprachl. daddy zu dad „Papi"] *der*; -s, -s od. Daddies [...*dis*]: engl. ugs. Bez. für: Vater

Daguerreotyp [*dagäro*...; aus gleichbed. *fr.* daguerréotype nach dem Erfinder der Fotografie, dem Franzosen Daguerre (*dagär*; 1787–1851)] *das*; -s, -e: Fotografie auf Metallplatte. **Daguerreotypie** *die*; -: 1. ältestes praktisch verwendbares fotograf. Verfahren. 2. Fotografie auf Metallplatten, Vorstufe der heutigen Fotografie

Dahlie [...*i*[e]; nach dem schwed. Botaniker A. Dahl, 1751–1789] *die*; -, -n: Blütenpflanze (Korbblütler); vgl. Georgine

Dakapo [aus *it.* da capo, s. d.] *das*; -s, -s: Wiederholung (Mus.); vgl. da capo. **Dakapo|arie** *die*; -, -n: dreiteilige Arie (im 18. Jh.)

daktylisch: aus Daktylen bestehend. **Daktylus** [über *lat.* dactylus aus gleichbed. *gr.* dáktylos, eigtl. „Finger" (mit drei Gliedern)] *der*; -, ...ylen: Versfuß (rhythmische Einheit) aus einer Länge u. zwei Kürzen (–◡◡)

Dalai-Lama [aus *mongol.* dalai „Gott", eigtl. „Meer" u. *tibet.* lama, s. ²Lama] *der*; -[s], -s: weltliches Oberhaupt des → Lamaismus in Tibet

dalli! [aus *poln.* dalej! „vorwärts!"]: (ugs.) schnell!

Dalmatiner [nach der jugoslawischen Landschaft Dalmatien] *der*; -s, -: weißer Wachhund mit schwarzen od. braunen Tupfen

dal segno [- *sänjo*; *it.*]: „vom Zeichen an" wiederholen (Vortragsanweisung; Mus.); Abk.: d. s.

dam = Dekameter

Damast [auch: *da*...; aus *it.* damasco, damasto zum Namen der kleinasiat. Stadt Damaskus] *der*; -es, -e: einfarbiges [Seiden]gewebe mit eingewebten Mustern. **damasten**: 1. aus Damast. 2. wie Damast

damaszieren [nach gleichbed. *it.* damaschinare, *fr.* damasquiner zu *it.* acciaio damaschino „Damaszenerstahl" (urspr. aus Damaskus)]: Stahl od. Eisen mit feinen Mustern versehen

Damo|klesschwert [nach dem Günstling des älteren Dionysios von Syrakus] *das*; -s: stets drohende Gefahr; meist in Fügungen, z. B. etwas hängt wie ein - über jmdm.

Dämon [über *lat.* daemōn aus *gr.* daímōn „göttliches Wesen, (böser) Geist"] *der*; -s, ...onen: a) Teufel, Wesen zwischen Gott u. Mensch; b) das Böse im Menschen; c) unheimlicher, auf jmdn. große Macht ausübender Geist. **Dämonie** *die*; -, ...ien: unerklärbare, bedrohliche Macht, die von jmdm./etwas ausgeht od. die das ihr unentrinnbar ausgelieferte Objekt vollkommen beherrscht; Besessenheit. **dämonisch**: a) teuflisch, wie von einem Dämon beherrscht; b) eine unheimliche Macht ausübend. **dämonisieren**: jmdn./etwas in den Bereich des Dämonischen rücken. **Dämonismus** *der*; -: Glaube an Dämonen (primitive Religionsform)

Dan [aus *jap.* dan „Stufe, Meistergrad"] *der*; -, -: Rangstufe im Judo

Danaergeschenk [...*na*[e]*r*...; nach *lat.* Danaum fātāle mūnus „verhängnisvolles Geschenk der Danaer (Seneca, nach Vergil, Äneis II, 49), zu Danai, *gr.* Danaoí, einer Bez. Homers für die Griechen] *das*; -s, -e: unheilbringendes Geschenk (bezogen auf das Trojanische Pferd)

Danaidenarbeit [nach der griech. Sage, in der die Töchter des Dana|us in der Unterwelt ein Faß ohne Boden mit Wasser füllen sollten] *die*; -: vergebliche, qualvolle Arbeit; sinnlose Mühe

Dancing [*danßing*; aus *engl.* dancing „das Tanzen"] *das*; -s, -s: Tanz[veranstaltung]

Dandy [*dändi*; aus gleichbed. *engl.* dandy] *der*; -s, -s: Mann, der sich übertrieben modisch kleidet. **dandyhaft**: nach der Art eines Dandys

Danse maca|bre [*dangß makab*[e]*r*; aus gleichbed. *fr.* danse macabre, s. makaber] *der*; - -, -s -s [*dangß makab*[e]*r*]: Totentanz

Daphne [aus *gr.-lat.* dáphnē „Lorbeer(baum)"] *die*; -, -n: Seidelbast (frühblühender Zierstrauch)

Darabukke u. **Darbuka** [aus *arab.* darābukkah] *die*; -, ...ken: arab. Trommel

Darling [aus gleichbed. *engl.* darling] *der*; -s, -s: Liebling

Darwinismus *der*; -: von dem engl. Naturforscher Charles Darwin (1809–1882) begründete Lehre von der stammesgeschichtlichen Entwicklung durch Auslese; vgl. Selektionstheorie. **Darwinist** *der*; -en, -en: Anhänger der Lehre Darwins. **darwinistisch**: die Selektionstheorie Darwins betreffend, auf ihr beruhend

Dash [*däsch*; aus gleichbed. *engl.* dash zu to dash „schlagen, gießen"] *der*; -s, -s: Spritzer, kleinste Menge (bei der Bereitung eines → Cocktails)

Dasymeter [zu *gr.* dasýs „dicht" u. → ...meter] *das*; -s, -: Gerät zur Bestimmung der Gasdichte

dat. = datum

Dat. = Dativ

Date [*de*[i]*t*; aus gleichbed. *amerik.* date, eigtl. „Datum"] *das*; -[s], -s: (ugs.) Verabredung, Treffen (z. B. zwischen Freund u. Freundin)

Datei [zu → Daten (2)] *die*; -, -en: Speichereinrichtung bei der Datenverarbeitung. **Daten** [aus *lat.* data (Plural), s. Datum, bzw. *engl.* data „Angaben"] *die* (Plural): 1. *Plural* von → Datum. 2. Angaben, Tatsachen. 3. die zur Lösung einer Aufgabe gegebenen Größen (Math.). **Datenbank** *die*; -, -en: technische Anlage, in der große Datenbestände zentralisiert gespeichert sind

datieren [nach gleichbed. *fr.* dater, s. Datum]: 1. einen Brief o. ä. mit dem Datum (1) versehen. 2. den Zeitpunkt der Niederschrift feststellen (z. B. von alten Urkunden). 3. aus einer bestimmten Zeit stammen, von einem Ereignis herrühren, z. B. etwas datiert von/aus dieser Zeit

Dativ [aus *lat.* (cāsus) datīvus „Gebefall" zu dare „geben"] *der*; -s, -e [...*we*]: Wemfall, dritter Fall; Abk.: Dat. **Dativobjekt** *das*; -s, -e: Ergänzung eines Verbs im → Dativ (z. B. er gibt *ihm* das Buch). **Dativus ethicus** [...*iwuß* ...*kuß*; aus *lat.* datīvus „Dativ" u. ēthicus (aus *gr.* ēthikós „das Gemüt betreffend")] *der*; - -, ...vi ...ci [...*wi* ...*zi*]: freier Dativ, drückt persönliche Anteilnahme u. Mitbetroffensein des Sprechers aus (z. B. Du bist *mir* ein geiziger Kerl!)

dato [aus dem Dativ od. Ablativ von *lat.* datum, s. datum]: heute; bis -: bis heute

Datscha *die*; -, -s od. ...schen u. **Datsche** [aus *russ.* datscha, eigtl. (vom Fürsten verliehene) „Schenkung", zu datj „geben"] *die*; -, -n: russ. Holzhaus, Sommerhaus

datum [*lat.*; Part. Perf. von dare „geben"; (einen Brief) „schreiben" (bei Zeitangaben in Briefen, z. B. „datum den 1. Mai")]: gegeben, geschrieben; Abk.: dat.

Datum [substantiviert aus → datum] *das*; -s, ...ten: 1. Zeitangabe. 2. Zeitpunkt; vgl. Daten

Dau, Dhau [*dau*; über *engl.* d(h)ow aus *arab.* dāwa] *die*; -e, -en: Zweimastschiff mit Trapezsegeln (an der ostafrikanischen und arabischen Küste)

Dauphin [*dofäng*; aus *fr.* dauphin, zum Namen der hist. franz. Landschaft Dauphiné in Burgund] *der*; -s, -s: (hist.) Titel des franz. Thronfolgers 1349–1830

Davis-Cup [*de'wißkap*] u. **Davis-Pokal** [nach dem amerik. Stifter D. F. Davis] *der*; -s: internationaler Tenniswanderpreis

Davit [*de'wit*; aus gleichbed. *engl.* davit, vielleicht zum Eigennamen David] *der*; -s, -s: drehbarer Schiffskran

dawai [*russ.*]: los!

d. c. = da capo

DDT Ⓦ [Kurzw. aus: *D*ichlor*d*iphenyl*t*richloräthan] *das*; -[s]: ein Insektenbekämpfungsmittel

de..., **De...** [aus gleichbed. *lat.* dē]: Präfix mit der Bedeutung „weg, ent-, von - weg, ab, herab", z. B. dechiffrieren, Deeskalation, Deszendenz; vgl. des..., Des...

Deadline [*dädlain*; aus gleichbed. *engl.-amerik.* deadline, eigtl. „Sperrlinie, Todesstreifen"] *die*; -, -s: 1. letzter [Ablieferungs]termin [für Zeitungsartikel]; Redaktions-, Anzeigenschluß. 2. Stichtag. 3. äußerste Grenze (in bezug auf die Zeit). **Deadweight** [*dädwe'it*; aus gleichbed. *engl.* dead weight, eigtl. „totes Gewicht"] *das*; -[s], -s: Gesamttragfähigkeit eines Schiffes

de|aggressivieren [...*wi*...; zu → de... u. → aggressiv]: [Emotionen] die Aggressivität nehmen, z. B. seinen Haß -

dealen [*dilen*; aus *engl.* to deal „Handel treiben"]: illegal mit Rauschgift handeln. **Dealer** *der*; -s, -: 1. jmd., der illegal mit Rauschgift, „weichen" Drogen handelt; Rauschgifthändler, Drogenverkäufer. 2. = Jobber

Debakel [aus *fr.* débâcle „Zusammenbruch"] *das*; -s, -: Zusammenbruch, Niederlage, unglücklicher, unheilvoller Ausgang

Debatte [aus *fr.* débats (Plural) „Verhandlungen" zu débattre, s. debattieren] *die*; -, -n: 1. Diskussion. 2. Erörterung eines Themas im Parlament. **Debatter** [nach gleichbed. *engl.* debater] *der*; -s, -: jemand, der debattiert. **debattieren** [aus *fr.* débattre „streiten, verhandeln" zu battre „schlagen"]: erörtern, verhandeln

Debet [aus *lat.* dēbet „er schuldet"] *das*; -s, -s: die linke Seite (Sollseite) eines Kontos; Ggs. → ²Kredit

debil [aus *lat.* dēbilis „ungelenk, geschwächt"]: leicht schwachsinnig (Med.). **Debilität** *die*; -: leichtester Grad des Schwachsinns (Med.)

debitieren [zu → Debitor]: eine Person od. ein Konto belasten. **Debitor** [aus gleichbed. *lat.* debitor zu debēre „schulden", s. Debet] *der*; -s, ...oren (meist Plural): Schuldner, der Waren von einem Lieferer auf Kredit bezogen hat

De|breziner [...*bräz*...] u. **De|breziner** *die* (Plural): nach der ung. Stadt Debreczin benannte, stark gewürzte Würstchen

Debüt [*debü*; aus gleichbed. *fr.* début, eigtl. „erster Schlag od. Wurf"] *das*; -s, -s: erstes [öffentliches] Auftreten (z. B. eines Künstlers, Sportlers u. ä.). **Debütant** *der*; -en, -en: erstmalig Auftretender. **debütieren**: zum erstenmal [öffentlich] auftreten

Dechanat [*dächa*...] u. Dekanat [zu → Dechant, Dekan] *das*; -[e]s, -e: Amt od. Amtsbereich (Sprengel) eines → Dechanten (Dekans). **Dechanei** u. Dekanei *die*; -, -en: Wohnung eines → Dechanten. **Dechant** [auch bes. österr.: *däch*...; über *mhd.* techan(t), *ahd.* techan aus *lat.* decānus, s. Dekan] *der*; -en, -en u. Dekan *der*; -s, -e: höherer kath. Geistlicher, Vorsteher eines Kirchenbezirks innerhalb der → Diözese, auch eines → Domkapitels u. a.

dechif|frieren [*deschifriren*; auch: *de*...; aus gleichbed. *fr.* déchiffrer, s. Chiffre]: entziffern, den wirklichen Text einer verschlüsselten Nachricht herausfinden bzw. herstellen; Ggs. → chiffrieren. **Dechif|frierung** *die*; -, -en: Entschlüsselung eines Textes, einer Nachricht

deciso [*detschiso*; vgl. dezisiv]: entschlossen, entschieden (Vortragsanweisung; Mus.)

Decoder [*dikouder*; aus gleichbed. *engl.* decoder zu to decode „entschlüsseln"; vgl. Code] *der*; -s, -: Datenentschlüßler in einem → Computer, Stereorundfunkgerät, Nachrichtenübertragungssystem. **decodieren** vgl. dekodieren

Decollage [*dekolasehe*; aus *fr.* décollage „das Losmachen" zu décoller „Angeklebtes lösen"] *die*; -, -n: Bild, das durch die destruktive Veränderung von vorgefundenen Materialien entsteht (z. B. Zerstörung der Oberfläche durch Abreißen, Zerschneiden od. Ausbrennen, bes. von → Collagen). **Decollagist** *der*; -en, -en: jmd., der Decollagen herstellt

decouragieren [*dekurasehiren*; aus gleichbed. *fr.* décourager; vgl. Courage]: entmutigen. **decouragiert**: mutlos, verzagt

decouvrieren vgl. dekuvrieren

decresc. = descrescendo. **decrescendo** [*dekräschändo*, auch: *de*...; aus gleichbed. *it.* decrescendo, Part. Präs. von decrescere aus *lat.* dēcrēscere „abnehmen, kleiner werden"]: an Tonstärke geringer werdend, im Ton zurückgehend, leiser werdend (Vortragsanweisung; Mus.); Abk.: decresc.; Ggs. → crescendo. **Decrescendo**, (eindeutschend auch:) Dekrescendo *das*; -s, -s u. ...di: das Abnehmen, Schwächerwerden der Tonstärke (Mus.); Ggs. → Crescendo

Dedikation [...*zion*; aus *lat.* dēdicātio „Weihung" zu dēdicāre „förmlich übergeben, widmen"] *die*; -, -en: 1. Widmung. 2. Gabe, die jmdm. gewidmet, geschenkt worden ist (z. B. vom Autor). 3. Schenkung. **dedizieren**: 1. widmen. 2. (oft scherzh.-iron.) schenken

Deduktion [...*zion*; aus *lat.* dēductio „das Abführen, Ableiten" zu dēdūcere „herabführen, von etwas ableiten"] *die*; -, -en: wissenschaftliches Verfahren, das Besondere u. Einzelne vom Allgemeinen abzuleiten; Erkenntnis des Einzelfalls durch ein allgemeines Gesetz (Philos.); Ggs. → Induktion (1). **deduktiv** [auch: *de*...]: ableitend, vom Allgemeinen ausgehend (Philos.); Ggs. → induktiv (1). **deduzieren**: ableiten, herleiten (das Besondere aus dem Allgemeinen; Philos.); Ggs. → induzieren (1)

De|emphasis [aus gleichbed. *engl.* de-emphasis, dies aus → de... u. *gr.* émphasis „Verdeutlichung, Betonung"] *die*; -: Ausgleich der Vorverzerrung (Funkw.)

De|eskalation [...*zion*, auch: *de*...; aus gleichbed. *engl.* de-escalation] *die*; -, -en: stufenweise Verringerung od. Abschwächung eingesetzter [militärischer] Mittel; Ggs. → Eskalation (1). **de|eskalieren** [auch: de...]: die eingesetzten [militär.] Mittel stufenweise verringern od. abschwächen; Ggs. → eskalieren (1)

de facto [- ...*kt*...; *lat.*]: tatsächlich [bestehend]; Ggs. → de jure

Defaitismus vgl. Defätismus

Defäkation [...*zion*; aus *lat.* dēfaecātio „Reinigung" zu dēfaecāre „reinigen, klären"] *die*; -, -en: Stuhlentleerung (Med.). **defäkieren**: Kot ausscheiden (Med.)

Defätismus [aus gleichbed. *fr.* défaitisme zu défaite „Niederlage"] *der*; -: geistig-seelischer Zustand der Mutlosigkeit, Hoffnungslosigkeit und Resignation, Schwarzseherei. **Defätist** *der*; -en, -en: jmd., der mut- und hoffnungslos ist und die eigene Sache für aussichtslos hält; Schwarzseher, Pessimist. **defätistisch**: sich im Zustand der Mutlosigkeit und Resignation befindend; pessimistisch, ohne Hoffnung

defekt [aus *lat.* dēfectus „geschwächt, mangelhaft", Part. Perf. zu dēficere, s. Defizit]: schadhaft, fehlerhaft, nicht in Ordnung. **Defekt** *der*; -s, -e: Schaden, Fehler. **defektiv** [auch: de...; aus gleichbed. *lat.* defectīvus]: mangelhaft, fehlerhaft, unvollständig. **Defektivität** [...*wi*...] *die*; -: Fehlerhaftigkeit, Mangelhaftigkeit. **Defektivum** [...*iwum*] *das*; -s, ...va [...*wa*]: nicht in allen Formen auftretendes od. nicht an allen syntaktischen Möglichkeiten seiner Wortart teilnehmendes Wort (z. B. *Leute* ohne entsprechende Einzahlform; Sprachw.)

defensiv [auch: de...; aus *mlat.* dēfensivus „abwehrend" zu *lat.* dēfendere „abwehren, verteidigen"]: 1. verteidigend, abwehrend; Ggs. → offensiv. 2. auf eine Aggression o. ä. mit Ruhe u. Zurückhaltung reagierend, z. B. -es Fahren (rücksichtsvolles, auf das Vermeiden von Risiken bedachtes Fahren); Ggs. → aggressiv (2). **Defensive** [...*w*ᵉ] *die*; -, -n: Verteidigung, Abwehr; Ggs. → Offensive

deficiendo [*defitschạndo*; *it.*, zu *lat.* dēficere „abnehmen"]: Tonstärke u. Tempo zurücknehmend, nachlassend, abnehmend (Vortragsanweisung; Mus.)

Defilee [aus gleichbed. *fr.* défilé zu défiler „vorbeimarschieren"] *das*; -s, -s (veraltet) ...leen: parademäßiger Vorbeimarsch, das Vorüberziehen an jmdm. **defilieren**: parademäßig an jmdm. vorüberziehen

definieren [aus *lat.* dēfinīre „abgrenzen, bestimmen" (zu → de... u. finis „Grenze")]: den Inhalt eines Begriffs auseinanderlegen, feststellen. **Definition** [...*zion*] *die*; -, -en: genaue Bestimmung [des Gegenstandes] eines Begriffes durch Auseinanderlegung u. Erklärung seines Inhaltes. **definitiv** [aus *lat.* dēfinītīvus „bestimmend, entscheidend" zu dēfinīre „abgrenzen"]: endgültig, abschließend, ein für allemal. **Definitivum** [...*wum*] *das*; -s, ...va [...*wa*]: endgültiger Zustand. **definitorisch** [zu *lat.* dēfinītor „Bestimmer, Verordner"]: die Definition betreffend; durch Definition festgelegt

Defizit [aus gleichbed. *fr.* déficit, dies aus *lat.* dēficit „es fehlt" zu dēficere „abnehmen"] *das*; -s, -e: 1. Fehlbetrag. 2. Mangel. **defizitär**: a) mit einem Defizit belastet; b) zu einem Defizit führend

De|flation [...*zion*; zu *lat.* dēflare „ab-, wegblasen"] *die*; -, -en: 1. Verminderung des Geldumlaufs, um den Geldwert zu steigern u. die Preise zu senken (Wirtsch.); Ggs. → Inflation. 2. Ausblasen u. Abtragen von lockerem Gestein durch Wind (Geol.). **de|flationieren**: den Geldumlauf herabsetzen. **deflationistisch** u. de|flatorisch: eine Deflation (1) bewirkend od. auf ihr beruhend; Ggs. → inflationistisch. **de|flatorisch**: = deflationistisch

De|floration [...*zion*; aus gleichbed. *lat.* dēflōrātio, eigtl. „Entblütung" zu dēflōrāre „die Blüten abpflücken; jmds. Glanz u. Ehre rauben"] *die*; -, -en: Zerstörung des → [1]Hymens [beim ersten Geschlechtsverkehr] (Med.). **de|florieren**: den Hymen [beim ersten Geschlechtsverkehr] zerstören

Deformation [...*zion*; aus *lat.* dēformātio „Verunstaltung" zu dēformāre „verbilden, entstellen"] *die*; -, -en: Formänderung, Verformung; Verunstaltung, Mißbildung (bes. von Organen lebender Wesen). **deformieren**: verformen; verunstalten, entstellen. **Deformität** *die*; -, -en: 1. Mißbildung (von Organen od. Körperteilen). 2. (ohne Plural) Zustand der Mißbildung

De|fraudant [zu *lat.* dēfraudāre „betrügen", dies zu fraus „Betrug"] *der*; -en, -en: jmd., der eine → Defraudation begeht. **De|fraudation** [...*zion*] *die*; -, -en: Betrug; Unterschlagung, Hinterziehung (bes. von Zollabgaben). **de|fraudieren**: betrügen; unterschlagen, hinterziehen

De|froster [*difroßt*ᵉ*r*; aus gleichbed. *engl.* defroster zu to defrost „entfrosten"] *der*; -s, -: Mittel od. Vorrichtung in Kraftfahrzeugen, die das Beschlagen od. Vereisen der Scheiben verhindert

Degeneration [...*zion*; zu *lat.* dēgenerāre „aus der Art schlagen, entarten", zu → de... u. *lat.* genus „Abstammung, Geschlecht, Art"] *die*; -, -en: 1. a) Anhäufung ungünstiger Erbmerkmale durch Inzucht (Biol.); b) körperlicher od. geistiger Verfall, Abstieg, z. B. durch Zivilisationsschäden. 2. Rückbildung u. Zerfall von Zellen u. Geweben entweder durch Krankheit od. als natürlicher Alterungsvorgang. **degenerativ**: mit Degeneration zusammenhängend. **degenerieren**: a) entarten; b) sich zurückbilden, verkümmern (Biol.)

Degout [*degu*; aus gleichbed. *fr.* dégoût, eigtl. „Appetitlosigkeit"; vgl. Gout] *der*; -s: Ekel, Widerwille, Abneigung. **degoutant**: ekelhaft, abstoßend. **degoutieren**: anekeln, anwidern

De|gradation [...*zion*; aus gleichbed. *lat.* dēgradātio zu dēgradāre „herabsetzen, degradieren", dies zu → de... u. *lat.* gradus „Stufe, Rang"] *die*; -, -en: Herabsetzung im Rang, Entziehung eines Amtes. **de|gradieren**: 1. im Dienstrang herabsetzen, erniedrigen. 2. jmdn./etwas zu etwas herabwürdigen, z. B. die Wähler zu Jasagern -. **De|gradierung** *die*; -, -en: 1. Rangverlust, Herabstufung im Dienstgrad. 2. Herabwürdigung

de gustibus non est disputandum [*lat.*, „über Geschmäcker ist nicht zu streiten"]: über Geschmack läßt sich nicht streiten (weil jeder ein eigenes ästhetisches Urteil hat)

Dehy|dratation [...*zion*; zu → de... u. *gr.* hýdōr „Wasser" bzw. → Hydrogenium] *die*; -, -en: Entzug von Wasser, Trocknung (z. B. von Lebensmitteln). **Dehy|dration** [...*zion*] *die*; -, -en: Entzug von Wasserstoff. **dehy|dratisieren**: Wasser entziehen. **dehydrieren**: einer chem. Verbindung Wasserstoff entziehen. **Dehy|drierung** *die*; -, -en: = Dehydration

Deifikation [*de-ifikazion*; zu *lat.* deificāre „vergöttern"] *die*; -, -en: Vergottung eines Menschen od. Dinges. **deifizieren**: zum Gott machen, vergotten

deiktisch [auch: *de-ik*...; aus *gr.* deiktikós „hinzeigend, hinweisend"]: hinweisend (als Eigenschaft bestimmter sprachl. Einheiten, z. B. von → Demonstrativpronomen; Sprachw.)

Deismus [zu *lat.* deus „Gott"] *der*; -: Gottesauffassung der Aufklärung des 17. u. 18. Jh.s, die zwar nicht die Existenz Gottes u. seine Erkennbarkeit in der Natur, wohl aber seine Beziehung zur Weltwirklichkeit bestreitet. **Deist** *der*; -en, -en: Anhänger des Deismus. **deistisch**: der Lehre des Deismus folgend, sich auf sie beziehend

de jure [*lat.*]: von Rechts wegen, rechtlich betrachtet; Ggs. → de facto

deka..., **Deka...**, vor Vokalen meist: dek..., Dek... [aus *gr.* déka „zehn"]: in Zusammensetzungen auftretendes Bestimmungswort mit der Bedeutung „zehn" od. „zehnmal soviel", z. B. Dekar. **Deka** *das*; -[s], -[s]: (österr.) Kurzform von Dekagramm

Dekade [über *lat.* decas, Gen. decadis aus *gr.* dekás „Gruppe von zehn"] *die*; -, -n: 1. Satz od. Serie von 10 Stück. 2. Zeitraum von 10 Tagen, Wochen, Monaten od. Jahren. **dekadisch**: zehnteilig; auf die Zahl 10 bezogen; -es System: Dezimalsystem

dekadent [aus gleichbed. *fr.* décadent zu décadence „das Sinken, Verfall", dies aus *mlat.* decadentia zu dē „von - weg" u. cadere „fallen"]: infolge kultureller Überfeinerung entartet und ohne Kraft od. Widerstandsfähigkeit. **Dekadenz** *die*; -: 1. Verfall, Entartung. 2. Bezeichnung für einen Zeitabschnitt des kulturellen Niedergangs (mit charakteristischen Entartungserscheinungen in den Lebensgewohnheiten und Lebensansprüchen)

Deka|eder [zu *gr.* déka „zehn" u. hédra „Fläche, Basis"] *das*; -s, -: ein Körper, der von zehn regelmäßigen Vielecken begrenzt ist. **Dekagramm** [auch: *de...*, österr. auch: *dä...*] *das*; -s, -[e] (aber: 5 -): 10 g; Zeichen: Dg, (österr.:) dkg; vgl. Deka. **Dekaliter** [auch: *de...*, österr. auch: *dä...*] *der* od. *das*; -s, -: 10 l; Zeichen: Dl, dkl. **Dekalog** [über *lat.* decalogus aus gleichbed. *gr.* dekálogos, eigtl. „zehn Worte"] *der*; -s: die Zehn Gebote. **Dekameron** [aus *it.* de cameron(e), dies aus *gr.* déka hēmerōn „der zehn Tage"] *das*; -s: Boccaccios Erzählungen der „zehn Tage". **Dekameter** [auch: *de...*, österr. auch: *dä...*] *das*; -s, -: 10 m; Zeichen: dam, (veraltet:) dkm, Dm. **Dek|ar** *das*; -s, -e u. (schweiz.:) **Dek|are** *die*; -, -n: 10 Ar. **Dekasyllabus** [über *lat.* decasyllabus aus *gr.* dekasýllabos „zehnsilbig"] *der*; -, ...bi: zehnsilbiger Vers aus → Jamben

Dekan [aus *lat.* decānus „Führer von 10 Mann" zu decem „zehn"] *der*; -s, -e: 1. in bestimmten evang. Landeskirchen → Superintendent. 2. Dechant. 3. Vorsteher einer → Fakultät (1). **Dekanat** [aus *mlat.* decanātus] *das*; -s, -e: 1. Amt, Bezirk eines Dekans; vgl. Dechanat. 2. Fakultätsverwaltung

dekapieren [aus *fr.* décaper „abbeizen" zu cape „Umhang, Mantel"]: Eisenteile durch chem. Lösungsmittel von Farbresten reinigen; Korrosionsprodukte, die bei hohen Temperaturen auf einer Metalloberfläche entstehen, entfernen

De|klamation [*...zion*; aus *lat.* dēclāmātio „Vortrag" zu dēclāmāre „laut aufsagen"] *die*; -, -en: 1. kunstgerechter Vortrag. 2. a) öffentliche [auf Wirksamkeit bedachte] Erklärung; b) (abwertend) nichtssagende, unverbindliche, nur auf Wirkung bedachte Äußerung. 3. ausdruckshafte Wiedergabe eines vertonten Textes (Mus.). **De|klamator** *der*; -s, ...oren: Vortragskünstler. **De|klamatorik** *die*; -: Vortragskunst. **de|klamatorisch**: 1. ausdrucksvoll im Vortrag, z. B. eines Textes. 2. beim Gesang auf Wortverständlichkeit Wert legend. **de|klamieren** [aus *lat.* dēclāmāre „laut aufsagen"]: 1. [kunstgerecht] vortragen. 2. das entsprechende Verhältnis zwischen der sprachlichen u. musikalischen Betonung im Lied herstellen

De|klaration [*...zion*; aus *lat.* dēclārātio „Kundmachung, Offenbarung" zu dēclārāre „öffentlich erklären"] *die*; -, -en: 1. Erklärung [die etwas Grundlegendes enthält]. 2. a) abzugebende Meldung gegenüber den Außenhandelsbehörden (meist Zollbehörden) über Einzelheiten eines Geschäftes; b) Inhalts-, Wertangabe (z. B. bei einem Versandgut). **de|klarieren**: 1. eine Inhalts-, Wertangabe, Steuer- oder Zollerklärung abgeben. 2. als etwas bezeichnen, z. B. Hemden als pflegeleicht -. **de|klariert**: offenkundig, ausgesprochen, z. B. ein -er Favorit

de|klassieren [aus *fr.* déclasser „in eine andere Klasse einordnen" zu classe aus *lat.* classis „Volksklasse"]: einem Gegner eindeutig überlegen sein u. ihn überraschend hoch besiegen (Sport)

de|klinabel [aus gleichbed. *lat.* dēclīnābilis]: a) beugbar (von Wörtern bestimmter Wortarten); b) der Deklination (1) unterworfen. **De|klination** [*...zion*; aus *lat.* dēclīnātio „Beugung", eigtl. „Abbiegung, Abweichung" zu dēclīnāre „ablenken; beugen"] *die*; -, -en: 1. Formenabwandlung (Beugung) des Substantivs, Adjektivs, Pronomens und Numerales; vgl. Konjugation. 2. Abweichung, Winkelabstand eines Gestirns vom Himmelsäquator (Astron.). 3. Abweichung der Richtungsangabe der Magnetnadel [beim Kompaß] von der wahren (geographischen) Nordrichtung. **de|klinieren**: Substantive, Adjektive, Pronomen und Numeralia in ihren Formen abwandeln, beugen; vgl. konjugieren

dekodieren, (in der Techn. meist:) decodieren [auch: *de...*; zu → Kode]: [eine Nachricht] mit Hilfe eines → Kodes entschlüsseln; Ggs. → kodieren, enkodieren. **Dekodierung** *die*; -, -en: Rückverwandlung des → Kodes eines → Computers in eine lesbare Form (Techn.); Ggs. → Kodierung, Enkodierung

Dekolleté, (schweiz.:) Décolleté [*dekolte*; aus gleichbed. *fr.* décolleté zu décolleter „den Ausschnitt machen", dies zu collet „Halskragen"] *das*; -s, -s: tiefer Ausschnitt an Damenkleidern, der Schultern, Brust od. Rücken frei läßt. **dekolletieren**: sich -: (ugs.) sich bloßstellen. **dekolletiert**: tief ausgeschnitten

Dekolonisation [*...zion*, auch: *de...*; aus → de... u. → Kolonisation] *die*; -, -en: die Beendigung einer Kolonialherrschaft

Dekompositum [zu *lat.* dēcompositus „von einem zusammengesetzten Wort abgeleitet"] *das*; -s, ...ta: Bildung aus einer Zusammensetzung (→ Kompositum), entweder in Form einer Ableitung, z. B. *wetteifern* von *Wetteifer*, od. in Form einer mehrgliedrigen Zusammensetzung, z. B. Armbanduhr, Eisenbahnfahrplan

Dekonzen|tration [*...zion*, auch: *de...*; aus → de... u. → Konzentration] *die*; -, -en: Zerstreuung, Zersplitterung, Auflösung, Verteilung; Ggs. → Konzentration (1). **dekonzen|trieren** [auch: *de...*]: zerstreuen, zersplittern, auflösen, verteilen; Ggs. → konzentrieren (1)

Dekor [aus gleichbed. *fr.* décor zu décorer, s. dekorieren] *der* (auch: *das*); -s, -s u. -e: farbige Verzierung, Ausschmückung, Vergoldung, Muster auf etwas. **Dekorateur** [*...tör*] *der*; -s, -e: Fachmann, der die Ausschmückung von Innenräumen, Schaufenstern usw. besorgt. **Dekoration** [*...zion*] *die*; -, -en: 1. a) das Ausschmücken; b) Schmuck; Ausschmückung, Ausstattung; Raum-, Schaufenstergestaltung. 2. a) Ordensverleihung; b) Orden. **dekorativ**: a) schmückend; b) wirkungsvoll [geschmückt]; c) die Theaterdekoration betreffend. **dekorieren** [aus *lat.* decorāre „zieren, schmücken" unter Einfluß von *fr.* décorer]: 1. ausschmücken, künstlerisch ausgestalten. 2. jmdm. einen Orden verleihen. **Dekorierung** *die*; -, -en: 1. a) das Ausschmücken; b) Ausschmückung [eines Raumes]. 2. a) Verleihung von Orden o. ä. an Personen auf Grund besonderer Verdienste; b) Orden

Dekorum [aus *lat.* decōrum „das Geziemende", substantiviert aus decōrus „geziemend, schicklich"] *das*; -s: 1. äußerer Anstand, Schicklichkeit. 2. äußerer Rahmen, äußeres Gepränge

De|krement [aus gleichbed. *lat.* dēcrēmentum zu dēcrēscere „im Wachstum abnehmen"] *das*; -s, -e: 1. Verminderung, Verfall. 2. das Abklingen von Krankheitserscheinungen

De|kre|scendo [*dekräschändo*] vgl. Decrescendo. **Dekreszenz** [aus *lat.* dēcrēscentia „Abnahme" zu dēcrēscere „im Wachstum abnehmen"] *die*; -, -en: 1. Abnahme. 2. allmähliche Tonabschwächung (Mus.)

De|kret [aus gleichbed. *lat.* dēcrētum, substantiviertes Part. Perf. von dēcernere „entscheiden"; vgl. Dezernat] *das*; -s, -e: Beschluß, Verordnung, behördliche, richterliche Verfügung. **de|kretieren** [aus gleichbed. *fr.* décréter zu décret aus *lat.* dēcrētum]: verordnen, anordnen

Dekumat[en]land [nach *lat.* agri decumātēs „Zehntland" (Äcker, von denen der Zehnte, *lat.* decuma [pars], bezahlt werden mußte)] *das*; -[e]s: vom → Limes (1) eingeschlossenes altröm. Kolonialgebiet zwischen Rhein, Main und Neckar

dekupieren [aus gleichbed. *fr.* découper zu coup „Schnitt", vgl. Coup]: aussägen, ausschneiden (z. B. Figuren mit der Laubsäge). **Dekupiersäge** *die*; -, -n: Schweif-, Laubsäge

Dekurie [*...ie*; aus gleichbed. *lat.* decuria zu decem „zehn"] *die*; -, -n: a) [Zehner]gruppe als Untergliederung des Senats od. des Richterkollegiums im Rom der Antike; b) Unterabteilung von zehn Mann in der altrömischen Reiterei. **Dekurio** [aus gleichbed. *lat.* decurio] *der*; -s u. ...onen, ...onen: a) Mitglied einer Dekurie (a); b) Anführer einer Dekurie (b)

deku|vrieren: 1. zu erkennen geben. 2. entlarven, bloßstellen

del.: 1. = deleatur. 2. = delineavit

deleatur [*lat.*; „es möge getilgt werden", Konj. Präs. Passiv von dēlēre „zerstören, vernichten"]: Korrekturanweisung, daß etwas gestrichen werden soll; Abk.: del.; Zeichen: ₰ (Druckw.). **Deleatur** *das*; -s, -: das Tilgungszeichen (Druckw.)

Delegat [aus *mlat.* delegātus „Bevollmächtigter" zu *lat.* dēlēgāre „beauftragen; vgl. Legat] *der*; -en, -en: Bevollmächtigter; bes. Apostolischer -: Bevollmächtigter des Papstes ohne diplomatische Rechte; vgl. Nuntius. **Delegation** [*...zion*] *die*; -, -en: 1. Abordnung von Bevollmächtigten, die meist zu [polit.] Tagungen, zu Konferenzen usw. entsandt wird. 2. Übertragung von Zuständigkeiten, Leistungen, Befugnissen. **delegieren**: 1. jmdn. abordnen. 2. a) Zuständigkeiten, Leistungen, Befugnisse übertragen (Rechtsw.); b) eine Aufgabe auf einen anderen übertragen. **Delegierte** *der* u. *die*; -n, -n: Mitglied einer Delegation (1). **Delegierung** *die*; -, -en: das Delegieren

delektieren [aus gleichbed. *lat.* dēlectāre]: ergötzen; sich -: sich gütlich tun

Deliberation [*...zion*; aus gleichbed. *lat.* dēlīberātio zu dēlīberāre „erwägen, überlegen"] *die*; -, -en: Beratschlagung, Überlegung. **Deliberativstimme** *die*; -, -n: eine nur beratende, aber nicht abstimmungsberechtigte Stimme in einer politischen Körperschaft; Ggs. → Dezisivstimme. **deliberieren**: überlegen, beratschlagen

Delicious [*dilischᵉß*; *engl.*] *der*; -, -: = Golden Delicious

delikat [über *fr.* délicat aus *lat.* dēlicātus „reizend, fein; luxuriös; schlüpfrig"]: 1. auserlesen fein; lekker, wohlschmeckend. 2. zart[fühlend], zurückhaltend, behutsam. 3. heikel, bedenklich. **Delikatesse** [aus gleichbed. *fr.* délicatesse, dies aus *it.* delicatezza] *die*; -, -n: 1. Leckerbissen; Feinkost. 2. Zartgefühl

Delikt [aus *lat.* dēlictum „Verfehlung", Part. Perf. Passiv von dēlinquere, s. delinquent] *das*; -[e]s, -e: Vergehen, Straftat

delineavit [*...wit*; *lat.*; „hat [es] gezeichnet", Perfekt von dēlineāre „im Abriß darstellen, zeichnen"]: in Verbindung mit dem Namen, Angabe des Künstlers, Zeichners, bes. auf Kupferstichen; Abk.: del., delin.

delinquent [aus *lat.* dēlinquēns „fehlend", Part. Präs. von dēlinquere „ermangeln, fehlen", eigtl. „hinter dem erwarteten Verhalten zurückbleiben"]: straffällig, verbrecherisch. **Delinquent** *der*; -en, -en: 1. (veraltet) Angeklagter, Verbrecher. 2. a) jmd., der gegen geltende Normen [des Rechts] verstößt; b) (scherzh.-wohlwollend) Übeltäter. **Delinquenz** *die*; -, -en: Straffälligkeit

Delirium [aus gleichbed. *lat.* dēlīrium zu dēlīrus „irre, wahnwitzig"] *das*; -s, ...ien [*...iᵉn*]: Bewußtseinstrübung (Verwirrtheit), verbunden mit Erregung, Sinnestäuschungen und Wahnideen. **Delirium tremens** [zu *lat.* tremere „zittern"] *das*; - -: durch Alkoholentzug ausgelöste Psychose bei Trinkern, die durch Bewußtseinstrübung, Halluzinationen o. ä. gekennzeichnet ist; Säuferwahn

deliziös [aus *fr.* délicieux „köstlich", dies aus *lat.* dēliciōsus „weichlich, verwöhnt"]: sehr schmackhaft

delogieren [*...schi...*; aus gleichbed. *fr.* déloger; vgl. Logis]: (bes. österr.) jmdn. zum Auszug aus einer Wohnung veranlassen. **Delogierung** *die*; -, -en (bes. österr.): Ausweisung aus einer Wohnung

¹Del|phin [aus *lat.* delphīnus „Delphin", dies aus *gr.* delphís, Gen. delphīnos, wohl zu delphýs „Gebärmutter" (nach der Körperform des Tieres)] *der*; -s, -e: eine Walart. **²Delphin** *das*; -s: Delphinschwimmen (spezieller Schwimmstil). **Delphinarium** *das*; -s, ...ien [*...iᵉn*]: Anlage mit großem Wasserbecken, in dem Delphine gehalten und vorgeführt werden

del|phisch [nach der altgriech. Orakelstätte Delphi]: doppelsinnig, rätselhaft [dunkel]

¹Delta [aus *gr.-lat.* délta (Buchstabe) bzw. Délta (Mündungsgebiet des Nils)] *das*; -[s], -s: gr. Buchstabe: Δ, δ. **²Delta** *das*; -s, -s u. ...ten: fächerförmiges, mehrarmiges Mündungsgebiet eines Flusses. **Deltoid** [zu *gr.* deltoeidēs „dreieckig" (zu → ¹Delta)] *das*; -s, -e: Viereck, das zwei Paare gleichlanger Seiten besitzt (Drachenviereck)

de Luxe [*dᵉ lükß*; aus gleichbed. *fr.* de luxe; vgl.

Luxus]: hervorragend ausgestattet, mit allem Luxus

Dem|agoge [aus gleichbed. *gr.* dēmagōgós, eigtl. „Volksführer" zu dēmos „Volk" u. agōgós „führend" (zu ágein „führen, treiben")] *der*; -n, -n: (oft abwertend) jmd., der andere politisch aufhetzt, durch leidenschaftliche Reden verführt; Volksverführer. **Dem|agogie** *die*; -: a) die Kunst, andere durch leidenschaftliche Reden politisch zu verführen; b) (abwertend) Volksaufwieglung, Volksverführung, politische Hetze. **dem|agogisch**: 1. die Demagogie (a) betreffend. 2. (abwertend) aufwiegelnd, hetzerisch, Hetzpropaganda treibend

Demant [aus *mhd.* dīemant, Nebenform zu dīamant] *der*; -s, -e: (dichterisch) Diamant. **demanten**: (dichterisch) diamanten

Demarche [*demarsch*[(e)]; aus *fr.* démarche „Schritt, Maßregel" zu marcher „gehen, schreiten"] *die*; -, -n: diplomatischer Schritt, mündlich vorgetragener diplomatischer Einspruch

Demarkation [...*zion*; aus gleichbed. *fr.* démarcation, dies aus *span.* demarcación zu demarcar „die Grenzen abstecken"; vgl. markieren] *die*; -, -en: Abgrenzung. **Demarkationslinie** *die*; -, -n: zwischen Staaten vereinbarte vorläufige Grenzlinie. **demarkieren**: abgrenzen

demaskieren [aus gleichbed. *fr.* démasquer zu masque, s. Maske]: a) die Maske abnehmen; sich -: seine Maske abnehmen; b) jmdn. entlarven (z. B. in bezug auf dessen schlechte Absichten); sich -: sein wahres Gesicht zeigen

Dementi [aus gleichbed. *fr.* démenti zu démentir „verleugnen, in Abrede stellen" (zu dé... „von - weg" u. mentir „lügen")] *das*; -s, -s: offizielle Berichtigung od. Widerruf einer Behauptung od. Nachricht. **dementieren**: eine Behauptung od. Nachricht offiziell berichtigen od. widerrufen

demilitarisieren [aus gleichbed. *fr.* démilitariser]: = entmilitarisieren

Demimonde [*d*[e]*mimongd*[(e)]; aus gleichbed. *fr.* demimonde] *die*; -: Halbwelt

deminutiv usw. = diminutiv usw.

Demission [aus gleichbed. *fr.* démission, dies aus *lat.* demissio „das Herablassen"] *die*; -, -en: freiwilliger oder erzwungener Rücktritt eines Ministers od. einer Regierung. **demissionieren**: von einem Amt zurücktreten, seine Entlassung einreichen (von Ministern od. Regierungen)

Demiurg [über *lat.* dēmiūrgus aus gleichbed. *gr.* dēmiourgós „Schöpfer", zu dēmios „öffentlich" u. érgon „Werk", eigtl. „der öffentlich Wirkende"] *der*; -en u. -s: Weltbaumeister, Weltenschöpfer (bei Platon u. in der → Gnosis)

Demobilisation [...*zion*; aus gleichbed. *fr.* démobilisation zu démobiliser „in den Friedenszustand überführen", s. mobilisieren] *die*; -, -en: a) Rückführung des Kriegsheeres auf den Friedensstand; b) Umstellung der Industrie von Kriegs- auf Friedensproduktion. **demobilisieren**: a) aus dem Kriegszustand in Friedensverhältnisse überführen; b) die Kriegswirtschaft abbauen

démodé [aus *fr.* démodé „unmodern"]: aus der Mode, nicht mehr aktuell

Demodulation [...*zion*; zu → demodulieren] *die*; -, -en: Abtrennung der durch einen modulierten hochfrequenten Träger übertragenen niederfrequenten Schwingung in einem Empfänger; Gleichrichtung. **Demodulator** *der*; -s, ...oren: Bauteil in einem Empfänger, der die Demodulation bewirkt; Gleichrichter. **demodulieren** [zu → de... u. → modulieren]: eine Demodulation vornehmen; gleichrichten

Demo|krat [aus gleichbed. *fr.* démocrate zu démokratie, s. Demokratie] *der*; -en, -en: Vertreter demokratischer Grundsätze; Mensch mit demokratischer Gesinnung; jmd., der den Willen der Mehrheit respektiert. **Demo|kratie** [über *mlat.* dēmocratia aus *gr.* dēmokratía „Volksherrschaft" zu dēmos „Volk" u. kratein „herrschen"] *die*; -, ...ien: a) Regierungssystem, in dem der Wille des Volkes ausschlaggebend ist; Ggs. → Diktatur. b) von demokratischer Staatsauffassung geprägte Lebenshaltung, Gesinnung. **demo|kratisch**: a) den Grundsätzen der Demokratie entsprechend; b) nach den Grundsätzen der Demokratie handelnd. **demokratisieren**: demokratische Prinzipien in einem bestimmten Bereich einführen u. anwenden. **Demokratismus** [*gr.-nlat.*] *der*; -: Übertreibung des demokratischen Denkens u. Handelns

demolieren [unter Einfluß von gleichbed. *fr.* démolir aus *lat.* dēmōlīri „herabwälzen, niederreißen"]: etwas gewaltsam abreißen, zerstören, beschädigen

Demon|strant [zu → demonstrieren] *der*; -en, -en: Teilnehmer an einer Demonstration (1). **Demonstration** [...*zion*; wohl über gleichbed. *engl.* demonstration aus *lat.* dēmōnstrātio „das Hinweisen, anschauliche Schilderung" zu dēmōnstrāre, s. demonstrieren] *die*; -, -en: 1. Massenprotest, Massenkundgebung. 2. Beweis, eingehende Darlegung. 3. [wissenschaftl.] Vorführung (z. B. mit Lichtbildern) im Unterricht od. bei Veranstaltungen. 4. militärische Machtentfaltung zur Warnung eines Gegners, z. B. eine Flottendemonstration. **demonstrativ** [aus *lat.* dēmōnstrātīvus „hinweisend"]: 1. beweisend; darlegend. 2. absichtlich, betont auffällig; drohend. 3. hinweisend (Sprachw.). **Demonstrativ** *das*; -s, -e [...*w*[e]]: hinweisendes Fürwort; Demonstrativpronomen. **Demon|strativadverb** *das*; -s, -ien [...*i*[e]*n*]: demonstratives → Pronominaladverb (z. B. da, dort). **Demon|strativpronomen** *das*; -s, - u. ...mina: hinweisendes Fürwort (z. B. dieser, jener). **Demon|strator** *der*; -s, ...oren: Beweisführer, Vorführer. **demon|strieren** [aus *lat.* dēmōnstrāre „hinweisen, deutlich machen", z. T. unter Einfluß von *engl.* to demonstrate]: 1. a) eine Massenversammlung veranstalten; b) an einer Demonstration (1) teilnehmen; c) seine Einstellung für oder gegen etwas in auffälliger Weise öffentlich zu erkennen geben. 2. beweisen, vorführen

Demontage [...*tasch*[e]; aus gleichbed. *fr.* démontage] *die*; -, -n: Abbau, Abbruch (bes. von Industrieanlagen). **demontieren** [aus gleichbed. *fr.* démonter] abbauen, abbrechen

Demoralisation [...*zion*; aus gleichbed. *fr.* démoralisation zu démoraliser „entmutigen, die Moral untergraben"] *die*; -, -en: Auflösung von Sitte u. Ordnung; Zuchtlosigkeit. **demoralisieren**: 1. jmdn. entmutigen. 2. jmds. Moral untergraben; einer Person[engruppe] durch bestimmte Äußerungen od. Verhaltensweisen die sittlichen Grundlagen für ein Verhalten od. Vorgehen nehmen; Ggs. → moralisieren (2)

de mortuis nil nisi bene [*lat.*]: „von den Toten [soll man] nur gut [sprechen]"

Demo|skop [aus *gr.* dēmos „Volk" u. skopós „Beobachter"] *der*; -en, -en: Meinungsforscher. **Demoskopie** *die*; -, ...ien: Meinungsumfrage, -forschung; Institut für -. **demo|skopisch**: a) durch Meinungsumfragen [ermittelt]; b) auf Meinungsumfragen bezogen

Denar *der*; -s, -e: Name einer altröm. Münze; Abk.: d

Denaturalisation [...*zion*; zu → denaturalisieren] *die*; -, -en: Entlassung aus der bisherigen Staatsangehörigkeit. **denaturalisieren** [aus → de... u. → naturalisieren]: aus der bisherigen Staatsangehörigkeit entlassen, ausbürgern

denaturieren [wohl aus *fr.* dénaturer „die Natur eines Dinges verändern"]: 1. Stoffe durch Zusätze so verändern, daß sie ihre ursprünglichen Eigenschaften verlieren. 2. vergällen, ungenießbar machen

denazifizieren: = entnazifizieren

Den|drit [zu *gr.* dendrítēs „zum Baum gehörend"] *der*; -en, -en: moos- od. baumförmige Eisen- u. Manganabsätze auf Gesteinsflächen (Geol.). **dendritisch**: verzweigt, verästelt

deni|trieren: Nitrogruppen aus einer Verbindung entfernen (Chem.). **Deni|trifikation** [...*zion*] *die*; -: das Freimachen von Stickstoff aus Salzen der Salpetersäure (z. B. im Kunstdünger) durch Bakterien

Denominativ *das*; -s, -e [...*wᵉ*] u. **Denominativum** [...*iwum*; aus *lat.* dēnōminativus „durch Ableitung gebildet" zu dēnōmināre „benennen"] *das*; -s, ...va [...*wa*]: Ableitung von einem Substantiv od. Adjektiv (vgl. Nomen; z. B. *tröstlich* von *Trost*, *bangen* von *bang*). **denominieren**: ernennen, benennen

Densimeter [zu *lat.* dēnsus „dicht" u. → ...meter] *das*; -s, -: Gerät zur Messung des → spezifischen (1) Gewichts (vorwiegend von Flüssigkeiten). **Densität** [aus *lat.* dēnsitās „Dichtheit"] *die*; -: Dichte, Dichtigkeit (Phys.)

dental [zu *lat.* dēns, Gen. dentis „Zahn"]: 1. die Zähne betreffend, zu ihnen gehörend (Med.). 2. mit Hilfe der Zähne gebildet (von Lauten; Sprachw.). **Dental** *der*; -s, -e: Zahnlaut (z. B. d, l). **Dentalis** *die*; -, ...les: (veraltet) Dental. **Dentalisierung** *die*; -, -en: Verwandlung eines nichtdentalen Lautes in einen dentalen, meist unter Einfluß eines benachbarten Dentals (Sprachw.). **Dentist** *der*; -en, -en: frühere Berufsbezeichnung für einen Zahnheilkundigen ohne Hochschulprüfung

Denudation [...*zion*; aus *lat.* dēnūdātio „Entblößung"] *die*; -, -en: flächenhafte Abtragung der Erdoberfläche durch Wasser, Wind u. a. (Geol.)

Denunziant [zu *lat.* dēnuntiāre, s. denunzieren] *der*; -en, -en: jmd., der einen anderen denunziert. **Denunziation** [...*zion*] *die*; -, -en: Anzeige eines Denunzianten. **denunziatorisch** [*lat.-nlat.*]: 1. denunzierend, einer Denunziation gleichkommend. 2. etwas brandmarkend, öffentlich verurteilend. **denunzieren** [aus *lat.* dēnuntiāre „ankündigen, anzeigen"]: a) (abwertend) jmdn. [aus persönlichen, niedrigen Beweggründen] anzeigen; b) [nach *engl.* to denounce] etwas als negativ hinstellen, etwas brandmarken, öffentlich verdammen, verurteilen, rügen, z. B. eine Anschauung als nationalistisch -; ein Buch, eine Meinung -

De|odorant [aus gleichbed. *engl.* deodorant zu *lat.* de „von - weg" u. odor „Geruch"] *das*; -s, -e u. -s: Mittel zur Körperpflege; geruchtilgendes Mittel, bes. zur Beseitigung von Körpergeruch. **De|odorantspray** [...*ßpreⁱ*] *das*; -s, -s: → Spray mit deodorierender Wirkung. **de|odorierend**: [Körper]geruch verhindernd, beseitigend. **Deospray** [*deoßpreⁱ*] *das*; -s, -s: Kurzform für → Deodorantspray

Departement [...*mang*, schweiz. auch: ...*mänt*; aus *fr.* département „Abteilung, Bezirk" zu départir „aus-, verteilen" aus *lat.* dispertīre „auseinanderlegen, zerteilen"] *das*; -s, -s u. (schweiz.) -e: 1. Verwaltungsbezirk (in Frankreich). 2. (schweiz.) Ministerium (beim Bund und in einigen Kantonen der Schweiz). 3. Abteilung, Geschäftsbereich

Dependance [*depangdangß*; aus gleichbed. *fr.* dépendance, eigtl. „Abhängigkeit, Zugehörigkeit", zu dépendre aus *lat.* dēpendēre „abhängig sein"] *die*; -, -n [...*ßᵉn*]: 1. Niederlassung, Zweigstelle. 2. Nebengebäude [eines Hotels]. **Dépendance**: franz. Schreibung für → Dependance

dependentiell [...*ziäl*; zu → Dependenz]: (Sprachw.) a) auf die Dependenzgrammatik bezüglich; b) nach der Methode der Dependenzgrammatik vorgehend. **Dependenz** [zu *lat.* dēpendēre „abhängig sein"] *die*; -, -en: Abhängigkeit (Philos.; Sprachw.). **Dependenzgrammatik** *die*; -, -en: Abhängigkeitsgrammatik; Forschungsrichtung der modernen Linguistik, die die hinter der linearen Erscheinungsform der gesprochenen od. geschriebenen Sprache verborgenen strukturellen Beziehungen zwischen den einzelnen Elementen im Satz untersucht od. darstellt (Sprachw.)

Depesche [aus *fr.* dépêche „Eilbrief, Telegramm" zu dépêcher „beschleunigen"] *die*; -, -n: (veraltet) Telegramm, Funknachricht. **depeschieren**: (veraltet) ein Telegramm schicken

de|placiert [...*ßirt*], (eingedeutscht:) **de|plaziert** [aus gleichbed. *fr.* déplacé, Part. Perf. von déplacer „umstellen, verrücken"]: fehl am Platz, unangebracht

deplorabel [aus gleichbed. *fr.* déplorable zu déplorer aus *lat.* deplorāre „beweinen"]: beklagens-, bedauernswert

Depolarisation [...*zion*; zu → de... u. → polarisieren] *die*; -, -en: Vermeidung elektrischer → Polarisation (2) in → galvanischen Elementen. **depolarisieren**: eine Depolarisation vornehmen

Deponens [aus gleichbed. *lat.* dēpōnēns (verbum) zu dēponere „niedersetzen"] *das*; -, ...nentia [...*zia*] u. ...nenzien [...*iᵉn*]: lat. Verb mit passivischen Formen und aktivischer Bedeutung

Deponent [zu → deponieren] *der*; -en, -en: jmd., der etwas hinterlegt, in Verwahrung gibt. **Deponie** *die*; -, ...ien: 1. zentraler Müllabladeplatz, auf dem die Abfälle mit Erdreich abgedeckt werden, das später bepflanzt wird. 2. Abladeplatz. **deponieren** [aus *lat.* dēpōnere „abstellen, niedersetzen"]: niederlegen, hinterlegen, in Verwahrung geben. **Deponierung** *die*; -, -en: Speicherung, Lagerung

Deportation [...*zion*; aus gleichbed. *lat.* deportātio zu dēportāre „wegbringen, verbannen"] *die*; -, -en: Zwangsverschickung, Verschleppung, Verbannung von Verbrechern, politischen Gegnern od. ganzen Bevölkerungsgruppen. **deportieren**: Verbrecher od. politische Gegner zwangsweise verschicken, verschleppen, verbannen

Depositen [zu *lat.* dēpositus „zur Aufbewahrung niedergelegt", Part. Perf. von dēpōnere, s. deponieren] *die* (Plural): Gelder, die als kurz- od. mittelfristige Geldanlage bei einem Kreditinstitut gegen Verzinsung eingelegt werden u. nicht auf ein Spar- od. Kontokorrentkonto verbucht werden. **Deposition** [...*zion*] *die*; -, -en: Hinterlegung

Depot [*depo*; aus gleichbed. *fr.* dépôt, dies aus *lat.* dēpositum, Part. Perf. von dēpōnere, s. deponieren] *das*; -s, -s: 1. a) Aufbewahrungsort für Sachen;

b) Abteilung einer Bank, in der Wertsachen und -schriften verwahrt werden; c) aufbewahrte Gegenstände. 2. Bodensatz in Getränken, bes. im Rotwein (Gastr.). 3. die natürlich oder künstlich herbeigeführte Speicherung eines Stoffes in Geweben oder Organen. 4. Fahrzeugpark, Sammelstelle für Straßenbahnen u. Omnibusse. **Depotpräparat** *das*; -s, -e: Arzneimittel in schwer löslicher Form, das im Körper langsam abgebaut wird u. dadurch anhaltend wirksam bleibt

depotenzieren [zu → de... u. → Potenz]: des eigenen Wertes, der eigenen Kraft, → Potenz berauben

De|pravation [*...wazion*; aus *lat.* dēprāvātio „Verunstaltung, Entstellung" zu dēprāvāre „verunstalten, verderben"] *die*; -, -en: 1. Wertminderung, bes. im Münzwesen. 2. Entartung. **de|pravieren**: 1. etwas im Wert herabsetzen, bes. von Münzen. 2. jmdn./etwas verderben

De|pression [aus *lat.* dēpressio „das Niederdrücken" zu dēprimere „niederdrücken"] *die*; -, -en: 1. Niedergeschlagenheit, traurige Stimmung. 2. Niedergangsphase im Konjunkturverlauf (Wirtsch.). 3. Landsenke; Festlandgebiet, dessen Oberfläche unter dem Meeresspiegel liegt (Geogr.). 4. Tief, Tiefdruckgebiet (Meteor.). 5. (Astron.) a) negative Höhe eines Gestirns, das unter dem Horizont steht; b) Winkel zwischen der Linie Auge–Horizont u. der waagerechten Linie, die durch das Auge des Beobachters verläuft. 6. vorübergehendes Herabsetzen des Nullpunktes [eines Thermometers] durch Überhöhung der Temperatur u. unmittelbar folgende Abkühlung auf 0° (Phys.). **depressiv**: 1. traurig, niedergeschlagen, gedrückt. 2. durch einen Konjunkturrückgang bestimmt (Wirtsch.). **De|pressivität** *die*; -: Zustand der Niedergeschlagenheit. **de|primieren** [aus gleichbed. *fr.* déprimer, dies aus *lat.* deprimere „niederdrücken"]: niederdrücken, entmutigen. **de|primiert**: entmutigt, niedergeschlagen, gedrückt; schwermütig

Deputant [zu *lat.* dēputāre „einem etwas zuschneiden, zuteilen"] *der*; -en, -en: jmd., der auf ein Deputat Anspruch hat. **Deputat** [aus *lat.* dēputātum „Zugeschnittenes, Zugeteiltes"] *das*; -s, -e: 1. zum Gehalt od. Lohn gehörende Sachleistungen. 2. die volle Anzahl der Pflichtstunden, die eine Lehrkraft zu geben hat. **Deputation** [*...zion*; aus gleichbed. *mlat.* dēputātio zu *lat.* dēputātus „wem etwas zugeteilt ist; Repräsentant"] *die*; -, -en: Abordnung, die im Auftrage einer Versammlung einer politischen Körperschaft Wünsche od. Forderungen überbringt. **deputieren** [aus *fr.* députer „abordnen", dies aus *lat.* dēputāre „zuteilen"]: einen Bevollmächtigten od. eine Gruppe von Bevollmächtigten abordnen. **Deputierte** *der* u. *die*; -n, -n: 1. Mitglied einer Deputation. 2. Abgeordnete[r] (z. B. in Frankreich)

derangieren [aus gleichbed. *fr.* déranger zu rang „Ordnung"]: stören, verwirren. **derangiert** [*...schirt*]: völlig in Unordnung, zerzaust

Derby [*därbi*; aus gleichbed. *engl.* derby, nach dem Begründer, dem 12. Earl of Derby (1780)] *das*; -s, -s: 1. alljährliche Zuchtprüfung für die besten dreijährigen Vollblutpferde in Form von Pferderennen. 2. bedeutendes sportliches Spiel von besonderem Interesse (z. B. Lokalderby)

Derivat [*...wat*; zu *lat.* dērīvāre „(ein Wort vom anderen) ableiten"] *das*; -s, -e: 1. abgeleitetes Wort, (z. B. *Schönheit* von *schön*; Sprachw.). 2. chem. Verbindung, die aus einer anderen entstanden ist (Chem.). **Derivation** [*...zion*] *die*; -, -en: Ableitung (Sprachw.). **derivieren**: [ein Wort] ableiten (z. B. *Verzeihung* von *verzeihen*). **Derivierte** *die*; -n, -n: mit Hilfe der Differentialrechnung abgeleitete Funktion einer Funktion. (Math.)

Derma [aus *gr.* dérma, Gen. dérmatos „Haut"] *das*; -s, -ta: Haut (Med.). **Dermatologe** *der*; -n, -n: Hautarzt. **Dermatologie** *die*; -: Lehre von den Hautkrankheiten

Dernier cri [*därnjekri*; aus gleichbed. *fr.* dernier cri, eigtl. „letzter Schrei"] *der*; - -, -s -s [*...jekri*]: allerletzte Neuheit (bes. in der Mode)

Derwisch [über *türk.* derwiš aus *pers.* därweš „Bettler"] *der*; -s, -e: Mitglied eines islamitischen religiösen Ordens, zu dessen Riten Musik u. rhythmische Tänze gehören

des..., **Des...** [aus *fr.* dés... „ab-, aus-, ent-", dies aus *lat.* dis- „auseinander-, un-, ent-"]: Präfix mit der Bedeutung „ent-" (nur vor Vokalen), z. B. desorganisieren, Desengagement, Desillusion; vgl. de..., De...

des|armieren [aus gleichbed. *fr.* désarmer zu arme „Waffe" aus *lat.* arma (Plur.)]: dem Gegner die Klinge aus der Hand schlagen (Fechtsport)

De|saster [aus gleichbed. *fr.* désastre, dies aus *it.* disastro, eigtl. „Unstern"] *das*; -s, -: Mißgeschick, Unheil; Zusammenbruch

des|avouieren [*...awuir^e^n*; aus gleichbed. *fr.* désavouer zu avouer „anerkennen, einräumen" aus *lat.* advocāre „herbeirufen"]: 1. im Stich lassen, bloßstellen. 2. nicht anerkennen, verleugnen, in Abrede stellen. **Des|avouierung** *die*; -, -en: Bloßstellung, Brüskierung

Des|engagement [*desangsch^e^mang*; aus *fr.* désengagement „Lossagung von einer Verpflichtung"] *das*; -s, -s: = Disengagement

Deserteur [*...tör*; aus gleichbed. *fr.* déserteur] *der*; -s, -e: Fahnenflüchtiger, Überläufer. **desertieren** [aus gleichbed. *fr.* déserter, eigtl. „verlassen, wegziehen" zu désert „verlassen, öde" aus *lat.* desertus (Part. Perf. zu dēserere „abtrennen, verlassen")]: fahnenflüchtig werden; zur Gegenseite überlaufen. **Desertion** [*...zion*] *die*; -, -en: Fahnenflucht

desiderabel [aus gleichbed. *lat.* dēsīderābilis]: wünschenswert. **desiderat** [aus *lat.* dēsīderātus „erwünscht, willkommen"]: eine Lücke füllend, einem Mangel abhelfend; dringend nötig (von etwas Fehlendem). **Desiderat** [„Gewünschtes"] *das*; -[e]s, -e u. Desideratum *das*; -s, ...ta: 1. ein vermißtes u. zur Anschaffung in Bibliotheken vorgeschlagenes Buch. 2. a) Lücke; b) Mangel. **Desiderativum** [*...iwum*] *das*; -s, ...va [*...wa*]: Verb, das einen Wunsch ausdrückt (z. B. lat. „scripturio" = ich will gern schreiben)

De|sign [*disain*; aus gleichbed. *engl.* design; s. Dessin] *das*; -s, -s: Plan, Entwurf, Muster, Modell. **Designer** [*disain^e^r*] *der*; -s, -: Formgestalter für Gebrauchs- u. Verbrauchsgüter. **Desi|gnation** [*...zion*; aus *lat.* dēsignātio „Bezeichnung, Abgrenzung" zu dēsignāre „bezeichnen"] *die*; -, -en: Bestimmung, Bezeichnung; vorläufige Ernennung. **designieren**: bestimmen, bezeichnen; für ein [noch nicht besetztes] Amt vorsehen

Des|illusion [auch: *däß...*; aus gleichbed. *fr.* désillusion; vgl. → des... u. → Illusion] *die*; -, -en: 1. (ohne Plural) Enttäuschung, Ernüchterung. 2. enttäuschendes Erlebnis; Erfahrung, die eine Hoffnung zerstört. **des|illusionieren**: enttäuschen, ernüchtern. **Des|illusionismus** *der*; -: Hang zu illusionsloser, schonungslos nüchterner Betrachtung der Wirklichkeit

Des|infektion [...*zion*, auch: *däß*...; zu → des... und → Infektion] *die*; -, -en: 1. Abtötung von Erregern ansteckender Krankheiten durch physikalische od. chemische Verfahren bzw. Mittel. 2. (ohne Plural) Zustand, in dem sich etwas nach dem Desinfizieren befindet; z. B. die - hielt nicht lange vor; vgl. ...ation/...ierung. **des|infizieren**: Krankheitserreger abtöten. **Des|infizierung** *die*; -, -en: = Desinfektion (1); vgl. ...ation/...ierung

Des|information [auch: ...*zion*; zu → des... u. → Information] *die*; -, -en: bewußt falsche Information, die ein Geheimdienst zur Täuschung und falschen Schlußfolgerung verbreiten läßt

Des|inte|gration [...*zion*, auch: *däß*...; zu → des... u. → Integration] *die*; -, -en: (Pol.; Soziol.) 1. Spaltung, Auflösung eines Ganzen in seine Teile; Ggs. → Integration (2, a, b). 2. (ohne Plural) Zustand, in dem sich etwas nach der Auflösung o. ä. befindet, z. B. die - beibehalten; Ggs. → Integration (3). **des|inte|grierend**: nicht unbedingt notwendig, nicht wesentlich; Ggs. → integrierend. **Des|inte|grierung** *die*; -, -en: = Desintegration (1); vgl. ...ation/...ierung

Des|inter|esse [aus → des... u. → Interesse] *das*; -s: Unbeteiligtsein, innere Unbeteiligtheit, Gleichgültigkeit gegenüber jmdm./etwas; Ggs. → Interesse. **des|inter|essiert** [nach *fr*. désinteressé]: an etwas nicht interessiert; uninteressiert; Ggs. → interessiert

Desjatine [aus *russ*. desjatina zu desjatj „zehn"] *die*; -, -n: alte russ. Flächeneinheit (entspricht ungefähr einem Hektar)

de|skribieren [aus gleichbed. *lat*. dēscrībere]: beschreiben (z. B. sprachliche Erscheinungen). **Deskription** [...*zion*] *die*; -, -en: Beschreibung. **deskriptiv**: beschreibend; -e [...*w*ᵉ] Grammatik: → synchronische Beschreibung des Sprachzustandes eines bestimmten Zeitabschnitts (Sprachw.); Ggs. → präskriptiv, → normativ

Des|odorans [zu → des... u. *lat*. odor „Geruch"] *das*; -, ...ranzien [...*i*ᵉ*n*] od. ...rantia [...*zia*] = Deodorant. **Des|odorant** *das*; -s, -e u. -s = Deodorant. **des|odorieren** u. desodorisieren: schlechten, unangenehmen [Körper]geruch beseitigen od. überdecken. **Des|odorierung** u. **Des|odorisierung** *die*; -, -en: Beseitigung, Milderung, Überdeckung unangenehmen [Körper]geruchs

desolat [aus *lat*. dēsōlātus „vereinsamt, verödet", Part. Perf. von dēsōlāre „einsam lassen"]: 1. vereinsamt. 2. trostlos, traurig

Des|organisation [auch: ...*zion*; aus gleichbed. *fr*. désorganisation zu désorganiser „zerstören, zerrütten"] *die*; -, -en: 1. Auflösung, Zerrüttung. 2. fehlende, mangelhafte Planung, Unordnung; vgl. ...ation/...ierung. **des|organisieren** [auch: ...*sir*...]: etwas zerstören, zerrütten, auflösen. **Des|organisierung** [auch: ...*sir*...] *die*; -, -en: = Desorganisation; vgl. ...ation/...ierung

des|orientiert [zu *fr*. désorienter „irremachen, verwirren"]: nicht od. falsch unterrichtet, nicht im Bilde. **Des|orientierung** *die*; -: Störung des normalen Zeit- u. Raumempfindens

Des|oxydation, (chem. fachspr.:) Desoxidation [...*zion*; zu → desoxydieren] *die*; -, -en: Entzug von Sauerstoff aus einer chem. Verbindung; vgl. Oxydation (1). **des|oxydieren**, (chem. fachspr.:) desoxidieren [aus → des... u. → oxydieren]: einer chem. Verbindung Sauerstoff entziehen

Des|oxyribose *die*; -: in der Desoxyribo[se]nukleinsäure (DNS) enthaltener Zucker. **Des|oxyribo[se]nukleinsäure** [Kurzwort aus → Desoxydation und → Ribo(se)nukleinsäure] *die*; -: wichtiger Bestandteil der Zellkerne aller pflanzlichen, tierischen u. menschlichen Organismen (Biochemie); Abk.: DNS

de|spektieren [aus *lat*. dēspicere „herabblicken, verachten"]: (veraltet) jmdn. geringschätzen, verachten. **de|spektierlich**: geringschätzig, abschätzig, abfällig

De|sperado [aus *amerik*. desperado „Verzweifelter", dies unter Einfluß von *engl*. desperate „verzweifelt, verwegen" aus *span*. des(es)perado zu desesperar „verzweifeln"] *der*; -s, -s: 1. ein zu jeder Verzweiflungstat Entschlossener, politischer Abenteurer. 2. Räuber, Bandit

desperat [aus gleichbed. *lat*. dēspērātus zu dēspērāre „keine Hoffnung haben"]: verzweifelt, hoffnungslos

Despot [*gr*.] *der*; -en, -en: 1. Gewaltherrscher. 2. herrischer Mensch, Tyrann. **Despotie** *die*; -, ...ien: Gewalt-, Willkürherrschaft. **despotisch**: 1. rücksichtslos, herrisch. 2. willkürlich, tyrannisch. **despotisieren**: jmdn. gewalttätig behandeln, willkürlich vorgehen gegen jmdn. **Despotismus** [aus *gr*. despótēs „unumschränkter Herrscher"] *der*; -: System der Gewaltherrschaft

Dessert [*däßär* (österr. nur so) od. *däßärt*; aus gleichbed. *fr*. dessert zu desservir „die Speisen abtragen"; vgl. servieren] *das*; -s, -s: Nachtisch, Nachspeise. **Dessertwein** *der*; -s, -e: Wein mit hohem Alkohol- u. Zuckergehalt; Süßwein, Südwein

Dessin [*däßäng*; aus gleichbed. *fr*. dessin zu dessiner „zeichnen", dies aus *lat*. dēsīgnāre „bezeichnen, im Umriß darstellen"] *das*; -s, -s: 1. Plan, Zeichnung, [Web]muster. 2. Weg des gestoßenen Balles beim → Billard. **dessinieren**: Muster entwerfen, zeichnen. **dessiniert**: gemustert. **Dessinierung** *die*; -, -en: Muster, Musterung

Dessous [*däßu*; aus *fr*. les dessous „Unterkleider" zu dessous „unten, darunter"] *das*; - [*däßu* od. *däßuß*], - [*däßuß*] (meist Plural): Damenunterwäsche

Destillat [aus *lat*. dēstillātum, Part. Perf. von dēstillāre „herabträufeln"] *das*; -s, -e: Produkt einer → Destillation (1). **Destillateur** [...*tör*] *der*; -s, -e: 1. Branntweinbrenner. 2. Gastwirt, der Branntwein ausschenkt. **Destillation** [...*zion*] *die*; -, -en: 1. Reinigung u. Trennung meist flüssiger Stoffe durch Verdampfung u. anschließende Wiederverflüssigung. 2. Branntweinbrennerei. 3. kleine Schankwirtschaft. **Destille** [urspr. *berlinische* Kurzform für → Destillation (3)] *die*; -, -n: (ugs.) 1. [kleinere] Gastwirtschaft, in der Branntwein ausgeschenkt wird. 2. Brennerei, die Branntwein herstellt. **destillieren** [aus *lat*. dēstillāre „herabträufeln"]: 1. eine Destillation (1) durchführen. 2. aus einer Abhandlung, einer Arbeit das Wichtige u. Wesentliche herausarbeiten

Destination [...*zion*; aus *lat*. dēstinātio „Bestimmung" zu dēstināre „festmachen, festsetzen"] *die*; -, -en: Bestimmung, Endzweck

destra mano vgl. mano destra

de|struieren [aus *lat*. dēstruere „niederreißen"]: zerstören. **De|struktion** [...*zion*] *die*; -, -en: 1. Zerstörung. 2. Abtragung der Erdoberfläche durch Verwitterung (Geol.). **de|struktiv**: zersetzend, zerstörend

De|szendent *der*; -en, -en: 1. Nachkomme, Abkömmling; Ggs. → Aszendent (1). 2. (Astron.) a) Gestirn im Untergang; b) Untergangspunkt eines Gestirns; Ggs. → Aszendent (2). 3. der im Augenblick der Geburt am Westhorizont absteigende Punkt der → Ekliptik (Astrol.); Ggs. → Aszendent (3). **De|szendenz** *die*; -, -en: 1. (ohne Plural) Verwandtschaft in absteigender Linie; Ggs. → Aszendenz (1). 2. Untergang eines Gestirns; Ggs. → Aszendenz (2). **De|szendenz|theorie** *die*; -, ...ien: Abstammungstheorie, nach der die höheren Lebewesen aus niederen hervorgegangen sind. **de|szendieren** [aus *lat.* dēscendere „herabsteigen; abstammen“]: absteigen, absinken (z. B. von Gestirnen, von Wasser)

détaché [*...sche*; aus gleichbed. *fr.* détaché, s. detachiert]: kurz, kräftig, zwischen Auf- u. Abstrich abgesetzt (vom Bogenstrich eines Streichinstruments; Mus.). **Détaché** *das*; -s, -s: kurzer, kräftiger, zwischen Auf- u. Abstrich abgesetzter Bogenstrich (Mus.). **Detachement** [*...mang*, schweiz. auch: *...mänt*; aus gleichbed. *fr.* détachement] *das*; -s, -s u. schweiz. -e: [auf Absonderung bedachte] kühle Distanzhaltung

detachieren [*...schiren*; aus gleichbed. *fr.* détacher zu tache „Fleck“]: von Flecken reinigen

detachiert [zu *fr.* détacher „losmachen, trennen“]: sachlich-kühl, losgelöst von persönlicher Anteilnahme

Detail [*detaj*; aus gleichbed. *fr.* détail zu détailler „abteilen, zerlegen“, eigtl. „zerschneiden“; vgl. Taille] *das*; -s, -s: Einzelheit; Einzelteil; Einzelding. **detaillieren** [*...jiren*]: 1. etwas im einzelnen darlegen. 2. (Kaufmannsspr.) eine Ware in kleinen Mengen verkaufen. **detailliert**: in allen Einzelheiten, in die Einzelheiten gehend, genau

Detektei [zu → Detektiv] *die*; -, -en: Detektivbüro, Ermittlungsbüro. **Detektiv** [aus *engl.* detective (policeman) „Geheimpolizist“ zu to detect „aufdekken, ermitteln“ aus gleichbed. *lat.* dētegere] *der*; -s, -e [*...we*]: 1. Privatperson [mit polizeilicher Lizenz], die berufsmäßig Ermittlungen aller Art anstellt. 2. Geheimpolizist, Ermittlungsbeamter, z. B. die -e von Scotland Yard. **Detektor** [aus gleichbed. *engl.* detector, dies aus *lat.* dētēctor „Offenbarer“] *der*; -s, ...oren: Gerät oder Vorrichtung zum Nachweis einer Strahlung (durch Umwandlung in elektrische Signale), Hochfrequenzgleichrichter, → Demodulator (Funkw.)

Detergens [aus *lat.* dētergēns, Part. Präs. von dētergēre „abwischen, reinigen“] *das*; -, ...gentia [*...zia*] u. ...genzien [*...ien*]: reinigendes, desinfizierendes Mittel (Med.). **Detergentia** [*...zia*] u. **Detergenzien** [*...ien*] *die* (Plural): 1. seifenfreie, hautschonende Wasch-, Reinigungs- u. Spülmittel; in Waschmitteln o. ä. enthaltene Stoffe, die die Oberflächenspannung des Wassers herabsetzen. 2. *Plural* von → Detergens

Determinante [aus *lat.* dēterminans, Gen. dēterminantis, Part. Präs. von dēterminare „abgrenzen, bestimmen“] *die*; -, -n: 1. Rechenausdruck in der Algebra zur Lösung eines Gleichungssystems. 2. im Aufbau u. in der chem. Zusammensetzung noch nicht näher bestimmbarer Faktor der Keimentwicklung, der für die Vererbung und Entwicklung bestimmend ist (Biol.). **Determination** [*...zion*; aus *lat.* dēterminātio „Abgrenzung“] *die*; -, -en: 1. Bestimmung eines Begriffs durch einen nächstuntergeordneten, engeren (Philos.). 2. das Festgelegtsein eines Teils des Keims für die Ausbildung eines bestimmten Organs (Entwicklungsphysiologie). 3. Bestimmung, Zuordnung. **determinativ**: 1. bestimmend, begrenzend, festlegend. 2. entschieden, entschlossen. **Determinativkompositum** *das*; -s, ...ta: Zusammensetzung, bei der das erste Glied das zweite näher bestimmt (z. B. Kartoffelsuppe = Suppe aus Kartoffeln; Sprachw.). **determinieren** [aus gleichbed. *lat.* dēterminare zu → de... u. terminus „Grenzzeichen, -linie“]: 1. begrenzen; abgrenzen. 2. bestimmen; entscheiden. **Determiniertheit** *die*; -: Bestimmtheit, Abhängigkeit des (unfreien) Willens von inneren od. äußeren Ursachen (Philos.). **Determinismus** *der*; -: 1. Lehre von der kausalen [Vor]bestimmtheit alles Geschehens. 2. die der Willensfreiheit widersprechende Lehre von der Bestimmung des Willens durch innere od. äußere Ursachen (Ethik); vgl. Prädestination. **Determinist** *der*; -en, -en: Vertreter des Determinismus. **deterministisch**: den Determinismus betreffend; [Willens]freiheit verneinend

Detonation [*...zion*; aus gleichbed. *fr.* détonation zu détoner „explodieren“ aus *lat.* dētonare „herabdonnern“] *die*; -, -en: 1. eine stoßartig erfolgende, extrem schnelle chem. Reaktion von explosiven Gas- bzw. Dampfgemischen od. brisanten Sprengstoffen mit starker Gasentwicklung. **detonieren**: knallen, explodieren

De|tritus [aus *lat.* dētrītus „das Abreiben“ zu dēterere „abreiben, abscheuern“] *der*; -: Schwebe- u. Sinkstoffe in den Gewässern, deren Hauptanteil abgestorbene Mikroorganismen bilden (Biol.)

Deus ex machina [- - *machina*; *lat.*; „der Gott aus der [Theater]maschine“, d. h. von der Höhe (im altgriech. Theater)] *der*; - - -: unerwarteter Helfer aus einer Notlage; überraschende, in keinem unmittelbaren Zusammenhang stehende Lösung einer Schwierigkeit

Deuterium [zu *gr.* deúteros „der zweite“] *das*; -s: schwerer Wasserstoff, Wasserstoffisotop; chem. Zeichen: D

Deuteron [aus *gr.* deúteron „das zweite“] *das*; -s, ...onen: aus einem → Proton u. einem → Neutron bestehender Atomkern des → Deuteriums; Abk.: d

Deux-pièces [*dö-pjäß*; aus gleichbed. *fr.* deux-pièces, eigtl. „zwei Stücke“] *das*; -, -: zweiteiliges Damenkleid

Devaluation [*...zion*; aus gleichbed. *fr.* dévaluation zu dévaluer „abwerten“ (Gegenbildung zu → Evaluation)] u. **Devalvation** [*dewalwazion*; mit Angleichung von u zu v] *die*; -, -en: Abwertung einer Währung. **devalvatorisch** u. **devalvationistisch**: abwertend (bes. in bezug auf eine Währung). **devalvieren**: [eine Währung] abwerten

Developer [*diwäl^e p^e r*; aus gleichbed. *engl.* developer zu to develop „entwickeln“; vgl. Enveloppe] *der*; -s, -: Entwicklerflüssigkeit (Fotogr.)

Deverbativ [*...wär...*] *das*; -s, -e [*...we*] u. **Deverbativum** [*...iwum*; nach → Denominativ(um) zu → de... u. *lat.* verbum „Wort, Verb“] *das*; -s, ...va [*...wa*]: von einem Verb abgeleitetes Substantiv od. Adjektiv (z. B. *Eroberung* von *erobern*, *tragbar* von *tragen*; Sprachw.)

devestieren [*...wäßt...*; aus *lat.* dēvestire „entkleiden“; vgl. investieren]: die Priesterwürde od. (im Mittelalter) das Lehen entziehen. **Devestitur** *die*; -, -en: Entziehung der Priesterwürde od. (im Mittelalter) des Lehens

deviant [*dewi*...; zu → deviieren]: von der Norm sozialen Verhaltens, vom Üblichen abweichend (Soziol.). **Deviation** [...*zion*] *die*; -, -en: 1. Abweichungswinkel, um den die Kompaßnadel vom → magnetischen → Meridian abgelenkt wird. 2. Abweichung von üblichen Verhaltensformen (Soziol.). **deviieren** [aus *lat.* dēviāre „vom Weg abgehen"]: von der [Partei]linie abweichen

Devise [...*wi*...; aus *fr.* devise „Sinnspruch", eigtl. „abgeteiltes Feld im Wappen"] *die*; -, -n: 1. Wahl-, Leitspruch. 2. (meist Plural) a) im Ausland zahlbare Zahlungsanweisung in fremder Währung; b) ausländisches Zahlungsmittel

Devon [*dewon*; nach der engl. Grafschaft Devonshire (*däwᵉnschᵉr*)] *das*; -[s]: eine → Formation (4) des → Paläozoikums (Geol.). **devonisch**: das Devon betreffend

devot [*dewot*; aus *lat.* dēvōtus „zu eigen, ergeben" zu dēvovēre „als Opfer geloben, weihen"; vgl. Votum]: 1. demütig. 2. unterwürfig, kriecherisch. **Devotion** [...*zion*] *die*; -, -en: 1. Andacht. 2. Unterwürfigkeit. **devotional**: ehrfurchtsvoll. **Devotionalien** [...*iᵉn*] *die* (Plural): der Andacht dienende Gegenstände (z. B. Rosenkränze; Rel.)

Dex|trin [aus gleichbed. *fr.* dextrine zu *lat.* dexter „rechts" (weil der Stoff → dextrogyr ist)] *das*; -s, -e: 1. Stärkegummi, Klebemittel. 2. ein wasserlösl. Abbauprodukt der Stärke (Med., Chem.)

dex|trogyr [zu *lat.* dexter „rechts" u. *gr.* gyrós „gebogen, rund"]: die Ebene → polarisierten Lichts nach rechts drehend (physik. Chemie); Zeichen: d; Ggs. → lävogyr

Dex|trose [zu *lat.* dexter „rechts", vgl. Dextrin] *die*; -: Traubenzucker

Dez. = Dezember

Dezem [aus *lat.* decem „zehn"] *der*; -s, -s: (hist.) vom Mittelalter bis ins 19. Jh. die Abgabe des zehnten Teils vom Ertrag eines Grundstücks an die Kirche (Zehnt)

Dezember [aus *lat.* (mēnsis) december zu decem „zehn" (das altröm. Kalenderjahr begann bis 153 v. Chr. am 1. März)] *der*; -[s], -: zwölfter Monat im Jahr; Abk.: Dez.

Dezemvir [...*wir*; aus gleichbed. *lat.* decemvir (Singular von decem viri „zehn Männer")] *der*; -n u. -s, -n: (hist.) Mitglied des Dezemvirats. **Dezemvirat** *das*; -s, -e: (hist.) aus 10 Mitgliedern bestehendes Beamten- od. Priesterkollegium im antiken Rom zur Entlastung der Magistrate

Dezennium [aus gleichbed. *lat.* decennium zu decem „zehn" u. annus „Jahr"] *das*; -s, ...ien [...*iᵉn*]: Jahrzehnt, Zeitraum von 10 Jahren

dezent [aus *lat.* dēcēns „schicklich, geziemend", Part. Präs. von dēcēre „zieren, wohl anstehen"]: 1. a) vornehm-zurückhaltend, unaufdringlich, taktvoll, diskret; b) abgetönt; zart. 2. gedämpft, leise (Mus.)

dezen|tral [auch: *de*...; zu → de... u. → Zentrum]: 1. vom Mittelpunkt entfernt; Ggs. → zentral. 2. auf verschiedene Stellen od. Orte verteilt; nicht zentralisiert, nicht auf eine Stelle konzentriert. **Dezen|tralisation** [...*zion*] *die*; -, -en: 1. organisatorische Verteilung von Funktionen u. Aufgaben auf verschiedene Stellen in der Weise, daß gleichartige Aufgaben nicht zusammengefaßt, sondern stellenmäßig getrennt werden; Ggs. → Zentralisation. 2. (ohne Plural) Zustand, in dem sich etwas nach dem Dezentralisieren befindet; Ggs. → Zentralisation; vgl. ...ation/...ierung. **dezen|tralisieren**: eine Dezentralisation (1) durchführen; Ggs. → zentralisieren. **Dezen|tralisierung** *die*; -, -en: = Dezentralisation (1)

Dezenz [aus *lat.* decentia „Anstand, Schicklichkeit"; vgl. dezent] *die*; -: 1. Anstand, vornehme Zurückhaltung; Unaufdringlichkeit, Takt, Diskretion. 2. unauffällige Eleganz

Dezernat [zu *lat.* dēcernat „es soll entscheiden (Herr X)", Konj. Präs. von dēcernere „entscheiden"] *das*; -s, -e: Geschäftsbereich eines Dezernenten. **Dezernent** [aus *lat.* dēcernēns „Entscheidender" Part. Präs. von dēcernere; vgl. Dekret] *der*; -en, -en: Sachbearbeiter mit Entscheidungsbefugnis bei Behörden u. Verwaltungen; Leiter eines Dezernats

Dezi... [nach gleichbed. *fr.* déci... zu *lat.* decimus „der zehnte"]: in Zusammensetzungen auftretendes Bestimmungswort mit der Bed. „Zehntel"; Zeichen: d. **Dezi|ar** *das*; -s, -e: $^1/_{10}$ Ar; Zeichen: da. **Dezi|are** *die*; -, -n: (schweiz.) Deziar. **Dezigramm** [auch: *dezi*...] *das*; -s, -[e] (aber: 5 Dezigramm): $^1/_{10}$ Gramm; Zeichen: dg. **Dezi|liter** [auch: *dezi*...] *der* u. *das*; -s, -: $^1/_{10}$ Liter; Zeichen: dl. **Dezi|meter** [auch: *de*...; (*lat.*; *gr.*) *fr.*] *der* u. *das*; -s, -: $^1/_{10}$ Meter; Zeichen: dm. **Dezi|ster** [auch: *dezi*...; (*lat.*; *gr.*) *fr.*] *der*; -s, -e u. -s (aber: 5 Dezister): $^1/_{10}$ Ster ($^1/_{10}$ cbm)

dezidieren [aus gleichbed. *lat.* dēcīdere, eigtl. „abschneiden"]: entscheiden. **dezidiert**: entschieden, bestimmt

dezimal [aus gleichbed. *mlat.* decimālis zu *lat.* decem „zehn"]: auf die Grundzahl 10 bezogen. **Dezimalbruch** *der*; -s, ...brüche: ein Bruch, dessen Nenner 10 od. eine → Potenz (3) von 10 ist (z. B. 0,54 = $^{54}/_{100}$). **Dezimale** *die*; -[n], -n: eine Ziffer der Ziffernfolge, die rechts vom Komma eines Dezimalbruchs steht. **dezimalisieren**: auf das Dezimalsystem umstellen (z. B. eine Währung). **Dezimalsystem** *das*; -s: = dekadisches System. **Dezimalwaage** *die*; -, -n: eine Waage, bei der die Last zehnmal so schwer ist wie die Gewichtsstücke, die bei der Wägung aufgelegt werden

Dezime [aus *mlat.* decima (vox) „zehnter (Ton)"] *die*; -, -n: 1. → Intervall (2) von zehn → diatonischen Stufen. 2. [aus gleichbed. *span.* decima zu *lat.* decem „zehn"] aus zehn trochäischen Vierhebern bestehende [span.] Strophenform

Dezimeter: → Dezi...

dezimieren [aus *lat.* decimāre „den zehnten Mann zur Bestrafung herausnehmen" zu decem „zehn"]: 1. jmdm. große Verluste beibringen, etwas gewaltsam in seinem Bestand stark vermindern. 2. (hist.) jeden zehnten Mann mit dem Tod bestrafen

dezisiv [aus gleichbed. *fr.* décisif, dies aus *mlat.* dicisivus zu *lat.* dēcīdere, s. dezidieren]: entscheidend, bestimmt. **Dezisivstimme** *die*; -, -n: eine abstimmungsberechtigte Stimme in einer politischen Körperschaft; Ggs. → Deliberativstimme

Dezister: → Dezi...

dg = Dezigramm

Dg = Dekagramm

Dhau vgl. Dau

[1]**di...**, **Di...** [aus *gr.* di- zu dís „zweimal, zweifach"]: Präfix, das die Verdoppelung des im folgenden Genannten anzeigt, z. B. dimorph, Dijambus

[2]**di...**, **Di...** [*gr.*] vgl. dia..., Dia...

[3]**di...**, **Di...** [*lat.*] vgl. dis..., Dis...

dia..., **Dia...** [aus gleichbed. *gr.* diá, di...]: vor Vokalen di..., Di...; Präfix mit der Bedeutung „durch, hindurch, zwischen, auseinander", z. B. diaphan

Dia *das*; -s, -s: Kurzform von Diapositiv

Diabetes [aus *gr.* diabḗtēs „Harnruhr“, eigtl. „die Beine spreizend“] *der*; -: (Med.) a) Harnruhr; b) Kurzbezeichnung für: Diabetes mellitus; -mellitus: Zuckerharnruhr, Zuckerkrankheit. **Diabetiker** *der*; -s, -: Zuckerkranker (Med.). **diabetisch**: zuckerkrank (Med.)

Diabolie [zu → Diabolus] u. **Diabolik** *die*; -: teuflische Art, Verruchtheit. **diabolisch**: teuflisch. **Diabolus** [über gleichbed. *lat.* diabolus aus *gr.* diábolos, eigtl. „Verleumder“] *der*; -: der Teufel

dia|chron [...*kr*...; zu → dia... u. *gr.* chrónos „Zeit“] = diachronisch. **Dia|chronie** *die*; -: Darstellung der geschichtlichen Entwicklung einer Sprache (Sprachw.); Ggs. → Synchronie. **dia|chronisch**: die geschichtliche Entwicklung einer Sprache od. einer sprachlichen Erscheinung betreffend; Ggs. → synchronisch

Diadem [über gleichbed. *lat.* diadēma aus *gr.* diádēma, eigtl. „Umgebundenes“] *das*; -s, -e: Stirn- od. Kopfreif aus Edelmetall, meist mit Edelsteinen od. Perlen besetzt

Diadoche [aus *gr.* diádochos „Nachfolger“ zu diadéchesthai „(von einem früheren Besitzer) übernehmen“] *der*; -n, -n: 1. (hist.) (nur Plural) die Feldherren Alexanders des Großen, die sich nach seinem Tod bekämpften u. sein Reich unter sich teilten. 2. Nachfolger einer bedeutenden, einflußreichen Persönlichkeit in Konkurrenz mit mindestens einem anderen

Dia|gnose [über gleichbed. *fr.* diagnose aus *gr.* diágnōsis „unterscheidende Beurteilung, Erkenntnis“ zu diagignṓskein „durch und durch erkennen, beurteilen“] *die*; -, -n: das Erkennen, Feststellen einer Krankheit (Med.). **Dia|gnostik** [zu *gr.* diagnōstikós „zum Unterscheiden gehörig“] *die*; -: Fähigkeit u. Lehre, Krankheiten zu erkennen (Med.). **Dia|gnostiker** *der*; -s, -: jmd., der eine Diagnose stellt. **dia|gnostisch**: durch Diagnose festgestellt, die Diagnose betreffend. **dia|gnostizieren**: eine Krankheit [durch eingehende Untersuchung des Patienten] feststellen

diagonal [aus *spätlat.* diagōnālis dies zu *gr.* diá „durch“ u. gōnía „Ecke, Winkel“]: a) zwei nicht benachbarte Ecken eines Vielecks verbindend (Geom.); b) schräg, quer verlaufend; -es Lesen: das [oberflächliche] nicht alle Einzelheiten eines Textes beachtende Lesen, durch das man sich einen allgemeinen Überblick verschafft. **Diagonale** *die*; -, -n: a) Gerade, die zwei nicht benachbarte Ecken eines Vielecks miteinander verbindet (Geom.); b) schräg, quer verlaufende Linie

Dia|gramm [aus *gr.-lat.* diágramma „Umriß, musikal. Schema“ zu *gr.* diagráphein „mit Linien umziehen“] *das*; -s, -e: 1. zeichnerische Darstellung von Größenverhältnissen in anschaulicher, leicht überblickbarer Form. 2. schematische Darstellung von Blütengrundrissen (Bot.). 3. magisches Zeichen (Drudenfuß); vgl. Pentagramm

Diakon [südd. u. österr. auch: *dia*...; über *kirchenlat.* diāconus aus *gr.* diákonos „Diener“] *der*; -s, u. -en, -e[n]: 1. kath., anglikan. od. orthodoxer Geistlicher, der um einen Weihegrad unter dem Priester steht. 2. in der evangelischen Kirche Krankenpfleger, Pfarrhelfer od. Prediger ohne Hochschulausbildung. **Diakonat** *das* (auch: *der*); -s, -e: 1. a) Amt eines Diakons; b) Wohnung eines Diakons. 2. Pflegedienst (in Krankenhäusern). **Diakonie** [über *kirchenlat.* diāconia aus *gr.* diakonía „Dienst“] *die*; -: [berufsmäßiger] Dienst an Armen u. Hilfsbedürftigen (Krankenpflege, Gemeindedienst) in der evang. Kirche. **diakonisch**: den Diakon od. die Diakonie betreffend. **Diakonisse** [aus *kirchenlat.* diāconissa „Kirchendienerin“] *die*; -, -n u. **Diakonissin** *die*; -, -nen: evang. Kranken- u. Gemeindeschwester

dia|kritisch [aus *gr.* diakritikós „zum Unterscheiden geeignet“ zu diakrínein „trennen, (unter)scheiden“; vgl. kritisch]: unterscheidend; -es Zeichen: Zeichen, das die besondere Aussprache eines Buchstabens anzeigt (z. B. die → Cedille [ç])

Dialekt [über gleichbed. *lat.* dialectos aus *gr.* diálektos „Gespräch, Redeweise“ zu dialégesthai „sich unterreden, sprechen“] *der*; -[e]s, -e: Mundart, örtlich od. landschaftlich bedingte sprachliche Sonderform; regionale Variante einer Sprache. **dialektal**: den Dialekt betreffend, mundartlich. **Dialektismus** *der*; -, ...men: dialektale → Variante (1) einer hochsprachlichen Form (z. B. österr. Karfiol = binnendeutsch Blumenkohl). **Dialektologie** [*gr.-nlat.*] *die*; -: Mundartforschung. **dialektologisch**: die Dialektologie betreffend

Dialektik [über *lat.* (ars) dialectica „Kunst der Gesprächsführung“ aus gleichbed. *gr.* dialektikḗ (téchnē)] *die*; -: 1. innere Gegensätzlichkeit. 2. philosophische Arbeitsmethode, deren Wesen darin besteht, [in Rede und Widerrede] Widersprüche aufzudecken und zu überwinden und dadurch die Wahrheit zu finden, Erkenntnis zu erlangen. 3. die Fähigkeit, den Diskussionspartner in Rede u. Gegenrede zu überzeugen; vgl. Sophistik (2). 4. die Wissenschaft von den allgemeinen Gesetzen der Bewegung und Entwicklung in der Natur, in der Gesellschaft und im menschlichen Denken (Marxismus). **Dialektiker** *der*; -s, -: 1. ein in der Dialektik (3) Erfahrener; jmd., der geschickt zu argumentieren versteht. 2. ein Vertreter der dialektischen Methode. **dialektisch**: 1. = dialektal. 2. die Dialektik betreffend. 3. in Gegensätzen, entsprechend der Methode der Dialektik (2) denkend. 4. haarspalterisch, spitzfindig; -e Methode: 1. = Dialektik (2). 2. das Denken in → These, → Antithese (1), → Synthese (nach Hegel); -er Materialismus: wissenschaftliche Lehre des Marxismus von den allgemeinen Bewegungs-, Entwicklungs- u. Strukturgesetzen der Natur u. der Gesellschaft; Abk.: DIAMAT

Dialektismus usw.: → Dialekt

Dialog [aus gleichbed. *fr.* dialogue, dies über *lat.* dialogus aus *gr.* diálogos „Unterredung, Gespräch“ zu dialégesthai, s. Dialekt] *der*; -[e]s, -e: a) Zwiegespräch, Wechselrede; Ggs. → Monolog (b); b) politische Unterredung zwischen Vertretern von zwei Staaten. **dialogisch**: in Dialogform. **dialogisieren**: in Dialogform gestalten

Dialysator [zu → Dialyse] *der*; -s, ...oren: Gerät zur Durchführung der Dialyse. **Dialyse** [aus *gr.* diálysis „Auflösung, Trennung“ zu dialýein „auflösen, trennen“] *die*; -, -n: Entfernung löslicher Stoffe mit niedrigem Molekulargewicht aus Lösungen hochmolekularer Stoffe mit Hilfe einer halbdurchlässigen Membran (z. B. Blutwäsche). **dialysieren**: eine Dialyse durchführen. **dialytisch**: auf Dialyse beruhend; auflösend; zerstörend

diama|gnetisch [zu → dia... u. → Magnet]: den Diamagnetismus betreffend. **Diama|gnetismus** *der*; -: Eigenschaft von Stoffen, deren → Moleküle kein magnetisches Moment enthalten

Diamant [aus gleichbed. *fr.* diamant, dies aus *vulgärlat.* adiamās, Gen. adiamantis zu *gr.-lat.* adámās „der Unbezwingbare"] *der*; -en, -en: aus reinem Kohlenstoff bestehender Edelstein von sehr großer Härte. **diamanten**: a) aus Diamant; b) fest wie Diamant

DIAMAT u. **Diamat** *der*; -s: = dialektischer Materialismus

Diameter [aus gleichbed. *lat.* diameter zu *gr.-lat.* diámētros „durch die Mitte gehend; Durchmesser"] *der*; -s, -: Durchmesser eines Kreises od. einer Kugel. **diame|tral**: 1. auf einem Durchmesser gelegen. 2. entgegengesetzt [wie die Endpunkte eines Durchmessers] (Math.). 3. genau das Gegenteil darstellend, z. B. -er Gegensatz; - (ganz und gar) entgegengesetzt. **diame|trisch** [*gr.*]: dem Durchmesser entsprechend

Di|amid [Kunstw.] *das*; -s: = Hydrazin. **Di|amin** [Kunstw.] *das*; -s, -e: organische Verbindung mit zwei Aminogruppen (Chem.)

Diapositiv [auch: ...*tif*; zu → dia... u. → ²Positiv] *das*; -s, -e [...*wᵉ*]: durchsichtiges fotograf. Bild (zum → Projizieren auf eine weiße Fläche). **Diaprojektor** *der*; -s, ...oren: Gerät zum Vorführen von Diapositiven

Di|ärese u. **Di|äresis** [über *lat.* diaeresis aus gleichbed. *gr.* diaíresis zu diairéein „auseinandernehmen"] *die*; -, ...resen: 1. getrennte Aussprache zweier Vokale, die nebeneinander stehen u. eigentlich einen → Diphthong ergäben (z. B. naiv). 2. Einschnitt im Vers, an dem das Ende des Wortes u. des Versfußes (der rhythmischen Einheit) zusammenfallen (z. B. Du siehst, wohin Du siehst || nur Eitelkeit auf Erden; Gryphius)

Diarium [aus gleichbed. *lat.* diārium zu diēs „Tag"] *das*; -s, ...ien [...*iᵉn*]: 1. (veraltet) Tagebuch. 2. Buch für geschäftliche Eintragungen; Notizbuch

Diar|rhö *die*; -, -en u. **Diar|rhöe** [...*rö*; über *lat.* diarrhoea aus gleichbed. *gr.* diárrhoia, eigtl. „Durchfluß"] *die*; -, -n [...*röᵉn*]: Durchfall. **diar|rhöisch**: mit Durchfall verbunden

Dia|skop [zu → dia... u. → ...skop] *das*; -s, -e: = Diaprojektor

Dia|spora [aus *gr.* diasporá „Zerstreuung" zu diaspeírein „ausbreiten, verteilen"] *die*; -: a) Gebiet, in dem die Anhänger einer Konfession (auch Nation) gegenüber einer anderen in der Minderheit sind; b) eine konfessionelle (auch nationale) Minderheit

Diastole [*diáßtole*, auch: ...*ßtolᵉ*; aus *gr.-lat.* diastolḗ „das Auseinanderziehen, Ausdehnen"] *die*; -, ...olen: die mit der Zusammenziehung (→ Systole) rhythmisch abwechselnde Erweiterung des Herzens (Med.) **diastolisch**: die Diastole betreffend, auf ihr beruhend

diät [zu → Diät]: den Vorschriften einer Schonkost folgend. **Diät** [über *lat.* diaeta aus gleichbed. *gr.* díaita, eigtl. „Einteilung (der Speisen)"] *die*; -: Krankenkost, Schonkost; auf die Bedürfnisse eines Kranken abgestimmte Ernährungsweise; vgl. aber Diäten. **Diätetik** *die*; -, -en: Ernährungs-, Diätlehre (Med.). **diätetisch**: der Diätetik gemäß

Diäten [wohl gekürzt aus Diätengelder, zu *fr.* diète „tagende Versammlung" aus *mlat.* diēta, diaeta „festgesetzter Termin" zu *lat.* diēs „Tag"] *die* (Plural): 1. Bezüge der Abgeordneten [im Bundestag] in Form von Tagegeld, Aufwandsentschädigung u. a. 2. Einkommen bestimmter außerplanmäßiger Lehrkräfte an Hochschulen; vgl. aber Diät

Diathek [zu → Dia(positiv) u. → ...thek] *die*; -, -en: Sammlung von → Diapositiven

diatherman [zu → dia... u. *gr.* thérmē „Wärme"]: wärmedurchlässig, Wärmestrahlen nicht absorbierend (z. B. Glas, Eis; Meteor.; Phys.; Med.)

diätisch [zu → Diät]: die Ernährung betreffend

Diatomee [zu *gr.* diátomos „zerschnitten, geteilt" zu diatémnein „durchschneiden" (wegen der zwei Hälften des Kieselpanzers)] *die*; -, ...meen (meist Plural): Kieselalge (einzelliger pflanzlicher Organismus). **Diatomeenerde** *die*; -: Kieselgur, Ablagerung von Diatomeen im Süßwasser bei niederen Temperaturen

Diatonik [zu → diatonisch] *die*; -: Dur-Moll-Tonleitersystem mit 7 Stufen (Ganz- u. Halbtöne); Ggs. → Chromatik (1). **diatonisch**: [über *lat.* diatonicus aus gleichbed. *gr.* diatonikós]: in der Tonfolge einer Dur- od. Molltonleiter folgend; Ggs. → chromatisch (1)

Dichoreus [...*cho*...; über *lat.* dichorēus aus gleichbed. *gr.* dichóreios; vgl. Choreus] *der*; -, ...een: doppelter → Trochäus (–◡–◡)

dichotom [...*cho*...; aus *gr.* dichótomos „halbiert, zweigeteilt"] u. dichotomisch: in Begriffspaare eingeteilt. **Dichotomie** *die*; -, ...ien: Zweiteilung, Gliederung (z. B. eines Gattungsbegriffs in zwei Arten). **dichotomisch** vgl. dichotom

Di|chromat [aus → ¹di... u. → Chromat] *das*; -s, -e: doppelchromsaures Salz

Dictionnaire [*dikßionär*; *fr.*] *das* (auch: *der*); -s, -s: = Diktionär

Didaktik [zu → didaktisch] *die*; -, -en: 1. (ohne Plural) Wissenschaft vom Unterricht u. vom Unterrichten. 2. a) eine bestimmte Theorie od. Methode des Unterrichtens; b) Buch über eine bestimmte Theorie od. Methode des Unterrichtens. **Didaktiker** *der*; -s, -: a) Fachvertreter der Unterrichtslehre; b) jmd., der einer Gruppe von Personen einen Lehrstoff vermittelt (z. B. ein guter -, schlechter - sein). **didaktisch** [aus *gr.* didaktikós „unterrichtend, belehrend" zu didáskein „lehren"]: a) die Vermittlung von Lehrstoff, das Lehren u. Lernen betreffend; b) für Unterrichtszwecke geeignet. **Didaktisierung** *die*; -, -en: didaktische Aufbereitung eines Lehrstoffes

Di|elek|trikum [zu → dia... u. → elektrisch] *das*; -s, ...ka: luftleerer Raum od. isolierende Substanz, in der ein → elektromagnetisches Feld ohne Ladungszufuhr erhalten bleibt. **di|elek|trisch**: elektrisch nicht leitend (von bestimmten Stoffen)

Dien [zu *gr.* di- „zwei"] *das*; -s, -e: ein ungesättigter Kohlenwasserstoff (Chem.)

Dies academicus [- *akademikuß*; *lat.*; vgl. akademisch] *der*; - -: vorlesungsfreier Tag an der Universität, an dem aus besonderem Anlaß eine Feier od. Vorträge angesetzt sind. **Dies ater** [*lat.*; „schwarzer Tag"] *der*; - -: Unglückstag

Dies irae [- *irä*; *lat.*; „Tag des Zorns"] *das*; - -: Bezeichnung u. Anfang der Sequenz der Totenmesse

Dieu le veut! [*diö lᵉ wö*; *fr.*; „Gott will es!"]: Kampfruf der Kreuzfahrer auf dem ersten Kreuzzug

dif..., **Dif**... vgl. dis..., Dis...

Diffamation [...*zion*] *die*; -, -en: = Diffamierung; vgl. ...ation/...ierung. **diffamatorisch** [zu → diffamieren]: ehrenrührig, verleumderisch. **Diffamie** *die*; -, ...ien: Beschimpfung, verleumderische Äußerung. **diffamieren** [über *fr.* diffamer aus gleichbed. *lat.* diffamāre zu → dis... u. *lat.* fāma „Gerede"]: jmdn. in seinem Ansehen, etwas in seinem Wert herabsetzen; jmdn./etwas in Verruf bringen. **Diffamierung** *die*; -, -en: Verleumdung, Verbreitung übler Nachrede; vgl. ...ation/...ierung

different [aus *lat.* differēns, Part. Präs. von differre, s. differieren]: verschieden, ungleich. **differential** u. differentiell [...*zi*...]: einen Unterschied begründend od. darstellend. **Differential** *das*; -s, -e: 1. Zuwachs einer → Funktion (2) bei einer [kleinen] Änderung ihres → Arguments (2) (Math.). 2. Kurzform von Differentialgetriebe. **Differentialgetriebe** *das*; -s, -: Ausgleichsgetriebe bei Kraftwagen. **Differentialgleichung** *die*; -, -en: Gleichung, in der Differentialquotienten auftreten. **Differentialquotient** *der*; -en, -en: a) Grundgröße der Differentialrechnung; b) Grenzwert des → Quotienten, der den Tangentenwinkel bestimmt. **Differentiation** [...*zion*] *die*; -, -en: die Anwendung der Differentialrechnung. **differentiell** vgl. differential

Differenz [aus *lat.* differentia „Verschiedenheit" zu differre, s. differieren] *die*; -, -en: 1. [Gewichts-, Preis]unterschied. 2. das Ergebnis einer → Subtraktion (z. B. ist 7 die Differenz zwischen 20 u. 13; Math.). 3. (meist Plural) Meinungsverschiedenheit, Unstimmigkeit, Zwist. **Differenzenquotient** *der*; -en, -en: → Quotient aus der Differenz zweier Funktionswerte (vgl. Funktion 2) u. der Differenz der entsprechenden → Argumente (2); (Math.). **differenzieren**: 1. a) trennen, unterscheiden; b) sich -: sich aufgliedern, Konturen gewinnen. 2. eine → Funktion (2) nach den Regeln der Differentialrechnung behandeln (Math.). **differenziert**: aufgegliedert, vielschichtig, in die Einzelheiten gehend. **Differenzierung** *die*; -, -en: 1. Unterscheidung, Sonderung, Abstufung, Abweichung, Aufgliederung. 2. a) Bildung verschiedener Gewebe aus ursprünglich gleichartigen Zellen; b) Aufspaltung → systematischer Gruppen im Verlauf der Stammesgeschichte (Biol.). **differieren** [wohl über *fr.* différer aus gleichbed. *lat.* differre, eigtl. „auseinandertragen"]: verschieden sein, voneinander abweichen

diffizil [über *fr.* difficile aus gleichbed. *lat.* difficilis]: 1. schwierig, mühsam, schwer zu behandeln; heikel. 2. [peinlich] genau

dif|frakt [aus gleichbed. *lat.* diffrāctus, Part. Perf. von diffringere „zerbrechen"]: zerbrochen (Bot.). **Dif|fraktion** [...*zion*] *die*; -, -en: Beugung der Lichtwellen und anderer Wellen (Phys.)

diffundieren [aus *lat.* diffundere „ausgießen; ausströmen, sich verbreiten"]: 1. eindringen, verschmelzen (Chem.). 2. zerstreuen (von Strahlen; Phys.). **diffus** [aus *lat.* diffusus „ausgebreitet"]: 1. zerstreut, ohne genaue Abgrenzung (Chem.; Phys.); -es Licht: Streulicht, Licht ohne geordneten Strahlenverlauf. 2. unklar, verschwommen. **Diffusion** [aus *lat.* diffusio „das Auseinanderfließen"] *die*; -, -en: ohne äußere Einwirkung eintretender Ausgleich von Konzentrationsunterschieden (Chem.). **Diffusor** *der*; -s, ...oren: transparente, lichtstreuende Plastikscheibe zur Erweiterung des Meßwinkels bei Lichtmessern (Fot.)

Digest [*daidschäßt*; aus *engl.* digest „Auszug, Auswahl", dies aus *lat.* digesta „geordnete Sammlung" zu digerere „auseinandertragen, ordnen, einteilen"] *der* od. *das*; -[s], -s: a) bes. in den angelsächs. Ländern übliche Art von Zeitschriften, die Auszüge aus Büchern und Zeitschriften, Nachdrucke von Artikeln usw. bringen; b) Auszug [aus einem Buch od. Bericht]

digital [aus gleichbed. *engl.* digital zu digit „Ziffer" (eigtl.: „[zum Zählen benutzter] Finger") aus *lat.* digitus „Finger"]: Daten u. Informationen in Ziffern darstellend (bei → Computern; Techn.). **Digitalrechner** *der*; -s, -: mit nicht zusammenhängenden Einheiten (Ziffern, Buchstaben) arbeitende Rechenanlage; elektronischer Rechner, der nur mit zwei Ziffern arbeitet; Ggs. → Analogrechner. **Digitaluhr** *die*; -, -en: Uhr, die die Uhrzeit nicht mit Zeigern angibt, sondern als Zahl (z. B. 18.20)

Di|gression [aus *lat.* digressio „das Weggehen, die Abweichung" zu digredi „weggehen, sich entfernen"] *die*; -, -en: Winkel zwischen dem Meridian u. dem Vertikalkreis, der durch ein polnahes Gestirn geht

Dijambus [über *lat.* diiambus aus gleichbed. *gr.* diíambos (zu → [1]di...)] *der*; -, ...ben: doppelter → Jambus (◡–◡–)

Dikasterium [aus gleichbed. *gr.* dikastḗrion] *das*; -s, ...ien [...*iᵉn*]: Gerichtshof bei den alten Griechen

Dikta: *Plural* von → Diktum

diktando [aus gleichbed. *lat.* dictando, Ablativ des Gerundiums von dictāre „vorsagen"]: diktierend, beim Diktieren. **Diktant** *der*; -en, -en: jmd., der diktiert. **Diktaphon** *das*; -s, -e: Tonbandgerät zum Diktieren. **Diktat** [aus *lat.* dictātum, Part. Perf. von dictāre, s. diktieren] *das*; -[e]s, -e: 1. a) das Diktieren; b) das Diktierte; c) Nachschrift; vom Lehrer diktierte Sätze als Rechtschreibeübung in der Schule. 2. aufgezwungene, harte Verpflichtung **diktieren**: 1. jmdm. etwas, was er [hin]schreiben soll, Wort für Wort sagen. 2. a) zwingend vorschreiben, festsetzen; auferlegen; b) aufzwingen. **Diktiergerät** *das*; -s, -e: Gerät zur Aufnahme u. Wiedergabe eines gesprochenen Textes

Diktator [aus *lat.* dictātor „Befehlshaber" zu dictāre „(als Befehl) diktieren"] *der*; -s, ...oren: 1. unumschränkter Machthaber an der Spitze eines Staates; Gewaltherrscher. 2. (abwertend) herrischer, despotischer Mensch. 3. (hist.) röm. Beamter, dem auf bestimmte Zeit die volle Staatsgewalt übertragen wurde (z. B. Cäsar). **diktatorisch**: unumschränkt, einem unumschränkten Gewaltherrscher unterworfen. 2. (abwertend) gebieterisch, keinen Widerspruch duldend. **Diktatur** *die*; -, -en: 1. auf unbeschränkte Vollmacht einer Person od. Gruppe gegründete Herrschaft in einem Staat, z. B. - des Militärs. 2. (abwertend) autoritäre Führung, autoritärer Zwang, den eine Einzelperson, eine Gruppe od. Institution auf andere ausübt

diktieren: → Diktat

Diktion [...*zion*; aus gleichbed. *lat.* dictio zu dīcere „sagen"] *die*; -, -en: mündliche od. schriftliche Ausdrucksweise; Stil (1)

Diktionär [über gleichbed. *fr.* dictionnaire aus *mlat.* dictiōnārium zu dictio „das Sagen, Ausdruck"] *das* (auch: *der*); -s, -e; (veraltet) Wörterbuch

Diktum [aus *lat.* dictum, Part. Perf. von dīcere „sagen"] *das*; -s, ...ta: Ausspruch

dilatabel [zu *lat.* dīlātāre „breiter machen, ausbreiten" (zu → [3]di... u. *lat.* lātus „breit")]: dehnbar. **Dilatation** [...*zion*] *die*; -, -en: Ausdehnung, → spezifische (1) Volumenänderung, Verlängerung eines elastisch gedehnten Körpers (Phys.). **Dilatometer** *das*; -s, -: 1. Apparat zur Messung der Ausdehnung von Körpern bei Temperaturerhöhung (Phys.). 2. Apparat zur Bestimmung des Alkoholgehalts einer Flüssigkeit auf der Grundlage der sogen. Schmelzausdehnung

dilatorisch [aus gleichbed. *lat.* dīlātōrius zum Part. Perf. dīlātum von differre „auseinandertragen, verzögern", s. differieren]: 1. aufschiebend, hinhaltend. 2. schleppend, verschleppend, verzögernd

Dilemma [aus *gr.-lat.* dílēmma „Fangschluß", eigtl. „Doppelfang"] *das*; -s, -s u. -ta: Wahl zwischen zwei [gleich unangenehmen] Dingen, Zwangslage, -entscheidung

Dilettant [aus *it.* dilettante „Liebhaber, der eine Kunst nur zum Vergnügen treibt" zu dilettārsi „sich ergötzen" aus gleichbed. *lat.* se dēlectāre] *der*; -en, -en: (oft abwertend) Nichtfachmann; jmd., der sich ohne fachmännische Schulung in Kunst od. Wissenschaft betätigt; Laie mit fachmännischem Ehrgeiz. **dilettantisch**: 1. (oft abwertend) unfachmännisch, laienhaft. 2. unzulänglich. **Dilettantismus** *der*; -: (oft abwertend) Betätigung in Kunst od. Wissenschaft ohne Fachausbildung. **dilettieren**: sich als Dilettant betätigen, sich versuchen

diluvial [*...wi...*]: das Diluvium betreffend, aus ihm stammend. **Diluvium** [aus *lat.* dīluvium „Überschwemmung, Wasserflut"] *das*; -s: ältere Zeitstufe des → Quartärs (Eiszeit; Geol.)

dim. = diminuendo

Dime [*daim*; aus *engl.-amerik.* dime, dies über *fr.* dîme „Zehnt" aus *lat.* decima „der zehnte (Teil)"] *der*; -s, -s (aber: 10 Dime): Silbermünze der USA im Werte von 10 Cents

Dimension [aus *lat.* dīmēnsio „Ausmessung, Ausdehnung" zu dīmētīri „nach allen Seiten messen"] *die*; -, -en: 1. (Phys.) a) Ausdehnung eines Körpers nach Länge, Breite, Höhe; b) Beziehung einer Größe zu den Grundgrößen des Maßsystems. 2. (meist Plural) Ausmaß, Umfang, Größenordnung. 3. Größe, Begriff (z. B. Raum als geistige Dimension). **dimensional**: die Ausdehnung betreffend. **dimensionieren**: die Maße eines Gegenstandes festlegen. **dimensioniert**: im entsprechenden Verhältnis stehend

dimer [aus → [1]di... u. → ...mer]: zweiteilig, zweigliedrig (Chem.). **Dimerisation** [*...zion*] *die*; -, -en: Vereinigung zweier gleicher Teilchen (z. B. Atome, Moleküle; Chem.)

Dimeter [über *lat.* dimeter aus *gr.* dímetros „aus zwei Maßen bestehend"] *der*; -s, -: aus zwei gleichen Metren bestehender antiker Vers; vgl. Metrum (1)

diminuendo [*it.*; zu diminuire „vermindern" aus gleichbed. *lat.* dēminuere, s. diminuieren]: in der Tonstärke abnehmend, schwächer werdend; Abk.: dim (Vortragsanweisung; Mus.). **Diminuendo** *das*; -s, -s u. ...di: allmähliches Nachlassen der Tonstärke (Mus.). **diminuieren** [aus gleichbed. *lat.* di-, dēminuere]: verkleinern, verringern, vermindern. **Diminution** [*...zion*] *die*; -, -en: 1. Verkleinerung, Verringerung. 2. (Mus.) a) die Wiederaufnahme des Themas einer Komposition in kleineren als den ursprünglichen rhythmischen Werten; b) die auf mehrfache Weise mögliche Verkürzung einer Note in der → Mensuralnotation. **diminutiv**: verkleinernd (Sprachw.). **Diminutiv** [aus gleichbed. *lat.* di-, dēminūtīvus] *das*; -s, -e [*...w^e*] u. **Diminutivum** [*...iwum*] *das*; -s, ...va [*...wa*]: Verkleinerungsform eines Substantivs (z. B. Öfchen, Gärtlein; Sprachw.)

di molto vgl. molto

dimorph [aus *gr.* dímorphos „doppelgestaltig"]: zweigestaltig

DIN Ⓦᶻ: 1. Kurzw. für: *D*eutsche *I*ndustrie-*N*orm[en]. 2. Verbandszeichen des Deutschen Normenausschusses; z. B. DIN 16511

Dinar [aus *arab.* dīnār, dies über *mgr.* denarion aus *lat.* denarius, s. Denar] *der*; -s, -e (aber: 6 Dinar): Währungseinheit in verschiedenen Ländern (z. B. Jugoslawien); Abk.: Din

di|narisch [nach den Dinarischen Alpen]: einem bestimmten Menschentyp aus dem → europiden Rassenkreis angehörend

Diner [*dine*; aus *fr.* dîner „Hauptmahlzeit", eigtl. „das Dinieren", zu dîner, *altfr.* disner, eigtl. „aufhören zu fasten", zu *lat.* dis- (→ dis...) u. iēiūnus „nüchtern, hungrig"] *das*; -s, -s: festliches Mittag- od. Abendessen. **dinieren**: [festlich] speisen.

Dingi, (auch:) **Dinghi** [aus gleichbed. *engl.* dinghy, dies aus *bengal.* dingi „kleines Boot"] *das*; -s, -s: a) kleines Sportsegelboot; b) kleinstes Beiboot auf Kriegsschiffen

Dingo [aus *austr.* dingo] *der*; -s, -s: austr. Wildhund von der Größe eines kleinen deutschen Schäferhundes

dinieren: → Diner

Dinner [aus *engl.* dinner, dies aus *fr.* dîner, s. Diner] *das*; -s, -[s]: Hauptmahlzeit am Abend in England. **Dinnerjacket** [*...dsehäkit*] *das*; -s, -s: Herrenjackett für halboffizielle gesellschaftliche Anlässe

Dinosaurier [*...i^{e}r*] *der*; -s, - u. **Dinosaurus** [zu *gr.* deinós „furchtbar, gewaltig" u. saũros „Eidechse"] *der*; -, ...rier [*...i^{e}r*]: ausgestorbene Riesenechse. **Dinotherium** [zu *gr.* thēríon „Tier"] *das*; -s, ...ien [*...i^{e}n*]: ausgestorbenes riesiges Rüsseltier

Di|ode [aus → [1]di... u. → ...ode] *die*; -, -n: Zweipolröhre, Gleichrichterröhre (Elektrot.)

Diolefin [aus → [1]di... u. → Olefin] *das*; -s, -e: = Dien

DiolenⓌᶻ [Kunstw.] *das*; -s: eine synthetische Textilfaser aus → Polyester

Dionysien [*...i^{e}n*; aus *gr.-lat.* Dionýsia zum Namen des Gottes Diónȳsos] *die* (Plural): altgriech. Fest zu Ehren des Wein- u. Fruchtbarkeitsgottes Dionysos. **dionysisch**: 1. dem Dionysos zugehörend, ihn betreffend. 2. wildbegeistert, rauschhaft dem Leben hingegeben (nach Nietzsche); Ggs. → apollinisch

diophantische Gleichung [nach dem gr. Mathematiker Diophantos; 3. Jh. v. Chr.] *die*; -n, -: eine Gleichung mit mehreren Unbekannten, für die ganzzahlige Lösungen zu finden sind (Math.)

Di|opter [aus *gr.-lat.* dioptra „Instrument zum Höhenmessen u. Nivellieren"] *das*; -s, -: Zielgerät (bestehend aus Lochblende u. Zielmarke). **Di|optrie** *die*; -, ...ien: Einheit der optischen Brechkraft einer Linse od. eines Linsensystems; Abk.: dpt, Dptr. u. dptr. **di|op|trisch**: a) zur Dioptrie gehörend, lichtbrechend; durchsichtig; b) nur lichtbrechende Elemente enthaltend (z. B. dioptrische Fernrohre)

Di|orama [aus → [2]di... u. *gr.* hórāma „das Geschaute", also: „Durchschaubild"] *das*; -s, ...men: plastisch wirkendes Schaubild, bei dem Gegenstände vor einem gemalten od. fotografierten Rundhorizont aufgestellt sind u. teilweise in diesen übergehen

Dioskuren [aus *gr.* Dióskouroi „Söhne des Zeus"; nämlich: Kastor u. Pollux] *die* (Plural): unzertrennliches Freundespaar

Dioxyd [auch: *...üt*; aus → [1]di... u. → Oxyd] (chem. fachspr.:) Dioxid *das*; -s, -e: anorganische Verbindung von einem Atom Metall od. Nichtmetall mit zwei Sauerstoffatomen (Chem.)

di|özesan [aus gleichbed. *kirchenlat.* dioecesānus]: zu einer Diözese gehörend, die Diözese betreffend. **Di|özesan** *der*; -en, -en: Angehöriger einer Diözese. **Di|özese** [über *lat.* dioecēsis aus *gr.* dioíkēsis „Distrikt, Provinz"] *die*; -, -n: a) Amtsgebiet eines katholischen Bischofs; b) (früher auch:) evangel. Kirchenkreis; vgl. Dekanat

Diph|therie [zu *gr.* diphthéra „(Tier)haut, Membran"] *die*; -, ...ien: Infektionskrankheit im Hals- u. Rachenraum mit Bildung häutiger Beläge auf den Tonsillen u. Schleimhäuten

Di|phthong [über *lat.* diphthongus aus gleichbed. *gr.* díphthoggos, eigtl. „zweimal tönend"] *der*; -s, -e: Doppellaut, Zwielaut (z. B. ei, au; Sprachw.); Ggs. → Monophthong. **di|phthongieren**: einen Vokal zum Diphthong entwickeln (z. B. mittelhochd. *wīp* zu neuhochd. *Weib*; Sprachw.); Ggs. → monophthongieren. **di|phthongisch**: (Sprachw.) a) einen Diphthong enthaltend; b) als Diphthong lautend; Ggs. → monophthongisch

Dipl. = Diplom

di|ploid: einen doppelten (d. h. vollständigen) Chromosomensatz aufweisend; Ggs. haploid

Di|plom [aus *gr.-lat.* díplōma, eigtl. „zweifach Gefaltetes", dann „Handschreiben auf zwei zusammengelegten Blättern" (zu *gr.* diplóein „doppelt zusammenlegen")] *das*; -s, -e: 1. amtliches Schriftstück. 2. Urkunde über eine abgeschlossene [Hoch]schulausbildung. 3. Ehrenurkunde; Abk.: Dipl. **Di|plomand** *der*; -en, -en: jmd., der sich auf eine Diplomprüfung vorbereitet. **di|plomieren**: jmdm. auf Grund einer Prüfung ein Diplom erteilen

Di|plomat [aus gleichbed. *fr.* diplomate zu diplomatique „urkundlich; die Noten des zwischenstaatlichen Verkehrs betreffend"; vgl. Diplom] *der*; -en, -en: 1. jmd., der im auswärtigen Dienst eines Staates steht u. bei anderen Staaten als Vertreter dieses Staates beglaubigt ist. 2. jmd., der geschickt u. klug taktiert, um seine Ziele zu erreichen, ohne andere zu verärgern, z. B. ein guter (schlechter) - sein. **Di|plomatie** *die*; -: 1. völkerrechtliche Regeln für außenpolitische Verhandlungen, Verhandlungstaktik. 2. kluge Berechnung. **di|plomatisch**: 1. a) die Diplomatie betreffend, auf ihr beruhend; b) den Diplomaten betreffend. 2. klug-berechnend

di|plomieren: → Diplom

dipodisch [zu *gr.-lat.* dipodía „Verbindung zweier Versfüße zu einem Takt", eigtl. „Doppelfüßigkeit"]: abwechselnd Haupt- u. Nebenhebung (Haupt- u. Nebenton) aufweisend (von Versen)

Dipol [aus → [1]di... u. → Pol] *der*; -s, -e: 1. Anordnung zweier gleich großer, einander entgegengesetzter elektrischer Ladungen od. magnetischer → Pole in geringem Abstand voneinander. 2. = Dipolantenne. **Dipolantenne** *die*; -, -n: Antennenanordnung mit zwei gleichen, elektrisch leitenden Teilen

dippen [aus gleichbed. *engl.* to dip, eigtl. „eintauchen, rasch senken"]: (Seemannsspr.) die Flagge zum Gruß auf- u. niederholen

Di|pteros [aus *gr.* dípteros (naós) „zweiflügelig(er Tempel)"] *der*; -, ...roi [...*reu*]: griech. Tempel, der von einer doppelten Säulenreihe umgeben ist

Di|ptychon [aus *gr.* díptychon „zweiteilige Schreibtafel" zu díptychos „doppelt zusammengelegt"] *das*; -s, ...chen u. ...cha: im Mittelalter ein zweiflügeliges Altarbild; vgl. Triptychon

Dipylonkultur [nach der Fundstelle vor dem Dipylon, dem „Doppeltor", in Athen] *die*; -: eisenzeitliche Kultur in Griechenland

Directoire [*diräktoar*; nach dem Directoire, der höchsten Behörde der fr. Republik 1795–99] *das*; -[s]: franz. Kunststil zwischen → Louis-seize u. → Empire

direkt [aus *lat.* dīrēctus „gerade (gerichtet)", Part. Perf. von dirigere, s. dirigieren]: 1. in gerader Richtung, ohne Umweg. 2. jmdn./etwas unmittelbar betreffend; Ggs. → indirekt. 3. (ugs.) entschieden, ausgesprochen, z. B. das ist - zum Lachen. 4. unmißverständlich, eindeutig, z. B. sehr - fragen; -e Aktion: Methode des sozialen u. politischen Kampfes, der eine Taktik des permanenten Konflikts verfolgt, um die Integration der Arbeiter in die bürgerliche Gesellschaft zu verhindern; -e Rede: in Anführungsstrichen stehende, wörtliche, unabhängige Rede (z. B.: Er sagte: „Ich gehe nach Hause"); Ggs. → indirekte Rede. **Direktmandat** *das*; -s, -e: → Mandat (2) eines durch Mehrheitswahl (Persönlichkeitswahl) direkt, d. h. nicht über eine Wahlliste, gewählten Abgeordneten

Direktion [...*zion*; aus *lat.* dīrēctio „das Ausrichten"; s. dirigieren] *die*; -, -en: 1. [Geschäfts]leitung, Vorstand. 2. (veraltet) Richtung

direktiv [zu *lat.* dīrēctus, s. direkt]: Verhaltensregeln gebend. **Direktive** [...*w*[e]] *die*; -, -n: Weisung; Verhaltensregel

Direktor [aus *lat.* dīrēctor „Lenker, Leiter" zu dīrigere, s. dirigieren] *der*; -s, ...oren: 1. a) Leiter (einer Schule); b) jmd., der einem Unternehmen, einer Behörde vorsteht; Vorsteher. 2. Zusatzelement für die → Dipolantenne mit Richtwirkung. **Direktorat** *das*; -s, -e: 1. a) Leitung; b) Amt eines Direktors od. einer Direktorin. 2. Dienstzimmer eines Direktors od. einer Direktorin. **direktorial**: a) einem Direktor od. einer Direktorin zustehend; b) von einem Direktor od. einer Direktorin veranlaßt; c) einem Direktor [in der Art des Benehmens] ähnelnd, entsprechend. **Direktorin** [auch: *diräk*...] *die*; -, -nen: Leiterin, bes. einer Schule. **Direktorium** *das*; -s, ...ien [...*i*[e]*n*]: 1. Vorstand, Geschäftsleitung, leitende Behörde. 2. (ohne Plural) = Directoire

Direk|trice [...*triß*[e]; aus *fr.* directrice „Leiterin"] *die*; -, -n: leitende Angestellte, bes. in der Bekleidungsindustrie

Direk|trix [Femininbildung zu *lat.* dīrēctor, s. Direktor] *die*; -: Leitlinie von Kegelschnitten, Leitkurve von gekrümmten Flächen (Math.)

Direttissima [aus gleichbed. *it.* direttissima zu diretto „gerade, direkt", s. direkt] *die*; -, -s: Route, die ohne Umwege zum Gipfel eines Berges führt. **Direx** [*lat.*] *der*; -, -e u. *die*; -, -en: (Schülerspr.) Kurzw. für: Direktor (1a) u. Direktorin

Dirigat [zu → dirigieren] *das*; -[e]s, -e: 1. Orchesterleitung, Dirigentschaft. 2. Tätigkeit, [öffentliches] Auftreten eines Dirigenten. **Dirigent** *der*; -en, -en: Leiter eines Chors, Orchesters, einer musikalischen Aufführung. **dirigieren** [aus *lat.* dīrigere „ausrichten, die Richtung bestimmen, leiten"]: a) einen Chor, ein Orchester od. eine musikalische Aufführung (Konzert, Oper) leiten; b) dafür sorgen, daß etwas in einer bestimmten Form od. in einer bestimmten Richtung abläuft, verläuft, sich entwikkelt; c) etwas/jmdn. durch Anweisungen, Hinweise o. ä. an eine bestimmte Stelle gehen od. kommen lassen, leiten. **Dirigismus** *der*; -: staatliche Lenkung der Wirtschaft. **dirigistisch**: 1. den Dirigismus betreffend. 2. reglementierend, Vorschriften machend

Dirt-Track-Rennen [*dö̍ttr̨äk*...; zu *engl.* dirt track „Schlackenbahn", eigtl „Schmutzbahn"] *das;* -s, -: Motorrad- od. Fahrradrennen auf Schlacken- od. Aschenbahnen

dis..., Dis... [aus gleichbed. *lat.* dis-, eigtl. „entzwei"] vor f zu dif... angeglichen, gelegentlich zu di... gekürzt: Präfix mit der Bedeutung „zwischen, auseinander, hinweg" u. mit verneinendem Sinn, z. B. dispers, Differenz, disparat, Dimension

Di|sac|charid u. Di|saccharid [...*sacha*...; aus → [1]di... u. → Saccharid] *das;* -s, -e: → Kohlehydrat, das aus zwei Zuckermolekülen aufgebaut ist

Discantus [...*kantus*] *der;* -, - [...*kántuß*]: = Diskant

Discjockey [*dißk*...] vgl. Diskjockey

Discountgeschäft *das;* -s, -e u. **Discountladen** [zu *engl.* discount „Preisnachlaß"; vgl. Diskonto] *der;* -s, ...läden: Einzelhandelsgeschäft, in dem Markenartikel u. andere Waren zu einem hohen Rabattsatz (mitunter zu Großhandelspreisen) verkauft werden

Disengagement [*dißinge*^{i}*dsehm*^{e}*nt*; aus gleichbed. *engl.* disengagement, eigtl. „Loslösung, das Absetzen"] *das;* -s: das militärische Auseinanderrücken [der Machtblöcke in Europa]

Diseur [*disö̤r*; aus gleichbed. *fr.* diseur zu dire „sagen" aus *lat.* dīcere] *der;* -s, -e: Sprecher, Vortragskünstler, bes. im Kabarett. **Diseuse** [...*ös*^{e}] *die;* -, -n: Vortragskünstlerin, bes. im Kabarett

dis|gruent [auch: *diß*...; zu → dis... u. → kongruent]: nicht übereinstimmend; Ggs. → kongruent (1)

Disharmonie [auch: *diß*...; zu → dis... u. → Harmonie] *die;* -, ...ien: 1. Mißklang (Mus.). 2. Uneinigkeit, Unstimmigkeit, Mißton. **disharmonieren** [auch: *diß*...]: nicht zusammenstimmen, uneinig sein. **disharmonisch** [auch: *diß*...]: 1. a) einen Mißklang bildend (Mus.). 2. eine Unstimmigkeit aufweisend; uneinig

disjunkt [aus gleichbed. *lat.* disiunctus zu disiungere „auseinanderbinden"]: 1. getrennt, geschieden, gesondert, z. B. -e Mengen (Math.). 2. durch Disjunktion verknüpft (Logik). **Disjunktion** [...*zion*] *die;* -, -en: 1. Trennung, Sonderung. 2. (Logik) a) Verknüpfung zweier Aussagen durch das ausschließende „entweder - oder"; b) Verknüpfung zweier Aussagen durch das nichtausschließende „oder", Adjunktion. **disjunktiv** [aus gleichbed. *lat.* disiunctīvus]: einander ausschließend, aber zugleich eine Einheit bewirkend (von Urteilen od. Begriffen); eine oder mehrere Disjunktionen aufweisend; -e [...*w*^{e}] Konjunktion: ausschließendes Bindewort (z. B. oder)

Diskant [aus *mlat.* discantus „Oberstimme", eigtl. „Gegengesang", zu → dis... u. cantāre „singen"] *der;* -s, -e: 1. die dem → Cantus firmus hinzugefügte Gegenstimme; oberste Stimme, → Sopran (Mus.). 2. sehr hohe, schrille Stimmlage beim Sprechen. 3. rechte Hälfte der Tastenreihe beim Klavier. **Diskantschlüssel** *der;* -s: Sopranschlüssel, C-Schlüssel auf der untersten der fünf Notenlinien

Diskjockey u. Discjockey [*dißkdsehoke*, engl. Ausspr.: ...*i*; aus gleichbed. *engl.* disk/disc jockey] *der;* -s, -s: Ansager u. Kommentator von Schallplatten in Rundfunk, Fernsehen, bei öffentlichen Veranstaltungen u. in [Tanz]lokalen

Disko|graphie [aus gleichbed. *fr.* discographie zu disque „Scheibe, Schallplatte" aus *lat.* discus, s. Diskus] *die;* -, ...ien: Schallplattenverzeichnis

Diskont *der;* -s, -e u. Diskonto [aus *it.* disconto „Abrechnung, Abzug" zu *mlat.* discomputāre „abrechnen"; vgl. Computer] *der;* -[s], -s u. ...ti: 1. der von einer noch nicht fälligen Summe bei der Verrechnung im voraus abgezogene Betrag; Betrag (z. B. 20.- DM), den der Käufer (z. B. die Bank) beim Kauf einer erst später fälligen Summe (z. B. eines Wechsels über 1 000.- DM) abzieht (so daß der Verkäufer des Wechsels nur 980.- DM erhält). **diskontieren**: eine später fällige Forderung unter Abzug von Zinsen ankaufen; z. B. einen Wechsel -. **Diskonto** vgl. Diskont. **Diskontsatz** *der;* -es, ...sätze: Zinsfuß, der bei der Diskontberechnung zugrunde gelegt wird; vgl. Lombardsatz

diskontinuierlich [zu → dis... u. → kontinuierlich]: aussetzend, unterbrochen, zusammenhanglos; Ggs. → kontinuierlich. **Diskontinuität** *die;* -, -en: Mangel an Zusammenhang

Diskothek [aus gleichbed. *fr.* discothèque; vgl. Diskographie] *die;* -, -en: 1. Schallplattensammlung, -archiv. 2. [Tanz]lokal [für Jugendliche], in dem Schallplatten gespielt werden. **Diskothekar** *der;* -s, -e: Verwalter einer Diskothek (1) [beim Rundfunk]

Dis|kredit [über *fr.* discrédit aus *it.* discredito „Mißkredit"; vgl. Kredit] *der;* -[e]s: übler Ruf. **dis|kreditieren**: jmdn. in Verruf bringen, verleumden

dis|krepant [zu *lat.* discrepāre „nicht übereinstimmen"]: [voneinander] abweichend, zwiespältig. **Dis|krepanz** *die;* -, -en: a) Unstimmigkeit, Zwiespältigkeit; b) Mißverhältnis

dis|kret [über *fr.* discret „zurückhaltend, besonnen" aus gleichbed. *mlat.* discrētus, Part. Perf. von *lat.* discernere „absondern, sich entfernen"]: 1. a) vertraulich; verschwiegen; taktvoll; b) unauffällig; zurückhaltend; Ggs. → indiskret. 2. abzählbar (bezogen auf eine Folge von Ereignissen od. Symbolen; Techn.); -e Zahlenwerte: Zahlenwerte, die durch endliche → Intervalle (3) voneinander getrennt stehen (Math., Phys.); Ggs. → kontinuierlich. **Dis|kretion** [...*zion*; nach gleichbed. *fr.* discrétion aus *lat.* discrētio „Absonderung, Unterscheidung"] *die;* -: a) Rücksichtnahme, taktvolle Zurückhaltung; b) Verschwiegenheit

Dis|kriminante [aus *lat.* discrīmināns, Part. Präs. von discrīmināre „trennen, absondern"] *die;* -, -n: mathematischer Ausdruck, der bei Gleichungen zweiten u. höheren Grades die Eigenschaft der Wurzel angibt (Math.). **Dis|krimination** [...*zion*] *die;* -, -en: = Diskriminierung; vgl. ...ation/...ierung. **dis|kriminieren** [aus *lat.* discrīmināre „trennen, absondern"; vgl. aber: kriminal]: 1. jmdn./etwas herabsetzen, herabwürdigen. 2. jmdn. od. etwas unterschiedlich behandeln. **Dis|kriminierung** *die;* -, -en: 1. Herabsetzung, Herabwürdigung. 2. unterschiedliche Behandlung; vgl. ...ation/...ierung

diskurrieren [über gleichbed. *fr.* discourir aus *lat.* discurrere „hin und her laufen; sich in Worten ergehen"]: (veraltet) a) [heftig] erörtern; verhandeln; b) sich unterhalten. **Diskurs** [über *fr.* discours „Rede, Gespräch" aus *lat.* discursus „das Hinundherlaufen, die Mitteilung"] *der;* -es, -e: [heftige] Erörterung; Verhandlung. **diskursiv**: von einer Vorstellung zu einer anderen mit logischer Notwendigkeit fortschreitend (Philos.); Ggs. → intuitiv

Diskus [über *lat.* discus „Wurfscheibe" aus gleichbed. *gr.* dískos] *der;* - u. -ses, ...ken u. -se: 1. scheibenförmiges Wurfgerät aus Holz mit Metallreifen u. Metallkern (Sport)

Diskussion [aus *lat.* discussio „Untersuchung" zu discutere, s. diskutieren] *die;* -, -en: Erörterung,

Aussprache, Meinungsaustausch. **diskutabel** [aus *fr.* discutable]: a) erwägenswert; Ggs. → indiskutabel; b) strittig. **Diskutant** *der*; -en, -en: Teilnehmer an einer Diskussion. **diskutieren** [aus *lat.* discutere „untersuchen, erörtern", eigtl. „zerlegen, zerschlagen"]: etwas eingehend mit anderen erörtern, besprechen, Meinungen austauschen

disloyal [auch: *diß...*; zu → dis... u. → loyal]: gegen die Regierung eingestellt; Ggs. → loyal (a)

disparat [aus gleichbed. *lat.* disparātus, Part. Perf. von disparāre „trennen, absondern"]: ungleichartig, unvereinbar, sich widersprechend

Disparität [zu *lat.* dispar „ungleich"] *die*; -, -en: Ungleichheit, Verschiedenheit

Dispatcher [*dißpätsch^er*; aus gleichbed. *amerik.* dispatcher zu *engl.* to dispatch „abschicken"] *der*; -s, -: leitender Angestellter in der Industrie, der den Produktionsablauf überwacht

Dispens [aus *kirchenlat.* dispensa „Erlaß, Befreiung", zu *lat.* dispensāre „aus-, zuteilen"] *der*; -es, -e od. (österr. u. im kath. Kirchenrecht nur so:) *die*; -, -en: a) Aufhebung einer Verpflichtung, Befreiung; b) Ausnahme[bewilligung]. **Dispensation** [*...zion*] *die*; -, -en: = Dispensierung. **dispensieren** [aus *lat.* dispensāre „aus-, zuteilen"]: jmdn. von etwas befreien, beurlauben. **Dispensierung** *die*; -, -en: Befreiung von einer Verpflichtung

Di|spergens [aus *lat.* dispergēns, Part. Präs. von dispergere „ausstreuen, verbreiten"] *das*; -, ...enzien [*...i^en*] u. ...entia [*...zia*]: gasförmiges od. flüssiges Lösungsmittel, in dem ein anderer Stoff in feinster Verteilung enthalten ist. **di|spergieren**: zerstreuen, verbreiten, fein verteilen. **di|spers** [aus *lat.* dispersus, Part. Perf. von dispergere „ausstreuen"]: zerstreut; feinverteilt; -e Phase: der in einer Flüssigkeit verteilte Stoff, je nach seiner Größe grob-, fein- u. feinstverteilt (Phys., Chem.); vgl. Phase (3). **Di|spersion** *die*; -, -en: 1. feinste Verteilung eines Stoffes in einem anderen in der Art, daß seine Teilchen in dem anderen schweben. 2. (Phys.) a) Abhängigkeit der Fortpflanzungsgeschwindigkeit einer Wellenbewegung (z. B. Licht, Schall) von der Wellenlänge bzw. der Frequenz; b) Zerlegung von weißem Licht in ein farbiges → Spektrum. **Di|spersität** *die*; -, -en: Verteilungsgrad bei der Dispersion

Display [*dißple^i*; aus *engl.* display „Auslage, Dekoration" zu to display „entfalten, zeigen"] *das*, -s, -s: a) optisch wirksames Ausstellen von Waren, um höhere Werbewirksamkeit zu erreichen; b) Dekorationsmittel, das den ausgestellten Gegenstand in den Blickpunkt rücken soll

Di|spondeus [über *lat.* dispondēus aus gleichbed. *gr.* dispóndeios] *der*; -, ...een: doppelter → Spondeus (– – – –)

Disponent [zu → disponieren] *der*; -en, -en: 1. kaufmännischer Angestellter, der mit besonderen Vollmachten ausgestattet ist u. einen größeren Unternehmensbereich leitet. 2. (Theat.) künstlerischer Vorstand, der für den Vorstellungs- u. Probenplan, für die Platzmieten u. für den Einsatz der Schauspieler u. Sänger verantwortlich ist. **disponibel** [zu → disponieren]: verfügbar. **Disponibilität** *die*; -: Verfügbarkeit. **disponieren** [aus *lat.* dispōnere „verteilen, einrichten, anordnen"]: a) verfügen; b) ordnen, einteilen; c) festlegen (z. B. einen Termin). **disponiert**: 1. a) verfügt; b) geordnet, eingeteilt; c) aufgelegt, gestimmt zu...; empfänglich [für Krankheiten]. **Disposition** [*...zion*; aus *lat.* dispositio „Aufstellung, Anordnung"] *die*; -, -en: 1. a) Anordnung, Gliederung, Planung; b) Verfügung über die Verwendung od. den Einsatz einer Sache. 2. Anlage zu einer immer wieder durchbrechenden Eigenschaft od. zu einem typischen Verhalten (Psychol.). 3. Empfänglichkeit, Anfälligkeit für Krankheiten (Med.)

Dis|proportion [*...zion*; auch: *diß...*; zu → dis... u. → Proportion] *die*; -, -en: Mißverhältnis. **Disproportionalität** [auch: *diß...*] *die*; -, -en: Mißverhältnis. **dis|proportioniert** [auch: *diß...*]: a) schlecht proportioniert; b) ungleich

Disput [aus gleichbed. *fr.* dispute zu disputer, s. disputieren] *der*; -[e]s, -e: [erregtes] Gespräch, in dem widerstreitende Meinungen aufeinanderstoßen; Wortwechsel, Streitgespräch. **Disputant** *der*; -en, -en: jmd., der an einem Wortwechsel od. an einem Streitgespräch teilnimmt. **Disputation** [*...zion*; aus *lat.* disputātio „Unterredung, Erörterung"] *die*; -, -en: wissenschaftliches Streitgespräch. **disputieren** [aus *lat.* disputāre „nach allen Seiten erwägen"]: a) ein wissenschaftliches Streitgespräch führen; b) seine Meinung einem anderen gegenüber vertreten

Disqualifikation [*...zion*; aus gleichbed. *engl.* disqualification] u. Disqualifizierung *die*; -, -en: 1. Ausschließung vom Wettbewerb bei sportlichen Kämpfen wegen Verstoßes gegen eine sportliche Regel. 2. Untauglichkeit. **disqualifizieren** [nach gleichbed. *engl.* disqualify; vgl. qualifizieren]: 1. einen Sportler wegen groben Verstoßes gegen eine sportliche Regel vom Kampf ausschließen. 2. (veraltet) für untauglich erklären. **Disqualifizierung** *die*; -, -en: Disqualifikation; vgl. ...ation/...ierung

Dissertation [*...zion*; aus *lat.* dissertātio „Erörterung" zu dissertāre „auseinandersetzen, erörtern"] *die*; -, -en: schriftliche wissenschaftliche Abhandlung zur Erlangung des Doktorgrads. **dissertieren**: eine Dissertation schreiben, an einer Dissertation arbeiten

dissident [zu → Dissident]: andersdenkend, mit seinen Ansichten außerhalb der Gemeinschaft stehend, von der herrschenden Meinung abweichend. **Dissident** [aus *lat.* dissidēns, Part. Präs. von dissidēre „getrennt sein", eigtl. „voneinander entfernt sitzen"] *der*; -en, -en: 1. jmd., der außerhalb einer staatlich anerkannten Religionsgemeinschaft steht; Konfessionsloser. 2. [aus gleichbed. *russ.* dissident] jmd., der mit der offiziellen Meinung nicht übereinstimmt; Abweichler

Dissimilation [*...zion*; aus *lat.* dissimilātio, dissimulātio „Entähnlichung" zu dissimulāre, s. dissimilieren] *die*; -, -en: 1. Änderung eines gleichen od. ähnlichen Lautes in einem Wort od. Unterdrückung des einen von ihnen (z. B. Wechsel von *t* zu *k* in Kartoffel, aus früherem Tartüffel) od. Ausfall eines *n* in König, aus früherem kuning); Ggs. → Assimilation (2). 2. Abbau u. Verbrauch von Körpersubstanz unter Energiegewinnung; Ggs. → Assimilation (4). **dissimilieren** [aus *lat.* dissimilāre, dissimulāre „unähnlich machen"]: 1. zwei ähnliche od. gleiche Laute in einem Wort durch den Wandel des einen Lautes unähnlich machen, stärker voneinander abheben (Sprachw.). 2. höhere organische Verbindungen beim Stoffwechsel unter Freisetzung von Energie in einfachere zerlegen (Biol.)

Dissipation [*...zion*; aus *lat.* dissipātio „Zerstreuung, Zerteilung" zu dissipāre „auseinanderwerfen, zerstreuen"] *die*; -, -en: Übergang einer umwandelbaren Energieform in Wärmeenergie. **Dissipationssphäre** *die*; -: äußerste Schicht der Atmosphäre in über 800 km Höhe; vgl. Exosphäre. **dissipieren**: zerstreuen; umwandeln

dissonant [aus *lat.* dissonāns, Part. Präs. von dissonāre „verworren tönen, nicht übereinstimmen"]: 1. mißtönend, nach Auflösung strebend (Mus.); Ggs. → konsonant. 2. unstimmig, unschön. **Dissonanz** [aus gleichbed. *spätlat.* dissonantia] *die*; -, -en: 1. in der überlieferten Harmonielehre ein nach Auflösung strebender Spannungsklang, der durch die Störung der → Konsonanz (2) zustande kommt (Mus.). 2. Unstimmigkeit; Störung, Mißklang in einem sonst harmonischen Ablauf. **dissonieren**: mißtönen; nicht übereinstimmen

Dissoziation [...*zion*; aus *lat.* dissociātio „Trennung" zu dissociāre, s. dissoziieren] *die*; -, -en: Zerfall von → Molekülen in einfachere Bestandteile (Chem.). **dissoziieren** [aus *lat.* dissociāre „vereinzeln, trennen" zu → dis... u. *lat.* socius „Gefährte, Genosse"]: 1. trennen, auflösen. 2. (Chem.) a) in → Ionen od. Atome aufspalten; b) in Ionen zerfallen

Distanz [aus *lat.* dīstantia „Abstand" zu dīstare „getrennt stehen"] *die*; -, -en: 1. Abstand, Entfernung. 2. a) zurückzulegende Strecke (Leichtathletik, Pferderennsport); b) Gesamtzeit der angesetzten Runden (Boxsport). 3. (ohne Plural) Reserviertheit, abwartende Zurückhaltung. **distanzieren** [aus gleichbed. *fr.* distancer zu distance aus *lat.* dīstantia „Abstand"]: 1. jmdn. [im Wettkampf] überbieten, hinter sich lassen. 2. sich -: von etwas od. jmdm. abrücken; jmds. Verhalten nicht billigen. **distanziert**: Zurückhaltung wahrend; auf [gebührenden] Abstand bedacht

Distarlinse [zu *lat.* dīstare „getrennt, auseinander stehen"] *die*; -, -n: zerstreuende Vorsatzlinse zur Vergrößerung der Brennweite von fotografischen → Objektiven

distichisch u. **distichitisch** [zu *lat.* distichus, *gr.* distichos „aus zwei Zeilen bestehend"]: 1. das Distichon betreffend. 2. aus metrisch ungleichen Verspaaren bestehend; Ggs. → monostichisch. **Distichon** [aus gleichbed. *gr.-lat.* dístichon] *das*; -s, ...chen: aus zwei Verszeilen, bes. aus → Hexameter u. → Pentameter bestehende Verseinheit

distinguiert [*dißtinggirt*, auch: ...*ting^{u}irt*; nach gleichbed. *fr.* distingué, Part. Perf. von distinguer „unterscheiden"; vgl. distinkt]: vornehm; sich durch betont gepflegtes Auftreten o. ä. von anderen abhebend

distinkt [aus gleichbed. *lat.* distinctus, Part. Perf. von distinguere „absondern, unterscheiden"]: 1. unterschieden. 2. verständlich. **Distinktion** [...*zion*] *die*; -, -en: 1. a) Auszeichnung, [hoher] Rang; b) (österr.) Rangabzeichen. 2. Unterscheidung. **distinktiv**: unterscheidend

Dis|torsion [aus *lat.* distorsio „Verdrehung" zu distorquēre „auseinanderdrehen, verzerren"] *die*; -, -en: Bildverzerrung, -verzeichnung (Optik)

dis|trahieren [aus gleichbed. *lat.* distrahere]: 1. (veraltet) zerstreuen. 2. auseinanderziehen, trennen. **Dis|traktion** [...*zion*; aus gleichbed. *lat.* distractio zu distrahere] *die*; -, -en: 1. (veraltet) Zerstreuung. 2. Zerrung von Teilen der Erdkruste durch → tektonische Kräfte

Dis|tribuent [zu → distribuieren] *der*; -en, -en: Verteiler. **dis|tribuieren** [aus gleichbed. *lat.* distribuere]: verteilen, austeilen. **Dis|tribution** [...*zion*; unter Einfluß von gleichbed. *engl.* distribution aus *lat.* distribūtio „Verteilung"] *die*; -, -en: 1. (Wirtsch.) a) Einkommensverteilung; b) Verteilung od. Vertrieb von Handelsgütern. 2. Verteilung von Sprachelementen innerhalb größerer sprachlicher Einheiten. 3. Summe aller Umgebungen, in denen ein sprachliches Element vorkommt im Gegensatz zu jenen, in denen sie nicht erscheinen kann (Sprachw.). **dis|tributional** u. **dis|tributionell**: durch Distribution (3) bedingt. **dis|tributiv** [aus *lat.* distribūtīvus „verteilend"]: 1. in bestimmten Umgebungen vorkommend. 2. verteilend, zerlegend. **Distributivum** [...*iwum*] *das*; -s, ...va [...*wa*]: Numerale, das das Verteilen einer bestimmten Menge auf gleichbleibende kleinere Einheiten ausdrückt; Verteilungszahlwort (im Deutschen durch „je" wiedergegeben; z. B. je drei; Sprachw.). **Distributivzahl** *die*; -, -en: = Distributivum

Di|strikt [aus *spätlat.* districtus „Umgebung der Stadt" bzw. *engl.-amerik.* district „Bezirk" zu *lat.* distringere „fest umgeben, einengen"] *der*; -[e]s, -e: Bezirk, abgeschlossener Bereich; Landstrich

Diszi|plin [aus *lat.* disciplīna „Schule, Wissenschaft; schulische Zucht" zu discipulus „Lehrling, Schüler"] *die*; -, -en: 1. (ohne Plural) auf Ordnung bedachtes Verhalten; Unterordnung, bewußte Einordnung. 2. a) Wissenschaftszweig, Spezialgebiet einer Wissenschaft; b) Teilbereich des Sports, Sportart. **diszi|plinär**: die Disziplin (1, 2) betreffend. **diszi|plinarisch**: a) der Dienstordnung gemäß; b) streng. **Diszi|plinarstrafe** *die*; -, -n: auf Grund einer Disziplinarordnung verhängte Strafe. **diszi|plinell**: = disziplinarisch (a). **diszi|plinieren**: 1. a) zur bewußten Einordnung erziehen; b) sich -: sich einer → Disziplin (1) unterwerfen. 2. maßregeln. **diszi|pliniert**: a) an bewußte Einordnung gewöhnt; b) zurückhaltend, beherrscht, korrekt; sich nicht gehenlassend. **Diszi|plinierung** *die*; -, -en: Anpassung [unter Verzicht auf eigene → Initiative (1) o. ä.]

Di|thyrambe *die*; -, -n u. Dithyrambus [über *lat.* dīthyrambus aus gleichbed. *gr.* dithýrambos] *der*; -, ...ben: a) kultisches Weihelied auf Dionysos; b) Loblied, begeisternde Würdigung. **dithyrambisch**: begeistert. **Di|thyrambos** *der*; -, ...ben: griech. Form von: Dithyrambus. **Di|thyrambus** *der*; -, ...ben: = Dithyrambe

dito [über *fr.* dito aus *it.* detto „besagt, genannt", Part. Perf. von dire „sagen" aus *lat.* dīcere]: dasselbe, ebenso; Abk.: do., dto. **Dito** *das*; -s, -s: Einerlei

Di|trochäus [über gleichbed. *lat.* ditrochaeus aus *gr.* ditróchaios] *der*; -, ...äen: doppelter → Trochäus (– ◡ – ◡)

div. = divisi

Diva [*diwa*; aus *it.* diva, *lat.* dīva „die Göttliche", s. Divus] *die*; -, -s u. ...ven [...*w^{e}n*]: 1. Titel der röm. Kaiserinnen nach ihrem Tode. 2. a) erste Sängerin (in Italien); b) gefeierte [Film]schauspielerin

Divan vgl. Diwan

divergent [*diwär*...; zu → divergieren]: entgegengesetzt, unterschiedlich; Ggs. → konvergent; vgl. divergieren. **Divergenz** *die*; -, -en: 1. das Auseinandergehen, das Auseinanderstreben von Meinungen, Zielen o. ä.; Ggs. → Konvergenz (1). 2. (Phys.) a) das Auseinanderstreben ins Unendliche (von Zahlenreihen); b) einem → Vektorfeld zugeordnete Feldgröße, gemessen an der Dichte der Feldlinien; c) Auseinandergehen von Lichtstrahlen; Ggs. → Konvergenz (3). **divergieren**: 1. auseinandergehen, -streben. 2. [von der Normallage] abweichen; Ggs. → konvergieren

divers [*diwärß*; aus *lat*. dīversus „verschieden" zu dīvertere „auseinandergehen, sich abwenden"]: a) verschieden; b) (bei attributivem Gebrauch im Plural) mehrere. **Diversa** u. Diverse *die* (Plural): Vermischtes, Allerlei

Diversant [aus gleichbed. *russ*. diversant; vgl. Diversion] *der*; -en, -en: (bes. DDR) Saboteur; jmd., der Diversionsakte verübt

Diversifikation [...*zion*; zu → divers u. → ...fikation] u. Diversifizierung *die*; -, -en: 1. Veränderung, Abwechslung, Vielfalt. 2. Ausweitung des Waren- oder Produktionssortiments eines Unternehmens (Wirtsch.). **diversifizieren**: ein Unternehmen auf neue Produktions- bzw. Produktbereiche umstellen

Diversion [nach gleichbed. *russ*. diversija, eigtl. „Ablenkungsangriff"; aus *lat*. diversio „Ablenkung"; vgl. divers] *die*; -, -en: (DDR) Störmanöver gegen den Staat mit Mitteln der → Sabotage

Divertimento [...*wär*...; aus gleichbed. *it*. divertimento zu divertire „unterhalten, ablenken"] *das*; -s, -s u. ...ti u. **Divertissement** [*diwärtißᵉmang*; aus gleichbed. *fr*. divertissement zu divertir „ablenken, unterhalten"] *das*; -s, -s: unterhaltendes Instrumentalstück in der Art der Suite

divide et impera! [*diwide* - -; *lat*.; „Teile und herrsche!"]: stifte Unfrieden unter denen, die du beherrschen willst

Dividend [aus *lat*. dividendus (numerus) „die zu teilende (Zahl)" zu dīvidere „teilen"] *der*; -en, -en: (Math.) a) Zahl, die durch eine andere geteilt werden soll (bei der Rechnung 21 : 7 ist 21 der Dividend); Ggs. → Divisor; b) Zähler eines Bruches. **dividieren** [aus gleichbed. *lat*. dīvidere]: teilen

Dividende [über *fr*. dividende „Anteil" aus *lat*. dividenda „die zu Verteilende" zu *lat*. dīvidere „teilen"] *die*; -, -n: der jährlich auf eine Aktie entfallende Anteil am Reingewinn

Divinität [aus gleichbed. *lat*. dīvīnitās] *die*; -: Göttlichkeit, göttliches Wesen

divisi [...*wi*...; aus *it*. divisi, Plur. von diviso „geteilt" aus *lat*. dīvīsus]: musikalisches Vortragszeichen, das Streichern bei mehrstimmigen Stellen vorschreibt, daß diese nicht mit Doppelgriffen, sondern geteilt zu spielen sind; Abk.: div.

Division [...*wi*...] *die*; -, -en: 1. [aus gleichbed. *lat*. dīvīsio zu dīvidere „teilen"] Teilung (Math.); Ggs. → Multiplikation (a). 2. [über *fr*. division „Abteilung" aus *lat*. dīvīsio] militärische Einheit. **Divisor** [aus gleichbed. *lat*. dīvīsor zu dīvidere „teilen"] *der*; -s, ...oren: (Math.) a) Zahl, durch die eine andere geteilt wird (bei der Rechnung 21 : 7 ist 7 der Divisor); Ggs. → Dividend; b) Nenner eines Bruches

Divus [*diwuß*; aus *lat*. dīvus „der Göttliche" zu deus (*altlat*. deivos) „Gott"]: Titel röm. Kaiser

Diwan [über gleichbed. *fr*. divan, *it*. divano aus *türk*. divan „(Empfangsraum mit) Sitzkissen", dies aus *pers*. dīwān „Schreib-, Amtszimmer", eigtl. „Sammlung beschriebener Blätter"] *der*; -s, -e: 1. niedriges Liegesofa. 2. orientalische Gedichtsammlung

Dixie *der*; -[s]: (ugs.) Kurzform von Dixieland. **Dixieland** [*dikßiländ*; aus gleichbed. *amerik*. Dixie(land), eigtl. Bezeichnung für den Süden der USA] *der*; -[s] u. **Dixieland-Jazz** *der*; -: eine aus der Nachahmung der Instrumentalmusik der Neger durch weiße Musiker entstandene Variante des Jazz

dkg = Dekagramm. **dkl** = Dekaliter. **dkm** = Dekameter. **dl** = Deziliter. **Dl** = Dekaliter. **dm** = Dezimeter. **Dm** = Dekameter. **dm²**, qdm = Quadratdezimeter. **dm³**, cdm = Kubikdezimeter

dm. = Drum

d. m. = destra mano (vgl. mano destra)

DNS [*de-än-äß*] = Desoxyribo[se]nukleinsäure

do. = dito

do [*it*.]: Silbe, auf die man den Ton c singen kann; vgl. Solmisation

docendo discimus [*dozändo dißzi*...; *lat*.]: durch Lehren lernen wir

dochmisch: den Dochmius betreffend; -er Vers = Dochmius. **Dochmius** [über *lat*. dochmius aus *gr*. dóchmios, eigtl. „der Krumme, der Schiefe"] *der*; -, ...ien [...*iᵉn*]: altgriech. Versfuß (rhythmische Einheit) (◡ – – ◡ –; mit vielen Varianten)

docken: [Bedeutungslehnwort nach gleichbed. *engl*. to dock] ein Raumfahrzeug an ein anderes ankoppeln. **Docking** *das*; -s, -s: Ankoppelung eines Raumfahrzeugs an ein anderes (z. B. der Mondfähre an das Raumschiff)

Dodekadik [zu *gr*. dōdeka „zwölf"] *die*; -: = Duodezimalsystem. **dodekadisch** = duodezimal. **Dodekaeder** [aus gleichbed. *gr*. dōdekáedron zu dōdekáedros „mit zwölf Seitenflächen" (zu hédra „Fläche, Basis")] *das*; -s, -: ein von 12 gleichen regelmäßigen Fünfecken begrenzter Körper mit 20 Ecken u. 30 Kanten. **Dodekaphonie** *die*; -: Zwölftonmusik. **dodekaphonisch**: die Dodekaphonie betreffend. **Dodekaphonist** *der*; -en, -en: Komponist od. Anhänger der Zwölftonmusik

Doge [*doschᵉ*; aus *it*. doge „Herzog", dies aus *lat*. dux „Führer"; vgl. Duc] *der*; -n, -n: (hist.) a) Titel des Staatsoberhauptes in Venedig u. Genua; b) Träger dieses Titels

Dogge [aus *engl*. dog „Hund"] *die*; -, -n: Vertreter einer Gruppe von großen, schlanken Hunderassen

¹**Dogger** [aus *niederl*. dogger „Boot für den Kabeljaufang"] *der*; -s, -: niederländisches Fischerfahrzeug

²**Dogger** [aus gleichbed. *engl*. Dogger, eigtl. volkstüml. Bezeichnung eines Eisensteins in der engl. Grafschaft Yorkshire] *der*; -s, -: mittlere → Formation (4) des Juras; Brauner Jura; vgl. ²Jura

Dogma [aus *gr*.-*lat*. dógma „Meinung, Lehrsatz" zu *gr*. dokéein „meinen, glauben"] *das*; -s, ...men: 1. kirchlicher Glaubenssatz mit dem Anspruch unbedingter Geltung (bes. in der katholischen Kirche). 2. festgelegte Lehrmeinung, starrer Lehrsatz. **Dogmatik** *die*; -: wissenschaftliche Darstellung der [christlichen] Glaubenslehre. **Dogmatiker** *der*; -s, -: 1. unkritischer Verfechter einer Ideologie, Anschauung od. Lehrmeinung. 2. Lehrer der Dogmatik. **dogmatisch** [über *lat*. dogmaticus aus *gr*. dogmatikós „Lehrsätze aufstellend, auf Lehrsätze bezüglich"]: starr an eine Ideologie od. Lehrmeinung gebunden bzw. daran festhaltend; hartnäckig u. unduldsam einen bestimmten Standpunkt vertretend. **dogmatisieren**: zum Dogma erheben. **Dogmatismus** *der*; -: starres Festhalten an Anschauungen od. Lehrmeinungen. **dogmatistisch**: in Dogmatismus befangen; unkritisch denkend

Do-it-yourself-Bewegung [*du it jᵉrßälf*...; zu gleichbed. *engl.* do-it-yourself, eigtl. „Tu es selbst!"] *die*; -: von den USA ausgehende Bewegung, die sich als eine Art Hobby die eigene Ausführung handwerklicher Arbeiten zum Ziel gesetzt hat

Doktor [aus *mlat.* doctor „Lehrer" zu *lat.* docēre, s. dozieren] *der*; -s, ...oren: 1. a) höchster akademischer Grad; Abk.: Dr.; b) jmd., der den Doktortitel hat; Abk. Dr., im Plural: Dres. 2. (ugs.) Arzt. **Doktorand** *der*; -en, -en: jmd., der sich auf die Doktorprüfung vorbereitet; Abk.: Dd. **doktorieren**: 1. den Doktorgrad erlangen. 2. an der → Dissertation arbeiten

Dok|trin [aus *lat.* doctrīna „Lehre" zu docēre, s. dozieren] *die*; -, -en: 1. Lehrmeinung, wissenschaftliche Theorie von geforderter absoluter Gültigkeit. 2. politischer Grundsatz, Handlungsgrundsatz. 3. [politische] Abmachung. **dok|trinär** [aus gleichbed. *fr.* doctrinaire]: 1. a) auf einer Doktrin (1) beruhend; b) in der Art einer Doktrin (1). 2. (abwertend) unduldsam eine Theorie verfechtend, gleich ob sie haltbar ist oder nicht. **Dok|trinär** *der*; -s, -e: 1. Verfechter, Vertreter einer Doktrin (1). 2. (abwertend) wirklichkeitsfremder Fanatiker. **Doktrinarismus** *der*; -: (abwertend) wirklichkeitsfremdes, starres Festhalten an bestimmten Theorien od. Meinungen

Dokument [aus *lat.* documentum „Beweis" zu docēre „(be)lehren", s. dozieren] *das*; -[e]s, -e: 1. Urkunde, Schriftstück. 2. a) Beweisstück; b) Beweis. **Dokumentarfilm** *der*; -s, -e: Film, der Begebenheiten u. Verhältnisse möglichst genau, den Tatsachen entsprechend, zu schildern versucht. **dokumentarisch**: 1. amtlich, urkundlich. 2. beweiskräftig. **Dokumentation** [...*zion*] *die*; -, -en: Zusammenstellung, Ordnung u. Nutzbarmachung von Dokumenten u. [Sprach]materialien jeder Art (z. B. Urkunden, Akten, Zeitschriftenaufsätze zur Information über den neuesten Erfahrungsstand). **dokumentieren**: 1. zeigen. 2. [durch Dokumente] beweisen

Dol [Kurzform von *lat.* dolor „Schmerz"] *das*; -[s], -: Meßeinheit für die → Intensität einer Schmerzempfindung; Zeichen: dol (Med.)

dolce [*doltsche*; aus gleichbed. *it.* dolce, dies aus *lat.* dulcis „süß"]: sanft, lieblich, süß, weich (Vortragsanweisung; Mus.)

dolce far niente [*it.*]: „süß ist's, nichts zu tun". **Dolcefarniente** *das*; -: süßes Nichtstun

Dolce vita [- *wi*...; aus *it.* dolce vita „süßes Leben"] *das* od. *die*; - -: ausschweifendes u. übersättigtes Müßiggängertum

dolente, dolendo: = doloroso

Doline [aus *slowen.* dolina „Tal"] *die*; -, -n: trichterförmige Vertiefung der Erdoberfläche, bes. im Karst (Geogr.)

Dollar [aus *engl.-amerik.* dollar, dies aus *niederd.*, *niederl.* daler = *hochd.* Taler] *der*; -[s], -s (aber: 30 Dollar): Währungseinheit in den USA, Kanada u. anderen Ländern

Dolman [aus gleichbed. *ung.* dolmány, dies aus *türk.* dolaman „roter Tuchmantel"] *der*; -s, -e: mit Schnüren besetzte Jacke der Husaren

Dolmen [aus gleichbed. *fr.* dolmen, „Steintisch", dies aus *breton.* taol „Tisch" u. maen „Stein"] *der*; -s, -: tischförmig gebautes Steingrab der Jungsteinzeit u. frühen Bronzezeit

Dolmetsch [über *ung.* tolmács aus *türk.* tilmač „Mittelsmann"] *der*; -es, -e: a) = Dolmetscher; b) Fürsprecher, z. B. sich zum - machen. **dolmetschen**: etwas, was in fremder Sprache gesprochen od. geschrieben worden ist, übersetzen, damit es ein anderer versteht. **Dolmetscher** *der*; -s, -: jmd., der [in Ausübung seines Berufes] Äußerungen in einer fremden Sprache übersetzt u. auf diese Weise die Verständigung zwischen zwei od. mehr Personen herstellt

doloros u. **dolorös** [aus gleichbed. *lat.* dolōrōsus zu dolor „Schmerz"]: schmerzhaft, schmerzerfüllt. **Dolorosa** *die*; -: = Mater dolorosa. **doloroso** [aus gleichbed. *it.* doloroso]: schmerzlich, klagend, betrübt, trauervoll (Vortragsanweisung; Mus.)

[1]**Dom** [aus gleichbed. *fr.* dôme, dies über *it.* duomo aus *kirchenlat.* domus (ecclesiae) „Haus (der Christengemeinde)"] *der*; -[e]s, -e: Bischofs-, Haupt-, Stiftskirche mit ausgedehntem → [1]Chor (1)

[2]**Dom** [über gleichbed. *fr.* dôme, *provenzal.* doma aus *gr.* dōma „Haus, (flaches) Dach"] *der*; -[e]s, -e: 1. Kuppel, gewölbte Decke. 2. gewölbter Aufsatz (Dampfsammler) eines Dampfkessels od. Destillierapparats; vgl. destillieren

Domäne [aus gleichbed. *fr.* domaine, zu *lat.* dominium „Herrschaftsgebiet", dies zu dominus „(Haus)herr"] *die*; -, -n: 1. Staatsgut, -besitz. 2. besonderes Arbeits-, Wissensgebiet, Spezialgebiet

Domestik [aus gleichbed. *fr.* domestique zu *lat.* domesticus „zum Hause (domus) gehörend"] *der*; -en, -en: (meist Plural): (veraltet) Dienstbote, Diener. **Domestikation** [...*zion*] *die*; -: Zähmung und [planmäßige] Züchtung von Haustieren und Kulturpflanzen aus Wildtieren bzw. Wildpflanzen. **Domestike** *der*; -n, -n: = Domestik. **domestizieren**: 1. Haustiere u. Kulturpflanzen aus Wildformen züchten. 2. (einen Menschen) zahm, heimisch machen

Domina [aus *lat.* domina „Herrin"] *die*; -, ...nä: Stiftsvorsteherin

dominant [aus *lat.* domināns, Gen. dominantis, Part. Präs. von domināri „herrschen", s. dominieren]: 1. vorherrschend, überdeckend (von Erbfaktoren; Med.); Ggs. → rezessiv. 2. beherrschend, bestimmend. **Dominantakkord** u. Dominantenakkord *der*; -s, -e: Dreiklang auf der 5. Stufe (Dominante) der → diatonischen Tonleiter (Mus.). **Dominante** *die*; -, -n: 1. [zu → dominant] vorherrschendes Merkmal. 2. [aus gleichbed. *it.* dominante]: a) 5. Stufe (= Quint) der → diatonischen Tonleiter; b) Dreiklang über dieser Quint (Mus.)

Dominanz [zu → dominieren] *die*; -, -en: 1. Eigenschaft von Erbfaktoren, sich gegenüber schwächeren (→ rezessiven) Erbfaktoren sichtbar durchzusetzen (Biol.). 2. das Vorherrschen. **Dominat** [aus *lat.* dominātus „(Allein)herrschaft"] *der* od. *das*; -[e]s, -e: absolutes Kaisertum seit Diokletian (röm. Kaiser). **dominieren** [aus *lat.* domināri „herrschen" zu dominus „Herr"]: a) bestimmen, herrschen, vorherrschen; b) jmdn., etwas beherrschen, über jmdn., etwas bestimmen

Dominikaner *der*; -s, -: Angehöriger des vom hl. Dominikus im Jahre 1215 gegründeten Predigerordens. **dominikanisch**: die Dominikaner betreffend

Dominion [*dominjen*; aus *engl.* dominion, dies über *altfr.* dominion zu *lat.* dominium „Herrschaft, Machtgebiet"] *das*; -s, -s u. ...nien [...*ien*]: (hist.) Bezeichnung für ein der Verwaltung nach selbständiges Land des Brit. Reiches; jetzt: → Country of the Commonwealth

[1]**Domino** [z. T. über *fr.* domino aus gleichbed. *it.* domino, eigtl. „geistl. Herr" (nach der alten Winterkleidung der Priester), dies zu *lat.* dominus

„Herr"] *der*; -s, -s: a) langer [seidener] Maskenmantel mit Kapuze u. weiten Ärmeln; b) Träger eines solchen Kostüms. [2]**Domino** [zu [1]Domino] *das*; -s, -s: Anlegespiel mit rechteckigen Steinen, die nach einem bestimmten System aneinandergelegt werden müssen

Dominus [aus *lat.* dominus „Herr"] *der*; -, ...ni: Herr, Gebieter. **Dominus vobiscum** [- *wobịßkum*; „der Herr sei mit euch!"] liturg. Gruß

Domizil [aus *lat.* domicilium „Wohnsitz" zu domus „Haus"] *das*; -s, -e: Wohnsitz, Wohnhaus. **domizilieren**: ansässig sein

Domkapitel [zu → [1]Dom u. → Kapitel (2,a)] *das*; -s, -: Gemeinschaft von Geistlichen an bischöflichen Kirchen, die für die Gestaltung des Gottesdienstes verantwortlich sind u. den Bischof beraten. **Domkapitular** *der*; -s, -e: Mitglied des Domkapitels

Dompteur [...*tör*; aus gleichbed. *fr.* dompteur zu dompter „zähmen" aus gleichbed. *lat.* domitāre] *der*; -s, -e: Tierbändiger. **Dompteuse** [...*tös*^e] *die*; -, -n: Tierbändigerin

Don [aus *span.* don bzw. *it.* don „Herr", diese aus gleichbed. *lat.* dominus] *der*; -: a) höfliche, auf eine männliche Person bezogene Anrede; nur vor Vornamen u. ohne Artikel gebraucht (in Spanien); b) Titel der Priester u. der Angehörigen bestimmter Adelsfamilien in Italien, nur vor Vornamen u. ohne Artikel gebraucht; z. B. Don Camillo. **Doña** [*donja*; aus *span.* doña, dies aus *lat.* domina „Herrin"] *die*; -: höfliche, auf eine weibliche Person bezogene Anrede; vgl. Don (a)

Donator [aus *lat.* dōnātor „Spender" zu dōnāre „schenken"] *der*; -s, ...oren: → Atom od. → Molekül, das → Elektronen (1) od. → Ionen abgibt (Phys., Chem.)

Donja [aus *span.* doña „Herrin"] *die*; -, -s: (scherzhaft) a) Freundin, Geliebte; b) Dienstmädchen; vgl. Doña

Don Juan [*don ~~chuan~~*, seltener: *~~dong~~ ~~schuan~~* od. *don ~~schuang~~*, selten auch noch: *don juan*; nach einer Figur aus der span. Literatur] *der*; - -s, - -s: Verführer, Frauenheld

Donna [aus *it.* donna, dies aus *lat.* domina „Herrin"] *die*; -: weibl. Form der Anrede für Angehörige bestimmter italien. Adelsfamilien, jeweils nur vor Vornamen u. ohne Artikel gebraucht, z. B. Donna Maria

Don Quichotte [*don kischot*, auch: *~~dong~~* -; *span.-fr.*; nach dem Romanhelden bei Cervantes] *der*; - -s, - -s: lächerlich wirkender Schwärmer, dessen Tatendrang an den realen Gegebenheiten scheitert. **Donquichotterie**, (österr. auch:) Donquichoterie *die*; -, ...ien: törichtes Unternehmen, das von Anfang an aussichtslos ist. **Donquichottiade** *die*; -, -n: Erzählung im Stil des „Don Quichotte" von Cervantes. **Don Quijote, Don Quixote** [*don ki~~chot~~*^e; *span.*] = Don Quichotte

doodeln [*dud*^e*ln*; aus gleichbed. *engl.* to doodle]: nebenher in Gedanken kleine Männchen o. ä. malen, kritzeln (z. B. während man telefoniert)

dopen [auch: *do*...; aus gleichbed. *engl.* to dope zu dope „zähe Flüssigkeit" aus *niederl.* doop „Soße"]: jmdn. durch [verbotene] Anregungsmittel zu einer vorübergehenden sportlichen Höchstleistung zu bringen versuchen (Sport). **Doping** [auch: *do*...; aus gleichbed. *engl.* doping] *das*; -s, -s: unerlaubte Anwendung von Anregungsmitteln zur vorübergehenden Steigerung der sportlichen Leistung

Doppik [Kunstw.] *die*; -: doppelte Buchführung

doppio movimento [- ...*wi*...; *it.*]: doppelte Bewegung, doppelt so schnell wie bisher (Vortragsanweisung; Mus.)

dorisch [nach dem altgriech. Stamm der Dorer]: a) die [Kunst der] Dorer betreffend; b) aus der Landschaft Doris stammend; -e Tonart: eine der drei altgriech. Stammtonleitern, aus der sich die Kirchentonarten des Mittelalters entwickelten (Mus.)

Dormitorium [aus gleichbed. *mlat.* dormītōrium, dies aus *lat.* dormītōrium „Schlafzimmer" zu dormīre „schlafen"] *das*; -s, ...ien [...*i*^e*n*]: a) Schlafsaal in Klöstern; b) Teil des Klostergebäudes mit den Einzelzellen der Mönche

dorsal [zu *lat.* dorsum „Rücken"]: mit dem Zungenrücken gebildet (von Lauten; Sprachw.). **Dorsal** *der*; -s, -e: mit dem Zungenrücken gebildeter Laut (Sprachw.). **Dorsale** *das*; -s, -: Rückwand des Chorgestühls. **Dorsallaut** *der*; -es, -e: = Dorsal

dos à dos [*dosado*; *fr.*, zu dos „Rücken"]: Rücken an Rücken (Ballett)

dosieren [aus gleichbed. *fr.* doser zu dose „abgemessene Menge" aus *gr.-mlat.* dosis]: [eine bestimmte Menge] ab-, zumessen. **Dosierung** *die*; -, -en: Abgabe, Abmessung einer bestimmten Menge [eines Medikaments]. **Dosis** [über *mlat.* dosis „Gabe" aus gleichbed. *gr.* dósis] *die*; -, ...sen: zugemessene [Arznei]menge; kleine Menge

Dossier [*doßie*; aus *fr.* dossier „Aktenbündel" zu dos „Rücken" (nach dem Rückenschild); vgl. dos à dos] *das* (veraltet: *der*); -s, -s: a) Aktenheft; b) (meist Plural) [wichtige] Unterlage

Dotation [...*zion*; aus *mlat.* dotātio „Ausstattung" zu *lat.* dotāre „ausstatten"] *die*; -, -en: = Dotierung (1). **dotieren** [z. T. über gleichbed. *fr.* doter aus *lat.* dotāre „ausstatten"]: mit Vermögenswerten, mit Geldmitteln versehen, mit Geldpreisen ausstatten. **dotiert**: mit Geldmitteln versehen, mit Geldpreisen ausgestattet, mit einer bestimmten Bezahlung für eine Tätigkeit verbunden, z. B. ein schlecht dotiertes Rennen, eine gut -e Stelle. **Dotierung** *die*; -, -en: 1. Ausstattung mit Vermögenswerten, mit Geldmitteln, Geldpreisen. 2. Entgelt, Gehalt, bes. in gehobeneren Angestelltenpositionen. 3. spurenweiser Zusatz von Fremdatomen in Halbleiterkristallen (zur gezielten Veränderung des Leitfähigkeitscharakters; Phys.); vgl. ...ation/...ierung

Douane [*duan*; aus gleichbed. *fr.* douane, dies über älter *it.* doana aus *arab.* diwān „Zollbüro" (vgl. Diwan)] *die*; -, -n: franz. Bezeichnung für Zoll

doubeln [*dub*^e*ln*; zu → Double]: a) die Rolle eines Filmschauspielers bei gefährlichen Szenen übernehmen; b) eine Szene mit einem Double (1a) besetzen. **Dou|ble** [*dub*^e*l*; aus *fr.* double „doppelt; Doppelgänger", dies aus *lat.* duplus „doppelt"] *das*; -s, -s: 1. a) Ersatzmann, der für den eigentlichen Darsteller eines Films bei Filmaufnahmen gefährliche Rollenpartien spielt; b) Doppelgänger. 2. Variation eines Satzes der → Suite (3) durch Verdopplung der Notenwerte u. Verzierung der Oberstimme (Mus.)

Dou|blé [*duble*] vgl. Dublee

Dou|glasie [*duglasi*^e; nach dem schott. Botaniker David Douglas (*dagl*^e*ß*)] *die*; -, -n u. **Dou|glasfichte** [*duglaß*...] *die*; -, -n: schnellwachsender Nadelbaum Nordamerikas (Kieferngewächs)

do ut des [*lat.*; „ich gebe, damit du gibst"]: 1. altröm.

Rechtsformel für gegenseitige Verträge od. Austauschgeschäfte. 2. man gibt etwas, damit man mit einer Gegengabe oder mit einem Dienst rechnen kann

down [*daun*; aus gleichbed. *engl.* down, eigtl. „hinunter"]: 1. (ugs.) a) niedergeschlagen, bedrückt; b) erschöpft, zerschlagen (nach einer Anstrengung). 2. nieder!, leg dich! (Befehl an Hunde)

Doxale [aus gleichbed. *mlat.* doxāle] *das*; -s, -s: Gitter zwischen Chor u. Mittelschiff, bes. in barokken Kirchen

Doyen [*doajäng*; aus *fr.* doyen „Dekan, Ältester", dies aus *lat.* decānus, s. Dekan] *der*; -s, -s: Leiter u. Sprecher des diplomatischen Korps

Dozent [aus *lat.* docēns, Gen. docentis „Lehrender", Part. Präs. von docēre; vgl. dozieren] *der*; -en, -en: a) Lehrbeauftragter an hochschulähnlichen, nicht allgemeinbildenden Schulen; b) Lehrbeauftragter an einer Universität [der sich habilitiert hat, aber noch nicht zum Professor ernannt ist]. **Dozentur** *die*; -, -en: a) akademischer Lehrauftrag; b) Stelle für einen Dozenten. **dozieren** [aus *lat.* docēre „lehren, als Lehre vortragen"]: a) an einer Hochschule lehren; b) in belehrendem Ton reden

dpt, (älter:) **dptr**. = Dioptrie

Dr. = doctor; vgl. Doktor

Drachme [aus *gr.* drachmḗ (griech. Gewichts- u. Münzbezeichnung), eigtl. „eine Handvoll" (Münzen)] *die*; -, -n: griech. Währungseinheit

Dragée, Dragee [*...sehe*; aus *fr.* dragée „Zuckerwerk", dies aus *gr.-lat.* tragémata „Naschwerk"] *das*; -s, -s: 1. mit einem Glanzüberzug versehene Süßigkeit, die eine feste oder flüssige Masse enthält. 2. linsenförmige Arzneipille, die durch schichtenweises Auftragen verschiedener Hüllsubstanzen od. durch Aufpressen eines Überzugs um einen Arzneikern hergestellt worden ist. **dragieren**: Dragées herstellen

Dragoner [aus *fr.* dragon „leichter Reiter" (urspr. Bezeichnung einer Handfeuerwaffe, zu *lat.* draco „Drache")] *der*; -s, -: 1. (hist.) Kavallerist auf leichterem Pferd, leichter Reiter. 2. (österr.) Rükkenspange am Rock od. am Mantel. 3. (ugs.) stämmige, energische Frau

Drain [*dräng*; über *fr.* drain aus gleichbed. *engl.* drain zu to drain „ableiten, abfließen lassen", eigtl. „austrocknen"] u. Drän *der*; -s, -s: 1. Röhrchen aus Gummi od. anderem Material mit seitlichen Öffnungen (Med.); vgl. Drainage (2). 2. = Drän (1). **Drainage** u. Dränage [*...asche*] *die*; -, -n: 1. = Dränung. 2. Ableitung von Wundabsonderungen (z. B. Eiter) durch Drains od. einfache Gazestreifen (Med.). **drainieren** u. dränieren: Wundabsonderungen durch Drains od. einfache Gazestreifen ableiten (Med.)

Draisine [*drai...*, ugs. auch: *drä...*; nach dem dt. Erfinder K. F. Drais Frh. v. Sauerbronn, 1785–1851] *die*; -, -n: 1. Laufmaschine, Laufrad (Vorläufer des Fahrrads). 2. kleines Schienenfahrzeug zur Streckenkontrolle

drakonisch [nach dem altgriech. Gesetzgeber Drakon]: sehr streng, hart (in bezug auf Maßnahmen u. ä., die von einer Instanz ausgehen)

Dralon ® [Kunstw.] *das*; -[s]: synthetische Faser

Drama [aus gleichbed. *gr.-lat.* drāma, eigtl. „Handlung, Geschehen"] *das*; -s, ...men: 1. a) (ohne Plural) Bühnendichtung (Lustspiel, Trauerspiel) als literarische Kunstform; b) ernstes Schauspiel mit spannungsreichem Geschehen; c) (ohne Plural) die Gesamtheit aller dramat. Dichtungen eines Landes od. einer Epoche. 2. erschütterndes od. trauriges Geschehen. **Dramatik** *die*; -: 1. dramatische Dichtkunst; vgl. Epik, Lyrik. 2. Spannung, innere Bewegtheit. **Dramatiker** *der*; -s, -: dramatischer Dichter, Verfasser eines Dramas (1b); vgl. Epiker, Lyriker. **dramatisch** [aus *gr.* drāmatikós „zum Drama gehörend"]: 1. a) im Drama vorkommend; b) in Dramenform abgefaßt; c) das Drama (1a) betreffend; vgl. episch, lyrisch. 2. aufregend, spannend. **dramatisieren**: 1. einen literarischen Stoff als Drama für die Bühne bearbeiten. 2. etwas lebhafter, aufregender darstellen, als es in Wirklichkeit ist.

Dramaturg [aus *gr.* drāmatourgós „Schauspielmacher, -dichter" zu drāma u. érgon „Werk"] *der*; -en, -en: literarischer Berater am Theater, bei Funk u. Fernsehen, zuständig für die Auswahl u. die Realisierung der Stücke. **Dramaturgie** *die*; -, ...ien: 1. a) Wissenschaft von den dichterischen Gesetzen des Dramas u. seiner Bühnenwirksamkeit; b) Art der Gestaltung, Bearbeitung eines Dramas. 2. a) die Gesamtheit der an einem Theater od. an einer Funk- od. Fernsehanstalt beschäftigten Dramaturgen; b) Büro des (od. der) Dramaturgen; c) Tätigkeit des Dramaturgen. **dramaturgisch**: die Bearbeitung eines Dramas betreffend

Drän [eingedeutschte Form von → Drain] *der*; -s, -s u. -e: 1. Entwässerungsgraben, -röhre. 2. = Drain (1). **Dränage** [*...nasche*] *die*; -, -n: 1. = Dränung. 2. = Drainage (2). **dränieren**: 1. Boden durch Dränung entwässern. 2. = drainieren. **Dränierung** *die*; -, -en: = Dränung. **Dränung** *die*; -, -en: Entwässerung des Bodens durch Röhren- od. Grabensysteme, die das überschüssige Wasser sammeln u. ableiten

Draperie [aus gleichbed. *fr.* draperie zu drap „Tuch" aus gleichbed. *vulgärlat.* drappus] *die*; -, ...ien: künstlerische Gestaltung des Faltenwurfs bei Stoffen, Vorhängen u. Gewändern. **drapieren** [aus gleichbed. *fr.* draper]: 1. mit Stoff zum Schmuck behängen, ausschmücken. 2. Stoffe künstlerisch in Falten legen

Dräsine = Draisine

Drastik [zu → drastisch] *die*; -: a) Deutlichkeit, Wirksamkeit, Derbheit; b) deutliche, unverblümte Darstellung (eines Geschehens). **drastisch** [aus *gr.* drastikós „tatkräftig, wirksam" zu drān „tun, handeln"]: a) anschaulich-derb [und auf diese Weise sehr wirksam]; b) sehr stark, deutlich in seiner Wirkung od. Auswirkung spürbar

Dreadnought [*drädnot*; aus gleichbed. *engl.* dreadnought, eigtl. „Fürchtenichts"] *der*; -s, -s: (hist.) engl. Großkampfschiff

Dres. = doctores; vgl. Doktor

Dreß [aus *engl.* dress „Kleidung", zu to dress „herrichten, aufmachen", s. dressieren] *der* (auch: *das*); Dresses, Dresse, (österr.:) *die*; -, Dressen: besondere Kleidung (z. B. Sportkleidung)

Dresseur [*...ßör*; aus gleichbed. *fr.* dresseur] *der*; -s, -e: jmd., der Tiere dressiert, abrichtet. **dressieren** [aus *fr.* dresser „abrichten", eigtl. „aufrichten, aufmachen" (aus *vulgärlat.* * directiāre zu *lat.* dīrigere „geraderichten"; vgl. dirigieren)]: 1. a) Tiere abrichten; b) (abwertend) jmdn. durch → Disziplinierung zu einer bestimmten Verhaltensweise bringen. **Dressur** *die*; -, -en: 1. das Abrichten von Tieren. 2. Kunststück des dressierten Tieres

Dressing [aus gleichbed. *engl.* dressing zu to dress „herrichten"; vgl. Dreß] *das*; -s, -s: 1. Soße od.

[würzige] Zutat für bestimmte Gerichte (z. B. Salate). 2. Kräuter- od. Gewürzmischung für [Geflügel]bratenfüllungen

Dressing-gown [- *gaun*; aus *engl.* dressing gown] *der*, auch: *das*; -s, -s: Morgenrock

Dressman [*dräßmᵉn*; *dt.* Bildung aus *engl.* dress „Kleidung" u. man „Mann"] *der*; -s, ...men: männliche Person, die auf Modeschauen Herrenkleidung vorführt; vgl. Mannequin

Dressur: → dressieren

Dr. h. c. vgl. honoris causa

dribbeln [aus gleichbed. *engl.* to dribble, eigtl. „tröpfeln, tröpfchenweise vorwärtsbringen"]: den Ball durch kurze Stöße vorwärtstreiben [in der Absicht, den Gegner zu umspielen] (Sport, bes. im Fußball). **Dribbling** *das*; -s, -s: das Dribbeln

Drink [aus *engl.* drink „Getränk"] *der*; -[s], -s: alkoholisches [Misch]getränk

Drive [*draif*; aus gleichbed. *engl.* drive zu to drive „(an)treiben; fahren"] *der*; -s, -s: 1. besonderer Schlag (Treibschlag) beim Golfspiel u. Tennis. 2. a) treibender Rhythmus, erzielt durch verfrühten Toneinsatz (Jazz); b) Schwung, Lebendigkeit. 3. Trieb, Antrieb (Psychol.)

Drive-in-Restaurant [zu *engl.* to drive in „(mit dem Auto) hineinfahren"; vgl. Drive] *das*; -s, -s: Schnellgaststätte für Autofahrer mit Bedienung am Fahrzeug

Droge [aus gleichbed. *fr.* drogue, dies zu *niederd.* droge, *niederl.* droog „trocken"] *die*; -, -n: 1. natürlicher tierischer od. pflanzlicher Rohstoff (in Heilkunde od. Technik verwendet). 2. Rauschgift. **Drogerie** [aus gleichbed. *fr.* droguerie] *die*; -, ...ien: Einzelhandelsgeschäft zum Verkauf von bestimmten, nicht apothekenpflichtigen Heilmitteln, Chemikalien u. kosmetischen Artikeln. **Drogist** *der*; -en, -en: Besitzer od. Angestellter einer Drogerie

Dromedar [auch: *drome...*; über *altfr.* dromedaire aus *lat.* dromedārius (camēlus) „Renner, Rennkamel" zu *gr.-lat.* dromás „laufend"] *das*; -s, -e: einhöckeriges Kamel in Nordafrika u. Arabien

Drop-out [*...aut*; zu *engl.* to drop out „herausfallen, ausscheiden"] *der*; -[s], -s: 1. jmd., der aus der sozialen Gruppe ausbricht, in die er integriert war (z. B. Studienabbrecher od. Jugendliche, die die elterliche Familie verlassen). 2. durch unbeschichtete Stellen im Magnettonband od. Schmutz zwischen Band u. Tonkopf verursachtes Aussetzen in der Schallaufzeichnung (Techn.)

Drops [aus *engl.* drop, Plur. drops „Fruchtbonbon", eigtl. „Tropfen"] *der*; -, -: 1. (auch: *das*; meist Plural): [ungefüllter] kleiner, flacher, runder u. säuerlicher Fruchtbonbon. 2. (Plural: -e) (ugs.) jmd., der durch sein Wesen, Benehmen auffällt, z. B. das ist ein ulkiger -

Droschke [aus *russ.* drožki „leichter Wagen"] *die*; -, -n: 1. (hist.) leichtes ein- oder zweispänniges Mietfuhrwerk, das Personen befördert. 2. (veraltet) Taxe, Autodroschke

Drugstore [*dråkßtor*; aus *engl.-amerik.* drugstore zu drug „Drogerieware" u. store „Kaufhaus, Lager"] *der*; -[s], -s: [in den USA] Verkaufsgeschäft mit Schnellgaststätte, Schreibwaren-, Tabak- u. Kosmetikabteilung

Druide [aus gleichbed. *lat.* druidae, druides Plur.; kelt. Wort)] *der*; -n, -n: kelt. Priester der heidnischen Zeit

Drum [*dram*; aus gleichbed. *engl.* drum] *die*; -, -s: a) Trommel; b) (nur Plural): Schlagzeug; Abk.: dm

Drumlin [selten: *dramlin*] *der*; -s, -s od. Drums [selten: *dramß*; aus gleichbed. *engl.* drumlin, drum zu *ir.-gäl.* druim „Kamm, Rücken"]: eiszeitliche Ablagerung aus Moränenmaterial (vgl. Moräne) in Form eines → elliptisch geformten, langgestreckten Hügels, in der Fließrichtung des Eises angeordnet (Geol.)

Drummer [*dramᵉr*; aus gleichbed. *engl.* drummer zu drum „Trommel"] *der*; -s, -: Schlagzeuger im Jazz- od. Tanzorchester

dry [*drai*; aus *engl.* dry „trocken"]: herb, trocken (von [Schaum]weinen u. anderen alkoholischen Getränken)

Dryade [aus gleichbed. *gr.-lat.* Dryás, Gen. Dryádos, *lat.* Dryadis] *die*; -, -n (meist Plural): weiblicher Baumgeist, Waldnymphe im alten Griechenland

d. s. = dal segno

Dschaina u. Dschina [aus *sanskr.* jina „Sieger"] *der*; -, -[s]: Anhänger des Dschainismus. **Dschainismus** u. Dschinismus *der*; -: streng asketische, auf die Zeit Buddhas zurückgehende indische Religion. **dschainistisch** u. dschinistisch: den Dschainismus betreffend

Dschinismus vgl. Dschainismus

Dschinn [aus *arab.* ğinn] *der*; -s, - u. -en: böser Geist, Teufel (im [vor]islamischen Volksglauben)

Dschiu-Dschitsu vgl. Jiu-Jitsu

Dschonke vgl. Dschunke

Dschungel [über gleichbed. *engl.* jungle aus *Hindi* jangal „Ödland, Wald"] *der* (selten: *das*); -s, -, (selten auch noch:) *die*; -, -n: 1. a) lichter, grasreicher subtropischer Buschwald Indiens; b) undurchdringlicher tropischer Sumpfwald. 2. verwirrendes Durcheinander

Dschunke [über *port.* junco aus *malai.* dschung „Schiff"] *die*; -, -n: chin. Segelschiff

dto. = dito

dual [aus gleichbed. *lat.* duālis zu duo „zwei"]: eine Zweiheit bildend. **Dual** *der*; -s, Duale u. **Dualis** *der*; -, Duale: neben Singular u. Plural eine eigene sprachliche Form für zwei Dinge od. Wesen (heute nur noch in den slaw. u. balt. Sprachen; Sprachw.). **dualisieren**: verzweifachen, verdoppeln. **Dualismus** *der*; -: 1. a) Zweiheit; b) Gegensätzlichkeit, Widerstreit zweier Faktoren. 2. philosophisch-religiöse Lehre, nach der es nur zwei voneinander unabhängige ursprüngliche Prinzipien im Weltgeschehen gibt (z. B. Gott–Welt; Leib–Seele; Geist–Stoff); Ggs. → Monismus. **Dualist** *der*; -en, -en: Vertreter des Dualismus (2). **dualistisch**: zwiespältig, zweiheitlich; den Dualismus betreffend. **Dualität** [aus *lat.* duālitās „Zweiheit"] *die*; -: 1. Zweiheit, Doppelheit; wechselseitige Zuordnung zweier Begriffe. 2. Eigenschaft zweier geometrischer Gebilde, die es gestattet, aus Kenntnissen über das eine Sätze über das andere abzuleiten (Geom.). **Dualsystem**: Zahlensystem, das nicht wie das → Dezimalsystem mit zehn, sondern mit zwei Ziffern auskommt; Dyadik

dubios u. **dubiös** [aus *lat.* dubiōsus „zweifelhaft" zu dubium „Zweifel"]: unsicher, zweifelhaft; fragwürdig

dubitativ [aus gleichbed. *lat.* dubitatīvus zu dubitāre „schwanken, ungewiß sein"]: zweifelhaft, Zweifel ausdrückend. **Dubitativ** *der*; -s, -e [*...wᵉ*]: Konjunktiv mit dubitativer Bedeutung (Sprachw.)

Du|blee u. Dou|blé [*duble*; aus gleichbed. *fr.* doublé, eigtl. „gedoppelt", zu doubler aus *spätlat.* duplāre „verdoppeln"] *das*; -s, -s: 1. Metall mit Edelmetallüberzug. 2. Stoß beim Billardspiel. **Du|blette** [aus gleichbed. *fr.* doublet] *die;* -, -n: 1. doppelt Vorhandenes, Doppelstück. 2. Doppelschuß, -treffer (Jagd). **du|blieren** [aus gleichbed. *fr.* doubler]: 1. mit Dublee versehen. 2. doppeln (bes. von Garnen)

Du|blone [über *fr.* doublon aus *span.* doblon, eigtl. „Doppelstück", zu *lat.* duplus „doppelt"] *die;* -, -n: frühere span. Goldmünze

Duc [*dük;* aus *fr.* duc „Herzog", dies aus *lat.* dux „Führer" zu ducere „ziehen, führen"] *der;* -[s], -s: höchste Rangstufe des Adels in Frankreich

Duchesse [*düschäß;* aus *fr.* duchesse „Herzogin" (zu → Duc)] *die;* -, -n: [...*ßen*]: 1. Herzogin (in Frankreich). 2. (ohne Plural) schweres [Kunst]seidengewebe mit glänzender Vorder- u. matter Rückseite in Atlasbindung

due [*it.*]: zwei (Mus.); a due (zu zweit)

Duell [aus *mlat.* duellum „Kampf, Zweikampf", dies unter volksetymol. Anlehnung an *lat.* duo „zwei" aus *altlat.* duellum „Krieg" (Vorform von *lat.* bellum)] *das;* -s, -e: a) Zweikampf; b) sportlicher Wettkampf zwischen zwei Sportlern od. zwei Mannschaften; c) Wortgefecht, geistiger Zweikampf. **Duellant** [zu → duellieren] *der;* -en, -en: Teilnehmer an einem Duell. **duellieren**, sich [aus gleichbed. *mlat.* duellare]: ein Duell austragen

Duett [aus gleichbed. *it.* duetto, Verkl. zu duo, s. Duo] *das;* -[e]s, -e: a) Komposition für zwei Singstimmen; b) zweistimmiger musikalischer Vortrag (Mus.); vgl. Duo

Dufflecoat [*daflko"t;* aus gleichbed. *engl.* duffle coat, dies aus duffle „flauschiger Halbwollstoff" (nach dem belg. Ort Duffel [*düf^el*]) u. *engl.* coat „Mantel"] *der;* -s, -s: dreiviertellanger, meist mit Knebeln zu schließender Sportmantel

du jour [*düsehur; fr.;* „vom Tage"]: (veraltet) vom Dienst; - - sein (mit dem für einen bestimmten, immer wiederkehrenden Tag festgelegten Dienst an der Reihe sein)

Dukaten [aus gleichbed. *it.* ducato, zu duca „Herzog" (nach dem Münzbild)] *der;* -s, -: frühere Goldmünze

Duke [*djuk;* aus *engl.* duke, dies aus *fr.* duc, s. Duc] *der;* -, -s: höchste Rangstufe des Adels in England

duktil [über gleichbed. *engl.* ductile aus *lat.* ductilis „ziehbar, dehnbar" zu ducere „ziehen"]: gut dehn-, streckbar, verformbar, plastisch (Tech.). **Duktilität** *die;* -: Dehnbarkeit, Verformbarkeit (Techn.)

Duktus [aus *lat.* ductus „das Ziehen, der Zug" zu ducere „ziehen"] *der;* -: a) Schriftzug, Linienführung der Schriftzeichen; b) charakteristische Art der [künstlerischen] Formgebung

Dulzinea [aus *span.* dulcinea zu dulce „süß", nach der Geliebten des Don Quichotte] *die;* -, ...een u. -s: (scherzh.) Freundin, Geliebte; vgl. Donja

Duma [aus gleichbed. *russ.* duma, eigtl. „Gedanke"] *die;* -, -s: 1. (hist.) Rat der fürstlichen Gefolgsleute in Rußland. 2. russ. Stadtverordnetenversammlung seit 1870. 3. russ. Parlament (1906–1917)

Dumdum [aus gleichbed. *engl.* dumdum, dies aus *ind.* dämdam „Hügel, erhöhte Batteriestellung" (in einer bengal. Artilleriestellung bei Kalkutta wurden diese Geschosse zuerst hergestellt)] *das;* -[s], -[s]: völkerrechtlich verbotenes, große Wunden verursachendes Infanteriegeschoß

Dumka [aus gleichbed. *tschech.* dumka] *die;* -, ...ki: schwermütiges slaw. Volkslied, meist in Moll

Dummy [*dami;* aus *engl.* dummy „Attrappe; Schaufensterpuppe" zu dumb „stumm"] *der;* -s, -s od. Dummies [*damis*]: 1. lebensgroße, bei Unfalltests in Kraftfahrzeugen verwendete [Kunststoff]puppe. 2. Attrappe, Schaupackung (für Werbezwecke)

Dumping [*damping;* aus gleichbed. *engl.* dumping zu to dump „hinfallen lassen; verschleudern"] *das;* -s: Preisunterbietung auf Auslandsmärkten mit dem Ziel, die Machtstellung der ausländischen Konkurrenz zu brechen

Duo [aus gleichbed. *it.* duo, dies aus *lat.* duo „zwei"] *das;* -s, -s: 1. Komposition für zwei ungleiche Klangquellen, meist instrumental. 2. a) zwei gemeinsam musizierende Solisten; b) (iron.) zwei Personen, die eine [strafbare] Handlung gemeinsam ausführen, z. B. ein Gaunerduo; vgl. Duett

Duodenum [zu *lat.* duodēnī „je zwölf, zwölf zusammen"] *das;* -s, ...na: Zwölffingerdarm (Med.). **Duodez...** [aus *lat.* duodecim „zwölf"]: in Zusammensetzungen auftretendes Bestimmungswort mit der Vorstellung des lächerlich Kleinen in der Bedeutung „besonders klein". **Duodezfürst** *der;* -en, -en: Herrscher über ein kleines Gebiet. **Duodezstaat** *der;* -[e]s, -en: sehr kleiner Staat, Ländchen der Epoche des Absolutismus

duodezimal [zu *lat.* duodecim „zwölf"]: auf das Duodezimalsystem bezogen. **Duodezimalsystem** *das;* -s, -e: Zahlensystem, bei dem die Einheiten nach → Potenzen (3) von 12 (statt 10, wie beim Dezimalsystem) fortschreiten. **Duodezime** [auch: ...*zim^e*; aus gleichbed. *it.* duodecima, dies aus *lat.* duodecima „die zwölfte"] *die;* -, -n: zwölfter Ton einer → diatonischen Tonleiter vom Grundton an

Duole [zu *lat.* duo „zwei"] *die;* -, -n: Folge von zwei Noten, die für drei Noten gleicher Gestalt bei gleicher Zeitdauer eintreten (Mus.)

düpieren [aus *fr.* duper „narren, täuschen", zu dupe „Narr, Betrogener"]: a) foppen; b) betrügen, täuschen

Du|plet [*duple*] u. **Duplett** [mit franz. Endung zu *lat.* duplex „doppelt"] *das;* -s, -s: Lupe aus zwei Linsen

Du|plex... [aus *lat.* duplex „doppelt (zusammengelegt)"]: in Zusammensetzungen auftretendes Bestimmungswort mit der Bedeutung „Doppel...". **du|plieren**: (veraltet) verdoppeln. **Du|plikat** [aus *lat.* duplicātum „zweifältig, verdoppelt" zu duplicāre, s. duplizieren] *das;* -s, -e: Zweitausfertigung, Zweitschrift, Abschrift. **Du|plikation** [...*zion*] *die;* -, -en: Verdoppelung. **du|plizieren** [aus gleichbed. *lat.* duplicāre zu duplex „doppelt (zusammengelegt)"]: verdoppeln. **Du|plizität** *die;* -, -en: 1. Doppelheit; doppeltes Vorkommen, Auftreten; z. B. - der Ereignisse. 2. veraltet für: Zweideutigkeit

Dur [zu *lat.* dūrus „hart"] *das;* -, -: „harte" Tonart mit großer Terz (1); Ggs. → Moll

durabel [aus gleichbed. *lat.* dūrābilis zu dūrus „hart"]: dauerhaft, bleibend. **Dural** [Kunstw.] *das;* -s: (österr.) Duralumin. **Dur|alumin** Ⓦ *das;* -s: sehr feste Aluminiumlegierung. **durativ** [auch: ...*tif;* zu *lat.* dūrāre „ausdauern", eigtl. „hart machen, hart werden"]: verlaufend, dauernd; -e [...*w^e*] Aktionsart: → Aktionsart eines Verbs, das die Dauer eines Seins od. Geschehens ausdrückt (z. B. schlafen). **Durativ** [auch: ...*tif*] *das;* -s, -e [...*w^e*]: Verb mit durativer Aktionsart. **Durativum** [...*jwum*], *das;* -s, ...va [...*wa*] = Durativ

Duty-free-Shop [*djuti fri schop;* aus *engl.* duty-free „abgabenfrei" u. → Shop] *der;* -[s], -s: ladenähnliche Einrichtung im zollfreien Bereich eines Flughafens o. ä., wo man Waren zollfrei kaufen kann

Duumvir [...*wir*; aus *lat.* duumvir zu duo „zwei" u. vir „Mann"] *der*; -n, -n (auch: -i; meist Plural): (hist.) röm. Titel für die Beamten verschiedener Zweimannbehörden in Rom bzw. in römischen Kolonien und → Munizipien. **Duumvirat** *das*; -[e]s, -e: Amt u. Würde der Duumvirn

Dux [aus *lat.* dux „Führer" zu ducere „ziehen, führen"] *der*; -, Duces [*düzeß*]: meist einstimmiges Fugenthema in der Haupttonart, das im → Comes (2) mündet (Mus.)

Dy = chem. Zeichen für: → Dysprosium

Dyade [aus *gr.-lat.* dyás, Gen. *gr.* dyádos „Zweiheit" zu *gr.* dýo „zwei"] *die*; -, -n: Zusammenfassung zweier Einheiten (Begriff aus dem Gebiet der Vektorrechnung; Math.). **Dyadik** [zu *gr.* dyadikós „zur Zweizahl gehörend"] *die*; -: auf dem Zweier- u. nicht auf dem Zehnersystem aufgebaute Arithmetik; vgl. Dualsystem. **dyadisch**: dem dyadischen Zahlensystem zugehörend

dyn [Kurzform von *gr.* dýnamis „Kraft"]: Zeichen für die Einheit der Kraft im → CGS-System

Dynamik [aus *gr.* dynamikē (téchnē) „Lehre von der Kraft"] *die*; -: 1. Teilgebiet der → Mechanik, auf dem die Bewegungsvorgänge von Körpern auf einwirkende Kräfte zurückgeführt werden. 2. Schwung, Triebkraft, Bewegtheit in positiv empfundener Weise. 3. → Differenzierung (1) der Klangfülle (Tonstärke) in der Musik u. Akustik. **dynamisch** [nach *gr.* dynamikós „wirksam, kräftig" zu dýnamis „Kraft", dies zu dýnasthai „vermögen, können"; vgl. Dynast]: 1. die von Kräften erzeugte Bewegung betreffend; Ggs. → statisch. 2. voll innerer Kraft; kraftgespannt; triebkräftig, bewegt, schwungvoll. 3. Veränderungen der Tonstärke betreffend (Mus.). **dynamisieren**: a) etwas vorantreiben; b) bestimmte Leistungen an die Veränderungen [der allgemeinen Bemessensgrundlage] anpassen, z. B. Renten

Dynamit [gelehrte Bildung zu *gr.* dýnamis „Kraft"] *das*; -s: auf der Grundlage des → Nitroglyzerins hergestellter Sprengstoff

Dynamo [auch: *dü*...; aus gleichbed. *engl.* dynamo zu *gr.* dýnamis „Kraft"; Kurzform von Dynamomaschine] *der*; -s, -s u. **Dynamomaschine** [auch: *dü*...] *die*; -, -n: Maschine zur Erzeugung elektrischen Stroms. **Dynamometer** [zu *gr.* dýnamis „Kraft" u. → [1]...meter, eigtl. „Kraftmesser"] *das*; -s, -: 1. Vorrichtung zum Messen von Kräften und mechanischer Arbeit. 2. Meßgerät für Ströme hoher Frequenzen (Phys.)

Dynast [aus *gr.-lat.* dynástēs „Machthaber, Herrscher" zu dýnasthai „vermögen, können"; vgl. dynamisch] *der*; -en, -en: (hist.) Herrscher, [kleiner] Fürst. **Dynastie** [aus *gr.* dynasteía „Herrschaft"] *die*; -, ...ien: Herrschergeschlecht, Herrscherhaus. **...dynastie**: in Zusammensetzungen auftretendes Grundwort mit der Bedeutung „in einer bestimmten Beziehung hervorragende, Einfluß ausübende Gruppe, Familie". **dynastisch**: die Dynastie betreffend

Dyna|tron [Kurzwort aus *gr.* dýnamis „Kraft" u. → ...tron] *das*; -s, ...one (auch: -s): → Triode, bei der am Gitter eine höhere → positive (4) Spannung liegt als an der → Anode

Dyn|ode [Kurzwort aus *gr.* dýnamis „Kraft" u. → ...ode] *die*; -, -n: zusätzliche, in einer Serie von 10 bis 14 Exemplaren verwendete → Elektrode einer Elektronenröhre zur Beeinflussung des Stromes (Elektrot.)

dys..., Dys... [aus gleichbed. *gr.* dys...]: Präfix mit der Bedeutung „abweichend von der Norm, übel, schlecht, miß..., krankhaft", z. B. Dysfunktion.

Dys|enterie [aus gleichbed. *gr.-lat.* dysentería zu → dys... u. *gr.* éntera „die Eingeweide"] *die*; -, ...ien: Durchfall, Ruhr (Med.). **dys|enterisch**: ruhrartig. **Dysmenor|rhö** *die*; -, -en [...*röᵉn*] u. **Dysmenor|rhöe** [...*rö*; aus → dys... u. → Menorrhö] *die*; -, -n [...*röᵉn*]: gestörte, schmerzhafte Monatsblutung (Med.). **Dys|tonie** [zu → dys... u. → Tonus] *die*; -, ...ien: Störung des normalen Spannungszustandes der Muskeln u. Gefäße; vegetative -: zusammenfassende Bezeichnung für alle durch eine Regulationsstörung des vegetativen Nervensystems bedingten Symptomenkomplexe (Med.)

Dys|prosium [zu *gr.* dysprósitos „schwer zugänglich"] *das*; -s: chem. metallischer Grundstoff aus der Gruppe der → Lanthanide; Zeichen: Dy

E

e = Zeichen für die Zahl 2,71828... (Basis der natürlichen Logarithmen)

e = 1. [1]Elektron. 2. Elementarladung

e^- = [1]Elektron

e^+ = Positron

e..., E... vgl. [1]ex..., Ex...

Earl [*öʳl*; aus *engl.* earl] *der*; -s, -s: Graf (bis in die Mitte des 14. Jh.s höchste Stufe des engl. Adels)

East [*ißt*; aus gleichbed. *engl.* east]: Osten; Abk.: E

Easy-going Girl [*isi goᵘing gö̱ʳl*; aus *engl.* easy going „leichtlebig" u. → Girl] *das*; -s, -s: Mädchen od. junge Frau, die sich weder durch moralische noch durch gesellschaftliche Konventionen gebunden fühlt

Easy-rider [*isi raidᵉr*; aus gleichbed. *amerik.* easy-rider] *der*; -s, -[s]: 1. Motorrad mit hohem, geteiltem Lenker u. einem Sattel mit hoher Rückenlehne. 2. Jugendlicher, der auf einem Easy-rider (1) fährt

Eau de Colo|gne [*o dᵉ kolonjᵉ*; aus *fr.* eau de Cologne „Wasser von Köln"] *das* od. *die*; - - -, -x [*o*] - -: Kölnischwasser. **Eau de toilette** [- - *toalät*; zu *fr.* toilette „Putztisch"] *das*; - - -, -x [*o*] - -: Duftwasser, dessen Duftstärke zwischen → Parfüm u. Eau de Cologne steht. **Eau de vie** [- - *wi*; aus gleichbed. *fr.* eau-de-vie, eigtl. „Wasser des Lebens"] *das* od. *die*; - - -: Weinbrand, Branntwein

Ebonit [aus gleichbed. *engl.* ebonit zu ebon „Ebenholz"] *das*; -s: Hartgummi aus Naturkautschuk

Ebullio|skop [zu *lat.* ēbullīre „heraussprudeln" u. → ...skop] *das*; -s, -e: Gerät zur Durchführung der Ebullioskopie. **Ebullio|skopie** *die*; -: Bestimmung des → Molekulargewichts aus der → molekularen Siedepunktserhöhung (Dampfdruckerniedrigung einer Lösung gegenüber dem reinen Lösungsmittel)

e. c. = exempli causa

ecce! [*äkzᵉ*; *lat.*]: siehe da! **Ecce** [nach Jesaja 57, 1: ecce, quomodo moritur iustus = „sieh, wie der Gerechte stirbt"] *das*; -, -: (veraltet) jährliches Totengedächtnis eines Gymnasiums. **Ecce-Homo** [nach dem Ausspruch des Pilatus, Joh. 19, 5: „Sehet, welch ein Mensch!"] *das*; -[s], -[s]: Darstellung des dornengekrönten Christus in der Kunst

Ec|clesia [über *lat.* ecclēsia „Versammlung; christliche Gemeinde, Kirche" aus gleichbed. *gr.* ekklēsía] *die;* -: = Ekklesia; - militans [*lat.*]: die in der Welt kämpfende Kirche, die Kirche auf Erden; - patiens: die leidende Kirche, die Seelen der Verstorbenen im Fegefeuer; - triumphans: die „triumphierende" Kirche, die Kirche im Stande der Vollendung, die Heiligen im Himmel (entsprechend der [kath.] Ekklesiologie)

echauffieren, sich [*eschofir^en*; aus *fr.* échauffer „erwärmen, erhitzen", dies aus gleichbed. *lat.* excalefacere; vgl. Chauffeur]: a) sich erhitzen; b) sich aufregen. **echauffiert**: a) erhitzt; b) aufgeregt

Echeveria [*etscheweria*; nach dem mex. Pflanzenzeichner Echeverría (*etschewäria*)] *die;* -, ...ien [*...i^en*]: dickfleischiges, niedriges Blattgewächs (beliebte Zimmerpflanze aus Südamerika)

Echinit [zu → Echinus] *der;* -s u. -en, -e[n]: versteinerter Seeigel

Echinus [über *lat.* echīnus aus gleichbed. *gr.* echīnos, eigtl. „Igel"] *der;* -, -: 1. Seeigel (Zool.). 2. Wulst des → Kapitells einer → dorischen Säule zwischen der Deckplatte u. dem Säulenschaft

Echo [über *lat.* ēchō aus *gr.* ēchṓ „Widerhall" zu ēchḗ „Ton, Schall"; vgl. Katechismus] *das;* -s, -s: 1. Widerhall. 2. Resonanz, Reaktion auf etwas (z. B. auf einen Aufruf); oft in Verbindungen: ein - (= Anklang, Zustimmung) finden, kein - haben. 3. Wiederholung eines kurzen → Themas (3) in geringerer Tonstärke (Mus.). **echoen** [*...o^en*]: 1. widerhallen. 2. wiederholen. **Echolot** *das;* -[e]s, -e: Apparat zur Messung von Meerestiefen durch → akustische Methoden

Eclair [*eklär*; aus gleichbed. *fr.* éclair, eigtl. „Blitz"] *das;* -s, -s: mit Krem gefülltes u. mit Zucker od. Schokolade überzogenes, längliches Gebäck

Economiser [*ikon^emais^er*] vgl. Ekonomiser. **Economyklasse** [*ikon^emi...*; zu *engl.* economy „Sparsamkeit"; vgl. Ökonomie] *die;* -, -n: billigste Tarifklasse im Flugverkehr

Ecraséleder [*ekrase...*; zu *fr.* écraser „zerdrücken, glätten, satinieren"] *das;* -s, -: farbiges, pflanzlich gegerbtes, grobnarbiges Ziegenleder

ecru = ekrü

ed. [Abk. für *lat.* edidit „herausgegeben hat es..."]: Abkürzung, die zusammen mit einem folgenden Eigennamen den Namensträger als Herausgeber des zuvor genannten Buches benennt, z. B. Die Geschichte Roms, ed. Reumont; vgl. edd. **Ed.** = Edition

edd. [Abk. für *lat.* ediderunt „herausgegeben haben es..."]: Abkürzung, die zusammen mit folgenden Eigennamen die Namensträger als Herausgeber des zuvor genannten Buches benennt, z. B. Deutsche Kunstdenkmäler, edd. Mader, Hirschfeld u. Neugebauer; vgl. ed.

Eden [aus gleichbed. *hebr.* ʽeden (eigtl. Name einer Landschaft am Euphrat)] *das;* -s: das Paradies [der Bibel], meist in der Fügung: der Garten -

edieren [aus *lat.* ēdere „herausgeben"]: Bücher herausgeben, veröffentlichen. **Edition** [*...zion*; aus *lat.* ēditio „Ausgabe, herausgegebene Schrift" zu ēdere, s. edieren] *die;* -, -en: 1. a) Ausgabe von Büchern, bes. Neuherausgabe von älteren klassischen Werken; b) Verlag. 2. Herausgabe von → Musikalien, bes. in laufenden Sammlungen; Abk.: Ed. **Editor** [auch: *edi...*; aus *lat.* ēditor „Erzeuger, Veranstalter"] *der;* -s, ...oren: Herausgeber eines Buches. **editorisch**: a) die Herausgabe eines Buches betreffend; b) verlegerisch

Edikt [aus gleichbed. *lat.* ēdictum zu ēdīcere „ansagen, bekanntmachen"] *das;* -[e]s, -e: a) amtlicher Erlaß von Kaisern u. Königen (Gesch.); b) (österr.) [amtliche] Anordnung, Vorschrift

Edukation [*...zion*; aus gleichbed. *lat.* ēducātio zu ēducāre „aufziehen, erziehen"] *die;* -, -en: Erziehung

EEG = Elektroenzephalogramm

ef..., **Ef...** vgl. ¹ex..., Ex...

Efendi u. Effendi [aus *türk.* efendi „Herr", dies über *neugr.* aphentḗs aus *gr.* authentḗs „unumschränkter Herr"] *der;* -s, -s: (veraltet) ein türkischer Anredetitel für höhere Beamte

Effekt [aus *lat.* effectus „Wirksamkeit, Wirkung" zu efficere, s. effizient] *der;* -[e]s, -e: a) Wirkung, Erfolg; b) (meist Plural) auf Wirkung abzielendes Ausdrucks- u. Gestaltungsmittel; c) Ergebnis, sich aus etwas ergebender Nutzen. **...effekt**: in Zusammensetzungen auftretendes Grundwort, das ausdrückt, daß etwas das Aussehen od. die Wirkung des im Bestimmungswort Genannten hat, z. B. Holzeffekt, Fotoeffekt

Effekten [aus *fr.* les effets „Sachen, Vermögensstükke"; vgl. Effet] *die* (Plural): Wertpapiere, die an der Börse gehandelt werden (z. B. → Obligationen 2 u. → Aktien)

effektiv [aus *lat.* effectīvus „bewirkend"; vgl. effizient]: a) tatsächlich, wirklich; -e Leistung: tatsächliche Nutzleistung [einer Maschine]; b) wirksam; c) (ugs.) überhaupt, ganz u. gar, z. B. - nichts leisten; d) lohnend. **Effektiv** *das;* -s, -e [*...w^e*]: Verb des Verwandelns (z. B. knechten = zum Knecht machen; Sprachw.). **Effektivität** *die;* -: Wirksamkeit, Durchschlagskraft, Leistungsfähigkeit. **Effektivlohn** *der;* -s, ...löhne: der im Verhältnis zur jeweiligen Kaufkraft des Geldes tatsächliche Lohn. **Effektivwert** *der;* -s, -e: der tatsächlich wirkende Durchschnittswert des von Null bis zum Maximalwert (Scheitelwert) dauernd wechselnden Stromwertes (Elektrot.). **Effektor** [aus *lat.* effector „Urheber"] *der;* -s, ...oren (meist Plural): Stoff, der eine Enzymreaktion (vgl. Enzym) hemmt od. fördert, ohne an deren Auslösung mitzuwirken (Biol.). **effektuieren** [aus gleichbed. *fr.* effectuer; vgl. Effekt]: einen Auftrag ausführen, eine Zahlung leisten (Wirtsch.)

Effendi vgl. Efendi

Effet [*äfe*, auch: *äfä*; aus *fr.* effet „Wirkung", dies aus *lat.* effectus, s. Effekt] *der* (auch: *das*); -s, -s: der einer [Billard]kugel od. einem Ball beim Stoßen, Schlagen, Treten u. ä. durch seitliches Anschneiden verliehene Drall

effettuoso [*it.*]: effektvoll, mit Wirkung (Mus.)

Efficiency [*ifisch^enßi*; aus gleichbed. *engl.* efficiency, dies aus *lat.* efficientia „Wirksamkeit"; vgl. effizient] *die;* -: 1. Wirtschaftlichkeit, bestmöglicher Wirkungsgrad (wirtschaftspolitisches Schlagwort, bes. in den USA u. in England). 2. Leistungsfähigkeit

effilieren [aus gleichbed. *fr.* effiler, eigtl. „ausfasern"; vgl. Filet]: die Haare beim Schneiden ausdünnen, gleichmäßig herausschneiden [wenn sie sehr dicht sind]

effizient [aus *lat.* efficiēns, Gen. efficientis „bewirkend", Part. Präs. von efficere „hervorbringen, zustande bringen"]: besonders wirtschaftlich, leistungsfähig. Wirksamkeit habend; Ggs. → ineffizient. **Effizienz** *die;* -, -en: 1. Wirksamkeit, Wirkkraft; Ggs. → Ineffizienz (1). 2. = Efficiency (1, 2); Ggs. → Ineffizienz (2). **effizieren** [aus *lat.* efficere, s. effizient]: bewirken. **effiziert**: bewirkt. -es Objekt: Objekt, das durch das im Verb ausgedrückte Verhalten hervorgerufen od. bewirkt wird (z. B. Kaffee kochen; Sprachw.); Ggs. → affiziertes Objekt

Effusion [aus *lat.* effūsio „das Ausgießen; das Herausströmen" zu effundere „ausgießen"] *die*; -, -en: das Ausfließen von → Lava (Geol.). **effusiv**: durch Ausfließen von → Lava gebildet (Geol.)

EFTA [Kurzw. aus European Free Trade Association (*jurepien fri treid ßouschieischen*); *engl.*] *die*; Europäische Freihandelsassoziation (Freihandelszone)

^{1}**egal** [aus gleichbed. *fr.* égal, dies aus *lat.* aequālis „gleich beschaffen"]: 1. gleich, gleichartig, gleichmäßig. 2. (ugs.) gleichgültig, einerlei. ^{2}**egal** [aus *fr.* égal]: (landsch.) immer [wieder, noch], z. B. er kommt - zu spät. **egalisieren** [aus *fr.* égaliser „gleichmachen, ebnen"]: 1. etwas Ungleichmäßiges ausgleichen, gleichmachen. 2. den Vorsprung des Gegners aufholen, ausgleichen; (einen Rekord) einstellen (Sport). **Egalität** [zu → ^{1}egal] *die*; -: Gleichheit

Égalité [...*te*; aus *fr.* égalité, dies aus *lat.* aequalitās „Gleichheit"] *die*; -: Gleichheit (eines der Schlagworte der Franz. Revolution); vgl. Fraternité, Liberté

Egghead [*äghäd*; aus gleichbed. *amerik.* egghead, eigtl. „Eierkopf"] *der*; -s, -s: (meist abwertend) Intellektueller

Ego [auch: *ägo*; aus *lat.* ego „ich"] *das*; -: das Ich; vgl. Alter ego. **Ego|ismus** [aus gleichbed. *fr.* égoisme zu *lat.* ego] *der*; -, ...men: 1. (ohne Plural) Selbstsucht, Eigenliebe, Ichsucht, Eigennutz; Ggs. → Altruismus. 2. (Plural) selbstsüchtige Handlungen o. ä. **Ego|ist** *der*; -en, -en: jmd., der sein Ich u. seine persönlichen Interessen in den Vordergrund stellt; Ggs. → Altruist. **ego|istisch**: ichsüchtig, nur sich selbst gelten lassend; Ggs. → altruistisch

Egozen|trik [zu *lat.* ego „ich" u. → Zentrum] *die*; -: Einstellung od. Verhaltensweise, die die eigene Person als Zentrum allen Geschehens betrachtet und alle Ereignisse nur in ihrer Bedeutung für u. in ihrem Bezug auf die eigene Person wertet. **Egozen|triker** *der*; -s, -: jmd., der egozentrisch ist. **egozen|trisch**: ichbefangen, ichbezogen; sich selbst in den Mittelpunkt stellend, im Unterschied zu egoistisch aber nicht auf das Handeln zielend, sondern Ausdruck einer Weltauffassung, die alles in bezug auf die eigene Person wertet. **Egozen|trizität** *die*; -: = Egozentrik

egressiv [auch: *e*...; zu *lat.* ēgressus „das Herausgehen"]: das Ende eines Vorgangs od. Zustands ausdrückend (von Verben; z. B. verblühen, platzen; Sprachw.); Ggs. → ingressiv (1)

Eidetik [zu → Eidos] *die*; -: Fähigkeit, sich Objekte od. Situationen so anschaulich vorzustellen, als ob sie realen Wahrnehmungscharakter hätten. **Eidetiker** *der*; -s, -: jmd., der die Fähigkeit hat, sich Objekte od. Situationen anschaulich, wie wirklich vorhanden vorzustellen. **eidetisch**: a) die Eidetik betreffend; b) anschaulich, bildhaft

Eidophor [zu *gr.* eĩdos „Gestalt, Bild" u. → ...phor, eigtl. „Bildträger"] *das*; -s, -e: Fernsehgroßbild-Projektionsanlage

Eidos [aus *gr.* eĩdos „Ansehen, Gestalt" zu eídein „sehen"] *das*; -: 1. Gestalt, Form. 2. Idee (bei Plato). 3. Gegensatz zur Materie (bei Aristoteles)

einbalsamieren [zu → Balsam]: a) tote Körper mit fäulnishemmenden Mitteln behandeln; b) (ugs.) einreiben, einsalben

einchecken [...*tschäken*; zu → Check-in]: abfertigen (z. B. Passagiere od. Gepäck; Flugw.)

einquartieren [zu → Quartier]: [Soldaten] in einem → Quartier (1) unterbringen

Einsteinium [nach dem Physiker A. Einstein, 1879–1955] *das*; -s: chem. Element; Zeichen: Es

Ejakulat [aus *lat.* ēiaculātum „das Herausgeschleuderte", s. ejakulieren] *das*; -s, -e: bei der Ejakulation ausgespritzte Samenflüssigkeit (Med.). **Ejakulation** [...*zion*] *die*; -, -en: Ausspritzung [der Samenflüssigkeit beim → Orgasmus]; Samenerguß (Med.). **ejakulieren** [aus *lat.* ēiaculāre „hinauswerfen"]: Samenflüssigkeit ausspritzen (Med.)

ejizieren [aus *lat.* ēicere „hinauswerfen"]: (Materie) ausschleudern

ek..., **Ek...** [aus gleichbed. *gr.* ek; vgl. ^{2}ex...]: Präfix mit der Bedeutung „aus, aus–heraus", z. B. Eklipse

EKG u. **Ekg** [*ekage*] *das*; -[s], -[s]: = Elektrokardiogramm

Ek|klesia *die*; -: Kirche; vgl. Ecclesia

Eklat [*ekla*; aus gleichbed. *fr.* éclat zu éclater „platzen, splittern"] *der*; -s, -s: a) aufsehenerregendes Ereignis, Sensation; b) Skandal

eklatant [aus gleichbed. *fr.* éclatant zu éclater „platzen, sprühen, glänzen"]: 1. aufsehenerregend; auffallend; 2. offenkundig

Ek|lektiker [aus gleichbed. *gr.* eklektikós, eigtl. „auswählend, auslesend"] *der*; -s -: (abwertend) jmd., der (z. B. in einer Theorie) fremde Ideen nebeneinanderstellt, ohne eigene Gedanken dazu zu entwickeln. **ek|lektisch**: a) (veraltend) auswählend, prüfend; b) (abwertend) in unschöpferischer Weise nur Ideen anderer (z. B. in einer Theorie) verwendend. **Ek|lektizismus** *der*; -: (abwertend) unoriginelle, unschöpferische [geistige] Arbeitsweise, bei der Ideen anderer übernommen od. zu einem System zusammengetragen werden. **ek|lektizistisch**: nach der Art des Eklektizismus verfahrend, unschöpferisch

Ek|lipse [aus *gr.* ekleipsis „Ausbleiben, Verschwinden" zu ekleípein „verlassen"] *die*; -, -n: Sonnen- od. Mondfinsternis (Astron.). **Ek|liptik** [zu → Eklipse (weil in der Ekliptik Finsternisse auftreten)] *die*; -, -en: der größte Kreis, in dem die Ebene der Erdbahn um die Sonne die als unendlich groß gedachte Himmelskugel schneidet (Astron.). **ek|liptikal**: auf die Ekliptik bezogen, mit ihr zusammenhängend. **ek|liptisch** [*gr.*]: auf die Eklipse bezogen

Ek|loge [über *lat.* ecloga aus *gr.* eklogḗ „Auswahl"] *die*; -, -n: a) altröm. Hirtenlied; vgl. Idylle; b) kleineres, ausgewähltes Gedicht

Ekonomiser [*ikonemaiser*; aus gleichbed. *engl.* economizer, eigtl. „Sparer"] *der*; -s, -: Wasservorwärmer bei Dampfkesselanlagen

Ekrasit [zu *fr.* écraser „zermalmen, vernichten"] *das*; -s: Sprengstoff, der → Pikrinsäure enthält

ekrü [aus *fr.* écru „roh, ungebleicht", zu cru „roh" aus *lat.* crudus]: a) roh, ungebleicht; b) weißlich, gelblich. **Ekrüseide** *die*; -: Rohseide, nicht entbastete Naturseide

Ek|stase [über *kirchenlat.* ecstasis aus gleichbed. *gr.* ékstasis, eigtl. „Aussichherausgetretensein"] *die*; -, -n: [religiöse] Verzückung, rauschhafter Zustand, in dem der Mensch der Kontrolle des normalen Bewußtseins entzogen ist. **Ek|statik** [zu *gr.* ekstatikós „verzückt, außer sich"] *die;* -: Ausdruck[sform] der Ekstase. **Ek|statiker** *der;* -s, -: jmd., der in Ekstase geraten ist; verzückter, rauschhafter Schwärmer. **ek|statisch**: in Ekstase, außer sich, schwärmerisch, rauschhaft

ekto..., **Ekto...** [zu gleichbed. *gr.* ektós; vgl. [2]ex..., Ex...]: Präfix mit der Bedeutung „außen, außerhalb", z. B. Ektoparasit

Ekzem [aus *gr.* ékzema „durch Hitze herausgetriebener Ausschlag" zu ekzéein „herauskochen"] *das;* -s, -e: nicht ansteckende, in vielen Formen auftretende juckende Entzündung der Haut; Juckflechte (Med.)

Elaborat [aus *lat.* ēlabōrātum, Part. Perf. von ēlabōrāre „sorgfältig ausarbeiten"] *das;* -s, -e: (meist abwertend) [nicht sorgfältig hergestellte, inhaltslose] schriftliche Arbeit, Ausarbeitung; Machwerk

elaboriert [zu *engl.* to elaborate „herausarbeiten, entwickeln" aus *lat.* ēlabōrāre, s. Elaborat]: differenziert ausgebildet; -er Code: hochentwickelter sprachlicher → Code (1) eines Sprachteilhabers (Sprachw.); Ggs. → restringierter Code

Elain [zu *gr.* élaion „Öl, Fettigkeit"] *das;* -s: in tierischen u. nicht trocknenden pflanzlichen Fetten u. Ölen vorkommende chem. Verbindung (Chem.). **Elainsäure** *die;* -: Ölsäure

Elan [bei franz. Ausspr.: *elang*; aus gleichbed. *fr.* élan zu s'élancer „vorschnellen, sich aufschwingen"] *der;* -s: innerer, zur Ausführung von etwas vorhandener Schwung, Spannkraft, Begeisterung

Elastik [zu → elastisch] *das;* -s, -s od. -e. (auch: *die;* -, -en) Gewebe aus sehr dehnbarem Material. **elastisch** [aus *nlat.* elasticus, gelehrte Bildung zu *gr.* elastós „getrieben, dehnbar, biegbar" zu *gr.* elaúnein „treiben, ziehen"]: 1. dehnbar. 2. a) kraftvoll gespannt, federnd, beweglich, geschmeidig (in bezug auf den menschlichen Körper); b) anpassungsfähig, nicht starr an einer Ansicht, einer Meinung festhaltend. **Elastizität** *die;* -: 1. Fähigkeit eines Körpers, eine aufgezwungene Formänderung nach Aufhebung des Zwangs rückgängig zu machen (Phys.). 2. a) Spannkraft [eines Menschen], Beweglichkeit, Geschmeidigkeit; b) Anpassungsfähigkeit

Elastomere [zu → elastisch u. → ...mer] *die* (Plural): → synthetische (2) Kautschuke u. gummiähnliche Kunststoffe

Elativ [zu *lat.* ēlātus „erhaben, hoch", Part. Perf. von efferre „heraus-, emporheben"] *der;* -s, -e [...*w*e]: (Sprachw.) absoluter → Superlativ (ohne Vergleich) (z. B. modernste Maschinen = sehr moderne Maschinen, höflichst = sehr höflich)

Eldorado, Dorado [aus *span.* el dorado (país) „das vergoldete (Land)"] *das;* -s, -s: a) sagenhaftes Goldland in Südamerika; b) [örtliche] Gegebenheit, die die [erträumten] idealen Voraussetzungen für etwas (z. B. für die Entfaltung einer bestimmten Tätigkeit) bietet, Wunschland; c) Tummelplatz für etwas (bes. in bezug auf als negativ empfundene Verhältnisse)

Elefant [über gleichbed. *lat.* elephantus aus *gr.* eléphās (Gen. eléphantos) „Elfenbein, Elefant", dies zu *ägypt.* ābtu, *kopt.* eb(o)u „Elfenbein, Elefant"] *der;* -en, -en: sehr großes Rüsseltier mit dicker Haut und langen Stoßzähnen

elegant [aus *fr.* élégant „fein, zierlich, schick", dies aus *lat.* ēlegāns „wählerisch, geschmackvoll", Nebenform von ēligēns, Part. Präs. von ēligere „auslesen, auswählen"]: 1. modisch-schick; gepflegt, geschmackvoll. 2. gewählt, kultiviert, erlesen, z. B. sie sprach ein -es Englisch. 3. [technisch] vollendet, geschickt, z. B. eine -e Verbeugung, Lösung. **Elegant** [*elegang*] *der;* -s, -s: (meist abwertend) auffällig modisch gekleideter Mann. **Eleganz** [unter Einfluß von *fr.* élégance aus *lat.* ēlegantia „feiner Geschmack"] *die;* -: 1. unaufdringlicher modischer Schick; geschmackvolle Gepflegtheit. 2. Gewähltheit [im Ausdruck]. 3. Gewandtheit, Geschmeidigkeit [in der Bewegung]

Elegeion [aus gleichbed. *gr.* elegeĩon (métron)] *das;* -s: elegisches Versmaß, d. h. Verbindung von → Hexameter u. → Pentameter; vgl. Distichon. **Elegie** [über *lat.* elegīa aus gleichbed. *gr.* elegeía] *die;* -, ...ien: 1. a) im → Elegeion abgefaßtes Gedicht; b) wehmütiges Gedicht, Klagelied. 2. Schwermut. **Elegiker** *der;* -s, -: 1. Elegiendichter. 2. jmd., der zu elegischen, schwermütigen Stimmungen neigt. **elegisch**: 1. a) die Gedichtform der Elegie betreffend; b) in Elegieform gedichtet. 2. voll Wehmut, Schwermut; wehmütig

Eleison [aus *gr.* eléēson „erbarme dich"] *das;* -s, -s: gottesdienstlicher Gesang; vgl. Kyrie eleison

Elektion [...*zion*; aus gleichbed. *lat.* ēlectio zu ēligere „auswählen"] *die;* -, -en: Auswahl, Wahl; vgl. Selektion. **elektiv**: auswählend; vgl. selektiv (1). **Elektorat** [zu *mlat.* elector „Kurfürst" zu *lat.* ēligere „auswählen"] *das;* -s, -e: (hist.) a) Kurfürstentum; b) Kurfürstenwürde

Elektrakomplex [nach der griech. Sagengestalt Elektra] *der;* -es: bei weiblichen Personen auftretende, zu starke Bindung an den Vater (Psychol.); vgl. Ödipuskomplex

Elek|trifikation [...*zion*; zu → elektrisch u. → ...fikation] *die;* -, -en: (schweiz.) = Elektrifizierung; vgl. ...ation/...ierung. **elek|trifizieren**: etwas auf elektrischen Betrieb umstellen, bes. Eisenbahnen. **Elek|trifizierung** *die;* -, -en: Umstellung auf elektrischen Betrieb [bei Eisenbahnen]; vgl. ...ation/...ierung. **Elek|trik** [zu → elektrisch] *die;* -: a) Gesamtheit einer elektrischen Anlage od. Einrichtung (z. B. Autoelektrik); b) (ugs.) Elektrizitätslehre. **Elek|triker** *der;* -s, -: Elektromechaniker, -installateur, Handwerker im Bereich der Elektrotechnik. **elek|trisch** [zu *lat.* ēlectrum aus *gr.* ḗlektron „Bernstein" (weil Reibungselektrizität zuerst nur am Bernstein beobachtet wurde)]: 1. auf der Anziehungs- bzw. Abstoßungskraft geladener Elementarteilchen beruhend; durch [geladene] Elementarteilchen hervorgerufen. 2. a) die Elektrizität betreffend, sie benutzend; b) durch elektrischen Strom angetrieben; mit Hilfe des elektrischen Stroms erfolgend; -e Induktion: Erscheinung, bei der durch einen elektrischen Strom ein Magnetfeld erzeugt wird. **Elek|trische** *die;* -n, -n: (ugs., veraltet) Straßenbahn. **elek|trisieren** [aus gleichbed. *fr.* électriser]: 1. elektrische Ladungen erzeugen, übertragen. 2. den Organismus mit elektrischen Stromstößen behandeln. 3. jmdn. in spontane Begeisterung versetzen. 4. sich -: seinen Körper unabsichtlich mit einem Stromträger in Kontakt bringen u. dadurch einen elektrischen Schlag bekommen. **Elek|trizität** *die;* -: elektrische Energie. **elektro...**, **Elek|tro...** [zu *gr.* ḗlektron, s. elektrisch]: in Zusammensetzungen auftretendes Bestimmungswort mit der Bedeutung „elektrisch, Elektrizitäts...", z. B. elektrotechnisch; Elektrotechnik. **Elek|troanalyse** *die;* -: chem. Untersuchungsmethode mit Hilfe der → Elektrolyse. **Elek|trochord** [...*ko*...; zu → elektro... u. *lat.* chorda „Darmsaite"; vgl. Chorda] *das*; -s, -e: elektrisches Klavier. **Elek|trode** [zu → elektro... u. → ...ode] *die*; -, -n: elektrisch leitender, meist metallischer Teil, der den Übergang des elektrischen Stromes in ein anderes Leitermedium (Flüssigkeit, Gas u. a.) vermittelt. **Elek|trodialyse** *die*; -: Verfahren zur Entsalzung wäßriger Lösungen nach dem Prinzip der → Dialyse (z. B. Entsalzen von Wasser). **Elektrodynamometer** *das*; -s, -: Meßgerät für elektrische Stromstärke u. Spannung. **Elek|tro|enzephalogramm** *das*; -s, -e: Aufzeichnung des Verlaufs der Hirnaktionsströme; Abk. EEG (Med.). **Elektrokardiogramm** *das*; -s, -e: Aufzeichnung des Verlaufs der Aktionsströme des Herzens; Abk.: EKG u. Ekg (Med.). **Elek|trokardio|graph** *der*; -en, -en: Gerät zur Aufzeichnung eines Elektrokardiogramms. **Elek|trokarren** *der*; -s, -: kleines, durch → Akkumulatoren (1) gespeistes Transportfahrzeug. **Elek|trolyse** *die*; -, -n: durch elektrischen Strom bewirkte chem. Zersetzung von Salzen, Säuren od. Laugen. **elek|trolysieren**: eine chem. Verbindung durch elektrischen Strom aufspalten. **Elektrolyt** [zu → elektro... u. *gr.* lytós „lösbar" zu lýein „(auf)lösen"] *der*; -s od. -en, -e[n]: den elektrischen Strom leitende und sich durch ihn zersetzende Lösung, z. B. Salz, Säure, Base. **elek|trolytisch**: den elektrischen Strom leitend und sich durch ihn zersetzend (von [wäßrigen] Lösungen). **Elektromagnet** *der*; -s u. -en, -[e]n: Spule mit einem Kern aus Weicheisen, durch die elektrischer Strom geschickt u. ein Magnetfeld erzeugt wird. **elektromagnetisch**: den Elektromagnetismus betreffend, auf ihm beruhend; -e Induktion: Entstehung eines elektrischen Stromes durch das Bewegen eines Magnetpols. **Elek|trometer** *das*; -s, -: Gerät zum Messen elektrischer Ladungen u. Spannungen. **Elek|tromobil** *das*; -s, -e: Auto, das nicht mit Benzin, sondern mit elektrischer Energie angetrieben wird. **Elek|tromotor** *der*; -s, ...toren: Motor, der elektrische Energie in mechanische Energie umwandelt

[1]**Elek|tron** [auch: *elä*...; gelehrte Neubildung nach *gr.* ēlektron „Bernstein", vgl. elektrisch] *das*; -s, ...onen: negativ elektrisches Elementarteilchen; Abk.: *e* od. e^-

[2]**Elektron** [aus *gr.* ēlektron „mit Silber gemischtes Gold; Bernstein"] *das*; -: 1. natürlich vorkommende Gold-Silber-Legierung. 2. ⓦ Magnesiumlegierung [mit wechselnden Zusätzen]

Elek|tronenmi|kroskop *das*; -s, -e: Mikroskop, das nicht mit Lichtstrahlen, sondern mit Elektronen arbeitet. **Elek|tronenorgel** *die*; -, -n: elektronisch betriebenes Orgelinstrument. **Elek|tronenröhre** *die*; -, -n: luftleeres Gefäß mit Elektrodenanordnung zum Gleichrichten, zur Verstärkung u. Erzeugung von elektromagnetischen Schwingungen. **Elektronenstoß** *der*; -es, ...stöße: Stoß eines Elektrons auf Atome. **Elek|tronenvolt**, (auch:) Elektronvolt *das*; -s: Energieeinheit der Kernphysik; Abk.: eV. **Elek|tronik** *die*; -: Zweig der Elektrotechnik, der sich mit der Entwicklung u. Verwendung von Geräten mit Elektronenröhren, Photozellen, Halbleitern u. ä. befaßt. **Elek|troniker** *der*; -s, -: Techniker der Elektronik. **elek|tronisch**: die Elektronik betreffend; -e Fernsehkamera: Fernsehkamera, die Lichtwerte in elektrische Signale umwandelt und an einen Sender oder eine Aufzeichnungsanlage weitergibt; -e Musik: Sammelbegriff für jede Art von Musik, bei deren Entstehung, Wiedergabe od. Interpretation elektronische Hilfsmittel eingesetzt werden. **Elek|trophor** *der*; -s, -e: Elektrizitätserzeuger; vgl. Influenzmaschine. **Elek|trophorese** *die*; -: Bewegung elektrisch geladener Teilchen in nichtleitender Flüssigkeit unter dem Einfluß elektrischer Spannung. **elek|trophoretisch**: die Elektrophorese betreffend. **Elek|troschock** *der*; -s, -s: durch elektrische Stromstöße erzeugter künstlicher Schock zur Behandlung gewisser Gemüts- u. Geisteskrankheiten (z. B. Schizophrenie). **Elek|troskop** *das*; -s, -e: Gerät zum Nachweis geringer elektrischer Ladungen. **Elek|trotechnik** [auch: ...*täch*...] *die*; -: Technik, die sich mit Erzeugung u. Anwendung der Elektrizität befaßt. **Elektrotechniker** [auch: ...*täch*...] *der*; -s, -: Elektroingenieur, Fachmann der Elektrotechnik. **elektrotechnisch** [auch: ...*täch*...]: die Elektrotechnik betreffend

Element [aus *lat.* elementum „Grundstoff, -bestandteil"] *das*; -[e]s, -e: 1. [Grund]bestandteil; Wesensmerkmal; Faktor, Kraft. 2. chemisches Element (Grundstoff, der mit den Mitteln der Chemie nicht weiter zerlegt werden kann). 3. galvanisches Element. 4. (nur Plural) Anfangsgründe, Grundbegriffe, Grundlagen einer Wissenschaft. 5. (hist.) Urstoff (z. B. Feuer, Wasser). 6. (meist Plural) Naturkraft, Naturgewalt. 7. passende Umgebung; der dem Naturell eines Menschen gemäße Lebensbereich, z. B. in seinem - sein. 8. (meist Plural) (abwertend) bestimmte, eine Gemeinschaft gefährdende Person. 9. Teil einer Anbauserie (bei Möbeln). **elementar** [aus *lat.* elementārius „zu den Anfangsgründen gehörend"]: 1. a) grundlegend, wesentlich; b) einfach, primitiv. 2. Natur...; wild, heftig. **Elementaranalyse** *die*; -, -n: mengenmäßige Bestimmung der Elemente von organischen Substanzen. **Elementarteilchen** *das*; -s, -: Sammelbezeichnung für alle Sorten von kleinsten nachweisbaren geladenen u. ungeladenen Teilchen, aus denen Atome aufgebaut sind

eleusinisch [nach dem altgriech. Ort Eleusis bei Athen]: aus Eleusis stammend; Eleusinische Mysterien: nur Eingeweihten zugängliche kultische Feiern zu Ehren der griech. Fruchtbarkeitsgöttin Demeter

Elevation [...*wazion*; aus *lat.* ēlevātio „das Aufheben, Hebung" zu ēlevāre „emporheben"] *die*; -, -en: 1. Erhöhung, Erhebung. 2. Höhe eines Gestirns über dem Horizont. 3. das Emporheben der Hostie u. des Kelches [vor der Wandlung] im christl. Gottesdienst

Elevator [zu *lat.* ēlevāre „emporheben"] *der*; -s, ...oren: Fördereinrichtung, die Güter weiterbefördert (z. B. Getreide, Sand, Schotter u. a.)

Eleve [...*w*ᵉ; aus *fr.* élève zu élever „emporheben; erreichen" aus *lat.* ēlevāre „Schüler"] *der*; -n, -n: 1. Schauspiel-, Ballettschüler. 2. Land- od. Forstwirt während der praktischen Ausbildungszeit

elidieren [aus *lat.* ēlidere „herausstoßen"]: 1. einen unbetonten Vokal ausstoßen. 2. etwas streichen, tilgen

Elimination [...*zion*; aus gleichbed. *fr.* élimination, s. eliminieren] *die*; -, -en: 1. Ausschaltung, Ausscheidung, Beseitigung, Entfernung. 2. rechnerische Beseitigung einer unbekannten Größe, die in mehreren Gleichungen vorkommt (Math.). **eliminieren** [über gleichbed. *fr.* éliminer aus *lat.* ēlīminare „über die Schwelle (*lat.* līmen), aus dem Hause treiben"]: a) etwas ausscheiden, es aus einem größeren Komplex herauslösen u. auf diese Weise beseitigen, unwirksam werden lassen; b) etwas aus einem größeren Komplex herauslösen, um es isoliert zu behandeln; c) jmdn. als Konkurrenten ausschalten; jmdn. aus dem Weg räumen

Elision [aus *lat.* ēlīsio „das Herausstoßen" zu ēlidere, s. elidieren] *die*; -, -en: 1. Ausstoßung eines unbetonten Vokals im Inneren eines Wortes (z. B. Wand[e]rung; Sprachw.). 2. Ausstoßung eines Vokals am Ende eines Wortes vor einem folgenden mit Vokal beginnenden Wort (z. B. Freud[e] und Leid, sagt[e] er; Sprachw.).

elitär [französierende Ableitung von → Elite]: a) einer Elite angehörend, auserlesen; b) (abwertend) überheblich, hochmütig

Elite [österr. auch: *...lit*; aus *fr.* élite „Auslese" zu élire „auswählen" aus *lat.* eligere; vgl. elegant] *die*; -, -n: 1. a) Auslese der Besten; b) Führungsschicht. 2. (ohne Plural) genormte Schriftgröße bei Schreibmaschinen (früher Perlschrift)

Elixier [aus gleichbed. *mlat.* elixīrium, dies über *arab.* al-iksīr „der Stein der Weisen" aus *gr.* xḗrion „trockenes Heilmittel"] *das*; -s, -e: Heiltrank; Zaubertrank; Verjüngungsmittel (Lebenselixier)

...ell [aus *fr.* -el, Fem. -elle, dies aus *lat.* -ālis]: Endung von Adjektiven, z. B. partiell, reell, visuell, formell

...ell/...al vgl. ...al/...ell

...elle [aus *fr.* -elle bzw. *it.* -ella]: oft verkleinernde Endung von weiblichen Substantiven, z. B. Bagatelle, Morelle

Ellipse [über *lat.* ellīpsis „Auslassung eines Wortes" aus *gr.* élleipsis „Auslassung, Mangel" zu elleípein „darin zurücklassen; mangeln, fehlen" (der Ellipse fehlt die volle Rundung des Kreises)] *die*; -, -n: 1. a) Ersparung von Redeteilen in [benachbarten] Sätzen (z. B. [ich] danke schön; Karl fährt nach Italien, Wilhelm [fährt] an die Nordsee); b) Auslassungssatz (Sprachw.). 2. Kegelschnitt, geometrischer Ort aller Punkte, für die die Summe der Abstände von zwei festen Punkten (den Brennpunkten) konstant ist (Math.). **ellipsoid**: ellipsenähnlich. **Ellipsoid** *das*; --, -e: Körper, der von einer Ebene in Form einer Ellipse geschnitten wird; geschlossene Fläche zweiter Ordnung (bzw. der von ihr umschlossene Körper), deren ebene Schnittflächen Ellipsen sind, im Grenzfall Kreise. **elliptisch** [nach *gr.* elleiptikós „mangelhaft"]: 1. die Ellipse (1) betreffend, unvollständig (Sprachw.). 2. in der Form einer Ellipse (2) (Math.)

Eloge [*elosch^e*; aus gleichbed. *fr.* éloge, dies aus *lat.* ēlogium, s. d.] *die*; -, -n: Lob, Lobeserhebung. **Elogium** [aus *lat.* ēlogium „Grabschrift", dies unter Einfluß von *gr.* lógos „Wort, Rede" aus *gr.* elegeĩon „Inschrift", vgl. Elegie] *das*; -s, ...gia: 1. in der römischen Antike Inschrift auf Grabsteinen, Statuen u. a. 2. Lobrede

Elongation [*...zion*; zu *lat.* ēlongāre „entfernen, fernhalten"] *die*; -, -en: 1. Winkel zwischen Sonne u. Planet. 2. der Betrag, um den ein Körper aus einer stabilen Gleichgewichtslage entfernt wird (z. B. bei Schwingung um diese Lage)

eloquent [aus gleichbed. *lat.* ēloquēns, Gen. eloquentis zu ēloqui „heraussagen, vortragen"]: beredsam, beredt. **Eloquenz** *die*; -: Beredsamkeit, Wortgewandtheit

Eloxal ® [Kurzw. aus: *el*ektrisch *ox*ydiertes *Al*uminium] *das*; -s: Schutzschicht aus Aluminiumoxyd. **eloxieren**: mit Eloxal überziehen

elysäisch u. elysisch: paradiesisch, himmlisch. **Elysium** [über *lat.* Ēlysium aus *gr.* Ēlýsion pedíon „die Ebene E."] *das*; -s: in der griech. Sage das Land der Seligen in der Unterwelt

em..., **Em...** vgl. [1]en..., En... u. [2]en..., En...

em. = emeritus; vgl. Emerit

Em = chem. Zeichen für: Emanation

Email [*emaj*] *das*; -s, -s u. **Emaille** [*emalj^e* u. *emaj*; aus gleichbed. *fr.* émail, dies aus *mlat.* smeltum „Schmelzglas" (germ. Wort)] *die*; -, -n [*...^en*]: glasharter, korrosions- u. temperaturwechselbeständiger Schmelzüberzug als Schutz auf metallischen Oberflächen od. als Verzierung

emaillieren [*...ljir^en*, *...jir^en*; aus gleichbed. *fr.* émailler]: mit Email überziehen

Eman [zu → Emanation] *das*; -s, -[s] (aber: 5 Eman): Maßeinheit für den radioaktiven Gehalt, bes. im Quellwasser (1 Eman = 10^{-10} Curie/Liter = $1/_{3,64}$ Mache). **Emanation** [*...zion*; aus *lat.* ēmānātio „Ausfluß" zu ēmānāre „herausfließen"] *die*; -, -en: das Ausströmen, Ausstrahlung. **emanieren**: ausströmen; durch natürliche od. künstliche Radioaktivität Strahlen aussenden

Emanzipation [*...zion*; aus *lat.* ēmancipātio „Freilassung", s. emanzipieren] *die*; -, -en: 1. Befreiung aus einem Zustand der Abhängigkeit, Verselbständigung. 2. rechtliche u. gesellschaftliche Gleichstellung [der Frau mit dem Mann]. **emanzipatorisch**: auf Emanzipation (1, 2) gerichtet. **emanzipieren**, sich [aus *lat.* ēmancipāre „(einen Sohn od. Sklaven) in die Selbständigkeit entlassen" zu ex-, e- „aus – heraus" u. mancipium „Eigentumserwerb durch Handauflegen"]: sich aus einer bestehenden, die eigene Entfaltung hemmenden Abhängigkeit lösen, sich selbständig, unabhängig machen. **emanzipiert**: a) die traditionelle Rolle [der Frau] nicht akzeptierend, Gleichberechtigung anstrebend, selbständig, frei, unabhängig; b) (veraltend, abwertend) betont vorurteilsfrei, selbständig und daher nicht in herkömmlicher Weise fraulich, sondern männlich wirkend (in bezug auf Frauen), z. B. sie ist sehr -

Embargo [aus *span.* embargo „Beschlagnahme" zu embargar „in Beschlag nehmen"] *das*; -s, -s: 1. staatliches Ausfuhrverbot. 2. Beschlagnahme od. das Zurückhalten fremden Eigentums (meist von Schiffen od. Schiffsladungen) durch einen Staat

Em|blem [bei franz. Aussprache: *angblem*; über gleichbed. *fr.* emblème aus *gr.-lat.* émblēma „Eingesetztes, eingelegte (Metall)arbeit"] *das*; -s, -e (bei dt. Aussprache auch: -ata): 1. Kennzeichen, Hoheitszeichen [eines Staates]. 2. Sinnbild (z. B. Schlüssel u. Schloß für Schlosserhandwerk, Ölzweig für Frieden). **em|blematisch**: sinnbildlich

Embonpoint [*angbongpoäng*; aus gleichbed. *fr.* embonpoint, eigtl. „in gutem Zustand"] *der* od. *das*; -s: a) Wohlbeleibtheit, Körperfülle; b) (scherzh.) dicker Bauch, Schmerbauch

Em|bryo [über *lat.* embryo aus *gr.* émbryon „ungeborene Leibesfrucht, neugeborenes Lamm" zu *gr.* en „in, darin" u. brýein „sprossen, treiben"] *der*, (österr. auch: *das*) -s, ...onen u. -s: im Anfangsstadium der Entwicklung befindlicher Keim; in der Keimesentwicklung befindlicher Organismus, beim Menschen die Leibesfrucht von der vierten Schwangerschaftswoche bis zum Ende des vierten

Schwangerschaftsmonats (oft auch gleichbedeutend mit → Fetus gebraucht). **em|bryonal** u. **embryonisch**: a) zum Keimling gehörend; im Keimlingszustand, unentwickelt; b) unreif; c) angeboren

Emerit [zu → Emeritus] *der*; -en, -en: im Alter dienstunfähig gewordener Geistlicher (im kath. Kirchenrecht). **emeritieren**: jmdn. in den Ruhestand versetzen, entpflichten (z. B. einen Professor). **emeritiert**: in den Ruhestand versetzt (in bezug auf Hochschullehrer). **Emeritierung** *die*; -, -en: Entbindung eines Hochschullehrers von der Verpflichtung, Vorlesungen abzuhalten entsprechend der Versetzung in den Ruhestand bei anderen Beamten. **Emeritus** [aus *lat.* ēmeritus „der Ausgediente", Part. Perf. von ēmerēri „ausdienen, zu Ende dienen"] *der*; -, ...ti: im Ruhestand befindlicher, entpflichteter Hochschullehrer; Abk.: em.

Emersion [zu *lat.* ēmergere (Part. Perf. ēmersus) „auftauchen, sichtbar werden"] *die*; -, -en: Heraustreten eines Mondes aus dem Schatten seines Planeten

Emi|grant [nach *lat.* ēmigrans, Gen. ēmigrantis, Part. Präs. von ēmigrāre, s. emigrieren] *der*; -en, -en: Auswanderer; jmd., der [aus politischen, wirtschaftlichen oder religiösen Gründen] sein Heimatland verläßt; Ggs. → Immigrant. **Emi|gration** [...*zion*] *die*; -, -en: Auswanderung (bes. aus politischen, wirtschaftlichen od. religiösen Gründen); Ggs. → Immigration. **emi|grieren** [aus *lat.* ēmigrāre „ausziehen, auswandern"]: [aus politischen, wirtschaftlichen od. religiösen Gründen] auswandern; Ggs. → immigrieren

eminent [über gleichbed. *fr.* éminent aus *lat.* ēminēns „hervortretend, hochliegend, außerordentlich", Part. Präs. von ēminēre „herausragen"]: hervorragend (in bezug auf eine als positiv empfundene Qualität, Eigenschaft, die in hohem Maße vorhanden ist), außerordentlich, äußerst. **Eminenz** [aus *lat.* ēminentia „das Hervorragen"] *die*; -, -en: Hoheit (Titel der Kardinäle); graue -: nach außen kaum in Erscheinung tretende, aber einflußreiche [politische] Persönlichkeit

Emir [auch: ...*ir*; aus *arab.* amīr „Befehlshaber" zu amara „befehlen"; vgl. Admiral] *der*; -s, -e: Befehlshaber, Fürst, Gebieter (bes. in islamischen Ländern). **Emirat** *das*; -[e]s, -e: orientalisches Fürstentum

Emissär [aus gleichbed. *fr.* émissaire, dies aus *lat.* ēmissārius „Sendbote, Spion" zu ēmittere „ausschicken", s. emittieren] *der*; -s, -e: Abgesandter mit einem bestimmten Auftrag. **Emission** [aus *lat.* ēmissio „das Herausschicken, Ausströmen lassen" (Bed. 1 über *fr.* émission „Ausgabe einer Anleihe") zu *lat.* ēmittere „herausgehen lassen"] *die*; -, -en: 1. Ausgabe von Wertpapieren (Bankwesen). 2. Aussendung von elektromagnetischen Teilchen oder Wellen (Phys.). 3. das Ausströmen luftverunreinigender Stoffe in die Außenluft; Luftverunreinigung; vgl. Immission. 4. (schweiz.) Rundfunksendung. **Emissionsspek|trum** *das*; -s, ...spektren u. ...spektra: Spektrum eines Atoms od. Moleküls, das durch Anregung zur Ausstrahlung gebracht wird. **Emissionstheorie** *die*; -: Theorie, nach der das Licht nicht eine Wellenbewegung ist, sondern aus ausgesandten Teilchen besteht; Ggs. → Undulationstheorie

Emi|tron [Kunstwort aus *lat.* ēmittere „(aus)senden" u. → ...tron] *das*; -s, ...one (auch: -s): Teil des Fernsehaufnahmegerätes. **Emit|ter** [aus gleichbed. *engl.* emitter zu to emit, vgl. emittieren] *der*; -s, -: Emissionselektrode eines → Transistors. **emittieren** [aus *lat.* ēmittere „ausschicken, -senden, herausgehen lassen" (Bed. 1 nach *fr.* émettre, vgl. Emission)]: 1. ausgeben, in Umlauf setzen (von Wertpapieren). 2. aussenden (z. B. Elektronen; Phys.)

Emotion [...*zion*; aus gleichbed. *fr.* émotion zu émouvoir „in Bewegung setzen, erregen", dies aus *lat.* ēmovēre „heraus bewegen, emporwühlen, erschüttern"] *die*; -, -en: Gemütsbewegung, seelische Erregung, Gefühlszustand; vgl. Affekt. **emotional** u. emotionell: mit Emotionen verbunden; aus einer Emotion, einer inneren Erregung erfolgend; gefühlsmäßig; vgl. affektiv. **emotionalisieren**: Emotionen wecken, Emotionen einbauen (z. B. in ein Theaterstück). **Emotionalität** *die*; -: inneres, gefühlsmäßiges Beteiligtsein an etwas, → Affektivität. **emotionell** vgl. emotional. **emotiv** [aus gleichbed. *engl.* emotive] vgl. emotional

Emphase [über *fr.* emphase aus gleichbed. *gr.-lat.* émphasis, eigtl. „Verdeutlichung", zu *gr.* emphaínein „darin sichtbar machen, aufzeigen"] *die*; -, -n: Nachdruck, Eindringlichkeit [im Reden]. **emphatisch**: mit Nachdruck, stark, eindringlich (Rhet., Sprachw.)

[1]**Empire** [*angpir*; aus *fr.* empire „Kaisertum", dies aus *lat.* imperium „Befehlsgewalt, Reich", s. Imperium] *das*; -s: a) (hist.) zweites franz. Kaiserreich; b) Kunststil zur Zeit Napoleons I. [2]**Empire** [*ämpai*ᵉ*r*; aus gleichbed. *engl.* empire, dies aus *fr.* empire, s. Imperium] *das*; -[s]: das brit. Weltreich

Empirie [aus gleichbed. *gr.* empeiría zu émpeiros „erfahren, kundig", s. empirisch] *die*; -: [wissenschaftliche] Erfahrung im Unterschied zur → Theorie, Erfahrungswissen. **Empiriker** [aus gleichbed. *lat.* empīricus, s. empirisch] *der*; -s, -: jmd., der auf Grund von Erfahrung denkt u. handelt; jmd., der die Empirie als einzige Erkenntnisquelle gelten läßt. **Empiriokritizismus** *der*; -: die von R. Avenarius begründete erfahrungskritische Erkenntnistheorie, die sich unter Ablehnung der Metaphysik allein auf die kritische Erfahrung beruft. **empirisch** [über gleichbed. *lat.* empīricus aus *gr.* empeirikós zu émpeiros „erfahren, kundig", eigtl. „im Versuch, im Wagnis stehend", zu *gr.* peīra „Versuch, Wagnis"; vgl. Pirat]: erfahrungsgemäß; aus der Erfahrung, Beobachtung [erwachsen]; dem Experiment entnommen. **Empirismus** *der*; -: philos. Lehre, die als einzige Erkenntnisquelle die Sinneserfahrung, die Beobachtung, das Experiment gelten läßt. **Empirist** *der*; -en, -en: Vertreter der Lehre des Empirismus

Empyreum [zu *lat.* empyrius aus *gr.* empýrios „feurig"] *das*; -s: im Weltbild der antiken u. scholastischen Philosophie der oberste Himmel, der sich über der Erde wölbt, der Bereich des Feuers od. des Lichtes, die Wohnung der Seligen

Emu [aus gleichbed. *engl.* emu, dies verkürzt aus *port.* ema di gei „Kranich der Erde" (wegen der Flugunfähigkeit des Vogels)] *der*; -s, -s: in Australien beheimateter großer straußähnlicher Laufvogel

Emulgator [zu → emulgieren] *der*; -s, ...toren: Mittel (z. B. → Gummiarabikum), das die Bildung einer → Emulsion (1) erleichtert. **emulgieren** [aus *lat.* ēmulgēre „ab-, ausmelken"]: a) eine Emulsion herstellen; b) einen [unlöslichen] Stoff in einer Flüssigkeit verteilen. **Emulsion** [gelehrte Neubildung zum Part. Perf. ēmulsus von *lat.* ēmulgēre] *die*; -, -en:

1. → kolloide Verteilung zweier nicht miteinander mischbarer Flüssigkeiten (z. B. Öl in Wasser). 2. lichtempfindliche Schicht fotografischer Platten, Filme u. Papiere

[1]**en..., En...** [*ąn...*; aus gleichbed. *gr.* en], vor Lippenlauten: ẹm..., Ẹm...: Präfix mit der Bedeutung „ein..., hinein, innerhalb", z. B. Engramm, empirisch, Emphase

[2]**en..., En...** [*ang...*, auch: *ąn...*; aus gleichbed. *fr.* en, dies aus *lat.* in], vor Lippenlauten: em..., Em... [*ang...*, auch: *ąm*]: Präfix mit der Bedeutung „ein..., hinein", z. B. Enklave, Emballage

...ẹn [über *engl.* ...ene aus *gr.* ...énē (Zugehörigkeitssuffix)]: Suffix von Benennungen ungesättigter Kohlenwasserstoffe, z. B. Butadien

en avant! [*angnawąng*; *fr.*]: vorwärts!

en bloc [*ang blọk*; *fr.*]: im ganzen, in Bausch u. Bogen

Encephalitis [*...ze...*] vgl. Enzephalitis

enchantiert [*angschangt...*; aus gleichbed. *fr.* enchanté, dies zu *lat.* incantāre „bezaubern", eigtl. „durch Singen einer Zauberformel auf jmdn. einwirken"]: (veraltet) bezaubert, entzückt

Encheiresis naturae [- *...rä*; aus *gr.* egcheírēsis „das Angreifen, Behandeln" u. *lat.* nātūra „Natur"] *die*; - -: Handhabung, Bezwingung der Natur (Goethes „Faust")

encodieren vgl. enkodieren

encouragieren [*angkuraschir^en*; aus gleichbed. *fr.* encourager, vgl. Courage]: ermutigen, anfeuern

ẹnd..., Ẹnd... vgl. endo..., Endo...

...ẹnd [aus der lat. Gerundivendung ...endus; vgl. ...and]: bei männlichen Substantiven auftretende Endung mit passivischer Bedeutung, z. B. Dividend = Zahl, die geteilt werden soll

en détail [*ang detaj*; *fr.*]: im kleinen, einzeln, im Einzelverkauf; Ggs. → en gros

Endivie [*...wi^e*; über *fr.* endive u. *mlat.*, *it.* endivia aus *spätlat.* intiba zu *lat.* intubus „Zichorie, Endivie" aus *gr.* entýbion, eigtl. „im Januar wachsende Pflanze" (zu *ägypt.* tōbi „Januar")] *die*; -, -n: eine Salatpflanze (Korbblütler)

ẹndo..., Ẹndo..., vor Vokalen meist: ẹnd..., Ẹnd... [aus gleichbed. *gr.* éndon]: Präfix mit der Bedeutung „innen, innerhalb", z. B. endogen

endo|gẹn [aus *gr.* endogenḗs „innen, im Hause geboren"]: 1. innen entstehend (Bot.); Ggs. → exogen (1). 2. von Kräften im Erdinneren erzeugt (Geol.); Ggs. → exogen (2)

endo|krin [zu → endo... u. *gr.* krínein „scheiden, trennen, sondern"]: mit innerer → Sekretion (von Drüsen; Med.); Ggs. → exokrin

endo|thẹrm [zu → endo... u. *gr.* thérmē „Wärme"]: wärmebindend; -e Prozesse: Vorgänge, bei denen von außen Wärme zugeführt werden muß (Phys.; Chem.)

energetisch [aus *gr.* energētikós „wirksam, kräftig"; vgl. Energie]: -e Sprachbetrachtung: Auffassung der Sprache nicht als „Ergon" (Werk, einmal Geschaffenes), sondern als „Energeia", d. h. als Tätigkeit, als ständig wirkende Kraft

enẹrgico [*...dschiko*; *it.*]: energisch, entschlossen (Vortragsanweisung; Mus.)

Energie [über *fr.* énergie „Tatkraft, Wirkung" aus *spätlat.* energīa, *gr.* enérgeia „wirkende Kraft", dies zu *gr.* énergos „einwirkend" (zu en „hinein" u. érgon „Werk, Wirken")] *die*; -, ...ien: 1. (ohne Plural): a) Schwung, Tatkraft; b) Entschlossenheit, Durchsetzungswille, Nachdruck, Strenge. 2. a) Fähigkeit eines Körpers oder Systems, Arbeit zu verrichten (Phys.); Ggs. → Materie (1); b) innewohnende Kraft[reserve], z. B. seelische -n. **enẹrgisch** [nach gleichbed. *fr.* énergique]: a) starken Willen und Durchsetzungskraft habend und entsprechend handelnd, zupackend, tatkräftig; b) von starkem Willen und Durchsetzungskraft zeugend; c) entschlossen, nachdrücklich

enervieren [*...wi...*; aus *lat.* ēnervāre „entkräften, schwächen", eigtl. „die Nerven herausnehmen"]: jmds. Nerven überbeanspruchen, auf Nerven und seelische Kräfte zerstörerisch wirken

en face [*ang faß*; *fr.*; zu face „Gesicht" aus *lat.* faciēs „äußere Beschaffenheit, Gesicht"]: von vorn [gesehen], in gerader Ansicht (bes. von Bildnisdarstellungen)

en famille [*ang famij*; *fr.*; „in der Familie"]: in engem, vertrautem Kreise

Enfant terri|ble [*angfang täribᵉl*; aus gleichbed. *fr.* enfant terrible, eigtl. „schreckliches Kind"] *das*; - -, -s -s [*angfang teribl*]: jmd., der seine Umgebung durch unangebrachte Offenheit in Verlegenheit bringt od. sie durch sein Verhalten schockiert

Engagement [*anggaschᵉmang*; aus gleichbed. *fr.* engagement zu engager, s. engagieren] *das*; -s, -s: 1. (ohne Plural) weltanschauliche Verbundenheit mit ẹtwas; innere Bindung an etwas, Gefühl des inneren Verpflichtetsein zu etwas; persönlicher Einsatz. 2. Anstellung, Stellung, bes. eines Künstlers. 3. Aufforderung zum Tanz. **engagieren** [aus *fr.* engager „verpflichten, in Dienst nehmen" zu gage „Pfand, Löhnung", s. Gage]: 1. a) jmdn. (bes. einen Künstler) einstellen, unter Vertrag nehmen, verpflichten; b) jmdn. mit der Erledigung einer bestimmten Aufgabe betrauen. 2. zum Tanz auffordern. 3. sich -: sich binden, sich verpflichten; einen geistigen Standort beziehen. **engagiert**: a) entschieden für etwas eintretend; b) ein starkes persönliches Interesse an etwas habend

English spoken [*inglisch ßpoᵘkᵉn*; *engl.*; „Englisch gesprochen"]: hier wird Englisch gesprochen, hier spricht man Englisch. **English-Waltz** [*ínglischᵘọlz*; aus gleichbed. *engl.* English waltz (selten für: slow waltz)] *der*; -, -: langsamer Walzer

en gros [*ang grọ*; *fr.*]: im großen; Ggs. → en détail.

En|grọshandel *der*; -s: Großhandel. **En|grossịst** *der*; -en, -en: (österr.) Grossist

enharmọnisch [aus *gr.* enharmonikós „übereinstimmend]: (Mus.) mit einem anders benannten und geschriebenen Ton den gleichen Klang habend, harmonisch vertauschbar (in bezug auf die Tonhöhe)

enigmạtisch [aus gleichbed. *engl.* enigmatic, dies aus *lat.* aenigmaticē, *gr.* ainigmatikós zu *gr.* ainigma „Rätsel"]: rätselhaft

Enjambement [*angschangbᵉmang*; aus gleichbed. *fr.* enjambement zu enjamber „überschreiten"] *das*; -s, -s: Übergreifen des Satzes in den nächsten Vers; Nichtzusammenfall von Satz- u. Versende (Metrik)

enkaustieren [zu → Enkaustik]: das Malverfahren der Enkaustik anwenden. **Enkaustik** [aus *gr.* egkaustikḗ (téchnē) „Einbrennkunst"; vgl. Kaustik] *die*; -: antikes Malverfahren, bei dem die Farben durch Wachs gebunden sind. **enkaustisch**: die Enkaustik betreffend, mit dieser Technik arbeitend, nach diesem Verfahren ausgeführt

En|klave [*...wᵉ*; aus gleichbed. *fr.* enclave zu enclaver, dies zu *lat.* clavis „Schlüssel"] *die*; -, -n: vom eigenen Staatsgebiet eingeschlossener Teil eines fremden Staatsgebietes; Ggs. → Exklave

En|klise, En|klisis [aus *gr.* égklisis „das Hinneigen"] *die*; -, ...isen: Verschmelzung eines unbetonten Wortes [geringeren Umfangs] mit einem vorangehenden betonten (z. B. ugs. „denkste" aus: denkst du od. „zum" aus: zu dem; Sprachw.); Ggs. → Proklise. **En|klitikon** [über gleichbed. *lat.* encliticum aus *gr.* egklitikós „sich neigend"] *das*; -s, ...ka: unbetontes Wort, das sich an das vorhergehende betonte anlehnt (z. B. ugs. „kommste" aus: kommst *du*; Sprachw.). **en|klitisch**: sich an ein vorhergehendes betontes Wort anlehnend (Sprachw.)

enkodieren, (auch:) encodieren [nach gleichbed. *engl.* to encode, vgl. Kode]: [eine Nachricht] mit Hilfe eines → Kodes verschlüsseln; Ggs. → dekodieren. **Enkodierung** *die*; -, -en: Verschlüsselung [einer Nachricht] mit Hilfe eines → Kodes; Ggs. → Dekodierung

en masse [*ang maß*; *fr.*; „in Masse"]: in großer Menge, Zahl

en miniature [*ang miniatür*; *fr.*; vgl. Miniatur]: in kleinem Maßstab; einem Vorbild in kleinerem Ausmaß ungefähr entsprechend, im kleinen dargestellt, vorhanden, und zwar in bezug auf etwas, was eigentlich als Größeres existiert, z. B. das ist Schloß Sanssouci - -

enorm [über gleichbed. *fr.* énorme aus *lat.* ēnōrmis „unverhältnismäßig groß", vgl. normal]: von außergewöhnlich großem Ausmaß, außerordentlich; erstaunlich. **Enormität** *die*; -, -en: erstaunliche Größe, Übermaß

en passant [*ang paßang*; *fr.*; Part. Präs. von passer „(vorbei)gehen", s. passieren]: a) im Vorübergehen; b) beiläufig, nebenbei

en profil [*ang profil*; *fr.*]: im Profil, von der Seite

Enquete [*angkät*; aus *fr.* enquête „Untersuchung" zu enquérir aus *lat.* inquīrere, „untersuchen", vgl. Inquisition] *die*; -, -n [...*tᵉn*]: 1. amtliche Untersuchung, Erhebung, die bes. zum Zweck der Meinungs-, Bevölkerungs-, Wirtschaftsforschung u. ä. durchgeführt wird. 2. (österr.): Arbeitstagung

en route [*ang rut*; *fr.* vgl. Route]: unterwegs

Ensem|ble [*angßangbᵉl*; aus gleichbed. *fr.* ensemble, eigtl. „zusammen", dies aus *lat.* insimul „zusammen, miteinander", vgl. in... (1) u. simulieren] *das*; -s, -s: 1. zusammengehörende, aufeinander abgestimmte Gruppe von Schauspielern, Tänzern, Sängern od. Orchestermusikern. 2. kleine Besetzung in der Instrumental- u. Unterhaltungsmusik. 3. Szene mit mehreren Solostimmen oder mit Solo und Chor. 4. Kleid mit passender Jacke od. passendem Mantel. 5. künstlerische Gruppierung städtischer Bauten

en suite [*ang ßwit*; *fr.*; zu suivre „folgen"]: 1. im folgenden, demzufolge. 2. ununterbrochen

ent..., Ent... vgl. ento..., Ento...

...ent [aus *lat.* -ēns, Gen. -entis (Endung des Part. Präs. der konsonant. u. der e-Konjugation)]: bei Adjektiven und Substantiven auftretende Endung, die die Bedeutung des 1. Partizips ausdrückt, z. B. indifferent, Referent (= der Referierende)

Entelechie [über *lat.* entelechia aus *gr.* entelécheia „Vollendung, Vollkommenheit" (Zusammenbildung aus entelés echein „vollständig haben")] *die*; -, ...ien: etwas, was sein Ziel in sich selbst hat; die sich im Stoff verwirklichende Form (Aristoteles); die im Organismus liegende Kraft, die seine Entwicklung u. Vollendung bewirkt (Philos.). **entelechisch**: die Entelechie betreffend, auf ihr beruhend, durch sie bewirkt

Entente [*angtangt*; aus *fr.* entente „Einverständnis", eigtl. „Absicht", dies über *vulgärlat.* *intenditus zu *lat.* intendere „anspannen, auf etwas achten"] *die*; -, -n [...*tᵉn*]: Einverständnis, Bündnis; - cordiale [-*kordial*; „herzliches Einverständnis"]: das französisch-englische Bündnis nach 1904 (Pol.)

Entertainer [*äntᵉrteˈnᵉr*; aus *engl.* entertainer zu to entertain „unterhalten, amüsieren", dies aus gleichbed. *fr.* entretenir, eigtl. „zusammenhalten"] *der*; -s, -: Unterhalter; jmd., dessen Beruf es ist, andere auf angenehme, heitere Weise zu unterhalten (z. B. als Conférencier, Diskjockey)

en|thusiasmieren [nach gleichbed. *fr.* enthousiasmer]: begeistern, in Begeisterung versetzen, entzücken. **En|thusiasmus** [aus gleichbed. *gr.* enthousiasmós zu enthousiázein „gottbegeistert, verzückt sein", dies zu éntheos „gottbegeistert" aus en „in" u. theós „Gott"] *der*; -: leidenschaftliche Begeisterung, Schwärmerei. **En|thusiast** [aus gleichbed. *gr.* enthousiastés] *der*; -en, -en: Begeisterter, leidenschaftlicher Bewunderer, Schwärmer. **enthusiastisch**: begeistert, schwärmerisch, überschwenglich

entmilitarisieren [zu → Militär]: aus einem Gebiet die Truppen abziehen u. die militärischen Anlagen abbauen

entmythologisieren [zu → Mythologie]: von Mythen befreien, mythische od. irrationale Züge in etwas beseitigen

entnazifizieren [zu → Nazi u. → ...fizieren]: 1. Maßnahmen zur Ausschaltung nationalsozialistischer Einflüsse aus dem öffentlichen Leben durchführen. 2. einen ehemaligen Nationalsozialisten politisch überprüfen u. ihn [durch Sühnemaßnahmen] entlasten

ento..., Ento... [aus *gr.* entós „innerhalb"], vor Vokalen ent..., Ent...; Präfix mit der Bedeutung „innerhalb", z. B. Entoparasit

Entomologe [aus *gr.* (zōon) éntomon „Insekt" zu éntomos „eingeschnitten" (vgl. Insekt) u. → ...loge] *der*; -n, -n: Insektenforscher. **Entomologie** *die*; -: Insektenkunde. **entomologisch**: die Entomologie betreffend

Entrada vgl. Intrada

En|tre|akt [*angtrakt*; aus *fr.* entr'acte „Pause, Zwischenakt"] *der*; -[e]s, -e: Zwischenaktmusik (auch selbständig aufgeführt)

En|trechat [*angtrᵉscha*; aus *fr.* entrechat „Luft-, Kreuzsprung", dies nach *fr.* chasser „jagen" umgebildet aus *it.* (capriola) intrecciata zu intrecciare „flechten"] *der*; -s, -s: Kreuzsprung, bei dem man die Füße sehr schnell über- u. aneinanderschlägt (Ballett)

En|trecote [*angtrᵉkot*; aus gleichbed. *fr.* entrecôte zu entre „zwischen" u. côte „Rippe" aus *lat.* costa; vgl. Kotelett] *das*; -[s], -s: Rippenstück beim Rind

En|tree [*angtre*; aus gleichbed. *fr.* entrée zu entrer „eintreten" aus *lat.* intrāre] *das*; -s, -s: 1. (veraltet) Eintrittsgeld. 2. (veraltet) a) Eintritt, Eingang; b) Eingangsraum, Vorzimmer. 3. Vorspeise od. Zwischengericht. 4. a) Eröffnungsmusik bei einem → Ballett; b) Eintrittslied od. -arie, bes. in Singspiel u. Operette (Mus.)

En|tremets [*angtrᵉme*; aus gleichbed. *fr.* entremets „Zwischengericht", dies aus entre „zwischen" u. mets „Gericht"] *das*; -, - [...*meß*]: [leichtes] Zwischengericht

en|tre nous [*angtr^e ny*; *fr.*; „unter uns“]: ohne die Gegenwart eines Fremden u. daher die für etwas gewünschte od. nötige Atmosphäre der Vertraulichkeit bietend; z. B. das müssen wir einmal -- besprechen

En|tresol [*angtr^eßol*; aus gleichbed. *fr.* entresol zu sole „Sohle, Balkenlage“] *das*; -s, -s: Zwischengeschoß, Halbgeschoß

En|trevue [*angtr^ewü*; aus gleichbed. *fr.* entrevue zu entre „zwischen“ u. voir „sehen“] *die*; -, -n [...*wü^en*]: Zusammenkunft, Unterredung (bes. von Monarchen)

en|trieren [*angtrir^en*; aus *fr.* entrer, „eintreten“, s. Entree]: (veraltet) a) beginnen, einleiten; b) versuchen

En|tropie [zu *gr.* entrépein „umkehren“] *die*; -, ...ien: physikalische Größe, die die Verlaufsrichtung eines Wärmeprozesses kennzeichnet

Enumeration [...*zion*; aus gleichbed. *lat.* ēnumerātio zu ēnumerāre „aufzählen“] *die*; -, -en: Aufzählung. **enumerativ**: aufzählend. **enumerieren**: aufzählen

Enveloppe [*angw^elop^e*; aus *fr.* enveloppe „Umhüllung“] *die*; -, -n: bestimmte (einhüllende) Kurve einer gegebenen Kurvenschar; Kurve, die alle Kurven einer gegebenen Schar (einer Vielzahl von Kurven) berührt u. umgekehrt in jedem ihrer Punkte von einer Kurve der Schar berührt wird (Math.)

Environment [*änwai^(e)r^enm^ent*; aus *engl.* environment „Umgebung, Milieu“ zu *fr.* environ „um – herum“] *das*; -s, -s: künstlerische Umgebungsgestaltung in der modernen Kunst mittels Objekten aus dem Alltagsleben. **Environtologie** [*änwi*...] *die*; -: Umweltforschung

en vogue [*angwog*; *fr.*]: zur Zeit gerade beliebt, modern, in Mode, im Schwange

...**enz** [aus *lat.* ...entia]: bei weiblichen Substantiven auftretende Endung, die Eigenschaften, Beschaffenheiten o. ä. bezeichnet, z. B. Existenz, Konsequenz

Enzephalitis [zu *gr.* egképhalos „was im Kopfe ist, Gehirn“] *die*; -, ...itiden: Gehirnentzündung (Med.). **Enzephalo|gramm** *das*; -s, -e: Röntgenbild der Gehirnkammern (Med.)

Enzy|klika [auch: *änzü*...; substantiviertes Fem. von *spätlat.* encyclicus „zirkulierend, Rund...“, dies zu *gr.* egkýklios „rund, im Kreise gehend“ zu én „in“ u. kýklos „Kreis“] *die*; -, ...ken: [päpstliches] Rundschreiben. **enzy|klische Bildung** *die*; -: die Bildung, die sich der Mensch des Mittelalters durch das Studium der sieben freien Künste erwarb, des → Triviums u. des → Quadriviums

Enzy|klopädie [über gleichbed. *fr.* encyclopédie aus *mlat.* encyclopaedia „(Grund)lehre aller Wissenschaften und Künste (die dem Spezialstudium vorausgeht)“, dies aus gleichbed. *gr.* egkyklopaideía, richtiger egkýklios paideía, zu egkyklios „im Kreise herumgehend, wiederkehrend, gewöhnlich“ u. paideía „Lehre, (Aus)bildung“] *die*; -, ...ien: übersichtliche u. umfassende Darstellung des gesamten vorliegenden Wissensstoffs aller Disziplinen od. nur eines Fachgebiets in alphabetischer od. systematischer Anordnung; vgl. Konversationslexikon. **enzy|klopädisch**: 1. a) allumfassende Kenntnisse habend; b) allumfassende Kenntnisse vermittelnd. 2. nach Art der Enzyklopädie. **Enzy|klopädist** *der*; -en, -en: Herausgeber u. Mitarbeiter der großen franz. „Encyclopédie“, die unter Diderots und d'Alemberts Leitung 1751–1780 erschien

Enzym [zu → [1]en... u. *gr.* zýmē „Sauerteig“] *das*; -s, -e: in der lebenden Zelle gebildete organische Verbindung, die den Stoffwechsel des Organismus steuert (Med.); vgl. Ferment. **enzymatisch**: von Enzymen bewirkt

Eobiont [zu *gr.* ēṓs „Morgenröte“ und bíos „Leben“] *der*; -en, -en: Urzelle als erstes Lebewesen mit Zellstruktur (Biol.)

eo ipso [*lat.*]: 1. eben dadurch. 2. von selbst, selbstverständlich

Eolith [zu *gr.* ēṓs „Morgenröte“ u. → ...lith] *der*; -s u. -en, -e[n]: Feuerstein mit natürlichen Absplitterungen, die an vorgeschichtliche Steinwerkzeuge erinnern. **Eolithikum** *das*; -s: vermeintliche, auf Grund der Eolithenfunde (vgl. Eolith) angenommene früheste Periode der Kulturgeschichte

Eosin [zu *gr.* ēṓs „Morgenröte“] *das*; -s: roter Farbstoff, verwendet vor allem zur Herstellung von roten Tinten, Lacken, Zuckerwaren. **eosinieren**: mit Eosin rot färben

eozän: das Eozän betreffend. **Eozän** [zu *gr.* ēṓs „Morgenröte“] *das*; -s: zweitälteste erdgeschichtl. Stufe des → Tertiärs (Geol.). **Eozoikum** *das*; -s: = Archäozoikum. **eozoisch**: das Eozoikum betreffend. **Eozoon** *das*; -s, Eozoen (meist Plural): eigenartige Formen aus unreinem Kalk als Einschlüsse in Gesteinen der Urzeit, die man früher irrtümlich für Reste tierischen Lebens hielt (Geol.)

e. p. = en passant

ep..., **Ep...** vgl. epi..., Epi...

Ep|arch [aus *gr.* éparchos „Befehlshaber, Statthalter“ zu epárchein „der Erste über etwas sein“] *der*; -en, -en: (hist.) Statthalter einer Provinz im Byzantinischen Reich. **Ep|archie** *die*; -, ...ien: (hist.) byzantinische Provinz

Epaulett [*epolät*] *das*; -s, -s u. **Epaulette** [*epolät^e*; aus gleichbed. *fr.* épaulette, zu épaule „Schulter“ aus *lat.* spatula „Schulterblatt“] *die*; -, -n: Achsel-, Schulterstück auf Uniformen

Epeisodion [aus *gr.* epeisódion, eigtl. „das noch Dazukommende“, vgl. Episode] *das*; -s, ...dia: Dialogszene des altgriech. Dramas zwischen zwei Stasima

Epen: *Plural* von → Epos

Ephebe [aus gleichbed. *gr.* éphēbos zu epí „bei“ u. hḗbē „Jugend“] *der*; -n, -n: (hist.) wehrfähiger junger Mann im alten Griechenland

eph|emer [aus gleichbed. *gr.* ephḗmeros zu epí „darauf“ u. hēméra „Tag“]: a) [nur] einen Tag dauernd, rasch vorübergehend; b) unbedeutend, ohne bleibende Bedeutung oder Wirkung. [1]**Eph|emeride** [zu *gr.* ephḗmeros „einen Tag dauernd“] *die*; -, -n: Eintagsfliege (Zool.). [2]**Eph|emeride** [aus *gr.-lat.* ephēmerís „Tagebuch“] *die*; -, -n: (meist Plural) Tafel, in der die täglichen Stellungen von Sonne, Mond u. Planeten vorausberechnet sind; Tabelle des täglichen Gestirnstandes (Astron., Astrol.). **eph|emerisch** = ephemer

Ephor [über *lat.* ephorus aus *gr.* éphoros „Aufseher“ zu ephorān „auf etwas sehen“] *der*; -en, -en: (hist.) einer der fünf jährlich gewählten höchsten Beamten im antiken Sparta. **Ephorat** *das*; -[e]s: (hist.) Amt eines Ephoren

epi..., **Epi...** [aus gleichbed. *gr.* epí], vor Vokalen: ep..., Ep..., vor h: eph..., Eph... [*äf*...]: Präfix mit der Bedeutung „darauf (örtlich u. Zeitlich), daneben, bei, darüber“, z. B. Epigramm, epagogisch, ephemer

Epidemie [über *mlat.* epidēmia aus *gr.* epidēmía nósos „im ganzen Volk (*gr.* dēmos) verbreitete

Krankheit"] *die*; -, ...ien: 1. zeitlich u. örtlich in besonders starkem Maße auftretende Infektionskrankheit; Seuche, ansteckende Massenerkrankung in einem begrenzten Gebiet. 2. eine Angewohnheit, ein Verhalten o. ä., das sich schnell verbreitet u. andere mit erfaßt. **Epidemiologe** *der*; -n, -n: Wissenschaftler, der auf dem Gebiet der Epidemiologie arbeitet. **Epidemiologie** *die*; -: medizin. Forschungsrichtung, die sich mit der Entstehung u. Bekämpfung von Epidemien befaßt. **epidemisch**: in Form einer Epidemie (1, 2) auftretend

Epidermis [aus *gr.-lat.* epidermís, „Oberhaut" zu → epi... u. *gr.* dérma „Haut"] *die*; -, ...men: Oberhaut, äußere Schicht der Haut (Med.)

Epidia|skop [aus *gr.* epí „darauf", diá „durch" u. → ...skop] *das*; -s, -e: Projektionsapparat, der als → Diaskop u. → Episkop verwendet werden kann

epigonal [zu → Epigone]: epigonenhaft, nachgemacht. **Epigone** [aus *gr.* epígonos „Nachgeborener" zu epigígnesthai „danach entstehen"] *der*; -n, -n: unschöpferischer, unbedeutender Nachfolger bedeutender Vorgänger; Nachahmer ohne eigene Ideen (bes. in Literatur u. Kunst)

Epi|gramm [aus *gr.-lat.* epígramma „Aufschrift" zu *gr.* epigráphein „darauf schreiben"] *das*; -s, -e: Sinn-, Spottgedicht, meist in Distichen (vgl. Distichon) abgefaßt. **Epi|grammatik** *die*; -: Kunst des Verfassens von Epigrammen. **Epi|grammatiker** *der*; -s, -: Verfasser von Epigrammen. **epi|grammatisch**: a) das Epigramm betreffend; b) kurz, treffend, witzig, geistreich, scharf pointiert. **Epi|graph** [zu *gr.* epígraphē „Aufschrift", s. Epigramm] *das*; -s, -e: antike Inschrift: **Epi|graphik** *die*; -: Inschriftenkunde (als Teil der Altertumswissenschaft). **Epigraphiker** *der*; -s, -: Inschriftenforscher

Epik [zu Epos; vgl. episch] *die*; -: erzählende Dichtung; vgl. Lyrik, Dramatik (1)

Epiker [zu Epos; vgl. episch] *der*; -s, -: Dichter, der sich der Darstellungsform der → Epik bedient; vgl. Lyriker, Dramatiker

Epikontinentalmeer [zu → epi... u. → Kontinent] *das*; -[e]s, -e: ein festländisches Gebiet einnehmendes Meer, Überspülungsmeer, Flachmeer (Geol.)

Epikureer [aus *lat.* Epicurēi, *gr.* Epikoúreioi (Plur.), nach dem Philosophen Epikur, *gr.* Epíkouros] *der*; -s, -: 1. Vertreter der Lehre des griech. Philosophen Epikur. 2. jmd., der die materiellen Freuden des Daseins unbedenklich genießt. **epikureisch** u. epikurisch: 1. nach der Lehre des griech. Philosophen Epikur lebend. 2. genießerisch; auf Genuß, auf das Genießen gerichtet; die materiellen Freuden das Daseins unbedenklich genießend. **Epikureismus** *der*; -: 1. Lehre des griech. Philosophen Epikur. 2. auf Genuß der materiellen Freuden des Daseins gerichtetes Lebensprinzip. **epikurisch** vgl. epikureisch

Epilepsie [über *fr.* épilepsie, aus gleichbed. *gr.-lat.* epilēpsía, eigtl. „Anfassen, Anfallen"] *die*; -, ...ien: Sammelbezeichnung für eine Gruppe erblicher od. traumatisch bedingter od. auf organ. Schädigungen beruhender Erkrankungen mit meist plötzlich einsetzenden starken Krämpfen u. kurzer Bewußtlosigkeit (Med.). **Epileptiker** [über *lat.* epilēpticus aus gleichbed. *gr.* epilēptikós] *der*; -s, -: jmd., der an Epilepsie leidet. **epileptisch**: a) durch Epilepsie verursacht; b) zur Epilepsie neigend, an Epilepsie leidend

Epilimnion u. **Epilimnium** [zu → epi... und *gr.* límnē „See, Teich"] *das*; -s, ...ien [...i^e^n]: obere Wasserschicht eines Sees mit → thermischen Ausgleichsbewegungen

Epilog [über *lat.* epilogus aus gleichbed. *gr.* epílogos, eigtl. „das, was zusätzlich gesagt wird"] *der*; -s, -e: 1. a) Schlußrede, Nachspiel im Drama; Ggs. → Prolog; b) abschließendes Nachwort [zur Erläuterung eines literarischen Werkes]; Ggs. → Prolog. 2. Nachspiel; Ausklang einer Sache

Epin|glé [aus *fr.* (velours) épinglé „geripppt(es Samtgewebe)"] *der*; -[s], -s: Ripsgewebe mit abwechselnd starken u. schwachen Schußrippen

Epinikion [aus gleichbed. *gr.* epiníkion zu nī́kē „Sieg"] *das*; -s, ...ien [...i^e^n]: altgriech. Siegeslied zu Ehren eines Wettkampfsiegers

Epiphania vgl. Epiphanie. **Epiphanias** *das*; - u. **Epiphanienfest** [...i^e^n...; aus gleichbed. *gr.* epipháneia (Plural) zu epipháneia „Erscheinung", epiphaínein „sich sehen lassen, erscheinen"] *das*; -es, -e: Fest der „Erscheinung des Herrn" am 6. Januar, Dreikönigsfest. **Epiphanie** u. Epiphania *die*; -: Erscheinung einer Gottheit (bes. Christi) unter den Menschen

Epiphora [aus *gr.* epiphorā́ „das Hinzufügen"] *die*; -, ...rä: Wiederholung eines od. mehrerer Wörter am Ende aufeinanderfolgender Sätze od. Satzteile; Ggs. → Anapher (Rhet.; Stilk.)

Epiphyse [aus *gr.* epíphysis „Zuwuchs, Ansatz"] *die*; -, -n: Zirbeldrüse der Wirbeltiere (Med.; Biol.)

episch [über gleichbed. *lat.* epicus aus *gr.* epikós zu épos, s. Epos]: a) die Epik betreffend; vgl. lyrisch, dramatisch; b) erzählerisch, erzählend; c) sehr ausführlich [berichtend]; nichts auslassend, alle Einzelheiten enthaltend

Epi|skop [aus → epi... „darauf" u. → ...skop] *das*; -s, -e: Bildwerfer für nicht durchsichtige Bilder (z. B. aus Büchern)

epi|skopal [aus *lat.* episcopālis „bischöflich" zu episcopus „Bischof", dies aus *gr.* epískopos (eigtl. „Aufseher"), aus dem auch unser Wort Bischof stammt]: bischöflich. **Epi|skopale** *der*; -n, -n: Anhänger einer der protestantischen Kirchengemeinschaften mit bischöflicher Verfassung in England od. Amerika. **Epi|skopalismus** *der*; -: kirchenrechtliche Auffassung, nach der das → Konzil der Bischöfe über dem Papst steht. **Epi|skopalist** *der*; -en, -en: Verfechter des Episkopalismus. **Episkopalkirche** *die*; -: 1. nichtkatholische Kirche, in der die Bischöfe die oberste Leitungsgewalt innehaben (z. B. die → orthodoxe u. die anglikanische Kirche). 2. jede nichtkatholische Kirche mit bischöflicher Leitung (z. B. die lutherischen Landeskirchen). **Epi|skopat** [aus gleichbed. *lat.* episcopātus, s. episkopal] *der* od. *das*; -s; -e: a) Gesamtheit der Bischöfe [eines Landes]; b) Amt u. Würde eines Bischofs. **epi|skopisch**: = episkopal

Epi|sode [aus *fr.* épisode „Nebenhandlung", dies aus *gr.* epeisódion „zwischen die Chorgesänge eingeschobene Dialogteile"] *die*; -, -n: 1. a) Begebenheit, Ereignis von kurzer Dauer innerhalb eines größeren Zeitabschnitts; b) kleinerer Zeitabschnitt innerhalb eines größeren in bezug auf das darin enthaltene Geschehen. 2. literarische Nebenhandlung. 3. eingeschobener Teil zwischen erster u. zweiter Durchführung des Fugenthemas (Mus.). 4. = Epeisodion. **epi|sodisch**: dazwischengeschaltet, vorübergehend, nebensächlich

Epistel [aus *lat.* epistula, epistola „Brief", dies aus gleichbed. *gr.* epistolḗ, eigtl. „Zugesandtes, Nachricht"] *die*; -, -n: 1. Sendschreiben, Apostelbrief im Neuen Testament. 2. vorgeschriebene gottesdienstliche Lesung aus den neutestamentlichen Briefen u. der Apostelgeschichte. 3. (ugs.) [kunstvoller] längerer Brief. 4. (ugs.) kritisch ermahnende Worte, Strafpredigt

Epistolae ob|scurorum virorum [...*lä* ...*ßkur*... *wi*...; *lat*.] *die* (Plural): Dunkelmännerbriefe (Sammlung erdichteter mittellat. Briefe ungenannter Verfasser, z. B. Ulrich v. Huttens, die zur Verteidigung des Humanisten Reuchlin das Mönchslatein u. die scholastische Gelehrsamkeit verspotteten). **Epistolar** *das*; -s, -e u. **Epistolarium** [aus gleichbed. *mlat*. epistolārium] *das*; -s, ...ien [...*iᵉn*]: liturgisches Buch mit den gottesdienstlichen → Episteln (2) der Kirche

Epi|stropheus [aus gleichbed. *gr*. epistropheús, eigtl. „der Umdreher"] *der*; -: zweiter Halswirbel bei Reptilien, Vögeln, Säugetieren u. Menschen (Zool.; Med.)

Epistyl *das*; -s, -e u. **Epistylion** [aus gleichbed. *gr*. epistȳlion zu epi „darauf" u. stȳlos „Säule"] *das*; -s, ...ien [...*iᵉn*]: = Architrav

Epitaph *das*; -s, -e u. **Epitaphium** [über *lat*. epitaphium aus *gr*. epitáphion „Grabschrift"; vgl. Kenotaph]: a) Grabschrift; b) Gedenktafel mit Inschrift für einen Verstorbenen an einer Kirchenwand od. an einem Pfeiler

Epitasis [aus gleichbed. *gr*.-*lat*. epítasis, eigtl. „Anspannung"] *die*; -, ...asen: Steigerung der Handlung zur dramatischen Verwicklung, bes. im dreiaktigen Drama

Epithel [zu → epi... u. *gr*. thēlḗ „Brustwarze" in der erweiterten Bed. „Hautpapille, papillenreiche Zellschicht"] *das*; -s, -e: oberste Zellschicht des tierischen u. menschlichen Haut- u. Schleimhautgewebes

Epitheton [aus *gr*.-*lat*. epítheton „Beiwort", eigtl. „Hinzugefügtes"] *das*; -s, ...ta: als Beifügung gebrauchtes Adjektiv od. Partizip (z. B. das *große* Haus; Sprachw.). **Epitheton ornans** [zu *lat*. ornāre „schmücken"] *das*; - -, ...ta ...antia: schmückendes (typisierendes, formelhaftes, immer wiederkehrendes) Beiwort (z. B. *grüne* Wiese)

Epizykel [über *lat*. epicyclus aus *gr*. epíkyklos „Nebenkreis"] *der*; -s, -: ein Kreis, dessen Mittelpunkt sich auf einem anderen Kreis bewegt oder der auf einem anderen Kreis abrollt (in der Antike u. von Kopernikus zur Erklärung der Planetenbahnen benutzt). **Epizy|kloide** *die*; -, -n: Kurve, die von einem Punkt auf dem Umfang eines auf einem festen Kreis rollenden Kreises beschrieben wird

epochal [zu → Epoche]: 1. für einen großen Zeitabschnitt geltend. 2. aufsehenerregend; bedeutend. **Epoche** [*epoche*ᵉ; über *mlat*. epocha „markanter Zeitpunkt" aus gleichbed. *gr*. epochḗ, eigtl. „das Anhalten (in der Zeit)"] *die*; -, -n: 1. größerer Zeitabschnitt. 2. Zeitpunkt des Standortes eines Gestirns (Astron.). **epochemachend** [nach *fr*. faire époque „Aufsehen erregen, eine neue Phase einleiten"]: a) durch seine große Bedeutung die Zeit beeinflussend, prägend; b) aufsehenerregend

Ep|ode [aus gleichbed. *gr*.-*lat*. epōdos, eigtl. „Nach-, Schlußgesang"] *die*; -, -n: 1. [antike] Gedichtform, bei der auf einen längeren Vers ein kürzerer folgt. 2. in antiken Gedichten u. bes. in den Chorliedern der altgriech. Tragödie der auf → Strophe (1) u. → Antistrophe folgende dritte Kompositionsteil, der Abgesang. **ep|odisch**: die Epode (1, 2) betreffend

Epopöe [aus gleichbed. *gr*. epopoiía, eigtl. „Verfertigung eines epischen Gedichts" (zu *gr*. poieĩn „machen, herstellen")] *die*; -, -n: (veraltet) Epos

Epos [aus *gr*.-*lat*. épos „Wort, Rede, Erzählung; Heldendichtung"] *das*; -, Epen: erzählende Versdichtung; Heldengedicht, das häufig Stoffe der Sage od. Geschichte behandelt

Ep|oxyd [auch: ...*üt*; zu → epi... u. → Oxyd] u. (chem. fachspr.:) **Ep|oxid** *das*; -s, -e: durch Anlagerung von Sauerstoff an → Olefine gewonnene chem. Verbindung

Eprouvette [*epruwät*ᵉ; aus gleichbed. *fr*. éprouvette zu éprouver „probieren, versuchen"] *die*; -, -n: (österr.) Glasröhrchen (z. B. für chem. Versuche)

Epsilon [aus *gr*. è psilón „bloßes e"] *das*; -[s], -s: griech. Buchstabe (kurzes e): *Ε*, ε

Equilibrist usw. vgl. Äquilibrist usw.

Equipage [*ek*(*w*)*ipasch*ᵉ; aus gleichbed. *fr*. équipage zu équiper „ausrüsten, bemannen", dies aus *anord*. *skipa „ein Schiff ausrüsten"] *die*; -, -n: 1. elegante Kutsche. 2. (veraltet) Ausrüstung [eines Offiziers]. **Equipe** [*ekip*; aus gleichbed. *fr*. équipe] *die*; -, -n [...*pᵉn*]: a) Reitermannschaft; b) [Sport]mannschaft. **equipieren** [aus gleichbed. *fr*. équiper, s. o.]: (veraltet) ausrüsten, ausstatten. **Equipierung**: (veraltet) Ausstattung, Ausrüstung

Er = chem. Zeichen für: Erbium. **Erbium** [nach dem schwed. Ort Ytterby] *das*; -s: chem. Grundstoff aus der Gruppe der seltenen Erdmetalle; Zeichen: Er

Erebos u. **Erebus** [über *lat*. Erebus aus gleichbed. *gr*. Érebos] *der*; -: Unterwelt, Reich der Toten in der griech. Sage

Erektion [...*zion*; aus *lat*. ērēctio „Aufrichtung" zu ērigere, s. erigieren] *die*; -, -en: durch Blutstauung bedingte Versteifung u. Aufrichtung von Organen, die mit Schwellkörpern versehen sind (wie z. B. das männliche Glied)

Eremit [über *lat*. erēmīta aus gleichbed. *gr*. erēmítēs zu erēmos „einsam; Wüste"] *der*; -en, -en: a) aus religiösen Motiven von der Welt abgeschieden lebender Mensch, Klausner, Einsiedler; b) zurückgezogen u. einsam lebender Mensch. **Eremitage** [...*tasch*ᵉ; aus gleichbed. *fr*. ermitage] *die*; -, -n: abseits gelegene Grotte od. Nachahmung einer Einsiedelei in Parkanlagen des 18. Jh.s; einsam gelegenes Gartenhäuschen; intimes Lustschlößchen. **Eremitei** *die*; -, -en: Einsiedelei

Erg [zu *gr*. érgon „Werk, Wirken"] *das*; -s, -: physikal. Einheit der Energie; Zeichen: erg

ergo [aus gleichbed. *lat*. ergō]: also, folglich. **ergo bibamus**!: Also laßt uns trinken! (Kehrreim von [mittelalt.] Trinkliedern)

Ergo|graph [zu *gr*. érgon „Werk" u. → ...graph] *der*; -en, -en: Gerät zur Aufzeichnung der Muskelarbeit (Med.). **Ergo|graphie** *die*; -: Aufzeichnung der Arbeitsleistung von Muskeln mittels eines Ergometers (Med.). **Ergo|meter** *das*; -s, -: Apparat zur Messung der Arbeitsleistung von Muskeln (Med.). **Ergo|stat** *der*; -en, -en: = Ergometer

Ergosterin [Kurzw. aus: *fr*. *ergot* „Mutterkorn" u. Chole*sterin*] *das*; -s: Vorstufe des Vitamins D_2

erigibel [zu *lat*. ērigere „aufrichten"]: schwellfähig, erektionsfähig. **erigieren**: sich aufrichten, versteifen; vgl. Erektion

Erinnye [...*üᵉ*] u. **Erinnys** [über *lat*. Erinnys aus *gr*. Erinnýs] *die*; -, ...yen [...*üᵉn*] (meist Plural): griechische Rachegöttin; vgl. Furie (1)

Erisapfel [nach Eris, *gr*. Éris, der griech. Göttin

der Zwietracht] *der*; -s: Zankapfel, Gegenstand des Streites

eritis sic|ut Deus [- *sikut* -; *lat.*]: ihr werdet sein wie Gott (Worte der Schlange beim Sündenfall, 1. Mose 3, 5)

erodieren [aus *lat.* ērōdere „aus-, wegnagen"]: auswaschen u. zerstören (Geol.); vgl. Erosion

erogen [zu → Eros u. → ...gen]: a) geschlechtliche Erregung auslösend; b) erotisch reizbar (z. B. erogene Körperstellen)

eroi|co [aus gleichbed. *it.* eroico, dies aus *lat.* hērōicus, vgl. heroisch]: heldisch, heldenmäßig (Vortragsanweisung; Mus.)

Eros [auch: *äroß*; aus *gr.* érōs „Liebe(sverlangen)" bzw. Érōs (griech. Gott der Liebe)] *der*; -: 1. sehnsuchtsvolles sinnliches Verlangen; das der Geschlechterliebe innewohnende Prinzip [ästhetisch-] sinnlicher Anziehung. 2. geschlechtliche Liebe. vgl. Eroten. **Eros-Center** [*...ßänt*ᵉ*r*] *das*; -s, -: Haus, moderne Anlage für Zwecke der Prostitution

Erosion [aus *lat.* ērōsio „das Zerfressenwerden" zu ērōdere, s. erodieren] *die*; -, -en: 1. Zerstörungsarbeit von Wasser, Eis u. Wind an der Erdoberfläche. **erosiv**: die Erosion betreffend, durch Erosion entstanden

Erotema [aus *gr.* erṓtēma „Frage" zu erōtān „(be)fragen"] *das*; -s, ...temata: Frage, Fragesatz. **erotematisch**: hauptsächlich auf Fragen des Lehrers beruhend (vom Unterricht)

Eroten [aus *gr.* Érōtes „Liebesgötter"] *die* (Plural): kleine Erosfiguren, die in der Kunst in dekorativem Sinne verwendet wurden; → allegorische Darstellungen geflügelter Liebesgötter, meist in Kindergestalt; vgl. Eros. **Erotik** [zu → erotisch] *die*; -: a) Geschlechterliebe als geistig-sinnliche Einheit; b) auf seelisch-geistige Hingabe und Ergänzung gerichtete Liebe im Unterschied zur körperlich-sinnlichen Liebe, zur Sexualität; c) (verhüllend) Sexualität. **Erotika**: *Plural* von Erotikon. **Erotikon** *das*; -s, ...ka u. ...ken: Buch mit erot. Inhalt. **erotisch** [über gleichbed. *fr.* érotique aus *gr.* erōtikós „zur Liebe gehörig"]: a) die Liebe betreffend in ihrer [ästhetisch-]sinnlichen Anziehungskraft; b) (verhüllend) sexuell. **erotisieren**: durch ästhetisch-sinnliche Reize Sinnlichkeit, zärtlich-sinnliches Verlangen hervorrufen, wecken

errare humanum est [*lat.*]: Irren ist menschlich. **Errata**: *Plural* von → Erratum. **erratisch** [aus *lat.* errāticus „umherirrend, verirrt" zu errāre „irren, den Weg verfehlen"] vom Ursprungsort weit entfernt; -er Block: Gesteinsblock (Findling) in ehemals vergletscherten Gebieten, der während der Eiszeit durch das Eis dorthin transportiert wurde (Geol.). **Erratum** [aus *lat.* errātum „Irrtum"] *das*; -s, ...ta: Druckfehler

eruieren [aus *lat.* ēruere „herausgraben, zutage fördern"]: a) durch Überlegen feststellen, erforschen; b) (österr.) jmdn./etwas herausfinden; ermitteln

eruptieren [zu → Eruption]: 1. ausbrechen (von Asche, Lava, Gas, Dampf; Geol.). 2. hervorbrechen, z. B. eruptierendes Gelächter. **Eruption** [*...zion*; aus *lat.* ēruptio „das Hervorbrechen" zu ērumpere „heraus-, hervorbrechen"] *die*; -, -en: a) vulkanischer Ausbruch von Lava, Asche, Gas, Dampf (Geol.); b) Gasausbruch auf der Sonne. **eruptiv**: durch Eruption entstanden (Geol.). **Eruptivgestein** *das*; -s, -e: Ergußgestein (Geol.)

Ery|thrit *der*; -[e]s: einfachster vierwertiger Alkohol. **Ery|throzyt** [zu *gr.* érythros „rot" u. *nlat.* cytus „Zelle" aus *gr.* kýtos „Höhle"] *der*; -en, -en: rotes Blutkörperchen (Med.)

Es = chem. Zeichen für: Einsteinium

Es, Esc = Escudo

Es|chatologie [*...cha...*; zu *gr.* éschatos „der äußerste, letzte" u. → ...logie] *die*; -: Lehre von den Letzten Dingen, d. h. vom Endschicksal des einzelnen Menschen u. der Welt. **es|chatologisch**: die Letzten Dinge, die Eschatologie betreffend

Escudo [*...kudo*; aus *port.* escudo, eigtl. „Schild", dies aus gleichbed. *lat.* scūtum] *der*; -[s], -[s]: port. u. chilen. Währungseinheit; Abk.: Es, Esc

...esk [aus *it.* ...esco, ...esca]: bei Adjektiven auftretendes Suffix mit der Bedeutung „in der Art von"; meist in Verbindung mit einem Namen, z. B. dantesk = in der Art Dantes

Eskadron [aus gleichbed. *fr.* escadron, dies aus *it.* squadrone, s. Schwadron] *die*; -, -en: = Schwadron

Eskalade [aus gleichbed. *fr.* escalade zu *lat.* scala „Leiter"] *die*; -, -n: Erstürmung einer Festung mit Sturmleitern. **eskaladieren**: 1. eine Festung mit Sturmleitern erstürmen. 2. eine Eskaladierwand überwinden. **Eskaladierwand** *die*; -, ...wände: Hinderniswand für Kletterübungen

Eskalation [*...zion*; aus gleichbed. *engl.* escalation, zu *lat.* scala „Leiter, Treppe"] *die*; -, -en: 1. stufenweise Steigerung militärischer od. politischer Mittel; Ggs. → Deeskalation. 2. Steigerung, Ausweitung einer Sache; vgl. ...ation/...ierung. **eskalieren** [nach gleichbed. *engl.* to escalate]: 1. stufenweise immer stärkere und wirksamere [militärische] Mittel einsetzen; Ggs. → deeskalieren. 2. etwas allmählich steigern. **Eskalierung** *die*; -, -en: = Eskalation; vgl. ...ation/...ierung

Eskapade [aus gleichbed. *fr.* escapade, dies aus *it.* scappata „Sprung" zu scappare „weglaufen, durchgehen"] *die*; -, -n: 1. Ausbrechen eines Pferdes beim Reiten oder bei der Dressur. 2. mutwilliger Streich, Seitensprung, Abenteuer, abenteuerlich-eigenwillige Unternehmung

Eskariol [aus gleichbed. *fr.* escarole bzw. *it.* scariola, diese aus *spätlat.* escariola „Endivie"] *der*; -s: Winterendivie (Bot.)

Esker [aus *ir.* eiscir „Hügelkamm"] *der*; -s, -: Wallberg (Geol.)

eskimotieren: nach Art der Eskimos im Kajak unter dem Wasser durchdrehen u. in die aufrechte Lage zurückkehren

Eskorte [aus gleichbed. *fr.* escorte, dies aus *it.* scorta „Geleit" zu scorgere „geleiten"] *die*; -, -n: Geleit, [militärische] Schutzwache, Schutz, Gefolge. **eskortieren**: als Schutz[wache] begleiten, geleiten (Mil.)

Eskudo vgl. Escudo

Esmeralda [aus *span.* esmeralda „Smaragd"] *die*; -, -s: spanischer Tanz

Esoterik [zu *gr.* esōterikós „innerlich"] *die*; -, -en: 1. eine nur Eingeweihten zugängliche Lehre. 2. (ohne Plural) esoterische Beschaffenheit einer Lehre o. ä. **Esoteriker** *der*; -s, -: jmd., der in die Geheimlehren einer Religion, Schule od. Lehre eingeweiht ist; Ggs. → Exoteriker. **esoterisch**: nur für Eingeweihte, Fachleute bestimmt; geheim; Ggs. → exoterisch

Espa|gnole [*äßpanjol*ᵉ]; aus gleichbed. *fr.* danse espagnole] *die*; -, -n [*...l*ᵉ*n*]: spanischer Tanz

Espa|gnoletteverschluß [*...lät...*; zu *fr.* espagnolette „Drehriegel"] *der*; ...sses, ...schlüsse: Drehstangenverschluß für Fenster

Esparsette [aus gleichbed. *fr.* esparcet(te)] *die*; -, -n: kleeartige Futterpflanze auf kalkreichen Böden

Esperantist [zu → Esperanto] *der*; -en, -en: jmd., der Esperanto sprechen kann. **Esperanto** [nach dem Pseudonym „Dr. Esperanto" (= der Hoffende) des poln. Erfinders Zamenhof (1887)] *das*; -[s]: übernationale, künstliche Weltsprache

espirando [aus gleichbed. *it.* espirando zu *lat.* exspiräre „aushauchen"]: verhauchend, ersterbend, verlöschend (Vortragsanweisung; Mus.)

Es|planade [aus gleichbed. *fr.* esplanade] *die*; -, -n: freier Platz, meist durch Abtragung alter Festungswerke entstanden

es|pressivo [...*wo*; aus gleichbed. *it.* espressivo zu esprimere aus *lat.* exprimere „ausdrücken"]: ausdrucksvoll (Vortragsanweisung; Mus.). **Es|pressivo** *das*; -s, -s od. ...vi [...*wi*]: Ausdruck, ausdrucksvolle Gestaltung in der Musik

[1]**Es|presso** [aus gleichbed. *it.* (caffè) espresso „Schnellkaffee" zu espresso „eilig, Schnell...", vgl. expreß] *der*; -[s], -s od. ...ssi: 1. (ohne Plural) sehr dunkel gerösteter Kaffee. 2. in einer Spezialmaschine zubereiteter, sehr starker Kaffee. [2]**Es|presso** zu → [1]Espresso] *das*; -[s], -s: kleine Kaffeestube, kleines Lokal, in dem [u. a.] dieses Getränk zubereitet wird und getrunken werden kann

Es|prit [...*pri*; aus gleichbed. *fr.* esprit, eigtl. „Geist", dies aus *lat.* spiritus, s. [1]Spiritus] *der*; -s: geistreiche Art; feine, witzig-einfallsreiche Geistesart

Esq. = Esquire. **Esquire** [*ißkwai*ᵉ*r*; aus *engl.* esquire, eigtl. „Edelmann", dies über *altfr.* escuier aus *lat.* scūtārius „Schildträger"] *der*; -s, -s: englischer Höflichkeitstitel; Abk.: Esq.

Essai [*äße*; aus *fr.* essai]: franz. Form von: Essay. **Essay** [*äße*ⁱ, auch: *äße*ⁱ, *äße* u. *äße*; aus gleichbed. *engl.* essay, eigtl. „Versuch", dies über *fr.* essai „Versuch, Abhandlung" aus *lat.* exagium „das Abwägen"] *der* od. *das*; -s, -s: Abhandlung, die eine literarische od. wissenschaftliche Frage in knapper u. anspruchsvoller Form behandelt. **Essay|ist** [aus gleichbed. *engl.* essayiste zu essay] *der*; -en, -en: Verfasser von Essays. **Essay|istik** *die*; -: Kunstform des Essays. **essay|istisch**: den Essay betreffend, für ihn charakteristisch; in der Form, Art eines Essays

Essentia [...*zia*; aus gleichbed. *lat.* essentia zu esse „sein" (Lehnübersetzung von *gr.* ousía „Sein, Wesen")] *die*; -: Wesenheit, Sosein, Wesen einer Sache; Ggs. → Existentia. **essential** [...*zial*; aus gleichbed. *mlat.* essentiālis] u. **essentiell** [...*ziäl*; über gleichbed. *fr.* essentiel aus *mlat.* essentiālis]: a) wesentlich; b) wesensmäßig (Philos.); c) lebensnotwendig (von Vitaminen usw.; Biol.)

Essenz [aus *lat.* essentia „Wesen(tliches)" in der alchimist. Bed. „konzentrierter Auszug", s. Essentia] *die*; -, -en: 1. wesentlichster Teil, Kernstück. 2. konzentrierter Duft- od. Geschmacksstoff aus pflanzlichen od. tierischen Substanzen. 3. stark eingekochte Brühe von Fleisch, Fisch od. Gemüse zur Verbesserung von Speisen. 4. = Essentia

Esta|blish|ment [*ißtäblischm*ᵉ*nt*, auch: *äßt*...; aus gleichbed. *engl.* establishment zu to establish „festsetzen, einrichten" aus *altfr.* establir, vgl. etablieren] *das*; -s, -s: (ohne Plural) a) Oberschicht der politisch, wirtschaftlich od. gesellschaftlich einflußreichen Personen; b) (abwertend) etablierte bürgerliche Gesellschaft, die auf Erhaltung des → Status quo bedacht ist

Ester [Kunstw. aus: *Essigäther*] *der*; -s, -: organische Verbindung aus der Vereinigung von Säuren mit Alkoholen unter Abspaltung von Wasser (Chem.)

estinguendo [...*g*ᵘ*ä*...; aus gleichbed. *it.* estinguendo, Part. Präs. von estinguere aus *lat.* exstinguere „erlöschen, ausgehen"]: verlöschend, ausgehend, ersterbend (Vortragsanweisung; Mus.). **estinto** [aus gleichbed. *it.* estinto, Part. Perf. von estinguere]: erloschen, verhaucht (Vortragsanweisung; Mus.)

Estomihi [*lat.*]: Name des letzten Sonntags vor der Passionszeit (nach dem Eingangsvers des Gottesdienstes, Psalm 31, 3: Sei mir [ein starker Fels])

Estrade [aus *fr.* estrade „erhöhter Platz, Bühne", dies über gleichbed. *span.* estrado aus *lat.* strātum „Pflaster, Fußboden; gepflasterter Weg"] *die*; -, -n: 1. erhöhter Teil des Fußbodens (z. B. vor einem Fenster). 2. (DDR) volkstümliche künstlerische Veranstaltung mit gemischtem musikalischem u. artistischem Programm. **Estradenkonzert** *das*; -[e]s, -e: = Estrade (2)

Estragon [aus gleichbed. *fr.* estragon, dies über *mlat.* tarcon aus *arab.* ṭarhun] *der*; -s: Gewürzpflanze (Korbblütler)

et [*lat.*]: und; Zeichen in Firmennamen: &; vgl. Et-Zeichen

Eta [aus *gr.* ēta] *das*; -[s], -s: griech. Buchstabe (Langes E): *H*, *η*

eta|blieren [aus gleichbed. *fr.* établir, dies aus *lat.* stabilīre „befestigen", vgl. stabil]: 1. einrichten, gründen (z. B. eine Filiale). 2. sich -: a) sich niederlassen, sich selbständig machen (als Geschäftsmann); b) sich irgendwo häuslich einrichten; sich eingewöhnen; c) einen sicheren Platz innerhalb einer Ordnung od. Gesellschaft einnehmen, sich breitmachen (z. B. von politischen Gruppen). **etabliert**: 1. festgegründet. 2. einen sicheren Platz [in der Gesellschaft] einnehmend

Eta|blissement [...*ß*ᵉ*mang*; schweiz.: ...*mänt*; aus gleichbed. *fr.* établissement zu établir, s. etablieren] *das*; -s, -s u. (schweiz.:) -e: 1. Unternehmen, Geschäft, Betrieb. 2. a) kleineres, gepflegtes Restaurant; b) Vergnügungsstätte, Tanzlokal

Etage [*etasch*ᵉ; aus gleichbed. *fr.* étage, eigtl. „Aufenthalt, Zustand, Rang", dies aus *vulgärlat.* *staticum „Standort" zu stāre „stehen"] *die*; -, -n: Stockwerk, [Ober]geschoß

Etagere [...*är*ᵉ; aus *fr.* étagère „Brettergestell" zu étage, s. Etage] *die*; -, -n: 1. Gestell für Bücher od. für Geschirr. 2. aufhängbare, mit Fächern versehene Kosmetiktasche

Etalon [...*long*; aus gleichbed. *fr.* étalon] *der*; -s, -s: Normalmaß, Eichmaß

Etamin *das* (bes. österr. auch: *der*); -[s] u. **Etamine** [aus *fr.* étamine „Schleiertuch, Seihtuch" zu *lat.* stāmen „Kettfaden im Webstuhl"] *die*; -: gitterartiges, durchsichtiges Gewebe [für Gardinen]

Etappe [aus gleichbed. *fr.* étape, eigtl. „Warenniederlage", aus *mniederl.* stapel „Warenlager, geschichteter Haufen"] *die*; -, -n: 1. a) Teilstrecke, Abschnitt eines zurückliegenden Weges; b) Zeitabschnitt, Stufe, Entwicklungsabschnitt. 2. [Nachschub]gebiet hinter der Front (Mil.)

Etat [*eta*; aus *fr.* état „Staat, Staatshaushalt", eigtl. „Zustand, Beschaffenheit", dies aus *lat.* status „Stand, Zustand" zu stāre „stehen"] *der*; -s, -s: a) [Staats]haushaltsplan; b) [Geld]mittel, die über einen begrenzten Zeitraum für bestimmte Zwecke zur Verfügung stehen. **etatisieren**: einen Posten in den Staatshaushalt aufnehmen

États généraux [*etą sehenerǫ*; aus *fr.* les états généraux] *die* (Plural): (hist.) die franz. Generalstände (Adel, Geistlichkeit, Bürgertum) bis zum 18. Jh.
Etazismus [gelehrte Bildung zum griech. Buchstabennamen ēta] *der;* -: Aussprache des griech. Eta wie langes e; Ggs. → Itazismus
etc. = et cetera. **et cetera** [*ät ze...*; aus *lat.* et cetera „und das übrige"]: und so weiter; Abk.: etc. **etc. pp.** = et cetera perge, perge (und so weiter fahre fort, fahre fort; verstärkendes etc.)
et cum spiritu tuo [- *kụm* - -; *lat.*; „und mit deinem Geiste"]: Antwort der Gemeinde im katholischen Gottesdienst auf den Gruß → Dominus vobiscum
Eternit ® [auch: *...nịt;* zu *lat.* aeternus „ewig"] *das* od. *der;* -s: wasserundurchlässiges u. feuerfestes Material (bes. im Baugewerbe verwendet)
Ethik [über *lat.* ēthicē, (res) ēthica aus gleichbed. *gr.* ēthikḗ zu ēthikós „sittlich", s. ethisch] *die;* -: 1. Lehre vom sittlichen Wollen u. Handeln des Menschen in verschiedenen Lebenssituationen (Philos.). 2. [allgemeingültige] Normen u. Maximen der Lebensführung, die sich aus der Verantwortung gegenüber anderen herleiten. **Ethiker** *der;* -s, -: a) Lehrer der philosophischen Ethik; b) Begründer od. Vertreter einer ethischen Lehre; c) jmd., der in seinem Wollen u. Handeln von ethischen Grundsätzen ausgeht. **ẹthisch** [über *lat.* ēthicus „sittlich" aus *gr.* ēthikós zu ēthos, s. Ethos]: 1. die Ethik betreffend, zur Ethik gehörend. 2. die von Verantwortung u. Verpflichtung anderen gegenüber getragene Lebensführung, -haltung betreffend, auf ihr beruhend; sittlich; -e Indikation: → Indikation für einen Schwangerschaftsabbruch aus ethischen Gründen (z. B. nach einer Vergewaltigung)
Ethnie [zu *gr.* éthnos „Volk, Volksstamm"] *die;* -, ...ịen: Menschengruppe mit einheitlicher Kultur. **ẹthnisch**: a) einer sprachlich u. kulturell einheitlichen Volksgruppe angehörend; b) die Kultur- u. Lebensgemeinschaft einer Volksgruppe betreffend. **Ethno|graph** *der;* -en, -en: = Ethnologe. **Ethno|graphie** *die;* -: Disziplin, die sich ohne ausgeprägte theoretische Erkenntnisinteressen der Beschreibung primitiver Gesellschaften widmet; beschreibende Völkerkunde. **ethno|graphisch**: die Ethnographie betreffend. **Ethno|loge** *der;* -n, -n: Fachmann auf dem Gebiet der Ethnologie, Völkerkundler. **Ethno|logie** *die;* -: 1. Völkerkunde; Ethnographie. 2. Wissenschaft, die sich mit Sozialstruktur und Kultur der primitiven Gesellschaften beschäftigt. **ethno|logisch**: völkerkundlich
Ethos [aus *gr.-lat.* ēthos „Sitte, Moral"] *das;* -: moralische Gesamthaltung; sittliche Lebensgrundsätze eines Menschen od. einer Gesellschaft, die die Grundlage des Wollens u. Handelns bilden; Gesamtheit ethisch-moralischer Normen, Ideale usw. als Grundlage subjektiver Motive u. innerer Maßstäbe
Etikẹtt [aus gleichbed. *fr.* étiquette, eigtl. „an einem Pfahl befestigtes Zeichen", zu *altfr.* estiqu(i)er „feststecken"] *das;* -s, -e (auch: -s): mit einer Aufschrift versehenes [Papier]schildchen [zum Aufkleben]. **Etikẹtte** [aus gleichbed. *fr.* étiquette, eigtl. „Zettel, auf dem das Hofzeremoniell festgelegt ist"] *die;* -, -n: 1. a) zur bloßen Förmlichkeit erstarrte offizielle Umgangsform; b) Gesamtheit der allgemein od. in einem bestimmten Bereich geltenden gesellschaftlichen Umgangsformen. 2. = Etikett. **etikettieren**: 1. mit einem Etikett versehen. 2. (abwertend) jmdn./etwas vorschnell in eine bestimmte Kategorie einordnen
...ẹtt [aus *fr.* -et]: oft verkleinernde Endung von männlichen u. sächlichen Substantiven, z. B. Kadett, Billett; vgl. ...ette. **...ẹtte** [aus *fr.* -ette]: oft verkleinernde Endung von weiblichen Substantiven, z. B. Facette, Rosette
Etụde [aus *fr.* étude „Studie, Übungsstück", dies aus *lat.* studium „eifriges Streben, intensive Beschäftigung"; vgl. Studium] *die;* -, -n: a) musikalisches Übungsstück; b) virtuoses Konzertstück
Etui [*ätwi*; aus gleichbed. *fr.* étui zu *altfr.* estuier „schützend einschließen"] *das;* -s, -s: kleiner, flacher Gegenstand zum Aufbewahren kostbarer od. empfindlicher Gegenstände (z. B. von Schmuck, einer Brille)
Etymologie [aus *gr.-lat.* etymología „Ableitung u. Erklärung eines Wortes", eigtl. „Untersuchung des wahren (= ursprünglichen) Sinnes" zu *gr.* étymos „wahrhaft, wirklich" (s. Etymon) u. → ...logie] *die;* -, ...ịen: a) (ohne Plural) Wissenschaft von der Herkunft, Geschichte u. Grundbedeutung der Wörter; b) Herkunft, Geschichte u. Grundbedeutung eines Wortes. **etymologisch**: Herkunft, Geschichte u. Grundbedeutung eines Wortes betreffend. **etymologisieren**: nach Herkunft u. Wortgeschichte untersuchen. **Etymon** [aus *gr.-lat.* étymon „die wahre Bedeutung eines Wortes"] *das;* -s, ...ma: die sogenannte ursprüngliche Form u. Bedeutung eines Wortes; Wurzelwort, Stammwort (Sprachw.)
Ẹt-Zeichen *das;* -s, -: Und-Zeichen (&)
Eu = chem. Zeichen für: Europium
eu..., **Eu...** [aus gleichbed. *gr.* eũ]: Präfix mit der Bedeutung „wohl, gut, schön, reich", z. B. Euthanasie
Eubiọtik [zu → eu... u. *gr.* bíos „Leben"] *die;* -: Lehre vom gesunden Leben
Eucharistie [*...cha...*; aus *gr.-kirchenlat.* eucharistía „Danksagung, hl. Abendmahl"] *die;* -, ...ịen: 1. a) die Feier des heiligen Abendmahls als Mittelpunkt des christlichen Gottesdienstes; b) die eucharistische Gabe (Brot u. Wein). 2. = Eucharistiefeier. **Eucharistiefeier** *die;* -, -n: die katholische Feier der Messe. **eucharịstisch**: auf die Eucharistie bezogen
Eudämonie [aus gleichbed. *gr.* eudaimonía zu eudaímōn „glücklich", eigtl. „von einem guten Dämon geleitet"; vgl. Dämon] *die;* -: Glückseligkeit, seelisches Wohlbefinden (Philos.). **Eudämonịsmus** *der;* -: philosophische Lehre, die im Glück des einzelnen od. der Gemeinschaft die Sinnerfüllung menschlichen Daseins sieht. **eudämonịstisch**: dem Eudämonismus entsprechend; auf den Eudämonismus bezogen
Eudiomẹter [zu *gr.* eudía „schönes Wetter, Windstille" u. → [1]...meter] *das;* -s: -: Glasröhre zum Abmessen von Gasen
Eugenẹtik *die;* -: = Eugenik. **eugenẹtisch**: = eugenisch. **Eugẹnik** [zu *gr.* eugenḗs, eugenétēs „wohlgeboren; von guter Art"] *die;* -: Erbhygiene mit dem Ziel, erbschädigende Einflüsse u. die Verbreitung von Erbkrankheiten zu verhüten. **eugẹnisch**: die Eugenik betreffend
Eukalyptus [gelehrte Bildung zu → eu... u. *gr.* kalýptein „verhüllen", eigtl. „der Wohlverhüllte", wegen der haubenartig geschlossenen Blütenknospen] *der;* -, ...ten u. -: aus Australien stammende Gattung immergrüner Bäume u. Sträucher

eu|klidische Geome|trie *die*; -n, -: Geometrie, die auf den von Euklid festgelegten Axiomen beruht (Math.)

Eumenide [aus *gr.-lat.* Eumenís „die Wohlwollende"] *die*; -, -n (meist Plural): verhüllender Name der → Erinnye

Eunuch [über *lat.* eunūchus aus *gr.* eunoũchos „Verschnittener", eigtl. „Betthalter, -schützer", zu *gr.* eunē „Bett" u. échein „halten, bewahren"] *der*; -en, -en: 1. durch → Kastration (1) zeugungsunfähig gemachter Mann. 2. Haremswächter; vgl. Harem

Euphemismus [aus gleichbed. *gr.* euphēmismós zu euphēmeĩn „Worte von guter Vorbedeutung gebrauchen, Unangenehmes angenehm sagen"] *der*; -, ...men: mildernde od. beschönigende Umschreibung für ein anstößiges od. unangenehmes Wort (z. B. verscheiden = sterben). **euphemistisch**: beschönigend, verhüllend

Euphonie [aus gleichbed. *gr.-lat.* euphōnía] *die*; -, ...ien: sprachlicher Wohlklang, Wohllaut; Ggs. → Kakophonie. **euphonisch** [aus *gr.-lat.* euphōnos „wohlklingend"]: a) wohllautend, -klingend; Ggs. → kakophonisch; b) des Wohlklangs, der Sprecherleichterung wegen eingeschoben (von Lauten, z. B. t in eigen*t*lich). **Euphonium** *das*; -s, ...ien [...*i*^e*n*]: 1. Glasröhrenspiel, das durch Bestreichen mit den Fingern zum Klingen gebracht wird. 2. Baritonhorn

Euphorbia u. **Euphorbie** [...*i*^e] [über *lat.* euphorbia aus gleichbed. *gr.* euphórbion] *die*; -, ...ien [...*i*^e*n*]: Gattung der Wolfsmilchgewächse (Zierstaude)

Euphorie [aus *gr.* euphoría „leichtes Tragen, Geduld" zu → eu... u. *gr.* phérein „tragen"] *die*; -, ...ien: a) augenblickliche, heiter-zuversichtliche Gemütsstimmung; Hochgefühl, Hochstimmung; b) Zustand überbetonter Heiterkeit nach Genuß von Rauschgiften u. bei gewissen Geisteskrankheiten. **euphorisch**: a) in heiterer Gemütsverfassung, hochgestimmt; b) im Zustand der Euphorie (b) befindlich. **euphorisieren**: [durch Drogen u. Rauschmittel] ein inneres Glücks- od. Hochgefühl erzeugen

...eur [...*ör*; aus *fr.* -eur, dies aus *lat.* -or], eingedeutscht: ...ör: Endung von männlichen Substantiven, meist in Personenbezeichnungen, z. B. Ingenieur, Amateur, Frisör

eur|afrikanisch [Kurzw. aus: *eur*opäisch u. *afrikanisch*]: Europa u. Afrika gemeinsam betreffend

eurasiatisch [Kurzw. aus: *eur*opäisch u. *asiatisch*]: über das Gesamtgebiet Europas und Asiens verbreitet (z. B. von Tieren und Pflanzen). **Eurasien** (ohne Artikel); -s (in Verbindung mit Attributen: *das*; -[s]): Festland von Europa u. Asien, größte zusammenhängende Landmasse der Erde. **Eurasier** *der*; -s, -: 1. Bewohner Eurasiens. 2. europäisch-indischer Mischling in Indien. **eurasisch**: a) Eurasien betreffend; b) die Eurasier betreffend

Euratom [Kurzw. aus: *Eur*opäische *Atom*(energie)-gemeinschaft] *die*; -: gemeinsame Organisation der Länder der Europäischen Gemeinschaft zur friedlichen Ausnutzung der Atomenergie u. zur Gewährleistung einer friedlichen Atomentwicklung

Eu|rhythmie [aus *gr.-lat.* eurhythmía „richtiges Verhältnis, Ebenmaß"] *die*; -: 1. Gleichmaß von Bewegungen. 2. Regelmäßigkeit des Pulses (Med.). **Eurhythmik** *die*; -: = Eurhythmie (1)

Eurocheque [...*schäk*; Kurzw. aus: *euro*päisch u. franz. *cheque*] *der*; -s, -s: offizieller, bei den Banken fast aller europäischer Länder einlösbarer Scheck.

Eurodollars [Kurzw. aus: *euro*päisch u. → *Dollar*] *die* (Plural): Dollarguthaben bei nichtamerikanischen Banken, die von diesen an andere Banken od. Wirtschaftsunternehmen ausgeliehen werden (Wirtsch.)

europäid [zu Europäer + → ²...id]: den Europäern ähnlich (Rassenkunde). **Europäide** *der* u. *die*; -n, -n: dem Europäer ähnliche[r] Angehörige[r] einer nichteuropäischen Rasse. **europäisieren**: nach europäischem Vorbild umgestalten. **europid** [zu Europa + → ²...id]: zum europäisch-südeurasischen Rassenkreis gehörend. **Europide** *der* u. *die*; -n, -n: Angehörige[r] des europiden Rassenkreises

Europium [zu Europa] *das*; -s: chem. Grundstoff aus der Gruppe der Metalle der seltenen Erden (eine Gruppe chemischer Elemente); Zeichen: Eu

Eurovision [Kurzw. aus: *euro*päisch u. → Tele*vision*] *die*; -: Zusammenschluß westeuropäischer Rundfunk- u. Fernsehorganisationen zum Zwecke des Austauschs von Fernsehprogrammen; vgl. Intervision

...euse [...*ös*^e; aus *fr.* -euse, dies aus *lat.* -ōsa]: Endung von weiblichen Substantiven, die meist weibliche Personen bezeichnen, z. B. Friseuse, Masseuse

Eustachische Röhre u. **Eustachische Tube** [nach dem it. Arzt Eustachio (...*akio*), 1520–1574] *die*; -n -: Ohrtrompete (Verbindungsgang zwischen Mittelohr u. Rachenraum; Med.; Biol.)

Eutektikum [zu *gr.* eútēkos „leicht zu schmelzen", dies zu → eu... u. *gr.* tēkein „schmelzen"] *das*; -s, ...ka: feines kristallines Gemisch zweier od. mehrerer Kristallarten, das aus einer erstarrten, einheitlichen Schmelze entstanden ist u. den niedrigsten möglichen Schmelz- bzw. Erstarrungspunkt (eutektischer Punkt) zeigt. **eutektisch**: dem Eutektikum entsprechend, auf das Eutektikum bezüglich; -er Punkt: tiefster Schmelz- bzw. Erstarrungspunkt von Gemischen

Euthanasie [aus *gr.* euthanasía „leichter Tod"] *die*; -: beabsichtigte Herbeiführung des Todes bei unheilbar Kranken durch Anwendung von Medikamenten (Med.)

Eu|trophierung [zu *gr.* eutrophḗs „wohlgenährt"] *die*; -, -en: unerwünschte Zunahme eines Gewässers an Nährstoffen u. damit verbundenes nutzloses u. schädliches Pflanzenwachstum

ev. = evangelisch

eV = Elektronenvolt

Ev. = Evangelium

Evakuation [*ewa...zion*; zu → evakuieren]: = Evakuierung; vgl. ...ation/...ierung. **evakuieren** [über gleichbed. *fr.* évacuer aus *lat.* ēvacuāre „ausleeren"]: 1. a) die Bewohner eines Gebietes od. Hauses [vorübergehend] aussiedeln bzw. woanders unterbringen; b) wegen einer drohenden Gefahr ein Gebiet [vorübergehend] von seinen Bewohnern räumen. 2. ein → Vakuum herstellen, luftleer machen (Techn.). **Evakuierung** *die*; -, -en: 1. a) Gebietsräumung; b) Aussiedlung von Bewohnern. 2. Herstellung eines → Vakuums; vgl. ...ation/...ierung

Evaluation [*ewa...zion*; aus *fr.* évaluation bzw. *engl.* evaluation „Berechnung, Bewertung" zu *fr.* évaluer „berechnen", dies über *altfr.* value „Wert" zu *lat.* valēre „stark sein"] *die*; -, -en: a) Bewertung, Bestimmung des Wertes; b) Beurteilung [von Lehrplänen und Unterrichtsprogrammen] (Päd.). **eva-**

luieren: a) bewerten; b) [Lehrpläne u. Unterrichtsprogramme] beurteilen (Päd.)

Evangeliar [*ew*..., auch: *ef*...] *das*; -s, -e u. -ien [...*i*ᵉ*n*] u. **Evangeliarium** [aus gleichbed. *mlat.* evangeliārium (zu → Evangelium b)] *das*; -s, ...ien [...*i*ᵉ*n*]: liturgisches Buch, das den vollständigen Text der vier Evangelien enthält und meist ein Verzeichnis der bei der Messe zu lesenden Abschnitte. **evangelikal** [aus gleichbed. *engl.* evangelical zu *kirchenlat.* euangelicus, s. evangelisch]: 1. dem Evangelium gemäß. 2. zur englischen → Low-Church gehörend. 3. die unbedingte Autorität des Neuen Testaments vertretend, jegliche Bibelkritik ablehnend (von der Haltung evangelischer Freikirchen). **Evangelikale** *der*; -n, -n: jmd., der der evangelikalen (vgl. evangelikal 3) Richtung angehört. **Evangelisation** [...*zion*; zu → evangelisieren] *die*; -, -en: Verkündigung des Evangeliums [an Nichtchristen u. dem kirchlichen Leben u. Glauben entfremdete Menschen]. **evangelisch** [über *kirchenlat.* euangelicus aus *gr.* euaggelikós „zum Evangelium gehörig"]: 1. das Evangelium betreffend, auf dem Evangelium fußend; evangelische Räte: nach der katholischen Moraltheologie die drei Ratschläge Christi zu vollkommenem Leben (Armut, Keuschheit, Gehorsam), Grundlage der Mönchsgelübde. 2. = protestantisch; Abk.: ev. **evangelisch-lutherisch** [auch: ...*lute*...]: einer protestantischen Bekenntnisgemeinschaft angehörend, die sich ausschließlich an Dr. Martin Luther (1483–1546) u. seiner Theologie orientiert; Abk.: ev.-luth. **evangelisch-reformiert**: einer protestantischen Bekenntnisgemeinschaft angehörend, die auf die schweizerischen → Reformatoren Ulrich Zwingli (1484–1531) u. Johann Calvin (1509 bis 1564) zurückgeht; Abk.: ev.-ref. **evangelisieren** [nach gleichbed. *kirchenlat.* euangelizāre, dies aus *gr.* euaggelízein]: das Evangelium [bei Nichtchristen u. dem kirchlichen Leben u. Glauben Entfremdeten] verkündigen. **Evangelist** [über *kirchenlat.* euangelista aus gleichbed. *gr.* euaggelistēs] *der*; -en, -en: 1. Verfasser eines der vier Evangelien. 2. der das Evangelium verlesende Diakon. 3. [Wander]prediger, bes. einer evangelischen Freikirche. **Evangelistar** [aus *nlat.* evangelistārium zu → Evangelist] *das*; -s, -e: liturgisches Buch, das die in der Messe zu lesenden Abschnitte aus den Evangelien enthält; vgl. Evangeliar. **Evangelium** [über *kirchenlat.* euangelium aus *gr.* euaggélion „gute Botschaft"] *das*; -s, ...ien [...*i*ᵉ*n*]: 1. a) (ohne Plural) die Botschaft Jesu Christi vom Reich Gottes; b) die Botschaft vom Leben, von den Worten und Taten Jesu Christi; c) eines der vier ersten Bücher des Neuen Testaments, in denen über das Leben, die Worte und Taten Jesu Christi berichtet wird; Abk.: Ev.; d) vorgeschriebene gottesdienstliche Lesung aus den Evangelien. 2. (ohne Plural) Äußerung od. Schrift, an deren Richtigkeit man glaubt u. die man als höchste Instanz für das eigene Handeln anerkennt

Evaporation [*ewa...zion*; aus *lat.* evaporātio „Ausdampfung", s. evaporieren] *die*; -, -en: Verdampfung, Verdunstung, Ausdünstung [von Wasser]. **Evaporator** *der*; -s, ...oren: Gerät zur Gewinnung von Süßwasser [aus Meerwasser]. **evaporieren** [aus *lat.* ēvaporāre „ausdampfen, ausdünsten" zu vapor „Dunst, Dampf"]: a) verdunsten; b) Wasser aus einer Flüssigkeit (bes. Milch) verdampfen lassen u. sie auf diese Weise eindicken

Evektion [...*zion*; aus *lat.* ēvectio „das Herausfahren" zu ēvehere „herausführen, -fahren"] *die*; -: durch die Sonne hervorgerufene Störung der Mondbewegung (Astron.)

Eventual... [*ewän*...; aus gleichbed. *mlat.* ēventuālis zu *lat.* ēvenīre „herauskommen, sich ereignen"]: in Zusammensetzungen auftretendes Bestimmungswort mit der Bedeutung: „möglicherweise eintretend..., davon Gebrauch machend..." z. B. Eventualfall, Eventualhaushalt. **Eventualität** *die*; -, -en: Möglichkeit, möglicher Fall. **eventualiter**: vielleicht, eventuell (2). **eventuell** [aus gleichbed. *fr.* éventuel, dies aus *mlat.* ēventuālis]: 1. möglicherweise eintretend. 2. gegebenenfalls, unter Umständen, vielleicht; Abk.: evtl.

Ever|glazeⓌᶻ [*ąw*ᵉ*rgle*ⁱ*s*; aus gleichbed. *engl.* everglaze, eigtl. „Immerglanz"] *das*; -, -: durch bestimmtes Verfahren krumpf- u. knitterfrei gemachtes [Baumwoll]gewebe mit erhaben geprägter Kleinmusterung

Ever|green [*ąw*ᵉ*rgrin*; aus gleichbed. *engl.* evergreen, eigtl. „immergrün"] *der* (auch: *das*); -s, -s: 1. ein Schlager od. ein Musikstück, das längere Zeit hindurch beliebt ist u. daher immer wieder gespielt wird. 2. einstudiertes Stück, Repertoirestück des modernen Jazz

evident [*ewi*...; aus gleichbed. *lat.* ēvidēns, Gen. ēvidentis, zu → ¹ex... u. vidēre „sehen"]: offenkundig u. klar ersichtlich; offen zutage liegend; überzeugend, offenbar. **Evidenz** *die*; -: Deutlichkeit; vollständige, überwiegende Gewißheit; einleuchtende Erkenntnis; etwas in - halten: (österr.) etwas im Auge behalten

ev.-luth. = evangelisch-lutherisch

Evokation [*ewo...zion*; aus *lat.* ēvocātio „das Herausrufen, die Aufforderung" zu ēvocāre „heraus-, hervorrufen"] *die*; -, -en: 1. das Evozieren. 2. (hist.) Herausrufung der Götter einer belagerten Stadt, um sie auf die Seite der Belagerer zu ziehen (altröm. Kriegsbrauch). **evokativ**: bestimmte Vorstellungen enthaltend; vgl. ...iv/...orisch. **evokatorisch**: bestimmte Vorstellungen erweckend; vgl. ...iv/...orisch

Evolute [*ewo*...; aus *lat.* (līnea) ēvolūta „herausgewickelte (Linie)" zu ēvolvere, s. evolvieren] *die*; -, -n: Kurve, die aus einer aufeinanderfolgenden Reihe von Krümmungsmittelpunkten einer anderen Kurve (der Ausgangskurve) entsteht. **Evolution** [...*zion*; über gleichbed. *fr.* évolution aus *lat.* ēvolutio „das Aufwickeln (einer Buchrolle)"] *die*; -, -en: 1. allmählich fortschreitende Entwicklung; Fortentwicklung im Geschichtsablauf; Ggs. → Revolution. 2. die stammesgeschichtliche Entwicklung der Lebewesen von niederen zu höheren Formen. **evolutionär**: auf Evolution beruhend; sich allmählich u. stufenweise entwickelnd. **Evolutionist** *der*; -en, -en: Anhänger des Evolutionismus. **Evolutionstheorie** *die*; -, -n: Theorie von der Entwicklung aller Lebewesen aus niederen, primitiven Organismen

Evolvente [*ewolw*...; aus *lat.* (līnea) ēvolvēns „Abwicklungslinie"] *die*; -, -n: Ausgangskurve einer → Evolute. **evolvieren** [aus *lat.* ēvolvere „herauswickeln, aufrollen; klar darstellen"]: entwickeln, entfalten, nacheinander darstellen; vgl. involvieren

evozieren [*ew*...; aus gleichbed. *lat.* ēvocāre, eigtl. „herausrufen"; vgl. Evokation]: hervorrufen (z. B. bestimmte Vorstellungen)

ev.-ref. = evangelisch-reformiert

evtl. = eventuell

evviva! [*äwiwa*; aus *it.* evviva „er lebe hoch“]: ital. Hochruf

ex! [aus *lat.* ex „aus“]: Aufforderung, ein Glas ganz zu leeren, auszutrinken

Ex. = Exemplar

[1]**ex..., Ex...** [aus gleichbed. *lat.* ex-], vor Konsonanten oft auch e..., E..., vor f zu ef... angeglichen: Präfix mit der Bedeutung „aus, aus – heraus, weg, ent...“, ehemalig“, z. B. exklusiv, Exminister, evident, Evakuierung, effilieren, Effusion

[2]**ex..., Ex...** [aus *gr.* ex-] vgl. exo..., Exo...

ex ab|rupto [*lat.*; vgl. abrupt]: unversehens

ex aequo [*- ä...*; *lat.*; zu aequus „gleich“]: in derselben Weise, gleichermaßen

ex|akt [aus gleichbed. *lat.* exāctus, eigtl. „genau zugewogen“, Part. Perf. von exigere „abwägen, abmessen“]: 1. genau [u. sorgfältig]. 2. pünktlich. **Ex|aktheit** *die*; -: Genauigkeit, Sorgfältigkeit

Ex|altation [*...zion*; aus gleichbed. *fr.* exaltation, dies aus *lat.* exaltātio „Erhöhung“] *die*; -, -en: Überspanntheit, z. T. ins Krankhafte gesteigerte Selbstüberschätzung u. Aufgeregtheit. **ex|altieren** sich [aus *fr.* exalter „erheben, erhitzen, erregen“, dies aus *lat.* exaltāre „erhöhen“ zu altus „hoch“]: 1. sich überschwenglich benehmen. 2. sich hysterisch erregen. **ex|altiert**: 1. überspannt. 2. aufgeregt

Ex|amen [aus *lat.* examen „Untersuchung, Prüfung“] *das*; -s, - u. ...mina: Prüfung. **Ex|aminand** *der*; -en, -en: Prüfling. **Ex|aminator** *der*; -s, ...oren: Prüfer. **ex|aminieren** [aus *lat.* examināre „abwägen, untersuchen“]: prüfen

Ex|arch [über *lat.* exarchus aus *gr.* éxarchos „Vorsteher“ zu árchein „der erste sein, herrschen“] *der*; -en, -en: (hist.) byzantinischer (oströmischer) Statthalter. **Ex|archat** [aus *mlat.* exarchātus] *das*; -[e]s, -e: Amt u. Verwaltungsgebiet eines Exarchen

Ex|audi [aus *lat.* exaudi! „erhöre!“]: in der evangelischen Kirche Bezeichnung des 6. Sonntags nach Ostern (nach dem Eingangsvers des Gottesdienstes, Psalm 27, 7: Herr, höre meine Stimme, wenn ich rufe!)

ex cathe|dra [*- ka...*; *lat.*; „vom (Päpstlichen) Stuhl“; vgl. Katheder]: a) aus päpstlicher Vollmacht u. daher unfehlbar; b) von maßgebender Seite, so daß etwas nicht angezweifelt werden kann

Exchange [*ikßtsche^i ndseh*; aus gleichbed. *engl.* exchange zu to exchange „aus-, umtauschen“; vgl. changieren] *die*; -, -n [*...dseh^e n*]: 1. Tausch, Kurs (im Börsengeschäft). 2. a) Börsenkurs; b) Börse

Ex|edra [aus gleichbed. *gr.-lat.* exédra, eigtl. „Außensitz“] *die*; -, Exedren: 1. halbrunder od. rechteckiger nischenartiger Raum als Erweiterung eines Saales od. einer Säulenhalle (in der antiken Architektur). 2. Apsis (1) in der mittelalterlichen Baukunst

Ex|egese [aus *gr.* exḗgēsis „das Erzählen, Erklären“ zu exēgeĩsthai „ausführen, auseinandersetzen, lehren“] *die*; -, -n: Wissenschaft der Erklärung u. Auslegung eines Textes, bes. der Bibel. **Ex|eget** [aus *gr.* exēgētḗs „Ausleger“] *der*; -en, -en: Fachmann für Bibelauslegung. **Ex|egetik** *die*; -: (veraltet) Wissenschaft der Bibelauslegung (Teilgebiet der Theologie). **ex|egetisch** [aus *gr.* exēgētikós „erklärend“]: [die Bibel] erklärend. **exegieren**: (veraltet) [die Bibel] erklären

exekutieren [zu → Exekution]: 1. an jmdm. ein Urteil vollstrecken, vollziehen, jmdn. hinrichten. 2. (österr.) pfänden. **Exekution** [*...zion*; aus *lat.* ex(s)ecūtio „Ausführung, Vollstreckung“ zu ex(s)equi „verfolgen, einer Sache nachgehen, sie ausführen“] *die*; -, -en: 1. Vollstreckung eines Todesurteils, Hinrichtung. 2. Durchführung einer besonderen Aktion. 3. (österr.) Pfändung. **exekutiv** [aus gleichbed. *nlat.* execūtīvus]: ausführend; vgl. ...iv/...orisch. **Exekutive** [*...w^e*] *die*; -: vollziehende Gewalt im Staat; vgl. Judikative, Legislative (a). **Exekutor** [aus *lat.* ex(s)ecūtor „Vollzieher, Vollstrekker“] *der*; -s, ...oren: Vollstrecker [eines Urteils]. **exekutorisch**: (selten) durch [Zwangs]vollstreckung erfolgend; vgl. ...iv/...orisch

Ex|empel [aus *lat.* exemplum „Probe, Muster, Beispiel“ zu eximere „herausnehmen, hervorheben“] *das*; -s, -: 1. [abschreckendes] Beispiel, Lehre. 2. (Literaturw.) kleine Erzählung mit sittlicher od. religiöser Nutzanwendung im Rahmen einer Rede od. Predigt. 3. [Rechen]aufgabe

Ex|emplar [aus *lat.* exemplārium „Abschrift, Muster“] *das*; -s, -e: [durch besondere Eigenschaften od. Merkmale auffallendes] Einzelstück (bes. Schriftwerk) od. Einzelwesen aus einer Reihe von gleichartigen Gegenständen od. Lebewesen; Abk.: Expl. **ex|em|plarisch** [aus *lat.* exemplāris „als Beispiel dienend“]: a) beispielhaft, musterhaft; b) warnend, abschreckend; hart u. unbarmherzig vorgehend, um abzuschrecken

ex|empli causa [*- kau...*; *lat.*; vgl. Exempel]: beispielshalber; Abk.: e. c.

Ex|em|plifikation [*...zion*; zu → exemplifizieren] *die*; -, -en: Erläuterung durch Beispiele. **ex|em|plifikatorisch**: zum Zwecke der Erläuterung an Beispielen. **ex|em|plifizieren** [aus *mlat.* exemplificāre „als Beispiel anführen“]: an Beispielen erläutern

Exequien [*...i^e n*; aus *lat.* ex(s)equiae (Plural) „Leichenbegängnis“ zu ex(s)equi „nachfolgen, das Geleit geben“] *die* (Plural): a) katholische Begräbnisfeier, Totenmesse; b) Musik bei Begräbnisfeiern

ex|erzieren [aus gleichbed. *lat.* exercēre]: 1. militärische Übungen machen. 2. etwas [wiederholt] einüben. **Ex|erzitien** [*...zi^e n* zu → Exerzitium], (österr. auch:) Exerzizien *die* (Plural): geistl. Übungen des Katholiken (nach dem Vorbild des hl. Ignatius v. Loyola). **Ex|erzitium** [aus *lat.* exercitium „Übung“ zu exercēre] *das*; -s, ...ien [*...i^e n*]: Übung[sstück]; Hausarbeit

ex est [*lat.*]: es ist aus

exhaustiv [eigtl. „erschöpfend“, zu *lat.* exhaustāre „ausschöpfen“]: vollständig. **Exhaustor** [zu *lat.* exhaustāre „ausschöpfen“] *der*; -s, ...oren: Entlüfter; Gebläse zum Absaugen von Dampf, Staub, Spreu

exhibieren [aus gleichbed. *lat.* exhibēre]: vorzeigen; darstellen. **Exhibition** [*...zion*; aus *lat.* exhibitio „das Vorzeigen“] *die*; -, -en: das Entblößen der Geschlechtsteile in der Öffentlichkeit. **Exhibitionismus** *der*; -: a) krankhafte Neigung zur Entblößung der Geschlechtsteile in der Öffentlichkeit; b) Neigung, durch auffälliges Benehmen die Aufmerksamkeit auf sich zu lenken. **Exhibitionist** *der*; -en, -en: a) jmd., der an Exhibitionismus (a, b) leidet; b) jmd., der sich auffällig benimmt, um die Aufmerksamkeit auf sich zu lenken. **exhibitionistisch**: a) an Exhibitionismus (a) leidend; b) den Exhibitionismus (a, b) betreffend

Exhumation [*...zion*; aus *mlat.* exhumātio zu exhumāre „wiederausgraben“, dies aus *lat.* ex „aus“ u. humāre „beerdigen“] *die*; -, -en: das Wiederausgraben einer bestatteten Leiche od. von Leichenteilen (z. B. zum Zwecke einer gerichtsmedizinischen Untersuchung); vgl. ...ation/...ierung. **exhumieren**: eine bestattete Leiche wieder ausgraben. **Exhumierung** *die*; -, -en: das Exhumieren; vgl. ...ation/...ierung

Exil [aus gleichbed. *lat.* ex(s)ilium zu ex(s)ul „in der Fremde weilend, verbannt", dies aus ex „aus" u. solum „Boden"] *das*; -s, -e: a) Verbannung; b) Verbannungsort. **exilisch**: a) während des Exils geschehen; b) vom Geist der Exilzeit geprägt. **Exilregierung** *die*; -, -en: eine Regierung, die gezwungen ist, ihren Sitz in das Ausland zu verlegen, od. die sich dort gebildet hat

existent [aus *lat.* ex(s)istēns, Gen. ex(s)istentis, Part. Präs. von ex(s)istere, s. existieren]: wirklich, vorhanden. **Existentia** [...*zia*; aus *spätlat.* ex(s)istentia „Dasein"] *die*; -: Vorhandensein, Dasein; Ggs. → Essentia. **existential**: das [menschliche] Dasein hinsichtlich seines Seinscharakters betreffend; vgl. existentiell. **Existentialismus** [aus gleichbed. *fr.* existentialisme] *der*; -: zusammenfassende Bezeichnung für eine Hauptrichtung der Gegenwartsphilosophie, die den Sinn des menschlichen Daseins verneint. **Existentialist** *der*; -en, -en: 1. Vertreter des Existentialismus. 2. Anhänger einer von der Norm abweichenden Lebensführung außerhalb der geltenden bürgerlichen, gesellschaftlichen u. moralischen Konvention. **existentialistisch**: die philosophische Richtung des Existentialismus vertretend, den Sinn des menschl. Daseins verneinend. **Existentialphilosophie** *die*; -: = Existentialismus. **existentiell** [aus *fr.* existentiel, existenciel zu existence „Existenz"]: auf das unmittelbare und wesenhafte Dasein bezogen, daseinsmäßig; vgl.: existential. **Existenz** [aus *spätlat.* ex(s)istentia „Dasein" zu ex(s)istere, s. existieren] *die*; -, -en: 1. a) (Plural selten) Dasein, Leben; b) Vorhandensein, Wirklichkeit. 2. (Plural selten) materielle Lebensgrundlage, Auskommen, Unterhalt. 3. (abwertend) Mensch, dessen Lebensumstände undurchsichtig sind. **Existenzphilosophie** *die*; -: Existentialismus. **existieren** [aus *lat.* ex(s)istere „heraus-, hervortreten, vorhanden sein"]: 1. vorhanden sein, dasein, bestehen. 2. leben

Ex|itus [aus *lat.* exitus „Ausgang, (Lebens)ende" zu exīre „herausgehen"] *der*; -: Tod, tödlicher Ausgang eines Krankheitsfalles od. Unfalls (Med.)

Exkavator [zu → exkavieren] *der*; -s, ...oren: Maschine für Erdarbeiten. **exkavieren** [aus *lat.* excavāre „aushöhlen" zu cavus „hohl"]: aushöhlen, ausschachten

exkl. = exklusive

Ex|klamation [...*zion*; aus gleichbed. *lat.* exclamātio zu exclamāre „ausrufen"] *die*; -, -en: Ausruf. **exklamatorisch**: ausrufend; marktschreierisch. **exklamieren**: ausrufen

Ex|klave [...*we*; Analogiebildung zu → Enklave] *die*; -, -n: von fremdem Staatsgebiet eingeschlossener Teil eines eigenen Staatsgebietes; Ggs. → Enklave

ex|kludieren [aus gleichbed. *lat.* exclūdere]: ausschließen. **Ex|klusion** [aus gleichbed. *lat.* exclūsio] *die*; -, -en: Ausschließung

ex|klusiv [aus gleichbed. *engl.* exclusive, dies aus *mlat.* exclusīvus zu *lat.* exclūdere „ausschließen"]: a) ausschließend; nur wenigen zugänglich, auf einen bestimmten Personenkreis beschränkt; sich [gesellschaftlich] absondernd; unnahbar; b) nicht alltäglich; vornehm; nur einmal vorhanden. **Exklusiv...**: in Zusammensetzungen auftretendes Bestimmungswort mit der Bedeutung „ausschließlich einer Person, Zeitung o. ä. zur Veröffentlichung überlassen", z. B. Exklusivbericht, -interview. **exklusive** [...*we*; aus *mlat.* exclusīve, Adv. zu exclusīvus]: ohne, ausschließlich; Abk.: exkl.; Ggs. → inklusive. **Ex|klusivität** *die*; -: a) Ausschließlichkeit, [gesellschaftliche] Abgeschlossenheit; b) das nicht Alltägliche; Vornehmheit, das Einmalige

Exkommunikation [...*zion*; aus *kirchenlat.* excommūnicātio zu excommūnicāre „in den Bann tun", dies zu ex „aus" u. commūnis „allen gemeinsam"] *die*; -, -en: Ausschluß aus der Gemeinschaft der katholischen Kirche; Kirchenbann. **exkommunizieren**: aus der katholischen Kirchengemeinschaft ausschließen

Ex|krement [aus gleichbed. *lat.* excrēmentum zu excernere „aussondern, ausscheiden"] *das*; -[e]s, -e (meist Plural): Ausscheidung (Kot, Harn)

Exkurs [aus *lat.* excursus „das Herauslaufen, der Streifzug" zu excurrere „herauslaufen"] *der*; -es, -e: a) kurze Erörterung eines Spezial- od. Randproblems im Rahmen einer wissenschaftlichen Abhandlung; b) vorübergehende Abschweifung vom Hauptthema (z. B. während eines Vortrags). **Exkursion** [über *fr.* excursion aus *lat.* excursio „Streifzug, Ausflug"; vgl. Exkurs] *die*; -, -en: wissenschaftlich vorbereitete u. unter wissenschaftlicher Leitung durchgeführte Lehr- od. Studienfahrt

Ex|li|bris [aus *lat.* ex libris „aus den Büchern"] *das*; -, -: meist kunstvoll ausgeführter, auf die Innenseite des vorderen Buchdeckels geklebter Zettel mit dem Namen od. Monogramm des Eigentümers

Exma|trikel [zu → [1]ex... u. → Matrikel] *die*; -, -n: Bescheinigung über das Verlassen der Hochschule. **Exmatrikulation** [...*zion*] *die*; -, -en: 1. Streichung aus dem Namenverzeichnis einer Hochschule; Ggs. → Immatrikulation. 2. Weggang von einer Hochschule; Ggs. → Immatrikulation. **exmatrikulieren**: jmdn. aus dem Namenverzeichnis einer Hochschule streichen; Ggs. → immatrikulieren

Exmission [zu → exmittieren] *die*; -, -en: gerichtl. Ausweisung aus einer Wohnung od. einem Grundstück. **exmittieren** [zu → [1]ex... u. *lat.* mittere „schicken"]: zwangsweise aus einer Wohnung od. von einem Grundstück weisen (Rechtsw.). **Exmittierung** *die*; -, -en: Ausweisung aus einer Wohnung

exo..., Exo... [aus *gr.* éxō „außen, draußen"], vor Vokalen ex..., Ex...: Präfix mit der Bedeutung „aus, aus – heraus, außen, außerhalb", z. B. exogen, Exogamie

Ex|odos [aus gleichbed. *gr.* éxodos, eigtl. „Ausgang, Auszug"] *der*; -, -: a) Schlußlied des Chors im altgriech. Drama; Ggs. → Parodos; b) Schlußteil des altgriech. Dramas

Ex|odus [über *lat.* exodus aus gleichbed. *gr.* éxodos] *der*; -, -se: 1. (ohne Plural) Titel des 2. Buchs Mose (nach dem Auszug der Kinder Israel aus Ägypten). 2. Auszug

ex officio [- ...*zio*; *lat.*; zu officium „Pflicht, Dienst, Amt"]: von Amts wegen, amtlich (Rechtsw.)

exogen [aus → exo... u. → ...gen]: 1. außen entstehend (vor allem in bezug auf Blattanlagen u. Seitenknospen; Bot.); Ggs. → endogen (1). 2. von Kräften ableitbar, die auf die Erdoberfläche einwirken (Geol.); Ggs. → endogen (2)

exo|krin [zu → exo... u. *gr.* krínein „scheiden, ausscheiden"]: nach außen absondern (von Drüsen; Med.); Ggs. → endokrin

ex|orbitant [aus *lat.* exorbitāns, Gen. exorbitantis, Part. Präs. von exorbitāre „von der Bahn abweichen", zu orbita „Wagenspur, Bahn"]: außergewöhnlich; übertrieben; gewaltig. **Ex|orbitanz** *die*; -, -en: Übermaß; Übertreibung

ex oriente lux [*lat.*]: aus dem Osten (kommt) das Licht (zunächst auf die Sonne bezogen, dann übertragen auf Christentum u. Kultur)

ex|orzieren u. **ex|orzisieren** [über *lat.* exorcizare aus gleichbed. *gr.* exorkízein]: Dämonen u. Geister durch Beschwörung austreiben. **Ex|orzismus** *der*; -, ...men: Beschwörung von Dämonen u. Geistern durch Wort [u. Geste]. **Ex|orzist** [über *lat.* exorcista aus gleichbed. *gr.* exorkistḗs] *der*; -en, -en: Geisterbeschwörer

Ex|osmose [zu → [1]ex... u. → Osmose] *die*; -, -n: → Osmose von Orten höherer zu Orten geringerer Konzentration (Chem.)

Exo|sphäre [aus → exo... u. → Sphäre] *die*; -: oberste Schicht der → Atmosphäre (1b); vgl. Dissipationssphäre

Exot, (auch:) Exote [zu → exotisch] *der*; ...ten, ...ten: Mensch, Tier, Pflanze, Ding o. ä. aus fernen, meist überseeischen, tropischen Ländern. **Exotik** *die*; -: Anziehungskraft, die vom Fremdländischen ausgeht. **exotisch** [über *lat.* exōticus aus *gr.* exōtikós „ausländisch" zu éxō „außerhalb"; vgl. exo...]: a) fremdländisch, überseeisch; b) einen fremdartigen Zauber habend od. ausstrahlend

Exoteriker [zu → exoterisch] *der*; -s, -: der Außenstehende, Nichteingeweihte; Ggs. → Esoteriker. **exoterisch** [über *lat.* exōtericus aus gleichbed. *gr.* exōterikós zu éxō „außerhalb"]: für Außenstehende, für die Öffentlichkeit bestimmt; allgemein verständlich; Ggs. → esoterisch

exotherm [zu → exo... u. *gr.* thérmē „Wärme"]: mit Freiwerden von Wärme verbunden, unter Freiwerden von Wärme ablaufend (von chem. Vorgängen)

ex ovo [- *owo*] vgl. ab ovo

Expander [aus gleichbed. *engl.* expander zu to expand „ausspannen, dehnen", dies aus *lat.* expandere, s. expandieren] *der*; -s, -: Trainingsgerät zur Kräftigung der Arm- u. Oberkörpermuskulatur (Sport)

expandieren [aus *lat.* expandere „ausspannen, sich ausdehnen"]: 1. [sich] ausdehnen (von Gasen od. Dämpfen; Phys.). 2. den Macht-, Leistungs- od. Einflußbereich erweitern. **expansibel**: ausdehnbar. **Expansion** [über *fr.* expansion „Ausdehnung (von Gasen)" aus *lat.* expānsio „Ausdehnung, Ausstreckung" zu expandere, s. expandieren] *die*; -, -en: 1. Ausdehnung; Ausbreitung [eines Staates], Erweiterung des Macht- od. Einflußbereichs. 2. räumliche Ausdehnung von Gasen od. Dämpfen. **Expansionsmaschine** *die*; -: Kraftmaschine, die ihre Energie aus der Expansion des Energieträgers gewinnt (z. B. die Kolbendampfmaschine). **expansiv**: sich ausdehnend, auf Ausdehnung u. Erweiterung bedacht od. gerichtet

Expa|triation [...*zion*; zu → expatriieren] *die*; -, -en: Ausbürgerung, Verbannung; vgl. ...ation/...ierung. **expa|triieren** [aus gleichbed. *mlat.* expatriāre, zu *lat.* ex „aus" u. patria „Vaterland"]: ausbürgern, verbannen. **Expa|triierung** *die*; -, -en: das Expatriieren; vgl. ...ation/...ierung

Expedient [aus *lat.* expediēns, Gen. expedientis, Part. Präs. von expedīre, s. expedieren] *der*; -en, -en: a) Abfertigungsbeauftragter in der Versandabteilung einer Firma; b) Angestellter in einem Reisebüro, Reisebürokaufmann. **expedieren** [aus *lat.* expedīre „losmachen"]: absenden, abfertigen, befördern (von Gütern u. Personen). **Expedit** *das*; -[e]s, -e: (österr.) Versandabteilung (z. B. in einem Kaufhaus). **Expedition** [...*zion*; aus *lat.* expedītio „Erledigung, Abfertigung; Feldzug"; vgl. Spedition] *die*; -, -en: 1. a) Forschungsreise [in unbekannte Gebiete]; b) Kriegszug, militärisches Unternehmen. 2. Gruppe zusammengehörender Personen, die von einem Land, einem Verband od. einem Unternehmen zur Wahrnehmung bestimmter (bes. sportlicher) Aufgaben ins Ausland geschickt werden. 3. Versand- od. Abfertigungsabteilung (z. B. einer Firma). **Expeditor** *der*; -s, ...oren: = Expedient

Expektorans [zu → [1]ex... u. *lat.* pectus, Gen. pectoris „Brust"; vgl. *lat.* expectorāre „aus dem Herzen scheuchen; reißen"] *das*; -, ...ranzien [...*i*[e]*n*] und ...rantia [...*zia*]: Expektorantium. **Expektorantium** [...*zium*] *das*; -s, ...tia [...*zia*]: schleimlösendes Mittel, Hustenmittel (Med.). **expektorieren**: Schleim auswerfen, aushusten (Med.)

expensiv [zu *lat.* expēnsa (pecunia) „Ausgabe, Aufwand"]: kostspielig

Experiment [aus *lat.* experimentum „Versuch, Probe" zu experīri „versuchen, erproben"] *das*; -[e]s, -e: a) [wissenschaftlicher] Versuch, Vorführung; b) [gewagtes] Unternehmen. **experimental**: (selten) experimentell; vgl. ...al/...ell. **experimental...**, **Experimental...**: in Zusammensetzungen auftretendes Bestimmungswort mit der Bedeutung „auf Experimenten beruhend, mit Experimenten verknüpft", z. B. Experimentalphysik. **Experimentalphysik** *die*; -: Teilgebiet der Physik, auf dem mit Hilfe von Experimenten die Naturgesetze erforscht werden. **Experimentator** *der*; -s, ...oren: jmd., der Experimente macht od. vorführt. **experimentell** [französierende Bildung]: auf Experimenten beruhend; vgl. ...al/...ell. **experimentieren** [nach gleichbed. *fr.* expérimenter]: Experimente anstellen

Experte [zu *fr.* expert „erfahren, sachkundig" aus *lat.* expertus „erprobt, bewährt", Part. Perf. von experīri, s. Experiment] *der*; -n, -n: jmd., der auf dem in Frage kommenden Gebiet besonders gut Bescheid weiß; Sachverständiger, Kenner

Expertise [aus gleichbed. *fr.* expertise zu expert, s. Experte] *die*; -, -n: Untersuchung, Gutachten, Begutachtung durch Sachverständige. **expertisieren**: (selten) sachverständig prüfen, beurteilen, begutachten

Expl. = Exemplar

Ex|planation [...*zion*; aus *lat.* explānātio „Erklärung, Auslegung" zu explānāre „eben ausbreiten, verdeutlichen, erklären"] *die*; -, -en: Auslegung, Erläuterung, Erklärung von Texten in sachlicher Hinsicht (Literaturw.). **ex|planativ**: auslegend, erläuternd. **ex|planieren**: auslegen, erläutern

Ex|plikation [...*zion*; aus gleichbed. *lat.* explicātio zu explicāre „auseinanderfalten, erklären"] *die*; -, -en: (selten) Darlegung, Erklärung, Erläuterung. **ex|plizieren** [aus gleichbed. *lat.* explicāre]: darlegen, erklären, erläutern. **ex|plizit** [aus *lat.* explicitus, Part. Perf. von explicāre, s. explizieren]: 1. a) ausdrücklich, deutlich; b) ausführlich u. differenziert dargestellt; Ggs. → implizit (1); -e Funktion: math. Funktion, deren Werte sich unmittelbar (d. h. ohne Umformung der Funktion) berechnen lassen. 2. möglichst exakt, verifizierbar u. formalisiert dargestellt (in bezug auf die Komponenten einer komplexen Struktur; Sprachw.); Ggs. → implizit (2). **ex|plizite**: in aller Deutlichkeit

ex|plodieren [unter Einfluß von → Explosion aus *lat.* explōdere „klatschend heraustreiben, ausklatschen"]: 1. zerknallen, platzen, bersten. 2. einen heftigen Gefühlsausbruch zeigen

Ex|ploitation [...*ploatazion*; aus gleichbed. *fr.* exploitation zu exploiter, s. exploitieren] *die*; -, -en: (veraltet) 1. Ausbeutung. 2. Nutzbarmachung. **Exploiteur** [...*tör*] *der*; -s, -e: (veraltet) jmd., der eine Sache od. Person exploitiert. **ex|ploitieren** [aus gleichbed. *fr.* exploiter, eigtl. „ausführen", zu exploit „Heldentat"]: (veraltet) 1. aus der Arbeitskraft eines andern Gewinn ziehen, dessen Arbeitskraft für sich ausnutzen, ausbeuten. 2. [Bodenschätze] nutzbar machen

ex|plorieren [aus *lat.* explōrāre „ausspähen, erforschen"]: nach etwas forschen

ex|plosibel [zu → Explosion]: explosionsfähig, -gefährlich. **Ex|plosion** [über gleichbed. *fr.* explosion aus *lat.* explōsio „das Herausklatschen" zu explōdere, s. explodieren] *die*; -, -en: 1. mit einem heftigen Knall verbundenes Zerplatzen u. Zerbersten eines Körpers. 2. heftiger Gefühlsausbruch, bes. Zornausbruch. 3. schnelles, übermäßiges Anwachsen (z. B. Bevölkerungs-, Kostenexplosion). **Explosionsmotor** *der*; -s, -en: Motor, der seine Energie aus der Explosion eines Treibstoff-Luft-Gemisches gewinnt. **ex|plosiv**: a) leicht explodierend; b) zu Gefühlsausbrüchen neigend, spannungsgeladen, unberechenbar. **Ex|plosiv** *der*; -s, -e [...*iwe*], **Explosiva** [...*iwa*] *die*; -, ...vä u. **Ex|plosivlaut** *der*; -s, -e: Laut, der durch die plötzliche Öffnung eines Verschlusses entsteht (z. B. b, k); vgl. Tenuis u. Media

Exponat [aus gleichbed. *russ.* ėksponat zu *lat.* expōnere „offen aufstellen"; vgl. exponieren] *das*; -[e]s, -e: 1. Ausstellungsstück. 2. Museumsstück

Exponent [aus *lat.* expōnēns, Gen. expōnentis, Part. Präs. von expōnere „herausstellen"; vgl. exponieren] *der*; -en, -en: 1. herausgehobener Vertreter einer Richtung, einer Partei usw. 2. Hochzahl, bes. in der Wurzel- u. Potenzrechnung (z. B. ist n bei a^n der Exponent). **Exponentialfunktion** [...*zial*...*zion*] *die*; -, -en: math. Funktion, bei der die unabhängige Veränderliche als → Exponent (2) einer konstanten Größe (meist → e) auftritt. **Exponentialröhre** *die*; -, -n: Röhre, die in Rundfunkempfängern automatisch den Schwund regelt. **exponentiell** [...*ziäl*]: gemäß einer (speziellen) Exponentialfunktion verlaufend, z. B. -er Abfall einer physikalischen Größe. **exponieren** [aus *lat.* expōnere „heraus-; offen aufstellen; aussetzen, preisgeben"]: 1. darstellen, zur Schau stellen. 2. sich -: die Aufmerksamkeit auf sich ziehen, sich herausstellen. **exponiert**: herausgehoben u. dadurch Gefährdungen od. Angriffen in erhöhtem Maß ausgesetzt

Export [aus gleichbed. *engl.* export zu to export „ausführen", s. exportieren] *der*; -[e]s, -e: Ausfuhr, Absatz von Waren im Ausland; Ggs. → Import. **Exporten** *die* (Plural): Ausfuhrwaren. **Exporteur** [...*tör*; französierende Bildung] *der*; -s, -e: Ausfuhrhändler od. Ausfuhrfirma. **exportieren** [aus gleichbed. *engl.* to export, dies aus *lat.* exportāre „hinaustragen"]: Waren ins Ausland ausführen

Exposé [aus gleichbed. *fr.* exposé zu exposer „darlegen", eigtl. „öffentlich ausstellen"] *das*; -s, -s: a) Denkschrift, Bericht, Darlegung, zusammenfassende Übersicht; b) Entwurf, Plan, Handlungsskizze (bes. für ein Filmdrehbuch)

Exposition [...*zion*; aus *lat.* expositio „Darlegung, Entwicklung" zu expōnere, s. exponieren] *die*; -, -en: 1. Darlegung, Erörterung. 2. einführender, vorbereitender Teil des Dramas (meist im 1. Akt od. als → Prolog). 3. a) erster Teil des Sonatensatzes mit der Aufstellung der Themen; b) Kopfteil bei der Fuge mit der ersten Themadurchführung. 4. Ausstellung, Schau. **Expositur** [zu → [1]ex... u. *lat.* positus „gestellt, gelegt" zu pōnere „setzen, stellen, legen"] *die*; -, -en: 1. abgegrenzter selbständiger Seelsorgebezirk einer Pfarrei. 2. (österr.) a) in einem anderen Gebäude untergebrachter Teil einer Schule; b) auswärtige Zweigstelle eines Geschäftes. **Expositus** *der*; -, ...ti: Geistlicher als Leiter einer Expositur (1)

ex|preß [aus *lat.* expressus „ausgedrückt, ausdrücklich", z. T. über *engl.* express „ausdrücklich, eilig", s. Expreß]: 1. eilig, Eil... 2. (landsch.) eigens, ausdrücklich, zum Trotz. **Ex|preß** [Kurzw. für Expreßzug aus gleichbed. *engl.* express (train), eigtl. „Zug mit genau festgelegtem Fahrplan", zu *lat.* expressus „ausdrücklich"] *der*; ...presses, Plural: Expreßzüge: (veraltet) Schnellzug. ...**Ex|press** *der*; -es: bahnamtliche Schreibung von → Expreß in Eigennamen von Fernschnellzügen, z. B. Trans-Europ-Express, Hellas-Express. **Ex|preßbote** *der*; -n, -n: (veraltet) Eilbote (Postw.). **Ex|preßgut** *das*; -[e]s, ...güter: [bevorzugtes] Versandgut, das auf dem schnellsten Weg zum Bestimmungsort gebracht wird (Eisenbahnw.)

Ex|pressionismus [gelehrte Bildung zu *lat.* expressio „das Ausdrücken, der Ausdruck"] *der*; -: 1. Ausdruckskunst, Kunstrichtung des frühen 20. Jh.s, die im bewußten Gegensatz zum → Impressionismus (1 u. 2) steht. 2. musikalischer Ausdrucksstil um 1920. **Ex|pressionist** *der*; -en, -en: Vertreter des Expressionismus. **ex|pressionistisch**: a) im Stil des Expressionismus; b) den Expressionismus betreffend

ex|pressis verbis [- *wär*...; *lat.*; vgl. expreß]: ausdrücklich, mit ausdrücklichen Worten

ex|pressiv [zu *lat.* expressio „das Ausdrücken, der Ausdruck"; vgl. Expressionismus]: ausdrücklich, ausdrucksvoll, mit Ausdruck. **Ex|pressivität** [...*wi*...] *die*; -: 1. Fülle des Ausdrucks, Ausdrucksfähigkeit. 2. Ausprägungsgrad einer Erbanlage im Erscheinungsbild (Biol.)

ex professo [*lat.*; vgl. Profession]: berufsmäßig, von Amts wegen, absichtlich

exquisit [aus gleichbed. *lat.* exquīsītus, Part. Perf. von exquīrere „aussuchen, auswählen"]: ausgesucht, erlesen, vorzüglich

Exsikkat [zu *lat.* exsiccātus „trocken", Part. Perf. von exsiccāre „austrocknen"] *das*; -[e]s, -e: getrocknete Pflanzenprobe (Bot.). **Exsikkation** [...*zion*] *die*; -, -en: das Austrocknen, die Austrocknung (Chem.). **exsikkativ**: austrocknend (Chem.). **Exsikkator** *der*; -s, ...oren: Gerät zum Austrocknen od. zum trockenen Aufbewahren von Chemikalien

ex|spiratorisch [zu *lat.* exspirāre „ausatmen"]: auf dem Ausatmen beruhend, mit ihm zusammenhängend (Med.); -e Artikulation: Lautbildung beim Ausatmen; -er Akzent: den germ. Sprachen eigentümlicher Akzent, der auf der Tonstärke des Gesprochenen beruht, Druckakzent

Extemporale [zu *lat.* extemporālis „unvorbereitet", dies zu → ex tempore] *das*; -s, ...lien [...*ien*]: unvorbereitet anzufertigende [Klassen]arbeit (bes. in den alten Sprachen). **ex tempore** [aus *lat.* ex tempore „sogleich, aus dem Stegreif", eigtl. „aus dem Zeitabschnitt heraus"]: aus dem Stegreif. **Extempore** *das*; -s, -[s]: a) improvisierte Einlage [auf der Bühne]; b) Stegreifspiel, Stegreifrede. **extemporieren**: a) eine improvisierte Einlage [auf der Bühne] geben; b) aus dem Stegreif reden, schreiben, musizieren usw.

Extension [aus gleichbed. *lat.* extēnsio zu extendere „ausdehnen, -spannen"] *die*; -, -en: Ausdehnung, Streckung. **Extensität** u. Extensivität [...*wi*...] *die*; -: Ausdehnung, Umfang. **extensiv** [aus *lat.* extēnsīvus „ausdehnend, verlängernd"]: 1. ausgedehnt, der Ausdehnung nach. 2. (auch: *äx*...) auf großen Flächen, aber mit verhältnismäßig geringem Aufwand betrieben; Ggs. → intensiv (4) (Landw.). 3. nach außen wirkend; umfassend. **extensivieren** [...*iw*...]: in die Breite wirken

Exterieur [...*iör*; aus gleichbed. *fr.* extérieur, dies aus *lat.* exterior, Komparativ von exter „außen befindlich"; vgl. extrem] *das*; -s, -s u. -e: Äußeres; Außenseite; Erscheinung

extern [aus gleichbed. *lat.* externus zu exter „außen befindlich"]: 1. auswärtig, fremd; draußen befindlich. 2. nicht im Internat wohnend; vgl. Externe. **Externat** [Gegenbildung zu → Internat] *das*; -[e]s, -e: Lehranstalt, deren Schüler außerhalb der Schule wohnen. **Externe** *der* u. *die*; -n, -n: 1. Schüler[in], der bzw. die nicht im Internat wohnt. 2. Schüler[in], der bzw. die die Abschlußprüfung an einer Schule ablegt, ohne diese zuvor besucht zu haben. **Externist** *der*; -en, -en: (österr.) = Externe (1, 2)

exterritorial [auch: *äx*...; zu → [1]ex... u. → Territorium]: den Gesetzen des Aufenthaltslandes nicht unterworfen. **exterritorialisieren**: jmdm. Exterritorialität gewähren. **Exterritorialität** *die*; -: a) Unabhängigkeit bestimmter ausländischer Personen (z. B. Gesandte) von der Gerichtsbarkeit des Aufenthaltsstaates; b) Unverletzlichkeit u. Unantastbarkeit von Diplomaten im Gastland

Extinktion [...*zion*; aus *lat.* ex(s)tinctio „das Auslöschen, Vernichten" zu ex(s)tinguere „auslöschen"] *die*; -, -en: 1. (veraltet) Auslöschung, Tilgung. 2. Schwächung einer Wellenbewegung (Strahlung) beim Durchgang durch ein → [1]Medium (2) (Phys.; Astron.; Meteor.)

ex|tra [aus *lat.* extrā „außerhalb, über – hinaus", dies aus exterā parte „im äußeren Teil"; vgl. extern]: a) besonders, für sich, getrennt; b) zusätzlich, dazu; c) ausdrücklich; d) absichtlich; e) zu einem bestimmten Zweck; f) besonders, ausgesucht. **Extra** *das*; -s, -s (meist Plural): Zubehörteile (speziell zu Autos), die über die übliche Ausstattung hinausgehen. **ex|tra...**, **Ex|tra...**: Bestimmungswort von Zusammensetzungen mit der Bedeutung „außer, außerhalb, außerdem, besonders", z. B. Extraordinarius

ex|tra dry [- *drai*; *engl.*]: herb, nicht süß (von Sekt u. Schaumweinen)

ex|tra ec|clesiam nulla salus [*lat.*]: „außerhalb der Kirche [ist] kein Heil" (Ausspruch des hl. Cyprian, † 258)

ex|trahieren [aus gleichbed. *lat.* extrahere]: 1. [einen Zahn] herausziehen. 2. eine Extraktion (1) vornehmen. **Ex|trakt** [aus *lat.* extractum „das Herausgezogene", Part. Perf. von extrahere „herausziehen"] *der* (naturwiss. fachsprachlich auch: *das*); -[e]s, -e: 1. Auszug aus tierischen od. pflanzlichen Stoffen. 2. konzentrierte Zusammenfassung der wesentlichsten Punkte eines Buches, Schriftstücks od. einer Rede. **Ex|traktion** [...*zion*] *die*; -, -en: 1. Herauslösung einzelner Bestandteile aus einem flüssigen od. festen Stoffgemisch mit einem geeigneten Lösungsmittel (Chem.). 2. das Ziehen eines Zahnes. **ex|traktiv**: ausziehend; auslaugend; löslich ausziehbar

ex|tra muros [*lat.*]: außerhalb der Mauern

ex|traordinär [über *fr.* extraordinaire aus gleichbed. *lat.* extrāōrdinārius]: außergewöhnlich, außerordentlich

Ex|traordinariat [zu *lat.* extrāōrdinārius „außerordentlich"] *das*; -[e]s, -e: Amt eines Extraordinarius. **Ex|traordinarius** *der*; -, ...ien [...*i*[e]*n*]: außerordentlicher, nicht ordentlicher, nicht planmäßiger Professor

Ex|trapolation [...*zion*; zu → extrapolieren] *die*; -, -en: näherungsweise Bestimmung von Funktionswerten außerhalb eines → Intervalls (3) auf Grund der Kenntnis von Funktionswerten innerhalb dieses Intervalls. **ex|trapolieren** [aus → extra... u. → interpolieren]: aus dem Verhalten einer Funktion innerhalb eines mathematischen Bereichs auf ihr Verhalten außerhalb dieses Bereichs schließen

ex|traterre|strisch [zu → extra... u. *lat.* terra „Erde"; vgl. terrestrisch]: außerhalb der Erde (einschließlich ihrer Atmosphäre) gelegen (Astron.; Phys.)

Ex|tratour [aus → extra... u. → Tour] *die*; -, -en: (ugs.) eigenwilliges u. eigensinniges Verhalten od. Vorgehen innerhalb einer Gruppe

ex|tra|uterin [zu → extra... u. → Uterus]: außerhalb der Gebärmutter (Med.)

ex|travagant [auch: ...*wagant*; aus *fr.* extravagant „ab-, ausschweifend", dies aus *mlat.* extravagans zu extravagāri „unstet sein", eigtl. „ausschweifen"; vgl. Vagant]: 1. a) ausgefallenen Geschmack habend, zeigend; b) von ungewöhnlichem u. ausgefallenem Geschmack zeugend u. dadurch auffallend. 2. überspannt, verstiegen, übertrieben. **Extravaganz** [auch: ...*anz*; nach gleichbed. *fr.* extravagance] *die*; -, -en: 1. etwas, was aus dem Rahmen des Üblichen herausfällt; ausgefallenes Verhalten, Tun. 2. (ohne Plural) Ausgefallenheit. 3. Überspanntheit, Verstiegenheit

ex|travertiert u. ex|trovertiert [auch: *äx*...; zu → extra... u. *lat.* vertere „wenden"]: nach außen gerichtet, für äußere Einflüsse leicht empfänglich; Ggs. → introvertiert (Psychol.)

ex|trem [aus *lat.* extrēmus „der äußerste", Superlativ von exter „außen befindlich"; vgl. Exterieur]: 1. äußerst [hoch, niedrig]; ungewöhnlich. 2. radikal; -er Wert: a) Hoch- od. Tiefpunkt einer Funktion od. einer Kurve; b) größter od. kleinster Wert einer Meßreihe. **Ex|trem** *das*; -s, -e: 1. höchster Grad, äußerster Standpunkt. 2. Übertreibung. **Extremisierung** *die*; -: die Neigung, Gedanken u. Taten bis zum Äußersten zu treiben. **Ex|tremismus** *der*; -, ...men: 1. (ohne Plural) radikale Haltung. 2. einzelne radikale Handlung. **Ex|tremist** *der*; -en, -en: radikal eingestellter Mensch. **ex|tremistisch**: 1. besonders radikal. 2. den Extremismus betreffend

Ex|tremität [aus gleichbed. *lat.* extrēmitās, Plur. extremitātes; zu → extrem] *die*; -, -en: 1. äußerstes Ende; Extremsein (z. B. einer Idee oder eines Planes). 2. (meist Plural) Gliedmaße

ex|trinsisch [nach gleichbed. *engl.* extrinsic, dies aus *lat.* extrīnsecus „von außen"]: von außen her [angeregt], nicht aus eigenem inneren Anlaß erfolgend, sondern auf Grund äußerer Antriebe; Ggs. → intrinsisch (Psychol.); -e Motivation: durch äußere Zwänge, Strafen verursachte → Motivation (1); Ggs. → intrinsische Motivation

ex|trovertiert vgl. extravertiert

ex|trudieren [über *engl.* to extrude „ausstoßen, herauspressen" aus gleichbed. *lat.* extrūdere]: Formstücke aus Kunststoff mit dem Extruder (Schneckenpresse) herstellen (Techn.)

ex ungue leonem [- *unggwe* -; *lat.*; „den Löwen nach der Klaue (malen)"]: aus einem Glied od. Teil auf die ganze Gestalt, auf das Ganze schließen

ex usu [*lat.*; „aus dem Gebrauch heraus"]: aus der Erfahrung, durch Übung, nach dem Brauch

ex voto [- *woto*; *lat.*]: auf Grund eines Gelübdes (Inschrift auf → Votivgaben). **Exvoto** *das*; -s, -s od. Exvoten: Weihegabe, Votivbild od. -tafel

Exz. = Exzellenz

exzellent [über gleichbed. *fr.* excellent aus *lat.* excellēns, Gen. excellentis, Part. Präs. von excellere „hervorragen"]: hervorragend, ausgezeichnet, vortrefflich. **Exzellenz** [über gleichbed. *fr.* excellence, eigtl. „Vortrefflichkeit, Erhabenheit", aus *lat.* excellentia „Vortrefflichkeit"] *die*; -, -en: 1. Anrede im diplomatischen Verkehr. 2. (hist.) Titel der Minister u. hoher Beamter; Abk.: Exz. **exzellieren** [aus gleichbed. *lat.* excellere]: hervorragen, glänzen

Exzenter [zu → exzentrisch] *der*; -s, -: auf einer Welle angebrachte Steuerungsscheibe, deren Mittelpunkt exzentrisch, d. h. außerhalb der Wellenachse liegt (Techn.). **Exzen|trik** *die*; -: 1. von üblichen Verhaltensweisen abweichendes, überspanntes Benehmen. 2. mit stark übertriebener Komik dargebotene → Artistik. **Exzen|triker** *der*; -s, -: 1. überspannter, verschrobener Mensch. 2. Artist in der Rolle eines Clowns. **exzen|trisch** [aus *mlat.* excentricus „außerhalb des Mittelpunktes", dies zu gleichbed. *spätlat.* eccentros aus *gr.* ékkentros; vgl. Zentrum]: 1. überspannt, verschroben. 2. außerhalb des Mittelpunktes liegend. **Exzen|trizität** *die*; -, -en: 1. das Abweichen, Abstand vom Mittelpunkt; vgl. lineare Exzentrizität. 2. Überspanntheit

exzeptionell [aus gleichbed. *fr.* exceptionel zu *lat.* exceptio „Ausnahme"]: ausnahmsweise eintretend, außergewöhnlich

exzerpieren [aus gleichbed. *lat.* excerpere, eigtl. „herausklauben, auslesen"]: ein Exzerpt anfertigen. **Exzerpt** [aus gleichbed. *lat.* excerptum] *das*; -[e]s, -e: schriftlicher, mit dem Text der Vorlage übereinstimmender Auszug aus einem Werk. **Exzerptor** *der*; -s, ...oren: jmd., der Exzerpte anfertigt

Exzeß [aus *lat.* excessus „das Abweichen, Herausgehen" zu excēdere „herausgehen"] *der*; ...zesses, ...zesse: Ausschreitung; Ausschweifung; Maßlosigkeit. **exzessiv**: außerordentlich; das Maß überschreitend; ausschweifend

Eyeliner [*ailainer*; zu *engl.* eye „Auge" u. to line „liniieren"] *der*; -s, -[s]: flüssiges Kosmetikum zum Ziehen eines Lidstriches

F

f = 1. forte. 2. Femto...

f. = 1. fecit. 2. Femininum

F = 1. Farad. 2. Fluor. 3. Franc.

F. = Femininum

F_1, F_2 usw.: Abk. für Filialgeneration (in der Vererbungslehre Bezeichnung für die 1., 2. u. die folgenden Nachkommengenerationen)

fa [*it.*]: Silbe, auf die man den Ton f singen kann; vgl. Solmisation

Fa. = Firma

Fabian Society [*fe͜ibien ßeßaieti*; *engl.*; nach dem röm. Feldherrn Fabius Cunctator (d. h. der Zauderer)] *die*; - -: Vereinigung linksliberaler englischer Intellektueller, die Ende des 19. Jh.s durch friedliche soziale Reformarbeit eine klassenlose Gesellschaft u. soziale Gleichheit anstrebten. **Fabier** [für gleichbed. *engl.* Fabian] *der*; -s, -: Mitglied der Fabian Society

Fa|ble convenue [*fable kongwenü*; aus *fr.* fable convenue „verabredete Fabel"] *die*; - -, -s -s [*fable kongwenü*]: etwas Erfundenes, das man als wahr gelten läßt

Fa|brik [über gleichbed. *fr.* fabrique aus *lat.* fabrica „Künstler-, Handwerksarbeit; Werkstätte" zu faber „Handwerker, Künstler"] *die*; -, -en: a) gewerblicher, mit Maschinen ausgerüsteter Produktionsbetrieb; b) Gebäude[komplex], in dem ein Industriebetrieb untergebracht ist; c) (ohne Plural) (ugs.) die Belegschaft eines Industriebetriebs. **...fabrik**: in Zusammensetzungen auftretendes Grundwort mit der abwertenden Bedeutung „Ort, Einrichtung, wo etwas serienmäßig in großen Mengen hergestellt wird, was eigentlich individuelle Gestaltung verlangt", z. B. Buchfabrik. **Fa|brikant** [nach gleichbed. *fr.* fabricant] *der*; -en, -en: a) Besitzer einer Fabrik; b) Hersteller einer Ware. **Fa|brikat** [zu *lat.* fabricāre, s. fabrizieren] *das*; -[e]s, -e: a) in einer Fabrik hergestelltes Erzeugnis; b) Warentyp. **Fa|brikation** [...*zion*] *die*; -, -en: Herstellung von Gütern in einer Fabrik. **fa|brikatorisch**: herstellungsmäßig. **fa|brizieren** [aus *lat.* fabricāre „verfertigen, bauen, herstellen" zu gleichbed. *fr.* fabriquer]: 1. (ugs. scherzhaft od. abwertend) a) etwas zusammenbasteln; b) etwas anstellen, anrichten. 2. (veraltet) serienmäßig in einer Fabrik herstellen

fabula docet [...*zät*; *lat.*; „die Fabel lehrt"]: die Moral von der Geschichte ist ..., diese Lehre soll man aus der Geschichte ziehen. **Fabulant** [zu → fabulieren] *der*; -en, -en: a) Erfinder od. Erzähler von Fabeln, von phantastisch ausgeschmückten Geschichten; b) Schwätzer; Schwindler. **fabulieren** [aus *lat.* fābulārī „reden, plaudern, schwatzen" zu fabula „Erzählung"]: a) phantastische Geschichten erzählen; b) munter drauflosplaudern; schwätzen; c) schwindeln. **fabulös** [über gleichbed. *fr.* fabuleux aus *lat.* fabulōsus „zur Sage gehörend, märchenhaft"]: 1. märchenhaft. 2. unwirklich, unwahrscheinlich

Facette [*faßäte*; aus gleichbed. *fr.* facette zu face „(Vorder)seite, Außenfläche", dies zu *lat.* facies „Angesicht"] *die*; -, -n: kleine eckige Fläche, die durch das Schleifen eines Edelsteins od. eines Körpers aus Glas od. Metall entsteht. 2. naturfarbene Verkleidung bei Zahnersatz (z. B. bei Brücken). **Facettenauge** *das*; -s, -n: Sehorgan der Insekten u. a. Gliederfüßer, das aus zahlreichen Einzelaugen zusammengesetzt ist (Zool.). **facettieren**: mit Facetten versehen

Faction-Prosa [*fäkschen*...; zu *engl.* faction „Partei(nahme)" mit Anlehnung an fact „Tatsache"] *die*; -: zu dokumentarischer Darstellung neigendes Erzählen in der amerik. Nachkriegsliteratur

Fading [*fe'ding*; aus gleichbed. *engl.* fading zu to fade „verblassen, schwinden"] *das*; -s, -s (Plural selten): 1. das An- u. Abschwellen der Empfangsfeldstärke elektromagnetischer Wellen (Schwund; Elektrot.). 2. das Nachlassen der Bremswirkung bei Kraftfahrzeugen infolge Erhitzung der Bremsen

Faeces [*fäzeß*] vgl. Fäzes

Fagott [aus gleichbed. *it.* fagotto (Herkunft unsicher)] *das*; -s, -e: Holzblasinstrument in tiefer Tonlage mit U-förmig geknickter Röhre u. Doppelrohrblatt. **Fagottist** *der*; -en, -en: Fagottspieler

Fai|ble [*fäbel*; aus gleichbed. *fr.* faible, eigtl. „Schwäche", zu faible „schwach" aus *lat.* flēbilis „beweinenswert"] *das*; -s, -s: Vorliebe, Neigung

fair [*fär*; aus gleichbed. *engl.* fair, eigtl. „schön"]: a) anständig, gerecht; b) unparteiisch, ehrlich, kameradschaftlich (Sport); Ggs. → foul. **Fairneß** [aus gleichbed. *engl.* fairness] *die*; - u. **Fair play** [- *plei*, *engl.*, „faires Spiel"] *das*; -: ehrliches, anständiges Verhalten [in einem sportlichen Wettkampf]

Fait accom|pli [*fätakongpli*; aus gleichbed. *fr.* fait accompli] *das*; - -, -s -s [*fäsakongpli*]: vollendeter Tatbestand, Tatsache

Faith and Order [*feith end order*; *engl.*; „Glaube und Ordnung"]: ökumenische Einigungsbewegung, deren Ziel es ist, die Trennung der Christenheit → dogmatisch u. rechtlich zu überwinden

Fäkalien [*...ien*; zu *lat.* faex „Bodensatz, Hefe"; vgl. Fäzes] *die* (Plural): der von Menschen u. Tieren ausgeschiedene Kot u. Harn

Fakir [österr.: *...ir*; aus *arab.* faqīr „der Arme"] *der*; -s, -e: Gaukler, Zauberkünstler [in Indien]

Faksimile [über gleichbed. *engl.* facsimile zu *lat.* fac simile „mache ähnlich!"] *das*; -s, -s: die mit einem Original in Größe u. Ausführung genau übereinstimmende Nachbildung od. → Reproduktion (z. B. einer alten Handschrift). **faksimilieren**: eine Vorlage getreu nachbilden

Fakt [über *engl.* fact „Tatsache" aus *lat.* factum] *das* (auch: *der*); -[e]s, -en (meist Plural): = Faktum. **Fakten**: *Plural* von → Faktum. **Faktion** [*...zion*; aus *lat.* factio „Tatgemeinschaft" zu facere „tun"] *die*; -, -en: [kämpferische] parteiähnliche Gruppierung; sezessionistisch tätige, militante Gruppe, die sich innerhalb einer Partei gebildet hat und deren Ziele u. Ansichten von der Generallinie der Partei abweichen. **faktiös** [*...ziöß*; aus gleichbed. *fr.* factieux, dies aus *lat.* factiōsus „parteisüchtig"]: vom Parteigeist beseelt; aufrührerisch, aufwiegelnd

faktisch [zu → Faktum]: tatsächlich, wirklich, auf Tatsachen gegründet

faktitiv [zu *lat.* factitāre „oft tun, betreiben, hervorbringen"]: a) das Faktitiv betreffend; b) bewirkend. **Faktitiv** [auch: *fak...*] *das*; -s, -e [*...we*]: abgeleitetes Verb, das ein Bewirken zum Ausdruck bringt (z. B. schärfen = scharf machen), → Kausativ. **Faktitivum** [*...wum*] *das*; -s, ...va [*...wa*]: → Faktitiv

Faktor [aus *lat.* factor „Macher, Verfertiger" zu facere „machen, tun"] *der*; -s, ...oren: 1. technischer Leiter einer Setzerei, Buchdruckerei, Buchbinderei. 2. Zahl od. Größe, die mit einer anderen multipliziert wird (Vervielfältigungszahl). 3. wichtiger Umstand, mitbestimmende Ursache

Faktorei [aus *mlat.* factoria] *die*; -, -en: größere Handelsniederlassungen in Übersee

Faktotum [zu *lat.* fac tōtum „mache alles!"] *das*; -s, -s u. ...ten: jmd., der in einem Haushalt od. Betrieb alle nur möglichen Arbeiten und Besorgungen erledigt, ein „Mädchen für alles"

Faktum [aus *lat.* factum „gemacht, getan, geschehen", Part. Perf. von facere „machen, tun"] *das*; -s, ...ta u. ...ten: [nachweisbare] Tatsache, Ereignis

Faktur [relatinisiert aus gleichbed. *it.* fattura, dies aus *lat.* factūra „das Machen, die Bearbeitung" zu facere „machen, tun"] *die*; -, -en: Warenrechnung; Lieferschein. **Faktura** *die*; -, ...ren: (österr., sonst veraltet) → Faktur. **fakturieren**: Fakturen ausschreiben, Waren berechnen. **Fakturiermaschine** *die*; -, -n: Büromaschine zum Erstellen von Rechnungen in einem Arbeitsgang. **Fakturist** *der*; -en, -en: Angestellter eines kaufmännischen Betriebes, der mit der Aufstellung und Prüfung von Fakturen betraut ist

Fakultas [aus *lat.* facultās „Fähigkeit, Vermögen" zu facere „machen, tun"] *die*; -, ...täten: Lehrbefähigung. **Fakultät** [aus *lat.* facultās „Fähigkeit" in der *mlat.* Bed. „Wissens-, Forschungsgebiet"] *die*; -, -en: 1. a) eine Gruppe zusammengehörender Wissenschaften umfassende Abteilung an einer Universität od. Hochschule (z. B. Philosophie, Medizin); b) die Gesamtheit der Lehrer u. Studenten, die zu einer Fakultät gehören; c) Gebäude einer Fakultät. 2. (veraltet) Lehrbefähigung; vgl. Fakultas. 3. → Produkt, dessen Faktoren (2) durch die Gliederung der natürlichen Zahlenreihe, von 1 beginnend, gebildet werden, z. B. $1 \cdot 2 \cdot 3 \cdot 4 \cdot 5$ (geschrieben = 5!, gesprochen: 5 Fakultät; Math.). **fakultativ** [aus gleichbed. *fr.* facultatif zu *lat.* facultās]: freigestellt, wahlfrei; dem eigenen Ermessen, Belieben überlassen; Ggs. → obligatorisch

Falange [*falangge*, auch: *falangche*; aus *span.* Falange, eigtl. „Stoßtrupp", dies aus *lat.* phalanx, Gen. phalangis; vgl. Phalanx] *die*; -: faschistische, totalitäre Staatspartei Spaniens. **Falangist** *der*; -en, -en: Mitglied der Falange

Falkonett [aus gleichbed. *it.* falconetto, Verkleinerungsbildung zu falcone, dies zum Vogelnamen *lat.* falco „Falke"] *das*; -s, -e: im 16. und 17. Jh. übliches Feldgeschütz von kleinem Kaliber

Fall|out [*folaut*; aus gleichbed. *engl.* fall-out, eigtl. „das Herausfallen"] *der*; -s, -s: radioaktiver Niederschlag [aus Kernwaffenexplosionen]

Falot u. **Fallot** [zu *fr.* falot „schnurrig, närrisch" (Herkunft unsicher)] *der*; -en, -en: (österr.) Gauner, Betrüger

Falsett [aus gleichbed. *it.* falsetto, eigtl. „falsche Stimme" zu falso aus *lat.* falsus „falsch"] *das*; -[e]s, -e: Kopfstimme (ohne Brustresonanz). **falsettieren**: Falsett singen. **Falsettstimme** *die*; -, -n: = Falsett

Falsifikat [aus *lat.* falsificātum „Gefälschtes", s. falsifizieren] *das*; -[e]s, -e: Fälschung, gefälschter Gegenstand. **falsifizieren** [aus *mlat.* falsificāre „(ver)fälschen"]: 1. eine Hypothese durch empirische Beobachtung widerlegen; Ggs. → verifizieren. 2. (veraltet) [ver]fälschen

Fama [aus *lat.* fāma „Gerede, Gerücht" zu fāri „sprechen"] *die*; -: Ruf, Gerücht

familiär [aus *lat.* familiāris „zur familia gehörend, vertraut"]: a) die Familie betreffend; b) zwanglos; c) vertraut, vertraulich; d) zudringlich. **Familiarität** [aus *lat.* familiāritās „vertrauter Umgang"] *die*; -, -en: a) vertraute Bekanntschaft, Vertraulichkeit;

b) Zwanglosigkeit; c) Zudringlichkeit. **Familie** [...*i*^e; aus *lat.* familia „Hausgenossenschaft, Familie", eigtl. „Gesamtheit der Dienerschaft, Gesinde", zu famulus „Diener"] *die*; -, -n: 1. a) Gemeinschaft der in einem gesetzlichen Eheverhältnis lebenden Eltern u. ihrer Kinder; b) Gruppe der nächsten Verwandten; Sippe. 2. systematische Kategorie, in der näher verwandte Gattungen zusammengefaßt werden (Biol.)

famos [aus *lat.* famōsus „viel besprochen" zu fāri „sprechen"]: (ugs.) großartig, prächtig

Famula [aus *lat.* famula „Dienerin"] *die*; -, ...lä: Medizinstudentin, die ihr Krankenhauspraktikum ableistet. **Famulatur** *die*; -, -en: Krankenhauspraktikum, das ein Medizinstudent im Rahmen der klinischen Ausbildung ableisten muß. **famulieren** [aus *lat.* famulāri „dienen" (zu → Famulus)]: als Medizinstudent[in] das Krankenhauspraktikum ableisten. **Famulus** [aus *lat.* famulus „Diener"] *der*; -, -se u. ...li: a) Medizinstudent, der sein Krankenhauspraktikum ableistet; b) (veraltet) Student, der einem Hochschullehrer assistiert

Fan [*fän*; *engl.-amerik.* Kurzw. aus: *engl. fan*atic „Fanatiker"] *der*; -s, -s: jmd., der sich stark für etwas (bes. für Musik od. Sport) /jmdn. begeistert

Fanal [aus *fr.* fanal „Leuchtfeuer, Feuerzeichen", dies aus *it.* fanale zu *gr.* phānós „Leuchte, Fackel"; vgl. Phänomen] *das*; -s, -e: 1. Feuer-, Flammenzeichen. 2. Ereignis od. Handlung als Ankündigung von etwas Neuem

Fanatiker [zu → fanatisch] *der*; -s, -: [rücksichtsloser], dogmatischer Verfechter einer Überzeugung od. einer Idee. **fanatisch** [unter Einfluß von gleichbed. *fr.* fanatique aus *lat.* fānāticus „von der Gottheit ergriffen, schwärmerisch, rasend" zu fānum „geweihter Ort, Tempel"; vgl. profan]: sich ereifernd, sich übertrieben [u. rücksichtslos] für etwas einsetzend. **fanatisieren** [aus gleichbed. *fr.* fanatiser]: jmdn. aufhetzen, fanatisch machen. **Fanatismus** *der*; -: [rücksichtsloser] leidenschaftlicher Einsatz für eine Idee od. Sache

Fandango [...*danggo*; aus *span.* fandango (Herkunft unsicher)] *der*; -s, -s: schneller span. Volkstanz im $^{3}/_{4}$- od. $^{6}/_{8}$-Takt mit Kastagnetten- u. Gitarrenbegleitung

Fanfare [aus gleichbed. *fr.* fanfare (Herkunft unsicher)] *die*; -, -n: 1. Dreiklangstrompete ohne Ventile. 2. Trompetensignal. 3. kurzes Musikstück [für Trompeten u. Pauken] in der Militär- u. Kunstmusik

Fango [*fanggo*; aus *it.* fango „Schlamm, Schmutz"] *der*; -s: ein vulkanischer Mineralschlamm, der zu Heilzwecken verwendet wird

Fantasia [aus gleichbed. *it.* fantasia; s. Phantasie] *die*; -, -s: ital. Bezeichnung für: Fantasie (Mus.). **Fantasie** *die*; -, ...ien: Instrumentalstück mit freier, improvisationsähnlicher Gestaltung ohne formale Bindung (Mus.); vgl. Phantasie

Farad [nach dem engl. Physiker M. Faraday (*fär^edi*)] *das*; -[s], -: physikalische Maßeinheit für → Kapazität; Zeichen: F (Phys.)

Farce [*farß^e*, österr. *farß*; aus gleichbed. *fr.* farce (Possenspiele dienten früher zum „Ausfüllen" der Pausen im Drama), zu *lat.* farcīre „hineinstopfen; vgl. Infarkt] *die*; -, -n: 1. derb-komisches Lustspiel. 2. abgeschmacktes Getue, billiger Scherz. 3. Füllung für Fleisch od. Fisch [aus gehacktem Fleisch] (Gastr.). **farcieren** [...*ßir^en*]: mit einer Farce (3) füllen (Gastr.)

Farin [aus *lat.* farīna „Mehl"] *der*; -s: a) gelblichbrauner, feuchter Zucker; b) Puderzucker

Farm [aus gleichbed. *engl.* farm, eigtl. „Pachtgut", dies aus gleichbed. *fr.* ferme, s. Ferme] *die*; -, -en: 1. größerer landwirtschaftlicher Betrieb in angelsächsischen Ländern. 2. ein Landwirtschaftsbetrieb mit Geflügel- od. Pelztierzucht. **Farmer** *der*; -s, -: Besitzer einer Farm

Fas [aus gleichbed. *lat.* fās zu fāri „sprechen"] *das*; -: (hist.) in der röm. Antike das von den Göttern Erlaubte; Ggs. → Nefas

Fasan [über (*alt*)*fr.* faisàn aus gleichbed. *lat.* (avis) phāsiānus, dies aus *gr.* (ornis) Phāsianós, nach Phasis, dem antiken Namen für den russ. Fluß Rioni am Schwarzen Meer] *der*; -s, -e[n]: ein Hühnervogel. **Fasanerie** [nach gleichbed. *fr.* faisanderie] *die*; -, ...ien: Gehege, das zur Aufzucht von Jagdfasanen dient

faschieren [zu → Farce „(Füllung aus) Hackfleisch", *östr. mdal.* Fasch]: (österr.) durch den Fleischwolf drehen. **Faschierte** *das*; -n: (österr.) Hackfleisch

Faschine [aus *it.* fascina „Reisigwelle" zu *lat.* fascis „Rutenbündel"; vgl. Faszes] *die*; -, -n: Reisiggeflecht für [Ufer]befestigungsbauten

Faschisierung [zu → Faschismus] *die*; -, -en: das Eindringen faschistischer Tendenzen [in eine Staatsform]. **Faschismus** [aus *it.* Fascismo zu fascio „(Ruten)bündel" aus gleichbed. *lat.* fascis (das Rutenbündel mit Beil wurde vom Faschismus als röm. Herrschaftssymbol übernommen) *der*; -: 1. (hist.) das von Mussolini geführte Herrschaftssystem in Italien (1922–1945). 2. eine nach dem Führerprinzip organisierte, nationalistische, antiliberale u. antikommunistische Bewegung. 3. (DDR, abwertend) Herrschaftsform des Finanzkapitals in kapitalistischen Industrieländern (marxistische Theorie). **Faschist** [aus *it.* fascista] *der*; -en, -en: 1. Anhänger des Faschismus. 2. (DDR, abwertend) Vertreter des Faschismus (3). **faschistisch**: a) den Faschismus betreffend; zum Faschismus gehörend; b) vom Faschismus geprägt; c) (DDR, abwertend) rechtsradikal, reaktionär im Sinne des Faschismus (3). **faschistoid**: dem Faschismus ähnlich, faschistische Züge zeigend

Fa|shion [*fäsch^en*; aus gleichbed. *engl.* fashion, dies aus (*alt*)*fr.* façon, s. Fasson] *die*; -: a) Mode; b) Vornehmheit; gepflegter Lebensstil. **fa|shionable** [*fäsch^en^eb^el*; aus gleichbed. *engl.* fashionable]: modisch, elegant, vornehm

Fassade [aus gleichbed. *fr.* façade, dies aus *it.* facciata zu faccia „Vorderseite"] *die*; -, -n: 1. Vorderseite, Stirnseite [eines Gebäudes]. 2. das den Hintergrund od. den wahren Charakter verschleiernde angenehme od. neutrale äußere Erscheinungsbild von etwas/jmdm.; Äußeres

[1]**Fasson** [*faßong*, schweiz. u. österr. meist: *faßon*; aus gleichbed. *fr.* façon, dies aus *lat.* factio „das Machen" zu facere „machen"] *die*; -, -s (schweiz. u. österr.: -en): 1. Form; Muster; Art; Zuschnitt [eines Kleidungsstückes]. 2. Art des Lebensstils. [2]**Fasson** [*faßong*] *das*; -s, -s: Revers. **fassonieren** [*faßonir^en*]: 1. in Form bringen, formen (bes. von Speisen). 2. (österr.) die Haare im Fassonschnitt schneiden

Fastback [*faßtbäk*; aus gleichbed. *engl.* fastback, eigtl. „schneller Rücken"] *das*; -s, -s: Autodach, das in ein schräg abfallendes Heck übergeht, Fließheck

Faszes [*fäßzeß*; aus gleichbed. *lat.* fasces, Plural von fascis „Bündel"] *die* (Plural): (hist.) Rutenbündel mit Beil (Abzeichen der altröm. Liktoren als Symbol der Amtsgewalt der höchsten Staatsbeamten). **faszial**: bündelweise. **Faszikel** [aus *lat.* fasciculus „kleines Bündel, Paket"] *der*; -s, -: [Akten]bündel, Heft

Faszination [...*zion*; aus *lat.* fascinātio „Beschreiung, Behexung"] *die*; -, -en: fesselnde Wirkung, die von einer Person od. Sache ausgeht. **faszinieren** [aus *lat.* fascināre „beschreien, behexen"]: eine fesselnde Wirkung auf jmdn. ausüben

Fata *die* (Plural): 1. = Parzen u. = Moiren. 2. *Plural* von: Fatum

fatal [aus *lat.* fātālis „vom Schicksal bestimmt"]: a) unangenehm, peinlich, widerwärtig; b) verhängnisvoll. **Fatalität** *die*; -, -en: Verhängnis, Mißgeschick, peinliche Lage

Fatalismus [zu *lat.* fātālis, s. fatal] *der*; -: völlige Ergebenheit in die als unabhänderlich hingenommene Macht des Schicksals; Schicksalsgläubigkeit. **Fatalist** *der*; -en, -en: jmd., der sich dem Schicksal ohnmächtig ausgeliefert fühlt; Schicksalsgläubiger. **fatalistisch**: sich dem Schicksal ohnmächtig ausgeliefert fühlend, schicksalsgläubig

Fata Morgana [aus gleichbed. *it.* fata morgana, eigtl. „Fee Morgana"] *die*; - -, - ...nen u. - -s: 1. Luftspiegelung, die [in Wüstengebieten] Wasserflächen vortäuscht od. entfernte Teile einer Landschaft näherrückt. 2. Sinnestäuschung, Trugbild

fatigant [aus gleichbed. *fr.* fatigant zu fatiguer aus *lat.* fatigāre „ermüden"]: (veraltet) ermüdend, langweilig; lästig. **Fatige** u. Fatigue [*fatig*; aus gleichbed. *fr.* fatigue] *die*; -, -n [...*g^en*]: (veraltet) Ermüdung. **fatigieren**: (veraltet) ermüden; langweilen. **Fatigue** [*fatig*] vgl. Fatige

Fatum [aus gleichbed. *lat.* fātum, eigtl. „Schicksalsspruch", zu fāri „sprechen"] *das*; -s, ...ta: Schicksal, Geschick, Verhängnis; vgl. Fata

Faun [nach dem altröm. Feld- u. Waldgott Faunus] *der*; -[e]s, -e: (abwertend) geiler, lüsterner Mensch. **faunisch**: lüstern, geil

Fauna [nach der altröm. Fruchtbarkeitsgöttin Fauna] *die*; -, ...nen: Tierwelt eines bestimmten Gebiets (z. B. eines Erdteils, eines Landes)

faute de mieux [*fotd^emiö*; *fr.*]: in Ermangelung eines Besseren; im Notfall

Fauteuil [*fotöj*; aus gleichbed. *fr.* fauteuil, dies aus *altfr.* faldestoel „Faltstuhl" (germ. Wort)] *der*; -s, -s: Armstuhl, Lehnsessel

Fauvismus [*fowiß*...; aus gleichbed. *fr.* fauvisme, nach der urspr. scherzhaften Bezeichnung dieser Maler als fauves (*fow*) „wilde Tiere"] *der*; -: Richtung innerhalb der franz. Malerei des frühen 20. Jh.s, die im Gegensatz zum → Impressionismus steht. **fauvistisch**: a) den Fauvismus betreffend; b) im Stil des Fauvismus gestaltet

Fauxpas [*fopa*; aus *fr.* faux pas „Fehltritt"] *der*; - [...*pa(ß)*], - [...*paß*]: Taktlosigkeit, Verstoß gegen gesellschaftliche Umgangsformen

favorabel [*faw*...; aus gleichbed. *fr.* favorable dies aus *lat.* favōrābilis „begünstigt; empfehlend"]: (veraltet) günstig, geneigt; vorteilhaft. **favorisieren** [aus gleichbed. *fr.* favoriser]: 1. jmdn./etwas (meist in einem sportlichen Wettbewerb) zum Favoriten erklären. 2. begünstigen, bevorzugen. **Favorit** [unter Einfluß von *engl.* favo(u)rite aus *fr.* favori, Fem. favorite „beliebt; Günstling", dies aus *it.* favorito „Begünstigter" zu favore, *lat.* favor „Gunst"] *der*; -en, -en: 1. a) Wettkampfteilnehmer mit den größten Erfolgsaussichten; b) jmd., dem die größten Chancen eingeräumt werden, eine bestimmte [einflußreiche] Position einzunehmen. 2. etwas Bevorzugtes, besonders Beliebtes [in der Mode]. 3. (veraltet) Günstling, Geliebter. **Favorite** [...*it*] *die*; -, -n [...*^en*]: 1. Name mehrerer Lustschlösser des 18. Jh.s. 2. (veraltet) Favoritin (1). **Favoritin** *die*; -, -nen: 1. Geliebte [eines Herrschers]. 2. a) Wettkampfteilnehmerin mit den größten Erfolgsaussichten; b) eine Frau, der die größten Chancen eingeräumt werden, eine bestimmte einflußreiche Position einzunehmen

Fay|ence [*fajangß*; aus gleichbed. *fr.* faïence, älter fayence, nach der ital. Stadt Faenza] *die*; -, -n [...*ß^en*]: eine weißglasierte, bemalte Tonware

Fäzes u. Faeces [*fäzeß*; aus *lat.* faex, Plural faeces „Bodensatz, Hefe"] *die* (Plural): Stuhlentleerung, Kot (Med.)

Fazit [aus *lat.* facit, „es macht", 3. Person Sing. Präsens von facere „machen"] *das*; -s, -s: 1. [Schluß]summe einer Rechnung. 2. Ergebnis; Schlußfolgerung

FBI [*äfbiai*; *amerik.* Kurzw. für: *F*ederal *B*ureau of *I*nvestigation (*fäd^er^el bju^ero^u ^ew inwäßtige^jsch^en*) = bundesstaatliche Ermittlungsabteilung] *der* od. *das*; -: Bundeskriminalpolizei der USA

Fe = chem. Zeichen für → Ferrum (Eisen)

Feature [*fitsch^er*; aus gleichbed. *engl.* feature, eigtl. „Aussehen, charakteristischer Grundzug", dies über *altfr.* feture aus *lat.* factūra „das Machen, Formen"] *das*; -s, -s, (auch:) *die*; -, -s: aktuell aufgemachter Dokumentarbericht [für Funk od. Fernsehen], der aus Reportagen, Kommentaren u. Dialogen zusammengesetzt ist

Feber [zu → Februar] *der*; -s, -: (österr.) Februar. **Fe|bruar** [aus *lat.* mēnsis Februārius „Reinigungsmonat"] *der*; -[s], -e: der zweite Monat des Jahres (Hornung); Abk.: Febr.; vgl. Feber

fecit [*fezit*; aus *lat.* fēcit, 3. Person Sing. Perf. von facere „machen"]: „hat (es) gemacht" (häufige Aufschrift auf Kunstwerken hinter dem Namen des Künstlers); Abk.: f. od. fec.; vgl. ipse fecit

Fedajin [aus *arab.* Fidāiyyūn „die sich Opfernden"] *der*; -(s), -: a) arabischer Freischärler; b) Angehöriger einer arabischen politischen Untergrundorganisation

Feedback [*fidbäk*; aus gleichbed. *engl.* feedback, eigtl. „Rückfütterung"] *das*; -s, -s: zielgerichtete Steuerung eines technischen, biologischen od. sozialen Systems durch Rückmelden der Ergebnisse, wobei die Eingangsgröße durch Änderung der Ausgangsgröße beeinflußt werden kann (Kybernetik). **Feeder** [*fid^er*; aus gleichbed. *engl.* feeder, eigtl. „Fütterer"] *der*; -s, -: elektrische Leitung, die der Energiezuführung dient (bes. die von einem Sender zur Sendeantenne führende Speiseleitung; Funkw.)

Feerie [*fe^eri*; aus gleichbed. *fr.* féerie zu fée „Fee" aus *vulgärlat.* Fāta „Schicksalsgöttin"; vgl. Fatum] *die*; -, ...ien: szenische Aufführung einer Feengeschichte (Märchen-, Zauberspiel) unter großem bühnentechnischem u. ausstattungsmäßigem Aufwand

Feet [*fit*]: *Plural* von → Foot

Fellache *der*; -n, -n u. **Fellah** [aus *arab.* fallāḥ „Pflüger"] *der*; -s, -s (meist Plural): Angehöriger der ackerbautreibenden Landbevölkerung in den arabischen Ländern; vgl. Beduine

Fellatio [...*azio*; zu *lat.* fellāre „saugen"] *die*; -

...ọnes: Form des oral-genitalen Kontaktes, bei der der Penis mit Lippen, Zähnen u. Zunge gereizt wird; vgl. Cunnilingus

Fellow [*fälo^u*; aus *engl.* fellow „Geselle, Bursche"] *der*; -s, -s: 1. in Großbritannien: a) ein mit Rechten u. Pflichten ausgestattetes Mitglied eines → College (a); b) Inhaber eines Forschungsstipendiums; c) Mitglied einer wissenschaftlichen Gesellschaft. 2. in den USA: Student höheren Semesters. **Fẹllowship** [*...schip*; aus gleichbed. *engl.* fellowship] *die*; -, -s: 1. Status eines Fellows (1). 2. Stipendium für graduierte Studenten an engl. u. amerik. Universitäten

Felonie [aus gleichbed. *fr.* félonie zu félon „eidbrüchig; Verräter" aus gleichbed. *mlat.* fello] *die*; -, ...ịen: (hist.) vorsätzlicher Bruch des Treueverhältnisses zwischen Lehnsherr u. Lehnsträger im Mittelalter

Fem. = Femininum. **feminịn** [aus *lat.* fēminīnus „weiblich" zu fēmina „Frau"]: 1. weiblich (Sprachw., Med.). 2. (abwertend) weibisch. **Fẹmininum** *das*; -s, ...na: (Sprachw.) a) das weibliche Geschlecht eines Substantivs; b) ein weibliches Substantiv (z. B. *die* Uhr); Abk.: f., F., Fem. **Feminịstin** *die*; -, -nen: (oft abwertend) [junge] Frau, die [in einer Organisation] für die soziale Gleichstellung der Frau in der Gesellschaft eintritt u. die traditionelle Rollenverteilung zwischen Mann u. Frau bekämpft. **feminịstisch**: (abwertend) weibisch

Femme fatale [*fạm fatạl*; aus *fr.* femme u. fatale, wörtlich „verhängnisvolle Frau"] *die*; - -, -s -s [*fạm fatạl*]: (veraltet, aber noch ugs. scherzh.) verführerische Frau mit Charme u. Intellekt, die durch ihren extravaganten Lebenswandel u. ihr verführerisches Wesen ihren Partnern häufig zum Verhängnis wird

Fẹmto... [zu *schwed.* femton, *norweg.* femten „fünfzehn"]: Vorsatz vor physikalischen Einheiten zur Bezeichnung des 10^{-15}fachen (des 10^{15}ten Teils) der betreffenden Einheit (z. B. Femtofarad); Zeichen: f

Fendant [*fangdang*, schweiz.: *fangdang*; aus *fr.-schweiz.* fendant (Bezeichnung der Traubensorte)] *der*; -s: Weißwein aus dem Kanton Wallis (Schweiz)

Fẹnek vgl. Fennek

Fenier [*fėni^{e}r*; nach gleichbed. *engl.* Fenian, dies zum Namen des ir. Sagenhelden Fionu od. Finn] *der*; -s, -s: (hist.) Mitglied eines irischen Geheimbundes, der Ende des 19. u. Anfang des 20. Jh.s für die Trennung Irlands von Großbritannien kämpfte

Fẹnnek u. Fẹnek [*arab.*] *der*; -s, -s u. -e: Wüstenfuchs

Ferạlien [*...i^{e}n*; aus gleichbed. *lat.* fērālia, Neutr. Plural von fērālis „zu den Toten gehörig"] *die* (Plural): (hist.) öffentliche Totenfeier am Schlußtage der altröm. → Parentalien

Feriạltag [zu *mlat.* fēriālis „auf die Festtage bezüglich"] *der*; -s, -e: (österr.) Ferientag. **Fẹrien** [*...i^{e}n*; aus *lat.* fēriae „Festtage, geschäftsfreie Tage"] *die* (Plural): längere zusammenhängende freie Zeit

fẹrm vgl. firm

fermamẹnte [aus *it.* fermamente „fest" zu fermare „anhalten, befestigen" aus *lat.* fīrmāre „befestigen"]: sicher, fest, kräftig (Vortragsanweisung; Mus.)

Fermạte [aus *it.* fermata „Halt, Aufenthalt", vgl. fermamente] *die*; -, -n: 1. Haltezeichen, Ruhepunkt (Mus.); Zeichen: 𝄐 über der Note (Mus.). 2. Dehnung der [vor]letzten Silbe eines Verses, die das metrische Schema sprengt

Ferme [*färm*; aus gleichbed. *fr.* ferme, eigtl. „Pachtvertrag", zu fermer „schließen, bindend vereinbaren" aus *lat.* fīrmāre „befestigen"] *die*; -, -n [*...m^{e}n*]: [Bauern]hof, Pachtgut (in Frankreich)

Fermẹnt [aus *lat.* fermentum „Gärung; Gärstoff"] *das*; -s, -e: (veraltet) Enzym. **Fermentation** [*...ziọn*] *die*; -, -en: 1. chem. Umwandlung von Stoffen durch Bakterien u. → Enzyme (Gärung). 2. biochem. Verarbeitungsverfahren zur Aromaentwicklung in Lebens- u. Genußmitteln (z. B. Tee, Tabak; Biochemie). **fermentatịv**: durch Fermente hervorgerufen. **fermentieren** [aus *lat.* fermentāre „gären machen"]: durch Fermentation (2) veredeln

Fermiọn [nach dem ital. Physiker E. Fermi] *das*; -s, ...iọnen: Elementarteilchen mit halbzahligem → Spin (Phys.). **Fẹrmium** *das*; -s: chem. Grundstoff, ein Transuran; Zeichen: Fm

feroce [*ferọtsch^e*; aus gleichbed. *it.* feroce, dies aus *lat.* ferōx „wild, unbändig"]: wild, ungestüm, stürmisch (Vortragsanweisung; Mus.)

Fẹrri... [zu *lat.* ferrum „Eisen"]: (veraltet) Namensbestandteil von chem. Verbindungen, die dreiwertiges Eisen enthalten; vgl. Ferro... **Ferrịt** *der*; -s, -e: reine, weiche, fast kohlenstofffreie Eisenkristalle (α-Eisen). **Fẹrro...**: 1. Namensbestandteil von Legierungen, die Eisen als überwiegenden Bestandteil enthalten, z. B. Ferromangan. 2. (veraltet) Namensbestandteil von chem. Verbindungen, die zweiwertiges Eisen enthalten. **Ferro|grạph** *der*; -en, -en: Gerät zur Messung der magnetischen Eigenschaften eines Werkstoffs. **Ferromangan** *das*; -s: Legierung des Eisens mit → Mangan. **Fẹrrum** [aus *lat.* ferrum „Eisen"] *das*; -s: Eisen, chem. Grundstoff; Zeichen: Fe

fertịl [aus gleichbed. *lat.* Pertilis zu ferre „tragen"]: fruchtbar (Biol.; Med.); Ggs. → steril. **Fertilität** *die*; -: Fähigkeit von Organismen, Nachkommen hervorzubringen; Fruchtbarkeit (Biol.; Med.); Ggs. → Sterilität

Fẹs [nach der marokkanischen Stadt Fes] *der*; -[es], -[e]: rote Filzkappe in Form eines Kegelstumpfes

festịna lẹnte! [*lat.*]: „Eile mit Weile" (nach Sueton ein häufiger Ausspruch des röm. Kaisers Augustus)

Festival [*fạßt^{e}w^{e}l* u. *fạßtiwal*; aus gleichbed. *engl.* festival, dies über *altfr.* festival „festlich" zu gleichbed. *lat.* fēstīvus] *das*; -s, -s: [in regelmäßigen Abständen wiederkehrende] kulturelle Großveranstaltung von besonderem künsterischem Anspruch

Festivität [*...wi...*; aus gleichbed. *spätlat.* fēstīvitās] *die*; -, -en: (ugs.) Festlichkeit

festivo [*...iwo*; aus gleichbed. *it.* festivo]: festlich, feierlich (Vortragsanweisung; Mus.)

Feston [*fäßtong*; über *fr.* feston „Girlande, Blumengehänge" aus gleichbed. *it.* festone, eigtl. „Festschmuck", zu festa „Fest"; vgl. Fete] *das*; -s, -s: Schmuckmotiv von bogenförmig durchhängenden Gewinden aus Blumen, Blättern od. Früchten an Gebäuden od. in der Buchkunst

festọso [aus *it.* festoso „freudig, fröhlich" zu festa „Fest"]: = festivo

Fẹte [auch: *fạt^e*; aus *fr.* fête „Fest", dies aus gleichbed. *vulgärlat.* festa zu *lat.* fēstus „festlich, feierlich"] *die*; -, -n: (scherzh.) Fest, Party, ausgelassene Feier

Fẹtisch [aus gleichbed. *fr.* fétiche, dies aus *port.* feitiço „Zauber(mittel)" zu *lat.* factīcius „nachgemacht, künstlich" (zu facere „machen")] *der*; -s, -e: 1. Gegenstand, dem helfende od. schützende Zauberkraft zugeschrieben wird (Völkerkunde); vgl. Amulett u. Talisman. 2. Abgott. **fetischisieren**: etwas zum Abgott machen. **Fetischismus** *der*; -: 1. Glauben an einen Fetisch, Fetischverehrung [in primitiven Religionen] (Völkerk.). 2. sexuelle Fehlhaltung, bei der bestimmte Körperteile od. Gegenstände (z. B. Strümpfe, Wäschestücke) von Personen des gleichen od. anderen Geschlechts als einzige od. bevorzugte Objekte sexueller Erregung u. Befriedigung dienen (Psychol.). **Fetischist** *der*; -en, -en: 1. Fetischverehrer (Völkerk.). 2. Person mit fetischistischen Neigungen (Psychol.). **fetischistisch**: den Fetischismus (1, 2) betreffend

Fetus u. Fötus [aus gleichbed. *lat.* fētus, foetus] *der*; - u. -ses, -se u. ...ten: [menschliche] Leibesfrucht vom dritten Schwangerschaftsmonat an (Med.). **fetal** u. fötal: zum → Fetus gehörend, den Fetus betreffend (Med.)

feudal [aus *mlat.* feudālis „zum Lehnswesen gehörend" zu feudum, feodum „Lehngut", dies zu *mlat.* feum „Lehen" (germ. Wort)]: 1. das Lehnswesen betreffend. 2. a) aristokratisch, vornehm, herrschaftlich; b) reichhaltig ausgestattet. **Feudalherrschaft** *die*, - u. **Feudalismus** *der*; -: 1. mittelalterliches System des Lehnswesens. 2. vorkapitalistische Wirtschafts- u. Gesellschaftsform, die in der Entwicklung der Menschheit das Zwischenstadium zwischen Sklavenhaltergesellschaft u. Kapitalismus darstellt (marxistische Theorie). **feudalistisch**: zum Feudalismus gehörend. **Feudalität** *die*; -: 1. Lehnsverhältnis im Mittelalter. 2. herrschaftliche Lebensform. **Feudalsystem** *das*; -s: = Feudalismus

Feuilleton [...*ᵉtong*; aus gleichbed. *fr.* feuilleton, eigtl. „Beiblättchen", zu feuille „Blatt" aus gleichbed. *vulgärlat.* folia, vgl. Folie] *das*; -s, -s: 1. kultureller Teil einer Zeitung. 2. stilistisch u. sprachlich ausgewogener Beitrag im Feuilletonteil einer Zeitung. **Feuilletonist** *der*; -en, -en: jmd., der Feuilletons schreibt. **feuilletonistisch**: a) das Feuilleton betreffend; b) im Stil eines Feuilletons geschrieben

¹**Fez** *der*; -es, -e [wohl aus *fr.* fêtes „Feste", s. Fete] (ohne Plural; ugs.) Spaß, Vergnügen, Ulk, Unsinn

²**Fez** = Fes

ff = fortissimo

FF vgl. Franc

Fiaker [aus gleichbed. *fr.* fiacre, dies nach dem hôtel Saint-Fiacre in Paris, wo um 1650 die ersten Mietkutschen standen] *der*; -s, -: (österr.) a) [zweispännige] Pferdedroschke; b) Kutscher, der einen Fiaker fährt

Fiale [wohl aus *it.* fiala „Flasche mit engem Hals", dies aus *gr.* phiálē „Schale, Urne"] *die*; -, -n: schlankes, spitzes Türmchen an gotischen Bauwerken, das als Bekrönung von Strebepfeilern dient (Archit.)

fianchettieren [*fiankätirᵉn*; zu → Fianchetto]: die Schachpartie mit einem Fianchetto eröffnen. **Fianchetto** [...*käto*; aus gleichbed. *it.* fianchetto zu fianco „Seite, Flanke"] *das*; -[s], ...etti (auch: -s): Schacheröffnung mit einem od. mit beiden Springerbauern zur Vorbereitung eines Flankenangriffs der Läufer (Schach)

Fiasko [aus gleichbed. *it.* fiasco, eigtl. „Flasche"] *das*; -s, -s: 1. Mißerfolg, Reinfall. 2. Zusammenbruch

fiat [aus gleichbed. *lat.* fiat zu fieri „werden, geschehen" (nach dem Schöpfungsspruch „fiat lux!" = es werde Licht, 1. Mose 1, 3)]: ‚es geschehe!'

fiat justitia, et pereat mundus [*lat.*]: „Das Recht muß seinen Gang gehen, und sollte die Welt darüber zugrunde gehen" (angeblicher Wahlspruch Kaiser Ferdinands I.)

¹**Fibel** *die*; -, -n [*spätmhd.* fibele, kindersprachl. für → Bibel (nach den Bibelstücken in den alten Fibeln)]: 1. bebildertes Lesebuch für Schulanfänger. 2. Lehrbuch, das das Grundwissen eines Fachgebietes vermittelt

²**Fibel** [aus *lat.* fībula „Klammer, Spange"]: frühgeschichtliche Gewandschließe (Spange) aus Metall

Fiber [aus *lat.* fibra „Pflanzen-, Muskelfaser"] *die*; -, -n: 1. [Muskel]faser. 2. (ohne Plural) künstlich hergestellter Faserstoff. **Fi|brille** [Verkleinerungsbildung zu *lat.* fibra „Faser"] *die*; -, -n: sehr feine Muskel- od. Nervenfaser

Fi|brin [zu *lat.* fibra „Faser"] *das*; -s: Eiweißstoff des Blutes, der bei der Blutgerinnung aus Fibrinogen entsteht (Med.)

Fibula [aus gleichbed. *lat.* fībula] *die*; -, Fibuln: = ²Fibel

Fichu [*fischü*; aus gleichbed. *fr.* fichu] *das*; -s, -s: großes dreieckiges, auf der Brust gekreuztes Schultertuch, dessen Enden vorn od. auf dem Rücken verschlungen werden

fidel [im 18. Jh. studentensprachl. scherzh. aus *lat.* fidēlis]: lustig, heiter, gut gelaunt, vergnügt

Fidelismo [nach dem kubanischen Ministerpräsidenten Fidel Castro] *der*; -s: revolutionäre politische Bewegung in Kuba [u. in Südamerika] auf marxistisch-leninistischer Grundlage; vgl. Castroismus. **Fidelist** *der*; -en, -en: Anhänger Fidel Castros Vertreter, Anhänger des Fidelismos

Fidelitas u. **Fidelität** [nach *lat.* fidēlitās „Treue", s. fidel] *die*; -: = Fidulität

Fides [aus *lat.* fidēs „Vertrauen, Treue"] *die*; -: im alten Rom das Treueverhältnis zwischen → Patron (1) u. Klient

Fidibus [Herleitung unsicher] *der*; - u. -ses, - u. -se: Holzspan od. gefalteter Papierstreifen zum Feuer- od. Pfeifeanzünden

Fidulität [studentensprachl. für *lat.* fidēlitās, s. fidel] *die*; -, -en: der inoffizielle, zwanglosere zweite Teil eines studentischen → Kommerses

Fiduz [aus *lat.* fīdūcia „Vertrauen, Zuversicht"] *das*; -es: (ugs., landsch.) 1. Vertrauen, z. B. kein F. zu etwas haben. 2. Lust, Freude, Spaß, z. B. aus F.

Fierant [*fiᵉ*...; zu *it.* fiera „Jahrmarkt" aus *lat.* feria „Ruhetag"] *der*; -en, -en: (österr.) Markthändler

fiero [aus gleichbed. *it.* fiero, dies aus *lat.* ferus „ungezähmt, wild"]: stolz, wild, heftig (Vortragsanweisung; Mus.)

Fiesta [aus *span.* fiesta, dies aus *vulgärlat.* festa „Fest"; vgl. Fete] *die*; -, -s: spanisches [Volks]fest

FIFA, Fifa [Kurzw. aus: Fédération Internationale de Football Association (*federaßjong ängtärnaßjonal dᵉ futbol aßoßjaßjong*; *fr.*)] *die*; -: internationaler Fußballverband

fifty-fifty [*fifti fifti*; *engl.-amerik.*; „fünfzig-fünfzig"]: (ugs.) halbpart, zu gleichen Teilen

Figaro [nach der Bühnengestalt in Beaumarchais' Lustspiel „Der Barbier von Sevilla"] *der*; -s, -s: (scherzh.) Friseur

Fight [*fait*; aus *engl.* fight „Kampf"] *der*; -s, -s: 1. (Sport) a) Boxkampf; b) harter Schlagabtausch beim Boxen. 2. Auseinandersetzung. **fighten** [*fait^en*]: 1. (Sport) hart u. draufgängerisch kämpfen. 2. sich mit allen Mitteln zur Wehr setzen. **Fighter** [*fait^er*] *der*; -s, -: hart u. rasch schlagender Boxer (Sport)

Figur [über (*alt*)*fr*. figure „Gebilde, Gestalt" aus gleichbed. *lat*. figūra zu fingere „formen, gestalten"; vgl. fingieren] *die*; -, -en: 1. geometrisches Gebilde. 2. [plastische] Einzeldarstellung von Mensch od. Tier in der bildenden Kunst. 3. a) Stein im [Schach]-spiel; b) Gestalt auf einer Spielkarte. 4. geschlossener Bewegungsablauf beim Tanz, Eislauf u. a. 5. melodisch od. rhythmisch zusammengehörende Notengruppe (Mus.). 6. bevorzugt für Nebenrollen verwendete Gestalt od. Person in einem literarischen Werk. 7. a) Wuchs, Gestalt eines Menschen; b) (ugs., abwertend) Mensch, Person. 8. sprachliche Kunstform (Wendung, Wortstellung o. ä.) mit rhetorischer Wirkung, die oft abweicht vom üblichen Sprachgebrauch (z. B. → Allegorie). **Figura** [aus gleichbed. *lat*. figūra] *die*; -: Bild, Figur; wie - zeigt: wie klar vor Augen liegt, wie an dem Beispiel zu erkennen ist. **Figura etymologica** [- ...*ka*; vgl. etymologisch] *die*; - -, ...rae [...*rä*] ...cae [...*zä*]: Redefigur, bei der sich ein intransitives Verb mit einem Substantiv gleichen Stamms od. verwandter Bedeutung als Objekt verbindet (z. B. einen [schweren] Kampf kämpfen; Rhet.; Stilk.). **figural**: mit Figuren versehen. **Figuralmusik** *die*; -: mehrstimmiger → kontrapunktischer Tonsatz in der Kirchenmusik des Mittelalters; Ggs. → Gregorianischer Choral. **Figurant** [aus *lat*. figūrāns, Gen. figūrantis, Part. Präs. von figūrāre, s. figurieren] *der*; -en, -en: Nebenperson, Lückenbüßer. **Figuration** [...*zion*] *die*; -, -en: Auflösung einer Melodie od. eines Akkords in rhythmische [melodisch untereinander gleichartige] Notengruppen (Mus.); vgl. ...ation/...ierung. **figurativ**: figürlich, darstellend. **figurieren** [aus *lat*. figūrāre „gestalten, darstellen"]: 1. eine Rolle spielen; in Erscheinung treten. 2. einen Akkord mit einer Figuration versehen (Mus.). **Figurierung** *die*; -, -en: = Figuration; vgl. ...ation/...ierung. **Figurine** [über *fr*. figurine aus gleichbed. *it*. figurina zu figura „Gestalt"] *die*; -, -n: 1. kleine Figur, kleine Statue. 2. Nebenfigur auf [Landschafts]gemälden. 3. Kostümzeichnung od. Modellbild für Theateraufführungen. **figürlich**: 1. a) mit Figuren (2) versehen; b) eine Figur (2, 7a) betreffend. 2. bildlich, übertragen (z. B. von Wortbedeutungen)

...**fikation** [...*zion*; aus gleichbed. *lat*. ...ficātio zu ...ficāre „machen"; vgl. ...fizieren]: Wortbildungselement mit der Bed. „das Machen, Herstellen", z. B. Elektrifikation

Fiktion [...*zion*; aus gleichbed. *lat*. fictio zu fingere, s. fingieren] *die*; -, -en: a) Erdichtung, Erfindung; b) Annahme, Unterstellung. **fiktiv**: eingebildet, erdichtet; angenommen, auf einer Fiktion beruhend

¹**Filet** [...*le*; aus gleichbed. *fr*. filet, eigtl. „Netz", für älteres filé aus *altprovenzal*. filat „aus Fäden gemacht" zu *lat*. filum „Faden"] *das*; -s, -s: a) durchbrochene, netzartige Wirkware; b) auf [quadratischen] Netzgrund aufgestickte Musterung. ²**Filet** [aus gleichbed. *fr*. filet zu fil „Faden" (wohl, weil die Stücke früher in Fäden eingerollt wurden)]: a) Lendenstück von Schlachtvieh u. Wild; b) Geflügelbrust[fleisch]; c) entgrätetes Rückenstück bei Fischen

Filia hospitalis [aus *lat*. filia „Tochter" u. hospitālis „gastfreundlich"] *die*; - -, ...ae [...*ä*] ...les: (scherzh.) Tochter der Wirtsleute des Studenten

Filiale [verkürzt aus älterem Filialhandlung u. ä. zu *kirchenlat*. filiālis „kindlich (abhängig)", dies zu *lat*. filius „Sohn", filia „Tochter"] *die*; -, -n: Zweiggeschäft eines Unternehmens

Filialgeneration [...*zion* zu *kirchenlat*. filiālis „kindlich" u. → Generation] *die*; -, -en: die direkten Nachkommen eines Elternpaares bzw. eines sich durch → Parthenogenese (2) fortpflanzenden Lebewesens (Genetik). **Filiation** [...*zion*; zu *lat*. filius „Sohn, Kind"]: 1. [Nachweis der] Abstammung einer Person von einer anderen (Geneal.). 2. legitime Abstammung eines Kindes von seinen Eltern (Rechtsw.). 3. Gliederung des Staatshaushaltsplanes

Filibuster [...*bu*...] vgl. Flibustier

filieren [nach *fr*. filer „spinnen" zu fil „Faden" aus *lat*. filum]: eine Filetarbeit anfertigen

Fili|gran [aus gleichbed. *it*. filigrana, eigtl. „Faden und Korn", zu *lat*. filum „Faden" u. grānum „Korn"] *das*; -s, -e u. **Fili|granarbeit** *die*; -, -en: Goldschmiedearbeit aus feinem Gold-, Silber- od. versilbertem Kupferdraht

Filius [aus gleichbed. *lat*. filius] *der*; -, ...lii [...*li-i*] u. -se: (scherzh.) Sohn

Filmothek [zu *dt*. Film aus gleichbed. *engl*. film (eigtl. „Häutchen, dünne Schicht") u. → ...thek] *die*; -, -en: = Kinemathek

Filou [*filu*; aus *fr*. filou „Gauner", dies wohl aus *engl*. fellow „Bursche"] *der* (auch: *das*); -s, -s: (scherzh.) a) Betrüger, Spitzbube, Gauner; b) Schlaukopf, Schelm

Fil|trat [aus *mlat*. filtrātum „Gefiltertes", s. filtrieren] *das*; -[e]s, -e: die bei der Filtration anfallende geklärte Flüssigkeit. **Fil|tration** [...*zion*] *die*; -, -en: Verfahren zum Trennen von festen Stoffen u. Flüssigkeiten. **fil|trieren** [aus gleichbed. *mlat*. filtrāre zu filtrum „Durchseihgerät aus Filz"] u. filtern: eine Flüssigkeit od. ein Gas von darin enthaltenen Bestandteilen mit Hilfe eines Filters trennen

final [aus *lat*. fīnālis „das Ende (= Zweck) betreffend" zu finis „Grenze, Ende"]: die Absicht, den Zweck angebend (Sprachw.; Rechtsw.); -e Konjunktion: den Zweck, die Absicht angebendes Bindewort (z. B. damit; Sprachw.). **Finalsatz** *der*; -es, ...sätze: Gliedsatz, der die Absicht, den Zweck eines Verhaltens angibt (Sprachw.). **Final** [*fain^el*; aus *engl*. final] *das*; -s, -s: engl. Bezeichnung für: Finale (2)

Finale [z. T. unter franz. Einfluß aus gleichbed. *it*. finale zu *lat*. fīnālis „das Ende betreffend"] *das*; -s, - (auch: -s): 1. Ende, Schlußteil, Abschluß. 2. Endkampf, Endspiel, Endrunde eines aus mehreren Teilen bestehenden sportlichen Wettbewerbs. 3. (Mus.) a) der letzte (meist vierte) Satz eines größeren Instrumentalwerkes; b) Schlußszene eines musikalischen Bühnenwerks. **Finalist** [aus gleichbed. *fr*. finaliste, *it*. finalista] *der*; -en, -en: Teilnehmer an einem Finale (2)

Finalität [zu → final] *die*; -, -en: Bestimmung eines Geschehens od. einer Handlung nicht durch ihre Ursachen, sondern durch ihre Zwecke; Ggs. → Kausalität

Financier [*finangßie*] vgl. Finanzier

Finanz [aus *fr*. finance(s) „Zahlungen, Geldmittel", dies aus *mlat*. finantia „fällige Zahlung", eigtl. „was zu Ende geht, zum Termin kommt" (zu *mlat*.

finäre „endigen", dies zu *lat.* fīnis „Grenze, Ende")] *die*; -: a) Geldwesen; b) Gesamtheit der Geld- u. Bankfachleute. **Finanzen** *die* (Plural): 1. Geldwesen. 2. a) Einkünfte od. Vermögen des Staates bzw. einer Körperschaft des öffentlichen Rechts; b) (ugs.) private Geldmittel, Vermögensverhältnisse. **Finanzer** [nach gleichbed. *it.* finanziero] *der*; -s, -: (österr., ugs.) Zollbeamter. **finanziell** [französierende Bildung]: geldlich, wirtschaftlich. **Finanzier** [*finanzie*], (auch:) Financier [*finanßie*; aus gleichbed. *fr.* financier] *der*; -s, -s: a) jmd., der viel [Geld]kapital besitzt; b) jmd., der ein größeres Unternehmen finanziert. **finanzieren** [nach gleichbed. *fr.* financer]: 1. die für die Durchführung eines Unternehmens nötigen Geldmittel bereitstellen. 2. auf Raten kaufen

Fin de siè|cle [*fängdßjäkl*; aus *fr.* fin de siècle „Jahrhundertende"; nach einem Lustspieltitel von Jouvenot u. Micard, 1888] *das*; - - -: Epochenbegriff als Ausdruck eines dekadenten bürgerlichen Lebensgefühls in der Gesellschaft, Kunst und Literatur am Ende des letzten Jahrhunderts

Fine [aus gleichbed. *it.* fine, dies aus *lat.* fīnis „Ende"] *das*; -s, -s: Schluß eines Musikstückes (Mus.); vgl. al fine

Fines herbes [*finsärb*; aus *fr.* fines herbes „feine Kräuter"] *die* (Plural): fein gehackte Kräuter [mit Champignons od. Trüffeln] (Gastr.)

Finesse [aus gleichbed. *fr.* finesse zu fin „fein, durchtrieben"] *die*; -, -n: a) Feinheit; b) kleiner Kniff, feiner Kunstgriff

fingieren [aus *lat.* fingere „formen, gestalten, ersinnen, vortäuschen"]: a) erdichten; b) vortäuschen, unterstellen

Finish [*finisch*; aus gleichbed. *engl.* finish zu to finish „enden", dies über *altfr.* fenir aus *lat.* fīnīre, s. finit] *das*; -s, -s: 1. a) letzter Arbeitsgang, der einem Produkt die endgültige Form gibt; b) letzter Schliff, Vollendung. 2. Endkampf, Endspurt; letzte entscheidende Phase eines sportlichen Wettkampfs. **finishen**: bei einem Pferderennen im Finish das Letzte aus einem Pferd herausholen

finit [aus *lat.* fīnītus „begrenzt, bestimmt", Part. Perf. von fīnīre „begrenzen" zu fīnis „Grenze, Ende"]: bestimmt (Sprachw.); -e Form: Verbform, die Person u. Numerus angibt u. die grammatischen Merkmale von Person, Numerus, Tempus u. Modus trägt

Finn-Dingi, (auch:) **Finn-Dinghi** [*...dinggi*; eigtl. „finnisches → Dingi"] *das*; -s, -s: kleines Einmannboot für den Rennsegelsport

Finte [aus *it.* finta „Verstellung; vorgetäuschter Stoß", dies aus *spätlat.* fincta zu *lat.* fingere, s. fingieren] *die*; -, -n: 1. Vorwand, Lüge, Ausflucht. 2. Scheinhieb beim Boxen; Scheinhieb od. -stoß beim Fechten. **fintieren**: eine Finte (2) ausführen

Fioretten u. **Fiorituren** [aus *it.* fioretto u. fioritura „Blümchen" zu fiore aus *lat.* flōs, Gen. flōris „Blume"] *die* (Plural): Gesangsverzierungen in Opernarien des 18. Jh.s (Mus.); vgl. Koloratur

Firlefanz [Herkunft unsicher] *der*; -es, -e: (ugs., abwertend) 1. überflüssiges Zubehör. 2. Unsinn, Torheit. **Firlefanzerei** *die*; -, -en: Possenreißerei

firm [aus *lat.* fīrmus „fest, stark"], (österr. auch:) ferm [aus gleichbed. *it.* fermo]: fest, sicher, geübt, in einem Fachgebiet beschlagen

Firma [aus gleichbed. *it.* firma, eigtl. „bindende Unterschrift", zu *lat.-it.* fīrmāre „befestigen, bekräftigen", dies zu *lat.* fīrmus, s. firm] *die*; -, ...men: 1. der im Handelsregister eingetragene Name eines Unternehmens. 2. Betrieb, Unternehmen; Abk.: Fa. **firmieren**: a) mit dem Namen des Unternehmens unterzeichnen; b) einen Geschäfts-, Handelsnamen führen

Firmament [aus gleichbed. *spätlat.* fīrmāmentum, eigtl. „Befestigungsmittel, Stütze", zu fīrmāre „befestigen"] *das*; -[e]s: der sichtbare Himmel, das Himmelsgewölbe

Firmelung *die*; -, -en: = Firmung. **firmen** [aus *lat.* fīrmāre „festmachen, bestärken"; vgl. konfirmieren]: jmdm. die Firmung erteilen. **Firmung** *die*; -, -en: vom Bischof durch Salbung u. Handauflegen vollzogenes katholisches Sakrament, das der Kräftigung im Glauben dienen u. Standhaftigkeit verleihen soll

Firnis [aus (*alt*)*fr.* vernis „Lack" (Herkunft unsicher)] *der*; -[ses], -se: Schutzanstrich für Metall, Holz u. a. **firnissen**: einen Gegenstand mit Firnis behandeln

first class [*fö'ßt klaß*; *engl.*]: erstklassig

First Lady [*fö'ßt le'di*; *engl.*; „Erste Dame"] *die*; - -, - -s (auch:)- ...dies [*...dis*, auch: *...diß*]: die Frau eines Staatsoberhauptes

FIS, **Fis** [Kurzw. aus: Fédération Internationale de Ski (*federaßjong ängtärnaßjonal dᵉ ßki*; *fr.*)] *die*; -: Internationaler Skiverband

Fisimatenten [Herkunft unsicher] *die* (Plural): Ausflüchte, Winkelzüge; Faxen; keine - machen: (ugs.) keine Umstände machen

fiskalisch [aus gleichbed. *lat.* fiscālis, s. Fiskus]: den Fiskus betreffend; Rechtsverhältnisse des Staates betreffend, die nicht nach öffentlichem, sondern nach bürgerlichem Recht zu beurteilen sind. **Fiskus** [aus gleichbed. *lat.* fiscus, eigtl. „Korb; Geldkorb"] *der*; -, ...ken u. -se: a) Staatskasse, -vermögen, -behörde; b) der Staat, soweit er bürgerlichem Recht unterliegt

Fisole [Nebenform zu *mhd.* phasōl aus *lat.* phaseolus, *gr.* phasēolos „Bohne"] *die*; -, -n: (österr.) Bohne

fissil [aus gleichbed. *lat.* fissilis zu findere „spalten"]: spaltbar. **Fissilität** *die*; -: Spaltbarkeit. **Fission** [aus gleichbed. *engl.* (nuclear) fission, dies aus *lat.* fissio „das Spalten"] *die*; -, -en: Atomkernspaltung (Kernphysik)

fit [aus gleichbed. *engl.-amerik.* fit, eigtl. „passend, geeignet"]: tauglich, gut trainiert, in Form, fähig zu Höchstleistungen. **Fitness**, (eingedeutscht auch:) **Fitneß** *die*; -: gute körperliche Gesamtverfassung, Bestform (besonders von Sportlern)

Fitting [aus gleichbed. *engl.* fitting, eigtl. „das Anpassen, der Paßteil", zu to fit „passend machen"] *das*; -s, -s (meist Plural): Verbindungsstück bei Rohrleitungen

Five o'clock [*faiwᵉklok*] *der*; - -, - -s: Kurzform von Five o'clock tea. **Five o'clock tea** [- - *ti*; *engl.*] *der*; - - -, - - -s: Fünfuhrtee

Fixativ [zu *lat.* fīxāre „festmachen", s. fixieren] *das*; -s, -e [*...wᵉ*]: Mittel, das Zeichnungen in Blei, Kohle, Kreide usw. unverwischbar macht

fixen [aus *engl.-amerik.* to fix „festmachen, (einen Termin) festsetzen; Rauschgift spritzen", dies aus *fr.* fixer, s. fixieren]: (Jargon) dem Körper durch Injektionen Rauschmittel zuführen. **Fixer** *der*; -s, -: (Jargon) jmd., der harte → Drogen (z. B. Opium od. Heroin) nimmt

fixieren [unter Einfluß von *fr.* fixer „festmachen, starr ansehen" aus *lat.* fīxāre „festmachen" zu fixus „fest, befestigt“ (Part. Perf. von figere „anheften“)]: 1. etwas festsetzen, festlegen, genau bestimmen. 2. pflanzliche od. tierische Gewebe durch Erstarrenlassen haltbar machen. 3. die fotografische Schicht eines Bildes nach der Entwicklung durch Fixiernatron lichtunempfindlich machen (Fotogr.). 4. etwas in Wort od. Bild dokumentarisch festhalten. 5. jmdn. scharf u. unverwandt anblicken, etwas genau ins Auge fassen

Fixpunkt [zu *lat.* fixus „fest“ u. → Punkt] *der*; -s, -e: 1. fester Punkt im Gelände (Vermessungsw.). 2. fester Bezugspunkt einer Temperaturskala (z. B. Gefrierpunkt, Siedepunkt). 3. ein Punkt, der bei der Abbildung einer Punktmenge in sich sein eigenes Bild ist (Math.)

Fixstern [nach *nlat.* fixa stella „befestigter Stern“] *der*; -s, -e: scheinbar feststehender u. gegen einen anderen Fixstern nicht verrückender, selbststrahlender Stern (Astron.)

Fixum [zu *lat.* fixus „fest“; vgl. fixieren] *das*; -s, ...xa: festes Gehalt, festes Einkommen

...**fizieren** [aus gleichbed. *lat.* ...ficere, ...ficāre zu facere „machen“]: Wortbildungselement mit der Bed. „machen“, z. B. diversifizieren

Fizz [*fiß*; aus gleichbed. *engl.* fizz zu to fizz „zischen sprühen“] *der*; - oder -es, -e: alkoholisches Mixgetränk mit Früchten od. Fruchtsäften

Fjäll u. Fjell [aus *schwed.* fjäll, *norw.* fjell „Berg, Fels“] *der*; -s, -s: weite, baumlose Hochfläche in Skandinavien oberhalb der Waldgrenze

Fjord [aus gleichbed. *schwed.*, *norw.* fjord] *der*; -[e]s, -e: schmale Meeresbucht mit Steilküsten

fl., Fl. = Florin

Flagellant [aus *lat.* flagellāns, Gen. flagellantis „Geißler“ zu flagellāre „geißeln, schlagen“; vgl. Flagellum] *der*; -en, -en (meist Plural): (hist.) Angehöriger religiöser Bruderschaften des Mittelalters, die durch Selbstgeißelung Sündenvergebung erreichen wollten. **Flagellate** [zu → Flagellum] *die*; -, -n (meist Plural): Einzeller mit einer od. mehreren Fortbewegungsgeißeln am Vorderende; Geißeltierchen (Biol.). **Flagellum** [aus *lat.* flagellum „Geißel, Peitsche“] *das*; -s, ...llen u. Flagelle *die*; -, Fortbewegungsorgan vieler einzelliger Tiere u. Pflanzen

Flageolett [*flaseholät*; aus gleichbed. *fr.* flageolet, dies über *vulgärlat.* *flabeolum „Flöte“ zu *lat.* flāre „blasen“] *das*; -s, -e od. -s: (Mus.) 1. besonders hohe Flöte, kleinster Typ der Schnabelflöte. 2. Flötenton bei Streichinstrumenten u. Harfen. 3. Flötenregister der Orgel

fla|grant [unter Einfluß von *fr.* flagrant „offenbar“ aus *lat.* flagrāns „brennend, flammend“]: 1. a) brennend; b) schreiend. 2. offenkundig, ins Auge fallend; vgl. in flagranti

Flair [*flär*; aus *fr.* flair „Witterung, Spürsinn“] *das*; -s: 1. Atmosphäre, Fluidum, persönliche Note. 2. Spürsinn, feiner Instinkt

Flakon [*flakong*; aus gleichbed. *fr.* flacon, dies aus *spätlat.* flasco (germ. Wort)] *das* od. *der*; -s, -s: Fläschchen [zum Aufbewahren von Parfum]

Flambeau [*flangbo*; aus *fr.* flambeau „Fackel, Leuchter“ zu *altfr.* flambe „Flamme“ aus *lat.* flamma] *der*; -s, -s: mehrarmiger Leuchter mit hohem Fuß

Flamberg [aus gleichbed. *fr.* flamberge] *der*; -[e]s, -e: (hist.) beidhändig geführtes Landsknechtsschwert mit welliger (flammenförmiger) Klinge

flambieren [aus gleichbed. *fr.* flamber, dies aus *lat.* flammāre „flammen, brennen“]: 1. Speisen (z. B. Früchte, Eis o. ä.) mit Alkohol (z. B. Weinbrand) übergießen u. brennend auftragen. 2. (veraltet) absengen, abflammen. **Flamboyantstil** [*flangboajang*...; nach gleichbed. *fr.* style flamboyant, eigtl. „geflammter Stil“ (nach den Schmuckformen)]: der spätgotische Baustil in England u. Frankreich

Flamenco [...*ko*; aus gleichbed. *span.* flamenco] *der*; -[s], -s: Zigeunertanz u. Tanzlied aus Andalusien

Flamingo [aus gleichbed. älter *span.* flamengo (jetzt: flamenco), wohl zu *lat.* flamma „Flamme“ (nach dem Gefieder)] *der*; -s, -s: rosafarbener Wasserwatvogel

Flammeri [aus gleichbed. *engl.* flummery, eigtl. „Haferbrei“, dies aus *walisisch* llymru „Haferbrei“] *der*; -[s], -s: eine kalte Süßspeise

Flanell [über *fr.* flanelle aus gleichbed. *engl.* flannel, dies zu *kymr.* gwlān „Wolle“] *der*; -s, -e: [gestreiftes od. bedrucktes] gerauhtes Gewebe in Leinen- od. Köperbindung (Webart). **flanellen**: aus, wie Flanell

Flaneur [*flanör*; aus gleichbed. *fr.* flâneur zu flâner „flanieren“, dies aus *aisl.* flana „ziellos umherlaufen“] *der*; -s, -e: Müßiggänger. **flanieren**: umherschlendern

flankieren [aus gleichbed. *fr.* flanquer zu flanc „Seite, Flanke“ (verwandt mit *dt.* Gelenk)]: a) in einer bestimmten Ordnung um etwas herumstehen, etwas begrenzen; b) von der Seite decken, schützen

Flash [*fläsch*; aus gleichbed. *engl.* flash, eigtl. „Blitz“] *der*; -s, -s: (Film) a) kurze Einblendung in eine längere Bildfolge; b) Rückblick, Rückblende

flat [*flät*; aus gleichbed. *engl.* flat, eigtl. „flach“]: das Erniedrigungszeichen in der Notenschrift, z. B. a flat (= as; Jazz). **Flat** [aus *engl.* flat „Mietwohnung“, eigtl. „Boden, Stockwerk“] *das*; -s, -s: [Klein]wohnung

Flatterie [aus gleichbed. *fr.* flatterie zu flatter „schmeicheln“] *die*; -, ...ien: (veraltet) Schmeichelei. **flattieren**: (veraltet) schmeicheln

Flatus [aus *lat.* flātus „das Blasen“ zu flāre „blasen“] *der*; -, - [*flátuß*]: Blähung (Med.)

flautando u. **flautato** [aus *it.* flautando „flötend“, flautato „geflötet“ zu flautare „flöten“]: Vorschrift für Streicher, nahe am Griffbrett zu spielen, um eine flötenartige Klangfarbe zu erzielen (Mus.)

Flauto [aus gleichbed. *it.* flauto] *der*; -, ...ti: [Block- od. Schnabel]flöte. **Flauto traverso** [- ...*wärßo*; *it.*] *der*; - -, ...ti ...si: Querflöte (Mus.)

flektieren [aus gleichbed. *lat.* flectere, eigtl. „biegen, beugen“]: ein Wort → deklinieren od. → konjugieren; -de Sprachen: Sprachen, die die Beziehungen der Wörter im Satz zumeist durch → Flexion der Wörter ausdrücken (Sprachw.); Ggs. → agglutinierende u. → isolierende Sprachen

Fleuron [...*ong*; aus gleichbed. *fr.* fleuron zu fleur „Blume“, aus *lat.* flōs, Gen. flōris „Blume“] *der*; -s, -s: Blumenverzierung [in der Baukunst u. im Buchdruck]

Fleurop [auch: *flörop*; Kurzw. für *flores Europae* „Blumen Europas“] *die*; -: internationale Blumengeschenkvermittlung

flexibel [aus *lat.* flexibilis „biegsam“ zu flectere, s. flektieren]: 1. biegsam, elastisch; Ggs. → inflexibel (1). 2. beweglich, anpassungsfähig, geschmeidig; Ggs. → inflexibel (2). 3. beugbar (von einem Wort, das man → flektieren kann; Sprachw.); Ggs. → inflexibel (3). **Flexibilität** *die*; -: 1. Biegsamkeit. 2. Fähigkeit des Menschen, sich im Verhalten u. Erleben wechselnden Situationen rasch anzupassen. **Flexion** [aus *lat.* flexio „Biegung“ zu flectere, s. flektieren] *die;* -, -en: → Deklination od. → Konjugation eines Wortes (Sprachw.). **flexivisch** [...*iwisch*]: die Flexion betreffend, Flexion zeigend (Sprachw.)

Flibustier [...*ier*] u. Filibuster [aus *engl.* filibuster, *fr.* flibustier] *der;* -s, -: (hist.) Angehöriger einer westind. Seeräubervereinigung in der zweiten Hälfte des 17. Jh.s

Flic [*flik*; aus *fr.* flic] *der;* -s, -s: (ugs.) franz. Polizist

Flic|flac u. **Flick|flack** [aus *fr.* flicflac „klipp klapp"] *der;* -s, -s: [in schneller Folge geturnter] Handstandüberschlag (Sport)

Flieboot [aus gleichbed. *älter niederl.* vlieboot] *das;* -s, -e: a) kleines Fischerboot; b) Beiboot

Flip [aus gleichbed. *engl.* flip] *der;* -s, -s: alkoholisches Mischgetränk mit Ei

Flipper [zu *engl.* to flip „schnipsen, schnellen"] *der;* -s, -: Spielautomat. **flippern**: an einem Flipper spielen

Flirt [*flö'rt*; zu → flirten] *der;* -s, -s: 1. Bekundung von Zuneigung durch das Verhalten, durch Blicke und Worte in scherzender, verspielter Form. 2. unverbindliches Liebesabenteuer, Liebelei. **flirten** [aus gleichbed. *engl.* to flirt, (Herkunft unsicher)]: jmdm. durch sein Verhalten, durch Blicke und Worte scherzend und verspielt seine Zuneigung zu erkennen geben; in netter, harmloser Form ein Liebesverhältnis anzubahnen suchen

floaten [*flo*ᵘ*t*ᵉ*n*; aus gleichbed. *engl.* to float, eigtl. „schwimmen, treiben"]: durch Freigabe des Wechselkurses schwanken (vom Außenwert einer Währung; Wirtsch.). **Floating** *das;* -s, -s: durch die Freigabe des Wechselkurses eingeleitetes Schwanken des Außenwertes einer Währung in einem System fester Wechselkurse

[1]**Flor** [aus gleichbed. *lat.* flōs, Gen. flōris, eigtl. „Blume, Blüte"] *der;* -s, -e: 1. Blüte, Blumenfülle. 2. Wohlstand, Gedeihen

[2]**Flor** [aus *niederl.* floers „hauchdünnes Gewebe", dies aus *fr.* velours „Samt", s. Velours] *der;* -s, -e: 1. feiner Baumwollzwirn. 2. feines schwarzes Kreppgewebe. 3. [dehnbares] schwarzes Band, das als Zeichen der Trauer am Ärmel od. Rockaufschlag getragen wird. 4. a) aufrechtstehende Faserenden bei Samt u. Plüsch; b) geschorene Seite bei Teppichen

Flora [nach der altitalischen Frühlingsgöttin Flōra (zu *lat.* flōs „Blume")] *die;* -, ...ren: a) Pflanzenwelt eines bestimmten Gebietes; b) Bestimmungsbuch für die Pflanzen eines bestimmten Gebietes

Florentiner [nach der ital. Stadt Florenz] *der;* -s, -: 1. Damenstrohhut mit breitem, schwingendem Rand. 2. ein Mandelgebäck

Florett [über gleichbed. *fr.* fleuret aus *it.* fioretto „Stoßdegen" zu fioretto „kleine Blume, Knospe" (nach dem beim Übungsfechten auf die Spitze gesteckten Knopf)] *das;* -[e]s, -e: Stoßwaffe zum Fechten. **florettieren**: mit dem Florett fechten

florieren [aus *lat.* florēre „blühen"]: sich [geschäftlich] günstig entwickeln, gedeihen. **Florilegium** [aus *mlat.* flōrilēgium „Blütenlese"] *das;* -s, ...ien [...*i*ᵉ*n*]: = Anthologie

Florin [aus *mlat.* florīnus „(Florentiner) Gulden" zu *lat.* flōs, Gen. flōris „Blume" (nach der florentinischen Wappenlilie auf dieser Münze)] *der;* -s, -e u. -s: niederl. Gulden

Florist [zu → Flora bzw. zu *lat.* flōres „Blumen"] *der;* -en, -en: 1. Kenner u. Erforscher der → Flora (a). 2. Blumenbinder

Floskel [zu *lat.* flōsculus „Blümchen", hier „schmückender Ausdruck"] *die;* -, -n: nichtssagende Redensart, formelhafte Redewendung

Flotation [...*zion*; aus *engl.* flo(a)tation „Schwimmaufbereitung" zu to float „schwimmen (lassen)"] *die;* -, -en: Aufbereitungsverfahren zur Anreicherung von Mineralien, Gesteinen u. chem. Stoffen (Techn.) **flotieren**: Erz aufbereiten (Techn.)

flottieren [aus gleichbed. *fr.* flotter zu flot „Welle"]: schwimmen; schweben, schwanken

Flottille [auch: *flotilj*ᵉ; aus *span.* flotilla, Verkleinerungsform von flota „Flotte" aus gleichbed. *fr.* flotte (germ. Wort)] *die;* -, -n: Verband kleinerer Kriegsschiffe

fluid [aus gleichbed. *lat.* fluidus zu fluere „fließen"]: flüssig, fließend (Chem.). **Fluid** *das;* -s, ...ida: 1. flüssiges Mittel, Flüssigkeit (Chem.). 2. (auch: Flud) Getriebeflüssigkeit, die Druckkräfte übertragen kann

Fluidum [zu *lat.* fluidus, s. fluid] *das;* -s, ...da: besondere von einer Person od. Sache ausgehende Wirkung, die eine bestimmte [geistige] Atmosphäre schafft

Fluktuation [...*zion*; aus *lat.* fluctuātio „unruhige Bewegung, Schwanken"; s. fluktuieren] *die;* -, -en: 1. Schwanken, Schwankung, Wechsel. 2. das mit dem Finger spürbare Schwappen einer Flüssigkeitsansammlung unter der Haut (Med.). **fluktuieren** [aus *lat.* fluctūere „wogen, umhertreiben" zu fluctus „Strömung, Flut"]: 1. schnell wechseln, schwanken. 2. hin- u. herschwappen (von abgekapselten Körperflüssigkeiten)

Fluor [zu *lat.* fluor „das Fließen, Strömen", dies zu fluere „fließen"] *das;* -s: chem. Grundstoff, Nichtmetall; Zeichen: F

Fluorescein u. **Fluorescin** [...*äßz*...; zu → Fluoreszenz] *das;* -s: gelbroter Farbstoff, dessen verdünnte Lösung stark grün fluoresziert. **Fluoreszenz** [aus gleichbed. *engl.* fluorescence, gelehrte Bildung zu → Fluor] *die;* -: Eigenschaft bestimmter Stoffe, bei Bestrahlung durch Licht-, Röntgen- od. Kathodenstrahlen selbst zu leuchten. **fluoreszieren**: bei Bestrahlung (z. B. mit Licht) aufleuchten (von Stoffen). **Fluorid** *das;* -[e]s, -e: Salz der Flußsäure. **Fluorit** *der;* -s, -e: ein Mineral (Flußspat). **fluorogen**: die Eigenschaft der Fluoreszenz besitzend. **fluorophor**: = fluorogen

fluvial [...*wi*...; aus *lat.* fluviālis „im Fluß befindlich" zu fluvius „fließendes Wasser, Fluß"] u. **fluviatil**: von fließendem Wasser abgetragen od. abgelagert (Geol.)

Flying Dutchman [*flaiing datschm*ᵉ*n*; *engl.*; „fliegender Holländer"] *der;* - -, - ...men: Zweimann-Sportsegelboot

Fm = chem. Zeichen für: Fermium

FM = Frequenzmodulation

föderal [nach gleichbed. *fr.* fédéral zu *lat.* foedus „Bündnis"] = föderativ. **föderalisieren**: die Form einer Föderation geben. **Föderalismus** [aus gleichbed. *fr.* fédéralisme] *der;* -: das Streben nach Errichtung od. Erhaltung eines Bundesstaates mit weitgehender Eigenständigkeit der Einzelstaaten; Ggs. → Zentralismus. **Föderalist** *der;* -en, -en: Anhänger des Föderalismus. **föderalistisch**: den Föderalismus erstrebend, fördernd, erhaltend. **Föderation** [...*zion*; aus *lat.* foederātio „Vereinigung"] *die;* -, -en: a) Verband; b) Verbindung, Bündnis [von Staaten]. **föderativ** [aus *fr.* fédératif zu *lat.* foederātus „verbündet"]: bundesmäßig. **föderieren** [aus gleichbed. *lat.* foederāre zu foedus „Bündnis“]: verbünden. **Föderierte** *der* u. *die*; -n, -n: der verbündete Staat, die verbündete Macht

Fog [aus gleichbed. *engl.* fog] *der*; -s: dichter Nebel

fokal [zu → Fokus]: den Brennpunkt betreffend, Brenn... (Phys.). **Fokaldistanz** *die*; -, -en: Brennweite (Phys.). **Fokometer** *das*; -s, -: Gerät zur Bestimmung der Brennweite (Phys.). **Fokus** [aus *lat.* focus „Feuerstätte, Herd“] *der*; -, - u. -se: Brennpunkt (Phys.). **fokussieren**: (Phys.) a) optische Linsen ausrichten; b) [Licht]strahlen in einem Punkt vereinigen

fol: 1. = Folio (1). 2. = folio. **Fol.**: = Folio (1)

Folia [aus gleichbed. *span.* folia, eigtl. „Narrheit“] *die*; -, -s u. ...ien: a) span. Tanzmelodie im $^3/_4$-Takt; b) Variation über ein solches Tanzthema

Foliant [zu → Folio] *der*; -en, -en: 1. Buch im Folioformat. 2. (ugs.) großes, unhandliches [altes] Buch

Folie [...*i*^e^; aus *vulgärlat.* folia für *lat.* folium „Blatt“] *die*; -, -n: 1. dünnes [Metall]blatt. 2. Hintergrund, z. B. die Landschaft dient dem Dichter nur als F. für die Schilderung der Schicksale. **folijeren**: etwas mit einer Folie unterlegen

folio [aus gleichbed. *lat.* folio]: auf dem Blatt [einer mittelalterlichen Handschrift]; Abk. fol., z. B. fol. 3b. **Folio** [aus *lat.* in folio „in einem Blatt“] *das*; -s, ...ien [...*i*^e^*n*] u. -s: 1. (veraltet) Buchformat in der Größe eines halben Bogens (gewöhnlich mehr als 35 cm); Zeichen: 2°; Abk.: fol., Fol. 2. Doppelseite des Geschäftsbuches

Folketing [*folk*^e^*ting*; aus *dän.* folketing, eigtl. „Volksversammlung“] *das*; -s: a) bis 1953 die zweite Kammer des dänischen Reichstags; b) ab 1953 das dänische Parlament

Folk|lore [aus gleichbed. *engl.* folklore, eigtl. „Wissen des Volkes“] *die*; -: 1. a) Sammelbezeichnung für die Volksüberlieferungen (z. B. Lied, Tracht, Brauchtum) als Gegenstand der Volkskunde; b) Volkskunde. 2. a) Volkslied, -tanz u. -musik [als Gegenstand der Musikwissenschaft]; b) volksmusikalische Züge in der Kunstmusik. **Folk|lorist** *der*; -en, -en: Kenner der Folklore, Volkskundler. **Folkloristik** *die*; -: Wissenschaft von den Volksüberlieferungen, bes. Volksliedforschung. **folk|loristisch**: 1. die Folklore betreffend. 2. volksliedhaft, nach Art der Volksmusik (von Werken der Kunstmusik)

Folksong [*fo*^u^*kßong*; aus *engl.* folksong „Volkslied“] *der*; -s, -s: Lied in Art u. Stil eines Volkslieds

Follikel [aus *lat.* folliculus „kleiner Ledersack, -schlauch“] *der*; -s, -: Zellhülle des gereiften Eis des Eierstocks (Med.). **Follikelhormon** *das*; -s, -e: weibliches Geschlechtshormon. **Follikelsprung** *der*; -s, ...sprünge: = Ovulation. **follikular** u. **follikulär**: den Follikel betreffend; von einem Follikel ausgehend

Fond [*fong*; aus gleichbed. *fr.* fond, eigtl. „Grund, Unterstes“, dies aus *lat.* fundus, s. Fundus] *der*; -s, -s: 1. Rücksitze im Auto. 2. a) Hintergrund (z. B. eines Gemäldes od. einer Bühne). b) Untergrund. 3. Grundlage, Hauptsache. 4. beim Braten od. Dünsten zurückgebliebener Fleischsaft (Gastr.)

Fondant [*fongdang*; aus gleichbed. *fr.* fondant, eigtl. „schmelzend“, zu fondre „schmelzen“ aus *lat.* fundere „gießen, sich ergießen“] *der* (österr.: *das*) -s, -s: unter Zugabe von Farb- u. Geschmacksstoffen hergestellte Zuckermasse od. -ware

Fonds [*fong*; aus gleichbed. *fr.* fonds, dies über *vulgärlat.* fundus (Neutr.) aus *lat.* fundus, s. Fundus] *der*; - [*fong*(*ß*)], - [*fongß*]: 1. Geld- od. Vermögensreserve für bestimmte Zwecke. 2. (nur Plural): Anleihen; vgl. à fonds perdu

Fondue [*fongdü*; aus gleichbed. *fr.* fondue, eigtl. „geschmolzen“; vgl. Fondant] *die*; -, -s od. *das*; -s, -s: 1. Schweizer Spezialgericht aus geschmolzenem Käse, Wein u. Gewürzen. 2. Fleischgericht, bei dem das in Würfel geschnittene Fleisch am Tisch in heißem Öl gegart wird

Fono... vgl. Phono...

Fontäne [aus *fr.* fontaine „Springbrunnen“, dies aus *vulgärlat.* fontāna „Quelle“ zu gleichbed. *lat.* fōns] *die*; -, -n: aufsteigender [Wasser]strahl (bes. eines Springbrunnens)

Fontanelle [aus gleichbed. *fr.* fontanelle eigtl. „kleine Quelle“, vgl. Fontäne] *die*; -, -n: Knochenlücke am Schädel von Neugeborenen (Med.)

Foot [*fut*; aus gleichbed. *engl.* foot, Plural feet] *der*; -, Feet [*fit*]: Fuß (engl. Längenmaß von $^1/_3$ Yard, geteilt in 12 Zoll = 0,3048 m); Abk.: ft

Football [*fútbol*; aus *engl.* football] *der*; -s: 1. engl. Bezeichnung für: Fußball. 2. in Amerika aus dem → Rugby entwickelte Spielart des Fußballs

Foot-candle [...*kändl*; aus gleichbed. *engl.* footcandle, wörtl. „Fußkerze“] *die*; -, -s: physikalische Einheit der Beleuchtungsstärke (10,76 Lux; Phys.)

Fora: *Plural* von → Forum

Force [*forß*; aus gleichbed. *fr.* force, dies über *vulgärlat.* fortia „Kraft, Macht“ zu *lat.* fortis „stark“] *die*; -, -n [...*ß*^e^*n*]: (veraltet) Stärke, Gewalt, Zwang; - majeure [- *masehör*]: höhere Gewalt

Force de frappe [- *d*^e^ *frap*; aus gleichbed. *fr.* force de frappe, eigtl. „Schlagkraft“] *die*; - - -: die Gesamtheit der mit Atomwaffen eigener Herstellung ausgerüsteten [geplanten] franz. militärischen Einheiten

forcieren [*forßir*^e^*n*; aus gleichbed. *fr.* forcer, dies aus *vulgärlat.* fortiāre „zwingen“; vgl. Force]: etwas mit Nachdruck betreiben, vorantreiben, beschleunigen, steigern. **forciert** [...*ßirt*]: gewaltsam, erzwungen, gezwungen, unnatürlich

Före [aus gleichbed. *schwed.* före, *norw.* føre] *die*; -: Eignung des Schnees zum [Ski]fahren, Geführigkeit

Forechecking [*fo*^r^*tschäking*; aus gleichbed. *engl.* forechecking] *das*; -s, -s: das Stören des gegnerischen Angriffs in der Entwicklung, besonders bereits im gegnerischen Verteidigungsdrittel (Eishockey)

Fore|hand [*fo*^r^*hänt*; aus gleichbed. *engl.* forehand] *die*; -, -s, (auch:) *der*; -[s], -s: Vorhandschlag im Tennis, Tischtennis, Federball, Hockey und Eishockey

Foreign Office [*forin ofiß*; *engl.*; zu foreign „das Ausland betreffend“ u. → Office] *das*; - -: Britisches Auswärtiges Amt

forensisch [aus gleichbed. *lat.* forēnsis, s. Forum]: die Gerichtsverhandlung betreffend, gerichtlich

Forint [aus *ung.* forint, dies aus *it.* fiorino „Gulden“; vgl. Florin] *der*; -[s], -s, (österr.: -e) (aber: 10 Forint): ungarische Währungseinheit; Abk.: Ft.

Forlana u. **Forlane** u. Furlana u. Furlane [aus *it.* furlana „friaulischer Tanz“, zum Namen der oberit. Landschaft Friulo, *dt.* Friaul] *die*; -, ...nen: alter, der → Tarantella ähnlicher, ital. Volkstanz im $^6/_8$-($^6/_4$-)Takt, in der Kunstmusik (z. B. Bach) der Gigue ähnlich

formal [aus *lat.* fōrmālis „die Form betreffend“ zu fōrma „Form, Gestalt“]: 1. die [äußere] Form von etwas betreffend, auf die [äußere] Form bezogen. 2. nur die Form, nicht den Inhalt berücksichtigend, rein äußerlich. **Formalie** [...*i*ᵉ] *die*; -, -n (meist Plural): Formalität, Förmlichkeit, Äußerlichkeit. **formalisieren**: 1. etwas in bestimmte [strenge] Formen bringen; sich an gegebene Formen halten. 2. ein [wissenschaftliches] Problem mit Hilfe von Formeln allgemein formulieren u. darstellen. **Formalismus** *der*; -, ...men: a) Bevorzugung der Form vor dem Inhalt, Überbetonung des rein Formalen, übertriebene Berücksichtigung von Äußerlichkeiten; b) etwas mechanisch Ausgeführtes. **Formalist** *der*; -en, -en: Anhänger des Formalismus. **formalistisch**: das Formale überbetonend. **Formalität** *die*; -, -en: 1. Förmlichkeit, Äußerlichkeit, Formsache. 2. [amtliche] Vorschrift. **formaliter** [aus gleichbed. *lat.* fōrmāliter]: förmlich, in aller Form

Form|aldehyd [auch: ...*hüt*; Kurzw. aus *nlat.* Acidum *form*icum „Ameisensäure" u. → *Aldehyd*] *der*; -s: zur Desinfektion von Räumen verwendetes, farbloses, stechend riechendes Gas

Formalie: → formal

Formalin ® [Kunstw. aus *Formal*dehyd u. *-in*] *das*; -s: gesättigte Lösung von → Formaldehyd in Wasser (ein Konservierungs- u. Desinfektionsmittel)

formalisieren, Formalismus, Formalität usw.: → formal

Formans [aus *lat.* fōrmāns, Part. Präs. von fōrmāre „gestalten", s. formieren] *das*; -, ...anzien [...*i*ᵉ*n*] u. ...antia [...*anzia*]: grammatisches Bildungselement, das sich mit der Wurzel eines Wortes verbindet, gebundenes Morphem (z. B. lieb*lich*; Sprachw.)

Format [aus *lat.* fōrmātum „Geformtes", Part. Perf. von fōrmāre, s. formieren] *das*; -[e]s, -e: 1. Maß, [genormtes] Größenverhältnis nach Länge u. Breite, bes. bei Papierbogen. 2. a) stark ausgeprägte Persönlichkeit; b) überdurchschnittliches Niveau

Formation [...*zion*; aus *lat.* fōrmātio „Gestaltung, Anordnung", s. formieren] *die*; -, -en: 1. Bildung, Gestaltung, Aufstellung. 2. militärischer Verband, Truppenteil. 3. Pflanzengesellschaft ohne Berücksichtigung der Artenzusammensetzung (z. B. Laubwald, Steppe). 4. Zeitabschnitt in der Erdgeschichte, der sich hinsichtlich → Fauna od. → Flora von anderen unterscheidet (Geol.). **formativ**: die Gestaltung betreffend, gestaltend

formell [über gleichbed. *fr.* formel aus *lat.* fōrmālis, s. formal]: 1. förmlich, die Formen [peinlich] beobachtend. 2. der Form od. einer Vorschrift nach, äußerlich. 3. zum Schein [vorgenommen], unverbindlich

formidabel [über *fr.* formidable aus gleichbed. *lat.* formīdābilis zu formīdāre „sich grausen"]: 1. (veraltet) furchtbar, grauenerregend. 2. außergewöhnlich, erstaunlich; großartig

formieren [z. T. über gleichbed. *fr.* former aus *lat.* fōrmāre „gestalten, bilden" zu fōrma „Gestalt, Umriß"]: 1. bilden, gestalten. 2. a) jmdn. od. etwas in einer bestimmten Reihenfolge aufstellen; b) sich -: sich in einer bestimmten Weise ordnen

Formular [zu *lat.* fōrmulārius „die Rechtsformeln (*lat.* fōrmulae) betreffend"] *das*; -s, -e: [amtlicher] Vordruck; Formblatt, Muster. **formulieren** [aus gleichbed. *fr.* formuler zu formule „Formel"]: etwas in die richtige sprachliche Form bringen, ausdrücken; etwas aussprechen, abfassen

Formyl [Kunstw. aus *nlat.* Acidum *form*icum „Ameisensäure" u. → ...*yl*] *das*; -s: Säurerest der Ameisensäure (Chem.)

Forsythie [*forsüzi*ᵉ; auch ...*ti*ᵉ; österr.: *forsizi*ᵉ; nach dem engl. Botaniker Forsyth (*forßaith*)] *die*; -, -n: Goldflieder (Ölbaumgewächs; Zierstrauch)

Fort [*for*; aus gleichbed. *fr.* fort zu fort „stark" aus *lat.* fortis „stark, tapfer"] *das*; -s, -s: abgeschlossenes, räumlich begrenztes Festungswerk

forte [aus gleichbed. *it.* forte, dies aus *lat.* fortis „stark"]: laut, stark, kräftig (Vortragsanweisung; Mus.); Abk.: f. **Forte** *das*; -s, -s u. ...ti: große Lautstärke, starke Klangfülle (Mus.). **fortepiano**: laut u. sofort danach leise (Vortragsanweisung; Mus.); Abk.: fp. **Fortepiano** *das*; -s, -s u. ...ni: 1. die laute u. sofort danach leise Tonstärke (Mus.). 2. (veraltet) Klavier, → Pianoforte. **fortissimo** [aus gleichbed. *it.* fortissimo]: sehr laut, äußerst stark u. kräftig (Vortragsanweisung; Mus.; Abk.: ff. **Fortissimo** *das*; -s, -s u. ...mi: sehr große Lautstärke, sehr starke Klangfülle (Mus.)

fortes fortuna adjuvat [- - ...*wat*; *lat.*]: den Mutigen hilft das Glück (lat. Sprichwort)

Fortis [zu *lat.* fortis „stark"] *die*; -, Fortes: mit großer Intensität gesprochener u. mit gespannten Artikulationsorganen gebildeter Konsonant (z. B. p, t, k, ß; Sprachw.); Ggs. → Lenis

Fortuna [nach der röm. Glücksgöttin] *die*; - (meist ohne Artikel): Erfolg, Glück. **Fortüne** [aus gleichbed. *fr.* fortune, dies aus *lat.* fortuna „Glück"] *die*; -: Glück, Erfolg

Forum [aus *lat.* forum „Marktplatz"] *das*; -s, ...ren, ...ra u. -s: 1. Markt- u. Versammlungsplatz in den römischen Städten der Antike (bes. im alten Rom). 2. Gericht, Gerichtshof (kath. Kirchenrecht). 3. Öffentlichkeit; Plattform. 4. geeigneter Personenkreis, der eine sachverständige Erörterung von Problemen od. Fragen garantiert. **Forumsdiskussion** *die*; -, -en: öffentliche Diskussion, bei der ein anstehendes Problem von Sachverständigen u. Betroffenen erörtert wird

forzando vgl. sforzando. **forzato** vgl. sforzato

Fosbury-Flop [*foßb*ᵉ*riflop*; nach dem amerik. Leichtathleten D. Fosbury; zu *engl.* flop „das Hinplumpsen"] *der*; -s, -s: besondere Sprungtechnik beim Hochsprung

fossil [aus *lat.* fossilis „ausgegraben"]: vorweltlich, urzeitlich; als Versteinerung erhalten; Ggs. → rezent (1). **Fossil** *das*; -s, -ien [...*i*ᵉ*n*]: Versteinerung, versteinerter Rest von Tieren od. Pflanzen aus früheren Epochen der Erdgeschichte. **fossilisieren**: versteinern, zu Fossilien werden

Foto *das*; -s, -s (schweiz. *die*; -, -s): Kurzform von Fotografie (2). **foto..., Foto...**: in Zusammensetzungen auftretendes Bestimmungswort mit der Bedeutung „Licht, Lichtbild", z. B. fotogen; vgl. photo..., Photo... **fotogen** [nach gleichbed. *engl.* photogenic; vgl. ...gen]: zum Filmen od. Fotografieren besonders geeignet, bildwirksam (bes. von Personen). **Fotogenität** *die*; -: Bildwirksamkeit (z. B. eines Gesichts). **Foto|graf** [aus gleichbed. *engl.* photograph zu *gr.* phōs, Gen. phōtós „Licht" u. gráphein „schreiben"] *der*; -en, -en: jmd., der [berufsmäßig] Fotografien macht. **Fotografie** *die*; -, ...ien: 1. (ohne Plural) Verfahren zur Herstellung dauerhafter, durch elektromagnetische Strahlen od. Licht erzeugter Bilder. 2. einzelnes Lichtbild, Foto. **fotografieren**: mit dem Fotoapparat Bilder machen. **fotografisch**: die Fotografie od. das Fotografieren betreffend, mit Hilfe der Fotografie [erfolgend]. **Fotokopie** *die*; -, ...ien: fotografisch hergestellte Kopie eines Schriftstücks, einer Druckseite od. eines Bildes, Ablichtung. **fotokopieren**: ein Schriftstück, eine Druckseite o. ä. fotografisch vervielfältigen, ablichten. **Fotomontage** [*fotomontasch^e*]: 1. Zusammensetzung verschiedener Bildausschnitte zu einem neuen Gesamtbild. 2. ein durch Fotomontage hergestelltes Bild. **Fotoobjektiv** *das*; -s, -e [*...w^e*]: Linsenkombination an Fotoapparaten zur Bilderzeugung. **Fotooptik** *die*; -, -en: Kameraobjektiv. **Fotothek** *die*; -, -en: Sammlung von Fotografien od. Lichtbildern. **fototrop**: sich unter Lichteinwirkung (UV-Licht) verfärbend (von Brillengläsern)

Fötus vgl. Fetus

foul [*faul*; aus gleichbed. *engl.* foul, eigtl. „schmutzig, häßlich"]: regelwidrig, gegen die Spielregeln verstoßend (Sport); Ggs. → fair. **Foul** *das*; -s, -s: regelwidrige Behinderung eines gegnerischen Spielers, Regelverstoß (Sport). **foulen** [*faul^en*]: einen gegnerischen Spieler regelwidrig behindern (Sport)

Foulard [*fular*; schweiz. *fular*; aus gleichbed. *fr.* foulard] *der*; -s, -s: leichtes [Kunst]seidengewebe. **Foulardine** [*...din*] *die*; -: bedrucktes, feinfädiges Baumwollgewebe in Atlasbindung (Webart). **Foulé** [*fule*; zu *fr.* fouler „walken"] *der*; -[s], -s: weicher, kurz gerauhter Wollstoff

Fourgon [*furgong*; schweiz.: *furgong*; aus gleichbed. *fr.* fourgon] *der*; -s, -s: (schweiz.) Militärlastwagen

Four-letter-word [*forlät^er^uör^d*; aus gleichbed. *engl.* four-letter word, eigtl. „Vierbuchstabenwort", nach *engl.* to fuck = Geschlechtsverkehr ausüben] *das*; -s, -s: vulgäres [Schimpf]wort [aus dem Sexualbereich]

Fox *der*; -[e]s, -e: Kurzform von: Foxterrier u. Foxtrott. **Foxterrier** [*...ri^er*; aus gleichbed. *engl.* fox terrier; vgl. Terrier] *der*; -s, -: rauhhaariger engl. Jagd- u. Erdhund. **Foxtrott** [aus gleichbed. *engl.-amerik.* fox-trot, eigtl. „Fuchsschritt"] *der*; -[e]s, -e: marschähnlicher Tanz im $^4/_4$-Takt (um 1910 in Nordamerika entstanden)

Foyer [*foaje*; aus gleichbed. *fr.* foyer, eigtl. „Herd(raum)", zu *lat.* focus „Herd, Feuerstätte"] *das*; -s, -s: Vorhalle, Wandelhalle, Wandelgang [im Theater]

fp = fortepiano

fr = Franc. **Fr** = chem. Zeichen für: Francium

Fr. = Frater

fragil [aus gleichbed. *fr.* fragilis zu frangere „brechen"]: zerbrechlich; zart. **Fragilität** *die*; -: Zartheit, Zerbrechlichkeit

Fragment [aus *lat.* frāgmentum „Bruchstück" zu frangere „brechen"] *das*; -[e]s, -e: 1. Bruchstück, Überrest. 2. unvollständiges [literarisches] Werk. **fragmentär**: (selten) fragmentarisch. **fragmentarisch**: bruchstückhaft, unvollendet

frais, fraise [*fräs*; zu *fr.* fraise „Erdbeere", dies zu gleichbed. *lat.* fragum]: erdbeerfarbig

Fraktion [*...zion*; aus *lat.* frāctio „das Brechen" zu frangere „brechen", in Bed. 1 über *fr.* fraction unter Einfluß von *lat.* factio „politische Partei"] *die*; -, -en: 1. die Gesamtheit der politischen Vertreter einer Partei im Parlament. 2. bei einem Trenn- bzw. Reinigungsverfahren anfallender Teil eines Substanzgemischs (Chem.). **fraktionell**: eine Fraktion betreffend, eine Fraktion bildend. **fraktionieren**: Flüssigkeitsgemische aus Flüssigkeiten mit verschiedenem Siedepunkt durch Verdampfung isolieren (Chem.). **Fraktionierung** *die*; -, -en: 1. Bildung abgesonderter Gruppen in einer politischen Organisation. 2. Zerlegung eines chemischen Prozesses in mehrere Teilabschnitte (Chem.). **Fraktionszwang** *der*; -s: Pflicht der Mitglieder einer Fraktion, einheitlich zu stimmen

Fraktur [aus *lat.* fractura „Bruch" zu frangere „brechen"] *die*; -, -en: 1. Knochenbruch (Med.). 2. eine Schreib- u. Druckschrift; - reden: deutlich u. unmißverständlich seine Meinung sagen

Franc [*frang*; aus gleichbed. *fr.* franc, dies verkürzt aus der Münzumschrift Francorum rex „König der Franken" (1360)] *der*; -, -s (aber: 100 Franc): Währungseinheit verschiedener europäischer Länder; Abk.: fr, Plural: frs; französischer -; Abk.: FF, (franz.:) F; belgischer -; Abk.: bfr, Plural: bfrs; Luxemburger -; Abk.: lfr, Plural: lfrs; Schweizer -; Abk.: sfr, Plural: sfrs

Française [*frangßäs^e*; aus *fr.* (danse) française „französischer Tanz"] *die*; -, -n: älterer franz. Tanz im $^6/_8$-Takt

Francium [*...zium*; nach dem *mlat.* Namen Francia für Frankreich] *das*; -s: radioaktives Element aus der Gruppe der Alkalimetalle; Zeichen: Fr.

franco [*...ko*] vgl. franko

frankieren [zu → franko]: Postsendungen freimachen. **franko** u. franco [*...ko*; aus gleichbed. *it.* (porto) franco, dies zu *mlat.* francus „frei", eigtl. „fränkisch"]: frei (d. h. die Transportkosten, bes. im Postverkehr, werden vom Absender bezahlt)

Frankokanadier [*...i^er*]: französisch sprechender Bewohner Kanadas. **frankophil**: Frankreich, seinen Bewohnern u. seiner Kultur besonders aufgeschlossen gegenüberstehend. **Frankophilie** *die*; -: Vorliebe für Frankreich, seine Bewohner u. seine Kultur

Franktireur [*frangtirör*; aus *fr.* franc-tireur „Freischütze"] *der*; -s, -e u. -s: (veraltet) Freischärler

Franziskaner [nach dem Ordensgründer Franziskus] *der*; -s, -: Angehöriger des vom hl. Franz v. Assisi 1209/10 gegründeten Bettelordens

französieren: auf franz. Art, nach franz. Geschmack gestalten

frappant [aus gleichbed. *fr.* frappant, Part. Präs. von frapper, s. frappieren]: schlagend, auffallend, treffend, überraschend. **Frappé** [*...pe*] *der*; -s, -s: 1. Gewebe mit eingepreßter Musterung. 2. ein mit kleingeschlagenem Eis serviertes alkoholisches Getränk. **frappieren** [aus gleichbed. *fr.* frapper, eigtl. „schlagen"]: 1. jmdn. überraschen, in Erstaunen versetzen. 2. Wein od. Sekt in Eis kalt stellen

Fräse vgl. Fraise

Frater [aus *lat.* frāter „Bruder"] *der*; -s, Fra|tres: 1. [Kloster]bruder vor der Priesterweihe; vgl. Pater. 2. Laienbruder eines Mönchsordens; Abk.: Fr.

Fraternisation [*...zion*; aus gleichbed. *fr.* fraternisation zu fraterniser „sich verbrüdern"] *die*; -, -en: Verbrüderung. **fraternisieren**: sich verbrüdern, vertraut werden. **Fraternität** [aus gleichbed. *lat.* frāternitās zu frāter „Bruder"] *die*; -, -en: 1. a) Brüderlichkeit; b) Verbrüderung. 2. [kirchliche] Bruderschaft. **Fraternité** [*...te*; aus *fr.* fraternité] *die*; -: Brüderlichkeit (eines der Schlagworte der Franz. Revolution); vgl. Égalité, Liberté

Free Jazz [- *dschäs*; aus *engl.-amerik.* free jazz] *der*; - -: auf freier Improvisation beruhendes Spielen von Jazzmusik

Freesie [*...si^e*; nach dem Kieler Arzt F. H. Th. Freese, † 1876] *die*; -, -n: eine Zierpflanze (Schwertliliengewächs)

Freezer [*fris^er*; aus gleichbed. *engl.* freezer zu to freeze „frieren"] *der*; -s, -: Gerät zum Eingefrieren von Speisen u. zum Lagern von tiefgefrorenen Lebensmitteln

Fregatte [aus gleichbed. *fr.* frégate, *it.* fregata] *die*; -, -n: 1. im 17. Jh. entstandener schneller, dreimastiger Kriegsschifftyp. 2. Geleitschiff. **Fregattenkapitän** *der*; -s, -e: Marineoffizier im Range eines Oberstleutnants

frenetisch [aus *fr.* frénétique „tobsüchtig, verrückt"]: stürmisch, rasend, tobend (bes. von Beifall, Applaus)

frequent [aus gleichbed. *lat.* frequēns, Gen. frequentis]: (veraltet) häufig, zahlreich

Frequentation [...*zion*; aus *lat.* frequentātio „Häufung"] *die*; -, -en: (veraltet) häufiges Besuchen. **Frequentativ**, **Frequentativum** [...*wum*; aus gleichbed. *lat.* verbum frequentātīvum] *das*; -s, ...iva [...*iwa*]: = Iterativ[um]. **frequentieren** [aus gleichbed. *lat.* frequentāre zu frequēns, s. o.]: etwas häufig besuchen; ein und aus gehen. **Frequenz** [aus *lat.* frequentia „zahlreiches Vorhandensein, Häufigkeit"] *die*; -, -en: 1. Höhe der Besucherzahl; Zustrom, Verkehrsdichte. 2. Schwingungs-, Periodenzahl von Wellen in der Sekunde (Phys.). **Frequenzmodulation** [...*zion*] *die*; -, -en: Änderung der Frequenz der Trägerwelle entsprechend dem Nachrichteninhalt (Funkw.); Abk.: FM

Freske [aus gleichbed. *fr.* fresque] *die*; -, -n: = [1]Fresko. [1]**Fresko** [aus *it.* (pittura a) fresco „Gemälde auf frischem (Putz)" zu fresco „frisch" (germ. Wort)] *das*; -s, ...ken: auf noch feuchtem Kalkmörtel ausgeführte Malerei (Kunstw.). [2]**Fresko** [nach → [1]Fresko] *der*; -s: poröses, im Griff hartes Wollgewebe in Leinenbindung (Webart). **Freskomalerei** *die*; -: Malerei auf feuchtem Putz; Ggs. → Seccomalerei

frettieren: mit dem Frett[chen] jagen

Fridatte: oberd. für → Frittate

frigid, frigide [aus *lat.* frīgidus „kalt; lau, matt"]: [gefühls]kalt, sexuell nicht hingabefähig (von Frauen; Med.). **Frigidität** *die*; -: Gefühlskälte; Unfähigkeit zur sexuellen Lustempfindung (von Frauen; Med.)

Frigidaire Ⓦⓩ [...*där*, bei franz. Ausspr.: *frischidär*, ugs. u. österr. auch: *fridschi*...; aus gleichbed. *fr.* frigidaire; s. Frigidarium] *der*; -s, -[s]: Kühlschrank[marke]. **Frigidarium** [aus gleichbed. *lat.* frīgidārium zu frīgidus „kalt"] *das*; -s, ...ien [...*i*[e]*n*]: 1. Abkühlungsraum in altröm. Bädern. 2. kaltes Gewächshaus

Frikadelle [wohl über *niederl.* frikadel aus gleichbed. *fr.* fricadelle] *die*; -, -n: gebratener Kloß aus Hackfleisch, deutsches Beefsteak

Frikandeau [...*kando*; aus gleichbed. *fr.* fricandeau] *das*; -s, -s: zarter Fleischteil an der inneren Seite der Kalbskeule (Kalbsnuß)

Frikandelle [Mischbildung aus → Frikadelle u. → Frikandeau] *die*; -, -n: 1. Schnitte aus gedämpftem Fleisch. 2. = Frikadelle

Frikassee [...*ße*; aus gleichbed. *fr.* fricassée zu fricasser „frikassieren", dies wahrscheinlich Mischform aus frire „braten" u. casser „brechen, zerreißen"] *das*; -s, -s: Ragout aus weißem Geflügel-, Kaninchen-, Lamm- od. Kalbfleisch. **frikassieren**: als Frikassee zubereiten

frikativ [zu *lat.* fricāre „reiben"]: durch Reibung hervorgebracht (von Lauten; Sprachw.). **Frikativ** *der*; -s, -e [...*w*[e]] (meist Plural): Reibelaut (z. B. sch, f; Sprachw.). **Frikativum** [...*iwum*] *das*; -s, ...iva [...*iwa*]: (veraltet) Frikativ. **Friktion** [...*zion*; aus *lat.* frictio „das Reiben"] *die*; -, -en: 1. Reibung (Techn.). 2. eine Form der Massage (kreisförmig reibende Bewegung der Fingerspitzen)

Frisbee [*frisbi*; aus gleichbed. *engl.* frisbee] *das*; -, -s: kleine, runde Wurfscheibe aus Plastik (Sportgerät)

Friseur [...*sör*; französierende Bildung zu → frisieren], (eingedeutscht:) Frisör *der*; -s, -e: Mann, der in Ausübung seines Berufs anderen Personen das Haar pflegt u. schneidet. **Friseurin** [...*örin*], (eingedeutscht:) Frisörin *die*; -, -nen: (bes. österr.) Friseuse. **Friseuse** [...*sös*[e]], (eingedeutscht:) Frisöse *die*; -, -n: weibliche Person, die anderen in Ausübung ihres Berufs das Haar pflegt u. schneidet. **frisieren** [über gleichbed. *niederl.* friseeren aus *fr.* friser „kräuseln, die Haare herrichten"]: 1. jmdn. od. sich kämmen; jmdm. od. sich selbst die Haare [kunstvoll] herrichten. 2. (ugs.) etwas [in betrügerischer Absicht] so herrichten, daß es eine [unerlaubte] Veränderung der vorgegebenen Ware od. Sache bewirkt (z. B. einen Motor, eine Bilanz). **Frisör** vgl. Friseur. **Frisörin** vgl. Friseurin. **Frisöse** vgl. Friseuse. **Frisur** [zu → frisieren] *die*; -, -en: 1. Art u. Weise, in der das Haar geordnet ist. 2. [unerlaubte] Veränderung einer Sache, die eine Verbesserung bewirken soll

Friteuse [...*ös*[e]; französierende Bildung zu → fritieren] *die*; -, -n: elektrisches Gerät zum Fritieren von Speisen. **fritieren** [zu *fr.* frit „gebraten, gebakken", Part. Perf. von frire aus *lat.* frīgere „rösten"]: Speisen od. Gebäck in schwimmendem Fett braun backen (Gastr.). **Frittate** [aus gleichbed. *it.* frittata zu fritto „gebacken, gebraten", Part. Perf. von friggere aus *lat.* frīgere „rösten"] *die*; -, -n: [kleiner] Eierkuchen, süß gefüllt od. auch geschnitten als Suppeneinlage. **Fritüre** [aus gleichbed. *fr.* friture; vgl. fritieren] *die*; -, -n: 1. heißes Fett- od. Ölbad zum Ausbacken von Speisen. 2. eine in heißem Fett ausgebackene Speise

frivol [...*wol*; aus gleichbed. *fr.* frivol, eigtl. „nichtig, unbedeutend", aus *lat.* frivolus „wertlos"]: a) leichtfertig, bedenkenlos; b) das sittliche Empfinden, die geltenden Moralbegriffe verletzend; schamlos, frech. **Frivolität** *die*; -, -en: a) Bedenkenlosigkeit, Leichtfertigkeit; b) Schamlosigkeit, Schlüpfrigkeit

Fronde [*frongd*[e]; aus gleichbed. *fr.* fronde (urspr. Spottname der Partei)] *die*; -: 1. a) Oppositionspartei des franz. Hochadels im 17. Jh.; b) der Aufstand des franz. Hochadels gegen das → absolutistische Königtum (1648–1653). 2. scharfe politische Opposition, oppositionelle Gruppe innerhalb einer politischen Partei od. einer Regierung. **Frondeur** [*frongdör*; aus gleichbed. *fr.* frondeur zu fronder „(politisch) unzufrieden sein", eigtl. „schleudern, werfen"] *der*; -s, -e: 1. Anhänger der Fronde (1). 2. scharfer politischer Opponent u. Regierungsgegner. **frondieren**: als Frondeur tätig sein

Front [aus *fr.* front „Stirn, Vorderseite, vordere Linie", dies aus gleichbed. *lat.* frōns, Gen. frontis] *die*; -, -en: 1. a) Vorder-, Stirnseite; b) die ausgerichtete vordere Reihe einer angetretenen Truppe. 2. Gefechtslinie, an der feindliche Streitkräfte miteinander in Feindberührung kommen; Kampfgebiet. 3. geschlossene Einheit, Block. 4. (meist Plural) Trennungslinie, gegensätzliche Einstellung. 5. Grenzfläche zwischen Luftmassen von verschiedener Dichte u. Temperatur (Meteor.). **frontal**: a) an der Vorderseite befindlich, von der Vorderseite kommend, von vorn; b) unmittelbar nach vorn gerichtet

Fronti|spiz [über gleichbed. *fr.* frontispice aus *mlat.* frontispicium „Vordergiebel" zu *lat.* frōns „Stirn" u. spicere „sehen"] *das*; -es, -e: 1. Giebeldreieck [über einem Gebäudevorsprung] (Archit.). 2. Verzierung eines Buchtitelblatts (Buchw.)

Fronton [*frongtong*]: = Frontispiz (1)

Froster [anglisierende Bildung zu *dt.* Frost] *der*; -s, -: Tiefkühlteil eines Kühlapparats

Frottage [...*asch*; aus *fr.* frottage „das Reiben"] *die*; -, -n [...*en*]: a) (ohne Plural) graphisches Verfahren, bei dem Papier auf einen prägenden Untergrund (z. B. Holz) gedrückt wird, um dessen Struktur sichtbar zu machen, Durchreibung; b) Graphik, die diese Technik aufweist. **Frottee** [...*te*; zu → frottieren] *das* od. *der*; -[s], -s: stark saugfähiges [Baum]wollgewebe mit noppiger Oberfläche. **frottieren** [aus *fr.* frotter „reiben, frottieren"]: 1. die Haut [nach einem Bad] mit Tüchern od. Bürsten [ab]reiben. 2. (veraltet) bohnern

Frou|frou [*frufru*; aus gleichbed. *fr.* frou-frou (lautmalende Bildung)] *der* od. *das*; -: das Rascheln u. Knistern der eleganten u. üppigen (bes. für die Zeit um 1900 charakteristischen) weiblichen Unterkleidung

frs vgl. Franc

Fructose, (eingedeutscht): Fruktose [zu *lat.* frūctus „Frucht" u. → ...ose] *die*; -: Fruchtzucker

frugal [über gleichbed. *fr.* frugal aus *lat.* frūgālis „zu den Früchten gehörend, aus Früchten bestehend" zu frūx „Frucht"]: einfach, mäßig, kärglich (von Speisen); Ggs. → opulent

Fruktose vgl. Fructose

Fru|stration [...*zion*; aus *lat.* frūstrātio „Täuschung einer Erwartung", s. frustrieren] *die*; -, -en: Erlebnis einer wirklichen od. vermeintlichen Enttäuschung u. Zurücksetzung durch erzwungenen Verzicht od. Versagung von Befriedigung (Psychol.). **fru|strieren** [aus *lat.* frūstrāre „in der Erwartung täuschen" zu frūstrā „vergebens"]: 1. die Erwartung von jmdm. enttäuschen, jmdm. bewußt od. unbewußt ein Bedürfnis versagen. 2. (veraltet) vereiteln, täuschen

Frutti di mare [aus gleichbed. *it.* frutti di mare, eigtl. „Früchte des Meeres"] *die* (Plural): mit dem Netz gefangene kleine Meerestiere (z. B. Muscheln, Austern)

ft = Foot

Ft. = Forint

Fuchsie [...*ie*; nach dem Botaniker L. Fuchs, 16. Jh.] *die*; -, -n [...*ien*]: eine Zierpflanze (Nachtkerzengewächs)

fud. = fudit. **fudit** [aus *lat.* fūdit „hat (es) gegossen", Perf. von fundere „gießen"; vgl. Fusion]: Aufschrift auf gegossenen Kunstwerken u. Glocken hinter dem Namen des Künstlers od. Gießers; Abk.: fud.

fugal [zu → Fuge]: fugenartig, im Fugenstil (Mus.). **fugato** [aus gleichbed. *it.* fugato]: fugenartig, frei nach der Fuge komponiert. **Fugato** *das*; -s, -s u. ...ti: Fugenthema mit freien kontrapunktischen Umspielungen ohne die Gesetzmäßigkeit der Fuge (Mus.). **Fuge** [aus *mlat.* fuga „Kanon" bzw. *it.* fuga „Fuge", diese aus *lat.* fuga „Flucht" (die Stimmen „fliehen" voreinander)] *die*; -, -n: nach strengen Regeln durchkomponierte kontrapunktische Satzart (mit nacheinander in allen Stimmen durchgeführtem, festgeprägtem Thema; Mus.). **Fugette** u. **Fughetta** [*fugäta*; aus gleichbed. *it.* fughetta] *die*; -, ...tten: nach Fugenregeln gebaute, aber in allen Teilen verkürzte kleine Fuge. **fugieren**: ein Thema nach Fugenart durchführen (Mus.)

Fulgurit [zu *lat.* fulgur „Blitz"] *der*; -s, -e: 1. durch Blitzschlag röhrenförmig zusammengeschmolzene Sandkörner (Blitzröhre). 2. Ⓦⓩ Asbestzementbaustoff

Full dress [aus gleichbed. *engl.* full dress, eigtl. „volle Kleidung"] *der*; - -: großer Gesellschaftsanzug, Gesellschaftskleidung. **Full speed** [- *ßpit*; aus *engl.* full speed „volle Geschwindigkeit"] *die*; - -: das Entfalten der Höchstgeschwindigkeit [eines Autos]

fully fashioned [- *fäschend*; *engl.*; „mit voller Paßform"]: formgestrickt, formgearbeitet (von Kleidungsstücken)

fulminant [aus *lat.* fulmināns, Gen. fulminantis, Part. Präs. von fulmināre „blitzen, mit dem Blitz treffen"]: glänzend, mitreißend, großartig, ausgezeichnet

Fulminat [zu *lat.* fulmen „Blitz"] *das*; -[e]s, -e: hochexplosives Salz der Knallsäure

Fundament [aus gleichbed. *lat.* fundamentum] *das*; -[e]s, -e: 1. Unterbau, Grundbau, Sockel (Bauw.). 2. a) Grund, Grundlage; b) Grundbegriff, Grundlehre (Philos.). **fundamental**: grundlegend; schwerwiegend. **fundamentieren**: ein Fundament (1) legen; gründen

Fundation [...*zion*; aus *lat.* fundātio „Gründung", s. fundieren] *die*; -, -en: 1. (schweiz.) Fundament[ierung] (Bauw.). 2. [kirchliche] Stiftung. **fundieren** [aus *lat.* fundāre „den Grund legen (für etwas)", s. Fundus]: 1. etwas mit dem nötigen Fundus (2) ausstatten, mit den nötigen Mitteln versehen. 2. [be]gründen, untermauern (z. B. von Behauptungen). **fundiert**: 1. [fest] begründet, untermauert (von Ansichten). 2. durch Grundbesitz gedeckt, sichergestellt (z. B. von einer Schuld). **Fundus** [aus *lat.* fundus „Boden, Grund, Grundlage"] *der*; -, -: Grund u. Boden, Grundstück. 2. Grundlage, Unterbau, Bestand, Mittel. 3. Gesamtheit der Ausstattungsmittel in Theater u. Film

fune|bre [*fünäbre*] u. **funerale** [aus gleichbed. *fr.* funèbre bzw. *it.* funerale (eigtl. „zum Leichenbegängnis gehörend", aus *lat.* funebris, funerālis zu fūnus „Bestattung")]: traurig, ernst (Vortragsanweisung; Mus.)

Fun-fur [*fanför*; aus gleichbed. *engl.* fun-fur] *der*; -s, -s: Pelzmantel, -jacke aus synthetischem Material

fungieren [aus *lat.* fungi „verrichten, vollziehen"]: a) ein Amt verrichten, verwalten; tätig, wirksam sein; b) als etw. dienen, wie etw. wirken

Funi vgl. Skifuni

Funikularbahn [zu gleichbed. *it.* funicolare, *fr.* funiculaire, diese zu *lat.* fūniculus „dünnes Seil"] *die*; -, -en: (veraltet) Drahtseilbahn

Funkie [...*kie*; nach dem dt. Apotheker H. Chr. Funk, 1771–1839]: eine Zierpflanze (Liliengewächs)

Funktion [...*zion*; aus *lat.* fūnctio „Verrichtung; Geltung"] *die*; -, -en: 1. a) (ohne Plural) Tätigkeit, das Arbeiten (z. B. eines Organs); b) Amt, Stellung (von Personen); c) [klar umrissene] Aufgabe innerhalb eines größeren Zusammenhanges, Rolle. 2. veränderliche Größe, die in ihrem Wert von einer anderen abhängig ist (Math.). 3. auf die drei wesentlichen Hauptakkorde (→ Tonika, → Dominante, → Subdominante) zurückgeführte harmonische Beziehung (Mus.). 4. (Sprachw.) Leistung eines sprachlichen Elements, der Sprache [als Kommunikationsmittel]. **funktional**: = funktionell; vgl. ...al/...ell. **Funktional** *das*; -s, -e: eine → Funktion (2) mit beliebigem Definitionsbereich, deren Werte → komplexe od. → reelle Zahlen sind (Math.). **Funktionalismus** *der*; -: ausschließliche Berücksichtigung des Gebrauchszweckes bei der Gestaltung von Gebäuden unter Verzicht auf jede zweckfremde Formung (Archit.). **Funktionär** [nach *fr.* fonctionnaire „Beamter" zu → Funktion] *der*; -s, -e: offizieller Beauftragter eines wirtschaftlichen, sozialen od. politischen Verbandes od. einer Sportorganisation. **funktionell** [nach gleichbed. *fr.* fonctionnel]: 1. a) auf die Leistung bezogen, durch Leistung bedingt; b) wirksam; c) die Funktion (1c) erfüllend, im Sinne der Funktion wirksam, die Funktion betreffend. 2. die Beziehung eines Tones (Klanges) hinsichtlich der drei Hauptakkorde betreffend. 3. die Leistungsfähigkeit eines Organs betreffend. **funktionieren** [nach gleichbed. *fr.* fonctionner]: a) in [ordnungsgemäßem] Betrieb sein; reibungslos ablaufen; vorschriftsmäßig erfolgen; b) (ugs.) [bedingungslos] gehorchen. **Funktionsverb** *das*; -s, -en: ein Verb, das in einer festen Verbindung mit einem Substantiv gebraucht wird, wobei das Substantiv den Inhalt der Wortverbindung bestimmt (z. B. in Wut geraten; Sprachw.)

Furage [*furasch^e*; aus gleichbed. *fr.* fourrage] *die*; -: a) Lebensmittel, Mundvorrat (für die Truppe); b) Futter der Militärpferde. **furagieren**: Lebensmittel, Futter bekommen od. beschaffen (Mil.)

Furiant [aus *tschech.* furiant, zu → Furie] *der*; -[s], -s: böhmischer Nationaltanz im schnellen $^3/_4$-Takt mit scharfen rhythmischen Akzenten

Furie [...*i^e*; aus gleichbed. *lat.* Furia, eigtl. „Wut, Raserei"] *die*; -, -n: 1. römische Rachegöttin; vgl. Erinnye. 2. eine in Wut geratene Frau

Furier [aus gleichbed. *fr.* fourrier, vgl. Furage] *der*; -s, -e: der für Verpflegung u. Unterkunft einer Truppe sorgende Unteroffizier

furios [aus *lat.* furiōsus „wütend, rasend", s. Furie]: a) wütend, hitzig; b) mitreißend, glänzend. **furioso** [aus gleichbed. *it.* furioso]: wild, stürmisch, leidenschaftlich (Vortragsanweisung; Mus.). **Furioso**, *das*; -s, -s oder Furiosi: 1. leidenschaftlich bewegtes Musikstück. 2. Leidenschaftlichkeit, Raserei

Furlana u. **Furlane** vgl. Forlana

Furnier [zu → furnieren] *das*; -s, -e: dünnes Deckblatt aus gutem, meist auch gut gemasertem Holz (neuerdings auch aus Kunststoff), das auf weniger wertvolles Holz aufgeleimt wird. **furnieren** [aus *fr.* fournir „mit etwas versehen" (germ. Wort)]: mit Furnier belegen

Furor [aus gleichbed. *lat.* furor] *der*; -s: Wut, Raserei. **Furor teutonicus** [- ...*kuß*; *lat.*] *der*; - -: 1. germanischer Angriffsgeist. 2. Aggressivität als unterstelltes Wesensmerkmal der Deutschen

Furore [über *it.* furore „Wut, Begeisterung" aus gleichbed. *lat.* furor] *die*; -, od. *das*; -s: rasender Beifall; Leidenschaftlichkeit; - machen: Aufsehen erregen, Beifall erringen

Furunkel [aus gleichbed. *lat.* furunculus, eigtl. „kleiner Dieb"] *der* (auch: *das*); -s, -: akut-eitrige Entzündung eines Haarbalgs u. seiner Talgdrüse, Eitergeschwür (Med.). **Furunkulose** *die*; -, -n: ausgedehnte Furunkelbildung (Med.)

Füsilier [aus gleichbed. *fr.* fusilier zu fusil „Flinte"] *der*; -s, -e: (schweiz., sonst veraltet) Infanterist

füsilieren [aus gleichbed. *fr.* fusiller zu fusil „Flinte"]: standrechtlich erschießen. **Füsillade** [...*ijad^e*] *die*; -, -n: [massenweise] standrechtliche Erschießung von Soldaten

Fusion [aus *lat.* fusio „das Gießen, Schmelzen" zu fundere „gießen, fließen lassen"] *die*; -, -en: Verschmelzung. **fusionieren**: verschmelzen (von zwei od. mehreren [großen] Unternehmen)

Fustanella [über *it.* fustanella aus gleichbed. *ngr.* phoustanella] *die*; -, ...llen: kurzer Männerrock der griechischen Nationaltracht (Albaneserhemd)

Fusti [aus *it.* fusti, Plural von fusto „Stengel, Stiel"] *die* (Plural): 1. Unreinheiten einer Ware. 2. Vergütung, Entschädigung für Unreinheiten einer Ware

Fu|thark [*futhark*; nach den ersten sechs Runenzeichen] *das*; -s, -e: das älteste germanische Runenalphabet

Futteral [aus *mlat.* fōtrāle, futrāle zu fōtrum „Überzug" (germ. Wort; vgl. *dt.* Futter)] *das*; -s, -e: a) gefütterte [Schutz]hülle, Überzug; b) Behälter

Futur [aus gleichbed. *lat.* futūrum, eigtl. „das Zukünftige"] *das*; -s, -e: die Zukunft bezeichnende Zeitform (z. B. er wird gehen; Sprachw.). **futurisch**: das Futur betreffend, im Futur auftretend (Sprachw.). **Futurismus** *der*; -: von Italien ausgehende literarische, künstlerische u. politische Bewegung des beginnenden 20. Jh.s, die den völligen Bruch mit der Überlieferung u. ihren Traditionswerten forderte. **Futurist** *der*; -en, -en: Anhänger des Futurismus. **futuristisch**: zum Futurismus gehörend. **Futurologe** *der*; -n, -n: Wissenschaftler auf dem Gebiet der Futurologie. **Futurologie** *die*; -: moderne Wissenschaft, die sich mit den erwartbaren zukünftigen Entwicklungen auf technischem und wirtschaftlichem u. sozialem Gebiet beschäftigt. **futurologisch**: die Futurologie betreffend. **Futurum** *das*; -s, ...ra: (veraltet) = Futur. **Futurum exaktum** [zu *lat.* exigere „vollenden"] *das*; - -, ...ra ...ta: vollendetes Futur (z. B. er wird gegangen sein; Sprachw.)

fz = forzato

G

g = Gramm

G = Giga...

Ga = chem. Zeichen für: Gallium

Gabardine [*gabardin*, auch: ...*din*; aus gleichbed. *fr.* gabardine, dies aus *span.* gabardina „eng anschließender Männerrock"] *der*; -s (auch: *die*; -): Gewebe mit steillaufenden Schrägrippen (für Kleider, Mäntel u. Sportkleidung)

Gadolinium [nach dem finn. Chemiker J. Gadolin, 1760–1852] *das*; -s: zu den seltenen Erdmetallen gehörender chem. Grundstoff; Zeichen: Gd

Gag [*gäg*; aus gleichbed. *engl.-amerik.* gag, eigtl. „Knebel"] *der*; -s, -s: a) witziger Einfall (bes. in Film, Theater, Kabarett), technischer Trick; b) (ugs.) Überraschungseffekt

gaga [aus *fr.* gaga „kindisch" (lautmalend)]: trottelig

Gagat [aus gleichbed. *gr.-lat.* gagátēs] *der*; -[e]s, -e: als Schmuckstein verwendete Pechkohle

Gage [*gasch^e*; aus *fr.* gage „Pfand, Löhnung"] *die*; -, -n: Bezahlung, Gehalt von Künstlern

gaiement [*gämang*] vgl. gaîment

Gail|larde [...*jard^e*; aus gleichbed. *fr.* gaillarde zu gaillard „lustig, munter"] *die*; -, -n: 1. lombardischer Springtanz im $^3/_4$-Takt, als Nachtanz der

→ Pavane getanzt (15. Jh.). 2. leichter, ausgelassener Tanz in Frankreich (17. Jh.). 3. Satz der → Suite (3) (bis etwa 1600)

gaîment [*gämang*; aus gleichbed. *fr.* gaîment, gaiement zu gai „fröhlich" (germ. Wort)]: lustig, fröhlich, heiter (Vortragsanweisung; Mus.). **gaio** [*gajo*; aus gleichbed. *it.* gaio, dies aus *fr.* gai]: = gaîment

gal = Gallone

Gal [Kurzw. für den Namen Galileo Galilei] *das*; -s, -: physikal. Einheit der Beschleunigung

Gala [aus *span.* gala „Festkleidung"] *die*; -: 1. Festkleidung. 2. (hist.) Hoftracht. 3. Galavorstellung. 4. aus einer Elite bestehende Besetzung. **Gala...** in Zusammensetzungen auftretendes Bestimmungswort mit der Bedeutung: a) festlich, in festlichem Rahmen veranstaltet, z. B. Galakonzert, Galaempfang, Galavorstellung; b) für festliche Gelegenheiten bestimmt, z. B. Galauniform

galaktisch [zu → Galaxie]: zum System der Milchstraße (→ Galaxie) gehörend. **Galaktometer** [zu *gr.* gála, Gen. gálaktos „Milch" u. → [1]...meter] *das*; -s, -: Meßgerät zur Bestimmung des Fettgehaltes der Milch. **Galaktose** *die*; -, -n: Bestandteil des Milchzuckers

Galan [aus gleichbed. *span.* galan zu galan(o) „hübsch, elegant", dies zu → Gala] *der*; -s, -e: (ironisch) [vornehm auftretender] Liebhaber

galant [aus gleichbed. *fr.* galant, urspr. Part. Präs. von *altfr.* galer „sich amüsieren"]: a) bes. höflich den Damen gegenüber u. dabei geschmeidige Umgangsformen zeigend; b) Liebes..., amourös (z. B. galantes Abenteuer, galantes Erlebnis); c) entgegenkommend, rücksichtsvoll, aufmerksam. **Galanterie** [aus gleichbed. *fr.* galanterie] *die*; -, ...ien: a) sich bes. in geschmeidigen Umgangsformen ausdrückendes höfliches, zuvorkommendes Verhalten gegenüber dem weiblichen Geschlecht; b) höfliches Entgegenkommen. **Galanterien** *die* (Plural): = Galanteriewaren. **Galanteriewaren** *die* (Plural): (veraltet) Mode-, Putz-, Schmuckwaren; modisches Zubehör wie Tücher, Fächer usw.

Galaxias [aus gleichbed. *gr.-lat.* galaxías zu *gr.* gála „Milch"] *die*; -: (veraltet) = Milchstraße. **Galaxie** u. **Galaxis** *die*; -, ...ien: 1. (ohne Plural) Milchstraße. 2. allg. Bezeichnung für Sternsysteme (Spiralnebel; Astron.)

Galeasse u. Galjaß [aus gleichbed. *fr.* galeace, -asse bzw. *niederl.* galjas, diese aus *it.* galeazza „große → Galeere"] *die*; -, ...assen: 1. Küstenfrachtsegler mit Kiel u. plattem Heck, mit Großmast u. kleinem Besanmast (vgl. Besan). 2. größere Galeere

Galeere [aus gleichbed. *it.* galera zu *mlat.* galea aus *mgr.* galía „Ruderschiff", dies wohl zu dem Fischnamen *gr.* galéē, eigtl. „Wiesel"] *die*; -, -n: im 11.–18. Jh. langes, zweimastiges Kriegsfahrzeug mit 25 bis 50 Ruderbänken, meist von Sklaven, Sträflingen oder Kriegsgefangenen gerudert

Galenit [zu gleichbed. *lat.* galēna] *der*; -s, -e: Bleiglanz, wichtiges Bleierz

Galeone u. Galione [aus *span.* galeon bzw. *niederl.* galjoen zu *mlat.* galea, s. Galeere] *die*; -, -n: großes span. u. port. Kriegs- u. Handelssegelschiff des 15.–18. Jh.s mit 3–4 Decks übereinander. **Galeote** u. Galiote *die*; -, -n u. Galjot [aus *it.* galeotta bzw. *niederl.* galjoot „kleine Galeere"] *die*; -, -en: der Galeasse (1) ähnliches kleineres Küstenfahrzeug

Galerie [aus *it.* galleria „bedeckter Säulengang"] *die*; -, ...ien: 1. in alten Schlössern ein mehrere Räume verbindender Gang od. ein langgestreckter Raum zum Aufhängen von Gemälden, für Festlichkeiten u. a. 2. (hist.) mit Schießscharten versehener, bedeckter Gang im Mauerwerk der Grabenwände einer Befestigung. 3. balkonartiger Umgang am Heck [auf älteren Kriegsschiffen]. 4. Laufgang um das Obergeschoß [eines Alpenblockhauses]. 5. Stollen (Berg- u. Tunnelbau). 6. (österr.) nach einer Seite offener Tunnel, Halbtunnel (Bahnbau). 7. glasgedeckte Passage mit Läden. 8. a) Empore; oberster Rang [im Theater]; b) das auf dem obersten Rang sitzende, meist auch soziologisch eine bestimmte Schicht verkörpernde Publikum. 9. a) Kunstsammlung; b) Kunsthandlung, bes. für Gemälde. 10. über 3 m langer u. etwa 1 m breiter Orientteppichläufer. 11. (ugs., scherzh.) beträchtliche Anzahl [von ...], z. B. eine [ganze] Galerie [schöner] Mädchen, von Gläsern

Galimathias [aus gleichbed. *fr.* galimatias] *der* od. *das*; -: sinnloses, verworrenes Gerede

Galion [über gleichbed. *mniederl.* galjoen aus *fr.* galion, *span.* galeon „Galeone" (s. d.)] *das*; -s, -s: Vorbau am Bug älterer Schiffe. **Galionsfigur** *die*; -, -en: aus Holz geschnitzte Verzierung des Schiffsbugs (meist in Form einer Frauengestalt)

Gallert *das*; -s, -e u. **Gallerte** [zu *mlat.* gelātria „Gefrorenes, Sülze", dies zu *lat.* gelāre; vgl. Gelatine] *die*; -, -n: steif gewordene, durchsichtige, gelatineartige Masse aus eingedickten pflanzl. u. tierischen Säften

gallikanisch [aus *lat.-mlat.* Gallicānus „gallisch, französisch" zum lat. Namen Gallia für Frankreich]: dem Gallikanismus entsprechend; -e K i r c h e: die mit Sonderrechten ausgestattete kath. Kirche in Frankreich vor 1789. **Gallikanismus** [aus gleichbed. *fr.* gallicanisme] *der*; -: franz. Staatskirchentum mit Sonderrechten gegenüber dem Papst (vor 1789); nationalkirchliche Bestrebungen in Frankreich bis 1789

gallisieren [zum Namen des dt. Chemikers L. Gall, 1791–1863]: bei der Weinherstellung dem Traubensaft Zuckerlösung zusetzen, um den Säuregehalt abzubauen od. den Alkoholgehalt zu steigern

Gallium [zu *lat.* gallus „Hahn" nach dem Entdecker P. E. Lecoq (1875; *fr.* coq = Hahn)] *das*; -s: chem. Grundstoff, Metall (Zeichen: Ga)

Gallizismus [zu *lat.* Gallicus „gallisch" in der Bed. „französisch"] *der*; -, ...men: Übertragung einer für das Französische charakteristischen sprachlichen Erscheinung auf eine nichtfranzösische Sprache im lexikalischen od. syntaktischen Bereich, sowohl fälschlicherweise als auch bewußt; vgl. Interferenz (2)

Galliambus [aus *lat.* galliambus, eigtl. → „Jambus der Galli, d. h. der Kybelepriester"] *der*; -, ...ben: antiker Vers aus → katalektischen ionischen → Tetrametern

Gallon [*gälᵉn*] *der* od. *das*; -[s], -s: = Gallone. **Gallone** [aus gleichbed. *engl.* gallon] *die*; -, -n: a) engl. Hohlmaß (= 4,546 l); Abk.: gal; b) amerik. Hohlmaß (= 3,785 l); Abk.: gal

gallophil [zu *lat.* Gallus „Gallier" in der Bed. „Franzose" u. → ...phil]: = frankophil. **Gallophilie** *die*; -: = Frankophilie

Gallussäure [zu *lat.* galla „Gallapfel"] *die*; -: in zahlreichen Pflanzenbestandteilen (z. B. Galläpfeln, Teeblättern, Rinden) vorkommende organische Säure

Galmei [auch: *ga*...; aus gleichbed. älter *fr.* calamine, *mlat.* calamina, dies aus *gr.* kadmeía „Galmei", s. Kadmium] *der*; -s, -e: Zinkspat, wichtiges Zinkerz (Geol.)

Galopp [z. T. über *it.* galoppo aus gleichbed. *fr.* galop zu galoper „Galopp reiten" (germ. Wort)] *der*; -s, -s u. -e: 1. Gangart, Sprunglauf des Pferdes; im G.: (ugs.) sehr schnell, in großer Eile (z. B. er hat den Aufsatz im Galopp geschrieben). 2. um 1825 aufgekommener schneller Rundtanz im $^2/_4$-Takt. **Galoppade** *die*; -, -n: (veraltet) = Galopp. **Galopper** [nach gleichbed. *engl.* galloper] *der*; -s, -: Rennpferd. **galoppieren** [über *it.* galoppare aus gleichbed. *fr.* galoper, s. Galopp]: (von Pferden:) im Sprunglauf gehen; -d: sich schnell verschlimmernd, negativ entwickelnd, z. B. galoppierende Schwindsucht, eine galoppierende Geldentwertung

Galosche [aus gleichbed. *fr.* galoche] *die*; -, -n: Gummiüberschuh

Galvanisation [...*wa...zion*; nach dem ital. Anatomen L. Galvani, 1737–1798]: Anwendung des elektr. Gleichstroms zu Heilzwecken. **galvanisch**: auf der elektrolytischen Erzeugung von elektrischem Strom beruhend. **Galvaniseur** [...*sör*; aus gleichbed. *fr.* galvanis(at)eur] *der*; -, -e: Facharbeiter für Galvanotechnik. **galvanisieren** [aus gleichbed. *fr.* galvaniser]: durch Elektrolyse mit Metall überziehen. **Galvanismus** *der*; -: Lehre vom galvanischen Strom. **Galvano**...: in Zusammensetzungen auftretendes Bestimmungswort mit der Bedeutung „durch galvanische Elektrizität hervorgerufen, mit galvanischer Elektrizität arbeitend", z. B. Galvanoplastik. **Galvanometer** *das*; -s, -: elektromagnetisches Meßinstrument für elektrischen Strom. **Galvanotechnik** *die*; -: Technik des → Galvanisierens

...**gam** [zu *gr.* gámos „Ehe"]: Wortbildungselement mit folgenden Bedeutungen: 1. „Befruchtung, Bestäubung betreffend", z. B. anemogam „vom Wind bestäubt". 2. „die Ehe betreffend", z. B. monogam; vgl. ...gamie

Gamasche [aus gleichbed. *fr.* gamache, dies aus *span.* guadamací „Leder aus Ghadames" (einer Stadt in Libyen)] *die*; -, -n: über Strumpf u. Schuh getragene [knöpfbare] Beinbekleidung aus Stoff od. Leder; aus Bändern gewickelte Beinbekleidung

Gambe [aus *it.* gamba „Bein, Schenkel", Kurzwort für viola da gamba „Kniegeige"] *die*; -, -n: Viola da gamba, mit den Knien gehaltenes Streichinstrument des 16. bis 18. Jh.s. **Gambist** [aus gleichbed. *it.* gambista] *der*; -en, -en: Musiker, der Gambe spielt

Gambit [über gleichbed. *span.* gambito aus *it.* gambetto, eigtl. „das Beinstellen", zu gamba „Bein"] *das*; -s, -s: Schacheröffnung mit einem Bauernopfer zur Erlangung eines Stellungsvorteils

...**game** [zu *gr.* gámos „Ehe"]: Wortbildungselement mit der Bed. „Pflanze od. Tier mit bestimmter Befruchtungsweise", z. B. Kryptogame „blütenlose Pflanze"; vgl. ...gamie

Gamelle [aus gleichbed. *fr.* gamelle, dies über *it.* gamella „Eßnapf" aus *lat.* camella „Schale"] *die*; -, -n: (schweiz.) Koch- u. Eßgeschirr der Soldaten

...**gamie** [zu *gr.* gámos „Ehe"] Wortbildungselement mit folgenden Bedeutungen: 1. „Befruchtung, Bestäubung", z. B. Allogamie. 2. „Ehe", z. B. Polygamie; vgl. ...gam

Gamma [aus *gr.* gámma] *das*; -[s], -s: griech. Buchstabe: Γ, γ. **Gammafunktion** [...*zion*] *die*; -: Verallgemeinerung des mathemat. Ausdrucks → Fakultät auf nichtnatürliche Zahlen. **Gammaquant** u. γ-Quant *das*; -s, -en: den → Gammastrahlen zugeordnetes Elementarteilchen. **Gammastrahlen** u. γ-Strahlen *die* (Plural): vom Ehepaar Curie entdeckte radioaktive Strahlung, physikal. eine kurzwellige Röntgenstrahlung

Ganeff [aus gleichbed. *jidd.* gannaw (Gaunerspr.)] *der*; -[s], -e: = Ganove

Gang [*gäng*; aus *engl.-amerik.* gang „Gruppe, Trupp; (Verbrecher)bande", eigtl. „das Gehen, Zusammengehen, gemeinsames Handeln"] *die*; -, -s: Horde, Rotte, organisierte Verbrecherbande (speziell von Jugendlichen)

Gan|glion [über *lat.* ganglion „Geschwulst, Überbein" aus gleichbed. *gr.* gagglíon] *das*; -s, ...ien [*i^en*]: Nervenknoten (Anhäufung von Nervenzellen)

Gan|grän *die*; -, -en, (auch:) *das*; -s, -e u. (selten:) **Gangräne** [über *lat.* gangraena aus gleichbed. *gr.* gággraina] *die*; -, -n: [bes. feuchter] Brand, Absterben des Gewebes (Med.)

Gangster [*gängßt^er*; aus gleichbed. *engl.-amerik.* gangster; vgl. Gang] *der*; -s, -: (meist in einer Bande organisierter) Schwerverbrecher

Gangway [*gäng^ue^i*; aus gleichbed. *engl.* gangway, eigtl. „Gehweg"] *die*; -, -s: beweglicher Laufgang zum Besteigen eines Schiffes od. Flugzeuges

Ganove [...*ow^e*; aus gleichbed. *jidd.* gannaw (Gaunerspr.)] *der*; -n, -n: (ugs., abwertend) Gauner, Spitzbube, Dieb

Ganymed [auch: *ga*...; nach dem Mundschenken des Zeus in der griech. Sage] *der*; -s, -e: (selten) junger Diener, Kellner

Garage [*garasch^e*; aus gleichbed. *fr.* garage, eigtl. „das Ausweichen, Ausweichstelle", zu garer „ausweichen"] *die*; -, -n: Einstellraum für Kraftfahrzeuge. **garagieren**: (österr. u. schweiz.) in einer Garage einstellen. **Garagist** *der*; -en, -en: (schweiz.) Besitzer einer Reparaturwerkstatt

Garant [aus gleichbed. *fr.* garant (germ. Wort; vgl. *ahd.* werēn „gewährleisten")] *der*; -en, -en: jmd., der Garantie leistet; Bürge, Gewährsmann. **Garantie** [aus gleichbed. *fr.* garantie zu garantir „garantieren"] *die*; -, ...ien: Bürgschaft, Gewähr[leistung], Sicherheit. **garantieren**: bürgen, verbürgen, gewährleisten

Garçon [*garßong*; aus gleichbed. *fr.* garçon, eigtl. „Dienstbursche"] *der*; -s, -s: 1. franz. Bezeichnung für: Kellner. 2. (veraltet) junger Mann, Knabe. **Garçonne** [...*on*] *die*; -: knabenhafte Mode um 1925 u. wieder um 1950. **Garçonniere** [*garßoniär^e*; aus *fr.* garçonnière „Junggesellenwohnung"] *die*; -, -n: (österr.) Einzimmerwohnung

Garderobe [aus gleichbed. *fr.* garde-robe, eigtl. „Kleiderverwahrung", zu garder „behüten" u. → Robe] *die*; -, -n: 1. gesamter Kleiderbestand einer Person. 2. Kleiderablage[raum]. 3. Ankleideraum (z. B. von Schauspielern). **Garderobier** [...*bie*] *der*; -s, -s: 1. männl. Person, die am Theater Künstler ankleidet und ihre Garderobe in Ordnung hält (Theat.). 2. (veraltet) Angestellter, der in der Kleiderablage tätig ist, der auf die Garderobe achtet. **Garderobiere** [...*biär^e*] *die*; -, -n: 1. weibl. Person, die am Theater Künstler ankleidet und ihre Garderobe in Ordnung hält (Theat.). 2. (veraltend) Garderobenfrau, Angestellte, die in der Garderobe tätig ist.

gardez! [*garde*; aus *fr.* gardez „schützen Sie (Ihre

Dame)!" zu garder „schützen, behüten"]: ein (von Laien bei privaten Schachpartien manchmal verwendeter) höflicher Hinweis für den Gegner, daß seine Dame geschlagen werden kann

Gardine [aus gleichbed. *niederl.* gordijn, eigtl. „Bettvorhang", dies über *fr.* courtine aus *kirchenlat.* cortīna „Vorhang"] *die*; -, -n: [durchsichtiger] Fenstervorhang

Gardist [zu Garde] *der*; -en, -en: Angehöriger der Garde

Garnele [aus gleichbed. *niederl.* mdal. garneel] *die*; -, -n: seitl. abgeflachtes Krebstier (mehrere Arten von wirtschaftlicher Bedeutung)

garnieren [aus gleichbed. *fr.* garnir, eigtl. „zum Schutz mit etwas versehen" (germ. Wort)]: mit Zubehör, Zutat versehen; einfassen; schmücken, verzieren

Garnison [aus *fr.* garnison „Besatzung", eigtl. „Schutzausrüstung" zu garnir; vgl. garnieren] *die*; -, -en: 1. Standort einer Truppe. 2. die Truppe des Standortes. 3. Besatzung. **garnisonieren**: in der Garnison [als Besatzung] liegen

Garnitur [aus gleichbed. *fr.* garniture zu garnir; vgl. garnieren] *die*; -, -en: 1. Verzierung, Besatz. 2. mehrere zu einem Ganzen gehörende Stücke (z. B. Wäsche-, Polster-, Schreibtischgarnitur); die erste, zweite Garnitur: (ugs.) die besten, weniger guten Vertreter aus einer Gruppe. 3. militärische Ausrüstung

Garrotte [aus gleichbed. *span.* garrote (Herkunft unsicher)] *die*; -, -n: Halseisen, Würgschraube, mit der in Spanien die Todesstrafe (durch Erdrosselung) vollstreckt wurde. **garrottieren**: mit der Garrotte erdrosseln

Gasolin Ⓦ[Kunstw.] *das*; -s: ein Kraftstoff. **Gasometer** [aus *fr.* gazomètre „Gasbehälter", eigtl. „Luft-, Gasmesser"; vgl. [1]...meter] *der*; -s, -: Behälter für Leuchtgas

Ga|sträa [zu *gr.* gastḗr, Gen. gastrós „Bauch, Magen"] *die*; -, ...äen: hypothetisches Urdarmtier

Ga|stritis [zu *gr.* gastḗr, Gen. gastrós „Bauch, Magen"] *die*; -, ...itiden: Magenschleimhautentzündung, Magenkatarrh. **gastro...**, **Gastro...**: Wortbildungselement mit der Bed. „Magen", z. B. Gastroskop „Magenspiegel"

Ga|stronom [aus *fr.* gastronome „Feinschmecker" (zu → Gastronomie)] *der*; -en, -en: Gastwirt mit besonderen Kenntnissen auf dem Gebiet der Kochkunst. **Gastronomie** [aus *fr.* gastronomie „Feinschmeckerei, feine Kochkunst", dies aus *gr.* gastronomía „Vorschrift zur Pflege des Bauches" (ein Buchtitel der Antike); vgl. gastro... u. ...nomie] *die*; -: 1. Gaststättengewerbe. 2. feine Kochkunst. **gastronomisch**: 1. das Gaststättengewerbe betreffend. 2. die feine Kochkunst betreffend

Ga|strula [zu *gr.* gastḗr, Gen. gastrós „Bauch, Magen"] *die*; -: zweischichtiger Becherkeim (Entwicklungsstadium vielzelliger Tiere; Zool.). **Gastrulation** [...*zion*] *die*; -: Bildung der → Gastrula in der Entwicklung mehrzelliger Tiere (meist durch Einstülpung; Zool.)

Gauchist [*gosch*...; aus gleichbed. *fr.* gauchiste zu gauche „links"] *der*; -en, -en: Anhänger einer linken Ideologie in Frankreich. **gauchistisch**: eine linke Ideologie in Frankreich betreffend

Gaucho [*gautscho*; aus gleichbed. *span.* gaucho (wohl indian. Wort)] *der*; -[s], -s: berittener südamerik. Viehhirt

Gaudeamus [1. Pers. Plur. Konj. Präs. von *lat.* gaudēre „sich freuen"; eigentlich: - igitur: „Freuen wir uns denn!"] *das*; -: Anfang eines mittelalterlichen Studentenliedes (Neufassung 1781 von Kindleben). **Gaudi** *das*; -s; südd. auch: *die*; -: (ugs.) = Gaudium. **Gaudium** [aus *lat.* gaudium „Freude, Vergnügen"] *das*; -s: Spaß, Belustigung

Gaullismus [*golįß*...; aus *fr.* gaullisme] *der*; -: nach dem franz. Staatspräsidenten General Ch. de Gaulle [*gol*] benannte politische Bewegung, die eine autoritäre Staatsführung u. die führende Rolle Frankreichs in Europa zum Ziele hat. **Gaullist** *der*; -en, -en: Verfechter u. Anhänger des Gaullismus. **gaullistisch**: den Gaullismus betreffend, zu ihm gehörend

Gault [*golt*; aus gleichbed. *engl.* gault (nach einem Gestein aus der Gegend von Cambridge)] *der*; -[e]s: zweitälteste Stufe der Kreide (Geol.)

Gaur [*Hindi*] *der*; -[s], -[s]: ind. Wildrind

Gavotte [*gawǫt*; aus gleichbed. *fr.* gavotte, dies aus *provenzal.* gavoto „Tanz der gavots, d. h. der Alpenbewohner"] *die*; -, -n [...*tᵉn*]: Tanz im $^2/_4$-Takt; in der Suite (3) Einschub nach der Sarabande

Gayal [*gajal*, auch: *gajal*; *Hindi*] *der*; -s, -s: hinterindisches leicht zähmbares Wildrind (Haustierform des → Gaur)

Gaze [*gasᵉ*; aus gleichbed. *fr.* gaze, dies über *span.* gasa wohl aus *arab.* qazz, *pers.* qäzz (eine Rohseide)] *die*; -, -n: 1. [als Stickgrundlage verwendetes] weitmaschiges [gestärktes] Gewebe aus Baumwolle, Seide o. ä. 2. Verbandmull

Gazelle [aus gleichbed. *it.* gazzella, dies aus *arab.* ġazāla „weibl. Gazelle"] *die*; -, -n: Antilopenart der Steppengebiete Nordafrikas und Asiens

Gazette [auch: *gasät*(ᵉ); aus *fr.* gazette „Zeitung", dies über *it.* gazetta aus gleichbed. *venezian.* gazeta, eigtl. Name einer Münze, für die im 16. Jh. ein Nachrichtenblatt verkauft wurde] *die*; -, -n: a) (oft scherzh.) Zeitung; b) Bestandteil des Titels mehrerer Fachzeitschriften

Gd = chem. Zeichen für: Gadolinium

Ge = chem. Zeichen für: Germanium

Gecko [aus gleichbed. *engl.* gecko, dies aus *malai.* gekok (lautmalend)] *der*; -s, -s u. ...onen: tropisches u. subtropisches eidechsenartiges Kriechtier (Insektenvertilger)

gehandikapt [*gᵉhändikäpt*; nach gleichbed. *engl.* handicapped]: durch etwas behindert, benachteiligt; vgl. handikapen

Geiser [eindeutschende Schreibung] *der*; -s, -: = Geysir

Gei|sha [*gescha*; über *engl.* geisha aus gleichbed. *jap.* geisha, zu gei „unterhaltende Kunst" u. sha „Person"] *die*; -, -s: Gesellschafterin, Tänzerin, Sängerin in japan. Teehäusern

Geison [aus *gr.* geíson „Sims"] *das*; -s, -s u. ...sa: Kranzgesims des antiken Tempels

Gel [Kurzform von → *Gel*atine] *das*; -s, -e: gallertartiger Niederschlag aus kolloider (vgl. kolloid) Lösung

Gelatine [*sche*...; über *fr.* gelatine aus gleichbed. *it.* gelatina, zu *lat.* gelātus „gefroren, erstarrt"; vgl. Gelee] *die*; -: Gallert; feinster geschmack- u. farbloser [Knochen]leim, der zum Eindicken von Säften verwendet wird. **gelatinieren**: zu Gelatine erstarren; kolloidale Lösungen in Gelatine verwandeln. **gelatinös**: gelatineartig

Gelee [*scheᵉle*; aus gleichbed. *fr.* gelée, zu geler „gefrieren, steif werden" aus *lat.* gelāre „gefrieren"] *das* od. *der*; -s, -s: a) halbfeste Masse aus → Gallert;

b) eingedickter, gallertartiger Frucht- od. Fleischsaft. **gelieren** [*sehe*...; aus *fr.* geler, s. Gelee]: zu Gelee werden

Gemini|pro|gramm [zu *lat.* gemini „Zwillinge"] *das*; -s: amerikan. Programm des Zweimannraumflugs (auf Bahnen um die Erde)

Gemmula [aus *lat.* gemmula „kleine Knospe"] *die*; -, ...lae [...*lä*] (meist Plural): widerstandsfähiger Fortpflanzungskörper der Schwämme, der ein Überdauern ungünstiger Lebensverhältnisse ermöglicht (Biol.)

Gen [aus *gr.* génos „Geschlecht, Gattung"] *das*; -s, -e (meist Plural): in den → Chromosomen lokalisierter Erbfaktor

Gen. = Genitiv

...gen [aus *gr.* -genēs „hervorbringend, verursachend; hervorgebracht, verursacht"]: bei Substantiven u. Adjektiven auftretendes Suffix mit der Bedeutung „erzeugend, bildend, liefernd; erzeugt", z. B. Kollagen, hämatogen, lithogen, polygen

genant [*seh*...; aus *fr.* gênant „beschwerlich, lästig", Part. Präs. von gêner, s. genieren]: a) belästigend, lästig, unangenehm, peinlich; b) gehemmt

Gendarm [*sehan*...; auch: *sehang*...; aus *fr.* gendarme „Polizeisoldat" zu älter *fr.* gens d'armes „bewaffnete Reiter (eigtl.: Männer)"] *der*; -en, -en: Angehöriger des Polizeidienstes (bes. auf dem Lande). **Gendarmerie** *die*; -, ...ien: staatl. Polizei in Landbezirken

Genealoge [aus *gr.* genealógos „jmd., der ein Geschlechtsregister (*gr.* genealogía, zu geneá „Geburt, Abstammung" u. → ...logie) anfertigt"] *der*; -n, -n: Forscher auf dem Gebiet der Genealogie. **Genealogie** *die*; -, ...ien: Wissenschaft von Ursprung, Folge u. Verwandtschaft der Geschlechter; Ahnenforschung. **genealogisch**: die Genealogie betreffend

Genera: *Plural* von → Genus

General [z. T. über gleichbed. *fr.* général aus *lat.* generālis „allgemein" in Fügungen wie *kirchenlat.* generālis abbas „Oberhaupt eines Mönchsordens"] *der*; -s, -e u. ...räle: 1. Offizier der höchsten Rangklasse. 2. a) oberster Vorsteher eines katholischen geistlichen Ordens od. einer → Kongregation; b) oberster Vorsteher der Heilsarmee. **General...** [aus *lat.* generālis „zur Gattung gehörend, allgemein"; vgl. Genus]: Bestimmungswort in Zus. mit der Bedeutung „Haupt..., Oberst...; allgemein, alle betreffend". **Generalbaß** *der*; ...basses, ...bässe: unter einer Melodiestimme stehende fortlaufende Baßstimme mit den Ziffern der für die harmonische Begleitung zu greifenden Akkordtöne (in der Musik des 17. u. 18. Jh.s). **Generaldirektor** *der*; -s, -en: Leiter eines größeren Unternehmens. **Generale**, **generalisieren** usw. vgl. unten. **Generalissimus** [aus gleichbed. *it.* generalissimo (superlativ zu *lat.* generalis, s. General] *der*; -, ...mi u. ...musse: oberster Befehlshaber (Titel Stalins, Francos u. a.). **Generalität** [zu → General] *die*; -: Gesamtheit der Generale. **Generalpause** *die*; -, -n: für alle Sing- u. Instrumentalstimmen geltende Pause; Abk.: G. P. **Generalprobe** *die*; -, -n: letzte Probe vor der ersten Aufführung eines Musik- od. Bühnenwerkes. **Generalstaaten** [nach *niederl.* Staten-Generaal aus *fr.* états généraux „allgemeine Landstände"] *die* (Plural): das niederländische Parlament. **Generalstreik** *der*; -s, -s: Streik, an dem sich die meisten Arbeitnehmer eines Landes beteiligen. **Generalvertrag** *der*; -[e]s: 1952 abgeschlossener Vertrag, der das Besatzungsstatut in der Bundesrepublik ablöste

Generale [aus *lat.* generāle, Neuw. von generālis „zum Geschlecht, zur Gattung gehörend, allgemein"] *das*; -s, ...ien [...*iᵉn*] (auch: ...lia): allgemein Gültiges; allgemeine Angelegenheiten. **Generalisation** [...*zion*; zu → generalisieren] *die*; -, -en: Gewinnung des Allgemeinen, der allgemeinen Regel, des Begriffs, des Gesetzes durch → Induktion aus Einzelfällen (Philos.). **generalisieren** [aus gleichbed. *fr.* généraliser, zu général aus *lat.* generālis „allgemein"]: verallgemeinern, aus Einzelfällen das Allgemeine (Begriff, Satz, Regel, Gesetz) gewinnen; Ggs. → individualisieren u. → spezialisieren. **Generalisierung** *die*; -, -en: das Generalisieren; Verallgemeinerung. **generaliter** [aus gleichbed. *lat.* generāliter]: im allgemeinen, allgemein betrachtet

Generation [...*zion*; aus gleichbed. *lat.* generātio, eigtl. „Zeugung(sfähigkeit)", zu generāre „zeugen, hervorbringen"; vgl. Genus] *die*; -, -en: 1. die einzelnen Glieder der Geschlechterfolge (Eltern, Kinder, Enkel usw.). 2. Menschenalter. 3. alle innerhalb eines bestimmten kleineren Zeitraumes geborenen Menschen, bes. im Hinblick auf ihre Ansichten zu Kultur, Moral u. Weltanschauung. 4. alle technischen Erzeugnisse einer bestimmten Art auf einer bestimmten Entwicklungsstufe

generativ [zu *lat.* generāre „zeugen, hervorbringen"]: die geschlechtliche Fortpflanzung betreffend (Biol.); -ve [...*wᵉ*] Grammatik: sprachwissenschaftliche Forschungsrichtung, die das Regelsystem beschreibt, durch dessen unbewußte Beherrschung der Sprecher in der Lage ist, alle in der betreffenden Sprache vorkommenden Äußerungen zu bilden u. zu verstehen

Generator [aus *lat.* generātor „Erzeuger", zu generāre „hervorbringen"] *der*; -s, ...oren: 1. Gerät zur Erzeugung einer elektrischen Spannung od. eines elektrischen Stromes. 2. Schachtofen zur Erzeugung von Gas aus Kohle, Koks od. Holz. **Generatorgas** *das*; -es: Treibgas (Industriegas), das beim Durchblasen von Luft durch glühende Kohlen entsteht

generell [auch: *ge*...; französierende Neubildung für *älteres* general aus *lat.* generālis, s. General...]: gemein, allgemeingültig, im allgemeinen, für viele Fälle derselben Art zutreffend

generieren [aus *lat.* generāre „zeugen, hervorbringen"]: a) erzeugen, produzieren; b) in Übereinstimmung mit einem grammatischen Regelsystem erzeugen, bilden (von sprachlichen Äußerungen; Sprachw.)

generisch [zu *lat.* genus, Gen. generis „Geschlecht"]: das Geschlecht od. die Gattung betreffend

generös [auch: *sehe*...; über *fr.* généreux aus gleichbed. *lat.* generōsus, eigtl. „von (guter) Art, Rasse"]: a) freigebig, großzügig; b) großmütig, edel. **Generosität** *die*; -, -en: a) Freigebigkeit; b) Großmut

Genese [eindeutschend für → Genesis] *die*; -, -n: Entstehung, Entwicklung; vgl. Genesis. **Genesis** [auch: *gen*...; aus *gr.-lat.* génesis „Zeugung, Schöpfung"] *die*; -: 1. das Werden, Entstehen, Ursprung; vgl. Genese. 2. das 1. Buch Mosis mit der Schöpfungsgeschichte. **Genetik** [zu *gr.* génos „Geschlecht, Gattung"] *die*; -: Vererbungslehre. **Genetiker** *der*; -s, -: Wissenschaftler auf dem Gebiet der Genetik. **genetisch**: a) die Vererbung betreffend; erblich bedingt; b) entwicklungsgeschichtlich

Genetiv [s. Genitiv] *der*; -s, -e: (selten) Genitiv

Genette [*sch^e^nät* u. *sche*...; aus gleichbed. *fr.* genette, dies über *span.* gineta aus gleichbed. *arab.* ǧarnaiṭ] *die*; -, -s u. -n [...*t^e^n*]: Ginsterkatze; Schleichkatze der afrik. Steppen (auch in Südfrankreich u. den Pyrenäen)

Genever [*genew^e^r* od. *sch*...; nach *fr.* genièvre „Wacholder" zu gleichbed. *lat.* iūniperus] *der*; -s, -: niederl. Wacholderbranntwein; vgl. Gin

genial [dt. Bildung zu → Genie u. → Genius]: hervorragend begabt; großartig, vollendet. **genialisch**: nach Art eines Genies, genieähnlich. **Genialität** *die*; -: schöpferische Veranlagung des Genies

Genie [*sch*...; aus gleichbed. *fr.* génie, dies aus *lat.* genius, s. Genius] *das*; -s, -s: 1. überragende schöpferische Geisteskraft. 2. hervorragend begabter, schöpferischer Mensch

genieren [*sch*...; aus *fr.* gêner „drücken, hindern", se gêner „sich Zwang antun", zu gêne „Qual, Zwang, Störung"]: a) sich -: gehemmt sein, sich unsicher fühlen, sich schämen; b) stören, verlegen machen, z. B. ihre Anwesenheit genierte ihn

genital [aus gleichbed. *lat.* genitālis]: zu den Geschlechtsorganen gehörend, von ihnen ausgehend, sie betreffend (Med.). **Genitale** [aus gleichbed. *lat.* (membrum) genitāle] *das*; -s, ...lien [...*i^e^n*] (meist Plural): das männl. od. weibl. Geschlechtsorgan, Geschlechtsapparat (Med.)

Genitiv [auch: *gä*..., auch: ...*tif*; aus *lat.* (casus) genetīvus, genitīvus „Fall, der die Abkunft, Herkunft bezeichnet" zu genere, gignere „zeugen, gebären"] *der*; -s, -e [...*w^e^*]: Wesfall; Abk.: Gen. **Genitivobjekt** *das*; -s, -e: Ergänzung eines Verbs im 2. Fall. **Genitivus** [...*iwuß*, auch: *gen*...] *der*; -, ...vi [...*wi*]: lat. Form von: Genitiv; - definitivus [...*iwuß*, auch: *de*...] u. - explicativus [...*katiwuß*, auch: *ex*...]: bestimmender, erklärender Genitiv (z. B. das Vergehen des *Diebstahls* [Diebstahl = Vergehen]); - obiectivus [...*iwuß*; auch: *op*...]: Genitiv als Objekt einer Handlung (z. B. der Entdecker *des Atoms* [er entdeckte das Atom]); - partitivus [...*iwuß*; auch: *par*...]: Genitiv als Teil eines übergeordneten Ganzen (z. B. die Hälfte *seines Vermögens*); - possessivus [...*iwuß*, auch: *poß*...]: Genitiv des Besitzes, der Zugehörigkeit (z. B. das Haus *des Vaters*); - qualitatis: Genitiv der Eigenschaft (z. B. ein Mann *mittleren Alters*); - subiectivus [...*iwuß*, auch: *sup*...]: Genitiv als Subjekt eines Vorgangs (z. B. die Ankunft *des Zuges* [der Zug kommt an])

Genius [aus *lat.* genius „Schutzgeist; Schöpfergeist, natürliche Begabung", eigtl. „Erzeuger"; vgl. Genus] *der*; -, ...ien [...*i^e^n*]: (hist.) im röm. Altertum Schutzgeist, göttliche Verkörperung des Wesens eines Menschen, einer Gemeinschaft, eines Ortes: - loci [- *lozi*; *lat.*]: [Schutz-]geist eines Ortes. 2. a) (ohne Plural) schöpferische Kraft eines Menschen; b) schöpferisch begabter Mensch, Genie. 3. (meist Plural) geflügelt dargestellte niedere Gottheit der röm. Mythologie (Kunstw.)

Genmutation [...*zion*; aus → Gen u. → Mutation] *die*; -, -en: erbliche Veränderung eines → Gens. **Genom** [zu *gr.* génos „Geschlecht, Gattung"] *das*; -s, -e: der einfache Chromosomensatz einer Zelle, der deren Erbmasse darstellt. **Genommutation** [...*zion*] *die*; -, -en: erbliche Veränderung eines → Genoms. **genotypisch**: auf den Genotypus bezogen.

Genotyp [auch: *ge*...] *der*; -s, -en u. **Genotypus** *der*; -, ...pen: die Gesamtheit der Erbfaktoren eines Lebewesens; vgl. Phänotyp. **Genre** [*schangr*; aus gleichbed. *fr.* genre, dies aus *lat.* genus, Gen. generis, s. Genus] *das*; -s, -s: Gattung, Wesen, Art. **Genrebild** *das*; -[e]s, -er: Produkt der Genremalerei. **Genremalerei** *die*; -: Malerei, die typische Zustände aus dem täglichen Leben einer bestimmten Berufsgruppe od. einer sozialen Klasse darstellt

Gens [aus *lat.* gēns „Geschlechtsverband, Sippe"] *die*; -, Gentes [*ganteß*]: (hist.) Verband mehrerer Familien im alten Rom

Gent [*dschänt*; aus *engl.* gent, Kurzform von gentleman] *der*; -s, -s: (iron.) Geck, feiner Mann

Gentes: *Plural* von → Gens

gentil [*schäntil* od. *schangtil*; aus gleichbed. *fr.* gentil, dies aus *lat.* gentīlis „aus demselben Geschlecht"; vgl. Gens]: (veraltet) fein, nett, wohlerzogen

Gentilen [aus gleichbed. *lat.* gentīles] *die* (Plural): (hist.) die Angehörigen der altröm. Gentes (vgl. Gens)

Gentilhomme [*schangtijom*; aus *fr.* gentilhomme, eigtl. „Edelmann"] *der*; -s, -s: franz. Bezeichnung für: Mann von vornehmer Gesinnung, Gentleman

Gen|tleman [*dschäntlm^e^n*; aus gleichbed. *engl.* gentleman, dies nach *fr.* gentilhomme] *der*; -s, ...men [...*m^e^n*]: Mann von Lebensart u. Charakter; → Gentilhomme; vgl. Lady. **gen|tlemanlike** [...*laik*; *engl.*]: nach Art eines Gentlemans, vornehm, höchst anständig. **Gen|tleman's** od. **Gen|tlemen's Agreement** [*dschäntlm^e^ns ^e^grim^e^nt*; vgl. Agreement] *das*; - -, - -s: [diplomatisches] Übereinkommen ohne formalen Vertrag; Übereinkunft auf Treu u. Glauben

Gentry [*dschäntri*; aus *engl.* gentry, dies aus *altfr.* genterise zu *lat.* gentīlis; vgl. gentil] *die*; -: niederer engl. Adel u. die ihm sozial Nahestehenden

genuin [aus *lat.* genuīnus „angeboren, angestammt"; vgl. Genus]: 1. echt, naturgemäß, rein, unverfälscht. 2. angeboren, erblich (Med.; Psychol.)

Genus [auch: *ge*...; aus *lat.* genus „Abstammung, Geschlecht; Art, Gattung"] *das*; -, Genera: 1. Art, Gattung; - proximum: nächsthöherer Gattungsbegriff. 2. Stilart in der antiken Rhetorik. 3. grammatisches Geschlecht der Substantive, Adjektive u. Pronomina; - verbi [- *wärbi*]: Verhaltensrichtung des Verbs; vgl. Aktiv und Passiv

geo..., **Geo...** [aus gleichbed. *gr.* geō- zu gē „Erde, Erdboden"]: in Zusammensetzungen (Substantiven u. Adjektiven) auftretendes Bestimmungswort mit der Bedeutung „Erde". **Geodäsie** [aus *gr.* geōdaisía „Erd-, Landverteilung"] *die*; -: [Wissenschaft von der] Erdvermessung. **Geodät** *der*; -en, -en: Landvermesser. **geodätisch**: die Geodäsie betreffend

Geo|graph [über *lat.* geōgraphus aus *gr.* geōgráphos „Erdbeschreiber"] *der*; -en: -en: Wissenschaftler auf dem Gebiet der Geographie. **Geo|graphie** [aus gleichbed. *gr.-lat.* geōgraphía] *die*; -: Erdkunde. **geo|graphisch**: erdkundlich. **Geo|loge** *der*; -n, -n: Wissenschaftler auf dem Gebiet der Geologie. **Geologie** [zu → geo... u. → ...logie] *die*; -: Wissenschaft von der Entwicklung[sgeschichte] u. vom Bau der Erde. **geo|logisch**: die Geologie betreffend; - e Formation [...*zion*]: bestimmter Zeitraum der Erdgeschichte. **Geo|meter** [aus *gr.-lat.* geométrēs „Landmesser"] *der*; -s, -: = Geodät. **Geo|metrie** vgl. unten. **Geo|morphologie** *die*; -: Wissenschaft von den Formen der Erdoberfläche u. deren Veränderungen (Geol.). **geo|morphologisch**: die Geomorphologie betreffend. **Geo|physik** *die*; -: Wissenschaft von den physikalischen Vorgängen u. Erscheinungen auf, über u. in der Erde. **geophysikalisch**: die Geophysik betreffend. **geo|trop** u. **geo|tropisch** [zu → geo... u. → ...trop]: auf die Schwerkraft ansprechend (von Pflanzen). **Geotropismus** *der*; -: Erdwendigkeit; Vermögen der Pflanzen, sich in Richtung der Schwerkraft zu orientieren. **geozen|trisch**: 1. auf die Erde als Mittelpunkt bezogen; Ggs. → heliozentrisch. 2. auf den Erdmittelpunkt bezogen; vom Erdmittelpunkt aus gerechnet, z. B. der -e Ort eines Gestirns. **geozy|klisch** [auch: ...*zü*]: den Umlauf der Erde um die Sonne betreffend

Geome|trie [aus gleichbed. *gr.-lat.* geōmetría, eigtl. „Feldmeßkunst"] *die*; -, ...ien: Zweig der Mathematik, der sich mit den Gebilden der Ebene u. des Raumes befaßt. **geome|trisch**: die Geometrie betreffend, durch Begriffe der Geometrie darstellbar; -er Ort: geometrisches Gebilde, dessen sämtliche Punkte die gleiche Bedingung erfüllen; -es Mittel: n-te Wurzel aus dem Produkt von n Zahlen

Geomorphologie, Geophysik usw. s. geo..., Geo...

Georgette [*schorschät*] *die*; -, -s u. *der*; -s, -s: = Crêpe Georgette

Georgine [nach dem russ. Botaniker J. G. Georgi, 1729–1802] *die*; -, -n: Seerosendahlie (Korbblütler)

geotrop, geozentrisch, geozyklisch s. geo..., Geo...

Gepard [auch: ...*part*; aus gleichbed. *fr.* guépard, älter gapard, dies über *it.* gattopardo aus *mlat.* gattus pardus „Pardelkatze, kleiner Leopard"] *der*; -s, -e: [zur Jagd abgerichtetes] katzenartiges schnelles Raubtier (in Indien u. Afrika)

Geranie [...*ie*; aus dem Pflanzennamen *gr.-lat.* geránion „Storchschnabel" zu *gr.* géranos „Kranich"] *die*; -, -n u. Geranium *das*; -s, ...ien [...*ien*]: Storchschnabel; Zierstaude mit zahlreichen Arten

Gerbera [nach dem dt. Arzt u. Naturforscher T. Gerber, 1823–1891] *die*; -, -s: margeritenähnliche Schnittblume in roten u. gelben Farbtönen (Korbblütler)

Geria|trie [zu *gr.* gérōn „Greis" u. → ...iatrie] *die*; -: Altersheilkunde, Zweig der Medizin, der sich mit den Krankheiten des alternden u. alten Menschen beschäftigt

Germania [aus *lat.* Germānia] *die*; -: Frauengestalt (im Waffenschmuck), die Germanien symbolisch verkörpert. **germanisieren**: eindeutschen. **Germanist** [Gegenbildung zu → Romanist, urspr. „Kenner des deutschen Rechts"] *der*; -en, -en: jmd., der sich wissenschaftlich mit der deutschen Sprache u. Literatur befaßt [hat] (z. B. Hochschullehrer, Student). **Germanistik** *die*; -: deutsche Sprach- u. Literaturwissenschaft, Deutschkunde im weiteren Sinne (unter Einschluß der deutschen Volks- u. Altertumskunde). **germanistisch**: die Germanistik betreffend. **Germanium** *das*; -s: chem. Grundstoff, Metall; Zeichen: Ge. **germanophil**: deutschfreundlich

germinal [zu *lat.* germen „Keim, Sproß"]: den Keim betreffend. **Germination** [...*zion*; aus *lat.* germinātio „das Sprossen" zu germināre „aufkeimen, ausschlagen"] *die*; -, -en: Keimungsperiode der Pflanzen

Geront [aus *gr.* gérōn, Gen. gérontos „Greis", eigtl. „der Geehrte"] *der*; -en, -en: Mitglied der → Gerusia. **Geronto|kratie** *die*; -, ...ien: Herrschaft des Rates der Alten (Gesch.; Völkerk.)

Gerundium [aus gleichbed. *spätlat.* gerundium zu gerere „tragen, ausführen"] *das*; -s, ...dien [...*ien*]: gebeugter Infinitiv des lat. Verbs (z. B. lat. *gerendi* = „des Vollziehens"). **gerundiv**: = gerundivisch.

Gerundiv [aus *spätlat.* modus gerundīvus] *das*; -s, -e [...*we*]: Partizip des Passivs des Futurs, das die Notwendigkeit eines Verhaltens ausdrückt (z. B. lat. laudandus = der zu Lobende, jmd., der gelobt werden muß). **gerundivisch** [...*iwisch*]: das Gerundiv betreffend, in der Art des Gerundivs. **Gerundivum** *das*; -s, ...va [...*wa*]: (veraltet) Gerundiv

Gerusia u. **Gerusie** [aus gleichbed. *gr.* gerousía; vgl. Geront] *die*; -: (hist.) Rat der Alten (in Sparta)

Gervais Ⓦⓩ [*schärwä*; nach dem französischen Hersteller Gervais] *der*; - [...*wä(ß)*], - [...*wäß*]: ein Frischkäse

Geseier u. **Geseire** [gaunersprachl., aus *jidd.* gesera „Bestimmung, Verordnung"] *das*; -s u. **Geseires** (ohne Artikel): (ugs.) wehleidiges Klagen, überflüssiges Gerede

Geste [aus *lat.* gestus „Gebärdenspiel (des Redners od. Schauspielers)" zu gerere „(zur Schau) tragen"] *die*; -, -n: Gebärde, die Rede begleitende Ausdrucksbewegung des Körpers, bes. der Arme u. Hände. **Gestik** *die*; -: Gesamtheit der Gesten als Ausdruck der Psyche. **Gestikulation** [...*zion*; aus *lat.* gesticulātio „pantomimische Bewegung" zu gesticulāri „Gebärden machen"] *die*; -, -en: Gebärde, Gebärdenspiel, Gebärdensprache. **gestikulieren**: Gebärden machen

Getter [aus gleichbed. *engl.* getter zu to get „bekommen; fangen"] *der*; -s, -: Fangstoff zur Bindung von Gasen (bes. in Elektronenröhren zur Aufrechterhaltung des Vakuums verwendet). **gettern**: Gase durch Getter binden; mit einem Getter versehen. **Getterung** *die*; -, -en: Bindung von Gasen durch Getter

Getto [aus gleichbed. *it.* ghetto (Herkunft unsicher)] *das*; -s, -s: abgesperrter Stadtteil, in dem (im Anfang freiwillig, später zwangsweise) die Juden lebten

Geysir [*gai*...; aus gleichbed. *isländ.* geysir zu geysa „in heftige Bewegung bringen"] *der*; -s, -e: durch Vulkanismus entstandene heiße Springquelle; vgl. Geiser

Ghetto vgl. Getto

Ghostword [*goußtwörd*; aus gleichbed. *engl.* ghost word, eigtl. „Geisterwort"] *das*; -s, -s: Wort, das seine Entstehung einem Schreib-, Druck- od. Aussprachefehler verdankt, → Vox nihili (z. B. der Name Hamsun aus dem eigtl. Pseudonym Hamsund). **Ghost|writer** [...*raiter*; aus gleichbed. *engl.* ghost writer, eigtl. „Geisterschreiber"] *der*; -s, -: Autor, der für eine andere Person schreibt u. nicht als Verfasser genannt wird

G. I. u. **G I** [*dschiai*; *amerik.*] *der*; -[s], -[s]: (ugs.) amerikan. Soldat

Giaur [zu *türk.* gâvur aus *arab.* kāfir „Ungläubiger"] *der*; -s, -s: Ungläubiger (im Islam übliche Bezeichnung für die Nichtmohammedaner)

Gibbon [aus gleichbed. *fr.* gibbon (Herkunft unsicher)] *der*; -s, -s: südostasiat. schwanzloser Langarmaffe

Gig [aus gleichbed. *engl.* gig] *das*; -s, -s: 1. Sportruderboot, Beiboot. 2. leichter, offener zweirädriger Wagen

Giga... [zu *gr.* gígas „Riese"]: in Zusammensetzungen auftretendes Bestimmungswort mit der Bedeutung „milliardenmal so groß", z. B. Gigameter (= 1 Milliarde m); Zeichen: G

Gigant [aus *gr.* gígas, Gen. gígantos „Riese", nach den riesenhaften Söhnen der Gäa (= Erde) in der griech. Sage] *der*; -en, -en: a) Riese; b) jmd. od. etwas Gewaltiges, Überragendes, z. B. Giganten der Landstraße (= Radrennfahrer), ein Gigant der Meere (= großer Dampfer). **gigantisch** [nach gleichbed. *gr.* gigantikós]: riesenhaft, außerordentlich, von ungeheurer Größe

Gigolo [*schi*...; aus *fr.* gigolo „junger Mann, der Tanzlokale aufsucht" (Herkunft unsicher)] *der*; -s, -s: 1. Eintänzer. 2. (ugs.) junger Mann, der sich von Frauen aushalten läßt

Gigue [*schig*; aus gleichbed. *fr.* gigue, dies aus *engl.* jig „Tanz" u. *afrz.* giguer „tanzen"] *die*; -, -n [...*g^en*]: (Mus.) a) nach 1600 entwickelter heiterer Schreittanz im Dreiertakt; b) seit dem 17. Jh. Satz einer Suite

Gilatier [*hil^e*...; aus gleichbed. *engl.* gila, nach dem Fluß Gila River in Arizona]: eine sehr giftige Krustenechse

Gin [*dschin*; aus *engl.* gin, älter geneva, dies über älter *niederl.* genever aus *fr.* genièvre, vgl. Genever] *der*; -s, -s: engl. Wacholderbranntwein. **Gin-Fizz** [...*fiß*; vgl. Fizz] *der*; -, -: Mischgetränk aus gespritztem Gin, Zitrone u. Zucker

Ginkgo [*gingko*; aus gleichbed. *jap.* ginkgo] *der*; -s, -s: den Nadelhölzern verwandter, in Japan u. China heimischer Zierbaum mit fächerartigen Blättern

Ginseng [auch: *schin*...; aus gleichbed. *chin.* jēn-shēn] *der*; -s, -s: Wurzel eines ostasiatischen Araliengewächses (Anregungsmittel; Allheilmittel der Chinesen, das als lebensverlängernd gilt)

giocoso [*dschokoso*; aus *it.* giocoso, dies aus *lat.* iocōsus „scherzhaft" zu iocus „Scherz"]: scherzend, spaßhaft, fröhlich, lustig (Vortragsanweisung; Mus.)

Gi|raffe [über *it.* giraffa aus gleichbed. *arab.* zurāfa] *die*; -, -n: Säugetier der mittelafrik. Steppe mit 2 bis 3 m langem Hals (Wiederkäuer)

Giralgeld [*schiral*...; zu → Giro] *das*; -[e]s, -er: [Buch-]geld des Giroverkehrs, des bargeldlosen Zahlungsverkehrs der Banken. **Girant** [aus gleichbed. *it.* girante; vgl. Giro] *der*; -en, -en: jmd., der einen Wechsel od. ein sonstiges Orderpapier durch → Indossament überträgt (Wirtsch.); vgl. Indossant. **girieren** [aus gleichbed. *it.* girare, eigtl. „im Kreise bewegen, drehen"]: einen Wechsel od. ein sonstiges Orderpapier mit einem → Giro (2) versehen. **Giro** [*schiro*; aus *it.* giro „Kreis; Umlauf (von Geld od. Wechseln)", dies über *lat.* gȳrus aus *gr.* gȳros „Kreis"] *das*; -s, -s (österr. auch: Giri): 1. Überweisung im bargeldlosen Zahlungsverkehr. 2. Indossament; Vermerk, durch den ein Wechsel od. ein sonstiges Orderpapier auf einen anderen übertragen wird

Girl [*gö'l*; aus *engl.* girl] *das*; -s, -s: 1. engl. Bezeichnung für: Mädchen. 2. weibliches Mitglied einer Tanztruppe

Girlande [aus gleichbed. *fr.* guirlande, dies aus *it.* ghirlanda (Herkunft unsicher)] *die*; -, -n: bandförmiges Laub- od. Blumengewinde

Giro s. Giralgeld

Giro d'Italia [*dschiro* -; *it.*; zu giro „Kreis, Rundfahrt"] *der*; - -: Etappenrennen in Italien für Berufsfahrer im Radsport

Girondisten [*schirongdißt^en*; zu *fr.* la Gironde (Name der Gruppe nach dem franz. Departement Gironde) (*schirongd*)] *die* (Plural): Gruppe der franz. Nationalversammlung (1791–93)

Gitana [*ch*...; aus *span.* (danza) gitana zu gitano „Zigeuner"] *die*; -: feuriger Zigeunertanz mit Kastagnettenbegleitung

Gitarre [aus gleichbed. *span.* guitarra, dies über *arab.* qītāra aus *gr.* kithára „Zither"] *die*; -, -n: sechssaitiges Zupfinstrument mit flachem Klangkörper, offenem Schalloch, Griffbrett u. 12 bis 22 Bünden. **Gittarist** *der*; -en, -en: Musiker, der Gitarre spielt

giusto [*dschußto*; aus *it.* giusto, dies aus *lat.* iustus „gerecht, gehörig"]: richtig, angemessen (Vortragsanweisung; Mus.); a l l e g r o -: in gemäßigtem Allegro

Glacé [...*ße*; aus *fr.* glacé „Glanz" zu glacer „vereisen", s. glacieren] *der*; -[s], -s: 1. glänzendes, → changierendes Gewebe aus Naturseide od. Reyon. 2. Glacéleder. **Glacéleder** *das*; -s, -: feines, glänzendes Zickel- od. Lammleder

glacieren [aus gleichbed. *fr.* glacer, eigtl. „gefrieren lassen", dies aus *lat.* glaciāre „zu Eis machen"]: 1. mit Glasur überziehen. 2. mit geleeartigem Fleischsaft überziehen (Kochk.)

Gladiator [aus gleichbed. *lat.* gladiātor zu gladius „Schwert"] *der*; -s, ...oren: altröm. berufsmäßiger Schaukämpfer

Gladiole [aus gleichbed. *lat.* gladiolus, eigtl. „kleines Schwert"] *die*; -, -n: als Schnittblume beliebte Gartenpflanze (Schwertliliengewächs)

Glamour [*gläm^er*; aus *engl.-schott.* glamour „Blendwerk, Zauber"] *der* od. *das*; -s: bezaubernde Schönheit, betörende, raffinierte Aufmachung. **Glamourgirl** [...*gö'l*] *das*; -s, -s: raffiniert aufgemachtes Mädchen, Reklame-, Filmschönheit. **glamourös**: bezaubernd, raffiniert aufgemacht

Glans [aus gleichbed. *lat.* glāns, eigtl. „Kernfrucht, Eichel"] *die*; -, Glandes: Eichel; vorderer verdickter Teil des → Penis, der → Klitoris (Med.)

glasieren [mit *roman.* Endung gebildete Ableitung von *dt.* Glas]: mit Glasur überziehen. **Glasur** *die*; -, -en: 1. Zuckerguß. 2. glasartige Masse als Überzug auf Tonwaren

glazial [aus *lat.* glaciālis „eisig, voll Eis" zu glaciēs „Eis"]: a) eiszeitlich; b) Eis, Gletscher betreffend. **Glazial** *das*; -s, -e: Eiszeit

Glee [*gli*; aus gleichbed. *engl.* glee, eigtl. „Fröhlichkeit"] *der*; -s, -s: geselliges Lied für drei oder mehr Stimmen (meist Männerstimmen) in der engl. Musik des 17. bis 19. Jh.s

Glencheck [*gläntsch*...; aus gleichbed. *engl.* glen check, eigtl. „Glen-Karo" (*schott.* glen „Tal"), bezeichnet hier die schott. Herkunft des Musters] *der*; -[s], -s: Gewebe mit großer Karomusterung

Gliadin [zu *gr.* glía „Leim"] *das*; -s: einfacher Eiweißkörper im Getreidekorn (bes. im Weizen)

Glider [*glaid^er*; aus *engl.* glider „Segelflugzeug" zu to glide „gleiten"] *der*; -s, -: Lastensegler (Flugzeug ohne eigenen motorischen Antrieb)

glissando [aus gleichbed. *it.* glissando zu *fr.* glisser „gleiten"]: (Mus.) a) schnell mit der Nagelseite des Fingers über die Klaviertasten gleitend; b) bei Saiteninstrumenten mit dem Finger auf einer Saite gleitend. **Glissando** *das*; -s, -s u. ...di: der Vorgang des Glissandospieles (Mus.)

global [zu → Globus]: 1. auf die gesamte Erdoberfläche bezüglich; Erd...; weltumspannend. 2. a) umfassend, gesamt; b) allgemein, ungefähr

Globetrotter [auch: *gloptr...*; aus gleichbed. *engl.* globe-trotter zu globe „Erdball" u. to trot „traben"] *der*; -s, -: Weltenbummler

Globigerine [zu *lat.* globus „Kugel" u. gerere „tragen"] *die*; -, -n (meist Plural): freischwimmendes Meerestierchen, dessen Gehäuse aus mehreren [stachligen] Kugeln besteht. **Globin** [zu *lat.* globus „Kugel"] *das*; -s: Eiweißbestandteil des → Hämoglobins. **Globoid** *das*; -s, -e: Fläche, die von einem um eine beliebige Achse rotierenden Kreis erzeugt wird (Math.). **Globulin** [zu *lat.* globulus „Kügelchen"] *das*; -s, -e: wichtiger Eiweißkörper des menschlichen, tierischen u. pflanzlichen Organismus (vor allem in Blut, Milch, Eiern u. Pflanzensamen; Med.; Biol.)

Globus [aus *lat.* globus „Kugel"] *der*; - u. ...busses, ...ben u. ...busse: Kugel mit dem Abbild der Erdoberfläche od. der scheinbaren Himmelskugel auf ihrer Oberfläche

Gloria [aus *lat.* glōria „Ruhm, Ehre"] *das*; -s: 1. (iron.) Ruhm, Herrlichkeit; (ugs.; iron.) mit Glanz und -: völlig, eindeutig. 2. nach dem Anfangswort bezeichneter Lobgesang in der christlichen Liturgie; - in excelsis [- - ...*zäl...*] Deo: Ehre sei Gott in der Höhe (großes Gloria, Luk. 2, 14); - Patri et Filio et Spiritu Sancto: Ehre sei dem Vater und dem Sohne und dem Hl. Geiste (kleines Gloria). **Glorie** [...*ie*] *die*; -, -n: 1. Ruhm, Herrlichkeit [Gottes]. 2. Lichtkreis, Heiligenschein. 3. helle farbige Ringe um den Schatten eines Körpers (z. B. Flugzeug, Ballon) auf einer von Sonne od. Mond beschienenen Nebelwand od. Wolkenoberfläche, die durch Beugung des Lichtes an den Wassertröpfchen od. Eiskristallen der Wolken entstehen. **Glorienschein** *der*; -s, -e: Heiligenschein. **Glorifikation** [...*zion*; aus gleichbed. *kirchenlat.* glōrificātio zu glōrificāre „verherrlichen"] *die*; -, -en: Verherrlichung; vgl. Glorifizierung u. -ation/-ierung. **glorifizieren**: verherrlichen. **Glorifizierung** *die*; -, -en: das Glorifizieren; Verherrlichung; vgl. -ation/-ierung. **Gloriole** [aus *lat.* glōriola, Verkleinerungsform von glōria „Ruhm"] *die*; -, -n: Heiligenschein. **glorios** [aus gleichbed. *lat.* glōriōsus]: glorreich, ruhmvoll, glanzvoll

Gloss... vgl. Glosso...

Glossar [aus *lat.* glōssārium „Wörterbuch"] *das*; -s, -e: 1. Sammlung von Glossen (1). 2. Wörterverzeichnis [mit Erklärungen]. **Glossarium** *das*; -s, ...ien [...*iᵉn*]: (veraltet) Glossar. **Glossator** [zu *spätlat.* glōssāri „mit Glossen versehen"] *der*; -s, ...oren: Verfasser von Glossen (1). **glossatorisch**: die Glossen (1) betreffend. **Glosse** [fachspr.: *glo...*; aus gleichbed. *lat.* glōssa, eigtl. „schwieriges Wort" dies aus *gr.* glōssa „Zunge; Sprache"] *die*; -, -n: 1. Erläuterung eines erklärungsbedürftigen Ausdrucks (als Interlinearglosse zwischen den Zeilen, als Kontextglosse im Text selbst oder als Marginalglosse am Rand). 2. a) spöttische Randbemerkung; b) kurzer Kommentar in Tageszeitungen mit [polemischer] Stellungnahme zu Tagesereignissen. **glossieren**: 1. durch Glossen (1) erläutern. 2. mit spött. Randbemerkungen versehen, begleiten. **Glosso...**, vor Selbstlauten: Gloss... [zu gleichbed. *gr.* glōssa]: in Zusammensetzungen auftretendes Bestimmungswort mit der Bedeutung „Zunge, Sprache", z. B. Glossolalie „ekstatisches Reden in fremden Sprachen"

glottal [zu → Glottis]: durch die Stimmritze im Kehlkopf erzeugt (von Lauten). **Glottal** *der*; -s, -e: Kehlkopf-, Stimmritzenlaut. **Glottis** [aus gleichbed. *gr.* glōttís, eigtl. „Mundstück der Flöte"] *die*; -, Glottides [...*eß*]: a) Stimmapparat; b) die Stimmritze zwischen den beiden Stimmbändern im Kehlkopf

Gloxinie [...*iᵉ*; nach dem elsässischen Arzt Benj. Peter Gloxin, 18. Jh.] *die*; -, -n: Zimmerpflanze mit leuchtenden, samtartigen Glockenblüten

Glucose [...*ko...*; aus gleichbed. *fr.* glucose zu *gr.* gleũkos „Most, süßer Wein"] *die*; -: Traubenzucker (Chem.). **Glucoside** *die* (Plural): → Glykoside des Traubenzuckers. **Glukose** vgl. Glucose. **Glukoside** vgl. Glucoside

Glut|amat *das*; -[e]s, -e: Salz der Glutaminsäure. **Glut|amin** [zu → Gluten u. → Amin] *das*; -s, -e: Amid der → Glutaminsäure. **Glut|aminsäure** *die*; -: in sehr vielen Eiweißstoffen enthaltene → Aminosäure. **Gluten** [aus *lat.* glūten „Leim"] *das*; -s: Eiweißstoff der Getreidekörner, der für die Backfähigkeit des Mehles wichtig ist; Kleber. **Glutin** [aus *lat.* glūtinum „Leim"] *das*; -s: Eiweißstoff, Hauptbestandteil der → Gelatine

Glycerid [*glüze...*; zu → Glyzerin] *das*; -s, -e: Ester des → Glyzerins (Chem.). **Glycerin** vgl. Glyzerin. **Glykogen** [zu *gr.* glykýs „süß" u. → ...gen] *das*; -s: tierische Stärke, energiereiches → Kohlehydrat in fast allen Körperzellen (bes. in Muskeln u. in der Leber; Med.; Biol.). **Glykokoll** [zu *gr.* glykýs „süß" u. kólla „Leim"] *das*; -s: Aminoessigsäure, einfachste → Aminosäure, Leimsüß (Chem.). **Glykol** [Kurzw. aus: *gr. glykýs* „süß" u. → Alkoh*ol*] *das*; -s, -e: Äthylenglykol, ein zweiwertiger giftiger Alkohol von süßem Geschmack; Frostschutz- u. Desinfizierungsmittel. **Glykolyse** [zu *gr.* glykýs „süß" u. lýsis „Trennung"] *die*; -, -n: Aufspaltung des Traubenzuckers in Milchsäure. **Glykose** [unter Einfluß von *gr.* glykýs „süß" abgewandelt von → Glucose] *die*; -: außerhalb der chem. Fachsprache vorkommende, ältere Form für: Glucose. **Glykosid** *das*; -[e]s, -e (meist Plural): Pflanzenstoff, der in Zucker u. a. Stoffe, bes. Alkohole, spaltbar ist

Glykoneus [aus *lat.* Glycōnium (metrum), nach dem altgriech. Dichter Glykon] *der*; -, ...neen: achtsilbiges antikes Versmaß

Glyphe [aus *gr.* glyphḗ „das Ausmeißeln, Gravieren; das Ausgemeißelte"] vgl. Glypte. **Glyphik** [aus gleichbed. *gr.* glyphikḗ (téchnē)] *die*; -: (veraltet) Glyptik. **Glypte**, Glyphe [aus gleichbed. *gr.* glyptḗ (líthos) zu glýphein „ausmeißeln, einschneiden, gravieren"] *die*; -, -n: geschnittener Stein; Skulptur. **Glyptik** [aus gleichbed. *gr.* glyptikḗ (téchnē)] *die*; -: die Kunst, mit Meißel od. Grabstichel in Stein od. Metall zu arbeiten; Steinschneidekunst; das Schneiden der Gemmen. **Glyptothek** *die*; -, -en: Sammlung von Glypten

Glyzerid vgl. Glycerid. **Glyzerin**, (chem. fachspr.:) Glycerin [...*ze...*; aus gleichbed. *fr.* glycérine zu *gr.* glykerós „süß"] *das*; -s: Ölsüß, dreiwertiger, farbloser, sirupartiger Alkohol

Glyzine vgl. Glyzinie. **Glyzinie** [...*iᵉ*; zu *gr.* glykýs „süß"] *die*; -, -n: hochwindender Zierstrauch mit blauvioletten Blütentrauben

G-man [*dschimän*, *engl.-amerik.* g-man, Kurzw. für: government *man* (*gawᵉrnmᵉnt män*); „Regierungsmann"] *der*; -[s], G-men: Sonderagent des → FBI

Gnom [auf Paracelsus zurückgehende Wortneuschöpfung, ohne sichere Deutung] *der*; -en, -en: Kobold, Zwerg

Gnome [aus gleichbed. *gr.-lat.* gnṓmē zu gignṓskein „erkennen, kennen"] *die*; -, -n: lehrhafter [Sinn-, Denk]spruch in Versform od. in Prosa, → Sentenz (1b). **Gnomiker** [aus gleichbed. *gr.* gnōmikós (poiētḗs)] *der*; -s, -: Verfasser von Gnomen. **gnomisch**: die Gnome betreffend, in der Art der Gnome; -er Aorist: in Gnomen zeitlos verwendeter → Aorist (Sprachw.); -es Präsens: in Sprichwörtern u. Lehrsätzen zeitlos verwendetes Präsens (z. B. Gelegenheit *macht* Diebe; Sprachw.)

...**gnosie**, ...**gnosis** [aus *gr.* gnōsis „das Erkennen, Kenntnis, (höhere) Einsicht"]: in zusammengesetzten Substantiven auftretendes Grundwort mit der Bed. „Kunde, Erkenntnis, Wissenschaft". **Gnosis** *die*; -: [Gottes]erkenntnis; [das einer Elite vorbehaltene] Wissen um göttliche Geheimnisse; vgl. Gnostizismus. **Gnostik** [zu *lat.* gnōsticus „die Gnostiker betreffend, gnostisch" aus *gr.* gnōstikós „das Erkennen betreffend"] *die*; -: (veraltet) die Lehre der Gnosis. **Gnostiker** *der*; -s, -: Vertreter der Gnosis od. des Gnostizismus. **gnostisch**: die Gnosis od. den Gnostizismus betreffend. **Gnostizismus** *der*; -: 1. alle religiösen Richtungen, die die Erlösung durch [philosophische] Erkenntnis Gottes u. der Welt suchen. 2. → synkretistische religiöse Strömungen u. Sekten der späten Antike

Gnu [aus gleichbed. *hottentott.* ngu] *das*; -s, -s: süd- und ostafrikanische → Antilope

Go [aus gleichbed. *jap.* go] *das*; -: japanisches Brettspiel

Goal [*gol*; aus gleichbed. *engl.* goal, eigtl. „Ziel"] *das*; -s, -s: (österr. u. schweiz.) Tor, Treffer (z. B. beim Fußballspiel). **Goalgetter** [*golgät^er*; anglisierende Bildung zu *engl.* to get a goal „ein Tor schießen"] *der*; -s, -: besonders erfolgreicher Torschütze (Sport). **Goalkeeper** [*gólkip^er*; aus gleichbed. *engl.* goalkeeper] *der*; -s, -: (bes. österr. u. schweiz.) Torhüter (Sport)

Gobelin [*gob^eläng*; aus gleichbed. *fr.* gobelin, nach der franz. Färberfamilie Gobelin] *der*; -s, -s: Wandteppich mit eingewirkten Bildern

Go-cart [*go^uka^rt*; aus *engl.* gocart] vgl. Go-Kart

Goetheana *die* (Plural): Werke von Goethe und über Goethe

Go-go-Girl [*gogogö^rl*; aus gleichbed. *amerik.* go-go-girl, dies zu go-go „aufreizend, begeisternd", Verdopplung von go „das Gehen, Schwung"] *das*; -s, -s: Vortänzerin in einem Beat- od. anderen Tanzlokal

Goi [aus gleichbed. *hebr.* gōy, eigtl. „Leute, Volk"] *der*; -[s], Gojim [auch: *gojim*]: jüd. Bezeichnung für: Nichtjude

Go-in [*go^uin*; zu *engl.* go in „hineingehen"] *das*; -s, -s: unbefugtes [gewaltsames] Eindringen demonstrierender Gruppen in einen Raum od. ein Gebäude [um eine Diskussion zu erzwingen]

Go-Kart [*gó^uka^rt*; über gleichbed. *amerik.* go-kart aus *engl.* gocart „Laufwagen (für Kinder)"] *der*; -[s], -s: niedriger, unverkleideter kleiner Sportrennwagen

Golatsche vgl. Kolatsche

Golden Deli|cious [*go^uld^en dilisch^eß*; aus *engl.* Golden Delicious, eigtl. „goldener Köstlicher", vgl. deliziös] *der*; - -, - -: eine Apfelsorte. **Golden Twenties** [*go^uld^en t^uäntis*; aus gleichbed. *engl.* golden twenties] *die* (Plural): die [goldenen] zwanziger Jahre

Golem [aus *hebr.* gōlem „Embryo"] *der*; -s: durch Zauber zum Leben erweckte menschl. Tonfigur (→ Homunkulus) der jüd. Sage

[1]**Golf** [aus gleichbed. *it.* golfo, dies über *vulgärlat.* colphus aus *gr.* kólpos, eigtl. „Busen"] *der*; -[e]s, -e: größere Meeresbucht, Meerbusen

[2]**Golf** [aus gleichbed. *engl.* golf (Herkunft unsicher)] *das*; -s: (schottisch-englisches) Rasenspiel mit Hartgummiball u. Schläger

Goliath [nach dem riesenhaften Vorkämpfer der Philister, 1. Sam. 17] *der*; -s, -s: Riese, sehr großer Mensch

...**gon** [zu *gr.* gōnía „Winkel, Ecke"]: Wortbildungselement mit der Bed. ...eck, z. B. Polygon, Pentagon, Oktogon

Gon [zu *gr.* gōnía „Winkel, Ecke"] *das*; -s, -e (aber: 5 Gon): Maßeinheit für [ebene] Winkel, der 100. Teil eines rechten Winkels (auch Neugrad genannt); Zeichen: ^{g} (Geodäsie)

Gondel [aus *venezian.-it.* gondola „kleines Schiffchen, Nachen" (Herkunft unsicher)] *die*; -, -n: 1. langes, schmales venezianisches Boot. 2. Korb am Ballon; Kabine am Luftschiff. 3. längerer, von allen Seiten zugänglicher Verkaufsstand in einem Kaufhaus. **Gondoliere** [aus gleichbed. *it.* gondoliere] *der*; -, ...ri: Führer einer Gondel (1)

Goniometer [zu *gr.* gōnía „Winkel" u. → ...meter] *das*; -s, -: Gerät zum Messen der Winkel zwischen [Kristall]flächen durch Anlegen zweier Schenkel

Gonokokkus [zu *gr.* gonḗ „Abstammung, Geschlecht, Samen" u. → Kokke] *der*; -, ...kken: Trippererreger (Bakterienart)

Gonor|rhö *die*; -, -en u. **Gonor|rhöe** [...*rö*; aus *gr.* gonórrhoia „Samenfluß" (der eitrige Ausfluß wurde für Samenfluß gehalten)] *die*; -, -n [...*rö^en*]: Tripper (Geschlechtskrankheit)

good bye! [*gud bai*; aus *engl.* good bye, zusgez. aus God be with you „Gott sei mit dir"]: engl. Gruß (= leb[t] wohl!)

Goodwill [*gud^uil*, auch: *gud*...; aus gleichbed. *engl.* goodwill, eigtl. „Wohlwollen"] *der*; -s: Wohlwollen, freundliche Gesinnung. **Goodwillreise** *die*; -, -n: Reise eines Politikers, einer einflußreichen Persönlichkeit od. Gruppe, um freundschaftliche Beziehungen zu einem anderen Land herzustellen od. zu festigen

gordische Knoten [nach der gr. Sage am Streitwagen des Gordios in Gordion; die Herrschaft über Asien war dem verheißen, der ihn lösen könne; Alexander der Große durchhieb ihn mit dem Schwert] *der*; -n -s: schwieriges Problem, z. B. den -n - durchhauen (eine schwierige Aufgabe verblüffend einfach lösen)

Gorgonenhaupt [nach dem weiblichen Ungeheuer Gorgo in der griech. Sage] *das*; -[e]s, ...häupter: unheilabwehrendes [weibliches] Schreckgesicht, bes. auf Waffen u. Geräten der Antike (z. B. auf dem Schild des Zeus und der Athene)

Gorilla [aus gleichbed. *engl.* gorilla, dies aus *gr.* Gorillai, eigtl. „behaarte Weiber in Afrika" (westafrik. Wort)] *der*; -s, -s: 1. größter Menschenaffe (in Kamerun u. im Kongogebiet). 2. (ugs.) bulliger [brutal aussehender] Leibwächter

Go-slow [*goslo^u*; aus gleichbed. *engl.* go-slow, dies aus go slow „geh langsam"] *der* od. *das*; -s, -s: Bummelstreik, Dienst nach Vorschrift [im Flugwesen]

Gospel [aus gleichbed. *engl.* gospel, eigtl. „gute Botschaft"] *das* od. *der*; -s, -s: = Gospelsong. **Gospelsänger** *der*; -s, - u. **Gospelsinger** [...*ßing^er*] *der*; -s,

-[s]: jmd., der Gospelsongs vorträgt. **Gospelsong** [...ßong; aus gleichbed. *engl.* gospel song] *der*; -s, -s: jüngere, seit 1940 bestehende verstädterte Form des → Negro Spirituals, bei der die jazzmäßigen Einflüsse zugunsten einer europäischen Musikalität zurückgedrängt sind

Gospodin [aus gleichbed. *russ.* gospodin] *der*; -s, ...da: Herr (russ. Anrede)

Gotlandium [nach der schwed. Insel Gotland] *das*; -[s]: früher für → Silur (Geol.)

Gouache [*guasch*] vgl. Guasch

Gouda [*gauda*; nach der niederländ. Stadt Gouda (*chauda*)] *der*; -s: ein [holländischer] Hartkäse

Gou|dron [*gudrong*; aus *fr.* goudron „Teer", dies aus gleichbed. *arab.* qaṭrān] *der* (auch: *das*); -s: wasserdichter Anstrich

Gourmand [*gurmang*; aus gleichbed. *fr.* gourmand (Herkunft unsicher)] *der*; -s, -s: a) Vielfraß; b) Schlemmer; vgl. auch Gourmet. **Gourmandise** [...*dis*ᵉ; aus gleichbed. *fr.* gourmandise] *die*; -, -n: Schlemmerei. **Gourmet** [...*mä*; aus gleichbed. *fr.* gourmet, dies aus *altfr.* gormet „Gehilfe des Weinhändlers" (Herkunft unsicher)] *der*; -s, -s: Feinschmecker

Gout [*gu*; aus gleichbed. *fr.* goût, dies aus *lat.* gūstus „das Kosten"] *der*; -s, -s: Geschmack, Wohlgefallen; vgl. Hautgout. **goutieren** [*gutirᵉn*; aus gleichbed. *fr.* goûter, dies aus *lat.* gūstāre „kosten, schmecken"]: Geschmack an etwas finden, gutheißen

Gouvernante [*guw*...; aus gleichbed. *fr.* gouvernante, vgl. Gouverneur] *die*; -, -n: a) (veraltet) Erzieherin, Hauslehrerin; b) weibl., etwas steril wirkende Person, die dazu neigt, andere zu belehren u. zu bevormunden

Gouvernement [*guwärnᵉmang*; aus gleichbed. *fr.* gouvernement] *das*; -s, -s: a) Regierung; Verwaltung; b) Verwaltungsbezirk (militärischer od. ziviler Behörden). **Gouverneur** [...*nör*; aus gleichbed. *fr.* gouverneur, dies aus *lat.* gubernātor „Steuermann (eines Schiffes); Lenker, Leiter"] *der*; -s, -e: 1. Leiter eines Gouvernements; Statthalter (einer Kolonie). 2. Befehlshaber einer größeren Festung. 3. oberster Beamter eines Bundesstaates in den USA

G. P. = Generalpause

GPU [*gepe-u*; Abk. aus *russ.* Gossudarstwennoje Politischeskoje Uprawlenije = Staatliche Politische Verwaltung] *die*; -: sowjetrussische staatliche Geheimpolizei (bis 1934)

Gracht [aus gleichbed. *niederl.* gracht zu *mhd.*, *ahd.* graft „(Wasser)graben"] *die*; -, -en: Wassergraben, Kanal innerhalb einer Stadt in Holland

grad = Gradient. **grad.** = graduiert. **Grad** [aus *lat.* gradus „Schritt; Stufe"] *der*; -[e]s, -e: 1. a) Rang, Rangstufe, akademische Würde; b) Maß, Stärke; Abstufung [in der Verwandtschaft]. 2. Einheit für Skalen, z. B. Thermometergrad, Winkelgrad. **Gradation** [...*zion*; aus gleichbed. *lat.* gradātio] *die*; -, -en: Steigerung, stufenweise Erhöhung; Abstufung. **Gradient** [aus *lat.* gradiēns, Gen. gradientis, Part. Präs. von gradi „(einher)schreiten"] *der*; -en, -en: Steigungsmaß einer Funktion (2) in verschiedenen Richtungen; Abk.: grad (Math.). **Gradiente** *die*; -, -n: von Gradienten gebildete Neigungslinie. **gradieren** [zu → Grad]: 1. verstärken, auf einen höheren Grad bringen. 2. Salzsolen in Gradierwerken allmählich (gradweise) konzentrieren. **Gradierwerk** *das*; -[e]s, -e: Rieselwerk, luftiger Holzgerüstbau mit Reisigbündeln zur Salzgewinnung. **gradual** [aus gleichbed. *mlat.* graduālis]: den Grad, Rang betreffend. **Graduale** [aus gleichbed. *mlat.* graduāle] *das*; -s, ...lien [...*iᵉn*]: 1. kurzer Psalmgesang nach der → Epistel in der kath. Messe. 2. liturg. Gesangbuch mit den Meßgesängen. **Graduation** [...*zion*] *die*; -, -en: Gradeinteilung auf Meßgeräten, Meßgefäßen. **graduell** [aus gleichbed. *fr.* graduel]: grad-, stufenweise, allmählich. **graduieren** [aus gleichbed. *mlat.* graduāre]: 1. mit Graden versehen (z. B. ein Thermometer). 2. einen akademischen Grad verleihen. **graduiert**: a) mit einem akademischen Titel versehen; b) mit dem Abschlußzeugnis einer Fachhochschule versehen; Abk.: grad., z. B. Ingenieur (grad.). **Graduierte** *der* u. *die*; -n, -n: Träger[in] eines akademischen Titels. **Graduierung** *die*; -, -en: a) das Graduieren; b) = Graduation; vgl. ...ation/...ierung

Gradus ad Parnassum [*lat.*; „Stufe zum Parnaß" (dem altgriech. Musenberg u. Dichtersitz)] *der*; - - -, - - - [*grádųß* - -]: (hist.) Titel von Werken, die in die lat. od. griech. Verskunst einführen

Graecum [*gräk*...; aus *lat.* Graecum „das Griechische, griech. Sprache u. Literatur" zu *gr.* Graikós „Grieche"] *das*; -s: a) an einem humanistischen Gymnasium vermittelter Wissensstoff der griech. Sprache; b) durch eine Prüfung nachgewiesene, für ein bestimmtes Studium vorgeschriebene Kenntnisse in der griech. Sprache; vgl. Latinum

Graffito [aus gleichbed. *it.* graffito zu graffiare „kratzen"] vgl. Sgraffito

Grafik usw.: eindeutschende Schreibung von: Graphik usw.

Grahambrot [nach dem Amerikaner S. Graham (*greⁱᵉm*), 1794–1851, dem Verfechter einer auf Diät abgestellten Ernährungsreform] *das*; -[e]s, -e: ohne Gärung aus Weizenschrot hergestelltes Brot

Gräkum: eindeutschend für: Graecum

Gramm [aus gleichbed. *fr.* gramme, dies aus *gr.-lat.* grámma „Gewicht von 1/24 Unze", vgl. ... gramm] *das*; -s, -[e] (aber: 5 Gramm): Grundeinheit des metrischen Gewichtssystems; Zeichen: g. **...gramm** [aus gleichbed. *gr.* grámma]: in zusammengesetzten Substantiven auftretendes Grundwort mit der Bedeutung „Schrift, Geschriebenes; Darstellung, Abbildung, Bild", z. B. Autogramm. **Grammäquivalent** *das*; -s, -e: in der Chemie übliche Einheit der Stoffmenge; 1 Grammäquivalent ist die dem → Äquivalentgewicht zahlenmäßig entsprechende Grammenge; Zeichen: → Val. **Gramm|atom** *das*; -s, -e: so viele Gramm eines chem. Elementes, wie dessen Atomgewicht angibt. **Grammkalorie** vgl. Kalorie. **Grammolekül** u. Grammol u. Mol *das*; -s, -e: so viele Gramm einer chem. Verbindung, wie deren Molekulargewicht angibt

Grammatik [aus *lat.* (ars) grammatica „Sprachlehre", dies aus *gr.* grammatikḗ (téchnē) „Sprachwissenschaft als Lehre von den Elementen der Sprache", vgl. ...gramm] *die*; -, -en: 1. a) Beschreibung der Struktur einer Sprache als Teil der Sprachwissenschaft; b) das einer Sprache zugrunde liegende Regelsystem. 2. Werk, in dem Sprachregeln aufgezeichnet sind; Sprachlehre. **grammatikalisch** [aus gleichbed. *lat.* grammaticālis] vgl. grammatisch. **Grammatikalität** *die*; -: grammatikalische Korrektheit, Stimmigkeit der Segmente eines Satzes; vgl. Akzeptabilität (2). **Grammatiker** [über *lat.* grammaticus aus gleichbed. *gr.* grammatikós] *der*; -s, -: Wissenschaftler auf dem Gebiet der Grammatik. **grammatisch** u. grammatikalisch: a) die Grammatik betreffend; b) der Grammatik gemäß, sprachrichtig

Grammophon Ⓦ [zu *gr.* grámma „Geschriebenes, Schrift" u. → ...phon] *das*; -s, -e: Schallplattenapparat

gramnegativ [nach dem dän. Bakteriologen H. Ch. Gram, 1853–1938]: nach dem Gramschen Färbeverfahren sich rot färbend (von Bakterien; Med.). **grampositiv** nach dem Gramschen Färbeverfahren sich dunkelblau färbend (von Bakterien; Med.)

Granat [aus gleichbed. *mlat.* grānātus, dies aus *lat.* (lapis) grānātus „körnig(er), kornförmig(er Edelstein)"] *der*; -[e]s, -e, (österr.:) *der*; -en, -en: Mineral, das in mehreren Abarten u. verschiedenen Farben vorkommt (am bekanntesten als dunkelroter Halbedelstein)

Granatapfel [aus gleichbed. *lat.* mālum grānātum „kernreicher Apfel"] *der*; -s, ...äpfel: apfelähnliche Beerenfrucht des Granatbaums. **Granatbaum** *der*; -s, ...bäume: zu den Myrtenpflanzen gehörender immergrüner Strauch od. Baum des Orients (auch eine Zierpflanzenart)

Granate [aus gleichbed. *it.* granata, eigtl. „Granatapfel", vgl. Granatapfel] *die*; -, -n: 1. mit Sprengstoff gefülltes, explodierendes Geschoß. 2. eine warme Pastete (Gastr.)

Grand [*grang*, ugs. auch: *grang*; aus *fr.* grand (jeu) „großes (Spiel)", dies aus *lat.* grandis „groß, bedeutend, vornehm"] *der*; -s, -s: Großspiel, höchstes Spiel im Skat; - Hand: Grand aus der Hand, bei dem der Skat nicht aufgenommen werden darf; - ouvert [- *uwär*], Plural: -s -s [*grang uwärß*]: Grand aus der Hand, bei dem der Spieler seine Karten offen hinlegen muß

Grande [aus gleichbed. *span.* grande, eigtl. „groß", dies aus *lat.* grandis, vgl. Grand] *der*; -n, -n: bis 1931 mit besonderen Privilegien u. Ehrenrechten verbundener Titel der Angehörigen des höchsten Adels in Spanien

Grandeur [*grangdör*; aus gleichbed. *fr.* grandeur zu grand, vgl. Grand] *die*; -: strahlende Größe; Großartigkeit

Grandezza [aus gleichbed. *span.* grandeza zu grande, vgl. Grande] *die*; -: Hoheit; feierliches u. dabei anmutiges Benehmen

Grandhotel [*grang*...; aus *fr.* grand hôtel, vgl. Grand] *das*; -s, -s: großes, komfortables Hotel

grandios [aus gleichbed. *it.* grandioso zu grande „groß, berühmt", dies aus *lat.* grandis, vgl. Grand]: großartig, überwältigend, erhaben. **Grandiosität** *die*; -: Großartigkeit, überwältigende Pracht. **grandioso** [aus gleichbed. *it.* grandioso]: großartig, erhaben (Mus.)

Grand Old Man [*gränd ould män*; aus gleichbed. *engl.* grand old man, eigtl. „großer alter Mann"] *der*; - - -, - - Men: älteste bedeutende männliche Persönlichkeit auf einem bestimmten Gebiet

Grand Prix [*grang pri*; aus *fr.* Grand Prix, vgl. Grand] *der*; - -: franz. Bezeichnung für: großer Preis, Hauptpreis

Grandseigneur [...*ßänjör*; aus gleichbed. *fr.* grand seigneur, vgl. Grand] *der*; -s, -s u. -e: vornehmer, weltgewandter Mann

Grand-Tourisme-Rennen [...*turißme*...; zu *fr.* grand tourisme „großer Reisesport", vgl. Grand u. Tourismus] *das*; -s, -: internationales Sportwagenrennen mit Wertungsläufen, Rundrennen, Bergrennen u. → Rallyes

Granit [aus gleichbed. *it.* granito, eigtl. „gekörnt(es Marmorgestein)", zu *lat.* grānum „Korn, Kern"] *der*; -s, -e: sehr häufiges Tiefengestein. **graniten**: 1. granitisch. 2. hart wie Granit

granulär [zu *lat.* grānulum „Körnchen"]: = granulös. **Granulation** [...*zion*] *die*; -, -en: 1. Körnchenbildung. 2. feinkörnige Oberflächenstruktur der Sonne. 3. das Entstehen von Granulationsgewebe, d. h. von gefäßreichem Bindegewebe, das nach einiger Zeit in Narbengewebe übergeht. **granulieren**: 1. Körnchen, Kügelchen herstellen 2. Körnchen, Granulationsgewebe bilden (Med.). **granulös**: körnig, gekörnt. **Granulozyten** [zu *lat.* grānulum „Körnchen" u. *gr.* kýtos „Höhlung, Wölbung"] *die* (Plural): weiße Blutkörperchen von körniger Struktur

Grape|fruit [*gre̊ⁱpfrut*; aus gleichbed. *engl.* grapefruit, dies aus grape „Weintraube, Weinbeere" u. fruit „Frucht" (da sie in Büscheln wächst)] *die*; -, -s: eine Art → Pampelmuse

Graph [zu *gr.* gráphein „(ein)ritzen, schreiben"] *der*; -en, -en: graphische Darstellung. ...**graph**: in zusammengesetzten Substantiven auftretendes Grundwort mit der Bedeutung „Schrift, Geschriebenes, Schreiber", z. B. Autograph, Stenograph. **Graphie** *die*; -, ...ien: Schreibung, Schreibweise (Sprachw.). ...**graphie**: in zusammengesetzten Substantiven auftretendes Grundwort mit der Bedeutung „das Schreiben, Beschreiben; das graphische od. fotografische Darstellen", z. B. Geographie, Röntgenographie

Graphik[1] [aus *gr.* graphikḗ téchnē „Schreib-, Zeichenkunst"] *die*; -, -en: 1. (ohne Plural) Kunst u. Technik des Holzschnitts, Kupferstichs, der → Radierung, → Lithographie, Handzeichnung. 2. einzelner Holzschnitt, Kupferstich, einzelne Radierung, Lithographie, Handzeichnung. **Graphiker**[1] *der*; -s, -: Künstler u. Techniker auf dem Gebiet der Graphik (1). **graphisch**[1]: die Graphik betreffend, durch Graphik dargestellt; -e Künste: vgl. Graphik (1)

Graphit [zu *gr.* gráphein „schreiben"] *der*; -s, -e: vielseitig in der Industrie verwendetes weiches schwarzes Mineral aus reinem Kohlenstoff

Graphologe [zu *gr.* gráphein „schreiben" u. → ...loge] *der*; -n, -n: Wissenschaftler auf dem Gebiet der Graphologie. **Graphologie** *die*; -: Wissenschaft von der Deutung der Handschrift als Ausdruck des Charakters. **graphologisch**: die Graphologie betreffend

grassieren [aus gleichbed. *lat.* grassāri, eigtl. „schreiten"]: um sich greifen, wüten, sich ausbreiten (z. B. von Seuchen)

Gratifikation [...*zion*; aus *lat.* grātificātio „Gefälligkeit"] *die*; -, -en: zusätzliches [Arbeits]entgelt zu besonderen Anlässen (z. B. zu Weihnachten). **gratifizieren**: (veraltet) vergüten

gratinieren [aus *fr.* gratiner „am Rand des Kochtopfs festbacken" zu gratter „abkratzen" (germ. Wort)]: (Speisen) heiß mit einer Kruste überbakken (Gastr.)

gratis [aus gleichbed. *lat.* grātīs, eigtl. „um den bloßen Dank"]: unentgeltlich, frei, unberechnet

Gratulant [aus *lat.* grātulāns, Gen. grātulantis, Part. Präs. von grātulāri, s. gratulieren] *der*; -en, -en: Glückwünschender. **Gratulation** [...*zion*; aus gleichbed. *lat.* grātulātio] *die*; -, -en: Glückwunsch. **Gratu-**

[1] Häufig in eindeutschender Schreibung Grafik, Grafiker, grafisch

lationscour [*...kur*] *die*; -, -en: Glückwunschzeremoniell zu Ehren einer hochgestellten Persönlichkeit, speziell eines führenden Politikers oder Staatsmannes. **gratulieren** [aus gleichbed. *lat.* grātulārī]: beglückwünschen, Glück wünschen

grave [*...we*; aus *it.* grave, dies aus gleichbed. *lat.* gravis]: schwer, feierlich, ernst (Vortragsanweisung; Mus.). **Grave** *das*; -s, -s: langsamer Satz od. Satzteil von ernstem, schwerem, majestätischem Charakter seit dem frühen 17. Jh. (Mus.)

Graveur [*...wör*; aus gleichbed. *fr.* graveur; vgl. gravieren] *der*; -s, -e: Metall-, Steinschneider, Stecher

gravid [*...wit*; aus gleichbed. *lat.* gravidus, eigtl. „beschwert"]: schwanger (Med.). **Gravidität** *die*; -, -en: Schwangerschaft (Med.)

gravieren [*...wiren*; aus gleichbed. *fr.* graver, urspr. „eine Furche ziehen, einen Scheitel ziehen", dies aus *mniederd.-niederl.* graven „graben"]: in Metall, Stein [ein]schneiden. **Gravierung** *die*; -, -en: a) das Gravieren; b) eingravierte Verzierung, Schrift o. ä. **Gravur** [*...wur*; mit lateinischer Endung zu → Gravüre] *die*; -, -en: eingravierte Verzierung, Schrift o. ä. **Gravüre** [aus gleichbed. *fr.* gravure] *die*; -, -n: Erzeugnis der Gravierkunst (Kupfer-, Stahlstich)

gravierend [*...wi...*; zu *lat.* gravāre „schwer machen"]: ins Gewicht fallend, schwerwiegend u. sich nachteilig auswirken könnend

Gravime|trie [zu *lat.* gravis „schwer" u. → ...metrie] *die*; -: Meßanalyse, Verfahren zur quantitativen Bestimmung von Elementen u. Gruppen in Stoffgemischen (Chem.)

Gravis [aus *lat.* gravis „schwer"] *der*; -, -: Betonungszeichen für den „schweren", fallenden Ton (z. B. à); vgl. Accent grave. **Gravität** [aus gleichbed. *lat.* gravitās, eigtl. „Schwere"] *die*; -: (veraltet) [steife] Würde. **gravitätisch**: ernst, würdevoll, gemessen

Gravitation [*...zion*; zu *lat.* gravitās „Schwere"] *die*; -: Schwerkraft, Anziehungskraft, bes. die zwischen der Erde u. den in ihrer Nähe befindlichen Körpern. **gravitieren**: a) vermöge der Schwerkraft auf einen Punkt hinstreben; b) sich zu etwas hingezogen fühlen

Gravur, Gravüre s. gravieren

Grazie [*...ie*; aus gleichbed. *lat.* grātia bzw. Grātiae] *die*; -, -n: 1. (ohne Plural) Anmut, Liebreiz. 2. (Plural) a) die drei römischen Göttinnen der Anmut; b) (scherzh.) hübsche junge Damen

grazil [aus *lat.* gracilis „schlank, mager" (Herkunft unsicher)]: fein gebildet, zartgliedrig, zierlich. **Grazilität** *die*; -: feine Bildung, Zartgliedrigkeit, Zierlichkeit

graziös [aus gleichbed. *fr.* gracieux, dies aus *lat.* grātiōsus „wohlgefällig, lieblich"; vgl. Grazie]: anmutig, mit Grazie. **grazioso** [aus gleichbed. *it.* grazioso]: anmutig, mit Grazie (Vortragsanweisung; Mus.). **Grazioso** *das*; -s, -s u. ...si: Satz von anmutigem, graziösem Charakter (Mus.)

gräzisieren [aus gleichbed. *lat.* graecizāre, dies aus *gr.* graikízein „Griechisch sprechen" zu Graikós „Grieche"]: nach altgriech. Muster formen; die alten Griechen nachahmen. **Gräzismus** *der*; -, ...men: altgriech. Spracheigentümlichkeit in einer nichtgriech. Sprache, bes. in der lateinischen. **Gräzist** *der*; -en, -en: jmd., der sich wissenschaftlich mit dem Altgriechischen befaßt [hat] (z. B. Hochschullehrer, Student). **Gräzität** [aus *lat.* graecitās „das Griechische"] *die*; -: Wesen der altgriech. Sprache u. Sitte

Greenhorn [*grin...*; aus gleichbed. *engl.* greenhorn, eigtl. „Tier mit grünem, jungem Gehörn"] *das*; -s, -s: Neuling, Unerfahrener, Grünschnabel

Gregorianik *die*; -: a) die Kunst des Gregorianischen Gesangs; b) die den Gregorianischen Choral betreffende Forschung. **Gregorianisch**: von Gregor[ius] herrührend; -er Choral od. Gesang: einstimmiger, rhythmisch freier, unbegleiteter liturg. Gesang der kath. Kirche (benannt nach Papst Gregor I., 590–604); Ggs. → Figuralmusik; -er Kalender: der von Papst Gregor XIII. 1582 eingeführte, noch heute gültige Kalender

Gremium [aus (*spät*)*lat.* gremium „Schoß; Armvoll, Bündel"] *das*; -s, ...ien [*...ien*]: a) Gemeinschaft, beratende oder beschlußfassende Körperschaft; Ausschuß; b) (österr.) Berufsvereinigung

Grenadier [aus gleichbed. *fr.* grenadier, urspr. „Handgranatenwerfer" zu grenade „Granatapfel(baum); Granate", dies aus *altfr.* (pume) grenate; vgl. Granatapfel] *der*; -s, -e: a) Fußsoldat bestimmter Regimenter; b) ein unterer Mannschaftsdienstgrad im Heer der Bundeswehr

Grenadille u. Granadille [aus *fr.* grenadille „Passionsblume", dies aus *span.* granadilla „Blüte der Passionsblume" zu granada „Granatapfel"; vgl. Granatapfel] *die*; -, -n: eßbare Frucht verschiedener Arten von Passionsblumen

Grenadine [aus gleichbed. *fr.* grenadine zu grenade; vgl. Grenadier] *die*; -: Saft, Sirup aus Granatäpfeln

Greyhound [*gre'haund*; aus *engl.* greyhound, dies aus *altengl.* grīghund, aus grīg „Hund" u. hund „Jagdhund"] *der*; -[s], -s: engl. Windhund

griechisch-katholisch: 1. (auch:) griechisch-uniert: einer mit Rom → unierten orthodoxen Nationalkirche angehörend (die bei eigenen Gottesdienstformen in Lehre u. Verfassung den Papst anerkennt). 2. (veraltet) = griechisch-orthodox. **griechisch-orthodox**: der von Rom (seit 1054) getrennten morgenländischen od. Ostkirche od. einer ihrer unabhängigen Nationalkirchen angehörend. **griechisch-uniert** = griechisch-katholisch

Griffon [*...fong*; aus gleichbed. *fr.* griffon] *der*; -s, -s: mittelgroßer, rauh bis struppig behaarter Hund

Grill [über *engl.* grill aus gleichbed. *fr.* gril, dies aus *lat.* crātīculum „Flechtwerk, kleiner Rost"] *der*; -s, -s: Bratrost. **Grillade** [*grijade*; aus gleichbed. *fr.* grillade] *die*; -, -n: gegrilltes Fleischstück. **grillen** [über *engl.* to grill aus gleichbed. *fr.* griller], **grillieren** [auch: *grijiren*]: auf dem Grill braten. **Grillroom** [*grilrum*; aus gleichbed. *engl.* grillroom] *der*; -s, -s: Rostbratküche; Restaurant, Speiseraum in einem Hotel, in dem hauptsächlich Grillgerichte [zubereitet und] serviert werden

Grimasse [aus gleichbed. *fr.* grimace (wohl germ. Wort)] *die*; -, -n: Gesichtsverzerrung, Fratze. **grimassieren**: das Gesicht verzerren, Fratzen schneiden

Gringo [aus gleichbed. *span.* gringo zu griego „Grieche", dies aus *lat.* Graecus] *der*; -s, -s: (abwertend) Bezeichnung des Nichtromanen im span. Südamerika

grippal = grippös. **Grippe** [aus gleichbed. *fr.* grippe, eigtl. „Grille, Laune" (germ. Wort)] *die*; -, -n: mit Fieber u. Katarrh verbundene [epidemisch auftretende] Virusinfektionskrankheit. **grippoid** = grippös. **grippös**: grippeartig (Med.)

Grisaille [*grisaj*; aus gleichbed. *fr.* grisaille zu gris „grau" (germ. Wort)] *die*; -, -n [*...jen*]: a) Malerei in grauen (auch braunen od. grünen) Farbtönen;

b) Gemälde in grauen (auch braunen od. grünen) Farbtönen

Grisette [aus gleichbed. *fr.* grisette, eigtl. „Graukleid"; vgl. Grisaille] *die*; -, -n: 1. a) junge [Pariser] Näherin, Putzmacherin; b) leichtfertiges junges Mädchen

Grislybär [...*li*...; zu gleichbed. *engl.-amerik.* grisly, grizzly zu grizzle „grau"; vgl. Grisaille] *der*; -en, -en: dunkelbrauner amerik. Bär (bis 2,30 m Schulterhöhe)

Grog [aus gleichbed. *engl.* grog, nach dem Spitznamen des engl. Admirals Vernon: „Old Grog"] *der*; -s, -s: heißes Getränk aus Rum (auch Arrak od. Weinbrand), Zucker u. Wasser

groggy [...*gi*; aus gleichbed. *engl.-amerik.* groggy, eigtl. „vom Grog betrunken"]: a) schwer angeschlagen, taumelnd (Boxsport); b) zerschlagen, erschöpft

Grooving [*gruw*...; zu *engl.* groove „Furche, Rille"] *das*; -[s]: Herstellung einer aufgerauhten Fahrbahn mit Rillen (auf Startpisten, Autobahnen)

[1]**Gros** [*gro*; aus gleichbed. *fr.* gros zu gros „groß, dick", dies aus *spätlat.* grossus „dick"] *das*; - [*gro(ß)*], - [*groß*]: überwiegender Teil einer Personengruppe. [2]**Gros** [*groß*; über *niederl.* gros aus gleichbed. *fr.* grosse (douzaine) „großes (Dutzend)"; vgl. [1]Gros] *das*; Grosses, Grosse (6 Gros): 12 Dutzend = 144 Stück

Grossist [für älteres Grossierer, dies aus gleichbed. *fr.* marchand grossier; vgl. [1]Gros] *der*; -en, -en: Großhändler

Großmogul *der*; -s, -n: Titel nordindischer Herrscher (16. bis 19. Jh.)

grosso modo [*spätlat.*; „auf grobe Weise"]: grob gesprochen, im großen ganzen

Großwesir *der*; -s, -e: 1. (hist.) hoher islam. Beamter, der nur dem Sultan unterstellt ist. 2. Titel des türk. Ministerpräsidenten (bis 1922)

grotesk [über *fr.* grotesque aus gleichbed. *it.* grottesco, zunächst in Fügungen wie grottesca pittura „Malerei, wie man sie in Grotten u. Kavernen gefunden hat"]: a) durch eine sehr starke Übersteigerung od. Verzerrung bestimmte Ordnungen umkehrend u. absonderlich, phantastisch wirkend; b) absurd, lächerlich. **Groteske** *die*; -, -n: 1. phantastisch geformtes Tier- u. Pflanzenornament der Antike u. Renaissance. 2. Erzählform, die Widersprüchliches, z. B. Komisches u. Grauenerregendes, verbindet. 3. Grotesktanz

Groupie [*grupi*; aus gleichbed. *engl.* groupie zu group „(Musik)gruppe"] *das*; -s, -s: a) weiblicher → Fan, der immer wieder versucht, in möglichst engen Kontakt mit der von ihm bewunderten Person zu kommen; b) zu einer Gruppe im → Underground gehörendes Mädchen

Grusical [*grusikel*; anglisierende Neubildung zu *gruseln* nach dem Vorbild von → Mus*ical*] *das*; -s, -s: (scherzh.) musikal. Schauermärchen, nach Art eines Musicals aufgemachter Gruselfilm

Guajakbaum *der*; -[e]s, ...bäume: im tropischen Mittelamerika beheimateter Baum

Guanako u. Huanaco [über *span.* guanaco aus gleichbed. *indian.* (*Ketschua*) huanaco] *das*; (älter: *der*); -s, -s: Stammform des → Lamas, zur Familie der Kamele gehörendes Tier mit langem, dichtem Haarkleid (in Südamerika)

Guanidin [zu → Guano] *das*; -s: Imidoharnstoff; vgl. Imid. **Guanin** *das*; -s: Bestandteil der → Nukleinsäuren. **Guano** [über *span.* guano aus gleichbed. *indian.* (*Ketschua*) huanu] *der*; -s: an den regenarmen Küsten von Peru u. Chile abgelagerter Vogelmist, der als Phosphatdünger verwendet wird

Guarneri *die*; -, -s u. Guarnerius *die*; -, ...rii: Geige aus der Werkstatt der Geigenbauerfamilie Guarneri aus Cremona

Guasch [über *fr.* gouache aus gleichbed. *it.* guazzo, eigtl. „Wasserlache", dies aus *lat.* aquātio „das Wasserholen"] *die*; -, -en u. Gouache [*guasch*] *die*; -, -n [...*schen*]: a) Malerei[technik] mit deckenden Wasserfarben in Verbindung mit harzigen Bindemitteln; b) in Guaschtechnik gemaltes Bild

[1]**Guerilla** [*geril(j)a*; über *fr.* guérilla aus gleichbed. *span.* guerrilla zu guerra „Krieg", dies aus *altfränk.* *werra „Verwirrung, Streit"] *die*; -, -s: Kleinkrieg. [2]**Guerilla** *der*; -[s], -s (meist Plural): Angehöriger einer bewaffneten Gruppe der einheimischen Bevölkerung, Freischärler, → Partisan

Guerillero [*geriljero*; über *fr.* guérillero aus gleichbed. *span.* guerrillero] *der*; -s, -s: Untergrundkämpfer in Südamerika

Guide [franz. Ausspr.: *gid*, engl. Ausspr.: *gaid*; aus gleichbed. *fr.-engl.* guide (germ. Wort)] *der*; -s, -s: 1. Reisebegleiter; jmd., der Touristen führt. 2. Reiseführer, -handbuch

Guillotine [*gijotine*; aus gleichbed. *fr.* guillotine] *die*; -, -n: nach dem franz. Arzt Guillotin [*gijotäng*] benanntes, mit einem Fallbeil arbeitendes Hinrichtungsgerät. **guillotinieren** [aus gleichbed. *fr.* guillotiner]: durch die Guillotine hinrichten

Guinea [*gini*] *die*; -, -s u. **Guinee** [über *engl.* guinea aus gleichbed. *fr.* Guinée, da sie zuerst aus Gold geprägt wurde, das aus Guinea stammte] *die*; -, ...een: a) frühere engl. Goldmünze; b) englische Rechnungseinheit von 21 Schilling

Gulasch [auch: *gu*...; aus gleichbed. *ung.* gulyás (hús) zu gulyás „Rinderhirt"] *das* (auch: *der*); -[e]s, -e u. -s: scharf gewürztes Fleischgericht. **Gulaschkanone** *die*; -, -n: volkstümliche Bezeichnung für Feldküche

Gully [bei engl. Ausspr.: *gali*; aus gleichbed. *engl.* gully wohl zu gullet „Schlund", dies über *altfr.* goulet zu *lat.* gula „Kehle"] *der* (auch: *das*); -s, -s: in die Fahrbahndecke eingelassener abgedeckter Schachtkasten, durch den das Regenwasser in die Kanalisation abfließen kann

Gulyás [*gújasch*] *das* (auch: *der*), -[s], -s: = Gulasch

[1]**Gummi** [über *lat.* gummi, cummi(s) aus gleichbed. *gr.* kómmi (ägypt. Wort)] *das* (auch: *der*); -s, -[s]: a) Vulkanisationsprodukt aus → Kautschuk; b) aus schmelzbaren Harzen gewonnener Klebstoff, z. B. → Gummiarabikum. [2]**Gummi** *der*; -s, -s: Radiergummi

Gummi|arabikum [zu *lat.* Arabicus „arabisch"] *das*; -s: bereits erhärteter Milchsaft nordafrikan. Gummiakazien, der für Klebstoff, Aquarellfarben u. a. verwendet wird. **gummieren**: mit Gummi[arabikum] bestreichen

Gunman [*ganmen*; aus gleichbed. *engl.-amerik.* gunman, eigtl. „Pistolenmann"] *der*; -s, ...men: bewaffneter Gangster, Killer

Guppy [...*pi*; aus gleichbed. *engl.* guppy, nach dem engl. Naturforscher R. J. L. Guppy] *der*; -s, -s: zu den Zahnkarpfen gehörender beliebter Aquarienfisch

Gur|kha [aus gleichbed. *angloind.* gurkha, nach dem gleichnamigen ostindischen Volk in Nepal] *der*; -[s], -[s]: Soldat einer nepalesischen Spezialtruppe in der indischen bzw. in der britischen Armee

Guru [über *Hindi* gurū aus gleichbed. *sanskr.* gurúh, eigtl. „gewichtig, ehrwürdig"] *der;* -s, -s: [als Verkörperung eines göttlichen Wesens verehrter] religiöser Lehrer im → Hinduismus

Gusla [aus *serbokroat.* gusle] *die;* -, -s u. ...len: südslawisches Streichinstrument mit einer Roßhaarsaite, die über eine dem Tamburin ähnliche Felldecke gespannt ist. **Guslar** [aus *serbokroat.* guslar] *der;* -en, -en: Guslaspieler

gustieren [aus gleichbed. *it.* gustare; vgl. goutieren]: (ugs.) = goutieren

gustiös [aus gleichbed. *it.* gustoso]: (österr.) lecker, appetitanregend (von Speisen). **Gusto** [aus gleichbed. *it.* gusto; vgl. Gout] *der;* -s, -s: (veraltet) Geschmack, Neigung; nach jmds. - sein (nach jmds. Geschmack sein, jmdm. gefallen)

Guttapercha [...*cha;* aus *malai.* getah „Pflanzenleim, Gummi" u. percha „Baum, der Guttapercha absondert"] *die;* - od. *das;* -[s]: kautschukähnlicher Milchsaft einiger Bäume Südostasiens, der technisch vor allem für Kabelumhüllungen verwendet wird

guttural [zu *lat.* guttur „Kehle"]: die Kehle betreffend, Kehl... (Sprachw.). **Guttural** *der;* -s, -e: Gaumen-, Kehllaut, zusammenfassende Bezeichnung für → Palatal, → Velar u. → Labiovelar (Sprachw.). **Gutturalis** *die;* -, ...les: (veraltet) = Guttural

Gymnae|strada [...*nä*...; zu → Gymnastik u. *span.* estrada „Straße, Weg"] *die;* -, -s: internationales Turnfest (ohne Wettkämpfe) mit gymnastischen u. turnerischen Schaudarbietungen

gymnasial: das Gymnasium betreffend. **Gymnasiast** *der;* -en, -en: Schüler eines Gymnasiums (2). **Gymnasium** [über *lat.* gymnasium aus gleichbed. *gr.* gymnásion, auch „Versammlungsstätte der Philosophen u. Sophisten"; vgl. Gymnastik] *das;* -s, ...ien [...*iᵉn*]: 1. im Altertum, bes. in Griechenland, eine öffentliche Anlage, in der Jünglinge u. Männer nackt (griech. *gymnós*) ihren Körper unter der Leitung von Gymnasiarchen ausbildeten. 2. höhere Schule [mit bes. Betonung des altsprachl. Unterrichts]

Gymnast [aus gleichbed. *gr.* gymnastḗs] *der;* -en, -en: Trainer der Athleten in der altgriech. Gymnastik. **Gymnastik** [aus gleichbed. *gr.* gymnastikḗ (téchnē) zu gymnázesthai „mit nacktem Körper Leibesübungen machen"] *die;* -: Körperschulung durch rhythmische Körperbewegungen. **Gymnastiker** *der;* -s, -: jmd., der körperliche Bewegungsübungen ausführt. **Gymnastin** *die;* -, -nen: Lehrerin der Heilgymnastik. **gymnastisch**: die Gymnastik betreffend

Gynäkeion [aus gleichbed. *gr.* gynaikeĩon] *das;* -s, ...eien: Frauengemach des altgriech. Hauses

Gynäkologe [zu *gr.* gynḗ, Gen. gynaikós „Weib, Frau" u. → ...loge] *der;* -n, -n: Frauenarzt, Wissenschaftler auf dem Gebiet der Frauenheilkunde und Geburtshilfe (Med.). **Gynäkologie** *die;* -: Frauenheilkunde (Med.). **gynäkologisch**: die Frauenheilkunde betreffend (Med.). **Gyn|ander** [zu *gr.* gýnandros „zwitterhaft"] *der;* -s, -: Tier mit der Erscheinung des Scheinzwittertums. **Gyn|andrie** *die;* -: 1. Verwachsung der männlichen u. weiblichen Blütenorgane (Bot.). 2. Scheinzwittrigkeit bei Tieren (durch Auftreten von Merkmalen des andern Geschlechtes; Zool.). **gyn|an|drisch**: scheinzwitterartig (von Tieren). **Gyn|an|drismus** *der;* -: (selten) = Gynandrie. **Gynäzeum** [aus gleichbed. *lat.* gynaecēum] *das;* -s, ...een: = Gynäkeion

Gyrobus [zu *gr.* gȳros „Kreis" u. → Bus] *der;* -ses, -se: bes. in der Schweiz verwendeter Bus, der durch Speicherung der kinet. Energie seines rotierenden Schwungrades angetrieben wird. **gyroma|gnetisch** [zu *gr.* gȳros „Kreis" u. → magnetisch]: kreiselmagnetisch, auf der Wechselwirkung von Drehimpuls u. magnetischem Moment beruhend (Phys.). **Gyrometer** [zu *gr.* gȳros „Kreis" u. → ...meter] *das;* -s, -: Drehungsmesser für Drehgeschwindigkeit. **Gyro|skop** [zu *gr.* gȳros „Kreis" u. → ...skop] *das;* -s, -e: Meßgerät für den Nachweis der Achsendrehung der Erde

H

h: 1. = Hekto... 2. (auch: [h]) [Abk. zu gleichbed. *lat.* hora]: Stunde, ... Uhr (Zeitangabe)

H: 1. = Henry. 2. chem. Zeichen für: Wasserstoff (Hydrogenium)

ha = Hektar

h. a.: 1. = hoc anno (= in diesem Jahr). 2. = hujus anni

Ha = Hahnium

Habanera [auch *aba*...; aus gleichbed. *span.* (danza) habanera, eigtl. „(Tanz) aus Havanna", vom Namen der kuban. Hauptstadt Havanna (span. *La Habana*)] *die;* -: kubanischer Tanz in ruhigem $^2/_4$-Takt (auch in Spanien heimisch)

Habeas corpus [*lat.*; „du habest den Körper"]: Anfangsworte des mittelalterl. Haftbefehls. **Habeaskorpusakte** *die;* -: 1679 vom engl. Oberhaus erlassenes Gesetz zum Schutze der persönlichen Freiheit (kein Mensch darf ohne richterl. Haftbefehl verhaftet od. in Haft gehalten werden); rechtsstaatl. Prinzip (auch im Grundgesetz der Bundesrepublik verankert)

habemus Papam [*lat.*; „wir haben einen Papst"]: Ausruf nach vollzogener Papstwahl

habent sua fata libelli [*lat.*]: „Bücher haben [auch] ihre Schicksale" (nach Terentianus Maurus)

habil.: Abk. für: habilitatus = habilitiert (vgl. habilitieren a); Dr. habil. = doctor habilitatus: habilitierter Doktor. **Habilitand** [aus *mlat.* habilitandus, Gerundivum von habilitāre, s. habilitieren] *der;* -en, -en: jmd., der zur Habilitation zugelassen ist. **Habilitation** [...*zion*] *die;* -, -en: Erwerb der Lehrberechtigung an Hochschulen u. Universitäten durch Anfertigung einer schriftlichen Arbeit. **habilitieren** [aus *mlat.* habilitāre „geschickt, fähig machen" zu *lat.* habilis; vgl. habil.]: a) sich -: die Lehrberechtigung an einer Hochschule od. Universität erwerben; b) jmdm. die Lehrberechtigung erteilen

Habit [...*bit;* aus gleichbed. *fr.* habit; vgl. Habitus] *der* (auch: *das*); -s, -e: 1. [Amts]kleidung, Ordenstracht. 2. wunderlicher Aufzug

habitualisieren [zu → Habitus]: zur Gewohnheit werden od. machen (Psychol., Soziol.). **Habituation** [...*zion*] *die;* -, -en: 1. Gewöhnung (Med., Psychol.). 2. physische und psychische Gewöhnung an Drogen. **habituell**: 1. gewohnheitsmäßig; ständig; 2. verhaltenseigen; zur Gewohnheit geworden, zum Charakter gehörend (Psychol.)

Habitus [aus *lat.* habitus „Gehabe, äußere Erscheinung; Kleidung; persönliche Eigenschaft"] *der;* -: Aussehen, Erscheinungsbild

Háček [*hatschäk;* aus gleichbed. *tschech.* háček,

eigtl. „Häkchen"], (auch eingedeutscht:) Hatschek *das*; -s, -s: → diakritisches Zeichen in Form eines Häkchens, das, bes. in den slawischen Sprachen, einen Zischlaut od. einen stimmhaften Reibelaut angibt, z. B. tschech. č [*tsch*], ž [*sch*]
Haché vgl. Haschee
Hacienda [*aßiända, athjenda*] *die*; -, -s: vgl. Hazienda. **Haciendero** [*aßiändero, athjendero*] *der*; -s, -s: vgl. Haziendero
Hades [aus gleichbed. *gr.* Haídēs, Aídēs, nach dem gleichnamigen griech. Gott der Unterwelt] *der*; -: Unterwelt, Totenreich
Ha|dschar [aus gleichbed. *arab.* ḥağar (aswad) „Stein"] *der*; -s: der schwarze Stein an der → Kaaba, den die Mekkapilger küssen
Ha|dschi [aus gleichbed. *arab.* ḥāğğī] *der*; -s, -s: 1. Mekkapilger. 2. christlicher Jerusalempilger im Orient
Haemanthus [*hä...*; zu *gr.* haĩma „Blut" u. ánthos „Blume"] *der* -, ...thi: ein Narzissengewächs (Blutblume)
Hafnium [von Hafnia, dem lat. Namen für Kopenhagen] *das*; -s: chem. Grundstoff; Zeichen: Hf
Haganah [aus *hebr.* haghannā́ʰ, eigtl. „Schutz, Verteidigung"] *die*; -: jüdische militärische Organisation in Palästina zur Zeit des britischen Mandats (1920–48), aus der sich die reguläre Armee Israels entwickelte
Hagiola|trie [zu *gr.* hágios „heilig" u. latreía „(Gottes)dienst, Gottesverehrung"] *die*; -, ...ien: Verehrung der Heiligen
Hahnium [nach dem Physiker O. Hahn, dem Entdekker des neuen Elements 105] *das*; -s: chem. Grundstoff; Zeichen: Ha
Hakim [aus gleichbed. *arab.* ḥakīm] *der*; -s, -s [*hakim*]: Arzt; Weiser, Philosoph (im Orient)
halbpart [zu → Part]: zu gleichen Teilen
Half [*haf*; aus gleichbed. *engl.* half, kurz für halfback, s. Half-Back] *der*; -s, -s: (österr.) Läufer in einer [Fuß]ballmannschaft
Half-Back [*hafbäk*; aus gleichbed. *engl.* halfback, dies aus half „halb" u. → Back] *der*; -s, -s: = Half
Halfcourt [*hafkoʳt*; aus *engl.* half „halb" u. court „Hof; Feld, Abteilung"] *der*; -s, -s: zum Netz hin gelegener Teil des Spielfeldes beim Tennis. **Halfpenny** [*heⁱpni*; aus *engl.* halfpenny, dies aus half „halb" u. → Penny] *der*; -[s], -s: engl. Münze (0,5 p). **Halfreihe** [*haf...*; zu *engl.* half „halb"]: (österr.) Läuferreihe in einer [Fuß]ballmannschaft. **Half-Time** [*haftaim*; aus gleichbed. *engl.* halftime] *die*; -, -s: Halbzeit (Sport)
Halid [zu *gr.* háls „Salz"] *das*; -[e]s, -e: = Halogenid. **Halit** [zu *gr.* háls „Salz"] *der*; -s, -e: 1. Steinsalz (ein Mineral). 2. Salzgestein
halkyonisch vgl. alkyonisch
halleluja! u. alleluja! [aus gleichbed. *kirchenlat.* hallelūiā, allelūiā, dies aus *hebr.* hallelūjāh „preiset Jahwe!"]: „lobet den Herrn!" (aus den Psalmen übernommener gottesdienstlicher Freudenruf. **Halleluja** u. Alleluja *das*; -s, -s: liturgischer Freudengesang
Halluzination [*...zion*; aus *lat.* (h)al(l)ūcinātio „gedankenloses Reden, Träumerei"] *die*; -, -en: Sinnestäuschung, Trugwahrnehmung; Wahrnehmungserlebnis, ohne daß der wahrgenommene Gegenstand in der Wirklichkeit existiert. **halluzinativ** u. **halluzinatorisch**: auf Halluzination beruhend, in Form einer Halluzination. **halluzinieren** [aus *lat.* (h)al(l)ūcinārī „gedankenlos sein", dies wohl aus *gr.* alýein „außer sich sein"]: eine Halluzination haben, einer Sinnestäuschung unterliegen
Halma [aus *gr.* hálma „Sprung"] *das*; -s: ein Brettspiel für 2 bis 4 Personen
Halo [aus *lat.* halō, Akk. von halōs „Hof um Sonne od. Mond", dies aus gleichbed. *gr.* hálōs, eigtl. „(runde) Tenne"] *der*; -[s], -s od. Halonen: Hof um eine Lichtquelle, hervorgerufen durch Reflexion, Beugung u. Brechung der Lichtstrahlen an kleinsten Teilchen
halogen: salzbildend. **Halogen** [zu *gr.* háls, Gen. halós „Salz" u. → ...gen] *das*; -s, -e: Salzbildner (Fluor, Chlor, Brom, Jod), chem. Grundstoff, der ohne Beteiligung von Sauerstoff mit Metallen Salze bildet. **Halogenid** *das*; -[e]s, -e: Verbindung aus einem Halogen u. einem chem. Grundstoff (meist Metall), Salz einer Halogenwasserstoffsäure. **halogenieren**: ein Halogen in eine organische Verbindung einführen, Salz bilden. **Halometer** [zu *gr.* háls, Gen. halós „Salz" u. → ...meter] *das*; -s, -: Meßgerät zur Bestimmung der Konzentration von Salzlösungen
Halonen: *Plural* von → Halo
Halophyt [zu *gr.* háls, Gen. halós „Salz" u. → ...phyt] *der*; -en, -en: Pflanze auf salzreichem Boden (vor allem an Meeresküsten)
Halteren [aus gleichbed. *gr.-lat.* haltēres] *die* (Plural): 1. [beim Weitsprung zur Steigerung des Schwunges benutzte] hantelartige Stein- oder Metallgewichte im alten Griechenland. 2. zu Schwingkölbchen umgewandelte Hinterflügel der Zweiflügler und Vorderflügel der Männchen der Fächerflügler (Zool.)
Halunke [aus *tschech.* holomek „nackter Bettler"] *der*; -n, -n: a) (abwertend) jmd., dessen Benehmen od. Tun als gemein od. hinterhältig angesehen wird; b) (scherzh.) kleiner, frecher Junge, Schuft
Häm [aus *gr.* haĩma „Blut"] *das*; -s: der Farbstoffanteil im → Hämoglobin. **häm...**, **Häm...** vgl. hämo..., Hämo...
Hamamelis [aus *gr.* hamamēlís „Mispel"] *die*; -: ein Zierstrauch u. eine Heilpflanze
Ham and eggs [*häm ᵉnd ägs*; aus *engl.* ham and eggs „Schinken u. Eier"] *die* (Plural): engl. Bezeichnung für: gebratene Schinkenscheiben mit Spiegeleiern
hämat..., **Hämat...** vgl. hämato..., Hämato... **Hämatit** [über *lat.* haematītēs aus gleichbed. *gr.* haimatī́tēs (líthos), eigtl. „blutiger (Stein)"] *der*; -s, -e: wichtiges Eisenerz. **hämato...**, **Hämato...**, vor Vokalen: hämat..., Hämat... [aus gleichbed. *gr.* haĩma, Gen. haímatos]: in Zusammensetzungen auftretendes Bestimmungswort mit der Bedeutung „Blut", z. B. Hämatologie „Wissenschaft vom Blut und den Blutkrankheiten". **Hämatoblast** [zu → hämato... u. *gr.* blastós „Sproß, Trieb"] *der*; -en, -en (meist Plural) = Hämoblast
Hammondorgel [*hämᵉnd...*; nach dem amerik. Erfinder L. Hammond, 1895–1973] *die*; -, -n: elektroakustische Orgel
hämo..., **Hämo...**, vor Vokalen: häm..., Häm... [zu gleichbed. *gr.* haĩma]: in Zusammensetzungen auftretendes Bestimmungswort mit der Bedeutung „Blut". **Hämoblast** [zu → hämo... u. *gr.* blastós „Sproß, Trieb"] *der*; -en, -en (meist Plural): blutbildende Zelle im Knochenmark (Stammzelle; Med.). **Hämo|globin** *das*; -s: Farbstoff der roten Blutkörperchen; Zeichen: Hb. **Hämozyt** [zu → hä-

mo... u. *gr.* kýtos „Höhlung, Wölbung"] *der;* -en, -en (meist Plural): Blutkörperchen (Med.)

hämor|rhoidal [...*ro-i*...]: die Hämorrhoiden betreffend, durch sie hervorgerufen. **Hämor|rhoiden** [über *lat.* haemorrhoides aus gleichbed. *gr.* haimorrhoídes, eigtl. „Blutfluß"] *die* (Plural): knotenförmig hervortretende Erweiterungen der Mastdarmvenen um den After herum (Med.)

Handikap [*händikäp;* aus gleichbed. *engl.* handicap (Herkunft unsicher)] *das;* -s, -s: 1. Nachteil; etwas, was sich als nachteilig, als Hindernis für etwas erweist. 2. a) Ausgleich durch Punkte od. Streckenvorgabe bei unterschiedlichen Leistungsklassen der Teilnehmer (Sport); b) Reit- od. Laufwettbewerb mit Streckenvorgabe für leistungsschwächere Teilnehmer (Sport). **handikapen** [...*käpen;* aus gleichbed. *engl.* to handicap]: 1. ein Hindernis darstellen. 2. durch Punkt- oder Streckenvorgabe ausgleichen (Sport). 3. jmdm. ein Handikap auferlegen; vgl. gehandikapt. **Handikapper** [...*käper;* aus gleichbed. *engl.* handicapper] *der;* -s, -: neutraler Kampfrichter, der die einzelnen Vorgaben bei Handikaps festlegt (Sport)

Handout [*händaut,* auch: *händáut;* aus gleichbed. *engl.* handout zu to hand out „austeilen, ausgeben"] *das;* -s, -s: ausgegebene Informationsunterlage (z. B. bei Tagungen)

Hands [*händs;* aus *engl.* hands „Hände"] *das;* -, -: (österr.) Handspiel (beim Fußball)

Hangar [auch: ...*gar;* aus gleichbed. *fr.* hangar, eigtl. „Schuppen, Schirmdach" (germ. Wort)] *der;* -s, -s: Flugzeug-, Luftschiffhalle

Hang-over [*hängóuwer;* aus gleichbed. *engl.* hangover zu to hang over „überhängen, übrigbleiben"] *das;* -s: Katerstimmung nach dem Genuß von Alkohol od. Drogen

Hannibal ad (fälschlich meist: ante) **portas**! [*lat.;* „Hannibal an (vor) den Toren"; Schreckensruf der Römer im 2. Punischen Krieg]: (scherzh.) Gefahr ist im Anzug, Gefahr droht

hantieren [aus gleichbed. *mniederl.* hantieren, hantēren, dies aus *(alt)fr.* hanter „häufig besuchen, umgehen mit"]: geschäftig sein, wirtschaften; - an/mit: an/mit etwas beschäftigt sein

Hapax|legomenon [aus *gr.* hápax legómenon „einmal Gesagtes"] *das;* -s, ...mena: nur einmal belegtes, in seiner Bedeutung oft nicht genau zu bestimmendes Wort einer heute nicht mehr gesprochenen Sprache

ha|plo..., **Ha|plo...** [aus gleichbed. *gr.* haplóos]: in Zusammensetzungen auftretendes Bestimmungswort mit der Bedeutung „nur aus einem Teil bestehend, einfach", z. B. Haplologie. **ha|ploid** [aus *gr.* haploeidés „einfach"]: nur einen einfachen Chromosomensatz enthaltend (in bezug auf Zellkerne; Biol.); Ggs. → diploid

Happening [*häpening;* aus gleichbed. *engl.* happening, eigtl. „Ereignis"] *das;* -s, -s: spontane od. improvisierte öffentliche Veranstaltung, oft unter Mitwirkung des Publikums, die als Kunstereignis mit überraschender od. schockierender Wirkung betrachtet werden kann. **Happenist** *der;* -en, -en: Künstler, der Happenings veranstaltet

Happy-End, (österr. auch:) Happyend [*häpiänd;* aus *engl.* happy end „glückliches Ende"] *das;* -[s], -s: [unerwarteter] glücklicher Ausgang eines Konfliktes, einer Liebesgeschichte. **happyenden**: (ugs.) [doch noch] einen glücklichen Ausgang nehmen, ein Happy-End finden

Hapten [zu *gr.* háptein „heften, berühren, angreifen"] *das;* -s, -e (meist Plural): organische, eiweißfreie Verbindung, die die Bildung von → Antikörpern im Körper verhindert

Harakiri [aus gleichbed. *jap.* harakiri zu hara „Bauch" u. kiru „schneiden"] *das;* -[s], -s: ritueller Selbstmord durch Bauchaufschlitzen (in Japan)

Haraß [aus gleichbed. *fr.* harasse] *der;* ...rasses, ...rasse: Lattenkiste od. Korb zum Verpacken zerbrechlicher Waren wie Glas, Porzellan o. ä.

Hard Drink [aus gleichbed. *engl.-amerik.* hard drink, dies aus hard „hart, stark, hochprozentig" u. → Drink] *der;* - -s, - -s: ein hochprozentiges alkoholisches Getränk. **Hard edge** [- *ädsch;* aus gleichbed. *engl.-amerik.* hard-edge, eigtl. „harte Kante"] *die;* - -: Richtung in der modernen Malerei, die klare geometrische Formen u. kontrastreiche Farben verwendet. **Hard stuff** [- *staf;* aus gleichbed. *engl.-amerik.* hardstuff, eigtl. „Hartstoff"] *der;* - -s: starkes Rauschgift (z. B. Heroin, LSD). **Hardtop** [*hard*...; aus gleichbed. *engl.* hardtop, dies aus hard „hart, fest" u. top „Spitze, Verdeck"] *das* od. *der;* -s, -s: 1. abnehmbares Verdeck von Kraftwagen, insbes. Sportwagen. 2. Sportwagen mit einem abnehmbaren Verdeck. **Hardware** [...*"är;* aus gleichbed. *engl.-amerik.* hardware, eigtl. „harte Ware"] *die;* -, -s: alle technisch-physikalischen Teile einer Datenverarbeitungsanlage unter dem speziellen Gesichtspunkt der unveränderlichen, konstruktionsbedingten Eigenschaften; die durch die Technik zur Verfügung gestellten Möglichkeiten eines Rechners (EDV); Ggs. → Software

Harem [über *türk.* harem aus gleichbed. *arab.* ḥaram, eigtl. „verboten, unverletzlich, heilig"] *der;* -s, -s: 1. bei den Mohammedanern die abgetrennte Frauenabteilung der Wohnhäuser, zu der kein fremder Mann Zutritt hat. 2. Gesamtheit der Frauen, die im abgeschlossenen Teil des mohammedanischen Hauses wohnen. 3. (ohne Plural) (ugs., scherzh.) die Gesamtheit der weiblichen Personen (bes. Freundinnen), die ständig um einen Mann herum sind

Häresie [über *kirchenlat.* haeresis aus gleichbed. *gr.* haíresis, eigtl. „das Nehmen, Wahl"] *die;* -, ...ien: 1. von der offiziellen Kirchenmeinung abweichende Lehre. 2. Ketzerei. **Häretiker** [aus gleichbed. *kirchenlat.* haereticus, dies aus *gr.* hairetikós „auswählend; ketzerisch"] *der;* -s, -: 1. jmd., der von der offiziellen Lehre abweicht. 2. Ketzer; vgl. Sektierer. **häretisch**: vom Dogma abweichend, ketzerisch

Harlekin [*hárlekin;* über *fr.* harlequin aus gleichbed. *it.* arlecchino, dies aus *altfr.* maisnie Hellequin „Hexenjagd; wilde, lustige Teufelsschar" (Herkunft unsicher)] *der;* -s, -e: Hanswurst, Narrengestalt [der ital. Bühne]. **Harlekinade** *die;* -, -n: Possenspiel. **harlekinisch** [auch: ...*ki*...] nach Art eines Harlekins, [lustig] wie ein Harlekin

Harmonie [aus gleichbed. *gr.-lat.* harmonía, eigtl. „Fügung"] *die;* -, ...ien: 1. als wohltuend empfundene innere u. äußere Übereinstimmung; Einklang; Eintracht; Ggs. → Disharmonie (2). 2. ausgewogenes, ausgeglichenes, gesetzmäßiges Verhältnis der Teile zueinander; Ebenmaß (Archit.; bild. Kunst). 3. wohltönender Zusammenklang mehrerer Töne od. Akkorde (Mus.); Ggs. → Disharmonie (1)

harmonieren: gut zu jmdm. od. zu etwas passen, so daß keine Unstimmigkeiten entstehen; gut zusammenpassen, übereinstimmen. **Harmonik** *die*; -: Lehre von der Harmonie (3) (Mus.). **Harmonika** vgl. unten. **harmonisch** [über *lat.* harmonicus aus gleichbed. *gr.* harmonikós]: 1. übereinstimmend, ausgeglichen; Ggs. → disharmonisch (2). 2. den Harmoniegesetzen entsprechend (Mus.); Ggs. → disharmonisch (1); -e Teilung: Teilung einer Strecke durch einen Punkt auf der Strecke u. einen außerhalb, so daß gleiche Teilungsverhältnisse entstehen (Math.). **Harmonische** *die*; -, -n: Schwingung, deren → Frequenz ein ganzzahliges Vielfaches einer Grundschwingung ist (Phys.). **harmonisieren**: 1. in Einklang, in Übereinstimmung mit jmdm. sein. 2. eine Melodie mit passenden Akkorden od. Figuren begleiten (Mus.). **Harmonisierung** *die*; -, -en: Abstimmung verschiedener Dinge aufeinander, gegenseitige Anpassung (z. B. von der Wirtschaftspolitik verschiedener Länder)

Harmonika [aus *engl.* harmonica „Glasharmonika", dies aus *lat.* harmonica, subst. Fem. von harmonicus, s. harmonisch] *die*; -, -s u. ...ken: Musikinstrument, dessen Metallzungen durch Luftzufuhr (durch den Mund bzw. einen Balg) in Schwingung versetzt werden (z. B. Mund-, Zieh- od. Handharmonika)

Harmonium [zu → Harmonie] *das*; -s, ...ien [...*ien*] od. -s: Tasteninstrument, dessen Töne von saugluftbewegten Durchschlagzungen erzeugt werden

Harpune [über *niederl.* harpoen aus gleichbed. *fr.* harpon, eigtl. „Eisenklammer" zu harpe „Klaue, Kralle" (germ. Wort)] *die*; -, -n: zum [Wal]fischfang benutzter Wurfspeer oder pfeilartiges Geschoß mit Widerhaken u. Leine. **Harpunier** *der*; -s, -e: Harpunenwerfer. **harpunieren**: mit der Harpune fischen

Harpyie [...*püje*; über *lat.* Harpȳia aus gleichbed. *gr.* Hárpyia, eigtl. „Räuberin"] *die*; -, -n: 1. (meist Plural) Sturmdämon in Gestalt eines Mädchens mit Vogelflügeln in der griech. Mythologie. 2. großer süd- und mittelamerik. Raubvogel

Harris-Tweed [*hǟrißtwid*; aus gleichbed. *engl.* Harris Tweed] *der*; -s: handgesponnener und handgewebter → Tweed

Hartebeest [aus gleichbed. *Afrikaans* hartbees, dies aus *niederl.* hert „Hirsch" u. beest „Tier"] *das*; -s, -e u. -er: Kuhantilope der südafrikan. Steppe

Haru|spex [aus *lat.* haruspex] *der*; -, -e u. Haruspizes: jmd., der aus den Eingeweiden von Opfertieren wahrsagt (bei Etruskern u. Römern). **Haru|spizium** [aus *lat.* haruspicium] *das*; -s, ...ien [...*ien*]: Wahrsagung aus den Eingeweiden

Hasard [aus *fr.* (jeu de) hasard „Glück(sspiel)", dies aus *altfr.* hasart „Würfelspiel" zu *arab.* yasara „würfeln"] *das*; -s: = Hasardspiel. **Hasardeur** [...*dör*] *der*; -s, -e: (abwertend) jmd., der verantwortungslos handelt und alles aufs Spiel setzt. **hasardieren**: alles aufs Spiel setzen, wagen. **Hasardspiel** *das*; -s: 1. Glücksspiel. 2. Unternehmung, bei der ohne Rücksicht auf andere oder sich selbst alles aufs Spiel gesetzt wird

Hasch *das*; -s: (ugs.) Haschisch. **haschen**: (ugs.) Haschisch rauchen oder in anderer Form zu sich nehmen. **Hascher** *der*; -s, -: (ugs.) jmd., der [gewohnheitsmäßig] Haschisch zu sich nimmt. **Haschisch** [aus gleichbed. *arab.* ḥašīš, eigtl. „Gras, Heu"] *das*; -: aus dem Blütenharz des Hanfs gewonnenes Rauschgift

Haschee [...*sche*; aus *fr.* (viande) hachée „gehacktes (Fleisch)" zu hache „Axt, Beil" (germ. Wort)] *das*; -s, -s: Gericht aus feingehacktem Fleisch. **haschieren**: fein hacken, zu → Haschee verarbeiten

Haschisch vgl. Hasch

Hat-Trick [*hät-trik*; aus gleichbed. *engl.* hat trick, eigtl. „Huttrick", nach einem früher beim Kricket geübten Brauch, den Vollbringer dieser Leistung mit einem neuen Hut zu beschenken], (auch:) **Hattrick** [*hätrik*] *der*; -s, -s: 1. dreimaliger Torerfolg hintereinander durch denselben Spieler (Fußball). 2. dreifacher Erfolg

Haubitze [aus *tschech.* houfnice „Steinschleuder"] *die*; -, -n: (hist.) Flach- und Steilfeuergeschütz

Hausse [*hoß*$^{(e)}$; aus gleichbed. *fr.* hausse, eigtl. „Erhöhung" zu hausser „erhöhen", dies aus gleichbed. *vlat.* *altiāre zu *lat.* altus „hoch"] *die*; -, -n [...*ßen*]: 1. allgemeiner Aufschwung [in der Wirtschaft]. 2. Steigen der Börsenkurse; Ggs. → Baisse. 3. Griff am unteren Bogenende bei Streichinstrumenten, Frosch. **haussieren**: im Kurswert steigen (von Wertpapieren)

Haute Couture [- *kutür*; aus *fr.* haute couture, dies aus haut „hoch" (aus *lat.* altus) u. couture, s. Couture] *die*; - -: Schneiderkunst, die für die elegante Mode tonangebend ist (bes. in Paris und Rom). **Haute Couturier** [- ...*rie*] *der*; - -s, - -s: Modeschöpfer

Hautefinance [(*h*)*otfinangß*; aus gleichbed. *fr.* haute finance, dies aus haut „hoch" (aus *lat.* altus) u. finance, s. Finanz] *die*; -: Hochfinanz; Finanzgruppe, die politische u. wirtschaftliche Macht besitzt

Hautevolee [(*h*)*otwole*; aus *fr.* (des gens) de haute volée „(Leute) von hohem Rang", dies aus haut „hoch" (aus *lat.* altus) u. volée „Rang, Stand; (Auf)flug" zu *lat.* volāre „fliegen"] *die*; -: (oft iron.) vornehmste Gesellschaftsschicht

Hautgout [(*h*)*ogu*; aus gleichbed. *fr.* haut-goût, dies aus haut „hoch, stark" (aus *lat.* altus) u. → Gout] *der*; -s: 1. scharfer Geschmack, den das Fleisch [des Wildes] nach längerem Lagern annimmt. 2. Anrüchigkeit

Havanna [...*wa*...; nach der gleichnamigen kuban. Hauptstadt] *die*; -, -[s]: Zigarre aus einer bestimmten kubanischen Tabaksorte

Havarie [*hawa*...; über *niederl.* averij, *fr.* avarie aus gleichbed. *it.* avaria, dies aus *arab.* 'awār „Fehler, Schaden"] *die*; -, ...ien: 1. a) durch Unfall verursachter Schaden oder Beschädigung an Schiffen od. ihrer Ladung u. an Flugzeugen; b) (österr.) Schaden, Unfall bei einem Kraftfahrzeug. 2. Beschädigung an Maschinen und technischen Anlagen. **havarieren**: durch Aufprall beschädigt werden (von Schiffen). **havariert**: durch Aufprall beschädigt (von Schiffen od. deren Ladung); b) (österr.) durch einen Unfall beschädigt (von Kraftfahrzeugen). **Havarist** *der*; -en, -en: 1. der Eigentümer eines havarierten Schiffes. 2. beschädigtes Schiff

Havelock [*hawelok*; nach dem engl. General Sir H. Havelock, 1795–1857] *der*; -s, -s: langer Herrenmantel ohne Ärmel, mit pelerineartigem Umhang

have, pia anima! [(*h*)*awe* - -; *lat.*; sei gegrüßt, fromme Seele!"]: Inschrift auf Grabsteinen o. ä.; vgl. Ave

Hawaiigitarre [nach den Hawaii-Inseln] *die*; -, -n: große Gitarre mit leicht gewölbter Decke u. 6–8 Stahlsaiten

Hazienda [aus gleichbed. *span.* hacienda, dies aus *lat.* facienda „Dinge, die getan werden müssen", Gerundivum von facere „tun, machen"] *die*; -, -s: Landgut, Farm in Süd- und Mittelamerika. **Haziendero** *der*; -s, -s: Besitzer einer Hazienda

Hb = Hämoglobin
H. B. = Helvetisches Bekenntnis (vgl. helvetisch)
h. c. = honoris causa
He = chem. Zeichen für: Helium
h. e. = hoc est
Headline [*hädlain*; aus gleichbed. *engl.* headline, dies aus head „Kopf, Überschrift" u. line „Linie, Zeile"] *die*; -, -s: Schlagzeile; Überschrift in einer Zeitung, Anzeige o. a.
Hearing [*hiring*; aus gleichbed. *engl.-amerik.* hearing, eigtl. „das Hören"] *das*; -[s], -s: öffentliche [parlamentarische] Anhörung verschiedener Ansichten durch Ausschüsse o. ä.
Heavisideschicht [*häwißaid...*; nach dem engl. Physiker O. Heaviside, 1850–1925]: *die*; -: elektrisch leitende Schicht in der Atmosphäre in etwa 100 km Höhe über dem Erdboden, die mittellange u. kurze elektrische Wellen reflektiert
He|braicum [*...ik...*; aus *lat.* Hebraicum „das Hebräische", dies aus *gr.* Hebraikós „hebräisch"] *das*; -s: Nachweis bestimmter Hebräischkenntnisse, die für das Theologiestudium erforderlich sind. **he|bräisch**: die hebräische Sprache und Kultur betreffend; etwas lernt Hebräisch: (ugs., scherzh.) ein Gegenstand befindet sich im Pfandhaus
Hedonik [aus *gr.* hēdonikós „zum Vergnügen gehörend" zu hēdonḗ „Freude, Vergnügen, Lust"] *die*; -: = Hedonismus. **Hedoniker** *der*; -s, -: = Hedonist. **Hedonismus** *der*; -: in der Antike begründete philosophische Lehre, nach welcher das höchste ethische Prinzip das Streben nach Sinnenlust und Genuß ist. **Hedonist** *der*; -en, -en: Vertreter der Lehre des Hedonismus. **hedonistisch**: 1. den Hedonismus betreffend, auf ihm beruhend. 2. das Lustprinzip befolgend (Psychol.)
He|dschra [aus *arab.* hiğra, eigtl. „Auswanderung"] *die*; -: Übersiedlung Mohammeds im Jahre 622 von Mekka nach Medina (Beginn der islam. Zeitrechnung)
hegemonial [zu → Hegemonie]: a) die Vormachtstellung habend; b) die Vormachtstellung erstrebend. **Hegemonial...**: in Zusammensetzungen auftretendes Bestimmungswort mit der Bedeutung „Vorherrschaft", z. B. Hegemonialanspruch. **Hegemonie** [aus gleichbed. *gr.* hēgemonía, eigtl. „das Anführen"] *die*; -, ...ien: 1. Vorherrschaft [eines Staates]; Vormachtstellung, die nicht rechtlich begründet zu sein braucht. 2. faktische Überlegenheit kultureller, wirtschaftlicher, politischer u. a. Art. **hegemonisch**: die Hegemonie betreffend
Heiduck u. Haiduck [aus gleichbed. *ung.* hajdúk (Plur.)] *der*; -en, -en: 1. ungarischer Söldner, Grenzsoldat. 2. ungarischer Gerichtsdiener. 3. (hist.) (auf dem Balkan) Freischärler im Kampf gegen die Türken
Heimarmene [*...mene*; aus *gr.* heimarménē] *die*; -: das unausweichliche Verhängnis, Schicksal (in der griech. Philosophie)
Hekatombe [über *lat.* hecatombē aus gleichbed. *gr.* hekatómbē zu hekatón „hundert" u. boũs „Stier, Rind"] *die*; -, -n: 1. großes Opfer (ursprünglich von 100 Stieren). 2. große Menschenverluste durch Krieg, Seuchen usw.
hekt..., **Hekt...** vgl. hekto..., Hekto...
Hektik [zu → hektisch] *die*; -: übersteigerte Betriebsamkeit, fieberhafte Eile. **hektisch** [aus *mlat.* hecticus „an chronischer Brustkrankheit leidend, schwindsüchtig", dies aus *gr.* hektikós „den Zustand, die Körperbeschaffenheit betreffend; chronisch (bes. vom Fieber)"]: fieberhaft, aufgeregt, von krankhafter Betriebsamkeit
hekto..., **Hekto...**, vor Vokalen: hekt..., Hekt... [über *fr.* hecto- aus *gr.* hekatón „hundert"]: in Zusammensetzungen auftretendes Bestimmungswort mit der Bedeutung „hundertfach, vielfach". **Hekt|ar** [auch: ...tar; aus gleichbed. *fr.* hectare zu → hekto... u. → [1]Ar] *das* (auch: *der*); -s, -e (aber: 4 Hektar): Flächen-, bes. Feldmaß (= 100 Ar = 10 000 Quadratmeter); Zeichen: ha. **Hekt|are** *die*; -, -n: (schweiz.) Hektar. **Hektogramm** [aus gleichbed. *fr.* hectogramme, dies aus → hekto... u. → Gramm] *das*; -s, -e (aber: 5 Hektogramm): 100 Gramm; Zeichen: hg. **Hektoliter** [auch: *häk...*; aus gleichbed. *fr.* hectolitre, dies aus → hekto... u. → Liter] *der* (auch: *das*); -s, -: 100 Liter; Zeichen: hl. **Hektometer** [auch: *häk...*; aus gleichbed. *fr.* hectomètre, dies aus → hekto... u. → Meter] *der* (auch: *das*); -s, -: 100 Meter; Zeichen: hm. **Hektoster** [auch: *häk...*; aus gleichbed. *fr.* hectostère] *der*; -s, -e u. -s (aber: 10 Hektoster): Hohlmaß, Raummaß (bes. für Holz): 100 Kubikmeter; Zeichen: hs
Hekto|graph [zu *gr.* hekatón „hundert" u. → graph, eigtl. „Hundertschreiber"] *der*; -en, -en: ein Vervielfältigungsgerät. **Hekto|graphie** *die*; -, ...ien: 1. ein Vervielfältigungsverfahren. 2. eine mit dem Hektographen hergestellte Vervielfältigung. **hektographieren**: a) mit dem Hektographen vervielfältigen; b) (ugs.) vervielfältigen
Helanca ⓦ [*...ka*; Kunstw.] *das*; -: hochelastisches Kräuselgarn aus Nylon
Helikon [zu *gr.* hélix, Gen. hélikos „Windung, Spirale"] *das*; -s, -s: Musikinstrument; Kontrabaßtuba mit kreisrunden Windungen (bes. in der Militärmusik verwendet)
Heliko|pter [über *engl.* helicopter aus gleichbed. *fr.* hélicoptère, dies zu *gr.* hélix, Gen. hélikos „Windung, Spirale" u. pterón „Flügel"] *der*; -s, -: Hubschrauber
helio..., **Helio...** [aus gleichbed. *gr.* hḗlios]: in Zusammensetzungen auftretendes Bestimmungswort mit der Bedeutung „Sonne", z. B. heliozentrisch, Heliotrop. **Heliograph** *der*; -en, -en: 1. astronomisches Fernrohr mit fotografischem Gerät für Aufnahmen von der Sonne. 2. Blinkzeichengerät zur Nachrichtenübermittlung mit Hilfe des Sonnenlichtes. **Helio|graphie** *die*; -: das Zeichengeben mit dem Heliographen (2). **helio|graphisch**: den Heliographen betreffend. **Helio|skop** *das*; -s, -e: Gerät zur direkten Sonnenbeobachtung, das die Strahlung abschwächt (Astron.). **Heliostat** *der*; -[e]s u. -en, -en: Gerät mit Uhrwerk u. Spiegel, das dem Sonnenlicht für Beobachtungszwecke stets die gleiche Richtung gibt (Astron.). **heliotrop**: 1. von der Farbe des [1]Heliotrops (1). 2. lichtwendig, phototropisch
[1]Helio|trop [über *lat.* hēliotropium aus gleichbed. *gr.* hēliotrópion, eigtl. „was sich zur Sonne hin wendet"] *das*; -s, -e: 1. (Plural: -e) Sonnenwende, Zimmerpflanze, deren Blüten nach Vanille duften. 2. (ohne Plural) blauviolette Farbe (nach den Blüten des Heliotrops). **[2]Heliotrop** [über *lat.* hēliotropium aus gleichbed. *gr.* hēliotrópion] *der*; -s, -e: Edelstein (Abart des Quarzes)
Helio|tropismus *der*; -: (veraltet) Phototropismus. **heliozen|trisch**: die Sonne als Weltmittelpunkt betrachtend; Ggs. → geozentrisch; -es Weltsy-

stem: von Kopernikus entdecktes und aufgestelltes Planetensystem mit der Sonne als Weltmittelpunkt. **Heliozoon** *das*; -s, ...zoen: (meist Plural) Sonnentierchen (einzelliges, wasserbewohnendes Lebewesen)

Heliport [Kurzw. aus → *Heli*kopter u. → Air*port*] *der*; -s, -s: Landeplatz für Hubschrauber

Helium [zu *gr.* hélios „Sonne"] *das*; -s: chem. Grundstoff, Edelgas; Zeichen: He

hellenisch [aus *gr.* hellēnikós „griechisch"]: a) das antike Hellas (Griechenland) betreffend; b) griechisch (in bezug auf die heutige Republik). **hellenisieren** [aus gleichbed. *gr.* hellēnízein]: nach griech. Vorbild gestalten; griech. Sprache u. Kultur nachahmen. **Hellenismus** *der*; -: 1. Griechentum; (nach J. G. Droysen:) die Kulturepoche von Alexander dem Gr. bis Augustus (Verschmelzung des griech. mit dem oriental. Kulturgut). 2. die griech. nachklass. Sprache dieser Epoche; Ggs. → Attizismus. **Hellenist** *der*; -en, -en: 1. jmd., der sich wissenschaftlich mit dem nachklassischen Griechentum befaßt. 2. im N. T. griech. sprechender, zur hellenist. Kultur neigender Jude der Spätantike. **hellenistisch**: den Hellenismus (1. 2) betreffend

Helot [aus gleichbed. *gr.* heílōs, Gen. heílōtos] *der*; -en, -en u. **Helote** *der*; -n, -n: 1. Staatssklave im alten Sparta. 2. Ausgebeuteter, Unterdrückter

Helvetian [...*wezian*; zu *lat.* Helvētius „schweizerisch"] *das*; -s: mittlere Stufe des → Miozäns (Erdzeitalter; Geol.). **helvetisch** [zu *lat.* Helveticus „schweizerisch"]: schweizerisch; Helvetische Konfession, Helvetisches Bekenntnis: Bekenntnis[schriften] der evangelisch-reformierten Kirche von 1536 und bes. 1562/66; Abk.: H. B. **Helvetismus** *der*; -, ...men: eine innerhalb der deutschen Sprache nur in der Schweiz (= Helvetien) übliche sprachliche Ausdrucksweise (z. B. Blocher = Bohnerbesen)

He-man [*himän*; aus gleichbed. *engl.-amerik.* heman] *der*; -[s], He-men: besonders männlich und potent wirkender Mann; Supermann

hemi..., **Hemi...** [aus gleichbed. *gr.* hēmi-]: in Zusammensetzungen auftretendes Bestimmungswort mit der Bedeutung „halb", z. B. Hemipteren „Halbflügler". **Hemiepes** [...*i-epeß*; aus gleichbed. *gr.* hēmiepés] *der*; -, -: [unvollständiger] halber Hexameter

Hemi|sphäre [über *lat.* hēmisphaerium aus *gr.* hēmisphaírion „Halbkugel"] *die*; -, -n: 1. a) nördliche bzw. südliche Erdhalbkugel (nach geographischen Gesichtspunkten); b) östliche bzw. westliche Erdhalbkugel (nach politischen Gesichtspunkten). 2. Himmelshalbkugel. **hemi|sphärisch**: die Hemisphäre betreffend

Hemlocktanne [zu gleichbed. *engl.* hemlock (Herkunft unsicher)] *die*; -, -n: Schierlingstanne

Hendiadyoin [...*dieun*] u. (seltener:) **Hendiadys** [aus gleichbed. *mlat.* hendiadyoin, hendiadys, dies aus *gr.* hèn dià dyoīn „eins durch zwei"] *das*; - -: (Stilk.) 1. die Ausdruckskraft verstärkende Verbindung zweier synonymer Substantive od. Verben, z. B. bitten u. flehen. 2. das bes. in der Antike beliebte Ersetzen einer Apposition durch eine reihende Verbindung mit „und" (z. B. die Masse *und die hohen Berge*, statt die Masse *der hohen Berge*)

Henriqua|tre [*angrikatr*] *der*; -s [...*katr*], -s [...*katr*]: nach Heinrich IV. von Frankreich benannter Spitzbart

Henry [*hänri*; nach dem amerik. Physiker J. Henry, 1797–1878] *das*; -, -: physikal. Maßeinheit für Selbstinduktion (1 Voltsekunde/1 Ampere); Zeichen: H

Hepar [aus gleichbed. *gr.-lat.* hēpar] *das*; -s, Hepata: Leber (Med.). **hepat...**, **Hepat...** vgl. hepato..., Hepato... **Hepatitis** [zu → hepato...] *die*; -, ...itiden: Leberentzündung (Med.). **hepato...**, **Hepato...** [aus gleichbed. *gr.* hēpar, Gen. hēpatos], vor Vokalen: hepat..., Hepat...: in Zusammensetzungen auftretendes Bestimmungswort mit der Bedeutung „Leber"

Hephth|emimeres [aus gleichbed. *gr.* hephthēmimerēs] *die*; -, -: Einschnitt (→ Zäsur) nach sieben Halbfüßen bzw. nach der ersten Hälfte des vierten Fußes im → Hexameter; vgl. Penthemimeres

Hepta... [aus gleichbed. *gr.* heptá], vor Vokalen: Hept...: in Zusammensetzungen auftretendes Bestimmungswort mit der Bedeutung „sieben". **Heptachord** [...*kort*; aus *lat.* heptachordus „siebensaitig", dies aus gleichbed. *gr.* heptáchordos] *der* od. *das*; -[e]s, -e: Folge von sieben → diatonischen Tonstufen (große Septime; Mus.). **Hepta|gon** [aus *gr.* heptágōnos „siebeneckig"] *das*; -s, -e: Siebeneck. **Heptameter** [aus gleichbed. *spätlat.* heptameter, dies aus → Hepta... u. *gr.* métron „Maß, Silben- oder Versmaß"] *der*; -s, -: siebenfüßiger Vers. **Heptan** [zu *gr.* heptá „sieben"] *das*; -s: Kohlenwasserstoff mit sieben Kohlenstoffatomen. **Hepta|teuch** [aus gleichbed. *spätlat.* heptateuchus, dies aus *gr.* heptáteuchos „siebenbändiges Buch"] *der*; -s: die ersten sieben Bücher des Alten Testaments (1.–5. Buch Mose, Josua, Richter); vgl. Pentateuch. **Heptatonik** [zu *gr.* heptátonos „siebentönig"] *die*; -: System der Siebentönigkeit (Mus.). **Heptode** *die*; -, -n: Elektronenröhre mit sieben Elektroden. **Heptosen** [zu *gr.* heptá „sieben"] *die* (Plural): einfache Zuckerarten mit sieben Sauerstoffatomen im Molekül (Biochem.)

Heraion [...*raion*; aus *gr.* Hēraīon] u. **Heräon** *das*; -s, -s: Tempel, Heiligtum der griech. Göttin Hera, bes. in Olympia u. auf Samos

Heraldik [aus gleichbed. *fr.* (science) héraldique, eigtl. „Heroldskunst" zu héraut, s. Herold] *die*; -: Wappenkunde, Heroldskunst (von den Herolden (1) entwickelt). **heraldisch**: die Heraldik betreffend

Heräon vgl. Heraion

Herbar, **Herbarium** [aus *spätlat.* herbārium „Kräuterbuch" zu *lat.* herba „Pflanze, Gras"] *das*; -s, ...rien [...*i*ᵉ*n*]: systematisch angelegte Sammlung gepreßter und getrockneter Pflanzen u. Pflanzenteile

Herbizid [zu *lat.* herba „Pflanze, Gras" u. caedere (in Zus. -cidere) „niederhauen, töten"] *das*; -s, -e: chem. Vernichtungsmittel zur Abtötung von Pflanzen

hereditär [aus gleichbed. *lat.* hērēditārius]: 1. die Erbschaft, das Erbe, die Erbfolge betreffend. 2. erblich, die Vererbung betreffend (Biol.; Med.)

Herkules [nach dem Halbgott der griech. Sage, *lat.* Herculēs, dies aus *gr.* Hēraklēs] *der*; -, -se: Mensch mit großer Körperkraft. **herkulisch**: riesenstark (wie Herkules)

Herm|aphrodit [über *lat.* hermaphrodītus aus gleichbed. *gr.* hermaphróditos von Hermaphróditos, dem zum Zwitter gewordenen Sohn der griech. Gottheiten Hermes u. Aphrodite] *der*; -en, -en: Zwitter; Individuum (Mensch, Tier od. Pflanze) mit Geschlechtsmerkmalen von beiden Geschlechtern (Biol.; Med.). **herm|aphroditisch**: zweigeschlechtig, zwittrig. **Herm|aphrod[it]ismus** *der*; -: Zweigeschlechtigkeit, Zwittrigkeit (Biol.; Med.)

Herme [über *lat.* Herma, Hermēs aus gleichbed. *gr.* Hermēs, eigtl. „(Statue des) Hermes"] *die*; -, -n: Pfeiler od. Säule, die mit einer Büste gekrönt ist (urspr. des Gottes Hermes)

Hermeneutik [aus gleichbed. *gr.* hermēneutikḗ (téchnē)] *die*; -: wissenschaftliches Verfahren der Auslegung u. Erklärung von Texten, Kunstwerken o. ä. **hermeneutisch**: einen Text o. ä. erklärend, auslegend

hermetisch [zu *nlat.* sigillum Hermētis „Siegel des Hermes (Trismegistos)", der die Kunst erfunden haben soll, eine Glasröhre mit einem geheimnisvollen Siegel luftdicht zu verschließen]: 1. a) dicht verschlossen, so daß nichts ein- oder herausdringen kann, z. B. - verschlossene Ampullen; b) durch eine Maßnahme od. einen Vorgang so beschaffen, daß nichts od. niemand eindringen od. hinausgelangen kann. **hermetisieren**: dicht verschließen, luft- und wasserdicht machen

Heroe vgl. Heros. **Heroik** *die*; -: Heldenhaftigkeit. **Heroin** [...*oin*; aus gleichbed. *gr.-lat.* hērōínē] *die*; -, -nen: 1. Heldin. 2. Heroine. **Heroine** *die*; -, -n: Darstellerin einer Heldenrolle auf der Bühne. **heroisch**: heldenmütig, heldenhaft; -e Landschaft: 1. großes Landschaftsbild mit Gestalten der antiken Mythologie (17. Jh.). 2. Bild, das eine dramatisch bewegte, monumentale Landschaft darstellt (19. Jh.); -er Vers: Vers des Epos, bes. der → Hexameter, in Frankreich der → Alexandriner. **heroisieren** [...*ro-i*...]: jmdn. als Helden verherrlichen, zum Helden erheben. **Heroismus** *der*; -: Heldentum, Heldenmut. **Heroon** [aus gleichbed. *gr.* hērōon] *das*; -s, ...roa: Grabmal u. Tempel eines Heros. **Heros** [aus gleichbed. *gr.-lat.* hḗrōs] *der*; - u. ...oen, ...roen: 1. Held in der griech. Mythologie, der a) ein Halbgott (Sohn eines Gottes u. einer sterblichen Mutter od. umgekehrt) ist oder b) wegen seiner Taten als Halbgott verehrt wird. 2. heldenhafter Mann, Held

Heroin [gelehrte Bildung zu *gr.* hḗrōs „Held"] *das*; -s: ein Morphinderivat (sehr starkes, süchtig machendes Rauschgift, als Medikament nicht mehr zugelassen)

Herold [aus gleichbed. *altfr.* hérault (*fr.* héraut), dies aus *altfränk.* *hariwald „Heerwalter"] *der*; -s, -e: 1. wappenkundiger Hofbeamter im Mittelalter. 2. a) Ausrufer u. Bote eines Fürsten im Mittelalter; b) (geh.) jmd., der eine wichtige Nachricht verkündet

Heronsball [nach dem altgriech. Mathematiker Heron] *der*; -s, ...bälle: Gefäß mit Röhre, in dem Wasser mit Hilfe des Druckes zusammengepreßter Luft hochgetragen od. ausgespritzt wird (z. B. ein Parfümzerstäuber)

Heros vgl. oben

Hero|strat [nach dem Griechen Herostratos, der 356 v. Chr. den Artemistempel zu Ephesus in Brand steckte, um berühmt zu werden] *der*; -en, -en: Verbrecher aus Ruhmsucht. **Hero|stratentum** *das*; -s: durch Ruhmsucht motiviertes Verbrechertum. **hero|stratisch**: aus Ruhmsucht Verbrechen begehend

Herzinfarkt *der*; -[e]s, -e: Absterben eines Gewebebezirks des Herzens nach schlagartiger Unterbrechung der Blutzufuhr infolge Gefäßverschlusses

He|speriden [aus *gr.* Hesperídes, eigtl. „Töchter des Westens"] *die* (Plural): weibliche Sagengestalten in der griech. Mythologie. **He|sperien** [...*iᵉn*; aus gleichbed. *lat.* Hesperia, dies aus *gr.* hespéria „Westen" zu hespérios „abendlich, westlich"] *die* (Plural): (im Altertum dichterisch) Land gegen Abend (= Westen, bes. Italien u. Spanien). **He|speros** u. **He|sperus** [über *lat.* Hesperus, Hesperos aus gleichbed. *gr.* hésperos] *der*; -: der Abendstern in der griech. Mythologie

Hetäre [aus gleichbed. *gr.* hetaíra, eigtl. „Gefährtin"] *die*; -, -n: in der Antike [hochgebildete, politisch einflußreiche] Freundin, Geliebte bedeutender Männer. **Hetärie** [aus gleichbed. *gr.* hetaireía] *die*; -, ...ien: [alt]griech. (meist geheime) polit. Verbindung

hetero..., **Hetero...**, vor Vokalen gelegentlich: hɘter..., Heter... [aus gleichbed. *gr.* héteros]: in Zusammensetzungen auftretendes Bestimmungswort mit der Bedeutung „anders, fremd, ungleich, verschieden", z. B. heterogen. **Heterochromosom** *das*; -s, -en: geschlechtsbestimmendes → Chromosom. **heterodox** [aus gleichbed. *gr.-spätlat.* heteródoxos, eigtl. „von anderer Meinung"]: andersgläubig, von der herrschenden [Kirchen]lehre abweichend; Ggs. → orthodox (1). **Heterodoxie** [aus *gr.* heterodoxía „verschiedene, irrige Meinung"] *die*; -, ...ien: Irrlehre; Lehre, die von der offiziellen, kirchlichen abweicht (Rel.). **heterogen** [auch: *hä*...; aus gleichbed. *gr.* heterogenḗs]: einer anderen Gattung angehörend; uneinheitlich, aus Ungleichartigem zusammengesetzt; Ggs. → homogen. **Heterogenität** [auch: *hä*...] *die*; -: Ungleichartigkeit, Verschiedenartigkeit; Ggs. → Homogenität. **heterolog**: abweichend, nicht übereinstimmend, artfremd. **heteromorph** [aus gleichbed. *gr.* heterómorphos]: anders-, verschiedengestaltig, auf andere od. verschiedene Weise gebildet, gestaltet (Chem., Phys.). **Heteromorphie** *die*; - u. **Heteromorphismus** *der*; -: Eigenschaft mancher Stoffe, verschiedene Kristallformen zu bilden (Chem.). **heteronom**: fremdgesetzlich, von fremden Gesetzen abhängend; Ggs. → autonom. **hetero|ploid** [...*oit*; → hetero... u. *gr.* -plóos „-fach"]: abweichend (von Zellen, deren Chromosomenzahl von der einer normalen, → diploiden Zelle abweicht; Biol.). **heteropolar**: entgegengesetzt elektrisch geladen; -e Bindung: Zusammenhalt zweier Molekülteile durch entgegengesetzte elektr. Ladung (Anziehung) beider Teile (Phys.). **Heterosexualität** *die*; -: das sich auf das andere Geschlecht richtende Geschlechtsempfinden; Ggs. → Homosexualität (Med.). **heterosexuell**: geschlechtlich auf das andere Geschlecht bezogen; Ggs. → homosexuell (Med.). **Heterosom** [aus → hetero... u. *gr.* sōma „Leib, Körper"] *das*; -s, -en: = Heterochromosom. **heterozy|klisch** [auch: ...*zü*...], (chem. fachspr.:) heterocy|clisch [auch: ...*zü*...]: im Kohlenstoffring auch andere Atome enthaltend (Chem.)

Hetman [aus *poln.* hetman, dies aus *dt.* Hauptmann] *der*; -s, -e (auch: -s): 1. Oberhaupt der Kosaken. 2. in Polen (bis 1792) der vom König eingesetzte Oberbefehlshaber

heureka! [...*re*...; aus *gr.* heúrēka „ich hab's gefunden", Perf. von heurískein; vgl. Heuristik (angebl. Ausruf des griech. Mathematikers Archimedes bei der Entdeckung des hydrostatischen Grundgesetzes, d. h. des Auftriebs)]: freudiger Ausruf bei Lösung eines schweren Problems

Heuristik [zu *gr.* heurískein „finden, entdecken"]

die; -: 1. methodische Anleitung, Anweisung, Neues zu finden. 2. Wissenschaft von den nichtmathematischen Methoden zur Erkenntnisfindung im Unterschied zur → Deduktion. **heuristisch**: die Heuristik (1, 2) betreffend; -es Prinzip: Arbeitshypothese als Hilfsmittel der Forschung, vorläufige Annahme zum Zweck des besseren Verständnisses eines Sachverhalts

hexa..., **Hexa...**, vor Vokalen oft: hex..., Hex... [aus gleichbed. *gr.* héx]: in Zusammensetzungen auftretendes Bestimmungswort mit der Bedeutung „sechs". **Hexachord** [...*kort*; aus *gr.-lat.* hexáchordos „sechssaitig, -stimmig"] *der* od. *das*; -[e]s, -e: Aufeinanderfolge von sechs Tönen der → diatonischen Tonleiter. **hexadisch** [zu *gr.* hexás, Gen. hexádos „die Zahl Sechs"]: auf der Zahl Sechs als Grundzahl aufbauend (Math.). **Hexa|eder** [aus gleichbed. *gr.* hexáedron] *das*; -s, -: Sechsflächner, Würfel. **hexa|edrisch**: sechsflächig. **Hexa|emeron** [aus gleichbed. *gr.-lat.* hexaēmeron] *das*; -s: Sechstagewerk der Schöpfung (1. Mose, 1 ff.). **Hexagon** [aus gleichbed. *lat.* hexagōnum, dies aus *gr.* hexágōnos „sechseckig"] *das*; -s, -e: Sechseck. **hexagonal**: sechseckig. **Hexagramm** *das*; -s, -e: sechsstrahliger Stern aus zwei gekreuzten gleichseitigen Dreiecken (Davidsstern der Juden). **Hexameter** [aus gleichbed. *lat.* hexameter, dies aus *gr.* hexámetros „aus sechs Versfüßen bestehend"] *der*; -s, -: aus sechs Versfüßen (meist → Daktylen) bestehender epischer Vers (letzter Versfuß um eine Silbe gekürzt). **Hexamin** [Kunstw.] *das*; -s: hochexplosiver Sprengstoff. **Hexan** [zu → hexa...] *das*; -s, -e: Kohlenwasserstoff mit sechs Kohlenstoffatomen, der sich leicht verflüchtigt (Bestandteil des Benzins u. des Petroleums; Chem.). **hexangulär** [aus → hexa... u. *lat.* anguläris „winklig, eckig"]: sechswinklig. **Hexateuch** [aus → hexa... u. *gr.* teũchos „Buch"] *der*; -s: die ersten sechs Bücher des A.T. (1.–5. Buch Mose, Buch Josua); vgl. Pentateuch

Hexode *die*; -, -n: Elektronenröhre mit 6 Elektroden.

Hexogen *das*; -s: explosiver Sprengstoff

Hf = chem. Zeichen für: Hafnium

HF = Hochfrequenz

hg = Hektogramm

Hg = chem. Zeichen für: Quecksilber (Hydrargyrum)

Hiat *der*; -s, -e: = Hiatus. **Hiatus** [aus gleichbed. *lat.* hiātus, eigtl. „Kluft"] *der*; -, -: [...*átuß*]: a) das Aufeinanderfolgen zweier Vokale in der Fuge zwischen zwei Wörtern, z. B. sagt*e e*r (Sprachw.); b) das Aufeinanderfolgen zweier verschiedenen Silben angehörender Vokale im Wortinnern, z. B. K*oo*peration (Sprachw.)

hibernal [aus gleichbed. *lat.* hībernālis]: winterlich; den Winter, die Wintermonate betreffend

Hibiskus [aus gleichbed. *lat.* hibīscus] *der*; -, ...ken: Eibisch; Malvengewächs, das viele Arten von Ziersträuchern u. Sommerblumen aufweist

hic et nunc [*lat.*]: 1. hier und jetzt (in bezug auf die räumliche u. zeitliche Bestimmtheit eines Gegenstandes od. Vorgangs; Phil.). 2. sofort, im Augenblick, augenblicklich, ohne Aufschub, auf der Stelle (in bezug auf etwas, was getan werden bzw. geschehen soll oder ausgeführt wird)

Hickory [aus gleichbed. *engl.-amerik.* hickory, kurz für pokahickory, dies aus *indian.* (*Algonkin*) pawcohiccora „Brei aus zerstampften Nüssen des Hikkorybaums"] *der*; -s, -s: Holz des Hickorybaumes (nordamerik. walnußbaumähnliches Gewächs)

hic Rhodus, hic salta! [*lat.*; „hier ist Rhodus, hier springe!"; nach einer Äsopischen Fabel]: hier gilt es; hier zeige, was du kannst

Hidalgo [aus gleichbed. *span.* hidalgo, eigtl. „Sohn von etwas, Sohn des Vermögens"] *der*; -s, -s: (hist.) Mitglied des niederen iberischen Adels

hiemal [*hi-emal*; aus gleichbed. *lat.* hiemālis]: = hibernal

hier..., **Hier...** [*hi-er*] vgl. hiero..., Hiero...

Hier|archie [aus *gr.* hierarchía „Amt des obersten Priesters"] *die*; -, ...ien: [pyramidenförmige] Rangordnung, Rangfolge, Über- u. Unterordnungsverhältnisse. **hier|archisch**: einer pyramidenförmigen Rangordnung entsprechend, in der Art einer Hierarchie streng gegliedert. **hier|archisieren**: Rangordnungen entwickeln

hie|ratisch [über *lat.* hierāticus aus gleichbed. *gr.* hierātikós]: priesterlich, heilige Gebräuche od. Heiligtümer betreffend

hiero..., **Hiero...** [*hi-ero*; aus gleichbed. *gr.* hierós], vor Vokalen hier..., Hier...: in Zusammensetzungen auftretendes Bestimmungswort mit der Bedeutung „heilig". **Hierodule** [über *lat.* hierodūlus aus gleichbed. *gr.* hieródoulos]: 1. *der*; -n, -n: Tempelsklave des griech. Altertums. 2. *die*; -, -n: Tempelsklavin (des Altertums), die der Gottheit gehörte u. deren Dienst u. a. in sakraler Prostitution bestand; bes. im Kult der Göttinnen Astarte u. Aphrodite. **Hiero|glyphe** [aus *gr.* hieroglyphiká (grámmata) „heilige Schriftzeichen (der altägypt. Bilderschrift)", vgl. Glypte] *die*; -, -n: 1. Zeichen der altägypt., altkret. u. hethit. Bilderschrift. 2. (nur Plural; iron.) schwer od. nicht lesbare Schriftzeichen. **hiero|glyphisch**: 1. in der Art der Hieroglyphen. 2. die Hieroglyphen betreffend. **Hierophant** [aus gleichbed. *gr.-lat.* hierophántēs] *der*; -en, -en: Oberpriester u. Lehrer der heiligen Bräuche, bes. in den → Eleusinischen Mysterien

Hi-Fi [*haifi*]: = High-Fidelity

high [*hai*; aus gleichbed. *engl.-amerik.* high, eigtl. „hoch", dies aus to be high on „unter dem Einfluß (eines Rauschgifts) stehen"]: (Jargon) in euphorieähnlichem Zustand nach dem Genuß von Rauschgift. **Highboard** [*haibo'd*; aus *engl.* high „hoch" u. board „Brett, Tisch"] *das*; -s, -s: halbhohes Möbelstück mit Schubfach- u. Vitrinenteil; vgl. Sideboard. **High-brow** [*haibrau*; aus gleichbed. *engl.* high-brow, eigtl. „hohe Stirn"] *der*; -s, -s: Intellektueller; jmd., der sich übertrieben intellektuell gibt; vgl. Egghead. **High-Church** [*haitschö'tsch*; aus gleichbed. *engl.* High Church] *die*; -: Hochkirche, Richtung der engl. Staatskirche, die eine Vertiefung der liturgischen Formen fordert und anstrebt; vgl. Low-Church. **High-Fidelity** [*haifidäliti*; aus gleichbed. *engl.* high-fidelity, dies aus high „hoch" u. fidelity „Treue, genaue Wiedergabe"] *die*; -: 1. größtmögliche Wiedergabetreue bei Qualitätsschallplatten (Abk.: Hi-Fi). 2. Lautsprechersystem, das eine originalgetreue Wiedergabe ermöglichen soll. **Highlife** [*hailaif*; aus gleichbed. *engl.* high life] *das*; -s: das exklusive Leben der vornehmen Gesellschaftsschicht. **Highlight** [*hailait*; aus gleichbed. *engl.* high light, dies aus high „hoch, hell" u. light „Licht"] *das*; -s, -s: 1. Höhepunkt, Glanzpunkt eines [kulturellen] Ereignisses. 2. Lichteffekt auf Bildern od. Fotografien (bild. Kunst). **High-riser** [*hairais'r*; aus gleichbed. *amerik.* high-riser, dies aus high „hoch" u. riser „Aufsteigender"] *der*; -s, -: Fahrrad oder Moped mit hohem, geteiltem Lenker und Sattel mit Rückenlehne. **High-School** [*háißkul*; aus gleichbed. *amerik.* high school] *die*; -, -s: die amerik. höhere Schule. **High-Snobiety** [*haißnobaieti*; scherzhafte Bildung aus engl.-amerik. *high, snob* u. soc*iety*] *die*; -: → snobistische, sich vornehm gebärdende Gruppe in der Gesellschaft. **High-Society** [*haißeßaieti*; aus gleichbed. *engl.-amerik.* high soc*iety*] *die*; -: die vornehme Gesellschaft, die oberen Zehntausend

Hila: *Plural* von → Hilum

Hilarität [aus gleichbed. *lat.* hilaritās] *die*; -: (veraltet) Heiterkeit, Fröhlichkeit

Hillbilly [*hilbili*; aus gleichbed. *amerik.* hillbilly, dies aus hill „Hügel" u. Billy, Koseform von William] *der*; -s, ...billies [*...lis*, auch: *...liß*]: (abwertend) Hinterwäldler [aus den Südstaaten der USA]. **Hillbillymusic** [*hilbilimjusik*] *die*; -: 1. ländliche Musik der nordamerik. Südstaaten. 2. kommerzialisierte volkstümliche Musik der Cowboys

Hilum [aus *lat.* hīlum „kleines Ding"] *das*; -s, ...la: „Nabel" des Pflanzensamens; Stelle, an der der Same angewachsen war (Bot.)

Hindi [aus gleichbed. *Hindi* Hindī zu Hind „Indien", vgl. Hindu] *das*; -: Amtssprache in Indien. **Hindu** [aus gleichbed. *pers.* Hindū zu Hind „Indien"] *der*; -[s], -s: Anhänger des Hinduismus. **Hinduismus** *der*; -: 1. aus dem → Brahmanismus entwickelte indische Volksreligion. 2. (selten) Brahmanismus. **hinduistisch**: den Hinduismus betreffend

Hiobsbotschaft [nach der Titelgestalt des biblischen Buches Hiob] *die*; -, -en: Unglücksbotschaft

hipp..., **Hipp...** vgl. hippo..., Hippo... **Hipparion** [aus *gr.* hippárion „Pferdchen"] *das*; -s, ...ien [*...ien*]: ausgestorbene dreizehige Vorform des heutigen Pferdes (Biol.)

Hippie [*hipi*; aus gleichbed. *amerik.* hippie zu hip „in Ordnung, informiert, eingeweiht, unter dem Einfluß von Drogen stehend"] *der*; -s, -s: [jugendlicher] Anhänger einer bes. in den USA und Großbritannien ausgebildeten, betont antibürgerlichen und pazifistischen Lebensform; Blumenkind

hippo..., **Hippo...**, vor Vokalen: hipp..., Hipp... [aus gleichbed. *gr.* híppos]: in Zusammensetzungen auftretendes Bestimmungswort mit der Bedeutung „Pferd". **Hippo|drom** [aus gleichbed. *gr.-lat.* hippódromos] *der* od. *das*; -s, -e: 1. (hist.) Pferde- und Wagenrennbahn. 2. Reitbahn

¹hippokratisch: auf den altgriech. Arzt Hippokrates bezüglich, seiner Lehre gemäß; -er Eid: a) moralisch-ethische Grundlage des Arzttums (z. B., immer zum Wohle des Kranken zu handeln); b) (hist.) Schwur auf die Satzung der Ärztezunft. **²hippokratisch** [nach dem altgriech. Mathematiker Hippokrates]; -e Möndchen: zwei Mondsichelförmige Flächen, entstanden aus den drei Halbkreisen über den Seiten eines rechtwinkligen Dreiecks (die Flächen haben zusammen den gleichen Inhalt wie das Dreieck)

Hippopotamus [über *lat.* hippopotamus aus gleichbed. *gr.* hippopótamos] *der*; -, -: großes Fluß- od. Nilpferd (Paarhufer; Biol.)

Hippursäure [zu *gr.* híppos „Pferd" u. oūron „Harn, Urin"] *die*; -: eine organische Säure (Stoffwechselprodukt von Pflanzenfressern)

Hipster [aus gleichbed. *engl.-amerik.* hipster zu hip, s. Hippie] *der*; -[s], -: 1. Jazzfan. 2. (Jargon) jmd., der über alles, was modern ist, Bescheid weiß und eingeweiht ist

Hi|spanidad [*ißpanidhadh*; aus gleichbed. *span.* hispanidad zu hispanico „spanisch", dies aus gleichbed. *lat.* Hispānicus] *die*; -: = Hispanität. **hi|spanisieren**: spanisch machen, gestalten. **Hispanität** *die*; -: Spaniertum; das Bewußtsein aller Spanisch sprechenden Völker von ihrer gemeinsamen Kultur; vgl. Hispanidad

Hist|amin [Kurzw. aus: → *Hist*idin (eine Aminosäure) u. → *Amin*] *das*; -: Gewebehormon (Med.). **histo...**, **Histo...** [aus gleichbed. *gr.* histós]: Bestimmungswort in Zusammensetzungen mit der Bedeutung „Gewebe", z. B. Histologie „Wissenschaft von den Geweben des Körpers", histogen „vom Gewebe herstammend"

Histörchen [zu → Historie] *das*; -s, -: anekdotenhafte, kurze Geschichte; kleine [scherzhafte] Erzählung; Klatschgeschichte; → Anekdote. **Historie** [*...ie*; aus gleichbed. *gr.-lat.* historía, eigtl. „Wissen"] *die*; -, -n: 1. (ohne Plural): [Welt]geschichte. 2. (veraltet) (ohne Plural) Geschichtswissenschaft. 3. (veraltet) [abenteuerliche, erdichtete] Erzählung. **Historik** *die*; -: a) Geschichtswissenschaft. b) Lehre von der historischen Methode der Geschichtswissenschaft. **Historiker** *der*; -s, -: Geschichtsforscher, -kenner, -wissenschaftler. **Historio|graph** [über *lat.* historiographus aus gleichbed. *gr.* historiográphos] *der*; -en, -en: Geschichtsschreiber. **Historiographie** *die*; -: Geschichtsschreibung. **historisch**: 1. geschichtlich, der Geschichte gemäß, überliefert. 2. der Vergangenheit angehörend; -e Grammatik: Sprachlehre, die die geschichtl. Entwicklung einer Sprache untersucht und beschreibt; -er Materialismus: die von Marx u. Engels begründete Lehre, nach der die Geschichte von den ökonomischen Verhältnissen bestimmt wird (Philos.); -es Präsens: Präsensform des Verbs, die zur Schilderung eines vergangenen Geschehens eingesetzt wird. **historisieren**: das Geschichtliche [über]betonen, anstreben. **Historismus** *der*; -, ...men: 1. das die Vergangenheit mit deren eigenen Maßstäben messende Geschichtsverständnis. 2. eine Geschichtsbetrachtung, die alle Erscheinungen aus ihren geschichtl. Bedingungen heraus zu verstehen u. zu erklären sucht. 3. Überbewertung des Geschichtlichen. **Historist** *der*; -en, -en: Vertreter des Historismus. **historistisch**: in der Haltung des Historismus. **Historizismus** *der*; -, ...men: = Historismus (3). **Historizität** *die*; -: Geschichtlichkeit, Geschichtsbewußtsein

Hi|strione [aus *lat.* histrio, Gen. histriōnis] *der*; -n, -n: Schauspieler im Rom der Antike

Hit [aus gleichbed. *engl.-amerik.* hit, eigtl. „Stoß, Treffer"] *der*; -[s], -s: 1. erfolgreiches Musikstück, Spitzenschlager. 2. etwas, was besonders erfolgreich, allgemein beliebt ist. 3. (Jargon) Portion (in bezug auf Rauschgift zum Injizieren)

hitchhiken [*hitschhaiken*; aus gleichbed. *amerik.* to hitchhike, dies aus hitch „das Festhalten" u. to hike „wandern, reisen"]: (ugs.) Autos anhalten und sich umsonst mitnehmen lassen. **Hitchhiker** *der*; -s, -: (ugs.) jmd., der Autos anhält und sich umsonst mitnehmen läßt

hl = Hektoliter

hm = Hektometer

h. m. = hujus mensis

H. M. = His (Her) Majesty. **H. M. S.** = His (Her) Majesty's Ship [*engl.*: „Seiner (Ihrer) Majestät Schiff"]

Ho = chem. Zeichen für: Holmium

Hobby [...*bi*; aus gleichbed. *engl.* hobby (Herkunft unsicher)] *das*; -s, -s: als Ausgleich zu einer Tagesarbeit gewählte Beschäftigung, mit der jmd. seine Freizeit ausfüllt und die er mit einem gewissen Eifer betreibt; Steckenpferd, Liebhaberei. **Hobbyist** *der*; -en, -en: jmd., der ein Hobby hat

hoc anno [*lat.*]: in diesem Jahre; Abk.: h. a.

hoc est [*lat.*]: (veraltet) das ist; Abk.: h. e.

Hockey [*hoki*, auch: *hoke*ⁱ; aus gleichbed. *engl.* hokkey (Herkunft unsicher)] *das*; -s: Ballspiel für zwei Mannschaften, bei dem ein Korkball mit gebogenem Stock geschlagen wird

Hokuspokus [aus gleichbed. *engl.* hocuspocus, wahrscheinlich aus einer pseudolat. Zauberformel „hax, pax, max, deus adimax"] *der*; -: 1. Zauberformel der Taschenspieler. 2. Gaukelei, fauler Zauber, Vorspiegelung

Holding [*ho*ᵘ*l*...; aus *engl.* holding, „das Halten, Besitz"] *die*; -, -s u. **Holdinggesellschaft** [*ho*ᵘ*l*...]: *die*; -, -en: Gesellschaft, die nicht selbst produziert, die aber Aktien anderer Gesellschaften besitzt u. diese dadurch beeinflußt oder beherrscht (Wirtschaft)

Hole [*ho*ᵘ*l*; aus gleichbed. *engl.* hole, eigtl. „Loch"] *das*; -s, -s: Golfloch (Sport)

Hollerithmaschine [auch: *hol*...; nach dem dt.-amerik. Erfinder H. Hollerith, 1860–1929]: Lochkartenmaschine zum Buchen kaufmännischer, technischer, statistischer, wirtschaftlicher u. wissenschaftlicher Daten, die eine maschinelle Sortierung zulassen

Holmium [nach Holmia, dem latinisierten Namen der Stadt Stockholm] *das*; -s: chem. Grundstoff, seltenes Erdmetall; Zeichen: Ho

holo..., **Holo...** (vor Vokalen auch: hol..., Hol...) [aus gleichbed. *gr.* hólos]: in Zusammensetzungen auftretendes Bestimmungswort mit der Bedeutung „ganz, völlig, unversehrt". **Holo|graphie** *die*; -: optische Aufnahmetechnik zur dreidimensionalen Bildspeicherung u. -wiedergabe, wobei der Abbildungsvorgang im Unterschied zur optischen Abbildung durch Linsen- od. Spiegelsysteme in zwei zeitlich voneinander getrennten Schritten erfolgt. **holographisch**: mit der Technik der Holographie hergestellt. .

hom..., **Hom...** vgl. homo..., Homo...

homerisch: typisch für den griech. Dichter Homer, in seinen Werken häufig anzutreffen; -es Gelächter: schallendes Gelächter (nach Stellen bei Homer, wo von dem „unauslöschlichen Gelächter der seligen Götter" die Rede ist). **Homerisch**: zum dichterischen Werk Homers gehörend, von Homer stammend

Homerule [*ho*ᵘ*mrul*; aus *engl.* home rule „Selbstregierung"] *die*; -: Schlagwort der irischen Unabhängigkeitsbewegung

Homerun [...*ran*; aus gleichbed. *engl.* home run, eigtl. „Heim-, Mallauf"] *der*; -s, -s: im Baseball Treffer, der es dem Schläger ermöglicht, nach Berühren der ersten, zweiten und dritten Base das Schlagmal wieder zu erreichen (Sport)

Home|spun [...*ßpan*; aus gleichbed. *engl.* homespun, eigtl. „hausgesponnen"] *das*; -s, -s: grobfädiger, früher handgesponnener noppiger Wollstoff

Home|trainer [...*trän*ᵉ*r* od. ...*tren*ᵉ*r*; aus *engl.* home „Heim" u. → Trainer] *der*; -s, -: Heimübungsgerät (Fahrrad, Rudergerät) zum Konditions- u. Ausgleichstraining oder für heilgymnastische Zwecke

Homilie [aus gleichbed. *kirchenlat.* homīlia, dies aus *gr.* homīlía „Gemeinschaft, Umgang, Unterricht"] *die*; -, ...ien: erbauliche Bibelauslegung; Predigt über einen Abschnitt der Hl. Schrift

Homines: *Plural* von → [1]Homo. **Hominide**, (auch:) **Hominid** [zu *lat.* homo, Gen. hominis „Mensch"] *der*; ...den, ...den: Vertreter der Familie der Menschenartigen (der heute lebenden wie der ausgestorbenen Menschenrassen; Biol.)

Hommage [*omasch*ᵉ; aus gleichbed. *fr.* hommage zu homme „Mensch; (Lehns)mann", dies aus *lat.* homo „Mensch, Mann"] *die*; -, -n: Huldigung, Ehrerbietung

[1]**Homo** [aus gleichbed. *lat.* homo] *der*; -s, ...mines [*hómineß*]: Mensch (Biol.); - faber [„Verfertiger"]: der Mensch mit seiner Fähigkeit, für sich Werkzeuge und technische Hilfsmittel zur Naturbewältigung herzustellen; - ludens: der Mensch als Spielender; - novus [...*wuß*]: Neuling; Emporkömmling; - oeconomicus [- *ökonomikuß*]: der ausschließlich von wirtschaftlichen Zweckmäßigkeitserwägungen geleitete Mensch; gelegentlich Bezeichnung des heutigen Menschen schlechthin (Psychol.; Soziol.); - sapiens [- *sapiänß*; vernunftbegabt"]: wissenschaftl. Bezeichnung des heutigen Menschen.

[2]**Homo** *der*; -s, -s: (ugs.) Kurzform von → *Homo*sexueller

homo..., **Homo...**, vor Vokalen: hom..., Hom... [aus gleichbed. *gr.* homós]: in Zusammensetzungen auftretendes Bestimmungswort mit der Bedeutung „gleich, gleichartig, entsprechend"; vgl. homoio..., Homoio... u. homöo..., Homöo... **homö...**, **Homö...** vgl. homöo..., Homöo... **Homo|erotik** *die*; -: auf das eigene Geschlecht gerichtete → Erotik; vgl. Homosexualität. **homo|erotisch**: erotisch für das eigene Geschlecht empfindend (Psychol.). **homogen** [auch: *hom*...; aus *gr.* homogenḗs „von gleichem Geschlecht"]: gleich[artig]; gleichmäßig aufgebaut, einheitlich, aus Gleichartigem zusammengesetzt; Ggs. → heterogen, inhomogen; -e Gleichung: Gleichung, in der alle Glieder mit der Unbekannten gleichen Grades sind u. auf einer Seite der Gleichung stehen (die andere Seite hat den Wert Null; Math.). **homogenisieren**: 1. nicht mischbare Flüssigkeiten (z. B. Fett u. Wasser) durch Zerkleinerung der Bestandteile mischen (Chem.). 2. Metall glühen, um ein gleichmäßiges Gefüge zu erhalten. **Homogenisierung** *die*; -: Vermischung von prinzipiell verschiedenen Elementen oder Teilen. **Homogenität** *die*; -: Gleichartigkeit, Einheitlichkeit, Geschlossenheit. **Homo|gramm** (selten) u. **Homo|graph** *das*; -s, -e: Wort, das sich in der Aussprache von einem anderen gleichgeschriebenen unterscheidet, z. B. Tenor „Haltung" neben Tenor „hohe Männerstimme"; vgl. Homonym. **homoio...**, **Homoio...** [aus *gr.* homoīos „ähnlich, gleichartig"]: veraltete Form von → homöo..., Homöo... **homolog** [aus *gr.* homólogos „übereinstimmend"]: gleichliegend, gleichlautend; übereinstimmend; entsprechend; -e Stücke: sich entsprechende Punkte, Seiten oder Winkel in kongruenten oder ähnlichen geometrischen Figuren (Math.); -e Reihe: Gruppe chemisch nahe verwandter Verbindungen, für die sich eine allgemeine Reihenformel aufstellen läßt. **homologieren**: 1. einen Serienwagen in die internationale Zulassungsliste zur Klasseneinteilung für Rennwettbewerbe aufnehmen (Automobilsport). 2. eine Skirennstrecke nach den Normen des FIS anlegen (Skisport). **hom|onym** [über *lat.* homōnymus aus gleichbed. *gr.* homṓnymos]: gleichklingend, gleichlautend (von Homonymen), aber bedeutungsverschieden. **Hom|onym** *das*; -s, -e: Wort, das mit einem anderen gleich lautet, aber in der Bedeutung [u. Herkunft] verschieden ist (z. B. Lerche–Lärche). **Hom|onymie** *die*; -: lautliche Übereinstimmung von Wörtern mit verschiedener Bedeutung [u. Herkunft] (Sprachw.)

homöo..., **Homöo...** [aus gleichbed. *gr.* homoĩos], vor Vokalen homö..., Homö...: in Zusammensetzungen auftretendes Bestimmungswort mit der Bedeutung „ähnlich, gleichartig"; vgl. homo..., Homo... **Homöopath** *der*; -en, -en: homöopathisch behandelnder Arzt. **Homöopathie** [zu → homöo..., Homöo... und → pathie „Krankheitslehre; Heilmethode" nach dem Grundsatz „Gleiches wird durch Gleiches geheilt"] *die*; -: Heilverfahren, bei dem die Kranken mit solchen Mitteln in hoher Verdünnung behandelt werden, die in größerer Menge bei Gesunden ähnliche Krankheitserscheinungen hervorrufen; Ggs. → Allopathie. **homöopathisch**: die Homöopathie anwendend. **homöopolar**: gleichartig elektrisch geladen; -e Bindung: Zusammenhalt von Atomen in Molekülen, der nicht auf der Anziehung entgegengesetzter Ladung beruht (Phys.)

homophil [zu → homo... u. → ...phil]: = homosexuell. **Homophilie** *die*; -: = Homosexualität. **homophon** [aus gleichbed. *gr.* homóphōnos]: 1. gleichstimmig, melodiebetont, in der Kompositionsart der Homophonie. 2. gleichlautend (von Wörtern od. Wortsilben; Sprachw.). **Homophon** *das*; -s, -e: → Homonym; Wort, das mit einem anderen gleich lautet, aber verschieden geschrieben wird (z. B. *Lehre–Leere*). **Homophonie** *die*; -: Satztechnik, bei der die Melodiestimme hervortritt, alle anderen Stimmen begleitend zurücktreten (Mus.); Ggs. → Polyphonie; vgl. Harmonie u. Monodie. **homophonisch** vgl. homophon. **Homosexualität** *die*; -: sich auf das eigene Geschlecht richtendes Geschlechtsempfinden, gleichgeschlechtl. Liebe; Ggs. → Heterosexualität. **homosexuell**: gleichgeschlechtlich empfindend, zum eigenen Geschlecht hinneigend; Ggs. → heterosexuell. **Homosexuelle** *der* od. *die*; -n, -n: jmd., der homosexuell veranlagt ist. **homozentrisch**: von einem Punkt ausgehend od. in einem Punkt zusammenlaufend (von Strahlenbündeln)

Homunkulus [aus *lat.* homunculus „Menschlein"] *der*; -, ...lusse od. ...li: künstlich erzeugter Mensch

Honanseide [nach der chines. Provinz Honan] *die*; -, -n: Rohseide, Seidengewebe aus Tussahseide mit leichten Fadenverdickungen

honen [aus gleichbed. *engl.* to hone]: ziehschleifen (Verfahren zur Feinbearbeitung von zylindrischen Bohrungen, das die Oberfläche bei hoher Meß- u. Formgenauigkeit glättet)

honett [über *fr.* honnête aus gleichbed. *lat.* honestus]: anständig, ehrenhaft, rechtschaffen

Honeymoon [*hanimun*; aus gleichbed. *engl.* honeymoon, eigtl. „Honigmond"] *der*; -s: Flitterwochen

honi (auch: honni, honny) **soit qui mal y pense** [*oni ßoa ki malipangß*; *fr.-engl.*; „Verachtet sei, wer Arges dabei denkt"]: Wahlspruch des Hosenbandordens, des höchsten engl. Ordens

Honneurs [(*h*)onörß; aus gleichbed. *fr.* honneurs, Plur. von honneur „Ehre", dies aus gleichbed. *lat.* honor] *die* (Plural): 1. Ehrenerweisungen; die - machen: die Gäste willkommen heißen (bei Empfängen). 2. das Umwerfen der mittleren Kegelreihe beim Kegeln. 3. die [4 bzw. 5] höchsten Karten bei → Whist u. → Bridge

honni (auch: **honny**) **soit qui mal y pense** vgl. honi soit...

honorabel [aus gleichbed. *lat.* honōrābilis] (veraltet): ehrenvoll, ehrbar

Honorar [aus *lat.* honōrārium „Ehrensold"] *das*; -s, -e: Vergütung für Arbeitsleistung in freien Berufen (z. B. Ärzte, Rechtsanwälte, Schriftsteller)

Honoratiore [...*zior*ᵉ; aus *lat.* honōrātiōr, Komparativ von honōrātus „geehrt"] *der*; -n, -n (meist Plural): 1. Person, die unentgeltlich Verwaltungsaufgaben übernimmt u. auf Grund ihres sozialen Status Einfluß ausübt. 2. angesehener Bürger, bes. in kleineren Orten

honorieren [aus *lat.* honōrāre „ehren; belohnen"]: 1. ein Honorar zahlen; vergüten, belohnen. 2. anerkennen, würdigen, durch Gegenleistungen abgelten

honorig [zu *lat.* honor „Ehre"]: ehrenhaft, freigebig.

honoris causa [- *kau*...; *lat.*]: ehrenhalber; Abk.: h. c.; Doktor - -: Doktor ehrenhalber; Abk.: Dr. h. c. (z. B. Dr. phil. h. c.)

[1]**Honved** u. **Honwéd** [*honwed*; aus *ung.* honvéd „Vaterlandsverteidiger"] *der*; -s, -s: ungarischer (freiwilliger) Landwehrsoldat. [2]**Honved** u. **Honwed** *die*; -: (seit 1919) die ungarische Armee

Hooligan [*hulig*ᵉ*n*; aus gleichbed. *engl.* hooligan] *der*; -s, -s: 1. gewalttätiger, roher Mensch, → Rowdy. 2. Halbstarker (in Amerika, England, Polen u. in der UdSSR). **Hooliganismus** *der*; -: Rowdytum

Hootenanny [*hut*ᵉ*näni*; aus gleichbed. *engl.-amerik.* hootenanny (Herkunft unsicher)] *die*; -, -s, (auch:) *der* od. *das*; -[s], -s: [improvisiertes] gemeinsames Volksliedersingen

Ho|plit [aus gleichbed. *gr.-lat.* hoplítēs, eigtl. „Schildträger"] *der*; -en, -en: schwerbewaffneter Fußsoldat im alten Griechenland

Hora, (auch:) Hore [aus gleichbed. *kirchenlat.* hōra, eigtl. „Zeit, Stunde", s. [2]Horen] *die*; -, Horen (meist Plural): Gebetsstunde; das kirchliche Gebet zu verschiedenen Tageszeiten, bes. die acht Gebetszeiten des Stundengebets in der kath. Kirche; vgl. Brevier

Hore vgl. Hora. [1]**Horen**: Plural von → Hora. [2]**Horen** [über *lat.* Hōrae aus *gr.* Hōrai, personifizierter Plur. von hṓra „Jahreszeit, Stunde, rechte Zeit"] *die*, -: griech. Göttinnen der Jahreszeiten u. der [sittlichen] Ordnung

Horizont [über *lat.* horizōn, Gen. horizontis, aus gleichbed. *gr.* horízōn, eigtl. „begrenzend(er Kreis)"] *der*; -[e]s, -e: 1. Begrenzungslinie zwischen Himmel u. Erde, Kimmung; wahrer -: Schnittlinie einer senkrecht zum Lot am Beobachtungsort durch den Erdmittelpunkt gelegten Ebene mit der (unendlich groß gedachten) Himmelskugel (Astron.); natürlicher -: sichtbare Grenzlinie zwischen Himmel u. Erde; künstlicher -: spiegelnde Fläche (Quecksilber) zur Bestimmung der Richtung zum Zenit (Astron.). 2. kleinste Einheit innerhalb einer → Formation (4), räumlich die kleinste Schichteinheit, zeitlich die kleinste Zeiteinheit (Geol.). 3. Schnittgerade der vertikalen Zeichenebene mit der Ebene, die zur abzubildenden horizontalen Ebene parallel verläuft (in der Perspektive). 4. Gesichtskreis; geistiges Fassungsvermögen. **horizontal**: 1. waagerecht 2. liegend; das

-e Gewerbe: (ugs.) Prostitution. **Horizontale** *die*; -, -n (drei -n, auch: -): 1. waagerechte Gerade. 2. waagerechte Lage

Hormon [zu *gr.* hormān „in Bewegung setzen, antreiben, anregen"] *das*; -s, -e: körpereigener, von den Drüsen mit innerer Sekretion gebildeter u. ins Blut abgegebener Wirkstoff (Med.). **hormonal**, (auch:) **hormonell**: aus Hormonen bestehend, auf sie bezüglich (Med.); vgl. ...al/...ell

Hornpipe [*ho'npaip*; aus gleichbed. *engl.* hornpipe, eigtl. „Hornpfeife"] *die*; -, -s: 1. Schalmeienart. 2. alter englischer Tanz im 3/4- oder 4/4-Takt

Horo|skop [aus *spätlat.* hōroscopīum „Instrument zur Ermittlung der Planetenkonstellation bei der Geburt eines Menschen", dies aus gleichbed. *gr.* hōroskopeīon, eigtl. „Stundenseher"] *das*; -s, -e: (Astrol.) a) schematische Darstellung der Stellung der Gestirne zu einem bestimmten Zeitpunkt als Grundlage zur Schicksalsdeutung; b) Voraussage über kommende Ereignisse auf Grund von Sternkonstellationen; c) Aufzeichnung des Standes der Sterne bei der Geburt, Kosmogramm. **horo|skopieren**: ein Horoskop stellen

horrend [aus gleichbed. *lat.* horrendus]: 1. (veraltet) schrecklich. 2. ungeheuerlich, übermäßig

horribel [aus gleichbed. *lat.* horribilis]: (veraltet) schauderhaft, schrecklich, grausenerregend. **horribile dictu** [- *dik*...; *lat.*]: furchtbar zu sagen

Horror [aus gleichbed. *lat.* horror] *der*; -s: 1. Abscheu, Schauder, Entsetzen. 2. mit Abscheu verbundene Furcht. **Horrorfilm** *der*; -s, -e: Kinofilm mit sehr grausamem od. gruseligem Inhalt. **Horrortrip** *der*; -s, -s: Rauschzustand nach dem Genuß von starken Drogen (LSD, Heroin o. ä.) mit Angstzuständen

Horsd'œu|vre [*ordöwr*; aus gleichbed. *fr.* horsd'œuvre, eigtl. „Beiwerk", dies zu *lat.* dēforīs „von außen" u. opera „Arbeit, Werk"] *das*; -s, -s: appetitanregendes Vor- od. Beigericht

horse-power [*ho'spau'r*]: = h. p.

Hortativ *der*; -s, -e [...*w*e; aus gleichbed. *lat.* (modus) hortātīvus]: = Adhortativ

Hortensie [...*i*e; nach Hortense Lepaute (*ortangß lepot*), der Reisegefährtin des franz. Botanikers Commerson (*komärßong*), 18. Jh.] *die*; -, -n: aus Japan stammender Zierstrauch mit großen Blüten

hosanna usw. = hosianna usw. **hosianna**! [über *gr.-spätlat.* hōsanná aus *hebr.* hōšī'ānnā, eigtl. „hilf doch!"]: alttestamentl. Gebets- u. Freudenruf, der in die christliche Liturgie übernommen wurde. **Hosianna** *das*; -s, -s: mit dem → Sanctus verbundener Teil des christlichen Gottesdienstes vor der → Eucharistie

Hospital [aus gleichbed. *mlat.* hospitāle zu *lat.* hospitālis „gastlich, gastfreundlich"] *das*; -s, -e u. ...täler: (veraltet) a) Krankenhaus; b) Armenhaus, Altersheim. **hospitalisieren**: in ein Krankenhaus od. Pflegeheim einliefern

Hospitant [zu → hospitieren] *der*; -en, -en: 1. Gasthörer an Hochschulen u. Universitäten. 2. unabhängiger od. einer kleinen Partei angehörender Abgeordneter, der als Gast Mitglied einer nahestehenden parlamentarischen Fraktion ist. **Hospitation** [...*zion*] *die*; -: das Teilnehmen am Unterricht und der Besuch von pädagogischen Einrichtungen als Teil der praktischen pädagogischen Ausbildung (Päd.). **hospitieren** [aus *lat.* hospitāri „zu Gast sein, als Gast einkehren"]: als Gast zuhören od. teilnehmen

Hospiz [aus *lat.* hospitium „Gastfreundschaft, Herberge"] *das*; -es, -e: 1. von Mönchen errichtete Unterkunft für Reisende od. wandernde Mönche im Mittelalter (z. B. auf dem St.-Bernhard-Paß). 2. großstädtisches Gasthaus od. Hotel mit christlicher Hausordnung

Hostess, (eingedeutscht auch:) **Hosteß** [*hoßtäß* u. *hoßtäß*; aus gleichbed. *engl.* hostess, eigtl. „Gastgeberin"] *die*; -, ...tessen: 1. [sprachkundige] Begleiterin, Betreuerin, Führerin [auf einer Ausstellung]; Angestellte zur Erteilung von Auskünften. 2. Angestellte einer Fluggesellschaft, die entweder im Flugzeug (Airhostess) oder auf dem Flughafen (Groundhostess) die Fluggäste betreut. 3. Bardame (in Amerika)

Hostie [...*i*e; aus gleichbed. *mlat.* hostia, dies aus *lat.* hostia „Opfer, Opfertier"] *die*; -, -n: Abendmahlsbrot in Form einer runden → Oblate

Hot [aus *engl.-amerik.* hot „heiß, scharf, heftig"] *der*; -s, -s: scharf akzentuierende u. synkopierende Spielweise im Jazz. **hotten**: (ugs.) zu Jazzmusik tanzen

Hot dog [aus gleichbed. *amerik.* hot dog] *das*; - -s, - -s: heißes Würstchen in einem aufgeschnittenen Brötchen

Hotchpotch [*hotschpotsch*; über *engl.* hotchpotch aus gleichbed. *fr.* hochepot, dies aus hocher „schütteln" u. pot „Topf"] *das*; -, -es [...*is*]: Eintopfgericht

Hotel [aus gleichbed. *fr.* hôtel, dies aus *spätlat.* hospitāle „Gast(schlaf)zimmer", vgl. Hospital] *das*; -s, -s: Beherbergungs- u. Verpflegungsbetrieb gehobener Art mit einem gewissen Mindestkomfort. **Hotel garni** [aus *fr.* hôtel garni „Logierhaus", dies aus hôtel, s. Hotel, u. garni „Logierhaus, möbliertes Zimmer" zu garnir „ausstatten", s. garnieren] *das*; - -, -s -s [*hotäl garni*]: Hotel, das neben der Übernachtung nur Frühstück gewährt. **Hotelier** [...*lie*] *der*; -s, -s: Hotelbesitzer. **Hotellerie** *die*; -: Gast-, Hotelgewerbe

Hot Jazz [- *dsehäs*] *der*; - -, - -: = Hot

Hot money [*hot mani*; aus gleichbed. *engl.-amerik.* hot money, eigtl. „heißes Geld"] *das*; - -: Geld, das kurzfristig von Land zu Land transferiert wird, um Währungsgewinne zu erzielen

Hot pants [*hot pänz*; aus gleichbed. *amerik.* hot pants, eigtl. „heiße Hosen"] *die* (Plural): modische kurze und enge Damenshorts

hotten vgl. Hot

House of Commons [*hauß* e*w kom*e*ns*; aus *engl.* House of Commons, eigtl. „Haus der Gemeinen"] *das*; - - -: das engl. Unterhaus. **House of Lords** [- - *lo'ds*; aus *engl.* House of Lords, eigtl. „Haus der Lords"] *das*; - - -: das engl. Oberhaus

Hover|craft [*hów*e*rkraft*; aus gleichbed. *engl.* Hovercraft, eigtl. „Schwebefahrzeug"] *das*; -s, -s: Luftkissenfahrzeug (Auto, Schiff)

h. p., (früher:) **HP** [*e'tsch pi*] = horse-power [*ho'spau*e*r*; aus gleichbed. *engl.* horsepower, eigtl. „Pferdekraft"]: mechanische Leistungseinheit (= 76,04 mkp/s, nicht gleichzusetzen mit PS = 75 mkp/s)

Huanaco [...*nako*] vgl. Guanako

Hugenotte [aus gleichbed. *fr.* Huguenot, dies entstellt aus *dt.* Eidgenosse] *der*; -n, -n: franz. Reformierter, Kalvinist

hujus anni [*lat.*]: in diesem Jahr; Abk.: h. a. **hujus mensis**: in diesem Monat; Abk.: h. m.

Hukboot [aus gleichbed. *niederl.* hoeckboot bzw.

hoeker] *das*; -s, -e u. **Huker** *der*; -s, -: größeres Fischerfahrzeug

Hula [aus *hawaiisch* hula(-hula)] *die*; -, -s, (auch:) *der*; -s, -s: [→ kultischer] Gemeinschaftstanz der Eingeborenen auf Hawaii. **Hula-Hoop** [...*hup*; aus gleichbed. *amerik*. Hula-Hoop, dies aus → Hula u. hoop „Reif(en)"] u. **Hula-Hopp** *der* od. *das*; -s: Reifenspiel, bei dem man einen Reifen um die Hüfte kreisen läßt

human [aus gleichbed. *lat*. hūmānus]: 1. die Menschenwürde achtend, menschenfreundlich, mild; Ggs. → inhuman. 2. zum Menschen gehörend, ihn betreffend. **Humaniora** *die* (Plural): (veraltet) der Unterricht in den klassischen Fächern, bes. der geisteswissenschaftlich-literarische Unterricht; Ggs. → Realien. **humanisieren**: vermenschlichen, zivilisieren, menschlicher gestalten

Humanismus [zu → Humanist] *der*; -: 1. [auf das Bildungsideal der griech.-römischen Antike gegründetes] Denken u. Handeln im Bewußtsein der Würde des Menschen und zum Wohle der Menschheit; edle Menschlichkeit. 2. literarische u. philologische Wiedererweckung u. Neuentdeckung der antiken Sprachkultur, Kunst u. Geisteshaltung im 13.–16. Jh. im Gegenzug zur → Scholastik. **Humanist** [aus gleichbed. *it*. umanista zu umano „menschlich", dies aus gleichbed. *lat*. hūmānus] *der*; -en, -en: 1. Vertreter des Humanismus. 2. Kenner der griech. u. lat. Sprache und des klassischen Altertums. **humanistisch**: 1. a) im Sinne des Humanismus handelnd; b) am klassischen Altertum orientiert. 2. altsprachlich gebildet; -es Gymnasium: höhere Schule mit vorwiegend altsprachlichen Lehrfächern

humanitär [aus gleichbed. *fr*. humanitaire zu humanité „Menschlichkeit, Menschheit", dies aus gleichbed. *lat*. hūmānitās]: menschenfreundlich, wohltätig, speziell auf das Wohl des Menschen gerichtet. **Humanitas** [aus gleichbed. *lat*. hūmānitās] *die*; -: vollkommene Menschlichkeit. **Humanität** *die*; -: Menschlichkeit, die auf die Würde des Menschen u. auf Toleranz gegenüber anderen Gesinnungen ausgerichtet ist; edle Gesinnung im Verhalten zu den Mitmenschen u. zur Kreatur

Humbug [aus gleichbed. *engl*. humbug (Herkunft unsicher)] *der*; -s: Aufschneiderei, Schwindel, Unsinn

humid, humide [aus gleichbed. *lat*. hūmidus]: feucht, naß. **Humidität** *die*; -: Feuchtigkeit

Humifikation [...*zion*; zu → Humus u. → ...fikation] *die*; -: Vermoderung, Humusbildung (bes. durch Bakterien, Pilze, Würmer u. a.). **humifizieren**: zu Humus umwandeln; vermodern. **Humifizierung** *die*; -: = Humifikation

[1]**Humor** [aus gleichbed. *lat*. hūmor] *der*; -s, ...ores: 1. Feuchtigkeit. 2. Körperflüssigkeit, Körpersaft (Med.)

[2]**Humor** [aus *engl*. humour „literarische Stilgattung des Komischen", eigtl. „Stimmung, Laune", dies aus gleichbed. *altfr*. humour, aus *lat*. hūmor „Feuchtigkeit"; in der antiken u. mittelalterlichen Medizin hūmōrēs (Plur.) „(Temperament u. Charakter bestimmende) Körpersäfte"] *der*; -s, (selten:) -e: 1. (ohne Plural) Fähigkeit des Menschen, auch in schwierigen Situationen über sich selbst u. andere zu lachen. 2. Scherz; Spaß, Witz. 3. (ohne Plural) [gute] Laune, [fröhliche] Stimmung, Heiterkeit. **Humoreske** [*dt*. Bildung aus → [2]Humor u. roman. Endung analog zu Groteske, Burleske] *die*; -, -n: 1. kleine humoristische Erzählung. 2. Musikstück von komischem od. erheiterndem Charakter. **humorig**: launig, mit Humor. **humorisieren**: eine Sache mit Humor betrachten. **Humorist** [aus gleichbed. *engl*. humorist, s. Humor] *der*; -en, -en: 1. Verfasser, Vortragender von humorvollen Texten. 2. humorvoller Mensch, Komiker, Spaßmacher. **humoristisch**: den Humor betreffend; scherzhaft, launig, heiter

humos: reich an Humus. **Humus** [aus *lat*. humus „Erde, Erdboden"] *der*; -: fruchtbarer Bodenbestandteil, der sich in einem ständigen Umbauprozeß befindet

Hun|dredweight [*handrᵉdweᶦt*; aus *engl*. hundredweight, eigtl. „Hundertgewicht"] *das*; -, -s: engl. Handelsgewicht; Abk. cwt. (eigtl.: *c*ent*w*eigh*t*)

Hunter [*han*...; aus gleichbed. *engl*. hunter, eigtl. „Jäger"] *der*; -s, -: Jagdhund

Hurrikan [auch: *harikᵉn*; über *engl*. hurricane, *span*. huracán aus gleichbed. *indian*. (*Taino*) hurakán zu hura „Wind; wegblasen"] *der*; -s, -e u. (bei engl. Ausspr.:) -s: Orkan; heftiger tropischer mittelamerik. Wirbelsturm; vgl. Taifun

Husar [aus gleichbed. *ung*. huszár, dies aus *serbokroat*. husar, gusar „(See)räuber", aus gleichbed. *it*. corsaro, s. Korsar] *der*; -en, -en: (hist.) Angehöriger der leichten Reiterei in ungar. Nationaltracht

Husky [*haßki*; aus gleichbed. *engl*. husky, vielleicht entstellt aus Eskimo] *der*; -s, ...kies [...*kis*, auch: *kiß*] od. ...kys: Eskimohund (mittelgroße, spitzähnliche Hunderasse)

Hussit [nach dem tschech. Reformator Johannes Hus, † 1415] *der*; -en, -en: Anhänger der religiös-sozialen Aufstandsbewegung im 15. u. 16. Jh. in Böhmen, die durch die Verbrennung des Reformators Hus auf dem Konzil zu Konstanz, 1415, hervorgerufen wurde

HV = Vickershärte

hyalin [aus *lat*. hyalinus „gläsern", dies aus gleichbed. *gr*. hyálinos]: glasig erstarrt (von Gesteinen; Geol.)

Hyäne [über *lat*. hyaena aus gleichbed. *gr*. hýaina zu hŷs „Schwein"; wohl mit Bezug auf den borstigen Rücken] *die*; -, -n: 1. Raubtier Afrikas u. Asiens (der Familie der Schleichkatzen nahestehend; Zool.). 2. (abwertend) profitgieriger, vor nichts zurückschreckender Mensch

Hyazinth [nach der gr. Sagengestalt Hyakinthos] *der*; -s, -e: schöner Jüngling

Hyazinthe [nach *lat*. hyacinthus, wohl „violettblaue Schwertlilie", dies aus gleichbed. *gr*. hyákinthos] *die*; -, -n: winterharte Zwiebelpflanze (Liliengewächs) mit stark duftender, farbenprächtiger Blütentraube

[1]**hy|brid** [zu → Hybride]: gemischt, von zweierlei Herkunft, aus Verschiedenem zusammengesetzt; -e Bildung: Zwitterbildung, Mischbildung, zusammengesetztes od. abgeleitetes Wort, dessen Teile verschiedenen Sprachen angehören (z. B. Auto-mobil [*gr*.; *lat*.], Büro-kratie [*fr*.; *gr*.], Intelligenz-ler [*lat*.; *dt*.]; Sprachw.)

[2]**hy|brid** [zu → Hybris]: (veraltet) hochmütig, überheblich, übersteigert, vermessen

Hy|brid...: in Zusammensetzungen auftretendes Bestimmungswort mit der Bedeutung „Misch...; aus Verschiedenartigem zusammengesetzt; Bastard". **Hy|bride** [aus gleichbed. *lat*. hybrida] *die*; -, -n (auch: *der*; -n, -n): Bastard (aus Kreuzungen hervorgegangenes pflanzliches od. tierisches Individuum, dessen Eltern sich in mehreren erblichen Merkmalen unterscheiden; Biol.). **hy|bridisch**: = hybrid. **hy|bridisieren**: bastardisieren, Art od. Rassen kreuzen

Hy|bris [aus gleichbed. *gr.* hýbris] *die*; -: [in der Antike] frevelhafter Übermut, Selbstüberhebung (besonders gegen die Gottheit); Vermessenheit

hyd..., **Hyd...** u. **hydato...**, **Hydato...** [aus gleichbed. *gr.* hýdōr, Gen. hýdatos]: in Zusammensetzungen auftretendes Bestimmungswort mit der Bedeutung „Wasser", z. B. hydatogen „aus wässerigen Lösungen gebildet"; vgl. hydro..., Hydro...

hydr..., **Hydr...** vgl. hydro..., Hydro...

Hy|dra [aus *gr.-lat.* hýdra „Wassertier, Wasserschlange"] *die*; -, ...dren: Süßwasserpolyp

Hy|drant [aus gleichbed. *engl.-amerik.* hydrant, eigtl. „der Wassergebende", zu *gr.* hýdōr „Wasser"] *der*; -en, -en: größere Zapfstelle zur Wasserentnahme aus Rohrleitungen

Hy|drargyrum [über *lat.* hydrargyrus aus gleichbed. *gr.* hydrárgyros, eigtl. „Wassersilber"] *das*; -s: Quecksilber, chem. Grundstoff; Zeichen: Hg

Hy|drat [zu *gr.* hýdōr „Wasser] *das*; -[e]s, -e: Verbindung von Oxyden od. wasserfreien Säuren mit Wasser (Chem.). **Hy|dratation** [...*zion*] u. **Hydration** [...*zion*] *die*; -: Bildung von Hydraten (Chem.). **hy|dratisieren**: Hydrate bilden (Chem.)

Hy|draulik [zu → hydraulisch] *w*; -: 1. Theorie u. Wissenschaft von den Strömungen der Flüssigkeiten (z. B. im Wasserbau). 2. Gesamtheit der Steuer-, Regel-, Antriebs- und Bremsvorrichtungen eines Fahrzeugs, Flugzeugs od. Geräts, dessen Kräfte mit Hilfe des Drucks einer Flüssigkeit erzeugt od. übertragen werden. **hy|draulisch** [über *lat.* hydraulicus aus gleichbed. *gr.* hydraulikós zu hýdraulis „Wasserorgel"]: mit Flüssigkeitsdruck arbeitend, mit Wasserantrieb; -e Arbeitsmaschine: mit Druckwasser angetriebene Arbeitsmaschine; -e Bremse: Vorrichtung zum Abbremsen rotierender Räder durch flüssigkeitsgefüllte Druckzylinder, die über Bremsbacken einen Druck auf das Bremsgehäuse (und damit auf das Rad) ausüben; -e Presse: Wasserdruckpresse, Vorrichtung zur Erzeugung hohen Druckes, bei der die Erscheinung der allseitigen Ausbreitung des Drucks in einer Flüssigkeit genutzt wird; -es Getriebe: Getriebe, in dem Flüssigkeiten zur Übertragung von Kräften u. Bewegungen dienen

Hy|drazin [zu → hydro... u. → Azo...] *das*; -s: chem. Verbindung von Stickstoff mit Wasserstoff (Diamid), farblose, stark rauchende Flüssigkeit

Hy|drid [zu → Hydrogen] *das*; -[e]s, -e: chemische Verbindung des Wasserstoffs mit einem od. mehreren anderen chemischen Elementen, wobei diese Verbindungspartner metallischen od. nichtmetallischen Charakters sein können. **hy|drieren**: Wasserstoff an ungesättigte Verbindungen anlagern (Chem.)

hy|dro..., **Hy|dro...** [aus gleichbed. *gr.* hýdōr], vor Vokalen auch: hydr..., Hydr...: in Zusammensetzungen auftretendes Bestimmungswort mit der Bedeutung „Wasser"; vgl. hyd..., Hyd... **Hydrocopter** [...*ko*...; zu → hydro..., analog zu → Helikopter] *der*; -s, -: Fahrzeug, das mit einem Propeller angetrieben wird u. sowohl im Wasser als auch auf dem Eis eingesetzt werden kann. **Hydrogen** u. **Hy|drogenium** [aus gleichbed. *fr.* hydrogène, eigtl. „Wasserbildner", dies aus → hydro... u. → ...gen] *das*; -s: Wasserstoff, chem. Grundstoff; Zeichen: H. **Hy|dro|kultur** *die*; -, -en: Kultivierung von Nutz- u. Zierpflanzen in Nährlösung statt auf natürlichem Boden. **Hy|drologie** *die*; -: Wissenschaft vom Wasser, seinen Arten, Eigenschaften u. seiner praktischen Verwendung. **hydrologisch**: die Hydrologie betreffend. **Hy|drolyse** *die*; -, -n: Spaltung chemischer Verbindungen durch Wasser (meist unter Mitwirkung eines → Katalysators od. → Enzyms). **hy|drolytisch**: die Hydrolyse betreffend, auf sie bezogen. **Hy|drometer** *das*; -s, -: Gerät zur Messung der Geschwindigkeit fließenden Wassers, des Wasserstandes od. des spezifischen Gewichts von Wasser. **Hy|drome|trie** *die*; -: Wassermessung. **hy|drome|trisch**: die Flüssigkeitsmessung betreffend. **hy|drophil**: 1. wasserliebend u. im Wasser lebend (von Pflanzen u. Tieren; Bot.; Zool.); Ggs. → hydrophob. 2. wasseranziehend, -aufnehmend (Chem.); Ggs. → hydrophob. **hy|drophob** [über *lat.* hydrophobus aus gleichbed. *gr.* hydrophóbos]: 1. wassermeidend (von Pflanzen u. Tieren; Bot.; Zool.); Ggs. → hydrophil. 2. wasserabstoßend, nicht in Wasser löslich (Chem.); Ggs. → hydrophil. **Hy|drophor** [aus *gr.* hydrophóros „Wasserträger"] *der*; -s, -e: Druckkessel in Wasserversorgungsanlagen u. Feuerspritzen. **Hy|drophoren** [aus gleichbed. *gr.* hydrophóros] *die* (Plural): Wasserträger[innen] (häufiges Motiv der griech. Kunst). **Hy|dro|plan** [zu → hydro..., analog zu → Aeroplan] *der*; -s, -e: 1. Wasserflugzeug. 2. Gleitboot. **Hy|dro|sphäre** *die*; -: Wasserhülle der Erde (Meere, Binnengewässer, Grundwasser). **hy|drostatisch**: -er Druck: Druck einer ruhenden Flüssigkeit gegen die von ihr berührten Flächen (z. B. gegen eine Gefäßwand); -es Paradoxon: Phänomen, daß in → kommunizierenden Gefäßen die Wasserstandshöhe unabhängig von der Form dieser Gefäße ist; -e Waage: Waage, bei der durch den Auftrieb einer Flüssigkeit sowohl das Gewicht der Flüssigkeit als auch das des Eintauchkörpers bestimmt werden kann (Phys.). **Hy|drotechnik** *die*; -: Technik des Wasserbaues

Hy|droxyd [zu → Hydrogen u. → Oxyd], (chem. fachspr.:) Hy|droxid *das*; -[e]s, -e: anorganische Verbindung, die eine od. mehrere OH-Gruppen (Hydroxylgruppen) enthält. **hy|droxydisch**: Hydroxyde enthaltend (von chem. Verbindungen). **Hydroxylgruppe** [zu → Hydrogen, → Oxygen u. → ...yl] *die*; -, -n: OH-Gruppe (Wasserstoff-Sauerstoff-Gruppe) in chem. Verbindungen

Hygiene [aus *gr.* hygieinḗ (téchnē) „der Gesundheit zuträglich(e Kunst, Wissenschaft)"] *die*; -: 1. Gesundheitslehre. 2. Gesundheitsfürsorge, -pflege. 3. Sauberkeit. **Hygieniker** *der*; -s, -: 1. Arzt, der sich auf Hygiene (1) spezialisiert hat. 2. jmd., der in der öffentlichen Gesundheitsfürsorge tätig ist. **hygienisch**: 1. der Hygiene entsprechend; gesundheitsdienlich. 2. keimfrei, sauber

hy|gro..., **Hy|gro...** [aus *gr.* hygrós „naß, feucht"]: in Zusammensetzungen auftretendes Bestimmungswort mit der Bedeutung „Feuchtigkeit". **Hy|gro|gramm** *das*; -s, -e: Aufzeichnung eines Hygrometers (Meteor.). **Hy|gro|graph** vgl. Hygrometer. **Hy|grometer** *das*; -s, - u. Hy|gro|graph *der*; -en, -en: Luftfeuchtigkeitsmesser (Meteor.). **Hygrometrie** *die*; -: Luftfeuchtigkeitsmessung (Meteor.). **hy|gro|skopisch**: Wasser an sich ziehend, bindend (von Stoffen; Chem.). **Hy|gro|skopizität** *die*; -: Fähigkeit mancher Stoffe, Luftfeuchtigkeit aufzunehmen und an sich zu binden (Chem.). **Hygrostat** *der*; -[s] u. -en, -e[n]: Gerät zur Aufrechterhaltung einer bestimmten Luftfeuchtigkeit

Hyle [*hüle*; aus gleichbed. *gr.-lat.* hýlē, eigtl. „Gehölz, Wald"] *die*; -: Stoff, Materie, der formbare Urstoff (bes. bei den ionischen Naturphilosophen). **hylisch**: materiell, stofflich, körperlich (Philos.). **Hylozoismus** [zu *gr.* hýlē, → Hyle, u. zōḗ „Leben"] *der*; -: Lehre der ionischen Naturphilosophen, die als Substanz aller Dinge einen belebten Urstoff, die → Hyle, annahmen, Lehre von der Beseeltheit der Materie. **hylozoistisch**: den Hylozoismus betreffend

¹**Hymen** [aus gleichbed. *gr.-lat.* hymḗn, eigtl. „Häutchen"]: *das* (auch *der*); -s, -: dünne Schleimhautfalte zwischen Scheidenvorhof u. -eingang (Jungfernhäutchen; Med.)

²**Hymen** [aus gleichbed. *gr.-lat.* hymḗn, identisch mit → ¹Hymen] *der*; -s, -: antikes Hochzeitslied (von den Brautjungfern auf dem Weg der Braut in das Haus des Bräutigams gesungen). **Hymenaeus** [...*äuß*; über *lat.* hymenaeus aus gleichbed. *gr.* hyménaios] *der*; -, ...aei [...*äi*]: = ²Hymen

Hymnar [aus gleichbed. *mlat.* hymnārium zu *lat.* hymnus, s. Hymne] *das*; -s, -e u. -ien [...*i^e n*] u. **Hymnarium** *das*; -s, ...ien [...*i^e n*]: liturgisches Buch mit den kirchlichen Hymnen. **Hymne** [über *lat.* hymnus aus gleichbed. *gr.* hýmnos] *die*; -, -n u. Hymnus *der*; -, ...nen: 1. feierlicher Festgesang; Lobgesang [für Gott], Weihelied. 2. kirchliches od. geistliches Gesangs- u. Instrumentalwerk von betont feierlichem Ausdruck. 3. Preisgedicht. **Hymnik** *die*; -: Kunstform der Hymne. **hymnisch**: in der Form od. Art der Hymne abgefaßt. **Hymnos** *der*; -, ...nen: = Hymne. **Hymnus** *der*; -, ...nen: = Hymne

hyp..., **Hyp...** vgl. hypo..., Hypo...

hyper..., **Hyper...** [aus gleichbed. *gr.* hypér]: Präfix mit der Bedeutung „über, übermäßig, über - hinaus", in Medizin u. Biologie die Überfunktion (z. B. eines Organs) bezeichnend, z. B. Hypertrophie; Ggs. → hypo..., Hypo...

Hyperbel [aus gleichbed. *gr.-lat.* hyperbolḗ, eigtl. „Darüberhinauswerfen"] *die*; -, -n: 1. mathematischer Kegelschnitt, geometrischer Ort aller Punkte, die von zwei festen Punkten (Brennpunkten) gleichbleibende Differenz der Entfernungen haben. 2. Übertreibung des Ausdrucks (z. B. himmelhoch; Rhet.; Stilk.). **Hyperbelfunktion** *die*; -, -en: eine aus Summe od. Differenz zweier Exponentialfunktionen entwickelte Größe (Math.)

Hyperboliker [aus *lat.* hyperbolicus „übertrieben", dies aus gleichbed. *gr.* hyperbolikós] *der*; -s, -: jmd., der zu Übertreibungen im Ausdruck neigt. **hyperbolisch**: 1. hyperbelartig, hyperbelförmig, als Hyperbel darstellbar; -e Geometrie: Geometrie, bei der die Winkelsumme im Dreieck stets kleiner ist als 180°. 2. im Ausdruck übertreibend. **Hyperboloid** [zu → Hyperbel (1) u. → ...oid] *das*; -[e]s, -e: Körper, der durch Drehung einer Hyperbel (1) um ihre Achse entsteht (Math.)

Hyperfunktion [...*zion*] *die*; -, -en: Überfunktion, gesteigerte Tätigkeit eines Organs (Med.)

hyperkatalektisch [aus gleichbed. *spätlat.* hypercatalēcticus, dies über *lat.* hypercatalēctus aus gleichbed. *gr.* hyperkatálēktos]: am Schluß um eine od. mehrere überzählige Silben verlängert (von Versen). **Hyperkatalexe** *die*; -, -n: das Verlängern des Verses um eine od. mehrere Silben

hyperkorrekt: überkorrekt; -e Bildungen, Formen: irrtümlich für korrekt, d. h. für schriftsprachlich gehaltene Bildungen, die der Mundartsprecher oft gebraucht, wenn er hochdeutsch sprechen muß (z. B. vielleucht statt vielleicht, Tirektor statt Direktor; Sprachw.)

hyper|kritisch: überstreng, tadelsüchtig

Hyperkultur *die*; -, -en: Überfeinerung, Überbildung

Hypermeter [aus *gr.* hypérmetros „übermäßig; über das Versmaß hinausgehend"] *der*; -s, -: Vers, dessen letzte, auf einen Vokal ausgehende überzählige Silbe mit der mit einem Vokal beginnenden Anfangssilbe des nächsten Verses durch → Elision des Vokals verbunden wird (antike Metrik)

hypermodern: übermodern, übertrieben neuzeitlich

hypersensibilisieren: 1. die Empfindlichkeit erhöhen. 2. die Empfindlichkeit von fotografischem Material durch bestimmte Maßnahmen vor der Belichtung erhöhen (Fotogr.)

hyper|troph [aus → hyper... u. *gr.* trophḗ „das Ernähren, Nahrung"]: 1. durch Zellenwachstum vergrößert (von Geweben u. Organen; Med.). 2. überspannt, überzogen. **Hyper|trophie** *die*; -: übermäßige Vergrößerung von Geweben u. Organen infolge Vergrößerung der Zellen, meist bei erhöhter Beanspruchung (Med.; Biol.)

Hyph|en [aus gleichbed. *gr.-lat.* hyphén, eigtl. „in eins (zusammen)"] *das*; -[s], -[e]: der bei einem Kompositum verwendete Bindestrich

Hypn... vgl. Hypno... **Hypno...** [aus gleichbed. *gr.* hýpnos], vor Vokalen: Hypn...: in Zusammensetzungen auftretendes Bestimmungswort mit der Bedeutung „Schlaf". **Hypnose** [zu → hypnotisch] *die*; -, -n: Zwangsschlaf, schlaf- od. halbschlafähnlicher Zustand, der durch Suggestion künstlich hervorgerufen werden kann (Med.; Psychol.). **Hypnotik** *die*; -: Wissenschaft von der Hypnose. **hypnotisch** [aus *lat.* hypnōticus „einschläfernd", dies aus gleichbed. *gr.* hypnōtikós]: 1. zur Hypnose gehörend, führend; einschläfernd. 2. den Willen lähmend (Med.; Psychol.). **Hypnotiseur** [...*sör*; aus gleichbed. *fr.* hypnotiseur] *der*; -s, -e: jmd., der andere in Hypnose versetzen kann. **hypnotisieren** [über *fr.* hypnotiser aus gleichbed. *engl.* to hypnotize zu *lat.* hypnōticus, s. hypnotisch]: 1. in Hypnose versetzen. 2. beeinflussen; jmdn. willenlos, widerstandslos machen. **Hypnotismus** *der*; -: 1. Wissenschaft von der Hypnose. 2. Beeinflussung

hypo..., **Hypo...**, vor Vokalen meist: hyp..., Hyp..., vor h: hyph..., Hyph... [*hüf*...; aus gleichbed. *gr.* hypó]: in Zusammensetzungen auftretendes Bestimmungswort mit der Bedeutung „unter, darunter", medizin. u. biol. mit dem Begriff der „Unterfunktion", z. B. Hypothese

Hypochonder [...*chon*..., auch: ...*kon*; zu → hypochondrisch] *der*; -s, -: Mensch, der aus ständiger Angst, krank zu sein od. zu werden, sich fortwährend selbst beobachtet u. schon geringfügige Beschwerden als Krankheitssymptome deutet; eingebildeter Kranker. **Hypochon|drie** *die*; -, ...ien: Gefühl einer körperlichen od. seelischen Krankheit ohne pathologische Grundlage. **hypochon|drisch** [aus *gr.* hypochondriakós „am Hypochondrion leidend" zu hypochóndria (Plur.) „der weiche Teil des Leibes unter dem Brustknorpel u. den Rippen bis an die Weichen, Unterleib u. Eingeweide", in denen nach antiker Vorstellung die Gemütskrankheiten lokalisiert sind]: an Hypochondrie leidend; schwermütig, trübsinnig

Hypodochmius *der*; -, ...ien [...*i*e*n*]: antiker Versfuß, umgedrehter → Dochmius (–◡–◡–)

Hypo|krit [über *lat.* hypocritēs aus gleichbed. *gr.* hypokritḗs] *der*; -en, -en: Heuchler. **hypo|kritisch** scheinheilig, heuchlerisch

Hypophyse [aus *gr.* hypóphysis „Nachwuchs, Sprößling"] *die*; -, -n: Hirnanhang[sdrüse] (Med.)

Hypostase [aus gleichbed. *gr.-spätlat.* hypóstasis] *die*; -, -n: 1. Grundlage, Substanz; Verdinglichung, Vergegenständlichung eines bloß in Gedanken existierenden Begriffs. 2. a) Personifizierung göttlicher Eigenschaften od. religiöser Vorstellungen zu einem eigenständigen göttlichen Wesen (z. B. die Erzengel in der Lehre Zarathustras); b) Wesensmerkmal einer personifizierten göttlichen Gestalt. **hypostasieren**: verdinglichen, vergegenständlichen, personifizieren. **hypostatisch**: vergegenständlichend, gegenständlich; durch Hypostase hervorgerufen

Hypostylon [aus gleichbed. *gr.* hypóstylon] *das*; -s, ...la u. **Hypostylos** *der*; -, ...loi [...*leu*]: gedeckter Säulengang; Säulenhalle; Tempel mit Säulengang

hypotaktisch [aus *gr.* hypotaktikós „unterordnend"]: der Hypotaxe (2) unterliegend, unterordnend (Sprachw.); Ggs. → parataktisch. **Hypotaxe** [zu *gr.* hypó „unter" und táxis „Ordnung"] *die*; -, -n: 1. Zustand herabgesetzter Willens- u. Handlungskontrolle, mittlerer Grad der Hypnose (Med.). 2. Unterordnung, → Subordination (2) zwischen Sätzen (Sprachw.); Ggs. → Parataxe. **Hypotaxis** *die*; -, ...taxen: = Hypotaxe (2)

Hypotenuse [über *spätlat.* hypotēnūsa aus gleichbed. *gr.* hypoteínousa (pleurá), eigtl. „die unter (dem rechten Winkel) sich erstreckende (Seite)"] *die*; -, -n: im rechtwinkligen Dreieck die dem rechten Winkel gegenüberliegende Seite; vgl. Kathete

Hypothek [über *lat.* hypothēca aus gleichbed. *gr.* hypothḗkē, eigtl. „Unterlage"] *die*; -, -en: 1. Pfandrecht an einem Grundstück zur Sicherung einer Forderung. 2. ständige Belastung, Bürde. **hypothekarisch** [aus gleichbed. *spätlat.* hypothēcārius]: eine Hypothek betreffend

Hypothese [aus gleichbed. *gr.-spätlat.* hypóthesis] *die*; -, -n: 1. a) zunächst unbewiesene Annahme von Gesetzlichkeiten od. Tatsachen, mit dem Ziel, sie durch Beweise zu → verifizieren (1) od. zu → falsifizieren (1) (als Hilfsmittel für wissenschaftliche Erkenntnisse); Vorentwurf für eine Theorie; b) Unterstellung, unbewiesene Voraussetzung. 2. Vordersatz eines hypothetischen Urteils (wenn A gilt, gilt auch B.). **hypothetisch** [über *lat.* hypotheticus aus gleichbed. *gr.* hypothetikós]: nur angenommen, auf einer unbewiesenen Vermutung beruhend, fraglich, zweifelhaft; -er Imperativ: nur unter gewissen Bedingungen notwendiges Sollen; vgl. kategorischer Imperativ

Hypsometer [aus *gr.* hýpsos „Höhe" u. → ...meter] *das*; -s, -: zur Höhenmessung dienendes Luftdruckmeßgerät

Hysterese u. **Hysteresis** [aus *gr.* hystérēsis „das Nachstehen, das Zukurzkommen"] *die*; -: das Zurückbleiben einer Wirkung hinter dem jeweiligen Stand der sie bedingenden veränderlichen Kraft; tritt als magnetische Hysterese (auch Trägheit od. Reibung genannt) auf

Hysterie [zu → hysterisch] *die*; -, ...ien: auf psychotischer Grundlage beruhende od. aus starken Gemütserregungen entstehende, abnorme seelische Verhaltensweise mit vielfachen Symptomen ohne genau umschriebenes Krankheitsbild (Med.). **Hysteriker** *der*; -s, -: jmd., der Symptome der Hysterie in Charakter od. Verhalten zeigt (Med.). **hysterisch** [aus gleichbed. *lat.* hystericus, dies aus *gr.* hysterikós „die Gebärmutter betreffend, daran leidend"; nach antiker Vorstellung hatte die Hysterie ihre Ursache in krankhaften Vorgängen in der Gebärmutter]: 1. auf Hysterie beruhend, an Hysterie leidend. 2. aufgeregt, überspannt, verrückt

Hysterologie [aus gleichbed. *gr.-spätlat.* hysterología] *die*; -, ...ien: = Hysteron-Proteron (2)

Hysteron-Proteron [aus *gr.* hýsteron próteron „das Spätere (ist) das Frühere"] *das*; -s, Hystera-Protera: 1. Scheinbeweis aus einem selbst erst zu beweisenden Satz (Philos.). 2. Redefigur, bei der das begrifflich od. zeitlich Spätere zuerst steht (z. B. bei Vergil: Laßt uns sterben und uns in die Feinde stürzen!; Rhet.)

I

i vgl. imaginäre Zahl

I = 1 (röm. Zahlzeichen)

[1]**...ia** [*gr.* u. *lat.*]: Endung weibl. Substantive, z. B. Magnes*ia*

[2]**...ia** [*lat.*]: *Plural* von → ...ium

IAAF = International Amateur Athletic Federation

...iade [*fr.*]: produktives Suffix weiblicher Substantive, die meist eine Handlung, einen Wettbewerb o. ä. bezeichnen, z. B. Köpenickiade, Spartakiade, Universiade

...ial [*lat.*]: Endung von Adjektiven (eigtl. → ...al u. Bindevokal i), z. B. äquatorial

Iambe usw. vgl. Jambe usw. **...iana** vgl. ...ana

...iar [*lat.*]: Endung von Substantiven, z. B. Evangeliar

...iasis [*gr.*]: Endung von weiblichen Substantiven aus dem Bereich der Medizin zur Bezeichnung eines Krankheitsprozesses od. eines Krankheitszustandes, z. B. Elefantiasis

...iat [*lat.*]: Endung männlicher od. sächlicher Substantive, z. B. Stipendiat, Noviziat

...iater [aus gleichbed. *gr.* iatrós]: Wortbildungselement mit der Bedeutung „Arzt", z. B. Psychiater. **...ia|trie**: in Zusammensetzungen auftretendes Grundwort mit der Bedeutung „Heilkunde", z. B. Pädiatrie

ib., **ibd.** = ibidem

...ibel [*lat.*]: Endung von Adjektiven, z. B. flexibel, sensibel

iberisch [aus gleichbed. *lat.* Hibēricus zu Hibēria „Spanien"]: 1. die Pyrenäenhalbinsel betreffend. 2. die Sprache der Ureinwohner des heutigen Spaniens u. Portugals betreffend. **Iberoamerika**, ohne Artikel; -s (in Verbindung mit Attributen: *das*; -[s]): das von der Iberischen Halbinsel aus kolonisierte u. durch Sprache u. Kultur mit ihr verbundene → Lateinamerika. **iberoamerikanisch**: Iberoamerika betreffend. **ibero-amerikanisch**: zwischen Spanien, Portugal u. Lateinamerika bestehend

ibid. = ibidem. **ibidem** [auch: *ib...*, *ib...*; aus gleichbed. *lat.* ibīdem]: ebenda, ebendort (Hinweiswort in wissenschaftlichen Werken zur Ersparung der wiederholten vollständigen Anführung eines bereits zitierten Buches; Abk.: ib., ibd., ibid.)

Ibis [über *gr.-lat.* ībis aus gleichbed. *ägypt.* hīb] *der*; Ibisses, Ibisse: Storchvogel der Tropen u. Subtropen mit sichelförmigem Schnabel (heiliger Vogel der ägypt. Göttin Isis)

Ichneumon [aus gleichbed. *gr.-lat.* ichneúmōn, eigtl. „Spürer"] *der* od. *das*; -s, -e u. -s: Pharaonenratte, von Ratten lebende Schleichkatze Nordafrikas

Ichor [auch: *ichor*; aus gleichbed. *gr.* īchṓr] *der*; -s: Blut der Götter (bei Homer)

Ich|thyo..., vor Vokalen: Ich|thy... [aus gleichbed. *gr.* ichthýs] in Zusammensetzungen auftretendes Bestimmungswort mit der Bedeutung „Fisch", z. B. Ichthyosaurus. **Ich|thyologie** *die*; -: Fischkunde. **Ich|thyo|saurier** [...*i^e^r*] *der*; -s, - u. **Ich|thyo|saurus** *der*; -, ...rier [...*i^e^r*]: Fischechse (ausgestorbenes Meereskriechtier der Jura- u. Kreidezeit)

Icing [*aißing*; aus gleichbed. *engl.-amerik.* icing zu to ice „mit Eis kühlen, in Sicherheit bringen"] *das*; -s, -s: Befreiungsschlag (Eishockey)

[1]...**id** [*lat.*]: Endung von Adjektiven, z. B. splendid, morbid

[2]...**id** [aus *gr.* -eidḗs „-förmig" zu eĩdos „Form, Gestalt"]: Endung von Adjektiven aus dem Gebiet der Anthropologie mit der Bedeutung: a) die Form von etwas habend, z. B. mongolid; b) (in Verbindung mit dem Bindevokal od. Stammauslaut -o-) ähnlich, z. B. mongoloid

[3]...**id** [aus → Ox*id*]: in der chemischen Fachsprache gebräuchliches Suffix von Substantiven zur Bezeichnung von Verbindungen aus zwei verschiedenen Elementen (darunter meist ein Metall); z. B. Sulfid; vgl. aber: [1]...it

id. = idem

ideal [aus gleichbed. *lat.* ideālis zu *gr.-lat.* idéa, s. Idee]: 1. den höchsten Vorstellungen entsprechend, vollkommen. 2. nur gedacht, nur in der Vorstellung so vorhanden; Ggs. → real (2). **Ideal** *das*; -s, -e: 1. Inbegriff von etw. Vollkommenem; Traumbild. 2. höchstes erstrebtes Ziel; Idee, die man verwirklichen will. **idea|lisieren**: 1. a) jmdn./etw. vollkommener sehen, als die betreffende Person od. Sache ist; verklären, verschönern; b) zum Ideal erheben. 2. von einer idealen (2) Voraussetzung ausgehen. **Idea|lismus** *der*; -: 1. philosophische Anschauung, die die Welt u. das Sein als Idee, Geist, Vernunft, Bewußtsein bestimmt u. die Materie als deren Erscheinungsform versteht; Ggs. → Materialismus (1). 2. [mit Selbstaufopferung verbundenes] Streben nach Verwirklichung von Idealen ethischer u. ästhetischer Natur; durch Ideale bestimmte Weltanschauung, Lebensführung. **Idea|list** *der*; -en, -en: 1. Vertreter des Idealismus (1); Ggs. → Materialist (1). 2. jmd., der selbstlos, dabei aber auch die Wirklichkeit etwas außer acht lassend, nach der Verwirklichung bestimmter Ideale strebt; Ggs. → Realist (1). **idea|listisch**: 1. in der Art des Idealismus (1); Ggs. → materialistisch (1). 2. an Ideale glaubend u. nach deren Verwirklichung strebend, dabei aber die Wirklichkeit etwas außer acht lassend; Ggs. → realistisch (1). **Idea|lität** *die*; -: 1. das Sein als Idee od. Vorstellung; Ggs. → Realität. 2. Seinsweise des Mathematischen, der Werte

Idee [unter Einfluß von *fr.* idée aus gleichbed. *gr.-lat.* idéa] *die*; -, Ideen: 1. a) Gedanke, Vorstellung; (ugs.) keine - von etwas haben (etwas nicht im geringsten wissen); eine fixe - (eine Zwangsvorstellung); eine - (ein wenig); b) Einfall. 2. Gedanke, der jmdn. in seinem Denken, Handeln bestimmt; Urbild, Leitbild, Begriff

Idée fixe [*ide fix*; aus *fr.* idée fixe „fester (Grund)gedanke"] *die*; - -, -s -s [*ide fix*]: der über einem ganzen musikalischen Werk stehende Grundgedanke (z. B. in der Phantastischen Sinfonie von H. Berlioz)

ideell [französierende Bildung zu → ideal]: auf einer Idee beruhend; gedanklich, geistig; Ggs. → materiell (2)

[1]**idem** [aus gleichbed. *lat.* īdem]: derselbe (Hinweiswort in wissenschaftlichen Werken zur Ersparung der wiederholten vollen Angabe eines Autorennamens; Abk.: id.). [2]**idem** [aus gleichbed. *lat.* idem]: dasselbe; Abk.: id

...**iden** [zu → [2]...id]: die Klasse, Ordnung od. Familie anzeigende Pluralendung von Substantiven aus der Zoologie, z. B. Hominiden, auch in der Anthropologie, z. B. Mongoliden; vgl. [2]...id

Iden u. Idus [*iduß*; aus *lat.* Īdūs] *die* (Plural): der 13. od. 15. Monatstag des altröm. Kalenders; die - des März: 15. März (Tag der Ermordung Cäsars im Jahre 44 v. Chr.)

Identifikation [...*zion*; zu → Identität u. → ...fikation] *die*; -, -en = Identifizierung; vgl. ...ation/...ierung. **identifizieren**: 1. Begriffe od. Gegenstände als ein u. dieselben betrachten; gleichsetzen; sich mit jmdm., etwas - (jmds. Anliegen, etwas zu seiner eigenen Sache machen; voll mit jmdm., etwas übereinstimmen). 2. jmdn. od. etw. genau wiedererkennen; die Identität („Echtheit") einer Person od. Sache feststellen. **Identifizierung** *die*; -, -en: 1. das Identifizieren (1); Gleichsetzung. 2. das Identifizieren (2), Feststellung der Identität einer Person od. Sache; vgl. ...ation/...ierung. **identisch**: ein u. dasselbe [bedeutend], völlig gleich; wesensgleich; gleichbedeutend; -er Reim: Reim mit gleichem Reimwort; rührender Reim (z. B. freien/freien); -e Gleichung: Gleichung, die nur bekannte Größen enthält od. für alle Werte einer in ihr enthaltenen Veränderlichen erfüllt ist (Math.). **Identität** [aus gleichbed. *spätlat.* identitās] *die*; -: 1. a) vollkommene Gleichheit od. Übereinstimmung (in bezug auf Dinge od. Personen); Wesensgleichheit; b) die als „Selbst" erlebte innere Einheit der Person (Psychol.). 2. spezielle Abbildung einer Menge von Elementen, bei der jedes einzelne Element auf sich abgebildet wird; → identische Gleichung (Math.). **Identitätsausweis** *der*; -es, -e: (österr.) Personalausweis

ideo..., **Ideo...** [aus gleichbed. *gr.* idéa]: in Zusammensetzungen auftretendes Bestimmungswort mit der Bedeutung „Begriff, Idee, Vorstellung"; vgl.: idio..., Idio... **Ideo|gramm** *das*; -s, -e: Begriffszeichen im Gegensatz zum Buchstaben (z. B. die ägypt. Hieroglyphe)

Ideologe *der*; -n, -n: [exponierter] Vertreter od. Lehrer einer Ideologie. **Ideologie** [aus gleichbed. *fr.* idéologie, eigtl. „Lehre von den Ideen", aus → ideo... u. → ...logie] *die*; -, ...ien: a) an eine soziale Gruppe, eine Kultur o. ä. gebundenes System von Weltanschauungen, Grundeinstellungen u. Wertungen; b) weltanschauliche Konzeption, in der Ideen (2) der Erreichung politischer u. wirtschaftlicher Ziele dienen. **Ideologiekritik** *die*; -: das Aufzeigen der materiellen Bedingtheit einer Ideologie (Soziol.). **ideologisch**: a) eine Ideologie betreffend; b) weltfremd, schwärmerisch. **ideologisieren**: mit einer bestimmten Ideologie betrachten; zu einer Ideologie machen

id est [*lat.*]: das ist, das heißt; Abk.: i. e.

idg. = indogermanisch

idio..., **Idio...** [aus gleichbed. *gr.* ídios]: in Zusammensetzungen auftretendes Bestimmungswort mit der Bedeutung „eigen, selbst, eigentümlich, besonders"

Idiogramm *das*; -s, -e: graphische Darstellung der einzelnen → Chromosomen eines Chromosomensatzes (Biol.)

Idiolekt [zu → idio..., analog zu → Dialekt] *der*; -[e]s, -e: Sprachbesitz u. Sprachverhalten, Wortschatz u. Ausdrucksweise eines einzelnen Sprachteilhabers (Sprachw.); vgl. Soziolekt. **idiolektal**: den Idiolekt betreffend; in der Art eines Idiolekts (Sprachw.)

Idiom [über *fr.* idiome aus gleichbed. *gr.-spätlat.* idíōma, eigtl. „Eigentümlichkeit"] *das*; -s, -e: (Sprachw.) 1. die einer kleineren Gruppe od. einer sozialen Schicht eigentümliche Sprechweise od. Spracheigentümlichkeit (z. B. Mundart, Jargon). 2. → lexikalisierte feste Wortverbindung, Redewendung (z. B. die Schwarze Kunst, ins Gras beißen). **Idiomatik** *die*; -: 1. Teilgebiet der Sprachwissenschaft, das sich mit den Idiomen (1) befaßt. 2. Gesamtbestand der Idiome (2) in einer Sprache. **idiomatisch**: die Idiomatik betreffend; -er Ausdruck: Redewendung, deren Gesamtbedeutung nicht aus der Bedeutung der Einzelwörter erschlossen werden kann. **idiomatisieren**: zu einem Idiom (2) machen u. damit die semantisch-morphologische Durchsichtigkeit verwischen (Sprachw.)

Idiophon *das*; -s, -e: selbstklingendes Musikinstrument (Becken, Triangel, Gong, Glocken)

Idiosynkrasie [aus *gr.* idiosygkrāsía „eigentümliche Mischung der Säfte u. daraus hervorgehende Beschaffenheit des Leibes"] *die*; -, ...ien: [angeborene] Überempfindlichkeit gegen bestimmte Stoffe (z. B. Nahrungsmittel) u. Reize (Med.). **idiosynkratisch**: überempfindlich; von unüberwindlicher Abneigung erfüllt (Med.)

Idiot [über *lat.* idiōta, idiōtēs aus *gr.* idiṓtēs „Privatmann, einfacher Mensch; ungeübter Laie, Stümper"] *der*; -en, -en: 1. hochgradig Schwachsinniger (Med.). 2. (ugs., abwertend) Dummkopf, Trottel. **Idiotie** *die*; -, ...ien: 1. hochgradiger Schwachsinn (Med.); vgl. Debilität und Imbezillität. 2. (ugs., abwertend) Dummheit, widersinnig-törichtes Verhalten. **idiotisch**: 1. hochgradig schwachsinnig, verblödet (Med.). 2. (ugs., abwertend) töricht, einfältig. **¹Idiotismus** *der*; -, ...men: (Med.) a) Idiotie; b) Äußerung der Idiotie

Idiotikon [zu *gr.* idiōtikós „eigentümlich, gewöhnlich, ungebildet, volkssprachlich"] *das*; -s, ...ken (auch: ...ka): Mundartwörterbuch, auf eine Sprachlandschaft begrenztes Wörterbuch

¹Idiotismus s. Idiot

²Idiotismus [aus *gr.-lat.* idiōtismós „Sprechweise des gemeinen Mannes"] *der*; -, ...men: kennzeichnender, eigentümlicher Ausdruck eines Idioms, Spracheigenheit (Sprachw.)

Idol [über *lat.* īdōlum, īdōlon aus *gr.* eídōlon „Gestalt, Bild; Trugbild, Götzenbild"] *das*; -s, -e: 1. Gottes-, Götzenbild [in Menschengestalt] (Rel.). 2. a) Abgott; b) [falsches] Ideal. **Idolatrie**, Idololatrie [über *lat.* īdōlatrīa, īdōlolatrīa aus gleichbed. *gr.* eidōlolatreía] *die*; -, ...ien: Bilderverehrung, -anbetung, Götzendienst. **idolisieren**: zum Idol (2) machen

Idus vgl. Iden

Idyll [aus *lat.* īdyllium „kleineres Gedicht meist ländlichen Inhalts", dies aus gleichbed. *gr.* eidýllion, eigtl. „Bildchen"] *das*; -s, -e: Bild, Zustand eines friedlichen u. einfachen Lebens in (meist) ländlicher Abgeschiedenheit. **Idylle** *die*; -, -n: a) Schilderung eines Idylls in Literatur (Vers, Prosa) u. bildender Kunst; b) = Idyll. **idyllisch**: a) das Idyll, die Idylle betreffend; b) ländlich abgeschieden, beschaulich, friedlich, einfach

¹...ie [...i^e; *lat.*]: Endung weiblicher Substantive, z. B. Materie, Pinie

²...ie [...*i*; *gr.* u. *lat.-roman.*]: Endung weiblicher (selten sächlicher) Substantive, z. B. Kolonie, Geographie, Genie

i. e. = id est

¹...ier [...*ir*; *lat.-fr.* u. *it.*]: Endung männlicher (auch sächlicher u. weiblicher) Substantive, z. B. Kavalier, Offizier, Spalier, Manier. **²...ier** [...*ie*; *lat.-fr.*]: Endung männlicher (auch sächlicher) Substantive, z. B. Bankier, Conferencier, Kollier

¹...iere [...*iär^e* od. ...*jär^e*; *lat.-fr.*]: Endung weiblicher Substantive, z. B. Bonbonniere, Garderobiere. **²...iere** [...*iär^e* od. ...*jär^e*; *lat.-it.*]: Endung männlicher Substantive, z. B. Gondoliere

...ieren [*lat.-roman*]: Endung von Verben, z. B. frisieren, studieren

i. f. = ipse fecit

Iglu [aus gleichbed. *eskim.* ig(d)lu] *der* od. *das*; -s, -s: runde Schneehütte der Eskimos

ignoramus et ignorabimus [*lat.* „wir wissen (es) nicht u. werden (es auch) nicht wissen"]: Schlagwort für die Unlösbarkeit der Welträtsel

ignorant [aus *lat.* īgnōrāns, Gen. īgnōrantis, Part. Präs. von īgnōrāre, s. ignorieren]: (abwertend) von Unwissenheit, Kenntnislosigkeit zeugend. **Ignorant** *der*; -en, -en: (abwertend) unwissender, kenntnisloser Mensch; Dummkopf. **Ignoranz** *die*; -: (abwertend) Unwissenheit, Dummheit. **ignorieren** [aus gleichbed. *lat.* īgnōrāre]: nicht wissen wollen; absichtlich übersehen, nicht beachten

Igo [*jap.*] *das*; -: = Go

IHS [Latinisierung der frühchristlichen Abkürzung des Namens Jesus in griech. Form: *ΙΗ(ΣΟΥ)Σ* (*jesus*)]: → Monogramm Christi, Wiedergabe des Namens Jesus in Handschriften u. Bildwerken; gedeutet als: Jesus hominum salvator [- - ...*wo*...; *lat.*] = Jesus, der Menschen Heiland, od.: in hoc [*hok*] salus = in diesem [ist] Heil oder volkstümlich als: Jesus, Heiland, Seligmacher; vgl. I.H.S.

I. H. S. = in hoc signo (od.) in hoc salus; vgl. IHS

¹...ik [...*ik* od. ...*ik*; *lat.-fr.*]: Endung von Adjektiven, z. B. publik, magnifik

²...ik [...*ik* od. ...*ik*; *gr.-lat.*(*-fr.*) od. *lat.*(*-fr.*)]: 1. Endung weiblicher Substantive, die ein Fachgebiet bezeichnen, z. B. Kybernetik, Informatik. 2. Endung weiblicher Substantive, die eine kollektive Bedeutung haben u. die einzelne Vorgänge, Erscheinungen von etwas zu einem Gesamtbegriff zusammenfassen, z. B. Methodik, Anekdotik. 3. Endung weiblicher Substantive, die eine Beschaffenheit, ein Geartetsein ausdrücken, z. B. Esoterik, Theatralik

...ika u. ...ica [...*ika*; *gr.* u. *lat.*]: Endung pluralischer Substantive, die als Sammelbezeichnung für Werke dienen, die sich mit einem bestimmten Thema befassen, z. B. Helvetika, Judaika; vgl. ...ana

Ikebana [aus *jap.* ikebana „lebendige Blumen"] *das*; -[s]: die japanische Kunst des Blumensteckens, des künstlerischen, symbolischen Blumenarrangements

Ikone [über *russ.* ikona aus gleichbed. *mgr.* eikóna zu *gr.* eikṓn „Bild"] *die*; -, -n: Kultbild, geweihtes Tafelbild der orthodoxen Kirche (thematisch u. formal streng an die Überlieferung gebunden). **ikonisch**: 1. in der Art der Ikonen. 2. bildhaft, anschaulich. **ikono...**, **Ikono...** [aus gleichbed. *gr.* eikṓn, Gen. eikónos]: in Zusammensetzungen auftretendes Bestimmungswort mit der Bedeutung „Bild" [s. Ikone]. **Ikonodule** [aus → ikono... u. *gr.* doũlos „Knecht, Sklave"] *der*; -n, -n: Bilderverehrer. **Ikonodulie** *die*; -: Bilderverehrung. **Ikono|graphie** [über *lat.* īconographia aus *gr.* eikonographía „Abbildung, Darstellung"] *die*; -: 1. wissenschaftliche Bestimmung von Bildnissen des griech. u. röm. Altertums. 2. a) Beschreibung, Form- u. Inhaltsdeutung von [alten] Bildwerken; b) = Ikonologie. **ikono|graphisch**: die Ikonographie betreffend. **Ikono|klasmus** [zu → Ikonoklast] *der*; -, ...men: Bildersturm; Abschaffung u. Zerstörung von Heiligenbildern (bes. der Bilderstreit in der byzantinischen Kirche des 8. u. 9. Jh.s). **Ikono|klast** [aus gleichbed. *mgr.* eikonoklástēs, eigtl. „Bilderzerbrecher"] *der*; -en, -en: Bilderstürmer, Anhänger des Ikonoklasmus. **ikono|klastisch**: den Ikonoklasmus betreffend, bilderstürmerisch. **Ikonola|trie** [aus → ikono... u. *gr.* latreía „Dienst, Gottesverehrung"] *die*; -: = Ikonodulie. **Ikono|logie** *die*; -: Lehre von der Form und Inhaltsdeutung alter Bildwerke; vgl. Ikonographie (2a). **Ikono|skop** [aus gleichbed. *amerik.* iconoscope, dies aus → ikono... u. → ...skop] *das*; -s, -e: speichernde Fernsehaufnahmeröhre

Ikosa|eder [aus gleichbed. *gr.* eikosáedron] *das*; -s, -: regelmäßiger Zwanzigflächner (von 20 gleichseitigen Dreiecken begrenzt; Math.)

Iktus [aus *lat.* ictus „Stoß, Schlag, Takt(schlag)"] *der*; -, - [*íktuß*] u. Ikten: [nachdrückliche] Betonung der Hebung im Vers, Versakzent

...ikum [*lat.*]: Endung sächlicher Substantive (im Bereich der Medizin, häufig mit der Bedeutung „[Heil]mittel"), z. B. Narkotikum

...ikus [*lat.*]: Endung männlicher Substantive, z. B. Kanonikus

...il [*lat.*]: 1. Endung von Adjektiven, z. B. agil, infantil. 2. Endung sächlicher Substantive, z. B. Reptil, Automobil, Ventil

il..., **Il...** vgl. in..., In...

Ilex [aus *lat.* īlex „Stecheiche"] *die* (auch: *der*); -: Gattung der Stechpalmengewächse (immergrüne Sträucher und Bäume; Zier- u. Nutzpflanzen, z. B. Mate)

...ille [*lat.* (-*fr.*)]: verkleinernde Endung weiblicher Substantive (z. B. Pupille, Pastille)

illegal [aus gleichbed. *mlat.* illēgālis, dies aus *lat.* in- „un-, nicht", s. in... (2), u. lēgālis, s. legal]: gesetzwidrig, ungesetzlich, ohne behördliche Genehmigung; Ggs. → legal. **Illegalität** *die*; -, -en: a) Ungesetzlichkeit, Gesetzwidrigkeit; Ggs. → Legalität; b) illegale Tätigkeit, illegales Leben

illegitim [aus gleichbed. *lat.* illēgitimus]: a) unrechtmäßig, im Widerspruch zur Rechtsordnung [stehend], nicht im Rahmen bestehender Vorschriften [erfolgend]; Ggs. → legitim (1a); b) unehelich; außerehelich; Ggs. → legitim (1b). **Illegitimität** *die*; -: unrechtmäßiges Verhalten

illiberal [aus gleichbed. *lat.* illīberālis]: engherzig, unduldsam. **Illiberalität** *die*; -, -en: Engherzigkeit, Unduldsamkeit

illiquid [aus → in... (2) u. → liquid]: zahlungsunfähig. **Illiquidität** *die*; -: Zahlungsunfähigkeit, Mangel an flüssigen [Geld]mitteln

illoy|al [*íloajal*; aus → in... (2) u. → loyal]: a) den Staat, eine Instanz nicht respektierend; b) vertragsbrüchig, gegen Treu und Glauben; c) einem Partner, der Gegenseite gegenüber übelgesinnt; Ggs. → loyal (b). **Illoy|alität** *die*; -, -en: illoyales Verhalten; Ggs. → Loyalität

Illumination [...*zion*; über *fr.* illumination aus *lat.* illūminātio „Erleuchtung, Beleuchtung"] *die*; -, -en: 1. farbige Festbeleuchtung vor allem im Freien (von Gebäuden, Denkmälern). 2. göttliche Erleuchtung des menschlichen Geistes (nach der theologischen Lehre Augustins). 3. das Ausmalen von → Kodizes, Handschriften, Drucken mit → Lasurfarben. 4. Leuchtschrift. **Illuminator** [aus gleichbed. *mlat.* illūminātor] *der*; -s, ...oren: Hersteller von Malereien in Handschriften u. Büchern des Mittelalters. **illuminieren** [aus gleichbed. *fr.* illuminer, dies aus *lat.* illūmināre „erleuchten"]: 1. festlich erleuchten. 2. Handschriften ausmalen, Buchmalereien herstellen (von Künstlern des Mittelalters)

Illusion [aus gleichbed. *fr.* illusion, dies aus *lat.* illūsio „Verspottung; Täuschung, eitle Vorstellung"] *die*; -, -en: 1. (ohne Plural) Selbsttäuschung, Einbildung. 2. falsche Vorstellung od. Hoffnung. 3. falsche Deutung von Sinneswahrnehmungen (Psychol.); vgl. Halluzination. 4. Täuschung durch die Wirkung des Kunstwerks, das Darstellung als Wirklichkeit erleben läßt (Ästhetik). **illusionär**: 1. auf Illusionen beruhend. 2. = illusionistisch (1). **illusionieren**: in jmdm. eine Illusion erwecken, jmdm. etwas vormachen, vorgaukeln, jmdn. täuschen. **Illusionismus** *der*; -: 1. die die Objektivität der Wahrheit, Schönheit, Sittlichkeit als Schein erklärende philosophische Anschauung. 2. illusionistische [Bild]wirkung. **Illusionist** *der*; -en, -en: 1. Schwärmer, Träumer. 2. Zauberkünstler. **illusionistisch**: 1. durch die künstlerische Darstellung Scheinwirkungen erzeugend (bildende Kunst). 2. = illusionär (1). **illusorisch** [unter Einfluß von gleichbed. *fr.* illusoire aus *lat.* illūsōrius „verspottend, täuschend"]: a) nur in der Illusion bestehend, trügerisch; b) vergeblich, sich erübrigend

illuster [über *fr.* illustre aus gleichbed. *lat.* illūstris, eigtl. „im Licht stehend"]: glanzvoll, vornehm, erlaucht

Illu|stration [...*zion*; aus *lat.* illūstrātio „Erhellung, anschauliche Darstellung"] *die*; -, -en: a) Bebilderung, erläuternde Bildbeigabe; b) Veranschaulichung, Erläuterung. **illu|strativ**: veranschaulichend, erläuternd. **Illu|strator** *der*; -s, ...oren: Künstler, der ein Buch mit Bildern ausgestaltet. **illustrieren** [aus *lat.* illūstrāre „erleuchten, erläutern, verschönern"]: a) ein Buch mit Bildern ausgestalten, bebildern; b) veranschaulichen, erläutern. **Illustrierte** *die*; -n, -n: periodisch erscheinende Zeitschrift, die überwiegend Bildberichte u. Reportagen aus dem Zeitgeschehen veröffentlicht

im..., **Im...** vgl. in..., In...

Image [*imidsch*; aus gleichbed. *engl.* image, dies über *fr.* image „Bild" aus gleichbed. *lat.* imāgo] *das*; -[s], -s [...*dschis*]: vorgefaßtes, festumrissenes Vorstellungsbild, das ein einzelner od. eine Gruppe von einer Einzelperson od. einer anderen Gruppe (od. einer Sache) hat; Persönlichkeits-, Charakterbild

imaginär [aus gleichbed. *fr.* imaginaire, dies aus

lat. imāginārius „bildhaft, nur in der Einbildung bestehend"]: nur in der Vorstellung vorhanden, nicht wirklich, nicht real; -e Zahl: durch eine positive od. negative Zahl nicht darstellbare Größe, die durch das Vielfache von i (der Wurzel von −1) gegeben u. nicht auf → reelle Zahlen rückführbar ist (Math.). **Imagination** [...*zion*] *die*; -, -en: Phantasie, Einbildungskraft, bildhaft anschauliches Denken. **Imago** [aus *lat.* imāgo „Bild"] *die*; -, ...gines: 1. das fertig ausgebildete, geschlechtsreife Insekt (Biol.). 2. (im antiken Rom) wächserne Totenmaske von Vorfahren, die im Atrium des Hauses aufgestellt wurde

Imam [aus gleichbed. *arab.* imām, eigtl. „Vorsteher"] *der*; -s, -s u. -e: 1. a) Vorbeter in der → Moschee; b) (ohne Plural) Titel für verdiente Gelehrte des Islams. 2. Prophet u. religiöses Oberhaupt (Nachkomme Mohammeds) der → Schiiten. 3. a) (ohne Plural) Titel der Herrscher von Jemen (Südarabien); b) Träger dieses Titels

imbezil u. **imbezill** [aus *lat.* imbēcillus „(geistig) schwach, gebrechlich"]: mittelgradig schwachsinnig (Med.). **Imbezillität** *die*; -: mittelgradiger Schwachsinn (Med.); vgl. Debilität u. Idiotie

Im|bro|glio [*imbroljo*; aus *it.* imbroglio „Verwirrung"] *das*; -s, ...gli [...*lji*] u. -s: rhythmische Taktverwirrung durch Übereinanderschichtung mehrerer Stimmen in verschiedenen Taktarten (Mus.)

Imid u. **Imin** [Kunstw.] *das*; -[e]s, -e: chem. Verbindung, die die NH-Gruppe (Imido-, Iminogruppe) enthält

...**imitat** *das*; -s, -e u. **Imitat**... [aus → Imitation]: Teil von Komposita mit der Bedeutung „Imitation", z. B. Leinenimitat, Imitat-Pelzmantel. **Imitation** [...*zion*; aus *lat.* imitātio „Nachahmung"] *die*; -, -en: 1. [minderwertige] Nachbildung (bes. von Schmuck). 2. genaue Wiederholung eines musikalischen Themas in anderer Tonlage (in Kanon u. Fuge). **imitativ** [...*tif*]: auf Imitation beruhend; nachahmend. **Imitativ** *das*; -s, -e [...*w*ᵉ]: Verb des Nachahmens (z. B. büffeln = arbeiten wie ein Büffel; Sprachw.). **Imitator** *der*; -s, ...oren: Nachahmer. **imitatorisch**: nachahmend. **imitieren** [aus gleichbed. *lat.* imitāri]: 1. nachahmen; nachbilden. 2. ein musikalisches Thema wiederholen. **imitiert**: nachgeahmt, künstlich, unecht (bes. von Schmuck)

Immaculata [...*kulata*; aus *lat.* immaculāta „die Unbefleckte", d. h. die unbefleckt Empfangene] *die*; -: Beiname Marias in der katholischen Lehre. **Immaculata conceptio** [- ...*konzäpzio*; *lat.*] *die*; - -: „die unbefleckte Empfängnis" Marias (d. h. ihre Bewahrung vor der Erbsünde im Augenblick der Empfängnis durch ihre Mutter Anna)

immanent [aus *lat.* immanēns, Gen. immanentis, Part. Präs. von immanēre, s. immanieren]: innewohnend, in der betreffenden Sache enthalten; Ggs. → transzendent. **Immanenz** *die*; -: 1. das Innewohnen, Enthaltensein. 2. (Philos.) a) Beschränkung auf das innerweltliche Sein; b) Einschränkung des Erkennens auf das Bewußtsein od. auf Erfahrung; vgl. Transzendenz. **immanieren** [aus *lat.* immanēre „bei etw. bleiben, anhaften"]: innewohnen, enthalten sein

Imma|trikulation [...*zion*; zu → immatrikulieren] *die*; -, -en: Einschreibung in die Liste der Studierenden, Aufnahme an einer Hochschule; Ggs. → Exmatrikulation. **immatrikulieren** [zu → in... (1) u. *lat.* mātrīcula, s. Matrikel]: in die Liste der Studierenden eintragen; Ggs. → exmatrikulieren

immediat [aus gleichbed. *spätlat.* immediātus]: unmittelbar [dem Staatsoberhaupt unterstehend]

immens [aus gleichbed. *lat.* immēnsus]: unermeßlich [groß]. **Immensität** *die*; -: (veraltet) Unermeßlichkeit

immensurabel [aus gleichbed. *spätlat.* immēnsūrābilis]: unmeßbar. **Immensurabilität** [*lat.-nlat.*] *die*; -: Unmeßbarkeit

Immersion [aus *spätlat.* immersio „Eintauchung"] *die*; -, -en: 1. a) das Einbetten eines Objekts in eine Flüssigkeit, um sein optisches Verhalten zu beobachten; b) bei einem Mikroskop die Einbettung des Objektivs zur Vergrößerung des Auflösungsvermögens. 2. das Eintreten eines Mondes in den Schatten eines Planeten oder das scheinbare Eintreten eines Mondes in die Planetenscheibe

Immi|grant [aus *lat.* immigrāns, Gen. immigrantis, Part. Präs. von immigrāre, s. immigrieren] *der*; -en, -en: Einwanderer (aus einem anderen Staat); Ggs. → Emigrant. **Immigration** [...*zion*] *die*; -, -en: Einwanderung; Ggs. → Emigration. **immi|grieren** [aus *lat.* immigrāre „hineingehen, einziehen"]: einwandern; Ggs. → emigrieren

Immission [aus *lat.* immisio „das Hineinlassen"] *die*; -, -en (meist Plural): Einwirkung auf ein Grundstück (durch Gase, Dämpfe, Rauch u. a.) von einem Nachbargrundstück aus (Rechtsw.)

immobil [auch: ...*bil*; aus gleichbed. *lat.* immōbilis]: 1. unbeweglich. 2. nicht für den Krieg bestimmt od. ausgerüstet, nicht kriegsbereit (in bezug auf Truppen). **Immobilien** [...*i*ᵉ*n*] *die* (Plural): unbewegliches Vermögen, Gebäude, Grundstücke (einschließlich fest verbundener Sachen)

immoralisch [auch: ...*al*...; aus → in... (2) u. → moralisch]: unmoralisch, unsittlich (Philos.). **Immoralität** *die*; -: Gleichgültigkeit gegenüber moralischen Grundsätzen u. Werten

Immortalität [aus gleichbed. *lat.* immortālitās] *die*; -: Unsterblichkeit

Immortelle [aus gleichbed. *fr.* immortelle, eigtl. „Unsterbliche"] *die*; -, -n: Sommerblume mit strohtrockenen, gefüllten Blüten (Korbblütler)

immun [aus *lat.* immūnis „frei; unberührt, rein", eigtl. „frei von Leistungen"]: 1. für Krankheiten unempfänglich, gegen Ansteckung gefeit (Med.). 2. unter dem Rechtsschutz der → Immunität (2) stehend (in bezug auf Parlamentsangehörige). 3. unempfindlich, nicht zu beeindrucken. **immunisieren**: immun (1) machen. **Immunisierung** *die*; -, -en: Bewirkung von Immunität (1). **Immunität** *die*; -: 1. angeborene od. (durch Impfung, Überstehen einer Krankheit) erworbene Unempfänglichkeit für Krankheitserreger od. deren → Toxine (Med.; Biol.). 2. verfassungsrechtlich garantierter Schutz der Bundes- u. Landtagsabgeordneten vor behördlicher Verfolgung wegen einer Straftat (nur mit Genehmigung des Bundes- bzw. Landtages aufhebbar). 3. = Exterritorialität. **Immunkörper** *der*; -s, -: im Blutserum gebildeter Abwehrstoff gegen → Antigene

imp. = imprimatur

Imp. = Imperator

Impala [*afrik.*] *die*; -, -s: Schwarzfersenantilope (lebt in den afrikanischen Wäldern u. Steppen südlich der Sahara)

Impasto [aus gleichbed. *it.* impasto, eigtl. „das Kneten"] *das*; -s, -s u. ...sti: dicker Farbauftrag auf einem Gemälde (Malerei)

Impeachment [*impitschment*; aus gleichbed. *engl.-amerik.* impeachment zu to impeach „anklagen", dies über *fr.* empêcher „(ver)hindern" aus *spätlat.* impedicare „verstricken, fangen"] *das*; -s, -s: in den USA vom Repräsentantenhaus im Senat (2) gegen einen hohen Staatsbeamten erhobene Anklage wegen Amtsmißbrauchs o. ä., der im Falle der Verurteilung die Amtsenthebung folgt

Impedanz [zu *lat.* impedire „verstricken, hemmen"] *die*; -, -en: elektr. Scheinwiderstand, Wechselstromwiderstand eines Stromkreises (Phys.)

imperativ [aus gleichbed. *lat.* imperativus]: befehlend, zwingend, bindend; -es [...*weß*] Mandat: → Mandat (2), das den Abgeordneten an den Auftrag seiner Wähler bindet. **Imperativ** [auch: ...*tif*] *der*; -s, -e [...*we*]: 1. Befehlsform (z. B. geh!; Sprachw.). 2. Pflichtgebot (Philos.); vgl. kategorischer Imperativ. **imperativisch** [...*iw*..., auch: *im*...]: in der Art des Imperativs (1)

Imperator [aus *lat.* imperator] *der*; -s, ...oren: 1. im Rom der Antike Titel für den Oberfeldherrn. 2. von Kaisern gebrauchter Titel zur Bezeichnung ihrer kaiserlichen Würde; Abk.: Imp.; - Rex: Kaiser u. König (Titel Wilhelms II.); Abk.: I. R. **imperatorisch**: 1. den Imperator betreffend. 2. in der Art eines Imperators, gebieterisch

Imperfekt [auch: ...*fäkt*; aus *lat.* imperfectus „unvollendet"] *das*; -s, -e: die unabgeschlossene, ‚unvollendete' Vergangenheit bezeichnende Verbform, → Präteritum (z. B. rauchte, fuhr). **imperfektisch** [auch: ...*fäkt*...]: das Imperfekt betreffend. **imperfektiv** [auch: ...*tif*]: 1. = imperfektisch. 2. unvollendet; -e [...*we*] Aktionsart: → Aktionsart eines Verbs, die das Sein od. Geschehen als zeitlich unbegrenzt, als unvollendet, als dauernd (→ durativ) kennzeichnet (z. B. wachen). **Imperfektum** *das*; -s, ...ta: = Imperfekt

imperial [aus gleichbed. *spätlat.* imperialis]: das Imperium betreffend, kaiserlich

Imperialismus [aus gleichbed. *fr.* impérialisme zu *spätlat.* imperialis, s. imperial] *der*; -: 1. Bestrebung einer Großmacht, ihren politischen, militärischen u. wirtschaftlichen Macht- u. Einflußbereich ständig auszudehnen. 2. notwendige Endstufe des → Kapitalismus mit konzentrierten Industrie- u. Bankmonopolen (marxist. Theorie). **Imperialist** *der*; -en, -en: Vertreter des Imperialismus. **imperialistisch**: dem Imperialismus zugehörig. **Imperium** [aus *lat.* imperium] *das*; -s, ...ien [...*ien*]: 1. Oberbefehl, höchste militärische u. zivile Gewalt im Rom der Antike. 2. [röm.] Kaiserreich. 3. Weltreich, Weltmacht. 4. in seinem Wirtschaftsbereich besonders einflußreiches Unternehmen

Impersonale [aus gleichbed. *spätlat.* (verbum) impersonale] *das*; -s, ...lia u. ...lien [...*ien*]: unpersönliches Verb, das nur in der 3. Pers. Singular vorkommt (z. B. es schneit od. lat. pluit = „es regnet")

impertinent [aus *spätlat.* impertinens, Gen. impertinentis „nicht dazu (zur Sache) gehörig"]: ungehörig, frech, unverschämt. **Impertinenz** [aus *mlat.* impertinentia „das Nicht-zur-Sache-Gehören"] *die*; -, -en: Ungehörigkeit, Frechheit

imperzeptibel [aus *mlat.* imperceptibilis, dies aus → in... (2) u. *lat.* perceptibilis „wahrnehmbar"]: nicht wahrnehmbar (Philos.)

impetuoso [über *it.* impetuoso aus gleichbed. *lat.* impetuosus]: stürmisch, ungestüm, heftig (Vortragsanweisung; Mus.). **Impetuoso** *das*; -s, -s u. ...si: heftiger, ungestümer Vortrag (Mus.)

Impetus [aus *lat.* impetus „das Vorwärtsdrängen"] *der*; -: Antriebs- u. Schwungkraft

Im|plantat [zu → in... (1) u. *lat.* plantare „pflanzen"] *das*; -[e]s, -e: dem Körper eingepflanztes Gewebestück (Med.). **Im|plantation** [...*zion*] *die*; -, -en: Einpflanzung von Gewebe (z. B. Haut), Organteilen (z. B. Zähnen) od. sonstigen Substanzen in den Körper (Med.). **im|plantieren**: eine Implantation vornehmen

Im|plikation [...*zion*] *die*; -, -en: a) Einbeziehung einer Sache in eine andere; b) Bezeichnung für die logische „wenn–so"-Beziehung (Philos.; Sprachw.). **im|plizieren** [aus *lat.* implicare „hineinfalten, umfassen"]: einbeziehen, einschließen, mitenthalten. **im|plizit** [aus *lat.* implicitus, Part. Perf. von implicare, s. implizieren]: 1. mitenthalten, mitgemeint (Philos.); Ggs. → explizit (1). 2. nicht aus sich selbst heraus zu verstehen, sondern logisch zu erschließen (z. B. Partizipialkonstruktionen; Sprachw.); Ggs. → explizit (2). **im|plizite**: mit inbegriffen, einschließlich

im|plodieren [aus → in... (1) u. plodere „klatschen, schlagen"]: durch eine Implosion zertrümmert werden; Ggs. → explodieren. **Im|plosion** *die*; -, -en: schlagartige, plötzliche Zertrümmerung eines [luftleeren] Gefäßes durch äußeren Überdruck; Ggs. → Explosion

Im|pluvium [...*wi*...; aus *lat.* impluvium] *das*; -s, ...ien [...*ien*] u. ...ia: in altröm. Häusern innerer, nicht überdachter Hofraum mit Becken zum Auffangen des Regenwassers

imponderabel [aus → in... (2) u. *lat.* ponderabilis „wägbar"]: (veraltet) unwägbar. **Imponderabilien** [...*ien*] *die* (Plural): Unwägbarkeiten; Gefühls- u. Stimmungswerte; Ggs. → Ponderabilien. **Imponderabilität** *die*; -: Unwägbarkeit

imponieren [unter Einfluß von gleichbed. *fr.* imposer aus *lat.* imponere „hineinlegen, auf etw. stellen; auferlegen"]: a) Achtung einflößen, [großen] Eindruck machen; b) (veraltet) sich geltend machen

Import [aus gleichbed. *engl.* import zu to import „einführen", dies über *fr.* importer aus gleichbed. *lat.* importare, s. importieren] *der*; -[e]s, -e: Einfuhr; Ggs. → Export. **Importe** *die*; -, -n (meist Plural): Einfuhrware; Zigarre, die im Ausland hergestellt worden ist. **Importeur** [...*tör*; französierende Ableitung von → importieren] *der*; -s, -e: Großkaufmann, der gewerbsmäßig Waren aus dem Ausland einführt. **importieren** [aus gleichbed. *lat.* importare, eigtl. „hineintragen"]: Waren aus dem Ausland einführen

importun [aus gleichbed. *lat.* importunus]: ungeeignet; ungelegen; Ggs. → opportun

imposant [aus gleichbed. *fr.* imposant zu imposer, s. imponieren]: eindrucksvoll, großartig, überwältigend

impotent [auch: ...*tänt*; aus *lat.* impotens, Gen. impotentis „nicht mächtig, schwach"]: 1. unfähig, untüchtig, unschöpferisch; Ggs. → potent (1). 2. zeugungsunfähig, unfähig zum Geschlechtsverkehr (in bezug auf den Mann); Ggs. → potent (2). **Impotenz** [auch: ...*tänz*] *die*; -, -en: 1. Unvermögen, Unfähigkeit. 2. Zeugungsunfähigkeit, Unfähigkeit zum Geschlechtsverkehr (in bezug auf den Mann); Ggs. → Potenz (2)

impr. = imprimatur

im|prä|gnieren [aus *spätlat.* impraegnare „schwängern"]: feste Stoffe mit Flüssigkeiten zum Schutz vor Wasser, Zerfall u. a. durchtränken

im|praktikabel [aus → in... (2) u. → praktikabel]: (selten) a) unausführbar, unanwendbar; b) unzweckmäßig

Im|presario [aus gleichbed. *it.* impresario zu impresa „Unternehmen"] *der*; -s, -s u. ...ri (auch: ...rien [...*riᵉn*]): (veraltend) Theater-, Konzertagent, der für einen Künstler die Verträge abschließt u. die Geschäfte führt

Im|pression [aus *lat.* impressio „Eindruck", vgl. imprimieren] *die*; -, -en: Sinneseindruck, Empfindung, Wahrnehmung, Gefühlseindruck. **Impressionismus** [aus gleichbed. *fr.* impressionisme zu *lat.* impressio, s. Impression; nach einem „Impression" genannten Bild Monets] *der*; -: 1. 1860–70 in der franz. Malerei entstandene Stilrichtung (Freilichtmalerei), die den zufälligen Ausschnitt aus der Wirklichkeit darstellt u. bei der Farbe u. Komposition vom subjektiven Reiz des optischen Eindrucks unter der Einwirkung des Lichts bestimmt sind. 2. Stilrichtung in der Literatur (etwa 1890 bis 1910), die (bes. in Lyrik, Prosaskizzen u. Einaktern) eine betont subjektive, möglichst differenzierte Wiedergabe persönlicher Umwelteindrücke mit Erfassung der Stimmungen, des Augenblickhaften u. Flüchtigen erstrebt. 3. Kompositionsstil in der Musik (1890–1920), bes. von Debussy, mit der Neigung zu Kleinformen, Tonmalerei, in der → Harmonik zur Reihung von Parallelakkorden, wobei die → Tonalität gemieden wird. **Im|pressionist** *der*; -en, -en: Vertreter des Impressionismus. **im|pressionistisch**: im Stil des Impressionismus gestaltet, den Impressionismus betreffend

Im|pressum [aus *lat.* impressum „das Eingedrückte, Aufgedrückte", Part. Perf. von imprimere, vgl. imprimieren] *das*; -s, ...ssen: Vermerk (meist auf der Rückseite des Titelblattes eines Buches) über Verleger, Drucker, Buchbinder u. a., bei Zeitungen u. Zeitschriften auch über die Redaktion

im|primatur [aus *lat.* imprimātur „es werde hineingedrückt", vgl. imprimieren]: Vermerk des Autors od. Verlegers auf dem letzten Korrekturabzug, daß der Satz zum Druck freigegeben ist; Abk.: impr., imp. **Im|primatur** *das*; -s: Druckerlaubnis. **im|primieren** [aus *lat.* imprimere „hineindrücken, aufdrücken"]: das Imprimatur erteilen

Im|primé [*ängprime*; aus *fr.* imprimé, Part. Perf. von imprimer „aufdrücken, drucken", dies aus *lat.* imprimere, vgl. imprimieren] *der*; -[s], -s: Sammelbezeichnung für bedruckte Stoffe mit ausdrucksvollem Muster

Im|promptu [*ängprongtü*; aus gleichbed. *fr.* impromptu, dies aus *lat.* in prōmptū „zur Verfügung"] *das*; -s, -s: Klavierstück der Romantik, meist in 2- od. 3teiliger Liedform in der Art einer Improvisation

Im|provisation [...*zion*; zu → improvisieren] *die*; -, -en: 1. das Improvisieren, Kunst des Improvisierens. 2. ohne Vorbereitung, aus dem Stegreif Dargebotenes; Stegreifschöpfung, [an ein Thema gebundene] musikalische Stegreiferfindung u. -darbietung. **Im|provisator** *der*; -s, ...oren: jmd., der etwas aus dem Stegreif darbietet; Stegreifkünstler. **im|provisatorisch**: in der Art eines Improvisators. **im|provisieren** [aus gleichbed. *it.* improvvisare zu improvviso „unvorhergesehen, unerwartet", dies aus gleichbed. *lat.* imprōvīsus]: 1. etwas ohne Vorbereitung, aus dem Stegreif tun; mit einfachen Mitteln herstellen, verfertigen. 2. a) Improvisationen (2) spielen; b) während der Darstellung auf der Bühne seinem Rollentext frei Erfundenes hinzufügen

Impuls [aus *lat.* impulsus „Anstoß, Antrieb"] *der*; -es, -e: 1. a) Anstoß, Anregung; b) Antrieb, innere Regung. 2. a) Strom- od. Spannungsstoß von relativ kurzer Dauer; b) Produkt aus Kraft u. Dauer eines Stoßes; c) Produkt aus Masse u. Geschwindigkeit eines Körpers (Phys.). **impulsiv**: a) sich von Impulsen (1) leiten lassend; rasch handelnd; b) einem Impuls (1), einer plötzlichen Eingebung folgend; spontan. **Impulsivität** [...*wi*...] *die*; -: impulsives Wesen

in [aus gleichbed. *engl.* in] innen, darin; - sein: a) dazugehören; völlig zu einer Gruppe gehören; b) zeitgemäß, modern sein; Ggs. → out (sein)

in. = Inch

In = chem. Zeichen für: Indium

in..., **In...** [aus gleichbed. *lat.* in-], vor l zu il..., vor m, b u. p zu im..., vor r zu ir... angeglichen: Präfix mit den Bedeutungen: 1. ein..., hinein, z. B. induzieren, illuminieren, Implantation; irritieren. 2. nicht, un..., z. B. inaktiv, illegal, immateriell; irrational

...in [*lat.*]: 1. Suffix sächlicher Substantive, meist aus der Chemie, z. B. Benzin, Nikotin. 2. Suffix von Adjektiven, z. B. alpin

inabsentia [...*zia*; *lat.*]: in Abwesenheit [des Angeklagten]

in ab|stracto [*lat.*]: im allgemeinen, ohne Berücksichtigung der besonderen Lage [betrachtet]; Ggs. → in concreto; vgl. abstrakt

in|adäquat [aus → in... (2) u. → adäquat]: unangemessen, nicht passend, nicht entsprechend; Ggs. → adäquat. **In|adäquatheit** *die*; -, -en: a) (ohne Plural) Unangemessenheit; Ggs. → Adäquatheit; b) etwas Unangemessenes; Beispiel, Fall von Unangemessenheit

in|akkurat [aus → in... (2) u. → akkurat]: ungenau, unsorgfältig; Ggs. → akkurat

in|aktiv [aus → in... (2) u. → aktiv]: 1. untätig, sich passiv verhaltend; Ggs. → aktiv (1). 2. a) außer Dienst; sich im Ruhestand befindend; Ggs. → aktiv (2); b) (Studentenspr.) zur Verbindung in freierem Verhältnis stehend; Ggs. → aktiv (6). 3. chemisch unwirksam (in bezug auf chemische Substanzen, → Toxine o. ä., deren normale Wirksamkeit durch bestimmte Faktoren wie z. B. starke Hitze ausgeschaltet wurde); Ggs. → aktiv (5). **Inaktivität** *die*; -: 1. Untätigkeit, passives Verhalten; Ggs. → Aktivität (1). 2. chemische Unwirksamkeit; Ggs. → Aktivität (2a)

in|akzeptabel [aus → in... (2) u. → akzeptabel]: unannehmbar; Ggs. → akzeptabel

in aeternum [-*ä*...; *lat.*]: auf ewig

In|auguration [...*zion*; aus *lat.* inaugurātio „Anfang"] *die*; -, -en: feierliche Einsetzung in ein akademisches Amt od. eine akademische Würde. **inaugurieren** [aus *lat.* inaugurāre „Augurien anstellen, einweihen"]: a) feierlich in ein akademisches Amt od. eine akademische Würde einsetzen; b) einleiten, ins Leben rufen; schaffen; c) (österr., selten) einweihen

in brevi [-*brewi*; *lat.*]: (veraltet) in kurzem

inc. = incidit

Inc. = incorporated

Inch [*intsch*; aus *engl.* inch, dies aus *lat.* ūncia „das Zwölftel, der zwölfte Teil eines Fußes, Zoll"] *der*; -, -es [...*schis*] (4 Inch[es]): angelsächsisches Längenmaß (= 2,54 cm); Abk.: in.; Zeichen: ″

inchoativ [*inko...*; aus gleichbed. *lat.* inchoātīvus]: einen Beginn ausdrückend (in bezug auf Verben, z. B. aufstehen, erklingen; Sprachw.); -e [...*we*] Aktionsart: → Aktionsart eines Verbs, die den Beginn eines Geschehens ausdrückt, (z. B. erwachen). **Inchoativ** [auch: ...*tif*] *das*; -s, -e [...*we*]: Verb mit → inchoativer Aktionsart. **Inchoativum** [...*iwum*] *das*; -s, ...va [...*wa*]: = Inchoativ

in|chromieren [...*kro*...; zu → in... (1) u. → Chrom]: auf Metalle eine Oberflächenschutzschicht aus Chrom auf nichtgalvanischem Wege aufbringen

incidit [...*zi*...; aus *lat.* incīdit zu incīdere „einschneiden, eingraben"]: „(dies) hat geschnitten" (vor dem Namen des Stechers auf Kupferstichen); Abk.: inc.

in con|creto [- *konkreto*, auch: - *kong*...; *lat.*]: auf den vorliegenden Fall bezogen; im Einzelfall; Ggs. → in abstracto; vgl. konkret

incorporated [*inkå'perᵉtid*; aus gleichbed. *engl.-amerik.* incorporated, dies aus *spätlat.* incorporāre „einverleiben, einfügen"]: engl.-amerik. Bezeichnung für: eingetragen (von Vereinen, Körperschaften, Aktiengesellschaften); Abk.: Inc.

Ind. = Indikativ

I. N. D. = in nomine Dei; in nomine Domini

Ind|an|thren ⓦ [Kurzw. aus: *Ind*igo u. *Anthrazen*] *das*; -s, -e: Sammelname für eine Gruppe der beständigsten, völlig licht- u. waschechten synthet. Farbstoffe (Chem.)

indeciso [...*tschiso*; aus *it.* indeciso, dies aus gleichbed. *spätlat.* indecīsus]: unbestimmt (Vortragsanweisung; Mus.)

indefinit [aus gleichbed. *lat.* indēfīnītus]: unbestimmt; -es Pronomen = Indefinitpronomen. **Indefinitpronomen** *das*; -s, - u. (älter:) ...mina: unbestimmtes Fürwort, z. B. jemand, kein. **Indefinitum** *das*; -s, ...ta: (selten) Indefinitpronomen

inde|klinabel [aus gleichbed. *lat.* indēclīnābilis]: nicht beugbar (Sprachw.). **Inde|klinabile** *das*; -, ...bilia: indeklinables Wort

indelikat [aus → in... (2) u. → delikat]: unzart; unfein; Ggs. → delikat (1, 2)

Indemnität [aus *spätlat.* indemnitās „Schadloshaltung"] *die*; -: 1. nachträgliche Billigung eines Regierungsaktes, den das Parlament zuvor [als verfassungswidrig] abgelehnt hatte. 2. Straflosigkeit der Abgeordneten für alle im Parlament getätigten Äußerungen mit Ausnahme verleumderischer Beleidigungen (besteht im Gegensatz zur → Immunität nach Beendigung des Mandates fort)

Independence Day [*indipändᵉnß deⁱ*; engl.-amerik.] *der*; - -: nordamerik. Unabhängigkeitstag (4. Juli)

Index [aus *lat.* index „Anzeiger; Register, Verzeichnis"] *der*; - u. -es, -e u. ...dizes [*indizeß*]: 1. alphabet. [Stichwort]verzeichnis (von Namen, Sachen, Orten u. a., bes. auch von verbotenen Büchern); auf dem - stehen: verboten sein (von Büchern). 2. Meßziffer für Preisänderungen u. a. (Wirtsch.). 3. Kennzahl zur Unterscheidung gleichartiger Größen (z. B. a_1, a_2, a_3 od. allgemein a_i, a_n, a_l; Math.). **indexieren**: einen Index, eine Liste von Gegenständen od. Hinweisen anlegen

Indiaca ⓦ [...*ka*]: 1. *das*; -s: von den südamerik. Indianern stammendes Federballspiel, bei dem ein mit Federn versehener Lederball mit elastischer Füllung mit der flachen Hand über ein Netz gespielt wird. 2. *die*; -, -s: in dem von den südamerik. Indianern stammenden Federballspiel verwendeter Ball

Indian [aus gleichbed. *engl.* Indian cock, eigtl. „indianischer Hahn"] *der*; -s, -e: (bes. österr.) Truthahn

Indianapolis-Start [nach der Rennstrecke in der amerik. Stadt Indianapolis] *der*; -[e]s, -s (selten: -e): Form des Starts bei Autorennen, bei der die Fahrzeuge nach einer Einlaufrunde im fliegenden Start über die Startlinie fahren

indifferent [aus gleichbed. *lat.* indifferēns, Gen. indifferentis, eigtl. „keinen Unterschied habend"]: unbestimmt; gleichgültig, teilnahmslos, unentschieden; -es Gleichgewicht: Gleichgewicht, bei dem eine Verschiebung die Energieverhältnisse nicht ändert (Mech.). **Indifferenz** *die*; -, -en: Unbestimmtheit; Unentschiedenheit; Teilnahmslosigkeit, Gleichgültigkeit

Indi|gnation [...*zion*; aus gleichbed. *lat.* indignātio] *die*; -: Unwille, Entrüstung. **indi|gnieren** [aus *lat.* indignāri „etw. für unwürdig halten, entrüstet sein od. werden"]: Unwillen, Entrüstung hervorrufen. **indi|gniert**: unwillig, entrüstet

Indigo [unter Einfluß von *span.* indigo über *lat.* indicum aus gleichbed. *gr.* indikón, eigtl. „das Indische", nach seiner ostind. Heimat] *der* od. *das*; -s, (Indigoarten:) -s: ältester u. wichtigster organischer, heute synthetisch hergestellter blauer Farbstoff (Chem.)

Indik [aus *lat.* Indicus „indisch", dies aus gleichbed. *gr.* Indikós] *der*; -s: Indischer Ozean

Indikation [...*zion*; aus *lat.* indicātio „Anzeige (des Preises)"] *die*; -, -en: Kennzeichen, Merkmal; Heilanzeige; Umstände od. Anzeichen, aus denen die Anwendung bestimmter Heilmittel od. Behandlungsmethoden angezeigt erscheint (Med.); Ggs. → Kontraindikation; vgl. indizieren (2), ...ation/...ierung. **Indikationsmodell** *das*; -s, -e: Modell zur Freigabe des Schwangerschaftsabbruchs unter bestimmten medizinischen, ethischen [od. sozialen] Voraussetzungen. **Indikator** *der*; -s, ...oren: 1. Umstand od. Merkmal, das als [beweiskräftiges] Anzeichen od. als Hinweis auf etwas anderes dient. 2. Gerät zum Aufzeichnen des theoretischen Arbeitsverbrauches u. der → indizierten Leistung einer Maschine (z. B. Druckverlauf im Zylinder von Kolbenmaschinen). 4. Stoff (z. B. Lackmus), der durch Farbwechsel das Ende einer chemischen Reaktion anzeigt

Indikativ [auch: ...*tif*; aus gleichbed. *lat.* (modus) indicātīvus, eigtl. „zur Aussage, zur Anzeige geeignet(er Modus)"] *der*; -s, -e [...*we*]: Wirklichkeitsform des Verbs (z. B. fährt); Abk.: Ind.; Ggs. → Konjunktiv. **indikativisch** [...*wisch*, auch: ...*iwisch*]: den Indikativ betreffend, im Indikativ

Indiktion [...*zion*; aus gleichbed. *lat.* indictio, eigtl. „Ansage, Ankündigung"] *die*; -, -en: mittelalterliche Jahreszählung (Römerzinszahl) mit 15jähriger → Periode (1), von 312 n. Chr. an gerechnet (nach dem alle 15 Jahre aufgestellten röm. Steuerplan)

indirekt [aus gleichbed. *mlat.* indīrēctus]: mittelbar; auf Umwegen; Ggs. → direkt; -e Beleuchtung: Beleuchtung, bei der die Lichtquelle unsichtbar ist; -e Rede: abhängige Rede (z. B.: Er sagte, *er sei nach Hause gegangen*); Ggs. → direkte Rede; -e Steuern: Steuern, die durch den gesetzlich bestimmten Steuerzahler auf andere Personen (meist Verbraucher) abgewälzt werden können; -e Wahl: Wahl [der Abgeordneten, des Präsidenten] durch Wahlmänner u. nicht [direkt] durch die Urwähler

indis|kret [auch: ...*kret*; aus → in... (2) u. → diskret]: a) nicht verschwiegen; b) taktlos; zudringlich; Ggs. → diskret (1). **Indis|kretion** [...*zion*] *die*; -, -en: Mangel an Verschwiegenheit; Vertrauensbruch; b) Taktlosigkeit; Ggs. → Diskretion

indiskutabel [auch: ...*ab*[e]*l*; aus → in... (2) u. → diskutabel]: nicht der Erörterung wert; Ggs. → diskutabel

indispensabel [auch: ...*ab*[e]*l*; aus → in... (2) u. dispensabel; vgl. dispensieren]: (veraltet) unerläßlich, notwendig

indisponibel [auch: ...*ib*[e]*l*; aus → in... (2) u. → disponibel]: a) nicht verfügbar; festgelegt; b) (selten) unveräußerlich; Ggs. → disponibel

indisponiert [auch: ...*irt*; aus → in... (2) u. → disponiert]: unpäßlich; nicht zu etwas aufgelegt; in schlechter Verfassung; Ggs. → disponiert. **Indisposition** [...*zion*] *die*; -, -en: Unpäßlichkeit; schlechte Verfassung

indisputabel [auch: ...*ab*[e]*l*; aus gleichbed. *lat.* indisputābilis]: (veraltet) nicht strittig, unbestreitbar; vgl. Disput

indiszi|pliniert [auch: ...*irt*; aus → in... (2) u. → diszipliniert]: keine → Disziplin (1) haltend; Ggs. → diszipliniert

Indium [von lat. indicum „Indigo", so benannt aufgrund der zwei indigoblauen Linien im Spektrum des Indiums] *das*; -s: chem. Grundstoff, Metall; Zeichen: In

individual..., **Individual...** [...*wi*...; aus gleichbed. *mlat.* indīviduālis zu *lat.* indīviduum, s. Individuum]: in Zusammensetzungen auftretendes Bestimmungswort mit der Bedeutung „das Einzelwesen betreffend, Einzel...". **Individualisation** [...*zion*] *die*; -, -en: = Individualisierung; vgl. ...ation/...ierung. **individualisieren** [aus gleichbed. *fr.* individualiser]: die Individualität eines Gegenstandes bestimmen; das Besondere, Einzelne, Eigentümliche [einer Person, eines Falles] hervorheben; Ggs. → typisieren, → generalisieren. **Individualisierung** *die*; -, -en: das Individualisieren; vgl. ...ation/...ierung. **Individualismus** [aus gleichbed. *fr.* individualisme, vgl. individual...] *der*; -: 1. a) [betonte] Zurückhaltung eines Menschen gegenüber einer Gemeinschaft u. ihren Gepflogenheiten, Regeln u. Ansprüchen; b) Hervorhebung bestimmter persönlicher Merkmale u. Interessen. 2. wirtschaftspolitischer Grundsatz, der dem individuellen Handeln möglichst geringe Beschränkungen auferlegen will. **Individualist** *der*; -en, -en: 1. a) die Eigengesetzlichkeit betonender Mensch; betont eigenwilliger Mensch; b) Einzelgänger; Eigenbrötler. 2. Vertreter des Individualismus (2). **individualistisch**: 1. a) das Besondere, Eigentümliche betonend; betont eigenwillig; b) eigenbrötlerisch. 2. dem Individualismus (2) entsprechend. **Individualität** [aus gleichbed. *fr.* individualité, vgl. individual...] *die*; -, -en: 1. (ohne Plural) persönliche Eigenart; Eigenartigkeit, Einzigartigkeit. 2. Persönlichkeit. **Individuation** [...*zion*] *die*; -, -en: psychologischer Reifungs-, Wandlungs- u. Differenzierungsprozeß des Selbst; Entwicklung einer individuellen Persönlichkeitsstruktur. **individuell** [aus gleichbed. *fr.* individuel, vgl. individual...]: dem Individuum eigentümlich; von betonter Eigenart; besonders geartet; je nach dem einzelnen Menschen [verschieden]. **Individuum** [...*u-um*; aus *lat.* indīviduum „das Unteilbare"] *das*; -s, ...duen: 1. a) Mensch als Einzelwesen, einzelne Person; b) (abwertend) Kerl, Lump; 2. Pflanze, Tier als Einzelwesen

Indiz [aus *lat.* indicium „Anzeige; Anzeichen"] *das*; -es, -ien [...*i*[e]*n*]: 1. Hinweis, Anzeichen. 2. (meist Plural) Umstand, dessen Vorhandensein mit großer Wahrscheinlichkeit auf einen bestimmten Sachverhalt (vor allem auf eine Täterschaft) schließen läßt (Rechtsw.). **indizieren** [aus *lat.* indicāre „anzeigen"]: 1. anzeigen, auf etwas hinweisen. 2. etwas als angezeigt (vgl. Indikation) erscheinen lassen (Med.). 3. auf den → Index (1) setzen. 4. = indexieren. **indiziert**: 1. angezeigt, ratsam. 2. ein bestimmtes Heilverfahren, einen medizin. Eingriff nahelegend (Med.); -e Leistung: die durch den → Indikator (2) angezeigte, von der Maschine aufgenommene Leistung. **Indizierung** *die*; -, -en: das Indizieren

Indo|europäer [nach *engl.* Indo-European zu *gr.* Indós „indisch", vgl. Indogermanische] *die* (Plural): außerhalb Deutschlands, bes. in England u. Frankreich übliche Bezeichnung für: Indogermanen. **indo|europäisch**: die Indoeuropäer betreffend; Abk.: i.-e. **Indo|germanen** *die* (Plural): bes. in Deutschland übliche Sammelbezeichnung für die Völker, die das → Indogermanische als Grundsprache haben. **indo|germanisch**: die Indogermanen od. das Indogermanische betreffend; Abk.: idg. **Indo|germanische** *das*; -n: erschlossene Grundsprache der Indogermanen (benannt nach den räumlich am weitesten voneinander entfernten Vertretern, den Indern im Südosten u. den Germanen im Nordwesten). **Indo|germanistik** *die*; -: Wissenschaft, die die einzelnen Sprachzweige des Indogermanischen u. die Kultur der Indogermanen erforscht

Indok|trination [...*zion*; zu → in... (1) u. *lat.* doctrīna „Belehrung"] *die*; -, -en: [ideologische] Durchdringung, Beeinflussung; vgl. ...ation/...ierung. **indoktrinieren**: [ideologisch] durchdringen, beeinflussen. **Indok|trinierung** *die*; -, -en: das Indoktrinieren; vgl. ...ation/...ierung

indolent [auch: ...*änt*; aus *lat.* indolēns, Gen. indolentis „unempfindlich gegen den Schmerz"]: gleichgültig; träge; unempfindlich. **Indolenz** [auch: ...*änz*] *die*; -, -en: Unempfindlichkeit gegen alle Eindrücke; Trägheit; Lässigkeit

Indossament [zu → indossieren] *das*; -[e]s, -e: Wechselübertragung, Wechselübertragungsvermerk (Wirtsch.). **Indossant** u. Indossent *der*; -en, -en: jmd., der die Rechte an einem Wechsel an einen anderen überträgt; Wechselüberschreiber (Wirtsch.). **Indossat** *der*; -en, -en u. **Indossatar** *der*; -s, -e: durch Indossament ausgewiesener Wechselgläubiger (Wirtsch.). **Indossent** vgl. Indossant. **indossieren** [aus gleichbed. *it.* indossare, eigtl. „auf den Rücken schreiben" zu dosso „Rücken"]: einen Wechsel durch Indossament übertragen (Wirtsch.). **Indosso** *das*; -s, -s u. ...ssi: Übertragungsvermerk eines Wechsels

in dubio [*lat.*]: im Zweifelsfalle; in dubio pro reo: im Zweifelsfall für den Angeklagten (alter Rechtsgrundsatz, nach dem in Zweifelsfällen ein Angeklagter mangels Beweises freigesprochen werden soll)

Induktanz [zu → induzieren (2)] *die*; -: rein → induktiver Widerstand (Elektrot.). **Induktion** [...*zion*; aus *lat.* inductio „das Hineinführen, Beweisführung durch Anführung ähnlicher Beispiele u. Fälle"] *die*; -, -en: 1. wissenschaftliche Methode, vom besonderen Einzelfall auf das Allgemeine, Gesetzmäßige zu schließen; Ggs. → Deduktion (Philos.). 2. Erzeugung elektr. Ströme u. Spannungen in elektr. Leitern durch bewegte Magnetfelder (Elektrot.). **induktiv**: 1. in der Art der Induktion (1) vom Einzelnen zum Allgemeinen hinführend; Ggs. → deduktiv. 2. durch Induktion (2) wirkend od. entstehend; -er [...*w^e r*] Widerstand: durch die Wirkung der Selbstinduktion bedingter Wechselstromwiderstand. **Induktivität** [...*wi*...] *die*; -: Maßbezeichnung für Selbstinduktion

in dulci jubilo [- *dulzi* -; *lat.*; „in süßem Jubel", Anfang eines mittelalterl. Weihnachtsliedes mit gemischtem lateinischem u. deutschem Text (dt.: Nun singet u. seid froh!)]: (ugs.) herrlich u. in Freuden

indulgent [aus gleichbed. *lat.* indulgēns, Gen. indulgentis]: (veraltet) nachsichtig. **Indulgenz** *die*; -, -en: (veraltet) Nachsicht

indu|stria|lisieren [aus gleichbed. *fr.* industrialiser, vgl. Industrie]: eine Industrie auf- od. ausbauen. **Indu|stria|lismus** *der*; -: Prägung einer Volkswirtschaft durch die Industrie. **Indu|strie** [aus gleichbed. *fr.* industrie, dies aus *lat.* industria „Fleiß, Betriebsamkeit"] *die*; -, ...ien: 1. Verarbeitung von Rohstoffen u. Halbfabrikaten auf chem. od. mechan. Wege zu Konsum- od. Produktionsgütern unter Verwendung von Lohnarbeitern, Maschinen u. Kapital. 2. Gesamtheit der Betriebe [eines Gebietes], die auf maschinellem Weg Konsum- u. Produktionsgüter herstellen. **indu|striell** [aus gleichbed. *fr.* industriel]: a) die Industrie betreffend; b) mit Hilfe der Industrie (1) hergestellt. **Indu|strielle** *der*; -n, -n: Unternehmer, Eigentümer eines Industriebetriebs

induzieren [aus *lat.* indūcere „hineinführen"]: 1. vom besonderen Einzelfall auf das Allgemeine, Gesetzmäßige schließen; Ggs. → deduzieren. 2. elektr. Ströme u. Spannungen in elektr. Leitern durch bewegte Magnetfelder erzeugen (Elektrot.); -de Reaktion: Umsetzung von zwei Stoffen durch Vermittlung eines dritten Stoffes (Chem.)

...ine [*gr.* u. *lat.* (-*fr.*)]: Endung weiblicher Substantive, z. B. Blondine, Pelerine

in|effektiv [auch: ...*if*; aus → in... (2) u. → effektiv]: (veraltet) unwirksam; Ggs. → effektiv. **in|effizient** [aus → in... (2) u. → effizient]: a) unwirksam, nicht leistungsfähig; b) unwirtschaftlich; Ggs. → effizient. **In|effizienz** *die*; -, -en: 1. Unwirksamkeit, Wirkungslosigkeit; Ggs. → Effizienz (1). 2. Unwirtschaftlichkeit; Ggs. → Efficiency (1)

in|egal [auch: ...*gal*; aus gleichbed. *fr.* inégal, s. egal]: (selten) ungleich

in|ert [aus gleichbed. *lat.* iners, Gen. inertis]: (veraltet) untätig, träge; unbeteiligt; -e Stoffe: reaktionsträge Stoffe, die sich an gewissen chem. Vorgängen nicht beteiligen (z. B. Edelgase; Chem.)

in|ex|akt [auch: ...*akt*; aus → in... (2) u. → exakt]: ungenau; Ggs. → exakt

in|existent [auch: ...*änt*; aus gleichbed. *spätlat.* inex(s)istēns, Gen. inex(s)istentis]: (selten) nicht vorhanden, nicht bestehend; Ggs. → existent

in extenso [*lat.*]: ausführlich; vollständig

in facto [*lat.*]: in der Tat, in Wirklichkeit, wirklich; vgl. Faktum

infallibel [aus gleichbed. *mlat.* īnfallibilis]: unfehlbar (vom Papst). **Infallibilität** *die*; -: Unfehlbarkeit, bes. die des Papstes in Dingen der Glaubenslehre

infam [aus *lat.* īnfāmis „berüchtigt, verrufen"]: 1. ehrlos. 2. niederträchtig, unverschämt. 3. schrecklich, fürchterlich. **Infamie** *die*; -, ...ien: Ehrlosigkeit, Niedertracht; Unverschämtheit

Infant [aus gleichbed. *span.* infante, eigtl. „Kind, Knabe; Edelknabe", dies aus *lat.* īnfāns, Gen. īnfantis „kleines Kind"] *der*; -en, -en: (hist.) Titel span. u. port. Prinzen

Infanterie [auch: *in*...; wohl aus gleichbed. *it.* infanteria zu infante „Fußsoldat; (Edel)knabe", dies aus *lat.* īnfāns, s. Infant] *die*; -, ...ien: Fußtruppe. **Infanterist** [auch: *in*...] *der*; -en, -en: Fußsoldat. **infanteristisch**: zur Infanterie gehörend

infantil [aus gleichbed. *lat.* īnfantīlis]: 1. kindlich. 2. kindisch, unentwickelt. **Infantilismus** *der*; -: körperliches u./od. geistiges Stehenbleiben auf kindlicher Entwicklungsstufe (Psychol.; Med.). **Infantilität** *die*; -: 1. Kindlichkeit; kindliches Wesen. 2. Unentwickeltheit

Infarkt [aus *lat.* īnfar(c)tus, Part. Perf. von īnfarcīre „hineinstopfen"] *der*; -[e]s, -e: Absterben eines Gewebestücks od. Organteils nach längerer Blutleere infolge Gefäßverschlusses (Med.)

Infekt [aus → Infektion] *der*; -[e]s, -e: (Med.) 1. Infektionskrankheit. 2. = Infektion. **Infektion** [...*zion*; aus gleichbed. *spätlat.* īnfectio] *die*; -, -en: (Med.) 1. Ansteckung [durch Krankheitserreger]. 2. (ugs.) Infektionskrankheit, Entzündung. **infektiös** [...*ziöß*; aus gleichbed. *fr.* infectieux]: ansteckend; auf Ansteckung beruhend (Med.)

inferior [aus *lat.* īnferior „niedriger, geringer"]: 1. untergeordnet. 2. unterlegen. 3. minderwertig. **Inferiorität** *die*; -: 1. untergeordnete Stellung. 2. Unterlegenheit. 3. Minderwertigkeit

infernal u. **infernalisch** [aus *lat.* īnfernālis „unterirdisch"]: a) höllisch, teuflisch; b) schrecklich, unerträglich. **Infernalität** *die*; -: (veraltet) höllisches Wesen, teuflische Verruchtheit. **Inferno** [über *it.* inferno aus gleichbed. *lat.* īnfernum] *das*; -s: 1. Unterwelt, Hölle. 2. schreckliches, unheilvolles Geschehen, von dem viele Menschen gleichzeitig betroffen sind

Infight [*infait*] *der*; -[s], -s u. **Infighting** [*infaiting*; aus gleichbed. *engl.* infighting] *das*; -[s], -s: Nahkampf (Boxsport)

Infil|trant [zu → infiltrieren] *der*; -en, -en: jmd., der sich zum Zwecke der → Infiltration (2) in einem Land aufhält. **Infil|tration** [...*zion*] *die*; -, -en: 1. das Eindringen, Einsickern, Einströmen (z. B. von Flüssigkeiten). 2. ideologische Unterwanderung; vgl. ...ation/...ierung. **infil|trieren** [aus → in... (1) u. → filtrieren]: eindringen, einsikkern, durchtränken; einflößen. 2. in fremdes Staatsgebiet eindringen, um es ideologisch zu unterwandern. **Infil|trierung** *die*; -, -en: das Infiltrieren

infinit [auch: ...*nit*; aus gleichbed. *lat.* īnfīnītus]: unbestimmt (Sprachw.); -e Form: Form des Verbs, die keine Person oder Zahl bezeichnet (z. B. erwachen [Infinitiv], erwachend [1. Partizip], erwacht [2. Partizip]); Ggs. → finit

infinitesimal [zu *lat.* īnfīnītus, s. infinit]: zum Grenzwert hin unendlich klein werdend (Math.). **Infinitesimalrechnung** *die*; -: Differential- u. → Integralrechnung

Infinitiv [auch: ...*tif*; aus gleichbed. *lat.* (modus) īnfīnītīvus] *der*; -s, -e [...*w^e*]: Grundform, Nennform, durch Person, Numerus u. Modus nicht näher bestimmte Verbform (z. B. wachen). **Infini-**

tivkonjunktion [...zion] *die*; -, -en: die im Deutschen vor dem Infinitiv stehende → Konjunktion „zu"

infizieren [aus gleichbed. *lat.* īnficere, eigtl. „hineintun"]: (Med.) 1. (jmdn.) anstecken. 2. mit Krankheitserregern verunreinigen. 3. eine Infektion verursachen

in fla|granti [eigtl.: - - crimine (*kri...*); *lat.*]: auf frischer Tat; - - ertappen: bei Begehung einer Straftat überführen

In|flation [...*zion*; aus *lat.* īnflātio „das Sich-Aufblasen; das Aufschwellen"] *die*; -, -en: Geldentwertung, starke Erhöhung der umlaufenden Geldmenge gegenüber dem Güterumlauf, wesentliche Erhöhung des Preisniveaus; Ggs. → Deflation. **in|flationär**: die Geldentwertung vorantreibend, auf eine Inflation hindeutend. **in|flationistisch**: den Inflationismus betreffend; Ggs. → deflationistisch. **inflatorisch**: auf einer Inflation beruhend, sie herbeiführend; Ggs. → deflatorisch

in|flexibel [aus *lat.* īnflexibilis „unbeugsam"]: 1. (selten) unbiegsam, unelastisch; Ggs. → flexibel (1). 2. (selten) starr in seinem Verhalten, seinen Ansichten; Ggs. → flexibel (2). 3. nicht beugbar; Ggs. → flexibel (3) (Sprachw.)

in floribus [*lat.*; „in Blüten"]: in Blüte, im Wohlstand

In|fluenz [aus *mlat.* influentia „Einfluß" zu *lat.* īnfluere „hineinfließen"] *die*; -, -en: die Beeinflussung eines elektrisch ungeladenen Körpers durch die Annäherung eines geladenen (z. B. die Erzeugung von Magnetpolen in unmagnetisiertem Eisen durch die Annäherung eines Magnetpoles od. die Erzeugung einer elektr. Ladung auf einem ungeladenen Metall durch die Annäherung einer elektrischen Ladung). **in|fluenzieren**: einen elektrisch ungeladenen Körper durch die Annäherung eines geladenen beeinflussen; vgl. Influenz. **Influenzmaschine** *die*; -, -n: Maschine zur Erzeugung hoher elektrischer Spannung

In|fluenza [aus gleichbed. *it.* influenza, eigtl. „Einfluß (der Sterne)", vgl. Influenz] *die*; -: (veraltend) Grippe

Informalismus [aus → in... (2) u. → Formalismus] *der*; -: = informelle Kunst

Informand [aus *lat.* īnfōrmandus „der zu Unterrichtende", Gerundivum von īnfōrmāre, s. informieren] *der*; -en, -en: jmd., der informiert wird, der sich [geheime] Informationen geben läßt. **Informant** *der*; -en, -en: jmd., der [geheime] Informationen liefert, Gewährsmann. **Informatik** *die*; -: Wissenschaft von den elektronischen Datenverarbeitungsanlagen und den Grundlagen ihrer Anwendung. **Informatiker** *der*; -s, -: Wissenschaftler auf dem Gebiet der Informatik. **Information** [...*zion*; aus *lat.* īnfōrmātio „Bildung, Belehrung", s. informieren] *die*; -, -en: Nachricht, Mitteilung; Auskunft; Belehrung, Aufklärung. **informationell**: die Information betreffend. **informativ**: belehrend, Einblicke, Aufklärung bietend, aufschlußreich; vgl. ...iv/...orisch. **Informator** *der*; -s, ...oren: jmd., der andere informiert (1), von dem man Informationen bezieht. **informatorisch**: dem Zwecke der Information dienend, einen allgemeinen Überblick verschaffend; vgl. ...iv/...orisch. **¹informell** (selten) a) informatorisch; b) in der Absicht, sich zu informieren (2). **²informell** [aus *fr.* informel „formlos", dies aus → in... (2) u. → formell]: ohne [formalen] Auftrag; ohne Formalitäten; Ggs. → formell; -e Kunst: Bezeichnung für eine Richtung der modernen Malerei, die frei von allen Regeln unter Verwendung von Stoffetzen, Holz, Abfall o. ä. zu kühnen u. phantastischen Bildern gelangt. **informieren** [aus *lat.* īnfōrmāre „bilden, unterrichten"]: 1. Nachricht, Auskunft geben, in Kenntnis setzen; belehren. 2. sich -: Auskünfte, Erkundigungen einziehen, sich unterrichten

Infothek [zu → Information u. → ...thek] *die*; -, -en: stationäre Speicheranlage für Verkehrsinformationen

in|fra..., **In|fra...** [aus gleichbed. *lat.* īnfrā]: Vorsilbe mit der Bedeutung „unter[halb]", z. B. infrarot, Infrastruktur. **In|fragrill** ⓦ [Kunstw.] *der*; -s, -s: Grill, der durch → Infrarot erhitzt wird. **in|frarot**: zum Bereich des Infrarots gehörend. **In|frarot** *das*; -s: unsichtbare Wärmestrahlen, die im → Spektrum (1) zwischen dem roten Licht u. den kürzesten Radiowellen liegen (Phys.). **In|fraschall** *der*; -[e]s: Schall, dessen Frequenz unter 20 Hertz liegt; Ggs. → Ultraschall. **In|frastruktur** *die*; -, -en: 1. notwendiger wirtschaftl. u. organisatorischer Unterbau einer hochentwickelten Wirtschaft (Verkehrsnetz, Arbeitskräfte u. a.). 2. militärische Anlagen (Kasernen, Flugplätze usw.). **in|frastrukturell**: die Infrastruktur betreffend

Inful [aus *lat.-mlat.* īnfula] *die*; -, -n: 1. altröm. weiße Stirnbinde der Priester u. der kaiserlichen Statthalter. 2. katholisches geistliches Würdezeichen; vgl. Mitra

Infusion [aus *lat.* īnfūsio „das Hineingießen"] *die*; -, -en: Einführung größerer Flüssigkeitsmengen (z. B. physiologische Kochsalzlösung) in den Organismus. **Infusionstierchen** *das*; -s, -: = Infusorium. **Infusorienerde** [...*iᵉn*...] *die*; -: Kieselgur, → Diatomeenerde. **Infusorium** [zu *lat.* īnfūsus „hinein-, aufgegossen", da es in Aufgüssen von Wasser auf tierische u. pflanzliche Reste gefunden wurde] *das*; -s, ...ien [...*iᵉn*] (meist Plural): Aufgußtierchen (einzelliges Wimpertierchen)

Ing. = Ingenieur

in genere [*lat.*]: im allgemeinen, allgemein

Ingenieur [*insehenịȯr*; aus gleichbed. *fr.* ingénieur zu *lat.* ingenium, s. Ingenium] *der*; -s, -e: auf einer Hoch- od. Fachhochschule ausgebildeter Techniker; Abkürzungen: Ing. (grad.), Dipl.-Ing., Dr.-Ing.

ingeniös [*in-g*...; über *fr.* ingénieux aus gleichbed. *lat.* ingeniōsus]: erfinderisch, kunstvoll erdacht; scharfsinnig, geistreich. **Ingeniosität** *die*; -: Erfindungsgabe, Scharfsinn. **Ingenium** [aus gleichbed. *lat.* ingenium] *das*; -s, ...ien [...*iᵉn*]: natürliche Begabung, [schöpferische] Geistesanlage, Erfindungskraft, Genie

in globo [*lat.*]: im ganzen, insgesamt

In|grediens [...*diänß*; aus *lat.* ingrediēns, Gen. ingredientis, Part. Präs. von ingredi „hineingehen"] *das*; -, ...ienzien [...*iᵉn*] u. **In|gredienz** *die*; -, -en (meist Plural): 1. Zutat (Pharm.; Gastr.). 2. Bestandteil (z. B. einer Arznei)

in|gressiv [auch: ...*ßif*; zu *lat.* ingressus, Part. Perf. von ingredi „hineingehen, anfangen"]: 1. einen Beginn ausdrückend (in bezug auf Verben; z. B. entzünden, erblassen; Sprachw.) Ggs. → egressiv; -e [...*wᵉ*] Aktionsart: = inchoative Aktionsart; -er Aorist: den Eintritt einer Handlung bezeichnender → Aorist. 2. bei der Artikulation von Sprachlauten den Luftstrom von außen nach innen richtend; z. B. bei Schnalzlauten (Sprachw.). **Ingressivum** [...*iwum*] *das*; -s, ...va [...*wa*]: Verb mit ingressiver Aktionsart

Ingwer [über *lat.* gingiber, zingiber aus *gr.* ziggíberis, dies aus gleichbed. *sanskr.* śṛṅgavēra, eigtl. „hornförmig", mit Bezug auf die Wurzel] *der*; -s, -: 1. (ohne Plural) tropische u. subtropische Gewürzpflanze. 2. (ohne Plural) aus dem Wurzelstock der Ingwerpflanze gewonnenes aromatisches, brennend scharfes Gewürz

Inhalation [...*zion*; zu → inhalieren] *die*; -, -en: Einatmung von Heilmitteln (z. B. in Form von Dämpfen). **Inhalator** *der*; -s, ...oren: Inhalationsgerät (Med.). **Inhalatorium** *das*; -s, ...ien [...*iᵉn*]: mit Inhalationsgeräten ausgestatteter Raum. **inhalieren** [aus *lat.* inhālāre „anhauchen"]: a) eine Inhalation vornehmen; b) (ugs.) [Zigaretten] über die Lunge rauchen

inhärent: an etwas haftend, ihm innewohnend. **inhärieren** [aus *lat.* inhaerēre „an etw. hängen"]: anhaften, innewohnen (Philos.)

in hoc salus [- *hok* -] vgl. IHS

in hoc si|gno [*lat.*; eigtl.: in hoc signo vinces (- *hok* - *wínzeß*)]: „in diesem Zeichen [wirst du siegen]" (Inschrift eines Kreuzes, das nach der Legende dem röm. Kaiser Konstantin im Jahre 312 n. Chr. am Himmel erschien); Abk.: I. H. S. od. → IHS

inhomogen [aus → in... (2) u. → homogen]: nicht gleich[artig]; Ggs. → homogen; -e Gleichung: Gleichung, bei der mindestens zwei Glieder verschiedenen Grades auftreten; vgl. heterogen. **Inhomogenität** *die*; -: Ungleichartigkeit; Ggs. → Homogenität

in honorem [*lat.*]: in Ehren

inhuman [aus gleichbed. *lat.* inhūmānus]: unmenschlich; rücksichtslos; Ggs. → human (1). **Inhumanität** *die*; -, -en: Unmenschlichkeit, Rücksichtslosigkeit gegen andere; Ggs. → Humanität

in infinitum: = ad infinitum

in|itial [...*zial*; aus gleichbed. *lat.* initiālis]: anfänglich, beginnend, Anfangs... (meist in zusammengesetzten Substantiven). **In|itial** *das*; -s, -e u. **In|itiale** *die*; -, -n: großer, meist durch Verzierung u. Farbe ausgezeichneter Anfangsbuchstabe [in alten Büchern od. Handschriften]. **In|itialwort** *das*; -[e]s, ...wörter: Kurzwort (→ Akronym), das aus zusammengerückten Anfangsbuchstaben gebildet ist (z. B. Hapag aus: *H*amburg-*A*merikanische *P*aketfahrt-*A*ctien-*G*esellschaft). **In|itialzündung** *die*; -, -en: 1. Zündung eines schwer entzündlichen Sprengstoffs durch einen leicht entzündlichen. 2. (ugs.) spontaner Einfall

In|itiation [...*zion*; nach *lat.* initiātio zu → initiieren] *die*; -, -en: [durch bestimmte Bräuche geregelte] Aufnahme eines Neulings in eine Standes- od. Altersgemeinschaft, einen Geheimbund o. ä., bes. die Einführung der Jugendlichen in den Kreis der Männer oder Frauen bei Naturvölkern

in|itiativ [zu → Initiative]: a) die Initiative (1) ergreifend; Anregungen gebend; erste Schritte in einer Angelegenheit unternehmend, z. B. - werden; b) Unternehmungsgeist besitzend. **In|itiativantrag** *der*; -[e]s, ...anträge: die parlamentarische Diskussion eines bestimmten Problems (z. B. einer Gesetzesvorlage) einleitender Antrag. **In|itiative** [...*wᵉ*; aus gleichbed. *fr.* initiative zu *lat.* initiāre, s. initiieren] *die*; -, -n: 1. a) erster tätiger Anstoß zu einer Handlung, der Beginn einer Handlung; b) Entschlußkraft, Unternehmungsgeist. 2. Recht zur Einbringung einer Gesetzesvorlage (in der Volksvertretung). 3. (schweiz.) Volksbegehren

In|itiator [aus *lat.* initiātor „Beginner"] *der*; -s, ...oren: jmd., der etwas veranlaßt u. dafür verantwortlich ist; Urheber, Anreger. **in|itiatorisch**: einleitend; veranlassend; anstiftend. **In|itien** [...*ziᵉn*; zu *lat.* initium „Anfang"] *die* (Plural): (selten) Anfänge, Anfangsgründe. **in|itiieren** [...*ziiᵉn*; aus *lat.* initiāre „anfangen, einführen, einweihen"]: 1. a) den Anstoß geben; b) die Initiative (1) ergreifen. 2. jmdn. [in ein Amt] einführen, einweihen; vgl. Initiation

Injektion [...*zion*; aus *lat.* iniectio „das Hineinwerfen, Einspritzung"] *die*; -, -en: 1. Einspritzung von Flüssigkeiten in den Körper zu therapeutischen od. diagnostischen Zwecken. 2. Einspritzung von Verfestigungsmitteln (z. B. Zement) in unfesten Bauuntergrund. **Injektor** *der*; -s, ...oren: 1. Preßluftzubringer in Saugpumpen. 2. Dampfstrahlpumpe zur Speisung von Dampfkesseln. **injizieren** [aus *lat.* inicere „hineinwerfen, einflößen"]: einspritzen (Med.)

Injurie [...*iᵉ*; aus gleichbed. *lat.* iniūria] *die*; -, -n: Unrecht, Beleidigung durch Worte od. Taten

Inkarnation [...*zion*; aus gleichbed. *spätlat.* incarnātio] *die*; -, -en: 1. Fleischwerdung, Menschwerdung eines göttlichen Wesens (Christus nach Joh. 1, 14; Buddha). 2. Verkörperung. **inkarnieren**, sich [aus *lat.* incarnāre „zu Fleisch machen"]: sich verkörpern. **inkarniert**: 1. fleischgeworden. 2. verkörpert

Inkassant [zu → Inkasso] *der*; -en, -en: (österr.) Kassierer. **Inkasso** [aus gleichbed. *it.* incasso zu cassa, s. Kassa] *das*; -s, -s (auch, österr. nur: ...ssi): Beitreibung, Einziehung fälliger Forderungen

inkl. = inklusive

In|klination [...*zion*; aus *lat.* inclīnātio „Neigung, Biegung, Zuneigung"] *die*; -, -en: 1. Neigung, Hang. 2. Neigung einer frei aufgehängten Magnetnadel zur Waagrechten (Geogr.). 3. Neigung zweier Ebenen od. einer Linie u. einer Ebene gegeneinander (Math.). 4. Winkel, den eine Planeten- od. Kometenbahn mit der → Ekliptik bildet (Astron.). **in|klinieren** [aus gleichbed. *lat.* inclīnāre, eigtl. „hinneigen"]: (veraltet) eine Neigung, Vorliebe für etwas haben

in|klusive [...*wᵉ*; aus gleichbed. *mlat.* inclūsīvē zu *lat.* inclūdere „einschließen"]: einschließlich, inbegriffen; Abk.: inkl.; Ggs. → exklusive

inko|gnito [aus *it.* incognito „unerkannt", dies aus gleichbed. *lat.* incōgnitus]: unter fremdem Namen [auftretend, lebend]. **Inko|gnito** *das*; -s, -s: Verheimlichung der → Identität (1) einer Person, das Auftreten unter fremdem Namen

inkohärent [aus gleichbed. *spätlat.* incohaerēns, Gen. incohaerentis]: unzusammenhängend; Ggs. → kohärent. **Inkohärenz** *die*; -, -en: mangelnder Zusammenhang; Ggs. → Kohärenz (1)

inkohativ vgl. inchoativ

inkommensurabel [aus gleichbed. *spätlat.* incommēnsūrābilis]: nicht meßbar; nicht vergleichbar; ...rable Größen: Größen, deren Verhältnis irrational ist (Math.); Ggs. → kommensurabel

inkommodieren [über *fr.* incommoder aus gleichbed. *lat.* incommodāre]: (veraltend) a) bemühen, Unbequemlichkeiten bereiten; belästigen; b) sich -: sich Mühe machen

inkompetent [aus *spätlat.* incompetēns, Gen. incompetentis „unpassend"]: unzuständig; nicht befugt, eine Angelegenheit zu behandeln (bes. Rechtsw.); Ggs. → kompetent. **Inkompetenz** *die*; -, -en:

Nichtzuständigkeit [einer Behörde] (bes. Rechtsw.); Ggs. → Kompetenz

inkom|plett [über *fr.* incomplet aus gleichbed. *lat.* incomplētus]: unvollständig; Ggs. → komplett

inkom|pressibel [aus → in... (2) u. → kompressibel]: nicht zusammenpreßbar (von Körpern; Phys.)

inkon|gruent [*...u-ä...*; aus gleichbed. *lat.* incongruēns, Gen. incongruentis]: nicht übereinstimmend, sich nicht deckend; Ggs. → kongruent (Math.). **Inkon|gruenz** *die*; -, -en: Nichtübereinstimmung, Nichtdeckung; Ggs. → Kongruenz (Math.)

inkonsequent [aus gleichbed. *lat.* incōnsequēns, Gen. incōnsequentis]: nicht folgerichtig; widersprüchlich [in seinem Verhalten]; Ggs. → konsequent. **Inkonsequenz** *die*; -, -en: mangelnde Folgerichtigkeit; Widersprüchlichkeit [in seinem Verhalten]; Ggs. → Konsequenz

inkonsistent [aus → in... (2) u. → konsistent]: a) keinen Bestand habend; b) unhaltbar; Ggs. → konsistent. **Inkonsistenz** *die*; -: a) Unbeständigkeit; Mangel an Festigkeit; b) Unhaltbarkeit

inkonstant [aus gleichbed. *lat.* incōnstāns, Gen. incōnstantis]: nicht feststehend, unbeständig; Ggs. → konstant. **Inkonstanz** *die*; -: Unbeständigkeit

inkonziliant [aus → in... (2) u. → konziliant]: nicht umgänglich; unverbindlich; Ggs. → konziliant

Inkorporation [*...zion*; aus *spätlat.* incorporātio] *die*; -, -en: das Inkorporieren (1–3). **inkorporieren** [aus *spätlat.* incorporāre „verkörpern; einverleiben"]: 1. einverleiben. 2. eingemeinden, ein Gebiet in ein anderes eingliedern. 3. in eine Körperschaft od. studentische Verbindung aufnehmen

inkorrekt [aus *lat.* incorrēctus „unverbessert"]: ungenau, unrichtig; fehlerhaft, unangemessen [im Benehmen]; unordentlich; Ggs. → korrekt. **Inkorrektheit** *die*; -, -en: Ungenauigkeit, Unrichtigkeit; Fehlerhaftigkeit; Unordentlichkeit; Ggs. → Korrektheit

In|krement [aus *lat.* incrēmentum „Zuwachs"] *das*; -[e]s, -e: Betrag, um den eine Größe zunimmt; Ggs. → Dekrement (Math.)

In|kretion [*...zion*; zu → in... (1) u. → Sekretion] *die*; -: innere Sekretion

in|kriminieren [aus gleichbed. *spätlat.* incrīmināre]: jmdn. (eines Verbrechens) beschuldigen, anschuldigen (Rechtsw.). **in|kriminiert**: a) (eines Verbrechens od. Vergehens) angeschuldigt; b) zur Last gelegt, zum Gegenstand einer Strafanzeige gemacht (z. B. in bezug auf Zeitungsartikel)

In|krustation [*...zion*; aus *spätlat.* incrūstātio „das Überziehen mit Marmor"] *die*; -, -en: 1. farbige Verzierung von Flächen durch Einlagen (meist nur Steineinlagen in Stein; Kunstw.). 2. Krustenbildung durch chem. Ausscheidung (z. B. Wüstenlack; Geol.). **in|krustieren** [aus *lat.* incrūstāre „mit einer Kruste überziehen, mit Marmor überziehen"]: 1. mit einer Inkrustation (1) verzieren. 2. durch chem. Ausscheidung Krusten bilden (Geol.)

Inkubation [*...zion*; aus *lat.* incubātio „das Brüten" zu incubāre „in od. auf etw. liegen"] *die*; -, -en: das Sichfestsetzen von Krankheitserregern im Körper (Med.). **Inkubationszeit** *die*; -, -en: Zeit von der Ansteckung bis zum Ausbruch einer Krankheit (Med.). **Inkubator** *der*; -s, ...toren: Behälter mit Bakterienkulturen. **Inkubus** [aus *lat.* incubus] *der*; -, Inkuben: 1. a) nächtlicher Dämon, Alp im röm. Volksglauben; b) Buhlteufel des mittelalterl. Hexenglaubens

inkulant [aus → in... (2) u. → kulant]: ungefällig (im Geschäftsverkehr), die Gewährung von Zahlungs- od. Lieferungserleichterungen ablehnend; Ggs. → kulant. **Inkulanz** *die*; -, -en: Ungefälligkeit im Geschäftsverkehr; Ggs. → Kulanz

Inkunabel [aus *lat.* incūnābula „Windeln; Wiege", weil der Buchdruck zu jener Zeit sozusagen noch in den Windeln lag] *die*; -, -n (meist Plural): Wiegendruck, Frühdruck, Druck-Erzeugnis aus der Frühzeit des Buchdrucks (vor 1500)

inkurabel [aus gleichbed. *lat.* incūrābilis]: unheilbar (Med.)

Inlay [*inle^i*; aus gleichbed. *engl.* inlay, eigtl. „Einlegestück"] *das*; -s, -s: aus Metall od. Porzellan gegossene Zahnfüllung

in maiorem Dei gloriam [*in majo...*; *lat.*] = ad maiorem Dei gloriam

in medias res [*lat.*; „mitten in die Dinge hinein"]: ohne Einleitung u. Umschweife zur Sache

in memoriam [*lat.*]: zum Gedächtnis, zum Andenken

in natura [*lat.*; „in Natur"]: 1. leibhaftig, wirklich, persönlich. 2. (ugs.) in Waren, in Form von Naturalien (bezahlen)

Innentrio *das*; -s, -s: (Jargon) die drei Innenstürmer einer Fußballmannschaft (Sport)

Innervation [*...wazion*; zu → in... (1) u. → Nerv] *die*; -: Leitung der Reize durch die Nerven zu den Organen (Med.). **innervieren** [*...wi...*]: 1. mit Nervenreizen versehen (Med.). 2. anregen

innocente [*inotschänt^e*; aus *it.* innocente „unschuldig", dies aus gleichbed. *lat.* innocēns, Gen. innocentis] anspruchslos; ursprünglich (Vortragsanweisung; Mus.)

in nomine Dei [*lat.*]: im Namen Gottes (unter Berufung auf Gott); Abk.: I. N. D.; - - Domini: im Namen des Herrn; Abk.: I. N. D. (Eingangsformel alter Urkunden)

Innovation [*...wazion*; aus *lat.* innovātio „Erneuerung, Veränderung"] *die*; -, -en: Entwicklung neuer Ideen, Techniken, Produkte o. ä. (Soziol.). **innovativ**: Innovationen schaffend, beinhaltend; vgl. ...iv/...orisch. **innovatorisch**: Innovationen zum Ziel habend; vgl. ...iv/...orisch

in nuce [- *nuze^e*; *lat.*; „in der Nuß"]: im Kern; in Kürze, kurz u. bündig

Innuendo [aus gleichbed. *engl.* innuendo, dies aus *lat.* innuendō „durch Zuwinken, Andeuten", Ablativ des Gerundiums von innuere] *das*; -s, -s: versteckte Andeutung, Anspielung

in|offiziell [aus → in... (2) u. → offiziell]: nichtamtlich; außerdienstlich; vertraulich; Ggs. → offiziell. **in|offiziös** [aus → in... (2) u. → offiziös]: nicht-, halbamtlich; Ggs. → offiziös

In|okulation [*...zion*; aus gleichbed. *engl.* inoculation, dies aus *lat.* inoculātio „das Okulieren"] *die*; -, -en: Impfung (als vorbeugende u. therapeutische Maßnahme; Med.). **in|okulieren**: eine Inokulation vornehmen (Med.)

in|operabel [aus → in... (2) u. → operabel]: nicht operierbar; durch Operation nicht heilbar (Med.); Ggs. → operabel

in|opportun [aus gleichbed. *lat.* inopportūnus]: ungelegen, unangebracht. **In|opportunität** *die*; -, -en: Ungelegenheit

in perpetuum [*lat.*]: auf immer, für ewige Zeiten

in persona [*lat.*]: in Person, persönlich, selbst

in petto [*it.*; eigtl. „in der Brust"]: beabsichtigt, geplant; etwas - - haben: etwas im Sinne, bereit haben

in pleno [*lat.*]: in voller Versammlung; vollzählig; vgl. Plenum
in pontificalibus [- ...*ka*...; *mlat.*; „im Bischofsornat"]: (scherzh.) im Festgewand, [höchst] feierlich
in praxi [*lat.*]: in der Praxis, im wirklichen Leben; tatsächlich
in puncto [*lat.*]: in dem Punkt, hinsichtlich; - - puncti [sexti]: (veraltet, scherzh.) hinsichtlich [des sechsten Gebotes] der Keuschheit
Input [aus gleichbed. *engl.* input, eigtl. „Zugeführtes"] *der* (auch: *das*); -s, -s: 1. die in einem Produktionsbetrieb eingesetzten, aus anderen Teilbereichen der Wirtschaft bezogenen Produktionsmittel; Ggs. → Output (1) (Wirtsch.). 2. Eingabe von Daten od. eines Programms in eine Rechenanlage (EDV); Ggs. → Output (3)
inquirieren [aus gleichbed. *lat.* inquīrere]: nachforschen; [gerichtlich] untersuchen, verhören. **Inquisition** [...*zion*; aus (*m*)*lat.* inquīsītio „Untersuchung"] *die*; -, -en: 1. (hist.) Untersuchung durch Institutionen der katholischen Kirche u. daraufhin durchgeführte staatliche Verfolgung der → Häretiker zur Reinerhaltung des Glaubens (bis ins 19. Jh., bes. während der Gegenreformation). **inquisitiv**: [nach]forschend, neugierig, wißbegierig; vgl. ...iv/...orisch. **Inquisitor** *der*; -s, ...oren: 1. (hist.) jmd., der ein Inquisitionsverfahren leitet od. anstrengt. 2. [strenger] Untersuchungsrichter. **inquisitorisch**: nach Art eines Inquisitors, peinlich ausfragend; vgl. ...iv/...orisch
I. N. R. I. = Jesus Nazarenus Rex Judaeorum
inschallah [aus gleichbed. *arab.* inšallāh, in šā'llāh]: wenn Allah will
Insekt [aus gleichbed. *lat.* īnsectum, eigtl. „eingeschnittenes" (Tier) zu īnsecāre „einschneiden"] *das*; -[e]s, -en: Kerbtier (geflügelter, luftatmender Gliederfüßer). **Insektarium** *das*; -s, ...ien [...*i^e^n*]: der Aufzucht u. dem Studium von Insekten dienende Anlage
Insemination [...*zion*; zu *lat.* īnsēmināre „einsäen, befruchten"] *die*; -, -en: 1. künstliche Befruchtung. 2. das Eindringen der Samenfäden in das reife Ei (Med.)
Inserat [aus *lat.* īnserat „er soll einfügen" od. īnserātur „es soll (noch) eingefügt werden" zu īnserere, s. inserieren] *das*; -[e]s, -e: Anzeige (in einer Zeitung, Zeitschrift o. ä.). **Inserent** *der*; -en, -en: jmd., der ein Inserat aufgibt. **inserieren** [aus *lat.* īnserere „einfügen"]: ein Inserat aufgeben. **Insert** [aus gleichbed. *engl.* insert, eigtl. „Einfügung", vgl. inserieren] *das*; -s, -s: 1. Inserat, Anzeige. 2. in einen Kunststoff zur Verstärkung eingelassenes Element. **Insertion** [...*zion*; aus gleichbed. *engl.* insertion, dies aus *lat.* īnsertio „Einfügung"] *die*; -, -en: 1. das Aufgeben einer Anzeige. 2. Ansatz, Ansatzstelle (z. B. einer Sehne am Knochen od. eines Blattes am Sproß (Med.; Biol.; Bot.)
Inside [*inßaid*; aus gleichbed. *engl.* inside (forward)] *der*; -[s], -s: (schweiz.) Innenstürmer, Halbstürmer (Fußball). **Insider** [aus gleichbed. *engl.* insider] *der*; -s, -: 1. jmd., der bestimmte Dinge, Verhältnisse von innen her kennt; Eingeweihter. 2. Mitglied einer [Wirtschafts]gemeinschaft
Insi|gne [aus gleichbed. *lat.* īnsīgne, eigtl. „Abzeichen"] *das*; -s, ...nien [...*i^e^n*] (meist Plural): Zeichen staatlicher od. ständiger Macht u. Würde (z. B. Krone, Rittersporen)
insistieren [aus gleichbed. *lat.* īnsistere, eigtl. „sich auf etw. stellen"]: auf etwas bestehen, beharren
in|skribieren [aus *lat.* īnscrībere „in od. auf etw. schreiben"]: (österr.) an einer Universität einschreiben. **In|skription** [...*zion*] *die*; -, -en: (österr.) Einschreibung an einer Universität
insolent [auch: ...*änt*; aus gleichbed. *lat.* īnsolēns, Gen. īnsolentis]: anmaßend, unverschämt. **Insolenz** *die*; -, -en: Anmaßung, Unverschämtheit
insolubel [aus gleichbed. *lat.* īnsolūbilis]: unlöslich, unlösbar (Chem.). **insolvent** [auch: ...*wänt*; aus → in... (2) u. → solvent]: zahlungsunfähig (Wirtsch.). **Insolvenz** [auch: ...*wänz*] *die*; -, -en: Zahlungsunfähigkeit (Wirtsch.)
in spe [- *ßpe*; *lat.*; „in der Hoffnung"]: zukünftig, baldig, erwartet
In|spekteur [...*tör*; aus gleichbed. *fr.* inspecteur, dies aus *lat.* īnspector, s. Inspektor] *der*; -s, -e: 1. Leiter einer Inspektion (2). 2. Dienststellung der ranghöchsten, aufsichtführenden Offiziere der einzelnen Streitkräfte der Bundeswehr. **In|spektion** [...*zion*; aus *lat.* īnspectio „das Hineinsehen, Besichtigung, Untersuchung", vgl. inspizieren] *die*; -, -en: 1. Prüfung, Kontrolle. 2. Behörde, der die Prüfung od. Aufsicht [über die Ausbildung der Truppen] obliegt. **In|spektor** [aus *lat.* īnspector „Besichtiger, Untersucher"] *der*; -s, ...oren: 1. Aufseher, Aufsichtsbeamter; Verwalter eines landwirtsch. Betriebes. 2. Verwaltungsbeamter
In|spiration [...*zion*; aus gleichbed. *lat.* īnspīrātio, eigtl. „Einhauchung"] *die*; -, -en: 1. Eingebung; Erleuchtung [vor od. während einer geistigen Arbeit]. 2. Einatmung, Einsaugen der Atemluft (Med.). **in|spirativ**: durch Inspiration wirkend; vgl. ...iv/...orisch. **In|spirator**: *der*; -s, ...oren: a) Anreger; b) (selten) jmd., der anderen etwas eingibt, einflüstert. **in|spiratorisch**: die Inspiration (2) betreffend; vgl. ...iv/...orisch. **in|spirieren** [aus gleichbed. *lat.* īnspīrāre, eigtl. „hineinhauchen"]: anregen, anfeuern; erleuchten; begeistern
In|spizient [aus *lat.* īnspiciēns, Gen. īnspicientis, Part. Präs. von īnspicere, s. inspizieren] *der*; -en, -en: 1. für den reibungslosen Ablauf von Proben und Aufführungen beim Theater oder von Sendungen beim Rundfunk und Fernsehen Verantwortlicher. 2. aufsichtsführende Person. **in|spizieren** [aus gleichbed. *lat.* īnspicere, eigtl. „hineinsehen"]: be[auf]sichtigen; prüfen
instabil [auch: ...*bil*; aus gleichbed. *lat.* īnstabilis]: unbeständig; Ggs. → stabil
Installateur [...*tör*; französierende Bildung zu → installieren] *der*; -s, -e: Einrichter, Prüfer von technischen Anlagen (Heizung, Wasser, Gas, Licht usw.). **Installation** [...*zion*; zu → installieren] *die*; -, -en: 1. a) Einbau, Anschluß (von technischen Anlagen); b) technische Anlage. 2. Einweisung in ein [geistliches] Amt. **installieren** [aus *mlat.* īnstallāre „in eine Stelle, in ein (kirchliches) Amt einsetzen" zu stallus „(Chor)stuhl" (germ. Wort)]: 1. technische Anlagen einrichten, einbauen, anschließen. 2. in ein [geistliches] Amt einweisen. 3. sich -: sich in einem Raum, einer Stellung einrichten; sich häuslich niederlassen
instant [auch: *inßt^e^nt*; aus gleichbed. *engl.* instant, dies aus *lat.* īnstāns, Gen. īnstantis „gegenwärtig; dringend"]: sofort, ohne Vorbereitung zur Verfügung (als nachgestelltes Attribut gebraucht), z. B. Haferflocken -. **Instant...** [auch: *inßt^e^nt*]: in Zusammensetzungen auftretendes Bestimmungswort mit der Bedeutung „sofort, ohne Vorbereitung zur Verfügung stehend", z. B. Instantkaffee

Instanz [aus gleichbed. *mlat.* īnstantia, dies aus *spätlat.* īnstantia „inständiges Drängen"] *die*; -, -en: a) zuständige Stelle (bes. bei Behörden od. Gerichten); b) verhandelndes Gericht; gerichtliche Verhandlung (Rechtsw.). **Instanzenweg** *der*; -[e]s: Dienstweg. **in statu nascendi** [- - *naßzändi*; *lat.*]: im Zustand des Entstehens. **in statu quo**: im gegenwärtigen Zustand, unverändert; vgl. Status quo. **in statu quo ante**: im früheren Zustand; vgl. Status quo ante

instigieren [aus gleichbed. *lat.* īnstīgāre]: anregen, anstacheln

Instinkt [aus *mlat.* īnstīnctus nātūrae „Anreizung der Natur, Naturtrieb", zu *lat.* īnstinguere „anstacheln, antreiben"] *der*; -[e]s, -e: 1. angeborene, keiner Übung bedürfende Verhaltensweise u. Reaktionsbereitschaft der Triebsphäre, meist im Interesse der Selbst- u. Arterhaltung (bes. bei Tieren). 2. sicheres Gefühl für etwas. **instinktiv** [aus gleichbed. *fr.* instinctif]: instinktbedingt, durch den Instinkt geleitet, triebmäßig, gefühlsmäßig

instituieren [aus gleichbed. *lat.* īnstituere, eigtl. „hin(ein)stellen"]: einrichten, errichten. **Institut** [aus *lat.* īnstitūtum „Einrichtung"] *das*; -[e]s, -e: Unternehmen mit eigenen Räumlichkeiten, das sich mit bestimmten Aufgaben befaßt; Forschungs-, Lehranstalt. **Institution** [...*zion*; aus *lat.* īnstitūtio „Einrichtung"] *die*; -, -en: einem bestimmten Bereich zugeordnete [staatliche, kirchliche] Einrichtung, die dem Wohl od. Nutzen des einzelnen od. der Allgemeinheit dient. **institutionalisieren**: in eine gesellschaftlich anerkannte, feste (auch: starre) Form bringen. **institutionell** [aus gleichbed. *fr.* institutionnel]: 1. die Institution betreffend. 2. ein Institut betreffend, zu einem Institut gehörend

in|stradieren [aus *it.* instradare „leiten" zu strada „Straße, Weg"]: (schweiz.) über eine bestimmte Straße befördern, leiten

in|struieren [aus gleichbed. *lat.* īnstruere, eigtl. „herrichten; ausrüsten"]: in Kenntnis setzen; unterweisen, lehren, anleiten. **In|strukteur** [...*tör*; aus gleichbed. *fr.* instructeur] *der*; -s, -e: jmd., der andere unterrichtet, [zum Gebrauch von Maschinen, zur Auslegung von Vorschriften, Richtlinien o. ä.] anleitet. **In|struktion** [...*zion*; aus gleichbed. *lat.* īnstrūctio] *die*; -, -en: Anleitung; Vorschrift, Richtschnur, Dienstanweisung. **in|struktiv** [aus gleichbed. *fr.* instructif]: lehrreich, aufschlußreich. **Instruktiv** *der*; -s, -e [...*w*ᵉ; zu *lat.* īnstrūctus, Part. Perf. von īnstruere, s. instruieren]: finnisch-ugrischer Kasus zur Bezeichnung der Art und Weise

In|strument [aus gleichbed. *lat.* īnstrūmentum, eigtl. „Ausrüstung"] *das*; -[e]s, -e: 1. Gerät, feines Werkzeug [für technische od. wissenschaftliche Arbeiten]. 2. Musikinstrument. 3. Mittel. **in|strumental**: 1. a) durch Musikinstrumente ausgeführt, Musikinstrumente betreffend; Ggs. → vokal; b) wie Instrumentalmusik klingend. 2. als Mittel od. Werkzeug dienend. 3. das Mittel od. Werkzeug bezeichnend; -e Konjunktion: das Mittel angebendes Bindewort (z. B. indem; Sprachw.); vgl. ...al/...ell. **In|strumental** *der*; -s, -e: das Mittel od. Werkzeug bezeichnender Fall (im Deutschen durch Präpositionalfall ersetzt, im Slaw. noch erhalten; Sprachw.). **In|strumentalis** *der*; -, ...les: = → Instrumental. **In|strumentalist** *der*; -en, -en: Spieler eines Musikinstruments; Ggs. → Vokalist. **In|strumentalmusik** *die*; -, -en: nur mit Instrumenten ausgeführte Musik; Ggs. → Vokalmusik. **Instrumentalsatz** *der*; -es, ...sätze: Umstands[glied]satz des Mittels od. Werkzeuges. **In|strumentarium** *das*; -s, ...ien [*iᵉn*]: 1. Instrumentensammlung, -ausrüstung insbesondere eines Arztes. 2. Gesamtzahl der in einem Klangkörper für eine bestimmte musikalische Aufführung vorgesehenen Musikinstrumente. 3. Gesamtheit aller innerhalb eines Tätigkeitsbereichs zur Verfügung stehenden Einrichtungen u. [Hilfs]mittel. **In|strumentation** [...*zion*] *die*; -, -en: Anordnung u. Verwendung der Orchesterinstrumente zwecks bestimmter Klangwirkungen in einer mehrstimmigen Komposition; vgl. ...ation/...ierung. **In|strumentativ** *das*; -s, -e [...*w*ᵉ]: Verb des Benutzens (z. B. hämmern = „mit dem Hammer arbeiten"). **in|strumentell**: 1. Instrumente (1) betreffend, mit Instrumenten versehen, unter Zuhilfenahme von Instrumenten. 2. etwas als Instrument (3) betreffend; vgl. ...al/...ell. **in|strumentieren**: 1. a) eine Komposition [nach der Klavierskizze] für die einzelnen Orchesterinstrumente ausarbeiten u. dabei bestimmte Klangvorstellungen realisieren; b) eine Komposition für Orchesterbesetzung umschreiben, eine Orchesterfassung von etwas herstellen. 2. mit [techn.] Instrumenten ausstatten. **In|strumentierung** *die*; -, -en: das Instrumentieren (1); vgl. ...ation/...ierung

Insub|ordination [...*zion*; aus → in... (2) u. → Subordination] *die*; -, -en: mangelnde Unterordnung; Ungehorsam gegenüber [militär.] Vorgesetzten

insuffizient [...*i-änt*; aus gleichbed. *lat.* īnsufficiēns, Gen. īnsufficientis]: unzulänglich, unzureichend. **Insuffizienz** *die*; -, -en: 1. Unzulänglichkeit; Schwäche. 2. ungenügende Leistung, Schwäche eines Organs (Med.)

Insulaner [aus gleichbed. *lat.* īnsulānus] *der*; -s, -: Inselbewohner. **insular**: die Insel od. Inseln betreffend; inselartig; Insel... **Insularität** *die*; -: Insellage, geographische Abgeschlossenheit

Insulin [zu *lat.* īnsula „Insel", mit Bezug auf die Langerhansschen Inselzellen] *das*; -s: 1. Hormon der Bauchspeicheldrüse. 2. ⓦ Arzneimittel für Zuckerkranke

Insult [aus *mlat.* īnsultus „Angriff" zu *lat.* īnsilīre „in od. auf etw. springen"] *der*; -[e]s, -e: (veraltet) [schwere] Beleidigung, Beschimpfung. **insultieren** [aus gleichbed. *lat.* īnsultāre, eigtl. „anspringen"]: [schwer] beleidigen, verhöhnen

in summa [*lat.*]: im ganzen, insgesamt

Insurgent [aus *lat.* īnsurgēns, Gen. īnsurgentis, Part. Präs. von īnsurgere, s. insurgieren] *der*; -en, -en: Aufständischer. **insurgieren** [aus *lat.* īnsurgere „sich aufrichten, sich (gegen etw. od. jmdn.) erheben"]: 1. zum Aufstand reizen. 2. einen Aufstand machen. **Insurrektion** [...*zion*; aus gleichbed. *lat.* īnsurrēctio zu īnsurgere, s. insurgieren] *die*; -, -en: Aufstand, Volkserhebung

in|szenieren [zu → in...(1) u. → Szene]: 1. (oft abwertend) in Szene, ins Werk setzen; veranlassen; vorbereiten, organisieren. 2. eine Bühnenaufführung, einen Film vorbereiten, gestalten. **In|szenierung** *die*; -, -en: 1. das Inszenieren. 2. das inszenierte Stück

intakt [aus gleichbed. *lat.* intāctus]: unversehrt, unberührt, heil

Intarsia [aus gleichbed. *it.* intarsio zu gleichbed. *arab.* tarṣī'] *die*; -, ...ien [...*iᵉn*]: Einlegearbeit (andersfarbige Hölzer, Elfenbein, Metall usw. in Holz). **Intarsie** [...*siᵉ*] *die*; -, -n: = Intarsia. **intarsieren**: Intarsien herstellen

integer [aus gleichbed. *lat.* integer, eigtl. „unberührt, ganz"]: unbescholten; ohne Makel; unbestechlich. **Inte|grität** *die*; -: Makellosigkeit, Unbescholtenheit, Unbestechlichkeit

inte|gral [aus gleichbed. *mlat.* integrālis, vgl. integer]: ein Ganzes ausmachend; für sich bestehend. **Inte|gral** *das*; -s, -e: 1. Rechensymbol der Integralrechnung; Zeichen: ∫. 2. mathematischer Summenausdruck über die → Differentiale eines endlichen od. unendlichen Bereiches. **Inte|gralrechnung** *die*; -: Teilgebiet der → Infinitesimalrechnung (Umkehrung der Differentialrechnung). **Inte|grand** [aus *lat.* integrandus, Gerundivum von integrāre, s. integrieren] *der*; -en, -en: das zu Integrierende, was unter dem Integralzeichen steht (Math.). **Integration** [...*zion*; aus *lat.* integrātio „Wiederherstellung eines Ganzen"] *die*; -, -en: 1. [Wieder]herstellung einer Einheit [aus Differenziertem]; Vervollständigung. 2. a) Verbindung einer Vielheit von einzelnen Personen od. Gruppen zu einer gesellschaftlichen Einheit (Soziologie); Ggs. → Desintegration (1); b) Eingliederung einer völkischen od. sozialen Minderheit in einen Staat; Ggs. → Desintegration (1). 3. Zustand, in dem sich etwas befindet, nachdem es integriert (vgl. integrieren 1a) worden ist (Soziol.; Pol.); Ggs. → Desintegration (2). 4. Berechnung eines Integrals. **Inte|grator** *der*; -s, ...oren: Rechenmaschine zur zahlenmäßigen Darstellung von Infinitesimalrechnungen. **integrieren** [aus *lat.* integrāre „wiederherstellen; ergänzen"]: 1. a) in ein übergeordnetes Ganzes aufnehmen; b) sich -: sich in ein übergeordnetes Ganzes einfügen. 2. ein Integral berechnen (Math.). **integrierend**: zu einem Ganzen notwendig gehörend; wesentlich, unerläßlich; Ggs. → desintegrierend. **inte|griert**: durch Integration (1) entstanden, z. B. -e Gesamt[hoch]schule

Integrität s. integer

Intellekt [aus gleichbed. *lat.* intellēctus, vgl. intelligent] *der*; -[e]s: Erkenntnis-, Denkvermögen, Verstand; rein verstandesmäßiges Denken. **Intellektualismus** *der*; -: 1. philosophische Lehre, die dem Intellekt den Vorrang gibt. 2. übermäßige Betonung des Verstandes; einseitig verstandesmäßiges Denken. **intellektualistisch**: die Bedeutung des Verstandes einseitig betonend. **Intellektualität** *die*; -: Verstandesmäßigkeit. **intellektuell** [über *fr.* intellectuel aus gleichbed. *lat.* intellēctuālis]: den Intellekt betreffend; [rein] geistig, begrifflich; [einseitig] verstandesmäßig; auf den Intellekt ausgerichtet; geistig orientiert; vgl. ...al/...ell. **Intellektuelle** *der* u. *die*; -n, -n: a) Angehöriger der Intelligenz (2); b) Angehöriger der Intelligenz (2), der Sozialkritik übt, herrschende Institutionen angreift

intelligent [aus gleichbed. *lat.* intelligēns, intellegēns, Gen. intellegentis, Part. Präs. von intellegere „erkennen, verstehen", eigtl. „dazwischen wählen"]: Intelligenz (1) besitzend; verständig; klug; begabt. **Intelligenz** [aus gleichbed. *lat.* intelligentia, intellegentia] *die*; -, -en: 1. [besondere] geistige Fähigkeit; Klugheit. 2. (ohne Plural) Schicht der wissenschaftlich Gebildeten. **Intelligenzler** *der*; -s, -: (abwertend) Angehöriger der Intelligenz (2). **intelligibel**: nur durch den → Intellekt im Gegensatz zur sinnlichen Erfahrung erkennbar (Philos.)

Intendant [aus *fr.* intendant „Aufseher, Verwalter", dies aus *lat.* intendēns, Gen. intendentis, Part. Präs. von intendere, s. intendieren] *der*; -en, -en: künstlerischer u. geschäftlicher Leiter eines Theaters, einer Rundfunk- od. Fernsehanstalt. **Intendantur** *die*; -, -en: (veraltet) Amt eines Intendanten. **Intendanz** *die*; -, -en: a) Amt eines Intendanten; b) Büro eines Intendanten

intendieren [aus gleichbed. *lat.* intendere, eigtl. „hinstrecken, anspannen"]: auf etwas hinzielen; beabsichtigen, anstreben, planen. **Intension** [aus *lat.* intēnsio „Spannung"] *die*; -, -en: Sinn, Inhalt einer Aussage (Logik)

Intensität [zu *lat.* intēnsus „gespannt, aufmerksam, heftig", Part. Perf. von intendere, s. intendieren] *die*; -: Heftigkeit, Stärke, Kraft; Wirksamkeit; Eindringlichkeit. **intensiv** [aus gleichbed. *fr.* intensif]: 1. gründlich u. auf die betreffende Sache konzentriert. 2. stark, kräftig, durchdringend (in bezug auf Sinneseindrücke). 3. eindringlich, beeindruckend. 4. [auch: *in*...] auf kleinen Flächen mit hohem Einsatz von Arbeit u. Kapital betrieben (Landw.); Ggs. → extensiv (2); -e [...*w*ᵉ] Aktionsart: → Aktionsart, die den größeren oder geringeren Grad, die Intensität eines Geschehens kennzeichnet (z. B. schnitzen = kräftig u. ausdauernd schneiden). ...**intensiv**: mit dem im Bestimmungswort Genannten in besonders starkem Maße verbunden, z. B. lohnintensiv (hohe Löhne zahlend, erfordernd); schaumintensiv (starken Schaum erzielend, stark schäumend). **intensivieren** [...*wir*ᵉ*n*]: verstärken, steigern; gründlicher durchführen. **Intensivstation** [...*zion*] *die*; -, -en: Krankenhausstation zur Betreuung akut lebensgefährlich erkrankter Personen (Med.). **Intensivum** *das*; -s, ...va: Verb mit intensiver Aktionsart

Intention [...*zion*; aus gleichbed. *lat.* intentio, vgl. intendieren] *die*; -, -en: Absicht; Vorhaben; Anspannung geistiger Kräfte auf ein bestimmtes Ziel. **intentional**: mit einer Intention verknüpft, zielgerichtet, zweckbestimmt; vgl. ...al/...ell. **intentionell**: = intentional; vgl. ...al/...ell

inter..., **Inter...** [aus gleichbed. *lat.* inter]: Präfix mit der Bedeutung „zwischen [Gleichartigem bestehend, sich vollziehend]" (lokal, temporal u. übertr.)

Inter|aktion [...*zion*; aus → inter... u. → Aktion] *die*; -, -en: Wechselbeziehung zwischen aufeinander ansprechenden Partnern (Soziol.)

inter|alliiert [zu → inter... u. → alliieren]: mehrere Alliierte gemeinsam betreffend

Intercity-Zug [...*ßiti*...; zu *engl.-amerik.* intercity „zwischen (Groß)städten verkehrend"] *der*; -[e]s, ...-Züge: schneller, zwischen bestimmten Großstädten eingesetzter Eisenbahnzug; Abk.: IC

interdependent [aus → inter... u. *lat.* dēpendēns, Gen. dēpendentis, Part. Präs. von dēpendēre „abhängen, abhängig sein"]: voneinander abhängend. **Interdependenz** *die*; -: gegenseitige Abhängigkeit

interdiszi|plinär [aus → inter... u. → disziplinär]: mehrere Disziplinen (2) umfassend, die Zusammenarbeit mehrerer Disziplinen (2) betreffend. **Interdiszi|plinarität** *die*; -: Zusammenarbeit mehrerer Disziplinen (2)

inter|essant [aus gleichbed. *fr.* intéressant, Part. Präs. von intéresser, s. interessieren]: 1. geistige Teilnahme, Aufmerksamkeit erweckend; fesselnd. 2. vorteilhaft (Kaufmannsspr.). **Inter|esse** [unter Einfluß von *fr.* intérêt aus *mlat.* interesse „aus Ersatzpflicht resultierender Schaden", Subst. von *lat.* interesse, s. interessieren] *das*; -s, -n: 1. geistige Anteilnahme, Aufmerksamkeit. 2.a) (nur Plural) Neigungen; b) (ohne Plural) Neigung zum Kauf. 3. (meist Plural)

Bestrebungen, Absichten; Nutzen, Vorteil. **Interessent** *der*; -en, -en: a) jmd., der an etwas Interesse zeigt, hat; b) Bewerber; c) potentieller Käufer. **inter|essieren** [nach gleichbed. *fr.* (s') intéresser, dies aus *lat.* interesse „dazwischensein, teilnehmen, von Wichtigkeit sein"]: 1. sich -: a) Interesse zeigen, Anteilnahme bekunden; b) sich nach etwas erkundigen; etwas beabsichtigen, anstreben; an jmdm., an etwas interessiert sein (Interesse bekunden; haben wollen). 2. jmdn. -: jmds. Interesse wecken. **inter|essiert**: [starken] Anteil nehmend; geistig aufgeschlossen; aufmerksam; Ggs. → desinteressiert. **Inter|essiertheit** *die*; -: das Interessiertsein an etwas, das Habenwollen, bekundetes Interesse (1, 2b)

Interferenz [zu → interferieren] *die*; -, -en: 1. Erscheinung des → Interferierens (Phys.). 2. a) Einwirkung eines sprachlichen Systems auf ein anderes, die durch die Ähnlichkeit von Strukturen verschiedener Sprachen od. durch die Vertrautheit mit verschiedenen Sprachen entsteht; b) falsche Analogie beim Erlernen einer Sprache von einem Element der Fremdsprache auf ein anderes (z. B. die Verwechslung ähnlich klingender Wörter); c) Verwechslung von ähnlich klingenden [u. semantisch verwandten] Wörtern innerhalb der eigenen Sprache (Sprachw.). **interferieren** [aus → inter... u. *lat.* ferīre „schlagen, treffen"]: sich überlagern u. gegenseitig verstärken od. abschwächen (in bezug auf → kohärente Schwingungen; Phys.). **Interferometer** [zu → interferieren u. → ...meter] *das*; -s, -: Gerät, mit dem man unter Ausnutzung der Interferenz (1) Messungen ausführt (z. B. die Messung von Wellenlängen, von Konzentration bei Gasen, Flüssigkeiten o. ä.). **Interferome|trie** *die*; -, ...ien: Meßverfahren mit Hilfe des → Interferometers. **interferome|trisch**: unter Ausnutzung der Interferenz (1) messend

inter|fraktionell [...*zio*...; aus → inter... u. → fraktionell]: zwischen den Fraktionen bestehend (in bezug auf Vereinbarungen), allen Fraktionen gemeinsam

intergalaktisch [aus → inter... u. → galaktisch]: zwischen den Milchstraßensystemen gelegen

inter|glazial [aus → inter... u. → glazial]: zwischeneiszeitlich. **Inter|glazial** *das*; -s, -e u. **Inter|glazialzeit** *die*; -, -en: Zwischeneiszeit (Stadium zwischen zwei Eiszeiten, in dem höhere Temperaturen das Gletschereis schmelzen ließen)

Interieur [*ängteriör*; aus gleichbed. *fr.* intérieur, dies aus *lat.* interior „der Innere"] *das*; -s, -s u. -e: 1. a) das Innere [eines Raumes]; b) die Ausstattung eines Innenraumes. 2. einen Innenraum darstellendes Bild, bes. in der niederl. Malerei des 17. Jh.s

Interim [aus *lat.* interim „inzwischen, einstweilen"] *das*; -s, -s: 1. Zwischenzeit. 2. vorläufige Regelung, Übergangslösung (vor allem im politischen Bereich). **interimistisch**: vorläufig, einstweilig

Interjektion [...*zion*; aus gleichbed. *lat.* interiectio, eigtl. „das Dazwischenwerfen"] *die*; -, -en: Ausrufe-, Empfindungswort (z. B. au, bäh). **interjektionell**: die Interjektion betreffend, in der Art einer Interjektion, eine Interjektion darstellend

interkantonal [aus → inter... u. → kantonal]: (schweiz.) zwischen den Kantonen bestehend, allgemein

interkontinental [aus → inter... u. → kontinental]: a) zwischen die Erdteile eingeschaltet (in bezug auf Meere); b) von einem Kontinent aus einen anderen erreichend, z. B. -e Raketen

Interlingua [...*ngg*...; aus *it.* interlingua, dies aus internazionale „international" u. lingua „Sprache"] *die*; -: eine Welthilfssprache. **interlingual** [zu → inter... u. *lat.* lingua „Zunge, Sprache"]: zwei od. mehrere Sprachen betreffend, zwei od. mehreren Sprachen gemeinsam

Interlockware [zu *engl.* interlock „mit verketteten Maschen gestrickt"] *die*; -, -n: feinmaschige Rundstrickware für Herren- u. Damenwäsche

Interludium [aus *mlat.* interlūdium „Zwischenspiel"] *das*; -s, ...ien [...*iᵉn*]: Zwischenspiel in der Fuge, Sonate u. im Rondo; Orgelzwischenspiel (Mus.)

intermediär [*in*...; zu *lat.* intermedius „dazwischen, in der Mitte befindlich"]: in der Mitte liegend, dazwischen befindlich, ein Zwischenglied bildend; -es Gestein: neutrales, weder saures noch basisches Eruptivgestein (Geol.)

Intermezzo [aus gleichbed. *it.* intermezzo zu *lat.* intermedius „dazwischen, in der Mitte befindlich"] *das*; -s, -s u. ...zzi: 1. a) Zwischenspiel im Drama, in der ernsten Oper; b) kürzeres Klavier- od. Orchesterstück. 2. lustiger Zwischenfall; kleine, unbedeutende Begebenheit am Rande eines Geschehens

intermittierend [zu *lat.* intermittere „aussetzen, unterbrechen"]: zeitweilig aussetzend; wechselnd, z. B. -er Strom (Elektrot.)

intern [aus *lat.* internus „inwendig"]: 1. innerlich, inwendig. 2. die inneren Organe betreffend (Med.). 3. a) innerhalb (einer Fraktion); b) im engsten Kreise; nur die eigenen Verhältnisse (einer Familie) angehend. 4. im Internat wohnend

Internalisation [...*zion*; aus gleichbed. *engl.* internalization, vgl. intern] *die*; -, -en: = Internalisierung; vgl. ...ation/...ierung. **internalisieren**: Gruppennormen verinnerlichen, sie als für die eigene Person gültig übernehmen (Sozialpsychol.). **Internalisierung** *die*; -, -en: das Internalisieren; vgl. ...ation/...ierung

Internat [zu *lat.* internus, s. intern] *das*; -[e]s, -e: [höhere] Lehranstalt, in der die Schüler zugleich wohnen u. verpflegt werden; vgl. Externat

international [...*zional*; auch: *in*...; aus gleichbed. *engl.* international, dies aus → inter... u. → national]: zwischenstaatlich, nicht national begrenzt. [1]**Internationale** *die*; -, -n: 1. [Kurzform von „Internationale Arbeiterassoziation"]: Vereinigung von Sozialisten u. Kommunisten (I., II. u. III. Internationale) unter dem Kampfruf: „Proletarier aller Länder, vereinigt euch!" 2. (ohne Plural) Kampflied der internationalen Arbeiterbewegung („Wacht auf, Verdammte dieser Erde"). [2]**Internationale** *der* u. *die*; -n, -n: jmd., der als Mitglied einer Nationalmannschaft internationale Wettkämpfe bestreitet (Sport). **internationalisieren**: die Verfügungsgewalt eines od. mehrerer Staaten über ein Gebiet (z. B. Städte, Kanäle, Verkehrswege) aufheben oder einschränken. **Internationalisierung** *die*; -, -en: das Internationalisieren. **Internationalismus** *der*; -, ...men: (ohne Plural) das Streben nach zwischenstaatlichem Zusammenschluß. **International Amateur Athletic Federation** [*intᵉʳnäschᵉnᵉl ämᵉtöʳ äthlätik fädᵉrᵉ'schᵉn*; *engl.*] *die*; - - - -: Internationaler Leichtathletikverband; Abk.: IAAF. **Internationalität** *die*; -: Überstaatlichkeit. **International Olympic Committee** [*intᵉʳnäschᵉnᵉl oulimpik kᵉmiti*; *engl.*] *das*; - - -: Internationales Olympisches Komitee; Abk.: IOC

Interne [zu → intern] *der* u. *die*; -n, -n: Schüler[in] eines Internats; vgl. Externe

internieren [aus gleichbed. *fr.* interner, vgl. intern]: a) Angehörige eines gegnerischen Staates während des Kriegs in staatlichen Gewahrsam nehmen, in Lagern unterbringen; b) einen Kranken isolieren, in einer geschlossenen Anstalt unterbringen

Internist [zu *lat.* internus „inwendig, innerlich"] *der*; -en, -en: 1. Facharzt für innere Krankheiten. 2. (veraltet) = Interne. **internistisch**: die innere Medizin betreffend

inter|orbital [aus → inter... u. → orbital]: zwischen den → Orbits befindlich; für den Raum zwischen den Orbits bestimmt

inter|ozeanisch [aus → inter... u. → ozeanisch]: Weltmeere verbindend

Interpellant [aus *lat.* interpellāns, Gen. interpellantis, Part. Präs. von interpellāre, s. interpellieren] *der*; -en, -en: Parlamentarier, der eine Interpellation (1) einbringt. **Interpellation** [...*zion*; aus *lat.* interpellātio „Unterbrechung"] *die*; -, -en: 1. parlamentarische Anfrage an die Regierung. 2. (veraltet; Rechtsw.) Einspruchsrecht gegen Versäumnisurteile, Vollstreckungsbefehle o. ä. **interpellieren** [aus *lat.* interpellāre „unterbrechen; mit Fragen angehen"]: eine Interpellation einbringen

inter|planetar u. **inter|planetarisch** [aus → inter... u. → planetar(isch)]: zwischen den Planeten befindlich

Interpol [Kurzw. aus: *Inter*nationale Kriminal*po*lizeiliche Organisation] *die*; -: zentrale Stelle (mit Sitz in Paris) zur internationalen Koordination der Ermittlungsarbeit in der Verbrechensbekämpfung

Interpolation [...*zion*; aus *lat.* interpolātio „Veränderung, Umgestaltung"] *die*; -, -en: 1. das Errechnen von Werten, die zwischen bekannten Werten einer → Funktion (2) liegen (Math.). 2. spätere unberechtigte Einschaltung in den Text eines Werkes. **interpolieren** [aus *lat.* interpolāre „(Schriften) entstellen, verfälschen"]: 1. Werte zwischen bekannten Werten einer → Funktion (2) errechnen. 2. eine Interpolation (2) vornehmen

Inter|pret [aus *lat.* interpres, Gen. interpretis „Vermittler; Ausleger, Erklärer"] *der*; -en, -en: 1. jmd., der etwas in einer bestimmten Weise entsprechend einer Konzeption auslegt. 2. ein Künstler, der Musik interpretiert. **Inter|pretation** [...*zion*] *die*; -, -en: 1. Auslegung, Erklärung, Deutung [von Texten]. 2. künstlerische Wiedergabe von Musik. **inter|pretativ** [...*tif*]: auf Interpretation beruhend; erklärend, deutend, erhellend; vgl. ...iv/...orisch. **Interpretator** *der*; -s, ...oren: = Interpret (1). **interpretatorisch**: den Interpreten, die Interpretation betreffend; vgl. ...iv/...orisch. **inter|pretieren** [aus gleichbed. *lat.* interpretāri, eigtl. „den Mittler machen"]: 1. [einen Text] auslegen, erklären, deuten. 2. Musik künsterisch wiedergeben

interpungieren [aus *lat.* interpungere „(Wörter) durch Punkte abteilen"]: = interpunktieren. **interpunktieren** [zu *lat.* interpūnctus, Part. Perf. von interpungere, s. interpungieren]: Satzzeichen setzen. **Interpunktion** [...*zion*; aus *lat.* interpūnctio „Scheidung (der Wörter) durch Punkte"] *die*; -: Setzung von Satzzeichen, Zeichensetzung

Interre|gnum [auch: ...*re*...; aus gleichbed. *lat.* interrēgnum] *das*; -s, ...nen u. ...na: 1. Zwischenregierung, vorläufige Regierung. 2. Zeitraum, in dem eine vorläufig eingesetzte Regierung die Regierungsgeschäfte wahrnimmt. 3. (ohne Plural) (hist.) die kaiserlose Zeit zwischen 1254 u. 1273

interrogativ [aus gleichbed. *lat.* interrogātīvus]: fragend (Sprachw.). **Interrogativ** *das*; -s, -e [...*wᵉ*]: = Interrogativpronomen. **Interrogativadverb** *das*; -s, ...bien [...*biᵉn*]: Frageumstandswort (z. B. wo?, wann?). **Interrogativpronomen** *das*; -s, - u. ...mina: fragendes Fürwort, Fragefürwort (z. B. wer?, welcher?). **Interrogativsatz** *der*; -es, ...sätze: Fragesatz: a) direkter (z. B. *Wo warst du gestern?*); b) indirekter (von einem Hauptsatz abhängiger; z. B. Er fragte mich, *wo ich gewesen sei*). **Interrogativum** [...*iwum*] *das*; -s, ...va [...*wa*]: = Interrogativpronomen

Interruption [...*zion*; aus gleichbed. *lat.* interruptio] *die*; -, - en: (selten) Unterbrechung; Störung

Interserie [...*iᵉ*; aus → inter... u. → Serie] *die*; -, -n: europäische Wettbewerbsserie mit Rundstreckenrennen für Sportwagen, zweisitzige Rennwagen o. ä. (Motorsport)

interstellar [aus → inter... u. → stellar]: zwischen den Fixsternen befindlich; -e Materie: nicht genau lokalisierbare, wolkenartig verteilte Materie zwischen den Fixsternen

Intervall [...*wal*; aus gleichbed. *lat.* intervāllum, eigtl. „Raum zwischen zwei Schanzpfählen"] *das*; -s, -e: 1. Zeitabstand, Zeitspanne; Frist; Pause. 2. Abstand zweier zusammen od. nacheinander klingender Töne (Mus.). 3. der Bereich zwischen zwei Punkten einer Strecke od. Skala (Math.). **Intervalltraining** [...*tre*...] *das*; -s, -s: moderne Trainingsmethode, bei der ein Trainingsprogramm stufenweise so durchgeführt wird, daß die einzelnen Übungen in einem bestimmten Rhythmus von kürzeren Entspannungspausen unterbrochen werden (Sport)

Intervenient [...*we*...; nach *lat.* interveniēns, Gen. intervenientis, Part. Präs. von intervenīre, s. intervenieren] *der*; -en, -en: jmd., der sich in [Rechts]streitigkeiten [als Mittelsmann] einmischt. **intervenieren** [über *fr.* intervenir aus gleichbed. *lat.* intervenīre]: 1. dazwischentreten; vermitteln; sich einmischen (von einem Staat in die Verhältnisse eines anderen). 2. als hemmender Faktor in Erscheinung treten. **Intervent** [aus *russ.* intervent] *der*; -en, -en: russ. Bezeichnung für: kriegerischer → Intervenient. **Intervention** [...*zion*; über *fr.* intervention aus gleichbed. *lat.* interventio] *die*; -, -en: Vermittlung; diplomatische, wirtschaftliche, militärische Einmischung eines Staates in die Verhältnisse eines anderen. **Interventionismus** *der*; -: [unsystematisches] Eingreifen des Staates in die [private] Wirtschaft. **Interventionist** *der*; -en, -en: Anhänger des Interventionismus. **interventionistisch**: den Interventionismus betreffend

Interview [...*wju*, auch: *in*...; aus gleichbed. *engl.-amerik.* interview, dies aus *fr.* entrevue „verabredete Zusammenkunft" zu *lat.* vidēre „sehen"] *das*; -s, -s: für die Öffentlichkeit bestimmte Unterredung von [Zeitungs]berichterstattern mit [führenden] Persönlichkeiten über aktuelle [politische] Tagesfragen od. sonstige Fragen, die durch die Person des Befragten interessant sind; Befragung. **interviewen** [...*wjuᵉn*]: jmdn. in einem Interview befragen, ausfragen. **Interviewer** [...*wjuᵉr*] *der*; -s, -: jmd., der mit jmdm. ein Interview macht

Intervision [...*wi*...; Kurzw. aus: *inter*national u. Te*levision*] *die*; -: Zusammenschluß osteuropäischer Fernsehanstalten zum Zwecke des Austausches von Fernsehprogrammen; vgl. Eurovision

interzellular u. **interzellulär** [aus → inter... u. →

zellulär]: zwischen den Zellen gelegen (Med.; Biol.). **Interzellulare** *die*; -, -n (meist Plural): Zwischenzellraum (Med.; Biol.)

interzonal [aus → inter... u. → zonal]: zwischen zwei Bereichen (z. B. von Vereinbarungen, Verbindungen o. ä.); vgl. Interzonen... **Interzonen...**: Bestimmungswort mit der Bedeutung „zwischen den Zonen", früher auch speziell „zwischen der vereinigten amerik., engl. u. franz. Besatzungszone und der sowjetischen Besatzungszone in Deutschland", z. B. Interzonenzug

In|thronisation [...*zion*; aus gleichbed. *mlat.* inthronizātio] *die*; -, -en: a) Thronerhebung eines Monarchen; b) feierliche Einsetzung eines neuen Abtes, Bischofs od. Papstes; vgl. ...ation/...ierung. **inthronisieren** [aus gleichbed. *mlat.* inthronizāre, dies aus *gr.* enthronízein „auf den Thron setzen"]: a) einen Monarchen auf den Thron erheben; b) einen neuen Abt, Bischof od. Papst feierlich einsetzen. **In|thronisierung** *die*; -, -en: = Inthronisation; vgl. ...ation/...ierung

intim [aus *lat.* intimus „innerst; vertrautest"]: 1. innig; vertraut, eng [befreundet]. 2. den Sexualbereich betreffend; mit jmdm. - sein: mit jmdm. geschlechtlich verkehren. 3. ganz persönlich, verborgen, geheim. 4. gemütlich. 5. genau, bis ins Innerste. **Intim...**: in Zusammensetzungen auftretendes Bestimmungswort mit der Bedeutung: „Sexualbereich", „Bereich der Geschlechtsorgane". **Intimität** *die*; -, -en: 1. (ohne Plural) a) intime Beziehung; Vertraulichkeit; b) intime Atmosphäre eines Raumes, Gemütlichkeit. 2. (nur Plural) a) plumpe Vertraulichkeiten; b) sexuelle Kontakte; c) ganz persönliche Angelegenheiten. **Intim|sphäre** *die*; -: innerster persönlicher Bereich (Psychol.; Soziol.). **Intimus** [aus gleichbed. *lat.* intimus] *der*; -, ...mi: Vertrauter; [eng] Befreundeter, Busenfreund

intolerant [über *fr.* intolérant aus gleichbed. *lat.* intolerāns, Gen. intolerantis]: unduldsam; [eine andere Meinung, Haltung, Weltanschauung] auf keinen Fall gelten lassend; Ggs. → tolerant. **Intoleranz** *die*; -, -en: Unduldsamkeit (gegenüber einer anderen Meinung, Haltung, Weltanschauung usw.); Ggs. → Toleranz (1)

Intonation [...*zion*; zu → intonieren] *die*; -, -en: 1. Veränderung des Tones nach Höhe u. Stärke beim Sprechen von Silben od. ganzen Sätzen, Tongebung (Sprachw.). 2. in der Gregorianik die vom Priester, Vorsänger od. Kantor gesungenen Anfangsworte eines liturgischen Gesangs, der dann vom Chor od. von der Gemeinde weitergeführt wird. 3. präludierende Einleitung in größeren Tonsätzen; kurzes Orgelvorspiel (Mus.). 4. Art der Tongebung bei Sängern u. Instrumentalisten, z. B. eine reine, unsaubere, weiche - (Mus.). 5. im Instrumentenbau, bes. bei Orgeln, der Ausgleich der Töne u. ihrer Klangfarben (Mus.). **intonieren** [aus *mlat.* intonāre „anstimmen, laut ausrufen", dies aus *lat.* intonāre „donnern; sich mit der Stimme donnernd vernehmen lassen"]: 1. beim Sprechen od. Singen die Stimme auf eine bestimmte Tonhöhe einstellen (Physiol.). 2. a) anstimmen, etwas zu singen od. zu spielen beginnen; b) den Ton angeben; c) Töne mit der Stimme od. auf einem Instrument in einer bestimmten Tongebung hervorbringen

in toto [*lat.*]: im ganzen (etwas ablehnen od. annehmen); im großen u. ganzen

Intoxikation [...*zion*; aus gleichbed. *mlat.* intoxicātio, vgl. toxisch] *die*; -, -en: Vergiftung; schädigende Einwirkung von chemischen, tierischen, pflanzlichen, bakteriellen od. sonstigen Giftstoffen auf den Organismus (Med.)

in|tra... [aus gleichbed. *lat.* intrā]: Präfix von Adjektiven mit der Bedeutung „innerhalb", z. B. intrazellular

In|trada u. En|trada *die*; -, ...den: = Intrade. **In|trade** [aus gleichbed. *it.* entrata, eigtl. „das Eintreten" zu *lat.* intrāre „hineingehen, eintreten"] *die*; -, -n: festliches, feierliches Eröffnungs- od. Einleitungsstück (z. B. der Suite; Mus.)

in|tra muros [*lat.*; „innerhalb der Mauern"]: nicht öffentlich, geheim

in|tramuskulär [aus → intra... u. → muskulär]: im Innern eines Muskels gelegen; ins Innere des Muskels hinein erfolgend (von Injektionen; Med.); Abk.: i. m.

in|transitiv [aus gleichbed. *spätlat.* intrānsitīvus, aus → in... (2) u. → transitiv]: nichtzielend (in bezug auf Verben, die kein Akkusativobjekt nach sich ziehen u. kein persönliches Passiv bilden; z. B. danken; Sprachw.); Ggs. → transitiv. **In|transitiv** *das*; -s, -e [...*wᵉ*]: intransitives Verb. **In|transitivum** [...*iwum*] *das*; -s, ...va [...*iwa*]: = Intransitiv

in|travenös [...*we*...; aus → intra... u. → venös]: innerhalb einer Vene gelegen bzw. vorkommend; in die Vene hinein erfolgend (in bezug auf Injektionen); Abk.: i. v. (Med.)

in|trazellular u. **in|trazellulär** [aus → intra... u. → zellulär]: innerhalb der Zelle[n] gelegen (Med.; Biol.)

in|trigant [aus gleichbed. *fr.* intrigant, vgl. intrigieren]: ständig auf Intrigen sinnend, ränkesüchtig; hinterlistig. **In|trigant** *der*; -en, -en: jmd., der intrigiert; Ränkeschmied. **In|triganz** *die*; -: intrigantes Verhalten. **In|trige** [aus gleichbed. *fr.* intrigue, vgl. intrigieren] *die*; -, -n: hinterlistig angelegte Verwicklung, Ränkespiel. **in|trigieren** [aus gleichbed. *fr.* intriguer, dies über *it.* intrigare „verwickeln, verwirren" aus gleichbed. *lat.* intrīcāre]: Ränke schmieden, hinterlistig Verwicklungen inszenieren, einen gegen den anderen ausspielen

in|trinsisch [aus gleichbed. *engl.* intrinsic, dies über *fr.* intrinsèque „innerlich" aus gleichbed. *lat.* intrīnsecus]: von innen her, aus eigenem Antrieb durch Interesse an der Sache erfolgend, durch in der Sache liegende Anreize bedingt (Psychol.); Ggs. → extrinsisch; -e Motivation: durch die von einer Aufgabe ausgehenden Anreize bedingte → Motivation (1)

in tri|plo [*lat.*]: (selten) [in] dreifach[er Ausfertigung]; vgl. Tripel...

in|tro..., **In|tro...** [aus gleichbed. *lat.* intrō]: Präfix mit der Bedeutung „hinein, nach innen"

In|troduktion [...*zion*; aus *lat.* introductio „das Einführen"] *die*; -, -en: 1. (veraltet) Einleitung, Einführung. 2. a) freier Einleitungssatz vor dem Hauptsatz einer Sonate, einer Sinfonie od. eines Konzerts; b) erste Gesangsnummer einer Oper. **introduzieren** [aus gleichbed. *lat.* intrōdūcere]: einleiten, einführen

In|troitus [aus (*m*)*lat.* introitus „Eingang"] *der*; -, -: a) Eingangsgesang [im Wechsel mit Psalmversen] in der Messe; b) [im Wechsel gesungene] Eingangsworte od. Eingangslied im evangelischen Gottesdienst

In|tro|spektion [...*zion*; zu *lat.* intrōspectus „das

Hineinsehen"] *die*; -, -en: Selbstbeobachtung, Beobachtung der eigenen seelischen Vorgänge zum Zwecke psychologischer Selbsterkenntnis (Psychol.). **in|tro|spektiv**: auf dem Weg der Innenschau, der psychologischen Selbsterkenntnis

in|trovertiert [auch: *in*...; zu → intro... u. *lat.* vertere „drehen, wenden"]: nach innen gewandt, zur Innenverarbeitung der Erlebnisse veranlagt (Psychol.); Ggs. → extravertiert

in|trudieren [aus *spätlat.* intrūdere „hineindrängen"]: eindringen (von Schmelzen in Gestein; Geol.). **In|trusion** *die*; -, -en: Vorgang, bei dem Magma zwischen die Gesteine der Erdkruste eindringt u. erstarrt (Geol.). **in|trusiv**: durch Intrusion entstanden (Geol.). **In|trusivgestein** *das*; -s, -e: Tiefengestein (in der Erdkruste erstarrtes Magma; Geol.)

Intui|tion [...*zion*; aus *mlat.* intuitio „unmittelbare Anschauung" zu *lat.* intuēri „ansehen, betrachten"] *die*; -, -en: a) das Erkennen des Wesens eines Gegenstandes od. eines komplizierten Vorgangs in einem Akt ohne → Reflexion; b) Eingebung, ahnendes Erfassen. **intui|tiv**: durch Anschauung erkennend; auf Intuition beruhend; Ggs. → diskursiv

intus [aus gleichbed. *lat.* intus]: innen, inwendig; etwas - haben: (ugs.) etwas begriffen haben; sich etwas einverleibt haben, etwas gegessen od. getrunken haben

In|undation [...*zion*; aus *lat.* inundātio „Überschwemmung"] *die*; -, -en: völlige Überflutung großer Festlandsmassen durch das Meer oder einen Fluß (Geogr.)

in usum Delphini = ad usum Delphini

inv. = invenit

invalid[e] [aus gleichbed. *fr.* invalide, dies aus *lat.* invalidus „schwach, krank"]: [dauernd] arbeits-, dienst-, erwerbsunfähig (infolge einer Verwundung, eines Unfalles, einer Krankheit o. ä.). **Invalide** *der* od. *die*; -n, -n: [dauernd] Arbeits-, Dienst-, Erwerbsunfähige[r] (infolge von Unfall, Verwundung, Krankheit o. ä.). **invalidisieren**: für invalide erklären. **Invalidität** *die*; -: [dauernde] erhebliche Beeinträchtigung der Arbeits-, Dienst-, Erwerbsfähigkeit

invariabel [...*wa*...; aus → in... (2) u. → variabel]: unveränderlich. **invariant** [aus → in... (2) u. → variant]: unveränderlich (in bezug auf Meßgrößen in der Mathematik). **Invariante** *die*; -, -n: Größe, die bei Eintritt gewisser Veränderungen unveränderlich bleibt (Math.). **Invarianz** *die*; -: Unveränderlichkeit (z. B. von Größen in der Mathematik)

Invasion [...*wa*...; aus gleichbed. *fr.* invasion, dies aus *spätlat.* invāsio „das Eindringen, Angriff"] *die*; -, -en: 1. Einfall; feindliches Einrücken von militär. Einheiten in fremdes Gebiet; b) großer Zulauf, Andrang. **Invasor** [aus gleichbed. *spätlat.* invāsor] *der*; -s, ...oren (meist Plural): Eroberer; eindringender Feind

Invektive [...*wäktiwe*; aus gleichbed. *mlat.* invectīva, subst. Fem. von *spätlat.* invectīvus „schmähend"] *die*; -, -n: Schmährede od. -schrift; beleidigende Äußerung; Beleidigung

invenit [...*we*...; aus *lat.* invēnit zu invenīre „(er)finden"]: hat [es] erfunden (auf graphischen Blättern vor dem Namen des Künstlers, der die Originalzeichnung schuf); Abk.: inv.

Inventar [aus gleichbed. *lat.* inventārium zu invenīre „finden; erwerben"] *das*; -s, -e: 1. die Gesamtheit der zu einem Betrieb, Unternehmen, Haus, Hof o. ä. gehörenden Einrichtungsgegenstände u. Vermögenswerte (einschließlich Schulden). 2. Verzeichnis des Besitzstandes eines Unternehmens, Betriebs, Hauses [das neben der → Bilanz jährlich zu erstellen ist]. **Inventarisation** [...*zion*] *die*; -, -en: Bestandsaufnahme [des Inventars]; vgl. ...ation/...ierung. **inventarisieren**: den Bestand von etwas aufnehmen. **Inventarium** *das*; -s, ...ien [...*ien*]: (veraltet) Inventar. **Inventur** [aus gleichbed. *mlat.* inventūra] *die*; -, -en: Bestandsaufnahme der Vermögensteile u. Schulden eines Unternehmens zu einem bestimmten Zeitpunkt durch Zählen, Messen o. ä. anläßlich der Erstellung der → Bilanz

Invention [...*zion*; aus *lat.* inventio „das Auffinden, Erfindung"] *die*; -, -en: 1. (veraltet) Erfindung. 2. kleines zwei- od. dreistimmiges Klavierstück in kontrapunktisch imitierendem Satzbau mit nur einem zugrundeliegenden Thema (J. S. Bach)

invers [*inwärß*; aus gleichbed. *lat.* inversus, Part. Perf. von invertere, s. invertieren]: umgekehrt. **Inversion** [aus *lat.* inversio „Umkehrung, Umsetzung (der Wörter)"] *die*; -, -en: 1. Umkehrung der üblichen Wortstellung (Subjekt–Prädikat), d. h. die Stellung Prädikat–Subjekt. 2. a) Darstellung von Kaliumnitrat aus einem Lösungsgemisch von Natriumnitrat u. Kaliumchlorid; b) Umwandlung von Rohrzucker in ein Gemisch aus Traubenzukker u. Fruchtzucker (Chem.). 3. Berechnung der inversen Funktion (Umkehrfunktion; Math.). 4. Form der Chromosomenmutation, bei der ein herausgebrochenes Teilstück sich unter Drehung um 180° wieder an der bisherigen Stelle einfügt (Biol.). 5. Reliefumkehr; durch unterschiedliche Widerstandsfähigkeit der Gesteine hervorgerufene Nichtübereinstimmung von → tektonischem Bau u. Landschaftsbild, so daß z. B. eine geologische Grabenzone landschaftlich als Erhebung erscheint (Geol.). 6. Umkehrung der Notenfolge der Intervalle (Mus.). **Inverter** [...*wär*...; aus gleichbed. *engl.* inverter] *der*; -s, -: Sprachumwandlungsgerät zur Wahrung des Fernsprechgeheimnisses auf Funkverbindungen. **invertieren** [aus *lat.* invertere „umwenden, umkehren"]: umkehren, umstellen, eine Inversion vornehmen. **invertiert**: umgekehrt

investieren [...*wä*...; aus *lat.* investīre „einkleiden"]: 1. mit den Zeichen der Amtswürde bekleiden, in ein Amt einsetzen; vgl. Investitur. 2. a) Kapital langfristig in Sachgütern anlegen; b) etwas in jmdn./etwas -: etwas (z. B. Geld, Arbeit, Zeit, Gefühl) auf jmdn./etwas [in reichem Maße] verwenden. **Investition** [...*wäßtizion*] *die*; -, -en: 1. Überführung von Finanzkapital in Sachkapital (Anlageinvestition). 2. Erhöhung des Bestandes an Gütern für späteren Bedarf. **Investitur** [aus gleichbed. *mlat.* investītūra, eigtl. „Einkleidung"] *die*; -, -en: Einweisung, Einsetzung in ein Amt

Investment [*inwäßtment*; aus gleichbed. *engl.* investment zu to invest „(Kapital) anlegen", vgl. investieren] *das*; -s, -s: Kapitalanlage in Investmentpapieren. **Investmentfonds** [...*fong*] *der*; -, - [...*fongß*]: Sondervermögen einer Kapitalanlagegesellschaft, angelegt in Wertpapieren od. Grundstücken

in vino veritas [- *wino we*...; *lat.*]: im Wein [ist] Wahrheit

invisibel [...*wi*...; aus gleichbed. *lat.* invīsibilis]: (selten) unsichtbar

in vi|tro [- *wi*...; *lat.*; „im Glas"]: im Reagenzglas [durchgeführt] (von wissenschaftlichen Versuchen)

in vivo [- *wiwo*; *lat.*; „im Leben“]: am lebenden Objekt [beobachtet] od. durchgeführt (von wissenschaftlichen Versuchen)

Invokavit [*inwokawit*; aus *lat.* invocāvit zu invocāre „anrufen“]: Bezeichnung der ersten Fastensonntags nach dem alten → Introitus des Gottesdienstes (Psalm 91, 15: „Er rief [mich] an, [so will ich ihn erhören]“)

involvieren [*...wolw...*; aus *lat.* involvere „hineinwälzen; einwickeln“]: 1. einschließen, in sich begreifen, enthalten (den Sinn eines Ausdrucks). 2. mit sich bringen, nach sich ziehen; vgl. evolvieren

Inzest [aus gleichbed. *lat.* incestum, dies zu → in... (2) u. castus „keusch, rein“] *der*; -[e]s, -e: engste Inzucht zwischen Geschwistern od. zwischen Eltern u. Kindern; Blutschande

Io = Ionium

IOC [*i-o-ze*; *engl.*] *das*; -s: = International Olympic Committee. **IOK** [*i-o-ka*] *das*; -s: = Internationales Olympisches Komitee (eindeutschend für: IOC)

I. O. M. = Iovi optimo maximo

...ion [*lat.* od. *lat.-fr.*]: häufige Endung weiblicher Substantive, die den substantivischen Gebrauch des zugrundeliegenden Vorgangs ausdrückt, z. B. Explosion, Religion

...ion [*gr.*]: Endung sächlicher Substantive, z. B. Stadion

Ion [aus gleichbed. *engl.* ion, dies aus *gr.* íon „Gehendes, Wanderndes“, Part. Präs. von iénai „gehen“] *das*; -s, -en: elektrisch geladenes Teilchen, das aus neutralen Atomen od. Molekülen durch Anlagerung od. Abgabe (Entzug) von Elektronen entsteht (Phys.). **Ionisation** [*...zion*] *die*; -, -en: Versetzung von Atomen od. Molekülen in elektrisch geladenen Zustand; vgl. ...ation/...ierung. **Ionisator** *der*; -s, ...oren: physikalische Ursache (elektr. Feld, Strahlung u. a.), die Ionisation bewirkt. **ionisieren**: Ionisation bewirken. **Ionisierung** *die*; -, -en: das Ionisieren; vgl. ...ation/...ierung. **Ionium** [zu → Ion] *das*; -s: radioaktives Zerfallsprodukt des Urans, Ordnungszahl 90; Zeichen: Io. **Ionometer** [zu → Ion u. → ...meter] *das*; -s, -: Meßgerät zur Bestimmung der Ionisation eines Gases (meist der Luft), um Rückschlüsse auf vorhandene Strahlung zu ziehen. **Iono|sphäre** [zu → Ion u. → Sphäre] *die*; -: äußerste Hülle der Erdatmosphäre

Ioniker [aus gleichbed. *spätlat.* iōnicus, dies aus *gr.* Iōnikós „ionisch“] *der*; -s, - u. **Ionicus** [*...kuß*] *der*; -, ...ci [*...zi*]: antiker Versfuß (rhythmische Einheit); Ionicus a maiore: Ionicus mit meist zwei Längen u. zwei Kürzen (– – ◡◡); Ionicus a minore: Ionicus mit meist zwei Kürzen u. zwei Längen (◡◡ – –). **ionisch**: den altgriech. Dialekt u. die Kunst der Ionier betreffend; -er Dimeter: aus zwei → Ionici bestehendes antikes Versmaß. **Ionisch** *das*; - u. **Ionische** *das*; -n: altgriech. (ionische) Tonart; in der alten Kirchenmusik die dem heutigen C-Dur entsprechende Tonart

Iota usw. vgl. Jota usw.

Iovi optimo maximo [*lat.*]: Jupiter, dem Besten u. Größten (Eingangsformel röm. Weihinschriften); Abk.: I. O. M.

ipse fecit [- *fezit*; *lat.*]: er hat [es] selbst gemacht (auf Kunstwerken vor od. hinter der Signatur des Künstlers; Abk.: i. f.)

ipsissima verba [- *wärba*; *lat.*]: völlig die eigenen Worte (einer Person, die sie gesprochen hat)

IQ [*i-ku*, auch: *ai-kju*] *der*; -s, -s: = Intelligenzquotient

ir..., **Ir...** vgl. in..., In...

Ir = Iridium

I. R. = Imperator Rex

Irbis [aus gleichbed. *mong.-russ.* irbis] *der*; -ses, -se: Schneeleopard (in den Hochgebirgen Zentralasiens)

Iridium [aus gleichbed. *engl.* iridium zu *gr.* īris, Gen. īridos „Regenbogen“] *das*; -s: chem. Grundstoff, Edelmetall (Zeichen: Ir)

Iris [aus gleichbed. *gr.* īris] *die*; -, -: 1. Regenbogen (Meteor.). 2. Regenbogenhaut des Auges (Med.). 3. Schwertlilie

Irish coffee [*airisch kofi*; aus gleichbed. *engl.* Irish coffee, eigtl. „irischer Kaffee“] *der*; - -: Kaffee mit einem Schuß Whisky u. Schlagsahne. **Irish-Stew** [*...ßtju*; aus gleichbed. *engl.* Irish stew, eigtl. „irisches Schmorgericht“] *das*; -[s]: Eintopfgericht aus Weißkraut mit Hammelfleisch u. a.

irisieren [aus gleichbed. *fr.* iriser, vgl. Iris]: in Regenbogenfarben schillern; -de Wolken: Wolken, deren Ränder perlmutterfarbene Lichterscheinungen zeigen (Meteor.)

Ironie [über *lat.* īrōnīa aus gleichbed. *gr.* eirōneía, eigtl. „Verstellung“] *die*; -, ...ien (Plural ungebräuchlich): a) feiner, versteckter Spott, mit dem man etwas dadurch zu treffen sucht, daß man es unter dem auffälligen Schein der eigenen Billigung lächerlich macht; b) paradoxe Konstellation, die einem als frivoles Spiel einer höheren Macht erscheint, z. B. eine - des Schicksals, der Geschichte. **Ironiker** *der*; -s, -: Mensch mit ironischer Geisteshaltung. **ironisch**: voller Ironie; mit feinem, verstecktem Spott; durch übertriebene Zustimmung seine Kritik zum Ausdruck bringend. **ironisieren** [aus gleichbed. *fr.* ironiser, vgl. Ironie]: einer ironischen Betrachtung unterziehen

Irradiation [*...zion*; aus *spätlat.* irradiātio „Bestrahlung“] *die*; -, -en: 1. Überbelichtung von fotografischen Platten. 2. optische Täuschung, durch die ein heller Fleck auf dunklem Grund dem Auge größer erscheint als ein dunkler Fleck auf hellem Grund

irrational [auch: *...zional*; aus *lat.* irratiōnālis „unvernünftig“]: a) mit der → Ratio, dem Verstand nicht faßbar, dem logischen Denken nicht zugänglich; b) vernunftwidrig; -e Zahlen: alle Zahlen, die sich nicht durch Brüche ganzer Zahlen ausdrücken lassen, sondern nur als nichtperiodische Dezimalbrüche mit unbegrenzter Stellenzahl dargestellt werden können (Math.); Ggs. → rational; vgl. ...al/...ell. **Irrationalismus** [auch: *ir...*] *der*; -, ...men: 1. (ohne Plural) Vorrang des Gefühlsmäßigen vor der Verstandeserkenntnis. 2. (ohne Plural) metaphysische Lehre, nach der Wesen u. Ursprung der Welt dem Verstand (der Ratio) unzugänglich sind. 3. irrationale Verhaltensweise, Geschehen o. ä. **Irrationalität** *die*; -: das Irrationale, irrationale Art. **irrationell** [auch: *...näl*]: dem Verstand nicht zugänglich, außerhalb des Rationalen; vgl. ...al/...ell

irreal [aus → in... (2) u. → real]: nicht wirklich, unwirklich; wirklichkeitsfremd; Ggs. → real (2). **Irreal** *der*; -s, -e: = Irrealis. **Irrealis** *der*; -, ...les: → Modus des unerfüllbaren Wunsches, einer als unwirklich hingestellten Annahme (z. B. Wenn ich ein Vöglein *wär'*..., *Hättest* du es doch nicht getan!). **Irrealität** *die*; -, -en: die Nicht- od. Unwirklichkeit; Ggs. → Realität

Irredenta [aus *it.* (Italia) irredenta „nicht befreites, unter fremder Herrschaft stehendes (Italien)", dies zu → in... (2) u. *lat.* redimere „loskaufen, befreien"] *die*; -, ...ten: politische Unabhängigkeitsbewegung, die den Anschluß abgetrennter Gebiete an das Mutterland anstrebt. **Irredentismus** *der*; -: Geisteshaltung der Irredenta. **Irredentist** *der*; -en, -en: Angehöriger der Irredenta, Verfechter des Irredentismus. **irredentistisch**: den Irredentismus betreffend

irreduzibel [aus → in... (2) u. → reduzibel]: nicht zurückführbar, nicht ableitbar (Philos.; Math.); Ggs. → reduzibel

irregulär [aus *spätlat.* irrēgularis „nicht den kirchlichen Regeln gemäß"]: a) nicht regelgemäß, nicht der Regel entsprechend; b) nicht dem Gesetz entsprechend, ungesetzlich, regelwidrig; Ggs. → regulär. **Irregularität** *die*; -, -en: 1. a) Unregelmäßigkeit; mangelnde Gesetzmäßigkeit; Ggs. → Regularität (a); b) vom üblichen Sprachgebrauch abweichende Erscheinung (Sprachw.); Ggs. → Regularität (b)

irrelevant [...*want*; aus → in... (2) u. → relevant]: unerheblich, belanglos; Ggs. → relevant. **Irrelevanz** *die*; -, -en: Unwichtigkeit, Bedeutungslosigkeit; Ggs. → Relevanz

irreligiös [aus gleichbed. *spätlat.* irreligiōsus]: nicht religiös (2); Ggs. → religiös (2). **Irreligiosität** *die*; -: Religionslosigkeit; Ggs. → Religiosität

irreparabel [aus gleichbed. *lat.* irreparābilis]: nicht wiederherstellbar; unersetzbar; b) unheilbar; Ggs. → reparabel

irreversibel [...*wär*...; aus → in... (2) u. → reversibel]: nicht umkehrbar, nicht rückgängig zu machen, nicht in umgekehrter Richtung ablaufend (z. B. von technischen, chemischen, biologischen Vorgängen); Ggs. → reversibel. **Irreversibilität** *die*; -: Unumkehrbarkeit; Ggs. → Reversibilität

Irritation [...*zion*; aus gleichbed. *lat.* irrītātio] *die*; -, -en: Reiz, Erregung. **irritieren** [durch volksetym. Anschluß an *dt.* irren aus *lat.* irrītāre „(auf)reizen, erregen"]: a) [auf]reizen, erregen; b) unsicher machen, verwirren, beunruhigen, beirren; c) stören, lästig sein; d) (veraltend) ärgern

is..., **Is...** vgl. iso..., Iso...

isabellfarben u. **isabellfarbig**: graugelb (angeblich nach der Farbe des Hemdes, das die span. Erzherzogin Isabelle von 1601–1604 getragen haben soll)

Is|chiadikus [*iß-ch*...; über *lat.* ischiadicus aus *gr.* ischiadikós „an Hüftschmerzen leidend"] *der*; -: Ischias-, Hüftnerv. **Is|chias** [*iß-chiaß*, *isch*...; aus gleichbed. *gr.-lat.* ischiás] *der* od. *das*, (fachspr. auch:) *die*; -: Hüftschmerzen; [anfallsweise auftretende] Neuralgie im Ausbreitungsbereich des → Ischiadikus (Med.)

...isieren [Erweiterung von: ...ieren]: häufiges Suffix von Verben, das eine Veränderung od. eine bestimmte Verhaltensweise ausdrücken kann, z. B. pulverisieren, polemisieren

Islam [auch: *iß*...; aus *arab.* islām, eigtl. „Ergebung (in Allahs Willen)"] *der*; -[s]: von Mohammed zwischen 610 u. 632 gestiftete Religion mit bestimmten politischen, sozialen u. kulturellen Auswirkungen. **islamisch**: zum Islam gehörend, mohammedanisch. **islamisieren**: zum Islam bekehren. **Islamismus** *der*; -: = Islam. **Islamit** *der*; -en, -en: = Mohammedaner. **islamitisch**: = islamisch

...ismus [*gr.-lat.*]: Endung männl. Substantive mit folgenden Hauptbedeutungen: 1. philosophische, politische, künstlerische Lehrmeinung oder Richtung, häufig in Verbindung mit Eigennamen, z. B. Impressionismus, Marxismus. 2. Gesamtheit von Vorgängen od. Erscheinungen, z. B. Organismus, Magnetismus. 3. Abweichung von einem normalen Zustand, z. B. Mongolismus, Albinismus. 4. Spracheigentümlichkeit, z. B. Amerikanismus. 5. Abwertung, z. B. Provinzialismus; vgl. ...izismus. **Ismus** *der*; -, Ismen: abwertende Bezeichnung für eine bloße Theorie, eine von den vielen auf ...ismus (1) endenden Lehrmeinungen u. Richtungen

iso..., **Iso...**, vor Vokalen meist is..., Is... [aus gleichbed. *gr.* ísos]: in Zusammensetzungen auftretendes Bestimmungswort mit der Bedeutung „gleich". **isobar** [aus → iso... u. *gr.* báros „Schwere, Gewicht; Druck"]: 1. eine gleiche Anzahl → Neutronen u. verschiedene Anzahl → Protonen aufweisend (in bezug auf Atomkerne). 2. gleichen Druck habend (Phys.); -er Vorgang: ohne Druckänderung verlaufender Vorgang (Phys.). **Isobar** *das*; -s, -e: Atomkern mit isobaren Eigenschaften. **Isobare** *die*; -, -n: Verbindungslinie zwischen Orten gleichen Luftdrucks (Meteor.). **isochor** [...*kor*; aus → iso... u. *gr.* chōros „Raum, Platz, Zwischenraum"]: gleiches Volumen habend; -er Vorgang: Vorgang ohne Änderung des Volumens. **iso|chrom** [...*krom*; *gr.-nlat.*], **iso|chromatisch** [aus → iso... u. *gr.* chrōmatikós „zur Farbe gehörend"]: verschiedene Farben gleich behandelnd, für alle Farben des → Spektrums gleichermaßen empfindlich. **Isogon** [aus *gr.* isogṓnios „gleichwinklig"] *das*; -s, -e: regelmäßiges Vieleck. **isogonal**: winkelgetreu (bes. bei geometr. Figuren u. bei Landkarten), gleichwinklig. **Isogonalität** *die*; -: Winkeltreue (bes. bei Landkarten)

Isolation [...*zion*; zu → isolieren] *die*; -, -en: 1. Absonderung, Getrennthaltung [von Infektions- od. Geisteskranken, Häftlingen]. 2. a) Vereinzelung, Vereinsamung (eines → Individuums innerhalb einer Gruppe); Abkapselung; b) Abgeschnittenheit eines Gebietes (vom Verkehr, von der Kultur o. ä.). 3. a) Verhinderung des Durchgangs von Strömen (Gas, Wärme, Elektrizität, Wasser u. a.) mittels nichtleitender Stoffe; b) Isoliermaterial (Techn.); vgl. ...ation/...ierung. **Isolationismus** *der*; -: politische Tendenz, sich vom Ausland abzuschließen (sich nicht einzumischen u. keine Bündnisse abzuschließen). **Isolationist** *der*; -en, -en: Verfechter des Isolationismus. **isolationistisch**: den Isolationismus betreffend, dem Isolationismus entsprechend. **isolativ**: eine Isolation (1, 2, 3) darstellend, beinhaltend. **Isolator** *der*; -s, ...oren: Stoff, der Energieströme schlecht od. gar nicht leitet. **isolieren** [über *fr.* isoler aus gleichbed. *it.* isolare, eigtl. „zur Insel machen" zu *it.* isola „Insel", dies aus gleichbed. *lat.* īnsula]: 1. absondern; vereinzeln; abschließen; -de Sprachen: Sprachen, die die Beziehungen der Wörter im Satz nur durch die Wortstellung ausdrücken (z. B. das Chinesische); Ggs. → agglutinierende, → flektierende Sprachen. 2. Kranke von Gesunden getrennt halten (Med.). 3. einen → Isolator anbringen (Techn.). **Isolierung** *die*; -, -en: a) das Isolieren; b) die Isolation (3b); vgl. ...ation/...ierung

isomer [aus *gr.* isomerḗs „von gleichen Teilen"]: die Eigenschaft der Isomeren aufweisend (Chem.). **Isomer** *das*; -s, -e (meist Plural) u. **Isomere** *das*; -n, -n (ein -s; meist Plural): chemische Verbindung, die trotz der gleichen Anzahl gleichartiger Atome im Molekül durch deren Anordnung von einer entsprechenden anderen Verbindung hinsichtlich ihrer chemischen u. physikalischen Eigenschaften unterschieden ist. **Isomerie** *die*; -: die Verhaltensweise der Isomeren. **Isomerisation** [...*zion*] *die*; -: Umwandlung einer chemischen Verbindung in eine andere von gleicher Summenformel u. gleicher Molekülgröße; vgl. ...ation/...ierung. **Isomerisierung** *die*; -, -en: = Isomerisation. **Isome|trie** [aus isometría „gleiches Maß"] *die*; -: Längengleichheit, Längentreue, bes. bei Landkarten. **Isome|trisch**: die gleiche Längenausdehnung beibehaltend; -es Muskeltraining: rationelle Methode des Krafttrainings, bei der die Muskulatur ohne Änderung der Längenausdehnung angespannt wird. **isomorph** [aus → iso... u. → ...morph]: 1. von gleicher Gestalt (bes. bei Kristallen; Phys.; Chem.). 2. in der algebraischen Struktur einen Isomorphismus enthaltend (Math.). **Isomorphie** *die*; -: isomorpher Zustand. **Isomorphismus** *der*; -: 1. Eigenschaft gewisser chem. Stoffe, gemeinsam dieselben Kristalle (Mischkristalle) zu bilden. 2. spezielle, umkehrbar eindeutige Abbildung einer → algebraischen Struktur auf eine andere (Math.). **Iso|pren** [Kunstw.] *das*; -s: flüssiger, ungesättigter Kohlenwasserstoff. **Iso|skop** [aus → iso... u. → ...skop] *das*; -s, -e: Bildaufnahmevorrichtung beim Fernsehen. **isotherm** [aus → iso... u. *gr.* thérmē „Wärme, Hitze"]: gleiche Temperatur habend (Meteor.). **Isotherme** *die*; -, -n: Verbindungslinie zwischen Orten mit gleicher Temperatur (Meteor.). **Isoton** [aus → iso... u. *gr.* tónos „das Spannen, Anspannung"] *das*; -s, -e (meist Plural): Atomkern, der die gleiche Anzahl Neutronen wie ein anderer, aber eine von diesem verschiedene Protonenzahl enthält (Kernphys.). **isotonisch**: gleichen → osmotischen Druck habend (in bezug auf Lösungen). **isotop** [aus → iso... u. *gr.* tópos „Platz, Ort, Stelle"]: gleiche Kernladungszahl, gleiche chemische Eigenschaften, aber verschiedene Masse besitzend. **Isotop** *das*; -s, -e (meist Plural): Atom od. Atomkern, der sich von einem andern des gleichen chem. Elements nur in seiner Massenzahl unterscheidet. **iso|trop** [zu *gr.* tropḗ „Wendung"]: nach allen Richtungen hin gleiche Eigenschaften aufweisend. **Iso|tropie** *die*; -: Richtungsunabhängigkeit der physikal. u. chem. Eigenschaften. **isozy|klisch** [aus → iso... u. → zyklisch]: (chem. fachspr.: isocyclisch) als organisch-chemische Verbindung ringförmig angeordnete Moleküle aufweisend, wobei im Ring nur Kohlenstoffatome auftreten

...**isse** [*gr.-lat.*]: Endung weiblicher Substantive, z. B. Diakonisse

...**ist** [*gr.-lat.(-fr.)*]: Endung männlicher Substantive, vor allem von Personenbezeichnungen zu den auf ...ismus (1) endenden Wörtern u. von Berufsbezeichnungen, z. B. Impressionist, Anarchist, Pianist

Isthmus [über *lat.* isthmus, isthmos aus gleichbed. *gr.* isthmós] *der*; -, ...men: Landenge (z. B. die von Korinth)

...**istik** [*gr.-lat.(-fr.)*]: Endung weiblicher Substantive mit der Bedeutung „Wissenschaft, Lehre", z. B. Germanistik

...**istisch** [*gr.-lat.(-fr.)*]: Endung von Adjektiven, oft mit abwertender Bedeutung, z. B. idealistisch, klassizistisch

[1]...**it** [*lat.*]: Endung sächlicher Substantive aus der Chemie für Salze bestimmter Säuren, z. B. Chlorit = ein Salz der chlorigen Säure, Sulfit = ein Salz der schwefligen Säure

[2]...**it** [*gr.-lat.*]: Endung männlicher Substantive, die Minerale u. Gesteine bezeichnen, z. B. Malachit, Granit

[3]...**it** [*gr.-lat.*]: Endung männlicher Substantive, die Personen bezeichnen, z. B. Hussit, Jesuit

it. = item

italianisieren [zu *lat.* Italia „Italien"]: italienisch machen, gestalten. **Italianismus** *der*; -, ...men: Entlehnung aus dem Italienischen (z. B. in der deutschen Schriftsprache in Südtirol). **italienisieren** [...*i-e*...]: = italianisieren

...**ität** [*lat.* (*-fr.*)]: Endung weiblicher Substantive, die von Adjektiven abgeleitet sind u. eine bestimmte Art, Eigenschaft, den Charakter einer Sache ausdrücken, z. B. Banalität, Vitalität; vgl. ...izität

Itazismus [nach der Aussprache des griech. Eta wie Ita] *der*; -: heute aufgegebene Aussprache der altgriech. e-Laute wie langes i; Ggs. → Etazismus

item [aus gleichbed. *lat.* item]: (veraltet) ebenso, desgleichen, ferner; Abk.: it. **Item** *das*; -s, -s: 1. (veraltet) das Fernere, Weitere, ein weiterer [Frage]punkt. 2. [auch: *ait^em*; aus gleichbed. *engl.* item, vgl. item] (fachspr.) etwas einzeln Aufgeführtes; Einzelangabe, Posten, Bestandteil, Element, Einheit

ite, missa est [*lat.*; „geht, (die gottesdienstliche Versammlung) ist entlassen!"]: Schlußworte der kath. Meßfeier (ursprüngl. zur Entlassung der → Katechumenen vor dem Abendmahl)

Iteration [...*zion*; aus *lat.* iterātio „Wiederholung"] *die*; -, -en: 1. schrittweises Rechenverfahren zur Annäherung an die exakte Lösung (Math.). 2. Verdoppelung einer Silbe od. eines Wortes, z. B. soso. **iterativ**: 1. wiederholend; -e [...*w^e*] Aktionsart: → Aktionsart, die eine häufige Wiederholung von Vorgängen ausdrückt (z. B. sticheln = immer wieder stechen). 2. sich schrittweise in wiederholten Rechengängen der exakten Lösung annähernd (Math.). **Iterativ** *das*; -s, -e [...*w^e*]: Verb mit → iterativer Aktionsart. **Iterativum** [...*iwum*] *das*; -s, ...wa [...*wa*]: = Iterativ. **iterieren** [aus gleichbed. *lat.* iterāre]: wiederholen, eine Iteration (1) vornehmen

Itinerar [aus *lat.* itinerārium „Wegbeschreibung"] *das*; -s, -e u. **Itinerarium** *das*; -s, ...ien [...*i^en*]: 1. Straßen- und Stationenverzeichnis der röm. Kaiserzeit. 2. Verzeichnis der Wegeaufnahmen bei Forschungsreisen

...**itis** [*gr.*]: Endung weiblicher Substantive aus dem Gebiet der Medizin zur Bezeichnung von Entzündungskrankheiten, z. B. Bronchitis; Plural: ...itiden, z. B. Bronchitiden = mehrere Fälle von Bronchitis

...**ium**, ...um [*lat.*]: Endung sächlicher Substantive, z. B. Stadium, Fluidum

i. v. = intravenös

...**iv** [*lat.(-fr.)*]: Endung von Adjektiven z. B. aktiv, kursiv. ...**iv**/...**orisch** [*lat.(-fr.)*/*lat.*]: gelegentlich miteinander konkurrierende Adjektivendungen, von denen im allgemeinen die ...iv-Bildungen besagen, daß das im Basiswort Genannte ohne ausdrückliche Absicht in etwas enthalten ist (z. B. informativ = Information enthaltend, informierend), während die ...orisch-Bildungen den im Basiswort genannten Inhalt auch zum Ziel haben (z. B. informatorisch = zum Zwecke der Information [verfaßt], den Zweck habend zu informieren)

...**ive** [...*iw^e*; *lat.(-fr.)*]: Endung weiblicher Substantive, z. B. Defensive, Direktive

Iwrith [aus *neuhebr.* Iwrith] *das;* -[s]: Neuhebräisch; Amtssprache in Israel

...izismus [*gr.*]: Endung männlicher Substantive, die von Adjektiven auf ...isch abgeleitet sind, mit der Bedeutung der Nachahmung, z. B. Klassizismus (von: klassisch); vgl. ...ismus

...izität [*lat.*(*-fr.*)]: Endung weiblicher Substantive, die zu Adjektiven auf ...isch gehören u. den Charakter einer Sache ausdrücken, z. B. Klassizität (zu: klassisch), Logizität (zu: logisch), Historizität (zu: historisch); vgl. ...ität

J

J = 1. chem. Zeichen für: Jod. 2. Joule

Jab [*dsehäb;* aus gleichbed. *engl.* jab] *der;* -s, -s: kurz geschlagener Haken (Boxen)

Jabot [*sehabo;* aus gleichbed. *fr.* jabot] *das;* -s, -s: am Kragen befestigte Spitzen- od. Seidenrüsche zum Verdecken des vorderen Verschlusses an Damenblusen, im 18. Jh. an Männerhemden

Jacketkrone [*dsehäkit...;* aus gleichbed. *engl.* jacket crown, dies aus jacket „Jacke; Mantel, Umhüllung", vgl. Jackett, u. crown „(Zahn)krone"] *die;* -, -n: Zahnmantelkrone aus Porzellan od. Kunstharz (Med.)

Jackett [*seha...*, ugs.: *ja...;* aus gleichbed. *fr.* jaquette zu jaque „kurzer, enger Männerrock"] *das;* -s, -s (seltener: -e): auf Figur gearbeitete, gefütterte Stoffjacke von Herrenanzügen

Jac|quard [*sehakar*, auch: *sehakart;* nach dem franz. Seidenweber J.-M. Jacquard, 1752–1834, Erfinder dieses Webverfahrens] *der;* -[s], -s: Gewebe, dessen Musterung mit Hilfe von Lochkarten (Jacquardkarten) hergestellt wird

jade [zu → Jade]: blaßgrün. **Jade** [aus gleichbed. *fr.* jade, dies aus *span.* (piedra de la) ijada „(Stein für die) Weiche, Seite" (weil man Jadestücke für ein Heilmittel gegen Nierenkoliken hielt), aus *lat.* īlia „Unterleib, Weichen"] *der* (auch: *die*); -: Mineral (blaßgrüner [chinesischer] Schmuckstein). **jaden**: aus Jade bestehend

Jaguar [aus gleichbed. *port.* jaguar, dies aus *indian.* (*Tupi*) jagwár(a) „fleischfressendes Tier"] *der;* -s, -e: südamerik. katzenartiges Raubtier

Jahwe, (auch:) Jahve [*jawe;* aus *hebr.* Jahwe, eigtl. wohl „er ist, er erweist sich"]: Name Gottes im A. T.; vgl. Jehova

Jaina [*dsehaina*] u. Jina [*dsehina*] vgl. Dschaina. **Jainismus** u. Jinismus vgl. Dschainismus

Jak [über *engl.* yak aus *tibet.* gyak] *der;* -s, -s: asiatisches Hochgebirgsrind (Haustier u. Wild); vgl. Yak

Jako [aus gleichbed. *fr.* jaco(t), eigtl. „Jaköbchen"] *der;* -s, -s: Graupapagei, Papageienvogel des trop. Afrikas

Jakobiner [aus *fr.* jacobin, nach dem Dominikanerkloster St. Jakob in Paris] *der;* -s, -: 1. Mitglied des radikalsten u. wichtigsten polit. Klubs während der Franz. Revolution. 2. (selten) französischer → Dominikaner. **Jakobinermütze** *die;* -, -n: rote Wollmütze der Jakobiner (als Symbol der Freiheit)

Jalousette [*sehalu...;* französierende Verkleinerungsbildung zu → Jalousie] *die;* -, -n: Jalousie aus Leichtmetall- od. Kunststofflamellen. **Jalousie** [aus gleichbed. *fr.* jalousie, eigtl. „Eifersucht"] *die;* -, ...ien: [hölzerner] Fensterschutz, Rolladen

Jam [*dsehäm;* aus gleichbed. *engl.* jam] *das;* -s, -s: engl. Bezeichnung für: Marmelade

Jambe *die;* -, -n: = Jambus. **Jamb|elegus** [über *spätlat.* iambelegus aus gleichbed. *gr.* iambélegos] *der;* -, ...gi: aus einem → Jambus u. einem → Hemiepes bestehendes → antikes Versmaß. **Jamben**: Plural von → Jambus. **jambisch**: den Jambus betreffend, nach der Art des Jambus. **Jambus** [über *lat.* iambus aus gleichbed. *gr.* íambos] *der;* -, ...ben: antiker Versfuß (rhythmische Einheit; ◡–)

James Grieve [*dsehe'ms griw; engl.;* nach dem Namen des Züchters] *der;* - -, - -: a) (ohne Plural) hellgrüne, hellgelb u. hellrot geflammte Apfelsorte; b) Apfel dieser Sorte

Jam Session [*dsehäm ßäschen;* aus gleichbed. *engl.* jam session] *die;* - -, - -s: zwanglose Zusammenkunft von Jazzmusikern zu gemeinsamem Spiel in kollektiver u. solistischer Form

Jamswurzel [zu gleichbed. *engl.* yam, dies aus *port.* inhame, eigtl. „eßbar" (westafrik. Wort)] *die;* -, -n: [Kletter]staude mit eßbaren Wurzelknollen (zahlreiche, in allen Tropengebieten angebaute Arten)

Jan. = Januar

Jani|tschar [aus gleichbed. *türk.* yeniçeri, eigtl. „neue Streitmacht"] *der;* -en, -en: (hist.) Soldat der türkischen Kerntruppe (14.–17. Jh.). **Janitscharenmusik** *die;* -, -en: [türkische] Militärmusik mit den charakteristischen Trommeln, dem Becken mit Triangel und dem Schellenbaum

Jan Maat [aus gleichbed. *niederl.* janmaat] *der;* - -[e]s, - -e u. - -en u. **Janmaat** *der;* -[e]s, -e u. -en: (scherzh.) Matrose

Januar [aus *lat.* (mēnsis) Iānuārius, nach dem altitalischen Gott der Türen u. des Anfangs, Janus] *der;* -[s], -e: erster Monat im Jahr, Eismond, Hartung; Abk.: Jan. **Januskopf** [nach Janus, vgl. Januar, der als Doppelkopf dargestellt wurde] *der;* -[e]s, ...köpfe: Bild eines doppelgesichtigen Männerkopfs (oft als Sinnbild des Zwiespalts)

Japon [*sehapong;* aus *fr.* Japon „Japan"] *der;* -[s], -s: Gewebe in Taftbindung (Webart) aus Japanseide

Jardiniere [*sehardiniäre;* aus gleichbed. *fr.* jardinière zu jardin „Garten"] *die;* -, -n: Schale für Blumenpflanzen; vgl. auch: à la jardiniere

Jargon [*sehargong;* aus gleichbed. *fr.* jargon, eigtl. „unverständliches Gemurmel"] *der;* -s, -s: a) umgangssprachliche Ausdrucksweise (für Eingeweihte) innerhalb einer Berufsgruppe od. einer sozialen Gruppe; b) (abwertend) saloppe, ungepflegte Ausdrucksweise

Jarl [aus *altnord.* jarl] *der;* -s, -s: 1. normannischer Edelmann. 2. Statthalter in Skandinavien (im Mittelalter)

Jasmin [über *span.* jazmín, *arab.* yāsamīn aus gleichbed. *pers.* yāsämīn] *der;* -s, -e: Zierstrauch mit stark duftenden Blüten (Ölbaumgewächs)

Jasperware [*dsehäßper...;* aus *engl.* jasperware, dies aus jasper „Jaspis", vgl. Jaspis, u. ware „(Töpfer)ware"] *die;* -, -en: engl. Steingut aus Jaspermasse (Töpferton u. Feuersteinpulver)

Jaspis [aus gleichbed. *gr.-lat.* íaspis] *der;* - u. -ses, -se: ein Mineral (Halbedelstein)

JATP = Jazz at the Philharmonic

Jazz [*dsehäs*, auch: *dsehäß, jaz;* aus gleichbed. *amerik.* jazz (Herkunft unsicher)] *der;* -: zeitgenössischer Musikstil, der sich aus der Volksmusik der amerikan. Neger entwickelt hat (aufgekommen etwa 1917); vgl. auch: Jazzband. **Jazz at the Philharmonic** [*dsehäs ät dh^e filha^rmonik*; nach dem Philharmonic Auditorium in Los Angeles]: 1942 zuerst in Los Angeles eingerichtete Reihe von Jazzkonzerten; Abk.: JATP. **Jazzband** [*dsehäsbänt*] *die*; -, -s: in der Besetzung den Erfordernissen der verschiedenen Jazzstile angepaßte Kapelle. **jazzen** [*dsehäs^en*, auch: *dsehäß^en*, *jaz^en*]: Jazzmusik spielen. **Jazzer** *der*; -s, -: Jazzmusiker. **Jazzfan** [*dsehäsfän*] *der*; -s, -s: Jazzanhänger, -freund. **jazzoid** [zu → Jazz]: jazzähnlich

Jeans [*dsehins*; aus gleichbed. *amerik.* jeans, Plural von jean „geköperter Baumwollstoff" (vielleicht nach Genua, das früher ein wichtiger Baumwollausfuhrhafen war)] *die* (Plural): a) saloppe Hose [aus Baumwollstoff] im Stil der → Blue jeans; b) Kurzform von: → Blue jeans

Jeep ® [*dsehip*; aus gleichbed. *amerik.* jeep, Kurzform aus den englisch gesprochenen Anfangsbuchstaben von *G*eneral *P*urpose (War Truck) „Mehrzweck(kriegslastkraftwagen)"] *der*; -s, -s: kleiner [amerik.] Geländekraftwagen mit Vierradantrieb

Jehova [*...wa*]: alte, aber unrichtige Lesung für → Jahwe (entstanden durch Vermischung mit den im hebr. Text dazugeschriebenen Vokalzeichen von Adonai, dem Ersatzwort für den aus religiöser Scheu vermiedenen Gottesnamen)

jemine! [entstellt aus: Jesu domine: „o Herr Jesus!"]: (ugs.) du lieber Himmel! (Schreckensruf)

Jen vgl. Yen

Jeremiade [nach dem biblischen Propheten Jeremia] *die*; -, -n: Klagelied, Jammerreden

[1]**Jersey** [*dschö^rsi*; aus gleichbed. *engl.* jersey, nach der gleichnamigen brit. Kanalinsel]: *der*; -[s], -s: Sammelbezeichnung für Kleiderstoffe aus gewirkter Maschenware. [2]**Jersey** [*dschö^rsi*] *das*; -s, -s: Trikot eines Sportlers

Jesuit [zu *lat.* Iēsūs „Jesus"] *der*; -en, -en: Angehöriger des vom hl. Ignatius v. Loyola 1534 gegründeten, 1540 von Paul III. bestätigten Jesuitenordens. **jesuitisch**: die Jesuiten betreffend, nach Art der Jesuiten

Jesus hominum salvator [*...wa...*; *lat.*]: Jesus, der Menschen Heiland (Deutung des latinisierten Monogramms Christi, → IHS)

Jesus Nazarenus Rex Judaeorum [*lat.*]: Jesus von Nazareth, König der Juden (Inschrift am Kreuz; Joh. 19, 19); Abk.: I. N. R. I.

Jesus People [*dsehis^eß pipl*; aus *amerik.* Jesus People, eigtl. „Jesusleute"] *die* (Plural): Jesusbewegung der Jugend in der 2. Hälfte des 20. Jh.s

Jet [*dsehät*; aus gleichbed. *engl.-amerik.* jet, gekürzt aus jet (air)liner, jet plane zu jet „Düse, Strahl"] *der*; -[s], -s: (ugs.) Flugzeug mit Strahlantrieb, Düsenflugzeug. **Jetliner** [*dsehätlain^er*] *der*; -s, -: Düsenverkehrsflugzeug. **Jet-set** [*dsehätßät*; aus gleichbed. *engl.-amerik.* jet-set, vgl. Set] *der*; -s, -s: sehr reiche, einflußreiche Spitze der internationalen → High-Society.. **Jet|stream** [*dsehätßtrim*; aus gleichbed. *engl.* jet stream, eigtl. „Strahlstrom"] *der*; -[s], -s: starker Luftstrom in der Tropo- od. Stratosphäre (Meteor.). **jetten** [*dsehät^en*]: mit dem → Jet fliegen

Jeton [*sch^etong*; aus gleichbed. *fr.* jeton zu jeter „werfen; (durch Aufwerfen der Rechensteine) berechnen"] *der*; -s, -s: a) Spielmünze, Spielmarke; b) Automatenmarke, Telefonmarke (z. B. in Italien)

Jett [*dsehät*, auch: *jät*; über *engl.* jet aus gleichbed. *altfr.* jayet, vgl. Gagat], (fachspr.:) Jet [*dsehät*] *der* od. *das*; -[e]s: = Gagat

jetten s. Jet

Jeunesse dorée [*schönäß dore*; aus gleichbed. *fr.* jeunesse dorée, eigtl. „vergoldete Jugend"] *die*; - -: 1. leichtlebige, elegante Jugend der reichen Familien. 2. monarchisch gesinnte, modisch elegante Jugend von Paris nach dem Sturz Robespierres. **Jeunesses Musicales** [- *müsikal*; aus *fr.* jeunesses musicales] *die* (Plural): Organisation der an der Musik interessierten Jugend (1940 in Belgien entstanden)

Jigger [*dsehig...*; aus gleichbed. *engl.* jigger] *der*; -s, -[s]: Segel am hintersten Mast eines Viermasters

Jina [*dsehina*] vgl. Jaina. **Jinismus** [*dsehinis...*] vgl. Jainismus

Jitterbug [*dsehit^erbag*; aus *amerik.* jitterbug, dies aus to jitter „zappelig sein" u. bug „Wanze; Fanatiker"] *der*; -: um 1920 in Amerika entstandener Jazztanz

Jiu-Jitsu [*dsehiudsehizu*; aus gleichbed. *jap.* jūjutsu, eigtl. „sanfte Kunst"], (auch:) Dschiu-Dschitsu *das*; -[s]: in Japan entwickelte Technik der Selbstverteidigung ohne Waffen od. Gewalt

Jive [*dsehaiw*; aus gleichbed. *amerik.* jive] *der*; -: 1. eine Art Swingmusik; vgl. Swing. 2. Fachjargon des Jazz. 3. Blues-Boogie als Tanz

Job [*dsehop*; aus gleichbed. *engl.-amerik.* job] *der*; -s, -s: (ugs.) a) [Gelegenheits]arbeit, vorübergehende einträgliche Beschäftigung, Verdienstmöglichkeit; b) berufliche Tätigkeit, Stellung, Arbeit. **jobben**: (ugs.) einen Job (a) haben; Gelegenheitsarbeit verrichten. **Jobber** *der*; -s, -: 1. a) Händler an der Londoner Börse, der nur in eigenem Namen Geschäfte abschließen darf; b) Börsenspekulant. 2. (ugs.) jmd., der jobbt. **Jobhopping** [aus gleichbed. *engl.-amerik.* jobhopping zu job, s. Job, u. to hop „hüpfen, springen"] *das*; -s, -s: häufig u. in kürzeren Abständen vorgenommener Stellungswechsel [um in höhere Positionen zu gelangen]

Jockei u. **Jockey** [*dsehoke*, engl. Ausspr.: *dsehoki*, ugs. auch *jokai*; aus gleichbed. *engl.* jockey zu schott. Jock „Jakob"] *der*; -s, -s: jmd., der berufsmäßig Pferderennen reitet

Jod [aus gleichbed. *fr.* iode, dies aus *gr.* iṓdēs „veilchenfarbig", nach dem bei Erhitzung von Jod auftretenden veilchenblauen Dampf] *das*; -[e]s: chem. Grundstoff, Nichtmetall; schwarzbraune kristalline Substanz, die u. a. in Chilesalpeter vorkommt u. in der Medizin, Fotografie, analytischen Chemie u. a. verwendet wird; Zeichen: J. **Jodat** *das*; -[e]s, -e: Salz der Jodsäure. **Jodid** *das*; -[e]s, -e: Salz der Jodwasserstoffsäure. **jodieren**: a) Jod zusetzen (z. B. bei Speisesalz); b) mit Jod bestreichen (z. B. eine Operationsstelle; Med.). **Jodit** *das*; -s, -e: ein Mineral (Jodsilber). **Jodome|trie** [aus → Jod u. → ...metrie] *die*; -: maßanalytisches Verfahren zur quantitativen Bestimmung verschiedener Stoffe, die mit Jod reagieren oder Jod aus Verbindungen frei machen

Joga [aus *sanskr.* yugám „Joch (in welches der Körper gleichsam eingespannt wird)"] *der*; -[s]: a) indisches philos. System der Lösung aus der Umwelt durch völlige Beherrschung des Körpers u. Befreiung des Geistes; b) im Anschluß an das indische philos. System entwickeltes Verfahren der körperlichen Übung und geistigen Konzentration. **Jogi** u. **Jogin** [aus gleichbed. *sanskr.* yōgīn] *der*; -s, -s: Anhänger des → Joga

Jo|ghurt [aus gleichbed. *türk.* yoğurt] *das* od. *der*; -[s]: unter Einwirkung von Bakterien hergestellte Sauermilch

John Bull [*dsehon bul*; aus *engl.* John Bull „Hans Stier"]: (scherzh.) Spitzname des Engländers, des englischen Volkes

Joint [*dseheunt*; aus gleichbed. *amerik.* joint] *der*; -s, -s: selbstgedrehte Zigarette, deren Tabak mit Haschisch od. Marihuana vermischt ist

Jo-Jo [aus gleichbed. *amerik.* yo-yo] *das*; -s, -s: Geschicklichkeitsspiel mit elastischer Schnur u. daran befestigter Holzscheibe

Joker [auch: *dseho...*; aus gleichbed. *engl.* joker, eigtl. „Spaßmacher", vgl. Jokus] *der*; -s, -: für jede andere Karte geltende zusätzliche Spielkarte mit der Abbildung eines Narren

Jokus [aus gleichbed. *lat.* iocus] *der*; -, -se: (ugs.) Scherz, Spaß

Jon|gleur [*sehongglör*; aus gleichbed. *fr.* jongleur, dies aus *lat.* ioculātor „Spaßmacher"] *der*; -s, -e: 1. Artist, Geschicklichkeitskünstler im Werfen u. Auffangen von Gegenständen. 2. Spielmann u. Possenreißer des Mittelalters. **jon|glieren**: 1. mit artistischem Können mehrere Gegenstände gleichzeitig spielerisch werfen u. auffangen. 2. (ugs.) geschickt mit etwas umzugehen verstehen

Jonikus vgl. Ionicus

Jot [aus *gr.-lat.* iōta, s. [1]Jota] *das*; -, -: ein Buchstabe

[1]**Jota** [*jota*; aus *gr.-lat.* iōta] *das*; -[s], -s: griech. Buchstabe: *J*, *j*; kein -: nicht das geringste

[2]**Jota** [*chota*; aus gleichbed. *span.* jota (Herkunft unsicher)] *die*; -, -s: schneller span. Tanz im $^3/_8$- od. $^3/_4$-Takt mit Kastagnettenbegleitung

Jotazismus [über *lat.* iōtacismus aus *gr.* iōtakismós „fehlerhafte Aussprache des Jota"] *der*; -: = Itazismus

Joule [*dsehaul*, auch: *dsehul*; nach dem engl. Physiker J. P. Joule, 1818–1889] *das*; -[s], -: Maßeinheit für die Energie (z. B. den Energieumsatz des Körpers; 1 cal = 4,186 Joule); Zeichen: J

Jour [*sehur*; aus gleichbed. *fr.* jour, eigtl. „Tag", dies aus gleichbed. *vulgärlat.* diurnum zu *lat.* diurnus „täglich"] *der*; -s, -s: (veraltet) Dienst-, Amts-, Empfangstag; - haben: mit dem für einen bestimmten, immer wiederkehrenden Tag festgelegten Dienst an der Reihe sein; - fixe: fester Tag in der Woche (für Gäste, die nicht besonders eingeladen werden); vgl. auch: du jour u. à jour

Journaille [*sehurnalj*[e]; zu → Journal] *die*; -: gewissenlos u. hetzerisch arbeitende Tagespresse. **Journal** [*sehurnal*; aus gleichbed. *fr.* journal, eigtl. „jeden einzelnen Tag betreffend", vgl. Jour] *das*; -s, -e: 1. a) (veraltet) Tageszeitung; b) [Mode]zeitschrift. 2. Tagebuch bei der Buchführung. 3. Schiffstagebuch. **Journalismus** *der*; -: 1. [bes. Wesen, Eigenart der] Zeitungsschriftstellerei, schriftstellerische Tätigkeit für die Presse, den Rundfunk, das Fernsehen. 2. Pressewesen. **Journalist** *der*; -en, -en: jmd., der beruflich für die Presse, den Rundfunk, das Fernsehen schreibt, publizistisch tätig ist. **Journalistik** *die*; -: a) Zeitungswesen; b) Zeitungswissenschaft. **journalistisch**: a) die Journalistik betreffend; b) in der Art des Journalismus (1)

jovial [*...wi...*; aus *lat.* Ioviālis „zu Jupiter gehörend", nach der mittelalterlichen Astronomie galt der unter dem Planeten Jupiter Geborene als fröhlich u. heiter]: betont wohlwollend; leutselig. **Jovialität** *die*; -: joviale Art, joviales Wesen, Leutseligkeit

jr. = junior

Jubilar [aus *mlat.* iūbilārius „wer 50 Jahre im gleichen Stand ist"] *der*; -s, -e: Gefeierter, jmd., der ein Jubiläum begeht. **Jubilate** [aus *lat.* iūbilāte, vgl. jubilieren]: Name des 3. Sonntags nach Ostern nach dem alten → Introitus des Gottesdienstes, Psalm 66,1: „Jauchzet (Gott, alle Lande)!". **Jubiläum** [aus *spätlat.* iūbilaeum „Jubelzeit"] *das*; -s, ...äen: festlich begangener Jahrestag eines bestimmten Ereignisses (z. B. Firmengründung, Eintritt in eine Firma), Fest-, Gedenkfeier, Ehren-, Gedenktag. **Jubilee** [*dsehubili*; aus gleichbed. *engl.-amerik.* jubilee, eigtl. „Jubel(jahr)"] *das*; -[s], -s: religiöser Hymnengesang der nordamerikanischen Neger. **jubilieren** [aus gleichbed. *lat.* iūbilāre]: 1. jubeln, frohlocken. 2. ein Jubiläum feiern

Judaismus [über *spätlat.* Iūdaismus aus gleichbed. *gr.* Ioudaismós zu *hebr.* Jehūdī „Jude"] *der*; -: jüdische Religion, Judentum

Judika [aus *lat.* iūdicā zu iūdicāre „Recht sprechen, richten"]: Name des 2. Sonntags vor Ostern nach dem alten → Introitus des Gottesdienstes, Psalm 43,1: „Richte (mich, Gott)!". **Judikative** [zu *lat.* iūdicātus, Part. Perf. von iūdicāre, s. Judika] *die*; -, -n: richterliche Gewalt im Staat; Ggs. → Exekutive, → Legislative

Judo [aus gleichbed. *jap.* jūdō, eigtl. „geschmeidiger Weg zur Geistesbildung"] *das*; -[s]: sportliche Form des → Jiu-Jitsu mit festen Regeln. **Judoka** *der*; -[s], -[s]: Judosportler

Jug [*dsehag*; aus *engl.-amerik.* jug „Krug"] *der*; -[s], -s: primitives Blasinstrument der Negerfolklore (irdener Krug mit engem Hals)

Juice [*dsehuß*; aus gleichbed. *engl.* juice, dies über *fr.* jus „Saft, Brühe" aus gleichbed. *lat.* iūs] *der* od. *das*; -, -s [*...ßis*, auch: *...ßiß*]: Obst- od. Gemüsesaft

Jujube [aus gleichbed. *fr.* jujube, dies über *lat.* zīziphum aus gleichbed. *gr.* zízyphon] *die*; -, -n: 1. Gattung der Kreuzdorngewächse, Sträucher u. Bäume mit dornigen Zweigen u. mit Steinfrüchten. 2. Brustbeere, Frucht der Kreuzdorngewächse

Jukebox [*dsehuk...*; aus gleichbed. *engl.* juke box] *die*; -, -es [*...ksis*, auch: *...ksiß*] od. -en: Musikautomat, der Schallplatten mit Unterhaltungsmusik abspielt

Jul [aus *altnord.* jol] *das*; -[s]: a) (hist.) germanisches Fest der Wintersonnenwende; b) in Skandinavien Weihnachtsfest

Juli [aus *lat.* (mēnsis) Iūlius, nach Julius Cäsar] *der*; -[s], -s: der siebente Monat im Jahr. **Julianischer Kalender** *der*; -s: der von Julius Cäsar eingeführte Kalender

Julienne [*sehüliän*; aus gleichbed. *fr.* julienne] *die*; -: in schmale Streifen geschnittenes Gemüse (od. Fleisch) als Suppeneinlage

Jul|klapp [aus gleichbed. *skand.* julklapp, dies aus jul, s. Jul, u. klappa „klopfen, pochen", da der Schenkende anklopfte, bevor er ihn in die Stube warf] *der*; -s: [scherzhaft mehrfach verpacktes] kleines Weihnachtsgeschenk, das man im Rahmen einer Feier von einem unbekannten Geber erhält

Jumbo *der*; -s, -s: Kurzf. von: Jumbo-Jet. **Jumbo-Jet** [*...dsehät*; aus gleichbed. *engl.-amerik.* jumbo jet, eigtl. „Düsenriese"] *der*; -s, -s: Großraumdüsenflugzeug

Jumelage [*sehüm*[e]*lasch*; aus gleichbed. *fr.* jumelage, eigtl. „Zusammenfügung" zu *lat.* gemellus „zugleich geboren, doppelt"] *die*; -, -n [*...seh*[e]*n*]: Städtepartnerschaft zwischen Städten verschiedener Länder

Jump [*dsehạmp*; aus gleichbed. *engl.-amerik.* jump, eigtl. „Sprung"] *der*; -[s]: (in Harlem entwickelter) Jazzstil. **jumpen** [*dsehạmp^en*, auch: *jụm*...; aus gleichbed. *engl.* to jump]: (ugs.) springen

Jumper [engl. Ausspr.: *dsehạmp^er*, auch (südd., österr.): *dsehäm*...; aus gleichbed. *engl.* jumper, wohl zu jupe „Jacke", vgl. Jupe] *der*; -s, -: (selten) [Damen]strickbluse, Pullover

jun. = junior

Jungle-Stil [*dsehạngg^el*...; aus gleichbed. *engl.-amerik.* jungle style, eigtl. „Dschungelstil"] *der*; -: Spielweise mit Dämpfern o. ä. zur Erzeugung von Groll- oder Brummeffekten (Growl) bei den Blasinstrumenten im Jazz (von Duke Ellington eingeführt)

Jụni [aus *lat.* (mēnsis) Iūnius, nach der altröm. Göttin Jụno] *der*; -[s], -s: der sechste Monat des Jahres

jụnior [aus *lat.* iūnior „jünger, der Jüngere"] (nur unflektiert hinter dem Personennamen): der jüngere... (z. B. Krause -; Abk.: jr. u. jun.); Ggs. → senior. **Jụnior** *der*; -s, ...ọren: 1. (ugs.) a) (ohne Plural) = Juniorchef; b) Sohn (im Verhältnis zum Vater); Ggs. → Senior (1). 2. Jungsportler (vom 18. bis zum vollendeten 23. Lebensjahr). 3. Jugendlicher (Ausdruck in der Modebranche); Ggs. → Senior (3)

Junkie [*dsehạngki*; aus gleichbed. *engl.-amerik.* junkie] *der*; -s, -s: Drogenabhängiger, der Opium nimmt

Jụnktim [aus *lat.* iūnctim „vereinigt", zu iungere „verbinden, verknüpfen"] *das*; -s, -s: wegen innerer Zusammengehörigkeit notwendige Verbindung zwischen zwei Verträgen od. Gesetzesvorlagen. **Jụnktor** *der*; -s, ...ọren: logische Partikel, durch die Aussagen zu neuen Aussagen verbunden werden (z. B. *und, oder*; Logistik)

junọnisch [nach der altröm. Göttin Jụno]: (geh.) wie eine Juno, von stattlicher, erhabener Schönheit

Junta [*chụnta*, auch: *jụn*...; aus *span.* junta „Vereinigung; Versammlung", vgl. Junktim] *die*; -, ...ten: Regierungsausschuß, bes. in Spanien, Portugal u. Lateinamerika

Jupe [*sehüp*; aus gleichbed. *fr.* jupe, dies über *altit.* giuppa „Jacke, Wams" aus *arab.* ǧubba „baumwollenes Unterkleid"] *die*; -, -s: (auch: *der*; -s, -s) (schweiz.) Damenrock. **Jupon** [*sehüpọng*; aus gleichbed. *fr.* jupon] *der*; -[s], -s: eleganter, knöchellanger Damenunterrock

Jụpiterlampe ⓦ [nach der Berliner Firma „Jupiterlicht"] *die*; -, -n: sehr starke elektrische Bogenlampe für Film- u. Fernsehaufnahmen

¹Jụra [aus *lat.* iūra, Plural von iūs, s. ¹Jus] (ohne Artikel): Rechtswissenschaft; vgl. ¹Jus

²Jụra [nach dem franz.-schweiz.-südd. Gebirge] *der*; -s: erdgeschichtliche Formation des → Mesozoikums (umfaßt → Lias, → ²Dogger u. → Malm; Geol.). **jurạssisch**: zum ²Jura gehörend

jurạre ịn verba magị|stri [- - *wạrba* -; *lat.*; „auf des Meisters Worte schwören"; nach Horaz]: die Meinung eines anderen nachbeten

juri̱eren [zu → Jury]: a) Werke für eine Ausstellung, Filmfestspiele o. ä. zusammenstellen; b) in einer Jury (2) mitwirken. **Jụror** [aus gleichbed. *engl.* juror, vgl. Jury] *der*; -s, ...ọren: Mitglied einer Jury. **Jury** [*sehüri*; fr. Ausspr.: *sehüri̱*; engl. Ausspr.: *dsehu̱^eri*; unter Einfluß von *fr.* jury aus gleichbed. *engl.* jury, dies aus *altfr.* jurée „Versammlung der Geschworenen" zu *lat.* iūrāre „schwören"] *die*; -, -s: 1. Schwurgericht, ein bes. in England u. Amerika bei Kapitalverbrechen zur Urteilsfindung verpflichtetes Kollegium von Laien mit integrer Persönlichkeit. 2. Preisrichterkollegium bei Wettbewerben, Festspielen o. ä. 3. Kollegium aus Fachleuten, das Werke für eine Ausstellung, Filmfestspiele o. ä. zusammenstellt

Jurisdiktion [...*ziọn*; aus *lat.* iūrisdictio „Zivilgerichtsbarkeit"] *die*; -, -en: weltliche u. geistliche Gerichtsbarkeit, Rechtsprechung. **Jurisprudẹnz** [aus gleichbed. *lat.* iūris prūdentia] *die*; -: Rechtswissenschaft. **Jurịst** [aus gleichbed. *mlat.* iūrista zu *lat.* iūs, s. ¹Jus] *der*; -en, -en: jmd., der Rechtswissenschaft mit Ablegung der staatlichen Referendar- u. Assessorprüfung studiert [hat]. **Juristerei̱** [dt. Bildung zu → Jurist] *die*; -: (ugs.) Rechtswissenschaft. **jurịstisch**: rechtswissenschaftlich, das Recht betreffend

Jụror s. jurieren

Jụrte [aus gleichbed. *russ.* jurta] *die*; -, -n: runde Filzhütte mittelasiatischer Nomaden

Jury s. jurieren

¹Jus [*jụß*; aus gleichbed. *lat.* iūs] *das*; -, Jụra: Recht, Rechtswissenschaft; (österr.) - (Jura) studieren; - divinum [...*wi̱*...]: göttliches Recht; - gẹntium: Völkerrecht; - pri̱mae [...*ä*] nọctis: im Mittelalter gelegentlich bezeugtes Recht des Grundherrn auf die erste Nacht mit der Neuvermählten eines Hörigen

²Jus [*sehü̱*; aus *fr.* jus „Saft, Brühe", vgl. Juice] *die*; - (auch, bes. südd. u. schweiz.: *das*; - u. bes. schweiz.: *der*; -): 1. Bratensaft. 2. (schweiz.) Fruchtsaft

jụst [aus *lat.* iūstē „mit Recht, gehörig; gerade"] u. **justamẹnt** [aus gleichbed. *fr.* justement]: (veraltend) eben, gerade

justi̱eren [aus *mlat.* iūstāre „berichtigen"; zu *lat.* iūstus „gerecht; recht, gehörig"]: Geräte od. Maschinen, bei denen es auf genaue Einstellung ankommt, vor Gebrauch einstellen. **Justi̱erung** *die*; -, -en: das Justieren

Justịtia [...*zia*; aus *lat.* Iūstitia, vgl. Justiz] *die*; -: altröm. Göttin des Rechts; Verkörperung der Gerechtigkeit. **Justitiạr** [aus *mlat.* iūstitiārius „Richter, Amtmann", vgl. Justiz] *der*; -s, -e: ständiger, für alle Rechtsangelegenheiten zuständiger Mitarbeiter eines Unternehmens, einer Behörde o. ä. **justitiẹll**: die Justiz betreffend. **Justi̱z** [aus *lat.* iūstitia „Gerechtigkeit, Recht"] *die*; -: a) Rechtspflege; b) rechtsprechende Gewalt

Jụte [über *engl.* jute aus gleichbed. *bengal.* juṭo] *die*; -: 1. Gattung der Lindengewächse mit zahlreichen tropischen Arten (z. T. wichtige Faserpflanzen). 2. Bastfaser der besonders in Indien angebauten Jutepflanzen

Juvenạt [zu *lat.* iuvenis „jung; Jüngling"] *das*; -[e]s, -e: kath. Schülerheim

juveni̱l [aus gleichbed. *lat.* iuvenīlis]: jugendlich; -es Wasser: Wasser aus dem Erdinnern, das aus → magmatischen Dämpfen neu kondensiert ist u. zum ersten Mal in den Kreislauf eintritt (Geol.). **Juvenilitạ̈t** *die*; -: Jugendlichkeit. **Juveni̱lwasser** *das*; -s: = juveniles Wasser

¹Juwẹl [über *mniederl.* juweel aus gleichbed. *altfr.* joël, dies aus *vulgärlat.* *iocellum „Kurzweiliges" zu *lat.* iocus „Spaß, Scherz"] *der* od. *das*; -s, -en: Edelstein, Schmuckstück. **²Juwẹl** *das*; -s, -e: etwas Wertvolles, bes. hoch Gehaltenes (auch in bezug auf Personen). **Juwelier** *der*; -s, -e: Goldschmied, Schmuckhändler

Jux [durch Entstellung aus lat. iocus „Scherz" entstanden] *der*; -es, -e: (ugs.) Scherz, Spaß, Ulk. **juxen**: (ugs.) ulken, Spaß machen

Juxta [aus *lat.* iūxtā „dicht daneben"] *die*; -, ...ten: sich meist an der linken Seite von kleinen Wertpapieren (Lottozetteln) befindender Kontrollstreifen. **Juxtakompositum** *das*; -s, ...ta: = Juxtapositum. **Juxtaposition** [...*zion*] *die*; -, -en: 1. (Sprachw.) a) Zusammenrückung der Glieder einer syntaktischen Fügung als besondere Form der Wortbildung; vgl. Juxtapositum; b) bloße Nebeneinanderstellung im Ggs. zur Komposition (z. B. engl. *football game* = „Fußballspiel"). 2. Wachstum der Kristalle durch Anlagerung kleinster Teilchen. **Juxtapositum** *das*; -s, ...ta: durch → Juxtaposition (1a) entstandene Zusammensetzung (z. B. zufrieden, Dreikäsehoch; Sprachw.)

K

Vgl. auch **C** und **Z**

k = Kilo...

K = 1. chem. Zeichen für: Kalium. 2. Kelvin

kA = Kiloampere (vgl. Kilo... u. Ampere)

Kaaba [aus *arab.* Al-Ka'ba zu ka'ba „Würfel"] *die*; -: Steinbau in der großen Moschee von Mekka, Hauptheiligtum des Islams, Ziel der Mekkapilger

Kabale [aus gleichbed. *fr.* cabale, eigtl. „jüdische Geheimlehre", vgl. Kabbala] *die*; -, -n: (veraltet) → Intrige; hinterhältiger Anschlag. **kabalieren** u. **kabalisieren**: (veraltet) Ränke schmieden, intrigieren

Kabanossi [Herkunft unsicher] *die*; -, -: [fingerdicke] stark gewürzte grobe Wurstsorte

Kabarett [aus gleichbed. *fr.* cabaret, eigtl. „Schenke, Trinkstube; Trink-, Teegeschirr"] *das*; -s, -e od. -s: 1. a) (ohne Plural) zeit- u. sozialkritische Darbietungen; b) kleines Theater, in dem zeit- u. sozialkritische Darbietungen gegeben werden; c) Ensemble der Künstler, die an den Darstellungen einer Kleinkunstbühne beteiligt sind. 2. meist drehbare, mit kleinen Fächern od. Schüsselchen versehene Salat- od. Speiseplatte. **Kabarettist** *der*; -en, -en: Künstler an einem Kabarett (1b). **kabarettistisch**: das Kabarett betreffend, in der Art des Kabaretts

Kabbala [aus *hebr.* ḳabbālā, eigtl. „Überlieferung"] *die*; -: a) stark mit Buchstaben- und Zahlendeutung arbeitende jüdische Geheimlehre und Mystik vor allem im Mittelalter; b) esoterische und theosophische Bewegung im Judentum. **kabbalistisch**: auf die Kabbala bezüglich; hintergründig, geheimnisvoll

Kabine [unter Einfluß von *fr.* cabine aus gleichbed. *engl.* cabin, dies aus *spätlat.* capanna „Hütte (der Weinbergshüter)"] *die*; -, -n: 1. kleiner, meist abgeteilter, für verschiedene Zwecke bestimmter Raum (z. B. zum Umkleiden). 2. Wohn- u. Schlafraum auf Schiffen für Passagiere

Kabinett [aus gleichbed. *fr.* cabinet, eigtl. „kleines Gemach, Nebenzimmer", wohl zu *altfr.* cabine „Spielhaus" (Herkunft unsicher)] *das*; -s, -e: 1. (veraltet) abgeschlossener Beratungs- od. Arbeitsraum (bes. an Fürstenhöfen). 2. kleinerer Museumsraum. 3. Kreis der die Regierungsgeschäfte eines Staates wahrnehmenden Minister. 4. (österr.) kleines, einfenstriges Zimmer. **Kabinettsjustiz** *die*; -: [unzulässige] Einwirkung der Regierung auf die Rechtsprechung. **Kabinett|stück** *das*; -s, -e: etwas in seiner Art Einmaliges. **Kabinettwein** *der*; -s, -e: ein besonders edler Wein

Kabis [aus *mlat.* caputium „Weißkohl" zu *lat.* caput „Kopf"] *der*; -: (südd., schweiz.) Kohl

Ka|brio [auch: *ka*...] *das*; -[s], -s: Kurzw. für: Kabriolett. **Ka|briolett**, Cabriolet [*kabriole*; aus *fr.* cabriolet „leichter, einspänniger Wagen" zu cabrioler „Luftsprünge machen", vgl. Kapriole] *das*; -s, -s: Auto mit zurückklappbarem Stoffverdeck. **Kabriolimousine** *die*; -, -n: Auto mit Schiebedach

Kadaver [...*wer*; aus gleichbed. *lat.* cadāver, eigtl. „gefallener (tot daliegender) Körper"] *der*; -s, -: a) toter, in Verwesung übergehender Tierkörper; Aas; b) (abwertend) toter menschlicher Körper. **Kadavergehorsam** *der*; -s: blinder, willenloser Gehorsam unter völliger Aufgabe der eigenen Persönlichkeit

Kadenz [aus gleichbed. *it.* cadenza, dies aus *vulgärlat.* cadentia „das Fallen" zu *lat.* cadere „fallen"] *die*; -, -en: 1. Akkordfolge als Abschluß eines Tonsatzes oder -abschnittes (Mus.). 2. das auf den drei Hauptharmonien (→ [1]Tonika 3, → Dominante 2b, → Subdominante b) beruhende harmonische Grundgerüst der Akkordfolge (die sieben Grundakkorde; Mus.). 3. vor dem Schluß eines musikalischen Satzes (od. einer Arie) virtuose Paraphrasierung der Hauptthemen (bzw. virtuose Auszierung des dem Schluß vorausgehenden Tons) durch den Solisten ohne instrumentale Begleitung (Mus.). 4. Schlußfall der Stimme (Sprachw.). 5. metrische Form des Versschlusses. 6. = Klausel (2). **kadenzieren**: (Mus.) a) durch eine Kadenz (1) zu einem harmonischen Abschluß leiten; b) eine Kadenz (3) ausführen

Kader [1: über *fr.* cadre aus gleichbed. *it.* quadro, eigtl. „viereckig", dies aus gleichbed. *lat.* quadrus; 2: aus gleichbed. *russ.* kadry] *der* (schweiz.: *das*); -s, -: 1. erfahrener Stamm eines Heeres (bes. an Offizieren u. Unteroffizieren) od. einer Sportmannschaft. 2. Gruppe leitender Personen mit wichtigen Funktionen in Partei, Staat u. Wirtschaft (DDR)

Kadett [aus *fr.* cadet „Offiziersanwärter", dies aus *altprovenzal.* capdel „(kleiner) Hauptmann", aus *lat.* capitellum „Köpfchen"] *der*; -en, -en: 1. (hist.) Zögling eines militärischen Internats für Offiziersanwärter. 2. (schweiz.) Mitglied einer [Schul]-organisation für militärischen Vorunterricht. **Kadettenkorps** [...*kor*] *das*; - [...*korß*], - [...*korß*]: (hist.) Gesamtheit der in Kadettenanstalten befindlichen Zöglinge

Kadetten [aus *russ.* kadety, nach den Anfangsbuchstaben *K* u. *D* der russischen Konstitutionellen Demokratischen (Partei)] *die* (Plural): (hist.) Mitglieder einer russischen Partei (1905–1917) mit dem Ziel einer konstitutionellen Monarchie

Kadi [aus *arab.* (al-)qāḍī] *der*; -s, -s: 1. Richter in mohammedanischen Ländern. 2. (ugs.) Richter

kadmieren u. verkadmen [zu → Kadmium]: Metalle zum Schutz gegen → Korrosion auf → galvanischem Wege mit einer Kadmiumschicht überziehen. **Kadmium**, (chem. fachspr.:) Cadmium [*k*...; zu *lat.* cadmīa „Zinkerz", dies aus gleichbed. *gr.* kadmía] *das*; -s: chem. Grundstoff, ein Metall; Zeichen: Cd

Kaffee [auch, österr. nur: *kafe*; über *fr.* café, *it.* caffè, *türk.* kahve aus gleichbed. *arab.* qahwa, auch „Wein"] *der*; -s: 1. Kaffeepflanze, Kaffeestrauch. 2. a) bohnenförmige Samen des Kaffeestrauchs; b) geröstete [gemahlene] Kaffeebohnen. 3. aus den Kaffeebohnen bereitetes Getränk. 4. a) kleine Zwischenmahlzeit am Nachmittag, bei der Kaffee getrunken wird; b) Morgenkafffee, Frühstück. 5. eindeutschende Schreibung für → Café

Kafir [aus *arab.* kāfir „Ungläubiger"] *der*; -s, -n: (abwertend) Nichtmohammedaner

Kaftan [über *türk.-slaw.* kaftan aus *pers.-arab.* qaftān „[militär.] Obergewand"] *der*; -s, -e: 1. aus Asien stammendes langes Obergewand, das früher in Osteuropa zur Tracht der orthodoxen Juden gehörte. 2. (ugs., abwertend) langes, weites Kleidungsstück

Kagu [*polynes.*] *der*; -s, -s: Rallenkranich (Urwaldvogel Neukaledoniens)

Kai [österr.: *ke*; über *niederl.* kaai aus gleichbed. *fr.* quai (kelt. Wort)] *der*; -s, -e u. -s: durch Mauern befestigtes Ufer zum Beladen u. Löschen von Schiffen

Kaiman [über *span.* caimán aus gleichbed. *karib.* kaiman] *der*; -s, -e: Krokodil im tropischen Südamerika

Kajak [aus *eskim.* qajaq] *der* (auch: *das*); -s, -s: a) einsitziges Männerboot bei den Eskimos; b) ein- od. mehrsitziges Sportpaddelboot

Kajüte [aus gleichbed. *mniederd.* kajūte (Herkunft unsicher)] *die*; -, -n: a) Wohn- u. Schlafraum auf einer Jacht od. einem Lastkahn; b) Wohn- u. Schlafraum für Offiziere u. Fahrgäste auf Passagierschiffen

kak..., **Kak...** vgl. kako..., Kako...

Kakadu [*österr.*: *...du*; über *niederl.* kaketoe aus gleichbed. *malai.* kaka(k)tua] *der*; -s, -s: in Indien u. Australien vorkommender Papagei

Kakao [*...kau* od. *...kao*, südd. auch: *kaka-o*; aus gleichbed. *span.* cacao, dies aus *aztek.* cacauatl „Kakaokern"] *der*; -s: 1. Samen des Kakaobaums. 2. aus dem Samen des Kakaobaumes hergestelltes Pulver. 3. aus Kakaopulver bereitetes Getränk; jmdn. durch den - ziehen: (ugs.) spöttisch-abfällig über jmdn. reden

Kakerlak [Herkunft unsicher] *der*; -s u. -en, -en: 1. Küchenschabe. 2. (lichtempfindlicher) → Albino (1)

Kaki vgl. Khaki

Kakibaum [zu gleichbed. *jap.* kaki] *der*; -s, ...bäume: ein ostasiatisches Ebenholzgewächs (Obstbaum mit tomatenähnlichen Früchten)

kako..., **Kako...**, vor Vokalen: kak..., Kak... [aus gleichbed. *gr.* kakós]: in Zusammensetzungen auftretendes Bestimmungswort mit der Bedeutung „schlecht, übel, miß...". **Kakodylverbindungen** [zu *gr.* kakṓdēs „übelriechend" u. → ...yl] *die* (Plural): organische Verbindungen des Arsens (Chem.). **Kakophonie** [aus gleichbed. *gr.* kakophōnía] *die*; -, ...ien: Mißklang, → Dissonanz (Mus.). **kakophonisch**: die Kakophonie betreffend, mißtönend

Kaktazeen [zu → Kaktus] *die* (Plural): Kaktusgewächse (Pflanzenfamilie). **Kaktee** *die*; -, -n u. **Kaktus** [über *lat.* cactus aus gleichbed. *gr.* káktos] *der*; - (ugs. u. österr. auch: -ses), ...teen (ugs. u. österr. auch: -se): Pflanze mit dickfleischigem Stamm als Wasserspeicher u. meist rückgebildeten Blättern, aus den trocken-heißen Gebieten Amerikas stammend (auch als Zierpflanze)

Kalabasse vgl. Kalebasse

Kalamarien [...*i*[e]*n*] *die* (Plural): fossile Schachtelhalme

Kalamität [aus *lat.* calamitās „Schaden, Unglück"] *die*; -, -en: [schlimme] Verlegenheit, Übelstand, Notlage

Kaldarium u. Caldarium [aus *lat.* caldārium] *das*; -s, ...ien [...*i*[e]*n*]: 1. altrömisches Warmwasserbad (kuppelüberwölbter Rundbau, meist Zentrum der Thermenanlage). 2. (veraltet) warmes Gewächshaus

Kaldaune [aus gleichbed. *mlat.* calduna, caldumen, wohl zu *lat.* calidus „warm"] *die*; -, -n (meist Plural): (landsch.) a) gereinigter u. gebrühter Magen von frisch geschlachteten Wiederkäuern, bes. vom Rind; b) (salopp) Eingeweide des Menschen

Kalebasse u. Kalabasse [über *fr.* calebasse aus gleichbed. *span.* calabaza, viell. zu gleichbed. *arab.* qar'a] *die*; -, -n: a) Flaschenkürbis (Kürbisart); b) dickbauchiges, aus einem Kürbis hergestelltes Gefäß mit Flaschenhals

Kaleido|skop [aus gleichbed. *engl.* kaleidoscope, eigtl. „Schönbildschauer", dies zu *gr.* kalós „schön", eĩdos „Gestalt, Bild" u. → ...skop] *das*; -s, -e: 1. fernrohrähnliches Spielzeug, bei dem sich beim Drehen bunte Glassteinchen zu verschiedenen Mustern u. Bildern anordnen. 2. lebendig-bunte [Bilder]folge, bunter Wechsel. **kaleido|skopisch**: 1. das Kaleidoskop betreffend. 2. in bunter Folge, ständig wechselnd (z. B. von Bildern od. Eindrükken)

Kaleika [aus *poln.* kolejka „Reihenfolge"] *das*; -s: (landsch.) Aufheben, Umstand

kalendarisch [zu → Kalendarium]: nach dem Kalender. **Kalendarium** *das*; -s, ...ien [...*i*[e]*n*; aus gleichbed. (*m*)*lat.* calendārium zu Calendae, s. Kalenden]: 1. Verzeichnis kirchlicher Gedenk- u. Festtage. 2. [Termin]kalender. 3. altröm. Verzeichnis von Zinsen, die am Ersten des Monats fällig waren. **Kalenden** u. Calendae [*ka...ä*; aus *lat.* Calendae] *die* (Plural): der erste Tag des altröm. Monats

Kalesche [aus gleichbed. *poln.* kolaska] *die*; -, -n: leichte vierrädrige Kutsche

Kalfakter [aus *mlat.* cal(e)factor „Einheizer"] *der*; -s, - u. **Kalfaktor** *der*; -s, ...oren: 1. jmd., der allerlei Arbeiten u. niedere Hilfsdienste verrichtet. 2. (landsch.) Aushorcher, Zuträger, Schmeichler

kalfatern [über *niederl.* kalfateren, *fr.* calfater (od. *it.* calafatare, *span.* calafatear) aus gleichbed. *mgr.* kalaphateĩn zu *arab.* qafr „Asphalt"]: hölzerne Schiffswände mit geteertem Werg in den Fugen abdichten

Kali vgl. unten

Kalian u. Kaliun [aus *pers.* ğalyān] *der* od. *das*; -s, -e: persische Wasserpfeife

Kaliber [aus gleichbed. *fr.* calibre, dies aus *arab.* qālib „Schusterleisten; Form, Modell", aus *gr.* kālopódion „Schusterleisten", eigtl. „Holzfüßchen"] *das*; -s, -: 1. a) lichte Weite von Rohren u. Bohrungen; b) Gerät zum Messen der lichten Weite von Rohren u. Bohrungen. 2. (ugs.) Art, Schlag, Sorte. **kali|brieren**: 1. das Kaliber (1a) messen. 2. Werkstücke auf genaues Maß bringen. 3. Meßinstrumente eichen

Kalif [aus *arab.* ḫalīfa „Nachfolger, Stellvertreter"] *der*; -en, -en: (hist.) Titel mohammedanischer Herrscher als Nachfolger Mohammeds. **Kalifat** *das*; -[e]s, -e: (hist.) Amt, Herrschaft, Reich eines Kalifen

Kali [rückgeb. aus → Alkali] *das*; -s, -s: 1. zusammenfassende Bezeichnung für die natürlich vorkommenden Kalisalze (wichtige Ätz- u. Düngemittel). 2. Kurzform von Kalium[verbindungen]. **Kalisalpeter** *der*; -s: ein Mineral (Bestandteil des Schießpulvers). **Kalium** [zu → Kali] *das*; -s: chem. Grundstoff, ein Metall; Zeichen: K. **Kaliumpermanganat** *das*; -s: tiefpurpurrote, metallisch glänzende Kristalle (starkes, fäulniswidriges Oxydationsmittel)

Kaliun vgl. Kalian

[1]**Kalkül** [aus gleichbed. *fr.* calcul, vgl. kalkulieren] *das* (auch: *der*); -s, -e: Berechnung, Überlegung. [2]**Kalkül** *der*; -s, -e: System von Regeln zur schematischen Konstruktion von Figuren (z. B. die Verfahren zur Auflösung linearer u. quadrat. Gleichungen; Math.)

Kalkulation [*...zion*; aus *spätlat.* calculātio „Berechnung"] *die*; -, -en: Kostenermittlung, [Kosten]voranschlag. **Kalkulator** *der*; -s, ...oren: Angestellter des betrieblichen Rechnungswesens. **kalkulatorisch**: rechnungsmäßig. **kalkulieren** [aus gleichbed. *lat.* calculāre]: 1. [be]rechnen, veranschlagen. 2. abschätzen, überlegen

Kalli|graph [aus gleichbed. *gr.* kalligráphos] *der*; -en, -en: (veraltet) Schönschreiber. **Kalli|graphie** *die*; -: Schönschreibkunst. **kalli|graphisch**: die Kalligraphie betreffend

Kallus [aus *lat.* callus „verhärtete Haut, Schwiele"] *der*; -, ...usse: 1. an Wundrändern von Pflanzen durch vermehrte Teilung entstehendes Gewebe (Bot.). 2. bei Knochenbrüchen neugebildetes Gewebe (Med.)

Kalmar [aus gleichbed. *fr.* calmar zu *lat.* calamārius „zum Schreibrohr gehörend", vgl. Kalamarien] *der*; -s, ...are: zehnarmiger Tintenfisch

Kalme [über *fr.* calme aus gleichbed. *it.* calma, dies über *spätlat.* cauma aus *gr.* kaũma „(Sommer)hitze"] *die*; -, -n: völlige Windstille. **Kalmengürtel** *der*; -s, -: Gebiet schwacher, veränderlicher Winde u. häufiger Windstillen [über den Meeren] (Meteor.). **Kalmenzone** *die*; -: Zone völliger Windstille in der Nähe des Äquators (Meteor.)

Kalmus [aus *lat.* calamus „Rohr", vgl. Kalamarien] *der*; -, -se: ein Aronstabgewächs (Zierstaude u. Heilpflanze)

Kalokagathie [aus *gr.* kalokagathía, zu kalòs kaì agathós „schön u. gut"] *die*; -: körperliche u. geistige Vollkommenheit als Bildungsideal im antiken Griechenland

Kalorie [zu *lat.* calor, Gen. calōris „Wärme, Hitze, Glut"] u. Grammkalorie *die*; -, ...ien: 1. physikalische Maßeinheit für die Wärmemenge, die 1 Gramm Wasser von 14,5° auf 15,5°Celsius erwärmt; Zeichen: cal. 2. (meist Plural): Maßeinheit für den Energiewert (Nährwert) von Lebensmitteln; Zeichen: cal. **Kalorik** *die*; -: Wärmelehre. **Kalorimeter** [aus *lat.* calor „Wärme" u. → ...meter] *das*; -s, -: Gerät zur Bestimmung von Wärmemengen, die durch chemische od. physikalische Veränderungen abgegeben od. aufgenommen werden. **Kalorime|trie** *die*; -: Lehre von der Messung von Wärmemengen. **kalorime|trisch**: die Wärmemessung betreffend; -e Geräte: = Kalorimeter. **kalorisch**: die Wärme betreffend; -e Maschine: → Generator mit Wärmeantrieb. **kalorisieren**: auf Metallen eine Schutzschicht durch Glühen in Aluminiumpulver herstellen

Kalotte [aus gleichbed. *fr.* calotte] *die*; -, -n: 1. gekrümmte Fläche eines Kugelabschnitts (Math.). 2. flache Kuppel (Archit.)

Kalpak u. Kolpak [aus gleichbed. *türk.* kalpak] *der*; -s, -s: 1. a) tatarische Lammfellmütze; b) Filzmütze der Armenier. 2. [Tuchzipfel an der] Husarenmütze

Kalumet [auch franz.Ausspr.: *kalümä*; aus gleichbed. *fr.* calumet zu *spätlat.* calamellus „Röhrchen"] *das*; -s, -s: Friedenspfeife der nordamerikanischen Indianer

Kalvarienberg [zu *lat.* calvāria „Hirnschale, Schädel"] *der*; -s, -e: Nachbildung der Kreuzigungsstätte mit Kreuzweg an katholischen Wallfahrtsorten

Kalvill [*...wil*; aus gleichbed. *fr.* calville, nach dem franz. Ort Calleville] *der*; -s, -en u. **Kalville** *die*; -, -n: feiner Tafelapfel

kalvinisch [*...wi...*; nach dem Genfer Reformator J. Calvin, 1509 bis 1564]: die Lehre Calvins betreffend; nach der Art Calvins. **Kalvinismus** *der*; -: evangelischreformierter Glaube; Lehre Calvins. **Kalvinist** *der*; -en, -en: Anhänger des Kalvinismus. **kalvinistisch**: zum Kalvinismus gehörend, ihn betreffend

kalzi..., Kalzi... [aus gleichbed. *lat.* calx, Gen. calcis], (chem. fachspr.:) calci..., Calci... [*kalzi...*]: in Zusammensetzunngen auftretendes Bestimmungswort mit der Bedeutung „Kalk". **Kalzination** [*...zion*; zu *lat.* calx, Gen calcis „Kalk"], (chem. fachspr.:) Calcination [*kalzi...*] *die*; -: das Kalzinieren (Chem.). **kalzinieren**, (chem. fachspr.:) calcinieren [*kalzi...*]: aus einer chem. Verbindung durch Erhitzen Wasser od. Kohlendioxyd austreiben. **Kalzit**, (chem. fachspr.:) Calcit [*kalzit*] *der*; -s, -e: Kalkspat. **Kalzium**, (chem. fachspr.:) Calcium [*kalz...*; zu *lat.* calx, Gen. calcis „Kalk"] *das*; -s: chem. Grundstoff, ein Metall; Zeichen: Ca. **Kalziumhy|droxyd**[1, 2] *das*; -s: gelöschter Kalk. **Kalziumoxyd**[1, 2] *das*; -s: gebrannter Kalk, Ätzkalk. **Kalziumsulfat**[1]: Gips, Alabaster

Kambium [aus *mlat.* cambium „Tausch, Wechsel"] *das*; -s, ...ien [*...iᵉn*]: ein teilungsfähig bleibendes Pflanzengewebe (Bot.)

kam|brisch [nach dem *kelt.-mlat.* Namen Cambria für Nordwales]: das Kambrium betreffend. **Kambrium** *das*; -s: älteste Stufe des → Paläozoikums (Geol.)

Kamee [über *fr.* camée aus gleichbed. *it.* cammeo] *die*; -, -n: [Edel]stein mit erhabener figürlicher Darstellung

Kamel [aus gleichbed. *gr.-mgr.* kámēlos (semit. Wort)] *das*; -[e]s, -e: ein Huftier der Steppen- u. Wüstengebiete mit verschiedenen Arten

Kamelie [*...iᵉ*; nach dem aus Mähren stammenden Jesuiten G. J. Camel, 1661–1706] *die*; -, -n: eine Zierpflanze mit zartfarbigen Blüten

Kamelott [aus gleichbed. *fr.* camelot] *der*; -s, -e: 1. feines Kammgarngewebe. 2. [Halb]seidengewebe in Taftbindung (Webart)

Kamera [Kurzform von: Camera obscura] *die*; -, -s: 1. Apparat zur optischen Abbildung eines Gegenstandes auf einer lichtempfindlichen Schicht, Fotoapparat. 2. Aufnahmegerät für Filme u. Fernsehübertragungen; vgl. Camera obscura

kamieren u. kaminieren [aus *it.* camminare „gehen, laufen"]: die gegnerische Klinge umgehen (Fechten)

Kamikaze [aus *jap.* kamikaze, eigtl. „göttlicher

[1] Zur Schreibung vgl. Kalzium.
[2] Zur Schreibung vgl. Oxyd.

Wind"] *der*; -, -: jap. Selbstmordflieger des zweiten Weltkriegs

Kamille [gekürzt aus gleichbed. *mlat.* camomilla, dies über *lat.* chamaemēlon aus gleichbed. *gr.* chamaímēlon, eigtl. „Erdapfel"] *die*; -, -n: eine Heilpflanze

Kamin [aus gleichbed. *lat.* camīnus, dies aus *gr.* kámīnos „Schmelzofen, Bratofen"] *der* (schweiz.: *das*); -s, -e: 1. offene Feuerstelle in Wohnräumen. 2. steile, enge Felsenspalte (Alpinistik). 3. (landsch.) Schornstein. **kaminieren**: 1. im Kamin, zwischen überhängenden Felsen klettern (Alpinistik). 2. vgl. kamieren

Kamp [aus *lat.* campus „flaches Feld"] *der*; -[e]s, Kämpe: 1. (landsch.) eingefriedigtes Feld, Grasplatz; Feldstück. 2. Pflanzgarten zur Aufzucht von Forstpflanzen

Kampa|gne [*...panj^e*; aus *fr.* campagne „Ebene, Feld; Feldzug", dies aus *spätlat.* campānia „flaches Land, Brachfeld", vgl. Kamp] *die*; -, -n: 1. (veraltet) militärischer Feldzug. 2. Presse-, Wahlfeldzug. 3. [politische] Aktion

Kampanile u. Campanile [*ka...*; aus gleichbed. *it.* campanile zu campana „Glocke", dies aus gleichbed. *spätlat.* campāna] *der*; -, -: frei stehender Glockenturm [in Italien]

Kampescheholz [nach dem Staat Campeche (*kampätsch^e*) in Mexiko] *das*; -es: ein tropischer Baum

kampieren [aus gleichbed. *fr.* camper zu camp „Feldlager", vgl. Kamp]: a) im Freien lagern, übernachten; b) (ugs.) wohnen, hausen

Kanadier [*...i^er*; zu Kanada] *der*; -s, -: 1. offenes, mit einseitigem Paddel fortbewegtes Sportboot. 2. (österr.) Polstersessel

Kanaille [*kanalj^e*; aus *fr.* canaille „Hundepack, Gesindel", dies aus gleichbed. *it.* canaglia zu *lat.* canis „Hund"] *die*; -, -n: 1. (abwertend) Schurke, Schuft. 2. (ohne Plural) (veraltet) Gesindel

Kanal [aus *it.* canale „Leitungsröhre, Kanal", dies aus *lat.* canālis „Röhre, Rinne, Wasserlauf, Kanal" zu canna „kleines Rohr, Röhre", dies aus *gr.* kánna „Rohr, Rohrgeflecht"] *der*; -s, ...äle: 1. a) künstlich angelegte Wasserstraße als Verbindungsweg für Schiffe zwischen Flüssen od. Meeren; b) [unterirdischer] Graben zum Ableiten von Abwässern. 2. bestimmter Frequenzbereich eines Senders (Techn.). 3. unbekannte, geheime Nachrichtenquelle. **Kanalisation** [*...zion*] *die*; -, -en: 1. a) System von [unterirdischen] Rohrleitungen u. Kanälen zum Abführen der Abwässer; b) der Bau von [unterirdischen] Rohrleitungen u. Kanälen zum Abführen der Abwässer. 2. Ausbau von Flüssen zu schiffbaren Kanälen; vgl. ...ation/...ierung. **kanalisieren**: 1. eine Ortschaft, einen Betrieb o. ä. mit einer Kanalisation (1a) versehen. 2. einen Fluß schiffbar machen. 3. etwas gezielt lenken, in eine bestimmte Richtung leiten (z. B. von politischen od. geistigen Bewegungen). **Kanalisierung** *die*; -, -en: das Kanalisieren

Kanapee [österr. auch: *...pe*; aus gleichbed. *fr.* canapé, dies aus *mlat.* canopēum „Mückenschleier; (mit einem Mückenschleier umzogenes) Himmelbett", über *lat.* cōnōpēum aus gleichbed. *gr.* kōnōpeĩon] *das*; -s, -s: 1. (veraltet) Sofa mit Rücken- u. Seitenlehne. 2. (nur Plural) a) gefüllte Blätterteigschnitten; b) pikant belegte geröstete Weißbrotscheiben

Kanari [nach *fr.* canari, nach den Kanarischen Inseln] *der*; -s, -: (südd., österr.) Kanarienvogel.

Kanarie [*...i^e*] *die*; -, -n: (fachspr.) Kanarienvogel

Kandare [aus *ung.* kantár „Zaum, Zügel"] *die*; -, -n: zum Zaumzeug gehörende Gebißstange im Maul des Pferdes

Kandelaber [aus gleichbed. *fr.* candélabre, dies aus *lat.* candēlābrum „Leuchter"] *der*; -s, -: a) mehrarmiger Leuchter für Lampen od. Kerzen; b) Laternenträger

Kandidat [aus gleichbed. *lat.* candidātus, eigtl. „Weißgekleideter"] *der*; -en, -en: 1. jmd., der sich um ein Amt od. um einen Sitz in einer Volksvertretung bewirbt. 2. a) Student höheren Semesters, der sich auf sein Examen vorbereitet; b) Prüfling. **Kandidatur** [nach gleichbed. *fr.* candidature] *die*; -, -en: Bewerbung um ein Amt od. einen Parlamentssitz. **kandidieren**: sich um ein Amt od. einen Sitz in einer Volksvertretung bewerben

kandieren [über *fr.* candir „einzuckern" aus gleichbed. *it.* candire, vgl. Kandis]: Früchte mit einer Zuckerlösung überziehen u. dadurch haltbar machen. **Kandis** [aus gleichbed. *it.* candi, zucchero candito, dies aus *arab.* qandi „aus Rohrzucker" zu qand „Rohrzucker"] *der*; - u. **Kandiszucker** *der*; -s: in großen Stücken an Fäden auskristallisierter Zucker. **Kanditen** *die* (Plural): (bes. österr.) überzuckerte Früchte

Kaneel [über *fr.* cannelle „Zimt" aus *mlat.* cannella „Röhrchen" zu *lat.* canna „Rohr" (nach der Form der Zimtstange)] *der*; -s, -e: qualitativ hochwertige Zimtsorte

Kanevas [*...^ewaß*] *der*; - u. -ses, - u. -se: leinwandbindiges, gitterartiges Gewebe für Handarbeiten. **kanevassen**: aus Kanevas

Känguruh [*kängg...*; *austr.*] *das*; -s, -s: australisches Springbeuteltier mit stark verlängerten Hinterbeinen

Kaniden [zu *lat.* canis „Hund"] *die* (Plural): zusammenfassende Bezeichnung für: Hunde u. hundeartige Tiere (z. B. Fuchs, Schakal, Wolf)

Kanister [unter Einfluß von gleichbed. *engl.* canister aus *it.* canestro „Korb", dies aus *lat.* canistrum, *gr.* kánistron „rohrgeflochtener Korb"; vgl. Kanal] *der*; -s, -: tragbarer Behälter für Flüssigkeiten

Kannä [nach dem altröm. Ort Cannae, bei dem Hannibal 216 v. Chr. ein Römerheer völlig vernichtete] *das*; -, -: (veraltend) katastrophale Niederlage; vgl. kannensisch

kannelieren [aus gleichbed. *fr.* canneler]: [eine Säule] mit senkrechten Rillen versehen. **Kannelierung** *die*; -, -en: 1. Rinnen- u. Furchenbildung auf der Oberfläche von Kalk- u. Sandsteinen (verursacht durch Wasser od. Wind; Geol.). 2. Gestaltung der Oberfläche einer Säule od. eines Pfeilers mit → Kannelüren. **Kannelüre** [aus gleichbed. *fr.* cannelure, dies über *it.* cannellatura zu *mlat.* cannella „Röhrchen"; vgl. Kanal] *die*; -, -n: senkrechte Rille am Säulenschaft

kannensische Niederlage [nach dem altröm. Ort Cannae] *die*; -n -, -n -n: (veraltend) völlige Niederlage, Vernichtung; vgl. Kannä

Kannibale [aus gleichbed. *span.* canibal, nach dem Stammesnamen der Kariben] *der*; -n, -n: 1. Menschenfresser. 2. roher, ungesitteter Mensch. **kannibalisch**: 1. in der Art eines Kannibalen. 2. roh, grausam, ungesittet. 3. (ugs.) ungemein, sehr groß, überaus. **Kannibalismus** *der*; -: 1. Menschenfresserei. 2. das Auffressen von Artgenossen bei Tieren (Zool.). 3. unmenschliche Roheit

Kanon [über *lat.* canōn „Regel, Norm, Richtschnur"

aus gleichbed. *gr.* kanṓn, eigtl. „Rohrstab", zu kánna „Rohr"; vgl. Kanal] *der*; -s, -s: 1. Richtschnur, Leitfaden. 2. Gesamtheit der für ein bestimmtes [Fach]gebiet geltenden Regeln u. Vereinbarungen. 3. Musikstück, bei dem verschiedene Stimmen in bestimmten Abständen nacheinander mit derselben Melodie einsetzen, bei dem sich das Thema Note für Note und in bestimmten Abständen selbst begleitet (Mus.). 4. a) unabänderliche Liste der von einer Religionsgemeinschaft anerkannten Schriften; b) die im Kanon (4a) enthaltenen Schriften. 5. (Plural: Kanones) Einzelbestimmung des katholischen Kirchenrechts. 6. das Hochgebet der Eucharistie in der kath. Liturgie. 7. kirchenamtliches Verzeichnis der Heiligen. **Kanonikat** [zu → Kanonikus] *das*; -[e]s, -e: Amt u. Würde eines Kanonikers. **Kanoniker** *der*; -s, - u. **Kanonikus** [aus *kirchenlat.* canonicus zu *lat.* canōn „Regel, Vorschrift"; vgl. Kanon (5)] *der*; -, ...ker: Mitglied eines → Kapitels (2), Chorherr. **Kanonisation** [*...zion*; zu → kanonisieren] *die*; -, -en: Aufnahme in den Kanon der Heiligen, Heiligsprechung (kath. Rel.). **kanonisch** [aus *lat.* canōnicus „regelgemäß"]: 1. als Vorbild dienend. 2. den kirchlichen [Rechts]bestimmungen gemäß (kath. Rel.). **kanonisieren** [über *kirchenlat.* canōnizāre aus *gr.* kanōnízein „in den Kanon aufnehmen"]: in den Kanon der Heiligen aufnehmen, heiligsprechen. **Kanonisse** *die*; -, -n u. **Kanonissin** [aus gleichbed. *mlat.* canonissa] *die*; -, -nen: Stiftsdame

Kanonade [aus gleichbed. *fr.* canonnade zu canon „Geschütz" aus *it.* cannone; s. Kanone] *die*; -, -n: [anhaltendes] Geschützfeuer, Trommelfeuer. **Kanone** [aus *it.* cannone „Geschütz", Vergrößerungsbildung zu *lat.-it.* canna „Rohr"; vgl. Kanal] *die*; -, -n: 1. [schweres] Geschütz. 2. (ugs.) jmd., der auf seinem Gebiet Bedeutendes leistet, [Sport]größe; unter aller -: (ugs.) sehr schlecht, unter aller Kritik. **Kanonier** [aus gleichbed. *fr.* canonnier] *der*; -s, -e: Soldat, der ein Geschütz bedient. **kanonieren** [aus *fr.* canonner „beschießen"]: 1. (veraltet) [mit Kanonen] beschießen. 2. (ugs.) einen kraftvollen Schuß auf das Tor abgeben (z. B. Fuß-, Handball)

Kanonikat, Kanoniker, Kanonikus usw. s. Kanon

Kanossa [nach Canossa, einer Burg in Norditalien, in der Papst Gregor VII. 1077 die Demütigung Heinrichs IV. entgegennahm] *das*; -s, -s: tiefe Demütigung; nach - gehen: sich demütigen, sich erniedrigen

Känozoikum [zu *gr.* kainós „neu" u. zṓon „Lebewesen"] *das*; -s: die erdgeschichtliche Neuzeit, die → Tertiär u. → Quartär umfaßt (Geol.). **känozoisch**: das Känozoikum betreffend

kantabel [aus gleichbed. *it.* cantabile, dies aus *lat.* cantābilis „besingenswert"]: gesanglich, singbar (Mus.). **Kantabile** *das*; -, -: ernstes, getragenes Tonstück (Mus.)

¹**Kantate** [zu *lat.* cantāte „singet!"]: der 4. Sonntag nach Ostern (nach dem alten → Introitus Psalm 98, 1: „Singet [dem Herrn ein neues Lied]"). ²**Kantate** [aus gleichbed. *it.* cantāta zu *lat.-it.* cantāre „singen"] *die*; -, -n: mehrteiliges, vorwiegend lyrisches Gesangsstück im → monodischen Stil für Solisten od. Chor mit Instrumentalbegleitung (Mus.)

Kantele [aus *finn.* kantele] *die*; -, -n: ein finnisches Saiteninstrument mit 5–30 Saiten

Kanter [bei engl. Ausspr.: *kǫntᵉr*; aus gleichbed. *engl.* canter, eigtl. Kurzform des Namens der engl. Stadt Canterbury (*...bᵉri*)] *der*; -s, -: kurzer, leichter Galopp (Reiten). **kantern**: kurz u. leicht galoppieren (Pferdesport). **Kantersieg** *der*; -s, -e: müheloser [hoher] Sieg (bei Sportwettkämpfen)

Kantilene [aus *lat.-it.* cantilēna „Singsang, Lied" zu *it.* cantilāre „trillernd singen"] *die*; -, -n: gesangartige, meist getragene Melodie (Mus.)

Kantine [aus *fr.* cantine „Soldatenschenke", eigtl. „Flaschenkeller", dies aus *it.* cantina „Keller"] *die*; -, -n: Speiseraum in Betrieben, Kasernen u. ä.

Kanton [aus *fr.* canton „Ecke, Winkel, Bezirk", dies aus gleichbed. *it.* cantone zu canto „Winkel, Ekke"] *der*; -s, -e: 1. Bundesland der Schweiz; Abk.: Kt. 2. Bezirk, Kreis in Frankreich u. Belgien. 3. (hist.) Wehrverwaltungsbezirk (in Preußen). **kantonal**: den Kanton betreffend, zu einem Kanton gehörend

Kantoniere [aus gleichbed. *it.* casa cantoniera zu cantoniere „Streckenwärter"; vgl. Kanton] *die*; -, -n: Straßenwärterhaus in den ital. Alpen

Kantonist [zu → Kanton (3)] *der*; -en, -en: (veraltet) ausgehobener Rekrut; unsicherer -: (ugs.) unzuverlässiger Mensch

Kantor [aus *lat.* cantor „Sänger" zu canere „singen"] *der*; -s, ...oren: 1. Vorsänger u. Leiter des Chores im → Gregorianischen Choral. 2. Leiter des Kirchenchores, Organist, Dirigent der Kirchenmusik. **Kantorat** *das*; -[e]s, -e: Amt[szeit] eines Kantors. **Kantorei** *die*; -, -en: 1. Singbruderschaft, Gesangschor [mit nur geistlichen Mitgliedern] im Mittelalter. 2. kleine Singgemeinschaft, Schulchor. 3. ev. Kirchenchor

Kantus [aus gleichbed. *lat.* cāntus zu canere „singen"] *der*; -, -se: (Studentenspr.) Gesang; vgl. Cantus

Kanu [auch, österr. nur: *kanu*; über *engl.* canoe aus gleichbed. *fr.* canot, *span.* canoa, diese aus *karib.* can(a)oa „Baumkahn"] *das*; -s, -s: 1. als Boot benutzter ausgehöhlter Baumstamm. 2. zusammenfassende Bezeichnung für: → Kajak u. → Kanadier (1). **Kanute** *der*; -n, -n: Kanufahrer (Sport)

Kanüle [aus gleichbed. *fr.* canule, dies aus *lat.* cannula „kleines Rohr"; vgl. Kanal] *die*; -, -n: (Med.) 1. Röhrchen zum Einführen od. Ableiten von Luft od. Flüssigkeiten. 2. Hohlnadel an einer Injektionsspritze

Kanzellen [aus *lat.* cancelli (Plural) „Schranken, Gitter" zu cancer „Gitter"] *die* (Plural): 1. die die Zungen enthaltenden Kanäle beim Harmonium, bei Hand- und Mundharmonika. 2. die den Wind verteilenden Abteilungen der Windlade bei der Orgel

kanzerogen [zu *lat.* cancer „Krebs; Krebsgeschwür" u. → ...gen]: krebserzeugend (Med.). **kanzerös** [*lat.*]: krebsartig (Med.)

Kanzlei [zu *lat.-mlat.* cancelli „Schranken, Gitter"; vgl. Kanzellen] *die*; -, -en: (veraltet, aber noch südd., österr., schweiz.) Büro [bei einem Rechtsanwalt od. bei Behörden]. **Kanzlist** *der*; -en, -en: (veraltet) Schreiber, Angestellter in einer Kanzlei

Kanzone [aus *it.* canzone „Gesang, Lied", dies aus gleichbed. *lat.* cantio zu canere „singen"] *die*; -, -n: 1. eine romanische Gedichtform. 2. leichtes, heiteres, empfindungsvolles Lied. 3. kontrapunktisch gesetzter A-cappella-Chorgesang im 16. Jh. in Frankreich (Mus.). 4. seit dem 16. Jh. liedartige Instrumentalkomposition für Orgel, Laute, Klavier u. kleine Streicherbesetzung (Mus.). **Kanzonetta** u. **Kanzonette** [aus *it.* canzonetta „Liedchen"] *die*; -, ...etten: kleines Gesangs- od. Instrumentalstück (Mus.)

Kaolin [aus gleichbed. *fr.* kaolin, nach dem chines. Berg Kaoling] *das* od. *der* (fachspr. nur so); -s, -e: weicher, formbarer Ton, der durch Zersetzung von Feldspaten entstanden ist (Porzellanerde). **kaolinisieren**: Kaolin bilden. **Kaolinit** *der*; -s, -e: Hauptbestandteil des Kaolins

Kap. = Kapitel

Kapaun [aus gleichbed. *fr. mdal.* capon, dies zu *lat.* cāpō „verschnittener Hahn"] *der*; -s, -e: verschnittener Masthahn. **kapaunen** u. **kapaunisieren**: einen Hahn kastrieren

Kapazität [aus *lat.* capācitās „Fassungsvermögen, geistige Fassungskraft" zu capāx „vielfassend; tauglich" u. capere „nehmen, fassen, begreifen"] *die*; -, -en: 1. (ohne Plural) a) Fassungs- od. Speicherungsvermögen eines technischen Geräts od. Bauteils; b) Produktions- od. Leistungsvermögen einer Maschine od. Fabrik; c) räumliches Fassungsvermögen [eines Gebäudes]; d) geistiges Leistungs- od. Fassungsvermögen. 2. hervorragender Fachmann. **kapazitativ**: die Kapazität (1) betreffend; -er [...w^er] Widerstand: Wechselstromwiderstand eines Kondensators (Elektrot.)

Kapeador vgl. Capeador

Kapee [mit französierender Endung zu → kapieren gebildet]; (ugs. mdal.) in den Redewendeungen: schwer von - sein: begriffsstutzig sein; - haben: leicht begreifen

Kapelan [aus gleichbed. *fr.* capelan, dies aus *mlat.* capellānus „Kaplan"] *der*; -s, -e: kleiner Lachsfisch des nördlichen Atlantischen Ozeans

[1]**Kapelle** [aus *mlat.* cap(p)ella „kleines Gotteshaus", eigtl. „kleiner Mantel" (zu *lat.* cappa „Mantel mit Kapuze"), nach dem Aufbewahrungsort des Mantels des hl. Martin im merowing. Frankenreich] *die*; -, -n: 1. kleines [privates] Gotteshaus ohne Gemeinde. 2. abgeteilter Raum für Gottesdienste in einer Kirche od. einem Wohngebäude

[2]**Kapelle** [aus *it.* cappella „Musikergesellschaft" (eigtl. „Musiker- u. Sängerchor in einer Schloßkapelle")] *die*; -, -n: 1. im Mittelalter ein Sängerchor in der Kirche, der die reine Gesangsmusik pflegte; vgl. a cappella. 2. Musikergruppe, Instrumentalorchester

Kaper [über *it.* cappero, *fr.* câpre aus gleichbed. *lat.* capparis, dies aus *gr.* kápparis „Kaper(nstrauch)"] *die*; -, -n (meist Plural): [in Essig eingemachte] Blütenknospe des Kapernstrauches (ein Gewürz)

kapieren [in der Schülerspr. aus *lat.* capere „nehmen, fassen; begreifen"; vgl. Kapee]: (ugs.) begreifen, verstehen

kapillar [aus *lat.* capillāris „zum Haar (*lat.* capillus) gehörend"]: haarfein (z. B. von Blutgefäßen; Med.). **Kapillare** *die*; -, -n: 1. Haargefäß, kleinstes Blutgefäß (Biol.; Med.). 2. ein Röhrchen mit sehr kleinem Querschnitt (Phys.). **Kapillarität** *die*; -: das Verhalten von Flüssigkeiten in engen Röhren (Phys.)

kapital [aus *lat.* capitālis „vorzüglich, hauptsächlich" zu caput „Haupt"]: 1. a) besonders, außerordentlich (z. B. -e Schlamperei); b) grundlegend, schwerwiegend (z. B. -er Irrtum); c) (ugs.) großartig, prächtig (z. B. -es Vergnügen). 2. ein besonders schönes Geweih tragend (z. B. vom Hirsch). **Kapital** [aus gleichbed. *it.* capitale zu *lat.* capitālis „hauptsächlich"] *das*; -s, -e u. -ien [...i^en] (österr. nur so): 1. Geld [für Investitionszwecke]. 2. Wert des Vermögens eines Unternehmens; Vermögen[sstamm]; - aus etwas schlagen: Nutzen, Gewinn aus etwas ziehen. 3. etwas, was für jmdn. besonders wertvoll ist, einen großen Wert darstellt (z. B. ihre Stimme ist ihr einziges Kapital). **Kapital...**: in Zusammensetzungen auftretendes Bestimmungswort mit der Bedeutung „hauptsächlich, Haupt..., groß, stark; Kapital", z. B. Kapitalverbrechen, Kapitalbock. **Kapitäl** vgl. Kapitell. **Kapitälchen** [zu → Kapitalis] *das*; -s, -: Großbuchstabe in der Größe der kleinen Buchstaben (Druckw.). **Kapitalis** [zu *lat.* capitālis (s. Kapital), eigtl. „Hauptschrift"] *die*; -: altröm. Monumentalschrift [auf Bauwerken]. **Kapitalisation** [...*zion*]; *die*; -, -en: Umwandlung eines laufenden Ertrags od. einer Rente in einen einmaligen Kapitalbetrag. **kapitalisieren**: in eine Geldsumme umwandeln. **Kapitalisierung** *die*; -, -en: = Kapitalisation. **Kapitalismus** *der*; -: Wirtschaftssystem, das auf dem freien Unternehmertum basiert u. dessen treibende Kraft das Gewinnstreben einzelner ist, während die Arbeiter keinen Besitzanteil an den Produktionsmitteln haben. **Kapitalist** *der*; -en, -en: 1. Kapitalbesitzer, Vertreter des Kapitalismus. 2. (ugs., abwertend) jmd., der über viel Geld verfügt. **kapitalistisch**: den Kapitalismus betreffend. **Kapitalverbrechen** *das*; -s, -: schweres Verbrechen, das mit der Todesstrafe od. mit lebenslänglichem Zuchthaus bestraft wird

Kapitän [aus gleichbed. *it.* capitano bzw. *fr.* capitaine zu *spätlat.* capitāneus „durch Größe hervortretend" (zu caput „Haupt")] *der*; -s, -e: 1. Kommandant eines Schiffes; - zur See: Seeoffizier im Range eines Obersts. 2. Kommandant eines Flugzeuges, Chefpilot. 3. Anführer, Spielführer einer Sportmannschaft. **Kapitänleutnant** *der*; -s, -e: Offizier der Bundesmarine im Range eines Hauptmanns

Kapitel [aus *lat.* capitulum „Köpfchen; Hauptabschnitt" zu caput „Kopf, Spitze, Hauptsache"] *das*; -s, -: 1. Hauptstück, Abschnitt in einem Schrift- od. Druckwerk; Abk.: Kap. 2. a) Körperschaft der Geistlichen einer Dom- od. Stiftskirche od. eines Kirchenbezirks (Landkapitel); b) Versammlung eines [geistlichen] Ordens

Kapitell [aus gleichbed. *lat.* capitellum, eigtl. „Köpfchen" zu caput „Kopf"] *das*; -s, -e: oberer Abschluß einer Säule, eines Pfeilers od. → Pilasters

Kapitol [aus *lat.* Capitōlium] *das*; -s: 1. (hist.) Stadtburg im alten Rom, Sitz des → Senats (1). 2. Sitz des amerik. → Senats (2), Parlamentsgebäude der Vereinigten Staaten in Washington

Kapitular [aus *mlat.* capitulārius zu capitulum, s. Kapitel] *der*; -s, -e: Mitglied eines Kapitels (2) (z. B. ein Domherr). **Kapitularien** [...*i^en*; aus gleichbed. *mlat.* capitulāre, Plural capitulāria] *die* (Plural): (hist.) Gesetze u. Verordnungen der fränkischen Könige

Kapitulation [...*zion*; aus gleichbed. *fr.* capitulation zu capituler] *die*; -, -en: 1. Übergabe [einer Truppe, einer Festung]. 2. resignierendes Nachgeben. **kapitulieren** [über gleichbed. *fr.* capituler aus *mlat.* capitulāre „einen Vertrag schließen" zu capitulum „Abschnitt, Klausel"]: 1. sich [dem Feinde] ergeben. 2. aufgeben, nachgeben, die Waffen strecken

Ka|plan [aus *mlat.* capellānus „Kapellengeistlicher"] *der*; -s, ...läne: a) dem Pfarrer untergeordneter katholischer Geistlicher; b) Geistlicher mit besonderen Aufgaben (z. B. in einem Krankenhaus)

Kapo [Kurzform von *fr.* *capo*ral „Hauptmann, Anführer; Korporal"] *der*; -s, -s: 1. (Soldatenspr.) Unteroffizier. 2. (Jargon) Häftling eines Straf- od. Konzentrationslagers, der die Aufsicht über andere Häftlinge führt

Kapodaster [aus it. capotasto „Hauptbund"] *der*; -s, -: ein über alle Saiten reichender, auf dem Griffbrett sitzender verschiebbarer Bund bei Lauten u. Gitarren

kapores [aus *gaunerspr.* kapores gehen „ums Leben kommen", dies zu *hebr.-jidd.* kappōra „Sühnung, Versöhnung" (nach dem Hühneropfer am jüd. Versöhnungsfest)]: (ugs.) entzwei, kaputt

Kapotte [aus *fr.* capote „Damenhut"] *die*; -, -n u. **Kapotthut** *der*; -s, ...hüte: im 19. Jh. u. um 1900 modischer, unter dem Kinn gebundener kleiner, hochsitzender Damenhut

Kappa [aus *gr.* káppa] *das*; -[s], -s: griech. Buchstabe: *K, κ*

Ka|priccio [...*pritscho*] vgl. Capriccio. **Ka|price** [*kapriße*; aus gleichbed. *fr.* caprice, dies aus *it.* capriccio, s. Capriccio] *die*; -, -n: Laune; vgl. Kaprize

Ka|priole [aus gleichbed. *it.* capriola, eigtl. „Bocksprung", zu capro aus *lat.* caper „Ziegenbock"] *die*; -, -n: 1. Luftsprung. 2. launenhafter, toller Einfall; übermütiger Streich. 3. ein Sprung in der Pferdedressur. **ka|priolen**: Kapriolen machen

Ka|prize (österr.) → Kaprice. **ka|prizieren** [zu → Kaprice]: sich auf etw. -: eigensinnig auf etwas bestehen. **ka|priziös** [aus gleichbed. *fr.* capricieux]: launenhaft, eigenwillig

Kaput [durch roman. Vermittlung zu *lat.* cappa „Mantel", vgl. *fr.* capot „Regenmantel"] *der*; -s, -e: (schweiz.) [Soldaten]mantel

kaputt [aus *fr.* être capot „matsch sein, keinen Stich gemacht haben" (im Kartenspiel)]: (ugs.) a) entzwei, zerbrochen; b) verloren, bankrott [im Spiel]; c) in Unordnung, aus der Ordnung gekommen; - sein: a) matt, erschöpft sein; b) auf Grund von körperlicher od. seelischer Zerrüttung od. durch schlechte soziale Bedingungen sich nicht mehr den gesellschaftlichen Anforderungen u. Zwängen unterwerfen können

Kapuze [aus gleichbed. *it.* cap(p)uccio zu *spätlat.-it.* cappa „Mantel mit Kapuze"] *die*; -, -n: an einen Mantel od. eine Jacke angearbeitete Kopfbedekkung, die sich ganz über den Kopf ziehen läßt

Kapuziner [aus gleichbed. *it.* cappuccino zu cappuccio „Kapuze"] *der*; -s, -: Angehöriger eines katholischen Ordens

Karabiner [aus *fr.* carabine „kurze Reiterflinte" zu carabin „leichter Reiter"] *der*; -s, -: 1. kurzes Gewehr. 2. (österr.) = Karabinerhaken. **Karabinerhaken** *der*; -s, -: federnder Verschlußhaken. **Karabinier** [...*ie*] *der*; -s, -s: (hist.) 1. [mit einem Karabiner (1) ausgerüsteter] Reiter. 2. Jäger zu Fuß. **Karabiniere** [aus *it.* carabiniere] *der*; -[s], ...ri: italienischer Polizist

Karacho [...*cho*; Herkunft unsicher] *das*; -: (ugs.) große Geschwindigkeit, Rasanz; mit -: mit großer Geschwindigkeit, mit Schwung

Karaffe [über *fr.* caraffe aus gleichbed. *it.* caraffa, dies über *span.* garrafa aus *arab.* ġarrāfa „bauchige Flasche"] *die*; -, -n: geschliffene, bauchige Glasflasche [mit Glasstöpsel]

Karakal [aus gleichbed. *türk.* karakulak, eigtl. „Schwarzohr"] *der*; -s, -s: Wüstenluchs

Karakulschaf [nach einem See im Hochland von Pamir] *das*; -s, -e: Fettschwanzschaf (die Lämmer liefern den wertvollen Persianerpelz)

Karambolage [...*gsche*; aus gleichbed. *fr.* carambolage zu caramboler „zusammenstoßen", dies zu carambole „rote Billardkugel"] *die*; -, -n: 1. a) Zusammenstoß, Zusammenprall; b) Auseinandersetzung, Streit. 2. das Anstoßen des Spielballes an die beiden anderen Bälle im Billardspiel. **Karambole** *die*; -, -n: der Spielball (roter Ball) im Billardspiel. **karambolieren**: 1. zusammenstoßen. 2. mit dem Spielball die beiden anderen Bälle treffen (Billardspiel)

Karamel [über gleichbed. *fr.* caramel aus *span., port.* caramelo „Zuckerrohr, gebrannter Zucker", dies aus *lat.* calamellus „Röhrchen" zu calamus, *gr.* kálamos „Rohr"] *der*; -s: gebrannter Zucker. **karamelisieren**: 1. Zucker zu Karamel brennen. 2. Speisen (bes. Früchte) mit gebranntem Zucker übergießen od. in Zucker rösten. **Karamelle** *die*; -, -n (meist Plural): [weiches, zähes] Bonbon aus Karamel u. Milch od. Sahne, Rahmbonbon

Karat [aus *fr.* carat „Edelstein- u. Goldgewicht", dies über *mlat.* carrātus aus gleichbed. *arab.* qīrāt, dies aus *gr.* kerátion „Hörnchen; Same des Johannisbrotbaumes" (zum Goldwiegen benutzt)] *das*; -[e]s, -e: 1. getrockneter Samen des Johannisbrotbaumes. 2. Einheit für die Gewichtsbestimmung von Edelsteinen (1 Karat = etwa 205 mg, 1 metrisches Karat = 200 mg). 3. Maß der Feinheit einer Goldlegierung (reines Gold = 24 Karat)

Karate [aus gleichbed. *jap.* karate, eigtl. „leere Hand"] *das*; -[s]: System waffenloser Selbstverteidigung. **Karateka** *der*; -s, -s: Karatekämpfer

Karavelle [...*wäle*; aus gleichbed. *fr.* caravelle, dies aus *port.* caravela zu *spätlat.* carabus „geflochtener Kahn"] *die*; -, -n: ein mittelalterliches Segelschiff (14. bis 16. Jh.)

Karawane [über *it.* caravana aus *pers.* kārwān „Kamelzug, Reisegesellschaft"] *die*; -, -n: 1. durch unbewohnte Gebiete [Asiens od. Afrikas] ziehende Gruppe von Reisenden, Kaufleuten, Forschern o. ä. 2. größere Anzahl von Personen od. Fahrzeugen, die sich in einem langen Zug hintereinander fortbewegen. **Karawanserei** *die*; -, -en: Unterkunft für Karawanen (1)

karb..., Karb... vgl. karbo..., Karbo...

Karb|amid *das*; -[e]s: Harnstoff

Karbatsche [über *tschech.* karabáč u. *ungar.* korbács aus gleichbed. *türk.* kırbaç] *die*; -, -n: Riemenpeitsche

Karbid [zu *lat.* carbo „Kohle"] *das*; -[e]s, -e: 1. (ohne Plural) Kalziumkarbid (ein wichtiger Rohstoff der chemischen Industrie). 2. chem. fachspr.: Carbid: chemische Verbindung aus Kohlenstoff u. einem Metall od. Bor (Borcarbid) od. Silicium (Siliciumcarbid). **karbidisch**: die Eigenschaften eines Karbids aufweisend

karbo..., Karbo..., chem. fachspr.: carbo..., Carbo..., vor Vokalen: karb..., Karb..., chem. fachspr.: carb..., Carb... [aus *lat.* carbo „Kohle"]: in Zusammensetzungen auftretendes Bestimmungswort mit der Bedeutung „Kohle, Kohlenstoff"

Karbol [aus *lat.* carbo „Kohle"] *das*; -s: (ugs.) = Karbolsäure. **Karbolineum** [*lat.-nlat.*] *das*; -s: ein Imprägnierungs- u. Schädlingsbekämpfungsmittel für Holz u. Bäume. **Karbolsäure** *die*; -: = Phenol

Karbon [zu *lat.* carbo „Kohle"] *das*; -s: erdgeschichtliche Formation des → Paläozoikums (Geol.)

Karbonade [aus *fr.* carbonnade „Rostbraten", dies aus gleichbed. *it.* carbonata zu carbone, *lat.* carbo „(Holz)kohle"] *die*; -, -n: 1. (landsch.) Kotelett, [gebratenes]Rippenstück. 2. (österr., veraltet) Frikadelle

Karbonat, chem. fachspr.: Carbonat [*k*...; zu *lat.* carbo „Kohle"] *das*; -[e]s, -e: kohlensaures Salz. **karbonatisch**: von Karbonat abgeleitet, Karbonat enthaltend. **Karbonisation** [...*zion*] *die*; -: Verkohlung; Umwandlung in Karbonat. **karbonisieren**: verkohlen lassen, in Karbonat umwandeln

Karbunkel [aus *lat.* carbunculus „fressendes Geschwür", eigtl. „kleine Kohle"] *der*; -s, -: Häufung dicht beieinander liegender → Furunkel (Med.)

karburieren [aus gleichbed. *fr.* carburer zu *lat.* carbo „Kohle"]: die Leuchtkraft von Gasgemischen durch Zusatz von Ölgas heraufsetzen

Kardamom [über *lat.* cardamōmum aus gleichbed. *gr.* kardámōmon (Herkunft unsicher)] *der* od. *das*; -s, -e[n]: die reifen Samen indischer u. afrikanischer Ingwergewächse, die als Gewürz verwendet werden

Kardan|antrieb [nach dem ital. Erfinder Cardano, 1501–1576] *der*; -s: Antrieb über ein Kardangelenk. **Kardangelenk** *das*; -s, -e: Verbindungsstück zweier Wellen, das Kraftübertragung unter einem Winkel durch wechselnde Knickung gestattet. **kardanische Aufhängung**: eine nach allen Seiten drehbare Aufhängung für Lampen, Kompasse u. a., die ein Schwanken der aufgehängten Körper ausschließt. **Kardanwelle** *die*; -, -n: Antriebswelle für Kraftfahrzeuge (z. B. auch bei Motorrädern) mit Kardangelenk

Kardätsche [zu älter *it.* cardeggiare „Wolle kämmen", dies zu *lat.* carduus „Distel, Kardendistel"] *die*; -, -n: grobe Pferdebürste. **kardätschen**: [Pferde] striegeln

Kardeel [aus gleichbed. *niederl.* kardeel, dies aus *altfr.* cordel „Tau" zu *lat.* chorda „Darmsaite"] *die*; -, -e: (Seemannsspr.) Teil der Trosse

kardi..., **Kardi...** vgl. kardio..., Kardio...

Kardinal [aus *kirchenlat.* cardinālis (episcopus) „zentraler Bischof", vgl. Kardinal...] *der*; -s, ...näle: 1. höchster katholischer Würdenträger nach dem Papst (kath. Rel.). 2. eine virginische Finkenart

Kardinal... [aus *spätlat.* cardinālis „im Angelpunkt stehend, wichtig", eigtl. „zur Türangel gehörend", zu *lat.* cardo, Gen. cardinis „Türangel, Drehpunkt"]: in Zusammensetzungen auftretendes Bestimmungswort mit der Bedeutung „Haupt..., Grund..., vorzüglich, grundlegend", z. B. Kardinaltugenden, Kardinalfehler

Kardinale *das*; -[s], ...lia (meist Plural): (veraltet) Kardinalzahl. **Kardinalzahl** [nach *spätlat.* numerus cardinālis „Hauptzahl", s. Kardinal...] *die*; -, -en: Grundzahl, ganze Zahl (z. B. zwei, zehn)

kardio..., **Kardio...**, vor Vokalen gelegentlich: kardi..., Kardi... [zu *gr.* kardía „Herz"]: in Zusammensetzungen auftretendes Bestimmungswort mit der Bedeutung „Herz". **Kardio|gramm** *das*; -s, -e: (Med.) 1. = Elektrokardiogramm. 2. graphische Darstellung der Herzbewegungen. **Kardio|graph** *der*; -en, -en: (Med.) 1. = Elektrokardiograph. 2. Gerät zur Aufzeichnung eines Kardiogramms (2)

Karenz [aus *lat.* carentia „das Nichthaben, Entbehren" zu carēre „ohne etwas sein"] *die*; -, -en: 1. = Karenzzeit. 2. Enthaltsamkeit, Verzicht (z. B. auf bestimmte Nahrungsmittel; Med.). **Karenzzeit** *die*; -, -en: Wartezeit, Sperrfrist, bes. in der Krankenversicherung

karessieren [aus gleichbed. *fr.* caresser, dies aus *it.* carezzāre „liebkosen" zu caro aus *lat.* carus „lieb, teuer"]: (veraltet, aber noch mdal.) liebkosen, schmeicheln

Karette [aus gleichbed. *fr.* caret, dies aus *span.* carey „Seeschildkröte, Schildpatt"] u. **Karettschildkröte** *die*; -, -n: eine Meeresschildkröte

Karfiol [aus gleichbed. *it.* cavolfiore, eigtl. „Kohlblume"] *der*; -s: (südd., österr.) Blumenkohl

Karfunkel [unter Einfluß von *dt.* Funke aus *lat.* carbunculus „kleine Kohle"] *der*; -s, -: 1. feurigroter Edelstein (z. B. → Granat, → Rubin). 2. = Karbunkel

Karibu [aus gleichbed. *fr.* caribou (*indian.* Wort)] *der*; -s, -s: nordamerikanisches Ren

karieren [aus gleichbed. *fr.* carrer, dies aus *lat.* quadrāre „viereckig machen"]: mit Würfelzeichnung mustern, kästeln. **kariert**: gewürfelt, gekästelt

Karies [...*iäß*; aus *lat.* cariēs „Morschheit, Fäulnis"] *die*; -: Knochenfraß, bes. Zahnfäule (Med.). **kariös** [aus *lat.* cariōsus „morsch, faul"]: von → Karies befallen, angefault (Med.)

karikativ [zu → Karikatur]: in der Art einer Karikatur, verzerrt komisch. **Karikatur** [aus gleichbed. *it.* caricatura, eigtl. „Überladung", zu caricare „beladen; übertrieben komisch darstellen", dies zu *gall.-lat.* carrus „Karren"] *die*; -, -en: 1. komisch-übertreibende Zeichnung o. ä., die eine Person, eine Sache od. ein Ereignis durch humoristische od. satirische Hervorhebung u. Überbetonung bestimmter charakteristischer Merkmale der Lächerlichkeit preisgibt. 2. Zerr-, Spottbild. **Karikaturist** *der*; -en, -en: Karikaturzeichner. **karikaturistisch**: in der Art einer Karikatur. **karikieren**: verzerren, als Karikatur darstellen

Karinth vgl. Karn

kariös s. Karies

Karitas [aus *lat.* cāritās „Wert, Wertschätzung, Liebe" zu cārus „lieb, teuer, wert"] *die*; -: [christliche] Nächstenliebe, Wohltätigkeit; vgl. Fides, Caritas. **karitativ** u. caritativ: mildtätig, Wohltätigkeits...

Karkasse [aus *fr.* carcasse „Gerippe, Rumpf"] *die*; -, -n: 1. im Mittelalter eine Brandkugel mit eisernem Gerippe. 2. Unterbau [eines Gummireifens]. 3. Rumpf von Geflügel (Gastr.)

Karma u. **Karman** [aus *sanskr.* karman] *das*; -s: im Buddhismus das die Form der Wiedergeburten eines Menschen bestimmende Handeln bzw. das durch ein früheres Handeln bedingte gegenwärtige Schicksal (Rel.)

Karmelit [nach dem Berg Karmel in Palästina] *der*; -en, -en u. **Karmeliter** *der*; -s, -: Angehöriger eines katholischen Mönchsordens. **Karmeliterin** u. **Karmelitin** *die*; -, -nen: Angehörige des weiblichen Zweiges der Karmeliten

Karmen [aus *lat.* carmen „Gesang, Lied, Gedicht"] *das*; -s, ...mina: [Fest-, Gelegenheits]gedicht

Karmesin [aus *it.* carmesino „Hochrot", dies aus *arab.* qirmizī „(roter Farbstoff der) Schildlaus"] u. **Karmin** [aus gleichbed. *fr.* carmin] *das*; -s: roter Farbstoff

Karn u. Karinth [nach dem nlat. Namen Carinthia für Kärnten] *das*; -s: eine Stufe der alpinen → Trias (1) (Geol.)

Karnallit [nach dem dt. Oberbergrat R. v. Carnall, 1804–1874] *der*; -s: ein Mineral

Karneol [aus gleichbed. *it.* corniola zu *lat.* corneolus „hornartig"] *der*; -s, -e: ein Schmuckstein

Karneval [...*wal*; aus gleichbed. *it.* carnevale (Herkunft unsicher)] *der*; -s, -e u. -s: Fastnacht[sfest]. **Karnevalist** *der*; -en, -en: aktiver Teilnehmer am Karneval, bes. Vortragender (Büttenredner, Sänger usw.) bei Karnevalsveranstaltungen. **karnevalistisch**: den Karneval betreffend

karnivor [...*wor*; aus gleichbed. *lat.* carnivorus zu caro „Fleisch" u. voräre „verschlingen"]: fleischfressend (von Tieren u. Pflanzen). **Karnivore** *der* u. *die*; -n, -n: Fleischfresser (Tier od. Pflanze)

Karo [aus gleichbed. *fr.* carreau, dies zu *spätlat.* quadrum „Viereck"] *das*; -s, -s: 1. Raute, [auf der Spitze stehendes] Viereck. 2. (ohne Plural) Spielkartenfarbe; - trocken: (ugs.) trockenes Brot

Karosse [über gleichbed. *fr.* carrosse aus *it.* carrozza „Wagen" zu *gall.-lat.* carrus „Wagen"] *die*; -, -n: Prunkwagen; Staatskutsche. **Karosserie** [aus gleichbed. *fr.* carrosserie] *die*; -, ...ien: Wagenoberbau, -aufbau [von Kraftwagen]. **karossieren**: [ein Auto] mit einer Karosserie versehen

Karotin, chem. fachspr.: Carotin [*k*...; zu *lat.* carōta, s. Karotte] *das*; -s: ein [pflanzlicher] Farbstoff, eine Vorstufe des Vitamins A

Karotte [aus gleichbed. *niederl.* karote, dies über *fr.* carotte, *lat.* carōta aus *gr.* karōtón „Möhre"] *die*; -, -n: eine Mohrrübenart

Karpenterbremse [nach dem amerik. Erfinder J. Carpenter (*ka'pint^er*), 1852–1901] *die*; -, -n: eine Luftdruckbremse für Eisenbahnzüge

Karrara usw. vgl. Carrara usw.

Karree [aus gleichbed. *fr.* carré, eigtl. „viereckig", dies aus *lat.* quadrātus, s. Quadrat] *das*; -s, -s: 1. Viereck. 2. gebratenes od. gedämpftes Rippenstück vom Kalb, Schwein od. Hammel (Gastr.)

Karrette [aus gleichbed. *it.* carretta, zu *gall.-lat.* carrus „Wagen"] *die*; -, -n: 1. (schweiz.) Schubkarren; zweirädriger Karren. 2. zweirädriger, kleiner Einkaufswagen

Karriere [...*iär^e*; aus *fr.* carrière „Rennbahn; Laufbahn", zu *spätlat.* (via) carrāria „Fahrweg" (zu carrus „Wagen")] *die*; -, -n: 1. schnellste Gangart des Pferdes. 2. [bedeutende, erfolgreiche] Laufbahn. **Karrierismus** *der*; -: (abwertend) rücksichtsloses Karrierestreben. **Karrierist** *der*; -en, -en: (abwertend) rücksichtsloser Karrieremacher. **karrieristisch**: nach Art eines Karrieristen

karriolen [zu *fr.* carriole „zweirädriges Fuhrwerk", dies zu *gall.-lat.* carrus „Wagen"]: (landsch., ugs.) herumfahren, unsinnig fahren

kart. = kartoniert

Kart [*ka'rt*; aus *engl.-amerik.* cart] *der*; -s, -s: Kurzform von → Go-Kart

Kartätsche [unter Einfluß von gleichbed. *engl.* cartage aus *it.* cartoccia „grobes Papier", cartoccio „Tüte, Flintenpatrone"; vgl. Kartusche] *die*; -, -n: 1. (hist.) mit Bleikugeln gefülltes Artilleriegeschoß. 2. ein Brett zum Verreiben des Putzes (Bauw.). **kartätschen**: mit Kartätschen (1) schießen

Kartause [nach dem südfranz. Kloster Chartreuse (*schartrös*)]: *die*; -, -n: Kloster (mit Einzelhäusern) der Kartäusermönche. **Kartäuser** *der*; -s, -: Angehöriger eines katholischen Einsiedlerordens

Kartell [aus *fr.* cartel „Vertrag, Zusammenschluß", dies aus *it.* cartello „Anschlagzettel, kleines Schreiben", zu carta „Papier" aus *lat.* charta] *das*; -s, -e: Zusammenschluß von Unternehmungen, die rechtlich u. wirtschaftlich weitgehend selbständig bleiben (Wirtsch.). **kartellieren**: in Kartellen zusammenfassen

Kartesianismus [nach dem latinisierten Namen Cartesius des franz. Philosophen Descartes (*dekart*)] *der*; -: die Philosophie von Descartes u. seinen Nachfolgern, die von der Selbstgewißheit des Bewußtseins, durch den Leib-Seele-Dualismus u. mathematischen Rationalismus gekennzeichnet ist

kartieren [zu *dt.* Karte bzw. Kartei]: 1. eine Landschaft vermessen u. auf einer Karte darstellen (Geogr.). 2. in eine Kartei einordnen

Karting [*ka'rting*; aus gleichbed. *engl.-amerik.* carting] *das*; -s: das Ausüben des Go-Kart-Sports; vgl. Go-Kart

Karto|graph [zum 2. Bestandteil → ...graph] *der*; -en, -en: Zeichner od. wissenschaftlicher Bearbeiter einer Landkarte. **Karto|graphie** [zum 2. Bestandteil → ...graphie] *die*; -: Wissenschaft u. Technik von der Herstellung von Land- u. Seekarten. **karto|graphisch**: die Kartographie betreffend. **Kartometer** *das*; -s, -: Kurvenmesser. **Kartome|trie** *die*; -: das Übertragen geometrischer Größen (Längen, Flächen, Winkel) auf Karten. **kartome|trisch**: die Kartometrie betreffend

Karton [...*tong*, auch: ...*tong* u. bei dt. Aussprache: ...*ton*; über *fr.* carton aus gleichbed. *it.* cartone, Vergrößerungsform zu carta „Papier"] *der*; -s, -s u. (bei dt. Aussprache u. österr.:) -e: 1. [leichte] Pappe, Steifpapier. 2. Schachtel aus [leichter] Pappe. 3. Vorzeichnung zu einem [Wand]gemälde. **Kartonage** [...*asch^e*; aus *fr.* cartonnage „Papparbeit, Pappband"] *die*; -, -n: 1. Pappverpackung. 2. Einbandart, bei der Deckel u. Rükken eines Buches nur aus starkem Karton bestehen. **kartonieren**: [ein Buch] in Pappe [leicht] einbinden, steif heften. **kartoniert**: in Karton geheftet; Abk.: kart.

Kartothek [zum 2. Bestandteil → ...thek] *die*; -, -en: Kartei, Zettelkasten

Kartusche [aus gleichbed. *fr.* cartouche, dies aus *it.* cartoccio, eigtl. „Tüte", zu carta „Papier"] *die*; -, -n: 1. bes. im Barock beliebtes schildförmiges [Laubwerk]ornament. 2. a) in Metallhülsen liegende Pulverladung der Artilleriegeschosse; b) Hülse für die Pulverladung der Artilleriegeschosse

Karussell [aus gleichbed. *fr.* carrousel, *it.* carosello, eigtl. „Reiterspiel mit Ringelstechen"] *das*; -s, -s u. -e: auf Jahrmärkten od. Volksfesten aufgestellte, sich im Kreis drehende große runde Holzscheibe, auf der hölzerne od. metallene Pferde, Autos u. ä. zur Aufnahme von Fahrgästen angebracht sind

Karya|tide [über *lat.* Caryātides aus gleichbed. *gr.* Karyátides zum Ortsnamen Karýai (Peloponnes)] *die*; -, -n: altgriech. Tempelsäule in Mädchengestalt; vgl. Atlant

karyo..., **Karyo...** [zu *gr.* káryon „Nuß, Kern"]: Bestimmungswort in Zusammensetzungen mit der Bedeutung „Kern, Zellkern", z. B. Karyoplasma „Kernplasma"

karzinogen [zu → Karzinom u. → ...gen]: = kanzerogen. **Karzinom** [über *lat.* carcinōma aus gleichbed. *gr.* karkínōma zu karkínos „Krebs"] *das*; -s, -e: bösartige Krebsgeschwulst, Krebs; Abk.: Ca

Kasack [aus *fr.* casaque „Reiserock, Damenmantel" (Herkunft unsicher)] *der*; -s, -s (österr. *die*; -, -s): dreiviertellange Damenbluse, die über Rock od. langer Hose getragen wird

Kasa|tschok [aus *russ.* kazačok zu kazak „Kosake"] *der*; -s, -s: ein russischer Volkstanz

Kasba[h] [aus *arab.* qaṣaba] *die*; -, -s od. Ksabi: 1. Sultanschloß in Marokko. 2. arabisches Viertel in nordafrikanischen Städten

Kasch *der*; -s u. **Kascha** [aus gleichbed. *russ.* kaša] *die*; -: [Buchweizen]grütze

Kaschemme [aus *zigeunerisch* katšima „Wirtshaus"] *die*; -, -n: (abwertend) verrufene Kneipe; Gaststätte mit schlechtem Ruf

kaschieren [aus gleichbed. *fr.* cacher zu *lat.* cōactāre „mit Gewalt zwingen, zusammendrücken"]: 1. verdecken, verbergen. 2. plastische Teile mit Hilfe von Leinwand, Papier u. Leim oder Gips herstellen (Theat.). 3. [Bucheinband]pappe mit buntem od. bedrucktem Papier überkleben (Druckw.)

Kaschiri [*indian.*] *das*; -: berauschendes Getränk südamerikan. Indianer, gewonnen aus den Wurzelknollen des → Manioks

Kaschmir [nach der gleichnamigen Himalajalandschaft] *der*; -s, -e: feines Kammgarngewebe in Köper- od. Atlasbindung (Webart)

Kasein, chem. fachspr.: Casein [*k*...; zu *lat.* cāseus „Käse"] *das*; -s: wichtigster Eiweißbestandteil der Milch (Käsestoff)

Kasel *die*; -, -n, (auch:) Casula [*k*...; aus *spätlat.* casula „Kapuzenmantel"; vgl. Chasuble] *die*; -, ...lae [...*lä*]: seidenes Meßgewand, das über den anderen Gewändern zu tragen ist

Kasematte [über *fr.* casematte aus *it.* casamatta „Wallgewölbe" zu *mittelgr.* chásma (Plural chásmata) „Spalte, Erdkluft"] *die*; -, -n: 1. gegen feindlichen Beschuß gesicherter Raum in Festungen (Mil.). 2. durch Panzerwände geschützter Geschützraum eines Kriegsschiffes

Kaserne [aus gleichbed. *fr.* caserne, dies über *provenzal.* cazerna „Wachthaus für 4 Soldaten", *lat.* quattuor „vier"] *die*; -, -n: zur dauernden Unterkunft von Truppen bestimmtes Gebäude. **kasernieren**: [Truppen] in Kasernen unterbringen

Kasino u. Casino [aus *it.* casino „Gesellschaftshaus" zu *lat.-it.* casa „Haus, Hütte"] *das*; -s, -s: 1. Gebäude mit Räumen für gesellige Zusammenkünfte. 2. a) Speiseraum für Offiziere; b) Speiseraum in einem Betrieb od. Bürohaus. 3. öffentliches Gebäude, in dem Glücksspiele stattfinden (Spielkasino)

Kaskade [über *fr.* cascade aus *it.* cascata „Wasserfall" zu cascare „fallen"; vgl. Chance] *die*; -, -n: 1. [künstlicher] stufenförmiger Wasserfall. 2. wagemutiger Sprung in der Artistik (z. B. Salto mortale). 3. Anordnung hintereinander geschalteter, gleichartiger Gefäße (chemische Technik). 4. = Kaskadenschaltung. **Kaskadenbatterie** *die*; -, ...ien: hintereinandergeschaltete Batterien, die bes. für → Kondensatoren verwendet werden. **Kaskadenschaltung** *die*; -, -en: Reihenschaltung gleichgearteter Teile, z. B. → Generatoren (Elektrot.). **Kaskadeur** [...*dör*] *der*; -s, -e: Artist, der eine Kaskade (2) ausführt

Kaskoversicherung [zu *span.* casco „Schiffsrumpf", eigtl. „Scherbe, abgebrochenes Stück" zu cascar „zerbrechen"] *die*; -, -en: Versicherung gegen Schäden an Beförderungsmitteln des Versicherungsnehmers

Kassa [aus gleichbed. *it.* cassa, eigtl. „Behältnis", dies aus *lat.* capsa „Behältnis, Kasten"] *die*; -, Kassen: (österr.) Kasse; vgl. per cassa

Kassan|dra|ruf [nach der Seherin Kassandra in der griech. Sage] *der*; -[e]s, -e: unheilkündende Warnung

[1]**Kassation** [...*zion*; Herkunft unsicher] *die*; -, -en: ein mehrsätziges Tonwerk für mehrere Instrumente in der Musik des 18. Jh.s

[2]**Kassation** [...*zion*; zu *spätlat.* cassāre, s. [2]kassieren] *die*; -, -en: 1. Ungültigkeitserklärung (von Urkunden). 2. Aufhebung eines Gerichtsurteils durch die nächsthöhere Instanz

kassatorisch: die Kassation betreffend

Kasserolle [aus gleichbed. *fr.* casserolle zu *nordfr. mdal.* casse „Pfanne" aus *vulgärlat.* cattia „Kelle, Schöpflöffel"] *die*; -, -n: flacher Topf mit Stiel oder Henkeln zum Kochen und Schmoren

Kassette [aus *fr.* cassette, *it.* cassetta „Kästchen" zu cassa, s. Kassa] *die*; -, -n: 1. verschließbares Holz- od. Metallkästchen zur Aufbewahrung von Geld u. Wertsachen. 2. flache, feste Schutzhülle für Bücher, Schallplatten o. ä. 3. lichtundurchlässiger Behälter in einem Fotoapparat od. in einer Kamera, in den der Film od. die Fotoplatte eingelegt wird (Fotogr.). 4. vertieftes Feld [in der Zimmerdecke] (Archit.). **Kassettenrecorder** [...*riko'd^er*] *der*; -s, -: kleines Tonbandgerät [mit eingebautem Radio], bei dem für Aufnahme u. Wiedergabe Tonbandkassetten anstelle von -spulen verwendet werden

Kassiber [über *gaunerspr.* kassiwe „Brief, Ausweis" aus *jidd.* kessaw, Plural kessowim „Brief, Geschriebenes"] *der*; -s, -: (Gaunerspr.) heimlich übermittelte Nachricht zur Verständigung von Strafgefangenen untereinander od. zwischen ihnen u. der Außenwelt. **kassibern**: einen Kassiber abfassen

Kassier [aus gleichbed. *it.* cassiere zu cassa, s. Kassa] *der*; -s, -e: (österr., schweiz., südd.) = Kassierer.

[1]**kassieren** [für gleichbed. *it.* incassire; vgl. Inkasso]: 1. Geld einnehmen, einziehen, einsammeln. 2. (ugs.) a) etwas an sich nehmen; b) etwas hinnehmen; c) jmdn. gefangennehmen. **Kassierer** [zu → [1]kassieren] *der*; -s, -: Angestellter eines Unternehmens od. Vereins, der die Kasse führt

[2]**kassieren** [aus *spätlat.* cassāre „aufheben, annullieren" zu cassus „leer, nichtig"]: a) jmdn. seines Amtes entheben, jmdn. aus seinem Dienst entlassen; b) etwas für ungültig erklären, ein Gerichtsurteil aufheben

Kassiopeium vgl. Cassiopeium

Kassiterit [zu *gr.* kassíteros „Zinn"] *der*; -s, -e: Zinnerz

Kasta|gnette [...*tanjät^e*; aus gleichbed. *span.* castañetta zu castaña „Kastanie" (nach der Ähnlichkeit)] *die*; -, -n: kleines Rhythmusinstrument aus zwei ausgehöhlten Hartholzschälchen, die durch ein über den Daumen oder die Mittelhand gestreiftes Band gehalten und mit den Fingern gegeneinandergeschlagen werden

Kastanie [...*i^e*; über *lat.* castanea aus gleichbed. *gr.* kastáneia zu kástanos „Kastanienbaum"] *die*; -, -n: 1. ein Laubbaum mit eßbaren Früchten (Edelkastanie). 2. ein Laubbaum, dessen Früchte zu Futterzwecken verwendet werden (Roßkastanie). 3. die Frucht von Edel- u. Roßkastanie

Kastell [aus *lat.* castellum „Festung", Verkleinerungsform zu castrum „befestigtes Lager"] *das*; -s, -e: (hist.) a) militärische Befestigungsanlage; b) Burg, Schloß. **Kastellan** [aus *mlat.* castellānus „Burgvogt"] *der*; -s, -e: (hist.) a) Burg-, Schloßvogt; b) Aufsichtsbeamter in Schlössern u. öffentlichen Gebäuden

Kastor und Pollux [nach den Zwillingsbrüdern der griech. Sage]: (scherzh.) zwei engbefreundete Männer

Ka|strat [aus gleichbed. *it.* castrato zu *lat.-it.* castrāre „entmannen"] *der*; -en, -en: 1. ein Mann, dem die Keimdrüsen entfernt wurden, Entmannter. 2. in der Jugend entmannter, daher mit Knabenstimme, aber großem u. beweglichem Stimmapparat singender Bühnensänger (17. u. 18. Jh.). **Kastration** [...*zion*; aus gleichbed. *lat.* castrātio] *die*; -, -en: 1. Entfernung od. Ausschaltung der Keimdrüsen (Hoden od. Eierstöcke) beim Menschen (Med.). 2. Entfernung der Fortpflanzungsorgane bei Tieren u. Pflanzen aus züchterischen Gründen. **ka|strieren** [aus gleichbed. *lat.* castrāre]: 1. entmannen, die Keimdrüsen entfernen. 2. bei Tieren u. Pflanzen Fortpflanzungsorgane entfernen

Kasuar [über *niederl.* casuaris aus gleichbed. *malai.* kasuwāri] *der*; -s, -e: Straußvogel Australiens

Kasuist [zu *lat.* cāsus „Fall, Vorkommnis"] *der*; -en, -en: 1. Vertreter der Kasuistik. 2. Wortverdreher, Haarspalter. **Kasui|stik** *die*; -: 1. Teil der Sittenlehre, der für mögliche Fälle des praktischen Lebens im voraus an Hand eines Systems von Geboten das rechte Verhalten bestimmt (bei den Stoikern u. in der katholischen Moraltheorie). 2. Wortverdreherei, Haarspalterei. **kasui|stisch**: 1. Grundsätze bzw. Methoden der Kasuistik befolgend. 2. spitzfindig, haarspalterisch

Kasus [aus gleichbed. *lat.* cāsus zu cadere „fallen" (Bed. 2. nach *gr.* ptōsis „Fall, Kasus" zu píptein „fallen")] *der*; -, - [*kasuß*]: 1. Fall, Vorkommnis. 2. Fall, Beugungsfall (z. B. Dativ, Akkusativ; Sprachw.); vgl. Casus

kata..., **Kata...**, vor Vokalen u. vor h: kat..., Kat... [aus gleichbed. *gr.* katá]: Präfix mit der Bedeutung „von–herab, abwärts; gegen; über–hin; gänzlich" u. a., z. B. katastrophal, katholisch, Kathode

Kata|chrese u. **Kata|chresis** [aus *gr.* katáchrēsis „Mißbrauch"] *die*; -, ...chresen: Bildbruch, d. h. Vermengung von nicht zusammengehörenden → Metaphern (z. B.: Das schlägt dem Faß die Krone ins Gesicht; Rhet.; Stilk.). **kata|chrestisch**: in Form einer Katachrese

Katafalk [über *fr.* catafalque aus gleichbed. *it.* catafalco] *der*; -s, -e: schwarz verhängtes Gerüst, auf dem der Sarg während der Trauerfeierlichkeit steht

katakaustisch [zu *gr.* katakaíein „verbrennen"]: einbrennend; -e Fläche: Brennfläche eines Hohlspiegels (Optik)

Kata|klysmentheorie [zu → Kataklysmus] *die*; -: geologische Theorie, die die Unterschiede der Tier- u. Pflanzenwelt der verschiedenen Erdzeitalter als Folge von Vernichtung u. Neuschöpfung erklärt (Geol.). **Kata|klysmus** [über *lat.* cataclysmus aus *gr.* kataklysmós „Überschwemmung"] *der*; -, ...men: erdgeschichtliche Katastrophe; plötzliche Vernichtung, Zerstörung (Geol.)

Katakombe [über *it.* catacombe (Plural) aus gleichbed. *spätlat.* catacumbae] *die*; -, -n (meist Plural): frühchristliche unterirdische Begräbnisstätte [in Rom]

Katalase [Kurzw. aus *gr.* katálysis „Auflösung, Zerstörung" u. → ...ase] *die*; -, -n: ein → Enzym, das das Zellgift Wasserstoffsuperoxyd durch Spaltung in Wasser u. Sauerstoff unschädlich macht

katalektisch [über *lat.* catalēcticus aus gleichbed. *gr.* katalēktikós]: mit einem unvollständigen Versfuß endend (von Versen; antike Metrik). **Katalexe** u. **Katalexis** [über *lat.* catalēxis aus *gr.* katálēxis „Kürzung", eigtl. „das Aufhören"] *die*; -, ...lexen: Unvollständigkeit des letzten Versfußes (antike Metrik)

Katalog [über *lat.* catalogus aus *gr.* katálogos „Aufzählung, Verzeichnis"] *der*; -[e]s, -e: a) Verzeichnis [von Büchern, Bildern, Waren usw.]; b) lange Reihe, große Anzahl, zusammenfassende Aufzählung (z. B. von Fragen, Forderungen). **katalogisieren**: [nach bestimmten Regeln] in einen Katalog aufnehmen

Katalysator [zu *gr.* katálysis „Auflösung"] *der*; -s, ...oren: Stoff, der durch seine Anwesenheit chemische Reaktionen herbeiführt od. in ihrem Verlauf bestimmt, selbst aber unverändert bleibt (Chem.). **Katalyse** *die*; -, -n: Herbeiführung, Beschleunigung od. Verlangsamung einer Stoffumsetzung durch einen Katalysator (Chem.). **katalysieren**: eine chemische Reaktion durch einen Katalysator herbeiführen, verlangsamen od. beschleunigen. **katalytisch**: durch eine Katalyse od. einen Katalysator bewirkt

Katamaran [über *engl.* catamaran „Auslegerboot, Floß" aus *tamul.* kaṭṭumaram, dies aus kaṭṭu „binden" u. maram „Baumstamm"] *der* (auch: *das*); -s, -e: schnelles, offenes Segelboot mit Doppelrumpf

Katapult [aus *lat.* catapulta „Wurfmaschine mit Bogensehne", dies aus gleichbed. *gr.* katapéltēs] *der* od. *das*; -[e]s, -e: 1. Wurf-, Schleudermaschine im Altertum. 2. gabelförmige Schleuder mit zwei Gummibändern, mit der Kinder Steine o. ä. schießen. 3. Schleudervorrichtung zum Starten von Flugzeugen, Startschleuder. **katapultieren**: [mit einem Katapult] wegschnellen, [weg]schleudern

Katarakt [aus *lat.* cataracta, -ractēs „Wasserfall", dies aus gleichbed. *gr.* katarrháktēs zu katarrhattein „herabstürzen"] *der*; -[e]s, -e: 1. a) Stromschnelle; b) Wasserfall. 2. rasche Folge, Flut von Ereignissen o. ä.

Katarrh [über *lat.* catarrhus „Schnupfen" aus gleichbed. *gr.* katárrhous, eigtl. „Herabfluß"] *der*; -s, -e: Schleimhautentzündung [der Atmungsorgane] mit meist reichlichen Absonderungen (Med.). **katarrhalisch**: zum Erscheinungsbild eines Katarrhs gehörend, mit einem Katarrh verbunden (Med.)

Katastase u. **Katastasis** [aus *gr.* katástasis „das An-, Aufhalten"] *die*; -, ...stasen: Höhepunkt, Vollendung der Verwicklung vor der → Katastrophe (2) im [antiken] Drama

Kataster [aus *it.* catastro „Zins-, Steuerregister"] *der* (österr. nur so) od. *das*; -s, -: amtliches Grundstücksverzeichnis, das als Unterlage für die Bemessung der Grundsteuer geführt wird. **katastrieren**: in ein → Kataster eintragen

kata|strophal [zu → Katastrophe]: verhängnisvoll, entsetzlich, furchtbar, schlimm. **Kata|strophe** [über *lat.* catastropha aus *gr.* katastrophḗ „Umkehr, Wendung"] *die*; -, -n: 1. a) Unheil, Verhängnis; b) Verwüstung, Unglück großen Ausmaßes, Zusammenbruch. 2. entscheidende Wendung [zum Schlimmen] als Schlußhandlung im [antiken] Drama. **Kata|strophentheorie** *die*; -: 1. eine Theorie über die Entstehung der Planeten. 2. = Kataklysmentheorie. **kata|strophisch**: unheilvoll, verhängnisvoll

Katechese [...*che*...; über *kirchenlat.* catēchēsis aus *gr.* katḗchēsis „mündlicher Unterricht" zu katēchein „entgegentönen; belehren"] *die*; -, -n: a)

die Vermittlung der christlichen Botschaft [an Ungetaufte]; b) Religionsunterricht. **Katechet** *der*; -en, -en: Religionslehrer, bes. für die kirchliche Christenlehre außerhalb der Schule. **Katechetik** *die*; -: die wissenschaftliche Theorie der Katechese. **katechetisch**: die kirchliche Unterweisung betreffend. **Katechisation** [...*zion*] *die*; -, -en: = Katechese. **katechisieren**: [Religions]unterricht erteilen. **Katechismus** [über *kirchenlat*. catēchismus aus *gr*. katēchismós „Unterricht, Lehre"] *der*; -, ...men: 1. Lehrbuch für den christlichen Glaubensunterricht. 2. Glaubensunterricht für die → Katechumenen (1). **Katechist** *der*; -en, -en: einheimischer Laienhelfer in der katholischen Heidenmission. **Katechumenat** [...*chu*...; zu → Katechumene] *das*; -[e]s: a) die Vorbereitung der [erwachsenen] Taufbewerber; b) kirchliche Stellung der Taufbewerber während des Katechumenats (a); c) der kirchliche Glaubensunterricht in Gemeinde, Schule u. Elternhaus. **Katechumene** [auch: *katechu*...; über *kirchenlat*. catēchūmenus aus *gr*. katēchoúmenos „jmd., der unterrichtet wird" (Part. Perf. von katēchein, s. o.)] *der*; -n, -n: 1. der [erwachsene] Taufbewerber im Vorbereitungsunterricht. 2. Konfirmand, bes. im 1. Jahr des Konfirmandenunterrichts

kategorial [zu → Kategorie]: in Kategorienart, Kategorien betreffend; vgl. ...al/...ell. **Kategorie** [über *lat*. catēgoria aus *gr*. katēgoría „Grundaussage"] *die*; -, ...ien: 1. eine der zehn möglichen Arten von Aussagen über einen realen Gegenstand, Aussageweise (nach Aristoteles; Philos.). 2. Grundbegriff (in der Logik). 3. Klasse, Gattung. **kategoriell**: 1. = kategorial. 2. = kategorisch; vgl. ...al/...ell. **kategorisch** [aus *lat*. catēgoricus „zur Aussage gehörend"]: 1. einfach aussagend, behauptend; -es Urteil: einfache, nicht an Bedingungen geknüpfte Aussage (A ist B). 2. unbedingt gültig; Ggs. → hypothetisch; -er Imperativ: unbedingt gültiges ethisches Gesetz, Pflichtgebot. 3. keinen Widerspruch duldend, bestimmt, mit Nachdruck. **kategorisieren**: etwas nach Kategorien (3) ordnen, einordnen

kat|exochen [...*ehen*; aus gleichbed. *gr*. kat' exochḗn zu exochē „das Hervorragen"]: vorzugsweise; schlechthin, im eigentlichen Sinne

Katgut [aus *engl*. catgut „Darmsaite", eigtl. „Katzendarm"] *das*; -s: Faden für chirurgisches Nähen aus tierischen Därmen od. aus synthetischem Material, der sich nach der Operation im Körper auflöst (Med.)

kath. = katholisch

Katharsis [aus *gr*. kátharsis „(kultische) Reinigung"] *die*; -: Läuterung der Seele von Leidenschaften als Wirkung des [antiken] Trauerspiels (Literaturw.). **kathartisch**: die Katharsis betreffend

Katheder [aus *lat*. cathedra, *gr*. kathédra „Stuhl, Sessel (*mlat*. auch: Lehrstuhl, Bischofssitz)"] *das* (auch: *der*); -s, -: 1. [Lehrer]pult, Podium. 2. Lehrstuhl [eines Hochschullehrers]; vgl. ex cathedra

Kathe|drale [zu *mlat*. ecclēsia cathedrālis „zum Bischofssitz gehörende Kirche", vgl. Katheder] *die*; -, -n: a) [erz]bischöfliche Hauptkirche, bes. in Spanien, Frankreich u. England; b) → [1]Dom, Münster

Kathete [über *lat*. cathetus „senkrechte Linie" aus gleichbed. *gr*. káthetos (grammḗ) zu kathiénai „hinablassen"] *die*; -, -n: eine der beiden Seiten, die die Schenkel des rechten Winkels eines Dreiecks bilden (Math.); vgl. Hypotenuse

Katheter [über *lat*. cathetēr aus *gr*. kathetēr „Sonde, Katheter", vgl. Kathete] *der*; -s, -: Röhrchen zur Einführung in Körperorgane (z. B. in die Harnblase) zu deren Entleerung, Füllung, Spülung od. Untersuchung (Med.). **katheterisieren** u. **kathetern**: einen Katheter in Körperorgane einführen (Med.)

Ka|thode, (fachsprachlich auch:) Ka|tode [nach *gr*. káthodos „Hinabweg" zu → kata... u. *gr*. hodós „Weg"] *die*; -, -n: negative → Elektrode, Minuspol. **Ka|thodenfall**, (fachsprachlich auch:) Katoden... *der*; -s, ...fälle: Spannungsabfall an der Kathode bei Gasentladungsröhren. **Kathodenstrahl**, (fachsprachlich auch:) Katoden... *der*; -s, -en (meist Plural): Elektronenstrahl, der von der Kathode ausgeht. **ka|thodisch**, (fachsprachlich auch:) ka|todisch: die Kathode betreffend, an ihr erfolgend

Katholik [zu → katholisch] *der*; -en, -en: Angehöriger der katholischen Kirche u. ihrer Lehre. **Katholikos** [aus *gr.-mgr*. katholikós] *der*; -: Titel des Oberhauptes einer unabhängigen orientalischen Nationalkirche (z. B. der armenischen). **katholisch** [über gleichbed. *kirchenlat*. catholicus aus *gr*. katholikós „das Ganze, alle betreffend; allgemein", zu kata „über...hin" u. hólos „ganz"]: 1. zur katholischen Kirche gehörend; die katholische Kirche betreffend. 2. allgemein, [die ganze Erde] umfassend (von der Kirche Christi); -e Briefe: die nicht an bestimmte Empfänger gerichteten neutestamentlichen Briefe des Jakobus, Petrus, Johannes u. Judas. **katholisieren**: a) für die katholische Kirche gewinnen; b) zum Katholizismus neigen. **Katholizismus** *der*; -: Geist u. Lehre des katholischen Glaubens. **Katholizität** *die*; -: Rechtgläubigkeit im Sinne der katholischen Kirche

Kat|ion [zu → kata... u. → Ion] *das*; -s, ...en: positiv geladenes Ion, das bei der → Elektrolyse zur Kathode wandert

Katode vgl. Kathode

Kattun [über gleichbed. *niederl*. kattoen aus *arab*. quṭun „Baumwolle"] *der*; -s, -e: einfarbiges od. buntes Baumwollgewebe in Leinwandbindung (Webart). **kattunen**: aus Kattun bestehend

Kauri [*Hindi*] *der*; -s, -s od. *die*; -, -s: Porzellanschnecke des Indischen Ozeans, die [in vorgeschichtlicher Zeit] als Schmuck od. Zahlungsmittel verwendet wurden

kausal [aus gleichbed. *lat*. causālis zu causa „Grund, Ursache; Sache"]: ursächlich, das Verhältnis Ursache–Wirkung betreffend, dem Kausalgesetz entsprechend; -e Konjunktion: begründendes Bindewort (z. B. weil; Sprachw.). **Kausalgesetz** *das*; -es: Grundsatz, nach dem für jedes Geschehen notwendig eine Ursache angenommen werden muß. **Kausalität** *die*; -, -en: der Zusammenhang von Ursache u. Wirkung; Ggs. → Finalität. **Kausalitätsgesetz** *das*; -es u. **Kausalitätsprinzip** *das*; -s: Grundsatz, nach dem jedes Geschehen seine Ursache hat (= Kausalgesetz). **Kausalnexus** *der*; -, - [...*ālnäxuß*]: ursächlicher Zusammenhang, Verknüpfung von Ursache u. Wirkung. **Kausalsatz** *der*; -es, ...sätze: Umstandssatz des Grundes (Sprachw.)

Kausativ [auch: ...*tif*; zu *lat*. causātīvus „ursächlich"] *das*; -s, -e [...*we*]: Verb des Veranlassens (z. B. tränken = trinken lassen; Sprachw.). **Kausativum** [...*iwum*] *das*; -s, ...va [...*wa*]: (veraltet) Kausativ

Kaustik [*gr.-nlat*.] *die*; -: Brennfläche einer Linse

(Optik). **kaustisch** [aus *lat.* causticus „brennend, beißend, ätzend", dies aus *gr.* kaustikós „brennend"]: a) beißend, scharf (von ätzenden Stoffen); b) sarkastisch, spöttisch

Kautel [aus *lat.* cautēla „Schutz, Sicherstellung", eigtl. „Vorsicht"] *die*; -, -en: Vorkehrung, Absicherung, [vertraglicher] Vorbehalt (Rechtsw.)

Kauter [über *lat.* cautēr aus *gr.* kautḗr „Brenneisen"] *der*; -s, -: chirurgisches Instrument zum Ausbrennen von Gewebeteilen (Med.). **Kauterisation** [...*zion*] *die*; -, -en: Gewebszerstörung durch Brenn- od. Ätzmittel (Med.). **kauterisieren**: durch Hitze od. Chemikalien zerstören od. verätzen (Med.). **Kauterium** [aus *lat.* cautērium „Beizmittel", eigtl. „Brenneisen", dies aus gleichbed. *gr.* kautḗrion] *das*; -s, ...ien [...*iᵉn*]: 1. Ätzmittel (Chem.). 2. Brenneisen (Med.)

Kaution [...*zion*; aus gleichbed. *lat.* cautio, eigtl. „Behutsamkeit, Vorsicht"] *die*; -, -en: Bürgschaft; Sicherheitsleistung in Form einer Geldhinterlegung (bes. bei der Freilassung von Untersuchungsgefangenen), z. B. jmdn. gegen - freilassen

kau|tschieren: = kautschutieren. **Kau|tschuk** [über *fr.* caoutchouc, älter *span.* cauchuc aus einer peruan. Indianerspr.] *der*; -s, -e: Milchsaft des Kautschukbaumes, Rohstoff für die Gummiherstellung. **kau|tschutieren** [aus gleichbed. *fr.* caoutchouter]: a) mit Kautschuk überziehen; b) aus Kautschuk herstellen

Kavalier [über *fr.* cavalier aus *it.* cavaliere „Reiter; Ritter" zu *lat.* caballus „Pferd"] *der*; -s, -e: 1. ein Mann, der bes. Frauen gegenüber höflich, taktvoll u. hilfsbereit ist. 2. (ugs., scherzh.) Freund, Begleiter eines Mädchens od. einer Frau. 3. (veraltet) Edelmann. **Kavaliersdelikt** *das*; -s, -e: strafbare Handlung, die nicht als ehrenrührig angesehen wird. **Kavalier[s]start** *der*; -s, -s: scharfes, schnelles Anfahren mit Vollgas (z. B. an einer Verkehrsampel)

Kavalkade [über gleichbed. *fr.* cavalcade aus *it.* cavalcata zu cavalcare, *spätlat.* caballicāre „reiten"; vgl. Kavalier] *die*; -, -n: prachtvoller Reiteraufzug, Pferdeschau (Sport)

Kavallerie [auch: *ka*...; über *fr.* cavalerie aus gleichbed. *it.* cavalleria zu cavaliere „Reiter"] *die*; -, ...ien: Reiterei; Reitertruppe. **Kavallerist** [auch: *ka*...] *der*; -en, -en: Angehöriger der Reitertruppe

Kavatine [...*wa*...; aus gleichbed. *it.* cavatina, Verkleinerungsform von cavata „gedanklich zusammenfassender Schluß eines Rezitativs" zu cavare „herausholen"] *die*; -, -n: (Mus.) a) Sologesangsstück in der Oper von einfachem, liedmäßigem Charakter; b) liedartiger Instrumentalsatz

Kaverne [...*wär*...; aus *lat.* caverna „Höhle"] *die*; -, -n: 1. [künstlich angelegter] unterirdischer Hohlraum zur Unterbringung technischer od. militärischer Anlagen od. zur Müllablagerung. 2. durch Gewebseinschmelzung entstandener Hohlraum im Körpergewebe, bes. in tuberkulösen Lungen (Med.). **kavernös**: 1. (Med.) a) Kavernen aufweisend, schwammig (von krankem Gewebe); b) zu einem Hohlraum gehörend (z. B. von Organen). 2. reich an Hohlräumen (von Gesteinsarten; Geol.)

Kaviar [...*wi*...; aus gleichbed. älter *türk.* chavijar (*türk.* havyar)] *der*; -s, -e: mit Salz konservierter Rogen verschiedener Störarten

Kawa [aus gleichbed. *polynes.* kava, eigtl. „bitter"] *die*; -: säuerlich-erfrischendes, stark berauschendes Getränk der Polynesier

Kawaß u. **Kawasse** [über *türk.* kavas aus gleichbed. *arab.* qawwās, eigtl. „Bogenschütze"] *der*; ...wassen, ...wassen: 1. (hist.) Ehrenwächter (für Diplomaten) in der Türkei. 2. Wächter u. Bote einer Gesandtschaft im Vorderen Orient

Kazike [aus gleichbed. *span.* cacique (indian. Wort)] *der*; -n, -n: a) (hist.) Häuptling bei den Indianern Süd- u. Mittelamerikas; b) Titel eines indianischen Ortsvorstehers

kcal = Kilokalorie

Kea [*maorisch*] *der*; -s, -s: neuseeländischer Papagei

Kebab [über *türk.* kebap aus gleichbed. *arab.* kabāb] *der*; -[s]: [süd]osteuropäisches u. orientalisches Gericht aus kleinen, am Spieß gebratenen [Hammel]-fleischstückchen

Keeper [*kipᵉr*; aus *engl.* keeper „Hüter, Wächter"] *der*; -s, -: → Goalkeeper (Sport)

keep smiling [*kip ßmailing*; *engl.*; „höre nicht auf zu lächeln"]: nimm's leicht, immer nur lächeln. **Keep-smiling** *das*; -: auch unter widrigen Umständen optimistische Lebensanschauung

Kefir [aus gleichbed. *russ.* kefir] *der*; -s: aus Kuhmilch (in Rußland ursprünglich aus Stutenmilch) durch gleichzeitige alkoholische und milchsaure Gärung gewonnenes Getränk mit säuerlichem, prickelndem Geschmack u. geringem Alkoholgehalt

Keks [aus *engl.* cakes (Plural) „Kuchen"] *der* od. *das*; - u. -es, - u. -e (österr.: *das*; -, -[e]): kleines trockenes Feingebäck

Kelvin [...*win*; nach dem engl. Physiker Lord Kelvin, 1824–1907] *das*; -s, -: Gradeinheit auf der Kelvinskala; Zeichen: K. **Kelvinskala** *die*; -: Temperaturskala, deren Nullpunkt (0 K) der absolute Nullpunkt (−273,16 °C) ist

Kendo [aus *jap.* kendo „Weg des Schwertes"] *das*; -[s]: japan. Schwert- od. Stockfechten

Kennel [aus *engl.* kennel „Hundehütte, Zwinger", dies aus *afr.* chenil zu *lat.* canis „Hund"] *der*; -s, -: Hundezwinger [für die zur → Parforcejagd dressierte Meute]

Kenning [aus gleichbed. *altnord.* kenning, eigtl. „Erkennung"] *die*; -, -ar: die bildliche Umschreibung eines Begriffes durch eine mehrgliedrige Benennung in der altgermanischen Dichtung (z. B. „Wundflamme" für „Schwert")

Kenotaph u. Zenotaph [über *lat.* cenotaphium aus gleichbed. *gr.* kenotáphion zu kenós „leer" u. táphos „Grab"] *das*; -s, -e: ein leeres Grabmal zur Erinnerung an einen Toten, der an anderer Stelle begraben ist

Kentaur vgl. Zentaur

kephal..., **Kephal**... vgl. kephalo..., Kephalo... **kephalo**..., **Kephalo**..., vor Vokalen u. vor h: kephal..., Kephal... [aus *gr.* kephalḗ „Kopf"]: in Zusammensetzungen auftretendes Bestimmungswort mit der Bedeutung „Kopf, Spitze", z. B. Kephalometrie „Schädelmessung"

Kerabau [*asiat.*] *der*; -s, -s: indischer Wasserbüffel

Keramik [über gleichbed. *fr.* céramique aus *gr.* keramikḗ téchnē „Töpferkunst" zu kéramos „Töpferton, -ware"] *die*; -, -en: 1. (ohne Plural) a) Sammelbegriff für Erzeugnisse aus gebranntem Ton (Steingut, Majoliken, Porzellan usw.); b) gebrannter Ton als Grundmaterial für die Herstellung von Steingut, Porzellan u. Majoliken; c) Technik der Keramikherstellung. 2. einzelnes Erzeugnis aus gebranntem Ton. **keramisch**: zur Keramik gehörend, sie betreffend

Keratin [zu *gr.* kérās „Horn"] *das*; -s, -e: Hornstoff, schwefelhaltiger Eiweißkörper in Haut, Haar u. Nägeln

Kerosin [zu *gr.* kērós „Wachs"] *das*; -s: der im Erdöl vorkommende Petroleumanteil, der als Motoren- u. Leichtpetroleum u. als Raketentreibstoff verwendet wird

Kerr|effekt [nach dem engl. Physiker J. Kerr, 1824–1907] *der*; -s: Erscheinung, nach der alle Stoffe im elektrischen u. magnetischen Feld mehr od. weniger richtungsabhängige Eigenschaften annehmen, bes. die Doppelbrechung von Lichtwellen im elektrischen Feld

Kerrie [...*i*^e; nach dem engl. Botaniker W. Kerr, † 1814] *die*; -, -n: Ranunkelstrauch, Goldnessel (ein Zierstrauch der Rosengewächse)

Kerygma [aus *gr.* kḗrygma „das durch den Herold (*gr.* kḗryx) Ausgerufene"] *das*; -s: Verkündigung, bes. des → Evangeliums (Rel.). **kerygmatisch**: zur Verkündigung gehörend, predigend

Ketch|up [*kätschap*, auch: *kätsch*^e*p*; aus gleichbed. *engl.* ketchup, dies aus *malai.* kĕchap „gewürzte Fischsoße"] *der* od. *das*; -[s], -s: pikante, dickflüssige [Tomaten]soße zum Würzen von Speisen

Ketogruppe *die*; -, -n: zweiwertige CO-Gruppe. **Keton** [von Aceton hergeleitet] *das*; -s, -e: organische Verbindung mit einer od. mehreren CO-Gruppen, die an Kohlenwasserstoffreste gebunden sind

Ketsch [aus gleichbed. *engl.* ketch] *die*; -, -en: zweimastiges Segelboot (Sport)

Kett-Car [*kätkar*; anglisierende Bildung aus *dt.* Kette u. *engl.* car „Auto"] *der*; -s, -s: Kinderfahrzeug, Art Holländer

kg = Kilogramm

KG [*kage*] *die*; -, -s: = Kommanditgesellschaft

[1]**Khaki** [aus gleichbed. *engl.* khaki, dies aus *pers.-Hindi* khākī „staub-, erdfarben" zu *pers.* khāk „Staub, Erde"] *das*; -: Erdfarbe, Erdbraun. [2]**Khaki** *der*; -[s]: gelbbrauner Stoff [für Tropenuniformen]

Khan [aus *mongol.-türk.* hān, älter hakān] *der*; -s, -e: (hist.) mongol.-türk. Herrschertitel

Khedive [...*w*^e; aus *pers.-türk.* hediw „Fürst", eigtl. „kleiner König"] *der*; -s, u. -n, -n: (hist.) Titel des Vizekönigs von Ägypten (bis 1914)

Khipu *das*; -[s], -[s]: Knotenschnur der Inkas, die als Schriftersatz diente

kHz = Kilohertz

Kiang [aus *tibet.* kiang] *der*; -s, -s: tibetischer Halbesel

Kibbuz [aus gleichbed. *hebr.* kibbuz, eigtl. „Versammlung, Gemeinschaft"] *der*; -, -im u. -e: Gemeinschaftssiedlung in Israel. **Kibbuznik** *der*; -s, -s: Mitglied eines Kibbuz

Kibitka [aus gleichbed. *russ.* kibitka] *die*; -, -s u. **Kibitke** *die*; -, -n: 1. Filzzelt asiatischer Nomadenstämme. 2. a) überdachter russ. Bretterwagen; b) überdachter russ. Schlitten

Kick [aus gleichbed. *engl.* kick zu to kick „stoßen, treten"] *der*; -[s], -s: (ugs.) Tritt, Stoß (beim Fußball). **kicken**: (ugs.) Fußball spielen. **Kicker** *der*; -s, -[s]: (ugs.) Fußballspieler. **Kick-off** [aus gleichbed. *engl.* kickoff zu to kick off „wegstoßen, wegschlagen"] *der*; -s, -s: (schweiz.) Beginn, Anstoß beim Fußballspiel

Kickstarter [aus gleichbed. *engl.* kick starter] *der*; -s, -: Anlasser bei Motorrädern in Form eines Fußhebels

kidnappen [*kidnäpen*; aus gleichbed. *engl.* to kidnap]: einen Menschen, bes. ein Kind, entführen [um Lösegeld zu erpressen]. **Kidnapper** *der*; -s, -: jmd., der kidnappt. **Kidnapping** *das*; -s, -s: Entführung eines Menschen

kiffen [zu *engl.* kef, kif „Haschisch" aus gleichbed. *arab.* kef, kaif, eigtl. „Wohlbefinden"]: (Jargon) Haschisch od. Marihuana rauchen. **Kiffer** (Jargon) *der*; -s, -: jmd., der Haschisch od. Marihuana raucht

killen [aus gleichbed. *engl.* to kill]: 1. (ugs.) jmdn. töten. 2. (Seemannsspr.) leicht flattern (von Segeln). **Killer** *der*; -s, -: a) (ugs.) Totschläger, Mörder; b) jmd., der in fremdem Auftrag Menschen tötet

Kilo *das*; -s, -[s]: Kurzform von → Kilogramm.

kilo..., **Kilo...** [aus gleichbed. *fr.* kilo... zu *gr.* chilioi „tausend"]: in Zusammensetzungen auftretendes Bestimmungswort mit der Bedeutung „das Tausendfache einer Einheit". **Kilo|gramm** *das*; -s, -e (aber: 5 Kilogramm): Maßeinheit für Masse; Zeichen: kg; vgl. Kilopond. **Kilo|grammkalorie** *die*; -, -n: (veraltet) Kilokalorie. **Kilohertz** [nach dem dt. Physiker H. Hertz, 1857–1894] *das*; -, -: Maßeinheit für die Frequenz (= 1 000 Hertz); Zeichen: kHz. **Kilokalorie**: 1 000 → Kalorien; Zeichen: kcal. **Kilometer** *der*; -s, -: 1 000 → Meter (Zeichen km). **Kilo|pond** *das*; -s, -: Maßeinheit für Kraft u. Gewicht; Zeichen: kp. **Kilopondmeter** *das*; -s, -: Maßeinheit für Arbeit u. Energie; Zeichen: kpm. **Kilowatt** *das*; -s, -: 1 000 → Watt (Zeichen kW)

Kilt [aus gleichbed. *engl.* kilt zu to kilt „aufschürzen" aus gleichbed. *dän.* kilte, *schwed.* kilta] *der*; -[e]s, -s: 1. bunt karierter, schottischer Faltenrock für Männer. 2. karierter Faltenrock für Damen

Kimono [auch: *ki*... od. *ki*...; aus *jap.* kimono „Gewand"] *der*; -s, -s: japanisches kaftanartiges Gewand für Männer u. Frauen mit angeschnittenen Ärmeln

Kinemathek [zu → Kinematographie u. → ...thek] *die*; -, -en: a) Sammlung wissenschaftlicher od. künstlerisch wertvoller Filme; b) Raum od. Gebäude, in dem eine Filmsammlung aufbewahrt wird

Kinematik [zu *gr.* kínēma „das Bewegte, die Bewegung"] *die*; -: Teil der → Mechanik (1), Bewegungslehre (Phys.). **kinematisch**: die Kinematik betreffend; sich aus der Bewegung ergebend (Phys.)

Kinemato|graph [aus gleichbed. *fr.* cinématographe zu *gr.* kínēma „Bewegung" u. → ...graph] *der*; -en, -en: der erste Apparat zur Aufnahme u. Wiedergabe bewegter Bilder. **Kinemato|graphie** *die*; -: 1. (hist.) Verfahren zur Aufnahme u. Wiedergabe von bewegten Bildern. 2. Filmkunst, Filmindustrie. **kinemato|graphisch**: die Kinematographie betreffend (Film)

Kinetik [zu *gr.* kinētikós „die Bewegung betreffend", dies zu kineīn „in Bewegung setzen"] *die*; -: Lehre von der Bewegung durch Kräfte (Phys.). **Kinetin** *das*; -s, -e: Umwandlungsprodukt von → Desoxyribonukleinsäuren, das starken Einfluß auf die Zellteilung hat (Biol.). **kinetisch**: bewegend, auf die Bewegung bezogen; -e Energie: Bewegungsenergie (Phys.)

King-size [...*ßais*; aus gleichbed. *engl.* king-size, eigtl. „Königsformat"] *die* (auch: *das*); -: Großformat, Überlänge [von Zigaretten]

Kino [Kurzw. für → *Kin*ematograph] *das*; -s, -s: 1. Filmtheater, Lichtspielhaus. 2. Filmvorführung, Vorstellung im Kino

Kiosk [auch: ...*oßk*; über gleichbed. *fr.* kiosque aus *türk.* köşk „Gartenpavillon" (pers. Wort)] *der;* -[e]s, -e: Verkaufshäuschen [für Zeitungen, Getränke usw.]

Kipper [aus gleichbed. *engl.* kipper] *der;* -[s], -[s]: gepökelter, geräucherter Hering

Kismet [über *türk.* kismet aus *arab.* qisma „Zugeteiltes"] *das;* -s: 1. das dem Menschen von Allah zugeteilte Los (zentraler Begriff der islamischen Religion). 2. unabwendbares Schicksal, Los

Kithara [über *lat.* cithara aus gleichbed. *gr.* kithára] *die;* -, -s u. ...aren: bedeutendstes altgriechisches 4- bis 18saitiges Zupfinstrument mit kastenförmigem → [1]Korpus (2b). **Kitharöde** [aus gleichbed. *gr.* kitharoidós] *der;* -n, -n: Kitharaspieler u. -sänger im antiken Griechenland. **Kitharodie** [aus gleichbed. *gr.* kitharōidía] *die;* -: Kitharaspiel als Gesangsbegleitung im antiken Griechenland

Kiwi [*maorisch*] *der;* -s, -s: auf Neuseeland beheimateter flugunfähiger Vogel

Klamotte [*gaunerspr.*] *die;* -, -n: (ugs.) 1. größerer Stein. 2. a) wertloser Gegenstand, minderwertiges Stück; b) (meist Plural) [altes] Kleidungsstück. 3. a) längst vergessenes u. wieder an die Öffentlichkeit gebrachtes Theaterstück, Lied, Buch o. ä.; b) anspruchsloses Theaterstück

Klan [aus *engl.* clan, s. Clan] *der;* -s, -e: die Gruppe eines Stammes, die sich von gleichen Vorfahren herleitet (Völkerkunde); vgl. Clan

Klarett [nach *fr.* clairet „blaßroter Wein" zu clair „hell" aus *lat.* clārus] *der;* -s, -s u. -e: ein mit Gewürzen versetzter Rotwein

klarieren [aus *lat.* clārāre „deutlich machen, zeigen"]: beim Ein- u. Auslaufen eines Schiffes die Zollformalitäten erledigen

Klarinette [unter Einfluß von *fr.* clarinette aus gleichbed. *it.* clarinetto, Verkleinerungsbildung zu clarino „hohe Trompete" (zu claro „hell tönend" aus *lat.* clārus „hell")] *die;* -, -n: ein Holzblasinstrument. **Klarinettist** *der;* -en, -en: jmd., der [berufsmäßig] Klarinette spielt

Klarisse [nach der hl. Klara v. Assisi] *die;* -, -n u. **Klarissin** *die;* -, -nen: Angehörige des 1212 gegründeten Klarissenordens, des zweiten (weiblichen) Ordens der → Franziskaner

Klassement [...*mang*; aus gleichbed. *fr.* classement zu classe „Ordnung, Klasse" aus *lat.* classis „Abteilung"] *das;* -s, -s: Einteilung; Ordnung; [endgültiges] Ergebnis

Klassifikation [...*zion*; zu → klassifizieren] *die;* -, -en: Einteilung, Einordnung [in Klassen]; vgl. ...ation/...ierung. **klassifizieren** [zu *dt.* Klasse (s. Klassement) u. → ...fizieren]: 1. jmdn. od. etwas (z. B. Tiere, Pflanzen) in Klassen einteilen, einordnen. 2. jmdn. od. etwas als etwas abstempeln

Klassik [zu *lat.* classicus, s. klassisch] *die;* -: 1. Kultur u. Kunst der griech.-röm. Antike. 2. Epoche, die sich Kultur u. Kunst der Antike zum Vorbild genommen hat. 3. Epoche kultureller Höchstleistungen eines Volkes, die über ihre Zeit hinaus Maßstäbe setzt. **Klassiker** [nach *lat.* scrīptor classicus, s. klassisch] *der;* -s, -: 1. Vertreter der Klassik. 2. Künstler, Schriftsteller, Wissenschaftler, der allgemein anerkannte, richtungsweisende Arbeit auf seinem Gebiet geleistet hat. **klassisch** [aus *lat.* classicus „die (ersten) Bürgerklassen betreffend; ersten Ranges, mustergültig" zu classis „Abteilung, Klasse"]: 1. die [antike] Klassik betreffend, z. B. -e Sprachen (Griechisch u. Latein). 2. a) die Merkmale der Klassik tragend (z. B. von einem Kunstwerk, einem Bauwerk); b) vollkommen, ausgewogen in Form u. Inhalt, ausgereift, Maßstäbe setzend (von Kunstwerken, wissenschaftlichen Leistungen, von Formulierungen). 3. altbewährt, seit langem verwendet. 4. mustergültig, zeitlos (in bezug auf Form od. Aussehen); z. B. ein -es Kostüm. **Klassizismus** *der;* -: 1. Nachahmung eines klassischen [antiken] Vorbildes (bes. in der Literatur des 16. u. 17. Jh.s). 2. Baustil, der in Anlehnung an die Antike die Strenge der Gliederung u. die Gesetzmäßigkeit der Verhältnisse betont. 3. europäischer Kunststil etwa von 1770 bis 1830. **klassizistisch**: a) den Klassizismus betreffend, zum Klassizismus gehörend; b) die Antike [ohne Originalität] nachahmend

klastisch [zu *gr.* klān, erweitert klastázein „(ab)brechen"]: aus den Trümmern anderer Gesteine stammend (von Sedimentgestein; Geol.)

Klausel [aus *lat.* clausūla „Schluß; Schlußsatz, Schlußformel; Gesetzesformel" zu claudere „schließen"] *die;* -, -n: 1. vertraglicher Vorbehalt, Sondervereinbarung (Rechtsw.). 2. metrische Gestaltung des Satzschlusses [in der antiken Kunstprosa]. 3. formelhafter, melodischer Schluß (Mus.); vgl. Kadenz

Klaustrophobie [zu *lat.* claustrum „Verschluß, Gewahrsam" u. → Phobie] *die;* -, ...ien: krankhafte Angst vor Aufenthalt in geschlossenen Räumen (Psychol.)

Klausur [aus *spätlat.* clausūra „Verschluß, Einschließung" zu claudere „schließen"] *die;* -, -en: 1. (ohne Plural) Einsamkeit, Abgeschlossenheit. 2. Bereich eines Klosters, der nur für einen bestimmten Personenkreis zugänglich ist. 3. = Klausurarbeit. **Klausurarbeit** *die;* -, -en: schriftliche Prüfungsarbeit, die unter Aufsicht angefertigt werden muß

Klaviatur [...*wi*...; zu → Klavier] *die;* -, -en: Gesamtheit der dem Spiel dienenden Tasten bei Klavier, Orgel u. Harmonium

Klavichord [...*wikort*; zu *mlat.* clavis „Taste" u. *gr.* chordḗ „Saite"; vgl. Klavier] *das;* -[e]s, -e: im 12. Jh. entstandenes Tasteninstrument, dessen waagrecht liegende Saiten mit einem Metallplättchen angeschlagen werden, Vorläufer des Klaviers

Klavier [...*wir*; aus *fr.* clavier „Tastenreihe, Tastenbrett" zu *lat.* clāvis „Schlüssel" (*mlat.* auch: „Taste"), dies zu *lat.* claudere „schließen"] *das;* -s, -e: 1. Tasteninstrument, dessen senkrechte Saiten durch mit Filz belegte Hämmer angeschlagen werden. 2. ein → Cembalo, bei dem die Saiten seitlich angeordnet sind

Klavizimbel [zu *mlat.* clavis „Taste" u. → Zimbel] *das;* -s, -: = Clavicembalo

Kleckso|graphie [zu *dt.* Klecks u. → ...graphie] *die;* -, ...ien: Tintenklecksschreibung u. -deutung (ein psychologischer Test)

Klematis [auch: ...*atiß*], (fachspr. auch:) Clematis [*kle*...; über *lat.* clēmatis aus *gr.* klēmatís (ein Rankengewächs)] *die;* -, -: Kletterpflanze mit stark duftenden Blüten (Waldrebe)

Klementine [vermutlich nach dem ersten Züchter, dem franz. Trappistenmönch Père Clément] *die;* -, -n: kernlose Mandarinensorte [aus Marokko]

Kleptomane [zu *gr.* kléptein „stehlen" u. → Manie] *der* u. *die;* -n, -n: jmd., der an Kleptomanie leidet. **Kleptomanie** *die;* -, ...ien: auf seelisch abnormen Motiven beruhender Stehltrieb ohne Bereicherungsabsicht (Med.; Psychol.). **kleptomanisch**: die Kleptomanie betreffend

klerikal [aus *kirchenlat.* clēricālis „priesterlich"; vgl.

Klerus]: a) zum Klerus gehörig, kirchlich, die katholische Geistlichkeit betreffend; b) (abwertend) die partei- u. machtpolitischen Ansprüche des Klerus betreffend. **Klerikalismus** *der*; -: das Bestreben der [katholischen] Kirche, ihren Einflußbereich auf Staat u. Gesellschaft auszudehnen. **klerikalistisch**: (abwertend) ausgeprägt klerikale (b) Tendenzen vertretend u. zeigend. **Kleriker** [aus gleichbed. *kirchenlat.* clēricus] *der*; -s, -: Angehöriger des Klerus, der Geistlichkeit. **Klerisei** [aus gleichbed. *mlat.* clericia] *die*; -: (veraltet) Klerus. **Klerus** [über *kirchenlat.* clērus aus *gr.* klērós „Geistlichkeit", eigtl. „Los, Anteil; Stand der Berufenen"] *der*; -: katholische Geistlichkeit, Priesterschaft, -stand

Klient [aus *lat.* cliēns, Gen. clientis „der Hörige"] *der*; -en, -en: Auftraggeber, Kunde bestimmter freiberuflich tätiger Personen (z. B. Rechtsanwalt) od. bestimmter Einrichtungen (z. B. Eheanbahnungsinstitut). **Klientel** [*kli-ä...*; aus *lat.* clientēla „Gruppe abhängiger Bürger"] *die*; -, -en: Gesamtheit der Klienten (z. B. eines Rechtsanwalts)

Klima [über *lat.* clīma aus *gr.* klíma „Neigung; Himmelsgegend, Zone"; vgl. Klinik] *das*; -s, -s u. ...mate: 1. der für ein bestimmtes geographisches Gebiet charakteristische Ablauf der Witterung (Meteor.). 2. künstlich hergestellte Luft-, Wärme- u. Feuchtigkeitsverhältnisse in einem Raum. 3. a) Stimmung, [soziale] Umwelt; b) [politische] Atmosphäre. **klimatisch**: das Klima betreffend. **klimatisieren**: a) in einen Raum od. ein Gebäude eine Klimaanlage einbauen; b) Temperatur u. Luftfeuchtigkeit in geschlossenen Räumen auf bestimmte konstante Werte bringen bzw. die hierzu verwendete Luft entsprechend behandeln. **Klimatologie** *die*; -: vergleichende Wissenschaft der klimatischen Verhältnisse auf der Erde

klimakterisch [über *lat.* climactēricus aus gleichbed. *gr.* klīmaktērikós]: durch die Wechseljahre bedingt, sie betreffend (Med.). **Klimakterium** [zu *gr.* klimaktḗr „Stufe, gefahrvoller Lebensabschnitt"; vgl. Klimax] *das*; -s: Wechseljahre [der Frau]

Klimax [über *lat.* clīmax „Steigerung des Ausdrucks" aus gleichbed. *gr.* klīmax, eigtl. „Leiter, Treppe" zu klínein „neigen"; vgl. Klinik] *die*; -, -e: 1. Steigerung des Ausdrucks, Übergang vom weniger Wichtigen zum Wichtigeren (Rhet.; Stilk.). 2. = Klimakterium

Klinik [über *lat.* clīnicē „Heilkunst für bettlägerig Kranke" aus gleichbed. *gr.* klinikḗ (téchnē) zu klínē „Bett", dies zu klínein „(sich) neigen"] *die*; -, -en: 1. Krankenhaus mit speziellen Einrichtungen für die Behandlung von Kranken oder Schwangeren. 2. (ohne Plural) ärztlicher Unterricht am Krankenbett. **Kliniker** *der*; -s, -: 1. in einer Klinik tätiger u. lehrender Arzt. 2. Medizinstudent in den klinischen Semestern. **Klinikum** [zu *lat.* clīnicus, *gr.* klinikós „Arzt am Krankenbett"] *das*; -s, ...ka u. ...ken: 1. (ohne Plural) Hauptteil der praktischen ärztlichen Ausbildung in einem Krankenhaus. 2. alle Kliniken einer Universität. **klinisch**: a) die Klinik betreffend; b) die klinischen Semester betreffend. **Klinomobil** u. Clinomobil [*kli...*; Kurzw. aus → Klinik u. → Automobil] *das*; -s, -e: Notarztwagen, in dem Operationen ausgeführt werden können

Klinometer [zu *gr.* klínein „(sich) neigen" u. → [1]...meter] *das*; -s, -: Neigungsmesser für Schiffe u. Flugzeuge

Klipp u. Clip [*klip*; aus gleichbed. *engl.* clip zu to clip „festhalten, anklammern"] *der*; -s, -s: a) Klammer, Klemme [am Füllfederhalter]; b) = Klips

Klips u. Clips [*klipß*; aus *engl.* clips (Plural), s. Klipp] *der*; -es, - u. -e: 1. Schmuckstück zum Festklemmen (z. B. Ohrklips). 2. Klammer zum Befestigen des Haares beim Eindrehen

Klischee [*klische*; aus gleichbed. *fr.* cliché zu clicher „abklatschen, klischieren"] *das*; -s, -s: 1. a) mittels → Stereotypie od. Galvanoplastik hergestellte Vervielfältigung eines Druckstockes; b) Druckstock. 2. Abklatsch, abgegriffene Nachahmung ohne Aussagewert. **klischieren**: 1. ein Klischee herstellen. 2. etwas talentlos nachahmen

Klistier [über *lat.* clystērium aus gleichbed. *gr.* klystḗrion, eigtl. „Spülung, Reinigung"] *das*; -s, -e: Darmeinlauf, -spülung (meist mit warmem Wasser). **klistieren**: ein Klistier geben

Klitoris [aus gleichbed. *gr.* kleitorís, eigtl. „kleiner Hügel"] *die*; -, - u. ...orides: schwellfähiges weibliches Geschlechtsorgan, Kitzler (Med.)

Klivie [*...wi^e*] vgl. Clivia

Kloake [aus *lat.* cloāca „Abzugskanal"] *die*; -, -n: 1. [unterirdischer] Abzugskanal für Abwässer, Senkgrube. 2. gemeinsamer Ausführungsgang für den Darm, die Harnblase u. die Geschlechtsorgane bei Reptilien u. einigen niederen Säugetieren (Zool.). **Kloakentiere** *die* (Plural): primitive Säugetiere mit einer → Kloake (2)

Klobasse u. **Klobassi** [*slaw.*] *die*; -, ...ssen: (österr.) eine grobe, gewürzte Wurst

Klosett [aus gleichbed. *engl.* (water-)closet, zu closet „Kabinett, Kammer" aus *altfr.* closet „abgeschlossener Raum", dies zu *lat.* claudere (clausum) „(ab)schließen"] *das*; -s, -e u. -s: Abort, → Toilette (3)

Klub u. Club [*klup* ; aus gleichbed. *engl.* club, eigtl. „Keule", aus *aisl.* klubba „Knüppel, Keule" (Einladungen zu Zusammenkünften wurden urspr. durch Herumsenden eines Kerbstocks oder einer Keule übermittelt)] *der*; -s, -s: a) [geschlossene] Vereinigung mit politischen, geschäftlichen, sportlichen u. a. Zielen; b) Gebäude, Räume eines Klubs (a). **Klubgarnitur** *die*; -, -en: Gruppe von [gepolsterten] Sitzmöbeln

Kluniazenser [nach dem ostfranz. Kloster Cluny (*klüni*)] *der*; -s, -: Anhänger der von Cluny ausgehenden [mönchisch-]kirchlichen Reformbewegung des 11./12. Jh.s. **kluniazensisch**: die Kluniazenser u. ihre Reformen betreffend

Klusil [zu *lat.* clūsilis „sich leicht schließend", dies zu clūdere, claudere „schließen"] *der*; -s, -e: Verschlußlaut (Sprachw.)

•**km** = Kilometer. **km²**, qkm = Quadratkilometer. **km³**, cbkm = Kubikkilometer. **km/h**, **km/st** = Kilometer je Stunde

Knesset[h] [aus *hebr.* knesset, eigtl. „Versammlung"] *die*; -: das Parlament in Israel

Knickerbocker [auch: *nik^er...*; aus gleichbed. *engl.* knickerbocker, nach einer Romanfigur W. Irvings (1809)] *die* (Plural): unter dem Knie mit einem Bund geschlossene und dadurch überfallende, halblange sportliche Hose

Knight [*nait*; aus *engl.* knight „Ritter"] *der*; -s, -s: die nicht erbliche, unterste Stufe des engl. Adels

knockdown [*nokdaun*; zu *engl.* to knock down „niederschlagen"]: niedergeschlagen, aber nicht kampfunfähig (Boxen). **Knockdown** *der*; -[s], -s: einfacher Niederschlag (Boxen). **knock|out** [*...aut*;

zu *engl.* to knock out „herausschlagen“]: kampfunfähig nach einem Niederschlag; Abk.: k. o. (Boxen). **Knock|out** *der;* -[s], -s: Kampfunfähigkeit bewirkender Niederschlag; Abk.: K. o. (Boxen)

Know-how [*noᵘhau;* aus gleichbed. *engl.* know-how, eigtl. „wissen, wie“] *das;* -[s]: das Wissen, wie man mit einem Minimum an Aufwand eine Sache praktisch verwirklicht

[1]**ko...**, **Ko...** vgl. kon..., Kon... [2]**ko...**, **Ko...** [aus gleichbed. *engl.* co..., Co...; vgl. kon..., Kon...]: Präfix mit der Bedeutung „zusammen, mit“, z. B. Kopilot, Koproduktion

k. o. [*ka-o*]: = knockout. **K. o.** *der;* -[s], -[s]: = Knockout

Ko|adjutor [aus *lat.* coadiūtor „Mitgehilfe“] *der;* -s, ...oren: katholischer → Vikar, der den durch Alter od. Krankheit behinderten Stelleninhaber mit dem Recht der Nachfolge vertritt

Ko|agulat [aus *lat.* coāgulātum „Geronnenes“ zu coāgulāre „gerinnen machen, → koagulieren“] *das;* -[e]s, -e: aus einer → kolloidalen Lösung ausgeflockter Stoff (z. B. Eiweißgerinnsel; Chem.). **Ko|agulation** [...*zion*] *die;* -, -en: Ausflockung, Gerinnung eines Stoffes aus einer → kolloidalen Lösung (Chem.). **ko|agulieren**: ausflocken, gerinnen [lassen] (Chem.)

Koala [*austr.*] *der;* -s, -s: in Australien auf Bäumen lebender kleiner Beutelbär (ein Beuteltier)

ko|alieren u. **ko|alisieren** [nach gleichbed. *fr.* coaliser zu coalition]: a) verbinden; sich verbünden; b) mit jmdm. eine Koalition eingehen, bilden. **Koalition** [...*zion*; aus gleichbed. *fr.* coalition, dies über *engl.* coalition aus *mlat.* coalitio „Vereinigung, Zusammenkunft“, eigtl. „das Zusammenwachsen“] *die;* -, -en: Vereinigung, Bündnis zweier oder mehrerer Parteien od. Staaten zur Durchsetzung ihrer Ziele

ko|axial [aus → kon... u. → axial]: mit gleicher Achse

Kobalt [scherzhafte Umbildung aus *dt.* Kobold] *das;* -[e]s: chem. Grundstoff, Metall; Zeichen: Co (von *nlat.* Cobaltum)

Ko|bra [aus *port.* cobra de capello „Kappenschlange“, dies zu *lat.* colubra „Schlange“] *die;* -, -s: südasiatische Brillenschlange

Koda [aus gleichbed. *it.* coda, eigtl. „Schwanz“, dies aus *lat.* cauda „Schwanz“] *die;* -s: Schluß od. Anhang eines musikalischen Satzes

Kode [*kot;* aus gleichbed. *engl.* code, *fr.* code zu *lat.* cōdex „Schreibtafel, Verzeichnis“; vgl. Kodex] *der;* -s, -s: 1. Schlüssel zu Geheimschriften, Telegrafenschlüssel. 2. = Code (1)

Kodein [zu *gr.* kōdeia „Mohn(kopf)“] *das;* -s: ein → Alkaloid des Opiums, hustenstillendes Mittel

Kodex [aus *lat.* cōdex „Schreibtafel (aus gespaltenem Holz), Buch, Verzeichnis“, eigtl. „abgehauener Stamm“, zu cūdere „schlagen“] *der;* -es u. -, -e u. ...dizes [*kódizeß*]: 1. a) eine mit Wachs überzogene hölzerne Schreibtafel der Antike, mit anderen zu einer Art Buch vereinigt; b) Sammlung alter Handschriften. 2. Gesetzbuch, Gesetzessammlung (Rechtsw.)

kodieren [nach gleichbed. *engl.* to code, zu → Kode]: [eine Nachricht] mit Hilfe eines → Kodes (1) verschlüsseln; Ggs. → dekodieren. **Kodierung** *die;* -, -en: Verschlüsselung [einer Nachricht] mit Hilfe eines → Kodes (1); Ggs. → Dekodierung

Kodifikation [...*zion*; zu → kodifizieren] *die;* -, -en: a) systematische Erfassung aller einzelnen [Rechts]normen eines Sachgebietes in einem Gesetzbuch; b) Gesetzessammlung; vgl. ...ation/...ierung. **kodifizieren** [zu → Kode u. → ...fizieren]: eine Kodifikation zusammenstellen. **Kodifizierung** *die;* -, -en: = Kodifikation; vgl. ...ation/...ierung

Ko|edukation [...*zion*; nach gleichbed. *engl.* coeducation, vgl. kon... u. Edukation] *die;* -: Gemeinschaftserziehung von Jungen u. Mädchen in Schulen u. Internaten

Ko|effizient [zu → kon... u. *lat.* efficiēns, Gen. efficientis „bewirkend; vgl. Effizienz] *der;* -en, -en: 1. Vorzahl der veränderlichen Größen einer → Funktion (2) (Math.). 2. kennzeichnende Größe für bestimmte physikalische od. technische Verhaltensweisen (z. B. Reibungs-, Ausdehnungskoeffizient; Phys.; Techn.)

Ko|erzitivkraft [zu *lat.* coercēre (Part. Perf. coercitum) „zusammenhalten, einschließen“] *die;* -: Fähigkeit eines Stoffes, der Magnetisierung zu widerstehen od. die einmal angenommene Magnetisierung zu behalten

Ko|existenz [auch: *ko...*; aus *mlat.* coexistentia „gleichzeitiges Bestehen“ zu *kirchenlat.* coexsistere, vgl. kon... u. Existenz] *die;* -, -en: 1. das gleichzeitige Vorhandensein (Philos.). 2. das friedliche Nebeneinanderbestehen unterschiedlicher geistiger, religiöser, politischer od. gesellschaftlicher Systeme. **ko|existieren**: zusammen dasein, nebeneinander bestehen

Koffein [gelehrte Bildung zu *engl.* coffee „Kaffee“] u. Kaffein [aus gleichbed. *engl.* caffeine, dies aus *fr.* caféine zu café „Kaffee“] *das;* -s: in Kaffee, Tee und Kolanüssen (vgl. Kola) enthaltenes → Alkaloid

Ko|gnak [*konjak;* nach der franz. Stadt Cognac] *der;* -s, -s (aber: 3 Kognak): volkstümliche Bezeichnung für Weinbrand

ko|gnitiv [auch: *ko...*; zu *lat.* cōgnitio „das Kennenlernen, Erkennen“]: die Erkenntnis betreffend; erkenntnismäßig

Ko|gnomen [aus *lat.* cōgnōmen „Zuname“] *das;* -s, - u. ...mina: dem röm. Vor- u. Geschlechtsnamen beigegebener Name (z. B. [Gajus Julius] *Caesar*); vgl. Nomen gentile u. Pränomen

Kohabitation [...*zion*; aus *kirchenlat.* cohabitātio „das Beisammenwohnen“ zu cohabitāre „beisammenwohnen“] *die;* -, -en: Geschlechtsverkehr (Med.). **kohabitieren**: Geschlechtsverkehr ausüben (Med.)

kohärent [aus gleichbed. *lat.* cohaerēns, Gen. cohaerentis zu cohaerēre, s. kohärieren]: zusammenhängend; -es Licht: Lichtbündel von gleicher Wellenlänge u. Schwingungsart (Phys.). **Kohärenz** *die;* -: 1. Zusammenhang. 2. Eigenschaft von Lichtbündeln, die gleiche Wellenlänge u. Schwingungsart haben (Phys.). **kohärieren** [aus gleichbed. *lat.* cohaerēre]: zusammenhängen, Kohäsion zeigen. **Kohäsion** *die;* -: der innere Zusammenhalt der Moleküle eines Körpers. **kohäsiv**: zusammenhaltend

Kohlehy|drat u. Kohlenhy|drat [vgl. Hydrat] *das;* -[e]s, -e: aus Kohlenstoff, Sauerstoff u. Wasserstoff zusammengesetzte organische Verbindung (z. B. Stärke, Zellulose, Zucker)

Kohorte [aus gleichbed. *lat.* cohors, Gen. cohortis, eigtl. „Gehege, eingeschlossener Haufe, Schar“] *die;* -, -n: (hist.) der 10. Teil einer röm. Legion

Koine [*keune*; aus gleichbed. *gr.* koinē (diálektos) zu koinós „gemeinschaftlich, alle angehend“] *die;* -, Koinai: 1. (ohne Plural) die griech. Umgangssprache im Zeitalter des Hellenismus. 2. eine durch Einebnung von Dialektunterschieden entstandene Sprache (Sprachw.)

ko|inzident [aus → kon... u. *lat.* incidēns, Gen. incidentis, Part. Präs. von incidere „hineinfallen, sich ereignen"]: zusammenfallend; einander deckend. **Ko|inzidenz** *die*; -: das Zusammentreffen, Zusammenfall zweier Ereignisse. **ko|inzidieren**: zusammenfallen; einander decken

ko|itieren [zu → Koitus]: Geschlechtsverkehr ausüben (Med.). **Ko|itus** [aus gleichbed. *lat.* coitus, eigtl. „das Zusammengehen", zu coire „zusammengehen"] *der*; -, - [*kóituß*]: Geschlechtsverkehr (Med.)

Kojote [aus gleichbed. *mex.-span.* coyote, dies aus *aztek.* coyotl] *der*; -n, -n: 1. nordamerik. Präriewolf. 2. (abwertend) Farbiger

Koka [aus gleichbed. *span.* coca, dies aus *indian.* cuca, coca] *die*; -, - u. Kokastrauch *der*; -s, ...sträucher: ein in Peru u. Bolivien vorkommender Strauch, aus dessen Blättern das Kokain gewonnen wird. **Kokain** *das*; -s: aus den Blättern des Kokastrauches gewonnenes → Alkaloid (ein Rauschgift u. Betäubungsmittel)

Kokarde [aus gleichbed. *fr.* cocarde, eigtl. „Bandschleife", zu *altfr.* coquard „eitel" (dies zu coq „Hahn")] *die*; -, -n: Abzeichen an Uniformmützen; Bandrosette

Kokastrauch vgl. Koka

koken [aus *engl.* to coke zu coke „Koks"]: Koks herstellen

kokett [aus gleichbed. *fr.* coquet, eigtl. „hahnenhaft", zu coq „Hahn"]: gefallsüchtig; eitel. **Kokette** [aus gleichbed. *fr.* coquette] *die*; -, -n: eine Frau, die darauf bedacht ist, auf Männer zu wirken. **Koketterie** *die*; -, ...ien: Gefallsucht; Eitelkeit. **kokettieren** [nach gleichbed. *fr.* coqueter]: 1. a) sich als Frau einem Mann gegenüber kokett benehmen; b) als Frau seine Reize spielen lassen u. dadurch das erotische Interesse eines Mannes auf sich lenken. 2. in koketter Weise Eindruck mit etwas machen wollen. 3. mit etwas liebäugeln

Kokille [aus gleichbed. *fr.* coquille, eigtl. „Muschel"] *die*; -, -n: metallische, wiederholt verwendbare Gießform (Hüttentechnik)

Kokke *die*; -, -n u. Kokkus [über *lat.* coccus aus *gr.* kokkos „Kern, Beere"] *der*; -, Kokken (meist Plural): Kugelbakterie (Med.)

Kökkenmöddinger u. Kjökkenmöddinger [aus *dän.* køkkenmøddinger „Küchenabfälle"] *die* (Plural): Abfallhaufen der Steinzeitmenschen aus Muschelschalen, Kohlenresten u. a.

Kokkus vgl. Kokke

Kokon [...*kong*, österr.: ...*kon*; aus *fr.* cocon „Seidenraupengespinst", dies aus *provenzal.* coucon „Eierschale"] *der*; -s, -s: Hülle der Insektenpuppen (aus der z. B. beim Seidenspinner die Seide gewonnen wird)

Kokospalme [zu *span.* (nuez de) coco „Kokosnuß", eigtl. „Butzemann" (weil man aus der Schale Gesichter schneiden kann)] *die*; -, -n: in Asien beheimatete Palme von hohem Nutzwert

Kokotte [aus gleichbed. *fr.* cocotte, eigtl. kinderspr. lautmalend für „Henne"] *die*; -, -n: (veraltet) Dirne; Halbweltdame

¹Koks [aus *engl.* cokes, Plural von gleichbed. coke, eigtl. „Mark, Kern"] *der*; -es, -e: durch Erhitzen unter Luftabschluß gewonnener Brennstoff aus Stein- od. Braunkohle

²Koks [Kurzform von → Kokain] *der*; -es: (Jargon) Kokain. **koksen**: (Jargon) Kokain nehmen. **Kokser** *der*; -s, -: (Jargon) jmd., der kokainsüchtig ist

kol..., **Kol...** vgl. kon..., Kon...

Kola [aus gleichbed. *westafrik.* kola, kolo] *die*; -: der → Koffein enthaltende Samen des Kolastrauches (Kolanuß)

Kolatsche u. Golatsche [aus gleichbed. *tschech.* koláč] *die*; -, -n: (österr.) kleiner, gefüllter Hefekuchen

Kolchos [aus *russ.* kolchoz, Kurzw. aus *kol*lektivnoe *choz*jaistvo = Kollektivwirtschaft] *der* (auch *das*); -, ...osen u. (österr. nur so) **Kolchose** *die*; -, -n: landwirtschaftliche Produktionsgenossenschaft [in der Sowjetunion]

Kolibakterien [...*iᵉn*; zu *gr.* kōlon „Glied des Körpers, Darm" u. → Bakterie] *die* (Plural): Darmbakterien bei Mensch u. Tier, die außerhalb des Darms Krankheitserreger sind (Med.)

Koli|bri [aus gleichbed. *fr.* colibri (wohl karib. Wort)] *der*; -s, -s: in Amerika vorkommender kleiner Vogel mit buntem, metallisch glänzendem Gefieder

Kolik [auch: ...*lik*; aus *gr.* kōlikē (nósos) „Darmleiden" zu kōlon „Glied, Darm"] *die*; -, -en: krampfartig auftretender Schmerz im Leib u. seinen Organen (z. B. Magen-, Darm-, Nierenkolik; Med.)

Kolkothar [über *span.* colcotar aus *arab.* qulqutār „Erzblüte", dies aus gleichbed. *gr.* chálkauthos] *der*; -s, -e: rotes Eisenoxyd

kollabieren [aus *lat.* collābi „zusammensinken"; vgl. Kollaps]: einen Kollaps (1) erleiden, plötzlich schwach werden (Med.)

Kollaborateur [...*tör*; aus gleichbed. *fr.* collaborateur, eigtl. „Mitarbeiter"] *der*; -s, -e: Angehöriger eines von feindlichen Truppen besetzten Gebiets, der mit dem Feind zusammenarbeitet. **Kollaboration** [...*zion*] *die*; -, -en: aktive Unterstützung einer feindlichen Besatzungsmacht gegen die eigenen Landsleute. **kollaborieren** [über gleichbed. *fr.* collaborer, eigtl. „mitarbeiten", dies aus *spätlat.* collabōrāre „mitarbeiten"]: mit einer feindlichen Besatzungsmacht gegen die eigenen Landsleute zusammenarbeiten

Kollagen [aus *gr.* kólla „Leim" u. → ...gen] *das*; -s, -e: leimartiger, stark quellender Eiweißkörper in Bindegewebe, Sehnen, Knorpel, Knochen (Biol.; Med.)

Kollaps [auch: *ko*...; aus *mlat.* collapsus zu *lat.* collābi „zusammensinken"; vgl. kollabieren] *der*; -es, -e: 1. plötzlicher Schwächeanfall infolge Kreislaufversagens (Med.). 2. [wirtschaftlicher] Zusammenbruch

Kollation [...*zion*; aus *lat.* collātio „das Zusammenbringen, die Vergleichung"] *die*; -, -en: 1. Vergleich einer Abschrift mit der Urschrift zur Prüfung der Richtigkeit. 2. a) [erlaubte] kleine Erfrischung an katholischen Fasttagen od. für einen Gast im Kloster; b) (veraltet, aber noch landsch.) kleine Zwischenmahlzeit, Imbiß. **kollationieren**: 1. [eine Abschrift mit der Urschrift] vergleichen. 2. (veraltet) einen kleinen Imbiß einnehmen

kollaudieren [aus *lat.* collaudāre „belobigen, Lob erteilen"]: (schweiz. u. österr.) [ein Gebäude] amtlich prüfen u. die Übergabe an seine Bestimmung genehmigen

Kolleg [aus *lat.* collēgium „(Amts)genossenschaft"] *das*; -s, -s u. -ien [...*iᵉn*]: 1. a) Vorlesung[sstunde] an einer Hochschule; b) Fernunterricht im Medienverbund (z. B. Telekolleg). 2. a) kirchliche Studienanstalt für katholische Theologen; b) Schule [mit → Internat] der Jesuiten. 3. = Kollegium. **Kollege** [aus gleichbed. *lat.* collēga, eigtl. „Mitabgeordneter", zu com- (s. kon...) u. lēgāre „abordnen, ernennen"] *der*; -n, -n: 1. a) jmd., der mit anderen zusammen im gleichen Betrieb od. im gleichen Beruf tätig ist; b) Mitarbeiter. 2. (ugs.) Kamerad. **kollegial** [aus *lat.* collēgiālis „das Kollegium betreffend"]: 1. freundschaftlich, hilfsbereit. 2. a) durch ein Kollegium erfolgend; b) nach Art eines Kollegiums zusammengesetzt (von Regierungen). **Kollegialität** *die*; -: gutes Einvernehmen unter Kollegen, kollegiales Verhalten, kollegiale Einstellung. **Kollegiat** [aus *lat.* collēgiātus „Zunftgenosse"] *der*; -en, -en: 1. Teilnehmer an einem [Funk]kolleg. 2. Stiftsgenosse. **Kollegium** [aus *lat.* collēgium, s. Kolleg] *das*; -s, ...ien [...$i^e n$]: 1. a) Gruppe von Personen mit gleichem Amt od. Beruf; b) alle Lehrer einer Schule. 2. Ausschuß

Kollekte [aus *lat.* collēcta „Beisteuer, Geldsammlung" zu colligere „zusammenlesen, sammeln"] *die*; -, -n: 1. Sammlung freiwilliger Spenden [während u. nach einem Gottesdienst]. 2. kurzes Altargebet. **Kollektion** [...*zion*; über gleichbed. *fr.* collection aus *lat.* collēctio „das Aufsammeln"] *die*; -, -en: a) Mustersammlung von Waren, bes. von den neuesten Modellen in der Mode; b) Auswahl; c) Sammlung von Gegenständen

kollektiv [aus *lat.* collēctīvus „angesammelt" zu colligere „sammeln"]: a) gemeinsam, gemeinschaftlich; b) von, in einer Gruppe [erarbeitet, ausgestellt]; c) umfassend [von politischen Sicherheitsvereinbarungen]. **Kollektiv** [aus gleichbed. *russ.* kollektiv] *das*; -s, -e [...w^e] (auch: -s [...*ifß*]): 1. Arbeits- u. Produktionsgemeinschaft in sozialistischen Ländern (z. B. → Kolchose, → Kombinat). 2. Team, Gemeinschaft, Gruppe. **kollektivieren** [...*wi*...]: Privateigentum in Gemeineigentum überführen. **Kollektivierung** *die*; -, -en: Überführung privater Produktionsmittel in Gemeinwirtschaften. **Kollektivismus** [...*wiß*...] *der*; -: 1. Lehre, die mit Nachdruck den Vorrang des gesellschaftlichen Ganzen vor dem Individuum betont u. letzterem jedes Eigenrecht abspricht. 2. a) kollektive Wirtschaftslenkung; b) Vergesellschaftung des Privateigentums. **Kollektivist** *der*; -en, -en: Anhänger des Kollektivismus. **kollektivistisch**: den Kollektivismus betreffend; im Sinne des Kollektivismus. **Kollektivum** [...*iwum*; aus gleichbed. *lat.* nōmen collēctīvum] *das*; -s, ...va [...*wa*] u. ...ven [...$w^e n$]: Sammelbezeichnung (z. B. Herde, Gebirge; Sprachw.)

Kollektor [zu *lat.* colligere „sammeln"] *der*; -s, ...oren: 1. Stromabnehmer, -wender, → Kommutator (Elektrot.). 2. Sammler für Strahlungsenergie (z. B. bei Vorrichtungen zur Ausnutzung der Sonnenstrahlung; Phys.)

Kollektur [zu *lat.* colligere „sammeln"] *die*; -, -en: (österr.) [Lotto]geschäftsstelle

Kolli [aus *it.* colli (Plural von collo, s. Kollo)] *das*; -s, - (auch: -s): (österr.) Kollo

kollidieren [aus *lat.* collīdere „zusammenstoßen, aufeinanderprallen"]: 1. zusammenstoßen. 2. sich kreuzen. 3. in Konflikt, in Widerspruch geraten

Kollier [...*ie*; aus *fr.* collier „Halsband, -kette", dies aus gleichbed. *lat.* collāre zu collis „Hals"] *das*; -s, -s: 1. wertvolle, aus mehreren Reihen Edelsteinen od. Perlen bestehende Halskette. 2. schmaler Pelz, der um den Hals getragen wird

Kollision [aus *lat.* collīsio „das Zusammenstoßen"; vgl. kollidieren] *die*; -, -en: 1. Widerstreit [nicht miteinander vereinbarer Interessen, Rechte u. Pflichten]. 2. Zusammenstoß von Fahrzeugen

Kollo [aus gleichbed. *it.* collo] *das*; -s, -s u. Kolli: Frachtstück, Warenballen; vgl. Kolli

Kollodium [zu *gr.* kollṓdēs „leimartig, klebrig"] *das*; -s: zähflüssige Lösung schwach nitrierter Zellulose in Alkohol u. Äther (z. B. zum Verschließen von Wunden verwendet). **kolloid** u. kolloidal: feinzerteilt (von Stoffen). **Kolloid** [aus *gr.* kólla „Leim" u. → ...id] *das*; -[e]s, -e: Stoff, der sich in feinster, mikroskopisch nicht mehr erkennbarer Verteilung in einer Flüssigkeit od. einem Gas befindet (Chem.). **kolloidal** [...*o-i*...] vgl. kolloid

Kolloquium [auch: ...*lo*...; aus *lat.* colloquium „Unterredung, Gespräch"] *das*; -s, ...ien [...$i^e n$]: 1. wissenschaftliches Gespräch [zwischen Fachleuten]. 2. Zusammenkunft, Beratung von Wissenschaftlern od. Politikern über spezielle Probleme

Kolombine u. Kolumbine [aus *it.* Colombina, eigtl. „Täubchen"] *die*; -, -n: weibliche Hauptfigur der → Commedia dell'arte

Kolon [über *lat.* cōlon aus *gr.* kōlon „Körperglied; gliedartiges Gebilde; Satzglied"] *das*; -s, -s u. Kola: 1. (veraltet) Doppelpunkt. 2. auf der Atempause beruhende rhythmische Sprecheinheit in Vers u. Prosa (antike Metrik; Rhet.)

Kolonat [aus *lat.* colōnātus „Bauernstand"] *das* (auch: *der*); -[e]s, -e: Gebundenheit der Pächter an ihr Land in der römischen Kaiserzeit, Grundhörigkeit. **Kolone** [aus gleichbed. *lat.* colōnus] *der*; -n, -n: persönlich freier, aber [erblich] an seinen Landbesitz gebundener Pächter in der römischen Kaiserzeit

kolonial [aus gleichbed. *fr.* colonial zu colonie, vgl. Kolonie]: 1. aus den Kolonien stammend, die Kolonien betreffend. 2. in enger, natürlicher Gemeinschaft lebend (von Tieren od. Pflanzen; Biol.). **Kolonialismus** *der*; -: 1. (hist.) auf Erwerb u. Ausbau von [überseeischen] Besitzungen ausgerichtete Politik eines Staates. 2. (abwertend) System der politischen Unterdrückung u. wirtschaftlichen Ausbeutung unterentwickelter Völker [in Übersee] durch politisch u. wirtschaftlich einflußreiche Staaten. **Kolonialist** *der*; -en, -en: Anhänger des Kolonialismus. **Kolonialwaren** *die* (Plural): (veraltet) Lebens- u. Genußmittel [aus Übersee]. **Kolonie** [aus *lat.* colōnia „Länderei; Ansiedlung, Kolonie" zu colere „bebauen, bewohnen" u. colōnus „Ansiedler"] *die*; -, ...ien: 1. Gruppe von Personen gleicher Nationalität, die im Ausland [am gleichen Ort] lebt u. dort das Brauchtum u. die Traditionen des eigenen Landes pflegt. 2. auswärtige Besitzung eines Staates, die politisch u. wirtschaftlich von ihm abhängig ist. 3. häufig mit Arbeitsteilung verbundener Zusammenschluß ein- od. mehrzelliger pflanzlicher od. tierischer Individuen einer Art zu mehr od. weniger lockeren Verbänden (Biol.). 4. a) Siedlung; b) (hist.) römische od. griechische Siedlung in eroberten Gebieten. 5. Lager (z. B. Ferienlager). **Kolonisation** [...*zion*; nach gleichbed. *fr.* colonisation, *engl.* colonisation; vgl. kolonisieren] *die*; -, -en: 1. Gründung, Entwicklung [u. wirtschaftliche Ausbeutung] von Kolonien. 2. wirtschaftliche Entwicklung rückständiger Gebiete des eigenen Staates (innere Kolonisation). **Kolonisator** [Substantivbildung zu → kolonisieren] *der*; -s, ...oren: 1. jmd., der führend an der Gründung

u. Entwicklung von Kolonien (2) beteiligt ist. 2. jmd., der mithilft, wirtschaftlich rückständige Gebiete des eigenen Landes zu erschließen. 3. (abwertend) Angehöriger der fremden, aus dem herrschenden europäischen Staat stammenden Schicht in einer Kolonie (2). **kolonisatorisch**: die Kolonisation betreffend. **kolonisieren** [nach gleichbed. *fr.* coloniser, *engl.* to colonize zu *fr.* colonie, vgl. Kolonie]: 1. eine Kolonie (2) [in Übersee] gründen. 2. wirtschaftlich unterentwickelte Gebiete des eigenen Landes erschließen. **Kolonist** [aus gleichbed. *engl.* colonist] *der*; -en, -en: europäischer Siedler in einer Kolonie (2)

Kolonnade [über *fr.* colonnade aus gleichbed. *it.* colonnato zu colonna „Säule"; vgl. Kolumne] *die*; -, -n: Säulengang, -halle

Kolonne [aus gleichbed. *fr.* colonne, eigtl. „(Marsch)säule", dies aus *lat.* columna „Säule"] *die*; -, -n: 1. a) Marschformation der Truppe (Marschkolonne); b) Gliederungseinheit, z. B. Nachschubkolonne; c) geschlossene, geordnete, sich vorwärts bewegende Gruppe von Personen. 2. [Zahlen]reihe. 3. Trennungssäule bei der Destillation (Chem.)

Kolophon [aus *gr.* kolophōn „Gipfel, Abschluß"] *der*; -s, -e: 1. Schlußstein. 2. Schlußformel mittelalterlicher Handschriften u. Frühdrucke mit Angaben über Verfasser, Druckort u. Druckjahr; vgl. Impressum

Kolophonium [nach *gr.* kolophonía (rhētínē) „kolophonisches Harz", dies nach der griech. Stadt Kolophōn in Kleinasien] *das*; -s: ein Harzprodukt (z. B. als Geigenharz verwendet)

Koloratur [aus *it.* coloratura „Farbgebung, Ausschmückung", vgl. kolorieren] *die*; -, -en: Ausschmückung u. Verzierung einer Melodie mit einer Reihe umspielender Töne. **Koloratursopran** *der*; -s, -e: a) für hohe Sopranlage geeignete geschmeidige u. bewegliche Frauenstimme; b) Sängerin mit dieser Stimmlage

kolorieren [aus *lat.*(*-it.*) colōrāre „färben" zu color „Farbe, Tönung"]: 1. mit Farben ausmalen (z. B. Holzschnitte). 2. eine Komposition mit Verzierungen versehen (15. u. 16. Jh.). **Kolorimeter** *das*; -s, -: Gerät zur Bestimmung von Farbtönen. **Kolorimetrie** *die*; -: 1. Bestimmung der Konzentration einer Lösung durch Messung ihrer Farbintensität (Chem.). 2. Temperaturbestimmung der Gestirne durch Vergleich von künstlich gefärbten Lichtquellen mit der Farbe der Gestirne (Astron.). **kolorimetrisch**: a) das Verfahren der Kolorimetrie anwendend; b) die Kolorimetrie betreffend. **Kolorismus** [*lat.-nlat.*] *der*; -: die einseitige Betonung der Farbe in der Malerei (z. B. im Impressionismus; Kunstw.). **Kolorist** *der*; -en, -en: a) jmd., der Zeichnungen od. Drucke farbig ausmalt; b) Maler, der den Schwerpunkt auf das Kolorit (1) legt. **koloristisch**: die Farbgebung betreffend. **Kolorit** [aus gleichbed. *it.* colorito zu colorire = colorare, s. kolorieren] *das*; -[e]s, -e: 1. a) farbige Gestaltung od. Wirkung eines Gemäldes; b) Farbgebung; Farbwirkung. 2. die durch Instrumentation u. Harmonik bedingte Klangfarbe (Mus.). 3. (ohne Plural) eigentümliche Atmosphäre, Stil

Koloß [über *lat.* colossus aus *gr.* kolossós „Riesenstandbild"] *der*; ...osses, ...osse: a) (hist.) Riesenstandbild; b) etwas von gewaltigem Ausmaß; c) (ugs., scherzh.) eine Person von außergewöhnlicher Körperfülle, Ungetüm. **kolossal**: a) riesig, gewaltig; Riesen...; b) (ugs.) sehr groß, von ungewöhnlichem Ausmaß; c) (ugs.) äußerst, ungewöhnlich

Kolostrum [aus gleichbed. *lat.* colostrum] *das*; -s u. **Kolostralmilch** *die*; -: Sekret der weiblichen Brustdrüsen, das bereits vor u. noch unmittelbar nach der Geburt abgesondert wird u. sich von der eigentlichen Milch unterscheidet (Med.)

Kolpak vgl. Kalpak

Kolportage [*...tasehᵉ* (österr.: *...tasch*); aus gleichbed. *fr.* colportage, vgl. kolportieren] *die*; -, -n: 1. (veraltend) Verbreitung von Gerüchten. 2. minderwertige Literatur, unkünstlerische Darstellung. **Kolporteur** [*...tör*; aus *fr.* colporteur „Hausierer"] *der*; -s, -e: jmd., der Gerüchte verbreitet. **kolportieren** [aus *fr.* colporter „hausieren", dies über älter comporter aus *lat.* comportāre „zusammentragen, bringen"]: 1. (veraltend) Gerüchte verbreiten. 2. ohne künstlerische Gestaltung darstellen, berichten

Kolumbarium [aus gleichbed. *lat.* columbārium, eigtl. „Taubenhaus" zu columba „Taube"] *das*; -s, ...ien [*...iᵉn*]: 1. (hist.) röm. Grabkammer der Kaiserzeit mit Wandnischen für Aschenurnen. 2. Urnenhalle eines Friedhofs

Kolumbine vgl. Kolombine

Kolumne [aus *lat.* columna „Säule"] *die*; -, -n: 1. Satzspalte (Druckw.). 2. kurzer Artikel, der regelmäßig u. immer mit der gleichen Überschrift in einer Zeitung od. Illustrierten erscheint. **Kolumnentitel** *der*; -s, -: Überschrift über einer Buchseite. **Kolumnist** *der*; -en, -en: jmd., der Kolumnen (2) schreibt

kom..., **Kom...** vgl. kon..., Kon...

[1]**Koma** [aus *gr.* kōma „tiefer Schlaf"] *das*; -s, -s u. -ta: tiefste, durch keine äußeren Reize zu unterbrechende Bewußtlosigkeit (Med.). [2]**Koma** [über *lat.* coma aus *gr.* kómē „Haar"] *die*; -, -s: Nebelhülle um den Kern eines Kometen (Astron.)

Kombattant [aus gleichbed. *fr.* combattant, Part. Präs. von combattre „kämpfen" aus *spätlat.* combattuere, eigtl. „zusammenschlagen"] *der*; -en, -en: [Mit]kämpfer

Kombi *der*; -[s], -s: 1. Kurzform von Kombiwagen. 2. (schweiz.) Kurzform von Kombischrank. **Kombi...** [Kurzform]: in Zusammensetzungen auftretendes Bestimmungswort mit der Bedeutung „kombiniert". **Kombinat** [nach *russ.* kombinat aus *lat.* combinātum Part. Perf. von combināre, s. kombinieren] *das*; -[e]s, -e: Zusammenschluß produktionsmäßig eng zusammengehörender Industriezweige zu einem Großbetrieb in sozialistischen Staaten. [1]**Kombination** [*...zion*; aus *spätlat.* combinātio „Vereinigung"] *die*; -, -en: 1. Verbindung, [geistige] Verknüpfung; Zusammenstellung. 2. Herrenanzug, bei dem → Sakko u. Hose aus verschiedenen Stoffarten [u. in unterschiedlicher Farbe] gearbeitet sind. 3. a) planmäßiges Zusammenspiel [im Fußball]; b) aus mehreren Disziplinen bestehender Wettkampf; alpine K.: Abfahrtslauf u. Slalom als Skiwettbewerb; nordische K.: Sprunglauf u. 15-km-Langlauf als Skiwettbewerb. 4. Schlußfolgerung, Vermutung. 5. willkürliche Zusammenstellung einer bestimmten Anzahl aus gegebenen Dingen (Math.); vgl. Kombinatorik (2). [2]**Kombination** [*...zion*; in engl. Ausspr.: *...neˈschᵉn*; nach gleichbed. *engl.* combination] *die*; -, -en u. (bei engl. Ausspr.:) -s: 1. einteiliger [Schutz]anzug, bes. der Flieger. 2. Wäschegarnitur, bei der Hemd u. Hose in einem Stück gearbeitet sind. **Kombinatorik** u. Kombinationslehre *die*; -: 1. [Begriffs]aufbau nach bestimmten Regeln. 2. Teilgebiet der Mathematik, das sich mit den Anordnungsmöglichkeiten gegebener Dinge (Elemente) befaßt (Math.). **kombinatorisch**: die Kombination (1) od. Kombinatorik betreffend. **kombinieren** [aus *lat.* combināre „vereinigen", eigtl. „je zwei zusammenbringen", zu com... (s. kon...) u. bīnī „je zwei"]: 1. mehrere Dinge zusammenstellen, [gedanklich] miteinander verknüpfen. 2. schlußfolgern, mutmaßen. 3. [im Fußball] planmäßig zusammenspielen

Komet [über *lat.* comētēs aus gleichbed. *gr.* komḗtēs zu kómē „Haar"] *der*; -en, -en: Schweif-, Haarstern mit → elliptischer od. → parabolischer Bahn im Sonnensystem (Astron.)

Komfort [*komfor*; aus *engl.* comfort „Behaglichkeit", eigtl. „Trost, Stärkung", zu gleichbed. *fr.* confort, dies zu *lat.* cōnfortāre „stärken"] *der*; -s: luxuriöse Ausstattung (z. B. einer Wohnung), behagliche Einrichtung; auf technisch vollkommenen Einrichtungen beruhende Bequemlichkeit. **komfortabel** [aus gleichbed. *engl.* comfortable]: behaglich, wohnlich; mit allen Bequemlichkeiten des modernen Lebensstandards ausgestattet

Komik [aus *fr.* le comique „das Komische"; vgl. komisch] *die*; -: die einer Situation od. Handlung innewohnende od. die davon ausgehende erheiternde, belustigende Wirkung. **Komiker** *der*; -s, -: Vortragskünstler, der sein Publikum durch das, was er darstellt, u. durch die Art, wie er es darstellt, erheitert

Kom|in|form [Kurzw. aus: *kom*munist. *Inform*ationsbüro] *das*; -s: (hist.) zum Zwecke des Erfahrungsaustausches unter den kommunistischen Parteien u. zu deren Koordinierung eingerichtetes Informationsbüro in den Jahren 1947–1956. **Komintern** [Kurzw. aus: *kom*munistische *Intern*ationale] *die*; -: (hist.) Vereinigung aller kommunistischen Parteien in den Jahren 1919–1943

komisch [über gleichbed. *fr.* comique aus *lat.* cōmicus, *gr.* kōmikós „zur Komödie gehörend, possenhaft, lächerlich"; vgl. Komödie]: 1. zum Lachen reizend, belustigend. 2. eigenartig, sonderbar

Komitat [aus gleichbed. *mlat.* comitātus zu *lat.-mlat.* comes „Begleiter, Gefolgsmann; Graf"] *das* (auch: *der*); -[e]s, -e: (hist.) Verwaltungsbezirk in Ungarn

Komitee [über *fr.* comité aus gleichbed. *engl.* committee zu to commit „anvertrauen, übertragen" aus gleichbed. *fr.* commettre, *lat.* committere: vgl. Kommission] *das*; -s, -s: a) [leitender] Ausschuß; b) Gruppe von Personen, die mit der Vorbereitung, Organisation u. Durchführung einer Veranstaltung betraut ist

Komitien [...*iziᵉn*; aus *lat.* comitia (Plural) zu co(m)ire „zusammenkommen"] *die* (Plural): Bürgerschaftsversammlungen im alten Rom

Komma [über *lat.* comma aus *gr.* kómma „Schlag; Abschnitt, Einschnitt"] *das*; -s, -s u. -ta: 1. Beistrich. 2. Untergliederung des → Kolons (2) (antike Metrik; Rhet.). 3. über der fünften Notenlinie stehendes Phrasierungszeichen (Bogenende od. Atempause; Mus.). 4. kleiner Unterschied zwischen den Schwingungszahlen beinahe gleich hoher Töne (Phys.)

Kommandant [aus gleichbed. *fr.* commandant zu commander, s. kommandieren] *der*; -en, -en: 1. Befehlshaber [einer Festung, eines Schiffes usw.]. 2. (schweiz.) Kommandeur. **Kommandantur** *die*; -, -en: 1. Dienstgebäude eines Kommandanten. 2. das Amt des Befehlshabers einer Truppenabteilung (vom Bataillon bis zur Division). **Kommandeur** [...*dör*; aus *fr.* commandeur „Vorsteher, Komtur"] *der*; -s, -e: Befehlshaber eines größeren Truppenteils (vom Bataillon bis zur Division). **kommandieren** [aus gleichbed. *fr.* commander, dies aus *lat.* commendāre „anvertrauen; Weisung geben"]: 1. a) die Befehlsgewalt über jmdn. od. etwas ausüben; b) jmdn. an einen bestimmten Ort beordern, dienstlich versetzen; c) etwas [im Befehlston] anordnen, ein Kommando geben. 2. (ugs.) Befehle erteilen, den Befehlston anschlagen. **Kommando** [aus gleichbed. *it.* comando zu comandare „befehlen" aus *lat.* commendāre] *das*; -s, -s (österr. auch: ...den): 1. (ohne Plural): Befehlsgewalt. 2. a) Befehl[swort]; b) vereinbarte Wortfolge, die in Spiel und Sport als Startsignal dient. 3. [militärische] Abteilung, die zur Erledigung eines Sonderauftrags zusammengestellt wird

Kommanditär [aus gleichbed. *fr.* commanditaire zu commandite „Geschäftsanteil" aus gleichbed. *it.* accomandita, dies zu *lat.* commendāre „anvertrauen"] *der*; -s, -e: (schweiz.) Kommanditist. **Kommandite** *die*; -, -n: Zweiggeschäft, Niederlassung. **Kommanditgesellschaft** *die*; -, -en: Handelsgesellschaft, die unter gemeinschaftlicher Firma ein Handelsgewerbe betreibt u. bei der einer od. mehrere Gesellschafter persönlich haften u. mindestens einer der Gesellschafter nur mit seiner Einlage haftet; Abk.: KG. **Kommanditist** *der*; -en, -en: Gesellschafter einer → Kommanditgesellschaft, dessen Haftung auf seine Einlage beschränkt ist

Kommando s. Kommandant

Kommemoration [...*zion*; aus *lat.* commemorātio „Erinnerung, Erwähnung"] *die*; -, -en: Fürbitte in der katholischen Messe; kirchl. Gedächtnisfeier (z. B.: Allerseelen)

kommensurabel [aus gleichbed. *lat.* commēnsūrābilis zu commetīri, (Part. Perf. commēnsum) „ausmessen"]: mit gleichem Maß meßbar; vergleichbar; Ggs. → inkommensurabel. **Kommensurabilität** *die*; -: Meßbarkeit mit gleichem Maß; Vergleichbarkeit (Math.; Phys.)

Komment [...*mang*; zu *fr.* comment „wie", eigtl. „Art und Weise, etwas zu tun"] *der*; -s, -s: (Studentenspr.) Brauch, Sitte, Regel [des studentischen Lebens]

Kommentar [aus *lat.* (liber) commentārius „Notizbuch, Niederschrift"] *der*; -s, -e: 1. a) mit Erläuterungen u. kritischen Anmerkungen versehenes Zusatzwerk zu einem Druckwerk (bes. zu einem Gesetzestext od. einer wissenschaftlichen Abhandlung); b) kritische Stellungnahme in Presse, Radio od. Fernsehen zu aktuellen Tagesereignissen. 2. (ugs.) Anmerkung, Erklärung, Stellungnahme. **kommentarisch**: in Form eines Kommentars (1b) [abgefaßt]. **Kommentator** *der*; -s, ...oren: Verfasser eines Kommentars (1b). **kommentieren** [aus *lat.* commentāri „überdenken, erläutern, auslegen" zu mēns „Verstand, Gedanke"]: a) ein Druckwerk (bes. einen Gesetzestext od. eine wissenschaftliche Abhandlung) mit erläuternden u. kritischen Anmerkungen versehen; b) in einem Kommentar (1b) zu aktuellen Tagesereignissen Stellung nehmen; c) (ugs.) eine Anmerkung zu etwas machen

Kommers [über *fr.* commerce „Handel, Verkehr" aus gleichbed. *lat.* commercium] *der*; -es, -e: (Studentenspr.) Trinkabend in festlichem Rahmen. **Kommersbuch** *das*; -es, ...bücher: (Studentenspr.) Sammlung festlicher u. geselliger Studentenlieder

kommerzialisieren [nach *fr.* commercialiser „handelsfähig machen" zu commerce „Handel" aus gleichbed. *lat.* commercium]: 1. öffentliche Schulden in privatwirtschaftliche umwandeln. 2. etwas wirtschaftlichen Interessen unterordnen. **Kommerzialrat** *der*; -[e]s, ...räte: (österr.) Kommerzienrat. **kommerziell**: 1. Wirtschaft u. Handel betreffend, auf ihnen beruhend. 2. Geschäftsinteressen wahrnehmend, auf Gewinn bedacht. **Kommerzienrat** [...*ziᵉn*...]: *der*; -s, ...räte: Titel für Wirtschaftsfachleute

Kommilitone [aus *lat.* commīlito „Mitsoldat, Waffenbruder"] *der*; -n, -n: (Studentenspr.) Studienkollege

Kommis [...*mi*; aus gleichbed. *fr.* commis zu commettre „beauftragen"] *der*; - [...*mi(ß)*]; - [...*miß*]: (veraltet) Handlungsgehilfe

Kommiß [eigtl. „Heeresvorräte"; aus *lat.* commissa (Plural) „anvertrautes Gut" zu committere, vgl. Kommission] *der*; ...misses: (ugs.) Militär[dienst]

Kommissar [aus *mlat.* commissārius (*fr.* commissaire) „Beauftragter"; vgl. Kommission] *der*; -s, -e: a) [vom Staat] Beauftragter; b) Dienstrangbezeichnung [für Polizeibeamte]. **Kommissär** *der*; -s, -e: (landsch.) Kommissar. **Kommissariat** *das*; -[e]s, -e: 1. Amt[szimmer] eines Kommissars. 2. (österr.) Polizeidienststelle. **kommissarisch**: vorübergehend, vertretungsweise [ein Amt verwaltend]

Kommission [aus *mlat.* commissio „Auftrag" zu *lat.* committere „anvertrauen, übertragen", eigtl. „zusammenbringen"] *die*; -, -en: 1. Ausschuß [von auftragten Personen]. 2. in -: im eigenen Namen für fremde Rechnung ausgeführt (von einem Auftrag). **Kommissionär** [aus gleichbed. *fr.* commissionaire] *der*; -s, -e: jmd., der gewerbsmäßig Waren od. Wertpapiere in eigenem Namen für fremde Rechnung ankauft od. verkauft

Kommittent [aus *lat.* committēns, Gen. committentis, Part. Präs. von committere „anvertrauen"] *der*; -en, -en: Auftraggeber eines Kommissionärs. **kommittieren**: einen Kommissionär beauftragen, bevollmächtigen

kommod [aus gleichbed. *fr.* commode, dies aus *lat.* commodus „angemessen, zweckmäßig, bequem"]: (veraltet, aber noch österr. u. landsch.) bequem, angenehm

Kommode [aus gleichbed. *fr.* commode, eigtl. „bequeme (Truhe)" zu commode „bequem"] *die*; -, -n: Möbelstück mit mehreren Schubladen

Kommodore [aus gleichbed. *engl.* commodore, älter commandore, dies aus *fr.* commandeur, s. Kommandeur] *der*; -s, -n u. -s: 1. Geschwaderführer (bei Marine u. Luftwaffe). 2. erprobter ältester Kapitän bei großen Schiffahrtslinien

kommun [aus *lat.* commūnis „allen od. mehreren gemeinsam, allgemein"]: gemeinschaftlich, gemein. **kommunal** [zu → Kommune (1)]: eine Gemeinde od. die Gemeinden betreffend, Gemeinde..., gemeindeeigen. **kommunalisieren**: Privatunternehmen in Gemeindebesitz u. -verwaltung überführen. **Kommunalwahl** *die*; -, -en: Wahl der Gemeindevertretungen (z. B. des Stadtrates). **Kommunarde** [aus *fr.* communard „Anhänger der Kommune (2)"] *der*; -n, -n: 1. Mitglied einer Kommune (4). 2. Anhänger der Pariser Kommune. **Kommune** [aus *altfr.*, *fr.* commune „Gemeinde", dies aus gleichbed. *vulgärlat.* commūnia zu *lat.* commūnis „allen gemeinsam, allgemein"] *die*; -, -n: 1. Gemeinde. 2. (ohne Plural) (hist.) Herrschaft des Pariser Gemeinderats 1792–94 u. 1871. 3. (ohne Plural) (veraltet, abwertend) Kommunisten. 4. Zusammenschluß mehrerer, [nicht miteinander verwandter] Personen zu einer Wohn- u. Wirtschaftsgemeinschaft, die der Isolierung des einzelnen in den herkömmlichen Formen des Zusammenlebens begegnen will

Kommunikant [aus *lat.* commūnicāns, Gen. commūnicantis, Part. Präs. zu commūnicāre, s. kommunizieren] *der*; -en, -en: jmd., der [zum ersten Mal] das Altarsakrament empfängt

Kommunikation [...*zion*; aus *lat.* commūnicātio „Mitteilung, Unterredung"] *die*; -, -en: 1. (ohne Plural) Umgang, Verkehr, Verständigung zwischen Menschen, Übermittlung von Information. 2. Verbindung. **kommunikativ**: a) mitteilbar, mitteilsam; b) auf die Kommunikation bezogen, die Kommunikation betreffend

Kommunion [aus (*kirchen*)*lat.* commūnio (sancti altaris) „Gemeinschaft (am hl. Altar)" zu commūnis „allen gemeinsam"] *die*; -, -en: (kath. Rel.) 1. das Abendmahl als Gemeinschaftsmahl der Gläubigen mit Christus. 2. der [erste] Empfang des Abendmahls

Kommuniqué [...*münike*, auch: ...*munike*; aus *fr.* communiqué „amtliche Nachricht" zu communiquer aus *lat.* communicāre „mitteilen"] *das*; -s, -s: a) [regierungs]amtliche Mitteilung (z. B. über Sitzungen, Vertragsabschlüsse); b) Denkschrift

Kommunismus [über *fr.* communisme aus gleichbed. *engl.* communism zu *lat.* commūnis „allen gemeinsam"] *der*; -: nach Karl Marx die auf den Sozialismus folgende Entwicklungsstufe, in der alle Produktionsmittel u. Erzeugnisse in das gemeinsame Eigentum aller Staatsbürger übergehen u. in der alle sozialen Gegensätze aufgehoben sind. **Kommunist** *der*; -en, -en: a) Vertreter, Anhänger des Kommunismus; b) Mitglied einer kommunistischen Partei. **kommunistisch**: a) den Kommunismus u. seine Grundsätze betreffend; b) auf den Grundsätzen des Kommunismus aufbauend, basierend

Kommunität [aus *lat.* commūnitās „Gemeinschaft" (Bed. 2 über gleichbed. *fr.* communauté)] *die*; -, -en: 1. Gemeinschaft, Gemeingut. 2. ordensähnliche evangelische Bruderschaft mit besonderen religiösen od. missionarischen Aufgaben

kommunizieren [aus *lat.* commūnicāre „gemeinschaftlich tun; mitteilen" zu commūnis „allen gemeinsam"]: 1. in Verbindung stehen, zusammenhängen; -de Röhren: unten miteinander verbundene u. oben offene Röhren od. Gefäße, in denen eine Flüssigkeit gleich hoch steht (Phys.). 2. Umgang haben, sich verständigen. 3. das Altarsakrament empfangen, zur Kommunion gehen

kommutabel [aus gleichbed. *lat.* commutābilis, vgl. kommutieren]: veränderlich; vertauschbar. **Kommutation** [...*zion*] *die*; -, -en: 1. Umstellbarkeit, Vertauschbarkeit von Größen (Math.; Sprachw.). 2. = Kommutierung. **kommutativ**: 1. umstellbar, vertauschbar (von mathematischen Größen u. sprachlichen Einheiten; Math., Sprachw.). 2. die Kommutierung betreffend. **Kommutator** *der*; -s, ...oren: Stromwender, → Kollektor (1) (Elektrot.). **kommutieren** [aus *lat.* commūtāre „umbewegen, verwandeln, verändern"]: 1. Größen umstellen, miteinander vertauschen (Math., Sprachw.). 2. die Richtung des elektrischen Stroms ändern. **Kommutierung** *die*; -: Umkehrung der Stromrichtung (Elektrot.)

Komödiant [z. T. über *engl.* comedian aus *it.* comediante „Schauspieler"] *der*; -en, -en: 1. (oft abwertend) Schauspieler. 2. (ugs., abwertend) jmd., der anderen etwas vorzumachen versucht, Heuchler. **komödiantisch**: zum Wesen des Komödianten gehörend; schauspielerisch [begabt]. **Komödie** [...*i*ᵉ; über *lat.* cōmoedia aus gleichbed. *gr.* kōmōidía, eigtl. „Singen eines Komos" (*gr.* kōmos „Umzug mit Gelage u. Gesang für den Gott Dionysos")] *die*; -, -n: 1. a) (ohne Plural) dramatische Gattung, in der menschliche Schwächen dargestellt u. [scheinbare] Konflikte heiter überlegen gelöst werden; b) Bühnenstück mit heiterem Inhalt; c) lustiger Vorfall, erheiternder Vorgang; Ggs. → Tragödie (1). 2. kleines Theater, in dem fast nur Komödien gespielt werden. 3. (ohne Plural) theatralisches Gebaren, Heuchelei

Komp. = Kompanie (2). **Kompa|gnie** [...*pani*]: (schweiz.) = Kompanie. **Kompa|gnon** [...*panjong*, auch: ...*panjong*; aus *fr.* compagnon „Geselle, Genosse", dies aus *vulgärlat.* compānio, s. Kumpan] *der*; -s, -s: Gesellschafter, Teilhaber, Mitinhaber eines Geschäfts od. eines Handelsunternehmens

kompakt [über *fr.* compact „dicht, derb, fest" aus *lat.* compāctus „gedrungen"]: 1. (ugs.) massig, gedrungen. 2. dicht, fest. **Kompakt...**: in Zusammensetzungen auftretendes Bestimmungswort mit der Bedeutung „wenig Raum beanspruchend" (von der technischen od. elektronischen Anlage von Apparaten od. Gebäuden), z. B. Kompaktbauweise, Kompaktauto

Kompanie [aus *it.* compagnia „Gesellschaft" u. *fr.* compagnie „Gesellschaft; militär. Grundeinheit", diese aus *vulgärlat.* *compānia „Brotgenossenschaft", s. Kumpan] *die*; -, ...ien: 1. (veraltet) Handelsgesellschaft; Abk.: Co., Cie. 2. Truppeneinheit von 100–250 Mann innerhalb eines → Bataillons; Abk.: Komp.

komparabel [aus gleichbed. *lat.* comparābilis zu comparāre „gleichmachen, vergleichen"]: vergleichbar. **Komparation** [...*zion*; aus gleichbed. *lat.* comparātio] *die*; -, -en: 1. das Vergleichen. 2. Steigerung des Adjektivs (Sprachw.). **Komparatistik** *die*; -: vergleichende Literaturwissenschaft. **komparatistisch**: a) die Komparatistik betreffend; b) mit den Methoden der Komparatistik arbeitend. **komparativ** [auch: ...*tif*; aus gleichbed. *lat.* comparātīvus]: (Sprachw.) a) vergleichend (von der Untersuchung zweier od. mehrerer Sprachen); b) steigernd. **Komparativ** [auch: ...*tif*; aus *lat.* gradus comparātīvus] *der*; -s, -e [...*w*ᵉ]: Steigerungsstufe, Höherstufe, Mehrstufe (Sprachw.). **Komparativsatz** [auch: ...*tif*...] *der*; -es, ...sätze: Vergleichssatz, Konjunktionalsatz, der einen Vergleich enthält (z. B. Ilse ist schöner, als ihre Mutter es im gleichen Alter war). **Komparator** *der*; -s, ...oren: Gerät zum Vergleich u. zur genauen Messung von Längenmaßen

Komparse [aus gleichbed. *it.* comparsa, eigtl. „Erscheinen, Auftreten", zu comparere aus *lat.* comparēre „erscheinen"] *der*; -n, -n: meist in Massenszenen auftretende Nebenperson ohne Sprechrolle. **Komparserie** *die*; -, ...ien: Gesamtheit der Komparsen, → Statisterie

Kompaß [aus gleichbed. *it.* compasso, eigtl. „Zirkel", zu compassare „ringsum abschreiten"] *der*; ...passes, ...passe: Gerät zur Feststellung der Himmelsrichtung (Nordsüdrichtung) mit Hilfe einer Magnetnadel

kompatibel [aus gleichbed. *engl.* compatible, *fr.* compatible zu *fr.* compatir „übereinstimmen" aus *lat.* compati „mitfühlen"]: 1. miteinander vereinbar, zusammenpassend. 2. die Eigenschaft besitzend, sowohl Schwarzweiß- als auch Farbbilder empfangen zu können (Fernsehtechnik)

Kompendium [aus *lat.* compendium „Ersparnis, Abkürzung"] *das*; -s, ...ien [...*i*ᵉ*n*]: Abriß, kurzgefaßtes Lehrbuch

Kompensation [...*zion*; aus *lat.* compēnsātio „Ausgleichung, Gegenzählung"; vgl. kompensieren] *die*; -, -en: 1. Ausgleich, Aufhebung von Wirkungen einander entgegenstehender Ursachen. 2. Ausgleich durch Verrechnung oder Entschädigung (Kaufmannsspr.). 3. das Streben nach Ersatzbefriedigung als Ausgleich von Minderwertigkeitsgefühlen (Psychol.). **Kompensator** *der*; -s, ...oren: 1. Gerät zur Messung einer elektrischen Spannung od. einer Lichtintensität (Optik). 2. Vorrichtung zum Ausgleichen (z. B. Zwischenglied bei Rohrleitungen zum Ausgleich der durch Temperaturwechsel hervorgerufenen Längenänderung; Techn.). **kompensatorisch**: ausgleichend. **kompensieren** [aus *lat.* compēnsāre „abwägen, ausgleichen"]: 1. die Wirkungen einander entgegenstehender Ursachen ausgleichen. 2. durch Verrechnung od. Entschädigung ausgleichen (Kaufmannsspr.). 3. Minderwertigkeitsgefühle durch Vorstellungen od. Handlungen ausgleichen, die das Bewußtsein der Vollwertigkeit erzeugen (Psychol.). 4. Funktionsstörungen eines Organs od. ihre Folgen ausgleichen (Med.)

kompetent [aus gleichbed. *lat.* competēns, Gen. competentis, zu competere „zusammentreffen, entsprechen"]: zuständig, maßgebend, befugt; Ggs. → inkompetent. **Kompetenz** [aus gleichbed. *engl.-amerik.* competence] *die*; -, -en: 1. Zuständigkeit, Befugnis; Ggs. → Inkompetenz. 2. Summe aller sprachlichen Fähigkeiten, die ein Sprecher einer Sprache, die er als Muttersprache erlernt hat, besitzt, die es ihm ermöglicht, mit einer begrenzten Anzahl von Elementen u. Regeln eine unbegrenzte Zahl von Äußerungen zu bilden u. zu verstehen sowie über die sprachliche Richtigkeit von Äußerungen zu entscheiden (Sprachw.); vgl. Performanz

Kompilation [...*zion*; aus gleichbed. *lat.* compīlātio, eigtl. „Plünderung", zu compīlāre, s. kompilieren] *die*; -, -en: 1. Zusammenstellung, Zusammentragen mehrerer [wissenschaftlicher] Quellen. 2. a) unschöpferisches Abschreiben aus mehreren Schriften; b) durch Zusammentragen unverarbeiteten Stoffes entstandene Schrift ohne wissenschaftlichen Wert. **Kompilator** *der*; -s, ...oren: Verfasser einer Kompilation. **kompilatorisch**: auf Kompilation beruhend, aus Teilen verschiedener Werke zusammengeschrieben. **kompilieren** [aus *lat.* compīlāre „ausplündern; raubend zusammenraffen", eigtl. „der Haare berauben", zu pīlus „Haar"]: [unverarbeiteten] Stoff zu einer Schrift [ohne wissenschaftlichen Wert] zusammentragen

Kom|plement [aus *lat.* complēmentum „Vervollständigung(smittel), Ergänzung" zu complēre „ausfüllen, vervollständigen"] *das*; -[e]s, -e: 1. Ergänzung. 2. Komplementärmenge, Differenzmenge von zwei Mengen (Math.). **kom|plementär** [aus gleichbed. *fr.* complémentaire]: sich gegenseitig ergänzend. **Kom|plementär** *der*; -s, -e: persönlich haftender Gesellschafter einer → Kommanditgesellschaft. **Kom|plementärfarbe** *die*; -, -n: Farbe, die eine andere zu Weiß ergänzt; Ergänzungsfarbe. **komplementieren**: ergänzen

[1]**Kom|plet** [...plet; aus gleichbed. *mlat.* complēta zu *lat.* complētus „vollständig, vollendet"] *die*; -, -e: das Abendgebet als Schluß der katholischen kirchlichen Tageszeiten. [2]**Kom|plet** [*kongple*; aus *fr.* complet „vollständiger Anzug"] *das*; -[s], -s: Mantel (od. Jacke) u. Kleid aus gleichem Stoff

kom|plett [aus gleichbed. *fr.* complet, dies aus *lat.* complētus „vollständig"]: a) vollständig, abgeschlossen; b) ganz, gesamt, vollzählig; c) (ugs.) ganz u. gar, absolut. **kom|plettieren**: etwas vervollständigen; auffüllen

kom|plex [aus *lat.* complexus, Part. Perf. von complecti „umschlingen, umfassen, zusammenfassen"]: a) vielschichtig; b) zusammenhängend; c) [vieles] umfassend; -e Integration: → Integration (4) einer Funktion längs eines Weges in der Gaußschen Ebene (Math.); -e Zahl: Zahl, die aus mehreren, nicht aufeinander zurückführbaren Einheiten besteht (z. B. die Summe aus einer → imaginären u. einer → reellen Zahl in 3i + 4; Math.). **Kom|plex** [aus *lat.* complexus „das Umfassen, die Verknüpfung"] *der*; -es, -e: 1. Zusammenfassung, Verknüpfung von verschiedenen Teilen zu einem geschlossenen Ganzen. 2. Gebiet, Bereich. 3. Gruppe, [Gebäude]block. 4. stark affektbesetzte Vorstellungsgruppe, die nach Verdrängung aus dem Bewußtsein vielfach Zwangshandlungen, -vorstellungen od. einfache Fehlleistungen auslöst (Psychol.). 5. chem. Vereinigung mehrerer Atome zu einer Gruppe, die freie → Valenzen (1) hat u. andere Reaktionen zeigen kann als das ihre Art bestimmende → Ion (Chem.). **Komplexität** *die*; -: 1. Gesamtheit aller Merkmale, Möglichkeiten (z. B. eines Begriffs, Zustandes). 2. Vielschichtigkeit

Kom|plice [...*pliße*] vgl. Komplize

Kom|plikation [...*zion*; aus *spätlat.* complicātio „das Zusammenwickeln, Verwickeln"; vgl. komplizieren] *die*; -, -en: 1. Schwierigkeit, Verwicklung; Erschwerung. 2. ungünstige Beeinflussung od. Verschlimmerung eines normalerweise überschaubaren Krankheitszustandes, eines chirurgischen Eingriffs

Kom|pliment [aus *fr.* compliment „Höflichkeitsbezeigung", dies aus gleichbed. *span.* cumplimiento (älter com...), eigtl. „Anfüllung, Fülle, Überschwang", zu cumplir aus *lat.* complēre „ausfüllen"] *das*; -[e]s, -e: höfliche Redensart, Schmeichelei. **kom|plimentieren**: 1. (veraltet) jmdn. willkommen heißen. 2. jmdn. mit Komplimenten, sehr höflich irgendwohin geleiten

Kom|plize u. Kom|plice [...*pliße*; aus gleichbed. *fr.* complice, dies aus *spätlat.* complexus „Verbündeter"; vgl. komplex] *der*; -n, -n: jmd., der an einer Straftat mit beteiligt ist; Mittäter, Helfershelfer

kom|plizieren [aus *lat.* complicāre „zusammenfalten, verwickeln"]: verwickeln; erschweren. **kompliziert**: schwierig, verwickelt; umständlich

Kom|plott [aus gleichbed. *fr.* complot (Herkunft unsicher)] *das* (ugs. auch: *der*); -[e]s, -e: Verabredung zu einer gemeinsamen Straftat; Anschlag, Verschwörung

Komponente [aus *lat.* compōnēns, Gen. compōnentis, Part. Präs. von compōnere, s. komponieren] *die*; -, -n: a) Teilkraft; b) Bestandteil eines Ganzen

komponieren [aus *lat.* compōnere „zusammenstellen" zu com- (s. kon...) u. pōnere „hinsetzen, -stellen"]: 1. [ein Kunstwerk nach bestimmten Gesetzen] aufbauen, gestalten. 2. ein musikalisches Werk schaffen. 3. etwas aus Einzelteilen zusammensetzen, gliedern. **Komponist** *der*; -en, -en: jmd., der ein musikalisches Werk komponiert. **Kompositeur** [...*tör*; aus gleichbed. *fr.* compositeur zu composer „komponieren"] *der*; -s, -e: (veraltet) Komponist.

Komposition [...*zion*; aus *lat.* compositio „Zusammenstellung, -setzung"] *die*; -, -en: 1. Zusammensetzung, -stellung [von Dingen] aus Einzelteilen. 2. a) (ohne Plural) das Komponieren eines Musikstücks; b) Musikwerk. 3. der Aufbau eines Kunstwerks (z. B. eines Gemäldes, eines Romans). 4. Zusammensetzung eines Wortes aus zwei oder mehreren selbständig vorkommenden Teilen, z. B. Haus + Tür (Sprachw.); vgl. Kompositum (Sprachw.). **kompositionell**: = kompositorisch. **Kompositkapitell** *das*; -s, -e: römische Form des → Kapitells (Archit.). **kompositorisch**: 1. die Komposition [eines Musikwerks] betreffend. 2. gestalterisch. **Kompositum** [aus *lat.* compositum, Part. Perf. von compōnere „zusammensetzen, -stellen"] *das*; -s, ...ta u. ...siten: zusammengesetztes Wort, Produkt der Komposition (4), z. B. Ölkrise (Sprachw.); Ggs. → Simplex

Kompost [auch: ...*kom*...; über *fr.* compost aus gleichbed. *mlat.* compostum zu *lat.* compositum „Zusammengesetztes"] *der*; -es, -e: Dünger aus mit Erde vermischten pflanzlichen od. tierischen Wirtschaftsabfällen. **kompostieren**: 1. zu Kompost verarbeiten. 2. mit Kompost düngen

Kompott [aus *fr.* compote „Eingemachtes", dies aus *vulgärlat.* *composita zu *lat.* compositum; vgl. Kompost] *das*; -[e]s, -e: mit Zucker gekochtes Obst

Kom|presse [aus gleichbed. *fr.* compresse zu *lat.* compressāre „zusammendrücken"] *die*; -, -n: 1. feuchter Umschlag. 2. zusammengelegtes Mullstück für Druckverbände

kom|pressibel [zu *lat.* compressāre „zusammendrücken"]: zusammendrückbar, verdichtbar (z. B. von Flüssigkeiten, Gasen; Phys.). **Kom|pressibilität** *die*; -: Zusammendrückbarkeit, Verdichtbarkeit (Phys.). **Kom|pression** [aus *lat.* compressio „das Zusammendrücken" zu comprimere, s. komprimieren] *die*; -, -en: Zusammenpressung (z. B. von Gasen, Dämpfen) (Phys.). **Kom|pressor** *der*; -s, ...oren: Apparat zum Verdichten von Gasen od. Dämpfen (Techn.). **kom|primierbar**: zusammenpreßbar. **kom|primieren** [aus *lat.* comprimere „zusammendrücken"]: zusammenpressen; verdichten

Kom|promiß [aus *lat.* comprōmissum zu comprōmittere „sich gegenseitig Anerkennung eines Schiedsspruchs versprechen", dies zu prōmittere „hervorgehen lassen, versprechen"] *der* (auch: *das*); ...misses, ...misse: Übereinkunft auf der Grundlage gegenseitiger Zugeständnisse

kom|promittieren [aus *fr.* compromettre „bloßstellen, in Verlegenheit bringen", eigtl. „dem Urteil der Öffentlichkeit aussetzen", vgl. Kompromiß]: seinem eigenen od. dem Ansehen eines anderen durch ein entsprechendes Verhalten schaden; jmdn., sich bloßstellen. **Kom|promittierung** *die*; -, -en: das Kompromittieren, Bloßstellung

Komputer [*kompjut*ᵉ*r*] vgl. Computer

Komsomol [aus *russ.* komsomol, Kurzw. aus: *Kom*munističeskij *So*juz *Mol*odёši *der*; -: kommunistische Jugendorganisation in der UdSSR. **Komsomolze** [aus *russ.* komsomolec] *der*; -n, -n: Mitglied des Komsomol

Komteß u. **Komtesse** [auch: *kongtäß*; aus *fr.* comtesse „Gräfin" zu comte „Graf"; s. Comte] *die*; -, ...essen: unverheiratete Gräfin

Komtur [aus *altfr.* commendeor, *mlat.* commendator zu commenda „Verwaltungsbezirk", dies zu *lat.* commendāre „anvertrauen"] *der*; -s, -e: (hist.) Ordensritter als Leiter einer Komturei. **Komturei** *die*; -, -en: (hist.) Verwaltungsbezirk od. Ordenshaus eines geistlichen Ritterordens

kon..., **Kon...** [aus gleichbed. *lat.* con-, älter com-], vor b, m u. p angeglichen zu: kom..., vor l zu: kol..., vor r zu: kor..., vor Vokalen u. h: ko...: Präfix mit der Bedeutung „zusammen, mit", z. B. konfrontieren, komplex, Kollekte, korrekt, kohärent

Konak [aus gleichbed. *türk.* konak] *der*; -s, -e: Palast, Amtsgebäude in der Türkei

Koncha *die*; -, -s u. ...chen und **Konche** [aus *lat.* concha „Muschel", dies aus gleichbed. *gr.* kógchē] *die*; -, -n: halbkreisförmiger Nebenraum in Form einer Apsis. **konchiform**: muschelförmig (Kunstw.). **Konchoide** *die*; -, -n: Muschellinie, Kurve vierter Ordnung (Math.)

Kondensat [aus *lat.* condēnsātum, Part. Perf. von condēnsāre, s. kondensieren] *das*; -[e]s, -e: Flüssigkeit, die sich aus dem Dampf niedergeschlagen hat. **Kondensation** [...*zion*] *die*; -, -en: 1. Verdichtung von Gas od. Dampf zu Flüssigkeit durch Druck od. Abkühlung (Phys.). 2. chem. Reaktion, bei der sich zwei Moleküle unter Austritt eines chem. einfachen Stoffes (z. B. Wasser) zu einem größeren Molekül vereinigen (Chem.). **Kondensator** [„Verdichter"] *der*; -s, ...oren: 1. Gerät zur Speicherung elektrischer Ladungen (Elektrot.). 2. Anlage zur Kondensation (1) von Dämpfen. **kondensieren** [aus *lat.* condēnsāre „verdichten, zusammenpressen"; zu dēnsus „dicht"]: 1. Gase od. Dämpfe durch Druck od. Abkühlung verflüssigen. 2. eine Flüssigkeit durch Verdampfen eindicken; kondensierte Milch = Kondensmilch; kondensierte Ringe: chem. Verbindungen, bei denen zwei od. mehrere Ringe gemeinsame Atome haben (Chem.); kondensierte Systeme: organische Stoffe, deren Moleküle mehrere Benzolringe enthalten, von denen je zwei Kohlenstoffatome gemeinsam haben. **Kondensmilch** *die*; -: eingedickte [sterilisierte] Milch. **Kondensor** *der*; -s, ...oren: ein System von Linsen in optischen Apparaten, mit dem ein Objekt möglichst hell ausgeleuchtet werden kann

konditern [zu → Konditor]: 1. (ugs.) Feinbackwaren herstellen. 2. (landsch.) [häufig] Konditoreien besuchen

Kondition [...*zion*; aus *lat.* condicio (*spätlat.* conditio) „Beschaffenheit, Zustand; Bedingung" zu condīcere „verabreden, übereinkommen"] *die*; -, -en: 1. (meist Plural) Geschäftsbedingungen (Lieferungs- u. Zahlungsbedingungen); vgl. à condition. 2. (ohne Plural) a) körperlich-seelische Gesamtverfassung eines Menschen; b) körperliche Leistungsfähigkeit (bes. eines Sportlers). **konditional**: eine Bedingung angebend; bedingend (z. B. von Konjunktionen; Sprachw.). **Konditional** *der*; -s, -e u. **Konditionalis** *der*; -, ...les [...*leß*]: Modus der Bedingung (z. B. ich würde kommen, wenn...; Sprachw.). **konditionell**: die körperliche Leistungsfähigkeit (bes. eines Sportlers) betreffend. **Konditionalsatz** *der*; -es, ...sätze: Umstandssatz der Bedingung (Sprachw.)

Konditor [aus *lat.* conditor „Hersteller würziger Speisen" zu condīre „lecker zubereiten"] *der*; -s, ...oren: Feinbäcker. **Konditorei** *die*; -, -en: 1. Betrieb, der Feinbackwaren herstellt u. verkauft u. zu dem meist ein kleines Café gehört. 2. (ohne Plural) Feinbackwaren, Feingebäck

Kondolenz [zu *lat.* condolēre „Mitgefühl haben"] *die*; -, -en: Beileid[sbezeigung]. **kondolieren**: sein Beileid bezeigen

Kondom [aus gleichbed. *engl.* condom (angeblich nach dem Erfinder)] *das* od. *der*; -s, -e (selten: -s): = Präservativ

Kondor [aus *span.* condor, dies aus *indian.* cuntur] *der*; -s, -e: südamerikanischer Geier (bes. in den Anden vorkommend)

Kondukteur [...*tör*; schweiz.: *kon*...; aus gleichbed. *fr.* conducteur zu conduire „lenken, führen" aus *lat.* conducere] *der*; -s, -e: (schweiz., sonst veraltet) [Straßen-, Eisenbahn]schaffner

Konduktome|trie [nach gleichbed. *engl.* conductometry zu to conduct „(elektrisch) leiten"] *die*; -: Verfahren zur Bestimmung der Zusammensetzung chem. Verbindungen durch Messung der sich ändernden Leitfähigkeit (Chem.)

Konduktor *der*; -s, ...oren: Hauptleiter der Elektrisiermaschine

Konfekt [aus *mlat.* cōnfectum „Zubereitetes" zu *lat.* conficere „fertig machen"] *das*; -[e]s, -e: 1. feine Zuckerwaren. 2. (südd., schweiz., österr.) Teegebäck

Konfektion [...*zion*; über gleichbed. *fr.* confection aus *lat.* cōnfectio „Anfertigung"; vgl. Konfekt] *die*; -, -en: 1. fabrikmäßige Serienherstellung von Kleidungsstücken. 2. [Handel mit] Fertigkleidung. 3. Bekleidungsindustrie. **Konfektionär** *der*; -s, -e: 1. Hersteller von Fertigkleidung. 2. [leitender] Angestellter in der Konfektion (3). **Konfektioneuse** [...*nös*ᵉ] *die*; -, -n: [leitende] Angestellte in der Konfektion (3). **konfektionieren**: fabrikmäßig herstellen

Konferenz [aus *mlat.* conferentia „Besprechung"; vgl. konferieren] *die*; -, -en: 1. Sitzung; Besprechung; Tagung. 2. beratschlagende Versammlung. **Konferenzschaltung** *die*; -, -en: telefonische [Zusammen]schaltung für den Nachrichtenaustausch zwischen mehr als zwei Personen. **konferieren** [über gleichbed. *fr.* conférer aus *lat.* cōnferre „zusammentragen, sich besprechen"]: 1. mit jmdm. verhandeln, über etwas [in größerem Kreis] beraten. 2. als → Conférencier sprechen, ansagen

Konfession [aus *lat.* cōnfessio „Eingeständnis, Bekenntnis" zu cōnfitēri „bekennen"] *die*; -, -en: 1. christliches [Glaubens]bekenntnis. 2. Zusammenfassung von Glaubenssätzen. 3. [christliche] Glaubensgemeinschaft, Gesamtheit der Menschen, die zu der gleichen Glaubensgemeinschaft gehören. **Konfessionalismus** *der*; -: [übermäßige] Betonung der eigenen Konfession. **konfessionell**: zu einer Konfession gehörend

Konfetti [aus *it.* confetti (Plural) „Zurechtgemachtes, Zuckerzeug"; vgl. Konfekt] *das*; -[s]: 1. bunte Papierblättchen, die bes. bei Faschingsveranstaltungen geworfen werden. 2. (österr., veraltet) Zukkergebäck, Süßigkeiten

Konfident [zu *fr.* confident „vertraut; Vertrauter", dies zu *lat.* cōnfidere „vertrauen"] *der*; -en, -en: (österr.) [Polizei]spitzel

Konfiguration [...*zion*; aus *lat.* cōnfigūrātio zu cōnfigūrāre „gleichförmig bilden"] *die*; -, -en: 1. (veraltet) Gestaltung, Bildung. 2. Anordnung, Gruppierung, Stellung. **konfigurieren**: (veraltet) gestalten

Konfirmand [aus *lat.* cōnfirmandus „der zu Bestärkende" zu cōnfirmāre, s. konfirmieren] *der*; -en, -en: jmd., der konfirmiert wird. **Konfirmation** [...*zion*] *die*; -, -en: feierliche Aufnahme junger evangelischer Christen in die Gemeinde der Erwachsenen. **konfirmieren** [aus *lat.* cōnfirmāre „befestigen, stärken"]: einen evangelischen Jugendlichen nach vorbereitendem Unterricht feierlich in die Gemeinde der Erwachsenen aufnehmen

Konfiserie [auch: *kong*...; aus gleichbed. *fr.* confiserie zu confire „zubereiten" aus gleichbed. *lat.* cōnficere, s. Konfekt] *die*; -, ...ien: (schweiz.) Betrieb, der Süßwaren, Pralinen o. ä. herstellt u. verkauft. **Konfiseur** [...*sör*] *der*; -s, -e: (schweiz.) jmd., der berufsmäßig Süßwaren, Pralinen o. ä. herstellt

Konfiskation [...*zion*; aus gleichbed. *lat.* cōnfiscātio zu cōnfiscāre „in der Kasse (→ Fiskus) aufheben, konfiszieren"] *die*; -, -en: entschädigungslose staatliche Enteignung zur Entrechtung einzelner Personen od. bestimmter Gruppen. **konfiszieren**: etwas [von Staats wegen, gerichtlich] einziehen, beschlagnahmen

Konfitüre [aus *fr.* confiture „Eingemachtes" zu confire, s. Konfiserie] *die*; -, -n: aus einer bestimmten Obstsorte bereitete Marmelade mit Fruchtstücken; vgl. Jam

Kon|flikt [aus *lat.* cōnflīctus „Zusammenstoß" zu cōnflīgere „zusammenschlagen, -prallen"] *der*; -[e]s, -e: 1. a) [bewaffnete, militärische] Auseinandersetzung zwischen Staaten; b) Streit, Zerwürfnis. 2. Widerstreit der Motive, Zwiespalt

Konföderation [...*zion*; aus *lat.* cōnfoederātio „Bündnis" zu cōnfoederāre „sich verbünden"] *die*; -, -en: [Staaten]bund. **konföderieren**, sich: sich verbünden; Konföderierte Staaten von Amerika: (hist.) die 1861 von der Union abgefallenen u. dann wieder zur Rückkehr gezwungenen Südstaaten der USA. **Konföderierte** *der* u. *die*; -n, -n: 1. Verbündete. 2. (hist.) Anhänger[in] der Südstaaten im Sezessionskrieg

konfokal [zu → kon... u. → Fokus]: mit gleichen Brennpunkten (Phys.)

konform [aus *lat.* cōnfōrmis „gleichförmig, ähnlich"]: 1. einig, übereinstimmend (in den Ansichten); mit etwas - gehen: mit etwas einiggehen, übereinstimmen. 2. winkel-, maßstabgetreu (von Abbildungen; Math.). **Konformismus** [aus gleichbed. *engl.* conformism] *der*; -: [Geistes]haltung, die [stets] um Anpassung der persönlichen Einstellung an die bestehenden Verhältnisse bemüht ist; Ggs. → Nonkonformismus. **Konformist** *der*; -en, -en: 1. jmd., der seine eigene Einstellung immer nach der herrschenden Meinung richtet; Ggs. → Nonkonformist (1). 2. Anhänger der anglikanischen Staatskirche; Ggs. → Nonkonformist (2). **konformistisch**: 1. seine eigene Einstellung nach der herrschenden Meinung richtend; Ggs. → nonkonformistisch (1). 2. im Sinne der anglikanischen Staatskirche denkend od. handelnd; Ggs. → nonkonformistisch (2). **Konformität** *die*; -: 1. Übereinstimmung, Anpassung; Ggs. → Nonkonformität. 2. Winkel- u. Maßstabtreue einer Abbildung (Math.)

Kon|frater [aus *mlat.* cōnfrāter „Mitbruder"] *der*; -s, ...fra|tres: Amtsbruder innerhalb der katholischen Geistlichkeit

Kon|frontation [...*zion*; aus *mlat.* cōnfrontātio „Gegenüberstellung", s. konfrontieren] *die*; -, -en: 1. Gegenüberstellung von einander widersprechenden Meinungen, Sachverhalten od. Personengruppen [vor Gericht]. 2. [politische] Auseinandersetzung. **kon|frontativ**: = komparativ (a). **konfrontieren** [aus *mlat.* cōnfrontāre „(Stirn gegen Stirn) gegenüberstellen" zu *lat.* frōns „Stirn"]: a) jmdn. jmdm. anderen gegenüberstellen, um einen Widerspruch od. eine Unstimmigkeit auszuräumen; b) jmdn. in die Lage bringen, daß er sich mit etwas Unangenehmem auseinandersetzen muß

konfus [aus *lat.* cōnfūsus „verwirrt", eigtl. „ineinandergegossen", zu cōn-fundere „zusammengießen, vermengen"]: verwirrt, verworren; wirr (im Kopf), durcheinander. **Konfusion** *die*; -, -en: Verwirrung, Zerstreutheit; Unklarheit

Konfuzianismus [nach dem chines. Philosophen Konfuzius (etwa 551 bis etwa 470 v. Chr.)] *der*; -: die auf dem Leben u. der Lehre des Konfuzius beruhende ethische, weltanschauliche u. staatspolitische Geisteshaltung Chinas u. Ostasiens. **konfuzianistisch**: den Konfuzianismus betreffend

kongenial [zu → kon... u. → Genius]: geistesverwandt, geistig ebenbürtig. **Kongenialität** *die*; -: geistige Ebenbürtigkeit

kongenital [zu → kon... u. *lat.* gignere (Part. Perf. genitum) „zeugen, gebären"]: angeboren, auf Grund einer Erbanlage bei der Geburt vorhanden

Kon|glomerat [aus gleichbed. *fr.* conglomérat zu conglomérer aus *lat.* conglomerāre „zusammenrollen, -ballen"] *das*; -[e]s, -e: 1. Zusammenballung, Gemisch. 2. Sedimentgestein aus gerundeten, durch ein Bindemittel verfestigten Gesteinstrümmern (Geol.)

Kon|gregation [...*zion*; aus *lat.* congregātio „Versammlung, Vereinigung"] *die*; -, -en: 1. kirchliche Vereinigung [mit einfacher Mönchsregel] für bestimmte kirchliche Aufgaben. 2. Zusammenkunft, Versammlung. **Kon|gregationalist** [aus *engl.* Congregationalist] *der*; -en, -en: Angehöriger einer engl.-nordamerik. Kirchengemeinschaft. **Kongregationist** *der*; -en, -en: Mitglied einer Kongregation

Kon|greß [aus *lat.* congressus „Zusammenkunft; Gesellschaft"] *der*; ...gresses, ...gresse: 1. [größere] Fachliche od. politische Versammlung, Tagung. 2. (ohne Plural) aus → Senat (2) u. → Repräsentantenhaus bestehendes Parlament in den USA

kon|gruent [aus *lat.* congruēns, Gen. congruentis „übereinstimmend, entsprechend", s. kongruieren]: 1. übereinstimmend (von Ansichten); Ggs. → disgruent. 2. deckungsgleich (von geometrischen Figuren) (Math.). **Kon|gruenz** *die*; -, -en: 1. Übereinstimmung. 2. Deckungsgleichheit (Math.). 3. formale Übereinstimmung zusammengehöriger Satzglieder od. Gliedteile in → Kasus (2), → Numerus (3), → Genus (3) u. → Person (5). **kon|gruieren** [aus *lat.* congruere „zusammenlaufen, übereinstimmen"]: übereinstimmen, sich decken

Konifere [zu *lat.* conifer „Zapfen tragend"; vgl. Konus] *die*; -, -n (meist Plural): Pflanze aus der Klasse der Nadelhölzer

konisch [zu → Konus]: kegelförmig

Konj. = Konjunktiv

Konjektur [aus *lat.* coniectūra „Vermutung"] *die*; -, -en: mutmaßlich richtige Lesart, Textverbesserung bei schlecht überlieferten Texten. **konjizieren**: Konjekturen anbringen

Konjugation [...*zion*; aus gleichbed. *lat.* coniugātio, eigtl. „Verbindung; Beugung"] *die*; -, -en: Abwandlung, Beugung des Verbs nach → Person (5), → Numerus (3), → Tempus, → Modus (2) u. a. (Sprachw.); vgl. Deklination. **konjugieren** [aus *lat.* coniugāre „verbinden"]: ein Verb beugen (Sprachw.); vgl. deklinieren. **konjugiert**: 1. zusammengehörend, einander zugeordnet (z. B. von Zahlen, Punkten, Geraden; Math.); -er Durchmesser: Durchmesser von Kegelschnitten, der durch die Halbierungspunkte aller Sehnen geht, die einem anderen Durchmesser parallel sind (Math.). 2. mit Doppelbindungen abwechselnd (von einfachen Bindungen; Chem.)

Konjunktion [...*zion*; aus *lat.* coniūnctio „Verbindung; Bindewort"] *die*; -, -en: 1. neben- od. unterordnendes Bindewort (z. B. und, obwohl; Sprachw.). 2. Verknüpfung zweier oder mehrerer Aussagen durch „und" (Logik). 3. das Zusammentreffen mehrerer Planeten im gleichen Tierkreiszeichen (Astrol.). 4. Stellung zweier Gestirne im gleichen Längengrad (Astron.). **Konjunktionaladverb** *das*; -s, ...ien [...*iᵉn*]: → Adverb, das auch die Funktion einer → Konjunktion (1) erfüllen kann. **Konjunktionalsatz** *der*; -es, ...sätze: durch eine Konjunktion eingeleiteter Gliedsatz

Konjunktiv [auch: ...*tif*; aus gleichbed. *lat.* (modus) coniūnctivūs „der verbindende (Modus)"] *der*; -s, -e [...*wᵉ*]: Aussageweise der Vorstellung, Möglichkeitsform (Sprachw.); Abk.: Konj.; Ggs. → Indikativ. **konjunktivisch** [auch: ...*tiw*...]: den Konjunktiv Betreffend, auf ihn bezogen

Konjunktur [aus *mlat.* coniunctūra „Verbindung" zu *lat.* coniungere „verbinden"] *die*; -, -en: (Wirtsch.) a) Wirtschaftslage, -entwicklung; b) Wirtschaftsaufschwung (Hochkonjunktur). **konjunkturell**: die wirtschaftliche Gesamtlage u. ihre Entwicklungstendenz betreffend

konkav [aus *lat.* concavus „hohlrund, gewölbt"]: hohl, vertieft, nach innen gewölbt (z. B. von Linsen od. Spiegeln; Phys.); Ggs. → konvex. **Konkavität** [...*wi*...] *die*; -: das Nach-innen-Gewölbtsein (z. B. von Linsen; Phys.); Ggs. → Konvexität. **Konkavspiegel** *der*; -s, -: Hohlspiegel

Kon|klave [...*wᵉ*; aus *lat.* conclāve „verschließbares Gemach" zu clāvis „Schlüssel"] *das*; -s, -n: a) streng abgeschlossener Versammlungsort der Kardinäle bei einer Papstwahl; b) Kardinalsversammlung zur Papstwahl

Kon|klusion [aus *lat.* conclūsio „Schlußfolgerung" zu conclūdere „abschließen"] *die*; -, -en: Schluß, Folgerung, Schlußsatz im → Syllogismus (Philos.). **kon|klusiv**: folgernd (Philos.)

konkordant [aus *lat.* cōncordans, Gen. cōncordantis, Part. Präs. von cōncordāre „übereinstimmen, harmonieren" zu *lat.* cōncors „eines Herzens, einträchtig"]: übereinstimmend. **Konkordanz** [aus *mlat.* concordantia „Übereinstimmung, Findeverzeichnis"] *die*; -, -en: 1. alphabetisches Verzeichnis von Wörtern od. Sachen zum Vergleich ihres Vorkommens u. Sinngehaltes an verschiedenen Stellen eines Buches (bes. als Bibelkonkordanz). 2. die Übereinstimmung in bezug auf ein bestimmtes Merkmal (z. B. von Zwillingen; Biol.)

Konkordat [aus gleichbed. *mlat.* concordātum zu *lat.* cōncordāre „übereinstimmen"] *das*; -[e]s, -e: 1. Vertrag zwischen einem Staat u. dem Vatikan. 2. (schweiz.) Vertrag zwischen Kantonen

kon|kret [aus *lat.* concrētus „zusammengewachsen, verdichtet", dem Part. Perf. Pass. zu con- crēscere „zusammenwachsen"]: 1. anschaulich, greifbar, gegenständlich, wirklich, auf etwas Bestimmtes bezogen; Ggs. → abstrakt. 2. sachlich, bestimmt, wirkungsvoll. 3. deutlich, präzise; -e Kunst: eine die konkreten Bildmittel (Linien, Farben, Flächen) betonende Richtung der gegenstandslosen Malerei u. Plastik, die nicht nur → abstrakte Kunst sein will; -e Musik: auf realen Klangelementen (z. B. Straßenlärm, Wind) basierende Musik; -es Substantiv = Konkretum. **kon|kretisieren**: veranschaulichen, verdeutlichen, [im einzelnen] ausführen. **Kon|kretum**: *das*; -s, ...ta: Substantiv, das etwas Gegenständliches bezeichnet (z. B. Tisch; Sprachw.); Ggs. → Abstraktum

Konkubinat [aus gleichbed. *lat.* concubīnātus] *das*; -[e]s, -e: außereheliche Verbindung, das Zusammenleben zweier Personen verschiedenen Geschlechts über längere Zeit hinweg ohne förmliche Eheschließung (Rechtsw.). **Konkubine** [aus *lat.* concubīna „Beischläferin" zu con- (s. kon...) u. cubāre „liegen, schlafen"] *die*; -, -n: (veraltet) im Konkubinat lebende Frau

Konkurrent [aus *lat.* concurrēns, Gen. concurrentis, Part. Präs. von concurrere, s. konkurrieren] *der*; -en, -en: a) Mitbewerber [um eine Stellung, einen Preis]; b) [geschäftlicher] Gegner, Rivale. **Konkurrenz** [aus *mlat.* concurrentia „Mitbewerbung"] *die*; -, -en: 1. (ohne Plural) Rivalität, Wettbewerb. 2. a) (ohne Plural) [geschäftlicher] Rivale; b) Konkurrenzunternehmen, Gesamtheit der [wirtschaftlichen] Gegner. 3. Wettkampfart (Sport). **konkurrenzieren** (österr. u. schweiz.): mit jmdm. konkurrieren, jmdm. Konkurrenz machen. **konkurrieren** [aus *lat.* concurrere „zusammenlaufen, -treffen, aufeinanderstoßen"]: mit anderen in Wettbewerb treten, wetteifern, sich mit anderen [um einen Posten] bewerben

Konkurs [eigtl. „Zusammentritt der Gläubiger", aus *lat.* con-cursus „das Zusammenlaufen"; vgl. Kurs] *der*; -es, -e: 1. Zahlungsunfähigkeit, Zahlungseinstellung einer Firma. 2. gerichtliches Vollstreckungsverfahren zur gleichmäßigen u. gleichzeitigen Befriedigung aller Gläubiger eines Unternehmens, das die Zahlungen eingestellt hat

Konnetabel [aus gleichbed. *fr.* connetable, eigtl. „Oberstallmeister", aus *spätlat.* comes stabuli „für den Stall zuständiger Hofbeamter"] *der*; -s, -s: (hist.) Kronfeldherr

Konnex [aus *lat.* co(n)nexus „Verflechtung, Verknüpfung"] *der*; -es, -e: 1. Zusammenhang; Verbindung. 2. persönlicher Kontakt, Umgang. **Konnexion** [über *fr.* connexion aus *lat.* co(n)nexio „Verbindung"] *die*; -, -en (meist Plural): einflußreiche, fördernde Bekanntschaft, Beziehung

Konnossement [Mischbildung aus *it.* conoscimento „Erkenntnis" u. *fr.* connaissement „Frachtbrief" zu connaître, *it.* conoscere „erkennen" aus *lat.* cognoscere] *das*; -[e]s, -e: Frachtbrief im Seegüterverkehr

Konnotation [...*zion*; zu → kon... u. *lat.* notāre „kennzeichnen"] *die*; -, -en: die Grundbedeutung eines Wortes begleitende zusätzliche [emotionale, expressive, stilistische] Vorstellung (z. B. bei „Mond" die Gedankenverbindungen „Nacht, romantisch, kühl, Liebe"; Sprachw.). **konnotativ** [auch: *kon*...]: die nichtbegrifflichen Komponenten einer Wortbedeutung betreffend (Sprachw.)

Konquistador [aus *span.* conquistador „Eroberer"

zu conquistar „erobern" aus *lat.* conquīrere (Part. Perf. conquīsītum) „zusammensuchen"] *der*; -en, -en: (hist.) Teilnehmer an der span. Eroberung Südamerikas im 16. Jh.

Konrektor [zu → kon... u. → Rektor] *der*; -s, ...oren: Stellvertreter des Rektors [einer Grund-, Haupt- od. Realschule]

Konse|kration [...*zion*; aus *lat.* cōnsecrātio „Weihe, Heiligung" zu cōnsecrāre „heilig machen, konsekrieren"] *die*; -, -en: 1. liturgische Weihe einer Person od. Sache (z. B. Bischofs-, Priester-, Altarweihe; kath. Rel.). 2. Verwandlung von Brot u. Wein im Meßopfer (kath. Rel.); vgl. Transsubstantiation. 3. (hist.) die Vergöttlichung des verstorbenen Kaisers in der röm. Kaiserzeit. **konse|krieren**: jmdn. od. etwas durch einen Bischof od. Priester weihen

konsekutiv [auch: ...*if*; zu *lat.* cōnsecūtio „Folge, Wirkung"; vgl. konsequent]: die Folge bezeichnend (Sprachw.); -e [...*we*] Konjunktion: die Folge angebendes Bindewort (z. B. so daß). **Konsekutivsatz** *der*; -es, ...sätze: Umstandssatz der Folge (Sprachw.)

Konsens [aus gleichbed. *lat.* cōnsēnsus zu consentīri „übereinstimmen"]: *der*; -es, -e: a) Zustimmung, Einwilligung; b) sinngemäße Übereinstimmung von Wille u. Willenserklärung zweier Vertragspartner; vgl. Consensus

konsequent [aus gleichbed. *lat.* cōnsequēns, Part. Präs. von cōnsequi „mit-, nachfolgen"]: folgerichtig; beharrlich, zielstrebig. **Konsequenz** [aus *lat.* consequentia „Folge"] *die*; -, -en: 1. (ohne Plural) a) Folgerichtigkeit; b) Zielstrebigkeit, Beharrlichkeit. 2. (meist Plural) Folge, Aus-, Nachwirkung (einer Handlung)

Konservatismus vgl. Konservativismus. **konservativ** [auch: *kon*...; aus gleichbed. *engl.* conservative, dies aus *mlat.* conservatīvus zu *lat.* cōnservāre „bewahren, erhalten"]: 1. am Hergebrachten festhaltend, auf Überliefertem beharrend, bes. im politischen Leben. 2. althergebracht, bisher üblich. **Konservative** [...*iwe*] *der* u. *die*; -n, -n: a) Anhänger[in] einer konservativen Partei; b) jmd., der am Hergebrachten festhält. **Konservativismus** u. Konservatismus *der*; -: [politische] Anschauung, die sich am Hergebrachten, Überlieferten orientiert

Konservator [aus *lat.* cōnservātor „Bewahrer, Erhalter"] *der*; -s, ...oren: Beamter, der für die Instandhaltung von Kunstdenkmälern verantwortlich ist

konservatorisch, (auch:) **konservatoristisch** [zu → Konservatorium]: das Konservatorium betreffend. **Konservatorium** [aus gleichbed. *it.* conservatorio, eigtl. „Stätte zur Pflege u. Erhaltung (musischer Tradition)"] *das*; -s, ...ien [...*ien*]: Musik[hoch]schule für die Ausbildung von Musikern

Konserve [...*we*; aus *mlat.* conserva „haltbar gemachte Ware"] *die*; -, -n: 1. durch Sterilisierung haltbar gemachtes Lebens- od. Genußmittel in einer Blechdose od. einem Glas. 2. auf einem Tonband od. einer Schallplatte festgehaltene Aufnahme. **konservieren** [...*wi*...; aus *lat.* cōnservāre „bewahren, erhalten"]: 1. a) haltbar machen (von Obst, Fleisch u. a.); b) Gemüse, Früchte einmachen. 2. etwas durch Pflege erhalten, bewahren. 3. eine Tonaufnahme auf Schallplatte od. Tonband festhalten

Konsilium [aus *lat.* cōnsilium „Beratung, Rat(schlag)"] *das*; -s, ...lien [...*en*]: (veraltet) 1. Rat. 2. Beratung [mehrerer Ärzte über einen Krankheitsfall]; vgl. Consilium abeundi

konsistent [aus *lat.* cōnsistēns, Gen. cōnsistentis, Part. Präs. von cōnsistere „sich setzen, dicht werden"]: 1. dicht, fest, zusammenhaltend. 2. widerspruchsfrei (Logik); Ggs. → inkonsistent. **Konsistenz** *die*; -: 1. Dichte, Festigkeit. 2. Haltbarkeit, Beschaffenheit eines Stoffs (Chem.). 3. Widerspruchslosigkeit (Logik); Ggs. → Inkonsistenz (b)

Konsistorialrat [zu → Konsistorium] *der*; -s, ...räte: höherer Beamter einer evangelischen Kirchenbehörde. **Konsistorium** [aus *lat.* cōnsistōrium „Versammlungsort, Kabinett"] *das*; -s, ...ien [...*ien*]: 1. Plenarversammlung der Kardinäle unter Vorsitz des Papstes. 2. oberste Verwaltungsbehörde einer evangelischen Landeskirche

Konsole [aus gleichbed. *fr.* console (Herkunft unsicher)] *die*; -, -n: 1. [aus einer Wand, aus einem Pfeiler] vorspringender Tragstein für Bogen, Figuren u. a. (Archit.). 2. Wandgestell

Konsolidation [...*zion*; aus *lat.* cōnsolidātio „Festigung", s. konsolidieren] *die*; -, -en: 1. Festigung, Sicherung. 2. Versteifung von Teilen der Erdkruste durch Zusammenpressung u. Faltung sowie durch → magmatische → Intrusionen (Geol.); vgl. ...ation/...ierung. **konsolidieren** [über gleichbed. *fr.* consolider aus *lat.* cōnsolidāre „fest machen"]: [etwas Bestehendes] sichern, festigen. **Konsolidierung** *die*; -, -en: = Konsolidation; vgl. ...ation/...ierung

konsonant [aus *lat.* cōnsonāns, Gen. cōnsonantis „übereinstimmend" zu cōnsonāre zusammentönen"]: harmonisch zusammenklingend (Mus.); Ggs. → dissonant. **Konsonant** [aus gleichbed. *lat.* (littera) cōnsonāns] *der*; -en, -en: Mitlaut (z. B. d, m; Sprachw.). **konsonantisch**: einen od. die Konsonanten betreffend. **Konsonantismus** *der*; -: Konsonantenbestand einer Sprache (Sprachw.). **Konsonanz** [aus *lat.* cōnsonantia „Einklang, Harmonie"] *die*; -, -en: 1. Konsonantenverbindung, Häufung von Konsonanten. 2. als Wohlklang empfundener Zusammenklang klangverwandter Töne (Musik); Ggs. → Dissonanz

Konsorten [aus *lat.* cōnsortes „Genossen" zu con- (s. kon...) u. sors „Schicksal"] *die* (Plural): (abwertend) Leute dieses Schlages, Mitbeteiligte, Gesinnungsgenossen

Konsortium [aus *lat.* consortium „Teilhaberschaft"] *das*; -s, ...ien [...*zien*]: vorübergehender, loser Zweckverband von Geschäftsleuten od. Unternehmen zur Durchführung von Geschäften, die mit großem Kapitaleinsatz u. hohem Risiko verbunden sind

Kon|spirant [aus *lat.* cōnspīrāns, Gen. cōnspīrantis, Part. Präs. von cōnspīrāre „sich verschwören"] *der*; -en, -en: Verschwörer. **Kon|spiration** [...*zion*] *die*; -, -en: Verschwörung. **kon|spirativ**: verschwörerisch. **kon|spirieren**: sich verschwören, eine Verschwörung anzetteln

[1]**Konsta|bler** [aus *mlat.* constabulārius „Befehlshaber" zu comes stabuli, s. Konnetabel] *der*; -s, -: (hist.) Geschützmeister (auf Kriegsschiffen usw.), Unteroffiziersgrad der Artillerie. [2]**Konstabler** [nach *engl.* constable] *der*; -s, -: Polizist in England u. in den USA

konstant [aus gleichbed. *lat.* cōnstāns, Gen. cōnstantis zu cōnstāre „fest stehen"]: unveränderlich; ständig gleichbleibend; beharrlich; -e Größe: = Konstante (2). **Konstante** *die*; -[n], -n: 1. unveränderliche, feste Größe; fester Wert. 2. mathematische Größe, deren Wert sich nicht ändert (Math.); Ggs. → Variable. **Konstanz** [aus *lat.* cōnstantia „feste Haltung"] *die*; -: Unveränderlichkeit, Stetigkeit, Beharrlichkeit

konstatieren [aus gleichbed. *fr.* constater zu *lat.* cōnstat „es steht fest (daß)"]: [eine Tatsache] feststellen, bemerken

Konstellation [...*zion*; aus *lat.* cōnstellātio Stellung der Gestirne, zu stella „Stern"] *die*; -, -en: 1. das Zusammentreffen bestimmter Umstände u. die daraus resultierende Lage, Gruppierung. 2. Planetenstand, Stellung der Gestirne zueinander (Astron.)

Konsternation [...*zion*; aus gleichbed. *lat.* cōnsternātio zu cōnsternāre „außer Fassung bringen"] *die*; -, -en: (veraltet) Bestürzung. **konsternieren**: (veraltet) verblüffen, verwirren. **konsterniert**: bestürzt, betroffen

Konstituente [aus *lat.* cōnstituēns, Gen. cōnstituentis, Part. Präs. von constituere, s. konstituieren] *die*; -, -n: sprachliche Einheit, die Teil einer größeren, komplexen sprachlichen Konstruktion ist (Sprachw.). **konstituieren** [z. T. über gleichbed. *fr.* constituer aus *lat.* cōnstituere „aufstellen, einsetzen"]: 1. einsetzen, festsetzen (von politischen, sozialen Einrichtungen), gründen. 2. sich -: zur Ausarbeitung oder Festlegung eines Programms, einer Geschäftsordnung, bes. aber einer Staatsverfassung zusammentreten; -de Versammlung: verfassunggebende Versammlung. **Konstitution** [...*zion*; aus *lat.* cōnstitūtio „Verfassung, Zustand"] *die*; -, -en: 1. körperliche u. seelische Verfassung, Widerstandskraft eines Lebewesens. 2. Rechtsbestimmung, Satzung, Verordnung; Verfassung. 3. Anordnung der Atome im Molekül einer Verbindung (Chem.). **Konstitutionalismus** *der*; -: Staatsform, in der Rechte u. Pflichten der Staatsgewalt u. der Bürger in einer Verfassung festgelegt sind. **konstitutionell** [aus gleichbed. *fr.* constitutionnel]: 1. verfassungsmäßig; an die Verfassung gebunden; -e Monarchie: durch eine Staatsverfassung in ihren Machtbefugnissen eingeschränkte Monarchie. 2. anlagebedingt (Med.). **konstitutiv**: bestimmend, grundlegend; wesentlich

kon|struieren [aus *lat.* cōnstruere „zusammenschichten, erbauen, errichten"]: 1. ein [kompliziertes, technisches] Gerät entwerfen u. bauen. 2. eine geometrische Figur mit Hilfe gegebener Größen zeichnen (Math.). 3. Satzglieder od. Wörter nach den Regeln der Syntax zu einem Satz od. einer Fügung zusammensetzen. 4. ohne Bezug zur Realität planen, ersinnen; wirklichkeitsfremde Bezüge zwischen Dingen herstellen. **Kon|strukt** [aus *lat.* cōnstrūctum, Part. Perf. von cōnstruere] *das*; -s, -e u. -s: Arbeitshypothese od. gedankliche Hilfskonstruktion für die Beschreibung von Dingen od. Erscheinungen, die nicht konkret beobachtbar sind, sondern nur aus anderen beobachtbaren Daten erschlossen werden können. **Kon|strukteur** [...*tör*; aus gleichbed. *fr.* constructeur] *der*; -s, -e: Ingenieur od. Techniker, der sich mit Entwicklung u. Bau von [komplizierten, technischen] Geräten befaßt. **Kon|struktion** [...*zion*; aus gleichbed. *lat.* cōnstrūctio] *die*; -, -en: 1. Bauart (z. B. eines Gebäudes, einer Maschine). 2. geometrische Darstellung einer Figur mit Hilfe gegebener Größen (Math.). 3. nach den syntaktischen Regeln vorgenommene Zusammenordnung von Wörtern od. Satzgliedern zu einem Satz od. einer Fügung (Sprachw.). 4. a) (ohne Plural) das Entwerfen, Ersinnen; b) [wirklichkeitsfremder] Entwurf, Plan. **kon|struktiv**: 1. die Konstruktion (1) betreffend. 2. folgerichtig aufbauend, fördernd; positiv; -es [...*w*ᵉ*ß*] Mißtrauensvotum: Mißtrauensvotum gegen den regierenden Bundeskanzler durch die Wahl eines neuen Kanzlers. **Kon|struktivismus** [...*wiß*...] *der*; -: 1. Richtung in der bildenden Kunst Anfang des 20. Jh.s, die eine Bildgestaltung mit Hilfe rein geometrischer Formen vornimmt (Kunstw.). 2. Kompositionsweise mit Überbewertung des formalen Satzbaues (Mus.). **Konstruktivist** *der*; -en, -en: Vertreter des Konstruktivismus. **kon|struktivistisch**: in der Art des Konstruktivismus

Konsubstantiation [...*ziazion*; aus *mlat.* consubstantiātio „Wesensverbindung"; vgl. Substanz] *die*; -: Lehre Luthers, daß sich im Abendmahl Leib u. Blut Christi ohne Substanzveränderung mit Brot u. Wein verbinden

Konsul [aus *lat.* cōnsul zu cōnsulere „sich beraten, überlegen"] *der*; -s, -n: 1. (hist.) höchster Beamter der römischen Republik. 2. ständiger Vertreter eines Staates, der mit der Wahrnehmung bestimmter [wirtschaftlicher u. handelspolitischer] Interessen in einem anderen Staat beauftragt ist. **Konsular|agent** *der*; -en, -en: Beauftragter eines Konsuls. **konsularisch** [aus gleichbed. *lat.* cōnsulāris]: a) den Konsul betreffend; b) das Konsulat betreffend. **Konsulat** [aus *lat.* cōnsulātus „Konsulamt, -würde"] *das*; -[e]s, -e: a) (ohne Plural) Amt eines Konsuls; b) Amtsgebäude eines Konsuls

Konsultation [...*zion*; aus *lat.* consultātio „Beratung", s. konsultieren] *die*; -, -en: 1. Untersuchung u. Beratung [durch einen Arzt]. 2. gemeinsame Beratung von Regierungen od. von Partnern wirtschaftlicher Verträge. **konsultativ**: beratend. **konsultieren** [aus *lat.* cōnsultāre „um Rat fragen, überlegen" zu cōnsulere, s. Konsul]: 1. bei jmdm. [wissenschaftlichen, bes. ärztlichen] Rat einholen, jmdn. zu Rate ziehen. 2. beratende Gespräche führen (von Bündnispartnern)

Konsum [aus *it.* consumo „Verbrauch" zu consumere *lat.* cōnsūmere, s. konsumieren] *der*; -s: 1. a) Verbrauch der privaten u. öffentlichen Haushalte an Gütern des täglichen Bedarfs; b) das wahllose Verbrauchen. 2. [meist: *kon*...; (österr. nur:) ...*sum*]: Verkaufsstelle eines Konsumvereins. **Konsumation** [...*zion*] *die*; -, -en: (österr. u. schweiz.) Verzehr, Zeche. **Konsument** *der*; -en, -en: Käufer, Verbraucher. **konsumieren** [aus *lat.* cōnsūmere „aufnehmen, verbrauchen, verzehren"]: [Konsumgüter] verbrauchen. **Konsumtion** [...*zion*; aus *lat.* cōnsumptio „Aufzehrung"] *die*; -, -en: Verbrauch an Wirtschaftsgütern

Kontakt [aus *lat.* contāctus „Berührung"; vgl. Tangente] *der*; -[e]s, -e: 1. a) Berührung, Verbindung; b) [menschliche] Beziehung, Fühlungnahme. 2. (Elektrot.) a) Berührung zweier Stromleiter; b) Vorrichtung zum Schließen eines Stromkreises. 3. Katalysator bei technisch-chemischen Prozessen. **kontakten** [aus gleichbed. *engl.-amerik.* to contact]: als Kontakter tätig sein, neue Geschäftsbeziehungen einleiten (Wirtsch.). **Kontakter** *der*; -s, -: Fachmann für Werbeberatung (Wirtsch.). **Kontaktglas** *das*; -es, ...gläser (meist Plural): = Kontaktlinse. **Kontaktlinse** *die*; -, -n (meist Plural): dünnes, die Brille ersetzendes Augenglas, das unmittelbar auf der Hornhaut getragen wird

Kontamination [...*zion*; aus *lat.* contāminātio „Berührung" zu contāmināre „mit Fremdartigem in Berührung bringen, verderben"] *die*; -, -en: die Verschmelzung von zwei Wörtern od. Fügungen, die gleichzeitig in syntaktisch komplexen Einheiten in der Vorstellung des Sprechenden auftauchen u. von ihm versehentlich in ein Wort (od. eine Fügung) zusammengezogen werden (z. B. Gebäulichkeiten aus Gebäude und Baulichkeiten). **kontaminieren**: eine Kontamination vornehmen

Kontem|plation [...*zion*; aus *lat.* contemplātio „das Anschauen, die Betrachtung"] *die*; -, -en: a) das Sichversenken in Werk u. Wort Gottes (Rel.); b) Beschaulichkeit. **kontem|plativ**: beschaulich, besinnlich

kontemporär [zu → kon... u. *lat.* tempus „Zeit"]: gleichzeitig, zeitgenössisch

Konten: *Plural* von → Konto

Kontenance [*kongt^enangß*; aus gleichbed. *fr.* contenance, eigtl. „Inhalt, Gehalt", zu contenir aus *lat.* continēre „zusammenhalten"] *die*; -: Fassung, Haltung (in schwieriger Lage), Gelassenheit

Konter [aus gleichbed. *engl.* counter zu *fr.* contre aus *lat.* contrā „gegen"] *der*; -s, -: aus der Verteidigung heraus geführter Gegenschlag (Boxen)

konter..., Konter... [aus *fr.* contre]: Präfix mit der Bedeutung „gegen", z. B. Konterrevolution. **kontern** [aus gleichbed. *engl.* to counter]: 1. den Gegner im Angriff abfangen u. aus der Verteidigung heraus selbst angreifen (Sport). 2. sich aktiv zur Wehr setzen, schlagfertig erwidern, entgegnen

Konteradmiral [aus gleichbed. *fr.* contre-amiral] *der*; -s, -e (seltener: ...äle): Seeoffizier im Rang eines Generalmajors

Konterbande [aus *fr.* contrebande „Schleichhandel, Schmuggelware", dies aus *it.* contrabbando zu contra bando „gegen die Verordnung"] *die*; -: 1. Kriegsware, die (verbotenerweise) von neutralen Schiffen in ein kriegführendes Land gebracht wird. 2. Schmuggelware

Konterfei [auch: ...*fai*; zu *fr.* contrefait „nachgebildet", dies zu *spätlat.* contrāfacere „nachmachen"] *das*; -s, -s (auch: -e): (veraltet, aber noch scherzh.) Bild[nis], Abbild, Porträt. **konterfeien** [auch: ...*fai*...]: (veraltet, aber noch scherzh.) abbilden, porträtieren

kontern s. Konter

Konterrevolution [...*zion*; aus gleichbed. *fr.* contrerévolution] *die*; -, -en: Gegenrevolution. **konterrevolutionär**: eine Konterrevolution planend. **Konterrevolutionär** *der*; -s, -e: Gegenrevolutionär

Kontertanz [aus *fr.* contredanse „Gegentanz", dies unter Einfluß von contre „gegen" aus *engl.* country-dance „ländlicher Tanz"]: Tanz, bei dem jeweils vier Paare bestimmte Figuren miteinander ausführen

Kontext [auch: ...*täkßt*; aus *lat.* contextus „enge Verknüpfung, Zusammenhang (der Rede)"] *der*; -[e]s, -e: 1. der umgebende Text einer gesprochenen od. geschriebenen sprachlichen Einheit (Sprachw.). 2. Zusammenhang, (begriffliche) Umgebung. **kontextuell**: den Kontext betreffend

kontieren [zu → Konto]: für die Verbuchung eines Geldbetrags ein Konto angeben, etwas auf einem Konto verbuchen

Kontinent [auch: *kon*...; aus *lat.* (terra) continēns „zusammenhängendes Land, Festland" zu continēre „zusammenhalten, -hängen"] *der*; -[e]s, -e: 1. (ohne Plural) [europäisches] Festland. 2. Erdteil. **kontinental**: festländisch. **Kontinentalklima** *das*: -s: Festlandklima, Binnenklima

Kontingent [über gleichbed. *fr.* contingent zu *lat.* contingēns, Gen. contingentis, Part. Präs. von contingere „berühren, treffen, zuteil werden"] *das*; -[e]s, -e: 1. Anteil, [Pflicht]beitrag (zu Aufgaben, Leistungen usw.). 2. begrenzte Menge, die der Einschränkung des Warenangebotes dient (Wirtsch.). 3. Truppenstärke, die ein Mitglied einer Verteidigungsgemeinschaft zu unterhalten hat. **kontingentieren**: a) etwas vorsorglich so einteilen, daß es jeweils nur bis zu einer bestimmten Höchstmenge erworben od. verbraucht werden kann; b) Handelsgeschäfte nur bis zu einem gewissen Umfang zulassen

kontinuierlich [zu veraltetem kontinuieren „fortsetzen" aus *lat.* continuāre „zusammenhängend machen"; vgl. Kontinuum]: stetig, fortdauernd, unaufhörlich, durchlaufend; Ggs. → diskontinuierlich; -er Bruch: Kettenbruch (Math.). **Kontinuität** [...*nu-i*...] *die*; -: lückenloser Zusammenhang, Stetigkeit, Fortdauer. **Kontinu|um** [...*nu-um*; zu *lat.* continuus „zusammenhängend", dies zu continēre, s. Kontinent] *das*; -s, ...nua u. ...nuen [...*nu^en*]: 1. lückenloser Zusammenhang (z. B. von politischen u. gesellschaftlichen Entwicklungen). 2. durch Verbindung vieler Punkte entstehendes fortlaufendes geometrisches Gebilde, z. B. Gerade, Kreis (Math.)

Konto [aus *it.* conto „Rechnung", dies aus *spätlat.* computus zu computāre „zusammenrechnen, berechnen"] *das*; -s, ...ten (auch: -s u. ...ti): laufende Abrechnung, in der regelmäßige Geschäftsvorgänge (bes. Einnahmen u. Ausgaben) zwischen zwei Geschäftspartnern (bes. zwischen Bank u. Bankkunden) registriert werden; vgl. a conto, per conto; etw. geht auf jmds. -: (ugs.) jmd. ist für den [Erfolg od.] Mißerfolg einer Sache verantwortlich. **Kontokorrent** [aus *it.* conto corrente „laufende Rechnung"] *das*; -[e]s, -e: 1. Geschäftsverbindung, bei der die beiderseitigen Leistungen u. Gegenleistungen in Kontoform einander gegenübergestellt werden u. der Saldo von Zeit zu Zeit abgerechnet wird. 2. Hilfsbuch der doppelten Buchführung mit den Konten der Kunden u. Lieferanten

Kontor [über *mniederl.* contoor aus gleichbed. *fr.* comptoir, eigtl. „Zahltisch", zu compter „zahlen, (be)rechnen", vgl. Konto] *das*; -s, -e: 1. Niederlassung eines Handelsunternehmens im Ausland. 2. (veraltet) Geschäftsraum eines Kaufmanns. **Kontorist** *der*; -en, -en: Angestellter in der kaufmännischen Verwaltung

kon|tra [aus gleichbed. *lat.* contrā]: gegen, entgegengesetzt; vgl. contra. **Kon|tra** *das*; -s, -s: Gegenansage beim Kartenspiel; jmdm. - geben: jmdm. energisch widersprechen, gegen jmds. Meinung Stellung nehmen. **kon|tra..., Kon|tra...**: Präfix mit der Bedeutung: „gegen", z. B. kontradiktorisch. **Kon|trabaß** *der*; ...basses, ...bässe: tiefstes u. größtes Streichinstrument, zur Violenform gehörend (Mus.). **Kon|tradiktion** [...*zion*; aus *lat.* contrādictio „Widerspruch"] *die*; -, -en: der Widerspruch als Bejahung u. Verneinung ein u. desselben Begriffs (Logik). **kon|tradiktorisch**: sich widersprechend, sich gegenseitig aufhebend (von zwei Aussagen; Philos.). **Kon|trafagott** *das*; -s, -e: eine Oktave tiefer als das → Fagott stehendes Holzblasinstrument (Mus.)

Kon|trahent [aus *lat.* contrahēns, Gen. contrahentis,

Part. Präs. von contrahere, s. kontrahieren] *der*; -en, -en: 1. Gegner im Streit od. Wettkampf. 2. Vertragspartner (Rechtsw.)

kon|trahieren [aus *lat.* contrahere „zusammenziehen, eine geschäftl. Verbindung eingehen“]: 1. zusammenziehen (z. B. von einem Muskel; Med.). 2. einen Vertrag schließen (Rechtsw.)

Kon|tra|indikation [...*zion*; zu → kontra... u. → Indikation] *die*; -, -en: Umstand, der die [fortgesetzte] Anwendung einer an sich zweckmäßigen od. notwendigen ärztlichen Maßnahme verbietet (Med.); Ggs. → Indikation

Kon|trakt [aus *lat.* contractus „Vertrag“ zu contrahere, s. kontrahieren] *der*; -[e]s, -e: Vertrag, Abmachung; Handelsabkommen

Kon|traktion [...*zion*; aus *lat.* contractio „Zusammenziehung“; vgl. kontrahieren] *die*; -, -en: 1. Zusammenziehung (z. B. von Muskeln; Med.). 2. Zusammenziehung zweier od. mehrerer Vokale zu einem Vokal od. Diphthong, oft unter Ausfall eines dazwischenstehenden Konsonanten (z. B. „nein“ aus: ni-ein, „nicht“ aus: ni-wiht; Sprachw.). 3. Schrumpfung durch Abkühlung od. Austrocknung (von Gesteinen; Geol.)

Kon|trapunkt [aus *mlat.* contrāpunctum, eigtl. punctus contrā punctum „Note gegen Note“, zu *lat.* pūnctus „Gestochenes, Punkt“, (*mlat.*:) „Note“] *der*; -[e]s: Technik des Tonsatzes, in der mehrere Stimmen gleichberechtigt nebeneinanderher geführt werden (Mus.). **kon|trapunktierend**: den gegenüber anderen Stimmen selbständigen Stimmverlauf betreffend (Mus.). **Kon|trapunktik** [*lat.-mlat.-nlat.*] *die*; -: die Lehre des → Kontrapunktes, die Kunst kontrapunktischer Stimmführung (Mus.). **Kon|trapunktiker** *der*; -s, -: Vertreter der kontrapunktischen Kompositionsart (Mus.). **kontrapunktisch** u. **kon|trapunktistisch**: den Kontrapunkt betreffend (Mus.)

kon|trär [z. T. über gleichbed. *fr.* contraire aus *lat.* contrārius zu contrā „gegen“]: gegensätzlich; widrig

Kon|trast [aus gleichbed. *it.* contrasto zu *vulgärlat.-it.* contrastāre „entgegenstehen“] *der*; -es, -e: [starker] Gegensatz; auffallender Unterschied (bes. von Farben). **kon|trastieren** [aus gleichbed. *fr.* contraster]: [sich] abheben, unterscheiden; abstechen; im Gegensatz stehen

kon|trieren [zu → Kontra]: beim Kartenspielen Kontra geben

Kon|trition [...*zion*; aus *lat.* contrītio „Zerknirschung“, eigtl. „Zerreibung“] *die*; -, -en: vollkommene Reue als Voraussetzung für die → Absolution

Kon|trolle [aus gleichbed. *fr.* contrôle, dies aus älterem contre-rôle „Gegen-, Zweitregister“ zu rôle „Rolle, Liste“; in der Bed. „Beherrschung, Herrschaft“ aus *engl.* control] *die*; -, -n: 1. Aufsicht, Überwachung; Prüfung. 2. Beherrschung, Herrschaft; etwas unter - haben: beherrschen (den Markt, eine technische Anlage, seine Gemütsbewegungen usw.). **Kon|troller** [aus gleichbed. *engl.* controller] *der*; -s, -: Fahrschalter, Steuerschalter (für elektrische Motoren). **Kon|trolleur** [...*ör*; aus gleichbed. *fr.* contrôleur zu contrôler „kontrollieren“] *der*; -s, -e: Aufsichtsbeamter; Prüfer (z. B. der Fahrkarten, der Arbeitszeit). **kon|trollieren** [aus gleichbed. *fr.* contrôler; in der Bed. „unter seinem Einfluß haben, beherrschen“ aus *engl.* to control]: 1. etwas [nach]prüfen, jmdn. beaufsichtigen, überwachen. 2. etwas unter seinem Einflußbereich haben, beherrschen (einen Markt, den Verkehr u. a.). **Kon|trollor** [aus gleichbed. *it.* controllore] *der*; -s, -e: (österr.) Kontrolleur

kon|trovers [...*wärß*; aus *lat.* contrōversus „entgegengewandt, -stehend“]: 1. streitig, bestritten. 2. entgegengesetzt, gegeneinander gerichtet. **Kontroverse** *die*; -, -n: [wissenschaftliche] Streitfrage; heftige Auseinandersetzung, Streit

Kontur [aus gleichbed. *fr.* contour, dies aus *it.* contorno zu contornare „einfassen, Konturen ziehen“; vgl. Turnus] *die*; -, -en (fachsprachlich auch:) *der*; -s, -en (meist Plural): Umriß[linie], andeutende Linie[nführung]. **konturieren**: umreißen, andeuten

Konus [über *lat.* cōnus aus *gr.* kōnos „Pinienzapfen; Kegel“] *der*; -, -se (fachsprachlich auch: ...nen): Körper von der Form eines Kegels od. Kegelstumpfs (Math.)

Konvaleszent [...*wa*...; aus gleichbed. *lat.* convalēscēns, Gen. convalēscentis zu convalēscere „erstarken, zu Kräften kommen“] *der*; -en, -en: jmd., der sich nach einem Unfall od. einer Krankheit wieder auf dem Weg der Genesung befindet. **Konvaleszenz** *die*; -: Genesung (Med.)

Konvektion [...*wäkzion*; aus *lat.* convectio „das Zusammenfahren, -bringen“] *die*; -, -en: 1. Mitführung von Energie od. elektr. Ladung durch die kleinsten Teilchen einer Strömung (Phys.). 2. Zufuhr von Luftmassen in senkrechter Richtung (Meteor.); Ggs. → Advektion (1). 3. Bewegung von Wassermassen der Weltmeere in senkrechter Richtung; Ggs. → Advektion (2). **konvektiv**: durch Konvektion bewirkt; auf die Konvektion bezogen (Meteor.). **Konvektor** *der*; -s, ...oren: Heizkörper, der die Luft durch Bewegung erwärmt

konvenabel [...*we*...; aus gleichbed. *fr.* convenable zu convenir, s. konvenieren]: (veraltet) schicklich; passend, bequem, annehmbar. **Konvenienz** [aus *lat.* convenientia „Übereinstimmung, Harmonie“] *die*; -, -en: 1. Bequemlichkeit, Annehmlichkeit. 2. das in der Gesellschaft Erlaubte, Schicklichkeit. **konvenieren** [aus gleichbed. *lat.* convenīre, eigtl. „zusammenkommen“]: (veraltend) zusagen, gefallen, passen; annehmbar sein

Konvent [...*wänt*; aus *lat.* conventus „Zusammenkunft, Versammlung“ zu convenīre „zusammenkommen“] *der*; -[e]s, -e: 1. a) Versammlung der stimmberechtigten Mitglieder eines Klosters; b) Kloster, Stift; c) [regelmäßige] Versammlung der evangelischen Geistlichen eines Kirchenkreises. 2. Versammlung der [aktiven] Mitglieder einer Studentenverbindung. 3. (ohne Plural; hist.) Volksvertretung in der Franz. Revolution. **Konventikel** [aus *lat.* conventiculum „kleine Zusammenkunft“] *das*; -s, -: a) [heimliche] Zusammenkunft; b) außerkirchliche religiöse Versammlung (z. B. der → Pietisten)

Konvention [...*zion*; aus gleichbed. *fr.* convention, dies aus *lat.* conventio „Zusammenkunft, Übereinkunft“; vgl. Konvent] *die*; -, -en: 1. Übereinkunft, Abkommen, Vereinbarung. 2. Herkommen, Brauch, Förmlichkeit. 3. vertragliche Übereinkunft zur Einhaltung bestimmter völkerrechtlicher Grundsätze (z. B. Genfer Konvention). **konventional** [nach gleichbed. *lat.* conventionālis]: die Konvention (1) betreffend; vgl. konventionell; vgl. ...al/...ell. **konventionalisiert**: im Herkömmlichen verankert, sich in eingefahrenen Bahnen bewegend. **Konventionalstrafe** *die*; -, -n: vertraglich vereinbarte Geldbuße zu Lasten des Schuldners bei Nichterfüllung eines Vertrags (Rechtsw.). **konventionell** [aus gleichbed. *fr.* conventionnel]: die Konvention (2) betreffend; herkömmlich, nicht modern; vgl. konventional; -e Waffen: nichtatomare Kampfmittel (z. B. Panzer, Brandbomben); vgl. ...al/...ell

konvergent [...*wär*...; nach *lat.* convergēns, Gen. convergentis, Part. Präs. von convergere, s. konvergieren]: übereinstimmend; Ggs. → divergent; -e Linien: Linien, die einem gemeinsamen Schnittpunkt zustreben; -e Reihen: unendliche Reihen, deren Teilsummen einem Grenzwert zustreben (Math.). **Konvergenz** *die*; -, -en: 1. Übereinstimmung von Meinungen, Zielen u. ä.; Ggs. → Divergenz (1). 2. Vorhandensein einer Annäherung od. eines Grenzwertes konvergenter Linien u. Reihen (Math.). 3. das Sichschneiden von Lichtstrahlen (Phys.); Ggs. → Divergenz (2c). **konvergieren** [aus *lat.* convergere „sich hinneigen"]: a) sich nähern, einander näherkommen, zusammenlaufen; b) demselben Ziele zustreben; übereinstimmen; Ggs. → divergieren

Konversation [...*wärsazion*; aus gleichbed. *fr.* conversation, dies aus *lat.* conversātio „Umgang, Verkehr"] *die*; -, -en: [geselliges, leichtes] Gespräch, Plauderei. **Konversationslexikon** *das*; -s, ...ka (auch: ...ken): alphabetisch geordnetes Nachschlagewerk zur raschen Orientierung über alle Gebiete des Wissens. **Konversationsstück** *das*; -s, -e: [in der höheren Gesellschaft spielendes] Unterhaltungsstück, dessen Wirkung auf besonders geistvollen Dialogen beruht. **konversieren** [aus gleichbed. *fr.* converser, dies aus *lat.* conversāri „verkehren, Umgang haben"]: (veraltet) sich unterhalten; mit jmdm. umgehen

Konversion [aus *lat.* conversio „das Sichhinwenden, der Übertritt" zu convertere, s. konvertieren] *die*; -, -en: 1. (Rel.) a) Bekehrung, Glaubenswechsel von einer nichtchristlichen Religion zum Christentum; b) der Übertritt von einer Konfession zu einer anderen, meist zur katholischen Kirche. 2. Erzeugung neuer spaltbarer Stoffe in einem Reaktor (Kernphys.). 3. Veränderung einer Aussage durch Vertauschen von Subjekt u. Prädikat (Logik)

Konverter [...*wärt^{e}r*; aus gleichbed. *engl.* converter zu to convert „umwenden, wechseln", vgl. konvertieren] *der*; -s, -: 1. Frequenztransformationsgerät (Radio). 2. Gleichspannungswandler (Elektrot.). 3. ein kippbares birnen- od. kastenförmiges Gefäß für die Stahlerzeugung u. Kupfergewinnung (Hüttenw.). **konvertibel** [aus gleichbed. *fr.* convertible; vgl. konvertieren]: frei austauschbar; vgl. Konvertibilität. **Konvertibilität** u. **Konvertierbarkeit** *die*; -: die freie Austauschbarkeit der Währungen verschiedener Länder zum jeweiligen Wechselkurs (Wirtsch.). **konvertierbar** = konvertibel. **konvertieren** [über gleichbed. *fr.* convertir aus *lat.* convertere „umwenden"]: 1. inländische gegen ausländische Währung tauschen u. umgekehrt. 2. zu einem anderen Glauben übertreten

Konvertit [aus gleichbed. *engl.* convertite zu to convert aus *lat.* convertere „umwenden"] *der*; -en, -en: jmd., der zu einem anderen Glauben übergetreten ist

konvex [...*wäkß*; aus *lat.* convexus „nach oben od. unten gewölbt"]: erhaben, nach außen gewölbt (z. B. von Spiegeln od. Linsen; Phys.); Ggs. → konkav. **Konvexität** *die*; -: das Nach-außen-Gewölbtsein (z. B. von Linsen; Phys.); Ggs. → Konkavität

Konvikt [...*wikt*; aus *lat.* convīctus „das Zusammenleben, die Tischgemeinschaft" zu convīvere „zusammenleben"] *das*; -[e]s, -e: 1. Stift, Wohnheim für katholische Theologiestudenten. 2. (österr.) Schülerheim, katholisches Internat

Konvoi [*konweu*, auch: *konweu*; über gleichbed. *engl.* convoy aus *fr.* convoi „Geleit" zu convoyer „begleiten" (zu voie aus *lat.* via „Weg")] *der*; -s, -s: Geleitzug (bes. von Autos od. Schiffen)

Konvolut [...*wo*...; aus *lat.* convolūtum „Zusammengerolltes", Part. Perf. von convolvere „zusammenrollen"] *das*; -[e]s, -e: a) Bündel von verschiedenen Schriftstücken od. Drucksachen; b) Sammelband, Sammelmappe

Konvulsion [...*wul*...; aus gleichbed. *lat.* convulsio] *die*; -, -en: Schüttelkrampf (Med.). **konvulsiv** u. **konvulsivisch** [...*wulsiwisch*]: krampfhaft zuckend, krampfartig (Med.)

konzedieren [aus gleichbed. *lat.* concēdere, eigtl. „beiseite treten"; vgl. Konzession]: zugestehen; erlauben; einräumen

Konzen|trat [zu → konzentrieren] *das*; -[e]s, -e: 1. a) angereicherter Stoff, hochprozentige Lösung; b) hochprozentiger Pflanzen- od. Fruchtauszug. 2. Zusammenfassung. **Konzen|tration** [...*zion*; aus *fr.* concentration „Zusammenziehung, Verdichtung"] *die*; -, -en: 1. Zusammenballung [wirtschaftlicher od. militärischer Kräfte]: Ggs. → Dekonzentration. 2. (ohne Plural) geistige Sammlung, Anspannung, höchste Aufmerksamkeit. 3. (ohne Plural) gezielte Lenkung auf etwas hin. 4. Gehalt einer Lösung an gelöstem Stoff (Chem.). **Konzentrationslager** *das*; -s, -: Internierungslager für politisch, rassisch od. religiös Verfolgte. **konzen|trieren** [aus *fr.* concentrer „in einem (Mittel)punkt vereinigen" zu con- (s. kon...) u. centre „Mittelpunkt", s. Zentrum]: 1. [wirtschaftliche od. militärische Kräfte] zusammenziehen, -ballen; Ggs. → dekonzentrieren. 2. etwas verstärkt auf etwas od. jmdn. ausrichten. 3. sich -: sich [geistig] sammeln, anspannen. 4. anreichern, gehaltreich machen (Chem.). **konzen|triert**: 1. gesammelt, aufmerksam. 2. einen gelösten Stoff in großer Menge enthaltend, angereichert (Chem.)

konzen|trisch [aus gleichbed. *mlat.* concentricus; vgl. konzentrieren]: 1. einen gemeinsamen Mittelpunkt habend (von Kreisen; Math.). 2. um einen gemeinsamen Mittelpunkt herum angeordnet, auf einen [Mittel]punkt hinstrebend. **Konzen|trizität** *die*; -: Gemeinsamkeit des Mittelpunkts

Konzept [aus *lat.* conceptus „das Zusammenfassen"; vgl. konzipieren] *das*; -[e]s, -e: 1. [stichwortartiger] Entwurf, erste Fassung einer Rede od. einer Schrift; aus dem - geraten: steckenbleiben, den Faden verlieren; jmdn. aus dem - bringen: jmdn. verwirren, aus der Fassung bringen. 2. Plan, Programm. **Konzeption** [...*zion*; aus *lat.* conceptio „das Zusammenfassen, Abfassen; die Empfängnis"; vgl. konzipieren] *die*; -, -en: 1. geistiger, künstlerischer Einfall; Entwurf eines Werkes. 2. klar umrissene Grundvorstellung, Leitprogramm, gedanklicher Entwurf. 3. Empfängnis; Befruchtung der Eizelle (Biol.; Med.). **konzeptionell**: die Konzeption betreffend

Konzern [aus *engl.* concern „(Geschäfts)beziehung, Unternehmung" zu to concern „betreffen, angehen" aus gleichbed. *fr.* concerner, *mlat.* concernere] *der*; -s, -e: Zusammenschluß von Unternehmen, die eine wirtschaftliche Einheit bilden, ohne dabei ihre rechtliche Selbständigkeit aufzugeben (Wirtsch.). **konzernieren**: Konzerne bilden

Konzert [aus gleichbed. *it.* concerto, eigtl. „Wettstreit (der Stimmen)" zu *lat.-it.* concertāre „wetteifern"] *das*; -[e]s, -e: 1. öffentliche Musikaufführung. 2. Komposition für Solo u. Orchester. 3. (ohne Plural) Zusammenwirken verschiedener Faktoren od. [politischer] Kräfte. **konzertant**: konzertmäßig, in Konzertform; -e Sinfonie: Konzert mit mehreren solistisch auftretenden Instrumenten od. Instrumentengruppen. **konzertieren**: 1. ein Konzert geben. 2. etwas verabreden, besprechen. **konzertierte Aktion** [- ...*zion*; nach *engl.* concerted action „gemeinsames Vorgehen" zu to concert „verabreden, aufeinander abstimmen"] *die*; -n -: gemeinsames Vorgehen der verantwortlichen Personen od. Personengruppen in einer bestimmten Angelegenheit, bes. auf wirtschaftlichem od. sozialpolitischem Gebiet. **Konzertina** [aus gleichbed. *engl.* concertina] *die*; -, -s: Handharmonika mit vier- od. sechseckigem Querschnitt

Konzession [aus *lat.* concessio „Zugeständnis" zu concēdere, s. konzedieren] *die*; -, -en: 1. (meist Plural) Zugeständnis, Entgegenkommen. 2. (Rechtsw.) a) befristete behördliche Genehmigung zur Ausübung eines konzessionspflichtigen Gewerbes; b) dem Staat vorbehaltenes Recht, ein Gebiet zu erschließen, dessen Bodenschätze auszubeuten. **Konzessionär** *der*; -s, -e: Inhaber einer Konzession. **konzessionieren**: eine Konzession erteilen, behördlich genehmigen

konzessiv [aus gleichbed. *lat.* concessīvus]: einräumend (Sprachw.); -e Konjunktion: einräumendes Bindewort (z. B. obgleich; Sprachw.). **Konzessivsatz** *der*; -es, ...sätze: Umstandssatz der Einräumung (Sprachw.)

Konzil [aus *lat.* concilium „Versammlung"] *das*; -s, -e u. -ien [...*iᵉn*]: Versammlung von Bischöfen u. anderen hohen Vertretern der kath. Kirche zur Erledigung wichtiger kirchlicher Angelegenheiten

konziliant [aus gleichbed. *fr.* conciliant, Part. Präs. von concilier aus *lat.* conciliāre „vereinigen, geneigt machen", dies zu concilium, s. Konzil]: umgänglich, verbindlich, freundlich; versöhnlich. **Konzilianz** *die*; -: Umgänglichkeit, Verbindlichkeit, freundliches Entgegenkommen

konzipieren [aus gleichbed. *lat.* concipere, eigtl. „zusammenfassen, aufnehmen"; vgl. Konzept]: 1. a) eine Grundidee von etwas gewinnen; b) ein Schriftstück od. eine Rede entwerfen, verfassen. 2. empfangen, schwanger werden (Med.)

konzis [aus *lat.* concīsus „abgebrochen, kurzgefaßt" zu concīdere „zusammenhauen"]: kurz, gedrängt (Rhet.; Stilk.)

Ko|operateur [...*tör*; aus *fr.* coopérateur „Mitarbeiter"] *der*; -s, -e: Wirtschaftspartner, Unternehmenspartner. **Ko|operation** [...*zion*; aus *lat.* cooperātio „Mitwirkung" zu cooperāri „mitwirken, mitarbeiten"] *die*; -, -en: Zusammenarbeit verschiedener [Wirtschafts]partner, von denen jeder einen bestimmten Aufgabenbereich übernimmt. **kooperativ**: [auf wirtschaftlichem Gebiet] zusammenarbeitend, gemeinsam. **Ko|operator** [aus *kirchenlat.* cooperātor „Mitarbeiter"] *der*; -s, ...oren: (landsch. u. österr.) katholischer Hilfsgeistlicher. **kooperieren**: [auf wirtschaftlichem Gebiet] zusammenarbeiten

Ko|optation [...*zion*; aus gleichbed. *lat.* cooptātio zu cooptāre „hinzuwählen"] *die*; -, -en: nachträgliche Hinzuwahl neuer Mitglieder in eine Körperschaft durch die dieser Körperschaft bereits angehörenden Mitglieder. **ko|optieren**: jmdn. durch eine Nachwahl noch in eine Körperschaft aufnehmen

Ko|ordinate [zu → kon... u. *lat.* ordināre „ordnen"] *die*; -, -n: (meist Plural): 1. Zahl, die die Lage eines Punktes in der Ebene u. im Raum angibt (Math.; Geogr.). 2. (nur Plural) die → Abszisse u. die → Ordinate (Math.). **Ko|ordinatensystem** *das*; -s: mathematisches System, in dem mit Hilfe von Koordinaten die Lage eines Punktes od. eines geometrischen Gebildes in der Ebene od. im Raum festgelegt wird (Math.). **Ko|ordination** [...*zion*] *die*; -, -en: 1. gegenseitiges Abstimmen verschiedener Faktoren od. Vorgänge (z. B. von Verwaltungsstellen, Befugnissen). 2. Neben-, Beiordnung von Satzgliedern od. Sätzen (Sprachw.); Ggs. → Subordination. 3. Zusammensetzung u. Aufbau von chem. Verbindungen höherer Ordnung (Chem.). **Ko|ordinator** *der*; -s, ...oren: jmd., der Teilbereiche eines Sachgebiets miteinander koordiniert, bes. der Beauftragte der Rundfunk- u. Fernsehanstalten, der die verschiedenen Programme aufeinander abstimmt. **ko|ordinieren** [aus gleichbed. *mlat.* coordināre]: mehrere Dinge od. Vorgänge aufeinander abstimmen; -de Konjunktion: nebenordnendes Bindewort (z. B. und; Sprachw.)

Kop. = Kopeke

Kopeke [aus *russ.* kopejka zu kop'ë „Lanze" (nach dem früheren Bild des Zaren mit einer Lanze)] *die*; -, -n: russische Münze (= 0,01 Rubel); Abk.: Kop.

kopernikanisch [nach dem Astronomen N. Kopernikus, 1473–1543]: die Lehre des Kopernikus betreffend, auf ihr beruhend; -es Weltsystem: = heliozentrisches Welstsystem

Kopie [österr.: *kopiᵉ*; aus *lat.* cōpia „Fülle, Vorrat, Menge", (*mlat.*:) „Vervielfältigung"] *die*; -, ...ien [österr.: *kopiᵉn*]: 1. Abschrift, Durchschrift eines geschriebenen Textes. 2. Nachbildung, Nachgestaltung [eines Kunstwerks]. 3. Nachahmung, Abklatsch. 4. [im Massenverfahren hergestellter] Abzug eines Filmstreifens; [Lichtbild]abzug, Lichtpause. **kopieren** [aus *mlat.* cōpiāre „vervielfältigen"]: 1. a) etwas in Zweitausfertigung herstellen, eine Kopie (1) von etwas herstellen; b) [ein Kunstwerk] nachbilden. 2. a) jmdn. od. etwas, das zur Eigenart einer Person gehört, imitieren; b) die charakteristischen Eigentümlichkeiten einer Person übernehmen. **Kopierstift** *der*; -s, -e: Schreibstift mit einer Mine, die aus wasserlöslichen Teerfarbstoffen hergestellt wird

Kopilot u. Copilot [*ko*...; aus gleichbed. *engl.* copilot] *der*; -en, -en: a) zweiter Flugzeugführer; b) zweiter Fahrer bei einem Autorennen

Kopist [aus *mlat.* copista „Abschreiber"] *der*; -en, -en: jmd., der eine → Kopie (1) anfertigt

Ko|pra [über *port.* copra aus gleichbed. *tamul.* koprā] *die*; -: zerkleinerte u. getrocknete Kokosnußkerne

Ko|produktion [...*zion*; aus gleichbed. *engl.* co-production] *die*; -, -en: Gemeinschaftsherstellung, bes. beim Film. **ko|produzieren**: mit jmdm. anderen zusammen etwas herstellen (bes. einen Film)

Kopte [nach *arab.* qibtī aus *gr.* Aigýptios „Ägypter"] *der*; -n, -n: christlicher Nachkomme der alten

Ägypter. **koptisch**: a) die Kopten betreffend; b) die jüngste Stufe des Ägyptischen, Kirchensprache der koptischen Kirche

Kopula [aus *lat.* cōpula „Band"] *die*; -, -s u. ...lae [...*lä*]: 1. = Kopulation (1). 2. Verbform, die die Verbindung zwischen → Subjekt u. → Prädikat herstellt (Sprachw.). **Kopulation** [...*zion*] *die*; -, -en: 1. Verschmelzung der verschiedengeschlechtigen Geschlechtszellen bei der Befruchtung (Biol.). 2. Veredlung von Pflanzen, bei der das schräggeschnittene Edelreis mit der schräggeschnittenen Unterlage genau aufeinandergepaßt wird (Gartenbau). 4. = Koitus. **kopulativ**: verbindend, anreihend (Sprachw.); -e Konjunktion: anreihendes Bindewort (z. B. und, auch; Sprachw.). **Kopulativkompositum** *das*; -s, ...ta u. **Kopulativum** [...*tiwum*] *das*; -s, ...va [...*wa*]: Kompositum aus zwei gleichwertigen Begriffen (z. B. taubstumm). **kopulieren**: 1. miteinander verschmelzen (von Geschlechtszellen bei der Befruchtung; Biol.). 2. Pflanzen veredeln

kor..., **Kor...** vgl. kon..., Kon...

Koralle [über *altfr.* coral u. *lat.* corall(i)um aus gleichbed. *gr.* korállion] *die*; -, -n: 1. koloniebildendes Hohltier tropischer Meere. 2. das als Schmuck verwendete [rote] Kalkskelett der Koralle (1). **korallen**: a) aus Korallen bestehend; b) korallenrot

koram [aus *lat.* cōram „vor aller Augen, offen"]: (veraltet) öffentlich; vgl. coram publico

Koran [auch: *ko*...; aus *arab.* qur'ān „Lesung"] *der*; -s, -e: Sammlung der Offenbarungen Mohammeds, das heilige Buch des Islams (7. Jh. n. Chr.)

Kord [aus gleichbed. *engl.* cord, eigtl. „Tuchrippe, Schnur", dies über *fr.* corde „Schnur, Saite" aus *lat.* chorda, *gr.* chordḗ „Darmsaite"] *der*; -[e]s, -e: hochgeripptes, sehr haltbares [Baumwoll]gewebe

Kordon [...*dong*; österr.: ...*don*; aus gleichbed. *fr.* cordon, eigtl. „Schnur, Seil; Reihe", zu corde, vgl. Kord] *der*; -s, -s u. (österr.) -e: Postenkette, polizeiliche od. militärische Absperrung

Kordonettseide [aus gleichbed. *fr.* cordonnet, eigtl. „Schnürchen"] *die*; -: schnurartig gedrehte Handarbeits- u. Knopflochseide

Kore [aus *gr.* kórē „Mädchen"] *die*; -, -n: bekleidete Mädchenfigur der [archaischen] griech. Kunst

Koreferat usw. vgl. Korreferat usw.

Koriander [über *lat.* coriandrum aus gleichbed. *gr.* koríannon, koríandron zu kóris „Wanze" (nach dem Geruch)] *der*; -s, -: a) Gewürzpflanze des Mittelmeerraums; b) aus den Samenkörnern des Korianders gewonnenes Gewürz

Koriandoli [aus gleichbed. *it.* coriandoli, eigtl. „Korianderkörner"] *das*; -[s], -: (österr.) Konfetti

Korinthe [nach der griech. Stadt Korinth] *die*; -, -n: kleine, getrocknete, kernlose Weinbeere

Kormoran [österr.: *kor*...; aus gleichbed. *fr.* cormoran, *altfr.* cormare(n)g, corp mareng, eigtl. „Meerrabe" (= *spätlat.* corvus marīnus)] *der*; -s, -e: pelikanartiger fischfressender Schwimmvogel

Kornak [aus gleichbed. *fr.* cornac, dies über *port.* cornaca zu *singhales.* kūrawa „Elefant"] *der*; -s, -s: [indischer] Elefantenführer

Korner vgl. Corner (2)

[1]**Kornett** [aus gleichbed. *fr.* le cornette zu la cornette „die Standarte", dies zu corne „Horn" (wohl nach der Form)] *der*; -[e]s, -e u. -s: (veraltet) Fähnrich [bei der Reiterei]. [2]**Kornett** [aus gleichbed. *fr.* cornet zu corne aus *lat.* cornu „Horn"] *das*; -[e]s, -e u. -s: (Mus.) 1. ein kleines Horn mit Ventilen. 2. Orgelregister

Korolla u. Korolle [aus *lat.* corōlla „kleiner Kranz", Verkleinerungsbildung zu corōna „Kranz"] *die*; -, ...llen: zusammenfassende Bezeichnung für alle Blütenblätter (Blumenkrone)

Korona [aus *lat.* corōna „Kranz, Krone", dies aus *gr.* korṓnē „Ring" zu korōnós „gekrümmt"] *die*; -, ...nen: 1. [bei totaler Sonnenfinsternis sichtbarer] Strahlenkranz der Sonne (Astron.). 2. a) (ugs.) [fröhliche] Runde, [Zuhörer]kreis; b) (ugs., abwertend) Horde

koronar [nach *lat.* coronārius „zum Kranz gehörend"]: zu den Herzkranzgefäßen gehörend, von ihnen ausgehend

Koronis [aus gleichbed. *gr.* korōnís, eigtl. „das Gekrümmte"] *die*; -, ...ides: in altgriech. Wörtern das Zeichen für → Krasis (') (z. B. griech. *tàmá* für *tà emá* „das Meine")

Koros [aus *gr.* kóros „Jüngling"] *der*; -, Koroi [...*reu*]: nackte Jünglingsfigur der [archaischen] griech. Kunst

Korpora: *Plural* von → Korpus

Korporal [aus gleichbed. älter *fr.* corporal, (nach corps „Körper" umgebildet aus:) *fr.* caporal, dies aus *it.* caporale „Hauptmann" zu capo (*lat.* caput) „Kopf, Oberhaupt"] *der*; -s, -e (auch: ...äle): 1. (veraltet) Unteroffizier. 2. (schweiz.) niederster Unteroffiziersgrad

Korporale [aus gleichbed. *kirchenlat.* corporāle, eigtl. „Leibtuch"] *das*; -: quadratisches od. rechteckiges Leinentuch als Unterlage für → Hostie u. Hostienteller in der katholischen Liturgie

Korporation [...*zion*; aus *fr.* corporation, *engl.* corporation „Körperschaft" zu *lat.* corporāre „zum Körper werden"] *die*; -, -en: 1. Körperschaft. 2. Studentenverbindung. **korporativ**: 1. körperschaftlich; geschlossen. 2. eine Studentenverbindung betreffend. **korporiert**: einer Korporation (2) angehörend. **Korps** [*kor*; aus *fr.* corps „Körper, Körperschaft, Heerhaufe", dies aus *lat.* corpus „Körper"] *das*; - [*korß*], - [*korß*]: 1. größerer Truppenverband. 2. studentische Verbindung

korpulent [aus gleichbed. *lat.* corpulentus zu corpus „Körper"]: beleibt. **Korpulenz** *die*; -: Beleibtheit

[1]**Korpus** [aus *lat.* corpus „Körper"] *der*; -, -se: 1. (ugs., scherzh.) Körper. 2. (Mus.) a) Schallkasten eines Musikinstruments; b) Resonanzkasten eines Saiteninstruments. [2]**Korpus** 1. *das*; -, ...ora: Sammlung von Texten od. Schriften [aus dem Mittelalter od. der Antike]. 2. *das* od. *der*; -, ...ora: einer wissenschaftlichen [Sprach]analyse zugrundeliegendes Material, repräsentative Sprachprobe

Korpus delikti vgl. Corpus delicti

Korpuskel [aus *lat.* corpusculum „Körperchen"] *das*; -s, -n (fachspr. auch: *die*; -, -n): kleinstes Teilchen der Materie, Elementarteilchen (Phys.). **korpuskular**: die Korpuskeln betreffend (Phys.)

Korral [aus *span.* corral „Hofraum, Gehege"] *der*; -s, -e: [Fang]gehege für wilde Tiere; Pferch

Korreferat [auch: *kor*...; zu → kon... u. → Referat] u. (österr.:) Koreferat *das*; -[e]s, -e: zweiter Bericht; Nebenbericht [zu dem gleichen wissenschaftlichen Thema]. **Korreferent** [auch: *kor*...] u. (österr.:) Koreferent *der*; -en, -en: jmd., der ein Korreferat hält; zweiter Gutachter [bei der Beurteilung einer wissenschaftlichen Arbeit]. **korreferieren** [auch: *kor*...] u. (österr.:) koreferieren: ein Korreferat halten, als zweiter Gutachter berichten, mitberichten

korrekt [aus *lat.* corrēctus „ge-, verbessert" zu corrigere, s. korrigieren]: richtig, fehlerfrei; einwandfrei; Ggs. → inkorrekt. **Korrektheit** *die*; -: 1. Richtigkeit. 2. einwandfreies Benehmen; Ggs. → Inkorrektheit. **korrektiv**: (veraltet) verbessernd. **Korrektiv** *das*; -s, -e [...*w*ᵉ]: etwas, was dazu dienen kann, Fehlhaltungen, Mängel o. ä. auszugleichen. **Korrektor** [aus *lat.* corrēctor „Berichtiger, Verbesserer"] *der*; -s, ...oren: 1. jmd., der die aus der Setzerei kommenden Korrekturabzüge auf Fehler hin durchsieht. 2. (hist.) Aufsichtsbeamter der röm. Kaiserzeit. **Korrektur** [aus *mlat.* correctura „Berichtigung"] *die*; -, -en: a) Verbesserung, [Druck]-berichtigung; b) schriftliche Berichtigung

korrelat u. korrelativ [zu → Korrelation]: sich gegenseitig bedingend. **Korrelat** *das*; -[e]s, -e: 1. etwas, was zu etwas anderem in [ergänzender] Wechselbeziehung steht, Entsprechung. 2. Wort, das mit einem anderen in wechselseitiger Beziehung steht (z. B. darauf [bestehen], daß...; Sprachw.). **Korrelation** [...*zion*; aus *mlat.* correlātio „Wechselbeziehung", vgl. kon... u. Relation] *die*; -, -en: ergänzende Wechselbeziehung, das Aufeinanderbezogensein von zwei Begriffen. **korrelativ** vgl. korrelat. **korrelieren**: einander bedingen, miteinander in Wechselbeziehung stehen

korrepetieren [zu → kon... u. → repetieren]: mit jmdm. eine Gesangspartie vom Klavier aus einüben (Mus.). **Korrepetition** [...*zion*] *die*; -, -en: Einübung einer Gesangspartie vom Klavier aus (Mus.). **Korrepetitor** *der*; -s, ...oren: (Mus.). 1. Assistent des Kapellmeisters. 2. Musiker, der vom Klavier aus das Partienstudium eines Sängers betreut

Korre|spondent [aus *mlat.* correspondēns, Gen. correspondentis, Part. Präs. von correspondēre, s. korrespondieren] *der*; -en, -en: 1. Journalist, der [aus dem Ausland] regelmäßig aktuelle Berichte für Presse, Rundfunk od. Fernsehen liefert. 2. Angestellter eines Betriebs, der den kaufmännischen Schriftwechsel führt. **Korre|spondenz** *die*; -, -en: 1. Briefwechsel, -verkehr. 2. Beitrag eines Korrespondenten (1) einer Zeitung. 3. Übereinstimmung. **Korre|spondenzkarte** *die*; -, -n: (österr.) Postkarte. **korre|spondieren** [über gleichbed. *fr.* correspondre aus *mlat.* correspondēre „übereinstimmen; in Verbindung stehen, Briefe wechseln" zu *lat.* con- (s. kon...) u. respondēre „antworten"]: 1. mit jmdm. im Briefverkehr stehen. 2. einer Sache harmonisch entsprechen, mit etwas übereinstimmen; -de Winkel: einander entsprechende Winkel auf verschiedenen Parallelen, die von einer Geraden geschnitten werden (Math.)

Korridor [aus *it.* corridore „Läufer, Laufgang" zu correre aus *lat.* currere „laufen"] *der*; -s, -e: 1. [Wohnungs]flur, Gang. 2. schmaler Gebietsstreifen, der durch das Hoheitsgebiet eines fremden Staates zu einer → Exklave führt

Korrigenda *die* (Plural): Druckfehler, Fehlerverzeichnis. **korrigieren** [aus *lat.* corrigere „zurechtrichten, -bringen"]: etwas berichtigen; verbessern

korrodieren [aus *lat.* corrōdere „zernagen"]: angreifen, zerstören; der Korrosion unterliegen. **Korrosion** [aus *mlat.* corrōsio „Zerstörung"] *die*; -, -en: chem. Veränderung (Zerstörung) der Gesteinsoberfläche und der Oberfläche metallischer und nichtmetallischer Werkstoffe. **korrosiv**: angreifend, zerstörend

korrumpieren [aus *lat.* corrumpere „verderben, zerrütten; bestechen"]: a) jmdn. bestechen; b) jmdn. moralisch verderben. **korrumpiert**: verderbt (von Stellen in alten Texten u. Handschriften). **korrupt** [aus gleichbed. *lat.* corruptus, Part. Perf. von corrumpere]: a) bestechlich; b) moralisch verdorben. **Korruption** [...*zion*; aus gleichbed. *lat.* corruptio] *die*; -, -en: a) Bestechung, Bestechlichkeit; b) moralischer Verfall

Korsage [...*gseh*ᵉ; aus *fr.* corsage „Mieder", eigtl. „Oberleib", zu corps, *altfr.* cors „Leib"] *die*; -, -n: auf Figur gearbeitetes, versteiftes Oberteil eines Kleides

Korsak [aus gleichbed. *russ.* korsak, *kirgis.* karsak] *der*; -s, -s: kleiner, kurzohriger Steppenfuchs

Korsar [aus gleichbed. *it.* corsaro, dies aus *mlat.* cursarius zu *lat.* cursus „Fahrt auf See"; vgl. Kurs] *der*; -en, -en: (hist.) 1. Seeräuber. 2. Seeräuberschiff

Korselett [zu → Korsett] *das*; -s, -e u. -s: leichteres Korsett. **Korsett** [aus gleichbed. *fr.* corset zu corps, *altfr.* cors „Leib"] *das*; -s, -e u. -s: 1. mit Stäbchen versehenes u. mit Schnürung od. Gummieinsätzen ausgestattetes Mieder. 2. Stützvorrichtung für die Wirbelsäule (Med.). 3. starrer, fester Rahmen [für bestimmte Aufgaben, geistige Arbeiten]

Korso [aus *it.* corso „Lauf; Umzug", dies aus *lat.* cursus „Lauf, Fahrt"] *der*; -s, -s: 1. Umzug, festliche Demonstrationsfahrt. 2. große, breite Straße für Umzüge

Kortex [aus *lat.* cortex „Rinde"] *der*; -[e]s, -e: (Med.) a) äußere Zellschicht eines Organs, Rinde; b) Hirnrinde. **kortikal**: von der Hirnrinde ausgehend, in der Hirnrinde sitzend; -e Zentren: wichtige Teile der Hirnrinde, in denen z. B. Seh- u. Hörzentrum liegen (Med.)

Korund [aus *tamul.* kurund „Rubin"] *der*; -[e]s, -e: ein Mineral, Edelstein aus Ceylon

Korvette [...*wät*ᵉ; aus *fr.* corvette „Rennschiff"] *die*; -, -n: 1. a) leichtes Kriegsschiff; b) (veraltet) Segelkriegsschiff. 2. Sprung in den Handstand (Sport). **Korvettenkapitän** *der*; -s, -e: Marineoffizier im Majorsrang

Koryphäe [über gleichbed. *fr.* le coryphée aus *lat.* coryphaeus, *gr.* korýphaios „an der Spitze Stehender" zu *gr.* koryphḗ „Gipfel, Scheitel"] *die*; -, -n (veraltet): *der*; -n, -n: jmd., der auf seinem Gebiet durch außergewöhnliche Leistungen hervortritt

Kosak [über *ukrain.-poln.* kozak aus gleichbed. *russ.* kazak, dies aus *tatar.*, *kirgis.* kazak „freier Mensch"] *der*; -en, -en: (hist.) a) Angehöriger einer militärisch organisierten, an der Grenze gegen die Tataren angesiedelten Bevölkerung; b) leichter Reiter (in Rußland)

Koschenille [...*nilj*ᵉ; über *fr.* cochenille aus gleichbed. *span.* cochinilla]: 1. *die*; -, -n: Weibchen der Scharlachschildlaus. 2. (ohne Plural) karminroter Farbstoff

koscher [über gleichbed. *jidd.* koscher aus *hebr.* kāšēr „recht, tauglich"]: 1. den jüdischen Speisegesetzen gemäß. 2. (ugs.) in Ordnung

Kosekans [aus *nlat.* cosecans (zu co-, s. kon... u. → Sekans) für complementi secans „Sekans des Ergänzungswinkels zu 90°"] *der*; -, -: Kehrwert des → Sinus (im rechtwinkligen Dreieck); Zeichen: cosec (Math.)

Kosinus [aus *nlat.* cosinus, vgl. Kosekans] *der*; -, - u. -se: Verhältnis von Ankathete zu → Hypotenuse (im rechtwinkligen Dreieck); Zeichen: cos (Math.)

Kosmetik [über *fr.* cosmétique aus *gr.* kosmētikḗ (téchnē) „Kunst des Schmückens"] *die;* -: Körper- u. Schönheitspflege; [chirurgische] Beseitigung von als entstellend empfundenen Schönheitsfehlern. **Kosmetikerin,** *die:* -, -nen: weibliche Person, die beruflich Körper- u. Schönheitspflege betreibt. **Kosmetikum** *das;* -s, ...ka (meist Plural): Mittel zur Schönheits- u. Körperpflege. **kosmetisch** [über *fr.* cosmétique aus *gr.* kosmētikós „zum Schmükken gehörend" zu kosmeīn „ordnen, schmücken"; vgl. Kosmos]: 1. die Kosmetik betreffend. 2. nur oberflächlich [vorgenommen], ohne den eigentlichen Mißstand aufzuheben od. ohne etwas von Grund aus wirklich zu verändern

kosmisch [über *lat.* cosmicus aus *gr.* kosmikós „zur Welt gehörend", s. Kosmos]: das Weltall betreffend, aus dem Weltall stammend; zum Weltall hörend; -es Eisen: nickelhaltiges Eisen eines → Meteoriten. **kosmo...**, **Kosmo...** [aus gleichbed. *gr.* kosmo-, s. Kosmos]: in Zusammensetzungen auftretendes Bestimmungswort mit der Bedeutung „welt..., Welt..., weltraum..., Weltraum...". **Kosmobiologie** *die;* -: Wissenschaftsbereich, in dem die Lebensbedingungen im Weltraum sowie die Einflüsse des Weltraums auf irdische Lebenserscheinungen untersucht werden. **Kosmogonie** [aus gleichbed. *gr.* kosmogonía] *die;* -, ...ien: [mythische Lehre von der] Entstehung der Welt. **kosmogonisch**: die Kosmogonie betreffend. **Kosmo|gramm** *das;* -s, -e: = Horoskop. **Kosmologie** [aus *gr.* kosmología „Lehre von der Welt"] *die;* -, ...ien: Lehre von der Entstehung u. Entwicklung des Weltalls. **kosmologisch**: die Kosmologie betreffend. **Kosmonaut** [aus *russ.* kosmonavt zu *gr.* kósmos „Welt" u. naútēs „Schiffer"] *der;* -en, -en: [sowjetischer] Weltraumfahrer, Teilnehmer an einem Raumfahrtunternehmen; vgl. Astronaut. **kosmonautisch**: die Weltraumfahrt [der UdSSR] betreffend; vgl. astronautisch. **Kosmopolit** [aus *gr.* kosmopolítēs „Weltbürger"] *der;* -en, -en: 1. Weltbürger. 2. Tier- od. Pflanzenart, die über die ganze Erde verbreitet ist. **kosmopolitisch**: die Anschauung des Kosmopolitismus vertretend. **Kosmopolitismus** *der;* -: Weltbürgertum. **Kosmos** [aus *gr.* kósmos „Weltall, Weltordnung", eigtl. „Ordnung, Schmuck"] *der;* -: Weltall; Weltordnung

Kostüm [aus gleichbed. *fr.* costume, dies aus *it.* costume „Tracht, Kleidung", eigtl. „Brauch, Gewohnheit" (aus *lat.* cōnsuētūdo zu cōnsuēscere „sich gewöhnen")] *das;* -s, -e: 1. [historische] Kleidung, Tracht. 2. aus Rock u. Jacke bestehende Damenkleidung. 3. a) die zur Ausstattung eines Theaterstückes nötige Kleidung; b) Verkleidung für ein Maskenfest. **kostümieren**: jmdn./sich [für ein Maskenfest] verkleiden

K.-o.-System [*ka-o...*; vgl. knockout] *das;* -s: Austragungsmodus sportlicher Wettkämpfe, bei dem der jeweils Unterliegende aus dem Wettbewerb ausscheidet

Kotangens [aus *nlat.* cotangens, vgl. Kosekans] *der;* -, -: Kehrwert des → Tangens (im rechtwinkligen Dreieck); Zeichen: cot, cotg, ctg (Math.)

Kotau [aus gleichbed. *chin.* kētóŭ, eigtl. „Schlagen (mit dem) Kopf"] *der;* -s, -s: demütige Ehrerweisung, Verbeugung

Kote [aus gleichbed. *schwed.* kåta] *die;* -, -n: Lappenzelt

Kotelett [aus gleichbed. *fr.* côtelette, eigtl. „Rippchen", zu côte aus *lat.* costa „Rippe"] *das;* -s, -s (selten: -e): Rippenstück vom Kalb, Schwein, Lamm u. Hammel. **Koteletten** *die* (Plural): Haare an beiden Seiten des Gesichts neben den Ohren

Koterie [aus gleichbed. *fr.* coterie, eigtl. „geschlossene Gesellschaft"] *die;* -, ...ien: (veraltend; abwertend) Kaste; Klüngel, Sippschaft

Kothurn [über *lat.* cothurnus aus gleichbed. *gr.* kóthornos] *der;* -s, -e: 1. hochsohliger Bühnenschuh der Schauspieler im antiken Trauerspiel; vgl. Soccus. 2. erhabener, pathetischer Stil

Kotinga [aus *span.* cotinga (Tupi-Wort)] *die;* -, -s: farbenprächtiger, in Mittel- u. Südamerika beheimateter Vogel

Koto [aus *jap.* koto] *das;* -s, -s od. *die;* -, -s: 6- oder 13saitiges zitherähnliches japanisches Musikinstrument

Koton [*...tong*; aus gleichbed. *fr.* coton, dies aus *arab.* quṭun „Baumwolle"] *der;* -s, -s: Baumwolle; vgl. Cotton. **kotonisieren**: Bastfasern durch chem. Behandlung die Beschaffenheit von Baumwolle geben

kp = Kilopond

kpm = Kilopondmeter

kr = Krone (Währungseinheit)

Kr = chem. Zeichen für: Krypton

kracken [*kräkᵉn*; aus gleichbed. *engl.* to crack, eigtl. „spalten, brechen"]: in einem chem. Verfahren Schweröle in Leichtöle (Benzine) umwandeln

Kräcker vgl. Cracker

Krake [aus gleichbed. *norw.* mundartl. krake(n)] *der;* -n, -n: ein Riesentintenfisch

Krakelee vgl. Craquelé. **Krakelüre** [aus gleichbed. *fr.* craquelure zu craqueler „rissig machen"] *die;* -, -n: feiner Riß, der durch Austrocknung der Farben u. des Firnisses auf Gemälden entsteht

Krakowiak [aus *poln.* krakowiak „Krakauer (Tanz)"] *der;* -s, -s: polnischer Nationaltanz im $^{2}/_{4}$-Takt mit Betonungswechsel von Ferse u. Stiefelspitze; vgl. Cracovienne

Kral [aus gleichbed. *afrikaans* kraal, dies aus *port.* curral „Hürde, Zwinger"] *der;* -s, -e: Runddorf afrikanischer Stämme

Krampus [Herkunft unsicher] *der;* -[ses], -se: (österr.) Begleiter des Nikolaus

Krase u. **Krasis** [aus *gr.* krãsis „Mischung"] *die;* -, Krasen: in der altgriech. Grammatik die Zusammenziehung zweier aufeinanderfolgender Wörter, deren erstes auf einen Vokal ausgeht u. deren zweites mit einem Vokal beginnt, in ein einziges Wort; vgl. Koronis

...krat [aus *gr.* ...kratēs „herrschend", vgl. ...kratie]: Wortbildungselement mit folgenden Bedeutungen: 1. Angehöriger einer herrschenden Gruppe, z. B. Plutokrat. 2. Vertreter einer bestimmten polit. Richtung, z. B. Demokrat

...kratie [aus *gr.* ...kratía, ...kráteia zu krateīn „herrschen, Macht haben"]: Wortbildungselement mit der Bed. „Herrschaft einer Gruppe, herrschende Gruppe", z. B. Aristokratie

kratikulieren [zu *lat.* crātīcŭla „kleiner Rost", dies zu crātis „Flechtwerk, Rost"]: eine Figur mit Hilfe eines darübergelegten Gitters ausmessen, übertragen, verkleinern, vergrößern (Math.)

Krawatte [aus *fr.* cravate „Halsbinde, Schlips", dies nach einer dt. Mundartform *Krawat* für „Kroate"] *die;* -, -n: 1. a) Schlips; b) kleiner, schmaler Pelzkragen. 2. unerlaubter Würgegriff beim griech.-röm. Ringkampf (Sport)

Krea|tin [zu *gr.* kréas, Gen. kréatos „Fleisch"] *das;*

-s: Stoffwechselprodukt des Eiweißes im Muskelsaft der Wirbeltiere u. des Menschen (Biol.; Med.)

Krea|tion [...*zion*; z. T. über *fr.* création (Bed. 1) aus *lat.* creātio „das Erschaffen"; vgl. kreieren] *die;* -, -en: 1. Modeschöpfung, Modell[kleid]. 2. (veraltet) Schöpfung, Erschaffung. **krea|tiv**: schöpferisch. **Krea|tivität** [...*wi*...] *die;* -: 1. das Schöpferische, Schöpferkraft. 2. Teil der → Kompetenz (2) eines Sprachteilhabers, neue, nie zuvor gehörte Sätze zu bilden u. zu verstehen (Sprachw.). **Krea|tur** [aus *kirchenlat.* creātūra „Schöpfung, Geschöpf; vgl. kreieren] *die;* -, -en: 1. [Lebe]wesen, Geschöpf. 2. a) bedauernswerter, verachtenswerter Mensch; b) willenloses, gehorsames Werkzeug eines anderen. **krea|türlich**: dem Geschöpf eigen, für ein Lebewesen typisch

Kredenz [aus gleichbed. *it.* credenza, dies aus *mlat.* credentia „Vertrauen, Glaubwürdigkeit" zu *lat.* crēdere „vertrauen, glauben" (an der credenza hatte der Mundschenk die Speisen vorzukosten)] *die;* -, -en: (veraltet) Anrichte, Anrichteschrank. **kredenzen** [aus *spätmhd.* crēdenzen „vorkosten"]: [ein Getränk] feierlich anbieten, darreichen, einschenken, auftischen

[1]**Kredit** [über *fr.* crédit aus gleichbed. *it.* credito, dies aus *lat.* crēditum „auf Treu und Glauben Anvertrautes, Darlehen", Part. Perf. von crēdere „glauben, vertrauen"] *der;* -[e]s, -e: 1. Vertrauen in die Fähigkeit und Bereitschaft einer Person od. eines Unternehmens, bestehende Verbindlichkeiten ordnungsgemäß u. zum richtigen Zeitpunkt zu begleichen. 2. die einer Person od. einem Unternehmen kurz- od. langfristig zur Verfügung stehenden fremden Geldmittel oder Sachgüter. 3. Glaubwürdigkeit. **Kreditbrief** [nach gleichbed. *fr.* lettre de crédit] *der;* -[e]s, -e: Anweisung an eine od. mehrere Banken, dem genannten Begünstigten Beträge bis zu einer angegebenen Höchstsumme auszuzahlen. **kreditieren** [aus *fr.* créditer „gutschreiben"]: a) jmdm. Kredit geben; b) jmdm. etwas gutschreiben. **Kreditor** [aus gleichbed. *lat.* crēditor] *der;* -s, ...oren: Gläubiger

[2]**Kredit** [aus *lat.* crēdit „er glaubt" (= er ist Gläubiger)] *das;* -s, -s: Kontoseite, auf der das Guthaben verzeichnet ist; Ggs. → Debet

Kredo [aus *lat.* crēdo „ich glaube"] *das;* -s, -s: 1. = Apostolikum. 2. Teil der katholischen Messe. 3. Leitsatz, Glaubensbekenntnis

kreieren [aus *fr.* créer „schaffen, erfinden", dies aus *lat.* creāre „erschaffen"]: 1. eine neue Linie, einen neuen [Mode]stil entwickeln. 2. etwas [Bedeutsames] schaffen. 3. eine Rolle als erste[r] auf der Bühne darstellen

Krem *die;* -, -s (ugs.: *der;* -s, -e): eindeutschend für → Creme (1a, 2)

Kremation [...*zion*; aus *lat.* cremātio „das Verbrennen"; vgl. kremieren] *die;* -, -en: Einäscherung [von Leichen]. **Krematorium** *das;* -s, ...ien [...*i^e n*]: Einäscherungs-, Verbrennungsanstalt. **kremieren** [aus *lat.* cremāre „(Leichen) verbrennen"]: einäschern, Leichen verbrennen

Kreml [auch: *kräm^e l*; aus *russ.* kreml' „Festung, Burg"] *der;* -[s], -: 1. Stadtteil in russ. Städten. 2. (ohne Plural) a) Sitz der Regierung der Sowjetunion; b) die sowjetische Regierung

Kren [*mhd.* chrēn, krēn (slaw. Wort, vgl. gleichbed. *tschech.* křen, *poln.* chrzan)] *der;* -[e]s: (südd., bes. österr.) Meerrettich

Kreole [aus gleichbed. *fr.* créole, dies aus *span.* criollo, *port.* crioulo zu criar „nähren, erziehen" aus *lat.* creāre „erzeugen"] *der;* -n, -n: Nachkomme europäischer Einwanderer in Südamerika

Krepeline [*kräplin*; zu *fr.* crêpe „Krepp"] *die;* -, -s: leichtes wollenes Kreppgewebe

krepieren [aus gleichbed. *it.* crepare, dies aus *lat.* crepāre „knattern, krachen"]: 1. bersten, platzen, zerspringen (von Sprenggeschossen). 2. (ugs.) sterben; verenden

Krepon [...*pong*; aus gleichbed. *fr.* crépon zu crêpe] *der;* -s, -s: ein Kreppgewebe. **Krepp** [aus *fr.* crêpe, s. Crêpe] *der;* -s, -s u. -e: Gewebe mit welliger od. gekräuselter Oberfläche. **kreppen**: Papier kräuseln

Kre|scendo [*kräschändo*] vgl. Crescendo

Kreszenz [aus *lat.* crēscentia „Wachstum" zu crēscere „wachsen"] *die;* -, -en: 1. Herkunft [edler Weine]. 2. (veraltet) Ertrag

kretazeisch u. **kretazisch** [aus *lat.* crētāceus „kreideartig" zu crēta „Kreide"]: zur Kreideformation gehörend; -e F o r m a t i o n: Kreideschicht

Krethi und Plethi [nach den Kretern u. Philistern in der Söldnertruppe des biblischen Königs David]: (abwertend) jedermann, alle Welt, z. B. - - - war/waren dort versammelt

Kretikus [über *lat.* Crēticus (pēs) aus *gr.* Krētikós (poús) „kretischer Versfuß"] *der;* -, ...zi: ein antiker Versfuß (rhythmische Einheit; –◡–)

Kretin [...*täng*; aus gleichbed. *fr.* crétin, in der Mundart des Wallis für *altfr.* crestien aus *lat.* christiānus, eigtl. „(armer) Christenmensch"] *der;* -s, -s: 1. jmd., der an Kretinismus leidet, Schwachsinniger (Med.). 2. (ugs.) Trottel

Kreton *der;* -s, -e: (österr.) Cretonne. **Kretonne** [...*ton*] vgl. Cretonne

Kretscham u. **Kretschem** [slaw. Wort, vgl. *tschech.* krčma „Schenke"] *der;* -s, -e: (landsch.) Gastwirtschaft

Krevette u. Crevette [...*wät^(e)*; aus gleichbed. *fr.* crevette] *die;* -, -n: Garnelenart (vgl. Garnele)

Kricket [aus gleichbed. *engl.* cricket] *das;* -s, -s: engl. Ballspiel

Krimi [auch: *kri*...; Kurzform von *Krimi*nalfilm od. *Krimi*nalroman] *der;* -s, -s: (ugs.) Kriminalfilm, -roman. **kriminal** [aus *lat.* crīminālis „ein Verbrechen betreffend" zu crīmen „Beschuldigung; Vergehen"]: (veraltet) strafrechtlich. **Kriminal** *das;* -s, -e: (landsch., bes. österr., ugs.): Strafanstalt, Zuchthaus. **kriminal**..., **Kriminal**...: in Zusammensetzungen auftretendes Bestimmungswort mit der Bedeutung „das Strafrecht, Strafverfahren, das Vergehen od. den Täter betreffend". **Kriminale** *der;* -n, -n u. **Kriminaler** *der;* -s, -: (ugs.) Kriminalbeamter. **Kriminalisierung** *die;* -, -en: das Eindringen krimineller Tendenzen (z. B. in eine politische Bewegung). **Kriminalist** *der;* -en, -en: 1. Professor für Strafrecht an einer Universität, Strafrechtler. 2. Beamter, Sachverständiger der Kriminalpolizei. **Kriminalistik** *die;* -: Lehre vom Verbrechen, seinen Ursachen, seiner Aufklärung u. Bekämpfung. **kriminalistisch**: die Kriminalistik betreffend, die Mittel der Kriminalistik anwendend. **Kriminalität** *die;* -: a) Straffälligkeit; b) Umfang der strafbaren Handlungen, die in einem bestimmten Gebiet innerhalb eines bestimmten Zeitraums [von einer bestimmten Tätergruppe] begangen werden. **Kriminalpolizei** *die;* -: die mit der Aufklärung von Verbrechen od. Vergehen beauftragte Polizei; Kurzw.: Kripo. **kriminell** [aus *fr.* criminel „verbrecherisch; strafrechtlich", dies aus *lat.* crīminālis, s. kriminal]: 1. a) straffällig; b) strafbar, verbrecherisch. 2. (ugs.) rücksichtslos, unverschämt. **Kriminelle** *der* od. *die*; -n, -n: (abwertend) jmd., der ein schweres Verbrechen begangen hat. **Kriminologe** *der*; -n, -n: Wissenschaftler, Fachmann auf dem Gebiet der Kriminologie. **Kriminologie** *die*; -: = Kriminalistik. **kriminologisch**: die Kriminologie u. ihre Methoden betreffend, kriminalistisch

Krinoline [aus *fr.* crinoline „Reifrock", eigtl. „Roßhaargewebe", dies aus *it.* crinolino „Gewebe aus Roßhaar (crino) mit Leinenkette (lino)"] *die*; -, um die Mitte des 19. Jh.s getragener Reifrock

Kripo *die*; -: Kurzw. für: Kriminalpolizei

Kris [aus *malai.* kris] *der*; -es, -e: Dolch der Malaien

Krise u. **Krisis** [über gleichbed. *fr.* crise bzw. über *lat.* crisis aus *gr.* krísis „Entscheidung, entscheidende Wendung"] *die*; -, Krisen: 1. Entscheidungssituation, Wende-, Höhepunkt einer gefährlichen Entwicklung. 2. gefährliche Situation. 3. schneller Fieberabfall als Wendepunkt einer Infektionskrankheit (Med.). **kriseln**: drohend bevorstehen (von einer Krise), gären, z. B. es kriselt in dieser Partei. **Krisis** vgl. Krise

¹**Kristall** [aus *mlat.* crystallum, dies über *lat.* crystallus aus *gr.* krýstallos „Eis; Bergkristall"] *der*; -s, -e: fester, regelmäßig geformter, von ebenen Flächen begrenzter Körper. ²**Kristall** *das*; -s: a) geschliffenes Glas; b) Gegenstände aus geschliffenem Glas. **kristallen**: 1. aus, von Kristallglas. 2. kristallklar, wie Kristall. **kristallin** u. **kristallinisch** [über *lat.* crystallīnus aus *gr.* krystállinos „von Kristall"]: aus vielen kleinen, unvollkommen ausgebildeten ¹Kristallen bestehend (z. B. Granit). **Kristallisation** [...*zion*; aus gleichbed. *fr.* cristallisation zu cristalliser „Kristalle bilden"] *die*; -, -en: der Prozeß, Zeitpunkt des Kristallisierens eines Stoffes (Chem.). **kristallisch**: = kristallin. **kristallisieren**: ¹Kristalle bilden. **Kristallo|graphie** *die*; -: Wissenschaft von den chemischen u. physikalischen Eigenschaften der Kristalle. **kristallographisch**: auf die Kristallographie bezogen, sie betreffend. **Kristalloid** *das*; -[e]s, -e: ein kristallähnlicher Körper od. ein Stoff mit kristallähnlicher Struktur

Kristiania [ehemaliger Name der norweg. Hauptstadt Oslo] *der*; -s, -s: (veraltet) Querschwung beim Skilauf

Kriterium [zu gleichbed. *gr.* kritḗrion, dies zu krī́nein „scheiden", s. kritisch] *das*; -s, ...ien [...*iᵉn*]: 1. Prüfstein, unterscheidendes Merkmal, Kennzeichen. 2. Zusammenfassung mehrerer Wertungsrennen zu einem Wettkampf (Sport)

Kritik [über gleichbed. *fr.* critique aus *gr.* kritikḗ (téchnē) „Kunst der Beurteilung", s. kritisch] *die*; -, -en: 1. [wissenschaftliche, künstlerische] Beurteilung; Besprechung; Stellungnahme. 2. Beanstandung, Tadel. 3. (ohne Plural) Gesamtheit der kritischen Betrachter. **Kritikaster** [zu → Kritiker nach *lat.* philosophaster „Scheinphilosoph"] *der*; -s, -: (abwertend) Nörgler, kleinlicher Kritiker. **Kritiker** [über *lat.* criticus aus *gr.* kritikós „kritischer Beurteiler"] *der*; -s, -: 1. Beurteiler. 2. jmd., der beruflich [wissenschaftliche] Besprechungen von neu herausgebrachten Büchern, Theaterstücken o. ä. verfaßt. **kritisch** [nach gleichbed. *fr.* critique aus *lat.* criticus, *gr.* kritikós „zur entscheidenden Beurteilung gehörend, kritisch", dies zu *gr.* krī́nein „scheiden, trennen; entscheiden, urteilen"]: 1. a) nach präzisen [wissenschaftlichen od. künstlerischen] Maßstäben prüfend u. beurteilend, genau abwägend; b) eine negative Beurteilung enthaltend, mißbilligend. 2. schwierig, bedenklich, gefährlich. 3. entscheidend. 4. wissenschaftlich erläuternd. 5. nicht abreißend (von einer Kettenreaktion im → Reaktor; Kernphys.). **kritisieren** [nach gleichbed. *fr.* critiquer]: beanstanden, bemängeln, tadeln. **Kritizismus** *der*; -: von Kant eingeführtes wissenschaftlich-philosophisches Verfahren, vor der Aufstellung eines philosophischen od. ideologischen Systems die Möglichkeit, Gültigkeit u. Gesetzmäßigkeit sowie die Grenzen des menschlichen Erkenntnisvermögens zu kennzeichnen (Philos.)

Krocket [*krọkᵉt*, auch: *krokät*; aus *engl.* croquet] *das*; -s, -s: engl. Rasenspiel. **krockieren**: Holzkugeln (im Krocketspiel) wegschlagen

Krokant [aus *fr.* croquante „Knusperkuchen" zu croquer „knabbern"] *der*; -s: a) knusprige Masse aus zerkleinerten Mandeln od. Nüssen u. karamelisiertem Zucker; b) Kleingebäck

Krokette [aus gleichbed. *fr.* croquette zu croquer „knabbern"] *die*; -, -n (meist Plural): in Fett ausgebackenes, knuspriges Klößchen aus Kartoffelbrei, zerkleinertem Fleisch u. a.

Kroki [aus gleichbed. *fr.* croquis zu croquer in der Bed. „skizzieren"] *das*; -s, -s: Plan, einfache Geländezeichnung. **krokieren**: ein Kroki zeichnen

Krokodil [über *lat.* crocodīlus aus gleichbed. *gr.* krokódeilos] *das*; -s, -e: wasserbewohnendes Kriechtier (zahlreiche, bis 10 m lange Arten)

Krokus [über *lat.* crocus aus *gr.* krókos „Safran"] *der*; -, - u. -se: frühblühende Gartenpflanze (Schwertliliengewächs)

Kromlech [auch: ...*läk*; aus *gall.* crom „Kurve, Kreis" u. lech „Stein"] *der*; -s, -e u. -s: jungsteinzeitliche kreisförmige Steinsetzung (Kultstätte)

Krösus [nach *lat.* Croesus, *gr.* Kroisos, dem letzten König von Lydien im 6. Jh. v. Chr.] *der*; - u. -ses, -se: sehr reicher Mann

krud [aus gleichbed. *lat.* crūdus]: 1. a) roh (von Nahrungsmitteln); b) unverdaulich. 2. roh, grausam. **Krudität** [aus *lat.* crūditās „Unverdaulichkeit"] *die*; -: 1. a) roher Zustand (von Nahrungsmitteln); b) Unverdaulichkeit. 2. rohes Verhalten, Benehmen

Kruppade [aus gleichbed. *fr.* croupade zu croupe „Kreuz des Pferdes, Kruppe" (germ. Wort)] *die*; -, -n: eine Reitfigur der Hohen Schule

Krustazee [zu *lat.* crūsta „Kruste, Schale"] *die*; -, ...een (meist Plural): Krebstier (Krustentier)

Kruzifere [zu *lat.* crux, Gen. crucis „Kreuz" u. ferre „tragen"] *die*; -, -n (meist Plural): Blütenpflanze mit kreuzweise angeordneten Blüten (Kreuzblütler; Bot.)

Kruzifix [auch: *kru*...; aus *mlat.* crucifīxum (signum) „Bild des ans Kreuz Gehefteten" zu *lat.* crucifīgere „kreuzigen"] *das*; -es, -e: 1. das Kreuz als religiöses Zeichen. 2. [plastische] Darstellung des gekreuzigten Christus. **Kruzifixus** *der*; -: die Figur des Gekreuzigten in der bildenden Kunst

krypt..., **Krypt...** vgl. krypto..., Krypto... **Krypta** [über *lat.* crypta aus *gr.* kryptḗ „verdeckter Gang, Gewölbe" zu krýptein „verbergen, verstecken"] *die*; -, ...ten: unterirdische Grabanlage unter dem Chor alter romanischer od. gotischer Kirchen. **krypto...**, **Krypto...**, vor Vokal: krypt..., Krypt... [zu *gr.* kryptós „versteckt, verborgen"]: in Zusammensetzungen auftretendes Bestimmungswort mit der Bedeutung „geheim, verborgen". **Kryptogramm** [zum 2. Bestandteil s. ...gramm] *das*; -s, -e: 1. ein Text, aus dessen Worten sich durch einige besonders gekennzeichnete Buchstaben eine neue Angabe entnehmen läßt (z. B. eine Jahreszahl, eine Nachricht). 2. (veraltet) Geheimtext

Krypton [auch: ...*on*; zu *gr.* kryptós „verborgen"] *die*; -s: chem. Grundstoff, ein Edelgas; Zeichen: Kr

Ksabi: *Plural* von → Kasba[h]

Kubatur [zu → Kubus] *die*; -, -en: (Math.) 1. Erhebung zur dritten → Potenz (3). 2. Berechnung des Rauminhalts von [Rotations]körpern

Kubba [aus *arab.* qubba „Gewölbe"; vgl. Alkoven] *die*; -, -s od. Kubben: 1. Kuppel. 2. überwölbter Grabbau in der islamischen Baukunst

Kubebe [über *fr.* cubèbe, *mlat.* cubeba aus gleichbed. *arab.* kabāba, kubāba] *die*; -, -n: getrocknete unreife Frucht eines indonesischen Pfeffergewächses

Kuben: *Plural* von → Kubus. **kubieren**: eine Zahl in die dritte Potenz erheben (Math.). **Kubik...** [zu *lat.* cubicus aus *gr.* kybikós „würfelförmig", s. kubisch]: in Zusammensetzungen auftretendes Bestimmungswort mit der Bedeutung: „dritte Potenz einer Zahl"; Zeichen: c u. cb (Math.). **Kubikdezimeter** *der* (auch: *das*); -s, -: Raummaß von je 1 dm Länge, Breite u. Höhe; Zeichen: cdm od. dm^3 (Math.). **Kubikkilometer** *der*; -s, -: Raummaß von je einem Kilometer Länge, Breite u. Höhe; Zeichen: ckm od. km^3 (Math.). **Kubikmeter** *der* (auch: *das*); -s, -: Festmeter, Raummaß von je 1 m Länge, Breite u. Höhe; Zeichen: cbm od. m^3 (Math.). **Kubikmillimeter** *der* (auch: *das*); -s, -: Raummaß von je 1 mm Länge, Breite u. Höhe; Zeichen: cmm od. mm^3 (Math.). **Kubikwurzel** *die*; -, -n: dritte Wurzel aus einer Zahl (Math.). **Kubikzahl** *die*; -, -en: jede Zahl in der dritten Potenz (Math.). **Kubikzentimeter** *der* (auch: *das*); -s, -: Raummaß von je 1 cm Länge, Breite u. Höhe; Zeichen: ccm od. cm^3 (Math.). **kubisch** [nach *lat.* cubicus aus gleichbed. *gr.* kybikós]: a) würfelförmig; b) in der dritten Potenz befindlich (Math.); -e Gleichung: Gleichung dritten Grades (Math.). **Kubismus** *der*; -: Kunstrichtung in der Malerei u. Plastik Anfang des 20. Jh.s, bei der die Landschaften u. Figuren aus würfelartigen Bildteilen zusammengesetzt sind (Kunstw.). **Kubist** *der*; -en, -en: Vertreter des Kubismus. **kubistisch**: im Stil des Kubismus [gemalt], den Kubismus betreffend. **Kubus** [über *lat.* cubus aus gleichbed. *gr.* kybós] *der*; -, - u. (österr. nur so) Kuben: a) Würfel; b) dritte Potenz (Math.)

Kudu [aus *afrikaans* koedoe (afrik. Wort)] *der*; -s, -s: eine afrik. → Antilope

Kuguar [aus gleichbed. *fr.* couguar, dies verkürzt aus *brasilian.-port.* cuguacuara (indian. Wort)] *der*; -s, -e: = Puma

kujonieren [aus *älter fr.* coïnner „als Dummkopf behandeln" zu coïon, couillon „Schuft, Memme", eigtl. „Entmannter" (zu *lat.* cōleus „Hodensack")]: (veraltet) jmdn. unnötig u. bösartig bedrängen, bei der Arbeit schlecht behandeln, schikanieren

Ku-Klux-Klan [bei engl. Ausspr.: *kjuklakßklän*; aus *engl.-amerik.* Ku Klux Klan; vgl. Clan] *der*; -[s]: amerik. Geheimbund, der mit rücksichtslosem Terror bes. gegen die Gleichberechtigung der Neger kämpft

Kukumer [aus gleichbed. *lat.* cucumer, cucumis] *die*; -, -n: (landsch.) Gurke

Kukuruz [auch: *ku*...; aus gleichbed. *serb.* kukuruz, *tschech.* kukuřice] *der*; -[es]: (landsch., bes. österr.) Mais

Kulak [aus gleichbed. *russ.* kulak] *der*; -en, -en: (hist.) a) Großbauer im zaristischen Rußland; b) russischer Bauer, der familienfremde Arbeitskräfte beschäftigt

Kulan [aus *kirgis.-russ.* kulan] *der*; -s, -e: asiatischer Wildesel

kulant [aus gleichbed. *fr.* coulant, eigtl. „fließend, flüssig", zu couler „durchseihen, gleiten lassen, fließen" aus *lat.* cōlāre „durchseihen"]: gefällig, entgegenkommend, großzügig (im Geschäftsverkehr). **Kulanz** *die*; -: Entgegenkommen, Großzügigkeit (im Geschäftsverkehr)

Kuli [über *angloind.* cooly aus *Hindi* kūlī „Lastträger" (urspr. Name eines Volksstamms)] *der*; -s, -s: a) Tagelöhner in [Süd]ostasien; b) ausgenutzter, ausgebeuteter Arbeiter

Kulierware [wohl zu *fr.* cueillir „(den Faden) aufnehmen"] *die*; -: eine textile Maschenware

kulinarisch [aus *lat.* culīnārius „zur Küche (culīna) gehörend"]: auf die [feine] Küche, die Kochkunst bezogen; -e Genüsse: Gaumenfreuden

Kulisse [aus *fr.* coulisse „Schiebewand", eigtl. „Rinne" zu couler „fließen", s. kulant] *die*; -, -n: 1. (meist Plural) bewegliche Dekorationswand auf einer Theaterbühne, Bühnendekoration. 2. a) Hintergrund; b) vorgetäuschte Wirklichkeit, Schein. 3. äußerer Rahmen einer Veranstaltung. 4. Hebel mit verschiebbarem Drehpunkt (Techn.)

Kulmination [...*zion*; aus gleichbed. *fr.* culmination zu culminer aus *lat.* culmināre „gipfeln" (dies zu *lat.* culmen „Höhepunkt, Gipfel")] *die*; -, -en: 1. Erreichung des Höhe-, Gipfelpunktes [einer Laufbahn]. 2. Durchgang eines Gestirns durch den Mittagskreis im höchsten oder tiefsten Punkt seiner Bahn (Astron.). **Kulminationspunkt** *der*; -[e]s, -e: 1. Höhepunkt [einer Laufbahn od. Entwicklung]. 2. höchster od. tiefster Stand eines Gestirns (beim Durchgang durch den Mittagskreis; Astron.). **kulminieren** [aus gleichbed. *fr.* culminer]: seinen Höhepunkt erreichen

Kult [aus *lat.* cultus „Pflege" zu colere „bebauen; pflegen", vgl. Kolonie] *der*; -[e]s, -e u. Kultus *der*; -, Kulte: 1. an feste Vollzugsformen gebundene Religionsausübung einer Gemeinschaft. 2. a) übertriebene Verehrung für eine bestimmte Person; b) übertriebene Sorgfalt für einen Gegenstand. **kultisch**: den Kult betreffend, zum Kult gehörend

Kultivator [...*wo*...] *der*; -s, ...oren: Eggenpflug. **kultivieren** [...*wi*...; über gleichbed. *fr.* cultiver aus *mlat.* cultivāre „bebauen, pflegen" zu cultus, s. Kult]: 1. a) [Land] bearbeiten, urbar machen; b) Kulturpflanzen anbauen. 2. a) etwas sorgsam pflegen; b) etwas auf eine höhere Stufe bringen, verfeinern. 3. den Acker mit dem Kultivator bearbeiten. **kultiviert**: gebildet; verfeinert, gepflegt; von vornehmer Lebensart

Kultur [aus *lat.* cultūra „Landbau, Pflege (des Körpers u. Geistes)" zu colere, s. Kolonie] *die*; -, -en: 1. a) (ohne Plural) die Gesamtheit der geistigen u. künstlerischen Lebensäußerungen einer Gemeinschaft, eines Volkes; b) Kulturvolk. 2. (ohne Plural) feine Lebensart, Erziehung u. Bildung. 3. Zucht von Bakterien u. anderen Lebewesen auf Nährböden. 4. Nutzung, Pflege u. Bebauung von Ackerboden. 5. junger Bestand von Forstpflanzen.

kulturell [französierende Ableitung von → Kultur]:

die Kultur (1a) u. ihre Erscheinungsformen betreffend. **Kulturfilm** *der*; -s, -e: = Dokumentarfilm. **Kulturrevolution** [...*woluzion*] *die*; -, -en: sozialistische Revolution im kulturellen Bereich, deren Ziel die Herausbildung einer sozialistischen Kultur ist

Kultus vgl. Kult. **Kultusminister** *der*; -s, -: der für den kulturellen Bereich zuständige Fachminister. **Kultusministerium** *das*; -s, ...ien [...*i^e n*]: das für kulturelle Angelegenheiten, bes. für das Erziehungswesen zuständige Ministerium

Kumarin [aus gleichbed. *fr.* coumarin zu coumarou aus *Tupi* cumaru „Tonkabohne"] *das*; -s: ein [pflanzlicher] Duftstoff. **Kumaron** *das*; -s: eine chem. Verbindung

Kumpan [über *altfr.* compain „Genosse" aus *vulgärlat.* compānio zu lat. com- (s. kon...) u. pānis „Brot", eigtl. „Brotgenosse"] *der*; -s, -e: a) (ugs. Kamerad, Begleiter, Gefährte; b) (ugs., abwertend) Mittäter, Helfer. **Kumpanei** *die*; -: (ugs., abwertend) 1. Mittäterschaft. 2. Anbiederung

Kumquat [über *engl.* kumquat aus *chin.* kam quat „Goldorange"] *die*; -, -s: kleine, aus Ostasien stammende Orange

Kumulation [...*zion*; aus gleichbed. *lat.* cumulātio, s. kumulieren] *die*; -, -en: Anhäufung. **kumulativ**: [an]häufend. **kumulieren** [aus gleichbed. *lat.* cumulāre zu cumulus „Haufen"]: [an]häufen. **Kumulonimbus** [zu → Kumulus u. *lat.* nimbus „(Regen)wolke"] *der*; -, -se: Gewitterwolke, blumenkohlförmige Haufenwolke; Abk.: Cb (Meteor.). **Kumulus** [aus *lat.* cumulus „Haufen"] *der*; -, ...li: Haufenwolke; Abk.: Cu (Meteor.)

Kumys u. **Kumyß** [aus *russ.* kumys, dies aus gleichbed. *tatar.* kumyz] *der*; -: alkoholhaltiges Getränk aus vergorener Stutenmilch, das bes. in Innerasien verbreitet ist

Künette [aus gleichbed. *fr.* cunette, dies aus *it.* cunetta „(Straßen)graben"] *die*; -, -n: (hist.) Abzugsgraben auf der Sohle eines Festungsgrabens

Kupee [*kupe*] vgl. Coupé (1)

Kupelle usw. vgl. ²Kapelle usw.

Kupidität [aus gleichbed. *lat.* cupiditās zu cupidus „begierig"] *die*; -: (veraltet) Begierde, Lüsternheit. **Kupido** [aus gleichbed. *lat.* cupīdo] *die*; -: (veraltet) sinnliche Begierde, Verlangen

kupieren [aus *fr.* couper (ab)schneiden; vgl. Coup]: 1. (veraltet) a) abschneiden; b) lochen, knipsen. 2. die Ohren od. den Schwanz kürzen, stutzen (bei Hunden od. Pferden). 3. einen Krankheitsprozeß aufhalten od. unterdrücken (Med.)

Kupolofen [zu *it.* cupola aus *spätlat.* cūpula „kleine Tonne"] *der*; -s, ...öfen: Schmelzofen zur Herstellung von Gußeisen

Kupon [*kupong*] vgl. Coupon

kurabel [aus gleichbed. *lat.* cūrābilis, s. kurieren]: heilbar (von Krankheiten; Med.)

kurant, (auch:) courant [*kurang*; aus gleichbed. *fr.* courant, Part. Präs. von courir „laufen" aus *lat.* currere]: (veraltet) gängig, umlaufend; Abk.: crt.

Kurare [über *span.* curare aus *Tupi* urari (eigtl. „auf wen es kommt, der fällt")] *das*; -[s]: zu [tödlichen] Lähmungen führendes indian. Pfeilgift, das in niedrigen Dosierungen als Narkosehilfsmittel verwendet wird

Küraß [aus gleichbed. *fr.* cuirasse, eigtl. „Lederpanzer" zu *lat.* coriāceus „ledern" (zu corium, *fr.* cuir „Leder")] *der*; ...rasses, ...rasse: (hist.) Brustharnisch. **Kürassier** *der*; -s, -e: (hist.) Reiter mit Küraß; schwerer Reiter

Kurat [aus *mlat.* curātus zu *lat.* cūra „Sorge, Verwaltung"] *der*; -, -en, -en: Geistlicher mit eigenem Seelsorgebezirk. **Kuratie** *die*; -, ...ien: mit der Pfarrei lose verbundener Außenbezirk eines Kuraten

Kuratel [aus gleichbed. *mlat.* cūrātēla zu *lat.* cūrāre „sorgen"] *die*; -, -en: (veraltet) Pflegschaft, Vormundschaft; u n t e r - s t e h e n: (ugs.) unter [strenger] Aufsicht, Kontrolle stehen

Kurator [aus *lat.* cūrātor „Fürsorger, Pfleger, Verwalter"] *der*; -s, ...oren: 1. (veraltet) Vormund, Pfleger. 2. Verwalter [einer Stiftung]. 3. Staatsbeamter in der Universitätsverwaltung zur Verwaltung des Vermögens u. zur Wahrnehmung der Rechtsgeschäfte. **Kuratorium** *das*; -s, ...ien [...*i^e n*]: 1. Aufsichtsbehörde (von öffentlichen Körperschaften od. privaten Institutionen). 2. Behörde eines Kurators (3)

Kurbette [aus gleichbed. *fr.* courbette zu courber „krümmen" aus gleichbed. *lat.* curvāre] *die*; -, -n: Bogensprung, Aufeinanderfolge mehrerer rhythmischer Sprünge (von Pferden in der Hohen Schule; Sport). **kurbettieren**: eine Kurbette ausführen (Sport)

Kürettage u. Curettage [*kürätasch^(e)*; aus gleichbed. *fr.* curettage, s. Kürette] *die*; -, -n: Ausschabung bzw. Auskratzung der Gebärmutter zu therapeutischen od. diagnostischen Zwecken (Med.). **Kürette** u. Curette [*küret^(e)*; aus gleichbed. *fr.* curette zu curer „reinigen" aus gleichbed. *lat.* curāre, eigtl. „sorgen, pflegen"] *die*; -, -n: ein ärztliches Instrument zur Ausschabung der Gebärmutter (Med.). **kürettieren** u. curettieren: die Gebärmutter mit der Kürette ausschaben, auskratzen (Med.)

kurial [aus gleichbed. *mlat.* curiālis, s. Kurie]: zur päpstlichen Kurie gehörend

Kuriatstimme [zu *lat.* cūriātus „zur Kurie (2) gehörend"] *die*; -: (hist.) Gesamtstimme von mehreren Stimmberechtigten, die in einem Wahlkörper zentriert waren

Kurie [...*i^e*; aus *lat.* cūria „Abteilung der Bürgerschaft; Senatsversammlung"] *die*; -, -n: 1. [Sitz der] päpstliche[n] Zentralbehörden, päpstlicher Hof. 2. (hist.) a) eine der 30 Gliederungen der römischen Bürgerschaft mit eigenem Versammlungsort; b) Versammlungsort des röm. Senats

Kurier [aus gleichbed. *fr.* courrier, dies aus *it.* corriere zu correre aus *lat.* currere „laufen, rennen"] *der*; -s, -e: Eilbote [im diplomatischen Dienst]

kurieren [aus *lat.* cūrāre „Sorge tragen, pflegen; heilen"]: a) jmdn. [durch ärztliche Behandlung] von einer Krankheit heilen, gesundheitlich wiederherstellen; b) (ugs.) jmdn. von etwas od. jmdm. abbringen; jmdn. dazu bringen, daß er eine innere Bindung an eine Sache od. Person lösen kann

kurios [z. T. über gleichbed. *fr.* curieux aus *lat.* cūriōsus „sorgfältig, aufmerksam, neugierig" zu cura „Sorge, Fürsorge"]: seltsam, sonderlich, merkwürdig; wunderlich, spaßig. **Kuriosität** *die*; -, -en: 1. (ohne Plural) Merkwürdigkeit, Eigenartigkeit, Wunderlichkeit. 2. a) etwas Merkwürdiges; b) (meist Plural) ausgefallene Sehenswürdigkeit, Rarität. **Kuriosum** *das*; -s, ...sa: Merkwürdigkeit, Besonderheit, ausgefallene Situation od. Sache

Kurkuma u. Curcuma [*kurk*...; über *it.*, *span.* curcuma aus *arab.* kurkum „Safran"] *die*; -, ...umen: Gelbwurz, gelber → Ingwer. **Kurkumapapier** *das*; -s: mit Kurkumin getränktes Fließpapier zum Nachweis von Laugen. **Kurkumin** *das*; -s: aus der Kurkumawurzel gewonnener gelber Farbstoff

Kuros [aus *gr.-ionisch* koúros = kóros] *der*; -, Kuroi [...*reu*]: = Koros

Kurrendaner [zu → Kurrende] *der*; -s, -: Mitglied einer Kurrende. **Kurrende** [aus *nlat.* currenda „Schülerchor", dies unter Anlehnung an *lat.* currere „laufen" aus *mlat.* correda „Almosen" zu *lat.* corrādere „zusammenkratzen, (*mlat.*:) erbetteln"] *die*; -, -n: a) (hist.) Schülerchor, der vor den Häusern, bei Begräbnissen u. ä. gegen eine Entlohnung geistliche Lieder sang; b) evangelischer kirchlicher Jugendsingkreis

Kurrentschrift [zu *lat.* currēns, Gen. currentis, Part. Präs. von currere „laufen"] *die*; -: (veraltet) fortlaufend geschriebene Schrift im Gegensatz zur Druckschrift

Kurrikulum vgl. Curriculum

Kurs [über *fr.* cours „Strecke, Umlauf; Tagespreis" u. gleichbed. *it.* corso bzw. über *fr.* course, *niederl.* koers „Ausfahrt zur See; Reiseroute" aus *lat.* cursus „Lauf, Gang, Fahrt, Reise" zu currere „laufen"] *der*; -es, -e: 1. Fahrtrichtung, Reiseroute. 2. Lehrgang, Kursus. 3. Preis der Wertpapiere, Devisen u. vertretbaren Sachen, die an der Börse gehandelt werden. 4. Ziel, Richtung, Methode der Politik. **kursieren** [aus *lat.* cursāre „umherrennen"]: umlaufen, im Umlauf sein, die Runde machen. **kursiv** [zu Kursive aus *mlat.* cursīva littera „laufende Schrift"]: schräg (von Schreib- u. Druckschrift). **Kursive** [...*iwe*] *die*; -, -n: 1. = Kurrentschrift. 2. schrägliegende lateinische Druckschrift. **kursorisch** [aus *spätlat.* cursōrius „zum Laufen gehörend"]: fortlaufend, nicht unterbrochen, hintereinander, rasch; -e Lektüre: schnelles Lesen eines Textes, das einen raschen Überblick über dessen Inhalt verschaffen soll. **Kursus** [aus *mlat.* cursus „Lehrgang"] *der*; -, Kurse: 1. a) Lehrgang; b) zusammenhängende Vorträge über ein Wissensgebiet. 2. Gesamtheit der Teilnehmer eines Lehrgangs

Kurtaxe *die*; -, -n: Abgabe, die in Erholungs- od. Kurorten von den Kurgästen für die Benutzung besonderer Einrichtungen (z. B. Kurhaus, Kurpark) erhoben wird

Kurtisane [aus gleichbed. *fr.* courtisane, dies aus *it.* cortigiana „Hofdame, Kurtisane" zu corte „Hof, Fürstenhof"] *die*; -, -n: (hist.) Geliebte eines Adligen [am Hof], Halbweltdame

Kurtschatovium [...*owium*; nach dem sowjetrussischen Atomphysiker Kurtschatow] *das*; -s: ein → Transuran; Zeichen: Ku; vgl. Rutherfordium

kurulischer Stuhl [nach *lat.* sella curūlis, eigtl. „Wagenstuhl", zu curūlis „zum Wagen (currus) gehörend" (die Inhaber der kurul. Ämter durften in Rom im Wagen fahren)] *der*; -n, -s: Amtssessel der höchsten altröm. Beamten

Kurve [...*we* od. ...*fe*; aus *lat.* curva linea „krumme Linie"] *die*; -, -n: 1. [Straßen-, Fahrbahn]krümmung. 2. gekrümmte Linie als Darstellung mathematischer od. statistischer Größen. **kurven**: (ugs.) in Kurven [kreuz u. quer] fahren. **Kurvimeter** *das*; -s, -: a) Gerät zum Messen der Bogenlänge einer Kurve (Math.); b) Gerät zur Entfernungsmessung auf Landkarten (Geogr.). **Kurvime|trie** *die*; -: Kurvenmessung, Entfernungsmessung mit Hilfe eines → Kurvimeters (Math.). **kurvime|trisch**: auf die Kurvimetrie bezogen (Math.)

Kusine vgl. Cousine

¹Kuskus [Herkunft unsicher] *der*; -, -: Gattung der Beuteltiere in Australien u. Indonesien.

²Kuskus u. **Kuskusu** [aus *berb.-arab.* kuskus(u)] *der*; -, -: nordafrikanisches Gericht aus Weizen-, Hirse- od. Gerstenmehl u. verschiedenen Zutaten wie Butter u. Zucker, Hammelfleisch, Datteln u. Eier

Kustos [aus *lat.* cūstōs, Gen. cūstōdis „Wächter, Aufseher"] *der*; -, ...oden: wissenschaftlicher Sachbearbeiter an Museen u. Bibliotheken

Kutikula [aus *lat.* cutīcula, Verkleinerungsform zu cutis „Haut"] *die*; -, -s u. ...lä: dünnes Häutchen über der äußeren Zellschicht bei Pflanzen und Tieren (Biol.)

Kuvert [...*wär*, auch: ...*wärt*; aus *fr.* couvert „Tischzeug, Gedeck; Umschlag" zu couvrir aus *lat.* cooperīre „bedecken"] *das*; -s u. (bei dt. Desspr.:) -[e]s, -s u. (bei dt. Desspr.:) -e: 1. Briefumschlag. 2. [Tafel]gedeck für eine Person. **kuvertieren**: mit einem [Brief]umschlag versehen. **Kuvertüre** [aus *fr.* couverture „Überzug, Decke; Glasur"] *die*; -, -n: Überzugmasse für Gebäck od. Pralinen aus Kakao, Kakaobutter u. Zucker

Küvette [...*wäte*; aus *fr.* cuvette „Napf", Verkleinerungsform zu cuve aus *lat.* cūpa „Bottich, Kufe"] *die*; -, -n: 1. (veraltet) kleines Gefäß. 2. = Künette

kW = Kilowatt

Kwaß [aus gleichbed. *russ.* kvas] *der*; - u. Kwasses: russisches schwach alkoholisches Getränk aus gegorenem Brot, Mehl, Malz u. a.

Kyanisation [...*zion*; nach dem Namen des engl. Erfinders J. H. Kyan, 1774–1850] *die*; -, -en: ein Verfahren zur Veredelung von Holz durch Imprägnieren mit einer Sublimatlösung. **kyanisieren**: Holz durch Imprägnieren veredeln

Kybernetik [nach gleichbed. *engl.-amerik.* cybernetics aus *gr.* kybernētikḗ (téchnē) „Steuermannskunst" zu kybernḗtēs „Steuermann"] *die*; -: 1. Forschungsrichtung, die vergleichende Betrachtungen über Gesetzmäßigkeiten im Ablauf von Steuerungs- u. Regelungsvorgängen in Technik, Biologie u. Soziologie anstellt. 2. Lehre von der Kirchen- u. Gemeindeleitung (ev. Rel.). **Kybernetiker** *der*; -s, -: Wissenschaftler der Fachrichtung Kybernetik (1). **kybernetisch**: die Kybernetik betreffend

Kyklop vgl. Zyklop

Kyma *das*; -s, -s u. **Kymation** [aus gleichbed. *gr.* kȳma (eigtl. „Welle") u. kymátion] *das*; -s, -s u. ...ien [...*ien*]: Zierleiste mit stilisierten Eiformen (bes. am Gesims griech. Tempel)

Kyniker [aus gleichbed. *gr.* Kynikós zu kynikós „hündisch"] *der*; -s, -: (hist.) Angehöriger einer antiken Philosophenschule, die Bedürfnislosigkeit u. Selbstgenügsamkeit forderte; vgl. Zyniker. **kynisch**: die [Philosophie der] Kyniker betreffend

Kynologe [zu *gr.* kýōn, Gen. kynós „Hund" u. → ...loge] *der*; -n, -n: Hundezüchter; Hundekenner. **Kynologie** *die*; -: Lehre von Zucht, Dressur u. den Krankheiten der Hunde

Kyrie [...*rie*] *das*; -, -s: Kurzform von: Kyrieeleison. **Kyrie eleison**! [auch: *ele-ison*; aus gleichbed. *gr.* kýrie eléison] u. Kyrieleis!: Herr, erbarme dich! (Bittruf in der Messe u. im lutherischen u. unierten Hauptgottesdienst). **Kyrie|eleison** *das*; -s, -s: Bittruf [als Teil der musikalischen Messe]. **Kyrieleis**! vgl. Kyrie eleison!

kyrillisches Alphabet [nach dem Slawenapostel Kyrill, 826–869] *das*; -n, -s: auf die griech. → Majuskel zurückgehendes kirchenslawisches Alphabet

KZ = Konzentrationslager. **KZler** *der*; -s, -: (ugs.) Häftling eines Konzentrationslagers

L

l = 1. Liter. 2. lävogyr
L = 50 (altröm. Zahlzeichen)
£ = Pfund Sterling
L. = Lira
la [aus gleichbed. *it.* la]: Silbe, auf die man den Ton a singen kann
La: chem. Zeichen für: Lanthan
La Bamba [nach *brasilian.* bambá (ein Tanz)] *die*; - -, - -s, (ugs. auch: *der*; -[s], -s): ein Modetanz in lateinamerikanischem Rhythmus
Labarum [aus gleichbed. *lat.* labarum] *das*; -s: die von Konstantin d. Gr. i. J. 312 n. Chr. eingeführte spätröm. Kaiserstandarte
Label [*le*^{i}*b*^{e}*l*; aus gleichbed. *engl.* label] *das*; -s, -s: 1. Klebeetikett, Klebemarke (Wirtsch.). 2. Etikett einer Schallplatte od. Schallplattenserie (Mus.)
Laberdan [aus gleichbed. *niederl.* labberdaan] *der*; -s, -e: eingesalzener Kabeljau aus Norwegen
labial [aus *mlat.* labiālis „mündlich" zu *lat.* labium „Lippe"]: 1. zu den Lippen gehörend, sie betreffend (Med.). 2. mit den Lippen gebildet (von Lauten; Sprachw.). **Labial** *der*; -s, -e: mit Hilfe der Lippen gebildeter → Konsonant (z. B. b); vgl. bilabial, labiodental. **Labialis** *die*; -, ...les = Labial. **Labialpfeife** *die*; -, -en: einer der beiden Pfeifentypen der Orgel (Flöte, Gemshorn, Prinzipal u. a.), bei dem durch Reibung des Luftstroms an einer scharfen Schneide der Ton erzeugt wird; Ggs. → Lingualpfeife
labil [aus *lat.* lābilis „leicht gleitend" zu lābī „gleiten"; vgl. Lapsus]: 1. schwankend, leicht aus dem Gleichgewicht kommend, veränderlich (in bezug auf eine Konstruktion, Wetter, Gesundheit; Ggs. → stabil (1). 2. unsicher, schwach, leicht zu beeinflussen (von Menschen); Ggs. → stabil (2). **Labilität** *die*; -: 1. leichte Wandelbarkeit, Beeinflußbarkeit, Schwäche; Ggs. → Stabilität (1). 2. uneinheitliche Luftbewegung (Meteor.)
labiodental [zu *lat.* labium „Lippe" u. → dental]: mit der gegen die oberen Zähne gepreßten Unterlippe gebildet (von Lauten; Sprachw.). **Labiodental** *der*; -s, -e: Laut, der mit Hilfe der gegen die oberen Zähne gepreßten Unterlippe gebildet wird; Lippenzahnlaut (z. B. f; Sprachw.)
Labium [aus *lat.* labium „Lippe"] *das*; -s, ...ien [...*i*^{e}*n*] u. ...ia: „Schamlippe", Hautfalte mit Fettgewebe am Eingang der Scheide
Labor [österr.: *la*...; Kurzform von *Labor*atorium] *das*; -s, -s (auch: -e): Arbeits- u. Forschungsstätte für biologische, physikalische, chemische od. technische Versuche. **Laborant** [zu *lat.* laborāns, Gen. laborantis, Part. Präs. von labōrāre „arbeiten"] *der*; -en, -en: Fachkraft in Labors u. Apotheken. **Laborantin** *die*; -, -nen: weibliche Fachkraft in Labors u. Apotheken. **Laboratorium** [aus gleichbed. *mlat.* laboratōrium] *das*; -s, ...ien [...*i*^{e}*n*]: = Labor. **laborieren** [aus *lat.* labōrāre „sich anstrengen, abmühen; arbeiten"]: (ugs.) sich mit der Herstellung von etwas abmühen; an einer Krankheit -: allerlei versuchen, um von einem Leiden befreit zu werden
La Bostella [Herkunft unsicher] *die*; - -, - -[s]: ein in einer Gruppe getanzter Modetanz in lateinamerikanischem Rhythmus, bei dem man mit den Händen klatscht
Labour Party [*le*^{i}*b*^{e}*r pa*^{r}*ti*; aus *engl.* Labour Party] *die*; - -: die engl. Arbeiterpartei
La|brador [nach der gleichnamigen nordamerik. Halbinsel] *der*; -[s], -e: 1. = Labradorit. 2. eine Hundeart. **La|bradorit** *der*; -s, -e: Abart des Feldspats (Schmuckstein)
Labskaus [aus gleichbed. *engl.* lobscouse] *das*; -: seemännisches Eintopfgericht aus Fleisch [u. Fisch] mit Kartoffeln und Salzgurken oder roten Rüben
Labyrinth [über *lat.* labyrinthus aus *gr.* labýrinthos „Haus mit Irrgängen" (vorgriech. Wort)] *das*; -[e]s, -e: 1. Irrgang, -garten. 2. undurchdringbares Wirrsal, Durcheinander. 3. Innenohr (Med.). **Labyrinthfisch** *der*; -[e]s, -e: Knochenfisch, der mit Hilfe der Kiemenhöhle Sauerstoff auch außerhalb des Wassers aufnehmen kann (z. B. Kletterfisch). **labyrinthisch**: wie in einem Labyrinth; verschlungen gebaut
Lacerna [...*zär*...; aus gleichbed. *lat.* lacerna] *die*; -, ...nen: über der → Toga getragener Umhang
lackieren [aus *it.* laccare zu lacca „Lack", dies über *arab.* lakk, *pers.* lāk aus gleichbed. *aind.* lākṣa]: mit Lack überziehen; jmdm. eine -: (salopp) jmdm. eine Ohrfeige geben. **Lackierer** *der*; -s, -: Handwerker, der meist fertige Produkte mit Lack überzieht; z. B. Autolackierer. **lackiert**: (ugs.) auffallend fein angezogen, geschniegelt u. eingebildet. **Lackierte** *der*; -n, -n: (ugs.) jmd., der hinters Licht geführt, betrogen worden ist
Lackmus [aus gleichbed. *niederl.* lakmoes] *das* od. *der*; -: aus einer Flechtenart (der Lackmusflechte) gewonnener blauer Farbstoff, der als chemischer → Indikator (3) verwendbar ist (reagiert in Säuren rot, in Laugen blau). **Lackmuspapier** *das*; -s: mit Lackmustinktur getränktes Papier, das zur Erkennung von Säuren und Laugen verwendet wird (Chem.)
La|crimae Christi [...*ä* -; *lat.*; „Tränen Christi"] *die* (Plural): alkoholreicher, goldfarbener Wein von den Hängen des Vesuvs
la|crimoso vgl. lagrimoso
La|crosse [*lakroß*; aus gleichbed. *engl.* lacrosse, zu *fr.* (la) crosse „Kolben, Schläger"] *das*; -: dem Hockey verwandtes amerikanisches Mannschaftsspiel, bei dem ein Gummiball mit Schlägern in die Tore geschleudert wird
lact[o]..., **Lact[o]...** vgl. lakto..., Lakto...
Lactose vgl. Laktose
lädieren [aus *lat.* laedere „verletzen"]: beschädigen. **lädiert**: 1. beschädigt. 2. von einer Anstrengung o. ä. mitgenommen, angegriffen
Ladino [aus *amerik.-span.* ladino, eigtl. „spanisch Sprechender"] *der*; -s, -s: (meist Plural) Mischling von Weißen u. Indianern in Mexiko u. Mittelamerika
Lady [*le*^{i}*di*; aus gleichbed. *engl.* lady] *die*; -, -s (auch: ...dies [...*dis*, auch: ...*diß*]): 1. Titel der engl. adligen Dame. 2. Dame. 3. Kurzform von Lady Mary Jane. **Ladykiller** [*le*^{i}*dikil*^{e}*r*; aus gleichbed. *engl.* ugs. lady-killer] *der*; -s, -: Frauenheld, Verführer. **ladylike** [...*laik*; aus gleichbed. *engl.* ladylike]: nach Art einer Lady, damenhaft, vornehm. **Lady Mary Jane** [...*märidsche*^{i}*n*; *engl.*] *die*; - - -: (ugs., verhüllend) Marihuana
Laete [*lät*^{e}; aus gleichbed. *lat.* laetus] *der*; -n, -n od. ...i: (hist.) römischer Militärkolonist, meist Germane, der in Gallien zur Sicherung der Straßen eingesetzt wurde

Lafette [aus gleichbed. *fr.* l'affût (mit Artikel entlehnt) zu fût „Schaft" aus *lat.* fūstis „Stock"] *die;* -, -n: [fahrbares] Untergestell eines Geschützes

Lago [aus *it.* lago, dies aus *lat.* lacus „See"] *der;* -: ital. Bezeichnung für See

la|grimando u. **la|grimoso** [aus *it.* lagrimando, lagrimoso „weinend" zu *lat.-it.* lacrima „Träne"]: traurig, klagend (Vortragsanweisung; Mus.)

Lagune [aus gleichbed. *it.* laguna, dies aus *lat.* lacūna „Vertiefung, Weiher" zu lacus „See"] *die;* -, -n: 1. durch eine Reihe von Sandinseln od. durch eine Nehrung vom offenen Meer abgetrenntes Flachwassergebiet vor einer Küste. 2. von Korallenriffen umgebene Wasserfläche eines Atolls

lai|sieren [*la-i...*; zu Laie]: einen → Kleriker in den Laienstand zurückführen

Laisser-aller [*läßeale*] u. **Laisser-faire** [...*fär*; aus *fr.* le laisser-aller „das Sichgehenlassen" bzw. le laisser-faire „das Gewährenlassen"] *das;* -: 1. Ungezwungenheit, Ungebundenheit. 2. Gewährung, Duldung, das Treibenlassen. **laissez faire, laissez aller** od. **laissez faire, laissez passer** [*fr.*]: 1. Schlagwort des wirtschaftlichen Liberalismus (insbes. des 19. Jh.s), nach dem sich die von staatlichen Eingriffen freie Wirtschaft am besten entwickelt. 2. Schlagwort für das Gewährenlassen (z. B. in der Kindererziehung)

Lai|zismus [*la-i...*; zu *lat.* lāicus „zum Volk gehörend"] *der;* -: weltanschauliche Richtung, die die radikale Trennung von Kirche und Staat fordert

Lakai [aus *fr.* laquais „Diener"] *der;* -en, -en: 1. herrschaftlicher, fürstlicher Diener [in Livree]. 2. (abwertend) Mensch, der sich willfährig für die Interessen anderer gebrauchen läßt; Kriecher

Lakonik [nach *gr.* brachylogía Lakōnikḗ „lakonische Wortkargheit" (wegen der treffenden Kürze, die die Einwohner der peloponnes. Landschaft Lakonien liebten)] *die;* -: besonders kurze, aber treffende Art des Ausdrucks. **lakonisch**: kurz [u. treffend], ohne zusätzliche Erläuterungen. **Lakonismus** *der;* -, ...men: Kürze des Ausdrucks; kurze [u. treffende] Aussage

La|kritze [über *mlat.* liquiricia aus *lat.* glycyrriza, *gr.* glykýrhrhiza „Süßholz, Süßwurzel"] *die;* -, -n: aus einer süßschmeckenden, schwarzen Masse bestehende Süßigkeit, die aus eingedicktem Saft von Süßholz hergestellt ist

lakt..., **Lakt...** vgl. lakto..., Lakto... **Laktation** [...*zion*; zu → laktieren] *die;* -, -en: a) Milchabsonderung aus der Brustdrüse (Med.; Biol.); b) das Stillen, Zeit des Stillens (Med.; Biol.). **laktieren** [aus gleichbed. *lat.* lactāre zu lāc „Milch"]: a) Milch absondern (Med.; Biol.); b) stillen (Med.; Biol.). **lakto...**, **Lakto...**, vor Vokalen: lakt..., Lakt..., chem. fachspr.: lact[o]..., Lact[o]... [zu *lat.* lāc, Gen. lactis „Milch"]: in Zusammensetzungen auftretendes Bestimmungswort mit der Bedeutung „Milch". **Laktodensimeter** *das;* -s, -: Gerät zur Bestimmung des spezifischen Gewichtes der Milch, woraus der Fettgehalt errechnet werden kann.

Lakto|flavin [...*win*; zu *lat.* lāc „Milch" u. flavus „gelb"] *das;* -s: Vitamin B_2. **Laktometer** *das;* -s, -: = Laktodensimeter. **Laktose** *die;* -: Milchzucker (Zucker der Säugetier- u. Muttermilch)

[1]**Lama** [aus gleichbed. *span.* llama (peruan. Wort)] *das;* -s, -s: 1. in Südamerika lebendes, aus dem → Guanako gezüchtetes Haustier, das Milch, Fleisch u. Wolle liefert; vgl. Kamel. 2. flanellartiger Futter- od. Mantelstoff aus [Baum]wolle.

[2]**Lama** [aus *tibet.* (b)lama „der Obere"] *der;* -[s], -s: buddhistischer Priester, Mönch in Tibet u. der Mongolei. **Lamaismus** *der;* -: Form des → Buddhismus in Tibet u. der Mongolei; vgl. Dalai-Lama. **Lamaist** *der;* -en, -en: Anhänger des Lamaismus. **lamaistisch**: den Lamaismus betreffend, auf ihm beruhend, ihm angehörend

Lamäng [zusammengezogen aus *fr.* la main (- *mä̧ng*) „die Hand"] *die;* -: (scherzh.) Hand; aus der -: aus dem Stegreif, ohne längeres Nachdenken, sofort

Lamantin [aus gleichbed. *fr.* lamantin, dies aus *span.* manati (indian. Wort)] *der;* -s, -e: amerik. Seekuh, deren Fleisch, Fett u. Fell wirtschaftlich verwertet werden

Lamarckismus [nach dem Begründer, dem franz. Naturforscher J. B. de Lamarck, 1744–1829] *der;* -: Hypothese Lamarcks über die Entstehung neuer Arten durch funktionelle Anpassung, die vererbbar sein soll. **lamarckistisch**: der Hypothese Lamarcks folgend

Lambda [aus *gr.* lámbda] *das;* -[s], -s: griech. Buchstabe: Λ, λ

Lambethwalk [*lämbᵉthwok*; aus gleichbed. *engl.* Lambeth walk] *der;* -[s]: nach dem Londoner Stadtteil Lambeth benannter, etwa 1938 in Mode gekommener englischer Gesellschaftstanz

Lam|brie u. Lamperie *die;* -, ...ien (mdal): = Lambris. **Lam|bris** [*langbri*; aus *fr.* lambris „Täfelung"] *der;* - [...*briß*], - [*briß*] (österr.: *die;* -, - u. ...ien): untere Wandverkleidung aus Holz, Marmor od. Stuck

Lamb|skin [*lämßkin*; aus *engl.* lambskin „Lammfell"] *das;* -[s], -s: Lammfellimitation aus Plüsch für Kindermäntel, Wagendecken u. a. **Lambs|wool** [*lämsᵘul*; aus gleichbed. *engl.* lambs wool] *die;* -: 1. weiche, zarte Lamm-, Schafwolle. 2. feine Strickware aus Lamm-, Schafwolle

lamé [*lame*; aus *fr.* lamé „mit Metallfäden (lames) durchzogen"]: mit Lamé durchwirkt. **Lamé** *der;* -[s], -s: Gewebe aus Metallfäden, die mit [Kunst]seide übersponnen sind

lamellar [zu → Lamelle]: streifig, schichtig, in Lamellen (1) angeordnet. **Lamelle** [über *fr.* lamelle aus *lat.* lāmella „(Metall)blättchen", Verkleinerungsform zu → Lamina] *die;* -, -n (meist Plural): 1. eines der Blättchen (Träger der Sporen) unter dem Hut der Blätterpilze (z. B. beim → Champignon). 2. dünnes Blättchen, Scheibe (Techn.)

lamentabel [aus gleichbed. *lat.* lāmentābilis, vgl. lamentieren]: jämmerlich; beweinenswert. **lamentabile** = lamentoso. **Lamentation** [...*zion*] *die;* -, -en: 1. Gejammer, weinerliches, jammerndes Klagen. 2. (nur Plural) a) Klagelieder Jeremias im Alten Testament; b) die bei den kath. Stundengebeten der Karwoche aus den Klageliedern Jeremias verlesenen Abschnitte. **lamentieren** [aus *lat.* lāmentāri „wehklagen"]: (abwertend) 1. laut klagen, jammern. 2. (landsch.) jammernd um etwas betteln. **Lamento** [aus gleichbed. *it.* lamento, dies aus *lat.* lāmentum „das Wehklagen"] *das;* -s, -s: 1. (abwertend) Klage, Gejammer; kein - machen: (ugs.) kein Aufhebens machen. 2. Musikstück von schmerzlich-leidenschaftlichem Charakter; Klagelied (Mus.). **lamentoso** [aus gleichbed. *it.* lamentoso]: wehklagend, traurig (Vortragsanweisung; Mus.)

Lametta [aus *it.* lametta, Verkleinerungsform zu lama „Metallblatt, Klinge" aus *lat.* lam(i)na

„Blatt"] *das*; -s od. *die*; -: 1. aus schmalen, dünnen, glitzernden Metallstreifen bestehender Christbaumschmuck. 2. (ugs., abwertend) Orden, Uniformschnüre, Schulterstücke usw.

Lamia [aus *gr.-lat.* lamía] *die*; -, ...ien [...*iᵉn*]: kinderraubendes Gespenst des [alt]griech. Volksglaubens, Schreckgestalt

Lamina [aus *lat.* lamina „Blatt"] *die*; -, ...nae [...*nä*]: Blattspreite, -fläche (Bot). **laminar**: gleichmäßig schichtweise gleitend; (Physik) -e Strömung: ohne Wirbel, geordnet nebeneinander herlaufender Strömungsverlauf (von Flüssigkeiten u. Gasen)

Lampas [aus gleichbed. *fr.* lampas] *der*; -, -: schweres, dichtes, gemustertes Damastgewebe als Möbelbezug. **Lampassen** *die* (Plural): breite Streifen an [Uniform]hosen

Lamperie vgl. Lambrie

Lampion [*lampiong*, *lampiong*, auch: *lampiong*, österr. ...*jon*; über *fr.* lampion aus gleichbed. *it.* lampione, Vergrößerungsform zu lampa „Lampe"] *der* od. *das*; -s, -s: Papierlaterne

Lam|prete [aus *galloroman.-mlat.* lamprēda „Neunauge"] *die*; -, -n: Meeres- od. Flußneunauge (zu den Rundmäulern gehörender Fisch; beliebter Speisefisch)

Lancier [...*ßie*; aus gleichbed. *fr.* lancier zu lance „Lanze" aus *lat.* lancea „Wurfspeer"] *der*; -s, -s: (hist.) „Lanzenreiter", Ulan

lancieren [*langßirᵉn*; aus *fr.* lancer „schleudern, vorwärtsstoßen", dies aus *spätlat.* lanceāre „die Lanze (*lat.* lancea) schwingen"]: 1. auf geschickte Weise bewirken, daß etwas in die Öffentlichkeit gelangt, bekannt wird. 2. geschickt an eine gewünschte Stelle, auf einen besonders vorteilhaften Posten bringen

Land-art [*ländaʳt*; aus gleichbed. *engl.-amerik.* land-art] *die*; -: moderne Kunstrichtung, bei der Aktionen im Freien, die künstliche Veränderung einer Landschaft (z. B. durch Ziehen von Furchen, Aufstellen von Gegenständen o. ä.) im Mittelpunkt stehen

Land|rover Ⓦ[*ländroᵘwᵉr*; aus gleichbed. *engl.* landrover, eigtl. „Landwanderer"] *der*; -[s], -: geländegängiges Kraftfahrzeug, bei dem der Antrieb auf sämtliche Räder wirkt (Allradantrieb)

Lands|ting [*lanßteng*; aus *dän.* landsting] *das*; -[s]: bis 1953 der Senat des dänischen Reichstags

Langette [*langg*...; aus gleichbed. *fr.* languette, eigtl. „Zünglein"] *die*; -, -n: dichter Schlingenstich als Randbefestigung von Zacken- u. Bogenkanten. **langettieren**: mit Langetten festigen u. verzieren

Langue [*langg*; aus *fr.* langue „Zunge, Sprache", dies aus gleichbed. *lat.* lingua] *die*; -: die Sprache als grammatisches u. lexikalisches System (nach F. de Saussure; Sprachw.); Ggs. → ¹Parole

languendo [aus *it.* languendo zu languire aus *lat.* languēre „matt, erschlafft sein"]: schmachtend (Vortragsanweisung; Mus.)

Languste [aus gleichbed. *fr.* langouste, dies über *aprovenzal.* langosta aus *lat.* locusta „Heuschrecke, Languste"] *die*; -, -n: scherenloser Panzerkrebs des Mittelmeers u. des Atlantischen Ozeans mit schmackhaftem Fleisch

Lanolin [zu *lat.* lāna „Wolle"] *das*; -s: in Schafwolle enthaltenes, gereinigtes Fett (Wollfett), das als Salbengrundlage sowie als Fettungs- u. Rostschutzmittel dient

Lanthan [zu *gr.* lanthánein „verborgen sein"] *das*; -[s]: chem. Grundstoff, Metall; Zeichen: La.

Lanthanid *das*; -[e]s, -e: eine seltene Erde (Erdmetall). **Lanthanit** *der*; -s, -e: ein Mineral

Lanzette [aus gleichbed. *fr.* lancette, Verkleinerungsform zu lance „Lanze"] *die*; -, -n: zweischneidiges kleines Operationsmesser (Med.). **Lanzettfisch** *der*; -[e]s, -e: schädelloser, glasheller, kleiner Fisch

Laparo|skop [zu *gr.* lapára „Teil des Leibes zwischen Rippen u. Hüfte" u. → ...skop] *das*; -s, -e: Instrument zur Untersuchung der Bauchhöhle (Med.). **Laparo|skopie** *die*; -, ...ien: Untersuchung der Bauchhöhle mit dem Laparoskop (Med.)

lapidar [aus *lat.* lapidārius „zu den Steinen gehörend; in Stein gehauen"]: 1. wuchtig, kraftvoll. 2. knapp [formuliert], ohne weitere Erläuterungen, kurz und bündig. **Lapidarstil** *der*; -s: knappe, kurze Ausdrucksweise

Lapis [aus *lat.* lapis] *der*; -, ...ides [*lápideß*]: lat. Bezeichnung für: Stein. **Lapislazuli** [aus *mlat.* lapis lāzuli „Blaustein" zu lāzulum, lāzurum, s. Lasur] *der*; -, -: blauer Edelstein

Lappalie [...*liᵉ*; scherzh. latinisierende Bildung zu *dt.* Lappen] *die*; -, -n: (abwertend) Kleinigkeit, Nichtigkeit, Belanglosigkeit

Lapsus [aus gleichbed. *lat.* lāpsus zu lābi „(aus)gleiten"; vgl. labil] *der*; -, - [*lápßuß*]: Fehlleistung, Versehen, Schnitzer; - calami [- *ka*...]: Schreibfehler; - linguae [- *ngguä*]: das Sichversprechen; memoriae [- ...*ä*]: Gedächtnisfehler

Laren [aus *lat.* Lāres (Sing.: Lar)] *die* (Plural): altröm. Schutzgeister, bes. von Haus u. Familie

largando = allargando

large [*larsch*; aus gleichbed. *fr.* large, dies aus *lat.* largus „reichlich, freigebig"]: (bes. schweiz.) großzügig

lar|ghetto [...*gäto*; aus gleichbed. *it.* larghetto, Verkleinerungsform zu → largo]: etwas breit, etwas gedehnt, langsam (Vortragsanweisung; Mus.). **Lar|ghetto** *das*; -s, -s u. ...tti: Musikstück in etwas breitem Tempo, das kleine Largo (weniger schwer u. verhalten). **Lar|ghi** [...*gi*] *Plural* von → Largo.

largo [aus gleichbed. *it.* largo, dies aus *lat.* largus „reichlich"]: breit, gedehnt, im langsamsten Zeitmaß (Vortragsanweisung; Mus.); - assai od. di molto: sehr langsam, schleppend; - ma non troppo: nicht allzu langsam; un poco [...*ko*] -: ein wenig breit. **Largo** *das*; -[s], -s (auch: ...ghi [...*gi*]): Musikstück im langsamsten Zeitmaß, meist im 3/2- od. 4/2-Takt

larifari! [scherzhafte Bildung aus den Solmisationssilben: la, re, fa]: (ugs., abwertend) oberflächlich, nachlässig; etwas - machen: etwas nachlässig, so nebenher machen. **Larifari** *das*; -s, -s: (ugs., abwertend) Geschwätz, Unsinn

larmoy|ant [...*moajant*; aus gleichbed. *fr.* larmoyant zu larme aus *lat.* lacrima „Träne"]: weinerlich, rührselig; vgl. Comédie larmoyante. **Larmoy|anz** *die*; -: Weinerlichkeit, Rührseligkeit

L'art pour l'art [*lar pur lar*; *fr.*: „die Kunst für die Kunst"] *das*; - - -: die Kunst als Selbstzweck, losgelöst von außerkünstlerischen Gesichtspunkten

larval [...*wal*; zu → Larve]: die Tierlarve betreffend; im Larvenstadium befindlich (Biol.). **Larve** [*larfᵉ*; aus *lat.* lārve „Gespenst, Maske"] *die*; -, -n: 1. a) Gesichtsmaske; b) (iron. od. abwertend) Gesicht. 2. Tierlarve; sich selbständig ernährende Jugendform vieler Tiere (mit anderer Gestalt u. oft anderer Lebensweise als das vollentwickelte Tier; Zool.)

Laryngal [...*nggal*; zu *gr.* lárygx, Gen. láryggos „Kehle, Schlund, Speiseröhre"] *der*; -s, -e: Kehl[kopf]laut (Sprachw.). **Laryngalis** *die*; -, ...les: (veraltet) Laryngal. **Laryngitis** *die*; -, ...itiden: Kehlkopfentzündung (Med.)

Laser [*le'ser*; aus *engl.* laser, Kurzw. aus: *l*ight *a*mplification by *s*timulated *e*mission of *r*adiation (*lait ämplifike'schen bai ßtimjule'tid imischen ew re'die'schen*) = Lichtverstärkung durch angeregte Aussendung von Strahlung] *der*; -s, -: Gerät zur Verstärkung von Licht einer bestimmten Wellenlänge bzw. zur Erzeugung eines scharfgebündelten Strahls → kohärenten Lichts (Phys.)

lasieren [zu → Lasur]: a) ein Bild mit durchsichtigen Farben übermalen; vgl. Lasur; b) Holz mit einer durchsichtigen Schicht (z. B. farblosem Lack) überziehen

Lassafieber [nach dem nigerianischen Dorf Lassa] *das*; -s: durch ein Virus hervorgerufene, sehr ansteckende Erkrankung mit hohem Fieber, Gelenkschmerzen, Mund- u. Gaumengeschwüren u. anderen Symptomen (Med.)

Lasso [aus *span.* lazo „Schnur, Schlinge", dies aus *lat.* laqueus „Strick als Schlinge"] *das* od. *der*; -s, -s: Wurfschlinge zum [Ein]fangen von Tieren

last, but not least [*laßt bat not lißt*]: = last, not least

Lastex [Kunstw.] *das*; -: [elastisches Gewebe aus] Gummifäden, die mit Kunstseiden- od. Chemiefasern umsponnen sind

Lasting [aus gleichbed. *engl.* lasting zu lasting „dauerhaft"] *der*; -s, -s: Möbel- od. Kleiderstoff aus hartgedrehtem Kammgarn in Atlasbindung (Webart)

last, not least [*laßt not lißt*; *engl.*; „als letzter (bzw. letztes), nicht Geringster (bzw. Geringstes)"]: zuletzt der Stelle, aber nicht dem Werte nach; nicht zu vergessen

Lasur [über *mlat.* lāzūr(ium) aus *arab.* lāzaward, *pers.* lāğwārd „Blaustein, Blausteinfarbe"; vgl. Azur] *die*; -, -en: Farb-, Lackschicht, die den Untergrund durchscheinen läßt. **Lasurstein** *der*; -s, -e: = Lapislazuli

lasziv [aus *lat.* lascīvus „mutwillig, frech, zügellos"]: schlüpfrig, zweideutig; unanständig, anstößig, verrucht. **Laszivität** [...*wität*] *die*; -, -en: Schlüpfrigkeit, Zweideutigkeit; Unanständigkeit, Anstößigkeit, Verruchtheit

Lätare [aus *lat.* laetāre (Imperativ von laetāri „sich freuen")]: Name des 4. Sonntags der Passionszeit (Mittfasten; nach dem alten → Introitus des Gottesdienstes, Jesaja 66, 10: „Freue dich [Jerusalem]!")

Lateinamerika [nach der lateinischen Basis der südamerik. Verkehrssprachen] ohne Artikel; -s (in Verbindung mit Attributen: *das*; -[s]): Gesamtheit der Staaten Mittel- u. Südamerikas, in denen Spanisch od. Portugiesisch gesprochen wird. **lateinamerikanisch**: a) Lateinamerika betreffend; b) zu Lateinamerika gehörend; aus Lateinamerika kommend

La-Tène-Zeit [*latän*...; nach dem schweiz. Fundort La Tène] *die*; -: der zweite Abschnitt der europäischen Eisenzeit

latent [z. T. über gleichbed. *fr.* latent aus *lat.* latēns, Gen. latentis, Part. Präs. von latēre „verborgen sein"]: 1. versteckt, verborgen; [der Möglichkeit nach] vorhanden, aber nicht hervortretend, nicht offenkundig. 2. ohne typische Merkmale vorhanden, nicht gleich erkennbar, kaum od. nicht in Erscheinung tretend (von Krankheiten od. Krankheitssymptomen; Med.); vgl. Inkubationszeit. 3. unsichtbar, unentwickelt (Fotogr.). 4. gebunden; -Wärme: Wärmemenge, die ein Stoff bei Änderung eines → Aggregatzustandes abgibt od. aufnimmt, ohne seine Temperatur zu ändern; Chem.; Phys.). **Latenz** *die*; -: latente Art, Verborgensein

lateral [aus gleichbed. *lat.* laterālis zu latus „Seite"]: 1. seitlich, seitwärts [gelegen]. **Lateral** *der*; -s, -e: Laut, bei dem die Luft nicht durch die Mitte, sondern auf einer od. auf beiden Seiten des Mundes entweicht (z. B. l; Sprachw.)

Lateran [nach der Familie der Laterani aus der röm. Kaiserzeit] *der*; -s: außerhalb der Vatikanstadt gelegener ehemaliger päpstlicher Palast in Rom mit → Basilika u. Museum

Laterna magica [- ...*ka*; aus *nlat.* laterna magica „Zauberlaterne"] *die*; - -, ...nae ...cae [...*nä* ...*kä*]: einfachster, im 17. Jh. erfundener Projektionsapparat. **Laterne** [aus *lat.* la(n)terna „Laterne, Lampe", dies aus *gr.* lamptḗr „Leuchter, Laterne" zu lámpein „leuchten"] *die*; -, -n: durch ein Gehäuse aus Glas, Papier o. ä. geschützte [tragbare] Lampe

Latex [über *lat.* latex aus *gr.* látax „Flüssigkeit, Naß"] *der*; -, ...tizes: Milchsaft einiger tropischer Pflanzen, aus dem → Kautschuk, Klebstoff, Taucheranzüge u. a. hergestellt wird u. das zur Imprägnierung dient

Latifundium [aus gleichbed. *lat.* lātifundium, zu lātus „breit" u. fundus „Grund, Boden"] *das*; -s, ...ien [...*ien*]: 1. (hist.) von Sklaven bewirtschaftetes Landgut im Röm. Reich. 2. (nur Plural) Liegenschaften, großer Land- od. Forstbesitz

Latimeria [nach der Entdeckerin Miß Courtenay-Latimer] *die*; -: zu den Quastenflossern zählende Fischart, die als ausgestorben galt, aber 1938 wiederentdeckt wurde (sog. lebendes Fossil)

latinisieren [aus *lat.* latīnizāre „ins Lateinische übersetzen"]: in lateinische Sprachform bringen; der lateinischen Sprachart angleichen. **Latinismus** *der*; -, ...men: Entlehnung aus dem Lateinischen, dem Lateinischen eigentümlicher Ausdruck in einer nichtlateinischen Sprache. **Latinist** *der*; -en, -en: jmd., der sich wissenschaftlich mit der lateinischen Sprache u. Literatur befaßt (z. B. Hochschullehrer, Student). **Latinität** [aus gleichbed. *lat.* Latīnitās] *die*; -: a) klassische, mustergültige lateinische Schreibweise; b) klassisches lateinisches Schrifttum. **Latinum** [zu *lat.* Latīnus „lateinisch", eigtl. „zur Landschaft Latium (um Rom) gehörend"] *das*; -s: a) an einer höheren Schule vermittelter Wissensstoff der lateinischen Sprache; b) durch eine Prüfung nachgewiesene, für ein bestimmtes Studium vorgeschriebene Kenntnisse in der lateinischen Sprache; vgl. Graecum u. Hebraicum

Latitüde [aus gleichbed. *fr.* latitude, dies aus *lat.* latitudo „Breite"] *die*; -, -n: geographische Breite. **latitudinal**: den Breitengrad betreffend

La|trine [aus gleichbed. *lat.* lātrīna, eigtl. „Wasch-, Baderaum" (aus *lavātrina zu lavāre „waschen")] *die*; -, -n: primitive Toilette; Senkgrube. **Latrinenparole** *die*; -, -n: (ugs., abwertend) Gerücht

Laudatio [...*zio*; aus *lat.* laudātio „Lobrede" zu laudāre „loben"] *die*; -, ...ones u. ...onen: anläßlich einer Preisverleihung o. ä. gehaltene Rede, in der die Leistungen u. Verdienste des Preisträgers hervorgehoben werden. **Laudemium** [aus gleichbed. *mlat.* laudemium zu *lat.* laudāre „loben"] *das*; -s, ...ien [...*ien*]: Abgabe an den Lehnsherrn (altes dt. Recht). **Laudes** [aus *lat.* laudēs „Lobgesänge"] *die* (Plural): im katholischen → Brevier enthaltenes Morgengebet

Laureat [zu *lat.* laureātus „mit Lorbeer bekränzt"] *der*; -en, -en: (hist.) ein mit dem Lorbeerkranz gekrönter Dichter; vgl. Poeta laureatus. **Laurus** [aus gleichbed. *lat.* laurus] *der*; - u. -ses, - u. -se: Lorbeerbaum

Lava [*lawa*; aus gleichbed. *it.* lava, *neapolitan.* lave] *die*; -, Laven [...*wᵉn*]: der bei Vulkanausbrüchen an die Erdoberfläche tretende Schmelzfluß u. das daraus durch Erstarrung hervorgehende Gestein (Geol.)

Lavabel [...*wa*...; zu *fr.* lavable „waschbar", dies zu laver aus *lat.* lavāre „waschen"] *der*; -[s]: feinfädiges, waschbares Kreppgewebe in Leinwandbindung (Webart)

Lavabo [aus *lat.* lavābo „ich werde waschen"; nach Psalm 26, 6] *das*; -[s], -s: 1. Handwaschung des Priesters in der katholischen Liturgie. 2. vom Priester bei der Handwaschung verwendetes Waschbecken mit Kanne

Laven: *Plural* von → Lava

lavendel [...*wä*...]: hell[blau]-violett (wie die Blüte des Lavendels). **Lavendel** [...*wä*...; aus gleichbed. *it.* lavendola zu lavanda „was zum Waschen dient" (zu *lat.-it.* lavāre „waschen")] *der*; -s, -: Heil- u. Gewürzpflanze, die auch für Parfüms verwendet wird

[1]**lavieren** [...*wirᵉn*; aus *it.* lavare „(ver)waschen"]: a) die aufgetragenen Farben auf einem Bild verwischen, damit die Grenzen verschwinden; b) mit verlaufenden Farbflächen arbeiten; lavierte Zeichnung: Zeichnung mit verwischten Farben

[2]**lavieren** [...*wirᵉn*; aus *niederl.* laveeren zu loev „Luv, Windseite", eigtl. „den Wind abgewinnen"]: mit Geschick Schwierigkeiten überwinden, vorsichtig zu Werke gehen, sich durch Schwierigkeiten hindurchwinden

lävogyr [...*wo*...; zu *lat.* laevus aus *gr.* laiós „link" u. gyrós „Kreis"]: die Ebene → polarisierten Lichts nach links drehend; Zeichen: l (Physik; Chem.); Ggs. → dextrogyr

Lavoir [...*woar*; aus gleichbed. *fr.* lavoir zu laver „waschen"] *das*; -s, -s: (veraltet) Waschbecken, -schüssel

Law and order [*lo ᵉnd oʳdᵉʳ*; *amerik.*; „Gesetz und Ordnung"]: (oft abwertend) Schlagwort mit dem Ruf nach Bekämpfung von Kriminalität u. Gewalt durch entsprechende Gesetzes-, Polizeimaßnahmen o. ä.

Lawine [aus *ladin.* lavina „Schnee-, Eislawine", dies aus *mlat.* labīna „Erdrutsch" zu *lat.* lābī „gleiten"; vgl. labil] *die*; -, -n: 1. an Hängen niedergehende Schnee-, Eis- od. Stein- u. Staubmassen. 2. a) Kette sich überstürzender Ereignisse, von denen eines das andere auslöst; b) große, endlose Menge (z. B. von Zuschriften, Anfragen)

Lawn-Tennis [*lon*...; aus *engl.* lawn tennis zu lawn „Rasen"] *das*; -: Tennis auf Rasenplätzen

Lawrencium [*loränzium*; nach dem amerik. Physiker E. O. Lawrence, 1901–1958] *das*; -s: künstlich hergestellter chem. Grundstoff, ein Transuran; Zeichen: Lw

lax [aus *lat.* laxus „schlaff, locker"]: a) schlaff, energielos; nachlässig; b) (abwertend) wenig streng, ungebunden, unbekümmert, locker. **Laxans** *das*; -, ...antia u. ...anzien [...*iᵉn*]: Abführmittel (Med.). **Laxativ** *das*; -s, -e [...*wᵉ*] u. **Laxativum** [...*wum*] *das*; -s, ...va [...*wa*]: Abführmittel von verhältnismäßig milder Wirkung (Med.)

Lay|out [*leᵢaut* od. ...*aut*; aus gleichbed. *engl.* layout, eigtl. „das Ausbreiten, der Grundriß"] *das*; -s, -s: skizzenhaft angelegter Entwurf von Text- u. Bildgestaltung eines Werbemittels (z. B. Anzeige, Plakat) od. einer Publikation (z. B. Zeitschrift, Buch). **Lay|outer** *der*; -s, -: Gestalter eines Layouts, Entwurfsgrafiker

Lazarett [über *fr.* lazaret „Seuchenkrankenhaus" aus gleichbed. *it.* lazzaretto (urspr. nazareto, nach einer Kirche „S. Maria di Nazaret" in Venedig, beeinflußt von dem Namen der biblischen Gestalt des Lazarus)] *das*; -[e]s, -e: Militärkrankenhaus

Lazarus *der*; -[ses], -se: (ugs.) jmd., der schwer leidet; Geplagter; armer Teufel

Lazerte [aus gleichbed. *lat.* lacerta] *die*; -, -n: Eidechse

Lazulith [zu *mlat.* lāzūrus „Blaustein" (s. Lasur) u. → ...lith] *der*; -s, -e: ein himmelblaues bis bläulichweißes Mineral, Blauspat

l. c. = loco citato

Ld. = limited

leasen [*lisᵉn*; aus gleichbed. *engl.* to lease]: im Leasingverfahren (vgl. Leasing) mieten, pachten (z. B. ein Auto). **Leasing** [*lising*] *das*; -s, -s: Vermietung von [Investitions]gütern, bes. von Industrieanlagen, wobei die Mietzahlungen bei einem eventuellen späteren Kauf angerechnet werden können (eine moderne Form der Industriefinanzierung; Wirtsch.)

Le|clanché-Element [*lᵉklangsche*...; nach dem franz. Chemiker G. Leclanché, 1839–1882]: verbreitetste Vorrichtung zur Erzeugung von elektr. Strom auf → galvanischer Grundlage

leg. = legato. **legabile** = legato

legal [aus gleichbed. *lat.* lēgālis zu lēx „Gesetz"]: gesetzlich [erlaubt], dem Gesetz gemäß; Ggs. → illegal. **Legalisation** [...*zion*] *die*; -, -en: Beglaubigung [von Urkunden]. **legalisieren**: 1. [Urkunden] amtlich beglaubigen. 2. legal machen. **Legalität** [aus *mlat.* legālitas „Rechtmäßigkeit"] *die*; -: Gesetzmäßigkeit; die Bindung der Staatsbürger u. der Staatsgewalt an das geltende Recht

Leg|asthenie [eigtl. „Leseschwäche", zu *lat.* legere „lesen" u. → Asthenie] *die*; -, ...ien: Schwäche, Wörter u. zusammenhängende Texte zu lesen od. zu schreiben (bei Kindern mit normaler od. überdurchschnittlicher Intelligenz u. Begabung; Psychol.; Med.). **Leg|astheniker** *der*; -s, -: jmd. (meist ein Kind), der an Legasthenie leidet. **leg|asthenisch**: an Legasthenie leidend

[1]**Legat** [aus *lat.* lēgātus „Gesandter" zu lēgāre „jmdn. absenden; eine Verfügung treffen"] *der*; -en, -en: 1. (hist.) a) im alten Rom Gesandter [des Senats]; Gehilfe eines Feldherrn u. Statthalters; b) in der röm. Kaiserzeit Unterfeldherr u. Statthalter in kaiserlichen Provinzen. 2. päpstlicher Gesandter (meist ein Kardinal) bei besonderen Anlässen (kath. Rel.)

[2]**Legat** [aus gleichbed. *lat.* lēgātum, vgl. [1]Legat] *das*; -[e]s, -e: Vermächtnis; Zuwendung einzelner Vermögensgegenstände durch letztwillige Verfügung

Legation [...*zion*; aus *lat.* lēgātio „Gesandtschaft", vgl. [1]Legat] *die*; -, -en: 1. [päpstliche] Gesandtschaft. 2. Provinz des früheren Kirchenstaates

legatissimo [aus gleichbed. *it.* legatissimo zu legare aus *lat.* ligāre „binden"]: äußerst gebunden (Mus.).

legato: gebunden; Abk.: leg. (Mus.); Ggs. → staccato; ben-: gut, sehr gebunden (Mus.). **Legato** *das*; -[s], -s u. ...ti: gebundenes Spiel (Mus.)

lege artis [*lat.*; zu lēx „Gesetz" u. ars „Kunst"]: vorschriftsmäßig, nach den Regeln der [ärztlichen] Kunst; Abk.: l. a.

legendar: (veraltet) legendär. **legendär** [zu → Legende]: 1. legendenhaft, sagenhaft. 2. unwahrscheinlich, unglaublich, phantastisch. **Legendar** [aus gleichbed. *mlat.* legendārium] *das*; -s, -e: Legendenbuch; Sammlung von Heiligenleben, bes. zur Lesung in der Mette. **legendarisch**: a) eine Legende betreffend, zur Legende gehörend; b) nach Art der Legenden; c) Legenden enthaltend (z. B. von einem Bericht mit historischem Kern). **Legende** [aus *mlat.* legenda „zu Lesendes" zu *lat.* legere „lesen"] *die*; -, -n: 1. Abschnitt eines Heiligenlebens für die gottesdienstliche Lesung; Heiligenerzählung; [fromme] Sage. 2. sagenhafte, unglaubwürdige Geschichte od. Erzählung. 3. episch-lyrisches Tonstück, ursprünglich die Heiligenlegenden behandelnd (Mus.). 4. Zeichenerklärung, am Rande zusammengestellte Erläuterungen, erklärender Text auf Abbildungen, Karten u. a.

leger [*lesehär*; aus gleichbed. *fr.* léger, dies über *vulgärlat.* *leviārius zu *lat.* levis „leicht, leichtfertig"]: a) lässig, ungezwungen, zwanglos (in bezug auf Benehmen u. Haltung; b) bequem, leicht (in bezug auf die Kleidung); c) nachlässig, oberflächlich (in bezug auf die Ausführung von etwas)

Leges: *Plural* von → Lex

leggiero [...*dsehäro*; aus gleichbed. *it.* leggiero; vgl. leger]: leicht, anmutig, spielerisch, ungezwungen, perlend (Mus.)

legieren [über *it.* legare „binden, verbinden" aus gleichbed. *lat.* ligāre]: 1. eine Legierung herstellen. 2. Suppen u. Soßen mit Ei od. Mehl eindicken. **Legierung** *die*; -, -en: durch Zusammenschmelzen mehrerer Metalle entstandenes Mischmetall (z. B. Messing)

Legion [aus *lat.* legio, eigtl. „ausgehobene Mannschaft", zu legere „(auf)lesen, sammeln"] *die*; -, -en: 1. (hist.) altröm. Heereseinheit. 2. (ohne Plural): (hist.) [deutsch-ital.] Freiwilligentruppe im span. Bürgerkrieg (Kurzform von Legion Condor). 3. (ohne Plural) [franz.] Fremdenlegion. 4. (ohne Plural) unbestimmt große Anzahl, Menge; etwas ist -: etwas ist in sehr großer Zahl vorhanden. **Legionar** [aus *lat.* legiōnārius] *der*; -s, -e: (hist.) Soldat einer röm. Legion. **Legionär** [aus gleichbed. *fr.* légionaire] *der*; -s, -e: Mitglied einer Legion (z. B. der franz. Fremdenlegion)

legislativ [zu *lat.* lēgislātio „Gesetzgebung"]: gesetzgebend. **Legislative** [...*w*ᵉ] *die*; -, -n: a) gesetzgebende Gewalt, Gesetzgebung; vgl. Exekutive; b) gesetzgebende Versammlung. **legislatorisch**: gesetzgeberisch. **Legislatur** *die*; -, -en: a) Gesetzgebung; b) (veraltet) gesetzgebende Versammlung

legitim [aus gleichbed. *lat.* lēgitimus zu lēx, Gen. lēgis „Gesetz"]: 1. a) rechtmäßig, gesetzlich anerkannt; Ggs. → illegitim (a); b) ehelich (von Kindern); Ggs. → illegitim (b). 2. berechtigt, begründet; allgemein anerkannt, vertretbar. **Legitimation** [...*zion*; aus gleichbed. *fr.* légitimation] *die*; -, -en: Beglaubigung; [Rechts]ausweis. **legitimieren** [aus *mlat.* lēgitimāre „rechtlich anerkennen"]: 1. a) beglaubigen; b) für gesetzmäßig erklären. 2. sich -: sich ausweisen. **Legitimierung** *die*; -, -en: das Legitimieren. **Legitimität** *die*; -: Rechtmäßigkeit einer Staatsgewalt; Übereinstimmung mit der [demokratischen od. dynastischen] Verfassung; Gesetzmäßigkeit [eines Besitzes, Anspruchs]

Leguan [auch: *le*...; über *niederl.* leguaan aus gleichbed. *span.* la iguana (karib. Wort)] *der*; -s, -e: tropische Baumeidechse mit gezacktem Rückenkamm

Legumin [zu *lat.* legūmen „Hülsenfrucht"] *das*; -s, -e: Eiweiß der Hülsenfrüchte

Lei: *Plural* von → Leu

Leicht|ath|let *der*; -en, -en: Sportler, der Leichtathletik treibt; vgl. Athlet. **Leicht|ath|letik** *die*; -: Gesamtheit der sportlichen Übungen, die den natürlichen Bewegungsformen des Menschen entsprechen (z. B. Laufen, Gehen, Hoch- u. Weitspringen, Werfen, Stoßen). **leicht|ath|letisch**: die Leichtathletik betreffend, zur Leichtathletik gehörend

Lektion [...*zion*; aus *lat.* lēctio „das Lesen" zu legere „lesen"] *die*; -, -en: 1. Unterrichtsstunde. 2. Lernpensum, -abschnitt. 3. Zurechtweisung, Verweis (jmdm. eine Lektion erteilen). 4. liturgische [Bibel]lesung im christlichen Gottesdienst. **Lektor** [aus *lat.* lēctor „Leser, Vorleser"] *der*; -s, ...oren: 1. Sprachlehrer für praktische Übungen an einer Hochschule. 2. wissenschaftlicher Mitarbeiter eines Verlags zur Begutachtung eingehender Manuskripte. 3. zweiter Grad der katholischen niederen Weihen. 4. evangelisches Gemeindemitglied, das in Vertretung des Pfarrers Lesegottesdienste hält. **Lektorat** *das*; -[e]s, -e: 1. Lehrauftrag eines Lektors (1). 2. Verlagsabteilung, in der eingehende Manuskripte geprüft werden. **lektorieren**: als Lektor (2) ein Manuskript prüfen. **Lektüre** [aus gleichbed. *fr.* lecture, dies aus *mlat.* lectūra „das Lesen"] *die*; -, -n: 1. Lesestoff. 2. (ohne Plural) das Lesen; vgl. kursorisch

Lekythos [aus *gr.* lḗkythos „Ölflasche"] *die*; -, ...ythen: altgriechischer Henkelkrug mit schlankem Hals aus Ton, der als Ölgefäß diente u. häufig auch Grabbeigabe war

Le-Mans-Start [*lᵉmang*...; nach der franz. Stadt Le Mans] *der*; -[e]s, -s: Startart bei Autorennen, bei der die Fahrer auf der einen Seite der Bahn, die Wagen mit abgestelltem Motor schräg zur Fahrtrichtung auf der anderen Seite stehen u. bei der die Fahrer beim Startzeichen über die Fahrbahn zu ihrem Wagen laufen müssen (Motorsport)

Lemma [aus *gr.-lat.* lēmma „Titel, Überschrift", eigtl. „Ein-, Annahme", zu lambánein „nehmen"] *das*; -s, -ta: Stichwort in einem Nachschlagewerk (Wörterbuch, Lexikon). **lemmatisieren**: mit Stichwörtern versehen [u. entsprechend ordnen]

Lemming [aus gleichbed. *dän.* lemming] *der*; -s, -e: Wühlmaus der nördlichen kalten Zone

Lemniskate [zu *lat.* lēmniscātus „mit Bändern geschmückt" zu lēmniscus „Band, Schleife" aus *gr.* lēmnískos „Band"] *die*; -, -n: eine mathematische Kurve höherer Ordnung (liegende Acht)

Lemur *der*; -en, -en u. **Lemure** [aus *lat.* lemurēs (Plural) „Seelen der Abgeschiedenen"] *der*; -n, -n (meist Plural): 1. Geist eines Verstorbenen, Gespenst (nach altröm. Glauben). 2. Halbaffe (mit Affenhänden u. -füßen, aber fuchsähnlichem Gesicht; zahlreiche Arten vor allem auf Madagaskar u. im tropischen Afrika)

Lenäen [über *lat.* Lenaea aus gleichbed. *gr.* Lḗnaia (Plural) zu lēnós „Kelter"] *die* (Plural): altathenisches Fest zu Ehren des Gottes Dionysos (ein

Kelterfest mit Aufführungen von Tragödien u. Komödien)

Lenes: *Plural* von → Lenis

Leninismus *der*; -: der von Lenin (1870–1924) beeinflußte u. geprägte → Marxismus. **Leninist** *der*; -en, -en: Anhänger, Vertreter des Leninismus. **leninistisch**: den Leninismus betreffend, im Sinne des Leninismus

Lenis [zu *lat.* lēnis „lind, gelinde"] *die*; -, Lenes [*léneß*]: mit schwachem Druck u. ungespannten Artikulationsorganen gebildeter Laut (z. B. b, w; Sprachw.); Ggs. → Fortis

lentamente [aus gleichbed. *it.* lentamente zu → lento]: langsam (Vortragsanweisung; Mus.). **lentando** u. slentando [aus gleichbed. *it.* (s)lentando]: nachlassend, zögernd, nach u. nach langsamer (Vortragsanweisung; Mus.). **lentement** [*langtmang*; aus gleichbed. *fr.* lentement zu lent aus *lat.* lentus „langsam"]: langsam (Vortragsanweisung; Mus.). **lento** [aus gleichbed. *it.* lento, dies aus *lat.* lentus „langsam"]: langsam (etwa wie adagio, largo); - assai od. dimolto: sehr langsam; non -: nicht zu langsam, nicht schleppend (Vortragsanweisungen; Mus.)

leoninische Vers [- *f*...; nach einem mittelalterlichen Dichter namens Leo od. nach einem Papst Leo] *der*; -n, -es, -n -e: Hexamter od. Pentameter, dessen Mitte u. Versende sich reimen

Leopard [aus gleichbed. *lat.* leopardus, *gr.* leópardos, zu leo, *gr.* léōn „Löwe" u. pardus, *gr.* párdos „Parder"] *der*; -en, -en: asiat. u. afrik. Großkatze mit wertvollem Fell; vgl. Panther

Leporello [nach der Operngestalt Mozarts] *das*; -s, -s: = Leporelloalbum. **Leporelloalbum**: harmonikaartig zusammenzufaltende Bilderreihe (z. B. Ansichtskartenreihe, Bilderbuch)

Le|pra [aus gleichbed. *gr.-lat.* lépra zu *gr.* leprós „schuppig, aussätzig", dies zu lépein „(ab)schälen"] *die*; -: Aussatz (Med.). **le|pros** [aus gleichbed. *lat.* leprōsus] u. **le|prös** [mit französierender Endung]: an Lepra leidend, aussätzig (Med.)

lepto..., **Lepto**... [zu *gr.* leptós „dünn, fein, zart"]: in Zusammensetzungen auftretendes Bestimmungswort mit der Bedeutung „schmal, dünn, klein", z. B. leptosom

[1]Lepton [aus gleichbed. *gr.* leptón zu leptós „dünn, gering"] *das*; -s, Lepta: 1. altgriechisches Gewicht. 2. alt- u. neugriechische Münze. **[2]Lepton** [zu *gr.* leptós „dünn"] *das*; -s, ...onen: Elementarteilchen, dessen Masse geringer ist als die eines → Mesons (Phys.)

leptosom [zu → lepto... u. *gr.* sōma „Körper"]: schmal-, schlankwüchsig; schmalgesichtig (Med.). **Leptosome** *der* u. *die*; -n, -n: Mensch mit schlankem, hagerem Körperbau u. mageren Gliedmaßen (Med.)

Lesbianismus [nach der Insel Lesbos] *der*; -: → Homosexualität bei Frauen. **Lesbierin** *die*; -, -nen: lesbische Frau. **lesbisch**: gleichgeschlechtlich empfindend, zum eigenen Geschlecht hinneigend (auf Frauen bezogen); -e Liebe: Geschlechtsbeziehung zwischen Frauen

lesto [aus gleichbed. *it.* lesto]: flink, behend (Vortragsanweisung; Mus.)

letal [aus gleichbed. *lat.* lētālis zu lētum „Tod"]: zum Tode führend, tödlich (z. B. von bestimmten Mengen von Giften, seltener von Krankheiten; Med.). **Letalität** *die*; -: Sterblichkeit, Verhältnis der Todesfälle zur Zahl der Erkrankten (Med.)

Lethargie [aus *gr.-lat.* lēthargía „Schlafsucht"] *die*; -: 1. krankheitsbedingte Schlafsucht mit Bewußtseinsstörungen (z. B. bei Vergiftungen; Med.). 2. körperliche u. seelische Trägheit; Gleichgültigkeit, Teilnahmslosigkeit. **lethargisch**: 1. schlafsüchtig. 2. körperlich u. seelisch träge; leidenschaftslos, teilnahmslos, gleichgültig

Lethe [aus *gr.* Lḗthē (Unterweltsfluß der griechischen Sage), eigtl. „Vergessenheit"] *die*; -: (dicht.) Vergessenheitstrank, Vergessenheit

Letkiss [anglisierende Umdeutung von finn. ugs. letkis, einer Kurzform von letkajenkka „Schlangentanz" (die Tanzenden bilden eine Kette)] *der*; -, -: Gesellschaftstanz mit folkloristischem Charakter

Letter [aus gleichbed. *fr.* lettre, dies aus *lat.* littera „Buchstabe, Schrift"; vgl. Litera] *die*; -, -n: Druckbuchstabe

Leu [aus gleichbed. *rumän.* leu, eigtl. „Löwe", dies aus *lat.* leo „Löwe"] *der*; -, Lei: rumänische Währungseinheit

leuk..., **Leuk**... vgl. leuko..., Leuko... **Leuk|ämie** [eigtl. „Weißblütigkeit", zu *gr.* leukós „weiß" u. haĩma „Blut"] *die*; -, -n: Überproduktion an weißen Blutkörperchen mit meist schwerem Krankheitsbild (Med.). **leuko**..., **Leuko**..., vor Selbstlauten: leuk..., Leuk... [zu *gr.* leukós „hell, glänzend, weiß"]: in Zusammensetzungen auftretendes Bestimmungswort mit der Bedeutung „weiß, glänzend", z. B. Leukozyten. **Leuko|blast** [zu → leuko... u. *gr.* blastós „Sproß, Trieb"] *der*; -en, -en (meist Plural): weiße Blutkörperchen bildende Zelle; Vorstufe des Leukozyten (Med.)

[1]Leuko|plast [zu → leuko... u. *gr.* plássein „bilden, formen"] *der*; -en, -en: farbloser Bestandteil der pflanzlichen Zelle; vgl. Plastiden

[2]Leuko|plast (Wz) [zu → leuko... u. *gr.* émplastron „Pflaster"] *das*; -[e]s, -e: Zinkoxyd enthaltendes Heftpflaster

Leukozyt [zu → leuko... u. *gr.* kýtos „Höhlung, Wölbung"] *der*; -en, -en (meist Plural): weißes Blutkörperchen (Med.)

Leutnant [aus gleichbed. *fr.* lieutenant, eigtl. „Stellvertreter", dies aus *mlat.* locum tenens „die Stelle haltend"] *der*; -s, -s (selten: -e): Offizier der untersten Rangstufe; Abk.: Lt.

Levade [...*wa*...; zu *fr.* lever aus *lat.* levāre „heben"] *die*; -, -n: das Sichaufrichten des Pferdes auf der Hinterhand (Übung der Hohen Schule)

Levante [*lewant^e*; aus gleichbed. *it.* levante, eigtl. „Aufgang (der Sonne)", zu *lat.-it.* levāre „heben"] *die*; -: (veraltet) die Mittelmeerländer östlich von Italien. **Levantiner** *der*; -s, -: in der Levante geborener u. aufgewachsener Abkömmling eines Europäers u. einer Orientalin; Morgenländer. **levantinisch**: die Levante od. die Levantiner betreffend

Level [*läw^el*; aus gleichbed. *engl.* level, eigtl. „Waage", dies aus *lat.* lībella, s. Libelle] *der*; -s, -s: Niveau, Rang, Stufe, Ebene

Lever [*l^ewe*; aus gleichbed. *fr.* lever zu se lever „aufstehen" aus *lat.* levāre „hochheben"] *das*; -s, -s: (hist.) Audienz am Morgen, Morgenempfang bei einem Fürsten

Leviathan [...*wi*..., auch: ...*tan*; aus *hebr.* liwjatan „der Gewundene"] *der*; -s, -e [...*tan^e*]: (ohne Plural) Ungeheuer (Drache) der altoriental. Mythologie (auch im A. T.)

Levit [...*wit*; über *kirchenlat.* lēvīta, lēvītēs aus *gr.* leuítēs, nach dem jüd. Stamm Levi] *der*; -en, -en:

1. Tempeldiener im Alten Testament. 2. (nur Plural) die Helfer (Diakon u. Subdiakon) des Priesters im kath. Levitenamt (feierl. Hochamt)

Leviten [...wi...; zu → Levitikus]: jmdm. die - lesen: (ugs.) jmdn. scharf tadeln. **Levitikus** [aus *mlat.* Lēvīticus „Buch der Leviten"] *der*; -: lat. Bezeichnung des 3. Buchs Mose im Alten Testament

Levkoje [*läfkeue*] *die*; -, -n: (landsch.) Levkoje. **Levkoje** [*läf*...; aus gleichbed. *gr.-ngr.* leukóion, eigtl. „Weißveilchen", zu leukós „weiß" u. ion „Veilchen"] *die*; -, -n: einjährige Gartenpflanze mit großen, leuchtenden Blüten (zahlreiche Arten)

Lex [aus gleichbed. *lat.* lēx, vgl. legal] *die*; -, Leges [*légeß*]: Gesetzesantrag, Gesetz (oft nach dem Antragsteller od. nach dem Anlaß benannt, z. B. - Heinze)

Lexem [aus gleichbed. *russ.* leksema zu *gr.* léxis „Ausdruck, Wort"] *das*; -s, -e: lexikalische Einheit, sprachliche Bedeutungseinheit, Wortschatzeinheit im Wörterbuch (Sprachw.)

lexi|graphisch = lexikographisch. **Lexik** *die*; -: Wortschatz einer Sprache (auch einer bestimmten Fachsprache). **lexikalisch**: das Lexikon betreffend, in der Art eines Lexikons. **lexikalisiert**: als Lexem, Worteinheit im Wortschatz bereits festgelegt (z. B. „hochnäsig") im Gegensatz zu einer freien Bildung (z. B. dreistäugig, flinkzüngig o. ä.; Sprachw.). **Lexiko|graph** [zu *gr.* lexikográphos „ein Wörterbuch schreibend"; vgl. Lexikon] *der*; -en, -en: Verfasser [einzelner Artikel] eines Wörterbuchs od. Lexikons. **Lexiko|graphie** *die*; -: linguistische Teildisziplin, in der man sich mit dem Verfassen und der Herstellung von Wörterbüchern befaßt. **lexikographisch**: die Lexikographie betreffend. **Lexikologie** *die*; -: Wissenschaftsgebiet, auf dem man sich mit Wörtern (vgl. Lexem) u. anderen an Wortbildungsprozessen beteiligten Einheiten (vgl. Morphem) im Hinblick auf → morphologische, → semantische u. → etymologische Fragen befaßt. **lexikologisch**: die Lexikologie betreffend; zu dem Gebiet der Lexikologie gehörend. **Lexikon** [aus *gr.* lexikón (bíblion) „Wörterbuch" zu lexikós „das Wort betreffend", dies zu *gr.* léxis „Rede, Wort" u. légein „auflesen, sammeln; reden"] *das*; -s, ...ka u. ...ken: 1. alphabetisch geordnetes Nachschlagewerk für alle Wissensgebiete (vgl. Konversationslexikon) od. für ein bestimmtes Sachgebiet. 2. a) (veraltet) Wörterbuch; b) Gesamtheit der bedeutungstragenden sprachlichen Einheiten, Wortschatz im Gegensatz zur Grammatik (Sprachw.)

Lezithin [zu *gr.* lékithos „Eigelb"] *das*; -s: zu den → Lipoiden gehörende Substanz (u. a. als Nervenstärkungsmittel verwendet)

lfr[s] vgl. Franc

Li = chem. Zeichen für: Lithium

Liaison [*liäsong*; aus gleichbed. *fr.* liaison zu lier, s. liieren] *die*; -, -s: 1. a) Verbindung, Vereinigung; b) Liebesverhältnis, Liebschaft. 2. in der Aussprache des Französischen Bindung zweier Wörter, wobei ein sonst stummer Konsonant am Wortende vor einem vokalisch beginnenden Wort ausgesprochen wird

Liane [aus gleichbed. *fr.* liane] *die*; -, -n (meist Plural): bes. für tropische Regenwälder charakteristische, im Erdboden wurzelnde Pflanze, die an lebenden od. toten Stützen emporkletternd ihre Blätter in günstige Lichtverhältnisse bringt

Lias [über *fr.* lias aus gleichbed. *engl.* lias, dies zu *fr.* liais (ein feinkörniger Kalkstein)] *der* od. *die*; -: die untere Abteilung des →²Juras (in Süddeutschland: Schwarzer Jura; Geol.). **liassisch**: den Lias betreffend

Libation [...*zion*; aus *lat.* lībātio zu lībāre „ein wenig wegnehmen od. ausgießen"] *die*; -, -en: (hist.) [altröm.] Trankspende für die Götter u. die Verstorbenen

Libelle [aus *lat.* lībella „kleine Waage" (nach der waagerechten Flügelhaltung)] *die*; -, -n: 1. schön gefärbtes Raubinsekt mit schlankem Körper u. 4 glashellen Flügeln, dessen Larve im Wasser lebt; Wasserjungfer. 2. Hilfseinrichtung an [Meß]instrumenten (z. B. einer Wasserwaage) zur genauen Horizontal- oder Vertikalstellung. 3. Haarspange bestimmter Art

Liber [aus *lat.* liber, eigtl. „Bast" (als Schreibmaterial)] *der*; -, Libri: lat. Bezeichnung für: Buch

liberal [über gleichbed. *fr.* libéral aus *lat.* līberālis „freiheitlich" zu līber „frei"]: 1. hochherzig, freigebig, großzügig, gütig. 2. a) vorurteilslos (bes. in politischer u. religiöser Beziehung); b) freiheitlich gesinnt; für die Rechte des Individuums eintretend. **Liberale** *der* u. *die*; -n, -n: Anhänger einer Liberalen Partei, des Liberalismus. **liberalisieren**: 1. von Einschränkungen frei machen; großzügiger, freiheitlich gestalten. 2. stufenweise Einfuhrverbote u. -kontingente im Außenhandel beseitigen (Wirtsch.). **Liberalisierung** *die*; -, -en: 1. Befreiung von Einschränkungen; großzügigere, freiheitliche Gestaltung. 2. Aufhebung staatlicher Außenhandelsbeschränkungen (Wirtsch.). **Liberalismus** *der*; -: bes. im Individualismus wurzelnde, im 19. Jh. in politischer, wirtschaftlicher u. gesellschaftlicher Hinsicht entscheidend prägende Denkrichtung u. Lebensform, die Freiheit, Autonomie, Verantwortung u. freie Entfaltung der Persönlichkeit vertritt. **Liberalist** *der*; -en, -en: Anhänger, Verfechter des Liberalismus. **liberalistisch**: a) den Liberalismus betreffend, auf ihm beruhend; freiheitlich im Sinne des Liberalismus; b) extrem liberal. **Liberalität** [aus *lat.* līberālitās „edle Denkweise, Freigebigkeit"] *die*; -: 1. Großzügigkeit. 2. a) Vorurteilslosigkeit; b) freiheitliche Gesinnung, liberales (2) Wesen

Libero [aus gleichbed. *it.* libero, eigtl. „der Freie"] *der*; -s, -s: Abwehrspieler ohne unmittelbaren Gegenspieler, der als letzter in der eigenen Abwehr steht, sich aber ins Angriffsspiel einschalten kann (Fußball)

libertär [aus gleichbed. *fr.* libertaire]: extrem freiheitlich; anarchistisch. **Libertät** [aus *lat.* libertās „Freiheit"] *die*; -, -en: 1. (hist.) ständische Freiheit. 2. Freiheit; [beschränkte] Bewegungs- u. Handlungsfreiheit

Liberté, Égalité, Fraternité [...*te*; *fr.*]: Freiheit, Gleichheit, Brüderlichkeit (Schlagworte der Franz. Revolution)

libertin [aus gleichbed. *fr.* libertin zu *lat.* līber „frei"]: (veraltet) zügellos, leichtfertig; ausschweifend, locker. **Libertinage** [...*nasche*] *die*; -, -n: (veraltet) Ausschweifung, Zügellosigkeit

libidinös [aus gleichbed. *lat.* libīdinōsus zu libīdo „Lust, Begierde"]: auf die Libido bezogen, die sexuelle Lust betreffend (Med.; Psychol.). **Libido** [auch: *libido*] *die*; -: Begierde; Trieb, bes. Geschlechtstrieb (Med.; Psychol.)

Li|bra [aus *lat.* lībra „Pfund", eigtl. „Waage"] *die*; -, -[s]: altrömisches Gewichtsmaß

Li|bration [...*zion*; aus *lat.* lībrātio „das Wägen" zu lībrāre „wägen, im Gleichgewicht halten"] *die*;

-, -en: scheinbare Mondschwankung, die auf der Ungleichförmigkeit der Mondbewegung beruht (Astron.)

li|brettisieren: in die Form eines Librettos bringen. **Li|brettist** *der*; -en, -en: Verfasser eines Librettos. **Li|bretto** [aus gleichbed. *it.* libretto, eigtl. „Büchlein", zu libro aus *lat.* liber „Buch"] *das*; -s, -s u. ...tti: Text[buch] von Opern, Operetten, Singspielen, Oratorien

lic., **Lic.**: = [2]Lizentiat. **licet** [*lizät*; *lat.*]: „es ist erlaubt"

Lido [aus *it.* lido „(Sand)strand", dies aus *lat.* litus „Strand, Ufer"] *der*; -[s], -s (auch: Lidi): Strandwall vor mehr od. weniger abgeschnürten Meeresteilen

Life and Work [*laif ᵉnd ᵘö̱k*; *engl.*; „Leben und Arbeit"]: Bewegung für praktisches Christentum im → ökumenischen Weltrat der Kirchen

[1]Lift [aus gleichbed. *engl.* lift zu to lift „lüften, in die Höhe heben" aus gleichbed. *aisl.* lypta] *der*; -[e]s, -e u. -s: a) Fahrstuhl, Aufzug; b) Skilift, Sessellift. **Liftboy** [...*beu*; vgl. Boy] *der*; -s, -s: [junger] Aufzugführer. **[1]liften**: 1. mit dem Skilift fahren, den Skilift benutzen. 2. in die Höhe heben, wuchten. **[2]Lift** [aus *engl.* lift „das Hochheben", s. [1]Lift] *der* od. *das*; -s, -s: kosmetische Operation zur Straffung der alternden Haut, bes. im Gesicht. **[2]liften**: einen [2]Lift durchführen. **Lifting** *das*; -s, -s: = [2]Lift

lig. = ligato

Liga [aus *span.* liga „Bund, Bündnis" zu ligar „binden, vereinigen" aus *lat.* ligāre; vgl. legieren] *die*; -, ...gen: 1. Bund, Bündnis (bes. der kathol. Fürsten im 16. u. 17. Jh.). 2. Wettkampfklasse, in der mehrere Vereinsmannschaften eines bestimmten Gebietes zusammengeschlossen sind (Sport). **Ligist** *der*; -en, -en: Angehöriger einer Liga (2)

Ligade [aus *span.* ligada „das Binden" zu ligar, s. Liga] *die*; -, -n: das Zurseitedrücken der gegnerischen Klinge (Fechten). **ligieren** [aus älter *it.* ligare „binden"]: die gegnerische Klinge zur Seite drükken (Fechten)

ligato: = legato. **Ligatur** [aus *lat.* ligātūra „Band, Bündel" zu ligāre „(ver)binden"] *die*; -, -en: 1. Buchstabenverbindung auf einer Drucktype (z. B. ff, æ; Druckw.). 2.a) Zusammenfassung mehrerer (auf einer Silbe gesungener) Noten zu Notengruppen in der Mensuralmusik des 13. bis 16. Jh.s; b) das Zusammenbinden zweier Noten gleicher Tonhöhe mit dem Haltebogen zu einem Ton über einen Takt od. betonten Taktteil hinweg (zur Darstellung einer → Synkope (3); Mus.)

ligieren vgl. Ligade

Ligist vgl. Liga

Li|gnin [zu *lat.* lignum „Holz"] *das*; -s, -e: farbloser, fester, neben der → Zellulose wichtigster Bestandteil des Holzes, Holzstoff. **Li|gnit** *der*; -s; -e: schneid- u. polierfähige, verhältnismäßig junge Braunkohle mit noch sichtbarer Holzstruktur

Liguster [aus gleichbed. *lat.* ligustrum] *der*; -s, -: häufig in Zierhecken angepflanzte Rainweide, ein Ölbaumgewächs mit weißen Blütenrispen

liieren, sich [aus gleichbed. *fr.* se lier, dies aus *lat.* ligāre „(ver)binden"]: a) eine Liaison eingehen, ein Liebesverhältnis mit jmdm. beginnen; mit jmdm. liiert sein: (ugs.) mit einer Person des anderen Geschlechts fest befreundet sein; b) eine Geschäftsverbindung eingehen; mit jmdm. [geschäftlich] zusammenarbeiten. **Liierte** *der* u. *die*; -n, -n: (veraltet) Vertraute[r]

Likör [aus gleichbed. *fr.* liqueur, eigtl. „Flüssigkeit", dies aus *lat.* liquor „Flüssigkeit"] *der*; -s, -e: süß schmeckendes alkoholisches Getränk aus Branntwein mit Zucker[lösung] u. aromatischen Geschmacksträgern

Liktor [aus *lat.* līctor zu ligāre „binden"] *der*; -s, ...oren: (hist.) Amtsdiener als Begleiter hoher Beamter im alten Rom, Träger der → Faszes. **Liktorenbündel** *das*; -s, -: = Faszes

lila [zu → Lila]: hellviolett, fliederblau. **Lila** [aus *fr.* lilas, älter lilac „span. Flieder, Fliederblütenfarbe", dies über *arab.* līlak, *pers.* līläk, nīläk „Flieder" aus *aind.* nīlas „schwärzlich, bläulich"] *das*; -s: hellviolette Farbe. **Lilak** [aus älter *fr.* lilac, s. Lila] *der*; -s, -s: span. Flieder, → Syringe

Lilie [...*iᵉ* aus gleichbed. *lat.* līlium] *die*; -, -n: stark duftende Gartenpflanze mit schmalen Blättern u. trichterförmigen od. fast glockigen Blüten in vielen Arten (z. B. Tigerlilie, Türkenbund)

Liliput... [nach einem fiktiven Land in „Gullivers Reisen" von J. Swift]: in Zusammensetzungen auftretendes Bestimmungswort mit der Bedeutung „winzig klein, Zwerg...", z. B. Liliputbahn. **Liliputaner** *der*; -s, -: Mensch von zwergenhaftem Wuchs, Zwerg

lim = Limes (2). **lim.**, **Lim.** = limited

Limbo [*karib.*] *der*; -s, -s: akrobatischer Tanz westindischer Herkunft, bei welchem sich der Tänzer (ursprünglich nur Männer) rückwärts beugt u. mit schiebenden Tanzschritten unter einer Querstange hindurchbewegt, die nach jedem gelungenen Durchgang niedriger gestellt wird

Limbus [aus *lat.* limbus „Rand, Saum"] *der*; -, ...bi: 1. (ohne Plural) nach traditioneller, heute weitgehend aufgegebener katholischer Lehre die Vorhölle als Aufenthaltsort der vorchristlichen Gerechten u. der ungetauft gestorbenen Kinder. 2. Gradkreis, Teilkreis an Winkelmeßinstrumenten (Techn.)

Limerick [aus gleichbed. *engl.* limerick, nach der gleichnam. irischen Stadt] *der*; -[s], -s: volkstümliches fünfzeiliges engl. Gedicht von ironischem od. grotesk-komischem Inhalt (Reimschema: aa bb a). **limericken**: Limericks verfassen

Limes [aus *lat.* līmes „Querweg, Rain, Grenzlinie, -wall"] *der*; -, -: 1. (ohne Plural): (hist.) von den Römern angelegter Grenzwall (vom Rhein bis zur Donau). 2. mathematischer Grenzwert, dem eine Zahlenfolge (Menge) zustrebt; Abk.: lim

Limetta [aus *fr.* limette, Verkleinerungsform von lime „kleine süße Zitrone"; vgl. Limone] *die*; -, ...tten: dünnschalige Zitrone (eine westindische Zitronenart)

Limit [aus gleichbed. *engl.* limit, dies über *fr.* limite aus *lat.* līmes, Gen. līmitis, s. Limes] *das*; -s, -s u. -e: 1. Grenze, die räumlich, zeitlich, mengen- od. geschwindigkeitsmäßig nicht über- bzw. unterschritten werden darf. 2. (Wirtsch.) a) Preisgrenze, die bei einem Handels- oder Börsengeschäft nicht über- bzw. unterschritten werden darf; b) äußerster Preis; vgl. off limits. **Limitation** [...*zion*; aus *lat.* līmitātio, „Festsetzung"; vgl. limitieren] *die*; -, -en: Begrenzung, Einschränkung. **limitativ**: begrenzend, einschränkend; -es Urteil: Satz, der der Form nach bejahend, dem Inhalt nach verneinend ist (Philos.). **Limite** [aus *fr.* limite, s. Limit] *die*; -, -n: (schweiz.) Limit. **limited** [*limitid*; aus *engl.* limited, Part. Perf. von to limit „einschränken"]: angloamerik. Zusatz bei Handelsgesellschaften, deren Teilhaber nur mit ihrer Einlage od. bis zu einem bestimmten Betrag darüber hinaus haften; mit beschränkter Haftung (Wirtsch.); Abk.: Ltd., lim., Lim. od. Ld. **limitieren** [aus *lat.* līmitāre „abgrenzen, bestimmen"]: begrenzen, einschränken

limnisch [zu *gr.* límnē „See, Teich"]: im Süßwasser lebend od. entstanden (Biol.); Ggs. → terrestrisch (2), marin (2). **Limnologie** *die*; -: Wissenschaft von den Binnengewässern u. ihren Organismen; Süßwasser-, Seenkunde. **limnologisch**: die Limnologie betreffend; auf Binnengewässer bezogen

Limo [auch: *li*...] *die* (auch: *das*); -, -[s]: (ugs.) Kurzform von Limonade. **Limonade** [aus gleichbed. *fr.* limonade, eigtl. „Zitronenwasser", s. Limone] *die*; -, -n: Kaltgetränk aus Obstsaft, -sirup od. künstlicher Essenz, Zucker u. Wasser, meist mit Zusatz von Kohlensäure. **Limone** [aus gleichbed. *it.* limone, dies aus *pers.-arab.* līmūn „Zitrone, Zitronenbaum"] *die*; -, -n: dickschalige, meist saure Zitrone

Limousine [*limu*...; aus gleichbed. *fr.* limousine, eigtl. „grober Fuhrmannsmantel", nach der franz. Landschaft Limousin (*limusäng*)] *die*; -, -n: 1. geschlossener Personenwagen [mit Schiebedach]. 2. geschlossenes Motorboot

Lineal [aus *mlat.* *lineāle zu *lat.* līnea, s. Linie] *das*; -s, -e: meist mit einer Meßskala versehenes Gerät zum Ziehen von Geraden

linear u. liniar [aus *lat.* līneāris „aus Linien bestehend"; vgl. Linie]: 1. geradlinig; linienförmig. 2. für alle in gleicher Weise erfolgend; gleichmäßig, gleichbleibend (z. B. Steuersenkung; Wirtsch.). 3. die horizontale Satzweise befolgend; vgl. Polyphonie (Mus.); -e Exzentrizität: Abstand des Brennpunktes vom Mittelpunkt (bei Kegelschnitten bzw. elliptischen Planetenbahnen; Math.); -e Gleichung: Gleichung, bei der die Unbekannte od. Veränderliche nur in der ersten Potenz vorkommt; Gleichung ersten Grades (Math.). **Linearität** *die*; -: → kontrapunktischer Satzbau mit streng selbständiger Stimmenführung (Mus.). **Lineatur** [zu *lat.* līneāre, s. linieren] *die*; -, -en: 1. Linierung (z. B. in einem Schulheft). 2. Linienführung (z. B. einer Zeichnung)

Linge [*längsch*; aus *fr.* linge „Leinwand, Wäsche", dies aus *lat.* līneus „leinen"] *die*; -: (schweiz.) Wäsche. **Lingerie** [...*ᵉri*; aus gleichbed. *fr.* lingerie] *die*; -, ...ien: (schweiz.) a) Wäschekammer; b) betriebsinterne Wäscherei; c) Wäschegeschäft

Lingua franca [*lingg^ua frangka*; aus gleichbed. *it.* lingua franca, eigtl. „fränkische Sprache"] *die*; - -: a) Verkehrssprache meist für Handel u. Seefahrt im Mittelmeerraum mit roman., vor allem ital. Wortgut, das mit arab. Bestandteilen vermischt ist; b) Verkehrssprache eines großen, verschiedene mehrsprachige Länder umfassenden Raumes (z. B. Englisch als internationale Verkehrssprache)

Lingual [zu *lat.* lingua „Zunge"] *der*; -s, -e: mit der Zunge gebildeter Laut, Zungenlaut (z. B. das Zungen-R; Sprachw.). **Lingualis** *die*; -, ...les: (veraltet) Lingual. **Lingualpfeife** *die*; -, -n: Orgelpfeife, bei der der Ton mit Hilfe eines im Luftstrom schwingenden Metallblättchens erzeugt wird; Zungenpfeife; Ggs. → Labialpfeife

Linguist [zu *lat.* lingua „Zunge, Sprache"] *der*; -en, -en: jmd., der sich wissenschaftlich mit der Linguistik befaßt; Sprachwissenschaftler. **Linguistik** *die*; -: moderne Sprachwissenschaft, die vor allem Theorien über die → Struktur (1) der Sprache erarbeitet (vgl. Strukturalismus) u. in weitgehend → deskriptivem Verfahren kontrollierbare, → empirisch nachweisbare Ergebnisse anstrebt. **linguistisch**: a) die Linguistik betreffend; b) auf der Linguistik beruhend

liniar vgl. linear

Linie [*liniᵉ*; aus *lat.* līnea „Leine, Schnur; (mit einer Schnur gezogene gerade) Linie" zu līnum „Lein, Flachs"] *die*; -, -n: 1. a) Strich; b) Markierungsstrich, Abgrenzungen im Spielfeld. 2. a) Reihe, Aufstellung (in einer L.); b) Front (durch die feindlichen Linien); auf der ganzen -: überall, ganz und gar, völlig (auf der ganzen Linie versagen). 3. regelmäßig von öffentlichen Verkehrsmitteln befahrene Verkehrsverbindung; Strecke. 4. Verwandtenfolge, Zweig, z. B. absteigende, aufsteigende -. 5. Gestaltumriß, formprägender Zug, Linienführung. 6. Niveau, Wertstufe. 7. eingeschlagene Richtung (bei einem Vorhaben). 8. (ohne Plural): (Seemannsspr.) Äquator. 9. früheres Längenmaß. 10. Lage der Klinge beim Fechten. 11. Figur (eine schlanke Linie, auf seine Linie achten).

linieren (österr. nur so) u. **liniieren** [nach *lat.* līneāre „nach der Richtschnur einrichten"]: mit Linien versehen, Linien ziehen. **Linierung** (österr. nur so) u. **Liniierung** *die*; -, -en: das Linienziehen, das Versehen mit Linien

Lin|oleum [...*le-um*; aus gleichbed. *engl.* linoleum zu *lat.* līnum „Lein" u. oleum „Öl" (wegen der Herstellung mit Leinöl)] *das*; -s: [Fußboden]belag

Lin|olsäure [vgl. Linoleum] *die*; -, -n: Leinölsäure (eine ungesättigte Fettsäure). **Linon** [*linong*, auch *linon*; aus gleichbed. *fr.* linon zu lin „Leinen"] *der*; -[s], -s: Baumwollgewebe in Leinwandbindung (Webart) mit Leinenausrüstung

Linotype ⓌⓏ [*lainotaip*; aus gleichbed. *engl.* linotype zu line „Linie, Zeile" u. type „Druckbuchstabe"] *die*; -, -s: Setz- u. Zeilengießmaschine (Druckw.)

Lipase [zu *gr.* lípos „Fett" u. → ...ase] *die*; -, -n: fettspaltendes → Enzym. **Lipid** *das*; -[e]s, -e: (Chem.) a) (meist Plural) Fett od. fettähnliche Substanz; b) (nur Plural) Sammelbezeichnung für alle Fette u. → Lipoide. **lipoid**: fettähnlich. **Lipoid** *das*; -s, -e: (Chem.; Biol.) a) (meist Plural) lebenswichtige, in tierischen u. pflanzlichen Zellen vorkommende fettähnliche Substanz; b) (nur Plural) Sammelbezeichnung für die uneinheitliche Gruppe fettähnlicher Substanzen

Lipizzaner [nach dem Gestüt Lipizza bei Triest] *der*; -s, -: edles Warmblutpferd, meist Schimmel, mit etwas gedrungenem Körper, breiter Brust u. kurzen, starken Beinen

Liq. = Liquor (auf Rezepten). **Liquefaktion** [...*zion*; aus gleichbed. *mlat.* liquefactio zu *lat.* liquefacere „schmelzen"] *die*; -, -en: Verflüssigung, Überführung eines festen Stoffes in flüssige Form (Chem.). **liqueszieren** [aus gleichbed. *lat.* liquēscere zu liquēre „flüssig sein"]: flüssig werden, schmelzen (Chem.). **liquid** u. liquide [aus *lat.* liquidus „flüssig"]: 1. flüssig (Chem.). 2. zahlungsfähig. **Liquidität** *die*; -: Fähigkeit eines Unternehmens, seine Zahlungsverpflichtungen fristgerecht zu erfüllen; Zahlungsfähigkeit

Liquida [aus gleichbed. *lat.* (consonāns) liquida] *die*; -, ...dä u. ...quiden: Fließlaut; Laut, der sowohl → Konsonant wie → Sonant sein kann (z. B. r, l, [m, n]; Sprachw.)

Liquidation [...*zion*; aus *mlat.* liquidātio, vgl. liquidieren] *die*; -, -en: 1. Abwicklung der Rechtsgeschäfte eines aufgelösten Unternehmens. 2. Abwicklung von Börsengeschäften. 3. Kostenrechnung freier

Berufe (z. B. eines Arztes). 4. (selten) Beilegung eines Konflikts; Liquidierung (1). 5. (selten) a) Beseitigung, Liquidierung (2a); b) Tötung, Ermordung, Hinrichtung eines Menschen, Liquidierung (2b). **liquidieren** [aus *mlat.-it.* liquidāre „flüssig machen" zu *lat.* liquidus „flüssig"]: 1. eine Gesellschaft, ein Geschäft auflösen. 2. eine Forderung in Rechnung stellen (von freien Berufen). 3. Sachwerte in Geld umwandeln, d. h. etwas flüssig machen. 4. einen Konflikt beilegen. 5. a) beseitigen, abschaffen; b) hinrichten lassen, beseitigen, umbringen. **Liquidierung** *die*; -, -en: 1. Beilegung eines Konflikts. 2. a) Beseitigung, Abschaffung; b) Tötung, Ermordung, Hinrichtung eines Menschen; vgl. ...ation/...ierung

Liquidität s. liquid

Liquor [aus *lat.* liquor „Flüssigkeit" zu liquēre „flüssig sein"] *der*; -, ...ores [...*óreß*]: flüssiges Arzneimittel (Pharm.); Abk.: Liq.

Lira [aus *it.* lira, dies aus *lat.* lībra „Waage; Gewogenes; Pfund"] *die*; -, Lire: italienische Münzeinheit; Zeichen: L.

lirico [...*ko*; aus gleichbed. *it.* lirico; vgl. lyrisch]: lyrisch (Vortragsanweisung; Mus.)

Lisene [latinisiert aus *fr.* lisière „Saum, Kante"] *die*; -, -n: pfeilerartiger, wenig hervortretender Mauerstreifen ohne Kapitell u. Basis (bes. an roman. Gebäuden)

l'istesso tempo u. lo stesso tempo [*it.*]: dasselbe Zeitmaß, im selben Tempo wie zuvor (Mus.)

lit., Lit. = Litera (1)

Litanei [aus *mlat.* litanīa „Flehen, Bittgesang", dies aus *gr.* litaneía „Bittgebet"] *die*; -, -en: 1. im Wechsel gesungenes Fürbitten- u. Anrufungsgebet des christlichen Gottesdienstes (z. B. die Allerheiligenlitanei u. a.). 2. (abwertend) eintöniges Gerede; endlose Aufzählung

Liter [auch: *lit^er*; aus gleichbed. *fr.* litre zu *mlat.* litra (ein Hohlmaß), dies aus *gr.* litra „Pfund"] *der* (schweiz. nur so), (auch:) *das*; -s, -: Hohlmaß; 1 Kubikdezimeter; Zeichen: l

Litera [aus *lat.* littera „Buchstabe"] *die*; -, -s u. ...rä: 1. Buchstabe; Abk.: Lit. od. lit. 2. auf Effekten, Banknoten, Kassenscheinen usw. aufgedruckter Buchstabe zur Kennzeichnung verschiedener Emissionen

Literarhistoriker [zu → literarisch u. → Historiker] *der*; -s, -: Wissenschaftler auf dem Gebiet der Schrifttumsgeschichte eines Volkes. **literarhistorisch**: die Schrifttumsgeschichte eines Volkes betreffend, auf ihr beruhend. **literarisch** [aus *lat.* litterārius „die Buchstaben, die Schrift betreffend"]: 1. die Literatur (1) betreffend, schriftstellerisch. 2. [vordergründig] symbolisierend, mit allzuviel Bildungsgut befrachtet (z. B. von einem [modernen] Gemälde). **Literat** [zu *lat.* litterātus „schriftkundig, gelehrt, gebildet"] *der*; -en, -en: (oft abwertend) [unschöpferischer, ästhetisierender] Schriftsteller. **Literatur** [aus *lat.* litteratūra „Buchstabenschrift, Sprachkunst"] *die*; -, -en: 1. schöngeistiges Schrifttum. 2. Schrifttum, Gesamtbestand aller Schriftwerke eines Volkes. 3. (ohne Plural) Fachschrifttum eines bestimmten Bereichs; Schriftennachweise. **Literaturhistoriker** *der*; -s, -: = Literarhistoriker. **literaturhistorisch**: = literarhistorisch

Litewka [*litäfka*; aus gleichbed. *poln.* litewka, eigtl. „litauischer Rock"] *die*; -, ...ken: bequemer, weicher Uniformrock mit Umlegekragen

lith..., Lith... vgl. litho..., Litho...

...lith [aus *gr.* líthos „Stein"]: Wortbildungselement mit der Bed. „Stein, Mineral", z. B. Eolith

Lithium [zu *gr.* líthos „Stein"] *das*; -s: chem. Grundstoff, Metall; Zeichen: Li

...lithikum [zu *gr.* líthos „Stein"]: Wortbildungselement mit der Bed. „Steinzeit", z. B. Paläolithikum

Litho *das*; -s, -s: Kurzform von Lithographie (2).

litho..., Litho..., vor Vokalen: lith..., Lith... [zu *gr.* líthos „Stein"]: in Zusammensetzungen auftretendes Bestimmungswort mit der Bedeutung „stein..., gestein..., Stein..., Gestein...". **Lithograph**[1] *der*; -en, -en: 1. in der Lithographie, im Flachdruckverfahren ausgebildeter Drucker. 2. jmd., der Steinzeichnungen, Lithographien (2) herstellt. **Litho|graphie**[1] *die*; -, ...ien: 1. a) (ohne Plural) [Verfahren zur] Herstellung von Platten für den Steindruck, für das Flachdruckverfahren; b) Originalplatte für Stein- od. Flachdruck. 2. graphisches Kunstblatt in Steindruck, Steinzeichnung; Kurzform: Litho. **litho|graphieren**[1]: 1. in Steindruck wiedergeben, im Flachdruckverfahren arbeiten. 2. Steinzeichnungen, Lithographien (2) herstellen, auf Stein zeichnen. **litho|graphisch**[1]: im Steindruckverfahren hergestellt, zum Steindruck gehörend. **Litho|sphäre** [aus → litho... u. *gr.* sphaíra „Kugel"] *die*; -: die Erdkruste (zusammengesetzt aus → Sial u. → ²Sima)

litoral [aus gleichbed. *lat.* lītorālis zu lītus „Küste"]: die Küsten-, Ufer-, Strandzone betreffend (Geogr.). **Litorale** [aus gleichbed. *it.* litorale] *das*; -s, -s: Küstenland

Litotes [*litotäß*, auch: *litotäß*; aus gleichbed. *gr.* litótēs, eigtl. „Sparsamkeit, Zurückhaltung (im Ausdruck)", zu litós „schlicht, einfach"] *die*; -, -: Redefigur, die durch doppelte Verneinung od. durch Verneinung des Gegenteils eine vorsichtige Behauptung ausdrückt u. die dadurch eine (oft ironisierende) Hervorhebung des Gesagten bewirkt (z. B. nicht unwahrscheinlich = ziemlich wahrscheinlich; er amüsierte sich nicht schlecht = sehr; Rhet.; Stilk.)

Liturg *der*; -en, -en u. **Liturge** [aus gleichbed. *mlat.* līturgus] *der*; -n, -n: der den Gottesdienst, bes. die Liturgie haltende Geistliche (im Unterschied zum Prediger). **Liturgie** [über *kirchenlat.* līturgia aus *gr.* leitourgía „öffentlicher Dienst" zu leītos, lēitos „das Volk betreffend" u. érgon „Werk, Arbeit, Dienst"] *die*; -, ...ien: a) amtliche od. gewohnheitsrechtliche Form des kirchlichen Gottesdienstes; b) in der evangelischen Kirche am Altar [im Wechselgesang] mit der Gemeinde gehaltener Teil des Gottesdienstes. **Liturgik** *die*; -: Theorie u. Geschichte der Liturgie. **liturgisch**: den Gottesdienst, die Liturgie betreffend, zu ihr gehörend

Lituus [...*tu-uß*; aus *lat.* lituus] *der*; -, Litui [...*u-i*]: (hist.) 1. Krummstab der → Auguren. 2. altrömisches Militär- u. Signalinstrument mit Kesselmundstück

live [*laif*; aus gleichbed. *engl.* live, eigtl. „lebend"]: direkt, original (von Rundfunk- od. Fernsehübertragungen), z. B. - senden, etwas - übertragen. **Live-Sendung** *die*; -, -en [nach gleichbed. *engl.* live broadcast]: Sendung, die unmittelbar vom Ort der Aufnahme aus gesendet wird; Originalsendung, Direktübertragung

Li|vre [*liwr*; aus *fr.* livre, dies aus *lat.* lībra „Waage, Gewogenes, Pfund"] *der* od. *das*; -[s], -[s] (aber:

[1] Vgl. die Anmerkung zu Graphik.

6 Livre): 1. französisches Gewichtsmaß. 2. frühere französische Währungseinheit, Rechnungsmünze (bis zum Ende des 18. Jh.s)

Li|vree [*liwre*; aus gleichbed. *fr.* livrée, eigtl. „gelieferte, gestellte (Kleidung)" zu livrer „liefern" aus *mlat.* liberāre „ausliefern", eigtl. „frei machen"] *die*; -, ...een: uniformartige Dienerkleidung. **livriert**: Livree tragend

¹**Lizentiat** [...*ziat*; zu → ²Lizentiat] *das*; -[e]s, -e: akademischer Grad (vor allem in der Schweiz, z. B. - der Theologie). ²**Lizentiat** [aus *mlat.* licentiātus „der mit Erlaubnis Versehene", Part. Perf. von licentiāre „die Erlaubnis erteilen"; vgl. Lizenz] *der*; -en, -en: Inhaber eines Lizentiatstitels; Abk.: Lic. [theol.], (in der Schweiz:) lic. phil. usw.

Lizenz [aus *lat.* licentia „Freiheit, Erlaubnis" zu licēre „erlaubt sein"] *die*; -, -en: [behördliche] Erlaubnis, Genehmigung, bes. zur Nutzung eines Patents od. zur Herausgabe einer Zeitung, einer Zeitschrift bzw. eines Buches. **lizenzieren**: Lizenz erteilen. **lizenziös** [aus *fr.* licencieux „allzu frei, liederlich"]: frei, ungebunden; zügellos

Llano [*ljano*; aus *span.* llano „Ebene" zu llano „eben, flach" aus gleichbed. *lat.* plānus] *der*; -s, -s (meist Plural): baumlose od. baumarme Ebene in den lateinamerik. Tropen u. Subtropen

lm = Lumen (3)

Lob [aus gleichbed. *engl.* lob, eigtl. „Klumpen"] *der*; -[s], -s: 1. hoher, weich geschlagener Ball [mit dem der am Netz angreifende Gegner überspielt werden soll] (Tennis; Badminton). 2. angetäuschter Schmetterschlag, der an den am Netz verteidigenden Spielern vorbei od. hoch über sie hinwegfliegt (Volleyball). **lobben** [aus gleichbed. *engl.* to lob]: einen → Lob schlagen (Tennis; Badminton; Volleyball)

Lobby [*lobi*; aus *engl.* lobby „Vor-, Wandelhalle", dies aus *mlat.* lobia „Galerie, Laube" (germ. Wort)] *die* (auch: *der*); -, -s od. Lobbies [...*bis*, auch: ...*biß*]: 1. Wandelhalle eines Parlamentsgebäudes. 2. Gesamtheit der Lobbyisten. **Lobbying** [*lobi-ing*; aus gleichbed. *amerik.* lobbying zu lobby] *das*; -s, -s: Beeinflussung von Abgeordneten durch Interessenten[gruppen]. **Lobby|ismus** *der*; -: [ständiger] Versuch, Gepflogenheit, Zustand der Beeinflussung von Abgeordneten durch Interessenten[gruppen]. **Lobby|ist** *der*; -en, -en: jmd., der Abgeordnete für seine Interessen zu gewinnen sucht

Lobelie [...*ie*; nach dem flandrischen Botaniker M. de l'Obel, 1538–1616] *die*; -, -n: aus Afrika stammende Gartenpflanze

loco [*loko*, auch: *loko*; aus *lat.* loco „am (rechten) Platze", Lokativ von locus „Ort"]: (Kaufmannsspr.) am Ort, hier; greifbar, vorrätig. **loco citato** [- *zitato*; *lat.*, vgl. Zitat]: an der angeführten Stelle (eines Buches); Abk.: l. c.

Locus communis [*lokus kom...*, auch: *lokus* -; *lat.*] *der*; - -, loci [*lozi*, auch: *lozi*] ...nes: Gemeinplatz, bekannte Tatsache, allgemeinverständliche Redensart

log = Logarithmus

¹...**log** [zu *gr.* lógos „Rede, Wort"]: Wortbildungselement mit der Bed. „entsprechend", z. B. analog.

²...**log** vgl. ...loge

Log [aus gleichbed. *engl.* log, eigtl. „Holzklotz" (der an einer Leine mit Meßknoten hinter dem Schiff hergezogen wurde)] *das*; -s, -e u. Logge *die*; -, -n: Fahrgeschwindigkeitsmesser eines Schiffes (Seew.). **Logbuch** *das*; -[e]s, ...bücher: Schiffstagebuch. **Log|gast** *der*; -[e]s, -en: Matrose (seemannsspr.: Gast), der das → Log bedient (Seew.). **Logge** vgl. Log. **loggen** [aus gleichbed. *engl.* to log]: die Fahrgeschwindigkeit eines Schiffes mit dem → Log messen (Seew.)

log..., **Log**... vgl. logo..., Logo...

Log|arithmentafel [zu → Logarithmus] *die*; -, -n: tabellenartige Sammlung der → Mantissen der Logarithmen (Math.). **log|arithmieren**: (Math.) a) mit Logarithmen rechnen; b) den Logarithmus berechnen. **log|arithmisch**: den Logarithmus betreffend, auf einem Logarithmus beruhend, ihn anwendend (Math.). **Log|arithmus** [zu *gr.* lógos „Vernunft, Verhältnis" u. árithmos „Zahl"] *der*; -, ...men: Zahl, mit der man eine andere Zahl, die → Basis (4c), → potenzieren (2) muß, um eine vorgegebene Zahl, den → Numerus (2) zu erhalten (Math.); Abk.: log

Logbuch vgl. Log

...**loge**, (seltener:) ...log [zu *gr.* lógos „Rede, Wort, Vernunft, wissenschaftl. Untersuchung"]: in männlichen Substantiven auftretendes Suffix mit der Bedeutung „Kundiger, Forscher, Wissenschaftler", z. B. Ethnologe = Völkerkundler

Loge [*losche*; unter Einfluß von *engl.* lodge (aus *altfr.* loge; Bed. 3) aus *fr.* loge „abgeschlossener Raum", dies aus *mlat.* lobia (zu *dt.* Laube)] *die*; -, -n: 1. kleiner abgeteilter Raum mit mehreren Sitzplätzen im Theater. 2. Pförtnerraum. 3. a) geheime Gesellschaft; Vereinigung von Freimaurern; b) Versammlungsort einer geheimen Gesellschaft, einer Vereinigung von Freimaurern

Loggast, **Logge**, **loggen** vgl. Log

Logger [über *niederl.* logger aus gleichbed. *engl.* lugger] *der*; -s, -: kleineres Küsten[segel]fahrzeug zum Fischfang

Loggia [*lodscha* od. *lodschja*; aus gleichbed. *it.* loggia, eigtl. „Laube", dies aus *altfr.* loge, s. Loge] *die*; -, -s od. ...ien [...*ien*]: 1. Bogengang; gewölbte, von Pfeilern od. Säulen getragene, ein- od. mehrseitig offene Bogenhalle, die meist vor das Erdgeschoß gebaut od. auch selbständiger Bau ist (Archit.). 2. nach einer Seite offener, überdeckter, kaum od. gar nicht vorspringender Raum im Obergeschoß eines Hauses

...**logie** [zu → ...loge]: in weiblichen Substantiven auftretendes Suffix mit der Bedeutung „Lehre, Kunde, Wissenschaft", z. B. Ethnologie = Völkerkunde

logieren [*loschiren*; aus gleichbed. *fr.* loger zu loge, s. Loge]: [vorübergehend] wohnen. **Logis** [*loschi*; aus gleichbed. *fr.* logis zu loge, s. Loge] *das*; - [*loschi(ß)*], - [*loschiß*]: 1. Wohnung, Bleibe. 2. (Seemannsspr.) Mannschaftsraum auf Schiffen

Logik [über gleichbed. *lat.* logica aus *gr.* logikḗ „Wissenschaft des Denkens" zu logikós „zur Vernunft (*gr.* lógos) gehörend"] *die*; -: 1. Lehre, Wissenschaft von der Struktur, den Formen u. Gesetzen des Denkens; Lehre vom folgerichtigen Denken, vom richtigen Schließen aufgrund gegebener Aussagen (Philos.). 2. a) Fähigkeit, folgerichtig zu denken; b) Zwangsläufigkeit; zwingende, notwendige Folgerung. **Logiker** *der*; -s, -: 1. Wissenschaftler auf dem Gebiet der Logik (1). 2. Mensch mit scharfem, klarem Verstand. **logisch** [über gleichbed. *lat.* logicus aus *gr.* logikós; vgl. Logik]: 1. die Logik (1) betreffend. 2. denkrichtig, folgerichtig, schlüssig. 3. (ugs.) natürlich, selbstverständlich, klar. ...**logisch**: Suffix von Adjektiven, die zu Substantiven auf → ...logie gehören. **Logismus** [zu → Logos] *der*; -, ...men: (Philos.) 1. Vernunftschluß. 2. (ohne Plural) Theorie, Lehre von der logischen Ordnung der Welt. **Logistik** [aus *gr.* logistikḗ „Rechenkunst" zu logízesthai „rechnen, berechnen"] *die*; -: mathematische Logik. **Logistiker** *der*; -s, -: Vertreter der Logistik. **logistisch**: die Logistik betreffend, auf ihr beruhend. **Logizismus** [zu → Logik] *der*; -: (abwertend) Überbewertung der Logik. **logizistisch**: (abwertend) überspitzt logisch, haarspalterisch. **Logizität** *die*; -: das Logische an einer Sache, an einem Sachverhalt; der logische Charakter; Denkrichtigkeit (Philos.)

logo..., **Logo...**, vor Vokalen: log..., Log... [zu *gr.* lógos, s. Logos]: in Zusammensetzungen auftretendes Bestimmungswort mit der Bedeutung „wort..., Wort..., Rede..., Vernunft...". **Logo|griph** [zu → Logos u. *gr.* grîphos „Netz, Rätsel"] *der*; -s u. -en, -e[n]: Buchstabenrätsel, bei dem durch Wegnehmen, Hinzufügen od. Ändern eines Buchstabens ein neues Wort entsteht. **Logopäde** *der*; -n, -n: Spezialist auf dem Gebiet der Logopädie (Med.; Psychol.). **Logopädie** [zu → logo... u. *gr.* paideía „Lehre, Ausbildung"] *die*; -: Sprachheilkunde; Lehre von den Sprachstörungen u. deren Heilung; Spracherziehung von Sprachkranken, Sprachgestörten, Stotterern, Stammlern (Med.; Psychol.). **logopädisch**: die Logopädie betreffend, auf ihr beruhend (Med.; Psychol.)

Logos [aus *gr.* lógos „das Sprechen; Rede, Wort; Vernunft"] *der*; -, (selten:) Logoi [...*eu*]: 1. menschliche Rede, sinnvolles Wort (Philos.). 2. logisches Urteil, Begriff (Philos.). 3. menschliche Vernunft (Philos.). 4. (ohne Plural) göttliche Vernunft, Weltvernunft (Philos.). 5. (ohne Plural) Offenbarung, Wille Gottes u. menschgewordenes Wort Gottes in der Person Jesu (Theol.)

Loipe [*leupᵉ*; aus *norw.* løype „Skibahn, Skiweg"] *die*; -, -n: Langlaufbahn, -spur (Skisport)

Lok *die*; -, -s: Kurzform von Lokomotive

Lokal [aus *fr.* local „Ort, Platz, Raum" zu local „örtlich"] *das*; -[e]s, -e: 1. Gaststätte, Restaurant, [Gast]wirtschaft. 2. Raum, in dem Zusammenkünfte, Versammlungen o. ä. stattfinden

lokal [über *fr.* local aus *spätlat.* locālis „örtlich"]: 1. örtlich. 2. örtlich beschränkt

Lokal|anäs|thesie *die*; -, ...ien: örtliche Betäubung (Med.). **Lokalisation** [...*zion*] *die*; -, -en: das Lokalisieren. **lokalisieren** [aus gleichbed. *fr.* localiser]: 1. örtlich bestimmen, festlegen. 2. eingrenzen, auf einen bestimmten Punkt oder Bereich begrenzen. **Lokalität** [aus gleichbed. *fr.* localité] *die*; -, -en: Örtlichkeit; Raum. **Lokalpa|triotismus** *der*; -: starke od. übertriebene Liebe zur engeren Heimat, zur Vaterstadt o. ä. **Lokalsatz** *der*; -es, ...sätze: Umstandssatz des Ortes (Sprachw.). **Lokaltermin** *der*; -s, -e: Gerichtstermin, der am Tatort abgehalten wird

Lokation [...*zion*; aus *lat.* locātio „Stellung, Anordnung; Vermietung" zu locāre „an einen Platz (*lat.* locus) stellen; vermieten"] *die*; -, -en: 1. moderne Wohnsiedlung. 2. Bohrstelle (bei der Erdölförderung)

Lokativ [auch: *lọ́katif*; zu *lat.* locāre „an einen Platz (*lat.* locus) stellen"] *der*; -s, -e [...*wᵉ*]: den Ort ausdrückender → Kasus, Ortsfall (z. B. griech. oíkoi = „zu Hause"; Sprachw.)

loko vgl. loco

Lokomobile [aus gleichbed. *fr.* locomobile zu locomobile „von der Stelle bewegbar", dies zu *lat.* locus „Ort, Stelle" u. mobilis „beweglich"] *die*; -, -n: fahrbare Dampf-, Kraftmaschine

Lokomotive [...*tiwᵉ*, auch: ...*tifᵉ*; aus gleichbed. *engl.* locomotive (engine), eigtl. „sich von der Stelle bewegende (Maschine)" zu *lat.* locus „Ort, Stelle" u. *spätlat.* mōtīvus „zur Bewegung geeignet", vgl. Motiv] *die*; -, -n: schienengebundene Zugmaschine für Eisenbahnzüge; Kurzform: Lok

Lokus [verkürzt aus *nlat.* locus secrētus „heimlicher Ort" oder schülersprachl. locus necessitātis „Ort der Notdurft"] *der*; - u. -ses, -se: (ugs.) Abort

Lombard [aus *fr.* lombard, älter maison de Lombard „Leihhaus" (nach den im 13.–15. Jh. als Geldleiher privilegierten Kaufleuten aus der Lombardei)] *der* od. *das*; -[e]s, -e: Kredit gegen Verpfändung beweglicher Sachen (Wertpapiere, Waren; Wirtsch.). **Lombardgeschäft** *das*; -[e]s, -e: = Lombard. **lombardieren**: Wertpapiere od. Waren bankmäßig beleihen (Wirtsch.). **Lombardsatz** *der*; -es, ...sätze: von der Notenbank festgesetzter Zinsfuß für Lombardgeschäfte (Wirtsch.); vgl. Diskontsatz

Longdrink [aus gleichbed. *engl.* long drink, eigtl. „reichliches Getränk"] *der*; -[s], -s: neben Alkohol vor allem Soda, Fruchtsaft o. ä. enthaltendes Mixgetränk

Longe [*lọngschᵉ*; aus gleichbed. *fr.* longe zu long aus *lat.* longus „lang"] *die*; -, -n: sehr lange Laufleine für Pferde (Reitsport). **longieren**: ein Pferd an der Longe laufen lassen

Longime|trie [*longg...*; zu *lat.* longus „lang" u. → ...metrie] *die*; -: Längenmessung. **longitudinal** [zu *lat.* longitūdo „Länge"]: a) in der Längsrichtung verlaufend, längsgerichtet, längs...; b) die geographische Länge betreffend

Longseller [...*ßäl*...; anglisierende Bildung nach → Bestseller, zu *engl.* long „lange" u. to sell „verkaufen"] *der*; -s, -: Buch, das über einen längeren Zeitraum zu den Bestsellern gehört

Look [*luk*; aus *engl.* look „Aussehen"] *der*; -s, -s: Modeerscheinung, Modestil, Mode (meist in Zusammensetzungen wie Mao-Look, Astronauten-Look)

loopen [*lupᵉn*; aus gleichbed. *engl.* to loop the loop, zu loop „Schleife"]: einen Looping ausführen. **Looping** [aus gleichbed. *engl.* looping (the loop)] [*lup...*] *der* (auch: *das*); -s, -s: senkrechter Schleifenflug, Überschlag (beim Kunstflug)

Lord [aus gleichbed. *engl.* lord] *der*; -s, -s: Titel u. Anrede für einen Herrn des engl. hohen Adels. **Lord-Kanzler** *der*; -s, -: engl. Bezeichnung: Lord Chancellor [-*tschanßᵉlᵉr*]: höchster engl. Staatsbeamter; Präsident des Oberhauses u. des Obersten Gerichtshofes. **Lord-Mayor** [*lọ́rtmeᵉʳ*, auch: *lọ́rdmäᵉ*; aus *engl.* Lord Mayor] *der*; -s, -s: Titel des Ersten Bürgermeister bestimmter engl. Großstädte. **Lord|ship** [...*schip*; aus *engl.* lordship] *die*; -: 1. Lordschaft (Rang bzw. Titel, auch Anrede eines Lords). 2. Herrschaftsgebiet eines Lords

Lor|gnette [*lornjätᵉ*; aus gleichbed. *fr.* lorgnette zu lorgner „verstohlen betrachten"] *die*; -, -n: früher übliche Stielbrille. **lor|gnettieren**: (veraltet) durch die Lorgnette betrachten; scharf mustern. **Lorgnon** [...*njong*; aus gleichbed. *fr.* lorgnon] *das*; -s, -s: a) früher übliches Stieleinglas; b) Lorgnette, früher übliche Stielbrille

¹Lori *der*; -s, -s [aus gleichbed. *engl.* lory, dies aus *malai.* luri, nuri]: farbenprächtiger, langflügeliger Papagei.

[2]**Lori** [aus gleichbed. *fr.* loris]: schwanzloser Halbaffe

Lorokonto [aus *it.* il loro conto „das Konto jener (anderen Banken)"]: das bei einer Bank geführte Kontokorrentkonto einer anderen Bank

lo stesso tempo vgl. l'istesso tempo

Lost generation [- *dsehänerg'schen*; *engl.*; „verlorene Generation"; von der amerikan. Schriftstellerin Gertrude Stein, 1874–1946, geprägte Bezeichnung] *die*; - -: a) Gruppe der jungen, durch das Erlebnis des ersten Weltkriegs desillusionierten und pessimistisch gestimmten amerikan. Schriftsteller der zwanziger Jahre; b) junge amerikan. u. europäische Generation nach dem ersten Weltkrieg

Lotion [*...zion*; engl. Aussprache: *loüschen*; z. T. über *engl.* lotion aus *fr.* lotion „Waschung, Bad", dies aus *spätlat.* lōtio zu lavāre „waschen"] *die*; -, -en u. (bei engl. Ausspr.:) -s: flüssiges Kosmetikum zur Reinigung u. Pflege der Haut

Lotos [aus gleichbed. *lat.* lōtus, *gr.* lōtós] *der*; -, - u. **Lotosblume** *die*; -, -n: Wasserrose mit weißen, rosa od. hellblauen Blüten (die als religiöses Sinnbild bei Ägyptern, Indern u. a. eine bes. Rolle spielt). **Lotossäule** *die*; -, -n: altägypt. Säule mit einem stilisierten Pflanzenkapitell

Lotterie [aus gleichbed. *niederl.* loterije zu lot „Los"] *die*; -, ...ien: 1. staatlich anerkanntes Zahlenglücksspiel, bei dem Lose gekauft od. gezogen werden. 2. Verlosung. 3. Kartenglücksspiel. 4. Lotteriespiel, riskantes Handeln mit Inkaufnahme aller Eventualitäten

Lotto [aus *it.* lotto „Glücksspiel" zu *fr.* lot „Los" (germ. Wort)] *das*; -s, -s: 1. staatlich anerkanntes Glücksspiel, bei dem man auf Zahlen wettet, die bei der jeweiligen Ziehung als Gewinnzahlen ausgelost werden; Zahlenlotterie. 2. Gesellschaftsspiel, bei dem Karten mit Zahlen od. Bildern durch dazugehörige Karten bedeckt werden müssen

Louis [*lui*; franz. Name für Ludwig] *der*; -[auch: *luiß*], - [*luiß*]: (ugs.) Zuhälter. **Louisdor** [aus *fr.* louis d'or, eigtl. „goldener Ludwig"] *der*; -s, -e (aber: 5 Louisdor): Goldmünze, die zuerst unter Ludwig XIII. von Frankreich geprägt wurde. **Louis-quatorze** [*luikators*] *das*; -: franz. Kunststil zur Zeit Ludwigs XIV. (franz. Barock). **Louis-quinze** [*luikängs*] *das*; -: dem deutschen Rokoko vergleichbarer franz. Kunststil zur Zeit Ludwigs XV. **Louis-seize** [*luißäs*] *das*; -: franz. Kunststil zur Zeit Ludwigs XVI.

Lounge [*laundseh*; aus gleichbed. *engl.* lounge zu to lounge „faulenzen"] *die*; -, -s [*...dsehis*, auch: *...dsehiß*]: Gesellschaftsraum in Hotels o. ä., Hotelhalle

Love-in [*law-in*; aus gleichbed. *engl.* love-in] *das*; -s, -s: Protestverhalten jugendlicher Gruppen, bei dem es zu öffentlichen Liebeshandlungen kommt

Low-Church [*loutschörtsch*; aus *engl.* Low Church, eigtl. „niedere Kirche"] *die*; -: niederkirchliche, vom → Methodismus beeinflußte Richtung in der → anglikanischen Kirche

loxo|drom [zu *gr.* loxós „schief" u. drómos „Lauf"]: die Längenkreise (vgl. auch Meridian) einer Kugel bzw. der Erdkugel unter gleichem Winkel schneidend (von gedachten Kurven auf einer Kugel bzw. auf der Erdkugel; Math.). **Loxo|drome** *die*; -, -n: Kurve, die loxodrom ist (Math.)

loy|al [*loajal*; aus gleichbed. *fr.* loyal, dies (nach loi „Gesetz") aus *lat.* lēgālis, s. legal]: a) zur Regierung, zum Vorgesetzten stehend; die Gesetze, die Regierungsform respektierend, gesetzes-, regierungstreu; Ggs. → disloyal, → illoyal (a); b) die Interessen anderer achtend; vertragstreu; anständig, redlich; Ggs. → illoyal (b, c). **Loya|lität** [nach gleichbed. *fr.* loyauté] *die*; -, -en: a) Treue gegenüber der herrschenden Gewalt, der Regierung, dem Vorgesetzten; Gesetzes-, Regierungstreue; b) Vertragstreue; Achtung vor den Interessen anderer; Anständigkeit, Redlichkeit

LP [*äl pe*, auch: *äl pi*; Abk. aus *engl.* long-playing record (*...pleⁱ... räkord*) = Langspielplatte] *die*; -, -s: Langspielplatte; vgl. Single

LSD [*äl äß de*; Abk. aus Lysergsäurediäthylamid] *das*; -[s]: ein Rauschgift

L.St., Lstr. = Pfund Sterling

Lt. = Leutnant

Ltd. = limited

Lu = chem. Zeichen für: Lutetium

Ludus [aus gleichbed. *lat.* lūdus, eigtl. „Spiel"] *der*; -, Ludi: 1. öffentliches Fest- u. Schauspiel im Rom der Antike. 2. lat. Bezeichnung für Elementarschule

Lues [aus *lat.* luēs „Seuche, Pest"] *die*; -: Syphilis (Med.). **luetisch**: syphilitisch (Med.)

Lügendetektor [nach gleichbed. *engl.* lie detector; vgl. Detektor] *der*; -s, ...oren: Registriergerät zur Feststellung unterdrückter → affektiver Regungen (fälschlich: die Wahrheit od. Unwahrheit von Aussagen feststellender Apparat)

lugu|bre [aus gleichbed. *it.* lugubre dies aus *lat.* lūgubris „traurig"]: klagend, traurig (Mus.)

Luiker [zu → Lues] *der*; -s, -: an Syphilis Erkrankter (Med.). **luisch**: = luetisch

lu|krativ [aus *lat.* lucrātīvus „gewonnen, mit Gewinn verbunden" zu lucrāre „gewinnen"]: gewinnbringend, einträglich

lukullisch [nach dem altröm. Feldherrn Lucullus]: üppig (von Gerichten), schwelgerisch. **Lukullus** *der*; -, -sse: Schlemmer

Lullaby [*lalebai*; aus *engl.* lullaby] *das*; -s, ...bies [*...bais*, auch: *...baiß*]: engl. Wiegenlied, Schlaflied

Lumberjack [*lambe rdsehäk*; aus gleichbed. *engl.-amerik.* lumberjack, eigtl. „Holzfäller"] *der*; -s, -s: Jacke aus Leder, Kord o. ä., meist mit Reißverschluß, engem Taillenschluß u. Bündchenärmeln

Lumen [aus *lat.* lūmen „Licht"] *das*; -s, - u. Lumina: 1. (veraltet, scherzh.) kluger Mensch, Könner, hervorragender Kopf. 2. Hohlraum in Zellen od. Organen von Pflanzen u. Tieren (Biol.). 3. Maßeinheit für den Lichtstrom; Abk.: lm (Phys.)

Lumineszenz [zu *lat.* lūmen „Licht"] *die*; -, -en: das Leuchten eines Stoffes ohne gleichzeitige Temperaturerhöhung, kaltes Leuchten (z. B. von Phosphor im Dunkeln). **lumineszieren**: ohne gleichzeitige Temperaturerhöhung leuchten

Luna [aus gleichbed. *lat.* lūna] (meist ohne Artikel); -s; mit Artikel: *die*; -: (dicht.) Mond. **lunar** [aus gleichbed. *lat.* lūnāris]: den Mond betreffend, zu ihm gehörend, von ihm ausgehend (Astron.). **Lunarium** *das*; -s, ...ien [*...iᵉn*]: Gerät zur Veranschaulichung der Mondbewegung. **Lunation** [*...zion*] *die*; -, -en: Mondumlauf von Neumond zu Neumond. **Lunaut** [Kurzwort für → Lunonaut] *der*; -en, -en: (schweiz.) Astronaut

Lunch [*lan(t)sch*; aus *engl.* lunch] *der*; -[e]s od. -, -[e]s od. -e: engl. Bezeichnung für die Mittagsmahlzeit. **lunchen**: den Lunch einnehmen

Lünette [aus gleichbed. *fr.* lunette, eigtl. „Möndchen" zu lune aus *lat.* lūna „Mond"] *die*; -, -n: Bogenfeld über Türen od. Fenstern od. als Bekrönung eines Rechtecks (Archit.)

lungo [aus gleichbed. *it.* lungo]: lang gehalten (Mus.)

Lunonaut [zu *lat.* lūna „Mond" u. → ...naut] *der*; -en, -en: für einen Mondflug eingesetzter Astronaut. **Lunula** [aus gleichbed. *lat.* lūnula, eigtl. „Möndchen"] *die*; -, ...lae [...*lä*] u. ...nulen: 1. halbmondförmiger [Hals]schmuck aus der Bronzezeit. 2. glasumschlossener Hostienbehälter in der → Monstranz. **lunular**: halbmondförmig

Lupe [aus gleichbed. *fr.* loupe] *die*; -, -n: Vergrößerungsglas

Luperkalien [...*i^e^n*; aus *lat.* Lupercālia] *die* (Plural): altröm. Fest, ursprünglich zu Ehren des Hirtengottes Faun, das später zur Reinigungs- u. Fruchtbarkeitsfeier wurde

Lupine [aus gleichbed. *lat.* lupīnus zu lupus „Wolf"] *die*; -, -n: zur Familie der Schmetterlingsblütler gehörende, in etwa 200 Arten vorkommende Pflanze mit meist gefingerten Blättern u. ährigen Blüten, die in der Landwirtschaft bes. als Futter- u. Gründüngungspflanze eine große Rolle spielt, aber auch als Zierpflanze bekannt ist

Lupus in fabula! [*lat.*; „der Wolf in der Fabel"]: wenn man vom Teufel spricht, ist er nicht weit! (Ausruf, wenn jemand kommt, von dem man gerade gesprochen hat)

Lure [aus *norw.* lur „Blasinstrument aus Holz", dies aus *aisl.* luðr „hohler Stamm, Trompete"] *die*; -, -n: aus dem 1. Jahrtausend stammendes, in Bronze gegossenes, bis zu 3 m langes, hornähnliches altes nordisches Blasinstrument

Lurex ⓦ [Kunstw.]: mit metallisierten Fasern hergestelltes Garn, Gewebe, Gewirk

lusingando [aus gleichbed. *it.* lusingando zu lusingare „locken, schmeicheln"]: schmeichelnd, gefällig, gleitend, zart, spielerisch (Vortragsanweisung; Mus.)

Lüster [aus gleichbed. *fr.* lustre, dies aus *it.* lustro „Glanz" zu *lat.-it.* lustrāre „hell machen"] *der*; -s, -: 1. Kronleuchter. 2. Glanzüberzug auf Glas-, Ton-, Porzellanwaren. 3. in der Lederfabrikation (u. bei der Pelzveredlung) verwendetes Appreturmittel, das die Leuchtkraft der Farben erhöht u. einen leichten Glanz verleiht

Lu|stration [...*zion*; aus gleichbed. *lat.* lūstrātio, vgl. lustrieren] *die*; -, -en: feierliche → kultische Reinigung [durch Sühneopfer] (Rel.). **lu|strativ**: kultische Reinheit bewirkend (Rel.). **lu|strieren** [aus *lat.* lūstrāre „hell machen, reinigen"]: feierlich reinigen (Rel.). **Lu|strum** [aus *lat.* lūstrum] *das*; -s, ...ren u. ...ra: 1. (hist.) altröm. Reinigungs- u. Sühneopfer, das alle fünf Jahre stattfand. 2. Zeitraum von fünf Jahren

Lutein [zu *lat.* lūteus „goldgelb", dies zu lūtum „blau" (ein Färbekraut)] *das*; -s: gelber Farbstoff in Pflanzenblättern u. im Eidotter

Lutetium [...*zium*; nach Lutetia, dem lat. Namen von Paris] *das*; -s: chem. Element, Metall; Zeichen: Lu; vgl. Cassiopeium

luttuoso [aus gleichbed. *it.* luttuoso, dies aus *lat.* lūctuōsus „traurig"]: schmerzvoll, traurig (Vortragsanweisung; Mus.)

Lux [aus *lat.* lūx „Licht"] *das*; -, -: Einheit der Beleuchtungsstärke; Zeichen: lx (Phys.)

luxuriös [aus *lat.* luxuriōsus „üppig, schwelgerisch"]: sehr komfortabel ausgestattet; üppig, verschwenderisch; kostbar, prunkvoll. **Luxus** [aus *lat.* luxus „Verschwendung, Pracht"] *der*; -: Aufwand, der den normalen Rahmen [der Lebenshaltung] übersteigt; nicht notwendiger, nur zum Vergnügen betriebener Aufwand; Verschwendung; Prunk

Luzerne [aus gleichbed. *fr.* luzerne, dies über *provenzal.* luzerno „Glühwürmchen, Luzerne" (wegen der glänzenden Samen) aus *lat.* lucerna „Leuchte, Lampe" zu lucēre „leuchten"] *die*; -, -n: zur Familie der Schmetterlingsblütler zählende wichtige Futterpflanze mit meist blauen, violetten od. gelben traubenförmigen Blüten

luzid [aus gleichbed. *lat.* lūcidus, eigtl. „lichtvoll"]: 1. hell; durchsichtig. 2. klar, verständlich. **Luzidität** *die*; -: 1. Helle, Durchsichtigkeit. 2. Klarheit, Verständlichkeit

LW = Lawrencium

lx = Lux

LXX [röm. Zahl für „70"] = Zeichen für → Septuaginta

lydisch: [nach der Landschaft Lydien]: die antike Landschaft Lydien in Kleinasien betreffend; -e Tonart: (Mus.) 1. altgriech. Tonart. 2. zu den authentischen vier ersten Tonreihen gehörende, auf f stehende Tonleiter der Kirchentonarten des Mittelalters. **Lydische** *das*; -n: (Mus.) 1. altgriech. Tonart. 2. Kirchentonart

lymphatisch [zu → Lymphe]: auf Lymphe, Lymphknötchen, -drüsen bezüglich, sie betreffend (Med.). **Lymphe** [aus *lat.* lympha „Quell-, Flußwasser"] *die*; -, -n: 1. hellgelbe, eiweißhaltige Körperflüssigkeit in eigenem Gefäßsystem u. in den Gewebsspalten, die für den Stoffaustausch der Gewebe sehr wichtig ist. 2. Impfstoff gegen Pocken. **lymphoid**: lymphartig, lymphähnlich (bezogen auf die Beschaffenheit von Zellen u. Flüssigkeiten; Med.). **Lymphozyt** [zu → Lymphe u. *gr.* kýtos „Höhlung"] *der*; -en, -en (meist Plural): im lymphatischen Gewebe entstehendes, außer im Blut auch in der Lymphe u. im Knochenmark vorkommendes weißes Blutkörperchen (Med.)

lynchen [*lünch^e^n*, auch: *linch^e^n*; aus gleichbed. *engl.* to lynch; wahrscheinlich nach dem nordamerik. Pflanzer u. Friedensrichter Charles Lynch]: jmdn. für eine [als Unrecht empfundene] Tat ohne Urteil eines Gerichts grausam mißhandeln od. töten. **Lynchjustiz** *die*; -: ungesetzliche Volksjustiz

Lyra [aus *gr.-lat.* lyra] *die*; -, ...ren: 1. altgriech., der → Kithara ähnliches Zupfinstrument mit fünf bis sieben Saiten. 2. Drehleier (vom 10. bis 18. Jh.). 3. Streichinstrument, Vorgängerin der → Violine (16. Jh.). 4. dem Schellenbaum ähnliches Glokkenspiel der Militärkapellen. 5. in Lyraform gebaute Gitarre mit sechs Saiten u. einem od. zwei Schallöchern; Lyragitarre (frühes 19. Jh.)

Lyrik [aus *fr.* poésie lyrique, dies zu *lat.* lyricus aus *gr.* lyrikós „zum Spiel der → Lyra gehörend"] *die*; -: Dichtungsgattung, in der subjektives Erleben, Gefühle, Stimmungen usw. od. Reflexionen mit den Formmitteln von Reim, Rhythmus, Metrik, Takt, Vers, Strophe u. a. ausgedrückt werden; vgl. Dramatik, Epik. **Lyriker** *der*; -s, -: Dichter, der Lyrik schreibt. **lyrisch**: 1. a) die Lyrik betreffend, zu ihr gehörend; b) in der Art von Lyrik, mit stimmungsvollem, gefühlsbetontem Grundton. 2. weich, von schönem Schmelz u. daher für gefühlsbetonten Gesang geeignet (auf die Gesangsstimme bezogen; Mus.). 3. gefühl-, stimmungsvoll. **Lyrismus** *der*; -, ...men: [übertrieben] stimmungsvolle, gefühlsbetonte dichterische od. musikalische Gestaltung, Darbietung

Lysin [zu *gr.* lýein „(auf)lösen"] *das*; -s, -e (meist Plural): → Antikörper, der fremde Zellen u. Krankheitserreger, die in den menschlichen Organismus eingedrungen sind, aufzulösen vermag (Med.)

Lysoform Ⓦ [Kunstw.] *das*; -s: Desinfektionsmittel. **Lysol** Ⓦ *das*; -s: Kresolseifenlösung (Desinfektionsmittel)

lyzeal: (veraltet) zum Lyzeum gehörend; das Lyzeum betreffend. **Lyzeum** [über *lat.* Lyceum aus *gr.* lýkeion (Name einer Lehrstätte im alten Athen)] *das*; -s, ...een: (veraltet) höhere Lehranstalt für Mädchen

M

μ = 1. Mikro... 2. Mikron. 3. My

ᵐ = Minute

m = 1. Meter. 2. Milli... 3. Minute

m², qm = Quadratmeter

m³, cbm = Kubikmeter

m. = maskulin

M = 1. Mega... 2. Mille. 3. 1 000 (röm. Zahlzeichen). 4. [nach dem franz. Astronomen Messier (*...ßie*), 1730–1817]: Bezeichnung der Kugelsternhaufen u. Nebel, z. B. M 51 = Spiralnebel im Sternbild der Jagdhunde

M. = 1. Maskulinum. 2. Monsieur

...ma (*gr.*): Endung von Neutra, z. B. das Phlegma

mA = Milliampere

M. A. = 1. Magister Artium. 2. Master of Arts

Mäander [nach dem kleinasiatischen Fluß] *der*; -s, -: 1. (meist Plural) [Reihe von] Windung[en] od. Schleife[n] (z. T. mit Gleit- u. Prallhängen) an Fluß- od. Bachläufen; Flußschlinge[n]. 2. rechtwinklig od. spiralenförmig geschwungenes Zierband (bes. auf Keramiken). **mäandern** u. **mäandrieren**: 1. sich schlangenförmig bewegen (von Flüssen u. Bächen). 2. Mäander als Verzierung auf Gegenständen anbringen. **mäan|drisch**: in Mäanderform [verziert, fließend]

Mac|chia [*makia*] u. **Mac|chie** [*makiᵉ*; aus gleichbed. *it.* macchia, eigtl. „Fleck", dies aus *lat.* macula „Fleck" (die Büsche auf den kahlen Hängen sehen wie Flecken aus)] *die*; -, Macchien [*...iᵉn*]: charakteristischer immergrüner Buschwald des Mittelmeergebietes

Machete [*maeh*..., auch: *matschetᵉ*; aus gleichbed. *span.* machete] *die* (auch: *der*); -, -n: Buschmesser

Machiavellismus [*makjawälißmuß*; nach dem ital. Staatsmann Machiavelli, 1469–1527] *der*; -: politische Lehre u. Praxis, die der Politik den Vorrang vor der Moral gibt; durch keine Bedenken gehemmte Machtpolitik. **Machiavellist** *der*; -en, -en: Anhänger des Machiavellismus. **machiavellistisch**: nach der Lehre Machiavellis, im Sinne des Machiavellismus

Machination [*maehinazion*; aus *lat.* machinātio „List, Kunstgriff" zu machinārī „aussinnen, erdenken"] *die*; -, -en: (veraltet) 1. Kniff. 2. Winkelzüge. 3. Machenschaft[en]

Machorka [*maeh*...; aus gleichbed. *russ.* machorka] *der*; -s, -s: russ., grob geschnittener Tabak mit großen, dicken Rippen

machulle [*maehulᵉ*; aus *jidd.* mechulle „krank"]: 1. (ugs. u. mdal.) bankrott, pleite. 2. (mdal.) ermüdet, erschöpft. 3. (mdal.) verrückt

Madam [aus *fr.* madame „Frau", eigtl. „meine Herrin"] *die*; -, -s u. -en: 1. (ugs.) Hausherrin, die Gnädige. 2. (scherzh.) [dickliche, behäbige] Frau. **Madame** [*madam*]: franz. Anrede für eine Frau, etwa dem deutschen „Gnädige Frau" entsprechend; als Anrede ohne Artikel; Abk.: Mme. (schweiz.: ohne Punkt); Plural: Mesdames [*medam*]; Abk.: Mmes. (schweiz.: ohne Punkt)

made in ... [*meᵉd* -; *engl.*; „hergestellt in ..."]: Aufdruck auf Waren in Verbindung mit dem jeweiligen Herstellungsland, z. B. made in Germany [- - *dseh ö'mᵉni*] = hergestellt in Deutschland

Madeira [*...dera*] u. Madera [nach der portugies. Insel Madeira (*span.* Madera)] *der*; -s, -s: ein Süßwein

Mademoiselle [*madmoasäl*; aus *fr.* mademoiselle, eigtl. „mein Fräulein", vgl. Madame] franz. Anrede für: Fräulein; als Anrede ohne Artikel; Abk.: Mlle. (schweiz.: ohne Punkt); Plural: Mesdemoiselles [*medmoasäl*], Abk.: Mlles. (schweiz.: ohne Punkt)

Madison [*mädißᵉn*; nach der Hauptstadt Madison des Staates Wisconsin, USA] *der*; -[s], -: 1962 aufgekommener Modetanz im ⁴/₄-Takt

Madonna [aus gleichbed. *it.* madonna, eigtl. „meine Herrin", dies aus *lat.* mea domina; vgl. Donna] *die*; -, ...nnen: a) (ohne Plural) die Gottesmutter Maria; b) die bildliche Darstellung der Gottesmutter [mit dem Kinde]

Ma|drigal [aus gleichbed. *it.* madrigale] *das*; -s, -e: 1. a) (hist.) Hirtenlied; b) ital. Gedichtform der Renaissancezeit mit ländlich-idyllischem Inhalt. 2. meist fünfstimmiges weltliches Kunstlied des 16. Jh.s; b) im 17. Jh. Bez. für ein einstimmiges Instrumentalstück. **ma|drigalesk**: das Madrigal betreffend, nach der Art des Madrigals

mae|stoso [aus *it.* maestoso „majestätisch" zu maestà aus *lat.* maiestās, vgl. Majestät]: feierlich, würdevoll, gemessen (Vortragsanweisung; Mus.). **Mae|stoso** *das*; -s, -s u. ...si: feierliches, getragenes Musikstück

Mae|stro [aus gleichbed. *it.* maestro, eigtl. „Meister" (aus *lat.* magister)] *der*; -s, -s (auch: ...stri): a) großer Musiker od. Komponist, Meister; b) Musiklehrer

Mäeutik [aus *gr.* maieutikḗ téchnē „Hebammenkunst"] *die*; -: die sokratische Methode, durch geschicktes Fragen die im Partner schlummernden, ihm aber nicht bewußten richtigen Antworten u. Einsichten heraufzuholen. **mäeutisch**: die Mäeutik betreffend

Mafia, auch: **Maffia** [aus gleichbed. *it.* maf(f)ia, eigtl. „Überheblichkeit, Anmaßung", dies viell. aus *arab.* maḥyāṣ „Prahlerei"] *die*; -, -s: [politisch einflußreicher] terroristischer [sizilianischer] Geheimbund. **Mafioso** [aus gleichbed. *it.* mafioso] *der*; -[s], ...si: Angehöriger einer Mafia

mafisch [Kunstw. aus *Ma*gnesium u. *lat. f*errum „Eisen"]: reich an Magnesium und Eisen (von gesteinsbildenden Mineralien)

Mag. = Magister

Magazin [unter Einfluß von *fr.* magasin „Laden" u. *engl.* magazine „Zeitschrift" aus *it.* magazzino „Vorratshaus, Lagerraum", dies aus gleichbed. *arab.* maḥāzin (Plural) „Warenlager, Zeughaus"] *das*; -s, -e: 1. a) Vorratsraum; b) Lagerraum [für

Bücher]. 2. Laden. 3. periodisch erscheinende, reich bebilderte, unterhaltende Zeitschrift. 4. Rundfunk- od. Fernsehsendung, die über [politische] Tagesereignisse informiert u. sie kommentiert, wobei die einzelnen Beiträge durch Musik verbunden werden können. 5. Aufbewahrungs- u. Vorführkasten für → Diapositive, in dem die Diapositive einzeln eingesteckt sind. 6. abnehmbares, lichtfest verschließbares Rückteil einer Kamera, das den Film enthält u. schnellen Wechsel des Films ermöglicht. 7. Patronenkammer in [automatischen] Gewehren u. Pistolen. **Magaziner** *der*; -s, -: (schweiz.) Magazinarbeiter. **Magazineur** [...*nör*; französierende Bildung zu → Magazin] *der*; -s, -e: (österr.) Lagerverwalter. **magazinieren**: 1. einspeichern, lagern. 2. gefrängt zusammenstellen

Magdalénien [...*leniäng*; aus gleichbed. *fr.* magdalénien; nach dem franz. Fundort, der Höhle La Madeleine (- *madlän*)] *das*; -[s]: Stufe der jüngeren Altsteinzeit

Magie [über *lat.* magīa aus *gr.* mageía „Lehre der → Magier, Zauberei"] *die*; -: 1. Zauberkunst, Geheimkunst, die sich übersinnliche Kräfte dienstbar zu machen sucht (in vielen Religionen). 2. Trickkunst des Zauberers im → Varieté. 3. Zauberkraft. **Magier** [...*i^er*; zu *lat.* magi, Plural von magus, *gr.* mágos „Zauberer", eigtl. „medischer Priester u. Weiser" (pers. Wort)] u. **Magiker** *der*; -s, -: Zauberer, [berufsmäßiger] Zauberkünstler. **magisch** [über *lat.* magicus aus gleichbed. *gr.* magikós]: 1. die Magie (1) betreffend. 2. zauberhaft, geheimnisvoll bannend

Magister [aus *lat.* magister „Vorsteher, Leiter; Lehrer" (vgl. *dt.* Meister)] *der*; -s, -: 1. a) in einigen Hochschulfächern verliehener akademischer Grad, gleichwertig mit einem Diplom; - Artium [*arzium*; *lat.*; „Meister der (Freien) Künste"]: von philosophischen Fakultäten in der Bundesrepublik Deutschland verliehener Grad; Abk.: M. A.; vgl. Master of Arts; b) (hist.) akademischer Grad, der zum Unterricht an Universitäten berechtigte. 2. (veraltet, noch scherzh.) Lehrer

Magi|strat [aus *lat.* magistrātus „höherer Beamter, Behörde"] *der*; -[e]s, -e: 1. im Rom der Antike a) hoher Beamter (z. B. Konsul, Prätor usw.); b) öffentliches Amt. 2. Stadtverwaltung

Magma [aus *gr.-lat.* mágma „geknetete Masse, Bodensatz"] *das*; -s, ...men: heiße natürliche Gesteinsschmelze im Erdinnern, aus der Erstarrungsgesteine entstehen (Geol.). **magmatisch**: aus dem Magma kommend (z. B. von Gasen bei Vulkanausbrüchen)

Ma|gna Charta [- *ka*...; aus *lat.-mlat.* Magna Charta (libertātum) „Großer Freiheitsbrief" zu *lat.* charta „Papier; Schrift, Brief"] *die*; - -: 1. engl. [Grund]gesetz von 1215, in dem der König dem Adel grundlegende Freiheitsrechte garantieren mußte. 2. Grundgesetz, Verfassung, Satzung

Ma|gnat [aus *mlat.* magnās, magnātus „Größe; vornehmer Herr" zu *lat.* magnus „groß"] *der*; -en, -en: 1. (hist.) hoher Adliger (bes. in Polen u. Ungarn). 2. Großgrundbesitzer, Industrieller

Ma|gnesia [über *mlat.* magnēsia aus *gr.* magnēsíē (líthos) „Magnetstein" (nach der Ähnlichkeit, s. Magnet)] *die*; -: Magnesiumoxyd (Talkerde, Bittererde). **Ma|gnesit** *der*; -s, -e: ein Mineral. **Magnesium** *das*; -s: chem. Grundstoff, Metall; Zeichen: Mg. **Ma|gnesiumsulfat** *das*; -[e]s, -e: Bittersalz

Ma|gnet [über *lat.* magnēs, Gen. magnētis aus *gr.* mágnēs, líthos magnētēs „Magnetstein" (eigtl. „Stein aus [der altgriech. Landschaft] Magnesia")] *der*; -[e]s, u. -en, -e[n]: 1. a) Eisen- od. Stahlstück, das Stoffe wie Eisen, Kobalt u. Nickel anzieht; b) = Elektromagnet. 2. anziehende Person, reizvoller Gegenstand, Ort. **ma|gnetisch**: 1. die Eigenschaften eines Magneten (1) aufweisend, Eisen, Kobalt u. Nickel anziehend. 2. auf der Wirkung eines Magneten (1) beruhend, durch einen Magneten bewirkt. 3. unwiderstehlich, auf geheimnisvolle Weise anziehend. **ma|gnetisieren** [mit französierender Endung gebildet]: magnetisch (1) machen. **Magnetismus** *der*; -: Fähigkeit eines Stoffes, Eisen od. andere Stoffe (Kobalt, Nickel) anzuziehen. **Ma|gnetit** *der*; -s, -e: wichtiges Eisenerz. **Magnetkies** *der*; -es: Eisenerz, oft nickelhaltig. **Magnetometer** *das*; -s, -: Instrument zur Messung magnetischer Feldstärke u. des Erdmagnetismus

Ma|gnetophon [zu → Magnet u. → ...phon] ⓦ *das*; -s, -e: ein Tonbandgerät

ma|gnifik [*manjifik*; aus gleichbed. *fr.* magnifique, dies aus *lat.* magnificus „großartig"]: (veraltet) herrlich, prächtig, großartig

Ma|gnifikat [*mag*...; aus *lat.* magnificat, 3. Pers. Sing. von magnificāre „rühmen"] *das*; -[s], -s: 1. a) (ohne Plural) Lobgesang Marias (Luk. 1, 46–55) nach seinem Anfangswort in der lat. Bibel (Teil der kath. → Vesper); b) auf den Text von a) komponiertes Chorwerk. 2. (landsch.) katholisches Gesangbuch

Ma|gnifizenz [aus *lat.* magnificentia „Großartigkeit, Erhabenheit" zu magnificus „großartig"] *die*; -, -en: Titel für Hochschulrektoren u. a.; als Anrede: Euer, Eure (Abk.: Ew.) -

Ma|gnolie [...*i^e*; nach dem franz. Botaniker Pierre Magnol (*manjol*), 1638–1715] *die*; -, -n: frühblühender Zierbaum (aus Japan u. China) mit tulpenförmigen Blüten

Magot [aus gleichbed. *fr.* magot, dies zum biblischen Namen eines Heidenvolks *hebr.* māgôg] *der*; -s, -s: in Nordafrika heimische Lemurenart (vgl. Lemure)

Mahagoni [wohl indian. Wort] *das*; -s: wertvolles Holz des Mahagonibaumes u. anderer ausländischer Bäume

Mahara|dscha [aus *sanksr.* mahārājah zu mahā- „groß" u. rājān „König"] *der*; -s, -s: indischer Großfürst. **Maharani** [aus *Hindi* mahārānī zu mahā- „groß" u. rānī „Königin"] *die*; -, -s: Frau eines Maharadschas, indische Fürstin

Mahatma [aus *sanskr.* mahātman „mit großer Seele" zu mahā- „groß" u. ātmán- „Seele"] *der*; -s, -s: ind. Ehrentitel für geistig hochstehende Männer (z. B. Gandhi), die oft göttlich verehrt werden

Mah-Jongg u. Ma-Jongg [...*dsehong*; *chin.*, eigtl. „Spatzenspiel"] *das*; -s, -s: chinesisches Gesellschaftsspiel

Mai [aus gleichbed. *lat.* (mēnsis) Maius (nach einem italischen Gott des Wachstums)] *der*; -[e]s u. - (dichterisch auch noch: -en), -e: fünfter Monat im Jahr, Wonnemond, Weidemonat

Maire [*mär*; aus *fr.* maire, dies aus *lat.* maior „der Größere"; vgl. Majordomus] *der*; -s, -s: Bürgermeister in Frankreich. **Mairie** *die*; -, ...ien: Bürgermeisterei in Frankreich

Maisonette, (nach fr. Schreibung auch:) **Maisonnette** [*mäsonät*; aus *fr.* maisonnette „Häuschen"] *die*; -, -s: zweistöckige Wohnung in einem [Hoch]haus

Maî|tre de plaisir [*mätr^e d^e pläsir*; *fr.*] *der*; - - -,

-s [*mätr^e*] - -: (veraltet, scherzh.) jmd., der bei gesellschaftlichen Veranstaltungen das allgemeine Unterhaltungsprogramm arrangiert u. leitet; Tanzmeister

Maitresse vgl. Mätresse

Maja [aus *sanskr.* māyā „Trugbild"] *die;* -: die als Blendwerk angesehene Erscheinungswelt (als verschleierte Schönheit dargestellt) in der → wedischen u. → brahmanischen Philosophie

Majestät [aus *lat.* maiestās „Größe, Erhabenheit" zu maior „größer"] *die;* -, -en: 1. (ohne Plural) Herrlichkeit, Erhabenheit. 2. Titel u. Anrede von Kaisern u. Königen. **majestätisch**: herrlich, erhaben, hoheitsvoll

majeur [*masehör*; aus *fr.* (ton) majeur, eigtl. „größerer (Ton)", dies aus *lat.* maior „größer"]: franz. Bezeichnung für: Dur (Mus.); Ggs. → mineur

Majolika [aus gleichbed. *it.* maiolica, nach der span. Insel Mallorca] *die;* -, ...ken u. -s: Töpferware; vgl. Fayence

Majonäse vgl. Mayonnaise

Ma-Jongg vgl. Mah-Jongg

Major [*major*; aus *span.* mayor „größer, höher; Vorsteher, Hauptmann", dies aus *lat.* maior „größer"; vgl. Majorat] *der;* -s, -e: Offizier, der im Rang über dem Hauptmann steht

Majoran [auch: ...*ran*; aus gleichbed. *mlat.* majorana] *der;* -s, -e: Gewürz- u. Heilpflanze (Lippenblütler)

Majorat [aus gleichbed. *mlat.* maiorātus zu *lat.* maior „größer, älter" (Komparativ von magnus „groß")] *das;* -[e]s, -e: (Rechtsw.) 1. Vorrecht des Ältesten auf das Erbgut; Ältestenrecht. 2. nach dem Ältestenrecht zu vererbendes Gut

Majordomus [*majordómuß*; aus *mlat.* major domūs „Hausmeier"] *der;* -, -: (hist.) oberster Hofbeamter, Befehlshaber des Heeres (unter den fränkischen Königen)

majorenn [aus gleichbed. *mlat.* majorennus zu *lat.* maior „größer, älter" u. annus „Jahr"]: (veraltet) volljährig, mündig (Rechtsw.). **Majorennität** *die;* (veraltet) Volljährigkeit, Mündigkeit (Rechtsw.)

Majorette [...*rät*; aus *fr.* majorette „Tambourmajorin"] *die;* -, -n [...*t^en*]: junges Mädchen in Uniform, das bei festlichen Umzügen paradiert

majorisieren [zu *lat.* maior „größer, stärker"]: überstimmen, durch Stimmenmehrheit zwingen. **Majorität** [über gleichbed. *fr.* majorité aus *mlat.* majōritas „Mehrheit" zu *lat.* maior „größer, stärker"] *die;* -, -en: [Stimmen]mehrheit; Ggs. → Minorität

Majuskel [zu *lat.* maiusculus „etwas größer"] *die;* -, -n: Großbuchstabe; Ggs. → Minuskel; vgl. Versal

makaber [aus gleichbed. *fr.* macabre zu danse macabre „Totentanz" (Herkunft unsicher)]: düster, schaurig; schaudererregend; gespenstisch, unheimlich; seltsam, unangebracht

Makadam [nach dem schott. Straßenbauingenieur McAdam, 1756–1836] *der* od. *das;* -s, -e: Straßenbelag. **makadamisieren**: mit Makadam belegen

Make-up [*me^ik-ap*; aus gleichbed. *engl.* make-up, eigtl. „Aufmachung"] *das;* -s, -s: 1. Verschönerung des Gesichts mit kosmetischen Mitteln. 2. kosmetisches Mittel; Creme zum Tönen u./od. Glätten der Haut. 3. Aufmachung, Verschönerung eines Gegenstandes mit künstlichen Mitteln

Maki [über *fr.* maki aus gleichbed. *madagass.* maky] *der;* -s, -s: = Lemure (2)

Makkabiade [nach dem jüdischen Volkshelden Judas Makkabäus (2. Jh. v. Chr.)] *die;* -, -n: in vierjährigem Zyklus stattfindender jüd. Sportwettkampf nach Art der Olympiade

Makkaroni [aus gleichbed. *it.* mundartl. maccaroni (Plural)] *die* (Plural): röhrenförmige Nudeln aus Hartweizengrieß. **makkaronische Dichtung** [nach gleichbed. *it.* poesia maccaronica, eigtl. „Knödeldichtung", (zu maccaroni in der älteren Bed. „Knödel")] *die;* -n -: scherzhafte lateinische Dichtung, in die lateinisch deklinierte Wörter einer anderen Sprache eingestreut sind (z. B. Totschlago vos sofortissime, nisi vos benehmitis bene; B. von Münchhausen)

Mako [nach Mako Bey, (um 1820), dem Hauptförderer des ägypt. Baumwollanbaus] *die;* -, -s, (auch:) *der* od. *das;* -[s], -s: ägypt. Baumwolle

Makoré [...*re*; aus gleichbed. *fr.* makoré (afrik. Wort)] *das;* -[s]: rotbraunes Hartholz des afrik. Birnbaums

makr..., **Makr...** vgl. makro..., Makro...

Ma|krele [aus gleichbed. *niederl.* makreel] *die;* -, -n: bis 35 cm langer Speisefisch des Mittelmeergebiets, des Atlantiks u. nordischer Gewässer

ma|kro..., **Ma|kro...**, vor Vokalen meist: makr..., Makr... [aus gleichbed. *gr.* makrós]: in Zusammensetzungen auftretendes Bestimmungswort mit der Bedeutung „lang, groß". **Ma|krokosmos** u. **Makrokosmus** [auch: *makro...*] *der;* -: das Weltall; Ggs. → Mikrokosmos

Ma|krone [aus gleichbed. *fr.* macaron, dies aus *it.* mdal. maccarone, s. Makkaroni] *die;* -, -n: Gebäck aus Mandeln, Zucker u. Eiweiß

Makulatur [aus *mlat.* maculatūra „beflecktes, schadhaftes Stück" zu *lat.* maculāre „fleckig machen, besudeln", dies zu macula „Fleck"] *die;* -, -en: a) beim Druck schadhaft gewordene u. fehlerhafte Bogen, Fehldruck; b) Altpapier; Abfall der Papierindustrie; - reden: (ugs.) Unsinn, dummes Zeug reden. **makulieren**: zu Makulatur machen, einstampfen

Malachit [...*chit*; zu *gr.* maláchē „Malve"] *der;* -s, -e: ein schwärzlich-grünes Mineral, Schmuckstein

malad[e] [aus gleichbed. *fr.* malade, dies aus *lat.* malē habitus „in schlechtem Zustand befindlich"]: (ugs.) [leicht] krank, unpäßlich, unwohl; von körperlicher Beanspruchung usw. erschöpft

Malaga [aus *span.* málaga (nach der gleichnamigen span. Provinz)] *der;* -s, -s: ein span. Süßwein

Malagueña [...*gänja*; aus *span.* malagueña zu malagueño „aus Malaga stammend"] *die;* -, -s: span. Tanz im $^3/_2$-Takt mit einem ostinaten Thema, über dem der Sänger frei improvisieren kann (Mus.)

Malaise [*maläs^e*; aus gleichbed. *fr.* malaise] *die;* -, -n (schweiz. *das;* -s, -): 1. Übelkeit, Übelbefinden; Unbehagen. 2. Unglück, Widrigkeit, ungünstiger Umstand, Misere

Malaria [aus gleichbed. *it.* malaria, dies aus mala aria „böse Luft, Sumpfluft"] *die;* -: Sumpffieber, Wechselfieber

Malefiz [aus *lat.* maleficium „böse Tat" zu malus „schlecht, böse" u. facere „machen"] *das;* -es, -e: 1. (veraltet) Missetat, Verbrechen. 2. (landsch.) Strafgericht. 3. (ugs.) in Zusammensetzungen als Verstärkung auftretendes Bestimmungswort, z. B. Malefizkerl

Malepartus [nlat. Umbildung von älter *fr.* Malepertuis „schlimmer Durchgang"] *der;* -: Wohnung des Fuchses in der Tierfabel

Malfunction Detection System [*mälfanktschen ditäktschen sißtim; amerik.*] *das*; - - -s, - - -s: elektronisches System, das Störungen in Raumfahrzeugen automatisch anzeigt (Raumfahrt); Abk.: MDS

Mal|heur [*malör*; aus gleichbed. *fr.* malheur zu mal aus *lat.* malus „schlecht" u. heur „glücklicher Zufall" aus *lat.* augūrium „Vorzeichen"] *das*; -s, -e u. -s: (ugs.) Pech; kleines Unglück, [peinliches] Mißgeschick

maliziös [aus gleichbed. *fr.* malicieux, dies aus *lat.* malitiōsus „arglistig"]: boshaft, hämisch

mall [aus gleichbed. *niederl.* mal]: (ugs., landsch.) töricht, von Sinnen, nicht ganz richtig, verrückt

Malm [aus *engl.* malm „kalkreicher Lehm"] *der*; -[e]s: die obere Abteilung des → Juras (in Süddeutschland: Weißer Jura; Geol.)

Mal|oc|chio [*malokjo*; aus gleichbed. *it.* malocchio, eigtl. „böses Auge"] *der*; -s, -s u. Malocchi [*maloki*]: böser Blick

ma|lochen [zu *jidd.* melocho „Arbeit"]: (ugs.) schwer arbeiten, schuften

Malossol [zu *russ.* malosol'nyj „wenig gesalzen"] *der*; -s: schwach gesalzener Kaviar

Maltase [zu *nlat.* maltum „Malz" (germ. Wort) u. → ...ase] *die*; -: → Enzym, das Malzzucker in Traubenzucker spaltet

Malteser [nach der Mittelmeerinsel Malta] *der*; -s, -: 1. Angehöriger des kath. Zweiges der Johanniter (Ritterorden), deren Sitz 1530 bis 1798 Malta war. 2. weißer Schoßhund mit langhaarigem Fell

Maltose [zu *nlat.* maltum „Malz" (germ. Wort)] *die*; -: Malzzucker

mal|trätieren [aus gleichbed. *fr.* maltraiter, dies aus mal (*lat.* malē) „schlecht" u. traiter (*lat.* tractāre) „behandeln"]: mißhandeln, quälen

Malus [zu *lat.* malus „schlecht"] *der*; - u. Malusses, - u. Malusse: 1. nachträglicher Prämienzuschlag bei Häufung von Schadensfällen in der Kfz-Versicherung; Ggs. → Bonus (1). 2. zum Ausgleich für eine bessere Ausgangsposition erteilter Punktnachteil (z. B. beim Vergleich der Abiturnoten aus verschiedenen Bundesländern); Ggs. → Bonus (2)

Malvasier [*...wa...*; nach dem ital. Namen Malvasia für die griech. Stadt Monemwasia] *der*; -s: ein süßer Südwein

Malve [*...we*; aus gleichbed. *lat.-it.* malva] *die*; -, -n: Käsepappel, eine krautige Heil- u. Zierpflanze

Mamba [aus gleichbed. *zulusprachl.* im-amba] *die*; -, -s: eine afrik. Giftschlange

Mambo [aus einer westind. Negersprache] *der*; -[s], -s (auch: *die*; -, -s): mäßig schneller lateinamerik. Tanz im 4/4-Takt

Mameluck [über *it.* mammalucco aus *arab.* mamlūk „Sklave"] *der*; -en, -en: Sklave; Leibwächter orientalischer Herrscher

Mamilla [aus gleichbed. *lat.* mamilla, Verkleinerungsform von → Mamma] *die*; -, ...llen: Brustwarze (Med.). **Mamma** [aus gleichbed. *lat.* mamma] *die*; -, ...mmae [*...mä*]: weibliche Brust, Brustdrüse (Med.). **Mammo|graphie** *die*; -, ...ien: röntgendiagnostische Methode zur Untersuchung der weiblichen Brust (vor allem zur Feststellung bösartiger Geschwülste; Med.)

Mammon [über *gr.-kirchenlat.* mammōnā aus *aram.* māmōnā „Besitz, Habe"] *der*; -s: (abwertend) Geld; Reichtum

Mammut [über *fr.* mammouth aus gleichbed. *russ.* mamont] *das*; -s, -e u. -s: ausgestorbene Elefantenart der Eiszeit mit langhaarigem Pelz u. 5 m langen Stoßzähnen. **Mammut...**: in Zusammensetzungen auftretendes Bestimmungswort mit der Bedeutung „Riesen-", z. B. Mammutveranstaltung, Mammutprogramm. **Mammutbaum** *der*; -s, ...bäume: ein Sumpfzypressengewächs

Mamsell [aus *fr.* ugs. mam'selle, Kurzf. für mademoiselle, s. d.] *die*; -, -en u. -s: 1. Angestellte im Gaststättengewerbe. 2. Hauswirtschafterin auf einem Gutshof. 3. (veraltet, spöttisch-scherzh.) Fräulein, Hausgehilfin

Mänade [über *lat.* maenas, Gen. maenadis aus gleichbed. *gr.* mainás, eigtl. „die Rasende, Verzückte"] *die*; -, -n: ekstatisch-orgiastische Frau im Kult des griech. Weingottes Dionysos

Management [*mänidschment*; aus gleichbed. *engl.-amerik.* management, vgl. managen] *das*; -s, -s: Leitung eines Unternehmens, Betriebsführung. **managen** [*...dschen*; aus *engl.-amerik.* to manage „handhaben, bewerkstelligen; leiten, führen", dies aus *it.* maneggiare „handhaben" zu mano, *lat.* manus „Hand"]: 1. (ugs.) leiten, zustande bringen, geschickt bewerkstelligen, organisieren. 2. a) einen Berufssportler, Künstler o. ä. betreuen; b) jmdm. eine höhere Position verschaffen. **Manager** [*...dscher*; aus gleichbed. *engl.-amerik.* manager] *der*; -s, -: 1. Leiter [eines großen Unternehmens]. 2. Betreuer [eines Berufssportlers, Künstlers o. ä.]

Manati [aus gleichbed. *karib.-span.* manati] *der*; -s, -s: = Lamantin

mancando [*...ka...*; aus gleichbed. *it.* mancando; vgl. Manko]: abnehmend, die Lautstärke zurücknehmend (Vortragsanweisung; Mus.)

Manchester [*mäntschäßter*, auch: *mäntschäßter* u. *manschäßter*; nach der gleichnamigen engl. Stadt] *der*; -s: kräftiger Kordsamt

Manchestertum [*mäntschäßter...*; nach der engl. Stadt Manchester] *das*; -s: Richtung des extremen wirtschaftspolitischen Liberalismus mit der Forderung nach völliger Freiheit der Wirtschaft

Mandant [aus *lat.* mandāns, Gen. mandantis, Part. Präs. von mandāre „übergeben, anvertrauen"] *der*; -en, -en: jmd., der einen Rechtsanwalt beauftragt, eine Angelegenheit für ihn juristisch zu vertreten

Mandarin [aus gleichbed. *port.* mandarim, dies über *Hindi* mantri aus *sanskr.* mantrin „Ratgeber, Minister"] *der*; -s, -e: (hist.) europäischer Name für hohe Beamte des ehemaligen chin. Kaiserreichs

Mandarine [über *fr.* mandarine aus gleichbed. *span.* naranja mandarina, eigtl. wohl „Mandarinenorange" (da sie als vornehmste Art galt)] *die*; -, -n: kleine apfelsinenähnliche Zitrusfrucht von süßem Geschmack

Mandat [aus *lat.* mandātum „Auftrag, Weisung" zu mandāre, s. Mandant] *das*; -[e]s, -e: 1. Auftrag, [Vertretungs]vollmacht (Rechtsw.). 2. Amt eines [gewählten] Abgeordneten (Pol.). 3. in Treuhand von einem Staat verwaltetes Gebiet (Pol.). **Mandatar** [*lat.-mlat.*] *der*; -s, -e: (österr.) Abgeordneter

Mandioka [über *span.* mandioca aus gleichbed. *Tupi* mandioca, manioca] *die*; -: = Maniok

Mandola [aus gleichbed. *it.* mandola, älter mandora] *die*; -, ...len: ein eine Oktave tiefer als die Mandoline klingendes Zupfinstrument. **Mandoline** [über *fr.* mandoline aus gleichbed. *it.* mandolino, Verkleinerungsform von → Mandola] *die*; -, -n: kleine Mandola; lautenähnliches Zupfinstrument mit stark gewölbtem, kürbisähnlichem Schallkörper u. 4 Doppelsaiten, das mit einem → Plektron gespielt wird

Man|dragora u. **Man|dragore** [über *lat.* mandragorās aus gleichbed. *gr.* mandragóras] *die*; -, ...oren: ein Nachtschattengewächs mit einer menschenähnlichen Wurzel (Alraunwurzel), der eine Art Zauberkraft nachgesagt wurde

Man|drill [aus gleichbed. *engl.* mandrill] *der*; -s, -e: Meerkatzengattung (Affen) Zentralafrikas mit meist buntfarbigem Gesicht

Manege [*manesch*ᵉ; aus *fr.* manège „das Zureiten, Reitbahn", dies aus gleichbed. *it.* maneggio zu maneggiare „handhaben", s. managen] *die*; -, -n: meist runder Vorführplatz od. Reitbahn im Zirkus

Manen [aus *lat.* mānēs (Plural)] *die* (Plural): die guten Geister der Toten im altröm. Glauben

Mangabe [...*ngg*...; nach der Landschaft Mangaby auf Madagaskar] *die*; -, -n: langschwänzige, meerkatzenartige Affenart Afrikas

Mangan [...*ngg*...; nach gleichbed. *fr.* manganèse, dies über *it.* manganese „Mangan" zu *mlat.* magnesia, s. Magnesia] *das*; -s: chem. Grundstoff, Metall; Zeichen: Mn. **Manganat** *das*; -s, -e: Salz der Mangansäure

Mango [...*nggo*; über *port.* manga aus gleichbed. *tamul.* mān-kāy] *die*; -, ...onen od. -s: längliche, etwa gänseeigroße, rotgelbe, wohlschmeckende Frucht des Mangobaumes. **Mangobaum** *der*; -s, ...bäume: tropischer Obstbaum mit wohlschmeckenden Früchten

Man|grove [*manggrow*ᵉ; aus gleichbed. *engl.* mangrove, dies zu *span.* mangle (indian. Wort) „Wurzelbaum" u. *engl.* grove „Gehölz"] *die*; -, -n: immergrüner Laubwald mit Stelzwurzeln in Meeresbuchten u. Flußmündungen tropischer Gebiete

Manguste [...*ngg*...; aus gleichbed. *fr.* mangouste, dies aus älter *port.* mangús (ind. Wort)] *die*; -, -n: südostasiatische Schleichkatze; vgl. Mungo

maniabel [aus gleichbed. *fr.* maniable, zu manier „handhaben", dies zu main aus *lat.* manus „Hand"]: leicht zu handhaben, handlich

Manichäer [nach dem pers. Religionsstifter Mani (3. Jh. n. Chr.)] *der*; -s, -: Anhänger des Manichäismus. **Manichäismus** *der*; -: von Mani gestiftete dualistische persisch-hellenistisch-christliche Weltreligion

Manie [aus *gr.-lat.* manía „Raserei, Wahnsinn"] *die*; -, ...ien: 1. Besessenheit; Sucht; krankhafte Leidenschaft (Psychol.). 2. Phase des manisch-depressiven Irreseins mit abnorm heiterem Gemütszustand, Enthemmung u. Triebsteigerung (Med.)

Manier [aus *fr.* manière „Art und Weise, Gewohnheit, Benehmen", zu main aus *lat.* manus „Hand"] *die*; -, -en: 1. (ohne Plural) a) Art u. Weise, Eigenart; Stil [eines Künstlers]; b) (abwertend) Künstelei, Mache; vgl. manieriert, Manieriertheit. 2. (meist Plural) Umgangsform, Sitte, Benehmen. 3. Verzierung (Mus.). **manieriert** [nach gleichbed. *fr.* maniéré]: (abwertend) gekünstelt, unnatürlich. **Manieriertheit** *die*; -, -en: (abwertend) Geziertheit, Künstelei, unnatürliches Ausdrucksverhalten. **Manierismus** *der*; -: 1. moderner Stilbegriff für die Kunst der Zeit zwischen Renaissance u. Barock (Kunstw.). 2. (Literaturw.) a) gekünstelte Schreibweise, Stil des Barocks; b) gegenklassischer Stil. 3. (abwertend) gekünstelte Nachahmung eines Stils. **Manierist** *der*; -en, -en: Vertreter des Manierismus. **manieristisch**: in der Art des Manierismus. **manierlich**: 1. den guten Manieren entsprechend, wohlerzogen; sich als Kind od. Jugendlicher so benehmend, wie es die Erwachsenen im allgemeinen erwarten. 2. (ugs.) so beschaffen, daß sich daran eigentlich nichts aussetzen läßt; ganz gut, recht akzeptabel

manifest [aus gleichbed. *lat.* manifēstus]: 1. handgreiflich, offenbar, offenkundig. 2. deutlich erkennbar (von Krankheiten u. a.; Med.). **Manifest** [aus gleichbed. *mlat.* manifestum zu *lat.* manifēstus, s. o.] *das*; -[e]s, -e: Grundsatzerklärung, Programm [einer Partei, einer Kunst- od. Literaturrichtung, politischen Organisation]; kommunistisches -: von K. Marx u. F. Engels verfaßtes Grundsatzprogramm für den „Bund der Kommunisten" (1848). **Manifestation** [...*zion*] *die*; -, -en: das Offenbar-, Sichtbarwerden. **manifestieren** [aus gleichbed. *lat.* manifēstāre, eigtl. „handgreiflich machen"]: offenbaren; kundgeben, bekunden; sich -: offenbar, sichtbar werden

Maniküre [aus gleichbed. *fr.* manu-, manicure zu *lat.* manus „Hand" u. cūra „Sorge, Pflege"] *die*; -, -n: 1. Hand-, bes. Nagelpflege. 2. Kosmetikerin od. Friseuse mit Zusatzausbildung in Maniküre (1). 3. Necessaire für die Geräte zur Nagelpflege. **maniküren**: die Hände, bes. die Nägel pflegen

Maniok [über gleichbed. *fr.* manioc aus *span.* mandioca, s. Mandioka] *der*; -s, -s: tropische Kulturpflanze, aus deren Wurzelknollen die → Tapioka gewonnen wird

Manipel [aus gleichbed. *lat.* manipulus, eigtl. „eine Handvoll"] *der*; -s, -: (hist.) Unterabteilung der röm. → Kohorte

Manipulant [zu → manipulieren] *der*; -en, -en: = Manipulator (1). **Manipulation** [...*zion*; aus *fr.* manipulation „Handhabung", s. manipulieren] *die*; -, -en: 1. bewußter u. gezielter Einfluß auf Menschen ohne deren Wissen u. oft gegen deren Willen (z. B. mit Hilfe der Werbung). 2. absichtliche Verfälschung von Information durch Auswahl, Zusätze od. Auslassungen. 3. (meist Plural) Machenschaft, undurchsichtiger Kniff. 4. Handhabung, Verfahren (Techn.). **manipulativ**: durch, mit Hilfe von unbewußter u. unterschwelliger Beeinflussung. **Manipulator** *der*; -s, ...oren: 1. jmd., der andere zu seinem eigenen Vorteil lenkt od. beeinflußt. 2. Vorrichtung zur Handhabung glühender, staubempfindlicher od. radioaktiver Substanzen aus größerem Abstand od. hinter [Strahlen]schutzwänden. 3. Zauberkünstler, Jongleur, Taschenspieler. **manipulatorisch**: beeinflussend, lenkend. **manipulierbar**: [leicht] zu beeinflussen, zu handhaben. **manipulieren** [aus *fr.* manipuler „handhaben" zu *lat.* manipŭlus „eine Handvoll"]: 1. Menschen bewußt u. gezielt beeinflussen od. lenken; vgl. Manipulation (1). 2. Informationen verfälschen od. bewußt ungenau wiedergeben; vgl. Manipulation (2). 3. etwas geschickt handhaben, kunstgerecht damit umgehen. 4. mit etwas hantieren. **Manipulierer** *der*; -s, -: = Manipulator (1). **Manipulierung** *die*; -, -en: das Manipulieren

manisch [aus *gr.* manikós „zur → Manie gehörend"]: krankhaft heiter, erregt, an Manie leidend. **manisch-depressiv**: abwechselnd krankhaft heiter u. schwermütig (Med.)

Manismus [zu *lat.* mānēs, s. Manen] *der*; -: Ahnenkult, Totenverehrung (Völkerk.)

Manitu [*indian.*] *der*; -s: die allem innewohnende Macht des indianischen Glaubens, oft personifiziert als Großer Geist

Manko [aus gleichbed. *it.* manco zu *lat.* mancus

„verstümmelt, unvollständig"] *das*; -s, -s: 1. Fehlbetrag. 2. Fehler, Unzulänglichkeit, Mangel

Manna [über *gr.-lat.* manna aus gleichbed. *hebr.* manā] *das*; -[s] od. *die*; -: 1. vom Himmel gefallenes Brot bei der Wüstenwanderung Israels im Alten Testament. 2. Himmelsspeise. 3. bestimmter eßbarer Stoff (z. B. der süße Saft der Mannaesche)

Mannequin [*manᵉkäng*, auch: ...*käng*; aus gleichbed. *fr.* mannequin, eigtl. „Modellpuppe", dies aus *mniederl.* mannekijn „Männchen"] *das* (selten: *der*); -s, -s: 1. Vorführdame in der Modebranche. 2. lebensechte Schaufensterpuppe

mano de|stra u. de|stra mano [*it.*; aus *lat.* manus „Hand" u. dexter „recht"]: mit der rechten Hand (zu spielen), → colla destra; Abk.: m. d., d. m. (Mus.)

Manometer [aus gleichbed. *fr.* manomètre zu *gr.* manós „dünn, locker" u. → [1]...meter] *das*; -s, -: Druckmesser für Gase u. Flüssigkeiten (Phys.). **Manome|trie** *die*; -: Druckmeßtechnik. **manometrisch**: mit dem Manometer gemessen. **Manostat** *der*; -[e]s u. -en, -en: Druckregler

ma non tanto [*it.*]: nicht zu sehr (Mus.). **ma non troppo** = ma non tanto

mano sini|stra u. sini|stra mano [*it.*; aus *lat.* manus „Hand" u. sinister „link"]: mit der linken Hand (zu spielen), → colla sinistra; Abk.: m. s., s. m. (Mus.)

Manöver [...*wᵉr*; aus *fr.* manœuvre „(mit der Hand) gelenkte Bewegung, Handhabung", dies aus *vulgärlat.* manuopera „Handarbeit" zu *lat.* manū operāre „mit der Hand arbeiten"] *das*; -s, -: 1. (Mil.) a) größere Truppen-, Flottenübung unter kriegsmäßigen Bedingungen; b) taktische Truppenbewegung. 2. Bewegung, die mit einem Schiff, Flugzeug od. Raumschiff ausgeführt wird. 3. Scheinmaßnahme, Kniff, Ablenkungs-, Täuschungsversuch. **manö|vrieren** [aus gleichbed. *fr.* manœuvrer]: 1. ein Manöver (1b) durchführen. 2. eine Sache od. ein Fahrzeug (Schiff, Flugzeug, Raumschiff, Auto) geschickt lenken od. bewegen. 3. Kunstgriffe anwenden, um sich od. jmdn. in eine bestimmte Situation zu bringen

Mansarde [aus gleichbed. *fr.* mansarde, nach dem franz. Baumeister J. Hardouin-Mansart (*arduäng mangßar*), 1646–1708] *die*; -, -n: für Wohnzwecke ausgebautes Dachgeschoß, -zimmer

Manschette [aus *fr.* manchette „Handkrause", eigtl. „Ärmelchen", zu manche „Ärmel" aus gleichbed. *lat.* manica] *die*; -, -n: 1. [steifer] Ärmelabschluß an Herrenhemden od. langärmeligen Damenblusen; -n haben: (ugs.) Angst haben. 2. Papierkrause für Blumentöpfe. 3. unerlaubter Würgegriff beim Ringkampf. 4. Dichtungsring aus Gummi, Leder od. Kunststoff mit eingestülptem Rand (Techn.)

Mantille [...*il(j)ᵉ*; aus *span.* mantilla, dies aus *lat.* mantellum „Hülle, Decke"] *die*; -, -n: Schleier- od. Spitzentuch der Spanierin

Mantisse [aus *lat.* mantissa „Zugabe, Gewinn"] *die*; -, -n: Ziffern des → Logarithmus hinter dem Komma

Manual *das*; -s, -e, (auch:) **Manuale** [zu *lat.* manuālis „zur Hand (manus) gehörend"] *das*; -[s], -[n]: Handklaviatur der Orgel; Ggs. → Pedal. **manualiter**: auf dem Manual zu spielen (bei der Orgel). **Manu|brium** [aus *lat.* manubrium „Stiel, Griff"] *das*; -s, ...ien [...*iᵉn*]: Knopf od. Griff in den Registerzügen der Orgel

manuell [aus gleichbed. *fr.* manuel, dies aus *lat.* manuālis, s. Manual]: mit der Hand, Hand...

Manufaktur [aus gleichbed. *fr.*, *engl.* manufacture, eigtl. „Handarbeit", zu *lat.* manus „Hand" u. factūra „das Machen, die Herstellung"] *die*; -, -en: 1. vorindustrieller gewerblicher Großbetrieb mit Handarbeit. 2. in Handarbeit hergestelltes Industrieerzeugnis. **Manufakturwaren** *die* (Plural): Meterwaren, Textilwaren, die nach der Maßangabe des Käufers geschnitten u. verkauft werden

Manu|skript [aus *mlat.* manuscrīptum „eigenhändig Geschriebenes" zu *lat.* manus „Hand" u. scrībere „schreiben"] *das*; -[e]s, -e: 1. Handschrift, handschriftliches Buch der Antike und des Mittelalters. 2. hand- od. maschinenschriftliche Ausarbeitung, Niederschrift (z. B. für einen Vortrag). 3. Vorlage eines Schriftwerkes für den Setzer; Abk.: Ms. od. Mskr., Plural: Mss.

manus manum lavat [- - *lawat*; *lat.*]: „eine Hand wäscht die andere"

Manzanilla [*manthanilja*; aus gleichbed. *span.* manzanilla, eigtl. „Kamille"] *der*; -s: ein span. Südwein

Maoismus [...*o-i*...; nach dem chin. Parteivorsitzenden Mao Tsetung] *der*; -: politische Ideologie, die streng dem Konzept des chin. Kommunismus folgt. **Maoist** *der*; -en, -en: jmd., der die Ideologie des Maoismus vertritt. **maoistisch**: den Maoismus betreffend

Marabu [aus gleichbed. *fr.* marabout, eigtl. „mohammedan. Asket" (wegen des würdigen Aussehens), dies über *port.* marabuto aus *arab.* murābiṭ „Einsiedler, Asket"] *der*; -s, -s: trop. Storchenart mit kropfartigem Kehlsack

Maräne [aus gleichbed. *kaschub.*, *masur.* morenka zu *altslaw.* morje „See"] *die*; -, -n: in den Seen Nordostdeutschlands lebender Lachsfisch

Maras|chino [*maraßkino*; aus gleichbed. *it.* maraschino zu marasca „Sauerkirsche"] *der*; -s, -s: aus [dalmat. Maraska]kirschen hergestellter Likör

Marathon... [nach → Marathonlauf]: in Zusammensetzungen auftretendes Bestimmungswort mit der Bedeutung: „sehr lang", z. B. Marathonsitzung. **Marathonlauf** [nach dem altgriech. Läufer, der die Nachricht vom Siege der Griechen über die Perser in der Schlacht bei Marathon nach Athen brachte] *der*; -s, ...läufe: Langstreckenlauf über 42,2 km (olympische Disziplin)

marcando [...*kando*]: = marcato. **marcatissimo**: in verstärktem Maße → marcato. **marcato** [aus gleichbed. *it.* marcato zu marcare „markieren, betonen"]: markiert, scharf hervorgehoben, betont (Vortragsanweisung; Mus.)

Marchese [*markeseᵉ*; aus *it.* marchese, eigtl. „Markgraf", zu marca „Grenze, Grenzland" (germ. Wort)] *der*; -, -n: hoher italien. Adelstitel

Marching Band [*mårtsching bänd*; aus gleichbed. *engl.* marching band] *die*; - -, - -s: Marschkapelle

Marcia [*martscha*; aus gleichbed. *it.* marcia, dies aus *fr.* marche zu marcher „marschieren" (germ. Wort)] *die*; -, -s: Marsch (Mus.); - funebre: Trauermarsch (Mus.). **marciale**: marschmäßig (Vortragsanweisung; Mus.)

Marconi-Antenne [...*ko*...; nach dem Erfinder G. Marconi, 1874–1937] *die*; -, -n: einfachste Form einer geerdeten Sendeantenne

Mare [aus *lat.* mare „Meer"] *das*; -, - od. ...ria: als dunkle Fläche erscheinende große Ebene (kein Meer, wie der Name eigentlich sagt) auf dem Mond

u. auf dem Mars, z. B. Mare Tranquillitatis = Meer der Ruhe

Marelle: vgl. Morelle u. Marille

Marend [über *rätoroman.* marenda aus gleichbed. *spätlat.-it.* merenda zu *lat.* merēre „verdienen"] *das*; -s, -i: (schweiz.) Zwischenmahlzeit

marengo [nach dem oberital. Ort Marengo]: grau od. braun mit weißen Pünktchen (von Stoff). **Marengo** *der*; -s: graumelierter Kammgarnstoff für Mäntel u. Kostüme

Margarine [aus gleichbed. *fr.* margarine zu acide margarique „perlfarbene Säure", dies zu *gr.* márgaron „Perle"] *die*; -: streichfähiges, butterähnliches Speisefett aus tierischen u. pflanzlichen od. rein pflanzlichen Fetten

Marge [*marsch*ᵉ; aus *fr.* marge „Rand, Spielraum", dies aus *lat.* margo „Rand"] *die*; -, -n: 1. Abstand, Spielraum, Spanne. 2. Differenz zwischen Selbstkosten u. Verkaufspreisen, Handelsspanne (Wirtsch.). 3. Preisunterschied für dieselbe Ware od. dasselbe Wertpapier an verschiedenen Orten (Wirtsch.). 4. die Differenz zwischen Ausgabekurs u. Tageskurs eines Wertpapiers (Wirtsch.)

Margerite [aus gleichbed. *fr.* marguerite, eigtl. „Maßliebchen", dies über *altfr.* margarite „Perle" aus gleichbed. *lat.* margarīta, *gr.* margarítēs] *die*; -, -n: schön blühende (Wiesen)blume mit sternförmigem weißem Blütenstand

marginal [aus *nlat.* marginālis „den Rand betreffend" zu *lat.* margo „Rand"]: 1. am Rande liegend. 2. auf dem Rand stehend. 3. randständig, am Rande eines Fruchtblattes gelegen (von Samenanlagen; Bot.). **Marginale** *das*; -[s], ...lien [*...liᵉn*] (meist Plural): = Marginalie. **Marginalie** [*...iᵉ*] *die*; -, -n (meist Plural): Anmerkung am Rande einer Handschrift od. eines Buches

marianisch [aus gleichbed. *mlat.* Mariānus]: auf die Gottesmutter Maria bezüglich

Marihuana [auch: *...chuana*; aus gleichbed. *mex.-span.* marihuana (wohl aus den Mädchennamen Maria u. Juana zusammengezogen)] *das*; -s: aus dem getrockneten Kraut u. Blütenständen des indischen Hanfs hergestelltes Rauschgift

Marille u. Marelle [wohl nach gleichbed. *it.* armellino, dies aus *lat.* armeniācum (mālum) „armenischer Apfel, Aprikose"] *die*; -, -n: (bes. österr.) Aprikose

Marimba u. Marymba [aus gleichbed. *span.* marimba (afrik. Wort)] *die*; -, -s: urspr. afrikanisches, mehrere Meter langes, von 6–8 Spielern bedientes Xylophon, Nationalinstrument in Guatemala. **Marimbaphon** *das*; -s, -e: Großxylophon mit → Resonatoren

marin [aus gleichbed. *lat.* marīnus zu mare „Meer"]: 1. zum Meer gehörend. 2. aus dem Meer stammend, im Meer lebend; Ggs. → limnisch, → terrestrisch (2)

Marinade [aus gleichbed. *fr.* marinade zu mariner „Fische einlegen, → marinieren", eigtl. „in Salzwasser, Meerwasser einlegen", zu marin „zum Meer gehörend" aus *lat.* marīnus] *die*; -, -n: 1. aus Öl, Essig u. Gewürzen hergestellte Beize zum Einlegen von Fleisch od. Fisch, auch für Salate. 2. in eine gewürzte Soße eingelegte Fische od. Fischteile. **marinieren**: [Fische] in Marinade (1) einlegen

Marine [aus gleichbed. *fr.* marine, eigtl. „die zum Meer gehörende", zu marin aus gleichbed. *lat.* marīnus] *die*; -, -n: 1. Seewesen eines Staates; Flottenwesen. 2. Kriegsflotte, Flotte. **marineblau**: dunkelblau. **Mariner** *der*; -s, -: (ugs., scherzh.) Matrose, Marinesoldat

Mariologie [zum Namen Maria] *die*; -: kath.-theologische Lehre von der Gottesmutter. **mariologisch**: die Mariologie betreffend

Marionette [aus gleichbed. *fr.* marionnette, eigtl. „Mariechen", zum weibl. Rufnamen Marion] *die*; -, -n: 1. an Fäden od. Drähten aufgehängte u. dadurch bewegliche Gliederpuppe. 2. willenloses Geschöpf, ein Mensch, der einem anderen als Werkzeug dient

maritim [aus gleichbed. *lat.* maritimus zu mare „Meer"]: 1. das Meer betreffend, Meer..., See... 2. das Seewesen, die Schiffahrt betreffend

markant [aus *fr.* marquant „sich auszeichnend, hervorragend", Part. Präs. von marquer „kennzeichnen", s. markieren]: bezeichnend; ausgeprägt; auffallend; scharf geschnitten (von Gesichtszügen)

Marketender [zu *it.* mercatante „Händler", dies zu mercatare „Handel treiben" u. mercato, *lat.* mercātus „Markt"] *der*; -s, -: (hist.) die Feldtruppe begleitender Händler, Feldwirt

Marketing [*maʳkᵉ...*; aus gleichbed. *engl.* marketing zu to market „Handel treiben, Märkte besuchen"] *das*; -[s]: Ausrichtung der Teilbereiche eines Unternehmens auf das absatzpolitische Ziel u. auf die Verbesserung der Absatzmöglichkeiten (Wirtsch.)

markieren [über *fr.* marquer aus *it.* marcare „kennzeichnen" zu marca „Merkzeichen" (germ. Wort)]: 1. be-, kennzeichnen, kenntlich machen; anfügen. 2. a) hervorheben, betonen; b) sich -: sich deutlich abzeichnen. 3. (österr.) lochen (von Fahrkarten). 4. etwas [nur] andeuten (z. B. auf einer [Theater]probe). 5. (ugs.) vortäuschen, so tun, als ob... (den Kranken -). 6. einen Treffer, ein Tor erzielen (Sport). 7. in einer bestimmten Art u. Weise decken (Sport). **Markierung** *die*; -, -en: Kennzeichnung; [Kenn]zeichen; Einkerbung

Markise [aus gleichbed. *fr.* marquise, eigtl. „Markgräfin" (vgl. Marquise; soldatensprachl. Scherzbezeichnung für das zusätzliche Zeltdach der Offizierszelte)] *die*; -, -n: Sonnendach, Schutzdach, -vorhang aus festem Stoff

Marmelade [aus *port.* marmelada „Quittenmus" zu marmelo „Quitte" aus *lat.* melimēlum, *gr.* melímēlon „Honigapfel" (zu *gr.* méli „Honig" u. mēlon „Apfel")] *die*; -, -n: mit Zucker eingekochtes Fruchtmark, eingekochte reife Früchte

Marmor [über *lat.* marmor aus gleichbed. *gr.* mármaros, eigtl. „Felsblock"] *der*; -s, -e: 1. durch → Metamorphose (4) kristallin-körnig gewordener Kalkstein. 2. polier- u. schleiffähiger Kalkstein. **marmorieren**: marmorartig bemalen, ädern. **marmorn**: aus Marmor

Marmotte [aus gleichbed. *fr.* marmotte] *die*; -, -n: Murmeltier der Alpen u. Karpaten

Marocain [*...kǟng*] *der* od. *das*; -s, -s: feingeripptes [Kunst]seidengewebe in Taftbindung (eine Webart)

marod: (österr., ugs.) leicht krank; vgl. marode.

marode [zu *fr.* maraud „Lump, Spitzbube"]: 1. (Soldatenspr., veraltet) marschunfähig, wegmüde. 2. (veraltend, aber noch landsch.) erschöpft, ermattet, von großer Anstrengung müde; vgl. marod. **Marodeur** [*...dör*; aus gleichbed. *fr.* maraudeur zu marauder „plündern, marodieren"] *der*; -s, -e: plündernder Nachzügler einer Truppe. **marodieren**: [als Nachzügler einer Truppe] plündern

¹Marone [über *fr.* marron aus gleichbed. *it.* marrone] *die;* -, -n u. (bes. österr.) ...ni: [geröstete] eßbare Edelkastanie

²Marone [nach → ¹Marone, wegen des braunen Hutes] *die;* -, -n: ein Speisepilz

Maroquin [...*kăng*; „marokkanisch"] *der;* -s: feines, genarbtes Ziegenleder

Marotte [aus *fr.* marotte „Narrenkappe, Narrheit", eigtl. „kleine Heiligenfigur, Puppe" (Verkleinerungsbildung zu Marie „Maria")] *die;* -, -n: Schrulle, wunderliche Neigung, merkwürdige Idee

Marquis [*marki*; aus *fr.* marquis „Markgraf" zu marche „Grenze, Grenzland" (germ. Wort)] *der;* -, - [*markiß*]: franz. Adelstitel. **Marquisat** *das;* -[e]s, -e: 1. Würde eines Marquis. 2. Gebiet eines Marquis. **Marquise** [aus *fr.* marquise „Markgräfin"] *die;* -, -n: französischer Adelstitel

Marsala [...*ßala*; nach der gleichnamigen sizilischen Stadt] *der;* -s, -s: goldgelber Süßwein

Marseillaise [*marßäjäsᵉ*; nach der franz. Stadt Marseille (*marßäj*)] *die;* -: franz. Nationalhymne (1792 entstandenes Marschlied der Französischen Revolution)

martellato u. **martelé** [...*le*; aus *it.* martellato bzw. *fr.* martelé, eigtl. „gehämmert", zu *vulgärlat.* martellus aus *spätlat.* martulus „kleiner Hammer, gehämmert"]: mit fest gestrichenem, an der Bogenspitze drückendem Bogen (Vortragsanweisung für Streichinstrumente; Mus.). **Martellato** *das;* -s, -s u. ...ti u. **Martelé** [...*le*] *das;* -s, -s: gehämmertes, scharf akzentuiertes od. fest gestrichenes Spiel (Mus.)

martialisch [...*zia*...; aus gleichbed. *lat.* Martiālis, eigtl. „zum Kriegsgott Mars gehörend"]: kriegerisch; grimmig, wild, verwegen

Märtyrer, (kath. kirchlich auch:) **Martyrer** [aus *gr.-lat.* mártyr „Zeuge, Blutzeuge"] *der;* -s, -: 1. jmd., der wegen seines Glaubens od. seiner Überzeugung verfolgt od. getötet wird; jmd., der unschuldig Leiden erträgt. 2. Blutzeuge des christl. Glaubens. **Martyrium** [über *lat.* martyrium aus *gr.* martýrion „Zeugnis"] *das;* -s, ...ien [...*iᵉn*]: 1. Opfertod, schweres Leiden [um des Glaubens od. der Überzeugung willen]. 2. Grab[kirche] eines christl. Märtyrers. **Martyrologium** [aus gleichbed. *mlat.* martyrologium zu *gr.-lat.* mártyr „Blutzeuge" u. *gr.* logía, s. ...logie] *das;* -s, ...ien [...*iᵉn*]: liturgisches Buch mit Verzeichnis der Märtyrer u. Heiligen u. ihrer Feste mit beigefügter Lebensbeschreibung; - Romanum: das amtliche Märtyrerbuch der röm.-kath. Kirche (seit 1584)

Marxismus *der;* -, ...men: (ohne Plural) das von Karl Marx, Friedrich Engels u. deren Schülern entwickelte System von politischen, ökonomischen u. sozialen Theorien, das auf dem historischen u. dialektischen Materialismus u. dem wissenschaftlichen Sozialismus basiert. **Marxist** *der;* -en, -en: Vertreter u. Anhänger des Marxismus. **marxistisch**: a) den Marxismus betreffend; b) im Sinne des Marxismus

März [aus gleichbed. *lat.* Mārtius mēnsis „Monat des Kriegsgottes Mars"] *der;* -[es] (dicht. auch noch: -en), -e: dritter Monat im Jahr, Lenzing, Lenzmond, Frühlingsmonat

Marzipan [auch: *mar*...; aus gleichbed. *it.* marzapane (Herkunft unsicher)] *das* (selten: *der*); -s, -e: weiche Masse aus Mandeln, Aromastoffen u. Zucker

¹Mascara [über gleichbed. *engl.* mascara aus *span.* mascara „Maske"] *das;* -, -s: pastenförmige Wimperntusche. **²Mascara** *der;* -, -s: Stift od. Bürste zum Auftragen von Wimperntusche

Maschine [über gleichbed. *fr.* machine aus *lat.* machina „(Kriegs-, Belagerungs)maschine", dies aus *gr.* (*dorisch*) māchanā́ für mēchanḗ „Hilfsmittel, Werkzeug"; vgl. Mechanik] *die;* -, -n: 1. Gerät mit beweglichen Teilen, das Arbeitsgänge selbständig verrichtet u. damit menschliche od. tierische Arbeitskraft einspart. 2. a) Motorrad; b) Flugzeug; c) Rennwagen; d) Schreibmaschine. 3. (ugs., scherzh.) beleibte [weibliche] Person. **maschinell**: maschinenmäßig; mit einer Maschine [hergestellt]. **Maschinentelegraf** *der;* -en, -en: Signalapparat, bes. auf Schiffen, zur Befehlsübermittlung von der Kommandostelle zum Maschinenraum. **Maschinerie** [mit französierender Endung zu → Maschine] *die;* -, ...ien: 1. maschinelle Einrichtung. 2. System von automatisch ablaufenden Vorgängen, in die einzugreifen schwer od. unmöglich ist. **Maschinist** [aus gleichbed. *fr.* machiniste] *der;* -en, -en: 1. jmd., der fachkundig Maschinen bedient u. überwacht. 2. auf Schiffen der für Inbetriebsetzung, Instandhaltung u. Reparaturen an der Maschine Verantwortliche

Maser [*meⁱsᵉr*, auch: *ma*...; aus gleichbed. *engl.* maser, Kurzw. aus: *m*icrowave *a*mplification by *s*timulated *e*mission of *r*adiation (*maikroᵘ‑ᵘeⁱw ämplifikeⁱschᵉn bai ßtimjuleⁱtid imischᵉn ᵉw reⁱdieⁱschᵉn*) = Kurzwellenverstärkung durch angeregte Aussendung von Strahlung] *der;* -s, -: Gerät zur Verstärkung bzw. Erzeugung von Mikrowellen (Phys.)

Mask. = Maskulinum

Maskaron [über *fr.* mascaron aus gleichbed. *it.* mascherone, eigtl. „große → Maske"] *der;* -s, -e: Menschen- od. Fratzengesicht als Ornament in der Baukunst (bes. im Barock)

Maske [aus *fr.* masque zu gleichbed. *it.* maschera, dies wohl aus *arab.* mashara „Verspottung; Possenreißer"] *die;* -, -n: 1. künstliche Hohlgesichtsform: a) Gesichtsform aus Holz, Leder, Pappe, Metall als Requisit des Theaters, Tanzes; b) beim Fechten u. Eishockey Gesichtsschutz aus festem, unzerbrechlichem Material (Sport); c) bei der Narkose ein Mund u. Nase bedeckendes Gerät, mit dem Gase eingeatmet werden (Med.). 2. verkleidete; vermummte Person. 3. einer bestimmten Rolle entsprechende Verkleidung u. Geschminktsein eines Schauspielers. 4. Verstellung, Vortäuschung. **Maskerade** [aus *span.* mascarada „Maskenaufzug" zu mascara aus *it.* maschera „Maske"] *die;* -, -n: 1. Verkleidung. 2. Maskenfest, Mummenschanz. 3. Heuchelei, Vortäuschung. **maskieren** [aus gleichbed. *fr.* masquer]: 1. verkleiden, eine Maske umbinden. 2. verdecken, verbergen, tarnen. **Maskierung** *die;* -, -en: 1. a) das Verkleiden; b) die Verkleidung. 2. a) das Verbergen, Tarnen; b) Tarnung, Schutztracht mit Hilfe von Steinchen, Schmutz od. Pflanzenteilen bei Tieren (Zool.)

Maskottchen *das;* -s, - u. **Maskotte** [aus gleichbed. *fr.* mascotte, dies aus *provenzal.* mascoto „Zauberei" zu masco „Zauberin, Hexe"] *die;* -, -n: glückbringender → Talisman (Anhänger, Puppe u. a.)

maskulin [auch: *ma*...], **maskulinisch** [aus gleichbed. *lat.* masculīnus zu masculus „männlichen Geschlechts" (Verkleinerungsbildung zu mās „männlich")]: männlich, männlichen Geschlechts (Biol.; Med.; Sprachw.); Abk.: m. **Maskulinum** *das;* -s, ...na: männliches Substantiv (z. B. der Wagen); Abk.: M., Mask.

Masochismus [...*chiß*...; nach dem Schriftsteller Sacher-Masoch] *der*; -: geschlechtliche Erregung beim Erdulden von körperlichen od. seelischen Mißhandlungen; Ggs. → Sadismus. **Masochist** *der*; -en, -en: jmd., der bei Mißhandlung geschlechtl. Erregung empfindet. **masochistisch**: 1. bei Mißhandlung geschlechtlich erregbar. 2. den Masochismus betreffend

Massa [in der Negersprache verstümmelt aus *engl.* master „Herr, Meister"] *der*; -s, -s: (hist.) von den amerik. Negersklaven verwendete Bezeichnung für: Herr

Massage vgl. unten

Massaker [aus gleichbed. *fr.* massacre] *das*; -s, -: Gemetzel, Blutbad, Massenmord. **massakrieren** [aus gleichbed. *fr.* massacrer]: 1. niedermetzeln, grausam umbringen. 2. (ugs., scherzhaft) quälen, mißhandeln

Massenmedium [zu Masse u. → ²Medium] *das*; -s, -, ...dien [...*di*ᵉ*n*] (meist Plural): auf große Massen ausgerichteter Vermittler von Information u. Kulturgut (z. B. Presse, Film, Funk, Fernsehen)

Massage [...*asch*ᵉ; aus gleichbed. *fr.* massage zu masser, s. ¹massieren] *die*; -, -n: [Heil]behandlung des Körpers od. eines Körperteils durch mechanische Beeinflussung wie Kneten, Klopfen, Streichen u. ä. mit den Händen od. mechanischen Apparaten. **Masseur** [...*ßör*; aus gleichbed. *fr.* masseur zu masser, s. ¹massieren] *der*; -s, -e: jmd., der berufsmäßig durch Massage behandelt. **Masseurin** [...*ßörin*] *die*; -, -nen u. (meist:) **Masseuse** [...*ßös*ᵉ; aus gleichbed. *fr.* masseuse] *die*; -, -n: weiblicher Masseur. **¹massieren** [aus gleichbed. *fr.* masser, dies wohl zu *arab.* mass „berühren, betasten"]: mittels Massage behandeln; kneten

²massieren [aus gleichbed. *fr.* masser zu masse aus *lat.* massa „Teig, Klumpen"]: 1. anhäufen; Truppen zusammenziehen. 2. verstärken

massiv [aus gleichbed. *fr.* massif zu masse „Masse"]: 1. ganz aus ein u. demselben Material, nicht hohl. 2. fest, wuchtig. 3. stark, grob, heftig, ausfallend; in bedrohlicher u. unangenehmer Weise erfolgend; z. B. -en Druck auf jmdn. ausüben. **Massiv** [aus gleichbed. *fr.* massif] *das*; -s, -e [...*w*ᵉ]: 1. Gebirgsstock, geschlossene Gebirgseinheit. 2. durch Hebung u. Abtragung freigelegte Masse alter Gesteine (Geol.). **Massivität** [...*witāt*] *die*; -: Wucht, Nachdruck; Derbheit

Master [aus gleichbed. *engl.* master, dies über *altfr.* maistre aus *lat.* magister „Vorsteher, Meister"] *der*; -s, -: 1. englische Anrede für: junger Herr. 2. in den Vereinigten Staaten u. England akademischer Grad; - of Arts: engl. u. amerik. akademischer Grad

Mastiff [aus *engl.* mastiff, dies vermischt aus *altfr.* mastin „Wachhund" (zu *lat.* mansuētus „zahm") u. mestif „Bastard" (aus *vulgärlat.* mixtīcius, s. Mestize)] *der*; -s, -s: engl. doggenartige Hunderasse

Mastix [aus *lat.* mastix, Nebenform von *gr.-lat.* mastichē „Harz des Mastixbaumes"] *der*; -[es]: 1. Harz des Mastixbaumes, das für Pflaster, Kaumittel, Lacke u. a. verwendet wird. 2. Gemisch aus Bitumen u. Gesteinsmehl, als Straßenbelag verwendet

Mast|odon [zu *gr.* mastós „Brust; Zitze" u. odōn „Zahn" (wegen der stark höckrigen Backenzähne)] *das*; -s, ...donten: ausgestorbene Elefantenart des Tertiärs

Masturbation [...*zion*; zu → masturbieren] *die*; -, -en: geschlechtliche Selbstbefriedigung; vgl. Onanie. **masturbieren** [aus gleichbed. *lat.* masturbāri]: sich selbst geschlechtlich befriedigen; vgl. onanieren

Masurka vgl. Mazurka

Matador [aus gleichbed. *span.* matador zu matar „töten" aus *lat.* mactāre „schlachten"] *der*; -s, -e: 1. Hauptkämpfer im Stierkampf, der den Stier zu töten hat. 2. hervorragender Mann, Hauptperson, Berühmtheit

Match [*mätsch*; aus gleichbed. *engl.* match] *das* (auch: *der*); -[e]s, -s (auch: -e): Wettkampf (Sport u. Spiel)

Mate [*mate*; aus gleichbed. *span.* mate (indian. Wort)] *der*; -: als Tee verwendete Blätter des Matestrauchs (südamerik. Stechpalmengewächs)

Mater [aus *lat.* māter „Mutter"] *die*; -, -n: (Druckw.) 1. präparierte Papptafel mit negativer Prägung als Gußform für die Druckplatte. 2. = Matrize

Mater dolorosa [*lat.*; „schmerzensreiche Mutter"] *die*; - -: lat. Beiname der Gottesmutter im Schmerz um die Leiden des Sohnes (Kunstw.; Theol.); vgl. Pieta

material [aus gleichbed. *lat.* māteriālis zu māteria, s. Materie]: stofflich, sich auf einen Stoff beziehend, als Material gegeben. **Material** [aus *mlat.* māteriāle „zur Materie Gehörendes; Rohstoff"] *das*; -s, -ien [...*i*ᵉ*n*]: 1. Rohstoff, Werkstoff; jegliches Sachgut, das man zur Ausführung einer Arbeit benötigt. 2. [schriftliche] Unterlagen, Belege, Sammlung; Hilfsmittel. **Materialisation** [...*zion*] *die*; -, -en: 1. Umwandlung von [Strahlungs]energie in materielle Teilchen mit Ruhemasse (Physik). 2. Bildung körperhafter Gebilde in Abhängigkeit von einem ¹Medium (3; Parapsychol.). **materialisieren**: verstofflichen, verwirklichen. **Materialismus** [aus gleichbed. *fr.* matérialisme] *der*; -: 1. philosophische Lehre, die die ganze Wirklichkeit (einschließlich Seele, Geist, Denken) auf Kräfte od. Bedingungen der Materie zurückführt; Ggs. → Idealismus (1); vgl. dialektischer -. 2. Streben nach bloßem Lebensgenuß ohne ethische Ziele u. Ideale. **Materialist** [aus gleichbed. *fr.* matérialiste] *der*; -en, -en: 1. Vertreter u. Anhänger des philos. Materialismus; Ggs. → Idealist (1). 2. für höhere geistige Dinge wenig interessierter, nur auf eigenen Nutzen u. Vorteil bedachter Mensch. **materialistisch**: 1. den Materialismus betreffend; Ggs. → idealistisch (1). 2. nur auf eigenen Nutzen u. Vorteil bedacht. **Materialität** *die*; -: Stofflichkeit, Körperlichkeit, das Bestehen aus Materie; Ggs. → Spiritualität. **Materie** [...*i*ᵉ; aus *lat.* māteria „Stoff; Aufgabe, Thema"] *die*; -, -n: 1. (ohne Plural) a) Stoff, Substanz, unabhängig vom Aggregatzustand (Phys.); Ggs. → Energie (2a), → Vakuum; b) Urstoff, Ungeformtes. 2. die außerhalb unseres Bewußtseins vorhandene Wirklichkeit im Gegensatz zum Geist (Philos.). 3. Gegenstand, Thema [einer Untersuchung]; Wissensgebiet. **materiell** [über gleichbed. *fr.* matériel aus *lat.* māteriālis, s. material]: 1. stofflich, körperlich greifbar; die Materie betreffend. 2. auf Besitz, auf Gewinn bedacht. 3. finanziell, wirtschaftlich

Matetee *der*; -s: = Mate

Mathematik [österr.: ...*matik*; über *lat.* (ars) mathēmatica aus gleichbed. *gr.* mathēmatikḗ (téchnē) zu máthēma „Gelerntes, Kenntnis"] *die*; -: Wissenschaft von den Raum- u. Zahlengrößen. **Mathematiker** [aus gleichbed. *lat.* mathēmaticus] *der*; -s,

-: Wissenschaftler auf dem Gebiet der Mathematik. **mathematisch**: die Mathematik betreffend

Matinee [auch: *ma*...; aus gleichbed. *fr.* matinée zu matin „Morgen", dies aus *lat.* mātūtīnum (tempus) „frühe Zeit"] *die*; -, ...een: künstlerische Morgenunterhaltung, -darbietung, Vormittagsveranstaltung

Matjeshering [aus gleichbed. *niederl.* maatjesharing, älter maagdekens haering „Mädchenhering"] *der*; -s, -e: junger, mild gesalzener Hering

Ma|tratze [aus älter *it.* materazzo, dies aus *arab.* maṭraḥ „Bodenkissen"] *die*; -, -n: Bettpolster aus Roßhaar, Seegras, Wolle od. Schaumstoff; federnder Betteinsatz

Mä|tresse [aus gleichbed. *fr.* maîtresse, eigtl. „Herrin", zu maître „Herr, Gebieter" aus *lat.* magister] *die*; -, -n: 1. (hist.) Geliebte eines Fürsten. 2. (abwertend) außereheliche Geliebte

ma|triarchal u. **ma|triarchalisch** [zu *lat.* māter „Mutter" u. *gr.* archē „Herrschaft"]: auf das Matriarchat bezüglich. **Ma|triarchat** *das*; -[e]s, -e: Mutterherrschaft, Gesellschaftsordnung, in der die Frau die bevorzugte Stellung in Staat u. Familie innehat u. in der Erbgang u. soziale Stellung der weibl. Linie folgen; Ggs. → Patriarchat (2)

Ma|trik *die*; -, -en: (österr.) Matrikel. **Ma|trikel** [aus *lat.* mātrīcula „öffentliches Verzeichnis", Verkleinerungsbildung zu gleichbed. mātrīx, s. Matrize] *die*; -, -n: 1. Verzeichnis von Personen (z. B. der Studenten an einer Universität). 2. (österr.) Personenstandsregister

Ma|trix [aus *lat.* mātrīx, Gen. mātrīcis „Muttertier; Gebärmutter; Quelle, Ursache" zu māter „Mutter"] *die*; -, Matrizes u. Matrizen: 1. Hülle der → Chromosomen (Biol.). 2. System von (mathematischen) Größen, das in einem Schema von waagerechten Zeilen und senkrechten Spalten angeordnet ist. **Ma|trize** [aus *fr.* matrice „Gußform", eigtl. „Gebärmutter", dies aus *lat.* mātrīx, s. Matrix] *die*; -, -n: 1. (Druckw.) a) Metallform mit den eingeprägten Buchstaben, die die Lettern liefert; b) in Pappe, Wachs oder Blei geprägtes Abbild eines Schriftsatzes oder Druckbildes zur Herstellung einer Druckplatte; c) Folie, gewachstes Blatt zur Herstellung von Vervielfältigungen. 2. (Techn.) unterer Teil einer Preßform, in die der Werkstoff durch das Oberteil hineingedrückt wird

Ma|trone [aus *lat.* mātrōna „ehrbare, verheiratete Frau" zu māter „Mutter, Ehefrau"] *die*; -, -n: a) ältere, ehrwürdige Frau; Greisin; b) (abwertend) ältere, füllige Frau

Ma|trose [aus gleichbed. *niederl.* matroos, dies aus *fr.* matelot, *altfr.* matenot (Herkunft unsicher)] *der*; -n, -n: Seemann

mattieren: matt, glanzlos machen

Matur u. Maturum [zu *lat.* mātūrus „reif"] *das*; -s: (veraltet) → Abitur, Reifeprüfung; vgl. Matura. **Matura** *die*; -: (österr., schweiz.) Reifeprüfung. **Maturand** und **Maturant** *der*; -en, -en: (österr., schweiz.) jmd., der die Reifeprüfung gemacht hat od. in der Reifeprüfung steht. **maturieren**: (österr., schweiz.) das Matur ablegen. **Maturität** [aus *lat.* mātūritās „Reife"] *die*; -: 1. Reifezustand [des Neugeborenen] (Med.). 2. (schweiz.) Reifeprüfung. **Maturum** vgl. Matur

Matutin [aus *kirchenlat.* mātūtīna (hōra) „frühmorgendlicher Gottesdienst" zu *lat.* mātūtīnus „in der Frühe geschehend"] *die*; -, -e[n]: nächtliches Stundengebet; Mette

Matze *die*; -, -n u. **Matzen** [über *jüd.* matzo aus gleichbed. *hebr.* maṣṣā] *der*; -s, -: ungesäuertes Passahbrot der Juden

Mausoleum [über gleichbed. *lat.* Mausōlēum aus *gr.* Mausōleion „Grabmal des altkarischen Königs Mausolos"] *das*; -s, ...een: prächtiges, monumentales Grabmal

mauve [*mow*; aus gleichbed. *fr.* mauve zu mauve aus *lat.* malva „Malve"]: malvenfarbig, stumpflila

maxi [nach *lat.* maximus „größter", Analogiebildung zu → mini]: knöchellang (auf Röcke, Kleider od. Mäntel bezogen); Ggs. → mini

maximal [zu *lat.* maximus „größter, bedeutendster" (Superlativ von magnus „groß")]: a) sehr groß, größt..., höchst...; b) höchstens. **maximalisieren**: aufs Äußerste steigern

Maxime [nach gleichbed. *fr.* maxime aus *mlat.* maxima (regula) „höchste Regel"; vgl. maximal] *die*; -, -n: Grundsatz, Leitsatz, Lebensregel. **maximieren**: den Höchstwert zu erreichen suchen, bis zum Äußersten steigern (Wirtsch.; Techn.). **Maximierung** *die*; -, -en: Planung und Einrichtung eines [Wirtschafts]prozesses auf die Weise, die für die Erreichung eines Ziels den größten Erfolg verspricht bzw. so, daß eine Zielfunktion den höchsten Wert erreicht. **Maximum** [zu *lat.* maximus „größter"] *das*; -s, ...ma: „das Höchste", Höchstwert, -maß; Ggs. → Minimum

Maxwell [bei engl. Ausspr.: *mäxᵘᵉl*; nach dem engl. Physiker James Clerk Maxwell, 1831–1879] *das*; -, -: Einheit des magnetischen Flusses (Phys.)

Maya *die*; -: = Maja

Mayonnaise [*majonäsᵉ*; aus gleichbed. *fr.* mayonnaise, nach der Stadt Mahón (*maon*) auf Menorca] *die*; -, -n: kalte, dickliche Soße aus Eigelb, Öl u. Gewürzen

MAZ Kurzw. für *M*agnetbild*a*uf*z*eichnungsanlage] *die*; -, ...anlagen: Vorrichtung zur Aufzeichnung von Fernsehbildern auf Magnetband

Mäzen [nach Maecenas (dem Vertrauten des Kaisers Augustus), einem besonderen Gönner der Dichter Horaz u. Vergil] *der*; -s, -e: Kunstfreund; freigebiger Gönner u. Geldgeber für Künstler. **Mäzenatentum** *das*; -[e]s: freigebige, gönnerhafte Kunstpflege, -freundschaft

Mazurek [*mas*...] *der*; -s, -s: = Mazurka. **Mazurka** [*mas*...; aus gleichbed. *poln.* mazurka, mazurek, eigtl. „masurischer Tanz"] *die*; -, -s: polnischer Nationaltanz im $^3/_4$-Takt

mb, mbar = Millibar

m. c. = mensis currentis

m. d. = mano destra

Md = chem. Zeichen für: Mendelevium

Md. = Milliarde

mea culpa! [- *kulpa*; *lat.*]: „(durch) meine Schuld!" (Ausruf aus dem lat. Sündenbekenntnis → Confiteor)

Mechanik [über *lat.* (ars) mēchanica aus *gr.* mēchanikḗ (téchnē) „die Kunst, Maschinen zu erfinden und zu bauen" zu mēchanḗ „Hilfsmittel, Werkzeug, Kriegsmaschine"] *die*; -, -en: 1. (ohne Plural) Zweig der Physik, Wissenschaft vom Gleichgewicht u. von der Bewegung der Körper unter dem Einfluß von Kräften. 2. Getriebe, Triebwerk, Räderwerk. 3. automatisch ablaufender, selbsttätiger Prozeß. **Mechaniker** [aus gleichbed. *lat.* mēchanicus] *der*; -s, -: 1. Feinschlosser. 2. Fachmann, der Maschinen, Apparate u. a. bedient, baut, repariert usw. **mechanisch** [über *lat.* mēchanicus aus *gr.* mēchanikós „Maschinen betreffend"]: 1. den Gesetzen der Mechanik entsprechend. 2. maschinenmäßig, von Maschinen angetrieben. 3. gewohnheitsmäßig, unwillkürlich, unbewußt [ablaufend]. 4. ohne Nachdenken [ablaufend], kein Nachdenken erfordernd. **mechanisieren** [nach gleichbed. *fr.* mécaniser zu mécanique „mechanisch"]: auf mechanischen Ablauf umstellen. **Mechanismus** [nach gleichbed. *fr.* mécanisme] *der*; -, ...men: 1. alles maschinenmäßig vor sich Gehende; [Trieb]werk. 2. [selbsttätiger] Ablauf (z. B. von ineinandergreifenden Vorgängen in einer Behörde od. Körperschaft); Zusammenhang od. Geschehen, das gesetzmäßig u. wie selbstverständlich abläuft. **mechanistisch**: nur mechanische Ursachen anerkennend

mechulle vgl. machulle

Medaille [*medalj^e*; österr.: ...*dailj^e*; aus gleichbed. *fr.* médaille, dies aus *it.* medaglia (zu *lat.* metallum „Metall")] *die*; -, -n: Gedenk-, Schaumünze ohne Geldwert

Medaillon [...*jong*; aus gleichbed. *fr.* medaillon, dies aus *it.* medaglione „große Schaumünze"] *das*; -s, -s (auch: -e): 1. (an einem Kettchen getragene) kleine, flache Kapsel, die ein Bild oder Andenken enthält. 2. rundes od. ovales [gerahmtes] Relief od. Bild[nis] (Kunstw.). 3. kreisrunde od. ovale Fleischscheibe (meist vom Filetstück; Gastr.)

Media [zu *lat.* medius „mittlerer"] *die*; -, ...diä u. ...dien [...*i^{e}n*]: stimmhafter → Explosivlaut (z. B. b); Ggs. → Tenuis

medial [aus *lat.* mediālis „mitten, in der Mitte"]: 1. das [1]Medium (4) betreffend. 2. die Kräfte u. Fähigkeiten eines [1]Mediums (3a) besitzend

Mediante [aus gleichbed. *it.* mediante zu *lat.-it.* mediāre „in der Mitte sein, halbieren"] *die*; -, -n: Mittelton, 3. Stufe der Tonleiter, gelegentlich auch Dreiklang über der 3. Stufe (Mus.)

medi|äval [...*wal*; zu *lat.* medium aevum „mittlere Zeit"]: mittelalterlich. **Medi|ävist** [...*wißt*] *der*; -en, -en: Erforscher u. Kenner des Mittelalters. **Mediävistik** *die*; -: Erforschung des Mittelalters

Medikament [aus gleichbed. *lat.* medicāmentum zu medicāri „heilen"] *das*; -[e]s, -e: Arznei-, Heilmittel. **medikamentös**: unter Verwendung von Heilmitteln. **Medikation** [...*zion*; aus *lat.* medicātio „Heilung, Kur"] *die*; -, -en: Arzneiverordnung. **Medikus** [aus gleichbed. *lat.* medicus, s. Medizin] *der*; -, Medizi: (scherzhaft) Arzt

medio, **Medio** [aus gleichbed. *it.* medio zu medio aus *lat.* medius „mittlerer"]: der 15. jedes Monats od., falls dieser ein Sonntag ist, der vorhergehende Wochentag (Wirtsch.)

Meditation [...*zion*; aus *lat.* meditātio „das Nachdenken" zu meditāri, s. meditieren] *die*; -, -en: 1. Nachdenken; sinnende Betrachtung. 2. geistig-religiöse Übung (bes. im Hinduismus u. Buddhismus), die zur Erfahrung des innersten Selbst führen soll. **meditativ**: die Meditation betreffend; nachdenkend, nachsinnend. **meditieren** [aus *lat.* meditāre „nachdenken, sinnen"]: 1. nachdenken; sinnend betrachten. 2. Meditation (2) ausüben

mediterran [aus *lat.* mediterrāneus „mitten im Lande, in den Ländern" (zu medius „mitten" u. terra „Land")]: zum Mittelmeerraum gehörend

[1]**Medium** [aus *lat.* medium „Mitte" zu medius „mittlerer, in der Mitte befindlich"] *das*; -s, Medien [...*i^{e}n*]: 1. Mittel, vermittelndes Element. 2. Träger physikalischer od. chemischer Vorgänge, z. B. Luft als Träger von Schallwellen (Phys.; Chem.). 3. a) im → Okkultismus bei spiritistischen Sitzungen mit Geistern in Verbindung tretende Person; b) Patient od. Versuchsperson bei Hypnoseversuchen. 4. Verhaltensrichtung des Verbs, die das Betroffensein des tätigen Subjekts durch die Tätigkeit kennzeichnet (bes. im Griechischen; im Deutschen reflexiv ausgedrückt, z. B. sich waschen; Sprachw.). [2]**Medium** [*medium*, auch: *midi^{e}m*; aus gleichbed. *engl.* medium, vgl. [1]Medium] Plural: Medien [...*i^{e}n*] (auch: Media [auch: *midi^e*]; meist Plural): jedes Mittel, das der Kommunikation u. Publikation dient, bes. Presse, Funk, Fernsehen; vgl. → Massenmedium

Medizin [aus *lat.* medicīna „Arzneikunst, Heilkunst; Arznei" zu medicus „Arzt", dies zu medēri „heilen"] *die*; -, -en: 1. (ohne Plural) Heilkunde, Wissenschaft vom gesunden u. kranken Menschen u. Tier, von den Krankheiten, ihrer Verhütung u. Heilung. 2. Heilmittel, Arznei. **Medizinball** *der*; -s, ...bälle: großer, schwerer, nichtelastischer Lederball (Sport). **Mediziner** *der*; -s, -: 1. Arzt. 2. Medizinstudent. **medizinisch**: zur Medizin gehörig, sie betreffend. **Medizinmann** *der*; -s, ...männer: Zauberarzt u. Priester (vgl. Schamane) vieler Naturvölker

Medoc [...*dok*; aus *fr.* médoc, nach der franz. Landschaft Médoc] *der*; -s, -s: franz. Rotwein

Meduse [nach der Medusa (*gr.* Médousa), einem weibl. Ungeheuer der griech. Sage] *die*; -, -n: Quallenform der Nesseltiere. **Medusenblick** *der*; -s, -e: schrecklicher (eigtl. versteinernder) Blick

Meeting [*miting*; aus gleichbed. *engl.* meeting zu to meet „begegnen, zusammentreffen"] *das*; -s, -s: 1. Treffen; [kleinere] politische Versammlung. 2. Sportveranstaltung in kleinerem Rahmen

Meg... vgl. Mega... **mega...**, **Mega...** u. megalo..., Megalo..., vor Vokalen megal..., Megal... [zu *gr.* mégas, megalo- „groß"]: in Zusammensetzungen auftretendes Bestimmungswort mit der Bedeutung „groß, lang, mächtig", z. B. Megalith. **Mega...**, vor Vokalen auch: Meg...: in Zusammensetzungen auftretendes Bestimmungswort aus dem Gebiet der Physik mit der Bedeutung „eine Million mal so groß", Zeichen: M. **Megahertz** [nach dem dt. Physiker H. R. Hertz, † 1894] *das*; -, -: eine Million Hertz; Zeichen: MHz. **megal...**, **Megal...** vgl. mega..., Mega... **Megalith** [eigtl. „großer Stein"; vgl. ...lith] *der*; -s od. -en, -e[n]: großer, roher Steinblock vorgeschichtlicher Grabbauten. **Megalithgrab** *das*; -es, ...gräber: vorgeschichtliches Großsteingrab. **Megalithiker** *der*; -s, -: Träger der Megalithkultur. **megalithisch**: aus großen Steinen bestehend. **Megalithkultur** *die*; -: Kultur der Jungsteinzeit, für die Megalithgräber u. der Ornamentstil der Keramik typisch sind. **megalo...**, **Megalo...** vgl. mega..., Mega... **Meg[a]|ohm** [nach dem dt. Physiker G. S. Ohm, 1789–1854] *das*; -, -: 1 Million Ohm; Zeichen: $M\Omega$. **Megaphon** *das*; -s, -e: Sprachrohr, trichterförmiger, tragbarer Lautsprecher [mit elektr. Verstärkung]

Megäre [über gleichbed. *lat.* Megaera aus *gr.* Mégaira (eine der → Erinnyen)] *die*; -, -n: wütende, böse Frau, Furie

Megaron [aus *gr.* mégaron „Gemach, Haus"] *das*; -s, ...ra: 1. [griech.] Einraumhaus mit Vorhalle u. Herd als Mittelpunkt. 2. Kern größerer Bauten u. Tempel

Megathẹrium [aus → mega... u. *gr.* thēríon „Tier"] *das*; -s, ...ien [...i^{e}n]: ausgestorbenes Riesenfaultier

Megatọnne [zu → Mega...] *die*; -, -n: 1 Million Tonnen; Zeichen: Mt. **Megawạtt** [nach dem engl. Ingenieur J. Watt, 1736–1819] *das*; -, -: 1 Million Watt; Zeichen: MW

Meiọse [aus *gr.* meíōsis „das Verringern, Verkleinern"] *die*; -, -n: Zellteilungsvorgang (Reifeteilung der Keimzellen; Biol.)

Meiran *der*; -s, -e: = Majoran

mẹlan..., **Mẹlan...** u. mẹlano..., Mẹlano... [zu gleichbed. *gr.* mélās, mélano-]: in Zusammensetzungen auftretendes Bestimmungswort mit der Bedeutung „schwarz, dunkel, düster", z. B. Melancholie. **Melan|cholie** [...*angko*...; über *lat.* melancholia aus gleichbed. *fr.* melagcholía, eigtl. „Schwarzgalligkeit", zu mélās „schwarz" u. cholē „Galle"] *die*; -, ...ien: Schwermut, Trübsinn. **Melan|chọliker** *der*; -s, -: a) Schwermütiger, jmd., der zur Schwermut neigt; b) (ohne Plural) Temperamentstyp des antriebsschwachen u. pessimistischen Menschen; vgl. Choleriker, Phlegmatiker, Sanguiniker; c) einzelner Vertreter dieses Temperamentstyps. **melanchọlisch**: a) schwermütig, trübsinnig; b) vom Temperamentstyp des Melancholikers (b); vgl. cholerisch, phlegmatisch, sanguinisch

Melange [*melangsch*; aus *fr.* mélange „Mischung" zu mêler aus *vulgärlat.* misculāre, dies zu *lat.* miscere „mischen"] *die*; -, -n [...*sch^{e}n*]: 1. Mischung, Gemisch. 2. (österr.) Milchkaffee. 3. aus verschiedenfarbigen Fasern hergestelltes Garn

Melanin [zu *gr.* mélās „schwarz"] *das*; -s, -e: brauner od. schwarzer Farbstoff der Haut, der Haare, Federn od. Schuppen (fehlt bei → Albinos; Biol.). **mẹlano...**, **Mẹlano...** vgl. melan..., Melan...

Melạsse [aus *fr.* mélasse „Zuckersirup, Melasse", dies aus gleichbed. *span.* melaza zu *lat.* mel „Honig"] *die*; -, -n: Rückstand bei der Zuckergewinnung; als Futtermittel u. zur Herstellung von Branntwein (→ Arrak) verwendet

melieren [aus *fr.* mêler „mischen", vgl. Melange]: mischen, sprenkeln. **meliert**: aus verschiedenen Farben gemischt (z. B. von Wolle od. Stoffen)

Melioration [...*zion*; aus *lat.* meliōrātio „Verbesserung" zu melior (Komparativ von bonus „gut")] *die*; -, -en: Bodenverbesserung (z. B. durch Bed. Entwässerung). **meliorieren** [aus *lat.* meliōrāre „verbessern"]: [Ackerland] verbessern

mẹlisch [aus *gr.* melikós „sangbar, zum Gesang gehörend", s. Melos]: liedhaft (Mus.) **Melịsma** [aus *gr.* mélisma „Gesang, Lied"] *das*; -s, ...men: melodische Verzierung, Koloratur (Mus.). **Melismạtik** *die*; -: melodischer Verzierungsstil (Mus.). **melismạtisch**: verziert, ausgeschmückt (Mus.). **melịsmisch**: = melodisch (Mus.)

Melịsse [aus gleichbed. *mlat.* melissa zu *gr.-lat.* melissóphyllon „Bienenkraut" (aus *gr.* mélissa „Biene" u. phýllon „Blatt, Pflanze")] *die*; -, -n: nach Zitronen duftende, bes. im Mittelmeergebiet kultivierte Heil- u. Gewürzpflanze (häufig verwildert)

Melodie [über *spätlat.* melōdia aus *gr.* melōidía „Gesang, Singweise" (zu mélos „Lied" u. ōidḗ „das Singen, der Gesang")] *die*; -, ...ien: a) singbare, sich nach Höhe od. Tiefe ändernde, abgeschlossene u. geordnete Tonfolge; b) Singweise; Wohlklang. **Melọdik** *die*; -: 1. Teilgebiet der Musikwissenschaft, Lehre von der Melodie. 2. der die Melodie betreffende Teil eines Musikstücks. **melodiös** [aus gleichbed. *fr.* mélodieux]: melodisch klingend. **melọdisch**: 1. wohlklingend, alle ungewohnten Tonschritte (größere Intervalle) vermeidend. 2. die Melodie betreffend

Melo|drạm u. **Melo|drạma** [aus *fr.* mélodrame zu *gr.* mélos „Lied" u. *gr.-lat.* drāma, s. Drama] *das*; -s, ...men: 1. (hist.) Deklamation od. Schauspiel mit Musikbegleitung. 2. Schauer-, Rührstück (in Theater u. Film). **melo|dramạtisch**: das Melodram betreffend; melodramartig

Melọne [unter Einfluß von gleichbed. *fr.* melon aus *it.* mellone, dies aus *lat.* mēlo, Kurzform zu *gr.* mēlopépōn „Apfelmelone", eigtl. „reifer Apfel"] *die*; -, -n: 1. Kürbisgewächs wärmerer Gebiete (zahlreiche Arten: Zuckermelone, Wassermelone, Netzmelone u. a.). 2. (ugs., scherzh.) runder steifer Hut

Mẹlos [aus *gr.-lat.* mélos „Lied, Singweise"] *das*; -: Melodie, Gesang, Lied

Mem|brạn u. **Mem|brạne** [aus *lat.* membrāna „Haut, Häutchen, (Schreib)pergament" zu membrum „Körperglied"] *die*; -, ...nen: 1. Schwingblättchen, das zur Übertragung von Druckänderungen geeignet ist (z. B. in Mikrophon u. Lautsprecher; Tech.). 2. zarte, dünne Haut im tierischen u. menschlichen Körper (z. B. das Trommelfell und die Nasenschleimhaut; Biol.). 3. Oberflächenhäutchen der Zelle (Biol.). 4. Filterhäutchen mit äußerst feinen Poren (Chem.)

Mẹm|brum [aus gleichbed. *lat.* membrum] *das*; -s, ...bra: [Körper]glied, Extremität (Med.); - virịle: [- *wi*...]: = Penis

Memẹnto [aus *lat.* memento! „gedenke!", Imperativ zu memini „sich erinnern"] *das*; -s, -s: 1. nach dem Anfangswort benanntes Bittgebet für Lebende u. Tote in der katholischen Messe. 2. Erinnerung, Mahnung; Denkzettel; Rüge. **Memẹnto mọri!** [„gedenke des Todes!", zu *lat.* mori „sterben"] *das*; - -, - -: Vorfall, Gegenstand, der an den Tod gemahnt

Memoiren [...*moar^{e}n*; aus gleichbed. *fr.* mémoires, Plural von mémoire „Erinnerung" aus gleichbed. *lat.* memoria; vgl. memorieren] *die* (Plural): Denkwürdigkeiten; Lebenserinnerungen [einer berühmten Persönlichkeit]; vgl. Autobiographie

Memorạndum [zu *lat.* memorandus „erwähnenswert"; vgl. memorieren] *das*; -s, ...den u. ...da: [ausführliche diplomatische] Denkschrift; [politische] Stellungnahme

Memorial [*mimọri^{e}l*; aus *engl.* memorial „Gedenkfeier", dies aus gleichbed. *lat.* memoriāle zu memoria „Gedächtnis"] *das*; -s, -s: Gedenkturnier (Sport)

memorieren [nach *lat.* memorāre „in Erinnerung bringen" zu memor „eingedenk"]: auswendig lernen

Menage [...*nasch^e*; aus *fr.* ménage „Haushaltung" zu *lat.* mānsio „Wohnung"] *die*; -, -n: 1. Tischgestell für Essig, Öl, Pfeffer u. a. 2. (österr.) [militärische] Verpflegung. **menagieren** [...*schir^{e}n*]: 1. (veraltet, noch landsch.): sich selbst verköstigen. 2. (österr.) Essen fassen (beim Militär). 3. (veraltet) sich -: sich mäßigen

Menagerie [...*sch^{e}ri*; aus gleichbed. *fr.* ménagerie, eigtl. „Haustierhaltung, Haushaltung", vgl. Menage] *die*; -, ...ien: Tierschau, -gehege

Mendelẹvium [...*wi*...; nach dem russ. Chemiker D. Mendelejew, 1834–1907] *das*; -s: chem. Grundstoff, ein Transuran; Zeichen: Md

Menetekel [*aram.*; nach der Geisterschrift für den babylon. König Belsazar (Daniel 5, 25:) „mene, mene tekel upharsin", gedeutet als: „gezählt, gezählt, gewogen u. zerteilt"] *das*; -s, -: geheimnisvolle Anzeichen drohender Gefahr. **menetekeln**: (ugs.) sich in düsteren Prophezeiungen ergehen, unken

Menhir [über *fr.* menhir aus gleichbed. *bret.* maenhir, eigtl. „langer Stein", zu maen „Stein" u. hir „lang"] *der*; -s, -e: unbehauene vorgeschichtliche Steinsäule

Meningitis [zu *gr.* mēnigx, Gen. mḗniggos „Haut, Hirnhaut"] *die*; -, ...itiden: Hirnhautentzündung (Med.)

Meniskus [nach *gr.* mēnískos „mondförmiger Körper", Verkleinerungsform zu mḗnē „Mond"] *der*; -, ...ken: 1. Zwischenknorpel im Kniegelenk (Med.). 2. gekrümmte Oberfläche einer Flüssigkeit in einer Röhre. 3. Linse mit zwei nach derselben Seite gekrümmten Linsenflächen (Phys.)

Menjoubart [*mangschu...*; nach dem amerikan.-franz. Filmschauspieler A. Menjou, 1890–1963] *der*; -es, ...bärte: schmaler, gestutzter Schnurrbart

Mennige [aus *lat.* minium „Zinnober" (iber. Wort); vgl. Miniatur] *die*; -: Bleioxyd, rote Malerfarbe, Rostschutzmittel

Mennonit [nach dem Westfriesen Menno Simons, 1496–1561] *der*; -en, -en: Anhänger einer weitverbreiteten evangelischen Freikirche (mit strenger Kirchenzucht u. Verwerfung von Eid u. Kriegsdienst)

meno [aus gleichbed. *it.* meno, dies aus *lat.* minus „weniger"]: weniger (Mus.)

Menora [aus *hebr.* menorah „Leuchter"] *die*; -, -: kultischer Leuchter der jüdischen Liturgie (heute relig. Symbol)

Menor|rhö, *die*; -, -en u. **Menor|rhöe** [...*rö*; eigtl. „Monatsfluß", zu *gr.* mēn „Monat" u. rheīn „fließen"] *die*; -, -n [...*röᵉn*]: = Menstruation. **menorrhöisch**: die Monatsblutung betreffend (Med.)

Mensa [aus *lat.* mēnsa „Tisch"] *die*; -, -s u. ...sen: 1. Altartisch, steinerne Deckplatte des katholischen Altars. 2. Kantine an Hochschulen u. Universitäten, die Hochschulangehörigen (bes. Studenten) ein preisgünstiges Essen bietet

Menschewik [aus *russ.* men'ševik zu men'še „wenig"] *der*; -en, -en u. -i: Vertreter des Menschewismus, Anhänger der Minderheit der sozialdemokratischen Arbeiterpartei Rußlands. **Menschewismus** *der*; -: (hist.) gemäßigter russ. Sozialismus. **Menschewist** *der*; -en, -en: = Menschewik. **menschewistisch**: den Menschewismus, die Menschewisten betreffend

Menses [*mánseß*; aus gleichbed. *lat.* mensēs, eigtl. „die Monate"] *die* (Plural): Monatsblutung (Med.)

mensis currentis [- *ku*...; lat.]: (veraltet) laufenden Monats; Abk.: m. c.

mens sana in corpore sano [- - - *ko*... -; *lat.*]: „in einem gesunden Körper [möge auch] ein gesunder Geist [wohnen]" (Zitat aus den Satiren des altröm. Dichters Juvenal)

men|strual [aus gleichbed. *lat.* mēnstruālis zu mēnstruus „monatlich"; vgl. Menses]: zur Menstruation gehörend (Med.). **Men|struation** [...*zion*] *die*; -, -en: Monatsblutung, Regel (Med.). **men|struieren** [aus gleichbed. *spätlat.* mēnstruāre]: die Monatsblutung haben (Med.)

Mensur [aus *lat.* mēnsūra „das Messen, das Maß" zu mētīri „messen"] *die*; -, -en: 1. Fechterabstand. 2. (Studentenspr.) studentischer Zweikampf mit Schläger oder Säbel. 3. meßbares Zeitmaß der Noten (Mus.). 4. Meßzylinder, Meßglas (Chem.). **mensurabel** [aus gleichbed. *lat.* mēnsūrābilis]: meßbar. **Mensurabilität** *die*; -: Meßbarkeit. **Mensuralmusik** *die*; -: die in Mensuralnotation aufgezeichnete Musik des 13. bis 16. Jh.s (Mus.). **Mensuralnotation** [...*zion*] *die*; -: im 13. Jh. entwickelte Notenschrift, die im Ggs. zur älteren Notenschrift die Tondauer angibt. **mensuriert** [zu *lat.* mēnsūrāre „messen"]: abgemessen, in Meßverhältnissen bestehend (Mus.)

...ment [aus *lat.* ...mentum]: Suffix sächlicher Substantive (z. B. Dokument, Pigment)

mental [aus *mlat.* mentālis „geistig, vorgestellt" zu *lat.* mēns, Gen. mentis „Geist, Vernunft"]: a) geistig, den Geist betreffend; b) aus Gedanken, Überlegungen hervorgegangen, nur gedacht; c) die Geistesart, die Psyche od. das Denkvermögen betreffend. **Mentalismus** *der*; -: eine Richtung der Persönlichkeitspsychologie, die den mentalen Vorgängen besondere Aufmerksamkeit schenkt. **Mentalität** [nach gleichbed. *engl.* mentality] *die*; -, -en: a) Denk-, Anschauungs-, Auffassungsweise; b) Sinnes-, Geistesart

mente captus [- *kap*...; *lat.*; eigtl. „am Verstand gelähmt", zu capere „ergreifen, befallen"]: 1. begriffsstutzig. 2. nicht bei Verstand, unzurechnungsfähig

Menthol [zu *lat.* ment(h)a „Minze" u. → ...ol] *das*; -s: Hauptbestandteil des Pfefferminzöls

Mentor [nach *gr.* Méntōr (eigtl. „der Denker"), dem Lehrer des Telemach, des Sohnes des Odysseus] *der*; -s, ...oren: väterlicher Freund u. Berater, Erzieher, Ratgeber, Lehrer

Menu [*menü*]: (schweiz.) Menü. **Menü** [aus gleichbed. *fr.* menu, eigtl. „Detail, detaillierte Aufzählung", zu menu „klein, dünn" aus *lat.* minūtus „vermindert"; vgl. Minute] *das*; -s, -s: 1. Speisenfolge; aus mehreren Gängen bestehende Mahlzeit. 2. (veraltet) Speisekarte

Menuett [aus gleichbed. *fr.* menuet, eigtl. „Kleinschrittanz" zu menu(e)t „klein", s. Menü] *das*; -s, -e (auch: -s): 1. aus Frankreich stammender, mäßig schneller Tanz im ¾-Takt. 2. meist der dritte Satz in einer Sonate u. Sinfonie

Mephisto [nach der Gestalt in Goethes Faust] *der*; -[s], -s: jmd., der seine geistige Überlegenheit in zynisch-teuflischer Weise zeigt u. zur Geltung bringt. **mephistophelisch**: teuflisch, von hinterhältiger Listigkeit

...mer [zu *gr.* méros „Teil"]: Wortbildungselement mit der Bed. „...teilig, ...gliedrig", z. B. polymer

...merie [zu → ...mer]: Wortbildungselement mit der Bed. „...teiligkeit, ...gliedrigkeit, z. B. Polymerie

Mercerie [*märßᵉri*; aus gleichbed. *fr.* mercerie, eigtl. „Handelsware", zu *lat.* merx, Gen. mercis „Ware"] *die*; -, ...ien: (schweiz.) 1. (ohne Plural) Kurzwaren. 2. Kurzwarenhandlung

merci! [*märßi*; aus gleichbed. *fr.* merci, eigtl. „Gnade, Gunst", aus *lat.* merces „Lohn"]: danke!

Meridian [aus *lat.* (circulus) merīdiānus „Mittagskreis" (d. h. südlicher Kreis, Äquator"), später als „Mittagslinie" des höchsten Sonnenstandes verstanden; zu merīdiēs „Mittag, Süden"] *der*; -s, -e: Längenkreis (von Pol zu Pol; Geogr.). **meridional**: den Längenkreis betreffend. **Meridionalität** *die*; -: südliche Lage od. Richtung (Geogr.)

Meringe *die*; -, -n u. **Meringel** [aus gleichbed. *fr.* meringue] *das*; -s, -: Gebäck aus Eischnee u. Zukker

Merino [zu *span.* oveja merina „Merinoschaf"] *der*; -s, -s: 1. Merinoschaf, krauswolliges Schaf (eine Kreuzung nordafrik. u. span. Rassen). 2. Kleiderstoff in Köperbindung (Webart) aus Merinowolle. 3. fein gekräuselte, weiche Wolle des Merinoschafs

merkantil u. **merkantilisch** [über *fr.* mercantile aus gleichbed. *it.* mercantile zu mercante „Händler, Kaufmann" (zu mercare, *lat.* mercāri „Handel treiben")]: kaufmännisch, den Handel betreffend. **Merkantilismus** *der*; -: (hist.) Wirtschaftspolitik im Zeitalter des → Absolutismus zur Vergrößerung des nationalen Reichtums u. der Macht des Staates, die den Außenhandel u. damit die Industrie förderte. **Merkantilist** *der*; -en, -en: Vertreter des Merkantilismus. **merkantilistisch**: dem Merkantilismus entsprechend

Merlan [aus gleichbed. *fr.* merlan zu *lat.* merula (ein Fisch)] *der*; -s, -e: eine Schellfischart

[1]**Merlin** [auch: *mär...*; aus gleichbed. *engl.* merlin, dies aus *altfr.* esmerillon (germ. Wort)] *der*; -s, -e: Zwergfalkenart Nord- u. Osteuropas (in Mitteleuropa Wintergast)

[2]**Merlin** [nach dem Seher u. Zauberer der Artussage] *der*; -s, -e: Zauberer, Zauberkünstler

Merzerisation [*...zion*; nach dem engl. Erfinder J. Mercer, 1791–1866] *die*; -, -en: das Veredeln u. Glänzendmachen von Baumwolle. **merzerisieren**: Baumwolle veredeln

mes..., **Mes...** vgl. meso..., Meso...

Mes|alliance [*mesaljangß*; aus gleichbed. *fr.* mésalliance zu mé- „miß-, un-" (dies zu *dt.* miß-) u. alliance „Verbindung; Ehe"] *die*; -, -n [*...ßen*]: 1. nicht standesgemäße Ehe, Ehe zwischen Partnern ungleicher sozialer Herkunft. 2. unglückliche, unebenbürtige Verbindung

meschant [aus gleichbed. *fr.* méchant]: (landsch.) boshaft, ungezogen, niederträchtig

meschugge [über *jidd.* meschuggo aus gleichbed. *hebr.* mešugā]: (ugs.) verrückt

Mesdames [*medam*]: *Plural* von → Madame. **Mesdemoiselles** [*medmoasäl*]: *Plural* von → Mademoiselle

Meskalin [zu *span.* mescal, mezcal aus *indian.* (*Nahuatl*) mexcalli (ein Getränk)] *das*; -s: Alkaloid einer mexikanischen Kaktee, Rauschmittel

Mesmerismus [nach dem deutschen Arzt F. Mesmer, 1734–1815] *der*; -: Lehre von der Heilkraft des Magnetismus, aus der die Hypnosetherapie entwickelt wurde

meso..., **Meso...**, vor Vokalen mes..., Mes... [zu *gr.* mésos „Mitte"]: in Zusammensetzungen auftretendes Bestimmungswort mit der Bedeutung „mittlere, mittel..., Mittel..., in der Mitte zwischen...". **Mesolithikum** *das*; -s: die mittlere Steinzeit. **mesolithisch**: die mittlere Steinzeit betreffend. **Meson** [nach *gr.* tò méson „das in der Mitte Befindliche"] *das*; -s, ...onen (meist Plural): unstabiles → Elementarteilchen, dessen Masse geringer ist als die eines → Protons, jedoch größer als die eines → [2]Leptons (Phys.) **Meso|sphäre** *die*; -: in etwa 50 bis 80 km Höhe liegende Schicht der Erdatmosphäre (Meteor.). **Meso|tron** [zu → meso... u. → ...tron] *das*; -s, ...tronen: = Meson. **Mesozoikum** [zu → meso... u. *gr.* zōon „Lebewesen"] *das*; -s: das erdgeschichtliche Mittelalter (umfaßt → Trias, → [2]Jura, Kreide). **mesozoisch**: das erdgeschichtl. Mittelalter betreffend

Messalina [nach der wegen ihrer Sittenlosigkeit u. Grausamkeit berüchtigten Frau des röm. Kaisers Claudius] *die*; -, ...nen: genußsüchtige, zügellose Frau

Messiade [zu → Messias] *die*; -, -n: geistliche Dichtung, die das Leben u. Leiden Jesu Christi (des Messias) schildert. **messianisch**: 1. auf den Messias bezüglich. 2. auf den Messianismus bezüglich. **Messianismus** *der*; -: geistige Bewegung, die die (religiöse od. politische) Erlösung von einem Messias erwartet. **Messias** [über *gr.-kirchenlat.* Messías aus *aram.* mešīchā, *hebr.* māšīach „der Gesalbte"] *der*; -: 1. der im Alten Testament verheißene Heilskönig, in der christl. Religion auf Jesus von Nazareth bezogen. 2. der erwartete Befreier u. Erlöser aus religiöser u. sozialer Unterdrückung

Messieurs [*mäßjö*]: *Plural* von → Monsieur

Mestize [aus gleichbed. *span.* mestizo, eigtl. „der Mischblütige", dies aus *spätlat.* mixtīcius „Mischling" zu miscēre „mischen"] *der*; -n, -n: Nachkomme eines weißen u. eines indianischen Elternteils

mesto [aus gleichbed. *it.* mesto, dies aus *lat.* maestus „traurig"]: traurig, betrübt (Vortragsanweisung; Mus.)

met..., **Met...** vgl. meta..., Meta... **meta...**, **Meta...**, vor Vokalen u. vor h: met..., Met... [aus *gr.* metá „inmitten, zwischen, hinter, nach"]: in Zusammensetzungen auftretendes Bestimmungswort mit der Bedeutung „zwischen, inmitten, nach, nachher, später, ver... (im Sinne der Umwandlung, des Wechsels)", z. B. metaphysisch, Metamorphose, metonymisch

Metall [über *lat.* metallum „Metall; Grube, Bergwerk" aus *gr.* métallon „Mine, Erzader, Schacht; Metall"] *das*; -s, -e: Sammelbezeichnung für chem. Grundstoffe, die sich durch charakteristischen Glanz, Undurchsichtigkeit, Legierbarkeit u. gute Fähigkeit, Wärme u. Elektrizität zu leiten, auszeichnen. **metallen**: aus Metall [bestehend]. **metallic** [*...lik*; aus gleichbed. *engl.* metallic zu metal „Metall"]: a) einen metallischen Glanz habend; b) mit Metall überzogen. **Metallisation** [*...zion*] *die*; -, -en: das Metallisieren. **Metallisator** *der*; -s, ...oren: Spritzpistole zur Aufbringung von Metallüberzügen. **metallisch**: metallartig. **metallisieren**: einen Gegenstand mit einer widerstandsfähigen metallischen Schicht überziehen. **Metallo|chromie** [*...kro...*; zu → Metall u. *gr.* chrōma „Farbe"] *die*; -: Färbung von Metallen im galvanischen Verfahren. **Metallo|gie** [zu → Metall und → ...logie] *die*; -: Wissenschaft vom Aufbau, von den Eigenschaften u. Verarbeitungsmöglichkeiten der Metalle. **Metall|urgie** [zu → Metall u. *gr.* érgon „Werk, Arbeit"] *die*; -: Hüttenkunde, Wissenschaft vom Ausschmelzen der Metalle aus Erzen, von der Metallreinigung, -veredlung u. (im weiteren Sinne) -verarbeitung. **metall|urgisch**: die Metallurgie betreffend, Hütten...

metamorph u. **metamorphisch** [zu → Metamorphose]: die Gestalt, den Zustand wandelnd. **Metamorphismus** *der*; -, ...men: = Metamorphose. **Metamorphose** [aus *gr.-lat.* metamórphōsis „Verwandlung" zu → meta... u. *gr.* morphḗ „Gestalt"] *die*; -, -n: 1. Umgestaltung, Verwandlung. 2. Entwicklung vom Ei zum geschlechtsreifen Tier durch Einschaltung gesondert gestalteter, selbständiger Larvenstadien (vor allem bei Insekten; Zool.). 3. Umwandlung der Grundform pflanzlicher Organe in Anpassung an die Funktion (Bot.). 4. Umwandlung, die ein Gestein durch Druck, Temperatur u. Bewegung in der Erdkruste erleidet (Geol.). 5. (nur Plural) Variationen (Mus.). 6. Verwandlung von Menschen in Tiere, Pflanzen, Steine o. ä. (griech. Mythologie). **metamorphosieren**: verwandeln, umwandeln; die Gestalt ändern

metanoeite! [...*o-ait*; aus gleichbed. *gr.* metanoeíte, Imperativ Plural von metanoeīn „umdenken, seinen Sinn ändern"]: Kehrt (euren Sinn) um! Tut Buße! (nach der Predigt Johannes des Täufers u. Jesu, Matth. 3, 2; 4, 17)

Metapher [aus gleichbed. *gr.-lat.* metaphorá zu metaphérein „anderswohin tragen, übertragen"] *die*; -, -n: bildliche Übertragung, besonders eines konkreten Begriffs auf einen abstrakten, auf Grund eines Vergleichs; Bild (z. B. das Haupt der Familie). **Metaphorik** *die*; -: das Vorkommen, der Gebrauch von Metaphern [als Stilmittel]. **metaphorisch** [nach gleichbed. *gr.* metaphorikós]: a) die Metapher betreffend; b) bildlich, übertragen [gebraucht]

Metaphysik [aus gleichbed. *mlat.* metaphysica (nach *gr.* tà metà tà physiká „Das, was hinter der Physik steht", dem Titel für die philosophischen Schriften des Aristoteles, die in einer Ausgabe des 1. Jh.s v. Chr. hinter den naturwissenschaftl. Schriften angeordnet waren)] *die*; -: 1. philosophische Lehre von den letzten Gründen u. Zusammenhängen des Seins. 2. im Marxismus diejenige Denkweise, die der → Dialektik entgegengesetzt ist. **metaphysisch**: 1. zur Metaphysik (1) gehörend; überempirisch, jede mögliche Erfahrung überschreitend (Philos.). 2. die Metaphysik (2) betreffend, undialektisch

Metastase [aus *gr.* metástasis „Umstellung; Veränderung; Wanderung"] *die*; -, -n: Tochtergeschwulst, durch Verschleppung von Geschwulstkeimen an vom Ursprungsort entfernt gelegene Körperstellen entstandener Tumor (z. B. bei Krebs; Med.)

Metathese u. **Metathesis** [aus gleichbed. *gr.-lat.* metáthesis, eigtl. „das Umsetzen"] *die*; -, ...esen: Lautumstellung in einem Wort, auch bei Entlehnung in eine andere Sprache (z. B. Wepse–Wespe, Born–Bronn; Sprachw.)

Metazoon [zu → meta... u. *gr.* zōon „Lebewesen"] *das*; -s, ...zoen (meist Plural): vielzelliges Tier, das echte Gewebe bildet; Ggs. → Protozoon

Meteor [auch: *me*...; aus *gr.* metéōron „Himmels-, Lufterscheinung" zu metéōros „in die Höhe gehoben, in der Luft schwebend"] *der*; (fachspr.: *das*); -s, ...ore: Lichterscheinung (Feuerkugel), die durch in die Erdatmosphäre eindringende kosmische Partikeln hervorgerufen wird. **meteorisch**: die Lufterscheinungen u. Luftverhältnisse betreffend (Meteor.). **Meteorit** *der*; -s u. -en, -e u. -en: in die Erdatmosphäre eindringender kosmischer Kleinkörper. **meteoritisch**: 1. von einem Meteor stammend. 2. von einem Meteoriten stammend. **Meteorologe** *der*; -n, -n: Wissenschaftler, zu dessen Arbeitsbereich die Erforschung des Wetters u. Klimas gehört. **Meteorologie** [aus *gr.* meteōrología „das Sprechen, die Lehre von den Himmelserscheinungen"] *die*; -: Wetterkunde, Wissenschaft von der Erdatmosphäre u. dem sich in ihr abspielenden Wettergeschehen. **meteorologisch**: die Meteorologie betreffend

[1]**...meter** [aus *gr.* métron „Maß"] *das*; -s, -: Wortbildungselement mit der Bed. „Meßgerät, ...messer", z. B. Barometer. [2]**...meter** [aus gleichbed. *gr.* ...métrēs] *der*; -s, -: Wortbildungselement mit der Bed. „Person, die Messungen ausführt", z. B. Geometer. [3]**...meter** [aus *gr.* ...metros zu métron „Maß, Versmaß"] *der*; -s, -: Wortbildungselement mit der Bed. „ein Maß enthaltend; messend", z. B. Hexameter, Parameter. **Meter** [aus gleichbed. *fr.* mètre, dies aus *gr.* métron „Maß"]: *der* (schweiz. nur so) od. *das*; -s, -: Längenmaß; Zeichen: m. **Meterkilopond** *das*; -s, -: = Kilopondmeter. **Metersekunde** *die*; -, -n: Geschwindigkeit in Metern je Sekunde; Zeichen: m/s, älter auch: m/sec. **Meterzentner** *der*; -s, -: Doppelzentner, 100 kg

Methan [zu *gr.* méthy „Wein"] *das*; -s: farbloses, geruchloses u. brennbares Gas, einfachster gesättigter Kohlenwasserstoff. **Methanol** [Kurzw. aus: *Methan* u. → Alkohol] *das*; -s: = Methylalkohol

Methode [aus *gr.-spätlat.* méthodos „Weg od. Gang einer Untersuchung", eigtl. „Weg zu etwas hin" (aus *gr.* metá „hinterher, nach" u. hodós „Weg")] *die*; -, -n: 1. auf einem Regelsystem aufbauendes Verfahren, das zur Erlangung von [wissenschaftlichen] Erkenntnissen od. praktischen Ergebnissen dient. 2. planmäßiges Vorgehen. **Methodik** [nach *gr.* methodikḗ „Kunst des planmäßigen Vorgehens"] *die*; -, -en: 1. Wissenschaft von den Verfahrensweisen der Wissenschaften. 2. Unterrichtsmethode; Wissenschaft vom planmäßigen Vorgehen beim Unterrichten. 3. in der Art des Vorgehens festgelegte Arbeitsweise. **Methodiker** *der*; -s, -: 1. planmäßig Verfahrender. 2. Begründer einer Forschungsrichtung. **methodisch** [aus gleichbed. *gr.* methodikós]: 1. die Methode (1) betreffend. 2. planmäßig, überlegt, durchdacht, schrittweise. **Methodologie** *die*; -, ...ien: Methodenlehre, Theorie der wissenschaftlichen Methoden; vgl. Methodik (1). **methodologisch**: zur Methodenlehre gehörend

Methodismus [aus gleichbed. *engl.* methodism, eigtl. „methodisches Verfahren", zu method, vgl. Methode] *der*; -: aus dem Anglikanismus im 18. Jh. hervorgegangene ev. Erweckungsbewegung mit religiösen Übungen u. bedeutender Sozialarbeit. **Methodist** *der*; -en, -en: Mitglied einer Methodistenkirche (urspr. Spottname). **methodistisch**: a) den Methodismus betreffend; b) in der Art des Methodismus denkend

Methusalem [nach einer bibl. Gestalt, 1. Mose 5, 25 ff.] *der*; -[s], -s: sehr alter Mann

Methyl [zu *gr.* méthy „Wein" u. → ...yl] *das*; -s: einwertiger Methanrest in zahlreichen organ.-chem. Verbindungen. **Methyl|alkohol** *der*; -s: Methanol, Holzgeist, einfachster Alkohol; farblose, brennend schmeckende, sehr giftige Flüssigkeit. **Methyl|amin** *das*; -s, -e: einfachste organische Base, ein brennbares Gas. **Methylen** *das*; -s: eine frei nicht vorkommende, zweiwertige Atomgruppe (CH_2)

Metier [*metie*; aus gleichbed. *fr.* métier, dies über *altfr.* mestier, menestier aus *lat.* ministerium „Dienst, Amt"] *das*; -s, -s: Beruf (in bezug auf bes. Fertigkeiten, die jmd. beherrscht), Gewerbe, Handwerk; Aufgabe; Geschäft

Met|öke [über *lat.* metoecus aus gleichbed. *gr.* métoikos, eigtl. „Mitbewohner"] *der*; -n, -n: ortsansässiger Fremder ohne politische Rechte (in den Städten des alten Griechenlands)

Metonische Zy|klus [nach dem altgriech. Mathematiker Meton (von Athen)] *der*; -n -: alter Kalenderzyklus (Zeitraum von 19 Jahren)

Met|onymie [„eigtl. „Namensvertauschung", zu →

meta... u. *gr.* ónoma „Name"] *die*; -, ...ien: übertragener Gebrauch eines Wortes od. einer Fügung für einen verwandten Begriff (z. B. Stahl für „Dolch", jung u. alt für „alle"). **met|onymisch**: die Metonymie betreffend

Met|ope [über *lat.* metopa aus *gr.* metópe, eigtl. „Zwischenöffnung"] *die*; -, -n: abgeteiltes, rechteckiges Relief als Teil des Gebälks beim dorischen Tempel

...me|trie [aus gleichbed. *gr.* ...metría zu metreīn „messen"]: in zusammengesetzten, weiblichen Substantiven auftretendes Grundwort mit der Bedeutung „[Ver]messung", z. B. Geometrie

Me|trik [über *lat.* (ars) metrica aus gleichbed. *gr.* metrikḗ téchnē, vgl. metrisch] *die*; -, -en: 1. Verslehre, Lehre von den Gesetzmäßigkeiten des Versbaus u. den Versmaßen. 2. Lehre vom Takt u. von der Taktbetonung (Mus.). **Me|triker** *der*; -s, -: Kenner u. Forscher auf dem Gebiet der Metrik. **me|trisch** [über *lat.* metricus aus *gr.* metrikós „das (Silben)maß betreffend"; vgl. Metrum]: 1. die Metrik betreffend. 2. auf den → Meter als Maßeinheit bezogen; -es System: urspr. auf dem Meter, dann auf Meter u. Kilogramm beruhendes Maß- u. Gewichtssystem

Me|tro [aus gleichbed. *fr.* métro, Kurzform von (chemin de fer) métropolitain „Stadtbahn" zu métropole „Hauptstadt", s. Metropole] *die*; -, -s: Untergrundbahn in Paris u. Moskau

Me|tronom [zu *gr.* métron „Maß" u. nómos „Gesetz, Regel"] *das*; -s, -e: Gerät mit einer Skala, das im eingestellten Tempo zur Kontrolle mechanisch den Takt schlägt; Taktmesser (Mus.)

Me|tropole [aus gleichbed. *gr.-lat.* mētrópolis, eigtl. „Mutterstadt"] *die*; -, -n: Hauptstadt, -sitz; Zentrum; Hochburg. **Me|tropolis** *die*; -, ...polen: = Metropole

Me|tropolit [auch *kirchenlat.* mētropolīta „Bischof in der Hauptstadt"; vgl. Metropole] *der*; -en, -en: kath. Erzbischof; in der orthodoxen Kirche Bischof als Leiter einer Kirchenprovinz

Me|trum [über *lat.* metrum „Versmaß, Vers" aus *gr.* métron „Maß; Gleichmaß; Vers-, Silbenmaß; Teil des Verses"] *das*; -s, ...tren u. (älter:) ...tra: 1. Versmaß, metrisches Schema. 2. Takt, Taktzeit (Mus.)

Metteur [...*tör*; aus *fr.* metteur (en pages) „(Seiten)-zurichter" zu mettre „setzen, stellen, zurichten" aus *lat.* mittere „schicken"] *der*; -s, -e: Schriftsetzer, der den Satz zu Seiten umbricht u. druckfertig macht (Druckw.)

Meu|blement [*möbl^emang*; nach gleichbed. *fr.* ameublement zu meubler „möblieren"; vgl. Mobiliar] *das*; -s, -s: Zimmer-, Wohnungseinrichtung

Mezzanin [über *fr.* mezzanine aus gleichbed. *it.* mezzanino zu mezzo „mitten, mittlerer"] *das*; -s, -e: Halb- od. niedriges Zwischengeschoß (bes. in der Baukunst der Renaissance u. des Barocks)

mezza voce [- *wotsch^e*; *it.*]: mit halber Stimme; Abk.: m. v. (Vortragsanweisung; Mus.)

mezzo..., **Mezzo...** [aus gleichbed. *it.* mezzo, dies aus *lat.* medius „mittlerer"]: in Zusammensetzungen (oft aus dem Gebiet der Musik) auftretendes Bestimmungswort mit der Bedeutung „mittel..., Mittel..., mittlere, halb..., Halb...". **mezzoforte**: halblaut, mittelstark; Abk.: mf. (Vortragsanweisung; Mus.). **Mezzoforte** *das*; -s, -s u. ...ti: halblautes Spiel (Mus.). **mezzopiano**: halbleise; Abk.: mp (Vortragsanweisung; Mus.). **Mezzopiano** *das*; -s, -s u. ...ni: halbleises Spiel (Mus.). **Mezzoso|pran**: Mittelsopran, Stimmlage zwischen Sopran u. Alt

mg = Milligramm

Mg = chem. Zeichen für: Magnesium

Mgr. = 1. Monseigneur. 2. Monsignore

mi [aus gleichbed. *it.* mi]: Silbe, auf die man den Ton e singen kann; vgl. Solmisation

midi [vermutlich Phantasiebildung zu engl. *middle* = „Mitte" in Analogie zu → mini]: halblang, wadenlang (auf Kleider, Röcke od. Mäntel bezogen)

Midinette [...*nät*; aus gleichbed. *fr.* midinette] *die*; -, -n [...*t^en*]: 1. Pariser Modistin, Näherin. 2. leichtlebiges Mädchen

Mi|gnonette [...*jonät*; aus gleichbed. *fr.* mignonnette zu mignon „niedlich"] *die*; -, -s: schmale, feine Spitze aus Zwirn

Mi|gnonfassung [zu *fr.* mignon „niedlich"] *die*; -, -en: Fassung für kleine Glühlampen

Mi|gräne [aus gleichbed. *fr.* migraine, dies über *lat.* hēmicrānia aus *gr.* hēmikrānía „halbseitiger Kopfschmerz" zu *gr.* hēmi... „halb" u. krānion „Schädel"] *die*; -: anfallsweise auftretender, meist einseitiger, u. a. mit Sehstörungen u. Erbrechen verbundener, heftiger Kopfschmerz

Mi|gration [...*zion*; aus *lat.* migrātio „(Aus)wanderung" zu migrāre „wegziehen"] *die*; -, -en: Wanderung von Individuen od. Gruppen im geographischen od. sozialen Raum (z. B. der Zugvögel; Biol.; Soziol.)

[1]Mikado [aus *jap.* mikado, eigtl. „erhabene Pforte"] *der*; -s, -s: 1. (hist.) Bezeichnung für den Kaiser von Japan; vgl. Tenno. 2. das Hauptstäbchen im Mikadospiel. **[2]Mikado** [zu [1]Mikado] *das*; -s, -s: Geschicklichkeitsspiel mit dünnen, langen Holzstäbchen

mikr..., **Mikr...** vgl. mikro..., Mikro... **Mi|krat** [Kunstw.] *das*; -[e]s, -e: sehr stark verkleinerte Wiedergabe eines Schriftstücks (etwa im Verhältnis 1:200). **mi|kro...**, **Mi|kro...**, vor Vokalen meist: mi|kr..., Mi|kr... [aus *gr.* mīkrós „klein, kurz, gering"]: in Zusammensetzungen auftretendes Bestimmungswort mit der Bedeutung „klein, gering, fein", z. B. Mikroskop. **Mi|kro...**: im Bereich der Physik in Zusammensetzungen auftretendes Bestimmungswort mit der Bedeutung „ein Millionstel" (der betreffenden Einheit), z. B. Mikrofarad; Abk. μ. **Mi|krobe** [aus gleichbed. *fr.* microbe zu *gr.* mīkrós „klein" u. bíos „Leben"] *die*; -, -n (meist Plural): Mikroorganismus (mikroskopisch kleines pflanzliches od. tierisches Lebewesen). **Mikrobiologie** [auch: *mikro*...] *die*; -: Wissenschaftszweig, der mikroskopisch kleine Lebewesen erforscht. **Mi|krobion** *das*; -s, ...ien [...*i^en*] (meist Plural): = Mikrobe. **Mi|krofarad** [zu → Mikro... u. → Farad] *das*; -[s], -: ein millionstel Farad: Abk. μF. **Mi|kroficbe** [*mikrofisch*; aus → mikro... u. fiche „Zettel, Karte"] *der*; -s, -s: Mikrofilm mit reihenweise angeordneten Mikrokopien. **Mi|krofilm** *der*; -s, -e: Film mit Mikrokopien. **Mi|krofon** vgl. Mikrophon. **Mi|krokopie** *die*; -, ...ien: stark verkleinerte, nur mit Lupe o. ä. lesbare fotografische Reproduktion von Schrift- od. Bilddokumenten. **mi|krokosmisch** [auch: *mikro*...] zum Mikrokosmos gehörend, diesen betreffend. **Mi|krokosmos** [auch: *mikro*...] u. **Mi|krokosmus** [auch: *mikro*...; über *spätlat.* microcosmus aus *gr.* mikrókosmos „die Welt im kleinen"; vgl. Kosmos] *der*; -: 1. die Welt der Kleinlebewesen (Biol.). 2. die kleine Welt des Menschen als verkleinertes Abbild des Universums; Ggs. → Makrokosmos. **Mi|krometer** *das*; -s, -: 1. Feinmeßgerät. 2. = $^1/_{1\,000\,000}$ m; Zeichen: μm. **mi|krometrisch**: das Mikrometer (1) betreffend. **Mi|kron** [aus *gr.* mīkrón „das Kleine"] *das*; -s, -: (veraltet) Mikrometer (2); Kurzform: My; Zeichen: μ. **Mi|krophon** *das*; -s, -e: Gerät zur Umwandlung von Schallenergie in elektrische Energie. **Mi|krophotokopie** *die*; -, ...ien: = Mikrokopie. **Mi|kro|skop** [zu → mikro u. *gr.* skopeīn „schauen"] *das*; -s, -e: optisches Vergrößerungsgerät; Gerät, mit dem man sehr kleine Objekte vergrößert sehen kann. **Mi|kro|skopie** *die*; -: Verwendung des Mikroskops zu wissenschaftlichen Untersuchungen. **mi|kro|skopieren**: mit dem Mikroskop arbeiten. **mi|kro|skopisch**: 1. nur durch das Mikroskop erkennbar. 2. verschwindend klein, winzig. 3. die Mikroskopie betreffend, mit Hilfe des Mikroskops

Milan [auch: ...*lan*; aus gleichbed. *provenzal.-fr.* milan, *vulgärlat.* *mīlānus zu *lat.* mīlvus „Weihe"] *der*; -s, -e: weitverbreitete Greifvogelgattung mit gegabeltem Schwanz

Milieu [*miliö*; aus gleichbed. *fr.* milieu, eigtl. „Mitte", zu mi aus *lat.* medius „mitten, mittlerer" u. lieu aus *lat.* locus „Ort"] *das*; -s, -s: 1. a) Gesamtheit der natürlichen u. sozialen Lebensumstände eines Individuums od. einer Gruppe; b) Umgebung, Umwelt [von Lebewesen]. 2. (österr.) kleine Tischdecke. 3. (schweiz.) Dirnenwelt

militant [aus *lat.* militāns, Gen. militantis, Part. Präs. von militāre „Kriegsdienst leisten, kämpfen"]: mit kriegerischen Mitteln für eine Überzeugung kämpfend; streitbar

[1]**Militär** [aus gleichbed. *fr.* militaire zu *lat.* militāris „den Kriegsdienst betreffend, soldatisch", dies zu mīles „Soldat, Heer"]: *das*; -s: 1. Wehrmacht, das gesamte Heerwesen. 2. eine Anzahl von Soldaten od. Offizieren. [2]**Militär** [aus gleichbed. *fr.* militaire] *der*; -s, -s: höherer Offizier. **Militärattaché** [...*sche*] *der*; -s, -s: einer diplomatischen Vertretung zugeteilter Offizier. **militärisch** [aus *fr.* militaire „soldatisch"; vgl. [1]Militär]: 1. das [1]Militär betreffend; vgl. → zivil (1). 2. a) schneidig, forsch, soldatisch; b) streng geordnet. **militarisieren**: militärische Anlagen errichten, Truppen aufstellen, das Heerwesen [eines Landes] organisieren. **Militarismus** *der*; -: Vorherrschen, Überbetonung militärischer Gesinnung; starker militärischer Einfluß auf die Politik. **Militarist** *der*; -en, -en: Anhänger des Militarismus. **militaristisch**: a) im Geist des Militarismus; b) den Militarismus betreffend. **Militärjunta** [...*chunta*, auch: ...*junta*] *die*; -, -s: von Offizieren [nach einem Putsch] gebildeter Regierungsausschuß; vgl. Junta

Military [*militeri*; aus älter *engl.* military „Militär-(wettkampf)" (jetzt: three-day event „Dreitagewettkampf")] *die*; -, -s: reitsportliche Vielseitigkeitsprüfung (bestehend aus Geländeritt, Dressurprüfung u. Jagdspringen)

Military Police [*militeri peliß*; aus *engl.* military police] *die*; - -: brit. od. amerik. Militärpolizei; Abk.: MP [*empi*]

Miliz [aus *lat.* mīlitia „Kriegsdienst, Gesamtheit der Soldaten" zu mīles „Soldat"] *die*; -, -en: 1. Bürger-, Volksheer im Gegensatz zum stehenden Heer. 2. in kommunistisch regierten Ländern Polizei mit halbmilitärischem Charakter

Mill. = Million

Mille [zu *lat.* mīlle „tausend"] *das*; -, -: Tausend; Abk.: M. **millenar** [aus *lat.* mīllēnārius „tausend enthaltend"]: (selten) tausendfach, -fältig. **Millennium** [zu *lat.* mīlle „tausend" u. annus „Jahr"] *das*; -s, ...ien [...*ien*]: 1. (selten) Jahrtausend. 2. das Tausendjährige Reich der Offenbarung Johannis (20, 2 ff.). **Milli...** [zu *lat.* mīlle „tausend"]: im Bereich der Physik in Zusammensetzungen auftretendes Bestimmungswort mit der Bedeutung „ein Tausendstel" (der betr. Maßeinheit), z. B. Millimeter. **Milliampere** [...*ampär*; auch: *mi*...] *das*; -[s], -: Maßeinheit kleiner elektrischer Stromstärken; Zeichen: mA. **Millibar** [auch: *mi*...] *das*; -s, -s [aber: 5 Millibar]: Maßeinheit für den Luftdruck, $^1/_{1000}$ → [1]Bar; Zeichen: mbar, in der Meteorologie nur: mb. **Milli|gramm** [auch: *mi*...] *das*; -s, -e (aber: 10 Milligramm): $^1/_{1\,000}$ g; Zeichen: mg. **Milli|meter** [auch: *mi*...] *der* (auch: *das*); -s, -: $^1/_{1\,000}$ m; Zeichen: mm

Milliardär [aus gleichbed. *fr.* milliardaire] *der*; -s, -e: Besitzer von Milliarden[werten]; steinreicher Mann. **Milliarde** [aus gleichbed. *fr.* milliard zu million, s. Million] *die*; -, -n: 1 000 Millionen; Abk.: Md., Mrd. **Milliardstel** *das*; -s, -: der milliardste Teil

Million [aus gleichbed. *it.* millione, eigtl. „Großtausend", zu *lat.-it.* mille „tausend"] *die*; -, Millionen: 1 000 mal 1 000; Abk.: Mill. u. Mio. **Millionär** [aus gleichbed. *fr.* millionnaire] *der*; -s, -e: Besitzer von Millionen[werten]; sehr reicher Mann. **Million[s]tel** *das*; -s, -: der millionste Teil

Mime [über *lat.* mimus aus *gr.* mīmos „Nachahmer; Gaukler; Schauspieler"] *der*; -n, -n: (veraltet, noch scherzhaft) Schauspieler; vgl. Mimus. **mimen**: (ugs.) a) schauspielern; b) so tun, als ob... **Mimik** [aus gleichbed. *lat.* ars mīmica] *die*; -: Gebärden- u. Mienenspiel des Gesichts [des Schauspielers] als Nachahmung fremden od. als Ausdruck eigenen seelischen Erlebens. **mimisch** [über *lat.* mīmicus aus *gr.* mīmikós „komödiantisch, possenhaft"]: a) die Mimik betreffend; b) den Mimen betreffend; c) schauspielerisch, von Gebärden begleitet. **Mimus** [s. Mime] *der*; -, ...men: 1. in der Antike ein Possenreißer, der Szenen des täglichen Lebens mit viel → Mimik vorführte. 2. in der Antike [improvisierte] Darstellung des täglichen Lebens auf der Bühne

Mimese u. **Mimesis** [aus *gr.-lat.* mī́mēsis „Nachahmung"] *die*; -, ...esen: 1. in der antiken Rhet.: a) spottende Wiederholung der Rede eines andern; b) Nachahmung eines Charakters dadurch, daß man der betreffenden Person Worte in den Mund legt, die den Charakter bes. gut kennzeichnen. 2. (nur Mimese) Schutztracht mancher Tiere, die sich vor allem in der Färbung (seltener in der Gestalt) belebten u. unbelebten Körpern ihrer Umgebung anpassen können (Biol.); vgl. Mimikry. **mimetisch** [aus gleichbed. *gr.* mīmētikós]: die Mimese betreffend; nachahmend, nachäffend

Mimik s. Mime

Mimi|kry [...*kri*; aus gleichbed. *engl.* mimicry, eigtl. „Nachahmung", zu mimic „fähig nachzuahmen", vgl. mimisch] *die*; -: 1. Schutztracht wehrloser Tiere, die in Körpergestalt u. Färbung wehrhafte od. anders geschützte Tiere nachahmen. 2. Schutzfärbung, Anpassung

mimisch s. Mime

Mimose [zu *lat.* mīmus, s. Mime (wegen der deutlichen Reaktion der Pflanze bei Berührung)] *die*;

-, -n: 1. zu den Hülsenfrüchtlern zählende Pflanzengattung. 2. überempfindlicher, leicht zu kränkender Mensch. **mimosenhaft**: zart, fein; überaus empfindlich, verletzlich; verschüchtert

Mimus s. Mime

min u. **Min.** = Minute

Minarett [aus gleichbed. *fr.* minaret, dies über *türk.* minäre(t) aus *arab.* minära, manära, eigtl. „Leuchtturm"] *das*; -s, -e: schlanker Turm einer Moschee (zum Ausrufen der Gebetsstunden)

[1]**Mine** [über *fr.* mine aus *mlat.* mina „Erzader, Erzgrube, unterirdischer Gang" (wohl kelt. Wort)] *die*; -, -n: 1. unterirdischer Gang. 2. Bergwerk; unterirdisches Erzvorkommen. 3. stäbchenförmige Bleistift-, Kugelschreibereinlage. 4. a) Sprengkörper; b) verborgener, heimtückischer Anschlag

[2]**Mine** [über *lat.* mina aus gleichbed. *gr.* mnā] *die*; -, -n: 1. altgriechische Gewichtseinheit. 2. altgriechische Münze

Mineral [aus *mlat.* (aes) minerāle „Grubenerz" zu minera „Erzgrube" u. mina, s. [1]Mine] *das*; -s, -e u. -ien [...*iᵉn*]: jeder anorganische, chemisch u. physikalisch einheitliche u. natürlich gebildete Stoff der Erdkruste. **mineralisch**: a) aus Mineralien entstanden; b) Mineralien enthaltend. **mineralisieren**: Mineralbildung bewirken; zum Mineral werden. **Mineraloge** *der*; -n, -n: Kenner u. Erforscher der Mineralien u. Gesteine. **Mineralogie** *die*; -: Wissenschaft von der Zusammensetzung der Mineralien u. Gesteine, ihrem Vorkommen u. ihren Lagerstätten. **mineralogisch**: die Mineralogie betreffend. **Mineralöl** *das*; -s, -e: durch → Destillation von Erdöl erzeugter Kohlenwasserstoff (z. B. Heizöl, Benzin, Bitumen). **Mineralquelle** *die*; -, -n: Quelle mit mehr als 1 % gelöster Bestandteile. **Mineralwasser** *das*; -s, -: Wasser aus meist heilkräftigen Quellen mit bestimmten gelösten Stoffen (z. B. Kohlensäure, Natriumkarbonat)

Mine|stra *die*; -, ...stren u. **Mine|strone** [aus *it.* minestra, minestrone „Suppe"] *die*; -, ...ni: ital. Gemüsesuppe mit Reis und Parmesankäse

mineur [...*nör*; aus gleichbed. *fr.* mineur, eigtl. „kleiner", dies aus *lat.* minor „kleiner"]: französische Bezeichnung für → Moll; Ggs. → majeur

mini [zu → Mini...]: sehr kurz, weit oberhalb des Knies endend (auf Kleider, Röcke od. Mäntel bezogen); Ggs. → maxi, → midi. **Mini...** [auch: *mini...*; aus gleichbed. *engl.* mini..., Kurzform von miniature..., vgl. Miniatur]: in Zusammensetzungen auftretendes Bestimmungswort mit der Bedeutung „Klein...", z. B. Minicar

Miniatur [aus *mlat.-it.* miniatūra „Kunst, mit Zinnoberrot zu malen" (zu *lat.* minium „Zinnoberrot"), das unter Einfluß von *lat.* minor „kleiner" die Bed. „zierliche Kleinmalerei" entwickelte] *die*; -, -en: a) Bild od. Zeichnung als Illustration einer [alten] Handschrift od. eines Buches; b) zierliche Kleinmalerei, kleines Bild[nis]. **Miniatur...**: in Zusammensetzungen auftretendes Bestimmungswort mit der Bedeutung „Klein..., verkleinert, zierlich", z. B. Miniaturausgabe. **miniaturisieren**: verkleinern (von elektronischen Elementen)

Minibikini, [Kurzform; aus → Mini... u. → Bikini] Minikini *der*; -s, -s: einteiliger, die Brust freilassender Damenbadeanzug. **Minicar** [*minicaʳ*; aus *engl.* minicar „Kleinstwagen"] *der*; -s, -s: Kleintaxi

minieren [aus gleichbed. *fr.* miner (zu → [1]Mine)]: unterirdische Gänge, Stollen anlegen; vgl. [1]Mine (1)

Minigolf [aus → Mini... u. → [2]Golf] *das*; -s: Kleingolf, Bahnengolf (Sport). **Minikini** vgl. Minibikini

Minima [zu *lat.* minimus „kleinster", vgl. Minimum] *die*; -, ...ae [...*ä*] u. ...men: kleiner Notenwert der Mensuralmusik (entspricht der halben Taktnote). **minimal**: sehr klein, sehr wenig, niedrigst, winzig. **minimalisieren**: a) so klein wie möglich machen, sehr stark reduzieren, vereinfachen; b) abwerten, geringschätzen. **minimieren**: verringern, verkleinern. **Minimierung** *die*; -, -en: Verringerung, Verkleinerung. **Minimum** [auch: *mi*...; aus *lat.* minimum „das Geringste, Mindeste" (Superlativ von → minus)] *das*; -s, ...ma: Mindestmaß, -wert; Ggs. → Maximum

Minipille [vgl. Mini...] *die*; -, -n: → Antibabypille mit sehr geringer Hormonmenge. **Minirock** *der*; -s, ...röcke: sehr kurzer Rock

Minister [über gleichbed. *fr.* ministre, eigtl. „Diener (des Staates)", aus *lat.* minister „Diener, Gehilfe"] *der*; -s, -: Mitglied der Regierung eines Staates od. Landes, das einen bestimmten Geschäftsbereich verwaltet. **ministerial** [aus *spätlat.* ministeriālis „den Dienst beim Kaiser betreffend"]: ein Ministerium betreffend, von ihm ausgehend. **Ministerial...**: in Zusammensetzungen auftretendes Bestimmungswort mit der Bedeutung „das Ministerium betreffend, den Staatsdienst betreffend, der Staatsregierung angehörend". **Ministeriale** [aus *spätlat.* ministeriāles (Plural) „kaiserliche Beamte"] *der*; -n, -n: Angehöriger des mittelalterlichen Dienstadels. **ministeriell** [aus gleichbed. *fr.* ministériel]: a) einen Minister betreffend; b) ein Ministerium betreffend. **Ministerium** [über gleichbed. *fr.* ministère aus *lat.* ministerium „Dienst, Amt"] *das*; -s, ...ien [...*iᵉn*]: höchste Verwaltungsbehörde eines Landes mit einem bestimmten Aufgabenbereich (Auswärtiges, Justiz u. a.). **Ministerpräsident** *der*; -en, -en: Vorsitzender des Ministerrates

Mini|strant [aus *lat.* ministrāns, Gen. ministrantis, Part. Präs. von ministrāre „bedienen" zu minister „Diener"] *der*; -en, -en: katholischer Meßdiener. **mini|strieren**: bei der Messe dienen

Mink [aus gleichbed. *engl.* mink] *der*; -s, -e: nordamerik. Marderart, Nerz

Minorat [nach → Majorat zu *lat.* minor „kleiner, geringer; jünger"] *das*; -[e]s, -e: 1. Vorrecht des Jüngsten auf das Erbgut, Jüngstenrecht. 2. nach dem Jüngstenrecht zu vererbendes Gut; vgl. Majorat (Rechtsw.). **Minorität** [über *fr.* minorité aus gleichbed. *mlat.* minōritas] *die*; -, -en: Minderzahl, Minderheit; Ggs. → Majorität

Min|strel [aus *engl.* minstrel, dies über *altfr.* ministrel aus *mlat.* ministeriālis „Dienstmann", s. Ministeriale] *der*; -s, -s: mittelalterl. Spielmann u. Sänger in England im Dienste eines Adligen

Minuend [aus *lat.* minuendus, Gerundiv von minuere „verringern"] *der*; -en, -en: Zahl, von der etwas abgezogen werden soll. **minus** [aus *lat.* minus „weniger", Neutrum von minor „kleiner, geringer"]: 1. weniger (Math.); Zeichen: −. 2. unter dem Gefrierpunkt liegend. 3. negativ (Elektrot.). **Minus** *das*; -, -: 1. Verlust, Fehlbetrag. 2. Mangel, Nachteil

Minuskel [zu *lat.* minusculus „etwas kleiner" zu minor „kleiner"] *die*; -, -n: Kleinbuchstabe; Ggs. → Majuskel

Minute [aus gleichbed. *mlat.* minūta, dies aus *lat.* minūtus „verringert, sehr klein", Part. Perf. von minuere „vermindern"] *die*; -, -n: 1. $^1/_{60}$ Stunde;

Zeichen: min (bei Angabe eines Zeitpunktes: ^{m}, veraltet: m); Abk.: Min. 2. $^{1}/_{60}$ Grad; Zeichen: ′ (Math.). **minütlich** u. (seltener:) minutlich: jede Minute

minuziös [aus gleichbed. *fr.* minutieux zu minutie „Kleinigkeit; peinliche Genauigkeit", dies zu *lat.* minuere „vermindern"]: 1. peinlich genau, äußerst gründlich. 2. (veraltet) kleinlich

Mio. = Million[en]

miozän: das Miozän betreffend. **Miozän** [zu *gr.* meīon „kleiner, weniger" u. kainós „neu"] *das*; -s: zweitjüngste Abteilung des → Tertiärs (Geol.)

Mir [aus *russ.* mir „Friede(nsgemeinschaft), Bauerngemeinde"] *der*; -s: bis 1917 russische Dorfgemeinschaft, Gemeinschaftsbesitz einer Dorfgemeinde

Mirabelle [aus gleichbed. *fr.* mirabelle] *die*; -, -n: eine gelbe, kleinfrüchtige, süße Pflaume[nart]

mirabile dictu [*lat.*; „wundersam zu sagen"]: kaum zu glauben

Mirakel [aus *lat.* mīrāculum „Wunder" zu mīrāri „sich wundern"] *das*; -s, -: 1. Wunder, wunderbare Begebenheit. 2. mittelalterliches Drama über Marien- u. Heiligenwunder; Mirakelspiel. **mirakulös**: (veraltet) durch ein Wunder bewirkt

Mire [aus *fr.* mire „Richtkorn (auf dem Gewehr)"] *die*; -, -n: Meridianmarke zur Einstellung des Fernrohres in Meridianrichtung

mis..., **Mis...** vgl. miso..., Miso...

Mis|an|throp [aus gleichbed. *gr.* misánthrōpos; vgl. miso...] *der*; -en, -en: Menschenfeind, -hasser. **Misan|thropie** *die*; -: Menschenhaß, -scheu. **mis|anthropisch**: menschenfeindlich, menschenscheu

Mischpoche u. **Mischpoke** [über *jidd.* mischpocho „Familie" aus *hebr.* mišpāḥā „Stamm, Genossenschaft"] *die*; -: (ugs.; abschätzig) Verwandtschaft; Gesellschaft

miserabel [über *fr.* misérable aus *lat.* miserābilis „jämmerlich, kläglich"]: (ugs.) 1. erbärmlich, armselig. 2. sehr schlecht, unzulänglich. **Misere** [aus gleichbed. *fr.* misère, dies aus *lat.* miseria „Elend" zu miser „elend, erbärmlich"] *die*; -, -n: Elend, Unglück, Notsituation, -lage. **Misereor** [zu *lat.* misereor „ich erbarme mich"] *das*; -[s]: katholische Fastenopferspende für die Entwicklungsländer (seit 1959). **Miserere** [aus *lat.* miserēre, Imperativ von miserēri „sich erbarmen", also „erbarme dich!"] *das*; -s: Anfang u. Bezeichnung des 51. Psalms (Bußpsalm) in der → Vulgata. **Misericordias Domini** [...*kor*... -: *lat.*; „die Barmherzigkeit des Herrn"]: zweiter Sonntag nach Ostern, nach dem alten → Introitus des Gottesdienstes (Psalm 89,2)

miso..., **Miso...**, vor Vokalen: mis..., Mis... [aus gleichbed. *gr.* mīso... zu mīsos „Haß", mīseīn „hassen"]: in Zusammensetzungen auftretendes Bestimmungswort mit der Bedeutung „Feindschaft, Haß, Verachtung", z. B. Misanthropie

Miß u. (bei engl. Schreibung:) **Miss** [aus *engl.* miss, dies zusammengezogen aus mistress, s. Mrs.] *die*; -, Misses [*mißⁱs*]: 1. (ohne Artikel) engl. Anrede für ein Fräulein. 2. (veraltet) aus England stammende Erzieherin. 3. Schönheitskönigin, häufig in Verbindung mit einem Länder- od. Ortsnamen, z. B. Miß Germany

Missa [aus *kirchenlat.* missa, Part. Perf. Fem. von mittere „gehen lassen, entlassen" (in der Schlußformel „īte, missa est (cōncio)" = „geht, die Versammlung ist entlassen")] *die*; -, Missae [...*ä*]: kirchenlateinische Bezeichnung der Messe; - lecta [*läkta*]: stille od. Lesemesse; - pontificalis [...*ka*...]: = Pontifikalamt; - solemnis: feierliches Hochamt

Missal *das*; -s, -e u. Missale [aus gleichbed. *mlat.* missale zu missa „Messe"] *das*; -s, -n u. ...alien [...*iᵉn*]: Meßbuch; Missale Romanum: amtliches Meßbuch der römisch-katholischen Kirche

Missile [*mißail*, auch: *mißel*; aus gleichbed. *engl.-amerik.* missile, zu *lat.* missilis „zum Werfen, Schleudern geeignet" (zu mittere, vgl. Mission)] *das*; -s, -s: Flugkörpergeschoß (Mil.)

Missing link [aus *engl.* missing link „fehlendes Glied" zu to miss „verfehlen, nicht haben"] *das*; - -: 1. fehlende Übergangsform zwischen Mensch u. Affe. 2. fehlende Übergangsform in tierischen u. pflanzlichen Stammbäumen (Biol.)

Mission [aus *lat.-kirchenlat.* missio „das Schicken, die Entsendung (christlicher Glaubensboten)", z. T. über *fr.* mission (Bed. 1, 3, 4), zu *lat.* mittere „gehen lassen, schicken; werfen"] *die*; -, -en: 1. [ehrenvoller] Auftrag, verpflichtende Aufgabe. 2. Verbreitung einer religiösen Lehre unter Andersgläubigen. Innere -: religiöse Erneuerung u. Sozialarbeit im eigenen Volk. 3. [ins Ausland] entsandte Person[engruppe] mit besonderem Auftrag (z. B. Abschluß eines Vertrages). 4. diplomatische Vertretung eines Staates im Ausland. **Missionar** u. (österr. nur so:) **Missionär** *der*; -s, -e: in der → Mission (2) tätiger Priester od. Prediger; Glaubensbote. **missionarisch**: die Mission (2) betreffend; auf Bekehrung hinzielend. **missionieren**: eine (bes. die christliche) Glaubenslehre verbreiten

Mister vgl. Mr.

misteriosamente u. **misterioso** [aus gleichbed. *it.* misteriosamente, misterioso zu mistero „Geheimnis", vgl. Mysterium]: geheimnisvoll (Vortragsanweisung; Mus.)

Mi|stral [aus *provenzal.-fr.* mistral, älter maestral eigtl. „Haupt-, Meisterwind", zu *provenzal.* maestre „Herr, Meister" aus gleichbed. *lat.* magister] *der*; -s, -e: kalter Nord[west]wind im Rhonetal, in der Provence u. an der franz. Mittelmeerküste

Mi|stress [*mißtriß*] vgl. Mrs.

misurato [aus gleichbed. *it.* misurāto zu misura aus *lat.* mensūra „Maß"]: gemessen, wieder streng im Takt (Vortragsanweisung; Mus.)

Miszellen [zu *lat.* mīscellus „gemischt", dies zu miscēre „mischen"] *die* (Plural): kleine Aufsätze verschiedenen Inhalts, Vermischtes, bes. in wissenschaftlichen Zeitschriften

Mitose [zu *gr.* mítos „Faden, Kette"] *die*; -, -n: Zellkernteilung mit Längsspaltung der Chromosomen, indirekte Zellkernteilung (Biol.); Ggs. → Amitose. **mitotisch**: die Zellkernteilung betreffend (Biol.)

Mi|tra [aus *gr.-lat.* mítra „Stirnbinde, Turban"] *die*; -, ...ren: 1. Kopfbedeckung hoher katholischer Geistlicher, Bischofsmütze. 2. mützenartige Kopfbedeckung altorientalischer Herrscher. 3. bei den Griechen u. Römern Stirnbinde der Frauen

Mi|trailleuse [*mitra[l]jösᵉ*; aus *fr.* mitrailleuse] *die*; -, -n: franz. Salvengeschütz (1870–71), Vorläufer des Maschinengewehrs

Mixed [*mikßt*; aus gleichbed. *engl.* mixed zu mixed „gemischt", dies über *(alt)fr.* mixte aus gleichbed. *lat.* mixtus, Part. Perf. von miscēre „mischen"] *das*; -[s], -[s]: gemischtes Doppel (aus je einem männlichen u. weiblichen Spieler auf jeder Seite) im Tennis, Tischtennis u. Badminton. **Mixed Pick-**

les [*mịkßt pịkls*] u. Mixpickles [*mịkßpikls*; aus *engl.* mixed pickles, mixpickles zu pickle „Pökel, Eingemachtes"] *die* (Plural): in Essig eingelegte Stückchen verschiedener Gemüsesorten, bes. Gurken. **mịxen** [aus *engl.* to mix „mischen" zu mixed „gemischt", s. Mixed]: 1. mischen, bes. alkoholische Getränke. 2. die auf verschiedene Bänder aufgenommenen akustischen Elemente eines Films (Sprache, Musik, Geräusche) aufeinander abstimmen u. auf eine Tonspur überspielen. 3. Speisen mit einem elektrischen Küchengerät zerkleinern u. mischen. **Mịxer** *der*; -s, -: 1. jmd., der [in einer Bar] alkoholische Getränke mischt. 2. Tontechniker, der getrennt aufgenommene akustische Elemente eines Films auf eine Tonspur überspielt. 3. elektrisches Gerät zum Mischen u. Zerkleinern von Getränken u. Speisen

Mixolỵdisch u. **Mixolỵdische** [aus gleichbed. *gr.* mixolýdios, eigtl. „halblydisch" nach Lydien] *das*; ...schen: (Mus.) a) altgriech. Tonart; b) 7. Kirchentonart (g-g′) des Mittelalters

Mixpickles [*mịkßpikls*] vgl. Mixed Pickles

Mịxtum compọsitum [- *kom...*; aus *nlat.* mixtum compositum „gemischt Zusammengesetztes"; vgl. Mixed u. Kompositum] *das*; - -, ...ta ...ta: Durcheinander, buntes Gemisch

Mixtụr [aus *lat.* mixtūra „Mischung" zu miscēre „mischen"] *die*; -, -en: 1. Mischung; flüssige Arzneimischung. 2. Orgelregister, das auf jeder Taste mehrere Pfeifen in Oktaven, Terzen, Quinten, auch Septimen ertönen läßt (Mus.)

Mizẹll *das*; -s, -e u. **Mizẹlle** [aus *nlat.* micella, Verkleinerungsform zu *lat.* mīca „Krümchen"] *die*; -, -n: Molekülgruppe, die sich am Aufbau eines Netz- u. Gerüstwerkes in der pflanzlichen Zellwand beteiligt (Biol.). **Mizẹllen** *die* (Plural): Kolloidteilchen, die aus zahlreichen kleineren Einzelmolekülen aufgebaut sind (Chem.)

mkp = Meterkilopond. **MKS-System** *das*; -s: internationales Maßsystem, das auf den Grundeinheiten Meter (M), Kilogramm (K) u. Sekunde (S) aufgebaut ist; vgl. CGS-System

Mlle. = Mademoiselle. **Mlles.** = Mesdemoiselles

mm = Millimeter. **mm²** = Quadratmillimeter. **mm³** = Kubikmillimeter

μm = Mikrometer (2)

m. m. = mutatis mutandis

MM. = Messieurs (vgl. Monsieur)

Mme. = Madame. **Mmes.** = Mesdames

Mn = chem. Zeichen für: Mangan

Mo = chem. Zeichen für: Molybdän

MΩ = Meg[a]ohm

Mọa [aus gleichbed. *maorisch* moa] *der*; -[s], -s: bis 1840 auf Neuseeland lebender flugunfähiger Laufvogel (bis 3,50 m hoch)

Mọb [aus gleichbed. *engl.* mob, eigtl. „aufgebrachte Volksmenge", verkürzt aus gleichbed. *lat.* mobile vulgus] *der*; -s: Pöbel

mobịl [über *fr.* mobile „beweglich, marschbereit" aus *lat.* mōbilis „beweglich" zu movēre „in Bewegung setzen"]: 1. a) beweglich, nicht an einen festen Standort gebunden; b) den Wohnsitz u. Arbeitsplatz häufig wechselnd. 2. (ugs.) wohlauf, gesund; lebendig, munter; - machen: a) in Kriegszustand versetzen; b) (ugs.) in Aufregung, Bewegung versetzen. **Mobịl** *das*; -s, -e: Fahrzeug, Auto. **mọbile** [aus gleichbed. *it.* mobile]: beweglich, nicht steif (Vortragsanweisung; Mus.). **Mọbile** [aus gleichbed. *engl.* mobile zu *it.* mobile „beweglich"] *das*; -s, -s: hängend befestigte kinetische Plastik aus [Metall]plättchen, Stäben u. Drähten, die durch Luftzug, Warmluft od. Anstoßen in Bewegung gerät (bildende Kunst); Ggs. → Stabile. **Mobiliạr** s. unten. **Mobịlien** [...*iᵉn*; aus gleichbed. *mlat.* mobilia (Plural) zu *lat.* mōbilis „beweglich"] *die* (Plural): bewegliche Güter (Wirtsch.). **Mobilisation** [...*ziọn*; aus gleichbed. *fr.* mobilisation] *die*; -, -en: = Mobilmachung. **mobilisịeren** [aus gleichbed. *fr.* mobiliser zu mobile „beweglich, marschbereit"]: 1. mobil machen (Mil.). 2. beweglich, zu Geld machen (Wirtsch.). 3. (ugs.) in Bewegung versetzen, zum Handeln veranlassen. **Mobilisịerung** *die*; -, -en: das Mobilisieren. **Mobilitạ̈t** [aus gleichbed. *lat.* mōbilitās] *die*; -: [geistige] Beweglichkeit. **Mobịlmachung** *die*; -, -en: Maßnahmen zur Umstellung der Friedensstreitkräfte auf Kriegsstärke durch Einberufung der Reserve u. Aufstellung neuer Truppenteile

Mobiliạr [zu *mlat.* mobilia „Hausrat", s. Mobilien] *das*; -s, -e: Möbelstücke

mö|blịeren [aus gleichbed. *fr.* meubler zu meuble „bewegliches Gut, Hausrat" aus gleichbed. *mlat.* mōbile]: mit Möbeln einrichten, ausstatten

Mocca double [*mọka dụbᵉl*; *fr.*; „doppelter Mokka"] *der*; - -, -s -s [*mọka dụbᵉl*]: extrastarkes Kaffeegetränk (Gastr.)

Mọcktur|tlesuppe [...*tö'tl*...; nach gleichbed. *engl.* mock turtle soup zu mock „falsch, nachgemacht" u. turtle „Schildkröte"]: *die*; -, -n: unechte Schildkrötensuppe (aus Kalbskopf hergestellt)

mod. = moderato

modạl [zu → Modus]: 1. die Art u. Weise bezeichnend; -e Konjunktion: die Art u. Weise bestimmendes Bindewort (z. B. wie; Sprachw.). 2. in Modalnotation notiert, sie betreffend (Mus.). **Modạladverb** *das*; -s, -ien [...*iᵉn*]: Adverb der Art u. Weise (z. B. kopfüber; Sprachw.). **Modalitạ̈t** *die*; -, -en: 1. Art u. Weise [des Seins, des Denkens] (Philos.; Sprachw.). 2. (meist Plural) Art u. Weise der Aus- u. Durchführung eines Vertrages, Beschlusses o. ä. **Modạlnotation** [...*zion*] *die*; -: Notenschrift des 12. u. 13. Jh.s, Vorstufe der → Mensuralnotation (Mus.). **Modạlsatz** *der*; -es, ...sätze: Adverbialsatz der Art u. Weise (Sprachw.). **Modạlverb** *das*; -s, -en: Verb, das in Verbindung mit einem reinen Infinitiv ein anderes Sein od. Geschehen modifiziert (z. B. er *will* kommen; Sprachw.)

mode [*mọt*; aus *engl.* mode „eine Art Grau", zu mode „Mode", dies über *fr.* mode aus *lat.* modus „Art"]: bräunlich

Model [*mọdᵉl*; *der*; -s, - u. Mọdul aus *lat.* modulus „Maß", Verkleinerungsform zu modus, s. Modus] *der*; -s, -n: Hohlform für die Herstellung von Gebäck od. zum Formen von Butter

Modẹll [aus *it.* modello „Muster, Entwurf" zu *lat.* modulus „Maß", s. Modul] *das*; -s, -e: 1. Muster, Vorbild, Entwurf. 2. Entwurf od. Nachbildung in kleinerem Maßstab (z. B. eines Bauwerks od. einer Plastik). 3. [Holz]form zur Herstellung der Gußform. 4. nur einmal in der Art hergestelltes Kleidungsstück. 5. Mensch od. Gegenstand als Vorbild für ein Werk der bildenden Kunst. 6. Typ, Ausführungsart eines Fabrikats. 7. vereinfachte Darstellung der Funktion eines Gegenstands od. des Ablaufs eines Sachverhalts, die eine Untersuchung od. Erforschung erleichtert od. erst möglich macht. 8. Mannequin. **Modelleur** [...*lọ̈r*; nach gleichbed. *fr.* modeleur zu modèle „Modell"] *der*; -s, -e: = Modellierer. **modellieren** [aus gleichbed. *it.* modellare]: [eine Plastik] formen, ein Modell herstellen. **Modellierer** *der*; -s, -: Former, Musterformer

moderato [aus gleichbed. *it.* moderato zu *lat.-it.* moderāre „mäßigen"]: gemäßigt, mäßig schnell; Abk.: mod. (Vortragsanweisung; Mus.). **Moderato** *das*; -s, -s u. ...ti: Musikstück in mäßig schnellem Zeitmaß (Mus.)

Moderation [...*zion*; aus *lat.* moderātio „das Mäßigen, die Leitung"; vgl. moderieren] *die*; -, -en: 1. Leitung u. Redaktion einer Rundfunk- od. Fernsehsendung. 2. (veraltet) Mäßigung. **Moderator** [aus *lat.* moderātor „Mäßiger, Leiter"] *der*; -s, ...oren: 1. [leitender] Redakteur einer Rundfunk- od. Fernsehanstalt, der durch eine Sendung (meist Magazin od. Dokumentarsendung) führt u. dabei die einzelnen Programmpunkte ankündigt, erläutert u. kommentiert. 2. Verzögerer, Bremsvorrichtung in Kernreaktoren (Phys.). **moderieren** [aus *lat.* moderāre „mäßigen, regeln, lenken" zu modus „Maß"]: 1. eine Rundfunk- od. Fernsehsendung mit einleitenden u. verbindenden Worten versehen. 2. (veraltet, aber noch landsch.) mäßigen

modern [über gleichbed. *fr.* moderne aus *lat.* modernus „neu, neuzeitlich" zu modo „eben erst, gerade eben" (eigtl. „mit Maß", Ablativ von modus, s. Modus)]: 1. dem neuesten Stand der Mode entsprechend. 2. neuzeitlich, -artig. **Moderne** *die*; -: 1. moderne Richtung in Literatur, Musik u. Kunst. 2. die jetzige Zeit u. ihr Geist. **modernisieren** [aus gleichbed. *fr.* moderniser]: 1. der gegenwärtigen Mode entsprechend umändern (von Kleidungsstücken o. ä.). 2. nach neuesten technischen od. wissenschaftlichen Erkenntnissen ausstatten od. verändern. **Modernismus** *der*; -, ...men: (ohne Plural) Bejahung des Modernen, Streben nach Modernität [in Kunst u. Literatur]. **Modernist** *der*; -en, -en: Anhänger des Modernismus. **modernistisch**: zum Modernismus gehörend; sich modern gebend. **Modernität** *die*; -, -en: 1. (ohne Plural) neuzeitliches Verhalten, Gepräge. 2. Neuheit

Modern Jazz [*modern dsehäs*; aus gleichbed. *engl.-amerik.* modern jazz] *der*; - -: die jüngeren stilistischen Entwicklungen des Jazz, etwa seit 1945

modest [aus gleichbed. *lat.* modestus, eigtl. „maßhaltend", zu modus, s. Modus]: (veraltet) bescheiden, sittsam

Modi: *Plural* von → Modus

Modifikation [...*zion*; zu → modifizieren] *die*; -, -en: 1. Abwandlung, Veränderung, Einschränkung. 2. das Abgewandelte, Veränderte, die durch äußere Faktoren bedingte nichterbliche Änderung bei Pflanzen, Tieren od. Menschen (Biol.). **Modifikator** *der*; -s, ...oren: etwas, das abschwächende od. verstärkende Wirkung hat. **modifizieren** [aus *lat.* modificāre „gehörig abmessen, mäßigen"; vgl. ...fizieren]: einschränken, abändern; abwandeln; -des Verb: Verb, das ein durch einen Infinitiv mit „zu" ausgedrücktes Sein oder Geschehen modifiziert (z. B. er *pflegt* lange zu schlafen; Sprachw.)

Modist [aus gleichbed. *fr.* modiste] *der*; -en, -en: (veraltet) Modewarenhändler. **Modistin** *die*; -, -nen: Putzmacherin; Inhaberin eines Hutgeschäftes

Modul [aus *lat.* modulus „Maß", Verkleinerungsform von modus, s. Modus] *der*; -s, -n (auch: -e): 1. der Divisor kongruenter Zahlen (Math.). 2. Verhältnis des Briggsschen od. Zehnerlogarithmus zum natürlichen Logarithmus der gleichen Zahl (Math.). 3. Materialkonstante (z. B. Elastizitätsmodul; Techn.)

Modulation [...*zion*; nach *lat.* modulātio „das Taktmäßige, Melodische, der Rhythmus" zu → modulieren] *die*; -, -en: 1. Beeinflussung einer Trägerfrequenz zum Zwecke der Übertragung von Nachrichten auf Drahtleitungen od. auf drahtlosem Weg. 2. Übergang von einer Tonart in die andere (Mus.). 3. das Abstimmen von Tonstärke u. Klangfarbe im Musikvortrag (z. B. beim Gesang; Mus.). **modulieren** [nach *lat.* modulāri „abmessen, einrichten; taktmäßig, melodisch spielen"]: 1. abwandeln. 2. eine Frequenz zum Zwecke der Nachrichtenübermittlung beeinflussen. 3. in eine andere Tonart übergehen

Modus [auch: *mo*...; aus *lat.* modus „Maß, Art und Weise; Aussageweise; Melodie"] *der*; -, Modi: 1. Art u. Weise [des Geschehens od. Seins]; - procedendi [- ...*zä*...]: Verfahrensweise; - vivendi [-*wiw*...]: Form eines erträglichen Zusammenlebens. 2. Aussageweise des Verbs im Deutschen (→ Indikativ, → Konjunktiv, → Imperativ; Sprachw.). 3. (Mus.) a) Bezeichnung für die Kirchentonart; b) Bezeichnung der Zeitwerte (6 Modi) im Mittelalter; c) Taktmaß der beiden größten Notenwerte (Maxima u. Longa) der Mensuralnotation

Mofa [Kurzw. aus: *Mo*tor*fa*hrrad] *das*; -s, -s: motorisiertes Fahrrad mit 25 km/h Höchstgeschwindigkeit. **mofeln**: (ugs.) mit dem Mofa fahren

Mogul [über *engl.* Mogul aus gleichbed. *pers.* Muġāl, eigtl. „der Mongole"] *der*; -s, -n: (hist.) mohammedanische Herrscherdynastie mongolischer Herkunft in Indien (1526–1857)

Mohair [...*här*; aus gleichbed. *engl.* mohair, dies aus *arab.* muḫayyar „Stoff aus Ziegenhaar"] *der*; -s, -e: 1. Wolle der Angoraziege. 2. Stoff aus der Wolle der Angoraziege

Mohammedaner [nach dem Stifter des Islams, Mohammed, um 570–632 n. Chr.] *der*; -s, -: Anhänger der Lehre Mohammeds. **mohammedanisch**: zu Mohammed u. seiner Lehre gehörend. **Mohammedanismus** *der*; -: = Islam

Mohär *der*; -s, -s od. -e: eindeutschend für: Mohair

Moira [*meu*...; aus *gr.* moīra „Schicksal", eigtl. „Anteil, Zugeteiltes"] *die*; -, ...ren: 1. (ohne Plural) das nach griech. Glauben Göttern u. Menschen zugeteilte Verhängnis. 2. griech. Schicksalsgöttin

Moiré [*moare*; aus gleichbed. *fr.* moiré zu moire „Ziegenhaarstoff" aus *engl.* mohair, s. Mohair] *das*; -s, -s: 1. (auch: *der*) Stoff mit Wasserlinienmusterung (hervorgerufen durch Lichtreflexe). 2. bei der Überlagerung von Streifengittern auftretende [unruhige] Bildmusterung (z. B. auf dem Fernsehbildschirm). **moirieren** [*moa*...; aus gleichbed. *fr.* moirer]: Geweben ein schillerndes Aussehen geben; flammen

mokant [aus gleichbed. *fr.* moquant, Part. Präs. von se moquer, s. mokieren]: spöttisch

Mokassin [auch: *mo*...; aus gleichbed. *engl.* moccasin, dies aus *indian.* (*Algonkin*) mockasin] *der*; -s, -s u. -e: 1. [farbig gestickter] absatzloser Wildlederschuh der nordamerik. Indianer. 2. modischer [Haus]schuh in der Art eines indian. Mokassins

Mokick [Kurzw. aus: *Mo*ped u. *Kick*starter] *das*; -s, -s: Kleinkraftrad mit Kickstarter anstelle von Tretkurbeln; vgl. Moped

mokieren, sich [aus gleichbed. *fr.* se moquer]: sich abfällig od. spöttisch äußern, sich lustig machen

Mokka [aus gleichbed. *engl.* mocha (coffee), nach der arab. Stadt Mokka, Mocha] *der*; -s, -s: 1. eine Kaffeesorte. 2. starkes Kaffeegetränk

Mol [Kurzform von → Molekül] *das*; -s, -e: = Grammolekül. **molar**: das Mol betreffend; je 1 Mol; -e Lösung = Molarlösung. **Molarlösung** *die*; -, -en: Lösung, die 1 Mol einer chem. Substanz in 1 Liter enthält

Molekel *die*; -, -n (österr. auch: *das*; -s, -): = Molekül. **Molekül** [aus gleichbed. *fr.* molécule, dies (nach corpuscule „Korpuskel") zu *lat.* mōlēs „Masse"] *das*; -s, -e: kleinste Einheit einer chem. Verbindung, die noch die charakteristischen Eigenschaften dieser Verbindung aufweist. **molekular** [nach gleichbed. *fr.* moléculaire]: die Moleküle betreffend. **Molekularbiologie** *die*; -: neuer Forschungszweig der Biologie, der sich mit den chemisch-physikalischen Eigenschaften organischer Verbindungen im lebenden Organismus beschäftigt. **Molekulargenetik** *die*; -: Teilgebiet der → Genetik u. der Molekularbiologie, das sich mit den Zusammenhängen zwischen der Vererbung u. den chemisch-physikalischen Eigenschaften der → Gene beschäftigt. **Molekulargewicht** *das*; -s, -e: Summe der Atomgewichte der in einem Molekül vorhandenen Atome

Molesten [zu *lat.* molestus „beschwerlich, lästig", dies zu mōlēs „Last, Masse"] *die* (Plural): (veraltet, aber noch landsch.) Beschwerden; Belästigungen. **molestieren**: (veraltet, aber noch landsch.) belästigen

Molette [aus gleichbed. *fr.* molette zu *lat.* mola „Mühlstein"] *die*; -, -n: Mörserkeule, -stößel

Moli: *Plural* von → Molo

Moll [zu *mlat.* B molle (für den Ton b), dies zu *lat.* mollis „weich" (die kleine Terz wird als weicher Klang empfunden)] *das*; -, -: Tonart mit kleiner Terz im Dreiklang auf der ersten Stufe (Mus.); Ggs. → Dur

Molluske [zu *lat.* molluscus „weich", dies zu mollis „weich"] *die*; -, -n (meist Plural): Weichtier (Muscheln, Schnecken, Tintenfische u. Käferschnekken)

Molo [aus gleichbed. *it.* molo zu *lat.* mōlēs „wuchtige Masse, Damm"] *der*; -s, Moli: (österr.) Mole, Hafendamm

Moloch [auch: *mo...*; über *gr.* Molóch aus *hebr.* mōlek (ein semit. Gott)] *der*; -s, -e: eine Macht, die alles verschlingt, z. B. der - Verkehr

Molotowcocktail [*...tofkokte'l*; nach dem ehemaligen russ. Außenminister W. M. Molotow, geb. 1890] *der*; -s, -s: mit Benzin u. Phosphor gefüllte Flasche, die als einfache Handgranate verwendet wird

molto u. di molto [aus gleichbed. *it.* (di) molto, dies aus *lat.* multum „viel"]: viel, sehr (Vortragsanweisung; Mus.); - adagio [- *adadseho*] od. adagio [di] -: sehr langsam (Vortragsanweisung; Mus.); - allegro od. allegro [di] -: sehr schnell (Vortragsanweisung; Mus.); - vivace [- *wiwatschᵉ*]: äußerst lebhaft (Vortragsanweisung; Mus.)

Molybdän [über *lat.* molybdaena aus *gr.* molýbdaina „Bleiglanz" zu mólybdos „Blei"] *das*; -s: chem. Grundstoff, Metall; Zeichen: Mo

[1]**Moment** [z. T. über gleichbed. *fr.* moment aus *lat.* mōmentum „(entscheidender) Augenblick", s. [2]Moment] *der*; -[e]s, -e: 1. Augenblick, Zeitpunkt. 2. kurze Zeitspanne. [2]**Moment** [aus *lat.* mōmentum „Bewegung, Bewegkraft, ausschlaggebender Augenblick" zu movēre „bewegen"] *das*; -[e]s, -e: 1. ausschlaggebender Umstand; Merkmal; Gesichtspunkt; erregendes -: Szene im Drama, die zum Höhepunkt des Konflikts hinleitet. 2. Produkt aus zwei physikalischen Größen, wobei die eine meist eine Kraft ist (z. B. Kraft × Hebelarm; Phys.). **momentan** [aus gleichbed. *lat.* mōmentāneus]: augenblicklich, vorübergehend

Moment musical [*momang müsikal*; aus *fr.* moment musical „musikalischer Augenblick", s. [1]Moment] *das*; - -, -s ...caux [- *...ko*]: kleineres, lyrisches Musikstück (meist für Klavier; Mus.)

mon..., **Mon...** vgl. mono..., Mono... **Monade** [aus *gr.-lat.* monás (Gen. *lat.* monadis) „Einheit, das Einfache" zu *gr.* mónos „allein, einzeln"] *die*; -, -n: 1. (ohne Plural) das Einfache, Nichtzusammengesetzte, Unteilbare. 2. (meist Plural) eine der letzten, in sich geschlossenen, vollendeten, nicht mehr auflösbaren Ureinheiten, aus denen die Weltsubstanz zusammengesetzt ist (bei Leibniz; Philos.)

Mon|arch [über *mlat.* monarcha aus *gr.* mónarchos „Alleinherrscher" zu mónos „allein" u. árchein „der erste sein, herrschen"] *der*; -en, -en: legitimer [Allein]herrscher (z. B. Kaiser od. König). **Mon|archie** [aus *gr.-lat.* monarchia „Alleinherrschaft"] *die*; -, ...ien: Staatsform, in der die Staatsgewalt vom Monarchen ausgeübt wird. **mon|archisch** [nach gleichbed. *gr.* monarchikós]: einen Monarchen, die Monarchie betreffend. **Mon|archist** *der*; -en, -en: Anhänger der Monarchie. **mon|archistisch**: für die Monarchie eintretend

Monasterium [über *kirchenlat.* monastērium aus *gr.* monastérion „Einsiedelei, Kloster" zu monázein „allein leben, sich absondern"] *das*; -s, ...ien [*...iᵉn*]: lateinische Bezeichnung für Kloster, Münster. **monastisch** [aus gleichbed. *gr.* monastikos zu monastés „Mönch"]: mönchisch

mon|aural [zu → mono... u. *lat.* auris „Ohr"]: einkanalig (von der Tonaufnahme u. Tonwiedergabe auf Tonbändern u. Schallplatten); Ggs. → binaural, → stereophonisch

mondän [aus gleichbed. *fr.* mondain, eigtl. „weltlich", dies aus *lat.* mundānus „zur Welt gehörend" zu mundus „Welt"]: nach Art der großen Welt, betont modern, von auffälliger Eleganz

Mon|ergol [Kunstw.] *das*; -s, -e: fester od. flüssiger Raketentreibstoff, der aus Brennstoff u. Oxydator besteht u. zur Reaktion keiner weiteren Partner bedarf

monetär [aus gleichbed. *lat.* monētārius; vgl. Moneten]: geldlich. **Monetarsystem** *das*; -s, -e: Währungssystem

Moneten [aus *lat.* monēta (Plural monētae) „Münze"] *die* (Plural): (ugs.) Geld

Moneymaker [*manimeᶦkᵉr*; aus *engl.* money-maker „jmd., der gut verdient", eigtl. „Geldmacher"] *der*; -s, -: (ugs., abwertend) gerissener Geschäftsmann, der aus allem u. jedem Kapital zu schlagen versteht, cleverer Großverdiener

mongolid [zum Volksnamen Mongolen u. → [2]...id]: mit mongolischen Rassenmerkmalen. **Mongolide** *der* u. *die*; -n, -n: Angehörige[r] des mongoliden Rassenkreises. **Mongolismus** *der*; -: Form der → Idiotie mit mongolenähnlicher Kopf- u. Gesichtsbildung (Med.). **mongoloid** [zu → [2]...id]: 1. den Mongolen ähnlich (z. B. in der Gesichtsbildung). 2. die Merkmale des Mongolismus aufweisend (Med.). **Mongoloide** *der* u. *die*; -n, -n: Angehörige[r] einer nicht rein mongoliden Rasse mit mongolenähnlichen Merkmalen

Monierbauweise [*monię...*; nach dem Erfinder, dem franz. Gärtner J. Monier, 1823–1906]: Bauweise mit Stahlbeton

monieren [aus *lat.* monēre „ermahnen"]: etwas bemängeln, tadeln, rügen, beanstanden

Monismus [zu *gr.* mónos „allein"] *der*; -: Einheitslehre, nach der die Wirklichkeit einheitlich u. von einer Grundbeschaffenheit ist (Philos.). **monistisch**: den Monismus betreffend

Monita: *Plural* von → Monitum

Monitor [aus gleichbed. *engl.* monitor, eigtl. „Warner, Überwacher", dies aus *lat.* monitor zu monēre „erinnern, mahnen, warnen"] *der*; -s, ...oren: 1. Kontrollbildschirm beim Fernsehen für Redakteure, Sprecher u. Kommentatoren, die das Bild kommentieren. 2. Kontrollgerät zur Überwachung elektronischer Anlagen. 3. einfaches Strahlennachweis- u. Meßgerät

Monitum [zu *lat.* monita (Plural) „Erinnerungen, Ermahnungen", zu monēre, s. monieren] *das*; -s, ...ta: Mahnung, Rüge, Beanstandung

mono..., **Mono...** [auch: *mo...*, *Mo...*], vor Vokalen: mon..., Mon... [auch: *mon...*; aus *gr.* mónos „allein, einzeln, einzig"]: in Zusammensetzungen auftretendes Bestimmungswort mit der Bedeutung „allein, einzeln, einmalig", z. B. monoton, Monolog. **mono|chrom** u. **mono|chromatisch** [*...kro...*; zu *gr.* chrōma „Farbe"]: einfarbig (Malerei; Phys.). **Mon|odie** [über *lat.* monodia aus *gr.* monōidía „Einzelgesang"; vgl. Ode] *die*; -: (Mus.). 1. einstimmiger Gesang, Arie. 2. klare einstimmige Melodieführung mit Akkordbegleitung (Generalbaßzeitalter); vgl. Homophonie. **mon|odisch**: a) die Monodie betreffend; b) einstimmig; vgl. homophon. **Mono|drama** *das*; -s, ...men: Drama, in dem nur eine Person redet und handelt. **monogam** [zu → mono... u. → ...gam]: a) von der Anlage her auf nur einen Geschlechtspartner bezogen (von Tieren u. Menschen); b) in Einehe lebend (Völkerk.); c) mit nur einem Partner geschlechtlich verkehrend; Ggs. → polygam. **Monogamie** *die*; -: a) Einehe (Völkerk.); b) geschlechtlicher Verkehr mit nur einem Partner; Ggs. → Polygamie (1b). **monogamisch**: a) die Monogamie betreffend; b) = monogam. **monogen**: durch nur ein → Gen bestimmt (von einem Erbvorgang); Ggs. → polygen. **Monogenese** u. **Monogenesis** [auch: *...gen...*] *die*; -, ...nesen: 1. (ohne Plural) biolog. Theorie von der Herleitung jeder gegebenen Gruppe von Lebewesen aus je einer gemeinsamen Urform (Stammform); Ggs. → Polygenese. 2. ungeschlechtliche Fortpflanzung (Biol.). **monogenetisch**: aus einer Urform entstanden. **Mono|gramm** [aus gleichbed. *spätlat.* monogramma zu *gr.* mónos „allein" u. grámma „Buchstabe, Schriftzeichen"] *das*; -s, -e: a) künstlerisch ausgeführtes Namenszeichen, Verschlingung der Anfangsbuchstaben eines Namens; b) Zeichen des Künstlers, Namenszeichen auf mittelalterlichen Graphiken. **Mono|graphie** [zu → mono... u. → ...graphie] *die*; -, ...ien: wissenschaftl. Darstellung, die einem einzelnen Gegenstand, einer einzelnen Erscheinung gewidmet ist; Einzeldarstellung. **mono|graphisch**: nur ein Problem od. eine Persönlichkeit untersuchend od. darstellend. **Mon|okel** [aus gleichbed. *fr.* monocle zu *spätlat.* monoculus „einäugig" (zu *gr.* mónos „allein" u. *lat.* oculus „Auge")] *das*; -s, -: Einglas; Korrekturlinse für ein Auge, die durch die Muskulatur der Augenlider gehalten wird; Ggs. → Binokel. **Monokultur** *die*; -, -en: durch ein bestimmtes Produktionsziel bedingte Form der landwirtschaftlichen Bodennutzung, bei der nur eine Nutzpflanze angebaut wird. **Monolith** *der*; -s, od. -en, -e[n]: Säule, Denkmal aus einem einzigen Steinblock. **monolithisch**: 1. aus nur einem Stein bestehend; -e Bauweise: fugenlose Bauweise (z. B. Betongußbauweise). 2. eine feste Einheit bildend. **Monolog** [aus gleichbed. *fr.* monologue, dies nach dialogue „Dialog" zu *gr.* monológos „allein, mit sich selbst redend"] *der*; -[e]s, -e: a) Selbstgespräch (als literarische Form, bes. im Drama); b) [längere] Rede, die jmd. während eines Gesprächs hält; Ggs. → Dialog (a). **monologisch**: in der Form eines Monologs. **monologisieren**: innerhalb eines Gesprächs für längere Zeit allein reden. **monomer** [zu → mono... u. → ...mer]: aus einzelnen, voneinander getrennten, selbständigen Molekülen bestehend (Chem.); Ggs. → polymer. **Monomer** *das*; -s, -e u. **Monomere** *das*; -n, -n (meist Plural): Stoff, dessen Moleküle monomer sind (Chem.). **monophon**: [zu → mono... u. → ...phon]: einkanalig (in bezug auf die Schallübertragung); Ggs. → stereophon. **Mono|phthong** [aus *gr.* monóphthoggos „allein tönend; einfacher Vokal" zu mónos „allein" u. phthóggos „Ton, Laut"] *der*; -s, -e: einfacher Vokal (z. B. a, i); Ggs. → Diphthong. **monophthongieren** [*...ngg...*]: einen Diphthong in einen Monophthong umwandeln (z. B. mittelhochdt. *guot* zu neuhochdt. *gut*); Ggs. → diphthongieren. **mono|phthongisch**: aus einem einzelnen Vokal bestehend; Ggs. → diphthongisch. **Monophylie** [zu → mono... u. *gr.* phȳlḗ „Stamm"] *die*; -: = Monogenese (1). **monopodisch** [nach gleichbed. *gr.* monopodiaĩos zu mónos „allein" u. poús, Gen. podós „(Vers)fuß"]: aus nur einem Versfuß bestehend; -e Verse: Verse, deren einfüßige Takte gleichmäßiges Gewicht der Hebungen haben. **Monopol** [über *lat.* monopōlium aus *gr.* monopṓlion „(Recht auf) Alleinverkauf" zu *gr.* pōleĩn „verkehren, Handel treiben"] *das*; -s, -e: 1. Vorrecht, alleiniger Anspruch. 2. Marktform, bei der auf der Angebots- od. auf der Nachfrageseite eines Marktes nur ein Anbieter bzw. nur ein Nachfrager auftritt. **monopolisieren** [nach gleichbed. *fr.* monopoliser]: ein Monopol aufbauen, die Entwicklung von Monopolen vorantreiben. **Monopolist** *der*; -en, -en: = Monopolkapitalist. **Monopolkapitalismus** *der*; -: Entwicklungsepoche des Kapitalismus, die durch Unternehmungszusammenschlüsse mit monopolähnlichen Merkmalen gekennzeichnet ist (Schlagwort politischer Agitation). **Monopolkapitalist** *der*; -en, -en: Eigentümer eines [Industrie]unternehmens, das entweder das Angebot od. die Nachfrage auf einem Markt in sich vereinigt. **Monoposto** [aus *it.* monoposto „Einsitzer" zu → mono... u. *it.* posto „Platz"] *der*; -s, -s: Einsitzer mit freilaufenden Rädern (Automobilrennsport). **Mono|pteros** [zu *gr.-lat.* monópteros „einflügelig; mit nur einer Säulenreihe"] *der*; -, ...eren: 1. antiker Säulentempel ohne Cella. 2. Gartentempel im Barock u. Empire. **monosem** [zu *gr.* sēma „Zeichen"]: nur eine Bedeutung habend (von Wörtern; Sprachw.); Ggs. → polysem. **Monosemie** *die*; -: das Vorhandensein nur einer Bedeutung zu einem Wort (z. B. Kugelschreiber); Ggs. → Polysemie. **monostichisch**: das Monostichon betreffend; aus metrisch gleichen Einzelversen bestehend (in bezug auf Gedichte); Ggs.

→ distichisch. **monostichitisch** = monostichisch. **Monostichon** [zu *gr.* monóstichos „aus nur einer Reihe, einem Vers bestehend"] *das*; -s, ...cha: ein einzelner Vers, Einzelvers (Metrik). **monosyllabisch**: einsilbig (von Wörtern). **Monotheismus** [zu → mono... u. *gr.* theós „Gott"] *der*; -: Glaube an einen einzigen Gott (unter Leugnung aller anderen); vgl. Polytheismus. **Monotheist** *der*; -en, -en: Bekenner des Monotheismus; jmd., der nur an einen Gott glaubt. **monotheistisch**: an einen einzigen Gott glaubend. **monoton** [über *fr.* monotone, *spätlat.* monotonus aus gleichbed. *gr.* monótonos, eigtl. „aus einem Ton"]: gleichförmig, ermüdend-eintönig; -e Funktion: eine entweder dauernd steigende od. dauernd fallende → Funktion (2; Math.). **Monotonie** *die*; -, ...ien: Gleichförmigkeit, Eintönigkeit. **Monotype** ® [...*taip*; aus gleichbed. *engl.* Monotype, dies aus → mono... u. → Type (1)] *die*; -, -s: Gieß- u. Setzmaschine für Einzelbuchstaben (Druckw.). **Mon|oxyd** [auch: ...*üt*; aus → mono... u. → Oxyd], (chem. fachspr.:) Mon|oxid *das*; -[e]s, -e: Oxyd, das ein Sauerstoffatom enthält. **monozy|klisch**, (chem. fachspr.:) monocy|clisch [...*züik*..., auch: ...*zük*...]: nur einen [Benzol]ring im Molekül aufweisend (von organischen chem. Verbindungen); Ggs. → polyzyklisch. **Monozyt** [aus → mono... u. *gr.* kýtos „Höhlung, Wölbung"] *der*; -en, -en (meist Plural): großer Leukozyt; größtes Blutkörperchen im peripheren Blut (Med.)

Monroedok|trin [*monro*...; aus *amerik.* Monroe Doctrine] *die*; -: von dem früheren amerikan. Präsidenten Monroe aufgestellter Grundsatz der gegenseitigen Nichteinmischung

Monsei|gneur [*mongßänjör*; aus *fr.* monseigneur, eigtl. „mein Herr", dies aus *lat.* meus „mein" u. senior „der Ältere"] *der*; -s, -e u. -s: 1. Titel der franz. Ritter, später der Prinzen usw.; Abk.: Mgr. 2. Titel für hohe Geistliche; Abk.: Mgr. **Monsieur** [*meßjö*; aus *fr.* monsieur, eigtl. „mein Herr", vgl. Monseigneur] *der*; -[s], Messieurs [*mäßjö*]: franz. Bezeichnung für: Herr; als Anrede ohne Artikel; Abk.: M., Plural: MM. **Monsi|gnore** [*monßinjore*; aus *it.* monsignore, eigtl. „mein Herr", vgl. Monseigneur] *der*; -[s], ...ri: a) Titel hoher katholischer Geistlicher in Italien; b) in Deutschland Titel der päpstlichen Geheimkämmerer; Abk.: Mgr., Msgr.

Monster [über *engl.* monster aus gleichbed. (*alt*)*fr.* monstre, vgl. Monstrum] *das*; -s, -: Ungeheuer. **Monster**... u. Monstre...: in Zusammensetzungen auftretendes Bestimmungswort mit der Bedeutung „riesig, Riesen...". **Monsterfilm** *der*; -s, -e: 1. (auch: Monstrefilm) Film, der mit einem Riesenaufwand an Menschen u. Material gedreht wird. 2. Film, in dem → Monster die Hauptrolle spielen. **monströs** [aus gleichbed. *lat.* mōnstr(u)ōsus]: ungeheuerlich. **Mon|strosität** *die*; -, -en: Ungeheuerlichkeit. **Mon|strum** [aus gleichbed. *lat.* mōnstrum, eigtl. „Mahnzeichen"] *das*; -s, ...ren u. ...ra: 1. Ungeheuer. 2. großer, unförmiger Gegenstand; etwas Riesiges

Mon|stranz [aus gleichbed. *mlat.* mōnstrantia zu *lat.* mōnstrāre „zeigen"] *die*; -, -en: meist kostbares Gefäß zum Tragen u. Zeigen der geweihten → Hostie

monströs, Monstrum vgl. Monster

Monsun [über *engl.* monsoon aus gleichbed. *port.* monção, dies aus *arab.* mausim „(für die Seefahrt geeignete) Jahreszeit"] *der*; -s, -e: a) jahreszeitlich wechselnder Wind in Asien; b) die mit dem Sommermonsun einsetzende Regenzeit [in Süd- u. Ostasien]. **monsunisch**: den Monsun betreffend, vom Monsun beeinflußt

Montage vgl. unten

montan [aus *lat.* montānus „Berge u. Gebirge betreffend; bergig" zu mōns, Gen. montis „Berg, Gebirge"]: Bergbau u. Hüttenwesen betreffend. **Montanindu|strie** *die*; -, -n: Gesamtheit der bergbaulichen Industrieunternehmen. **Montan|union** *die*; -: Europäische Gemeinschaft für Kohle u. Stahl, deren neun Mitgliedsstaaten einen gemeinsamen Grundstoffmarkt geschaffen haben. **Montanwachs** *das*; -es: → Bitumen der Braunkohle

Montbretie [*mongbrezie*; nach dem franz. Naturforscher A. F. E. C. de Montbret (...*bre*), † 1801] *die*; -, -n: Gattung der Irisgewächse (südafrikan. Zwiebelpflanzen mit meist orangefarbenen od. gelben Blüten)

Montage [*montasche*, auch: *mong*...; aus gleichbed. *fr.* montage, vgl. montieren] *die*; -, -n: 1. a) das Zusammensetzen [einer Maschine, technischen Anlage] aus vorgefertigten Teilen zum fertigen Produkt; b) das Aufstellen u. Anschließen [einer Maschine] zur Inbetriebnahme. 2. Kunstwerk (Literatur, Musik, bildende Kunst), das aus ursprünglich nicht zusammengehörenden Einzelteilen zu einer neuen Einheit zusammengesetzt ist. 3. a) künstlerischer Aufbau eines Films aus einzelnen Bild- u. Handlungseinheiten; b) der zur letzten bildwirksamen Gestaltung eines Films notwendige Feinschnitt mit den technischen Mitteln der Ein- u. Überblendung u. der Mehrfachbelichtung. **Monteur** [...*tör*, auch: *mong*...; aus gleichbed. *fr.* monteur, vgl. montieren] *der*; -s, -e: Montagefacharbeiter. **montieren** [aus gleichbed. *fr.* monter, eigtl. „aufwärtssteigen; hinaufbringen", dies aus gleichbed. *vulgärlat.* *montāre zu *lat.* mōns, Gen. montis „Berg; Gebirge"]: 1. eine Maschine o. ä. aus Einzelteilen zusammensetzen u. betriebsbereit machen. 2. etwas an einer bestimmten Stelle mit techn. Hilfsmitteln anbringen; installieren. 3. etwas aus nicht zusammengehörenden Einzelteilen zusammensetzen, um einen künstlerischen Effekt zu erzielen. **Montierung** *die*; -, -en: das Montieren. **Montur** [aus *fr.* monture „Ausrüstung" zu monter „ausrüsten, ein Pferd besteigen", s. montieren] *die*; -, -en: 1. (veraltet) Uniform, Dienstkleidung. 2. einteiliger Arbeitsanzug

Monument [aus gleichbed. *lat.* monumentum zu monēre „(er)mahnen"] *das*; -[e]s, -e: 1. [großes] Denkmal. 2. [wichtiges] Zeichen der Vergangenheit, Erinnerungszeichen. **monumental**: 1. denkmalartig. 2. gewaltig, großartig. **Monumentalität** *die*; -: eindrucksvolle Größe, Großartigkeit

Mop [aus gleichbed. *engl.* mop] *der*; -s, -s: Staubbesen mit [ölgetränkten] Fransen. **moppen**: mit dem Mop saubermachen

Moped [...*pät*, auch: *mópet*; Kurzw. aus: *Mo*torvelo*ped* od. *Mo*tor u. *Ped*al] *das*; -s, -s: a) Fahrrad mit Hilfsmotor; b) Kleinkraftrad mit höchstens 50 ccm Hubraum und einer gesetzlich festgelegten Höchstgeschwindigkeit von 40 km/h

Mora, (auch:) More [aus *lat.* mora „das Verweilen, Verzögerung; Zeitraum"] *die*; -, Moren: kleinste Zeiteinheit im Verstakt, der Dauer einer kurzen Silbe entsprechend (Metrik)

Moral [über gleichbed. *fr.* morale aus *lat.* (philosophia) mōrālis „die Sitten betreffend(e Philosophie)", vgl. Mores] *die*; -, -en (Plural selten): 1. System von auf Tradition, Gesellschaftsform, Religion beruhenden sittlichen Grundsätzen u. Normen, das zu einem bestimmten Zeitpunkt das zwischenmenschliche Verhalten reguliert. 2. Sittenlehre, philosophische Lehre von der Sittlichkeit. 3. das sittliche Verhalten eines einzelnen od. einer Gruppe. 4. Bereitschaft, sich einzusetzen, Kampfgeist. 5. (ohne Plural) lehrreiche Nutzanwendung. **Moralin** *das*; -s: heuchlerische Entrüstung in moralischen Dingen; enge, spießbürgerliche Sittlichkeitsauffassung. **moralin[sauer]**: heuchlerisch moralisch (3). **moralisch**: 1. der Moral (1) entsprechend, sie befolgend, im Einklang mit den [eigenen] Moralgesetzen stehend. 2. die Moral (2) betreffend. 3. sittenstreng, tugendhaft. 4. eine Moral (5) enthaltend. **moralisieren** [aus gleichbed. *fr.* moraliser, vgl. Moral]: 1. moralische (1) Überlegungen anstellen. 2. sich für sittliche Dinge ereifern, den Sittenprediger spielen. **Moralismus** *der*; -: 1. Anerkennung der Sittlichkeit als Zweck u. Sinn des menschlichen Lebens. 2. [übertriebene] Beurteilung aller Dinge unter moralischen Gesichtspunkten. **Moralist** *der*; -en, -en: Vertreter des Moralismus (1), Moralphilosoph, Sittenlehrer. 2. (abschätzig) Sittenrichter. **moralistisch**: den Moralismus betreffend, ihm gemäß handelnd. **Moralität** [über *fr.* moralité aus gleichbed. *lat.* mōrālitās] *die*; -: Sittlichkeit

Moral Rearmament [*mor^el rig^rm^em^ent*; aus *engl.* Moral Re-Armament „Moralische Aufrüstung"] *das*; - -: Oxfordgruppenbewegung, 1938 von Frank Buchman begründete religiöse Gemeinschaftsbewegung mit dem Sitz in Caux (Schweiz); Abk.: MRA

Moräne [aus gleichbed. *fr.* moraine, eigtl. „Geröll"] *die*; -, -n: vom Gletscher bewegter u. abgelagerter Gesteinsschutt (Grund-, Seiten-, Mittel-, Innen- u. Endmoräne)

Morast [über *mniederd.* moras, maras, *altfr.* maresc aus gleichbed. *altfränk.* *marisk] *der*; -[e]s, -e u. Moräste: a) sumpfige, schwarze Erde, Sumpfland; b) Sumpf, Schmutz (bes. in sittlicher Beziehung)

morbid [aus gleichbed. *fr.* morbide, dies aus *lat.* morbidus „krank (machend)"]: 1. kränklich, krankhaft; angekränkelt (Med.). 2. im [sittlichen] Verfall begriffen, morsch. **Morbidität** *die*; -: morbider Zustand

Mordent [aus gleichbed. *it.* mordente, eigtl. „Beißer" zu *lat.* mordēre „beißen"] *der*; -[e]s, -e: musikalische Verzierung, die aus einfachem od. mehrfachem Wechsel einer Note mit ihrer unteren Nebennote besteht; Pralltriller (Mus.)

More vgl. Mora

Morelle u. Marelle [viell. gekürzt aus → Amarelle] *die*; -, -n: eine Sauerkirsche[nart]

morendo [aus gleichbed. *it.* morendo zu *lat.* mori „sterben"]: hinsterbend, erlöschend, verhauchend (Vortragsanweisung; Mus.). **Morendo** *das*; -s, -s u. ...di: hinsterbende, erlöschende, verhauchende Art des Spiels (Mus.)

Mores [aus *lat.* mōrēs „Denkart, Charakter", Plural von mōs „Sitte, Brauch; Gewohnheit; Charakter"] *die* (Plural): Sitte[n], Anstand; jmdn. - lehren = jmdn. energisch zurechtweisen

morganatisch [aus *mlat.* (matrimōnium ad) morganāticam „(Ehe auf bloße) Morgengabe" zu *althochd.* morgan „Morgen"]: nicht standesgemäß (in bezug auf die Ehe); -e Ehe: (hist.) Ehe zur linken Hand, nicht standesgemäße Ehe (Rechtsw.)

moribund [aus gleichbed. *lat.* moribundus]: im Sterben liegend; sterbend; dem Tode geweiht (Med.)

Moriske [aus *span.* morisco zu moro „Maure", dies aus gleichbed. *lat.* Maurus] *der*; -n, -n (meist Plural): nach der arabischen Herrschaft in Spanien zurückgebliebener Maure, der [nach außen hin] Christ war

Mormone [aus *amerik.* Mormon, nach dem Buch Mormon des Stifters Joseph Smith, 1805–1844] *der*; -n, -n: Angehöriger einer Sekte in Nordamerika (Kirche Jesu Christi der Heiligen der letzten Tage)

morph..., **Morph...** vgl. morpho..., Morpho...

...morph [aus *gr.* morphḗ „Gestalt"]: Wortbildungselement mit der Bedeutung „die Gestalt betreffend", z. B. amorph. **Morphem** [über *amerik.* morpheme aus gleichbed. *fr.* morphème zu *gr.* morphḗ „Gestalt", analog zu → Phonem] *das*; -s, -e: kleinste bedeutungstragende Gestalteinheit in der Sprache

Morpheus [über *lat.* Morpheus aus *gr.* Morpheús, eigtl. „Hervorbringer von (Traum)gestalten", griech. Gott des Schlafes]: in der Wendung: in - Armen: schlafend, im Schlafe

Morphin [nach dem griech. Gott Morpheus, s. Morpheus] *das*; -s: Hauptalkaloid des Opiums, Schmerzlinderungsmittel; vgl. Morphium. **Morphinismus** *der*; -: Morphinsucht. **Morphinist** *der*; -en, -en: Morphinsüchtiger. **Morphium** *das*; -s: allgemeinsprachlich für: Morphin

morpho..., **Morpho...**, vor Vokalen morph..., Morph... [aus gleichbed. *gr.* morphḗ]: in Zusammensetzungen auftretendes Bestimmungswort mit der Bedeutung „Gestalt, Form", z. B. Morphologie. **Morphologie** [aus → morpho... u. → ...logie] *die*; -: 1. Wissenschaft von den Gestalten und Formen. 2. Wissenschaft von der Gestalt u. dem Bau des Menschen, der Tiere u. Pflanzen (Med.; Biol.). 3. Wissenschaft von den Formveränderungen, denen die Wörter durch → Deklination (1) und → Konjugation unterliegen, Formenlehre (Sprachw.). 4. = Geomorphologie. **morphologisch**: die äußere Gestalt betreffend, der Form nach; vgl. auch geomorphologisch

Morsealphabet [nach dem nordamerik. Erfinder S. Morse, 1791–1872] *das*; -[e]s: Punkt-Strich-Kombinationen zur Darstellung des Abc, die durch kurze u. lange Stromimpulse, Lichtsignale u. a. übermittelt werden; Telegrafenalphabet. **morsen**: 1. den Morseapparat bedienen. 2. unter Verwendung des Morsealphabets hörbare od. sichtbare Zeichen geben

Mortadella [aus *it.* mortadella zu gleichbed. *lat.* murtātum (farcīmen), eigtl. „mit Myrte(nbeeren) gewürzt(e Wurst)", vgl. Myrte] *die*; -, -s: eine ital. → Zervelatwurst; eine Brühwurst aus Schweine- u. Kalbfleisch, Speckwürfeln u. Zunge

Mortalität [aus *lat.* mortālitās „Sterblichkeit; Sterbefälle"] *die*; -: Sterblichkeit, Sterblichkeitsziffer, Verhältnis der Zahl der Todesfälle zur Gesamtzahl der berücksichtigten Personen (Med.)

Morula [zu *lat.* mōrum „Maulbeere"] *die*; -: maulbeerähnlicher, kugeliger Zellhaufen, der nach mehreren Furchungsteilungen aus der befruchteten Eizelle entsteht (Biol.)

Mosaik [über *fr.* mosaïque, *it.* mosaico, *mlat.* mūsaicum aus gleichbed. *lat.* mūsīvum (opus) zu *gr.* moũsa „Muse; Kunst, künstlerische Beschäftigung", vgl. Muse] *das*; -s, -en (auch: -e): 1. flächiges Bildwerk aus verschiedenfarbigen Steinen od. Glassplittern zur Verzierung von Fußböden u. Mauern. 2. eine aus vielen kleinen Teilen zusammengesetzte Einheit

mosaisch [nach Moses, dem Stifter der israelitischen Religion]: jüdisch, israelitisch (in bezug auf den Glauben)

Moschee [über *fr.* mosquée, *it.* moschea, *span.* mezquita aus *arab.* masğid „Haus, wo man sich niederwirft; Gebetshaus"] *die*; -, ...scheen: islamische Kultstätte

Moschus [über *spätlat.* muscus, *gr.* móschos aus gleichbed. *pers.* mušk, dies aus *sanskr.* muṣkáḥ „Hode(nsack)", wegen der Ähnlichkeit mit dem Moschusbeutel] *der*; -: Duftstoff aus der Moschusdrüse der männlichen Moschustiere

Moses [wohl nach Moses, dem Stifter der israelitischen Religion] *der*; -, -: 1. (seemännisch spöttisch) jüngstes Besatzungsmitglied an Bord, Schiffsjunge. 2. Beiboot einer Jacht, kleinstes Boot

Moskito [aus gleichbed. *span.* mosquito zu *lat.* musca „Fliege"] *der*; -s, -s (meist Plural): Stechmücke

Moslem [aus *arab.* muslim, eigtl. „derjenige, der sich Gott hingegeben hat"] *der*; -s, -s u. Muslim *der*; -, -e: Anhänger des Islams (Mohammedaner); vgl. Muselman. **mosleminisch** u. **moslemisch** u. muslimisch: = mohammedanisch, → muselmanisch

mosso [aus gleichbed. *it.* mosso zu *lat.* movēre „bewegen"]: bewegt, lebhaft (Vortragsanweisung; Mus.); molto-: sehr viel schneller; più -: etwas schneller

Motel [*motᵉl*, auch: *motäl*; aus gleichbed. *amerik.* motel, Kurzw. für *mot*orists hot*el*] *das*; -s, -s: Hotel für Autoreisende

Motette [aus gleichbed. *it.* motetto zu *vulgärlat.* muttum „Muckser; Wort", vgl. Motto] *die*; -, -n: mehrstimmiger, auf einen Bibelspruch aufbauender Kirchengesang ohne Instrumentalbegleitung. **Motettenpassion** *die*; -, -en: im Motettenstil vertonte Passionserzählung

Motion [...*zion*; aus gleichbed. *fr.* motion, eigtl. „Bewegung", dies aus gleichbed. *lat.* mōtio] *die*; -, -en: (schweiz.) schriftlicher Antrag in einem Parlament. **Motionär** *der*; -s, -e: (schweiz.) jmd., der eine Motion einreicht

Motiv [1: aus gleichbed. *mlat.* mōtīvum, subst. Neutr. von *spätlat.-mlat.* mōtīvus „bewegend, antreibend, anreizend"; 2, 3: aus gleichbed. *fr.* motif] *das*; -s, -e [...*wᵉ*]: 1. Beweggrund, Antrieb, Ursache; Zweck; Leitgedanke. 2. Gegenstand einer künstlerischen Darstellung; Vorlage (bild. Kunst; Lit.). 3. kleinste, gestaltbildende musikalische Einheit [innerhalb eines Themas] (Mus.). **Motivation** [...*wazion*] *die*; -, -en: 1. Summe der Beweggründe, die das menschliche Handeln auf den Inhalt, die Richtung u. die Intensität hin beeinflussen; vgl. → extrinsische, → intrinsische Motivation. 2. Durchschaubarkeit einer Wortbildung in bezug auf die Teile, aus denen sie zusammengesetzt ist (Sprachw.); vgl. ...ation/...ierung. **motivieren** [...*wirᵉn*; aus gleichbed. *fr.* motiver, vgl. Motiv]: 1. durch die Darlegung von Motiven (1) erklären; begründen. 2. jmdn. zu etwas veranlassen; anregen. **motiviert**: 1. einen [inneren] Antrieb zum Handeln besitzend. 2. in der Bildungsweise durchsichtig (z. B. *mannbar, männlich* im Unterschied zu *Mann*; Sprachw.); Ggs. → arbiträr. **Motivierung**: *die*; -, -en: 1. = Motivation. 2. Erzeugung von [bisher nicht vorhandenen] Beweggründen; vgl. ...ation/...ierung. **Motivik** [...*wik*] *die*; -: Kunst der Motivverarbeitung in einer Komposition (Mus.)

Moto-Cross [über *engl.* moto-cross aus gleichbed. *fr.* motocross, dies aus moto „Motorrad" u. cross (-country), vgl. Cross-Country] *das*; -, -e: Gelände-, Vielseitigkeitsprüfung für Motorradsportler; vgl. Auto-Cross

Moto|drom [aus gleichbed. *it.* motodromo, dies aus motore, vgl. Motor (1), u. *gr.* drómos „Lauf; Rennbahn"] *das*; -s, -e: Rennstrecke (Rundkurs) für Automobile od. Motorräder

Motor [aus *lat.* mōtor „Beweger"] *der*; -s, ...oren, auch: Motor *der*; -s, -e: 1. Maschine, die Kraft erzeugt. u. etwas in Bewegung setzt. 2. Kraft, die etwas antreibt; jmd., der etwas voranbringt. **Motorik** *die*; -: 1. Gesamtheit der willkürlichen, bewußten Muskelbewegungen (Med.). 2. gleichmäßige, motorartige Rhythmik (Mus.). 3. die Gesamtheit von [gleichförmigen, regelmäßigen] Bewegungsabläufen. **motorisch**: 1. bewegend; der Bewegung dienend, von einem Motor angetrieben. 2. die Motorik (1) betreffend. 3. einen Muskelreiz aussendend u. weiterleitend (von Nerven; Med.). 4. von motorartiger, eintönig hämmernder Rhythmik (Mus.). 5. gleichförmig, automatisch ablaufend. **motorisieren**: 1. mit Kraftmaschinen, -fahrzeugen ausstatten. 2. sich -: sich ein Kraftfahrzeug anschaffen. **Motorisierung** *die*; -, -en: das Ausstatten mit einem Motor (1) bzw. mit Kraftfahrzeugen

Motto [aus *it.* motto „Witzwort; Wahlspruch", dies aus *vulgärlat.* muttum „Muckser; Wort"] *das*; -s, -s: Denk-, Wahl-, Leitspruch; Kennwort

Motu|pro|prio [*lat.*; „aus eigenem Antrieb"] *das*; -s, -s: (nicht auf Eingaben beruhender) päpstlicher Erlaß

Mouche vgl. Musche

Mouliné [...*ne*; aus *fr.* mouliné, Part. Perf. Pass. von mouliner „(Seide) zwirnen" zu *spätlat.* molīnum „Mühle"] *der*; -s, -s: 1. Zwirn aus verschiedenfarbigen Garnen. 2. gesprenkeltes Gewebe aus Moulinégarnen

Mound [*maund*; aus *engl.* mound, viell. aus *mniederl.* mond „Schutz"] *der*; -s, -s: vorgeschichtlicher Grabhügel, Verteidigungsanlage u. Kultstätte in Nordamerika

Mousseline [*muß*...] vgl. Musselin

moussieren [aus gleichbed. *fr.* mousser zu mousse „Schaum"]: schäumen, brausen (von Wein oder Sekt)

Moustérien [*mußteriäng*; aus gleichbed. *fr.* moust(i)érien, nach dem franz. Fundort Le Moustiers (*lᵉ mußtje*)] *das*; -[s]: Stufe der älteren Altsteinzeit (Geol.)

Mouvement Répu|blicain Populaire [*muwᵉmang repüblikäng popülär*; *fr.*] *die*; - - -: die franz. Republikanische Volkspartei; Abk.: MRP

Moz|araber [aus *span.* mozárabe, dies aus *arab.* mustaʿrib „zum Araber werdend, die Sitten der Araber übernehmend"] *die* (Plural): die unter arabischer Herrschaft lebenden spanischen Christen der Maurenzeit (711–1492). **moz|arabisch**: die Mozaraber betreffend

mp = mezzopiano

MP = Military Police

Mr. [*mißtᵉr*; aus *engl.* Mr., Abk. von mister, dies

Nebenform von master, s. Master]: engl. Anrede für einen Herrn [in Verbindung mit einem Eigennamen]; als Anrede ohne Artikel

MRA = Moral Rearmament

MRP = Mouvement Républicain Populaire

Mrs. [*mißis*; aus *engl.* Mrs., Abk. von mistress „Herrin, Gebieterin", dies aus gleichbed. *altfr.* maistresse, vgl. Mätresse]: engl. Anrede für eine verheiratete Frau [in Verbindung mit einem Eigennamen]; als Anrede ohne Artikel

m/s = Metersekunde

m. s. = mano sinistra

Ms. = Manuskript

m/sec = Metersekunde

Msgr. = Monsignore

Mskr. = Manuskript

Mss. = Manuskripte

Muchtar [aus *türk.* muhtar, dies aus *arab.* muḫtār „gewählt"] *der*; -s, -s: türk. Dorfschulze, Ortsvorsteher

Mudir [(über *türk.* müdir) aus *arab.* mudīr] *der*; -s, -e: 1. Leiter eines Verwaltungsbezirks (in Ägypten). 2. Beamtentitel in der Türkei

Muezzin [aus *arab.* mu'aḏḏin] *der*; -s, -s: Gebetsrufer im Islam

Muff|lon [über *fr.* mouflon aus gleichbed. *it.* muflone (altsardisches Wort)] *der*; -s, -s: selten gewordenes Wildschaf (auf Korsika)

Mufti [aus *arab.* muftī] *der*; -s, -s: islam. Rechtsgelehrter u. Gutachter

Mulatte [aus gleichbed. *span.* mulato zu mulo „Maultier" (im Sinne von „Bastard"), vgl. Mulus (1)] *der*; -n, -n: Nachkomme eines weißen u. eines schwarzen Elternteils

Muli [aus gleichbed. *lat.* mūlus, vgl. Mulus (1)] *das* (auch: *der*); -s, -[s]: (südd. u. österr.) Kreuzung zwischen Esel u. Pferd, Maultier, -esel; vgl. Mulus (1)

Mulinee eindeutschend für: Mouliné

multi..., **Multi...** [aus gleichbed. *lat.* multus]: in Zusammensetzungen auftretendes Bestimmungswort mit der Bedeutung „viel". **multilateral** [zu → multi... u. *lat.* latus, Gen. lateris „Seite"] mehrseitig, tige Verträge, Verträge zwischen mehr als zwei Staaten. **Multimillionär** *der*; -s, -e: jmd., der viele Millionen besitzt. **multinational** [*...zion...*]: a) aus vielen Nationen bestehend (von Vereinigungen); b) in vielen Staaten vertreten (z. B. von einem Industrieunternehmen). **multipel** [aus *lat.* multiplex „vielfältig, vielfach"]: multi|ple Sklerose: Erkrankung des Gehirns u. Rückenmarks unter Bildung zahlreicher Verhärtungsherde in den Nervenbahnen. **Multi|plett** [aus gleichbed. *engl.* multiplet, vgl. multipel] *das*; -s, -s: eine Folge eng benachbarter Werte einer meßbaren physikalischen Größe (z. B. in der Spektroskopie eine Gruppe dicht beieinanderliegender Spektrallinien). **Multi|plier** [*maltiplaiᵉr*; aus gleichbed. *engl.* multiplier, vgl. multipel] *der*; -s, -: Sekundärelektronenvervielfacher, ein Gerät zur Verstärkung schwacher, durch Lichteinfall ausgelöster Elektronenströme (Physik). **Multi|plikand** [aus *lat.* multiplicandus, Gerundivum von mulitplicāre, s. multiplizieren] *der*; -en, -en: Zahl, die mit einer anderen multipliziert werden soll. **Multi|plikation** [*...zion*; aus gleichbed. *lat.* multiplicātio] *die*; -, -en: a) Vervielfachung, Malnehmen, eine Grundrechnungsart; Ggs. → Division (1); b) Vervielfältigung. **multi|plikativ**: die Multiplikation betreffend. **Multi|plikativum** [*...iwum*]: *das*; -s, ...va [*...wa*]: = Multiplikativzahl. **Multi|plikativzahl** *die*; -, -en: Vervielfältigungs- u. Wiederholungszahl z. B. dreifach, zweimal). **Multi|plikator** *der*; -s, ...oren: 1. Zahl, mit der eine vorgegebene Zahl multipliziert werden soll. 2. Einrichtung an Kamerakassetten für Mehrfachaufnahmen. **multiplizieren** [aus gleichbed. *lat.* multiplicāre]: a) malnehmen (Math.); b) vervielfältigen, vervielfachen

multum, non multa [*lat.*]: „viel (= ein Gesamtes), nicht vielerlei (= viele Einzelheiten)", d. h. Gründlichkeit, nicht Oberflächlichkeit

Mulus [aus *lat.* mūlus] *der*, -, Muli: 1. lat. Bezeichnung für: Maulesel, -tier; vgl. Muli. 2. (scherzh.) Abiturient vor Beginn des Studiums

Mumie [*...iᵉ*; über *it.* mummia aus gleichbed. *arab.* mūmiya zu *pers.* mūm „Wachs"] *die*; -, -n: durch Einbalsamieren usw. vor Verwesung geschützter Leichnam. **Mumifikation** [*...zion*; aus → Mumie u. → ...fikation] *die*; -, -en: = Mumifizierung. **mumifizieren**: einbalsamieren. **Mumifizierung** *die*; -, -en: Einbalsamierung; vgl. ...ation/...ierung

Mumps [aus gleichbed. *engl.* mumps] *der* (ugs. meist: *die*); -: Ziegenpeter, durch ein Virus hervorgerufene Entzündung der Ohrspeicheldrüse mit schmerzhaften Schwellungen (Med.)

Mundus [aus gleichbed. *lat.* mundus] *der*; -: Welt, Weltall, Weltordnung

mundus vult decipi [- *wult dezipi*; *lat.*]: „die Welt will betrogen sein" (nach Sebastian Brant)

Mungo [über *engl.* mungo, mongoose aus gleichbed. *tamil.* mangūs] *der*; -[s], -s: Schleichkatzengattung Afrikas u. Asiens mit zahlreichen Arten (→ Ichneumon, → Manguste)

Munition [*...zion*; aus gleichbed. *fr.* munition (de guerre), dies aus *lat.* mūnītio „Befestigung; Schanzwerk"] *die*; -: das aus Geschossen, Sprengladungen, Zünd- u. Leuchtspursätzen bestehende Schießmaterial für Feuerwaffen

munizipal [aus *lat.* mūnicipālis „zu einem Munizipium gehörig"]: städtisch. **Munizipalität** *die*; -, -en: (veraltet) Stadtobrigkeit. **Munizipium** [aus *lat.* mūnicipium] *das*; -s, ...ien [*...iᵉn*]: 1. (hist.) altröm. Landstadt. 2. (veraltet) Stadtverwaltung

Muräne [über *lat.* mūrēna aus gleichbed. *gr.* múraina] *die*; -, -n: aalartiger Knochenfisch, bes. in tropischen u. subtropischen Meeren

Muscadet [*müßkadä*; aus *fr.* muscadet, vgl. Muskat] *der*; -[s], -s [*müßkadä(ß)*]: leichter, trockener, würziger Weißwein aus der Gegend um die franz. Stadt Nantes

Musche [aus gleichbed. *fr.* mouche, eigtl. „Fliege", dies aus gleichbed. *lat.* musca] *die*; -, -n: Schönheitspflästerchen

Muschik [auch: *...ik*; aus *russ.* mužik, eigtl. „kleiner Mann"] *der*; -s, -s: Bauer im zaristischen Rußland

Muschkote [verderbt aus → Musketier] *der*; -n, -n: (Soldatenspr., abwertend) Fußsoldat

Muse [über *lat.* Mūsa aus *gr.* Moũsa] *die*; -, -n: eine der [neun] griech. Göttinen der Künste. **museal** [zu → Museum]: 1. zum, ins Museum gehörend, Museums... 2. (ugs.) veraltet, verstaubt, unzeitgemäß. **Museen**: *Plural* von → Museum

Muselman [über *it.* musulmano, *türk.* müslüman aus *pers.* muslimān, vgl. Moslem] *der*; -en, -en: = Mohammedaner; vgl. Moslem. **Muselmanin** *die*; -, -nen: Mohammedanerin. **muselmanisch** = mohammedanisch; vgl. mosleminisch. **Muselmann** *der*; -s, ...männer: eindeutschend für: Muselman

Musette [*müsät*; aus gleichbed. *fr.* musette zu *altfr.* muser „dudeln"] *die*; -, -s: (Mus.) 1. franz. Bezeichnung für: Dudelsack. 2. mäßig-schneller Tanz im Dreiertakt mit liegendem Baß (den Dudelsack nachahmend). 3. Zwischensatz der Gavotte. 4. kleines Unterhaltungsorchester mit Akkordeon

Museum [aus *lat.* mūsēum „Ort für gelehrte Beschäftigung; Bibliothek, Akademie", dies aus *gr.* mouseīon „Musensitz, Musentempel", vgl. Muse] *das*; -s, Museen: Ausstellungsgebäude für Kunstgegenstände u. wissenschaftliche Sammlungen

Musica [*...ka*; über *lat.* (ars) mūsica aus gleichbed. *gr.* mousikḗ (téchnē), eigtl. „Musenkunst"] *die*; -: Musik, Tonkunst; - antiqua: alte Musik; - mensurata: Mensuralmusik; - nova [*nowa*]: neue Musik; - sacra [*...kra*]: Kirchenmusik; - viva [*wiwa*]: moderne Musik. **Musical** [*mjusikᵉl*; aus gleichbed. *amerik.* musical (comedy)] *das*; -s, -s: aktuelle Stoffe behandelndes, populäres Musiktheater, das Elemente des Dramas, der Operette, Revue u. des Varietés miteinander verbindet. **Musical|clown** [*...klaun*] *der*; -s, -s: Spaßmacher von großer Meisterschaft auf einem od. mehreren, oft ulkig gebauten Musikinstrumenten. **Musik** [aus gleichbed. *fr.* musique, vgl. Musica] *die*; -, -en: 1. (ohne Plural) die Kunst, Töne in melodischer, harmonischer u. rhythmischer Ordnung zu einem Ganzen zu fügen; Tonkunst. 2. Kunstwerk, bei dem Töne u. Rhythmus eine Einheit bilden. 3. (ugs.) Unterhaltungsorchester. **Musikalien** [*...iᵉn*] *die* (Plural): (urspr. in Kupfer gestochene, seit 1755 gedruckte) Musikwerke. **musikalisch** [aus gleichbed. *mlat.* mūsicālis]: 1. die Musik betreffend, tonkünstlerisch. 2. musikbegabt, musikliebend. 3. klangvoll, wohltönend. **musikalisieren**: mit Musik versehen. **Musikalität** *die*; -: 1. a) musikalisches Empfinden; Fähigkeit, Musik zu erleben; b) Musikbegabung; Fähigkeit, Musik zu schaffen. 2. Klangfülle, lautliche Harmonie. **Musikant** [mit latinisierender Endung zu → Musik gebildet] *der*; -en, -en: Musiker, der zum Tanz, zu Umzügen u. ä. aufspielt. **musikantisch**: musizierfreudig, musikliebhaberisch. **Musikbox** [*mjusik...*; auch: *musik...*; aus gleichbed. *amerik.* music box] *die*; -, -en: Schallplattenapparat (vorwiegend in Gaststätten), der gegen Geldeinwurf nach freier Wahl Musikstücke (meist Schlager) abspielt. **Musik|drama** *das*; -s, ...men: Oper mit besonderem Akzent auf dem Dramatischen (bes. die Opern Richard Wagners). **Musiker** *der*; -s, -: Tonkünstler; jmd., der [berufsmäßig] ein Musikinstrument spielt. **Musikus** [nach *lat.* mūsicus „Tonsetzer, Tonkünstler"] *der*; -, ...sizi: (veraltet, noch scherzh. od. iron.) Musiker. **musizieren**: Musik machen, spielen, eine Musik darbieten

Musique con|crète [*müsik kongkrät*; aus gleichbed. *fr.* musique concrète] *die*; - -: konkrete Musik, Art der elektron. Musik, die sich alltäglicher realer Klangelemente u. Geräusche (z. B. Wassertropfen, Aufprallen eines Hammers) bedient u. diese mittels Klangmontage über Tonband verarbeitet

musisch [zu → Muse]: 1. die schönen Künste betreffend. 2. künstlerisch [begabt], kunstempfänglich

Musivarbeit *die*; -, -en: = Mosaik. **Musivgold** *das*; -es: goldglänzende Schuppen aus Zinndisulfid (früher zu Vergoldungen verwendet). **musiv, musivisch** [*...iwisch*; aus *lat.* mūsīvus „zur Musivarbeit gehörig", vgl. Mosaik]: eingelegt (von Glassplittern od. Steinen); -e Arbeit: = Mosaik

Muskat [österr.: *muß...*; über *altfr.* muscate aus gleichbed. *mlat.* (nux) muscāta, eigtl. „nach Moschus duftend", vgl. Moschus] *der*; -[e]s, -e: als Gewürz verwendeter Same des Muskatnußbaumes. **Muskate** *die*; -, -n: = Muskatnuß. **Muskateller** [über *it.* moscatello aus gleichbed. *mlat.* muscātellum] *der*; -s, -: 1. (ohne Plural) Traubensorte mit Muskatgeschmack. 2. süßer Wein aus der Muskatellertraube. **Muskatnuß** *die*; -, ...nüsse: getrockneter [als Gewürz verwendeter] Same des Muskatnußbaumes. **Muskatnußbaum** *der*; -[e]s, ...bäume: tropischer, immergrüner Baum mit ölhaltigen Blättern (Gewürzlieferant; vgl. Muskat)

Muskel vgl. unten

Muskete [über *fr.* mousquet aus gleichbed. *it.* moschetto, eigtl. „ein gleichsam wie mit ‚Fliegen' gesprenkelter Sperber" zu *lat.* musca „Fliege"] *die*; -, -n: (hist.) schwere Handfeuerwaffe. **Musketier** *der*; -s, -e: (hist.) Fußsoldat; vgl. Muschkote

Muskel [aus gleichbed. *lat.* mūsculus, eigtl. „Mäuschen"] *der*; -s, -n: Gewebsorgan aus zusammenziehbaren Faserbündeln mit der Fähigkeit, bei Verkürzung Zugkräfte auszuüben u. dadurch Bewegungen [des Körpers od. seiner Teile] verschiedenster Art auszuführen. **muskulär**: zu den Muskeln gehörend, die Muskulatur betreffend. **Muskulatur** *die*; -, -en: Muskelgefüge, Gesamtheit der Muskeln eines Körpers od. Organs. **muskulös** [über *fr.* musculeux aus gleichbed. *lat.* mūsculōsus]: mit starken Muskeln versehen, äußerst kräftig

Muslim vgl. Moslem. **Muslime** vgl. Muselmanin. **muslimisch** vgl. mosleminisch

Musselin u. Mousseline [*mußlin*; über *fr.* mousseline aus gleichbed. *it.* mussolina, vom ital. Namen der Stadt Mossul am Tigris] *der*; -s, -e: feines locker gewebtes [Baum]wollgewebe. **musselinen**: aus Musselin

Mustang [über *engl.* mustang aus gleichbed. *mex.-span.* mestengo, mesteño, eigtl. „herrenlos, verirrt"] *der*; -s, -s: nach Nordamerika eingeführtes, später verwildertes Pferd

muta [aus *lat.* mūtā „verändere!", s. mutieren]: Anweisung für das Umstimmen bei den transponierenden Blasinstrumenten u. Pauken (Mus.)

Muta [zu *lat.* mūtus „stumm"] *die*; -, ...tä: (veraltet) Explosiv-, Verschlußlaut; vgl. Explosiv u. Klusil (Sprachw.); - cum liquida (*-kum-*): Verbindung von Verschluß- u. Fließlaut (Sprachw.)

Mutation [*...zion*; aus *lat.* mūtātio „(Ver)änderung"] *die*; -, -en: 1. spontane od. künstlich erzeugte Veränderung im Erbgefüge (Biol.). 2. (veraltet) Änderung, Wandlung. **Mutationstheorie** *die*; -: Hypothese, nach der die verschiedenen Arten das Ergebnis zahlreicher Mutationen sind (Biol.). **mutatis mutandis** [*lat.*]: mit den nötigen Abänderungen; Abk.: m. m. **mutieren** [aus *lat.* mūtāre „(ver)ändern"]: sich spontan im Erbgefüge ändern (Biol.)

m. v. = mezza voce

MW = Megawatt (vgl. Mega...)

My [*mü*; aus *gr.* mȳ] *das*; -[s], -s: 1. griech. Buchstabe: *M*, *μ*. 2. Kurzform von Mikron

mykenisch [nach der altgriech. Ruinenstätte Mykenä]: die griech. Kultur der Bronzezeit betreffend

Mylady [*mileⁱdi*; aus *engl.* mylady, eigtl. „meine Dame"]: (veraltet) engl. Anrede an eine Dame

Mylord [*mi...*; aus *engl.* mylord, eigtl. „mein Herr"]: (veraltet) engl. Anrede an einen Herrn

my|op u. my|opisch [aus gleichbed. *gr.* mýōps, Gen.

mýōpos]: kurzsichtig (Med.). **My|opie** *die*; -, ...ien: Kurzsichtigkeit (Med.)

Myosin [zu *gr.* mȳs, Gen. myós „Muskel"] *das*; -s: Muskeleiweiß (Med.)

Myria... vgl. Myrio... **Myriade** [aus gleichbed. *engl.* myriad, dies über *lat.* mȳrias, Gen. mȳriadis, aus *gr.* mȳriás, Gen. mȳriádos „Zahl von zehntausend"] *die*; -, -n: 1. Anzahl von 10 000. 2. (nur Plural) Unzahl, unzählig große Menge. **Myriameter** [aus → Myria... u. → ...meter] *der*; -s, -: Zehnkilometerstein, der alle zehntausend Meter rechts u. links des Rheins zwischen Basel u. Rotterdam angebracht ist

Myrio... u. Myria... [aus gleichbed. *gr.* mȳríos]: in Zusammensetzungen auftretendes Bestimmungswort mit der Bedeutung „zehntausendfach; große Anzahl", z. B. Myriagramm (10 000 g)

Myr|rhe [aus gleichbed. *gr.-lat.* mýrrha (semit. Wort)] *die*; -, -n: aus nordafrikanischen Bäumen gewonnenes Harz, das als Räuchermittel u. für Arzneien verwendet wird

Myrte [über *lat.* myrtus, murtus aus gleichbed. *gr.* mýrtos (semit. Wort)] *die*; -, -n: immergrüner Baum od. Strauch des Mittelmeergebietes u. Südamerikas, dessen weißblühende Zweige oft als Brautschmuck verwendet werden

Mysterien [...*i*ᵉ*n*; über *lat.* mystēria aus gleichbed. *gr.* mystḗria, Plural von mystḗrion, s. Mysterium] *die* (Plural): griech. u. röm. Geheimkulte der Antike, die nur Eingeweihten zugänglich waren u. ein persönliches Verhältnis zu der verehrten Gottheit vermitteln wollten (z. B. die Eleusinischen -; vgl. eleusinisch); vgl. Mysterium. **Mysterienspiel** *das*; -s, -e: mittelalterliches geistliches Drama. **mysteriös** [aus gleichbed. *fr.* mystérieux, vgl. Mysterium]: geheimnisvoll; rätselhaft, dunkel. **Mysterium** [über *lat.* mystērium aus gleichbed. *gr.* mystḗrion] *das*; -s, ...ien [...*i*ᵉ*n*]: 1. [religiöses] Geheimnis; Geheimlehre (vgl. Mysterien), bes. das Sakrament. 2. = Mysterienspiel

Mystifikation [...*zion*; aus gleichbed. *fr.* mystification, dies zu → Mystik u. → ...fikation] *die*; -en: Täuschung, Vorspiegelung. **mystifizieren**: täuschen, vorspiegeln

Mystik [aus *lat.* mysticus „zur Geheimlehre gehörend; geheimnisvoll" (in *mlat.* theologia mystica, ūnio mystica), dies aus gleichbed. *gr.* mystikós] *die*; -: besondere Form der Religiosität, bei der der Mensch durch Hingabe u. Versenkung zu persönlicher Vereinigung mit Gott zu gelangen sucht; vgl. Unio mystica. **Mystiker** *der*; -s, -: Meister u. Anhänger der Mystik. **mystisch**: 1. geheimnisvoll, dunkel. 2. zur Mystik gehörend. **Mystizismus** *der*; -, ...men: 1. (ohne Plural) Wunderglaube; [Glaubens]schwärmerei. 2. schwärmerischer Gedanke. **mystizistisch**: wundergläubig; schwärmerisch

Mythe [aus → Mythos] *die*; -, -n: = Mythos (1). **mythisch** [aus gleichbed. *gr.* mȳthikós]: dem Mythos angehörend; sagenhaft, erdichtet. **Mythologie** [aus *gr.* mȳthología „das Erzählen von Götter- u. Sagengeschichten"] *die*; -, ...ien: 1. [systematisch verknüpfte] Gesamtheit der mythischen Überlieferungen eines Volkes. 2. wissenschaftliche Erforschung u. Darstellung der Mythen. **mythologisch**: auf die Mythen bezogen, sie betreffend. **mythologisieren**: etwas in mythischer Form darstellen od. mythologisch erklären. **Mythos** [aus *gr.-lat.* mȳthos „Wort, Rede; Erzählung, Fabel, Sage"] u. **Mythus** *der*; -, ...then: 1. Sage u. Dichtung von Göttern, Helden u. Geistern [der Urzeit] eines Volkes. 2. legendär gewordene Gestalt od. Begebenheit, der man große Verehrung entgegenbringt

N

n = 1. Nano... 2. Neutron

n. = Neutrum

N = 1. Neper. 2. Newton. 3. chem. Zeichen für: Nitrogen[ium] (Stickstoff)

N. = Neutrum

Na = chem. Zeichen für: Natrium

Nabob [über *engl.* nabob aus gleichbed. *Hindi* nabāb, nawwāb, dies aus *arab.* nuwwāb, Plural von nā'ib „Stellvertreter, Regent, Fürst"] *der*; -s, -s: 1. Provinzgouverneur in Indien. 2. reicher Mann

Nadir [aus *arab.* nazīr (as-samt) „(dem Zenit) entgegengesetzt"] *der*; -s: Fußpunkt, der dem → Zenit genau gegenüberliegende Punkt an der Himmelskugel (Astron.)

Nagaika [aus *russ.* nagajka] *die*; -, -s: aus Lederstreifen geflochtene Peitsche der Kosaken

Nagana [aus *Zulu* u-nakane] *die*; -: durch die → Tsetsefliege übertragene, oft seuchenartige, fiebrige Krankheit bei Haustieren (bes. Rindern u. anderen Huftieren) in Afrika

'naiv [aus gleichbed. *fr.* naïf, dies aus *lat.* nātīvus „durch Geburt entstanden; angeboren, natürlich"]: 1. a) natürlich, unbefangen, offen, ohne Hintergedanken; b) kindlich, treuherzig; arglos, ahnungslos; c) nicht diplomatisch. 2. einfältig, töricht. **Naive** [*naiw*ᵉ] *die*; -n, -n (aber: 2 Naive): Darstellerin jugendlich-naiver Mädchengestalten (Rollenfach beim Theater). **Naivität** [*na-iwi...*] *die*; -, -en: 1. Natürlichkeit, Unbefangenheit, Offenheit; Treuherzigkeit, Kindlichkeit, Arglosigkeit. 2. Einfalt; Leichtgläubigkeit. **Naivling** *der*; -s, -e: (abwertend) einfältiger, gutgläubiger, törichter Mensch

Najade [über *lat.* Nāias, Gen. Nāiadis, aus *gr.* nāïás, Gen. nāïádos] *die*; -, -n: in Quellen u. Gewässern wohnende Nymphe des altgriech. Volksglaubens

Namur [*namür*; nach der gleichnamigen belgischen Provinz] *das*; -s: untere Stufe des Oberkarbons (Geol.)

Nandu [über *span.* ñandu aus gleichbed. *indian.* (*Tupi*) njandu] *der*; -s, -s: straußenähnlicher flugunfähiger Laufvogel, der in den Steppen u. Savannen Südamerikas lebt

Nänie [...*i*ᵉ; aus *lat.* naenia] *die*; -, -n: altröm. Totenklage; Trauergesang

Nano... [über *lat.* nānus aus *gr.* nānos, nánnos „Zwerg"]: in Zusammensetzungen auftretendes Bestimmungswort mit der Bedeutung: ein Milliardstel einer Einheit (vor physikalischen Maßeinheiten, z. B. Nanofarad = ein milliardstel Farad; Zeichen: nF)

Naos [aus *gr.* nāós] *der*; -: Hauptraum im altgriech. Tempel, in dem das Götter- od. Kultbild stand; vgl. Cella

Napalm [Kunstw.] *das*; -s: hochwirksamer Füllstoff für Benzinbrandbomben

Naph|tha [über *gr.-lat.* náphtha aus gleichbed. *pers.* näft] *das*; -s od. *die*; -: (veraltet) Roherdöl. **Naphthalin** *das*; -s: aus Steinkohlenteer gewonnener aromatischer Kohlenwasserstoff, der als Ausgangsmaterial für Lösungsmittel, Farb-, Kunststoffe,

Weichmacher u. a. sowie als starkriechendes Mottenvernichtungs- u. Desinfektionsmittel dient

Nappa [aus gleichbed. *amerik.* napa (leather), nach der kaliforn. Stadt Napa] *das*; -[s], -s u. **Nappaleder** *das*; -s, -: durch Nachgerbung mit pflanzlichen Gerbstoffen od. mit Chromsalz waschbar gemachtes u. immer durchgefärbtes Glacéleder (Handschuh-, Handtaschen-, Bekleidungsleder) vor allem aus Schaf- u. Ziegenfellen

Narde [über *lat.* nardus aus gleichbed. *gr.* nárdos (semit. Wort)] *die*; -, -n: a) eine der wohlriechenden Pflanzen, Pflanzenwurzeln o. ä., die schon im Altertum für Salböle verwendet wurden, z. B. Indische Narde; b) mit Hilfe wohlriechender Pflanzen verschiedener Art hergestelltes Salböl, Salbe, Arznei

Nargileh [auch: ...*gi*...; aus gleichbed. *pers.* nārgīla] *die*; -, -[s] od. *das*; -s, -s: orientalische Wasserpfeife zum Rauchen

Narkose [aus *gr.* nárkōsis „Erstarrung"] *die*; -, -n: allgemeine Betäubung des Organismus mit zentraler Schmerz- u. Bewußtseinsausschaltung durch Zufuhr von Betäubungsmitteln. **Narkotikum** *das*; -s, ...ka: Betäubungsmittel; Rauschmittel. **narkotisch**: betäubend; berauschend (Med.). **Narkotiseur** [...*sör*; mit französierender Endung zu narkotisieren gebildet] *der*; -s, -e: jmd., bes. ein Arzt, der eine Narkose durchführt; vgl. Anästhesist. **narkotisieren**: betäuben, unter Narkose setzen. **Narkotismus** *der*; -: Sucht nach Narkosemitteln

Narodniki [aus *russ.* narodniki „die Volkstümler"] *die* (Plural): Anhänger einer russ. Bewegung in der zweiten Hälfte des 19. Jh.s, die eine soziale Erneuerung Rußlands durch das Bauerntum u. den Übergang zum Agrarkommunismus (vgl. Mir) erhoffte

Narwal [über *nord.* nar(h)val aus gleichbed. *altnord.* nāhvalr, eigtl. „Leichenwal"] *der*; -[e]s, -e: vier bis sechs Meter langer, grauweißer, dunkelbraun gefleckter Einhornwal der Arktis mit (beim Männchen) 2–3 m langem Stoßzahn

Narziß vgl. unten

Narzisse [über *lat.* narcissus aus gleichbed. *gr.* nárkissos] *die*; -, -n: als Zier- u. Schnittpflanze beliebte, in etwa 30 Arten vorkommende, meist stark duftende Zwiebelpflanze. **Narziß** [nach *lat.* Narcissus aus *gr.* Nárkissos, einem schönen Jüngling der griech. Sage, der sich in sein Spiegelbild verliebte. Sein Leichnam wurde in die gleichnamige Blume verwandelt, vgl. Narzisse] *der*; - u. ...isses, ...isse: eitler Mensch; jmd., der sich selbst bewundert, liebt. **Narzißmus** *der*; -: a) Eitelkeit, Selbstbezogenheit, Selbstliebe; b) erotische Hinwendung zum eigenen Körper (psychoanalytischer Begriff nach S. Freud). **narzißtisch**: a) eitel, selbstbezogen, sich selbst bewundernd; b) den Narzißmus (b) betreffend, auf ihm beruhend, zu ihm gehörend

nasal [zu *lat.* nāsus „Nase"]: 1. zur Nase gehörend, die Nase betreffend (Med.). 2. a) durch die Nase gesprochen, als Nasal ausgesprochen (Sprachw.); b) [unbeabsichtigt] näselnd, genäselt (z. B. von jmds. Aussprache, Stimme). **Nasal** *der*; -s, -e: Konsonant od. Vokal, bei dessen Aussprache die Luft [zum Teil] durch die Nase entweicht, Nasenlaut (z. B. m, ng, *fr.* an [*ang*]). **nasalieren**: einen Laut durch die Nase, nasal aussprechen (Sprachw.). **Nasalierung** *die*; -, -en: Aussprache eines Lautes durch die Nase, als Nasal (Sprachw.). **Nasallaut** *der*; -[e]s, -e: = Nasal. **Nasalvokal** [...*wo*...] *der*; -s, -e: nasalierter Vokal (z. B. o in Bon [*bong*]; Sprachw.)

Nastie [zu *gr.* nastós „festgedrückt, gestampft"] *die*; -: durch Reiz ausgelöste Bewegung von Organen festgewachsener Pflanzen ohne Beziehung zur Richtung des Reizes (Bot.)

Natalität [zu *lat.* nātālis „zur Geburt gehörig"] *die*; -: Geburtenhäufigkeit (Zahl der Lebendgeborenen auf je 1 000 Einwohner im Jahr)

Nation [...*zion*; unter Einfluß von *fr.* nation aus *lat.* nātio „das Geborenwerden; Geschlecht; Volk(sstamm)"] *die*; -, -en: Lebensgemeinschaft von Menschen mit dem Bewußtsein gleicher politisch-kultureller Vergangenheit und dem Willen zum Staat. **national** [aus gleichbed. *fr.* national, vgl. Nation]: a) zur Nation gehörend, sie betreffend, für sie charakteristisch; b) überwiegend die Interessen der eigenen Nation vertretend, vaterländisch. **Nationale** *das*; -s, -: (österr.) a) Personalangaben (Name, Alter, Wohnort u. a.); b) Formular, Fragebogen für die Personalangaben. **Nationalgarde** *die*; -, -n: 1. (ohne Plural) die 1789 gegründete, nach dem Krieg 1870/71 wieder aufgelöste franz. Bürgerwehr. 2. die Miliz der US-Einzelstaaten (zugleich Reserve der US-Streitkräfte). **Nationalhymne** *die*; -, -n: [meist bei feierlichen Anlässen gespieltes oder gesungenes] Lied, dessen Text Ausdruck des National- u. Staatsgefühls eines Volkes ist. **nationalisieren**: 1. [einen Wirtschaftszweig] verstaatlichen, zum Nationaleigentum erklären. 2. die Staatsangehörigkeit verleihen, → naturalisieren, einbürgern. **Nationalisierung** *die*; -, -en: 1. Verstaatlichung. 2. Verleihung der Staatsangehörigkeit, → Naturalisation. **Nationalismus** [nach gleichbed. *fr.* nationalisme] *der*; -, ...men: (meist abwertend) starkes, meist intolerantes, übersteigertes Nationalbewußtsein, das Macht u. Größe der eigenen Nation als höchsten Wert erachtet. **Nationalist** *der*; -en, -en: (meist abwertend) jmd., der nationalistisch eingestellt ist, Verfechter des Nationalismus. **nationalistisch**: (meist abwertend) den Nationalismus betreffend, aus ihm erwachsend, für ihn charakteristisch, im Sinne des Nationalismus. **Nationalität** [nach gleichbed. *fr.* nationalité] *die*; -, -en: 1. Volks- oder Staatszugehörigkeit. 2. Volksgruppe in einem Staat; nationale Minderheit. **Nationalkonvent** *der*; -[e]s: die 1792 in Frankreich gewählte Volksvertretung. **nationalliberal**: der Nationalliberalen Partei (von 1867 bis 1918) angehörend, sie betreffend, ihr Gedankengut vertretend. **Nationalökonomie** *die*; -: Volkswirtschaftslehre. **Nationalrat** *der*; -[e]s, ...räte: 1. in Österreich u. in der Schweiz Volksvertretung, Abgeordnetenhaus des Parlaments. 2. in Österreich u. in der Schweiz Mitglied der Volksvertretung. **Nationalsozialismus** *der*; -: nach dem 1. Weltkrieg in Deutschland entstandene radikale nationalistische, rechtsextreme Bewegung, die 1933 bis 1945 in Deutschland als totalitäre Diktatur herrschte. **Nationalsozialist** *der*; -en, -en: a) Anhänger des Nationalsozialismus; b) Mitglied der Nationalsozialistischen Deutschen Arbeiter-Partei. **nationalsozialistisch**: den Nationalsozialismus betreffend, für ihn charakteristisch, auf ihm beruhend

nativ [aus *lat.* nātīvus „angeboren, natürlich"]: natürlich, unverändert, im natürlichen Zustand befindlich (z. B. von Eiweißstoffen; Chemie)

Nativität [aus *lat.* nātīvitās „Geburt"] *die*; -, -en: Stand der Gestirne bei der Geburt u. das angeblich dadurch vorbestimmte Schicksal (Astrol.)

NATO [Kurzw. aus: *N*orth *A*tlantic *T*reaty *O*rganization (*north etläntik triti o'g'naisé'sch'n*)] *die*; -: westliches Verteidigungsbündnis

Na|trium [zu → Natron] *das*; -s: chem. Grundstoff, Alkalimetall; Zeichen: Na. **Na|trium|chlorid** *das*; -[e]s: Salz, Kochsalz. **Na|triumhy|droxyd**, (chem. fachspr.:) Natriumhydroxid *das*; -[e]s: Ätznatron. **Na|triumkarbonat**, (chem. fachspr.:) Natriumcarbonat *das*; -[e]s: Soda. **Na|triumsulfat** *das*; -[e]s, -e: Glaubersalz

Na|tron [über *arab.* naṭrūn aus gleichbed. *ägypt.* ntr(j)] *das*; -s: als Mittel gegen Übersäuerung des Magens verwendetes doppeltkohlensaures Natrium

Natur [aus *lat.* nātūra „das Hervorbringen; Geburt; natürliche Beschaffenheit; Natur, Schöpfung"] *die*; -, -en: 1. (ohne Plural) a) ohne menschliches Zutun entstandene, den Menschen umgebende Welt; b) [unberührte] Landschaft, Tier- u. Pflanzenwelt. 2. angeborene Eigenart; Anlage, Wesen, Charakter. 3. (ohne Plural) Art, Beschaffenheit

natural [aus *lat.* nātūrālis „zur Natur gehörig, natürlich"]: (selten) naturell. **Natural...**: in Zusammensetzungen auftretendes Bestimmungswort mit der Bedeutung „Sach...", z. B. Naturallohn. **Naturalien** [*...iᵉn*] *die* (Plural): 1. Naturprodukte; Lebensmittel, Waren, Rohstoffe (meist im Hinblick auf ihre Verwendbarkeit als Zahlungsmittel). 2. (selten) Gegenstände einer naturwissenschaftlichen Sammlung

Naturalisation [*...zion*; aus gleichbed. *fr.* naturalisation, vgl. natural] *die*; -, -en: Einbürgerung eines Ausländers in einen Staatsverband (Rechtsw.). **naturalisieren**: einen Ausländer einbürgern, ihm die Staatsbürgerrechte verleihen. **Naturalisierung** *die*; -, -en = Naturalisation; vgl. ...ation/...ierung

Naturalismus [nach gleichbed. *fr.* naturalisme, vgl. natural] *der*; -, ...men: 1. a) (ohne Plural) Wirklichkeitstreue, -nähe; Naturnachahmung; b) Wirklichkeitstreue aufweisender, naturalistischer Zug (z. B. eines Kunstwerks). 2. eine möglichst genaue Wiedergabe der Wirklichkeit anstrebender, naturgetreu abbildender Kunststil, bes. die gesamteuropäische literarische Richtung von etwa 1880 bis 1900. **Naturalist** *der*; -en, -en: Vertreter des Naturalismus (2). **naturalistisch**: a) den Naturalismus betreffend; b) naturwahr, wirklichkeitsgetreu

naturell [aus gleichbed. *fr.* naturel, vgl. natural]: 1. natürlich; ungefärbt, unbearbeitet. 2. ohne besondere Zutaten zubereitet (Gastr.). **Naturell** *das*; -s, -e: natürliche Veranlagung, natürliche Wesensart, Eigenart, Gemütsart, Temperament

Nau|arch [über *lat.* nauarchus aus gleichbed. *gr.* naúarchos] *der*; -en, -en: Flottenführer im alten Griechenland

Nau|plius *der*; -, ...ien [*...iᵉn*; über *lat.* nauplius aus *gr.* naúplios „ein Schaltier"]: Larve im ursprünglichen Stadium der Krebstiere (Zool.)

...naut [aus *gr.* naútēs „Seefahrer, Schiffer"]: Wortbildungselement mit der Bedeutung „Fahrer, Flieger, Teilnehmer an einem Weltraum- od. Tiefseeunternehmen", z. B. Aeronaut

Nautik [aus gleichbed. *gr.* nautikḗ (téchnē) zu naũs „Schiff"] *die*; -: 1. Schiffahrtskunde. 2. Kunst, Fähigkeit, ein Schiff zu führen u. zu navigieren. **Nautiker** *der*; -s, -: Seemann, der in der Führung eines Schiffes u. in dessen Nautik Erfahrung besitzt. **nautisch**: die Schiffahrtskunde betreffend, zu ihr gehörend

Nautilus [über *lat.* nautilus aus *gr.* nautílos „ein Tintenfisch", eigtl. „Seefahrer, Schiffer"] *der*; -, - u. -se: im Indischen u. Pazifischen Ozean in 60 bis 600 Meter Tiefe am Boden lebender Tintenfisch mit schneckenähnlichem Gehäuse

Navel [*ne'wᵉl*; aus gleichbed. *engl.-amerik.* navel (orange), eigtl. „Nabel(orange)"] *die*; -, -s: Orange einer kernlosen Sorte

Navigation [*nawigazion*; aus *lat.* nāvigātio „Schiffahrt"] *die*; -: bei Schiffen u. Flugzeugen die Einhaltung des gewählten Kurses u. die Standortbestimmung. **Navigator** [aus *lat.* nāvigātor „Schiffer, Seemann"] *der*; -s, ...oren: Mitglied der Flugzeugbesatzung, das für die Navigation verantwortlich ist. **navigieren** [aus *lat.* nāvigāre „schiffen, zur See fahren"]: ein Schiff od. Flugzeug führen; die Navigation durchführen

Nazi *der*; -s, -s: (abwertend) Kurzform von Nationalsozialist. **Nazismus** *der*; -: (abwertend) Nationalsozialismus. **nazistisch**: (abwertend) nationalsozialistisch

Nb = chem. Zeichen für: Niob[ium]

NB = notabene

Nd = chem. Zeichen für: Neodym

n-dimensional: mehr als drei Dimensionen betreffend (Math.)

Ne = chem. Zeichen für: Neon

ne..., **Ne...** vgl. neo..., Neo...

nebbich [Herkunft unsicher]: (ugs.) nun wenn schon!, was macht das! **Nebbich**, *der*; -s, -e: (ugs.) unbedeutender Mensch

nebulos u. **nebulös** [aus *lat.* nebulōsus „neblig, dunkel; schwer verständlich"]: unklar, undurchsichtig, dunkel, verworren, geheimnisvoll

Necessaire [*neßäßär*; aus gleichbed. *fr.* nécessaire, eigtl. „Notwendiges", dies aus *lat.* necessārius „notwendig, unentbehrlich"] *das*; -s, -s: Täschchen, Beutel o. ä. für Toiletten-, Nähutensilien u. a.

Necking [aus gleichbed. *engl.-amerik.* necking zu neck „Hals, Nacken"] *das*; -[s], -s: das Schmusen; Austausch von Liebkosungen (Vorstufe des → Pettings, bes. bei heranwachsenden Jugendlichen; Sozialpsychol.)

Nefas [aus *lat.* nefās] *das*; -: in der römischen Antike das von den Göttern Verbotene; Ggs. → Fas

Negation [*...zion*; aus gleichbed. *lat.* negātio] *die*; -, -en: 1. Verneinung; Ablehnung einer Aussage; Ggs. → Affirmation. 2. Verneinungswort (z. B. nicht). **negativ** [*ne...* od. *nä...*, auch: *...tif*; aus *lat.* negātīvus „verneinend"]: 1. a) verneinend, ablehnend; Ggs. → positiv (1a); b) ergebnislos; ungünstig, schlecht; Ggs. → positiv (1b). 2. kleiner als Null; Zeichen: − (Math.); Ggs. → positiv (2). 3. das Negativ betreffend; in der Helligkeit, in den Farben gegenüber dem Original vertauscht (Fotogr.); Ggs. → positiv (3). 4. eine der beiden Formen elektrischer Ladung betreffend, bezeichnend (Physik); Ggs. → positiv (4). 5. nicht für das Bestehen einer Krankheit sprechend, keinen krankhaften Befund zeigend (Med.); Ggs. → positiv (5). **Negativ** [*ne...* od. *nä...*, auch: *...tif*] *das*; -s, -e [*...wᵉ*]: fotografisches Bild, das gegenüber der Vorlage od. dem Aufnahmeobjekt umgekehrte Helligkeits- od. Farbenverhältnisse aufweist u. aus dem das → ²Positiv (2) entsteht (Fotogr.). **Negativimage** [*...imidsch*] *das*; -[s], -s [*...dschis*, auch: *...dschiß*]: durch negativ auffallendes Verhalten entstandenes → Image, allgemeines Bild. **Negativismus** [*...wiß...*] *der*; -: ablehnende Haltung, negative Einstellung, Grundhaltung, meist als Trotzverhalten Jugendlicher in einer bestimmten Entwicklungsphase (Psychol.). **negativistisch**: aus Grundsatz ablehnend. **Negativität** *die*; -: (selten) verneinendes, ablehnendes Verhalten. **Negativum** [...*wum*] *das*; -s, ...va: etwas, was an einer Sache als negativ (1b), ungünstig, schlecht empfunden wird; etwas Negatives; Ggs. → Positivum. **negieren** [aus *lat.* negāre „nein sagen"]: 1. a) ablehnen, verneinen; b) bestreiten. 2. mit einer Negation (2) versehen

Ne|gligé [...*glische*; aus gleichbed. *fr.* (habillement) négligé, eigtl. „vernachlässigte (Kleidung)", vgl. negligieren] *das*; -s, -s: 1. leichtes, bequemes Morgen-, Hauskleid; eleganter Morgenrock. 2. (ugs.) Nachthemd, Schlafanzug

ne|gligeant [...*schant*; aus *fr.* négligeant, Part. Präs. von négliger, s. negligieren]: unachtsam, sorglos, nachlässig. **ne|gligieren** [...*schir*^e*n*; über *fr.* négliger aus gleichbed. *lat.* neglegere]: vernachlässigen

ne|grid [zu *span.* negro „Neger", eigtl. „schwarz", dies aus gleichbed. *lat.* niger, u. → ²...id]: zu den Negern gehörend. **Ne|gride** *der* u. *die*; -n, -n: Angehörige[r] des negriden Rassenkreises. **ne|groid** [aus *span.* negro „Neger", vgl. negrid, u. → ²...id]: negerähnlich. **Ne|groide** *der* u. *die*; -n, -n: jmd., der einer Rasse angehört, die nicht rein negrid ist, aber negerähnliche Merkmale aufweist

Ne|gro Spiritual [*nigro*^u *ßpiritju*^e*l*; aus *engl.-amerik.* Negro spiritual] *das* (auch: *der*); - -s, - -s: geistliches Volkslied der im Süden Nordamerikas lebenden afrikanischen Neger mit schwermütiger, synkopierter Melodie

Negus [aus *amharisch* negūs] *der*; -, - u. Negusse: (hist.) a) (ohne Plural) abessinischer Herrschertitel; b) Herrscher, Kaiser von Äthiopien

ne|kro... **Ne|kro...**, vor Vokalen: ne|kr..., Ne|kr... [aus gleichbed. *gr.* nekrós]: in Zusammensetzungen auftretendes Bestimmungswort mit der Bedeutung „Toter, Leiche". **Ne|krolog** [aus gleichbed. *fr.* nécrologe, dies zu → nekro... u. → ...logie] *der*; -e: mit einem kurzen Lebensabriß verbundener Nachruf auf einen Verstorbenen. **Ne|kromant** [über *spätlat.* necromantius aus gleichbed. *gr.* nekrómantis] *der*; -en, -en: Toten-, Geisterbeschwörer (bes. des Altertums). **Ne|kromantie** *die*; -: Weissagung durch Geister- u. Totenbeschwörung. **ne|krotisch** [zu *gr.* nékrōsis „das Töten; das Absterben"]: abgestorben, brandig (Med.)

Nektar [über *lat.* nectar aus *gr.* néktar] *der*; -s, -e: 1. (ohne Plural) ewige Jugend spendender Göttertrank der griechischen Sage. 2. von einem → Nektarium ausgeschiedene Zuckerlösung zur Anlockung von Insekten (Biol.). **Nektarine** [zu → Nektar] *die*; -, -n: glatthäugier Pfirsich mit leicht herauslösbarem Stein (eine → Varietät des Pfirsichs). **nektarisch**: süß wie Nektar; göttlich. **Nektarium** [zu → Nektar] *das*; -s, ...ien [...*i*^e*n*]: Honigdrüse im Bereich der Blüte, seltener der Blätter, die der Anlockung von Insekten und anderen Tieren für die Bestäubung dient (Biol.). **nektarn**: = nektarisch

Nekton [aus *gr.* nēkton „Schwimmendes"] *das*; -s: das → Pelagial (2) bewohnende Organismen mit großer Eigenbewegung, Gesamtheit der im Wasser sich aktiv bewegenden Tiere (Biol.). **nektonisch**: das Nekton betreffend, zu ihm gehörend (Biol.)

Nelson [*nälß*^e*n*; aus gleichbed. *amerik.* nelson, viell. nach einem nordamerik. Sportler] *der*; -[s], -[s]: Armhebelgriff (Nackenhebel) beim Ringen (Sport)

Nemesis [nach *gr.* Némesis, der griech. Göttin des Gleichmaßes u. der ausgleichenden Gerechtigkeit, personifiziert aus némesis „gerechter Unwille, Vergeltung", eigtl. „das (rechte) Zuteilen"] *die*; -: ausgleichende, vergeltende, strafende Gerechtigkeit

neo..., **Neo...**, vor Vokalen meist: ne..., Ne... [aus gleichbed. *gr.* néos]: in Zusammensetzungen auftretendes Bestimmungswort mit der Bedeutung „neu, erneuert, jung", z. B. neolithisch. **Neodym** [aus → neo... u. Didym (seltene Erde)] *das*; -s: chem. Grundstoff, Metall der seltenen Erden; Zeichen: Nd. **Neofaschismus** [auch: ...*ißmuß*] *der*; -: faschistische (b) Bestrebungen nach dem 2. Weltkrieg. **Neofaschist** [auch: ...*ißt*] *der*; -en, -en: Vertreter des Neofaschismus. **neofaschistisch** [auch: ...*ißt*...]: den Neofaschismus betreffend, zu ihm gehörend, in der Art des Neofaschismus. **Neogen** [aus → neo... u. → ...gen] *das*; -s: Jungtertiär (Geol.). **Neo|im|pressionismus** *der*; -: Spätform des → Impressionismus (1; Malerei). **Neokom** u. **Neokomium** [nach dem nlat. Namen Neocom(i)um für Neuenburg i. d. Schweiz] *das*; -s: älterer Teil der unteren Kreideformation (Geol.). **Neolithikum** [aus → neo... u. → ...lithikum] *das*; -s: Jungsteinzeit; Epoche des vorgeschichtlichen Menschen, deren Beginn meist mit dem Beginn produktiver Nahrungserzeugung (Haustiere, Kulturpflanzen) gleichgesetzt wird. **neolithisch**: die Jungsteinzeit betreffend, ihr zugehörend. **Neologismus** [aus gleichbed. *fr.* néologisme, zu → neo... u. → ...logie] *der*; -, ...men: sprachliche Neubildung. **Neoverismus** [auch: ...*weriß*...; aus gleichbed. *it.* neoverismo, dies aus → neo... u. → Verismo] *der*; -: eine nach dem 2. Weltkrieg besonders von Italien ausgehende Stilrichtung des modernen Films u. der Literatur mit der Tendenz zur sachlichen u. formal-realistischen Erneuerung der vom → Verismo vorgezeichneten Gegebenheiten u. Ausdrucksmöglichkeiten

Neon [aus gleichbed. *engl.* neon, dies aus *gr.* néon „das Neue"] *das*; -s: chem. Grundstoff, Edelgas; Zeichen: Ne

Neoverismus vgl. oben

Neozoikum [zu → neo... u. *gr.* zōḗ „Leben"] *das*; -s: = Känozoikum

Neper [nach dem schottischen Mathematiker John Napier (*ne*^i*pi*^e*r*), 1550–1617] *das*; -, -: Maßeinheit für die Dämpfung bei elektrischen u. akustischen Schwingungen (Phys.); Zeichen: N

Nephelometer [aus *gr.* nephélē „Nebel, Wolke" u. → ...meter] *das*; -s, -: optisches Gerät zur Messung der Trübung von Flüssigkeiten od. Gasen (Chem.)

nephr..., **Nephr...** vgl. nephro..., Nephro...

Ne|phridium [aus *gr.* nephrídios „die Nieren betreffend", vgl. nephro...] *das*; -s, ...ien [...*i*^e*n*]: Ausscheidungsorgan in Form einer gewundenen Röhre mit einer Mündung nach außen, das mit der Leibeshöhle durch einen Flimmertrichter verbunden ist (bei vielen wirbellosen Tieren)

Ne|phrit [zu *gr.* nephrós „Niere", da er angeblich gegen Nierenleiden helfen sollte] *der*; -s, -e: lauchgrüner bis graugrüner, durchscheinender, aus wirr durcheinandergeflochtenen Mineralfasern zusammengesetzter Stein, der zu Schmuck- u. kleinen Kunstgegenständen verarbeitet wird u. in vorgeschichtlicher Zeit als Material für Waffen u. Geräte diente

nẹ|phro..., **Nẹ|phro...**, vor Vokalen: nẹ|phr..., Nẹphr...: [aus gleichbed. *gr.* nephrós]: in Zusammensetzungen auftretendes Bestimmungswort mit der Bedeutung „Niere"

Nepotịsmus [aus gleichbed. *it.* nepotismo zu *lat.* nepōs, Gen. nepōtis „Enkel; Neffe"] *der;* -: 1. Bevorzugung der eigenen Verwandten bei der Verleihung von Ämtern o. ä. 2. Vetternwirtschaft, bes. bei den Päpsten der Renaissancezeit

Neptụnium [aus gleichbed. *amerik.* neptunium, nach dem Planeten Neptun] *das;* -s: radioaktiver chem. Grundstoff, ein → Transuran; Zeichen: Np

Nereịde [über *lat.* Nērēis, Gen. Nērēidos, aus *gr.* Nērēís, Gen. Nērēídos, eigtl. „Tochter des (Meeresgottes) Nẹreus"] *die;* -, -n (meist Plural): Meernymphe der griechischen Sage

Nẹrv [unter Einfluß von *engl.* nerve aus *lat.* nervus „Sehne, Flechse"] *der;* -s (fachspr. auch: -en), -en [...*fᵉn*]: 1. aus parallel angeordneten Fasern bestehender, in einer Bindegewebshülle liegender Strang, der der Reizleitung zwischen Gehirn, Rükkenmark u. Körperorgan od. -teil dient. 2. a) Blattader oder -rippe; b) rippenartige Versteifung, Ader der Insektenflügel. 3. (nur Plural) nervliche Konstitution, psychische Verfassung. 4. Kernpunkt; kritische Stelle. **Nervatụr** *die;* -, -en: a) Blattaderung; b) Aderung der Insektenflügel. **nerven** [*nạrfᵉn*]: (salopp) belästigen, auf die Nerven gehen. **nervig** [*nạrwich*, auch: *nạrfich*]: sehnig, kraftvoll. **nervös** [...*wöß*; unter Einfluß von *fr.* nerveux, *engl.* nervous aus *lat.* nervōsus „sehnig, nervig"]: 1. nervlich. 2. a) unruhig, leicht reizbar, aufgeregt; b) fahrig, zerfahren. **Nervosität** [...*wosität*] *die;* -, -en: 1. (ohne Plural) Reizbarkeit, Unrast, Erregtheit. 2. einzelne nervöse Äußerung, Handlung. **Nẹrvus** [...*wuß*; aus *lat.* nervus „Sehne, Flechse", vgl. Nerv] *der;* -, ...vi: Nerv (Med.). **Nẹrvus rẹrum** [*lat.*; „Nerv der Dinge"] *der;* - -: 1. Triebfeder, Hauptsache. 2. (scherzh.) Geld als Zielpunkt allen Strebens, als wichtige Grundlage

Nẹssusgewand [nach dem vergifteten Gewand des Herakles in der griech. Sage] *das;* -[e]s, ...gewänder: verderbenbringende Gabe

Nẹstor [über *lat.* Nestor aus *gr.* Néstōr, kluger u. redegewandter griech. Held der Odyssee, der drei Menschenalter gelebt haben soll] *der;* -s, ...ọren: 1. (veraltet) Greis. 2. ältester Gelehrter eines Wissenschaftszweiges

nẹtto [aus gleichbed. *it.* netto, eigtl. „gereinigt, unvermischt", dies aus *lat.* nitidus „glänzend"]: rein, nach Abzug, ohne Verpackung (Wirtsch.; Handel). **Nẹtto...**: in Zusammensetzungen auftretendes Bestimmungswort mit der Bedeutung „rein, nach Abzug, ohne Verpackung", z. B. Nettopreis, Nettogewicht. **nẹtto cassa** [- *kạ*...; aus gleichbed. *it.* netto cassa, s. Kassa]: bar u. ohne jeden Abzug

neur..., **Neur...** vgl. neuro..., Neuro...

Neur|algie [zu → neuro... u. *gr.* álgos „Schmerz"] *die;* -, ...ien: in Anfällen auftretender Schmerz im Ausbreitungsgebiet bestimmter Nerven ohne nachweisbare entzündliche Veränderungen od. Störung der → Sensibilität (2; Med.). **neur|ạlgisch**: 1. auf Neuralgie beruhend, für sie charakteristisch (Med.). 2. sehr problematisch, kritisch

Neur|asthenie [aus → neuro... u. → Asthenie] *die;* -, ...ien: (Med.) 1. (ohne Plural) Zustand nervöser Erschöpfung, Nervenschwäche. 2. Erschöpfung nervöser Art. **Neur|asthẹniker** *der;* -s, -: an Neurasthenie Leidender (Med.). **neur|asthẹnisch**: (Med.) 1. die Neurasthenie betreffend, auf ihr beruhend. 2. nervenschwach. **Neurit** [zu *gr.* neũron „Sehne, Flechse, Nerv"] *der;* -en, -en: oft lang ausgezogener, der Reizleitung dienender Fortsatz der Nervenzellen (Med., Biol.). **neuro...**, **Neuro...**, vor Vokalen gelegentl. neur..., Neur... [aus *gr.* neũron „Sehne, Flechse, Nerv"]: in Zusammensetzungen auftretendes Bestimmungswort mit der Bedeutung „nerven..., Nerven..., Nervengewebe, Nervensystem", z. B. Neurologie, Neuralgie. **Neurolọge** [aus → neuro... u. → ...loge] *der;* -n, -n: Facharzt auf dem Gebiet der Neurologie (2); Nervenarzt. **Neurologie** *die;* -: 1. Wissenschaft von Aufbau u. Funktion des Nervensystems. 2. Wissenschaft von den Nervenkrankheiten, ihrer Entstehung u. Behandlung. **neurolọgisch**: 1. Aufbau u. Funktion des Nervensystems betreffend, zur Neurologie (1) gehörend, auf ihr beruhend. 2. die Nervenkrankheiten betreffend; zur Neurologie (2) gehörend, auf ihr beruhend. **Neuron** [aus *gr.* neũron „Sehne, Flechse, Nerv"] *das;* -s, ...rọnen u. Neuren: Nerveneinheit, Nervenzelle mit Fortsätzen (Med.; Biol.). **Neurọse** [aus gleichbed. *engl.* neurosis zu *gr.* neũron „Sehne, Flechse, Nerv"] *die;* -, -n: hauptsächlich durch Fehlentwicklung des Trieblebens u. durch unverarbeitete seelische Konflikte mit der Umwelt entstandene krankhafte, aber heilbare Verhaltensanomalie mit seelischen Ausnahmezuständen u. verschiedenen körperlichen Funktionsstörungen ohne organische Ursachen (Med.). **Neurọtiker** *der;* -s, -: jmd., der an einer Neurose leidet (Med.). **neurọtisch**: a) auf einer Neurose beruhend, im Zusammenhang mit ihr stehend; b) an einer Neurose leidend

Neutr. = Neutrum. **Neu|tra**: *Plural* von → Neutrum

neu|trạl [über *mlat.* neutrālis „keiner Partei angehörend" aus *spätlat.* neutrālis „sächlich (in der Grammatik)", vgl. Neutrum]: 1. a) unparteiisch, unabhängig, nicht an eine Interessengruppe, Partei o. ä. gebunden; b) keinem Staatenbündnis angehörend; nicht an einem Krieg, Konflikt o. ä. zwischen anderen Staaten teilnehmend. 2. sächlich, sächlichen Geschlechts (Sprachw.). 3. [nicht auffällig u. daher] zu allem passend, nicht einseitig festgelegt (z. B. von einer Farbe). 4. (Chemie) a) weder basisch noch sauer reagierend (z. B. von einer Lösung); b) weder positiv noch negativ reagierend (z. B. von Elementarteilchen). **Neu|trạl** *das;* -[s]: Welthilfssprache. **Neu|tralisation** [...*ziọn*: aus gleichbed. *fr.* neutralisation, vgl. neutral] *die;* -, -en: 1. = Neutralisierung (1). 2. Aufhebung der Säurewirkung durch Zugabe von Basen u. umgekehrt (Chem.). 3. Aufhebung, gegenseitige Auslöschung von Spannungen, Kräften, Ladungen u. a. (Physik). 4. vorübergehende Unterbrechung eines Rennens, bes. beim Sechstagerennen der tägliche, für eine bestimmte Zeit festgesetzte Stillstand des Rennens (Sport); vgl. ...ation/...ierung. **neu|tralisieren**: 1. unwirksam machen, eine Wirkung, einen Einfluß aufheben, ausschalten. 2. einen Staat durch Vertrag zur Neutralität verpflichten. 3. ein [Grenz]gebiet von militärischen Anlagen u. Truppen räumen, freimachen (Mil.). 4. bewirken, daß eine Lösung weder basisch noch sauer reagiert (Chem.). 5. Spannungen, Kräfte, Ladungen u. a. aufheben, gegenseitig auslöschen (Physik). 6. ein Rennen unterbrechen, für eine bestimmte Zeit nicht bewerten (Sport). **Neu|tralisierung** *die;* -, -en: 1. Aufhebung einer Wirkung, eines Einflusses. 2. einem Staat durch Vertrag auferlegte Verpflichtung zur Neutralität bei kriegerischen Auseinandersetzungen. 3. Räumung bestimmter [Grenz]gebiete von militärischen Anlagen u. Truppen (Mil.); vgl. ...ation/...ierung. **Neu|tralismus** [zu → neutral (1)] *der;* -: Grundsatz der Nichteinmischung in fremde Angelegenheiten (vor allem in der Politik), Politik der Blockfreiheit. **Neu|tralist** *der;* -en, -en: Verfechter u. Vertreter des Neutralismus. **neu|tralistisch:** den Grundsätzen des Neutralismus folgend, blockfrei. **Neu|tralität** [aus gleichbed. *mlat.* neutrālitas, vgl. neutral] *die;* -: a) unparteiische Haltung, Nichteinmischung, Nichtbeteiligung; b) die Nichtbeteiligung eines Staates an einem Krieg od. Konflikt

Neu|trino [aus gleichbed. *it.* neutrino, eigtl. „kleines Neutron", vgl. Neutron]: *das;* -s, -s: masseloses Elementarteilchen ohne elektrische Ladung (Phys.). **Neu|tron** [aus gleichbed. *engl.* neutron, analog zu Elektron u. Proton zu → neutral (4b)] *das;* -s, ...onen: Elementarteilchen ohne elektrische Ladung u. mit der Masse des Wasserstoffkernes; Zeichen: n (Phys.)

Neu|trum [österr.: *ne-utrum;* aus gleichbed. *lat.* neutrum (genus), eigtl. „keines von beiden Geschlechtern" zu neuter „keiner von beiden"] *das;* -s, ...tra (auch: ...tren): 1. sächliches Geschlecht. 2. sächliches Substantiv (z. B. das Kind); Abk.: n., N., Neutr.

Newcomer [*njukamer;* aus gleichbed. *engl.* newcomer, eigtl. „Neuankömmling"] *der;* -[s], -[s]: jmd., der noch nicht lange bekannt, etwas, was noch neu ist [aber schon einen gewissen Erfolg hat]; Neuling. **New Look** [- *luk;* aus gleichbed. *engl.-amerik.* new look, eigtl. „neues Aussehen"] *der* od. *das;* - -[s]: neue Linie, neuer Stil (z. B. in der Mode). **New-Orleans-Jazz** [*...orlinsdschäs;* aus *amerik.* New Orleans jazz, vgl. Jazz] *der;* -: frühester, improvisierender Jazzstil der nordamerikan. Neger in u. um New Orleans

Newton [*njuten;* aus gleichbed. *engl.* newton, nach dem engl. Physiker Sir I. Newton, 1643–1727] *das;* -s, -: physikalische Krafteinheit (= 1 Dyn); Zeichen: N

Nexus [aus *lat.* nexus „das Zusammenknüpfen"] *der;* -, - [*nâxuß*]: Zusammenhang, Verbindung, Verflechtung

Nicki [nach der Kurzform von Nikolaus] *der;* -[s], -s: Pullover aus plüschartigem Material

Nicol [*nikol;* aus gleichbed. *engl.* nicol (prism), nach dem engl. Physiker W. Nicol, 1768–1851] *das;* -s, -s: aus zwei geeignet geschliffenen Teilprismen aus Kalkspat zusammengesetzter → Polarisator des Lichts; Polarisationsprisma (Optik)

Nicotin [*...ko...*] vgl. Nikotin

Nielsbohrium [nach dem dän. Physiker Niels Bohr, 1885–1962] *das;* -s: = Hahnium

Nife [*nife;* Kurzw. für *Ni*ckel u. lat. *fe*rrum „Eisen"] *das;* -: im wesentlichen wahrscheinlich aus Eisen u. Nickel bestehende Materie des Erdkerns (Geol.)

Nigger [aus gleichbed. *amerik.* nigger für negro, dies über *fr.* nègre aus gleichbed. *span.* negro, vgl. negrid] *der;* -s, -: (abwertend) Neger

Nightclub [*naitklab;* aus gleichbed. *engl.* night club, vgl. Klub] *der;* -s, -s: Nachtbar

Nihilismus [zu *lat.* nihil „nichts"] *der;* -: a) [philosophische] Anschauung, Überzeugung von der Nichtigkeit alles Bestehenden, Seienden; b) bedingungslose Verneinung aller Normen, Werte, Ziele. **Nihilist** *der;* -en, -en: Vertreter des Nihilismus; alles verneinender, auch zerstörerischer Mensch. **nihilistisch:** a) in der Art des Nihilismus; b) verneinend, zerstörend. **Nihilitis** *die;* -: (scherzh.) simulierte Krankheit ohne ärztlichen Befund

Nikotin, (chem. fachspr.:) Nicotin [*...ko...;* aus gleichbed. *fr.* nicotine zu nicotiane „Tabakspflanze", dies aus gleichbed. *nlat.* herba Nicotiana, nach dem franz. Gelehrten J. Nicot (*niko*), um 1530 bis 1600] *das;* -s: in den Wurzeln der Tabakpflanze gebildetes → Alkaloid, das sich in den Blättern ablagert u. beim Tabakrauchen als [anregendes] Genußmittel dient

Nilgau [aus gleichbed. *Hindi* nīlgāw, eigtl. „blaue Kuh"] *der;* -[e]s, -e: antilopenartiger, blaugrauer indischer Waldbock

Nimbo|stratus [zu *lat.* nimbus „Sturzregen; Regenwolke" u. → Stratus] *der;* -, ...ti: sehr große, tiefhängende Regenwolke (Meteor.)

Nimbus [aus gleichbed. *mlat.* nimbus, dies aus *lat.* nimbus „Sturzregen; Regenwolke; Nebelhülle, die die Götter umgibt"] *der;* -, -se: 1. Heiligenschein, bes. bei Darstellungen Gottes od. Heiliger; Gloriole. 2. Ruhmesglanz; Ansehen, Geltung

Nimrod [nach der gleichnamigen biblischen Gestalt] *der;* -s, -e: [leidenschaftlicher] Jäger

Niob u. Niobium [nach der griech. Sagengestalt Niobe] *das;* -s: chem. Grundstoff, hellgraues, glänzendes Metall, das sich gut walzen u. schmieden läßt; Zeichen: Nb

Nippes [*nipeß,* auch: *nip(ß);* aus *fr.* nippes „Putzsachen; weibliche Zierwäsche" (Herkunft unsicher)] u. **Nippsachen** *die* (Plural): kleine Ziergegenstände [aus Porzellan]

Nirwana [aus *sanskr.* nirvāṇa, eigtl. „das Erlöschen, Verwehen"] *das;* -[s]: im Buddhismus die völlige, selige Ruhe als erhoffter Endzustand

Niton [aus gleichbed. *engl.* niton zu *lat.* nitēre „glänzen"] *das;* -s: (veraltet) Radon

Ni|trat [zu → Nitrum] *das;* -[e]s, -e: häufig als Oxydations- u. Düngemittel verwendetes Salz der Salpetersäure. **Ni|trid** *das;* -s, -e: Metall-Stickstoff-Verbindung. **ni|trieren:** organische Substanzen mit Salpetersäure od. Gemischen aus konzentrierter Salpeter- u. Schwefelsäure behandeln, bes. zur Gewinnung von Sprengstoffen, Farbstoffen, Heilmitteln (Chem.; Technik). **Ni|trifikation** [*...zion;* aus gleichbed. *fr.* nitrification, dies zu → Nitrum u. → ...fikation] *die;* -, -en: Salpeterbildung durch Bodenbakterien. **ni|trifizieren:** durch Bodenbakterien Salpeter bilden. **Ni|trit** *das;* -s, -e: Salz der salpetrigen Säure, bes. das zum Erhalten der roten Farbe bei Fleischwaren verwendete Natriumnitrit. **Ni|trogen** u. **Ni|trogenium** [aus gleichbed. *fr.* nitrogène, dies zu → Nitrum u. → ...gen] *das;* -s: Stickstoff, chem. Grundstoff; Zeichen: N. **Ni|troglyzerin** [auch: *ni...;* aus → Nitrum u. → Glyzerin] *das;* -s: ölige, farblose bis gelbliche, geruchlose Flüssigkeit, die als brisanter Sprengstoff in Sprenggelatine u. Dynamit verarbeitet u. in der Medizin als gefäßerweiterndes Arzneimittel verwendet wird. **Nitrophos|phat** (Wz) [aus → Nitrum u. → Phosphat] *das;* -[e]s, -e: Stickstoff, Phosphor, Kali u. Kalk enthaltender Handelsdünger. **nitros** [aus *lat.* nitrōsus „voller Natron"]: Stickoxyd enthaltend. **Ni|trose** *die;* -: nitrose Schwefelsäure. **Ni|trum** [*über lat.* nitrum aus *gr.* nítron „Laugensalz, Soda, Natron", dies aus gleichbed. *ägypt.* ntr(j), vgl. Natron] *das;* -s: (veraltet): Salpeter

nival [...*wal*; aus gleichbed. *lat.* nivālis]: den Schnee[fall] betreffend (Meteor.); -es Klima: Klima in Polarzonen u. Hochgebirgsregionen, das durch Niederschläge in fester Form (Schnee, Eisregen) gekennzeichnet ist

Niveau [*niwo*; aus gleichbed. *fr.* niveau, dies aus *vulgärlat.* *lībellus für *lat.* lībella „kleine Waage, Wasserwaage; waagrechte Fläche"] *das*; -s, -s: 1. waagerechte Fläche auf einer gewissen Höhenstufe; Stand, Höhenlage. 2. Rang, Standard; Qualitäts-, Bildungsstufe. 3. feine Wasserwaage an geodätischen u. astronomischen Instrumenten. **niveaufrei**: nicht in gleicher Höhe, auf gleichem Niveau mit einer [anderen] Fahrbahn liegend od. diese kreuzend, z. B. ein -er Zugang zu einer Haltestelle, eine -e Straßenkreuzung (Verkehrswesen). **niveaulos**: Bildung, Takt, geistigen Rang vermissen lassend

nivellieren [aus gleichbed. *fr.* niveler]: 1. gleichmachen, einebnen; Unterschiede ausgleichen. 2. Höhenunterschiede mit Hilfe des Nivellements bestimmen

NKWD [*änkawede*; Kurzw. aus *N*arodny *K*ommissariat *W*nutrennich *D*el] *der*; -: Volkskommissariat (Ministerium) des Inneren der UdSSR (1934 bis 1946)

NN = Normalnull

[1]N. N. [*än-än*] = Normalnull

[2]N. N. [*än-än*] = nomen nescio [- *näßzio*; *lat.*; „den Namen weiß ich nicht"] od. = nomen nominandum [*lat.*; „der zu nennende Name"]: Name [noch] unbekannt (Abkürzung, die irgendeinen Namen ersetzen soll, den man nicht kennt od. nicht ausdrücklich nennen will (z. B. in Vorlesungsverzeichnissen)

No *das*; -: = No-Spiel

No = chem. Zeichen für: Nobelium

N°, No. = Numero

nobel [über *fr.* noble aus gleichbed. *lat.* nōbilis, eigtl. „kenntlich, bekannt"]: 1. edel, vornehm. 2. (ugs.) freigebig, großzügig. **Nobelgarde** *die*; -: (hist.) aus Adligen gebildete päpstl. Ehrenwache

Nobelium [nach dem schwed. Chemiker A. Nobel, 1833–1896] *das*; -s: chem. Element, → Transuran; Zeichen: No.

Nobelpreis *der*; -es, -e: von dem schwed. Chemiker A. Nobel gestifteter Preis für bedeutende wissenschaftliche Leistungen auf verschiedenen Gebieten (z. B. Physik, Medizin, Literatur)

Nobiles [aus *lat.* nōbiles, subst. Plural von nōbilis, s. nobel] *die* (Plural): (hist.) die Angehörigen der Nobilität im alten Rom. **Nobili** [aus *it.* nobili, subst. Plural von nobile „edel, adlig", vgl. nobel] *die* (Plural): (hist.) die adligen Geschlechter in den ehemaligen ital. Freistaaten, bes. in Venedig. **Nobilität** [aus *lat.* nōbilitās, eigtl. „Berühmtheit, Adel"] *die*; -: Amtsadel im alten Rom

Nobility [...*ti*; aus *engl.* nobility, dies aus *lat.* nōbilitās, s. Nobilität] *die*; -: Hochadel Großbritanniens

No|blesse [*nobläß*ᵉ; aus gleichbed. *fr.* noblesse; s. nobel] *die*; -, -n: 1. (veraltet) Adel; adelige, vornehme Gesellschaft. 2. (ohne Plural) edle Gesinnung, Vornehmheit, vornehmes Benehmen. **no|blesse oblige** [*nobläß oblisch*; *fr.*]: Adel verpflichtet

Nocturne [*noktürn*] *das*; -s, -s od. *die*; -, -s: = Nokturne

no iron [*nou aiern*; aus gleichbed. *engl.* non-iron]: bügelfrei. **No-iron-Bluse** *die*; -, -n: bügelfreie Bluse. **No-iron-Hemd** *das*; -[e]s, -en: bügelfreies Hemd

Nokturne [aus gleichbed. *fr.* nocturne, dies aus *lat.* nocturnus „nächtlich"] *die*; -, -n: (Mus.) a) Nachtständchen, Nachtmusik im Ton der Serenade; b) träumerisch-romantisches Klavierstück

nolens volens [- *wo*...; *lat.*; „nicht wollend wollend"]: wohl od. übel

Nolimetangere [aus *lat.* nōli mē tangere „rühr mich nicht an"] *das*; -, -: Springkraut, dessen Früchte den Samen bei Berührung ausschleudern (Bot.)

Nom. = Nominativ

[1]...nom [aus *gr.* nómos „Gesetz" zu némein „teilen, zuteilen; verwalten"]: Wortbildungselement mit folgenden Bedeutungen: 1. „von bestimmten Gesetzen abhängend". 2. „...wertig", z. B. heteronom. **[2]...nom** [aus *gr.* -nómos „verwaltend; Verwalter", vgl. [1]...nom]: Wortbildungselement mit der Bedeutung „Sachkundiger; Walter, Verwalter", z. B. Astronom

[3]...nom [aus *lat.* nōmen „Name"]: Wortbildungselement mit der Bedeutung „(mathematischer) Ausdruck", z. B. Binom

Nomade [aus *gr.-lat.* nomádes, subst. Plural von *gr.-lat.* nomás „Viehherden weidend u. mit ihnen umherziehend" zu *gr.* nomós „Weide(platz)"] *der*; -n, -n: 1. Angehöriger eines Hirten- od. Wandervolkes. 2. (scherzh.) wenig seßhafter, ruheloser Mensch. **nomadisch**: 1. die Nomaden (1) betreffend; nicht seßhaft, [mit Herden] wandernd. 2. (scherzh.) ruhelos umherziehend, unstet. **nomadisieren**: 1. [mit Herden] wandern. 2. (scherzh.) ruhelos, unstet umherschweifen

No-Maske *die*; -, -n: Maske, die der jap. Schauspieler im → No-Spiel trägt

Nomen [aus gleichbed. *lat.* nōmen] *das*; -s, Nomina: 1. Name; - gentile, - gentilicium [-...*lizium*] (Plural: Nomina gentilia, gentilicia [...*lizia*]): der an zweiter Stelle stehende altröm. Geschlechtsname (z. B. Gajus *Julius* Caesar); vgl. Kognomen u. Pränomen; - proprium (Plural: Nomina propria): Eigenname. 2. deklinierbares Wort (mit Ausnahme des → Pronomens), vorwiegend Substantiv, auch Adjektiv u. Numerale (z. B. Haus, schwarz; Sprachw.); - acti [*akti*]: Substantiv, das das Ergebnis eines Geschehens bezeichnet (z. B. *Wurf* junger Hunde); - actionis [...*zio*...]: Substantiv, das ein Geschehen bezeichnet (z. B. Schlaf); - agentis: Substantiv, das den Träger eines Geschehens bezeichnet (z. B. Schläfer); vgl. Agens; - instrumenti: Substantiv, das Geräte u. Werkzeuge bezeichnet (z. B. Bohrer); - loci [*lozi*]: Substantiv, das den Ort eines Geschehens bezeichnet (z. B. Schmiede); - patientis: Substantiv mit passivischer Bedeutung (z. B. Hammer = Werkzeug, mit dem gehämmert wird); - qualitatis: Substantiv, das einen Zustand od. eine Eigenschaft bezeichnet (z. B. Hitze)

nomen est omen [*lat.*]: im Namen liegt eine Vorbedeutung

Nomen|klator [aus *lat.* nōmenclātor, dies zu nōmen „Name" u. calāre „ausrufen"] *der*; -s, ...oren: (hist.) altröm. Sklave, der seinem Herrn die Namen seiner Sklaven, Besucher usw. anzugeben hatte

Nomen|klatur [aus *lat.* nōmenclātūra „Namenverzeichnis", vgl. Nomenklator] *die*; -, -en: Zusammenstellung von Sach- od. Fachbezeichnungen eines Wissensgebietes

...nomie [aus gleichbed. *gr.* -nomía zu -nómos, vgl. [2]...nom]: Wortbildungselement mit der Bedeutung „Sachkunde; Verwaltung", z. B. Aeronomie

Nomina: *Plural* von Nomen

nominal [aus gleichbed. *fr.* nominal, dies aus *lat.* nōminālis „zum Namen gehörig, namentlich"]: 1. das Nomen (2) betreffend, mit einem Nomen (2) gebildet (Sprachw.). 2. dem Nennwert nach (Wirtsch.). **Nominalstil** *der*; -[e]s: Stil, der durch Häufung von Substantiven gekennzeichnet ist

Nominalismus [zu *lat.* nōminālis, vgl. nominal] *der*; -: sich gegen den Begriffsrealismus Platos wendende Denkrichtung der Scholastik, wonach den Allgemeinbegriffen (= Universalien) außerhalb des Denkens nichts Wirkliches entspricht, sondern ihre Geltung nur in Namen (= Nomina) besteht (Philos.). **Nominalist** *der*; -en, -en: Vertreter des Nominalismus. **nominalistisch**: den Nominalismus betreffend, auf ihm beruhend, zu ihm gehörend

Nominativ [auch: *...tif*; aus gleichbed. *lat.* (casus) nōminātīvus, eigtl. „zur Nennung gehörig(er Fall)"] *der*; -s, -e [*...wᵉ*]: Werfall; Abk.: Nom.

nominell [aus gleichbed. *fr.* nominal, vgl. nominal]: 1. [nur] dem Namen nach [bestehend], vorgeblich. 2. = nominal (2)

nominieren [aus gleichbed. *lat.* nomināre, eigtl. „(be)nennen"]: zur Wahl, für ein Amt, für die Teilnahme an etwas namentlich vorschlagen, ernennen. **Nominierung** *die*; -, -en: das Vorschlagen eines Kandidaten, Ernennung; vgl. ...ation/...ierung

Nomo|gramm [aus *gr.* nómos „Gesetz, Brauch" u. → ...gramm] *das*; -s, -e: Schaubild od. Zeichnung zum graphischen Rechnen (Math.)

Nomos [aus gleichbed. *gr.* nómos] *der*; -, Nomoi [*...meu*]: 1. Gesetz, Sitte, Ordnung, Herkommen, Rechtsvorschrift (Philos.). 2. (Mus.) a) bestimmte Singweise in der altgriech. Musik; b) kunstvoll komponiertes Musikstück des Mittelalters

Non *die*; -, -en: = None (1). **Nonagon** [aus *lat.* nōnus „der neunte" u. *gr.* gōnía „Winkel"] *das*; -s, -e: Neuneck

Non-book-Abteilung [*nonbuk...*; zu *engl.* nonbook „nicht (als) Buch"] *die*; -, -en: Abteilung in einer Buchhandlung, in der Schallplatten, Spiele, Kunstblätter o. ä. verkauft werden

Nonchalance [*nongschalangß*; aus gleichbed. *fr.* nonchalance] *die*; -: Nachlässigkeit; formlose Ungezwungenheit, Lässigkeit, Unbekümmertheit. **nonchalant** [*...lang*, bei attributivem Gebrauch: *...lant*; aus gleichbed. *fr.* nonchalant zu *altfr.* chaloir „sich erwärmen für etw. (od. jmdn.); angelegen sein", dies aus gleichbed. *lat.* calēre]: nachlässig; formlos ungezwungen, lässig

None [1: aus gleichbed. *mlat.* nōna, dies aus *lat.* nōna (hora) „die neunte Stunde"; 2: zu *lat.* nōnus „der neunte"] *die*; -, -n: 1. Teil des katholischen Stundengebets (zur neunten Tagesstunde = 3 Uhr nachmittags). 2. der 9. Ton einer → diatonischen Tonleiter vom Grundton aus (= die Sekunde der Oktave; Mus.). **Nonen** [aus *lat.* Nōnae] *die* (Plural): im altröm. Kalender der neunte Tag vor den → Iden

nonfigurativ [aus *lat.* nōn „nicht" u. → figurativ]: gegenstandslos (z. B. von Malerei; bildende Kunst)

Non-food-Abteilung [*nonfud...*; zu *engl.* nonfood „Nicht-Lebensmittel"] *die*; -, -en: Abteilung in Einkaufszentren, die langlebige Gebrauchsgüter (keine Lebensmittel) im Sortiment führt

Nonkonformismus [aus gleichbed. *engl.* nonconformism, vgl. Nonkonformist] *der*; -: → individualistische Haltung in politischen, weltanschaulichen, religiösen u. sozialen Fragen; Ggs. → Konformismus. **Nonkonformist** [aus gleichbed. *engl.* nonconformist, dies aus *lat.* nōn „nicht" u. → Konformist] *der*; -en, -en: 1. jmd., der sich in seiner politischen, weltanschaulichen, religiösen, sozialen Einstellung nicht nach der herrschenden Meinung richtet; Ggs. → Konformist (1). 2. Anhänger britischer protestantischer Kirchen (die die Staatskirche ablehnen); Ggs. → Konformist (2). **nonkonformistisch**: 1. auf Nonkonformismus (1) beruhend; seine eigene Einstellung nicht nach der herrschenden Meinung richtend; Ggs. → konformistisch (1). 2. im Sinne eines Nonkonformisten (2) denkend od. handelnd; Ggs. → konformistisch (2). **Nonkonformität** *die*; -: 1. Nichtübereinstimmung; mangelnde Anpassung; Ggs. → Konformität (1). 2. = Nonkonformismus

non multa, sed multum [*lat.*]: = multum, non multa

non olet [*lat.*; „es (das Geld) stinkt nicht"]: man sieht es dem Geld nicht an, auf welche [unsaubere] Weise es verdient wird

Nonpareille [*nongparäj*; aus gleichbed. *fr.* nonpareille, Subst. von nonpareil „unvergleichlich", dies zu *lat.* nōn „nicht" u. pār „gleich"] *die*; -: sehr kleine, farbige Zuckerkörner zum Bestreuen von Backwerk o. ä.

Non|plus|ul|tra [aus *lat.* nōn plūs ultrā „nicht noch weiter"] *das*; -: Unübertreffbares, Unvergleichliches

Non|proliferation [*...fᵉreˈschᵉn*; aus gleichbed. *engl.-amerik.* nonproliferation, eigtl. „Nichtvermehrung"] *die* (auch: *das*); -: Nichtweitergabe von Atomwaffen

non scholae, sed vitae discimus [*- ß-cholä - witä dißzi...*; *lat.*]: nicht für die Schule, sondern für das Leben lernen wir (meist so umgekehrt zitiert nach einer Briefstelle des Seneca); vgl. non vitae, sed scholae discimus

Nonsens [aus gleichbed. *engl.* nonsense, dies aus *lat.* nōn „nicht" u. sēnsus „Sinn"] *der*; - u. -es: Unsinn; absurde, unlogische Gedankenverbindung

nonstop [aus gleichbed. *engl.* nonstop]: ohne Halt, ohne Pause. **Nonstop|flug** *der*; -[e]s, ...flüge: Flug ohne Zwischenlandung. **Nonstop|kino** *das*; -s, -s: Filmtheater mit fortlaufenden Vorführungen

non tanto [*it.*] = ma non tanto. **non troppo**: = ma non troppo

non vitae, sed scholae discimus [*- witä - ßcholä dißzi...*; *lat.*]: wir lernen (leider) nicht für das Leben, sondern für die Schule (originaler Wortlaut der meist belehrend → „non scholae, sed vitae discismus" zitierten Briefstelle bei Seneca)

Nor [Kurzform von *Nor*icum, dem lat. Namen für das Ostalpenland] *das*; -s: mittlere Stufe der alpinen → Trias (1; Geol.)

normal [aus *lat.* nōrmālis „nach dem Winkelmaß gemacht" zu nōrma „Winkelmaß; Regel, Norm"]: 1. der Norm entsprechend, vorschriftsmäßig. 2. gewöhnlich, üblich. 3. [geistig] gesund. **Normale** *die*; -[n], -n: auf einer Ebene od. Kurve in einem vorgegebenen Punkt errichtete Senkrechte (Tangentenlot; Math.). **normalisieren** [aus gleichbed. *fr.* normaliser, vgl. normal]: 1. normal gestalten, auf ein normales Maß zurückführen. 2. eine Normallösung herstellen (Chem.). **Normalität** *die*; -: normale Beschaffenheit, normaler Zustand; Vorschriftsmäßigkeit. **Normalnull** *das*; -s: festgelegte Höhe, auf die sich die Höhenmessungen beziehen;

Abk.: N. N. od. NN. **normativ** [aus gleichbed. *fr.* normatif]: 1. als Norm geltend, maßgebend, zur Richtschnur dienend. 2. nicht nur beschreibend, sondern auch Normen setzend, z. B. -e Grammatik (Sprachw.); Ggs. → deskriptiv; vgl. präskriptiv. **Normative** [...*tiwe*] *die*; -, -n: Grundbestimmung, grundlegende Festsetzung. **normieren** [aus gleichbed. *fr.* normer, dies aus *lat.* nōrmāre „nach dem Winkelmaß abmessen; gehörig einrichten"]: als Norm einheitlich festsetzen, normen. **Normierung** *die*; -, -en: das Normieren, Normung

Nortongetriebe [nach dem engl. Erfinder W. P. Norton] *das*; -s, -: bes. bei Werkzeugmaschinen verwendetes Zahnradstufengetriebe; Leitspindelgetriebe (Techn.)

noso..., **Noso...** [aus gleichbed. *gr.* nósos]: in Zusammensetzungen auftretendes Bestimmungswort mit der Bedeutung „Krankheit", z. B. Nosologie „Krankheitslehre"

No-Spiel [zu gleichbed. *jap.* nō, eigtl. „Fähigkeit, Talent"] *das*; -[e]s, -e: altes japan. Theaterspiel

nost|algico [...*aldschiko*; aus gleichbed. *it.* nostalgico, vgl. Nostalgie]: sehnsüchtig (Mus.). **Nost|algie** [aus gleichbed. *engl.-amerik.* nostalgia, eigtl. „Heimweh", dies aus gleichbed. *nlat.* nostalgia, aus *gr.* nóstos „Rückkehr (in die Heimat)" u. álgos „Schmerz"] *die*; -, ...ien: [schwärmerisch romantisierende, mit Sehnsucht, Wehmut verbundene] Rückwendung zu früheren, in der Erinnerung sich verklärenden Zeiten, Erlebnissen, Erscheinungen in Kunst, Musik, Mode u. a. **nostalgisch**: die Nostalgie betreffend, zu ihr gehörend; verklärend vergangenheitsbezogen

Nota [aus *lat.* notā, Imperativ von notāre „bezeichnen, bemerken"] *die*; -, -s: 1. Rechnung. 2. Vormerkung (Wirtsch.); vgl. ad notam

Notabeln [aus *fr.* notables, subst. Plural von notable „hervorragend; bemerkenswert", dies aus gleichbed. *lat.* notābilis] *die* (Plural): (hist.) die durch Bildung, Rang u. Vermögen ausgezeichneten Mitglieder der königlichen Ratsversammlungen in Frankreich (seit dem 15. Jh.)

notabene [aus *lat.* notā bene „merke wohl!"]: übrigens; Abk.: NB

Notar [aus *mlat.* notārius „öffentlicher Schreiber", dies aus *lat.* notārius „(Schnell)schreiber, Sekretär"] *der*; -s, -e: staatlich vereidigter Volljurist, zu dessen Aufgabenkreis die Beglaubigung u. Beurkundung von Rechtsgeschäften gehört. **Notariat** *das*; -[e]s, -e: a) Amt eines Notars; b) Büro eines Notars. **notariell** u. **notarisch**: von einem Notar ausgefertigt u. beglaubigt (Rechtsw.)

Notation vgl. unten

Nothosaurier [...*ier*; aus *gr.* nóthos „unehelich; verfälscht" u. → Saurier] *der*; -s, - u. **Nothosaurus** *der*; -, ...rier [...*ier*]: ausgestorbenes Meeresreptil der → Trias (1)

Notation [...*zion*; aus *lat.* notātio „Bezeichnung, Beschreibung"] *die*; -, -en: 1. das Aufzeichnen von Musik in Notenschrift (Mus.). 2. das Aufzeichnen der einzelnen Züge einer Schachpartie. **notieren** [aus gleichbed. *(m)lat.* notāre]: 1. a) aufzeichnen, schriftlich vermerken, aufschreiben (um etwas nicht zu vergessen); b) vormerken. 2. in Notenschrift schreiben (Mus.). 3. (Wirtsch.) a) den offiziellen Kurs eines Wertpapieres an der Börse, den Preis einer Ware feststellen bzw. festsetzen; b) einen bestimmten Börsenkurs haben, erhalten. **Notierung** *die*; -, -en: 1. a) das Aufzeichnen, schriftliche Vermerken; b) das Vormerken. 2. Aufzeichnen von Musik in Notenschrift (Mus.). 3. Feststellung bzw. Festsetzung von Kursen od. Warenpreisen [an der Börse] (Wirtsch.)

Notiz [aus *lat.* nōtitia „Kenntnis; Nachricht" zu nōscere „kennenlernen, erkennen"] *die*; -, -en: 1. Aufzeichnung, Vermerk. 2. Nachricht, Meldung, Anzeige. 3. (Kaufmannsspr.) Notierung (3), Preisfeststellung; - von jmdm., etwas nehmen: jmdm., einer Sache Beachtung schenken

notorisch [aus *spätlat.* nōtōrius „anzeigend, kundtuend"]: 1. offenkundig, allbekannt. 2. berüchtigt, gewohnheitsmäßig

Notturno [aus gleichbed. *it.* notturno, vgl. Nokturne] *das*; -s, -s u. ...ni: = Nokturne (a, b)

Nougat [*nugat*; aus gleichbed. *fr.* nougat zu *lat.* nux, Gen. nucis „Nuß"] u. (eingedeutscht:) Nugat *das* od. *der*; -s, -s: Süßware aus Zucker u. Mandeln (Nüssen), meist mit Kakao (auch mit Honig)

Nouveauté [*nuwote*; aus gleichbed. *fr.* nouveauté, dies aus *lat.* novellitās „Neuheit"] *die*; -, -s: Neuheit, Neuigkeit [in der Mode]

Nov. = November

[1]**Nova** [*nowa*; aus *lat.* nova (stēlla) „neuer (Stern)"] *die*; -, ...vä: Stern, der kurzfristig durch innere Explosionen hell aufleuchtet (Astron.). [2]**Nova** [*nowa* od. *nowa*]: *Plural* von → Novum

Novelle [*nowäle*; 1: aus gleichbed. *it.* novella zu *lat.* novellus „neu"; 2: aus *lat.* novella (lēx) „neues (Gesetz)"] *die*; -, -n: 1. a) (ohne Plural) literarische Kunstform der Prosaerzählung meist geringeren Umfangs, die über eine besondere Begebenheit pointiert berichtet; b) Erzählung dieser literarischen Kunstform. 2. abändernder od. ergänzender Nachtrag zu einem Gesetz (Rechtsw.). **Novellette** [aus gleichbed. *it.* novelletta] *die*; -, -n: kleine Novelle (1b). **Novelletten** *die* (Plural): erzählende Klavierstücke in freier Form mit verschiedenen Themen (von R. Schumann 1838 mit seinem op. 21 eingeführt). **novellieren**: ein Gesetz[buch] mit Novellen (2) versehen (Rechtsw.). **Novellist** *der*; -en, -en: Verfasser einer Novelle (1b). **Novellistik** *die*; -: 1. Kunst der Novelle (1). 2. Gesamtheit der novellistischen Dichtung. **novellistisch**: die Novelle (1) betreffend, in der Art der Novelle (1)

November [*now...*; aus *lat.* (mēnsis) November zu novem „neun", urspr. der 9. Monat des mit dem März beginnenden altrömischen Kalenderjahres] *der*; -[s], -: elfter Monat im Jahr; Nebelmond, Neb[e]lung, Windmonat, Wintermonat; Abk.: Nov.

Novene [...*wene*; aus gleichbed. *mlat.* novena zu *lat.* novem „neun"] *die*; -, -n: neuntägige katholische Andacht (als Vorbereitung auf ein Fest od. für ein besonderes Anliegen des Gläubigen)

Novität [aus *lat.* novitās „Neuheit"] *die*; -, -en: 1. Neuerscheinung; Neuheit (von Büchern, Theaterstücken, von Modeerscheinungen u. a.). 2. (veraltet) Neuigkeit

Novize [aus gleichbed. *mlat.* novīcius, dies aus *lat.* novīcius „Neuling"] *der*; -n, -n u. *die*; -, -n: 1. Mönch od. Nonne während der Probezeit. 2. Neuling. **Noviziat** *das*; -[e]s, -e: a) Probezeit eines Ordensneulings; b) Stand eines Ordensneulings. **Novizin** *die*; -, -nen: Nonne während der Probezeit

Novum [*nowum* od. *no...*; aus *lat.* novum „Neues"] *das*; -s, Nova: Neuheit, noch nicht dagewesenes; neuer Gesichtspunkt, neu hinzukommende Tatsache

Np = chem. Zeichen für: Neptunium
Nr. = Nummer
Nrn. = Nummern
N.T. = Neues Testament (vgl. Testament)
Nuance [*nüangß^e*, österr.: *nüangß*; aus gleichbed. *fr.* nuance, dies wohl zu nue „Wolke", aus gleichbed. *vulgärlat.* *nuba, *lat.* nūbes, od. zu nuer „bewölken; abstufen, abschattieren"] *die*; -, -n: 1. Abstufung, feiner Übergang; Feinheit; Ton, [Ab]tönung. 2. Schimmer, Spur, Kleinigkeit. **nuancieren**: abstufen, ein wenig verändern, feine Unterschiede machen
Nudismus [zu *lat.* nūdus „nackt"] *der*; -: Freikörperkultur. **Nudist** *der*; -en, -en: Anhänger des Nudismus. **nudistisch**: den Nudismus betreffend. **nudis verbis** [- *wär...*; *lat.*]: mit nackten, dürren Worten. **Nudität** [aus gleichbed. *lat.* nūditās] *die*; -, -en: 1. (ohne Plural) Nacktheit. 2. (meist Plural) [sexuelle] Anzüglichkeit
Nugat vgl. Nougat
Nugget [*nag^it*; aus gleichbed. *engl.* nugget, dies aus an ingot „ein Barren"] *das*; -[s], -s: natürlicher Goldklumpen
nu|klear [aus gleichbed. *engl.-amerik.* nuclear zu *lat.* nucleus „(Frucht)kern"]: a) den Atomkern betreffend, Kern...; b) mit der Kernspaltung zusammenhängend, durch Kernenergie erfolgend; c) Atom-, Kernwaffen betreffend; -e Waffen: Kernwaffen. **Nu|klein** [zu *lat.* nucleus „(Frucht)kern"] *das*; -s, -e: = Nukleoproteid. **Nu|kleinsäure** *die*; -, -n: = Nukleotid. **Nu|kleon** [zu *lat.* nucleus „(Frucht)-kern"] *das*; -s, ...onen: Atomkernbaustein, Elementarteilchen (Sammelbez. für Proton u. Neutron; Phys.). **Nu|kleoproteid** [aus *lat.* nucleus „(Frucht)kern" u. → Proteid] *das*; -[e]s, -e: Eiweißverbindung des Zellkerns. **Nu|kleotid** [zu *lat.* nucleus „(Frucht)kern"] *das*; -[e]s, -e (meist Plural): Spaltprodukt des natürlichen Eiweißstoffes des Zellkerns. **Nu|kleus** [*...e-uß*; aus *lat.* nucleus „(Frucht)kern"] *der*; -, ...ei [*...e-i*]: Zellkern (Biol.). **Nu|klid** [zu *lat.* nucleus „(Frucht)kern"] *das*; -[e]s, -e: Atomart mit bestimmter Ordnungszahl u. Nukleonenzahl (Massenzahl; Phys.)
Null ouvert [- *uwär*; aus Null „Nullspiel", dies aus *it.* nulla „Null", aus *lat.* nūllus „keiner", u. *fr.* ouvert „geöffnet"] *der* (selten: *das*); - -, - -s: beim Skat Nullspiel, bei dem der Spieler seine Karten nach dem ersten Stich offen auf den Tisch legen muß
Nulltarif [aus null „kein, nichts", vgl. Null ouvert, u. → Tarif] *der*; -[e]s, -e: kostenlose Gewährung bestimmter, üblicherweise nicht unentgeltlicher Leistungen (wie z. B. Benutzung öffentlicher Verkehrsmittel, Theaterbesuch u. a.)
Numerale [aus gleichbed. *spätlat.* (nōmen) numerāle] *das*; -s, ...lien [*...i^en*] u. ...lia: Zahlwort (Sprachw.). **Numerator** *der*; -s, ...oren: Numerierungsapparat. **Numeri**: *Plural* von Numerus. **numerieren** [aus *lat.* numerāre „zählen, rechnen", vgl. Numerus]: beziffern, mit fortlaufenden Ziffern versehen. **numerisch**: zahlenmäßig, der Zahl nach. **Numero** [aus gleichbed. *it.* numero, vgl. Numerus] *das*; -s, -s: (veraltet) Nummer (in Verbindung mit einer Zahl); Abk.: No., N°. **Numerus** [aus gleichbed. *lat.* numerus] *der*; -, ...ri: 1. Zahl; - clausus [*klau...*]: zahlenmäßig beschränkte Zulassung (zu einem Beruf, bes. zum Studium). 2. Zahl, zu der der Logarithmus gesucht wird (Math.). 3. Zahlform des Nomens (2); vgl. Singular, Plural, Dual
numinos [zu *lat.* nūmen, Gen. nūminis „göttlicher Wille"]: göttlich. **Numinose** *das*; -n: das Göttliche als unbegreifliche, zugleich Vertrauen u. Schauer erweckende Macht
Numismatik [aus gleichbed. *fr.* numismatique zu *lat.* numisma, nomisma „Münze", dies aus gleichbed. *gr.* nómisma, eigtl. „das durch Gebrauch u. Sitte Anerkannte"] *die*; -: Münzkunde. **Numismatiker** *der*; -s, -: jmd., der sich [wissenschaftlich] mit der Numismatik beschäftigt; Münzkundiger; Münzsammler. **numismatisch**: die Numismatik betreffend, zu ihr gehörend; münzkundlich
Nuntiatur [aus gleichbed. *it.* nunziatura, vgl. Nuntius] *die*; -, -en: a) Amt eines Nuntius; b) Sitz eines Nuntius. **Nuntius** [*...ziuß*; aus gleichbed. *mlat.* Nūntius cūriae, dies aus *lat.* nūntius „Bote"] *der*; -, ...ien [*...i^en*]: ständiger diplomatischer Vertreter des Papstes bei einer Staatsregierung (im Botschafterrang)
Nurse [*nö^rß*; aus *engl.* nurse, dies über *fr.* nourrice aus gleichbed. *lat.* nūtrīcia] *die*; -, -s [*nö^rß^is*] u. -n [*...ß^en*]: engl. Bezeichnung für: Kinderpflegerin
Nutation [*...zion*; aus *lat.* nūtātio „das Schwanken"] *die*; -, -en: 1. selbsttätige, ohne äußeren Reiz ausgeführte Wachstumsbewegung der Pflanze (Bot.). 2. Schwankung der Erdachse gegen den Himmelspol (Astron.)
¹Nu|tria [aus *span.* nutria „Fischotter", dies aus gleichbed. *lat.* lutra] *die*; -, -s: in Südamerika heimische, bis zu einem halben Meter lange Biberratte mit braunem Fell, Sumpfbiber. **²Nutria** *der*; -s, -s: a) Fell der Biberratte; b) aus dem Fell der Biberratte gearbeiteter Pelz
Nyktinastie [zu *gr.* nýx, Gen. nyktós „Nacht" u. nastós „festgedrückt, gestampft"] *die*; -, ...ien: Schlafbewegung der Pflanzen (z. B. das Sichsenken der Bohnenblätter am Abend; Bot.)
Nylon ⓦ [*nailon*; aus gleichbed. *amerik.* nylon] *das*; -s: haltbare synthetische Textilfaser. **Nylons** *die* (Plural): (ugs.) Strümpfe aus Nylon
Nymphäum [über *lat.* nymphaeum aus gleichbed. *gr.* nymphaîon] *das*; -s, ...äen: den Nymphen geweihtes Brunnenhaus, geweihte Brunnenanlage der Antike. **Nymphe** [über *lat.* nympha aus gleichbed. *gr.* nýmphē, auch „Braut, Jungfrau"] *die*; -, -n: 1. weibliche Naturgottheit des griechischen Volksglaubens. 2. Larve der Insekten, die bereits Anlagen zu Flügeln besitzt (Zool.). **nymphoman** u. nymphomanisch: an Nymphomanie leidend, mannstoll. **Nymphomanie** [aus *gr.* nýmphē „Braut; Klitoris" u. → Manie] *die*; -: krankhaft gesteigerter Geschlechtstrieb bei Frauen, Mannstollheit (Med.). **Nymphomanin** *die*; -, -nen: an Nymphomanie Leidende (Med.). **nymphomanisch** vgl. nymphoman

O

O = chem. Zeichen für: Sauerstoff; vgl. Oxygenium
Ö, Oe = Örsted
OAPEC [Kurzw. für: Organization of Arabian Petroleum Exporting Countries (*o^rg^enais^e^sch^en ^ew ^er^ebi^en pitro^uli^em äxpo^rting kantris*); *engl.*] *die*; -: Organisation arabischer Erdöl exportierender Länder
Oase [aus gleichbed. *gr.-spätlat.* Óasis (ägypt. Wort)] *die*; -, -n: 1. fruchtbare Stelle mit Wasser u. Pflanzen in der Wüste. 2. [stiller] Ort der Erholung

ob. = obiit

ob..., **Ob...** [aus gleichbed. *lat.* ob]; vor c, k, z angeglichen zu: oc..., meist eingedeutscht: ok...; vor f zu: of...; vor p zu: op...: Präfix mit der Bedeutung „[ent]gegen" u. a., z. B. Obstruktion, okkasionell, opportun

Obduktion [...*zion*; aus *lat.* obductio „das Verhüllen, Bedecken"] *die*; -, -en: [gerichtlich angeordnete] Leichenöffnung [zur Klärung der Todesursache] (Med.). **obduzieren**: eine Obduktion vornehmen

Obelisk [über *lat.* obeliscus aus gleichbed. *gr.* obelískos zu obelós „(Brat)spieß; Spitzsäule"] *der*; -en, -en: freistehende, rechteckige, spitz zulaufende Säule (meist → Monolith; urspr. in Ägypten, paarweise vor Sonnentempeln aufgestellt)

obiit [...*i-it*; aus *lat.* obiit zu obīre „dahingehen, sterben"]: ist gestorben (Inschrift auf alten Grabmälern); Abk.: ob.

Objekt [aus *lat.* obiectum „das Entgegengeworfene", subst. Part. Perf. Pass. von obicere „entgegenwerfen; vorsetzen"] *das*; -[e]s, -e: 1. a) Gegenstand, mit dem etwas geschieht od. geschehen soll (auch in bezug auf Personen: z. B. jmdn. zum - seiner Aggressivität machen); b) das dem Bewußtsein Gegenüberstehende; der dem Denkvorgang gegenüberstehende Denk-, Bewußtseinsinhalt (Philos.); Ggs. → Subjekt (1); c) Materialgebilde in der modernen Kunst. 2. [auch *op*...] Satzglied, das von einem Verb als Ergänzung gefordert wird (z. B. ich kaufe *ein Buch*; Sprachw.); vgl. Prädikat, Subjekt (2). **Objektemacher** *der*; -s, -: moderner Künstler, der aus verschiedenen Materialien Objekte komponiert, aufstellt. **objektiv**: 1. außerhalb des subjektiven Bewußtseins bestehend. 2. sachlich, nicht von Gefühlen u. Vorurteilen bestimmt; Ggs. → subjektiv (2). **Objektiv** *das*; -s, -e [...*w*^{e}]: die dem zu beobachtenden Gegenstand zugewandte Linse[nkombination] eines optischen Gerätes. **Objektivation** [...*wazion*] *die*; -, -en: Vergegenständlichung, vom rein Subjektiven abgelöste Darstellung; vgl. ...ation/...ierung. **objektivieren**: vergegenständlichen, vom rein Subjektiven ablösen. **Objektivierung** *die*; -, -en: das Objektivieren; vgl. ...ation/...ierung. **Objektivismus** *der*; -: 1. Annahme, daß es subjektunabhängige, objektive Wahrheiten u. Werte gibt; Ggs. → Subjektivismus. 2. erkenntnistheoretische Lehre, wonach die Erfahrungsinhalte objektiv Gegebenes sind (Philos.). **Objektivist** *der*; -en, -en: Anhänger des Objektivismus. **objektivistisch**: den Objektivismus betreffend, in der Art des Objektivismus. **Objektivität** *die*; -: strenge Sachlichkeit; objektive (2) Darstellung unter größtmöglicher Ausschaltung des Subjektiven (Ideal wissenschaftlicher Arbeit); Ggs. → Subjektivität. **Objektsatz** [auch: *op*...] *der*; -es, ...sätze: Gliedsatz in der Rolle eines Objekts (Sprachw.)

Oblast [aus *russ.* oblast'] *die*; -, -e: größeres Verwaltungsgebiet in der Sowjetunion

Ob|late [aus *mlat.* oblāta (hostia) „(als Opfer) dargebrachtes (Abendmahlsbrot)" zu *lat.* offerre, vgl. offerieren] *die*; -, -n: 1. a) noch nicht → konsekrierte → Hostie (kath. Rel.); b) Abendmahlsbrot (ev. Rel.). 2. a) eine Art Waffel; b) sehr dünne Weizenmehlscheibe als Gebäckunterlage

ob|ligat [aus *lat.* obligātus „verbunden, verpflichtet" zu obligāre „anbinden; verpflichten"]: a) unerläßlich, erforderlich, unentbehrlich; b) als selbständig geführte Stimme für eine Komposition unentbehrlich, z. B. eine Arie mit -er Violine (Mus.); Ggs. → ad libitum (2b). **Ob|ligation** [...*zion*] *die*; -, -en: 1. Verpflichtung; persönliche Verbindlichkeit (Rechtsw.). 2. Schuldverschreibung, mit der sich der Aussteller zu einer bestimmten Geldleistung und Verzinsung verpflichtet, festverzinsliches Wertpapier. **ob|ligatorisch**: verpflichtend, bindend, verbindlich; Zwangs...; Ggs. → fakultativ. **Ob|ligo** [aus gleichbed. *it.* ob(b)ligo, vgl. obligat] *das*; -s, -s: Verbindlichkeit, Verpflichtung (Wirtsch.); ohne -: ohne Gewähr; Abk.: o. O.

ob|lique [*oblik*; aus *lat.* oblīquus „seitwärts gerichtet, schräg; abhängig"]: -r [*oblikw*^{e}*r*] Kasus = Casus obliquus

Ob|literation [...*zion*; nach *lat.* oblitterātio „das Vergessen"] *die*; -, -en: Tilgung (Wirtsch.). **ob|literieren** [aus *lat.* oblitterāre „überstreichen, auslöschen"]: tilgen (Wirtsch.)

Oboe [unter Einfluß von *it.* oboe aus gleichbed. *fr.* hautbois, eigtl. „hohes (nämlich: hoch klingendes) Holz"] *die*; -, -n: (Mus.) 1. hölzernes Doppelrohrinstrument mit Löchern, Klappen, engem Mundstück. 2. ein Orgelregister. **Oboe da caccia** [- - *katscha*; *it.*; „Jagdoboe"] *die*; - - -, -n - -: eine Quint tiefer stehende Oboe. **Oboe d'amore** [*it.*; „Liebesoboe"] u. **Oboe d'amour** [- *damur*; *fr.*] *die*; - -, -n -: eine Terz tiefer stehende Oboe mit zartem, mildem Ton. **Oboer** *der*; -s, -: = Oboist. **Oboist** *der*; -en, -en: Musiker, der Oboe spielt

Obolus [über *lat.* obolus aus *gr.* obolós, eigtl. „Bratspieß; spitzes Metallstückchen"] *der*; -, - u. -se: 1. kleine Münze im alten Griechenland. 2. kleine Geldspende, kleiner Beitrag

Obsequien [aus gleichbed. *mlat.* obsequiae, unter Einfluß von *lat.* exsequiae, s. Exequien, aus *lat.* obsequium „Nachgiebigkeit, Gefälligkeit"] *die* (Plural): = Exequien

Observanz [aus gleichbed. *mlat.* observantia, dies aus *lat.* observantia „Beobachtung; Befolgung"] *die*; -, -en: 1. Ausprägung, Form. 2. Befolgung der eingeführten Regel [eines Mönchsordens]. **Observation** [...*zion*; aus gleichbed. *lat.* observātio] *die*; -, -en: [wissenschaftliche] Beobachtung [in einem Observatorium]. **Observatorium** [zu *lat.* observātor „Beobachter", vgl. observieren] *das*; -s, ...ien [...*i*^{e}*n*]: [astronomische, meteorologische, geophysikalische] Beobachtungsstation; Stern-, Wetterwarte. **observieren** [...*wir*^{e}*n*; aus gleichbed. *lat.* observāre]: genau beobachten

ob|skur [aus gleichbed. *lat.* obscūrus, eigtl. „bedeckt"]: a) dunkel; verdächtig; zweifelhafter Herkunft; b) unbekannt. **Ob|skurität** *die*; -, -en: a) Dunkelheit, zweifelhafte Herkunft; b) Unbekanntheit

ob|solet [aus gleichbed. *lat.* obsolētus]: ungebräuchlich, veraltet

ob|stinat [aus *lat.* obstinātus „darauf bestehend, hartnäckig"]: starrsinnig, widerspenstig, unbelehrbar

Ob|stipation [...*zion*; aus *spätlat.* obstīpātio „dichtes Zusammendrängen"] *die*; -, -en: Stuhlverstopfung (Med.). **ob|stipieren**: (Med.) 1. zu Stuhlverstopfung führen. 2. an Stuhlverstopfung leiden

ob|struieren [aus *lat.* obstruere „verbauen, versperren"]: Parlamentsbeschlüsse verschleppen und dadurch verhindern. **Ob|struktion** [...*zion*; aus gleichbed. *engl.* obstruction, dies aus *lat.* obstrūctio „das Verbauen", s. obstruieren] *die*; -, -en: das Obstruieren (parlamentarische Verzögerungstaktik, z. B. durch sehr lange Reden)

ob|szön [aus gleichbed. *lat.* obscoenus, obscēnus]: unanständig, schamlos, schlüpfrig. **Ob|szönität** *die*; -, -en: Schamlosigkeit, Schlüpfrigkeit

Obus *der*; -ses, -se: Kurzw. für: *O*berleitungsomni*bus*

oc..., Oc... vgl. ob..., Ob...

Ochlo|kratie [aus *gr.* ochlokratía] *die*; -, ...ien: Pöbelherrschaft als Entartung der Demokratie, gesetzlose Herrschaft (Begriff der altgriech. Staatsphilosophie)

Octan vgl. Oktan

octava [*oktawa*] vgl. ottava

Odaliske [über *fr.* odali(s)que aus gleichbed. *türk.* odalyk zu oda „Zimmer"] *die*; -, -n: (früher) weiße türk. Haremssklavin

[1]**...ode** [aus *gr.* hodós „Weg"]: Wortbildungselement mit der Bedeutung „Weg, Übergang(sstelle)", z. B. Elektrode

[2]**...ode** vgl. ...oden

Ode [über *lat.* ōdē aus *gr.* ōidḗ „Gesang, Gedicht, Lied"] *die*; -, -n: erhabene, gedanken- u. empfindungsreiche, meist reimlose lyrische Dichtung in kunstvollem Stil

...oden [aus *gr.* -ṓdēs „gleich, ähnlich"]: Pluralendung von Substantiven aus der Zoologie zur Bezeichnung systematischer Einheiten

Odeon [aus *fr.* odéon „Musiksaal", vgl. Odeum] *das*; -s, -s: = Odeum; Name für größere Bauten, die Theater, Musik, Film u. Tanz gewidmet sind. **Odeum** [über *lat.* ōdēum aus *gr.* ōideīon zu ōidḗ, s. Ode] *das*; -s, Odeen: im Altertum rundes, theaterähnliches Gebäude für musikalische u. schauspielerische Aufführungen

Odeur [*odör*; aus *fr.* odeur „Geruch, Duft", dies aus gleichbed. *lat.* odor] *das*; -s, -s u. -e: a) wohlriechender Stoff, Duft; b) seltsamer Geruch

odios u. **odiös** [aus gleichbed. *fr.* odieux, dies aus *lat.* odiōsus „verhaßt, lästig", vgl. Odium]: gehässig, unausstehlich, widerwärtig

Ödipuskomplex [nach dem thebanischen König Ödipus, der, ohne es zu wissen, seine Mutter geheiratet hatte]: psychoanalytische Bezeichnung für die frühkindlich bei beiden Geschlechtern sich entwickelnde Beziehung zum gegengeschlechtlichen Elternteil (Psychol.)

Odium [aus gleichbed. *lat.* odium, eigtl. „Haß"] *das*; -s: (geh.) hassenswerter Makel; übler Beigeschmack, der einer Sache anhaftet

Odyssee [aus gleichbed. *fr.* odyssée, dies über *lat.* Odyssēa aus *gr.* Odýsseia, Homers Epos über die Heimfahrt des Odysseus von Troja u. seine Abenteuer] *die*; -, ...sseen: eine Art Irrfahrt [mit unerhörten od. seltsamen Erlebnissen]; lange, mit Schwierigkeiten verbundene Reise, langwieriges Unternehmen

Oe = Örsted

Œu|vre [*öwrᵉ*; aus gleichbed. *fr.* œuvre, dies aus *lat.* opera „Mühe, Arbeit; erarbeitetes Werk"] *das*; -, -s [*öwrᵉ*]: Gesamtwerk eines Künstlers

of..., Of... vgl. ob..., Ob...

off [aus gleichbed. *engl.* off, eigtl. „fort, weg"]: hinter der Bühne sprechend, außerhalb der Kameraeinstellung zu hören; Ggs. → on. **Off** *das*; -: das Unsichtbarbleiben des [kommentierenden] Sprechers [im Fernsehen]; im - sprechen; Ggs. → On

Off-Beat [*ofbit*; aus gleichbed. *engl.-amerik.* offbeat, dies aus off „Neben-" u. → Beat] *das*; -: spezielle Bewegungsrhythmik des Jazz, die die melodischen Akzente zwischen die des Metrums setzt

offensiv [zu *lat.* offēnsum, Part. Perf. Pass. von offendere „anstoßen, verletzen, beschädigen"]: a) angreifend; Ggs. → defensiv; b) gegenüber einem andern die Initiative ergreifend und sein Ziel verfolgend. **Offensive** [...*wᵉ*; aus gleichbed. *fr.* offensive, vgl. offensiv] *die*; -, -n: a) [planmäßig vorbereiteter] Angriff [einer Heeresgruppe]; Ggs. → Defensive; b) offensives (b) Verhalten

offerieren [aus *lat.* offerre „entgegentragen; anbieten, antragen"]: anbieten, darbieten. **Offert** *das*; -[e]s, -e: (österr.) Offerte. **Offerte** [aus gleichbed. *fr.* offerte, vgl. offerieren] *die*; -, -n: schriftliches [Waren]angebot; Anerbieten. **Offertorium** [aus gleichbed. *mlat.* offertōrium, vgl. offerieren] *das*; -s, ...ien [...*iᵉn*]: Darbringung von Brot u. Wein mit den dazugehörigen gesungenen Meßgebeten, die die → Konsekration (2) vorbereiten

[1]**Office** [*ofiß*; aus gleichbed. *fr.* office, dies aus *lat.* officium „Pflicht, Amt"] *das*; -, -s [...*fiß*]: (schweiz.) a) (selten) Büro; b) Anrichteraum [im Gasthaus]. [2]**Office** [*ofiß*; aus *engl.* office, vgl. [1]Office] *das*; -, -s [...*ßis*, auch: ...*ßiß*]: engl. Bezeichnung für: Büro. **Offizial** [aus gleichbed. *mlat.* officiālis, dies aus *lat.* officiālis „zum Amt gehörend"] *der*; -s, -e: 1. Vertreter des [Erz]bischofs als Leiter der kirchl. [erz]bischöfl. Gerichtsbehörde. 2. (österr.) ein Beamtentitel. **Offizialverteidiger** [zu *lat.* officiālis, s. Offizial] *der*; -s, -: Pflichtverteidiger in Strafsachen, der vom Gericht in besonderen Fällen bestellt werden muß (Rechtsw.)

offiziell [aus *fr.* officiel „amtlich", vgl. Offizial]: 1. amtlich. 2. feierlich, förmlich

Offizier [aus gleichbed. *fr.* officier, dies aus *mlat.* officiārius „Beamteter, Bediensteter", vgl. [1]Office] *der*; -s, -e: 1. a) militärischer Vorgesetzter vom Leutnant aufwärts; b) Inhaber eines nautischen Patents, der den Kapitän in der Führung des Schiffes unterstützt (Seew.). 2. beliebige Schachfigur, abgesehen vom Bauern

Offizin [aus *(m)lat.* officīna „Werkstätte"] *die*; -, -en: 1. [größere] Buchdruckerei. 2. Arbeitsräume der Apotheke. **offizinal** u. **offizinell** [französierende Bildung]: arzneilich; als Heilmittel durch Aufnahme in das amtliche Arzneibuch anerkannt

offiziös [aus gleichbed. *fr.* officieux, dies aus *lat.* officiōsus „dienstmäßig"]: halbamtlich; nicht verbürgt

off limits! [aus gleichbed. *engl.-amerik.* off limits, eigtl. „weg von den Grenzen", vgl. Limit]: Eintritt verboten!

Offsetdruck [zu gleichbed. *engl.* offset, eigtl. „das Abziehen"] *der*; -[e]s: Flachdruckverfahren, bei dem der Druck von einer Druckplatte über ein Gummituch (indirekter Druck) auf das Papier erfolgt

Off-Stimme *die*; -, -n: [kommentierende] Stimme aus dem → Off

Oger [aus gleichbed. *fr.* ogre, wohl aus *mgr.* Ogṓr „Ungar"] *der*; -s, -: Name des Menschenfressers in franz. Märchen

ok..., Ok... vgl. ob..., Ob...

o. k., O. K. = okay

Okapi [*afrik.*] *das*; -s, -s: kurzhalsige Giraffenart des Kongogebiets

Okarina [aus gleichbed. *it.* ocarina, eigtl. „Gänschen" zu *lat.* auca „Vogel; Gans"] *die*; -, -s u. ...nen: kurze Flöte aus Ton od. Porzellan in Form eines Gänseeis (acht Grifflöcher)

okay [*oᵘkeⁱ* od. *oke*; aus gleichbed. *amerik.* O. K.,

OK, okay (Herkunft unsicher)]: (ugs.) in Ordnung; Abk.: o. k. od. O. K.

Okeanide [aus *gr.* Ōkeanís, Gen. Ōkeanídos]: Meernymphe (Tochter des griech. Meergottes Okeanos); vgl. Nereide

Okkasion [unter Einfluß von *fr.* occasion aus *lat.* occāsio „Gelegenheit"] *die*; -, -en: 1. (veraltet) Gelegenheit, Anlaß. 2. Gelegenheitskauf (Wirtsch.). **okkasionell** [aus gleichbed. *fr.* occasionnel]: gelegentlich, Gelegenheits...

Ok|klusiv [zu *lat.* occlūsus, Part. Perf. Pass. von occlūdere „verschließen"] *der*; -s, -e [...*w*ᵉ]: Verschlußlaut (z. B. p)

okkult [aus gleichbed. *lat.* occultus]: verborgen, geheim (von übersinnlichen Dingen). **Okkultismus** *der*; -: „Geheimwissenschaft"; Lehren u. Praktiken, die sich mit der Wahrnehmung übersinnlicher Kräfte beschäftigen u. entsprechend veranlagten → Medien zugänglich werden können; vgl. Parapsychologie. **Okkultist** *der*; -en, -en: Anhänger des Okkultismus. **okkultistisch**: zum Okkultismus gehörend

Okkupant [aus *lat.* occupāns, Gen. occupantis, Part. Präs. von occupāre, s. okkupieren] *der*; -en, -en (meist Plural): (abwertend) a) jmd., der fremdes Gebiet besetzt; b) jmd., der sich widerrechtlich etwas aneignet. **Okkupation** [...*zion*; aus gleichbed. *lat.* occupātio] *die*; -, -en: 1. (abwertend) [militärische] Besetzung eines fremden Gebietes. 2. widerrechtliche Aneignung. **Okkupativ** *das*; -s, -e [...*w*ᵉ]: Verb des Beschäftigtseins (z. B. lesen, tanzen). **okkupatorisch**: die Okkupation betreffend. **okkupieren** [aus gleichbed. *lat.* occupāre]: (abwertend) a) ein fremdes Gebiet [militärisch] besetzen; b) sich widerrechtlich etwas aneignen. **Okkupierung** *die*; -, -en: das Okkupieren

Ökologie [aus *gr.* oĩkos „Haus; Haushaltung" u. → ...logie] *die*; -: Wissenschaft von den Beziehungen der Lebewesen zu ihrer Umwelt (Teilgebiet der Biologie). **ökologisch**: die Umwelt der Organismen betreffend

Ökonom [über *lat.* oeconomus aus *gr.* oikonomos „Haushalter, Verwalter"] *der*; -en, -en: (veraltend) Landwirt, Verwalter [landwirtschaftlicher Güter]. **Ökonomie** [aus *lat.* oeconomia „gehörige Einteilung", dies aus *gr.* oikonomía „Haushaltung, Verwaltung"] *die*; -, ...ien: 1. a) Wirtschaftswissenschaft; b) Wirtschaft; c) (ohne Plural) Wirtschaftlichkeit, sparsames Umgehen mit etwas, rationelle Verwendung od. Einsatz von etwas. 2. (veraltet) Landwirtschaft[sbetrieb]. **Ökonomik** *die*; -: Wirtschaftswissenschaft, Wirtschaftstheorie. **ökonomisch**: a) die Wirtschaft betreffend; b) wirtschaftlich; c) sparsam. **ökonomisieren**: ökonomisch gestalten, auf eine ökonomische Basis stellen

Öko|trophologe [aus *gr.* oĩkos „Haus; Haushaltung", → tropho... u. → ...loge] *der*; -n, -n: Wissenschaftler auf dem Gebiet der Ökotrophologie. **Öko|trophologie** *die*; -: Hauswirtschafts- u. Ernährungswissenschaft; Hauswirtschaftswissenschaften

Okt. = Oktober

Oktachord [...*kort*; über *lat.* octachordum aus gleichbed. *gr.* oktáchordon] *das*; -[e]s, -e: achtsaitiges Instrument (Mus.). **Okta|eder** [aus gleichbed. *gr.* oktáedron] *das*; -s, -: Achtflächner (meist regelmäßig). **Oktagon** [über *lat.* octagōnon aus gleichbed. *gr.* oktágon]: = Oktogon. **Oktan**, (chem. fachspr.:) Octan [*ok*...; zu *lat.* octō „acht"] *das*; -s: gesättigter Kohlenwasserstoff mit acht Kohlenstoffatomen (in Erdöl u. Benzin). **Oktant** [aus gleichbed. *lat.* octāns, Gen. octantis] *der*; -en, -en: 1. Achtelkreis. 2. nautisches Winkelmeßgerät. **Oktanzahl** *die*; -, -en: Maßzahl für die Klopffestigkeit (das motorische Verhalten) der Motorkraftstoffe; Abk.: OZ

Oktav [aus *lat.* octāvus „der achte"] *das*; -s, -e [...*w*ᵉ]: Achtelbogengröße (Buchformat); Zeichen: 8°, z. B. Lex.-8°; in -. **Oktave** [*oktaw*ᵉ; aus gleichbed. *mlat.* octāva (vōx), vgl. Oktav] *die*; -, -n: achter Ton einer diatonischen Tonleiter vom Grundton an (Mus.). **oktavieren** [...*wir*ᵉ*n*]: auf Blasinstrumenten beim Überblasen in die Oktave überschlagen

Oktett [latinisiert aus *it.* ottetto zu *lat.* octō „acht"] *das*; -[e]s, -e: a) Komposition für acht solistische Instrumente od. (selten) für acht Solostimmen; b) Vereinigung von acht Instrumentalsolisten

Oktober [aus *lat.* (mēnsis) Octōber zu octō „acht", urspr. der 8. Monat des mit dem März beginnenden altrömischen Kalenderjahres] *der*; -[s], -: zehnter Monat im Jahr, Gilbhard, Weinmonat, -mond; Abk.: Okt.

Okt|ode [aus *gr.* oktṓ „acht" u. → ¹...ode] *die*; -, -n: Elektronenröhre mit 8 Elektroden. **Oktodekagon** [aus *gr.* oktṓ „acht" u. dekágōnon „Zehneck"] *das*; -s, -e: Achtzehneck. **Oktogon** [aus gleichbed. *lat.* octōgōnum] *das*; -s, -e: a) Achteck; b) Gebäude mit achteckigem Grundriß. **oktogonal**: achteckig. **Oktonar** [aus *lat.* octōnārius (versus)] *der*; -s, -e: aus acht Versfüßen (rhythmischen Einheiten) bestehender Vers (antike Metrik). **Oktopode** [aus *gr.* oktṓpous, Gen. oktṓpodos „achtfüßig"] *der*; -n, -n: achtarmiger Tintenfisch (z. B. → Krake)

ok|troy|ieren [*oktroajir*ᵉ*n*; aus *fr.* octroyer „(landesherrlich) bewilligen, bevorrechten", dies aus *mlat.* auctōrizāre „sich verbürgen; bestätigen, bewilligen" zu *lat.* auctor, s. Autor]: aufdrängen, aufzwingen, aufoktroyieren

okular [aus *spätlat.* oculāris „zu den Augen gehörig"]: 1. das Auge betreffend. 2. a) mit dem Auge; b) für das Auge; c) dem Auge zugewandt. **Okular** *das*; -s, -e: die dem Auge zugewandte Linse od. Linsenkombination eines optischen Gerätes

Okulation [...*zion*; zu → okulieren] *die*; -, -en: Veredlung einer Pflanze durch Anbringen von Augen (noch fest geschlossenen Pflanzenknospen) einer hochwertigen Sorte, die mit Rindenstückchen unter die angeschnittene Rinde der zu veredelnden Pflanze geschoben werden. **okulieren** [aus gleichbed. *lat.* inoculāre]: durch Okulation veredeln

Okuli [aus *lat.* oculi, Plural von oculus „Auge"]: Name des dritten Fastensonntags nach dem alten → Introitus des Gottesdienstes, Psalm 25, 15: „Meine Augen sehen stets zu dem Herrn"

Ökumene [über *kirchenlat.* oecūmenē aus *gr.* oikouménē (gē̃) „die bewohnte Erde"] *die*; -: a) die bewohnte Erde als menschlicher Lebens- u. Siedlungsraum; b) Gesamtheit der Christen; c) = ökumenische Bewegung. **ökumenisch**: allgemein, die ganze bewohnte Erde betreffend, Welt...; -e Bewegung: allgemeines Zusammenwirken der [nichtkath.] christlichen Kirchen u. Konfessionen zur Einigung in Fragen des Glaubens u. der religiösen Arbeit; -er Rat der Kirchen: Weltkirchenrat; -es Konzil: → Konzil der gesamten (heute: der gesamten kath.) Kirche

Okzident [auch: ...*dänt*; aus gleichbed. *lat.* (sōl) occidēns, Gen. occidentis, eigtl. „untergehend(e Sonne)"] *der*; -s: 1. Abendland (Europa); Ggs. → Orient. 2. (veraltet) Westen. **okzidental** u. **okzidentalisch**: 1. abendländisch. 2. (veraltet) westlich

...**ol** [verselbständigt aus → Alkoh*ol*]: Endung der Namen aller Alkohole, z. B. Methanol, Butanol (Chem.)

Oldie [*oᵘldi*; aus gleichbed. *engl.-amerik.* oldie zu old „alt"] *der*; -s, -s: neu auflebender alter Schlager

Oldtimer [*oᵘldtaimᵉr*; aus gleichbed. *engl.-amerik.* old-timer zu old-time „aus alter Zeit"] *der*; -s, -: (scherzh.) 1. altes ehrwürdiges Modell eines Fahrzeugs (bes. Auto, aber auch Flugzeug, Schiff, Eisenbahn). 2. jmd., der von Anfang an über lange Jahre bei einer Sache dabei war u. daher eine gewisse Verehrung genießt

olé! [aus *span.* olé, dies aus *arab.* wallāh „bei Gott"]: span. Ausruf mit der Bedeutung: los!, auf!, hurra!

Oleander [über *it.* oleandro aus gleichbed. *mlat.* lorandum] *der*; -s, -: Rosenlorbeer (immergrüner Strauch od. Baum aus dem Mittelmeergebiet mit rosa, weißen u. gelben Blüten; beliebte Kübelpflanze)

Oleat [zu *lat.* oleum „(Oliven)öl", vgl. Oleum] *das*; -[e]s, -e: Salz der Ölsäure. **Olefin** [zu *fr.* oléfiant „Öl machend", dies zu *lat.* oleum „(Oliven)öl" u. -ficāre, s. ...fizieren] *das*; -s, -e: ungesättigter Kohlenwasserstoff mit einer od. mehreren Doppelbindungen im Molekül. **Olein** [aus gleichbed. *fr.* oléine zu *lat.* oleum „(Oliven)öl", vgl. Oleum] *das*; -s, -e: ungereinigte Ölsäure. **Oleum** [*ole-um*; aus *lat.* oleum „(Oliven)öl", dies aus gleichbed. *gr.* élaion] *das*; -s, Olea [*ole-a*]: 1. Öl. 2. rauchende Schwefelsäure

Olifant [aus gleichbed. *fr.* olifant, vgl. Elefant, Name des elfenbeinernen Hifthorns Rolands in der Karlssage] *der*; -[e]s, -e: im Mittelalter reichverziertes Signalhorn

olig..., **Olig...** vgl. oligo..., Oligo... **Olig|arch** [aus gleichbed. *gr.* oligárchēs] *der*; -en, -en: a) Anhänger der Oligarchie; b) jmd., der mit wenigen anderen zusammen eine Herrschaft ausübt. **Olig|archie** [aus gleichbed. *gr.* oligarchía] *die*; -, ...ien: Herrschaft einer kleinen Gruppe. **olig|archisch**: die Oligarchie betreffend. **oligo...**, **Oligo...** [aus gleichbed. *gr.* olígos] vor Vokalen: olig..., Olig...: in Zusammensetzungen auftretendes Bestimmungswort mit der Bedeutung „wenig, gering, arm an...". **Oligopol** [zu → oligo..., analog zu → Monopol] *das*; -s, -e: Form des → Monopols, bei der der Markt von einigen wenigen Großunternehmen beherrscht wird (Wirtsch.). **oligopolistisch**: die Marktform des Oligopols betreffend. **oligozän** [aus → oligo... u. *gr.* kainós „neu"]: das Oligozän betreffend (Geol.). **Oligozän** *das*; -s: mittlere Abteilung des → Tertiärs (Geol.)

Olim [aus *lat.* ōlim „ehemals"]: nur in der Wendung: seit (od.: zu) Olims Zeiten: (scherzh.) seit, vor undenklichen Zeiten

oliv [zu → Olive]: olivenfarbig; ein - Kleid. **Olive** [...*wᵉ*; über *lat.* olīva aus gleichbed. *gr.* elaíā] *die*; -, -n: 1. a) [zu Vorspeisen u. Salat verwendete] Frucht des Ölbaumes, die das Olivenöl für die Zubereitung von Speisen liefert; b) Olivenbaum, Ölbaum. 2. Handgriff für die Verschlußvorrichtung an Fenstern, Türen o. ä.

Olla po|drida [*span.*; eigtl. „fauliger Topf"] *die*; - -: span. Nationalgericht aus gekochtem Fleisch, Kichererbsen u. geräucherter Wurst

Olymp [nach dem Wohnsitz der Götter auf dem nordgriech. Berg Olympos] *der*; -s: 1. geistiger Standort, an dem man sich weit über anderen zu befinden glaubt; sich von seinem - herablassen. 2. (ugs., scherzh.) oberster Rang, Galerieplätze im Theater od. in der Oper. **Olympia** [aus gleichbed. *gr.* Olýmpia, nach der altgriech. Kultstätte in Olympia (Elis) auf dem Peloponnes, dem Schauplatz der altgriech. Olympischen Spiele] *das*; -[s] (meist ohne Artikel) = Olympische Spiele. **Olympiade** [aus gleichbed. *gr.* Olympiás, Gen. Olympiádos, vgl. Olympia] *die*; -, -n: 1. Zeitspanne von 4 Jahren, nach deren jeweiligem Ablauf im Griechenland der Antike die Olympischen Spiele gefeiert wurden. 2. a) = Olympische Spiele; b) Wettbewerb (häufig in Komposita wie z. B. Schlagerolympiade). **Olympier** [...*iᵉr*; nach dem Wohnsitz der Götter auf dem nordgriech. Berg Olympos] *der*; -s, -: 1. Beiname der griech. Götter, bes. des Zeus. 2. erhabene Persönlichkeit, Gewaltiger, Herrscher in seinem Reich. **Olympionike** [1: aus gleichbed. *gr.* olympioníkēs] *der*; -n, -n: 1. Sieger bei den Olympischen Spielen. 2. Teilnehmer an den Olympischen Spielen. **olympisch**: 1. göttergleich, hoheitsvoll, erhaben. 2. die Olympischen Spiele betreffend. **Olympische Spiele** *die* (Plural): alle 4 Jahre stattfindende Wettkämpfe der Sportler aus aller Welt

...**om** [*gr.*]: Endung sächlicher Substantive aus der Medizin mit der Bedeutung: „Geschwulst", z. B. Karzinom

Om|bro|graph [aus *gr.* ómbros „Regen" u. → ...graph] *der*; -en, -en: Regenschreiber, Gerät zum Aufzeichnen der Niederschlagsmenge (Meteor.). **Om|brometer** [aus *gr.* ómbros „Regen" u. → ...meter] *das*; -s, -: Regenmesser (Meteor.)

Ombudsmann [aus gleichbed. *schwed.* ombudsman] *der*; -[e]s, ...männer (selten: ...leute): jmd., der die Rechte des Bürgers gegenüber den Behörden wahrnimmt

Omega [aus *gr.* ō méga, eigtl. „großes (d. h. langes) o"] *das*; -[s], -s: griech. Buchstabe (langes O): *Ω*, *ω*

Omelett [*omlät*; aus gleichbed. *fr.* omelette] *das*; -[e]s, -e u. -s, auch (österr. u. schweiz. nur so:) **Omelette** [*omlät*] *die*; -, -n [...*tᵉn*]: eine Art Eierkuchen; - aux confitures [- *o konfitür*]: mit eingemachten Früchten od. Marmelade gefüllter Eierkuchen; - aux fines herbes [- *o finsärb*]: Eierkuchen mit Kräutern; - soufflée [- *ßufle*]: Auflauf aus Eierkuchen

Omen [aus gleichbed. *lat.* ōmen] *das*; -s, - u. Omina: (gutes od. schlechtes) Vorzeichen; Vorbedeutung; vgl. nomen est omen

Omi|kron [aus *gr.* ò mikrón, eigtl. „kleines (d. h. kurzes) o"] *das*; -[s], -s: griech. Buchstabe (kurzes O): *Ο*, *ο*

ominös [aus gleichbed. *fr.* omineux, dies aus *lat.* ōminōsus „voll von Vorbedeutungen", vgl. Omen]: a) von schlimmer Vorbedeutung, unheilvoll; b) bedenklich, verdächtig, anrüchig

omnia ad maiorem Dei gloriam [*lat.*]: „alles zur größeren Ehre Gottes!" (Wahlspruch der → Jesuiten, meist gekürzt zu: ad maiorem Dei gloriam). **omnia mea mecum porto** [- - *mekum* -; *lat.*]: „all meinen Besitz trage ich bei mir!" (Ausspruch von Bias, einem der Sieben Weisen Griechenlands, 625 bis 540 v. Chr.)

Omnibus [aus gleichbed. *fr.* (voiture) omnibus, eigtl.

„(Wagen) für alle", dies aus gleichbed. *lat.* omnibus, vgl. Omnium] *der*; -ses, -se: [im öffentlichen Verkehr eingesetzter] Kraftwagen zur Beförderung einer größeren Anzahl von Personen; Kurzform: Bus

Omnien [...i^{e}n]: *Plural* von → Omnium

omnipotent [aus gleichbed. *lat.* omnipotēns]: allmächtig. **Omnipotenz** *die*; -: a) göttliche Allmacht; b) absolute Machtstellung. **Omnium** [aus *lat.* omnium „(Rennen) aller, für alle", Gen. Plural von omnis „jeder"] *das*; -s, ...ien [...i^{e}n]: aus mehreren Bahnwettbewerben bestehender Wettkampf (Radsport)

on [aus gleichbed. *engl.-amerik.* on, eigtl. „an, auf"]: auf der Bühne, im Fernsehbild beim Sprechen sichtbar; Ggs. → off. **On** *das*; -: das Sichtbarsein des [kommentierenden] Sprechers [im Fernsehen]; Ggs. → Off

...on [*gr.*]: Endung sächlicher Substantive, z. B. Paradoxon

Onager [über *lat.* onager, onagrus aus gleichbed. *gr.* ónagros] *der*; -s, -: 1. südwestasiatischer Halbesel. 2. (hist.) röm. Wurfmaschine

Onanie [aus gleichbed. *engl.* onania, Neubildung zum Namen der biblischen Gestalt Onan] *die*; -: geschlechtliche Selbstbefriedigung [durch manuelles Reizen der Geschlechtsorgane]; vgl. Masturbation. **onanieren**: sich geschlechtlich selbst befriedigen. **Onanist** *der*; -en, -en: jmd., der onaniert. **onanistisch**: die Onanie betreffend

on call [*on kol*; *engl.*]: [Kauf] auf Abruf

ondeggiamento [*ondädseha...*; aus gleichbed. *it.* ondeggiamento, eigtl. „wogend" zu *lat.* unda „Welle, Woge"] u. **ondeggiando**: auf Streichinstrumenten durch regelmäßige Druckverstärkung u. -verminderung des Bogens den Ton rhythmisch an- u. abschwellen lassend (Mus.)

Ondit [*ongdi*; aus gleichbed. *fr.* on-dit, eigtl. „man sagt"] *das*; -[s], -s: Gerücht

Ondulation [...*zion*; aus gleichbed. *fr.* ondulation zu *spätlat.* undula „kleine Welle"] *die*; -, -en: das Wellen der Haare mit einer Brennschere. **ondulieren**: Haare wellen

Onestep [*^{u}anßtäp*; aus *engl.-amerik.* one-step] *der*; -s, -s: aus Nordamerika stammender schneller Tanz im $^{2}/_{4}$- od. $^{6}/_{8}$-Takt (seit 1900)

ongarese u. **ongharese** [*ongga...*; aus gleichbed. *it.* ongarese zu *mlat.* hungarus „Ungar", vgl. Oger]: ungarisch (Mus.); vgl. all'ongharese

Onomasiologie [aus *gr.* onomasía „Benennung" u. → ...logie] *die*; -: Wissenschaft, die untersucht, wie Dinge, Wesen u. Geschehnisse sprachlich bezeichnet werden; Bezeichnungslehre (Sprachw.); Ggs. → Semasiologie; vgl. Semantik. **onomasiologisch**: die Onomasiologie betreffend. **onomatopoetisch**: die Onomatopöie betreffend; lautnachahmend. **Onomatopöie** [über *spätlat.* onomatopoeïa aus gleichbed. *gr.* onomatopoiía, eigtl. „das Namenmachen"] *die*; -, ...ien: Laut-, Schallnachahmung, Lautmalerei bei der Bildung von Wörtern (z. B. grunzen, bauz; Sprachw.)

on parle français [*ong parl frangßä*; *fr.*]: „man spricht [hier] Französisch"

...ont [aus *gr.* ōn, Gen. óntos, Part. Präs. von eĩnai „sein"]: Endung männlicher Substantive, z. B. Symbiont

on the rocks [*on dh^{e} rokß*; aus gleichbed. *engl.* on the rocks, eigtl. „auf den Felsblöcken"]: mit Eiswürfeln (in bezug auf Getränke)

Ontogenese [aus *gr.* ōn, Gen. óntos, vgl. ...ont, u. → Genese] *die*; -: die Entwicklung des Individuums von der Eizelle zum geschlechtsreifen Zustand (Biol.); vgl. Phylogenie. **ontogenetisch**: die Entwicklung des Individuums betreffend. **Ontogenie** *die*; -: = Ontogenese. **ontisch**: als seiend, unabhängig vom Bewußtsein existierend verstanden, dem Sein nach (Philos.). **Ontologe** [vgl. ...loge] *der*; -n, -n: Vertreter ontologischer Denkweise (Philos.). **Ontologie** *die*; -: Lehre vom Sein, von den Ordnungs-, Begriffs- u. Wesensbestimmungen des Seienden. **ontologisch**: die Ontologie betreffend

Onyx [aus gleichbed. *gr.-lat.* ónyx, eigtl. „Kralle; (Finger)nagel"] *der*; -[es], -e: Halbedelstein, Abart des Quarzes

o. O. = ohne → Obligo

oo..., **Oo...** [*o-o...*; aus gleichbed. *gr.* ōión]: in Zusammensetzungen auftretendes Bestimmungswort mit der Bedeutung: „Ei", z. B. Oologie „Eierkunde"

op. = Opus

OP [*ope*] *der*; -[s], -[s]: Kurzw. für: Operationssaal

op..., **Op...** vgl. ob..., Ob...

opak [aus *lat.* opācus „schattig, dunkel"]: undurchsichtig, lichtundurchlässig (Med.; Techn.); vgl. Opazität

Opal [über *lat.* opalus aus gleichbed. *gr.* opállios, dies aus *sanskr.* úpalah „Stein"] *der*; -s, -e: glasig bis wächsern glänzendes, milchigweißes od. verschiedenfarbiges Mineral, das in einigen farbenprächtigen Spielarten auch als Schmuckstein verwendet wird. **opalen**: a) aus Opal bestehend; b) durchscheinend wie Opal. **Opaleszenz** *die*; -: das Opaleszieren. **opaleszieren**: in Farben schillern wie ein Opal. **Opalglas** *das*; -es: schwach milchiges, opalisierendes Glas. **opalisieren**: = opaleszieren

Opanke [aus *serbokroat.* opanki, Plural von gleichbed. *opanak*] *die*; -, -n: sandalenartiger Schuh mit am Unterschenkel kreuzweise gebundenem Lederriemen

Op-art [*op-a^{r}t*; aus gleichbed. *amerik.* op art, gekürzt aus optical art, eigtl. „optische Kunst"] *die*; -: moderne illusionistische Kunstrichtung (mit starkem Einfluß auf die Mode), charakterisiert durch (meist) mit Lineal und Zirkel geschaffene geometrische Abstraktionen (mit dünnen, hart konturierten Farben), deren optisch wechselnde Erscheinung durch Veränderung des Standortes des Betrachters erfahren werden soll

Opazität [aus *lat.* opācitās „Beschattung, Schatten"] *die*; -: Undurchsichtigkeit (Optik); vgl. opak

Open-air-... [*o^{u}p^{e}n-är*; aus gleichbed. *engl.* open-air, eigtl. „Freiluft-"]: in Zusammensetzungen auftretendes Bestimmungswort mit der Bedeutung „im Freien stattfindend", z. B. Open-air-Festival

Oper [aus gleichbed. *it.* opera (in musica), eigtl. „(Musik)werk", dies aus *lat.* opera „Mühe, Arbeit; erarbeitetes Werk"] *die*; -, -n: 1. a) (ohne Plural) Gattung von musikalischen Bühnenwerken mit Darstellung einer Handlung durch Gesang (Soli, Ensembles, Chöre) u. Instrumentalmusik; b) einzelnes Werk dieser Gattung. 2. (ohne Plural) a) Opernhaus; b) Opernhaus als kulturelle Institution; c) Mitglieder, Personal eines Opernhauses. **Opera** [aus *it.* opera, vgl. Oper] *die*; -, ...re: ital. Bezeichnung für: Oper; - b u f f a: heitere, komische Oper (als Gattung); - e r o i c a [- ...*ka*]: Heldenoper (als Gattung); - s e m i s e r i a: teils ernste, teils heitere Oper (als Gattung); - s e r i a: ernste, große Oper (als Gattung). **Opéra comique** [*opera komik*; aus gleichbed. *fr.* opéra-comique, eigtl. „komische Oper"] *die*; - -, -s -s [*opera komik*]: a) (ohne Plural) Gattung der mit gesprochenen Dialogen durchsetzten Spieloper; b) einzelnes Werk dieser Gattung

operabel [aus gleichbed. *fr.* opérable, vgl. operieren]: 1. operierbar (Med.). 2. so beschaffen, daß man damit arbeiten, operieren kann. **Operateur** [...*tör*; aus gleichbed. *fr.* opérateur, vgl. operieren] *der*; -s, -e: 1. Arzt, der eine Operation vornimmt. 2. a) Kameramann (bei Filmaufnahmen); b) Vorführer (in Lichtspieltheatern); c) Toningenieur. **Operation** [...*zion*; aus *lat.* operātio „das Arbeiten, die Verrichtung"] *die*; -, -en: 1. chirurgischer Eingriff. 2. zielgerichtete Bewegung eines [größeren] Truppen- od. Schiffsverbandes mit genauer Abstimmung der Aufgabe der einzelnen Truppenteile od. Schiffe. 3. Lösungsverfahren (Math.). 4. Verrichtung, Arbeitsvorgang, Denkvorgang, Erkenntnisschritt. **operational**: sich durch Operationen (4) vollziehend; vgl. ...al/...ell. **operationell**: = operational; vgl. ...al/...ell. **operativ**: 1. die Operation (1) betreffend, chirurgisch eingreifend. 2. strategisch (Mil.). 3. (als konkrete Maßnahme) unmittelbar wirkend. **operieren** [aus *lat.* operāri „arbeiten, sich abmühen"]: eine Operation (1–4) durchführen; mit etwas -: (ugs.) etwas ins Spiel bringen, etwas für etwas benutzen

Operette [aus gleichbed. *it.* operetta, eigtl. „Werkchen", vgl. Oper] *die*; -, -n: a) (ohne Plural) Gattung von leichten, unterhaltenden musikalischen Bühnenwerken mit gesprochenen Dialogen, [strophenliedartigen] Soli, Ensembles, Chören u. Balletteinlagen; b) einzelnes Werk dieser Gattung

operieren s. operabel

Opiat [nach gleichbed. *mlat.* medicīna opiāta, vgl. Opium] *das*; -[e]s, -e: ein Arzneimittel, das Opium enthält. **Opium** [über *lat.* opium aus gleichbed. *gr.* ópion zu opós „Pflanzenmilch"] *das*; -s: aus dem Milchsaft des Schlafmohnes gewonnenes Rauschgift u. Betäubungsmittel

...**opie** [zu *gr.* ṓps, Gen. ōpós „Auge"]: Wortbildungselement mit der Bedeutung „das Sehen, Sehvermögen"

Opinio communis [- *ko*...; *lat.*] *die*; - -: allgemeine Meinung

Opossum [über *engl.* opossum aus gleichbed. *indian.* (*Algonkin*) oposon] *das*; -s, -s: nordamerikanische Beutelratte mit wertvollem Fell

Opponent [aus *lat.* oppōnēns, Gen. oppōnentis, Part. Präs. von oppōnere, s. opponieren] *der*; -en, -en: jmd., der eine gegenteilige Anschauung vertritt; Gegner in einem Streitgespräch. **opponieren** [aus *lat.* oppōnere „entgegensetzen; einwenden"]: widersprechen, sich widersetzen. **opponiert**: gegenständig, gegenüberstehend, entgegengestellt (z. B. in bezug auf Pflanzenblätter; Bot.)

opportun [aus gleichbed. *lat.* opportūnus]: in der gegenwärtigen Situation von Vorteil, angebracht. **Opportunismus** [nach gleichbed. *fr.* opportunisme, vgl. opportun] *der*; -: allzu bereitwillige Anpassung an die jeweilige Lage (um persönlicher Vorteile willen). **Opportunist** *der*; -en, -en: jmd., der sich aus Nützlichkeitserwägungen schnell und bedenkenlos der jeweils gegebenen Lage anpaßt. **opportunistisch**: a) den Opportunismus betreffend; b) in der Art eines Opportunisten handelnd. **Opportunität** [aus gleichbed. *lat.* opportūnitās] *die*; -, -en: Zweckmäßigkeit in der gegenwärtigen Situation

Opposition [...*zion*; (2: unter Einfluß von *fr.* opposition) aus *spätlat.* oppositio „das Entgegensetzen", vgl. opponieren] *die*; -, -en: 1. Widerstand, Widerspruch. 2. die Gesamtheit der an der Regierung nicht beteiligten u. mit der Regierungspolitik nicht einverstandenen Parteien u. Gruppen. 3. die Stellung eines Planeten od. des Mondes, bei der Sonne, Erde u. Planet auf einer Geraden liegen; 180° Winkelabstand zwischen Planeten (Astron.). 4. Gegensätzlichkeit sprachlicher Gebilde (z. B. kalt/warm). **oppositionell**: a) gegensätzlich; gegnerisch; b) widersetzlich, zum Widerspruch neigend

...**opsie** [zu gleichbed. *gr.* ópsis]: Wortbildungselement mit der Bedeutung „das Sehen"

optativ [auch: ...*tif*; aus gleichbed. *lat.* optātīvus]: den Optativ betreffend; einen Wunsch ausdrückend (Sprachw.). **Optativ** [auch: ...*tif*] *der*; -s, -e [...*we*]: Wunsch-, Möglichkeitsform des Verbs (z. B. im Griechischen)

Optical art [*optikel a'rt*; *amerik.*] *die*; -: = Op-art

optieren [aus *lat.* optāre „wählen"]: eine Staatsbürgerschaft nach eigenem Ermessen wählen. **Option** [...*zion*] *die*; -, -en: das Optieren

Optik [über *lat.* optica (ars) aus *gr.* optikḗ (téchnē) „die das Sehen betreffende Lehre"] *die*; -: 1. Wissenschaft vom Licht, seiner Entstehung, Ausbreitung u. seiner Wahrnehmung. 2. der die Linsen enthaltende Teil eines optischen Gerätes. 3. äußeres Erscheinungsbild, Gesicht einer Sache. **Optiker** *der*; -s, -: Fachmann für Herstellung, Wartung u. Verkauf von optischen Geräten. **optisch**: die → Optik (1–3) betreffend; Augen..., Seh..., vom äußeren Eindruck her; vgl. visuell

optima fide [*lat.*]: in bestem Glauben. **optima forma**: in bester Form

optimal [zu → Optimum]: sehr gut, bestmöglich, beste, Best... **optimalisieren**: = optimieren. **Optimat** [aus *lat.* optimās, Gen. optimātis, vgl. Optimum] *der*; -en, -en: Angehöriger der herrschenden Geschlechter u. Mitglied der Senatspartei im alten Rom. **optimieren**: technische u. wirtschaftliche Prozesse entsprechend mathematischen Untersuchungen bestmöglich gestalten. **Optimum** [aus *lat.* optimum, Neutrum von optimus „bester, hervorragendster"] *das*; -s, Optima: 1. das Beste, das Wirksamste; Bestwert; Höchstmaß; Bestfall. 2. günstigste Umweltbedingungen für ein Lebewesen (z. B. die günstigste Temperatur; Biol.); Ggs. → Pessimum

Optimismus [nach gleichbed. *fr.* optimisme zu *lat.* optimus, s. Optimum] *der*; -: Lebensauffassung, die alles von der besten Seite betrachtet; heitere, zuversichtliche, lebensbejahende Grundhaltung; Ggs. → Pessimismus. **Optimist** *der*; -en, -en: a) lebensbejahender, zuversichtlicher Mensch; Ggs. → Pessimist; b) (scherzh.) jmd., der die sich ergebenden Schwierigkeiten o. ä. unterschätzt, sie für nicht so groß ansieht, wie sie in Wirklichkeit sind. **optimistisch**: lebensbejahend, zuversichtlich; Ggs. → pessimistisch

Optimum vgl. oben

Option vgl. optieren

optisch vgl. Optik

opulent [aus gleichbed. *lat.* opulentus]: üppig, reichlich. **Opulenz** *die*; -: Üppigkeit, Überfluß

Opuntie [...*zie*; vom Namen der altgriech. Stadt Opus] *die*; -, -n: Feigenkaktus (mit eßbaren Früchten)

Opus [auch: *op*...; aus *lat.* opus „Arbeit; erarbeitetes

Werk"] *das*; -, Opera: künstlerisches, literarisches, bes. musikalisches Werk; Abk. (in der Musik): op.; - postumum (auch: posthumum): nachgelassenes [Musik]werk; Abk.: op. posth.

...**or** [*lat.*]: Endung männlicher Substantive, die den Träger des im Wortstamm genannten Geschehens bezeichnet (Person od. Sache), z. B. Rektor, Motor. ...**ör** vgl. ...eur

ora et labora! [*lat.*]: bete und arbeite! (alte Mönchsregel)

Orakel [aus gleichbed. *lat.* ōrāculum, eigtl. „Sprechstätte"] *das*; -s, -: 1. Ort, an dem Götter geheimnisvolle Weissagungen erteilen (bes. im antiken Griechenland). 2. dunkle Weissagung, Götterspruch. 3. geheimnisvoller Ausspruch, rätselhafte Andeutung. **orakelhaft**: dunkel, undurchschaubar, rätselhaft (in bezug auf Äußerungen, Aussprüche). **orakeln**: in dunklen Andeutungen sprechen

oral [zu *lat.* ōs, Gen. ōris „Mund"]: den Mund betreffend, am Mund gelegen, durch den Mund (Med.). **Oral** *der*; -s, -e: im Unterschied zum Nasal mit dem Mund gesprochener Laut

orange [*orangsch*(*e*); aus gleichbed. *fr.* orange, vgl. Orange]: goldgelb, orangenfarbig. **Orange** [aus gleichbed. *fr.* orange, dies über *span.* naranja, *arab.* nāranǧ aus *pers.* nāriṅǧ „bittere Orange"] *die*; -, -n: Apfelsine. **Orangeade** [*orangschade*] *die*; -, -n: Getränk aus Orangen- u. Zitronensaft, Wasser u. Zucker. **Orangeat** [...*schat*] *das*; -s, -e: kandierte Orangenschale. **Orangenrenette** *die*; -, -n: = Cox' Orange (Tafelapfel). **Orangerie** [*orangscheri*] *die*; -, ...ien: Gewächshaus zum Überwintern von Orangenbäumen u. a. Pflanzen (in Parkanlagen des 17. u. 18. Jh.s)

Orang-Utan, (österr.:) Orangutan [aus *malai.* orang (h)utan „Waldmensch"] *der*; -s, -s: Menschenaffe auf Borneo u. Sumatra

ora pro nobis! [*lat.*]: bitte für uns! (kath. Anrufung der Heiligen)

Orator [aus *lat.* ōrātor] *der*; -s, ...oren: Redner (in der Antike). **oratorisch**: 1. rednerisch, schwungvoll, hinreißend; b) in der Art eines Oratoriums (b). **Oratorium** *das*; -s, ...ien [...*ien*; aus *kirchenlat.* ōrātōrium „Bethaus" zu *lat.* ōrāre „bitten, beten", da es zur Aufführung in der Kirche bestimmt ist]: a) (ohne Plural) Gattung von opernartigen Musikwerken ohne szenische Handlung mit meist religiösen od. episch-dramatischen Stoffen (zuerst von den Oratorianern aufgeführt); b) einzelnes Werk dieser Gattung

Orbis [aus *lat.* orbis] *der*; -: 1. lat. Bezeichnung für Kreis. 2. Umkreis od. Wirkungsbereich, der sich aus der Stellung der Planeten zueinander u. zur Erde ergibt (Astrol.); - pictus [„gemalte Welt"]: im 17. u. 18. Jh. beliebtes Unterrichtsbuch des Pädagogen Comenius; - terrarum: Erdkreis

Orbit [aus gleichbed. *engl.* orbit, dies aus *lat.* orbita „Fahrgeleise; Bahn, Kreislauf", vgl. Orbis] *der*; -s, -s: Umlaufbahn (eines Satelliten, einer Rakete) um die Erde od. um den Mond. **orbital**: den Orbit betreffend, zum Orbit gehörend. **Orbital** [aus gleichbed. *engl.* orbital, vgl. Orbit] *das* (auch: *der*); -s, -e: a) Bereich, Umlaufbahn um den Atomkern (Atomorbital) od. die Atomkerne eines Moleküls (Molekülorbital); b) energetischer Zustand eines Elektrons innerhalb der Atomhülle (Physik; Quantenchemie). **Orbitalstation** [...*zion*] *die*; -, -en: Forschungsstation in einem Orbit

Orche|ster [*orkäßter*, auch: *orch*..., österr.: *orch*...; über gleichbed. *it.* orchestra, *fr.* orchèstre aus *lat.* orchēstra „für die Senatoren bestimmter Ehrenplatz vorn im Theater; Erhöhung auf der Vorderbühne, auf der die Musiker u. Tänzer auftraten", dies aus *gr.* orchéstra, s. Orchestra] *das*; -s, -: 1. Ensemble von Instrumentalmusikern verschiedener Besetzung, Klangkörper, Musikkapelle. 2. Raum für die Musiker vor der Opernbühne. 3. = Orchestra. **Orche|stra** [aus *gr.* orchéstra, eigtl. „Tanzplatz"] *die*; -, ...ren: runder Raum im altgriech. Theater, in dem sich der Chor bewegte. **orche|stral**: das Orchester betreffend, von orchesterhafter Klangfülle, orchestermäßig. **Orchestration** [...*zion*] *die*; -, -en: a) = Instrumentation; b) Umarbeitung einer Komposition für Orchesterbesetzung; vgl. ...ation/...ierung. **orche|strieren**: = instrumentieren (1). **Orche|strierung** *die*; -, -en: das Orchestrieren; vgl. ...ation/...ierung. **Orchestrion** [zu → Orchester (1)] *das*; -s, -s u. ...ien [...*ien*]: (veraltet) mechanisches Musikinstrument, Musikautomat

Orchidee [aus gleichbed. *fr.* orchidée zu *gr.* órchis „Hode; Pflanze mit hodenförmigen Wurzelknollen"] *die*; -, -n: zu den Orchidazeen gehörende wertvolle Gewächshauszierpflanze (auch tropische u. einheimische Wildformen)

Ordal [über *mlat.* ordālium, ordēla aus gleichbed. *ags.* ordāl, ordēl, eigtl. „das Ausgeteilte"] *das*; -s, -ien [...*ien*]: Gottesurteil (im mittelalterlichen Recht)

Order [aus gleichbed. *fr.* ordre, dies aus *lat.* ōrdo „Ordnung; Rang; Verordnung"] *die*; 1. -, -n (veraltet): Befehl, Anweisung; - parieren: (ugs.) einen Befehl ausführen, gehorchen. 2. -, -s: (Kaufmannsspr.) Bestellung, Auftrag. **ordern**: einen Auftrag erteilen; eine Ware bestellen (Wirtsch)

Ordinale [aus gleichbed. *spätlat.* (nōmen) ōrdināle, eigtl. „eine Ordnung anzeigend(es Wort)"] *das*; -s, ...lia: (selten) Ordinalzahl. **Ordinalzahl** *die*; -, -en: Ordnungszahl (z. B. zweite)

ordinär [aus *fr.* ordinaire „gewöhnlich, ordentlich", dies aus gleichbed. *lat.* ōrdinārius, vgl. Ordinarius]: 1. (abwertend) unfein, vulgär. 2. alltäglich, gewöhnlich; -er Preis (Ordinärpreis)

Ordinariat [zu → Ordinarius] *das*; -[e]s, -e: 1. oberste Verwaltungsstelle eines kath. Bistums od. eines ihm entsprechenden geistlichen Bezirks. 2. Amt eines ordentlichen Hochschulprofessors. **Ordinarius** [1, 3: gekürzt aus Professor ordinarius zu *lat.* ōrdinārius „ordentlich; regelmäßig mit etwas betraut"; 2: aus *mlat.* ōrdinārius „zuständiger Bischof"] *der*; -, ...ien [...*ien*]: 1. ordentlicher Professor an einer Hochschule. 2. Inhaber einer kath. Oberhirtengewalt (z. B. Papst, Diözesanbischof, Abt u. a.). 3. (veraltet, landsch.) Klassenlehrer an einer höheren Schule

Ordinate [aus *lat.* (līnea) ōrdināta „geordnete (Linie)", vgl. ordinieren] *die*; -, -n: Größe des Abstandes von der horizontalen Achse (Abszisse) auf der vertikalen Achse des rechtwinkligen Koordinatensystems (Math.). **Ordinatenachse** *die*; -, -n: vertikale Achse des rechtwinkligen Koordinatensystems (Math.)

Ordination [...*zion*; aus (*m*)*lat.* ōrdinātio „Anordnung; Einsetzung (in ein Amt); Weihe eines Priesters"] *die*; -, -en: 1. a) feierliche Einsetzung in ein evangelisches Pfarramt; b) katholische Priesterweihe. 2. a) ärztliche Verordnung; b) ärztliche Sprechstunde; c) (österr.) ärztliches Untersuchungszimmer. **ordinieren** [aus (*m*)*lat.* ōrdināre „(an)ordnen; in ein Amt einsetzen; einen Priester weihen"]: 1. a) in das geistliche Amt einsetzen (ev.); b) zum Priester weihen (kath.). 2. (Med.) a) [eine Arznei] verordnen; b) Sprechstunde halten

Ordonnanz [aus gleichbed. *fr.* ordonnance zu ordonner „anordnen, vorschreiben", dies aus *lat.* ōrdināre, s. ordinieren] *die*; -, -en: 1. (veraltet) Befehl, Anordnung. 2. Soldat, der einem Offizier zur Befehlsübermittlung zugeteilt ist

ordovizisch [...*wi*...; nach dem britannischen Volksstamm der Ordovices (...*wizeß*)]: das Ordovizium betreffend. **Ordovizium** *das*; -s: erdgeschichtliche Formation; Unterabteilung des → Silurs (Untersilur; Geol)

Or|dre [*ordr*ᵉ; aus *fr.* ordre, s. Order] *die*; -, -s: franz. Form von Order; vgl. par ordre

Öre [aus *dän.*, *norw.* øre, *schwed.* öre, dies aus *lat.* (nummus) aureus „Golddenar"] *das*; -s, -(5 Öre); auch: *die*; -, -: dänische, norwegische u. schwedische Münze (= 0,01 Krone)

Oreade [über *lat.* orēas, Gen. orēadis, aus *gr.* oreiás, Gen. oreiádos, eigtl. „die zum Berg Gehörende"] *die*; -, -n (meist Plural): Bergnymphe des altgriech. Volksglaubens

oremus! [aus *lat.* ōrēmus zu ōrāre „bitten, beten"]: laßt uns beten! (Gebetsaufforderung des kath. Priesters in der Messe)

Organ [(4, 5: wohl nach gleichbed. *fr.* organe) aus *lat.* organum „Werkzeug; Musikinstrument, Orgel", dies aus *gr.* órganon „Werkzeug; Sinneswerkzeug; Musikinstrument; Körperteil"] *das*; -s, -e: 1. Körperteil mit einheitl. Funktion (Med.; Biol.). 2. Stimme. 3. Sinn, Empfindung, Empfänglichkeit; kein - haben für etwas. 4. a) Institution od. Behörde, die bestimmte Aufgaben ausführt; b) Beauftragter. 5. Zeitung, Zeitschrift einer politischen od. gesellschaftlichen Vereinigung. **Organell** *das*; -s, -en u. **Organelle** *die*; -, -n: organartige Bildung des Zellplasmas von Einzellern (Biol.). **organisch**: 1. a) ein Organ od. den Organismus betreffend (Biol.); b) der belebten Natur angehörend; Ggs. → anorganisch (1a); c) die Verbindungen des Kohlenstoffs betreffend, z. B. -e Chemie; Ggs. anorganisch (anorganische Chemie). 2. einer inneren Ordnung gemäß in einen Zusammenhang hineinwachsend, mit etwas eine Einheit bildend. **Organismus** [aus gleichbed. *fr.* organisme, vgl. Organ] *der*; -, ...men: 1. (Plural selten): Gefüge, einheitliches, gegliedertes [lebendiges] Ganzes. 2. Lebewesen. **organogen** [zu → Organ u. → ...gen]: 1. am Aufbau der organischen Verbindungen beteiligt (Chem.). 2. Organe bildend; organischen Ursprungs (Biol.). **Organologie** [zu → Organ bzw. Organum u. → ...logie] *die*; -: 1. Organlehre (Med.; Biol.). 2. Orgel[bau]kunde. **organologisch**: die Organologie betreffend, zu ihr gehörend

Organdy [...*di*; über *engl.* organdy aus gleichbed. *fr.* organdi] *der*; -s: fast durchsichtiges, wie Glasbatist ausgerüstetes (behandeltes) Baumwollgewebe in zarten Pastellfarben

Organell vgl. Organ

Organisation [...*zion*; aus gleichbed. *fr.* organisation] *die*; -, -en: 1. (ohne Plural) a) das Organisieren; b) Aufbau, Gliederung, planmäßige Gestaltung. 2. Gruppe, Verband mit [sozial]politischen Zielen (z. B. Partei, Gewerkschaft). 3. Bauplan eines Organismus, Gestalt u. Anordnung seiner Organe (Biol.). **Organisator** *der*; -s, ...oren: 1. a) jmd., der etwas organisiert, eine Unternehmung nach einem bestimmten Plan vorbereitet; b) jmd., der organisatorische Fähigkeiten besitzt. 2. Keimbezirk, der auf die Differenzierung der Gewebe Einfluß nimmt (Biol.). **organisatorisch**: die Organisation betreffend. **organisieren** [aus *fr.* organiser „einrichten, anordnen, gestalten" zu organe, vgl. Organ]: 1. eine Unternehmung nach einem bestimmten Plan vorbereiten; planmäßig ordnen. 2. (ugs., verhüllend) sich etwas [auf nicht ganz rechtmäßige Weise] beschaffen. 3. sich -: sich zu einem Verband zusammenschließen. **organisiert**: einer Organisation (2) angehörend

Organist [aus gleichbed. *mlat.* organista zu *lat.* organum, s. Organum (2)] *der*; -en, -en: Orgelspieler

Organum [aus gleichbed. *mlat.* organum, dies aus *lat.* organum, s. Organ] *das*; -s, ...gana: 1. älteste Art der Mehrstimmigkeit, Parallelgänge zu den Weisen des → Gregorianischen Gesanges. 2. Musikinstrument, bes. die Orgel

Organza [aus gleichbed. *it.* organza] *der*; -s: hauchzartes Gewebe [aus nichtentbasteter Naturseide]

Orgasmus [aus gleichbed. *gr.* orgasmós zu orgān „von Saft u. Kraft strotzen, schwellen; heftig verlangen"] *der*; -, ...men: Höhepunkt der geschlechtlichen Erregung. **orgastisch**: den Orgasmus betreffend; wollüstig

Orgiasmus [aus gleichbed. *gr.* orgiasmós, vgl. Orgie] *der*; -, ...men: ausschweifende kultische Feier in antiken → Mysterien. **Orgiast** *der*; -en, -en: zügelloser Schwärmer. **orgiastisch**: schwärmerisch; wild, zügellos. **Orgie** [...*i*ᵉ; aus *lat.* orgia (Neutr. Plural) „nächtliche Bacchusfeier", dies aus *gr.* órgia (Neutr. Plural) „heilige Handlung, geheimer Gottesdienst"] *die*; -, -n: 1. geheimer, wild verzückter Gottesdienst [in altgriech. → Mysterien]. 2. a) ausschweifendes Gelage; b) übergroßes Ausmaß von etwas, eine Art Ausschweifung; etwas feiert -n (etwas bricht in aller Deutlichkeit hervor u. tobt sich aus)

Orient [*ori-änt*, auch: *oriänt*; aus gleichbed. *lat.* oriēns (sōl), Gen. orientis, eigtl. „aufgehend(e Sonne)"] *der*; -s: 1. vorder- u. mittelasiat. Länder; östliche Welt; Ggs. → Okzident. 2. (veraltet) Osten. **Orientale** *der*; -n, -n: Bewohner der Länder des Orients. **orientalisch** [aus gleichbed. *lat.* orientālis]: den Orient betreffend; östlich; -e R e g i o n: tiergeograph. Region (Vorder- u. Hinterindien, Südchina, die Großen Sundainseln u. die Philippinen). **orientalisieren**: a) orientalische Einflüsse aufnehmen (in bezug auf eine frühe Phase der griechischen Kunst); b) etwas -: einer Sache (z. B. Gegend) ein orientalisches Gepräge geben. **Orientalistik** *die*; -: Wissenschaft von den oriental. Sprachen u. Kulturen. **orientalistisch**: die Orientalistik betreffend

orientieren [aus gleichbed. *fr.* (s') orienter, eigtl. „die Himmelsrichtung nach dem Aufgang der Sonne bestimmen" zu orient „Sonnenaufgang, Osten; Orient", vgl. Orient]: 1. sich -: eine Richtung suchen, sich zurechtfinden. 2. informieren, unterrichten. 3. auf etwas einstellen, nach etwas ausrichten (z. B. die Politik, sich an bestimmten Leitbildern o.). **Orientierung** *die*; -, -en: 1. das Sichzurechtfinden im Raum. 2. geistige Einstellung, Ausrichtung. 3. Informierung, Unterrichtung. **Orientierungsstufe** *die*; -, -n: das 5. und 6. Schuljahr in der Gesamtschule

Oriflamme [aus *fr.* oriflamme, dies aus *mlat.* aurea flamma, eigtl. „Goldflamme"] *die;* -: Kriegsfahne der franz. Könige

original [aus *lat.* orīginālis „ursprünglich"]: 1. ursprünglich, echt; urschriftlich; eine Sendung - (direkt) übertragen. 2. von besonderer, einmaliger Art, urwüchsig, originell (1); vgl. ...al/...ell. **Original** [aus gleichbed. *mlat.* orīgināle (exemplar), vgl. original] *das;* -s, -e: 1. Urschrift, Urfassung; Urbild, Vorlage; Urtext, ursprünglicher fremdsprachiger Text, aus dem übersetzt worden ist; vom Künstler eigenhändig geschaffenes Werk der bildenden Kunst. 2. eigentümlicher, durch seine besondere Eigenart auffallender Mensch. **Originalität** [aus gleichbed. *fr.* originalité, vgl. original] *die;* -, -en: 1. (ohne Plural): Ursprünglichkeit, Echtheit, Selbständigkeit. 2. Besonderheit, wesenhafte Eigentümlichkeit. **originär** [aus gleichbed. *lat.* orīginārius]: ursprünglich. **originell** [aus gleichbed. *fr.* originel, vgl. original]: 1. ursprünglich, in seiner Art neu, schöpferisch; original (1). 2. eigenartig, eigentümlich, urwüchsig u. gelegentlich komisch; vgl. ...al/...ell

...orisch/...iv vgl. ...iv/...orisch

Orkan [aus gleichbed. *niederl.* orkaan, dies aus *span.* huracán „Wirbelsturm", s. Hurrikan] *der;* -[e]s, -e: stärkster Sturm

Orkus [aus *lat.* Orcus, viell. zu ōrca „Tonne"] *der;* -: Unterwelt, Totenreich

Orlon ® [aus gleichbed. *amerik.* Orlon] *das;* -s: synthetische Faser aus Polyacrylnitril

Ornament [aus *lat.* ōrnāmentum „Ausrüstung; Schmuck, Zierde; Ausschmückung"] *das;* -[e]s, -e: Verzierung; Verzierungsmotiv. **ornamental**: mit einem Ornament versehen; schmückend, zierend. **ornamentieren**: mit Verzierungen versehen. **Ornamentik** *die;* -: Verzierungskunst

Ornat [aus *lat.* ōrnātus „Ausrüstung; Schmuck; schmuckvolle Kleidung"] *der;* -[e]s, -e: feierliche [kirchliche] Amtstracht

Ornativ *das;* -s, -e [...*w*ᵉ; aus *lat.* ōrnātīvus „zur Ausstattung geeignet od. dienend"]: Verb, das ein Versehen mit etwas od. ein Zuwenden von etwas audrückt (z. B. kleiden = mit Kleidern versehen; Sprachw.)

Ornis [aus *gr.* órnis „Vogel"] *die;* -: die Vogelwelt einer Landschaft. **Ornithologe** [aus *gr.* órnis, Gen. órnīthos „Vogel" u. → ...loge] *der;* -n, -n: Wissenschaftler auf dem Gebiet der Vogelkunde. **Ornithologie** *die;* -: Vogelkunde. **ornithologisch**: vogelkundlich

oro..., **Oro...** [aus gleichbed. *gr.* óros]: in Zusammensetzungen auftretendes Bestimmungswort mit der Bedeutung „Berg, Gebirge"

Orphik [aus *gr.* tà Orphiká, subst. Neutr. Plural von Orphikós „orphisch, des Orpheus", dem mythischen Sänger Griechenlands] *die;* -: aus Thrakien stammende religiös-philosophische Geheimlehre der Antike, bes. im alten Griechenland, die Erbsünde u. Seelenwanderung lehrte. **Orphiker** *der;* -s, -: Anhänger der Orphik. **orphisch**: zur Orphik gehörend; geheimnisvoll

Örsted u. **Oersted** [*örßt...*; nach dem dän. Physiker H. Chr. Ørsted, 1777–1851] *das;* -[s], -: Maßeinheit für die magnetische Feldstärke (Phys.); Zeichen: Ö; Oe

orth..., **Orth...** vgl. ortho..., Ortho... **Orthikon** [aus gleichbed. *engl.* orthicon, dies aus → orth... u. → Ikonoskop] *das;* -s, ...one (auch: -s): Speicherröhre zur Aufnahme von Fernsehbildern.

ortho..., **Ortho...** [aus gleichbed. *gr.* orthós], vor Vokalen gelegentlich: orth..., Orth...: in Zusammensetzungen auftretendes Bestimmungswort mit der Bedeutung „gerade, aufrecht; richtig, recht", z. B. orthographisch, Orthopädie. **orthodox** [über *spätlat.* orthodoxus aus *gr.* orthódoxos „recht meinend, die richtige Anschauung habend; rechtgläubig"]: 1. rechtgläubig, strenggläubig; Ggs. → heterodox. 2. = griechisch-orthodox; -e Kirche: die seit 1054 von Rom getrennte morgenländische od. Ostkirche. 3. a) der strengen Lehrmeinung gemäß; der herkömmlichen Anschauung entsprechend; b) starr, unnachgiebig. **Orthodoxie** [über *spätlat.* orthodoxia aus *gr.* orthodoxía „rechte, richtige Meinung; Rechtgläubigkeit"] *die;* -: 1. Rechtgläubigkeit; theologische Richtung, die das Erbe der reinen Lehre (z. B. Luthers od. Calvins) zu wahren sucht (bes. in der Zeit nach der Reformation). 2. [engstirniges] Festhalten an Lehrmeinungen. **Orthogenese** [aus → ortho... u. → Genese] *die;* -, -n: Form einer stammesgeschichtlichen Entwicklung bei einigen Tiergruppen od. auch Organen, die in gerader Linie von einer Ursprungsform bis zu einer höheren Entwicklungsstufe verläuft (Biol.). **Orthogon** [über *lat.* orthogōnium aus gleichbed. *gr.* orthogṓnion] *das;* -s, -e: Rechteck. **orthogonal**: rechtwinklig. **Orthographie** [aus gleichbed. *gr.-lat.* orthographía] *die;* -, ...ien: nach bestimmten Regeln festgelegte Schreibung der Wörter; Rechtschreibung. **orthographisch**: die Orthographie betreffend, rechtschreiblich. **Orthopäde** [zu → Orthopädie] *der;* -n, -n: Facharzt für Orthopädie. **Orthopädie** [aus gleichbed. *fr.* orthopédie, dies aus → ortho... u. *gr.* paideía „Erziehung (des Kindes), Übung"] *die;* -: Wissenschaft von der Erkennung u. Behandlung angeborener od. erworbener Fehler der Haltungs- u. Bewegungsorgane. **orthopädisch**: die Orthopädie betreffend. **Orthopädist** *der;* -en, -en: Hersteller orthopädischer Geräte. **Ortho|skopie** [aus → ortho... u. → ...skopie] *die;* -: Abbildung durch Linsen ohne Verzeichnung (winkeltreu). **orthoskopisch**: die Orthoskopie betreffend

Ortolan [aus gleichbed. *it.* ortolano, eigtl. „Gärtner", dies aus gleichbed. *lat.* hortulānus] *der;* -s, -e: Gartenammer (europ. Finkenvogel)

...os [*gr.*]: Endung meist männlicher Substantive, z. B. Logos, Nomos

...os [*lat.*] u. **...ös** [*lat.-fr.*]: Endung von Adjektiven, oft mit der Bedeutung „versehen mit...", z. B. animos, verbos, trichinös, religiös; vgl. ...osität

Os = chem. Zeichen für: Osmium

Oscar [*...kar*; aus *amerik.* oscar (Herkunft unsicher)] *der;* -[s], -[s]: volkstümlicher Name der Statuette, die als → Academy-award verliehen wird (Film)

...ose u. **...osis** [*gr.*]: Endung weiblicher Substantive aus Medizin u. Biologie mit der Bedeutung „krankhafter Zustand, Erkrankung", z. B. Sklerose, Neurose, Trichinose

...osität [*lat.* od. *lat.-fr.*]: Endung weiblicher Substantive, die von Adjektiven auf ...os bzw. ...ös abgeleitet sind, z. B. Animosität, Religiosität, Generosität

Osmium [zu *gr.* osmḗ „Geruch" nach dem starken, eigentümlichen Geruch der Osmiumtetroxide] *das;* -s: chem. Grundstoff, Metall; Zeichen: Os

Osmose [zu *gr.* ōsmós „Stoß, Schub"] *die;* -: Übergang des Lösungsmittels (z. B. von Wasser) einer

Lösung in eine stärker konzentrierte Lösung durch eine feinporige (→ semipermeable) Scheidewand, die zwar für das Lösungsmittel selbst, nicht aber für den gelösten Stoff durchlässig ist (Chem.). **osmotisch**: auf Osmose beruhend

ostensibel [zu *lat.* osténdere „zeigen"]: zur Schau gestellt, auffällig. **ostensiv**: a) augenscheinlich, offensichtlich; b) ostentativ

ostentativ [zu *lat.* ostentātio „Schaustellung, Prahlerei" zu *lat.* ostentāre „darbieten, prahlend zeigen"]: zur Schau gestellt, betont, herausfordernd, prahlend

osteo..., Osteo... [aus *gr.* ostéon „Knochen"]: in Zusammensetzungen auftretendes Bestimmungswort mit der Bedeutung „Knochen", z. B. Osteomyelitis „Knochenmarkentzündung" (Med.)

Osteria [aus gleichbed. *it.* osteria zu *lat.* hostis „Fremdling, Gast"] *die*; -, -s u. **Osterie** *die*; -, ...ien: volkstümliche Gaststätte (in Italien)

ostinat[o] [aus gleichbed. *it.* ostinato]: beharrlich, ständig wiederholt (zur Bezeichnung eines immer wiederkehrenden Baßthemas; Mus.). **Ostinato** *der* od. *das*; -s, -s u. ...ti: = Basso ostinato

Ostrakon [aus gleichbed. *gr.* óstrakon] *das*; -s, ...ka: Scherbe (von zerbrochenen Gefäßen), die in der Antike als Schreibmaterial verwendet wurde

Ostrazismus [zu Ostrakon, eigtl. „Scherbengericht"] *der*; -: (hist.) altathenisches Volksgericht, das die Verbannung eines Bürgers beschließen konnte (bei der Abstimmung wurde dessen Name von jedem ihn verurteilenden Bürger auf ein Ostrakon, eine Tonscherbe, ein Täfelchen, geschrieben)

Östrogen [zu *gr.* oĩstros „Pferdebremse; Stachel, Stich; Raserei, Leidenschaft" und → ...gen, eigtl. „das Leidenschaft Erregende"] *das*; -s, -e: weibliches Sexualhormon mit der Wirkung des Follikelhormons (Med.)

Oszillation [...*zion*; nach *lat.* oscillātio „Schaukeln"; vgl. → oszillieren] *die*; -, -en: Schwingung (Phys.). **Oszillator** *der*; -s, ...oren; Schwingungserzeuger (Phys.). **oszillatorisch**: die Oszillation betreffend, zitternd, schwankend. **oszillieren** [aus *lat.* oscillāre „sich schaukeln"]: schwingen (Phys.). **Oszillogramm** *das*; -s, -e: von einem Oszillographen aufgezeichnetes Schwingungsbild (Phys.). **Oszillo|graph** *der*; -en, -en: Apparatur zum Aufzeichnen [schnell] veränderlicher [elektrischer] Vorgänge, bes. Schwingungen (Phys.)

ot..., Ot... vgl. oto..., Oto...

...otisch [*gr.*]: Endung von Adjektiven, die von Substantiven auf ...ose od. ...osis abgeleitet sind, z. B. neurotisch

oto..., Oto..., vor Vokalen u. vor h: ot..., Ot... [aus *gr.* oũs, Gen. ōtós „Ohr"]: in Zusammensetzungen auftretendes Bestimmungswort mit der Bedeutung „Ohr", z. B. Otoskop „Ohrenspiegel"

ottava [...*wa*; aus gleichbed. *it.* ottava]: in der Oktave (zu spielen; Mus.); - alta: eine Oktave höher (zu spielen; Mus.); - bassa: eine Oktave tiefer (zu spielen; Mus.)

Ottomane [aus gleichbed. *fr.* ottomane, eigtl. „die Türkische", zu ottoman „türk., osmanisch", nach Osman, dem Begründer des Herrscherhauses der Ottomanen] *die*; -, -n: niedriges Liegesofa

out [*aut*; aus gleichbed. *engl.* out]: (österr.) aus, außerhalb des Spielfeldes (bei Ballspielen); - sein: nicht mehr modern, passé sein; Ggs. → in (sein; b). **Out** *das*; -[s], -[s]: (österr.) das Aus (wenn der Ball das Spielfeld verläßt; bei Ballspielen)

Outcast [*áutkaßt*; aus gleichbed. *engl.* outcast, eigtl. „Ausgestoßener", zu out „aus" und to cast „werfen, schleudern"] *der*; -s, -s: a) von der Gesellschaft Ausgestoßener; b) außerhalb der Kasten stehender Inder

Outlaw [*áutlo*; aus gleichbed. *engl.* outlaw zu out „aus, außerhalb" und law „Gesetz"] *der*; -[s], -s: 1. Geächteter, Verfemter. 2. jmd., der sich nicht an die bestehende Rechtsordnung hält, Verbrecher

Output [*autput*; aus gleichbed. *engl.* output; „Ausstoß"] *der* (auch: *das*); -s; -s: 1. die von einem Unternehmen produzierten Güter, Güterausstoß (Wirtsch.); Ggs. → Input (1). 2. Ausgangsleistung einer Antenne od. eines Niederfrequenzverstärkers (Elektrot.). 3. Ausgabe von Daten aus einer Datenverarbeitungsanlage (EDV); Ggs. → Input (2)

ou|trieren [*ut*...; aus gleichbed. *fr.* outrer zu outre „über – hinaus"]: übertrieben darstellen

Outsider [*autßaid^{e}r*; aus gleichbed. *engl.* outsider zu outside „Außenseite", ursprünglich „das auf der (ungünstigen) Außenseite des Hauptfeldes laufende Pferd"] *der*; -s, -: Außenseiter

Ouvertüre [*uwär*...; aus gleichbed. *fr.* ouverture, eigtl. „Öffnung, Eröffnung"] *die*; -, -n: 1. a) einleitendes Instrumentalstück am Anfang einer Oper, eines Oratoriums, Schauspiels, einer Suite; b) einsätziges Konzertstück für Orchester (bes. im 19. Jh.). 2. Einleitung, Eröffnung, Auftakt

oval [*ow*...; *lat.-mlat.*]: eirund, länglichrund. **Oval** *das*; -s, -e: ovale Fläche, ovale Anlage, ovale Form

Ovarium [zu *lat.* ōvum „Ei"] *das*; -s, ...ien [...*i^{e}n*]: Gewebe od. Organ, in dem bei Tieren u. beim Menschen Eizellen gebildet werden, Eierstock (Biol.; Med.)

Ovation [*owazion*; aus *lat.* ovātio „kleiner Triumph" zu ovāre „jubeln"] *die*; -, -en: Huldigung, Beifall

Over|all [*ó^{u}w^{e}ral*, auch, bes. österr.: ...*al*; aus gleichbed. *engl.* overall, eigtl. „der Überalles"] *der*; -s, -s: einteiliger, den ganzen Körper bekleidender Schutzanzug (für Mechaniker, Sportler u. a.)

Over|drive [*o^{u}w^{e}rdraiw*; aus gleichbed. *engl.* overdrive zu over „über – hinaus" und to drive „fahren"] *das*; -[s], -s: zusätzlicher Gang im Getriebe von Kraftfahrzeugen, der nach Erreichen einer bestimmten Fahrgeschwindigkeit die Herabsetzung der Motordrehzahl ermöglicht (Techn.)

Over|statement [*o^{u}w^{e}rßte^{i}tm^{e}nt*; aus gleichbed. *engl.* overstatement zu to overstate „zu weit gehen, übertreiben"] *das*; -s, -s: Übertreibung, Überspielung; Ggs. → Understatement

Ovulation [...*zion*; zu *nlat.* ōvulum, Verkleinerungsbildung zu *lat.* ōvum „Ei"] *die*; -, -en: Ausstoßung des reifen Eies aus dem Eierstock bei geschlechtsreifen weiblichen Säugetieren u. beim Menschen (Eisprung; Biol.; Med.). **Ovulationshemmer** *der*; -s, -: Empfängnisverhütungsmittel, Arzneimittel auf hormonaler Basis zur Unterdrückung der Reifung eines befruchtungsfähigen Eies bei der Frau (Med.). **Ovulum** *das*; -s, ...la: = Ovum. **Ovum** *das*; -s, Ova: Ei, Eizelle (Med.; Biol.)

Oxalat [zu *gr.-lat.* oxalis „Sauerampfer", dies zu *gr.* oxýs „scharf, sauer"] *das*; -[e]s, -e: Salz der Oxalsäure. **Oxalsäure** [*gr.*; dt.] *die*; -: Kleesäure, giftige, technisch vielfach verwendete organische Säure

Oxer [aus gleichbed. *engl.* oxer zu ox „Ochse, Rind"] *der*; -s, -: a) Absperrung zwischen Viehweiden;

b) aus übereinandergelegten Stangen bestehendes Hindernis beim Springreiten

Oxid vgl. Oxyd

oxy..., Oxy... [aus *gr.* oxýs „scharf, sauer"]: in Zusammensetzungen auftretendes Bestimmungswort mit den Bedeutungen: 1. „scharf, herb, sauer". 2. „Sauerstoff enthaltend, brauchend". **Oxyd**, (chem. fachsprachl.:) Oxid [aus gleichbed. *fr.* oxyde, oxide zu *gr.* oxýs „scharf, sauer"] *das*; -[e]s, -e: jede Verbindung eines chem. Grundstoffs mit Sauerstoff. **Oxydase**, (chem. fachsprachl.:) Oxidase *die*; -, -n: sauerstoffübertragendes Ferment (Chem.). **Oxydation**, (chem. fachsprachl.:) Oxidation [*...zion*; aus gleichbed. *fr.* oxydation; vgl. oxydieren] *die*; -, -en: 1. chem. Vereinigung eines Stoffes mit Sauerstoff. 2. Entzug von Elektronen aus den Atomen eines chem. Grundstoffs. **oxydieren**, (chem. fachsprachl.:) oxidieren [aus gleichbed. *fr.* oxyder zu oxyde „Oxyd"]: sich mit Sauerstoff verbinden, verbrennen. **oxydisch**, (chem. fachsprachl.:) oxidisch: Oxyd enthaltend. **Oxygen** [aus gleichbed. *fr.* oxygène zu *gr.* oxýs „scharf, sauer" und → ...gen, eigtl. „Säurebildner"] *das*; -s: Sauerstoff, chem. Grundstoff; Zeichen: O. **Oxygenium** *das*; -s: = Oxygen. **Oxytonon** [aus gleichbed. *gr.* oxýtonon, eigtl. „das scharf Klingende"] *das*; -s, ...na: ein Wort, das einen → Akut auf der betonten Endsilbe trägt (z. B. *gr.* ἀγρός = Acker; griech. Betonungslehre); vgl. Paroxytonon u. Proparoxytonon

OZ = Oktanzahl

Ozean [über *lat.* ōceanus aus gleichbed. *gr.* ōkeanós] *der*; -s, -e: Weltmeer od. Teile davon (die sich auszeichnen durch Größe, Salzgehalt, System von Gezeitenwellen u. Meeresströmungen). **Ozeanarium** *das*; -s, ...ien [*...iᵉn*]: Meerwasseraquarium größeren Ausmaßes. **Ozea|naut** [wohl aus gleichbed. *engl.* oceanaut aus *gr.* ōkeanós „Weltmeer" und naútēs „Schiffer"] *der*; -en, -en: = Aquanaut. **Ozea|nide** vgl. Okeanide. **ozea|nisch**: 1. den Ozean betreffend. 2. Ozeanien (die Inseln des Stillen Ozeans) betreffend. **Ozea|no|graphie** *die*; -: Meereskunde. **ozea|no|graphisch**: meereskundlich

Ozelle [aus *lat.* ocellus „kleines Auge" zu oculus „Auge"; vgl. okulieren] *die*; -, -n: einfaches Lichtsinnesorgan niederer Tiere (Zool.)

Ozelot [auch: *oz...*; über *fr.* ocelot aus *indian.* (*Nahuatl*) ocelotl] *der*; -s, -e u. -s: 1. katzenartiges Raubtier Mittel- u. Südamerikas (auch im südlichen Nordamerika) mit wertvollem Fell. 2. a) Fell dieses Tieres; b) aus diesem Fell gearbeiteter Pelz

Ozon [aus *gr.* (tò) ózon „das Duftende" zu ózein „riechen, duften"] *der* (auch: *das*); -s: besondere Form des Sauerstoffs (O_3)

P

p = 1. Pico... 2. piano. 3. Pond. 4. Proton

P = 1. chem. Zeichen für: Phosphor. 2. Poise

p. = pinxit

P. = 1. Pastor. 2. Pater

Pa = chem. Zeichen für: Protactinium

pa. = prima

p. a. = 1. per annum. 2. pro anno

p. A. = per Adresse

Päan [auch: *pä...*; aus *gr.* paiān „an einen Gott gerichteter Hymnus"] *der*; -s, -e: feierliches altgriechisches [Dank-, Preis]lied

Pace [*peⁱß*; aus gleichbed. *engl.* pace, eigtl. „Schritt"] *die*; -: Tempo eines Rennens, auch einer Jagd, eines Geländerittes (Sport)

pachy..., Pachy... [aus *gr.* pachýs „dick"]: in Zusammensetzungen auftretendes Bestimmungswort mit der Bed. „dick, Dicke", z. B. Pachymeter „Dickenmesser"

Päd|agoge [über *lat.* paedagōgus aus gleichbed. *gr.* paid-agōgós, eigtl. „Kinder-, Knabenführer", zu *gr.* pais, Gen. paidós „Kind, Knabe" und ágein „führen"] *der*; -n, -n: a) Erzieher, Lehrer; b) Erziehungswissenschaftler. **Päd|agogik** [aus *gr.* paidagōgikē (téchnē) „Erziehungskunst"] *die*; -: Theorie u. Praxis der Erziehung u. Bildung; Erziehungswissenschaft. **päd|agogisch** [zu → Pädagoge]: a) die Pädagogik betreffend; b) die [richtige] Erziehung betreffend; erzieherisch

Päd|erast [aus *gr.* paiderastḗs „jmd., der Knaben liebt", zu *gr.* pais, Gen. paidós „Kind, Knabe" und erastēs „Liebender" (erān „lieben")] *der*; -en, -en: Homosexueller mit bes. auf männliche Jugendliche gerichtetem Sexualempfinden. **Päd-erastie** [aus gleichbed. *gr.* paiderastía] *die*; -: Knabenliebe; männliche Homosexualität

Padischah [aus gleichbed. *pers.* pādišāh, eigtl. „Beschützer – König"] *der*; -s, -s: (hist.). 1. (ohne Plural) Titel islamitischer Fürsten. 2. islamitischer Fürst als Träger dieses Titels

Pädogenese u. **Pädogenesis** [zu *gr.* pais, Gen. paidós „Kind, Knabe" und → Genese] *die*; -: Fortpflanzung im Larvenstadium (Sonderfall der Jungfernzeugung; Biol.). **pädogenetisch**: sich im Larvenstadium fortpflanzend (Biol.)

Pa|dre [aus gleichbed. *it.* padre, eigtl. „Vater" (*lat.* pater)] *der*; -, Padri: 1. (ohne Plural) Titel der Ordenspriester in Italien. 2. Ordenspriester in Italien als Träger dieses Titels

Paduana [nach der ital. Stadt Padua] *die*; -, ...nen: 1. im 16. Jh. verbreiteter schneller Tanz im Dreiertakt. 2. = Pavane (2)

Pa|ella [*pa-älja*; aus gleichbed. *span.* paella, eigtl. „Pfanne, Topf" aus *lat.* patella „kleine Pfanne"] *die*; -, -s: spanisches Reisgericht mit verschiedenen Fleisch- u. Fischsorten, Muscheln, Krebsen u. a.

Pafel vgl. Bafel

Pafese u. Pofese u. Bofese [aus *it.* pavese zum Ortsnamen Pavia] *die*; -, -n (meist Plural): (bayr., österr.) gefüllte, in Fett gebackene Weißbrotschnitte

Pagaie [über *fr.* pagaie, *span.* pagaya aus gleichbed. *malai.* pangayong] *die*; -, -n: Stechpaddel mit breitem Blatt für den → Kanadier (1)

Page [*pasehᵉ*; aus *fr.* page „Edelknabe"] *der*; -n, -n: 1. (hist.) junger Adliger als Diener am Hof eines Fürsten. 2. junger, uniformierter Diener, Laufbursche [eines Hotels]

Pagode [aus *drawid.* pagōdi, das seinerseits auf *sanskr.* bhagaratī „göttlich, heilig" beruht] *die*; -, -n: 1. in Ostasien entwickelter, turmartiger Tempel-, Reliquienbau mit vielen Stockwerken, die alle ein eigenes Vordach haben; vgl. Stupa. 2. (auch: *der*; -n, -n) (veraltet, aber noch österr.) ostasiat. Götterbild, meist als kleine sitzende Porzellanfigur mit beweglichem Kopf

Paillette [*...jätᵉ*; aus *fr.* paillette „Goldkörnchen, Flitter"] *die*; -, -n (meist Plural): glitzerndes Metallblättchen zum Aufnähen (Kleiderschmuck)

Pair [*pär*; aus gleichbed. *fr.* pair, eigtl. „dem König Ebenbürtiger", zu pair „gleich, ebenbürtig"] *der*; -s, -s: (hist.) Mitglied des franz. Hochadels. **Pairie** *die*; -, ...ien: Würde eines Pairs

Paka [aus gleichbed. *indian.* (Guarani) paka] *das*; -s, -s: südamerik. Nagetier

Paket [aus gleichbed. *fr.* paquet zu paque „Bündel, Ballen, Packen"] *das*; -[e]s, -e: 1. zu einem Packen zusammengelegte, -gepackte, -geschnürte Dinge, z. B. ein [ganzes] - Akten. 2. größeres Päckchen als Postsendung in bestimmten Maßen u. mit einer Höchstgewichtgrenze. 3. zu einer Sammlung, einem Bündel zusammengefaßte Anzahl politischer Pläne, Vorschläge, Forderungen. **paketieren** [*niederl.-fr.*]: einwickeln, verpacken, zu einem Paket machen

Pakt [aus gleichbed. *lat.* pactum, dem substantivierten Part. Perf. Pass. von pacisci „vereinbaren, vertraglich abschließen"] *der*; -[e]s, -e: Vertrag, Übereinkommen; politisches od. militärisches Bündnis. **paktieren** [*lat.-nlat.*]: einen Vertrag, ein Bündnis schließen; ein Abkommen treffen, gemeinsame Sache machen

pal..., **Pal...**, **palä...**, **Palä...** vgl. paläo..., Paläo...

Paladin [über gleichbed. *fr.* paladin aus *mlat.* (comes) palātīnus „kaiserlicher Begleiter" zu *lat.* palātīnus „zum Palātium (Palast, Hof) gehörig"] *der*; -s, -e: 1. Angehöriger des Heldenkreises am Hofe Karls d. Gr. 2. Hofritter, Berater eines Fürsten. 3. treuer Gefolgsmann

Palais [*palä*; aus gleichbed. *fr.* palais; vgl. Palast] *das*; - [*paläß*], - [*paläß*]: Palast, Schloß

paläo..., **Paläo...**, vor Vokalen meist: palä..., Palä..., auch: pal..., Pal... [aus *gr.* palaiós „alt"]: in Zusammensetzungen auftretendes Bestimmungswort mit der Bedeutung „alt, altertümlich, ur..., Ur...". **Paläogen** [zu → paläo..., Paläo... und → ...gen] *das*; -s: Alttertiär, untere Abteilung des Tertiärs, das → Paleozän, → Eozän u. → Oligozän umfaßt (Geol.). **Paläo|graphie** [zu → paläo..., Paläo... und → graphie] *die*; -: Wissenschaft von den Formen u. Mitteln der Schrift im Altertum [u. in der Neuzeit]; Handschriftenkunde. **Paläolithiker** *der*; -s, -: Mensch der Altsteinzeit. **Paläolithikum** [zu → paläo..., Paläo... und → ...lithikum] *das*; -s: älterer Abschnitt der Steinzeit, Altsteinzeit. **paläolithisch**: zum Paläolithikum gehörend, altsteinzeitlich. **Palä|ontologie** [zu → paläo..., Paläo... und *gr.* ōn, Gen. óntos „seiend" und → ...logie] *die*; -: Wissenschaft von den Lebewesen vergangener Erdperioden. **palä|ontologisch**: die Paläontologie betreffend, zu ihr gehörend, auf ihr beruhend. **Paläozoikum** [zu paläo..., Paläo... und ...zoikum „Lebewesenzeit" (zu *gr.* zōon „Lebewesen, Tier")] *das*; -s: erdgeschichtliches Altertum, Erdaltertum (Geol.). **paläozoisch**: das Paläozoikum betreffend

Palas [ältere Form von → Palast] *der*; -, -se: Hauptgebäude einer Ritterburg

Palast [mit sekundärem -t aus *mittelhochd.* palas „Hauptgebäude einer Ritterburg mit Fest- und Speisesaal; Schloß", dies über *altfr.* pales, palais (vgl. Palais) aus *lat.* Palātium „Palast, kaiserlicher Hof" (urspr. der Name einer der sieben Hügel Roms, auf dem Kaiser Augustus und seine Nachfolger residierten)] *der*; -es, Paläste: schloßartiges Gebäude

Palä|stra [aus gleichbed. *gr.* palaístra zu palaíein „ringen, kämpfen"] *die*; -, ...stren: altgriech. Ringerschule, Leibesübungsplatz

palatal [zu *lat.* palātum „Gaumen"]: a) den Gaumen betreffend; b) im vorderen Mund am harten Gaumen gebildet (von Lauten; Sprachw.). **Palatal** *der*; -s, -e: im vorderen Mundraum gebildeter Laut, Gaumenlaut (z. B. k; Sprachw.)

Palatin [aus *mittellat.* (comes) palatinus „kaiserlicher Begleiter"; vgl. Paladin] *der*; -s, -e: (hist.). 1. Pfalzgraf (im Mittelalter). 2. der Stellvertreter des Königs von Ungarn (bis 1848). **Palatinat** *das*; -[e]s, -e: Pfalz[grafschaft]. **palatinisch**: 1. den Palatin betreffend. 2. pfälzisch

Pala|tschinke [aus gleichbed. *ung.* palacsinta, dies über *rumän.* placinta aus *lat.* placenta „Kuchen"] *die*; -, -n (meist Plural): (österr.) gefüllter Eierkuchen

Palaver [...*w*ᵉ*r*; durch *engl.* Vermittlung über eine *afrik.* Eingeborenensprache aus *port.* palavra „Unterredung, Erzählung", dies aus *lat.* parabola, vgl. Parabel] *das*; -s, -: 1. Negerversammlung, Verhandlung zwischen Weißen und Eingeborenen. 2. (ugs.) endloses Gerede u. Verhandeln. **palavern**: (ugs.) lange u. nutzlos [über Nichtigkeiten] reden, verhandeln

Palazzo [aus *lat.* Palātium vgl. Palast] *der*; -s, ...zzi: ital. Bezeichnung für: Palast; Stadthaus

pal|eozän [zu → paläo..., Paläo... und *gr.* kainós „neu"]: das Paleozän betreffend, zu ihm gehörend. **Pal|eozän** *das*; -s: älteste Abteilung des → Tertiärs (Geol.)

Paletot [*pal*ᵉ*to*; aus *fr.* paletot „weiter Überrock", dies aus *mittelengl.* paltok „Überrock, Kittel"] *der*; -s, -s: 1. (veraltet) doppelreihiger, leicht taillierter Herrenmantel mit Samtkragen, meist aus schwarzem Tuch. 2. dreiviertellanger Damen- od. Herrenmantel

Palette [aus gleichbed. *fr.* palette, eigtl. „kleine Schaufel", zu *lat.* pāla „Schaufel, Spaten"] *die*; -, -n: 1. meist ovales, mit Daumenloch versehenes Mischbrett für Farben. 2. reiche Auswahl, viele Möglichkeiten bietende Menge. 3. genormte hölzerne od. metallene Hubplatte zum Stapeln von Waren mit dem Gabelstapler. **palettieren**: Versandgut auf einer Palette (3) stapeln u. in dieser Form verladen

palim..., **Palim...** vgl. palin..., Palin... **palin...**, **Palin...** [aus *gr.* pálin „zurück; wiederum, erneut"], vor Lippenlauten angeglichen zu: palim..., Palim...: in Substantiven u. Adjektiven auftretendes Präfix mit der Bedeutung „zurück, wieder[um], erneut". **Palin|drom** [aus *gr.* palíndromos „rückläufig"] *das*; -s, -e: Wort[folge] od. Satz, die vorwärts wie rückwärts gelesen [den gleichen] Sinn ergeben (z. B. Regen–Neger). **Palingenese** [zu → palin..., Palin... und → Genese] *die*; -, -n: 1. Wiedergeburt der Seele (durch Seelenwanderung). 2. das Auftreten von Merkmalen stammesgeschichtlicher Vorfahren während der Keimesentwicklung (z. B. die Anlage von Kiemenspalten beim Menschen; Biol.). **Palingenesie** *die*; -, ...ien u. **Palingenesis** *die*; -, ...esen: = Palingenese (2). **palingenetisch**: die Palingenese (1, 2) betreffend

Palisade [aus gleichbed. *fr.* palissade, eigtl. „Pfähle, Pfahlzaun", zu *lat.* pālus „Pfahl"] *die*; -, -n: 1. zur Befestigung dienender Pfahl, Schanzpfahl. 2. Hindernis aus dicht nebeneinander in die Erde gerammten Pfählen, Pfahlzaun

Palisander [aus *fr.* palissandre, das seinerseits wohl auf *span.* palo santo, eigtl. „heiliger Pfahl", zurückgeht] *der*; -s, -: violettbraunes, von dunklen

Adern durchzogenes, wertvolles brasilianisches Nutzholz

[1]**Palladium** [zum Namen der griechischen Göttin Pallas] *das*; -s, ...ien [...*iᵉn*]: a) Bild der griech. Göttin Pallas Athene als Schutzbild, schützendes Heiligtum [eines Hauses od. einer Stadt]; b) höchstes Gut, Heiligtum. [2]**Palladium** [nach dem Planetoiden Pallas, zu → [1]Pallas] *das*; -s: chem. Grundstoff, dehnbares, silberweißes Edelmetall; Zeichen: Pd

Pallasch [durch *slaw.* Vermittlung über *ung.* pallos aus *türk.* pala „Schwert"] *der*; -[e]s, -e: schwerer [Korb]säbel

Pallawatsch u. **Ballawatsch** [wohl aus *it.* balordaggine „Dummheit, Tölpelei"] *der*; -s, -e: (österr., ugs.) 1. (ohne Plural) Durcheinander, Blödsinn. 2. Versager, Niete

Pallium [aus *lat.* pallium „Mantel"] *das*; -s, ...ien [...*iᵉn*]: 1. im antiken Rom mantelartiger Überwurf. 2. Krönungsmantel der [mittelalterl.] Kaiser. 3. weiße Schulterbinde mit sechs schwarzen Kreuzen als persönliches Amtszeichen der kath. Erzbischöfe

Palmarum [aus *lat.* (diēs) palmārum „(Tag der) Palmen"]: Name des Sonntags vor Ostern (nach der → Perikope (1) vom Einzug Christi in Jerusalem, Matth. 21, 1–11)

Palmette [aus gleichbed. *fr.* palmette zu *lat.* palma „Palme, Palmzweig"] *die*; -, -n: palmblattähnliches, streng symmetrisches Ornament der griech. Kunst

Palmin (Wz) [zu Palme] *das*; -s: aus Kokosöl hergestelltes Speisefett

palpabel: unter der Haut fühlbar (z. B. von Organen), greifbar, tastbar (z. B. vom Puls; Med.). **Palpation** [...*zion*] *die*; -, -en: das Palpieren (Med.). **palpieren** [aus *lat.* palpāre „streicheln"]: abtasten, betastend untersuchen (Med.)

Pampa [über *span.* pampa aus *indian.* (*Quiche*) pampa „Feld, Ebene"] *die*; -, -s (meist Plural): ebene, baumarme Grassteppe in Südamerika (zum größten Teil in Argentinien)

Pampelmuse [unter Einfluß von *fr.* pamplemousse über *niederl.* pompelmoes aus *tamil.* bambolmas] *die*; -, -n: große, gelbe Zitrusfrucht von säuerlich-bitterem Geschmack

Pam|phlet [über *fr.* pamphlet aus gleichbed. *engl.* pamphlet] *das*; -[e]s, -e: [politische] Streit- u. Schmähschrift, verunglimpfende Flugschrift. **Pam|phletist** *der*; -en, -en: Verfasser von Pamphleten. **pam|phletistisch**: in der Art eines Pamphlets

Pampusche vgl. Babusche

pan..., **Pan...** [aus *gr.* pān „ganz, all, jeder" (Neutrum zu pās)]: in Zusammensetzungen auftretendes Bestimmungswort mit der Bedeutung „all, ganz, gesamt, völlig", vgl. panto..., Panto...

Panade [über *fr.* panade aus *provenzal.* panada; vgl. panieren] *die*; -, -n: Brei aus Semmelbröseln bzw. Mehl und geschlagenem Eigelb zum Panieren. **Panadelsuppe** *die*; -, -n: (südd.; österr.) Suppe mit Weißbroteinlage u. Ei

pan|afrikanisch: den Panafrikanismus, alle afrik. Staaten betreffend. **Pan|afrikanismus** *der*; -: das Bestreben, die wirtschaftliche u. politische Zusammenarbeit aller afrikanischen Staaten zu verstärken

Panama [auch: *pan*...; nach der mittelamerikan. Stadt Panama] *der*; -s, -s: Gewebe in Würfelbindung, sog. Panamabindung (Webart). **Panamahut** *der*; -[e]s, ...hüte: aus den Blattfasern einer in Mittel- u. Südamerika vorkommenden Palmenart geflochtener Hut

pan|amerikanisch: den Panamerikanismus, alle amerik. Staaten betreffend. **Pan|amerikanismus** *der*; -: das Bestreben, die wirtschaftliche u. politische Zusammenarbeit aller amerikanischen Staaten zu verstärken

panaschieren [aus *fr.* panacher „buntstreifig machen", eigtl. „mit einem Federbusch zieren", zu panache „Feder-, Helmbusch"]: bei einer Wahl seine Stimme für Kandidaten verschiedener Parteien abgeben (z. B. in den deutschen Bundesländern bei Gemeindewahlen)

pan|chromatisch [...*kro*...; zu → pan..., Pan... und → chromatisch]: empfindlich für alle Farben u. Spektralbereiche (von Filmmaterial; Fotogr.)

Panda [Herkunft dunkel] *der*; -s, -s: Katzenbär (Kleinbär des Himalajagebietes)

Pandit [aus gleichbed. *Hindi* paṇḍit aus *sanskr.* paṇḍitá-ḥ „klug, gelehrt"] *der*; -s, -e: 1. (ohne Plural) Titel brahmanischer Gelehrter. 2. Träger dieses Titels

Pandur [aus gleichbed. *ung.* pandúr] *der*; -en, -en: (hist.) a) ungarischer [bewaffneter] Leibdiener; b) leichter ungarischer Fußsoldat

Paneel [aus *altfr.* panel, wohl zu *lat.* pānis „Türfüllung"] *das*; -s, -e: a) das vertieft liegende Feld einer Holztäfelung; b) gesamte Holztäfelung. **paneelieren**: [eine Wand] mit Holz vertäfeln

Pan|egyrikos *der*; -, ...koi [...*keu*] u. **Pan|egyrikus** [aus *gr.* panēgyrikós, eigtl. „zur Versammlung, zum Fest gehörig", zu → pan..., Pan... und *gr.* ágyris „Versammlung"] *der*; -, ...ken u. ...zi: Fest-, Lobrede, Lobgedicht im Altertum. **pan|egyrisch**: den Panegyrikus betreffend, lobrednerisch

Panel [*pänᵉl*; aus gleichbed. *engl.* panel, eigtl. „Feld, Paneel"; vgl. Paneel] *das*; -s, -s: repräsentative Personengruppe für die Meinungsforschung

panem et circenses [- - *zirzänseß*; *lat.*; „Brot und Zirkusspiele"]: Lebensunterhalt u. Vergnügungen als Mittel zur Zufriedenstellung des Volkes (ursprünglich Anspruch des röm. Volkes während der Kaiserzeit, den die Herrscher zu erfüllen hatten, wenn sie sich die Gunst des Volkes erhalten wollten)

Panflöte [nach dem altgriech. Hirtengott Pan] *die*; -, -n: aus 5–7 verschieden langen, grifflochlosen, floßartig aneinandergereihten Pfeifen bestehendes Holzblasinstrument; vgl. Syrinx

Pangermanismus [...*n-g*...] *der*; -: politische Haltung, die die Gemeinsamkeiten der Völker germanischen Ursprungs betont u. eine Vereinigung aller Deutschsprechenden anstrebt; Alldeutschtum

Panhellenismus *der*; -: Bestrebungen, alle griech. Länder in einem großen griech. Reich zu vereinigen; Allgriechentum

Panier [aus gleichbed. *altfr.* ban(n)iere, das seinerseits *germ.* Ursprungs (Banner) ist] *das*; -s, -e: 1. (veraltet) Banner, Fahne. 2. Wahlspruch; etwas, dem man sich zur Treue verpflichtet fühlt

panieren [aus *fr.* paner „mit geriebenem Brot bestreuen" zu pain „Brot" (*lat.* pānis)]: (Fleisch, Fisch u. a.) in Ei u. geriebener Semmel od. Mehl wenden

Panik [aus gleichbed. *fr.* panique] *die*; -, -en: plötzliches Erschrecken; Massenangst. **panisch** [über gleichbed. *fr.* panique aus *gr.* pānikós „vom Hirten- und Waldgott Pan herrührend"; die Griechen glaubten, daß die Nähe des Gottes Pan die Ursache für die Angst sei, die den Menschen manchmal in der freien Natur überfällt]: wild, lähmend, z. B. -er Schrecken, -e Angst

Pan|islamismus *der*; -: Streben nach Vereinigung aller islam. Völker

Panjepferd [zu *poln.* panje, Anredeform von pan „Herr, Gutsherr"] *das*; -[e]s, -e: kleines, genügsames polnisches oder russisches Pferd. **Panjewagen** *der*; -s, -: einfacher, vor allem in Osteuropa benutzter Holzwagen

Pan|kreas [...*kreaß*; aus gleichbed. *gr.* págkreas] *das*; -, ...kreaten: Bauchspeicheldrüse (Med.). **Pankreatin** *das*; -s: ein Enzym der Bauchspeicheldrüse

Panmixie [zu → pan..., Pan... und *gr.* mîxis „Mischung", eigtl. „Allmischung"] *die*; -, ...ien: Kreuzung durch zufallsbedingte Paarung (Biol.)

Pan|optikum [zu → pan..., Pan... und *gr.* optikós „zum Sehen gehörig", eigtl. „Gesamtschau"] *das*; -s, ...ken: Sammlung von Sehenswürdigkeiten, meist Kuriositäten, od. von Wachsfiguren. **panoptisch**: von überall einsehbar

Pan|orama [aus → pan..., Pan... und *gr.* hórama „das Sehen, das Geschaute", eigtl. etwa „Allschau"] *das*; -s, ...men: 1. Rundblick, Ausblick. 2. a) Rundgemälde; b) fotografische Rundaufnahme

Pan|psychismus [zu → pan..., Pan... und → Psyche] *der*; -: Vorstellung der Allbeseelung der Natur, auch der nichtbelebten (Philos.)

Pan|slawismus *der*; -: Bestrebungen, alle slawischen Völker in einem Großreich zu vereinigen; Allslawentum. **Pan|slawist** *der*; -en, -en: Anhänger des Panslawismus. **pan|slawistisch**: den Panslawismus betreffend, auf ihm beruhend

Pantalons [*pangtalongß*, auch: *pantalongß*; aus gleichbed. *fr.* pantalons, das seinerseits auf *it.* Pantal(e)one, den Namen des komischen Alten in der Commedia dell' arte, zurückgeht. Pantalone trägt knöchellange Hosen] *die* (Plural): während der Franz. Revolution aufgekommene lange Männerhose

panta rhei [*gr.*; „alles fließt"]: es gibt kein bleibendes Sein (dem Heraklit zugeschriebener Grundsatz, nach dem das Sein als ewiges Werden, ewige Bewegung gedacht wird)

Pan|theismus [zu → pan..., Pan... und → Theismus] *der*; -: Allgottlehre; Lehre, in der Gott u. Welt identisch sind; Anschauung, nach der Gott das Leben des Weltalls selbst ist (Philos.). **Pan|theist** *der*; -en, -en: Vertreter des Pantheismus. **pantheistisch**: den Pantheismus betreffend, auf ihm beruhend; in der Art des Pantheismus

Pan|theon [aus *gr.* Pánthe(i)on, zu pān „ganz, all" und theĩos „göttlich"] *das*; -s, -s: 1. antiker Tempel (bes. in Rom) für alle Götter. 2. Ehrentempel (z. B. in Paris). 3. Gesamtheit der Götter eines Volkes

Panther [aus gleichbed. *gr.* pánthēr, dessen weitere Herkunft unklar ist] *der*; -s, -: = Leopard

Pantine [wohl durch *niederl.* Vermittlung aus *fr.* patin „Schuh mit Holzsohle, Stelzschuh" zu *fr.* patte „Pfote"] *die*; -, -n (meist Plural): Holzschuh, Holzpantoffel

panto..., Panto... [aus *gr.* pān, Gen. pantós „ganz, all, jeder", vgl. pan..., Pan...]: in Zusammensetzungen auftretendes Bestimmungswort mit der Bedeutung „all, ganz, gesamt, völlig", z. B. pantomimisch, Pantomimik; vgl. pan..., Pan...

Pantoffel [aus gleichbed. *fr.* pantoufle] *der*; -s, -n (ugs.: -) (meist Plural): leichter Hausschuh [ohne Fersenteil]

Panto|graph [zu → panto..., Panto... und → ...graph] *der*; -en, -en: Storchschnabel (Instrument zum Übertragen von Zeichnungen im gleichen, größeren od. kleineren Maßstab). **Panto|graphie** *die*; -, ...ien: mit dem Pantographen hergestelltes Bild

Pantolette [Kunstw. aus: *Panto*ffel u. Sanda*lette*] *die*; -, -n (meist Plural): leichter Sommerschuh ohne Fersenteil

[1]Pantomime [wohl durch *fr.* Vermittlung (*fr.* pantomime) aus *gr.* pantómīmos, eigtl. „alles nachahmend", zu → panto..., Panto... und → Mime] *die*; -, -n: Darstellung einer Szene, Handlung nur mit Gebärden, Mienenspiel u. Tanz. **[2]Pantomime** *der*; -n, -n: Darsteller einer Pantomime. **Pantomimik** *die*; -: 1. Kunst der Pantomime. 2. Gesamtheit der Ausdrucksbewegungen des Körpers; Gebärdenspiel, Körperhaltung u. Gang (Psychol.). **pantomimisch**: 1. die Pantomime betreffend, mit den Mitteln, in der Art der Pantomime. 2. die Pantomimik (2), die Ausdrucksbewegungen des Körpers betreffend (Psychol.)

Pan|try [*päntri*; aus gleichbed. *engl.* pantry] *die*; -, -s (auch: ...*ries* [...*ris*, auch: ...*riß*]): Anrichte[raum] [auf Schiffen od. in Flugzeugen]

Panty [*pänti*; aus gleichbed. *engl.* panty zu pants „Hosen"] *die*; -, ...ties [...*tis*, auch: ...*tiß*]: 1. Miederhöschen. 2. Strumpfhose

Pän|ultima [aus gleichbed. *lat.* paenultima, zu paene „fast" und ultimus „der letzte"] *die*; -, ...mä u. ...men: vorletzte Silbe in einem Wort (lat. Grammatik)

Päonie [...*ie*; über *lat.* paiōnía, aus *gr.* paiōnía, eigtl. „die Heilende"] *die*; -, -n: Pfingstrose (eine Zierstaude)

p. a p. = poco a poco

Papa [aus gleichbed. *mlat.* papa, eigtl. „Vater"] *der*; -s: kirchliche Bezeichnung des Papstes

Papagallo [aus gleichbed. *it.* pappagallo, eigtl. „Papagei"] *der*; -[s], -s u. ...lli: auf erotische Abenteuer ausgehender südländischer, bes. ital. [junger] Mann

Papagei [österr. auch: *pa*...; aus *fr.* papegai, dies wahrscheinlich aus *arab.* babaġā] *der*; -[e]s u. -en, -e[n]: leicht zähmbarer, buntgefiederter tropischer Vogel mit kurzem, abwärts gebogenem Oberschnabel

papal [zu → Papa]: päpstlich. **Papalismus** *der*; -: kirchenrechtliche Anschauung, nach der dem Papst die volle Kirchengewalt zusteht; Ggs. → Episkopalismus. **Papat** *der* (auch: *das*); -[e]s: Amt u. Würde des Papstes

Paper [*pe'iper*; aus gleichbed. *engl.* paper, eigtl. „Papier"] *das*; -s, -s: schriftliche Unterlage, Schriftstück; vgl. Papier (2)

Paperback [*pe'iperbäk*; aus gleichbed. *engl.* paperback, eigtl. „Papierrücken"] *das*; -s, -s: kartoniertes, meist in Klebebindung hergestelltes [Taschen]buch

Papeterie [aus gleichbed. *fr.* papeterie zu papier „Papier"] *die*; -, ...ien: (schweiz.) Papierwaren, Papierwarenhandlung

Papier [aus *lat.* papȳrum, einer Nebenform von papȳrus „Papyrus[staude]", dies aus *gr.* pápȳros (unbekannter Herkunft)] *das*; -s, -e: 1. aus Fasern hergestelltes, blattartig gepreßtes, zum Beschreiben, Bedrucken, zur Verpackung o. ä. dienendes

Material. 2. Schriftstück, Dokument, schriftliche Unterlage, Manuskript; vgl. Paper. 3. (meist Plural) Ausweis, Personaldokument, Unterlagen. 4. Wertpapier, Urkunde über Vermögensrechte. **Papiermaché** [*papiemaschẹ*, auch: ...*pir*...; aus gleichbed. *fr.* papier mâché, eigtl. „zerfetztes Papier"] u. Pappmaché *das*; -s, -s: verformbares Hartpapier

Papirossa [über *russ.* papirosa aus *poln.* papieros zu papier „Papier"] *die*; -, ...ossy: russische Zigarette mit langem papiernem Hohlmundstück

Papismus [zu → Papa] *der*; -: (abwertend) Papsttum. **Papist** *der*; -en, -en: (abwertend) Anhänger des Papsttums. **papistisch**: (abwertend) den Papismus betreffend, auf ihm beruhend; päpstisch

Pappmaché vgl. Papiermaché

Pa|prika [durch *ung.* Vermittlung aus *serb.* paprika zu papar „Pfeffer"] *der*; -s, -[s]: 1. Gemüse-, Gewürzpflanze mit kleinen weißen Blüten u. hohlen Beerenfrüchten. 2. Frucht der Paprikapflanze, Paprikaschote. 3. (ohne Plural) pfefferartig scharfes Gewürz von roter Farbe aus der getrockneten reifen Frucht der Paprikapflanze

Papyrus [aus *gr.* pápȳros; vgl. Papier] *der*; -, ...ri: 1. Papierstaude. 2. in der Antike gebräuchliches, aus der Papierstaude gewonnenes Schreibmaterial in Blatt- u. Rollenform. 3. aus der Antike u. bes. aus dem alten Ägypten stammendes beschriftetes Papyrusblatt; Papyrusrolle; Papyrustext

para..., **Para...**, vor Vokalen: par..., Par... [aus *gr.* pará, pára „entlang; neben, bei; über – hinaus; gegen"]: in Zusammensetzungen auftretendes Präfix mit den Bedeutungen „bei, neben, entlang; über – hinaus; gegen, abweichend", z. B. parataktisch, Paragraph, parallel, Parodie

Parabase [aus gleichbed. *gr.* parábasis, eigtl. „das Vorbeigehen, Hervortreten (des Chors)"] *die*; -, -n: in der attischen Komödie Einschub in Gestalt einer satirisch-politischen Aussprache, gemischt aus Gesang u. Rezitation des Chorführers u. des Chors

Parabel [über *lat.* parabola aus *gr.* parabolḗ „Gleichnis", eigtl. „die Vergleichung, das Nebeneinanderwerfen", zu para-bállein] *die*; -, -n: 1. lehrhafte Dichtung, die eine allgemeingültige sittliche Wahrheit an einem Beispiel (indirekt) veranschaulicht; lehrhafte Erzählung, Lehrstück; Gleichnis. 2. eine symmetrisch ins Unendliche verlaufende Kurve der Kegelschnitte, deren Punkte von einer festen Geraden u. einem festen Punkt gleichen Abstand haben (Math.). 3. Wurfbahn in einem → Vakuum (Phys.)

Parabellum Ⓦ [Kunstw.] *die*; -, -s u. **Parabellumpistole** *die*; -, -n: Selbstladepistole

Parabiose [zu → para..., Para... und → Bios] *die*; -, -n: das Zusammenleben u. Aufeinandereinwirken zweier Lebewesen der gleichen Art, die miteinander verwachsen sind (Biol.)

Para|blacks [auch: ...*bläx*; aus gleichbed. *engl.* parablacks] *die* (Plural): auf den Skiern (zwischen Skispitze u. Bindung) angebrachte [Kunststoff]klötze, die das Überkreuzen der Skier verhindern sollen

parabolisch [zu → Parabel]: 1. die Parabel (1) betreffend, in der Art einer Parabel (1); gleichnishaft, sinnbildlich. 2. parabelförmig gekrümmt. **Paraboloid** *das*; -[e]s, -e: gekrümmte Fläche ohne Mittelpunkt (Math.). **Parabolspiegel** *der*; -s, -: Hohlspiegel von der Form eines Paraboloids, das durch die Drehung einer Parabel um ihre Achse entstanden ist (Rotationsparaboloid)

¹Parade [über gleichbed. *fr.* parade unter Einfluß von *fr.* parer „schmücken" aus *span.* parada „Kürzen der Gangart, Zügeln des Pferdes"] *die*; -, -n: Truppenschau, Vorbeimarsch militärischer Verbände; prunkvoller Aufmarsch

²Parade [zu → ²parieren, gebildet nach *fr.* parade, vgl. ¹Parade] *die*; -, -n: das Anhalten eines Pferdes od. Gespanns bzw. der Wechsel des Tempos od. der Dressurlektionen (im Pferdesport)

³Parade [zu → ¹parieren, gebildet nach *fr.* parade, für älteres parat aus *it.* parata (Fechtausdruck)] *die*; -, -n: a) Abwehr eines Angriffs (bes. beim Fechten u. Boxen); b) Abwehr durch den Torhüter (bei Ballspielen)

Paradeiser [aus Paradeisapfel = Paradiesapfel gekürzt] *der*; -s, -: (österr.) Tomate

Paradentose *die*; -, -n: (veraltet) Parodontose

paradieren [zu → ¹Parade]: 1. [anläßlich einer Parade] vorbeimarschieren; feierlich vorbeiziehen. 2. sich mit etwas brüsten; mit etwas prunken

Paradies [über *lat.* paradīsus, *gr.* parádeisos aus dem Persischen, vgl. *awest.* pairidaēza „Einzäunung, Garten"] *das*; -es, -e: 1. (ohne Plural) a) Garten Eden, Garten Gottes; b) Himmel; Ort der Seligkeit; c) ein Ort od. eine Gegend, die für einen Personenkreis mit einem bestimmten Interesse od. für eine Gruppe von Lebewesen ein ideales Betätigungsfeld bietet bzw. besonders günstige Lebensbedingungen aufweist, z. B. ein - für Angler, ein - für Vögel. 2. Portalvorbau an mittelalterlichen Kirchen. **paradiesisch**: 1. das Paradies (1) betreffend. 2. herrlich, himmlisch

Paradigma [über *lat.* paradīgma aus *gr.* parádeigma zu paradeiknýnai „vorzeigen, sehen lassen"] *das*; -s, ...men (auch: -ta): 1. beispielhafte Erzählung; Beispiel. 2. Adjektiv od. Verb mit allen Flexionsformen; Muster einer bestimmten Deklinations- od. Konjugationsklasse, das beispielhaft für alle gleich gebeugten steht, Flexionsmuster (Sprachw.). **paradigmatisch**: 1. als Beispiel, Muster dienend. 2. das Paradigma betreffend (Sprachw.). 3. Beziehungen zwischen sprachlichen Elementen betreffend, die an einer Stelle eines Satzes austauschbar sind u. sich dort gegenseitig ausschließen (z. B. ich sehe einen *Stuhl*/*Tisch*/*Mann*; Sprachw.); Ggs. → syntagmatisch (2)

paradox [aus *gr.-lat.* parádoxos zu pará „gegen" und dóxa „Meinung"]: widersinnig, einen Widerspruch in sich enthaltend. **Paradox** vgl. Paradoxon. **Paradoxie** *die*; -, ...ien: das dem Geglaubten, Gemeinten, Erwarteten Zuwiderlaufende; das Widersinnige, der Widerspruch in sich. **Paradoxität** *die*; -, -en: (selten) Paradoxie, das Paradoxsein. **Paradoxon** [aus *gr.-lat.* parádoxon] *das*; -s, ...xa u. Paradox *das*; -es, -e: a) eine scheinbar zugleich wahre u. falsche Aussage (Logik, Stilk.); b) etwas, was widersinnig ist, einen Widerspruch in sich trägt

Par|affin [gelehrte Bildung aus *lat.* parum „zu wenig, nicht genug" und affinis „teilnehmend an etwas; verwandt", eigtl. „wenig reaktionsfähiger Stoff"] *das*; -s, -e: 1. festes, wachsähnliches od. flüssiges, farbloses Gemisch wasserunlöslicher gesättigter Kohlenwasserstoffe, das bes. zur Herstellung von Kerzen, Bohnerwachs o. ä. dient. 2. (nur Plural) Sammelbezeichnung für die gesättigten, aliphatischen Kohlenwasserstoffe (z. B. Methan, Propan, Butan). **par|affinieren**: mit Paraffin (1) behandeln. **par|affinisch**: das Paraffin (1) betreffend

Para|graph [über *lat.* paragraphus aus *gr.* parágraphos (grammé) „nebengeschriebene Linie, Zeichen am Rande der antiken Buchrolle zur Kennzeichnung der Vortragsteile für den Chor im Drama", zu para-gráphein „danebenschreiben"] *der;* -en, (auch: -s), -en: a) in Gesetzbüchern, wissenschaftlichen Werken u. a. ein fortlaufend numerierter kleiner Abschnitt; b) das Zeichen für einen solchen Abschnitt; Zeichen: § (Plural: §§)

par|allaktisch: die Parallaxe betreffend, auf ihr beruhend, durch sie bedingt. **Par|allaxe** [aus *gr.* parállaxis „Vertauschung; Abweichung" zu parallássein „vertauschen"] *die;* -, -n: 1. Winkel, den zwei Gerade bilden, die von verschiedenen Standorten auf einen Punkt gerichtet sind (Phys.). 2. Entfernung eines Sterns, die mit Hilfe zweier von verschiedenen Standorten ausgehender Geraden bestimmt wird (Astron.). 3. Unterschied zwischen dem Bildausschnitt im Sucher u. auf dem Film (Fotogr.)

par|allel [aus gleichbed. *gr.-lat.* parállēlos zu pará „entlang, neben, bei" und allēlōn „einander" (állos „anderer")]: a) in gleicher Richtung und in gleichem Abstand nebeneinander verlaufend; b) gleichlaufend, gleich-, nebeneinandergeschaltet. **Par|allele** [unter dem Einfluß von *fr.* parallèle zu → parallel] *die;* -, -n (drei Parallele[n]): 1. Gerade, die zu einer anderen Geraden in gleichem Abstand u. ohne Schnittpunkt im Endlichen verläuft (Math.). 2. Entsprechung, vergleichbarer Fall, Ähnliches. **Par|allel|epiped** *das;* -[e]s, -e u. **Par|allelepipedon** *das;* -s, ...da u. ...peden: Parallelflach. **par|allelisieren**: vergleichend nebeneinander-, zusammenstellen. **Par|allelismus** *der;* -, ...men: 1. [formale] Übereinstimmung verschiedener Dinge od. Vorgänge. 2. inhaltlich u. grammatisch gleichmäßiger Bau von Satzgliedern od. Sätzen (Sprachw.; stilk.); Ggs. → Chiasmus. **Par|allelität** *die;* -, -en: 1. (ohne Plural) Eigenschaft zweier paralleler Geraden (Math.). 2. Gleichlauf, Gleichheit, Ähnlichkeit (von Geschehnissen, Erscheinungen o. ä.). **Par|allelo** [aus gleichbed. *it.* parallelo] *der;* -[s], -s: (veraltet) längsgestrickter Pullover [mit durchgehend quer verlaufenden Rippen]. **Par|allelogramm** *das;* -s, -e: Viereck mit parallelen, gegenüberliegenden Seiten (Math.). **Par|allel|projektion** [...*zion*] *die;* -, -en: durch parallele Strahlen auf einer Ebene dargestelltes Raumgebilde (Math.)

Paralyse [aus gleichbed. *gr.-lat.* parálysis, eigtl. „Auflösung", zu para-lýein „auflösen"] *die;* -, -n: vollständige Bewegungslähmung; progressive -: fortschreitende Gehirnerweichung als Spätfolge der Syphilis (Med.). **paralysieren**: 1. lähmen, schwächen (Med.). 2. unwirksam machen, aufheben, entkräften. **Paralytiker** *der;* -s, -: an [progressiver] Paralyse Leidender. **paralytisch**: die Paralyse betreffend; gelähmt (Med.)

parama|gnetisch [zu → para..., Para... und → magnetisch]: den Paramagnetismus betreffend. **Paramagnetismus** *der;* -: Verstärkung des → Magnetismus durch Stoffe mit (von den Drehimpulsen der Elementarteilchen erzeugtem) atomarem magnetischem Moment (Phys.)

Parament [zu *lat.* paräre „bereifen, zurüsten"] *das;* -[e]s, -e (meist Plural): im christlichen Gottesdienst übliche, oft kostbar ausgeführte liturgische Bekleidung u. für Altar, Kanzel u. liturgische Geräte verwendetes Tuch (Rel.)

Parameter [zu → para..., Para... und *gr.* métron „Maß, Größe" (→ [3]...meter)] *der;* -s, -: 1. in Funktionen u. Gleichungen eine neben den eigentlichen → Variablen auftretende, entweder unbestimmt gelassene oder konstant gehaltene Hilfsgröße (Math.). 2. bei Kegelschnitten die im Brennpunkt die Hauptachse senkrecht schneidende Sehne (Math.)

paramilitärisch [zu → para..., Para... und → militärisch]: halbmilitärisch, militärähnlich

Paranoia [...*neua*; aus *gr.* paránoia „Torheit; Wahnsinn" zu pará „neben" und noũs „Verstand"] *die;* -: sich in festen Wahnvorstellungen (z. B. Eifersuchts-, Propheten-, Verfolgungswahn) äußernde Geistesgestörtheit (Med.). **paranoid**: der Paranoia ähnlich (Med.). **Paranoiker** *der;* -s, -: an Paranoia Leidender. **paranoisch**: (Med.) 1. die Paranoia betreffend, zu ihrem Erscheinungsbild gehörend. 2. geistesgestört

Par|an|thropus [zu → para..., Para... u. *gr.* ánthrōpos „Mensch"] *der;* -, ...pi: dem → Plesianthropus ähnlicher südafrik. Frühmensch des Pliozäns

Paranuß [nach dem nordbrasilianischen Staat u. Ausfuhrhafen Pará] *die;* -, ...nüsse: dreikantiger, dick- u. hartschaliger, wohlschmeckender, fettreicher Samen des südamerikanischen Paranußbaums

Paraphe [aus gleichbed. *fr.* paraphe, einer Nebenform von paragraphe (vgl. Paragraph)] *die;* -, -n: Namenszug, Namenszeichen, Namensstempel. **paraphieren** [aus gleichbed. *fr.* parapher]: mit der Paraphe versehen, abzeichnen, bes. einen Vertrag[sentwurf], ein Verhandlungsprotokoll als Bevollmächtigter unterzeichnen

Para|phrase [aus gleichbed. *gr.* paráphrasis zu pará „neben" und phrásis „das Sprechen, Ausdruck", zu paraphrázein „umschreiben"] *die;* -, -n: 1. verdeutlichende Umschreibung; freie Übertragung (Sprachw.). 2. freie Umspielung, Ausschmückung einer Melodie (Mus.). **para|phrasieren**: 1. eine Paraphrase (1) von etwas geben; etwas verdeutlichend umschreiben (Sprachw.). 2. eine Melodie frei umspielen, ausschmücken (Mus.)

Para|pluie [...*plü*; aus gleichbed. *fr.* parapluie, eigtl. „etwas, was den Regen abhält"] *der* (auch: *das*); -s, -s: (veraltet) Regenschirm

para|psychisch: übersinnlich. **Para|psychologie** [zu → para..., Para... und → Psychologie] *die;* -: Teilgebiet der Psychologie, auf dem man die außersinnlichen, außerhalb des normalen Wachbewußtseins liegenden u. als okkult bezeichneten Erscheinungen (z. B. Telepathie, Telekinese) erforscht. **para|psychologisch**: die Parapsychologie betreffend, auf ihr beruhend

Parasit [über *lat.* parasītus aus *gr.* parásītos „Tischgenosse; Schmarotzer", eigtl. „neben einem anderen essend", zu pará „neben" und sītos „Speise"] *der;* -en, -en: 1. Lebewesen, das auf Kosten eines anderen lebt, dieses zwar nicht tötet, aber durch Nahrungsentzug, durch seine Ausscheidungen u. a. schädigt u. das Krankheiten hervorrufen kann; tierischer od. pflanzlicher Schmarotzer (Biol.). 2. Figur des hungernden, gefräßigen u. kriecherischen Schmarotzers im antiken Lustspiel. 3. am Hang eines Vulkans entstandener kleiner Schmarotzerkrater (Geol.). **parasitär** [nach *fr.* parasitaire]: 1. Parasiten (1) betreffend, durch sie hervorgerufen. 2. in der Art eines Parasiten; parasitenähnlich, schmarotzerhaft. **parasitieren**: als Parasit (1) leben; schmarotzen. **parasitisch**: parasitär, schmarotzerartig. **Parasitismus** *der;* -: Schmarotzertum

Parasympathikus [zu → para..., Para... und → Sympathikus] *der*; -: der dem → Sympathikus entgegengesetzt wirkende Teil des → vegetativen (2) Nervensystems (Med.). **parasympathisch**: den Parasympathikus betreffend, durch ihn bedingt (Med.)

parat [aus *lat.* parātus, Part. Perf. Pass. von parāre „bereiten, (aus)rüsten"]: [gebrauchs]fertig; bereit

parataktisch [auch: *pa*...]: der Parataxe unterliegend, nebenordnend (Sprachw.); Ggs. → hypotaktisch. **Parataxe** [auch: *pa*...; zu *gr.* pará „neben" und táxis „Ordnung"] *die*; -, -n: Nebenordnung von Satzgliedern od. Sätzen (Sprachw.); Ggs. → Hypotaxe

Paratyphus [zu → para..., Para... und → Typhus] *der*; -: dem Typhus ähnliche, aber leichter verlaufende u. von anderen Erregern hervorgerufene Infektionskrankheit (Med.)

Paravent [...*wang*; aus gleichbed. *fr.* paravent, dies aus *it.* paravento, eigtl. „etwas, was den Wind abhält"] *der* od. *das*; -s, -s: Wand-, Ofenschirm; spanische Wand

par avion [- *awiong*; *fr.*, eigtl. „durch Flugzeug"]: durch Luftpost (Vermerk auf Luftpost im Auslandsverkehr)

par|bleu! [*parblö*; aus gleichbed. *fr.* parbleu, entstellt aus par Dieu! „bei Gott!"]: (veraltet) nanu!; Donnerwetter!

Parcours [*parkur*; aus gleichbed. *fr.* parcours, dies aus *spätlat.* percursus „das Durchlaufen"] *der*; - [...*kur(ß)*], - [...*kurß*]: abgesteckte Hindernisbahn für Jagdspringen od. Jagdrennen (Reiten)

par distance [- *dißtangß*; *fr.*; vgl. Distanz]: aus der Ferne

Pardon [*pardong*; aus gleichbed. *fr.* pardon zu pardonner „verzeihen", dies aus *spätlat.* per-dōnāre „vergeben"] *der*; -s: (veraltet) Verzeihung; Nachsicht; heute nur noch üblich in bestimmten Verwendungen; z. B.: kein[en] - kennen (schonungslos vorgehen); Pardon! (Verzeihung!)

Parentalgeneration [...*zion*; zu *lat.* parentālis „elterlich" (dies zu parentēs „Eltern") und → Generation] *die*; -, -en: Elterngeneration; Zeichen P (Biol.). **Parentalien** *die* (Plural): altröm. Totenfest im Februar; vgl. Feralien

Par|enthese [aus *gr.-lat.* parenthesis zu *gr.* pará „neben" und énthesis „das Hineinsetzen, Einfügen"] *die*; -, -n: (Sprachw.) 1. Redeteil, der außerhalb des eigentlichen Satzverbandes steht (z. B. → Interjektion, → Vokativ, → absoluter Nominativ). 2. Gedankenstriche od. Klammern, die einen außerhalb des eigentlichen Satzverbandes stehenden Redeteil vom übrigen Satz abheben; in -: nebenbei. **par|enthetisch**: 1. die Parenthese betreffend. 2. eingeschaltet, nebenbei [gesagt]

par excellence [- *äxälangß*; aus *fr.* par excellence „vorzüglich; recht eigentlich; schlechthin"]: im wahrsten Sinne des Wortes, schlechthin

Parforcejagd [...*forß*...; zu *fr.* par force „mit Gewalt; aus Zwang"] *die*; -, -en: Hetzjagd mit Pferden u. Hunden (Sport). **Parforceritt** [...*forß*...] *der*; -[e]s, -e: Gewalttour

Parfum [...*föng*; aus gleichbed. *fr.* parfum zu parfumer „durchduften", dies aus *it.* perfumare zu *lat.* per „durch" und fūmāre „dampfen, rauchen"] *das*; -s, -s, (auch eingedeutscht:) **Parfüm** *das*; -s, -e u. -s: 1. alkoholische Lösung von Duftstoffen. 2. Duft, Wohlgeruch. **Parfümerie** [französierende Ableitung von → Parfum] *die*; -, ...ien: 1. Geschäft, in dem Parfums, Kosmetikartikel o. ä. verkauft werden. 2. Betrieb, in dem Parfums hergestellt werden. **parfümieren** [aus *fr.* parfumer]: mit Parfüm besprengen; wohlriechend machen

pari [*it.*]: = al pari

Paria [über *engl.* pariah aus *angloind.* parriar (aus *tamil.* paraiyar „Trommelschläger" zu parai „Trommel"; die Trommelschläger bei Hindufesten gehören einer niederen Kaste an)]: *der*; -s, -s: 1. außerhalb jeder Kaste stehender bzw. der niedersten Kaste angehörender Inder. 2. von der menschlichen Gesellschaft Ausgestoßener, Entrechteter; Unterprivilegierter

[1]**parieren** [aus gleichbed. *it.* parare, eigtl. „vorbereiten; Vorkehrungen treffen"; vgl. parat]: einen Angriff abwehren (Sport).

[2]**parieren** [über gleichbed. *fr.* parer aus *span.* parar „anhalten, zum Stehen bringen"]: ein Pferd (durch reiterliche Hilfen) in eine mäßigere Gangart od. zum Stehen bringen (Sport)

[3]**parieren** [aus *lat.* pārēre „sich einstellen, Folge leisten", eigtl. „erscheinen"]: (ugs.) unbedingt gehorchen

Parie|tal|auge [zu *lat.* pariēs, Gen. parietis „Wand"] *das*; -s, -n: vom Zwischenhirn gebildetes, lichtempfindliches Sinnesorgan niederer Wirbeltiere (Biol.). **Parie|tal|organ** *das*; -s, -e: = Parietalauge

parisyllabisch [zu *lat.* pār, Gen. paris „gleich" und syllaba „Silbe"]: in allen Beugungsfällen des Singulars u. des Plurals die gleiche Anzahl von Silben aufweisend (auf griech. u. lat. Substantive bezogen). **Parisyllabum** *das*; -s, ...ba: parisyllabisches Substantiv

Parität [aus *lat.* paritās „Gleichheit" zu pār „gleich"] *die*; -: 1. Gleichstellung, Gleichberechtigung. 2. das im Wechselkurs zum Ausdruck kommende Austauschverhältnis zwischen verschiedenen Währungen (Wirtsch.). **paritätisch**: gleichgestellt, gleichberechtigt

Parka [über gleichbed. *engl.-amerik.* parka aus *eskim.* parka „Pelz, Überbekleidung aus Fell"] *der*; -[s], -s od. *die*; -, -s: knielanger, oft mit Pelz gefütterter, warmer Anorak mit Kapuze

Park-and-ride-System [*pa*[r]*k*[e]*ndraid*...; aus gleichbed. *engl.-amerik.* park-and-ride-system] *das*; -s, -e: eine zuerst in den USA zur Entlastung der Innenstädte vom Autoverkehr eingeführte Regelung, nach der Kraftfahrer ihre Kraftfahrzeuge auf Parkplätzen am Stadtrand parken u. von dort mit öffentlichen Verkehrsmitteln in das Stadtzentrum weiterfahren sollen

parkerisieren, parkern [nach dem Erfinder Parker]: Eisen durch einen Phosphatüberzug rostsicher machen; phosphatieren

Parkett [aus gleichbed. *fr.* parquet, eigtl. „kleiner, abgegrenzter Raum, hölzerne Einfassung", zu parc „eingehegter Raum; Park"] *das*; -s, -e: 1. in bestimmter Weise verlegter Holzfußboden, bei dem die Einzelbretter meist durch Nut u. Feder miteinander verbunden sind u. auf die Unterlage aufgeklebt od. verdeckt genagelt werden. 2. im Theater od. Kino meist vorderer Raum zu ebener Erde. 3. amtlicher Börsenverkehr. 4. Schauplatz des großen gesellschaftlichen Lebens. **Parkette** *die*; -, -n: (österr.) Einzelbrett des Parkettfußbodens. **parkettieren**: mit Parkettfußboden versehen

parkieren: (schweiz.) parken. **Parkingmeter** [aus gleichbed. *engl.* parkingmeter] *der*; -s, -: (schweiz.) Parkometer. **Parkometer** *das* (ugs. auch: *der*); -s,

-: Parkzeituhr am Straßenrand u. auf öffentlichen Plätzen

Parkinsonismus [*nlat.*; nach dem engl. Arzt J. Parkinson (*pa'kinßen*), 1755–1824] *der*; -, ...men: Schüttellähmung (Med.)

Parkometer vgl. parkieren

Parlament [aus *altfr.* parlement (vgl. parlieren), zunächst im Sinne von „Unterhaltung, Erörterung" gebräuchlich, dann gegen Ende des 17. Jh.s unter dem Einfluß von *engl.* parliament = Versammlung der Volksvertreter] *das*; -[e]s, -e: 1. repräsentative Versammlung, Volksvertretung mit beratender od. gesetzgebender Funktion. 2. Parlamentsgebäude. **Parlamentär** vgl. unten. **Parlamentarier** [...*ier*] *der*; -s, -: Abgeordneter, Mitglied eines Parlaments. **parlamentarisch**: das Parlament betreffend, vom Parlament ausgehend; Parlamentarischer Rat: die aus 65 Ländervertretern gebildete verfassunggebende Versammlung, die am 1. 9. 1948 in Bonn zusammentrat u. das Grundgesetz für die Bundesrepublik Deutschland ausarbeitete. **Parlamentarismus** *der*; -: demokratische Regierungsform, in der die Regierung dem Parlament verantwortlich ist

Parlamentär [aus gleichbed. *fr.* parlementaire zu parlementer „in Unterhandlungen treten", vgl. parlieren und Parlament] *der*; -s, -e: Unterhändler zwischen feindlichen Heeren

parlando [aus gleichbed. *it.* parlando zu parlare „sprechen"]: rhythmisch exakt u. mit leichter Tongebung, dem Sprechen nahekommend (Mus.). **Parlando** *das*; -s, -s u. ...di: parlando vorgetragener Gesang; Sprechgesang (Mus.). **parlante**: = parlando

parlieren [aus *fr.* parler „reden, sprechen"]: a) reden, plaudern; sich miteinander unterhalten, leichte Konversation machen; b) in einer fremden Sprache sprechen, sich unterhalten

Parmäne [aus *fr.* permaine, älter parmain, dessen weitere Herkunft unsicher ist] *die*; -, -n: Apfel einer zu den → Renetten gehörenden Sorte

Parmesan [aus *fr.* parmesan, dies aus *it.* parmigiano, eigtl. „der aus der Stadt Parma Stammende"] *der*; -[s]: sehr fester, vollfetter ital. [Reib]käse

Parnaß [nach *gr.* Parnāsós, dem Namen eines mittelgriechischen Gebirgszuges] *der*; ...nasses: Reich der Dichtkunst. **parnassisch** [*gr.-lat.*]: den Parnaß betreffend. **Parnassos** u. **Parnassus** *der*; -: = Parnaß

par|ochial: zum Kirchspiel, zur Pfarrei gehörend. **Par|ochialkirche** *die*; -, -n: Pfarrkirche. **Par|ochie** [über *mlat.* parochia aus *lat.* paroecia (*gr.* paroikía)] *die*; -, ...ien: Kirchspiel, Amtsbezirk eines Pfarrers

Par|odie [aus gleichbed. *fr.* parodie, dies aus *gr.* parōidía, eigtl. „Nebengesang", zu pará „neben" und ōidē „Gesang"] *die*; -, ...ien: 1. komisch-satirische Umbildung od. Nachahmung eines meist künstlerischen, oft literar. Werkes od. des Stils eines Künstlers. 2. [komisch-spöttische] Unterlegung eines anderen Textes unter eine Komposition. 3. (Mus.) a) Verwendung von Teilen einer eigenen od. fremden Komposition für eine andere Komposition (bes. im 15. u. 16. Jh.); b) Vertauschung geistlicher u. weltlicher Texte u. Kompositionen (Bachzeit). **par|odieren** [aus *fr.* parodier]: in einer Parodie (1) nachahmen, verspotten. **Parodist** *der*; -en, -en: jmd., der Parodien (1) verfaßt od. [im Varieté, Zirkus od. Kabarett] vorträgt. **par|odistisch**: die Parodie (1), den Parodisten betreffend; in Form, in der Art einer Parodie (1); komisch-satirisch nachahmend, verspottend

Par|odontose [zu Parodontium „Zahnbett" mit → ...ose gebildet; zu → para..., Para... und *gr.* odoús, Gen. odóntos „Zahn"] *die*; -, -n: ohne Entzündung verlaufende Erkrankung des Zahnbettes mit Lokkerung der Zähne; Zahnfleischschwund (Med.)

Par|odos [aus gleichbed. *gr.* párodos, eigtl. „das Vorbeigehen, Entlangziehen"] *der*; -, -: Einzugslied des Chores im altgriechischen Drama; Ggs. → Exodos (a)

[1]**Parole** [...*ol*; aus gleichbed. *fr.* parole] *die*; -: die gesprochene (aktualisierte) Sprache, Rede (nach F. de Saussure; Sprachw.); Ggs. → Langue. [2]**Parole** [...*ole*; aus *fr.* parole im Sinne von „Wort, Spruch", dies aus *lat.* parabola, vgl. Parabel] *die*; -, -n: 1. [militärisches] Kennwort; Losung. 2. Leit-, Wahlspruch. 3. [unwahre] Meldung, Behauptung

Paroli [über *fr.* paroli aus *it.* paroli „das Mitgehen im Kartenspiel unter Verdopplung des Spieleinsatzes", eigtl. „das Gleiche", zu *it.* paro „gleich"]: Paroli bieten: Widerstand entgegensetzen, sich widersetzen, dagegenhalten

par or|dre [- *ordr*; *fr.*]: auf Befehl; vgl. Order. **par or|dre du mufti** [- - *dü* -; *fr.*]: a) durch Erlaß, auf Anordnung von vorgesetzter Stelle, auf fremden Befehl; b) notgedrungen

Par|oxytonon [aus gleichbed. *gr.* paroxýtonon, zu → par..., Par... und → Oxytonon] *das*; -s, ...tona: in der griech. Betonungslehre ein Wort, das den → Akut auf der vorletzten Silbe trägt (z. B. *gr.* *μανία* = Manie); vgl. Oxytonon u. Proparoxytonon

Parse [*pers.* Pārsī „Perser" zu Pārs „Persien"] *der*; -n, -n: Anhänger des Parsismus [in Indien]. **parsisch**: die Parsen betreffend. **Parsismus** *der*; -: die von Zarathustra gestiftete altpers. Religion, bes. in ihrer heutigen indischen Form

Parsec [...*ßäk*; Kurzw. für *Par*allaxen*sek*unde] *das*; -, -: Maß der Entfernung von Sternen (1 Parsec = 3,257 Lichtjahre; Astron.); Abk.: pc

Pars pro toto [*lat.* pars pro toto „ein Teil für das Ganze"] *das*; - - -: Redefigur, die einen Teilbegriff an Stelle eines Gesamtbegriffs setzt (z. B. unter einem *Dach* = in einem *Haus*; Sprachw.)

Part [aus *fr.* part „[An]teil", dies aus gleichbed. *lat.* pars, Gen. partis] *der*; -s, -s, auch: -e: 1. Teil, Anteil. 2. a) Stimme eines Instrumental- od. Gesangsstücks; b) Rolle in einem Theaterstück

part. = parterre. **Part.** = Parterre (1)

Parte [aus *fr.* part (vgl. Part) nach fair bzw. donner part „Nachricht geben"] *die*; -, -n (österr.) Todesanzeige

Partei [wie → Partie aus *fr.* partie „Teil; Abteilung, Gruppe; Beteiligung" zu partir „teilen"; vgl. Part] *die*; -, -en: 1. Organisation, Vereinigung von Personen mit gleichen politischen Überzeugungen, die den Zweck verfolgen, bestimmte staatliche Ziele zu verwirklichen. 2. Beklagter od. Kläger in Rechtsstreitigkeiten. 3. Mietpartei, Wohnungsinhaber in einem [Miets]haus. 4. Gruppe [von Gleichgesinnten]; - nehmen, ergreifen: sich auf jemandes Seite stellen, jmd. unterstützen; - sein: von den Interessen einer Gruppe abhängig sein. **parteiisch**: voreingenommen, befangen, nicht objektiv. **parteilich**: 1. auf der Seite einer [politischen] Partei stehend; ihre Interessen vertretend. 2. = parteiisch

parterre [*partär*; aus gleichbed. *fr.* par terre (par

„zu" und terre „Erde")]: zu ebener Erde; Abk.: part. **Parterre** *das*; -s, -s: 1. Erdgeschoß; Abk.: Part. 2. Sitzreihen zu ebener Erde in Theater od. Kino. **Parterre|akrobatik** *die*; -: artistisches Bodenturnen

Partezettel *der*; -s, -: (österr.) Todesanzeige, → Parte

Parthenogenese [zu *gr.* parthénos „Jungfrau" und → Genese] *die*; -: 1. Jungfrauengeburt, Geburt eines Gottes od. Helden durch eine Jungfrau (Rel.). 2. Jungfernzeugung, Fortpflanzung durch unbefruchtete Keimzellen (z. B. bei Insekten; Biol.). **parthenogenetisch**: die Parthenogenese betreffend; aus unbefruchteten Keimzellen entstehend (Biol.)

partial [...*zial*; *lat.*]: = partiell

Partie [wie → Partei aus *fr.* partie „Teil; Abteilung, Gruppe; Beteiligung"] *die*; -, ...ien: 1. Abschnitt, Ausschnitt, Teil, z. B. die untere - des Gesichtes. 2. Durchgang, Runde bei bestimmten Spielen, z. B. eine - Schach, Billard. 3. Rolle in einem gesungenen [Bühnen]werk. 4. (veraltet) [gemeinsamer] Ausflug. 5. (Kaufmannsspr.) Warenposten; eine gute - sein: viel Geld mit in die Ehe bringen; eine gute - machen: einen vermögenden Ehepartner heiraten

partiell [*parziäl*; aus gleichbed. *fr.* partiell zu part; vgl. Part]: teilweise [vorhanden]; einseitig; anteilig; vgl. ...al/...ell

Partikel [auch: ...*tik^{e}l*; aus *lat.* particula „Teilchen, Stück" zu pars, Gen. partis „Teil"] *die*; -, -n: 1. unbeugbares Wort (z. B. Präpositionen, Konjunktionen u. a.; Sprachw.). 2. (auch: *das*; -s, -) [sehr] kleiner materieller Körper; Elementarteilchen (Phys.; Techn.). 3. (kath. Rel.) a) Teilchen der → Hostie; b) als Reliquie verehrter Span des Kreuzes Christi. **partikular** u. **partikulär** [aus gleichbed. *lat.* particulāris]: einen Teil, eine Minderheit betreffend; einzeln. **Partikularismus** *der*; -: (meist abwertend) das Streben staatlicher Teilgebiete, ihre besonderen Interessen gegen die allgemeinen [Reichs]interessen durchzusetzen. **Partikularist** *der*; -en, -en: Anhänger des Partikularismus. **partikularistisch**: den Partikularismus betreffend

Partisan [aus gleichbed. *fr.* partisan, dies aus *it.* partigiano, eigtl. „Parteigänger; Verfechter", zu parte „Teil; Partei"] *der*; -s, u. -en, -en: Freischärler, bewaffneter Widerstandskämpfer im feindlichen Hinterland

Partisane [aus gleichbed. *fr.* pertuisane] *die*; -, -n: spießartige Stoßwaffe (im 15.–18. Jh.)

Partita [aus gleichbed. *it.* partita] *die*; -, ...ten: Folge von mehreren in der gleichen Tonart stehenden Stücken (Mus.); vgl. Suite (3)

partitiv [zu *lat.* partīre „teilen"; vgl. Part]: die Teilung ausdrückend (Sprachw.); -er [...*iw^{e}r*] Genitiv = Genitivus partitivus. **Partitivzahl** *die*; -, -en: (selten) Bruchzahl

Partitur [aus gleichbed. *it.* partitura, eigtl. „Einteilung"; vgl. Part] *die*; -, -en: übersichtliche, Takt für Takt in Notenschrift auf einzelnen, übereinanderliegenden Liniensystemen angeordnete Zusammenstellung aller zu einer vielstimmigen Komposition gehörenden Stimmen

Partizip [aus gleichbed. *lat.* participium zu particeps „teilhabend" (nämlich an der Wortart Verb und an der Wortart Adjektiv)] *das*; -s, -ien [...*i^{e}n*]: Mittelwort (Sprachw.); - Perfekt: 2. Mittelwort, Mittelwort der Vergangenheit (z.B. geschlagen); - Präsens: 1. Mittelwort, Mittelwort der Gegenwart (z. B. schlafend). **partizipial**: das Partizip betreffend, mittelwörtlich. **Partizipium** *das*; -s, ...pia: (veraltet) Partizip; - Perfekti, - Präsentis: = Partizip Perfekt, Partizip Präsens (vgl. Partizip); - Präteriti: = Partizip Perfekt

Partizipation [...*zion*; nach *lat.* participātio] *die*; -, -en: Teilhabe, Teilnahme, Beteiligung. **partizipieren** [aus gleichbed. *lat.* participāre; vgl. Part]: Anteil haben, teilnehmen

Partizipium vgl. Partizip

partout [*partu*; aus *fr.* partout „überall; allenthalben" zu par „durch" und tout „ganz"]: (ugs.) durchaus, unbedingt, um jeden Preis

Party [aus gleichbed. *engl.-amerik.* party, dies aus *fr.* partie; vgl. Partie] *die*; -, -s u. ties [...*tis*, auch: ...*tiß*]: geselliges Beisammensein, zwangloses Hausfest

Parvenü [*parwenü*; aus gleichbed. *fr.* parvenu, dem 2. Part. von parvenir „an-, emporkommen"] *der*; -s, -s: Emporkömmling, Neureicher

Parze [aus *lat.* Parca, eigtl. „Geburtsgöttin", zu parere „gebären"] *die*; -, -n (meist Plural): eine der drei altröm. (eigtl. griech.) Schicksalsgöttinnen (Klotho, Lachesis, Atropos)

Parzelle [aus gleichbed. *fr.* parcelle, eigtl. „Teilchen, Stückchen"; vgl. Part] *die*; -, -n: vermessenes Grundstück (als Bauland od. zur landwirtschaftlichen Nutzung). **parzellieren** [aus gleichbed. *fr.* parceller]: Großflächen in Parzellen zerlegen

Pas [*pa*; aus gleichbed. *fr.* pas, dies aus *lat.* passus „Schritt, Tritt"]: *der*; - [*pa(ß)*], - [*paß*]: franz. Bezeichnung für: Schritt, Tanzbewegung. **Pas de deux** [*pa d^e dö*] *der*; - - -, - - -: Ballettanz für eine Solotänzerin u. einen Solotänzer

[1]**Pascha** [aus *türk.* paşa „Exzellenz"] *der*; -s, -s: 1. (hist.) a) Titel hoher oriental. Offiziere od. Beamter; b) Träger dieses Titels. 2. aufgeblasener, anspruchsvoller Mann, der sich gern [von Frauen] bedienen, verwöhnen läßt

[2]**Pascha** Pas|cha *das*; -s: ökumen. Form von: Passah

Paso doble [aus gleichbed. *span.* paso doble, eigtl. „Doppelschritt"] *der*; - -, - -: Gesellschaftstanz in schnellem $^2/_4$-Takt

paspelieren, u. (bes. österr.:) **passepoilieren** [aus gleichbed. *fr.* passepoiler]: mit Paspel (Passepoil) versehen. **Passepoil** [*paßpoal*; aus gleichbed. *fr.* passepoil] *der*; -s, -s: Paspel, schmaler Nahtbesatz bei Kleidungsstücken

pass. = passim

passabel [aus gleichbed. *fr.* passable, eigtl. „gangbar", zu passer; vgl. passieren]: annehmbar, leidlich

Passaca|glia [...*kalja*; über *it.* passacaglia aus *span.* pasacalle „von der Gitarre begleiteter Gesang" zu pasar „hindurchgehen" und calle „Gasse"] *die*; -, ...ien [...*i^{e}n*]: langsames Instrumentalstück mit Variationen in den Oberstimmen über einem → Ostinato, meist im $^3/_4$-Takt

Passade [aus gleichbed. *fr.* passade zu passer; vgl. passieren] *die*; -, -n: schulmäßiger, leichter Galoppritt auf einer bestimmten Strecke mit jeweils einer Wendung auf der Stelle am Ende der Strecke (Reitkunst)

Passage [*paßasch^e*; aus gleichbed. *fr.* passage zu passer; vgl. passieren] *die*; -, -n: 1. Durchfahrt, Durchgang; das Durchfahren, Passieren. 2. überdachte Ladenstraße. 3. Reise mit Schiff od. Flugzeug, bes. übers Meer. 4. Durchgang eines Gestirns durch den Mittagskreis (Astron.). 5. aus melodischen Figuren zusammengesetzter Teil eines Musikwerks. 6. fortlaufender, zusammenhängender Teil einer Rede od. eines Textes. 7. Gangart der Hohen Schule, bei der das Pferd im Trab die abfedernden Beine (rechts vorn/links hinten u. umgekehrt) länger in der Beugung hält (Reiten). **Passagier** [...*schir*; aus *it.* passeggiere „Reisender" (zu passare „reisen"), beeinflußt von *fr.* passager „Passagier"] *der*; -s, -e: Schiffsreisender; Flug-, Fahrgast

Pạssah [über *gr.-lat.* pascha aus *hebr.* pẹsaḥ] *das*; -s: 1. jüd. Fest zum Gedenken an den Auszug aus Ägypten; vgl. Azyma (2). 2. das beim Passahmahl gegessene [Oster]lamm

Passạnt [aus gleichbed. *fr.* passant, dem substantivierten Part. Präs. von passer; vgl. passieren] *der*; -en, -en: Fußgänger; Vorübergehender

Passạt [aus gleichbed. *niederl.* passaat(wind)] *der*; -[e]s, -e: beständig in Richtung Äquator wehender Ostwind in den Tropen

passé [*paßẹ*; aus gleichbed. *fr.* passé, dem 2. Part. von passer; vgl. passieren]: (ugs.) vorbei, vergangen, abgetan, überlebt

Passepartout [*paßpartụ*; aus gleichbed. *fr.* passe-partout, eigtl. „etwas, was überall paßt"] *das*; -s, -s: Umrahmung aus leichter Pappe für Graphiken, Aquarelle, Zeichnungen u. a.

Passepied [...*piẹ*; aus gleichbed. *fr.* passe-pied] *der*; -s, -s: 1. alter franz. Rundtanz aus der Bretagne in schnellem, ungeradem Takt (z. B. ¾-Takt). 2. Einlage in der Suite (3)

Passepoil [*paßpoạl*] und **passepoilieren** vgl. paspelieren

passieren [aus gleichbed. *fr.* passer zu *lat.* passus „Schritt, Tritt"; vgl. Pas]: 1. a) durchreisen, durch-, überqueren; vorüber-, durchgehen; b) durchlaufen (z. B. von einem Schriftstück). 2. a) etwas passiert: etwas geschieht, ereignet sich, trägt sich zu; b) etwas passiert jmdm.: etwas widerfährt jmd., stößt jmdm. zu. 3. (veraltet) noch angehen, gerade noch erträglich sein. 4. a) durchseihen; durch ein Sieb rühren (Gastr.); b) durch eine Passiermaschine rühren (Techn.). 5. jmdn. mit einem Passierschlag ausspielen (Tennis)

pạssim [aus gleichbed. *lat.* passim]: da und dort, an verschiedenen Stellen; Abk.: pass.

Passiọn [aus *spätlat.* passiō „Leiden; Krankheit" (zu *lat.* patī „leiden, erdulden"); in der Bed. „Leidenschaft; Vorliebe" nach *fr.* passion] *die*; -, -en: 1. a) Leidenschaft, leidenschaftliche Hingabe; b) Vorliebe, Liebhaberei. 2. a) das Leiden u. die Leidensgeschichte Jesu Christi; b) die Darstellung der Leidensgeschichte Jesu Christi in der bildenden Kunst, die Vertonung der Leidensgeschichte Jesu Christi als Chorwerk od. → Oratorium (b). **passionạto** [aus gleichbed. *it.* passionato]: = appassionato. **Passionạto** *das*; -s, -s u. ...ti: leidenschaftlicher Vortrag (Mus.). **passioniert** [zu dem veralteten Verb passionieren „begeistern", dies aus *fr.* passionner zu passion; vgl. Passion]: leidenschaftlich [für etwas begeistert]

pạssiv [auch: ...*if*; aus *lat.* passīvus „duldend, empfindsam"; vgl. Passion]: 1. a) untätig, nicht zielstrebig; Ggs. → aktiv (1a); b) teilnahmslos; still, duldend. 2. = passivisch; -e Bestechung: das Annehmen von Geschenken, Geld od. anderen Vorteilen durch einen Beamten für eine Handlung, die in seinen Amtsbereich fällt (Rechtsw.); Ggs. → aktive Bestechung; -e Handelsbilanz: Handelsbilanz eines Landes, bei der die Ausfuhren hinter den Einfuhren zurückbleiben (Wirtsch.); Ggs. → aktive Handelsbilanz; -es Wahlrecht: das Recht, gewählt zu werden (Pol.); Ggs. → aktives Wahlrecht; -er Wortschatz: Gesamtheit aller Wörter, die ein Sprecher in seiner Muttersprache kennt, ohne sie jedoch in einer konkreten Sprechsituation zu gebrauchen (Sprachw.); Ggs. → aktiver Wortschatz. **Pạssiv** [auch: ...*if*; aus gleichbed. *lat.* (genus) passīvum] *das*; -s, -e [...*wᵉ*]: Leideform, Verhaltensrichtung des Verbs, die vom „leidenden" Subjekt her gesehen ist (z. B. der Hund *wird* [von Fritz] *geschlagen*; Sprachw.); Ggs. → ¹Aktiv. **Passịva** [...*wa*; aus *lat.* passīva, Neutr. Plur. von passīvus; vgl. passiv] u. **Passịven** [...*wᵉn*] *die* (Plural): das auf der rechten Bilanzseite verzeichnete Eigen- u. Fremdkapital eines Unternehmens; Schulden, Verbindlichkeiten; Ggs. → Aktiva. **passivieren** [...*wị*...]: Verbindlichkeiten aller Art der Bilanz erfassen u. ausweisen; Ggs. → aktivieren (2). **passịvisch**: das Passiv betreffend, zum Passiv gehörend, im Passiv stehend (Sprachw.); Ggs. → aktivisch. **Passivịsmus** *der*; -: passive Haltung, Verzicht auf Aktivität. **Passivitạ̈t** [aus gleichbed. *fr.* passivité] *die*; -: 1. Untätigkeit, Teilnahmslosigkeit, Inaktivität; Ggs. → Aktivität. 2. herabgesetzte Reaktionsfähigkeit bei unedlen Metallen (Chem.). **Passịvum** [...*wum*] *das*; -s, ...va: (veraltet) Passiv

Pạssus [aus *lat.* passus „Schritt"] *der*; -, - [*pạßuß*]: Abschnitt in einem Text, Textstelle

Pạsta asciutta [- *aschụta*; *it.*, eigtl. „trockener Teig"] *die*; - -, ...te ...tte [...*te aschụte*] u. **Past|asciutta** [*paßtaschụta*] *die*; -, ...tte: ital. Spaghettigericht mit Hackfleisch, Tomaten, geriebenem Käse u. a.

Pastẹll [über *fr.* pastel aus *it.* pastello „Farbstift", eigtl. „Breiklümpchen", zu pasta „Farbbrei", eigtl. „Paste, Teig, Brei"] *das*; -[e]s, -e: mit Pastellfarben gemaltes Bild (von heller, samtartiger Wirkung). **pastẹllen**: [wie] mit Pastellfarben gemalt; von heller, samtartiger Wirkung. **Pastẹllfarbe** *die*; -, -n: aus einer Mischung von Kreide u. Ton mit einem Farbstoff u. einem Bindemittel hergestellte trockene Malfarbe in Stiftform

Pastẹte [zu *spätlat.* pasta „Paste, Teig, Brei"] *die*; -, -n: 1. Fleisch-, Fischspeise u. a. in Teighülle. 2. Speise aus fein gemahlenem Fleisch od. Leber, z. B. Gänseleberpastete (Kochk.)

Pasteurisation [*paßtörisaziọn*; *fr.*; nach dem franz. Chemiker Pasteur, 1822–1895] *die*; -, -en: Entkeimung u. Haltbarmachung von Nahrungsmitteln (z. B. Milch) durch schonendes Erhitzen; vgl. ...ation/...ierung. **pasteurisieren**: durch Pasteurisation entkeimen, haltbar machen. **Pasteurisierung** *die*; -, -en: das Pasteurisieren; vgl. ...ation/...ierung

Pastịlle [aus *lat.* pāstillus „Kügelchen aus Mehlteig"] *die*; -, -n: Kügelchen, Plätzchen, Pille

Pạstinak [aus gleichbed. *lat.* pastināca] *der*; -s, -e u. **Pastinạke** *die*; -, -n: krautige Pflanze, deren Wurzeln als Gemüse u. Viehfutter dienen

Pạstor [auch: ...*ọr*; aus *mlat.* pastor, eigtl. „Seelenhirt", dies aus *lat.* pāstor „Hirt" zu pāscere „weiden lassen"] *der*; -s, ...ọren: Pfarrer, Geistlicher; Abk.: P. **pastorạl** [aus *lat.* pāstōrālis „zu den Hirten gehörig, Hirten-"; vgl. Pastor]: 1. ländlich, idyllisch. 2. den Pastor, sein Amt betreffend, ihm zustehend; pfarramtlich, seelsorgerisch. 3. a) feierlich, würdig; b) (abwertend) salbungsvoll. **Pastorạle** [aus gleichbed. *it.* pastorale] *das*; -s, -s: auch:

die; -, -n: 1. Hirtenmusik, ländlich-idyllisches Musikstück; musikalisches Schäferspiel, kleine idyllische Oper; 2. idyllische Darstellung von Hirten- od. Schäferszenen in der Malerei. **Pastorat** *das*; -[e]s, -e: Pfarramt, -wohnung

pastos [aus *it.* pastoso „teigig, breiig" zu pasta „Paste, Brei"]: dick aufgetragen (bes. von Ölfarben auf Gemälden, so daß eine reliefartige Fläche entsteht)

patellar: zur Kniescheibe gehörend (Med.). **Patellarreflex** [zu *lat.* patella „Kniescheibe", eigtl. „Schüssel, Platte"] *der*; -es, -e: reflektorische Streckbewegung des Unterschenkels bei einem Schlag auf die Patellarsehne unterhalb der Kniescheibe (Med.)

Patene [aus *lat.* patina „Schüssel, Pfanne", dies aus *gr.* patánē] *die*; -, -n: Hostienteller (zur Darreichung des Abendmahlbrots)

patent: (ugs.) geschickt, praktisch, tüchtig, brauchbar; großartig, famos. **Patent** [aus *mlat.* (littera) patens „landesherrlicher offener Brief", dies aus *lat.* patēns „offen, offenstehend" zu patēre „offenstehen; sich erstrecken"] *das*; -[e]s, -e: 1. patentamtlich verliehenes Recht zur alleinigen Benutzung u. gewerblichen Verwertung einer Erfindung. 2. Ernennungs-, Bestallungsurkunde bes. eines [Schiffs]offiziers. 3. (schweiz.) Erlaubnis[urkunde] für die Ausübung bestimmter Berufe, Tätigkeiten. **patentieren**: 1. einer Erfindung durch Verwaltungsakt Rechtsschutz gewähren. 2. stark erhitzte Stahldrähte durch Abkühlen im Bleibad veredeln (Techn.)

Pater [aus *lat.* pater „Vater"] *der*; -s, - u. Pa|tres: katholischer Ordensgeistlicher; Abk.: P. (Plural PP.). **Pater familias** [„Vater der Familie"] *der*; -, -: (scherzh.) Familienoberhaupt, Hausherr. [1]**Paternoster** [aus *lat.* pater noster „unser Vater", den Anfangsworten des Gebets bei Matth. 6,9] *das*; -s, -: das Vaterunser, Gebet des Herrn. [2]**Paternoster** [Kürzung aus Paternosterwerk „Aufzug an einer Kette ohne Ende" (nach der Paternosterschnur)] *der*; -s, -: ständig umlaufender Aufzug ohne Tür zur ununterbrochenen Beförderung von Personen oder Gütern; Umlaufaufzug. **pater, peccavi** [-*pekawi*; *lat.*]: Vater, ich habe gesündigt! (Luk. 15, 18); - - sagen: flehentlich um Verzeihung bitten. **Paterpeccavi** *das*; -, -: reuiges Geständnis

patetico [*...ko*; aus gleichbed. *it.* patetico]: leidenschaftlich, pathetisch, erhaben, feierlich (Mus.)

path..., **Path...** vgl. patho..., Patho...

pathetisch [über *lat.* pathēticus aus *gr.* pathētikós „leidend; leidenschaftlich, gefühlvoll"; vgl. Pathos]: 1. ausdrucksvoll, feierlich. 2. (abwertend) übertrieben gefühlvoll, empfindungsvoll, salbungsvoll, affektiert

...pathie [zu → Pathos]: Wortbildungselement mit der Bed. „Krankheit; Erkrankung", „Krankheitslehre; Heilmethode" und „Gefühl, Neigung", z. B. Antipathie, Homöopathie und Psychopathie. **patho...**, **Patho...**, vor Vokalen: path..., Path... [zu → Pathos]: in Zusammensetzungen auftretendes Bestimmungswort mit der Bedeutung „Leiden, Krankheit". **Pathologe** *der*; -n, -n: Wissenschaftler auf dem Gebiet der Pathologie. **Pathologie** [zu → Pathos und → ...logie] *die*; -: Wissenschaft von den Krankheiten, bes. von ihrer Entstehung u. den durch sie hervorgerufenen organisch-anatomischen Veränderungen. **pathologisch**: (Med.) 1. die Pathologie betreffend, zu ihr gehörend. 2. krankhaft [verändert] (von Organen)

Pathos [aus *gr.* páthos „Schmerz; Leiden, Krankheit; Gefühlsbewegung; Leidenschaft" zu páschein „leiden"] *das*; -: 1. leidenschaftlich-bewegter Ausdruck, feierliche Ergriffenheit. 2. (abwertend) Gefühlsüberschwang, übertriebene Gefühlsäußerung

Patience [*paßiangß*; aus gleichbed. *fr.* patience, eigtl. „Geduld"; vgl. Patient] *die*; -, -n [*...ßᵉn*]: [von einer Person gespieltes] Kartengeduldspiel. **Patiencebäckerei** *die*; -: -en: (österr.) Backwerk in Form von Figuren

Patiens [*...ziänß*; aus *lat.* patiēns „leidend"; vgl. Patient] *das*; -, -: Ziel eines durch ein Verbum ausgedrückten Verhaltens, → Akkusativobjekt (Sprachw.); vgl. Agens (2)

Patient [*paziänt*; aus *lat.* patiēns, Gen. patientis „[er]duldend, leidend", dem Part. Präs. von patī „erdulden, leiden"] *der*; -en, -en: Kranker (bes. im Hinblick darauf, daß er sich in ärztlicher Behandlung befindet)

Patina [aus gleichbed. *it.* patina, eigtl. „Firnis, Glanzmittel für Felle"] *die*; -: grünliche Schutzschicht auf Kupfer od. Kupferlegierungen (basisches Kupferkarbonat); Edelrost. **patinieren**: eine Patina chem. erzeugen; mit Patina überziehen

Patisserie [aus gleichbed. *fr.* pâtisserie; zu *spätlat.* pasta „Teig"] *die*; -, ...ien: 1. (veraltet, aber noch schweiz.) a) feines Backwerk, Konditoreierzeugnisse; b) Feinbäckerei. 2. [in Hotels] Raum zur Herstellung von Backwaren. **Patissier** [*...ie*] *der*; -s, -s: [Hotel]konditor

Pa|tres: *Plural* von → Pater

Pa|triarch [über *lat.* patriarcha aus *gr.* patriárchēs, eigtl. „Familienherrscher, Sippenoberhaupt", zu patḗr „Vater" und árchein „an der Spitze stehen, herrschen"] *der*; -en, -en: 1. biblischer Erzvater. 2. a) (ohne Plural) Amts- od. Ehrentitel einiger römisch-katholischer [Erz]bischöfe; b) römisch-katholischer [Erz]bischof, der diesen Titel trägt. 3. a) (ohne Plural) Titel der obersten orthodoxen Geistlichen (in Jerusalem, Moskau u. Konstantinopel) und der leitenden Bischöfe in einzelnen unabhängigen Ostkirchen; b) Träger dieses Titels. **pa|triarchal**: = patriarchisch. **pa|triarchalisch**: altväterlich, nach Altväterweise; ehrwürdig. **Patriarchat** *das*; - [e]s, -e: 1. (auch: *der*) Würde und Amtsbereich eines kirchlichen Patriarchen. 2. Vaterherrschaft, vaterrechtliche Gesellschaftsform, in der die Familienoberhäupter alles bestimmen; Ggs. → Matriarchat. **patriarchisch**: das Patriarchat (2) betreffend, durch das Patriarchat (2) geprägt

Pa|triot [über *fr.* patriote „Vaterlandsfreund" aus *mlat.* patriōta „Landsmann", dies aus *gr.* patriṓtēs, eigtl. „jmd., der aus demselben Geschlecht stammt", zu patḗr „Vater"] *der*; -en, -en: jmd., der sich vom Patriotismus leiten läßt; vaterländisch Gesinnter. **pa|triotisch**: den Patriotismus betreffend, von ihm geprägt; vaterländisch. **Patriotismus** *der*; -: [übertriebene] Vaterlandsliebe, vaterländische Gesinnung

Pa|tristik [zu *lat.* pater „Vater"] *die*; -: Wissenschaft von den Schriften u. Lehren der Kirchenväter; altchristliche Literaturgeschichte. **pa|tristisch**: die Patristik u. das philosophisch-theologische Denken der Kirchenväter betreffend

Pa|trize [Gegenbildung zu → Matrize (zu *lat.* pater „Vater")] *die*; -, -n: Stempel, Prägestock (als Gegenform zur → Matrize (1a; Druckw.)

pa|trizial: = patrizisch. **Pa|triziat** [*lat.*] *das*; -[e]s,

-e: (hist.) die Gesamtheit der altröm. adligen Geschlechter; Bürger-, Stadtadel. **Pa|trizier** [...i^{e}r; aus *lat.* patricius „Nachkomme eines römischen Sippenhauptes" zu pater „Vater"] *der*; -s, -: 1. Mitglied des altröm. Adels. 2. vornehmer, wohlhabender Bürger (bes. im Mittelalter). **pa|trizisch**: 1. den Patrizier (1), den altröm. Adel betreffend, zu ihm gehörend. 2. den Patrizier (2) betreffend, für ihn, seine Lebensweise charakteristisch; wohlhabend, vornehm

Pa|tron [...*on*; aus gleichbed. *lat.* patrōnus zu pater „Vater"] *der*; -s, -e: 1. (hist.) Schutzherr seiner von ihm abhängigen Freigelassenen (im alten Rom). 2. Schutzheiliger einer Kirche od. einer Berufs- od. Standesgruppe. 3. (veraltet) Schutzherr, Gönner. 4. (ugs., abwertend) übler Bursche, Kerl, Schuft. **Pa|trona** [aus gleichbed. *lat.* patrōna] *die*; -, ...nä: [heilige] Beschützerin. **Pa|tronanz** *die*; -: (österr.) Patronat. **Pa|tronat** [aus gleichbed. *lat.* patrōnātus] *das*; -[e]s, -e: 1. Würde u. Amt eines Schutzherrn (im alten Rom). 2. Schirmherrschaft. **Pa|tronin** *die*; -, -nen: Schutzherrin; Schutzheilige

Pa|trone [aus *fr.* patron „Musterform (für Pulverladungen)", eigtl. „Vaterform", aus *lat.* patrōnus „(väterlicher) Schirmherr"; vgl. Patron] *die*; -, -n: 1. als Munition gewöhnlich für Handfeuerwaffen dienende, Treibsatz, Zündung u. Geschoß bzw. Geschoßvorlage enthaltende [Metall]hülse. 2. Behälter für Kleinbildfilm

Pa|trouille [*patrulj*^{e}; aus gleichbed. *fr.* patrouille, eigtl. „das Herumwaten im Schmutz" zu patouiller „patschen"] *die*; -, -n: Spähtrupp, Streife. **patrouillieren** [...*(j)ir*^{e}*n*]: (veraltet) an einem Spähtrupp teilnehmen; [als Posten] auf u. ab gehen

Pa|trozinium [aus *lat.* patrōcinium „Beistand, Schutz"] *das*; -s, ...ien [...i^{e}*n*]: 1. [himmlische] Schutzherrschaft eines Heiligen über eine Kirche. 2. Fest des od. der Ortsheiligen

patt [aus gleichbed. *fr.* pat]: zugunfähig (von einer Stellung beim Schachspiel, in der keine Figur der einen Partei ziehen kann, wobei der König nicht im Schach stehen darf). **Patt** *das*; -s, -s: 1. als unentschieden gewertete Stellung im Schachspiel, bei der eine Partei patt ist. 2. politisch-militärische Stellung zweier Großmächte mit etwa gleich großem militärischem u. atomarem Potential

Pattern [*pät*^{e}*rn*; aus gleichbed. *engl.* pattern] *das*; -s, -s: Muster, Schema, Modell

pauschal: 1. alles zusammen; rund [gerechnet]. 2. insgesamt, in Bausch u. Bogen; undifferenziert. **Pauschale** [latinisierende Bildung zu Pausch(e), Nebenform von Bausch] *die*; -, -n, (auch: *das*; -s, ...lien [...i^{e}*n*]): einmalige Abfindung od. Vergütung an Stelle von Einzelleistungen. **pauschalieren**: Teilsummen od. -leistungen zu einer einzigen Summe od. Leistung zusammenlegen

pausieren [nach *spätlat.* pausāre zu *lat.* pausa „Pause"]: a) eine Tätigkeit [für kurze Zeit] unterbrechen; mit etwas vorübergehend aufhören; b) ausruhen, ausspannen

Pavane [...*wan*^{e}; über *fr.* pavane aus *it.* pavana, eigtl. „die aus Padua Stammende", zu pa(do)vano]: *die*; -, -n: (Mus.) 1. im 16. u. 17. Jh. verbreiteter, auch gesungener Reigen, Reihentanz im halbem Takt. 2. Einleitungssatz der → Suite (3) des 17. Jh.s

Pavian [*pawian*; über *niederl.* bavian aus *fr.* babouin, dessen weitere Herkunft dunkel ist]: *der*; -s, -e: meerkatzenartiger Affe mit blauroten Gesäßschwielen

Pavillon [*pawiljong*; aus gleichbed. *fr.* pavillon, älter „Zelt", zu *lat.* pāpilio „Schmetterling" und „in Form von Schmetterlingsflügeln aufgespanntes Zelt"] *der*; -s, -s: 1. kleines rundes od. mehreckiges, [teilweise] offenes, freistehendes Gebäude (z. B. Gartenhaus). 2. Einzelbau auf einem Ausstellungsgelände. 3. vorspringender Eckteil des Hauptbaus eines [Barock]schlosses (Archit.)

Pax [aus gleichbed. *lat.* pāx] *die*; -: 1. lat. Bezeichnung für: Friede. 2. Friedensgruß, bes. der Friedenskuß in der katholischen Messe. **Pax vobiscum** [- *wobißkum*]: Friede (sei) mit euch! (Gruß in der katholischen Meßliturgie)

Paying guest [*pe*^{i}*ing gäßt*; engl., eigtl. „zahlender Gast"] *der*; - -, - -s: im Ausland bei einer Familie mit vollem Familienanschluß wohnender Gast, der für Unterkunft u. Verpflegung bezahlt

Pazifik [aus gleichbed. *engl.* Pacific (Ocean), eigtl. „friedlicher Ozean"; die Bezeichnung bezieht sich auf die ruhig verlaufende Reise Magellans durch dieses Meer] *der*; -s: Pazifischer Ozean. **pazifisch**: den Raum, den Küstentyp und die Inseln des Großen Ozeans betreffend

Pazifismus [aus gleichbed. *fr.* pacifisme zu pacifier „Frieden geben"; zu *lat.* pāx, Gen. pācis „Friede"]: *der*; -: 1. Ablehnung des Krieges u. des Kriegsdienstes u. das Bestreben, den Frieden unter allen Umständen zu erhalten. 2. (DDR) liberale bürgerliche Strömung mit dem Schlagwort „Frieden um jeden Preis", die alle Arten von Kriegen, also auch nationale Befreiungskriege u. revolutionäre Volksaufstände, ablehnt. **Pazifist** *der*; -en, -en: Anhänger des Pazifismus. **pazifistisch**: den Pazifismus betreffend

Pb = Plumbum; chem. Zeichen für: Blei

pc = Parsec

p. c. = 1. pro centum. 2. Prozent

p. Chr. [**n.**] = post Christum [natum]

Pd = chem. Zeichen für: ^{2}Palladium

Pedal [aus *lat.* pedālis „zum Fuß gehörig" zu pēs, Gen. pedis „Fuß"] *das*; -s, -e: 1. mit dem Fuß zu bedienender Teil an der Tretkurbel des Fahrrads. 2. mit dem Fuß zu bedienender Hebel für Bremse, Gas u. Kupplung in Kraftfahrzeugen. 3. a) Fußhebel am Klavier zum Dämpfen der Töne od. zum Nachschwingenlassen der Saiten; b) Fußhebel am Cembalo zum Mitschwingenlassen anderer Saiten; c) Fußhebel an der Harfe zum chromatischen Umstimmen. 4. a) Tastatur an der Orgel, die mit den Füßen bedient wird; b) einzelne mit dem Fuß zu bedienende Taste an der Orgel

pedant: (österr.) pedantisch. **Pedant** [aus *fr.* pédant, dies aus *it.* pedante, eigtl. „Lehrer, Schulmeister"] *der*; -en, -en: jmd., der die Dinge übertrieben genau nimmt; Kleinigkeits-, Umstandskrämer. **Pedanterie** [aus *fr.* pédanterie] *die*; -, ...ien: übertriebene Genauigkeit, Ordnungsliebe, Gewissenhaftigkeit, Kleinigkeitskrämerei. **pedantisch** [nach *fr.* pédantesque]: übergenau; übertrieben genau, ordnungsliebend, gewissenhaft

Pedell [aus *mlat.* pedellus, bedellus „(Gerichts)diener" (germ. Ursprungs)] *der*; -s, -e: Hausmeister einer [Hoch]schule

Pediküre [aus gleichbed. *fr.* pédicure zu *lat.* pēs, Gen. pedis „Fuß" und cūra „Sorge, Pflege"] *die*; -, -n: 1. (ohne Plural) Fußpflege. 2. Fußpflegerin. **pediküren**: Fußpflege machen

Pedometer [zu *lat.* pēs, Gen. pedis „Fuß" und → ¹...meter] *das*; -s, -: Schrittzähler

Peer [*pir*; aus gleichbed. *engl.* peer; vgl. Pair] *der*; -s, -s: 1. Angehöriger des hohen engl. Adels. 2. Mitglied des engl. Oberhauses

Pegasos [aus *gr.* Pḗgasos „geflügeltes Roß der griech. Sage"] u. **Pegasus** *der*; -: geflügeltes Pferd als Sinnbild dichterischer Phantasie; den - besteigen: (scherzh.) dichten

pejorativ [zu *lat.* pēiōrātus, dem Part. Perf. von pēiōrāre „schlechter machen"; zu *lat.* pēior, dem Komparativ von malus „schlecht, schlimm"]: bedeutungsverschlechternd; abwertend (Sprachw.). **Pejorativum** [...*tiwum*] *das*; -s, ...va [...*wa*]: mit verkleinerndem od. abschwächendem → Suffix gebildetes Wort mit abwertendem Sinn (z. B. Jüngelchen, frömmeln; Sprachw.)

Pekari [über *fr.* pécari aus *karib.* pakira] *das*; -s, -s: Nabelschwein (amerik. Wildschwein mit verkümmertem Schwanz)

Pekinese [nach der chin. Hauptstadt Peking] *der*; -n, -n: Hund einer chin. Zwerghunderasse

Pektin [zu *gr.* pēktós „fest; geronnen" (pēgnýnai „befestigen; gerinnen lassen")] *das*; -s, -e (meist Plural): gelierender Pflanzenstoff in Früchten, Wurzeln u. Blättern

pekuniär [aus gleichbed. *fr.* pécuniaire, dies aus *lat.* pecūniārius „zum Geld gehörig" zu pecūnia „Geld"]: das Geld betreffend; finanziell, geldlich

Pelagial [zu *gr.* pélagos „offene See, Meer", eigtl. „Fläche (des Meeres)"] *das*; -s: 1. die Region des offenen (freien) Meeres (Geol.). 2. die Gesamtheit der Lebewesen des offenen Meeres u. weiträumiger Binnenseen (Biol.). **pelagisch**: 1. im offenen Meer u. in weiträumigen Binnenseen lebend (von Tieren u. Pflanzen; Biol.). 2. dem offenen und tieferen Meer (unterhalb 800 m) angehörend (Geol.)

Pelargonie [...*iᵉ*; zu *gr.* pelargós „Storch" nach der storchenschnabelähnlichen Frucht] *die*; -, -n: zur Gattung der Storchschnabelgewächse gehörende Pflanze mit meist leuchtenden Blüten, die in vielen Zuchtsorten als Zierpflanze gehalten wird

pêle-mêle [*pälmäl*; *fr.*]: durcheinander. **Pelemele** [*pälmäl*] *das*; -: 1. Mischmasch, Durcheinander. 2. Süßspeise aus Vanillecreme u. Fruchtgelee

Pelerine [aus gleichbed. *fr.* pèlerine, eigtl. „von Pilgern getragener Umhang", zu pèlerin „Pilger"] *die*; -, -n: weiter, ärmelloser [Regen]umhang

Pelikan [auch: ...*an*; über *kirchenlat.* pelicānus aus *gr.* pelekán zu pélekys „Axt, Beil" nach der Form des oberen Schnabels] *der*; -s, -e: tropischer u. subtropischer, ausgezeichnet fliegender u. schwimmender Vogel (Ruderfüßer) mit mächtigem Körper u. langem Schnabel, dessen unterer Teil einen dehnbaren Kehlsack trägt

Pelota [aus gleichbed. *span.* pelota, eigtl. „Ball", zu *lat.* pila „Ball; Knäuel; Haufen"] *die*; -: baskisches, tennisartiges Rückschlagspiel, bei dem der Ball von zwei Spielern od. Mannschaften mit der Faust od. einem Lederhandschuh an eine Wand geschlagen wird

Peloton [...*tong*; aus gleichbed. *fr.* peloton, eigtl. „kleiner Haufen", zu *lat.* pila „Ball; Knäuel; Haufen"] *das*; -s, -s: (hist.) Schützenzug (militärische Unterabteilung)

Peltast [aus gleichbed. *gr.* peltastḗs zu péltē „kleiner, leichter Schild"] *der*; -en, -en: leichtbewaffneter Söldner im Athen der Antike

Pemmikan [aus *indian.* (*Kri*) pimikān zu pimii „Fett"] *der*; -s: aus getrocknetem, zerstampftem, mit heißem Fett übergossenem Fleisch hergestelltes, sehr haltbares Nahrungsmittel der Indianer Nordamerikas

Penalty [*pänᵉlti*; aus gleichbed. *engl.* penalty, eigtl. „Strafe"] *der*; -[s], -s: Strafstoß (besonders im Eishockey)

Penaten [aus *lat.* penātēs zu penus „Vorrat"] *die* (Plural): altröm. Schutzgötter des Hauses u. der Familie

Pence [*pänß*]: *Plural* von → Penny

PEN-Club [Kurzw. aus *engl.* poets, essayists, novelists (*poᵘitß, äßeⁱißtß, nowᵉlißtß*) u. *Club* (zugleich anklingend an *engl.* pen = Feder)]: 1921 in London gegründete internationale Dichter- u. Schriftstellervereinigung (mit nationalen Sektionen)

Pendant [*pangdang*; aus gleichbed. *fr.* pendant, auch „(Ohr)gehänge", eigtl. „das Hängende" (Part. Präs. zu pendre „herabhängen")] *das*; -s, -s: ergänzendes Gegenstück; Entsprechung

Pendüle [aus gleichbed. *fr.* pendule] *die*; -, -n: (veraltet) Pendel-, Stutzuhr

pene|trant [aus gleichbed. *fr.* pénétrant, dem Part. Präs. von pénétrer „durchdringen" (vgl. penetrieren), dies aus *lat.* penetrāre „ein-, durchdringen"]: a) in störender Weise durchdringend, z. B. -er Geruch; b) in störender Weise aufdringlich, z. B. -er Mensch. **Pene|tranz** *die*; -, -en: a) durchdringende Schärfe, penetrante (a) Beschaffenheit; b) Aufdringlichkeit. **Pene|tration** [...*zion*] *die*; -, -en: 1. Durchdringung, Durchsetzung, das Penetrieren. 2. Eindringtiefe (bei der Prüfung der → Viskosität von Schmierfetten; Techn.). **pene|trieren**: durchsetzen, durchdringen

Penholder [...*hoᵘldᵉr*; aus *engl.* penholder „Federhalter"] *der*; -s, u. **Penholdergriff** *der*; -[e]s: Haltung des Schlägers, bei der der nach oben zeigende Griff zwischen Daumen u. Zeigefinger liegt; Federhaltergriff (Tischtennis)

penibel [aus *fr.* pénible „mühsam; schmerzlich", zu *fr.* peine „Strafe; Schmerz; Mühe"]: 1. sehr sorgfältig, genau; empfindlich. 2. (landsch.) unangenehm, peinlich. **Penibilität** *die*; -, -en: [ängstliche] Genauigkeit, Sorgfalt; Empfindlichkeit

Penicillin [...*zi*...], (eingedeutscht:) Penizillin [aus gleichbed. *engl.* penicillin zu *nlat.* Penicillium „Schimmelpilz", einer gelehrten Bildung zu *lat.* pēnicillum „Pinsel"] *das*; -s, -e: bes. wirksames → Antibiotikum; vgl. Penicillium. **Penicillium** *das*; -s: Schimmelpilz, der das Penicillin liefert

Pen|insula [aus *lat.* paenīnsula, eigtl. „Fastinsel" (*lat.* paene „fast")] *die*; -, ...suln: Halbinsel. **peninsular** u. **pen|insularisch**: zu einer Halbinsel gehörend, halbinselartig

Penis [aus *lat.* pēnis, eigtl. „Schwanz"] *der*; -, -se u. Penes [*peneß*]: männliches Glied (Med.)

Penizillin vgl. Penicillin

Pennal [aus *mlat.* pennale „Federkasten" zu *lat.* penna „Feder"] *das*; -s, -e: (Schülerspr., veraltet) höhere Lehranstalt. **Pennäler** *der*; -s, -: (ugs.) Schüler einer höheren Lehranstalt

Penny [*päni*; aus gleichbed. *engl.* penny] *der*; -s, Pennies [*pänis*, auch: ...*niß*] (für einzelne Stücke, Münzen) u. Pence [*pänß*] (bei Wertangabe): engl. Münze; Abk. [für Singular u. Plural beim neuen Penny im Dezimalsystem]: p, vor 1971: d (= *lat.* denarius; vgl. Denar)

Pensa und **Pensen**: *Plural* von → Pensum

pensee [*pangße*; aus gleichbed. *fr.* pensée, eigtl.

„stiefmütterchenfarben" (pensée „Stiefmütterchen")]: dunkellila

pensieroso [...*i-e*...; aus gleichbed. *it.* pensieroso zu pensare „(nach)denken"]: gedankenvoll, tiefsinnig (Vortragsanweisung; Mus.)

Pension [*pangsion*, auch: *pangsion* u. *pänsion*; aus gleichbed. *fr.* pension, dies aus *lat.* pēnsio „das Abwägen, Zuwägen; Auszählung"; vgl. Pensum] *die*; -, -en: 1. (ohne Plural) Ruhestand. 2. Ruhegehalt eines Beamten od. der Witwe eines Beamten. 3. Unterkunft u. Verpflegung. 4. kleineres Hotel [mit familiärem Charakter], Fremdenheim. **Pensionär** [aus *fr.* pensionnaire] *der*; -s, -e: jmd., der sich im Ruhestand befindet, Ruhegehaltsempfänger. **Pensionat** [aus *fr.* pensionnat] *das*; -[e]s, -e: Erziehungsinstitut, in dem die Schüler (bes. Mädchen) auch beköstigt u. untergebracht werden. **pensionieren** [aus *fr.* pensionner]: in den Ruhestand versetzen. **Pensionist** [*pänsi*...] *der*; -en, -en: (österr., schweiz.) Pensionär

Pensum [aus gleichbed. *lat.* pēnsum zu pendere „(ab)wägen; zuwiegen"] *das*; -s, Pensen u. Pensa: a) zugeteilte Aufgabe, Arbeit; b) in einer bestimmten Zeit zu bewältigender Lehrstoff

penta..., **Penta...**, vor Vokalen oft: pent..., Pent... [aus *gr.* pénte „fünf"]: in Zusammensetzungen auftretendes Bestimmungswort mit der Bedeutung „fünf". **Penta|chord** [...*kort*; aus *gr.-lat.* pentachordos „fünfsaitig"] *das*; -[e]s, -e: fünfsaitiges Streich- od. Zupfinstrument. **Penta|eder** *das*; -s, -: Fünfflächner. **Penta|gon** [über *lat.* pentagōnus aus *gr.* pentágōnos] *das*; -s, -e: 1. Fünfeck. 2. [*pän*...] (ohne Plural): das auf einem fünfeckigen Grundriß errichtete amerikanische Verteidigungsministerium. **penta|gonal**: fünfeckig. **Penta|gondodeka|eder** [zu → Pentagon und → Dodekaeder] *das*; -s, -: aus untereinander kongruenten Fünfecken bestehender zwölfflächiger Körper. **Penta|gramm** [zu → penta..., Penta... u. → ...gramm] *das*; -s, -e: fünfeckiger Stern, der in einem Zug mit fünf gleich langen Linien gezeichnet werden kann; Drudenfuß. **Pent|alpha** *das*; -, -s: = Pentagramm. **Penta|meter** [über gleichbed. *lat.* pentameter aus *gr.* pentámetros zu → penta..., Penta... und *gr.* métron „Maß, Versmaß"] *der*; -s, -: antiker daktylischer Vers (mit verkürztem drittem u. letztem Versfuß), der urspr. ungenau zu fünf Versfüßen gezählt wurde, in der deutschen Dichtung aber sechs Hebungen hat u. der mit dem → Hexameter im → Distichon verwendet wird. **Pen|tan** [zu → penta..., Penta...] *das*; -s, -e: in Petroleum u. Benzin enthaltener, sehr flüchtiger gesättigter Kohlenwasserstoff mit fünf Kohlenstoffatomen. **Penta|teuch** [aus gleichbed. *lat.* pentateuchus, dies aus *gr.* pentáteuchos „Fünfrollenbuch"] *der*; -s: die fünf Bücher Mosis im A. T. **Pent|athlon** [auch: *pänt*...; aus gleichbed. *gr.* pentáthlon; vgl. Athlet] *das*; -s: bei den Olympischen Spielen im Griechenland der Antike ausgetragener Fünfkampf (Diskuswerfen, Wettlauf, Weitsprung, Ringen, Speerwerfen). **Pentatonik** [zu → penta..., Penta... und *gr.* tónos „Ton"] *die*; -: fünfstufiges, halbtonloses Tonsystem (in vielen europäischen Volks- u. Kinderliedern, bes. aber in der Musik vieler Völker der Südsee, Ostasiens u. Afrikas). **pentatonisch**: die Pentatonik betreffend. **Pentere** [über *lat.* pentēris aus gleichbed. *gr.* pentḗrēs (naūs) „Fünfruderer"] *die*; -, -n: antikes Kriegsschiff mit etwa 300 Ruderern in fünf Reihen. **Penth|emimeres** [aus *gr.* penthēmimerḗs „aus fünf halben Versfüßen bestehend"] *die*; -, -: Verseinschnitt (→ Zäsur) nach dem fünften Halbfuß, bes. im Hexameter u. jambischen Trimeter (antike Metrik); vgl. Hephthemimeres

Pent|haus *das*; -es, ...häuser: = Penthouse. **Penthouse** [*pänthauß*; aus gleichbed. *engl.-amerik.* penthouse, erster Bestandteil aus *mengl.* pentice, eigtl. „Anbau, Anhang"; vgl. Appendix] *das*; -, -s [...*sis*, auch: ...*siß*]: exklusive Apartmentwohnung auf dem Flachdach eines Hochhauses; Dachterrassenwohnung

Pentlandit [nach dem Entdecker J. B. Pentland (*päntlᵉnd*), 1797–1873] *der*; -s, -e: Eisennickelkies, wichtigstes Nickelerz (Min.)

Pent|ode [gelehrte Bildung nach Anode usw. zu *gr.* pénte „fünf"] *die*; -, -n: Fünfpolröhre (Schirmgitterröhre mit Anode, Kathode u. drei Gittern; Elektrot.)

Penunzen [auch: ...*sᵉn*; aus *poln.* pieniądze „Geld(stück)"] *die* (Plural): (ugs.) Geld, Geldmittel

Pep [aus gleichbed. *engl.-amerik.* pep, gekürzt aus pepper „Pfeffer"] *der*; -[s]: Elan, Schwung, Temperament

Peperone [aus gleichbed. *it.* peperone zu pepe „Pfeffer"] *der*; -, ...oni: (meist Plural): kleine [in Essig eingelegte] Paprikafrucht von scharfem Geschmack

Pepita [*span.*, nach dem Namen einer span. Tänzerin der Biedermeierzeit] *der* od. *das*; -s, -s: a) kleinkarierte [schwarzweiße] Hahnentrittmusterung; b) [Woll- od. Baumwoll]gewebe mit dieser Musterung

Pe|plon *das*; -s, ...plen u. -s u. **Pe|plos** [aus gleichbed. *gr.* péplos] *der*; -, ...plen u. -: altgriech. faltenreiches, gegürtetes Obergewand vor allem der Frauen

Pepsin [zu *gr.* pépsis „Verdauung" zu péssein „reifen lassen; kochen; verdauen"] *das*; -s, -e: 1. eiweißspaltendes Enzym des Magensaftes. 2. aus diesem Enzym hergestelltes Arzneimittel. **Peptid** *das*; -[e]s, -e: Spaltprodukt des Eiweißabbaues. **peptisch**: das Pepsin betreffend, verdauungsfördernd. **Pepton** *das*; -s, -e: Abbaustoff des Eiweißes

per [aus gleichbed. *lat.* per]: 1. mit, mittels, durch, z. B. - Bahn, - Telefon. 2. (Amts-, Kaufmannsspr.) a) je, pro, z. B. etwas - Kilo verkaufen; b) bis zum, am, z. B. - ersten Januar liefern. **per...**, **Per...**: 1. in Zusammensetzungen auftretendes Präfix mit der Bedeutung „durch, hindurch, während, völlig". 2. Vorsilbe in Fachwörtern der Chemie, die ausdrückt, daß das Zentralatom einer chemischen Verbindung in seiner höchsten oder zumindest in einer höheren als der normalen Oxydationsstufe vorliegt

per ac|clamationem [- *aklamazionäm*; *lat.*]: durch Zuruf, z. B. eine Wahl - -

per Adresse: bei; über die Anschrift von (bei Postsendungen); Abk.: p. A.

per annum [*lat.*]: (veraltet) jährlich, für das Jahr; Abk.: p. a.

Perborat [zu → per..., Per... (2) und → Borat] *das*; -[e]s, -e: technisch wichtige chem. Verbindung aus Wasserstoffperoxyd u. Boraten (z. B. Wasch-, Bleichmittel)

per cassa [- *k*...; *it.*]: (Kaufmannsspr.) gegen Barzahlung; vgl. Kassa

Perche-Akt [*pärsch*...; aus *fr.* perche „Stange, Rute"] *der*; -[e]s, -e: Darbietung artistischer Nummern an einer langen, elastischen [Bambus]stange

Per|chlorat [...*klo*...; zu → per..., Per... (2) und →

Chlorat] *das*; -[e]s, -e: Salz der Überchlorsäure
per conto [- *konto*; *it.*]: (Kaufmannsspr.) auf Rechnung; vgl. Konto
per definitionem [- ...*zio*...; *lat.*]: wie es das Wort ausdrückt, wie in der Aussage enthalten; erklärtermaßen
perdu [*pärdü*; aus gleichbed. *fr.* perdu, dem Part. Perf. von perdre „verlieren"]: (ugs.) verloren, weg, auf und davon
per|ennierend [zu *lat.* perennis „das ganze Jahr hindurch" (per „durch" und annus „Jahr")]: 1. ausdauernd; hartnäckig. 2. mehrjährig (von Stauden- u. Holzgewächsen; Bot.)
perfekt [aus gleichbed. *lat.* perfectus, dem Part. Perf. zu perficere „vollenden"]: 1. vollendet, vollkommen [ausgebildet]. 2. abgemacht, gültig. **Perfekt** [auch: ...*fäkt*; aus *lat.* perfectum (tempus) „vollendete Zeit"] *das*; -s, -e: 1. Verbform, die die vollendete Gegenwart ausdrückt, Vollendung in der Gegenwart, Vorgegenwart, 2. Vergangenheit, z. B. ich habe [gerade] gegessen (Sprachw.). **Perfektion** [...*zion*; aus gleichbed. *fr.* perfection, dies aus *lat.* perfectio zu perficere; vgl. perfekt] *die*; -, -en: Vollendung, Vollkommenheit, vollendete Meisterschaft. **perfektionieren**: etwas bis zur Perfektion bringen, vollenden, vervollkommnen. **Perfektionierung** *die*; -: das Vervollkommnen, Perfektionieren. **Perfektionismus** *der*; -: (abwertend) übertriebenes Streben nach Vervollkommnung. **Perfektionist** *der*; -en, -en: (abwertend) jmd., der in übertriebener Weise nach Perfektion strebt. **perfektionistisch**: (abwertend) a) in übertriebener Weise Perfektion anstrebend; b) bis in alle Einzelheiten vollständig, umfassend. **perfektisch**: das Perfekt betreffend. **perfektiv** [auch: ...*tif*]: die zeitliche Begrenzung eines Geschehens ausdrückend (Sprachw.); -er Aspekt: zeitlich begrenzte Verlaufsweise eines verbalen Geschehens, z. B. verblühen. **perfektivieren** [...*tiwi*...]: ein Verb mit Hilfe sprachlicher Mittel, besonders von Partikeln, in die perfektive Aktionsart überführen. **perfektivisch** [...*tiw*...]: 1. = perfektisch. 2. (veraltet) perfektiv. **Perfektum** *das*; -s, ...ta: (veraltet) Perfekt
perfid[e] [aus gleichbed. *fr.* perfide, dies aus *lat.* perfidus „wortbrüchig, treulos" zu per „durch" und fidēs „Treue, Versprechen"]: hinterhältig, hinterlistig, tückisch. **Perfidie** *die*; -, ...ien: Hinterhältigkeit, Hinterlist, Falschheit. **Perfidität** *die*; -, -en: = Perfidie
Perforation [...*zion*; nach *lat.* perforātio „Durchbohrung"] *die*; -, -en: 1. Durchbruch eines Abszesses od. Geschwürs durch die Hautoberfläche od. in eine Körperhöhle (Med.). 2. a) Reiß-, Trennlinie an einem Papierblatt; [Briefmarken]zähnung; b) die zum Transportieren erforderliche Lochung am Rande eines Films. **perforieren** [aus *lat.* perforāre „durchbohren, durchlöchern"]: 1. durchbrechen (Med.). 2. a) durchlöchern; b) eine Perforation (2a) herstellen, lochen
Performanz [aus gleichbed. *engl.-amerik.* performance, eigtl. „Verrichtung, Ausführung" zu to perform „verrichten, ausführen, tun"] *die*; -, -en: Sprachverwendung, Aktualisierung der → Kompetenz im Sprechakt (Sprachw.); vgl. Kompetenz (2)
Pergament [aus *mlat.* pergamen(t)um, dies aus (charta) Pergamēna „Papier aus Pergamon" (in dieser kleinasiatischen Stadt soll die Verarbeitung von Tierhäuten zu Schreibmaterial entwickelt worden sein)] *das*; -[e]s, -e: 1. enthaarte, geglättete, zum Beschreiben zubereitete Tierhaut, die bes. vor der Erfindung des Papiers als Schreibmaterial diente. 2. Handschrift auf solcher Tierhaut. **pergamenten**: aus Pergament (1). **Pergamin** u. **Pergamyn** *das*; -s: pergamentartiges, durchscheinendes Papier
Pergola [aus gleichbed. *it.* pergola, dies aus *lat.* pergula „Vor-, Anbau"] *die*; -, ...len: Laube od. Laubengang aus Pfeilern od. Säulen als Stützen für eine Holzkonstruktion, an der sich Pflanzen [empor]ranken
peri..., **Peri**... [aus gleichbed. *gr.* perí]: in Zusammensetzungen auftretendes Präfix mit der Bedeutung „um–herum, umher, über–hinaus", z. B. periodisch, Peripherie
Perigäum [zu → peri..., Peri... und *gr.* gaĩa, gē „Erde"] *das*; -s, ...äen: erdnächster Punkt der Bahn eines Körpers um die Erde (Astron.); Ggs. → Apogäum
Perigon [zu → peri..., Peri... und *gr.* gónos „Erzeugung"] *das*; -s, -e u. **Perigonium** *das*; -s, ...ien [...*ien*]: Blütenhülle aus gleichartigen, meist auffällig gefärbten Blättern (z. B. bei Tulpen, Lilien, Orchideen; Bot.)
Perihel *das*; -s, -e u. **Perihelium** [zu → peri..., Peri... und *gr.* hḗlios „Sonne"] *das*; -s, ...ien [...*ien*]: der Punkt einer Planeten- od. Kometenbahn, der der Sonne am nächsten liegt (Astron.); Ggs. → Aphel
Perikope [aus gleichbed. *gr.* perikopḗ, eigtl. „Abschnitt, Abgeschnittenes" zu perikóptein „abschneiden, behauen"] *die*; -, -n: 1. zur gottesdienstlichen Verlesung als → Evangelium u. → Epistel vorgeschriebener Bibelabschnitt. 2. Strophengruppe, metrischer Abschnitt (Metrik)
Peri|ode [über (*m*)*lat.* periodus aus *gr.* períodos „das Herumgehen; Umlauf; Wiederkehr" zu → peri..., Peri... und hodós „Gang, Weg"] *die*; -, -n: 1. durch etwas Bestimmtes (z. B. Ereignisse, Persönlichkeiten) charakterisierter Zeitabschnitt, -raum. 2. etwas periodisch Auftretendes, regelmäßig Wiederkehrendes. 3. Umlaufzeit eines Sternes (Astron.). 4. Zeitabschnitt einer → Formation der Erdgeschichte (Geol.). 5. Schwingungsdauer (Elektrot.). 6. Zahl od. Zahlengruppe einer unendlichen Dezimalzahl, die sich ständig wiederholt (z. B. 0,646464...; Math.). 7. Verbindung von zwei od. mehreren Kola (vgl. Kolon 2) zu einer Einheit (Metrik). 8. meist mehrfach zusammengesetzter, kunstvoll gebauter längerer Satz, Satzgefüge, Satzgebilde (Sprachw.; Stilk.). 9. in sich geschlossene, meist aus acht Takten bestehende musikalische Grundform (Mus.). 10. Monatsblutung, Regel, → Menstruation. **Peri|odikum** u. Peri|odicum [...*ku*...] *das*; -s, ...ka (meist Plural): periodisch erscheinende Schrift (z. B. Zeitung, Zeitschrift). **peri|odisch**: regelmäßig auftretend, wiederkehrend; -es System: natürliche Anordnung der chem. Elemente nach steigenden Atomgewichten u. entsprechenden, periodisch wiederkehrenden Eigenschaften (Chem.). **peri|odisieren**: in Zeitabschnitte einteilen. **Peri|odizität** *die*; -: regelmäßige Wiederkehr
Peri|öke [aus *gr.* períoikoi, eigtl. „Umwohner"] *der*; -n, -n: in der Antike freier u. grundeigentumsberechtigter, aber politisch rechtloser Bewohner Spartas
Peripatetiker [über *lat.* Peripatēticus aus *gr.* peripatētikós zu → Peripatos] *der*; -s, -: Schüler des Aristoteles (Philos.). **peripatetisch**: die Peripatetiker betreffend, auf ihrer Lehre beruhend (Philos.).

Peripatos [*gr.* perípatos, eigtl. „das Umherwandeln, Spaziergang" zu peripatein „umherwandeln"] *der;* -: Promenade, Wandelgang der Schule in Athen, wo Aristoteles lehrte

peripher: am Rande befindlich, Rand... **Peripherie** [über gleichbed. *lat.* peripheria aus *gr.* periphéreia zu peri-phérein „herum tragen"] *die;* -, ...ien: 1. Umfangslinie, bes. des Kreises (Math.). 2. Rand, Randgebiet (z. B. Stadtrand)

Peri|phrase [aus gleichbed. *gr.-lat.* periphrasis; vgl. Phrase] *die;* -, -n: Umschreibung (eines Begriffes) (z. B. der Allmächtige für Gott). **peri|phrasieren**: umschreiben. **peri|phrastisch**: umschreibend; -e Konjugation: Konjugation des Verbs, die sich umschreibender Formen bedient (Sprachw.)

Peri|skop [gelehrte Bildung zu → peri..., Peri... und → ...skop] *das;* -s, -e: [ausfahr- u. drehbares] Fernrohr mit geknicktem Strahlengang (z. B. Sehrohr für Unterseeboote). **peri|skopisch**: in der Art eines Periskops; mit Hilfe eines Periskops

Peri|spomenon [aus gleichbed. *gr.-lat.* perispómenon] *das;* -s, ...na: in der griech. Betonungslehre Wort mit einem → Zirkumflex auf der letzten Silbe (z. B. griech. *φιλῶ* = „ich liebe"); vgl. Properispomenon

Peristaltik [aus *gr.* peristaltikós „umfassend und zusammendrückend" zu peristéllein „umhüllen, umschließen"] *die;* -: von den Wänden der muskulösen Hohlorgane (z. B. des Magens, Darms u. Harnleiters) ausgeführte Bewegung, bei der sich die einzelnen Organabschnitte nacheinander zusammenziehen u. so den Inhalt des Hohlorgans transportieren (Med.). **peristaltisch**: die Peristaltik betreffend, auf ihr beruhend, zur Peristaltik gehörend (Med.)

Peristase [aus *gr.* perístasis „Umwelt"] *die;* -, -n: die neben den → Genen auf die Entwicklung des Organismus einwirkende Umwelt (Vererbungslehre). **peristatisch**: die Peristase betreffend; umweltbedingt (Vererbungslehre)

Peristyl *das;* -s, -e u. **Peristylium** [über *lat.* peristȳlium aus *gr.* peristýlion zu perí „um–herum" und stȳlos „Säule"] *das;* -s, ...ien [...*i*ᵉ*n*]: der von Säulen umgebene Innenhof eines antiken Hauses

Perkussion [...*ion*; aus *lat.* percussio „das Schlagen"] *die;* -, -en: Zündung durch Stoß od. Schlag (z. B. beim Perkussionsgewehr im 19. Jh.)

perkutan [zu → per..., Per... und *lat.* cutis „Haut"]: durch die Haut hindurch (z. B. bei der Anwendung einer Salbe; Med.). **perkutieren**: Körperhohlräume zur Untersuchung abklopfen, beklopfen; eine Organuntersuchung durch Beklopfen der Körperoberfläche u. Deutung des Klopfschalles durchführen (Med.)

Perlon ⓦ [Kunstw.] *das;* -s: sehr haltbare Kunstfaser

Perlu|stration [...*zion*] *die;* -, -en: (österr.) das Perlustrieren. **perlu|strieren** [aus *lat.* perlūstrāre „durchwandern; durchmustern"]: (österr.) [einen Verdächtigen] anhalten u. genau durchsuchen. **Perlu|strierung** *die;* -, -en: das Perlustrieren; vgl. ...ation/...ierung

[1]**Perm** [nach dem alten Königreich Permia (dem ehemaligen russ. Gouvernement Perm)] *das;* -s: die jüngste erdgeschichtliche Formation des → Paläozoikums (Geol.). **permisch**: das Perm betreffend (Geol.)

[2]**Perm** [Kurzform von → *perm*eabel] *das;* -[s], -: Einheit für die spezifische Gasdurchlässigkeit fester Stoffe; Abk.: Pm

permanent [über *fr.* permanent aus *lat.* permanēns, Gen. permanentis, dem Part. Präs. von per-manēre „fortdauern, ausharren"]: dauernd, anhaltend, ununterbrochen, ständig. **permanent press** [*pö'm*ᵉ*n*ᵉ*nt* -; *engl.*] formbeständig, bügelfrei (Hinweis an Kleidungsstücken). **Permanenz** [aus gleichbed. *fr.* permanence] *die;* -: ununterbrochene, permanente Dauer; in -: ständig, dauernd, ohne Unterbrechung

Permanganat [zu → per..., Per... (2) und → Manganat] *das;* -[e]s, -e: hauptsächlich als Oxydations- u. Desinfektionsmittel verwendetes, als wäßrige Lösung stark violett gefärbtes Salz der Übermangansäure. **Permangansäure** *die;* -, -n: Übermangansäure

permeabel [aus *lat.* permeābilis „durchgehbar" zu per-meāre „durchgehen, durchdringen"]: durchdringbar, durchlässig. **Permeabilität** *die;* -: 1. Durchlässigkeit von Scheidewänden (Chem.). 2. im magnetischen Feld das Verhältnis $\mathfrak{B}/\mathfrak{H}$ zwischen magnetischer Induktion ($\mathfrak{B}$) u. magnetischer Feldstärke ($\mathfrak{H}$)

per mille = pro mille

permisch vgl. [1]Perm

permutabel [aus gleichbed. *lat.* permūtābilis]: aus-, vertauschbar (Math.). **Permutation** [...*zion*; nach *lat.* permūtātio] *die;* -, -en: 1. Vertauschung, Umstellung. 2. Umstellung in der Reihenfolge bei einer Zusammenstellung einer bestimmten Anzahl geordneter Größen, Elemente (Math.). **permutieren** [aus gleichbed. *lat.* permūtāre zu per „durch" und mūtāre „ändern"; vgl. Mutation]: 1. vertauschen, umstellen. 2. die Reihenfolge in einer Zusammenstellung einer bestimmten Anzahl geordneter Größen, Elemente ändern (Math.). **Permutit** *das;* -s, -e: Ionenaustauscher vom Typ der → Zeolithe, der zur Wasserenthärtung dient (Chem.)

Pernambukholz [nach dem bras. Staat Pernambuko] *das;* -es: Edelholz aus Brasilien

Pernod [...*no*; nach dem französ. Alkoholfabrikanten Henri-Louis Pernod] *der;* -[s], -[s]: aus echtem Wermut, Anis u. anderen Kräutern hergestelltes alkoholisches Getränk

Peronismus [nach dem argentinischen Staatspräsidenten Perón, 1895–1974] *der;* -: Bewegung mit politisch-sozialen [und diktatorischen] Zielen in Argentinien. **Peronist** *der;* -en, -en: Anhänger Peróns. **peronistisch**: den Peronismus betreffend, auf dem Peronismus beruhend, in der Art des Peronismus

per|oral [zu → per..., Per... (1) und → oral]: durch den Mund, über den Verdauungsweg (z. B. von der Anwendung oder Verabreichung eines Arzneimittels; Med.)

Per|oxyd u. Super|oxyd, (chem. fachspr.:) Per|oxid u. Super|oxid [zu → per..., Per... (2) und → Oxyd] *das;* -[e]s, -e: sauerstoffreiche chemische Verbindung

per pedes [*lat.*]: (ugs., scherzh.) zu Fuß. **per pedes apostolorum**: (scherzh.) zu Fuß (wie die Apostel)

Perpendikel [aus *lat.* perpendiculum „Richtblei, Senkblei" zu per-pendere „genau abwägen"] *das* od. *der;* -s, -: Uhrpendel. **perpendikular** u. **perpendikulär**: senkrecht, lotrecht

perpetuieren [aus gleichbed. *lat.* perpetuāre]: ständig [in gleicher Weise] fortfahren, weitermachen; fortdauern. **Perpetuum mobile** [*lat.*; eigtl. „das sich ständig Bewegende"] *das;* - -, - - u. ...tua ...bilia: nach den physikalischen Gesetzen nicht mögliche

Maschine, die ohne Energieverbrauch dauernd Arbeit leistet

per|plex [wohl über *fr.* perplexe aus *lat.* perplexus „verschlungen, verworren"]: (ugs.) verwirrt, verblüfft, überrascht, bestürzt, betroffen. **Per|plexität** *die*; -, -en: Bestürzung, Verwirrung, Verlegenheit, Ratlosigkeit

per procura [- ...*kura*; *it.*]: in Vollmacht; Abk.: pp., ppa.; vgl. Prokura

Perron [...*rong*, österr.: ...*ron*; aus gleichbed. *fr.* perron, eigtl. „großer Steinblock", zu pierre „Stein"] *der*; -s, -s: (veraltet, aber noch schweiz.) Bahnsteig; Plattform

per saldo [*it.*]: (Kaufmannsspr.) auf Grund des → Saldos; als Rest zum Ausgleich (auf einem Konto)

per se [*lat.*, eigtl. „durch sich"]: an sich, von selbst

Persenning u. Presenning [aus gleichbed. *niederl.* presenning, dies aus *fr.* préceinte „Umhüllung"] *die*; -, -e[n]: 1. (ohne Plural) starkfädiges, wasserdichtes Gewebe für Segel, Zelte u. a. 2. Schutzbezug aus wasserdichtem Segeltuch

perseverieren [aus gleichbed. *lat.* persevērāre]: 1. bei etwas beharren; etwas ständig wiederholen. 2. hartnäckig immer wieder auftauchen (von Gedanken, Redewendungen, Melodien; Psychol.)

Persianer [nach Persien] *der*; -s, -: a) Fell der [3–14 Tage alten] Lämmer des Karakulschafes; b) aus diesen Fellen gearbeiteter Pelz

Persi|flage [...*flasche*; aus gleichbed. *fr.* persiflage] *die*; -, -n: feiner, geistreicher Spott; geistreiche Verspottung. **persi|flieren** [aus gleichbed. *fr.* persifler, wohl zu siffler „(aus)pfeifen"]: auf geistreiche Art verspotten

persistent [aus dem *lat.* Part. Präs. persistēns, Gen. persistentis]: anhaltend, dauernd, hartnäckig (Med.; Biol.). **persistieren** [aus *lat.* persistere „festbleiben, verharren"]: 1. (veraltend) auf etwas beharren, bestehen. 2. bestehenbleiben, fortdauern (Med., Biol.)

Person [aus gleichbed. *lat.* persōna, eigtl. „Maske des Schauspielers, Rolle, die durch die Maske dargestellt wird"] *die*; -, -en: 1. a) Mensch, menschliches Wesen; b) Mensch als individuelles geistiges Wesen, in seiner spezifischen Eigenart als Träger eines einheitlichen, bewußten Ichs; c) Mensch hinsichtlich seiner äußeren Eigenschaften. 2. Figur in einem Drama, Film o. ä. 3. Frau, junges Mädchen. 4. (Rechtsw.) a) Mensch im Gefüge rechtlicher u. staatlicher Ordnung, als Träger von Rechten und Pflichten; b) juristische Person. 5. (ohne Plural) Träger eines durch ein Verb gekennzeichneten Geschehens (z. B. *ich* gehe; Sprachw.); vgl. Personalform. **Persona grata** [*lat.*] *die*; - -: willkommener, gern gesehener Mensch. **Persona gratissima** [*lat.*] *die*; - -: sehr willkommener, überaus gern gesehener Mensch. **Persona in|grata** [*lat.*] *die*; - -: Angehöriger des diplomatischen Dienstes, dessen [vorher genehmigter] Aufenthalt in einem fremden Staat von der Regierung des betreffenden Staates nicht [mehr] gewünscht wird. **personal** [aus *spätlat.* persōnālis „persönlich"] die Person (1), den Einzelmenschen betreffend; von einer Einzelperson ausgehend; z. B. die -e Autorität eines Lehrers; vgl. personell; vgl. ...al/...ell. **Personal** [aus gleichbed. *mlat.* personale zu personalis „dienerhaft", älter „persönlich", vgl. personal] *das*; -s: 1. Gesamtheit der Hausangestellten. 2. Gesamtheit der Angestellten, Beschäftigten in einem Betrieb o. ä., Belegschaft. **Personalform** *die*; -, -n: → finite Form, Form des Verbs, die die Person (5) kennzeichnet (z. B. er *geht*; Sprachw.). **Personalien** [...*iᵉn*; aus *spätlat.* persōnālia „persönliche Dinge" zu persōnālis „persönlich"] *die* (Plural): a) Angaben zur Person (wie Name, Lebensdaten usw.); b) [Ausweis]papiere, die Angaben zur Person enthalten. **Personalismus** *der*; -: der Glaube an einen persönlichen Gott (Rel.). **Personalität** *die*; -, -en: die Persönlichkeit, das Ganze der das Wesen einer Person ausmachenden Eigenschaften. **personaliter** [aus gleichbed. *lat.* persōnāliter]: in Person, persönlich, selbst. **Personality-Show** [*pörßᵉnälitischoᵘ*; *engl.-amerik.*] *die*; -, -s: Show, Unterhaltungssendung im Fernsehen, die vorwiegend einem Künstler gewidmet ist. **Personalpronomen** *das*; -s, -: persönliches Fürwort (z. B. er, wir; Sprachw.). **Personalunion** *die*; -: 1. Vereinigung von Ämtern in der Hand einer Person. 2. (hist.) die [durch Erbfolge bedingte] zufällige Vereinigung selbständiger Staaten unter einem Monarchen. **Persona non grata** [*lat.*] *die*; - - -: = Persona ingrata. **personell** [aus gleichbed. *fr.* personel]: das Personal, die Gesamtheit der Angestellten, Beschäftigten in einem Betrieb o. ä. betreffend; vgl. personal; vgl. ...al/...ell. **Personifikation** [...*zion*; aus gleichbed. *fr.* personnification; vgl. ...fikation] *die*; -, -en: Vermenschlichung von Göttern, Begriffen od. leblosen Dingen (z. B. die Sonne *lacht*); vgl. ...ation/...ierung. **personifizieren** [nach gleichbed. *fr.* personnifier; vgl. ...fizieren]: vermenschlichen. **Personifizierung** *die*; -, -en: das Personifizieren; vgl. ...ation/...ierung

Per|spektiv [zu *mlat.* perspectīvus „durchblickend", s. Perspektive] *das*; -s, -e [...*wᵉ*]: kleines Fernrohr. **Per|spektive** [...*wᵉ*; aus *mlat.* perspectīva (ars) „durchblickende Kunst" zu *lat.* per-spicere „mit Blicken durchdringen, deutlich sehen"] *die*; -, -n: 1. a) Ausblick, Durchblick; Blickwinkel; b) Aussicht für die Zukunft. 2. dem Augenschein entsprechende ebene Darstellung räumlicher Verhältnisse u. Gegenstände. **per|spektivisch**: [...*wisch*]: 1. die Perspektive (1b) betreffend; in die Zukunft gerichtet, planend. 2. die Perspektive (2) betreffend, ihren Regeln entsprechend. **Per|spektivismus** [...*wi*...; zu Perspektive] *der*; -: Prinzip, wonach die Erkenntnis der Welt, die Beurteilung geschichtlicher Vorgänge usw. durch die jeweilige Perspektive des Betrachters bedingt ist

persuadieren [aus gleichbed. *lat.* per-suādēre]: überreden. **Persuasion** [aus gleichbed. *lat.* persuāsio] *die*; -, -en: Überredung. **persuasiv** u. **persuasorisch** [aus gleichbed. *lat.* persuāsōrius]: überredend, zum Überzeugen, Überreden geeignet; vgl. ...iv/...orisch

Pertinenz [zu *lat.* pertinēns, Gen. pertinentis, dem Part. Präs. zu per-tinēre „sich auf etwas beziehen, zu etwas gehören"] *die*; -, -en: Zubehör, Zugehörigkeit. **Pertinenzdativ** *der*; -s, -e [...*wᵉ*]: Dativ, der die Zugehörigkeit angibt u. durch ein Genitivattribut od. Possessivpronomen ersetzt werden kann; Zugehörigkeitsdativ (z. B. der Regen tropfte *mir* auf den Hut = auf meinen Hut; Sprachw.)

Perücke [aus gleichbed. *fr.* perruque, eigtl. „Haarschopf"] *die*; -, -n: zu einer bestimmten Frisur gearbeiteter Haarersatz aus echten od. künstlichen Haaren

per ultimo [*it.*; „am letzten"]: am Monatsende [ist Zahlung zu leisten]; vgl. Ultimo

pervers [...*wärß*; vermutlich über *fr.* pervers aus *lat.*

perversus „verdreht, verkehrt" zu per-vertere „umkehren"]: andersartig veranlagt, empfindend; von der Norm abweichend, bes. in sexueller Hinsicht. **Perversion** [nach *lat.* perversio] *die*; -, -en: krankhafte Abweichung vom Normalen, bes. in sexueller Hinsicht. **Perversität** [nach *lat.* perversitās] *die*; -, -en: das Perverssein, andersartige Triebrichtung. **pervertieren** [zu → pervers]: 1. vom Normalen abweichen, entarten. 2. verdrehen, verfälschen; ins Abnormale verkehren. **Pervertierung** *die*; -, -en: 1. das Pervertieren. 2. das Pervertiertsein

Perzent [aus *it.* per cento „für hundert"] *das*; -[e]s, -e: (österr.) Prozent. **perzentuell**: (österr.) prozentual

Perzeption [...*zion*; aus *lat.* perceptio „das Erfassen, Erkenntnis"] *die*; -, -en: 1. das sinnliche Wahrnehmen als erste Stufe der Erkenntnis im Unterschied zur → Apperzeption (Philos.). 2. Reizaufnahme durch Sinneszellen od. -organe (Med.; Biol.). **perzeptiv**: = perzeptorisch; vgl. ...iv/...orisch. **perzeptorisch**: die Perzeption betreffend; vgl. ...iv/...orisch. **perzipieren** [aus *lat.* percipere „wahrnehmen, erfassen, erkennen"]: 1. sinnlich wahrnehmen im Unterschied zu → apperzipieren (Philos.). 2. durch Sinneszellen od. -organe Reize aufnehmen (Med.; Biol.)

pesante [aus gleichbed. *it.* pesante, dem Part. Präs. zu pesare „wiegen, schwer sein"]: schwerfällig, schleppend, wuchtig, gedrungen (Vortragsanweisung; Mus.). **Pesante** *das*; -s, -s: wuchtiger Vortrag (Mus.)

Peseta (auch:) **Pesete** [aus *span.* peseta, eigtl. „kleines Gewicht"] *die*; -, ...ten: spanische Währungseinheit

Pessar [aus gleichbed. *lat.* pessārium] *das*; -s, -e: länglichrunder, ring- od. schalenförmiger Körper aus Hartgummi o. ä., der um den äußeren Muttermund gelegt wird als Stützvorrichtung für Gebärmutter u. Scheide od. zur Empfängnisverhütung; Mutterring (Med.)

Pessimismus [zu *lat.* pessimus „der schlechteste, sehr schlecht"] *der*; -: Lebensauffassung, bei der alles von der negativen Seite betrachtet wird; negative Grundhaltung; Schwarzseherei; Ggs. → Optimismus. **Pessimist** *der*; -en, -en: negativ eingestellter Mensch, der immer die schlechten Seiten des Lebens sieht; Schwarzseher; Ggs. → Optimist. **pessimistisch**: lebensunfroh, niedergedrückt, schwarzseherisch; Ggs. → optimistisch. **Pessimum** [*lat.*] *das*; -s, ...ma: schlechteste Umweltbedingungen für Tier u. Pflanze (Biol.); Ggs. → Optimum (2)

Pestilenz [aus gleichbed. *lat.* pestilentia zu *lat.* pestis „Seuche"] *die*; -, -en: Pest; schwere Seuche. **pestilenzialisch**: verpestet; stinkend

Petition [...*zion*; aus *lat.* petītio „Verlangen, Bitte, Gesuch" zu petere „zu erreichen suchen, verlangen, bitten"] *die*; -, -en: Bittschrift, Eingabe. **petitionieren**: eine Bittschrift einreichen

Petits fours [p^e*ti fur*; *fr.*] *die* (Plural): feines Kleinbackwerk

pe|tre..., **Pe|tre...** vgl. petro..., Petro... **Pe|trefakt** [zu *gr.* pétros „Stein, Fels" und *lat.* facere „machen"] *das*; -[e]s, -e[n]: Versteinerung von Pflanzen od. Tieren (Geol.; Biol.). **pe|tri...**, **Pe|tri...** vgl. petro..., Petro... **Pe|trifikation** [...*zion*; vgl. ...fikation] *die*; -, -en: Vorgang des Versteinerns (Geol.; Biol.). **pe|trifizieren** [vgl. ...fizieren]: versteinern (Geol.; Biol.). **pe|tro...**, **Pe|tro...**, auch: petre..., Petre... u. petri..., Petri..., vor Vokalen meist: petr..., Petr... [aus *gr.* pétros „Stein, Fels"]: in Zusammensetzungen auftretendes Bestimmungswort mit der Bedeutung „stein..., Stein...", z. B. Petrographie „beschreibende Gesteinskunde"

Pe|trol *das*; -s: (schweiz.) Petroleum. **Pe|trolchemie**, auch Petrol|chemie *die*; -: Zweig der technischen Chemie, dessen Aufgabe bes. in der Gewinnung von chemischen Rohstoffen aus Erdöl u. Erdgas besteht. **pe|trolchemisch**: die Petrolchemie, die Gewinnung von chemischen Rohstoffen aus Erdöl u. Erdgas betreffend. **Pe|troleum** [...*e-um*; aus *mlat.* petroleum zu *gr.* pétros „Stein, Fels" und *lat.* oleum „Öl", eigtl. „Steinöl"] *das*; -s: 1. Erdöl. 2. Destillationsprodukt des Erdöls

Petticoat [*pätiko*^{u}*t*; aus gleichbed. *engl.* petticoat, dies aus petty coat „kleiner Rock"] *der*; -s, -s: versteifter Taillenunterrock

Petting [aus gleichbed. *engl.-amerik.* petting zu to pet „liebkosen"] *das*; -[s], -s: erotisch-sexueller [bis zum Orgasmus betriebener] Kontakt ohne Ausübung des eigentlichen Geschlechtsverkehrs (bes. bei heranwachsenden Jugendlichen)

petto vgl. in petto

Petunie [...*i*^{e}; aus gleichbed. *fr.* petunie, einer Bildung zu petun „Tabak", dies aus *indian.* (*Tupi*) petyn; die Petunie hat eine gewisse Ähnlichkeit mit der Tabakpflanze] *die*; -, -n: eine Balkonpflanze mit violetten, roten od. weißen Trichterblüten (Nachtschattengewächs)

peu à peu [*pöapö*; *fr.*]: allmählich, langsam, nach und nach

pf = più forte

pF = Picofarad

Pfefferone [eindeutschend für → Peperone] *der*; -, ...ni u. -n u. **Pfefferoni** *der*; -, - (meist Plural): (österr.) Peperone

ph = Phot

Phagozyt [zu *gr.* phageīn „essen" und *gr.* kýtos „Höhlung"] *der*; -en, -en (meist Plural): weißes Blutkörperchen, das eingedrungene Fremdstoffe, bes. Bakterien, aufnehmen, durch → Enzyme auflösen u. unschädlich machen kann (Med.)

Phalanx [über gleichbed. *lat.* phalanx aus *gr.* phálagx, eigtl. „Balken"] *die*; -, ...langen [...*lang*^{e}*n*]: 1. (hist.) tiefgestaffelte, geschlossene Schlachtreihe des schweren Fußvolks im Griechenland der Antike. 2. geschlossene Front (z. B. des Widerstands, der Avantgarde)

phallisch: den Phallus betreffend. **Phallos** *der*; -, ...lloi [...*eu*] u. ...llen u. **Phallus** [über *lat.* phallus aus gleichbed. *gr.* phallós] *der*; -, ...lli u. ...llen (auch: -se): das [erigierte] männliche Glied (meist als Symbol der Kraft u. Fruchtbarkeit)

Phänomen [über *lat.* phaenomenon aus *gr.* phainómenon „das Erscheinende" zu phaínein „sichtbar machen"] *das*; -s, -e: 1. (Philos.; Psychol.) a) das Erscheinende, sich den Sinnen Zeigende; b) jeder sich der Erkenntnis darbietende Bewußtseinsinhalt. 2. a) außergewöhnliches, seltenes Ereignis, Vorkommnis; b) Mensch mit außergewöhnlichen Fähigkeiten. **phänomenal** [aus gleichbed. *fr.* phénoménal]: 1. das Phänomen (1) betreffend; sich den Sinnen, der Erkenntnis darbietend (Philos.; Psychol.). 2. außergewöhnlich, einzigartig, erstaunlich, unglaublich. **Phänomenalismus** *der*; -: philosophische Richtung, nach der die Gegenstände nur so erkannt werden können, wie sie uns erscheinen, nicht wie sie an sich sind. **phänomenalistisch**: den Phänomenalismus betreffend. **Phänomenologie** [zu → Phänomen und → ...logie] *die*; -: (Philos.) 1.

Wissenschaft von den sich dialektisch entwickelnden Erscheinungsformen des [absoluten] Geistes u. Wissenschaft der Erfahrung des Bewußtseins (Hegel). 2. Wissenschaft von den Wesenheiten der Gegenstände u. Sachverhalte, Wissenschaft von der Wesensschau selbst, vom wesenschauenden Bewußtsein (Husserl). **phänomenologisch**: die Phänomenologie betreffend. **Phänomenon** *das*; -s, ...na: = Phänomen (1). **Phänotyp** [auch: *fä*...; vgl. Typ] *der*; -s, -en: = Phänotypus. **phänotypisch** [auch: *fä*...]: das Erscheinungsbild eines Organismus betreffend (Biol.). **Phänotypus** [auch: *fä*...]: *der*; -, ...pen: das Erscheinungsbild eines Organismus, das durch Erbanlagen u. Umwelteinflüsse geprägt wird (Biol.); vgl. Genotypus

Phantasie [aus gleichbed. *gr.-lat.* phantasía zu *gr.* phantázesthai „sichtbar werden, erscheinen"] *die*; -, ...ien: 1. (ohne Plural) a) Vorstellung, Vorstellungskraft, Einbildung, Einbildungskraft; b) Erfindungsgabe, Einfallsreichtum. 2. (meist Plural) Trugbild, Traumgebilde, Fiebertraum; vgl. Fantasie. **phantasieren** [nach *mlat.* phantasāri „sich etwas vorstellen, einbilden"]: 1. sich den wiederkehrenden Bildern, Vorstellungen der Phantasie (1), der Einbildungskraft hingeben, frei erfinden, erdichten, ausdenken. 2. in Fieberträumen irre reden (Med.). 3. frei über eine Melodie od. ein Thema musizieren (Mus.); vgl. improvisieren. **Phantasma** [aus gleichbed. *gr.-lat.* phántasma] *das*; -s, ...men: Sinnestäuschung, Trugbild (Psychol.). **Phantasmagorie** [zu *gr.* phántasma „Trugbild, Gespenst" und agorá „Versammlung"] *die*; -, ...ien: 1. Zauber, Truggebilde, Wahngebilde. 2. künstliche Darstellung von Trugbildern, Gespenstern u. a. auf der Bühne. **phantasmagorisch**: traumhaft, bizarr, gespenstisch, trügerisch. **Phantast** [aus *mlat.* phantasta, dies aus *gr.* phantastḗs „Prahler"] *der*; -en, -en: (abwertend) Träumer, Schwärmer, Mensch mit überspannten Ideen. **Phantasterei** *die*; -, -en: Träumerei, Überspanntheit. **Phantastik** *die*; -: das Phantastische, Unwirkliche. **phantastisch**: 1. a) auf Phantasie (1) beruhend, nur in der Phantasie bestehend, unwirklich; b) verstiegen, überspannt. 2. (ugs.) unglaublich; großartig, wunderbar

Phantom [aus gleichbed. *fr.* fantôme, das auf *gr.* phántasma zurückgeht; vgl. Phantasma] *das*; -s, -e: gespenstische Erscheinung, Trugbild. **Phantombild** *das*; -[e]s, -er: nach Zeugenaussagen gezeichnetes Bild eines gesuchten Täters

Pharao [über *gr.* pharaṓ aus *altägypt.* per-a'a, eigtl. „großes Haus, Palast"] *der*; -s, ...onen: a) (ohne Plural; hist.) Titel der altägyptischen Könige; b) Träger dieses Titels. **pharaonisch**: den Pharao betreffend

Pharisäer [über *lat.* Pharisaeus, *gr.* Pharisaĩos aus dem *Aram.*, eigtl. „Abgesonderter"] *der*; -s, -: 1. (hist.) Angehöriger einer altjüdischen, streng gesetzesfrommen religiös-politischen Partei. 2. [hochmütiger] Heuchler. **pharisäisch**: 1. die Pharisäer (1) betreffend. 2. wie ein Pharisäer, heuchlerisch

Pharmaka: *Plural* von → Pharmakon. **pharmako...**, **Pharmako...** [aus *gr.* phármakon „Heilmittel"]: in Zusammensetzungen auftretendes Bestimmungswort mit der Bedeutung „Arzneimittel". **Pharmakologe** *der*; -n, -n: Wissenschaftler auf dem Gebiet der Pharmakologie. **Pharmakologie** *die*; -: Wissenschaft von Art u. Aufbau der Heilmittel, ihren Wirkungen u. Anwendungsgebieten; Arzneimittelkunde, Arzneiverordnungslehre. **pharmakologisch**: die Pharmakologie, Arzneimittel betreffend. **Pharmakon** *das*; -s, ...ka: Arzneimittel. **Pharmazeut** [aus *gr.* pharmakeutḗs „Hersteller von Heilmitteln, Giftmischer"] *der*; -en, -en: Fachmann, Wissenschaftler auf dem Gebiet der Pharmazie; Arzneimittelhersteller (z. B. Apotheker). **Pharmazeutik** *die*; -: Arzneimittelkunde. **pharmazeutisch**: zur Pharmazie gehörend; die Herstellung von Arzneimitteln betreffend. **Pharmazie** [über *lat.* pharmacīa aus *gr.* pharmakeía „Gebrauch von Heilmitteln; Arznei"] *die*; -: Wissenschaft von den Arzneimitteln, ihrer Zusammensetzung, Herstellung, Verwendung usw.

Phase [aus gleichbed. *fr.* phase, dies aus *gr.* phásis „Erscheinung; Aufgang eines Gestirns"] *die*; -, -n: 1. Abschnitt einer [stetigen] Entwicklung; Zustandsform, Stufe. 2. (Astron.) a) bei nicht selbstleuchtenden Monden od. Planeten die Zeit, in der die Himmelskörper nur z. T. erleuchtet sind; b) die daraus resultierende jeweilige Erscheinungsform der Himmelskörper. 3. Aggregatzustand eines chemischen Stoffes, z. B. feste, flüssige - (Chem.). 4. Größe, die den Schwingungszustand einer Welle an einer bestimmten Stelle, bezogen auf den Anfangszustand, charakterisiert (Phys.). 5. (Elektrot.) a) Schwingungszustand beim Wechselstrom; b) (nur Plural) die drei Wechselströme des Drehstromes; c) (nur Plural) die drei Leitungen des Drehstromnetzes. **phasisch**: die Phase (1) betreffend; in bestimmten Abständen regelmäßig wiederkehrend

Phenol [aus gleichbed. *fr.* phénol (zu *gr.* phaínein „sichtbar machen")]: *das*; -s: Karbolsäure, eine aus dem Steinkohlenteer gewonnene, technisch vielfach verwendete organische Verbindung (einfachster aromatischer Alkohol). **Phenole** *die* (Plural): Oxybenzole, wichtige organische Verbindungen im Teer (z. B. Phenol, Kresol). **Phenolphthalein** [Kunstw.] *das*; -s: als → Indikator (3) dienende chem. Verbindung. **Phenyl** *das*; -s: in vielen aromatischen Kohlenwasserstoffen enthaltene einwertige Atomgruppe $-C_6H_5$

Phi [*gr.*] *das*; -[s], -s: griech. Buchstabe: Φ, φ

Phiale [aus gleichbed. *gr.* phiálē] *die*; -, -n: altgriechische flache [Opfer]schale

phil..., **Phil...** vgl. philo..., Philo... **...phil** [aus *gr.* phílos „freundlich; Freund"]: Wortbildungselement mit der Bedeutung „eine Vorliebe für etwas od. jmdn. habend, etwas od. jmdn. sehr schätzend", z. B. bibliophil, frankophil. **Phil|an|throp** [aus *gr.* philánthrōpos „menschenfreundlich" zu *gr.* phílos „freundlich; Freund" und ánthrōpos „Mensch"] *der*; -en, -en: Menschenfreund. **Phil|anthropie** *die*; -: Menschenliebe. **phil|an|thropisch**: menschenfreundlich, menschlich [gesinnt]

Phil|atelie [aus gleichbed. *fr.* philatélie zu *gr.* phílos „freundlich; Freund" und atéleia „Abgabenfreiheit", atelḗs „abgaben-, steuerfrei", weil die Marke den Empfänger davon befreite, den Boten zu bezahlen] *die*; -: [wissenschaftliche] Beschäftigung mit Briefmarken, das Sammeln von Briefmarken. **Phil|atelist** *der*; -en, -en: jmd., der sich [wissenschaftlich] mit Briefmarken beschäftigt; Briefmarkensammler

Philharmonie [zu *gr.* phílos „freundlich, Freund" und harmonía „Wohlklang, Musik", eigtl. „Liebe zur Musik"] *die*; -, ...ien: Name von musikalischen Gesellschaften, Konzertsälen u. Orchestern. **Philharmoniker** *der*; -s, -: a) Mitglied eines philharmonischen Orchesters; b) (nur Plural) philharmonisches Orchester, z. B. Berliner -, Wiener -. **philharmonisch**: die Musikliebe, -pflege betreffend; musikpflegend; -es Orchester: musikpflegendes Orchester (Name von Orchestern)

...**philie** [aus *gr.* philía „Liebe, Freundschaft"]: Wortbildungselement mit der Bedeutung „Vorliebe, Liebhaberei"

Phil|ippika [*gr.-lat.*; nach den Kampfreden des Demosthenes gegen König Philipp von Mazedonien] *die*; -, ...ken: heftige Strafrede

Phili|ster [nichtsemitisches Volk an der Küste Palästinas, in der Bibel als ärgster Feind der Israeliten dargestellt] *der*; -s, -: kleinbürgerlicher Mensch; Spießbürger. **phili|strös** [französierende Bildung]: spießbürgerlich; muckerhaft; engstirnig

philo..., **Philo...**, vor Vokalen u. vor h: phil..., Phil... [aus *gr.* phílos „freundlich; Freund"]: in Zusammensetzungen auftretendes Bestimmungswort mit der Bedeutung „Freund, Verehrer (von etwas), Liebhaber, Anhänger, geistig Engagierter; Liebe, Verehrung, wissenschaftliche Beschäftigung". **Philoden|dron** [zu → philo..., Philo... und *gr.* déndron „Baum", eigtl. „Baumfreund", weil die Pflanze gern an Bäumen hochklettert] *der* (auch: *das*); -s, ...ren: eine Blattpflanze mit Luftwurzeln und gelappten Blättern (Aronstabgewächs)

Philologe [über *lat.* philologus aus *gr.* philólogos „Freund der Wissenschaften, Sprach-, Geschichtsforscher", zu phílos „freundlich; Freund" und lógos „Wort, Rede"] *der*; -n, -n: jmd., der sich wissenschaftlich mit der Philologie befaßt (z. B. Hochschullehrer, Student). **Philologie** [aus *gr.-lat.* philología] *die*; -: Sprach- u. Literaturwissenschaft. **philologisch**: die Philologie betreffend, auf ihr beruhend, zu ihr gehörend

Philomela [aus gleichbed. *lat.* philomela, das auf *gr.* Philomḗla, den Namen der Tochter König Pandions von Athen, zurückgeht; Philomela wurde in eine Nachtigall verwandelt] u. **Philomele** *die*; -, ...len: (veraltet) Nachtigall

Philosoph [über gleichbed. *lat.* philosophus aus *gr.* philósophos, eigtl. „Freund der Weisheit", zu phílos „freundlich; Freund" und sophía „Weisheit"] *der*; -en, -en: 1. a) jmd., der nach dem letzten Sinn, den Ursprüngen des Denkens u. Seins, dem Wesen der Welt, der Stellung des Menschen im Universum fragt; b) Begründer einer Denkmethode, einer Philosophie (1). 2. Wissenschaftler auf dem Gebiet der Philosophie (2). 3. jmd., der gern philosophiert (2), über etwas nachdenkt, grübelt. **Philosophie** [aus *gr.-lat.* philosophía] *die*; -, ...ien: 1. forschendes Fragen u. Streben nach Erkenntnis des letzten Sinnes, der Ursprünge des Denkens u. Seins, der Stellung des Menschen im Universum, des Zusammenhanges der Dinge in der Welt. 2. (ohne Plural) Wissenschaft von den verschiedenen philosophischen Systemen, Denkgebäuden. **philosophieren**: 1. Philosophie (1) betreiben, sich philosophisch über einen Gegenstand verbreiten. 2. über etwas nachdenken, grübeln; nachdenklich über etwas reden. **philosophisch**: 1. a) die Philosophie (1) betreffend; b) auf einen Philosophen (1) bezogen. 2. durchdenkend, überlegend; weise. 3. (abwertend) weltfremd, verstiegen

Phimose [aus gleichbed. *gr.* phímōsis, eigtl. „das Verschließen, die Verengung"] *die*; -, -n: angeborene od. erworbene Vorhautverengung des Penis (Med.)

Phiole [aus gleichbed. *mlat.* fiola, dies aus *gr.* phiálē; vgl. Phiale] *die*; -, -n: kugelförmige Glasflasche mit langem Hals

Phlegma [aus *gr.-lat.* phlégma „kalter und zähflüssiger Körperschleim", eigtl. „Brand, Hitze", zu phlégein „entzünden, verbrennen"; dem zähflüssigen Körpersaft entsprach nach antiken Vorstellungen das schwerfällige Temperament] *das*; -s: a) [Geistes]trägheit, Schwerfälligkeit; b) Gleichgültigkeit; Dickfelligkeit. **Phlegmatiker** *der*; -s, -: 1. (Psychol.) a) (ohne Plural) Temperamentstyp des ruhigen, langsamen, schwerfälligen Menschen; b) Vertreter dieses Temperamentstyps; vgl. Choleriker, Melancholiker, Sanguiniker. 2. körperlich träger, geistig wenig regsamer Mensch. **Phlegmatikus** *der*; -, -se: (ugs., scherzh.) träger, schwerfälliger Mensch. **phlegmatisch**: 1. zum Temperamentstyp des Phlegmatikers gehörend (Psychol.); vgl. cholerisch, melancholisch, sanguinisch. 2. träg, schwerfällig; gleichgültig

Phlox [aus *gr.* phlóx „Flamme"; vgl. den *dt.* Namen Flammenblume] *der*; -es, -e (auch: *die*; -, -e): Zierpflanze mit rispenartigen, farbenprächtigen Blütenständen

...**phob** [zu *gr.* phóbos „Furcht"]: Wortbildungselement mit der Bedeutung „eine Abneigung gegen etwas habend, etwas nicht schätzend". **Phobie** *die*; -, ...ien: krankhafte Angst (Med.). ...**phobie**: Wortbildungselement mit der Bedeutung „Abneigung"

Phon [zu *gr.* phōnḗ „Laut, Ton"] *das*; -s, -s (aber: 50 Phon): Maß der Lautstärke; Zeichen: phon. **phon...**, **Phon...** vgl. phono..., Phono... ...**phon** [zu → Phon]: Wortbildungselement mit der Bed. „Laut". **Phonem** *das*; -s, -e: kleinste bedeutungsunterscheidende, aber nicht selbst bedeutungstragende sprachliche Einheit (z. B. b in Bein im Unterschied zu p in Pein; Sprachw.). **Phonematik** *die*; -: = Phonologie. **phonematisch**: das Phonem betreffend. **Phonemik** *die*; -: = Phonologie. **phonemisch**: = phonematisch. **Phonetik** *die*; -: Teilgebiet der Sprachwissenschaft, das die Vorgänge beim Sprechen untersucht; Lautlehre, Stimmbildungslehre. **Phonetiker** *der*; -s, -: Wissenschaftler auf dem Gebiet der Phonetik. **phonetisch**: die Phonetik betreffend, lautlich. ...**phonie** [zu → Phon]: Wortbildungselement mit der Bed. „Ton, Klang"

Phönix [über *lat.* phoenix aus *gr.* phoĩnix] *der*; -[es], -e: sich im Feuer verjüngender Vogel der altägyptischen Sage, der in verschiedenen Versionen zum Symbol der ewigen Erneuerung u. zum christlichen Sinnbild der Auferstehung wurde

phono..., **Phono...**, vor Vokalen: phon..., Phon... [zu *gr.* phōnḗ „Laut, Ton"]: in Zusammensetzungen auftretendes Bestimmungswort mit der Bedeutung „Schall, Laut, Stimme, Ton". **Phono|gramm** [zum 2. Bestandteil → ...gramm] *das*; -s, -e: jede Aufzeichnung von Schallwellen (z. B. Sprache, Musik) auf Schallplatten, Tonbändern usw. **Phono|graph** [zum 2. Bestandteil → ...graph] *der*; -en, -en: 1877 von Edison erfundenes Tonaufnahmegerät (Techn.). **Phonolith** [zum 2. Bestandteil → ...lith] *der*; -s u. -en, -e[n]: Klingstein. **Phonologie** *die*; -: Teilgebiet der Sprachwissenschaft, auf dem das System u. die bedeutungsmäßige Funktion der einzelnen Laute u. Lautgruppen untersucht werden. **phonologisch**: die Phonologie betreffend. **Phonotypistin** *die*; -, -nen: weibliche Schreibkraft, die vorwiegend nach einem Diktiergerät schreibt

...**phor** [zu *gr.* phérein „tragen, bringen"]: Wortbildungselement mit der Bedeutung „tragend, bringend“

Phosgen [aus gleichbed. *engl.* phosgene zu *gr.* phōs „Licht“ und → ...gen] *das*; -s: zur Herstellung von Farbstoffen und Arzneimitteln, im 1. Weltkrieg als Kampfgas verwendete Verbindung von Kohlenmonoxyd u. Chlor (Carbonylchlorid)

Phosphat [zu → Phosphor u. → ...at (2)] *das*; -[e]s, -e: Salz der Phosphorsäure, dessen verschiedene Arten wichtige technische Rohstoffe sind (z. B. für Düngemittel). **phosphatieren**: = parkerisieren. **Phosphid** *das*; -[e]s, -e: Verbindung des Phosphors mit einem elektropositiven Grundstoff. **Phosphit** *das*; -s, -e: Salz der phosphorigen Säure. **Phosphor** [gelehrte Bildung zu *gr.* phōs-phóros „lichttragend“ (zu *gr.* phōs „Licht“ und phérein „tragen“)] *der*; -s: chem. Grundstoff, Nichtmetall; Zeichen: P. **Phosphoreszenz** *die*; -: vorübergehendes Aussenden von Licht, Nachleuchten bestimmter, vorher mit Licht o. ä. bestrahlter Stoffe. **phosphoreszieren**: nach vorheriger Bestrahlung nachleuchten. **phosphorig**: Phosphor enthaltend

Phot [zu *gr.* phōs, Gen. phōtós „Licht“; vgl. Foto] *das*; -s, -: Einheit der spezifischen Lichtausstrahlung; Zeichen: ph (1 ph = 1 Lumen pro cm^2 = 10 000 Lux). **Photo** vgl. Foto. **photo...**, **Photo...**: in Zusammensetzungen auftretendes Bestimmungswort mit der Bedeutung „Licht, Lichtbild“, z. B. photometrisch, Photogramm. **Photochemie** *die*; -: Teilgebiet der Chemie, auf dem die chem. Wirkungen des Lichtes erforscht werden. **photochemisch**: chem. Reaktionen betreffend, die durch Licht, radioaktive od. Röntgenstrahlung bewirkt werden. **Photo|effekt** *der*; -[e]s, -e: Austritt von Elektronen aus bestimmten Stoffen durch deren Bestrahlung mit Licht. **Photo|elek|trizität** *die*; -: durch Licht hervorgerufene Elektrizität (beim Photoeffekt). **Photo|element** *das*; -[e]s, -e: elektrisches Element, Halbleiterelement, das (durch Ausnutzung des Photoeffekts) Lichtenergie in elektrische Energie umwandelt. **photogen** vgl. fotogen. **Photogenität** vgl. Fotogenität. **Photo|graph** vgl. Fotograf. **Photo|graphie** vgl. Fotografie. **photo|graphieren** vgl. fotografieren. **photo|graphisch** vgl. fotografisch. **Photokopie** vgl. Fotokopie. **photokopieren** vgl. fotokopieren. **Photomaton** ⓦ [Kunstw.] *das*; -s, -e: vollautomatische Fotografiermaschine, die nach kurzer Zeit Aufnahmen liefert. **photomechanisch**: fotografisch hergestellte Druckformen verwendend. **Photometer** *das*; -s, -: Gerät, mit dem (durch Vergleich zweier Lichtquellen) die Lichtstärke gemessen wird. **Photome|trie** *die*; -: Verfahren zur Messung der Lichtstärke. **photometrisch**: die Lichtstärkemessung betreffend; mit Hilfe der Photometrie erfolgend. **Photomontage** [*fotomontasch*^e] vgl. Fotomontage. **Photon** *das*; -s, ...onen: in der Quantentheorie das kleinste Energieteilchen einer elektromagnetischen Strahlung, Lichtquant. **Photo|sphäre** *die*; -: strahlende Gashülle der Sonne (Meteor.). **phototaktisch**: die Phototaxis betreffend, auf ihr beruhend; sich durch einen Lichtreiz bewegend (Bot.). **Phototaxis** *die*; -, ...xen: durch Lichtreiz ausgelöste Bewegung zu einer Lichtquelle hin od. von ihr fort (Bot.). **Photothek** vgl. Fotothek. **photo|trop**, **photo|tropisch**: den Phototropismus betreffend, lichtwendig. **Phototropismus** *der*; -, ...men: bei Zimmerpflanzen häufig zu beobachtende Krümmungsreaktion von Pflanzenteilen bei einseitigem Lichteinfall (Bot.). **Photozelle** *die*; -, -n: Vorrichtung, die unter Ausnutzung des → Photoeffektes Lichtschwankungen in Stromschwankungen umwandelt bzw. Strahlungsenergie in elektrische Energie (Phys.)

¹**Phrase** [aus *gr.-lat.* phrásis „das Sprechen, Ausdruck“ zu phrázein „sagen, sprechen“] *die*; -, -n: 1. (Sprachw.) a) typische Wortverbindung, Redensart, Redewendung; b) aus einem Einzelwort od. aus mehreren, eine Einheit bildenden Wörtern bestehender Satzteil. 2. selbständiger Abschnitt eines musikalischen Gedankens (Mus.). ²**Phrase** [aus gleichbed. *fr.* phrase, das auf *gr.-lat.* phrásis (s. ¹Phrase) zurückgeht]: abgegriffene, leere Redensart; Geschwätz

Phraseologie *die*; -, ...ien: (Sprachw.) a) Gesamtheit typischer Wortverbindungen, charakteristischer Redensarten, Redewendungen einer Sprache; b) Zusammenstellung, Sammlung solcher Redewendungen. **phraseologisch**: die Phraseologie betreffend. **phrasieren**: ein Tonstück in melodisch-rhythmische Abschnitte einteilen, beim Vortrag die Gliederung in melodisch-rhythmischen Abschnitten zum Ausdruck bringen (Mus.). **Phrasierung** *die*; -, -en: das Phrasieren (Mus.)

phrygisch [nach der Landschaft Phrygien]: die kleinasiatische Landschaft Phrygien betreffend; -e Tonart: (Mus.) 1. altgriech. Tonart. 2. zu den authentischen Tonreihen gehörende, auf e stehende Tonleiter der Kirchentonarten des Mittelalters. **Phrygische** *das*; -n: (Mus.) 1. altgriech. Tonart. 2. Kirchentonart

Phthalein [Kunstwort, vgl. Naphthalin] *das*; -s, -e: synthetischer Farbstoff (z. B. Eosin). **Phthalsäure** *die*; -, -n: Säure, die bei der Herstellung von Farbstoffen, Weichmachern u. ä. verarbeitet wird

Phyle [aus gleichbed. *gr.* phȳlḗ zu phýesthai „entstehen, abstammen“] *die*; -, -n: altgriech. Stammesverband der Landnahmezeit, in Athen als politischer Verband des Stadtstaates organisiert; vgl. Tribus. **phyletisch**: die Abstammung betreffend (Biol.). **Phylogenese** *die*; -, -n: = Phylogenie. **phylogenetisch**: die Stammesgeschichte betreffend (Biol.). **Phylogenie** *die*; -, ...ien: Stammesgeschichte der Lebewesen (Biol.)

Physik [aus *lat.* physica „Naturlehre“, dies aus *gr.* physikḗ (theōría) „Naturforschung“; vgl. physisch, Physis] *die*; -: der Mathematik u. Chemie nahestehende Naturwissenschaft, die vor allem durch experimentelle Erforschung u. messende Erfassung die Grundgesetze der Natur, bes. Bewegung u. Aufbau der unbelebten Materie u. die Eigenschaften der Strahlung u. der Kraftfelder untersucht. **physikalisch**: die Physik betreffend, zu ihr gehörend, auf ihr beruhend; -e Chemie: Gebiet der Chemie, in dem Stoffe u. Vorgänge durch exakte Messungen mittels physikalischer Methoden untersucht werden; -e [Land]karte: Karte, die die natürliche Oberflächengestaltung eines Gebietes zeigt. **Physiker** *der*; -s, -: Wissenschaftler auf dem Gebiet der Physik. **Physikochemie** *die*; -: = physikalische Chemie. **physikochemisch**: die physikalische Chemie betreffend, zu ihr gehörend, auf ihr beruhend. **Physikum** [aus *nlat.* (testamen) physicum] *das*; -s, ...ka: ärztliches Vorexamen, bei dem die Kenntnisse auf dem Gebiet der allgemeinen naturwissenschaftlichen u. anatomischen Grundlagen der Medizin geprüft werden. **Physikus** [aus *lat.* physicus „Naturkundiger“] *der*; -, -se: (veraltet) Kreis-, Bezirksarzt

Physio|gnomie [aus *gr.* physiognōmía „Untersuchung der Erscheinungen der Natur, des Körperbaus" zu phýsis „Natur, natürliche Beschaffenheit" und gnṓmē „Einsicht, Erkenntnis"] *die*; -, ...ien: äußere Erscheinung, bes. der Gesichtsausdruck eines Menschen, auch eines Tieres. **Physiognomik** *die*; -: bes. die Beziehung zwischen der Gestaltung des menschlichen Körpers u. dem Charakter behandelndes Teilgebiet der Ausdruckspsychologie u. die darauf gründende Lehre von der Fähigkeit, aus der Physiognomie auf charakterliche Eigenschaften zu schließen. **physio|gnomisch**: die Physiognomie betreffend

Physiologe *der*; -n, -n: Wissenschaftler auf dem Gebiet der Physiologie. **Physiologie** [aus *gr.-lat.* physiología „Naturkunde" zu *gr.* phýsis „Natur, natürliche Beschaffenheit" und → ...logie] *die*; -: Wissenschaft von den Grundlagen des allgemeinen Lebensgeschehens, bes. von den normalen Lebensvorgängen u. Funktionen des menschlichen Organismus. **physiologisch**: die Physiologie betreffend; die Lebensvorgänge im Organismus betreffend

Physiotherapeut *der*; -en, -en: Masseur, Krankengymnast, der nach ärztlicher Verordnung Behandlungen mit den Mitteln der Physiotherapie durchführt. **Physiotherapie** [zu → Physis und → Therapie] *die*; -: Behandlung von Krankheiten mit naturgegebenen Mitteln wie Wasser, Wärme, Licht, Luft

Physis [aus *gr.* phýsis „Natur, natürliche Beschaffenheit" zu phýein „hervorbringen, entstehen"] *die*; -: die Natur, körperliche Beschaffenheit [des Menschen]. **physisch** [über *lat.* physicus aus *gr.* physikós „von der Natur geschaffen, natürlich" zu phýsis „Natur"]: 1. in der Natur begründet, natürlich. 2. die körperliche Beschaffenheit betreffend; körperlich; -e [Land]karte: (veraltet) physikalische [Land]karte

...phyt [aus *gr.* phytón „Pflanze" zu phýein „hervorbringen; entstehen"]: Wortbildungselement mit der Bedeutung „Pflanze". **phyto...**, **Phyto...**: in Zusammensetzungen auftretendes Bestimmungswort mit der Bedeutung „Pflanze", z. B. Phytologie „Pflanzenkunde"

Pi [aus *gr.* pî] *das*; -[s], -s: 1. griech. Buchstabe: Π, π. 2. Ludolfsche Zahl, die das Verhältnis von Kreisumfang zu Kreisdurchmesser angibt (π = 3,1415...; Math.)

piacevole [...*tschew*...; aus gleichbed. *it.* piacevole]: gefällig, lieblich (Vortragsanweisung; Mus.)

Piaffe [aus gleichbed. *fr.* piaffe, eigtl. „Prahlerei, Großtuerei"] *die*; -, -n: trabähnliche Bewegung auf der Stelle (aus der Hohen Schule übernommene Übung moderner Dressurprüfungen; Reitsport). **piaffieren**: (selten) die Piaffe ausführen

piangendo [...*dschando*; aus gleichbed. *it.* piangendo]: weinend, klagend (Vortragsanweisung; Mus.)

Pianino [aus gleichbed. *it.* pianino] *das*; -s, -s: kleines Klavier. **pianissimo**: sehr leise (Vortragsanweisung; Mus.); Abk.: pp; - quanto possibile: so leise wie möglich. **Pianissimo** *das*; -s, -s u. ...mi: sehr leises Spielen od. Singen (Mus.). **Pianist** [aus gleichbed. *fr.* pianiste] *der*; -en, -en: Musiker, der Klavier spielt. **pianistisch**: klaviermäßig, klavierkünstlerisch. **piano** [aus gleichbed. *it.* piano, dies aus *lat.* plānus „flach, eben"]: schwach, leise (Vortragsanweisung; Mus.); Abk.: p. **Piano** [Kurzform von → Pianoforte] *das*; -s, -s: 1. (veraltend, noch scherzh.) Klavier. 2. (Plural auch: ...ni) schwaches, leises Spielen od. Singen (Mus.). **Pianochord** [...*kort*] *das*; -[e]s, -e: kleines, $6^2/_3$ Oktaven umfassendes Klavier als Haus- u. Übungsinstrument. **Pianoforte** [aus gleichbed. *fr.* piano-forte, dies aus *it.* pianoforte, eigtl. „leise und laut", weil man – im Gegensatz zum Spinett und Klavichord – die Tasten des Hammerklaviers sowohl leise als auch laut anschlagen kann]: *das*; -s, -s: (veraltet) Klavier. **Pianola** [aus gleichbed. *it.* pianola] *das*; -s, -s: selbsttätig spielendes Klavier

Piaster [aus *it.* piastra „Metallplatte"] *der*; -s, -: 1. span. und südamerik. Peso im europ. Handelsverkehr. 2. seit dem 17. Jh. die türkische Münzeinheit zu 40 Para (heutige Bezeichnung: Kurus). 3. Münzeinheit in Ägypten, Syrien, im Libanon, Sudan

Piazza [aus gleichbed. *it.* piazza] *die*; -, Piazze: ital. Bezeichnung für: [Markt]platz

Picador [...*ka*...; aus gleichbed. *span.* picador, zu picar „stechen; spicken; spornen"] u. (eindeutschend:) Pikador *der*; -s, -es: Lanzenreiter, der beim Stierkampf den auf den Kampfplatz gelassenen Stier durch Stiche in den Nacken zu reizen hat

piccolo [*pikolo*; aus gleichbed. *it.* piccolo]: ital. Bezeichnung für: klein (in Verbindung mit Instrumentennamen, z. B. Flauto - = Pikkoloflöte)

Picknick [aus gleichbed. *engl.* picnic bzw. unter *engl.* Einfluß aus *fr.* pique-nique „gemeinsame Mahlzeit in einem Landwirtshaus; Mahlzeit, zu der jeder Speisen und Getränke beisteuert"] *das*; -s, -e u. -s: Mahlzeit, Imbiß im Freien. **picknicken**: ein Picknick abhalten

Pick-up [*pikap*; aus gleichbed. *engl.* pick-up zu to pick up „aufnehmen"] *der*; -s, -s: 1. Tonabnehmer für Schallplatten. 2. Aufsammelvorrichtung an landwirtschaftlichen Geräten

Pico... u. **Piko...**: in Zusammensetzungen aus dem Gebiet der Physik auftretendes Bestimmungswort mit der Bedeutung „ein Billionstel" der im Grundwort genannten Maßeinheit; Zeichen: p. **Picofarad** u. Pikofarad *das*; -[s], -: der billionste Teil der Kapazitätseinheit Farad; Abk.: pF

picobello [*piko*..., italianisiert aus *niederd.* pük „ausgesucht" (in piekfein) und *it.* bello „schön"]: (ugs.) ganz besonders fein, ausgezeichnet

Pidgin-Englisch u. **Pidgin-English** [*pidschininggglisch*; aus *engl.* pidgin, chines. Entstellung des engl. Wortes business (*bisnⁱß*) = Geschäft] *das*; -: frühere engl.-chin. Mischsprache in Ostasien

Piece [*piäß*$^{(e)}$; aus gleichbed. *fr.* pièce] *die*; -, -n: Stück, Tonstück, musikalisches Zwischenspiel

Pie|destal [*pi-e*...; aus gleichbed. *fr.* piédestal, dies aus *it.* piedestallo] *das*; -s, -e: Fußgestell; Sockel (für Vasen, Statuen)

pieno [aus gleichbed. *it.* pieno]: voll, vollstimmig (Vortragsanweisung; Mus.)

Pier [aus gleichbed. *engl.* pier] *der*; -s, -e (Seemannsspr.: *die*; -, -s): Hafendamm; Landungsbrücke

Pierrette [*pi-ä*...] *die*; -, -n: weibliche Entsprechung des → Pierrot. **Pierrot** [...*ro*; zum *fr.* Vornamen Pierre „Peter", eigtl. „Peterchen"] *der*; -s, -s: komische Figur, vor allem der französischen Pantomime (aus der → Commedia dell'arte hervorgegangen)

Pie|ta u. (bei it. Schreibung:) **Pie|tà** [*pi-eta*; aus gleichbed. *it.* pietà, eigtl. „Frömmigkeit"; vgl. Pietät] *die*; -, -s: Darstellung Marias mit dem Leichnam Christi auf dem Schoß. **Pie|tät** [aus *lat.* pietās,

Gen. pietātis „Pflichtgefühl; Frömmigkeit" zu pius „pflichtbewußt, fromm"] *die*; -: Ehrfurcht, Achtung (bes. gegenüber Toten), Rücksichtnahme. **Pie|tismus** [zu → Pietät] *der*; -: evangelische Bewegung des 17. u. 18. Jh.s, die gegenüber der → Orthodoxie (1) u. dem Vernunftglauben Herzensfrömmigkeit u. tätige Nächstenliebe als entscheidende christliche Haltung betont. **Pie|tist** *der*; -en, -en: Anhänger, Vertreter des Pietismus. **pie|tistisch**: den Pietismus betreffend; fromm im Sinne des Pietismus. **pie|toso** [aus gleichbed. *it.* pietoso]: mitleidsvoll, andächtig (Vortragsanweisung; Mus.)

pie|zo..., Pie|zo... [zu *gr.* piézein „drücken"]: Bestimmungswort in Zusammensetzungen mit der Bed. „Druck". **pie|zo|elektrisch**: elektrisch durch Druck; -er Effekt: von P. Curie entdeckte Aufladung mancher Kristalle unter Druckeinwirkung. **Pie|zo|elektrizität** *die*; -: durch Druck entstandene Elektrizität bei manchen Kristallen. **Pie|zometer** [vgl. [1]...meter] *das*; -s, -: Instrument zur Messung des Grades der Zusammendrückbarkeit von Flüssigkeiten, Gasen u. festen Stoffen (Techn.)

Pigment [aus *lat.* pigmentum „Farbe; Färbestoff" zu pingere „malen"] *das*; -[e]s, -e: 1. in Form von Körnern in den Zellen bes. der Haut eingelagerter, die Färbung der Gewebe bestimmender Farbstoff; Körperfarbstoff (Med.; Biol.). 2. im Binde- od. Lösungsmittel unlöslicher, aber feinstverteilter Farbstoff. **Pigmentation** [...*zion*] *die*; -, -en: Einlagerung von Pigment, Färbung. **pigmentieren**: 1. Farbstoffe in kleinste Teilchen (Pigmentkörnchen) zerteilen. 2. sich einfärben durch Pigmente (Chem.)

Pi|gnole [*pinjol^e*], (österr.:) **Pi|gnolie** [*pinjoli^e*; aus gleichbed. *it.* pi(g)nolo zu pino „Pinie"] *die*; -, -n: wohlschmeckender Samenkern der Pinie

[1]**Pik** [aus gleichbed. *fr.* pique, eigtl. „Spieß" (die Spielfarbe hat einen stilisierten Spieß)] *das*; -s, -s: Spielkartenfarbe. [2]**Pik** [aus dem übertragenen Gebrauch von *fr.* pique „Spieß"] *der*; -s: (ugs.) heimlicher Groll; einen - auf jmdn. haben: jmdn. aus bestimmten Gründen nicht leiden können

Pikador vgl. Picador

pikant [aus gleichbed. *fr.* piquant, dem Part. Präs. von piquer „stechen"]: 1. den Geschmack reizend, gut gewürzt, scharf. 2. interessant, prickelnd, reizvoll. 3. zweideutig, schlüpfrig. **Pikanterie** *die*; -, ...ien: 1. reizvolle Note, Reiz. 2. Zweideutigkeit, Anzüglichkeit

pikaresk u. **pikarisch** [nach der span. Figur des Picaro]: schelmenhaft; -er Roman: Schelmenroman

Pike [aus gleichbed. *fr.* pique] *die*; -, -n: (hist.) [Landsknechts]spieß; von der - auf: von Grund auf, von der untersten Stufe an. **Pikee** [aus *fr.* piqué „Pikee; Steppstich" zu piquer „stechen; steppen"] *der* (österr. auch: *das*); -s, -s: [Baumwoll]gewebe mit erhabener Musterung. **Pikenier** *der*; -s, -e: (hist.) mit der Pike kämpfender Landsknecht. **Pikett** [aus *fr.* piquet „kleine Abteilung Soldaten"] *das*; -[e]s, -e: (schweiz.) einsatzbereite Mannschaft im Heer u. bei der Feuerwehr. **pikieren** [aus *fr.* piquer „stechen"]: 1. [junge Pflanzen] auspflanzen, verziehen. 2. verschiedene Stofflagen aufeinandernähen, wobei der Stich auf der Außenseite nicht sichtbar sein darf

pikiert [Part. Perf. von veraltetem pikieren „reizen, verstimmen" aus gleichbed. *fr.* piquer, eigtl. „stechen; anstacheln"]: [leicht] beleidigt, gereizt, verletzt, verstimmt

Pikkolo [aus gleichbed. *it.* piccolo, eigtl. „Kleiner"; vgl. piccolo] *der*; -s, -s: 1. Kellnerlehrling. 2. (auch: *das*) = Pikkoloflöte. **Pikkoloflöte** *die*; -, -n: kleine Querflöte in C od. Des, eine Oktave od. None höher als die Querflöte klingend

Piko... usw. vgl. Pico... usw.

Pikrinsäure [zu *gr.* pikrós „bitter"] *die*; -, -n: Trinitrophenol, explosible organische Verbindung (Chem.)

Pilaster [über gleichbed. *fr.* pilastre aus *it.* pilastro zu *lat.* pīla „Pfeiler"] *der*; -s, -: [flacher] Wandpfeiler

Pilau u. **Pilaw** [aus gleichbed. *pers.-türk.* pilau, palau] *der*; -s: orientalisches Reisgericht [mit Hammelfleisch]

Pile [*pail*; aus gleichbed. *engl.* pile, eigtl. „Haufen, Stoß, Säule", dies aus *lat.* pīla „Pfeiler"] *das*; -s, -s: engl. Bezeichnung für: Reaktor

Pilot [aus gleichbed. *fr.* pilote, dies über *it.* pilota (-o), älter pedotta (pedoto) „Steuermann" zu *gr.* pēdón „Steuerruder"] *der*; -en, -en: 1. a) Flugzeugführer; b) Rennfahrer. 2. (veraltet) Lotse. 3. Lotsenfisch (Begleitfisch der Haie). [1]**pilotieren** ein Flugzeug, einen Sport- od. Rennwagen (bei Autorennen) steuern

Pilote [aus gleichbed. *fr.* pilot zu pile (*lat.* pīla) „Pfeiler"] *die*; -, -n: im Bauwesen Rammpfahl für Gründungen. [2]**pilotieren**: Grund-, Rammpfähle einrammen

[1]**pilotieren** s. Pilot

[2]**pilotieren** s. Pilote

Piment [über *fr.* piment aus *span.* pimienta, dies aus *lat.* pigmentum „Würze, Kräutersaft; Farbstoff"; vgl. Pigment] *der* od. *das*; -[e]s, -e: Nelkenpfeffer, englisches Gewürz

Pimpernell [aus gleichbed. *vulgärlat.* pimpinella zu *lat.* pepo, Gen. peponis „Melone"] *der*; -s, -e u. **Pimpinelle** *die*; -, -n: wilder Kümmel

Pin [aus gleichbed. *engl.* pin] *der*; -s, -s: getroffener Kegel als Wertungseinheit beim Bowling (2)

Pinakothek [aus gleichbed. *lat.* pinacothēca, dies aus *gr.* pinakothḗkē „Aufbewahrungsort von Weihgeschenktafeln" zu pínax, Gen. pínakos „Tafel; Gemälde" und → ...thek] *die*; -, -en: Bilder-, Gemäldesammlung

Pinasse [aus gleichbed. *niederl.(-fr.)* pinasse, eigtl. „Boot aus Fichtenholz", zu *lat.* pīnus „Fichte"] *die*; -, -n: Beiboot (von Kriegsschiffen)

pincé [*pängße*; aus gleichbed. *fr.* pincé, Part. Perf. von pincer „zwicken, zupfen"]: = pizzicato

Pincenez [*pängßne*; aus gleichbed. *fr.* pince-nez zu pincer „zwicken, kneifen" und nez „Nase"] *das*; - [...*ne(ß)*], - [...*neß*]: (veraltet) Kneifer, Zwicker

Pinch|effekt [*pintsch*...; zu *engl.* to pinch „zusammendrücken, pressen"] *der*; -[e]s, -e: bei einer Starkstromgasentladung auftretende Erscheinung der Art, daß das → Plasma (3) durch das eigene Magnetfeld zusammengedrückt wird (Phys.)

Pingpong [österr. auch: ...*pong*; aus gleichbed. *engl.* ping-pong (lautmalenden Ursprungs)] *das*; -s, -s: (gelegentlich scherzh., oft leicht abwertend) [nicht turniermäßig betriebenes] Tischtennis

Pinguin [selten: ...*in*; Herkunft nicht sicher geklärt] *der*; -s, -e: flugunfähiger, dem Wasserleben angepaßter Meeresvogel der Antarktis mit schuppenförmigen Federn u. flossenähnlichen Flügeln

Pinie [...*i^e*; aus gleichbed. *lat.* pīnea, Substantivierung von pīneus, -a, -um „fichten“ zu pīnus „Fichte“] *die*; -, -n: Kiefer des Mittelmeerraumes mit schirmförmiger Krone. **Piniole** *die*; -, -n: = Pignole

pink [aus gleichbed. *engl.* pink]: blaßrot, rosa. **Pink** *das*; -s, -s: helles, blasses Rot, intensives Rosa

Pinole [aus *it.* pi(g)nola zu pigna „Pinienzapfen“] *die*; -, -n: Maschinenteil der Spitzendrehbank, in dem die Spitze gelagert ist

Pin-up-Girl [*pinapgö'l*; aus gleichbed. *engl.-amerik.* pin-up-girl, eigtl. „Anheftmädchen“, zu to pin up „anheften, anstecken“] *das*; -s, -s: 1. Bild eines hübschen, erotisch anziehenden, meist leichter bekleideten Mädchens, bes. auf dem Titelblatt von Illustrierten [das ausgeschnitten u. an die Wand geheftet wird]. 2. Mädchen, das einem solchen Bild gleicht, dafür posiert

pinx. = pinxit. **pinxit** [3. Pers. Sing. Perf. von *lat.* pingere „malen“]: hat [es] gemalt (Zusatz zur Signatur eines Künstlers auf Gemälden); Abk.: p. od. pinx.

Pinzette [aus gleichbed. *fr.* pincette, eigtl. „kleine Zange“, zu pince „Zange“] *die*; -, -n: kleine Greif-, Federzange

Pion [*pion*; nach dem *gr.* Buchstaben Pi] *das*; -s, ...onen (meist Plural): zu den → Mesonen gehörendes Elementarteilchen

Pionier [aus gleichbed. *fr.* pionnier zu pion „Fußgänger; Fußsoldat“] *der*; -s, -e: 1. Soldat der techn. Truppe. 2. Wegbereiter, Vorkämpfer, Bahnbrecher

Pipa [*chin.*] *die*; -, -s: chines. Laute

Pipeline [*paiplain*; aus gleichbed. *engl.* pipeline zu pipe „Rohr, Röhre“ und line „Leitung, Linie“] *die*; -, -s: Rohrleitung (für Gas, Erdöl)

Pipette [zu gleichbed. *fr.* pipette, eigtl. „Röhrchen, Pfeifchen“, zu pipe „Pfeife“] *die*; -, -n: Saugröhrchen, Stechheber

Pique [*pik*] *das*; -, -s [*pik*]: franz. Form von → [1]Pik. **Piqué** [*pike*]: franz. Form von → Pikee

Piranha [...*nja*; über *port.* piranha aus *indian.* (*Tupi*) piranha] *der*; -[s], -s: Karibenfisch (gefürchteter südamerikanischer Raubfisch)

Pirat [aus gleichbed. *it.* pirata, dies aus *lat.* pīrāta, *gr.* peirātēs „Seeräuber“ zu peirān „wagen, unternehmen“] *der*; -en, -en: Seeräuber. **Piraterie** [aus gleichbed. *fr.* piraterie] *die*; -, ...ien: Seeräuberei

Piraya [...*aja*] *der*; -[s], -s: = Piranha

Piroge [über *fr.* pirogue aus gleichbed. *karib.* piragua] *die*; -, -n: primitives Indianerboot, Einbaum [mit Plankenaufsatz]

Pirouette [...*ru*...; aus gleichbed. *fr.* pirouette] *die*; -, -n: 1. Drehschwung (Ringkampf). 2. Drehen auf der Hinterhand (Figur der Hohen Schule; Reiten). 3. Standwirbel um die eigene Körperachse (Eiskunst-, Rollschuhlauf, Tanz). **pirouettieren**: eine Pirouette ausführen

Pissoir [*pißoar*; aus gleichbed. *fr.* pissoir zu pisser „urinieren“] *das*; -s, -e u. -s: Bedürfnisanstalt für Männer

Pistazie [...*ie*; über *lat.* pistacia, *gr.* pistákē aus gleichbed. *pers.* pistah] *die*; -, -n: 1. immergrüner Baum od. Strauch des Mittelmeergebietes, dessen wohlschmeckende, mandelähnliche Samenkerne ölreich sind. 2. Frucht, Samenkern des Pistazienbaums

[1]**Pistole** *die*; -, -n [wohl aus gleichbed. *tschech.* pištal, eigtl. „Rohr, Pfeife“] kurze Handfeuerwaffe. [2]**Pistole** [Herkunft nicht sicher geklärt; vielleicht identisch mit → [1]Pistole] (hist.) früher in Spanien, später auch in anderen europäischen Ländern geprägte Goldmünze

Piston [...*tong*; aus gleichbed. *fr.* piston, dies aus *it.* pistone „Kolben, Stampfer“] *das*; -s, -s: 1. Pumpenventil der Blechinstrumente (Mus.). 2. = [2]Kornett. 3. Pumpenkolben

Pithek|an|thropus [zu *gr.* píthēkos „Affe“ und ánthrōpos „Mensch“] *der*; -, ...pi: javanischer u. chinesischer Frühmensch des Diluviums. **pithekoid**: dem Pithekanthropus ähnlich

pittoresk [aus gleichbed. *fr.* pittoresque, dies aus *it.* pittoresco (zu *lat.* pictus, Part. Perf. von pingere „malen“)]: malerisch

più [*piu*; aus gleichbed. *it.* più, dies aus *lat.* plus]: mehr (Vortragsanweisung, die in vielen Verbindungen vorkommt). **più forte**: lauter, stärker; Abk.: pf (Mus.)

Pivot [...*wo*; aus gleichbed. *fr.* pivot] *der* od. *das*; -s, -s: Schwenkzapfen an Drehkränen u. a.

Piz [aus gleichbed. *ladin.* piz] *der*; -es, -e: Bergspitze (meist als Teil eines Eigennamens)

pizz. = pizzicato

Pizza [aus gleichbed. *it.* pizza] *die*; -, -s: im allgemeinen heiß serviertes, flaches neapolitanisches Hefegebäck mit Tomaten, Käse, Sardellen, Pilzen u. a. **Pizzeria** [aus gleichbed. *it.* pizzeria] *die*; -, -s: ital. Lokal, in dem hauptsächlich verschiedene Arten von Pizzas serviert werden

pizzicato [...*kato*; aus gleichbed. *it.* pizzicato, Part. Perf. zu pizzicare „zwicken, zupfen“]: mit den gern gezupft, angerissen (Vortrangsanweisung bei Streichinstrumenten; Mus.); Abk.: pizz. **Pizzikato** *das*; -s, -s u. ...ti: gezupftes Spiel (bei Streichinstrumenten; Mus.)

pl., Pl. = Plural

Placement [*plaß*[e]*mang*; aus gleichbed. *fr.* placement zu placer; vgl. plazieren] *das*; -s, -s: (Wirtsch.) a) Anlage, Unterbringung von Kapitalien; b) Absatz von Waren

placieren [*plazir*[e]*n*, auch: *plaßir*[e]*n*] vgl. plazieren

plädieren [aus gleichbed. *fr.* plaider zu plaid „Rechtsversammlung; Prozeß“]: 1. ein Plädoyer halten (Rechtsw.). 2. für etwas eintreten, stimmen; sich für etwas aussprechen, etwas befürworten. 3. (ugs.) viel, eifrig [u. laut] reden. **Plädoyer** [...*doaje*; aus gleichbed. *fr.* plaidoyer] *das*; -s, -s: 1. zusammenfassender Schlußvortrag des Strafverteidigers od. Staatsanwalts vor Gericht (Rechtsw.). 2. Rede, mit der jmd. für etwas eintritt, stimmt; engagierte Befürwortung

Plafond [...*fong*; aus gleichbed. *fr.* plafond, dies aus plat fond „platter Boden“] *der*; -s, -s: 1. [flache] Decke eines Raumes. 2. oberer Grenzbetrag bei der Kreditgewährung (Wirtsch.)

Plagiat [aus gleichbed. *fr.* plagiat (zu *lat.* plagium „Seelenverkauf, Menschendiebstahl“)] *das*; -[e]s, -e: a) das unrechtmäßige Nachahmen u. Veröffentlichen eines von einem anderen geschaffenen künstlerischen od. wissenschaftlichen Werkes; Diebstahl geistigen Eigentums; b) durch unrechtmäßiges Nachahmen entstandenes künstlerisches od. wissenschaftliches Werk. **Plagiator** *der*; -s, ...oren: jmd., der ein Plagiat begeht. **plagiatorisch**: a) den Plagiator betreffend; b) nach Art eines Plagiators. **plagiieren**: ein Plagiat begehen

Plaid [*ple*[i]*d*; aus gleichbed. *schott.-engl.* plaid] *das* (auch: *der*); -s, -s: 1. [karierte] Reisedecke. 2. großes Umhangtuch aus Wolle

Plakat [aus gleichbed. *niederl.* plakkaat, dies aus

fr. placcard „(Tür-, Wand)verkleidung; Aushang" zu plaquer „verkleiden, überziehen"] *das;* -[e]s, -e: öffentlicher Aushang, Bekanntmachung, [Werbungs]anschlag. **plakatieren**: öffentlich anschlagen, ein Plakat ankleben. **Plakatierung** u. **Plakation** [...*zion*] *die;* -, -en: das Plakatieren; öffentliche Bekanntmachung durch Plakate; vgl. ...ation/...ierung. **plakativ**: 1. das Plakat betreffend, durch Plakate dargestellt; plakatmäßig, plakathaft. 2. auffallend, aufdringlich; demonstrativ herausgestellt; betont

Plakette [aus gleichbed. *fr.* plaquette, eigtl. „kleine Platte", zu plaque „Platte, Tafel"] *die;* -, -n: kleine, medaillenähnliche Platte mit einer figürlichen Darstellung od. Inschrift (als Anstecknadel u. dgl.)

plan [aus gleichbed. *lat.* plānus]: flach, eben, platt

Planche [*plangsch*; aus gleichbed. *fr.* planche, eigtl. „Planke, Brett"] *die;* -, -n [...*schᵉn*]: Fechtbahn

Planet [über *spätlat.* planēta aus gleichbed. *gr.* planḗtēs zu plános „umherschweifend"] *der;* -en, -en: Wandelstern; nicht selbst leuchtender, sich um eine Sonne bewegender Himmelskörper. **planetar**: = planetarisch. **planetarisch**: die Planeten betreffend. planetenartig. **Planetarium** *das;* -s, ...ien [...*iᵉn*]: 1. Vorrichtung, Gerät zur Darstellung der Bewegung, Lage u. Größe der Gestirne. 2. Gebäude, auf dessen halbkugelförmiger Kuppel durch Projektion aus einem Planetarium (1) die Erscheinungen am Sternenhimmel sichtbar gemacht werden. **Planetoid** [zu → Planet und → ²...id] *der;* -en, -en: sich in elliptischer Bahn um die Sonne bewegender kleiner Planet

planieren [aus gleichbed. *mlat.* planare zu *lat.* plānus „flach, eben"; vgl. plan]: [ein]ebnen

Planifikation [...*zion*; aus gleichbed. *fr.* planification] *die;* -, -en: zwanglose, staatlich organisierte, langfristige gesamtwirtschaftliche Programmierung. **Planimeter** [zu *mlat.* planum „ebene Fläche" (vgl. plan) und → ¹...meter] *das;* -s, -: auf → Integralrechnung beruhendes mathematisches Instrument zur mechanischen Bestimmung des Flächeninhalts beliebiger ebener Flächen. **Planime|trie** *die;* -: die ebenen geometrischen Figuren, bes. die Messung u. Berechnung der Flächeninhalte behandelndes Teilgebiet der → Geometrie; Geometrie der Ebene. **planime|trieren**: [krummlinig begrenzte] Flächen mit einem Planimeter ausmessen. **plankonkav**: auf einer Seite eben, auf der anderen nach innen gekrümmt (bes. von Linsen). **plankonvex**: auf einer Seite eben, auf der anderen nach außen gekrümmt (bes. von Linsen)

Plankter *der;* -s, -e: = Planktont. **Plankton** [aus *gr.* plagktón „Umherirrendes, Umhertreibendes" zu plázesthai „hin und her getrieben werden"] *das;* -s: Gesamtheit der im Wasser schwebenden Lebewesen mit geringer Eigenbewegung (Biol.). **planktonisch** u. **planktontisch**: das Plankton, den Planktonten betreffend; (als Plankton, Planktont) im Wasser schwebend (Biol.). **Planktont** *der;* -en, -en: im Wasser schwebendes Lebewesen (Biol.)

planpar|allel: genau gleichlaufend angeordnete Flächen habend

Plantage [...*tasch*ᵉ; aus gleichbed. *fr.* plantage zu planter „pflanzen"; vgl. transplantieren] *die;* -, -n: [größere] Pflanzung, landwirtschaftlicher Großbetrieb (bes. in tropischen Gebieten)

Planula [zu *lat.* plānus „platt, flach"; vgl. plan] *die;* -, -s: platte, ovale, bewimperte, freischwimmende Larvenform der Nesseltiere

Pläsier *das;* -s, -e: Vergnügen, Spaß; Unterhaltung

Plasma [aus *gr.* plásma „Gebildetes, Geformtes, Gebilde" zu plássein „formen, bilden"; vgl. Plastik] *das;* -s, ...men: 1. = Protoplasma. 2. flüssiger Teil des Blutes; Blutplasma (Med.). 3. leuchtendes Gasgemisch, das bei der → Ionisation z. B. des Füllgases gasgefüllter Entladungsröhren entsteht (Phys.). **plasmatisch**: Plasma od. → Protoplasma betreffend. **Plasmodium** *das;* -s, ...ien [...*iᵉn*]: vielkernige Protoplasmamasse, die durch Kernteilungen ohne nachfolgende Zellteilungen entstanden ist. **Plasmon** *das;* -s: die Gesamtheit der Erbfaktoren des → Protoplasmas (Biol.)

Plast [zu → ²Plastik] *der;* -[e]s, -e: Kunststoff

Plastiden [zu *gr.* plastós „gebildet, geformt"; vgl. Plastik] *die* (Plural): Gesamtheit der → Chromatophoren (1) u. → ¹Leukoplasten der Pflanzenzelle

Plastifikator *der;* -s, ...oren: Weichmacher (Techn.). **plastifizieren** [zu → plastisch und → ...fizieren]: spröde Kunststoffe weich u. geschmeidig machen. **¹Plastik** [aus gleichbed. *fr.* plastique, dies aus *gr.*(-*lat.*) plastikḗ (téchnē) „Kunst des Gestaltens"; vgl. plastisch] *die;* -, -en: 1. a) (ohne Plural) Bildhauerkunst; b) als Produkt der Bildhauerkunst entstandenes Kunstwerk. 2. operative Formung, Wiederherstellung von zerstörten Gewebs- u. Organteilen (Med.). **²Plastik** [aus gleichbed. *engl.-amerik.* plastics zu plastic „weich, knetbar, verformbar"; vgl. plastisch] *das;* -s, -s, (auch:) *die;* -, -en: Kunststoff, Plast. **Plastik...**: in Zusammensetzungen auftretendes Bestimmungswort mit der Bed. „Kunststoff", z. B. Plastikfolie. **Plastikbombe** *die;* -, -n: mit einem Zeit- od. Aufschlagzünder versehener Sprengkörper aus durchscheinenden u. weich-elastischen Sprenggelatinezubereitungen. **Plastilin** *das;* -s u. **Plastilina** *die;* -: kittartige, oft farbige Knetmasse zum Modellieren. **plastisch** [aus gleichbed. *fr.* plastique, dies über *lat.* plasticus aus *gr.* plastikós „zum Gestalten gehörig" zu plássein „formen, bilden"]: 1. bildhauerisch: die Bildhauerei, die Plastik betreffend. 2. Plastizität (2) aufweisend; unter Belastung eine bleibende Formänderung ohne Bruch erfahrend; modellierfähig, knetbar, formbar. 3. a) räumlich, körperhaft, nicht flächenhaft wirkend; b) anschaulich, deutlich hervortretend, bildhaft, einprägsam. 4. die operative ¹Plastik (2) betreffend, auf ihr beruhend. **Plastizität** *die;* -: 1. Bildhaftigkeit, Anschaulichkeit. 2. Formbarkeit eines Materials. **Pla|stron** [...*ßtrong*; aus gleichbed. *fr.* plastron, eigtl. „Brustharnisch", dies aus *it.* piastrone zu piastra „Metallplatte"] *der* od. *das;* -s, -s: 1. (veraltet) a) breiter Seidenschlips zur festlichen Herrenkleidung im 19. Jh.; b) gestickter Brustlatz an Frauentrachten. 2. (hist.) stählerner Brust- od. Armschutz im Mittelalter. 3. Stoßkissen zu Übungszwecken beim Fechten

Platane [über *lat.* platanus aus gleichbed. *gr.* plátanos zu platýs „platt, flach" (wohl nach dem breiten Wuchs)] *die;* -, -n: Laubbaum mit ahornähnlichen Blättern und glattem, hellgeflecktem Stamm

Plateau [...*to*; aus gleichbed. *fr.* plateau zu plat „flach"] *das;* -s, -s: Hochebene, Tafelland

Platin [österr.: ...*tin*; aus gleichbed. älter *span.* platina, eigtl. „Silberkörnchen", zu plata (de argento) „Silberplatte; Silber"] *das;* -s: chem. Grundstoff, Edelmetall; Zeichen: Pt. **platinieren**: mit Platin überziehen

Platitüde [aus gleichbed. *fr.* platitude zu plat „platt, flach"] *die*; -, -n: Plattheit, abgedroschene Redewendung, Gemeinplatz

Platoniker *der*; -s, -: Kenner od. Vertreter der Philosophie Platos. **platonisch**: 1. die Philosophie Platos betreffend, zu ihr gehörend, auf ihr beruhend. 2. unsinnlich, rein geistig-seelisch. **Platonismus** *der*; -: die Weiterentwicklung u. Abwandlung der Philosophie u. besonders der Ideenlehre Platos

plattieren [zu Platte]: edlere Metallschichten auf unedlere Metalle aufbringen (Techn.)

plausibel [aus gleichbed. *fr.* plausible, dies aus *lat.* plausibilis „Beifall verdienend; einleuchtend" zu plaudere „klatschen"]: einleuchtend, verständlich, begreiflich, glaubhaft, stichhaltig, triftig. **Plausibilität** *die*; -: Glaubhaftigkeit; Stichhaltigkeit

Playback [*plę^{i}bäk*, auch: *ple^{i}bäk*; aus gleichbed. *engl.* playback zu to play „spielen" und back „zurück"] *das*; -: a) nachträgliche Abstimmung der Bildaufnahme mit der bereits vorher isoliert vorgenommenen Tonaufnahme (Film, Fernsehen); b) weitere Tonaufnahme (z. B. Gesang, Soloinstrument) beim Abspielen des schon vorher aufgenommenen Tons (z. B. der Begleitmusik; Tonband-, Schallplattenaufnahmen)

Playboy [*plę̄beu*; aus gleichbed. *engl.-amerik.* playboy, eigtl. „Spieljunge"; vgl. Boy] *der*; -s, -s: jüngerer Mann, der auf Grund seiner gesicherten wirtschaftlichen Unabhängigkeit seinem Vergnügen leben kann. **Playgirl** [*plę^{i}gö^{r}l*; aus gleichbed. *engl.-amerik.* playgirl, eigtl. „Spielmädchen"; vgl. Girl] *das*; -s, -s: leichtlebiges, attraktives Mädchen, das sich meist in Begleitung [prominenter] reicher Männer befindet

Plazenta [aus *lat.* placenta „breiter, flacher Kuchen", dies aus gleichbed. *gr.* plakoûs] *die*; -, -s u. ...zenten: Mutterkuchen (Med.; Biol.)

Plazet [aus *lat.* placet „es gefällt", 3. Pers. Sing. Präs. von placēre „gefallen"] *das*; -s, -s: Bestätigung, Erlaubnis, Zustimmung

plazieren u. placieren [...*zi*..., auch ...*ßi*; aus gleichbed. *fr.* placer zu place „Platz, Stelle"]: 1. an einen bestimmten Platz bringen, setzen, stellen. 2. Kapitalien unterbringen, anlegen (Wirtsch.). 3. (Sport) a) einen gut gezielten Wurf, Schuß abgeben (Ballspiele); b) einen Schlag gut gezielt beim Gegner anbringen (Boxen). 4. sich -: bei einem Wettkampf einen der vorderen Plätze erringen (Sport)

Plebejer [aus *lat.* plēbēius „zur Plebs gehörend"] *der*; -s, -: 1. (hist.) Angehöriger der [1]Plebs im alten Rom. 2. gewöhnlicher, ungehobelter Mensch. **plebejisch**: 1. zur [1]Plebs gehörend. 2. (abwertend) ungebildet, ungehobelt. **Plebiszit** [aus gleichbed. *lat.* plēbīscītum zu plēbs „Plebs" und scītum „Beschluß"] *das*; -[e]s, -e: Volksbeschluß, Volksabstimmung; Volksbefragung. **plebiszitär**: das Plebiszit betreffend, auf ihm beruhend, durch ein Plebiszit erfolgt. [1]**Plebs** [auch: *plepß*; aus gleichbed. *lat.* plēbs, Gen. plēbis] *die*; -: das gemeine Volk im alten Rom. [2]**Plebs** *der*; -es: (abwertend) das niedere, ungebildete Volk, Pöbel

Plein|air [*plänär*; aus gleichbed. *fr.* plein-air, eigtl. „freier Himmel", zu plein „voll" und air „Luft"] *das*; -s, -s: a) (ohne Plural) Freilichtmalerei; b) in der Malweise der Freilichtmalerei entstandenes Bild. **Plein|airismus** *der*; -: Pleinairmalerei. **Plein-airist** *der*; -en, -en: Vertreter der Pleinairmalerei. **Plein|airmalerei** *die*; -: Freilichtmalerei

Pleinpouvoir [*plängpuwoar*; aus gleichbed. *fr.* plein pouvoir (plein „voll" und pouvoir „Können; Ermächtigung")] *das*; -s: unbeschränkte Vollmacht

pleistozän: das Pleistozän betreffend. **Pleistozän** [aus *gr.* pleīstos „am meisten" u. kainós „neu" als neueste, jüngste Zeit in der Erdentwicklung] *das*; -s: = Diluvium

Plek|tron u. **Plek|trum** [aus *gr.* plēktron „Werkzeug zum Schlagen" zu plēssein „schlagen"] *das*; -s, ...tren u. ...tra: Stäbchen, Kiel, mit dem die Saiten der Zither u. der Mandoline angerissen werden

Plenar... [aus *spätlat.* plēnārius „vollständig"; vgl. Plenum]: in Zusammensetzungen auftretendes Bestimmungswort mit der Bedeutung „voll, gesamt", z. B. Plenarversammlung. **pleno organo** [*lat.*]: mit vollem Werk, mit allen Registern (bei der Orgel; Mus.); vgl. Organum. **pleno titulo** [*lat.*]: (österr.) mit vollem Namen; Abk.: P. T. (Zusatz bei der Nennung von Personen[gruppen]). **Plenum** [aus gleichbed. *engl.* plenum, dies aus *lat.* plēnum cōnsilium „vollzählige Versammlung", zu plēnus „voll"] *das*; -s: Vollversammlung einer [politischen] Körperschaft, bes. der Mitglieder eines Parlamentes; vgl. in pleno

pleo..., **Pleo**... [aus *gr.* pléon „mehr"]: in Zusammensetzungen auftretendes Bestimmungswort mit der Bedeutung „mehr", z. B. pleomorph „mehr-, vielgestaltig". **Pleonasmus** [aus *gr.-lat.* pleonasmos „Überfluß, Übermaß"; vgl. pleo..., Pleo...] *der*; -, ...men: überflüssige Häufung sinngleicher od. sinnähnlicher Ausdrücke (z. B. wieder von neuem, sich einander gegenseitig; Rhet.; Stilk.); Tautologie. **pleonastisch**: den Pleonasmus betreffend, überflüssig gehäuft; vgl. tautologisch

Plesi|an|thropus [zu *gr.* plēsíos „nahe" und ánthrōpos „Mensch"; vgl. anthropo..., Anthropo...] *der*; -, ...pi: südafrikanischer Frühmensch des → Pliozäns. **Plesiosaurier** [...*i^{e}r*] *der*; -s - u. **Plesiosaurus** [zu *gr.* plēsíos „nahe" und saūros „Eidechse"] *der*; -, ...rier [...*i^{e}r*]: langhalsiges Kriechtier des → Lias mit paddelförmigen Gliedmaßen

Plethi vgl. Krethi

Pleureuse [*plörös^{e}*; aus gleichbed. *fr.* pleureuse, eigtl. „Trauerbesatz (an Kleidern)" zu pleurer „(be)weinen, betrauern"] *die*; -, -n: (veraltet) lange, geknüpfte, farbige Straußenfedern als Hutschmuck

Pleuritis [aus *gr.* pleurá „Seite des Leibes, Rippen" und → ...itis] *die*; -, ...itiden: Brustfell-, Rippenfellentzündung (Med.). **Pleuro|pneumonie** *die*; -, ...ien: Rippenfell- und Lungenentzündung (Med.)

Plexiglas ® [zu *lat.* plexus „geflochten", dem Part. Perf. von plectere „flechten"] *das*; -es: nichtsplitternder, glasartiger Kunststoff

pliozän: das Pliozän betreffend. **Pliozän** [zu *gr.* pleīon „mehr" (Nebenform von pléon; vgl. pleo..., Pleo...) u. kainós „neu" als neuere, jüngere Stufe in der Erdentwicklung] *das*; -s: jüngste Stufe des → Tertiärs (Geol.)

Plissee [aus gleichbed. *fr.* plissé zu plisser „falten, fälteln"] *das*; -s, -s: a) schmale, gepreßte Falten in einem Gewebe, Stoff; b) gefälteltes Gewebe. **plissieren**: in Falten legen

Plombe [aus *fr.* plombe „Blei; Blei-, Metallverschluß", dies aus *lat.* plumbum „Blei"] *die*; -, -n: 1. (Med.) Zahnfüllung. 2. Metallsiegel zum Verschließen von Behältern u. Räumen u. zur Gütekennzeichnung. **plombieren** [aus gleichbed. *fr.* plomber]: 1. (Med.) (den Hohlraum in einem defekten Zahn) mit einer Füllmasse ausfüllen. 2.

mit einer Plombe (2), einem Metallsiegel versehen

Plot [aus gleichbed. *engl.* plot] *der* (auch: *das*); -s, -s: Aufbau u. Ablauf der Handlung einer epischen od. dramatischen Dichtung

Plumbum [aus gleichbed. *lat.* plumbum] *das*; -s: Blei, chem. Grundstoff; Zeichen: Pb

Plumeau [*plümo*; aus gleichbed. *fr.* plumeau zu plume „Feder"] *das*; -s, -s: Federdeckbett

Plumpudding [*plam*...; aus gleichbed. *engl.* plumpudding zu plum „Rosine" und pudding „Pudding"] *der*; -s, -s: mit vielerlei Zutaten im Wasserbad gekochter engl. Rosinenpudding

Plunger [*plandsch^er*; aus gleichbed. *engl.* plunger zu to plunge „stoßen, treiben"] u. **Plunscher** *der*; -s, -: Kolben mit langem Kolbenkörper u. Dichtungsmanschetten zwischen Kolben u. Zylinder (Techn.)

Plur. = Plural. **plural**: den Pluralismus betreffend, pluralistisch. **Plural** [auch: ...*ral*; aus gleichbed. *lat.* plūrālis (numerus) zu plūs, Gen. plūris „mehr"] *der*; -s, -e: Mehrzahl (Sprachw.); Abk.: pl., Pl., Plur.; Ggs. → Singular. **Pluraletantum** [aus *lat.* plūrālis „Mehrzahl" und tantum „nur"] *das*; -s, -s u. **Pluraliatantum**: nur im Plural vorkommendes Wort (z. B. Ferien, Leute). **Pluralis** *der*; -, ...les: (veraltet) Plural; - majestatis: Bezeichnung der eigenen Person (z. B. eines Fürsten) durch den Plural (z. B. *Wir*, Wilhelm, von Gottes Gnaden...); - modestiae [- ...*tiä*]: Bezeichnung der eigenen Person (z. B. eines Autors) durch den Plural, Plural der Bescheidenheit (z. B. *Wir* kommen damit zu einer Frage...). **pluralisch**: den Plural betreffend, im Plural stehend, gebraucht, vorkommend. **Pluralismus** [zu *lat.* plūrālis „zu mehreren gehörend"] *der*; -: Vielgestaltigkeit weltanschaulicher, politischer od. gesellschaftlicher Phänomene. **pluralistisch**: den Pluralismus betreffend, auf ihm basierend; vielgestaltig; -e Gesellschaft: Gesellschaftsstruktur, die der Vielfalt der gesellschaftlichen Gruppen u. Wertsysteme Rechnung trägt. **Pluralität** [zu *lat.* plūrālitās „Mehrzahl"] *die*; -, -en: Mehrheit

plus [aus gleichbed. *lat.* plūs, Komparativ von multus „viel"]: 1. zuzüglich, und; Zeichen: +. 2. = positiv (4) (Phys.; Elektrotechn.). **Plus** *das*; -, -: 1. Gewinn, Überschuß. 2. Vorteil

Plusquamperfekt [auch: ...*fäkt*; aus gleichbed. *lat.* plusquamperfectum, eigtl. „mehr als vollendet"; vgl. Perfekt] *das*; -s, -e: Verbform, die die vollendete Vergangenheit ausdrückt, Vollendung in der Vergangenheit, Vorvergangenheit, 3. Vergangenheit (z. B. ich hatte gegessen). **Plusquamperfektum** *das*; -s, ...ta: (veraltet) Plusquamperfekt

Pluto|krat *der*; -en, -en: jmd., der durch seinen Reichtum politische Macht ausübt. **Pluto|kratie** [aus gleichbed. *gr.* ploutokratía zu ploūtos „Reichtum" und → ...kratie] *die*; -, ...ien: Geldherrschaft; Staatsform, in der allein der Besitz politische Macht garantiert. **pluto|kratisch**: die Plutokratie betreffend, auf ihr beruhend; in der Art der Plutokratie

plutonisch [nach Pluto (*gr.* Ploútōn), dem Gott der Unterwelt]: der Unterwelt zugehörig (Religionsw.); -e Gesteine: Tiefengesteine (z. B. Granit; Geol.). **Plutonismus** *der*; -: (Geol.) Tiefenvulkanismus, alle Vorgänge u. Erscheinungen innerhalb der Erdkruste, die durch aufsteigendes → Magma hervorgerufen werden. **Plutonium** [nach dem Planeten Pluto (*gr.* Ploútōn)] *das*; -s: chem. Grundstoff, ein → Transuran; Zeichen: Pu

Pluviale [...*wi*...; aus *mlat.* pluviale „Regenmantel", *lat.* pluviālis „zum Regen gehörig" zu pluvia „Regen"] *das*; -s, -[s]: liturgisches Obergewand des kath. Geistlichen. **Pluvialzeit** [...*wi*...] *die*; -: in den heute trockenen subtropischen Gebieten (Sahara u. a.) eine den Eiszeiten der höheren Breiten entsprechende Periode mit kühlerem Klima u. stärkeren Niederschlägen (Geogr.). **Pluvio|graph** [zu *lat.* pluvia „Regen" und → ...graph] *der*; -en, -en: Gerät zur Aufzeichnung der Niederschläge (Meteor.). **Pluviometer** [vgl. [1]...meter] *das*; -s, -: Regenmesser (Meteor.)

p. m. = 1. per od. pro mille. 2. post meridiem [- ...*ridiäm*; *lat.*] (engl. Uhrzeitangabe: nach Mittag); Ggs. → a. m. 3. post mortem. 4. pro memoria

Pm = chem. Zeichen für: Promethium

Pneu [Kurzform aus → [1]Pneumatik] *der*; -s, -s: aus Gummi hergestellter Luftreifen an Fahrzeugrädern. **Pneuma** [aus *gr.* pneūma „Hauch, Atem, Geist" zu pneīn „wehen, atmen"] *das*; -s: in der → Stoa ätherische, luftartige Substanz, die als Lebensprinzip angesehen wurde (Philos.). 2. Geist Gottes, Heiliger Geist (Theol.). **[1]Pneumatik** [aus gleichbed. *engl.* pneumatic; vgl. pneumatisch] *der*; -s, -s (österr.: *die*; -, -en): Pneu. **[2]Pneumatik** [aus *gr.* pneumatikē, „Lehre von der (bewegten) Luft"; vgl. pneumatisch] *die*; -, -en: 1. (ohne Plural) Teilgebiet der → Mechanik (1), das sich mit dem Verhalten der Gase beschäftigt. 2. Luftdruckmechanik bei der Orgel. **pneumatisch** [über *lat.* pneumaticus aus *gr.* pneumatikós „zum Wind, zur Luft gehörig"]: 1. das Pneuma betreffend (Philos.). 2. geistgewirkt, vom Geist Gottes erfüllt (Theol.). 3. luftgefüllt, mit Luftdruck betrieben, Luft... (Tech.). **pneumo...**, **Pneumo...** [aus *gr.* pneúmōn „Lunge"; vgl. Pneuma]: Bestimmungswort in Zusammensetzungen mit der Bedeutung „Lunge", z. B. Pneumokokkus „Krankheitserreger, bes. der Lungenentzündung" (Med.). **Pneumonie** [aus *gr.* pneumonía „Lungensucht"] *die*; -, ...ien: Lungenentzündung (Med.)

Po = chem. Zeichen für: Polonium

pochieren [*poschir^en*; aus gleichbed. *fr.* pocher (des œufs)]: Speisen, bes. aufgeschlagene Eier, in kochendem Wasser, einer Brühe, Suppe o. ä. gar werden lassen

poco [*poko*; aus gleichbed. *it.* poco, dies aus *lat.* paucum „wenig"]: ein wenig, etwas (in vielen Verbindungen vorkommende Vortragsbezeichnung; Mus.); - forte: ein wenig lauter; - a -: nach u. nach, allmählich; Abk.: p. a. p.

...pode [aus *gr.* poús, Gen. podós „Fuß"]: Wortbildungselement mit der Bedeutung „Fuß, -füßer"

Podest [wahrscheinlich zu *gr.* poús, Gen. podós „Fuß"; vgl. Podium] *das* (auch: *der*); -[e]s, -e: 1. Treppenabsatz. 2. schmales Podium

Podex [aus gleichbed. *lat.* pōdex] *der*; -[e]s, -e: (scherzh.) Gesäß

Podium [aus gleichbed. *lat.* podium, dies aus *gr.* pódion, eigtl. „Füßchen", zu poús, Gen. podós „Fuß"] *das*; -s, Podien [...*i^en*]: trittartige, breitere Erhöhung (z. B. für Redner); Rednerpult

Poem [über gleichbed. *lat.* poēma aus *gr.* poíēma „Gedicht"] *das*; -s, -e: (oft abwertend) [größeres] Gedicht. **Poe|sie** [*po-e*...; aus gleichbed. *fr.* poésie, dies aus *lat.* poēsis, *gr.* poiēsis „das Machen, Verfertigen; Dichten; Dichtkunst" zu poieīn „machen; verfertigen; dichten"] *die*; -, ...ien: 1. Dichtkunst, Dichtung, bes. in Versen geschriebene Dichtung im Gegensatz zur → Prosa (1). 2. [dichterischer] Stimmungsgehalt, Zauber. **Poet** [über *lat.* poēta aus *gr.* poiētḗs „Dichter, schöpferischer Mensch"; vgl. Poesie] *der*; -en, -en: (meist scherzh. od. leicht abwertend) Dichter. **Poe|ta laureatus** [*lat.*] *der*; - -, Poetae [...*tä*] laureati: (hist.) ein mit dem Lorbeerkranz gekrönter Dichter; vgl. Laureat. **Poe|tik** *die*; -, -en: 1. (ohne Plural) wissenschaftliche Beschreibung, Deutung, Wertung der Dichtkunst; Theorie der Dichtung als Teil der Literaturwissenschaft. 2. Lehr-, Regelbuch der Dichtkunst. **poe|tisch** [aus gleichbed. *fr.* poétique, dies aus *lat.* poēticus, *gr.* poiētikós „dichterisch"]: a) die Poesie betreffend, dichterisch; b) bilderreich, ausdrucksvoll. **poe|tisieren**: dichterisch ausschmücken; dichtend erfassen u. durchdringen

Pofese vgl. Pafese

Po|grom [aus gleichbed. *russ.* pogrom] *der* (auch: *das*); -s, -e: Hetze, Ausschreitungen gegen nationale, religiöse, rassische Gruppen

Poil [*poal*] *der*; -s, -e: = ²Pol

Poilu [aus gleichbed. *fr.* poilu, eigtl. „der Tüchtige, Unerschrockene" (poilu „haarig, behaart" zu poil „Haar")] *der*; -[s], -s: Spitzname für den franz. Soldaten

Point [*poäng*; aus gleichbed. *fr.* point; vgl. Punktum] *der*; -s, -s: a) Stich (bei Kartenspielen); b) Auge (bei Würfelspielen)

Pointe [*poängt*ᵉ; aus gleichbed. *fr.* pointe, eigtl. „Spitze; Schärfe", dies aus *lat.* pūncta „Stich"; vgl. punktieren] *die*; -, -n: geistreicher, überraschender Schlußeffekt (z. B. bei einem Witz). **pointieren** [*poängtir*ᵉ*n*; aus gleichbed. *fr.* pointer]: betonen, unterstreichen, hervorheben. **pointiert**: betont, zugespitzt

Pointer [*peunt*ᵉ*r*; aus gleichbed. *engl.* pointer zu to point „zeigen, das Wild dem Jäger anzeigen"] *der*; -s, -: gescheckter Vorsteh- od. Hühnerhund

Pointillismus [aus gleichbed. *fr.* pointilisme zu pointiller „mit Punkten darstellen"; vgl. Point] *der*; -: spätimpressionistische Stilrichtung in der Malerei, in der ungemischte Farben punktförmig nebeneinandergesetzt wurden. **Pointillist** *der*; -en, -en: Vertreter des Pointillismus. **pointillistisch**: den Pointillismus betreffend, in der Art des Pointillismus [gemalt]

Poise [*poas*ᵉ; nach dem franz. Arzt J.-L. M. Poiseuille (*poasöj*ᵉ), 1799–1869] *das*; -, -: Maßeinheit der → Viskosität von Flüssigkeiten u. Gasen; Zeichen: P

Pokal [aus gleichbed. *it.* boccale, dies über *lat.* baucalis aus *gr.* baúkalis „enghalsiges Gefäß"] *der*; -s, -e: [kostbares] kelchartiges Trinkgefäß aus Glas od. [Edel]metall mit Fuß [u. Deckel]

Poker [aus gleichbed. *engl.-amerik.* poker] *das*; -s: amerik. Kartenglücksspiel. **Pokerface** [...*fe'ß*; aus gleichbed. *engl.* pokerface, eigtl. „Pokergesicht"] *das*; -, -s [...*fe'ßis*]: 1. Mensch, dessen Gesicht u. Haltung keine Gefühlsregung widerspiegeln. 2. unbewegter, gleichgültig wirkender, sturer Gesichtsausdruck. **pokern**: 1. Poker spielen. 2. bei Geschäften, Verhandlungen o. ä. ein Risiko eingehen, einen hohen Einsatz wagen

pokulieren [von *lat.* pōculum „Becher"]: (veraltet) zechen, stark trinken

¹Pol [aus gleichbed. *lat.* polus, dies aus *gr.* pólos zu pélein „in Bewegung sein, sich drehen"] *der*; -s, -e: 1. Drehpunkt, Mittelpunkt, Zielpunkt. 2. Endpunkt der Erdachse u. seine Umgebung; Nordpol, Südpol. 3. Schnittpunkt der verlängerten Erdachse mit dem Himmelsgewölbe, Himmelspol (Astron.). 4. Punkt, der eine besondere Bedeutung hat, Bezugspunkt (Math.). 5. der Aus- u. Eintrittspunkt des Stromes bei einer elektrischen Stromquelle (Phys.). 6. Aus- u. Eintrittspunkt magnetischer Kraftlinien beim Magneten (Phys.)

²Pol [eindeutschend für: Poil; aus gleichbed. *fr.* poil, eigtl. „Haar", dies aus *lat.* pilus „Haar"] *der*; -s, -e: Haardecke aus Samt u. Plüsch

Polacca [...*ka*; aus gleichbed. *it.* polacca] *die*; -, -s: = Polonäse; vgl. alla polacca

polar [zu → ¹Pol]: 1. die Erdpole betreffend, zu den Polargebieten gehörend, aus ihnen stammend; arktisch. 2. gegensätzlich bei wesenhafter Zusammengehörigkeit; nicht vereinbar. **Polare** *die*; -, -n: Verbindungslinie der Berührungspunkte zweier von einem Pol an einen Kegelschnitt gezogener Tangenten (Math.). **Polarimeter** [vgl. ¹...meter] *das*; -s, -: Instrument zur Messung der Drehung der Polarisationsebene des Lichtes in optisch aktiven Substanzen (Phys.). **Polarime|trie** [vgl. ...metrie] *die*; -, ...ien: Messung der optischen Aktivität von Substanzen (Phys.). **polarime|trisch**: mit dem Polarimeter gemessen. **Polarisation** [...*zion*] *die*; -, -en: 1. das deutliche Hervortreten von Gegensätzen, Herausbildung einer Gegensätzlichkeit; Polarisierung. 2. Herausbildung einer Gegenspannung (bei der Elektrolyse; Chem.); vgl. ...ation/...ierung; - des Lichts: das Herstellen einer festen Schwingungsrichtung aus sonst unregelmäßigen Querschwingungen des natürlichen Lichtes (Phys.). **Polarisator** *der*; -s, ...oren: Vorrichtung, die linear polarisiertes Licht aus natürlichem erzeugt. **polarisieren**: 1. sich -: in seiner Gegensätzlichkeit immer deutlicher hervortreten, sich immer mehr zu Gegensätzen entwickeln. 2. elektrische od. magnetische Pole hervorrufen (Chem.). 3. bei natürlichem Licht eine feste Schwingungsrichtung aus sonst unregelmäßigen Querschwingungen herstellen (Phys.); polarisiertes Licht: Licht, das in einer Ebene schwingt. **Polarisierung** *die*; -, -en: = das Polarisieren. **Polarität** *die*; -, -en: 1. Vorhandensein zweier ¹Pole (2, 3, 5, 6) (Geogr.; Astron.; Phys.). 2. Gegensätzlichkeit bei wesenhafter Zusammengehörigkeit

Polemik [aus gleichbed. *fr.* polémique, eigtl. subst. Adjektiv mit der Bedeutung „streitbar, kriegerisch", dies aus *gr.* polemikós „kriegerisch" zu pólemos „Krieg"] *die*; -, -en: 1. literarische od. wissenschaftliche Auseinandersetzung; wissenschaftlicher Meinungsstreit, literarische Fehde. 2. unsachlicher Angriff, scharfe Kritik. **polemisch**: 1. die Polemik (1) betreffend; streitbar. 2. scharf u. unsachlich (von kritischen Äußerungen). **polemisieren** [französierende Bildung]: 1. eine Polemik (1) ausfechten, gegen eine andere literarische od. wissenschaftliche Meinung kämpfen. 2. scharfe, unsachliche Kritik üben; jmdn. mit unsachlichen Argumenten scharf angreifen

Polenta [aus gleichbed. *it.* polenta, eigtl. „Gerstengraupen"] *die*; -, ...ten u. -s: ital. Maisgericht [mit Käse]

Police [*poliß*ᵉ; aus gleichbed. *fr.* police, dies aus *it.* polizza, dies über *mlat.* apodixa aus *gr.* apódeixis „Nachweis"] *die*; -, -n: Urkunde über einen Versicherungsvertrag, die vom Versicherer ausgefertigt wird

Polier [unter dem Einfluß von → polieren aus Parlier(er), eigtl. „Sprecher, Wortführer“, zu → parlieren] *der*; -s, -e: Vorarbeiter der Maurer u. Zimmerleute; [Maurer]facharbeiter, der die Arbeitskräfte auf einer Baustelle beaufsichtigt; Bauführer

polieren [aus gleichbed. *fr.* polir, dies aus *lat.* polīre]: a) glätten, schleifen; b) glänzend machen, blank reiben; putzen

Poli|klinik [gelehrte Bildung aus *gr.* pólis „Stadt“ und → Klinik, eigtl. „Stadtkrankenhaus“] *die*; -, -en: Krankenhaus od. -abteilung für → ambulante Krankenbehandlung

Polio [auch: *po*...; Kurzform] *die*; -: = Poliomyelitis. **Polio|mye|litis** [aus *gr.* poliós „grau, weißlich“ und myelós „Mark“ + → ...itis] *die*; -, ...itiden: Entzündung der grauen Rückenmarksubstanz; spinale Kinderlähmung (Med.)

Polis [auch: *po*...; aus *gr.* pólis „Stadt“] *die*; -, Poleis: altgriech. Stadtstaat (z. B. Athen)

polit..., Polit... [aus gleichbed. *russ.* polit..., gekürzt aus političeskij; vgl. politisch]: in Zusammensetzungen auftretendes Bestimmungswort mit der Bedeutung „politisch geprägt, von der Politik (1) beeinflußt“. **Politbüro** [aus gleichbed. *russ.* politbjuro; vgl. politisch und Büro]: zentraler [Lenkungs]ausschuß einer kommunistischen Partei

Politesse [Kunstw. aus: *Poliz*ei u. → Hos*tess*]: von einer Gemeinde ange tellte Hilfspolizistin für bestimmte Aufgabenbereiche (z. B. Überwachung des ruhenden Verkehrs)

politieren [zu → polieren]: (österr.) glänzend reiben, polieren, mit Politur einreiben

Politik [aus gleichbed. *fr.* politique, dies aus *gr.* polītikḗ (téchnē) „Kunst der Staatsverwaltung“; vgl. politisch] *die*; -, -en: 1. Maßnahmen zur Führung, Erhaltung, inneren Verwaltung eines Staates, eines Gemeinwesens sowie zur Wahrung der Interessen u. Ziele im Verhältnis zu anderen Staaten u. Gemeinwesen; Staatskunst. 2. berechnendes, zielgerichtetes Verhalten, Vorgehen. **...politik**: in Zusammensetzungen auftretendes Grundwort mit der Bedeutung „Gesamtheit von Bestrebungen mit bestimmter Aufgabenstellung u. Zielsetzung im Hinblick auf das im Bestimmungswort Genannte“, z. B. Entspannungspolitik, Lohnpolitik. **Politikaster** *der*; -s, -: (abwertend) jmd., der viel über Politik spricht, ohne viel davon zu verstehen. **Politiker** [nach *mlat.* polīticus, *gr.* polītikós „Staatsmann“] *der*; -s, -: jmd., der aktiv an der Politik (1), an der Führung eines Gemeinwesens teilnimmt; Staatsmann. **Politikum** *das*; -s, ...ka: Tatsache, Vorgang von politischer Bedeutung. **Politikus** *der*; -, -se: (scherzh.) jmd., der sich eifrig mit Politik (1) beschäftigt. **politisch** [aus gleichbed. *fr.* politique, dies über *lat.* polīticus aus *gr.* polītikos „die Bürgerschaft betreffend, zur Staatsverwaltung gehörend“ zu polítēs „Bürger“, einer Bildung zu pólis „Stadt, Bürgerschaft“]: die Politik (1) betreffend, zu ihr gehörend; staatsmännisch; -es Asyl: Zufluchts- u. Aufenthaltsrecht in einem fremden Land für jemanden, der aus politischen Gründen geflüchtet ist. **...politisch**: in Zusammensetzungen auftretendes Grundwort mit der Bedeutung „Absichten, Pläne mit der im Bestimmungswort genannten od. angedeuteten Aufgabenstellung u. Zielsetzung verfolgend u. in entsprechender Weise vorgehend“; z. B. kulturpolitisch, verkehrspolitisch. **politisieren**: 1. [laienhaft] von Politik reden. 2. bei jmdm. Anteilnahme, Interesse an der Politik (1) erwecken; jmdn. zu politischer Aktivität bringen. 3. etwas, was nicht unmittelbar in den politischen Bereich gehört, unter politischen Gesichtspunkten behandeln, betrachten. **Politisierung** *die*; -: 1. das Erwecken politischer Interessen, Erziehung zu politischer Aktivität. 2. politische Behandlung, Betrachtung von Dingen, die nicht unmittelbar in den politischen Bereich gehören. **Politologe** [vgl. ...loge] *der*; -n, -n: Wissenschaftler auf dem Gebiet der Politologie. **Politologie** [vgl. ...logie] *die*; -: Wissenschaft von der Politik. **politologisch**: die Politologie betreffend, zu ihr gehörend, auf ihr basierend

Poli|truk [aus gleichbed. *russ.* politruk, aus političeskij „politisch“ und rukovoditel' „Leiter, Führer“] *der*; -s, -s: politischer Offizier einer sowjetischen Truppeneinheit

Politur [aus gleichbed. *lat.* polītūra; vgl. polieren] *die*; -, -en: 1. durch Polieren hervorgebrachte Glätte, Glanz. 2. Mittel zum Glänzendmachen; Poliermittel. 3. (ohne Plural) (veraltet) Lebensart; gutes Benehmen

Polizei [über *mlat.* policia aus *gr.* polīteía „Bürgerrecht; Staatsverwaltung; Staatsverfassung“; vgl. politisch] *die*; -, -en: Sicherheitsbehörde, die über die Wahrung der öffentlichen Ordnung zu wachen hat. **Polizist** *der*; -en, -en: Angehöriger der Polizei, Schutzmann

Polizze [aus gleichbed. *it.* polizza] *die*; -, -n: (österr.) Police

Polka [aus gleichbed. *tschech.* polka, eigtl. „Polin“] *die*; -, -s: böhmischer Rundtanz im mäßig bewegten $^{2}/_{4}$-Takt (etwa seit 1835)

Pollen [aus *lat.* pollen „sehr feines Mehl, Mehlstaub“] *der*; -s, -: Blütenstaub

Pollution [...*zion*; aus *lat.* pollūtio „Besudelung“] *die*; -, -en: unwillkürlicher Samenerguß im Schlaf (z. B. in der Pubertät; Med.)

Pollux vgl. Kastor und Pollux

Polo [aus gleichbed. *engl.* polo, eigtl. „Ball“ (ind. Wort)] *das*; -s, -s: dem → Hockey ähnliches Ballspiel, das zu Pferd, vom Rad od. Boot aus gespielt wird. **Polohemd** *das*; -[e]s, -en: kurzärmeliges, enges Trikothemd mit offenem Kragen

Polonaise [*polonäse*; aus gleichbed. *fr.* polonaise, eigtl. polonaise danse „polnischer Tanz“] u. (eindeutschende Schreibung:) **Polonäse** *die*; -, -n: Reihentanz in mäßig bewegtem, feierlichem $^{3}/_{4}$-Takt; vgl. Polacca

Polonium [*nlat.*; nach Polonia, dem nlat. Namen für Polen, zu Ehren der Heimat von Marie Curie] *das*; -s: radioaktiver chem. Grundstoff; Zeichen: Po

poly..., Poly... [aus *gr.* polýs „viel“]: in Zusammensetzungen auftretendes Bestimmungswort mit der Bed. „mehr, viel“. **Poly|acrylni|tril** [Kunstw.] *das*; -s: polymerisiertes Acrylsäurenitril, Ausgangsstoff wichtiger Kunstfasern. **Poly|addition** [...*zion*] *die*; -, -en: chemisches Verfahren zur Herstellung hochmolekularer Kunststoffe (Chem.). **Poly|amid** *das*; -[e]s, -e: fadenbildender elastischer Kunststoff (z. B. Perlon, Nylon). **Poly|äthylen** *das*; -s, -e: formbarer, säurefester und laugenbeständiger Kunststoff. **polycy|clisch** [...*zük*...] vgl. polyzyklisch. **Poly|eder** [zu *gr.* hédra „Fläche, Basis“] *das*; -s, -: Vielflächner, von Vielecken begrenzter Körper (Math.). **poly|edrisch**: vielflächig (Math.). **Poly|ester** [Kunstw.] *der*; -s, -: aus Säuren u. Alkoholen gebildete Verbindung hohen Molekulargewichts, die als wichtiger Rohstoff zur Herstellung synthetischer Fasern u. Harze dient. **polygam** [zu → ...gam]: 1. a) von der Anlage her auf mehrere Geschlechtspartner bezogen (von Tieren u. Menschen); b) die Polygamie (1) betreffend; in Mehrehe lebend; mit mehreren Partnern geschlechtlich verkehrend; Ggs. → monogam. 2. zwittrige u. eingeschlechtige Blüten gleichzeitig tragend (bezogen auf bestimmte Pflanzen; Bot.). **Polygamie** [zu → ...gamie] *die*; -: 1. a) Mehrehe, Vielehe, bes. Vielweiberei (meist in vaterrechtlichen Kulturen; Völkerk.); b) Paarung, geschlechtlicher Verkehr mit mehreren Partnern des anderen Geschlechts; Ggs. → Monogamie. 2. das Auftreten von zwittrigen u. eingeschlechtigen Blüten auf einer Pflanze (Bot.). **Polygamist** *der*; -en, -en: in Vielehe lebender Mann. **polygen** [zu → ...gen]: 1. durch mehrere Erbfaktoren bedingt (Biol.); Ggs. → monogen. 2. vielfachen Ursprung habend (z. B. von einem durch eine Vielzahl von Ausbrüchen entstandenen Vulkan; Geol.). **Polygenese** u. **Polygenesis** *die*; -: biologische Theorie von der stammesgeschichtlichen Herleitung jeder gegebenen Gruppe von Lebewesen aus jeweils mehreren Stammformen; Ggs. → Monogenese (1). **poly|glott** [aus gleichbed. *gr.* polýglōttos (...glōssos) zu glōtta (glōssa) „Zunge, Sprache"]: 1. vielsprachig (von Buchausgaben). 2. viele Sprachen sprechend, beherrschend. **Poly|glotte** *der* od. *die*; -n, -n: jmd., der viele Sprachen beherrscht. **Polygon** [aus gleichbed. polýgōnon zu gōnia „Ecke, Winkel"]: *das*; -s, -e: Vieleck mit meist mehr als drei Seiten (Math.). **polygonal**: vieleckig (Math.). **Polyhistor** [aus *gr.* polyhístōr „vielwissend, vielgelehrt" zu hístōr „kundig"] *der*; -s, ...oren: (veraltet) in vielen Fächern bewanderter Gelehrter. **Polykondensation** [...*zion*] *die*; -: Zusammenfügen einfachster Moleküle zu größeren (unter Austritt kleinerer Spaltprodukte wie Wasser, Ammoniak o. ä.) zur Herstellung von Chemiefasern, Kunstharzen u. Kunststoffen (Chem.). **polykondensieren**: den Prozeß der Polykondensation bewirken; durch Polykondensation gewinnen (Chem.). **polymer** [zu *gr.* méros „Teil"]: 1. vielteilig, vielzählig. 2. aus größeren Molekülen bestehend, die durch Verknüpfung kleinerer entstanden sind (Chem.); Ggs. → monomer. **Polymer** *das*; -s, -e u. **Polymere** *das*; -n, -n (meist Plural): Verbindung aus Riesenmolekülen (Chem.). **Polymerie** *die*; -, ...ien: 1. Zusammenwirken mehrerer gleichartiger Erbfaktoren bei der Ausbildung eines erblichen Merkmals (Biol.). 2. das Untereinanderverbundensein vieler gleicher u. gleichartiger Moleküle in einer chem. Verbindung. **Polymerisat** *das*; -[e]s, -e: durch Polymerisation entstandener neuer Stoff (Chem.). **Polymerisation** [...*zion*] *die*; -, -en: auf Polymerie (2) beruhendes chemisches Verfahren zur Herstellung von Kunststoffen. **polymerisieren**: den Prozeß der Polymerisation bewirken; einfache Moleküle zu größeren Molekülen vereinigen (Chem.). **polymorph** [aus gleichbed. *gr.* polýmorphos; vgl. ...morph]: viel-, verschiedengestaltig (bes. Mineral.; Biol.). **Polymorphie** *die*; -: Vielgestaltigkeit, Verschiedengestaltigkeit, das Auftreten in mehreren Formen. **Polymorphismus** *der*; -: = Polymorphie. **Polynom** [zu → ...nom] *das*; -s, -e: aus mehr als zwei Gliedern bestehender, durch Plus- od. Minuszeichen verbundener mathematischer Ausdruck. **polynomisch**: (Math.) a) das Polynom betreffend; b) vielgliedrig.

Polyp [über gleichbed. *lat.* polypus aus *gr.* polýpous „vielfüßig" zu polýs „viel" und poús „Fuß"] *der*; -en, -en: 1. festsitzendes, durch Knospung stockbildendes Nesseltier; vgl. Meduse. 2. (veraltet, noch ugs.) Tintenfisch, bes. → Krake. 3. gutartige Geschwulst der Schleimhäute (Med.). 4. (salopp) Polizist, Polizeibeamter. **polyphon** [aus *gr.* polýphōnos „vielstimmig" (Mus.); vgl. ...phon]: 1. die Polyphonie betreffend. 2. nach den Gesetzen der Polyphonie komponiert; mehrstimmig; Ggs. → homophon. **Polyphonie** *die*; -: Mehrstimmigkeit mit selbständigem → linearem (3) Verlauf jeder Stimme ohne akkordische Bindung (Mus.); Ggs. → Homophonie. **Polyphoniker** *der*; -s, -: Komponist der polyphonen Satzweise. **Poly|rhythmik** *die*; -: das Auftreten verschiedenartiger, aber gleichzeitig ablaufender Rhythmen in einer Komposition (im Jazz bes. in den afro-amerikan. Formen; Mus.). **poly|rhythmisch**: (Mus.) a) die Polyrhythmik betreffend; b) nach den Gesetzen der Polyrhythmik komponiert. **Polysaccharid** [...*ch*...] *das*; -[e]s, -e: Vielfachzucker, in seinen Großmolekülen aus zahlreichen Molekülen einfacher Zucker aufgebaut (z. B. Glykogen). **polysem** u. **polysemantisch** [zu *gr.* sēma „Zeichen"; vgl. Semantik]: Polysemie besitzend, mehrere Bedeutungen habend (von Wörtern; Sprachw.); Ggs. → monosem. **Polysemie** *die*; -, ...ien: das Vorhandensein mehrerer Bedeutungen zu einem Wort (z. B. Pferd: 1. Tier. 2. Turngerät. 3. Schachfigur; Sprachw.); Ggs. → Monosemie; vgl. Homonymie. **Polystyrol** *das*; -s, -e: in zahlreichen Formen gehandelter, vielseitig verwendeter Kunststoff aus polymerisiertem Styrol. **polysyndetisch**: a) das Polysyndeton betreffend; b) durch mehrere Bindewörter verbunden (Sprachw.); Ggs. → asyndetisch. **Polysyndeton** [aus gleichbed. *gr.* polysýndeton, eigtl. „das vielfach Verbundene"] *das*; -s, ...ta: Satz od. Teil eines Satzes, der mit anderen durch mehrere Bindewörter verbunden ist (z. B. *Und* es wallet *und* siedet *und* brauset *und* zischt; Sprachw.); Ggs. → Asyndeton. **Polytechnikum** *das*; -s, ...ka (auch: ...ken): höhere technische Fachschule; vgl. Technikum. **polytechnisch**: mehrere Zweige der Technik umfassend. **Polytheismus** *der*; -: Vielgötterei, Verehrung einer Vielzahl persönlich gedachter Götter. **Polytheist** *der*; -en, -en: Anhänger des Polytheismus. **polytheistisch**: den Polytheismus betreffend, zu ihm gehörend, auf ihm beruhend. **polytonal**: verschiedenen Tonarten angehörende Melodien od. Klangfolgen gleichzeitig aufweisend (Mus.). **Polytonalität** *die*; -: Vieltonart; gleichzeitiges Durchführen mehrerer Tonarten in den verschiedenen Stimmen eines Tonstücks (Mus.). **poly|trop**: sehr anpassungsfähig (von Organismen u. Lebewesen; Biol.). **Poly|tropismus** *der*; -: große Anpassungsfähigkeit bestimmter Organismen (Biol.). **Polyvinylacetat** [...*wi*...*az*...] *das*; -s, -e (meist Plural): durch → Polymerisation von Vinylacetat gewonnener, vielseitig verwendbarer Kunststoff. **polyzy|klisch**, (chem. fachspr.:) polycy|clisch [...*zük*...]: aus mehreren Benzolringen zusammengesetzt (Chem.)

Pomade [aus gleichbed. *fr.* pommade, dies aus *it.* pomata zu pomo „Apfel"] *die*; -, -n: früher übliche parfümierte salbenähnliche Substanz zur Haarpflege. **pomadig**: 1. mit Pomade eingerieben. 2. (ugs.) a) langsam, träge; b) überheblich, anmaßend. **pomadisieren**: mit Pomade einreiben

Pomeranze [aus *altit.* pommerancia, einer verdeutlichenden Zusammensetzung aus *it.* pomo „Apfel" und arancia (*pers.* Wort) „bittere Apfelsine"] *die*; -, -n: Apfelsine einer bitteren Art, aus deren Schalen → Orangeat hergestellt wird, deren Blätter in der Heilkunde u. deren Blüten in der Parfümerie verwendet werden

Pommes frites [*pomfrit*; *fr.* pommes frites aus pomme (de terre) „Kartoffel" und frit, dem Part. Perf. von frire „braten, backen"; vgl. fritieren] *die* (Plural): roh in Fett gebackene Kartoffelstäbchen

Pomp [aus gleichbed. *fr.* pompe, dies über *lat.* pompa aus *gr.* pompḗ „Sendung, Geleit; festlicher Aufzug"] *der*; -[e]s: [übertriebener] Prunk, Schaugepränge; glanzvoller Aufzug, großartiges Auftreten. **pompös** [aus gleichbed. *fr.* pompeux]: [übertrieben] prunkhaft, prächtig

Pompadour [*pongpadur* od. *pom*...; nach der Marquise de Pompadour, der Mätresse Ludwigs XV., 1721–1764] *der*; -s, -e u. -s: (veraltet) beutelartige Damenhandtasche [für Handarbeiten]

Pompon [*pongpong* od. *pompong*; aus gleichbed. *fr.* pompon, eigtl. „Zierat"; vgl. Pomp] *der*; -s, -s: knäuelartige Quaste aus Wolle od. Seide

pompös vgl. Pomp

pomposo [aus gleichbed. *it.* pomposo]: feierlich, prächtig (Vortragsanweisung; Mus.)

ponceau [*pongßo*; aus gleichbed. *fr.* ponceau, eigtl. „Klatschmohn"]: hochrot. **Ponceau** *das*; -s: hochrote Farbe

Poncho [*pontscho*; über *span.* poncho aus gleichbed. *indian.* (*Arauka*) poncho] *der*; -s, -s: 1. von den Indianern Mittel- u. Südamerikas getragene Schulterdecke mit Kopfschlitz. 2. ärmelloser, nach unten radförmig ausfallender, mantelartiger Umhang, bes. für Frauen

Pond [aus *lat.* pondus, Gen. ponderis „Gewicht" zu pendere „(ab)wägen"] *das*; -s, -: Maßeinheit der Kraft (der 1000. Teil eines → Kiloponds; Phys.); Zeichen: p. **ponderabel** [aus gleichbed. *lat.* ponderābilis; vgl. Pond]: (veraltet) wägbar. **Ponderabilien** [...*ien*] *die* (Plural): kalkulierbare, faßbare, wägbare Dinge; Ggs. → Imponderabilien

Ponticello [...*tschälo*; aus gleichbed. *it.* ponticello, eigtl. „Brückchen", zu ponte „Brücke"] *der*; -s, -s u. ...lli: Steg bei Geigeninstrumenten; vgl. sul ponticello

Pontifex [aus gleichbed. *lat.* pontifex, eigtl. „Brükkenmacher", zu pōns „Brücke" und facere „machen"] *der*; -, ...tifizes: Oberpriester im alten Rom. **Pontifex maximus** *der*; - -, ...ifices ...mi: 1. (hist.) oberster Priester im alten Rom. 2. (hist.) (ohne Plural) Titel der röm. Kaiser. 3. (ohne Plural) Titel des Papstes. **pontifikal** [aus *lat.* pontificālis „oberpriesterlich"]: bischöflich; vgl. in pontificalibus. **Pontifikalamt** *das*; -[e]s, ...ämter: vom Bischof (od. einem Prälaten) gehaltene feierliche Messe. **Pontifikat** [aus *lat.* pontificātus „Amt und Würde eines Oberpriesters"] *das* od. *der*; -[e]s, -e: Amtsdauer u. Würde des Papstes od. eines Bischofs

Ponton [*pongtong*, auch: *pontong* od. *pontong*; aus gleichbed. *fr.* ponton, dies aus *lat.* ponto zu pōns „Brücke"] *der*; -s, -s: Tragschiff, Brückenschiff (Seew.; Mil.)

[1]**Pony** [*poni*, auch: *poni*; aus gleichbed. *engl.* pony] *das*; -s, -s: zwerg- u. kleinwüchsige Pferderasse. [2]**Pony** [*poni*] *der*; -s, -s: fransenartig in die Stirn gekämmtes Haar (Damenfrisur)

Pool [*pul*; aus gleichbed. *engl.-amerik.* pool, eigtl. „Pfuhl, Teich", dann auch „gemeinsame Kasse"; vgl. Swimming-pool] *der*; -s, -s: (Wirtsch.) 1. Vertrag zwischen verschiedenen Unternehmungen über die Zusammenlegung der Gewinne u. die Gewinnverteilung untereinander. 2. Zusammenfassung von Beteiligungen am gleichen Objekt. **poolen** [*pulᵉn*; aus gleichbed. *engl.* to pool]: (Wirtsch.) 1. Gewinne zusammenlegen u. verteilen. 2. Beteiligungen am gleichen Objekt zusammenfassen. **Poolung** [*pul*...] *die*; -, -en: Pool (1, 2)

pop..., **Pop...** [aus gleichbed. *engl.-amerik.* pop, gekürzt aus popular „volkstümlich"]: in Zusammensetzungen auftretendes Bestimmungswort mit der Bedeutung „von der Pop-art beeinflußt, modern u. auffallend", z. B. Popfarbe, Popmusik

Popanz [wohl aus gleichbed. *tschech.* bubak] *der*; -es, -e: 1. Schreckgestalt, Vogelscheuche. 2. (abwertend) willenloses Geschöpf; unselbständiger, von anderen abhängiger Mensch

Pop-art [*pópaʳt*; aus gleichbed. *engl.-amerik.* pop art, eigtl. „populäre Kunst"; vgl. pop..., Pop...] *die*; -: moderne Kunstrichtung, die einen neuen Realismus propagiert u. Dinge des alltäglichen Lebens in bewußter Hinwendung zum Populären darstellt, als darstellens- u. ausstellungswert erachtet, um die Kunst aus ihrer Isolation herauszuführen u. mit der modernen Lebenswirklichkeit zu verbinden; vgl. Op-art

Popcorn [*pópkoʳn*; aus *engl.*(*-amerik.*) pop-corn, eigtl. „Knallmais", zu pop „Knall"] *das*; -s: Puffmais, Röstmais

Pope [aus gleichbed. *russ.* pop; vgl. Papa] *der*; -n, -n: [Welt]priester im slaw. Sprachraum der orthodoxen Kirche

Popelin [aus gleichbed. *fr.* popeline (Herkunft unklar)] *der*; -s, -e u. **Popeline** [*popᵉlin*, österr.: *poplinᵉ*] *die*; -: feinerer ripsartiger Stoff in Leinenbindung (Webart)

Popfarbe [vgl. pop..., Pop...] *die*; -, -n: modische, auffallende Farbe, Farbzusammenstellung. **Popmusik** *die*; -: von → Beatmusik u. → Rock beeinflußte moderne [Schlager]musik. **poppig**: [Stil]elemente der Pop-art enthaltend; [modern und] auffallend. **Popsong** *der*; -s, -s: volkstümlicher, zwischen Volks- u. Kunstlied liegender Liedgesang der Kreolen u. Neger der Südstaaten in den USA. **Popszene** *die*; -: Milieu der modernen Jugend u. deren Aktivitäten in bezug auf Popmusik, Mode u. a.

populär [aus gleichbed. *fr.* populaire, dies aus *lat.* populāris „zum Volk gehörend" zu populus „Volk"]: 1. gemeinverständlich, volkstümlich. 2. a) beliebt, allgemein bekannt; b) allgemein Anklang oder Beifall findend. **Popularisator** *der*; -s, ...oren: jmd., der etwas gemeinverständlich darstellt u. verbreitet, in die Öffentlichkeit bringt. **popularisieren** [aus gleichbed. *fr.* populariser]: 1. gemeinverständlich darstellen. 2. verbreiten, in die Öffentlichkeit bringen. **Popularität** [aus gleichbed. *fr.* popularité] *die*; -: Volkstümlichkeit, Beliebtheit

Population [...*zion*; aus gleichbed. *lat.* populātio zu populus „Volk"; vgl. populär] *die*; -: 1. Bevölkerung. 2. Gesamtheit der Individuen einer Art od. Rasse in einem engbegrenzten Bereich (Biol.). 3. Gruppe von Fixsternen mit bestimmten astrophysikalischen Eigenheiten (Astron.). 4. Klasse von zu untersuchenden Gegenständen (Statistik)

Porno *der*; -s, -s: (ugs.) pornographischer Film, Roman o. ä. **Porno**...: in Zusammensetzungen auftretendes Bestimmungswort mit der Bedeutung „pornographisch, obszön", z. B. Pornofilm. **Pornographie** [aus gleichbed. *fr.* pornographie (zu *gr.* pórnē „Hure" und → ...graphie), eigtl. „Hurenbeschreibung"] *die*; -, ...ien: a) obszöne Darstellung geschlechtlicher Vorgänge; b) pornographisches Werk, Schrifttum. **porno|graphisch**: a) geschlechtliche Vorgänge obszön darstellend; b) die geschlechtlichen Begierden anreizend

porös [aus gleichbed. *fr.* poreux zu pore „Pore", dies aus *lat.* porus, *gr.* porós, eigtl. „Öffnung"]: durchlässig, porig, löchrig. **Porosität** *die*; -: Durchlässigkeit, Porigkeit, Löchrigkeit

Porphyr [auch: *porfür*; aus gleichbed. *it.* porfiro, eigtl. „der Purpurfarbige"; vgl. Purpur] *der*; -s, -e: dichtes, feinkörniges Ergußgestein mit eingestreuten Kristalleinsprenglingen

Porree [aus gleichbed. *fr.* porrée zu *lat.* porrum „Lauch"] *der*; -s, -s: Lauchart (Gemüsepflanze)

Porridge [*poridsch*; aus gleichbed. *engl.* porridge] *das* u. *der*; -s: [Frühstücks]haferbrei (bes. in den angelsächsischen Ländern)

Port [aus *altfr.* port „Hafen", dies aus gleichbed. *lat.* portus] *der*; -[e]s, -e: Ziel, Ort der Geborgenheit, Sicherheit

Portable [*pǫrtebel*; aus gleichbed. *engl.* portable, eigtl. „tragbar"] *das*; -s, -s: tragbares, nicht an einen festen Standplatz gebundenes Kleinfernsehgerät

Portal [aus *mlat.* portale „Vorhalle" zu *lat.* porta „Tor, Eingang"] *das*; -s, -e: 1. [prunkvolles] Tor, Pforte, großer Eingang. 2. torartige feststehende od. fahrbare Tragkonstruktion für einen Kran

Portamento [aus gleichbed. *it.* portamento, eigtl. „das Tragen" zu portare „tragen"] *das*; -s, -s u. ...ti: das Hinüberziehen eines Tones zu dem darauffolgenden, aber abgehobener als → legato (Mus.). **portato** [aus gleichbed. *it.* portato, Part. Perf. von portare „tragen"]: getragen, abgehoben, ohne Bindung (Vortragsanweisung; Mus.). **Portato** *das*; -s, -s u. ...ti: getragene, den Ton bindende Vortragsweise (Mus.)

Portativ [aus *fr.* portatif „tragbar"] *das*; -s, -e [...*we*]: kleine tragbare Orgel

Portefeuille [*portföj*; aus gleichbed. *fr.* portefeuille zu porter „tragen" und feuille „Blatt Papier"] *das*; -s, -s: 1. (veraltet) Brieftasche, Aktenmappe. 2. Geschäftsbereich eines Ministers. 3. Wertpapierbestand einer Bank (Wirtsch.)

Portemonnaie [...*monę*; aus gleichbed. *fr.* portemonnaie zu porter „tragen" und monnaie „Münze, Geld"] *das*; -s, -s: Geldbeutel, -börse. **Portepee** [aus *fr.* porte-épée „Degengehenk" zu porter „tragen" und épée „Degen, Schwert"] *das*; -s, -s: [silberne od. goldene] Quaste am Degen, Säbel od. Dolch (eines Offiziers od. Unteroffiziers)

Porter [aus gleichbed. *engl.* porter, aus porter's ale „Bier des Lastträgers"] *der* (auch, bes. österr.: *das*); -s, -: starkes [engl.] Bier

Porti: *Plural* von → Porto

Portier [*portie*, österr. auch: *portir*; aus gleichbed. *fr.* portier, dies aus *spätlat.* portārius „Türhüter" zu *lat.* porta „Tor, Eingang"] *der*; -s, -s (österr. auch: -e): 1. Pförtner. 2. Hauswart

Portiere [aus gleichbed. *fr.* portière zu porte „Tür"] *die*; -, -n: Türvorhang

portieren [aus gleichbed. *fr.* porter, eigtl. „tragen"]: (schweiz.) zur Wahl vorschlagen

Portikus [aus gleichbed. *lat.* porticus zu porta „Tor, Eingang"] *der*; -, -: Säulenhalle als Vorbau an der Haupteingangsseite eines Gebäudes

Portion [...*zion*; aus *lat.* portio „Anteil"] *die*; -, -en: [An]teil, abgemessene Menge (bes. bei Speisen). **portionieren** [*lat.-fr.*]: in Portionen teilen

Porto [aus *it.* porto „Transport(kosten)", eigtl. „das Tragen" zu portare „tragen"] *das*; -s, -s u. ...ti: Gebühr für die Beförderung von Postsendungen

Por|trait [...*trä*; aus gleichbed. *fr.* portrait, eigtl. „das Entworfene, Dargestellte", zu *altfr.* po(u)rtraire „entwerfen, darstellen"] *das*; -s, -s: (veraltet) Porträt. **Por|trät** [...*trä*, auch: ...*trät*] *das*; -s, -s od. (bei dt. Ausspr.:) *das*; -[e]s, -e: Bildnis eines Menschen (in der Malerei, Plastik u. Fotografie). **por|trätieren**: jmds. Porträt anfertigen. **Por|trätist** *der*; -en, -en: Künstler, der Porträts anfertigt

Portulak [aus gleichbed. *lat.* portulaca] *der*; -s, -e u. -s: Pflanzengattung mit Zier- u. Gemüsepflanzen

Portwein [nach der portugies. Stadt Porto] *der*; -[e]s, -e: dunkelroter od. weißer Wein aus den portugiesischen Gebieten des Douro

Porzellan [aus gleichbed. *it.* porcellana (nach der Farbe einer weißen Meermuschel)] *das*; -s, -e: feinste Tonware, die durch Brennen einer aus Kaolin, Feldspat u. Quarz bestehenden Masse hergestellt wird. **porzellanen**: aus Porzellan [bestehend]

Pos. = Position (4)

Posament [aus *fr.* passement „Borte, Tresse" zu passer „(Fäden) durchziehen"] *das*; -[e]s, -en (meist Plural): textiler Besatzartikel (Borte, Schnur, Quaste u. a.)

Posaune [aus *lat.* būcina „Jagdhorn, Signalhorn"] *die*; -, -n: zur Trompetenfamilie gehörendes Blechblasinstrument. **Posaunist** *der*; -en, -en: Musiker, der Posaune spielt

Pose [aus gleichbed. *fr.* pose, eigtl. „das Innehalten"] *die*; -, -n: 1. gekünstelte Stellung; gesuchte, unnatürliche, affektierte Haltung. 2. Schwimmkörper an der Angelleine, Schwimmer. **Poseur** [*posör*; aus gleichbed. *fr.* poseur] *der*; -s, -e: (abwertend) Blender, Wichtigtuer. **posieren** [aus gleichbed. *fr.* poser]: 1. aus einem bestimmten Anlaß eine Pose, eine besonders wirkungsvolle Stellung einnehmen. 2. sich gekünstelt benehmen

Position [...*zion*; aus *lat.* positio „Stellung, Lage" zu ponere (positum) „setzen, stellen, legen"] *die*; -, -en: 1. a) Stellung, Stelle [im Beruf]; b) Situation, Lage, in der sich jmd. im Verhältnis zu einem andern befindet; c) Einstellung, Standpunkt. 2. bestimmte Stellung, Haltung. 3. Platz, Stelle in einer Wertungsskala (Sport). 4. Einzelposten einer [Waren]liste eines Planes; Abk.: Pos. 5. a) Standort eines Schiffes od. Flugzeugs; b) Standort eines Gestirns (Astron.). 6. (veraltet) militärische Stellung. 7. metrische Länge, Positionslänge eines an sich kurzen Vokals vor zwei od. mehr folgenden Konsonanten (antike Metrik). 8. (Philos.) a) Setzung, Annahme, Aufstellung einer These; b) Bejahung eines Urteils. **positionell**: stellungsmäßig

positiv [auch: ...*tif*; aus *spätlat.* positīvus „gesetzt, gegeben" (vgl. Position), beeinflußt von *fr.* positif „bejahend"]: 1. a) bejahend, zustimmend; Ggs. → negativ (1a); b) ein Ergebnis bringend; vorteilhaft, günstig, gut; Ggs. → negativ (1b); c) sicher, genau, tatsächlich. 2. größer als Null; Zeichen: + (Math.); Ggs. → negativ (2). 3. das ²Positiv (2) betreffend; der Natur entsprechende Licht- u. Schattenverteilung habend (Fotogr.); Ggs. → negativ (3). 4. im ungeladenen Zustand mehr Elektronen enthaltend als im geladenen (Phys.); Ggs. →

negativ (4). 5. für das Vorhandensein einer Krankheit sprechend, einen krankhaften Befund zeigend (Med.); Ggs. → negativ (5). [1]**Positiv** [auch: ...*tif*; aus gleichbed. *spätlat.* (gradus) positīvus] *der*; -s, -e [...*wᵉ*]: die ungesteigerte Form des Adjektivs, Grundstufe (z. B. schön; Sprachw.). [2]**Positiv** [auch: ...*tif*] [Substantivierung von → positiv] *das*; -s, -e [...*wᵉ*]: 1. kleine Standorgel, meist ohne Pedal; vgl. Portativ. 2. über das → Negativ gewonnenes, seitenrichtiges, der Natur entsprechendes Bild (Fotogr.). **Positivismus** [...*wi*...] *der*; -: Philosophie, die ihre Forschung auf das Positive, Tatsächliche, Wirkliche u. Zweifellose beschränkt, sich allein auf Erfahrung beruft u. jegliche Metaphysik als theoretisch unmöglich u. praktisch nutzlos ablehnt (A. Comte). **Positivist** [...*wißt*] *der*; -en, -en: Vertreter, Anhänger des Positivismus. **positivistisch**: 1. den Positivismus betreffend, zu ihm gehörend, auf ihm beruhend. 2. (abwertend) vordergründig; sich bei einer wissenschaftlichen Arbeit nur auf das Sammeln o. ä. beschränkend u. keine eigene Gedankenarbeit aufweisend. **Positivum** [...*wum*] *das*; -s, ...va: etwas, was an einer Sache als positiv (1b), vorteilhaft, gut empfunden wird; etwas Positives; Ggs. → Negativum

Posi|tron [Kurzw. aus: *posi*tiv u. Elek*tron*] *das*; -s, ...onen: positiv geladenes Elementarteilchen, dessen Masse gleich der Elektronenmasse ist; Zeichen: e^+

Positur [aus *lat.* positūra „Stellung, Lage"; vgl. Position] *die*; -, -en: 1. für eine bestimmte Situation gewählte [betonte, herausfordernde] Haltung od. Stellung. 2. (landsch.) Gestalt, Figur, Statur

possessiv [auch: ...*ßif*; aus gleichbed. *lat.* possessīvus zu possidēre „besitzen"]: besitzanzeigend (Sprachw.). **Possessiv** [auch: ...*ßif*] *das*; -s, -e [...*wᵉ*]: = Possessivpronomen. **Possessivpronomen** [auch: ...*ßif*...] *das*; -s, - (auch: ...mina): besitzanzeigendes Fürwort (z. B. mein; Sprachw.). **Possessivum** [...*ßiwum*] *das*; -s, ...va: = Possessiv

possierlich [zu älterem possieren „scherzen" zu Possen]: klein, niedlich u. dabei drollig

post..., **Post...** [*lat.* post „hinter, nach"]: Präfix mit der Bedeutung „nach, hinter", z. B. Postskriptum, postglazial

postalisch [zu Post]: die Post betreffend, von der Post ausgehend, Post...

Postament [wohl zu *it.* postare „hinstellen" gebildet] *das*; -[e]s, -e: Unterbau, Sockel einer Säule od. Statue

post Christum [natum] [*lat.*]: nach Christi [Geburt], nach Christus; Abk.: p. Chr. [n.]

Poster [auch: *poᵘßtᵉr*; aus gleichbed. *engl.* poster, eigtl. „Plakat", zu to post „an einem Pfosten anschlagen" (post „Pfosten")] *das*; auch: *der*; -s, -s: plakatartig aufgemachtes, in seinen Motiven den modernen Kunstrichtungen od. der modernen Fotografie folgendes Bild

poste restante [*poßt räßtangt*; *fr.*]: franz. Bezeichnung für: postlagernd

Posteriora [aus gleichbed. *lat.* posteriōra Neutr. Plural von posterior „hinterer, letzterer", Komparativ von posterus „letzter"] *die* (Plural): (scherzh.) Gesäß

post festum [*lat.*, „nach dem Fest"]: 1. hinterher. 2. zu spät

post|glazial [zu → post..., Post... und → glazial]: nacheiszeitlich (Geol.). **Post|glazial** *das*; -s: Nacheiszeit (Geol.)

postieren [aus gleichbed. *fr.* poster zu poste „Posten" (*it.* posto)]: a) jmdn./sich an einer bestimmten Stelle zur Beobachtung hinstellen; b) etwas an einer bestimmten Stelle aufstellen, aufbauen

Postille [aus gleichbed. *mlat.* postilla, gekürzt aus *lat.* post illa verba sacrae scripturae „nach jenen Worten der Heiligen Schrift" (Ankündigung der Predigt nach Verlesung des Bibeltextes)] *die*; -, -n: 1. religiöses Erbauungsbuch. 2. Predigtbuch, -sammlung

Postillion [*poßtiljon*, auch: *póßtiljon*; aus gleichbed. *fr.* postillon bzw. *it.* postiglione zu *fr.* poste bzw. *it.* posta „Post"] *der*; -s, -e: 1. (hist.) Postkutscher. 2. Weißling mit gelben schwarzgeränderten Flügeln (Schmetterlingsart). **Postillon d'amour** [*poßtijong damur*; *fr.*] *der*; - -, -s [...*jong*] -: (scherzh.) Überbringer eines Liebesbriefes

Postludium [nach → Präludium mit → post..., Post... gebildet] *das*; -s, ...ien [...*iᵉn*]: musikalisches Nachspiel; vgl. Präludium

post mortem [*lat.*]: nach dem Tode; Abk.: p. m.

postnumerando [zu älterem postnumerieren „nach(be)zahlen" aus → post..., Post... und → numerieren]: nachträglich (zahlbar); Ggs. → pränumerando

Postposition [...*zion*; nach → Präposition mit → post..., Post... gebildet] *die*; -, -en: dem Substantiv nachgestellte Präposition (Sprachw.)

Post|skript *das*; -[e]s, -e u. **Post|skriptum** [zu *lat.* postscrībere „nach etwas schreiben, hinzufügen"; vgl. Skript] *das*; -s, ...ta: Nachschrift; Abk.: PS

Postszenium [zu → post..., Post... und *lat.* scēna „Bühne"; vgl. Szene] *das*; -s, ...ien [...*iᵉn*]: Raum hinter der Bühne; Ggs. → Proszenium (2)

Postulat [aus gleichbed. *lat.* postulātum] *das*; -[e]s, -e: 1. unbedingte [sittliche] Forderung. 2. sachlich od. denkerisch notwendige Annahme, These, die unbeweisbar od. noch nicht bewiesen, aber durchaus glaubhaft u. einsichtig ist (Philos.). **postulieren** [aus gleichbed. *lat.* postulāre]: 1. fordern, zur Bedingung machen. 2. feststellen. 3. ein Postulat (2) aufstellen (Philos.)

postum [aus *lat.* postumus „nachgeboren", eigtl. „letzter, jüngster", Superlativ von posterus; vgl. Posteriora]: a) nach jmds. Tod erfolgt (z. B. eine Ehrung); b) nach jmds. Tod erschienen, nachgelassen (z. B. ein Roman); c) nach dem Tod des Vaters geboren, nachgeboren

Postur [aus gleichbed. *it.* postura; vgl. Positur] *die*; -: (schweiz.) Positur

post urbem conditam [- - *kon*...; *lat.*]: nach der Gründung der Stadt [Rom] (altröm. Jahreszählung); Abk.: p. u. c.; vgl. a. u. c.

Potemkinsche Dörfer [*potẚmkin*..., bei russ. Ausspr.: *patjom*... -; nach dem russ. Fürsten Potemkin] *die* (Plural): Trugbilder, Vorspiegelungen

potent [aus *lat.* potēns „mächtig"]: 1. a) leistungsfähig; b) mächtig, einflußreich; c) zahlungskräftig, vermögend. 2. fähig zum Geschlechtsverkehr (in bezug auf den Mann), zeugungsfähig (Med.); Ggs. → impotent (2). **Potentat** [aus *lat.* potentātus „Macht; Oberherrschaft"] *der*; -en, -en: Machthaber, regierender Fürst. **Potential** [zu *spätlat.* potentiālis „nach Vermögen; tätig wirkend"] *das*; -s, -e: 1. Leistungsfähigkeit. 2. (Phys.) a) Maß für die Stärke eines Kraftfeldes in einem Punkt des Raumes; b) = potentielle Energie. **Potentialdifferenz** *die*; -: Unterschied elektrischer Kräfte bei aufgeladenen Körpern (Phys.). **Potentialgefälle**

das; -s: = Potentialdifferenz. **Potentialis** *der*; -, ...les [...*áleß*]: → Modus (2) der Möglichkeit, Möglichkeitsform (Sprachw.). **potentiell** [...*ziäl*; aus gleichbed. *fr.* potentiel]: möglich (im Unterschied zu wirklich), denkbar; der Anlage, Möglichkeit nach; Ggs. → aktual (2), → aktuell (2); -e Energie: die Energie, die ein Körper wegen seiner Lage in einem Kraftfeld besitzt (Phys.). **Potentiometer** [...*zio*...; vgl. [1]...meter] *das*; -s, -: Gerät zur Abnahme od. Herstellung von Teilspannungen (Elektrot.). **Potentiome|trie** [vgl. ...metrie] *die*; -, ...ien: maßanalytisches Verfahren, bei dem der Verlauf der → Titration durch Potentialmessung an der zu bestimmenden Lösung verfolgt wird (Chem.). **potentiome|trisch**: das Potentiometer betreffend, mit ihm durchgeführt (Elektrot.). **Potenz** [aus gleichbed. *lat.* potentia] *die*; -, -en: 1. Fähigkeit, Leistungsvermögen. 2. Fähigkeit des Mannes zum Geschlechtsverkehr, Zeugungsfähigkeit (Med.). 3. Produkt mehrerer gleicher Faktoren, dargestellt durch die → Basis (4c) u. den → Exponenten (2; Math.). **Potenzexponent** *der*; -en, -en: Hochzahl einer Potenz (Math.). **potenzieren**: 1. erhöhen, steigern. 2. zur Potenz erheben, eine Zahl mit sich selbst multiplizieren (Math.)

Potpourri [*potpuri*; aus gleichbed. *fr.* potpourri, eigtl. etwa „Eintopf (aus allerlei Zutaten)"] *das*; -s, -s: 1. Zusammenstellung verschiedenartiger, durch Übergänge verbundener Musikstücke aus beliebten Musikwerken. 2. Allerlei, Kunterbunt

Poulard [*lat.-fr.*] *das*; -s, -s u. **Poularde** [...*lard*[e]; aus gleichbed. *fr.* poularde zu poule „Huhn" (*lat.* pulla)] *die*; -, -n: junges, verschnittenes Masthuhn. **Poulet** [*pule*; aus gleichbed. *fr.* poulet] *das*; -s, -s: junges, zartes Masthuhn od. -hähnchen

Pour le mérite [- *l*[e] *merit*; *fr.*, „für das Verdienst"] *der*; - - -: hoher Verdienstorden, von dem seit 1918 nur noch die Friedensklasse [für Wissenschaften u. Künste] verliehen wird

Poussage [*pußasch*[e]; zu → poussieren] *die*; -, -n: (veraltend) 1. [nicht ernstgemeinte] Liebschaft. 2. (oft abwertend) Geliebte. **poussieren** [aus *fr.* pousser „stoßen, drücken"]: 1. (landsch.) flirten, anbändeln; mit jmdm. in einem Liebesverhältnis stehen. 2. (veraltet) jmdm. schmeicheln; jmdn. gut behandeln u. verwöhnen, um etwas zu erreichen

poussé u. **poussez!** [*puße*; Part. Perf. bzw. Imperativ von *fr.* pousser „stoßen"]: mit Bogenaufstrich (Anweisung für Streichinstrumente; Mus.)

power [aus gleichbed. *fr.* pauvre]: (landsch.) armselig, ärmlich, dürftig, minderwertig

Powerplay [*pau*[e]*rple*[i]; aus gleichbed. *engl.-amerik.* power play, eigtl. „Kraftspiel"] *das*; -[s]: gemeinsames, anhaltendes Anstürmen aller fünf Feldspieler auf das gegnerische Tor im Verteidigungsdrittel des Gegners (Eishockey)

Power|slide [*pau*[e]*rßlaid*; aus gleichbed. *engl.* power slide, eigtl. „Kraftrutschen"] *das*; -[s]: im Autorennsport die besondere Technik, mit erhöhter Geschwindigkeit durch eine Kurve zu schliddern, ohne das Fahrzeug aus der Gewalt zu verlieren

pp = pianissimo

pp.: 1. vgl. et cetera. 2. = per procura

PP. = Patres; vgl. Pater

ppa. = per procura

Pr = chem. Zeichen für: Praseodym

PR = Public Relations

Prä [Substantivierung von *lat.* prae, eigtl. „das Vor"] *das*; -s: Vorteil, Vorrang; das - haben: den Vorrang haben. **prä...**, **Prä...** [aus *lat.* prae „vor"]: Präfix mit der Bedeutung „vor, voran, voraus", z. B. prädisponieren, Präludium

Prä|ambel [aus *mlat.* praeambulum „Vorangehendes, Einleitung" zu *lat.* prae „vor(an)" und ambulāre „gehen"] *die*; -, -n: Einleitung, feierliche Erklärung als Einleitung einer [Verfassungs]urkunde od. eines Staatsvertrages

Prädestination [...*zion*; aus gleichbed. *kirchenlat.* praedēstinātio] *die*; -: 1. göttliche Vorherbestimmung, bes. die Bestimmung des einzelnen Menschen zur Seligkeit oder Verdammnis durch Gottes Gnadenwahl (Lehre Augustins u. vor allem Calvins). 2. das Geeignetsein, Vorherbestimmtsein durch Fähigkeiten, charakterliche Anlagen für ein bestimmtes Lebensziel, einen Beruf o. ä. **prädestinieren** [aus gleichbed. *kirchenlat.* praedēstināre aus prae „vor" und dēstināre „bestimmen, festsetzen"; vgl. Destination]: vorherbestimmen. **prädestiniert**: vorherbestimmt; wie geschaffen (für etwas)

Prädikat [aus gleichbed. *lat.* praedicātum, dem substantivierten Neutrum des Part. Perf. Pass. von prae-dicāre „aussagen; laut ausrufen, bekanntmachen; rühmen"] *das*; -[e]s, -e: 1. Note, Bewertung, Zensur. 2. Rangbezeichnung, Titel (beim Adel). 3. grammatischer Kern einer Aussage, Satzaussage (z. B. der Bauer *pflügt* den Acker). 4. in der Logik der die Aussage enthaltende Teil des Urteils (Philos.). **prädikatisieren** u. **prädikatieren**: mit einem Prädikat (1) versehen (z. B. Filme). **prädikativ**: das Prädikat (3) betreffend, zum Prädikat gehörend, aussagend (Sprachw.). **Prädikativ** *das*; -s, -e [...*w*[e]]: auf das Subjekt od. Objekt bezogener Teil der Satzaussage (z. B. Karl ist *Lehrer*; Sprachw.). **Prädikativsatz** *der*; -es, ...sätze: Prädikativ in der Form eines Gliedsatzes (Sprachw.). **Prädikativum** [...*tiwum*] *das*; -s, ...va: (veraltet) Prädikativ. **Prädikatsnomen** *das*; -s, -: Prädikativ, das aus einem → Nomen (2; Substantiv od. Adjektiv) besteht

prädisponieren [zu → prä..., Prä... und → disponieren]: 1. vorher bestimmen. 2. empfänglich machen (z. B. für eine Krankheit). **Prädisposition** [...*zion*; zu → prä..., Prä... und → Disposition] *die*; -, -en: Empfänglichkeit für bestimmte Krankheiten

prädizieren [aus *lat.* prae-dīcere „vorausbestimmen, zuschreiben" aus prae „vor" und dīcere „sagen"]: ein → Prädikat (4) beilegen, einen Begriff durch ein Prädikat bestimmen (Philos.); -des Verb: mit einem → Prädikatsnomen verbundenes → Verb (z. B. *sein* in dem Satz: er *ist* Lehrer; Sprachw.)

Praeceptor Germaniae [*präzäptor gärmaniä*; *lat.*]: Lehrmeister, Lehrer Deutschlands (Beiname für Hrabanus Maurus u. später vor allem für Melanchthon)

präfa|briziert [nach gleichbed. *engl.* prefabricated aus → prä..., Prä... und → fabrizieren]: vorgefertigt, vorfabriziert

Präfekt [aus *lat.* praefectus „Vorgesetzter" zu praeficere „vorsetzen"] *der*; -en, -en: 1. hoher Zivil- od. Militärbeamter im alten Rom. 2. oberster Verwaltungsbeamter eines Departements (in Frankreich) od. einer Provinz (in Italien). 3. älterer Schüler eines Chors, der den Kantor als Dirigent vertritt. **Präfektur** [aus gleichbed. *lat.* praefectūra] *die*; -, -en: Amt, Bezirk, Wohnung eines Präfekten

Präferenz [aus gleichbed. *fr.* préférence zu préférer „den Vorrang geben, vorziehen"] *die*; -, -en: (veraltet) 1. Vorrang, Vorzug; Vergünstigung. 2. Trumpffarbe (bei Kartenspielen)

präfigieren [aus *lat.* praefigere „vorn anheften" zu prae „vor" und figere „anheften"]: mit Präfix versehen (Sprachw.). **Präfix** [aus *lat.* prae-fixum, dem Neutrum des Part. Perf. Pass. von prae-figere] *das*; -es, -e: vor den Wortstamm tretende Silbe, Vorsilbe (z. B. *un*schön, *be*steigen; Sprachw.); vgl. Affix, Suffix. **Präfixverb** [...*wärp*] *das*; -s, -en: präfigiertes Verb

prä|glazial [zu → prä..., Prä... und → glazial]: voreiszeitlich (Geol.). **Prä|glazial** *das*; -s: die zum → Diluvium gehörende Voreiszeit (Geol.)

Pragmatik [aus *gr.* pragmatikḗ (téchnē) „Kunst, richtig zu handeln"; vgl. pragmatisch] *die*; -, -en: 1. Orientierung auf das Nützliche, Sinn für Tatsachen, Sachbezogenheit. 2. (österr.) Ordnung des Staatsdienstes, Dienstordnung. **Pragmatiker** *der*; -s, -: Vertreter des Pragmatismus, Pragmatist. **pragmatisch** [über *lat.* prāgmaticus aus *gr.* pragmatikós „in Geschäften geschickt, tüchtig" zu prāgma „das Handeln" (prā̆ssein „handeln, tun")]: 1. anwendungs-, handlungs-, sachbezogen; sachlich, auf Tatsachen beruhend. 2. fach-, geschäftskundig. **pragmatisieren**: (österr.) [auf Lebenszeit] fest anstellen. **Pragmatismus** *der*; -: philosophische Lehre, die im Handeln das Wesen des Menschen erblickt u. Wert u. Unwert des Denkens danach bemißt. **Pragmatist** *der*; -en, -en: Vertreter des Pragmatismus, Pragmatiker

prä|gnant [aus gleichbed. *fr.* prégnant, dies aus *lat.* praegnāns „schwanger; trächtig; strotzend"]: knapp u. gehaltvoll, genau u. treffend. **Prä|gnanz** *die*; -: Schärfe, Genauigkeit, Knappheit des Ausdrucks

Prähistorie [...*iᵉ*, auch: *prä*...; aus → prä..., Prä... und → Historie] *die*; -: die Vorgeschichte. **prähistorisch** [auch: *prä*...]: vorgeschichtlich

Präjudiz [aus gleichbed. *lat.* praeiūdicium; vgl. präjudizieren] *das*; -es, -e: 1. vorgreifende Entscheidung. 2. hochrichterliche Entscheidung, die bei der Beurteilung künftiger u. ähnlicher Rechtsfälle zur Auslegung des positiven Rechts herangezogen wird (Rechtsw.). **präjudizial**: = präjudiziell; vgl. ...al/...ell. **präjudiziell** [nach gleichbed. *fr.* préjudiciel]: bedeutsam für die Beurteilung eines späteren Sachverhalts (Rechtsw.); vgl. ...al/...ell. **präjudizieren** [aus *lat.* prae-iūdicāre „vorgreifen, im voraus entscheiden" zu prae „vor" und iūdicāre „(gerichtlich) entscheiden"]: der [richterlichen] Entscheidung vorgreifen (Rechtsw.; Pol.)

präkam|brisch [zu → prä..., Prä... und → kambrisch]: die vor dem → Kambrium liegenden Zeiten betreffend (Geol.). **Präkam|brium**: → Archaikum u. → Algonkium umfassender Zeitraum der erdgeschichtlichen Frühzeit (Geol.)

Praktik [über *mlat.* practica „Ausübung, Vollendung" aus *gr.* prāktikḗ (téchnē) „Lehre vom aktiven Handeln"; vgl. praktisch] *die*; -, -en: 1. [Art der] Ausübung von etwas; Handhabung, Verfahren[sart]. 2. (meist Plural) nicht ganz korrekter Kunstgriff, Kniff. **Praktika**: *Plural* von → Praktikum. **praktikabel** [nach *fr.* practicable aus *mlat.* practicābilis „tunlich, ausführbar"]: 1. brauchbar, benutzbar, zweckmäßig; durch-, ausführbar. 2. begehbar, benutzbar, nicht gemalt od. nur angedeutet (von Teilen der Theaterdekoration). **Praktikabel** *das*; -s, -: begehbarer, benutzbarer Teil der Theaterdekoration (z. B. ein Podium). **Praktikabilität** *die*; -: Brauchbarkeit, Zweckmäßigkeit; Durchführbarkeit. **Praktikant** *der*; -en, -en: in praktischer Ausbildung Stehender. **Praktiken**: *Plural* von → Praktik u. → Praktikum. **Praktiker** *der*; -s, -: 1. Mann der [praktischen] Erfahrung; Ggs. → Theoretiker (1). 2. (Fachjargon) praktischer Arzt. **Praktikum** *das*; -s, ...ka u. ...ken: 1. zur praktischen Anwendung des Erlernten eingerichtete Übungsstunde, Übung (bes. an den naturwissenschaftlichen Fakultäten einer Hochschule). 2. vorübergehende Tätigkeit von Studenten, die sich in der Praxis auf ihren Beruf vorbereiten. **Praktikus** *der*; -, -se: (scherzh.) jmd., der immer u. überall Rat weiß. **praktisch** [über *spätlat.* practicus aus *gr.* prāktikós „auf das Handeln gerichtet, tätig, tüchtig" zu prā̆ssein „handeln, tun"; vgl. Praxis und pragmatisch]: 1. auf die Praxis, die Wirklichkeit bezogen; angewandt. 2. zweckmäßig, nützlich; gut zu handhaben. 3. geschickt und findig. 4. (ugs.) fast, so gut wie, in der Tat; -er Arzt: nicht spezialisierter Arzt, Nichtfacharzt (Abk.: prakt. Arzt). **praktizieren** [aus *mlat.* practicāre „eine Tätigkeit ausüben"]: 1. eine Sache betreiben, ins Werk setzen; [Methoden] anwenden. 2. seinen Beruf ausüben (bes. als Arzt). 3. (österr.) seine praktische berufliche Ausbildung beginnen od. vervollkommnen. 4. (ugs.) etwas geschickt irgendwohin bringen, befördern

Prälat [aus gleichbed. *mlat.* praelātus, eigtl. „der Vorgezogene", Part. Perf. zu prae-ferre „vorziehen, den Vorzug geben; vorantragen"] *der*; -en, -en: 1. katholischer geistlicher Würdenträger [mit bestimmter oberhirtlicher Gewalt]. 2. leitender evangelischer Geistlicher in einigen deutschen Landeskirchen. **Prälatur** *die*; -, -en: Amt od. Wohnung eines Prälaten

Präliminar... [zu *lat.* prae „vor" und limen, Gen. liminis „Schwelle"]: in Zusammensetzungen auftretendes Bestimmungswort mit der Bedeutung „vorläufig, einleitend", z. B. Präliminarfrieden. **Präliminare** *das*; -s, ...rien [...*iᵉn*] (meist Plural): 1. diplomatische Vorverhandlung (bes. zu einem Friedensvertrag). 2. Vorbereitung, Einleitung, Vorspiel

Praline [aus gleichbed. *fr.* praline, angeblich nach dem franz. Marschall du Plessis-Praslin (*dü pläßį pralän̄g*)] *die*; -, -n: kleines Stück Schokoladenkonfekt mit irgendeiner Füllung. **Praliné** [...*ne*, auch: *pra*...] u. **Pralinee** *das*; -s, -s: (bes. österr. u. schweiz.) Praline

präludieren [aus *lat.* praelūdere „vorspielen, ein Vorspiel machen" zu prae „vor" und lūdere „spielen"]: durch ein Vorspiel eine Musikaufführung od. einen Choralgesang einleiten. **Präludium** *das*; -s, ...ien [...*iᵉn*]: a) oft frei improvisiertes musikalisches Vorspiel (z. B. auf der Orgel vor dem Gemeindegesang in der Kirche); b) Einleitung der Suite u. Fuge; c) selbständiges Instrumentalstück; vgl. Postludium

Prämie [...*iᵉ*; aus gleichbed. *lat.* praemia, eigtl. Neutr. Plural von praemium „Preis; Vorteil; Gewinn"] *die*; -, -n: 1. Belohnung, Preis. 2. bes. in der Wirtschaft für besondere Leistungen zusätzlich zur normalen Vergütung gezahlter Betrag. 3. Zugabe beim Warenkauf. 4. Leistung, die der Versicherungsnehmer dem Versicherer für Übernahme des Versicherungsschutzes schuldet. 5. Gewinn in der Lotterie, im Lotto o. ä. **prämieren** u. **prämiieren** [aus gleichbed. *spätlat.* praemiāre]: mit einem Preis belohnen, auszeichnen. **Prämierung** und **Prämiierung** *die*; -, -en: das Prämieren

Prämisse [aus *lat.* (prōpositio oder sententia) praemissa „vorausgeschickter (Satz)" zu praemittere „vorausschicken" (prae „vor" und mittere „schikken")] *die*; -, -n: 1. Vordersatz im → Syllogismus (Philos.). 2. Voraussetzung

Prämon|stratenser [*mlat.*; nach dem franz. Kloster Prémontré (*premongtrę*)] *der*; -s, -: 1120 gegründeter Orden in mönchsähnlicher Gemeinschaft lebender Chorherren; Abk.: O. Praem.

Pränomen [aus gleichbed. *lat.* praenōmen zu prae „vor" und nōmen „Name"] *das*; -s, ...mina: der an erster Stelle stehende altrömische Vorname (z. B. *Marcus* Tullius Cicero); vgl. Kognomen u. Nomen gentile

pränumerando [zu älterem pränumerieren „im voraus bezahlen" aus → prä..., Prä... und → numerieren]: im voraus (zu zahlen); Ggs. → postnumerando

Präparand [zu → präparieren] *der*; -en, -en: Kind, das den Vorkonfirmandenunterricht besucht. **Präparat** [aus *lat.* praeparātum „das Zubereitete", dem Part. Perf. Pass. von praeparāre; vgl. präparieren] *das*; -[e]s, -e: 1. etwas kunstgerecht Zubereitetes (z. B. Arzneimittel, chem. Mittel). 2. a) konservierte Pflanze od. konservierter Tierkörper [zu Lehrzwecken]; b) Gewebsschnitt zum Mikroskopieren. **Präparation** [...*zion*; aus gleichbed. *lat.* praeparātio] *die*; -, -en: 1. (veraltet) Vorbereitung; häusliche Aufgabe. 2. Herstellung eines Präparates (2a, b). **Präparator** [aus gleichbed. *lat.* praeparātor] *der*; -s, ...oren: jmd., der (bes. an biologischen od. medizinischen Instituten, Museen o. ä.) naturwissenschaftliche Präparate (2a, b) herstellt u. pflegt. **präparieren** [aus gleichbed. *lat.* prae-parāre zu prae „vor" und parāre „bereiten"; vgl. parat]: 1. a) [einen Stoff, ein Kapitel] vorbereiten; b) sich -: sich vorbereiten. 2. tote menschliche od. tierische Körper od. Pflanzen [für Lehrzwecke] zerlegen [u. konservieren, dauerhaft, haltbar machen]

Präposition [...*zion*; aus gleichbed. *lat.* praepositio, eigtl. „das Voransetzen" (Übersetzung von *gr.* próthesis); zu prae-pōnere „voranstellen"] *die*; -, -en: Verhältniswort (z. B. *auf, in*). **präpositional**: die Präposition betreffend, verhältniswörtlich; -es Attribut: = Präpositionalattribut. **Präpositional|at|tribut** *das*; -[e]s, -e: Beifügung als nähere Bestimmung, die aus einer Präposition mit Substantiv, Adjektiv od. Adverb besteht (z. B. das Haus *am Markt*; Sprachw.). **Präpositionalkasus** *der*; -, -[...*nálkasuß*]: → Kasus eines Substantivs, der von einer Präposition abhängig ist (z. B. *auf dem* Acker; Sprachw.). **Präpositionalobjekt** *das*; -[e]s, -e: → Objekt, dessen → Kasus durch eine Präposition hervorgerufen wird, Verhältnisergänzung (z. B.: Ich warte *auf meine Schwester*; Sprachw.)

Präputium [...*zium*; aus gleichbed. *lat.* praepūtium] *das*; -s, ...ien [...*ien*]: die Eichel des → Penis umgebende Vorhaut (Med.)

Prärie [aus gleichbed. *fr.* prairie, eigtl. „Wiese", zu *lat.* prātum „Wiese"] *die*; -, ...ien: Grasland im mittleren Westen Nordamerikas

Prärogativ *das*; -s, -e [...*we*] u. **Prärogative** [...*we*; aus *lat.* praerogātīva „Vorgang, Vorrecht", Femininum zu praerogātīvus „vor anderen zuerst um seine Meinung gefragt" zu prae-rogāre „in Vorschlag bringen"] *die*; -, -n: Vorrecht, früher bes. des Herrschers bei der Auflösung des Parlaments, dem Erlaß von Gesetzen u. a.

Präsens [aus *lat.* (tempus) praesēns „gegenwärtige (Zeit)"; vgl. präsent] *das*; -, ...sentia [...*zia*] od. ...senzien [...*ien*]: Verbform, die im allgemeinen die Gegenwart ausdrückt (z. B. ich *esse* [gerade]). **Präsenspartizip** *das*; -s, -ien [...*ien*]: = Partizip Präsens. **präsentisch**: das Präsens betreffend

präsent [aus gleichbed. *lat.* praesēns, Gen. praesentis, dem 1. Part. von prae-esse „zur Hand sein"]: anwesend; gegenwärtig; zur Hand

Präsent [aus gleichbed. *fr.* présent zu présenter „darbieten"] *das*; -[e]s, -e: Geschenk, kleine Aufmerksamkeit

präsentabel [aus gleichbed. *fr.* présentable, eigtl. „darbietbar, vorzeigbar"]: ansehnlich, stattlich. **Präsentant** [zu → präsentieren (2)] *der*; -en, -en: jmd., der einen Wechsel zur Annahme od. Bezahlung vorlegt (Wirtsch.). **Präsentation** [...*zion*] *die*; -, -en: 1. Präsentierung, Darbietung. 2. Vorlage, bes. das Vorlegen eines Wechsels; vgl. ...ation/...ierung. **präsentieren** [aus gleichbed. *fr.* présenter, dies aus *spätlat.* praesentāre „zeigen"; vgl. präsent]: 1. überreichen, darbieten. 2. vorlegen, vorzeigen, vorweisen (z. B. einen Wechsel zur Annahme od. Bezahlung). 3. sich -: sich zeigen, vorstellen. 4. mit der Waffe eine militärische Ehrenbezeigung machen. **Präsentierung** *die*; -, -en: Vorstellung, Vorzeigung, Überreichung; vgl. Präsentation; vgl. ...ation/...ierung

präsentisch s. Präsens

Präsenz [aus gleichbed. *fr.* présence, dies aus *lat.* praesentia; vgl. präsent] *die*; -: Gegenwart, Anwesenheit. **Präsenzbi|bliothek** *die*; -, -en: Bibliothek, deren Bücher nicht nach Hause mitgenommen, sondern nur im Lesesaal gelesen werden können

Praseo|dym [aus *gr.* praseîos „lauchgrün" und einer Kürzung von Didym (*gr.* dídymos „Zwilling"), dem Namen einer seltenen Erde, eigtl. also „lauchgrünes Didym"] *das*; -s: chem. Grundstoff, seltene Erde; Zeichen: Pr

Präservativ [aus gleichbed. *fr.* préservatif, eigtl. „der Schützende", zu préserver „schützen, bewahren" (*lat.* prae-servāre „vorher beobachten")] *das*; -s, -e [...*we*]: Schutzmittel, bes. Gummischutz zur Verhütung einer Schwangerschaft od. der Ansteckung mit Geschlechtskrankheiten, Kondom

Präses [aus gleichbed. *lat.* praeses, Gen. praesidis, eigtl. „vor etwas sitzend"; vgl. präsidieren] *der*; -, Präsides [...*deß*] u. Präsiden: 1. geistlicher Vorstand eines katholischen kirchlichen Vereins. 2. Vorsitzender einer evangelischen Synode (der im Rheinland u. in Westfalen zugleich Kirchenpräsident ist)

Präsident [aus gleichbed. *fr.* président, dies aus *lat.* praesidēns, Gen. -entis, dem Part. Präs. von praesidēre; vgl. präsidieren] *der*; -en, -en: 1. Vorsitzender (einer Versammlung o. ä.). 2. Leiter (einer Behörde, einer Organisation o. ä.). 3. Staatsoberhaupt einer Republik. **präsidial**: den Präsidenten od. das Präsidium (1) betreffend. **Präsidialsystem** *das*; -s: Regierungsform, bei der der Staatspräsident auf Grund eigener Autorität und unabhängig vom Vertrauen des Parlamentes zugleich Chef der Regierung ist. **präsidieren** [aus gleichbed. *fr.* présider, dies aus *lat.* prae-sidēre „vorsitzen, leiten" zu prae „vor" und sedēre „sitzen"]: 1. (einem Gremium o. ä.) vorsitzen. 2. (eine Versammlung o. ä.) leiten. **Präsidium** [aus *lat.* praesidium „Vorsitz"] *das*; -s, ...ien [...*ien*]: 1. Vorsitz (einer od. mehrerer Personen), Leitung. 2. Amtsgebäude eines [Polizei]präsidenten

prä|skribieren [aus gleichbed. *lat.* prae-scrībere zu prae „vor" und scrībere „schreiben"]: vorschreiben, verordnen. **Prä|skription** [...*zion*; aus gleichbed. *lat.* prae-scrīptio] *die*; -, -en: 1. Vorschrift, Verordnung. **prä|skriptiv**: vorschreibend, festgelegten Normen folgend; nicht nur beschreibend, sondern auch Normen setzend (Sprachw.); Ggs. → deskriptiv; vgl. normativ

prästabilieren [aus → prä..., Prä... und *lat.* stabilis „feststehend"; vgl. stabil]: vorher festsetzen; prästabilierte Harmonie: von Leibniz 1696 eingeführte Bezeichnung der von Gott im voraus festgelegten harmonischen Übereinstimmung von Körper u. Seele (Philos.)

Prästant [aus *lat.* praestāns, Gen. -antis „vorstehend", dem Part. Präs. von prae-stāre „vorstehen"] *der*; -en, -en: große, sichtbar im → Prospekt (3) stehende Orgelpfeife

präsumieren [aus *lat.* prae-sūmere „vorwegnehmen, im voraus annehmen, vermuten" zu prae „vor" und sūmere „nehmen"]: voraussetzen, annehmen, mutmaßen (Philos.; Rechtsw.). **Präsumtion** [...*zion*; aus gleichbed. *lat.* prae-sūmptio] *die*; -, -en: Voraussetzung, Vermutung, Annahme (Philos.; Rechtsw.). **präsumtiv**: mutmaßlich, vermutlich (Philos.; Rechtsw.)

Prätendent [aus gleichbed. *fr.* prétendant; vgl. prätendieren] *der*; -en, -en: jmd., der Ansprüche auf ein Amt, eine Stellung, bes. auf den Thron, erhebt. **prätendieren** [aus gleichbed. *fr.* prétendre „beanspruchen", dies aus *lat.* prae-tendere „vorschützen"]: 1. Anspruch erheben, fordern, beanspruchen. 2. behaupten, vorgeben. **Prätention** [...*zion*] *die*; -, -en: Anspruch, Anmaßung. **prätentiös** [...*ziöß*; aus gleichbed. *fr.* prétentieux]: anspruchsvoll; anmaßend, selbstgefällig

präter|ital: das Präteritum betreffend. **Präter|itopräsens** [*präteritoprä*...; aus → Präteritum und → Präsens] *das*; -, ...sentia [...*zia*] od. ...senzien [...*iᵉn*]: Verb, dessen Präsens ein früheres starkes Präteritum ist (z. B. *kann* als Präteritum zu ahd. *kunnan*, das „wissen, verstehen" bedeutete). **Präter|itum** [aus *lat.* (tempus) praeteritum „vorübergegangene (Zeit)" zu praeter „vorüber" und īre „gehen"] *das*; -s, ...ta: Vergangenheitsform des Verbs, bes. das → Imperfekt

präter|propter [*prä...pro*...; aus gleichbed. *lat.* praeterpropter]: etwa, ungefähr

Prätor [aus gleichbed. *lat.* praetor] *der*; -s, ...oren: der höchste [Justiz]beamte im Rom der Antike. **Prätorianer** [aus gleichbed. *lat.* praetōriāni (Plural) zu praetōrium „Amtswohnung, Palast"] *der*; -s, -: Angehöriger der Leibwache römischer Feldherren od. Kaiser. **prätorisch**: das Amt, die Person des Prätors betreffend. **Prätur** [aus gleichbed. *lat.* praetūra] *die*; -, -en: Amt, Amtszeit eines Prätors

Prau [über *niederl.* prauw oder *engl.* proa aus *malai.* perahu „Boot"] *die*; -, -e: Boot der Malaien

Prävention [...*zion*; aus gleichbed. *fr.* prévention zu prévenir „zuvorkommen; vorbeugen", dies aus gleichbed. *lat.* prae-venīre] *die*; -, -en: 1. das Zuvorkommen (z. B. mit einer Rechtshandlung). 2. Vorbeugung; Abschreckung künftiger Verbrecher durch Maßnahmen der Strafe, Sicherung u. Besserung (Rechtsw.). **präventiv** [aus gleichbed. *fr.* préventif]: vorbeugend, verhütend. **Präventivkrieg** *der*; -[e]s, -e: Angriffskrieg, der dem voraussichtlichen Angriff des Gegners zuvorkommt

Präverb [*präw*...; zu → prä..., Prä... und → Verb] *das*; -s, -ien [...*iᵉn*]: nichtverbaler Teil eines zusammengesetzten → Verbs (z. B. *teil*nehmen)

Praxis [aus *gr.-lat.* prāxis „das Tun; Handlungsweise; Unternehmen" zu *gr.* prâssein „tun, handeln"; vgl. praktisch] *die*; -, ...xen: 1. (ohne Plural) tätige Auseinandersetzung mit der Wirklichkeit; Ausübung, Tätigsein, Erfahrung; Ggs. → Theorie (1); vgl. in praxi. 2. (ohne Plural) berufliche Tätigkeit, Berufserfahrung. 3. Handhabung, Verfahrensart, → Praktik (1). 4. a) gewerbliches Unternehmen, Tätigkeitsbereich, bes. eines Arztes od. Anwalts; b) Arbeitsräume eines Arztes od. Anwalts

Präzedenzfall [zu *lat.* praecēdēns, Gen. -entis, dem Part. Präs. von prae-cēdere „vorangehen" (prae „vor" und cēdere „gehen; weichen")] *der*; -[e]s, ...fälle: Musterfall, der für zukünftige, ähnlich gelagerte Situationen richtungweisend ist (Pol.)

Präzession [aus *lat.* praecessio „das Vorangehen" zu prae-cēdere, vgl. Präzedenzfall] *die*; -, -en: 1. durch Kreiselbewegung der Erdachse (in etwa 26 000 Jahren) verursachte Rücklaufbewegung des Schnittpunktes (Frühlingspunktes) zwischen Himmelsäquator u. Ekliptik (Astron.). 2. ausweichende Bewegung der Rotationsachse eines Kreisels bei Krafteinwirkung

Präzipitat [zu → präzipitieren] *das*; -[e]s, -e: [chem.] Niederschlag, Bodensatz; Produkt einer Ausfällung od. Ausflockung (Med.; Chem.). **präzipitieren** [aus *lat.* praecipitāre „jählings herabstürzen"]: ausfällen, ausflocken (Med.; Chem.)

präzis[e] [aus gleichbed. *fr.* précis, dies aus *lat.* praecīsus „abgekürzt", eigtl. „vorn abgeschnitten", zu prae-cīdere „(vorn) abschneiden"]: genau; unzweideutig, klar; exakt. **präzisieren** [aus gleichbed. *fr.* préciser]: genauer bestimmen, eindeutiger beschreiben, angeben. **Präzision** [aus gleichbed. *fr.* précision] *die*; -: Genauigkeit; Feinheit

Précis [...*ßi*; aus gleichbed. *fr.* précis; vgl. präzise] *der*; -, -[...*ßi(ß)*]: kurz u. präzise abgefaßte Inhaltsangabe (Aufsatzform)

prekär [aus *fr.* précaire „durch Bitten erlangt; widerruflich, unsicher", dies aus *lat.* precārius zu precāri „bitten"]: mißlich, schwierig, bedenklich, heikel

Prélude [*prelüd*; aus gleichbed. *fr.* prélude; vgl. Präludium] *das*; -s, -s: 1. fantasieartiges Musikstück für Klavier od. Orchester. 2. franz. Bezeichnung für: Präludium

Premier [*prᵉmie*; gekürzt aus Premierminister nach *engl.* premier (aus premier minister), dies aus *fr.* premier „erster"; vgl. Premiere] *der*; -s, -s: = Premierminister. **Premierminister** *der*; -s, -: der erste Minister, Ministerpräsident

Premiere [aus gleichbed. *fr.* première (représentation) zu premier „erster", dies aus *lat.* prīmārius „einer der ersten"; vgl. Primus] *die*; -, -n: Erst-, Uraufführung

Presbyter [aus gleichbed. *gr.* presbýteros, eigtl. „Älterer", Komparativ von présbys „alt, bejahrt"] *der*; -s, -: 1. Gemeindeältester im Urchristentum. 2. Mitglied eines evangelischen Kirchenvorstandes. 3. lat. Bezeichnung für: Priester. **presbyterial**: das Presbyterium (1) betreffend, zu ihm gehörend, von ihm ausgehend. **Presbyterianer** [nach gleichbed. *engl.* Presbyterian] *der*; -s, -: Angehöriger protestantischer Kirchen mit presbyterialer Verfassung in England u. Amerika. **presbyterianisch**: die presbyteriale Verfassung, Kirchen mit presbyterialer Verfassung betreffend. **Presbyterium** [über *kirchenlat.* presbyterium aus *gr.* presbytérion „Rat der Presbyter"] *das*; -s, ...ien [...*ien*]: 1. aus dem Pfarrer u. den Presbytern bestehender evangelischer Kirchenvorstand. 2. Chorraum einer Kirche

Presenning vgl. Persenning

Pre-shave [*prischeiw*] *das*; -[s], -s und **Pre-shave-Lotion** [...*lo^usch^en*; nach dem Muster von → After-shave-Lotion mit *engl.* pre „vor" gebildet] *die*; -, -s: Gesichtswasser, das vor der Rasur angewendet wird, um die Rasur zu erleichtern

pressant [aus gleichbed. *fr.* pressant; vgl. pressieren]: (landsch.) eilig, dringend. **pressieren** [aus gleichbed. *fr.* presser, dies aus *lat.* pressāre „pressen, drücken"]: (landsch., bes. südd., sonst veraltend) eilig, dringend sein; drängen

Pression [aus gleichbed. *lat.* pressio, zu premere „drücken"] *die*; -, -en: Druck, Nötigung, Zwang

Prestige [...*isch^(e)*; aus gleichbed. *fr.* préstige, eigtl. „Blendwerk, Zauber", dies aus gleichbed. *spätlat.* praestīgium] *das*; -s: Ansehen, Geltung

prestissimo [aus gleichbed. *it.* prestissimo, Superlativ von → presto]: sehr schnell, in schnellstem Tempo (Vortragsanweisung; Mus.). **Prestissimo** *das*; -s, -s u. ...mi: 1. äußerst schnelles Tempo (Mus.). 2. Musikstück in schnellstem Zeitmaß. **presto** [aus gleichbed. *it.* presto, dies aus *lat.* praesto „bei der Hand"] schnell (Vortragsanweisung; Mus.). **Presto** *das*; -s, -s u. ...ti: 1. schnelles Tempo (Mus.). 2. Musikstück in schnellem Zeitmaß

Prêt-à-porter [*prätaporte*; aus gleichbed. *fr.* prêt-à-porter, eigtl. „fertig zum Tragen"] *das*; -s, -s: a) (ohne Plural) von einem Modeschöpfer entworfene Konfektionskleidung; b) von einem Modeschöpfer entworfenes Konfektionskleid

Pretiosen [...*zio*...] und **Preziosen** [aus *lat.* pretiōsa zu pretiōsus „kostbar", einer Bildung zu pretium „Wert, Preis"] *die* (Plural): Kostbarkeiten, Geschmeide

preziös [aus gleichbed. *fr.* précieux, eigtl. „kostbar, wertvoll"; vgl. Pretiosen]: geziert, geschraubt, gekünstelt. **Preziosität** *die*; -: geziertes Benehmen, Ziererei

Prim [aus *lat.* prīma „die erste"] *die*; -, -en: 1. bestimmte Klingenhaltung beim Fechten. 2. Morgengebet (bes. bei Sonnenaufgang) im katholischen Brevier. 3. = Prime

prima [aus gleichbed. *it.* prima, gekürzt aus Fügungen wie prima sorte „erste, feinste Warenart", zu *it.* primo „erster" aus *lat.* prīmus; vgl. Primus]: a) vom Besten, erstklassig; Abk.: pa., Ia; b) (ugs.) vorzüglich, prächtig, wunderbar

Prima [aus *spätlat.* prīma classis „erste Klasse" (aus der Sicht des Schulabgangs)] *die*; -, Primen: in Unter- (8.) u. Oberprima (9.) geteilte höchste Klasse einer höheren Lehranstalt. **Primaner** *der*; -s, -: Schüler einer Prima

Primaballerina [aus gleichbed. *it.* prima ballerina; vgl. Ballerina] *die*; -, ...nen: die erste u. Vortänzerin einer Ballettgruppe; vgl. Ballerina; - assoluta: Spitzentänzerin, die außer Konkurrenz stehende Meisterin im Kunsttanz. **Primadonna** [aus gleichbed. *it.* prima donna, eigtl. „erste Dame"] *die*; -, ...nnen: 1. Darstellerin der weiblichen Hauptpartie in der Oper, erste Sängerin. 2. verwöhnter u. empfindlicher Mensch, der eine entsprechende Behandlung u. Sonderstellung für sich beansprucht

primär [aus gleichbed. *fr.* primaire, dies aus *lat.* prīmārius; vgl. Premiere]: 1. zuerst vorhanden, ursprünglich. 2. wesentlich, vordringlich, vorrangig; vgl. sekundär. **Primar** *der*; -s, -e: = Primararzt. **Primär|affekt** *der*; -[e]s, -e: erstes Anzeichen, erstes Stadium einer Infektionskrankheit, bes. der Syphilis (Med.). **Primar|arzt** *der*; -es, ...ärzte: (österr.) leitender Arzt eines Krankenhauses; Chef-, Oberarzt; Ggs. → Sekundararzt. **Primarius** *der*; -, ...ien [...*ien*]: 1. Oberpfarrer, Hauptpastor. 2. = Primararzt. 3. der erste Geiger im Streichquartett. **Primärliteratur** *die*; -: der eigentliche dichterische Text als Thema einer wissenschaftlichen Arbeit; die Quellen, bes. der Sprach- u. Literaturwissenschaft; Ggs. → Sekundärliteratur. **Primarschule** *die*; -, -n: (schweiz.) allgemeine Volksschule. **Primarstufe** *die*; -, -n: Grundschule (1.–4. Schuljahr); vgl. Sekundarstufe

Primas [aus *spätlat.* prīmās „der dem Rang nach Erste, Vornehmste" zu prīmus „erster"] *der*; -, -se: 1. (Plural auch: Primaten) [Ehren]titel des würdehöchsten Erzbischofs eines Landes. 2. Solist und Vorgeiger einer Zigeunerkapelle

[1]**Primat** [aus *lat.* prīmātus „erste Stelle, erster Rang" zu prīmus „erster"] *der* od. *das*; -[e]s, -e: 1. Vorrang, bevorzugte Stellung. 2. Stellung des Papstes als Inhaber der obersten Kirchengewalt. [2]**Primat** [aus *lat.* prīmātes, Plural von prīmās; vgl. Primas] *der*; -en, -en (meist Plural): Herrentier (Halbaffen, Affen u. Menschen umfassende Ordnung der Säugetiere; Biol.)

prima vista [- *wi*...; *it.*, eigtl. a prima vista „auf den ersten Blick"]: 1. bei Sicht, z. B. einen Wechsel - - bezahlen (Wirtsch.). 2. vom Blatt, z. B. - - spielen od. singen (Mus.)

Prime [aus *lat.* prīma „die erste"; vgl. Primus] *die*; -, -n: die erste Tonstufe einer diatonischen Tonleiter; der Einklang zweier auf derselben Stufe stehender Noten (Mus.)

primitiv [aus gleichbed. *fr.* primitif, dies aus *lat.* prīmitīvus „der erste in seiner Art"; vgl. Primus]: 1. auf niedriger Kultur-, Entwicklungsstufe stehend; urzuständlich, urtümlich. 2. (abwertend) von geringem geistig-kulturellem Niveau. 3. einfach; dürftig, behelfsmäßig. **Primitiven** [...*w^en*] *die* (Plural): auf niedriger Kultur-, Entwicklungsstufe stehende Völker. **primitivieren**: in unzulässiger Weise vereinfachen, vereinfacht darstellen, wiedergeben. **Primitivismus** [...*wiß*...] *der*; -: moderne Kunstrichtung, die sich von der Kunst der Primitiven (z. B. den Negerplastiken) anregen läßt. **Primitivität** [...*wität*] *die*; -: (abwertend) 1. geistig-seelische Unentwickeltheit. 2. Einfachheit, Behelfsmäßigkeit, Dürftigkeit

Primiz [auch: ...*iz*; aus *lat.* prīmitiae „Erstlinge"; vgl. Primus] *die*; -, -en: erste [feierliche] Messe eines neugeweihten kathol. Priesters. **Primiziant** *der*; -en, -en: neugeweihter katholischer Priester

Primogenitur [aus gleichbed. *mlat.* primogenitūra zu *lat.* prīmus „erster" und genitus „geboren"] *die*; -, -en: Erstgeburtsrecht; Vorzugsrecht des [fürstlichen] Erstgeborenen u. seiner Linie bei der Erbfolge

Primus [aus *lat.* prīmus „erster, vorderster", Superlativ zu prior „vorderer; früher"] *der*; -, Primi u. -se: Erster in einer Schulklasse; - inter pares, Plural: Primi - -: Erster unter Ranggleichen, ohne Vorrang. **Primzahl** *die*; -, -en: Zahl größer als 1, die nur durch 1 und sich selbst teilbar ist (z. B. 7, 13, 29, 67; Math.)

Prince of Wales [*prinß ^ew ^uei^ls*; *engl.*] *der*; - - -: Prinz von Wales (Titel des engl. Thronfolgers)

Printed in Germany [*printid in dsehö^rm^eni*; *engl.*]:

in Deutschland gedruckt (Vermerk in Büchern)
Prinzeps [aus *lat.* prīnceps „der Erste (im Rang), Vornehmster"] *der*; -, Prinzipes [...*peß*]: 1. altröm. Senator von großem politischem Einfluß. 2. Titel röm. Kaiser
Prinzip [aus *lat.* prīncipium „Anfang, Ursprung, Grundlage"] *das*; -s, -ien [...*i^en*] (seltener, im naturwissenschaftlichen Bereich meist: -e): Regel, Richtschnur, Grundlage, Grundsatz. **prinzipiell** [französierende Bildung nach *lat.* prīncipiālis „anfänglich"]: 1. im Prinzip, grundsätzlich. 2. einem Prinzip, Grundsatz entsprechend, aus Prinzip
[1]**Prinzipal** [aus *lat.* prīncipālis „erster, vornehmster", subst. „Vorsteher"] *der*; -s, -e: 1. Leiter eines Theaters, einer Theatertruppe. 2. Lehrherr; Geschäftsinhaber. [2]**Prinzipal** *das*; -s, -e: (Mus.) Hauptregister der Orgel (Labialstimme mit weichem Ton) **prinzipaliter** [aus *lat.* prīncipāliter „hauptsächlich"]: vor allem, in erster Linie
prinzipiell s. Prinzip
Prior [aus gleichbed. *mlat.* prior, eigtl. „der Erstere, der dem Rang nach höher Stehende", *lat.* prior „vorderer; früher"] *der*; -s, Prioren: a) katholischer Klosteroberer, -vorsteher (z. B. bei den → Dominikanern); Vorsteher eines Priorats (2); b) Stellvertreter eines Abtes. **Priorat** *das*; -[e]s, -e: 1. Amt, Würde eines Priors. 2. meist von einer Abtei abhängiges [kleineres] Kloster eines → Konvents (1a)
Priorität [aus gleichbed. *fr.* priorité zu *lat.* prior „vorderer; früher"] *die*; -, -en: 1. Vorrecht, Vorrang, Vorzug. 2. (ohne Plural) zeitl. Vorhergehen
Prisma [aus gleichbed. *gr.-lat.* prīsma, eigtl. „das Zersägte, das Zerschnittene"] *das*; -s, ...men: 1. von ebenen Flächen begrenzter Körper mit paralleler, kongruenter Grund- u. Deckfläche (Math.). 2. Kristallfläche, die nur zwei Achsen schneidet u. der dritten parallel ist (Min.). **prismatisch**: von der Gestalt eines Prismas, prismenförmig. **Prismatoid** [aus *gr.* prīsma, Gen. prísmatos, s. Prisma, u. → [2]...id] *das*; -[e]s, -e: Körper mit gradlinigen Kanten, beliebigen Begrenzungsflächen u. zwei parallelen Grundflächen, auf denen sämtliche Ekken liegen (Math.). **Prismen**: *Plural* von → Prisma. **Prismoid** *das*; -[e]s, -e: = Prismatoid
Prisoner of war [*pris^en^er ^ew ^uor*; *engl.*] *der*; - - -, -s - -: engl. Bezeichnung für: Kriegsgefangener; Abk. PW. **Prisonnier de guerre** [*prisonie d^e gär*; *fr.*] *der*; - - -, -s - - [*prisonie* - -]: franz. Bezeichnung für: Kriegsgefangener; Abk. PG
privat [*priwat*; aus *lat.* prīvātus „(der Herrschaft) beraubt; gesondert, für sich stehend; nicht öffentlich"]: 1. die eigene Person angehend, persönlich. 2. außerdienstlich, häuslich, familiär; vertraut. 3. nicht öffentlich. 4. nicht staatlich, in persönlichem Besitz befindlich. **Privatier** [*privatie*; französierende Bildung] *der*; -s, -s: jmd., der keinen Beruf ausübt; Rentner. **privatim** [aus gleichbed. *lat.* prīvātim]: in ganz persönlicher, vertraulicher Weise; unter vier Augen. **privatisieren** [französierende Bildung]: 1. staatliches Vermögen in Privatvermögen umwandeln. 2. als Rentner[in] od. als Privatmann vom eigenen Vermögen leben. **privatissime** [aus *lat.* prīvātissimē, Adv. des Superlativs von prīvātus, s. privat]: im engsten Kreise; streng vertraulich, ganz allein. **Privatissimum** *das*; -s, ...ma: 1. Vorlesung für einen ausgewählten Kreis. 2. Ermahnung. **Privatist** *der*; -en, -en: (österr.) Schüler, der sich, ohne die Schule zu besuchen, auf eine Schulprüfung vorbereitet
Privativ *das*; -s, -e [...*w^e*; aus *lat.* prīvātīvus „eine Beraubung anzeigend; privativ"]: Verb des Enteignens (z. B. häuten = die Haut abziehen; Sprachw.)
Privileg [...*wi*...; aus *lat.* prīvilēgium „besondere Verordnung, Ausnahmegesetz; Vorrecht"] *das*; -[e]s, -ien [...*i^en*] (auch: -e): Vor-, Sonderrecht. **privilegieren** [aus gleichbed. *mlat.* prīvilēgiāre, vgl. Privileg]: jmdm. eine Sonderstellung, ein Vorrecht einräumen. **Privilegium** *das*; -s ...ien [...*i^en*]: (veraltet) Privileg
Prix [*pri*; aus *fr.* prix, dies aus gleichbed. *lat.* pretium] *der*; -, -: franz. Bezeichnung für: Preis
pro [aus *lat.* prō „für", vgl. pro...]: je; - Stück. **Pro** *das*; -s: das Für; das - u. [das] Kontra: das Für u. [das] Wider. **pro...**, **Pro...** [aus gleichbed. *lat.* prō]: Präfix mit folgenden Bedeutungen: 1. vor, vorher, zuvor, vorwärts, hervor, z. B. in progressiv, Prognose. 2. für, zu jmds. Gunsten, zum Schutze von jmdm., z. B. in prodeutsch. 3. an Stelle von, z. B. in Pronomen. 4. im Verhältnis zu, z. B. in Proportion
pro anno [*lat.*]: aufs Jahr, jährlich; Abk.: p. a.
probabel [über *fr.* probable aus gleichbed. *lat.* probābilis]: wahrscheinlich, glaubwürdig
Proband [aus *lat.* probandus „ein zu Untersuchender", Gerundivum von probāre „erproben, untersuchen"] *der*; -en, -en: Versuchsperson, Testperson (z. B. bei psychologischen Tests; Psychol.; Med.).
probat [aus gleichbed. *lat.* probātus, vgl. Proband]: erprobt, bewährt, wirksam. **probieren** [nach *lat.* probāre, s. Proband]: 1. einen Versuch machen, ausprobieren, versuchen. 2. kosten, abschmecken. 3. proben, eine Probe abhalten (Theater). 4. anprobieren (z. B. ein Kleidungsstück)
Pro|blem [aus *gr.-lat.* próblēma „das Vorgelegte; die gestellte (wissenschaftliche) Aufgabe, Streitfrage"] *das*; -s, -e: 1. schwierige, zu lösende Aufgabe; Fragestellung; unentschiedene Frage; Schwierigkeit. 2. schwierige, geistvolle Aufgabe im Kunstschach (mit der Forderung: Matt, Hilfsmatt usw. in n Zügen). **Pro|blematik** *die*; -: aus einer Frage, Aufgabe, Situation sich ergebende Schwierigkeit. **pro|blematisch** [über *lat.* problēmaticus aus gleichbed. *gr.* problēmatikós]: ungewiß u. schwierig, voller Problematik
Procedere [*proz*...; aus *lat.* prōcēdere „vorwärtsgehen; fortschreiten"], (eingedeutscht:) Prozedere *das*; -, -: Verfahrensordnung, Prozedur
pro centum [- *zän*...; *lat.*]: für hundert (z. B. Mark); Abk.: p. c.; Zeichen: %
Prodekan [aus → pro... (3) u. → Dekan] *der*; -s, -e: Vertreter des Dekans (an einer Hochschule)
pro die [*lat.*]: je Tag, täglich
pro domo [*lat.*; „für das (eigene) Haus"]: in eigener Sache, zum eigenen Nutzen, für sich selbst
Produkt [aus *lat.* prōductum „das Hervorgebrachte", subst. Neutr. des Part. Perf. Pass. von prōdūcere, s. produzieren] *das*; -[e]s, -e: 1. Erzeugnis, Ertrag. 2. Folge, Ergebnis [z. B. der Erziehung]. 3. Ergebnis einer → Multiplikation (Math.). **Produktion** [...*zion*; aus gleichbed. *fr.* production, dies nach *lat.* prōductio „das Hervorführen"] *die*; -, -en: 1. Herstellung von Waren u. Gütern. 2. Herstellung eines Films, einer Hörfunk-, Fernsehsendung o. ä. **produktiv** [aus gleichbed. *fr.* productif, dies nach *spätlat.* prōductīvus „zur Verlängerung geeignet"]: 1. ergiebig, viel hervorbringend. 2. schöpferisch. **Produktivität** [...*witat*] *die*; -: 1.

Ergiebigkeit, Leistungsfähigkeit. 2. schöpferische Leistung, Schaffenskraft. **Produzent** [aus *lat.* prōdūcēns, Gen. prōdūcentis, Part. Präs. von prōdūcere, s. produzieren] *der*; -en, -en: 1. Hersteller; Erzeuger. 2. Leiter der Produktion (2). **produzieren** [aus *lat.* prōdūcere „vorwärtsführen, hervorbringen; vorführen"]: 1. [Güter] hervorbringen, erzeugen, schaffen. 2. die Herstellung eines Films, einer Hörfunk-, Fernsehsendung o. ä. leiten. 3. (oft iron.) sich -: mit etwas die Aufmerksamkeit auf sich lenken, seine Künste zeigen

Pro|enzym [aus → Pro... (1) u. → Enzym] *das*; -s, -e: Vorstufe eines → Enzyms

Prof. = Professor

profan [aus *lat.* profānus „vor dem heiligen Bezirk liegend, ungeheiligt; gemein"]: 1. weltlich, unkirchlich; ungeweiht, unheilig (Rel.); Ggs. → sakral. 2. alltäglich. **Profanation** [...*zion*] *die*; -, -en: = Profanierung; vgl. ...ation/...ierung. **Profanbau** *der*; -[e]s, -ten: nichtkirchliches Bauwerk; Ggs. → Sakralbau. **profanieren** [aus gleichbed. *lat.* profānāre]: entweihen, entwürdigen. **Profanierung** *die*; -, -en: Entweihung, Entwürdigung; vgl. ...ation/...ierung. **Profanität** *die*; -: 1. Unheiligkeit, Weltlichkeit. 2. Alltäglichkeit

Proferment [aus → Pro... (1) u. → Ferment] *das*; -[e]s, -e: Vorstufe eines → Ferments

Profeß [aus *mlat.* professus, Part. Perf. von profitēri „frei bekennen; sich auf die Klostergelübde verpflichten", vgl. Profession] *der*; ...fessen, ...fessen: Mitglied eines geistlichen Ordens od. einer → Kongregation nach Ablegung der Gelübde; vgl. Novize. **Profession** [aus gleichbed. *fr.* profession, dies aus *lat.* professio „öffentliches Bekenntnis (z. B. zu einem Gewerbe)" zu profitēri „öffentlich bekennen, erklären"] *die*; -, -en: Beruf, Gewerbe. **Professional** [in engl. Musspr.: *profäschᵉnᵉl*; aus gleichbed. *engl.* professional, vgl. Profession] *der*; -s, -e u. (bei engl. Ausspr.:) -s: Berufssportler; Kurzw.: Profi. **Professionalismus** *der*; -: Ausübung des Berufssports. **professionell** [aus gleichbed. *fr.* professionnel, vgl. Profession]: berufsmäßig. **professioniert**: gewerbsmäßig. **Professionist** *der*; -en, -en: (bes. österr.) Fachmann, [gelernter] Handwerker

Professor [aus *lat.* professor „öffentlicher Lehrer", eigtl. „wer sich (berufsmäßig u. öffentlich zu einer wissenschaftlichen Tätigkeit) bekennt", vgl. Profession] *der*; -s, ...oren: a) akademischer Titel für Hochschullehrer, Forscher, Künstler; b) Träger dieses Titels; Abk.: Prof. **professoral**: professorenhaft, würdevoll. **Professur** *die*; -, -en: Lehrstuhl, -amt

Profi [Kurzw. für: Professional] *der*; -s, -s: Berufssportler; Ggs. → Amateur (b)

proficiat! [...*ziat*; *lat.*]: (veraltet) wohl bekomm's!; es möge nützen!

Profil [aus *fr.* profil „Seitenansicht; Umriß", dies aus gleichbed. *it.* profilo zu *lat.* fīlum „Faden; äußere Form"] *das*; -s, -e: 1. Seitenansicht [eines Gesichtes]; Umriß. 2. a) Längs- oder Querschnitt und Umriß (z. B. eines Bauwerkes; Techn.); b) senkrechter Schnitt durch ein Stück der Erdkruste (Geol.); c) Riffelung bei Gummireifen od. Schuhsohlen. 3. stark ausgeprägte persönliche Eigenart, Charakter. **profilieren** [aus gleichbed. *fr.* profiler, vgl. Profil]: 1. im Profil, im Querschnitt darstellen. 2. sich -: seine Fähigkeiten [für einen bestimmten Aufgabenbereich] entwickeln u. dabei Anerkennung finden, sich einen Namen machen. **profiliert**: markant, von ausgeprägter Art. **Profilierung** *die*; -: 1. Umrisse eines Gebäudeteils. 2. Entwicklung der Fähigkeiten [für einen bestimmten Aufgabenbereich], das Sichprofilieren. **Profilneurose** *die*; -, -n: übertriebene Bemühung um Profilierung (2)

Profit [od. ...*fit*; über *mniederl.* profijt aus *fr.* profit „Gewinn", dies aus *lat.* prōfectus „Fortgang; Zunahme; Vorteil"] *der*; -[e]s, -e: finanzieller Vorteil; Nutzen, Gewinn. **profitabel** [aus gleichbed. *fr.* profitable, vgl. Profit]: gewinnbringend. **profitieren** [aus gleichbed. *fr.* profiter, vgl. Profit]: Nutzen ziehen, Vorteil haben. **profitlich**: (abwertend) auf seinen Vorteil bedacht

pro forma [*lat.*]: der Form wegen, zum Schein

Profos [über *mniederl.* provoost aus gleichbed. *altfr.* prévost, dies aus *lat.* praepositus „Vorgesetzter"] *der*; -es u. -en, -e[n]: (hist.) Verwalter der Militärgerichtsbarkeit; Stockmeister

profund [aus gleichbed. *fr.* profond, dies aus *lat.* profundus „bodenlos; unergründlich tief"]: 1. tief, tiefgründig, gründlich. 2. tiefliegend, in den tieferen Körperregionen liegend, verlaufend (Med.)

Pro|gnose [aus *gr.* prógnōsis „das Vorherwissen"] *die*; -, -n: Vorhersage einer zukünftigen Entwicklung (z. B. eines Krankheitsverlaufes) auf Grund kritischer Beurteilung des Gegenwärtigen. **prognostisch**: die Prognose betreffend; vorhersagend (z. B. den Verlauf einer Krankheit). **pro|gnostizieren** [aus gleichbed. *mlat.* prognosticāre, vgl. Prognose]: den voraussichtlichen Verlauf einer zukünftigen Entwicklung (z. B. einer Krankheit) vorhersagen, vorhererkennen

Pro|gramm [aus *gr.-lat.* prógramma „schriftliche Bekanntmachung; Tagesordnung"] *das*; -s, -e: 1. Plan, Ziel; [schriftliche] Darlegung von Grundsätzen, die zur Erreichung eines gesteckten Zieles angewendet werden sollen. 2. festgelegte Folge, vorgesehener Ablauf (z. B. bei einer Sendung, Aufführung, Veranstaltung); Tagesordnung. 3. Ankündigungszettel, Programmheft (z. B. für Theateraufführungen, Konzerte, Tagungen o. ä.). 4. Warenangebot, -auswahl, → Sortiment (1). 5. bei elektronischen Rechenanlagen der durch Zeichen dargestellte Rechengang, der der Maschine eingegeben wird (Kybern.). **Pro|grammatik** *die*; -, -en: Zielsetzung, Zielvorstellung. **Pro|grammatiker** *der*; -s, -: jmd., der ein Programm (1) aufstellt od. erläutert. **pro|grammatisch**: 1. einem Programm (1), einem Grundsatz entsprechend. 2. zielsetzend, richtungsweisend; vorbildlich. **pro|grammieren**: 1. auf ein Programm (1, 2, 3) setzen. 2. für elektronische Rechenanlagen ein Programm (5) aufstellen; einen Computer mit Instruktionen versehen (Kybern.). 3. jmdn. auf ein bestimmtes Verhalten von vornherein festlegen. **Pro|grammierer** *der*; -s, -: Fachmann für die Erarbeitung u. Aufstellung von Schaltungen u. Ablaufplänen elektronischer Datenverarbeitungsmaschinen. **Pro|grammierung** *die*; -, -en: das Programmieren (2, 3)

Pro|greß [aus gleichbed. *lat.* prōgressus] *der*; ...gresses, ...gresse: das Fortschreiten, Fortgang. **Progression** [aus *lat.* prōgressio „das Fortschreiten, Zunahme"] *die*; -, -en: 1. Steigerung, Fortschreiten, Stufenfolge. 2. mathematische Reihe. 3. stufenweise Steigerung der Steuersätze. **Pro|gressismus** und Pro|gressivismus [...*wi*...] *der*; -: Fortschrittsdenken; Fortschrittlertum. **Pro|gressist** u. Pro|gressivist [...*wißt*] *der*; -en, -en: Fortschrittler;

Anhänger einer Fortschrittspartei. **pro|gressistisch**: [übertrieben] fortschrittlich. **pro|gressiv** [auch: *pro*...; aus gleichbed. *fr.* progressif zu *lat.* prōgredi „fortschreiten"]: 1. stufenweise fortschreitend, sich entwickelnd. 2. fortschrittlich

Pro|gressive Jazz [*pro"gräßiw dsehäs*; *engl.-amerik.*; „fortschrittlicher Jazz"] *der*; - -: stark effektbetonte, konzertante Entwicklungsphase des klassischen Swing, in betonter Anlehnung an die gegenwärtige europäische Musik

prohibieren [aus gleichbed. *lat.* prohibēre]: (veraltet) verhindern, verbieten. **Prohibition** [...*zion*; (2: über *engl.* prohibition) aus gleichbed. *lat.* prohibitio] *die*; -, -en: 1. (veraltet) Verbot, Verhinderung. 2. (ohne Plural) staatliches Verbot von Alkoholherstellung u. -abgabe. **Prohibitionist** *der*; -en, -en: Anhänger der Prohibition (2). **prohibitiv**: verhindernd, abhaltend, vorbeugend; vgl. ...iv/...orisch

Projekt [aus *lat.* prōiectum „das nach vorn Geworfene", vgl. projizieren] *das*; -[e]s, -e: Plan, Planung, Entwurf, Vorhaben. **Projekteur** [...*tör*; aus gleichbed. *fr.* projeteur, vgl. projizieren] *der*; -s, -e: Vorplaner (Technik). **projektieren**: entwerfen, planen, vorhaben

Projektil [aus gleichbed. *fr.* projectile, vgl. projizieren] *das*; -s, -e: Geschoß

Projektion [...*zion*; aus *lat.* prōiectio „das Hervorwerfen"] *die*; -, -en: 1. Wiedergabe eines Bildes auf einem Schirm mit Hilfe eines Bildwerfers (Optik); vgl. Projektor. 2. Abbildung von Teilen der Erdoberfläche auf einer Ebene mit Hilfe von verschiedenen Gradnetzen. 3. bestimmtes Verfahren zur Abbildung von Körpern mit Hilfe paralleler (Parallelprojektion) od. zentraler Strahlen (Zentralprojektion) auf einer Ebene (Math.). 4. das Übertragen von eigenen Gefühlen, Wünschen, Vorstellungen o. ä. auf andere (als Abwehrmechanismus; Psychol.). **Projektionsapparat** *der*; -[e]s, -e: = Projektor. **projektiv**: die Projektion betreffend; -e [...*we*] Geometrie: von Poncelet begründete Geometrie der Lage von geometrischen Gebilden zueinander ohne Rücksicht auf ihre Abmessungen (Math.). **Projektor** *der*; -s, ...oren: Lichtbildwerfer. **projizieren** [aus *lat.* prōicere „vorwärtswerfen; (räumlich) hervortreten lassen, hinwerfen"]: 1. ein geometrisches Gebilde auf einer Fläche gesetzmäßig mit Hilfe von Strahlen darstellen (Math.). 2. Bilder mit einem Bildwerfer auf einen Bildschirm werfen (Optik). 3. a) etwas auf etwas übertragen; b) Gedanken, Vorstellungen o. ä. auf einen anderen Menschen übertragen, in diesen hineinsehen

Pro|klamation [...*zion*; über gleichbed. *fr.* proclamation aus *spätlat.* prōclāmātio „das Ausrufen"] *die*; -, -en: a) amtliche Verkündigung (z. B. einer Verfassung); b) Aufruf an die Bevölkerung; c) gemeinsame Erklärung mehrerer Staaten; vgl. ...ation/...ierung. **pro|klamieren** [über gleichbed. *fr.* proclamer aus *lat.* prōclāmāre „laut rufen"]: [durch eine Proklamation] verkündigen, erklären; aufrufen; kundgeben. **Pro|klamierung** *die*; -, -en: = das Proklamieren; vgl. ...ation/...ierung

Pro|klise [zu *gr.* proklínein „vorwärts neigen", analog zu → Enklise] u. **Pro|klisis** *die*; -, Proklisen: Anlehnung eines unbetonten Wortes an ein folgendes betontes; Ggs. → Enklise. **Pro|klitikon** *das*; -s, ...ka: unbetontes Wort, das sich an das folgende betonte anlehnt (z. B. und 's = und *das* Mädchen sprach). **pro|klitisch**: die Proklise betreffend

Prokonsul [aus *lat.* prōcōnsul] *der*; -s, -n: (hist.) ehemaliger Konsul als Statthalter einer Provinz (im Röm. Reich). **Prokonsulat** *das*; -[e]s, -e: Amt, Statthalterschaft eines Prokonsuls

Pro|krustesbett [zu *lat.* Procrūstēs, *gr.* Prokroústēs, eigtl. „der Ausreckende", einem Räuber der altgriech. Sage, der arglose Wanderer in ein Bett preßte, indem er ihnen die überstehenden Glieder abhieb od. die zu kurzen Glieder mit Gewalt streckte] *das*; -[e]s: 1. unangenehme Lage, in die jmd. mit Gewalt gezwungen wird. 2. gewaltsames Hineinzwängen in ein Schema

Prokura [aus gleichbed. *it.* procura zu *lat.* prōcūrāre „Sorge tragen, verwalten"] *die*; -, ...ren: Handlungsvollmacht von gesetzlich bestimmtem Umfang, die ein Vollkaufmann erteilen kann; vgl. per procura. **Prokurator** [(2: aus *it.* procuratore) aus *lat.* prōcūrātor] *der*; -s, ...oren: 1. (hist.) Statthalter einer Provinz des Röm. Reiches. 2. (hist.) einer der neun höchsten Staatsbeamten der Republik Venedig, aus denen der Doge gewählt wurde. **Prokurist** *der*; -en, -en: Bevollmächtigter mit → Prokura

Prolegomenon [aus *gr.* prolegómenon, Neutr. des Part. Präs. Pass. von prolégein „vorher sagen"] *das*; -s, ...mena (meist Plural): Vorwort, Einleitung, einleitende Bemerkungen, Vorbemerkung

Prolet [Kurzform von: *Prolet*arier] *der*; -en, -en: 1. (abwertend) Proletarier. 2. (ugs., abwertend) roher, ungehobelter, ungebildeter Mensch. **Proletariat** [nach gleichbed. *fr.* prolétariat, vgl. Proletarier] *das*; -[e]s, -e: die wirtschaftlich abhängige, besitzlose [Arbeiter]klasse. **Proletarier** [...*ier*; aus *lat.* prōlētārius „Angehöriger der untersten Bürgerklasse, der dem Staat nur mit Nachkommen (prōlēs) dient"] *der*; -s, -: Angehöriger des Proletariats. **proletarisch**: den Proletarier od. das Proletariat betreffend. **proletarisieren**: zu Proletariern machen

Prolog [über *lat.* prologus aus gleichbed. *gr.* prólogos] *der*; -[e]s, -e: einleitender Teil des Dramas; Vorspruch, Vorrede, Vorspiel; Ggs. → Epilog

Prolongation [...*zion*; zu → prolongieren] *die*; -, -en: a) Stundung, Verlängerung einer Kreditfrist (Wirtsch.); b) Verlängerung (z. B. eines Gastspiels). **prolongieren** [...*longgiren*; aus *lat.* prōlongāre „verlängern"]: a) stunden, eine Kreditfrist verlängern (Wirtsch.); b) verlängern (z. B. ein Gastspiel)

pro memoria [*lat.*]: zum Gedächtnis; Abk.: p. m.

Promenade [aus gleichbed. *fr.* promenade, vgl. promenieren] *die*; -, -n: 1. Spaziergang. 2. Spazierweg. **promenieren** [aus gleichbed. *fr.* se promener zu *vulgärlat.* mināre „treiben, führen"]: spazierengehen, sich ergehen

prometheisch [nach Prometheus, dem Titanensohn der griech. Sage]: himmelstürmend; an Kraft, Gewalt, Größe alles übertreffend

Promethium [nach Prometheus, dem Titanensohn der griech. Sage] *das*; -s: chem. Grundstoff, Metall; Zeichen: Pm

pro mille [*lat.*]: a) für tausend (z. B. Mark); b) vom Tausend; Abk. p. m.; Zeichen: ‰. **Promille** *das*; -[s], -: 1. ein Teil vom Tausend, Tausendstel. 2. in Tausendsteln gemessener Alkoholanteil im Blut

prominent [aus *lat.* prōminēns, Gen. prōminentis „hervorragend"]: a) hervorragend, bedeutend, maßgebend; b) weithin bekannt, berühmt. **Prominenz** [aus *spätlat.* prōminentia „das Hervorragen", vgl. prominent] *die*; -: 1. Gesamtheit der prominenten Persönlichkeiten. 2. (veraltet) [hervorragende] Bedeutung

promiscue [...*ku-e*; aus gleichbed. *lat.* prōmīscuē, Adv. von prōmīscuus „gemischt"]: vermengt, durcheinander. **Promiskui|tät** *die*; -: 1. irrtümlich als Urzustand bei Naturvölkern angenommener sexueller Verkehr ohne dauernde Bindung (Völkerkunde). 2. Geschlechtsverkehr mit verschiedenen, häufig wechselnden Partnern (Med.)

Promoter [bei engl. Musspr.: ...*moᵘtᵉr*; aus gleichbed. *engl.* promoter, vgl. promovieren] *der*; -s, -: Veranstalter von Berufssportwettkämpfen (bes. Boxkämpfe und Radrennen). [1]**Promotion** [*promoᵘschᵉn*; aus gleichbed. *engl.* promotion, vgl. [2]Promotion] *die*; -: = Sales-promotion. [2]**Promotion** [...*zion*; aus *spätlat.* prōmōtio „Beförderung (zu Ehrenstellen)"] *die*; -, -en: Erlangung, Verleihung der Doktorwürde. **Promotor** [aus gleichbed. (veraltet) *engl.* promotor, dies aus *lat.* prōmōtor „Vermehrer" *der*; -en, -en: Förderer, Manager. **promovieren** [...*wirᵉn*; aus *lat.* prōmovēre „vorwärts bewegen; befördern; vorrücken"]: a) die Doktorwürde erlangen; b) die Doktorwürde verleihen

prompt [aus *fr.* prompt „bereit; geschwind", dies aus *lat.* prōmptus „gleich zur Hand; bereit", eigtl. „hervorgeholt"]: 1. a) sofort, unverzüglich, umgehend; b) (ugs.) wie nicht anders zu erwarten, natürlich. 2. (Kaufmannsspr.) bereit, verfügbar, lieferbar

Pronomen [aus gleichbed. *lat.* prōnōmen] *das*; -s, - u. ...mina: Wort, das für ein → Nomen, an Stelle eines Nomens steht, Fürwort (z. B. er, mein, welcher; Sprachw.). **pronominal**: das Pronomen betreffend, fürwörtlich (Sprachw.). **Pronominaladjektiv** *das*; -s, -e [...*wᵉ*]: → Adjektiv, das als Pronomen gebraucht wird (z. B. kein, viel; Sprachw.). **Pronominaladverb** *das*; -s, -ien [...*iᵉn*]: von einem alten Pronominalstamm gebildetes → Adverb, Umstandsfürwort (z. B. da, wann, womit; Sprachw.). **Pronominale** *das*; -s, ...lia u. ...lien [...*iᵉn*]: Pronomen, das die Qualität od. Quantität bezeichnet; (z. B. lat. qualis = wie beschaffen; Sprachw.)

prononcieren [*pronongßirᵉn*; über *fr.* prononcer aus gleichbed. *lat.* prōnūntiāre]: (veraltet) offen erklären, aussprechen, bekanntgeben. **prononciert**: a) deutlich ausgesprochen, scharf betont; b) ausgeprägt

pronunziato [aus gleichbed. *it.* pronunciato, eigtl. „ausgesprochen", vgl. prononcieren]: deutlich markiert, hervorgehoben (Vortragsanweisung; Mus.)

Pro|oimion [*pro-eu*...] *das*; -s, ...ia u. **Pro|ömium** [über *lat.* prooemium aus *gr.* prooímion] *das*; -s, ...ien [...*iᵉn*]: 1. kleinere Hymne, die von den altgriech. Rhapsoden vor einem großen Epos vorgetragen wurde. 2. in der Antike Einleitung, Vorrede zu einer Schrift

Propädeutik [zu *gr.* propaideúein „vorher unterrichten"] *die*; -: Einführung in die Vorkenntnisse, die zu einem wissenschaftlichen Studium gehören. **propädeutisch**: vorbereitend, einführend (Philos.)

Propaganda [Kurzform aus Congregatio de propaganda fide „(päpstliche) Gesellschaft zur Verbreitung des Glaubens" zu *lat.* propāgāre „weiter ausbreiten, ausdehnen; durch Senkreis fortpflanzen"] *die*; -: werbende Tätigkeit für bestimmte, meist politische, ideologische Ziele, kulturelle Belange, wirtschaftliche Zwecke; Werbetätigkeit. **propagandieren**: = propagieren. **Propagandist** *der*; -en, -en: 1. jmd., der Propaganda treibt. 2. Werbefachmann. **propagandistisch**: die Propaganda betreffend, auf Propaganda beruhend. **Propagator** *der*; -en, -en: jmd., der etwas propagiert, sich für etwas einsetzt. **propagieren**: verbreiten, für etwas Propaganda treiben, werben

Propan [Kurzw. aus → *Propylen* u. → *Methan*] *das*; -s: gesättigter Kohlenwasserstoff, der vielfach als Brenn-, Leucht- u. Treibgas verwendet wird

Propar|oxytonon [aus *gr.* proparoxýtonos „auf der drittletzten Silbe mit dem Akut bezeichnet"] *das*; -s, ...tona: in der griech. Betonungslehre ein Wort, das den → Akut auf der drittletzten Silbe trägt (z. B. *gr.* ἀνάλυσις = Analyse); vgl. Oxytonon u. Paroxytonon

pro pa|tria [*lat.*]: für das Vaterland

Propeller [aus gleichbed. *engl.* propeller, eigtl. „Antreiber" zu *lat.* prōpellere „vorwärts treiben, antreiben"] *der*; -s, -: Antriebsschraube bei Schiffen od. Flugzeugen

proper [aus gleichbed. *fr.* propre, dies aus *lat.* proprius „eigen, eigentümlich, wesentlich"]: im Äußeren ordentlich u. sauber

Properi|spomenon [aus *gr.* properispṓmenon] *das*; -s, ...mena: in der griech. Betonungslehre Wort mit dem → Zirkumflex auf der vorletzten Silbe (z. B. *gr.* δῶρον = Geschenk); vgl. Perispomenon

Prophet [über *lat.* prophēta aus gleichbed. *gr.* prophḗtēs] *der*; -en, -en: 1. jmd., der etwas prophezeit, weissagt. 2. [von Gott berufener] Seher, Mahner (bes. im A. T. u. als Bezeichnung Mohammeds). **Prophetie** *die*; -, ...ien: Weissagung, seherische Voraussage (bes. als von Gott gewirkte Rede eines Menschen). **prophetisch**: [seherisch] weissagend; vorausschauend. **prophezeien**: weissagen; voraussagen

prophylaktisch [aus *gr.* prophylaktikós „verwahrend, schützend"]: vorbeugend, verhütend, vor einer Erkrankung (z. B. Erkältung, Grippe) schützend (Med.). **Prophylaxe** [aus *gr.* prophýlaxis „Vorsicht"] *die*; -, -n u. **Prophylaxis** *die*; -, ...laxen: Vorbeugung, vorbeugende Maßnahme; Verhütung von Krankheiten (Med.)

Proportion [...*zion*; aus *lat.* prōportio „das entsprechende Verhältnis; Ebenmaß, Gleichmaß" zu prō „im Verhältnis zu, gemäß", vgl. Pro... (4), und portio „Anteil", vgl. Portion] *die*; -, -en: 1. Größenverhältnis; rechtes Maß; Eben-, Gleichmaß. 2. Takt- u. Zeitmaßbestimmung der Mensuralmusik (Mus.). 3. Verhältnisgleichung (Math.). **proportional** [aus gleichbed. *spätlat.* prōportiōnālis]: verhältnisgleich, in gleichem Verhältnis stehend; angemessen, entsprechend. **Proportionale** *die*; -, -n: Glied einer Verhältnisgleichung (Math.). **Proportionalität** *die*; -, -en: Verhältnismäßigkeit, richtiges Verhältnis. **Proportionalwahl** *die*; -, -en: Verhältniswahl. **proportioniert**: in einem bestimmten Maßverhältnis stehend; ebenmäßig, wohlgebaut. **Proporz** [Kurzw. aus: Proportionalwahl] *der*; -es, -e: 1. Verteilung von Sitzen u. Ämtern nach dem Verhältnis der abgegebenen Stimmen bzw. der Partei-, Konfessionszugehörigkeit o. ä. 2. (österr. u. schweiz.) Verhältniswahl[system]

Pro|prätor [aus *lat.* prōpraetor] *der*; -s, ...oren: (hist.) Statthalter einer Provinz (im Röm. Reich), der zuvor Prätor gewesen war

Propusk [auch: ...*pußk*; aus *russ.* propusk] *der*; -s,

-e: russische Bezeichnung für: Passierschein, Ausweis

Propyläen [über *lat.* propylaea aus *gr.* propýlaia, eigtl. „(Vorbau) vor den Toren"] *die* (Plural): 1. Vorhalle griechischer Tempel. 2. Zugang, Eingang

Propylen [Kunstw.] *das*; -s: gasförmiger, ungesättigter Kohlenwasserstoff, technisch wichtiger Ausgangsstoff für andere Stoffe

Prorektor [auch: ...*räk*...; aus → pro... (3) u. → Rektor] *der*; -s, -en (auch: ...oren): Vorgänger u. Stellvertreter des amtierenden Rektors an Hochschulen. **Prorektorat** *das*; -[e]s, -e: Amt u. Würde eines Prorektors

Prosa [aus gleichbed. *lat.* prōsa (ōrātio), eigtl. „geradeaus gerichtete (= schlichte) Rede"] *die*; -: 1. Rede od. Schrift in ungebundener Form im Gegensatz zur → Poesie (1). 2. Nüchternheit, nüchterne Sachlichkeit. **Prosaiker** *der*; -s, -: 1. = Prosaist. 2. Mensch von nüchterner Geistesart. **prosaisch**: 1. in Prosa (1) [abgefaßt]. 2. sachlich-nüchtern, trocken, ohne Phantasie. **Prosaist** *der*; -en, -en: Prosa schreibender Schriftsteller. **prosaistisch**: frei von romantischen Gefühlswerten, sachlich-nüchtern berichtend

Proselyt [über *kirchenlat.* prosēlytus aus *gr.* prosḗlytos, eigtl. „Ankömmling"] *der*; -en, -en: Neubekehrter, im Altertum bes. zur Religion Israels übergetretener Heide

Proseminar [aus → pro... (1) u. → Seminar] *das*; -s, -e: einführende Übung [für Studienanfänger] an der Hochschule

Pros|enchym [...*chüm*; zu *gr.* prós „bei, neben" und *gr.* egcheīn „eingießen"; eigtl. „das Hinzugegossene"] *das*; -s, -e: eine Grundform des pflanzlichen Gewebes (Biol.)

prosit! u. **prost**! [aus *lat.* prōsit „es möge nützen" zu prōdesse „nützen, zuträglich sein"]: wohl bekomm's!, zum Wohl! **Prosit** *das*; -s, -s u. **Prost** *das*; -[e]s, -e: Zutrunk

pro|skribieren [aus gleichbed. *lat.* prōscrībere, eigtl. „öffentlich bekanntmachen"]: ächten, verbannen. **Pro|skription** [...*zion*; aus *lat.* prōscrīptio] *die*; -, -en: 1. Ächtung [politischer Gegner]. 2. (hist.) öffentliche Bekanntmachung der Namen der Geächteten im alten Rom (bes. durch Sulla)

Pros|odiakus [aus *gr.* prosodiakós, vgl. Prosodion] *der*; -, ...zi: bes. in den Prosodia gebrauchter altgriech. Vers

Pros|odie [über *lat.* prosōdia aus *gr.* prosōidía, eigtl. „Zugesang, Nebengesang"] *die*; -, ...ien u. **Prosodik** *die*; -, -en: 1. in der antiken Metrik die Lehre von der Tonhöhe u. der Quantität der Silben, Silbenmessungslehre. 2. Lehre von der metrisch-rhythmischen Behandlung der Sprache

Pros|odion [aus *gr.* prosódion zu prósodos „das Hingehen; Prozession"] *das*; -s, ...dia: im Chor gesungenes altgriech. Prozessionslied. **pros|odisch**: die Prosodie betreffend, silbenmessend

[1]**Pro|spekt** [aus *lat.* prōspectus „Hinblick; Aussicht; Anblick von fern" zu prōspicere „hinsehen, hinschauen"] *der*; -[e]s, -e: 1. meist mit Bildern ausgestattete Werbeschrift. 2. Preisliste. 3. Vorderansicht des [künstlerisch ausgestalteten] Pfeifengehäuses der Orgel. 4. [gemalter] Bühnenhintergrund, Bühnenhimmel, Rundhorizont (Theater). 5. perspektivisch meist stark übertriebene Ansicht einer Stadt od. Landschaft als Gemälde, Zeichnung od. Kupferstich (Kunst). [2]**Pro|spekt** [aus gleichbed. *russ.* prospekt; vgl. [1]Prospekt] *der*; -[e]s, -e: in der Sowjetunion eine große, langgestreckte Straße. **prospektieren** [aus *lat.* prōspectāre „hinsehen; sich umsehen"]: Lagerstätten nutzbarer Mineralien durch geologische Beobachtung o. ä. ausfindig machen, erkunden, untersuchen (Bergw.). **Prospektierung** *die*; -, -en: Erkundung nutzbarer Bodenschätze (Bergw.). **Pro|spektion** [...*zion*] *die*; -, -en: das Prospektieren, Prospektierung. **pro|spektiv** [aus *spätlat.* prōspectīvus „zur Aussicht gehörend"]: a) der Aussicht, Möglichkeit nach; vorausschauend; b) die Weiterentwicklung betreffend; -er [...*wer*] Konjunktiv: in der griech. Sprache der Konjunktiv der möglichen od. erwogenen Verwirklichung (Sprachw.). **Pro|spektor** [aus gleichbed. *engl.* prospector, vgl. Prospekt] *der*; -s, ...oren: Gold-, Erzschürfer (Bergw.)

pro|sperieren [aus gleichbed. *fr.* prospérer, dies aus *lat.* prōsperāre „einer Sache glücklichen Erfolg verschaffen"]: gedeihen, vorankommen, gutgehen. **Pro|sperität** *die*; -: Wohlstand, Blüte, Periode allgemeinen wirtschaftlichen Aufschwungs

prost! usw. vgl. prosit! usw.

Prostata [aus *gr.* prostátēs „Vorsteher"] *die*; -, ...tae [...*tä*]: walnußgroßes Anhangorgan der männlichen Geschlechtsorgane, das den Anfangsteil der Harnröhre umgibt, Vorsteherdrüse (Med.)

prostituieren [(2: nach gleichbed. *fr.* se prostituer) aus *lat.* prōstituere „vorn hinstellen; öffentlich zur Unzucht preisgeben"]: 1. jmdn., sich herabwürdigen, öffentlich preisgeben, bloßstellen. 2. sich -: Prostitution (2) treiben. **Prostituierte** *die*; -n, -n: Frau, die sich gewerbsmäßig zum Geschlechtsverkehr anbietet; Dirne. **Prostitution** [...*zion*; über *fr.* prostitution aus gleichbed. *lat.* prōstitūtio] *die*; -: 1. Herabwürdigung, öffentliche Preisgabe, Bloßstellung. 2. gewerbsmäßige Ausübung des Geschlechtsverkehrs; Dirnenwesen

Pro|szenium [über *lat.* prōscēnium aus *gr.* proskḗnion] *das*; -s, ...ien [...*ien*]: 1. im antiken Theater der Platz vor der → Skene. 2. Raum zwischen Vorhang u. Rampe einer Bühne; Ggs. → Postszenium

prot. = protestantisch

prot..., **Prot...** vgl. proto..., Proto...

Prot|actinium [...*ak*...; aus → prot... u. → Actinium, da in der Zerfallsreihe vor dem Actinium] *das*; -s: radioaktiver chem. Grundstoff, Metall; Zeichen: Pa

Prot|agonist [aus *gr.* prōtagōnistḗs, eigtl. „erster Kämpfer"] *der*; -en, -en: 1. Hauptdarsteller, erster Schauspieler im altgriech. Drama. 2. Vorkämpfer

Protegé [*protesche*; aus gleichbed. *fr.* protégé, vgl. protegieren] *der*; -s, -s: jmd., der protegiert wird; Günstling, Schützling. **protegieren** [*protesehiren*; aus gleichbed. *fr.* protéger, dies aus *lat.* prōtegere „bedecken, beschützen"]: begünstigen, fördern, bevorzugen

Proteid [zu → Protein] *das*; -[e]s, -e: mit anderen chem. Verbindungen zusammengesetzter Eiweißkörper (Chem.). **Protein** [zu *gr.* prōtos „erster"; nach der irrtümlichen Annahme, daß alle Eiweißkörper auf einer Grundsubstanz basieren] *das*; -s, -e: nur aus Aminosäuren aufgebauter einfacher Eiweißkörper (Chem.)

Protektion [...*zion*; aus gleichbed. *fr.* protection, dies aus *spätlat.* prōtēctio „Bedeckung, Beschützung"] *die*; -, -en: Gönnerschaft, Förderung, Begünstigung, Bevorzugung. **Protektionismus** *der*; -: Schutz der einheimischen Produktion gegen die Konkurrenz des Auslandes durch Maßnahmen der Außenhandelspolitik (Wirtsch.). **Protektionist** *der*; -en, -en: Anhänger des Protektionismus. **protektionistisch**: den Protektionismus betreffend, in der Art des Protektionismus. **Protektor** [aus *lat.* prōtēctor „Bedecker, Beschützer"] *der*; -s, ...oren: 1. a) Beschützer, Förderer; b) Schutz-, Schirmherr; Ehrenvorsitzender. 2. mit Profil versehene Lauffläche des Autoreifens. **Protektorat** *das*; -[e]s, -e: 1. Schirmherrschaft. 2. a) Schutzherrschaft eines Staates über ein fremdes Gebiet; b) unter Schutzherrschaft eines anderen Staates stehendes Gebiet

pro tempore [*lat.*; „für die Zeit"]: vorläufig, für jetzt; p. t.

Proterozoikum [zu *gr.* próteros „früher, eher" u. zōḗ „Leben"] *das*; -s: = Archäozoikum

Protest [2: aus gleichbed. *it.* protesto, vgl. protestieren] *der*; -es, -e: 1. Mißfallensbekundung; Einspruch, Verwahrung; Widerspruch. 2. amtliche Beurkundung über Annahmeverweigerung bei Wechseln, über Zahlungsverweigerung bei Wechseln od. Schecks (Rechtsw.). [1]**Protestant** [aus gleichbed. *lat.* prōtēstāns, Gen. prōtēstantis, Part. Präs. von prōtēstārī, s. protestieren] *der*; -en, -en: jmd., der gegen etwas protestiert (1). **protestieren** [aus gleichbed. *fr.* protester, dies aus *lat.* prōtēstārī „öffentlich als Zeuge auftreten, beweisen; laut verkünden"]: 1. Einspruch erheben, Protest (1) einlegen. 2. die Annahme, Zahlung eines Wechsels verweigern (Rechtsw.). **Protestsong** *der*; -s, -s: soziale, gesellschaftliche, politische Mißstände kritisierender → Song (1b)

[2]**Protestant** [nach der feierlichen Verwahrung der evangelischen Reichsstände auf dem Reichstag zu Speyer 1529 gegen die kaiserliche Religionspolitik; s. [1]Protestant] *der*; -en, -en: Angehöriger einer den Protestantismus vertretenden Kirchen. **protestantisch**: zum Protestantismus gehörend, ihn vertretend; Abk.: prot.; vgl. evangelisch (2). **Protestantismus** *der*; -: aus der kirchlichen Reformation des 16. Jh.s hervorgegangene Glaubensbewegung, die die verschiedenen evangelischen Kirchengemeinschaften umfaßt

Prothese [aus *gr.* prósthesis „das Hinzufügen, das Ansetzen", verwechselt mit *gr.* próthesis „das Voransetzen; Vorsatz"] *die*; -, -n: künstlicher Ersatz eines amputierten, fehlenden Körperteils, bes. der Gliedmaßen od. der Zähne. **Prothetik** *die*; -: Wissenschaft, Lehre vom Kunstgliederbau (Med.). **prothetisch**: 1. die Prothetik betreffend (Med.)

Protium [...*zium*; zu *gr.* prōtos „erster"] *das*; -s: leichter Wasserstoff; Wasserstoffisotop

proto..., **Proto...**, vor Vokalen meist: prot..., Prot... [aus gleichbed. *gr.* prōtos]: in Zusammensetzungen auftretendes Bestimmungswort mit der Bedeutung „erster, vorderster, wichtigster; Ur...", z. B. prototypisch, Protoplasma, Protagonist

Protokoll [über *mlat.* prōtocollum aus gleichbed. *mgr.* prōtókollon, eigtl. „(den amtlichen Papyrusrollen) vorgeleimtes (Blatt)" zu *gr.* prōtos „erster" u. kólla „Leim"] *das*; -s, -e: 1. a) förmliche Niederschrift, Beurkundung einer Aussage, Verhandlung o. ä.; b) schriftliche Zusammenfassung der wesentlichsten Ergebnisse einer Sitzung. 2. die Gesamtheit der im diplomatischen Verkehr gebräuchlichen Formen. **Protokollant** *der*; -en, -en: jmd., der etwas protokolliert; Schriftführer. **protokollarisch**: 1. in der Form eines Protokolls (1); durch Protokoll festgestellt, festgelegt. 2. dem Protokoll (2) entsprechend. **protokollieren** [aus gleichbed. *mlat.* prōtocollāre, vgl. Protokoll]: bei einer Sitzung o. ä. die wesentlichen Punkte schriftlich festhalten; ein Protokoll aufnehmen; beurkunden

Proton [aus *gr.* prōton, subst. Neutr. von prōtos „erster"] *das*; -s, ...onen: positiv geladenes, schweres Elementarteilchen, das den Wasserstoffatomkern bildet u. mit dem Neutron zusammen Baustein aller Atomkerne ist; Zeichen: p

Protophythe [aus → proto... u. → ...phyt] *die*; -, -n u. **Protophyton** *das*; -s, ...yten (meist Plural): einzellige Pflanze. **Protoplasma** [aus → proto... u. → Plasma, also eigtl. „Urstoff, Ursubstanz"] *das*; -s: Lebenssubstanz aller pflanzlichen, tierischen u. menschlichen Zellen

Prototyp [selten: ...*typ*; aus *gr.-lat.* prōtótypos „Grundform"] *der*; -s, -en: 1. Urbild, Muster, Inbegriff. 2. erster Abdruck. 3. erste Ausführung eines Flugzeugs, Autos, einer Maschine nach den Entwürfen zur praktischen Erprobung u. Weiterentwicklung. 4. Rennwagen einer bestimmten Kategorie u. Gruppe, der nur in Einzelstücken gefertigt wird. **prototypisch**: den Prototyp (1) betreffend, in der Art eines Prototyps; urbildlich. **Protozoon** [aus → proto... u. *gr.* zōon „Tier"] *das*; -s, ...zoen (meist Plural): einzelliges Tier; Ggs. → Metazoon

Protuberanz [zu *lat.* prōtūberāre „anschwellen, hervortreten"] *die*; -, -en: teils ruhende, teils aus dem Sonneninnern aufschießende, glühende Gasmasse (Astron.)

Provenienz [...*we*...; zu *lat.* prōvenīre „hervorkommen, entstehen"] *die*; -, -en: Herkunft, Ursprung

Proverb [...*wärp*; aus gleichbed. *lat.* prōverbium] *das*; -s, -en u. **Proverbium** *das*; -s, ...ien [...*iᵉn*]: Sprichwort. **proverbial** [aus gleichbed. *spätlat.* prōverbiālis] u. **proverbialisch** u. **proverbiell**: sprichwörtlich. **Proverbium** vgl. Proverb

Proviant [*prow*...; aus gleichbed. *altfr.* provende u. *it.* provianda, dies aus *kirchenlat.* praebenda „das von Staats wegen zu Gewährende; Zehrgeld" zu *lat.* praebēre „darreichen, gewähren, überlassen"] *der*; -s, -e: Mundvorrat, Wegzehrung, Verpflegung, Ration. **proviantieren**: (selten) mit Proviant versorgen, → verproviantieren

Provinz [...*winz*; aus *spätlat.* prōvincia „Gegend, Bereich", dies aus *lat.* prōvincia „Geschäfts-, Herrschaftsbereich; unter römischer Oberherrschaft u. Verwaltung stehendes, erobertes Gebiet außerhalb Italiens"] *die*; -, -en: 1. Land[esteil], größeres [staatliches od. kirchliches] Verwaltungsgebiet; Abk.: Prov. 2. das [Hinter]land im Gegensatz zur Hauptstadt. 3. (abwertend) [kulturell] rückständige Gegend. **Provinzialismus** *der*; -, ...men: in der Hochsprache auftretende, vom hochsprachlichen Wortschatz od. Sprachgebrauch abweichende, landschaftlich gebundene Spracheigentümlichkeit (z. B. Topfen für Quark). 2. kleinbürgerliche, spießige Einstellung, Engstirnigkeit. 3. (österr.) Lokalpatriotismus. **provinziell** [französierende Bildung zu *lat.* prōvinciālis „die Provinz betreffend"]: 1. die Provinz (2) betreffend; landschaftlich, mundartlich. 2. kleinbürgerlich, hinterwäldlerisch. **Provinzler** *der*; -s, -: (abwertend) Provinzbewohner, [kulturell] rückständiger Mensch. **provinzlerisch**: (abwertend) in der Provinz (3) [anzutreffen], rückständig

Provision [...*wi*...; aus gleichbed. *it.* provvisione, eigtl. „Vorsorge", dies aus *lat.* prōvīsio „Vorausschau; Vorsorge"] *die*; -, -en: vorwiegend im Handel übliche Form der Vergütung, die meist in Prozenten vom Umsatz berechnet wird; Vermittlungsgebühr

provisorisch [(viell. nach *fr.* provisoire, *engl.* provisory) zu *lat.* prōvīsus, Part. Perf. Pass. von prōvidēre „vorhersehen; Vorsorge treffen"]: vorläufig; behelfsmäßig; probeweise. **Provisorium** *das*; -s, ...ien [...*iᵉn*]: vorläufige Einrichtung, Regelung; Behelfs...; Hilfs...

Provo [*prowo*; aus *niederl.* provo, gekürzt aus provoceren, vgl. provozieren] *der*; -s, -s: Vertreter einer 1965 in Amsterdam entstandenen antibürgerlichen Protestbewegung von Jugendlichen u. Studenten, die sich durch äußere Erscheinung, Verhalten u. Ablehnung von Konventionen bewußt in Gegensatz zu ihrer Umgebung setzen

provokant [...*wo*...; aus *lat.* prōvocāns, Gen. prōvocantis, Part. Präs. von prōvocāre, s. provozieren]: herausfordernd, provozierend. **Provokateur** [...*wokatör*; aus gleichbed. *fr.* provocateur, dies aus *lat.* prōvocātor „Herausforderer"] *der*; -s, -e: jmd., der andere provoziert od. zu etwas aufwiegelt. **Provokation** [...*zion*; aus gleichbed. *lat.* prōvocātio] *die*; -, -en: Herausforderung; Aufreizung. **provokativ** [...*tif*]: herausfordernd, eine Provokation enthaltend; vgl. ...iv/...orisch. **provokatorisch**: herausfordernd, dem Zwecke des Provozierens dienend, eine Provokation bezweckend; vgl. ...iv/...orisch. **provozieren** [aus *lat.* prōvocāre „heraus-, hervorrufen; (zum Wettkampf) auffordern; herausfordern, reizen"]: a) herausfordern, aufreizen; b) bewußt hervorlocken, -rufen (z. B. eine Frage)

Prozedur [zu *lat.* prōcēdere „vorrücken, fortschreiten; vor sich gehen"] *die*; -, -en: Verfahren, [schwierige, unangenehme] Behandlungsweise; vgl. Procedere

Prozent [aus gleichbed. *it.* per cento zu *lat.* centum „hundert"] *das*; -[e]s, -e (aber: 5 Prozent): vom Hundert, Hundertstel; Abk.: p. c.; Zeichen: %; vgl. pro centum. ...**prozentig**: in Zusammensetzungen auftretendes Grundwort mit der Bedeutung „die im Bestimmungswort (meist durch eine Zahl) angegebene bzw. angedeutete Anzahl von Prozenten enthaltend, aufweisend", z. B. fünfprozentig (od. 5prozentig), hochprozentig. **prozentisch**: = prozentual. **prozentual**, (österr.:) prozentuell u. perzentuell: im Verhältnis zum Hundert, in Prozenten ausgedrückt. **prozentualiter**: prozentual (nur als Adverb gebraucht, z. B. - gesehen). **prozentuell** vgl. prozentual

Prozeß [(2: aus gleichbed. *mlat.* prōcessus) aus *lat.* prōcessus „das Fortschreiten; Fortgang, Verlauf"] *der*; ...esses, ...esse: 1. Verlauf, Ablauf, Hergang, Entwicklung. 2. Gerichtsverhandlung, systematische gerichtliche Durchführung von Rechtsstreitigkeiten nach den Grundsätzen des Verfahrensrechtes. **prozessieren**: einen Prozeß (2) [durch]führen. **prozessual**: den Prozeß (2) betreffend, gemäß den Grundsätzen des Verfahrensrechtes (Rechtsw.)

Prozession [aus gleichbed. *kirchenlat.* prōcessio, dies aus *lat.* prōcessio „das Vorrücken; feierlicher Aufzug"] *die*; -, -en: feierlicher [kirchlicher] Umzug, Bitt- od. Dankgang (katholische u. orthodoxe Kirche)

Pruderie [aus gleichbed. *fr.* pruderie zu prude „prüde", dies aus *prudefemme „ehrbare Frau"] *die*; -, ...ien: Zimperlichkeit, prüdes Verhalten

Prünelle [aus *fr.* prunelle „Schlehe; wilde Pflaume" zu *lat.* prūnus „Pflaumenbaum"] *die*; -, -n: geschälte, entsteinte, getrocknete Pflaume

PS = Postskript[um]

Psalm [über *kirchenlat.* psalmus aus *gr.* psalmós „Saitenspiel; zum Saitenspiel vorgetragenes Lied; Psalm"] *der*; -s, -en: 1. eines der relig. Lieder Israels u. der jüd. Gemeinde, die im Psalter (1) gesammelt sind. 2. geistl. Lied. **Psalmist** *der*; -en, -en: Psalmendichter od. -sänger. **Psalm|odie** [über *kirchenlat.* psalmōdia aus gleichbed. *gr.* psalmōidía] *die*; -, ...ien: Psalmengesang (nach liturgisch geregelter Melodie). **psalm|odieren**: Psalmen vortragen; in der Art der Psalmodie singen. **psalmodisch**: in der Art der Psalmodie, psalmartig

Psalter [1, 2: aus gleichbed. (*kirchen*)*lat.* psaltērium, dies aus *gr.* psaltḗrion „zitherartiges Saiteninstrument"; 3: nach der Ähnlichkeit seiner Falten mit den Blättern eines Buches] *der*; -s, -: 1. Buch der Psalmen im A. T.; für den liturgischen Gebrauch eingerichtetes Psalmenbuch. 2. das den Gesang der Psalmen begleitende mittelalterliche Instrument, eine Art Zither ohne Griffbrett (Zupfinstrument in Trapezform). 3. Blättermagen der Wiederkäuer (mit blattartigen Falten; Zool.). **Psalterium** *das*; -s, ...ien [...*iᵉn*]: = Psalter (1, 2)

pseud..., **Pseud...** vgl. pseudo..., Pseudo... **pseudo...**, **Pseudo...**, vor Vokalen überwiegend: pseud..., Pseud... [zu *gr.* pseúdein „belügen, täuschen"]: in Zusammensetzungen auftretendes Bestimmungswort mit der Bedeutung „falsch, unecht, vorgetäuscht". **pseudomorph** [aus → pseudo... u. → ...morph]: Pseudomorphose zeigend. **Pseudomorphose** *die*; -, -n: [Auftreten eines] Mineral[s] in der Kristallform eines anderen Minerals. **pseudonym** [aus *gr.* pseudṓnymos „mit falschem Namen (auftretend)"]: unter einem Decknamen [verfaßt]. **Pseud|onym** *das*; -s, -e: Deckname [eines Autors], Künstlername (z. B. Jack London = John Griffith)

Psi [aus *gr.* psī] *das*; -[s], -s: griech. Buchstabe: Ψ, ψ

Psilomelan [aus *gr.* psīlós „nackt, kahl" u. mélās, Gen. mélanos „schwarz"] *der*; -s, -e: wirtschaftlich wichtiges Manganerz

psych..., **Psych...** vgl. psycho..., Psycho... **Psyche** [1: aus *gr.* psȳchḗ „Hauch, Atem; Seele"; 2: über *it.* psiche aus gleichbed. *fr.* psyché, nach Psyche, einer Gestalt der griech. Mythologie von vollendeter Schönheit] *die*; -, -n: 1. a) Seele; Seelenleben; b) Wesen, Eigenart. 2. (österr.) mit Spiegel versehene Frisiertoilette. **psychedelisch** [aus gleichbed. *engl.* psychedelic, dies zu *gr.* psȳchḗ, s. Psyche (1), u. dēlos „offenbar"]: auf einem bes. durch Rauschmittel hervorrufbaren euphorischen, tranceartigen Gemütszustand beruhend bzw. in einem solchen befindlich. **Psych|ia|ter** [aus → psych... u. → ...iater] *der*; -s, -: Facharzt für Psychiatrie. **Psych|ia|trie** *die*; -: Wissenschaft von den seelischen Störungen, von den Geisteskrankheiten, ihren Ursachen, Erscheinungen, Verlaufsformen, ihrer Behandlung u. Verhütung. **psych|ia|trieren**: (österr.) psychiatrisch untersuchen. **psych|ia|trisch**: die Psychiatrie betreffend, zu ihr gehörend, auf ihr beruhend. **psycho...**, **Psycho...**, vor Vokalen auch: psych..., Psych... [aus gleichbed. *gr.* psȳchḗ]: in Zusammensetzungen auftretendes Bestimmungswort mit der Bedeutung „Seele, Gemüt", z. B. psychologisch, psychiatrisch. **Psycho|analyse**

[auch: *psycho...*] *die*; -, -en: 1. (ohne Plural) Verfahren zur Untersuchung u. Behandlung seelischer Fehlleistungen, Störungen od. Verdrängungen mit Hilfe der Traumdeutung u. der Erforschung der dem Unbewußten entstammenden Triebkonflikte (S. Freud). 2. psychoanalytische Behandlung. **psycho|analysieren**: jmdn. psychoanalytisch behandeln. **Psycho|analytiker** *der*; -s, -: ein die Psychoanalyse vertretender od. anwendender Psychologe, Arzt. **psycho|analytisch**: die Psychoanalyse betreffend, mit den Mitteln der Psychoanalyse erfolgend. **psycho|gen** [aus → psycho... u. → ...gen]: seelisch bedingt, verursacht (Med.; Psychol.). **Psychologe** [aus → psycho... u. → ...loge] *der*; -n, -n: Wissenschaftler auf dem Gebiet der Psychologie. **Psychologie** *die*; -: 1. Wissenschaft von den Erscheinungen u. Zuständen des bewußten u. unbewußten Seelenlebens. 2. einer inneren Gesetzmäßigkeit entsprechende Verhaltens-, Reaktionsweise. **psychologisch**: die Psychologie betreffend, zu ihr gehörend, auf ihr beruhend; seelenwissenschaftlich. **psychologisieren**: nach psychologischen Gesichtspunkten aufschlüsseln, psychologisch durchgliedern (z. B. einen dramatischen Stoff), die seelischen Hintergründe u. psychologischen Zusammenhänge eines Geschehens schlüssig aufzeigen. **Psychologismus** *der*; -: Überbewertung der Psychologie als Grundwissenschaft für alle Geisteswissenschaften, Philosophie, Theologie u. Ethik. **psychologistisch**: den Psychologismus betreffend, zu ihm gehörend, auf ihm beruhend. **Psychopath** *der*; -en, -en: Mensch mit nicht mehr rückbildungsfähigen abnormen Erscheinungen des Gefühls- u. Gemütslebens, die sich im Laufe des Lebens auf dem Boden einer erblichen Disponiertheit entwickeln (Med.; Psychol.). **Psychopathie** [aus → psycho... u. → ...pathie] *die*; -: aus einer erblichen Disponiertheit heraus sich entwickelnde Abartigkeit des geistig-seelischen Verhaltens (Med.; Psychol.). **psychopathisch**: die Psychopathie betreffend; charakterlich von der Norm abweichend (Med.; Psychol.). **psychophysisch**: seelisch-körperlich. **Psychose** [zu *gr.* psȳchḗ, s. Psyche (1)] *die*; -, -n: seelische Störung; Geistes- oder Nervenkrankheit. **Psychosomatik** *die*; -: Wissenschaft von der Bedeutung seelischer Vorgänge für Entstehung u. Verlauf körperlicher Krankheiten (Med.). **psychosomatisch**: die Psychosomatik, die seelisch-körperlichen Wechselwirkungen betreffend. **Psychotherapeut** *der*; -en, -en: Facharzt für Psychotherapie. **Psychotherapeutik** *die*; -: praktische Anwendung der Psychotherapie, Heilmaßnahmen u. Verfahren im Sinne der Psychotherapie (Med.). **psychotherapeutisch**: die Psychotherapeutik, die Psychotherapie betreffend (Med.). **Psychotherapie** *die*; -, ...ien: 1. (ohne Plural) Wissenschaft von der Behandlung psychischer u. körperlicher Erkrankungen durch systematische Beeinflussung (z. B. Suggestion, Hypnose, Psychoanalyse) des Seelenlebens (Med.). 2. psychotherapeutische Behandlung. **psychotisch** [zu → Psychose]: zum Erscheinungsbild einer Psychose gehörend; an einer Psychose leidend; gemütskrank, geisteskrank (Med.)

Psy|chrometer [aus *gr.* psȳchrós „kalt" u. → ...meter] *das*; -s, -: Luftfeuchtigkeitsmesser (Meteor.)

p. t. = pro tempore

Pt = chem. Zeichen für: Platin

Pterosaurier [...*iᵉr*; aus *gr.* pterón „Feder, Flügel" u. → Saurier] *die* (Plural): Ordnung der ausgestorbenen Flugechsen mit zahlreichen Arten

Pu = chem. Zeichen für: Plutonium

Pub [*pap*; aus gleichbed. *engl.* pub, gekürzt aus public house, eigtl. „öffentliches Haus"] *das*; -s, -s: Lokal, Bar im englischen Stil

pubertär [zu → Pubertät]: mit der Geschlechtsreife zusammenhängend. **Pubertät** [aus *lat.* pūbertās „Geschlechtsreife, Mannbarkeit"] *die*; -: Zeit der eintretenden Geschlechtsreife. **pubertieren**: in die Pubertät eintreten, sich in ihr befinden

Pu|blicity [*pablißiti*; über *engl.* publicity aus gleichbed. *fr.* publicité, vgl. publik] *die*; -: 1. öffentliches Bekanntsein od. -werden. 2. Reklame, Propaganda, [Bemühung um] öffentliches Aufsehen; öffentliche Verbreitung

Pu|blic Relations [*pablik rileⁱschᵉns*; aus gleichbed. *engl.-amerik.* public relations, eigtl. „öffentliche Beziehungen"] *die* (Plural): Bemühungen eines Unternehmens, einer führenden Persönlichkeit des Staatslebens od. einer Personengruppe um Vertrauen in der Öffentlichkeit; Öffentlichkeitsarbeit, Kontaktpflege; Abk.: PR

pu|blik [aus gleichbed. *fr.* public, dies aus *lat.* pūblicus „öffentlich; staatlich; allgemein"]: öffentlich; offenkundig; allgemein bekannt. **Pu|blikation** [...*zion*; aus gleichbed. *fr.* publication, dies aus *spätlat.* pūblicātio „Veröffentlichung", vgl. publizieren] *die*; -, -en: 1. im Druck erschienenes (literarisches od. wissenschaftliches) Werk. 2. Veröffentlichung, Publizierung; vgl. ...ation/...ierung. **Publikum** [wohl unter Einfluß von *fr.* public „Öffentlichkeit; Publikum", *engl.* public „Öffentlichkeit; Theaterpublikum" aus *mlat.* pūblicum (vulgus) „das gemeine Volk; Öffentlichkeit", vgl. publik] *das*; -s, ...ka: (Plural selten) 1. Gesamtheit von Menschen, die an etwas (z. B. einer Veranstaltung, Aufführung) teilnehmen; Zuhörer-, Leser-, Besucherschaft. 2. Öffentlichkeit, Allgemeinheit. **publizieren** [aus *lat.* pūblicāre „zum Staatseigentum machen; veröffentlichen"]: 1. ein (literarisches od. wissenschaftliches) Werk veröffentlichen; Forschungsergebnisse wissenschaftlich bekanntmachen. 2. publik machen. **Pu|blizierung** *die*; -, -en: Veröffentlichung (eines literarischen od. wissenschaftlichen Werkes); vgl. ...ation/...ierung. **Publizist** *der*; -en, -en: a) [politischer] Tagesschriftsteller; b) → Journalist (speziell im Bereich des aktuellen [politischen] Geschehens). **Pu|blizistik** *die*; -: a) Tätigkeitsbereich, in dem mit den publizistischen Mitteln der Presse, des Films, des Rundfunks u. des Fernsehens gearbeitet wird; b) Zeitungswissenschaft. **pu|blizistisch**: den Publizisten, die Publizistik betreffend. **Pu|blizität** *die*; -: das Bekannt-, Publiksein; Öffentlichkeit; Offenkundigkeit; öffentliche Darlegung

p. u. c. = post urbem conditam

Pud [aus *russ.* pud, dies aus *lat.* pondus „Gewicht, Pfund"] *das*; -, -: früheres russ. Gewicht (16,38 kg)

Pudding [aus gleichbed. *engl.* pudding, dies wohl aus *(alt)fr.* boudin „Wurst"] *der*; -s, -e u. -s: 1. kalte, sturzfähige Süßspeise, → Flammeri. 2. im Wasserbad gekochte Mehl-, Fleisch- od. Gemüsespeise

Pudu [über *span.* pudu aus *indian.* (*Mapuche*) pudu] *der*; -s, -s: südamerikanischer Zwerghirsch

pueril [*pu-eril*; aus gleichbed. *lat.* puerīlis]: kindlich, im Kindesalter vorkommend (Med.). **Puerilität**

die; -, -en: kindliches od. kindisches Wesen; Kinderei

Pugilismus [zu *lat.* pugil „Faustkämpfer"] *der*; -: (veraltet) Faustkampf; Boxsport. **Pugilist** *der*; -en, -en: (veraltet) Faust-, Boxkämpfer. **Pugilistik** *die*; -: = Pugilismus. **pugilistisch**: (veraltet) den Faustkampf betreffend, boxsportlich

pullen [aus gleichbed. *engl.* to pull, eigtl. „ziehen"]: 1. (Seemannsspr.) rudern. 2. ein ungestüm vorwärtsdrängendes Pferd absichtlich zurückhalten

Pullmanwagen [aus gleichbed. *amerik.* pullman (car), nach dem amerik. Konstrukteur Pullman, 1831–1897] *der*; -s, -: komfortabel ausgestatteter Schnellzugwagen

Pull|over [*...ow^er*; aus gleichbed. *engl.* pullover, eigtl. „zieh über"] *der*; -s, -: gestricktes od. gewirktes Kleidungsstück für den Oberkörper, das über den Kopf gezogen wird. **Pull|under** [anglisierende Bildung aus *engl.* to pull „ziehen" u. under „unter"] *der*; -s, -: meist kurzer, ärmelloser Pullover [der unter dem Jackett getragen werden kann]

Pulque [*pulk^e*; aus *span.* pulque (wohl aztek. Wort)] *der*; -[s]: bei den Indianern Mexikos berauschendes Getränk aus gegorenem Agavensaft

Puls [1a: aus gleichbed. *mlat.* pulsus (vēnārum), dies aus *lat.* pulsus „das Stoßen, das Stampfen, der Schlag"] *der*; -es, -e: 1. a) das Anschlagen der durch den Herzschlag fortgeleiteten Blutwelle an den Gefäßwänden; b) Schlagader (Pulsader) am Handgelenk. 2. gleichmäßige Folge gleichartiger Impulse (z. B. in der Schwachstrom- u. Nachrichtentechnik elektrische Strom- und Spannungsstöße). **Pulsar** [aus gleichbed. *engl.* pulsar, Kurzw. aus *puls*e „Impuls", vgl. Puls (2), u. → Quas*ar*] *der*; -s, -e: kosmische Strahlungsquelle mit Strahlungspulsen von höchster periodischer Konstanz (Astron.). **Pulsation** [*...zion*; aus *lat.* pulsātio „das Stoßen, Schlagen"] *die*; -, -en: 1. Pulsschlag (Med.). 2. Veränderung eines Sterndurchmessers (Astron.). **pulsen** u. **pulsieren** [aus *lat.* pulsāre „stoßen, schlagen"]: 1. rhythmisch dem Pulsschlag entsprechend an- u. abschwellen; schlagen, klopfen. 2. sich lebhaft regen, fließen, strömen. **Pulsion** *die*; -, -en: Stoß, Schlag. **Pulsometer** [aus *lat.* pulsus, s. Puls, u. → ...meter] *das*; -s, -: kolbenlose Dampfpumpe, die durch Dampfkondensation arbeitet (Techn.)

pulverisieren [über *fr.* pulvériser aus gleichbed. *spätlat.* pulverizāre zu *lat.* pulvis, Gen. pulveris „Staub"]: feste Stoffe zu Pulver zerreiben, zerstäuben

Puma [aus *indian.* (*Ketschua*) puma] *der*; -s, -s: Silberlöwe, Berglöwe, eine amerikanische Großkatze (Raubtier)

Pumps [*pömpß*; aus gleichbed. *engl.* pumps (Plural)] *der*; -, - (meist Plural): ausgeschnittener, nicht durch Riemen od. Schnürung gehaltener Damenschuh

Punch [*pantsch*; aus gleichbed. *engl.* punch] *der*; -s, -s: (Boxen) a) Faustschlag, Boxhieb (von erheblicher Durchschlagskraft); b) Boxtraining am Punchingball. **Puncher** *der*; -s, -: (Boxen) 1. Boxer, der über einen kraftvollen Schlag verfügt. 2. Boxer, der mit dem Punchingball trainiert. **Punchingball** [aus gleichbed. *engl.* punching ball, eigtl. „Ball zum Boxen"] *der*; -[e]s, ...bälle: oben u. unten befestigter, frei beweglicher Lederball, der dem Boxer als Übungsgerät dient

Punctum puncti [*pungktum pungkti*; *lat.*; „der Punkt des Punktes", vgl. Punktum] *das*; - -: Hauptpunkt (bes. auf das Geld bezogen). **Punctum saliens** [- *saliänß*; *lat.*] *das*; - -: der springende Punkt, Kernpunkt; Entscheidendes. **punktieren** [aus *mlat.* punctāre „Einstiche machen; Punkte setzen" zu *lat.* pūnctum, Part. Perf. Pass. von pungere „stechen"]: 1. mit Punkten versehen, tüpfeln. 2. (Mus.) a) eine Note mit einem Punkt versehen und sie dadurch um die Hälfte ihres Wertes verlängern; b) die Töne einer Gesangspartie um eine Oktave (oder Terz) niedriger oder höher versetzen. 3. eine Punktion durchführen (Med.). **Punktion** [*...zion*; nach *lat.* pūnctio „das Stechen"] *die*; -, -en: Entnahme von Flüssigkeiten aus Körperhöhlen durch Einstich mit Hohlnadeln (Med.). **punktuell** [aus gleichbed. *mlat.* punctuālis, vgl. Punktum]: einen od. mehrere Punkte betreffend, Punkt für Punkt, punktweise; -e Aktionsart: → Aktionsart des Zeitwortes, die einen bestimmten Punkt eines Geschehens herausgreift (z. B. finden; Sprachw.). **Punktum**! [aus *lat.* pūnctum „Punkt", eigtl. „das Gestochene, Einstich; eingestochenes (Satz)zeichen", vgl. punktieren]: basta!, genug damit!, Schluß! **Punktur** [nach *lat.* pūnctūra „das Stechen"] *die*; -, -en: = Punktion

punta d'arco [- *darko*; *it.*]: mit der Spitze des Geigenbogens (zu spielen; Mus.)

pupillar [zu → Pupille]: die Pupille betreffend, zu ihr gehörend (Med.). **Pupille** [aus gleichbed. *lat.* pūpilla, eigtl. „kleines Mädchen, Püppchen"; der Betrachter sieht sich als Püppchen in den Augen seines Gegenübers] *die*; -, -n: Sehloch (in der Regenbogenhaut des Auges)

pur [aus gleichbed. *lat.* pūrus]: 1. rein, unverfälscht, lauter; unvermischt. 2. nur, bloß, nichts als; glatt

Püree [aus *fr.* purée „Brei aus Hülsenfrüchten; breiförmige Speise" zu *spätlat.* pūrāre „reinigen"] *das*; -s, -s: breiförmige Speise, Brei, z. B. Kartoffelpüree

Purgation [*...zion*; aus gleichbed. *lat.* pūrgātio] *die*; -, -en: Reinigung. **Purgatorium** [aus gleichbed. *mlat.* purgatōrium, vgl. purgieren] *das*; -s, ...ien [*...i^en*]: 1. (ohne Plural) Fegefeuer (nach kath. Glauben Läuterungsort der abgeschiedenen Seelen). 2. Zustand voller Leiden u. Qual. **purgieren** [aus gleichbed. *lat.* pūrgāre]: reinigen, läutern

pürieren [zu → Püree]: zu Püree machen, ein Püree herstellen (Gastr.)

Purin [Kunstw. aus *lat.* pūrum, Neutr. von pūrus, s. pur, u. *nlat.* uricum (acidum) „Harn(säure)" zu *gr.* oūron „Harn"] *das*; -s, -e (meist Plural): aus der → Nukleinsäure der Zellkerne entstehende organische Verbindung (Chem.)

Purismus [wohl unter Einfluß von *fr.* purisme zu *lat.* pūrus, s. pur] *der*; -: übertriebenes Streben nach Sprachreinheit, übertriebener Kampf gegen die Fremdwörter. **Purist** *der*; -en, -en: Vertreter des Purismus. **puristisch**: den Purismus, Puristen betreffend, sprachreinigend

Puritaner [aus gleichbed. *engl.* puritan zu *lat.* pūrus, s. pur] *der*; -s, -: a) Anhänger des Puritanismus; b) sittenstrenger Mensch. **puritanisch**: a) den Puritanismus betreffend; b) sittenstreng; c) bewußt einfach (vor allem in bezug auf die Lebensführung), spartanisch. **Puritanismus** *der*; -: streng kalvinistische Richtung im England des 16./17. Jh.s

Purpur [über *lat.* purpura aus gleichbed. *gr.* porphýra, eigtl. „(aus dem Saft der) Purpurschnecke (gewonnener Farbstoff)"] *der*; -s: 1. hochroter Farbstoff, Farbton. 2. (von Herrschern, Kardinälen bei offiziellem Anlaß getragenes) purpurfarbenes, prächtiges Gewand

Pushball [*púschbol*; aus *engl.-amerik.* pushball, eigtl. „Schiebeball"] *der*; -s: amerik. Ballspiel

pushen [aus gleichbed. *engl.-amerik.* to push, eigtl. „schieben, bedrängen"]: mit Rauschgift handeln. **Pusher** *der*; -s, -: Rauschgifthändler

Pußta [aus *ung.* puszta, eigtl. „verwüstetes Gebiet"] *die*; -, ...ten: Grassteppe, Weideland in Ungarn

puzzeln [*pasᵉln*; zu → Puzzle]: 1. Puzzlespiele machen, ein Puzzle zusammensetzen. 2. etwas mühsam zusammensetzen. **Puzzle** [*pasl*; aus gleichbed. *engl.* puzzle, eigtl. „Rätsel"] *das*; -s, -s: Geduldsspiel, bei dem viele kleine Einzelteile zu einem Bild, einer Figur zusammengesetzt werden müssen. **Puzzler** *der*; -s, -: jmd., der Puzzlespiele macht, ein Puzzle zusammensetzt

PW = Prisoner of war

Pygmäe [über *lat.* Pygmaeus aus gleichbed. *gr.* Pygmaîos, eigtl. „Fäustling" zu pygmaîos „eine Faust lang, zwergenhaft"] *der*; -n, -n: Angehöriger einer zwergwüchsigen Rasse Afrikas u. Südostasiens. **pygmäisch**: zwergwüchsig

Pyjama [*püdsch*..., auch: *püsch*... u. (österr. nur:) *pidsch*... od. *pisch*..., selten: *püjama* od. *pijama*; aus gleichbed. *engl.* pyjama, dies aus *Hindi* pāējāma „Beinkleid"] *der* (österr., schweiz. auch: *das*); -s, -s: Schlafanzug

Py|kniker [zu *gr.* pyknós „dicht, fest; derb"] *der*; -s, -: Mensch von kräftigem, gedrungenem u. zu Fettansatz neigendem Körperbau. **py|knisch**: untersetzt, gedrungen u. zu Fettansatz neigend. **Pyknometer** [aus *gr.* pyknós „dicht, fest" u. → ...meter] *das*; -s, -: Meßgerät (Glasfläschchen) zur Bestimmung des spezifischen Gewichts von Flüssigkeiten

Pylon [aus *gr.* pylṓn „Tor, Portal"] *der*; -en, -en u. **Pylone** *die*; -, -n: 1. großes Eingangstor altägyptischer Tempel u. Paläste, von zwei wuchtigen, abgeschrägten Ecktürmen flankiert. 2. [torähnlicher] tragender Pfeiler einer Hängebrücke. 3. kegelförmige, bewegliche Absperrmarkierung auf Straßen

pyramidal [aus gleichbed. *spätlat.* pȳramidālis, vgl. Pyramide]: 1. pyramidenförmig. 2. (ugs.) gewaltig, riesenhaft. **Pyramide** [1: über *lat.* pȳramis, Gen. pȳramidis, aus gleichbed. *gr.* pȳramís, Gen. pȳramídos (ägypt. Wort)] *die*; -, -n: 1. monumentaler Grabbau der altägyptischen Könige. 2. Körper, der dadurch entsteht, daß die Ecken eines Vielecks mit einem Punkt außerhalb der Ebene des Vielecks verbunden werden (Math.). 3. Kristallfläche, die alle drei Kristallachsen schneidet (Mineral.)

Pyrit [aus gleichbed. *lat.* pyrītēs, dies aus *gr.* pyrī́tēs líthos „Feuerstein; Kupferkies, Schwefelkies"] *der*; -s, -e: Eisen-, Schwefelkies. **pyro...**, **Pyro...** [aus gleichbed. *gr.* pȳr, Gen. pyrós]: in Zusammensetzungen auftretendes Bestimmungswort mit der Bedeutung „Feuer, Hitze; Fieber". **Pyrolyse** *die*; -, -n: Zersetzung von Stoffen durch Hitze (z. B. Trockendestillation). **Pyromane** *der* od. *die*; -n, -n: Brandstifter[in] aus krankhafter Veranlagung (Med.). **Pyromanie** [aus → pyro... u. → Manie] *die*; -: krankhafter Brandstiftungstrieb (Med.). **pyromanisch**: die Pyromanie betreffend, auf ihr beruhend. **Pyrometer** [aus → pyro... u. → ...meter] *das*; -s, -: Gerät zum Messen hoher Temperaturen. **Pyrotechnik** *die*; -: Herstellung u. Gebrauch von Feuerwerkskörpern, Feuerwerkerei. **Pyrotechniker** *der*; -s, -: Fachmann auf dem Gebiet der Pyrotechnik, Feuerwerker. **pyrotechnisch**: die Pyrotechnik betreffend

Pyr|rhussieg [nach den verlustreichen Siegen des Königs Pyrrhus von Epirus über die Römer] *der*; -[e]s, -e: Scheinsieg, zu teuer erkaufter Sieg

Pyrrol [aus *gr.* pyrrós „feuerfarben, rötlich" u. *lat.* oleum „Öl"] *das*; -s: stickstoffhaltige Kohlenstoffverbindung mit vielen Abkömmlingen von großer biologischer Bedeutung (z. B. Blutfarbstoff, Blattgrün)

pythagoreisch, (österr.:) pythagoräisch [über *lat.* Pȳthagorēus aus *gr.* Pȳthagóreios zu Pȳthagóras, griech. Philosoph aus Samos]: die Lehre des Pythagoras betreffend, nach der Lehre des Pythagoras; -er Lehrsatz: grundlegender Lehrsatz der Geometrie, nach dem im rechtwinkligen Dreieck das Hypotenusenquadrat gleich der Summe der Kathetenquadrate ist (Math.)

pythisch [nach Pythia, der Priesterin des → Orakels zu Delphi]: dunkel, orakelhaft

Python [aus *gr.-lat.* Pȳ́thōn, der von Apollo getöteten großen Schlange der griech. Sage] *der*; -s, -s u. ...onen: Vertreter der Gattung der Riesenschlangen

Q

q = Quadrat...

qcm = Quadratzentimeter

qdm = Quadratdezimeter

q. e. d. = quod erat demonstrandum

qkm = Quadratkilometer

qm = Quadratmeter

qmm = Quadratmillimeter

qua [aus *lat.* quā „auf der Seite, wo...; inwieweit, wie"]: in der Eigenschaft als, gemäß, z. B. - Beamter (= in der Eigenschaft als Beamter), - Wille (= dem Willen gemäß)

Qua|dragesima [aus gleichbed. *kirchenlat.* quadrāgēsima (diēs), eigtl. „der vierzigste (Tag)"] *die*; -: die vierzigtägige christliche Fastenzeit vor Ostern

Qua|drangel [aus gleichbed. *lat.* quadrangulum] *das*; -s, -: Viereck. **qua|drangulär**: viereckig

Qua|drant [aus *lat.* quadrāns, Gen. quadrantis „der vierte Teil", subst. Part. Präs. von quadrāre, s. quadrieren] *der*; -en, -en: 1. (Math.) a) Viertelkreis; b) beim ebenen Koordinatensystem die zwischen zwei Achsen liegende Viertelebene. 2. a) ein Viertel des Äquators od. eines Meridians; b) (hist.) Instrument zur Messung der Durchgangshöhe der Sterne (Astron.)

Qua|drat...: in Zusammensetzungen, die Flächenmaßeinheiten bezeichnen, auftretendes Bestimmungswort mit der Bedeutung „in der zweiten Potenz", z. B. Quadratmeter; Zeichen: ^{2} (Potenzzeichen), z. B. m^2 od. (älter:) q, z. B. qm. **Qua|drat** [aus *lat.* quadrātum „Viereck", subst. Neutr. des Part. Perf. Pass. von quadrāre, s. quadrieren] *das*; -[e]s, -e[n]: 1. (Plural nur: -e): (Math.) a) Viereck mit vier rechten Winkeln u. vier gleichen Seiten; b) zweite → Potenz einer Zahl. 2. 90° Winkelabstand zwischen Planeten (Astrol.). **Quadratdezimeter** *der* (auch: *das*); -s, -: Fläche von 1 dm Länge u. 1. dm Breite; Zeichen: dm^2, qdm. **qua|dratisch**: 1. in der Form eines Quadrats. 2. in die zweite Potenz erhoben (Math.). **Quadratkilometer** *der*; -s, -: Fläche von 1 km Länge u. 1 km Breite; Zeichen: km^2, qkm. **Qua|dratmeter**

der (auch: *das*); -s, -: Fläche von 1 m Breite u. 1 m Länge; Zeichen: m², qm. **Qua|dratmillimeter** *der* (auch: *das*); -s, -: Fläche von 1 mm Breite u. 1 mm Länge; Zeichen: mm², qmm. **Qua|dratur** [aus gleichbed. *lat.* quadrātūra] *die*; -, -en: 1. (Math.) a) Umwandlung einer beliebigen, ebenen Fläche in ein Quadrat gleichen Flächeninhalts durch geometrische Konstruktion; b) Inhaltsberechnung einer beliebigen Fläche durch → Planimeter od. → Integralrechnung. 2. zur Verbindungsachse Erde–Sonne rechtwinklige Planetenstellung (Astron.). **Qua|dratwurzel** *die*; -, -n: zweite Wurzel einer Zahl od. math. Größe; Zeichen: $\sqrt{}$, $\sqrt[2]{}$. **Qua|dratzahl** *die*; -, -en: das Ergebnis der zweiten → Potenz (3) einer Zahl (Math.). **Quadratzentimeter** *der* (auch: *das*); -s, -: Fläche von 1 cm Länge u. 1 cm Breite; Zeichen: cm², qcm. **qua|drieren** [aus *lat.* quadrāre „viereckig machen"]: eine Zahl in die zweite → Potenz (3) erheben, d. h. mit sich selbst multiplizieren (Math.)

Qua|driga [aus *lat.* quadrīga zu quat(t)uor „vier" u. iugum „Joch"] *die*; -, ...gen: von einem offenen Streit-, Renn- od. Triumphwagen [der Antike] aus gelenktes Viergespann (Darstellung in der Kunst [als Siegesdenkmal])

Qua|drille [*kwadrilj*ᵉ, seltener: *ka*..., österr.: *kadril*; über *fr.* quadrille aus gleichbed. *span.* cuadrilla, eigtl. „Gruppe von vier Reitern" zu *lat.* quadrus „viereckig"] *die*; -, -n: von je vier Personen im Karree getanzter Kontertanz im $^3/_8$- od. $^2/_4$-Takt

Qua|drillion [aus gleichbed. *fr.* quadrillion zu *lat.* quadri- „vier", analog zu → Million] *die*; -, -en: eine Million → Trillionen = vierte Potenz einer Million = 10^{24}. **Qua|drinom** [aus *lat.* quadri- „vier" und → ³...nom] *das*; -s, -e: eine Summe aus vier Gliedern (Math.)

Qua|drireme [aus *lat.* quadrirēmis] *die*; -, -n: Vierruderer (antikes Kriegsschiff mit vier übereinanderliegenden Ruderbänken)

Qua|drivium [...*wium*; aus gleichbed. *spätlat.* quadrivium, eigtl. „Vierweg"] *das*; -s: im mittelalterl. Universitätsunterricht die vier höheren Fächer: Arithmetik, Geometrie, Astronomie, Musik; vgl. Trivium

Qua|drosound [...*ßaund*; aus *engl.-amerik.* quadro- „vier", dies aus gleichbed. *lat.* quadri-, u. sound „Laut, Klang"] *der*; -[s]: durch Quadrophonie (Stereophonie unter Verwendung von vier Übertragungskanälen) erzeugte Klangwirkung (in der Popmusik o. ä.)

Qua|drupel [über *fr.* quadruple aus *lat.* quadruplum „das Vierfache"] *das*; -s, -: vier zusammengehörende mathematische Größen

Quai [*kę*; aus *fr.* quai, s. Kai] *der*; -s, -s: franz. Schreibung für: Kai

Qualifikation [...*zion*; (3: nach *engl.* qualification) über *fr.* qualification aus gleichbed. *mlat.* quālificātio, vgl. qualifizieren] *die*; -, -en: 1. das Sichqualifizieren. 2. a) Befähigung, Eignung; b) Befähigungsnachweis. 3. durch vorausgegangene sportliche Erfolge erworbene Berechtigung, an sportlichen Wettbewerben teilzunehmen. 4. Beurteilung, Kennzeichnung; vgl. ...ation/...ierung. **qualifizieren** [(1b: nach *engl.* to qualify) aus gleichbed. *mlat.* quālificāre, dies aus *lat.* quālis „wie beschaffen", u. → ...fizieren]: 1. sich -: a) sich weiterbilden u. einen Befähigungsnachweis erbringen; b) die für die Teilnahme an einem sportlichen Wettbewerb erforderliche Leistung erbringen. 2. etwas qualifiziert jmdn. als/für/zu etwas: etwas stellt die Voraussetzung für jmds. Eignung, Befähigung für etwas dar. 3. als etwas beurteilen, einstufen, kennzeichnen, bezeichnen. **qualifiziert**: tauglich, besonders geeignet, speziell ausgebildet; -e Mehrheit: bei Abstimmungen eine Mehrheit, die um eine vorgeschriebene Zahl über der Hälfte der abgegebenen Stimmen liegt (z. B. Zweidrittelmehrheit). **Qualifizierung** *die*; -, -en: 1. das Sichqualifizieren. 2. das Qualifizieren; vgl. ...ation/...ierung

Qualität [aus *lat.* quālitās „Beschaffenheit, Verhältnis, Eigenschaft"] *die*; -, -en: 1. a) Beschaffenheit; b) Güte, Wert. 2. Klangfarbe eines Vokals (unterschiedlich z. B. bei offenen u. geschlossenen Vokalen; Sprachw.). **qualitativ** [auch: *kwal*...; aus gleichbed. *mlat.* qualitatīvus, vgl. Qualität]: hinsichtlich der Qualität (1)

Quant [aus *lat.* quantum, s. Quantum] *das*; -s, -en: nicht weiter teilbares Energieteilchen, das verschieden groß sein kann (Phys.). **quanteln**: eine Energiemenge in Quanten aufteilen; bestimmte physikalische Bedingungen, die auf der Existenz von Quanten beruhen, einführen. **Quantelung** *die*; -: das Quanteln. **Quantenmechanik** *die*; -: erweiterte elementare Mechanik, die es ermöglicht, das Geschehen des Mikrokosmos zu erfassen. **Quantentheorie** *die*; -: auf dem Strahlungsgesetz von Planck u. der erweiterten Theorie von Einstein aufgebaute Physik der elementaren Gebilde, die sich mit der Wechselwirkung zwischen den Elementarmengen (Quanten) u. der Materie befaßt. **quantifizieren** [aus *mlat.* quantificāre „ausmachen, betragen" zu *lat.* quantus, s. Quantum, u. → ...fizieren]: in meßbaren Größen darstellen. **Quantisierung** *die*; -: 1. = Quantelung. 2. Übergang von der klassischen, d. h. mit kontinuierlich veränderlichen physikalischen Größen erfolgenden Beschreibung eines physikalischen Systems zur quantentheoretischen Beschreibung durch Aufstellung von Vertauschungsrelationen für die nunmehr im allgemeinen als nicht vertauschbar anzusehenden physikalischen Größen (Phys.)

Quantität [aus *lat.* quantitās „Größe, Menge"] *die*; -, -en: 1. Menge, Anzahl. 2. Dauer einer Silbe (Länge od. Kürze des Vokals) ohne Rücksicht auf die Betonung (antike Metrik; Sprachw.). **quantitativ** [auch: *kwan*...]: der Quantität (1) nach, mengenmäßig

Quantité négligea|ble [*kangtitę neglischabl*; *fr.*] *die*; - -: wegen ihrer Kleinheit außer acht zu lassende Größe, Belanglosigkeit

Quantum [aus *lat.* quantum, Neutr. von quantus „wie groß, wie viel; so groß wie"] *das*; -s, ...ten: Menge, Anzahl; Anteil; [bestimmtes] Maß. **quantum vis** [- *wiß*; *lat.*]: soviel du (nehmen) willst, nach Belieben (Hinweis auf Rezepten); Abk.: q. v. (Med.)

Quarantäne [*karan*..., selten: *karang*...; aus gleichbed. *fr.* quarantaine, eigtl. „Anzahl von 40 (Tagen)" zu quarante „vierzig", dies aus gleichbed. *vulgärlat.* quārantā, *lat.* quadrāgintā; nach der vierzigtägigen Hafensperre, mit der man früher Schiffe belegte, die seuchenverdächtige Personen an Bord hatten] *die*; -, -n: räumliche Absonderung, Isolierung Ansteckungsverdächtiger od. Absperrung eines Infektionsherdes (z. B. Wohnung, Ortsteil, Schiff) von der Umgebung als Schutzmaßregel gegen Ausbreitung od. Verschleppung von Seuchen

Quark [*k^u o^r k*; *engl.* Phantasiename aus „Finnegans Wake" von James Joyce] *das*; -s, -s: hypothetisches Elementarteilchen (Phys.)

¹Quart [1: aus *mlat.* quārta (vōx) „vierte(r Ton)"; 2: eigtl. „vierte (Fechtbewegung)" aus *lat.* quārtus „der vierte"] *die*; -, -en: 1. a) vierte Stufe einer diatonischen Tonleiter; b) Intervall von vier Tönen (Mus.). 2. bestimmte Klingenhaltung beim Fechten. **²Quart** [aus *lat.* quārtus „der vierte"] *das*; -[e]s: Viertelbogengröße; Zeichen: 4° (Buchformat)

Quarta [aus *lat.* quārta classis „vierte Abteilung", vgl. ²Quart; auf Grund der früheren Zählung von der obersten Klasse, der Prima, abwärts] *die*; -, ...ten: dritte, in Österreich vierte Klasse eines Gymnasiums. **Quartaner** *der*; -s, -: Schüler der Quarta

Quartal [aus *mlat.* quartāle (annī) „Viertel eines Jahres", vgl. ²Quart] *das*; -s, -e: Vierteljahr

quartär [zu *lat.* quārtus „der vierte"]: das Quartär betreffend (Geol.). **Quartär** *das*; -s: erdgeschichtl. Formation des → Känozoikums (umfaßt → Diluvium u. → Alluvium; Geol.). **Quarte** vgl. ¹Quart

Quarter [*k^u o^r t^e r*; aus *engl.(-amerik.)* quarter, dies über *altfr.* quartier aus *lat.* quārtārius „Viertel"] *der*; -s, - (5 Quarter): 1. engl. Gewicht (= 12,7 kg). 2. engl. Hohlmaß. 3. Getreidemaß in den USA (= 21,75 kg)

Quartett [1a, b: aus gleichbed. *it.* quartetto zu quarto „der vierte", vgl. ²Quart] *das*; -[e]s, -e: 1. a) Komposition für vier solistische Instrumente od. vier Solostimmen; b) Vereinigung von vier Instrumental- od. Vokalsolisten; c) (iron.) Gruppe von vier Personen, die gemeinsam etwas tun. 2. die erste od. zweite der beiden vierzeiligen Strophen des → Sonetts im Unterschied zum → Terzett (2). 3. Kartenspiel, bes. für Kinder, bei dem jeweils vier zusammengehörende Karten abgelegt werden, nachdem man die fehlenden durch Fragen von den Mitspielern erhalten hat

Quartier [aus gleichbed. *(alt)fr.* quartier, eigtl. „Viertel", vgl. Quarter] *das*; -s, -e: 1. Unterkunft. 2. (schweiz., österr.) Stadtviertel. **quartieren**: (veraltet) [Soldaten] in Privatunterkünften unterbringen; einquartieren. **Quarto** [subst. aus *nlat.* in quarto „in Quartformat", vgl. ²Quart] *das*; -: ältere Bezeichnung für: ²Quart

Quartsext|akkord *der*; -[e]s, -e: Akkord von Quarte u. Sexte über der Quinte des Grundtons (Mus.)

Quasar [aus gleichbed. *amerik.* quasar, Kurzw. aus *quasi*-stell*ar* object „sternähnliches Objekt"] *der*; -s, -e: Sternsystem, Objekt im Kosmos mit extrem starker Radiofrequenzstrahlung (Astron.)

quasi [aus *lat.* quasi „wie wenn, gerade als ob; gleichsam"]: gewissermaßen, gleichsam, sozusagen

Quasimodogeniti [aus *lat.* quasi modo geniti (īnfantes) „wie die eben geborenen (Kindlein)"]: 1. Sonntag nach Ostern (Weißer Sonntag) nach dem alten → Introitus des Gottesdienstes, 1. Petr. 2, 2

Quästor [aus *lat.* quaestor, eigtl. „Untersuchungsrichter"] *der*; -s, ...oren: 1. (hist.) hoher Finanz- u. Archivbeamter in der röm. Republik. 2. Leiter einer Quästur (2). **Quästur** [aus *lat.* quaestūra „Amt des Quästors"] *die*; -, -en: 1. a) Amt eines Quästors (1); b) Amtsbereich eines Quästors (1). 2. Universitätskasse, die die Hochschulgebühren einzieht

Quatember [aus *(m)lat.* quatuor tempora „vier Zeiten"] *der*; -s, -: liturgisch begangener kath. Fasttag (jeweils Mittwoch, Freitag u. Samstag) zu Beginn der vier Jahreszeiten (nach dem 3. Advent, dem 1. Fastensonntag, nach Pfingsten und Kreuzerhöhung [14. Sept.])

Quat|trocento [aus gleichbed. *it.* quattrocento, eigtl. „vierhundert", kurz für 1400] *das*; -[s]: das 15. Jahrhundert als Stilbegriff der ital. Kunst (Frührenaissance)

Queen [*k^u in*; aus *engl.* queen] *die*; -, -s: englische Königin

Quempas [Kurzw. aus den beiden Anfangssilben von *lat.* *Quem pas*tores laudavere (...*were*) „Den die Hirten lobeten sehre"] *der*; -: alter volkstümlicher Wechselgesang der Jugend in der Christmette od. -vesper

Querele [auch: *ke*...; aus *lat.* querēla „Klage, Beschwerde"] *die*; -, -n (meist Plural): Klage, Streit, Streiterei. **Querulant** [aus *mlat.* querulans, Gen. querulantis, Part. Präs. von querulāre, s. querulieren] *der*; -en, -en: jmd., der immer etwas zu nörgeln hat u. sich über jede Kleinigkeit beschwert. **querulieren** [aus *mlat.* querulāre „klagen, sich beschweren", dies zu gleichbed. *lat.* queri]: nörgeln, ohne Grund klagen

Quesal [*ke*...] vgl. Quetzal

Quetzal [*ke*...; über *span.* quetzal aus gleichbed. *indian.* (*Nahuatl*) quetzalli, eigtl. „Schwanzfeder"] u. Quesal *der*; -s, -s: bunter Urwaldvogel

Queue [*kö*; aus gleichbed. *fr.* queue, eigtl. „Schwanz", dies aus gleichbed. *lat.* cōda, cauda] *das* (österr., ugs. auch: *der*); -s, -s: Billardstock

Quickstep [*k^u ikßtäp*; aus gleichbed. *engl.* quickstep, eigtl. „Schnellschritt"] *der*; -s, -s: Standardtanz in schnellem Marschtempo u. stampfendem Rhythmus, der durch Fußspitzen- u. Fersenschläge ausgedrückt wird

Quidam [aus *lat.* quīdam „ein gewisser"] *der*; -: ein gewisser Jemand

quie|to [über *it.* quieto aus gleichbed. *lat.* quiētus]: ruhig, gelassen (Vortragsanweisung; Mus.)

Quinar [aus *lat.* quīnārius, eigtl. „Fünfer"] *der*; -s, -e: röm. Silbermünze der Antike

Quinquagesima [aus gleichbed. *mlat.* quinquagēsima (diēs), eigtl. „der fünfzigste (Tag)"] *die*; -: 1. kath. Bezeichnung des Fastnachtssonntags → Estomihi als des ungefähr 50. Tages vor Ostern. 2. früher der 50tägige Zeitraum zwischen Ostern u. Pfingsten

Quinquillion [zu *lat.* quīnque „fünf", analog zu → Million] *die*; -, -en: = Quintillion

Quint [1: aus *mlat.* quīnta (vōx) „fünfte(r Ton)"; 2: eigtl. „fünfte (Fechtbewegung)" aus *lat.* quīntus „fünfter"] *die*; -, -en: 1. a) fünfte Stufe einer diatonischen Tonleiter; b) Intervall von fünf Tönen (Mus.). 2. bestimmte Klingenhaltung beim Fechten

Quinta [aus *lat.* quīnta classis „fünfte Klasse" zu quīntus „fünfter", vgl. Quarta] *die*; -, ...ten: zweite, in Österreich fünfte Klasse einer höheren Schule. **Quintaner** *der*; -s, -: Schüler einer Quinta

Quinte *die*; -, -n: = Quint (1)

Quint|essenz [aus *mlat.* quīnta essentia „feinster unsichtbarer Luft- od. Ätherstoff als fünftes Element; feinster Stoffauszug", eigtl. „fünftes Seiendes", für *gr.* pemptē ousiā bei den Pythagoreern u. Aristoteles] *die*; -, -en: Endergebnis, Hauptgedanke, -inhalt, Wesen einer Sache

Quintett [aus gleichbed. *it.* quintetto zu quinto „fünfter", vgl. Quinta] *das*; -[e]s, -e: (Mus.) a) Komposition für fünf solistische Instrumente od. fünf Solostimmen; b) Vereinigung von fünf Instrumental- od. Vokalsolisten

Quintillion [zu *lat.* quīntus „fünfter", analog zu → Million] *die*; -, -en: 10^{30}, Zahl mit 30 Nullen
Quintsext|akkord *der*; -[e]s, -e: erste Umkehrung des Septimenakkordes, bei der die ursprüngliche Terz den Baßton abgibt (Mus.)
Quirite [aus *lat.* Quirītis, eigtl. „Einwohner der sabinischen Stadt Cures"] *der*; -n, -n: (hist.) röm. Vollbürger zur Zeit der Antike
Quisling [nach dem norweg. Faschistenführer V. Quisling, 1887–1945] *der*; -s, -e: (abwertend) [führender] ausländischer Politiker, der im 2. Weltkrieg mit der deutschen Besatzungsmacht kollaborierte
Quisquilien [...*iᵉn*; aus gleichbed. *lat.* quisquilia] *die* (Plural): (abwertend) Kleinigkeiten
quittieren [aus (*alt*)*fr.* quitter „freimachen; aufgeben, sich trennen von", dies aus *mlat.* quiētāre, quit(t)āre „befreien, entlassen", vgl. quieto]: 1. den Empfang einer Leistung durch Quittung bescheinigen. 2. auf etwas reagieren, etwas mit etwas beantworten; etwas - [müssen]: etwas hinnehmen [müssen])
Quivive [*kiwif*; aus gleichbed. *fr.* (être sur le) qui-vive zu qui vive „wer da?", eigtl. „wer lebt (da)?"]; in der Wendung: auf dem - sein: (ugs.) auf der Hut sein
qui vi|vra, verra [*ki wiwra wära*; *fr.*; „wer leben wird, wird [es] sehen"]: die Zukunft wird es zeigen
Quiz [*kᵘiß*; aus gleichbed. *engl.-amerik.* quiz, eigtl. „schrulliger Kauz; Neckerei, Ulk"] *das*; -, -: Frage-und-Antwort-Spiel (bes. im Rundfunk u. Fernsehen), bei dem die Antworten innerhalb einer vorgeschriebenen Zeit gegeben werden müssen. **Quizmaster** [*kᵘißmaßtᵉr*; aus gleichbed. *engl.-amerik.* quizmaster] *der*; -s, -: Fragesteller [u. Conférencier] bei einer Quizveranstaltung. **quizzen** [*kᵘißᵉn*]: Quiz spielen
quod erat demon|strandum [*lat.*; „was zu beweisen war"]: durch diese Ausführung ist das klar, deutlich geworden; Abk.: q.e.d.
Quodlibet [aus *lat.* quod libet „was beliebt"] *das*; -s, -s: humoristische musikalische Form, in der verschiedene Lieder unter Beachtung kontrapunktischer Regeln gleichzeitig od. [in Teilen] aneinandergereiht gesungen werden
quod licet Iovi, non licet bovi [- *lizät jowi* - *lizät bowi*; *lat.*; „was Jupiter erlaubt ist, ist nicht dem Ochsen erlaubt"]: Handlungen werden, abhängig von der Person ihres Urhebers, verschieden beurteilt, d. h. einer höhergestellten Person werden größere Freiheiten zugestanden
Quorum [aus *lat.* quōrum „derer, von denen", Gen. Plural von quī „welcher, der", nach dem Eingangswort bei Gerichtsentscheidungen] *das*; -s: a) (bes. schweiz.) die zur Beschlußfassung in einer Körperschaft erforderliche Zahl anwesender Mitglieder (Rechtsw.); b) für die Gültigkeit eines Beschlusses erforderliche Mindestzahl abgegebener Stimmen
quos ego! [*lat.*; „euch (will) ich!", Einhalt gebietender Zuruf Neptuns an die tobenden Winde in Vergils „Äneis"]: euch will ich [helfen]!, euch will ich's zeigen!
Quote [aus gleichbed. *mlat.* quota (pars) zu *lat.* quotus „der wievielte?"] *die*; -, -n: Anteil (von Sachen od. auch Personen), der bei Aufteilung eines Ganzen auf den einzelnen od. eine Einheit entfällt (Beziehungszahlen in der Statistik, Kartellquoten, Konkursquoten). **quotisieren**: eine Gesamtmenge od. einen Gesamtwert in → Quoten aufteilen (Wirtsch.)
Quotient [...*ziänt*; aus *lat.* quotiēns „wie oft?, wievielmal? (eine Zahl durch eine andere teilbar ist)"] *der*; -en, -en: a) Zähler u. Nenner eines Bruchs, die durch Bruchstrich voneinander getrennt sind; b) Ergebnis einer Division
quotieren [zu → Quote]: den Preis (Kurs) angeben od. mitteilen, notieren (Wirtsch.). **Quotierung** *die*; -, -en: das Quotieren; vgl. ...ation/...ierung
quotisieren s. Quote
quo|usque tandem? [aus *lat.* quousque tandem, Catilina, abutere patientiā nostrā? „wie lange noch, Catilina, wirst du unsere Geduld mißbrauchen?" (Anfang einer Rede Ciceros)]: wie lange noch (soll es dauern)?
quo vadis? [- *wadiß*; *lat.*; „wohin gehst du?" (eigtl. Domine, - -? = Herr, wohin gehst du?)]: legendäre Frage des aus Rom flüchtenden Petrus an den ihm erscheinenden Christus
q. v. = quantum vis

R

r = Radius
R = 1. [Abk. für gleichbed. *lat.* rārus] selten; RR: sehr selten; RRR: äußerst selten (in Münz- u. Briefmarkenwerken). 2. Reaumur
Ra = chem. Zeichen für: Radium
Rabatt [aus gleichbed. *it.* rabatto zu rabattere „niederschlagen, abschlagen; einen Preisnachlaß gewähren", dies zu *lat.* battuere „schlagen"] *der*; -[e]s, -e: Preisnachlaß, der aus bestimmten Gründen (z. B. Bezug größerer Mengen od. Dauerbezug) gewährt wird. **rabattieren**: Rabatt gewähren
Rabatte [aus gleichbed. *niederl.* rabat, eigtl. „Aufschlag am Halskragen", dies aus gleichbed. *fr.* rabat, vgl. Rabatt] *die*; -, -n: schmales Beet [an Wegen, um Rasenflächen]
Rabatz [vermutlich zu der Wortfamilie von „Rabauke" gehörend] *der*; -es: (ugs.) 1. lärmendes Treiben, Geschrei, Krach. 2. laut vorgebrachter Protest
Rabauke [zu *niederl.* rabauw, rabaut „Schurke, Strolch", dies aus gleichbed. *altfr.* ribaud zu riber „sich wüst aufführen", dies aus *mhd.* rīben „brünstig sein, sich begatten"] *der*; -n, -n: (ugs.) grober, gewalttätiger junger Mensch, Rohling
Rabbi [über *gr.-kirchenlat.* rabbí aus *hebr.* rabbī, eigtl. „mein Herr"] *der*; -[s], ...inen (auch: -s): 1. (ohne Plural) Ehrentitel jüdischer Gesetzeslehrer. 2. Träger dieses Titels. **Rabbinat** *das*; -[e]s, -e: Amt, Würde eines Rabbiners. **Rabbiner** [aus gleichbed. *mlat.* rabbinus, vgl. Rabbi] *der*; -s, -: jüd. Gesetzes- u. Religionslehrer, Prediger u. Seelsorger. **rabbinisch**: die Rabbiner betreffend
rabiat [aus *mlat.* rabiātus „wütend" zu *lat.* rabiēs „Wut, Tollheit, Raserei"]: a) rücksichtslos u. roh; b) wütend
Rabulist [zu gleichbed. *lat.* rabula] *der*; -en, -en: Wortverdreher. **Rabulistik** *die*; -, -en: Wortverdreherei, Haarspalterei. **rabulistisch**: haarspalterisch
Rachitis [...*chi*...; über *engl.* r(h)achitis aus gleichbed. *gr.* rhachītis (nósos), eigtl. „das Rückgrat treffend(e Krankheit)"] *die*; -, ...itiden: engl. Krankheit, Vitamin-D-Mangelkrankheit bes. im frühen Kleinkindalter mit mangelhafter Verkalkung des Knochengewebes (Med.). **rachitisch**: a) an Rachitis leidend, die charakteristischen Symptome einer Rachitis zeigend; b) die Rachitis betreffend (Med.)

[1]**Racket** [*räket*; über *engl.* racket aus gleichbed. *fr.* raquette, eigtl. „Handfläche", zu gleichbed. *arab.* rāha] *das*; -s, -s: Tennisschläger. [2]**Racket** [*räket*; aus *engl.-amerik.* racket, eigtl. „Krach; Gaunerei"] *das*; -s, -s: Verbrecherbande in Amerika. **Racketeer** [*räketir*; aus gleichbed. *engl.-amerik.* racketeer] *der*; -s, -s: Gangster, Erpresser

Ra|clette [*raklät*, (auch:) *raklät*; aus gleichbed. *fr.* raclette zu racler „abkratzen"] *die*; -, -s (auch: *das*; -s, -s): ein Walliser Käsegericht

rad = 1. Rad. 2. Radiant (2). **Rad** [aus gleichbed. *engl.* rad, Kurzw. aus: *r*adiation *a*bsorbed *d*osis (*reidieischen ebsorbd dousis*)] *das*; -[s], -: Einheit der Strahlungsdosis von Röntgen- od. Korpuskularstrahlen; Zeichen: rad (Phys.)

Radar [auch: *radar*; aus gleichbed. *amerik.* radar, Kurzwort aus: *ra*dio *d*etecting *a*nd *r*anging (*reidiou ditäkting end reindsching*), eigtl. „Funkermittlung u. Entfernungsmessung"] *der* od. *das*; -s: Verfahren zur Ortung von Gegenständen im Raum mit Hilfe gebündelter elektromagnetischer Wellen, die von einem Sender ausgehen, reflektiert werden u. über einen Empfänger auf einem Anzeigegerät sichtbar gemacht werden

radial [zu *lat.* radius, s. Radius]: den Radius betreffend, in Radiusrichtung; strahlenförmig, von einem Mittelpunkt ausgehend, auf einen Mittelpunkt hinzielend. **Radialität** *die*; -: radiale Anordnung. **Radiant** [aus *lat.* radiāns, Gen. radiantis, Part. Präs. von radiāre „strahlen", vgl. Radius] *der*; -en, -en: 1. scheinbarer Ausstrahlungspunkt eines Meteorschwarms an der Himmelssphäre (Astron.). 2. Einheit des Winkels im Bogenmaß; ebener Winkel, für den das Längenverhältnis Kreisbogen zu Kreisradius den Zahlenwert 1 besitzt; Abk.: rad. **radiär** [aus gleichbed. *fr.* radiaire, vgl. Radius]: strahlig. **Radiation** [...*zion*; aus *lat.* radiātio „das Strahlen"] *die*; -, -en: Strahlung, Ausstrahlung. **Radiator** *der*; -s, ...oren: Hohlkörper bei Dampf-, Wasser-, Gaszentralheizungen, der die Wärme ausstrahlt. **Radien** [...*ien*]: *Plural* von → Radius

radieren [aus *lat.* rādere „kratzen, schaben, auskratzen; reinigen"]: 1. etwas Geschriebenes od. Gezeichnetes mit einem Radiergummi od. Messer entfernen, tilgen. 2. eine Zeichnung auf eine Kupferplatte einritzen. **Radierer** *der*; -s, -: Künstler, der Radierungen herstellt. **Radierung** *die*; -, -en: 1. (ohne Plural) Tiefdruckverfahren, bei dem die Zeichnung in eine Wachs-Harz-Schicht, die sich auf einer Kupferplatte befindet, eingeritzt wird, von der [nach der Ätzung durch ein Säurebad] Abzüge gemacht werden. 2. durch das Radierverfahren hergestelltes graphisches Blatt

radikal [aus gleichbed. *fr.* radical, dies aus *spätlat.* rādīcālis „an die Wurzel gehend; von Grund auf, gründlich" zu *lat.* rādīx, s. Radix]: 1. a) bis auf die Wurzel gehend, vollständig, gründlich u. ohne Rücksichtnahme; b) hart, rücksichtslos. 2. einen politischen od. weltanschaulichen Radikalismus vertretend. 3. die Wurzel betreffend (Math.). **Radikal** *das*; -s, -e: Gruppe von Atomen, die wie ein Element als Ganzes reagieren, eine begrenzte Lebensdauer besitzen u. chem. sehr reaktionsfähig sind (Chem.). **Radikalin|ski** *der*; -s, -s: (ugs., abwertend) politisch Radikaler. **radikalisieren**: radikal, rücksichtslos, unerbittlich machen. **Radikalisierung** *die*; -, -en: Entwicklung zu einer radikalen (2) Form. **Radikalismus** *der*; -, ...men: 1. rücksichtslos bis zum Äußersten gehende [politische, religiöse usw.] Richtung. 2. unerbittliches, unnachgiebiges Vorgehen. **Radikalist** *der*; -en, -en: Vertreter des Radikalismus. **radikalistisch**: den Radikalismus (1 u. 2) betreffend, im Sinne des Radikalismus

Radikand [nach *lat.* rādīcandus, Gerundivum von rādīcāre „Wurzel schlagen", vgl. Radix] *der*; -en, -en: math. Größe od. Zahl, deren Wurzel gezogen werden soll (Math.)

Radio [aus gleichbed. *amerik.* radio, Kurzform von radiotelegraphy (*reidioutelägrefi*) „Übermittlung von Nachrichten durch Ausstrahlung elektromagnetischer Wellen", vgl. radio...] *das*; -s, -s: 1. (ugs., bes. schweiz. auch: *der*) Rundfunkgerät. 2. (ohne Plural) Rundfunk. **radio...**, **Radio...** [aus *lat.* radius „Strahl", s. Radius]: in Zusammensetzungen auftretendes Bestimmungswort mit der Bedeutung „Strahl, Strahlung" od. „Rundfunk". **radioaktiv**: durch Kernzerfall od. -umwandlung bestimmte Elementarteilchen aussendend (Phys.). **Radio|aktivität** [...*wi*...] *die*; -: Eigenschaft der Atomkerne gewisser → Isotope, sich ohne äußere Einflüsse umzuwandeln und dabei bestimmte Strahlen auszusenden (Phys.). **Radiochemie** *die*; -: Chemie der radioaktiven Stoffe. **Radiogoniometer** *das*; -s, -: Winkelmesser für Funkpeilung. **Radio|indikator** *der*; -s, ...oren: künstlich radioaktiv gemachtes → Isotop. **Radiologe** [aus → radio... u. → ...loge] *der*; -n, -n: Facharzt für Röntgenologie u. Strahlenheilkunde (Med.). **Radiologie** *die*; -: Wissenschaft von den Röntgenstrahlen u. den Strahlen radioaktiver Stoffe u. ihrer Anwendung, Strahlenkunde. **radiologisch**: die Radiologie betreffend. **Radiometer** [aus → radio... u. → ...meter] *das*; -s, -: Gerät zur Strahlungsmessung (bes. von Wärmestrahlung), das die Kraft nutzt, die infolge eines Temperaturunterschieds zwischen bestrahlter u. unbestrahlter Seite auf ein dünnes [Glimmer]plättchen ausgeübt wird. **Radiosonde** *die*; -, -n: aus einem Kurzwellensender u. verschiedenen Meßgeräten bestehendes Gerät, das, an einem Ballon aufgelassen, die Verhältnisse der Erdatmosphäre erforscht (Meteor.). **Radiostern** *der*; -[e]s, -e: punktförmige, sternartige Radioquelle im Kosmos (Astron.). **Radiotechnik** *die*; -: Technik der drahtlosen Übermittlung von Zeichen, Tönen, Bildern, bewegten Szenen mit Hilfe von elektromagnetischen Wellen. **Radiotherapie** *die*; -: Strahlenbehandlung, Behandlung von Krankheiten mit radioaktiven od. Röntgenstrahlen. **Radium** [zu *lat.* radius „Strahl", s. Radius] *das*; -s: radioaktiver chem. Grundstoff, Metall; Zeichen: Ra. **Radiumemanation** [...*zion*] *die*; -: ein Edelgas, → Radon

Radius [aus *lat.* radius „Stab; Speiche; Strahl"] *der*; -, ...ien [...*ien*]: Halbmesser des Kreises; Abk.: *r* (Math.). **Radiusvektor** [...*wäk*...] *der*; -s, -en: 1. vom Nullpunkt eines Koordinatensystems ausgehender, an ihn gebundener → Vektor. 2. Fahrstrahl, bei einer Zentralbewegung die gerichtete Verbindungslinie (→ Vektor) vom Kraftzentrum zum jeweiligen Ort des Massenpunktes od. Körpers (Phys.)

Radix [aus gleichbed. *lat.* rādīx, Gen. rādīcis] *die*; -, ...izes (fachspr. auch: ...ices [...*izeß*]): Wurzel. **radizieren**: die Wurzel (aus einer Zahl) ziehen (Math.)

Radon [auch: ...*don*; zu → Radium] *das*; -s: radioaktiver chemischer Grundstoff, Edelgas; Zeichen: Rn

Ra|dscha [auch: *ra*...; über *engl.* raja(h) aus *Hindi* rājā, dies aus *sanskr.* rājā „König, Fürst"] *der*; -s, -s: ind. Fürstentitel

R. A. F. = Royal Air Force

Raffinade [aus gleichbed. *fr.* raffinade, vgl. raffinieren] *die*; -, -n: feingemahlener, gereinigter Zucker. **Raffinat** *das*; -[e]s, -e: Raffinationsprodukt. **Raffination** [...*zion*] *die*; -, -en: Reinigung u. Veredlung von Naturstoffen u. techn. Produkten. **Raffinerie** [aus gleichbed. *fr.* raffinerie, vgl. raffinieren] *die*; -, ...ien: Betrieb zur Raffination von Zucker, Ölen u. anderen [Natur]produkten. **raffinieren** [aus gleichbed. *fr.* raffiner, eigtl. „verfeinern, läutern" zu fin „fein", dies aus *galloroman.* finus „Äußerstes; Bestes"]: Zucker, Öle u. andere [Natur]produkte reinigen. **Raffinose** *die*; -: ein Kohlehydrat, das vor allem in Zuckerrübenmelasse vorkommt

Raffinement [...*finᵉmang*; aus gleichbed. *fr.* raffinement, vgl. raffiniert] *das*; -s, -s: 1. durch Intelligenz erreichte höchste Verfeinerung [in einem kunstvollen Arrangement]. 2. mit einer gewissen Durchtriebenheit u. Gerissenheit klug berechnendes Handeln, um andere unmerklich zu beeinflussen. **Raffinesse** [französierende Bildung] *die*; -, -n: 1. besondere künstlerische, technische o. ä. Vervollkommnung, Feinheit. 2. (abwertend) Schläue, Durchtriebenheit, Gemeinheit. **raffiniert** [nach *fr.* raffiné, eigtl. Part. Perf. Pass. von veraltet raffinieren „verfeinern, läutern", vgl. raffinieren]: 1. durchtrieben, gerissen, schlau, abgefeimt. 2. von Raffinement (1) zeugend, mit Raffinement (1) od. Raffinessen (1) erdacht, ausgeführt. **Raffiniertheit** *die*; -, -en: Durchtriebenheit, Gerissenheit

Raft [aus gleichbed. *engl.-amerik.* raft] *das*; -s, -s: schwimmende Insel aus Treibholz

Rage [*rasch*ᵉ; über *fr.* rage, *vulgärlat.* *rabia aus gleichbed. *lat.* rabiēs] *die*; -: Wut, Raserei; in der -: in der Aufregung, Eile

Ra|glan [nach dem engl. Lord Raglan (*rägl*ᵉ*n*), 1788–1855] *der*; -s, -s: [Sport]mantel mit angeschnittenen Ärmeln. **Ra|glanärmel** *der*; -s, -: Ärmel[schnitt], bei dem Ärmel u. Schulterteil ein Stück bilden

Ragnarök [aus *altnord.* ragnarǫk, eigtl. „Götterschicksal"] *die*; -: Weltuntergang in der nordischen Mythologie

Ragout [...*gu*; aus gleichbed. *fr.* ragoût zu ragoûter „den Gaumen reizen, Appetit machen", vgl. Gout] *das*; -s, -s: Mischgericht aus Fleisch, Wild, Geflügel od. Fisch in pikanter Soße. **Ragoût fin** [*ragufäng*; *fr.*; „feines Ragout"] *das*; - -, -s -s [*ragufäng*]: Ragout aus hellem Fleisch (z. B. Kalbfleisch, Geflügel) mit [Worcester]soße

Ragtime [*rägtaim*; aus gleichbed. *engl.-amerik.* ragtime, eigtl. „zerrissener Takt"] *der*; -: 1. nordamerik. Musik-, bes. Pianospielform mit melodischer Synkopierung bei regelmäßigem Beat (1). 2. auf dieser Form beruhender Gesellschaftstanz

Raison [*räsong*] usw.: franz. Schreibung für: Räson usw.

rajolen [aus *niederd.* rajolen, vgl. rigolen]: = rigolen

Rakete [aus gleichbed. *it.* rocchetta, eigtl. „kleiner Spinnrocken" (germ. Wort)] *die*; -, -n: 1. Feuerwerkskörper. 2. mit Treibstoff gefüllter, röhrenartiger Flugkörper, der sich nach Zündung der Treibladung durch den Rückstoß fortbewegt. 3. Beifall durch rhythmisches Klopfen und Pfeifen für eine [karnevalistische] Darbietung

Rakett *das*; -s, -e u. -s: = [1]Racket

Raki [aus *türk.* raki] *der*; -[s], -s: in der Türkei u. in Balkanländern hergestellter Trinkbranntwein aus Rosinen (gelegentlich auch aus Datteln od. Feigen) u. Anis

rall. = rallentando. **rallentando** [aus gleichbed. *it.* rallentando zu *lat.* lentus „langsam, träge"]: langsamer werdend (Vortragsanweisung; Mus.); Abk.: rall.

Rallye [*rali* od. *räli*; aus gleichbed. *engl.-fr.* rallye zu *fr.* rallier „(sich) wieder (ver)sammeln", vgl. alliieren] *die*; -, -s (schweiz.: *das*; -s, -s): Automobilwettbewerb [in mehreren Etappen] mit Sonderprüfungen (Sternfahrt; Sport)

Ramadan [aus *arab.* ramaḍān, eigtl. „der heiße Monat"] *der*; -[s]: Fastenmonat der Mohammedaner

Ramaneffekt [nach dem indischen Physiker Raman, 1888–1970] *der*; -[e]s: Auftreten von Spektrallinien kleinerer u. größerer Frequenz im Streulicht beim Durchgang von Licht durch Flüssigkeiten, Gase u. Kristalle

ramponieren [aus gleichbed. *mniederl.* ramponeren, dies aus *altfr.* ramposner „verhöhnen, hart anfassen" (germ. Wort)]: (ugs.) stark beschädigen

Ranch [*räntsch*, auch: *rantsch*; aus *amerik.* ranch, dies aus *mex.-span.* rancho „einzeln liegende Hütte (für Viehzucht)" zu *span.* rancharse, ranchearse „sich niederlassen", vgl. rangieren] *die*; -, -s, auch: -es [...*is*, auch: ...*iß*]: nordamerikan. Viehwirtschaft, Farm. **Rancher** *der*; -s, -[s]: nordamerikan. Viehzüchter, Farmer

randalieren [zu Randal „Lärm, Krach", wohl Kurzw. aus landsch. *Rand* „Possen" u. → Skan*dal*]: in einer Gruppe mutwillig lärmend durch die Straßen ziehen. **Randalierer** *der*; -s, -: jmd., der randaliert

Ranger [*reⁱndschᵉr*; aus *engl.-amerik.* ranger zu to range „anordnen; (durch)streifen, wandern", vgl. rangieren] *der*; -s, -s: Angehöriger einer berittenen [Polizei]truppe in Nordamerika, z. B. die Texas Rangers

rangieren [*rangschirᵉn*, auch: *rangschirᵉn*; aus *fr.* ranger „ordnungsgemäß aufstellen, ordnen" zu rang „Reihe, Ordnung" (germ. Wort)]: 1. einen Rang innehaben [vor, hinter jmdm.]. 2. Eisenbahnwagen durch entsprechende Fahrmanöver verschieben, auf ein anderes Gleis fahren. 3. (landsch.) in Ordnung bringen, ordnen

Rankune [über *fr.* rancune, *vulgärlat.* *rancūra aus gleichbed. *lat.* rancor, eigtl. „das Ranzige"] *die*; -, -n: Groll, heimliche Feindschaft; Rachsucht

Ranunkel [aus gleichbed. *lat.* rānunculus, eigtl. „kleiner Frosch"] *die*; -, -n: Gartenpflanze der Gattung Hahnenfuß

rapid u. **rapide** [aus gleichbed. *fr.* rapide, dies aus *lat.* rapidus „raffend, reißend; schnell, ungestüm"]: sehr schnell. **rapidamente** [aus *it.* rapidamente „schnell", vgl. rapido]: sehr schnell, rasend (Vortragsanweisung; Mus.). **rapide** vgl. rapid. **Rapidität** [über *fr.* rapidité aus gleichbed. *lat.* rapiditās] *die*; -: Blitzesschnelle, Ungestüm. **rapido** [aus *it.* rapido „schnell", dies aus *lat.* rapidus, s. rapid]: sehr schnell, rasch (Vortragsanweisung; Mus.)

Rapier [aus gleichbed. *fr.* rapière zu râpe „Reibeisen" (germ. Wort)] *das*; -s, -e: Fechtwaffe, Degen

Rapport [aus gleichbed. *fr.* rapport, eigtl. „das Wiederbringen", vgl. rapportieren] *der*; -[e]s, -e: Bericht, [dienstliche] Meldung (bes. beim Militär). **rapportieren** [aus gleichbed. *fr.* rapporter, eigtl. „wiederbringen" zu *lat.* re-, s. re..., u. apportāre „herbeitragen"]: berichten, Meldung machen

Raptus [aus *lat.* raptus „das Hinreißen, Fortreißen; Zuckung"] *der;* -, - [*ráptuß*] u. -se: (scherzh.) Wutanfall, Koller

Rara avis [- *awiß*; *lat.*; „seltener Vogel"] *die;* - -: etwas Seltenes. **Rarität** [aus *lat.* rāritās „Lockerheit; Seltenheit"] *die;* -, -en: 1. Seltenheit. 2. Kostbarkeit; seltenes und darum kostbares Stück (einer Sammlung)

rasant [aus *fr.* rasant „bestreichend, den Erdboden streifend", eigtl. Part. Präs. von raser „scheren, rasieren; darüber hinstreichen, streifen; schleifen", s. rasieren, volksetymologisch an *dt.* rasen angelehnt]: 1. (ugs.) sehr schnell, rasend, schneidig; wildbewegt. 2. (ugs.) fabelhaft, atemberaubend [schön], Bewunderung erregend. **Rasanz** *die;* -: 1. (ugs.) rasende Geschwindigkeit; stürmische Bewegtheit. 2. (ugs.) in Erregung versetzende Schönheit, Großartigkeit

rasieren [1: über *niederl.* raseren, *fr.* raser aus gleichbed. *vulgärlat.* *rāsāre zu *lat.* rāsum, Part. Perf. Pass. von rādere „kratzen, schaben; abscheren; darüber hinstreichen"]: 1. mit einem Rasiermesser od. -apparat die [Bart]haare entfernen. 2. (ugs.) übertölpeln, betrügen

Räson [*räsong*; über *fr.* raison aus gleichbed. *lat.* ratio, s. Ratio] *die;* -: (veraltend) Vernunft, Einsicht; jmdn. zur - bringen: durch sein Eingreifen dafür sorgen, daß sich jmd. ordentlich u. angemessen verhält, zur Vernunft kommt. **räsonieren** [aus *fr.* raisonner „überlegen, vernunftgemäß handeln u. reden; Einwendungen machen", vgl. Räson]: (abwertend) a) viel und laut reden; b) seiner Unzufriedenheit Luft machen, schimpfen

Raspa [aus gleichbed. *mex.-span.* raspa zu *span.* raspar „(ab)kratzen" (germ. Wort)] *die;* -, -s (ugs. auch: *der;* -s, -s): um 1950 eingeführter lateinamerikan. Gesellschaftstanz (meist im $^6/_8$-Takt)

Rassismus [zu Rasse, dies über *fr.* race aus gleichbed. *it.* razza] *der;* -: übersteigertes Rassenbewußtsein, Rassendenken; Rassenhetze. **Rassist** *der;* -en, -en: Anhänger des Rassismus. **rassistisch**: den Rassismus betreffend

Rasur [aus *lat.* rāsūra „das Schaben, Kratzen; Abscheren, Abrasieren"; vgl. rasieren] *die;* -, -en: 1. das Rasieren, Entfernung der [Bart]haare. 2. das Radieren; Schrifttilgung (z. B. in Geschäftsbüchern)

Ratifikation [...*zion*; aus *mlat.* ratificātio „Bestätigung, Genehmigung", vgl. ratifizieren] *die;* -, -en: Genehmigung, Bestätigung eines von der Regierung abgeschlossenen völkerrechtlichen Vertrages durch die gesetzgebende Körperschaft; vgl. ...ation/...ierung. **ratifizieren** [aus *mlat.* ratificāre „bestätigen, genehmigen" zu *lat.* ratus „berechnet; bestimmt, gültig" u. → ..fizieren]: als gesetzgebende Körperschaft einen völkerrechtlichen Vertrag in Kraft setzen. **Ratifizierung** *die;* -, -en: das Ratifizieren; vgl. ...ation/...ierung

Ratiné [...*ne*; aus gleichbed. *fr.* ratiné „gekräuselt", subst. Part. Perf. Pass. von ratiner, s. ratinieren] *der;* -s, -s: flauschiger Mantelstoff mit noppenähnlicher Musterung. **ratinieren** [aus gleichbed. *fr.* ratiner]: aufgerauhtem [Woll]gewebe mit der Ratiniermaschine eine noppenähnliche Musterung geben

Ratio [...*zio*; aus gleichbed. *lat.* ratio] *die;* -: Vernunft, Verstand

Ration [...*zion*; aus gleichbed. *fr.* ration, dies aus *mlat.* ratio „berechneter Anteil", aus *lat.* ratio „Rechnung; Rechenschaft", s. Ratio] *die;* -, -en: zugeteiltes Maß, bes. in bezug auf die Verpflegung. **rationieren** [aus gleichbed. *fr.* rationner, vgl. Ration]: in festgelegten, relativ kleinen Rationen zuteilen, haushälterisch einteilen

rational [aus gleichbed. *lat.* ratiōnālis, vgl. Ratio]: die Ratio betreffend; vernünftig, aus der Vernunft stammend, von der Vernunft bestimmt; -e Zahlen: Zahlen, die man als Brüche mit ganzzahligem Zähler u. Nenner schreiben kann; Ggs. → tional; vgl. ...al/...ell. **rationalisieren** [nach gleichbed. *fr.* rationaliser zu → rational]: vereinheitlichen, straffen, [das Zusammenwirken der Produktionsfaktoren] zweckmäßiger gestalten. **Rationalisierung** *die;* -, -en: das Rationalisieren. **Rationalismus** *der;* -: Geisteshaltung, die das rationale Denken als Haupterkenntnisquelle ansieht. **Rationalist** *der;* -en, -en: Vertreter des Rationalismus; einseitiger Verstandesmensch. **rationalistisch**: im Sinne des Rationalismus. **rationell** [aus *fr.* rationnel „vernünftig", vgl. rational]: zweckmäßig, sparsam; vgl. ...al/...ell

rationieren s. Ration

Ratonkuchen [zu *fr.* raton „Käsekuchen, Rahmtörtchen"] *der;* -s, -: (landsch.) Napfkuchen

Ravioli [*rawioli*; aus gleichbed. *it.* ravioli, eigtl. „kleine Rüben" zu *lat.* rapa „Rübe"] *die* (Plural): mit kleingewiegtem Fleisch od. Gemüse gefüllte Nudelteigtaschen (Gastr.)

Ray|on [*räjong*; aus gleichbed. *fr.* rayon, eigtl. „Honigwabe" zu gleichbed. *altfr.* ree, dies aus gleichbed. *fränk.* *hrāta] *der;* -s, -s: 1. Warenhausabteilung. 2. (österr., sonst veraltet) Bezirk, [Dienst]bereich. **Ray|onchef** *der;* -s, -s: Abteilungsleiter [im Warenhaus]. **rayo|nieren** [...*jon*...]: (österr., sonst veraltet) nach Bezirken einteilen; zuweisen

Razzia [aus gleichbed. *fr.* razzia, dies aus *algerisch-arab.* ġāziya „Kriegszug; militärische Expedition"] *die;* -, ...ien [...*i*ᵉ*n*] (selten: -s): [polizeiliche] Fahndungsstreife

Rb = chem. Zeichen für: Rubidium

Rbl. = Rubel

re [aus *it.* re]: Silbe, auf die man den Ton d singen kann; vgl. Solmisation

¹Re = chem. Zeichen für: Rhenium

²Re [*re*; wohl gekürzt aus Rekontra, s. re...] *das;* -s, -s: Erwiderung auf ein → Kontra

re..., **Re...** [aus gleichbed. *lat.* re-]: Präfix mit der Bedeutung „zurück; wieder" (räuml. u. zeitl.), z. B. reagieren, Regeneration

Reader [*rid*ᵉ*r*; aus gleichbed. *engl.* reader] *der;* -s, -: [Lese]buch mit Auszügen aus der [wissenschaftlichen] Literatur u. verbindendem Text

Ready-made [*rädime*ⁱ*d*; aus gleichbed. *engl.* ready-made, eigtl. „(gebrauchs)fertig Gemachtes"] *das;* -, -s: beliebiger, serienmäßig hergestellter Gegenstand, der als Kunstwerk ausgestellt wird

Reagens [zu → reagieren] *das;* -, ...genzien [...*i*ᵉ*n*] u. **Reagenz** *das;* -es, -ien [...*i*ᵉ*n*]: jeder Stoff, der mit einem anderen eine bestimmte chem. Reaktion herbeiführt u. ihn so identifiziert (Chem.). **Reagenzglas** *das;* -es, ...gläser: zylindrisches Prüf-, Probierglas. **Reagenzien** [...*i*ᵉ*n*]: *Plural* von → Reagens u. → Reagenz. **reagieren** [aus → re... u. *lat.* agere „treiben, tun, handeln", s. agieren]: 1. auf etwas ansprechen, antworten, eingehen; eine Gegenwirkung zeigen. 2. eine chem. Reaktion eingehen, auf etwas einwirken (Chem.). **Reaktanz** *die;* -, -en: Blindwiderstand, elektrischer Wechselstromwiderstand, der nur durch → induktiven u. → kapazitativen Widerstand bewirkt wird (Elektrot.). **Reaktion** [*...zion*; (3: nach gleichbed. *fr.* réaction) aus → re... u. → Aktion] *die*; -, -en: 1. das Reagieren, durch etwas hervorgerufene Wirkung, Gegenwirkung. 2. unter stofflichen Veränderungen ablaufender Vorgang (Chem.). 3. (ohne Plural) a) fortschrittsfeindliches politisches Verhalten; b) Gesamtheit aller nicht fortschrittlichen politischen Kräfte. **reaktionär** [aus gleichbed. *fr.* réactionnaire, vgl. Reaktion]: (abwertend) nicht [politisch] fortschrittlich. **Reaktionär** *der*; -s, -e: (abwertend) jmd., der die Notwendigkeit einer politischen od. sozialen Neuorientierung ignoriert u. sich jeder fortschrittlichen Entwicklung entgegenstellt. **reaktiv**: als Reaktion auf einen Reiz auftretend, rückwirkend. **reaktivieren** [*...wir[e]n*; nach gleichbed. *fr.* réactiver aus → re... u. → aktivieren]: 1. a) wieder in Tätigkeit setzen, in Gebrauch nehmen, wirksam machen; b) wieder anstellen, in Dienst nehmen. 2. chemisch wieder umsetzungsfähig machen. **Reaktor** [aus gleichbed. *engl.-amerik.* reactor, vgl. reagieren] *der*; -s, ...oren: Vorrichtung, in der eine physikalische od. chemische Reaktion abläuft (Phys.)

real [aus *mlat.* reālis „sachlich, wesentlich" zu *lat.* rēs „Sache, Ding"]: 1. dinglich, sachlich; Ggs. → imaginär. 2. wirklich, tatsächlich; der Realität entsprechend; Ggs. → irreal. **Realgymnasium** *das*; -s, ...sien [*...i[e]n*]: eine frühere Form der höheren Schule, die heute durch das neusprachliche Gymnasium abgelöst ist. **Realien** [*...i[e]n*] *die* (Plural): 1. wirkliche Dinge, Tatsachen. 2. naturwissenschaftliche Unterrichtsfächer; Ggs. → Humaniora. **Realisat** [zu → realisieren (1)] *das*; -s, -e: künstlerisches Erzeugnis. **Realisation** [*...zion*; nach gleichbed. *fr.* réalisation, vgl. real] *die*; -, -en: 1. Verwirklichung. 2. Herstellung, Inszenierung eines Films od. einer Fernsehsendung. 3. Umwandlung in Geld (Wirtsch.); vgl. ...ation/...ierung. **realisieren** [(3: unter Einfluß von *engl.* to realize) nach gleichbed. *fr.* réaliser, vgl. real]: 1. verwirklichen. 2. in Geld umwandeln. 3. klar erkennen, einsehen, begreifen, indem man sich die betreffende Sache bewußtmacht. **Realisierung** *die*; -, -en: das Realisieren; vgl. ...ation/...ierung. **Realismus** [zu → real] *der*; -, ...men: 1. (ohne Plural) a) Wirklichkeitssinn, wirklichkeitsnahe Einstellung; auf Nutzen bedachte Grundhaltung; b) ungeschminkte Wirklichkeit. 2. (ohne Plural) philosophischer Standpunkt, der eine außerhalb unseres Bewußtseins liegende Wirklichkeit annimmt, zu deren Erkenntnis wir durch Wahrnehmung u. Denken kommen. 3. die Wirklichkeit nachahmende, mit der Wirklichkeit übereinstimmende künstlerische Darstellung. **Realist** *der*; -en, -en: 1. jmd., der die Gegebenheiten des täglichen Lebens nüchtern u. sachlich betrachtet u. sich in seinen Handlungen danach richtet; Ggs. → Idealist (2). 2. Vertreter des Realismus (3). **Realistik** *die*; -: ungeschminkte Wirklichkeitsdarstellung. **realistisch**: 1. a) wirklichkeitsnah, lebensecht; b) ohne Illusion, sachlich-nüchtern; Ggs. → idealistisch (2). 2. zum Realismus (3) gehörend. **Realität** [nach gleichbed. *fr.* réalité, vgl. real] *die*; -, -en: Wirklichkeit, tatsächliche Lage, Gegebenheit; Ggs. → Irrealität. **realiter**: in Wirklichkeit. **Reallexikon** *das*; -s, ...ka (auch: ...ken): → Lexikon, das die Sachbegriffe einer Wissenschaft od. eines Wissenschaftsgebietes enthält. **Real|präsenz** *die*; -: die wirkliche Gegenwart Christi in Brot u. Wein beim heiligen Abendmahl nach lutherischer Lehre. **Realschule** *die*; -, -n: sechsklassige, auf der Grundschule aufbauende Lehranstalt, die bis zur mittleren Reife führt; Mittelschule

Reassekuranz [aus → re... u. → Assekuranz] *die*; -, -en: Rückversicherung

Reaumur [*reomür*, auch: *...mür*; nach dem franz. Physiker Réaumur, 1683–1757]: Gradeinteilung beim heute veralteten 80teiligen Thermometer; Zeichen: R

Rebbach [aus *jidd.* rewach „Zins"] *der*; -s: (Gaunerspr.) unberechtigter Verdienst, Gewinn

Rebell [über *fr.* rebelle aus gleichbed. *lat.* rebellis, eigtl. „den Krieg erneuernd"] *der*; -en, -en: Aufrührer, Aufständischer; jmd., der sich auflehnt, widersetzt, empört. **rebellieren** [aus gleichbed. *lat.* rebellāre]: sich auflehnen, sich widersetzen, sich empören. **Rebellion** *die*; -, -en: Aufruhr, Aufstand, Widerstand, Empörung. **rebellisch**: widersetzlich, aufsässig, aufrührerisch

Rebound [*ribaund*; aus gleichbed. *engl.-amerik.* rebound, eigtl. „das Zurückprallen"] *der*; -s, -s: vom Brett od. Korbring abprallender Ball (Basketball)

Rebus [aus gleichbed. *fr.* rébus (de Picardie), dies aus *lat.* (dē) rēbus (quae geruntur) „(von) Sachen (die sich ereignen)"] *der* od. *das*; -, -se: Bilderrätsel

Rec. = recipe

Receiver [*rißiw[e]r*; aus gleichbed. *engl.* receiver, eigtl. „Empfänger" zu *altfr.* receivre, *lat.* recipere „zurücknehmen; aufnehmen"] *der*; -s, -: 1. bei Verbunddampfmaschinen Dampfaufnehmer zwischen Hoch- u. Niederdruckzylinder (Techn.). 2. Kombination von Rundfunkempfänger u. Verstärker für Hi-Fi-Wiedergabe

Rechaud [*rescho*; aus *fr.* réchaud „Kohlenbecken; Wärmpfanne" zu *lat.* excalefacere „erwärmen, erhitzen"] *der* od. *das*; -s, -s: 1. (südd., österr., schweiz.) [Gas]kocher. 2. Wärmeplatte (Gastr.)

Recherche [*r[e]schärsch[e]*; aus gleichbed. *fr.* recherche, vgl. recherchieren] *die*; -, -n: Nachforschung, Ermittlung. **Rechercheur** [*...schör*] *der*; -s, -e: Ermittler. **recherchieren** [aus gleichbed. *fr.* rechercher, eigtl. „noch einmal (auf)suchen", dies aus → re... u. *vulgärlat.* circāre „umgeben; rings um etwas herumgehen, durchwandern" zu *lat.* circum „ringsum(her)"]: ermitteln, untersuchen, nachforschen, erkunden

recipe! [*rezipe*; aus gleichbed. *lat.* recipe, Imperativ von recipere „(auf)nehmen"]: auf ärztlichen Rezepten: nimm!; Abk.: Rec. u. Rp.

Recital [*rißait[e]l*; aus gleichbed. *engl.* recital, vgl. rezitieren] *das*; -s, -s u. **Rezital** *das*; -s, -e od. -s: Solistenkonzert

recitando [*retschi...*; aus gleichbed. *it.* recitando, vgl. rezitieren]: frei, d. h. ohne strikte Einhaltung des Taktes, rezitierend (Vortragsanweisung; Mus.)

Recorder [*rekor...*, auch: *rikǫ'd[e]r*; aus gleichbed. *engl.* recorder, eigtl. „Aufzeichner" zu *altfr.* recorder, *lat.* recordāri „sich vergegenwärtigen, an etwas zurückdenken"] *der*; -s, -: a) Gerät zur Aufzeichnung auf Tonbändern od. Platten; b) Tonwiedergabegerät

recte [*räkt[e]*; aus gleichbed. *lat.* rēctē, Adverb von rēctus „gerade; richtig"]: richtig, recht

Redakteur [*...tör*; aus gleichbed. *fr.* rédacteur, vgl. redigieren] *der*; -s, -e: a) jmd., der Beiträge für die Veröffentlichung (in Zeitungen, Zeitschriften, Sammelwerken u. a.) bearbeitet od. eigene Artikel verfaßt; b) Schriftleiter. **Redaktion** [...*zion*] *die*; -, -en: 1. Tätigkeit des Redakteurs, Redigierung. 2. a) Gesamtheit der Redakteure; b) Arbeitsräume der Redakteure. **redaktionell**: die Redaktion (1, 2a) betreffend. **Redaktor** *der*; -s, ...oren: 1. wissenschaftlicher Herausgeber. 2. (schweiz.) Redakteur (a, b). **redigieren** [aus gleichbed. *fr.* rédiger, eigtl. „zurückführen", dies aus *lat.* redigere „zurücktreiben, zurückführen; in Ordnung bringen"]: einen [eingesandten] Text bearbeiten, druckfertig machen

Redingote [*r^edänggot*; aus gleichbed. *fr.* redingote, dies aus *engl.* riding coat „Reitmantel"] *die*; -, -n [...*t^en*]: taillierter Damenmantel mit Reverskragen

redivivus [...*wiwuß*; aus gleichbed. *lat.* redivīvus]: wiedererstanden

Redoute [*r^edut^(e)*; über *fr.* redoute aus gleichbed. *it.* ridotto, eigtl. „Zufluchtsort", dies aus *lat.* reductum „das Zurückgezogene, das Entlegene"] *die*; -, -n: 1. (veraltet) Saal für Bälle od. Tanzveranstaltungen. 2. (österr., sonst veraltet) Maskenball. 3. (hist.) Festungswerk in Form einer trapezförmigen geschlossenen Schanze

Reduktion [...*zion*; aus *lat.* reductio „Zurückführung; Zurückziehung", vgl. reduzieren] *die*; -, -en: 1. das Reduzieren, Herabsetzen, Verminderung. 2. Entzug von Sauerstoff aus einer chemischen Verbindung (Chem.). 3. Rückbildung eines Organs (Biol.)

red|undant [aus *lat.* redundāns, Gen. redundantis „überströmend, überflüssig"]: Redundanz aufweisend; überreichlich. **Red|undanz** *die*; -, -en: das Vorhandensein von überflüssigen Elementen in einer Nachricht, die keine zusätzliche Information liefern, sondern lediglich die beabsichtigte Grundinformation stützen; Überreichlichkeit

Redu|plikation [...*zion*; aus *spätlat.* reduplicātio „Verdoppelung"] *die*; -, -en: Verdoppelung eines Wortes od. einer Anlautsilbe (z. B. *Bonbon, Wirrwarr*). **redu|plizieren** [aus *spätlat.* reduplicāre „wieder verdoppeln"]: der Reduplikation unterworfen sein; -des Verb: Verb, das bestimmte Formen mit Hilfe der Reduplikation bildet (z. B. *lat. cucurri* = ich bin gelaufen)

reduzibel [zu → reduzieren]: zerlegbar (in bezug auf einen mathematischen Ausdruck); Ggs. → irreduzibel. **reduzieren** [aus *lat.* redūcere „(auf das richtige Maß) zurückführen"]: 1. a) einschränken; herabsetzen, vermindern; b) auf etwas Einfacheres, das Wesentliche zurückführen. 2. einer chemischen Verbindung Sauerstoff entziehen. **Reduzierung** *die*; -, -en: das Reduzieren

reell [aus gleichbed. *fr.* réel, vgl. real]: 1. a) anständig, ehrlich, redlich, gediegen, echt; b) (ugs.) ordentlich, den Erwartungen entsprechend. 2. wirklich, tatsächlich [vorhanden]; -e Zahlen: Zahlen, die man durch ganze Zahlen od. durch Dezimalzahlen mit endlich od. unendlich vielen Stellen (periodisch od. nicht periodisch) darstellen kann. **Reel|lität** [*reä*...] *die*; -: Ehrlichkeit, [geschäftliche] Anständigkeit

Refektorium [aus gleichbed. *mlat.* refectōrium zu *lat.* refectōrius „erquickend"] *das*; -s, ...ien [...*i^en*]: Speisesaal in einem Kloster

Referat [aus *lat.* referat „es möge berichten...", vgl. referieren] *das*; -[e]s, -e: 1. a) Vortrag über ein bestimmtes Thema; b) eine Beurteilung enthaltender schriftlicher Bericht; Kurzbesprechung [eines Buches]. 2. Sachgebiet eines → Referenten (2). **Referent** [aus *lat.* referēns, Gen. referentis, Part. Präs. von referre, s. referieren] *der*; -en, -en: 1. jmd., der ein Referat (1a) hält, Redner. 2. Sachbearbeiter. **referieren** [über gleichbed. *fr.* référer aus *lat.* referre „zurücktragen; überbringen; mitteilen, berichten"]: a) einen kurzen [beurteilenden] Bericht von etwas geben; b) ein Referat (1a) halten

Referee [...*ri*; aus gleichbed. *engl.* referee zu to refer „hinweisen, verweisen", vgl. referieren] *der*; -s, -s: Schiedsrichter, Ringrichter (Sport)

Referendar [aus *mlat.* referendārius „(aus den Akten) Bericht Erstattender", vgl. referieren] *der*; -s, -e: Anwärter auf die höhere Beamtenlaufbahn nach der ersten Staatsprüfung

Referendum [aus *lat.* referendum „zu Berichtendes", Gerundivum von referre, s. referieren] *das*; -s, ...den u. ...da: Volksabstimmung, Volksentscheid (insbes. in der Schweiz)

Referent s. Referat

Referenz [aus gleichbed. *fr.* référence, eigtl. „Bericht, Auskunft", vgl. referieren] *die*; -, -en (meist Plural): 1. von einer Vertrauensperson gegebene Auskunft, die man als Empfehlung vorweisen kann; vgl. aber Reverenz. 2. Vertrauensperson, die über jmdn. eine positive Auskunft geben kann

referieren s. Referat

re|flektieren [aus *lat.* (animum) reflectere „zurückbiegen, zurückwenden; seine Gedanken auf etwas hinwenden"]: 1. zurückstrahlen, spiegeln. 2. nachdenken; erwägen. 3. (ugs.) an jmdm./etwas sehr interessiert sein, etwas erhalten wollen. **Reflektor** *der*; -s, ...oren: 1. Hohlspiegel hinter einer Lichtquelle zur Bündelung des Lichtes. 2. Teil einer Richtantenne, der einfallende elektromagnetische Strahlen zur Bündelung nach einem Brennpunkt zurückwirft. 3. Fernrohr mit Parabolspiegel. 4. Umhüllung eines Atomreaktors mit Material von kleinem Absorptionsvermögen u. großer Neutronenreflexion zur Erhöhung des Neutronenflusses im Reaktor. **re|flektorisch**: durch einen Reflex bedingt. **Re|flex** [aus gleichbed. *fr.* réflexe, dies aus *lat.* reflexus „das Zurückbeugen"] *der*; -es, -e: 1. Widerschein, Rückstrahlung. 2. Reaktion des Organismus auf eine Reizung seines Nervensystems, durch äußere Reize ausgelöste unwillkürliche Reaktion des Organismus. **Re|flexion** [nach gleichbed. *fr.* réflexion aus *lat.* reflexio „das Zurückbeugen"] *die*; -, -en: 1. das Zurückwerfen von Licht, elektromagnetischen Wellen, Schallwellen, Gaswellen u. Verdichtungsstößen an Körperoberflächen. 2. das Nachdenken, Überlegung, Betrachtung, vergleichendes u. prüfendes Denken, Vertiefung in einen Gedankengang

re|flexiv [zu *lat.* reflexus, Part. Perf. Pass. von reflectere, s. reflektieren]: rückbezüglich (Sprachw.); -es [...*w^eß*] Verb: rückbezügliches Verb (z. B. sich schämen). **Re|flexiv** *das*; -s, -e [...*w^e*]: = Reflexivpronomen. **Re|flexivität** [...*wi*...] *die*; -: reflexive Eigenschaft eines Verbs (Sprachw.). **Re|flexivpronomen** *das*; -s, - u. ...mina: rückbezügliches Fürwort (z. B. sich). **Re|flexivum** [...*iwum*] *das*; -s, ...va [...*wa*]: = Reflexivpronomen

Reform [aus gleichbed. *fr.* réforme, vgl. reformieren] *die*; -, -en: Umgestaltung, Neuordnung; Verbesserung des Bestehenden. **Reformation** [aus *lat.* refōrmātio „Umgestaltung; Erneuerung"] *die*; -: durch Luther ausgelöste Bewegung zur Erneuerung der Kirche im 16. Jh., die zur Bildung der protestantischen Kirchen führte. **Reformator** *der*; -s, ...oren: 1. Umgestalter, Erneuerer. 2. Begründer der Reformation (Luther, Zwingli, Calvin u. a.). **reformatorisch**: 1. in der Art eines Reformators (1); umgestaltend, erneuernd. 2. die Reformation betreffend, im Sinne der Reformation, der Reformatoren (2). **Reformer** [aus gleichbed. *engl.* reformer, vgl. reformieren] *der*; -s, -: Umgestalter, Verbesserer, Erneuerer. **reformerisch**: Reformen betreibend; nach Verbesserung, Erneuerung strebend. **reformieren** [aus *lat.* refōrmāre „umgestalten, umbilden, neugestalten"]: verbessern, [geistig, sittlich] erneuern; neu gestalten. **reformiert** = evangelisch-reformiert; -e Kirche: Sammelbezeichnung für die von Zwingli u. Calvin ausgegangenen ev. Bekenntnisgemeinschaften. **Reformierte** *der* u. *die*; -n, -n: Angehörige[r] der reformierten Kirche. **Reformierung** *die*; -, -en (Plural selten): Neugestaltung u. Verbesserung. **Reformismus** *der*; -: 1. Bewegung zur Verbesserung eines [sozialen] Zustandes od. [politischen] Programms. 2. (abwertend) Bewegung innerhalb der Arbeiterklasse, die soziale Verbesserungen durch Reformen, nicht durch Revolutionen erreichen will (Marxismus). **Reformist** *der*; -en, -en: Anhänger des Reformismus (1, 2). **reformistisch**: den Reformismus (2) betreffend

Re|frain [*r^efräng*; aus gleichbed. *fr.* refrain, eigtl. „Rückprall (der Wogen von den Klippen)" zu *vulgärlat.* *refrangere, *lat.* refringere „auf-, zurückbrechen; brechend zurückwerfen"] *der*; -s, -s: in regelmäßigen Abständen wiederkehrende gleiche Laut- od. Wortfolge in einem Gedicht od. Lied, Kehrreim

Re|fraktion [...*zion*; aus *spätlat.* refrāctio „das Zurückbrechen"] *die*; -, -en: (Phys.) a) Brechung von Lichtwellen u. anderen an Grenzflächen zweier Medien (vgl. [1]Medium 2); b) Brechungswert. **Refraktometer** [aus → Refraktion u. → ...meter] *das*; -s, -: Instrument zum Messen des Brechungsindexes eines Stoffes (Optik). **Re|fraktor** *der*; -s, ...oren: Linsenfernrohr mit mehreren Sammellinsen als Objektiv

Re|frigerator [zu *lat.* refrīgerātus, Part. Perf. Pass. von refrīgerāre „(ab)kühlen"] *der*; -s, ...oren: Gefrieranlage

Refugié [*refüsehie*; aus gleichbed. *fr.* réfugié, vgl. Refugium] *der*; -s, -s: Flüchtling, bes. aus Frankreich geflüchteter Protestant (17. Jh.). **Refugium** [aus gleichbed. *lat.* refugium] *das*; -s, ...ien [...*i^en*]: Zufluchtsort, -stätte

reg. = registered

regal [aus gleichbed. *lat.* rēgālis]: (selten) königlich, fürstlich

[1]**Regal** [Herkunft unsicher] *das*; -s, -e: [Bücher-, Waren]gestell mit Fächern

[2]**Regal** [aus gleichbed. *fr.* régale, dies viell. aus *lat.* rēgālis, s. regal] *das*; -s, -e: 1. kleine, tragbare, nur mit Zungenstimmen besetzte Orgel; vgl. Portativ. 2. Zungenregister der Orgel

[3]**Regal** [aus *mlat.* rēgāle „Königsrecht", vgl. regal] *das*: -s, ...ien [...*i^en*] (meist Plural): [wirtschaftlich nutzbares] Hoheitsrecht (z. B. Zoll-, Münz-, Postrecht)

Regale *das*; -s, ...lien [...*i^en*]: = [3]Regal

regalieren [aus gleichbed. *fr.* (se) régaler zu régal „Festmahl, Vergnügen"]: (landsch.) 1. unentgeltlich bewirten, freihalten. 2. sich an etwas satt essen, gütlich tun

Regatta [aus *venez.* regata „Gondelwettfahrt" (Herkunft unsicher)] *die*; -, ...tten: Bootswettkampf (Wassersport)

Regelde|tri [aus *lat.* rēgula dē tribus (numerīs) „Regel von den drei (Zahlen)"] *die*; -: (veraltet) Dreisatz

Regenerat [zu → regenerieren] *das*; -[e]s, -e: durch chem. Aufarbeitung gewonnenes Material (z. B. Kautschuk aus Altgummi). **Regeneration** [...*zion*; nach *fr.* régénération aus *lat.* regenerātio „Wiedergeburt"] *die*; -, -en: 1. Erneuerung. 2. a) Wiederherstellung bestimmter chem. od. physikal. Eigenschaften; b) Rückgewinnung chem. Stoffe. 3. Ersatz verlorengegangener Organe od. Organteile bei Tieren u. Pflanzen. **regenerativ** u. **regeneratorisch**: 1. wiedergewinnend od. wiedergewonnen (z. B. in der Chemie aus Abfällen). 2. durch Regeneration (3) entstanden; vgl. ...iv/...orisch. **regenerieren** [nach *fr.* régénérer aus *lat.* regenerāre „von neuem hervorbringen"]: a) erneuern, auffrischen, wiederherstellen; b) wiedergewinnen [von wertvollen Rohstoffen aus Abfällen] (Chem.); c) sich -: sich neu bilden (Biol.)

Regens chori [- *kori*; *lat.*, s. Regent] *der*; - -, Regentes - [...*teß* -]: Chordirigent der katholischen Kirche; vgl. Regenschori. **Regens|chori** [...*kori*] *der*; -, -: (österr.) = Regens chori

Regent [aus *spätlat.* regēns, Gen. regentis „Herrscher, Fürst", vgl. regieren] *der*; -en, -en: 1. [fürstliches] Staatsoberhaupt. 2. verfassungsmäßiger Vertreter des Monarchen; Landesverweser. **Regentschaft** *die*; -, -en: Herrschaft od. Amtszeit eines Regenten

Regie [*reschi*; aus *fr.* régie „verantwortliche Leitung; Verwaltung", vgl. regieren] *die*; -, ...ien: 1. a) Spielleitung [bei Theater, Film o. ä.]; b) Leitung; Verwaltung. 2. (Plural): (österr.) Regie-, Verwaltungskosten

regieren [nach *altfr.* reger aus *lat.* regere „geraderichten; lenken, herrschen"]: 1. [be]herrschen; die Verwaltung, die Politik eines [Staats]gebietes leiten. 2. einen bestimmten Fall fordern (Sprachw.). **Regierung** *die*; -, -en: Leitung der Staatsgeschäfte; Gesamtheit der Minister eines Landes od. Staates. **Regierwerk**: die Einzelpfeifen der Orgel, Manuale u. Pedale, Traktur (Zug), → Registratur (3)

Regime [*reschim*; aus gleichbed. *fr.* régime, dies aus *lat.* regimen „Lenkung, Leitung; Regierung"] *das*; -[s], - [*reschim^e*] (selten noch: -s): (abwertend) [totalitäre] Regierung[sform], Herrschaft

Regiment [aus *spätlat.* regimentum „Leitung, Oberbefehl", vgl. regieren] *das*; -[e]s, -e u. (Truppeneinheiten:) -er: 1. Regierung, Herrschaft; Leitung. 2. größere [meist von einem Oberst od. Oberstleutnant befehligte] Truppeneinheit

Regina coeli [- *zöli*; *lat.*] *die*; - -: Himmelskönigin (kath. Bezeichnung Marias nach einem Marienhymnus)

Regiolekt [zu → Region, analog zu → Dialekt] *der*; -[e]s, -e: Dialekt in rein geographischer (u. nicht in soziologischer) Hinsicht

Region [aus *lat.* regio „Richtung, Gegend; Bereich, Gebiet"] *die*; -, -en: 1. Gegend, Bereich. 2. Bezirk, Abschnitt (z. B. eines Organs od. Körperteils), Körpergegend (Anat.). **regional** [aus *spätlat.* regiōnālis „zu einer Landschaft gehörend", vgl. Region]: sich auf einen bestimmten Bereich erstreckend; gebietsmäßig, -weise, Gebiets... **Regionalismus** *der*; -: Ausprägung landschaftlicher Eigeninteressen

Regisseur [*reschißör*; aus *fr.* régisseur „Verwalter; Spielleiter", vgl. Regie] *der*; -s, -e: 1. Spielleiter [bei Theater, Film o. ä.]. 2. Spieler, der das Spiel im Angriff od. in der Abwehr bestimmt (Sport, bes. Fußball)

Register [aus *mlat.* registrum „Verzeichnis", dies aus gleichbed. *spätlat.* regesta zu *lat.* regerere „zurückbringen; eintragen, einschreiben"] *das*; -s, -: 1. a) alphabetisches Namen- od. Sachverzeichnis; → Index (1); b) stufenförmig eingeschnittener u. mit den Buchstaben des Alphabets versehener Seitenrand in Telefon-, Wörter-, Notizbüchern o. ä., um das Auffinden zu erleichtern; c) amtliches Verzeichnis rechtlicher Vorgänge (z. B. Standesregister); ein altes/langes -: (ugs., scherzh.) ein alter/großer Mensch. 2. a) meist den ganzen Umfang einer Klaviatur deckende Orgelpfeifengruppe mit charakteristischer Klangfärbung; alle - ziehen: alle Fähigkeiten zeigen; alles aufbieten; b) im Klangcharakter von anderen unterschiedene Lage der menschlichen Stimme (Brust-, Kopf-, Falsettstimme) od. von Holzblasinstrumenten. **registered** [*rädschißterd*; aus gleichbed. *engl.* registered, vgl. registrieren]: 1. in ein Register eingetragen, patentiert, gesetzlich geschützt; Abk.: reg. 2. eingeschrieben (auf Postsendungen). **Registertonne** *die*; -, -n: Maß zur Angabe des Rauminhaltes von Schiffen; Abk.: RT (1 RT = 2,8316 m^3). **Regi|stratur** *die*; -, -en: 1. das Registrieren. 2. a) Aufbewahrungsstelle für Karteien, Akten o. ä.; b) Aktengestell, -schrank. 3. die die Register (2a) u. Koppeln auslösende Schaltvorrichtung bei Orgel u. Harmonium. **regi|strieren** [1a: aus gleichbed. *mlat.* registrāre, vgl. Register]: 1. a) [in ein Register] eintragen; selbsttätig aufzeichnen; einordnen; b) bewußt wahrnehmen, ins Bewußtsein aufnehmen. 2. die geeigneten Registerstimmen verbinden u. mischen (bei Orgel u. Harmonium)

Re|glement [*reglemang*, schweiz.: ...*mänt*; aus gleichbed. *fr.* réglement zu *lat.* rēgula „Richtschnur, Maßstab, Regel"] *das*; -s, -s u. (schweiz.:) -e: [Dienst]vorschrift; Geschäftsordnung. **re|glementarisch** [...*män*...]: der [Dienst]vorschrift, Geschäftsordnung gemäß, bestimmungsgemäß. **reglementieren**: durch Vorschriften regeln, einschränken. **Re|glementierung** *die*; -, -en: a) das Reglementieren; b) Unterstellung (bes. von Prostituierten) unter behördliche Aufsicht

Re|greß [1: aus gleichbed. *lat.* regressus, eigtl. „Rückkehr; Rückhalt, Zuflucht"] *der*; ...gresses, ...gresse: 1. Rückgriff eines ersatzweise haftenden Schuldners auf den Hauptschuldner (Rechtsw.). 2. das Zurückschreiten des Denkens vom Besonderen zum Allgemeinen, vom Bedingten zur Bedingung, von der Wirkung zur Ursache (Logik). **Regression** [aus gleichbed. *lat.* regressio zu regredi „zurückgehen"] *die*; -, -en: allmählicher Rückgang, das Zurückgehen (Psychol.). **re|gressiv**: zurückschreitend in der Art des Regresses (2), zurückgehend vom Bedingten zur Bedingung (Logik)

Regula falsi [*lat.*; „Regel des Falschen, Vermeintlichen"] *die*; - -: Verfahren zur Verbesserung vorhandener Näherungslösungen von Gleichungen (Math.)

regulär [aus *spätlat.* rēgulāris „einer Richtschnur gemäß; regelmäßig", vgl. Reglement]: der Regel gemäß; vorschriftsmäßig; üblich, gewöhnlich; Ggs. → irregulär. **Regularität** *die*; -, -en: a) Gesetzmäßigkeit, Richtigkeit; Ggs. → Irregularität (1a); b) (meist Plural) sprachübliche Erscheinung (Sprachw.); Ggs. → Irregularität (1b). **Regulation** [...*zion*; zu → regulieren] *die*; -, -en: Regelung, Ausgleich (bei Störungen), Anpassung. **regulativ**: regulierend, regelnd; als Norm dienend. **Regulativ** *das*; -s, -e [...*we*]: a) regelnde Verfügung, Vorschrift, Verordnung; b) steuerndes, ausgleichendes Element. **Regulator** *der*; -s, ...oren: 1. Regler (an einer Maschine). 2. Pendeluhr, bei der das Pendel reguliert werden kann. **regulieren** [aus *spätlat.* rēgulāre „regeln, einrichten"; vgl. Reglement]: 1. regeln, ordnen, (bei Störungen) ausgleichen. 2. in Ordnung bringen, den gleichmäßigen, richtigen Gang einer Maschine, Uhr o. ä. einstellen. 3. einen Fluß begradigen. **Regulierung** *die*; -, -en: das Regulieren (1–3)

Rehabilitand [aus *mlat.* rehabilitandus „ein in den früheren Stand Wiedereinzusetzender", Gerundivum von rehabilitāre, s. rehabilitieren] *der*; -en, -en: jmd., dem die Wiedereingliederung in das berufliche u. gesellschaftliche Leben ermöglicht werden soll. **Rehabilitation** [...*zion*; 1: aus gleichbed. *engl.-amerik.* rehabilitation; 2: aus gleichbed. *mlat.* rehabilitātio] *die*; -, -en: 1. Gesamtheit der Maßnahmen, die mit der Wiedereingliederung von durch Krankheit od. Unfall Geschädigten in die Gesellschaft zusammenhängen. 2. = Rehabilitierung (1); vgl. ...ation/...ierung. **rehabilitieren** [1: nach gleichbed. *fr.* réhabiliter aus *mlat.* rehabilitāre „in den früheren Stand, in die früheren Rechte wiedereinsetzen", vgl. habilitieren; 2: nach gleichbed. *engl.-amerik.* to rehabilitate]: 1. jmds. od. sein eigenes soziales Ansehen wiederherstellen, jmdn. in frühere [Ehren]rechte wiedereinsetzen. 2. einen durch Krankheit od. Unfall Geschädigten durch geeignete Maßnahmen wieder in die Gesellschaft eingliedern. **Rehabilitierung** *die*; -, -en: 1. Wiederherstellung des sozialen Ansehens, Wiedereinsetzung in frühere [Ehren]rechte. 2. = Rehabilitation (1); vgl. ...ation/...ierung

Reineclaude [*ränekloďe*] vgl. Reneklode

Re|inkarnation [*re-i...zion*; aus → re... u. → Inkarnation] *die*; -, -en: Wiederverleiblichung (in der buddhistischen Lehre von der Seelenwanderung)

Rekapitulation [...*zion*; aus gleichbed. *lat.* recapitulātio] *die*; -, -en: Wiederholung, Zusammenfassung [des Gesagten]. **rekapitulieren** [aus gleichbed. *lat.* recapitulāre zu capitulum, s. Kapitel (1)]: wiederholen, noch einmal zusammenfassen

Re|klamant [aus *lat.* reclāmāns, Gen. reclamantis, Part. Präs. von reclamāre, s. reklamieren] *der*; -en, -en: jmd., der reklamiert, Beschwerde führt. **Re|klamation** [...*zion*; aus *lat.* reclāmātio „das Gegengeschrei, das Neinrufen"] *die*; -, -en: Beanstandung, Beschwerde. **re|klamieren** [aus *lat.* reclamāre „dagegenschreien, widersprechen"; vgl. Reklame]: 1. [zurück]fordern, für sich beanspruchen. 2. wegen irgendwelcher Mängel beanstanden, Beschwerde führen

Re|klame [aus gleichbed. *fr.* réclame, eigtl. „das Ins-Gedächtnis-Rufen", zu *altfr.* reclamer „zurückrufen", dies zu *lat.* clamāre „rufen"] *die*; -, -n (Plural selten): Werbung; Anpreisung [von Waren zum Verkauf]; mit etwas - machen: sich einer Sache rühmen, mit etwas prahlen

reko|gnoszieren [aus *lat.* recōgnōscere „wiedererkennen; durchsehen, prüfen"]: (scherzh.) erkunden, auskundschaften

rekommandieren [aus gleichbed. *fr.* recommander

zu *lat.* commendāre „anvertrauen“]: (österr.) einschreiben lassen (Postw.)

Rekompens u. **Rekompensation** [...*zion*; aus *spätlat.* recompēnsātio „das Wiederausgleichen“] *die*; -, -en: Entschädigung (Wirtsch.). **rekompensieren** [aus *spätlat.* recompēnsāre „wiederausgleichen“]: entschädigen (Wirtschaft)

rekon|struieren [nach *fr.* reconstruire „wiederaufbauen“ aus → re... u. → konstruieren]: 1. den ursprünglichen Zustand wiederherstellen od. nachbilden. 2. den Ablauf eines früheren Vorgangs od. Erlebnisses in den Einzelheiten darstellen, wiedergeben. **Rekon|struktion** [...*zion*] *die*; -, -en: 1. a) das Wiederherstellen, Wiederaufbauen, Nachbilden; b) das Wiederhergestellte, Wiederaufgebaute, Nachgebildete. 2. a) das Wiedergeben, Darstellen eines Vorgangs in seinen Einzelteilen; b) detaillierte Wiedergabe, Darstellung

rekonvaleszent [...*wa*...; aus *spätlat.* reconvalēscēns, Gen. reconvalēscentis, Part. Präs. von reconvalēscere, s. rekonvaleszieren]: sich im Stadium der Genesung befindend. **Rekonvaleszent** *der*; -en, -en: Genesender. **Rekonvaleszenz** *die*; -: Zeit der Genesung. **rekonvaleszieren** [aus *spätlat.* reconvalēscere „wieder erstarken“ zu *lat.* valēre „stark sein“]: genesen

Rekord [aus gleichbed. *engl.* record, eigtl. „Aufzeichnung, Beurkundung, Urkunde“; vgl. Recorder] *der*; -[e]s, -e: [anerkannte] sportliche Höchstleistung

Re|krut [nach gleichbed. *fr.* recrue, eigtl. „Nachwuchs (an Soldaten)“, zu recroître „nachwachsen“, dies zu *lat.* crēscere „wachsen“] *der*; -en, -en: Soldat in der ersten Ausbildungszeit. **re|krutieren** [aus gleichbed. *fr.* recruter]: 1. Rekruten ausheben, mustern. 2. sich -: sich zusammensetzen, sich bilden [aus etwas]

rektal [zu *lat.* intestīnum rēctum „Mastdarm“, eigtl. „gestreckter, gerader Darm“; vgl. recte]: zum Mastdarm gehörend, auf ihn bezogen (Med.). **Rektascheck** [zu *lat.* rēctā (viā) „auf geradem (Weg); vgl. recte] *der*; -s, -s: Scheck, der nicht übertragbar ist

Rekt|aszension [nach *lat.* ascēnsio rēcta „gerades Aufsteigen“] *die*; -, -en: gerade Aufsteigung, eine der beiden Koordinaten im äquatorialen astronomischen Koordinatensystem. **rekte** vgl. recte. **Rektifikation** [...*zion*; zu → rektifizieren] *die*; -, -en: das Rektifizieren (1 u. 2). **rektifizieren** [aus *mlat.* rēctificāre „berichtigen“, zu *lat.* rēctus „gerade, richtig“ u. → ...fizieren]: 1. die Länge einer Kurve bestimmen (Math.). 2. ein Flüssigkeitsgemisch durch wiederholte Destillation trennen (z. B. zur Reinigung von Benzin, Spiritus o. ä.; Chem.)

Rektion [...*zion*; aus *lat.* rēctio „Regierung, Leitung“; vgl. regieren] *die*; -, -en: Fähigkeit eines Verbs, Adjektivs od. einer Präposition, den → Kasus (2) eines abhängigen Wortes im Satz zu bestimmen

Rektor [aus *lat.-mlat.* rēctor „Leiter, Lenker“, (*mlat:*) „(Hoch)schulvorsteher“; vgl. regieren] *der*; -s, ...oren: 1. Leiter einer Hochschule. 2. Leiter einer Grund-, Haupt-, Sonder- od. Realschule. 3. katholischer Geistlicher an einer Nebenkirche, einem Seminar o. ä. **Rektorat** *das*; -[e]s, -e: a) Amt eines Rektors; b) Amtszimmer eines Rektors; c) Amtszeit eines Rektors

Rekto|skop [zu *lat.* intestīnum rēctum „Mastdarm“, s. rektal, u. → ...skop] *das*; -s, -e: Mastdarmspiegel (Med.). **Rekto|skopie** *die*; -, ...ien: Untersuchung des Mastdarms mit dem Rektoskop (Med.)

Rekuperator [zu *lat.* recuperāre „wiedergewinnen“] *der*; -s, ...oren: Vorwärmer (in Feuerungsanlagen mit heißen Abgasen)

rekurrieren [aus gleichbed. *lat.* recurrere, eigtl. „zurücklaufen“]: auf etwas zurückgreifen, noch einmal zurückkommen, Bezug nehmen. **Rekurs** [aus *lat.* recursus „Rücklauf, Rückkehr“, vgl. rekurrieren] *der*; -es, -e: Rückgriff auf etwas, Bezugnahme (auf etwas bereits Erwähntes). **rekursiv**: zurückgehend (bis zu bekannten Werten; Math.)

Relais [*r^elä*; aus gleichbed. *fr.* relais, eigtl. „Wechselstation (für Postpferde)“, zu *altfr.* relaier „zurücklassen“ (= *fr.* relayer „frische Pferde nehmen“)] *das*; - [*r^elä(ß)*], - [*r^eläß*]: zum Ein- od. Ausschalten eines stärkeren Stromes benutzter Apparat, der durch Steuerimpulse von geringer Leistung betätigt wird (Elektrot.). **Relaisstation** [...*zion*] *die*; -, -en: bei Wellen mit geradliniger Fortpflanzung Zwischenstelle zur Weiterleitung von Fernseh- u. UKW-Tonsendungen vom Sender zum Empfänger

Relation [...*zion*; aus gleichbed. *spätlat.* relātio, dies aus *lat.* relātio „Bericht(erstattung)“; vgl. relativ] *die*; -, -en: Beziehung, Verhältnis. **relativ** [über gleichbed. *fr.* relatif aus *spätlat.* relātīvus „sich beziehend, bezüglich“ zu *lat.* relātus, Part. Perf. von referre „zurücktragen; vortragen, berichten; auf etwas beziehen“]: 1. verhältnismäßig, vergleichsweise, je nach dem Standpunkt verschieden. 2. bezüglich; -es [...*w^eß*] Tempus: unselbständiges, auf das Tempus eines anderen Geschehens im zusammengesetzten Satz bezogenes Tempus (Sprachw.). **Relativ** *das*; -s, -e [...*w^e*]: a) Oberbegriff für → Relativpronomen u. → Relativadverb; b) = Relativpronomen. **Relativadverb** *das*; -s, -ien [...*i^en*]: bezügliches Umstandswort (z. B. wo; Sprachw.). **relativieren** [...*wir^en*]: mit etwas anderem in eine Beziehung bringen u. dadurch in seiner Gültigkeit einschränken. **Relativismus** *der*; -: Anschauung, nach der jede Erkenntnis nur relativ (bedingt durch den Standpunkt des Erkennenden) richtig ist, nicht allgemeingültig (Philos.). **Relativist** *der*; -en, -en: Vertreter des Relativismus. **relativistisch**: den Relativismus betreffend. **Relativität** *die*; -, -en: 1. Bezogenheit, Bedingtheit. 2. relative (1) Gültigkeit. **Relativitätstheorie** *die*; -: von A. Einstein begründete physikalische Theorie, nach der (unter Einführung der Zeit als vierter Koordinate zum vierdimensionalen Raum-Zeit-Kontinuum) die Masse eine Form der Energie ist u. mit der Geschwindigkeit wächst u. nach der die Lichtgeschwindigkeit als eine Grenzgeschwindigkeit prinzipiell nicht überschritten werden kann (Phys.). **Relativpronomen** *das*; -s, - od. ...mina: bezügliches Fürwort (z. B. der Mann, *der* ...). **Relativsatz** *der*; -es, ...sätze: durch ein Relativ eingeleiteter Gliedteilsatz, Bezugswortsatz. **Relativum** [...*tiwum*; zu *spätlat.* relātīvus „sich beziehend“, s. relativ] *das*; -s, ...va [...*wa*]: = Relativ

Relegation [...*zion*; aus *lat.* relēgātio „Ausschließung, Verweisung“] *die*; -, -en: Verweisung von der [Hoch]schule. **relegieren** [aus *lat.* relēgāre „fortschicken, verbannen“]: von der [Hoch]schule verweisen

relevant [...*want*; aus *fr.* relevant, Part. Präs. von relever „hervorheben, herausstreichen“; vgl. Relief]: bedeutsam, wichtig; Ggs. → irrelevant. **Relevanz** *die*; -, -en: Wichtigkeit, Erheblichkeit

Relief [aus gleichbed. *fr.* relief, eigtl. „das Hervorheben", zu relever „wieder aufheben, in die Höhe richten; hervorheben", dies aus *lat.* relevāre „in die Höhe heben, aufheben"] *das*; -s, -s u. -e: 1. plastisches Bildwerk auf einer Fläche. 2. Geländeoberfläche od. deren plastische Nachbildung

Religion [aus *lat.* religio „religiöse Scheu, Gottesfurcht"] *die*; -, -en: 1. Glaube[nsbekenntnis]. 2. a) Gottesverehrung; b) innerliche Frömmigkeit. **religiös** [nach gleichbed. *fr.* religieux aus *lat.* religiōsus „voll religiöser Scheu, gottesfürchtig, fromm"]: 1. die Religion betreffend, zur Religion gehörend. 2. gottesfürchtig, fromm; Ggs. → irreligiös. **Religiosität** *die*; -: [innere] Frömmigkeit. Gläubigkeit; Ggs. → Irreligiosität. **religioso** [...*dsehoso*; aus gleichbed. *it.* religioso; vgl. religiös]: feierlich, andächtig (Vortragsanweisung; Mus.)

relikt [aus *lat.* relictus, Part. Perf. von relinquere „zurücklassen"]: in Resten vorkommend (in bezug auf Tiere u. Pflanzen). **Relikt** [aus gleichbed. *lat.* relictum, vgl. relikt] *das*; -[e]s, -e: Überrest, Überbleibsel

Reliquiar [aus gleichbed. *mlat.* reliquiārium; vgl. Reliquie] *das*; -s, -e: [künstlerisch gestalteter] Reliquienbehälter. **Reliquie** [...*i^e*; aus gleichbed. *kirchenlat.* reliquiae (Plural), dies aus *lat.* reliquiae „Zurückgelassenes, Überrest"; vgl. relikt] *die*; -, -n: körperlicher Überrest eines Heiligen, Überrest seiner Kleidung, seiner Gebrauchsgegenstände od. Marterwerkzeuge als Gegenstand religiöser Verehrung

Remake [*rime^ik*; aus gleichbed. *engl.* remake zu to remake „wieder machen"] *das*; -s, -s: 1. Neuverfilmung eines älteren Spielfilmstoffes. 2. Neufassung, Zweitfassung, Wiederholung einer künstlerischen Produktion

Remanenz [zu *lat.* remanēre „zurückbleiben"] *die*; -: in magnetisierbaren Stoffen nach Aufhören der magnetischen → Induktion (2) zurückbleibender Magnetismus

Reminiszenz [aus *spätlat.* reminīscentia „Rückerinnerung"; vgl. Reminiszere] *die*; -, -en: Erinnerung, die etwas für jmdn. bedeutet; Anklang; Überbleibsel. **Reminiszere** [aus *lat.* reminīscere „gedenke!", Imperativ von reminīsci „zurückdenken, sich erinnern"]: Name des 2. Fastensonntags nach dem alten Eingangsvers des Gottesdienstes, Psalm 25,6: „Gedenke [Herr, an deine Barmherzigkeit]!"

remis [*r^emi*; aus gleichbed. *fr.* remis, eigtl. „zurückgestellt (als ob nicht stattgefunden)", Part. Perf. von remettre „zurückführen, zurückstellen"; vgl. remittieren]: unentschieden (bes. in bezug auf Schachpartien u. Sportwettkämpfe). **Remis** *das*; - [*r^emi(ß)*], - [*r^emiß*] u. -en [...*s^en*]: Schachpartie, Sportwettkampf mit unentschiedenem Ausgang. **Remise** [1: aus gleichbed. *fr.* remise, subst. Femininum von remis „wieder (an seinem Ort) hingestellt", s. remis; 2: zu → remis] *die*; -, -n: 1. (veraltend) Geräte-, Wagenschuppen. 2. Schachpartie mit unentschiedenem Ausgang. **Remission** [aus *lat.* remissio „das Zurücksenden"] *die*; -, -en: Rücksendung von Remittenden. **Remittende** [aus *lat.* remittenda (Neutr. Plural) „Zurückzusendendes", Gerundivum von remittere, s. remittieren] *die*; -, -n (meist Plural): ein → à condition geliefertes od. technisch fehlerhaftes bzw. beschädigtes Buch, das der Buchhändler dem Verleger als unverkäuflich zurückgibt. **remittieren** [aus *lat.* remittere „zurückschicken"]: Remittenden zurücksenden

Remonte [auch: *remongt^e*; aus gleichbed. *fr.* remonte zu remonter „wieder (aufs Pferd) steigen"] *die*; -, -n: früher junges Militärpferd

Remoulade [...*mu*...; aus gleichbed. *fr.* rémoulade] *die*; -, -n: eine Art Kräutermayonnaise

Ren [*rän*, auch: *ren*; aus gleichbed. *schwed.* ren, *norw.* rein, *isl.* hreinn, eigtl. „gehörntes Tier"] *das*; -s, -s u. (bei langer Ausspr.: *ren*) -e: kälteliebende Hirschart nördlicher Gebiete, deren Weibchen ebenfalls Geweihe tragen (Lappenhaustier)

Renaissance [*r^enäßangß*; aus gleichbed. *fr.* renaissance, eigtl. „Wiedergeburt" zu renaître „wiedergeboren werden, wiederaufleben"] *die*; -, -n [...*ß^en*]: 1. (ohne Plural) gesamteuropäische Erneuerung der antiken Lebensform auf geistigem u. künstlerischem Gebiet vom 14. bis 16. Jh. 2. das Wiederaufleben, neue Blüte

Rencon|tre [*rangkongtr^e*] vgl. Renkontre

Rendezvous [*rangdewu*; aus gleichbed. *fr.* rendez-vous, subst. 2. Pers. Plural Imperativ von se rendre „sich wohin begeben"] *das*; - [...*wuß*], - [...*wuß*]: a) Stelldichein, Verabredung; b) Begegnung von Raumfahrzeugen im Weltraum

Rendite [aus *it.* rendita „Einkünfte, Gewinn" zu rendere aus *lat.* reddere „zurückerstatten"] *die*; -, -n: Jahresertrag eines angelegten Kapitals. **Renditenhaus** *das*; -es, ...häuser: (schweiz.) Miethaus

Renegat [aus gleichbed. *mlat.* renegātus zu renegāre „verleugnen", dies aus *lat.* re... „wieder" u. negāre „verneinen"] *der*; -en, -en: [Glaubens]abtrünniger

Rene|klode u. Reine|claude [*rän^eklod^e*; aus gleichbed. *fr.* reine-claude, eigtl. „Königin Claude" (nach der Gemahlin Franz' I.)] *die*; -, -n: Pflaumenart mit grünen Früchten

Renette [aus gleichbed. *fr.* reinette, rainette] *die*; -, -n: saftige, süße Apfelsorte

renitent [über *fr.* rénitent „dem Druck widerstehend" aus *lat.* renītēns, Gen. renītentis, Part. Präs. von renītī „sich entgegenstemmen, widersetzen"]: widerspenstig, widersetzlich. **Renitenz** [aus *fr.* rénitence „Gegendruck"] *die*; -: Widersetzlichkeit

Renkon|tre [*rangkongtr^e*; aus *fr.* rencontre „Begegnung, Zusammenstoß" zu rencontrer „begegnen"] *das*; -s, -s: Zusammenstoß; feindliche Begegnung

Renommee [aus gleichbed. *fr.* renommée, subst. Part. Perf. von renommer „wieder ernennen; immer wieder nennen, rühmen"] *das*; -s, -s: guter Ruf, Leumund, Ansehen, Ruhm, guter Name. **renommieren** [aus *fr.* renommer „immer wieder rühmen", s. Renommee]: angeben, prahlen, großtun. **renommiert**: berühmt, angesehen, namhaft. **Renommist** [zu → renommieren] *der*; -en, -en: Prahlhans, Aufschneider

Renovation [...*wazion*; aus *lat.* renovātio „Erneuerung"] *die*; -, -en: = Renovierung; vgl. ...ation/...ierung. **renovieren** [...*wir^en*; aus gleichbed. *lat.* renovāre zu novus „neu"]: erneuern, instand setzen, wiederherstellen. **Renovierung** *die*; -, -en: Erneuerung, Instandsetzung; vgl. ...ation/...ierung

rentabel [französierende Bildung zu → rentieren]: einträglich, lohnend; gewinnbringend. **Rentabilität** *die*; -: Verhältnis des Gewinns einer Unternehmung zu dem eingesetzten Kapital in einem Rechnungszeitraum. **Rentier** [*räntie*; aus gleichbed. *fr.* rentier, dies zu rente „Ertrag, Rente", dies zu *vulgärlat.* rendere aus *lat.* reddere „zurückgeben, ergeben"] *der*; -s, -s: Rentner. **rentieren**: Zins, Gewinn bringen, einträglich sein; sich -: sich lohnen

Re|organisation [...*zion*; aus gleichbed. *fr.* réorganisation zu réorganiser „neu gestalten"; vgl. Organisation] *die*; -, -en: Neugestaltung, Neuordnung. **Re|organisator** *der*; -s, ...oren: Neugestalter. **reorganisieren**: neu gestalten, neu ordnen, wiedereinrichten

reparabel [aus gleichbed. *lat.* reparābilis; s. reparieren]: wiederherstellbar; Ggs. → irreparabel. **Reparation** [...*zion*; aus *lat.* reparātio „Wiederherstellung"] *die*; -, -en: 1. (selten) Reparatur, Reparierung. 2. (nur Plural) Kriegsentschädigungen, Wiedergutmachungsleistungen. **Reparatur** *die*; -, -en: Wiederherstellung, Ausbesserung, Instandsetzung. **reparieren** [aus gleichbed. *lat.* reparāre, eigtl. „wieder (zu)bereiten"]: in Ordnung bringen, ausbessern, wiederherstellen

repassieren [aus *fr.* repasser „wieder durchgehen, wieder bearbeiten"]: 1. [Rechnungen] wieder durchsehen. 2. Laufmaschen aufnehmen (Wirkerei, Strickerei)

repa|triieren [nach *lat.* repatriāre „ins Vaterland zurückkehren"]: 1. die Staatsangehörigkeit wiederverleihen. 2. einen Kriegs- od. Zivilgefangenen in die Heimat entlassen

Reperkussion [nach *lat.* repercussio „das Zurückschlagen, Zurückprallen"; vgl. Perkussion] *die*; -, -en: einmaliger Durchgang des Themas durch alle Stimmen bei der Fuge

Repertoire [...*toar*; aus gleichbed. *fr.* répertoire, dies aus *spätlat.* repertōrium „Verzeichnis", eigtl. „Fundstätte", zu reperīre „wiederfinden"] *das*; -s, -s: Vorrat einstudierter Theaterstücke, Bühnenrollen, Partien, Kompositionen o. ä.

Repetent [aus *lat.* repetēns, Gen. repetentis, Part. Präs. von repetere „wiederholen", eigtl. „wieder auf etwas losgehen"] *der*; -en, -en: Schüler, der eine Klasse noch einmal durchläuft. **repetieren**: wiederholen. **Repetiergewehr** *das*; -[e]s, -e: Mehrladegewehr mit Patronenmagazin. **Repetieruhr** *die*; -, -en: Taschenuhr mit Schlagwerk. **Repetition** [...*zion*; aus gleichbed. *lat.* repetītio] *die*; -, -en: Wiederholung. **repetitiv**: sich wiederholend. **Repetitor** *der*; -s, ...oren: Akademiker, der Studierende [der juristischen Fakultät] durch Wiederholung des Lehrstoffes auf das Examen vorbereitet. **Repetitorium** *das*; -s, ...ien [...*ien*]: 1. Wiederholungsunterricht. 2. Wiederholungsbuch

Re|plik [aus *fr.* réplique „Antwort, Gegenrede" zu répliquer, s. replizieren] *die*; -, -en: 1. (geh.) Entgegnung, Erwiderung. 2. Wiederholung eines Kunstwerkes durch den Künstler (Kunstw.). **re|plizieren** [aus gleichbed. *lat.* replicāre, eigtl. „wieder auseinanderfalten, wieder aufrollen"]: 1. (geh.) entgegnen, erwidern. 2. eine Replik (2) herstellen (Kunstw.)

Report [aus gleichbed. *engl.* report zu to report „berichten", dies über gleichbed. *altfr.* reporter aus *lat.* reportāre „überbringen"] *der*; -[e]s, -e: [Dokumentar]bericht. **Reportage** [...*tasche*; aus gleichbed. *fr.* reportage] *die*; -, -n: von einem Reporter hergestellter u. von Presse, Funk od. Fernsehen verbreiteter Bericht vom Ort des Geschehens über ein aktuelles Ereignis; Berichterstattung. **Reporter** [aus gleichbed. *engl.* reporter] *der*; -s, -: Zeitungs-, Fernseh- oder Rundfunkberichterstatter

re|präsentabel [nach *fr.* représentable „darstellbar"; vgl. repräsentieren]: würdig, stattlich; wirkungsvoll. **Re|präsentant** [nach gleichbed. *fr.* représentant] *der*; -en, -en: 1. [offizieller] Vertreter (z. B. eines Volkes, einer Gruppe). 2. Abgeordneter. **Repräsentantenhaus** [nach *amerik.* House of Representatives] *das*; -es, ...häuser: die zweite Kammer des nordamerik. Kongresses, in die die Abgeordneten auf zwei Jahre gewählt werden. **Re|präsentanz** *die*; -, -en: 1. [geschäftliche] Vertretung. 2. das Repräsentativsein (vgl. repräsentativ 2). **Re|präsentation** [...*zion*] *die*; -, -en: 1. legitimierte Vertretung in der Öffentlichkeit. 2. standesgemäßes, würdiges Auftreten; gesellschaftlicher Aufwand. **re|präsentativ**: 1. die Interessen eines anderen, eines Personenverbandes, eines Volkes als legitimierter Vertreter wahrnehmend. 2. eine [Personen]menge nach Beschaffenheit u. Zusammensetzung vertretend, stellvertretend, z. B. -er Querschnitt, -e Umfrage. 3. ansehnlich, stattlich, eindrucksvoll. **re|präsentieren** [unter Einfluß von gleichbed. *fr.* représenter aus *lat.* repraesentāre „vergegenwärtigen, darstellen"]: 1. vertreten. 2. standesgemäß, würdig auftreten. 3. [einen Wert] darstellen

Re|pressalie [...*ie*; unter Einfluß von *dt.* pressen aus *mlat.* reprē[n]sālia „gewaltsame Zurücknahme von etwas" zu *lat.* reprehendere „fassen, zurücknehmen"] *die*; -, -n (meist Plural): Druckmittel, Vergeltungsmaßnahme

Re|pression [aus *lat.* repressio „das Zurückdrängen" zu reprimere, Part. Perf. repressum „zurückdrängen, beschwichtigen"] *die*; -, -en: (Soziol.) a) Unterdrückung individueller Entfaltung u. individueller Triebäußerungen durch gesellschaftliche Strukturen u. Autoritätsverhältnisse; b) politische Gewaltanwendung. **re|pressiv**: hemmend, unterdrükkend, Repression ausübend (bes. in bezug auf Gesetze, die im Interesse des Staates gegen allgemeingefährliche Umtriebe erlassen werden)

Re|print [*ri*...; aus gleichbed. *engl.* reprint zu to reprint „nachdrucken"] *der*; -s, -s: unveränderter Nachdruck, Neudruck (Buchw.)

Re|prise [aus gleichbed. *fr.* reprise zu reprendre „wieder nehmen" aus *lat.* reprehendere „fassen, ergreifen"] *die*; -, -n: a) Wiederaufnahme eines lange nicht gespielten Theaterstücks od. Films in den Spielplan; Neuauflage einer vergriffenen Schallplatte; b) in einem Sonatensatz die Wiederaufnahme des ersten Teiles nach der Durchführung

Re|pro [Kurzform von Reproduktion] *das*; -s, -s: fotografische Reproduktion nach einer Bildvorlage (Druckw.)

Re|produktion [aus → re... u. → Produktion] *die*; -, -en: a) Nachbildung; Wiedergabe [durch Druck]; Vervielfältigung; b) einzelnes Exemplar einer Nachbildung, Wiedergabe [durch Druck], Vervielfältigung. **re|produzieren** [aus → re... u. → produzieren]: 1. durch Druck od. Fotografie wiedergeben, vervielfältigen. 2. [in einem Werk] nachbilden, nachschaffen, wiederhervorbringen. 3. (Gelerntes) nach dem Gedächtnis wiedergeben. **Re|pro|graphie** [aus → Repro u. → ...graphie] *die*; -, ...ien (Plural selten): Sammelbezeichnung für die verschiedenen Kopierverfahren (z. B. Fotokopieren, Lichtpausen). **re|pro|graphisch**: a) die Reprographie betreffend, auf Reprographie beruhend; b) durch Reprographie hergestellt

Reptil [über *fr.* reptile aus gleichbed. *kirchenlat.* rēptile zu *lat.* rēptilis „kriechend", dies zu rēpere „kriechen, schleichen"] *das*; -s, -ien [...*ien*] (selten: -e): Kriechtier (z. B. Krokodil, Schildkröte, Eidechse, Schlange)

Republik [aus gleichbed. *fr.* république, dies aus *lat.* rēs pūblica „Gemeinwesen, Staat(sgewalt)", eigtl. „öffentliche Sache", vgl. publik] *die*; -, -en: Staat, in dem mehrere nicht durch Erbfolge bestimmte Personen sich zu rechtlich umschriebenen Bedingungen in die Staatsgewalt teilen. **Republikaner** [nach gleichbed. *fr.* républicain bzw. (2) *amerik.* Republican] *der*; -s, -: 1. Anhänger der republikanischen Staatsform. 2. in den USA Mitglied od. Anhänger der Republikanischen Partei. **republikanisch**: 1. a) die Republik betreffend; b) für die Republik eintretend. 2. die Republikanische Partei (der Vereinigten Staaten) betreffend

Repulsion [über gleichbed. *fr.* répulsion aus *lat.* repulsio zu repellere „zurückstoßen, -treiben"] *die*; -, -en: Ab-, Zurückstoßung (Techn.). **Repulsionsmotor** *der*; -s, -en: für kleine Leistungen verwendeter Einphasenwechselstrommotor. **repulsiv**: zurückstoßend, abstoßend (bei elektrisch u. magnetisch geladenen Körpern)

Reputation [...*zion*; aus gleichbed. *fr.* réputation zu réputer „für etwas halten" aus *lat.* reputāre „berechnen, erwägen"] *die*; -: [guter] Ruf, Ansehen. **reputierlich**: (veraltet) ansehnlich; achtbar; ordentlich

Requiem [...*i-äm*; zu *lat.* requiēs „Ruhe"; nach dem Eingangsgebet „requiem aeternam (*ä*...) dona eis, Domine" = „Herr, gib ihnen die ewige Ruhe"] *das*; -s, -s (österr. auch: ...quien [...*iᵉn*]): a) kath. Toten- od. Seelenmesse; b) Komposition, die die Totenmesse zum Leitthema hat (z. B. von Mozart od. Verdi). **requiescat in pace**! [...*ßkat - pazᵉ*; *lat.*]: er [sie] ruhe in Frieden! (Schlußformel der Totenmesse, Grabinschrift); Abk.: R. I. P.

requirieren [aus *lat.* requīrere „aufsuchen; nachforschen; verlangen"]: 1. für Heereszwecke beschlagnahmen. 2. (scherzh., verhüllend) [auf etwas gewaltsame Weise] beschaffen, herbeischaffen. 3. Nachforschungen anstellen, untersuchen. **Requisition** [...*zion*; aus *lat.* requīsītio „Nachfrage"] *die*; -, -en: 1. Beschlagnahme für Heereszwecke. 2. (scherzh., verhüllend) Beschaffung auf etwas gewaltsame Weise. 3. Nachforschung, Untersuchung

Requisit [aus *lat.* requīsīta (Plural) „Erfordernisse" zu requīrere, s. requirieren] *das*; -[e]s, -en: 1. (meist Plural) Zubehör für eine Bühnenaufführung od. Filmszene. 2. für etwas benötigtes Gerät, Zubehörteil. **Requisiteur** [...*tör*] *der*; -s, -e: Verwalter der Requisiten (Theater u. Film)

Requisition s. requirieren

Reseda *die*; -, -s u. **Resede** [aus gleichbed. *lat.* resēda, eigtl. Imperativ von resēdāre „wieder stillen, heilen", nach dem bei Anwendung der Pflanze gegen Entzündungen gebrauchten Zauberspruch „Resēdā, morbōs resēdā!" = „Heile die Krankheiten, heile!"] *die*; -, -n: aus dem Mittelmeergebiet stammende krautige Zierpflanze mit grünlichen, wohlriechenden Blüten

Resektion [...*zion*; aus *lat.* resectio „das Abschneiden", vgl. resezieren] *die*; -, -en: operative Entfernung kranker Organteile

Reservat [...*wat*; aus *lat.* reservātum, Part. Perf. von reservāre, s. reservieren] *das*; -[e]s, -e: 1. Vorbehalt, Sonderrecht. 2. = Reservation (1). 3. natürliches Großraumgehege zum Schutz bestimmter, in freier Wildbahn lebender Tierarten. **Reservatio mentalis** [...*wazio* -; aus gleichbed. *nlat.* reservātio mentālis, vgl. mental] *die*; - -, ...tiones ...tales [...*oneß* ...*aleß*]: gedanklicher Vorbehalt. **Reservation** [aus gleichbed. *nlat.* reservātio bzw. (1) *engl.* reservation] *die*; -, -en: 1. den Indianern in Nordamerika vorbehaltenes Gebiet. 2. = Reservat (1). **Reserve** [...*wᵉ*; aus gleichbed. *fr.* réserve zu réserver, vgl. reservieren] *die*; -, -n: 1. (ohne Plural) Zurückhaltung, Verschlossenheit. 2. Vorrat; Rücklage für den Bedarfs- od. Notfall. 3. a) im Frieden die Gesamtheit der ausgebildeten, aber nicht → aktiv (2a) dienenden Soldaten; [Leutnant usw.] der -; Abk.: d. R.; b) im Kriege die [zurückgehaltene, aber einsatzbereite] Ersatztruppe. **reservieren** [aus *lat.* reservāre „aufbewahren, aufsparen"]: a) für jmdn. bis zur Inanspruchnahme freihalten od. zurücklegen; b) für einen bestimmten Anlaß, Fall aufbewahren. **reserviert**: zurückhaltend, zugeknöpft, kühl, abweisend. **Reservist** [zu → Reserve (3)] *der*; -en, -en: 1. Soldat der Reserve (3). 2. Auswechselspieler, Ersatzspieler (Fußball). **Reservoir** [...*woar*; aus gleichbed. *fr.* réservoir] *das*; -s, -e: 1. Sammelbekken, Wasserspeicher, Behälter für Vorräte. 2. Reservebestand, -fonds

resezieren [aus *lat.* resecāre „abschneiden"]: wegschneiden, ausschneiden (Med.)

Resident [aus gleichbed. *fr.* résident zu résider, s. residieren] *der*; -en, -en: Regierungsvertreter; Geschäftsträger. **Residenz** [aus *mlat.* residentia „Wohnsitz"; vgl. residieren] *die*; -, -en: Wohnsitz eines Staatsoberhauptes, eines Fürsten, eines hohen Geistlichen; Hauptstadt. **residieren** [aus *lat.* residēre „sitzen bleiben, sitzen"]: seinen Wohnsitz haben (in bezug auf [regierende] Fürsten)

Residuum [aus gleichbed. *lat.* residuum zu residēre „sitzen bleiben"] *das*; -s, ...duen [...*duᵉn*]: Rest, Überbleibsel, Rückstand

Resignation [...*zion*; aus *mlat.* resignātio „Verzicht" zu *lat.* resīgnāre, s. resignieren] *die*; -, -en: 1. Entsagung, Verzicht; Schicksalsergebenheit. 2. (Amtsspr.) freiwillige Niederlegung eines Amtes. **resignieren** [aus *lat.* resīgnāre „entsiegeln; ungültig machen; verzichten"]: entsagen, verzichten; sich widerspruchslos fügen, sich in eine Lage schicken

Resinat [zu *lat.* rēsīna aus *gr.* rhētínē „Harz, Gummi"] *das*; -[e]s, -e: Salz der Harzsäure

Résistance [*resißtangß*; aus *fr.* résistance „Widerstand" zu résister, vgl. resistieren] *die*; -: französische Widerstandsbewegung gegen die deutsche Besatzung im 2. Weltkrieg

resistent [aus *lat.* resistēns, Gen. resistentis, Part. Präs. von resistere, s. resistieren]: widerstandsfähig (z. B. in bezug auf den Organismus u. auf Schädlinge). **Resistenz** *die*; -, -en: 1. Widerstand, Gegenwehr. 2. anlagemäßig bedingte, erhöhte Widerstandsfähigkeit gegen Krankheiten u. Witterung (bei → Parasiten (1) auch gegen Bekämpfungsmittel). **resistieren** [aus *lat.* resistere „stehen bleiben, widerstehen"]: widerstehen; ausdauern

resolut [über gleichbed. *fr.* résolu aus *lat.* resolūtus, Part. Perf. von resolvere „wiederauflösen, befreien"; vgl. solvent]: entschlossen, beherzt; durchgreifend, zupackend, tatkräftig

Resolution [...*zion*; aus gleichbed. *fr.* résolution zu résoudre „beschließen" aus *lat.* resolvere; vgl. resolut] *die*; -, -en: Beschluß, Entschließung

Resonanz [über gleichbed. *fr.* résonance aus *spätlat.* resonantia „Widerhall" zu *lat.* resonāre „wieder ertönen"] *die*; -, -en: 1. a) durch Schallwellen gleicher Schwingungszahl angeregtes Mitschwingen, Mittönen eines anderen Körpers od. schwingungsfähigen Systems (Phys.); b) Klangverstärkung u.

-verfeinerung durch Mitschwingung in den Obertönen (bei jedem Grundton kaum hörbar mitklingende, über ihm liegende Teiltöne, die ihn zum Klang machen; Mus.). 2. Widerhall, Anklang, Verständnis, Wirkung. **Resonator** *der*; -s, ...oren: bei der Resonanz mitschwingender Körper

Resopal ⓦ [Kunstw.] *das*; -s: unempfindlicher Kunststoff, der als Schicht für Tischplatten o. ä. verwendet wird

resorbieren [aus *lat.* resorbēre „zurückschlürfen"]: bestimmte Stoffe aufnehmen, aufsaugen. **Resorption** [...*zion*] *die*; -, -en: das Aufsaugen; Aufnahme gelöster Stoffe in die Blut- u. Lymphbahn

resozialisieren [zu *engl.* resocialization „Wiedereingliederung in die Gesellschaft"]: [nach Verbüßung einer längeren Haftstrafe] schrittweise wieder in die Gesellschaft eingliedern. **Resozialisierung** *die*; -, -en: das Resozialisieren

resp. = respektive

Re|spekt [über gleichbed. *fr.* respect aus *lat.* respectus „das Zurückblicken, das Sichumsehen; Rücksicht" zu respicere „zurückschauen, Rücksicht nehmen"] *der*; -[e]s: Ehrerbietung; schuldige Achtung. **re|spektabel**: ansehnlich; angesehen. **re|spektieren** [aus gleichbed. *fr.* respecter]: 1. achten; anerkennen, gelten lassen. 2. einen Wechsel bezahlen (Wirtsch.). **re|spektierlich**: (veraltet) ansehnlich, achtbar

re|spektive [...*w*ᵉ; Adverb zu *mlat.* respectīvus „berücksichtigend"]: beziehungsweise; oder; Abk.: resp.

Re|spiration [...*zion*; aus *lat.* respīrātio „das Atemholen", vgl. respirieren] *die*; -: Atmung (Med.). **Re|spirator** *der*; -s, ...oren: Atmungsgerät, Atemfilter. **re|spiratorisch**: mit der Atmung verbunden, auf sie bezüglich (Med.). **re|spirieren** [aus *lat.* respīrāre „zurückblasen, ausatmen; Atem holen"]: atmen (Med.)

re|spondieren [aus *lat.* respondēre „antworten"]: (veraltet) antworten, auf etwas reagieren. **Re|spons** [aus *lat.* respōnsus „Antwort"] *der*; -es, -e: Reaktion auf bestimmte Bemühungen. **Re|sponsorium** [zu gleichbed. *kirchenlat.* respōnsōria (Plural)] *das*; -s, ...ien [...*iᵉn*]: kirchlicher Wechselgesang

Ressentiment [*räßangtimang*; aus *fr.* ressentiment „heimlicher Groll" zu ressentir „fühlen"; vgl. Sentiment] *das*; -s, -s: heimlicher, stiller Vorbehalt; Groll, der durch erlittenes Unrecht bedingt ist; gefühlsmäßige starke Abneigung

Ressort [*räßor*; aus gleichbed. *fr.* ressort zu ressortir „hervorgehen, zugehören"] *das*; -s, -s: Geschäfts-, Amtsbereich; Arbeits-, Aufgabengebiet. **ressortieren**: zugehören, unterstehen

Ressource [*räßurßᵉ*; aus gleichbed. *fr.* ressource zu *altfr.* resourdre aus *lat.* resurgere „wiedererstehen"] *die*; -, -n (meist Plural): a) natürliches Produktionsmittel für die Wirtschaft; b) Hilfsmittel; Hilfsquelle

Restaurant [*räßtorang*; aus gleichbed. *fr.* restaurant zu restaurer „wiederherstellen, stärken", s. restaurieren] *das*; -s, -s: Gaststätte. **Restaurateur** [...*toratör*] *der*; -s, -e: (veraltet) Gastwirt. **Restauration** [*räßtaurazion*; aus *spätlat.* restaurātio „Erneuerung"] *die*; -, -en: 1. Wiederherstellung eines schadhaften Kunstwerkes. 2. Wiedereinrichtung der alten politischen u. sozialen Ordnung nach einem Umsturz. 3. (österr., sonst veraltet) Gastwirtschaft. **restaurativ** [...*tau*...]: die Restauration (2) betreffend, sich auf die Restauration stützend.

Restaurator [...*tau*...; aus gleichbed. *spätlat.* restaurātor] *der*; -s, ...oren: Fachmann, der Kunstwerke wiederherstellt. **restaurieren** [z. T. über *fr.* restaurer „wiederherstellen, stärken" aus *lat.* restaurāre „wiederherstellen"]: 1. wiederherstellen, ausbessern (in bezug auf Kunst- u. Bauwerke). 2. sich -: (veraltend) sich erholen, sich erfrischen

restituieren [aus *lat.* restituere „wieder hinstellen, erneuern"]: 1. wiederherstellen. 2. ersetzen. **Restitution** [aus gleichbed. *lat.* restitūtio] *die*; -, -en: Wiederherstellung

Re|striktion [aus gleichbed. *lat.* restrictio zu restringere, s. restringieren] *die*; -, -en: Einschränkung. **re|striktiv**: einschränkend, einengend; -e [...*w*ᵉ] Konjunktion: einschränkendes Bindewort (z. B. insofern). **Re|striktivsatz** *der*; -[e]s, ...sätze: restriktiver → Modalsatz (Sprachw.). **re|stringieren** [aus *lat.* restringere „zurückbinden, beengen"]: einschränken. **re|stringiert**: eingeschränkt; -er Code: individuell nicht stark differenzierter sprachlicher → Code eines Sprachteilhabers (Sprachw.); Ggs. → elaborierter Code

Resultante [aus gleichbed. *fr.* résultante zu résulter, s. resultieren] *die*; -, -n: Ergebnisvektor von verschieden gerichteten Bewegungs- od. Kraftvektoren (vgl. Vektor). **Resultat** [über gleichbed. *fr.* résultat aus *mlat.* resultātum zu resultāre, s. resultieren] *das*; -[e]s, -e: 1. (in Zahlen ausdrückbares) Ergebnis [einer Rechnung]. 2. Erfolg, Ergebnis. **resultativ**: ein Resultat bewirkend; -e [...*w*ᵉ] Aktionsart: → Aktionsart eines Verbs, die das Resultat, das Ende eines Geschehens ausdrückt (z. B. finden). **resultieren** [über gleichbed. *fr.* résulter aus *mlat.* resultāre „entspringen; entstehen", eigtl. „zurückspringen"]: sich herleiten, sich [als Resultat] ergeben, die Folge von etwas sein. **Resultierende** *die*; -n, -n: = Resultante

Resümee [aus gleichbed. *fr.* résumé, s. resümieren] *das*; -s, -s: Zusammenfassung, Übersicht. **resümieren** [aus gleichbed. *fr.* résumer, dies aus *lat.* resūmere „wieder vornehmen, wiederholen"]: zusammenfassen

Retard [*rᵉtar*; aus gleichbed. *fr.* retard, eigtl. „Verzögerung", s. retardieren]: Hebelstellung zur Verringerung der Ganggeschwindigkeit von Uhren; Abk.: R. **Retardation** [...*zion*] *die*; -, -en: Verzögerung (z. B. im Handlungsablauf, bes. des Dramas, od. der oberen Stimme gegenüber der unteren in der Musik). **retardieren** [über gleichbed. *fr.* retarder aus *lat.* retardāre „verzögern, aufhalten"]: verzögern, hemmen; -des Moment: Handlungselement in der dramatischen u. epischen Dichtung, das eine sich bereits abzeichnende Lösung des Konfliktes durch unerwartete neue Verwicklungen scheinbar in Frage stellt u. die endgültige Lösung noch einmal hinausschiebt (Literaturw.)

Retikulum [aus *lat.* rēticulum „kleines Netz"] *das*; -s, ...la: 1. Netzmagen der Wiederkäuer (Zool.). 2. im Ruhekern der teilungsbereiten Zelle nach Fixierung u. Färbung sichtbares Netzwerk aus Teilen von entspiralisierten Chromosomen (Biol.)

retirieren [nach gleichbed. *fr.* se retirer]: 1. sich zurückziehen. 2. (scherzh.) sich schnell entfernen, sich in Sicherheit bringen

Retorte [über gleichbed. *fr.* retorte aus *mlat.* retorta zu retorquēre „rückwärts drehen" (nach dem gedrehten Hals")] *die*; -, -n: a) rundliches Labordestillationsgefäß aus Glas mit umgebogenem, verjüngtem Hals; b) in der chemischen Industrie zylindrischer od. flacher langer Behälter, der innen mit feuerfestem Material ausgekleidet ist; aus der -: (oft abwertend) künstlich erzeugt

retour [*retur*; zu *fr.* retour „Rückkehr", dies zu retourner, s. retournieren]: (landsch., sonst veraltend) zurück. **Retoure** [*retur*ᵉ] *die*; -, -n (meist Plural): an den Verkäufer zurückgesandte Ware. **Retourkutsche** *die*; -, -n: (ugs.) das Zurückgeben eines Vorwurfs, einer Beleidigung. **retournieren** [aus *fr.* retourner „umkehren, zurückdrehen"; vgl. Tournee]: 1. Waren zurücksenden (an den Verkäufer). 2. den gegnerischen Aufschlag zurückschlagen (Tennis)

re|tro..., **Re|tro...** [aus *lat.* retrō „zurück, rückwärts"]: Präfix mit der Bedeutung „hinter, rückwärts, zurück". **re|tro|spektiv** [zu → retro... u. *lat.* specere, Part. Perf. spectum „sehen"]: rückschauend, rückblickend. **Re|tro|spektive** [...*iw*ᵉ] *die*; -, -n: a) Rückschau, Rückblick; b) Kunstausstellung od. Filmserie, die das Gesamtwerk eines Künstlers od. Filmregisseurs od. einer Epoche in einer Rückschau vorstellt

Return [*ritö*ʳ*n*; aus gleichbed. *engl.* return, eigtl. „Rückkehr", vgl. retournieren] *der*; -s, -s: Rückschlag; zurückgeschlagener Ball (Tennis)

Retusche [aus gleichbed. *fr.* retouche zu retoucher, s. retuschieren] *die*; -, -n: Überarbeitung positiver od. negativer fotografischer Bildvorlagen zur Verbesserung der Tonwerte od. zur Herausarbeitung von Einzelheiten. **Retuscheur** [...*schör*] *der*; -s, -e: jmd., der Retuschen ausführt. **retuschieren** [aus *fr.* retoucher „wieder berühren, überarbeiten"]: eine Retusche ausführen

re|unieren [*reünir*ᵉ*n*; aus gleichbed. *fr.* réunir; vgl. unieren]: 1. (veraltet) wiedervereinigen, versöhnen. 2. sich -: sich versammeln. [1]**Re|union** [*re-union*; gleichbed. *fr.* réunion] *die*; -, -en: (veraltet) Wiedervereinigung. [2]**Re|union** [*reünions*; aus *fr.* réunion „Versammlung, Gesellschaft"] *die*; -, -s: (veraltet) Gesellschaftsball. **Re|unionen** [aus *fr.* réunions zu → [1]Reunion] *die* (Plural): gewaltsame Gebietsaneignungen Ludwigs XIV. im Elsaß u. in Lothringen

reüssieren [aus gleichbed. *fr.* réussir, dies aus gleichbed. *it.* riuscire, eigtl. „wieder hinausgehen", zu *lat.* re- „zurück" u. exīre „hinausgehen"]: Erfolg haben; ein Ziel erreichen

Rev. = Reverend

Revanche [*rewangsch*⁽ᵉ⁾, ugs. auch: *rewangsch*ᵉ; aus gleichbed. *fr.* revanche zu revancher „rächen", dies zu gleichbed. venger aus *lat.* vindicāre „strafen, rächen"] *die*; -, -n [...*sch*ᵉ*n*]: 1. Vergeltung, Rache. 2.a) siegreiches Bestehen eines Wettkampfes gegenüber einer früheren Niederlage gegen den gleichen Gegner; b) Rückkampf, Rückspiel eines Hinspiels, das verloren wurde (Sport). **revanchieren**, sich: 1. vergelten, sich rächen. 2. sich erkenntlich zeigen, durch eine Gegenleistung ausgleichen, einen Gegendienst erweisen. **Revanchismus** [nach gleichbed. *russ.* revanšism zu *fr.* revanche „Vergeltung"] *der*; -: (DDR, abwertend) Politik, die auf Rückgewinnung in einem Krieg verlorener Gebiete mit militärischen Mitteln gerichtet ist. **Revanchist** *der*; -en, -en: (DDR, abwertend) Vertreter des Revanchismus. **revanchistisch**: (DDR, abwertend) den Revanchismus betreffend

Revenue [*r*ᵉ*w*ᵉ*nü*; aus gleichbed. *fr.* revenu zu revenir „wiederkommen" aus *lat.* revenīre] *die*; -, -n [...*nü*ᵉ*n*]: (meist Plural) Einkommen, Einkünfte

Reverend [*räw*ᵉ*r*ᵉ*nd*; aus *engl.* Reverend, dies aus *lat.* reverendus „Verehrungswürdiger" zu reverēri „Scheu empfinden, verehren"] *der*; -: Titel der Geistlichen in England u. Amerika; Abk.: Rev.

Reverenz [aus *lat.* reverentia „Scheu, Ehrfurcht" zu reverēri „Scheu empfinden"] *die*; -, -en: a) Ehrerbietung; b) Verbeugung; vgl. aber Referenz

Reverie [*räw*...; aus gleichbed. *fr.* rêverie zu rêver „träumen"] *die*; -, ...ien: franz. Bezeichnung für: Träumerei (elegisch-träumerisches Instrumentalstück, bes. Klavierstück der Romantik)

[1]**Revers** [*rewär*; aus gleichbed. *fr.* revers, dies aus *lat.* reversus „umgekehrt", Part. Perf. von revertere „umwenden"] *das* od. (österr. nur:) *der*; - [*rewärß*], - [*rewärß*]: Umschlag od. Aufschlag an Kleidungsstücken

[2]**Revers** [*rewärß*, franz. Ausspr.: *r*ᵉ*wär*; aus *fr.* revers „Rückseite"] *der*; -es u. (bei franz. Ausspr.:) - [*r*ᵉ*wärß*], -e u. (bei franz. Ausspr.:) - [*r*ᵉ*wärß*]: Rückseite [einer Münze]; Ggs. → Avers

[3]**Revers** [*rewärß*; zu *mlat.* reversum „Antwort", eigtl. „umgekehrtes (Schreiben)"; vgl. [1]Revers] *der*; -es, -e: Erklärung, Verpflichtungsschein

reversibel [zu *lat.* revertere, Part. Perf. reversum, „umkehren"]: umkehrbar (z. B. von technischen, chemischen, biologischen Vorgängen); Ggs. → irreversibel. **Reversibilität** *die*; -: Umkehrbarkeit; Ggs. → Irreversibilität. **Reversible** [*rewärsib*ᵉ*l*; zu *engl.* reversible „doppelseitig, wendbar", dies zu to reverse aus *fr.* reverser „umkehren"] *das*; -s, -s: Kleidungsstück, das beidseitig getragen werden kann

Reversion [aus gleichbed. *lat.* reversio zu revertere, Part. Perf. reversum, „umkehren"] *die*; -, -en: Umkehrung, Umdrehung

Revident [*rewi*...; zu → revidieren] *der*; -en, -en: (österr.) ein Beamtentitel. **revidieren** [aus *lat.* revidēre „wieder hinsehen"; vgl. Revision]: 1. überprüfen, prüfen (insbes. die Ausführung von Korrekturen im Druckgewerbe). 2. nach eingehender Prüfung ändern, z. B. sein Urteil -; vgl. Revision

Revier [*rewir*; über *mniederl.* riviere, (*alt*)*fr.* rivière „Ufergegend entlang eines Wasserlaufs" aus *vulgärlat.* ripāria „am Ufer Befindliches" (zu *lat.* rīpa „Ufer")] *das*; -s, -e: 1. Bezirk, Gebiet; Tätigkeitsbereich (z. B. eines Kellners); etwas ist jmds. -: (ugs.) etwas ist jmds. Aufgabe, Fach. 2. kleinere Polizeidienststelle [eines Stadtbezirks]. 3. (Mil.) a) von einem Truppenteil belegte Räume in einer Kaserne od. in einem Lager; b) Krankenstube eines Truppenteils. 4. (Forstw.) a) Teilbezirk eines Forstamts; b) begrenzter Jagdbezirk. 5. Abbaugebiet (Bergw.). 6. Lebensraum, Wohngebiet bestimmter Tiere

Revirement [*rewir*ᵉ*mang*; aus *fr.* revirement „das Wenden, die Übertragung" zu virer „wenden"] *das*; -s, -s: Wechsel in der Besetzung von Ämtern

Revision [aus *mlat.* revīsio „prüfende Wiederdurchsicht" zu *lat.* revidēre, Part. Perf. revisum, s. revidieren] *die*; -, -en: 1. [nochmalige] Durchsicht, Nachprüfung; bes. die → Korrektur des bereits umbrochenen (zu Druckseiten zusammengestellten) Satzes (Druckw.). 2. Änderung nach eingehender Prüfung (z. B. in bezug auf eine Ansicht). 3. gegen ein [Berufungs]urteil einzulegendes Rechtsmittel, das die Überprüfung dieses Urteils hinsichtlich einer behaupteten fehlerhaften Gesetzesanwendung od. hinsichtlich angeblicher Verfahrensmängel fordert (Rechtsw.). **Revisionismus** *der*; -:

1. das Streben nach Änderung eines bestehenden [völkerrechtlichen] Zustandes od. eines [polit.] Programms. 2. im 19. Jh. eine Richtung innerhalb der dt. Sozialdemokratie mit der Tendenz, den orthodoxen Marxismus durch Sozialreformen abzulösen. **Revisionist** *der*; -en, -en: Verfechter des Revisionismus (1, 2). **revisionistisch**: den Revisionismus (1, 2) betreffend. **Revisor** *der*; -s, ...oren: 1. [Wirtschafts]prüfer. 2. Korrektor, dem die Überprüfung der letzten Korrekturen im druckfertigen Bogen obliegt

Revokation [*rewokazion*; aus *lat.* revocātio „das Zurückrufen"] *die*; -, -en: Widerruf (z. B. eines wirtschaftl. Auftrages); vgl. revozieren

Revolte [...*wol*...; aus gleichbed. *fr.* révolte, eigtl. „Umwälzung"; vgl. revoltieren] *die*; -, -n: Aufruhr, Aufstand (einer kleinen Gruppe). **revoltieren** [aus gleichbed. *fr.* révolter, eigtl. „zurück-, umwälzen", dies aus *it.* rivoltare „umdrehen, empören" zu *lat.* revolvere „zurückrollen"]: an einer Revolte teilnehmen; sich empören, sich auflehnen, meutern

Revolution [...*zion*; aus gleichbed. *fr.* révolution, eigtl. „Umdrehung, Umwälzung"; älter für „Umdrehung der Himmelskörper" aus *spätlat.* revolūtio „das Zurückwälzen, die Umdrehung" (zu *lat.* revolvere „zurückrollen")] *die*; -, -en: 1. [gewaltsamer] Umsturz der bestehenden politischen u. sozialen Ordnung; Ggs. → Evolution (1). 2. Aufhebung, Umwälzung der bisher als gültig anerkannten Gesetze od. der bisher geübten Praxis durch neue Erkenntnisse u. Methoden (z. B. in der Wissenschaft), Wende. 3. Solospiel im Skat. **revolutionär** [aus gleichbed. *fr.* revolutionnaire]: 1. die Revolution (1) betreffend, zum Ziele habend; für die Revolution eintretend. 2. eine Revolution (2) bewirkend, umwälzend. **Revolutionär** *der*; -s, -e: 1. jmd., der auf eine Revolution (1) hinarbeitet od. an ihr beteiligt ist. 2. jmd., der sich gegen Überkommenes auflehnt u. grundlegende Veränderungen auf einem Gebiet herbeiführt. **revolutionieren** [aus gleichbed. *fr.* revolutionner]: 1. a) in Aufruhr bringen, für seine revolutionären (1) Ziele gewinnen; b) (selten) revoltieren. 2. grundlegend verändern. **Revoluzzer** [nach gleichbed. *it.* rivoluzionario zu rivoluzione „Revolution"] *der*; -s, -: (abwertend) jmd., der ohne klare Vorstellung einer neuen Ordnung eine Revolution beginnt

Revolver [...*wolw*...; aus gleichbed. *engl.* revolver zu to revolve „drehen" aus *lat.* revolvere „zurückrollen, -drehen"] *der*; -s, -: 1. kurze Handfeuerwaffe mit einer drehbaren Trommel als Magazin. 2. drehbare Vorrichtung an Werkzeugmaschinen zum Einspannen mehrerer Werkzeuge

revolvieren [aus *lat.* revolvere „zurückdrehen"]: zurückdrehen (Techn.)

revozieren [*rewo*...; aus *lat.* revocāre „zurückrufen"]: zurücknehmen; widerrufen

Revue [*rewü*, auch: *rᵉw*...; aus gleichbed. *fr.* revue, eigtl. „Übersicht, Überblick" zu revoir (Part. Perf. revu) „wiedersehen"] *die*; -, -n [...*wüᵉn*]: 1. Titel od. Bestandteil des Titels von Zeitschriften. 2. musikalisches Ausstattungsstück mit einer Programmfolge von sängerischen, tänzerischen u. artistischen Darbietungen, die oft durch eine Handlung verbunden sind. 3. (veraltet) Truppenschau; - passieren lassen: vor seinem geistigen Auge vorüberziehen lassen, die Einzelheiten eines Geschehens in ihrer zeitlichen Abfolge rückschauend betrachten

Rex [aus *lat.* rēx „Lenker, König"] *der*; -, Reges [*regeß*]: [altröm.] Königstitel

Rey|on [*räjong*; nach gleichbed. *engl.* rayon, *fr.* rayonne, dies zu *fr.* rayon „Strahl" (nach dem glänzenden Aussehen)] *der* od. *das*; -: nach dem Viskoseverfahren hergestellte Kunstseide

Rezensent [aus *lat.* recensēns, Gen. recensentis, Part. Präs. von recensēre „mustern, prüfend besichtigen"] *der*; -en, -en: Verfasser einer Rezension, [Literatur]kritiker. **rezensieren**: eine künstlerische od. wissenschaftliche Hervorbringung kritisch besprechen. **Rezension** *die*; -, -en: kritische Besprechung einer künstlerischen od. wissenschaftlichen Hervorbringung bes. in einer Zeitung od. Zeitschrift

rezent [aus *lat.* recēns „frisch, neu, jung"]: 1. gegenwärtig noch lebend (von Tier- u. Pflanzenarten; Biol.); Ggs. → fossil. 2. (landsch.) herzhaft

Rezepisse [österr.: *rezepiß*; aus *lat.* recepisse „erhalten zu haben", Infinitiv Perfekt von recipere „nehmen, erhalten"] *das*; -[s], -: (veraltet) Empfangsbescheinigung (Postw.)

Rezept [aus *lat.* receptum „(es wurde) genommen", Part. Perf. von recipere „nehmen"] *das*; -[e]s, -e: 1. schriftliche Anweisung des Arztes an den Apotheker für die Abgabe von Heilmitteln. 2. Back-, Kochanweisung. 3. (ugs.) feste, vorgeschriebene Regel; Mittel, Patentlösung. **rezeptieren**: ein Rezept ausschreiben (Med.)

¹Rezeption [...*zion*; aus *lat.* receptio „Aufnahme" zu recipere „(auf)nehmen"] *die*; -, -en: Aufnahme, Übernahme (z. B. fremden Gedankengutes, eines Textes). **²Rezeption** [...*zion*; aus gleichbed. *fr.* réception, dies aus *lat.* receptio „Aufnahme"]: Aufnahme[raum], Empfangsbüro im Foyer eines Hotels. **rezeptiv**: [nur] aufnehmend, empfangend; empfänglich. **Rezeptivität** [...*wität*] *die*; -: Aufnahmefähigkeit; insbes. in der Psychologie die Empfänglichkeit für Sinneseindrücke. **Rezeptor** [aus *lat.* receptor „Aufnehmer, Empfänger"] *der*; -s, ...oren: (meist Plural) Empfangsorgan in der Haut u. in inneren Organen zur Aufnahme von Reizen (Med.). **Rezeptur** [zu → Rezept u. → rezeptieren] *die*; -, -en: 1. a) Zubereitung von Arzneimitteln nach Rezept; b) Arbeitsraum in einer Apotheke zur Zubereitung von Arzneimitteln. 2. Zusammenstellung u. Mischung von Chemikalien nach bestimmtem Rezept (in der Industrie)

Rezession [aus *lat.* recessio „das Zurückgehen" zu recēdere „zurückweichen, -gehen"] *die*; -, -en: Verminderung der wirtschaftlichen Wachstumsgeschwindigkeit, leichter Rückgang der Konjunktur; vgl. Depression (2)

rezessiv [zu *lat.* recēdere (Part. Perf. recessum) „zurückweichen"]: zurücktretend, nicht in Erscheinung tretend (in bezug auf Erbfaktoren; Biol.); Ggs. → dominant

Rezipient [aus *lat.* recipiēns, Gen. recipientis, Part. Präs. von recipere „aufnehmen", s. rezipieren] *der*; -en, -en: jmd., der einen Text, ein Werk der bildenden Kunst, ein Musikstück o. ä. aufnimmt; Hörer, Leser, Betrachter. **rezipieren**: aufnehmen, übernehmen (z. B. fremdes Kulturgut, einen Text)

rezi|prok [aus *lat.* reciprocus „auf demselben Wege zurückkehrend"]: wechsel-, gegenseitig, aufeinander bezüglich; -er Wert: Kehrwert (Vertauschung von Zähler u. Nenner eines Bruches; Math.); -es Pronomen: wechselbezügliches Fürwort (z. B. sich [gegenseitig]). **Reziprozität** *die*; -: Wechselseitigkeit [der im Außenhandel eingeräumten Bedingungen]

Rezitation [...*zion*; aus *lat.* recitātio „das Vorlesen", s. rezitieren] *die*; -, -en: künstlerischer Vortrag einer Dichtung, eines literarischen Werks. **Rezitativ** [aus gleichbed. *it.* recitativo zu *lat.-it.* recitare „vorlesen"] *das*; -s, -e [...*wᵉ*]: dramatischer Sprechgesang, eine in Tönen deklamierte u. vom Wort bestimmte Gesangsart (in Oper, Operette, Kantate, Oratorium). **rezitativisch** [...*tiwi*...]: in der Art des Rezitativs vorgetragen (Mus.). **Rezitator** [aus *lat.* recitātor „Vorleser"] *der*; -s, ...oren: jmd., der rezitiert; Vortragskünstler. **rezitatorisch**: a) den Rezitator betreffend; b) die Rezitation betreffend. **rezitieren** [aus *lat.* recitāre „vorlesen, deklamieren"]: eine Dichtung, ein literarisches Werk künstlerisch vortragen

rf., **rfz.** = 1. rinforzando. 2. rinforzato

rh = Rhesusfaktor negativ

Rh = 1. chem. Zeichen für: Rhodium. 2. Rhesusfaktor positiv

Rhabarber [über gleichbed. *it.* rabarbaro aus *mlat.* rha (rheu) barbarum, eigtl. „fremdländische (barbarische) Wurzel"] *der*; -s: Knöterichgewächs mit großen krausen Blättern, dessen fleischige, grüne od. rote Stiele als Kompott o. ä. verwendet werden; - -: undeutliches Gemurmel

Rhap|sode [aus *gr.* rhapsōidós „Liedersänger", eigtl. „Zusammenfüger von Liedern", zu rháptein „zusammennähen" u. ōidḗ „Gesang"] *der*; -n, -n: im antiken Griechenland fahrender Sänger, der eigene od. fremde [epische] Dichtungen z. T. mit Kitharabegleitung vortrug. **Rhap|sodie** [aus gleichbed. *gr.* rhapsōidía] *die*; -, ...ien: 1. a) von einem Rhapsoden vorgetragene epische Dichtung; b) Gedicht in freier Form. 2. a) Instrumentalfantasie [für Orchester] mit Betonung des Nationalcharakters (seit dem 19. Jh.); b) freie Instrumentalkomposition, der Volksliedmelodien zugrunde liegen; kantatenartige Vokalkomposition mit Instrumentalbegleitung (z. B. bei Brahms). **Rhap|sodik** *die*; -: Kunst der Rhapsodiendichtung; vgl. Rhapsodie (1). **rhap|sodisch**: a) die Rhapsodie betreffend; in freier [Rhapsodie]form; b) bruchstückartig, unzusammenhängend; c) den Rhapsoden betreffend, charakterisierend

Rhenium [zu *lat.* Rhēnus „Rhein"] *das*; -s: metallisches chem. Element; Zeichen: Re

rheo..., **Rheo...** [zu *gr.* rhéos „das Fließen, der Strom"]: Bestimmungswort von Zusammensetzungen, die sich auf das Fließen von Stoffen oder elektrischem Strom beziehen, z. B. Rheostat. **Rheostat** [zu → rheo... u. *gr.* statós „feststehend"]: *der*; -[e]s u. -en, -e[n]: mit veränderlichen Kontakten ausgerüsteter Apparat zur Regelung des elektrischen Widerstandes

Rhesus *der*; -, - u. **Rhesusaffe** [Herkunft unsicher] *der*; -n, -n: indischer meerkatzenartiger Affe (wichtiges Versuchstier der Mediziner). **Rhesusfaktor** [nach seiner Entdeckung beim Rhesusaffen] *der*; -s, ...oren: von den Blutgruppen unabhängiger, erblicher Faktor, der in rhesusfaktorfreiem Blut als → Antigen wirkt u. die Bildung eines → Antikörpers auslöst; Zeichen: Rh (= Rhesusfaktor positiv), rh (= Rhesusfaktor negativ)

Rhetor [über *lat.* rhētor aus *gr.* rhḗtōr „Redner"] *der*; -s, ...oren: Redner der Antike. **Rhetorik** [über *lat.* rhētorica aus gleichbed. *gr.* rhētorikḗ (téchnē)] *die*; -: a) Wissenschaft von der kunstmäßigen Gestaltung öffentlicher Reden; vgl. Stilistik (1); b) Redebegabung, Redekunst. **Rhetoriker** *der*; -s, -: jmd., der die Rhetorik (a) beherrscht; guter Redner. **rhetorisch** [über *lat.* rhētoricus aus gleichbed. *gr.* rhētorikós]: a) die Rhetorik (a) betreffend, den Regeln der Rhetorik entsprechend; -e Figur: kunstmäßige Gestaltung eines Ausdrucks, Redefigur (z. B. → Figura etymologica, → Anapher); -e Frage: nur zum Schein [aus Gründen der Rhetorik (a)] gestellte Frage, auf die keine Antwort erwartet wird; b) die Rhetorik (b) betreffend, rednerisch; c) phrasenhaft, schönrednerisch

Rheuma [Kurzform] *das*; -s: (ugs.) = Rheumatismus. **Rheumatiker** *der*; -s, -: an Rheumatismus Leidender. **rheumatisch** [aus gleichbed. *gr.* rheumatikós]: durch Rheumatismus bedingt, auf ihn bezüglich. **Rheumatismus** [über *lat.* rheumatismus aus gleichbed. *gr.* rheumatismós, eigtl. „das Fließen (der Krankheitsstoffe)", zu *gr.* rhéein „fließen"] *der*; -, ...men: schmerzhafte, das Allgemeinbefinden vielfach beeinträchtigende Erkrankung der Gelenke, Muskeln, Nerven, Sehnen

rhin..., **Rhin...** vgl. rhino..., Rhino... **rhino...**, **Rhino...**, vor Vokalen: rhin..., Rhin... [zu *gr.* rhís, Gen. rhīnós „Nase"]: in Zusammensetzungen auftretendes Bestimmungswort mit der Bedeutung „Nase", z. B. Rhinoskop „Nasenspiegel"

Rhinozeros [über *lat.* rhīnocerōs aus gleichbed. *gr.* rhīnókerōs zu *gr.* rhís „Nase" u. kéras „Horn"] *das*; - u. -ses, -se: 1. asiatische Nashornart mit einem Nasenhorn u. zipfliger Oberlippe. 2. (ugs.) Dummkopf (Schimpfwort)

rhizo..., **Rhizo...** [zu *gr.* rhíza „Wurzel"]: in Zusammensetzungen auftretendes Bestimmungswort mit der Bedeutung „Wurzel, Sproß", z. B. Rhizopode „Wurzelfüßer". **Rhizom** [aus *gr.* rhízōma „das Eingewurzelte, die Wurzel"] *das*; -s, -e: Wurzelstock, Erdsproß mit Speicherfunktion (Bot.)

Rho [aus *gr.* rhō] *das*; -[s], -s: griech. Buchstabe: *P, ρ*

Rhodan [zu *gr.* rhódon „Rose"] *das*; -s: einwertige Schwefel-Kohlenstoff-Stickstoff-Gruppe in chem. Verbindungen (Chem.)

rhodinieren: mit Rhodium überziehen. **Rhodium** [zu *gr.* rhódon „Rose"] *das*; -s: chem. Grundstoff, Edelmetall; Zeichen: Rh

Rhododen|dron [aus *gr.-lat.* rhododéndron „Oleander", eigtl. „Rosenbaum"] *der* (auch: *das*); -s, ...dren: Pflanzengattung der Erikagewächse mit zahlreichen Arten (z. B. Alpenrose, Steinröschen, → Azalee)

rhombisch [zu → Rhombus]: die Form eines Rhombus besitzend. **Rhombo|eder** *das*; -s, -: von sechs Rhomben begrenzte Kristallform. **rhomboid**: rautenähnlich. **Rhomboid** *das*; -[e]s, -e: → Parallelogramm mit paarweise ungleichen Seiten. **Rhombus** [über *lat.* rhombus aus *gr.* rhómbos „Kreisel, Doppelkegel, verschobenes Quadrat", eigtl. kreisförmige Bewegung", zu rhémbesthai „sich im Kreise drehen"] *der*; -, ...ben: → Parallelogramm mit gleichen Seiten

Rhotazismus [nach *gr.* rhōtakismós „Gebrauch od. Mißbrauch des Lautes rhō"] *der*; -, ...men: Übergang eines zwischen Vokalen stehenden stimmhaften s zu r (z. B. griech. gene*s*eos gegenüber lat. gene*r*is)

Rhythmik [aus *lat.* rhythmicē, *gr.* rhythmikḗ (téchnē) „Lehre vom Rhythmus"] *die*; -: 1. rhythmischer Charakter, Art des Rhythmus (1–3). 2. a) Kunst der rhythmischen (1, 2) Gestaltung; b) Lehre vom Rhythmus, von rhythmischer (1, 2) Gestaltung. **Rhythmiker** *der*; -s, -: Komponist, Musiker, der die Rhythmik (2) besonders gut beherrscht u. das rhythmische Element in seiner Musik herausstellt. **rhythmisch** [nach gleichbed. *lat.* rhythmicus, *gr.* rhythmikós]: 1. den Rhythmus (1–3) betreffend. 2. nach, in einem bestimmten Rhythmus (1–3) erfolgend. **rhythmisieren**: in einen bestimmten Rhythmus versetzen. **Rhythmus** [über *lat.* rhythmus aus *gr.* rhythmós „geregelte Bewegung, Gleichmaß", eigtl. „das Fließen", zu *gr.* rhéein „fließen, strömen"] *der*; -, ...men: 1. Gleichmaß, gleichmäßig gegliederte Bewegung; periodischer Wechsel, regelmäßige Wiederkehr natürlicher Vorgänge (z. B. Ebbe u. Flut, Ein- u. Ausatmen, Jahreszeiten). 2. einer musikalischen Komposition zugrunde liegende Gliederung des Zeitmaßes, die sich aus dem Metrum des thematischen Materials, aus Tondauer u. Wechsel der Tonstärke ergibt. 3. Gliederung des Sprachablaufs, bes. in der Versdichtung durch den geregelten, harmonischen Wechsel von langen u. kurzen, betonten u. unbetonten Silben, durch Pausen u. Sprachmelodie; freie Rhythmen: sprachliche Gestaltung eines Gedichts ohne metrisches Schema, Reim od. Strophen u. mit beliebiger Füllung der Senkungen, nur mit Hebungen in annähernd gleichem Abstand

Ribisel [zu gleichbed. *it.* ribes, dies über *mlat.* ribes aus *arab.* rībās (eine Art Sauerampfer)] *die*; -, -n: (österr.) Johannisbeere

Ribonu|kleinsäure *die*; -, -n: = Ribosenukleinsäure. **Ribose** [Kunstw.] *die* -, -n: ein wichtiger Bestandteil der Nukleine im Zellplasma. **Ribosenukleinsäure** *die*; -, -n: wichtiger Bestandteil des Kerneiweißes der Zelle; Abk.: RNS. **Ribosom** [Kunstw.] *das*; -s, -en (meist Plural): hauptsächlich aus Ribosenukleinsäuren u. → Protein bestehendes, für den Eiweißaufbau wichtiges, submikroskopisch kleines Körnchen (Biol.)

Ricercar [*ritschärkar*] *das*; -s, -e u. **Ricercare** [aus gleichbed. *it.* ricercare zu ricercare „abermals suchen"] *das*; -[s], ...ri: frei erfundene Instrumentalkomposition mit nacheinander einsetzenden, imitativ durchgeführten Themengruppen (Vorform der Fuge, 16./17. Jh.; Mus.)

Rickettsien [...*iᵉn*; nach dem amerik. Pathologen Ricketts, 1871–1910] *die* (Plural): zwischen Viren u. Bakterien stehende Krankheitserreger (insbes. des Fleckfiebers; Med.)

ridikül [aus gleichbed. *fr.* ridicule, dies aus *lat.* ridiculus zu ridēre „lachen"]: lächerlich

rien ne va plus [*riäng nᵉ wa plü*; *fr.*; „nichts geht mehr"]: beim Roulettspiel die Ansage des Croupiers, daß nicht mehr gesetzt werden kann

Riff [aus gleichbed. *engl.-amerik.* riff] *der*; -[s], -s: fortlaufende Wiederholung einer melodischen Phrase im Jazz

Rigaudon [*rigodong*; aus gleichbed. *fr.* rigodon, rigaudon; wahrscheinlich abgeleitet von dem Namen eines alten Tanzlehrers Rigaud (*rigo*)] *der*; -s, -s: provenzal. Sing- u. Spieltanz in schnellem $^2/_2$-Takt, Satz der → Suite (3)

right or wrong, my coun|try! [*rait oʳ rong mai kantri*; *engl.*; „recht oder nicht recht, mein Vaterland!"; politisches Schlagwort frei nach dem Ausspruch des amerik. Admirals Decatur (*dikeʲtᵉr*), 1779 bis 1820]: ganz gleich, ob es recht ist oder nicht, es geht um mein Vaterland

Rigole [aus gleichbed. *fr.* rigole] *die*; -, -n: tiefe Rinne, Entwässerungsgraben. **rigolen**: tief pflügen od. umgraben (z. B. bei der Anlage eines Weinbergs)

Rigorismus [zu *lat.* rigor „Steifheit, Härte, Unbeugsamkeit"] *der*; -: unbeugsames, starres Festhalten an Grundsätzen (bes. in der Moral). **Rigorist** *der*; -en, -en: Vertreter des Rigorismus. **rigoristisch**: den Rigorismus betreffend. **rigoros** [aus *mlat.* rigorōsus „streng, hart" zu *lat.* rigor „Härte"]: sehr streng, unerbittlich, hart, rücksichtslos. **Rigorosität** *die*; -: Strenge, Rücksichtslosigkeit. **rigoroso** [aus gleichbed. *it.* rigoroso]: genau, streng im Takt (Vortragsanweisung; Mus.). **Rigorosum** [kurz für *nlat.* exāmen rigorōsum „strenge Prüfung"] *das*; -s, ...sa: mündliche Doktorprüfung

Rikscha [nach gleichbed. *engl.* ricksha, dies ugs. für jinrikisha aus *jap.* jin-riki-sha „Mensch-Kraft-Fahrzeug" („vom Menschen gezogener Wagen")] *die*; -, -s: zweirädriger Wagen in Ostasien, der von einem Menschen gezogen wird u. zur Beförderung von Personen dient

rila|sciando [...*schando*; aus gleichbed. *it.* rilasciando zu rilasciare aus *lat.* relaxāre „lockern"]: nachlassend im Takt, langsamer werdend (Vortragsanweisung; Mus.)

Rimesse [aus *it.* rimessa „das Widerhinstellen, die Überweisung" zu rimettere „wiederhinstellen" aus *lat.* remittere „zurückschicken"] *die*; -, -n: (Wirtsch.) a) Übersendung von Geld, eines Wechsels; b) in Zahlung gegebener Wechsel

rinforzando [aus gleichbed. *it.* rinforzando zu rinforzare „wieder verstärken"]: plötzlich deutlich stärker werdend; Abk.: rf., rfz. (Vortragsanweisung; Mus.). **Rinforzando** *das*; -s, -s u. ...di: plötzliche Verstärkung des Klanges auf einem Ton od. einer kurzen Tonfolge (Mus.). **rinforzato** [aus gleichbed. *it.* rinforzato]: plötzlich merklich verstärkt; Abk.: rf., rfz. (Vortragsanweisung; Mus.). **Rinforzato** *das*; -s, -s u. ...ti: = Rinforzando

R. I. P. = requiescat in pace!

Riposte [aus *fr.* riposte „schnelle Gegenrede, Gegenstoß", dies aus gleichbed. *it.* risposta zu rispondere „antworten" aus *lat.* respondēre] *die*; -, -n: unmittelbarer Gegenstoß nach einem parierten Angriff (Fechten). **ripostieren**: eine → Riposte ausführen (Fechten)

Rips [nach *engl.* ribs (Plural) „Rippen"] *der*; -es, -e: Sammelbezeichnung für Gewebe mit Längs- od. Querrippen

Risalit [nach gleichbed. *it.* risalto zu risalire „hervorspringen"] *der*; -s, -e: in ganzer Höhe des Bauwerks vorspringender Gebäudeteil (Mittel-, Eck- od. Seitenrisalit) zur Aufgliederung der Fassade (besonders in der barocken Baukunst)

Risiko [aus gleichbed. älter *it.* risico, risco; vgl. riskieren] *das*; -s, -s u. ...ken (österr. auch: Risken): Wagnis; Gefahr, Verlustmöglichkeit bei einer unsicheren Unternehmung

Risi-Pisi [nach gleichbed. *it.* risi e bisi, Reimbildung für riso con piselli = „Reis mit Erbsen"] *die* (Plural) u. (bes. österr.:) **Risipisi** *das*; -[s]: Gericht aus Reis u. Erbsen

riskant [aus gleichbed. *fr.* risquant zu risquer „riskieren", dies zu risque aus älter *it.* risco; vgl. Risiko]: gefährlich, gewagt. **riskieren**: a) aufs Spiel setzen; b) wagen; ein Auge -: (ugs.) einen verstohlenen Blick auf jmdn., etwas werfen; c) sich einer bestimmten Gefahr aussetzen; z. B. einen Unfall -

risoluto [aus gleichbed. *it.* risoluto; vgl. resolut]: entschlossen u. kraftvoll (Vortragsanweisung; Mus.)
Risotto [aus gleichbed. *it.* (milanesisch) risotto zu riso „Reis"] *der*; -[s], -s (österr. auch: *das*; -s, -[s]): ital. Reisgericht
rit. = 1. ritardando. 2. ritenuto
ritard. = ritardando. **ritardando** [aus gleichbed. *it.* ritardando zu ritardare aus *lat.* retardāre „(ver)zögern"]: das Tempo verzögernd, langsamer werdend (Vortragsanweisung; Mus.); Abk.: rit., ritard. **Ritardando** *das*; -s, -s u. ...di: allmähliches Langsamerwerden des Tempos (Mus.)
rite [aus *lat.* rīte „auf rechte, gehörige Weise" zu rītus „(heiliger) Brauch"]: 1. genügend (geringstes Prädikat bei Doktorprüfungen). 2. ordnungsgemäß, in ordnungsgemäßer Weise
Riten: *Plural* von → Ritus
riten. = ritenuto. **ritenente** [aus gleichbed. *it.* ritenente, Part. Präs. von ritenere aus *lat.* retinēre „zurückhalten"]: im Tempo zurückhaltend, zögernd (Vortragsanweisung; Mus.). **ritenuto** [aus gleichbed. *it.* ritenuto, Part. Perf. von ritenere]: im Tempo zurückgehalten, verzögert (Vortragsanweisung; Mus.); Abk.: rit., riten.
Ritornell [aus *it.* ritornello „Refrain, Wiederholungssatz"] *das*; -s, -e: instrumentales Vor-, Zwischen- od. Nachspiel im → Concerto grosso u. beim Gesangssatz mit instrumentaler Begleitung (17. u. 18. Jh.; Mus.)
ritual [aus gleichbed. *lat.* rītuālis]: den Ritus betreffend. **Ritual** *das*; -s, -e u. -ien [...*i^e n*]: 1. a) Ordnung für gottesdienstliches Brauchtum; b) religiöser [Fest]brauch in Worten, Gesten u. Handlungen; Ritus (1). 2. a) das Vorgehen nach festgelegter Ordnung; Zeremoniell; b) Verhalten in bestimmten Grundsituationen, bes. bei Tieren (z. B. Droh-, Fluchtverhalten). **rituell** [über gleichbed. *fr.* rituel aus *lat.* rītuālis]: 1. dem Ritus (1) entsprechend. 2. in der Art eines Ritus (2), zeremoniell. **Ritus** [aus gleichbed. *lat.* rītus] *der*; -, Riten: 1. religiöser [Fest]brauch in Worten, Gesten u. Handlungen. 2. das Vorgehen nach festgelegter Ordnung; Zeremoniell
Rivale [*riwal^e*; aus gleichbed. *fr.* rival, dies aus *lat.* rivālis „Nebenbuhler", eigtl. „Bachnachbar" (zur Nutzung eines Wasserlaufs (*lat.* rīvus „Bach") Mitberechtigter)] *der*; -n, -n: Nebenbuhler, Mitbewerber, Konkurrent; Gegenspieler. **rivalisieren** [aus gleichbed. *fr.* rivaliser]: um den Vorrang kämpfen. **Rivalität** [aus gleichbed. *fr.* rivalité] *die*; -, -en: Nebenbuhlerschaft, Kampf um den Vorrang
Riverboatparty [...*bo^u tpa^r ti*; aus gleichbed. *engl.-amerik.* riverboat party] *die*; -, -s u. ...ties [...*tis*, auch: ...*tiß*]: = Riverboatshuffle. **Riverboatshuffle** [...*schaf^e l*; aus gleichbed. *engl.-amerik.* riverboat shuffle, zu shuffle „Schleifer, Tanz"] *die*; -, -s: zwanglose Geselligkeit mit Jazzband auf einem Binnenwasserschiff
riverso [*riwärßo*; aus gleichbed. *it.* riverso, dies aus *lat.* reversus „zurückgewandt"]: in umgekehrter Reihenfolge der Töne, rückwärts zu spielen (Vortragsanweisung; Mus.)
Rizinus [aus *lat.* ricinus (ein Baumname)] *der*; -, - u. -se: 1. strauchiges Wolfsmilchgewächs mit fettreichem, sehr giftigem Samen. 2. Abführmittel (Öl) aus dem Samen des Rizinus
rk, r.-k. = römisch-katholisch
Rn = chem. Zeichen für: Radon
RNS = Ribo[se]nukleinsäure
Roadster [*ro^u dßt^e r*; aus gleichbed. *engl.-amerik.* roadster zu road „Landstraße"] *der*; -s, -: offener, zweisitziger Sportwagen
Roaring Twenties [*ro... t^u äntis*; aus *amerik.* the roaring twenties „die brüllenden Zwanziger"] *die* (Plural): die 20er Jahre des 20. Jh.s in den USA u. in Westeuropa, die durch die Folgeerscheinungen der Wirtschaftsblüte nach dem 1. Weltkrieg, Vergnügungssucht u. Gangstertum, gekennzeichnet waren
Roastbeef [*róßtbif*; aus gleichbed. *engl.* roast beef] *das*; -s, -s: Rostbraten, Rinderbraten auf engl. Art
Robe [aus *fr.* robe „Gewand, Kleid", dies aus *altfränk.* *rauba „Beute", also eigtl. „erbeutetes Kleid"] *die*; -, -n: 1. kostbares, bodenlanges [Abend]kleid. 2. Amtstracht der Geistlichen, Juristen u. a. Amtspersonen
Robinie [...*i^e*; nach dem franz. Botaniker J. Robin (*robäng*) † 1629] *die*; -, -n: falsche Akazie (Zierbaum od. -strauch mit großen Blütentrauben)
Robinsonade *die*; -, -n: 1. a) Abenteuerroman, der das Motiv des „Robinson Crusoe" [- *kruso*], eines Romans des engl. Schriftstellers Defoe (*d^e fo^u*), 1659 od. 1660–1731, aufgreift; b) Erlebnis, Abenteuer ähnlich dem des Robinson Crusoe. 2. im Sprung erfolgende, gekonnte Abwehrreaktion des Torwarts, bei der er sich einem Gegenspieler entgegenwirft (Fußball)
roboten [zu veraltetem Robot „Frondienst" aus gleichbed. *tschech.* robota]: (ugs.) schwer arbeiten. **Roboter** *der*; -s, -: 1. (ugs.) Schwerarbeiter. 2. a) äußerlich wie ein Mensch gestaltete Apparatur, die manuelle Funktionen eines Menschen ausführen kann; Maschinenmensch; b) elektronisch gesteuertes Gerät
robust [aus gleichbed. *lat.* rōbustus, eigtl. „aus Hart-, Eichenholz", zu rōbur „Kernholz, Eiche; Kraft, Kern"]: stark, kräftig, derb, widerstandsfähig, unempfindlich (in bezug auf Dinge u. Menschen). **robusto** [aus gleichbed. *it.* robusto]: kraftvoll (Vortragsanweisung; Mus.)
Rocaille [*rokaj*; aus gleichbed. *fr.* rocaille, eigtl. „Geröll, aufgehäufte Steine", zu *fr.* roc „Felsen"] *das* od. *die*; -, -s: Muschelwerk (wichtigstes Dekorationselement des Rokokos)
Rochade [*rochad^e*, auch: *rosch...*; französierende Bildung zu → rochieren] *die*; -, -n: unter bestimmten Voraussetzungen zulässiger Doppelzug von König u. Turm (Schach)
Rocher de bronze [*rosche d^e brongß*; *fr.*; „eherner Fels"] *der*; - - -, -s [*rosche*] - -: unerschütterliche Macht (nach einer Redewendung Friedrich Wilhelms I. von Preußen)
rochieren [*rochi*..., auch: *rosch*...; nach gleichbed. *fr.* roquer zu älter *fr.* roc aus *span.* roque „Turm im Schachspiel", dies aus *pers.-arab.* ruḫ „Elefant mit Bogenschützen, Schachturm"]: 1. die → Rochade ausführen. 2. die Positionen wechseln (in bezug auf Stürmer, u. a. beim Fußball)
Rock [Kurzform] *der*; -[s]: = Rock and Roll. **Rock and Roll** u. Rock 'n' Roll [*roknro^u l*; aus gleichbed. *amerik.* rock and roll, rock 'n' roll, eigtl. „wiegen und rollen"] *der*; - - -: stark synkopierter amerikan. Tanz in flottem $^4/_4$-Takt. **rocken** [nach gleichbed. *amerik.* to rock]: stark synkopiert, im Rhythmus des Rock and Roll spielen, tanzen, sich bewegen
Rocker [aus gleichbed. *engl.* rocker, wohl zu →

rocken] *der*; -s, -: Angehöriger einer lose organisierten jugendlichen Bande, für die Lederkleidung und Motorrad charakteristische Statussymbole sind

Rock 'n' Roll [*roknro"l*] vgl. Rock and Roll

Rodeo [aus gleichbed. *engl.* rodeo, eigtl. „Zusammentreiben des Viehs" aus *span.* rodeo zu rodear „umzingeln, zusammentreiben"] *der* od. *das*; -s, -s: mit Geschicklichkeitsübungen u. Wildwestvorführungen verbundene Reiterschau der Cowboys in den USA

Rogate [aus *lat.* rogāte „bittet!" (Imperativ Plural von rogāre „bitten")]: Name des fünften Sonntags nach Ostern nach dem alten → Introitus des Gottesdienstes, Joh. 16, 24: „Bittet [so werdet ihr nehmen]!"

Rokoko [auch: *rokoko*; österr. nur: *rokoko*; aus gleichbed. *fr.* rococo zu rocaille, s. Rocaille] *das*; -[s]: den Barock ablösender, zierlicher, leichter, spielerischer Kunststil (18. Jh.)

Rollo [auch: *rolo*] *das*; -s, -s: eindeutschend für: Rouleau

Romadur [österr.: *...dur*; nach gleichbed. *fr.* romatour] *der*; -[s]: halb- od. vollfetter Weichkäse

Roman [aus gleichbed. *fr.* roman, *altfrz.* romanz, eigtl. „in romanischer Volkssprache (nicht in Latein) verfaßte Erzählung", zu *vulgärlat.* *rōmānicē „auf romanische Weise"] *der*; -s, -e: a) (ohne Plural) literarische Gattung einer epischen Großform in Prosa, die in großen Zusammenhängen Zeit u. Gesellschaft widerspiegelt u. das Schicksal einer Einzelpersönlichkeit od. einer Gruppe von Individuen in ihrer Auseinandersetzung mit der Umwelt darstellt; b) ein Exemplar dieser Gattung. **Romancier** [*romangßie*; aus gleichbed. *fr.* romancier] *der*; -s, -s: Verfasser von Romanen, Romanschriftsteller

Romani [aus gleichbed. *zigeunersprachl.* romani zu rom „Mann, Ehemann, Zigeuner", dies aus *altind.* ḍoma-ḥ „Mann niederer Kaste, der von Gesang u. Musizieren lebt"] *das*; -: Zigeunersprache

Romanik [zu → romanisch (2)] *die*; -: mittelalterlicher Kunststil (11.–13. Jh.). **romanisch** [nach *lat.* Rōmānicus „römisch"]: 1. a) aus dem → Vulgärlatein entwickelt (zusammenfassend in bezug auf Sprachen, z. B. Französisch, Italienisch, Spanisch u. a.); b) die Romanen u. ihre Kultur betreffend, kennzeichnend; zu den Romanen gehörend. 2. die Kunst der Romanik betreffend. **romanisieren**: romanisch machen. **Romanist** *der*; -en, -en: jmd., der sich wissenschaftlich mit einer od. mehreren romanischen (1a) Sprachen u. Literaturen (bes. mit Französisch) befaßt [hat]. **Romanistik** *die*; -: Wissenschaft von den romanischen (1a) Sprachen u. Literaturen. **romanistisch**: die Romanistik betreffend

Romantik [zu → romantisch] *die*; -: 1. Epoche des europäischen, bes. des deutschen Geisteslebens, der Literatur u. Kunst vom Ende des 18. bis zur Mitte (in der Musik bis zum Ende) des 19. Jh.s, die im Gegensatz zur Aufklärung u. zum → Klassizismus stand, die u. a. durch eine Betonung der Gefühlskräfte, des volkstümlichen u. nationalen Elements, durch die Verbindung der Künste untereinander u. zwischen Kunst u. Wissenschaft, durch historische Betrachtungsweise, die Neuentdeckung des Mittelalters u. die Ausbildung von Nationalliteraturen gekennzeichnet ist. 2. a) durch eine schwärmerische od. träumerische Idealisierung der Wirklichkeit gekennzeichnete romantische (2) Art; b) romantischer (2) Reiz, romantische Stimmung; c) abenteuerliches Leben. **Romantiker** *der*; -s, -: 1. Vertreter, Künstler der Romantik (1). 2. Phantast, Gefühlsschwärmer. **romantisch** [unter Einfluß von gleichbed. *engl.* romantic aus *fr.* romantique (eigtl. „dem Geist der Ritterdichtung gemäß, romanhaft"), zu *altfr.* romanz, vgl. Roman]: 1. die Romantik (1) betreffend, im Stil der Romantik. 2. a) phantastisch, gefühlsschwärmerisch, die Wirklichkeit idealisierend; b) stimmungsvoll, malerisch-reizvoll; c) abenteuerlich, wundersam, geheimnisvoll. **romantisieren**: 1. im Stil der Romantik (1) gestalten; den Stil der Romantik imitieren. 2. in einem romantischen (2 a u. c) Licht sehen, darstellen. **Romantizismus** *der*; -, ...men: 1. (ohne Plural) sich auf die Romantik (1) beziehende Geisteshaltung. 2. romantisches (1) Element. **romantizistisch**: dem Romantizismus (1) entsprechend

Romanze [aus *fr.* romance, *span.* romance „volksliedhaftes Gedicht", dies aus *altprovenzal.* romans, vgl. Roman] *die*; -, -n: 1. [span.] volksliedhaftes episches Gedicht mit balladenhaften Zügen, das hauptsächlich Heldentaten u. Liebesabenteuer sehr farbig u. phantasieerregend schildert. 2. lied- u. balladenartiges, gefühlsgesättigtes Gesangs- od. Instrumentalstück erzählenden Inhalts (Mus.). 3. romantische (2a) Liebesepisode

römisch-katholisch: die vom Papst in Rom geleitete → katholische Kirche betreffend, ihr angehörend; Abk.: rk, r.-k., röm.-kath. **röm.-kath.** = römisch-katholisch

Rommé [*rome*, meist: *rome*; französierende Bildung nach gleichbed. *engl.* rummy] *das*; -s, -s: Kartenspiel für 3 bis 6 Mitspieler, von denen jeder versucht, seine Karten möglichst schnell in vollständigen Gruppen abzulegen

Rondeau [aus *fr.* rondeau „Tanzlied mit Kehrreim" zu rond „rund" aus *lat.* rotundus] *das*; -s, -s: 1. [*rongdo*] mittelalterliches franz. Tanzlied beim Rundtanz. 2. [*rondo*] (österr.) a) rundes Beet; b) runder Platz. **Rondell** u. Rundell [nach *fr.* rondelle „runde Scheibe"] *das*; -s, -e: Rundbeet, runder Platz, kreisförmiger Weg

Rondo [aus gleichbed. *it.* rondo zu rondo „rund" aus *lat.* rotundus] *das*; -s, -s: 1. mittelalterl. Tanzlied, Rundgesang, der zwischen Soloteil u. Chorantwort wechselt. 2. Satz (meist Schlußsatz in Sonate u. Sinfonie), in dem das Hauptthema nach mehreren in Tonart u. Charakter entgegengesetzten Zwischensätzen [als Refrain] immer wiederkehrt

röntgenisieren: (österr.) röntgen. **Röntgeno|gramm** [nach dem dt. Physiker Röntgen, 1845–1923] *das*; -s, -e: Röntgenbild. **Röntgeno|graphie** *die*; -, ...ien: Untersuchung u. Bildaufnahme mit Röntgenstrahlen. **röntgeno|graphisch**: durch Röntgenographie erfolgend. **Röntgenologe** *der*; -n, -n: Facharzt für Röntgenologie. **Röntgenologie** *die*; -: von W. C. Röntgen begründetes Teilgebiet der Physik, auf dem die Eigenschaften, Wirkungen u. Möglichkeiten der Röntgenstrahlen untersucht werden. **röntgenologisch**: in das Gebiet der Röntgenologie gehörend

Roquefort [*rokfor*, auch: *rok...*; aus gleichbed. *fr.* roquefort, nach dem gleichnamigen Dorf] *der*; -s, -s: franz. Edelpilzkäse aus reiner Schafmilch

Rorate [aus *lat.* rōrāte „tauet!" (Imperativ Plural von rōrāre „tauen")] *das*; -, -: Votivmesse im Advent zu Ehren Marias (nach dem Introitus der Messe, Jesaja 45, 8: „Tauet [Himmel, aus den Höhen]!")

rosa [zu *lat.* rosa „Rose"]: blaßrot. **Rosa** *das*; -s, - (ugs.: -s): rosa Farbe. **Rosarium** [aus *lat.* rosārium „Rosengarten"] *das*; -s, ...ien [...*iᵉn*]: Rosenpflanzung

Rosazeen [zu *lat.* rosāceus „aus Rosen; Rosen betreffend"] *die* (Plural): Pflanzenfamilie der Rosengewächse

rosé [*rose*; aus *fr.* rosé „rosenfarben" zu rose aus *lat.* rosa „Rose"]: rosig, zartrosa. **Roséwein** [*rose*...; nach *fr.* vin rosé] *der*; -[e]s, -e: blaßroter Wein aus hellgekelterten Rotweintrauben

Rosette [aus *fr.* rosette „Röschen"] *die*; -, -n: 1. kreisförmiges Ornamentmotiv in Form einer stilisierten Rose (Baukunst). 2. aus Bändern geschlungene od. genähte Verzierung

Rosinante [nach *span.* Rocinante, Don Quichottes Pferd (zu *span.* rocin „Schindmähre")] *die* (eigtl. *der*); -, -n: (selten) minderwertiges Pferd, Klepper

Rosine [aus *altfr.* (*pikardisch*) rosin (= *fr.* raisin) „Weintraube", dies aus *lat.* racēmus „Traube(nkamm), Weinbeere"] *die*; -, -n: getrocknete Weinbeere

Rosmarin [auch: ...*rin*; aus gleichbed. *lat.* rōs marīnus, eigtl. „Meertau"] *der*; -s: immergrüner Strauch des Mittelmeergebietes, aus dessen Blättern u. Blüten das Rosmarinöl gewonnen wird u. der als Gewürz verwendet wird

Ro|stra [aus *lat.* rōstra (Plural) „Schnäbel; Schiffsschnäbel; mit erbeuteten Schiffsschnäbeln gezierte Rednerbühne"] *die*; -, ...ren: Rednertribüne [im alten Rom]

Rota *die*; - u. Rota Romana [aus *kirchenlat.* Rota Romāna, eigtl. „römisches Rad" (wohl nach der kreisrunden Richterbank)] *die*; - -: höchster (päpstl.) Gerichtshof der katholischen Kirche

Rotan[g] [aus gleichbed. *malai.* rotan] *der*; -s, -e: ind.-malaiische Palmenart, die das spanische Rohr liefert

Rota|print ® [zu *lat.* rotāre „rotieren" u. *engl.* to print „drucken"] *die*; -: Offsetdruck- u. Vervielfältigungsmaschine

Rotation [...*zion*; aus *lat.* rotātio „kreisförmige Umdrehung" zu rotāre, vgl. rotieren] *die*; -, -en: Drehung (z. B. eines Körpers od. einer Kurve) um eine feste Achse, wobei jeder Punkt eine Kreisbahn beschreibt (Phys.). **Rotationsellipsoid** [...*o-id*] *das*; -[e]s, -e: Körper, der durch Drehung einer Ellipse um eine ihrer Achsen entsteht. **Rotationsmaschine** *die*; -, -n: Druckmaschine mit zylindrischen Druckformen, die sich ständig in gleicher Richtung bewegen (also nicht hin u. her wie bei der Schnellpresse) u. auf Rollenpapier drucken (bes. im Zeitungsdruck). **rotieren** [aus *lat.* rotāre „(sich) kreisförmig herumdrehen" zu rota „Rad, Scheibe, Kreis"]: 1. umlaufen, sich um die eigene Achse drehen. 2. (ugs.) über etwas aus der Fassung geraten, sich über etwas erregen und in hektische Aktivität verfallen. **Rotor** [aus gleichbed. *engl.* rotor, Kurzform von rotator zu to rotate „kreisen"] *der*; -s, ...oren: 1. sich drehender Teil einer elektr. Maschine, eines techn. Gerätes. 2. Drehflügel des Hubschraubers

Rotisserie [aus gleichbed. *fr.* rôtisserie zu rôtir „braten, rösten" (germ. Wort)] *die*; -, ...ien: Fleischbraterei, Fleischgrill; Restaurant, in dem bestimmte Fleischgerichte auf einem Grill vor den Augen das Gastes zubereitet werden

Rotor siehe Rotation

Rotunde [zu *lat.* rotundus „rund"] *die*; -, -n: 1. Rundbau; runder Saal. 2. (veraltend, verhüllend) rund gebaute öffentliche Toilette

Rouge [*rusch*; aus gleichbed. *fr.* rouge zu rouge „rot" aus *lat.* rubeus „rot"] *das*; -s, -s: rote [Wangen]schminke

Roulade [*ru*...; aus gleichbed. *fr.* roulade zu rouler „rollen", dies zu *mlat.* rotulus „Rädchen"] *die*; -, -n: gefüllte, gerollte u. gebratene Fleischscheibe

Rouleau [*rulo*; aus *fr.* rouleau „Rolle" zu rôle „Rolle" aus *mlat.* rotulus „Rädchen"] *das*; -s, -s: aufrollbarer Vorhang; vgl. Rollo

Roulett [*ru*...; aus gleichbed. *fr.* roulette, eigtl. „Rollrädchen"] *das*; -[e]s, -e u. -s: ein Glücksspiel. **Roulette** [*rulät*] *das*; -s, -s: = Roulett

Round-table-Konferenz [...*teⁱbl*...; aus gleichbed. *engl.* round-table conference] *die*; -, -en: Konferenz am runden Tisch, d. h. eine Konferenz, bei der die Teilnehmer gleichberechtigt sind

Route [*rutᵉ*; aus gleichbed. *fr.* route, „gebrochener (= gebahnter) Weg", dies aus *lat.* (via) rupta zu *lat.* rumpere „brechen"] *die*; -, -n: a) [vorgeschriebener od. geplanter] Reiseweg; Weg[strecke] in bestimmter [Marsch]richtung; b) Kurs, Richtung (in bezug auf ein Handeln, Vorgehen)

Routine [*ru*...; aus gleichbed. *fr.* routine, eigtl. „Wegerfahrung", zu route, vgl. Route] *die*; -: a) handwerksmäßige Gewandtheit, Übung, Fertigkeit, Erfahrung; b) bloße Fertigkeit bei einer Ausführung ohne persönlichen Einsatz. **Routine**...: in Zusammensetzungen auftretendes Bestimmungswort mit der Bedeutung „gewohnheitsmäßig, ohne besonderen Anlaß stattfindend od. vorgenommen", z. B. Routineflug, Routineuntersuchung. **Routinier** [...*nie*; aus gleichbed. *fr.* routinier] *der*; -s, -s: routinierter Praktiker. **routiniert** [nach gleichbed. *fr.* routiné zu se routiner „sich gewöhnen"]: gewitzt, [durch Übung] gewandt, geschickt, erfahren, gekonnt, sachverständig

Rowdy [*raudi*; aus gleichbed. *engl.-amerik.* rowdy] *der*; -s, -s (auch: ...dies [...*dis*, auch: ...*diß*]): Raufbold; roher, gewalttätiger Mensch, Lümmel

Rowlandgitter [*roᵘlᵉnd*...; nach dem amerik. Physiker Rowland, 1848–1901] *das*; -s, -: für spektroskopische Zwecke verwendetes Beugungsgitter, das aus einer spiegelnden Metallfläche besteht, in die eine Reihe paralleler schmaler Spalten eingeritzt ist

roy|al [*roajal*; aus gleichbed. *fr.* royal, dies aus *lat.* rēgālis „königlich"]: 1. königlich. 2. königstreu. **Roy|al Air Force** [*reuᵉl är foʳß*; *engl.*] *die*; - - -: die [königliche] britische Luftwaffe; Abk.: R. A. F.

Roya|lismus [*roaja*...; nach gleichbed. *fr.* royalisme zu royal, s. royal] *der*; -: Königstreue. **Roya|list** *der*; -en, -en: Anhänger des Königshauses. **royalistisch**: den Royalismus betreffend

Rp. = recipe

RR vgl. R. **RRR** vgl. R

RT = Registertonne

Ru = chem. Zeichen für: Ruthenium

rubato [aus gleichbed. *it.* (tempo) rubato, eigtl. „gestohlener Zeitwert", zu rubare „stehlen"], eigtl. tempo -: im musikal. Vortrag kleine Tempoabweichungen u. Ausdrucksschwankungen erlaubend, nicht im strengen Zeitmaß. **Rubato** *das*; -s, -s u. ...ti: in Tempo u. Ausdruck freier Vortrag (Mus.)

Rubber [*rabᵉr*; aus gleichbed. *engl.* rubber] *der*; -s: engl. Bezeichnung für: Kautschuk u. Gummi

Rubel [aus *russ.* rubl', eigtl. „abgehauenes Stück eines Silberbarrens" zu rubit' „hauen"] *der;* -s, -: Währungseinheit der UdSSR (= 100 Kopeken); Abk.: Rbl.

Rubidium [zu *lat.* rubidus „rot"] *das;* -s: chem. Grundstoff, Alkalimetall; Zeichen: Rb

Rubin [aus gleichbed. *mlat.* rubīnus zu *lat.* rubeus „rot"] *der;* -s, -e: ein Mineral (roter Edelstein)

Ru|brik [aus *spätlat.* rubrīca (terra) „rote Erde, roter Farbstoff; mit roter Farbe geschriebener Titel eines Gesetzes" zu *lat.* ruber „rot"] *die;* -, -en: a) Spalte, in die etwas nach einer bestimmten Ordnung [unter einer Überschrift] eingetragen wird; b) Klasse, in die man jmdn./etwas gedanklich einordnet. **ru|brizieren** [aus *mlat.* rubricāre „rot malen"]: in eine bestimmte Rubrik (a, b) einordnen. **Ru|brum** [zu *lat.* ruber „rot", eigtl. „das rot Geschriebene"] *das;* -s, ...bra u. ...bren: kurze Inhaltsangabe als Aufschrift (bei Aktenstücken o. ä.), an die Spitze eines Schriftstücks gestellte Bezeichnung der Sache

Rudiment [aus *lat.* rudīmentum „erster Anfang, erster Versuch" zu rudis „roh"] *das;* -[e]s, -e: 1. Rest, Überbleibsel; Bruchstück. 2. Organ, das durch Nichtgebrauch im Laufe vieler Generationen verkümmert ist (z. B. die Flügel der Strauße). **rudimentär**: a) nicht voll ausgebildet; b) zurückgeblieben, verkümmert

Rugby [*ragbi;* aus gleichbed. *engl.* Rugby (football) nach der mittelengl. Stadt Rugby] *das;* -[s]: ein dem Fußball verwandtes Ballspiel mit eiförmigem Ball, das unter Einsatz des ganzen Körpers gespielt werden darf

Ruin [aus gleichbed. *fr.* ruine, s. Ruine] *der;* -s: a) Zusammenbruch, Zerrüttung, Verderben, Untergang; b) wirtschaftlicher u. finanzieller Zusammenbruch eines Unternehmens. **Ruine** [über *fr.* ruine „Einsturz; Trümmer" aus gleichbed. *lat.* ruīna zu ruere „stürzen, niederreißen"] *die;* -, -n: 1. Überrest eines verfallenen Bauwerks. 2. (nur Plural) Trümmer. 3. (ugs.) hinfälliger, entkräfteter Mensch. **ruinieren** [über *fr.* ruiner aus gleichbed. *mlat.* ruīnāre]: zerstören, verwüsten, zugrunde richten. **ruinös** [über *fr.* ruineux aus gleichbed. *lat.* ruīnōsus]: 1. baufällig, schadhaft. 2. zum Ruin, wirtschaftlichen Zusammenbruch führend

Rum [aus gleichbed. *engl.* rum, Kurzform für älter *engl.* rumbullion] *der;* -s, -s: Edelbranntwein aus Rohrzuckermelasse od. Zuckerrohrsaft

Rumba [aus gleichbed. *kuban.-span.* rumba, eigtl. „herausfordernder Tanz", zu *span.* rumbo „Pracht; Herausforderung"] *die;* -, -s (ugs. auch *der:*); -s, -s: aus Kuba stammender Tanz in mäßig schnellem $^4/_4$- od. $^2/_4$-Takt (seit etwa 1930)

Rummy [*rọmi;* engl. Ausspr.: *rami;* aus gleichbed. *engl.* rummy] *das;* -s: (österr.) Rommé

Rumor [aus *lat.* rūmor „dumpfes Geräusch", (*mlat.*:) „Lärm, Tumult"] *der;* -: (landsch., sonst veraltet) Lärm, Unruhe. **rumoren**: 1. Lärm machen (z. B. beim Hin- u. Herrücken von Möbeln), geräuschvoll hantieren, poltern. 2. rumpeln; [im Magen] kollern; etwas rumort in jmdm.: etwas gärt in jmdm., drängt in jmdm. nach Entladung

Rumpsteak [*rúmpßtek;* aus *engl.* rumpsteak „Rumpfstück"] *das;* -s, -s: Fleischscheibe vom Rückenstück eines Rindes, die kurz gebraten wird

Run [*ran;* aus gleichbed. *engl.* run zu to run, „rennen, laufen"] *der;* -s, -s: Ansturm [auf die Kasse], Andrang, Zulauf

Rundell vgl. Rondell

Runway [*ranᵘeⁱ;* aus gleichbed. *engl.* runway zu to run „laufen" u. way „Weg"] *die;* -, -s: Start-, Landebahn; Rollbahn

Rupie [...*iᵉ;* aus *Hindi* rūpaiyā, dies aus *aind.* rūpya- „Silber", eigtl. „schön gestaltet, gestempelt"] *die;* -, -n: Währungseinheit in Indien, Ceylon, Kuwait, Pakistan u. in Bahrain

Rush-hour [...*auᵉr;* aus gleichbed. *engl.* rush hour zu to rush „stürmen, drängen" u. hour „Stunde"] *die;* -, -s [...*auᵉrs*] (meist ohne Plural): Hauptverkehrszeit am Tage zur Zeit des Arbeits- u. Schulbeginns od. des Arbeits- u. Geschäftsschlusses

rustikal [zu *lat.* rusticus „ländlich, schlicht, bäurisch"]: 1. a) ländlich-einfach [zubereitet, hergestellt]; b) in gediegenem ländlichem [altdeutschem] Stil. 2. a) von robuster, unkomplizierter Wesensart; b) (abwertend) grob, derb, roh (im Benehmen o. ä.). **Rustikalität** *die;* -: rustikale (1, 2) Art

Ruthenium [nach Ruthenien, dem alten Namen der Ukraine] *das;* -s: chem. Grundstoff, Edelmetall; Zeichen: Ru

Rutherfordium [nach dem engl. Physiker Ernest Rutherford (*ạ̈ᵉnißt radhᵉrfᵉrd*), 1871–1937] *das;* -s: von einer Forschungsgruppe der USA vorgeschlagener Name für das → Transuran-Element 104; Zeichen: Rf

S

s = 1. Sekunde (1). 2. Shilling

s. = Segno

S = chem. Zeichen für: Schwefel (*lat.*: Sulfur)

Sa. = Summa

Sabbat [über *lat.* sabbatum, *gr.* sabbaton aus *hebr.* šabbāth „wöchentlicher Feiertag" zu šābāth „aufhören, etwas zu tun, ruhen"] *der;* -s, -e: der jüdische Ruhetag (Samstag)

Sabotage [...*asehᵉ;* (österr.:) ...*aseh;* aus gleichbed. *fr.* sabotage zu saboter, s. sabotieren] *die;* -, -n: absichtliche [planmäßige] Beeinträchtigung eines wirtschaftlichen Produktionsablaufs, militärischer Operationen u. a. durch [passiven] Widerstand od. durch [Zer]störung der zur Erreichung eines gesetzten Zieles notwendigen Einrichtungen. **Saboteur** [...*tör;* aus gleichbed. *fr.* saboteur] *der;* -s, -e: jmd., der Sabotage treibt. **sabotieren** [aus gleichbed. *fr.* saboter, eigtl. „mit den Holzschuhen treten, ohne Sorgfalt arbeiten", zu sabot „Holzschuh"]: etwas durch Sabotagemaßnahmen stören od. zu vereiteln versuchen; hintertreiben, zu Fall zu bringen suchen

Sabre [aus gleichbed. *neuhebr.* sābrāh] *der;* -s, -s (meist Plural): in Israel geborenes Kind jüd. Einwanderer

Sac|charid u. Sacharid [zu *lat.* saccarum aus *gr.* sákcharon „Zucker", dies über gleichbed. *Pali* sakkharā aus *aind.* śárkarā „Grieß, Körnerzukker"] *das;* -s, -e (meist Plural): Kohlehydrat (Zukkerstoff). **Sac|charimeter** u. Sacharimeter *das;* -s, -: Gerät zur Bestimmung der Konzentration von Zuckerlösungen. **Sac|charin** u. Sacharin *das;* -s: künstlich hergestellter Süßstoff. **Sac|charose** u. Sacharose *die;* -: Rohrzucker

Sa|dhu [*sadu;* aus *aind.* sādhú- „guter Mann, Heiliger"] *der;* -[s], -s: Hindu-Asket, indischer Wandermönch

Sadismus [aus gleichbed. *fr.* sadisme; nach dem

franz. Schriftsteller de Sade (*d^e sad*), 1740–1814] *der*; -, ...men: 1. (ohne Plural) anomale sexuelle Triebbefriedigung in der Lust an körperlichen u. seelischen Quälereien. 2. sadistische Handlung, Quälerei. **sadistisch**: 1. [wollüstig] grausam. 2. den Sadismus betreffend

Safari [über *Kisuaheli* safari aus *arab.* safar „Reise"] *die*; -, -s: 1. Reise mit einer Trägerkarawane in [Ost]afrika. 2. mehrtägige Fahrt, Gesellschaftsreise zur Jagd od. Tierbeobachtung [in Afrika]

Safe [*ßeⁱf*; aus gleichbed. *engl.* safe, eigtl. „der Sichere", zu safe „unversehrt, sicher", dies über *fr.* sauf aus *lat.* salvus „gesund, heil"] *der* (auch: *das*); -s, -s: besonders gesicherter Stahlbehälter zur Aufbewahrung von Wertsachen u. Geld

Saffian [über *poln.* safian, *bulgar.* sachtjan aus gleichbed. *türk.* sahtiyan, *pers.* sāḫtiyān zu sāḫt „hart, fest"] *der*; -s: feines, weiches, buntgefärbtes Ziegenleder; vgl. Maroquin

Sa|fran [über *fr.* safran aus gleichbed. *mlat.* safranum, dies aus *pers.-arab.* za'farān „Safranfarbe, -gewürz"] *der*; -s, -e: 1. eine Pflanze (Krokusart). 2. (ohne Plural) aus Teilen des getrockneten Fruchtknotens der Safranpflanze gewonnenes Gewürz u. Heilmittel. 3. eine rotgelbe Farbe (Safrangelb)

Saga [auch: *saga*; aus *aisl.* saga] *die*; -, -s: altisländische Prosaerzählung

sagittal [zu *lat.* sagitta „Pfeil" (nach der Pfeilnaht des Schädels)]: parallel zur Mittelachse liegend (Biol.). **Sagittalebene** *die*; -, -n: jede der Mittelebene des Körpers parallele Ebene (Biol.)

Sago [über gleichbed. *engl.*, *niederl.* sago aus älter *indones.* sago „Palmenmark"] *der* (österr. meist: *das*); -s: gekörntes Stärkemehl aus Palmenmark

Sahib [aus *arab.-Hindi* ṣāḥib „Herr"] *der*; -[s], -: in Indien u. Pakistan Anrede für Europäer

Saiga [aus gleichbed. *russ.* saiga] *die*; -, -s: asiatische schafähnliche Antilope

Saint-Simonismus [*ßäng...*; nach dem franz. Sozialtheoretiker C. H. de Saint-Simon (*...ßimong*), 1760–1825] *der*; -: sozialistische Theorie des 19. Jh.s, die u. a. die Abschaffung des Privateigentums an Produktionsmitteln u. deren Überführung in Gemeineigentum forderte

Saison [*ßäsong*, auch: *säsong*, *säsong*; aus gleichbed. *fr.* saison, eigtl. „Jahreszeit", dies wohl aus *lat.* satio „Aussaat" zu serere (Part. Perf. satum) „säen"] *die*; -, -s (bes. südd. und österr. auch: ...onen): Zeit, in der in einem bestimmten Bereich Hochbetrieb herrscht (z. B. Hauptbetriebs-, Hauptgeschäfts-, Hauptreisezeit, Theaterspielzeit). **saisonal** [*...sonal*]: die [wirtschaftliche] Saison betreffend, saisonbedingt. **Saisonnier** [*...sonie*; zu *fr.* saisonnier „saisonmäßig"] *der*; -s, -s: (schweiz.) Saisonarbeiter; Arbeiter, der nur zu bestimmten Jahreszeiten, z. B. zur Ernte, beschäftigt wird

Sake [aus gleichbed. *jap.* sake] *der*; -: Reiswein

Sakko [österr.: *...ko*; italienisierende Bildung zu *dt.* ‚Sack'] *der* (auch, österr. nur: *das*); -s, -s: Herrenjackett

sakra! [verkürzt aus → Sakrament]: (ugs., landsch.) verdammt!

sa|kral [zu *lat.* sacer „heilig"]: heilig, den Gottesdienst betreffend (Rel.); Ggs. → profan (1). **Sakralbau** *der*; -s, ...bauten: kirchl. Bauwerk; Ggs. → Profanbau. **Sa|krament** [über *kirchenlat.* sacrāmentum „religiöses Geheimnis" aus *lat.* sacrāmentum „Weihe, Verpflichtung (zum Kriegsdienst)" zu sacrāre „weihen" u. sacer „heilig, geweiht"] *das*; -[e]s, -e: eine bestimmte, göttliche Gnaden vermittelnde Handlung in der katholischen u. evangelischen Kirche (z. B. Taufe). **sa|kramental** [aus gleichbed. *mlat.* sacramentālis]: 1. zum Sakrament gehörend. 2. heilig. **Sa|kramentalien** [*...iᵉn*] *die* (Plural): 1. sakramentähnliche Zeichen u. Handlungen in der katholischen Kirche. 2. die durch Sakramentalien (1) geweihten Dinge (z. B. Weihwasser). **Sa|krifizium** [aus *lat.* sacrificium „Opfer" zu sacrificāre „ein Opfer darbringen"; vgl. ...fizieren] *das*; -s, ...ien [*...iᵉn*]: Opfer, bes. das kath. Meßopfer. **Sa|krileg** *das*; -s, -e u. Sakrilegium [aus *lat.* sacrilegium „Tempelraub" zu sacer „heilig" u. legere „wegnehmen, stehlen"] *das*; -s, ...ien [*...iᵉn*]: 1. Vergehen gegen Gegenstände u. Stätten religiöser Verehrung (z. B. Kirchenraub, Gotteslästerung). 2. ungebührliche Behandlung von Personen od. Gegenständen, die einen hohen Wert besitzen od. große Verehrung genießen. **sa|krilegisch**: ein Sakrileg betreffend; gotteslästerlich. **Sa|krilegium** vgl. Sakrileg. **Sa|kristan** [aus gleichbed. *mlat.* sacristānus, zu → Sakristei] *der*; -s, -e: katholischer Küster, Mesner. **Sa|kristei** [aus gleichbed. *mlat.* sacristia zu *lat.* sacer „heilig"] *die*; -, -en: Nebenraum in der Kirche für den Geistlichen u. die gottesdienstlichen Geräte. **sa|krosankt** [aus gleichbed. *lat.* sacrosānctus]: hochheilig, unverletzlich

Säkula: *Plural* von → Säkulum. **säkular** [aus *lat.* saeculāris „alle 100 Jahre stattfindend", (*kirchenlat.*) „der Zeit, der Welt zugehörig"; vgl. Säkulum]: 1. alle hundert Jahre wiederkehrend. 2. außergewöhnlich. 3. weltlich. **Säkularfeier** *die*; -, -n: Hundertjahrfeier. **Säkularisation** [*...zion*] *die*; -, -en: 1. die Einziehung od. Nutzung kirchlichen Besitzes durch den Staat (z. B. in der → Reformation u. unter Napoleon I.). 2. = Säkularisierung; vgl. ...ation/...ierung. **säkularisieren**: kirchlichen Besitz einziehen u. verstaatlichen. **Säkularisierung** *die*; -: Loslösung des einzelnen, des Staates u. der gesellschaftlichen Gruppen aus den Bindungen an die Kirche seit Ausgang des Mittelalters; Verweltlichung

Säkulum [aus *lat.* saeculum „Geschlecht, Zeitalter; Jahrhundert"] *das*; -s, ...la: Jahrhundert

Salamander [aus gleichbed. *gr.-lat.* salamándra] *der*; -s, -: ein Molch

Salami [aus *it.* salame „Salzfleisch; Schlackwurst" zu sale, *lat.* sāl „Salz"] *die*; -, -[s]: eine stark gewürzte Dauerwurst. **Salamitaktik** *die*; -: Taktik, [politische] Ziele durch kleinere Übergriffe u. Forderungen, die von der Gegenseite hingenommen bzw. erfüllt werden, zu erreichen suchen

Salär [aus gleichbed. *fr.* salaire, dies aus *lat.* salārium „Sold", eigtl. „Salzration für Beamte u. Soldaten", zu sāl „Salz"] *das*; -s, -e: (schweiz.) Gehalt, Lohn. **salarieren**: (schweiz.) besolden, entlohnen

Salat [aus älter *it.* salata für *it.* insalata „eingesalzene, gewürzte Speise, Salat" zu insalare „einsalzen", dies zu *lat.* sāl „Salz"] *der*; -s, -e: 1. Gemüsepflanze. 2. mit Gewürzen zubereitetes, kalt serviertes Gericht aus kleingeschnittenem Gemüse, Obst, Fleisch, Fisch o. ä. 3. (ugs.) Wirrwarr, Durcheinander; da haben wir den-: (ugs.) da haben wir das Ärgerliche, Unangenehme, das wir befürchtet hatten. **Salatiere** [nach gleichbed. *fr.* saladier zu salade „Salat"] *die*; -, -n: (veraltet) Salatschüssel

Salchow [...*o*; nach dem ehemaligen schwed. Eiskunstlaufweltmeister, 1877–1949] *der*; -[s], -s: ein Drehsprung beim Eiskunstlauf

saldieren [aus gleichbed. *it.* saldare zu saldo „fest"]: 1. den → Saldo ermitteln. 2. (österr.) die Bezahlung einer Rechnung bestätigen. **Saldo** [aus gleichbed. *it.* saldo, eigtl. „fester Bestandteil bei der Kontoführung"; vgl. saldieren] *der*; -s, Salden u. -s u. Saldi: der Unterschiedsbetrag zwischen der Soll- u. der Habenseite eines Kontos

Salem vgl. Selam

Sales-promotion [*ßeˈlspromoᵘschᵉn*; aus gleichbed. *engl.* sales promotion zu sale „Verkauf" u. to promote „fördern"] *die*; -: Verkaufswerbung, Verkaufsförderung (Wirtsch.)

Saline [aus *lat.* salinae (Plural) „Salzwerk, Salzgrube" zu sāl „Salz"] *die*; -, -n: Anlage zur Gewinnung von Kochsalz aus Salzlösungen durch Verdunstung

Salizylat, (chem. fachspr.:) Salicylat [...*zü*...; zu → Salizylsäure] *das*; -[e]s, -e: Salz der Salizylsäure. **Salizylsäure**, (chem. fachspr.:) Salicylsäure [zu *lat.* salix „Weide" u. → ...yl (zuerst aus Salizin, einem Bitterstoff der Weidenrinde, dargestellt)]: eine gärungs- u. fäulnishemmende organische Säure (Oxybenzoesäure)

Salk-Vakzine [in engl. Ausspr.: *ßǫk*...; nach dem amerik. Bakteriologen J. E. Salk, geb. 1914] *die*; -: Impfstoff gegen Kinderlähmung (Med.)

Salmiak [auch, österr. nur: *sal*...; verkürzt aus *mlat.* sāl armoniacum, *lat.* sāl armeniacum „armenisches Salz" (nach der urspr. Herkunft)] *der* (auch: *das*); -s: eine Ammoniakverbindung (Ammoniumchlorid). **Salmiakgeist** [auch, österr. nur: *sal*...]: eine wäßrige Ammoniaklösung

Salmonelle [nach dem amerik. Pathologen u. Bakteriologen D. E. Salmon, 1850–1914] *die*; -, -n (meist Plural): Darmkrankheiten hervorrufende Bakterie

salomonisch [nach dem biblischen König Salomo]: an Weisheit u. Klugheit alles übertreffend; -es Urteil: weises Urteil

Salon [...*long*, auch: ...*long*, südd., österr.: ...*lon*; über gleichbed. *fr.* salon aus *it.* salone „großer Saal, Festsaal", Vergrößerungsbildung zu sala „Saal" (germ. Wort)] *der*; -s, -s: 1. Ausstellungsraum (z. B. für Automobile). 2. [Auto]ausstellung. 3. elegant eingerichteter, größerer Raum für besondere [festliche] Anlässe in einem Hotel, auf einem Schiff o. ä. 4. (veraltet) großes Gesellschafts-, Empfangszimmer. 5. (veraltet) regelmäßig stattfindendes Zusammentreffen eines literarisch od. künstlerisch interessierten Kreises. 6. [großzügig u. elegant ausgestatteter] Geschäftsraum, Geschäft besonderer Art (z. B. für Haar- u. Körperpflege). **Salondame** *die*; -: Rollenfach der mondänen, zuweilen intriganten Dame der Gesellschaft (Theater). **Salonkommunist** *der*; -en, -en: (iron.) jmd., der sich theoretisch für den Kommunismus engagiert, in der Praxis jedoch nicht auf persönliche Vorteile zugunsten der Allgemeinheit verzichten will. **Salonlöwe** *der*; -n, -n: eleganter, geistreicher, häufig etwas oberflächlich wirkender Mann, der sich in der Rolle eines umschwärmten Gesellschafters gefällt. **Salonmusik** *die*; -: anspruchslose Unterhaltungsmusik im 19. Jh. **Saloon** [*ßᵉlun*; aus *engl.-amerik.* saloon „Kneipe", eigtl. „Gesellschaftsraum"; vgl. Salon] *der*; -s, -s: im Wildweststil eingerichtetes Lokal

salopp [aus gleichbed. *fr.* salope]: 1. betont ungezwungen, lässig. 2. nachlässig, schlampig, unsauber

Salpeter [aus *mlat.* sal(le)petra „Felsensalz", zu *lat.* sāl „Salz" u. *gr.-lat.* petra „Fels" (nach der Entstehung an Kaligestein)] *der*; -s: Sammelbezeichnung für einige technisch wichtige Leichtmetallsalze der Salpetersäure (z. B. Kalisalpeter = Kaliumnitrat); vgl. Nitrat. **Salpetersäure** *die*; -: die wichtigste Sauerstoffsäure des Stickstoffs

Saltarello [aus gleichbed. *it.* saltarello, eigtl. „Hüpftanz", zu *lat.-it.* saltāre „springen"] *der*; -s, ...lli: ein ital. u. span. Tanz in schnellem 3/8- od. 6/8-Takt

saltato [aus gleichbed. *it.* saltato zu *lat.-it.* saltāre „hüpfen, springen"]: mit hüpfendem Bogen [gespielt] (Sonderform des → Stakkatos; Mus.). **Saltato** *das*; -s, -s u. ...ti: Spiel mit hüpfendem Bogen (Mus.). **Salto** [aus *it.* salto „Sprung, Kopfsprung", dies aus *lat.* saltus „Sprung" zu salire „springen"] *der*; -s, -s u. ...ti: freier Überschlag mit ein- od. mehrmaliger Drehung des Körpers (Sport). **Salto mortale** [aus *it.* salto mortale „Todessprung"] *der*; - -, - - u. ...ti ...li: 1. gefährlicher Kunstsprung der Artisten. 2. Ganzdrehung nach rückwärts bei Flugzeugen

Salut [über gleichbed. *fr.* salut aus *lat.* salūs, Gen. salūtis „Gruß, Wohlsein, Heil" zu salvus „heil, gesund"] *der*; -[e]s, -e: [militärische] Ehrenbegrüßung od. Ehrenbezeigung für Staatsmänner u. andere hochgestellte Persönlichkeiten durch eine Salve von [Kanonen]schüssen. **salutieren** [aus *lat.* salutāre „grüßen", eigtl. „salve sagen", vgl. salve!]: a) vor einem militärischen Vorgesetzten strammstehen u. militärisch grüßen; b) Salut schießen

salve! [...*wᵉ*; aus gleichbed. *lat.* salvē!, Imperativ von salvēre „gesund sein"]: sei gegrüßt! (lat. Gruß)

Salve [...*wᵉ*; aus gleichbed. *fr.* salve, dies aus *lat.* salvē! (s. d.)] *die*; -, -n: gleichzeitiges Schießen von mehreren Feuerwaffen, meist Geschützen. **salvo errore** [*lat.*, zu salvus „unverletzt, unbeschädigt"]: unter Vorbehalt eines Irrtums; Abk.: s. e.

Samariter [barmherziger Mann aus Samaria (Lukas 10, 30 ff.)] *der*; -s, -: 1. freiwilliger Krankenpfleger, bes. in der Ersten Hilfe. 2. (schweiz.) Sanitäter

Samarium [nach dem russ. Mineralogen Samarski]: *das*; -s: chem. Grundstoff (ein Metall); Zeichen: Sm

Samba [aus gleichbed. *brasil.-port.* samba (afrikan. Wort)] *die*; -, -[s]; (ugs., österr. nur:) *der*; -s, -s: ein moderner Gesellschaftstanz im 2/4-Takt

Sambar [aus gleichbed. *aind.-Hindi* śambara-] *der*; -s, -s: eine asiatische Hirschart mit Sechsergeweih

Samisdat [aus *russ.* samizdat, Kurzform von samoizdatel'stvo „Selbstverlag"] *der*; -, -s: 1. Selbstverlag in der Sowjetunion, der vom Staat verbotene Bücher publiziert. 2. im Selbstverlag erschienene [verbotene] Literatur in der Sowjetunion

Samos [nach der griech. Insel] *der*; -, -: Süßwein von der Insel Samos

Samowar [aus gleichbed. *russ.* samovar zu sam „selbst" u. varit' „kochen"] *der*; -s, -e: russ. Teemaschine

Sampan [aus gleichbed. *chin.* san pan, eigtl. „drei Bohlen"] *der*; -s, -s: chinesisches Wohnboot

Sam|ple [...*pᵉl*, engl. Ausspr.: *ßam*...; aus *engl.* sample, „Muster, Probe", dies über *altfr.* essample aus *lat.* exemplum „Beispiel", vgl. Exempel] *das*; -[s], -s: 1. a) repräsentative Stichprobe, Auswahl; b) aus einer größeren Menge repräsentativ ausgewählte Gruppe von Individuen [in der Markt- u. Meinungsforschung]. 2. Warenprobe

Samurai [aus gleichbed. *jap.* samurai, eigtl. „Dienender"]: (hist.) 1. *der*; -: japan. Adelsklasse der Feudalzeit. 2. *der*; -[s], -[s]: Angehöriger dieser Adelsklasse

Sanatorium [zu *lat.* sānāre „gesund machen, heilen", vgl. sanieren] *das*; -s, ...ien [...*iᵉn*]: [private] Heilstätte, Genesungsheim, Kurheim

sancta sim|plicitas! [- ...*zi*...; *lat.*]: „heilige Einfalt!" (Ausruf des Erstaunens über jemandes Begriffsstutzigkeit). **Sanctissimum** vgl. Sanktissimum

Sanctus u. Sanktus [aus *lat.* sānctus „heilig"] *das*; -, -: Lobgesang vor der → Eucharistie (nach den Anfangsworten „Heilig, heilig, heilig ist der Herr...")

Sandale [über *lat.* sandalium aus *gr.* sandálion, sándalon „Riemenschuh"] *die*; -, -n: leichter Schuh für die Sommerzeit, dessen Oberteil aus [Leder]riemen besteht. **Sandalette** [französierende Bildung] *die*; -, -n: leichter sandalenartiger Sommerschuh

Sandwich [*ßän(d)ᵘitsch*; aus gleichbed. *engl.* sandwich, nach dem 4. Earl of Sandwich (1718–92)] *der* od. *das*; -s od. -[e]s, -s od. -es [...*is*, auch: ...*iß*] (auch: -e): 1. mit Käse, Schinken o. ä. belegte Weißbrotschnitte. 2. (österr.) belegtes Brot, Brötchen

sanforisieren [nach dem Namen des amerik. Erfinders Sanford Cluett]: Gewebe durch Sanforausrüstung krumpfecht machen

Sanguiniker [...*nggu*...; zu → sanguinisch] *der*; -s, -: a) (ohne Plural) Temperamentstyp des lebhaften Menschen; b) Vertreter dieses Temperamentstyps; vgl. Choleriker, Melancholiker, Phlegmatiker (1). **sanguinisch** [nach *lat.* sanguineus „aus Blut bestehend; blutvoll" zu sanguis „Blut"]: zum Temperamentstyp des Sanguinikers gehörend; vgl. cholerisch, melancholisch, phlegmatisch (1)

Sani *der*; -s, -s: (Soldatenspr.) Kurzform von Sanitäter

sanieren [aus *lat.* sānāre „gesund machen, heilen"]: 1. [in einem Stadtteil] gesunde Lebensverhältnisse schaffen. 2. einem Unternehmen o. ä. durch Maßnahmen aus wirtschaftl. Schwierigkeiten heraushelfen. 3. sich -: a) wirtschaftlich gesunden, eine wirtschaftliche Krise überwinden; b) (ugs.) mit Manipulationen den bestmöglichen Gewinn aus einem Unternehmen od. einer Position herausholen [u. sich dann zurückziehen]. **sanitär** [aus gleichbed. *fr.* sanitaire zu *lat.* sānitās „Gesundheit"]: der Gesundheit, der Hygiene dienend; -e Anlagen: a) Bad u. Toilette in einer Wohnung; b) öffentliche Toilette. **sanitarisch**: (schweiz.) gesundheitlich; das Gesundheitswesen betreffend. **Sanität** [aus *lat.* sānitās, Gen. sānitātis „Gesundheit"] *die*; -: 1. (schweiz. u. österr.) Kriegssanitätswesen. 2. (schweiz., ugs.) Krankenwagen. **Sanitäter** *der*; -s, -: jmd., der in der Ersten Hilfe ausgebildet ist; Krankenpfleger

Sankt [aus gleichbed. *lat.* sānctus, Feminin sāncta]: heilig (in Heiligennamen u. auf solche zurückgehenden Ortsnamen), z. B. - Peter, - Anna, - Gallen; Abk.: St.

Sanktion [...*zion*; über gleichbed. *fr.* sanction aus *lat.* sānctio „Heiligung, Billigung; geschärfte Verordnung, Strafgesetz" zu sancīre „heiligen, als unverbrüchlich festsetzen"] *die*; -, -en: 1. a) Bestätigung, Anerkennung; b) Erteilung von Gesetzeskraft (Rechtsw.). 2. Straf-, Zwangsmaßnahme (Rechtsw.). **sanktionieren** [aus gleichbed. *fr.* sanctionner]: a) bestätigen, gutheißen; b) Gesetzeskraft erteilen

Sanktissimum [aus *lat.* sānctissimum „das Allerheiligste"] *das*; -s: die geweihte → Hostie (kath. Rel.)

Sanktuarium [aus *lat.* sānctuārium „Heiligtum"] *das*; -s, ...ien [...*iᵉn*]: a) Altarraum einer katholischen Kirche; b) [Aufbewahrungsort für einen] Reliquienschrein

Sanktus vgl. Sanctus

Sansevieria [...*wieria*; nach dem ital. Gelehrten Raimondo di Sangro, Fürst von San Severo, † 1774] *die*; -, ...rien [...*iᵉn*]: 1. tropisches Liliengewächs mit wertvoller Blattfaser. 2. eine Zierpflanze

Saphir [auch: *sa*...; über *spätlat.* sappīrus, sa(p)phīrus aus gleichbed. *gr.* sáppheiros (semit. Wort)] *der*; -s, -e [...*firᵉ*]: 1. [durchsichtig blauer] Edelstein. 2. Nadel mit Saphirspitze am Tonabnehmer eines Plattenspielers. **saphiren**: aus Saphir bestehend

sapienti sat! [*lat.*; „genug für den Verständigen!"]: es bedarf keiner weiteren Erklärung für den Eingeweihten

Sappeur [...*pör*; aus gleichbed. *fr.* sapeur zu saper aus *it.* zappare „hacken, graben"] *der*; -s, -e: (schweiz.) Soldat der technischen Truppe, Pionier

sap|phische Strophe [*sapfische*, auch: *safische*; nach der altgr. Dichterin Sappho (um 600 v. Chr. auf der Insel Lesbos)] *die*; -n -, -n -n: eine antike lyrische Strophenform

sa|pristi! [*ßaprißti*; aus *fr.* sapristi, sacristi (verfremdet aus sacré „verflucht!")]: (veraltet) Ausruf des Erstaunens

sa|pro..., Sa|pro... [aus *gr.* saprós „faul"]: Bestimmungswort in Zusammensetzungen mit der Bedeutung „Fäulnis, faulender Stoff", z. B. Saprobie „Lebewesen, das von faulenden Stoffen lebt"

Sarabanda u. **Sarabande** [aus *it.* sarabanda bzw. *fr.* sarabande, diese über *span.* zarabanda aus *pers.-arab.* serbend (ein Tanzname)] *die*; -, ...en: a) langsamer Tanz im ³/₄-Takt; b) Satz der → Suite (3)

Sardelle [aus gleichbed. *it.* sardella zu *lat.* sarda „Hering, Sardelle"] *die*; -, -n: kleiner Hering von den westeuropäischen Küsten des Mittelmeers, der eingesalzen od. in eine Würztunke eingelegt wird. **Sardine** [aus *spätlat.-it.* sardina zu *lat.* sarda „Hering"] *die*; -, -n: [kleiner] Hering vor allem von den Küsten West- u. Südeuropas u. Nordafrikas, der hauptsächlich in Öl konserviert wird

sardonisch [nach *gr.* sardónios „hohnlachend, grimmig"]: maskenartig, krampfhaft verzerrt (vom Lachen)

Sari [aus gleichbed. *Hindi* sāṛī, dies aus *aind.* śāṭī „Tuch, Gewand"] *der*; -[s], -s: kunstvoll gewickelte Nationaltracht der indischen Frau

Sarkasmus [aus *gr.*(-*lat.*) sarkasmós „beißender Spott" zu *gr.* sarkázein „Hohn sprechen", eigtl. „zerfleischen", dies zu *gr.* sárx, Gen. sarkós „Fleisch"] *der*; -, ...men: 1. (ohne Plural) beißender Spott. 2. bissig-spöttische Äußerung, Bemerkung. **sarkastisch** [aus gleichbed. *gr.* sarkastikós]: spöttisch, höhnisch

Sarkophag [über *lat.* sarcophagus aus gleichbed. *gr.* sarkophágos, eigtl. „Fleischverzehrer" (nach dem urspr. dazu verwendeten, die Verwesung fördernden Alaunschiefer)] *der*; -s, -e: Steinsarg, Prunksarg

Sarmat [nach dem Volksstamm der Sarmaten, der im Altertum in Südrußland lebte] *das*; -[e]s: jüngste Stufe des → Miozäns (Geol.)

Sarong [aus gleichbed. *malai.* sārung] *der;* -[s], -s: um die Hüfte geschlungener, bunter, oft gebatikter (vgl. Batik) Rock der Indonesierinnen

Sarraß [nach *poln.* za raz „für den Hieb"] *der;* ...rasses, ...rasse: Säbel mit schwerer Klinge

Satan *der;* -s, -e u. **Satanas** [über *kirchenlat.* satan, satanās aus *hebr.* śāṭān „Widersacher; böser Engel" zu śāṭán „nachstellen, verfolgen"] *der;* -, -se: 1. (ohne Plural) Teufel. 2. Mensch mit bösartigem Charakter. **satanisch**: teuflisch

Satellit [aus *lat.* satelles, Gen. satellitis „Leibwächter, Trabant; Gefolge"] *der;* -en, -en: 1. (abwertend) Satellitenstaat. 2. Himmelskörper, der einen Planeten umkreist (Astron.). 3. Raumsonde, künstlicher Erdmond. **Satellitenstaat** *der;* -[e]s, -en: (abwertend) formal selbständiger Staat, der jedoch außenpolitisch von den Weisungen eines anderen Staates abhängig ist. **Satellitenstadt** *die;* -, ...städte: größere, weitgehend eigenständige Ansiedlung am Rande einer Großstadt

Satin [...*täng*; aus gleichbed. *fr.* satin, dies über *span.* aceituni aus *arab.* zaitūnī „Seide aus Zaitūn (= der Hafen Tseutung in China)"] *der;* -s, -s: Sammelbezeichnung für Gewebe in Atlasbindung mit hochglänzender Oberfläche. **satinieren** [aus gleichbed. *fr.* satiner zu satin, s. Satin]: [Papier zwischen Walzen] glätten

Satire [aus gleichbed. *lat.* satira, älter satura, eigtl. „buntgemischte Früchteschale"] *die;* -, -n: 1. ironisch-witzige literarische od. künstlerische Darstellung menschlicher Schwächen u. Laster. 2. (ohne Plural) Literaturgattung, die durch Übertreibung, Ironie u. Spott an Personen od. Zuständen Kritik üben möchte. **Satiriker** [aus gleichbed. *lat.* satiricus] *der;* -s, -: Verfasser von Satiren. **satirisch** [nach *lat.* satiricus „zur Satire gehörend"]: a) die Satire betreffend; b) spöttisch-tadelnd, beißend

Satisfaktion [...*zion*; aus *lat.* satisfactio „Genugtuung" zu satisfacere „Genüge leisten, befriedigen" (aus satis „genug" u. facere „tun")] *die;* -, -en: Genugtuung, bes. durch Ehrenerklärung (Zurücknahme der Beleidigung) od. ein → Duell

Sa|trap [aus *gr.-lat.* satrápēs, eigtl. „der das Reich Schützende" (pers. Wort)] *der;* -en, -en: (hist.) Statthalter im Persien der Antike. **Sa|trapie** *die;* -, ...ien: (hist.) Amt des Statthalters

Satsuma [nach der früheren Provinz Satsuma in Japan] *die;* -, -s: eine Mandarinenart

Saturation [...*zion*; aus gleichbed. *lat.* saturātio zu saturāre „sättigen"] *die;* -: Sättigung. **saturieren** [aus gleichbed. *lat.* saturāre zu satur „satt"]: 1. sättigen. 2. [Ansprüche] befriedigen. **saturiert**: 1. zufriedengestellt; gesättigt. 2. (abwertend) ohne geistige Ansprüche, selbstzufrieden

Saturnalien [...*iᵉn*; aus *lat.* Sāturnālia] *die* (Plural): Freudenfest im Rom der Antike zu Ehren des Gottes Saturn im Dezember

Satyr [über *lat.* Satyrus aus *gr.* Sátyros] *der;* -s (-n), -n od. -e (meist Plural): 1. lüsterner Waldgeist u. Begleiter des Dionysos in der griech. Sage; vgl. Silen. 2. sinnlich-lüsterner Mensch

Sauce [*soßᵉ*, (österr.:) *soß*] *die;* -, -n: franz. Schreibung für Soße. **Sauce béarnaise** [*soß bearnäs*; *fr.*, nach der südfranz. Landschaft Béarn] *die;* - -: eine weiße Kräutersoße. **Sauce hollandaise** [-*olangdäs*; *fr.*, „holländische Soße"] *die;* - -: eine weiße Soße, mit Butter u. Zitronensaft zubereitet. **Sauciere** [...*iärᵉ*; aus gleichbed. *fr.* saucière] *die;* -, -n: Soßengießer, -schüssel. **saucieren** [*soßirᵉn*; nach gleichbed. *fr.* saucer]: Tabak mit einer Soße behandeln, beizen

Sauna [aus gleichbed. *finn.* sauna] *die;* -, -s u. ...nen: Heißluftbad. **saunen** u. **saunieren**: ein Heißluftbad in der Sauna nehmen

Saurier [...*iᵉr*; zu *gr.* saũros „Eidechse"] *der;* -s, - (meist Plural): ausgestorbene [Riesen]echse der Urzeit. **Saurolith** *der;* -en, -en: versteinerter Saurier

sauté [*ßote*; aus *fr.* sauté]: = sautiert. **sautieren** [*ßot...*; aus gleichbed. *fr.* sauter, eigtl. „(in der Pfanne) springen machen", aus *lat.* saltāre „tanzen, springen"]: [Fleisch] in Fett schwenken, rösten. **sautiert**: geröstet

Savanne [...*wa...*; über *span.* sabana aus gleichbed. *indian.* zabana] *die;* -, -n: tropische Steppe mit einzeln od. gruppenweise stehenden Bäumen (Baumsteppe)

Savoir-vi|vre [...*wiwrᵉ*; aus gleichbed. *fr.* savoir-vivre, eigtl. „das Zu-leben-Wissen"] *das;* -: feine Lebensart, Lebensklugheit

Saxi|fraga [auch: ...*fraga*; aus gleichbed. *lat.* saxifraga zu saxum „Felsen" u. frangere „brechen"] *die;* -, ...agen: Steinbrech, Gebirgspflanze, auch polsterbildende Zierpflanze mit weißen, roten od. gelben Blüten in Steingärten

Saxophon [nach dem belg. Erfinder A. Sax, 1814 bis 1894] *das;* -s, -e: mit Klarinettenschnabel anzublasendes Blasinstrument aus Messing in 4–6 Tonhöhen mit nach oben gerichtetem Schalltrichter (Mus.). **Saxophonist** *der;* -en, -en: Saxophonspieler

sb = Stilb

Sb = chem. Zeichen für: Antimon (lat.: Stibium)

Sbirre [aus *it.* sbirro, zu *spätlat.* birrus, *gr.* pýrrhos „Kapuzenmantel"] *der;* -n, -n: (veraltet) ital. Polizeidiener, Geheimagent (bes. im Kirchenstaat), Scherge

sc. = 1. sculpsit. 2. scilicet

Sc = 1. chem. Zeichen für: Scandium. 2. Stratokumulus

Scampi [*ßka...*; aus *it.* scampi] *die* (Plural): ital. Bezeichnung für eine Art kleiner Krebse

Scandium [*ßka...*; von Scandia, dem lat. Namen für Skandinavien] *das;* -s: chem. Grundstoff, Leichtmetall, Zeichen: Sc

Schabbes [aus *jidd.* schabbes für *hebr.* šabbāth] *der;* -, -: = Sabbat

Scha|blone [Herkunft unsicher] *die;* -, -n: 1. ausgeschnittene Vorlage [zur Vervielfältigung], Muster. 2. vorgeprägte, herkömmliche Form, geistlose Nachahmung ohne eigene Gedanken. **schablonieren** u. **scha|blonisieren**: a) nach einer Schablone [be]arbeiten, behandeln; b) in eine Schablone pressen

Scha|bracke [über *ungar.* csáprág aus *türk.* çaprak „Satteldecke"] *die;* -, -n: 1. (veraltet) verzierte Dekke über od. unter dem Sattel, Untersatteldecke, Prunkdecke. 2. (ugs., abwertend) a) alte [häßliche] Frau; b) altes Pferd. 3. (Jägerspr.) weißer Fleck auf den Flanken des männl. Wildschafs

Schafott [über gleichbed. *niederl.* schavot aus *altfr.* chafaud „Bau-, Schaugerüst", dies aus *vulgärlat.* *catafalicum, vgl. Katafalk] *das;* -[e]s, -e: [erhöhte] Stätte für Enthauptungen

Schah [aus *pers.* šāh „König"] *der;* -s, -s: persischer Herrschertitel

Schakal [auch: *scha...*; über *türk.* çakal, *pers.* šäġāl aus gleichbed. *aind.* śṛgāláḥ] *der;* -s, -e: hundeartiges Raubtier

Schalmei [aus gleichbed. *altfr.* chalemie, dies aus *gr.* kalamaïa „Rohrpfeife" zu kálamos „Rohr"] *die*; -, -en: 1. altes Holzblasinstrument der Hirten. 2. Blechblasinstrument mit mehreren Schallröhren

Schalom u. Shalom [*scha...*; aus *hebr.* šālōm] (ohne Artikel): Frieden (hebr. Begrüßungsformel)

Schalotte [aus gleichbed. *fr.* échalotte, *altfr.* eschalogne, zum Namen der Stadt Askalon in Palästina] *die*; -, -n: eine kleine Zwiebel

Schaluppe [aus gleichbed. *fr.* chaloupe] *die*; -, -n: Frachtfahrzeug; großes Beiboot

Schamane [über *tungus.* šaman „Geisterbeschwörer" aus *aind.* śramaṇá-ḥ „Asket, Bettelmönch"] *der*; -n, -n: Zauberpriester, bes. bei asiat. u. indones. Völkern, der mit Geistern u. den Seelen Verstorbener Verbindung aufnimmt. **Schamanismus** *der*; -: Religion, in der der Schamane im Mittelpunkt des magischen Rituals steht (Völkerk.)

[1]**Schamott** [*gaunersprachl.* wohl unter Einfluß von → Klamotte aus *jidd.* schaz maz „alles in einem"] *der*; -s: (ugs.) Kram, Zeug, wertlose Sachen

[2]**Schamott** *der*; -s: (österr., ugs.) = Schamotte. **Schamotte** [auch: *...mot*; aus älter *it.* sc(i)armotti (Plural) „Tonscherben"] *die*; -: feuerfester Ton. **schamottieren**: (österr.) mit Schamotte auskleiden

Schampon u. **Schampun** vgl. Shampoo. **schamponieren** u. **schampunieren**: das Haar mit Schampon waschen

Schampus *der*; -: (ugs.) Champagner

schang|haien u. shang|haien [*sch...*; nach der chin. Stadt Schanghai]: einen Matrosen gewaltsam heuern

Schantungseide *die*; -, -n u. (fachsprachl.:) Shantung [*schan...*; nach der chin. Provinz Schantung] *der*; -, -s: Wildseide od. Gewebe aus Kunstfaser mit ungleichmäßiger Oberfläche

Scharade u. Charade [*scha...*; aus gleichbed. *fr.* charade] *die*; -, -n: Worträtsel, bei dem das zu erratende Wort in Silben od. Teile zerlegt wird

Scharlatan [über *fr.* charlatan aus gleichbed. *it.* ciarlatano, dies unter Einfluß von ciarlare „schwatzen" aus cerretano „Marktschreier", eigtl. „Einwohner der Stadt Cerreto"] *der*; -s, -e: a) Schwätzer, Aufschneider, Schwindler; b) Quacksalber, Kurpfuscher. **Scharlatanerie** *die*; -, ...ien u. **Scharlatanismus** *der*; -, ...ismen: a) Aufschneiderei, Prahlerei; b) Quacksalberei

Scharm vgl. Charme. **scharmant** vgl. charmant. **scharmieren** [aus gleichbed. *fr.* charmer]: (veraltet) bezaubern, entzücken

Scharmützel [aus älter *it.* scaramuzzo „Gefecht" zu scermire „verteidigen"] *das*; -s, -: kurzes, kleines Gefecht, Plänkelei. **scharmützeln**: ein kleines Gefecht führen, plänkeln

scharmutzieren: (veraltet, aber noch landsch.) liebäugeln, flirten

Scharnier [aus gleichbed. *fr.* charnière zu *lat.* cardo, Gen. cardinis „Türangel"] *das*; -s, -e: drehbares Gelenk [an Türen]

Scharteke [aus *mnd.* scarteke „altes Buch, Urkunde" zu scarte aus *fr.* charte „Urkunde"; vgl. Charta] *die*; -, -n: 1. altes wertloses Buch, Schmöker. 2. (abwertend) ältliche, unansehnliche Frau

Schaschlik [aus gleichbed. *russ.* šašlyk (turkotat. Wort)] *der*; -s, -s: am Spieß gebratene [Hammel]-fleischstückchen

Schatulle [aus *mlat.* scatula „Schrein"] *die*; -, -n: 1. Geld-, Schmuckkästchen. 2. (veraltet) Privatkasse eines Staatsoberhaupts od. eines Fürsten

Scheich, Schech u. **Scheik** [aus *arab.* šaiḫ „Ältester"] *der*; -s, -e u. -s: 1. Häuptling eines Beduinenstammes. 2. arabischer Ehrentitel. 3. (ugs.) Freund eines Mädchens. 4. (ugs.) widerlicher Mensch, Weichling

Schelf [aus gleichbed. *engl.* shelf] *der* od. *das*; -s, -e: der vom Meer überflutete Sockel der Kontinente (Geogr.)

Schema [aus *gr.-lat.* schēma „Haltung, Gestalt, Figur, Form"] *das*; -s, -s u. -ta, ...men: 1. Muster, anschauliche [graphische] Darstellung, Aufriß. 2. Entwurf, Plan, Form. **schematisch**: 1. einem Schema folgend, anschaulich zusammenfassend u. gruppierend. 2. gleichförmig; gedankenlos. **schematisieren**: nach einem Schema behandeln; in eine Übersicht bringen. **Schematismus** [nach *gr.* schematismós „das Annehmen einer Haltung od. Gebärde"] *der*; -, ...men: gedankenlose Nachahmung eines Schemas

Scherbett vgl. Sorbet

scherzando [*ßkär...*; aus gleichbed. *it.* scherzando zu scherzare „scherzen" (germ. Wort)]: in der Art des Scherzos (Vortragsanweisung; Mus.). **Scherzando** *das*; -s, -s u. ...di: musikalischer Satz von heiterem Charakter (Mus.). **Scherzo** [aus gleichbed. *it.* scherzo, eigtl. „Scherz"] *das*; -s, -s u. ...zi: Tonstück von heiterem Charakter, (meist dritter) Satz in Sinfonie, Sonate u. Kammermusik (Mus.). **scherzoso** = scherzando

Schi vgl. Ski

Schia [aus *arab.* šī'a „Sekte, Partei"] *die*; -: zweite Hauptrichtung des Islams mit eigener, auf Mohammeds Schwiegersohn Ali zurückgeführter → Sunna, Staatsreligion in Iran; vgl. Imam (2), Schiit

Schibboleth [aus *hebr.* šibbōleth „Ähre" od. „Strom", nach der Losung der Gileaditer, Richter 12, 5 f.] *das*; -s, -e u. -s: Erkennungszeichen, Losungswort; Merkmal

schick [aus *fr.* chic „famos, niedlich" zu → Schick]: 1. modisch, schön, geschmackvoll gekleidet. 2. (ugs.) erfreulich, nett. 3. (ugs.) in Mode, modern. **Schick** [nach *fr.* chic „Geschicklichkeit; Geschmack"] *der*; -s: 1. modische Eleganz, gutes Aussehen, gefällige Form. 2. (schweiz.) einzelner [vorteilhafter] Handel. **Schickeria** [nach *it.* chiccheria „Eleganz" zu chic aus *fr.* chic] *die*; -: modebewußte [obere] Gesellschaftsschicht

Schiismus [zu *arab.* šī'a „Sekte, Partei"] *der*; -: Lehre der Schiiten. **Schiit** *der*; -en, -en: Anhänger der → Schia. **schiitisch**: der Richtung der → Schia angehörend, sie betreffend

Schikane [aus *fr.* chicane „Spitzfindigkeit, Rechtsverdrehung"] *die*; -, -n: 1. böswillig bereitete Schwierigkeit, Bosheit. 2. [eingebaute] Schwierigkeit in einer Autorennstrecke (Sport); mit allen Schikanen: mit allem, verwöhnten Ansprüchen genügendem Zubehör; mit besonderer technischer o. a. Vollkommenheit, Vervollkommnung [für hohe Ansprüche]. **Schikaneur** [*...nör*; nach *fr.* chicaneur „Rechtsverdreher"] *der*; -s, -e: jmd., der andere schikaniert. **schikanieren** [aus gleichbed. *fr.* chicaner]: jmdm. in kleinlicher u. böswilliger Weise Schwierigkeiten machen. **schikanös**: 1. andere schikanierend. 2. von Böswilligkeit zeugend

Schimäre [aus gleichbed. *fr.* chimère, nach dem Ungeheuer → Chimära] *die*; -, -n: Trugbild, Hirngespinst. **schimärisch**: trügerisch

Schimpanse [*afrik.*] *der*; -n, -n: kleiner afrikanischer Menschenaffe

Schintoismus u. Shintoismus [*schin...*; zu *japan.* shinto „Weg der Götter"] *der;* -: jap. Nationalreligion mit Verehrung der Naturkräfte u. Ahnenkult. **Schintoist** *der;* -en, -en: Anhänger des Schintoismus. **schintoistisch**: zum Schintoismus gehörend
Schirokko [aus gleichbed. *it.* scirocco, dies aus *arab.* šarqī „östlich(er) Wind" zu šarq „Osten"] *der;* -s, -s: sehr warmer, oft stürmischer Mittelmeerwind aus südlichen Richtungen
Schisma [auch: *ß-ch...*; aus *gr.-kirchenlat.* schísma „Spaltung, Trennung"] *das;* -s, ...men u. -ta: 1. Kirchenspaltung aus kirchenrechtlichen u. nicht aus dogmatischen Gründen. 2. das kleinste musikalische Intervall (his–c), etwa der hundertste Teil eines Ganztones (Mus.). **Schismatiker** [aus gleichbed. *kirchenlat.* schismaticus zu *gr.* schismatikós „die Spaltung betreffend"] *der;* -s, -: Verursacher einer Kirchenspaltung, Abtrünniger. **schismatisch**: eine Kirchenspaltung betreibend. **Schismen**: *Plural* von → Schisma
schizoid [zu *gr.* schízein „spalten" u. → [2]...id]: seelisch zerrissen, kontaktunfähig veranlagt (Med.). **schizo|phren** [zu *gr.* schízein „spalten" u. phrēn „Zwerchfell; Geist, Gemüt"]: 1. an Schizophrenie leidend, zum Erscheinungsbild der Schizophrenie gehörend (Med.). 2. in sich widersprüchlich, zwiespältig, unsinnig, absurd, z. B. ein -es Verhalten. 3. (ugs.) verrückt. **Schizo|phrenie** *die;* -, ...ien: 1. Bewußtseinsspaltung, Verlust des inneren Zusammenhangs der geistigen Persönlichkeit, Spaltungsirresein (Med.). 2. innere Widersprüchlichkeit, Zwiespältigkeit, Unsinnigkeit, absurdes Verhalten. **schizo|thym** [zu *gr.* schízein „spalten" u. thymós „Leben, Empfindung, Gemüt"]: eine latent bleibende, nicht zum Durchbruch kommende Veranlagung zu Schizophrenie besitzend (Med.)
Schlamassel [aus älter *jüd.-dt.* schlimasel zu *dt.* schlimm u. *jidd.* masol „Stern, Schicksal"] *der* (auch: *das*); -s: (ugs.) Unglück; widerwärtige Umstände; verfahrene Situation
Schlawiner [aus dem Namen Slowene (Slawonier); die slowenischen Hausierer galten als besonders gerissene Geschäftemacher] *der;* -s, -: (ugs.) a) pfiffiger Mensch, gerissener, kleiner Gauner; b) unzuverlässiger Mensch
Schlemihl [auch: *...mil*; *gaunersprachl.* aus *hebr.* šelū'-nu-el „einer, der nichts taugt"] *der;* -s, -e: (ugs.) 1. Unglücksmensch, Pechvogel. 2. jmd., der es faustdick hinter den Ohren hat, gerissener Kerl
Schmonzes [*jidd.*] *der;* -, -: leeres, albernes Gerede
schnabulieren [mit roman. Endung zu *dt.* Schnabel gebildet, älter schnabelieren]: mit Behagen essen
schockieren [aus *fr.* choquer „anstoßen, beleidigen", dies wohl aus *mniederl.* schokken „stoßen"]: jmdm. einen Schock versetzen, die Entrüstung von jmdm. hervorrufen
Schofar [aus *hebr.* šopar] *der;* -[s], -oth: ein im jüd. Kult verwendetes Widderhorn (z. B. zur Ankündigung des Sabbats geblasen)
schofel u. schof[e]lig [über *jidd.* schophol „gemein, niedrig" aus gleichbed. *hebr.* šāfāl]: (ugs.) 1. gemein, niedrig, schäbig. 2. knauserig, armselig, kümmerlich. **Schofel** *der;* -s, -: (ugs.) 1. Schund, schlechte Ware. 2. gemeiner Mensch. **schofelig** vgl. schofel
Schofför *der;* -s, -e: eindeutschend für: Chauffeur
Schokolade [wohl über *niederl.* chocolade aus *span.* chocolate, dies aus *mex.* chocolatl „Kakaotrank"] *die;* -, -n: a) eine Süßware aus Kakaomasse, Zucker [u. Milchbestandteilen]; b) Getränk aus Schokolademasse u. Milch
Scholar u. **Scholast** [*sch...*; aus *lat.-mlat.* scholāris bzw. *lat.* scholasticus „zur Schule gehörend, Schüler"; vgl. Scholastik] *der;* -en, -en: (hist.) [herumziehender] Schüler, Student [im Mittelalter]. **Scholastik** [aus *mlat.* scholastica „Schulwissenschaft, Schulbetrieb" zu *lat.* scholasticus „zur Schule gehörend" aus *gr.* scholastikós „studierend" (zu scholḗ „(der Wissenschaft gewidmete) Muße; Schule")] *die;* -: 1. die auf die antike Philosophie gestützte, christliche Dogmen verarbeitende Philosophie u. Theologie des Mittelalters (etwa 9.–14. Jh.). 2. engstirnige, dogmatische Schulweisheit. **Scholastiker** [aus gleichbed. *mlat.* scholasticus] *der;* -s, -: 1. Vertreter der Scholastik. 2. (abwertend) reiner Verstandesmensch, spitzfindiger Haarspalter. **scholastisch**: 1. nach der Methode der Scholastik, die Philosophie der Scholastik betreffend. 2. (abwertend) spitzfindig, rein verstandesmäßig. **Scholastizismus** *der;* -: 1. einseitige Überbewertung der Scholastik. 2. (abwertend) übertriebene Spitzfindigkeit
Scholiast [aus *gr.-mlat.* scholiastḗs] *der;* -en, -en: Verfasser von Scholien. **Scholie** [*...ie*] *die;* -, -n u. **Scholion** [aus gleichbed. *gr.* schólion zu scholḗ „Schule"] *das;* -s, Scholien [*...ien*]: erklärende Randbemerkung [alexandrinischer Philologen] in griech. u. röm. Handschriften
Schose vgl. Chose
schraffieren [über *mniederl.* schraeffeeren „stricheln" aus *it.* sgraffiare „kratzen, stricheln"]: [eine Fläche] mit parallelen Linien stricheln (Kunstw.). **Schraffur** *die;* -, -en: a) schraffierte Fläche auf einer Zeichnung; b) Strichzeichnung auf [Land]-karten; c) Strichelung
Schrapnell [aus gleichbed. *engl.* shrapnel, nach einem engl. Artillerieoffizier H. Shrapnel (*schräpnel*)] *das;* -s, -e u. -s: (veraltet) Sprenggeschoß mit Kugelfüllung
Schredder u. Shredder [*schre...*; aus *engl.* shredder „Reißwolf" zu to shred „zerfetzen"] *der;* -s, -: technische Anlage zum Verschrotten und Zerkleinern von Autowracks
Schubiak [aus *niederl.* schobbejak zu schobben „reiben, sich kratzen" u. Jack „Jakob"] *der;* -s, -s/-e: niederträchtiger Mensch, Lump
Schwa|dron [aus gleichbed. *it.* squadrone, eigtl. „großes Viereck", zu squadra „Viereck"] *die;* -, -en: kleinste Truppeneinheit der Kavallerie (Mil.). **Schwa|droneur** [*...nör*; französierende Bildung] *der;* -s, -e: jmd., der schwadroniert. **schwa|dronieren** [zu → Schwadron, eigtl. „beim Fechten wild u. planlos um sich schlagen"]: prahlerisch schwatzen, viel u. lebhaft erzählen
Science-fiction [*ßaiensßfikschen*; aus gleichbed. *engl.* science fiction zu science „Wissenschaft" u. fiction „Erfindung, Dichtung"] *die;* -: abenteuerlich-phantastische Dichtung utopischen Inhalts auf naturwissenschaftlich-technischer Grundlage
scilicet [*ßzilizät*; aus *lat.* scīlicet „man höre!, freilich", dies aus scīre licet „man darf wissen"]: nämlich; Abk.: sc. u. scil.
Scordatura u. Skordatur [*ßk...*; aus *it.* scordatura „Verstimmung, Umstimmung" zu scordare „verstimmen"] *die;* -: Abweichung, Umstimmung von Saiten der Streich- u. Zupfinstrumente (Mus.)
Scotch [*ßkotsch*; engl. Kurzwort aus: Scotch whisky] *der;* -s, -s: schottischer Whisky. **Scotchterrier**

[*ßkotsch*...; aus gleichbed. *engl.* Scotchterrier; vgl. Terrier] *der*; -s, -: ein schottischer Jagdhund

Scotland Yard [*ßkotl^endjard*; *engl.*] *der*; - -: [Hauptgebäude der] Londoner Kriminalpolizei

Scout [*ßkaut*; aus *engl.* scout „Kundschafter, Späher, Pfadfinder"] *der*; -[s], -s: Pfadfinder; vgl. Boy-Scout

Scrabble ® [*ßkräbl*; aus gleichbed. *engl.* Scrabble zu to scrabble „scharren, herumsuchen"] *das*; -s, -: Spiel mit zwei bis vier Mitspielern, bei dem aus Spielmarken mit Buchstaben Wörter nach einem bestimmten Verfahren zusammengesetzt werden müssen

sculpsit [*ßku*...; aus *lat.* sculpsit, 3. Person Sing. Perfekt von sculpere „schnitzen, meißeln, eingraben"]: „hat [es] gestochen" (hinter dem Namen des Künstlers auf Kupferstichen); Abk.: sc., sculps.

Scylla [*ßzüla*] vgl. Szylla

s. e. = salvo errore

Se = chem. Zeichen für: Selen

Seal [*ßil*; aus *engl.* seal „Robbe"] *der* od. *das*; -s, -s: Fell der Bärenrobbe, Pelz aus dem Fell der Bärenrobbe. **Seal|skin** [aus *engl.* sealskin „Seehundsfell" zu skin „Haut"] *der* od. *das*; -s, -s: 1. Fell der Bärenrobbe. 2. glänzendes Plüschgewebe

Séance [*ßeangß*[e]; aus *fr.* séance „Sitzung" zu seoir „sitzen" aus *lat.* sedere „sitzen"] *die*; -, -n [...*ß^en*]: [spiritistische] Sitzung

SEATO [Kurzw. aus: *S*outh *E*ast *A*sia *T*reaty *O*rganization (*ßauth ißt e^isch^e triti o^rg^enais^e^isch^en*)] *die*; -: von den USA, Großbritannien, Frankreich, Neuseeland, den Philippinen u. Thailand 1954 geschlossener Südostasien[verteidigungs]pakt

Sebor|rhö, *die*; -, -en u. **Sebor|rhöe** [...*rö*; zu *lat.* sebum „Talg" u. *gr.* rheīn „fließen"] *die*; -, -n [...*rö^en*]: krankhaft gesteigerte Absonderung der Talgdrüsen (Med.)

sec = 1. Sekans. 2. Sekunde (1)

secco [*ßäko*; aus *it.* secco, dies aus *lat.* siccus „trokken"]: ital. Bezeichnung für: trocken. **Secco** [aus gleichbed. *it.* secco zu secco „trocken"] *das*; -[s], -s: das nur von einem Tasteninstrument begleitete → Rezitativ (Mus.). **Seccomalerei** [zu → secco] *die*; -: Wandmalerei auf trockenem Putz; Ggs. → Freskomalerei

seckant vgl. sekkant

Secondhand Shop [*ßäk^endhänd schop*; aus gleichbed. *engl.* secondhand shop, eigtl. „Laden (für Ware) aus zweiter Hand"] *der*; - -s, - -s: Laden, in dem gebrauchte Ware (bes. gebrauchte Kleidung) verkauft wird

secondo [...*ko*...; aus gleichbed. *it.* secondo, dies aus *lat.* secundus; vgl. Sekunde]: das zweite (hinter dem Namen eines Instruments zur Angabe der Reihenfolge; Mus.). **Secondo** *das*; -s, -s u. ...di: (Mus.) 1. die zweite Stimme. 2. der Baß bei vierhändigem Klavierspiel

Se|cret Service [*ßikrit ßö^rwiß*; aus *engl.* secret service] *der*; - -: der britische politische Geheimdienst

sedativ [zu *lat.* sedāre „machen, daß sich etwas setzt; beschwichtigen"]: beruhigend, schmerzstillend (von Medikamenten; Med.). **Sedativ** *das*; -s, -e [...*w^e*] u. **Sedativum** [...*wum*] *das*; -s, ...va [...*wa*]: Beruhigungsmittel; schmerzlinderndes Mittel (Med.)

Sediment [aus *lat.* sedimentum „Bodensatz" zu sedēre „sitzen, sich setzen"] *das*; -[e]s, -e: 1. das durch Sedimentation entstandene Schicht- od. Absatzgestein (Geol.). 2. Bodensatz einer [Körper]flüssigkeit (bes. des Urins; Med.). **sedimentär**: durch Ablagerung entstanden (von Gesteinen u. Lagerstätten; Geol.). **Sedimentation** [...*zion*] *die*; -, -en: 1. Ablagerung von Stoffen, die an anderen Stellen abgetragen wurden (Geol.). 2. Bodensatzbildung in Flüssigkeiten (Chem.; Med.)

Segment [aus *lat.* sēgmentum „Einschnitt, Abschnitt" zu secāre „schneiden"] *das*; -[e]s, -e: 1. Kreis- od. Kugelabschnitt (Math.). 2. jeder der hintereinander gelegenen Abschnitte, aus denen der Körper zusammengesetzt ist (Med., Biol.). **segmental**: segmentförmig. **segmentär**: aus einzelnen Abschnitten zusammengesetzt. **segmentieren**: gliedern, zerlegen. **Segmentierung** *die*; -, -en: 1. Gliederung in einzelne Abschnitte, Zerlegung

Se|gno [*sänjo*; aus gleichbed. *it.* segno, dies aus *lat.* sīgnum „Zeichen"] *das*; -s, -s u. ...ni: das Zeichen, von dem od. bis zu dem noch einmal zu spielen ist (Mus.); Abk.: s.; vgl. al segno; dal segno

Seguidilla [*ßegidilja*; nach gleichbed. *span.* seguidillas (Plural) zu seguida „Folge, Reihe"] *die*; -: span. Tanz im 3/4- od. 3/8-Takt mit Kastagnetten- u. Gitarrenbegleitung

Seicento [*ße-itsch*...] u. Secento [*ßetsch*...; aus gleichbed. *it.* se(i)cento, eigtl. „sechshundert", kurz für „1600"] *das*; -[s]: die ital. Kunst des 17. Jh.s als eigene Stilrichtung

Sei|gneur [*ßänjör*; aus *fr.* seigneur „Herr", dies aus *lat.* senior „der Ältere"] *der*; -s, -s: 1. (hist.) franz. Grund-, Lehnsherr. 2. (veraltet) vornehmer, gewandter Herr

Seismik [zu *gr.* seismós „(Erd)erschütterung" zu seíein „schütteln, erschüttern"] *die*; -: Erdbebenkunde. **seismisch**: durch Erdbeben verursacht. **seismo**..., **Seismo**...: in Zusammensetzungen auftretendes Bestimmungswort mit der Bedeutung: „erdbeben..., Erdbeben..." (von Erschütterungen im Erdinnern). **Seismo|gramm** *das*; -s, -e: Erdbebenkurve des Seismographen. **Seismo|graph** *der*; -en, -en: Erdbebenmesser, der Richtung und Dauer des Bebens aufzeichnet. **seismo|graphisch**: mit Seismographen aufgenommen (von Erschütterungen im Erdinnern). **Seismologie** *die*; -: = Seismik. **seismologisch**: die Erdbebenkunde betreffend. **Seismometer** *das*; -s, -: Erdbebenmesser, der auch Größe u. Art der Bewegung aufzeichnet

Sejm [*ßäim*, (auch:) *ßaim*; aus *poln.* sejm] *der*; -s: die poln. Volksvertretung

sek, Sek. = Sekunde (1)

Sekans [aus *lat.* secāns, Gen. secantis, Part. Präs. von secāre „schneiden"] *der*; -, Sekanten: Verhältnis der → Hypotenuse zur → Ankathete im rechtwinkligen Dreieck; Zeichen: sec (Math.). **Sekante** *die*; -, -n: jede Gerade, die eine Kurve (bes. einen Kreis) schneidet (Math.)

sekkant [aus gleichbed. *it.* seccante, Part. Präs. von seccare, s. sekkieren]: (veraltet, aber noch österr.) lästig, zudringlich. **Sekkatur** *die*; -, -en: (veraltet, aber noch österr.) a) Quälerei, Belästigung; b) Neckerei. **sekkieren** [aus gleichbed. *it.* seccare, eigtl. „austrockenen"; vgl. secco]: (veraltet, aber noch österr.) a) belästigen, quälen; b) necken

Sekkomalerei vgl. Seccomalerei. **Sekkorezitativ** *das*; -s, -e: = Secco

Sekond [aus gleichbed. *it.* seconda zu secondo „zweiter"] *die*; -, -en: bestimmte Klingenhaltung beim Fechten

Se|kret [zu *lat.* sēcrētus „abgesondert", Part. Perf. von sēcernere „absondern, ausscheiden"; vgl. sezernieren] *das*; -[e]s, -e: 1. (Med.) a) von einer Drüse produzierter u. abgesonderter Stoff, der im Organismus bestimmte biochemische Aufgaben erfüllt (z. B. Speichel, Hormone); b) Ausscheidung, Absonderung [einer Wunde od. eines Organs]. **Se|kretion** [...*zion*; aus *lat.* sēcrētio „Absonderung, Trennung"] *die*; -, -en: Vorgang der Produktion u. Absonderung von Sekreten durch Drüsen (Med.). **se|kretorisch**: die Sekretion von Drüsen betreffend (Med.)

Se|kretar [aus *mlat.* sēcrētārius „Geheimschreiber" zu *lat.* sēcrētus „abgesondert, geheim", vgl. Sekret] *der*; -s, -e: (veraltet) Geschäftsführer, Abteilungsleiter. **Se|kretär** [über gleichbed. *fr.* secrétaire aus *mlat.* sēcrētārius, s. Sekretar] *der*; -s, -e: 1. a) jmd., der einer leitenden Persönlichkeit des öffentlichen Lebens od. der Wirtschaft [zur Abwicklung der Korrespondenz] zur persönlichen Verfügung steht; b) Schriftführer. 2. Beamter des mittleren Dienstes. 3. Schreibschrank. 4. afrik. Raubvogel (Kranichgeier). **Se|kretariat** [aus *mlat.* sēcrētāriātus „Amt des Geheimschreibers"] *das*; -[e]s, -e: 1. Kanzlei, Geschäftsstelle. 2. Schriftführeramt. **Se|kretarius** *der*; -, ...rii [...*ri-i*]: (veraltet) Sekretär

Sekretion usw. s. Sekret

Sekt [gekürzt aus *fr.* vin sec, dies aus *it.* vino secco „süßer, schwerer Wein", eigtl. „trockener Wein", vgl. secco] *der*; -[e]s, -e: Schaumwein

Sekte [aus *lat.-mlat.* secta „befolgter Grundsatz; Partei, philosophische Lehre, Sekte" zu *lat.* sequi „folgen" (altes Part. Perf. *sectum statt secūtum)] *die*; -, -n: 1. kleinere, von einer christlichen Kirche od. einer anderen Hochreligion abgespaltene religiöse Gemeinschaft. 2. philosophisch od. politisch einseitig ausgerichtete Gruppe. **Sektierer** *der*; -s, -: 1. Anhänger einer Sekte. 2. jmd., der von der herrschenden politischen od. von einer philosophischen Richtung abweicht. **sektiererisch**: einer Sekte anhängend; nach Art eines Sektierers

Sektion [...*zion*; aus *lat.* sectio „das Schneiden; der Abschnitt" zu secāre „schneiden"] *die*; -, -en: 1. Abteilung, Gruppe [innerhalb einer Behörde od. Institution]. 2. = Obduktion. **Sektions|chef** *der*; -s, -s: (bes. österr.) Abteilungsleiter in einer Behörde [in einem Ministerium]

Sektor [aus *lat.* sector „Kreisausschnitt", eigtl. „Schneider, Abschneider", zu secāre „schneiden". vgl. sezieren] *der*; -s, ...oren: 1. [Sach]gebiet; Bezirk, Teil. 2. von zwei Strahlen u. einem Bogen gebildeter Kreisausschnitt od. durch Kegelmantel und Flächenstück gebildeter Kugelausschnitt (Geom.). ...**sektor**: in Zusammensetzungen auftretendes Grundwort mit der Bedeutung „...bereich", z. B. Schulsektor, Wirtschaftssektor

Sekund *die*; -, -en: (österr.) Sekunde (3). **Sekundakkord** *der*; -[e]s, -e: die 3. Umkehrung des Dominantseptimenakkords (in der Generalbaßschrift mit einer „2" unter der Baßstimme angedeutet; Mus.)

Sekunda [aus *lat.* secunda (classis) „zweite Klasse" zu secundus „(der Reihe nach) folgend, zweiter"; vgl. Sekunde] *die*; -, ...den: 1. die sechste u. siebente Klasse einer höheren Schule. 2. (österr.) die zweite Klasse einer höheren Schule. **Sekundaner** *der*; -s, -: Schüler einer Sekunda

Sekundant [nach *lat.* secundāns, Gen. secundantis, Part. Präs. von secundāre „begünstigen", vgl. sekundieren] *der*; -en, -en: 1. Zeuge bei einem Duell. 2. Helfer, Berater, Betreuer eines Sportlers während eines Wettkampfes (bes. beim Berufsboxen). 3. Helfer, Beistand. **Sekundanz** *die*; -, -en: 1. Tätigkeit eines Sekundanten (2). 2. Hilfe, Beistand

sekundär [über *fr.* secondaire aus gleichbed. *lat.* secundārius zu secundus „(der Reihe nach) folgend", vgl. Sekunde]: a) in zweiter Linie in Betracht kommend; b) nachträglich hinzukommend; Neben...; vgl. primär. **Sekundar...**: (österr. u. schweiz.) Sekundär... **Sekundär...**: in Zusammensetzungen auftretendes Bestimmungswort mit der Bedeutung „an zweiter Stelle, zweiter; zweitrangig", z. B. Sekundärliteratur, Sekundärsuffix. **Sekundararzt** *der*; -es, ...ärzte: (österr.) Assistenzarzt; Krankenhausarzt ohne leitende Stellung; Ggs. → Primararzt. **Sekundärliteratur** *die*; -: wissenschaftliche und kritische Literatur über Dichter, Dichtungen, Dichtungsepochen (Literaturw.); Ggs. → Primärliteratur. **Sekundarschule**: *die*; -, -n: (schweiz.) höhere Volksschule. **Sekundarstufe** *die*; -, -n: a) die Klassen der Hauptschule (5.–9. Schuljahr); b) die Klassen des Gymnasiums (5.–13. Schuljahr); vgl. Primarstufe

Sekunde [verkürzt aus *spätlat.* pars minuta secunda „kleinster Teil zweiter Ordnung" (vgl. Minute) zu *lat.* secundus „der Reihe nach folgend, zweiter" (altes Part. Präs. von sequi „folgen")] *die*; -, -n: 1. a) der 60. Teil einer Minute, eine Grundeinheit der Zeit; Abk.: Sek.; Zeichen: s (Astron.: ...^{s}), älter: sec, sek.; b) sehr kurze Zeitspanne, kurzer Augenblick. 2. Winkelmaß (der 3600ste Teil eines Winkelgrads; Kurzzeichen: ″; Math.). 3. Ton der diatonischen Tonleiter, Intervall der 2. Tonstufe (Mus.). **Sekundenmeter** vgl. Metersekunde

sekundieren [unter Einfluß von *fr.* seconder „beistehen" aus *lat.* secundāre „begünstigen"]: 1. helfen, schützen. 2. als Sekundant tätig sein

Sekurit ® [zu *lat.* sēcūrus „sicher"] *das*; -s: nicht splitterndes Sicherheitsglas

Selam u. Salem [auch: *ße*...; aus *arab.* salām „Friede"] *der*; -s: Wohlbefinden, Heil, Friede (arab. Grußwort); - aleikum! [aus *arab.* as-salam 'alaik „der Friede sei mit dir!"]: Heil über euch! (arab. Gruß)

selektieren [zu → Selektion]: 1. etwas [für züchterische Zwecke] auswählen. 2. jmdn. aus einer Gruppe zu etwas auswählen. **Selektion** [...*zion*; aus *lat.* sēlēctio „das Auslesen" zu sēligere „auslesen, auswählen"] *die*; -, -en: 1. Auslese, Zuchtwahl (Biol.); vgl. Elektion. 2. Aussonderung, Auswahl. **selektionieren** [zu → Selektion]: = selektieren. **Selektionstheorie** *die*; -: Theorie der stammesgeschichtlichen Entwicklung durch natürliche Auslese (Grundlage des → Darwinismus). **selektiv**: 1. auf Auswahl, Auslese beruhend; auswählend. 2. trennscharf (im Rundfunk). **Selektivität** [...*wi*...] *die*; -: technische Leistung eines Radio- od. Funkempfangsgerätes, die gewünschte Welle unter anderen herauszusuchen u. zu isolieren

Selen [zu *gr* selēnē „Mond"] *das*; -s: chem. Grundstoff, Nichtmetall; Zeichen: Se. **Selenzelle** *die*; -, -n: eine spezielle Photozelle, die Lichtimpulse in elektrische Stromschwankungen umwandelt (Phys.)

Selenit [nach *gr.* líthos selēnítēs „Gips, Marienglas", eigtl. „mondartiger Stein", zu selēnē „Mond"] *der*; -s, -e: Gips

Selfmademan [*ßälfmeⁱdmän*; aus gleichbed. *engl.* self-made man, eigtl. „selbstgemachter Mann"] *der*; -s, ...men [...*m^e^n*]: jmd., der aus eigener Kraft zu beruflichem Erfolg gelangt ist. **Selfservice** [*ßälfßö'wiß*; aus gleichbed. *engl.* self-service] *der*; -: Selbstbedienung (z. B. im Restaurant od. Supermarkt)

Sellerie [(österr. nur:) ...*ri*; aus gleichbed. *nordit.* selleri, Plural von sellero (= *it.* sedano), dies aus *gr.-lat.* sélīnon „Sellerie"] *der*; -s, -[s] u. (österr. nur:) *die*; -, - (österr.: ...rien): eine Gemüse- u. Gewürzpflanze

Semantik [zu *gr.* sēmantikós „bezeichnend", dies über sēmaínein „ein Zeichen geben, bezeichnen, anzeigen" zu sēma „Zeichen, Merkmal"] *die*; -: Teilgebiet der Linguistik, das sich mit den Bedeutungen sprachlicher Zeichen u. Zeichenfolgen befaßt (Sprachw.); Ggs. → Onomasiologie. **semantisch**: a) den Inhalt eines sprachlichen Zeichens betreffend; b) die Semantik betreffend. **Semasiologie** [zu *gr.* sēmasía „das Bezeichnen" u. → ...logie] *die*; -: Methode der Bedeutungsuntersuchung von Wörtern in der älteren Sprachwissenschaft, die ausgehend vom Lautkörper eines Wortes dessen Bedeutung zu erfassen sucht (Sprachw.); vgl. Onomasiologie. **semasiologisch**: die Semasiologie betreffend, deren Methode anwendend

Semester [zu *lat.* sēmēstris aus *sex-mēns-tris „sechsmonatig", also „Zeitraum von 6 Monaten"; vgl. menstruieren] *das*; -s, -: 1. akademisches Studienhalbjahr. 2. (Studentenspr.) Student eines bestimmten Semesters. 3. (ugs., scherzh.) Jahrgang (von einer Person gesagt)

semi..., **Semi...** [aus *lat.* sēmi... „halb"]: in Zusammensetzungen auftretendes Bestimmungswort mit der Bedeutung „halb". **Semideponens** *das*; -, ...deponentia [...*zia*] u. ...nenzien [...*i^e^n*]: → Deponens, das in bestimmten Verbformen bei aktivischer Bedeutung teils aktivische, teils passivische Endungen zeigt (z. B. lat solēre „gewohnt sein", Perfekt: solitus sum; Sprachw.). **Semifinale** [aus gleichbed. *it.* semifinale] *das*; -s, -: Vorschlußrunde bei Sportwettkämpfen, die in mehreren Ausscheidungsrunden durchgeführt werden. **semipermeabel** [vgl. permeabel]: halbdurchlässig (z. B. von Membranen; Chem.; Biol.). **Semipermeabilität** *die*; -: Halbdurchlässigkeit

Semikolon [aus *lat.* sēmi... „halb" u. *gr.* kōlon „Teil einer Satzperiode", eigtl. „halbes Kolon"; vgl. Kolon (2)] *das*; -s, -s u. ...la: Strichpunkt (;)

Seminar [aus *lat.* sēminārium „Pflanzschule, Baumschule" zu sēmen „Samen, Setzling"] *das*; -s, -e (österr. auch: -ien [...*i^e^n*]): 1. Hochschulinstitut. 2. Übungskurs [im Hochschulunterricht]. 3. kirchliches Institut zur Ausbildung von Geistlichen (Priester-, Predigerseminar). 4. (hist.) Institut für die Ausbildung von Volksschullehrern. **Seminarist** *der*; -en, -en: jmd., der an einem Seminar (3, 4) ausgebildet wird. **seminaristisch**: das Seminar, den Seminaristen betreffend

Semiotik [zu *gr.* sēmeîon „Zeichen"] *die*; -: Wissenschaft von den [sprachlichen] Zeichen u. Zeichenreihen. **semiotisch**: a) die Semiotik betreffend; b) das [sprachliche] Zeichen betreffend

semipermeabel s. semi..., Semi...

semper aliquid haeret [- - *hä*...; *lat.*]: „immer bleibt etwas hängen" (Ausspruch, der sich auf Verleumdung u. üble Nachrede bezieht). **semper idem** [*lat.*]: „immer derselbe" (Ausspruch Ciceros über den Gleichmut des Sokrates)

sem|plice [...*plitsch^e^*; aus gleichbed. *it.* semplice, dies aus *lat.* simplex „einfach"]: einfach, schlicht, ungeziert (Vortragsanweisung; Mus.)

sem|pre [aus gleichbed. *it.* sempre, *lat.* semper]: immer (Mus.)

sen. = Senior

Senar [aus gleichbed. *lat.* sēnārius zu sēni „je sechs"] *der*; -s, -e: dem griech. → Trimeter entsprechender lat. Vers mit sechs Hebungen (antike Metrik)

Senat [aus *lat.* senātus „Staatsrat", eigtl. „Rat der Alten", zu senex „alt, bejahrt; Greis"] *der*; -[e]s, -e: 1. (hist.) der Staatsrat als Träger des Volkswillens im Rom der Antike. 2. eine Kammer des Parlaments im parlamentarischen Zweikammersystem (z. B. in den USA). 3. Regierungsbehörde in Hamburg, Bremen u. West-Berlin. 4. Verwaltungsbehörde an Hochschulen u. Universitäten. 5. Richterkollegium an höheren deutschen Gerichten (z. B. an Oberlandesgerichten, Bundessozialgerichten). **Senator** [aus gleichbed. *lat.* senātor] *der*; -s, ...oren: Mitglied des Senats. **senatorisch**: den Senat betreffend

Senatus Populusque Romanus [*lat.*]: „der Senat u. das römische Volk" (historische formelhafte Bezeichnung für das gesamte röm. Volk); Abk.: S. P. Q. R.

Seneschall [aus gleichbed. *fr.* sénéchal, eigtl. „Altknecht", zu *got.* sinista „ältester" u. skalks „Knecht"] *der*; -s, -e: (hist.) Oberhofbeamter im merowingischen Reich

senil [aus *lat.* senīlis „greisenhaft" zu senex „Greis"]: 1. greisenhaft, altersschwach. 2. (abwertend) verkalkt. **Senilität** *die*; -: 1. Greisenhaftigkeit, Altersschwäche. 2. (abwertend) Verkalktheit, Verschrobenheit

senior [aus *lat.* senior „älter", Komparativ von senex „alt, bejahrt"] (nur unflektiert hinter dem Personennamen): der ältere... (z. B. Krause -); Abk.: sen.; Ggs. → junior. **Senior** *der*; -s, ...oren: 1. (ugs.) a) = Seniorchef; b) Vater (im Verhältnis zum Sohn); Ggs. → Junior (1). 2. a) Sportler einer bestimmten, auf die Juniorenklasse folgenden Altersstufe; Ggs. → Junior (2); b) Sportler, der sich in vielen Wettkämpfen bewährt hat. 3. älterer Erwachsener (Ausdruck in der Modebranche); Ggs. → Junior (3). 4. (ugs.) der Älteste (in einem [Familien]kreis, einer Versammlung o. ä.). 5. (nur Plural) alte Menschen. **Seniorchef** *der*; -s, -s: der ältere von zwei Geschäftsinhabern od. Direktoren einer Firma

Senon [nach dem kelt. Stamm der Senonen] *das*; -s: die zweitjüngste Stufe der oberen Kreideformation (Geol.). **senonisch**: das Senon betreffend, im Senon entstanden

Señor [*ßänjor*; aus *span.* señor, dies aus *lat.* senior „älter", vgl. senior] *der*; -s, -es: span. Bezeichnung für: Herr. **Señora** [aus *span.* señora, Fem. zu señor] *die*; -, -s: span. Bezeichnung für: Dame, Frau. **Señorita** [aus *span.* señorita, Verkleinerungsform zu señora] *die*; -, -s: span. Bezeichnung für: Fräulein

Sensation [...*zion*; aus gleichbed. *fr.* sensation, eigtl. „Empfindung", dies aus *mlat.* sēnsātio „das Empfinden, Verstehen" zu sēnsus „Wahrnehmung, Empfindung"; vgl. Sentenz] *die*; -, -en: aufsehenerregendes Ereignis; Aufsehen, Höhepunkt einer Veranstaltung; erstaunliche, verblüffende Leistung, Darbietung. **sensationell** [...*zio*...; aus gleichbed. *fr.* sensationnel]: aufsehenerregend, verblüffend

sensịbel [über gleichbed. *fr.* sensible aus *lat.* sēnsibilis „der Empfindung fähig" zu sentīre „fühlen"; vgl. Sentenz]: 1. empfindsam, empfindlich (in bezug auf die Psyche). 2. die Empfindung, Reizaufnahme betreffend, Hautreize aufnehmend (von Nerven; Med.). **Sensibilisạtor** *der*; -s, ...ọren: Farbstoff zur Erhöhung der Empfindlichkeit fotografischer Schichten für gelbes u. rotes Licht. **sensibilisieren**: 1. empfindlich, sensibel (1) machen (für die Aufnahme von Reizen u. Eindrücken). 2. fotografische Bromsilber-Gelatine-Schichten für Licht bestimmter Wellenlänge empfindlich machen. 3. den Organismus gegen bestimmte → Antigene empfindlich machen, die Bildung von Antikörpern bewirken (Med.). **Sensibilitạ̈t** [über gleichbed. *fr.* sensibilité, aus *spätlat.* sēnsibilitās „Empfindbarkeit"] *die*; -: 1. Empfindlichkeit, Empfindsamkeit; Feinfühligkeit. 2. Fähigkeit des Organismus od. bestimmter Teile des Nervensystems, Gefühls- u. Sinnesreize aufzunehmen (Med.; Psychol.). 3. Empfangsempfindlichkeit bei Funkempfängern

sensitịv [über gleichbed. *fr.* sensitif aus *mlat.* sensitīvus zu *lat.* sentīre „führen"; vgl. Sentenz]: leicht reizbar, überempfindlich (in bezug auf die Psyche; Med.). **Sensitivitạ̈t** *die*; -: Überempfindlichkeit, Feinfühligkeit (Med.)

sensọrisch u. **sensoriẹll** [zu *lat.* sentīre, Part. Perf. sēnsum „fühlen, empfinden"]: die Sinne, besondere Sinnesorgane betreffend. **Sensọrium** *das*; -s: 1. Bewußtsein (Med.). 2. Gespür

Sensualịsmus [zu *kirchenlat.* sēnsuālis „die Sinne betreffend", dies zu sēnsus „das Wahrnehmen, die Empfindung"] *der*; -: Lehre, nach der alle Erkenntnis allein auf Sinneswahrnehmung zurückführbar ist (J. Locke). **Sensualịst** *der*; -en, -en: Vertreter des Sensualismus. **sensualịstisch**: den Sensualismus betreffend

sensuẹll [über *fr.* sensuel aus *kirchenlat.* sēnsuālis, vgl. Sensualismus]: die Sinnesorgane betreffend, sinnlich wahrnehmbar

Sẹnsus commụnis [- *ko*...; aus *lat.* sēnsus commūnis „die allgemein herrschende Ansicht"] *der*; - -: gesunder Menschenverstand

Sentẹnz [aus *lat.* sententia „Meinung, Urteil, Sinnspruch" zu sentīre „fühlen, empfinden; urteilen"] *die*; -, -en: a) einprägsamer, weil kurz u. treffend formulierter Ausspruch; b) Sinnspruch, Denkspruch als dichterische Ausdrucksform. **sentenziọ̈s** [aus gleichbed. *fr.* sentencieux zu sentence „Sentenz"]: in der Art der Sentenz, sentenzenreich

Sentiment [*ßangtimang*; aus gleichbed. *fr.* sentiment, dies aus *mlat.* sentimentum zu sentīre „fühlen", vgl. Sentenz] *das*; -s, -s: Empfindung, Gefühl, Gefühlsäußerung

sentimentạl [aus gleichbed. *engl.* sentimental zu sentiment „Gefühl" aus *fr.* sentiment, vgl. Sentiment]: a) empfindsam; b) rührselig, übertrieben gefühlvoll. **Sentimentạle** *die*; -n, -n: Darstellerin jugendlich-sentimentaler Mädchengestalten (Rollenfach beim Theater). **Sentimentalitạ̈t** *die*; -, -en: Empfindsamkeit; Rührseligkeit

sẹnza [aus gleichbed. *it.* senza, dies aus *lat.* in absentiā „in Abwesenheit von..."]: ohne (in Verbindung mit musikalischen Vortragsanweisungen); z. B. - pedạle: ohne Pedal; - sordịno: ohne Dämpfer (bei Streichinstrumenten u. beim Klavier); - tẹmpo: ohne bestimmtes Zeitmaß (Mus.)

separạt [aus *lat.* sēparātus „abgesondert, getrennt", Part. Perf. von sēparāre, vgl. separieren]: abgesondert; einzeln. **Separation** [...*ziọn*; über gleichbed. *fr.* séparation aus *lat.* sēparātio „Absonderung"] *die*; -, -en: 1. (veraltet) Absonderung. 2. (hist.) Flurbereinigung, Auflösung der genossenschaftlichen Wirtschaftsweise auf dem Agrarsektor im 18./19. Jh. in Deutschland. **Separatịsmus** [zu → Separatist] *der*; -: 1. (meist abwertend) a) das Bestreben nach Loslösung u. Abspaltung eines bestimmten Gebietes aus dem Staatsganzen; b) Streben nach religiöser od. geistiger Unabhängigkeit von einer bestimmten weltanschaulichen Richtung. 2. Richtung in den USA, die für eine Beibehaltung der Rassentrennung eintritt. **Separatịst** [aus gleichbed. *engl.* separatist, *fr.* séparatiste, urspr. „religiöser Sektierer", zu *engl.* to separate „trennen" aus *lat.* sēparāre] *der*; -en, -en: 1. Verfechter, Anhänger des Separatismus. 2. Verfechter der Rassentrennung in den USA. **separatịstisch**: a) den Separatismus betreffend; b) Tendenzen des Separatismus zeigend; c) die Ansichten des Separatismus (2) verfechtend. **Separạtor** [nach *lat.* sēparātor „Trenner"] *der*; -s, ...ọren: Gerät zur Trennung verschiedener Bestandteile von Stoffgemischen [durch Zentrifugalkräfte]

Séparée [...*rẹ*; kurz für *fr.* chambre séparée „abgesondertes Zimmer"] *das*; -s, -s: Nebenraum in einem Lokal; vgl. Chambre séparée

separieren [über *fr.* séparer aus gleichbed. *lat.* sēparāre]: absondern, ausschließen

sẹpia [zu → Sepia (2)]: graubraunschwarz. **Sẹpia** u. **Sẹpie** [...*iᵉ*] *die*; -, ...ien [...*iᵉn*]: 1. Tintenfisch (ein zehnarmiger Kopffüßer). 2. (ohne Plural) aus dem Drüsensekret des Tintenfischs hergestellter Farbstoff

Sẹpsis [aus *gr.* sēpsis „Fäulnis"] *die*; -, ...sen: Blutvergiftung (Med.)

Sẹpt *die*; -, -en: = Septime. **Sept.** = September. **Sẹpt|akkord** vgl. Septimenakkord. **Sẹpte** *die*; -, -n: = Septime

Septẹmber [aus gleichbed. *lat.* mēnsis September, zu septem „sieben"; vgl. Dezember] *der*; -[s], -: neunter Monat im Jahr, Herbstmond; Abk.: Sept.

Septenạr [aus gleichbed. *lat.* septēnārius zu septēni „je sieben"] *der*; -s, -e: ein lat. Versmaß, das dem griech. → Tetrameter entspricht (antike Metrik)

Septẹtt [relatinisiert aus gleichbed. *it.* settetto zu sette, *lat.* septem „sieben"] *das*; -[e]s, -e: (Mus.) 1. Komposition für 7 Instrumente od. 7 Gesangsstimmen. 2. Vereinigung von sieben Instrumental- od. Vokalsolisten (Mus.)

Septịm [aus gleichbed. *mlat.* septima (vōx) „siebter Ton" zu *lat.* septimus „der siebte"] *die*; -, -en: (österr.) Septime. **Septịme** *die*; -, -n: der 7. Ton der diatonischen Tonleiter, das Intervall der 7. Stufe (Mus.). **Septịmenakkord** u. Sẹpt|akkord *der*; -[e]s, -e: Akkord aus Grundton, → Terz, → Quint u. Septime od. aus drei übereinandergebauten Terzen (mit Septime; Mus.)

Sẹptima [aus *lat.* septima „die siebte" zu septem „sieben"] *die*; -, ...men: (österr.) die siebte Klasse des Gymnasiums. **Septimạner** *der*; Schüler einer Septima

sẹptisch [nach *gr.* sēptikós „Fäulnis bewirkend" zu sēpsis „Fäulnis"]: (Med.) 1. die Sepsis betreffend, mit Sepsis verbunden. 2. nicht keimfrei, mit Keimen behaftet; Ggs. → aseptisch (a)

Septuagẹsima [aus gleichbed. *mlat.* septuagēsima, eigtl. „der siebzigste Tag (vor Ostern)"] *die*; -: neunter Sonntag vor Ostern

Septuaginta [zu *lat.* septuāginta „siebzig"; nach der Legende von 72 Gelehrten verfaßt] *die*; -: die älteste u. wichtigste griech. Übersetzung des Alten Testaments; Zeichen: LXX

seq. = sequens. **seqq.** = sequentes. **sequens** [aus *lat.* sequēns, Gen. sequentis, Part. Präs. von sequi „folgen"]: (veraltet) folgend; Abk.: seq., sq. **sequentes**: (veraltet) folgende, die folgenden (Seiten); Abk.: seqq., sqq., ss.; vgl. vivant sequentes. **Sequenz** [aus *lat.* sequentia „Folge, Reihenfolge"] *die*; -, -en: 1. Aufeinanderfolge, Reihe. 2. hymnusähnlicher Gesang in der mittelalterichen Liturgie. 3. Wiederholung eines musikalischen Motivs auf höherer od. tieferer Tonstufe (Mus.). 4. aus einer unmittelbaren Folge von Einstellungen gestaltete, kleinere filmische Handlungseinheit (Film). 5. eine Serie aufeinanderfolgender Karten gleicher Farbe (Kartenspiel). **sequenzieren**: eine Sequenz (3) durchführen

Serail [*...rai*, auch: *...rail*; aus *fr.* sérail, dies über *it.* serraglio u. *türk.* saray aus *pers.* särāj „Palast"] *das*; -s, -s: a) Palast des Sultans; b) orientalisches Fürstenschloß

Seraph [über *lat.* seraphīm (Plural) aus *hebr.* sārāph, Plural serāphīm, eigtl. „die Verbrennenden, Läuternden", zu *hebr.* sāraph „verbrennen"] *der*; -s, -e u. -im: Engel des Alten Testaments mit sechs Flügeln [in Gestalt einer Schlange]. **seraphisch**: a) zu den Engeln gehörend; b) engelgleich; c) verzückt

Seren: *Plural* von → Serum

Serenade [über *fr.* sérénade aus gleichbed. *it.* serenata, eigtl. „heiterer Himmel", zu *it.* sereno, *lat.* serenus „heiter", aber nach *it.* sera „Abend" umgedeutet] *die*; -, -n: (Mus.) a) instrumentale od. vokale Abendmusik; b) Ständchen

Serenissimus [aus *lat.* serēnissimus, Superlativ von serēnus „heiter, hell, klar", als Titel römischer Kaiser Serenus „der Durchlauchtige"] *der*; -, ...mi: (veraltet) a) Titel eines regierenden Fürsten (Durchlaucht); b) (scherzh.) Fürst eines Kleinstaates

Serge u. Sersche [*ßärsch*; aus gleichbed. *fr.* serge zu *lat.* sēricus, *gr.* sērikós „seiden", nach dem Namen des alten ostasiat. Volksstammes der Serer] *die* (österr. auch: *der*); -, -n [*...sch^{e}n*]: Sammelbezeichnung für Gewebe in Köperbindung (einer bestimmten Webart), bes. für Futterstoffe

Sergeant [*ßärschant*, engl. Ausspr.: *ßadsch^{e}nt*; aus gleichbed. *fr.* sergent (bzw. *engl.* sergeant), älter auch „Gerichtsdiener", dies aus *lat.* serviēns, Gen. servientis „Dienender"; vgl. servieren] *der*; -en, -en (bei engl. Ausspr.: -s, -s): Unteroffiziersdienstgrad

Seria [zu *it.* serio „ernst", vgl. serio] *die*; -: = Opera seria (vgl. Opera)

Serie [*...i^{e}*; aus *lat.* seriēs „Reihe, Reihenfolge" zu serere „fügen, reihen"] *die*; -, -n: a) Reihe bestimmter gleichartiger Dinge od. Geschehnisse, Folge; b) mehrteilige Fernseh- od. Radiosendung; in - gehen: a) in einer Fernseh- od. Filmserie eine [Haupt]rolle spielen; b) in großen Mengen produziert werden (von Gebrauchsgütern). **seriell**: 1. eine Reihentechnik verwendend, die vorgegebene, konstruierte Tonreihen zugrunde legt und die Komposition darauf aufbaut (von einer Sonderform der Zwölftonmusik; Mus.). 2. in Serie herstellbar, erscheinend

serio [aus gleichbed. *it.* serio, dies aus *lat.* sērius „ernsthaft"]: ernst, schwer, nachdenklich (Mus.)

seriös [über gleichbed. *fr.* sérieux aus *mlat.* sēriōsus zu *lat.* sērius „ernsthaft"]: a) ernsthaft, ernstgemeint; b) gediegen, anständig; würdig; c) glaubwürdig; [gesetzlich] zulässig, erlaubt. **Seriosität** *die*; -: Ernsthaftigkeit, Würdigkeit

Sermon [auch: *sär...*; unter Einfluß von gleichbed. *fr.* sermon aus *lat.* sermo, Gen. sermōnis „Gespräch, Vortrag"] *der*; -s, -e: 1. (veraltet) Rede, Gespräch, Predigt. 2. (ugs.) a) Redeschwall; langweiliges Geschwätz; lange, inhaltsleere Rede; b) Strafpredigt

serös [zu → Serum]: (Med.) a) aus Serum bestehend, mit Serum vermischt; b) Serum absondernd

Serpentin [zu *lat.* serpēns, Gen. serpentis „Schlange"] *der*; -s, -e: ein Mineral, Schmuckstein

Serpentine [zu *spätlat.* serpentīnus „schlangenartig"; vgl. Serpentin] *die*; -, -n: a) Schlangenlinie, in Schlangenlinie ansteigender Weg an Berghängen; b) Windung, Kehre, Kehrschleife

Serradella u. **Serradelle** [auch gleichbed. *port.* serradela, dies aus *lat.* serrātula „die Gezackte" zu serra „Säge"] *die*; -, ...llen: mitteleuropäische Futter- u. Gründüngungspflanze (Schmetterlingsblütler)

Sersche vgl. Serge

Serum [aus *lat.* serum „wäßriger Teil der geronnenen Milch, Molken"] *das*; -s, Sera u. Seren: 1. (Med.) a) der flüssige, hauptsächlich Eiweißkörper enthaltende, nicht mehr gerinnbare Anteil des Blutplasmas; b) mit Immunkörpern angereichertes, als Impfstoff verwendetes Blutserum

Serval [*...wal*; aus gleichbed. *fr.* serval, dies aus *port.* cerval „Luchs", eigtl. „Hirschkatze", zu *lat.* cervus „Hirsch"] *der*; -s, -e u. -s: katzenartiges afrik. Raubtier

Servela [*...w^{e}...*] u. Serwela [aus *fr.* cervelas, s. Zervelatwurst] *die* od. *der*; -, -s (schweiz.: -): 1. (landsch., bes. schweiz.) Zervelatwurst. 2. (landsch.) kleine Fleischwurst

Servelatwurst vgl. Zervelatwurst

¹Service [*...wiß*, landsch. auch: *...wi*; aus gleichbed. *fr.* service, eigtl. „Dienstleistung", vgl. ²Service u. servieren] *das*; - [*...wiß*] u. -s [*...wiß^{e}ß*] - [*...wiß* od. *...wiß^{e}*]: zusammengehörender Geschirr- od. Gläsersatz.

²Service [*ßö^{r}wiß*; aus *engl.* service „Dienst, Bedienung", dies über *altfr.* service aus *lat.* servitium „Sklavendienst" zu servire „dienen"] *der* od. *das*; -, -s [*...wiß* od. *.......wißis*, auch: *...ßiß*]: 1. Bedienung, Kundendienst, Kundenbetreuung. 2. Aufschlag[ball] im Tennis

servieren [*...wir^{e}n*; über *fr.* servir „dienen, bei Tisch bedienen" aus *lat.* servīre „Sklave sein, dienen" zu servus „Sklave"]: 1. bei Tisch bedienen, auftragen. 2. (Sport) a) den Ball aufschlagen (Tennis); b) einem Mitspieler den Ball [zum Torschuß] genau vorlegen (z. B. beim Fußball). 3. (ugs., abwertend) [etwas Unangenehmes] vortragen, erklären, darstellen. **Serviererin** *die*; -, -nen: weibliche Bedienung in einer Gaststätte. **Serviertochter** *die*; -, ...töchter: (schweiz.) Kellnerin

Serviette [aus *fr.* serviette „Tellertuch, Handtuch" zu servir „bei Tisch auftragen", s. servieren] *die*; -, -n: Stoff- od. Papiertuch zum Säubern des Mundes während od. nach dem Essen

servil [aus gleichbed. *lat.* servīlis zu servus „Sklave"]: (abwertend) unterwürfig, kriechend, knechtisch. **Servilität** *die*; -, -en: (abwertend) (ohne Plural) unterwürfige Gesinnung

Servobremse [zu *lat.* servus „Diener"] *die*; -, -n: eine Bremse mit einem Bremskraftverstärker. **Servolenkung** *die*; -, -en: Lenkung für Autos u. Lastwagen, bei der die Betätigungskraft hydraulisch unterstützt wird

Servus! [aus *lat.* servus „(dein) Diener!"]: (österr.) unter Freunden verwendeter Gruß beim Abschied od. zur Begrüßung

Sesam [über *lat.* sēsamum aus gleichbed. *gr.* sésamon (semit. Wort)] *der*; -s, -s: a) in Indien u. Afrika beheimatete Ölpflanze mit fingerhutartigen Blüten u. Fruchtkapseln; b) Samen der Sesampflanze; -, öffne dich!: scherzh. Ausruf, wenn sich etwas öffnen soll od. man etwas erreichen will (nach der Zauberformel zur Schatzgewinnung in dem Märchen „Ali Baba u. die 40 Räuber" aus „Tausendundeiner Nacht")

[1]**Session** [aus gleichbed. *lat.* sessio, zu sedēre „sitzen"] *die*; -, -en: Sitzung[szeit, -sdauer] (z. B. eines Parlaments). [2]**Session** [*ßäschen*; wohl gekürzt aus → Jam Session] *die*; -, -s: musikalische Großveranstaltung (bes. von Jazzkonzerten)

Sesterz [aus *lat.* sēstertius (für *sēmis-tertius „drittehalb")] *der*; -es, -e: eine antike römische Münze ($1^1/_2$ As, vgl. [2]As)

Set [*ßät*; aus gleichbed. *engl.* set zu to set „setzen"] *das* od. *der*; -[s], -s: 1. Satz zusammengehörender, meist gleichartiger Dinge. 2. (meist Plural) Platzdeckchen für ein Gedeck an Stelle einer Tischdecke

Setter [*ßäter*; aus gleichbed. *engl.* setter zu to set „vorstehen" (d. h. „vor aufgespürtem Wild stehenbleiben")] *der*; -s, -: langhaariger engl. Jagd- u. Haushund

Sex [auch: *ßäx*; aus gleichbed. *engl.* sex, dies aus *lat.* sexus „Geschlecht"] *der*; -[es]: 1. Geschlechtlichkeit, Sexualität [in ihren durch Kommunikationsmittel (z. B. Film, Zeitschriften) verbreiteten Erscheinungsformen]. 2. Geschlechtsverkehr. 3. Geschlecht, Sexus. 4. = Sex-Appeal

Sexagesima [aus gleichbed. *mlat.* sexagēsima, eigtl. „der sechzigste Tag (vor Ostern)"] *die*; -: achter Sonntag vor Ostern. **sexagesimal**: auf das Sexagesimalsystem bezogen, das Sexagesimalsystem verwendend. **Sexagesimalsystem** *das*; -s: Zahlensystem, das auf der Basis 60 aufgebaut ist; vgl. Dezimalsystem. **Sexagon** *das*; -s, -e: Sechseck

Sex and Crime [*ßäx end kraim*; aus gleichbed. *engl.* sex and crime, zu crime „Verbrechen"]: Kennzeichnung von Filmen (seltener von Zeitschriften) mit ausgeprägter sexueller u. krimineller Komponente. **Sex-Appeal** [*ßäxepil*; aus gleichbed. *engl.-amerik.* sex appeal, zu appeal „Anziehungskraft, Reiz"] *der*; -s: starke erotische Anziehungskraft (bes. einer Frau)

Sext *die*; -, -en: vgl. Sexte. **Sext|akkord** *der*; -[e]s, -e: erste Umkehrung des Dreiklangs mit der Terz im Baß (Mus.). **Sexte** u. Sext [aus *mlat.* sexta (vōx) „sechster Ton" zu *lat.* sextus „sechster"] *die*; -, ...ten: der 6. Ton der diatonischen Tonleiter; sechsstufiges Intervall (Mus.)

Sexta [aus *nlat.* sexta classis „sechste Klasse"] *die*; -, Sexten: die erste Klasse einer höheren Schule. **Sextaner** *der*; -s, -: Schüler einer Sexta

Sextant [aus *nlat.* sextans, Gen. sextantis „sechster Teil" (nach dem als Meßskala benutzten Sechstelkreis)] *der*; -en, -en: ein Instrument zum Freihandmessen von Winkeln (Gestirnshöhen) für die Bestimmung von Ort u. Zeit (bes. auf See)

Sextett [relatinisiert aus gleichbed. *it.* sestetto zu sei, *lat.* sex „sechs"] *das*; -s, -e: a) Komposition für sechs solistische Instrumente od. (selten) für sechs Solostimmen; b) Vereinigung von sechs Instrumentalsolisten

Sextillion [zu *lat.* sexta „sechste (Potenz)" u. → Million] *die*; -, -en: sechste Potenz einer Million (10^{36} = 1 Million Quintillionen)

sexual [aus *lat.* sexuālis „zum Geschlecht gehörend"; vgl. Sex]: = sexuell; vgl. ...al/...ell. **sexual...**, **Sexual...**: in Zusammensetzungen auftretendes Bestimmungswort mit der Bedeutung „auf den Bereich der Sexualität u. das Geschlecht[sleben] bezogen". **Sexualethik** *die*; -: Teil der [religiösen] Ethik, die das Geschlechtsleben im Verhältnis zu den Erfordernissen der Sitte u. Sittlichkeit erforscht. **sexualisieren**: (abwertend) in bestimmten Bereichen des Lebens od. der Gesellschaft die Sexualität überbetonen. **Sexualität** *die*; -: Geschlechtlichkeit, Gesamtheit der im Sexus begründeten Lebensäußerungen. **Sexualneurose** *die*; -, -n: schwerer seelischer Konflikt, der auf Störungen od. Unstimmigkeiten im sexuellen Erleben zurückgeht (Med.; Psychol.). **Sexualorgan** *das*; -s, -e: Geschlechtsorgan. **sexuell** [über *fr.* sexuel aus gleichbed. *lat.* sexuālis]: geschlechtlich, auf das Geschlecht[sleben] bezogen; vgl. ...al/...ell. **Sex und Crime** [- - *kraim*] vgl. Sex and Crime. **Sexus** [aus *lat.* sexus „Geschlecht"] *der*; -, - [*säxuß*]: a) Geschlecht; b) der auf Fortpflanzung u. Arterhaltung gerichtete Teil des Trieblebens (Psychol.). **sexy** [auch: *ßäxi*; aus gleichbed. *engl.* sexy; vgl. Sex]: (ugs.) Sex-Appeal besitzend, von starkem sexuellem Reiz; erotisch-attraktiv

Seychellennuß [*seschäl...*; nach der Inselgruppe der Seychellen im Indischen Ozean] *die*; -, ...nüsse: Frucht der Seychellenpalme

sezernieren [aus *lat.* sēcernere „absondern, ausscheiden"]: ein Sekret absondern (z. B. von Drüsen od. offenen Wunden; Med.)

Sezession [aus *lat.* secessio bzw. *engl.* secession „Absonderung, Trennung"] *die*; -: 1. Zusammenschluß von Künstlern, die sich von einer offiziellen Künstlervereinigung getrennt haben. 2. (hist.) der Abfall der amerik. Südstaaten, der zum Sezessionskrieg (1861–65) führte. **Sezessionist** *der*; -en, -en: 1. Mitglied einer Sezession (1). 2. (hist.) Angehöriger der abgefallenen amerik. Südstaaten. **sezessionistisch**: a) die Sezession betreffend; b) der Sezession angehörend

sezieren [aus *lat.* secāre „schneiden, zerschneiden, zerlegen"]: [eine Leiche] öffnen, anatomisch zerlegen (Anat.)

sf = sforzando, sforzato. **sforzando** u. sforzato [aus *it.* sforzando „verstärkend", sforzato „verstärkt" zu sforzare „anstrengen, verstärken, forcieren"]: verstärkt, hervorgehoben, plötzlich betont (Vortragsanweisung für Einzeltöne od. -akkorde); Abk.: sf, sfz (Mus.). **Sforzando** *das*; -s, -s u. ...di u. Sforzato *das*; -s, -s u. ...ti: plötzliche Betonung eines Tones od. Akkordes (Mus.). **sforzato** vgl. sforzando. **Sforzato** vgl. Sforzando

sfumato [aus gleichbed. *it.* sfumato zu sfumare „abtönen", dies zu fumo aus *lat.* fūmus „Rauch"]: duftig, mit verschwimmenden, unscharfen Umrissen gemalt

sfz = sforzando, sforzato

Sgraffito [zu *it.* sgraffiare „kratzen", sgraffio „Kratzeisen"] *das*; -s, -s u. ...ti: Fassadenmalerei, bei der die Zeichnung in die noch feuchte helle Putzschicht bis auf die darunterliegende dunkle Grundierung eingeritzt wird (bes. in der ital. Renaissance verwendete, in der Gegenwart wieder aufgenommene Technik)

sh = Shilling

Shag [*schäg*, meist: *schäk*; aus gleichbed. *engl.* shag, eigtl. „Zottel"] *der*; -s, -s: feingeschnittener Pfeifentabak

[1]**Shake** [*sche'k*; aus gleichbed. *engl.* shake zu to shake „schütteln"] *das*; -s, -s: (Jazz) a) bes. von Trompete u. Posaune geblasenes, heftiges → Vibrato über einer einzelnen Note; b) besondere Betonung einer Note. [2]**Shake** [aus *amerik.* ugs. shake zu to shake „schütteln"] *der*; -s, -s: Mixgetränk

Shakehands [*sche'khänds*; aus gleichbed. *engl.* shakehands] *das*; -, - (meist Plural): Händedruck, Händeschütteln

Shaker [*sche'k^er*; aus gleichbed. *engl.* shaker zu to shake „schütteln"] *der*; -s, -: Mixbecher, bes. für alkoholische Getränke

Shampoo [*schampu*, auch: *...po* od. bei engl. Ausspr.: *schämpu*] u. **Shampoon** [*schampon*, auch: *schämpun*], (eindeutschend auch:) Schampon u. Schampun [aus gleichbed. *engl.* shampoo zu to shampoo „das Haar waschen", eigtl. „massieren", dies aus *Hindi* chhāmpō „knete!", Imperativ von chhāmpnā „(die Muskeln) kneten u. pressen"] *das*; -s, -s: Haarwaschmittel

Shanty [*schänti*, auch: *schanti*; aus gleichbed. *engl.* shanty, chantey zu *fr.* chanter „singen" aus *lat.* cantāre] *das*; -s, -s u. ...ties [*schäntis*, auch: *...tiß*]: Seemannslied

sharp [*scha'p*; aus *engl.* sharp zu sharp „scharf, hoch (im Klang)"]: engl. Bezeichnung für: Erhöhungskreuz (♯) im Notensatz (z. B. G sharp = Gis; Mus.)

Sheriff [*schä...*; aus gleichbed. *engl.* sheriff, dies aus *aengl.* scīrgerēfa „Grafschaftsvogt"] *der*; -s, -s: 1. hoher Verwaltungsbeamter in einer engl. od. ir. Grafschaft. 2. oberster, gewählter Vollzugsbeamter einer amerik. Stadt mit begrenzten richterlichen Aufgaben

Sherpa [*sch...*; aus gleichbed. *engl.* sherpa (tibetischer Volksname)] *der*; -s, -s: 1. als Lastträger bei Expeditionen im Himalajagebiet arbeitender Angehöriger eines tibet. Volksstamms. 2. Lastträger

Sherry [*schäri*; über *engl.* sherry aus gleichbed. *span.* jerez, zum Namen der span. Stadt Jerez de la Frontera (*cheräß de la frontera*)] *der*; -s, -s: ein span. Südwein

Shetland [*schät...*, engl. Ausspr.: *schätl^end*; nach den schottischen Shetlandinseln] *der*; -[s], -s: ein graumelierter Wollstoff in Tuch- od. Köperbindung (einer bestimmten Webart). **Shetlandpony** [*schät...poni*] *das*; -s, -s: Kleinpferd von den Shetland- u. Orkneyinseln

Shilling [*schil...*; aus *engl.* shilling] *der*; -s, -s (aber: 10 Shilling): bis 1971 im Umlauf befindliche englische Münze (= $^1/_{20}$ Pfund Sterling); Abk.: s od. sh

Shimmy [*schimi*; aus gleichbed. *engl.-amerik.* shimmy] *der*; -s, -s: Gesellschaftstanz der 20er Jahre im $^2/_2$- od. $^2/_4$-Takt

Shirt [*schö'rt*; aus gleichbed. *engl.* shirt] *das*; -[s], -s: [kurzärmeliges] Baumwollhemd

shocking [aus gleichbed. *engl.* shocking; vgl. schokieren]: anstößig; peinlich

Shooting-Star [*schu...ßta'*; aus gleichbed. *engl.* shooting star, eigtl. Sternschnuppe] *der*; -s, -s: jmd., der schnell an die Spitze (z. B. im Schlagergeschäft) gelangt; Senkrechtstarter

Shop [*schop*; aus gleichbed. *engl.* shop] *der*; -s, -s: Laden, Geschäft. **...shop**: in Zusammensetzungen auftretendes Grundwort mit der Bedeutung „-laden, -verkaufsraum", z. B. Postershop. **Shopping** [aus gleichbed. *engl.* shopping zu shop „Laden"] *das*; -s, -s: Einkaufsbummel. **Shopping-Center** [*schopingßänt^er*] *das*; -s, -: Einkaufszentrum

Shorts [*schortß*; aus gleichbed. *engl.* shorts (Plural), eigtl. „Kurze"] *die* (Plural): kurze, sportliche Hose für Damen oder Herren. **Shorty** [*schorti*; aus *engl.* ugs. shorty „kleines kurzes Ding"] *das* (auch: *der*); -s, -s (auch: ...ties) [*...tis*, auch: *...tiß*]: Damenschlafanzug mit kurzer Hose

Short story [*scho'rt ßtori*; aus *engl.-amerik.* short story] *die*; - -, - stories [- *...ris*, auch: *...riß*]: angelsächs. Bez. für: Kurzgeschichte, → Novelle (1)

Shouting [*schauting*; aus gleichbed. *engl.-amerik.* shouting zu to shout „rufen, schreien"] *das*; -s: aus [kultischen] Negergesängen entwickelter Gesangsstil des Jazz mit starker Tendenz zu abgehacktem Rufen od. Schreien

Show [*scho^u*; aus gleichbed. *engl.-amerik.* show zu to show „zeigen"] *die*; -, -s: bunte, aufwendig inszenierte [musikalische] Unterhaltungssendung. **Showbusineß** [*scho^ubisniß*; aus gleichbed. *engl.-amerik.* show business; vgl. Busineß] *das*; -: Vergnügungs-, Unterhaltungsbranche; Schaugeschäft. **Showmaster** [*schö^umaßt^er*; dt. Bildung aus engl. *show* u. *master*] *der*; -s, -: Unterhaltungskünstler, der eine → Show arrangiert u. präsentiert

Shredder [*sch...*] vgl. Schredder

Shrimps [*sch...*; aus gleichbed. *engl.* shrimps (Plural)] *die* (Plural): Garnelen, Krabben

Shunt [*schant*; aus gleichbed. *engl.* shunt zu to shunt „beiseite schieben, nebenschließen"] *der*; -s, -s: elektrischer Nebenschlußwiderstand (Phys.). **shunten** [aus gleichbed. *engl.* to shunt]: in elektrischen Geräten durch Parallelschaltung eines Widerstandes die Stromstärke regeln

si [*ßi*; *it.*]: Silbe, auf die man den Ton h singen kann; vgl. Solmisation

Si: chem. Zeichen für: Silicium

Sial [Kurzw. aus: → *Si*licium u. → *Al*uminium] *das*; -[s]: oberste Schicht der Erdkruste (Geol.)

Sibilant [aus *lat.* sibilāns, Gen. sibilantis, Part. Präs. von sibilāre „zischen"] *der*; -en, -en: Zischlaut, Reibelaut (z. B. s; Sprachw.)

Sibylle [aus *gr.-lat.* Síbylla (urspr. Eigenname)] *die*; -, -n: weissagende Frau, Wahrsagerin. **sibyllinisch**: geheimnisvoll, rätselhaft; Sibyllinische Bücher: auf die sagenhafte Sibylle von Cumae [*kumä*] in Kampanien zurückgehende Weissagungsbücher des altröm. Staates

sic! [*sik* od. *sik*; aus gleichbed. *lat.* sīc]: so, ebenso; wirklich so! (mit Bezug auf etwas Vorangegangenes, das in dieser [falschen] Form gelesen od. gehört worden ist)

Siciliano [*ßitschi...*, auch: *si...*; nach gleichbed. *it.* siciliana zu Sicilia = Sizilien] *der*; -s, -s u. ...ni: alter sizilianischer Volkstanz im $^6/_8$- od. $^{12}/_8$-Takt mit punktiertem Grundrhythmus u. von ruhigem, einfachem Charakter (in der Barockmusik oft als → Pastorale in Opern, Oratorien, Sonaten u. Konzerten). **Sicilienne** [*ßißiljän*; aus *fr.* sicilienne] *die*; -, -s: franz. Bezeichnung für: Siciliano

sic transit gloria mundi [*sik* - - -; *lat.*]: „so vergeht die Herrlichket der Welt" (Zuruf an den neuen Papst beim Einzug zur Krönung, wobei symbolisch ein Büschel Werg verbrannt wird)

Sideboard [*ßaidbo'd*; aus gleichbed. *engl.* sideboard, eigtl. „Seitenbrett"] *das*; -s, -s: Anrichte, Büfett (1)

siderisch [nach gleichbed. *lat.* sidereus zu sidus „Gestirn, Stern(bild)"]: auf die Sterne bezogen; Stern...; Siderisches Pendel: Metallring oder -kugel an dünnem Faden (Haar) zum angeblichen Nachweis von Wasser, Erz u. a. (Parapsychologie)

Siderit [zu *gr.* sídēros „Eisen"] *der*; -s, -e: 1. karbonatisches Eisenerz. 2. → Meteorit aus reinem Eisen. **Siderolith** [vgl. ...lith] *der*; -s u. -en, -e[n]: Eisensteinmeteorit

Siderosphäre *die*; -: = Nife

siena [*ß*...; *it.*; nach der ital. Stadt Siena]: rotbraun. **Siena** *das*; -s: ein rotbrauner Farbton

Siesta [*ß*...; aus gleichbed. *span.* siesta, dies aus *lat.* (hora) sexta „sechste (Stunde nach Sonnenaufgang), Mittagszeit"] *die*; -, -s: Ruhepause [nach dem Mittagessen]

Sifflöte [umgedeutet aus *fr.* sifflet „kleine Pfeife", dies zu *lat.* sībilāre „zischen, pfeifen"] *die*; -, -n: hohe Orgelstimme

Sigel [zu gleichbed. *spätlat.* sigla (Plural), Kurzform für sigilla „die Zeichen"] *das*; -s, - u. Si|gle [*sigl*; aus gleichbed. *fr.* sigle, dies aus *spätlat.* sigla] *die*; -, -n: festgelegtes Abkürzungszeichen für Silben, Wörter od. Wortgruppen

Sightseeing [*ßáitßiing*; aus gleichbed. *engl.* sightseeing zu sight „Sehenswürdigkeit" u. to see „ansehen"] *das*; -: Besichtigung von Sehenswürdigkeiten. **Sightseeing-Tour** [...*tur*] *die*; -, -en: Stadtrundfahrt, Fahrt mit einem Bus zur Besichtigung von Sehenswürdigkeiten

Sigma [aus *gr.* sígma] *das*; -[s], -s: griech. Buchstabe: Σ, σ, ς (= s)

sign. = signatum

Si|gnal [aus gleichbed. *fr.* signal, dies aus *spätlat.* sīgnāle, Subst. Neutr. von sīgnalis „bestimmt, ein Zeichen zu geben"; vgl. Signum] *das*; -s, -e: 1. optisches od. akustisches Zeichen mit festgelegter Bedeutung. 2. [Warn]zeichen; Startzeichen, Anstoß. **Si|gnalement** [...*mang*, schweiz. auch: ...*mänt*; aus gleichbed. *fr.* signalement zu signaler „signalisieren, kurz beschreiben"] *das*; -s, -s (schweiz. auch: -e): Personenbeschreibung, Kennzeichnung (z. B. in einem Personalausweis od. einer Vermißtenanzeige; Kriminalistik). **si|gnalisieren** [französierende Bildung]: 1. deutlich, aufmerksam machen, ein Signal geben. 2. etwas ankündigen. 3. benachrichtigen, warnen

Si|gnatarmacht [zu *lat.* sīgnāre (Part. Perf. sīgnātum) „mit einem Zeichen versehen, besiegeln"; vgl. signieren] *die*; -, ...mächte: der einen [internationalen] Vertrag unterzeichnende Staat. **si|gnatum** [*lat.*]: unterzeichnet; Abk.: sign. **Si|gnatur** [aus *mlat.* sīgnatūra „Siegelzeichen, Unterschrift" zu *lat.* sīgnāre „besiegeln"; vgl. signieren] *die*; -, -en: 1. Kurzzeichen als Auf- od. Unterschrift, Namenszug. 2. Kennzeichen auf Gegenständen aller Art, bes. beim Versand. 3. der Name (auch abgekürzt) od. das Zeichen des Künstlers auf seinem Werk. 4. Nummer (meist in Verbindung mit Buchstaben) des Buches, unter der es im Magazin der Bibliothek zu finden ist u. die im Katalog hinter dem betreffenden Buchtitel vermerkt ist. 5. Ziffer od. Buchstabe zur Bezeichnung der Reihenfolge der Bogen einer Druckschrift (Bogennummer). **signieren** [aus *lat.* sīgnāre „mit einem Zeichen versehen, besiegeln" zu sīgnum „Zeichen"]: a) mit einer Signatur versehen; b) unterzeichnen, abzeichnen. **si|gnifikant** [aus *lat.* sīgnificāns, Gen. sīgnificantis „bezeichnend, treffend, deutlich", Part. Präs. von sīgnificāre]: 1. a) wichtig, bedeutsam, wesentlich; b) typisch. 2. = signifikativ. **Si|gnifikanz** *die*; -: Bedeutsamkeit, Wesentlichkeit. **si|gnifikativ**: wichtig, bedeutsam

Si|gnor [*ßinjor*] u. Si|gnore [...*jor*^e; aus *it.* signor(e), dies aus *lat.* senior „der Ältere"; vgl. Senior] *der*; -, ...ri: ital. Bezeichnung für: Herr. **Si|gnora** [aus *it.* signora, Fem. zu signore] *die*; -, ...re u. -s: ital. Bezeichnung für: Frau. **Si|gnore**: vgl. Signor. **Si|gnoria** [...*joria*] u. **Si|gnorie** [...*jori*; aus gleichbed. *it.* signoria, eigtl. „Herrschaft"] *die*; -, ...ien: die höchste [leitende] Behörde der ital. Stadtstaaten (bes. der Rat in Florenz). **Si|gnorina** [aus *it.* signorina, Verkleinerungsform zu signora] *die*; -, -s (auch: ...ne): ital. Bezeichnung für: Fräulein. **Si|gnorino** [aus *it.* signorino, Verkleinerungsform zu signore] *der*; -, -s (auch: ...ni): ital. Bezeichnung für: junger Herr

Si|gnum [aus *lat.* sīgnum „Zeichen, Kennzeichen"] *das*; -s, Signa: verkürzte Unterschrift; Bezeichnung

Sikahirsch [zu gleichbed. *jap.* shika] *der*; -s, -e: ein in Japan u. China vorkommender Hirsch

Sikkativ [aus *lat.* siccatīvus „trocknend" zu siccāre „trocknen"] *das*; -s, -e [...*w*^e]: Trockenstoff, der Druckfarben, Ölfarben u. a. zugesetzt wird. **sikkativieren** [...*wir*^e*n*]: Sikkativ zusetzen

Silan [Kunstw. aus: → *Sil*ikone u. → Meth*an*] *das*; -s, -e: Siliciumwasserstoff

Sild [aus *norw.* sild „Hering"] *der*; -[e]s, -[e]: in schmackhafte Tunke eingelegter Hering

Silen [über *lat.* Sīlēnus aus *gr.* Seilēnós] *der*; -s, -e: zweibeiniges Fabelwesen der griech. Sage mit menschlichem Oberkörper u. Pferdeleib

Silentium [...*zium*; aus *lat.* silentium „Schweigen" zu silēre „still sein"] *das*; -s: (Studentenspr.) Ruhe

Silhouette [*siluät*^e; aus gleichbed. *fr.* silhouette, kurz für: portrait à la silhouette „schlecht gemachtes Porträt" (spöttisch nach dem franz. Finanzminister E. de Silhouette, 1759)] *die*; -, -n: Schattenriß, -bild; Scherenschnitt. **silhouettieren** [aus gleichbed. *fr.* silhouetter]: im Schattenriß zeichnen od. schneiden

Silicat [...*kat*] vgl. Silikat. **Silicid** [...*zit*] u. Silizid [zu → Silicium u. → ...id] *das*; -[e]s, -e: Verbindung von Silicium mit einem Metall. **Silicium** [...*iz*...] u. Silizium [zu *lat.* silex „Kiesel"] *das*; -s: chem. Grundstoff, Nichtmetall; Zeichen: Si

Silifikation [...*zion*; zu *lat.* silex „Kiesel" u. → ...fizieren] *die*; -, -en: Verkieselung. **silifizieren**: verkieseln (von Gesteinen u. Versteinerungen). **Silikat**, (chem. fachspr.:) Silicat [...*kat*; zu *lat.* silex „Kiesel" u. → ...at] *das*; -[e]s, -e: Salz der Kieselsäure. **silikatisch**: reich an Kieselsäure. **Silikone** *die* (Plural): siliciumhaltige Kunststoffe von großer Wärme- u. Wasserbeständigkeit. **Silizid** vgl. Silicid. **Silizium** vgl. Silicium

Sill [aus *schwed.* sill „Hering"] *der*; -s, -e: = Sild

Silo [aus *span.* silo „Getreidegrube"] *der* (auch: *das*); -s, -s: a) Großspeicher (für Getreide, Erz u. a.); b) Gärfutterbehälter; c) (abwertend) ein für den Zweck ungewöhnlich großes, unpersönlich wirkendes u. eigentlich zu großes Gebäude

Silur [nach dem vorkeltischen Volksstamm der Silurer] *das*; -s: erdgeschichtliche Formation des → Paläozoikums (Geol.). **silurisch**: a) das Silur betreffend; b) im Silur entstanden

Silvester [...*wäß*...; nach dem Tagesheiligen des 31. Dezember, dem Papst Silvester I., 314–335] *das*; -s, -: der letzte Tag des Jahres (31. Dezember)

¹**Sima** [aus gleichbed. *lat.* sīma] *die*; -, -s u. ...men: Traufleiste antiker Tempel

²**Sima** [Kurzw. aus: → *Si*licium u. → *Ma*gnesium] *das*; -[s]: unterer Teil der Erdkruste (Geol.)

simile [aus *it.* simile „ähnlich", dies aus gleichbed. *lat.* similis]: ähnlich, auf ähnliche Weise weiter, ebenso (Mus.). **Simili** [aus *it.* simili „die Ähnlichen", vgl. simile] *das* od. *der*; -s, -s: Nachahmung, bes. von Edelsteinen (Similisteine). **similia similibus** [*lat.*]: „Gleiches [wird] durch Gleiches [geheilt]" (ein Grundgedanke des Volksglaubens, bes. in der Volksmedizin)

simpel [aus *fr.* simple „einfach", dies aus gleichbed. *lat.* simplex, Gen. simplicis]: 1. a) einfach; b) einfältig. 2. (ugs.) gewöhnlich. **Simpel** *der*; -s, -: (landsch., ugs.) 1. einfältiger Mensch, Dummkopf. 2. Eingebildeter. **Sim|plex** [aus *lat.* simplex, s. simpel] *das*; -, -e u. Simplizia: einfaches, nicht zusammengesetzes Wort (z. B. Arbeit; Sprachw.); Ggs. → Kompositum. **Sim|plifikation** [...*zion*; zu → simplifizieren] *die*; -, -en: = Simplifizierung; vgl. ...ation/...ierung. **sim|plifizieren** [aus gleichbed. *mlat.* simplificāre, dies aus *lat.* simplex, s. simpel u. → ...fizieren]: a) etwas vereinfacht darstellen; b) etwas sehr stark vereinfachen. **Sim|plifizierung** *die*; -, -en: Vereinfachung; vgl. ...ation/...ierung. **Sim|plizität** [aus gleichbed. *lat.* simplicitās] *die*; -: 1. Einfachheit. 2. Einfalt

Simulant [aus *lat.* simulāns, Gen. simulantis, Part. Präs. von simulāre, s. simulieren] *der*; -en, -en: jmd., der eine Krankheit vortäuscht, sich verstellt. **Simulation** [...*zion*] *die*; -, -en: 1. Verstellung. 2. Vortäuschung [von Krankheiten]. 3. Nachahmung (in bezug auf technische Vorgänge). **Simulator** *der*; -s, ...oren: Gerät, in dem künstlich die Bedingungen u. Verhältnisse herstellbar sind, wie sie in Wirklichkeit bestehen (z. B. Flugsimulator; Techn.). **simulieren** [aus *lat.* simulāre „ähnlich machen, nachbilden; nachahmen; etwas vortäuschen", vgl. simile]: 1. sich verstellen. 2. [eine Krankheit] vortäuschen, vorgeben. 3. [technische] Vorgänge wirklichkeitsgetreu nachahmen. 4. (ugs.) nachsinnen, grübeln

simultan [aus gleichbed. *mlat.* simultāneus zu *lat.* simul „zugleich, zusammen"]: a) gemeinsam; b) gleichzeitig

sin = Sinus

Sin|an|thropus [aus *gr.* Sínai „Chinesen; China" u. ánthrōpos „Mensch"] *der*; -, ...pi u. ...pen: ausgestorbener Typ des Frühmenschen, dessen fossile Reste in China gefunden wurden

sine ira et studio [*lat.*]: ohne Haß u. Vorliebe, d. h. unbedingt sachlich

sine qua non vgl. Conditio sine qua non

sine tempore [*lat.*; „ohne Zeit"]: ohne akademisches Viertel, d. h. pünktlich (zur vereinbarten Zeit); Abk.: s. t.; vgl. cum tempore

Sinfonie [aus gleichbed. *it.* sinfonia, dies aus *gr.-lat.* symphōnía „Zusammenstimmen, Einklang; mehrstimmiger musikalischer Vortrag"] u. Symphonie *die*; -, ...ien: meist viersätziges, auf das Zusammenklingen des ganzen Orchesters hin angelegtes Instrumentaltonwerk in mehreren Sätzen (Mus.). **Sinfonietta** [aus gleichbed. *it.* sinfonietta, vgl. Sinfonie] *die*; -, ...tten: kleine Sinfonie. **Sinfonik** u. Symphonik *die*; -: Lehre vom sinfonischen Satzbau (Mus.). **Sinfoniker** u. Symphoniker *der*; -s, -: 1. Komponist von Sinfonien. 2. Mitglied eines Sinfonieorchesters. **sinfonisch** u. symphonisch: sinfonieartig, in Stil u. Charakter einer Sinfonie

Sing. = Singular

Sin|gle [*ßingg*ᵉ*l*; aus gleichbed. *engl.* single, eigtl. „einzelne", dies über *altfr.* sengle aus *lat.* singulus „einzeln"] *die*; -, -[s]: kleine Schallplatte; vgl. LP

Singular [auch: *singgular*; aus gleichbed. *lat.* (numerus) singulāris, s. singulär] *der*; -s, -e: Einzahl eines Substantivs od. Pronomens (Sprachw.); Abk.: Sing.; Ggs. → Plural. **singulär** [aus *lat.* singulāris „zum einzelnen gehörend; vereinzelt; eigentümlich", vgl. Single]: vereinzelt vorkommend, einen Einzel- od. Sonderfall vorstellend. **Singularetantum** [aus → Singular(is) u. *lat.* tantum „nur"] *das*; -s, -s u. Singulariatantum: nur im Singular vorkommendes Wort (z. B. das All; Sprachw.). **Singularis** *der*; -, ...res: (veraltet) Singular. **singularisch**: den Singular betreffend; im Singular [gebraucht, vorkommend]. **Singularität** [aus *lat.* singulāritās „das Einzelnsein, Alleinsein"] *die*; -, -en: vereinzelte Erscheinung; Seltenheit, Besonderheit

sinister [aus gleichbed. *lat.* sinister, eigtl. „links"]: unheilvoll, unglücklich

sinistra mano vgl. mano sinistra

Sinn Fein [*schin fe*ⁱ*n*; aus *ir.* Sinn Fein, eigtl. „wir selbst"] *die*; -: 1905 gegründete nationalistische Bewegung in Irland. **Sinnfeiner** *der*; -s, -: Angehöriger der Sinn Fein

Sinologie [aus *spätlat.* Sinae „Chinesen", s. Sinanthropus, u. → ...logie] *die*; -: wissenschaftliche Erforschung der chinesischen Sprache u. Literatur. **sinologisch**: die Sinologie betreffend

Sinus *der*; -, - [*ßinuß*; aus gleichbed. *mlat.* sinus = *lat.* sinus „Krümmung"; dies Übersetzung eines mißverstandenen *ind.-arab.* Wortes für „Sehne"] u. -se: Winkelfunktion im rechtwinkligen Dreieck, die das Verhältnis der Gegenkathete zur Hypotenuse darstellt; Zeichen: sin (Math.). **Sinussatz** *der*; -es: Lehrsatz der → Trigonometrie zur Bestimmung von Seiten u. Winkeln in beliebigen Dreiecken (Math.)

Siphon [*sifong* od. *sifong*, auch: *sifong*, (österr.) ...*fon*; aus gleichbed. *fr.* siphon, eigtl. „Saugheber", dies über *lat.* sīpho aus *gr.* síphōn „Röhre, Weinheber, Feuerspritze"] *der*; -s, -s: 1. S-förmiger Geruchsverschluß bei Wasserausgüssen zur Abhaltung von Abwassergasen. 2. Getränkegefäß, aus dem beim Öffnen die eingeschlossene Kohlensäure die Flüssigkeit herausdrückt (Siphonflasche). 3. (österr., ugs.) Sodawasser

Sir [*ßö*ʳ; aus *engl.* sir, dies aus *fr.* sire, s. Sire] *der*; -s, -s: a) allgemeine engl. Anrede (ohne Namen) für: Herr; b) engl. Adelstitel

Sire [*ßir*; aus *fr.* sire, dies verkürzt aus *lat.* senior (in der Anrede); vgl. Seigneur]: franz. Anrede für: Majestät

Sirene [über *spätlat.* Siren(a) aus *gr.* Seirḗn, Plural Seirēnes, göttliche Wesen der griech. Sage, die mit betörendem Gesang begabt waren; 2: aus gleichbed. *fr.* sirène] *die*; -, -n: 1. (abwertend) eine Frau, die versucht, Männer zu verführen. 2. Anlage zur Erzeugung eines Alarm- od. Warnsignals. 3. eine Säugetierordnung (Seekühe)

Sirup [über *mlat.* sirūpus „süßer Heiltrank" aus *arab.* šarāb „Trank"] *der*; -s, -e: a) eingedickter, wäßriger Zuckerrübenauszug; b) zähflüssige Lösung aus Zucker u. Wasser od. Fruchtsaft

Sisal u. **Sisalhanf** [nach der mex. Hafenstadt Sisal] *der*; -s: Faser aus den Blättern einer → Agave, die zur Herstellung von Seilen u. Säcken verwendet wird

sistieren [aus *lat.* sistere „stehen machen, anhalten"]: 1. ein Verfahren unterbrechen, vorläufig einstellen (Rechtsw.). 2. jmdn. zur Feststellung seiner Personalien zur Wache bringen. **Sistierung** *die*; -, -en: das Sistieren (1 u. 2)

Sisyphusarbeit [auch: *si*...; nach Sísyphos, einer Gestalt der griech. Sage, der zu einem nie ans Ziel führenden Steinwälzen verurteilt war] *die*; -: sinnlose Anstrengung, vergebliche Arbeit

Sitar [aus gleichbed. *Hindi* sitār] *der*; -[s], -[s]: ein iran. u. ind. Gitarreninstrument

Sit-in [aus gleichbed. *engl.-amerik.* sit-in zu to sit „sich setzen" u. in „hinein"] *das*; -[s], -s: demonstratives Sichhinsetzen einer Gruppe zum Zeichen des Protests, Sitzstreik

Situation [...*zion*; aus gleichbed. *fr.* situation zu situer „in die richtige Lage bringen", s. situiert] *die*; -, -en: gegebene Lage, augenblickliche Verhältnisse, Umstände. **situationell**: = situativ. **situativ**: durch die (jeweilige) Situation bedingt. ...**situiert** [aus *fr.* situé „gestellt", Part. Perf. zu situer „in die richtige Lage bringen" aus gleichbed. *mlat.* situāre, dies zu *lat.* situs „Lage, Stellung"]: in Verbindung mit Adjektiven wie „gut, schlecht" gebrauchtes Grundwort mit der Bedeutung „wirtschaftlich gestellt", z. B. gutsituiert

sit venia verbo [*sit wenia wärbo*; *lat.*]: man verzeihe das Wort!; Abk.: s. v. v.

Six Days [*ßix de^i s*; aus gleichbed. *engl.* ugs. six days für six-day race] *die* (Plural): engl. Bezeichnung für: Sechstagerennen (Sport). **Sixpence** [...*p^e nß*; aus *engl.* sixpence „Sechspennystück"] *der*; -, -: bis 1971 in Umlauf befindliche englische Silbermünze im Wert von 0,5 → Shilling

SJ = Societas Jesu

Skabiose [zu *lat.* scabiēs „Räude, Krätze" (früher gegen Hautkrankheiten gebraucht)] *die*; -, -n: Pflanzengattung der Kardengewächse mit zahlreichen einheimischen Kräutern u. Zierpflanzen

Skai ® [Kunstw.] *das*; -[s]: ein Kunstleder

skål! [*ßkol*; aus gleichbed. *schwed., dän.* skål!, eigtl. „Trinkschale"]: skand. für: prost!, zum Wohl!

Skala [über *it.* scala „Treppe, Leiter" aus gleichbed. *lat.* scālae (Plural)] *die*; -, Skalen u. -s: 1. (eingedeutscht auch: Skale) Maßeinteilung an Meßinstrumenten (Techn.). 2. Tonleiter (Mus.). 3. Stufenleiter, vollständige Reihe. **skalar** [nach *lat.* scalāris „zur Leiter gehörend"]: durch → reelle Zahlen bestimmt (Math.). **¹Skalar** *der*; -s, -e: eine math. Größe, die allein durch einen Zahlenwert bestimmt wird (Math.)

²Skalar [zu *lat.* scalāris „leiterförmig" (nach dem Streifenmuster des Fisches)] *der*; -s, -e: ein Süßwasserfisch aus dem Amazonasgebiet

Skalde [aus gleichbed. *aisl.* skāld] *der*; -n, -n: altnord. Dichter u. Sänger

Skale vgl. Skala (1)

Skalp [aus gleichbed. *engl.* scalp, eigtl. „Hirnschale, Schädel"] *der*; -s, -e: (hist.) bei den Indianern die abgezogene Kopfhaut des Gegners als Siegeszeichen. **skalpieren**: den → Skalp nehmen

Skalpell [aus gleichbed. *lat.* scalpellum, Verkleinerungsform zu scalprum „Messer", dies zu scalpere „kratzen, ritzen, schneiden"] *das*; -s, -e: kleines chirurgisches Messer mit feststehender Klinge

Skandal [über gleichbed. *fr.* scandal aus *kirchenlat.* scandalum „Ärgernis", s. Skandalon] *der*; -s, -e: 1. Ärgernis; aufsehenerregendes, schockierendes Vorkommnis. 2. Lärm. **Skandalon** [aus gleichbed. *gr.* skándalon, eigtl. „Fallstrick"] *das*; -[s]: (veraltet) Anstoß, Ärgernis. **skandalös** [nach gleichbed. *fr.* scandaleux]: ärgerlich, unglaublich, unerhört; anstößig

skandieren [aus gleichbed. *lat.* scandere, eigtl. „(stufenweise) emporsteigen"]: a) Verse taktmäßig, mit bes. Betonung der Hebungen u. ohne Rücksicht auf den Sinnzusammenhang lesen; b) rhythmisch abgehackt, in einzelnen Silben sprechen

Skarabäus [aus *lat.* scarabaeus „Holzkäfer" zu *gr.* kárabos „Meerkrebs"] *der*; -, ...äen: 1. Pillendreher (Mistkäfer des Mittelmeergebietes), im alten Ägypten heilig als Sinnbild des Sonnengottes. 2. als Amulett od. Siegel benutzte [altägyptische] Nachbildung des Pillendrehers in Stein, Glas od. Metall

Skariol vgl. Eskariol

Skat [aus *it.* scarto „Wegwerfen der Karten; die abgelegten Karten" zu scartare „Karten wegwerfen, ablegen", dies zu carta „Papier; (Spiel)karte" aus *lat.* charta „Papier"] *der*; -[e]s, -e u. -s: 1. deutsches Kartenspiel für drei Spieler. 2. die zwei bei diesem Kartenspiel verdeckt liegenden Karten

Skeetschießen [*ßkit*...; nach gleichbed. *engl.* skeet (shooting)] *das*; -s: Wettbewerb des Wurftauben-, Tontaubenschießens, bei dem die Schützen halbkreisförmig um die Wurfmaschine stehen u. auf jede Taube nur einen Schuß abgeben dürfen (Sport); vgl. Trapschießen

Skeleton [*ßkäl^e t^e n*; aus gleichbed. *engl.* skeleton, eigtl. „Skelett", s. d.] *der*; -s, -s: niedriger, schwerer Sportrennschlitten (Wintersport)

Skelett [aus *gr.* skeletón (sōma) „ausgetrockneter (Körper), Mumie"] *das*; -[e]s, -e: 1. inneres od. äußeres, [bewegliches] stützendes Körpergerüst aus Knochen, Chitin od. Kalk bei Tieren u. dem Menschen; Gerippe (Biol.; Med.). 2. der tragende Unterbau, Grundgerüst

Skene [*ßkene*; aus gleichbed. *gr.* skēnḗ, eigtl. „Zelt, Hütte"] *die*; -, -ai: im altgriech. Theater ein Ankleideräume enthaltender Holzbau, der als Bühnenabschluß diente u. vor dem die Schauspieler auftraten; vgl. Szene

Skepsis [aus *gr.* sképsis „Betrachtung, Untersuchung, Bedenken" zu sképtesthai „schauen, spähen"] *die*; -: Zweifel, Bedenken (auf Grund sorgfältiger Überlegung); Zurückhaltung; Ungläubigkeit; Zweifelsucht. **Skeptiker** [aus *gr.* skeptikós „skeptischer Philosoph" zu skeptikós „zum Betrachten, Bedenken geneigt"] *der*; -s, -: 1. Zweifler; mißtrauischer Mensch. 2. Anhänger des Skeptizismus. **skeptisch**: zum Zweifel neigend, zweiflerisch, mißtrauisch, ungläubig; kühl abwägend. **Skeptizismus** *der*; -: die den Zweifel zum Denkprinzip erhebende, die Möglichkeit einer Erkenntnis der Wirklichkeit u. Wahrheit in Frage stellende philosophische Schulrichtung

Sketch [*ßkätsch*; aus gleichbed. *engl.* sketch, eigtl. „Skizze; Stegreifstudie", dies über *niederl.* schets „Entwurf" aus *it.* scizzo, s. Skizze] *der*; -[es], -e[s] od. -s: kurze, effektvolle Bühnenszene mit meist witziger Pointierung (Kabarett, Varieté). **Sketsch** *der*; -es, -e: eindeutschende Schreibung für: Sketch

Ski [*schi*; aus gleichbed. *norw.* ski, eigtl. „Scheit", dies aus *altnord.* skið „Scheit, Schneeschuh"], (eindeutschend auch:) Schi *der*; -[s], - od. -er: aus Holz, Kunststoff od. Metall gefertigtes, langes, schmales Brett mit Spezialbindung zur Fortbewegung auf Schnee

Skiff [aus gleichbed. *engl.* skiff, dies über *fr.* esquif, *it.* schifo aus *ahd.* scif „Schiff"] *das*; -[e]s, -e: schmales nord. Einmannruderboot (Sport)

Skiffle [*ßkifl*; aus gleichbed. *engl.-amerik.* skiffle] *der* (auch: *das*); -s: Vorform des → Jazz auf primitiven Instrumenten wie Waschbrett, Kamm od. → Jug. **Skiffle-Group** [*ßkiflgrup*; aus gleichbed. *engl.-amerik.* skiffle group] *die*; -, -s: kleine Musikergruppe, die Skiffle spielt

Skifuni [*schi...*; zu → Ski u. *it.* funicolare, *fr.* funiculaire „Drahtseilbahn" (zu *lat.* funiculus „Seil")] *der*; -, -s: (schweiz.) großer Schlitten, der im Pendelbetrieb (Drahtseilbahnprinzip) Skifahrer bergaufwärts befördert. **Skikjöring** [*schijöring*; aus gleichbed. *norw.* skikjøring zu kjøre „fahren"] *das*; -s, -s: Skilauf hinter einem Pferde- od. Motorradvorspann

Skin|effekt [aus gleichbed. *engl.* skin effect, eigtl. „Hautwirkung"] *der*; -[e]s, -e: Erscheinung, daß der Stromweg eines Wechselstroms hoher Frequenz hauptsächlich an der Oberfläche des elektrischen Leiters verläuft (Elektrot.)

Skink [über *lat.* scincus aus *gr.* skíggos „ägypt. Eidechse"] *der*; -[e]s, -e: Wühl- od. Glattechse

Skinoid Ⓦ [zu *engl.* skin „Haut"] *das*; -[e]s: lederähnlicher Kunststoff, der u. a. für Bucheinbände verwendet wird

Skipper [aus *engl.* skipper „Kapitän", dies aus *mniederl.* schipper „Schiffer"] *der*; -s, -: Kapitän eines mittelgroßen [Sport]bootes

Skizze [aus gleichbed. *it.* schizzo, eigtl. „Spritzer (mit der Feder)"] *die*; -, -n: 1. das Festhalten eines Eindrucks od. einer Idee in einer vorläufigen Form. 2. [erster] Entwurf, flüchtig entworfene Zeichnung für ein Gemälde, eine Plastik, eine Architektur. 3. kleine Geschichte. **skizzieren** [nach *it.* schizzare „spritzen, skizzieren"]: 1. einen Eindruck od. eine Idee vorläufig [auf dem Papier] festhalten; [ein Problem] umreißen. 2. entwerfen; in den Umrissen zeichnen; andeuten

Sklave [*...fe*, auch: *...we*; aus *mlat.* s(c)lavus „Unfreier, Leibeigener", dies aus *mgr.* sklábos „Sklave", eigtl. „Slawe" (die mittelalterlichen Sklaven im Orient waren meist Slawen)] *der*; -n, -n: 1. (hist.) Leibeigener, in völliger wirtschaftlicher u. rechtlicher Abhängigkeit von einem anderen Menschen lebender Mensch. 2. unfreier, von Ideen, Trieben u. ä. abhängiger Mensch. **Sklaverei** *die*; -: Leibeigenschaft; Knechtschaft. **sklavisch**: unterwürfig, blind gehorchend, willenlos

Sklerose [zu *gr.* sklērós „trocken, spröde, hart"] *die*; -, -n: krankhafte Verhärtung von Geweben u. Organen (Med.). **sklerotisch**: verhärtet (von Geweben; Med.)

Skolion [auch: *sko...*; aus *gr.* skólion zu skoliós „krumm, verdreht" (wohl nach der wechselnden Beteiligung der Gäste)] *das*; -s, ...ien [*...iᵉn*]: altgriech. Tisch- u. Trinklied mit vielfach gnomischem, vaterländischem od. religiösem Inhalt

skontieren [nach *it.* scontare „abziehen"; vgl. Konto]: Skonto gewähren. **Skonto** [aus gleichbed. *it.* sconto] *der* od. *das*; -s, -s (auch: ...ti): Preisnachlaß bei Barzahlung

Skooter [*ßkutᵉr*; aus gleichbed. *engl.* scooter zu to scoot „rasen, flitzen"] *der*; -s, -: [elektrisches] Kleinauto auf Jahrmärkten

...skop [zu *gr.* skopeīn „betrachten, beschauen"]: in substantivischen Zusammensetzungen auftretendes Grundwort mit der Bedeutung „Gerät zur optischen Untersuchung od. Betrachtung", z. B. Mikroskop. **...skopie**: in substantivischen Zusammensetzungen auftretendes Grundwort mit der Bedeutung „optische Untersuchung od. Betrachtung", z. B. Laparoskopie

Skorbut [aus gleichbed. *mlat.* scorbūtus] *der*; -[e]s: Scharbock, Krankheit durch Mangel an Vitamin C (Med.). **skorbutisch**: an Skorbut leidend

Skordatur vgl. Scordatura

Skorpion [über *lat.* scorpio, Gen. scorpiōnis aus gleichbed. *gr.* skorpíos] *der*; -s, -e: 1. tropisches u. subtropisches Spinnentier mit Giftstachel (Stich großer Arten für den Menschen lebensgefährlich). 2. (ohne Plural) ein Sternbild. 3. a) (ohne Plural) das 8. Tierkreiszeichen; b) in diesem Zeichen geborener Mensch

Skribent [aus *lat.* scrībēns, Gen. scrībentis, Part. Präs. von scrībere „schreiben"] *der*; -en, -en: Vielschreiber, Schreiberling. **Skribifax** [scherzhafte Neubildung] *der*; -[es], -e: (selten) Skribent

Skript [aus gleichbed. *engl.* script, dies über *altfr.* escript aus *lat.* scrīptum „Geschriebenes", Part. Perf. von scrībere „schreiben"] *das*; -es, -en: 1. schriftliche Ausarbeitung, Schriftstück. 2. Nachschrift einer Hochschulvorlesung (bes. bei den Juristen). 3. Drehbuch für Filme. 4. Kurzform von → Manuskript (2, 3). **Skriptgirl** u. Scriptgirl [*gö'l*; aus gleichbed. *engl.* script girl, zu → Skript (3) u. girl „Mädchen"] *das*; -s, -s: Filmateliersekretärin, die die Einstellung für jede Aufnahme einträgt. **Skriptum** [aus *lat.* scrīptum „Geschriebenes"] *das*; -s, ...ten u. ...ta: = Skript

Skrofel [aus *lat.* scrōfulae (Plural) „Halsdrüsen, -geschwülste", Verkleinerungsform zu scrōfa „Mutterschwein"] *die*; -, -n: = Skrofulose. **skrofulös**: zum Erscheinungsbild der Skrofulose gehörend, an ihr leidend (Med.). **Skrofulose** *die*; -, -n: [tuberkulöse] Haut- u. Lymphknotenerkrankung bei Kindern (Med.)

Skrotum [*ßkro...*; aus gleichbed. *lat.* scrōtum] *das*; -s, ...ta: Hodensack (Med.)

Skrupel [aus gleichbed. *lat.* scrūpulus, eigtl. „spitzes Steinchen, stechendes Gefühl"] *der*; -s, - (meist Plural): Zweifel, moralisches Bedenken; Gewissensbisse

Skull [aus gleichbed. *engl.* scull] *das*; -s, -s: der nur mit einer Hand geführte Holm mit Ruderblatt eines Skullbootes. **Skullboot** *das*; -[e]s, -e: Sportruderboot. **skullen** [aus gleichbed. *engl.* to scull zu scull, s. Skull]: rudern (Sport). **Skuller** *der*; -s, -: Sportruderer

skulptieren [zu → Skulptur]: eine Skulptur herstellen, ausmeißeln. **Skulptur** [aus gleichbed. *lat.* sculptūra zu sculpere „schnitzen, meißeln"] *die*; -, -en: 1. Bildhauerarbeit, -werk. 2. (ohne Plural) Bildhauerkunst

Skunk [aus gleichbed. *engl.* skunk (*indian.* Wort)] 1. *der*; -s, -e (auch: -s): nord- u. südamerikanisches Stinktier (zu den Mardern zählendes Raubtier mit wertvollem Fell). 2. (Plural: -s, meist Plural) Fell des Skunks (1)

skurril [aus gleichbed. *lat.* scurrīlis zu scurra „Spaßmacher" (etrusk. Wort)]: sonderbar, verschroben, bizarr, → abstrus. **Skurrilität** [aus *lat.* scurrīlitās „Possenreißerei"] *die*; -, -en: sonderbares Wesen, bizarre Beschaffenheit; Verschrobenheit

Skyeterrier [*ßkai*...; aus *engl.* skye terrier, nach der Hebrideninsel Skye] *der*; -s, -: engl. Terrierrasse

Skyline [*ßkailain*; aus gleichbed. *engl.* skyline, eigtl. „Himmelslinie", zu sky „(Wolken)himmel"] *die*; -, -s: Horizont[linie], Silhouette einer Stadt

Skylla: griech. Form von → Szylla

Slacks [*ßläkß*; aus gleichbed. *engl.* slacks (Plural), eigtl. „die Schlaffen", zu slack „schlaff, locker"] *die* (Plural): lange, weite Damenhose

Slalom [aus gleichbed. *norw.* slalåm, eigtl. „geneigte Skispur"] *der*; -s, -s: a) Torlauf (Ski- u. Kanusport); b) Zickzacklauf, -fahrt

Slang [*ßläng*; aus gleichbed. *engl.* slang] *der*; -s: nicht gruppen- od. landschaftsgebundene Form der Alltagssprache

Slapstick [*ßläpßtik*; aus gleichbed. *engl.* slapstick, eigtl. „Narrenpritsche" (zu slap „Schlag" u. stick „Stecken")] *der*; -s, -s: grotesk-komischer Gag im [Stumm]film, bei dem meist die Tücke des Objekts als Mittel eingesetzt wird

slargando [aus gleichbed. *it.* slargando zu slargare „breiter werden", vgl. largando]: breiter, langsamer werdend (Vortragsanweisung; Mus.)

slawisieren [zum Völkernamen Slawen (Plural)]: slawisch machen. **Slawistik** *die*; -: wissenschaftliche Erforschung der slaw. Sprachen u. Literaturen. **slawistisch**: die Slawistik betreffend. **Slawophile** *der*; -n, -n: 1. Freund u. Gönner der Slawen u. ihrer Kultur. 2. Anhänger einer russischen philosophisch-politischen Ideologie im 19. Jh., die die Eigenart u. die besondere geschichtliche Aufgabe Rußlands gegenüber Westeuropa betonte

slentando = lentando

Slibowitz u. Sliwowitz [aus gleichbed. *serbokroat.* šljivovica zu šljiva „Pflaume"] *der*; -[es], -e: Pflaumenbranntwein

Slice [*ßlaiß*; aus gleichbed. *engl.* slice, eigtl. „Schnitte, Scheibe"] *der*; -, -s [...*ßis*]: Schlag, bei dem sich Schlägerbahn u. Schlagfläche in einem Winkel von weniger als 45° schneiden u. der Schläger schnell nach unten gezogen wird (Tennis)

Sliding-tackling [*ßlaidingtäkling*; aus gleichbed. *engl.* sliding tackling, eigtl. „rutschendes Angreifen"] *das*; -s, -s: Aktion eines Abwehrspielers mit dem Ziel, den Angreifer vom Ball zu trennen, wobei der Abwehrspieler in die Beine des Angreifers hineingrätscht (Fußball)

Slim... [aus *engl.* slim „schlank"]: in Zusammensetzungen auftretendes Bestimmungswort mit der Bedeutung schmal geschnitten, schlank [aussehen] machend (von Kleidungsstücken, z. B. Slimhemd)

Slink [aus *engl.* slink „(Fell einer) Frühgeburt"] *das*; -[s], -s: Fell des 4 bis 5 Monate alten Lammes einer ostasiat. Schafrasse

Slip [aus gleichbed. *engl.* slip zu to slip „gleiten, schlüpfen"] *der*; -s, -s: beinloser Damen- od. Herrenschlüpfer

Slipon [aus *engl.* slip-on „(Kleidungsstück) zum Überstreifen"] *der*; -s, -s: bequemer Herrensportmantel mit Raglanärmeln (vgl. Raglan)

Slipper [aus *engl.* slipper „Pantoffel" zu to slip „schlüpfen"] *der*; -s, -: bequemer Schuh mit niederem Absatz u. ohne Verschnürung. 2. (österr.) eine Art leichter Mantel

Sliwowitz vgl. Slibowitz

Slogan [*ßloᵘgᵉn*; aus gleichbed. *engl.* slogan, dies aus *gäl.* sluaghghairm „Kriegsgeschrei"] *der*; -s, -s: Werbeschlagwort od. -zeile, Wahlspruch, Parole

Sloop [*ßlup*; über gleichbed. *engl.* sloop aus *niederl.* sloep „Schaluppe"] *die*; -, -s: Küsten- u. Fischerfahrzeug, Segeljacht

Slop [aus gleichbed. *engl.-amerik.* slop] *der*; -s, -s: aus dem → Madison entwickelter Modetanz im $^2/_4$-Takt, eine Art Reihentanz

Slot-racing [...*reⁱßing*; aus gleichbed. *engl.-amerik.* slot racing, eigtl. „Schlitzrennen" (die Wagen werden auf der Bahn in einer Nut geführt)] *das*; -: das Spielen mit elektrisch betriebenen Modellrennautos

slow [*ßloᵘ*; aus *engl.* slow „langsam"]: Tempobezeichnung im Jazz, etwa zwischen → adagio u. → andante. **Slowfox** [*ßloᵘ*... od. *ßlo*...; anglisierende Bildung aus *engl.* slow „langsam" u. → Fox] *der*; -[es], -e: langsamer Foxtrott, dem → Blues ähnlich (seit etwa 1927 in Europa bekannt)

Slum [*ßlam*; aus gleichbed. *engl.* slum, slums] *der*; -s, -s: 1. engl. Bezeichnung für: schmutziges Hintergäßchen. 2. (nur Plural) Elendsviertel, verfallene, abbruchreife Häuser in Großstädten

s. m. vgl. mano sinistra

Sm = chem. Zeichen für: Samarium

Small Band [*ßmol bänd*; aus gleichbed. *engl.-amerik.* small band, eigtl. „kleine Kapelle"] *die*; - -, - -s: kleine Jazzbesetzung, bes. für den Swingstil; vgl. → Big Band. **Smalltalk** [*ßmóltok*; aus gleichbed. *engl.* small talk] *das*; -s, -s: leichtes [belangloses Party]gespräch, Geplauder

Smaragd [über *lat.* smaragdus aus gleichbed. *gr.* smáragdos] *der*; -[e]s, -e: Mineral, grüner Edelstein. **smaragden**: grün wie ein Smaragd

smart [aus gleichbed. *engl.* smart]: a) schlau, geschäftstüchtig, durchtrieben; b) schick, flott (von der Kleidung)

Smash [*ßmäsch*; aus gleichbed. *engl.* smash zu to smash „(zer)schmettern"] *der*; -[s], -s: (Tennis) a) Schmetterschlag; b) Schmetterball

Smog [aus gleichbed. *engl.* smog, Bildung aus *sm*oke „Rauch" u. f*og* „Nebel"] *der*; -[s]: dicke, undurchdringliche, aus Rauch u. Schmutz bestehende Dunstglocke über Industriestädten

Smoking [Kurzform für *engl.* smoking jacket „Rauchjackett" (urspr. nach dem Essen statt des Fracks zum Rauchen getragen)] *der*; -s, -s (österr. auch: -e): meist schwarzer Gesellschaftsanzug für Herren mit seidenen Revers

Smörgåsbord [...*gosbuʳd*; aus gleichbed. *schwed.* smörgåsbord, eigtl. „Tisch (*schwed.* bord) mit Butterbroten"] *der*; -s, -s: aus vielen verschiedenen, meist kalten Speisen bestehende Vorspeisentafel. **Smörrebröd** [aus gleichbed. *dän.* smörrebröd, eigtl. „Butterbrot"] *das*; -s, -s: reichhaltig belegtes Brot

smorzando [aus gleichbed. *it.* smorzando zu smorzare „dämpfen"]: ersterbend, verlöschend, verhauchend, abnehmend (Vortragsanweisung; Mus.). **Smorzando** *das*; -s, -s u. ...di: ersterbendes, verlöschendes, verhauchendes Spiel (Mus.)

Sn = chem. Zeichen für: Zinn (→ Stannum)

Snack [*ßnäck*; aus gleichbed. *engl.* snack zu mundartl. to snack „schnappen"] *der*; -s, -s: Imbiß, kleine Zwischenmahlzeit. **Snackbar** [aus gleichbed. *engl.* snack bar] *die*; -, -s: engl. Bezeichnung für: Imbißstube

Snob [*ßnop*; aus gleichbed. *engl.* snob] *der*; -s, -s: Mensch, der voller Verachtung für jedes bürgerliche Klischee einen manierierten Anspruch auf extravagantes Verhalten zur Schau stellt; Vornehmtuer, Wichtigtuer. **Snobiety** [*ßnobaieti*] *die*; -: = High-Snobiety. **Snobismus** [nach gleichbed. *engl.* snobbism] *der*; -, ...men: 1. (ohne Plural) Vornehmtuerei, Wichtigtuerei. 2. für einen Snob typische Verhaltensweise od. Eigenschaft. **snobistisch**: geckenhaft, vornehmtuerisch, angeberisch

soave [...*we*; aus gleichbed. *it.* soave, dies aus *lat.* suāvis „lieblich"]: lieblich, sanft, angenehm, süß (Vortragsanweisung; Mus.)

Soccer [*ßoker*; aus *engl.* soccer zu einer Kurzform soc aus association football „Verbandsfußball"] *das*; -: amerik. Bez. für: Fußball, im Unterschied zu → Football (2) u. → Rugby

Soccus [...*kuß*; aus gleichbed. *lat.* soccus, dies zu *gr.* sykchís, sýkchos (ein Schuh)] *der*; -, Socci [...*kzi*]: leichter, niedriger Schuh der Antike, bes. für Frauen (als Fußbekleidung des Komödienschauspielers Gegenstück zum → Kothurn des tragischen Schauspielers)

Societas Jesu [*sozie*... -; *nlat.*; „Gesellschaft Jesu"] *die*; - -: der Orden der → Jesuiten; Abk.: SJ (hinter Personennamen = Societatis - „von der Gesellschaft Jesu"). **Society** [*ßeßaieti*] *die*; -: = High-Society

Soda [aus gleichbed. *span.*, *it.* soda] *die*; -, (auch:) *das*; -s: 1. Natriumkarbonat (techn. vielfach verwendet). 2. (nur: *das*; -s:) = Sodawasser. **Sodawasser** *das*; -s: mit Kohlensäure versetztes Mineralwasser

Sodom [nach der gleichnamigen bibl. Stadt] *das*; -: Stadt od. Stätte der Sünde u. Lasterhaftigkeit. **Sodomie** *die*; -, ...ien: Geschlechtsverkehr mit Tieren. **Sodomit** *der*; -en, -en: jmd., der Sodomie treibt. **sodomitisch**: Sodomie treibend

Sofa [über gleichbed. *fr.* sofa aus *arab.* ṣuffa „Ruhebank"] *das*; -s, -s: gepolstertes Sitzmöbel für mehrere Personen

soft [aus gleichbed. *engl.* soft]: weich (Vortragsweise im Jazz). **Soft Drink** [aus gleichbed. *engl.* soft drink, eigtl. „weiches Getränk"] *der*; - -s, - -s: alkoholisches Getränk wie Likör, Aperitif; Ggs. → Hard Drink. **Soft-Eis** *das*; -es, -: sahniges, weiches Speiseeis. **Software** [...*"är*; aus gleichbed. *engl.* software, eigtl. „weiche Ware"] *die*; -, -s: die zum Betrieb einer Datenverarbeitungsanlage erforderlichen nichtapparativen Funktionsbestandteile (Programme u. ä.); Ggs. → Hardware

soi|gniert [*ßoanjirt*; zu *fr.* soigner „pflegen"]: gepflegt (in bezug auf die äußere Erscheinung)

Soiree [*ßoare*; aus gleichbed. *fr.* soirée zu soir „Abend"] *die*; -, Soireen: Abendgesellschaft; Abendvorstellung

Soja [über gleichbed. *jap.* shoyu aus *chines.* chiang-yu „Sojabohnenöl"] *die*; -, Sojen u. **Sojabohne** *die*; -, -n: südostasiatischer Schmetterlingsblütler (wertvolle, eiweißreiche Nutzpflanze)

So|kratik *die*; -: die von Sokrates (469–399 v. Chr.) ausgehende Art des Philosophierens. **So|kratiker** [über *lat.* Sōcraticus aus gleichbed. *gr.* Sōkratikós (zum Namen Sōkrátēs)] *der*; -s, - (meist Plural): Schüler des Sokrates u. Vertreter der an das sokratische Philosophieren anknüpfenden Schulrichtungen. **so|kratisch**: die Sokratik betreffend

sol [*it.*]: Silbe, auf die man den Ton g singen kann (Mus.); vgl. Solmisation

Sol [Kunstw.] *das*; -s, -e: kolloide Lösung (Chem.)

sola fide [*lat.*; „allein durch den Glauben"]: Grundsatz der Rechtfertigungslehre Luthers nach Römer 3, 28

solar u. solarisch [aus gleichbed. *lat.* sōlāris, sōlārius zu sōl „Sonne"]: die Sonne betreffend, zur Sonne gehörend (Meteor.; Astron.; Phys.). **Solarisation** [...*zion*] *die*; -, -en: Erscheinung der Umkehrung der Lichteinwirkung bei starker Überbelichtung des Films (Fot.). **solarisch** vgl. solar. **Solarium** [aus *lat.* sōlārium „der Sonne ausgesetzter Ort"] *das*; -s, ...ien [...*ien*]: Raum (meist in Verbindung mit Schwimmbädern), in dem man unter künstlich erzeugter ultravioletter Strahlung Sonnenbäder nehmen kann. **Solarjahr** *das*; -es, -e: Sonnenjahr (etwa um ¼ Tag länger dauernd als das bürgerliche Jahr; Meteor.). **Solar|plexus** [auch: ...*plä*...; nach gleichbed. *nlat.* plexus sōlāris (zu *lat.* plectere „flechten")] *der*; -, -: Sonnengeflecht (des sympathischen Nervensystems im Oberbauch; Med.)

Soldat [aus gleichbed. *it.* soldato, eigtl. „der in Wehrsold Genommene", zu soldare „in Sold nehmen", dies zu soldo „Münze, Sold" aus *spätlat.* solidus nummus „gediegene Münze"; vgl. solid] *der*; -en, -en: 1. Angehöriger der Streitkräfte eines Landes. 2. in Staaten lebendes Insekt, das für die Verteidigung des Stocks sorgt (bes. bei Ameisen u. Termiten). **Soldateska** *die*; -, ...ken: rohes Kriegsvolk. **soldatisch**: in Art u. Haltung eines Soldaten

solenn [aus gleichbed. *lat.* sōlennis, sollemnis]: feierlich, festlich. **solennisieren** [nach gleichbed. *lat.* sollemnizāre]: (veraltet) feierlich begehen; feierlich bestätigen. **Solennität** [nach gleichbed. *lat.* sollemnitās] *die*; -, -en: Feierlichkeit

solfeggieren [*ßolfädsehiren*; aus gleichbed. *it.* solfeggiare zu solfa „Tonübung", dies aus → sol und → fa]: Solfeggien singen (Mus.). **Solfeggio** [...*dseho*; aus gleichbed. *it.* solfeggio zu solfeggiare] *das*; -s, ...ggien [...*dsehen*]: auf die Solmisationssilben gesungene Gesangsübungen

Soli: *Plural* von → Solo

solid u. solide [aus gleichbed. *fr.* solide, dies aus *lat.* solidus „gediegen, echt, fest"]: 1. fest, haltbar; gediegen (von Gegenständen). 2. ordentlich, maßvoll, nicht ausschweifend, nicht vergnügungssüchtig; anständig (von Personen). **Solidität** [aus gleichbed. *fr.* solidité, dies aus *lat.* soliditās „Dichtheit, Dauerhaftigkeit"] *die*; -: 1. Festigkeit, Haltbarkeit. 2. Zuverlässigkeit; Mäßigkeit, Gesetztheit

solidarisch [nach *fr.* solidaire „wechselseitig für das Ganze haftend", dies zu *lat.* solidus, s. solid]: a) gemeinsam; übereinstimmend; b) füreinander einstehend, eng verbunden. **solidarisieren**, sich: sich solidarisch erklären. **Solidarität** [aus gleichbed. *fr.* solidarité] *die*; -: Zusammengehörigkeitsgefühl, Kameradschaftsgeist, Übereinstimmung

solide vgl. solid

soli Deo gloria! [*lat.*]: Gott [sei] allein die Ehre! (Inschrift auf Kirchen u. a.); Abk.: S. D. G.

Solidität s. solid

Soling [Herkunft unsicher] *das* od. *der*; -s, -s: Rennsegelboot

Sol|ipsismus [zu *lat.* sōlus „allein" u. ipse „selbst"] *der*; -: erkenntnistheoretischer Standpunkt, der nur das eigene Ich mit seinen Bewußtseinsinhalten als das einzig Wirkliche gelten läßt u. alle anderen Ichs mit der ganzen Außenwelt nur als dessen Vorstellungen annimmt (Philos.). **Sol|ipsist** *der*;

-en, -en: Vertreter des Solipsismus. **sol|ipsistisch**: auf den Solipsismus bezüglich; ichbezogen

Solist [aus gleichbed. *fr.* soliste, *it.* solista zu → solo] *der*; -en, -en: a) Künstler (Musiker od. Sänger), der einen Solopart [mit Orchesterbegleitung] vorträgt; b) Spieler, der einen Alleingang unternimmt (bei Mannschaftsspielen, bes. beim Fußball). **solistisch**: a) den Solisten betreffend; b) sich als Solist betätigend; c) für Solo komponiert

solitär [aus *fr.* solitaire „einsam, einzeln", dies aus gleichbed. *lat.* sōlitārius zu sōlus „allein"]: einsam lebend, nicht staatenbildend (von Tieren); Ggs. → sozial (5). **Solitär** [aus gleichbed. *fr.* solitaire] *der*; -s, -e: einzeln gefaßter Brillant od. Edelstein

Solitüde [über *fr.* solitude aus *lat.* sōlitūdo „Einsamkeit" zu sōlus „allein"] *die*; -, -n: Name von Schlössern

Solluxlampe ® [zu *lat.* sōl „Sonne" u. lūx „Licht"] *die*; -, -n: elektrische Wärmestrahlungslampe

Solmisation [...*zion*; aus gleichbed. *it.* solmisazione zu den Tonsilben sol u. mi, s. u.; die Silben des Systems stammen aus einem mittelalterl. *lat.* Hymnus an Johannes d. Täufer] *die*; -: das von Guido v. Arezzo im 11. Jh. ausgebildete System, bei dem die Töne der Tonleiter anstatt mit c, d, e usw. mit den Tonsilben ut (später → do), → re, → mi, → fa, → sol, → la, → si bezeichnet werden. **solmisieren**: die Solmisations-(Ton-)Silben statt der (heute üblichen) Stammtöne anwenden

solo [aus gleichbed. *it.* solo, dies aus *lat.* sōlus „allein"]: (ugs.) allein; unbegleitet, ohne Partner. **Solo** [aus gleichbed. *it.* solo (meist: assolo aus musica a solo)] *das*; -s, -s u. Soli: 1. aus dem Chor od. Orchester hervortretende Gesangs- od. Instrumentalpartie; Einzelgesang, -spiel, -tanz usw.; Ggs. → Tutti. 2. a) Einzelspiel, Alleinspiel (bei Kartenspielen mit mehreren Teilnehmern); b) Alleingang eines Spielers (bei Mannschaftsspielen, vor allem beim Fußball)

Solstitialpunkt [...*zial*...; zu *lat.* sōlstitiālis „zur Sommersonnenwende gehörend", vgl. Solstitium] *der*; -s, -e: Sonnenstillstandspunkt od. Sonnenwendepunkt, in dem die Sonne ihren höchsten od. niedrigsten Stand über dem Himmelsäquator hat (Sommer-, Winterpunkt). **Solstitium** [...*zium*] *das*; -s, ...ien [...*iᵉn*] u. **Solstiz** [aus *lat.* sōlstitium „(Sommer)sonnenwende" zu sōl „Sonne" u. sistere „stehenbleiben"] *das*; - u. -es, -e: Sonnenwende (Astron.)

solubel u. **solubile** [aus gleichbed. *lat.* solūbilis, Neutr. solūbile zu solvere „(auf)lösen"]: löslich, auflösbar (Chem.)

Solu|tréen [*ßolütreäng*; aus gleichbed. *fr.* solutréen, nach dem franz. Fundort Solutré (*ßolütre*)] *das*; -[s]: Stufe der Altsteinzeit

Solvat [...*wat*; zu *lat.* solvere „lösen"] *das*; -[e]s, -e: aus einer Solvatation hervorgegangene lockere Verbindung (Chem.). **Solvatation** [...*zion*] *die*; -: das Eingehen einer lockeren Verbindung zwischen Kolloidteilchen u. Lösungsmittel (Chem.). **solvieren** [*lat.*]: auflösen (Chem.)

Solvens [...*wänß*; aus *lat.* solvēns, Gen. solventis, Part. Präs. von solvere „lösen"] *das*; -, ...venzien [...*iᵉn*] u. ...ventia [...*zia*]: [schleim]lösendes Mittel (Med.)

solvent [über *it.* solvente aus *lat.* solvēns zu solvere „lösen, eine Schuld abtragen"; vgl. Solvens]: zahlungsfähig (Wirtsch.). **Solvenz** *die*; -, -en: Zahlungsfähigkeit (Wirtsch.)

Soma [aus gleichbed. *gr.* sōma, Gen. sṓmatos] *das*; -, -ta: Körper (im Gegensatz zum Geist; Med.). **somatisch** [nach gleichbed. *gr.* sōmatikós]: (Med.) a) auf den Körper bezogen; b) körperlich. **Somatologie** *die*; -: Wissenschaft von den allgemeinen Eigenschaften des menschlichen Körpers (Anthropologie)

Som|brero [aus *span.* sombrero „Hut" zu sombra „Schatten", dies zu *lat.* umbra „Schatten"] *der*; -s, -s: breitrandiger, leichter Strohhut aus Mittel- u. Südamerika

somnambul [aus gleichbed. *fr.* somnambule zu *lat.* somnus „Schlaf" u. ambulāre „umhergehen"]: schlafwandlerisch, nachtwandelnd, mondsüchtig. **Somnambule** *der* u. *die*; -n, -n: Schlafwandler[in]. **somnambulieren**: schlafwandeln. **Somnambulismus** [aus gleichbed. *fr.* somnambulisme] *der*; -: Schlaf-, Nachtwandeln, Mondsüchtigkeit (Med.)

Sonant [aus *lat.* sonāns, Gen. sonantis „tönend; Vokal"; Part. Präs. von sonāre „tönen"] *der*; -en, -en: silbenbildender Laut (außer den Vokalen auch sonantische Konsonanten (z. B. l in Dirndl = Dirndel). **sonantisch**: a) den Sonanten betreffend; b) silbenbildend

Sonata [aus *it.* sonata, s. Sonate] *die*; -, ...te: ital. Bezeichnung für: Sonate; - a tre: Triosonate (Mus.); - da camera [- - *ka*...]: Kammersonate; - da chiesa [- - *kiesa*]: Kirchensonate. **Sonate** [aus gleichbed. *it.* sonata zu *lat.-it.* sonāre „tönen, klingen", eigtl. „Klingstück"] *die*; -, -n: Tonstück für ein od. mehrere Instrumente (auch Orchester), aus 3 od. 4 Sätzen bestehend (meist: 1. → Allegro; 2. → Adagio, → Andante; 3. → Scherzo [Menuett]; 4. → Rondo 2). **Sonatine** [aus gleichbed. *it.* sonatina, Verkleinerungsbildung zu sonata, s. Sonate] *die*; -, -n: kleinere, meist nur aus 2–3 Sätzen bestehende, oft leicht zu spielende Sonate

Sonde [aus gleichbed. *fr.* sonde] *die*; -, -n: 1. dünnes, stab- od. röhrenförmiges Instrument zur Einführung in Körperhöhlen (z. B. Magen) od. Gewebe (z. B. Wunden) zu → diagnostischen u. → therapeutischen Zwecken; dünner Schlauch zur künstlichen Ernährung (Med.). 2. langes, stabförmiges Instrument, mit dessen Hilfe unter Lawinen begrabene Menschen gesucht werden. 3. = Radiosonde. 4. unbemanntes Raumfahrzeug zu Versuchs- u. Forschungszwecken. **sondieren** [aus gleichbed. *fr.* sonder]: 1. mit einer Sonde untersuchen. 2. vorsichtig erkunden, ausforschen, vorfühlen

Sonett [aus gleichbed. *it.* sonetto, eigtl. etwa „Klinggedicht", zu s(u)ono aus *lat.* sonus „Klang, Ton"; vgl. sonor] *das*; -[e]s, -e: in Italien entstandene Gedichtform von insgesamt 14 Zeilen in zwei Teilen, von denen der erste aus zwei Strophen von je vier Versen (vgl. Quartett 2), der zweite aus zwei Strophen von je drei Versen (vgl. Terzett 2) besteht

Song [*ßong*; aus *engl.* song „Lied"] *der*; -s, -s: 1. a) Schlagerlied. b) politisch-satirisches Lied, z. B. → Folksong, → Protestsong. 2. von B. Brecht eingeführte Sonderform des Liedes, oft Moritatenlied od. Leierkastenweise von sozialkritischem Inhalt, musikalisch dem → Jazz nahestehend

Sonnyboy [*ßanibeu*, auch: *ßo*...; nach *engl.* sonny boy „(mein) Söhnchen, (mein) Junge" (kosende Anrede zu *engl.* son „Sohn")] *der*; -s, -s: junger Mann, der vom Glück begünstigt ist u. dem alle Sympathien zufliegen

sonor [über gleichbed. *fr.* sonore aus *lat.* sonōrus „schallend, klangvoll" zu sonor „Klang, Ton", dies zu sonāre „tönen"]: 1. klangvoll, volltönend. 2. stimmhaft (Sprachw.). **Sonor** [aus *lat.* sonor „Klang, Ton"] *der*; -s, -e: nur mit Stimme gesprochener Laut im Gegensatz zu den Geräuschlauten, Sonant (Sprachw.). **Sonorität** *die*; -: Klangfülle eines Lautes, Grad der Stimmhaftigkeit (Sprachw.). **Sonorlaut** *der*; -es, -e: = Sonor

Sophismus [nach gleichbed. *gr.-lat.* sóphisma zu sophízesthai „ausklügeln, aussinnen", dies zu sophía „Geschicktheit, Klugheit, Weisheit" u. sophós „geschickt, schlau, weise"] *der*; -, ...men: Scheinbeweis; Trugschluß, der mit Täuschungsabsicht gemacht wird. **Sophist** [aus *gr.* sophistḗs „Weisheitslehrer, Klügler"] *der*; -en, -en: 1. (hist.) Wissenschaftler [in der Antike]. 2. im antiken Athen der gutbezahlte Wanderlehrer, der die Jugend in Wissenschaft, Philosophie u. Redekunst ausbildete. 3. jmd., der in geschickter u. spitzfindiger Weise etwas aus u. mit Worten zu beweisen versucht; Wortverdreher. **Sophisterei** *die*; -, -en: (abwertend) Spitzfindigkeit, Spiegelfechterei. **Sophistik** *die*; -: 1. Lehre der Sophisten. 2. scheinbare, spitzfindige Weisheit; Spitzfindigkeit. **sophistisch** [über *lat.* sophisticus aus gleichbed. *gr.* sophistikós]: 1. den od. die Sophisten betreffend. 2. spitzfindig, wortklauberisch

so|pra [aus gleichbed. *it.* sopra, dies aus *lat.* suprā „oben"]: oben (beim Klavierspiel mit gekreuzten Händen der Hinweis auf die Hand, die oben spielen soll); 8va (vgl. ottava) -: eine Oktave höher

So|pran [aus gleichbed. *it.* soprano, eigtl. „darüber befindlich, oberer" zu *lat.* super „über"] *der*; -s, -e: 1. höchste Stimmlage von Knaben u. Frauen. 2. Sopransängerin. 3. Gesamtheit der Sopranstimmen im gemischten Chor. **So|pranistin** *die*; -, -nen: Sopransängerin. **So|pranschlüssel** *der*; -s: = Diskantschlüssel

Sorbet [auch: *ßorbä*; über *fr.* sorbet aus gleichbed. *it.* sorbetto, s. Sorbett] *der* od. *das*; -s, -s u. **Sorbett** u. Scherbett [über gleichbed. *it.* sorbetto bzw. direkt aus *türk.* šerbet „Kühltrank", dies aus *arab.* šarba „Trank"] *der* od. *das*; -[e]s, -e: eisgekühltes Fruchtsaftgetränk

Sorbinsäure [zu *lat.* sorbum „Frucht der Eberesche"] *die*; -, -n: organische Säure, Konservierungsmittel (Chem.)

Sorbit [zu *lat.* sorbum „Frucht der Eberesche"] *der*; -s: sechswertiger Alkohol, pflanzlicher Wirkstoff

Sordine *die*; -, -n u. **Sordino** [nach gleichbed. *it.* sordina zu *lat.* surdare „betäuben"] *der*; -s, -s u. ...ni: Dämpfer (bei Musikinstrumenten); vgl. con sordino. **sordo** [aus gleichbed. *it.* sordo, dies aus *lat.* surdus „taub; dumpftönend"]: gedämpft (Mus.)

Sore u. Schore [*gaunersprachl.* aus *jidd.* sechoro „Ware"] *die*; -, -n: Diebesgut

sortieren [aus gleichbed. *it.* sortire, dies aus *lat.* sortīri „(er)losen, auswählen"]: in [Güte]klassen einteilen, unter bestimmten Gesichtspunkten ordnen; sondern, auslesen, sichten

Sortilegium [aus gleichbed. *mlat.* sortilegium zu *lat.* sors, Gen. sortis „Los(stäbchen)" u. legere „lesen"] *das*; -s, ...ien [...*i^e^n*]: Weissagung durch Lose

Sortiment [aus gleichbed. *it.* sortimento zu sortire, s. sortieren] *das*; -[e]s, -e: 1. Warenangebot (Warenauswahl) eines Kaufmanns. 2. Kurzform von Sortimentsbuchhandel. **Sortimenter** *der*; -s, -: Angehöriger des Sortimentsbuchhandels, Ladenbuchhändler. **Sortimentsbuchhandel** *der*; -s, -: Buchhandelszweig, der in Läden für den Käufer ein Sortiment von Büchern aus den verschiedensten Verlagen bereithält

SOS [*äß-o-äß*; *engl.*; Kurzw. aus: *s*ave *o*ur *s*hip! (*ße^i^w au^e^r schip*) od. *s*ave *o*ur *s*ouls! (- - *ßo^u^ls*): = Rette[t] unser Schiff!" od. „Rette[t] unsere Seelen!"] *das*; -: internationales [See]notzeichen

sost. = sostenuto. **sostenuto** [aus gleichbed. *it.* sostenuto, Part. Perf. von sostenere „tragen, stützen" aus gleichbed. *lat.* sustinēre]: [aus]gehalten, breit, getragen; Abk.: sost. (Mus.). **Sostenuto** *das*; -s, -s u. ...ti: mäßig langsames Musikstück (Mus.)

Soter [aus gleichbed. *gr.-lat.* sōtḗr] *der*; -, -e: Retter, Heiland (Ehrentitel Jesu Christi; auch Beiname von Göttern u. Herrschern der Antike)

Sottise [...*tis^e^*; aus gleichbed. *fr.* sottise zu sot „dumm, albern"] *die*; -, -n (meist Plural): 1. Dummheit, Unsinnigkeit. 2. Grobheit. 3. stichelnde Rede

sotto voce [- *wotsch^e^*; aus gleichbed. *it.* sotto voce, eigtl. „unter der Stimme"]: halblaut, gedämpft (Vortragsanweisung; Mus.)

Sou [*su*, auch: *ßu*; aus *fr.* sou, dies aus *spätlat.* solidus (eine Goldmünze; vgl. Soldat)] *der*; -, -s [*su*, auch: *ßu*]: franz. Münze zu 5 Centimes

Sou|brette [*su*..., auch: *ß*...; aus gleichbed. *fr.* soubrette, eigtl. „verschmitztes Kammermädchen", zu *provenzal.* soubret „geziert", dies zu *lat.* superāre „übersteigen, zuviel sein"] *die*; -, -n: Darstellerin von heiteren, lustigen Sopranpartien in Oper, Operette, Kabarett

Souf|flé [*sufle*, auch: *ß*...; aus gleichbed. *fr.* soufflé, eigtl. „der Aufgeblasene", zu souffler, vgl. soufflieren] *das*; -s, -s: Auflauf (Gastr.)

Souf|fleur [...*flör*; aus gleichbed. *fr.* souffleur, eigtl. „Zubläser"; vgl. soufflieren] *der*; -s, -e: Mann, der souffliert (am Theater). **Souf|fleuse** [...*flös^e^*; aus gleichbed. *fr.* souffleuse] *die*; -, -n: Frau, die souffliert (am Theater). **souf|flieren** [aus gleichbed. *fr.* souffler, eigtl. „blasen, flüsternd zuhauchen", dies aus *lat.* sufflāre „(an)blasen, hineinblasen"]: [einem Schauspieler den Text seiner Rolle] flüsternd vorsagen, ihm weiterhelfen, wenn er ins Stocken gerät

Soul [*ßo^u^l*; aus gleichbed. *engl.-amerik.* soul, eigtl. „Inbrunst, Seele"] *der*; -s: Jazz- u. Beatmusik mit starker Betonung des Expressiven; vgl. Blues (a, b)

Sound [*ßaund*; aus gleichbed. *engl.-amerik.* sound, eigtl. „Schall, Klang", zu *lat.* sonus „Schall"] *der*; -s: Klang[wirkung] in der Beat- u. Jazzmusik

Souper [*supe*, auch: *ß*...; aus gleichbed. *fr.* souper zu souper, s. soupieren] *das*; -s, -s: festliches Abendessen [mit Gästen]. **soupieren** [aus gleichbed. *fr.* souper, eigtl. „eine Suppe zu sich nehmen" zu soupe „Suppe" (germ. Wort)]: an einem Souper teilnehmen, festlich zu Abend essen

Sourdine [*surdin*; aus gleichbed. *fr.* sourdine, dies aus *it.* sordina] *die*; -, -n [...*n^e^n*]: = Sordine

Sousaphon [*susa*...; aus gleichbed. *amerik.* sousaphone nach dem amerik. Komponisten J. Ph. Sousa, 1854–1932] *das*; -s, -e: tiefes, in der nordamerikan. Jazzmusik verwendetes → Helikon mit aufrechtstehendem Schallstück

Soutane [*su*..., auch: *ß*...; über *fr.* soutane aus gleichbed. *it.* sottana, eigtl. „Untergewand", zu *it.* sotto aus *lat.* subtus „unten, unterwärts"] *die*; -, -n:

langes, enges Obergewand der kath. Geistlichen

Souterrain [*suteräng* u. *su*..., auch: *ß*...; aus gleichbed. *fr.* souterrain zu souterrain „unterirdisch", dies aus gleichbed. *lat.* subterräneus; vgl. Terrain] *das*; -s, -s: Kellergeschoß, Kellerwohnung

Souvenir [*suwe*..., auch: *ß*...; aus gleichbed. *fr.* souvenir zu se souvenir „sich erinnern" aus *lat.* subvenīre „in die Gedanken kommen, einfallen"] *das*; -s, -s: [kleines Geschenk als] Andenken, Erinnerungsstück

souverän [*suwe*..., auch: *ß*...; aus gleichbed. *fr.* souverain, dies aus *mlat.* superänus „darüber befindlich, überlegen"]: 1. die staatlichen Hoheitsrechte [unumschränkt] ausübend. 2. einer besonderen Lage od. Aufgabe jederzeit gewachsen; überlegen. **Souverän** [aus gleichbed. *fr.* souverain] *der*; -s, -e: [unumschränkter] Herrscher, Fürst eines Landes. **Souveränität** [aus gleichbed. *fr.* souveraineté] *die*; -: 1. die höchste Herrschaftsgewalt eines Staates, Hoheitsgewalt; Unabhängigkeit (vom Einfluß anderer Staaten). 2. Überlegenheit

Sovereign [*sowrin*; aus *engl.* sovereign „Landesherr", dies aus gleichbed. *fr.* souverain (nach dem Bild des Königs)] *der*; -s, -s: ehemalige engl. Goldmünze zu 1 £

Sowchos [*sof*...; aus *russ.* sovchoz, Kurzw. aus: sovetskoe chozjaistvo = Sowjetwirtschaft] *der* (auch: *das*); -, ...chosen od. **Sowchose** *die*; -, -n: staatlicher landwirtschaftlicher Großbetrieb in der Sowjetunion

So|wjet [auch *sow*...; aus *russ.* sovet „Rat"] *der*; -s, -s: 1. (hist.) Arbeiter-, Bauern- u. Soldatenrat der russ. Revolutionen (1905 u. 1917). 2. Behörde od. Organ der Selbstverwaltung in der Sowjetunion; O b e r s t e r -: höchstes Organ der Volksvertretung in der UdSSR. 3. (nur Plural) (ugs.) die [Regierung] der Sowjetrussen. **so|wjetisch**: den Sowjet od. die Sowjetunion betreffend. **so|wjetisieren**: (oft abwertend) nach sowjetischem Muster organisieren, einrichten. **So|wjetisierung** *die*; -, -en: (oft abwertend) das Sowjetisieren

Sozi [Kurzform von → *Sozi*aldemokrat] *der*; -s, -s: (abwertend) Sozialdemokrat

Sozia [aus *lat.* socia „Gefährtin", vgl. Sozius (2)] *die*; -, -s: (meist scherzh.) Beifahrerin auf einem Motorrad od. -roller

sozial [über *fr.* social aus gleichbed. *lat.* sociālis zu socius „gemeinsam; Genosse, Gefährte"]: 1. die menschliche Gesellschaft, Gemeinschaft betreffend, gesellschaftlich, Gesellschafts...; -e I n d i k a t i o n: → Indikation für einen Schwangerschaftsabbruch aus sozialen Gründen (z. B. wirtschaftliche Notlage der Mutter). 2. das Gemeinwohl betreffend, der Allgemeinheit nutzend. 3. auf das Wohl der Allgemeinheit bedacht; gemeinnützig, menschlich, wohltätig, hilfsbereit. 4. die gesellschaftliche Stellung betreffend. 5. gesellig lebend (von Tieren, bes. von staatenbildenden Insekten). **sozial**..., **Sozial**...: in Zusammensetzungen auftretendes Bestimmungswort mit der Bedeutung „die Gesellschaft betreffend, auf sie bezogen". **Sozialdemo|krat** *der*; -en, -en: Mitglied, Anhänger einer sozialdemokratischen Partei. **Sozialdemokratie** *die*; -: 1. politische Richtung, die eine Verbindung zwischen → Sozialismus u. → Demokratie herstellen will. 2. a) Sozialdemokratische Partei (eines Landes); b) Gesamtheit der sozialdemokratischen Parteien. **sozialdemokratisch**: die Sozialdemokratie betreffend. **Sozialdemokratismus** *der*; -: (DDR, abwertend) Richtung der Sozialdemokratie mit antikommunistischen Tendenzen, sozialdemokratische Ideologie, die den Klassenkampf ignoriert u. den Kapitalismus unterstützt. **Sozialethik** *die*: -: Lehre von den Pflichten des Menschen gegenüber der Gesellschaft u. im Gemeinschaftsleben. **Sozialhygiene** *die*; -: öffentl. Gesundheitspflege. **Sozialisation** [...*zion*] *die*; -, -en: Prozeß der Einordnung des einzelnen in eine Gemeinschaft, in die Gesellschaft (Soziol.); Ggs. → Individuation; vgl. ...ation/...ierung. **sozialisieren**: 1. [Industrie]betriebe oder Wirtschaftszweige vergesellschaften, verstaatlichen; Ggs. → privatisieren. 2. in die Gemeinschaft einordnen. **Sozialisierung** *die*; -, -en: das Sozialisieren (1 u. 2). **Sozialismus** [aus gleichbed. *fr.* socialisme zu social, vgl. sozial] *der*; -: 1. Gesamtheit der Theorien u. politischen Bewegungen, die auf kollektiven od. staatlichen Besitz der Produktionsmittel u. eine gerechte Verteilung der Güter an alle Mitglieder der Gemeinschaft hinzielen. 2. a) Gesellschaftssystem [einer Gruppe], in dem es kein Privateigentum gibt u. die Produktionsmittel allen gemeinschaftlich gehören; b) Gesellschaftssystem, in dem der Staat die Produktionsmittel besitzt u. die Warenproduktion u. -verteilung kontrolliert; Ggs. → Kapitalismus, → Liberalismus. 3. die Phase, die beim Übergang einer Gesellschaft zum → Kommunismus auf den Kapitalismus folgt. **Sozialist** [aus gleichbed. *fr.* socialiste] *der*; -en, -en: 1. Anhänger des Sozialismus (1). 2. jmd., der im Sozialismus (2) lebt. **sozialistisch**: den Sozialismus betreffend. **Sozialkunde** *die*; -: 1. Darstellung u. Beschreibung der politischen, ökonomischen u. sozialen Verhältnisse in einer Gesellschaft. 2. Schulfach, das Kenntnisse über das gesellschaftliche Leben vermitteln soll. **sozialliberal**: die Kombination von Sozialismus u. Liberalismus betreffend; -e K o a l i t i o n: Regierungsbündnis zwischen einer sozialistischen u. einer liberalen Partei. **Sozialpartner** *der*; -s, -: Arbeitgeber od. Arbeitnehmer bzw. deren Vertreter (z. B. bei Tarifverhandlungen). **Sozialprodukt** *das*; -s, -e: Gesamtheit aller Güter, die eine Volkswirtschaft in einem Zeitraum mit Hilfe der Produktionsfaktoren erzeugt (nach Abzug sämtlicher Vorleistungen). **Sozialstaat** *der*; -[e]s: Demokratie, die bestrebt ist, die soziale Sicherheit ihrer Bürger zu gewährleisten

Sozietät [...*i-e*...; aus *lat.* societās, Gen. societātis „Gesellschaft, Gemeinschaft" zu socius „Genosse"] *die*; -, -en: 1. Genossenschaft. 2. zu einem Verband zusammengeschlossene Tiere (z. B. bei Vögeln)

soziieren, sich [aus *lat.* sociāre „vergesellschaften, vereinigen"]: sich wirtschaftlich vereinigen

Soziolekt [zu *lat.* socius „gemeinsam; Genosse" in Analogie zu → Dialekt] *der*; -[e]s, -e: Sprachgebrauch einer sozialen Gruppe (z. B. Berufssprache, Teenagersprache); vgl. Idiolekt. **Soziolinguistik** [auch: *sozio*...] *die*; -: Teilgebiet der Linguistik, auf dem das Sprachverhalten von gesellschaftlichen Gruppen untersucht wird; vgl. Linguistik. **soziolinguistisch** [auch: *sozio*...]: die Soziolinguistik betreffend. **Soziologe** *der*; -n, -n: jmd., der sich wissenschaftlich mit der Soziologie befaßt (z. B. Hochschullehrer, Student). **Soziologie** *die*; -: Wissenschaft, die sich mit dem Ursprung der Entwicklung u. der Struktur der menschlichen Gesellschaft befaßt. **soziologisch**: die Soziologie betreffend; auf den Forschungsergebnissen der Soziologie beruhend; mit den Methoden der Soziologie durchgeführt

Sozius [aus *lat.* socius „Gesellschafter, Teilnehmer"; vgl. sozial] *der*; -, Soziusse: 1. Teilhaber (Wirtsch.). 2. Beifahrer auf einem Motorrad, -roller; Beifahrersitz. 3. (ugs., scherzhaft) Genosse, Kompagnon

¹Spagat [aus gleichbed. *it.* spaccata, eigtl. „Spalt", zu spaccare „spalten"] *der* (österr. nur so) od. *das*; -[e]s, -e: 1. Körperhaltung (Ballett, Gymnastik), bei der die gespreizten Beine eine Linie bilden

²Spagat [aus gleichbed. *it.* spaghetto, vgl. Spaghetti] *der*; -[e]s, -e: (südd. u. österr.) Bindfaden

Spa|ghetti [*ßpagäti*; aus gleichbed. *it.* spaghetti (Plural) Verkleinerungsform zu spago „dünne Schnur"] *die* (Plural): lange, dünne, stäbchenförmige Teigwaren

Spakat *der*; -[e]s, -e: (österr.) = ¹Spagat

Spalett [nach *it.* spalletta „Brustwehr" zu spalla, s. Spalier] *das*; -[e]s, -e: (österr.) hölzerner Laden vor einem Fenster

Spalier [aus *it.* spalliera „Stützwand", eigtl. „Schulterstütze, Lehne", zu spalla „Schulter" aus *lat.* spatula „Schulterblatt"] *das*; -s, -e: 1. Gitterwand, an der [Obst]pflanzen hochgezogen werden. 2. Ehrenformation beiderseits eines Weges

Spaniel [*...iäl*, auch: *ßpänj^el*; aus *engl.* spaniel, eigtl. „spanischer (Hund)", dies aus gleichbed. *altfr.* epagneul zu *span.* español „spanisch"] *der*; -s, -s: engl. Jagdhund (mehrere Rassen)

sparren [nach gleichbed. *engl.* to spar]: mit einem Übungspartner od. einem Ball Schlagtraining betreiben (Boxsport). **Sparring** [aus gleichbed. *engl.* sparring] *das*; -s: Boxtraining

Spartakiade [in Anlehnung an → Olympiade nach Spartakus, dem Führer des Sklavenaufstandes 73 v. Chr. im alten Rom] *die*; -, -n: in sozialistischen Ländern wiederholt stattfindendes internationales Sportlertreffen mit Wettkämpfen. **Spartakist** *der*; -en, -en: Angehöriger des Spartakusbundes. **Spartakusbund** *der*; -es: 1917 gegründete linksradikale Bewegung in Deutschland, die 1918 den Namen „Kommunistische Partei" annahm

spartanisch [nach der Hauptstadt Sparta der altgriech. peloponnesischen Landschaft Lakonien]: streng, hart; genügsam, einfach, anspruchslos

Sparte [Herkunft unsicher] *die*; -, -n: a) Fach, Gebiet; Geschäfts-, Wissenszweig; b) Zeitungsspalte, -teil

spasmatisch, spasmisch [zu → Spasmus] u. **spasmodisch** [aus *gr.* spasmṓdēs „krampfartig"]: krampfhaft, krampfartig, verkrampft (vom Spannungszustand der Muskulatur (Med.). **Spasmus** [aus *gr.* spasmós „Zuckung; Krampf"] *der*; -, ...men: Krampf, Verkrampfung (Med.). **Spastiker** [zu *gr.* spastikós „mit Krämpfen behaftet] *der*; -s, -: jmd., der an einer spastischen Krankheit leidet. **spastisch**: = spasmisch

Spatium [*...zium*; aus *lat.* spatium „(Zwischen)-raum"] *das*; -s, ...ien [*...i^en*]: [Zwischen]raum (z. B. zwischen Notenlinien)

spazieren [aus *it.* spaziare „umherschweifen", (älter:) „sich ergehen", dies aus gleichbed. *lat.* spatiāri zu spatium „Zwischenraum, Wegstrecke"]: 1. (veraltet) spazierengehen. 2. unbekümmert, fröhlich umhergehen. **spazierengehen**: zur Erholung im Freien zu Fuß gehen

Species [*...iäß*] vgl. Spezies

spedieren [aus gleichbed. *it.* spedire, dies aus *lat.* expedīre, s. expedieren]: [Waren] versenden, abfertigen. **Spediteur** [*...tör*; mit franz. Endung für älteres Speditor aus gleichbed. *it.* speditore] *der*; -s, -e: Kaufmann, der gewerbsmäßig in eigenem od. fremdem Namen Speditionsgeschäfte besorgt; Transportunternehmer. **Spedition** [*...zion*; aus gleichbed. *it.* spedizione, vgl. Expedition] *die*; -, -en: 1. gewerbsmäßige Verfrachtung od. Versendung von Gütern. 2. Transportunternehmen

speditiv [aus *it.* speditivo „hurtig" zu *lat.* expeditus „ungehindert"]: (schweiz.) rasch vorankommend, zügig

Speech [*ßpitsch*; aus gleichbed. *engl.* speech] *der*; -es, -e u. -es [*...tschis*, auch: *...tschiß*]: (ugs., scherzh.) Rede, Ansprache

Speed [*ßpid*; aus *engl.* speed „Geschwindigkeit"] *der*; -[s], -s: Geschwindigkeit[ssteigerung] eines Rennläufers od. Pferdes; Spurt (Sport). **Speedway** [*ßpid^ue^i*; aus *engl.* speedway, eigtl. „Schnellweg"] *der*; -s, -s: engl. Bez. für: Autorennstrecke. **Speedwayrennen** *das*; -s, -: Motorrad- oder Fahrradrennen auf Aschen- oder Schlackenbahnen

Spektabilität [aus *lat.* spectabilitās „Würde, Ansehnlichkeit" zu spectābilis „ansehnlich"; vgl. ²Spektakel] *die*; -, -en: (veraltet) an Hochschulen Anrede an den Dekan; Eure -; Abk.: Ew. -

¹Spektakel [studentensprachl. nach → ²Spektakel] *der*; -s, -: (ugs.) Lärm, Krach, lautes Sprechen, Gepolter. **²Spektakel** [aus *lat.* spectāculum „Schauspiel" zu spectāre „schauen"] *das*; -s, -: die Schaulust befriedigendes Theater-, Ausstattungsstück. **spektakulär**: aufsehenerregend. **spektakulös**: (veraltet) seltsam; abscheulich. **Spektakulum** *das*; -s, ...la: (scherzh.) Anblick, Schauspiel

Spek|tra: *Plural* von → Spektrum. **spek|tral** [zu → Spektrum]: auf das Spektrum bezüglich od. davon ausgehend. **Spek|tralanalyse** *die*; -, -n: 1. Ermittlung der chemischen Zusammensetzung eines Stoffes durch Auswertung seines Spektrums. 2. Verfahren zur Feststellung der physikalischen Natur u. chemischen Beschaffenheit von Himmelskörpern durch Beobachtung der Spektren u. deren Vergleich mit bekannten Spektren (Astron.). **Spektren**: *Plural* von → Spektrum. **Spek|tro|graph** [zu → Spektrum u. → ...graph] *der*; -en, -en: Instrument zur Aufnahme u. Auswertung von Emissions- u. Absorptionsspektren im sichtbaren, ultraroten u. ultravioletten Bereich (u. a. bei der Werkstoffprüfung verwendet; Techn.). **Spek|tro|graphie** *die*; -, ...ien: Aufnahme von Spektren mit einem Spektralapparat. **spek|tro|graphisch**: mit dem Spektralapparat erfolgend. **Spek|trometer** *das*; -s, -: besondere Ausführung eines Spektralapparates zum genauen Messen von Spektren (Astron.). **Spek|tro|skop** *das*; -s, -e: meist als Handinstrument konstruierter besonderer Spektralapparat zum Bestimmen der Wellenlängen von Spektrallinien (Phys.; Astron.). **spek|tro|skopisch**: durch Spektrumsbeobachtungen erfolgt. **Spek|trum** [über gleichbed. *engl.* spectrum aus *lat.* spectrum „in der Vorstellung bestehende Erscheinung" zu specere „sehen"] *das*; -s, ...tren u. ...tra: 1. bei der Brechung von weißem Licht durch ein Glasprisma entstehende Farbfolge von Rot bis Violett. 2. Buntheit, Vielfalt

Spekulant [aus *lat.* speculāns, Gen. speculantis, Part. Präs. zu speculāri, s. spekulieren] *der*; -en, -en: 1. Kaufmann, der sich in Spekulationen (2) einläßt.

2. jmd., der in seinen Überlegungen u. in seinem Handeln auf den unsicheren u. zufälligen Erfolg des Risikos setzt; waghalsiger Spieler. **Spekulation** [...*zion*; aus *lat.* speculātio „das Auskundschaften, die Betrachtung"] *die*; -, -en: 1. a) das Nachsinnen, rein hypothetischer, über den wahrnehmbaren Wirklichkeitsbereich hinausgehender Gedankengang; b) hypothetisches Gedankengebäude. 2. Gesamtheit aller Geschäftsabschlüsse, die auf Gewinne aus künftigen Preisveränderungen abzielen (Wirtsch.). 3. gewagtes Geschäft. **spekulativ** [aus *lat.* speculatīvus „betrachtend, nachsinnend"]: 1. nachsinnend, in der Art der Spekulation (1). 2. die Spekulation (2) betreffend. **spekulieren** [aus *lat.* speculāri „spähen, beobachten; ins Auge fassen" zu specere „sehen"]: 1. (ugs.) a) grübeln, nachsinnen; b) auf etwas rechnen. 2. (ugs.) ausforschen, auskundschaften. 3. [an der Börse] Aktien o. ä. kaufen mit dem Ziel, sie bei gestiegenem Kurs wieder zu verkaufen

Spekulatius [...*zius*; aus gleichbed. *niederl.* speculaas, älter speculatie] *der*; -, -: Mürbegebäck mit Gewürzen in Figurenform

Spekulum [aus *lat.* speculum „Spiegel" zu specere „sehen"] *das*; -s, ...la: meist mit einem Spiegel versehenes röhren- od. trichterförmiges Instrument zum Betrachten u. Untersuchen von Hohlräumen u. Organen, die dem bloßen Auge nicht [genügend] zugänglich sind (Med.)

Spelunke [über *lat.* spēlunca „Höhle, Grotte" aus *gr.* spēlygx „Höhle"] *die*; -, -n: (abwertend) 1. schlechter, unsauberer Wohnraum; Schlupfwinkel. 2. verrufene Kneipe

spendabel [mit *roman.* Endung zu *dt.* spenden gebildet]: (ugs.) freigebig, großzügig. **spendieren**: (ugs.) (für einen anderen) bezahlen; (jmdn.) zu etwas einladen

Spenser vgl. Spenzer. **Spenzer**, (österr.:) Spenser [aus gleichbed. *engl.* spencer, nach dem engl. Grafen G. J. Spencer (*ßpänßᵉr*)] *der*; -s, -: kurzes, enganliegendes Jäckchen od. Hemd

Sperma [aus *gr.* spérma, Gen. spérmatos „Samen"] *das*; -s, ...men u. -ta: männliche Keimzellen enthaltende Samenflüssigkeit (von Mensch u. Tier; Biol.). **spermato...**, **Spermato...**: in Zusammensetzungen auftretendes Bestimmungswort mit der Bed. „Samen", z. B. Spermatogenese „Samenbildung". **Spermium** [zu *gr.* spérmeios „zum Samen gehörend"] *das*; -s, ...ien [...*iᵉn*]: reife männliche Keimzelle bei Mensch u. Tier (Biol.)

Spesen [aus gleichbed. *it.* spese, Plural von spesa „Ausgabe, Aufwand" aus *lat.* expēnsa (pecunia) „ausgegebenes (Geld)" zu expendere „aufwägen, abwägen, auszahlen"] *die* (Plural): Auslagen, [Un]kosten im Dienst o. ä.[, die ersetzt werden]

Spezerei [nach gleichbed. *it.* spezierie, Plural von specieria „Gewürzhandlung" zu *spätlat.* speciēs (Plural) „Gewürze, Zutaten"; vgl. Spezies] *die*; -, -en (meist Plural): (veraltend) Gewürz[ware]

Spezi [Kurzw. für gleichbed. landsch. Spezial zu *lat.* speciālis „besonders, eigentümlich", s. speziell] *der*; -s, -[s]: (landsch.) bester Freund, Busenfreund

spezial: = speziell. **Spezialisation** [...*zion*; aus gleichbed. *fr.* specialisation, s. spezialisieren] *die*; -, -en: = Spezialisierung. **spezialisieren** [aus gleichbed. *fr.* specialiser zu special aus *lat.* speciālis, s. speziell]: 1. gliedern, sondern, einzeln anführen, unterscheiden. 2. sich -: sich [beruflich] auf ein Teilgebiet beschränken [u. darin besondere Fähigkeiten entwickeln]. **Spezialisierung** *die*; -, -en: Beschränkung auf ein [Fach]gebiet [u. die Erlangung besonderer Kenntnisse darin]. **Spezialist** *der*; -en, -en: Fachmann; Facharbeiter; Facharzt. **spezialistisch**: in der Art eines Spezialisten. **Spezialität** *die*; -, -en: 1. Besonderheit. 2. Gebiet, auf dem die besonderen Fähigkeiten od. Interessen eines Menschen liegen; Liebhaberei. 3. Feinschmeckergericht. **speziell** [französierende Umbildung von älterem spezial, dies aus *lat.* speciālis „besonders, eigentümlich" zu speciēs, s. Spezies]: vor allem, besonders, eigentümlich; eigens; einzeln; eingehend

Spezies [...*iäß*; aus *lat.* speciēs „Erscheinung, Begriff, Art, Eigenheit" zu specere „sehen"] *die*; -, - [*schpe̩ziеß*]: 1. besondere Art einer Gattung. 2. Bez. für eine Tier- od. Pflanzenart (in der biol. Systematik). 3. Grundrechnungsart in der Mathematik. **Spezifika**: *Plural* von → Spezifikum. **Spezifikation** [...*zion*] *die*; -, -en: = Spezifizierung. **Spezifikum** [zu *spätlat.* specificus „von besonderer Art, eigentümlich", dies zu speciēs (s. Spezies) u. facere „machen"] *das*; -s, ...ka: 1. Besonderes, Entscheidendes. 2. gegen eine bestimmte Krankheit wirksames Mittel (Med.). **spezifisch** [über gleichbed. *fr.* spécifique aus *lat.* specificus, s. Spezifikum]: 1. einer Sache ihrer Eigenart nach zukommend, bezogen [auf eine besondere Art], arteigen, kennzeichnend; -es Gewicht: das Gewicht eines Stoffes im Verhältnis zum Volumen (auch Wichte genannt); -e Wärme: Wärmemenge, die erforderlich ist, um 1 g eines Stoffes um 1° C zu erwärmen. 2. für eine bestimmte Krankheit kennzeichnend (Med.). **Spezifität** *die*; -, -en: 1. Eigentümlichkeit, Besonderheit. 2. charakteristische Reaktion (Chem.). **spezifizieren**: 1. einzeln aufführen, verzeichnen. 2. zergliedern. **Spezifizierung** *die*; -, -en: das Spezifizieren

Sphäre [1: über *lat.* sphaera aus *gr.* sphaíra „Ball, Kugel, Himmelskugel"; 2: nach gleichbed. *fr.* sphère aus *lat.* sphaera] *die*; -, -n: 1. das kugelförmig erscheinende Himmelsgewölbe. 2. Gesichts-, Gesellschafts-, Wirkungskreis; [Macht]bereich. **sphärisch** [über *lat.* sphaericus aus *gr.* sphairikós „kugelförmig, die Kugel betreffend"]: 1. die Himmelskugel betreffend. 2. auf die Kugel bezogen, mit der Kugel zusammenhängend (Math.); -e Trigonometrie: Berechnung von Dreiecken auf der Kugeloberfläche. **Sphäroid** *das*; -[e]s, -e: 1. kugelähnlicher Körper (bzw. seine Oberfläche). 2. Rotationsellipsoid (durch Drehung der Ellipse um ihre kleine Achse entstehend; z. B. der Erdkörper). **sphäroidisch**: kugelähnlich

Sphinx [über *lat.* Sphīnx, Gen. Sphīngis aus gleichbed. *gr.* Sphīgx]: 1. *die*; -, -e (archäologisch fachspr.: *der*; -, -e u. Sphingen): ägypt. Steinbild in Löwengestalt, meist mit Männerkopf, Sinnbild des Sonnengottes od. des Königs. 2. (ohne Plural) rätselhafte Person od. Gestalt (nach dem weibl. Ungeheuer der griech. Mythologie)

spianato [*ßp...*; aus gleichbed. *it.* spianato, Part. Perf. von spianare „einebnen" aus *lat.* explanāre „ausbreiten"]: einfach, schlicht (Vortragsanweisung; Mus.)

spiccato [*ßpikato*; aus gleichbed. *it.* spiccato, Part. Perf. von spiccare „losmachen, abbrechen"]: [die Töne] deutlich voneinander getrennt [zu spielen] (Vortragsanweisung; Mus.). **Spiccato** *das*; -s, -s u. ...ti: die Töne voneinander absetzende, mit Springbogen zu spielende Strichart bei Saiteninstrumenten (Mus.)

Spider [*ßpaid^er*; nach *engl.* spider „leichter Wagen", eigtl. „Spinne"] *der*; -s, -: offener [Renn]sportwagen

Spike [*ßpaik*, auch: *schpaik*; aus *engl.* spike „langer Nagel, Stachel"] *der*; -s, -s: Metallstift für die Sohlen von Rennschuhen u. für Winterreifen. **Spikes** [aus gleichbed. *engl.* spikes, Plural von spike] *die* (Plural): 1. Rennschuhe mit Metallstiften unter der Sohle (Sport). 2. Winterreifen für Kraftwagen mit Spezialstiften gegen Glatteis u. Schneeglätte

Spin [aus *engl.* spin „schnelle Drehung" zu to spin „spinnen"] *der*; -s, -s: Eigendrehimpuls der Elementarteilchen im Atom, ähnlich dem Drehimpuls durch Rotation (Phys.)

spinal [aus gleichbed. *lat.* spīnālis zu spīna „Dorn; Rückgrat"]: zur Wirbelsäule, zum Rückenmark gehörend; -e Kinderlähmung: eine Erkrankung des Rückenmarks; vgl. Poliomyelitis

Spinat [über *span.* espinaca aus gleichbed. *arab.* isbānāh, dies aus *pers.* ispānāh „Spinat"] *der*; -[e]s, -e: dunkelgrünes Blattgemüse

Spinett [aus gleichbed. *it.* spinetta, wohl nach dem Erfinder G. Spinetti, um 1500] *das*; -[e]s, -e: dem → Cembalo ähnliches Musikinstrument, bei dem die Saiten mit einem Dorn angerissen werden

Spinnaker [aus gleichbed. *engl.* spinnaker] *der*; -s, -: großes, halbrundes, sich stark wölbendes Jachtvorsegel (Seew.)

spinös [aus *lat.* spīnōsus „dornig; stechend; spitzfindig" zu spīna „Dorn"]: schwierig (im Umgang), tadelsüchtig, spitzfindig, bei anderen gern schlechte Eigenschaften usw. suchend u. hervorkehrend

spintisieren [vermutlich eine romanisierende Weiterbildung zu *dt.* spinnen]: (ugs.) grübeln; ausklügeln; Unsinniges denken od. reden, phantasieren

Spion [aus *it.* spione „Späher, Horcher" zu spia „Späher", spiare „spähen, heimlich erkunden" (germ. Wort)] *der*; -s, -e: 1. Späher, Horcher; heimlicher Kundschafter; Person, die geheime Informationen unerlaubterweise [an eine fremde Macht] übermittelt. 2. ein außen am Fenster angebrachter Spiegel, in dem man die Vorgänge auf der Straße beobachten kann. 3. [vergittertes] Guckloch an den Zellentüren im Gefängnis od. an Haustüren. **Spionage** [*...gsch^e*; nach gleichbed. *fr.* espionnage] *die*; -: Auskundschaftung von Geheimnissen für eine fremde Macht. **spionieren** [nach gleichbed. *fr.* espionner zu espion „Spion"]: [für eine fremde Macht] Geheimnisse auskundschaften

Spiräe (auch: Spiraea) [über *lat.* spīraea „Spierstrauch" aus gleichbed. *gr.* speiraía] *die*; -, -n: Pflanzengattung der Rosengewächse mit zahlreichen Ziersträuchern

spiral [aus gleichbed. *mlat.* spirālis zu *lat.* spīra „Windung, Schneckenlinie" aus gleichbed. *gr.* speīra]: schneckenförmig gedreht (Techn.). **Spirale** *die*; -, -n: 1. a) sich gleichmäßig um eine Achse windende Linie, Schraubenlinie; b) ebene Kurve, die in unendlich vielen, immer weiter werdenden Windungen einen festen Punkt umläuft (Math.). 2. Gegenstand in der Form einer Spirale (1) (z. B. Uhrfeder)

Spirans *die*; -, Spiranten u. **Spirant** [aus *lat.* spīrāns, Gen. spīrantis, Part. Präs. von spīrāre „blasen, hauchen"] *der*; -en, -en: Reibelaut, → Frikativ. **spirantisch**: die Spirans, den Spiranten betreffend

Spiritismus [zu *lat.* spīritus „Hauch, Geist", s. [1]Spiritus] *der*; -: Geisterlehre; Glaube an Erscheinungen von Seelen Verstorbener, mit denen man durch ein → [1]Medium (3a) zu verkehren sucht; Versuch, okkulte Vorgänge als Einwirkungen von Geistern zu erklären. **Spiritist** *der*; -en, -en: Anhänger des Spiritismus. **spiritistisch**: den Spiritismus betreffend

Spiritual [*ßpiritju^el*; aus gleichbed. *engl.-amerik.* spiritual, eigtl. „geistliches (Lied)"; vgl. spirituell] (auch: *der*); -s, -s: = Negro Spiritual

spiritualisieren [zu *mlat.* spirituālis „geistig"; vgl. spirituell]: vergeistigen. **Spiritualismus** *der*; -: 1. metaphysische Lehre, die das Wirkliche als geistig od. als Erscheinungsweise des Geistigen annimmt. 2. theologische Richtung, die die unmittelbare geistige Verbindung des Menschen mit Gott gegenüber der geschichtlichen Offenbarung betont. **Spiritualist** *der*; -en, -en: Vertreter des Spiritualismus. **spiritualistisch**: den Spiritualismus betreffend. **Spiritualität** [aus gleichbed. *mlat.* spirituālitas] *die*; -: Geistigkeit; Ggs. → Materialität. **spirituell** [über *fr.* spirituel aus gleichbed. *mlat.* spirituālis, dies aus *lat.* spirituālis „zur Luft, zum Atem gehörend; vgl. [1]Spiritus]: geistig; geistlich

Spirituosen [aus gleichbed. *fr.* spiritueux (Plural), in der Endung relatinisiert; vgl. → [2]Spiritus] *die* (Plural): alkoholhaltige Getränke (z. B. Weinbrand, Liköre)

spirituoso [aus gleichbed. *it.* spirituoso]: geistvoll, feurig (Vortragsanweisung; Mus.)

[1]**Spiritus** [*ßp...*; aus *lat.* spīritus „(Luft)hauch, Atem, Leben, Seele, Geist" zu spīrāre „blasen, hauchen, atmen"] *der*; -, - [*ßpíritųß*]: Hauch, Atem, [Lebens]geist; - asper (Plural: - asperi): Zeichen (ʻ) für den H-Anlaut im Altgriechischen; - familiaris: guter Hausgeist, Vertraute[r] der Familie; - lenis (Plural: - lenes): Zeichen (ʼ) für das Fehlen des H-Anlautes im Altgriechischen; - rector [*räk...*]: leitender, belebender, treibender Geist, Seele (z. B. eines Betriebes, Vorhabens); - Sanctus [*...kt...*]: der Heilige Geist. [2]**Spiritus** [*schp...*; aus *mlat.* spīritus „destillierter Extrakt" (Alchimistenwort, aus *lat.* spīritus „Seele, Geist")] *der*; -, -se: Weingeist; Alkohol

Spirochäte [*...chäte*; zu *gr.* speīra „Windung" u. chaítē „langes Haar" (nach der Gestalt)] *die*; -, -n: krankheitserregende Bakterie (z. B. Erreger der Syphilis u. des Rückfallfiebers)

Spirometer [zu *lat.* spīrāre „atmen" u. → [1]...meter] *das*; -s, -: Gerät, mit dem die verschiedenen Eigenschaften des Atems gemessen werden (Med.)

Spital [verkürzt aus *mlat.* hospitāle, s. Hospital] *das*; -s, ...täler: (veraltend, aber noch landsch.) Krankenhaus, Altersheim, Armenhaus

Spleen [*schplin*, auch: *ßplin*; aus gleichbed. *engl.* spleen, eigtl. „Milz, Milzsucht", dies aus *gr.-lat.* splēn „Milz"] *der*; -s, -e u. -s: a) phantastischer Einfall; b) verrückte Angewohnheit, seltsame Eigenart; Verschrobenheit. **spleenig**: schrullig, verrückt, überspannt

splendid [unter Einfluß von *dt.* spendieren aus *lat.* splendidus „glänzend, prachtvoll" zu splendēre „glänzen"]: 1. freigebig, großzügig. 2. prächtig

Splendid isolation [- *aiß^elę̄'sch^en*; aus gleichbed. *engl.* splendid isolation, eigtl. „glänzendes Alleinsein"; vgl. splendid u. Isolation] *die*; - -: 1. (hist.) die Bündnislosigkeit Englands im 19. Jh. 2. die freiwillige Bündnislosigkeit eines Landes, einer Partei, einer Gruppe o. ä.

splitten [aus gleichbed. *engl.* to split]: aufspalten; vgl. Splitting. **Splitting** *das*; -s: Verteilung der Erst-

u. Zweitstimme auf verschiedene Parteien (bei Wahlen)

Spoiler [*ßpeul*ᵉ*r*; aus gleichbed. *engl.* spoiler] *der*; -s, -: 1. Luftleitblech an [Renn]autos zum Zweck der besseren Bodenhaftung. 2. Verlängerung des Skistiefels am Schaft als Stütze bei der Rücklage. 3. Klappe an den Tragflächen von Flugzeugen, die die Strömungsverhältnisse verändert (Störklappe)

Spolium [aus gleichbed. *lat.* spolium, eigtl. „abgezogene Haut, dem Feind abgenommene Rüstung"] *das*; -s, ...ien [...*i*ᵉ*n*]: Beutestück, erbeutete Waffe (im alten Rom)

spondeisch: 1. den Spondeus betreffend. 2. in, mit Spondeen geschrieben, verfaßt. **Spondeus** [über *lat.* spondēus (pēs) aus gleichbed. *gr.* spondeĩos (poũs) zu *gr.* spondḗ „Trankopfer" (urspr. bei Opfergesängen gebraucht)] *der*; -, ...deen: aus zwei Längen bestehender antiker Versfuß (––). **Spondiakus** [zu *lat.* spondīacus aus *gr.* spondeiakós „spondeisch"] *der*; -, ...zi: → Hexameter, in dem statt des fünften → Daktylus ein Spondeus gesetzt ist

sponsern [nach gleichbed. *engl.* to sponsor (zu → Sponsor)]: [durch finanzielle Unterstützung] fördern. **Sponsor** [...*s*ᵉ*r*; aus gleichbed. *engl.* sponsor, eigtl. „Bürge", dies aus *lat.* spōnsor „Bürge" zu spondēre „geloben, sich verpflichten"] *der*; -s, -s: Gönner, Förderer, Geldgeber (z. B. im [Autorenn]sport)

spontan [aus *spätlat.* spontāneus „freiwillig" zu spōns, Gen. spontis „(An)trieb, freier Wille"]: von selbst; von innen heraus, freiwillig, ohne Aufforderung, aus eigenem plötzlichem Antrieb; unmittelbar. **Spontanei|tät** [...*ne-i*...] u. **Spontanität** *die*; -, -en: Handeln ohne äußere Anregung; eigener, innerer Antrieb; unmittelbare, spontane Reaktion

sporadisch [aus gleichbed. *fr.* sporadique, dies aus *gr.* sporadikós „verstreut" zu speírein „streuen, säen"; vgl. Diaspora]: 1. vereinzelt [vorkommend], verstreut. 2. gelegentlich, selten

Spot [*ßpot*; aus gleichbed. *engl.* spot, eigtl. „(kurzer) Auftritt", zu spot „Fleck, Ort"] *der*; -s, -s: a) Werbekurzfilm (in Kino u. Fernsehen); b) in Hörfunksendungen eingeblendeter Werbetext

Spotlight [...*lait*; aus gleichbed. *engl.* spotlight zu spot „Fleck, Ort" u. light „Licht"] *das*; -s, -s: Beleuchtung od. Scheinwerfer, der auf einen Punkt gerichtet ist u. dabei die Umgebung im Dunkeln läßt

S. P. Q. R. = Senatus Populusque Romanus

Spray [*ßpre*ⁱ od. *schpre*ⁱ; aus gleichbed. *engl.* spray, dies wohl zu to spray „zerstäuben" aus *mniederl.* spraeien „spritzen, stieben"] *der* od. *das*; -s, -s: 1. Zerstäuber für Flüssigkeiten. 2. durch Zerstäuber erzeugter Flüssigkeitsnebel; Sprühflüssigkeit. **sprayen**: Flüssigkeiten zerstäuben

Sprinkler [aus gleichbed. *engl.* sprinkler zu to sprinkle „sprenkeln, Wasser versprengen"] *der*; -s, -: Teil einer Beregnungsanlage zum Feuerschutz (z. B. in Kaufhäusern), der bei bestimmter Temperatur Wasser versprüht

Sprit [volkstümliche Umbildung von → ²Spiritus, formal an franz. *esprit* = „Geist; Weingeist" angelehnt] *der*; -[e]s, -e: (ugs.) Benzin, Treibstoff

Sputnik [aus gleichbed. *russ.* sputnik, eigtl. „Weggenosse, Gefährte"] *der*; -s, -s: 1. künstlicher Erdsatellit. 2. (ugs., scherzh.) Begleiter

Square dance [- *danß*; aus gleichbed. *engl.-amerik.* square dance zu square „Quadrat"] *der*; - -, - -s [- ...*ßis*, auch: ...*ßiß*]: beliebter amerikan. Volkstanz, bei dem jeweils vier Paare, in Form eines Quadrates aufgestellt, gemeinsam verschiedene Figuren ausführen

Squash [*ßk*ᵘ*osch*; aus gleichbed. *engl.* squash, zu to squash „zerquetschen"] *das*; -: ausgepreßter Saft [mit Mark] von Zitrusfrüchten

Squaw [*ßk*ᵘ*o*; aus *engl.* squaw, dies aus *indian.* (*Algonkin*) squa „Weib"] *die*; -, -s: engl. Bezeichnung für: nordamerikan. Indianerfrau

sr = Steradiant

Sr = chem. Zeichen für: Strontium

ss. = sequentes

s. t. = sine tempore

St = 1. Stokes. 2. Stratus

St. = Sankt

Stabat mater [*lat.*; „die Mutter (Jesu) stand (am Kreuz)"] *das*; - -, - -: 1. (ohne Plural) Anfang u. Bezeichnung einer kath. → Sequenz (2). 2. Komposition, die den Text dieser Mariensequenz zugrunde legt

Stabelle [Nebenform zu gleichbed. mundartl. Schabelle aus *rätoroman.* scabella, dies zu *lat.* scabellum „Schemel"] *die*; -, -n: (schweiz.) hölzerner Stuhl, Schemel

stabil [aus *lat.* stabilis „feststehend, standhaft, dauerhaft" zu stāre „stehen"]: 1. beständig, sich im Gleichgewicht haltend (z. B. Wetter, Gesundheit); Ggs. → labil (1). 2. seelisch robust, widerstandsfähig; Ggs. → labil (2). 3. körperlich kräftig, widerstandsfähig. 4. fest, dauerhaft, der Abnutzung standhaltend (z. B. in bezug auf Gegenstände). **Stabile** [aus gleichbed. *engl.* stabile zu stabile „feststehend", s. stabil] *das*; -s, -s: auf dem Boden stehende metallene Konstruktion in abstrakter Gestaltung (in der modernen Kunst); Ggs. → Mobile. **Stabilisator** *der*; -s, ...oren: 1. Gerät zur Gleichhaltung elektrischer Größen. 2. bei Kraftwagen verwendete Federung zum Abmildern vertikaler Stoßschwingungen. 3. Zusatz, der unerwünschte Reaktionen chemischer Verbindungen verhindert od. verlangsamt. **stabilisieren**: festsetzen; festigen, dauerhaft, standfest machen. **Stabilisierung** *die*; -, -en: 1. Herstellung od. Herbeiführung eines festen, dauerhaften Zustandes. 2. das Entfernen von leicht verdampfenden Stoffen aus Treibstoffen unter hohem Druck. **Stabilität** [aus gleichbed. *lat.* stabilitās] *die*; -: 1. Beständigkeit, Dauerhaftigkeit. 2. Gleichgewichtssicherheit

stacc. = staccato. **staccato** [*ßtak*...; aus gleichbed. *it.* staccato zu staccare „trennen, absondern, abstecken"]: kurz abgestoßen (zu spielen od. zu singen, in bezug auf eine Tonfolge); Abk.: stacc. (Vortragsanweisung; Mus.); Ggs. → legato; vgl. martellato. **Staccato** vgl. Stakkato

Stadion [aus *gr.* stádion „ein Längenmaß; Rennbahn, Laufbahn" (die Rennbahn in Olympia war 1 stádion lang)] *das*; -s, ...ien [...*i*ᵉ*n*]: 1. mit Zuschauerrängen versehenes ovales Sportfeld; Kampfbahn. 2. altgriechisches Längenmaß (1 Stadion = 184,98 m)

Stadium [eigtl. „Abschnitt im Verlauf einer Krankheit", nach *lat.* stadium aus *gr.* stádion „Längenmaß"] *das*; -s, ...ien [...*i*ᵉ*n*]: Zustand; Entwicklungsstufe; Abschnitt

Stafette [*scht*...; aus *it.* stafetta „reitender Eilbote" zu staffa „Steigbügel" (germ. Wort)] *die*; -, -n: 1. (hist.) reitender Eilbote, Meldereiter. 2. Staffel, Staffellauf (bes. Sport)

Staffage [*schtafaseh*^e; mit französierender Endung zu *dt.* (aus)staffieren gebildet] *die*; -, -n: 1. Beiwerk; Nebensächliches; Ausstattung, trügerischer Schein. 2. Menschen u. Tiere als Belebung eines Landschafts- od. Architekturgemäldes (bes. in der Malerei des Barocks)

Stagflation [*...zion*; nach gleichbed. *engl.* stagflation, Kurzw. aus *stag*nation u. in*flation*] *die*; -: Stillstand des Wirtschaftswachstums bei gleichzeitiger Geldentwertung

Sta|gnation [*scht...* od. *ßt...*; nach gleichbed. *engl.* stagnation zu → stagnieren] *die*; -, -en: Stockung, Stauung, Stillstand. **sta|gnieren** [aus *lat.* stāgnāre „überschwemmt sein" zu stāgnum „künstliches Gewässer, See, Lache"]: 1. stocken, sich stauen; sich festfahren. 2. stehen (von Gewässern ohne sichtbaren Abfluß u. vom Stillstand eines Gletschers). **Sta|gnierung** *die*; -, -en: = Stagnation; vgl. ...ation/...ierung

Staket [*scht...*; aus gleichbed. *niederl.* staket, dies aus *altfr.* estachette, estaque „Pfahl" (germ. Wort)] *das*; -[e]s, -e: Staketenzaun, Lattenzaun. **Stakete** *die*; -, -n: (österr.) Latte

Stakkato [aus gleichbed. *it.* staccato, s. staccato] *das*; -s, -s u. ...ti: ein die einzelnen Töne kurz abstoßender musikalischer Vortrag

Stalagmit [aus gleichbed. *nlat.* stalagmites zu *gr.* stálagma „Tropfen", stalagmós „Getröpfel", diese zu *gr.* stalássein „tropfen"] *der*; -s u. -en, -e[n]: Tropfstein, der vom Boden der Höhle nach oben wächst; vgl. Stalaktit. **stalagmitisch**: wie ein Stalagmit geformt

Stalaktit [aus gleichbed. *nlat.* stalactites zu *gr.* stalaktós „tröpfelnd", dies zu stalássein „tropfen"] *der*; -s u. -en, -e[n]: Tropfstein, der von der Höhlendecke nach unten wächst; vgl. Stalagmit. **stalaktitisch**: wie ein Stalaktit geformt

Stalinismus [nach dem ehemaligen sowjetischen Diktator Stalin, 1879–1953] *der*; -: die von Stalin inspirierte Auslegung u. praktische Durchführung des Marxismus. **Stalinist** *der*; -en, -en: Anhänger, Verfechter des Stalinismus. **stalinistisch**: den Stalinismus betreffend

Stamokap [Kurzw. für: Staatsmonopolkapitalismus] *der*; -[s], -s: 1. (ohne Plural) politische These, nach der der spätkapitalistische Staat aufs engste mit den großen Wirtschaftsunternehmen verknüpft ist u. für deren Profite sorgt. 2. Anhänger dieser Theorie

Stampi|glie [*...pilj*^e; aus gleichbed. *it.* stampiglia, dies aus *span.* estampilla „Stempel" zu estampa „Abdruck", estampar „(ab)drucken" (germ. Wort)] *die*; -, -n: (österr.) Gerät zum Stempeln; Stempelaufdruck

Standard [*schtandart*; aus gleichbed. *engl.* standard, eigtl. „Standarte, Fahne; Standmuster"; vgl. Standarte] *der*; -s, -s: 1. Normalmaß, Durchschnittsbeschaffenheit, Richtschnur. 2. allgemeines Leistungs-, Qualitäts-, Lebensführungsniveau; Lebensstandard. 3. (DDR) staatlich vorgeschriebene Norm. 4. anerkannter Qualitätstyp, Qualitätsmuster, Normalausführung einer Ware. **Standardisation** [*...zion*; aus gleichbed. *engl.* standardization zu to standardize „vereinheitlichen"] *die*; -, -en: = Standardisierung; vgl. ...ation/...ierung. **standardisieren** [nach einem Muster] vereinheitlichen. **Standardisierung** *die*; -, -en: Vereinheitlichung nach einem Muster; vgl. ...ation/...ierung

Standarte [aus *altfr.* estandart „Feldzeichen" (Herkunft umstritten)] *die*; -, -n: 1. Feldzeichen, Fahne einer berittenen od. motorisierten Truppe; Flagge eines Staatsoberhaupts. 2. die etwa einem Regiment entsprechende Einheit von SA u. SS zur Zeit des Nationalsozialismus. 3. (Jägerspr.) Schwanz des Fuchses (od. Wolfes)

Stanniol [*scht...*; zu *lat.* stagnum, stannum „Mischung aus Blei u. Silber; Zinn"] *das*; -s, -e: 1. silberglänzende Zinnfolie. 2. (ugs.) silberglänzende Aluminiumfolie. **stanniolieren**: in Stanniol verpakken

Stannum [aus gleichbed. *lat.* stannum, vgl. Stanniol] *das*; -s: Zinn; chem. Zeichen: Sn

stante pede [*ßt...* -, auch: *scht...* -; *lat.*; „stehenden Fußes"]: sofort

Stanze [aus *it.* stanza „Strophe", eigtl. „Wohnraum", dies aus *mlat.* stantia zu *lat.* stāre „stehen, sich aufhalten" (die Stanze wird als Wohnraum der poetischen Gedanken gesehen)] *die*; -, -n: (urspr. italien.) Strophenform aus acht elfsilbigen jambischen Verszeilen (Reimfolge: ab ab ab cc)

Star [aus gleichbed. *engl.* star, eigtl. „Stern"] *der*; -s, -s: gefeierte Bühnen-, Filmgröße. **Starlet[t]** [*ßta*^r*lät*; aus gleichbed. *engl.* starlet, eigtl. „Sternchen"] *das*; -s, -s: [ehrgeizige] Nachwuchsfilmschauspielerin

Starost [*scht...*; aus gleichbed. *poln.* starosta, eigtl. „Ältester", zu stary „alt"] *der*; -en, -en: 1. (hist.) Dorfvorsteher in Polen. 2. Kreishauptmann, Landrat in Polen

Stars and Stripes [*ßta*^r*s* ^e*nd ßtraipß*; *engl.*; „Sterne u. Streifen"] *die* (Plural): die Nationalfahne der USA

...stat [zu *gr.* statós „gestellt, stehend"]: Wortbildungselement mit der Bed. „feststellend, regelnd", z. B. Thermostat

Stat [Kurzw. aus: elektro*stat*isch] *das*; -, -: (veraltet) Bezeichnung für die Stärke eines radioaktiven Präparats (Abk.: St)

Statement [*ßte*^i*tm*^e*nt*; aus gleichbed. *engl.* statement zu to state „festsetzen, erklären"] *das*; -s, -s: öffentliche [politische] Erklärung od. Behauptung

Statik [aus *gr.* statikḗ (téchnē) „Kunst des Wägens" zu statikós „zum Stillstehen bringend, wägend"] *die*; -: Teilgebiet der Mechanik für die Untersuchung des Gleichgewichts von Kräften an ruhenden Körpern. **Statiker** *der*; -s, -: Bauingenieur mit speziellen Kenntnissen auf dem Gebiet der Statik, d. i. Berechnung von Bauwerken unter Berücksichtigung der äußeren (angreifenden) und inneren (werkstoffabhängigen) Kräfte. **statisch**: 1. die Statik betreffend. 2. stillstehend, ruhend; Ggs. → dynamisch; -es Moment: Drehmoment = Kraft mal Hebelarm (senkrechter Abstand vom Drehpunkt; Phys.)

Station [*...zion*; aus *lat.* statio „das (Still)stehen; Stand-, Aufenthaltsort" zu stāre „stehen"; vgl. Status] *die*; -, -en: 1. a) Halt, Haltepunkt; Haltestelle eines Verkehrsmittels; b) [kleinerer] Bahnhof. 2. Halt, Aufenthalt, Rast. 3. Bereich, Krankenhausabteilung. 4. Ort, an dem sich eine techn. Anlage befindet, Sende-, Beobachtungsstelle. 5. markanter Punkt oder Abschnitt eines Vorgangs od. einer Entwicklung. **stationär** [nach gleichbed. *fr.* stationnaire aus *spätlat.* statiōnārius „stillstehend, am Standort bleibend"]: 1. den Standort (z. B. einer Tier- od. Pflanzenart) betreffend; bleibend, ortsfest; zeitlich unveränderlich. 2. die Behandlung, den Aufenthalt in einem Krankenhaus betreffend (Med.); Ggs. → ambulant (2). **stationieren** [zu → Station (2)]: 1. an einen bestimmten Platz stellen, aufstellen, anstellen. 2. eine Truppe an einen bestimmten Standort verlegen

statisch s. Statik

Statist [zu *lat.* stāre „stehen"; vgl. Status] *der*; -en, -en: 1. nur dastehender, stummer Schauspieler ohne Sprechrolle (Theat.; Film). 2. bedeutungslose Nebenfigur. **Statisterie** *die*; -, ...ien: Gesamtheit der Statisten

Statistik [zu *lat.* status „Stand, Zustand", s. Status] *die*; -, -en: 1. (ohne Plural) wissenschaftliche Methode zur zahlenmäßigen Erfassung, Untersuchung u. Darstellung von Massenerscheinungen. 2. [schriftlich] dargestelltes Ergebnis einer Untersuchung nach der statistischen Methode. **Statistiker** *der*; -s, -: 1. Wissenschaftler, der sich mit den theoretischen Grundlagen u. den Anwendungsmöglichkeiten der Statistik befaßt. 2. Bearbeiter u. Auswerter von Statistiken. **statistisch**: die Statistik betreffend, auf Ergebnissen der Statistik beruhend

Stativ [zu *lat.* statīvus „(fest)stehend", dies zu stāre „stehen", vgl. Status] *das*; -s, -e [...*we*]: dreibeiniges Gestell zum Aufstellen von Geräten (z. B. für Kamera, Nivellierinstrument). **Statolith** [zu *gr.* statikós (s. Statik) u. → ...lith] *der*; -en u. -s, -e[n] (meist Plural): Steinchen in Gleichgewichtsorganen von Tieren, Gehörsand (Biol.)

Stator [zu *lat.* stāre „stehen"; vgl. Status] *der*; -s, ...oren: feststehender Teil eines Elektromotors od. einer Dynamomaschine; Ggs. → Rotor (1)

statuarisch [aus gleichbed. *lat.* statuārius]: auf die Bildhauerkunst od. eine Statue bezüglich; standbildhaft. **Statue** [...*u*^e^; aus gleichbed. *lat.* statua zu stāre „stehen"; vgl. Status] *die*; -, -n: Standbild (plastische Darstellung eines Menschen od. Tieres). **Statuette** [aus gleichbed. *fr.* statuette] *die*; -, -n: kleine Statue. **statuieren** [aus gleichbed. *lat.* statuere; vgl. Statut]: aufstellen, festsetzen; bestimmen; ein Exempel -: ein warnendes Beispiel geben

Statur [*scht*...; aus gleichbed. *lat.* statūra zu stāre „stehen"; vgl. Status] *die*; -, -en: [Körper]gestalt, Wuchs

Status [aus *lat.* status „das Stehen, der Stand, Zustand" zu stāre (Part. Perf. statum) „stehen"] *der*; -, - [*ßtatuß*]: 1. Zustand, Stand, Lage; - nascendi [- ...*zändi*]: besonders reaktionsfähiger Zustand chem. Stoffe im Augenblick ihres Entstehens aus anderen (Chem.); - quo: gegenwärtiger Zustand; - quo ante: Stand vor dem bezeichneten Tatbestand od. Ereignis. 2. durch Rasse, Bildung, Geschlecht, Einkommen u. a. bedingte Stellung des einzelnen in der Gesellschaft. **Statussymbol** *das*; -s, -e: äußeres [materielles] Zeichen, mit dem die tatsächliche od. erstrebte Zugehörigkeit zu einer Gesellschaftsschicht dokumentiert werden soll

Statut [aus *lat.* statutum „Bestimmung", substantiviertes Part. Perf. von statuere „hinstellen, festsetzen, bestimmen", dies zu stāre (Part. Perf. statum) „stehen"] *das*; -[e]s, -en: Satzung, [Grund]gesetz. **statutarisch**: auf Statut beruhend, satzungs-, ordnungsgemäß

Steak [*ßtek*; aus gleichbed. *engl.* steak, dies aus *isl.* steik „Braten" zu steikja „braten", eigtl. „an den Bratspieß stecken"] *das*; -s, -s: Fleischscheibe aus der Lende (vor allem von Rind, Kalb, Schwein), die nur kurz gebraten wird

Stearin [*scht*..., auch: *ßt*...; aus gleichbed. *fr.* stéarine zu *gr.* stéar „Fett, Talg"] *das*; -s, -e: festes Gemisch aus Stearin- u. Palmitinsäure nach Entfernen der flüssigen Ölsäure, Rohstoff zur Kerzenherstellung

Steelband [*ßtilbänd*; aus gleichbed. *engl.-amerik.* steel band] *die*; -, -s: Gruppe von Musikern, die auf leeren Ölfässern von unterschiedlicher Höhe und Tonhöhe spielen (vor allem auf den karibischen Inseln)

Steeple|chase [*ßtīp*^e^*ltsche*^i^*ß*, aus gleichbed. *engl.* steeplechase, eigtl. „Kirchturmjagd" (ein Kirchturm, engl. steeple, war das Ziel)] *die*; -, -n [...*tsche*^i^*ß*^e^*n*]: Hindernisrennen, Jagdrennen (Pferdesport)

Stegosaurier [...*i*^e^*r*; zu *gr.* stégos „Dach" u. → Saurier (nach den Knochenplatten auf Rücken u. Schwanz)] *der*; -s, -: Gattung der ausgestorbenen → Dinosaurier mit sehr kleinem Schädel

Stele [*ßt*...; aus gleichbed. *gr.* stēlē] *die*; -, -n: altgriech. Grabsäule mit Inschrift oder Totenbildnis

Stellage [*schtälasch*^e^; aus gleichbed. *niederl.* stellage zu stellen „stellen"] *die*; -, -n: Gestell, Gerüst, Ständer

stellar [*ßt*...; aus gleichbed. *lat.* stēllāris zu stēlla „Stern"]: die Fixsterne betreffend

Stemma [*ßt*...; aus *lat.* stemma „Stammbaum, Ahnentafel", eigtl. „Kranz als Schmuck der Ahnenbilder", dies aus *gr.* stemma „Kranz"] *das*; -s, -ta: Stammbaum, bes. der verschiedenen Fassungen eines literarischen Denkmals

Steno [*scht*...] *die*; -: (ugs.) Kurzform von Stenographie. **steno**..., **Steno**..., vor Vokalen sten..., Sten... [zu *gr.* stenós „eng"]: in Zusammensetzungen auftretendes Bestimmungswort mit der Bedeutung „schmal, eng". **Stenodaktylo** *die*; -, -s: Kurzform von Stenodaktylographin. **Stenodaktylo|graphie** [zu → steno..., *gr.* dáktylos „Finger" u. → ...graphie] *die*; -: (schweiz.) Stenographie u. Maschineschreiben. **Stenodaktylo|graphin** *die*; -, -nen: (schweiz.) Stenotypistin. **Steno|graf** usw. vgl. Stenograph usw. **Steno|gramm** [zu → Stenographie, vgl. ...gramm] *das*; -s, -e: in Stenographie geschriebenes Diktat, geschriebene Rede. **Steno|graph** *der*; -en, -en: jmd., der Stenographie schreibt, Kurzschriftler. **Steno|graphie** [aus *engl.* stenography zu → steno... u. *gr.* gráphein „schreiben"] *die*; -, ...ien: Kurzschrift (Schreibsystem mit besonderen Zeichen u. Schreibbestimmungen zum Zwecke der Schriftkürzung). **steno|graphieren**: in Stenographie schreiben. **steno|graphisch**: a) die Stenographie betreffend; b) in Kurzschrift geschrieben, kurzschriftlich. **Stenokontoristin** [*scht*...] *die*; -, -nen: Kontoristin mit Kenntnissen in Stenographie und Maschineschreiben. **stenotypieren** [zu → Stenotypistin]: stenographisch niederschreiben u. danach in Maschinenschrift übertragen. **Stenotypistin** [Femin. zu veraltetem Stenotypist, dies über *fr.* sténotypiste aus *engl.* stenotypist, zu → Stenographie (*engl.* stenography) u. *engl.* typist „Maschinenschreiber"; vgl. Type] *die*; -, -nen: weibliche Kraft, die Stenographie u. Maschineschreiben beherrscht

stentando u. **stentato** [aus gleichbed. *it.* stentando, stentato zu stentare „Mühe haben"]: zögernd, schleppend (Vortragsanweisung; Mus.)

Stentorstimme [nach dem stimmgewaltigen Helden des Trojanischen Krieges] *die*; -, -n: laute, gewaltige Stimme

Step [aus gleichbed. *engl.* step, eigtl. „Schritt, Tritt"] *der*; -s, -s: artistischer Tanz, bei dem der Rhythmus durch Klappen mit den Fußspitzen u. Hacken hörbar gemacht wird. **steppen** [aus gleichbed. *engl.* to step]: einen Step tanzen

Steradiant [zu → stereo... u. → Radiant (2)] *der*; -en, -en: Einheit des Raumwinkels; Abk.: sr (Math.)

stereo: 1. = stereophonisch. 2. (ugs.) bisexuell. **stereo..., Stereo...** [zu *gr.* stereós „starr, hart, fest"]: in Zusammensetzungen auftretendes Bestimmungswort mit der Bedeutung „starr, fest, massiv, unbeweglich; räumlich, körperlich", z. B. stereotyp, Stereoskop. **Stereo** *das*; -s, -s: Kurzform von: Stereophonie. **Stereochemie** *die*; -: Teilgebiet der Chemie, das die räumliche Anordnung der Atome im Molekül erforscht. **Stereofilm** *der*; -s, -e: dreidimensionaler Film. **Stereofoto|grafie** u. Stereophoto|graphie *die*; -, ...ien: 1. (ohne Plural) Verfahren zur Herstellung von räumlich wirkenden Fotografien. 2. fotografisches Raumbild. **stereo|graphisch**: -e Projektion: Abbildung der Punkte einer Kugeloberfläche auf eine Ebene, wobei Kugelkreise wieder als Kreise erscheinen. **Stereokamera** *die*; -, -s: Kamera mit zwei gleichen Objektiven in Augenabstand zur Aufnahme von Teilbildern für Raumbildverfahren. **Stereome|trie** [aus *gr.* stereometría „das Ausmessen fester Körper"] *die*; -: Wissenschaft von der Geometrie u. der Berechnung räumlicher Gebilde (Math.). **stereophon** [vgl. ...phon]: über zwei od. mehr Kanäle elektroakustisch übertragen, Raumverhältnisse akustisch wiedergebend; Ggs. → monophon. **Stereophonie** *die*; -: elektroakustische Schallübertragung über zwei od. mehr Kanäle, die räumliches Hören gestattet (z. B. bei Breitwandfilmen, in der Rundfunktechnik u. in der modernen Schallplattentechnik). **stereophonisch**: = stereophon. **Stereophotographie** vgl. Stereofotografie. **Stereo|platte** *die*; -, -n: Schallplatte, die stereophonisch abgespielt werden kann. **Stereo|skop** [vgl. ...skop] *das*; -s, -e: optisches Gerät zur Betrachtung von Stereobildern. **Stereo|skopie** *die*; -: Gesamtheit der Verfahren zur Aufnahme u. Wiedergabe von raumgetreuen Bildern. **stereo|skopisch**: räumlich erscheinend, dreidimensional wiedergegeben. **stereotyp** [aus gleichbed. *fr.* stéréotype, eigtl. „mit feststehenden Typen gedruckt", vgl. Type]: 1. feststehend, unveränderlich. 2. ständig [wiederkehrend]; leer, abgedroschen. **Stereotypie** [aus gleichbed. *fr.* stéréotypie] *die*; -, ...ien: das Herstellen u. Ausgießen von → Matern (Druckw.). **stereotypieren**: → Matern herstellen u. zu Stereotypplatten ausgießen (Druckw.)

steril [über gleichbed. *fr.* stérile aus *lat.* sterilis „unfruchtbar; ertraglos"]: 1. keimfrei; vgl. aseptisch (a). 2. unfruchtbar, nicht fortpflanzungsfähig; Ggs. → fertil. 3. langweilig, geistig unfruchtbar, unschöpferisch. **Sterilisation** [...*zion*] *die*; -, -en: 1. Entkeimung. 2. Unfruchtbarmachung; vgl. ...ation/...ierung. **Sterilisator** *der*; -s, ...oren: Entkeimungsapparat. **sterilisieren** [aus gleichbed. *fr.* stériliser]: 1. keimfrei [u. dadurch haltbar] machen (z. B. Nahrungsmittel). 2. unfruchtbar, zeugungsunfähig machen. **Sterilisierung** *die*; -, -en: = Sterilisation; vgl. ...ation/...ierung. **Sterilität** [nach *lat.* sterilitās „Unfruchtbarkeit"] *die*; -: 1. Keimfreiheit (von chirurgischen Instrumenten u. a.). 2. Unfruchtbarkeit (der Frau), Zeugungsunfähigkeit (des Mannes); Ggs. → Fertilität. 3. geistiges Unvermögen, Ertraglosigkeit

Sterin [zu *gr.* stereós „starr, hart"] *das*; -s, -e: in jeder tierischen od. pflanzlichen Zelle vorhandene organische Verbindung, ein kompliziert gebauter aromatischer Alkohol

Sterlet[t] [über *engl., fr.* sterlet aus gleichbed. *russ.* sterljad'] *der*; -s, -e: bis 1 m langer Stör des Schwarzen und Asowschen Meeres sowie der Donau

Sterling [*ßtär*... od. *ßtö*...; aus gleichbed. *engl.* sterling] *der*; -s, -e (aber: 5 Pfund Sterling): Währungseinheit in Großbritannien; Pfund -; Zeichen u. Abk.: £, £Stg

Stetho|skop [zu *gr.* stēthos „Brust" u. → ...skop] *das*; -s, -e: Hörrohr zum → auskultieren (Med.)

Stetson [*ßtätßᵉn*; aus gleichbed. *engl.-amerik.* stetson, nach dem Hersteller] *der*; -s, -s: weicher Filzhut mit breiter Krempe; Cowboyhut

Steward [*ßtjuᵉrt*; aus gleichbed. *engl.* steward, eigtl. „Verwalter", dies aus *aengl.* stigweard „Hauswart"] *der*; -s, -s: Betreuer der Passagiere an Bord von Schiffen, Flugzeugen u. in Omnibussen. **Stewardeß** [*ßtjuᵉrdäß*, auch: ...*däß*; aus gleichbed. *engl.* stewardess] *die*; -, ...essen: weiblicher Steward

Stibium [aus *lat.* stibium „Spießglas", zu gleichbed. *gr.* stíbi] *das*; -s: = Antimon

stichisch [zu *gr.* stíchos „Vers", eigtl. „Reihe, Ordnung"]: nur den Vers als metrische Einheit besitzend (von Gedichten); vgl. monostichisch

Stigma [aus *gr.-lat.* stígma „Zeichen, Brandmal", eigtl. „Stich"] *das*; -s, ...men u. -ta: a) Mal, Zeichen; Wundmal; b) (nur Plural) Wundmale Christi. **Stigmatisation** [...*zion*; zu → stigmatisieren] *die*; -, -en: Auftreten der fünf Wundmale Christi bei einem Menschen. **stigmatisieren** [über *mlat.* stigmatizāre aus gleichbed. *gr.* stigmatízein]: jmdn. brandmarken. **stigmatisiert**: mit den Wundmalen Christi gezeichnet. **Stigmatisierte** *der* u. *die*; -n, -n: Person, bei der die Wundmale Christi erscheinen

Stil [aus *lat.* stilus „spitzer Pfahl; Griffel; Schreibart, Ausdrucksform"] *der*; -[e]s, -e: 1. Art des sprachlichen Ausdrucks [eines Individuums]. 2. einheitliche u. charakteristische Darstellungs- u. Ausdrucksweise einer Epoche od. eines Künstlers. 3. Lebensweise, die dem besonderen Wesen od. den Bedürfnissen von jmdm. entspricht. 4. [vorbildliche u. allgemein anerkannte] Art; Technik, etwas (z. B. eine Sportart) auszuführen. **stilisieren** [französierende Bildung zu → Stil]: Formen, die in der Natur vorkommen, [in dekorativer Absicht] vereinfachen od. verändern, um die Grundstrukturen sichtbar zu machen. **Stilisierung** *die*; -, -en: a) nach einem bestimmten Stilideal od. -muster geformte [künstlerische] Darstellung; b) Vereinfachung od. Reduktion auf die Grundstruktur[en]. **Stilist** *der*; -en, -en: Beherrscher des Stils, des sprachlichen Ausdrucks. **Stilistik** [nach gleichbed. *fr.* stylistique] *die*; -, -en: 1. (ohne Plural) Stillehre, -kunde; vgl. Rhetorik (a). 2. [Lehr]buch für guten Stil (1); systematische Beschreibung der Stilmittel. **stilistisch**: den Stil (1, 2, 4) betreffend

Stilb [aus *gr.* stílbē „Glanz, das Leuchten"] *das*; -s, - (aber: 5 Stilb): Einheit der Leuchtdichte auf einer Fläche; Zeichen: sb (Phys.)

Stilett [aus gleichbed. *it.* stiletto zu stile „Griffel; Dolch", vgl. Stil] *das*; -s, -e: kleiner Dolch

stilisieren, Stilist usw. s. Stil

Stilus [aus *lat.* stilus, s. Stil] *der*; -, ...li: antiker [Schreib]griffel

Stimulans [aus *lat.* stimulāns, Gen. stimulantis, Part. Präs. von stimulāre, s. stimulieren] *das*; -, ...lanzien

[...iᵉn] u. ...lantia [...zia]; anregendes Arzneimittel, Reizmittel. **Stimulation** [...zion] *die*; -, -en: = Stimulierung; vgl. ...ation/...ierung. **stimulieren** [aus gleichbed. *lat.* stimulāre, vgl. Stimulus]: anregen, anreizen; ermuntern. **Stimulierung** *die*; -, -en: Erregung, Anregung, Reizung; vgl. ...ation/...ierung. **Stimulus** [aus gleichbed. *lat.* stimulus, eigtl. „Stachel"] *der*; -, ...li: Reiz, Antrieb

Stipendiat [zu → Stipendium] *der*; -en, -en: jmd., der ein Stipendium erhält. **Stipendist** *der*; -en, -en: (bayr.-österr.) Stipendiat. **Stipendium** [aus *lat.* stipendium „Steuer, Abgabe; Sold; Unterstützung"] *das*; -s, ...ien [...iᵉn]: finanzielle Unterstützung für Schüler, Studierende u. jüngere Wissenschaftler

Stoa [aus *gr.* Stoá, nach der stoà poikílē (- *peu*...), einer mit Bildern geschmückten Säulenhalle im antiken Athen] *die*; -: eine um 300 v. Chr. von Zeno von Kition begründete Philosophenschule

Stochastik [*ßtoch*...; aus *gr.* stochastikḗ (téchnē) „zum Zielen, zum Erraten gehörend(e Kunst)"] *die*; -: Teilgebiet der Statistik, das sich mit der Analyse zufallsabhängiger Ereignisse u. deren Wert für statistische Untersuchungen befaßt. **stochastisch**: zufallsabhängig

Stoi|ker [über *lat.* Stōicus aus *gr.* Stōikós, vgl. Stoa] *der*; -s, -: 1. Angehöriger der Stoa. 2. Vertreter des Stoizismus. 3. Mensch von stoischer Gelassenheit. **stoisch**: 1. die Stoa od. den Stoizismus (1) betreffend. 2. von unerschütterlicher Ruhe, gleichmütig, gelassen. **Stoi|zismus** *der*; -: 1. die von der Stoa ausgehende weitreichende Philosophie u. Geisteshaltung mit dem Ideal des Weisen, der naturgemäß u. affektfrei unter Betonung der Vernunft u. des Gleichmuts lebt. 2. Unerschütterlichkeit, Gleichmut

Stokes [*ßtoᵘkß*; nach dem engl. Physiker Sir G. G. Stokes, 1819–1903]: *das*; -, -: Maßeinheit der Zähigkeit eines Stoffes; Zeichen: St

Stola [aus *lat.* stola, dies aus *gr.* stolḗ „Rüstung, Kleidung"] *die*; -, ...len: 1. altröm. knöchellanges Obergewand für Frauen. 2. schmaler, über beide Schultern herabhängender Teil des priesterlichen Meßgewandes. 3. langer, schmaler Umhang aus Stoff od. Pelz

Stomp [aus gleichbed. *engl.-amerik.* stomp, eigtl. „das Stampfen"] *der*; -[s]: 1. ein afroamerikanischer Tanz. 2. im Jazz eine melodisch-rhythmische Technik, bei der der fortlaufenden Melodie eine rhythmische Formel zugrunde gelegt wird

stop! [aus gleichbed. *engl.* stop!]: 1. halt! 2. Punkt (im Telegrafenverkehr). **Stop-time** [...*taim*; aus gleichbed. *engl.-amerik.* stop time, dies aus stop „das Halten" u. time „Zeit; Takt"] *die*; -: rhythmische Technik, die im plötzlichen Abbruch des → Beat besteht (in der afroamerik. Musik)

Store [*schtor* u. *ßtor*; aus *fr.* store „Rollvorhang", dies über *it.* stora, stuoia aus *lat.* storea „Matte"] *der*; -s, -s: durchsichtiger Fenstervorhang

stornieren [aus gleichbed. *it.* stornare]: 1. einen Fehler in der Buchhaltung durch Eintragung eines Gegenpostens berichtigen. 2. [einen Auftrag] rückgängig machen. **Storno** *der* u. *das*; -s, ...ni: Berichtigung eines Buchhaltungsfehlers, Rückbuchung (Wirtsch.)

Storting [*ßtor*..., bei norw. Ausspr.: *ßtur*...; aus *norw.* storting, eigtl. „große Zusammenkunft"] *das*; -s, -e u. -s: das norwegische Parlament

Story [*ßtori*, auch: *ßtori*; aus gleichbed. *engl.-amerik.* story, dies aus *altfr.* estoire, vgl. Historie] *die*; -, -s (auch: ...ies [...*ris*, auch: ...*riß*]): [Kurz]geschichte, Erzählung (vgl. Short story)

Straddle [*ßträdᵉl*; aus *engl.* straddle „das Spreizen der Beine"] *der*; -[s], -s: Wälzsprung mit gespreizten Beinen (Hochsprung)

Stradivari [*ßtradiwari*] *die*; -, -[s] u. **Stradivarius** *die*; -, -: Geige aus der Werkstatt des berühmten ital. Geigenbauers Antonio Stradivari (1644–1737) aus Cremona

Stramin [aus gleichbed. *niederl.* stramien, dies aus *altfr.* estamin(e) „leichter Wollstoff" zu *lat.* stāmineus „voll Fäden, faserig"] *der*; -s, -e: appretiertes Gittergewebe als Grundmaterial für [Kreuz]stickerei

Strangulation [...*zion*; aus gleichbed. *lat.* strangulātio, vgl. strangulieren] *die*; -, -en: Erdrosselung. **strangulieren** [über *lat.* strangulāre aus gleichbed. *gr.* straggaláein]: erdrosseln, erwürgen. **Strangulierung** *die*; -, -en: = Strangulation

Strapaze [aus gleichbed. *it.* strapazzo, vgl. strapazieren] *die*; -, -n: große Anstrengung, Mühe, Beschwerlichkeit. **strapazieren** [aus *it.* strapazzare „überanstrengen"]: übermäßig anstrengen, beanspruchen; abnutzen, verbrauchen. **strapaziös** [französierende Bildung]: anstrengend, beschwerlich

Straps [auch: *ßträpß*; aus *engl.* straps (Plural) „Riemen"] *der*; -es, -e: Strumpfhalter

Stratege [nach *fr.* stratège aus gleichbed. *gr.* stratēgós] *der*; -n, -n: a) Feldherr, Heerführer; b) jmd., der einen genauen Plan zur Durchsetzung eines Ziels ausarbeitet u. ausführt. **Strategem** [nach *fr.* stratagème aus gleichbed. *gr.* stratḗgēma] *das*; -s, -e: a) Kriegslist; b) Kunstgriff, Trick. **Strategie** [nach *fr.* stratégie aus gleichbed. *gr.* stratēgía] *die*; -, ...ien: 1. a) umfassende [vorbereitende] Planung eines Krieges unter Einbeziehung aller wesentlichen (auch nichtmilitärischen) Faktoren; vgl. Taktik; b) Lehre von der Führung der Truppen. 2. Art des Vorgehens; genau geplante Verfahrensweise. **strategisch**: genau geplant, einer Strategie folgend

Stratokumulus [aus → Stratus u. → Kumulus] *der*; -s, ...li: tief hängende, gegliederte Schichtwolke; Abk.: Sc (Meteor.). **Strato|sphäre** [nach *fr.* stratosphère aus → Stratus u. → Sphäre] *die*; -: Teilschicht der Atmosphäre in einer Höhe von etwa 12 bis 80 km über der Erde (Meteor.). **strato|sphärisch**: die Stratosphäre betreffend. **Stratus** [aus *lat.* strātus „ausgebreitet, bedeckt"] *der*; -, ...ti: tief hängende, ungegliederte Schichtwolke; Abk.: St (Meteor.)

Strazze [aus gleichbed. *it.* stracciafoglio zu stracciare „zerreißen"] *die*; -, -n: (Kaufmannsspr.) Kladde

strepitoso u. **strepituoso** [aus gleichbed. *it.* strepitoso zu *lat.* strepitus „Geräusch, Lärm"]: lärmend, geräuschvoll, glänzend, rauschend (Vortragsanweisung; Mus.)

Streptokokke *die*; -, -n u. **Streptokokkus** *der*; -, ...kken (meist Plural): Kettenbakterien, Eitererreger

Streß [aus gleichbed. *engl.* stress, eigtl. „Anspannung", gekürzt aus *mengl.* distresse „Sorge, Kummer" zu *lat.* dīstringere „auseinanderziehen, -dehnen"] *der*; ...sses, ...sse: starke körperliche u. seelische Belastung, die zu Schädigungen führen kann; Überbeanspruchung, Anspannung (von Menschen)

Stretch [*ßträtsch*; aus *engl.* stretch „dehnbar"] *der*;

-[es], -es [...*is*]: elastisches Gewebe aus Kräuselgarn

Stretta [aus gleichbed. *it.* stretta, eigtl. „das Drükken", vgl. stretto] *die*; -, -s: brillanter, auf Effekt angelegter Schluß einer Arie od. eines Instrumentalstückes

stretto [aus gleichbed. *it.* stretto, dies aus *lat.* strictus, s. strikt]: gedrängt, eilig, lebhaft; (bei der Fuge:) in Engführung (Vortragsanweisung; Mus.)

Strike [*ßtraik*; aus gleichbed. *engl.-amerik.* strike, eigtl. „Schlag"] *der*; -s, -s: 1. das Abräumen mit dem ersten Wurf (Bowling). 2. ordnungsgemäß geworfener Ball, der entweder nicht angenommen, verfehlt od. außerhalb des Feldes geschlagen wird (Baseball)

strikt [*scht*...; aus *lat.* strictus „zusammengeschnürt; dicht, eng; streng", vgl. stringieren]: streng; genau; pünktlich; strikte. **strikte** (Adverb): streng, genau

string. = stringendo. **stringendo** [*ßtrindschändo*; aus gleichbed. *it.* stringendo, vgl. stringieren]: schneller werdend, eilend (Vortragsanweisung; Mus.); Abk.: string. **Stringendo** *das*; -s, -s u. ...di: schneller werdendes Tempo (Mus.)

stringent [*ßt*...; aus *lat.* stringēns, Gen. stringentis, Part. Präs. von stringere, s. stringieren]: zwingend, streng. **Stringenz** *die*; -: das Zwingende, strenge Beweiskraft

stringieren [*ßt*...; aus *lat.* stringere „schnüren, zusammenziehen"]: die Klinge des Gegners mit der eigenen Waffe abdrängen, auffangen (Fechtsport)

Stringwand [zu *engl.* string „Schnur; Draht"] *die*; -, ...wände: Möbelkombination aus Hängeregalen u. Hängeschränken

Strip [1: aus gleichbed. *engl.-amerik.* strip; 2: aus *engl.* strip „Streifen"] *der*; -s, -s: 1. Kurzform von Striptease. 2. in Streifen verpacktes, gebrauchsfertiges Wundpflaster. **strippen**: 1. eine Entkleidungsnummer vorführen; sich in einem Varieté od. Nachtlokal entkleiden. 2. die Emulsionsschicht von Filmen od. Platten abziehen, um eine Sammelform zu montieren (Fotogr.). **Stripperin** *die*; -, -nen: Stripteasetänzerin. **Strips** [aus gleichbed. *engl.-amerik.* strips] *die* (Plural): = Comic strips. **Striptease** [*ßtríptis*; aus gleichbed. *engl.-amerik.* striptease, dies aus to strip „sich ausziehen" u. tease „Aufreizung, Neckerei"] *der* (auch: *das*); -: 1. Entkleidungsnummer (in Theater u. Varieté). 2. (scherzh.) Entblößung

stri|sciando [*ßtrischando*; aus gleichbed. *it.* strisciando zu strisciare „streifen, schleppen"]: schleifend, gleitend (Vortragsanweisung; Mus.). **Stri|sciando** *das*; -s, -s u. ...di: schleifendes, gleitendes Spiel (Mus.)

Strobo|skop [*ßt*...; aus *gr.* stróbos „Wirbel, das Herumdrehen im Kreise" u. → ...skop] *das*; -s, -e: 1. Gerät zur Bestimmung der Frequenz schwingender od. rotierender Systeme, z. B. der Umlaufzeit von Motoren. 2. Gerät zur Sichtbarmachung von Bewegungen (zwei gegenläufig rotierende Scheiben, von denen die eine Schlitze od. Löcher, die andere Bilder trägt; Vorläufer des Films). **stroboskopisch**: das Stroboskop betreffend

Strontium [...*zium*; aus *engl.* strontium, nach dem schott. Ort Strontian] *das*; -s: chem. Grundstoff, Metall; Zeichen: Sr

Strophe [über *lat.* stropha aus gleichbed. *gr.* strophḗ, eigtl. „das Drehen, die Wendung"] *die*; -, -n: 1. in der altgriech. Tragödie die Tanzwendung des Chors in der → Orchestra u. das dazu vorgetragene Chorlied, das von der → Antistrophe beantwortet wurde. 2. gleichmäßig wiederkehrende Einheit von Versen, Gedichtabschnitt. **strophisch**: 1. in Strophen geteilt. 2. mit der gleichen Melodie zu singen (von einer [Lied]strophe)

Struktur [aus *lat.* strūctūra „ordentliche Zusammenfügung; Ordnung, Gefüge; Bau(werk)"] *die*; -, -en: 1. [unsichtbare] Anordnung der Teile eines Ganzen zueinander, gegliederter Aufbau, innere Gliederung. 2. Gefüge, das aus Teilen besteht, die wechselseitig voneinander abhängen. 3. (ohne Plural) erhabene Musterung bei Textilien. 4. geologische Bauform (z. B. Falte, Salzstock u. a.). **struktural**: = strukturell; vgl. ...al/...ell. **Strukturalismus** [nach gleichbed. *fr.* structuralisme, vgl. Struktur] *der*; -: sprachwissenschaftliche Richtung, die Sprache als ein geschlossenes Zeichensystem versteht u. die Struktur (1) dieses Systems erfassen will. **Strukturalist** *der*; -en, -en: Vertreter des Strukturalismus. **strukturalistisch**: den Strukturalismus betreffend. **strukturell**: die Struktur betreffend; vgl. ...al/...ell. **Strukturformel** u. Konstitutionsformel *die*; -, -n: die mit Wertigkeitsstrichen geschriebene Formel der chemischen Verbindungen. **strukturieren**: mit einer Struktur (1, 2) versehen

Strychnin [*scht*...; aus *fr.* strychnine zu *gr.-lat.* strýchnos „eine Art Nachtschattengewächs"] *das*; -s: giftiges Alkaloid des indischen Brechnußbaumes (in kleinen Dosen Heilmittel)

stuckieren [aus gleichbed. *it.* stuccare zu stucco „Stuck" (germ. Wort)]: (selten) [Wände] mit Stuck (Mischung aus Gips, Kalk und Sand) versehen

stud. = studiosus, als Abkürzung vor der Bezeichnung der Studienrichtung eines Studenten, z. B. - medicinae [...*zinä*]: Student der Medizin; Abk.: stud. med.; vgl. Studiosus. **Student** [*scht*...; aus *(m)lat.* studēns, Gen. studentis, Part. Präs. von studēre, s. studieren] *der*; -en, -en: zur wissenschaftlichen Ausbildung an einer Hochschule od. Fachschule Immatrikulierter, Studierender, Hochschüler; vgl. Studiosus. **studentisch**: a) den Studenten betreffend; b) zum Studenten gehörend

Studie [...*iᵉ*; aus *Studien*, der Pluralform von → Studium, zurückgebildet] *die*; -, -n: Entwurf, kurze [skizzenhafte] Darstellung, Vorarbeit [zu einem Werk der Wissenschaft od. Kunst]; Übung

Studienassessor *der*; -s, -en: amtliche Bezeichnung für den Anwärter auf das höhere Lehramt nach der zweiten Staatsprüfung. **Studiendirektor** *der*; -s, -en: a) verschiedentlich amtliche Bezeichnung für den Leiter einer Fachschule od. einer Zubringeschule; b) Bezeichnung für den Stellvertreter eines Oberstudiendirektors. **Studienrat** *der*; -s, ...räte: amtliche Bezeichnung für den festangestellten, akademisch gebildeten Lehrer an höheren Schulen. **Studienreferendar** *der*; -s, -e: amtliche Bezeichnung für den Anwärter auf das höhere Lehramt nach der ersten Staatsprüfung

studieren [aus *lat.* studēre „etwas eifrig betreiben; sich wissenschaftlich betätigen, studieren"]: a) lernen, forschen; erforschen; b) eine Universität, Hochschule besuchen

Studiker [zu → Student] *der*; -s, -: (ugs., scherzh.) Student

Studio [aus gleichbed. *it.* studio, vgl. Studium] *das*; -s, -s: 1. Künstlerwerkstatt, Atelier (z. B. eines Malers). 2. Aufnahmeraum (bei Film, Funk und Fernsehen). 3. Versuchsbühne (für modernes Theater). 4. Übungs- u. Trainingsraum für Tänzer. 5. abgeschlossene Einzimmerwohnung. **Studiofilm**

der; -s, -e: ein für Übungs- u. Experimentierzwecke hergestellter kurzer, lehrhafter Schmalfilm

Studiosus [aus *lat.* studiōsus „eifrig; wißbegierig, studierend" *der*; -, ...osen u. ...osi: (scherzh.) Studierender, Student; vgl. stud.

Studium [aus (*m*)*lat.* studium „eifriges Streben; wissenschaftliche Betätigung", vgl. studieren] *das*; -s, ...ien [...*iᵉn*]: 1. wissenschaftliche [Er]forschung; intensive Beschäftigung mit einer Sache. 2. Hochschulbesuch, -ausbildung. **Studium generale** [aus *mlat.* studium generāle, eigtl. „allgemeines Studium"] *das*; - -: 1. frühe Form der Universität im Mittelalter. 2. Vorlesungen und Seminare allgemeinbildender Art

Stukkateur [*schtukatör*; aus gleichbed. *fr.* stucateur, vgl. Stukkator] *der*; -s, -e: a) Stuckarbeiter; b) (selten) Stukkator. **Stukkator** [aus gleichbed. *it.* stuccatore, vgl. stuckieren] *der*; -s, ...oren: Künstler, der Stuckplastiken herstellt, Stuckkünstler. **Stukkatur** *die*; -, -en: [künstlerische] Stuckarbeit

Stuntman [*ßtantmᵉn*; aus gleichbed. *engl.-amerik.* stunt man zu stunt „Kunststück"] *der*; -s, ...men: jmd., der berufsmäßig gefährliche u. akrobatische Szenen für den Hauptdarsteller filmt. **Stuntwoman** [...*ᵘumᵉn*; zu *engl.* woman „Frau", analog zu → Stuntman] *das*; -s, ...men [...*ᵘimᵉn*]: Frau, die für die Hauptdarstellerin gefährliche Szenen filmt

Stupa [*ßt*...; aus gleichbed. *sanskr.* stūpaḥ, eigtl. „(Haar)schopf, oberer Teil des Hauptes"] *der*; -s, -s: buddhistischer indischer Kultbau (urspr. halbkugeliger Grabhügel mit Zaun)

stupid u. **stupide** [*scht*...; über *fr.* stupide aus gleichbed. *lat.* stupidus]: stumpfsinnig, geistlos, beschränkt, dumm; unfähig, sich mit etwas geistig auseinanderzusetzen. **Stupidität** *die*; -, -en: 1. (ohne Plural) Stumpfsinnigkeit; Beschränktheit, Dummheit. 2. von Geistlosigkeit zeugende Handlung, Bemerkung o. ä.

Styling [*ßtailing*; aus gleichbed. *engl.* styling, vgl. Stil] *das*; -s: a) industrielle Formgebung im Hinblick auf das funktionsgerechte, den Käufer ansprechende [modische] Äußere; b) Karosseriegestaltung im Kraftfahrzeugbau. **Stylist** [*ßtailißt*; aus gleichbed. *engl.* stylist, vgl. Stil] *der*; -en, -en: Formgestalter (bes. im Karosseriebau)

Styropor Ⓦ [aus Styrol u. → porös] *das*; -s: mit Treibmittel versetztes → Polystyrol

Suada [aus *lat.* suādus „zuredend, überredend"] u. **Suade** *die*; -, Suaden: Beredsamkeit, Redefluß

suave [...*wᵉ*; über *it.* suave aus gleichbed. *lat.* suāvis]: lieblich, angenehm (Vortragsanweisung; Mus.)

sub..., **Sub...** [aus gleichbed. *lat.* sub], oft vor f angeglichen zu suf-, vor g zu sug-, vor k zu suk-, vor p zu sup-, vor r zu sur-, vor z zu suk-: Präfix mit der Bedeutung „unter; unterhalb; von unten heran; nahebei", z. B. Subordination, suggerieren, Supplement, Surrealismus, sukzessiv

Sub [aus *lat.* sub, s. sub...] *das*; -s, -s: wiederholtes → Kontra, Erwiderung auf ein → ²Re (Kartenspiele)

sub|alpin: 1. räumlich unmittelbar an die Alpen anschließend (Geogr.). 2. bis zur Baumgrenze reichend (von der Nadelwaldzone in 1 600–2 000 m Höhe). **sub|alpinisch**: = subalpin

sub|altern [aus *spätlat.* subalternus „untergeordnet"]: 1. (abwertend) unterwürfig, untertänig. 2. untergeordnet; unselbständig. **Sub|alternität** *die*; -: a) Unterwürfigkeit, Untertänigkeit; b) das Untergeordnetsein, Unselbständigkeit

sub|ant|arktisch: zwischen → Antarktis u. gemäßigter Klimazone gelegen (Geogr.)

sub|arktisch: zwischen → Arktis u. gemäßigter Klimazone gelegen (Geogr.)

Sub|atlantikum [aus → sub... u. → Atlantikum] *das*; -s: jüngste Stufe des → Alluviums (Geol.). **subatlantisch**: das Subatlantikum betreffend

Subboreal [aus → sub... u. → Boreal] *das*; -s: zweitjüngste Stufe des → Alluviums (Geol.)

Subdominante *die*; -, -n: a) die 4. Stufe (→ ¹Quart 1) einer Tonart; b) der Dreiklang auf der vierten Stufe (Mus.)

subito [über *it.* subito aus gleichbed. *lat.* subitō]: plötzlich, sofort, unvermittelt (Vortragsanweisung; Mus.)

Subjekt [aus *lat.* subiectum „Satzgegenstand; Grundbegriff", eigtl. „das Daruntergeworfene"] *das*; -[e]s, -e: 1. das erkennende, mit Bewußtsein ausgestattete, handelnde Ich (Philos.); Ggs. → Objekt (1b). 2. [auch: *sub*...] Satzgegenstand (Sprachw.) 3. (abwertend) heruntergekommener, gemeiner Mensch. **subjektiv**: 1. auf ein Subjekt bezüglich, dem Subjekt angehörend, in ihm begründet (Philos.). 2. a) auf die eigene Person bezogen, von der eigenen Person aus urteilend; b) einseitig, parteiisch; unsachlich; Ggs. → objektiv. **Subjektivismus** [...*wi*...] *der*; -: 1. Ansicht, nach der das Subjekt (das Ich) das primär Gegebene sei, alles andere Schöpfung des Bewußtseins dieses Subjekts (Verneinung objektiver Erkenntnisse, Werte, Wahrheiten); Ggs. → Objektivismus (1). 2. übertriebene Betonung der eigenen Persönlichkeit. **Subjektivist** *der*; -en, -en: Vertreter des Subjektivismus. **subjektivistisch**: den Subjektivismus betreffend. **Subjektivität** *die*; -: persönliche Auffassung, Eigenart; Einseitigkeit. **Subjektsatz** *der*; -es, ...sätze: Satz, in dem das → Subjekt (2) in Gestalt eines Gliedsatzes auftritt (Sprachw.). **Subjektsgenitiv** *der*; -s, -e: = Genitivus subjectivus

Subkontinent *der*; -[e]s, -e: geographisch geschlossener Teil eines Kontinents, der auf Grund seiner Größe u. Gestalt eine gewisse Eigenständigkeit hat, z. B. der indische -

Subkultur *die*; -, -en: besondere, z. T. relativ geschlossene Kulturgruppierung innerhalb eines übergeordneten Kulturbereiches, oft in bewußtem Gegensatz zur herrschenden Kultur stehend. **subkulturell**: zu einer Subkultur gehörend, sie betreffend

subkutan [aus *spätlat.* subcutāneus „unter der Haut befindlich"]: unter die Haut appliziert (Med.)

sub|lim [aus *lat.* sublīmis „in die Höhe gehoben, schwebend; erhaben"]: verfeinert, fein, nur einem geläuterten Verständnis od. Empfinden zugänglich. **Sub|limat** *das*; -[e]s, -e: 1. Quecksilber-II-Chlorid (Desinfektionsmittel). 2. bei der Sublimation (2) sich niederschlagende feste Substanz. **Sub|limation** [...*zion*] *die*; -, -en: 1. Sublimierung. 2. unmittelbarer Übergang eines festen Stoffes in den Gaszustand (Chem.). **sub|limieren** [aus *lat.* sublīmāre „erhöhen"]: 1. unmittelbar vom festen in den gasförmigen Zustand übergehen u. umgekehrt; durch Sublimation (2) trennen (Chem.). 2. einen [unbefriedigten Geschlechts]trieb in kulturelle Leistungen, in Geistiges umsetzen (Psychol.). 3. erhöhen, läutern, verfeinern. **Sub|limierung** *die*; -, -en: das Sublimieren. **Sub|limität** [aus gleichbed. *lat.* sublīmitās] *die*; -: (selten) Erhabenheit

submarin [aus → sub... u. → marin]: unter der Meeres-

oberfläche lebend od. befindlich (Geol.; Biol.)
submiß [aus gleichbed. *lat.* submissus, vgl. submittieren]: (veraltet) ehrerbietig; untertänig, demütig. **Submission** *die*; -, -en: 1. (veraltet) Ehrerbietigkeit, Unterwürfigkeit; Unterwerfung. 2. öffentliche Ausschreibung einer Arbeit [durch die öffentliche Hand] u. Vergabe des Auftrags an denjenigen, der das günstigste Angebot liefert. **submittieren** [aus *lat.* submittere „herunterlassen; nachlassen"]: sich um einen Auftrag bewerben (Wirtsch.)
Sub|ordination [*...zion*; aus gleichbed. *mlat.* subōrdinātio, vgl. subordinieren] *die*; -, -en: 1. (veraltend) Unterordnung, Gehorsam. 2. Unterordnung von Sätzen od. Satzgliedern, → Hypotaxe (2) (Sprachw.); Ggs. → Koordination (2). **subordinieren** [aus gleichbed. *mlat.* subōrdināre, dies aus → sub... u. *lat.* ōrdināre „ordnen"]: unterordnen (Sprachw.); -de Konjunktion: unterordnendes Bindewort (z. B. weil)
subpolar: zwischen den Polen u. der gemäßigten Klimazone gelegen (Geogr.)
subsidiär [aus *lat.* subsidiārius „zur Reserve gehörend; zur Aushilfe dienend"] u. **subsidiarisch**: unterstützend, hilfeleistend. **Subsidiarität** *die*; -: gegen den Zentralismus gerichtete Anschauung, die dem Staat nur die helfende Ergänzung der Selbstverantwortung kleiner Gemeinschaften (bes. der Familie) zugestehen will (vor allem in der katholischen Soziallehre)
sub sigillo [confessionis] [- - *kon...*; *lat.*; „unter dem Siegel (der Beichte)"]: unter dem Siegel der Verschwiegenheit
Sub|skribent [aus *lat.* subscrībēns, Gen. subscrībentis, Part. Präs. von subscrībere, s. subskribieren] *der*; -en, -en: jmd., der sich zur Abnahme eines noch nicht erschienenen Buches od. Werkes verpflichtet [u. dafür nur einen niedrigeren Preis zu zahlen braucht] (Buchw.). **sub|skribieren** [aus *lat.* subscrībere „unterschreiben"]: Bücher vor dem Erscheinen durch Namensunterschrift vorausbestellen (Buchw.). **Sub|skription** [*...zion*; aus *lat.* subscrīptio „Unterschrift"] *die*; -, -en: Vorherbestellung von später erscheinenden Büchern [durch Unterschrift] (meist zu niedrigerem Preis; Buchw.)
sub specie aeternitatis [- *ßpezi-e ät...*; *lat.*]: unter dem Gesichtspunkt der Ewigkeit
Sub|spezies [*...iäß*; aus → sub... u. → Spezies] *die*; -, -: Unterart (in der Tier- u. Pflanzensystematik)
substantial [*...zial*; aus *spätlat.* substantiālis „wesentlich", vgl. Substanz]: = substantiell; vgl. ...al/...ell. **Substantialität** *die*; -: das Substanzsein. **substantiell** [*...ziäl*]: a) stofflich, materiell, Substanz besitzend; b) wesenhaft; wesentlich, wichtig; c) nahrhaft, kräftig (von Speisen). **Substanz** [aus *lat.* substantia „Bestand; Wesenheit, Existenz, Inbegriff"] *die*; -, -en: 1. Stoff, Materie, Material. 2. das Beharrende, das unveränderliche, bleibende Wesen einer Sache, Urgrund (Philos.); Ggs. → Akzidens. 3. der eigentliche Inhalt, das Wesentliche, Wichtige. 4. Vorrat, Vermögen, → Kapital (1)
Substantiv [auch: *...tif*; aus gleichbed. *spätlat.* (verbum) substantīvum, eigtl. etwa „Wort, das für sich selbst bestehen kann", vgl. Substanz] *das*; -s, -e [*...w^e*]: Haupt-, Dingwort, → Nomen (z. B. Tisch, Kleid, Liebe; Sprachw.). **substantivieren** [*...wir^en*]: zum Substantiv machen, als Substantiv gebrauchen (Sprachw.). **Substantivierung** *die*; -, -en: Verwendung als Substantiv (Sprachw.). **substantivisch** [auch: *...iw...*]: das Substantiv betreffend, hauptwörtlich; -er Stil: = Nominalstil. **Substantivum** *das*; -s, ...va: = Substantiv
Substanz s. substantial
Substituent [aus *lat.* substituēns, Gen. substituentis, Part. Präs. von substituere, s. substituieren] *der*; -en, -en: Atom od. Atomgruppe, die andere Atome od. Atomgruppen in einem Atomgefüge ersetzen kann, ohne dieses zu zerstören. **substituieren** [aus gleichbed. *lat.* substituere]: austauschen, ersetzen. **Substitut** [aus *lat.* substitūtus, Part. Perf. Pass. von substituere, s. substituieren] *der*; -en, -en: a) Stellvertreter, Ersatzmann; b) Verkaufsleiter. **Substitution** [*...zion*] *die*; -, -en: Ersetzung, Ersatz
Sub|strat [aus *mlat.* substrātum „das Untergestreute, Unterlage", subst. Part. Perf. Pass. von *lat.* substernere „unterstreuen, unterlegen"] *das*; -[e]s, -e: 1. Unterlage, Grundlage. 2. Nährboden (Biol.)
subsumieren [aus → sub... u. *lat.* sūmere „nehmen"]: 1. einordnen, einem allgemeinen Begriff unterordnen. 2. zusammenfassen. **Subsumption** [*...zion*] vgl. Subsumtion. **subsumptiv** vgl. subsumtiv. **Subsumtion** [*...zion*] *die*; -, -en: das Subsumieren. **subsumtiv**: unterordnend
Subtangente *die*; -, -n: in der analytischen Geometrie die Tangentenprojektion auf die Abszissenachse (Math.)
subtil [aus gleichbed. *lat.* subtīlis, eigtl. „untergewebt, feingewebt"]: zart, fein; sorgsam, auch das kleinste Detail beachtend. **Subtilität** *die*; -, -en: Zartheit, Feinheit; Sorgsamkeit
Sub|trahend [aus *lat.* subtrahendus, Gerundivum von subtrahere, s. subtrahieren] *der*; -en, -en: Zahl, die von einer anderen Zahl (→ Minuend) abgezogen wird. **sub|trahieren** [auch: *sup...*; aus *lat.* subtrahere „unter etwas hervorziehen; entziehen, wegnehmen"]: abziehen, vermindern (Math.). **Subtraktion** [*...zion*; aus *spätlat.* subtractio „das Abweichen", vgl. subtrahieren] *die*; -, -en: das Abziehen (eine der vier Grundrechnungsarten; Math.); Ggs. → Addition (1)
Sub|tropen *die* (Plural): Gebiete des thermischen Übergangs von den Tropen zur gemäßigten Klimazone (Geogr.). **sub|tropisch** [auch: *...tro...*]: in den Subtropen gelegen
Sub|urbanisation [*...zion*; aus gleichbed. *engl.* suburbanisation zu *lat.* suburbānus „nahe bei der Stadt befindlich"] *die*; -: Ausdehnung der Großstädte durch eigenständige Vororte u. → Satellitenstädte
Subvention [*...zion*; aus *lat.* subventio „Hilfeleistung"] *die*; -, -en: zweckgebundene [finanzielle] Unterstützung aus öffentlichen Mitteln; Staatszuschuß. **subventionieren**: durch zweckgebundene öffentliche Mittel unterstützen, mitfinanzieren
Subversion [*...wär...*; aus gleichbed. *spätlat.* subversio] *die*; -, -en: [Staats]umsturz. **subversiv**: a) umstürzlerisch; b) zerstörend
sub voce [- *woz^e*; *lat.*]: unter dem [Stich]wort; Abk.: s. v. (Sprachw.)
suf..., **Suf...** vgl. sub..., Sub...
suffigieren [aus *lat.* suffīgere „unten anheften"]: mit Suffix versehen
Süffisance [*...sangß*; aus gleichbed. *fr.* suffisance, vgl. süffisant] *die*; -: 1. [boshafter] Spott. 2. Selbstgefälligkeit. **süffisant** [aus gleichbed. *fr.* suffisant, eigtl. „(sich selbst) genügend", Part. Präs. von suffire „genügen", dies aus gleichbed. *lat.* sufficere]: 1. spöttisch. 2. dünkelhaft, selbstgefällig
Suffix [aus *lat.* suffīxum, subst. Neutr. des Part.

Perf. Pass. von suffigere, s. suffigieren] *das*; -es, -e: hinter den Wortstamm tretendes Sprachelement, das der → Flexion (1) u. der Wortbildung dient; Nachsilbe (z. B. Schön*heit*); vgl. Affix, Präfix

suffocato [...*kato*; aus gleichbed. *it.* suffocato zu *lat.* suffōcāre „ersticken"]: gedämpft, erstickt (Vortragsanweisung; Mus.)

Suf|fragette [aus gleichbed. *fr.-engl.* suffragette zu *lat.* suffrāgium „Stimmrecht"] *die*; -, -n: [engl.] Frauenrechtlerin, die für die [politische] Gleichberechtigung der Frau eintritt; vgl. Feministin

sug..., Sug... vgl. sub..., Sub...

suggerieren [aus *lat.* suggerere „von unten herantragen; unter der Hand beibringen, eingeben; einflüstern"]: jmdn. gegen seinen Willen gefühlsmäßig od. seelisch beeinflussen; jmdm. etwas einreden. **suggestibel**: beeinflußbar, für Suggestionen empfänglich. **Suggestibilität** *die*; -: Beeinflußbarkeit, gute Empfänglichkeit für Suggestionen. **Suggestion** [aus *lat.* suggestio „Eingebung; Einflüsterung"] *die*; -, -en: das Hervorrufen von Gedanken, Gefühlen od. Verhaltensweisen [bei anderen Menschen] durch gezielte geistig-seelische Beeinflussung (oft ohne Wissen od. gegen den Willen des Beeinflußten). **suggestiv** [nach gleichbed. *engl.* suggestive, *fr.* suggestif, vgl. suggerieren]: a) beeinflussend, [den anderen] bestimmend, auf jmdn. einwirkend; b) auf Suggestion zielend. **Suggestivfrage** *die*; -, -n: Frage, die dem anderen die [gewünschte] Antwort schon in den Mund legt

Suicid [...*zit*] vgl. Suizid

sui generis [*lat.*; „seiner (eigenen) Art"]: durch sich selbst eine Klasse bildend, einzig, besonders

Suite [*ßwit*[e]; aus gleichbed. *fr.* suite, eigtl. „Folge", dies aus gleichbed. *galloroman.* *sequita zu *lat.* sequi „folgen"] *die*; -, -n: 1. Gefolge (eines Fürsten). 2. Folge von zusammengehörenden Zimmern in Hotels, Palästen, Schlössern o. ä. 3. musikalische Form, die aus einer Folge von verschiedenen zusammengehörigen, in der gleichen Tonart stehenden Stücken besteht, ursprünglich Tanzmusik, etwa seit 1600 selbständige Instrumentalmusik; → Partita

Suizid [aus *lat.* sui „seiner (eigenen Person), gegen sich", Gen. von suus „sein" u. → ...zid] *der* od. *das*; -[e]s, -e: Selbstmord

Sujet [*ßüsche*; aus gleichbed. *fr.* sujet, vgl. Subjekt] *das*; -s, -s: Gegenstand, Stoff einer künstlerischen Darstellung, bes. einer Dichtung

suk..., Suk... vgl. sub..., Sub...

Sukkade [aus gleichbed. *mfr.* succade zu sucre „Zukker"] *die*; -, -n: kandierte Schale verschiedener Zitrusfrüchte

Sukzession [aus *lat.* successio „Nachfolge", vgl. sukzessiv] *die*; -, -en: 1. Thronfolge. 2. Rechtsnachfolge. **sukzessiv** [aus *spätlat.* successīvus „nachfolgend, einrückend" zu *lat.* succēdere „von unten nachrücken, nachfolgen"]: allmählich eintretend; sukzessive. **sukzessive** [...*ßiwe*] (Adverb): allmählich, nach und nach

sul [*ßul*; aus gleichbed. *it.* sul, dies aus su „auf" u. il „der"]: auf der, auf dem, z. B. sul A (auf der A-Saite; Mus.)

Sulfat [zu → Sulfur] *das*; -[e]s, -e: Salz der Schwefelsäure. **Sulfid** *das*; -[e]s, -e: Salz der Schwefelwasserstoffsäure. **sulfidisch**: Schwefel enthaltend. **Sulfit** *das*; -s, -e: Salz der schwefligen Säure. **Sulfon|amid** [Kunstw. aus *lat.* *sulph*ur „Schwefel" u. → *Amid*] *das*; -[e]s, -e: wirksames chemotherapeutisches Heilmittel gegen Infektionskrankheiten. **sulfonieren**: = sulfurieren. **Sulfur** [aus gleichbed. *lat.* sulphur] *das*; -s: Schwefel, chem. Grundstoff; Zeichen: S. **sulfurieren** [aus *spätlat.* sulfurāre „mit Schwefel behandeln", vgl. Sulfur]: mit Schwefelverbindungen auf organische Verbindungen einwirken (Chem.)

Sulky [*sulki*, auch: *ßa*...; aus gleichbed. *engl.* sulky] *das*; -s, -s: zweirädriger Wagen für Trabrennen (Sport)

sulla tastiera [*ß*... -; *it.*]: nahe am Griffbrett (von Saiteninstrumenten) zu spielen (Mus.). **sul ponticello** [*ßul* ...*tschälo*]: nahe am Steg [den Geigenbogen ansetzen] (Mus.)

Sultan [aus *arab.* sultān „Herrscher"] *der*; -s, -e: Titel mohammedan. Herrscher. **Sultanat** *das*; -[e]s, -e: 1. Herrschaftsgebiet eines Sultans. 2. Herrschaft eines Sultans

Sultanine [zu → Sultan, nach ihrer „fürstlichen" Größe] *die*; -, -n: große, kernlose Rosine

Summa [aus gleichbed. *lat.* summa, eigtl. „oberste Zahl" (als Ergebnis einer von unten nach oben ausgeführten Addition) zu summus „oberster, höchster, äußerster"] *die*; -, Summen: (veraltet) Summe; Abk.: Sa.; vgl. in summa. **summa cum laude** [- *kum* -; *lat.*; „mit höchstem Lob"]: ausgezeichnet, mit Auszeichnung (höchstes Prädikat bei Doktorprüfungen). **Summand** [aus *mlat.* summandus, Gerundivum von summāre, s. summieren] *der*; -en, -en: hinzuzuzählende Zahl, → Addend. **summarisch** [aus gleichbed. *mlat.* summārius, vgl. Summa]: a) kurz zusammengefaßt; b) kurz u. bündig; c) (abwertend) nur ganz allgemein, ohne auf Einzelheiten od. Besonderheiten einzugehen. **summa summarum** [*lat.*; „die Summe der Summen"]: alles in allem, zusammenfassend kann man schließlich sagen... **Summation** [...*zion*] *die*; -, -en: 1. Bildung einer Summe (Math.). 2. Anhäufung. **summieren** [aus gleichbed. *mlat.* summāre, vgl. Summa]: zusammenzählen; sich -: nicht unbeträchtlich anwachsen. **Summum bonum** [*lat.*] *das*; - -: das höchste Gute, Gott

Sunna [aus *arab.* sunnah, eigtl. „Gewohnheit"] *die*; -: die überlieferten Aussprüche u. Lebensgewohnheiten des Propheten Mohammed als Richtschnur des mohammedanischen Lebens. **Sunnit** *der*; -en, -en: Anhänger der → orthodoxen Hauptrichtung des Islams, die sich auf die Sunna des Propheten stützt; vgl. Schia

sup..., Sup... vgl. sub..., Sub...

super [aus *lat.* super, s. super...]: (ugs.) großartig, hervorragend. **Super** *der*; -s, -: 1. Kurzform von → Superheterodynempfänger. 2. Kurzform von Superbenzin (Benzin mit hoher Oktanzahl). **super..., Super...** [aus *lat.* super „oben, darüber; über – hinaus"]: Präfix mit den Bedeutungen: 1. übergeordnet. 2. zu sehr. 3. Überschuß an. 4. großartig

super|arbi|trieren [aus → super... (1) u. *fr.* arbitrer „als Schiedsrichter entscheiden; schätzen", dies aus gleichbed. *lat.* arbitrāri]: (österr.) für dienstuntauglich erklären

süperb [über *fr.* superbe aus gleichbed. *lat.* superbus]: vorzüglich; prächtig

Superhet *der*; -s, -s: Kurzform von Superheterodynempfänger. **Superheterodynempfänger** [zu → super..., → hetero... u. → dyn] *der*; -s, -: Rundfunkempfänger mit hoher Verstärkung, guter Reglung u. hoher Trennschärfe (Funkw.)

Super|intendent [auch: ...*dänt*; aus gleichbed. *kirchenlat.* superintendēns, Gen. superintendentis, subst. Part. Präs. von superintendere „die Aufsicht haben", vgl. intendieren] *der*; -en, -en: höherer ev. Geistlicher, Vorsteher eines Kirchenkreises; vgl. Dekan (1). **Super|intendentur** *die*; -, -en: a) Amt eines Superintendenten; b) Amtsbereich od. Wohnung eines Superintendenten

Superior [aus *lat.* superior „höher; der Obere"] *der*; -s, ...oren: kath. Kloster- od. Ordensoberer

Superlativ [auch: ...*tif*; aus gleichbed. *lat.* (gradus) superlātīvus] *der*; -s, -e [...*w*ᵉ]: 1. Höchststufe des Adjektivs bei der Steigerung (z. B. *am besten*; Sprachw.); vgl. → Elativ. 2. a) höchste Form von etwas, das Beste; b) übermäßiges Lob, Übersteigerung, z. B. etwas in Superlativen preisen. **superlativisch** [auch: ...*tiwisch*]: 1. den Superlativ betreffend. 2. übertrieben, übersteigert. **Superlativismus** [...*wiß*...] *der*; -, ...men: übermäßige Verwendung von Superlativen, Übertreibung

Supermarkt [aus gleichbed. *amerik.* supermarket] *der*; -[e]s, ...märkte: großes [Lebensmittel]geschäft mit Selbstbedienung, umfangreichem Sortiment u. niedrigen Preisen

Supernova [...*wa*] *die*; -, ...vä [...*wä*]: besonders lichtstarke → ¹Nova (Astron.)

Super|oxyd, (chem. fachspr.:) **Super|oxid** *das*; -[e]s, -e: = Peroxyd. **Superphosphat** *das*; -[e]s, -e: Phosphorkunstdünger

Superposition [...*zion*; aus *spätlat.* superpositio „das Darauflegen"] *die*; -, -en: Überlagerung, bes. von Kräften od. Schwingungen (Phys.)

Supin *das*; -s, -e: = Supinum. **Supinum** [aus *lat.* (verbum) supīnum, eigtl. „zurückgebogenes (Verb)"] *das*; -, ...na: lat. Verbform auf -tum od. -tu, die eigentlich den erstarrten → Akkusativ bzw. → Dativ eines Substantivs (auf -tu-s) vom gleichen Stamm darstellt

Sup|plement [aus *lat.* supplēmentum „Ergänzung"] *das*; -[e]s, -e: 1. Ergänzung (Ergänzungsband od. Ergänzungsteil), Nachtrag, Anhang. 2. Ergänzungswinkel od. -bogen, der einen vorhandenen Winkel od. Bogen zu 180° ergänzt (Math.). **supplementär**: ergänzend

supponieren [aus *lat.* suppōnere „unterlegen, unterstellen"]: voraussetzen; unterstellen

Supposition [...*zion*; aus *lat.* suppositio „Unterlegung, Unterstellung"] *die*; -, -en: Voraussetzung, Annahme, Unterstellung

Suppositorium [aus *spätlat.* suppositōrium „das Untergesetzte, Untersatz", vgl. supponieren] *das*; -s, ...ien [...*i*ᵉ*n*]: Arzneizäpfchen

su|pra..., Su|pra... [aus gleichbed. *lat.* suprā]: Präfix mit der Bedeutung „über; oberhalb", z. B. supranational, „überstaatlich, übernational (von Kongressen, Gemeinschaften, Parlamenten u. a.)"

Su|premat [zu *lat.* suprēmus „der Oberste"] *der* od. *das*; -[e]s, -e u. Su|prematie *die*; -, ...ien: [päpstliche] Obergewalt; Überordnung. **Su|prematie** vgl. Supremat

sur..., Sur... vgl. sub..., Sub...

Sure [aus *arab.* sūrah, eigtl. „Reihe"] *die*; -, -n: Kapitel des → Korans

Surfing [*ßö'fing*; aus gleichbed. *engl.* surfing zu surf „Brandung"], (auch): **Surf|riding** [*ßö'fraiding*; aus gleichbed. *engl.* surf-riding] *das*; -s: Wellenreiten, Brandungsreiten (auf einem Brett; Sport)

Surprise-Party [*ßö'präispa'ti*; aus gleichbed. *engl.* surprise party, s. Party] *die*; -, -s u. ...ties [...*tis*, auch: ...*tiß*]: Überraschungsparty, bei der die Gäste Getränke u. a. selbst mitbringen

surreal [auch: ...*ßür*...; zu → Surrealismus]: traumhaft, unwirklich. **Surrea|lismus** [aus gleichbed. *fr.* surréalisme, dies aus → super..., supra... u. → Realismus] *der*; -: Richtung der modernen Literatur u. Kunst, die das Unbewußte u. Traumhafte künstlerisch darstellen will. **Surrea|list** *der*; -en, -en: Vertreter, Anhänger des Surrealismus. **surrealistisch**: den Surrealismus betreffend, ihm gemäß [gestaltet]

Surrogat [aus *lat.* surrogātus, Part. Perf. Pass. von surrogāre „jmdn. an die Stelle eines anderen wählen lassen"] *das*; -[e]s, -e: Ersatz, Ersatzmittel, Behelf

sursum corda! [- *korda*; *lat.*; „empor die Herzen!"]: Ruf zu Beginn der → Eucharistie

su|spekt [aus gleichbed. *lat.* suspectus]: verdächtig

suspendieren [aus *lat.* suspendere „aufhängen; in der Schwebe lassen; aufheben, beseitigen"]: 1. [einstweilen] des Dienstes entheben; aus einer Stellung entlassen; zeitweilig aufheben. 2. (Teilchen in einer Flüssigkeit) fein verteilen, aufschwemmen (Chem.). **Suspension** *die*; -, -en: 1. [einstweilige] Dienstenthebung; zeitweilige Aufhebung. 2. Aufschwemmung feinstverteilter fester Stoffe in einer Flüssigkeit (Chem.). **suspensiv**: aufhebend; aufschiebend

Suspensorium [zu *lat.* suspēnsus, Part. Perf. Pass. von suspendere, s. suspendieren] *das*; -s, ...ien [...*i*ᵉ*n*]: Tragbeutel (insbes. für den Hodensack; Med.)

Sutane vgl. Soutane

Suum cuique [- *ku*...; *lat.*; „jedem das Seine"] *das*; - -: Wahlspruch des preußischen Schwarzen-Adler-Ordens

s. v. = sub voce

sve|gliato [*ßwäljato*; aus *it.* svegliato „wach, aufgeweckt" zu svegliare „wecken", dies aus *lat.* ēvigilāre „aufwachen"]: frei, frisch, kühn (Vortragsanweisung; Mus.)

s. v. v. = sit venia verbo

Swastika [aus *sanskr.* svastikaḥ, eigtl. „glückbringend(e Figur)"] *die*; -, ...ken: altind. Sonnen- u. Fruchtbarkeitszeichen, Hakenkreuz

Sweater [*ßwet*ᵉ*r*; aus gleichbed. *engl.* sweater, eigtl. „Schwitzer"] *der*; -s, -: Pullover

Sweet [*ß*ᵘ*it*; aus *engl.* sweet „süß; gefällig, sentimental"] *der*; -: dem → Jazz nachgebildete, seine Elemente mildernde u. versüßlichende Unterhaltungsmusik

Swimming-pool [*ßwimingpul*; aus gleichbed. *engl.* swimming pool] *der*; -s, -s: Schwimmbecken

Swing [aus gleichbed. *engl.* swing, eigtl. „das Schwingen"] *der*; -[s]: 1. rhythmische Verschiebung, die die Monotonie des geraden Taktes aufhebt u. ihm eine schwingende Bewegung verleiht. 2. Stilperiode des Jazz um 1935, die eine Verbindung zur europäischen Musik herstellt. 3. Kreditgrenze bei → bilateralen Handelsverträgen. **swingen**: 1. ein Musikstück nach der Art des Swing (1) spielen. 2. auf die Musik des Swing (2) tanzen. **Swingfox** *der*; -[es], -e: aus dem Foxtrott entwickelter, das Swingelement betonender moderner Gesellschaftstanz

sy..., Sy... vgl. syn..., Syn...

Sybarit [über *lat.* Sybarīta aus *gr.* Sybarītēs, Einwohner der antiken unteritalienischen Stadt Sybaris; die Sybariten waren als Schlemmer verrufen] *der*;

-en, -en: (veraltet) Schlemmer, Schwelger. **sybaritisch**: (veraltet) verweichlicht, genußsüchtig

Sykose [zu *gr.* sȳkon „Feige"] *die*; -, -n: (veraltet) Saccharin

syl..., Syl... vgl. syn..., Syn...

syllabisch [über *spätlat.* syllabicus aus gleichbed. *gr.* syllabikós]: 1. (veraltet) silbenweise. 2. silbenweise komponiert (jeder Silbe des Textes ist eine Note zugehörig)

Syllogismus [über *lat.* syllogismus aus gleichbed. *gr.* syllogismós, eigtl. „das Zusammenrechnen", vgl. Logik] *der*; -, ...men: (der aus drei Urteilen bestehende) Schluß vom Allgemeinen auf das Besondere (Logik). **Syllogistik** *die*; -: Lehre von den Syllogismen. **syllogistisch**: den Syllogismus betreffend

Sylphe [aus *lat.* sylphus „Geist, Genius"] *die*; -, -n: 1. (auch: *der*; -n, -n) Luftgeist des mittelalterlichen Zauberglaubens. 2. zartes weibliches Wesen. **Sylphide** *die*; -, -n: 1. weiblicher Luftgeist. 2. anmutiges Mädchen

sym..., Sym... vgl. syn..., Syn...

Symbiont [aus *gr.* symbiōn, Gen. symbioūntos, Part. Präs. von symbioūn „zusammen leben", vgl. bio...] *der*; -en, -en: Pflanze od. Tier, das mit anderen in Symbiose lebt. **symbiontisch**: = symbiotisch. **Symbiose** [aus *gr.* symbíōsis „das Zusammenleben", vgl. Symbiont] *die*; -, -n: Zusammenleben verschiedener Lebewesen zu gegenseitigem Nutzen (Biol.). **symbiotisch**: in Symbiose lebend

Symbol [über *lat.* symbolum aus *gr.* sýmbolon „Kennzeichen, Zeichen", eigtl. „Zusammengefügtes", nach dem zwischen verschiedenen Personen vereinbarten Erkennungszeichen, bestehend aus Bruchstücken, die „zusammengefügt" ein Ganzes ergeben] *das*; -s, -e: 1. Gegenstand od. Vorgang, der stellvertretend für einen anderen [nicht wahrnehmbaren, geistigen] Sachverhalt steht; Sinnbild, Wahrzeichen. 2. Zeichen (für eine physikalische Größe, für eine Rechenanweisung o. ä.). **Symbolik** *die*; -: 1. Sinnbildgehalt [einer Darstellung]; durch Symbole (1) dargestellter Sinngehalt; Bildersprache. 2. Wissenschaft von den Symbolen u. ihrer Verwendung. **symbolisch**: sinnbildlich; die Symbole betreffend; durch Symbole dargestellt. **symbolisieren**: sinnbildlich darstellen. **Symbolisierung** *die*; -, -en: sinnbildliche Darstellung, Versinnbildlichung. **Symbolismus** [aus *fr.* symbolisme, vgl. Symbol] *der*; -: seit etwa 1890 verbreitete u. als Gegenströmung zum → Naturalismus entstandene [literarische] Bewegung, die eine symbolische Darstellungs- u. Ausdrucksweise anstrebt. **Symbolist** *der*; -en, -en: Vertreter des Symbolismus. **symbolistisch**: den Symbolismus, die Symbolisten betreffend

Symme|trie [aus *gr.-lat.* symmetría „Ebenmaß", vgl. Meter] *die*; -, ...ien: 1. Gleich-, Ebenmaß; die harmonische Anordnung mehrerer Teile zueinander; Ggs. → Asymmetrie. 2. Spiegelungsgleichheit, Eigenschaft von Figuren, Körpern o. ä., die beiderseits einer [gedachten] Mittelachse ein jeweils spiegelgleiches Bild ergeben (Math.; Biol.); Ggs. → Asymmetrie. **Symme|trie|ebene** *die*; -, -n: Ebene, die die Verbindungslinie zweier Punkte, die symmetrisch auf der einen u. der anderen Seite der Ebene liegen, halbiert u. auf ihr senkrecht steht (bes. in der Kristallographie). **symme|trisch**: 1. gleich-, ebenmäßig. 2. auf beiden Seiten einer [gedachten] Mittelachse ein Spiegelbild ergebend (in bezug auf Körper, Figuren u. ä.; Math.); -e Funktion: Funktion, die bei Vertauschung der Glieder unverändert bleibt (Math.). 3. wechselseitige Entsprechungen aufweisend (in bezug auf die Form, Größe, Anordnung von Teilen; Mus.; Literaturw.)

sympathetisch: (veraltet) auf Sympathie beruhend; -e Tinte: unsichtbare Geheimtinte. **Sympathie** [über *lat.* sympathīa aus *gr.* sympátheia „Mitleiden, Mitgefühl, Einhelligkeit" zu sym-pathḗs „mitleidend, mitfühlend" (s. sym..., Sym... und Pathos)] *die*; -, ...ien: 1. [Zu]neigung; Wohlgefallen; Ggs. → Antipathie. 2. Ähnlichkeit in der Art des Erlebens u. Reagierens, Gleichgerichtetheit der Überzeugung u. Gesinnung, Seelenverwandtschaft (Psychol.; Soziol.). **Sympathikus** *der*; -: Grenzstrang des vegetativen Teils des autonomen Nervensystems, der bes. die Eingeweide versorgt (Med.). **Sympathisant** [zu → sympathisieren mit der Endung → ...ant (1)] *der*; -en, -en: jmd., der einer [extremen] politischen od. gesellschaftlichen Gruppe od. Anschauung wohlwollend gegenübersteht u. sie unterstützt. **sympathisch** [nach *fr.* sympathique]: zusagend, anziehend, ansprechend, angenehm. **sympathisieren** [nach oder aus *fr.* sympathiser]: a) den Ideen u. Anschauungen einer [extremen] Gruppe wohlwollend gegenüberstehen u. ihre Übernahme ins eigene Gedankengut erwägen; b) mit jmdm. freundschaftlich verkehren, gut stehen

Symphonie usw. vgl. Sinfonie usw.

[1]**Symposion, Symposium** [über *lat.* symposium aus gleichbed. *gr.* sympósion, eigtl. „gemeinsames Trinken" (vgl. sym-pínein „zusammen trinken")]: *das*; -s, ...ien [...$i^e n$]: mit Trinkgelage u. Unterhaltung verbundenes Gastmahl im alten Griechenland. [2]**Symposion, Symposium** [aus gleichbed. *engl.-amerik.* symposion, symposium; vgl. [1]Symposion] *das*; -s, ...ien [...$i^e n$]: Tagung bes. von Wissenschaftlern, auf der in zwanglosen Vorträgen u. Diskussionen die Ansichten über eine bestimmte Frage erörtert werden

Sym|ptom [aus *gr.* sýmptōma „Zufall; vorübergehende Eigentümlichkeit"; zu sym-píptein „zusammenfallen, -treffen"] *das*; -s, -e: 1. Anzeichen, Vorbote, Warnungszeichen; Kennzeichen, Merkmal. 2. Krankheitszeichen, für eine bestimmte Krankheit charakteristische, zu einem bestimmten Krankheitsbild gehörende krankhafte Veränderung (Med.). **sym|ptomatisch** [nach *gr.* symptōmatikós „zufällig"]: 1. anzeigend; warnend, alarmierend; bezeichnend. 2. keine selbständige Erkrankung darstellend, sondern als Symptom einer anderen auftretend (Med.)

syn..., Syn... [aus gleichbed. *gr.* sýn], vor b, m, p angeglichen zu sym..., vor l zu syl..., in bestimmten Fällen verkürzt zu sy...: Präfix mit der Bedeutung „mit, zusammen; gemeinsam; gleichzeitig mit; gleichartig", z. B. Synthese, Symbol, syllogistisch, System

Syn|agoge [über gleichbed. *kirchenlat.* synagōga, aus *gr.* synagōgḗ „Versammlung" zu syn-ágein „zusammenführen"] *die*; -, -n: jüdisches Gotteshaus

Syn|äs|thesie [aus *gr.* synaísthēsis „Mitempfindung"] *die*; -, ...ien: Miterregung eines Sinnesorgans bei Reizung eines anderen, Verknüpfung verschiedener Empfindungen (z. B. Farbwahrnehmung bei akustischem Reiz; Med.)

syn|chron [...*kron*; zu → syn..., Syn... und *gr.* chrónos „Zeit"; vgl. chrono..., Chrono...]: 1. gleichzeitig erfolgend, verlaufend; gleichlaufend; Ggs. → asynchron (1, 2). 2. mit der Frequenz eines Schwingungserzeugers gleichlaufend (Techn.). 3. = synchronisch (1). **Syn|chronie** *die*; -: beschreibende Darstellung des Sprachzustandes eines bestimmten Zeitraumes; Ggs. → Diachronie. **Syn|chronisation** [...*zion*] *die*; -, -en: Synchronisierung. **syn|chronisch**: 1. die Synchronie betreffend, einen Sprachzustand beschreibend; Ggs. → diachronisch. 2. = synchron (1). **syn|chronisieren**: 1. zwei Vorgänge oder Geräte[teile] zum Gleichlauf bringen, genau in Übereinstimmung bringen. 2. zu gleichem Lauf bringen wie die Frequenz des Wechselstromes (Elektrot.). 3. einen stummen Film vertonen (Filmw.). 4. einen fremdsprachigen Film mit Dialogen in eigener Sprache versehen (Filmw.). **Synchronisierung** *die*; -, -en: das Synchronisieren. **Synchronismus** *der*; -, ...men: 1. Gleichlauf, übereinstimmender Bewegungszustand mechanisch voneinander unabhängiger Schwingungserzeuger (Techn.). 2. zeitliches Übereinstimmen von Bild, Sprechton u. Musik (Film). **syn|chronistisch**: den Synchronismus betreffend; Gleichzeitiges zusammenstellend (z. B. politische, künstlerische u. andere Ereignisse eines Jahres). **Syn|chronmaschine** *die*; -, -n: elektrische Wechselstrommaschine mit Ständer (mit Netzwechselstromwicklung) u. Läufer (der ein magnetisches Gleichfeld erzeugt; z. B. Fahrraddynamo). **Syn|chronuhr** *die*; -, -en: Uhr, deren Zeigerwerk von einem kleinen Synchronmotor angetrieben wird od. deren Gangregler mit dem Netzwechselstrom synchronisiert ist. **Synchrotron** *das*; -s, ...trone (auch: -s): Beschleuniger für geladene Elementarteilchen, der die Teilchen im Gegensatz zum → Zyklotron auf der gleichen Kreisbahn beschleunigt (Kernphys.)

syndetisch [zu *gr.* sýndetos „zusammengebunden" (syndeīn „zusammenbinden")]: durch ein Bindewort verbunden (von Satzteilen od. Sätzen); vgl. asyndetisch

Syndikalismus [aus gleichbed. *fr.* syndicalisme; vgl. Syndikus] *der*; -: zusammenfassende Bezeichnung für sozialrevolutionäre Bestrebungen mit dem Ziel der Übernahme der Produktionsmittel durch autonome Gewerkschaften. **Syndikalist** *der*; -en, -en: Anhänger des Syndikalismus. **syndikalistisch**: den Syndikalismus betreffend

[1]**Syndikat** [wohl aus gleichbed. *fr.* syndicat, dies aus *mlat.* syndicatus zu syndicare „sorgfältig prüfen"; vgl. Syndikus] *das*; -[e]s, -e: Unternehmerverband (Absatzkartell mit eigener Rechtspersönlichkeit u. zentralisiertem, von den einzelnen Produzenten unabhängigem Verkauf). [2]**Syndikat** [aus gleichbed. *engl.-amerik.* syndicate; vgl. [1]Syndikat] *das*; -[e]s, -e: geschäftlich getarnte Verbrecherorganisation in Amerika

Syndikus [über *lat.* syndicus aus *gr.* sýndikos „Verteidiger vor Gericht" (zu sýn „zusammen" und díkē „Recht; richterliche Entscheidung")] *der*; -, -se u. ...dizi: der von einer Körperschaft zur Besorgung ihrer Rechtsgeschäfte aufgestellte Bevollmächtigte, Rechtsbeistand (Rechtsw.). **syndiziert**: in einem Syndikat zusammengefaßt

syn|ergetisch: zusammen-, mitwirkend. **Syn|ergie** [gelehrte Neubildung zu *gr.* syn-ergeīn „zusammenarbeiten, helfen"] *die*; -: das Zusammenwirken [mehrerer Kräfte] zu einer einheitlichen Leistung. **Syn|ergismus** *der*; -: 1. = Synergie. 2. Symbiose von Mikroorganismen

Syn|esis [aus *gr.* sýnesis „Einsicht, Verstand"] *die*; -, ...esen: sinngemäß richtige Wortfügung, die strenggenommen nicht den grammatischen Regeln entspricht (z. B. eine *Menge* Äpfel *fielen* herunter); vgl. Constructio kata synesin

Synkope [über *lat.* syncopē aus gleichbed. *gr.* sygkopḗ zu syn-kóptein „zusammenschlagen"] *die*; -, ...kopen: 1. [*sünkope*] Ausfall eines unbetonten Vokals zwischen zwei Konsonanten im Wortinnern (z. B. ew'ger statt ewiger). 2. [*sünkope*] Ausfall einer Senkung im Vers (Metrik). 3. [*sünkop^e*] Betonung eines unbetonten Taktwertes (während die betonten Werte ohne Akzent bleiben), oft durch Bogenbindung, auch über den Taktstrich hinweg (Mus.). **synkopieren**: 1. einen unbetonten Vokal zwischen zwei Konsonanten ausfallen lassen. 2. eine Senkung im Vers ausfallen lassen. **synkopisch**: die Synkope betreffend, in der Art der Synkope

syn|odal: die Synode betreffend, zu ihr gehörend. **Syn|odale** *der* od. *die*; -n, -n: Mitglied einer Synode. **Syn|odalverfassung** *die*; -, -en: heutige Verfassungsform der ev. Landeskirchen in Deutschland, bei der die rechtliche Gewalt von der → Synode ausgeht. **Syn|ode** [über *kirchenlat.* synodus aus *gr.* sýnodos „Zusammenkunft, Versammlung (von Geistlichen)" zu sýn „zusammen" und hodós „Weg"] *die*; -, -n: Kirchenversammlung, bes. die evangelische (aus Geistlichen u. Laien) als Träger der kirchlichen Selbstverwaltung neben od. unter der Kirchenleitung. **syn|odisch**: = synodal

syn|onym [über *mlat.* synonymus aus gleichbed. *gr.* syn-ónymos (zu sýn „zusammen" und ónoma, ónyma „Name, Benennung")]: bedeutungsähnlich, bedeutungsgleich, sinnverwandt (von Wörtern; Sprachw.); Ggs. → antonym. **Syn|onym** *das*; -s, -e: bedeutungsähnliches, -gleiches Wort (z. B. *schauen* statt *sehen*, *Metzger* statt *Fleischer*); Ggs. → Antonym. **Syn|onymie** *die*; -, ...ien: inhaltliche Übereinstimmung von verschiedenen Wörtern od. Konstruktionen. **Syn|onymik** *die*; -: Teilgebiet der Linguistik, auf dem man sich mit den Synonymen befaßt. **syn|onymisch**: = synonym

Syn|opse u. **Syn|opsis** [über *lat.* synopsis aus *gr.* sýnopsis „Übersicht, Überblick" (sýn „zusammen" und ópsis „das Sehen")] *die*; -, ...opsen: 1. knappe Zusammenfassung, vergleichende Übersicht. 2. sachliche bzw. wörtliche Nebeneinanderstellung der Evangelien nach Matthäus, Markus u. Lukas. **Syn|optiker** *die* (Plural): die (beim Vergleich weitgehend übereinstimmenden) drei ersten Evangelisten Matthäus, Markus u. Lukas. **synoptisch**: [übersichtlich] zusammengestellt, nebeneinandergereiht; -e Evangelien: die Evangelien der Synoptiker

Syntagma [aus *gr.* sýntagma „syntaktisches Element", eigtl. „Zusammengestelltes, Zusammenstellung"; vgl. Syntax] *das*; -s, ...men oder -ta: zusammengehörende Wortgruppe, die nicht Satz ist; die Verbindung von sprachlichen Elementen in der linearen Redekette (z. B. in Eile, ein guter Schüler; Sprachw.). **syntagmatisch**: 1. das Syntagma betreffend. 2. die Relation betreffend, die zwischen Satzteilen besteht (z. B. zwischen Subjekt u. Prädikat); Ggs. → paradigmatisch (3). **syntaktisch**: 1. die Syntax (1) betreffend. 2. den [korrekten] Satzbau betreffend. **Syntax** [aus gleichbed. *lat.-gr.* syntaxis, eigtl. „Zusammenstellung", zu syn-tássein „zusammenstellen, anordnen"] *die*; -: 1. Teilgebiet der Linguistik, das sich mit den Beziehungen der sprachlichen Elemente im Satz befaßt.

2. Satzbau, [korrekte] Art u. Weise, sprachliche Elemente zu Sätzen zu ordnen (Sprachw.)

Synthese [aus gleichbed. *gr.*(-*lat.*) sýnthesis zu syn-tithénai „zusammensetzen, -stellen, -fügen"; vgl. These] *die*; -, -n: 1. Zusammenfügung, Verknüpfung [einzelner Teile zu einem höheren Ganzen]; Ggs. → Analyse (1). 2. Aufbau einer [komplizierten] chem. Verbindung aus einfacheren Stoffen. 3. Verfahren zur künstlichen Herstellung von anorganischen od. organischen Verbindungen. **Synthesis** *die*; -, ...thesen: = Synthese. **Synthesizer** [*ßintᵉßaisᵉr* od. *ßinthi*...; aus gleichbed. *engl.* synthesizer zu to synthesize „synthetisch zusammensetzen"] *der*; -s, -: Gerät zur elektronischen Klangerzeugung. **Synthetics** [*ßüntetikß*; aus gleichbed. *engl.* synthetics zu synthetic „synthetisch, künstlich hergestellt"] u. (eingedeutscht:) Synthetiks *die* (Plural): a) Gewebe aus Kunstfaser; b) Textilien aus Kunstfaser (Textilkunde). **Synthetik** *das*; -s (meist ohne Artikel): Kunstfaser, synthetische (2) Faser. **Synthetik...** [zu → synthetisch]: in Zusammensetzungen auftretendes Bestimmungswort mit der Bedeutung „aus synthetisch hergestelltem Material". **synthetisch** [nach *gr.* synthetikós „zum Zusammensetzen gehörig"; vgl. Synthese]: 1. zusammensetzend; -e Sprachen: Sprachen, die die Beziehung der Wörter im Satz durch Endungen u. nicht durch freie → Morpheme ausdrücken (z. B. lat. *amavi* gegenüber dt. *ich habe geliebt*); Ggs. → analytische Sprachen. 2. aus einfacheren Stoffen aufgebaut; künstlich hergestellt (Chem.). **synthetische Geometrie** *die*; -n -: rein begrifflich entwickelte Geometrie, die von den Körpern u. Figuren selbst ausgeht; Ggs. → analytische Geometrie. **synthetisieren** [zu → synthetisch]: aus einfacheren Stoffen herstellen (Chem.)

Syphilis [nach dem Titel eines lat. Lehrgedichts des 16. Jh.s, in dem die Geschichte eines an Syphilis erkrankten Hirten namens Syphilus erzählt wird] *die*; -: gefährlichste Geschlechtskrankheit. **Syphilitiker** *der*; -s, -: jmd., der an Syphilis leidet. **syphilitisch**: die Syphilis betreffend

Syringe [aus gleichbed. *mlat.* syringa zu *gr.* sȳrigx (s. Syrinx), weil aus den Ästen Flöten geschnitzt werden]: *die*; -, -n: Flieder (Bot.). **Syrinx** [aus *gr.*-*lat.* sȳrigx, eigtl. „Rohr, Röhre"] *die*; -, ...ingen: Panflöte

System [aus *gr.* sýstēma „aus mehreren Teilen zusammengesetztes und gegliedertes Ganzes" zu synistánai „zusammenstellen, -fügen, verknüpfen"] *das*; -s, -e: 1. Prinzip, Ordnung, nach der etwas organisiert od. aufgebaut wird; Methode, nach der vorgegangen wird. 2. in sich geschlossenes und gegliedertes Ganzes. 3. aus grundlegenden Einzelerkenntnissen zusammengestelltes Ganzes, Lehrgebäude. 4. Form der staatlichen, wirtschaftlichen u. gesellschaftlichen Organisation; Regierungsform. 5. eine Menge von Elementen, zwischen denen bestimmte Beziehungen bestehen (Sprachw.; Kybernetik). 6. Zusammenfassung u. Einordnung der Tiere u. Pflanzen in verwandte od. ähnlich gebaute Gruppen (Biol.). **Systematik** *die*; -, -en: 1. planmäßige Darstellung; einheitliche Gestaltung. 2. Teilgebiet der Zoologie u. Botanik mit der Aufgabe der Einordnung aller Lebewesen in ein System. **Systematiker** *der*; -s, -: jmd., der alles in ein System bringen will. **systematisch** [nach *lat.* systēmaticus, *gr.* systēmatikós „zusammenfassend; ein System bildend"]: 1. das System, die Systematik betreffend. 2. in ein System gebracht, ordentlich gegliedert. 3. planmäßig, gezielt, absichtlich. **systematisieren**: in ein System bringen, systematisch behandeln. **Systemoid** *das*; -s, -e: systemähnliches Gebilde

Systole [...*olᵉ*, auch: *süßtole*; aus *gr.* systolḗ „Zusammenziehung, Verminderung, Kürzung"] *die*; -, ...olen: Zusammenziehung eines muskulösen Hohlorgans, bes. des Herzmuskels (Med.). **systolisch**: die Systole betreffend

Szenar [s. Szenarium] *das*; -s, -e: 1. die vom Inspizienten hergestellten Angaben über die Szenenfolge, das szenische Beiwerk, die erforderlichen Requisiten, das Fallen des Vorhangs usw. (Theat.). 2. der literarische Teil eines Drehbuchs (Film). **Szenario** *das*; -s, -s: = Szenar. **Szenarium** [aus *lat.* scaenārium „Ort, wo die Bühne errichtet wird" zu scaenārius „zur Bühne gehörig, szenisch"] *das*; -s, ...ien [...*iᵉn*]: 1. der [künstlich entworfene] Rahmen, in dem sich etwas abspielt. 2. = Szenar.

Szene [aus gleichbed. *fr.* scène, dies aus *lat.* scaena, scēna „Schaubühne, Schauplatz", *gr.* skēnḗ „Zelt; Hütte, Laube; Bühne"] *die*; -, -n: 1. = Skene. 2. Schauplatz einer [Theater]handlung; Bühne. 3. kleinste Einheit des Dramas od. Films; Auftritt (als Unterabteilung des Aktes). 4. Vorgang, Anblick. 5. theatralische Auseinandersetzung, Zank; Vorhaltungen, z. B. jmdm. eine S. machen. 6. das Milieu, in dem sich etwas abspielt, Gesamtheit bestimmter [kultureller] Aktivitäten; vgl. Popszene. **Szenerie** *die*; -, ...ien: 1. das mittels der Dekorationen usw. dargestellte Bühnenbild (Theat.). 2. Landschaft[sbild], Schauplatz. **szenisch**: die Szene betreffend, bühnenmäßig

Szepter *das*; -s, -: (veraltet) Zepter

szientifisch [*ßzi-än*...; aus gleichbed. *vulgär-lat.* scientificus zu *lat.* scientia „Wissen; Wissenschaft" (scīre „wissen")]: wissenschaftlich. **Szientifismus** *der*; -: = Szientismus. **Szientismus** [zu *lat.* scientia „Wissen; Wissenschaft"] *der*; -: die auf Wissen u. Wissenschaft gegründete Geisteshaltung (Philos.). **Szientist** *der*; -en, -en: Anhänger des Szientismus. **szientistisch**: den Szientismus, die Szientisten betreffend

szintillieren [aus gleichbed. *lat.* scintillāre zu scintilla „Funke"]: funkeln, leuchten, flimmern (Astron.; Phys.)

Szylla u. Scylla [*ßzüla*; aus *gr.* Skýlla] *die*; -: bei Homer ein sechsköpfiges Seeungeheuer in einem Felsenriff in der Straße von Messina: zwischen - u. → Charybdis: von zwei Übeln bedrängt, denen man nicht entrinnen kann; in einer ausweglosen Lage

T

t = 1. ¹Tenor (2). 2. tenuto

T = 1. Tara. 2. ¹Tenor (2). 3. Tera... 4. Tonika (3). 5. chem. Zeichen für: Tritium

Ta = 1. chem. Zeichen für: Tantal. 2. Tara

Tab [bei engl. Ausspr.: *täb*; aus gleichbed. *engl.* tab] *der*; -[e]s, -e u. (bei engl. Ausspr.:) *der*; -s, -s: vorspringender Teil einer Karteikarte zur Kenntlichmachung bestimmter Merkmale

Tabak [auch: *ta*... u. bes. österr.: ...*ak*; (über *fr.* tabac) aus *span.* tabaco, das wohl aus einer karibischen Sprache stammt] *der*; -s, (Tabaksorten:) -e: 1. (ohne Plural) eine Pflanze, deren Blätter zu

Zigaretten, Zigarren u. Pfeifentabak verarbeitet werden. 2. das aus den Blättern der Tabakpflanze hergestellte Genußmittel. **Tabatiere** [aus gleichbed. *fr.* tabatière zu tabac „Tabak"] *die*; -, -n: 1. (veraltet) Schnupftabakdose. 2. (österr.) Zigarettendose

tabellarisch: in Form einer Tabelle angeordnet. **tabellarisieren**: etwas übersichtlich in Tabellen anordnen. **Tabelle** [aus *lat.* tabella „Täfelchen, Merktäfelchen", einer Verkleinerungsbildung zu tabula „Brett, Tafel"] *die*; -, -n: listenförmige Zusammenstellung von Zahlenmaterial, Fakten, Namen u. a., Übersicht, [Zahlen]tafel, Liste. **tabellieren**: eine Tabelliermaschine einstellen u. bedienen. **Tabellierer** *der*; -s, -: jmd., der eine Tabelliermaschine einstellen u. bedienen kann. **Tabelliermaschine** *die*; -, -n: im Lochkartensystem eingesetzte Büromaschine, die aus dem zugeführten Kartenmaterial Aufstellungen anfertigt

Tabernakel [aus *mlat.* tabernaculum „Sakramentshäuschen", *lat.* tabernaculum „Zelt, Hütte", Verkleinerungsbildung zu *lat.* taberna „Bude, Hütte"] *das* (auch, bes. in der katholischen Kirche: *der*); -s, -: 1. kunstvoll gearbeitetes (im Mittelalter tragbares) festes Gehäuse zur Aufbewahrung der geweihten Hostie auf dem katholischen Altar. 2. Ziergehäuse mit säulengestütztem Spitzdach [für Figuren] in der gotischen Baukunst

Ta|blar [aus *lat.* tabulārium „Aufbau von Brettern; Archiv" zu tabula „Brett, Tafel"] *das*; -s, -e: (schweiz.) Regalbrett. **Ta|bleau** [*tablo*; aus gleichbed. *fr.* tableau zu table „Tisch; Tafel; Brett"] *das*; -s, -s: 1. wirkungsvoll gruppiertes Bild [im Schauspiel] (Theat.). 2. (österr.) a) Tabelle; b) Tafel im Flur eines Mietshauses, auf der die Namen der Mieter verzeichnet sind

Ta|blett [aus gleichbed. *fr.* tablette, Verkleinerungsbildung zu table „Tisch; Tafel; Brett" (*lat.* tabula)] *das*; -[e]s, -s (auch: -e): Servierbrett

Ta|blette [aus gleichbed. *fr.* tablette, eigtl. „Täfelchen", identisch mit tablette „Tablett"]: *die*; -, -n: ein in eine feste [runde] Form gepreßtes Arzneimittel zum Einnehmen

Ta|blinum [aus gleichbed. *lat.* tab(u)līnum] *das*; -s, ...na: Hauptraum des altröm. Hauses

tabu [*polynes.*]: unverletzlich, unantastbar; das ist -: davon darf nicht gesprochen werden. **Tabu** *das*; -s, -s: 1. bei Naturvölkern die zeitweilige od. dauernde Heiligung eines bestimmten Menschen od. Gegenstandes mit dem strengen Verbot, ihn anzurühren (Völkerk.). 2. etwas, das sich dem [sprachlichen] Zugriff aus Gründen moralischer, religiöser od. konventioneller Scheu entzieht; sittliche, konventionelle Schranke. **tabuieren** u. **tabuisieren**: etwas für tabu erklären. **Tabuisierung** *die*; -, -en: das Totschweigen, das Zu-einem-Tabu-Erklären eines Bereichs od. eines Problems

Tabula rasa [*lat.*, eigtl. „abgeschabte Tafel"] *die*; - -: 1. Mensch, der noch nicht die notwendigen Kenntnisse und Erfahrungen hat. 2. tabula rasa machen: reinen Tisch machen; rücksichtslos, energisch Ordnung schaffen

Tabulator [wohl aus gleichbed. *engl.* tabulator zu to tabulate „in Form einer Tabelle anlegen"; vgl. Tabelle] *der*; -s, ...oren: zum Tabellenschreiben bestimmte Einrichtung bei Schreib- u. Buchungsmaschinen

Taburett [aus gleichbed. *fr.* tabouret, eigtl. „kleine Trommel", zu *altfr.* tabour „Trommel"] *das*; -[e]s, -e: (veraltet, aber noch schweiz.) Hocker

tacet [*tazät*; *lat.*; „(es) schweigt"]: Angabe, daß ein Instrument od. eine Stimme auf längere Zeit zu pausieren hat (Mus.)

Tacheles [*jidd.* tachlis „Ende, Ziel, Zweck"] **reden**: a) offen miteinander reden; b) jmdm. seine Meinung sagen, ihn zurechtweisen

tachinieren [Herkunft unsicher]: (österr., ugs.) [während der Arbeitszeit] untätig herumstehen, faulenzen. **Tachinierer** *der*; -s, -: (österr., ugs.) Faulenzer

Tacho *der*; -s, -s: (ugs.) Kurzform von: Tachometer (2). **tacho...**, **Tacho...** [aus *gr.* táchos „Geschwindigkeit"; vgl. tachy..., Tachy...]: in Zusammensetzungen auftretendes Bestimmungswort mit der Bedeutung „schnell; Geschwindigkeits-". **Tacho|graph** [vgl. ...graph] *der*; -en, -en: Gerät zum Aufzeichnen von Geschwindigkeiten, Fahrtschreiber. **Tachometer** [aus gleichbed. *engl.* tachometer zu → tacho..., Tacho... und → [1]...meter] *das* (ugs. meist: *der*); -s, -: 1. Instrument an Maschinen zur Messung der Augenblicksdrehzahl, auch mit Stundengeschwindigkeitsanzeige. 2. [mit einem Kilometerzähler] verbundener Geschwindigkeitsmesser bei Fahrzeugen. **tachy...**, **Tachy...** [aus *gr.* tachýs „schnell"] vgl. tacho..., Tacho... **Tachy|graph** [vgl. ...graph] *der*; -en, -en: 1. (hist.) Schreiber, der die Tachygraphie beherrschte. 2. = Tachograph. **Tachy|graphie** [vgl. ...graphie] *die*; -, ...ien: Kurzschriftsystem des Altertums

Tachyon [zu *gr.* tachýs „schnell"] *das*; -s, -en: Elementarteilchen, das angeblich Überlichtgeschwindigkeit besitzt (Phys.)

Tackling [*täk...*] *das*; -s, -s: Kurzform von: Slidingtackling

Täcks u. Täks, (auch, bes. österr.:) Tacks [aus *engl.* tacks, Pl. von tack „kleiner Nagel"] *der*; -es, -e: kleiner keilförmiger Nagel zur Verbindung von Oberleder u. Brandsohle (Schuhherstellung)

Tag [*täg*; aus gleichbed. *engl.-amerik.* tag, eigtl. „Abschluß, Anhängsel"] *der*; -, -s: [improvisierte] Schlußformel bei Jazzstücken

Tagetes *die*; -: eine Zierpflanze

Taguan [aus einer Eingeborenensprache der Philippinen] *der*; -s, -e: ind. Flughörnchen

Taifun [aus gleichbed. *engl.* typhoon, dies aus *chines.* taifung (tai „groß" und fung „Wind"), vermischt mit typhoon „Wirbelwind", dies aus gleichbed. *gr.* typhōn] *der*; -s, -e: tropischer Wirbelsturm [in Südostasien]

Taiga [aus gleichbed. *russ.* taiga] *die*; -: Wald- u. Sumpflandschaft in Sibirien

Tail-gate [*te^ilge^it*; aus gleichbed. *engl.-amerik.* tailgate] *der*; -[s]: Posaunenstil im → New-Orleans-Jazz

Taille [*talje*; aus gleichbed. *fr.* taille, eigtl. „Schnitt; Körperschnitt; Figur", zu tailler „(be-, ein-)schneiden"] *die*; -, -n: a) schmalste Stelle des Rumpfes; b) (ugs.) Taillenweite, Gürtelweite; c) (veraltet) enganliegendes [auf Stäbchen gearbeitetes] Kleideroberteil; per-gehen: (landsch.) ohne Mantel gehen (weil das Wetter es erlaubt). **Tailleur** [gekürzt aus *fr.* costume tailleur „Schneiderkleid"] *das*; -s, -s: (schweiz.) enganliegendes Schneiderkostüm, Jackenkleid. **taillieren** [*...jiren*; zu → Taille]: ein Kleidungsstück auf Taille arbeiten

tailormade [*te^ilerme^id*; aus gleichbed. *engl.* tailor-made (tailor „Schneider" und made „gemacht" zu to make „machen, anfertigen")]: vom Schneider gearbeitet (von Kleidungsstücken). **Tailormade** *das*; -, -s: Schneiderkleid, -kostüm

Takelage [...*ɑsch*ᵉ; mit *fr.* Endung → ...*age* zu *niederd.* Takel „Tauwerk u. Hebezeug eines Schiffes" gebildet] *die:* -, -n: Segelausrüstung eines Schiffes

Take-off [*te̯k*...; aus gleichbed. *engl.* take-off zu take off „wegnehmen, -bringen; weggehen"] *das;* -s, -s: 1. Start [einer Rakete]. 2. Beginn, Durchbruch

Takin [*tibetobirmanisch*] *der;* -s, -s: südostasiat. Rindergemse od. Gnuziege

Täks vgl. Täcks

[1]**Takt** [aus *lat.* tactum „das Berühren; das Spüren, Gefühl, Gefühlssinn" zu tangere , tāctum „berühren"; vgl. Tangente] *der;* -[e]s, -e: 1. (Mus.) a) durch Taktstriche gekennzeichnete festgelegte Einheit im Aufbau eines Musikstücks, das abgemessene Zeitmaß einer rhythmischen Bewegung. 2. von Hebung zu Hebung gemessene rhythmische Einheit im Vers (Metrik). 3. einer von mehreren Arbeitsgängen von Motoren od. Maschinen (Techn.). 4. Arbeitsabschnitt bei Fließbandfertigung od. in der Automation (Techn.). [2]**Takt** [aus gleichbed. *fr.* tact, gleichen Ursprungs wie → [1]Takt] *der;* -[e]s: Gefühl für Schicklichkeit u. Anstand, Feingefühl; Lebensart; Zurückhaltung. [1]**taktieren**: den [1]Takt (1a, 2) schlagen

[2]**taktieren** [zu → Taktik]: in einer bestimmten Weise taktisch vorgehen. **Taktik** [aus gleichbed. *fr.* tactique, dies aus *gr.* taktikḗ (téchnē), eigtl. „Kunst der Anordnung u. Aufstellung"] *die;* -, -en: 1. Praxis der geschickten Kampf- od. Truppenführung (Mil.); vgl. Strategie. 2. auf genauen Überlegungen basierende, von bestimmten Erwägungen bestimmte Art u. Weise des Vorgehens, berechnendes, zweckbestimmtes Verhalten. **Taktiker** *der;* -s, -: jmd., der eine Situation planmäßig und klug berechnend zu seinem Vorteil zu nutzen versteht. **taktisch** [nach gleichbed. *fr.* tactique]: a) die Taktik betreffend; b) geschickt u. planvoll vorgehend, auf einer bestimmten Taktik beruhend

Talar [aus gleichbed. *it.* talare, dies aus *lat.* tālāris (vestis) „knöchellanges (Gewand)" zu tālus „Knöchel"] *der;* -s, -e: bis zu den Knöcheln reichendes langes Amts- od. Festgewand (z. B. des Richters od. Hochschullehrers; vgl. Robe)

Talent [aus *mlat.* talentum „Gabe, Begabung" (als von Gott anvertrautes Gut), dies aus *lat.* talentum „eine bestimmte Geldsumme", *gr.* tálanton „Waage; das Gewogene; eine Gewichts- und Geldeinheit"] *das;* -[e]s, -e: 1. a) Anlage zu überdurchschnittlichen geistigen od. körperlichen Fähigkeiten auf einem bestimmten Gebiet, angeborene besondere Begabung; b) jmd., der über eine besondere Begabung auf einem bestimmten Gebiet verfügt. 2. altgriech. Gewichts- u. Geldeinheit. **talentiert**: begabt, geschickt

Talisman [aus gleichbed. *it.* talismano, dies aus *arab.* ṭilasm „Zauberbild"] *der;* -s, -e: Glücksbringer, Maskottchen; vgl. Amulett u. Fetisch

Talkmaster [*tókmɑstᵉr*; aus gleichbed. *engl.-amerik.* talk master] *der;* -s, -: jmd., der eine Talk-Show leitet. **Talk-Show** [*tókschoᵘ*; aus gleichbed. *engl.-amerik.* talk show (talk „Gespräch, Unterhaltung" und → Show)] *die;* -, -s: Unterhaltungssendung, in der ein Gesprächsleiter verschiedene bekannte Persönlichkeiten über private, berufliche u. allgemein interessierende Dinge interviewt

Talkum [(durch *roman.* Vermittlung) aus gleichbed. *arab.* ṭalq] *das;* -s: 1. Talk. 2. feiner weißer Talk als Streupulver

talmi [zu → Talmi gebildet]: (österr.) talmin. **Talmi** [Kurzform von Talmigold, nach dem franz. Erfinder Tallois (*taloa*) benannte Kupfer-Zink-Legierung Tallois-demi-or (...*dᵉmior*)] *das;* -s: Unechtes. **talmin**: unecht

Talmud [aus gleichbed. *hebr.* talmūd, eigtl. „Unterweisung, Lehre"] *der;* -[e]s, -e: Sammlung der Gesetze u. religiösen Überlieferungen des nachbiblischen Judentums. **talmudisch**: den Talmud betreffend; im Sinne des Talmuds

Talon [*talong*; aus gleichbed. *fr.* talon, eigtl. „hinterer, unterer Teil, Rest", zu *lat.* talus „Hachse, Ferse"] *der;* -s, -s: 1. Erneuerungsschein bei Wertpapieren, der zum Empfang eines neuen Kuponbogens berechtigt. 2. Kartenrest (beim Geben). 3. unterer Teil des Bogens von Streichinstrumenten

Tamariske [aus gleichbed. *vulgärlat.* tamariscus] *die;* -, -n: Pflanzengattung mit immergrünen Blättern u. Blüten in ährenähnlichen Trauben (bes. im Mittelmeergebiet)

Tambour [...*bur*, auch: ...*bur*; aus gleichbed. *fr.* tambour, dies aus *pers.* tabīr „Trommel", vermischt mit *arab.* ṭanbūr „Laute mit hautbespanntem Hohlkörper"] *der;* -s, -e, (schweiz.) -en [...*burᵉn*]: 1. Trommel. 2. Trommler. 3. [mit Fenstern versehenes] zylinderförmiges Zwischenteil in Kuppelbauten (Archit.). **Tambourmajor** [auch: ...*bur*...] *der;* -s, -e: Leiter eines [uniformierten] Spielmannszuges

Tamburin [auch: *tam*...; aus gleichbed. *altfr.* tambourin, Verkleinerungsbildung zu tambour „Trommel"; vgl. Tambour] *das;* -s, -e: 1. Handtrommel mit Fell u. Schellen. 2. Taktschlaginstrument (bei der Gymnastik). 3. Stickrahmen

Tampon [auch: ...*pon* od. *tangpong*; aus gleichbed. *fr.* tampon, Nebenform von tapon „Pflock, Stöpsel, Zapfen"] *der;* -s, -s: [Watte-, Mull]bausch zum Aufsaugen von Flüssigkeiten. **Tamponade** *die;* -, -n: das Ausstopfen (z. B. von Wunden) mit Tampons (Med.). **tamponieren** [nach *fr.* tamponner]: mit Tampons ausstopfen (Med.)

Tamtam [auch: *tam*...; aus *fr.* tam-tam, dies aus gleichbed. *Hindi* ṭamṭam] *das;* -s, -s: 1. asiatisches, mit einem Klöppel geschlagenes Becken; Gong. 2. (ohne Plural; auch: *der*) (ugs.) marktschreierischer Lärm, Angeberei, Aufwand, Pomp, prunkvolle Schaustellung; aufdringliche Reklame

tan = Tangens

Tandem [aus gleichbed. *engl.* tandem, dies aus *lat.* tandem „auf die Dauer, schließlich", scherzhaft räumlich gedeutet als „der Länge nach"] *das;* -s, -s: 1. Wagen mit zwei hintereinandergespannten Pferden. 2. Doppelsitzerfahrrad mit zwei hintereinander angeordneten Sitzen u. Tretlagern. 3. zwei hintereinandergeschaltete Antriebe, die auf die gleiche Welle wirken (Techn.)

tang = Tangens

Tangens [...*ngg*...] *der;* -, -: im rechtwinkligen Dreieck das Verhältnis von Gegenkathete zu → Ankathete; Zeichen: tan, tang, tg. **Tangente** [aus *lat.* tangēns (...entis) „berührend", Part. Präs. von tangere „berühren"; vgl. tangieren] *die;* -, -n: 1. Gerade, die eine gekrümmte Linie (z. B. einen Kreis) in einem Punkt berührt (Math.). 2. dreieckiges Messingplättchen, das beim → Klavichord von unten an die Saiten schlägt. 3. Autostraße, die am Rande eines Ortes vorbeigeführt ist. **tangential** [...*zial*]: eine gekrümmte Linie od. Fläche berührend (Math.). **tangieren** [aus *lat.* tangere „berühren"]: 1. eine gekrümmte Linie od. Fläche berühren (von Geraden od. Kurven; Math.). 2. berühren, betreffen, angehen, beeindrucken

Tango [*tanggo*; aus gleichbed. *span.* tango (weitere Herkunft unklar)] *der*; -s, -s: lateinamerikanischer Tanz im langsamen 2/4- od. 4/8-Takt

Tannin [aus gleichbed. *fr.* tanin zu tan „Gerberlohe"] *das*; -s, -e: aus den Blattgallen von Pflanzen gewonnene Gerbsäure

Tantal [nach Tantalus, einem König der griech. Sage, der dazu verurteil war, bis zum Kinn im Wasser zu stehen, ohne davon trinken zu können] *das*; -s: chem. Grundstoff, Metall; Zeichen: Ta. **Tantalusqualen** *die* (Plural): quälende Begierde nach Unerreichbarem

Tantieme [*tang...*; aus gleichbed. *fr.* tantième zu tant „so(undso)viel" (*lat.* tantus „soviel")] *die*; -, -n: 1. Gewinnbeteiligung an einem Unternehmen. 2. (meist Plural) an Autoren, Sänger u. a. gezahlte Vergütung für Aufführung bzw. Wiedergabe musikalischer od. literarischer Werke

Taoismus [zu *chines.* tao „Weg; richtiger Weg, Einsicht, Vernunft"] *der*; -: philosophisch bestimmte chin. Volksreligion (mit Ahnenkult u. Geisterglauben), die den Menschen zur Einordnung in die Harmonie der Welt anleitet

Tape [*teip*; aus gleichbed. *engl.* tape] *der*; -, -s: 1. Tonband. 2. Schmuckband (Mode)

Tapet [eigtl. „Stoff, Bespannung von Konferenztischen", aus *mlat.* tapetum „Teppich, Behang", dies aus *gr.* tápēs „Teppich, Decke"] *das*; -[e]s, -e: in der Fügung: etwas aufs - bringen: etwas zur Sprache bringen

Tapete [aus *mlat.* tapeta „Wandverkleidung" zu tapetum „Teppich, Behang", s. Tapet] *die*; -, -n: Wandverkleidung aus [gemustertem] Stoff, Leder od. Papier. **Tapezier** [nach gleichbed. *it.* tappezziere] *der*; -s, -e: (südd.) Tapezierer. **tapezieren** [aus gleichbed. *it.* tappezzare]: 1. [Wände] mit Tapeten bekleben od. verkleiden. 2. (österr.) mit einem neuen Stoff beziehen (Sofa u. a.). **Tapezierer** *der*; -s, -: Handwerker, der tapeziert, mit Stoffen bespannt [u. Möbel polstert]

Tapioka [über *port.* tapioca aus gleichbed. *indian.* (*Tupi*) tipiok, eigtl. „Rückstand"] *die*; -: Stärkemehl aus den Knollen des Maniokstrauches

Tapir [österr.: *...ir*; über *port.* tapir aus gleichbed. *indian.* (*Tupi*) tapira] *der*; -s, -e: südamerik. u. asiatischer Unpaarhufer

Tapisserie [aus gleichbed. *fr.* tapisserie, zu tapis „Teppich"] *die*; -, ...ien: 1. a) Wandteppich; b) Stickerei auf gitterartigem Grund. 2. Geschäft, in dem Handarbeiten u. Handarbeitsmaterial verkauft werden

Tara [aus gleichbed. *it.* tara, eigtl. „Abzug für Verpackung", dies aus *arab.* tarḥ „Abzug"] *die*; -, Taren: 1. Verpackungsgewicht einer Ware. 2. Verpackung einer Ware; Abk.: T, Ta

Tarantel [aus gleichbed. *it.* tarantola, von dem Ortsnamen Taranto „Tarent", weil in der Umgebung von Tarent die Spinne bes. häufig vorkommt] *die*; -, -n: südeuropäische Wolfsspinne, deren Biß Entzündungen hervorruft

Tarantella [vielleicht zum Ortsnamen Taranto „Tarent"] *die*; -, -s u. ...llen: südital. Volkstanz im 3/8- od. 6/8-Takt

tardando [aus gleichbed. *it.* tardando zu *lat.-it.* tardare „zögern"]: zögernd; langsamer werdend (Vortragsanweisung; Mus.). **Tardando** *das*; -s, -s u. ...di: zögerndes, langsamer werdendes Spiel (Mus.)

Tardenoisien [*tardenoasiäng*; nach dem franz. Fundort Fère-en-Tardenois (*färangtardenoa*)] *das*; -[s]: Kulturstufe der Mittelsteinzeit

tardo [über *it.* tardo aus gleichbed. *lat.* tardus]: langsam (Vortragsanweisung; Mus.)

Target [bei engl.Ausspr.: *ta'git*; aus gleichbed. *engl.* target, eigtl. „Zielscheibe"] *das*; -s, -s: Substanz, auf die energiereiche Strahlung (z. B. aus Teilchenbeschleunigern) gelenkt wird, um in ihr Kernreaktionen zu erzielen (Kernphys.)

tarieren [nach gleichbed. *it.* tarare, s. Tara]: 1. die → Tara bestimmen (Wirtsch.). 2. durch Gegengewichte das Reingewicht auf der Waage ausgleichen (Phys.)

Tarif [über *fr.* tarif aus gleichbed. *it.* tariffa, dies aus *arab.* ta'rīf „Bekanntmachung"] *der*; -s, -e: 1. verbindliches Verzeichnis der Preis- bzw. Gebührensätze für bestimmte Lieferungen, Leistungen, Steuern u. a. 2. durch Vertrag od. Verordnung festgelegte Höhe von Preisen, Löhnen, Gehältern u. a. **Tarifautonomie** *die*; -: Befugnis der → Sozialpartner, Tarifverträge auszuhandeln u. zu kündigen. **tarifieren**: die Höhe einer Leistung durch Tarif bestimmen. **tariflich**: den Tarif betreffend. **Tarifvertrag** *der*; -s, ...verträge: Vertrag zur Regelung der arbeitsrechtlichen Beziehungen (Lohn, Arbeitszeit u. a.) zwischen Arbeitgebern u. Arbeitnehmern

Tarock u. Tarok [aus gleichbed. *it.* tarocco] *das* od. *der*; -s, -s: ein Kartenspiel. **tarockieren**: Tarock spielen

Tarpan [aus gleichbed. *russ.* tarpan (kirgis. Wort)] *der*; -s, -e: ausgestorbenes europ. Wildpferd

Tarragona [nach dem Namen der span. Stadt] *der*; -, -s: span. Süßwein

Tartanbahn *die*; -, -en: Kunststofflaufbahn (Sport)

Tartaros und **Tartarus** [aus gleichbed. *gr.* Tártaros] *der*; -: Unterwelt, Schattenreich in der griech. Sage

Tar|trat [aus gleichbed. *fr.* tartrat zu tartre „Weinstein" (*mlat.* tartarum)] *das*; -[e]s, -e: Salz der Weinsäure

Tartüff [nach Tartuffe, der Hauptperson eines Lustspiels von Molière] *der*; -s, -e: Heuchler

Tastatur [aus gleichbed. älter *it.* tastatura zu tasto „Taste"] *die*; -, -en: 1. Anordnung von Drucktasten bei Geräten, die nach Auslösung einer Taste eine bestimmte Arbeit verrichten (z. B. bei der Schreibmaschine, Rechenmaschine, Setzmaschine). 2. sämtliche Ober- u. Untertasten bei Tasteninstrumenten (Mus.). **tasto solo** [*it.*]: allein zu spielen (Anweisung in der Generalbaßschrift, daß die Baßstimme ohne Harmoniefüllung der rechten Hand zu spielen ist); Abk.: t. s. (Mus.)

...tät vgl. ...ität

Tatar *das*; -[s], -s u. **Tatarbeefsteak** [*tatarbifßtek*; nach dem mongolischen Volksstamm der Tataren] *das*; -s, -s: rohes geschabtes Rindfleisch [angemacht mit Ei u. Gewürzen]

tätowieren, auch: tatauieren [(über *fr.* tatouer) aus *engl.* to tattoo zu *tahit.* tatau „Zeichen, Malerei"]: Muster od. Zeichnungen mit Farbstoffen in die Haut einritzen. **Tätowierung** *die*; -, -en: 1. das Tätowieren. 2. auf die Haut tätowierte Zeichnung

Tattersall [nach Tattersall, dem Namen eines engl. Stallmeisters (*tätersßol*), 1724–95] *der*; -s, -s: Reitbahn, -halle

Tau [*tau*; *gr.* taū] *das*; -[s], -s: griech. Buchstabe: *T, τ*

taupe [*top*; aus gleichbed. *fr.* taupe, identisch mit taupe „Maulwurf"]: maulwurfsgrau, braungrau

tauto..., **Tauto...** [aus *gr.* tautó, zusammengezogen aus tò autó „dasselbe"]: in Zusammensetzungen auftretendes Bestimmungswort mit der Bedeutung „dasselbe, das gleiche". **Tautologie** [aus gleichbed. *gr.-lat.* tautologia zu → tauto..., Tauto... und → ...logie] *die*; -, ...ien: Fügung, die einen Sachverhalt doppelt wiedergibt (z. B. einzig u. allein); vgl. Pleonasmus, Redundanz. **tautologisch**: die Tautologie betreffend, den gleichen Sachverhalt mit zwei synonymen Wörtern wiedergebend; vgl. pleonastisch. **tautomer** [zu → tauto..., Tauto... und → ...mer]: der Tautometrie unterliegend. **Tautomerie** *die*; -, ...ien: das Nebeneinandervorhandensein von zwei im Gleichgewicht stehenden isomeren Verbindungen (vgl. Isomerie), die sich durch den Platzwechsel eines → Protons unter Änderung der Bindungsverhältnisse unterscheiden (Chem.)

Taverne [*taw...*; aus gleichbed. *altit.* taverna, dies aus *lat.* taberna „Hütte, Bude"] *die*; -, -n: ital. Weinschenke, Wirtshaus

Taxameter [aus gleichbed. *fr.* taxa-mètre, taxi-mètre zu taxe „Preis" (s. Taxe) und ...mètre „...messer" (s. [1]...meter)] *der*; -s, -: Fahrpreisanzeiger in einem Taxi. **Taxation** [...*zion*; aus gleichbed. *lat.* taxātio] *die*; -, -en: Bestimmung des Geldwertes einer Sache od. Leistung. **Taxator** [zu → taxieren] *der*; -s, ...oren: Wertsachverständiger, Schätzer. [1]**Taxe** [(über *fr.* taxe) aus gleichbed. *mlat.* taxa; s. taxieren] *die*; -, -n: 1. Schätzung, Beurteilung des Wertes. 2. [amtlich] festgesetzter Preis. 3. Gebühr, Gebührenordnung. [2]**Taxe** *die*; -, -n: = Taxi. **Taxi** [aus gleichbed. *fr.* taxi, dies gekürzt aus taxi-mètre; s. Taxameter] *das* (schweiz.: *der*); -[s], -[s]: Mietauto. **taxieren** [aus gleichbed. *fr.* taxer, dies aus *lat.* taxāre „berühren; prüfend betasten; (ab)schätzen"]: 1. etwas hinsichtlich Größe, Umfang, Gewicht od. Wert abschätzen, veranschlagen. 2. jmdn. prüfend betrachten u. danach ein Urteil über ihn fällen, jmdn. einschätzen. **Taxierer** *der*; -s, -: = Taxator

Taxonomie [zu *gr.* táxis „Anordnung, Ordnung, Klasse" und → ...nomie] *die*; -: Einordnung der Lebewesen in ein biologisches System (Biol.)

Taxus [aus gleichbed. *lat.* taxus] *der*; -, -: Gattung der Eibengewächse

[1]**Tb** = chem. Zeichen für: Terbium

[2]**Tb** [*tebe*] *die*; -: Kurzw. für: Tuberkulose

Tbc [*tebeze*] *die*; -: Kurzw. für: Tuberkulose

Tc = chem. Zeichen für: Technetium

Tct. = Tinktur

Te = chem. Zeichen für: Tellur

Teach-in [*titschin*; aus gleichbed. *engl.* teach-in zu to teach „lehren" nach go-in usw.] *das*; -[s], -s: [politische] Diskussion mit demonstrativem Charakter, bei der Mißstände aufgedeckt werden sollen

Teak [*tik*; aus *engl.* teak, dies über *port.* teca aus *Malayalam* tekka] *das*; -s und **Teakholz** *das*; -es: wertvolles Holz des südostasiat. Teakbaums. **teaken** [*tikᵉn*]: aus Teakholz

Team [*tim*; aus gleichbed. *engl.* team] *das*; -s, -s: 1. [wissenschaftliche] Arbeitsgemeinschaft. 2. Mannschaft (Sport). **Teamwork** [*timᵘöʳk*; aus gleichbed. *engl.* teamwork zu → Team und work „Arbeit"] *das*; -s: a) Gemeinschafts-, Gruppen-, Zusammenarbeit; b) gemeinschaftlich Erarbeitetes

Tea-Room [*tirum*; aus *engl.* tearoom „Teestube" zu tea „Tee" und room „Zimmer, Raum"] *der*; -s, -s: (schweiz.) Café, in dem kein Alkohol ausgeschenkt wird

Technetium [...*zium*; gelehrte Bildung zu *gr.* technētós „künstlich gemacht"; vgl. Technik] *das*; -s: chem. Grundstoff, Metall; Zeichen: Tc

Technik [aus gleichbed. *fr.* technique, eigtl. Adjektiv mit der Bed. „handwerklich, kunstfertig, kunstvoll", dies aus gleichbed. *gr.* technikós zu téchnē „Handwerk, Kunst"] *die*; -, -en: 1. (ohne Plural) die Gesamtheit der Maßnahmen, Einrichtungen u. Verfahren, die dazu dienen, naturwissenschaftliche Erkenntnisse praktisch nutzbar zu machen. 2. ausgebildete Fähigkeit, Fertigkeit, die zur richtigen Ausübung einer Sache notwendig ist. 3. (ohne Plural) Gesamtheit der Fertigkeiten u. Verfahren, die auf einem bestimmten Gebiet üblich sind. 4. Herstellungsverfahren. 5. (österr.) technische Hochschule. **Techniker** *der*; -s, -: 1. Fachmann auf einem Gebiet der Ingenieurwissenschaften. 2. in einem Zweig der Technik fachlich ausgebildeter Arbeiter. 3. jmd., der auf technischem Gebiet besonders begabt ist. 4. jmd., der die besonderen Feinheiten u. Tricks einer bestimmten Sportart sehr gut beherrscht. **Technikum** *das*; -s, ...ka (auch: ...ken): technische Fachschule, Ingenieurfachschule; vgl. Polytechnikum. **technisch** [nach gleichbed. *fr.* technique; s. Technik]: 1. zur Technik (1) gehörend, sie betreffend, mit Hilfe der Technik; -e Hochschule (in Berlin: Universität): Hochschule zur Ausbildung von wissenschaftlichen Ingenieuren; Abk.: TH bzw. TU. 2. die zur fachgemäßen Ausübung u. Handhabung erforderlichen Fähigkeiten betreffend; vgl. Technik (2, 3). ...**technisch**: organisatorisch, verwaltungsmäßig; die Planung u. den Ablauf, aber nicht die Sache selbst betreffend (z. B. platztechnisch, verwaltungstechnisch). **technisieren**: 1. Maschinenkraft, technische Mittel einsetzen. 2. etwas auf technischen Betrieb umstellen, für technischen Betrieb einrichten. **Technokrat** [aus gleichbed. *engl.-amerik.* technocrat zu → Technik und → ...krat] *der*; -en, -en: Vertreter der Technokratie. **Techno|kratie** [nach gleichbed. *engl.-amerik.* technocracy; vgl. ...kratie] *die*; -: 1. von den USA ausgehende Wirtschaftslehre, die die Vorherrschaft der Technik über Wirtschaft u. Politik propagiert u. deren kulturpolitisches Ziel es ist, die technischen Errungenschaften für den Wohlstand der Menschen nutzbar zu machen. 2. (abwertend) die Beherrschung des Menschen u. seiner Umwelt durch die Technik. **techno|kratisch**: 1. die Technokratie (1) betreffend. 2. (abwertend) von der Technik bestimmt, rein mechanisch. **Technologe** [zu → Technik und → ...loge] *der*; -n, -n: Wissenschaftler, der auf dem Gebiet der Technologie arbeitet. **Technologie** [zu → Technik und → ...logie] *die*; -, ...ien: 1. (ohne Plural) Wissenschaft von der Umwandlung von Rohstoffen in Fertigprodukte (Verfahrenskunde). 2. Methodik u. Verfahren in einem bestimmten Forschungsgebiet (z. B. Raumfahrt). 3. Gesamtheit der zur Gewinnung u. Bearbeitung od. Verformung von Stoffen nötigen Prozesse. 4. = Technik (4). **technologisch**: verfahrenstechnisch, den technischen Bereich von etwas betreffend

Teddy [...*di*; *engl.-amerik.*; Koseform von engl. *Theodore*, nach dem Spitznamen des amerikan. Präsidenten Theodore Roosevelt] *der*; -s, -s: Stoffbär (als Kinderspielzeug)

Tedeum [nach den lat. Anfangsworten des Hymnus

„Te Deum laudamus" = „Dich, Gott, loben wir!"] *das*; -s, -s: 1. (ohne Plural) frühchristlicher → Ambrosianischer Lobgesang. 2. musikalisches Werk über diesen Hymnus

TEE [*te-e-e*] *der*; -[s], -[s]: = Trans-Europ-Express

Teen [*tin*; aus gleichbed. *engl.-amerik.* teen, gekürzt aus teen-ager] *der*; -s, -s u. **Teen|ager** [*tine^{i}dsch^{e}r*; aus gleichbed. *engl.-amerik.* teen-ager, gebildet zu -teen „-zehn" in thirteen, fourteen usw. und age „Alter"] *der*; -s, -: Junge od. Mädchen im Alter zwischen 13 u. 19 Jahren, Halbwüchsige[r]; vgl. Twen

Teflon [auch: *täf...*; Kunstwort] Ⓦ *das*; -s: ein Kunststoff

Teicho|skopie [aus *gr.* teichoskopía „Mauerschau", Name einer Szene im 3. Buch der Ilias] *die*; -, ...ien: (ohne Plural) Mittel im Drama, auf der Bühne nicht od. nur schwer darstellbare Ereignisse dem Zuschauer dadurch nahezubringen, daß ein Schauspieler sie schildert, als sähe er sie außerhalb der Bühne vor sich gehen

Teint [*täng*; aus gleichbed. *fr.* teint, eigtl. „Färbung, Tönung", dem Part. Perf. von teindre (*lat.* tingere) „färben"] *der*; -s, -s: Beschaffenheit od. Tönung der menschlichen [Gesichts]haut; Gesichts-, Hautfarbe; [Gesichts]haut

Tektogenese *die*; -: alle tektonischen Vorgänge, die das Gefüge der Erdkruste umformten (Geol.). **Tektonik** [aus *gr.* tektonikḗ (téchnē) „Zimmermannskunst" zu téktōn „Zimmermann"] *die*; -: 1. Teilgebiet der Geologie, das sich mit dem Bau der Erdkruste u. ihren inneren Bewegungen befaßt (Geol.). 2. [Lehre von der] Zusammenfügung von Bauteilen zu einem Gefüge. 3. [strenger, kunstvoller] Aufbau einer Dichtung. **tektonisch**: die Tektonik betreffend

tele..., **Tele...** [aus *gr.* tēle „fern, weit"]: in Zusammensetzungen auftretendes Bestimmungswort mit der Bedeutung „fern, weit, fernseh...", z. B. telegen, Telefon

Telefon [auch: *te...*; über *fr.* téléphone aus gleichbed. *engl.* telephone, einer gelehrten Bildung aus *gr.* tēle „fern, weit" und phōnḗ „Stimme"] *das*; -s, -e: Fernsprecher, Fernsprechanschluß. **Telefonat** *das*; -s, -e: Ferngespräch, Anruf. **Telefonie** *die*; -: 1. Sprechfunk. 2. Fernsprechwesen. **telefonieren**: jmdn. anrufen, durch das Telefon mit jmdm. sprechen. **telefonisch**: a) das Telefon betreffend; b) mit Hilfe des Telefons [erfolgend], fernmündlich. **Telefonist** *der*; -en, -en: Angestellter im Fernsprechverkehr. **Telefonistin** *die*; -, -nen: Angestellte im Fernsprechverkehr. **Telefoto** *das*; -s, -s: Kurzform von Telefotografie. **Telefoto|grafie** *die*; -, -en: fotografische Aufnahme entfernter Objekte mit einem → Teleobjektiv

telegen [aus gleichbed. *engl.* telegenic, das nach photogenic (s. fotogen) zu tele(vision) „Fernsehen" gebildet ist]: in Fernsehaufnahmen besonders wirkungsvoll zur Geltung kommend (bes. von Personen)

Tele|graf [aus gleichbed. *fr.* télégraph, einer gelehrten Bildung zu *gr.* tēle „fern, weit" und → ...graph] *der*; -en, -en: Apparat zur Übermittlung von Nachrichten durch vereinbarte Zeichen, Fernschreiber. **Tele|grafie** [aus gleichbed. *fr.* télégraphie] *die*; -: Fernübertragung von Nachrichten durch vereinbarte Zeichen. **tele|grafieren** [aus gleichbed. *fr.* télégraphier]: eine Nachricht telegrafisch übermitteln. **tele|grafisch** [nach gleichbed. *fr.* télégraphique]: auf drahtlosem Weg, drahtlos, durch Telegrafie. **Tele|grafist** *der*; -en, -en: Angestellter, der telegrafisch Nachrichten übermittelt

Telegramm [über *fr.* télégramme aus gleichbed. *engl.* telegram, einer gelehrten Bildung zu *gr.* tēle „fern, weit" und grámma „Geschriebenes", eigtl. „Ferngeschriebenes"] *das*; -s, -e: telegrafisch übermittelte Nachricht

Tele|graph usw.: vgl. Telegraf usw.

Telekolleg [zu → tele..., Tele... und → Kolleg] *das*; -s, -s u. -ien [...*i^{e}n*]: allgemeinbildende od. fachspezifische Unterrichtssendung in Serienform im Fernsehen

Telemark [nach Telemark, dem Namen einer norw. Landschaft, wo diese Technik entwickelt wurde] *der*; -s, -s: ein heute nicht mehr angewandter Schwung quer zum Hang (Skisport)

Telemeter [zu → tele..., Tele... und → [1]...meter] *das*; -s, -: Entfernungsmesser. **Tele|objektiv** [zu → tele..., Tele... und → Objektiv] *das*; -s, -e [...*w^e*]: Kombination von Linsen zur Erreichung großer Brennweiten für Fernaufnahmen

Teleologie [zu *gr.* télos „Ziel, Zweck" und → ...logie] *die*; -: die Lehre von der Zielgerichtetheit u. Zielstrebigkeit jeder Entwicklung im Universum od. in seinen Teilbereichen (Philos.). **teleologisch**: die Teleologie betreffend; zielgerichtet

Telepath *der*; -en, -en: für Telepathie Empfänglicher. **Telepathie** [aus gleichbed. *engl.* telepathy zu *gr.* tēle, „fern, weit" und páthos „Gefühlserregung, Leiden(schaft)", s. Pathos] *die*; -: das Fernfühlen, das Wahrnehmen der seelischen Vorgänge eines anderen Menschen ohne Vermittlung der Sinnesorgane. **telepathisch**: a) die Telepathie betreffend; b) auf dem Weg der Telepathie

Telephon usw. vgl. Telefon usw. **Telephoto|graphie** vgl. Telefotografie

Tele|skop [aus gleichbed. *fr.* téléscope, einer gelehrten Bildung zu *gr.* tēle „fern, weit" und skopeīn „schauen"] *das*; -s, -e: Fernrohr. **Tele|skop|auge** *das*; -s, -n (meist Plural): teleskopartiges, hervortretendes Auge bei Tiefseetieren (z. B. bei Tintenfischen). **tele|skopisch**: a) das Teleskop betreffend; b) durch das Fernrohr sichtbar

Teletest [aus gleichbed. *engl.* teletest zu → tele..., Tele... und Test] *der*; -s, -s: [von den Fernsehanstalten] regelmäßig durchgeführte Befragung von Fernsehzuschauern, um den Beliebtheitsgrad einer Sendung festzustellen

Television [...*wi*..., seltener in engl. Ausspr.: *täliwisch^{e}n*; aus gleichbed. *engl.* television zu tele... „fern, weit" und vision „Sehen, Bild"; s. Vision] *die*; -: Fernsehen

Telex [Kurzw. aus: engl. *tele*printer *ex*change (*täliprint^{e}r ixtsche^{i}ndsch*) = „Fernschreiber-Austausch"] *das*; -: international übliche Bezeichnung für: Fernschreiber[teilnehmer]netz

Tellur [gelehrte Bildung zu *lat.* tellus, Gen. tellūris „Erde"] *das*; -s: chem. Grundstoff, ein Halbmetall; Zeichen: Te. **tellurige Säure** *die*; -n -: Sauerstoffsäure des Tellurs

Tellurium *das*; -s, ...ien [...*i^{e}n*]: Gerät zur modellhaften Darstellung der Bewegungen von Erde u. Mond um die Sonne (Astron.)

Tema con variazioni [- *kon wa*...; *it.*] *das*; - - -: Thema mit Variationen (Mus.)

Tempera [aus gleichbed. *it.* tempera zu temperare „mischen; verdünnen", s. temperieren] *die*; -, -s: = Temperamalerei. **Temperafarbe** *die*; -, -n: mit einer Emulsion (bes. mit Eigelb) gebundene Künstlerfarbe. **Temperamalerei** *die*; -, -en: 1. (ohne Plural) [bes. im Mittelalter gebräuchliche] Art der Malerei mit deckenden Farben, die mit verdünntem Eigelb, Feigenmilch, Honig, Leim od. ähnlichen Bindemitteln vermischt werden. 2. in dieser Maltechnik ausgeführtes Kunstwerk

Temperament [aus gleichbed. *fr.* tempérament, dies aus *lat.* temperāmentum „richtige Mischung, rechtes Maß"; s. temperieren] *das*; -[e]s, -e: 1. Wesens-, Gemütsart; vgl. Choleriker, Melancholiker, Phlegmatiker, Sanguiniker. 2. (ohne Plural) Gemütserregbarkeit, Lebhaftigkeit, Munterkeit, Schwung. **Temperatur** [nach *lat.* temperātūra „gehörige Mischung, Beschaffenheit" zu temperāre, s. temperieren] *die*; -, -en: 1. Wärmegrad eines Stoffes. 2. Körperwärme; [erhöhte] - haben: leichtes Fieber haben (Med.). 3. temperierte Stimmung bei Tasteninstrumenten (Mus.). **Temperenz** [aus gleichbed. *engl.* temperance, dies aus *lat.* temperantia zu temperāre „mäßigen"] *die*; -: Mäßigkeit [im Alkoholgenuß]. **Temperenzler** *der*; -s, -: Anhänger einer Mäßigkeits- od. Enthaltsamkeitsbewegung. **temperieren** [aus *lat.* temperāre „in das gehörige Maß setzen; in das richtige Mischungsverhältnis bringen"]: 1. a) die Temperatur regeln; b) [ein wenig] erwärmen. 2. mäßigen, mildern. 3. ein Tasteninstrument auf die temperierte Stimmung bringen; temperierte Stimmung: die die Oktave in 12 möglichst gleich große [Halb]tonschritte einteilende Stimmung (zur gleichmäßigen Benutzung aller Tonarten); vgl. Temperatur (3)

tempern [aus gleichbed. *engl.* to temper, eigtl. „mäßigen, abschwächen", zu *lat.* temperāre, s. temperieren]: Eisen in Glühkisten unter Hitze halten (entkohlen), um es leichter hämmer- u. schmiedbar zu machen

Tempest [*tämpißt*; aus gleichbed. *engl.* tempest, eigtl. „Sturm", aus *lat.* tempestās „Wetter, Sturm"] *das*; -s, -s: 1. ein Sportsegelboot für zwei Mann. 2. eine olympische Bootsklasse

tempestoso [aus gleichbed. *it.* tempestoso, dies aus *lat.* tempestuōsus „stürmisch"]: stürmisch, heftig, ungestüm (Mus.)

Tempi: *Plural* von → Tempo (2)

Tempi passati! [*it.*; „vergangene Zeiten!"; vgl. tempo]: das sind [leider/zum Glück] längst vergangene Zeiten!

Templer [nach gleichbed. *fr.* templier zu temple „Tempel" aus gleichbed. *lat.* templum] *der*; -s, -: (hist.) Mitglied des Templerordens. **Templerorden** u. Tempelorden *der*; -s: (hist.) geistlicher Ritterorden des Mittelalters (1119 bis 1312)

tempo [aus *it.* tempo „Zeit, Zeitmaß", dies aus *lat.* tempus „Zeit"]: Bestandteil bestimmter Fügungen mit der Bedeutung „im Zeitmaß, Rhythmus von ... ablaufend"; -di marcia [- - *martscha*]: im Marschtempo; - giusto [- *dsehußto*]: in angemessener Bewegung; - primo: im früheren, anfänglichen Tempo; - rubato = rubato. **Tempo** [nach *it.* tempo „Zeitmaß, Zeitraum", s. tempo] *das*; -s, -s u. Tempi: 1. (ohne Plural) Geschwindigkeit, Schnelligkeit, Hast. 2. Taktbewegung, das zähl- u. meßbare musikalische (absolute) Zeitmaß. **Tempolimit** [zu → Tempo (1) u. → Limit] *das*; -s, -s: [gesetzlich angeordnete, für einen längeren Zeitraum geltende] allgemeine Geschwindigkeitsbegrenzung für Kraftfahrzeuge

Tempora: *Plural* von → Tempus. **temporal** [aus *lat.* temporālis „die Zeit betreffend" zu tempus „Zeit"]: zeitlich, das Tempus betreffend (Sprachw.); -e Konjunktion: zeitliches Bindewort (z. B. nachdem). **Temporalsatz** *der*; -es, ...sätze: Umstandssatz der Zeit (Sprachw.). **temporär** [über *fr.* temporaire aus gleichbed. *lat.* temporārius]: zeitweilig, vorübergehend. **Tempus** [aus gleichbed. *lat.* tempus, eigtl. „Zeit, Zeitabschnitt"] *das*; -, Tempora: Zeitform des Verbs (z. B. Präsens, Futur; Sprachw.)

Tendenz [aus gleichbed. *fr.* tendance zu tendre „spannen, strecken, sich hinneigen" aus gleichbed. *lat.* tendere] *die*; -, -en: 1. Hang, Neigung, Strömung. 2. a) erkennbare Absicht, Zug, Richtung; eine Entwicklung, die gerade im Gange ist, die sich abzeichnet; Entwicklungslinie; b) (abwertend) nicht objektive Darstellungsweise, mit der etwas bezweckt od. ein bestimmtes Ziel erreicht werden soll. 3. allgemeine Grundstimmung [an der Börse]. **tendenziell**: der Tendenz nach, entwicklungsmäßig. **tendenziös** [nach gleichbed. *fr.* tendancieux]: (abwertend) a) etwas bezweckend, beabsichtigend; b) deutlich eine Tendenz, eine Absicht erkennen lassend; c) parteilich zurechtgemacht, gefärbt

tendieren [zu → Tendenz nach *lat.* tendere „sich hinneigen" gebildet]: a) hinstreben; neigen zu etwas; b) abzielen, gerichtet sein auf etwas

teneramente [aus gleichbed. *it.* teneramente zu *lat.* tener „zart, weich"]: zart, zärtlich (Vortragsanweisung; Mus.)

Tennis [aus gleichbed. *engl.* tennis (gekürzt aus lawn-tennis „Rasentennis"), dies zu (*alt*)*fr.* tenez „haltet (den Ball)!", Imperativ Plural von tenir aus *lat.* tenēre „halten"] *das*; -: ein Ballspiel mit Schläger; vgl. [1]Racket

Tenno [aus gleichbed. *jap.* tenno] *der*; -s, -s: jap. Kaisertitel; vgl. [1]Mikado (1)

[1]**Tenor** [aus *lat.* tenor „ununterbrochener Lauf, Zusammenhang, Sinn, Inhalt" zu tenēre „(gespannt) halten"] *der*; -s: 1. Haltung, Inhalt, Sinn, Wortlaut. 2. Stimme, die im → Cantus firmus den Melodieteil trägt; Abk.: t, T

[2]**Tenor** [aus gleichbed. *it.* tenore, eigtl. „(die Melodie) haltende (Hauptstimme)", zu tenere aus *lat.* tenēre „(fest)halten"] *der*; -s, Tenöre (österr. auch: -e): 1. hohe Männerstimme. 2. Tenorsänger. 3. die Tenorsänger im [gemischten] Chor. **Tenorbuffo** *der*; -s, -s: 1. Tenor für heitere Opernrollen. 2. zweiter Tenor an einem Operntheater. **Tenorist** [zu → [2]Tenor] *der*; -en, -en: Tenorsänger [im Chor]. **Tenorschlüssel** *der*; -s: C-Schlüssel auf der vierten Notenlinie

Tensid [zu *lat.* tēnsus „gespannt", Part. Perf. von tendere „spannen"] *das*; -s, -e (meist Plural): eine waschaktive Substanz (z. B. in Wasch- u. Reinigungsmitteln enthalten)

Tension [aus *lat.* tēnsio „Spannung" zu tendere „spannen"] *die*; -, -en: Spannung von Gasen u. Dämpfen; Druck (Phys.). **Tensor** [zu *lat.* tendere, Part. Perf. tēnsum „spannen"] *der*; -s, ...oren: Begriff der Vektorrechnung (Math.)

Tenü [*t^e^nü*; aus gleichbed. *fr.* la tenue, substantiviertes Part. Perf. von tenir „halten, führen"] *das*; -s, -s: (schweiz.) 1. Art u. Weise, wie jmd. gekleidet ist. 2. a) Anzug; b) Uniform

Tenuis [zu *lat.* tenuis „dünn"] *die*; -, Tenues [...*eß*]: stimmloser Verschlußlaut (z. B. p); Ggs. → Media

tenuto [aus gleichbed. *it.* tenuto, Part. Perf. von

tenere aus *lat.* tenēre „halten, festhalten“]: ausgehalten, getragen (Vortragsanweisung; Mus.); Abk.: t, ten.; ben -: gut gehalten (Vortragsanweisung; Mus.)

Tepidarium [aus gleichbed. *lat.* tepidārium zu tepidus „lau“] *das*; -s, ...ien [...*iᵉn*]: lauwarmer Raum der römischen Thermen

Tequila [*tekila*; aus *mex.-span.* tequila, nach der gleichnamigen mex. Stadt] *der*; -[s]: ein aus → Pulque durch Destillation gewonnener mexikan. Branntwein

Tera... [zu *gr.* téras „Wunderzeichen; ungewöhnlich großes Tier“]: in Zusammensetzungen auftretendes Bestimmungswort mit der Bedeutung „eine Billion mal so groß“, z. B. Terameter (Tm) = 10^{12} m; Zeichen: T

Terbium [nach dem schwed. Ort Ytterby] *das*; -s: ein Metall aus der Gruppe der → Lanthanide (chem. Grundstoff); Zeichen: Tb

Terebinthe [über *lat.* terebinthus aus gleichbed. *gr.* terébinthos; vgl. Terpentin] *die*; -, -n: → Pistazie (1) des Mittelmeergebietes, aus der Terpentin u. Gerbstoff gewonnen werden; Terpentinbaum

Term [aus gleichbed. *fr.* terme zu *lat.* terminus, s. Terminus] *der*; -s, -e: 1. formalisierter Ausdruck; festgelegter [wissenschaftlicher] Begriff. 2. ein Zahlenwert von Frequenzen od. Wellenzahlen eines Atoms, Ions od. Moleküls (Phys.). **Termin** [aus *lat.* terminus „Ziel, Ende“, eigtl. „Grenzzeichen, Grenze“] *der*; -s, -e: 1. a) festgesetzter Zeitpunkt, Tag; b) Liefer-, Zahlungstag; Frist. 2. vom Gericht festgesetzter Zeitpunkt für eine Rechtshandlung, bes. für eine Gerichtsverhandlung. **terminieren**: a) befristen; b) zeitlich festlegen

[1]**Terminal** [*tö̱ʳminᵉl*; aus gleichbed. *engl.* terminal (station) zu terminal aus *lat.* terminālis „zum Ende gehörend, End...“; vgl. Termin] *der* (auch: *das*); -s, -s: 1. Abfertigungshalle für Fluggäste. 2. Zielbahnhof. [2]**Terminal** *das*; -s, -s: Ein- u. Ausgabeeinheit einer EDV-Anlage

terminativ [zu *lat.* terminus „Ziel, Grenze“]: den Anfangs- od. Endpunkt einer verbalen Handlung mit ausdrückend (in bezug auf Verben, z. B. holen, bringen; Sprachw.). **Termini**: *Plural* von → Terminus. **Terminologe** [zu → Terminus] *der*; -n, -n: [wissenschaftlich ausgebildeter] Fachmann, der fachsprachliche Begriffe definiert u. Terminologien erstellt. **Terminologie** *die*; -, ...ien: a) Gesamtheit der in einem Fachgebiet üblichen Fachwörter u. -ausdrücke; b) wissenschaftliche Systematik für den Aufbau eines Fachwortschatzes. **terminologisch**: die Terminologie betreffend, dazu gehörend.

Terminus [aus *lat.* terminus „Ziel, Grenze“ (s. Termin), *mlat.* auch „inhaltlich abgegrenzter Begriff“] *der*; -, ...ni: Fachausdruck, Fachwort; - ad quem: Zeitpunkt, bis zu dem etwas gilt od. ausgeführt sein muß; - ante quem: = Terminus ad quem; - a quo: Zeitpunkt, von dem an etwas beginnt, ausgeführt wird; - interminus: das unendliche Ziel alles Endlichen (Nikolaus von Kues; Philos.); - post quem: = Terminus a quo; - technicus [...*kuß*], Plural: ...ni ...ci [...*zi*]: Fachwort, -ausdruck

Termite [zu *spätlat.* termes, Gen. termitis „Holzwurm“] *die*; -, -n (meist Plural): eine staatenbildende Ameise [in tropischen Gebieten]

ternär [über gleichbed. *fr.* ternaire aus *lat.* ternārius zu ternī „je drei“, ter „dreimal“]: dreifach; aus drei Stoffen bestehend

Terpen [gekürzt aus → Terpentin] *das*; -s, -e: organische Verbindung (Hauptbestandteil ätherischer Öle). **Terpentin** [aus *mlat.* ter(e)bintina (resina) „Harz der Terebinthe“ zu *lat.* terebinthinus, *gr.* terebínthinos „zur → Terebinthe gehörend“] *das* (österr. meist: *der*); -s, -e: Harz verschiedener Nadelbäume

Terrain [*tärä̱ng*; aus gleichbed. *fr.* terrain, dies aus *lat.* terrēnum „Erde, Acker“, eigtl. „aus Erde Bestehendes“, zu terra „Erde“] *das*; -s, -s: a) Gebiet, Gelände; b) Boden, Baugelände, Grundstück

Terra incognita [- *inko...*; *lat.*, zu terra „Erde, Land“ u. incognitus „unbekannt“] *die*; - -: 1. unbekanntes Land. 2. unerforschtes, fremdes Wissensgebiet

Terrakotta [aus gleichbed. *it.* terracotta, zu *lat.-it.* terra „Erde“ u. cotto „gebrannt“, Part. Perf. von cuocere „kochen, braten, brennen“ aus gleichbed. *lat.* coquere] *die*; -, ...tten u. **Terrakotte** *die*; -, -n: 1. gebrannte Tonerde, die beim Brennen eine weiße, gelbe, braune, hell- od. tiefrote Farbe annimmt. 2. antikes Gefäß od. kleine Plastik aus dieser Tonerde

Terrarium [nach → Aquarium zu *lat.* terra „Erde“ gebildet] *das*; -s, ...ien [...*iᵉn*]: ein Behälter für die Haltung kleiner Landtiere (meist Lurche u. Reptilien)

Terrasse [aus gleichbed. *fr.* terrasse, eigtl. „Erdaufhäufung“, zu *lat.* terra „Erde“] *die*; -, -n: 1. stufenförmige Erderhebung, Geländestufe, Absatz, Stufe. 2. nicht überdachter größerer Platz vor od. auf einem Gebäude. **terrassieren** [aus gleichbed. *fr.* terrasser]: ein Gelände terrassen-, treppenförmig anlegen, erhöhen (z. B. Weinberge)

Terrazzo [aus gleichbed. *it.* terrazzo, eigtl. „Terrasse, Balkon“, vgl. Terrasse] *der*; -[s], ...zzi: Fußbodenbelag aus Zement u. verschieden getönten Steinkörnern

terrestrisch [aus gleichbed. *lat.* terrestris zu terra „Erde“]: 1. die Erde betreffend; Erd... 2. zur Erde gehörend, auf dem Erdboden lebend (Biol.); Ggs. → limnisch, → marin (2)

terribel [aus gleichbed. *lat.* terribilis zu terrēre „in Schrecken setzen“]: (veraltet) schrecklich; vgl. Enfant terrible

Terrier [...*iᵉr*; aus gleichbed. *engl.* terrier, älter terrier dog „Erdhund“, zu *spätlat.* terrārius „den Erdboden betreffend“ (zu *lat.* terra „Erde“)] *der*; -s, -: kleiner bis mittelgroßer engl. Jagdhund (zahlreiche Rassen, z. B. → Airedaleterrier)

Terrine [aus gleichbed. *fr.* terrine, eigtl. „irdene (Schüssel)“, zu *altfr.* terrin „irden“ (zu *lat.* terra „Erde“)] *die*; -, -n: [Suppen]schüssel

territorial [über *fr.* territorial aus gleichbed. *lat.* territoriālis, vgl. Territorium]: zu einem Gebiet gehörend, ein Gebiet betreffend. **Territorialität** *die*; -: Zugehörigkeit zu einem Staatsgebiet. **Territorialsystem** *das*; -s: (hist.) im → Absolutismus vertretene Auffassung, daß auch die Kirche dem Regiment des Landesherrn unterworfen sei. **Territorium** [unter Einfluß von gleichbed. *fr.* territoire aus *lat.* territōrium „zu einer Stadt gehörendes Ackerland, Stadtgebiet“ zu terra „Erde“] *das*; -s, ...ien [...*iᵉn*]: a) Grund u. Boden, Land, Bezirk, Gebiet; b) Hoheitsgebiet eines Staates

Terror [aus *lat.* terror, „Schrecken, Schrecken bereitendes Geschehen“ zu terrēre „in Schrecken setzen“] *der*; -s: 1. Schreckens-, Gewaltherrschaft. 2. rücksichtsloses Vorgehen, Bedrohung. 3. Einschüchterung, Unterdrückung. **terrorisieren** [aus gleichbed. *fr.* terroriser zu terreur „Schrecken" aus *lat.* terror]: 1. Terror ausüben, Schrecken verbreiten. 2. jmdn. unterdrücken, bedrohen, einschüchtern. **Terrorismus** *der*; -: 1. Schreckensherrschaft. 2. das Verbreiten von Terror durch Anschläge u. Gewaltmaßnahmen zur Erreichung eines bestimmten [politischen] Ziels. **Terrorist** *der*; -en, -en: jmd., der Terroranschläge plant u. ausführt. **terroristisch**: Terror verbreitend

Tertia [...*zia*; aus *nlat.* tertia classis „dritte Klasse" zu *lat.* tertius „dritter"] *die*; -, ...ien [...*iᵉn*]: in Unter- (4.) u. Obertertia (5.) geteilte Klasse einer höheren Schule. **Tertianer** [nach *lat.* tertiānus „zum dritten gehörend"] *der*; -s, -: Schüler einer Tertia

tertiär [aus gleichbed. *fr.* tertiaire, nach *lat.* tertiārius „das Drittel enthaltend"]: 1. a) die dritte Stelle in einer Reihe einnehmend; b) (abwertend) drittrangig. 2. das Tertiär betreffend. **Tertiär** *das*; -s: erdgeschichtliche Formation des → Känozoikums (Geol.)

Tertium comparationis [...*zium ko...zio...*; *lat.*; „das dritte der Vergleichung", zu tertius „dritter" u. comparātio „Vergleich(ung)"] *das*; - -, ...ia -: Vergleichspunkt, das Gemeinsame zweier verschiedener Gegenstände od. Sachverhalte

Terz [1: aus *mlat.* tertia (vōx) „der dritte (Ton)"; 2: nach *lat.* tertia „dritte (Bewegung)"; vgl. Tertia] *die*; -, -en: 1. Intervall von drei Tonstufen; der dritte Ton vom Grundton aus (Mus.). 2. bestimmte Klingenhaltung beim Fechten. **Terzquart|akkord** *der*; -s, -e: zweite Umkehrung des Septimenakkords mit der Quint als Baßton u. darüberliegender Terz u. Quart (Mus.)

Terzett [aus gleichbed. *it.* terzetto zu terzo „dritter" aus *lat.* tertius; vgl. Tertia] *das*; -[e]s, -e: 1. Musikstück für drei Gesangsstimmen. 2. die erste od. zweite der beiden dreizeiligen Strophen des → Sonetts

Terzine [aus gleichbed. *it.* terzina zu terzo „dritter" aus *lat.* tertius; vgl. Tertia] *die*; -, -n (meist Plural): meist durch Kettenreim mit den andern verbundene Strophe aus drei elfsilbigen Versen

Tesching [Herkunft unsicher] *das*; -s, -e u. -s: kleine Handfeuerwaffe

Testament [aus gleichbed. *lat.* (2: *kirchenlat.*) tēstāmentum zu tēstāri „bezeugen; ein Testament machen"; vgl. testieren] *das*; -[e]s, -e: 1. a) letztwillige Verfügung, in der jmd. die Verteilung seines Vermögens nach seinem Tode festlegt; b) [politisches] Vermächtnis. 2. Verfügung, Ordnung [Gottes], Bund Gottes mit den Menschen (danach das Alte u. das Neue Testament der Bibel; Abk.: A. T., N. T.). **testamentarisch**: durch letztwillige Verfügung festgelegt

Testat [zu *lat.* tēstātus „bezeugt", Part. Perf. von tēstāri, vgl. testieren] *das*; -[e]s, -e: 1. Bescheinigung über die Teilnahme an einer Universitätsveranstaltung (z. B. Seminar, Übung). 2. Prüfsiegel für ein getestetes Produkt. **testieren** [aus *lat.* tēstāri „bezeugen, Zeuge sein" zu tēstis „Zeuge"]: ein Testat geben, bescheinigen, bestätigen

Testimonium [aus *lat.* tēstimōnium „Zeugnis, Beweis"] *das*; -s, ...ien [...*iᵉn*] u. ...ia: in der Fügung - paupertatis: Armutszeugnis

Testudo [aus gleichbed. *lat.* tēstūdo, eigtl. „Schildkröte"] *die*; -, ...dines [...*neß*]: (hist.) im Altertum bei Belagerungen verwendetes Schutzdach

Tetanus [auch: *tä...*; über *lat.* tetanus „Halsstarre" aus *gr.* tétanos „Spannung, Verzerrung (eines Körperteils)" zu tetanós „gespannt" u. teínein „spannen"] *der*; -: Wundstarrkrampf, eine Infektionskrankheit (Med.)

Tete [*tätᵉ*; aus *fr.* tête „Kopf, Spitze", dies aus *lat.* tēsta „irdener Topf"] *die*; -, -n: (veraltet) Anfang, Spitze [einer marschierenden Truppe]; an der - sein: (ugs.) an der Spitze, oben, an der Macht sein. **tête-à-tête** [*tätatät*; aus gleichbed. *fr.* tête à tête, eigtl. „Kopf an Kopf"]: (veraltet) vertraulich, unter vier Augen. **Tête-à-tête** [aus *fr.* tête-à-tête „Zwiegespräch"] *das*; -, -s: a) (ugs., scherzh.) Gespräch unter vier Augen; b) vertrauliche Zusammenkunft; zärtliches Beisammensein

te|tra..., **Te|tra...**, vor Vokalen häufig: tetr..., Tetr... [aus gleichbed. *gr.* tetra... zu téttares, téssares „vier"]: in Zusammensetzungen auftretendes Bestimmungswort mit der Bedeutung „vier". **Te|tra** *der*; -s, -s: (ohne Plural) Kurzw. für: Tetrachlorkohlenstoff. **Te|trachord** [...*kort*; aus *gr.-lat.* tetráchordon „Viersaiten-, Viertonsystem", zu *gr.* chordḗ „Darmsaite"] *der* od. *das*; -[e]s, -e: Folge von vier Tönen einer Tonleiter, die Hälfte einer Oktave (Mus.). **Te|tra|eder** [zu *gr.* hédra „Fläche, Basis"; vgl. Dodekaeder] *das*; -s, -: von vier gleichseitigen Dreiecken begrenzter Körper, dreiseitige Pyramide. **Te|tragon** [über *lat.* tetragōnum aus gleichbed. *gr.* tetrágōnon zu gōnía „Winkel"] *das*; -s, -e: Viereck. **te|tragonal**: das Tetragon betreffend, viereckig. **Te|tralogie** [aus gleichbed. *gr.* tetralogía; vgl. ...logie] *die*; -, ...ien: Folge von vier eine innere Einheit bildenden Dichtwerken (bes. Dramen), Kompositionen u. a. **Te|trameter** [über *lat.* tetrameter aus gleichbed. *gr.* tetrámetros] *der*; -s, -: aus vier → Metren bestehender Vers. **Te|trapodie** [nach *gr.* tetrapodía „Vierfüßigkeit" zu poũs, Gen. podós „Fuß, Versfuß"] *die*; -: vierfüßige Verszeile; Tetrameter. **Te|trode** [zu → tetra... u. *gr.* hodós „Weg", vgl. Anode] *die*; -, -n: Vierpolröhre. **Te|tryl** [zu → tetra... u. → ...yl] *das*; -s: ein hochbrisanter Explosivstoff

Text [aus *lat.* textus „Gewebe, Geflecht" zu texere „weben, flechten"] *der*; -[e]s, -e: 1. Wortlaut eines Schriftstücks, Vortrags o. ä. 2. Folge von Sätzen, die untereinander in Zusammenhang stehen (Sprachw.). 3. Bibelstelle als Predigtgrundlage. 4. Beschriftung (z. B. von Abbildungen). 5. die zu einem Musikstück gehörenden Worte

textil [über gleichbed. *fr.* textile aus *lat.* textilis „gewebt, gewirkt" zu texere „weben, flechten"]: 1. die Textiltechnik, die Textilindustrie betreffend. 2. Gewebe...; gewebt, gewirkt. **Textilien** [...*iᵉn*] *die* (Plural): gewebte, gestrickte od. gewirkte, aus Faserstoffen hergestellte Waren. **Textur** [aus *lat.* textūra „Gewebe"] *die*; -, -en: 1. Gewebe, Faserung. 2. räumliche Anordnung von Teilen, Gefügezustand (Geol.; Chem.)

tg = Tangens

Th = chem. Zeichen für: Thorium

TH [*tehā*] *die*; -, -[s]: = technische Hochschule

Thalamus [nach *gr.* thálamos „Schlafgemach, Kammer"] *der*; -, ...mi: der Hauptteil des Zwischenhirns (Sehhügel; Med.)

Thallium [zu *gr.* thállos „Sproß, grüner Zweig" (nach der grünen Linie im Spektrum)] *das*; -s: chem. Grundstoff, ein Metall; Zeichen: Tl

Thea|ter [nach gleichbed. *fr.* théatre aus *lat.* theātrum, *gr.* théātron „Zuschauerraum, Theater" zu *gr.* theā „das Anschauen; Schau, Schauspiel"] *das;* -s, -: 1. a) Gebäude, in dem regelmäßig Schauspiele aufgeführt werden, Schauspielhaus; b) künstlerisches Unternehmen, das die Aufführungen von Schauspielen, Opern o. ä. arrangiert; c) (ohne Plural) Schauspiel-, Opernaufführung, Vorstellung; d) (ohne Plural) die darstellende Kunst [eines Volkes od. einer Epoche] mit allen Erscheinungen. 2. (ohne Plural) (ugs.) Unruhe, Aufregung, Getue. **Thea|tralik** *die;* -: übertriebenes schauspielerisches Wesen, Gespreiztheit. **thea|tralisch** [aus gleichbed. *lat.* theātrālis]: 1. das Theater betreffend, bühnengerecht. 2. übertrieben, unnatürlich, gespreizt

Thein u. Tein [aus gleichbed. *fr.* théine zu thé „Tee", dies aus südchin. tē „Tee"] *das;* -s: in Teeblättern enthaltenes → Koffein

Theismus [zu *gr.* theós „Gott"] *der;* -: Glaube an einen persönlichen, von außen auf die Welt einwirkenden Schöpfergott. **Theist** *der;* -en, -en: Anhänger des Theismus. **theistisch**: den Theismus, den Theisten betreffend

...**thek** [aus *gr.* thḗkē „Abstellplatz; vgl. Theke]: in Zusammensetzungen auftretendes Grundwort mit der Bedeutung „Sammlung, Aufbewahrungsort", z. B. Bibliothek, Infothek

Theke [über *lat.* thēca „Hülle, Büchse, Schachtel" aus *gr.* thḗkē „Abstellplatz, Behältnis, Kiste" zu tithénai „setzen, stellen, legen"] *die;* -, -n: 1. Schanktisch. 2. Ladentisch

Thema [aus *gr.-lat.* théma „Satz, abzuhandelnder Gegenstand", eigtl. „das Gesetzte, Aufgestellte", zu *gr.* tithénai „setzen, stellen, legen"] *das;* -s, ...men u. -ta: 1. a) Aufgabe, [zu behandelnder] Gegenstand, Stoff eines Gespräches, eines Vortrages o. ä.; b) Leitgedanke, Leitmotiv. 2. Gegenstand der Rede, psychologisches Subjekt des Satzes (Sprachw.). 3. der einem Tonstück (Rhapsodie, Sinfonie, Sonate, Fuge) zugrunde gelegte, in sich selbst vollendete, aber weiter zu verarbeitende Grundgedanke (Mus.). **Thematik** [zu → Thema (*gr.* Gen. thématos)] *die;* -en, -en: 1. a) ausgeführtes, gewähltes, gestelltes, gesetztes Thema, Themastellung, Reihe von Themen; b) Leitgedanke. 2. Kunst der Themaaufstellung, -einführung u. -verarbeitung (Mus.). **thematisch**: 1. das Thema betreffend, dem Thema entsprechend, zum Thema gehörend. 2. mit einem → Themavokal gebildet (von Wörtern; Sprachw.); Ggs. → athematisch (2). **Themavokal** [zu *gr.* théma „das Gesetzte, der Wortstamm"] *der;* -s, -e: → Vokal, der bei der Bildung von Verbformen zwischen Stamm u. Endung eingeschoben wird (z. B. lat. ag-*i*-mus; Sprachw.)

theo..., **Theo...** [aus gleichbed. *gr.* theo... zu theós „Gott"]: Bestimmungswort von Zusammensetzungen mit der Bed. „Gottes..., Götter..., göttlich", z. B. Theologie. **Theodizee** [nach gleichbed. *fr.* théodicée (Leibniz 1710) zu → theo... und *gr.* díkē „Gerechtigkeit"] *die;* -, ...zeen: Rechtfertigung Gottes hinsichtlich des von ihm in der Welt zugelassenen Übels und Bösen (Philos.). **Theo|gnosie** u. **Theo|gnosis** [aus gleichbed. *gr.* theognōsía] *die;* -: die Gotteserkenntnis (Philos.). **Theogonie** [aus *gr.-lat.* theogonía „Götterentstehung"] *die;* -, ...ien: → mythische Lehre od. Vorstellung von der Entstehung u. Abstammung der Götter. **Theo|krat** *der;* -en, -en: Anhänger der Theokratie. **Theo|kratie** [aus *gr.* theokratía „Gottesherrschaft"] *die;* -, ...ien: Herrschaftsform, bei der die Staatsgewalt allein religiös legitimiert wird (die Herrschaft wird von Gott über einen Mittelsmann [gewöhnlich einen Priester] ausgeübt). **theo|kratisch**: die Theokratie betreffend. **Theologe** [über *lat.* theologus aus gleichbed. *gr.* theólogos, eigtl. „von Gott Redender"; vgl. ...loge] *der;* -n, -n: jmd., der sich wissenschaftlich mit der Theologie beschäftigt [hat] (z. B. Hochschullehrer, Student). **Theologie** [aus *gr.-lat.* theología „Götterlehre"] *die;* -, ...ien: 1. Wissenschaft vom [christlichen] Gott u. seiner Offenbarung u. vom Glauben u. Wesen der Kirche. 2. Lehre von den Glaubensvorstellungen einer bestimmten Religion od. Konfession. **theologisch**: die Theologie betreffend. **Theophanie** [aus gleichbed. *gr.* theopháneia zu phaínein „sichtbar werden"] *die;* -, ...ien: Gotteserscheinung; vgl. Epiphanie

Theorbe [über *fr.* théorbe aus gleichbed. *it.* teorba, tiorba] *die;* -, -n: Baßlaute von 14–24 Saiten (vom 16. bis 18. Jh., als Generalbaßbegleitung verwendet)

Theorem [aus gleichbed. *gr.-lat.* theṓrēma, eigtl. „das Angeschaute", zu *gr.* theōréein „zuschauen, betrachten", dies zu theorós „Zuschauer", s. Theorie] *das;* -s, -e: Lehrsatz (Philos.; Math.). **Theoretiker** [zu → theoretisch] *der;* -s, -: 1. jmd., der sich theoretisch mit der Erörterung u. Lösung von [wissenschaftlichen] Problemen auseinandersetzt; Ggs. → Praktiker (1). 2. jmd., der sich nur abstrakt u. in Gedanken mit etwas beschäftigt, aber von der praktischen Ausführung nichts versteht. **theoretisch** [über *lat.* theōrēticus aus *gr.* theōrētikós „beschauend, untersuchend" zu theōréein; vgl. Theorem u. Theorie]: die Theorie von etwas betreffend; Ggs. → experimentell. 2. rein wissenschaftlich; gedanklich; gedacht. 3. nicht praktisch, die Wirklichkeit nicht [genügend] berücksichtigend. **theoretisieren**: Theorie treiben. **Theorie** [aus *gr.-lat.* theōría „das Zuschauen; die Betrachtung, Untersuchung" zu theōrós „Zuschauer" (eigtl.: „wer eine Schau ansieht", zu théā „Schau" u. horáein „sehen")] *die;* -, ...ien: 1. gedankliche, theoretische Überlegung; Ggs. → Praxis (1). 2. a) wissenschaftliche Darstellung, Betrachtungsweise; b) Lehrmeinung, Lehre. 3. wirklichkeitsfremde Vorstellung

Theosoph [über *mlat.* theosophus aus *gr.* theósophos „in göttlichen Dingen erfahren"] *der;* -en, -en: Anhänger der Theosophie. **Theosophie** [aus *gr.* theosophía „Gottesweisheit"] *die;* -, ...ien: religiös-weltanschauliche Richtung, die in → meditativer Berührung mit Gott den Weltbau u. den Sinn des Weltgeschehens erkennen will. **theosophisch**: die Theosophie betreffend

Therapeut [aus *gr.* therapeutḗs „Diener, Pfleger" zu therapeúein „dienen, pflegen, heilen"] *der;* -en, -en: behandelnder Arzt, Heilkundiger. **Therapeutik** *die;* -: Wissenschaft von der Behandlung der Krankheiten. **Therapeutikum** *das;* -s, ...ka: Heilmittel. **therapeutisch** [*gr.*]: zur Therapie gehörend. **Therapie** [aus gleichbed. *gr.* therapeía, eigtl. „Dienen, Dienst", zu therapeúein „dienen"] *die;* -, ...ien: Kranken-, Heilbehandlung

therm..., **Therm...** vgl. thermo..., Thermo... **thermal** [zu *gr.* thérmē „Wärme, Hitze", dies zu thermós „warm"]: auf Wärme bezogen, die Wärme betreffend, Wärme... (Phys.). **Thermalquelle** *die;* -, -n: warme Quelle. **Therme** [über *lat.* thermae (Plural) aus *gr.* thérmai „heiße Quellen" (Plural von thérmē „Wärme, Hitze")] *die;* -, -n: = Thermalquelle.

Thermen *die* (Plural): (hist.) antike röm. Badeanlage. **Thermik** *die*; -: aufwärtsgerichtete Warmluftbewegung (Meteor.). **thermisch**: die Wärme betreffend, Wärme... (Meteor.). **Thermit** Ⓦ *das*; -s, -e: sehr hohe Hitze entwickelnde Mischung aus Aluminiumpulver u. einem Metalloxyd. **thermo...**, **Thermo...**, vor Vokalen: therm..., Therm... [aus gleichbed. *gr.* thermo... zu thermós „warm, heiß"]: in Zusammensetzungen auftretendes Bestimmungswort mit der Bedeutung „Wärme, Hitze; Wärmeenergie; Temperatur". **Thermo|chromie** [...*kro*...; zu *gr.* chrōma „Farbe"] *die*; -: Farbänderung eines Stoffes bei Temperaturänderungen (Chem.). **Thermo|elek|trizität** *die*; -: das Auftreten einer elektrischen Spannung in einem aus verschiedenen Metallen bestehenden Stromkreis, wenn eine Berührungsstelle eine andere Temperatur hat als die übrigen Teile. **Thermo|element** *das*; -[e]s, -e: [Temperaturmeß]gerät, das aus zwei Leitern verschiedener Werkstoffe besteht, die an ihren Enden zusammengelötet sind. **Thermo|graph** *der*; -en, -en: Gerät zur selbsttätigen Temperaturaufzeichnung (Meteor.). **Thermolyse** [zu *gr.* lýsis „Lösung, Auflösung"] *die*; -: Zerfall einer chem. Verbindung durch Wärmeeinfluß. **Thermometer** *das*; -s, -: ein Temperaturmeßgerät (Phys.; Med.). **Thermometrie** *die*; -, ...ien: Temperaturmessung (Meteor.). **thermonu|klear**: die bei einer Kernreaktion auftretende Wärme betreffend; -e Reaktion: Kernreaktion, die unter hohen Temperaturen zur Verschmelzung leichter Teilchen führt (Phys.). **Thermo|plast** *der*; -[e]s, -e: bei höheren Temperaturen ohne chemische Veränderung erweichbarer u. verformbarer Kunststoff (Chem.). **Thermosflasche** Ⓦ [zu *gr.* thermós „warm"] *die*; -, -n: doppelwandiges Gefäß zum Warm- (od. Kühl)halten von Speisen u. Getränken. **Thermostat** *der*; -[e]s u. -en, -e[n]: mit Temperaturregler versehener Apparat zum Einstellen u. Konstanthalten einer gewählten Temperatur. **Thermostrom** *der*; -s: der durch → Thermoelektrizität entstehende Strom (Phys.)

Thesaurus [über *lat.* thēsaurus aus *gr.* thēsaurós „Schatzkammer", eigtl. „Ort zum Einsammeln u. Aufbewahren", zu tithénai „setzen, stellen, legen"] *der*; -, ...ren u. ...ri: Titel wissenschaftlicher Sammelwerke, bes. großer Wörterbücher der alten Sprachen

These [über gleichbed. *fr.* thèse aus *gr.-lat.* thésis „das Setzen, Aufstellen; aufgestellter Satz, Behauptung"] *die*; -, -n: 1. aufgestellter [Lehr-, Leit]satz, der als Ausgangspunkt für die weitere Argumentation dient. 2. in der → dialektischen Argumentation die Ausgangsbehauptung, der die → Antithese (1) gegenübergestellt wird

Thespiskarren [nach Thespis, dem Begründer der altgriech. Tragödie] *der*; -s, -: (scherzh.) Wanderbühne

Theta [aus *gr.* thēta] *das*; -[s], -s: griech. Buchstabe: Θ, ϑ

thi..., **Thi...** vgl. thio..., Thio... **thio...**, **Thio...**, vor Vokalen: thi..., Thi... [zu *gr.* theīon „Schwefel"]: im chem.-fachspr. Bereich in Zusammensetzungen auftretendes Bestimmungswort mit der Bedeutung „Schwefel"

Tholos [auch: *to*...; aus *gr.* thólos „Kuppelbau, Rundbau"] *die* (auch: *der*); -, ...loi [...*eu*] u. ...len: altgriech. Rundbau mit Säulenumgang

Thon [aus gleichbed. *fr.* thon, dies aus *lat.* thunnus, s. Thunfisch] *der*; -s, -s: (schweiz.) Thunfisch

Thor vgl. Thorium

Thora [auch, österr. nur: *tora*; aus *hebr.* torah „Lehre, Gesetz"] *die*; -: die fünf Bücher Mosis, das mosaische Gesetz

Thorax [aus *gr.-lat.* thṓrāx „Brustharnisch; Brustkasten, Oberkörper"] *der*; -[es], -e: Brust, Brustkorb (Med.)

Thorium u. Thor [nach Thor, einem Gott der nordischen Sage] *das*; -s: chem. Grundstoff, Metall; Zeichen: Th

Threnos [aus gleichbed. *gr.* thrēnos (lautmalendes Wort)] *der*; -, ...noi [...*eu*]: rituelle Totenklage im Griechenland der Antike; Klagelied, Trauergesang

Thriller [*thril*ᵉ*r*; aus gleichbed. *engl.-amerik.* thriller zu to thrill „durchbohren; zittern machen, durchschauern"] *der*; -s, -: Film, Roman od. Theaterstück, das auf das Erzielen von Spannungseffekten u. Nervenkitzel aus ist

Thrombose [aus gleichbed. *gr.* thrómbōsis, eigtl. „das Gerinnenmachen, Gerinnen", zu thrómbos „Klumpen, Blutpfropf"] *die*; -, -n: Blutpfropfbildung innerhalb der Blutgefäße (bes. der Venen; Med.)

Thulium nach der sagenhaften Insel Thule] *das*; -s: chem. Grundstoff, Metall; Zeichen: Tm

Thunfisch [zu *lat.* thunnus, thynnus aus gleichbed. *gr.* thýnnos] *der*; -s, -e: ein makrelenartiger Fisch

Thymian [zu *lat.* thymum aus *gr.* thýmon „Thymian"] *der*; -s, -e: eine Gewürz- u. Heilpflanze

Thymus [aus *gr.* thýmos „Brustdrüse neugeborener Kälber"] *der*; -, Thymi u. **Thymusdrüse** *die*; -, -n: hinter dem Brustbein gelegenes drüsenartiges Gebilde, das sich nach dem Kindesalter zurückbildet (Med.)

Thyrsos *der*; -, ...soi [...*eu*] u. **Thyrsus** [(über *lat.* thyrsus) aus gleichbed. *gr.* thýrsos] *der*; -, ...si: mit Efeu u. Weinlaub umwundener, von einem Pinienzapfen gekrönter Stab der → Bacchantinnen

Ti = chem. Zeichen für: ²Titan

Tiara [über *mlat.* tiara „Abts-, Bischofsmütze" aus *gr.-lat.* tiāra „persische Kopfbedeckung" (pers. Wort)] *die*; -, ...ren: 1. (hist.) hohe, spitze Kopfbedeckung der altpers. Könige. 2. dreifache Krone des Papstes, die er bei feierlichen Anlässen außerhalb der Liturgie trägt

Tibia [aus gleichbed. *lat.* tībia, eigtl. „Schienbein"] *die*; -, Tibiae [...*ä*]: altröm. schalmeiartige Knochenflöte

Ticket [aus gleichbed. *engl.* ticket, eigtl. „Zettel", dies aus *altfr.* estiquet, vgl. Etikett] *das*; -s, -s: Flug-, Fahr-, Eintrittskarte

Tilde [aus gleichbed. *span.* tilde, dies über *katalan.* titlla, title aus *lat.* titulus „Überschrift"] *die*; -, -n: 1. → diakritisches Zeichen auf dem n [ñ] als Hinweis für die Palatalisierung. 2. Wiederholungszeichen: ~

Tim|bre [*tängbr*ᵉ; aus *fr.* timbre „Klang, Schall", eigtl. „(Klang der) Hammerglocke", dies über *mgr.* tymbanon aus *gr.* týmpanon „Handtrommel"; vgl. Tympanum] *das*; -s, -s: Klangfarbe der [Gesangs]stimme

time is money [*taim is mani*; *engl.-amerik.*]: „Zeit ist Geld". **timen** [*taim*ᵉ*n*; aus gleichbed. *engl.* to time zu time „Zeit"]: 1. die Zeit [mit der Stoppuhr] messen. 2. den geeigneten Zeitpunkt für eine Handlung, ein Vorgehen, einen Einsatz usw. bestimmen. **Timing** [*taiming*; aus gleichbed. *engl.* timing zu to time „die Zeit messen"] *das*; -s, -s: 1. Bestimmung u. Wahl des für einen beabsichtigten Effekt günstigsten Zeitpunktes zum Beginn eines Handlungsablaufs (bes. im Sport). 2. synchrone Abstimmung verschiedener Handlungen aufeinander. 3. zeitliche Steuerung (Techn.)

Timo|kratie [aus gleichbed. *gr.* timokratía zu timḗ „Wertschätzung, Ehre; Schätzung des Vermögens"; vgl. ...kratie] *die*; -, ...ien: [altgriech.] Staatsform, in der Rechte (bes. das Wahlrecht) u. Pflichten der Bürger nach ihrem Vermögen bemessen werden

tingieren [...*ngg*...; aus gleichbed. *lat.* tingere, Part. Perf. tīnctum]: eintauchen; färben (Chem.). **tingiert**: gefärbt (Chem.). **Tinktion** [...*zion*] *die*; -, -en: Färbung (Chem.). **Tinktur** [aus *lat.* tinctūra „Färbung"] *die*; -, -en: dünnflüssiger [farbiger] Auszug aus pflanzlichen od. tierischen Stoffen; Abk.: Tct

Tinnef [über *jidd.* tinneph „Kot, Schmutz" aus gleichbed. *aram.* ṭinnūf] *der*; -s: (ugs.) Schund, wertlose Ware; dummes Zeug

Tipi [aus *indian.* (*Dakota*) tipi] *das*; -s, -s: ein mit Leder od. Leinwand überspanntes kegelförmiges Zelt der Prärieindianer

Tirade [aus gleichbed. *fr.* tirade, eigtl. „länger anhaltendes Ziehen", zu tirer „ziehen"] *die*; -, -n: 1. Wortererguß, Wortschwall. 2. Lauf schnell aufeinanderfolgender Töne von gleichem Zeitwert (Mus.)

Tirailleur [...*ra[l]jör*; aus gleichbed. *fr.* tirailleur zu tirailler „hin- und herziehen, plänkeln"] *der*; -s, -e: (veraltet) Schütze, Angehöriger einer in gelokkerter Linie kämpfenden Truppe

Tirolienne [...*iän*; aus gleichbed. *fr.* tyrolienne, nach dem österr. Bundesland Tirol] *die*; -, -n [...*nᵉn*]: Rundtanz im Dreivierteltakt aus Tirol, eine Art Ländler

Tironische Noten [nach Tiro, dem röm. Grammatiker u. früheren Sklaven Ciceros; zu *lat.* nota „(Schnell)schriftzeichen"] *die* (Plural): altröm. Kurzschrift

Tit. = Titel

[1]**Titan**, (auch:) Titane [über *lat.* Tītān(us) aus *gr.* Titán] *der*; ...nen, ...nen (meist Plural): 1. einer der riesenhaften, von Zeus gestürzten Götter der griech. Sage. 2. Mensch, der Gewaltiges leistet, Gigant. [2]**Titan** [aus älterem Titanium zu → [1]Titan] *das*; -s: chem. Grundstoff, Metall; Zeichen: Ti

Titane vgl. [1]Titan. **Titan|eisen** [zu → [2]Titan] *das*; -s: wichtigstes Titanerz (Mineral). **Titanide** [aus *gr.* Titanís] *der*; -n, -n: Abkömmling der Titanen. **titanisch** [nach gleichbed. *lat.* Tītānius, *gr.* Titánios]: 1. die Titanen betreffend. 2. riesenhaft, von gewaltiger [Geistes]stärke; vgl. prometheisch. **Titanit** [zu → [2]Titan] *der*; -s, -e: 1. titanhaltiges Mineral. 2. ein Hartmetall aus Titan- u. Molybdänkarbid. **Titan-Rakete** [zu → [1]Titan] *die*; -, -n: amerik. ballistische Flüssigkeitsrakete für Weltraumunternehmen u. militärische Zwecke

Titel [aus gleichbed. *lat.* titulus] *der*; -s, -: 1. den Inhalt, das Thema eines Schrift-, Kunstwerkes bezeichnende Überschrift, Aufschrift, bes. Name eines Buches. 2. Beruf, Stand, Rang, Würde kennzeichnende Bezeichnung, häufig als Zusatz zum Namen; Abk.: Tit. **titeln**: einen Film mit Titel versehen. **Titelpart** *der*; -s, -e: Rolle in einem Film od. Theaterstück, deren Name mit dem des Stücks übereinstimmt, Titelrolle

Titer [aus gleichbed. *fr.* titre, eigtl. „Feingehalt des Goldes, Münzfuß", dies aus *lat.* titulus „Überschrift", s. Titel] *der*; -s, -: Gehalt einer Lösung an aufgelöster Substanz (in g je Liter). **Ti|tration** [...*zion*; zu → titrieren] *die*; -, -en: Bestimmung des Titers, Ausführung einer chem. Maßanalyse. **Ti|trieranalyse** *die*; -, -en: = Maßanalyse. **ti|trieren** [aus gleichbed. *fr.* titrer]: den Titer bestimmen, eine chem. Maßanalyse ausführen. **Ti|trimetrie** *die*; -: = Maßanalyse, Verfahren zur Bestimmung der Zusammensetzung von Lösungen

Titoismus [nach dem jugoslaw. Staatspräsidenten Tito] *der*; -: bes. im kommunistischen Sprachgebrauch Schlagwort für eine kommunistische, aber von der Sowjetunion unabhängige Politik u. Staatsform. **Titoist** *der*; -en, -en: im kommunistischen Sprachgebrauch den Weisungen der → Kominform nicht folgender kommunistischer Politiker

Titular [zu *lat.* titulus, s. Titel] *der*; -s, -e: Titelträger; jmd., der mit dem Titel eines Amtes bekleidet ist, ohne die damit verbundenen Funktionen auszuüben. **Titulatur** *die*; -, -en: Betitelung; Rangbezeichnung. **titulieren** [aus gleichbed. *spätlat.* titulāre zu titulus „Titel"]: 1. [mit dem Titel] anreden, benennen. 2. bezeichnen, nennen, heißen, mit einem Schimpfnamen belegen

Tl = chem. Zeichen für: Thallium

Tm = chem. Zeichen für: Thulium

Tmesis [aus gleichbed. *gr.-lat.* tmēsis, eigtl. „das Schneiden", zu *gr.* témnein „schneiden, zerteilen"] *die*; -, Tmesen: Trennung eigentlich zusammengehörender Wortteile (z. B. *ob* ich *schon* ... statt: *obschon* ich ...; Sprachw.)

Toast [*toßt*; aus gleichbed. *engl.* toast zu to toast, s. toasten (2: nach dem früheren engl. Brauch, vor einem Trinkspruch ein Stück Toast in das Glas zu tauchen)] *der*; -[e]s, -e u. -s: 1. a) geröstete Weißbrotscheibe; b) zum Toasten geeignetes Weißbrot, Toastbrot. 2. Trinkspruch. **toasten** [aus gleichbed. *engl.* to toast, dies über *altfr.* toster „rösten" zu *lat.* torrēre, Part. Perf. tōstum „dörren, trocknen"]: 1. Weißbrot rösten. 2. einen Trinkspruch ausbringen. **Toaster** [aus gleichbed. *engl.* toaster] *der*; -s, -: elektrisches Gerät zum Rösten von Brotscheiben

Tobak [aus älter *fr.* tobac, s. Tabak] *der*; -s, -e: (scherzh.) Tabak

Toboggan [aus gleichbed. *engl.-kanad.* toboggan (indian. Wort)] *der*; -s, -s: länglich-flacher [kanad. Indianer]schlitten

Toccata [*tok*...] vgl. Tokkata

tockieren vgl. tokkieren

Toe-loop [*toᵘlup*; aus gleichbed. *engl.* toe loop zu toe „Zehe, Fußspitze" u. loop „Schleife"] *der*; -[s], -s: Drehsprung beim Eiskunstlaufen

Toffee [*tofi*; aus gleichbed. *engl.* toffee, taffy] *das*; -s, -s: eine Weichkaramelle

Toga [aus gleichbed. *lat.* toga, eigtl. „Bekleidung, Bedeckung", zu tegere „decken"] *die*; -, ...gen: im alten Rom von den vornehmen Bürgern getragenes Obergewand

Tohuwabohu [zu *hebr.* tohu wa-bohu „(die Erde war) wüst u. leer" (1. Mose 1, 2)] *das*; -[s], -s: Wirrwarr, Durcheinander

Toilette [*toal*...; aus *fr.* toilette „Putz, Kleidung, Ankleiden; Putz- u. Frisiertisch", eigtl. „kleines Tuch (auf dem Putztisch)", Verkleinerungsform von toile „Gewebe" aus *lat.* tēla „Gewebe"; 3: kurz für *fr.* cabinet de toilette „Ankleide- und Waschraum"] *die*; -, -n: 1. Kosmetik- u. Frisiertisch. 2. [elegante] Damenkleidung samt Zubehör, bes. Gesellschaftskleidung; - machen: sich [für einen festlichen Anlaß] anziehen u. zurechtmachen. 3. Abort [u. Waschraum]

Tokaier u. **Tokajer** [nach der ungar. Stadt Tokaj] *der*; -s, -: ungar. Natursüßwein

Tokkata u. Toccata [*tok...*; aus gleichbed. *it.* toccata, eigtl. „das Schlagen (des Instruments)", zu *it.* toccare „(an)schlagen, berühren"; vgl. touchieren] *die*; -, ...ten: (Mus.) 1. in freier Improvisation gestaltetes Musikstück für Tasteninstrumente, bes. als Präludium, häufig gekennzeichnet durch freien Wechsel zwischen Akkorden u. Läufen. 2. virtuoses Vortragsstück, Konzertetüde [für Klavier] mit virtuosen Läufen. **tokkieren** u. tockieren [nach *it.* toccare, s. Tokkata]: in kurzen, unverriebenen Pinselstrichen malen (Kunstw.)

Toko [aus gleichbed. *port.* toco] *der*; -s, -s: afrikan. Nashornvogel

tolerabel [aus gleichbed. *lat.* tolerābilis zu tolerāre, s. tolerieren]: erträglich, leidlich. **tolerant** [über gleichbed. *fr.* tolérant aus *lat.* tolerāns, Gen. tolerantis, Part. Präs. von tolerāre, s. tolerieren]: 1. duldsam, nachsichtig; verständnisvoll, weitherzig, entgegenkommend; Ggs. → intolerant. 2. sexuell aufgeschlossen. **Toleranz** [aus *lat.* tolerantia „Ertragen, Geduld"; vgl. tolerieren] *die*; -, -en: 1. das Tolerantsein, Entgegenkommen; Duldung, Duldsamkeit (bes. in Glaubensfragen u. in der Politik); Ggs. → Intoleranz. 2. zulässiges Abweichmaß von der vorgeschriebenen Maßgröße (Techn.). **tolerieren** [aus *lat.* tolerāre „tragen, ertragen, erdulden"]: 1. dulden, gewähren lassen. 2. die Abweichung in zulässigen Grenzen von einer geforderten Größe zulassen (Techn.)

Toluol [Kurzw. aus *Tolu*balsam (nach der Stadt Tolú in Kolumbien) u. → *...ol*] *das*; -s: ein aromatischer Kohlenwasserstoff (u. a. Verdünnungs- u. Lösungsmittel; Chem.)

Tomahawk [*tómahok*, auch: *...hok*; über *engl.* tomahawk aus gleichbed. *indian.* (*Algonkin*) tomahak, tomahagan] *der*; -s, -s: Streitaxt der [nordamerikanischen] Indianer

Tomate [über *fr.*, *span.* tomate aus gleichbed. *mex.* (*Nahuatl*) tomatl] *die*; -, -n: a) 30–120 cm hohe Gemüsepflanze (Nachtschattengewächs) mit gelben Blüten u. meist roten Früchten; b) Frucht dieser Pflanze

Tombak [über gleichbed. *niederl.* tombak aus *malai.* tambāga „Kupfer"] *der*; -s: kupferreiche Kupfer-Zink-Legierung (für Schmuck, Goldimitation); vgl. Talmi

Tombola [aus gleichbed. *it.* tombola] *die*; -, -s u. ...len: Verlosung von Gegenständen, Warenlotterie (z. B. bei Festen)

Tommy [*...mi*; nach *engl.* Tommy, Verkleinerungsform von Thomas] *der*; -s, -s: Spitzname des engl. Soldaten

tonal [aus gleichbed. *fr.* tonal zu ton „Ton" aus *lat.* tonus; vgl. Tonika]: die Tonalität betreffend, zu ihr gehörend, für sie charakteristisch, auf einen Grundton bezogen im Gegensatz zu → atonal u. → polytonal. **Tonalität** [aus gleichbed. *fr.* tonalité] *die*; -: Beziehung von Tönen, Harmonien u. Akkorden auf die [1]Tonika (1) der Tonart im Gegensatz zur → Atonalität u. → Polytonalität

Tondo [aus gleichbed. *it.* tondo, eigtl. „runde Scheibe", zu *lat.* rotundus „rund"] *das*; -s, -s u. ...di: Bild von kreisförmigem Format, bes. in der Florentiner Kunst des 15. u. 16. Jh.s

Tonic [*tonik*; aus gleichbed. *engl.* tonic (water) zu tonic „stärkend, belebend"; vgl. [2]tonisch] *das*; -[s], -s: Sprudel, mit Kohlensäure versetztes Wasser [für scharfe alkoholische Getränke]

Tonika [zu *lat.* tonus „Ton, Lautklang", eigtl. „das Spannen (der Saiten)", aus gleichbed. *gr.* tónos zu teínein „(an)spannen, dehnen"; vgl. Tonus (2)] *die*; -, ...ken: (Mus.) 1. der Grundton eines Tonstücks. 2. die erste Stufe der Tonleiter. 3. Dreiklang auf der ersten Stufe; Zeichen: T. **Tonika-Do** [aus → Tonika u. → do] *das*; -: System der Musikerziehung, das die Solmisationssilben mit Handzeichen verbindet; vgl. Solmisation. **[1]tonisch** [zu → Tonika] (Mus.) die Tonika betreffend; -er D r e i k l a n g: der auf der Tonika (1) aufgebaute Dreiklang

Tonikum [zu → Tonus] *das*; -s, ...ka: Kräftigungsmittel, Stärkungsmittel (Med.)

[1]tonisch s. Tonika

[2]tonisch [zu → Tonus]: den → Tonus betreffend (Med.)

Tonnage [*tonasch*[e]; aus gleichbed. *fr.* tonnage (*engl.* tonnage) zu *fr.* tonne „großes Faß; Gewichtseinheit von 1 000 kg" aus *mlat.* tunna „Faß" (kelt. Wort)] *die*; -, -n: Tonnengehalt (in → Registertonnen) eines Schiffes

Tonsur [aus *lat.* tōnsūra „das Scheren, die Schur" zu tondēre, Part. Perf. tōnsum „scheren, abschneiden"] *die*; -, -en: kreisrund geschorene Stelle auf dem Kopf katholischer Mönche u. Weltgeistlichen als Standeszeichen des Klerikers

Tonus [über *lat.* tonus aus *gr.* tónos „das Spannen, die Spannung" zu teínein „spannen, dehnen"] *der*; -, T o n i: 1. der durch Nerveneinfluß beständig aufrechterhaltene Spannungszustand der Gewebe, besonders der Muskeln (Med.). 2. Ganzton (Mus.)

[1]top..., **Top...** vgl. topo..., Topo...

[2]top..., **Top...** [aus gleichbed. *engl.* top]: in Zusammensetzungen auftretendes Bestimmungswort mit der Bedeutung „äußerst, höchst, Spitzen...", z. B. Topmanager, topfit

Topas [über *lat.* topāzus aus gleichbed. *gr.* tópazos] *der*; -es, -e: farbloses, gelbes, blaues, grünes, braunes od. rotes glasglänzendes Mineral, Edelstein

topfit [*top-fit*; anglisierende Bildung aus → [2]top... u. → fit]: gut in Form, in bester körperlicher Verfassung (bes. von einem Sportler)

Topik [über *lat.* topicē aus gleichbed. *gr.* topikḗ (téchnē)] *die*; -: Lehre von den Topoi; vgl. Topos

Topinambur [aus gleichbed. *fr.* topinambour, nach dem Namen eines brasilian. Indianerstammes] *der*; -s, -s u. -e od. *die*; -, -en: Gemüse- u. Futterpflanze (Korbblütler)

topo..., **Topo...**, vor Vokalen meist: top..., Top... [aus gleichbed. *gr.* topo... zu tópos „Ort, Gegend"]: in Zusammensetzungen auftretendes Bestimmungswort mit der Bedeutung „Ort, Gegend, Gelände". **Topo|graph** [zu *gr.* topográphos „einen Ort beschreibend, seine Lage bestimmend"] *der*; -en, -en: Vermessungsingenieur. **Topo|graphie** [aus gleichbed. *gr.-lat.* topographía] *die*; -, ...ien: Beschreibung u. Darstellung geographischer Örtlichkeiten; Lagebeschreibung. **topo|graphisch**: die Topographie betreffend

Topos [auch: *to...*; aus *gr.* tópos „Redensart, Gemeinplatz", eigtl. „Ort, Stelle"] *der*; -, Topoi [auch: *topeu*]: 1. in der antiken Rhetorik allgemein anerkannter Begriff od. Gesichtspunkt, der zum rednerischen Gebrauch zu finden u. anzuwenden ist. 2. festes Klischee, traditionelles Denk- u. Ausdrucksschema (formelhafte Wendung, Metapher u. a.; Sprach- u. Literaturw.)

Top|spin [aus gleichbed. *engl.* top spin, eigtl. „Kreiseldrall", zu top „Kreisel" u. → Spin] *der*; -s, -s: (Tischtennis) a) starker, in der Flugrichtung des Balles wirkender Aufwärtsdrall, der dem Ball durch einen langgezogenen Bogenschlag vermittelt wird; b) Bogenschlag, der dem Ball einen starken Aufwärtsdrall vermittelt

Toque [*tok*; über *fr.* toque aus gleichbed. *span.* toca] *die*; -, -s: kleiner, barettartiger Damenhut

Toreador [aus gleichbed. *span.* toreador zu torear „mit dem Stier (toro) kämpfen"] *der*; -s u. -en, -e[n]: [berittener] Stierkämpfer. **Torero** [aus gleichbed. *span.* torero, dies aus *lat.* taurārius „Stierkämpfer" zu taurus (*span.* toro) „Stier"] *der*; -[s], -s: nicht berittener Stierkämpfer

Tories [*toris*, auch: *...riß*]: *Plural* von → Tory

Tornado [aus gleichbed. *engl.-amerik.* tornado, dies nach *span.* tornar „sich drehen" umgebildet aus *span.* tronada „Donnerwetter, Gewitter" zu tronar „donnern"] *der*; -s, -s: starker Wirbelsturm im südlichen Nordamerika

Tornister [umgebildet aus älter *ostmitteld.* Tanister, dies aus *tschech.* tanystra, *slowak.* tanistra „Ranzen"] *der*; -s, -: [Fell-, Segeltuch]ranzen, bes. des Soldaten

torpedieren [zu → Torpedo]: 1. mit Torpedo[s] beschießen, versenken. 2. durchkreuzen, verhindern (z. B. einen Plan, Beschluß, eine bestimmte Politik). **Torpedo** [nach *lat.* torpēdo „Zitterrochen", eigtl. „Erstarrung, Lähmung", zu torpēre „betäubt, erstarrt sein"] *der*; -s, -s: mit eigenem Antrieb u. selbsttätiger Zielsteuerung ausgestattetes schweres Unterwassergeschoß

torquieren [aus *lat.* torquēre „drehen, winden: verdrehen, verrenken, foltern"]: 1. peinigen, quälen, foltern. 2. drehen, krümmen (Techn.)

Torr [nach dem ital. Pysiker E. Toricelli (*...tschäli*), 1608–1647] *das*; -s, -: Maßeinheit des Luftdrucks

Torsion [nach *lat.* torsio „Verdrehung, Marter" zu torquēre, Perfekt torsi, s. torquieren] *die*; -, -en: 1. Verdrehung, Verdrillung; Formveränderung fester Körper durch entgegengesetzt gerichtete Drehmomente (Phys.; Techn.). 2. Verdrehung einer Raumkurve (Math.). **Torsionsmodul** *der*; -s, -n: Materialkonstante, die bei der Torsion auftritt (Techn.)

Torso [aus gleichbed. *it.* torso, eigtl. „Kohlstrunk; Fruchtkern", aus *spätlat.* tursus für *lat.* thyrsus „Stengel, Strunk"; vgl. Thyrsus] *der*; -s, -s u. ...si: 1. unvollendete od. unvollständig erhaltene Statue, meist nur der Rumpf dieser Statue. 2. Bruchstück, unvollendetes Werk

Tort [aus *fr.* tort „Unrecht", dies aus *vulgärlat.* tortum zu *lat.* tortus „verdreht", vgl. Tortur] *der*; -[e]s: etwas Unangenehmes, Unrechtes, Kränkendes; Ärger, Kränkung, z. B. jmdm. einen - antun

Tortelett *das*; -[e]s, -s u. **Tortelette** [französierende Bildungen zu Torte] *die*; -, -n: Törtchen aus Mürbeteigboden mit Obst- od. Cremefüllung

Tortur [aus *lat.* tortūra „Krümmung, Verrenkung", (*mlat.*:) „Folter" zu torquēre, Part. Perf. tortum „drehen", s. torquieren] *die*; -, -en: Folter, Qual, Quälerei, Plage

Torus [aus *lat.* torus „Wulst"] *der*; -, Tori: Ringfläche, die durch Drehung eines Kreises um eine in der Kreisebene liegende, den Kreis aber nicht treffende Gerade entsteht (Math.)

Tory [*tori*; aus *engl.* Tory zu *ir.* tōraidhe „Verfolger, Räuber" (Bezeichnung für irische Geächtete des 16. u. 17. Jh.s)] *der*; -s, -s u. ...ries [*...ris*, auch: *...riß*]: a) (hist.) Angehöriger einer engl. Partei, aus der im 19. Jh. die Konservative Partei (Conservative Party) hervorging; Ggs. → Whig (1); b) Vertreter der konservativen Politik in England; Ggs. → Whig (2)

total [über gleichbed. *fr.* total aus *mlat.* tōtālis „gänzlich" zu *lat.* tōtus „ganz, gänzlich"]: vollständig, restlos, gänzlich, völlig, Gesamt... **Total** *das*; -s, -e: (bes. schweiz.) das Gesamt, Gesamtheit, Summe. **Totale** *die*; -, -n: (Filmw., Fotogr.) a) Ort der Handlung mit allen Dingen u. Personen; b) Gesamtaufnahme, Totalansicht. **Totalisator** [latinisiert aus *fr.* totaliseur zu totaliser „alles addieren"] *der*; -s, ...oren: Einrichtung zum Wetten beim Renn- u. Turniersport. **totalisieren** [zu → total]: unter einem Gesamtaspekt betrachten, behandeln. **totalitär** [französierende Bildung zu total]: 1. die Gesamtheit umfassend, ganzheitlich. 2. den Totalitarismus betreffend, auf ihm beruhend; alles erfassend u. sich unterwerfend (z. B. vom Staat). **Totalitarismus** *der*; -, ...men: die in einem diktatorisch regierten Staat in allen Gesellschaftsbereichen zur Geltung kommende Tendenz, den Menschen mit allem, was er ist u. besitzt, voll zu beanspruchen u. eine bürokratisch gesicherte Herrschaftsapparatur auch bis zur Vernichtung der den Staat beschränkenden sittlichen Prinzipien zu entwickeln. **Totalität** [aus gleichbed. *fr.* totalité, vgl. total] *die*; -, -en: 1. (ohne Plural) Gesamtheit, Vollständigkeit, Ganzheit. 2. vollständige Verfinsterung von Sonne u. Mond (Astron.). **totaliter** [aus gleichbed. *mlat.* tōtāliter zu tōtālis, vgl. total]: ganz u. gar, gänzlich

Totem [aus gleichbed. *engl.* totem (indian. Wort)] *das*; -s, -s: bei Naturvölkern ein Wesen od. Ding (Tier, Pflanze, Naturerscheinung), das als Ahne od. Verwandter eines Menschen, eines → Clans od. einer sozialen Gruppe gilt, als zauberischer Helfer verehrt wird u. nicht getötet od. verletzt werden darf. **Totemismus** *der*; -: Glaube an die übernatürliche Kraft eines Totems u. seine Verehrung. **totemistisch**: den Totemismus betreffend, zu ihm gehörend, auf ihm beruhend. **Totempfahl** *der*; -[e]s, ...pfähle: geschnitzter Wappenpfahl nordwestamerikanischer Indianer u. mancher Südseestämme mit Bildern des Totemtiers od. aus der Ahnenlegende der Sippe

Toto [Kurzw. für → Totalisator] *der* (ugs. auch, österr. meist, schweiz. nur: *das*); -s, -s: Einrichtung zum Wetten im Fußball- od. Pferdesport (z. B. Fußballtoto)

Touch [*tatsch*; aus gleichbed. *engl.* touch zu to touch „berühren", vgl. touchieren] *der*; -s, -s: Anflug, Hauch, Anstrich

touchieren [*tusch...*; über gleichbed. *fr.* toucher aus *vulgärlat.* *toccare „anschlagen"]: a) ein Hindernis berühren, ohne es abzuwerfen (vom Pferd beim Springreiten); b) den Gegner mit der Klinge berühren (Fechten); c) die Billardkugel mit der Hand od. der Queue [vorzeitig] berühren

Toupet [*tupe*; aus *fr.* toupet „(Haar)büschel, Schopf"] *das*; -s, -s: Halbperücke; Haarersatzstück. **toupieren** [*dt.* Bildung zu Toupet]: das Haar mit dem Kamm auf-, hochbauschen

Tour [*tur*; aus gleichbed. *fr.* tour, eigtl. „Dreheisen; Drehung, Wendung", zu *lat.* tornus, *gr.* tórnos,

„Dreheisen", vgl. Turnus] *die*; -, -en: 1. a) Ausflug, Wanderung; b) Reise; Geschäftsreise; c) Fahrt, Strecke. 2. Wendung, Runde (z. B. beim Tanz). 3. (ugs.) Art u. Weise, z. B. auf die billige -. 4. (ugs.) Plan, Absicht. 5. (ugs.) Verrücktheit, wunderliche Laune. 6. (meist Plural) Umlauf, Umdrehung (z. B. eines Maschinenteils; Techn.). **Tour de France** [- *d^e frangß*; *fr.*; eigtl. „Frankreichrundfahrt"] *die*; - - -, -s [*tur*] - -: alljährlich in Frankreich von Berufsradfahrern ausgetragenes Straßenrennen, das über zahlreiche Etappen führt u. als schwerstes Straßenrennen der Welt gilt

Tourismus [*tu*...; aus gleichbed. *engl.* tourism zu *fr.-engl.* tour „Ausflug"; vgl. Tour (1)] *der*; -: das Reisen von Touristen, das Reisen in größerem Ausmaß, in größerem Stil als eine Erscheinungsform der modernen Gesellschaft; Fremdenverkehr. **Tourist** [aus gleichbed. *engl.* tourist] *der*; -en, -en: 1. Reisender, Urlauber. 2. (veraltet) Ausflügler, Wanderer; Bergsteiger. **Touristik** *die*; -: institutionalisierter Touristenverkehr, Reisewesen mit allen entsprechenden Einrichtungen u. Veranstaltungen. **touristisch**: den Touristen, den Tourismus od. die Touristik betreffend, Reise...

Tournedos [*turn^(e)do*; aus gleichbed. *fr.* tournedos, zu tourner „drehen" u. dos „Rücken"] *das*; - [...*do(ß)*], - [...*doß*]: wie ein → Steak zubereitete, meist auf einer Röstbrotschnitte angerichtete Rindslendenschnitte in zahlreichen Zubereitungsvarianten (Gastr.)

Tournee [aus gleichbed. *fr.* tournée zu tourner „(sich) drehen"] *die*; -, ...neen (auch: -s): Rundreise von Künstlern, Gastspielreise

tour-retour [*tur-r^etur*; aus *fr.* tour „Fahrt, Strecke" (→ Tour) u. retour „Rückfahrt"]: (österr.) hin u. zurück

Towarischtsch [aus *russ.* tovarišč (turkotatar. Wort)] *der*; -, -[i]: russ. Bezeichnung für: Genosse; ohne Artikel als Anrede für: Genosse, Genossin

Tower [*tau^er*; aus gleichbed. *engl.* tower, gekürzt aus: control tower (*k^entro^ul* -)] *der*; -[s], -: Kontrollturm auf Flughäfen

toxi..., **Toxi...** [gekürzt aus → toxiko...], vor Vokalen: tox..., Tox...: in Zusammensetzungen auftretendes Bestimmungswort mit der Bedeutung „Gift", z. B. toxigen „Gift[stoffe] erzeugend". **toxiko...**, **Toxiko...** [zu *gr.* toxikón „Pfeilgift"], vor Vokalen: toxik..., Toxik...: in Zusammensetzungen auftretendes Bestimmungswort mit der Bedeutung „Gift", z. B. Toxikologie „Giftkunde". **Toxin** *das*; -s, -e: von Bakterien, Pflanzen od. Tieren ausgeschiedener od. beim Zerfall von Bakterien entstandener organischer Giftstoff. **toxisch**: giftig, auf einer Vergiftung beruhend (Med.)

TP = Triangulationspunkt, trigonometrischer Punkt

Trabant [wohl aus *tschech.* drabant „Leibwächter"] *der*; -en, -en: 1. a) (hist.) Leibwächter eines Fürsten; Diener; b) abhängiger, unselbständiger Begleiter einer [einflußreichen] Persönlichkeit, Gefolgsmann. 2. (Plural): (ugs., scherzh.) lebhafte Kinder, Rangen. 3. = Satellit (2, 3)

tradieren [aus gleichbed. *lat.* trādere zu trāns „über – hin" u. dare „geben"]: überliefern, weitergeben, mündlich fortpflanzen. **Tradition** [...*zion*; aus *lat.* trāditio „Übergabe, Überlieferung" zu trādere „übergeben"] *die*; -, -en: a) Überlieferung, Herkommen; b) Brauch, Gewohnheit, Gepflogenheit; c) das Tradieren, Weitergabe (an spätere Generationen). **Traditionalismus** *der*; -: geistige Haltung, die bewußt an der Tradition festhält, sich ihr verbunden fühlt u. skeptisch allem Neuen gegenübersteht. **Traditionalist** *der*; -en, -en: Anhänger u. Vertreter des Traditionalismus. **traditionalistisch**: den Traditionalismus betreffend, für ihn charakteristisch, dem Traditionalismus verbunden, verhaftet. **traditionell** [aus gleichbed. *fr.* traditionnel zu tradition aus *lat.* trāditio, s. Tradition]: überliefert, herkömmlich; dem Brauch entsprechend, üblich

Traduktion [...*zion*; nach gleichbed. *fr.* traduction zu *lat.* trādūcere „übertragen, übersetzen", eigtl. „hinüberführen" (aus trāns „über – hin" u. dūcere „führen")] *die*; -, -en: Übersetzung

Trafik [über *fr.* trafic „Handel, Verkehr" aus gleichbed. *it.* traffico] *der*; -s, -s od. (österr. nur:) *die*; -, -en: (bes. österr.) Tabak- u. Zeitschriftenladen, -handel. **Trafikant** [nach *it.* trafficante „Händler"] *der*; -en, -en: (österr.) Inhaber einer Trafik

Trafo *der*; -[s], -s: Kurzw. für: Transformator

Tragik [Substantivbildung zu → tragisch] *die*; -: außergewöhnlich schweres, schicksalhaftes, Konflikte, Untergang od. Verderben bringendes, unverdientes Leid, das den außenstehenden Betrachter durch seine Größe erschüttert. **Tragiker** [über gleichbed. *lat.* tragicus aus *gr.* tragikós (poiētḗs), s. tragisch] *der*; -s, -: Tragödiendichter. **Tragikomik** [zu → Tragikomödie] *die*; -: halb tragische, halb komische Wirkung. **tragikomisch**: halb tragisch, halb komisch. **Tragikomödie** [...*di^e*; aus gleichbed. *lat.* tragicōmoedia] *die*; -, -n: Drama, in dem Tragik u. Komik eng miteinander verknüpft sind. **tragisch** [über *lat.* tragicus aus gleichbed. *gr.* tragikós, eigtl. „bocksartig", vgl. Tragödie]: die Tragik betreffend; schicksalhaft, erschütternd, ergreifend. **Tragöde** [über *lat.* tragoedus aus gleichbed. *gr.* tragōidós] *der*; -n, -n: eine tragische Rolle spielender Schauspieler, Heldendarsteller. **Tragödie** [...*i^e*; über gleichbed. *lat.* tragoedia aus *gr.* tragōidía „tragisches Drama, Trauerspiel", eigtl. „Bocksgesang", zu trágos „Ziegenbock" u. ōidḗ „Gesang" (Deutung umstritten)] *die*; -, -n: 1. a) (ohne Plural) Dramengattung, in der das Tragische gestaltet wird, meist aufgezeigt an Grundsituationen des Menschen zwischen Freiheit u. Notwendigkeit, zwischen Sinn u. Sinnlosigkeit; b) einzelnes Drama, Bühnenstück dieser Gattung; Trauerspiel; Ggs. → Komödie (1). 2. tragisches Ereignis, Unglück

Train [*träng*, österr. auch: *trän*; aus gleichbed. *fr.* train zu traîner „ziehen, schleppen", dies über gleichbed. *vulgärlat.* *traginäre zu *lat.* trahere „ziehen"] *der*; -s, -s: Troß; für den Nachschub sorgende Truppe

Trainer [*tren*..., auch: *trän*...; aus gleichbed. *engl.* trainer zu to train, s. trainieren] *der*; -s, -: jmd., der Sportler od. auch Pferde [systematisch] auf einen Wettkampf vorbereitet, mit ihnen trainiert. **trainieren** [*trä*..., auch: *tre*...; nach gleichbed. *engl.* to train, eigtl. „ziehen; erziehen, abrichten", dies aus *fr.* traîner „ziehen"; vgl. Train]: 1. sich od. andere [systematisch] auf einen Wettkampf vorbereiten; etwas einüben. 2. planmäßig, gezielt üben. **Training** [*tre*..., auch: *trä*...; aus gleichbed. *engl.* training zu to train] *das*; -s, -s: 1. systematische Vorbereitung auf einen Wettkampf, planmäßige Durchführung eines Übungsprogramms. 2. gezieltes Üben des Geistes, des Körpers; Übung

Trajekt [aus *lat.* trāiectus „das Hinübersetzen, die Überfahrt" zu trāicere „hinüberwerfen, -bringen; übersetzen" (aus trāns „über – hin" u. iacere „werfen")] *der* od. *das*; -[e]s, -e: [Eisenbahn]fährschiff. **Trajektorien** [...*iᵉn*; zu *lat.* trāiectus „das Hinübersetzen"] *die* (Plural): Linien, die jede Kurve einer ebenen Kurvenschar unter gleichbleibendem Winkel schneiden (Math.)

Trakt [aus *lat.* tractus „das Ziehen; Ausdehnung, Lage, Gegend" zu trahere, Part. Perf. tractum „ziehen"] *der*; -[e]s, -e: 1. Gebäudeteil. 2. Zug, Strang; Gesamtlänge (z. B. Darmtrakt). 3. Landstrich

traktabel: leicht zu behandeln, umgänglich. **Traktandum** [aus *lat.* tractandum „was behandelt werden soll", Gerundivum von tractāre „behandeln, untersuchen", s. traktieren] *das*; -s, ...den: (schweiz.) Verhandlungsgegenstand. **Traktat** [aus *lat.* tractātus „Abhandlung" zu tractāre, s. traktieren] *der* od. *das*; -[e]s, -e: 1. Abhandlung. 2. religiöse Flugschrift. **Traktätchen** *das*; -s, -: (abwertend) volkstümliche religiöse Erbauungsschrift

traktieren [aus *lat.* tractāre „herumzerren, betasten, behandeln" zu trahere „ziehen"]: 1. plagen, quälen, mißhandeln. 2. jmdn. [mit etwas] überfüttern, jmdm. etwas in sehr reichlicher Menge anbieten

Traktor [aus gleichbed. *engl.* tractor zu *lat.* tractus „Zug"; vgl. Trakt] *der*; -s, ...oren: [landwirtschaftliche] Zugmaschine, Schlepper. **Traktorist** [aus gleichbed. *russ.* traktorist] *der*; -en, -en: Traktorfahrer

Trak|trix [zu *lat.* tractus „Zug", vgl. Trakt] *die*; -, ...izes: ebene Kurve, deren Tangenten von einer festen Geraden (Leitlinie) stets im gleichen Abstand vom Tangentenberührungspunkt geschnitten werden (Math.)

Traktur [aus *lat.* tractūra „das Ziehen" zu trahere „ziehen"] *die*; -, -en: bei der Orgel der vom Manual od. Pedal her auszulösende Zug (Regierwerk), der mechanisch, pneumatisch od. elektrisch sein kann

Traktus [verkürzt aus *lat.* cantus tractus (*kan... trak*...) = „gezogener Gesang" zu trahere, Part. Perf. tractum „ziehen"] *der*; -, -gesänge: nicht im Wechsel gesungener [Buß]psalm, der in der Fastenzeit u. beim → Requiem an die Stelle des → Halleluias tritt

Tram [aus gleichbed. *engl.* tram zu tramway „Straßenbahn(linie)" (eigtl. „Schienenweg")] *die*; -, -s (schweiz.: *das*; -s, -s): (landsch.) Straßenbahn. **Trambahn** *die*; -, -en: = Tram

Traminer [nach dem Ort Tramin] *der*; -s, -: 1. Südtiroler Rotwein. 2. a) (ohne Plural) Rebsorte mit spätreifen Trauben; b) aus dieser Rebsorte hergestellter, alkoholreicher, würziger Weißwein

Tramp [*trämp*, auch: *tra*...; aus gleichbed. *engl.* tramp zu to tramp „stapfen, wandern"] *der*; -s, -s: 1. engl. Bez. für: Landstreicher, umherziehender Gelegenheitsarbeiter. 2. Fußwanderung. **trampen**: Autos anhalten u. sich mitnehmen lassen. **Tramper** *der*; -s, -: jmd., der per Anhalter reist

Trampolin [*tram*...; aus *it.* trampolino „Federsprungbrett" zu trampolo „Stelze"] *das*; -s, -e: Turn-, auch im Schwimmsport od. bei artistischen Darbietungen verwendetes Federsprunggerät

Trance [*trangß*^(e); selten: *tranß*; aus gleichbed. *engl.* trance, eigtl. „das Hinübergehen" zu *lat.* trānsīre „hinübergehen"] *die*; -, -n [...*ßᵉn*]: schlafähnlicher Zustand [bei spiritistischen Medien]; Dämmerzustand, Übergangsstadium zum Schlaf

Tranche [*trangsch*; aus gleichbed. *fr.* tranche zu trancher, s. tranchieren] *die*; -, -n [...*schᵉn*]: fingerdicke Fleisch- od. Fischschnitte. **tranchieren**, (österr.:) transchieren [aus *fr.* trancher „ab-, zerschneiden"]: Fleisch, Geflügel kunstgerecht in Stücke schneiden, zerlegen

Träner usw. vgl. Trainer usw.

tranquillo u. tranquillamente [aus gleichbed. *it.* tranquillo, tranquillamente zu *lat.* trānquillus „ruhig, still"]: ruhig (Vortragsanweisung; Mus.). **Tranquillo** *das*; -s, -s u. ...lli: ruhiges Spiel (Mus.)

trans..., **Trans...** [aus *lat.* trāns „jenseits, über, über – hin"]: Präfix mit der Bedeutung „hindurch, quer durch, hinüber, jenseits; über – hinaus", z. B. transparent, Transport

Trans|aktion [...*zion*; aus *spätlat.* trānsactio „Vertrag, Übereinkunft" zu transigere „(ein Geschäft) durchführen"] *die*; -, -en: das ein normales Maß überschreitende finanzielle Geschäft eines Unternehmers

Transduktor [zu → trans... u. *lat.* ducere, Part. Perf. ductum „führen"] *der*; -s, ...oren: in der Elektrotechnik eine mit Gleichstrom vormagnetisierte Drossel, die aus einem Eisenkern (mit großer magnetischer Induktion), einer Wechselstrom- u. Gleichstromwicklung besteht (u. die in der Industrie, bes. in Magnetverstärkern od. drehzahlgeregelten Antrieben, verwendet wird)

Trans-Europ-Express *der*; ...presses, ...Expresszüge: im internationalen Verkehr eingesetzter Fernschnellzug; Abk.: TEE

Transfer [aus gleichbed. *engl.* transfer, eigtl. „Übertragung, Überführung", zu to transfer, s. transferieren] *der*; -s, -s: 1. Zahlung ins Ausland in fremder Währung. 2. Übertragung der im Zusammenhang mit einer bestimmten Aufgabe erlernten Vorgänge auf eine andere Aufgabe (Psychol.; Päd.). 3. Überführung, Weitertransport im Reiseverkehr (z. B. vom Flughafen zum Hotel). 4. Wechsel eines Berufsspielers in einen anderen Verein (Sport). **transferabel** [aus gleichbed. *engl.* transferable]: umwechselbar od. übertragbar in fremde Währung. **transferieren** [aus gleichbed. *engl.* to transfer, dies aus *lat.* trānsferre „hinüberbringen"]: 1. Geld in eine fremde Währung umwechseln, Zahlungen an das Ausland leisten. 2. den Wechsel eines Berufsspielers in einen andern Verein vornehmen (Sport). 3. (österr., Amtsspr.) jmdn. dienstlich versetzen

Transfiguration [...*zion*; aus *lat.* trānsfigurātio „Umgestaltung, Umwandlung"] *die*; -, -en: die Verklärung Christi u. ihre Darstellung in der Kunst

transfinit [zu → trans... u. *lat.* finis „Grenze"]: unendlich, im Unendlichen liegend (Philos.; Math.)

Transformation [...*zion*; aus gleichbed. *lat.* trānsformātio zu transformāre, s. transformieren] *die*; -, -en: das Transformieren, Umwandlung, Umformung, Übertragung. **transformationell**: (Sprachw.); -e Grammatik: = Transformationsgrammatik. **Transformationsgrammatik** *die*; -: Grammatik, die die Regeln zur Umwandlung von Sätzen in andere Sätze darstellt (Sprachw.). **Transformator** [eigtl. „Umformer", vgl. transformieren] *der*; -s, ...oren: aus Eisenkörper, Primär- u. Sekundärspule bestehendes Instrument zur Umformung elektrischer Spannungen ohne bedeutenden Energieverbrauch. **transformieren** [aus *lat.* trānsformāre „umformen, verwandeln"]: 1. umwandeln, umformen, umgestalten. 2. elektrische Spannungen mit dem Transformator umwandeln (Phys.). 3. einen mathematischen Ausdruck in einen andern umwandeln (Math.). 4. nach bestimmten Regeln Sätze in andere Sätze umwandeln (Sprachw.)

Transfusion [aus *lat.* trānsfūsio „das Hinübergießen" zu trānsfundere, Part. Perf. trānsfūsum „hinübergießen"] *die*; -, -en: intravenöse Einbringung, Übertragung von Blut, Blutersatzlösungen od. anderen Flüssigkeiten in den Organismus, Blutübertragung (Med.)

Tran|si|stor [aus gleichbed. *engl.* transistor, Kurzw. aus *trans*fer „Übertragung" u. res*istor* „elektr. Widerstand"] *der*; -s, ...oren: Halbleiterbauelement, das die Eigenschaften einer → Triode besitzt (Phys.). **tran|si|storieren** u. **tran|si|storisieren**: mit Transistoren versehen (Techn.)

Tran|sit [auch: ...sit u. *tran*...; aus gleichbed. *it.* transito, dies aus *lat.* trānsitus „Übergang, Durchgang" zu trāns-īre „hinübergehen"] *der*; -s, -e: Durchfuhr durch ein Land (bes. Wirtsch.). **Transitgeschäft** *das*; -[e]s, -e: Außenhandelsgeschäft, bei dem die zu befördernde Ware auf dem Wege zu ihrem Bestimmungsland durch ein Drittland hindurchgeführt wird (Wirtsch.). **tran|sitieren**: durchgehen, durchführen (Wirtsch.)

tran|sitiv [auch: ...*tif*; aus *lat.* trānsitīvus „übergehend" zu trānsīre; vgl. Transit]: zielend, d. h. mit einer Ergänzung im Akkusativ (von der Verhaltensrichtung eines Verbs; Sprachw.); Ggs. → intransitiv. **Tran|sitiv** [auch: ...*tif*] *das*; -s, -e [...*we*]: transitives Verb. **tran|sitivieren** [...*wi*...]: ein nicht zielendes Verb transitiv machen (z. B. einen guten Kampf kämpfen; Sprachw.). **Tran|sitivum** [...*tiwum*; aus gleichbed. *lat.* (verbum) trānsitīvum] *das*; -s, ...va [...*wa*]: = Transitiv

tran|sitorisch [aus *lat.* trānsitōrius „vorübergehend, kurz" zu trānsīre „hinüber-, vorübergehen, vergehen"; vgl. Transit]: vorübergehend, später wegfallend (Wirtsch.)

transkontinental [zu → trans... u. → Kontinent]: einen Erdteil durchquerend

tran|skribieren [aus *lat.* trānscrībere „schriftlich übertragen" (aus trāns „hinüber" u. scrībere, Part. Perf. scrīptum „schreiben")]: 1. in eine andere Schrift (z. B. in eine phonetische Umschrift) übertragen; bes. Wörter nichtlateinschreibender Sprachen mit lautlich ungefähr entsprechenden Zeichen des lateinischen Alphabets wiedergeben; vgl. transliterieren. 2. die Originalfassung eines Tonstückes auf ein anderes od. auf mehrere Instrumente übertragen (Mus.). **Tran|skription** [...*zion*; aus *lat.* trānscrīptio „die schriftliche Übertragung, das Umschreiben"] *die*; -, -en: 1. a) lautgerechte Übertragung in eine andere Schrift; b) phonetische Umschrift. 2. Umschreibung eines Musikstückes in eine andere als die Originalfassung

Translation [...*zion*; aus *lat.* trānslātio „das Versetzen; die Übersetzung" zu trānsferre, Part. Perf. trānslātum „hinüberbringen"] *die*; -, -en: 1. Übertragung, Übersetzung. 2. Verschiebung der einzelnen Eispartikel u. dadurch veranlaßte Bewegung des Gletschers (Geogr.). 3. geradlinige, fortschreitende Bewegung (Phys.); Ggs. → Rotation

Transliteration [...*zion*; zu → trans... u. *lat.* littera „Buchstabe"] *die*; -, -en: buchstabengetreue Umsetzung eines nicht in lat. Buchstaben geschriebenen Wortes in Lateinschrift unter Verwendung → diakritischer Zeichen. **transliterieren**: Wörter nichtlateinschreibender Sprachen buchstabengetreu unter Verwendung → diakritischer Zeichen in Lateinschrift wiedergeben, so daß sie ohne weiteres in die Originalschrift zurückübertragen werden können; vgl. transkribieren

Transmission [aus *lat.* trānsmissio „Übersendung; Übertragung" zu trānsmittere, s. transmittieren] *die*; -, -en: 1. Vorrichtung zur Kraftübertragung u. -verteilung auf mehrere Arbeitsmaschinen (z. B. durch einen Treibriemen). 2. Durchlassung von Strahlung (Licht) durch einen Stoff (z. B. Glas) ohne Änderung der Frequenz. **Transmitter** [aus gleichbed. *engl.* transmitter, eigtl. „Übermittler", zu to transmit „übersenden, weitergeben"] *der*; -s, -: amerik. Bezeichnung für: Meßumformer (Techn.). **transmittieren** [aus gleichbed. *lat.* trānsmittere]: übertragen, übersenden

trans|ozeanisch [zu → trans... u. → Ozean]: jenseits des Ozeans liegend

transparent [über gleichbed. *fr.* transparent aus *mlat.* transparens, Gen. transparentis, Part. Präs. von trans-parere „durchscheinen"]: 1. durchscheinend; durchsichtig. 2. deutlich, verstehbar, erkennbar. **Transparent** *das*; -[e]s, -e: 1. Spruchband. 2. Bild, das von hinten beleuchtet wird; Leuchtbild (z. B. in der Werbung zu Reklamezwecken). **Transparenz** [nach *fr.* transparence „Durchsichtigkeit"] *die*; -: 1. a) das Durchscheinen; Durchsichtigkeit; b) Lichtdurchlässigkeit (z. B. des Papiers). 2. Deutlichkeit, Verstehbarkeit, Erkennbarsein

Tran|spiration [...*zion*; aus gleichbed. *fr.* transpiration zu transpirer, s. transpirieren] *die*; -: 1. Hautausdünstung, Schwitzen (Med.). 2. Abgabe von Wasserdampf durch die Spaltöffnungen der Pflanzen (Bot.). **tran|spirieren** [über *fr.* transpirer aus gleichbed. *mlat.* transpirāre zu *lat.* trāns „hinüber" u. spirāre „(aus)hauchen"]: ausdünsten, schwitzen

Trans|plantat [zu *spätlat.* trānsplantāre, s. transplantieren] *das*; -[e]s, -e: überpflanztes Gewebestück (z. B. Haut, Knochen, Gefäße; Med.). **Transplantation** [...*zion*] *die*; -, -en: 1. Überpflanzung von lebenden Geweben (Med.). 2. Pfropfung (Bot.). **trans|plantieren** [aus *spätlat.* trānsplantāre „verpflanzen, versetzen"]: lebendes Gewebe überpflanzen (Med.)

transponieren [aus *lat.* trānspōnere, Part. Perf. trānspositum „versetzen, umsetzen"]: ein Tonstück in eine andere Tonart übertragen; -de Instrumente: [Blas]instrumente, die anders klingen, als sie notiert werden (z. B. Horn, Trompete, Klarinette, Tuba)

Transport [aus gleichbed. *fr.* transport zu transporter, s. transportieren] *der*; -[e]s, -e: 1. Versendung; Beförderung von Menschen, Tieren od. Gegenständen. 2. Fracht, zur Beförderung zusammengestellte Sendung. **transportabel**: beweglich, tragbar, beförderbar. **Transportation** [...*zion*] *die*; -, -en: = Transport (1). **Transporter** [aus gleichbed. *engl.* transporter zu to transport aus *fr.* transporter] *der*; -s, -: Transportflugzeug, -schiff. **Transporteur** [...*tör*; aus *fr.* transporteur „Spediteur; Transportvorrichtung"] *der*; -s, -e: 1. jmd., der etwas transportiert. 2. mit einer Gradeinteilung versehener Voll- od. Halbkreis zur Winkelmessung od. Winkelauftragung (Math.). **transportieren** [über gleichbed. *fr.* transporter aus *lat.* trānsportāre „hinübertragen, -bringen"]: versenden, befördern, fortschaffen, wegbringen. **Transportierung** *die*; -, -en: Fortschaffung, Beförderung

Transposition [...*zion*; zu → transponieren] *die*; -,

-en: Übertragung eines Musikstückes in eine andere Tonart

Transsubstantiation [...*ziazion*; aus *mlat.* transsubstantiātio „Wesensverwandlung" zu *lat.* trāns „hinüber" u. substantia „Wesen"; vgl. Substanz] *die*; -, -en: durch die → Konsekration (2) im Meßopfer (Wandlung) sich vollziehende Verwandlung der Substanz von Brot u. Wein in Leib u. Blut Christi (kath. Rel.); vgl. Konsubstantiation

Trans|uran [zu → trans... u. → Uran] *das*; -s, -e (meist Plural): künstlicher radioaktiver chem. Grundstoff mit höherer Ordnungszahl als das Uran. **trans|uranisch**: im periodischen System der chemischen Grundstoffe hinter dem Uran stehend

transversal [...*wär*...; aus gleichbed. *mlat.* transversālis zu *lat.* trānsversus „querliegend", dies zu trānsvertere „hinüberwenden"]: querlaufend, senkrecht zur Ausbreitungsrichtung stehend, schräg. **Transversale** *die*; -, -n: Gerade, die eine Figur (Dreieck od. Vieleck) durchschneidet (Math.)

Transvestismus u. Transvestitismus [zu → trans... u. *lat.* vestītus, Part. Perf. von vestīre „(sich) kleiden" zu vestis „Kleid"] *der*; -: vom normalen sexuellen Verhalten abweichende Tendenz zur Bevorzugung von Kleidungsstücken, die für das andere Geschlecht typisch sind (Psychol.; Med.). **Transvestit** *der*; -en, -en: jmd., der an Transvestismus leidet (Psychol.; Med.). **Transvestitismus** vgl. Transvestismus

tran|szendent [aus *lat.* trānscendēns, Gen. trānscendentis, Part. Präs. von trānscendere „hinübersteigen, überschreiten" (zu trāns „hinüber" u. scandere „(be)steigen"]: 1. die Grenzen der Erfahrung u. der sinnlich erkennbaren Welt überschreitend; übersinnlich, übernatürlich (Philos.); Ggs. → immanent. 2. nicht algebraisch, über das Algebraische hinausgehend (Math.). **tran|szendental** [aus *mlat.* transcendentālis „übersinnlich"]: (Philos.) 1. = transzendent (1; in der Scholastik). 2. die → a priori mögliche Erkenntnisart von Gegenständen betreffend (Kant); -e Logik: Darlegung der aller Erfahrung vorangehenden Formen der Verstandes- u. Vernunfterkenntnis (Kant). **Tran|szendentalismus** *der*; -: der Standpunkt der Transzendentalphilosophie Kants. **Tran|szendenz** [aus *lat.* trānscendentia „das Überschreiten, Übersteigen] *die*; -: das Überschreiten der Grenzen der Erfahrung, des Bewußtseins, des Diesseits (Philos.). **tran|szendieren** [aus *lat.* trānscendere „hinübergehen", s. transzendent]: über einen Bereich hinaus in einen anderen [hin]übergehen, die Grenzen eines Bereichs überschreiten (Philos.)

Trap [aus gleichbed. *engl.* trap, eigtl. „Klappe, Falle"] *der*; -s, -s: Verschlußschraube am → Siphon (1), Geruchverschlußschraube an Ausgüssen od. Waschbecken

Trapez [über *lat.* trapezium aus gleichbed. *gr.* trapézion, eigtl. „Tischchen", zu *gr.* trápeza „Tisch"] *das*; -es, -e: 1. Viereck mit zwei parallelen, aber nicht gleichlangen Seiten (Math.). 2. an Seilen hängendes Schaukelreck. **Trapezo|eder** [zu → Trapez u. *gr.* hédra „Fläche, Basis"] *das*; -s, -: Körper, der von gleichschenkligen Trapezen begrenzt wird (Math.). **Trapezoid** *das*; -[e]s, -e: Viereck ohne zueinander parallele Seiten (Math.)

Trapper [aus gleichbed. *engl.* trapper, eigtl. „Fallensteller"; vgl. Trap] *der*; -s, -: nordamerikanischer Pelztierjäger

Trappist [aus gleichbed. *fr.* trappiste, nach der Abtei La Trappe (*la trap*) in der Normandie] *der*; -en, -en: Angehöriger des 1664 gegründeten Ordens der reformierten Zisterzienser (mit Schweigegelübde)

Trapschießen [zu *engl.* trap „Wurfmaschine", eigtl. „Klappe, Falle"; vgl. Trap] *das*; -s: Wettbewerb des Wurftauben-, Tontaubenschießens, bei dem die Schützen vor den Wurfmaschinen zwei Schüsse auf jede Taube abgeben dürfen (Sport); vgl. Skeetschießen

Trassant [alte Bildung zu *it.* tratta „Wechsel", s. Tratte] *der*; -en, -en: Aussteller eines gezogenen Wechsels (Wirtsch.). **Trassat** *der*; -en, -en: zur Bezahlung eines Wechsels Verpflichteter (Wirtsch.). **¹trassieren**: einen Wechsel auf jmdn. ziehen od. ausstellen

Trasse [aus *fr.* trace „Spur, Umriß" zu tracer, s. ²trassieren] *die*; -, -n: im Gelände abgesteckte Linie für neue Verkehrswege (z. B. Eisenbahnlinie, Straße). **Trassee** [aus gleichbed. *fr.* tracé zu tracer, s. ²trassieren] *das*; -s, -s: (schweiz.) 1. = Trasse. 2. Bahnkörper, Bahn-, Straßendamm. **²trassieren** [aus *fr.* tracer „vorzeichnen, entwerfen"]: eine Trasse zeichnen, berechnen, im Gelände abstecken

¹trassieren s. Trassant

²trassieren s. Trasse

Tratte [aus gleichbed. *it.* tratta, eigtl. „die Gezogene", zu trarre, Part. Perf. tratto „ziehen" aus *lat.* trahere, tractum „ziehen"] *die*; -, -n: gezogener Wechsel (Wirtsch.). **Trattoria** u. **Trattorie** [aus gleichbed. *it.* trattoria zu trattore „Gastwirt"; vgl. traktieren] *die*; -, ...ien: einfaches Speiselokal [in Italien]

Trauma [aus *gr.* traũma „Verletzung, Wunde"] *das*; -s, ...men u. -ta: 1. seelischer Schock, starke seelische Erschütterung, die einen Komplex bewirken kann (Psychol.; Med.). 2. Wunde, Verletzung durch äußere Gewalteinwirkung (Med.). **traumatisch** [aus *gr.* traumatikós „zur Wunde gehörend"]: 1. das Trauma (1) betreffend, auf ihm beruhend, durch es entstanden (Psychol.; Med.). 2. durch Gewalteinwirkung verletzt (Med.). **Traumen**: *Plural* von → Trauma

Trautonium Ⓦ [unter Anlehnung an → Harmonium nach dem Erfinder F. Trautwein] *das*; -s, ...ien [...*iᵉn*]: elektroakustisches Musikinstrument

Traveller|scheck [*träwᵉlᵉr*...; nach gleichbed. *engl.* travel(l)er's check zu travel(l)er „Reisender"; vgl. Check] *der*; -s, -s: Reisescheck

travers [...*wärß*; zu *fr.* en travers „quer" aus *lat.* trānsversus „querliegend, schief"]: quergestreift (Mode). **Travers** [...*wär*, auch: ...*wärß*] *das*; -: Seitengang des Pferdes (Dressurreiten). **Traverse** [aus *fr.* traverse „Querbalken" zu *lat.* trānsversus „querliegend"] *die*; -, -n: 1. Querbalken, -träger (Archit.; Techn.). 2. Querverbinder zweier fester od. parallel beweglicher Maschinenteile (Techn.). 3. zu einem Leitwerk senkrecht zur Strömung in den Fluß gezogener Querbau, der die Verlandung der Zwischenflächen beschleunigt. 4. Schulterwehr (Mil.). 5. seitliche Ausweichbewegung (Fechten). 6. Querungsstelle an Hängen od. Wänden, Quergang (Bergsteigen). **Traversflöte** *die*; -, -n: Querflöte. **traversieren** [aus *fr.* traverser „durchqueren"]: 1. (veraltet) durchkreuzen, hindern. 2. eine Reitbahn in der Diagonale durchreiten (Dressurreiten). 3. durch Seitwärtstreten dem Hieb od. Stoß des Gegners ausweichen (Fechten). 4. horizontal an einem Abhang entlanggehend, -fahren oder -klettern (Ski; Bergsteigen)

Travertin [...*wär*...; aus gleichbed. *it.* travertino] *der*; -s, -e: mineralischer Kalkabsatz bei Quellen u. Bächen

Travestie [...*wä*...; aus gleichbed. *engl.* travesty, eigtl. „Umkleidung", dies substantiviert aus *fr.* travesti „verkleidet"] *die*; -, ...ien: komisch-satirische Umbildung ernster Dichtung, wobei der Inhalt in unpassender, lächerlicher Form dargeboten wird; vgl. Parodie (1). **travestieren** [aus gleichbed. *fr.* travestir, eigtl. „verkleiden", dies aus *it.* travestire „verkleiden" (zu *lat.* trāns „hinüber" u. vestīre „kleiden")]: 1. in Form einer Travestie darbieten. 2. ins Lächerliche ziehen

Trawl [*trol*; aus gleichbed. *engl.* trawl] *das*; -s, -s: Grundschleppnetz, das von Fischereifahrzeugen verwendet wird. **Trawler** [aus gleichbed. *engl.* trawler zu trawl] *der*; -s, -: mit dem Grundschleppnetz arbeitender Fischdampfer

Treatment [*tritmᵉnt*; aus gleichbed. *engl.* treatment, eigtl. „Behandlung" zu to treat „behandeln"] *das*; -s, -s: erste schriftliche Fixierung des Handlungsablaufs, der Schauplätze u. der Charaktere der Personen eines Films als eine Art Vorstufe des Drehbuchs (Film; Fernsehen)

Trecento [aus gleichbed. *it.* trecento, eigtl. „dreihundert", kurz für 1300] *das*; -[s]: ital. Kunststil des 14. Jh.s

treife [aus *jidd.* trepho „unrein"]: unrein, verboten (von Speisen); Ggs. → koscher

Trema [aus *gr.* trēma „die Punkte, Löcher des Würfels", eigtl. „Durchbohrtes", zu tetraínein „bohren"] *das*; -s, -s u. -ta: zwei Trennpunkte, Trennungszeichen über einem von zwei getrennt auszusprechenden Vokalen (z. B. franz. naïf)

tremolando [aus gleichbed. *it.* tremolando zu tremolare, s. tremolieren]: zitternd, bebend, mit Tremolo (1) auszuführen; Abk.: trem. (Vortragsanweisung; Mus.). **tremolieren** u. tremulieren [aus gleichbed. *it.* tremolare, eigtl. „zittern, beben" zu *lat.* tremere „zittern"]: (Mus.) 1. mit einem Tremolo (1) ausführen, vortragen, spielen. 2. mit einem Tremolo (2) singen. **Tremolo** [aus gleichbed. *it.* tremolo; vgl. tremolieren] *das*; -s, -s u. ...li: (Mus.) 1. bei Tasten-, Streich- od. Blasinstrumenten rasche, in kurzen Abständen erfolgende Wiederholung eines Tones od. Intervalls. 2. [fehlerhafte] flackernde, bebende Tonführung beim Gesang. **Tremulant** [zu → tremulieren] *der*; -en, -en: Vorrichtung an der Orgel, die den Ton einzelner Register zu einem vibratoähnlichen Schwanken der Lautstärke bringt. **tremulieren** vgl. tremolieren

Trenchcoat [*träntschkoᵘt*; aus gleichbed. *engl.* trench coat, eigtl. „Schützengrabenmantel", zu trench „(Schützen)graben" u. coat „Mantel"] *der*; -[s], -s: zweireihiger wetterfester Mantel mit Schulterklappen u. Gürtel

Trend [aus gleichbed. *engl.* trend zu to trend „sich neigen, in einer bestimmten Richtung verlaufen"] *der*; -s, -s: Grundrichtung einer [statistisch erfaßbaren] Entwicklung, Entwicklungstendenz

Trepang [über *engl.* trepang aus gleichbed. *malai.* trīpang] *der*; -s, -e u. -s: getrocknete Seegurke (chinesisches Nahrungsmittel)

Tresor [aus gleichbed. *fr.* trésor, dies aus *lat.* thēsaurus „Schatz, Schatzkammer"; vgl. Thesaurus] *der*; -s, -e: Panzerschrank, Stahlkammer [einer Bank] zur Aufbewahrung von Wertgegenständen

Trevira Ⓦᴢ[...*wi*...; Kunstw.] *das*; -: aus synthetischer Faser hergestelltes Gewebe; vgl. Diolen

tri..., **Tri**... [aus gleichbed. *lat.* tri... bzw. *gr.* tri... zu *lat.* tres (tria), *gr.* treĩs (tría) „drei"]: in Zusammensetzungen auftretendes Bestimmungswort mit der Bedeutung „drei", z. B. triangulär, Trilogie

Triade [aus gleichbed. *gr.-lat.* triás, Gen. triádos zu *gr.* treĩs (tría) „drei"] *die*; -, -n: Dreizahl, Dreiheit. **triadisch**: die Triade betreffend

Triakisdodeka|eder [zu *gr.* triákis dōdeka „dreimal zwölf" u. hédra „Fläche, Basis"] *das*; -s, -: Körper, der von 36 Flächen begrenzt wird (Math.). **Triakisokta|eder** [zu *gr.* triákis oktṓ (okta...) „dreimal acht" u. hédra „Fläche, Basis"] *das*; -s, -: Pyramidenoktaeder (Körper aus 24 Flächen mit einer aufgesetzten Pyramide je Oktaederfläche)

Trial [*traiᵉl*; aus gleichbed. *engl.* trial, eigtl. „Probe, Versuch"] *das*; -s, -s: fahrtechnische Geschicklichkeitsprüfung für Motorradfahrer

Trial-and-error-Methode [*traiᵉlᵉndärᵉr*...; zu gleichbed. *engl.* trial and error, eigtl. „Versuch und Irrtum"] *die*; -: Methode, den besten Weg zur Lösung eines Problems zu finden, indem verschiedene Möglichkeiten ausprobiert werden, um Fehler u. Fehlerquellen zu finden u. zu beseitigen

Tri|angel [aus *lat.* triangulus „dreieckig; Dreieck"] *der*; -s, -: 1. Schlaginstrument des Orchesters in Form eines dreieckig gebogenen Stahlstabes, der, freihängend u. mit einem Metallstäbchen angeschlagen, einen hellen, durchdringenden, in der Tonhöhe nicht bestimmbaren Ton angibt (Mus.). 2. (ugs.) Winkelriß in Kleidungsstücken. **triangulär**: dreieckig. **Tri|angulation** [...*zion*; zu *mlat.* triangulāre „dreieckig machen"] *die*; -, -en: Festsetzung eines Netzes von Dreiecken zur Landvermessung (Geodäsie). **Tri|angulationspunkt** *der*; -[e]s, -e: durch Triangulation bestimmter u. im Gelände durch besondere Marken gekennzeichneter Punkt; Abk.: TP (Geodäsie). **tri|angulieren**: mit Hilfe der Triangulation vermessen (Geodäsie)

Trias [aus *gr.-lat.* triás „Dreiheit"; vgl. Triade] *die*; -, -: 1. (ohne Plural) erdgeschichtliche Formation des → Mesozoikums, die Buntsandstein, Muschelkalk u. Keuper umfaßt (Geol.). 2. Dreiklang (Mus.). **triassisch**: die Trias (1) betreffend

Tri|brachys [...*chüß*; aus gleichbed. *gr.-lat.* tríbrachys, eigtl. „dreifach kurz"] *der*; -, -: antiker Versfuß aus drei Kürzen (◡◡◡)

Tribun [aus gleichbed. *lat.* tribūnus zu tribus, s. Tribus] *der*; -s u. -en, -e[n]: 1. altröm. Volksführer. 2. zweithöchster Offizier einer altröm. Legion. **Tribunal** [über *fr.* tribunal „Richterstuhl, Gerichtshof" aus *lat.* tribūnal „Hochsitz der Tribunen, Gerichtshof"] *das*; -s, -e: 1. im Rom der Antike der erhöhte Platz, auf dem der Prätor Recht sprach. 2. [hoher] Gerichtshof. **Tribunat** [aus gleichbed. *lat.* tribunātus] *das*; -[e]s, -e: Amt, Würde eines Tribuns

Tribüne [über gleichbed. *fr.* tribune aus *mlat.-it.* tribūna „Rednerbühne" zu *lat.* tribūnal, s. Tribunal] *die*; -, -n: 1. Rednerbühne. 2. a) erhöhtes Gerüst mit Sitzplätzen für Zuschauer; b) die Zuschauer auf einem solchen Gerüst

Tribus [aus gleichbed. *lat.* tribus, eigtl. Abteilung des Volkes, Gau"] *die*; -, - [*tríbuß*]: Wahlbezirk im antiken Rom

Tribut [aus *lat.* tribūtum „öffentliche Abgabe", eigtl. „dem Bezirk (tribus) auferlegte Steuerleistung", zu tribuere, Part. Perf. tributum „zuteilen, einteilen"] *der*; -[e]s, -e: 1. im Rom der Antike die direkte Steuer. 2. Opfer, Beitrag, Beisteuerung. 3. schuldige Verehrung, Hochachtung

Trichine [aus gleichbed. *engl.* trichina, eigtl. „Haarwurm", zu *gr.* tríchinos „aus Haaren bestehend", dies zu thríx, Gen. trichós „Haar"] *die*; -, -n: parasitischer Fadenwurm (Übertragung auf den Menschen durch infiziertes Fleisch). **trichinös**: von Trichinen befallen

Trichotomie [aus *gr.* trichotomía „Dreiteilung" zu trícha „dreifach" und tomḗ „Schnitt"] *die*; -: Anschauung von der Dreiteilung des Menschen in Leib, Seele u. Geist (Rel.). **trichotomisch**: die Trichotomie betreffend; dreigeteilt

Trident [aus gleichbed. *lat.* tridēns, Gen. tridentis, eigtl. „drei Zähne (*lat.* dēns) habend"] *der*; -[e]s, -e: Dreizack (bes. als Waffe des griech.-röm. Meergottes)

Triduum [*...du-um*; aus gleichbed. *lat.* triduum zu → tri... u. *lat.* diēs „Tag"] *das*; -s, ...duen [*...du^{e}n*]: Zeitraum von drei Tagen (bes. für katholische kirchliche Veranstaltungen)

tri|ennal [*tri-ä...*; aus *lat.* triennālis „dreijährig" zu → tri... u. *lat.* annus „Jahr"]: a) drei Jahre dauernd; b) alle drei Jahre [stattfindend]. **Triennale** *die*; -, -n: Veranstaltung im Turnus von drei Jahren. **Tri|ennium** [aus gleichbed. *lat.* triennium] *das*; -s, ...ien [*...i^{e}n*]: Zeitraum von drei Jahren

Triere [über gleichbed. *lat.* triēris (navis) aus *gr.* triḗrēs zu → tri... u. *gr.* erétēs „Ruderer"] *die*; -, -n: Dreiruderer (antikes Kriegsschiff mit drei übereinanderliegenden Ruderbänken)

Trifokalglas [aus → tri... u. → fokal] *das*; -es, ...gläser (meist Plural): Dreistärkenglas, Brillenglas für drei Entfernungen; vgl. Bifokalglas

Triforium [aus gleichbed. *mlat.* triforium zu → tri... u. *lat.* foris „Tür, Öffnung"] *das*; -s, ...ien [*...i^{e}n*]: in romanischen u. bes. in gotischen Kirchen unter den Chorfenstern vorgeblendete Wandgliederung, die später zu einem Laufgang ausgebildet wurde, dessen Bogenstellungen sich zum Kircheninneren hin öffnen (Archit.)

Triga [aus gleichbed. *lat.* trīga zu triiugus „dreispännig"] *die*; -, -s u. ...gen: Dreigespann

Trigeminus [kurz für *nlat.* Nervus trigeminus „dreifacher Nerv"] *der*; -, ...ni: im Mittelhirn entspringender 5. Hirnnerv, der sich in 3 Hauptäste gabelt (Med.)

Tri|glyph *der*; -s, -e u. **Tri|glyphe** [über *lat.* triglyphus aus gleichbed. *gr.* tríglyphos, eigtl. „Dreischlitz"] *die*; -, -n: mit den → Metopen abwechselndes dreiteiliges Feld am Fries des dorischen Tempels

Trigon [über *lat.* trigonium aus gleichbed. *gr.* trígōnon, eigtl. „Dreiwinkel", zu → tri... u. *gr.* gōnía „Winkel"] *das*; -s, -e: (veraltet) Dreieck. **trigonal**: dreieckig. **Trigonome|trie** *die*; -: Dreiecksmessung, Zweig der Mathematik, der sich mit der Berechnung von Dreiecken unter Benutzung der trigonometrischen Funktionen befaßt (Math.). **trigonometrisch**: die Trigonometrie betreffend; -e Funktion: Winkelfunktion als Hilfsmittel bei der Berechnung von Seiten u. Winkeln eines Dreiecks; -er Punkt: = Triangulationspunkt

Tri|klinium [aus gleichbed. *lat.* triclīnium zu *gr.* tríklīnos „drei Tischlager fassend" (zu → tri... u. klī́nē „Lager")] *das*; -s, ...ien [*...i^{e}n*]: 1. an drei Seiten von Polstern für je drei Personen umgebener altröm. Eßtisch. 2. altröm. Speisezimmer

trikolor [aus gleichbed. *lat.* tricolor zu color „Farbe"]: dreifarbig. **Trikolore** [aus *fr.* (drapeau) tricolore zu *lat.* tricolor „dreifarbig"] *die*; -, -n: dreifarbige Fahne, bes. die franz. Nationalfahne

^{1}**Trikot** [*...ko*, auch: *triko*; aus gleichbed. *fr.* tricot zu tricoter „stricken"] *der* (selten auch: *das*); -s, -s: maschinengestricktes Gewebe. ^{2}**Trikot** [zu → ^{1}Trikot] *das*; -s, -s: enganliegendes, gewirktes, hemdartiges Kleidungsstück. **Trikotage** [*...asch^e*; aus gleichbed. *fr.* tricotage (zu → ^{1}Trikot)] *die*; -, -n: Wirkware

Trilliarde [aus → tri... u. → Milliarde] *die*; -, -n: 1000 Trillionen (= 10^{21})

Trillion [aus gleichbed. *fr.* trillion zu → tri... u. *fr.* million; vgl. Million] *die*; -, -en: eine Million Billionen (= 10^{18})

Trilogie [aus gleichbed. *gr.* trilogía; vgl. ...logie] *die*; -, ...ien: Folge von drei eine innere Einheit bildenden Dichtwerken (bes. Dramen), Kompositionen u. a.

Trimester [zu *lat.* trimēstris „dreimonatig"; vgl. Semester] *das*; -s, -: Zeitraum von drei Monaten; Dritteljahr eines Unterrichtsjahres (Unterichtswesen)

Trimeter [aus gleichbed. *lat.* trimeter zu *gr.-lat.* trímetros „drei Takte enthaltend"] *der*; -s, -: aus drei Metren (vgl. Metrum 2) bestehender antiker Vers, → Senar

trimorph, (auch:) **trimorphisch** [aus gleichbed. *gr.* trímorphos zu → tri... u. *gr.* morphḗ „Gestalt"]: dreigestaltig (z. B. von Pflanzenfrüchten; Bot.). **Trimorphismus** *der*; -: Dreigestaltigkeit (z. B. von Früchten einer Pflanze; Bot.)

trinär [aus *lat.* trīnārius „aus dreien bestehend"]: dreifach (Fachspr.)

Trinitarier [*...i^{e}r*; zu → Trinität] *der*; -s, -: 1. Bekenner der Dreieinigkeit, Anhänger der Lehre von der Trinität; Ggs. → Unitarier. 2. Angehöriger eines katholischen Bettelordens. **trinitarisch**: die [Lehre von der] Trinität betreffend. **Trinität** [aus *lat.* trīnitās, Gen. trīnitātis „Dreizahl", (*kirchenlat.*:) „Dreieinigkeit"] *die*; -: Dreinigkeit, Dreifaltigkeit Gottes (Gott Vater, Sohn u. Heiliger Geist). **Trinitatis** *das*; - u. **Trinitatisfest** *das*; -es: Sonntag nach Pfingsten, Fest der Dreifaltigkeit

Trini|trophenol [Kunstw.] *das*; -s: = Pikrinsäure. **Trini|trotoluol** [Kunstw.] *das*; -s: stoßunempfindlicher Sprengstoff (bes. für Geschosse)

Trinom [aus → tri... u. → ^{3}...nom] *das*; -s, -e: Zahlengröße aus drei Gliedern (z. B. x + y + z; Math.). **trinomisch**: dreigliedrig, aus drei Gliedern bestehend (Math.)

Trio [aus gleichbed. *it.* trio zu *lat.-it.* tri... „drei..."] *das*; -s, -s: 1. a) Musikstück für drei Instrumente; b) Mittelteil des → Menuetts od. → Scherzos. 2. Vereinigung von drei Instrumental-, seltener Vokalsolisten. 3. (iron.) drei Personen, die etwas gemeinsam ausführen, z. B. Gaunertrio

Tri|ode [zu → tri... u. → ...ode] *die*; -, -n: Verstärkerröhre mit drei Elektroden (Anode, Kathode u. Gitter)

Triole [italianisierende Bildung; vgl. gleichbed. *fr.* triolet] *die*; -, -n: Gruppe von drei Tönen im Taktwert von zwei od. vier (Mus.)

Trip [aus gleichbed. *engl.* trip zu to trip „trippeln"] *der*; -s, -s: 1. Ausflug, Reise. 2. a) Rauschzustand nach dem Genuß eines Rauschgiftes; b) für einen Rauschzustand benötigte Dosis eines Rauschgiftes

^{1}**Tripel** [aus *fr.* triple „dreifach; Dreifaches", dies aus gleichbed. *lat.* triplus] *das*; -s, -: die Zusammenfassung dreier Dinge (z. B. Dreieckspunkte, Dreiecksseiten; Math.)

[2]**Tripel** [nach Tripolis] *der*; -s: Kieselerde (Geol.)

Tripel... [aus *fr.* triple..., s. Tripel]: in Zusammensetzungen auftretendes Bestimmungswort mit der Bedeutung „drei, dreifach", z. B. Tripelallianz. **Tripelallianz** *die*; -, -en: staatlicher Dreibund. **Tripel|entente** [...*angtangt*] *die*; -, -n [...*t^e n*]: = Tripelallianz. **Tripelfuge** *die*; -, -n: → Fuge mit drei selbständigen Themen (Mus.). **Tripelpunkt** *der*; -[e]s, -e: im Zustandsdiagramm eines Stoffes der Schnittpunkt der Gleichgewichtskurven (Sublimations-, Verdampfungs- u. Schmelzkurve; Phys.). **Tripeltakt** *der*; -[e]s, -e: dreiteiliger, ungerader Takt

Tri|ple... [*tripl...*; aus *fr.* triple...]: franz. Schreibung von: Tripel...

Tri|plikat [aus *lat.* triplicātum, Part. Perf. von triplicāre „dreifach machen"] *das*; -[e]s, -e: dritte Ausfertigung [eines Schreibens]

Tri|ptik vgl. Triptyk

Tri|ptychon [zu *gr.* tríptychos „dreifaltig, dreifach" zu → tri... u. *gr.* ptýx, ptychḗ „Falte, Lage"] *das*; -s, ...chen u. ...cha: dreiteiliges [Altar]bild, bestehend aus dem Mittelbild u. zwei Seitenflügeln; vgl. Diptychon

Tri|ptyk u. Triptik [über *engl.* triptyque aus gleichbed. *fr.* triptyque, eigtl. „Bild mit zwei Seitenflügeln"; vgl. Triptychon] *das*; -s, -s: früher üblicher dreiteiliger Grenzübertrittsschein für Kraft- u. Wasserfahrzeuge

Trireme [aus *lat.* trirēmis (navis) „dreiruderiges Schiff" zu rēmus „Ruder, Riemen"] *die*; -, -n: = Triere

Trisektion [...*zion*; zu → tri... u. *lat.* sectio „das Schneiden"] *die*; -: Dreiteilung (bes. von Winkeln; Math.)

trist [aus *fr.* triste, dies aus gleichbed. *lat.* trīstis]: traurig, öde, trostlos, freudlos; langweilig, unfreundlich, jämmerlich. **Tristesse** [*trißtäß*; aus gleichbed. *fr.* tristesse] *die*; -, -n [...*ß^e n*]: Traurigkeit, Trübsinn, Melancholie, Schwermut

Tristichon [zu *gr.* trístichos „aus drei Reihen (*gr.* stíchos) bestehend"] *das*; -s, ...chen: aus drei Versen bestehende Versgruppe

trisyllabisch [über *lat.* trisyllabus aus gleichbed. *gr.* trisýllabos]: dreisilbig

Tritium [...*zium*; zu *gr.* trítos „dritter"] *das*; -s: radioaktives Wasserstoffisotop, überschwerer Wasserstoff; Zeichen: T. [1]**Triton** [zu → Tritium] *das*; -s, ...onen: Atomkern des → Tritiums

[2]**Triton** [Kunstw.] *das*; -s, -s: (österr.) Kinder[tritt]-roller

Tritonus [aus gleichbed. *gr.* trítonos, zu → tri... u. *gr.* tónos „Ton"] *der*; -: die übermäßige Quarte, die ein Intervall von drei Ganztönen ist (Mus.)

Triumph [aus *lat.* triumphus „feierlicher Einzug des Feldherrn; Siegeszug, Sieg"] *der*; -[e]s, -e: 1. a) großer Erfolg, Sieg; b) Genugtuung, Frohlocken, Siegesfreude. 2. im Rom der Antike der feierliche Einzug eines siegreichen Feldherrn. **triumphal** [aus *lat.* triumphālis „zum Triumph gehörend"]: herrlich, ruhmvoll, glanzvoll, großartig. **triumphant**: a) triumphierend, frohlockend; b) siegreich, erfolgreich. **Triumphator** [aus gleichbed. *lat.* triumphātor zu triumphāre, s. triumphieren] *der*; -s, ...oren: 1. im Rom der Antike feierlich einziehender siegreicher Feldherr. 2. frohlockender, jubelnder Sieger. **Triumphbogen** *der*; -s, ...bogen, (auch:) ..bögen: 1. [im Rom der Antike] steinernes Ehrentor für einen siegreichen Kaiser od. Feldherrn. 2. das Mittelschiff vom Chor trennender Bogen in der Basilika. **triumphieren** [aus gleichbed. *lat.* triumphāre, eigtl. „einen Triumph (2) feiern"]: a) jubeln, frohlocken; b) jmdm. hoch überlegen sein; über jmdn., etwas siegen

Triumvir [...*wir*; aus gleichbed. *lat.* triumvir, Plural triumviri zu trēs, Gen. trium „drei" u. viri „Männer"] *der*; -s u. -n, -n: Mitglied eines Triumvirats. **Triumvirat** [aus gleichbed. *lat.* triumvirātus] *das*; -[e]s, -e: Dreimännerherrschaft [im Rom der Antike]

trivalent [...*wa*...; zu → tri... u. → Valenz]: dreiwertig (Chem.)

trivial [*triwial*; über gleichbed. *fr.* trivial aus *lat.* triviālis „zum Dreiweg gehörend, jedermann zugänglich"; vgl. Trivium]: platt, abgedroschen, seicht, alltäglich, niedrig. **Trivialität** *die*; -, -en: Plattheit, Seichtheit, Alltäglichkeit. **Trivialliteratur** *die*; -: Unterhaltungs-, Konsumliteratur

Trivium [...*wium*; aus gleichbed. *lat.-mlat.* trivium, eigtl. „Kreuzung von drei Wegen; öffentlicher Weg"] *das*; -s: im mittelalterlichen Universitätsunterricht die drei unteren Fächer: Grammatik, Rhetorik, Dialektik; vgl. Quadrivium

Trizeps [aus *lat.* triceps „dreiköpfig" zu → tri... u. *lat.* caput „Kopf"] *der*; -, -e: dreiköpfiger Muskel des Oberarms, der den Unterarm im Ellbogengelenk streckt (Med.)

trochäisch [*troch*...; über *lat.* trochaicus aus gleichbed. *gr.* trochaikós]: den Trochäus betreffend; aus Trochäen bestehend. **Trochäus** [über *lat.* trochaeus aus gleichbed. *gr.* trochaîos, eigtl. „laufend, schnell" zu tréchein „laufen"] *der*; -, ...äen: [antiker] Versfuß (–◡). **Trochit** [zu *gr.* trochós „Rad, runde Scheibe"] *der*; -s u. -en, -en: Stiel ausgestorbener Seelilien. **Trochitenkalk** *der*; -[e]s: Ablagerungen verkalkter Stiele ausgestorbener Seelilien aus der → Trias (1)

Tro|glodyt [über *lat.* Trōglodytae aus *gr.* Trōglōdýtai „Höhlenbewohner" zu trōglē „Loch, Höhle" u. dýesthai „eindringen, sich verkriechen"] *der*; -en, -en: Höhlenmensch (veraltete Bezeichnung für den Eiszeitmenschen, der angeblich in Höhlen gewohnt hatte)

Trogon [aus *gr.* trōgōn, Gen. trōgontos, Part. Präs. von trōgein „nagen"] *der*; -s, -s u. ...onten: südamerikanischer Nageschnäbler (buntgefiederter Urwaldvogel)

Troika [*treuka*, auch: *troika*; aus gleichbed. *russ.* trojka, eigtl. „Dreier" zu troe „drei"] *die*; -, -s: russ. Dreigespann

Trolleybus [*troli*...; aus gleichbed. *engl.* trolley bus, dies aus trolley „Kontaktrolle an der Oberleitung" (zu to troll „rollen") u. bus „Bus"] *der*; ...busses, ...busse: (schweiz.) Oberleitungsomnibus

Trombe [über *fr.* trombe aus gleichbed. *it.* tromba, eigtl. „Trompete" (nach der Form)] *die*; -, -n: Wirbelwind in Form von Wasser- u. Windhosen

Trompete [aus gleichbed. *fr.* trompette] *die*; -, -n: aus gebogener Messingröhre mit Schallbecher u. Kesselmundstück bestehendes Blasinstrument. **trompeten**: 1. Trompete blasen. 2. (ugs.) a) sehr laut u. aufdringlich sprechen; b) sich sehr laut die Nase putzen. **Trompeter** *der*; -s, -: jmd., der [berufsmäßig] Trompete spielt; Trompetenbläser

...tron [aus → [1]Elektron losgelöst]: Wortbildungselement mit der Bedeutung „Elementarteilchen",

z. B. Positron, Neutron; auch mit der Bedeutung „Röhre", z. B. Dynatron, Chromatron

Trope [aus gleichbed. *gr.* tropḗ, eigtl. „Wendung", zu trépein „wenden"] *die*; -, -n: Vertauschung des eigentlichen Ausdrucks mit einem bildlichen (z. B. Bacchus statt Wein; Sprachw.)

Tropen [nach *lat.* tropa aus *gr.* tropḗ (Plural tropaí) „Sonnenwende(n)" zu *gr.* trépein „wenden"] *die* (Plural): heiße Zone zu beiden Seiten des Äquators zwischen den Wendekreisen

Trophäe [unter Einfluß von gleichbed. *fr.* trophée aus *lat.* trop(h)aeum, dies aus *gr.* trópaion „Siegeszeichen", eigtl. „Fluchtdenkmal", zu tropḗ „Wendung (des Feindes), Flucht"] *die*; -, -n: 1. [im alten Griechenland] Siegesmal aus erbeuteten Waffen; b) Siegeszeichen (z. B. eine erbeutete Fahne od. Waffe). 2. Jagdbeute (z. B. Geweih)

tropho..., Tropho... [zu *gr.* tréphein „nähren"]: Bestimmungswort von Zusammensetzungen mit der Bedeutung „Ernährung", z. B. Trophobiose „Form der Ernährungssymbiose"

Tropical [...*kᵉl*; zu *engl.* tropical „tropisch"; vgl. Tropen] *der*; -s, -s: luftdurchlässiger Anzugsstoff in Leinenbindung (Webart)

tropisch [zu → Tropen]: die → Tropen betreffend, aus ihnen stammend, für sie charakteristisch; südlich, heiß

Tropismus [zu *gr.* tropḗ „Wendung"; vgl. Trope] *der*; -, ...men: durch äußere Reize bestimmte gerichtete Bewegung festsitzender Tiere u. Pflanzen (Biol.). **Tropo|sphäre** [auch: *tropo...*; zu *gr.* trópos „Wendung, Richtung" und → Sphäre] *die*; -: die unterste, bis zu einer Höhe von 12 km reichende, wetterwirksame Luftschicht der Erdatmosphäre (Meteor.)

troppo [aus gleichbed. *it.* troppo]: zu viel, zu sehr (in Vortragsanweisungen), z. B. → ma non troppo (Mus.)

Trotteur [*trotör*; aus gleichbed. *fr.* trotteur, eigtl. „der zum schnellen Gang Geeignete", zu trotter „traben, trotten"] *der*; -s, -s: Laufschuh mit niederem Absatz. **Trottinett** [aus gleichbed. *fr.* trottinette] *das*; -s, -e: (schweiz.) Kinderroller. **Trottoir** [*trotoar*; aus gleichbed. *fr.* trottoir] *das*; -s, -e u. -s: (landsch.) Bürgersteig, Geh-, Fußweg

Trotyl [Kunstw.] *das*; -s: = Trinitrotoluol

Trotzkismus [nach dem russ. Revolutionär L. D. Trotzki, 1879–1940] *der*; -: auf der politischen Anschauung Trotzkis basierende, von der offiziellen Parteirichtlinie abweichende ideologisch-politische Haltung marxistisch-leninistischer Ideologie. **Trotzkist** *der*; -en, -en: Anhänger, Vertreter des Trotzkismus

Troubadour [*trubadur*, auch: ...*dur*; aus gleichbed. *fr.* troubadour, dies aus *provenzal.* trobador „Dichter" zu trobar „Weisen, Verse erfinden, dichten"] *der*; -s, -e u. -s: provenzalischer Minnesänger des 12. bis 14. Jh.s

Trucksystem [*trak*...; zu *engl.* truck „Tauschhandel"] *das*; -s: frühere Entlohnungsform, bei der der Arbeitnehmer Waren z. T. od. ausschließlich als Entgelt für seine Leistungen erhielt

Trust [*traßt*; aus gleichbed. *engl.-amerik.* trust, gekürzt aus trust-company „Treuhandgesellschaft" (trust „Treuhand, Vertrauen")] *der*; -[e]s, -e u. -s: kapitalmäßige Zusammenfassung mehrerer Unternehmungen unter einheitlicher Leitung zum Zwecke der Monopolisierung

Trypsin [zu *gr.* trýein „aufreiben" und ...psin aus → Pepsin] *das*; -s: eiweißspaltendes → Enzym der Bauchspeicheldrüse (Med.)

t. s. = tasto solo

Tschako [aus *ung.* csákr „Husarenhelm"] *der*; -s, -s: 1. (hist.) lederne Kopfbedeckung bei der Infanterie im österreichischen, preußischen, französischen u. russischen Heer. 2. helmartige, meist schwarzlackierte Kopfbedeckung deutscher Polizisten

Tschapka [aus gleichbed. *poln.* czapka, eigtl. „Mütze, Kappe"] *die*; -, -s: mit viereckigem Deckel versehene Mütze der Ulanen

Tschardasch vgl. Csárdás

tschau! [aus gleichbed. *it.* ciao, dies aus schiavo „Sklave", also eigtl. „(Ihr) Diener"]: tschüs!, Servus! (salopp-kameradschaftlicher [Abschieds]-gruß); vgl. ciao!

Tschibuk [aus gleichbed. *türk.* chibūq, eigtl. „Stab, Rohr"] *der*; -s, -s: lange türkische Tabakspfeife mit kleinem Kopf

Tse|tse|fliege [zu gleichbed. *Bantu* tsetse (lautmalend)] *die*; -, -n: im tropischen Afrika vorkommende Stechfliege, die den Erreger der Schlafkrankheit überträgt

T-shirt [*tischöʳt*; aus *engl.-amerik.* T-shirt, wohl nach dem T-förmigen Schnitt] *das*; -s, -s: Damen- od. Herrenoberhemd aus Trikotstoff mit meist kurzen Ärmeln

TU [*te-u*] *die*; -, -s: = technische Universität

Tuba [aus *lat.* tuba „Röhre, Tube"] *die*; -, Tuben: 1. zur Bügelhörnerfamilie gehörendes tiefstes Blechblasinstrument mit nach oben gerichtetem Schalltrichter u. vier Ventilen. 2. altrömisches Blasinstrument, Vorläufer der Trompete. 3. röhrenförmige Verbindung zwischen der Paukenhöhle des Ohrs u. dem Rachen, Ohrtrompete (Med.). 4. Ausführungsgang der Eierstöcke, Eileiter (Med.). **Tube** *die*; -, -n: = Tuba (3, 4)

Tuberkel [aus *lat.* tuberculum „Höckerchen, kleine Geschwulst", einer Verkleinerungsbildung zu *lat.* tūber „Höcker, Knoten, Geschwulst"] *der*; -s, - (österr. auch: *die*; -, -n): Tuberkuloseerreger (Med.). **tuberkulös**, (österr. ugs. auch:) **tuberkulos** [vgl. ...os u. ...ös]: (Med.) a) die Tuberkulose betreffend, mit ihr zusammenhängend; b) an Tuberkulose leidend, schwindsüchtig. **Tuberkulose** [vgl. ...ose u. ...osis] *die*; -, -n: durch Tuberkelbakterien hervorgerufene chronische Infektionskrankheit (z. B. von Lunge, Haut, Knochen); Abk.: Tb, Tbc (Med.)

Tuberose [zu *lat.* tūberōsus „voller Höcker oder Knoten", eigtl. „die Knollenreiche" zu tūber, s. Tuberkel] *die*; -, -n: aus Mexiko stammende stark duftende Zierpflanze

Tubus [aus *lat.* tubus „Röhre"] *der*; -, ...ben u. -se: 1. bei optischen Geräten das linsenfassende Rohr. 2. bei Glasgeräten der Rohransatz. 3. Röhre aus Metall, Gummi oder Kunststoff zur Einführung in die Luftröhre (z. B. für Narkosezwecke; Med.)

Tudorbogen [*tjudᵉr*..., auch dt. Ausspr.: *tudor*...; nach dem Namen des engl. Königsgeschlechts] *der*; -s, -: Spitzbogen der engl. Spätgotik. **Tudorstil** *der*; -s: Stil der engl. Spätgotik zwischen 1485 u. 1558, in den auch Renaissanceformen einflossen

Tukan [auch: ...*an*; über *span.* tucan aus *indian.* (*Tupi*) tuka(n)] *der*; -s, -e: Pfefferfresser (mittel- u. südamerikan. spechtartiger Vogel)

Tumba [aus *lat.* tumba „Grab" zu *gr.* týmbos

„Grabhügel"] *die*; -, ...ben: 1. Scheinbahre beim kath. Totengottesdienst. 2. sarkophagartiger Überbau eines Grabes mit Grabplatte

Tụmor [ugs. auch: ...*ọr*; aus *lat.* tumor „Schwellung" zu tumēre „geschwollen sein"] *der*; -s, ...ọren: Geschwulst, Gewächs, Gewebswucherung (Med.)

Tumụlt [aus gleichbed. *lat.* tumultus] *der*; -[e]s, -e: a) Lärm; Unruhe; b) Auflauf lärmender u. aufgeregter Menschen, Aufruhr. **Tumultuạnt** *der*; -en, -en: Unruhestifter; Ruhestörer, Aufrührer. **tumultuạrisch** [aus *lat.* tumultuārius]: lärmend, unruhig, erregt, wild, ungestüm, aufrührerisch. **tumultuọs** u. **tumultuös** [aus *fr.* tumultueux]: heftig, stürmisch, aufgeregt, wild bewegt. **tumultuọso** [aus *it.* tumultuoso]: stürmisch, heftig, lärmend (Vortragsanweisung; Mus.)

Tụmulus [aus *lat.* tumulus „Erdhaufen, Grabhügel"] *der*; -, ...li: Hügelgrab

Tụn|dra [aus gleichbed. *russ.* tundra] *die*; -, ...ren: baumlose Kältesteppe jenseits der arktischen Waldgrenze

Tunẹll *das*; -s, -e: (südd., österr., schweiz.) Tunnel

tunen [*tjun^{e}n*; aus *engl.* to tune „abstimmen; einfahren, rennfertig machen"]: die Leistung eines Kraftfahrzeugmotors nachträglich erhöhen, einen Motor frisieren. **Tuner** [aus gleichbed. *engl.* tuner] *der*; -s, -: a) Vorrichtung an einem Fernseh- oder Rundfunkgerät zur Einstellung des Frequenzkanals, Kanalwähler; b) das diese Vorrichtung enthaltende Bauteil. **Tuning** [*tju*...; aus gleichbed. *engl.* tuning] *das*; -s, -s: nachträgliche Erhöhung der Leistung eines Kraftfahrzeugmotors

Tụnika [aus gleichbed. *lat.* tunica] *die*; -, ...ken: 1. im Rom der Antike (urspr. ärmelloses) Untergewand für Männer u. Frauen. 2. über dem Kleid getragener [kürzerer] Überrock; ärmelloses, vorne offenes Übergewand, das mit Gürtel über einem festlichen Kleid aus dem gleichen Stoff getragen wird

Tụnnel [aus gleichbed. *engl.* tunnel, dies aus *fr.* tonnelle „Tonnengewölbe" zu tonneau „Tonne, Faß"] *der*; -s, - u. -s: Unterführung, unterirdische Strecke einer Bahnlinie oder Straße; vgl. Tunell

Tupamạro [nach dem Inkakönig Túpac Amaru] *der*; -s, -s (meist Plural): uruguayischer Stadtguerilla

Tụrbae [...*bä*; aus *lat.* turbae „Scharen, Haufen", Plural zu turba „Gewühl, Schwarm, Haufe"] *die* (Plural): in die Handlung eingreifende dramatische Chöre in Oratorien, Passionen und geistlichen Schauspielen

Tụrban [durch *mgr.* Vermittlung aus *türk.* tülbend, dies aus *pers.* dulbänd] *der*; -s, -e: 1. um den Kopf gewundene Kopfbedeckung orientalischer Völker, bes. der Mohammedaner. 2. modische Damenkopfbedeckung

Turbịne [aus gleichbed. *fr.* turbine zu *lat.* turbo, Gen. turbinis „Wirbel; Sturm; Kreisel"] *die*; -, -n: aus Laufrad u. feststehendem Leitrad bestehende Kraftmaschine zur Erzeugung drehender Bewegung durch Ausnutzung der potentiellen Energie u. Strömungskraft von Gas, Wasser od. Dampf. **Tụrbo**...: in Zusammensetzungen auftretendes Bestimmungswort mit der Bedeutung „Turbine". **Tụrbodynamo** *der*; -s, -s: elektrischer Energieerzeuger (Generator), der unmittelbar mit einer Turbine gekoppelt ist. **Tụrbogenerator** *der*; -s, ...ọren: = Turbodynamo. **Turboprọpflugzeug** [Kurzw.] *das*; -s, -e: Flugzeug mit *Prop*eller-*Turb*inen-Luftstrahltriebwerk[en]

turbulẹnt [aus *lat.* turbulentus „unruhig, stürmisch" zu turba, s. Turbae]: stürmisch, ungestüm, lärmend. **Turbulẹnz** *die*; -, -en: 1. Wirbelbildung bei Strömungen in Gasen u. Flüssigkeiten (Phys.). 2. ungeordnete Wirbelströmung der Luft (Meteor.). 3. Unruhe; wildes Durcheinander, aufgeregte Bewegtheit; ungestümes Wesen

tụrca [...*ka*]: = alla turca

Tụrf [engl. Ausspr.: *tö̈f*; aus gleichbed. *engl.* turf, eigtl. „Rasen"] *der*; -s: a) Pferderennbahn; b) Pferderennen, Pferdesport

Tụrgor [aus *lat.* turgor „das Strotzen" zu turgēre „schwellen, strotzen"] *der*; -s: Druck des Zellsaftes auf die Pflanzenzellwand (Bot.)

türkịs [zu → [2]Türkis]: blaugrün, türkisfarben. **[1]Türkịs** *das*; -: blaugrüne Farbe, blaugrüner Farbton. **[2]Türkịs** [aus *fr.* turquoise, eigtl. „türkischer (Edelstein)", zu *fr.* turc „Türke", wohl deshalb, weil man die ersten Türkise in der Türkei fand] *der*; -es, -e: blauer, auch grüner Edelstein (ein Mineral)

Turmalịn [über *fr.*, *engl.* tourmaline aus *singhal.* turamalli] *der*; -s, -e: roter, grüner, brauner, auch schwarzer od. farbloser Edelstein (ein Mineral)

Turn [*tö̈n*; aus gleichbed. *engl.* turn] *der*; -s, -s: Kehre, hochgezogene Kurve im Kunstfliegen

Turniẹr [zu *altfr.* tourn(o)ier „Drehungen machen, die Rosse tummeln; ritterliche Kampfspiele machen"] *das*; -s, -e: 1. ritterliches Kampfspiel im Mittelalter. 2. ein von mehreren Einzelsportlern (z. B. im Tennis od. Reitsport) od. Mannschaften (z. B. Fußball, Handball) bestrittener Wettbewerb

Tụrnus [aus gleichbed. *mlat.* turnus; vgl. Tour] *der*; -, -se: festgelegte, bestimmte Wiederkehr, Reihenfolge, regelmäßiger Wechsel; Umlauf; in gleicher Weise sich wiederholender Ablauf einer Tätigkeit

Turọn [nach der franz. Stadt Tours (*tụr*), lat. *civitas* (*zịwi*...) *Turọnum*] *das*; -s: zweitälteste Stufe der oberen Kreide (Geol.). **turọnisch**: das Turon betreffend

tuschiẹren [zu Tusche]: ebene Metalloberflächen herstellen (durch Abschaben der erhabenen Stellen, die vorher durch das Aufdrücken von Platten, die mit Tusche bestrichen sind, sichtbar gemacht wurden)

Tụskulum [*lat.*; nach der altröm. Stadt Tusculum] *das*; -s, ...la: 1. ruhiger, behaglicher Landsitz. 2. Lieblingsaufenthalt

Tutẹl [aus gleichbed. *lat.* tūtēla, eigtl. „Schutz, Obhut" zu tuēri „schützen"] *die*; -, -en: Vormundschaft. **tutelạrisch**: vormundschaftlich

[1]Tụtor [aus gleichbed. *lat.* tūtor, eigtl. „(Be)schützer"; vgl. Tutel] *der*; -s, ...ọren: Vormund, Erzieher (röm. Recht). **[2]Tụtor** [aus gleichbed. *engl.* tutor, s. [1]Tutor] *der*; -s, ...ọren: Lehrer und Ratgeber von Studenten

tụtti [aus gleichbed. *it.* tutti, Plural von tutto „ganz, all"]: alle [Instrumenten- u. Gesangs]stimmen zusammen (Mus.). **Tụtti** *das*; -[s], -[s]: alle Stimmen, volles Orchester (Mus.); Ggs. → Solo. **Tutti|frụtti** [*it.*, eigtl. „alle Früchte"] *das*; -[s], -[s]: Vielfruchtspeise; Süßspeise aus verschiedenen Früchten

Tweed [*twid*, engl. Ausspr.: *t^{u}ịd*; unter dem Einfluß des *schott.* Flußnamens Tweed aus *schott.* tweel (*engl.* twill) „Köperstoff"; der Tweed fließt durch das Gebiet, wo der Stoff hergestellt wird] *der*; -s, -s u. -e: kräftiges, oft meliertes Woll- od. Mischgewebe mit kleiner Bindungsmusterung

Twẹn [anglisierende Bildung zu engl. *twenty* = „zwanzig"] *der*; -[s], -s: junger Mann, (seltener auch:) junges Mädchen in den Zwanzigern; vgl. Teen

Twinset [*...ßät*; aus gleichbed. *engl.* twin-set (twin „Zwilling; Gegenstück" und set „Garnitur")] *der* od. *das*; -[s], -s: Pullover u. Jacke von gleicher Farbe u. aus gleichem Material

[1]**Twist** [aus gleichbed. *engl.* twist zu to twist „(zusammen)drehen"] *der*; -es, -e: mehrfädiges Baumwoll[stopf]garn. [2]**Twist** [aus gleichbed. *engl.-amerik.* twist zu to twist „drehen, verrenken"] *der*; -s, -s: aus den USA stammender Modetanz im 4/4-Takt. **twisten**: Twist tanzen

Two-beat [*tubit*; aus gleichbed. *engl.-amerik.* two-beat, eigtl. „Zweischlag"] *der*; -: archaischer od. allgemein traditioneller Jazz, der dadurch charakterisiert ist, daß (vorwiegend) jeweils zwei von vier Taktteilen betont werden

Two|step [*tußtäp*; aus gleichbed. *engl.* two-step, eigtl. „Zweischritt"] *der*; -s, -s: schneller englischer Tanz im 3/4-Takt

Tyche [*tüche*; aus gleichbed. *gr.* týchē] *die*; -: Schicksal, Zufall, Glück

Tycoon [*taikun*; aus gleichbed. *engl.-amerik.* tycoon, dies aus *japan.* taikun, eigtl. „großer Herrscher"] *der*; -s, -s: 1. sehr einflußreicher, mächtiger Geschäftsmann; Großkapitalist, Industriemagnat. 2. mächtiger Führer (z. B. einer Partei)

Tympanon [aus gleichbed. *gr.* týmpanon, eigtl. „Handpauke, Handtrommel"] *das*; -s, ...na: oft mit Reliefs geschmücktes Giebelfeld, Bogenfeld über Portal, Tür od. Fenster. **Tympanum** *das*; -s, ...na: 1. Handpauke. 2. Paukenhöhle im Mittelohr (Med.)

Tyndalleffekt [*tind^{e}l...*; nach dem engl. Physiker J. Tyndall, 1820–1893] *der*; -[e]s: Lichtbeugungserscheinung an den kleinsten Teilchen einer vollständig klaren kolloidalen Lösung (Phys.)

Typ [*tüp*; über *lat.* typus aus *gr.* týpos „Schlag; Gepräge, Form; Muster" zu týptein „schlagen"] *der*; -s, -en: 1. (ohne Plural) Urbild, Grundform, Beispiel (Philos.). 2. bestimmte psychische Ausprägung einer Person, die mit einer Gruppe anderer Personen eine Reihe von Merkmalen gemeinsam hat (Psychol.). 3. Schlag, Menschentyp, Gattung. 4. Bauart, Muster, Modell (Techn.). 5. (ugs.) Mensch, Person. **Type** [aus oder unter dem Einfluß von gleichbed. *fr.* type] *die*; -, -n: 1. gegossener Druckbuchstabe, Letter (Druckw.). 2. (ugs.) Mensch von ausgeprägt absonderlicher, schrulliger Eigenart; komische Figur. 3. Sortenbezeichnung für Müllereiprodukte. 4. (selten) Typ (4). **typen** [zu → Typ]: industrielle Artikel zum Zwecke der → Rationalisierung nur in bestimmten notwendigen Größen herstellen; vgl. typisieren

typhös: typhusartig; zum Typhus gehörend (Med.). **Typhus** [gelehrte Bildung zu *gr.* tȳphos „Dampf, Dunst, Umnebelung der Sinne"] *der*; -: mit schweren Bewußtseinsstörungen verbundene, fieberhafte Infektionskrankheit (Med.)

Typik [zu → Typ] *die*; -, -en: die Wissenschaft vom Typ (2; Psychol.); vgl. Typologie. **typisch**: 1. einen Typus betreffend, darstellend, kennzeichnend. 2. charakteristisch, bezeichnend, unverkennbar. **typisieren**: 1. typisch (1), als Typ, nicht als individuelle Person darstellen, auffassen; Ggs. → individualisieren. 2. nach Typen (vgl. Typ 2, 3) einteilen. 3. = typen. **Typo|graph**[1] [aus gleichbed. *fr.* typographe] *der*; -en, -en: 1. Schriftsetzer. 2. eine Zeilensetzmaschine. **Typo|graphie**[1] [aus gleichbed. *fr.* typographie zu → Typ und → ...graphie] *die*; -, ...ien: Buchdruckerkunst. **typo|graphisch**[1] [aus gleichbed. *fr.* typographique]: die Typographie betreffend; -er Punkt: Maßeinheit für Schrifthöhe u. -kegel im graphischen Gewerbe; Abk.: p (1 p = 0,376 mm). **Typologie** [vgl. ...logie] *die*; -, ...ien: Wissenschaft, Lehre von der Gruppenzuordnung auf Grund einer umfassenden Ganzheit von Merkmalen, die den → Typ (2) kennzeichnen; Einteilung nach Typen (Psychol.). **typologisch**: die Typologie betreffend. **Typometer** [vgl. [1]...meter] *das*; -s, -: auf den → typographischen Punkt bezogene Meßvorrichtung im graphischen Gewerbe. **Typus** *der*; -, Typen: = Typ (1, 2)

Tyrann [über *lat.* tyrannus aus gleichbed. *gr.* týrannos] *der*; -en, -en: 1. unumschränkter Gewaltherrscher. 2. Gewaltmensch, strenger, herrschsüchtiger Mensch, Peiniger. 3. nord- u. südamerikanischer, meist sehr gewandt u. schnell fliegender Schreivogel. **Tyrannei** *die*; -: Herrschaft eines Tyrannen, Gewaltherrschaft; Willkür[herrschaft]. **Tyrannis** [aus gleichbed. *gr.* tyrannís] *die*; -: Gewaltherrschaft (bes. im alten Griechenland). **tyrannisch**: gewaltsam, willkürlich, herrschsüchtig, herrisch, grausam, diktatorisch. **tyrannisieren** [aus gleichbed. *fr.* tyranniser]: gewaltsam, willkürlich behandeln, unterdrücken, knechten, rücksichtslos beherrschen; quälen, anderen seinen Willen aufzwingen

Tyrolienne [*...iän*] vgl. Tirolienne

U

U = chem. Zeichen für: Uran

Übermi|kro|skop *das*; -s, -e: = Elektronenmikroskop

ubi bene ibi pa|tria [*lat.*]: wo es mir gutgeht, da ist mein Vaterland (Kehrreim eines Liedes von F. Hückstädt, der auf einen Ausspruch Ciceros zurückgeht)

Ubiquist [zu *lat.* ubique „überall"] *der*; -en, -en: nicht an einen bestimmten → Biotop gebundene, in verschiedenen Lebensräumen auftretende Tier- od. Pflanzenart (Biol.). **ubiquitär**: überall verbreitet (bes. Biol.). **Ubiquität** *die*; -, -en: 1. (ohne Plural) Allgegenwart [Gottes od. Christi]. 2. in der Wirtschaft überall in jeder Menge erhältliches Gut

UFO, Ufo [Kurzw. aus: *u*nidentified *f*lying *o*bject (*anaidäntifaid flaiing obdschäkt*); *engl.*] *das*; -[s], -s: unbekanntes Flugobjekt

Ukas [aus gleichbed. *russ.* ukaz zu ukazat' „befehlen"] *der*; -ses, -se (älter: -es, -e): 1. Anordnung, Befehl. 2. (hist.) Erlaß des Zaren

UKW [*ukawe*] = Ultrakurzwelle

Ulan [aus *poln.* ułan, dies aus *türk.* oğlan „Knabe, Bursche"] *der*; -en, -en: früher: [leichter] Lanzenreiter

Ulkus [aus gleichbed. *lat.* ulcus, Gen. ulceris] *das*; -, Ulzera: Geschwür (Med.)

Ulster [engl. Ausspr.: *alßt^{e}r*; aus gleichbed. *engl.* ulster, nach der früheren nordirischen Provinz Ulster, wo dieser Stoff zuerst hergestellt wurde] *der*; -s, -: 1. weiter Herrenmantel aus Ulsterstoff. 2. [mit angewebtem Futter ausgestatteter] Stoff aus farbigem od. meliertem Streichgarn für Herrenwintermäntel

---

[1] Vgl. die Anmerkung zu Graphik.

ult. = ultimo. **Ultima** [Femininum zu *lat.* ultimus „der letzte"] *die*; -, ...mä u. ...men: letzte Silbe eines Wortes (Sprachw.). **Ultima ratio** [- ...*zio*; *lat.*] *die*; - -: letztes Mittel; - - regum: der Krieg als das letzte Mittel der Könige (früher Aufschrift auf franz. u. preußischen Geschützrohren)

ultimativ: in Form eines Ultimatums; nachdrücklich. **Ultimatum** [zu *lat.* ultimus „der letzte", Superlativ von ulter „jenseitig"] *das*; -s, ...ten u. -s: [auf diplomatischem Wege erfolgende] Aufforderung [eines Staates an einen anderen], binnen einer kurzen [bestimmten] Frist eine schwebende Angelegenheit befriedigend zu lösen [unter der Androhung harter Maßnahmen, falls der Aufforderung nicht entsprochen wird]

ultimo [aus gleichbed. *it.* ultimo; s. Ultimatum]: am Letzten [des Monats]; Abk.: ult. **Ultimo** *der*; -s, -s: Letzter [des Monats]

ul|tra..., **Ul|tra...** [aus *lat.* ultrā „jenseits, über – hinaus" zu ulter „jenseitig"; vgl. Ultimatum]: Präfix mit der Bedeutung „jenseits von, über–hinaus, hinausgehend über, übertrieben", z. B. ultraviolett, Ultramikroskop. **Ul|tra** [aus gleichbed. *fr.* ultra] *der*; -s, -s: politischer (Rechts)extremist.

Ul|trafil|tration [...*zion*] *die*; -, -en: Stofftrennverfahren durch Filtrieren unter Druck, wobei Filterschichten verwendet werden, die auch Bakterien zurückhalten können (Techn.). **Ul|trakurzwelle** *die*; -, -n: elektromagnetische Welle des Frequenzbereichs 30 bis 300 Megahertz (Wellenlängenbereich 10 bis 1 m), vorwiegend für Rundfunk, Fernsehrundfunk u. Funksprechdienst geringer Reichweite; Abk.: UKW. **ul|tramarin**: kornblumenblau. **Ul|tramarin** [zu *lat.* ultrā „jenseits" und marīnus „zum Meer gehörig", weil die Farbe bzw. der Lapislazuli aus überseeischen Ländern kam] *das*; -s: urspr. aus Lapislazuli gewonnene leuchtendblaue Mineralfarbe. **Ul|tramikro|skop** *das*; -s, -e: Mikroskop zur Beobachtung kleinster Teilchen, deren Durchmesser kleiner als die Auflösungsgrenze des Lichtmikroskops ist. **ul|tramontan** [aus *mlat.* ultramontānus „jenseits der Berge (Alpen)", zu *lat.* ultrā „jenseits" und mōns, Gen. montis „Berg; Gebirge"]: streng päpstlich gesinnt. **Ul|tramontane** *der*; -n, -n: strenger Katholik. **Ul|tramontanismus** *der*; -: streng päpstliche Gesinnung (bes. im ausgehenden 19. Jh.). **ul|trarot**: = infrarot. **Ul|trarot** *das*; -s: = Infrarot. **Ul|traschall** *der*; -[e]s: Schall mit Frequenzen von mehr als 20 Kilohertz (vom menschlichen Ohr nicht mehr wahrnehmbar); Ggs. → Infraschall. **Ul|trastrahlung** *die*; -: kosmische Höhenstrahlung. **ul|traviolett** [...*wi-olät*]: im Spektrum an Violett anschließend; Abk.: UV. **Ultraviolett** *das*; -s: unsichtbare, im Spektrum an Violett anschließende Strahlung mit kurzer Wellenlänge (unter 0,0004 mm) u. starker chemischer u. biologischer Wirkung

Ulzera: *Plural* von → Ulkus

...um vgl. ...ium

Umber *der*; -s: = Umbra (2). **Um|bra** [aus *lat.*umbra „Schatten"] *die*; -: 1. dunkler Kern eines Sonnenflecks, der von einem helleren Randgebiet umgeben ist. 2. Erdbraun, braune Malerfarbe aus eisen- od. manganhaltigem Ton. **Um|bralglas** [zu *lat.* umbra „Schatten"] *das*; -es: Schutzglas für Sonnenbrillen gegen Ultraviolett u. Ultrarot

umfunktionieren [...*zio*...]: etwas (selten: jmdn.) gegen seine ursprüngliche Bestimmung in etwas verwandeln u. ihm eine neue Funktion geben

umoristico [...*ko*; aus gleichbed. *it.* umoristico zu umore „Humor"]: heiter, lustig, humorvoll (Vortragsanweisung; Mus.)

UN = United Nations

una corda [- *ko*...; *it.*; „auf einer Saite"]: Bezeichnung für den Gebrauch des Pedalzuges am Flügel, durch den die Hämmerchen so verschoben werden, daß sie statt drei nur zwei od. eine Saite anschlagen, wodurch ein sanfter, gedämpfter Ton entsteht (Mus.)

un|anim [aus *fr.* unanime, dies aus gleichbed. *lat.* ūn-animus (ūnus und animus)]: einhellig, einmütig

Una Sancta [*lat.*; „eine heilige (Kirche)"] *die*; - -: die eine christliche Kirche des Apostolischen Glaubensbekenntnisses (vgl. Apostolikum). **Una-Sancta-Bewegung** *die*; -: kath. Form der ökumenischen Bewegung

Unau [über *fr.* unau aus *indian.* (*Tupi*) una'u] *der*; -s, -s: südamerik. Faultier mit zweifingerigen Vordergliedmaßen

Un|cle Sam [*ankl ßäm*; *engl.*; „Onkel Samuel"; nach der ehemaligen amtlichen Bezeichnung U.S.-Am. für die USA]: scherzh. symbolische Bezeichnung für die USA, bes. für die Regierung

Under|ground [*anderrgraund*; aus gleichbed. *engl.* underground, eigtl. „Untergrund"] *der*; -s: 1. Gruppe, Organisation außerhalb der etablierten Gesellschaft. 2. avantgardistische künstlerische Protestbewegung (bes. der Filmschaffenden) gegen das kulturelle → Establishment

Understatement [*anderßteitment*; aus gleichbed. *engl.* understatement zu to under-state „zu gering angeben oder ansetzen"] *das*; -s, -s: das Untertreiben, Unterspielen

Undezime [auch: ...*zi*...; aus *lat.* ūndecima, dem Femininum von ūndecimus „der elfte"] *die*; -, -n: der elfte Ton vom Grundton an (die Quart der Oktave; Mus.)

Undulation [...*zion*; zu *lat.* undula „kleine Welle"; vgl. ondulieren] *die*; -, -en: 1. Wellenbewegung, Schwingung (Phys.). 2. Sattel- u. Muldenbildung (Geol.). **Undulationstheorie** *die*; -: die Zurückführung des Lichtes auf einen Wellenvorgang (Phys.); Ggs. → Emissionstheorie. **undulatorisch**: in Form von Wellen, wellenförmig (Phys.)

UNESCO [...*ko*; *engl.*; Kurzw. aus: United Nations Educational, Scientific and Cultural Organization (*junaitid neischens ädjukeischenel, ßaientifik end kaltscherel ogenaiseschen*)] *die*; -: Organisation der Vereinten Nationen für Erziehung, Wissenschaft u. Kultur

uni [*üni*; aus gleichbed. *fr.* uni, dem Part. Perf. von unir „vereinigen, ebnen, glätten", urspr. „ebenmäßig gesponnen"]: einfarbig, nicht gemustert. [1]**Uni** [*üni*] *das*; -s, -s: einheitliche Farbe. [2]**Uni** *die*; -, -s: (ugs.) Kurzform von: Universität

uni..., **Uni...** [zu *lat.* ūnus „einer, ein einziger"]: in Zusammensetzungen auftretendes Bestimmungswort mit der Bedeutung „einzig, nur einmal vorhanden, einheitlich", z. B. unilateral. **unieren** [aus gleichbed. *lat.* ūnīre zu ūnus „einer, ein einziger"]: vereinigen (bes. in bezug auf Religionsgemeinschaften). **uniert**: einer unierten Kirche angehörend; -e Kirchen: 1. die mit der katholischen Kirche wiedervereinigten orthodoxen (griechisch-katholischen) u. morgenländischen Kirchen mit eigenem → Ritus u. eigener Kirchensprache. 2. Gruppe der evangelischen Unionskirchen (vgl. Union) im Weltrat der Kirchen. **Unifikation**

[...zion] *die*; -, -en: = Unifizierung; vgl. ...ation/...ierung. **unifizieren** [vgl. ...fizieren]: vereinheitlichen, in eine Einheit, Gesamtheit verschmelzen (z. B. Staatsschulden, Anleihen). **Unifizierung** *die*; -, -en: das Unifizieren; vgl. ...ation/...ierung. **uniform** [aus gleichbed. *fr.* uniforme, dies aus *lat.* ūnifōrmis „ein-, gleichförmig" zu ūnus „einer, ein einziger" und fōrma „Form"]: gleich-, einförmig; gleichmäßig, einheitlich. **Uniform** [auch: *uni...*; aus gleichbed. *fr.* uniforme, Substantivierung von uniforme „ein-, gleichförmig, einheitlich"] *die*; -, -en: einheitliche Dienstkleidung, bes. des Militärs, aber auch der Eisenbahn-, Post-, Forstbeamten u. a.; Ggs. → Zivil. **uniformieren**: 1. einheitlich einkleiden, in Uniformen stecken. 2. gleichförmig machen. **Uniformismus** *der*; -: *das* Streben nach gleichförmiger, einheitlicher Gestaltung. **Uniformist** *der*; -en, -en: jmd., der alles gleichförmig gestalten will. **Uniformität** *die*; -, -en: Einförmigkeit, Gleichförmigkeit (z. B. im Denken und Handeln)

Unikum [aus *lat.* ūnicum, dem Neutrum von ūnicus „der einzige; einzigartig" zu ūnus „einer, ein einziger"] *das*; -s, ...ka (auch: -s): 1. (Plural: ...ka) nur in einem Exemplar vorhandenes Erzeugnis der graphischen Künste. 2. (Plural: -s): (ugs.) origineller Mensch, der oft auf andere belustigend wirkt

unilateral [zu → uni... und *lat.* latus, Gen. lateris „Seite"]: einseitig, nur auf einer Seite

Unio mystica [- ...*ka*; *lat.*; „mystische Einheit"] *die*; - -: die geheimnisvolle Vereinigung der Seele mit Gott als Ziel der Gotteserkenntnis in der → Mystik

Union [aus *kirchenlat.* ūnio „Einheit, Vereinigung" zu *lat.* ūnus „einer, ein einziger"] *die*; -, -en: Bund, Vereinigung, Verbindung (bes. von Staaten u. von Kirchen mit verwandten Bekenntnissen). **Unionist** *der*; -en, -en: 1. Anhänger einer Union. 2. (hist.) Gegner der → Konföderierten im nordamerikanischen Bürgerkrieg

Union Jack [*junjᵉn dschäk*; *engl.*] *der*; - -s, - -s: Nationalflagge Großbritanniens

unipolar [zu → uni... und → polar]: einpolig, den elektrischen Strom nur in einer Richtung leitend. **Unipolarmaschine** *die*; -, -n: Maschine zur Entnahme starker Gleichströme bei kleiner Spannung. **unison** [aus gleichbed. *it.* unisono zu uno „ein" und sono „Ton, Klang"]: auf demselben Ton od. in der Oktave [singend od. spielend] (Mus.). **unisono** [auch: *uni...*]: auf demselben Ton od. in der Oktave [zu spielen] (d. h., daß nur eine Stimme in der Partitur aufgezeichnet ist; Mus.). **Unisono** [auch: *uni...*] *das*; -s, -s u. ...ni: Einklang (alle Stimmen singen od. spielen denselben Ton od. in der Oktave)

unitär [aus gleichbed. *fr.* unitaire]: = unitarisch. **Unitarier** [...*iᵉr*; zu *lat.* ūnitās „Einheit", s. Unität] *der*; -s, -: (hist.) Vertreter einer nachreformatorischen kirchlichen Richtung, die die Einheit Gottes betont u. die Lehre von der → Trinität teilweise od. ganz verwirft; Ggs. → Trinitarier. **unitarisch**: 1. Einigung bezweckend od. erstrebend. 2. die Lehre der Unitarier betreffend. **Unitarismus** *der*; -: 1. das Bestreben, innerhalb eines Bundesstaates die Befugnisse der Bundesbehörden gegenüber den Ländern zu erweitern u. damit die Zentralgewalt zu stärken. 2. theolog. Lehre der Unitarier. **Unitarist** *der*; -en, -en: Vertreter des Unitarismus. **unitaristisch**: den Unitarismus betreffend

Unität *die*; -, -en: selteneres Kurzw. für: Universität

United Nations [*junaitid neͥschᵉns*; *engl.*] *die* (Plural): Vereinte Nationen, 1945 gegründete überstaatliche Organisation zur Erhaltung des Weltfriedens u. zur Förderung der internationalen Zusammenarbeit; Abk.: UN. **United Nations Organization** [- - *gʳgᵉnaiseͥschᵉn*] *die*; - - -: = United Nations; Abk.: UNO

univalent [...*wa*...; zu → uni... und → Valenz]: einwertig (Chem.)

universal [aus *spätlat.* ūniversālis „zur Gesamtheit gehörig, allgemein"]: allgemein, gesamt; [die ganze Welt] umfassend, weltweit; vgl. ...al/...ell. **Universalerbe** *der*; -n, -n: Gesamterbe. **Universalgenie** *das*; -s, -s: a) ein auf allen Gebieten hervorragender u. kenntnisreicher Mensch; b) (scherzh.) anstelliger, praktischer Mensch, Alleskönner. **Universalgeschichte** *die*; -: Weltgeschichte. **Universalie** [...*iᵉ*; aus gleichbed. *mlat.* universālia (Plural)] *die*; -, -n (meist Plural): a) allgemeingültige Aussage; b) (Plural) die fünf obersten Allgemeinbegriffe in der Scholastik (Philos.); c) Gattungsbegriff. **Universalin|strument** *das*; -[e]s, -e: ein astronom.-geograph. Meßinstrument mit Horizontal- und Vertikalkreis zur Gestirnshöhenmessung, astronom. Ortsbestimmung u. damit zur geograph. Orts- u. Zeitbestimmung. **Universalismus** *der*; -: 1. Denkart, die den Vorrang des Allgemeinen, des Ganzen gegenüber dem Besonderen u. Einzelnen betont, bes. die Staats- u. Gesellschaftsauffassung von O. Spann. 2. theologische Lehre, nach der der Heilswille Gottes die ganze Menschheit umfaßt; Ggs. → Prädestination (1). **Universalität** *die*; -: 1. Allgemeinheit, Gesamtheit. 2. Allseitigkeit, alles umfassende Bildung. **universell** [aus gleichbed. *fr.* universel; s. universal]: umfassend, weitgespannt

Universiade [aus → *Univers*ität und → Olymp*iade* gebildet] *die*; -, -n: internationale Studentenwettkämpfe mit Weltmeisterschaften in verschiedenen sportlichen Disziplinen. **universitär** [aus gleichbed. *fr.* universitaire]: die Universität betreffend. **Universitas litterarum** [*lat*; „Gesamtheit der Wissenschaften"] *die*; - -: lat. Bezeichnung für: Universität. **Universität** [aus *lat.* ūniversitās (magistrorum et scolarium) „Gesamtheit, Verband (der Lehrenden und Lernenden)"] *die*; -, -en: wissenschaftliche Hochschule

Universum [aus gleichbedeutend *lat.* ūniversum, Neutrum zu ūniversus „ganz, sämtlich", eigtl. „in eins gekehrt" (ūnus „eins" und versus „gewendet")] *das*; -s: das zu einer Einheit zusammengefaßte Ganze; das Weltall

UNO [*uno*] *die*; -: = United Nations Organization

uno actu [- *aktu*; *lat.*]: in einem Akt, ohne Unterbrechung

un pochettino [- *pokä*...; *it.*]: ein klein wenig (Mus.). **un poco** [- *poko*]: ein wenig, etwas (Mus.)

unus pro multis [*lat.*]: „einer für viele"

UPI [*jupiai*; engl. Kurzw. für: *U*nited *P*ress *I*nternational (*junaitid präß intᵉrnäschᵉnᵉl*) = vereinigte internationale Presse] *die*; -: amerik. Nachrichtenagentur

Uppercut [*apᵉrkat*; aus gleichbed. *engl.* uppercut] *der*; -s, -s: Aufwärtshaken (Boxen)

Upper ten [*apᵉr tän*; *engl.*, gekürzt aus upper ten thousand] *die* (Plural): die oberen Zehntausend, Oberschicht

up to date [*ap tu deͥt*; *engl.*, eigtl. „bis auf den heutigen Tag"]: (häufig scherzh.) zeitgemäß, auf der Höhe, auf dem neuesten Stand

...ur [aus *lat.* ...ūra]: Endung weiblicher Substantive mit der Bedeutung „Ergebnis, Einrichtung" u. a., z. B. Ligatur, Agentur

Uran [nach dem Planeten Uranus] *das*; -s: chem. Grundstoff, Metall; Zeichen: U

urano..., **Urano...** [aus *gr.* ouranós „Himmel"]: Bestimmungswort von Zusammensetzungen mit der Bedeutung „Himmel", z. B. Uranographie „Himmelsbeschreibung"

Urat [zu → Urin] *das*; -[e]s, -e: Salz der Harnsäure (Chem.)

urban [aus *lat.* urbānus „städtisch" zu urbs „Stadt"]: 1. gebildet u. weltgewandt, weltmännisch. 2. für die Stadt charakteristisch, in der Stadt üblich. **Urbanisation** [...*zion*] *die*; -, -en: 1. durch städtebauliche Erschließung entstandene moderne Stadtsiedlung (zur Nutzung durch Tourismus od. Industrie). 2. städtebauliche Erschließung. 3. Verstädterung; Verfeinerung; vgl. ...ation/...ierung. **urbanisieren**: 1. städtebaulich erschließen. 2. verfeinern; verstädtern. **Urbanisierung** *die*; -, -en: das Urbanisieren; vgl. ...ation/...ierung. **Urbanistik** *die*; -: Wissenschaft des Städtewesens. **Urbanität** [aus *lat.* urbānitās „Stadtwesen, feine Art"] *die*; -: Bildung, feine, weltmännische Art

urbi et orbi [*lat.*; „der Stadt (= Rom) u. dem Erdkreis"]: Formel für päpstliche Erlasse u. Segensspendungen, die für die ganze kath. Kirche bestimmt sind; etwas - - - verkünden: etwas aller Welt mitteilen

Urbs aeterna [- *ät*...] *die*; - -: die Ewige Stadt (Rom)

...üre [aus *fr.* ...ure; vgl. ...ur]: Endung weiblicher Substantive, z. B. Gravüre, Broschüre

urgent [aus gleichbed. *lat.* urgēns, Gen. urgentis, dem Part. Präs. von urgēre „drängen"]: unaufschiebbar, dringend, eilig. **Urgenz** *die*; -, -en: Dringlichkeit. **urgieren** [aus gleichbed. *lat.* urgēre]: (bes. österr.) drängen; nachdrücklich betreiben

Uriasbrief [nach dem von David in den Tod geschickten Ehemann der Bathseba, 2. Samuelis 11] *der*; -[e]s, -e: Brief, der dem Überbringer Unheil bringt

Urin [aus gleichbed. *lat.* ūrīna] *der*; -s, -e: Harn. **urinal** [aus gleichbed. *lat.* ūrīnālis]: den Harn betreffend, zum Harn gehörend. **Urinal** *das*; -s, -e: Harnglas, Harnflasche. **urinieren** [aus gleichbed. *mlat.* urināre]: harnen. **Urologe** [zu *gr.* oũron „Harn" und → ...loge] *der*; -n, -n: Facharzt für Krankheiten der Harnorgane. **Urologie** [vgl. ...logie] *die*; -: Wissenschaft von den Krankheiten der Harnorgane. **urologisch**: Krankheiten der Harnorgane betreffend

u. s. = ut supra

Usambaraveilchen [auch: ...*ba*...; nach Usambara, dem Namen eines Gebirges in Ostafrika] *das*; -s, -: Zimmerpflanze mit samtartigen violetten od. rosa Blüten

Usance [*üsangß*; aus gleichbed. *fr.* usance; s. Usus] *die*; -, -n [...*ß^en*]: Brauch, Gepflogenheit im Geschäftsverkehr. **Usanz** *die*; -, -en: (schweiz.) Usance

User [*jus^er*; aus gleichbed. *engl.* user, eigtl. „Konsument", zu to use „gebrauchen"] *der*; -s, -: (Jargon) Drogenabhängiger

Uso [aus gleichbed. *it.* uso; s. Usus] *der*; -s: Gebrauch, Handelsbrauch

usuell [aus gleichbed. *fr.* usuel; s. Usus]: gebräuchlich, üblich, landläufig

Usurpation [...*zion*; *aus lat.* ūsūrpātio „Gebrauch, das Sichaneignen" zu ūsūrpāre, s. usurpieren] *die*; -, -en: widerrechtliche Inbesitznahme, Anmaßung der öffentlichen Gewalt, gesetzwidrige Machtergreifung. **Usurpator** [aus gleichbed. *lat.* ūsūrpātor] *der*; -s, ...oren: jmd., der widerrechtlich die [Staats]gewalt an sich reißt; Thronräuber. **usurpatorisch**: die Usurpation od. den Usurpator betreffend. **usurpieren** [aus gleichbed. *lat.* ūsūrpāre, eigtl. „durch Gebrauch an sich reißen" (ūsus „Gebrauch" u. rapere „an sich reißen, rauben")]: widerrechtlich die [Staats]gewalt an sich reißen

Usus [aus *lat.* ūsus „Gebrauch, Übung, Praxis" zu ūtī, Part. Perf. ūsum „von etwas Gebrauch machen, etwas benutzen"] *der*; -: Gebrauch; Brauch, Gewohnheit, Herkommen, Sitte

Utensil [aus *lat.* ūtēnsilia „brauchbare Dinge" zu ūtēnsilis „brauchbar" (ūtī „gebrauchen")] *das*; -s, -ien [...*i^en*] (meist Plural): [notwendiges] Gerät, Gebrauchsgegenstand; Hilfsmittel; Zubehör

uterin: zur Gebärmutter gehörend, auf sie bezogen (Med.). **Uterus** [aus *lat.* uterus „Leib; Unterleib; Gebärmutter"] *der*; -, ...ri: Gebärmutter (Med.)

utilitär [aus gleichbed. *fr.* utilitaire, dies aus *engl.* utilitarian]: auf die bloße Nützlichkeit gerichtet. **Utilitarier** [...*i^er*] *der*; -s, -: = Utilitarist. **Utilitarismus** [nach *engl.* utilitarism] *der*; -: philosophische Lehre, die im Nützlichen die Grundlage des sittlichen Verhaltens sieht u. ideale Werte nur anerkennt, sofern sie dem einzelnen od. der Gemeinschaft nützen. **Utilitarist** *der*; -en, -en: Vertreter des Utilitarismus. **utilitaristisch**: den Utilitarismus betreffend. **Utilität** [aus *lat.* ūtilitās „Brauchbarkeit, Nützlichkeit"] *die*; -: (veraltet) Nützlichkeit

Utopia [von Utopia, dem Titel eines Romans v. Th. Morus, eigtl. „nirgendwo", gebildet aus *gr.* ou „nicht" und tópos „Ort"] *das*; -s: Traumland, erdachtes Land, wo ein gesellschaftlicher Idealzustand herrscht. **Utopie** *die*; -, ...ien: als unausführbar geltender Plan ohne reale Grundlage. **Utopien** [...*i^en*] *das*; -s (meist ohne Artikel): = Utopia. **utopisch**: schwärmerisch; unerfüllbar, unwirklich; wirklichkeitsfremd; -er Roman: a) phantasievolle Schilderung einer [noch] nicht existierenden menschlichen Gemeinschaft (Staatsroman); b) naturwissenschaftlich-technischer Zukunftsroman. **Utopismus** *der*; -, ...men: 1. Neigung zu Utopien. 2. utopische Vorstellung. **Utopist** *der*; -en, -en: Schwärmer; jmd., der unausführbare, phantastische Pläne u. Ziele hat

ut su|pra [*lat.*]: wie oben, wie vorher (Mus.); Abk.: u. s.

UV [*u-fau*] = ultraviolett

uvular [zu *mlat.* uvula, einer Verkleinerungsbildung zu *lat.* uva „Traube; traubenförmiger Klumpen"]: mit dem Halszäpfchen gebildet (in bezug auf Laute; Sprachw.). **Uvular** *der*; -s, -e: Halszäpfchenlaut (z. B. r, Halszäpfchen-R)

V

v = Abk. für: velocitas [*welozi*...; *lat.*] = Geschwindigkeit (Phys.)

v. = 1. verte! 2. vide!

V = 1. chem. Zeichen für: Vanadin, Vanadium. 2. Volt. 3. röm. Zahlzeichen: 5

V = Volumen

V. = Voces

VA = Voltampere

va banque [*wa bangk*; *fr.* eigtl. „es geht (= gilt)

die Bank"]: - - spielen: alles aufs Spiel, auf eine Karte setzen

vacillando [*watschi...*; aus gleichbed. *it.* vacillando zu vacillare „schwanken"]: schwankend (Vortragsanweisung; Mus.)

Vademekum [*wa...*; *lat.* vade mecum „geh mit mir!"] *das*; -s, -s: Taschenbuch, Leitfaden, Ratgeber (den man bei sich tragen kann)

vae victis! [*wä wiktiß*; *lat.*]: wehe den Besiegten! (Ausspruch des Gallierkönigs Brennus nach seinem Sieg über die Römer 390 v. Chr.)

vag [*wag*] vgl. vage

Vagabondage [*wagabondasch*ᵉ; aus gleichbed. *fr.* vagabondage zu vagabonder, s. vagabundieren] *die*; -: Landstreicherei, Herumtreiberei. **Vagabund** [aus gleichbed. *fr.* vagabond, dies aus *spätlat.* vagābundus „umherschweifend"; s. vage] *der*; -en, -en: Landstreicher, Herumtreiber. **vagabundieren** [aus gleichbed. *fr.* vagabonder zu vagabond „Vagabund"]: herumstrolchen, sich herumtreiben, zigeunern; -de Ströme: von Starkstromleitungen aus in feuchtes Erdreich gelangende elektrische Ströme, die [unterirdische] Leitungen zerstören (Kriechströme)

Vagant [zu *lat.* vagāri „umherschweifen"; s. vage] *der*; -en, -en: umherziehender, fahrender Student od. Kleriker im Mittelalter; Spielmann

vage u. **vag** [aus gleichbed. *fr.* vague, dies aus *lat.* vagus „unstet, umherschweifend"]: unbestimmt, ungewiß, unsicher; dunkel, verschwommen

Vagina [*wa...*, auch: *wa...*; aus gleichbed. *lat.* vagina] *die*; -, ...nen: weibliche Scheide (Med.). **vaginal**: zur weiblichen Scheide gehörend, auf sie bezüglich (Med.)

vakant [*wa...*; aus gleichbed. *lat.* vacāns, Gen. vacantis, dem Part. Präs. von vacāre „frei-, offenstehen"]: frei, unbesetzt, offen; erledigt. **Vakanz** [aus gleichbed. *mlat.* vacantia] *die*; -, -en: 1. freie Stelle. 2. (landsch.) Ferien

Vakuole [zu *lat.* vacuus „frei, leer"] *die*; -, -n: mit Flüssigkeit od. Nahrung gefülltes Bläschen im Zellplasma besonders der Einzeller (Biol.)

Vakuum [*...u-u...*; subst. Neutrum von *lat.* vacuus, „frei, leer"] *das*; -s, ...kua od. ...kuen [*...ku*ᵉ*n*]: zu luftleerer Raum; Ggs. → Materie (1). **Vakuumbremse** *die*; -, -n: Bremsanlage, die mit Unterdruckwirkung arbeitet. **vakuumieren**: Flüssigkeiten bei vermindertem Luftdruck verdampfen. **Vakuummeter** [vgl. ¹...meter] *das*; -s, -: Luftdruckmesser für kleinste Drücke. **Vakuumpumpe** *die*; -, -n: Luftpumpe zur Herstellung eines Vakuums

Vakzin [*wak...*; aus *lat.* vaccīnus „von Kühen stammend, Kuh..." zu vacca „Kuh"] *das*; -s, -e: = Vakzine. **Vakzination** [*...zion*] *die*; -, -en: 1. [Pocken]schutzimpfung. 2. (hist.) Impfung mit Kuhpockenlymphe (Med.). **Vakzine** *die*; -, -n: Impfstoff aus lebenden od. toten Krankheitserregern (Med.). **vakzinieren**: mit einer Vakzine impfen

Val [*wal*; Kurzw. aus: Äqui*val*ent] *das*; -s: dem Äquivalentgewicht entsprechende Grammenge eines Stoffes

vale! [*wale*; Sing. Imperativ von valēre; s. Valet]: lat. Bezeichnung für: lebe wohl!

Valenciennesspitze [*walangßjän...*; nach der franz. Stadt] *die*; -, -n: sehr feine Klöppelspitze mit Blumenmustern

Valenz [*wa...*; aus *lat.* valentia „Stärke, Kraft"] *die*; -, -en: 1. chem. Wertigkeit. 2. Entfaltungsstärke der einzelnen, nicht geschlechtsbestimmenden, aber auf die Ausbildung der Geschlechtsorgane wirkenden Geschlechtsfaktoren in den → Chromosomen u. im Zellplasma (Biol.). 3. Eigenschaft des Verbs, im Satz ein od. mehrere Objekte zu fordern (Sprachw.). **Valenz|elek|tron** *das*; -s, -en (meist Plural): Außenelektron, das für die chem. Bindung verantwortlich ist. **Valenzzahl** *die*; -, -en: den Atomen bzw. Ionen in chem. Verbindungen zuzuordnende Wertigkeit

Valet [*walet*, auch: *...et*; eigtl. 3. Person Sing. Indikativ von valēre „stark, gesund sein, sich wohl fühlen"] *das*; -s, -s: (veraltet) Lebewohl. **valete!** [*walet*ᵉ; Plural Imperativ von valēre; s. Valet]: lat. Bezeichnung für: lebt wohl!

valetieren [*wa...*; zu *fr.* valet „Diener"]: (schweiz.) aufbügeln

Valeur [*walör*; aus *fr.* valeur „Wert"] *der*; -s, -s: 1. (veraltet) Wertpapier. 2. (meist Plural) Ton-, Farbwert, Abstufung von Licht u. Schatten (Malerei)

valid [aus *lat.* validus „kräftig, stark" zu valēre; s. Valet]: rechtskräftig. **Validation** [*...zion*] *die*; -, -en: Gültigkeitserklärung. **validieren**: etwas für rechtsgültig erklären, geltend machen, bekräftigen. **Validität** *die*; -: 1. Rechtsgültigkeit. 2. Gültigkeit eines wissenschaftlichen Versuchs

Valin [Kunstw.] *das*; -s: für das Nerven- und Muskelsystem besonders wichtige Aminosäure

valorisieren [zu *lat.* valor „Wert"]: Preise durch staatliche Maßnahmen zugunsten der Produzenten beeinflussen (Wirtsch.)

Valuta [aus gleichbed. *it.* valuta zu valere, Part. Perf. valuto „gelten, wert sein"; s. Valet] *die*; -, ...ten: 1. Wert einer Währung (an einem bestimmten Tag). 2. (ausländische) Währung. 3. Wertstellung im Kontokorrent. **valutieren**: 1. ein Datum festsetzen, das für den Zeitpunkt einer Leistung maßgebend ist. 2. den Wert angeben. 3. bewerten

Vamp [*wämp*; aus gleichbed. *engl.-amerik.* vamp, gekürzt aus vampire, s. Vampir] *der*; -s, -s: erotisch anziehende, jedoch kalt berechnende Frau (bes. im amerik. Film)

Vampir [*wam...*, österr.: *...ir*; aus dem Slaw., vgl. *serb.* vampir] *der*; -s, -e: 1. blutsaugendes Gespenst des südosteuropäischen Volksglaubens. 2. Wucherer, Blutsauger. 3. amerikan. blutsaugende Fledermausgattung

Vanadin u. **Vanadium** [gelehrte Bildung zu *altnord.* Vanadis, einem anderen Namen der Göttin Freyja] *das*; -s: chem. Grundstoff, Metall; Zeichen: V. **Vanadinit** *der*; -s: Vanadiumerz. **Vanadinstahl** *der*; -s, ...stähle: Stahl von hoher Härte u. Beständigkeit. **Vanadium** vgl. Vanadin

Van-Allen-Gürtel [*wän-al*ᵉ*n...*; nach dem amerik. Physiker J. A. van Allen, geb. 1914] *der*; -s: Strahlungsgürtel um den Äquator der Erde in großer Höhe (Phys.)

Vandalismus vgl. Wandalismus

Vanguard [*wängga'd*; aus *engl.-amerik.* vanguard, eigtl. „Vorhut"] *die*; -, -s: amerik. Flüssigkeitsrakete für Weltraumforschung

vanille [*wanil(j)*ᵉ]: blaßgelb. **Vanille** [über *fr.* vanille aus gleichbed. *span.* vainilla, eigtl. „kleine Hülse, kleine Schote" (zu vaina „Hülse, Schote"] *die*; -: 1. mexikan. Gewürzpflanze (Orchideenart). 2. aus den Fruchtkapseln der Gewürzvanille gewonnenes Aroma, das bei der Zubereitung vieler Süßspeisen verwendet wird. **Vanillin** *das*; -s: Riechstoff mit Vanillearoma

Vaporimeter [zu *lat.* vapor „Dunst, Sumpf" und → [1]...meter] *das*; -s, -: Gerät zur Bestimmung des Alkoholgehaltes einer Flüssigkeit. **Vaporisation** [*...zion*] *die*; -: Vaporisierung. **vaporisieren**: 1. verdampfen. 2. den Alkoholgehalt in Flüssigkeiten bestimmen. **Vaporisierung** *die*; -, -en: = das Vaporisieren

Vaquero [*wakero*, bei span. Ausspr.: *bakero*; aus gleichbed. *span.* vaquero zu vacca „Kuh"] *der*; -[s], -s: Rinderhirt, auch Cowboy (im Südwesten der USA u. in Mexiko)

var. = Varietät (bei naturwiss. Namen). **Varia** [*wa...*; aus gleichbed. *lat.* varia, dem Plural des Neutrums von varius „verschiedenartig, mannigfaltig, bunt"] *die* (Plural): Vermischtes, Verschiedenes, Allerlei (Buchw.). **variabel** [aus gleichbed. *fr.* variable]: veränderlich, abwandelbar; schwankend; variable Kosten: Kosten, die sich bei schwankendem Beschäftigungsgrad verändern. **Variabilität** *die*; -, -en: Veränderlichkeit, Wandlungsfähigkeit, insbes. die Verschiedenartigkeit u. Veränderlichkeit des Erscheinungsbildes durch Umwelteinflüsse od. durch Veränderungen im Erbgut (z. B. Mutation; Biol.). **Varia|ble** *die*; -n, -n: 1. veränderliche Größe (Math.); Ggs. → Konstante. 2. [Symbol für] ein beliebiges Element aus einer vorgegebenen Menge (Logik). **variant** [aus *fr.* variant]: bei bestimmter Umformung veränderlich (Math.). **Variante** [aus gleichbed. *fr.* variante, dem subst. Feminimum von variant „veränderlich" (Part. Präs. von varier, s. variieren)] *die*; -, -n: 1. Abweichung, Abwandlung. 2. Abart, Spielart (z. B. durch Kreuzung; Biol.). 3. bei bestimmter Umformung veränderliche math. Größe. 4. Einsetzung einer Dur- für eine Molltonart (u. umgekehrt) durch Veränderung der Terz (große in kleine u. umgekehrt; Mus.). **Varianz** [*lat.*] *die*; -, -en: Veränderlichkeit bei bestimmten Umformungen (Math.). **variatio delectat** [*...zio -*; *lat.*]: Abwechslung macht Freude. **Variation** [aus gleichbed. *fr.* variation, dies aus *lat.* variātio „Veränderung"; s. variieren] *die*; -, -en: 1. Abwechslung; Abänderung, Abwandlung. 2. die Abweichung der Individuen einer Art von der Norm (Biol.). 3. Anordnung von Elementen (mit od. ohne Wiederholung) unter Beachtung der Reihenfolge (Math.); vgl. Kombinatorik (2). 4. Störung des Mondumlaufs, die durch Sonneneinwirkung hervorgerufen wird (Astron.). 5. melodische, harmonische od. rhythmische Veränderung eines Themas od. eines kurzen, charakteristischen Tonsatzes (Mus.). **Variator** [zu *lat.* variāre, s. variieren] *der*; -s, ...oren: = Variometer (1). **Varietät** [*wari-e...*] *die*; -, -en: Ab-, Spielart, Bezeichnung der biolog. Systematik für geringfügig abweichende Formen einer Art; Abk.: var. **variieren** [aus gleichbed. *fr.* varier, dies aus *lat.* variāre „verändern"; s. Varia]: verschieden sein, abweichen; verändern, abwandeln

Varieté, (schweiz.:) **Variété** [*wari-ete*; gekürzt aus Varietétheater, dies nach *fr.* théâtre des variétés (variété „Abwechslung, Buntheit", s. Varia)] *das*; -s, -s: Theater mit bunt wechselndem Programm artistischer, tänzerischer u. gesanglicher Darbietungen ohne künstlerisch-literarischen Anspruch

Variometer [zu *lat.* varius „verschiedenartig, mannigfaltig" und → [1]...meter] *das*; -s, -: 1. Gerät zur Bestimmung der Steig- od. Sinkgeschwindigkeit von Flugzeugen. 2. Meßgerät für Selbstinduktionen bei Wechselströmen (Phys.)

Varistor [*wa...*; aus gleichbed. *engl.* varistor (zu *lat.* varius „verschiedenartig" nach transistor „Transistor" gebildet)] *das*; -s, ...oren: spannungsabhängiger Widerstand, dessen Leitwert mit steigender Spannung wächst (Phys.)

Vasall [*wa...*; aus gleichbed. *altfr.* vasall, dies aus *mlat.* vassalus zu vassus, eigtl. „Mann, Knecht" (kelt. Wort)] *der*; -en, -en: mittelalterl. Lehnsmann; Gefolgsmann. **vasallisch**: einen Vasallen od. die Vasallität betreffend. **Vasallität** *die*; -: (hist.) Verhältnis eines Vasallen zum Lehnsherrn

Vase [aus gleichbed. *fr.* vase, dies aus *lat.* vās „Gefäß"] *die*; -, -n: [kunstvoll gearbeitetes] Ziergefäß, meist zur Aufnahme von Blumen

Vaselin [*wa...*] *das*; -s: = Vaseline. **Vaseline** [*wa...*; Kunstw. aus: *dt.* Wasser u. *gr.* élaion „Öl"] *die*; -: aus Rückständen der Erdöldestillation gewonnene Salbengrundlage für pharmazeutische u. kosmetische Zwecke, auch Rohstoff für techn. Fette

vaso..., **Vaso...** [zu *lat.* vās „Gefäß"]: in Zusammensetzungen auftretendes Bestimmungswort mit der Bedeutung „Gefäß", z. B. Vasomotoren „Gefäßnerven", vasomotorisch „auf die Gefäßnerven bezüglich, sie betreffend" (Med.)

Vatikan [*wa...*; nach der Lage auf dem mōns Vāticānus, einem Hügel in Rom] *der*; -s: 1. Papstpalast in Rom. 2. oberste Behörde der kath. Kirche. **vatikanisch**: zum Vatikan gehörend; Vatikanisches Konzil: in Rom abgehaltenes allgemeines Konzil der katholischen Kirche. **Vatikanstadt** *die*; -: das 1929 neu geschaffene weltliche Hoheitsgebiet des Papstes in Rom

Veda vgl. Weda

Vedette [*we...*; aus gleichbed. *fr.* vedette, dies aus *it.* vedetta „vorgeschobener Posten", eigtl. „Beobachter, Späher", zu vedere „sehen" (*lat.* vidēre)] *die*; -, -n: berühmter [Film]schauspieler, Star

vedisch vgl. wedisch

Vedute [*we...*; aus *it.* veduta, eigtl. „Ansicht", zu vedere „sehen" (*lat.* vidēre)] *die*; -, -n: naturgetreue Darstellung einer Landschaft (Malerei)

vegetabil [*we...*]: = vegetabilisch. **Vegetabilien** [*wegetabili^en*] *die* (Plural): pflanzliche Nahrungsmittel. **vegetabilisch** [aus *mlat.* vegetabilis „belebend; pflanzlich"; vgl. vegetieren]: pflanzlich; Pflanzen...

Vegetarianer *der*; -s, -: = Vegetarier. **Vegetarianismus** *der*; -: = Vegetarismus. **Vegetarier** [*...i^er*; für älteres Vegetarianer, dies aus *engl.* vegetarian zu vegetable „pflanzlich, Gemüse..."; vgl. vegetieren] *der*; -s, -: jmd., der ausschließlich od. vorwiegend pflanzliche Nahrung zu sich nimmt. **vegetarisch**: pflanzlich, Pflanzen... **Vegetarismus** *der*; -: Ernährung ausschließlich von Pflanzenkost, meist aber ergänzt durch Eier u. Milchprodukte

Vegetation [*...zion*; aus *mlat.* vegetātio, eigtl. „Wuchs"; vgl. vegetieren] *die*; -, -en: Gesamtheit des Pflanzenbestandes [eines bestimmten Gebietes]. **Vegetationskegel** *der*; -s, -: Wachstumszone der Wurzel- u. Sproßspitze einer Pflanze (Bot.). **Vegetationsperiode** *die*; -, -n: Zeitraum des allgemeinen Wachstums der Pflanzen innerhalb eines Jahres. **Vegetationspunkt** *der*; -es, -e: = Vegetationskegel. **vegetativ** [aus *mlat.* vegetativus]: 1. pflanzlich. 2. dem Willen nicht unterliegend (von Nerven; Med.). **vegetieren** [eigtl. „wie eine Pflanze (ohne Seelenäußerung) dahinleben", aus *vlat.* vegetāre „wachsen", dies aus *lat.* vegetāre „beleben" zu vegetus „kräftig, lebhaft" (vegēre „lebhaft sein")]: kümmerlich, kärglich [dahin]leben

vehement [*we*...; aus gleichbed. *lat.* vehemēns, Gen. vehementis]: heftig, ungestüm, stürmisch, jäh. **Vehemenz** [aus gleichbed. *lat.* vehementia] *die*; -: Heftigkeit, Wildheit, Ungestüm, Schwung, Lebhaftigkeit, Elan

Vehikel [*we*...; aus *lat.* vehiculum „Wagen, Fahrzeug" zu vehere „fahren"] *das*; -s, -: 1. Hilfsmittel; etwas, das als Mittel zu etwas dient; etwas, wodurch etwas ausgedrückt od. begründet wird. 2. (ugs.) klappriges, altmodisches Fahrzeug

Vektor [über gleichbed. *engl.* vector aus *lat.* vector „Träger, Fahrer"; s. Vehikel] *der*; -s, ...oren: physikal. (od. mathem.) Größe, die durch Pfeil dargestellt wird u. durch Angriffspunkt, Richtung u. Betrag festgelegt ist (z. B. Geschwindigkeit, Beschleunigung); Ggs. → [1]Skalar. **Vektorfeld** *das*; -er: Gesamtheit von Punkten im Raum, denen ein Vektor zugeordnet ist. **vektoriell**: durch Vektoren berechnet, auf Vektorrechnung bezogen, mit Vektoren erfolgt (Math.)

velar [zu → Velum]: am Gaumensegel gebildet (von Lauten; Sprachw.). **Velar** *der*; -s, -e: Gaumensegellaut, [Hinter]gaumenlaut (z. B. k; bes. vor u und o)

Velo [*welo*; Kurzw. aus: *Velo*ziped] *das*; -s, -s: (schweiz.) Fahrrad

veloce [*welotsch*[e]; aus gleichbed. *it.* veloce, dies aus *lat.* vēlōx, ...ōcis „schnell"]: behende, schnell, geschwind (Vortragsanweisung; Mus.)

Velo|drom [*we*...; aus gleichbed. *fr.* vélodrome zu vélocipède „Fahrrad" und *gr.* drómos „Lauf; Rennbahn"] *das*; -s, -e: [geschlossene] Radrennbahn

Velour [*welur*; s. Velours] *das*; -s, -s od. -e u. **Velourleder** *das*; -s, -: Leder, das nicht auf der Narbenseite, sondern auf der Fleischseite zugerichtet ist u. dessen Oberfläche durch Schleifen ein samtartiges Aussehen hat. **Velours** [*welur*; aus gleichbed. *fr.* velours zu *lat.* villōsus „zottig, haarig"] *der*; - [*welurß*], - [*welurß*]: samtartiges Gewebe mit gerauhter, weicher Oberfläche. **Veloursleder** *das*; -s, -: Velourleder. **Veloursteppich** *der*; -s, -e: kettgemusterter, gewebter Teppich

Veloziped [*we*...; aus gleichbed. *fr.* vélocipède zu *lat.* vēlōx, ...ōcis „schnell" und pēs, pedis „Fuß"] *das*; -[e]s, -e: (veraltet) Fahrrad

Velum [*we*...; aus *lat.* vēlum „Tuch; Hülle; Segel"] *das*; -s, Vela: 1. Seiden- od. Leinentuch zur Bedekkung der Abendmahlsgeräte in der kath. [u. ev.] Kirche. 2. Schultertuch in der kath. Priestergewandung. 3. Gaumensegel, weicher Gaumen, wo die → Velare gebildet werden (Sprachw.)

Velvet [*wälw*[e]*t*; aus gleichbed. *engl.* velvet zu *lat.* villus „zottiges Haar"] *der* od. *das*; -s, -s: Baumwollsamt mit glatter Oberfläche

ven. = venerabilis

Vendetta [*wän*...; aus *it.* vendetta „Rache" (*lat.* vindicta)] *die*; -, ...tten: [Blut]rache

Vene [*we*...; aus gleichbed. *lat.* vēna] *die*; -, -n: Blutader (in der das Blut dem Herzen zufließt; Med.)

Venerabile *das*; -[s]: = Sanktissimum. **venerabilis**: lat. Bezeichnung für: ehr-, hochwürdig (im Titel kath. Geistlicher); Abk.: ven. **Veneration** [...*zion*; aus *lat.* venerātio] *die*; -, -en: (veraltet) Verehrung. **venerieren** [aus gleichbed. *lat.* venerāri]: (veraltet) [als heilig] verehren

venerisch [nach *lat.* venerius, -eus „geschlechtlich, unzüchtig" zu Venus, Gen. Veneris, dem Namen der röm. Liebesgöttin]: geschlechtskrank, auf die Geschlechtskrankheiten bezüglich; -e Krankheiten: Geschlechtskrankheiten (Med.)

veni, vidi, vici [*weni, widi, wizi*; *lat.*]: ich kam, ich sah, ich siegte (kurze briefl. Mitteilung Caesars an seinen Freund Amintius über seinen Sieg bei Zela 47 v. Chr.)

venös [*we*...; aus gleichbed. *lat.* vēnōsus]: (Med.) 1. die Venen betreffend, zu ihnen gehörend; aderreich. 2. sauerstoffarm u. kohlesäurehaltig (vom Blut); Ggs. → arteriell

Ventil [*wän*...; aus *mlat.* ventile „Wasserschleuse" (unter Einfluß von *lat.* ventus „Wind")] *das*; -s, -e: 1. Absperrvorrichtung für Einlaß, Auslaß od. Durchlaß von Gasen od. Flüssigkeiten an Leitungen. 2. a) bei der Orgel die bewegliche Klappe, durch die die Windzufuhr geregelt wird; b) mechanische Vorrichtung bei den Blechblasinstrumenten zur Erzeugung der vollständigen Tonskala. 3. Handlung, durch die [aufgestaute] Emotionen abreagiert werden [können]. **Ventilation** [...*zion*; aus gleichbed. *lat.* ventilātio; s. ventilieren] *die*; -, -en: 1. Lufterneuerung in geschlossenen Räumen zur Beseitigung von verbrauchter u. verunreinigter Luft; Lüftung, Luftwechsel. 2. = Ventilierung; vgl. ...ation/...ierung. **Ventilator** [aus gleichbed. *engl.* ventilator; s. ventilieren] *der*; -s, ...oren: mechanisch arbeitendes Gerät mit einem Flügelrad zum Absaugen u. Bewegen von Luft od. Gasen. **ventilieren** [z. T. unter dem Einfluß von gleichbed. *fr.* ventiler aus *lat.* ventilāre „fächeln; lüften; hin und her besprechen, erörtern" zu ventus „Wind"]: 1. lüften, die Luft erneuern. 2. sorgfältig erwägen, prüfen, überlegen, von allen Seiten betrachten, untersuchen; eingehend erörtern. **Ventilierung** *die*; -, -en: Erörterung; eingehende Prüfung, Überlegung, Erwägung; vgl. ...ation/...ierung

verabsolutieren [zu → absolut]: etwas aus seinen bisherigen Relationen gedanklich herauslösen u. es als absolut gültig hinstellen

Veranda [*we*...; über *engl.* veranda(h) aus gleichbed. *port.* varanda] *die*; -, ...den: gedeckter u. an den Seiten verglaster Anbau an einem Wohnhaus, Vorbau (z. B. an Villen)

Verb [*wärp*; aus *lat.* verbum „Wort; Ausdruck; Verb"] *das*; -s, -en: Zeitwort, Tätigkeitswort, Tuwort (z. B. sprechen, trinken). **Verba**: *Plural* von → Verbum. **verbal** [aus *lat.* verbālis „zum Wort, Verb gehörig"]: 1. das Verb betreffend, als Verb [gebraucht]. 2. wörtlich, mit Worten, mündlich. **Verbalab|straktum** *das*; -s, ...ta: von einem Verb abgeleitetes → Abstraktum. **Verbaladjektiv** *das*; -s, -e: a) als Adjektiv gebrauchte Verbform, → Partizip (z. B. blühend); b) von einem Verb abgeleitetes Adjektiv (z. B. tragbar). **Verbal|injurie** [...*ri*[e]] *die*; -, -n: Beleidigung durch Worte (Rechtsw.). **verbalisieren**: 1. Gedanken, Gefühle, Vorstellungen o. ä. in Worten ausdrücken u. damit ins Bewußtsein bringen. 2. ein Wort durch Anfügen verbaler Endungen zu einem Verb umbilden (z. B. Tank zu tanken, kurz zu kürzen; Sprachw.). **verbaliter** [nach *lat.* verbāliter zu verbālis, s. verbal]: wörtlich. **Verbalnomen** *das*; -s, ...mina: als → Nomen gebrauchte Verbform (z. B. Vermögen von vermögen). **Verbalnote** *die*; -, -n: nicht unterschriebene, vertrauliche diplomatische Note (als Bestätigung einer mündlichen Mitteilung gedacht). **Verbalsubstantiv** *das*; -s, -e: zu einem Verb gebildetes Substantiv, das (zum Zeitpunkt der Bildung) eine Geschehensbezeichnung ist (z. B. Gabe zu geben)

verbarrikadieren [zu → Barrikade]: durch Errichtung von Hindernissen den Zugang zu verhindern suchen, verrammeln

Verbene [*wär*...; aus *lat.* verbēna „heiliger Oliven-, Lorbeer- oder Myrtenzweig"] *die*; -, -n: Eisenkraut (Garten- u. Heilpflanze)

Verbum [s. Verb] *das*; -s, ...ba: = Verb; - finitum: Verbform, die die Angabe einer Person u. der Zahl enthält, Personalform (z. B. [du] liest); vgl. finit; - infinitum: Verbform, die keine Angabe einer Person enthält (z. B. lesend, gelesen); vgl. infinit; - substantivum [...*tiwum*]: das Verb „sein"

Verdikt [*wär*...; aus gleichbed. *engl.* verdict, dies aus *lat.* vērē dictum, eigtl. „Wahrspruch"] *das*; -[e]s, -e: Urteil[sspruch]

Verifikation [*we...zion*; zu *lat.* vērus „wahr" und → ...fikation] *die*; -, -en: 1. „Bewahrheitung" einer Behauptung, einer Annahme durch wahrnehmungsmäßige Überprüfung od. durch einen logischen Beweis (Philos.). 2. Beglaubigung, Unterzeichnung eines diplomatischen Protokolls durch alle Verhandlungspartner. **verifizierbar**: nachprüfbar. **verifizieren** [vgl. ...fizieren]: 1. nachprüfen, die Richtigkeit einer Behauptung beweisen; Ggs. → falsifizieren. 2. beglaubigen

Verismo [zu gleichbed. *it.* verismo; s. Verismus] *der*; -: am Ende des 19. Jh.s aufgekommene Stilrichtung der italienischen Literatur, Musik u. bildenden Kunst mit dem Ziel einer schonungslosen Darstellung der Wirklichkeit. **Verismus** [zu *lat.* vērus „wahr, wirklich"] *der*; -: 1. = Verismo. 2. kraß wirklichkeitsgetreue künstlerische Darstellung. **Verist** *der*; -en, -en: Vertreter des Verismus. **veristisch**: den Verismus betreffend

veritabel [aus gleichbed. *fr.* véritable zu vérité „Wahrheit"]: (veraltet) wahrhaft, echt; aufrichtig

verklausulieren [zu Klausel]: 1. einen Vertrag mit mehreren Klauseln versehen u. ihn dadurch unklar u. unübersichtlich machen. 2. [etwas] unübersichtlich machen; einschränken

Vernissage [*wärnißasch*; aus gleichbed. *fr.* (jour de) vernissage zu vernir „lackieren, firnissen", eigtl. also „Firnistag"] *die*; -, -s: Eröffnung einer Kunstausstellung [mit geladenen Gästen am Tage vor der offiziellen Eröffnung]

Veronika [*we*...; nach der gleichnamigen kath. Heiligen] *die*; -, ...ken: Ehrenpreis (Zierstaude aus der Familie der Rachenblütler)

verproviantieren [...*wian*...; zu → Proviant]: mit Mundvorrat, Lebensmitteln versorgen

Vers [*färß*; aus gleichbed. *lat.* versus, eigtl. „das Umwenden; die gepflügte Furche; die Reihe", zu vertere „wenden"] *der*; -es, -e: 1. Gedichtzeile; Abk.: V. 2. kleinster Abschnitt des Bibeltextes

Versal [*wär*...; zu *lat.* versus „Vers" („großer Buchstabe am Anfang des Verses")] *der*; -s, -ien [...*i*^e*n*] (meist Plural): großer [Anfangs]buchstabe, → Majuskel

versiert [Part. Perf. zu veraltetem versieren „sich mit etwas beschäftigen", dies aus gleichbed. *lat.* versāri]: erfahren, bewandert, gewitzt

Versifex [zu *lat.* versus „Vers" und ...fex „...macher" (facere „machen")] *der*; -[e]s, -e: (veraltet) Verseschmied. **versifizieren** [vgl. ...fizieren]: in Verse bringen

Version [aus gleichbed. *fr.* version zu *lat.* vertere (versum) „drehen, wenden"] *die*; -, -en: Lesart; Fassung, Wiedergabe, Darstellung

versnobt [zu → Snob]: (abwertend) extravagant im Anspruch, voller Verachtung für den gängigen bürgerlichen Geschmack; vgl. Snob

vert. = vertatur. **vertatur**! [Konj. Präs. Passiv von *lat.* vertere „drehen, wenden"]: man wende! man drehe um!; Abk.: vert. **verte**! [Imp. Sing. von *lat.* vertere]: wende um!, wenden! (das Notenblatt beim Spielen); Abk.: v.; verte, si placet! [- - *plazät*]: bitte wenden!; Abk.: v. s. pl.; - subito!: wende schnell um!

Verte|brat [zu *lat.* vertebra „Wirbel"] *der*; -en, -en (meist Plural) u. **Verte|brate** *der*; -n, -n (meist Plural): Wirbeltier

vertikal [aus gleichbed. *spätlat.* verticālis, eigtl. „scheitellinig" zu *lat.* vertex „Scheitel"]: senkrecht, lotrecht. **Vertikale** *die*; -, -n: Senkrechte; Ggs. → Horizontale. **vertikalisieren**: die vertikale Aufgliederung eines Bauwerks betonen (Archit.). **Vertikalismus** *der*; -: die Neigung, die Gliederung eines Bauwerks stärker vertikal als horizontal durchzuführen (z. B. in der Gotik)

Vertiko [*wär*...; angeblich nach dem ersten Verfertiger, dem Berliner Tischler Vertikow (...*ko*)] *das* (selten: *der*); -s, -s: kleiner Schrank mit Aufsatz

Vertumnalien [*wärtumnali*^e*n*; aus *lat.* Vertumnālia, nach dem altröm. Vegetationsgott Vertumnus] *die* (Plural): altröm. Fest

Verve [*wärw*^e; aus gleichbed. *fr.* verve] *die*; -: Schwung, Begeisterung (bei einer Tätigkeit)

Vespa ® [*wäßpa*; aus gleichbed. *it.* vespa, eigtl. „Wespe" (*lat.-it.* vespa „Wespe")]: *die*; -, -s: ein Motorroller

Vesper [*fäß*...; aus *lat.* vespera „Abend, Abendzeit"] *die*; -, -n: 1. a) abendliche Gebetsstunde (6 Uhr) des → Breviers (1); b) Abendgottesdienst (z. B. Christvesper). 2. (südd. auch:) *das*; -s, -: (südd. u. westösterr.) Zwischenmahlzeit. **vespern**: (südd. u. westösterr.) einen Imbiß einnehmen

Vestalin [*wäß*...; aus *lat.* Vestālis] *die*; -, -nen: altröm. Priesterin der Vesta, der Göttin des Herdfeuers

Vestibül [*wäß*...; aus gleichbed. *fr.* vestibule; s. Vestibulum] *das*; -s, -e: Vorhalle [in einem Theater od. Konzertsaal]. **Vestibulum** [aus *lat.* vestibulum] *das*; -s, ...la: Vorhalle des altröm. Hauses

Vestitur [*wä*...; aus *lat.* vestitūra „Bekleidung"] *die*; -, -en: = Investitur

Veteran [*we*...; aus gleichbed. *lat.* veterānus zu vetus „alt"] *der*; -en, -en: 1. a) altgedienter Soldat; b) Teilnehmer an einem früheren Feldzug od. Krieg. 2. im Dienst alt gewordener, bewährter Mann

veterinär: tierärztlich. **Veterinär** [aus gleichbed. *fr.* vétérinaire, dies aus *lat.* veterīnārius, eigtl. „der zum Zugvieh Gehörige" (veterinae „Zugvieh")] *der*; -s, -e: Tierarzt. **Veterinärmedizin** *die*; -: Tierheilkunde

Veto [*we*..., auch: *wä*...; aus gleichbed. *fr.* veto, eigtl. „ich verbiete", 1. Person Sing. Präsens von *lat.* vetāre „verbieten"] *das*; -s, -s: Einspruch[srecht]

Vexierbild *das*; -[e]s, -er: Suchbild, das eine nicht sofort erkennbare Figur enthält. **vexieren** [aus *lat.* vexāre „schütteln; plagen"]: irreführen; quälen; necken. **Vexierglas** *das*; -es, ...gläser: merkwürdig geformtes Trinkglas, aus dem nur mit Geschick getrunken werden kann. **Vexierrätsel** *das*; -s, -: Rätsel, das durch Fragen in die Irre führt

Vexillum [aus *lat.* vexillum] *das*; -s, ...lla u. ...llen: altröm. Fahne

vezzoso [*wä*...; aus gleichbed. *it.* vezzoso]: zärtlich, lieblich (Mus.)

via [*wia*; aus *lat.* viā, Ablativ von via „Weg, Straße"]: a) [auf dem Wege] über..., z. B. - München nach Wien fliegen; b) durch, über [eine bestimmte Instanz o. ä. erfolgend], z. B. er wurde - Verwaltungsgericht zur sofortigen Zahlung aufgefordert; c) (ugs.) in Richtung auf, nach, z. B. er reiste - Jugoslawien, Prag

Viadukt [zu *lat.* via „Weg, Straße" und dūcere „führen"] *der* (auch: *das*); -[e]s, -e: 1. Talbrücke. 2. Überführung

via il sordino [*wia*...; *it.*]: den Dämpfer abnehmen (Spielanweisung für Streichinstrumente)

Vi|brant [*wi*...; zu → vibrieren] *der*; -en, -en: Schwinglaut, Zitterlaut (z. B. r; Sprachw.). **Vibraphon** [aus gleichbed. *engl.-amerik.* vibraphone zu *lat.* vibrāre „schwingen, zittern" und → ...phon] *das*; -s, -e: ein drei Oktaven umfassendes Musikinstrument, das aus Metallplatten besteht, die mittels der durch einen Elektromotor zum Vibrieren gebrachten Luft einen vibrierenden, sanften Ton hervorbringen. **Vi|braphonist** *der*; -en, -en: Vibraphonspieler. **Vi|brati**: *Plural* von → Vibrato. **Vibration** [...*zion*; aus gleichbed. *lat.* vibrātio] *die*; -, -en: Schwingung, Beben, Erschütterung. **vi|brato** [aus gleichbed. *it.* vibrato zu vibrare „schwingen, zittern"; s. vibrieren]: schwingend, leicht zitternd, bebend (in bezug auf die Tongestaltung im Gesang, bei Streich- u. Blasinstrumenten). **Vi|brato** *das*; -s, -s u. ...ti: Schwingen, leichtes Zittern od. Beben des Tons im Gesang, bei Streich- u. Blasinstrumenten. **Vi|brator** [zu → vibrieren] *der*; -s, ...oren: 1. Gerät zum Erzeugen künstlicher Schwingungen für Resonanzprüfungen an Maschinenteilen (Techn.). 2. Rüttler zum Verdichten von Beton (Bauw.). 3. Gerät zur Durchführung der Vibrationsmassage (Med.). **vi|brieren** [aus gleichbed. *lat.* vibrāre]: schwingen; beben, zittern

vice versa [*wize wärsa*; *lat.*]: umgekehrt; Abkürzung: v. v.

Vicomte [*wikongt*; aus *fr.* vicomte, dies aus *mlat.* vicecomes zu *lat.* vice „an Stelle" und comes „Begleiter"] *der*; -s, -s: zwischen Graf u. Baron rangierender franz. Adelstitel. **Vicomtesse** [...*täß*] *die*; -, -n [...*ßen*]: dem Vicomte entsprechender weiblicher Adelstitel

vid. = videatur. **vide**! [*wide*; Imp. Sing. von *lat.* vidēre „sehen"]: (veraltet) siehe!; Abk.: v. **videatur** [Konj. Präs. Passiv von vidēre] = vide!; Abk.: vid.

Video... [aus *engl.* video..., eigtl. „ich sehe" (1. Person Sing. Präsens von *lat.* vidēre „sehen")]: in sammensetzungen auftretendes Bestimmungswort zur Bezeichnung von Geräten, die zur funktechnischen Übertragung von Film- od. Fernsehbildern dienen, z. B. Videokassette. **Videorecorder** [...*ko*...; engl. Ausspr.: ...*rikordᵉr*; aus *engl.* videorecorder] *der*; -s, -: Speichergerät zur Aufzeichnung von Fernsehsendungen

vif [*wif*; aus gleichbed. *fr.* vif, dies aus *lat.* vīvus „lebendig"]: (veraltet, aber noch landsch.) lebendig, lebhaft, munter, frisch, feurig; aufgeweckt, tüchtig, gescheit, schlau

Vigil [aus *lat.* vigilia „das Wachen; Nachtwache" zu vigil „wach; wachsam"] *die*, -, -ien [...*iᵉn*]: [Gottesdienst am] Vortag hoher kath. Feste. **vigilant** [aus *lat.* vigilāns (...antis) „wach; wachsam", dem Part. Präs. von vigilāre „wachen; wachsam sein"]: 1. (veraltet) wachsam. 2. (mdal.) klug, schlau, aufgeweckt, gewandt. **Vigilant** *der*; -en, -en: (veraltet) Polizeispitzel. **Vigilanz** *die*; -: 1. (veraltet) Wachsamkeit. 2. (mdal.) Aufgewecktheit, Schlauheit. **Vigilie** [...*iᵉ*; s. Vigil] *die*; -, -n: 1. (hist.) die Nachtwache des Heeres (viermal drei Stunden von 18 bis 6 Uhr). 2. = Vigil

Vi|gnette [...*jätᵉ*; aus gleichbed. *fr.* vignette, urspr. eine Verzierung in Rebenform, ein Weinrankenornament, Verkleinerungsbildung zu vigne „Weinrebe"] *die*; -, -n: 1. Zier-, Titelbildchen, Randverzierung [in Druckschriften]. 2. Maskenband zur Verdeckung bestimmter Stellen des Negativs vor dem Kopieren (Fotogr.)

vigoroso [aus gleichbed. *it.* vigoroso zu *lat.* vigor „Lebenskraft"]: kräftig, stark, energisch (Vortragsanweisung; Mus.)

Vikar [*wi*...; aus *lat.* vicārius „stellvertretend", subst. „Stellvertreter"] *der*; -s, -e: 1. bevollmächtigter Stellvertreter in einem geistlichen Amt (kath. Kirche). 2. Kandidat der ev. Theologie nach der ersten theologischen Prüfung, der einem Pfarrer zur Ausbildung zugewiesen ist. 3. (schweiz.) Stellvertreter eines Lehrers. **Vikarin** [weibliche Bildung zu → Vikar] *die*; -, -nen: evangelischer weiblicher Vikar

Viktoria [*wik*...; aus *lat.* victoria „Sieg" zu vincere „siegen"] *die*; -, -s: 1. Siegesgöttin, geflügelte Frauengestalt als Sinnbild des Sieges. 2. (ohne Artikel) Sieg (als Ausruf); - rufen, - schießen: einen Sieg [durch Kanonenschüsse] feiern

Viktualien [*wiktualiᵉn*; aus *spätlat.* vīctuālia zu vīctuālis „zum Lebensunterhalt gehörig" (vīctus „Leben; Unterhalt")] *die* (Plural): (veraltet) Lebensmittel. **Viktualienbrüder** *die* (Plural): = Vitalienbrüder

Villa [*wila*; aus gleichbed. *it.* villa, dies aus *lat.* villa „Landhaus"] *die*; -, Villen: Landhaus; vornehmes Einfamilienhaus, größeres, elegantes Einzelwohnhaus

Vin|ai|grette [*winägrätᵉ⁽ᵉ⁾*; aus gleichbed. *fr.* vinaigrette zu vinaigre „(Wein)essig"] *die*; -, -n: aus Essig, Öl, Senf u. verschiedenen Gewürzen bereitete Soße

Vinyl... [*win*...; zu *lat.* vīnum „Wein" und → ...yl]: in Zusammensetzungen auftretendes Bestimmungswort zur Bezeichnung von chem. Verbindungen, die eine einwertige, ungesättigte Gruppe mit zwei Kohlenstoffatomen enthalten, z. B. Vinylgruppe „einwertige Gruppe mit der Formel $-CH=CH_2$ in organischen Verbindungen"

¹Viola [*wi*...; aus gleichbed. *lat.* viola] u. Viole *die*; -, ...olen: Veilchen (Bot.)

²Viola [*wi*...; aus gleichbed. *it.* viola] *die*; -, -s u. ...len: = Bratsche. **Viola da braccio** [- - *bratscho*; „Armgeige"] *die*; - - -, ...le - -: = Bratsche. **Viola da gamba** *die*; - - -, ...le - -: = Gambe. **Viola d'amore** *die*; - -, ...le -: eine Geige mit angenehmem, lieblichem Ton (mit meist sieben gestrichenen u. sieben im Einklang od. in der Oktave mitklingenden Saiten)

violento [über *it.* violento aus gleichbed. *lat.* violentus zu vīs „Gewalt"]: heftig; gewaltsam (Vortragsanweisung; Mus.)

violett [*wi*...; aus gleichbed. *fr.* violet zu violette „Veilchen"; s. ¹Viola]: veilchenfarbig. **Violett** *das*; -s: die violette Farbe

Violetta [*wi*...; aus *it.* violetta, eigtl. „kleine Viola"] *die*; -, ...tten: kleine ²Viola od. Violine. **Violinata** *die*; -, -s: [Übungs]stück für Violine. **Violine** [aus gleichbed. *it.* violino, einer Verkleinerungsbildung zu viola „Bratsche"; s. ²Viola] *die*; -, -n: Geige. **Violinist** *der*; -en, -en: Geigenspieler. **Violoncell**

[*wiolontschäl*] *das*; -s, -e: = Violoncello. **Violoncellist** *der*; -en, -en: [Violon]cellospieler. **Violoncello** [aus gleichbed. *it*. violoncello, einer Verkleinerungsbildung zu violone „Kontrabaß"; s. Violone] *das*; -s, -s u. ...lli: während des Spiels zwischen den Knien gehaltenes, auf dem Fußboden stehendes viersaitiges Streichinstrument (eine Oktave tiefer als die → Bratsche); Kurzw.: Cello. **Violone** [aus *it*. violone, eigtl. „große Viola"] *der*; -[s], -s u. ...ni: 1. Kontrabaß. 2. eine Orgelstimme. **Violophon** [zu → ²Viola und → ...phon] *das*; -s, -e: im Jazz gebräuchliche Violine, in deren Innerem eine Schalldose eingebaut ist

VIP [*wip*] u. **V. I. P.** [*wi-ai-pi*; Kurzwort für: *v*ery *i*mportant *p*erson[s] (*wäri impǫʳtᵉnt pöʳßn*[*s*]); *engl*.] *die*; -, -s: sehr wichtige, bedeutende Persönlichkeit

Viper [*wi*...; aus gleichbed. *lat*. vīpera] *die*; -, -n: zu den Ottern gehörende Giftschlange (mit verschiedenen Arten, darunter z. B. die Kreuzotter)

Viren [*wirᵉn*]: *Plural* von → Virus

Virginia [*wirginia*, auch *wirdsehinia*; nach dem Bundesstaat Virginia (*ᵘördsehinjᵉ*) in den USA] *die*; -, -s: Zigarren- u. Zigarettensorte

Virginität [*wir*...; aus gleichbed. *lat*. virginitās zu virgo „Jungfrau"] *die*; -: 1. Jungfräulichkeit. 2. Unberührtheit

viribus unitis [*wi*... -; *lat*.]: „mit vereinten Kräften"

viril [*wi*...; aus gleichbed. *lat*. virīlis zu vir „Mann"]: männlich, charakteristische männliche Züge od. Eigenschaften aufweisend

virtuell [aus gleichbed. *fr*. virtuel zu *lat*. virtūs „Tugend; Tüchtigkeit; Mannhaftigkeit"]: a) der Kraft od. Möglichkeit nach vorhanden; b) anlagemäßig (Psychol.)

virtuos: meisterhaft, technisch vollendet. **Virtuose** [aus gleichbed. *it*. virtuoso zu virtu (lat. virtūs) „Mannhaftigkeit; Tüchtigkeit; Tugend"] *der*; -n, -n: ausübender Künstler (bes. Musiker), der seine Kunst mit vollendeter Meisterschaft beherrscht. **Virtuosität** *die*; -: 1. vollendete Beherrschung der Technik in der Musik. 2. meisterhaftes Können

virulent [*wi*...; aus *lat*. vīrulentus „giftig"; s. Virus]: drängend, heftig. **Virulenz** *die*; -: Dringlichkeit, [heftiges] Drängen

Virus [aus *lat*. vīrus „Schleim, Saft; Gift"] *das* (auch: *der*); -, Viren: Kleinstlebewesen, Krankheitserreger bei Mensch, Tier u. Pflanze

Visa [*wisa*]: *Plural* von → Visum

Visage [*wisaseh*ᵉ; aus gleichbed. *fr*. visage zu *lat*. vīsus „Anblick; Gesicht"] *die*; -, -n: (ugs., abwertend) Gesicht. **vis-à-vis** [*wisawi*; aus gleichbed. *fr*. vis-à-vis, eigtl. „Gesicht zu Gesicht"; s. Visage]: gegenüber. **Visavis** *das*; - [...*wi*(*ß*)], - [...*wiß*]: Gegenüber

Viscount [*ᵘaikaunt*; aus *engl*. viscount; s. Vicomte] *der*; -s, -s: dem → Vicomte entsprechender engl. Adelstitel. **Viscountess** [...*tiß*] *die*; -, -es [...*tißis*]: dem Viscount entsprechender weiblicher Adelstitel

Visen [*wisᵉn*]: *Plural* von → Visum

¹**Visier** [*wi*...; aus *fr*. visière „Gesichtsschutz" zu *lat*. vīsus „Anblick; Gesicht"] *das*; -s, -e: der bewegliche, das Gesicht deckende Teil des [mittelalterlichen] Helms. ²**Visier** [*wi*...; aus gleichbed. *fr*. visière zu viser „visieren"] *das*; -s, -e: Zielvorrichtung bei Handfeuerwaffen. **visieren** [aus *fr*. viser „aufmerksam beobachten, ins Auge fassen; zielen"]: 1. a) nach etwas sehen, zielen; b) etwas ins Auge fassen, anstreben

Vision [*wi*...; aus *lat*. vīsio, Gen. vīsiōnis „das Sehen; Anblick; Erscheinung" zu vidēre „sehen"] *die*; -, -en: a) inneres Gesicht, Erscheinung vor dem geistigen Auge; b) Trugbild. **visionär**: im Geiste geschaut; traumhaft; seherisch. **Visionär** *der*; -s, -e: (veraltet) Seher, Schwärmer

Visitation [zu → visitieren (nach *fr*. visitation)] *die*; -, -en: 1. Durchsuchung (z. B. des Gepäcks od. der Kleidung [auf Schmuggelware]). 2. Besuch[sdienst] des vorgesetzten Geistlichen in den ihm unterstellten Gemeinden zur Erfüllung der Aufsichtspflicht. **Visite** [aus gleichbed. *fr*. visite zu visiter; s. visitieren] *die*; -, -n: 1. Krankenbesuch des Arztes [im Krankenhaus]. 2. (veraltet, aber noch scherzh.) Besuch. **Visitenkarte** *die*; -, -n: 1. Besuchskarte. 2. (ugs., spöttisch) [hinterlassene] Spur. **visitieren** [aus *fr*. visiter „besichtigen; besuchen; durchsuchen", dies aus *lat*. vīsitāre „besichtigen"]: 1. etwas durchsuchen. 2. eine Visitation (2) vornehmen. **Visitkarte** *die*; -, -n: (österr.) Visitenkarte

viskos u. **viskös** [*wiß*...; aus *lat*. viscōsus „voll Leim, klebrig" zu viscum „Mistel; Vogelleim (aus der Mistel)"]: zähflüssig, leimartig. **Viskose** *die*; -: Zelluloseverbindung, Ausgangsstoff für Kunstseide. **Viskosimeter** [vgl. ¹...meter] *das*; -s, -: Gerät zur Bestimmung des Grades der Zähflüssigkeit. **Viskosität** *die*; -: Zähflüssigkeit

Vi|stra Ⓦ[*wi*...; Kunstw.] *die*; -: Zellwolle aus Viskose

visuell [*wi*...; aus gleichbed. *fr*. visuel zu *lat*. vīsus „Anblick; Gesicht"]: das Sehen betreffend; vgl. optisch; -er Typ: jmd., der Gesehenes leicht im Gedächtnis behält; Ggs. → akustischer Typ

Visum [Substantivierung von *lat*. vīsum „gesehen" zu vidēre „sehen"] *das*; -s, Visa u. Visen: a) Ein- od. Ausreiseerlaubnis (für ein fremdes Land); b) Sichtvermerk im Paß

Vita [*wita*; aus gleichbed. *lat*. vīta (vīvere „leben")] *die*; -, Viten u. Vitae [*witä*]: Leben, Lebenslauf, Biographie [von Personen aus der Antike u. dem Mittelalter]; vgl. Curriculum vitae. **Vita contemplativa** [- ...*wa*; *lat*.] *die*; - -: betrachtendes Leben

vitae, non scholae discimus vgl. non scholae, sed vitae discimus

vital [aus gleichbed. *fr*. vital, dies aus *lat*. vītālis „zum Leben gehörig" zu vīta „Leben"]: 1. das Leben betreffend; lebenswichtig. 2. lebenskräftig; lebensvoll; wendig, munter, unternehmungsfreudig. **vitalisieren**: beleben. **Vitalismus** *der*; -: philos. Lehre, nach der das organische Leben einer besonderen Lebenskraft zuzuschreiben ist. **Vitalist** *der*; -en, -en: Vertreter des Vitalismus. **vitalistisch**: den Vitalismus betreffend. **Vitalität** [aus gleichbed. *fr*. vitalité (*lat*. vītālitās)] *die*; -: Lebenskraft, Lebensfülle; Lebendigkeit

Vitalianer u. **Vitalienbrüder** [für → Viktualienbrüder, eigtl. „Lebensmittelbrüder"] *die* (Plural): (hist.) Seeräuber in der Nord- u. Ostsee im 14. u. 15. Jh.

Vit|amin [Kunstw. aus lat. *vita* „Leben" u. → *Amin*] *das*; -s, -e: die biologischen Vorgänge im Organismus regulierender lebenswichtiger Wirkstoff (z. B. Vitamin A). **vit|aminieren** u. **vit|aminisieren**: Lebensmittel mit Vitaminen anreichern

vite [*wit*; aus gleichbed. *fr*. vite]: schnell, rasch (Vortragsanweisung; Mus.). **vitement** [...*mang*]: = vite

Viten [*witᵉn*]: *Plural* von → Vita

Vi|trine [aus gleichbed. *fr*. vitrine] *die*; -, -n: gläserner Schaukasten, Glas-, Schauschrank

Vi|triol [aus gleichbed. *mlat.* vitriolum zu *lat.* vitrum „Glas"] *das*; -s, -e: (veraltet) kristallisiertes, kristallwasserhaltiges Sulfat von Zink, Eisen od. Kupfer

viv vgl. vif. **vivace** [*wiwatsche*; aus gleichbed. *it.* vivace, dies aus *lat.* vīvāx (...ācis) „lebenskräftig"]: lebhaft (Mus.). **Vivace** *das*; -, -: lebhaftes Tempo (Mus.). **vivacetto** [...*tschäto*]: etwas lebhaft (Mus.). **vivacissimo** [...*tschi*...]: sehr lebhaft (Mus.). **Vivacissimo** *das*; -s, -s u. ...mi: äußerst lebhaftes Zeitmaß (Mus.)

vivant! [*wiwant*; zu *lat.* vīvere „leben"]: sie sollen leben! **vivant sequentes!** [*lat.*]: die [Nach]folgenden sollen leben! **vivat!** [3. Person Sing. Präsens Konjunktiv von vīvere „leben"]: er lebe! **Vivat** [Substantivierung von → vivat]: *das*; -s, -s: Hochruf. **vivat, crescat, floreat!** [- *kreßkat* -; *lat.*]: (Studentenspr.) er [sie, es] lebe, blühe u. gedeihe! **vivat sequens!** [*lat.*]: es lebe der Folgende!

Vivarium [aus gleichbed. *lat.* vīvārium, Neutrum von vīvārius „zu lebenden Tieren gehörig" (vīvus „lebend")] *das*; -s, ...ien [...*ien*]: 1. kleinere Anlage zur Haltung lebender Tiere (z. B. Aquarium, Terrarium). 2. Gebäude, in dem ein Vivarium (1) untergebracht ist

Vivisektion [...*zion*; zu *lat.* vīvus „lebendig, lebend" und → Sektion] *die*; -, -en: operativer Eingriff am lebenden Tier (zu wissenschaftlichen Zwekken). **vivisezieren**: eine Vivisektion durchführen

vivo: = vivace

Vize... [*fize*, auch: *wize*; aus *lat.* vice „an Stelle von", eigtl. Ablativ Sing. von vicis „Wechsel, Platz, Stelle"]: in Zusammensetzungen auftretendes Bestimmungswort mit der Bedeutung „an Stelle von ..., stellvertretend", z. B. Vizepräsident „stellvertretender Präsident"

Vlieseline ⓦ [*fli*...; Kunstw.] *die*; -: [aufbügelbare] Einlage zum Verstärken von Kragen u. Manschetten

vocale [*wok*...; aus gleichbed. *it.* vocale; s. vokal]: gesangsmäßig, stimmlich (Mus.). **Voce** [*wotsche*; *it.* voce] *die*; -, Voci [*wotschi*]: ital. Bezeichnung für: Singstimme. **Voces** [*wózeß*; Plural von *lat.* vōx, Gen. vōcis „Stimme"] *die* (Plural): die Singstimmen; Abk.: V.; - aequales [- *ä*...]: gleiche Stimmen (Mus.)

voilà [*woala*; aus gleichbed. *fr.* voilà zu voir „sehen"]: sieh da!; da haben wir es!

Voile [*woal*; aus gleichbed. *fr.* voile, eigtl. „Schleier"; s. Velum] *der*; -, -s: feinfädiger, durchsichtiger Stoff

Voix mixte [*wo a mikßt*; *fr.*, eigtl. „gemischte Stimme"] *die*; - -: (Mus.) das Mittelregister bei der Orgel

Vokabel [*wo*...; aus *lat.* vocābulum „Benennung, Bezeichnung, Nomen" zu vocāre „rufen, nennen"] *die*; -, -n (österr. auch: *das*; -s, -): [Einzel]wort, bes. einer Fremdsprache. **Vokabular** [aus gleichbed. *mlat.* vocabulārium] *das*; -s, -e: a) Wörterverzeichnis; b) Wortschatz. **Vokabularium** *das*; -s, ...ien [...*ien*]: (veraltet) Vokabular

vokal [aus *lat.* vōcālis „tönend, stimmreich" zu *lat.* vōx, Gen. vōcis „Stimme"]: gesangsmäßig, die Singstimme betreffend (Mus.). **Vokal** [aus *lat.* vōcālis (littera) „stimmreicher, tönender (Buchstabe)"] *der*; -s, -e: (silbenbildender) Selbstlaut (z. B. a, i). **Vokalisation** [...*zion*] *die*; -, -en: Bildung u. Aussprache der Vokale beim Singen. **vokalisch**: den Vokal betreffend, selbstlautend. **vokalisieren** [*wo*...; aus gleichbed. *fr.* vocaliser]: beim Singen die Vokale bilden u. aussprechen. **Vokalismus** *der*; -: Vokalbestand einer Sprache. **Vokalist** *der*; -en, -en: (veraltet) Sänger im Gegensatz zum → Instrumentalisten. **Vokalmusik** *die*; -: Gesangsmusik im Gegensatz zur → Instrumentalmusik

Vokativ [*wo*..., auch: *wo*... od. *wokatif*; aus *lat.* (cāsus) vocātīvus zu vocāre „nennen, (an)rufen"] *der*; -s, -e [...*we*]: Anredefall (Sprachw.)

vol. = Volumen. **Vol.-%** = Volumprozent

Volant [*wolang*, schweiz.: *wo*...; aus gleichbed. *fr.* volant, dem Part. Präs. zu voler „fliegen", eigtl. also „fliegend, flatternd, beweglich"] *der* (schweiz. meist: *das*); -s, -s: 1. Besatz an Kleidungs- u. Wäschestücken, Falbel. 2. Lenkrad, Steuer beim Kraftwagen

Vol-au-vent [*wolowang*; *fr.*, eigtl. „Flug im Wind"] *der*; -, -s: Hohlpastete aus Blätterteig, gefüllt mit feinem → Ragout

Voliere [*woliäre*; aus gleichbed. *fr.* volière zu voler „fliegen"] *die*; -, -n: großer Vogelkäfig

Volksdemo|kratie *die*; -, -n: sozialistische Staatsform, bei der die Staatsgewalt in den Händen der Partei liegt u. die als Übergangsform zum Arbeiter- u. Bauernstaat gilt. **Volksrepu|blik** *die*; -, -en: amtliche Bezeichnung zahlreicher Volksdemokratien (z. B. Albanien u. China)

volley [*woli*; aus gleichbed. *engl.* volley, dies aus *fr.* volée „Flug(bahn)"]: direkt aus der Luft [geschlagen], ohne daß der Ball auf den Boden aufspringt, z. B. den Ball - schlagen od. schießen (Tennis, Fußball). **Volley** *der*; -s, -s: Flugball, Volleyball (Tennis). **Volleyball** [aus *engl.-amerik.* volleyball] *der*; -s, -bälle: 1. (ohne Plural) ein Mannschaftsballspiel. 2. Ball für das Volleyballspiel

Volontär [*wolongtär*, auch: *wolontär*; aus gleichbed. *fr.* volontaire, eigtl. „freiwillig; Freiwilliger"; vgl. Voluntarismus] *der*; -s, -e: jmd., der sich ohne od. gegen eine nur kleine Vergütung in die Praxis eines [kaufmännischen od. journalistischen] Berufs einarbeitet. **volontieren**: als Anlernling, Volontär arbeiten

Volt [*wolt*; nach dem ital. Physiker A. Volta, 1745 bis 1827] *das*; - u. -[e]s, -: internationale Bez. für die Einheit der elektrischen Spannung; Zeichen: V. **Volta|element** *das*; -s: galvanisches Element (bestehend aus Kupfer- u. Zinkelektroden in wäßrigem Elektrolyten). **Voltameter** [vgl. [1]...meter] *das*; -s, -: elektrolytisches Instrument zur Messung der Strommenge aus der Menge des beim Stromdurchgang abgeschiedenen Metalls od. Gases; vgl. Voltmeter. **Volt|ampere** [...*pär*; vgl. Ampere] *das*; -s, -: Maßeinheit der elektrischen Leistung; Zeichen: VA. **Voltmeter** [*wolt*...] *das*; -s, -: in Volteinheiten geeichtes Instrument zur Messung von elektrischen Spannungen; vgl. Voltameter

Volte [*wolte*; über *fr.* volte (oder unter dessen Einfluß) aus gleichbed. *it.* volta, eigtl. „Drehung, Wendung", zu voltare „drehen, wenden"] *die*; -, -n: 1. eine Reitfigur. 2. Verteidigungsart im Fechtsport. **voltieren**: = voltigieren. **Voltigeur** [...*sehör*; aus gleichbed. *fr.* voltigeur] *der*; -s, -e: Voltigierer. **voltigieren** [...*sehiren*; aus gleichbed. *fr.* voltiger zu volte; vgl. Volte]: 1. eine Volte (1 u. 2) ausführen. 2. Luft-, Kunstsprünge, Schwingübungen auf dem Pferd ausführen. **Voltigierer** [...*sehirer*] *der*; -s, -: Luft-, Kunstspringer

Voltmeter s. Volt

Volumen [aus gleichbed. *fr.* volume, dies aus *lat.*

volūmen „Rolle; Band" zu voluere (volūtum) „rollen"]: *das*; -s, - u. ...mina: Rauminhalt eines festen, flüssigen od. gasförmigen Körpers; Zeichen: *V*. **Volume|trie** *die*; -: Maßanalyse, Messung von Rauminhalten. **Volumgewicht** u. Volumengewicht *das*; -s, -e: spezifisches Gewicht; Raumgewicht. **voluminös** [aus gleichbed. *fr*. volumineux]: umfangreich, stark, massig. **Volum|prozent** u. Volumenprozent *das*; -s, -e: Hundertsatz vom Rauminhalt; Abk.: Vol.-%

Voluntarismus [*wo...*; gelehrte Bildung zu *lat*. voluntārius „aus eigenem Willen, freiwillig" zu voluntās „das Wollen, der Wille" (velle „wollen, wünschen")] *der*; -: philosophische Lehre, nach der der Wille die Grundfunktion des seelischen Lebens ist. **Voluntarist** *der*; -en, -en: Vertreter des Voluntarismus. **voluntaristisch**: den Voluntarismus betreffend

voluntativ [aus gleichbed. *lat*. voluntatīvus]: 1. willensfähig, den Willen betreffend (Philos.). 2. den → Modus (2) des Wunsches ausdrückend (Sprachw.)

Volute [*wo...*; aus gleichbed. *lat*. volūta zu volvere „rollen, winden, wälzen"] *die*; -, -n: spiralförmige Einrollung am Kapitell ionischer Säulen od. als Bauornament in der Renaissance

Vota [*wota*]: *Plural* von → Votum. **Votant** *der*; -en, -en: (veraltet) jmd., der ein Votum abgibt. **Votation** [*...zion*] *die*; -, -en: (veraltet) Abstimmung. **Voten**: *Plural* von → Votum. **votieren** [über *fr*. voter aus gleichbed. *engl*. to vote (zu vote „Stimme, Wahl"; s. Votum)]: sich für jmdn. od. etwas entscheiden, für jmdn. od. etwas stimmen, abstimmen. **Votum** [unter dem Einfluß von *engl*. vote (und *fr*. vote) aus *lat*. vōtum „Gelübde, Versprechen" zu vovēre, Part. Perf. vōtum „geloben, versprechen"] *das*; -s, ...ten u. ...ta: 1. Stimme. 2. [Volks]entscheid[ung]. 3. Beurteilung, Urteil, Gutachten

Votiv [zu *lat*. vōtīvus „gelobt, versprochen"; s. Votum] *das*; -s, -e [*...w^e*] u. **Votivgabe** *die*; -, -n: Opfergabe, Weihgeschenk an [Götter u.] Heilige. **Votivkapelle** *die*; -, -n: auf Grund eines Gelübdes errichtete Kapelle. **Votivmesse** *die*; -, -n: Messe, die für ein besonderes Anliegen gefeiert wird (z. B. Braut-, Totenmesse)

Votum s. oben

Vox [*wokß*; aus *lat*. vōx, Gen. vōcis] *die*; -, Voces [*wózeß*]: lat. Bezeichnung für Stimme, Laut; - nihili [„Stimme des Nichts"]: = Ghostword; - populi - Dei: „Volkes Stimme [ist] Gottes Stimme"

Voy|eur [*woajör*; aus gleichbed. *fr*. voyeur zu voir „sehen"] *der*; -s, -e u. -s: jmd., der als [heimlicher] Zuschauer bei sexueller Betätigung anderer sexuelle Befriedigung erfährt

V. S. O. P. [engl. Abk. von: *v*ery *s*pecial *o*ld *p*ale (*wäri ßpäsch^el o^uld pe^il*) = ganz besonders alt und blaß]: Gütekennzeichen für einen alten u. abgelagerten Cognac od. Weinbrand

v. s. pl. = verte, si placet!

vulgär [*wul...*; aus gleichbed. *fr*. vulgaire, dies aus *lat*. vulgāris „allgemein; gewöhnlich; gemein" zu vulgus „Menge, gemeines Volk"]: gewöhnlich, ordinär, niedrig. **vulgarisieren**: unter das Volk bringen, bekannt machen. **Vulgarität** *die*; -, -en: Gemeinheit, Niedrigkeit, Roheit, Plattheit. **Vulgärlatein** *das*; -s: Volks- u. Umgangssprache, aus der sich die romanischen Sprachen entwickelten

Vulgata [aus *lat*. (versiō) vulgāta „allgemein gebräuchliche, übliche Fassung" zu vulgāre „unter die Menschen bringen, allgemein machen"] *die*; -: die vom hl. Hieronymus (4. Jh.) begonnene Überarbeitung der altlat. Bibelübersetzung, die dann für authentisch erklärt wurde. **vulgo** [aus gleichbed. *lat*. vulgō zu vulgus, s. vulgär]: gemeinhin, gewöhnlich

Vulkan [*wul...*; aus *lat*. Vulcānus, dem Namen des altröm. Gottes des Feuers] *der*; -s, -e: 1. eine Stelle der Erdoberfläche, an der → Magma aus dem Erdinnern zutage tritt (Geol.). 2. durch Anhäufung → magmatischen Materials entstandener [feuerspeiender] Berg mit Krater u. Förderschlot. **vulkanisch**: durch Vulkanismus entstanden. **Vulkanismus** *der*; -: zusammenfassende Bezeichnung für alle mit dem Empordringen von → Magma an die Erdoberfläche zusammenhängenden Erscheinungen u. Vorgänge (Geol.). **Vulkanit** *der*; -s, -e: Erguß- od. Eruptivgestein

Vulkanfiber [zu → vulkanisieren und → Fiber] *die*; -: Kunststoff als Leder- od. Kautschukersatz. **Vulkanisation** [*...zion*; aus gleichbed. *engl*. vulcanization; s. vulkanisieren] *die*; -, -en: Vulkanisierung. **Vulkaniseur** [*...sör*] *der*; -s, -e: Facharbeiter in der Gummiherstellung. **vulkanisieren** [aus gleichbed. *engl*. to vulcanize, eigtl. „dem Feuer aussetzen", zu *lat*. Vulcānus; s. Vulkan]: 1. Kautschuk in Gummi umwandeln. 2. Gummiteile durch Vulkanisation miteinander verbinden. **Vulkanisierung** *die*; -, -en: das Vulkanisieren

vulkanisch, **Vulkanismus**, **Vulkanit** s. Vulkan

Vulva [*wulwa*; aus gleichbed. *lat*. vulva, volva, eigtl. „Hülle"] *die*; -, ...ven: das äußere → Genitale der Frau (Med.)

Vuoto [*wu...*; aus *it*. vuoto „Leere" (corda vuota „leere Saite")] *das*; -: Benutzung der leeren Saite eines Streichinstrumentes

v. v. = vice versa

W

W = 1. Watt. 2. Werst

Wadi [aus gleichbed. *arab*. wādī, eigtl. „es floß"] *das*; -s, -s: tiefeingeschnittenes, meist trockenliegendes Flußbett eines Wüstenflusses (Geogr.)

Waggon [*wagong*, *wagong*, österr.: *...gon*; aus gleichbed. *engl*. waggon (dann franz. ausgesprochen)] *der*; -s, -s (österr. auch: -e): [Eisenbahn]wagen, Güterwagen

Wagon-Lit [*wagongli*; aus *fr*. wagon-lit (wagon „[Eisenbahn]wagen" u. lit „Bett")] *der*; -, Wagons-Lits [*wagongli*]: franz. Bezeichnung für: Schlafwagen

Walkie-talkie [*^uokitoki*; aus gleichbed. *engl*. walkie-talkie zu to walk „gehen" und to talk „sprechen"] *das*; -[s], -s: tragbares Funksprechgerät

Walking-bass [*^uokingbe^iß*; aus gleichbed. *engl.-amerik*. walking bass] *der*; -: laufende Baßfiguration des Boogie-Woogie-Pianostils

Wallaby [*^uol^ebi*; über *engl*. wallaby aus einer *austr*. Sprache] *das*; -s, -s: 1. (meist Plural) zu einer Gattung kleiner bis mittelgroßer Tiere gehörendes Känguruh (z. B. Felsen-, Hasenkänguruh). 2. Fell verschiedener Känguruharten

Wampum [aus *indian*. (*Algonkin*) wampum, eigtl. „weiße Schnur"] *der*; -s, -e: bei den nordamerikan. Indianern Gürtel aus Muscheln u. Schnecken, der als Zahlungsmittel und Urkunde diente

Wandalismus u. Vandalismus [nach dem german. Volksstamm der Wandalen] *der*; -: Zerstörungswut

Wapiti [aus *indian.* (*Algonkin*) wapiti] *der;* -[s], -s: nordamerik. Hirschart mit großem Geweih

Waran [aus gleichbed. *arab.* wāran] *der;* -s, -e (meist Plural): Familie großer u. kräftiger (bis zu drei Meter langer) tropischer Echsen

wash and wear [*"osch^e nd"ä^r*; *engl.*; „waschen u. tragen"]: Qualitätsbezeichnung für Kleidungsstücke, die nach dem Waschen ohne Bügeln wieder getragen werden können

Wasserstoffper|oxyd, (chem. fachspr.:) **Wasserstoffper|oxid** u. **Wasserstoffsuper|oxyd**, (chem. fachspr.:) **Wasserstoffsuper|oxid** *das;* -s: Verbindung von Wasserstoff und Sauerstoff (Oxydations- u. Bleichmittel)

water|proof [*"ot^e rpruf*; aus gleichbed. *engl.* waterproof zu water „Wasser" und proof „dicht, undurchlässig"]: wassergeschützt, wasserdicht (z. B. von Uhren). **Water|proof** *der;* -s, -s: 1. wasserdichtes Material. 2. Regenmantel aus wasserdichtem Stoff

Watt [nach dem engl. Ingenieur J. Watt (*"ot*), 1736 bis 1819] *das;* -s, -: Einheit der [elektr.] Leistung; Zeichen: W. **Wattmeter** *das;* -s, -: elektrischer Leistungsmesser, der die elektrische Wirkleistung in Watt anzeigt. **Wattsekunde** *die;* -, -n: [elektrische] Arbeitseinheit; Zeichen: Ws

wattieren [zu Watte]: mit Watte füttern

WC [*wezé*; Abk. für: watercloset (*"ot^e rklosit*); *engl.*] *das;* -[s], -[s]: Wasserklosett

Wealden [*"ild^e n*, nach der südostengl. Hügellandschaft The Weald (*dh^e "ild*) *das;* -[s]: unterste Stufe der unteren Kreide (Geol.)

Weck|amin [Kunstw. aus: *weck*en u. → *Amin*] *das;* -s, -e: der Müdigkeit und körperlich-geistigen Abspannung entgegenwirkendes, stimulierendes Kreislaufmittel

Weda [aus *sanskr.* vḗda-ḥ, eigtl. „Wissen"] *der;* -[s], Weden u. -s: die heiligen Schriften der altindischen Religion. **wedisch**: auf die Weden bezüglich; -e Religion: älteste, in den Weden überlieferte Religion der arischen Inder; vgl. Brahmanismus, Hinduismus. **Wedismus** *der;* -: = wedische Religion

Wedgewood [*"ädsch"ud*; nach dem engl. Kunsttöpfer J. Wedgewood, 1730–1795] *das;* -[s]: feines, verziertes Steingut

Week|end [*"ik...*; aus gleichbed. *engl.* weekend zu week „Woche" und end „Ende"] *das;* -[s], -s: Wochenende

Weimutskiefer vgl. Weymouthskiefer

Welsh rabbit [*"älsch räbit*; *engl.*; „Waliser Kaninchen"] u. **Welsh rarebit** [- *rär^e bit*; „Waliser Leckerbissen"] *der;* - -, - -s: mit [geschmolzenem] Käse belegte u. dann überbackene Weißbrotscheibe

Werst [aus *russ.* versta, eigtl. „Wende (des Pfluges)"] *die;* -, -en (aber: 5 Werst): altes russ. Längenmaß (= 1,067 km); Zeichen: W

Wesir [aus *türk.* wezir, dies aus *arab.* wazīr, eigtl. „Träger, Helfer"] *der;* -s, -e: (hist.) 1. höchster Würdenträger des türk. Sultans. 2. Minister in islamischen Staaten. **Wesirat** *das;* -[e]s, -e: Amt, Würde eines Wesirs

West-coast-Jazz [*"äßtko"ßtdschäs*; *engl.-amerik.*] *der;* -: moderne Jazzrichtung mit dem Schwerpunkt in Los Angeles u. San Francisco

Western [aus gleichbed. *engl.-amerik.* western, gekürzt aus western picture movies „Wildwestfilm"] *der;* -[s], -: Film, der während der Pionierzeit im sog. Wilden Westen (Amerikas) spielt

Westinghousebremse Ⓦᵹ [*...hauß...*; nach dem amerik. Ingenieur G. Westinghouse, 1846–1914] *die;* -, -n: Luftdruckbremse bei Eisenbahnen mit Hauptluftleitung, die von Wagen zu Wagen durchläuft

Westonelement [*"äßt^e n...*; nach dem amerik. Physiker E. Weston, 1850–1936] *das;* -s, -e: H-förmiges galvanisches Element, das als Normalement für die elektrische Spannung eingeführt ist

West|over [*...ow^e r*; gebildet aus *engl.* vest „Weste" u. *engl.* over „über"] *der;* -s, -: ärmelloser Pullover, der über einem Hemd od. einer Bluse getragen wird

Weymouthskiefer [*"e^i m^e th...*], (auch:) **Weimutskiefer** [nach Lord Weymouth, † 1714] *die;* -, -n: eine nordamerik. Kiefernart

Wheatstonesche Brücke [*"itßt^e nsch^e* -; nach dem engl. Physiker Sir Ch. Wheatstone († 1875)] *die;* -n, -: Brückenschaltung zur Messung elektrischer Widerstände, wobei vier Widerstände (einschließlich des zu messenden) zu einem geschlossenen Stromkreis verbunden werden.

Whig [*"ig*; aus *engl.* Whig, gekürzt aus Whiggamore „Westschotte, der 1648 am Zug gegen Edinburgh teilnahm"] *der;* -s, -s: 1. (hist.) Angehöriger einer ehemaligen engl. Partei, aus der sich die liberale Partei entwickelte; Ggs. → Tory (a). 2. engl. Politiker, der in Opposition zu den Konservativen steht; Ggs. → Tory (b)

Whipcord [*"ipko^r t*; aus gleichbed. *engl.* whipcord, eigtl. „Peitschenschnur"] *der;* -s, -s: kräftiger Anzugstoff mit ausgeprägten Schrägrippen

Whiskey [*"ißki*; aus *engl.* whisk(e)y, gekürzt aus whiskybae, dies aus *gälisch* uisge-beatha, eigtl. „Lebenswasser"] *der;* -s, -s: amerik. u. irischer Whisky. **Whisky** [*"ißki*] *der;* -s, -s: aus Getreide od. Mais hergestellter schottischer Trinkbranntwein mit Rauchgeschmack

Whist [*"ißt*; *engl.* whist] *das;* -es: aus England stammendes Kartenspiel mit 52 Karten

Whitworthgewinde [*"it"ö^r th...*; nach dem engl. Ingenieur Sir J. Whitworth, 1803–1887] *das;* -s: ein Schraubengewinde

Wigwam [über *engl.* wigwam aus *indian.* (*Algonkin*) wikiwam „Hütte"] *der;* -s, -s: Behausung nordamerik. Indianer

Wilajet [aus *türk.* wilajet, dies zu *arab.* wilāja „Provinz" (wālī „Gouverneur")] *das;* -[e]s, -s: türk. Provinz, Verwaltungsbezirk

Windsurfing [*...ßö^r fing*; vgl. Surfing] *das;* -s: Segeln auf einem Surfingbrett, das mit einem in einem Kugelgelenk befestigten Segel ausgerüstet ist

Wodka [aus gleichbed. *russ.* vodka, eigtl. „Wässerchen" (voda „Wasser")] *der;* -s, -s: hochprozentiger russ. Trinkbranntwein

Woilach [*weu...*; aus *russ.* voilok „Filz", älter „Satteldecke", dies aus *turkotat.* oilyk „Decke"] *der;* -s, -e: wollene [Pferde]decke, Sattelunterlage

Woiwod[e] [aus *poln.* wojewoda zu wojna „Krieg" und wodzić „führen"] *der;* ...den, ...den: 1. (hist.) Heerführer (in Polen, in der Walachei). 2. oberster Beamter einer poln. Provinz, Landeshauptmann. **Woiwodschaft** *die;* -, -en: Amt[sbezirk] eines Woiwoden

Wolverines [*"ulw^e rins*; nach dem Namen „The Wolverine Orchestra"] *die* (Plural): eine der Hauptgruppen des Jazz im sog. Chikagostil

Wombat [aus gleichbed. *engl.* wombat, dies aus einer *austr.* Sprache] *der;* -s, -s: austral. Beuteltier

Worcestersoße [*"ußt^e r...*; nach der engl. Stadt Worcester] *die;* -, -n: scharfe Würztunke

Workshop [*ˈörkschop*; aus gleichbed. *engl.* workshop, eigtl. „Werkstatt"] *der*; -s, -s: Kurs od. Seminar, in dem in freier Diskussion bestimmte Probleme erarbeitet werden. **Work-Songs** [aus *engl.-amerik.* work songs] *die* (Plural): solistisch u. in Gruppen, mit u. ohne Begleitung gesungenes Arbeitslied der amerik. Neger

Worldcup [*ˈö̱ˈldkap*; aus gleichbed. *engl.* world cup zu world „Welt" und cup „Pokal"] *der*; -s, -s: 1. Fußballwettbewerb zwischen den Meistern von Südamerika u. den Siegern des Europapokals der Landesmeister Europas. 2. [Welt]meisterschaft in verschiedenen sportlichen Disziplinen (z. B. Skisport)

Ws = Wattsekunde

X

X: röm. Zahlzeichen für: 10

Xanthen [zu *gr.* xanthós „gelb"] *das*; -s: Grundgerüst einer Gruppe von Farbstoffen (Chem.). **Xanthin** *das*; -s: eine physiologisch wichtige Stoffwechselverbindung, die im Organismus beim Abbau der → Purine dient (Med.). **xantho...**, **Xantho...**, vor Vokalen xanth..., Xanth...: in Zusammensetzungen auftretendes Bestimmungswort mit der Bedeutung „gelb", z. B. Xanthophyll „gelber Farbstoff der Pflanzenzellen" (Bot.)

Xan|thippe [nach Xanthíppē, der Frau des Sokrates, die in der altgriech. Literatur als schwierig u. zanksüchtig geschildert wird] *die*; -, -n: (ugs.) zanksüchtige Ehefrau

X-Chromosom [*...kro...*] *das*; -s, -en: → Chromosom, das beim Vorkommen in der Samenzelle das Geschlecht des gezeugten Kindes auf weiblich festlegt (Med.)

Xe = chem. Zeichen für: Xenon

Xenie [*...iᵉ*, auch: *xän...*; über *lat.* xenium aus *gr.* xénion „Gastgeschenk"; vgl. xeno..., Xeno...] *die*; -, -n u. **Xenion** *das*; -s, ...ien [*...iᵉn*]: kurzes Sinngedicht (ein → Distichon)

xeno..., **Xeno...** [aus *gr.* xénos „fremd; Fremdling; Gast"]: in Zusammensetzungen auftretendes Bestimmungswort mit der Bed. „fremd; Fremder; Gast", z. B. Xenokratie „Fremdherrschaft, Regierung eines Staates durch ein fremdes Herrscherhaus"

Xenon [zu *gr.* xénos „fremd", eigtl. „das Fremde, Unbekannte"] *das*; -s: chem. Grundstoff, Edelgas; Zeichen: Xe

xer..., **Xer...** vgl. xero..., Xero...

xero..., **Xero...**, vor Vokalen: xer..., Xer... [aus *gr.* xērós „trocken, dürr"]: in Zusammensetzungen auftretendes Bestimmungswort mit der Bedeutung „trocken, dürr"

Xero|graphie [zu → xero..., Xero... und → graphie, eigtl. „Trockendarstellung" (ohne Entwicklungsbad)] *die*; -, ...ien: ein in den USA entwickeltes Vervielfältigungsverfahren (Druckw.). **xerographieren**: nach dem Verfahren der Xerographie vervielfältigen. **xero|graphisch**: die Xerographie betreffend

Xi [aus *gr.* xī] *das*; -[s], -s: griech. Buchstabe: *Ξ*, *ξ*

xylo..., **Xylo...** [aus *gr.* xýlon „Holz"]: in Zusammensetzungen auftretendes Bestimmungswort mit der Bedeutung „Holz". **Xylol** *das*; -s: Dimethylbenzol, eine aromatische Kohlenstoffverbindung, Lösungsmittel u. Ausgangsstoff für Farb-, Duft-, Kunststoffe. **Xylolith** Ⓦ [zu → xylo..., Xylo... und → ...lith] *der*; -s od. -en, -e[n]: Steinholz, ein Kunststein. **Xylose** *die*; -: Holzzucker

Xylophon [zu → xylo..., Xylo... und → ...phon, eigtl. „Holzstimme"] *das*; -s, -e: Schlaginstrument, bei dem auf einem Holzrahmen befestigte Holzstäbe mit zwei Holzklöppeln geschlagen werden

Y

(Vokal u. Konsonant)

Y = chem. Zeichen für: Yttrium

Yak [*jak*] vgl. Jak

Yamashita [*jamaschita*; nach dem Namen eines jap. Kunstturners] *der*; -[s], -s: ein Sprung am Langpferd (Sport)

Yamswurzel [*jam...*] vgl. Jamswurzel

Yankee [*jängki*; *engl.-amerik.*] *der*; -s, -s: 1. Spitzname für Bewohner der amerik. Nordstaaten (bes. Neuenglands). 2. Nordamerikaner. **Yankee-doodle** [*jängkidudl*] *der*; -[s]: amerik. Nationalgesang aus dem 18. Jh.

Yard [*jaʳd*; aus gleichbed. *engl.* yard, eigtl. „Meßstab, Rute"] *das*; -s, -s (5 Yard[s]): angelsächsisches Längenmaß (= 91,44 cm); Abk.: Yd., Plural Yds.

Yawl [*jol*; aus gleichbed. *engl.* yawl, dies aus *niederl.* jol „Jolle"] *die*; -, -e u. -s: zweimastiges [Sport]segelboot

Yb = chem. Zeichen für: Ytterbium

Y-Chromosom [*...kro...*] *das*; -s, -en: Geschlechtschromosom, das beim Vorkommen in der Samenzelle das Geschlecht des gezeugten Kindes als männlich bestimmt (Med.; Biol.)

Yd. vgl. Yard. **Yds.** vgl. Yard

Yen [*jän*; aus *jap.* yen, dies aus *chin.* yuan „rund", eigtl. „runde (Münze)"] *der*; -[s], -[s] (aber: 5 Yen): Währungseinheit in Japan (= 100 Sen)

Yeti [*jeti*; *nepal.*] *der*; -s, -s: legendärer Schneemensch im Himalajagebiet

Yippie [*jipi*; aus gleichbed. *engl.-amerik.* yippie zu YIP, Abkürzung von Youth International Party und → Hippie] *der*; -s, -s: aktionistischer, ideologisch radikalisierter Hippie

...yl [zu *gr.* hýlē „Gehölz, Holz; Stoff"]: Suffix von Fremdwörtern aus dem Gebiet der organ. Chemie zur Bezeichnung einwertiger Kohlenwasserstoffradikale (z. B. in → Methyl)

YMCA [*ˈai ämßi eⁱ*; *engl.*] = Young Men's Christian Association

Yoga [*joga*] vgl. Joga. **Yogi**, **Yogin** [*jo...*] vgl. Jogi, Jogin

Young Men's Christian Association [*jang mäns krißtjᵉn ᵉßoᵘßieⁱschᵉn*; *engl.*; „Christlicher Verein Junger Männer" (CVJM)] *die*; - - - -: Weltbund der männlichen Jugendverbände auf christlicher Grundlage; Abk.: YMCA

Youngster [*jangßtᵉr*; aus gleichbed. *engl.* youngster zu young „jung"] *der*; -s, -s: junger Sportler, bes. noch nicht eingesetzter Mannschaftsspieler

Young Women's Christian Association [*jang ˈimins krißtjᵉn ᵉßoᵘßieⁱschᵉn*; „Christlicher Verein Junger Mädchen"] *der*; - - - -: Weltbund der weiblichen Jugendverbände auf christlicher Grundlage; Abk.: YWCA

Ypsilon [aus *gr.* ȳ psilón „bloßes y"]: *das*; -[s], -s: griech. Buchstabe: *Υ*, *υ*

Ytterbium [nach dem schwed. Fundort Ytterby] *das*; -s: chem. Grundstoff, seltene Erde; Zeichen: Yb. **Ytter|erden** *die* (Plural): seltene Erden, die hauptsächlich in den Erdmineralien von Ytterby vorkommen. **Yttrium** *das*; -s: chem. Grundstoff, seltene Erde; Zeichen: Y

Yucca [*juka*; aus *span.* yuca, dies aus einer zentralamerik. Sprache] *die*; -, -s: Palmlilie (Zier- u. Heilpflanze)

YWCA [*"ai dab^elju ßi ē*; *engl.*] = Young Women's Christian Association

Z

Vgl. auch **C** und **K**

Zamba [*ßam...*; aus *span.* zamba] *die*; -, -s: weiblicher Nachkomme eines schwarzen u. eines indianischen Elternteils. **Zambo** [aus *span.* zambo (weitere Herkunft unsicher)] *der*; -s, -s: männlicher Nachkomme eines schwarzen u. eines indianischen Elternteils

zaponieren [Kunstw.]: mit Zaponlack überziehen. **Zaponlack** *der*; -s, -e: als Metallschutz dienender farbloser Lack mit geringem Bindemittelgehalt

Zar [aus gleichbed. *russ.* car', dies – wie *deutsch* Kaiser – aus *lat.* Caesar] *der*; -en, -en: (hist.) Herrschertitel bei Russen, Serben, Bulgaren. **Zarewitsch** [aus gleichbed. *russ.* carevič'] *der*; -[es], -e: (hist.) Sohn eines russ. Zaren, russ. Kronprinz. **Zarewna** [aus gleichbed. *russ.* carevna] *die*; -, -s: (hist.) Tochter eines russischen Zaren. **Zarismus** *der*; -: Zarentum, unumschränkte Herrschaft der Zaren. **zaristisch**: den Zaren od. den Zarismus betreffend

Zäsur [aus gleichbed. *lat.* caesura, eigtl. „das Hauen; Hieb; Einschnitt" zu caedere „hauen"] *die*; -, -en: 1. an bestimmter Stelle auftretender Einschnitt im Vers, bei dem Wortende u. Versfußende nicht zusammenfallen (Metrik). 2. Unterbrechung des Verlaufs eines Musikstücks durch → Phrasierung od. Pause. 3. [gedanklicher] Einschnitt

Ze|bra [aus gleichbed. *port.* zebra, eigtl. „Wildesel", vgl. *altspan.* zebra „Wildpferd" (*vulgärlat.* equiferus „Wildpferd"] *das*; -s, -s: gestreiftes südafrik. Wildpferd. **Ze|broid** [vgl. [2]...id] *das*; -[e]s, -e: → Bastard (1) von Zebra u. Pferd od. Zebra u. Esel

Zebu [aus gleichbed. *fr.* cébu (Herkunft unsicher)] *der* od. *das*; -s, -s: asiat. Buckelrind

Zechine [aus *it.* zecchino zu zeccha „Münzstätte (in Venedig)"] *die*; -, -n: alte venezianische Goldmünze

Zeemaneffekt [*se...*; nach dem niederl. Physiker P. Zeeman, 1865–1943] *der*; -s: Aufspaltung jedes einfarbigen Spaltbildes von Licht einer best. Wellenlänge in Komponenten verschiedener Frequenz im starken Magnetfeld (Phys.)

Zein [zu *lat.* zea „eine Getreideart", dies aus gleichbed. *gr.* zeá] *das*; -s: Eiweiß des Maiskorns

Zele|brant [aus *lat.* celebrāns, Gen...antis, dem Part. Präs. von celebrāre] *der*; -en, -en: Priester, der die Messe liest. **Zele|bration** [*...zion*; aus gleichbed. *lat.* celebrātio] *die*; -, -en: Feier [des Meßopfers]. **zele|brieren** [aus *lat.* celebrāre „häufig besuchen; festlich begehen; feiern"]: 1. [ein Fest] feierlich begehen. 2. eine Messe lesen. 3. etwas feierlich gestalten, betont langsam u. genußvoll ausführen. **Zele|brität** [aus gleichbed. *lat.* celebritās zu celeber „häufig besucht, gefeiert; berühmt"] *die*; -, -en: 1. Berühmtheit, berühmte Person. 2. Feierlichkeit, Festlichkeit

Zellophan s. Cellophan

zellulär [zu Zelle]: zellenähnlich, zellenartig; aus Zellen gebildet

Zelluloid [*...leut*, auch: *...o-it*; aus gleichbed. *engl.-amerik.* celluloid zu cellulose; s. Zellulose] *das*; -[e]s: leicht brennbarer Kunststoff aus Zellulosenitrat, Zellhorn

Zellulose, (chem. fachspr.:) Cellulose [*z...*; gelehrte Bildung zu *lat.* cellula „kleine Zelle" (cella „Zelle, Kammer")] *die*; -, -n: Hauptbestandteil der pflanzlichen Zellwände, Grundstoff zur Herstellung von Papier

Zelot [aus *gr.* zēlōtḗs „Nacheiferer, Bewunderer" zu zēloūn „nacheifern, beneiden" (zēlos „Eifer, Eifersucht, Neid")] *der*; -en, -en: 1. fanatischer [Glaubens]eiferer. 2. Angehöriger einer antirömischen jüdischen Partei zur Zeit Christi. **zelotisch**: glaubenseifrig. **Zelotismus** *der*; -: Glaubensfanatismus

Zement [aus *fr.* cément, dies aus *lat.* caementum „Bruchstein" zu caedere; s. Zäsur] *der*; [e]s, -e: 1. feinstgemahlener Baustoff, ein unter Wasser erhärtendes Bindemittel. 2. die Zahnwurzeln überziehendes Knochengewebe (Med.). **Zementation** [*...zion*] *die*; -, -en: 1. Abscheidung von Metallen aus Lösungen durch elektrochemische Reaktionen (Chem.). 2. das Veredeln von Metalloberflächen durch chemische Veränderung (z. B. Aufkohlung von Stahl). **zementieren**: 1. etwas mit Zement ausfüllen, verkitten; lockeres Material verfestigen, in seinen Bestandteilen verbinden. 2. eine Zementation durchführen. 3. (einen Zustand, einen Standpunkt, eine Haltung u. dgl.) starr u. unverrückbar, endgültig festlegen

Zen [*sän*; aus gleichbed. *jap.* zen, dies über *chin.* chan aus *sanskr.* dhyāna-m „Meditation"] *das*; -[s]: japanische Richtung des Buddhismus, die durch → Meditation tätige Lebenskraft u. größte Selbstbeherrschung u. damit das Einswerden mit Buddha zu erreichen sucht

Zenit [aus gleichbed. *it.* zenit(h), dies aus *arab.* samt (ar-ra's) „Weg, Richtung (des Kopfes)"] *der*; -[e]s: 1. senkrecht über dem Beobachtungspunkt gelegener höchster Punkt des Himmelsgewölbes; Scheitelpunkt (Astron.); Ggs. → Nadir. 2. Gipfelpunkt, Höhepunkt; Zeitpunkt, an dem sich das Höchste an Erfolg, Entfaltung o. ä. innerhalb eines Gesamtablaufs vollzieht

Zenotaph vgl. Kenotaph

zensieren [aus *lat.* cēnsēre „begutachten, beurteilen, schätzen"]: 1. eine Arbeit od. Leistung mit einer Note bewerten. 2. ein Buch, einen Film o. ä. auf unerlaubte od. unmoralische Inhalte hin kritisch prüfen. **Zensor** [aus gleichbed. *lat.* cēnsor] *der*; -s, ...oren: 1. niemandem verantwortlicher Beamter im Rom der Antike, der u. a. die Vermögensschätzung der Bürger durchführte u. eine sittenrichterliche Funktion ausübte. 2. a) behördlicher Beurteiler, Überprüfer von Druckschriften; b) Kontrolleur von Postsendungen. **Zensur** [aus *lat.* cēnsūra „Prüfung, Beurteilung"] *die*; -, -en: 1. Amt des Zensors (1). 2. behördliche Prüfung u. gegebenenfalls Verbot von Büchern, Theaterstücken u. ä. 3. Note, Bewertung einer Leistung. **zensurieren**: (österr.) prüfen, beurteilen. **Zensus** [aus gleichbed. *lat.* cēnsus] *der*; -, - [*zänsuß*]: 1. (hist.) die durch die Zensoren (1) vorgenommene Schätzung der Bürger nach ihrem Vermögen. 2. Volkszählung

Zentaur u. Kentaur [über *lat.* Centaurus aus *gr.* Kéntauros] *der*; -en, -en: [wildes] vierbeiniges Fabelwesen der griech. Sage mit menschlichem Oberkörper u. Pferdeleib

Zentenarium [zu *lat.* centēnārius „aus hundert bestehend" (centum „hundert")] *das*; -s, ...ien [...*iᵉn*]: Hundertjahrfeier. **zentesimal** [zu *lat.* centēsimus „der hundertste"]: hundertteilig. **Zenti...** [aus *fr.* centi... „Hundertstel" (*lat.* centum „hundert")]: in Zusammensetzungen auftretendes Bestimmungswort mit der Bed. „Hundertstel"; Abk.: c, z.B. Zentimeter. **Zentigrad** [auch: *zän...*] *der*; -s, -e: der hundertste Teil eines → Grads. **Zentigramm** [auch: *zän...*; aus *fr.* centigramme] *das*; -s, -e: der hundertste Teil eines Gramms; Zeichen: cg. **Zentiliter** [auch: *zän...*; aus *fr.* centilitre] *der* (schweiz. nur so) (auch: *das*); -s, -: der hundertste Teil eines Liters; Zeichen: cl. **Zentimeter** [auch: *zän...*; aus *fr.* centimètre] *der* (schweiz. nur so) od. *das*; -s, -: der hundertste Teil eines Meters; Zeichen: cm

zen|tral [aus *lat.* centrālis „in der Mitte befindlich" zu centrum; vgl. Zentrum]: a) im Zentrum [liegend], vom Zentrum ausgehend, nach allen Seiten hin günstig gelegen; Ggs. → dezentral. b) von einer [übergeordneten] Stelle aus [erfolgend]; Ggs. → dezentral. c) sehr wichtig, sehr bedeutend, hauptsächlich, entscheidend, Haupt...; Ggs. → dezentral. **Zen|trale** *die*; -, -n: 1. zentrale Stelle, von der aus etwas organisiert od. geleitet wird; Hauptort, -stelle. 2. Fernsprechvermittlung mit mehreren Anschlüssen. 3. Verbindungsstrecke der Mittelpunkte zweier Kreise (od. Kugeln), Mittelpunktsgerade (Math.). **Zen|tralisation** [...*zion*; aus gleichbed. *fr.* centralisation] *die*; -, -en: Zentralisierung; Ggs. → Dezentralisation. **zen|tralisieren** [aus gleichbed. *fr.* centraliser]: mehrere Dinge organisatorisch so zusammenfassen, daß sie von einer zentralen Stelle aus gemeinsam verwaltet u. geleitet werden können; Ggs. → dezentralisieren. **Zentralisierung** *die*; -, -en: das Zentralisieren. **Zentralismus** [zu → zentral] *der*; -: das Bestreben, Politik u. Verwaltung eines Staates zusammenzuziehen u. nur eine Stelle mit der Entscheidung zu betrauen; Ggs. → Föderalismus. **zen|tralistisch**: nach Zusammenziehung strebend; vom Mittelpunkt, von den Zentralbehörden aus bestimmt. **Zen|tralkomitee** *das*; -s: das höchste leitende Organ marxistisch-leninistischer Parteien. **Zentralperspektive** *die*; -: = Linearperspektive. **Zentralprojektion** [...*zion*] *die*; -: Verfahren zur Abbildung einer räumlichen od. ebenen Figur mit Hilfe von Strahlen, die von einem Punkt (dem Zentrum der Zentralprojektion) ausgehen (z. B. in der Kartendarstellung durch Projektion aus der Mitte der Erdkugel)

zen|trieren [zu → Zentrum]: etwas auf die Mitte einstellen, um etwas anordnen. **zen|trifugal** [zu *lat.* centrum (→ Zentrum) und fugere „fliehen"]: auf die Zentrifugalkraft bezogen; durch Zentrifugalkraft wirkend; Ggs. → zentripetal. **Zentrifugalkraft** *die*; -: bei der Bewegung eines Körpers auf einer gekrümmten Bahn od. bei der Drehung um eine Achse auftretende, nach außen gerichtete Kraft, Fliehkraft (Phys.); Ggs. → Zentripetalkraft. **Zen|trifuge** [aus gleichbed. *fr.* centrifuge; vgl. zentrifugal] *die*; -, -n: Schleudergerät zur Trennung von Substanzen mit Hilfe der Zentrifugalkraft (z. B. Wäscheschleuder). **zen|trifugieren**: mit der Zentrifuge trennen, ausschleudern, zerlegen. **zentripetal** [zu *lat.* centrum (→ Zentrum) und petere „nach etwas streben"]: zum Mittelpunkt, zum Drehzentrum hinstrebend; auf die Zentripetalkraft bezogen; Ggs. → zentrifugal. **Zen|tripetalkraft** *die*; -: bei der Bewegung eines Körpers auf einer gekrümmten Bahn od. bei der Drehung um eine Achse auftretende, nach dem Mittelpunkt hin wirkende Kraft (Phys.); Ggs. → Zentrifugalkraft. **zentrisch** [zu → Zentrum]: mittig, in der Mitte, im Mittelpunkt befindlich. **Zen|triwinkel** *der*; -s, -: Mittelpunktswinkel (Winkel zwischen zwei Kreisradien; Math.). **Zen|trum** [aus *lat.* centrum „Mittelpunkt", dies aus *gr.* kéntron „Stachel(stab); Schenkel des Zirkels; Mittelpunkt eines Kreises"] *das*; -s, ...ren: 1. Mittelpunkt; innerster Bezirk, Brennpunkt. 2. Innenstadt. 3. (ohne Plural) politische katholische Partei des Bismarckreiches u. der Weimarer Republik. 4. Mittelfeld des Schachbretts. 5. = Center

Zenturie u. Centurie [*zän...iᵉ*; aus *lat.* centuria zu centum „hundert"] *die*; -, -n: Heeresabteilung von 100 Mann im Rom der Antike. **Zenturio** [aus *lat.* centurio] *der*; -s, ...onen: Befehlshaber einer Zenturie

Zenturium u. Centurium [*zän...*; zu *lat.* centum „hundert" nach der Ordnungszahl des Elements] *das*; -s: (veraltet) Fermium; Zeichen: Ct

Zeolith [zu *gr.* zeīn „wallen, kochen" u. → ...lith] *der*; -s u. -en, -e[n]: ein feldspatähnliches Mineral

zephal[o]..., **Zephal[o]...** vgl. kephalo..., Kephalo...

Zephir (österr. nur so) u. **Zephyr** [über *lat.* zephyrus aus *gr.* zéphyros] *der*; -s, -e (österr.: ...ire): (ohne Plural) (veraltet, dichterisch) milder [Süd]westwind

Zepter [aus gleichbed. *lat.* scēptrum, dies aus *gr.* skēptron, eigtl. „Stütze, Stab", zu sképtein „stützen"] *das* (auch: *der*); -s, -: 1. Herrscherstab. 2. höchste Gewalt, Herrschaft, Macht; das - schwingen: bestimmen, zu bestimmen haben

Zer vgl. Cer

Zerberus [über *lat.* Cerberus aus *gr.* Kérberos, dem Namen des Hundes, der nach der griech. Mythologie den Eingang der Unterwelt bewacht] *der*; -, -se: (scherzh.) grimmiger Wächter

Zerealie [...*iᵉ*; aus *lat.* cereālis „zu Ceres, der Göttin des Getreidebaus, der Feldfrüchte, gehörig"] *die*; -, -n (meist Plural): 1. Getreide, Feldfrucht. 2. [Gericht aus] Getreideflocken; vgl. Cerealien

zere|bral [zu *lat.* cerebrum „Gehirn"]: das Gehirn betreffend, Gehirn

Zeremonie [auch, österr. nur: ...*moniᵉ*; (unter dem Einfluß von *fr.* cérémonie) aus *mlat.* ceremonia (*lat.* caerimonia) „religiöse Handlung, Feierlichkeit"] *die*; -, ...ien [auch: ...*moniᵉn*]: 1. [traditionsgemäß begangene] feierliche Handlung; Förmlichkeit. 2. (nur Plural) die zum → Ritus gehörenden äußeren Zeichen u. Handlungen (Rel.). **zeremoniell** [aus gleichbed. *fr.* cérémonial]: a) feierlich, förmlich, gemessen; b) steif, umständlich. **Zeremoniell** *das*; -s, -e: Gesamtheit der Regeln u. Verhaltensweisen, die zu bestimmten [feierlichen] Handlungen im gesellschaftlichen Verkehr notwendig gehören. **Zeremonienmeister** [...*iᵉn*...] *der*; -s, -: der für das Hofzeremoniell verantwortliche Beamte an Fürstenhöfen. **zeremoniös** [aus gleichbed. *fr.* cérémonieux]: steif, förmlich, gemessen

Zeresin u. Ceresin [*ze*...; zu *lat.* cēra „Wachs"] *das*; -s: ein gebleichtes Erdwachs aus hochmolekularen Kohlenwasserstoffen

Zerium s. Cerium

Zero [*se*...; aus *fr.* zéro, dies über *it.* zero aus *arab.* şifr zu şafira „leer sein"] *die*; -, -s od. *das*; -s, -s: 1. Null, Nichts. 2. das Gewinnfeld des Bankhalters im Roulett

Zertifikat [(unter dem Einfluß von *fr.* certificat) aus *mlat.* certificatum „Beglaubigtes"] *das*; -[e]s, -e: [amtliche] Bescheinigung, Beglaubigung, Schein, Zeugnis. **Zertifikation** [...*zion*] *die*; -, -en: = Zertifizierung; vgl. ...ation/...ierung. **zertifizieren** [aus *spätlat.* certificāre zu *lat.* certus „sicher, gewiß" und -ficāre (→ ...fizieren)]: [amtlich] bescheinigen, beglaubigen. **Zertifizierung** *die*; -, -en: das Beglaubigen, Bescheinigen; vgl. ...ation/...ierung

Zervelatwurst [*zärw^elat*..., auch: *särw^elat*...; aus *it.* cervellata „Hirnwurst" zu cervello (*lat.* cerebrum) „Gehirn"] *die*; -, ...würste: Dauerwurst aus zwei Drittel Schweinefleisch u. einem Drittel Rindfleisch u. Speck (Schlackwurst); vgl. Servela

Zeta [aus *gr.* zēta] *das*; -[s], -s: griech. Buchstabe: Z, ζ

Zibebe [über *it.* zibibbo aus gleichbed. *arab.* zibība] *die*; -, -n: (landsch.) große, kernhaltige Rosine

Zibet [über *it.* zibetto aus *arab.* zabād „Schaum"] *der*; -s: als Duftstoff verwendete Drüsenabsonderung der Zibetkatze. **Zibetkatze** *die*; -, -n: asiatische Schleichkatze

Ziborium [über *lat.* cibōrium aus *gr.* kibōrion „Hülse einer Bohnenart; Trinkbecher aus der Hülse"] *das*; -s, ...ien [...*i^en*]: 1. gedeckter Kelch zur Aufbewahrung der geweihten Hostie. 2. von Säulen getragener baldachinartiger Überbau über einem Altar, Grabmal u. ä.

Zichorie [*zichori^e*; aus *it.* cicoria, dies aus *gr.* kichṓrion (kichórion) „Wegwarte; Endivie"] *die*; -, -n: 1. Pflanzengattung der Korbblütler mit zahlreichen Arten (z. B. Wegwarte). 2. Kaffeezusatz

...zid [aus gleichbed. *fr.* ...cide zu *lat.* caedere „hauen, erschlagen, töten"; vgl. Zäsur]: in Zusammensetzungen auftretendes Grundwort mit der Bedeutung „tötend, vernichtend", z. B. bakterizid, Insektizid

Zigarette [aus gleichbed. *fr.* cigarette, einer Verkleinerungsbildung zu cigare; s. Zigarre] *die*; -, -n: ungefähr fingerlange, mit feingeschnittenem Tabak gefüllte Papierhülse [mit Filtermundstück] zum Rauchen. **Zigarillo** [auch: ...*riljo*; aus gleichbed. *span.* cigarillo, einer Verkleinerungsbildung zu cigarro; s. Zigarre] *das* (auch: *der*); -s, -s (ugs. auch: *die*; -, -s): kleine Zigarre. **Zigarre** [aus gleichbed. *span.* cigarro, aus dem auch *fr.* cigare (s. Zigarette) stammt; weitere Herkunft unklar] *die*; -, -n: 1. aus stabförmig gewickelten Tabakblättern hergestellte Rauchware. 2. Vorwurf, Ermahnung, Vorhaltung, Verweis

Zikade [aus gleichbed. *lat.* cicada] *die*; -, -n: kleines, grillenähnliches Insekt (Zirpe)

Zimbal u. Cimbal u. Cymbal u. Zymbal [*z*...] *das*; -s, -s u. **Zimbel** [aus *lat.* cymbalum, dies aus *gr.* kýmbalon „gegeneinander zu schlagende Metall- oder Holzteller" zu kýmbē „Topf, Becken"] *die*; -, -n: 1. antikes Schlaginstrument. 2. ein mit Hämmerchen geschlagenes Hackbrett. 3. ein mittelalterliches Glockenspiel. 4. Orgelregister

Zimelie [...*i^e*] *die*; -, -n u. **Zimelium** [über *mlat.* cimēlia aus *gr.* keimélia, Plural von keimélion „Schatz"] *das*; -s, ...ien [...*i^en*]: Wertgegenstand [in kirchlichen Schatzkammern]

Ziment [aus *it.* cimento „Probe" zu cimentare „auf die Probe stellen"] *das*; -[e]s, -e: (bayr., österr.) metallenes zylindrisches geeichtes Maßgefäß der Wirte. **zimentieren**: (bayr., österr.) Gefäße amtlich eichen od. geeichte Gefäße prüfen u. berichtigen

Zincum [...*kum*; zu *deutsch* Zinke, weil sich das Destillat des Metalls an den Wänden des Schmelzofens in Form von Zacken niederschlägt] *das*; -s: Zink (ein zu den Metallen gehörender chemischer Grundstoff); Zeichen: Zn

Zinder [aus gleichbed. *engl.* cinder] *der*; -s, - (meist Plural): ausgeglühte Steinkohle

Zineraria u. **Zinerarie** [...*i^e*; zu *lat.* cinis, Gen. cineris „Asche"] *die*; -, ...ien [...*i^en*]: zu den Korbblütlern gehörende Zimmerpflanze mit aschfarbenen Blättern (Aschenblume)

Zingulum [...*ngg*...; aus *lat.* cingulum „Gürtel" zu cingere „(um)gürten"] *das*; -s, -s u. ...la: 1. Gürtel[schnur] der → Albe u. katholischer Ordenstrachten. 2. [seidene] Gürtelbinde der → Soutane

Zinnie [...*i^e*; nach dem dt. Arzt u. Botaniker J. G. Zinn, 1727–1759] *die*; -, -n: Korbblütler mit leuchtenden Blüten (eine Gartenzierpflanze)

Zinnober [über *altfr.* cenobre aus *lat.* cinnabaris, dies aus gleichbed. *gr.* kinnábari] *der*; -s, -: 1. ein Mineral (wichtiges Quecksilbererz). 2. (österr.: *das*) (ohne Plural) eine gelblichrote Farbe. 3. (ohne Plural) (ugs.) Blödsinn; Kram, Krempel

Zionismus [nach dem Tempelberg Zion in Jerusalem] *der*; -: jüdische Bewegung (bes. seit 1897) zur Gründung u. Sicherung eines nationalen jüdischen Staates in Palästina (Israel). **Zionist** *der*; -en, -en: Anhänger des Zionismus. **zionistisch**: der Bewegung des Zionismus angehörend, sie betreffend

Zirconium [...*ko*...] vgl. Zirkonium

zirka vgl. circa

Zirkel [aus *lat.* circinus „Zirkel" (unter Einfluß von circulus „Kreis, Kreislinie"; vgl. Zirkus)] *der*; -s, -: 1. geometrisches Gerät zum Kreiszeichnen u. Strecken[ab]messen (Math.). 2. [gesellschaftlicher] Kreis. **Zirkelkanon** *der*; -s, -s: ein immer in seinen Anfang mündender Kanon (3) ohne Ende (Mus.). **zirkeln**: genau einteilen, abmessen; einen Kreis ziehen

Zirkon [*nlat.*; Herkunft unsicher] *der*; -s, -e: ein Mineral (brauner, durch Brennen blau gewordener Edelstein). **Zirkonium**, (chem. fachspr.:) Zirconium [...*ko*...; zu → Zirkon, weil es in diesem Mineral entdeckt wurde] *das*; -s: chem. Grunstoff, Metall; Zeichen: Zr

zirkular u. **zirkulär** [aus gleichbed. *lat.* circulāris]: kreisförmig. **Zirkular** *das*; -s, -e: (veraltet) Rundschreiben. **Zirkulation** [...*zion*] *die*; -, -en: Kreislauf, Umlauf (z. B. des Blutes, der Luft). **zirkulieren** [aus *lat.* circulāre „im Kreis herumgehen" zu circulus; s. Zirkel]: in Umlauf sein, umlaufen, kreisen

zirkum..., **Zirkum...** [aus *lat.* circum „um–herum"]: Präfix mit der Bedeutung „um – herum". **Zirkumflex** [aus *lat.* circumflexus „Wölbung" zu circumflectere „umbiegen"] *der*; -es, -e: Dehnungszeichen (ˆ; z. B. ô); vgl. Accent circonflexe. **Zirkumpolarstern** *der*; -s, -e: Stern, der für den Beobachtungsort nicht untergeht, weil sein Polabstand kleiner ist als die Polhöhe des Beobachtungsortes (Astron.)

Zirkus [(unter *engl.* und *franz.* Einfluß) aus *lat.*

circus „Kreis; Ring; Rennbahn; Arena", dies aus *gr.* kírkos „Ring"] *der*; -, -se: 1. Kampfspielbahn im Rom der Antike. 2. [nicht ortsfestes] Unternehmen, das in einem großen Zelt od. in einem Gebäude mit einer → Manege ein vielseitiges artistisches Programm mit Tierdressuren, akrobatischen Nummern u. ä. vorführt. 3. (ohne Plural) (ugs.) Durcheinander, unnötiger Trubel, Aufwand; Wirbel, Getue

Zir|rhose [gelehrte Bildung zu *gr.* kirrhós „gelb, orange"] *die*; -, -n: Wucherung im Bindegewebe eines Organs (z. B. Leber, Lunge) mit nachfolgender Verhärtung und Schrumpfung (Med.)

Zirrokumulus [zu → Zirrus und → Kumulus] *der*; -, ...li: feingegliederte, federige Wolke in höheren Luftschichten, Schäfchenwolke (Meteor.). **Zirrostratus** [zu → Zirrus und → Stratus] *der*; -, ...ti: überwiegend aus Eiskristallen bestehende Schleierwolke in höheren Luftschichten (Meteor.). **Zirrus** [aus *lat.* cirrus „Haarlocke; Federbüschel; Franse"] *der*; -, - u. Zirren: aus feinsten Eisteilchen bestehende Federwolke in höheren Luftschichten (Meteor.)

zirzensisch [aus *lat.* circēnsis „zur Arena gehörig"]: den Zirkus betreffend, in ihm abgehalten; -e Spiele: die Zirkusspiele im Rom der Antike

zis... [aus *lat.* cis „diesseits"]: Präfix mit der Bedeutung „diesseits", z. B. zisalpin „[von Rom aus] diesseits der Alpen"

Ziseleur [...*lör*; aus *fr.* ciseleur] *der*; -s, -e: jmd., der Ziselierarbeiten ausführt (Metallstecher). **ziselieren** [aus gleichbed. *fr.* ciseler zu ciseau „Meißel"]: 1. Metall mit Grabstichel, Meißel, Feile u. a. bearbeiten; Figuren u. Ornamente aus Gold od. Silber herausarbeiten. 2. (einen Satz, einen Text, einen Vortrag u. dgl.) in den Details kunstvoll ausarbeiten. **Ziselierer** *der*; -s, -: = Ziseleur

Zissoide [zu *gr.* kissós „Efeu" und → [2]...id] *die*; -, -n: ebene Kurve dritter Ordnung (Efeublattkurve; Math.)

Zista u. **Ziste** [aus *lat.* cista „Kasten, Kiste", dies aus gleichbed. *gr.* kístē] *die*; -, ...sten: 1. frühgeschichtlicher zylinderförmiger Bronzeeimer mit reich verzierter Außenwand. 2. eine frühgeschichtliche etruskische Urne in Zylinderform

Zisterne [aus gleichbed. *lat.* cisterna zu cista; s. Zista] *die*; -, -n: unterirdischer Behälter zum Auffangen von Regenwasser [in wasserarmen Gebieten]

Zisterzienser [nach dem franz. Kloster Cîteaux (*ßito*), *mlat.* Cistercium] *der*; -s, -: Angehöriger eines benediktinischen Reformordens (gegründet 1098); Abk.: O. Cist.

Zitadelle [aus *altfr.* citadelle, dies aus *altit.* citadella, eigtl. „kleine Stadt", zu cittade „Stadt" (*lat.* cīvitās)] *die*; -, -n: 1. Festung innerhalb od. am Rande einer Stadt. 2. letzter Widerstandskern in einer Festung

Zitat [aus *lat.* citātum „das Angeführte, Erwähnte"] *das*; -[e]s, -e: 1. wörtlich angeführte Belegstelle. 2. bekannter Ausspruch, geflügeltes Wort. **zitieren** [aus *lat.* citāre „herbeirufen; vorladen; nennen, erwähnen" zu ciēre (citum) „schnell bewegen, antreiben; herbeirufen"]: 1. eine Stelle aus einem geschriebenen od. gesprochenen Text [wörtlich] anführen. 2. jmdn. vorladen, jmdn. zu sich kommen lassen, um ihn für etwas zur Rechenschaft zu ziehen

Zither [über *lat.* cithara aus gleichbed. *gr.* kithára] *die*; -, -n: ein Zupfinstrument mit flachem Resonanzkasten

Zi|trat, (chem. fachspr.:) Ci|trat [zu → Zitrone] *das*; -[e]s, -e: Salz der Zitronensäure (Chem.). **Zitrin** *das*; -s: Wirkstoff im Vitamin P. **Zi|tronat** [aus gleichbed. *fr.* citronnat, dies aus *it.* citronata] *das*; -[e]s, -e: kandierte Fruchtschale einer Zitronenart. **Zi|trone** [aus älter *it.* citrone zu *lat.* citrus; s. Zitruspflanzen] *die*; -, -n: a) Strauch od. Baum wärmerer Gebiete mit immergrünen Blättern u. gelben, vitaminreichen Früchten; b) Frucht des Zitronenbaumes. **Zi|truspflanzen** [zu *lat.* citrus „Zitronenbaum"] *die* (Plural): verschiedene Arten immergrüner, subtropischer Bäume od. Pflanzen mit wohlschmeckenden, vitaminhaltigen Früchten (z. B. Apfelsine, Grapefruit, Zitrone)

zivil [*ziwil*; (unter dem Einfluß von *fr.* civil) aus *lat.* cīvīlis „das Bürgertum betreffend, bürgerlich" zu cīvis „Bürger"]: 1. bürgerlich; Ggs. → militärisch (1). 2. anständig, annehmbar. **Zivil** [nach *fr.* (tenue) civile „Zivilkleidung"] *das*; -s: bürgerliche Kleidung; Ggs. → Uniform. **Zivilist** *der*; -en, -en: Bürger (im Gegensatz zum Soldaten). **Zivilcourage** [...*kurasch*ᵉ] *die*; -: der Mut, überall unerschrocken seine eigene Meinung zu vertreten

Zivilisation [...*zion*; aus gleichbed. *fr.* civilisation bzw. *engl.* civilization; s. zivilisieren] *die*; -, -en: 1. die Gesamtheit der durch den Fortschritt der Wissenschaft u. Technik geschaffenen [verbesserten] materiellen u. sozialen Lebensbedingungen. 2. (ohne Plural) Bildung, Gesittung. **zivilisatorisch**: auf die Zivilisation gerichtet, sie betreffend. **zivilisieren** [aus gleichbed. *fr.* civiliser zu civil „bürgerlich; gesittet"; s. zivil]: der Zivilisation zuführen; verfeinern, veredeln. **zivilisiert**: Kultur u. Bildung habend od. zeigend

Zivilist s. zivil

Zivilkammer *die*; -, -n: Spruchabteilung für privatrechtliche Streitigkeiten bei den Landgerichten. **Zivilliste** *die*; -, -n: der für den Monarchen bestimmte Betrag im Staatshaushalt. **Zivilprozeß** *der*; ...esses, ...esse: Gerichtsverfahren, dem die Bestimmungen des Privatrechts zugrunde liegen. **Zivilstand** *der*; -s: (schweiz.) Familien-, Personenstand. **Zivilstandsamt** *das*; -[e]s, ...ämter: (schweiz.) Standesamt

ZK = Zentralkomitee

Zloty [*sloti*, auch: *ßloti*; aus *poln.* złoty zu złoto „Gold"] *der*; -s, -s (aber: 5 Zloty): Währungseinheit in Polen (= 100 Grosze)

Zn = chem. Zeichen für: Zincum (Zink)

zodiakal: auf den Tierkreis bezogen, den Tierkreis betreffend (Astron.). **Zodiakallicht** *das*; -s, -er: schwacher, pyramidenförmiger Lichtschein am nächtlichen Himmel entlang der scheinbaren Sonnenbahn, Tierkreislicht (Astron.). **Zodiakus** [über *lat.* zodiacus aus gleichbed. *gr.* zōidiakós kýklos zu zṓidion „Tierchen, Tierbild, Sternbild des Tierkreises" (zōion „Lebewesen, Tier")] *der*; -: die Zusammenfassung der beiderseits der → Ekliptik liegenden 12 Tierkreiszeichen, Tierkreis (Astrol.)

Zölestin [zu *lat.* caelestis (coelestis) „zum Himmel gehörig, himmlisch" zu caelum (coelum) „Himmel"] *der*; -s, -e: ein Mineral. **zölestisch**: (veraltet) himmlisch

Zölibat [aus *lat.* caelibātus zu caelebs „ehelos"] *das* (auch: *der*); -[e]s: pflichtmäßige Ehelosigkeit aus religiösen Gründen, bes. bei kath. Geistlichen

zonal u. **zonar** [aus gleichbed. *lat.* zōnālis]: zu einer Zone gehörend, eine Zone betreffend. **Zone** [unter dem Einfluß von *fr.* zone aus *lat.* zōna, dies aus *gr.* zṓnē „Gürtel; Erdgürtel" zu zōnnýnai „gürten"] *die*; -, -n: 1. Gebiet[sstreifen]. 2. = Horizont (2). 3. durch zwei parallele Kreise gebildeter Streifen der Oberfläche eines Rotationskörpers (Math.). 4. Gesamtheit aller Kristallflächen, die sich in parallelen Kanten schneiden (Math.). 5. kleinster geologischer Zeitabschnitt einer Formation (Geol.). 6. militärisch besetztes [u. verwaltetes] Gebiet. 7. bestimmte Körpergegend (Med.); erogene -: Körpergegend, deren Berührung od. Reizung im besonderen Maß geschlechtliche Erregung auslöst

Zönobium [aus *lat.* coenobium „Kloster", dies aus *gr.* koinóbion „Leben in einer Gemeinschaft" (koinós „gemeinsam" und bíos „Leben")] *das*; -s, ...ien [...*iᵉn*]: 1. Kloster. 2. Zellkolonie (Biol.)

Zoo [*zo*] *der*; -[s], -s: Kurzform von: zoologischer Garten. **zoo...**, **Zoo...** [*zo-o...*; aus *gr.* zōion „Lebewesen, Tier" zu zēn, zṓein „leben"]: in Zusammensetzungen auftretendes Bestimmungswort mit der Bedeutung „Leben, lebendes Wesen, Tier", z. B. Zoographie „Tiergeographie". **Zoo|loge** *der*; -n, -n: jmd., der sich wissenschaftlich mit den Erscheinungen tierischen Lebens befaßt (z. B. Wissenschaftler, Student). **Zoo|logie** [aus gleichbed. *fr.* zoologie, vgl. zoo..., Zoo... und ...logie] *die*; -: Tierkunde (Teilgebiet der Biologie). **zoo|logisch**: die Tierkunde betreffend; -er Garten: Tierpark, Tiergarten

Zoom [*sum*; aus gleichbed. *engl.* zoom lens „Gummilinse"] *das*; -s, -s: 1. Objektiv mit verstellbarer Brennweite. 2. Vorgang, durch den der Aufnahmegegenstand näher an den Betrachter herangeholt oder weiter von ihm entfernt wird. **zoomen** [*sumᵉn*; aus *engl.* to zoom]: den Aufnahmegegenstand mit Hilfe eines Objektivs mit verstellbarer Brennweite näher heranholen od. weiter wegrücken

Zoon politikon [*zó-on* -; *gr.*; „staatsbürgerliches Wesen"] *das*; - -: der Mensch als Gemeinschaftswesen [bei Aristoteles]

zoppo [aus gleichbed. *it.* zoppo]: lahm, schleppend (Vortragsanweisung; Mus.)

Zores [aus *hebr.-jidd.* zarōth „Nöte"] *der*; -: (ugs., bes. südd.) Wirrwarr, Durcheinander, Ärger

Zorilla [aus gleichbed. *span.* zorilla, Verkleinerungsbildung zu zorra „Fuchs"] *der*; -s, -s (auch: *die*; -, -s): ein schwarzweißer afrikanischer Marder (Bandiltis)

Zr = chem. Zeichen für: Zirkonium

Zuave [...*wᵉ*; aus *fr.* Zouave, dies aus dem Namen des Kabylenstammes Suafa] *der*; -n, -n: Angehöriger einer ehemaligen aus Berberstämmen rekrutierten franz. [Kolonial]truppe

Zyan vgl. Cyan. **Zyanat** vgl. Cyanat. **Zyanid** vgl. Cyanid. **Zyankali** u. **Zyankalium** [zu → Cyan und → Kali(um)] *das*; -s: das stark giftige Kaliumsalz der Blausäure

zygomorph [zu *gr.* zygón „Joch" und → ...morph]: nur eine Symmetrieebene zeigend (von Blüten; Bot.). **Zygote** [aus *gr.* zygōtós „verbunden" zu zygoūn „verbinden, unter ein Joch spannen" (zygón „Joch")] *die*; -, -n: die nach Verschmelzung zweier Fortpflanzungszellen entstandene → diploide Zelle (Biol.)

zykl..., **Zykl...** vgl. zyklo..., Zyklo...

zy|klam [zu → Zyklamen]: lilarot. **Zy|klamen** [aus *lat.* cyclamen, dies aus *gr.* kykláminos zu kýklos (s. Zyklus) nach der kreisrunden Wurzelknolle] *das*; -s, -: Alpenveilchen (eine Berg- u. Zierpflanze)

Zy|klen: *Plural* von → Zyklus. **Zy|klide** *die*; -, -n: von einer Schar Kugeln (von denen jede drei feste Kugeln berührt) umgebene Fläche vierten Grades (Math.). **zy|klisch**, (chem. fachspr.:) cy|clisch [auch: *zük...*; aus gleichbed. *lat.* cyclicus, dies aus *gr.* kyklikós, s. Zyklus]: kreisläufig, -förmig; sich auf einen Zyklus beziehend; regelmäßig wiederkehrend; -e Verbindung: organische Verbindung mit Atomen, die in geschlossenen Ringen angeordnet sind (Chem.). **zy|klo...**, **Zy|klo...**, vor Vokalen auch: zykl..., Zykl... [über *lat.* cyclus aus *gr.* kýklos „Kreis; Ring; Rad"]: in Zusammensetzungen auftretendes Bestimmungswort mit der Bedeutung „Kreis; kreisförmig", z. B. zyklothym, Zyklometrie, Zyklopie. **zy|kloid** [vgl. ...id]: kreisähnlich (Math.). **Zy|kloide** *die*; -, -n: a) Kurve, die ein Punkt auf einem Kreisumfang beschreibt, wenn der Kreis auf einer Geraden abrollt; b) Kurve, die ein Punkt auf einem Kreisumfang beschreibt, wenn der Kreis auf der Außenseite eines Kreises abrollt; c) Kurve, die ein Punkt auf einem Kreisumfang beschreibt, wenn der Kreis auf der Innenseite eines Kreises abrollt (Math.). **zy|klometrisch**: auf den Kreisbogen bezogen, den Kreisbogen darstellend; -e Funktion: Umkehrfunktion der Winkelfunktion (Math.)

¹**Zy|klon** [aus gleichbed. *engl.* cyclone, einer Bildung zu *gr.* kýklos „kreisförmige Bewegung", s. Zyklus] *der*; -s, -e: heftiger Wirbelsturm in tropischen Gebieten (Meteor.). 2. ⓦ Vorrichtung zur Entstaubung von Gasen mit Hilfe der Fliehkraft

²**Zy|klon** ⓦ *das*; -s: ein blausäurehaltiges Schädlingsbekämpfungsmittel

Zy|klone [zu → ¹Zyklon, eigtl. „die sich um ein Zentrum minimalen Drucks drehenden Winde"] *die*; -, -n: Tiefdruckgebiet (Meteor.)

Zy|klop [über *lat.* Cyclops aus *gr.* Kýklōps, vielleicht zu kýklos „Kreis" und ṓps „Auge" als „der Rundäugige"] *der*; -en, -en: einäugiger Riese der griech. Sage. **Zy|klopenmauer** *die*; -, -n: mörtellose frühgeschichtliche Mauer aus unbehauenen Steinen. **zy|klopisch**: riesenhaft

zy|klothym [zu → zyklo..., Zyklo... und *gr.* thȳmós „Lebenskraft; Seele; Gemüt; Sinn"]: von extrovertierter, geselliger, dabei aber Stimmungsschwankungen unterworfener Wesensart (Med.; Psychol.). **Zy|klothyme** *der* u. *die*; -n, -n: jmd., der zyklothymes Temperament besitzt (Med.; Psychol.). **Zy|klothymie** *die*; -: Wesensart des Zyklothymen

Zy|klo|tron [auch: *zü...*; aus gleichbed. *engl.* cyclotron; vgl. zyklo..., Zyklo... und ...tron] *das*; -s, ...trone (auch: -s): Gerät zur Beschleunigung geladener Elementarteilchen u. Ionen zur Erzielung hoher Energien (Kernphysik). **zy|klo|tronisch**: mit dem Zyklotron beschleunigt, auf das Zyklotron bezogen

Zy|klus [auch: *zü...*; über *lat.* cyclus aus *gr.* kýklos „Kreis; Ring; Rad"] *der*; -, Zyklen: 1. periodisch ablaufendes Geschehen, Kreislauf regelmäßig wiederkehrender Dinge od. Ereignisse. 2. a) Zusammenfassung, Folge; Reihe inhaltlich zusammengehörender [literarischer] Werke, Vorträge u. a.; b) Ideen-, Themenkreis. 3. die Regelblutungen der Frau u. die zwischen ihnen liegenden Intervalle (Med.)

Zylinder [*zi*..., auch: *zü*...; über *lat.* cylindrus aus *gr.* kýlindros „Rolle, Walze, Zylinder" zu kylíndein „rollen, wälzen"] *der*; -s, -: 1. Körper, dessen beide von gekrümmten Linien begrenzte Grundflächen (meist Kreise) parallel, eben, kongruent u. durch eine Mantelfläche miteinander verbunden sind (Math.). 2. röhrenförmiger Hohlkörper einer Maschine, in dem sich gleitend ein Kolben bewegt. 3. Lampenglas. 4. Teil einer Pumpe (Stiefel). 5. hoher Herrenhut [aus schwarzem Seidensamt]. **Zylindergläser** *die* (Plural): nur in einer Richtung gekrümmte Brillengläser. **Zylinderprojektion** [...*zion*] *die*; -, -en: Kartendarstellung mit einem Zylindermantel als Abbildungsfläche. **zylin|drisch**: walzenförmig

Zymase [aus gleichbed. *fr.* zymase, einer gelehrten Bildung zu *gr.* zýmē „Sauerteig"; vgl. Enzym] *die*; -: aus zellfreien Hefepreßsäften gewonnenes Gemisch von → Enzymen, das die alkoholische Gärung verursacht

Zymbal vgl. Zimbel

Zyniker *der*; -s, -: zynischer Mensch; vgl. Kyniker. **zynisch** [unter dem Einfluß von *fr.* cynique aus *lat.* cynicus, dies aus *gr.* kynikós „hündisch; unverschämt, schamlos" und „zur Schule der → Kyniker gehörig" zu kýōn „Hund" (s. Kynologe)]: verletzend-spöttisch, bissig, schamlos-verletzend. **Zynismus** [über *lat.* cynismus aus *gr.* kynismós „Denk-, Handlungsweise der Kyniker"] *der*; -, ...men: 1. (ohne Plural) Lebensanschauung der → Kyniker. 2. a) (ohne Plural) zynische Haltung, Einstellung, zynisches Wesen; b) zynische Bemerkung

Zy|presse [aus gleichbed. *lat.* cupressus (cypressus)] *die*; -, -n: immergrüner Baum des Mittelmeergebietes. **zy|pressen**: aus Zypressenholz hergestellt

zyst..., **Zyst...** vgl. zysto..., Zysto... **Zyste** [aus *gr.* kýstis „Harnblase; Beutel"] *die*; -, -n: 1. im od. am Körper gebildeter sackartiger, mit Flüssigkeit gefüllter Hohlraum, Geschwulst (Med.). 2. bei niederen Pflanzen u. Tieren auftretendes kapselartiges Dauerstadium (z. B. bei ungünstigen Lebensbedingungen; Biol.). **Zystin** [zu → Zyste, weil auch in Harnblasensteinen vorkommend] *das*; -s: eine → Aminosäure, Hauptträger des Schwefels im Eiweißmolekül. **zysto...**, **Zysto...**, vor Vokalen meist: zyst..., Zyst... [zu *gr.* kýstis „Blase; Beutel"]: in Zusammensetzungen auftretendes Bestimmungswort mit der Bedeutung „[Harn]blase". **Zysto|skop** [vgl. ...skop] *das*; -s, -e: röhrenförmiges Instrument zur Untersuchung der Harnblase (Blasenspiegel; Med.). **Zysto|skopie** [vgl. ...skopie] *die*; -, ...ien: Ausleuchtung der Blase mit dem Zystoskop (Med.)

zyto..., **Zyto...** [aus *gr.* kýtos „Rundung, Wölbung, Höhlung"; vgl. Leukozyt]: in Zusammensetzungen auftretendes Bestimmungswort mit der Bedeutung „Zelle", z. B. Zytologie „Zellehre". **Zytode** *die*; -, -n: kernloses Protoplasmaklümpchen (Biol.). **zytogen**: von der Zelle gebildet (Biol.). **Zyto|plasma** *das*; -s, ...men: = Protoplasma (Biol.). **Zytostatikum** *das*; -s, ...ka: [chemische] Substanz, die die Kernteilung u. Zellvermehrung hemmt (Med.; Biol.). **zytostatisch**: Kernteilung u. Zellvermehrung hemmend (Biol.). **Zytostom** *das*; -s, -e u. **Zytostoma** [zu → zyto..., Zyto... und *gr.* stóma „Mund"] *das*; -s, -ta: Zellmund der Einzeller (Biol.)

DUDEN-TASCHENBÜCHER

Herausgegeben vom Wissenschaftlichen Rat der Dudenredaktion: Dr. Günther Drosdowski · Professor Dr. Paul Grebe · Dr. Rudolf Köster · Dr. Wolfgang Müller · Dr. Werner Scholze-Stubenrecht

Band 1: Komma, Punkt und alle anderen Satzzeichen
Sie finden in diesem Taschenbuch Antwort auf alle Fragen, die im Bereich der deutschen Zeichensetzung auftreten können. 165 Seiten.

Band 2: Wie sagt man noch?
Hier ist der Ratgeber, wenn Ihnen gerade das passende Wort nicht einfällt oder wenn Sie sich im Ausdruck nicht wiederholen wollen. 219 Seiten.

Band 3: Die Regeln der deutschen Rechtschreibung
Dieses Buch stellt die Regeln zum richtigen Schreiben der Wörter und Namen sowie die Regeln zum richtigen Gebrauch der Satzzeichen dar. 188 Seiten.

Band 4: Lexikon der Vornamen
Mehr als 3000 weibliche und männliche Vornamen enthält dieses Taschenbuch. Sie erfahren, aus welcher Sprache ein Name stammt, was er bedeutet und welche Persönlichkeiten ihn getragen haben. 239 Seiten.

Band 5: Satz- und Korrekturanweisungen
Richtlinien für die Texterfassung.
Mit ausführlicher Beispielsammlung.
Dieses Taschenbuch enthält nicht nur die Vorschriften für den Schriftsatz und die üblichen Korrekturvorschriften, sondern auch Regeln für Spezialbereiche. 268 Seiten.

Band 6: Wann schreibt man groß, wann schreibt man klein?
In diesem Taschenbuch finden Sie in mehr als 7500 Artikeln Antwort auf die Frage „groß oder klein"? 252 Seiten.

Band 7: Wie schreibt man gutes Deutsch?
Eine Stilfibel. Der Band stellt die vielfältigen sprachlichen Möglichkeiten dar und zeigt, wie man seinen Stil verbessern kann. 163 Seiten.

Band 8: Wie sagt man in Österreich?
Das Buch bringt eine Fülle an Informationen über alle sprachlichen Eigenheiten, durch die sich die deutsche Sprache in Österreich von dem in Deutschland üblichen Sprachgebrauch unterscheidet. 252 Seiten.

Band 9: Wie gebraucht man Fremdwörter richtig?
Mit 4000 Stichwörtern und über 30000 Anwendungsbeispielen ist dieses Taschenbuch eine praktische Stilfibel des Fremdwortes. 368 Seiten.

Band 10: Wie sagt der Arzt?
Dieses Buch unterrichtet Sie in knapper Form darüber, was der Arzt mit diesem oder jenem Ausdruck meint. 176 Seiten.

Band 11: Wörterbuch der Abkürzungen
Berücksichtigt werden 36000 Abkürzungen, Kurzformen und Zeichen aus allen Bereichen. 260 Seiten.

Band 13: mahlen oder malen?
Hier werden gleichklingende aber verschieden geschriebene Wörter in Gruppen dargestellt und erläutert. 191 Seiten.

Band 14: Fehlerfreies Deutsch
Viele Fragen zur Grammatik erübrigen sich, wenn man dieses Duden-Taschenbuch besitzt. Es macht grammatische Regeln verständlich und führt zum richtigen Sprachgebrauch. 204 Seiten.

Band 15: Wie sagt man anderswo?
Dieses Buch will allen jenen helfen, die mit den landschaftlichen Unterschieden in Wort- und Sprachgebrauch konfrontiert werden. 160 Seiten.

Band 17: Leicht verwechselbare Wörter
Der Band enthält Gruppen von Wörtern, die auf Grund ihrer lautlichen Ähnlichkeit leicht verwechselt werden. 334 Seiten.

Band 18: Wie schreibt man im Büro?
Es werden nützliche Ratschläge und Tips zur Erledigung der täglichen Büroarbeit gegeben. 176 Seiten.

Band 19: Wie diktiert man im Büro?
Alles Wesentliche über die Verfahren, Regeln und Techniken des Diktierens. 225 Seiten.

Band 20: Wie formuliert man im Büro?
Dieses Taschenbuch bietet Regeln, Empfehlungen und Übungstexte aus der Praxis. Formulieren und Diktieren wird dadurch leichter, der Stil wirkungsvoller. 282 Seiten.

Band 21: Wie verfaßt man wissenschaftliche Arbeiten?
Dieses Buch behandelt ausführlich und mit vielen praktischen Beispielen die formalen und organisatorischen Probleme des wissenschaftlichen Arbeitens. 208 Seiten.

DER KLEINE DUDEN

Deutsches Wörterbuch
Der Grundstock unseres Wortschatzes. Über 30000 Wörter mit mehr als 100000 Angaben zu Rechtschreibung, Silbentrennung, Aussprache und Grammatik. 445 Seiten.

Fremdwörterbuch
Ein zuverlässiger Helfer über die wichtigsten Fremdwörter des täglichen Gebrauchs. Rund 15000 Fremdwörter mit mehr als 90000 Angaben zur Bedeutung, Aussprache und Grammatik. 448 Seiten.

Bibliographisches Institut
Mannheim/Wien/Zürich